条に基づく両国政府の間の実施取極 …………… 566
公海措置条約 ………………………………………… 147
公海措置条約議定書 ………………………………… 149
国際環境協力のための制度的及び財政的取り決め …62
国際刑事裁判所規程 ………………………………… 810
国際刑事裁判所ローマ規程 ………………………… 810
国際原子力機関憲章 ………………………………… 539
国際水路の非航行的利用の法に関する条約 ……… 243
国際復興開発銀行・国際開発協会パネル設置決議 … 590
国際貿易の対象となる特定の有害な化学物質及び
　駆除剤についての事前のかつ情報に基づく同意
　の手続に関するロッテルダム条約 ……………… 484
国際捕鯨取締条約 …………………………………… 161
国際連合環境計画・環境影響評価の目標及び原則 … 582
国際連合人間環境会議の宣言 ……………………………6
国連海洋法条約 ………………………………………… 74
国連公海漁業実施協定 ……………………………… 171
国境を越える状況での環境影響評価に関する条約 … 595
国境を越える状況での環境影響評価に関する条約
　の戦略的環境評価議定書 ………………………… 599
コペンハーゲン宣言 ………………………………… 686
コンプライアンス協定 ……………………………… 166

【サ行】
サービスの貿易に関する一般協定 ………………… 737
細菌兵器（生物兵器）及び毒素兵器の開発、生産
　及び貯蔵の禁止並びに廃棄に関する条約 ……… 784
再編された地球環境ファシリティを設立するため
　の文書 ………………………………………………… 64
［作業計画に関する］閣僚宣言 …………………… 725
砂漠化対処条約 ……………………………………… 342
産業事故の越境影響に関する条約 ………………… 604
サン・サルバドル議定書 …………………………… 710
残留性有機汚染物質議定書 ………………………… 448
残留生有機汚染物質条約 …………………………… 492
残留性有機汚染物質に関するストックホルム条約 … 492
自然及び天然資源の保全に関するASEAN協定 ……40
自然及び天然資源の保全に関するアフリカ条約 ……47
持続可能な発展に関するヨハネスブルグ宣言 ………14
児童の権利条約 ……………………………………… 695
児童の権利に関する条約 …………………………… 695
市民的及び政治的権利に関する国際規約 ………… 694
社会権規約 …………………………………………… 693
社会発展に関するコペンハーゲン宣言 …………… 686
重金属議定書 ………………………………………… 445
自由権規約 …………………………………………… 694
集団的申立制度を定めるヨーロッパ社会憲章に対
　する追加議定書 …………………………………… 707
ジュネーヴ・ガス議定書 …………………………… 783
遵守委員会の構成及び職務並びに遵守の審査のた
　めの手続 …………………………………………… 718
焼夷兵器の使用の禁止又は制限に関する議定書
　（議定書Ⅲ）………………………………………… 774
使用済燃料管理及び放射性廃棄物管理の安全に関
　する条約 …………………………………………… 549
食料及び農業のための植物遺伝資源に関する国際
　条約 ………………………………………………… 313
食料・農業植物遺伝資源条約 ……………………… 313
女性の権利に関するバンジュール憲章議定書 …… 709
地雷、ブービートラップ及び他の類似の装置の使
　用の禁止又は制限に関する議定書（議定書Ⅱ）… 770
人権及び基本的自由の保護のための条約 ………… 700

人権及び基本的自由の保護のための条約について
　の議定書 …………………………………………… 705
深刻な干ばつ又は砂漠化に直面する国（特にアフ
　リカの国）において砂漠化に対処するための国
　際連合条約 ………………………………………… 342
森林原則声明 ………………………………………… 330
水銀条約 ……………………………………………… 508
水銀に関する水俣条約 ……………………………… 508
水中文化遺産の保護に関する条約 ………………… 359
水中文化遺産条約 …………………………………… 359
ストックホルム宣言 ……………………………………6
ストックホルム条約 ………………………………… 492
すべての移住労働者及びその家族の構成員の権利
　の保護に関する条約 ……………………………… 708
西部及び中部太平洋における高度回遊性魚類資源
　の保存及び管理に関する条約 …………………… 191
生物多様性条約 ……………………………………… 282
生物の多様性に関する条約 ………………………… 282
生物の多様性に関する条約の遺伝資源の取得の機
　会及びその利用から生ずる利益の公正かつ衡平
　な配分に関する名古屋議定書 …………………… 305
生物の多様性に関する条約のバイオセーフティに
　関するカルタヘナ議定書 ………………………… 291
生物兵器禁止条約 …………………………………… 784
世界銀行インスペクション・パネル設置決議 …… 590
世界銀行　業務政策4.01－環境評価 ……………… 583
世界自然憲章 ……………………………………………9
世界の文化遺産及び自然遺産の保護に関する条約 … 353
世界貿易機関協定 …………………………………… 724
世界貿易機関を設立するマラケシュ協定 ………… 724
絶滅のおそれのある野生動植物の種の国際取引に
　関する条約 ………………………………………… 268
戦時における文民の保護に関する1949年8月12
　日のジュネーヴ条約（第4条約）………………… 794
先住民族の権利に関する国際連合宣言 …………… 696
船舶からの地中海の汚染の防止及び緊急時における地
　中海の汚染に対処するための協力に関する議定書 … 104
船舶有害防汚方法規制条約 ………………………… 155
船舶油濁損害賠償保障法 …………………………… 642

【タ行】
大気圏内、宇宙空間及び水中における核兵器実験
　を禁止する条約 …………………………………… 787
大気の質に関するカナダ政府とアメリカ合衆国政
　府との間の協定 …………………………………… 454
対人地雷禁止条約 …………………………………… 775
対人地雷の使用、貯蔵、生産及び移譲の禁止並び
　に廃棄に関する条約 ……………………………… 775
地中海緊急時協力議定書 …………………………… 104
地中海統合的沿岸域管理議定書 …………………… 108
地中海特別保護区域議定書 ……………………………97
地中海における統合的沿岸域管理に関する議定書 … 108
地中海における特別保護区域及び生物多様性に関
　する議定書 ……………………………………………97
地中海の海洋環境及び沿岸域の保護に関する条約 …92
窒息性ガス、毒性ガス又はこれらに類するガス及
　び細菌学的手段の戦争における使用の禁止に関
　する議定書 ………………………………………… 783
窒素酸化物議定書 …………………………………… 438
知的所有権の貿易関連の側面に関する協定 ……… 739
中西部太平洋マグロ類保存条約 …………………… 191

国際環境条約・資料集

編集委員

松井　芳郎
富岡　仁
田中　則夫
薬師寺公夫
坂元　茂樹
高村ゆかり
西村　智朗

東信堂

編集委員一覧

松井　芳郎（名古屋大学名誉教授）　第1章；第13章

富岡　仁　（名古屋経済大学教授）　第2章

田中　則夫（龍谷大学教授）　　　　第3章；第4章

薬師寺公夫（立命館大学教授）　　　第8章；第10章；第14章

坂元　茂樹（同志社大学教授）　　　第11章；第12章

髙村ゆかり（名古屋大学教授）　　　第6章；第7章；第14章

西村　智朗（立命館大学教授）　　　第5章；第9章；第14章

はしがき

　近年では、地球環境にかかわる事象が私たちの日常生活に及ぼす影響が、目に見えて増大している。たとえば、かつては台風の来襲時や梅雨の終わりの時期に見られた豪雨禍は、ほとんど年中行事になった感がある。また、竜巻などの突風被害は、前世紀にはほとんど聞くことがなかった。これらは「異常気象」と呼ばれるが、この「異常」の原因の一つが地球温暖化であることは明らかだろう。そして、地球温暖化が産業革命以来の人間の消費生産様式によって促されてきたことは否定できない。さらに、より直接に人間活動に起因する環境被害も目立つ。この点ではまず何よりも、2011年3月11日のフクシマの悲劇を挙げなければならない。その直接の原因が東日本大震災の地震と津波にあったのはいうまでもないが、福島第一原子力発電所の事故とその被害の拡大が、そのような震災を「想定外」として対策を怠っただけでなく、事後の対処においても数多くの手抜かりがあった東京電力と、これに対する適切な規制と監督を怠った日本国政府の(不)行為によってもたらされたこと、つまりこの悲劇が人災だったことを否定する人はいない。

　環境破壊とそれによる人間の損害が自然現象に起因するものだったとすれば、人間はそれを直接に防止することはできないかも知れない。しかし人間は、これを予知して対策を立てることによって、被害を軽減したり環境を修復することはできる。ましてそれが人災である場合には、これを防止することができるのは人間の活動をおいて他にはない。さらに遡れば、人間は地球環境に対して様々な負荷を与えてきたこれまでの消費生産様式を、変革することもできるはずである。

　とりわけ1972年のストックホルム人間環境会議以来、諸国は地球環境を守る

ために様々な政策を展開し、法を整備してきた。地球環境は国境によって区切られておらず環境法自体が優れてグローバルな存在だから、なかでも国際環境法は重要な役割を果たす。国際環境法は、1992年にリオ・デ・ジャネイロで開催された国連環境発展会議によって明確な基礎を据えられたといわれるが、しかし、その発展の現状は決して満足がいくものではない。たとえば地球温暖化に関しては、リオ会議で署名開放された国連気候変動枠組条約とそのもとで作成された1997年の京都議定書（これらは本書第6章に収録）において、先進締約国は温室効果ガスの排出を抑制・削減する義務を引き受けたが、この義務が十分に履行されないままに京都議定書の第1約束期間は2012年に終了し、その後の体制についての明確な合意はまだできていない。他方フクシマについては、関連の条約として1986年の原子力事故早期通報条約や1994年の原子力安全条約（いずれも本書第8章に収録）などがあるが、これらの諸条約が人々の健康と地球環境の健全性を守るうえでいかに無力なものであるのかを、フクシマの悲劇はこの上ない明確さで示すこととなった。フクシマとの関連で日本がこれらの条約上の義務を遵守したかどうかについては議論の余地があるが、いずれにせよこれらの諸条約を作成してきたIAEAは、フクシマを契機として2011年9月の総会が採択した「原子力の安全に関するIAEA行動計画」（これも本書第8章に収録）において、条約改正の提案を含めてそれらの実効性を改善する措置に取り組む決意を表明した。

　ところで、ひるがえって考えてみると国際環境法の発展を推し進めてきたのは、国際法の他の分野におけるのと同様に、おもに国だったことは否定できない。多国籍企業やNGOsの登場によってアクターが多様化した現在の国際社会でも、国は最も主要なアクターであり、条約交渉において正式の参加者となり得るのも、国際環境法の定立にしばしば重要な役割を果たしてきた国際機構において票決権を有するのも、原則として国だけである。そして、フクシマが私たちに強く印象付けたように、関連の産業界において既得権を有する企業や業界団体は、国の環境政策にしばしば並はずれた影響力を発揮する。

　しかし、それだけではない。国際環境法の歴史を振り返ってみると、1967年のトリー・キャニオン号事件、ベトナム戦争における枯葉作戦などの米国の環境破壊作戦、そして1986年の旧ソ連におけるチェルノブイリ原発事故といった環境上の大惨事に触発された国際世論が、地球環境の保護に積極的な諸国と相携えて国際環境法の発展を促した例をいくつも挙げることができる。したがって、国際環境法の発展を実現するおもな力は、広範な市民が参加する環境保護

運動のグローバルな展開に求めることができる。そして、国際世論がこのような役割を果たすことができるためには、人々が地球環境の現状とともに国際環境法の現状についても、正しい認識を有することが不可欠の条件である。もちろん本書は条約・資料集であって、本書に所収の諸文書は各々の意義と限界についてみずから語るはずである。編者の役割は、こうして諸文書がみずから語る場を整えることに限られるが、それを通じて以上のようなメッセージが伝われば、編者としては望外の幸せだといわねばならない。

＊　＊　＊

　さて、私たち本書の編者は、比較的早い時期から国際環境法に関心を持ってきた。私たちの多くが執筆に参加した国際法教科書や、私たちの多くが編者として加わった『ベーシック条約集』(東信堂)は、1990年代から環境に関する章をおいてきた。当時の私たちは国際環境法をとくに専攻していたわけではないから、こうした勉強の過程ではこの分野の先輩たちが編集された国際環境法の条約集にずいぶんお世話になった。しかしこうした先行の条約集は、問題意識の違いのため私たちにとっては必ずしも使いやすいものではなかったし、それらの最後の版が刊行されてから相当の時間が経過した。そこで私たちはいつ頃からか、国際環境法の新しい条約集を作ってはどうかという話をするようになった。この話が具体化したのは、一方では、国際環境法の分野ですでにすぐれた業績を上げていた富岡仁、髙村ゆかり、西村智朗の3人に声をかけていずれも快諾をもらい、他方では、上記の『ベーシック条約集』を始め国際法分野の条約・資料集で実績を重ねてきた東信堂の下田勝司社長に刊行を引き受けていただいたことを契機としてである。

　編集作業は、本書の基本的なねらいを確認し、それに応じた章別構成と各章の担当者を決めることから始めた。本書のねらいは、国際環境法の教育と研究だけでなく、前述のようにこの分野における実務や運動などでも活用できるように、できるだけ広範な国際環境法に関連する国際文書を、必要に応じて関連国内法も含めて収集・整理して読者に提供することにある。また、これも先に述べたように、環境法自体が優れてグローバルな存在だから、本書に収録された諸文書は狭い意味での国際環境法には限らず広く環境法の分野一般において利用されることを期待している。本書の章別構成は原則として、国際環境法の研究上、講学上一般に行われる分野区分に従ったが、国際法全般における各分野の位置づけにも留意した。各章の節別構成と収録文書、抄録の仕方と解説、日本語の正文または公定訳がない文書の翻訳などについては、各章の担当者が

原案を作成したので、各章の担当者を別掲するが、編集会議やメールの交換などを通じて全員がほとんど無数ともいえる意見の交換を行って確定したものであることを強調しておきたい。

　もっとも、編集作業は予想以上に難航した。編者の多くが学会や所属大学の用務などでますます多忙になったこともあったが、何よりも大きかったのは、国際環境法のすそ野が意外に広く、掲載するべき文書の選択にしばしば困ったという事情である。つまり、国際環境法それ自体に関する諸文書に加えて、周辺分野の関連文書にまで目を広げると、対象はどんどん広がっていく。収録候補として検討し一応の翻訳まで済ませた文書は、収録できた文書の1.5倍くらいはあっただろう。当該の分野では重要な文書でも国際環境法との関連が相対的に薄いものは収録せず、収録する文書でも省略個所を増やすなどの工夫を行った。また、一時ほどではないがこの分野における法の発展はめまぐるしく、新しく採択された文書を追加したり既存の文書と差し替えたりしたことも少なくなかった。

　このような次第で、本書の刊行は大幅に遅れることになり、東信堂には大変なご迷惑をおかけしたが、最後にこのことをお詫びするとともに、下田勝司社長、向井智央氏をはじめ本書の刊行に献身的なご努力をいただいたすべての方々に厚くお礼を申し上げたい。

　　　2014年7月

　　　　　　　　　　　　　　　　　　　　　　　　　　　　　　　編者一同

目　次／国際環境条約・資料集

はじめに i
凡　例 xvi
訳語表 xviii
略語表 xx

第1章　基本文書　　3

第1節　普遍的文書
- 1-1　国際連合人間環境会議の宣言（人間環境宣言；ストックホルム宣言） 6
- 1-2　世界自然憲章 9
- 1-3　環境及び発展に関するリオ宣言（リオ宣言） 11
- 1-4　アジェンダ21【持続可能な発展のための行動計画】（章別構成） 13
- 1-5　持続可能な発展に関するヨハネスブルグ宣言（ヨハネスブルグ政治宣言） ... 14
- 1-6　有害活動から生じる越境侵害の防止条文（越境侵害防止条文） 16
- 1-7　われわれが望む未来（抄） 18

第2節　地域的文書
- 1-8　欧州連合の運営に関する条約（EU運営条約）（抜粋） 30
- 1-9　デンマーク、フィンランド、ノルウェー及びスウェーデンの間の環境保護に関する条約（北欧環境保護条約）（抄） 39
- 1-10　自然及び天然資源の保全に関するASEAN協定（ASEAN自然保全協定）（抄） 40
- 1-11　自然及び天然資源の保全に関するアフリカ条約（アフリカ自然保全条約）（抄） 47
  ［参照文書］
  - ・ヌーメア条約（→2-3） 116
  - ・北米環境協力協定（→12-9） 757

第3節　二国間協定及び国内法
- 1-12　環境の保護の分野における協力に関する日本国政府とアメリカ合衆国政府との間の協定（日米環境協力協定） 56
- 1-13　環境基本法（抄） 57

第4節　国際機関及び制度
- 1-14　国際環境協力のための制度的及び財政的取り決め（UNEP設置決議）（抄） 62
- 1-15　再編された地球環境ファシリティを設立するための文書（GEF設立文書）（抄） 64

第2章　海洋の環境保護　　　　　　　　　　　　　　　　　　　　　　70

第1節　基本条約
第1項　普遍的文書
2-1　海洋法に関する国際連合条約(国連海洋法条約)(抜粋) ……………………74
第2項　地域的文書
2-2　地中海の海洋環境及び沿岸域の保護に関する条約(改正バルセロナ条約)(抄) …………92
 2-2-1　地中海における特別保護区域及び生物多様性に関する議定書
        (地中海特別保護区域議定書)(抄) ……………97
 2-2-2　船舶からの地中海の汚染の防止及び緊急時における地中海の汚染に対処するための
   協力に関する議定書(地中海緊急時協力議定書)(抄) ……………………104
 2-2-3　地中海における統合的沿岸域管理に関する議定書
        (地中海統合的沿岸域管理議定書)(抄) ………108
2-3　南太平洋地域の天然資源及び環境の保護のための条約(ヌーメア条約)(抄) …………116
2-4　北東大西洋の海洋環境の保護のための条約(OSPAR条約)(抄) ……………………121

第2節　汚染防止
第1項　船舶起因汚染
2-5　1954年の油による海水の汚濁の防止のための国際条約(海洋油濁防止条約)(抄) ……127
2-6　1973年の船舶による汚染の防止のための国際条約(MARPOL条約)(抄) ……………130
2-7　1973年の船舶による汚染の防止のための国際条約に関する1978年の議定書
        (MARPOL条約78年議定書)(抄) ………………135
 ［参照文書］
  ・1992年油汚染損害民事責任条約；1992年CLC(→10-3) ……………………622
  ・1992年油汚染損害補償国際基金設立条約；1992年FC(→10-4) ……………628
  ・1992年油汚染損害補償国際基金設立条約の2003年議定書；
      1992年FC2003年議定書(→10-5) …………638
第2項　海洋投棄
2-8　廃棄物その他の物の投棄による海洋汚染の防止に関する条約(ロンドン投棄条約)(抄) … 136
2-9　1972年の廃棄物その他の物の投棄による海洋汚染の防止に関する条約の1996年の議定書
        (ロンドン投棄条約議定書)(抄) ………………141
第3項　油・危険有害物質汚染事故
2-10　油による汚染を伴う事故の場合における公海上の措置に関する国際条約
        (公海措置条約)(抄) ……………………………147
2-11　油以外の物質による海洋汚染の場合における公海上の措置に関する議定書
        (公海措置条約議定書)(抄) ……………………149
2-12　1990年の油による汚染に係る準備、対応及び協力に関する国際条約
        (油汚染準備対応協力条約；OPRC条約)(抄) … 150
第4項　その他の船舶関係汚染
2-13　2001年の船舶の有害な防汚方法の規制に関する国際条約

　　　　　　　　　　　　　　　（船舶有害防汚方法規制条約；AFS条約）(抄)… 155
2-14　1989年の海難救助に関する条約(海難救助条約)(抜粋) ……………… 159

第3節　海洋資源の保全
第1項　普遍的文書
2-15　国際捕鯨取締条約(抄) ………………………………………………… 161
2-16　保存及び管理のための国際的な措置の公海上の漁船による遵守を促進するための協定
　　　　　　　　　　　　　　（コンプライアンス協定）(抄) ……………… 166
2-17　分布範囲が排他的経済水域の内外に存在する魚類資源(ストラドリング魚類資源)及び
　　　高度回遊性魚類資源の保存及び管理に関する1982年12月10日の海洋法に関する国際連
　　　合条約の規定の実施のための協定(国連公海漁業実施協定)(抄) ……… 171
第2項　地域的文書
2-18　南太平洋における長距離流し網漁業を禁止する条約
　　　　　　　　　　　　（南太平洋流し網漁業禁止条約）(抄) ………… 186
2-19　みなみまぐろの保存のための条約(みなみまぐろ保存条約)(抄) …… 188
2-20　西部及び中部太平洋における高度回遊性魚類資源の保存及び管理に関する条約
　　　　　　　　　　　　（中西部太平洋マグロ類保存条約）(抄) ……… 191

第3章　極　地　　　　　　　　　　　　　　　　　　　　　208

第1節　南　極
3-1　南極条約(抄) ……………………………………………………………… 210
3-2　南極のあざらしの保存に関する条約(南極あざらし保存条約)(抄) …… 212
3-3　南極の海洋生物資源の保存に関する条約(南極海洋生物資源保存条約)(抄) …… 214
3-4　環境保護に関する南極条約議定書(南極条約環境保護議定書)(抄) …… 219

第2節　北　極
3-5　北極評議会の設立に関する宣言(北極評議会設立宣言) ……………… 239

第4章　国際河川・水　　　　　　　　　　　　　　　　　　241

第1節　普遍的文書
4-1　国際水路の非航行的利用の法に関する条約(抄) ……………………… 243

第2節　地域的文書
4-2　越境水路及び国際湖水の保護及び利用に関する条約(越境水路・国際湖水保護条約)(抄) … 247
4-2-1　越境水路及び国際湖水の保護及び利用に関する1992年条約に対する水及び
　　　　健康に関する議定書(水及び健康に関する議定書)(抄) … 251

4-3　メコン川流域の持続可能な開発のための協力に関する協定(メコン川流域協力協定)(抄)… 256
4-4　ライン川保護条約(抄) …………………………………………………… 260

第5章　生態系・自然文化遺産　　　　263

第1節　種・生息地の保全
第1項　普遍的文書
5-1　特に水鳥の生息地として国際的に重要な湿地に関する条約(ラムサール条約)(抄) … 266
5-2　絶滅のおそれのある野生動植物の種の国際取引に関する条約
　　　　　　　　　　　　　　(CITES；ワシントン条約)(抄) ……………… 268
5-3　移動性野生動物種の保全に関する条約(CMS；ボン条約)(抄) ………… 276
5-4　生物の多様性に関する条約(生物多様性条約)(抄) ……………………… 282
　　5-4-1　生物の多様性に関する条約のバイオセーフティに関するカルタヘナ議定書
　　　　　　　　　　　　　　(カルタヘナ議定書)(抄) ……………………… 291
　　5-4-2　バイオセーフティに関するカルタヘナ議定書に基づく遵守に関する手続及び制度
　　　　　　　　　　　　　　(カルタヘナ議定書遵守手続) ………………… 301
　　5-4-3　バイオセーフティに関するカルタヘナ議定書の責任及び救済に関する
　　　　　名古屋・クアラルンプール補足議定書(名古屋・クアラルンプール補足議定書)(抄) 303
　　5-4-4　生物の多様性に関する条約の遺伝資源の取得の機会及びその利用から生ずる利益の
　　　　　公正かつ衡平な配分に関する名古屋議定書(名古屋議定書)(抄) …… 305
5-5　食料及び農業のための植物遺伝資源に関する国際条約
　　　　　　　　　　　　　(食料農業植物遺伝資源条約；ITPGR)(抄) … 313
第2項　地域的文書
5-6　欧州の野生生物及び自然生息地の保全に関する条約
　　　　　　　　　　　　　(欧州野生生物等保全条約；ベルヌ条約)(抄) … 321
5-7　アルプス山地の保護に関する条約(アルプス条約)(抄) ………………… 325
第3項　二国間文書
5-8　渡り鳥及び絶滅のおそれのある鳥類並びにその環境の保護に関する日本国政府と
　　　アメリカ合衆国政府との間の条約(日米渡り鳥条約) ………………… 328

第2節　森林管理・砂漠化
5-9　すべての種類の森林の管理、保全及び持続可能な開発に関する地球規模のコンセンサス
　　　のための法的拘束力をもたない権威ある原則声明(森林原則声明) …… 330
5-10　2006年の国際熱帯木材協定(抄) ……………………………………… 333
5-11　深刻な干ばつ又は砂漠化に直面する国(特にアフリカの国)における砂漠化に対処する
　　　ための国際連合条約(砂漠化対処条約)(抄) …………………………… 342

第3節　自然・文化遺産
5-12　世界の文化遺産及び自然遺産の保護に関する条約(ユネスコ世界遺産保護条約)(抄) 353
5-13　水中文化遺産の保護に関する条約(水中文化遺産条約)(抄) ………… 359
5-14　欧州景観条約(抄) ……………………………………………………… 364

第6章 大気の保全　367

第1節　普遍的文書
- 6-1　オゾン層の保護のためのウィーン条約(オゾン層保護条約) ………………… 371
  - 6-1-1　オゾン層を破壊する物質に関するモントリオール議定書(モントリオール議定書) …… 376
  - 6-1-2　モントリオール議定書の不遵守手続 ……………………………………… 391
  - 6-1-3　モントリオール議定書の不遵守について締約国の会合によりとられることのある措置の例示リスト ………………………………………………………… 393
- 6-2　気候変動に関する国際連合枠組条約(気候変動枠組条約) ………………… 393
  - 6-2-1　気候変動に関する国際連合枠組条約の京都議定書(京都議定書) ………… 404
  - 6-2-2　京都議定書のドーハ改正(ドーハ改正)(抄) …………………………… 415
  - 6-2-3　京都議定書に基づく遵守に関する手続及び制度(京都議定書遵守手続) ………… 421
- 6-3　エネルギー憲章に関する条約(エネルギー憲章条約)(抜粋) ………………… 427
  - 6-3-1　エネルギー効率及び関連する環境の側面に関するエネルギー憲章議定書
      (エネルギー効率議定書)(抄) …………………………… 430

第2節　地域的文書
- 6-4　1979年の長距離越境大気汚染に関する条約(長距離越境大気汚染条約) ………… 432
  - 6-4-1　1979年の長距離越境大気汚染に関する条約の欧州における大気汚染物質の長距離移動のモニタリング及び評価のための協力計画(EMEP)の長期的資金調達に関する議定書
      (EMEP議定書)(抄) …………………………… 436
  - 6-4-2　1979年の長距離越境大気汚染に関する条約の硫黄排出量又はその越境移動量の少なくとも30パーセントの削減に関する議定書(硫黄排出量削減議定書)(抜粋) … 437
  - 6-4-3　1979年の長距離越境大気汚染に関する条約の窒素酸化物又はその越境移動量の規制に関する議定書(窒素酸化物議定書；NOx議定書)(抄) …………… 438
  - 6-4-4　1979年の長距離越境大気汚染に関する条約の揮発性有機化合物又はその越境移動量の規制に関する議定書(揮発性有機化合物議定書；VOCs議定書)(抄) ………… 439
  - 6-4-5　1979年の長距離越境大気汚染に関する条約の硫黄排出量の追加的削減に関する議定書
      (硫黄排出量追加的削減議定書)(抄) ………… 441
  - 6-4-6　1979年の長距離越境大気汚染に関する条約の重金属に関する議定書
      (重金属議定書)(抄) ………… 445
  - 6-4-7　1979年の長距離越境大気汚染に関する条約の残留性有機汚染物質に関する議定書
      (残留性有機汚染物質議定書；POPs議定書)(抄)… 448
  - 6-4-8　1979年の長距離越境大気汚染に関する条約の酸性化、富栄養化及び地表レベルオゾンに対する対策のための議定書(ヨーテボリ議定書)(抄) ………… 450
  - 6-4-9　履行委員会、その構成及び任務、並びにその審査手続(長距離越境大気汚染条約の議定書共通の遵守手続) ………… 453

第3節　二国間条約

6-5	大気の質に関するカナダ政府とアメリカ合衆国政府との間の協定(米加大気質協定)	454
6-6	越境煙霧汚染に関するASEAN協定(ASEAN煙霧汚染協定)	457

第7章　有害廃棄物・化学物質　　463

第1節　普遍的文書

7-1	有害廃棄物の国境を越える移動及びその処分の規制に関するバーゼル条約(バーゼル条約)	466
7-1-1	バーゼル条約の改正(バーゼル改正)(抄)	477
7-1-2	有害廃棄物の国境を越える移動及びその処分から生ずる損害の責任及び賠償に関する議定書(バーゼル損害賠償責任議定書)	478
7-2	国際貿易の対象となる特定の有害な化学物質及び駆除剤についての事前のかつ情報に基づく同意の手続に関するロッテルダム条約(ロッテルダム条約；PIC条約)	484
7-3	残留性有機汚染物質に関するストックホルム条約(残留性有機汚染物質条約；ストックホルム条約)	492
7-4	水銀に関する水俣条約(水銀条約；水俣条約)	508

第2節　地域的文書

7-5	アフリカへの有害廃棄物の輸入禁止並びにアフリカ内での有害廃棄物の国境を越える移動及び管理の規制に関するバマコ条約(バマコ条約)(抄)	523
7-6	汚染物質放出移転登録簿に関する議定書(PRTR議定書；キエフ議定書)(抄)	531

第8章　原子力の管理と規制　　537

第1節　原子力の安全管理

第1項　普遍的文書

8-1	国際原子力機関憲章(IAEA憲章)(抄)	539
8-2	原子力の安全に関する条約(原子力安全条約)(抄)	545
8-3	使用済燃料管理及び放射性廃棄物管理の安全に関する条約(放射性廃棄物等安全条約)(抄)	549
8-4	原子力の安全に関する国際原子力機関(IAEA)行動計画(IAEA原子力安全行動計画)(抄)	556

第2項　二国間条約

8-5	原子力の平和的利用に関する協力のための日本国政府とアメリカ合衆国政府との間の協定(日米原子力平和利用協力協定)(抄)	561
8-5-1	原子力の平和的利用に関する協力のための日本国政府とアメリカ合衆国政府との間の協定第11条に基づく両国政府の間の実施取極(日米原子力平和利用協力協定実施取極)(抄)	566
8-6	原子力の開発及び平和的利用における協力のための日本国政府とベトナム社会主義共和国政府との間の協定(日・ベトナム原子力協定)(抄)	569

第2節　原子力事故への対応

8-7	原子力事故の早期通報に関する条約(原子力事故早期通報条約)(抄)	573

8-8　原子力事故又は放射線緊急事態の場合における援助に関する条約
　　　　　　　　　　　（原子力事故援助条約）(抄) ……………… 575

第9章　環境影響評価　　　　　　　　　　　　　　　　　579

第1節　普遍的文書
9-1　国際連合環境計画・環境影響評価の目標及び原則 ……………… 582
9-2　世界銀行　業務政策4.01―環境評価 ……………………………… 583
9-3　国際復興開発銀行・国際開発協会パネル設置決議
　　　　　　　　　　（世界銀行インスペクション・パネル設置決議）…… 590
　［参照文書］
　　・有害活動から生じる越境侵害の防止条文(越境侵害防止条文)(→1-6) ………… 16
　　・南極条約環境保護議定書(→3-4) ………………………………………… 219

第2節　地域的文書
9-4　国境を越える状況での環境影響評価に関する条約(エスポ条約)(抄) ……………… 595
9-4-1　国境を越える状況での環境影響評価に関する条約の戦略的環境評価議定書
　　　　　　　　　　（SEA議定書）(抄) ……………………………… 599
9-5　産業事故の越境影響に関する条約 (抄) ……………………………… 604
　［参照文書］
　　・環境問題における情報へのアクセス、政策決定への公衆の参加及び司法への
　　アクセスに関する条約(ECEオーフス条約)(→11-13) ……………… 711
　　・北欧環境保護条約(→1-9) ………………………………………… 39

第10章　環境損害と賠償責任　　　　　　　　　　　　　609

第1節　一般原則
10-1　有害な活動から生じる越境損害の場合の損失の配分に関する原則
　　　　　　　　　　（越境損害損失配分原則） ……………………… 615
10-2　環境に対し危険な活動から生じる損害の民事責任に関する条約
　　　　　　　　　　（欧州評議会環境危険活動民事責任条約）(抄)… 616

第2節　海洋汚染損害
第1項　国際条約
10-3　1992年の油による汚染損害についての民事責任に関する国際条約
　　　　（1992年油汚染損害民事責任条約；1992年CLC）(抄) ……………… 622
10-4　1992年の油による汚染損害の補償のための国際基金の設立に関する国際条約
　　　　（1992年油汚染損害補償国際基金設立条約；1992年FC）(抄) ……………… 628
10-5　1992年の油による汚染損害の補償のための国際基金の設立に関する国際条約の

　　　　2003年の議定書(1992年油汚染損害補償国際基金設立条約の2003年議定書；1992年FC
　　　　2003年議定書)(抄) ………………………………………………………………… 638
　　第2項　国内法
10-6　船舶油濁損害賠償保障法 (抄) ………………………………………………… 642

第3節　原子力損害
　　第1項　国際条約
10-7　1964年1月28日の追加議定書及び1982年11月16日の議定書により改正された1960年7月
　　　29日の原子力分野における第三者責任に関する条約(1982年原子力分野第三者責任条約；
　　　1982年パリ条約)(抄) …………………………………………………………… 650
10-8　1964年1月28日の追加議定書及び1982年11月16日の議定書により改正された1960年7月
　　　29日の原子力分野における第三者責任に関する条約を補完する1963年1月31日の条約
　　　(1982年原子力分野第三者責任補完条約；1982年ブラッセル補完条約)(抄) ………… 656
10-9　原子力損害の民事責任に関する1997年のウィーン条約(1997年原子力損害民事責任条約；
　　　1997年ウィーン条約)(抄) ……………………………………………………… 660
10-10　ウィーン条約及びパリ条約の適用に関する共同議定書
　　　　　　　　　　　(ウィーン条約とパリ条約の共同議定書)(抄)… 667
10-11　原子力損害の補完的補償に関する条約(原子力損害補完的補償条約；CSC)(抄) … 668
　　第2項　国内法
10-12　原子力損害の賠償に関する法律(原子力損害賠償法)(抄) ……………………… 674

第4節　宇宙損害
10-13　月その他の天体を含む宇宙空間の探査及び利用における国家活動を律する原則に関する
　　　条約(宇宙条約)(抜粋) ………………………………………………………… 677
10-14　宇宙物体により引き起こされる損害についての国際的責任に関する条約
　　　　　　　　　　　　　(宇宙損害責任条約)(抄) …………………………… 678
　　　［参照文書］
　　　　　・バーゼル損害賠償責任議定書(→7-1-2)……………………………………… 478
　　　　　・南極条約環境保護議定書附属書Ⅵ(→3-4) ………………………… 219
　　　　　・名古屋・クアラルンプール補足議定書(→5-4-3) …………………… 303

第11章　人　権　　　　　　　　　　　　　　　　　　　　682

第1節　普遍的文書
11-1　ウィーン宣言及び行動計画 (抜粋) ……………………………………………… 685
11-2　社会発展に関するコペンハーゲン宣言(コペンハーゲン宣言)(抄) ……………… 686
11-3　ハビタット・アジェンダ―人間居住に関するイスタンブール宣言(人間居住宣言) … 690
11-4　経済的、社会的及び文化的権利に関する国際規約(社会権規約)(抜粋) ………… 693
11-5　市民的及び政治的権利に関する国際規約(自由権規約)(抜粋)…………………… 694
11-6　児童の権利に関する条約(児童の権利条約)(抜粋) ……………………………… 695

11-7　先住人民の権利に関する国際連合宣言 (抄) ……………………………………… 696

第2節　地域的文書

11-8　人権及び基本的自由の保護のための条約(ヨーロッパ人権条約)(抄) ………………… 700
11-8-1　人権及び基本的自由の保護のための条約についての議定書
　　　　　　　　　　　(ヨーロッパ人権条約第1議定書)(抜粋) ……… 705
11-9　ヨーロッパ社会憲章 (抜粋) ………………………………………………………… 705
11-9-1　集団的申立制度を定めるヨーロッパ社会憲章に対する追加議定書(抜粋) ……… 707
11-10　人及び人民の権利に関するアフリカ憲章(バンジュール憲章)(抜粋) …………… 708
11-10-1　アフリカにおける女性の権利に関する人及び人民の権利に関する議定書
　　　　　　　　　(女性の権利に関するバンジュール憲章議定書)(抜粋) … 709
11-11　経済的、社会的及び文化的権利の分野における米州人権条約に対する追加議定書
　　　　　　　　　　　(サン・サルバドル議定書)(抜粋) ……………… 710
11-12　米州民主主義憲章 (抜粋) ………………………………………………………… 711
11-13　環境問題における情報へのアクセス、政策決定への公衆の参加及び司法へのアクセスに
　　　関する条約(オーフス条約；ECEオーフス条約)(抄) ………………………………… 711
11-13-1　遵守委員会の構成及び職務並びに遵守の審査のための手続
　　　　　(オーフス条約遵守手続；ECEオーフス条約遵守手続) ……………………… 718
　　　［参照文書］
　　　　・汚染物質排出移動登録簿に関する議定書(PRTR議定書、キエフ議定書) (→ 7-6) … 524

第12章　貿易・投資　　　　　　　　　　　　　　　　　　　　　　　　　722

第1節　普遍的文書

12-1　世界貿易機関を設立するマラケシュ協定(世界貿易機関協定；WTO協定)(抜粋) … 724
12-1-1　[作業計画に関する]閣僚宣言(抜粋) ……………………………………… 725
12-2　関税及び貿易に関する一般協定(GATT)(抜粋) …………………………………… 728
12-3　衛生植物検疫措置の適用に関する協定(SPS協定)(抄) …………………………… 731
12-4　貿易の技術的障害に関する協定(TBT協定)(抜粋) ………………………………… 735
12-5　サービスの貿易に関する一般協定(GATS)(抜粋) ………………………………… 737
12-6　知的所有権の貿易関連の側面に関する協定(TRIPS協定)(抜粋) ………………… 739
12-6-1　TRIPS協定と公衆の健康に関する宣言(ドーハ宣言) ……………………… 743
12-7　紛争解決に係る規則及び手続に関する了解(紛争解決了解)(抄) ………………… 744

第2節　地域的文書

12-8　北米自由貿易協定(NAFTA)(抜粋) ………………………………………………… 753
12-9　北米環境協力協定(NAAEC)(抄) …………………………………………………… 757
　　　［参照文書］
　　　　・EU運営条約 (→1-8) ………………………………………………………………… 30

第13章　武力紛争と環境　　　　　　　　　　　　　　　762

第1節　一般的文書
13-1　武力紛争時における環境の保護に関する軍事教範及び訓令のための指針
　　　　　　　　　　　　　（環境保護教範の指針）……………… 765
13-2　環境改変技術の軍事的使用その他の敵対的使用の禁止に関する条約
　　　　　　　　　　　　　（環境改変技術使用禁止条約）（抄）…………… 767

第2節　戦闘の手段の規制
第1項　特定通常兵器
13-3　過度に傷害を与え又は無差別に効果を及ぼすことがあると認められる通常兵器の使用の禁止又は制限に関する条約（特定通常兵器使用禁止制限条約）（抄）……………… 768
　13-3-1　地雷、ブービートラップ及び他の類似の装置の使用の禁止又は制限に関する議定書（議定書Ⅱ）（特定通常兵器使用禁止制限条約議定書Ⅱ）（抄）……………… 770
　13-3-2　焼夷兵器の使用の禁止又は制限に関する議定書（議定書Ⅲ）
　　　　　　　　　　　　　（特定通常兵器使用禁止制限条約議定書Ⅲ）…… 774
13-4　対人地雷の使用、貯蔵、生産及び移譲の禁止並びに廃棄に関する条約
　　　　　　　　　　　　　（対人地雷禁止条約）（抄）……………… 775
13-5　クラスター弾に関する条約（クラスター弾条約）（抜粋）……………… 778

第2項　生物化学兵器
13-6　窒息性ガス、毒性ガス又はこれらに類するガス及び細菌学的手段の戦争における使用の禁止に関する議定書（ジュネーヴ・ガス議定書）（抄）……………… 783
13-7　細菌兵器（生物兵器）及び毒素兵器の開発、生産及び貯蔵の禁止並びに廃棄に関する条約
　　　　　　　　　　　　　（生物兵器禁止条約）（抜粋）……………… 784
13-8　化学兵器の開発、生産、貯蔵及び使用の禁止並びに廃棄に関する条約
　　　　　　　　　　　　　（化学兵器禁止条約）（抜粋）……………… 784
　　［参照文書］
　　　・ハーグ陸戦規則（→13-12-1）……………………………………… 793

第3項　核兵器
13-9　大気圏内、宇宙空間及び水中における核兵器実験を禁止する条約
　　　　　　　　　　　　　（部分的核実験禁止条約）（抜粋）……………… 787
13-10　核兵器の不拡散に関する条約（核不拡散条約）（抄）……………… 788
13-11　南太平洋非核地帯条約（ラロトンガ条約）（抄）……………… 790

第3節　戦闘の方法の規制
13-12　陸戦ノ法規慣例ニ関スル条約（1907年ハーグ陸戦条約）（抄）……………… 793
　13-12-1　陸戦ノ法規慣例ニ関スル規則（ハーグ陸戦規則）（抜粋）……………… 793
13-13　戦時における文民の保護に関する1949年8月12日のジュネーヴ条約（第4条約）
　　　　　　　　　　　　　（1949年文民条約）（抜粋）……………… 794
13-14　1949年8月12日のジュネーヴ諸条約の国際的な武力紛争の犠牲者の保護に関する追加

議定書(議定書Ⅰ)(1977年第1追加議定書)(抜粋) ……………………………………… 795
13-15　1949年8月12日のジュネーヴ諸条約の非国際的な武力紛争の犠牲者の保護に関する
追加議定書(議定書Ⅱ)(1977年第2追加議定書)(抜粋) ………………………………… 801

第4節　文化財の保護
13-16　武力紛争の際の文化財の保護に関する条約(ハーグ文化財保護条約)(抄) ………… 802
　13-16-1　武力紛争の際の文化財の保護に関する議定書(文化財保護議定書)(抄) …… 804
　13-16-2　1999年3月26日にハーグで作成された武力紛争の際の文化財の保護に関する1954
　　　　　年のハーグ条約の第2議定書(文化財保護第2議定書)(抜粋) ……………………… 805

第5節　戦争残存物の除去
13-17　爆発性の戦争残存物に関する議定書(議定書Ⅴ)
　　　　　　　　　　　　(特定通常兵器使用禁止制限条約議定書Ⅴ)(抄) … 808
　[参照文書]
　　・特定通常兵器使用禁止制限条約議定書Ⅱ(→13-3-1) ……………………………… 770
　　・対人地雷禁止条約(→13-4) ………………………………………………………… 775
　　・クラスター弾条約(→13-5) ………………………………………………………… 778
　　・化学兵器禁止条約(→13-8) ………………………………………………………… 784

第6節　武力紛争における環境破壊の責任
13-18　安全保障理事会決議687(1991)(抜粋) ………………………………………………… 810
13-19　国際刑事裁判所に関するローマ規程(国際刑事裁判所規程)(抜粋) ………………… 810
　[参照文書]
　　・1907年ハーグ陸戦条約(→13-12) …………………………………………………… 793
　　・1949年文民条約(→13-13) …………………………………………………………… 794
　　・1977年第1追加議定書(→13-14) …………………………………………………… 795
　　・文化財保護第2議定書(→13-16-2) ………………………………………………… 802

第14章　資料編　　　　812

14-1　主要環境文書・事件年表 …………………………………………………………………… 813
14-2　環境関連事件判決例(人権以外) …………………………………………………………… 822
14-3　環境関連事件判決例(人権) ………………………………………………………………… 828
14-4　主要な多数国間環境条約実施のための国内法 …………………………………………… 834
　14-5-1　1992年CLC・1992年FC・2003年議定書に基づくタンカー油汚染損害賠償制度 … 836
　14-5-2　日本の原子力損害賠償制度 ………………………………………………………… 837
14-6　主要環境条約締結国一覧 …………………………………………………………………… 838

凡　例

1．本書の構成
　本書では、国際環境法に関連する条約、宣言、決議等の国際文書、および必要に応じて関連国内法を、分野ないしはテーマ別に 13 の章に整理して収録した。各章では、当該分野の特徴によって異なるが、普遍的文書と地域的文書を節別とし、さらに節を小分野に応じて項分けした個所がある。各節と項の中では原則として文書の採択年に従って配列しているが、関連の文書は一括している個所もある。第 14 章には、各種の資料をおもに図表に整理して収録した。

2．解　説
　各章の冒頭に解説欄をおき、当該分野における歴史的な流れ、収録した各文書の趣旨・目的と特徴、それらの相互関係などを説明した。なお、当該の章において基本的な概念ないしは用語の説明を付け加えた個所もある。

3．文書番号
　収録文書には各章ごとに文書番号を付し、解説等で文書に言及するときには当該の文書番号を付記する。枠組条約とその議定書のように相互に関連する一連の文書の場合には枝番号を用いるが、一連の文書であっても内容上別の節等に収録する場合があり、こうした場合には枝番号を用いず別個の付番を行う。また、文書自体はある章に掲載するが別の章にも関連がある文書については、後者の章でも目次で［参照文書］として文書名を挙げ、矢印によって収録章の文書番号を示す。

4．文書の名称
　各文書の冒頭および目次には正式名称を掲げ、必要に応じて略称を（　）内に示した。略称は、条約機関が用いているものや一般に広く通用しているものがある場合には、それにならった。解説中で言及する場合や奇数頁の上部の表記には略称を用いる。なお、各文書の冒頭には原名を併記するが、原名は正文に英語がある場合には英語を、英語がない場合には日本で最もなじみが深い言語のものを用いる。

5．条約文
(1) 日本が締約国で『官報』により日本語正文または公定訳が公布されている条約については、それを収録した（ただし、8．を参照）。それ以外の文書については既存の訳文などを参照して編集委員が翻訳したが、類似の表現についてはなるべく公定訳等に合わせるようにした。
(2) 公定訳でも明らかに誤訳または不適訳と思われるものについては、〔　〕内に原語を示し、そうでなくても原語を示すことが当該条文の理解に役立つと思われる場合には、編者訳の場合も含めて（　）内に原語を示す。なお、以上のような場合には、必要に応じて編者注を付する。
(3) 条約によっては国際機関など国以外の国際法主体にも開かれているものがあるが、こうした場合にも公定訳では特にその旨を断らずに「締約国」の訳語を与えることが多いので、編者訳の場合もこの例にならうこととした。
(4) 原条約に出てくる機関等の名称がその後変更された場合には、（　）内に＊を付して現在の名称を示した。
(5) 原則として発効している最新の改正を反映した条約文を収録するが、改正条約の締約国が少ない場合等に旧条約を収録しあるいは新旧両条約を併記する場合がある。また、未発効の条約でも当該分野にお

いてとくに重要と思われるものを収録した場合がある。
(6) 各収録文書の冒頭には箱書きで、採択、発効、改正などに関するデータを示す。改正については原則として個別に記載するが、累次の改正がある文書については「最終改正」にまとめることがあり、また、とくに改正関係が複雑な文書についてはその説明を付加する場合がある。地域的条約など締約国数が限られた条約については箱書きの中に締約国名を入れたものがある。
(7) 元の条約文それ自体に付されている注を※注として、編集委員が付加した〔編者注〕と区別した。

6．省略方法

(1) 収録する各文書に、収録範囲に従い以下の3種類に区分する。
　①全文を収録するもの。ただし、末文と署名は省略し、前文あるいは付表等ないしはその一部も省略する場合があるが、こういった場合にも文書には（抄）と記載せず、上記省略部分に（略）を付する。
　②一部の条文を省略する文書には（抄）と記載し、省略する条文は（略）として（ ）または〔 〕内にそのタイトルないしは内容を示す。なお、条約中の章ないしは節全体を省略する場合には、個々の条文を示さずに章等のタイトルを示して（略）とする場合がある。
　③一部の条文のみを収録する文書は（抜粋）と記載し、省略する条文を示して（略）と記載することはしない。
(2) （略）とする条文で他の文書に類似の条文がある場合には、まったく同じ文章の場合には（（文書番号）第X条と同じ）と　若干の相違があるがそれを参照して内容が理解できるものについては（（文書番号）第Y条を参照）と記述する。

7．条文見出し

原則としてすべての条文に見出しを付する。原文に見出しがある場合には（ ）とし、原文にない見出しを編集委員が付加する場合には【 】とする。

8．表記方法

(1) 日本語が正文である条約や公定訳の原典は縦書きであって、条文番号、年月日などについて漢数字を用いているが、本書は横書きとしたのでこれらは洋数字に替えた。
(2) 同じく公定訳等で用いられる促音「つ」については、慣用に従い下付き活字「っ」を用いる。
(3) 公定訳等で難読漢字にルビで付されているフリガナについては、当該の漢字の後の（ ）内に示す。たとえば「焼夷兵器」は「焼夷（い）兵器」とする。ただし、同じ文書に複数回出てくる漢字にすべてフリガナを付して煩雑になる場合には、初出の個所にのみフリガナを付す。

9．文書の索引

表紙と裏表紙の見返しに文書の索引を付するが、索引は正式名称のほか解説と奇数頁上部で用いる略称でも引けるようにしている。

10．訳語表と略語表

本書には、環境の分野に特有の言葉ないしは特有の訳が宛てられる言葉についての訳語表と、この分野で活動する国際機関やこの分野で多用される略語の略語表を収録する。

11．内容の現在

本書は、原則として2013年12月31日現在までに入手可能な資料によった。

訳語表

a Party which is a regional economic integration organization	地域的な経済統合のための機関である締約国
absolute liability	無過失責任
access	利用可能性；アクセス
advanced informed agreement	事前の情報に基づく合意
and/or	及び（又は）
best available technology	利用可能な最良の技術
best environmental practice	環境のための最良の慣行
capacity building	能力の開発
clean production technology	低負荷型の生産技術
commitments	約束
common concern of humankind	人類の共通の関心事
communicate	通報する；送付する
compensation	補償、賠償
eligibility	適格性
environmental media	環境媒体
events	事象
flora and fauna	植物相及び動物相；動植物
good/best practice	良い／最良の慣行
governance	ガバナンス；統治；管理のありかた；運営体制
habitat	生息地
identify	特定する
imminent danger	差し迫った危険；急迫した危険
inclusion	包容；記載
inform	通報する
infrastructure	インフラストラクチャー；インフラ
joint and several responsibility	連帯責任
know-how	ノウハウ
liability	責任；民事責任；賠償責任；損害賠償責任
loss	損失
management	処理；管理；運営
modified organisms	改変された生物
monitoring	モニタリング；監視
needs	ニーズ
operator	管理者；事業者；操業者；運航者
polluter-pays principle	汚染者負担の原則

population	個体群
preferably	……が望ましい
prior informed consent	事前の情報に基づく同意
precautionary approach	予防的な取組方法
precautionary principle	予防原則
proposed projects	事業計画案
provided and/or facilitated	行い又はより円滑なものにする
public awareness	公衆の啓発；周知
rehabilitation	機能の修復
reintroduction	再導入
relief	救済
remedies	救済措置；対処の方法
responsibility and liability	責任
risk(s)	危険；危険性；危害
significant harm	重大な危害
specimen	標本
strategies, plans or programmes	戦略若しくは計画
strict liability	厳格責任

略語表

AOSIS	Alliance of Small Island States	小島嶼国連合
AU	African Union	アフリカ連合
BAT	Bset Available Techonology	利用可能な最良の技術
CBD	Convention on Biological Diversity	生物の多様性に関する条約
CCAMLR	Commission for the Conservation of Antarctic Marine Living Resources	南極海洋生物資源保存委員会
CDM	Clean Development Mechanism	クリーン開発メカニズム。公定訳では「低排出型の開発の制度」
CEC	Commission for Environmental Cooperation	環境協力委員会
CEP	Committee for Environmental Protection	環境保護委員会〈南極条約環境保護議定書〉
CLC	International Convention on Civil Liability for Oil Pollution Damage	油による汚染損害についての民事責任に関する国際条約；油汚染損害民事責任条約
CNS	Convention on Nuclear Safety	原子力の安全に関する条約
COE	Council of Europe	ヨーロッパ評議会
COP	Conference of the Parties	締約国会議
COP/MOP	Conference of the Parties serving as the Meeting of the Parties to the Protocol	議定書の締約国の会合としての役割を果たす締約国会議
CSD	Commission on Sustainable Development	持続可能な発展に関する委員会
CTE	Committee on Trade and Environment	貿易と環境に関する委員会
DSB	Dispute Settlement Body	紛争解決機関
DSU	Understanding on Rules and Procedure Governing the Settlement of Disputes	紛争解決了解
EA	Environmental Assessment	環境評価
EANET	Acid Deposition Monitoring Network in East Asia	東アジア酸性雨モニタリングネットワーク
ECE	Economic Commission for Europe	欧州経済委員会
EIA	Environmental Impact Assessment	環境影響評価
EMEP	Cooperative Programme for Monitoring and Evaluation of the Long-range Transmission of Air Pollutants in Europe	欧州における大気汚染物質の長距離移動のモニタリング及び評価のための協力計画
EMP	Environmental Management Plan	環境管理計画
EPREV	Emergency Preparedness Review	緊急事態のための準備評価

ESMF	Environmental and Social Management Framework	環境社会管理枠組
FC	International Convention on the Establishment of an International Fund for Compensation for Oil Pollution Damage	油による汚染損害の補償のための国際基金の設立に関する国際条約；油汚染損害補償国際基金設立条約
FFA	South Pacific Forum Fisheries Agency	南太平洋フォーラム漁業機関
GEF	Global Environment Facility	地球環境ファシリティ。公定訳は「地球環境基金」
HNS	Hazardous and Noxious Substances	危険物質及び有害物質
IAEA	International Atomic Energy Agency	国際原子力機関
IBRD	International Bank for Reconstruction and Development	国際復興開発銀行
ICC	International Criminal Court	国際刑事裁判所
ICRC	International Committee of the Red Cross	赤十字国際委員会
IDA	International Development Association	国際開発協会
IMO	International Maritime Organization	国際海事機関。旧名称は政府間海事協議機関 (Intergovernmental Maritime Consultative Organization：IMCO)。
IPCC	Intergovernmental Panel on Climate Change	気候変動に関する政府間パネル
IRENA	International Renewable Energy Agency	国際再生可能エネルギー機関
IUCN	International Union for Conservation of Nature	国際自然保護連合
MAT	Mutually Agreed Terms	相互に合意する条件
MEAs	Multilateral Environmental Agreements	多数国間環境保護協定
MEPC	Marine Environment Protection Committee	海洋環境保護委員会
MOP	Meeting of the Parties	締約国会合
MSY	maximum sustainable yield	最大持続生産量
NGOs	non-governmental organizations	非政府機構／組織。国連憲章71条の公定訳では「民間団体」
NOx	nitrogen oxide	窒素酸化物
OECD/NEA	Nuclear Energy Agency of the Organisation for Economic Co-operation and Development	経済協力開発機構原子力機関
PIC	Prior Informed Consent	事前の情報に基づく同意；事前の通告に基づく同意

POPs	Persistent Organic Pollutants	残留性有機汚染物質
SEA	Strategic Environmental Assessment	戦略的環境評価
SESA	Strategic Environmental and Social Assessment	戦略的環境社会評価
TOMA	Tropospheric Ozone Management Area	対流圏オゾン管理区域
UNCED	United Nations Conference on Environment and Development	国際連合環境発展会議；リオ会議
UNCLOS	United Nations Convention on the Law of the Sea	海洋法に関する国際連合条約；国連海洋法条約
UNDP	United Nations Development Programme	国際連合開発計画
UNECE	United Nations Economic Commission for Europe	国際連合欧州経済委員会
UNEP	United Nations Environmental Programme	国際連合環境計画
VOCs	Volatile Organic Compounds	揮発性有機化合物
WCED	World Commission on Environment and Development	環境と発展に関する世界委員会

国際環境条約・資料集

図説東北の農業・資料集

第1章
基本文書

国際環境法の基本原則の形成

　伝統的国際法の時期にも、隣接諸国間の具体的な環境問題に対処するための条約、資源の保護のための条約、さらには環境保護のために適用可能な慣習国際法規則が存在したが、当時これらは、環境保護の一般的な法意識に裏打ちされていたわけではない。国際環境法の成立の基礎を与えたのは、第二次世界大戦後の先進資本主義国における高度経済成長政策がもたらした環境破壊に対処することをおもな目的に、1972年に国連の主催のもとにストックホルムで開催された人間環境会議だった。この会議が採択した**人間環境宣言(1-1：ストックホルム宣言ともいう)**は、環境保護の必要性と発展途上国の発展の必要性との調和を強調するとともに、その後の国際環境法の基礎となる諸原則を打ち出した。この会議はまた、その後の国連における環境保護活動の中心となる国連環境計画(UNEP)の設置をも決定し、これを具体化するのが同年の**UNEP設置決議(1-14)**である。なお、後述の**われわれが望む未来(1-7)**を受けて2012年の総会決議67/213は、その管理理事会の構成を普遍化するなど、UNEPを強化し格上げすることを決定した。

　しかしその後も環境破壊の進行には歯止めがかからず、また発展途上国の発展の課題も解決の糸口を見いだせないまま、地球温暖化や生物の種の絶滅の危険といった地球環境保全の問題が浮上するに至る。このような状況のもとに、国連が設置したいわゆる賢人会議である環境と発展に関する世界委員会は、1987年に公表した報告書『地球の未来を守るために』において、「将来の世代がそのニーズを満たす能力を損なうことなく、現在の世代のニーズを満たす発展」と定義される「持続可能な発展」の考えを提唱する。「持続可能な発展」は国連が1992年に開催した国連環境発展会議(リオ会議)の指導理念となり、同会議が採択した**リオ宣言(1-3)**はこれを軸として、国際環境法の基本原則となる諸原則を具体化した。**ヨハネスブルグ政治宣言(1-5)**、**われわれが望む未来(1-7)**といったその後の諸文書では、「持続可能な発展」の概念は経済発展、社会発展および環境保護という三つの次元から成るものとして、その内容がより具体化される。こうしてリオ宣言以後は、国際法の独自の分野として国際環境法を語ることができるようになるといわれる。リオ会議ではまた、**気候変動枠組条約(6-2)**

と**生物多様性条約(5-4)**が署名開放されたほか、リオ宣言を実施に移すための行動計画に当たる**アジェンダ21(1-4)**も採択される。アジェンダ21は長文であるので、ここには章別構成だけを収録した。なお、リオ会議の決定に基づいて経済社会理事会の補助機関として持続可能な発展委員会が設置されたが、同委員会は2012年の**われわれが望む未来(1-7)**により普遍的な政府間ハイレベル政治フォーラムと置き換えられることになった。

　他方、1982年に国連総会が採択した**世界自然憲章(1-2)**は、地球環境保護の問題を総体的に扱う国際文書としては最も初期のものであって、人間環境宣言やリオ宣言が「人間中心的」であるのに対して、自然環境の価値それ自体の重要性を認めるものとして注目された。また、2002年に国連が開催した持続可能な発展に関する世界サミットが採択した**ヨハネスブルグ政治宣言(1-5)**は、人間環境宣言やリオ宣言のように規範的内容は含まず、冷戦終結後進展したグローバリゼーションの状況下で既存の諸原則を再確認し具体化することに重点をおく。

　以上の諸文書(1-1～5)が、諸国の行動を枠づけあるいは方向づけるが、それ自体としては法的拘束力をもたないソフト・ロー文書であるのに対して、国際法委員会(ILC)が2001年に採択した草案に基づく**越境侵害防止条文(1-6)**は、条約としての採択を目指す。この条文は**越境侵害損失配分原則(10-1)**とともに、ILCによる「国際法によって禁止されていない行為から生じる有害な結果に関する国際賠償責任」の法典化作業の成果であるが、地球環境問題は除外して越境環境損害のみを対象とする手続的義務を規定する。また、リオ会議20周年を機会に開催された持続可能な発展に関する国連会議(リオ＋20)は、リオ会議の諸決定の実施状況の総括を踏まえてその現代的課題を提示する、**われわれが望む未来(1-7)**を採択した。

地域的な多数国間環境保護協定(MEAs)の展開

　地域的な文書に目を移せば、地域経済統合機関として発足したECは次第に権限範囲を拡大して1986年の単一欧州議定書によって環境に関する編をおき、1992年のマーストリヒト条約によって設立された欧州連合(EU)は持続可能な発展を目的の一つに掲げる。EC条約はその後、2009年に発効したリスボン条約により**EU運営条約(1-8)**と改称された。ここには、第3部第20編「環境」を中心に、環境に関連する個所を抜粋して掲載する。1974年の**北欧環境保護条約(1-9)**は締約国がさらに限られた小地域の条約であるが、この種の多数国間条約では最初期のものに属する。

　欧州以外の地域では、1985年の**ASEAN自然保全協定(1-10)**は、天然資源と自然環境の保全のための一般的な義務を定めるに過ぎないが、多数国間条約としてはおそらく最も早く持続可能な発展を規定したこと、保全に関する生態学的アプローチを強調したことなどが注目される。他方アフリカでは、アフリカ統一機構(OAU)が1968年に自然及び天然資源の保全に関するアフリカ条約を作成し、OAUが改組されたアフリカ連合(AU)がこれに替えて2003年に採択した同名の条約(**アフリカ自然保全条約：1-11**)は1-10とともに、大気を除くすべての環境を対象とすること、土壌の保護を重視することなどを特徴とし、手続的権利や制度的

取り決めを整備した。以上の二条約は効力発生の見込みはたっていないが、地域的なMEAsとしては重要だと思われるので、掲載することとした。なお、このほかに地域的なMEAsでは、対象分野が限定的であるが**ヌーメア条約(2-3)**、**北米環境協力協定(12-9)**などがある。

日本の二国間環境保護協定と国内法

　以上のようなMEAsのほか、隣接諸国の間の環境協力はおもに二国間協定を通じて行われてきた。日本はこれまで、米国、旧ソ連、韓国、中国およびドイツとの間に二国間環境協力協定を締結してきたが、ここではこれらの協定のうち最初のものである**日米環境協力協定(1-12)**を収録する。これらの協定は締結時期が新しくなるにつれて詳細かつ具体的になる傾向があるが、基本的な内容には変化がない。なお、これらの協定は国会承認条約ではなく署名のみによって発効する政府間の取り決めであり、したがって協力活動は既存の国内法令および予算の範囲内で行うものとされる。他方日本国憲法には環境保護に関する明文の規定は存在せず、日本における環境保護の基本法は、1967年の公害対策基本法に代わって1993年に施行された**環境基本法(1-13)**である。同法は環境保全の基本理念とそのための施策の基本を規定するほか、その対象には地球環境保全も含まれ、持続可能な発展の理念も盛り込む。

環境分野における国際機関の成立

　地球環境の保護を任務とする単一の国際機関は成立していないが、国連体制内では、環境問題に関して権限を有する機関が順次整備されてきた。これらのうち**UNEP(1-14)**については前述したが、**GEF設立文書(1-15)**は1991年に世界銀行、UNEPおよび国連開発計画（UNDP）のパイロット計画として設置されたものが、リオ会議の諸文書の要請を受けて民主的に再編成されたものである。GEFはこれら三機関を実施機関として**気候変動枠組条約(6-2)**、**生物多様性条約(5-4)**、**砂漠化対処条約(5-11)**などの資金制度の役割を果たすもので、国の発展目標を超える地球環境の保護のために必要とされる増加費用を支援する。運営に中心的な役割を果たす評議会の意思決定は、コンセンサスかそれが得られない場合には参加国の60％と総拠出金の60％の双方を代表する多数からなる二重の加重多数決によって行う。GEFはまた、上記のような諸条約の資金制度として機能する場合には各条約の締約国会議の指導のもとに行動することとされているから、出資金に基づく加重投票制をとる世銀に比べれば、より民主的で透明な運営が期待できるとされる。

【第1節　普遍的文書】

1-1　国際連合人間環境会議の宣言（人間環境宣言；ストックホルム宣言）
Declaration of the United Nations Conference on the Human Environment

採　択　1972年6月16日
国際連合人間環境会議（ストックホルム）

国際連合人間環境会議は、
1972年6月5日から16日までストックホルムにおいて会合し、
人間環境の保全及び向上に関して、世界の人民を鼓舞し指導する共通の展望と共通の原則が必要であることを考慮して、

I　【宣言】

次のとおり宣言する。
1　人は、その人間環境の被造者であると同時にその形成者でもある。環境は、人の生命を支え、人に知的、道徳的、社会的及び精神的成長の機会を与えている。この地球における人類の長く苦難に満ちた進化のなかで、科学技術のますます急速な発展によって、人は、その環境を無数の方法で、かつ、先例のない規模で変革する力を獲得する段階に到達した。人間環境の二つの側面、すなわち自然的側面及び人工的側面は、人の福祉にとって、また基本的人権―生存権そのものでさえ―の享受にとって、不可欠のものである。
2　人間環境の保護及び改善は、世界中の人民の福祉及び経済発展に影響を及ぼす主要な課題である。それは、全世界の人民の願望であり、すべての政府の義務である。
3　人は、常にその経験を総合し、発見、発明、創造及び進歩を続けなければならない。われわれの時代においては、自分をとりまく環境を変革する人の能力は、賢明に用いられるならば、すべての人民に発展の恩恵及び生活の質を向上させる機会を与えることができる。誤って、あるいは不注意に用いられるならば、同じ力は、人間及び人間環境にとってはかりしれない禍害をもたらしうる。われわれは、地球上の多くの地域において、われわれの周囲に人工の禍害がますます増大しつつあることを知っている。すなわち、水、空気、土地及び生物の危険なレベルの汚染、生物圏の生態学的均衡に対する大きくかつ望ましくない撹乱、かけがえのない資源の破壊及び枯渇、並びに人工の環境、とりわけ生活環境及び労働環境における、人の肉体的、精神的及び社会的健康に害を及ぼす重大な欠陥、がそれである。
4　発展途上国においては、環境問題の大部分は、低開発から生じている。幾百万の人々が、十分な食糧及び衣服、住居及び教育、健康及び衛生を奪われて、人間らしい最低の生活水準よりはるかに低い生活を続けている。したがって、発展途上国は、自国の優先順位及び環境を保護し改善する必要性を考慮に入れて、その努力を発展に向けなければならない。同じ目的のために、先進工業国は、自国と発展途上国との格差をうめる努力を行うべきである。先進工業国においては、環境問題は、一般に工業化及び技術発展と関係している。
5　人口の自然的増加は、たえず環境の保全に関して難問題を提起しており、この難問題に対処するため、必要な場合には適切な政策及び措置が採用されるべきである。世界のすべてのもののなかで、人民が最も貴重なものである。社会進歩を推進し、社会的富を創造し、科学技術を発展させ、そして勤勉な労働によって人間環境を常に変革するのは、人民である。社会進歩並びに生産力及び科学技術の発展に伴って、環境を改善する人の能力は日ごとに向上している。
6　歴史は、一つの転換点に到達した。われわれは、世界中で、環境に対する影響をより慎重に考慮して行動しなければならない。われわれは、無知又は無関心によって、われわれの生命及び福祉がそれに依存している地球の環境に、重大でとりかえしのつかない害を与えることがありうる。逆に、より十分な知識及びより賢明な行動によって、われわれは、われわれ自身及びわれわれの子孫のために、人間のニーズ及び希望に一層調和した環境において、よりよい生活を達成することができる。環境の質の向上及びよき生活の創造にとって、広大な展望が開けている。必要とされているのは、熱烈だが冷静な精神と、激しいが秩序立った仕事である。自然の世界において自由を達成するためには、人は、自然と協調して、よりよい環境を建設するために知識を用いなければならない。現在及び将来の世代のために人間環境を保護し改善することは、人類にとっての至上の目標、すなわち平和及び世界的な規模での経済的、社会的発展という確立した基本的目標とともに、また

これらの目標との調和のもとに追求されるべき目標となった。
7 この環境上の目標を達成するためには、市民及び社会、あらゆるレベルの企業及び団体が、責任を引き受け、すべてのものが共通の努力に衡平に参与することが必要とされよう。すべての職業の個人並びに多くの分野の団体は、その価値観及びその行動の総体によって将来の世界の環境を形作るであろう。地方自治体及び国の政府は、各々の管轄権内における大規模な環境政策及び行動にとって最も大きな責任を負うであろう。発展途上国がこの分野においてすべての責任を果たすのを支援する目的で資源を調達するために、国際協力もまた必要とされる。ますます多くの種類の環境問題が、範囲において地域的又は世界的であるので、あるいは、共有の国際公域に影響を及ぼすために、共通の利益に基づく諸国間の広範な協力並びに国際機関の行動を必要とするであろう。国際連合人間環境会議は、すべての政府及び人民に対して、すべての人民及びその子孫のために、人間環境を保全し改善するための共通の努力を払うように、要請するものである。

Ⅱ 原 則
次のような共通の確信を表明する。

原則1【環境に関する人の権利及び責任】 人は、尊厳及び福祉の生活を可能とする質の環境において、自由、平等及び適切な生活水準への基本的権利を有するとともに、現在及び将来の世代のために環境を保全し改善する厳粛な責任を負う。これに関して、アパルトヘイト、人種的隔離、差別、植民地的及びその他の形態の抑圧、並びに外国の支配を促進し又は永続化する政策は、非難され、除去されなければならない。

原則2【天然資源の保護】 空気、水、土地、動植物及びとりわけ自然の生態系の代表的なものを含む地球の天然資源は、現在及び将来の世代のために、適切な場合には注意深い計画又は管理によって保護されなければならない。

原則3【地球の天然資源産出能力の保護】 再生可能な重要な天然資源を産出する地球の能力は、維持され、実行可能な場合には回復され又は改善されなければならない。

原則4【野生生物の保護】 人は、有害な諸要素の組合わせによって今や重大な脅威にさらされている、野生生物及びその生息地という遺産を保護し賢明に管理する、特別の責任を負っている。したがって、野生生物を含む自然の保護は、経済発展の計画立案にさいして重視されなければならない。

原則5【再生不可能な資源の保護】 再生不可能な地球の資源は、その将来の枯渇の危険から保護し、及びその利用の恩恵がすべての人類にひとしく享受されることを確保するような方法で、利用されなければならない。

原則6【有害物質等の排出の規制】 環境の無害化能力を越えるような量又は濃度における有害物質又はその他の物質の排出及び熱の放出は、生態系に重大な又は回復不可能な損害を与えることがないよう確保するため、停止されなければならない。汚染に反対するその国の人民の正当な闘争は、支持されるべきである。

原則7【海洋汚染の防止】 国は、人の健康に危険をもたらし、生物資源及び海洋生物に害を与え、海洋の快適性を損ない、又は海洋のその他の適法な利用を妨げるおそれのある物質による海洋の汚染を防止するため、すべての可能な措置をとる。

原則8【経済的及び社会的発展の必要性】 経済的及び社会的発展は、人にとって好ましい生活環境及び労働環境を確保し、かつ生活の質の改善に必要な条件を地上に作り出すために、不可欠である。

原則9【発展途上国の発展のための援助】 低開発状態及び自然災害がもたらす環境の欠陥は、重大な問題となっており、発展途上国の国内努力を補足するための相当量の財政的及び技術的援助、並びに必要とされる時宜を得た援助の供与によって促進される発展により、最もよく対処することができる。

原則10【一次産品の価格安定】 発展途上国にとっては、一次産品及び原料の価格の安定及びそれによる十分な収益は、生態学的プロセスとならんで経済的要素を考慮に入れなければならないため、環境の管理にとって不可欠である。

原則11【環境政策と発展途上国の発展の関係】 すべての国の環境政策は、発展途上国の現在又は将来の発展の潜在力を高めるべきであって、これに悪影響を与えてはならず、すべての者のためのよりよい生活条件の達成を妨げてはならない。すべての国及び国際機関は、環境上の措置から生じることのある国内的及び国際的な経済的結果に対処することについて合意に達するために、適切な措置をとるべきである。

原則12【発展途上国の環境保護のための援助】 発展途上国の状態と特別の必要性、発展計画の立案に環境保護を組み込むことから生じることのある費用、及び要請に応じてこの目的のために発展途上国に追加的な国際的技術並びに財政援助を利用可能とする必要性に考慮を払って、環境を保全し

改善するために資源が利用可能とされるべきである。

原則13【発展と環境の調和】資源のより合理的な管理を実現して環境を改善するために、国は発展がその住民の利益のために人間環境を保護し改善する必要性と両立するよう確保する目的で、発展計画の立案に際して総合的で調和のとれたアプローチを行うべきである。

原則14【発展と環境の調和のための合理的な計画】発展の必要性と環境を保護し改善する必要との間の矛盾を解決するためには、合理的な計画立案が不可欠の手段である。

原則15【環境保護のための住居及び都市計画】人間の住居及び都市化に関して、環境への悪影響を避け、すべての者のために最大限の社会的、経済的及び環境的利益を確保するために、計画が行われなければならない。これに関して、植民地主義及び人種差別主義的支配を目的として立案された計画は、放棄されなければならない。

原則16【環境保護のための人口政策】人口増加率若しくは過度の人口集中が環境若しくは発展に悪影響を及ぼす可能性がある地域、又は人口過疎が人間環境の改善を妨げ発展を阻害することのある地域においては、基本的人権を損なうことなく関係政府が適当とみなす人口計画が実施されるべきである。

原則17【環境保護のための国の機関】国の適当な機関に対して、環境の質を向上させることを目的に、国の環境資源について立案し、これを管理し又は規制する任務が委ねられなければならない。

原則18【環境問題解決のための科学技術の応用】科学技術は、経済的及び社会的発展への貢献の一環として、環境への危険を特定し回避し及び管理するために、環境問題を解決するために、並びに人類の共通の利益のために、応用されなければならない。

原則19【環境教育】恵まれない人々の立場を十分に配慮した環境問題に関する青少年教育及び成人教育は、人間的な意味における環境の保護及び改善に当たって、個人、企業及び地域の啓発された意見並びに責任ある行動の基礎を拡大するために、不可欠のものである。同様に、マス・メディアが環境の悪化に手を貸すことなく、逆に人間がすべての面において発展することが可能となるよう、環境の保護及び改善の必要性について教育的性質の情報を普及することが、不可欠である。

原則20【環境保護のための科学技術の交流】環境問題における国内の及び国境を越えた科学研究並びに開発は、すべての国において、とりわけ発展途上国において促進されなければならない。これに関して、最新の科学情報の自由な交流と経験の移転は、環境問題の解決を容易にするために支持し援助されなければならず、環境技術は発展途上国の経済負担となることなくその広範な普及を奨励するような条件のもとに、発展途上国に利用させるべきである。

原則21【環境に関する国の権利及び責任】国は、国際連合憲章及び国際法原則に従って、自国の資源をその環境政策に基づいて開発する主権的権利を有し、また、自国の管轄又は管理下の活動が他の国の環境又は国の管轄権の範囲外の区域の環境に損害を及ぼさないように確保する責任を有する。

原則22【国際法の発展のための協力】国は、自国の管轄又は管理下の活動がその管轄権を越えた区域にもたらす汚染その他の環境損害の犠牲者のための賠償責任及び補償に関する国際法を一層発展させるために、協力する。

原則23【各国の価値体系の尊重】国際社会が合意することのある基準又は国が決定するべき準則を損なうことなく、各国において優越的な価値体系を考慮し、及び最も発展した諸国にとっては有効であるが発展途上国にとっては不適切であり不当な社会的費用を要するような準則の適用可能性の程度を考慮することは、すべての場合に不可欠であろう。

原則24【環境問題における国際協力】環境の保護及び改善に関する国際問題は、大小を問わずすべての国により、平等を基礎として協力の精神によって取り扱われるべきである。多数国間若しくは二国間の取極又はその他の適切な手段による協力は、すべての分野において行われる諸活動から生じる環境への悪影響を、すべての国の主権及び利益に妥当な考慮を払った方法で、効果的に管理し、防止し、減少させ及び除去するために不可欠である。

原則25【国際機関の役割】国は、環境の保護及び改善のために、国際機関が調整された、効率的で精力的な役割を果たすことを確保する。

原則26【核兵器などの廃絶】人及びその環境は、核兵器及びその他すべての大量破壊手段の影響から、保護されなければならない。国は関連国際機関において、このような兵器の除去及び完全な廃絶について速やかに合意に達するよう努力しなければならない。

1-2 世界自然憲章

World Charter for Nature

採　択　1982年10月28日
国際連合総会第37会期、決議37/7附属書

総会は、

国際連合の基本目的、とりわけ国際の平和及び安全の維持、諸国間の友好関係の発展、並びに経済的、社会的、文化的、技術的、知的又は人道的性質を有する国際問題を解決することについての国際協力の達成を再確認し、

以下のことを認識し、

(a) 人類は自然の一部であり、生命はエネルギー及び栄養の供給を確保する自然系の不断の機能に依存していること、
(b) 文明は自然に根ざすものであり、自然は人間の文明を形成しすべての芸術上及び科学上の成果に影響を及ぼしてきたこと、並びに自然と調和して生きることは創造性の発展と休息及びリクリエーションにとっての最善の機会を人間に与えること。

以下のことを確信し、

(a) すべての生命形態はかけがえのないものであり、人間にとっての価値のいかんを問わず尊重に値するものであること、及び他の生命体をそのように認めるためには、人間は道徳上の行為規範に導かれるべきであること、
(b) 人間はその行動により又はその行動の結果として自然を変え天然資源を枯渇させうること、したがって、人間は自然の安定と質とを維持し天然資源を保全することの緊急性を十分に認めなければならないこと。

以下のことを信じて、

(a) 自然から永続的に受益することは不可欠の生態学的プロセス及び生命支持システムの維持に依存し、また生命形態の多様性に依存するものであって、生命形態の多様性は人間による過剰な開発と生息地の破壊によって危うくされるものであること、
(b) 過剰な消費及び天然資源の誤った利用並びに人民及び諸国の相互間に適切な経済秩序を樹立しないことに起因する自然系の劣化は、文明の経済的、社会的及び政治的な枠組みの崩壊に導くものであること、
(c) 希少な天然資源の獲得競争は紛争をもたらすものであるのに対して、自然及び天然資源の保全は正義及び平和の維持に貢献するものであり、そのような保全は人類が平和に生き戦争と軍備を放棄することを学ぶまでは達成できないものであること。

人間は、現在及び将来の世代のために種と生態系の保存を確保するような方法で天然資源を利用する能力を維持し向上させるために、知識を獲得しなければならないことを再確認し、

自然を保護しこの分野において国際協力を促進するために、国及び国際的なレベルにおいて、個人的及び集団的なレベルにおいて、また私的な及び公的なレベルにおいて、適切な措置をとる必要性を強く確信し、

これらの目的のために、自然に影響を及ぼすすべての人間の行動を指導し判断するべき以下の保全の諸原則を宣言する、この世界自然憲章を採択する。

I 一般原則

1 自然は尊重されなければならず、その不可欠のプロセスは損なわれてはならない。
2 地球上の遺伝学的生存能力は、傷つけられてはならない。すべての生命形態の個体数は、野生種であるか飼育種又は栽培種であるかを問わず、少なくともその存続に十分なレベルになければならず、この目的のために必要な生息地は保護されなければならない。
3 地球上の陸及び海のすべての区域は、これらの保全の原則に従う。かけがえのない区域、生態系の相異なるすべてのタイプを代表する実例、及び希少な又は絶滅のおそれがある種の生息地には、特別の保護を与える。
4 生態系及び生命体、並びに人間が利用する土地、海洋及び大気の資源は、最適の持続可能な生産性を達成し維持するように管理する。ただし、このような管理は、これらと共存している生態系又は種の保全を危うくするようなものであってはならない。
5 自然は、戦争又はその他の敵対行動に起因する劣化から擁護される。

II 役割

6 政策決定過程においては、人間のニーズは自然系の適切な機能を確保しこの憲章に規定する諸

原則を尊重してのみ、満たされうることが承認されなければならない。
7 社会的及び経済的な開発活動を計画し実施するに当たっては、自然の保全はこれらの活動の不可分の一部をなすという事実に、妥当な考慮を払わなければならない。
8 経済開発、人口増及び生活水準改善のための長期的な計画を策定するに当たっては、関連住民の生計及び居住を確保する自然系の長期的な能力は科学及び技術によって向上させられうることを認めて、この能力に妥当な考慮を払う。
9 地球上の区域のさまざまな用途への配分は、計画的なものでなくてはならない。配分に当たっては、当該区域の物理的制約、生物学的な生産性及び多様性並びに自然の美しさに妥当な考慮を払う。
10 天然資源は浪費されてはならず、以下の諸規則に従い、この憲章に規定する諸原則に適合する自制をもって利用する。
  (a) 生物資源は、自然の繁殖力を超えて利用してはならない。
  (b) 土地の生産性は、長期的な肥沃度及び微生物による分解過程を保護し侵食その他すべての形態の劣化を防止する措置によって、維持し又は向上させる。
  (c) 利用によって消失しない資源（水を含む。）は、再利用し又はリサイクルする。
  (d) 利用によって消失する再生不可能な資源は、その賦存量、それを消費に転用する合理的可能性、及びその開発の自然系の機能との両立性を考慮して、抑制的に開発する。
11 自然に影響を与えるかもしれない活動は管理するものとし、自然に対する重大なリスク又はその他の悪影響を最小のものとする、利用可能な最善の技術を使用する。とりわけ、
  (a) 自然に対して回復不可能な損害を与える可能性がある活動は、行わない。
  (b) 自然に対して重大なリスクを課する可能性がある活動に先立ち、包括的な検討を行う。このような活動を提議する者は、期待される利益が自然に対する可能な損害を上回ることを示すものとし、潜在的な悪影響が十分に理解できない場合には活動を進めるべきではない。
  (c) 自然をかく乱するかもしれない活動に先立ち、それらの結果の評価を行う。開発計画の環境影響評価は、事前に十分な時間的余裕をもって行うものとし、活動を行う場合には潜在的な悪影響を最小とするように計画し実施する。
  (d) 農業、畜産業、林業及び漁業は、当該地域の自然の特徴及び制約に適合するように実施する。
  (e) 人間活動によって劣化した地域は、その自然の潜在力と調和しかつ影響を受ける住民の福祉と両立することを目的として、復旧させる。
12 自然系への汚染物質の排出は避けるものとし、及び、
  (a) このことが実行可能ではない場合には、汚染物質は利用可能な最善の手段を用いることによって排出源において処理する。
  (b) 放射性廃棄物又は毒性廃棄物の排出を防止するため、特別の予防措置をとる。
13 自然災害、虫害及び疾病を防止し管理し又は封じ込めることを目的とする措置は、これらの災害の原因に特定的に向けられたものであって自然に対する副作用を避けるものとする。

III 実　施

14 この憲章に規定する諸原則は、各々の国の法及び慣行並びに国際的なレベルにおいて反映させる。
15 自然に関する知識はすべての可能な手段により、とりわけ一般教育の不可分の一部としての生態学の教育により、広く普及させる。
16 すべての計画にはその不可欠の要素として、自然の保全、生態系の一覧の作成、及び計画されている政策並びに活動の自然に対する影響の評価のための戦略の策定を含める。これらの要素のすべては、効果的な協議及び参加を可能とする時点において、適当な手段により公衆に開示する。
17 自然保全の目的を達成するために必要な基金、プログラム及び行政組織を整える。
18 いかなる種類の制約によっても妨げられることのない、科学研究による自然の知識の拡大及びそのような知識の普及のために、不断の努力を行う。
19 自然のプロセス、生態系及び種の状況は、劣化又は脅威を初期に認知し、時宜にかなった関与を確保し、並びに保全の政策及び方法の評価を促進するために、厳密に監視する。
20 自然を損なう軍事活動は、行わない。
21 国並びに可能な限りにおいてその他の公の当局、国際機関、個人、集団及び企業は、以下のことを行う。
  (a) 共同の活動及びその他の関連行動（情報交換及び協議を含む。）を通じて、自然保全の任務において協力すること。
  (b) 自然に対して悪影響を与えるかもしれない製品及び製造工程のための基準を策定し、並び

にこれらの悪影響を評価するための方法について合意すること。
(c) 自然の保全及び環境の保護のための、適用可能な国際法上の規定を実施すること。
(d) 自国の管轄又は管理の下で行われる活動が、他の国の国内又は国の管轄権の範囲外に存在する自然系に害を生じないように確保すること。
(e) 国の管轄権の範囲外の区域において、自然を保護し保全すること。
22 各々の国は、天然資源に対する国の主権を十分に考慮に入れて、その権限ある機関を通じて及び他の国と協力して、この憲章の諸規定を実施する。
23 すべての者はその国の法令に基づき、単独で又は他の者と共同して、その環境に直接かかわる決定に参加する機会を有し、また、その環境が損害を受け又は劣化した場合には救済手段にアクセスする権利を有するものとする。
24 すべての者は、この憲章の諸規定に従って行動する義務を有する。すべての者は、単独で又は他の者と共同して行動することにより、若しくは政治過程に参加することによって、この憲章の目的及び要請が実現されるように確保するため努力する。

1-3 環境及び発展に関するリオ宣言（リオ宣言）
Rio Declaration on Environment and Development

採　択　1992年6月14日
国際連合環境発展会議（リオ・デ・ジャネイロ）

環境及び発展に関する国際連合会議は、
1992年6月3日から14日までリオ・デ・ジャネイロで会合し、
1972年6月16日にストックホルムで採択された国際連合人間環境会議の宣言を再確認するとともにこれを発展させることを求め、
国、社会の重要部門及び国民の間の新たな水準の協力を作りだすことによって、新しい衡平な地球的規模のパートナーシップを構築することを目的とし、
すべての者のための利益を尊重し、かつ地球的規模の環境及び発展のシステムの一体性を保護する国際的合意を目指して作業し、
われわれの家である地球の不可分性と相互依存性を認識し、
次のとおり宣言する。

原則1【人の権利】人は、持続可能な発展への関心の中心にある。人は、自然と調和した健康で生産的な生活への権利を有する。

原則2【環境に関する国の権利及び責任】国は、国際連合憲章及び国際法の諸原則に従って、自国の資源をその環境政策及び発展政策に基づいて開発する主権的権利を有し、また、自国の管轄又は管理下の活動が他の国の環境又は国の管轄権の範囲外の区域の環境に損害を与えないように確保する責任を有する。

原則3【発展の権利】発展の権利は、現在及び将来の世代の発展上及び環境上のニーズを衡平に満たすことができるように実現されなければならない。

原則4【持続可能な発展】持続可能な発展を達成するため、環境保護は発展過程の不可分の一部を構成し、それから切り離して考えることはできないものである。

原則5【貧困の撲滅】すべての国及びすべての人民は、生活水準の格差を減少し、世界の大多数の人民のニーズをより良く満たすため、持続可能な発展に必要不可欠なものとして、貧困の撲滅という最重要の課題において協力する。

原則6【発展途上国の特別な状況】発展途上国、特に後発発展途上国及び環境上最も脆弱な国の特別な状況及びニーズに対して、特別の優先度を与える。また、環境及び発展の分野における国際的行動は、すべての国の利益及びニーズに対処するべきである。

原則7【共通に有しているが差異のある責任】国は、地球の生態系の健全性及び一体性を保存し、保護し及び回復するために地球的規模のパートナーシップの精神により協力する。地球環境の悪化への相異なる加担にかんがみて、各国は、共通に有しているが差異のある責任を有する。先進諸国は、彼らの社会が地球環境にかけている圧力並びに彼らの支配している技術及び財源の観点から、持続可能な発展の国際的な追求において負う責任を認識する。

原則8【生産消費様式、人口政策】国は、持続可能な発展及びすべての人民のより質の高い生活を達成するために、持続可能でない生産及び消費の様式を減少させ除去し、また適切な人口政策を推進すべきである。

原則9【科学的理解の改善】国は、科学的及び技術的な知見の交換を通じて科学的な理解を改善することにより、また、新しくかつ革新的な技術を含む技術の開発、応用、普及及び移転を促進することにより、持続可能な発展のための内発的な対応能力を強化するために協力すべきである。

原則10【市民参加、救済手続】環境問題は、それぞれのレベルで、関心のあるすべての市民が参加することにより最も適切に扱われる。国内レベルにおいては、各個人が、有害物質及び地域社会における活動の情報を含めて、公の機関が有している環境関連情報を適正に入手し、また、意思決定過程に参加する機会を有するものとする。国は、情報を広く利用可能とすることにより、国民の啓発と参加を促進し、かつ奨励する。賠償及び救済を含む司法上及び行政上の手続に対する実効的なアクセスの機会が与えられなければならない。

原則11【環境立法】国は、実効的な環境法令を制定する。環境基準、管理目的及び優先順位は、それらが適用される環境及び発展の状況を反映すべきである。一部の国が適用する基準は、他の国、特に発展途上国にとって不適切であり、正当化されない経済的及び社会的な負担をもたらすことがある。

原則12【環境と貿易】国は、環境の悪化の問題により適切に対処するため、すべての国における経済成長と持続可能な発展をもたらすような協力的で開かれた国際経済システムの促進に協力すべきである。環境目的のための貿易措置は、国際貿易に対する恣意的な若しくは正当と認められない差別待遇又は国際貿易の偽装された制限の手段とされるべきではない。輸入国の管轄権外の環境問題に対処する一方的な行動は避けるべきである。国境を越える、あるいは地球規模の環境問題に対処する環境措置は、可能な限り国際的なコンセンサスに基づくべきである。

原則13【賠償責任に関する国内法の整備と国際法の発展】国は、汚染及びその他の環境損害の被害者への賠償責任及び補償に関する国内法を整備する。国はまた、自国の管轄又は管理下の活動がその管轄権の範囲外の区域に及ぼす環境損害の悪影響に対する賠償責任及び補償に関する国際法を一層発展させるために、迅速かつより断固とした方法で協力する。

原則14【有害物質の移転防止】国は、深刻な環境悪化を引き起こすか又は人の健康に有害であると認めるいかなる活動及び物質も、他の国への移動及び移転を阻止し又は防止するために効果的に協力すべきである。

原則15【予防的な取組方法】環境を保護するため、国により、予防的な取組方法がその能力に応じて広く適用されなければならない。深刻な又は回復不可能な損害が存在する場合には、完全な科学的確実性の欠如を、環境悪化を防止するための費用対効果の大きい対策を延期する理由として援用してはならない。

原則16【汚染者負担】国の機関は、汚染者が原則として汚染による費用を負担するべきであるというアプローチを考慮して、また、公益に適切に配慮して、国際的な貿易及び投資を歪めることなく、環境費用の内部化と経済的手段の使用の促進に努めるべきである。

原則17【環境影響評価】環境に重大な悪影響を及ぼすおそれがあり、かつ権限のある国の機関の決定に服する計画された活動に対しては、国の手段としての環境影響評価を実施する。

原則18【緊急事態の通報、支援】国は、他の国の環境に対して突発の有害な効果をもたらすおそれがある自然災害又はその他の緊急事態を、当該の国に直ちに通報する。被災した国を支援するため、国際社会によるあらゆる努力がなされなければならない。

原則19【事前通報、情報提供】国は、国境を越えた環境への重大な悪影響をもたらしうる活動について、潜在的に影響を被るおそれのある国に対し、事前の時宜にかなった通報と関連情報の提供を行い、当該の国と早期にかつ誠実に協議を行う。

原則20【女性の役割】女性は、環境管理及び発展において必須の役割を有する。したがって女性の十分な参加は、持続可能な発展の達成のために不可欠である。

原則21【青年の役割】持続可能な発展を達成し、すべての者のためのより良い将来を確保するため、世界の青年の創造力、理想及び勇気が、地球的規模のパートナーシップを創出するよう結集されるべきである。

原則22【先住人民の役割】先住人民とその社会及びその他の地域社会は、その知識及び伝統のために、環境管理と発展において必須の役割を有する。国は、彼らの独自性、文化及び利益を認め、適切に支持し、持続可能な発展の達成への彼らの効果的参加を可能とするべきである。

原則23【抑圧下にある人民の保護】抑圧、支配及び占領の下にある人民の環境及び天然資源は、保護されなければならない。

原則24【武力紛争時の環境保護】戦争行為は、本質的に持続可能な発展を破壊する性格を有する。したがって国は、武力紛争時における環境保護を規定

する国際法を尊重し、必要に応じてその一層の発展のため協力する。
原則25【相互依存性】平和、発展及び環境保護は、相互依存的であり、不可分である。
原則26【紛争の平和的解決】国は、すべての環境紛争を国際連合憲章に従って、平和的に、かつ、適切な手段により解決しなければならない。
原則27【国際協力】国及び人民は、この宣言に具現された原則の実施及び持続可能な発展の分野における国際法の一層の発展のため、誠実に、かつ、パートナーシップの精神で協力する。

1-4　アジェンダ21【持続可能な発展のための行動計画】（章別構成）
Agenda 21

採　択　（1-3と同じ）

第1章　前文

第Ⅰ部　社会的及び経済的要因
第2章　発展途上国における持続可能な発展を促進するための国際協力及び関連の国内政策
第3章　貧困との闘い
第4章　消費形態の変更
第5章　人口動態及び持続可能性
第6章　人間の健康の保護及び増進
第7章　持続可能な人間居住の開発の促進
第8章　政策決定における環境及び発展の統合

第Ⅱ部　発展のための資源の保全及び管理
第9章　大気の保護
第10章　陸地資源の利用計画及び管理における統合的アプローチ
第11章　森林破壊との闘い
第12章　脆弱な生態系の管理：砂漠化及び干ばつとの闘い
第13章　脆弱な生態系の管理：持続可能な山地の開発
第14章　持続可能な農業及び農村開発の促進
第15章　生物多様性の保全
第16章　バイオテクノロジーの環境上健全な管理
第17章　海洋、すべての種類の海域（閉鎖海及び半閉鎖海を含む。）及び沿岸域の保護並びにそれらの生物資源の保護、合理的利用及び開発
第18章　淡水資源の水質及び供給の保護：水資源の開発、管理及び利用への統合的なアプローチの適用
第19章　毒性化学物質の環境上健全な管理（有害かつ危険な産品の不法な貿易の防止を含む。）
第20章　有害廃棄物の環境上健全な管理（有害廃棄物の不法な貿易の防止を含む。）
第21章　固形廃棄物の環境上健全な管理及び下水に関連する諸問題
第22章　放射性廃棄物の安全かつ環境上健全な管理

第Ⅲ部　主要なグループの役割の強化
第23章　前文
第24章　持続可能で衡平な発展に向けた女性のための全地球的行動
第25章　持続可能な発展における子ども及び青年
第26章　先住人民及びその社会の役割の承認及び強化
第27章　民間団体の役割の強化：持続可能な発展のためのパートナー
第28章　アジェンダ21を支持する地方自治体のイニシアチブ
第29章　労働者及び労働組合の役割の強化
第30章　企業及び産業界の役割の強化
第31章　科学界及び技術界
第32章　農民の役割の強化

第Ⅳ部　実施の手段
第33章　財源及び資金メカニズム
第34章　環境上健全な技術の移転、協力及び能力の開発
第35章　持続可能な発展のための科学
第36章　教育、公衆の啓発及び訓練の促進
第37章　発展途上国における能力開発のための国の機関及び国際協力
第38章　国際的な制度的取り決め
第39章　国際法文書及び機関
第40章　政策決定のための情報

1-5 持続可能な発展に関するヨハネスブルグ宣言（ヨハネスブルグ政治宣言）
Johannesburg Declaration on Sustainable Development

採　択　2002年9月4日（ヨハネスブルグ）
持続可能な発展に関する世界サミット・決議1
「政治宣言」附属書

われわれの原点から未来へ

1　2002年9月2日から4日にかけて、南アフリカのヨハネスブルグにおいて持続可能な発展に関する世界サミットに参集したわれわれ、世界の人民の代表は、持続可能な発展に関するわれわれの約束を再確認する。

2　われわれは、すべての人の人間としての尊厳の必要性を認識した、人道的で、衡平な、思いやりのある地球社会を構築することを約束する。

3　このサミットの冒頭で、世界の子どもたちが、われわれに対し、将来は自分たちのものであるという簡潔ではあるが明瞭なメッセージを語った。したがって、彼らがわれわれ全員に要求しているのは、われわれの行動を通じて、彼らが貧困、環境悪化及び持続不可能な発展様式によって引き起こされる侮蔑的待遇及び品位を傷つける取扱いから解放されることを確実にすることである。

4　われわれが共有する未来を担うこの子どもたちに対する答の一環として、様々な生活体験を有し、世界各地から集まったわれわれ全員は、希望に満ちた明るい新たな世界を早急に創造しなければならないという切実な思いで、連帯し、かつ行動する。

5　したがって、われわれは、相互依存的で相互補完的な持続可能な発展の支柱―経済発展、社会発展及び環境保護―を、地方、国、地域及び全地球のレベルで発展させ、強化させる共同責任を引き受ける。

6　人類発祥の地であるこの大陸から、われわれは、持続可能な発展に関する世界サミットの実施計画及びこの宣言を通じて、相互に、より大きな生命の共同体に、そしてわれわれの子どもたちに対するわれわれの責任を宣言する。

7　人類は重大な岐路に立っているという認識から、われわれは、貧困の撲滅と人間の発展をもたらす、実際的で目に見える計画の必要性に積極的に対応すべく確固たる努力を行うという共通の決意に基づいて連帯した。

ストックホルムからリオ・デ・ジャネイロ、そしてヨハネスブルグへ

8　30年前、ストックホルムにおいて、われわれは環境悪化の問題に対処する緊急の必要性について合意した。10年前、リオ・デ・ジャネイロで開催された国連環境発展会議において、われわれは、リオ原則に基づいて、環境保護、社会発展及び経済発展は持続可能な発展にとって不可欠であることに合意した。このような発展を達成するため、われわれはアジェンダ21並びに環境及び発展に関するリオ宣言と題するグローバルな計画を採択した。われわれは、それらに対するわれわれの約束を再確認する。リオ・サミットは、持続可能な発展のための新たな課題を設定する重要な画期であった。

9　リオとヨハネスブルグの間に、世界各国は、国際連合の主催の下に、発展資金に関するモントレー国際会議及びドーハ閣僚会議を含むいくつかの主要な会議に参集した。これらの会議は、世界に対して、人類の未来のための包括的なビジョンを定めた。

10　ヨハネスブルグ・サミットにおいてわれわれは、持続可能な発展のビジョンを尊重し、それを実施する世界を実現すべく共通の進路を見つけようと建設的に努力する多様な人民とその見解をまとめるために多くのことを成し遂げた。ヨハネスブルグ・サミットはまた、地球のすべての人民の間のグローバルなコンセンサスとパートナーシップの実現に向けて、重要な進展がなされたことを確認した。

われわれが直面する課題

11　われわれは貧困の撲滅、消費及び生産様式の変更、並びに経済発展及び社会発展の基礎となる天然資源の保護及び管理が、持続可能な発展の包括的な目的であり、不可欠の要件であることを認める。

12　人間社会を富裕層と貧困層に分け隔てる深い亀裂、及び先進世界と発展途上世界の間でますます広がる格差は、全地球的な繁栄、安全及び持続性にとって重大な脅威を構成する。

13　地球環境は悪化し続けている。生物多様性の喪失は続き、漁業資源は枯渇し続け、砂漠化はます

ます肥沃な土地を奪い、気候変動の悪影響は既に誰の目にも明らかであり、自然災害はますます頻繁に発生して被害を拡大させ、発展途上国はますます脆弱にされている。そして大気、水及び海洋の汚染は何百万の人々から人並みの生活を奪い続けている。

14 グローバリゼーションは、これらの課題に対して新たな様相を加えてきた。市場の急速な統合、資本移動及び世界の投資量の著しい増加は、持続可能な発展を実現するため新しい課題と機会とをもたらした。しかし、グローバリゼーションの利益と代価は公平に配分されず、発展途上国はこの課題に対処する上で特別の困難に直面している。

15 われわれは、こうした全地球的な格差が深く根付く危険に直面している。そしてわれわれが世界の貧困層の生活を根本的に変えるような方法で行動しなければ、彼らは自らの代表者とわれわれが支持し続けてきている民主主義システムに対する信頼を失い、彼らの代表者たちを騒々しいだけの存在にすぎないと思うようになるかも知れない。

持続可能な発展に対するわれわれの約束

16 われわれは、われわれの結集した強さである豊かな多様性が、変化のための建設的パートナーシップと持続可能な発展という共通の目標達成のために用いられることを確保するよう決意する。

17 われわれは、人類の連帯を構築することの重要性を認識し、人種、障害、宗教、言語、文化又は伝統にかかわりなく、世界の文明及び人民の間での対話と協力を促進するよう求める。

18 われわれは、ヨハネスブルグ・サミットが人間の尊厳の不可分性に焦点を当てたことを歓迎し、達成目標、期限つきの実施計画及びパートナーシップを通じて、清浄な水、衛生、適切な住居、エネルギー、健康管理、食糧の安全保障及び生物多様性の保護といった基本的要求へのアクセスをすみやかに増大させることを決意する。同時にわれわれは、財源へのアクセスを可能にし、市場開放から利益を得て、能力の開発を確保し、発展をもたらす現代技術を利用するためにお互いに助け合うことを目的に協力し、かつ低開発を恒久的に追放するための技術移転、人材開発、教育及び訓練を確保する。

19 われわれは、人民の持続可能な発展に深刻な脅威となる世界的な状況に対する戦いに特別の関心をもつという誓約を再確認し、そのことに優先的に注意を払う。これらの状況とは、慢性的飢餓、栄養失調、外国による占領、武力紛争、違法薬物の問題、組織犯罪、汚職、自然災害、違法な武器取引、人身売買、テロリズム、不寛容及び人種、民族、宗教その他の憎悪の扇動、外国人排斥、並びに特にHIV/AIDS、マラリア、結核といった風土病、伝染病及び慢性病である。

20 われわれは、女性のエンパワーメントと解放及びジェンダーの平等がアジェンダ21、ミレニアム発展目標及びヨハネスブルグ・サミットの実施計画に包含されるすべての活動の中に組み込まれることを確保するよう約束する。

21 われわれは、地球社会は、すべての人間が直面している貧困の撲滅と持続可能な発展の挑戦に取り組むための手段を有しており、そのための資源を付与されているという現実を認める。同時にわれわれは、これらの利用可能な資源が人類の利益のために用いられるよう特別の措置を講じるであろう。

22 この点に関し、われわれの発展の目的と達成目標の実現に貢献するため、われわれは、まだそうしていない先進国に対して、国際的に合意された水準の政府開発援助に向けて具体的な努力を行うよう求める。

23 われわれは、地域協力、国際協力の改善及び持続可能な発展を促進するために、アフリカの発展のための新しいパートナーシップ(NEPAD)のような、より強力な地域グループの集団化及び提携の実現を歓迎し、支援する。

24 われわれは引き続き、小島嶼発展途上国及び後発発展途上国における発展のニーズに特別の注意を払う。

25 われわれは、持続可能な発展において先住人民が不可欠の役割を担うことを再確認する。

26 われわれは、持続可能な発展は、あらゆる段階の政策形成、意思決定及び実施において、長期的視野と広範な参加を必要とすることを認める。われわれは、すべての主要グループの独立した重要な役割を尊重しつつ、社会的パートナーとして、それら主要グループとの安定したパートナーシップのために活動を続ける。

27 われわれはまた、大企業と小企業を含む民間部門は、その正当な活動を行うに当たって、衡平で持続可能な社会の進展に寄与する義務があることに同意する。

28 われわれはまた、労働における基本的原則及び権利に関する国際労働機関(ILO)宣言を考慮に入れて、雇用機会を創出する所得の増大に対して支援を行うことに同意する。

29 われわれは、民間部門の企業が企業の説明責任を履行する必要があることに同意する。この説明責任は透明性があり、安定した規制という環境の中で実施されるべきである。
30 われわれは、アジェンダ21、ミレニアム発展目標及びヨハネスブルグ・サミットの実施計画の効果的な実施のために、すべてのレベルにおけるガバナンスを強化し改善することを引き受ける。

未来は多数国間主義にある
31 持続可能な発展という目標を達成するために、われわれは、より効果的かつ民主的で、責任をもつ国際制度及びでで多数国間の制度を必要とする。
32 われわれは、国際連合憲章の原則及び目的、国際法並びに多数国間主義の強化に対するわれわれの約束を再確認する。われわれは、世界で最も普遍的かつ代表的な機関であり、持続可能な発展の促進に最適な機関として、国際連合の指導的役割を支持する。
33 われわれはさらに、われわれの持続可能な発展の目標と目的の実現に向けて、定期的に進捗状況を監視することを約束する。

実現へ向けて
34 われわれは、これが、歴史に残るヨハネスブルグサミットに参加した全ての主要グループ及び政府を含めた包括的プロセスでなければならないということに同意する。
35 われわれは、われわれの惑星を救い、人間の発展を促進し、普遍的な繁栄と平和を達成するという共通の決意をもって結束し、共に行動することを約束する。
36 われわれは、持続可能な発展に関する世界サミットの実施計画を採択し、そこに含まれる時間枠を定めた社会経済上及び環境上の達成目標の実現を促進することを約束する。
37 人類発祥の地であるアフリカ大陸から、われわれは、全世界の人民及びこの地球を確かに受け継ぐ新しい世代に対して、持続可能な発展という共通の願いの実現を確保すると決意したことを厳粛に誓約する。

1-6 有害活動から生じる越境侵害の防止条文（越境侵害防止条文）
Articles on Prevention of Transboundary Harm from Hazardous Activities

採　択　2001年8月3日（国連国際法委員会第53会期）
　　　　2007年12月6日、国際連合総会第62回会期、
　　　　決議62/68により「推薦」

締約国は、
　総会は国際法の漸進的発達及び法典化を奨励するために研究を発議し及び勧告を行うと定める国際連合憲章第13条1(a)を考慮し、
　自国の領域若しくはその管轄又は管理下にある天然資源に対する国の永久的主権の原則を考慮し、
　また、自国の領域若しくはその管轄又は管理下において活動を実施し又は許可する国の自由は無制限ではないことをも考慮し、
　1992年6月13日の環境と発展に関するリオ宣言を想起し、
　国際協力を促進することの重要性を承認して、
次のとおり協定した。
第1条(適用範囲) この条文は、国際法によって禁止されていない活動であって、その物理的な結果を通じて重大な越境侵害を生じる危険を有するものに適用する。
第2条(用語) この条文の適用上、
(a) 「重大な越境侵害を生じる危険」は、重大な越境侵害を生じる高い蓋然性及び大災害をもたらす越境侵害を生じる低い蓋然性の形態を含む。
(b) 「侵害」とは、人、財産又は環境に対して生じる侵害をいう。
(c) 「越境侵害」とは、原因国以外の国の領域若しくはその管轄又は管理下にあるその他の場所において生じる侵害をいい、関係国が共通の国境を有すると否とを問わない。
(d) 「原因国」とは、その領域若しくは管轄又は管理下において第1条にいう活動が計画され又は実施される国をいう。
(e) 「被影響国」とは、その領域において重大な越境侵害を生じる危険が存在するか又はこのような危険が存在するその他のいずれかの場所に対して管轄権又は管理を及ぼす一又はそれ以上の国をいう。
(f) 「関係国」とは、原因国及び被影響国をいう。
第3条(防止) 原因国は、重大な越境侵害を防止し又は少なくともその危険を最小とするために、すべての適当な措置をとる。

第4条(協力) 関係国は、重大な越境侵害を防止し又は少なくともその危険を最小とするために、誠実に協力し及び必要に応じて一又はそれ以上の権限ある国際機関の援助を求める。

第5条(実施) 関係国は、この条文の諸条項を実施するために必要な立法上、行政上又はその他の措置(適切な監視の仕組みの設立を含む。)をとる。

第6条(許可) 1　原因国は、以下のことに関して事前の許可を要求する。
(a)　その領域若しくは管轄又は管理下において行われる、この条文の範囲内に含まれるすべての活動
(b)　(a)にいう活動のいずれかの主要な変更
(c)　活動のいずれかの変更計画であって、当該活動をこの条文の範囲内に含めるかも知れないもの

2　国が定める許可の要件は、この条文の範囲内に含まれるすべての既存の活動に関して適用する。既存の活動のために国が既に発出した許可は、この条文に適合するように再検討する。

3　許可の条件が遵守されない場合には、原因国は適当な措置(必要な場合には許可の終了を含む。)をとる。

第7条(危険の評価) この条文の範囲内に含まれる活動の許可に関するすべての決定は、とりわけ、その活動によって生じる可能性がある越境侵害の評価(環境影響評価を含む。)に基づくものとする。

第8条(通報及び情報提供) 1　第7条にいう評価が重大な越境侵害を生じる危険を示す場合には、原因国は被影響国に対して危険及び評価を適時に通報し並びに評価の基礎となった利用可能な技術上及びその他のすべての関連情報を送付する。

2　原因国は、6箇月を超えない期間内において被影響国からの返答を受け取るまでは、活動の許可に関していかなる決定も行わない。

第9条(防止措置に関する協議) 1　関係国は、重大な越境侵害を防止し又は少なくともその危険を最小とするためにとられるべき措置に関して受諾可能な解決を達成することを目的に、いずれかの要請に応じて協議を行う。関係国は、このような協議を開始するに当たって協議のための合理的な時間枠について合意する。

2　関係国は、第10条に照らして利益の衡平なバランスに基づいて解決を求める。

3　1にいう協議が合意された解決を達成できなければ、原因国はそれにもかかわらず、活動実施の許可を決定する場合には、いずれかの被影響国の権利を損なうことなく、被影響国の利益を考慮に入れるものとする。

第10条(利益の衡平なバランスに含まれる諸要素) 第9条2にいう利益の衡平なバランスを達成するため、関係国は以下のものを含むすべての関連要素及び事情を考慮する。
(a)　重大な越境損害の危険の程度及びそのような侵害を防止し又はその危険を最小とし若しくは侵害を修復するための手段の利用可能性の程度
(b)　被影響国にとっての可能な侵害との関係における原因国にとっての活動の重要性であって、社会的、経済的及び技術的な性格の全体的な利益を考慮に入れたもの
(c)　環境に対する重大な侵害の危険及びそのような侵害を防止し又はその危険を最小とし若しくは環境を修復するための手段の利用可能性
(d)　原因国及び適当な場合には被影響国が防止の費用を負担する程度
(e)　防止の費用及び他の場所で又は他の方法で活動を実施する可能性若しくは他の活動をもってこれに代える可能性との関係における当該活動の経済的な現実性
(f)　被影響国が同じ活動又は類似の活動に適用する防止の基準及び類似の地域的又は国際的な慣行において適用される基準

第11条(通報がない場合の手続) 1　原因国において計画され又は実施される活動が自国に対して重大な越境侵害を生じる危険を含むかも知れないと信じる合理的理由を有する国は、原因国に対して第8条の規定を適用するよう要請することができる。当該要請には、その理由を記した書面を添付する。

2　それにもかかわらず原因国が第8条の下での通報を行う義務はないと判断する場合には、要請国に対して合理的な期限内にその旨を通知し、このような判断の理由を示す書面による説明を提供する。要請国がこのような判断に満足しない場合には、要請国の求めに応じて両国は第9条に定める方法によってすみやかに協議を行う。

3　協議が行われている間は、原因国は相手国がそのように求める場合には、危険を最小にするために適切かつ実行可能な措置を導入するように取り決め、及び適当な場合には当該の活動を合理的な期間内は停止する。

第12条(情報の交換) 活動が実施されている間は、関係国は当該の活動に関するすべての利用可能な情報であって重大な越境侵害を防止し又は少なくともその危険を最小とすることに関わるものを、時宜にかなった方法で交換する。このような

情報の交換は、活動が終了した場合であっても関係国が適切とみなすときまで継続する。

第13条(公衆に対する情報の提供) 関係国は適切な手段によって、この条文の範囲内に含まれる活動によって影響を受けるかも知れない公衆に対して、当該の活動、それに含まれる危険及びその結果生じるかも知れない侵害に関する情報を提供し、並びに公衆の見解を確かめる。

第14条(国の安全保障及び産業上の秘密) 原因国の安全保障又は産業上の秘密の保護にとって不可欠であるか若しくは知的所有権に関連するデータ及び情報は留保することができるが、原因国はその状況の下でできるだけ多くの情報を提供するように被影響国と誠実に協力する。

第15条(無差別) この条文の範囲内に含まれる活動の結果として重大な越境侵害の危険に直面し又はその可能性がある自然人又は法人の利益を保護するために、関係国が別段の合意を行わない限り、自国の法制度に従いこのような人に保護その他の適切な救済を求めるために司法手続又はその他の手続を利用可能とすることについて、国は国籍又は住所若しくは損害が生じるかも知れない場所を理由とする差別を行わない。

第16条(緊急事態への対処の態勢) 原因国は、適切な場合には被影響国及び権限ある国際機関と協力して、緊急事態に対処するための対応計画を策定する。

第17条(緊急事態の通報) 原因国は、遅滞なくかつ利用可能で最もすみやかな手段によって、この条文の範囲内に含まれる活動に関する緊急事態を被影響国に通報し、かつすべての関連ある利用可能な情報を提供する。

第18条(他の国際法規則との関係) この条文は、関連する条約又は慣習国際法規則の下で国が負ういかなる義務をも損なうものではない。

第19条(紛争の解決) 1　この条文の解釈又は適用に関するすべての紛争は、紛争当事国が相互の合意によって選択する平和的解決手段(交渉、仲介、調停、仲裁又は司法的解決を含む。)によってすみやかに解決する。

2　6箇月の期限内に当該紛争の平和的解決手段について合意がない場合には、紛争当事国はいずれかの要請により公平な事実調査委員会を設置する。

3　事実調査委員会は、紛争の各当事国が指名する1名の委員及びいずれかの紛争当事国の国籍を有さず指名された委員が選ぶ1名の委員によって構成し、後者の委員が委員長を務める。

4　紛争の一方に二以上の国が関与しかつこれらの国が共通の委員について合意せず各自が委員を指名する場合には、紛争の他の当事国は同数の委員を指名する権利を有する。

5　当事国が指名した委員が委員会設置の要請から3箇月以内に委員長について合意できない場合には、紛争のいずれの当事国も国際連合事務総長に対して委員長を任命するように要請することができる。委員長は、紛争当事国のいずれかの国籍を有してはならない。紛争当事国の一が2に従った最初の要請から3箇月以内に委員を指名しない場合は、他方の当事国は紛争当事国のいずれの国籍をも有さない者を任命するように国際連合事務総長に要請することができる。このようにして任命された委員は、単一構成員の委員会となる。

6　委員会は単一構成員の委員会である場合を除いて多数決によって報告書を採択し、これを紛争当事国に提出する。報告書には委員会の所見及び勧告を記載するものとし、紛争当事国はこれを誠実に考慮する。

1-7　われわれが望む未来(抄)
The future we want

採　択　2012年6月22日
持続可能な発展に関する国際連合会議(リオ＋20：リオ・デ・ジャネイロ)決議1附属書
2012年7月27日、国際連合総会第66会期、決議66/288により「是認」

I　われわれが共有する展望

1　われわれ、国及び政府の首脳並びに高位の代表は、2012年6月20日から22日にかけて市民社会の十分な参加のもとにブラジルのリオ・デ・ジャネイロで会合し、われわれの惑星のために、また現在及び将来の世代のために、持続可能な発展並びに経済的、社会的及び環境的に持続可能な未来の促進を確保するという、われわれの誓約を新たにする。

2　貧困の撲滅は、今日世界が直面している最大の全地球的課題であり、持続可能な発展にとって不可欠の要件である。これに関してわれわれは、人

類を貧困と飢餓から解放することを緊急の課題として誓約する。

3 したがってわれわれは、持続可能な発展をそのすべての局面において達成するために、その経済的、社会的及び環境的な諸側面を統合しこれらの諸側面の相互連関を承認して、すべてのレベルにおいて持続可能な発展をさらに主流化する必要性を認める。

4 われわれは、貧困を撲滅すること、消費及び生産の非持続的な様式を変更し持続可能な様式を促進すること、経済的及び社会的発展のための天然資源の基盤を保護し管理することは、持続可能な発展の中心的な目標でありその不可欠な要件であることを認める。われわれはまた、一方では持続的で包括的で衡平な経済成長を促進することにより、すべての者のためにより大きな機会を作り出すことにより、不平等を縮小することにより、基本的な生活水準を向上させることにより、衡平な社会発展と社会的包摂を促進することにより、また、とりわけ経済的、社会的及び人間的な発展を支える天然資源と生態系の統合的で持続的な管理を促進することによって、他方では新しくかつ出現しつつある課題に直面して生態系の保全、再生及び復元並びに回復を助長することによって、持続可能な発展を達成する必要性を再確認する。

5 われわれは、ミレニアム発展目標を2015年までに達成することを含めて、国際的に合意された発展目標の達成を加速させるために、あらゆる努力を払うというわれわれの誓約を再確認する。

6 われわれは、人々が持続可能な発展の中心にあることを承認し、これとの関連において公正で衡平かつ包括的な世界を目指して努力する。そしてわれわれは、持続的で包括的な経済成長、社会発展及び環境保護を促進し、そうすることによってすべての者を益するために協働することを誓約する。

7 われわれは、国際法とその諸原則を完全に尊重しながら、国際連合憲章の目的及び原則を引き続き指針とすることを再確認する。

8 われわれはまた、自由、平和及び安全、発展の権利及び相当な生活水準についての権利(食糧への権利を含む。)を含むすべての人権の尊重、法の支配、ジェンダーの平等、女性のエンパワーメント、並びに発展に向けた公正かつ民主的な社会への全体的な誓約の重要性を再確認する。

9 われわれは、世界人権宣言並びにその他の国際人権文書及び国際法の重要性を再確認する。われわれは、人種、皮膚の色、性、言語、宗教、政治的意見その他の意見、国民的若しくは社会的出身、財産、出生、障害又はその他の地位等によるいかなる差別もなしに、すべての者のために人権及び基本的自由を尊重し、保護し及び促進する責任をすべての国が国際連合憲章に従って負うものであることを、強調する。

10 われわれは、国内レベル及び国際レベルにおける民主主義、グッド・ガバナンス及び法の支配が、これらを可能とする環境とともに、持続的で包括的な経済成長、社会発展、環境保護並びに貧困及び飢餓の撲滅を含む持続可能な発展にとって、不可欠なものであることを認める。われわれは、持続可能な発展というわれわれの目的を達成するためには、実効的で透明であり、説明責任を果たしかつ民主的であるような制度を、われわれはすべてのレベルにおいて必要とすることを再確認する。

11 われわれは、すべての者のために、とりわけ発展途上国において、持続可能な発展に関する根強い課題に対処するために、国際協力を強化するというわれわれの誓約を再確認する。この点に関してわれわれは、ジェンダーの平等、女性のエンパワーメント及びすべての者のための機会の平等、可能な最大限までの子供の保護、生存及び発展を教育によるものを含めて向上させながら、経済的安定、持続的な経済成長、社会的衡平の促進及び環境保護を達成する必要性を再確認する。

12 われわれは、持続可能な発展を達成するために緊急に行動することを決意する。したがってわれわれは、持続可能な発展に関する主要なサミットの成果の実施における今日までの進歩と残された欠陥を評価し、及び新しくかつ出現しつつある課題に対処して、持続可能な発展へのわれわれの誓約を新たにする。われわれは、持続可能な発展に関する国際連合会議のテーマ、すなわち持続可能な発展と貧困の撲滅の文脈におけるグリーン経済、及び持続可能な発展のための制度的枠組みに取り組む決意を表明する。

13 われわれは、その生活と未来に影響を与え、政策決定に参加し、その懸念を表明するための人々の機会が、持続可能な発展にとって基礎となるものであることを承認する。持続可能な発展は具体的で緊急の行動を必要とすることを、われわれは強調する。持続可能な発展は、現在及び将来の世代のためにわれわれが望む未来を確保するよう皆で協働する、人々、政府、市民社会及び民間部門の広範な連携によってのみ達成可能である。

II 政治的誓約を新たにする

A　リオ原則及び過去の行動計画を再確認する　（略）

B　統合、実施及び一貫性を推進する：持続可能な発展に関する主要なサミットの成果の実施における今日までの進歩と残された欠陥を評価し、及び新しくかつ出現しつつある課題に対処する

19　われわれは、1992年に開催された環境と発展に関する国際連合会議以後の20年は、持続可能な発展及び貧困の撲滅を含めて、不均等な進歩を示してきたことを認める。われわれは、これまでに行われた誓約の実施を進展させる必要性を強調する。われわれはまた、先進国と発展途上国との間の発展の格差を埋める上での進歩を加速し、経済の成長と多様化、社会発展及び環境保護を通じて持続可能な発展を達成するために機会をとらえ、また作り出す必要性を承認する。この目的のためにわれわれは、国のレベル及び国際的なレベルにおいてこれを可能とする環境を作り出す継続的な必要性、並びに、とりわけ相互に合意された金融、債務、貿易及び技術移転の分野における継続的かつ強化された国際協力の必要性を、また、革新、起業家精神、能力の開発、透明性及び説明責任の継続的な必要性を強調する。われわれは、持続可能な発展の追求に携わる行為者及び利害関係者が多様化したことを認める。この文脈においてわれわれは、すべての国、とりわけ発展途上国が全地球的な政策決定に引き続き完全かつ実効的に参加する必要性があることを確認する。

20　われわれは、1992年以来、持続可能な発展の三つの次元の統合において不十分な進展と後退の分野があったことを認める。それは、すべての国、とりわけ発展途上国が持続可能な発展を達成する能力を脅かす、複合的な財政上、経済上、食糧上及びエネルギー上の危機によって悪化させられてきたのである。これに関して、環境と発展に関する国際連合会議の成果に対する誓約から、われわれが後退することがないようにすることが緊要である。われわれはまた、すべての国、とりわけ発展途上国にとっての現代の主要な課題の一つが、今日の世界に影響を与えている複合的な危機から受ける衝撃に対処することであることを認める。

21　われわれは、この惑星の人々の5人に1人、言い換えれば10億人以上の人々がいまだに極端な貧困にあえいでいることに、そして7人に1人、つまり14パーセントが栄養不良であることに、他方では流行病及び風土病を含む公衆衛生上の課題が引き続き遍在的な脅威であることに、深い懸念を覚える。この文脈においてわれわれは、総会において現在行われている、人間の安全保障に関する討論に留意する。われわれは、世界の人口が2050年までに90億を超えるであろうと予測され、そのうちの三分の二は都市に居住すると見積もられていることに照らして、持続可能な発展、とりわけ貧困、飢餓及び予防可能な疾病の撲滅を達成するためのわれわれの努力を、強化する必要があることを認める。

22　【地域、国等のレベルにおける持続可能な発展の進展】　（略）
23　【発展途上国への支援】　（略）
24　【高い失業率への懸念】　（略）
25　われわれは、気候変動は分野横断的で根強い危機であることを認め、気候変動の悪影響の規模と重大さがすべての国に作用して、すべての国、特に発展途上国が持続可能な発展とミレニアム発展目標を達成する能力を損なわせ、諸国の生存を脅かしていることに懸念を表明する。したがってわれわれは、気候変動との戦いは、国際連合気候変動枠組条約の原則及び規定に従って、緊急かつ野心的な行動を必要としていることを強調する。

26　【一方的貿易措置等の自制】　（略）
27　【自決権実現への障害の除去】　（略）
28　【国の領土保全等を損なう行動の不許容】　（略）
29　【複合的な人道的危機への対処】　（略）
30　われわれは、多くの人々、特に貧しい人々がその生計、経済的、社会的及び身体的な福祉、並びにその文化遺産のために、生態系に直接に依存していることを認める。この理由により、人々のニーズによりよく応え、持続可能な生計及び習慣並びに天然資源と生態系の持続可能な利用を助長するために、生活水準の不均衡を減少させる相当の職業及び収入を生み出すことが不可欠である。

31　われわれは、持続可能な発展は青年及び子供を含むすべての人々に利益を与え、かつこれらの人々が参加する、包括的で人間中心的なものであるべきことを強調する。われわれは、ジェンダーの平等と女性のエンパワーメントが、持続可能な発展とわれわれが共有する未来にとって重要であることを承認する。われわれは、経済的、社会的及び政治的な政策決定への参加と指導について、女性の平等の権利、アクセス及び機会を確保するというわれわれの誓約を再確認する。

32　われわれは、各々の国が持続可能な発展を達成するために、特有の課題に直面していることを認める。そしてわれわれは、最も脆弱な諸国、とり

わけアフリカ諸国、後発発展途上国、内陸発展途上国及び小島嶼発展途上国が直面している特別の課題、並びに中規模収入の諸国が直面する特有の課題を強調する。紛争状況にある諸国もまた、特別の配慮を必要とする。

33 われわれは、小島嶼発展途上国の脆弱性に対処するために、バルバドス行動計画及びモーリシアス戦略の持続的な実施によるものを含めて緊急かつ具体的な行動をとるという、われわれの誓約を再確認する。そしてわれわれは、バルバドス行動計画及びモーリシアス戦略の実施において実現した気運を持続させて持続可能な発展を達成する上で小島嶼発展途上国を支援するために、これらの諸国が直面する主要な課題に対して調和のとれた方法で追加的な解決を見出すことの緊急性を強調する。

34 われわれは、イスタンブール行動計画が後発発展途上国の持続可能な発展のための優先順位の骨子を示すとともに、それらの実施のための全地球的なパートナーシップを更新し強化する枠組みを定義したことを再確認する。われわれは、イスタンブール行動計画の実施をもって後発発展途上国を援助すること、並びに持続可能な発展を達成するための後発発展途上国の努力を支援することを誓約する。

35 【アフリカの発展に関する誓約の実施】（略）
36 【内陸発展途上国の発展上の特別のニーズの充足】（略）
37 【中規模収入の諸国への支援】（略）
38 【GDPを補完する措置】（略）
39 われわれは、地球という惑星とその生態系はわれわれの家であること、そして「母なる地球」は多くの国と地域において共通の表現であることを認める。そしてわれわれは、いくつかの国が持続可能な発展の推進の文脈において、自然の権利を承認していることに留意する。われわれは、現在及び将来の世代の経済上、社会上及び環境上のニーズの間に正当な均衡を達成するためには、自然との調和を促進することが必要であると確信する。

40 われわれは、持続可能な発展への全体的で統合されたアプローチを必要とする。それは、人類を自然と調和して生活するよう促し、地球の生態系の健全性と一体性を回復するための努力に導くであろう。

41 われわれは、世界の自然と文化の多様性を認識し、すべての文化と文明が持続可能な発展に貢献し得ることを承認する。

C 主要なグループ及び利害関係者を関与させる

42 われわれは、持続可能な発展の促進における、すべてのレベルの政府及び立法機関の重要な役割を再確認する。われわれはさらに、地方のレベルで行われた努力と進歩を認め、地方の当局及び社会が持続可能な発展の実施において果たすことができる重要な役割を確認する。このような役割には、市民と利害関係者を関与させ、彼らに対して適当な場合には持続可能な発展の三つの次元に関する関連情報を提供することが含まれる。われわれはさらに、持続可能な発展政策の立案及び実施に、すべての関連する政策決定者を関与させることの重要性を承認する。

43 われわれは、持続可能な発展の促進にとって、広範な公衆の参加、並びに情報、司法手続及び行政手続の利用可能性が不可欠であることを強調する。持続可能な発展は、地域、国及び地方の立法府及び司法府並びにすべての主要なグループ、すなわち女性、青少年、先住人民、NGOs、地方当局、労働者及び労働組合、企業及び産業界、科学技術界、及び農民並びにその他の利害関係者（地域社会、任意団体及び財団、移民及び家族、並びに老年層及び障害者を含む。）の意味のある関与と積極的な参加を必要とする。これに関してわれわれは、主要なグループ及びその他の利害関係者とより緊密に協働し、すべてのレベルにおける持続可能な発展のための政策及び事業の政策決定、立案及び実施に貢献するプロセスへの彼らの積極的な参加を適宜奨励することに合意する。

44 われわれは、市民社会の役割を認め、市民社会のすべてのメンバーが持続可能な発展に積極的に関与できるようにすることが重要であると認める。われわれは、市民社会の参加の改善は、とりわけ情報の利用可能性を強化し、市民社会の能力及びその参加を可能とする環境を作り出すことに依存することを認める。われわれは、情報及び通信の技術が政府と公衆との間の情報の伝達を容易にしていることを認める。この点に関して、国際協力の貢献を認めて、情報及び通信の技術、特にブロードバンドのネットワークとサービスの利用可能性の改善に向けて努力し、デジタル格差を埋めることが不可欠である。

45 【女性の役割】（略）
46 われわれは、持続可能な発展の実施が公私双方の部門の積極的な関与に依存するであろうことを承認する。われわれは、民間部門の積極的な参加が、公私のパートナーシップという重要な手段を通じるものを含めて、持続可能な発展の達成に

貢献し得ることを認める。われわれは、企業及び産業界が企業の社会的責任の重要性を考慮に入れて、持続可能な発展のためのイニシアチブを進めることを可能とするような、国の規制上及び政策上の枠組みを支持する。われわれは民間部門に対して、国際連合グローバルコンパクトが推進しているような、責任ある営業活動を行うように呼びかける。

47 【企業による持続可能性に関する報告】 (略)

48 われわれは、持続可能な発展への科学技術界の重要な貢献を認める。われわれは、先進国と発展途上国の間の技術上の格差を埋め、科学と政策のインターフェイスを強化し、並びに持続可能な発展に関する国際的な研究協力を推進するために、とりわけ発展途上国において、学界及び科学技術界と協力し及びそれらの間の協働を促進することを約束する。

49 われわれは、持続可能な発展の達成への先住人民の参加の重要性を強調する。われわれはまた、持続可能な発展の戦略の全地球的な、地域的な、国及び地方における実施の文脈において、先住人民の権利に関する国際連合宣言の重要性を承認する。

50 【青少年の参加】 (略)

51 われわれは、持続可能な発展の促進における労働者及び労働組合の参加の重要性を強調する。労働組合は、働く人々の代表として、持続可能な発展、特にその社会的な次元の達成を促進する上での重要なパートナーである。職場を含むすべてのレベルにおける持続可能性に関する情報、教育及び訓練は、持続可能な発展を支持する労働者及び労働組合の能力を強化するための鍵である。

52 われわれは、小規模農民及び漁民、牧畜業者並びに林業者を含む農民は、環境上健全で、貧しい人々の食糧の安全保障と生計を向上させる、また、生産と持続的な経済成長を活性化するような生産活動を通じて、持続可能な発展への重要な貢献を行うことができることを認める。

53 われわれは、NGOsが、特に分析、情報と知識の共有、対話の促進、及び持続可能な発展の実施への支援の分野において、十分に確立した多様な経験、専門知識及び能力を通じて、持続可能な発展を促進するために重要な貢献を行うことができ、かつ実際に貢献していることに留意する。

54 【国際連合等の国際機関の役割】 (略)

55 われわれは、われわれが1992年にリオ・デ・ジャネイロで開始した持続可能な発展のための全地球的なパートナーシップを再活性化することを誓約する。われわれは、持続可能な発展を協力して追求するために新しいはずみを与える必要性を承認し、実施上の格差に対処するために主要なグループ及びその他の利害関係者と協働することを誓約する。

III 持続可能な発展及び貧困の撲滅の文脈におけるグリーン経済

56 われわれは、われわれの中心的な目標である持続可能な発展をその三つの次元において達成するためには、各国の状況及び優先順位に従って、相異なる取り組み方法、見通し、模範及び手段がそれぞれの国にとって利用可能であることを確認する。これに関してわれわれは、持続可能な発展及び貧困の撲滅の文脈におけるグリーン経済は、持続可能な発展の達成のために利用可能な重要な手段の一つであると考え、それは政策決定者に選択肢を与えうるが厳格な規則群であるべきではないと考える。われわれは、グリーン経済は、社会的包摂を向上させ、人間の福祉を改善し、すべての者のために雇用及び相当の職業のための機会を作り出し、他方では地球の生態系の健全な働きを維持することによって、貧困の撲滅並びに持続的な経済成長に貢献するべきであることを強調する。

57 われわれは、持続可能な発展及び貧困の撲滅の文脈におけるグリーン経済のための政策は、すべてのリオ原則、アジェンダ21及びヨハネスブルグ実施計画に導かれ、かつそれらに従ったものであるべきであり、ミレニアム発展目標を含む関連の国際的に合意された発展目標の達成に貢献するものであるべきことを確認する。

58 われわれは、持続可能な発展及び貧困の撲滅の文脈におけるグリーン経済政策は、以下のようなものであるべきことを確認する。

(a) 国際法と両立するものであること

(b) 持続可能な発展の三つの次元に関する各国の状況、目標、責任、優先順位及び政策の余地を考慮して、各国の天然資源に対する主権を尊重すること

(c) すべてのレベルにおいて、政府の指導的な役割と、市民社会を含む関連の利害関係者の参加を可能にする環境及び十分に機能する諸制度に支えられたものであること

(d) 持続的で包括的な経済成長を促進し、革新を助長し、すべての者のために機会、利益及びエンパワーメントを提供し、並びにすべての基本的人権を尊重すること

(e) 発展途上国、とりわけ特別の状況にある途上国のニーズに考慮を払うこと

(f) 発展途上国への財源の供与、能力の開発及び技術移転を含めて、国際協力を強化すること
(g) 政府開発援助(ODA)と融資に関して、正当化されない条件賦課を実効的に回避すること
(h) 恣意的な若しくは正当と認められない差別待遇の手段とならず、又は国際貿易の偽装された制限となるようなものでないこと、輸入国の管轄権の外における環境上の課題に対処するための一方的な行動を避けること、及び越境環境問題又は全地球的な環境問題に対処するための環境措置はできる限り国際的なコンセンサスに基づくよう確保すること
(i) すべての適切な措置を用いて、先進国と発展途上国との間の技術上の格差を埋めることに貢献し、また、発展途上国の技術上の従属を減少させること
(j) 先住人民とその共同体、その他の地方的で伝統的な共同体及び人種的少数者の独自性、文化及び利益を承認し支持して、かれらの福祉を向上させること、及び貧困の撲滅に貢献する非市場的な取り組み方法を保存し尊重して、彼らの文化遺産、慣習及び伝統的知識の危機を回避すること
(k) 女性、子供、青年、障害者、小自作農及び自給農民、漁民並びに中小企業に働く人々の福祉を向上させ、とりわけ発展途上国における貧困で脆弱なグループの生計と能力の開発を改善すること
(l) 男女双方の十分な潜在力を動員し、平等な貢献を確保すること
(m) 発展途上国において貧困の撲滅に貢献する生産活動を促進すること
(n) 不平等に関する懸念に対処し、社会的保護の最低水準を含めて社会的包摂を促進すること
(o) 持続可能な消費生産様式を促進すること
(p) 貧困及び不平等を克服するための、包括的で衡平な発展の取り組み方法に向けての努力を継続すること

59 われわれは、グリーン経済政策を持続可能な発展への移行のために適用しようとする諸国がこの政策を実施することを共通の事業であるとみなし、各国は自国の持続可能な発展の計画、戦略及び優先順位に従って、適切な取り組み方法を選択することができることを承認する。

60 われわれは、持続可能な発展及び貧困の撲滅の文脈におけるグリーン経済は、天然資源の持続可能性を管理するわれわれの能力を向上させ、環境への悪影響を低下させて資源の効率性を高め、廃棄物を減少させるであろうことを認める。

61 われわれは、持続不可能な生産消費様式が存在する場合にこれに対して緊急に行動することは、環境上の持続可能性に取り組み、生物の多様性と生態系の保全及び持続可能な利用を促進し、天然資源を再生させ、また、持続的、包括的かつ衡平な全地球的成長を促進する上で、引き続き基本的重要性を有することを認める。

62 われわれは各国に対して、とりわけ女性、青年及び貧しい人々のために、持続的、包括的かつ衡平な経済成長及び雇用創出の推進に努力するような方法で、持続可能な発展及び貧困の撲滅の文脈におけるグリーン経済の政策を実施することを考慮するように奨励する。この点に関してわれわれは、労働者が、教育及び能力の開発を通じるものを含めて必要な技能を習得し、また、必要な社会上及び健康上の保護を与えられるように確保することの重要性に留意する。これについてわれわれは、企業及び産業界を含むすべての利害関係者が適宜貢献するように奨励する。われわれは諸政府に対して、国際連合の関連機関がその任務の範囲内で提供する支援を得て、雇用の傾向、促進及び制約に関する知識と統計能力を改善し、関連のデータを国の統計に組み入れるように勧奨する。

63 われわれは、社会上、環境上及び経済上の一連の諸要素の評価が重要であることを認め、国の状況と条件がこれを許す場合には、これを政策決定に組み入れるよう奨励する。われわれは、持続可能な発展及び貧困の撲滅の文脈におけるグリーン経済政策の機会と課題並びに費用及び便益を、利用可能な最善の科学的データ及び分析を用いて、考慮に入れることは重要であろうと認める。われわれは、国のレベルで適用され、かつ国際協定のもとにおける義務に基づく措置(規制上、自発的その他の措置を含む。)の組み合わせが、持続可能な発展及び貧困の撲滅の文脈におけるグリーン経済を推進し得ることを認める。われわれは、持続可能な発展を促進するためには社会政策が不可欠であることを再確認する。

64 われわれは、すべての利害関係者の関与とすべてのレベルにおける彼らのパートナーシップ、相互交流及び経験共有は、グリーン経済政策を含む適切な持続可能な発展の政策を特定する上で、諸国が相互に学び合うことを助けることができると認める。われわれは、包括的な取り組み方法を通じての持続可能な発展及び貧困の撲滅の文脈におけるグリーン経済政策の採用について、発展途上国を含む若干の諸国の積極的な経験に留意

し、持続可能な発展の相異なる諸分野における自発的な経験の交流並びに能力の開発を歓迎する。

65 われわれは、持続可能な発展のための知識の交流、技術協力及び能力の開発を促進するために、接続技術及び革新的な応用を含む通信の技術が有する役割を承認する。これらの技術及び応用は、持続可能な発展の相異なる分野において、開かれた透明な方法で能力を開発し経験と知識の交流を可能とすることができる。

66 われわれは、融資、技術、能力の開発及び持続可能な発展の政策(持続可能な発展及び貧困の撲滅の文脈におけるグリーン経済を含む。)への国のニーズを結びつけることの重要性を承認して、国際連合システムが関連の拠出者及び国際機関との協力のもとに、要請に応じて以下の事項に関する情報を調整し提供するように奨励する。
(a) 求められている支援を提供する上で最適のパートナーと関心を有する国とを、組み合わせること
(b) すべてのレベルにおける持続可能な発展及び貧困の撲滅の文脈におけるグリーン経済に関する政策を適用する上でのツールボックス及び(又は)最良の慣行
(c) 持続可能な発展及び貧困の撲滅の文脈におけるグリーン経済に関する政策の模範又は好例
(d) 持続可能な発展及び貧困の撲滅の文脈におけるグリーン経済に関する政策を評価するための方法
(e) この点について貢献する現存の及び出現しつつある機会

67 われわれは、包括的で透明なプロセスを通じて政策及び戦略を発展させる点において、政府が指導的な役割を果たすことの重要性を強調する。われわれはまた、持続可能な発展を支援するグリーン経済についての国家戦略及び政策を準備するプロセスを既に開始した、発展途上国を含む諸国の努力に留意する。

68 われわれは、国際連合の地域委員会、国際連合の組織と機関、その他の関連する国際機関及び地域的機関、国際金融機関及び持続可能な発展に関係している主要なグループを含む関連する利害関係者に対して、その各々の任務に応じて、発展途上国が持続可能な発展を達成するよう要請に応じて支援を行うように奨励する。これにはとりわけ、特に後発発展途上国における、発展及び貧困の撲滅の文脈におけるグリーン経済政策を通じるものを含む。

69 われわれはまた、企業及び産業界が適切な場合に、また国の法令に従って、持続可能な発展に貢献し、及びとりわけグリーン経済政策を組み入れた持続可能性戦略を開発するように奨励する。

70 われわれは、特に発展途上国において協同組合及び零細企業が果たす、社会的包摂及び貧困削減に貢献する役割を認める。

71 われわれは、適切な場合には地方の共同体及び先住人民の共同体の利益を考慮に入れて、民間部門によって補足された公的融資を動員するために、公私のパートナーシップを含む現存の及び新規のパートナーシップを奨励する。これに関して政府は、持続可能な発展のためのイニシアチブを支援するべきである。このようなイニシアチブには、持続可能な発展及び貧困の撲滅の文脈におけるグリーン経済政策を支持する民間部門の貢献を促進することを含む。

72 われわれは、特に発展途上国における技術の決定的な役割、及び革新を奨励することの重要性を承認する。われわれは政府に対して、適切な場合には、持続可能な発展及び貧困の撲滅の文脈におけるグリーン経済を支持するものを含めて、環境上健全な技術、研究開発及び革新を促進するように奨励する。

73 われわれは、発展途上国への技術移転の重要性を強調し、ヨハネスブルグ実施計画において合意された技術移転、融資、情報の利用可能性及び知的財産権に関する諸規定を想起する。ヨハネスブルグ実施計画はとりわけ、環境上健全な技術とこれに対応するノウハウへの特に発展途上国のアクセスとこれらの開発、移転及び普及について、適切な場合には、相互に合意された有利な条件(譲許的及び特恵的条件によるものを含む。)で、これらを促進し、容易にし及び資金を供与することを呼びかけるものである。われわれはまた、ヨハネスブルグ実施計画の採択以後に行われた、これらの問題に関する討論及び合意の進展に留意する。

74 われわれは、持続可能な発展及び貧困の撲滅の文脈におけるグリーン経済政策を実施することを選択した発展途上国の努力は、技術援助によって支持されるべきであることを承認する。

IV 持続可能な発展のための制度上の枠組み
A 持続可能な発展の三つの次元を強化する

75 われわれは、現在及び将来の課題に一貫して効果的に対応し、持続可能な発展の計画の実施における格差を効率的に埋めるような、持続可能な発展のための制度的枠組みを強化することの重要性を強調する。持続可能な発展のための制度的枠

組みは、持続可能な発展の三つの次元を均衡がとれた方法で統合するべきであり、とりわけ、一貫性と調整を強化し、努力の重複を避け、持続可能な発展の実施における進展を再検討することによって、実施を向上させるべきである。われわれはまた、枠組みは包括的、透明かつ実効的であること、及び持続可能な発展への全地球的課題に関する共通の解決を見出すべきであることを再確認する。

76　われわれは、地方、国、地域及び全地球のレベルにおけるすべての者の意見と利益を代表する実効的なガバナンスが、持続可能な発展を進めるために不可欠であることを認める。制度的枠組みの強化及び改革は、それ自体が目的ではなく持続可能な発展を達成するための手段であるべきである。われわれは、国際的なレベルにおける持続可能な発展のための、改善されたより実効的な制度的枠組みは、リオの諸原則と一致したものであるべきであり、アジェンダ21とヨハネスブルグ実施計画及びそれらの持続可能な発展のための制度的枠組みの目的とするものに依拠するべきであり、経済、社会、環境及び関連分野における国際連合の会議及びサミットの成果に示されたわれわれの約束の実施に貢献するべきであり、また、国の優先順位並びに発展途上国の発展戦略及び優先順位を考慮に入れるべきであることを認める。したがってわれわれは、特に以下のような、持続可能な発展のための制度的枠組みを強化することを決意する。

(a) 持続可能な発展の三つの次元の均衡のとれた統合を促進する。
(b) 持続可能な発展の実施に貢献することを目的として、すべての関連する分野横断的な諸問題に妥当な考慮を払う行動指向的で結果指向的な取り組み方法に基礎をおく。
(c) 重要な諸問題及び諸課題の間の相互関連の重要性、並びにすべての関連するレベルにおいてこれらに対する体系的な取り組み方法の必要性を強調する。
(d) 一貫性を向上させ、分断及び重複を減少させ、実効性、効率性及び透明性を増大させるとともに、調整と協力を強化する。
(e) 政策決定過程へのすべての国の完全かつ実効的な参加を促進する。
(f) 高位の政治指導者を関与させ、政策上の指針を与え、学んだ経験と教訓の自発的な共有を通じるものを含めて、持続可能な発展の効果的な実施を促進する特定の行動を特定する。
(g) 持続可能な発展の三つの次元に関する分野において、包括的で証拠に基づく透明な科学的評価、並びに信頼できる関連の時宜を得たデータへのアクセスを通じて、適切な場合には現存のメカニズムに依拠することにより科学と政策のインターフェイスを促進する。この点に関して、国際的な持続可能な発展のプロセスと能力の開発(特に発展途上国が自ら監視と評価を行うことを含む。)へのすべての国の参加を強化する。
(h) 関連する国際フォーラムへの市民社会その他の関連利害関係者の参加及び効果的な関与を向上させ、これに関して、持続可能な発展を実施するために透明性及び広範な公衆参加を促進する。
(i) 実施手段に関する約束を含めて、すべての持続可能な発展に関する約束の実施における進展の再検討及び実績評価を促進する。

B　持続可能な発展のための政府間の取り決めを強化する

77　われわれは、国際連合の普遍性及び中心的な役割を承認し、国際連合システムの実効性及び効率性を促進し強化するというわれわれの約束を再確認して、今日における持続可能な発展の緊急の全地球的な課題によりよく対処するために、包括的で、透明で、改革され強化された、実効的な多数国間のシステムの不可欠の重要性を確認する。

78　われわれは、加盟国に対する適切な説明責任を確保しつつ、国際連合システム全体の一貫性と調整を強化する必要性を強調する。このことはとりわけ、報告における一貫性を向上させ、国際連合システムの内部において持続可能な発展の三つの次元の統合を進めるための、既存の機関間のメカニズム及び戦略のもとにおける協調的な努力(国際連合システムの機関、基金及びプログラム相互間の、また、国際金融機関、及び世界貿易機関(WTO)のようなその他の関連機関との、各々の任務の範囲内における情報の交換を通じるものを含む。)を強化することによって行う。

79　われわれは、持続可能な発展のための改善された、より実効的な制度的枠組みの必要性を強調する。それは、必要とされる特定の機能及び関係する任務によって導かれるべきである。現在のシステムの欠陥に対処するべきである。すべての関連ある潜在的重要性を考慮に入れるべきである。相乗効果と一貫性を促進するべきである。国際連合システム内において重複を避け不必要な繰り返しを除去するべきである。そして、行政上の負担を減少させ現存の取り決めに依存するべきであ

る。

総会
80 －81 （略）

経済社会理事会
82 －83 （略）

ハイレベル政治フォーラム

84 われわれは、普遍的な政府間のハイレベル政治フォーラムを設置することを決定する。それは、持続可能な発展に関する委員会の強み、経験、資源及び包括的な参加方式を基礎とするもので、後に同委員会と置き換わるものである。ハイレベル政治フォーラムは、持続可能な発展の実施をフォローアップするもので、現存の構造、機関及び団体との重複を費用効果的な方法で避けるべきである。

85 ハイレベル政治フォーラムは、以下のことを行うことができよう。
(a) 持続可能な発展のために政治的リーダーシップ、指針及び勧告を与えること
(b) 持続可能な発展の三つの次元の統合を、全体的でかつすべてのレベルにおける分野横断的な方法で向上させること
(c) 定期的な対話のために、また、持続可能な発展を進めるための現状認識及び課題設定のために、ダイナミックな機会を提供すること
(d) 持続可能な発展の新しい課題及び出現しつつある課題の適切な検討を確保しつつ、焦点を絞った、ダイナミックで行動指向的な議題を掲げること
(e) 〔これまでに行われた〕持続可能な発展の約束の実施における進展をフォローアップし再検討すること
(f) 国際連合の機関、基金及び計画の、ハイレベルでシステム全体としての参加を奨励し、適切な場合にはその他の関連ある多数国間金融機関及び貿易機関並びに条約機関が、各々の任務の範囲内でかつ国際連合の規則及び規定に従って、参加するように招請すること
(g) 持続可能な発展のプログラム及び政策に関する、国際連合システム内の協力と調整を改善すること
(h) 国際的なレベルにおける主要なグループ及びその他の関連利害関係者の助言の役割及び参加をさらに向上させることによって、透明性と実施とを促進すること。これは、討論の政府間的な性格を維持しつつ、彼らの専門知識をよりよく利用することを目的とする
(i) 持続可能な発展の実施に関連する最良の慣行及び経験の共有を促進すること、及び、成功、課題及び教訓を含めて、経験を任意に共有するように促すこと
(j) 持続可能な発展の政策の、システム全体における一貫性と調整を向上させること
(k) 分散した情報及び評価を収集した文書資料の再検討を通じて、科学と政策のインターフェイスを強化すること。これには、現存の評価に基礎をおく、全地球的な持続可能な発展の報告の形におけるものを含む
(l) すべてのレベルにおける証拠に基づく政策決定を向上させ、また、発展途上国におけるデータの収集及び分析のための能力の開発の、現在行われている努力の強化に貢献すること

86 われわれは、総会第68回会期の冒頭に第1回ハイレベル・フォーラムを招集することを目標に、その構成及び組織の側面を定めるための政府間の、開かれた、透明な、そして包括的な交渉のプロセスを、総会の下で開始することを決定する。われわれはまた、将来の世代のニーズを考慮に入れて、持続可能な発展の達成のための世代間の連帯を促進する必要性を考慮するであろう。このことには、事務総長に対して本問題に関する報告書を提出するように要請することが含まれる。

C 持続可能な発展の文脈における環境の柱

87 われわれは、持続可能な発展の経済、社会及び環境上の次元の均衡のとれた統合を促進し、並びに国際連合内における調整を促進するために、持続可能な発展のための制度的枠組みの文脈における国際的な環境上のガバナンスを強化する必要性を再確認する。

88 われわれは、地球環境に関する指導的な当局としての国際連合環境計画(UNEP)の役割を強化することを約束する。UNEPは、地球環境の課題を設定し、国際連合内において持続可能な発展の環境上の側面の一貫した実施を促進し、また、地球環境の信頼できる擁護者としての役割を果たす。われわれは、〔UNEPの設置及び強化に関する従来の諸決定〕を再確認する。これに関してわれわれは、総会がその第67回会期において、UNEPを以下のような方法で強化しその地位を向上させる決議を採択するように要請する。
(a) UNEP管理理事会の普遍的な構成を確立すること、並びにそのガバナンスと加盟国に対するその対応及び説明責任を強化するその他の措置をとること
(b) その任務を履行するために、国際連合の通常予算及び自発的寄金から、安定した、十分な、かつさらに多くの財源を確保すること

(c)　主要な国際連合の調整機関におけるUNEPの関与を強化し、国際連合システム全体における環境戦略の策定の努力を指導する権限をUNEPに与えることによって、国際連合システム内におけるUNEPの発言力とその調整任務を遂行する能力を向上させること
　(d)　十分な情報に基づく政策決定を支持するために情報と評価とを組み合わせるプロセスの一つとして、現存の国際文書、評価、パネル及び情報のネットワーク（「地球環境概観」を含む。）に依拠して、強力な科学と政策のインターフェイスを促進すること
　(e)　証拠に基づく環境情報を普及させ共有すること、及び、重要な環境問題並びに出現しつつある環境問題について公衆を啓発すること
　(f)　諸国に対して能力の開発を提供し、並びに技術の利用可能性を支持し容易にすること
　(g)　国際連合システムの他の関連する団体と密接に協力して、国がその環境政策を実施する上で、要請に応じて援助を与えるために、ナイロビにおけるその本部機能を漸進的に強化するとともに、その地域事務所を強化すること
　(h)　関連の多数国間機関の最良の慣行及び模範から学び、透明性と市民社会の実効的な関与を促進する新しいメカニズムを探求して、すべての関連する利害関係者の積極的な参加を確保すること

89　われわれは、多数国間環境協定が持続可能な発展に対して行った重要な貢献を認める。われわれは、化学物質及び廃棄物の分野の三条約〔略〕で既に行われた、相乗効果を強化するための仕事を確認する。われわれは、多数国間環境協定の締約国が、適切な場合にはこれらの分野及びその他の分野において、すべての関連あるレベルにおいて政策上の一貫性を促進し、効率性を改善し、不必要な重複及び繰り返しを減少させ、三つのリオ諸条約を含む多数国間環境協定の相互間並びに当該分野の国連システムとの間の調整及び協力を向上させるための、追加的な措置を検討するように奨励する。

90　われわれは、変化しつつある地球環境の現状とそれが人間の福祉に与える影響の、定期的な検討を続ける必要性を強調する。これとの関連において、われわれは、環境上の影響と評価を持ち寄り、十分な情報に基づく政策決定を支持する国及び地域の能力を開発することを目指す、「地球環境概観」のようなイニシアチブを歓迎する。

　D　国際金融機関及び国際連合の事業活動　（略）

　E　地域、国及び地方のレベル　（略）

　Ⅴ　行動及びフォローアップの枠組み
　A　テーマ別の分野及び分野横断的な問題
104　われわれは、この会議の目的を達成するために、すなわち持続可能な発展のための政治的な誓約を新たにするよう確保するために、並びに、持続可能な発展及び貧困の撲滅の文脈におけるグリーン経済のテーマ及び持続可能な発展のための制度的枠組みに対処するために、われわれが、持続可能な発展に関する主要なサミットの成果を実施するに当たって、残された欠陥に対処し、行動のためのこの枠組みにおいて以下に列挙する行動を通じて、適当な場合には実施手段の提供を通じて支援を受けつつ、新しくかつ出現しつつある課題に対処し、並びに新しい機会をとらえることを約束することを認める。われわれは、目的、達成目標及び指標（適切な場合にはジェンダーに敏感な指標を含む。）が、進捗を測定し加速するために貴重であることを認識する。われわれはさらに、下記の行動の実施における進歩は、情報、知識及び経験の自発的共有によって促進されうることに留意する。

〔以下、項目のみを示す。〕
貧困の撲滅
食糧の安全保障と栄養及び持続可能な農業
水及び下水処理
エネルギー
持続可能な観光
持続可能な輸送
持続可能な都市及び人間の居住
健康及び人口
完全かつ生産的な雇用、すべての者のための相当の
　職業、及び社会的保護の促進
海洋
小島嶼発展途上国
後発発展途上国
内陸発展途上国
アフリカ
地域的な努力
災害のリスクの軽減
気候変動
森林
生物の多様性
砂漠化、土地の劣化及び干ばつ
山岳
化学物質及び廃棄物

持続可能な消費及び生産
鉱業
教育
ジェンダーの平等及び女性のエンパワーメント

B 持続可能な発展の目標

245 われわれは、国際連合の発展活動のために、国の優先順位の設定のために、そして共通の目標に向けての利害関係者と資源の動員のために、ミレニアム発展目標は、広範な発展のヴィジョン及び枠組の一部として、特定の発展の成果の達成に焦点を当てる上での有益な手段であることを強調する。したがってわれわれは、ミレニアム発展目標の完全かつ時宜を得た達成を、引き続き固く約束する。

246 われわれはまた、目標の設定は、持続可能な発展に関する集中的かつ一貫した行動を遂行するために有益でありうることを認める。われわれはさらに、アジェンダ21及びヨハネスブルグ実施計画に基礎をおく、持続可能な発展の一連の諸目標の重要性及び有益性を承認する。これらの諸目標は、様々な国の状況、能力及び優先順位を考慮に入れて、すべてのリオ原則を十分に尊重するものであって、国際法と両立し、既に行われた誓約に依拠し、また、この成果文書を含めて経済、社会及び環境の分野におけるすべての主要なサミットの成果の完全な実施に貢献するものである。目標は、持続可能な発展の三つの文脈のすべてとそれらの相互連関に対処すべきであり、かつこれらをバランスがとれた形で取り入れたものであるべきである。目標は、2015年以降の国際連合の発展課題と一貫し、かつこれに統合されるべきあり、したがって持続可能な発展の達成に貢献し、かつ全体としての国際連合システムにおける持続可能な発展の実施及び主流化の牽引者としての役割を果たすべきである。これらの目標の設定は、ミレニアム発展目標の達成から焦点又は努力をそらせるべきではない。

247 われわれはまた、持続可能な発展の目標は行動指向的で簡潔かつ伝達容易であり、数が限定され、野心的であり、性格において全地球的であり、すべての国に普遍的に適用可能ではあるが相異なる国の現実、能力及び発展の水準を考慮に入れて国の政策及び優先順位を尊重するものであるべきことを強調する。われわれはまた、目標は、この成果文書に導かれるものであって、持続可能な発展の達成のための優先分野に取り組み、かつこれらに焦点を合わせるべきことを認める。政府は、適切な場合にはすべての関連ある利害関係者の積極的な関与を得て、目標の実施を指導するべきである。

248 われわれは、総会において合意されるべき全地球的な持続可能な発展の目標を設定することを目的として、すべての利害関係者に開かれた、持続可能な発展の目標に関する包括的で透明な政府間交渉の場を設置することを決定する。開かれた作業部会は遅くとも総会の第67回会期の開会までに設置するものとし、30の代表によって構成し、公正、衡平かつバランスがとれた地理的代表を実現するために、国際連合の五つの地域グループから加盟国が指名する。開かれた作業部会は最初に、その作業方法を決定する。この作業方法は、多様な観点及び経験を反映させるために、関連ある利害関係者及び市民社会、科学界及び国際連合システムの専門知識を、部会の作業に十分に関与させるための方式を発展させることを含む。作業部会は総会の第68回会期に対して、総会の審理及び適切な行動のために、持続可能な発展の目標に関する提案を含む報告書を提出するであろう。

249 この交渉の場は、2015年以後の発展の課題を検討する交渉の場と調整され、かつ一貫したものであることが必要である。作業部会の作業への最初の情報提供は、国の諸政府と協議して事務総長が行うであろう。交渉の場と作業部会の作業への技術的支援を提供するために、われわれは事務総長に対して、すべての関連する専門家の助言に基づき、必要に応じて機関を横断した技術支援チーム及び専門家パネルを設置することを含めて、国際連合システムからのこの作業へのすべての必要な情報提供及び支援を確保するように要請する。作業の進展に関する報告書は、定期的に総会に対して提出することとなる。

250 われわれは、目標の達成に向けての進歩は、相異なる国の状況、能力及び発展段階を考慮しながら評価され、かつ数値目標及び指標を伴う必要があることを認める。

251 われわれは、持続可能な発展に関して、全地球的な、統合された、かつ科学的に基礎づけられた情報が必要であることを認める。これに関してわれわれは、国際連合システムの関連機関に対して、その任務の範囲内において、地域経済委員会がこの全地球的な努力に対して情報を提供するために、国からの情報を収集し編纂することを援助するように要請する。われわれはさらに、この努力を達成するために、とりわけ発展途上国への財源及び能力の開発を動員することを約束する。

VI　実施の手段

252　われわれは、アジェンダ21〔及びその他のこれまでの関連諸文書〕が認めた実施の手段は、持続可能な発展の約束を完全かつ効果的に目に見える成果とするためには、不可欠のものであることを再確認する。われわれは、各国が自らの経済的及び社会的発展について主要な責任を有すること、そして国の政策、国内資源及び発展戦略の役割は、いくら強調してもしすぎということはあり得ないことを繰り返す。われわれは、発展途上国は持続可能な発展のために追加的な資源を必要とすることを再確認する。われわれは、持続可能な発展を促進するために、多様な出所からの資源の相当の動員が必要であること、また、融資の効果的利用が必要であることを認める。われわれは、国のレベルと国際的なレベルにおけるグッド・ガバナンスと法の支配は、持続的、包括的かつ衡平な経済成長、持続可能な発展及び貧困と飢餓の撲滅にとって不可欠であることを確認する。

A　融資

253　【各レベルの融資制度の重要性】　(略)
254　【多様な出所からの資源の動員】　(略)
255　われわれは、国際連合システムから技術的支援を得て、また、国際的及び地域的な金融機関並びにその他の関連する利害関係者との開かれた広範な協議のもとに、総会が主催する政府間の交渉の場を設けることに合意する。この交渉の場は、融資の必要性を評価し、現存の文書及び枠組みの実効性、一貫性及び相乗効果を検討し、また、追加的なイニシアチブを評価するものであって、持続可能な発展の目的を達成する上での資源の動員及びその効果的な利用を促進するための実効的な持続可能な発展の融資戦略に関して、選択肢を提案する報告書を準備することを目的とする。
256　政府間委員会は、地域グループが衡平な地理的配分のもとに指名する30名の専門家によって構成し、この交渉過程を実施して2014年までに作業を終える。
257　われわれは総会に対して、政府間委員会の報告書を検討して適切な行動をとるように要請する。
258　【ODAの対GNP比率の目標の再確認】　(略)
259　【ODAの質の向上】　(略)
260　【援助構造の変化】　(略)
261　【国際金融機関への要請】　(略)
262　【資金供与メカニズム間の調整】　(略)
263　【発展途上国の債務問題】　(略)
264　【国連発展システムの事業活動への資金供与】(略)
265　われわれは、地球環境ファシリティ(GEF)が過去20年以上にわたって環境プロジェクトへの資金供与において行ってきた重要な成果を認め、GEFが近年実施してきた重要な改革プロセスを歓迎する。そしてわれわれは、一層の改善を呼びかけるとともに、GEFがその任務の範囲内において、国際的な環境上の約束の国内的な実施のための国のニーズに応える資源へのアクセスをより容易にするために、追加的な措置をとるように奨励する。われわれは、手続の一層の簡素化、及び、発展途上国への援助(とりわけ後発発展途上国、アフリカの発展途上国及び小島嶼発展途上国の、GEFからの資金の利用可能性における援助)を支援する。そしてわれわれは、環境上持続可能な発展に焦点を合わせたその他の文書及びプログラムとの強化された調整を支持する。
266　【腐敗との戦い】　(略)
267　【革新的な融資メカニズム】　(略)
268　【民間部門の役割】　(略)

B　技　術　(略)

C　能力の開発　(略)

D　貿　易　(略)

E　自発的誓約の記録　(略)

【第2節　地域的文書】

1–8　欧州連合の運営に関する条約（ＥＵ運営条約）（抜粋）
Treaty on the Functioning of the European Union

署　名　1957年3月25日（ローマ：欧州経済共同体設置条約として）
効力発生　1958年1月1日
最終改正　2007年12月13日（リスボン条約により改正・改称）
同効力発生　2009年12月1日

〔編者注〕条番号の後の（EC第X条）はEC条約の該当の条番号を示し、これがない条は新条文。

第1部　原則
第1編　連合の権限分野
第2条【連合の排他的権限と構成国との共有権限】 1 基本条約が特定の分野において連合に排他的権限を付与している場合、連合のみが、法的拘束力を有する法令を制定しかつ採択することができ、構成国は、連合によって権限が与えられるか又は連合の法令を実施する場合にのみ、法的拘束力を有する法令を制定しかつ採択することができる。
2 基本条約が特定の分野において構成国と共有される権限を連合に付与している場合、連合及び構成国は当該分野において法的拘束力を有する法令を制定しかつ採択することができる。構成国は、連合が自己の権限を行使していない範囲内でその権限を行使する。構成国はまた、連合が自己の権限の行使の中止を決定した範囲内で、その権限を行使する。
3 構成国は、この条約に基づいて定められた取極の範囲内で、それぞれの経済及び雇用政策を調整し、連合はその取極を定める権限を有する。
4 連合は、欧州連合に関する条約の規定に従って、共通防衛政策に関する漸進的枠組みを含む共通外交安全保障政策を決定し、かつ実施する権限を有する。
5 特定の分野において、基本条約で規定された条件の下で、連合は構成国の活動を支援し、調整し、補完するための活動を行う権限を有するが、こうした権限は、これら分野における構成国の権限に優先するものではない。
　これらの分野に関する基本条約の規定に基づいて採択され、かつ法的拘束力を有する連合の法令は、構成国の法律又は規則の調和を伴うものではない。
6 連合の権限行使の範囲及び取極は、それぞれの分野に関する基本条約の規定によって決定される。

第3条【連合の排他的権限】 1　連合は、次の分野において排他的権限を有する。
(a)　関税連合
(b)　域内市場の運営に必要な競争規則の制定
(c)　ユーロを通貨とする構成国の通貨政策
(d)　共通漁業政策に基づく海洋生物資源の保存
(e)　共通通商政策
2 連合はまた、国際協定の締結が連合の立法行為において規定されている場合、又は連合による域内での権限行使を可能にするために必要である場合、若しくはその締結が共通の規則に影響を与えるか、又はそれらの範囲を変更する可能性がある場合には、当該協定を締結する排他的権限を有する。

第4条【連合と構成国の共有権限】 1　第3条及び第6条に掲げる分野に関係しない権限を基本条約が連合に与える場合、連合は構成国と権限を共有する。
2 連合と構成国の間で共有される権限は、次の主要な分野に適用される。
(a)　域内市場
(b)　この条約で定める分野に関する社会政策
(c)　経済的、社会的及び地域的結合
(d)　海洋生物資源の保存を除く、農業及び漁業
(e)　環境
(f)　消費者保護
(g)　運輸
(h)　欧州横断ネットワーク
(i)　エネルギー
(j)　自由、安全及び正義の地域
(k)　この条約で定める分野に関する公衆衛生問題における安全上の共通の関心事項
3 研究、技術開発及び宇宙の分野において、連合は特に計画の策定並びに実施のための活動を行う権限を有する。ただし、その権限の行使は、構成国の権限の行使を妨げるものであってはならない。
4 開発協力及び人道援助の分野において、連合は活動を遂行し、かつ共通の政策を実施する権限を有する。ただし、その権限の行使は、構成国の権限の行使を妨げるものであってはならない。

第2編　一般的な適用がある規定

第11条【環境保護】（EC第6条）環境保護の必要性が、特に持続可能な発展を促進するために連合の政策及び活動の策定と実施に組み込まれなければならない。

第12条【消費者保護】（EC第153条2）消費者保護の必要性を、他の連合の政策及び活動を定め実施するに当たって考慮する。

第13条【動物の福祉】連合の農業、漁業、運輸、域内市場、研究及び技術開発並びに宇宙に関する政策を作成し、これを実施するに当たり、連合及び構成国は、動物は感覚をもつ存在であるという理由から、特に宗教儀式、文化的伝統及び地域遺産に関する構成国の立法規定又は行政規定並びに慣行を尊重しつつ、動物福祉の要求を最大限に考慮する。

第15条【連合活動の透明性】（EC第255条）1　グッド・ガバナンスを促進し、市民社会の参加を確保するために、連合の機関、補助機関、部局及び外局は、可能な限り開かれた方法でその任務を遂行する。

2　欧州議会は、公開で行われる。理事会が立法草案を審議し投票する場合もこれと同じとする。

3　連合のいかなる市民も、構成国に居住するか又は登録事業所を有するいかなる自然人若しくは法人も、この項に従って定める原則及び要件を条件として、媒体は何であれ、連合の機関、補助機関、部局及び外局の文書にアクセスする権利を有する。

公益又は私的利益を理由とする文書へのアクセス権を規律する一般原則及び制限は、欧州議会及び理事会が、通常の立法手続に従って、規則により決定する。

機関、補助機関、部局又は外局は、その手続の透明性を確保し、第2段にいう規則に従って、自己の文書へのアクセスに関する特別規定を手続規則の中に設ける。

欧州連合司法裁判所、欧州中央銀行及び欧州投資銀行は、管理業務を執行する場合にのみ、この項に従う。

欧州議会及び理事会は、第2段にいう規則に定める条件に基づいて、立法手続に関する公文書の公表を確保する。

第2部　無差別及び連合市民権

第24条【市民のイニシアチブ】（EC第21条）欧州議会及び理事会は、通常の立法手続に従って規則により、欧州連合に関する条約第11条の意味において発議を行う市民が属する構成国として最低限必要な国家数を含め、当該市民による発議に必要な手続及び条件に関する規定を採択する。

連合のすべての市民は、第227条に従って、欧州議会に請願する権利を有する。

連合のすべての市民は、第228条に従って設けられる欧州オンブズマンに申し立てることができる。

連合のすべての市民は、欧州連合に関する条約第55条1に定める言語の一つで、この条及び欧州連合に関する条約第13条にいういずれかの機関、補助機関、部局又は外局に書面で訴えることができ、また同じ言語で返答を受け取ることができる。

第3部　連合の政策及び内部活動
第1編　域内市場

第27条【経済発展の差の考慮】（EC第15条）委員会は、第26条に定める目的を達成するための提案を作成するに当たって、発展に違いのある国の経済が、域内市場の確立のために払わなければならない努力の大きさを考慮に入れなければならず、また適当な規定を提案することができる。

これらの規定が適用除外の形態をとるときは、それは一時的性格のもので、かつ域内市場の運営に与える障害が最小限のものでなければならない。

第2編　商品の自由移動
第3章　構成国間の数量制限の禁止

第34条【輸入制限の禁止】（EC第28条）輸入に対する数量制限及びこれと同等の効果を有するすべての措置は、構成国の間で禁止する。

第35条【輸出制限の禁止】（EC第29条）輸出に対する数量制限及びこれと同等の効果を有するすべての措置は、構成国の間で禁止する。

第36条【前2条の例外】（EC第30条）第34条及び第35条の規定は、公共道徳、公の秩序又は公共の安全、人間、動物若しくは植物の健康及び生命の保護、美術的、歴史的若しくは考古学的価値のある国家的文化財の保護、又は工業所有権及び商業所有権の保護の理由から正当化される輸入、輸出又は通過に関する禁止又は制限を妨げるものではない。ただし、こうした禁止又は制限は、恣意的な差別の手段又は構成国間の貿易に対する偽装された制限となってはならない。

第3編　農業及び漁業

第38条【農業及び漁業の共通政策】（EC第32条）1　連合は、共通農業漁業政策を策定し実施する。

域内市場は、農業、漁業及び農産物貿易に及ぶ。

「農産物」とは、農業、牧畜業及び漁業の産品、並びにこれらの産品と直接関係のある第一次加工品をいう。共通農業政策又は農業に対する言及、及び「農業の」という用語の使用は、この部門の特殊な性質を考慮して、漁業に対しても言及されたものと理解する。

2　第39条から第44条に別段の定めがある場合を除き、域内市場の設立及び運営のための規定は、農産物に対しても適用する。

3　第39条から第44条の規定の対象となる産品は、この条約の附属書Ⅰの表に掲げる。

4　農産物に関する域内市場の運営及び発展は、共通農業政策の樹立を伴うものでなければならない。

第7編　競争、課税及び法の接近に関する共通規則

第1章　競争規則
第2節　国による援助

第107条【禁止される援助と許容される援助】（EC第87条）1　基本条約に別段の定めがある場合を除き、形式のいかんを問わず国により与えられる援助又は国家資金により与えられる援助であって、ある企業又はある商品の生産に便益を与えることによって競争を歪め又は歪めるおそれがあるものは、構成国間の貿易に影響を及ぼす限り、域内市場と両立しない。

2　次に掲げる援助は、域内市場と両立する。
　(a)　個々の消費者に与えられる社会的性格の援助。ただし、この援助は、産品の原産地に基づく差別なしに与える。
　(b)　自然的災害により又は他の異常な事態によって生じた損害を救済するための援助
　(c)　ドイツの分割により影響を受けたドイツ連邦共和国のいずれかの地域の経済に対し、その分割により生じた経済的不利を償うため必要な限度において与えられる援助。リスボン条約の発効から5年後、理事会は、委員会の提案に基づいて、本号を削除する決定を採択することができる。

3　次に掲げる援助は、域内市場と両立するものとみなすことができる。
　(a)　構造的、経済的又は社会状況的見地から、生活水準の異常に低い地域又は重大な雇用不足の生じている地域及び第349条に規定された地域の経済発展を促進するための援助
　(b)　欧州の共通利益となる重要な計画の達成を促進するため、又は構成国の経済の重大な撹乱を救済するための援助
　(c)　ある経済活動の発展又はある経済地域の発展を容易にするための援助。ただし、その援助は、共通の利益に反する程度まで貿易の条件を改変しないことを条件とする。
　(d)　文化及び遺産の保存を促進するための援助。ただし、この援助が連合の貿易条件及び競争に共通の利益に反するような程度まで影響を与えないことを条件とする。
　(e)　委員会の提案に基づいて、理事会の決定により定められる他の種類の援助

第3章　法の接近

第114条【域内市場確立のための法の接近】（EC第95条）1　基本条約に別段の定めがない限り、次の規定が第26条に定める目的の達成のために適用される。欧州議会及び理事会は、通常の立法手続に従って、かつ経済社会評議会と協議の後、域内市場の確立及び運営を目的とする構成国の法律、規則又は行政規則の諸規定を接近させるための措置を採択する。

2　1は、財政規定、人の自由移動並びに被雇用者の権利及び利益に関する規定には適用しない。

3　委員会は、健康、安全、環境保護及び消費者保護に関して1に定める提案を行うに際しては、高水準の保護を基礎にする。各々の権限の範囲内において、欧州議会及び理事会はまた、この目的の達成を追及することとなる。

4　欧州議会と理事会又は理事会若しくは委員会により調和措置を採択した後、構成国が、第36条に定めるより大きな必要を理由にして、又は環境若しくは労働環境の保護に関して、国内規定の維持を必要と考えるときは、当該構成国は、これらの規定について維持の理由とともに委員会に通知する。

5　さらに4を害することなく、欧州議会と理事会の合同行為によって又は理事会若しくは委員会によって調和措置を採択した後に、構成国が、調和措置の採択後に当該構成国に特別の問題が生じたという理由で、環境又は労働環境の保護に関する新しい科学的根拠に基づく国内規定の導入が必要と判断する場合には、当該規定を導入の理由とともに委員会に通知する。

6　委員会は、4及び5に規定する通知後6箇月以内に、当該国内規定が構成国の間での貿易の恣意的な差別の手段又は偽装された制限ではないこと、及び域内市場の運営に対する障害にならないことを検証した後、これを承認し又は拒否する。

　　当該期間内に委員会が決定しない場合には、4及び5にいう国内規定は、承認されたものとみなす。

問題の複雑性によって正当化される場合及び人の健康に危険がない場合、委員会は、当該構成国に対して、この項にいう期間はさらに6箇月まで延長し得ることを通知できる。
7 6に従って、構成国が調和措置とは異なる国内規定を維持するか又は導入する場合には、委員会は、当該調和措置との適合を提案するかどうかについて直ちに検討する。
8 構成国が、事前の調和措置の対象となっている分野において公衆衛生に関する特別な問題を提起する場合には、当該構成国は委員会にそれについての注意を喚起し、委員会は直ちに、理事会に適当な措置を提案するかどうかについて検討する。
9 第258条及び第259条に定める手続にかかわらず、委員会及びいずれかの構成国は、他の構成国がこの条に定める権限を不適切に行使していると考えるときは、問題を欧州連合司法裁判所に直接付託することができる。
10 右の調和措置は、適当な場合には、構成国が、第36条に定める一又は二以上の非経済的理由により、暫定措置をとることを認めるセーフガード条項を含む。この暫定措置は、連の管理手続に服する。

第10編　社会政策
第151条【社会政策の目的】（EC第136条）連合及び構成国は、1961年10月18日にトリノで署名された欧州社会憲章及び労働者の基本的社会権に関する1989年共同体憲章において定められたような基本的社会権に留意して、雇用の促進及び生活条件並びに労働条件を向上させつつ均等化させることができるように、これらの諸条件の改善を自らの目的とするとともに、適正な社会的保護、労使間の対話、高水準の雇用を継続するための人的資源の開発、及び社会的排除との闘いをめざす。

このために、連合及び構成国は、特に契約関係の分野における多様な形態の国内慣行、及び連合の経済競争力を維持する必要性を考慮した措置を実施する。

両者は、このような発展が、社会制度の調和を容易にするような域内市場の運営から生ずるだけでなく、基本条約が定める手続から、並びに法律、規則又は行政行為が定める規定の接近からも生ずるものに信じる。

第153条【構成国の活動の支援】（EC第137条）1　第151条の目的を達成するために、連合は、次の分野における構成国の活動を支援し、かつ補完する。
(a) 労働者の健康及び安全を保護するために、特に労働環境の改善
(b) 労働条件
(c) 労働者の社会保障及び社会的保護
(d) 雇用契約が終了する際の労働者の保護
(e) 労働者への情報開示及び協議
(f) 5に従うことを条件に、共同決定を含む、労使の利益の申し立て及び集団的擁護
(g) 連合の域内に合法的に居住する第三国国民の雇用条件
(h) 第166条を害することなく、労働市場から排除された者の統合
(i) 労働市場における機会均等及び労働の際の待遇に関する男女平等
(j) 社会的排除との闘い
(k) (c)を害することなく、社会保護制度の近代化
2 このため、欧州議会及び理事会は、
(a) 知識の改善、情報の交換及び最良の慣行の発展、革新的方法の促進並びに経験の評価を目的とする発議を通し、構成国間の協力を奨励することを意図した措置をとることができる。ただし、構成国の法律及び規則の調整を除く。
(b) 1の(a)から(i)に定める分野において、指令によって、各構成国において得られる条件及び技術的規則を考慮して、漸進的な実施のための最低要件を採択することができる。こうした指令は、中小企業の設立及び発展を妨げるような方法で、行政的、財政的及び法的抑制を課すものであってはならない。

欧州議会及び理事会は、通常の立法手続に従い、経済社会評議会及び地域評議会との協議の後、議決する。

理事会は、この条1の(c)、(d)、(f)及び(g)に定める分野においては、特別の立法手続に従い、欧州議会及び右の両評議会との協議の後、全会一致で議決する。

理事会は、委員会の提案に基づき、欧州議会との協議の後、通常の立法手続がこの条1の(d)、(f)及び(g)に適用されるものと決定することができる。
3 構成国は、経営者及び被傭者に、両者の共同の要求に従って、2に従って採択された指令の実施、又は適当な場合には、第155条に従って採択された理事会の決定の実施を委ねることができる。

この場合、構成国は、指令又は決定が国内措置に置き換え又は実施されなければならない期日までに、経営者及び被傭者が協定によって必要な措置を導入していることを確保する。当該構成国は、当該指令又は決定によって課せられた結果を

保障する立場にあることをいつでも可能にするために、すべての必要な措置をとるよう求められる。
4 この条に従って採択された規定は、
—構成国が自国の社会保障制度の基本原則を定める権利に影響を及ぼしてはならず、また、その財政的均衡に多大な影響を及ぼすものであってはならない。
—構成国が基本条約と合致するより厳格な保護措置を維持し又は導入することを妨げるものではない。
5 この条の規定は、賃金、団結権、ストライキ権又はロックアウト権には適用しない。

第156条【構成国間の協力の奨励】（EC第140条）委員会は、第151条の目的を達成するために、かつ基本条約の他の規定を害することなく、特に次の事項に関し、この章に基づくすべての社会政策分野での構成国間の協力を奨励し、その行動の調整を促進する。
—雇用
—労働法及び労働条件
—初級及び上級の職業訓練
—社会保障
—職業上の事故及び疾病の防止
—労働安全衛生
—団結権及び労使間の団体交渉

　この目的のため、委員会は、国内的規模において提起される問題及び国際組織に関連する問題、特に、指針と指標の確立をめざす発議、最良の慣行の交流の組織化、並びに定期的な監視と評価に必要な事項の準備について調査を行い、意見を与え、かつ協議を行うことにより、構成国と緊密な関係を保って行動する。欧州議会は、常にその通知を受ける。

　委員会は、この条に定める意見を与える前に、経済社会評議会と協議する。

第13編　文　化
第167条【構成国の文化の発展】（EC第151条）1　連合は、構成国の国民的及び地域的多様性を尊重し、また、共通の文化的遺産を強調しつつ、構成国の文化の発展に寄与する。
2 連合の活動は、構成国間の協力を奨励すること、並びに、必要な場合には、次の分野における構成国の活動を支援し及び補足することを目的とする。
—欧州の人々の文化及び歴史についての知識を向上させ及び普及すること
—欧州的意義を有する文化遺産を保存し及び保護すること
—非営利的な文化交流を行うこと
—視聴覚の分野を含めて、美術的及び文学的な創造を行うこと
3 連合及び構成国は、第三国及び文化の分野において権限のある国際組織、特に欧州評議会との協力を促進する。
4 連合は、特にその文化の多様性を尊重しかつ促進するために、基本条約の他の規定に基づく活動において、文化的側面を考慮する。
5 この条に定める目的の達成に寄与するために、
—欧州議会及び理事会は、通常の立法手続に従って、地域評議会との協議の後、奨励措置を採択する。ただし、構成国の法律及び規則の調整を除く。
—理事会は、委員会の提案に基づき、勧告を採択する。

第14編　公衆衛生
第168条【公衆衛生の政策】（EC第152条）1　人間の健康についての高水準の保護を、連合のすべての政策及び活動の策定と実施において確保する。

　連合の活動は国の政策を補完するものであって、公衆衛生の改善、身体的及び精神的な疾病の予防、並びに身体的及び精神的な健康を脅かす原因の除去に向けられる。これらの活動は、疾病の原因、感染及び予防に関する研究を促進すること、衛生に関する情報及び教育を促進すること、並びに国境を越える健康への重大な脅威に対する監視、早期警戒及び撲滅を行うことによって、主要な健康被害と戦うことを含む。

　連合は、情報及び予防を含めて、麻薬による健康被害を減少させるための構成国の活動を補完する。

2 連合は、この条に定める分野における構成国間の協力を奨励し、必要な場合には、その活動を支援する。特に連合は、国境をまたぐ地域における構成国の医療サービスの相補性を改善するため、構成国間の協力を奨励する。

　構成国は、委員会と連携して、1に定める分野におけるそれぞれの政策と計画を、相互間において調整する。委員会は、構成国と緊密な連絡を取り、こうした調整を促進するために有益ないかなる発議も行うことができる。特に、指針及び指標の決定、最良の慣行の交流を行うための組織、並びに定期的な監視及び評価を目的とした発議を行うことができる。欧州議会には十分な情報を常に提供する。

3 連合及び構成国は公衆衛生の分野において、第

三国及び権限のある国際機関との協力を促進する。
4 第2条5及び第6条(a)にもかかわらず、かつ第4条2(k)に従って、欧州議会及び理事会は、通常の立法手続に従い、経済社会評議会及び地域評議会と協議の後、安全に関わる共通の懸念に対処するために、次の措置を採択することにより、この条に定める目的の達成に寄与する。
  (a) ヒト由来の組織及び物質、血液並びに血液製剤の質及び安全性について高い水準を定める措置。こうした措置は、構成国がより厳格な保護措置を維持し又は導入することを妨げない。
  (b) 公衆衛生の保護をその直接の目的とする獣医学及び植物衛生の分野における措置
  (c) 医薬品及び医療器具の品質並びに安全性について高い水準を定める措置
5 欧州議会及び理事会はまた、通常の立法手続に従って、経済社会評議会及び地域評議会との協議の後、人間の健康を保護し及び改善することを目的とする措置、特に国境を越える主要な健康被害と戦うための措置、国境を越える健康への重大な脅威に対する監視、早期警戒及び撲滅に関する措置、並びに煙草及びアルコールの乱用に関連して公衆衛生の保護を直接の目的とする措置を採択することができる。ただし、構成国の法律及び規則の調整を除く。
6 理事会はまた、委員会の提案に基づき、この条に規定する目的のために勧告を採択することができる。
7 連合の行動は、自国の健康政策の策定並びに保健医療サービスの組織及び提供に関する構成国の責任を尊重する。構成国の責任には、保健医療サービスの管理、及び当該サービスに割り当てられた資源の配分を含む。4(a)に定める措置は、臓器提供及び献血、並びに臓器及び血液の医療上の使用に関する構成国の国内規定に影響を与えない。

第15編　消費者保護
第169条【消費者保護の政策】（EC第153条）1　消費者の利益を促進し、かつ高水準の消費者保護を確保するために、連合は、消費者の健康、安全及び経済的利益を保護し、かつ消費者の情報権、教育権及び消費者が自己の利益を守るための団体結成権を促進することに寄与する。
2 連合は、次のことを通じて、1に定める目的の達成に寄与する。
  (a) 域内市場の完成という文脈の中で、第114条に従い採択される措置
  (b) 構成国が行う政策を支援し、補充し及び監視する措置
3 欧州議会及び理事会は、通常の立法手続に従い、かつ経済社会評議会と協議の後、2(b)に定める措置を採択する。
4 3に従い採択される措置は、構成国がより厳格な保護措置を維持し又は導入することを妨げない。これらの措置は、基本条約に合致するものでなければならない。委員会は、これらの措置について通知を受ける。

第20編　環　境
第191条【環境保護の政策】（EC第174条）1　環境に関する連合の政策は、次の目的の追求に寄与する。
―環境の質の保全、保護及び改善
―人間の健康の保護
―天然資源の賢明かつ合理的な利用
―地域的又は世界的な環境問題に対処するための国際的レベルの措置の促進、及び特に気候変動との戦い
2 環境に関する連合の政策は、連合のさまざまな地域における事態の多様性を考慮しながら、高水準の保護を目的とする。それは、予防原則及び予防的行動がとられるべきであるということ、環境破壊は何よりも先ず発生源において除かれるべきであること、及び汚染者が負担すべきであること、という原則に基礎を置く。
　この関連において、環境保護の必要性にこたえる調和的措置は、連合による調査手続に服することを条件に、構成国に、必要ならば、非経済的な環境上の理由により暫定措置をとる権限を認めるセーフガード条項を含む。
3 連合は、環境に関する政策を準備するに当たって、次の点を考慮に入れる。
―利用可能な科学的及び技術的データ
―連合のさまざまな地域における環境的条件
―行動をとる場合ととらない場合の潜在的な利益及び費用
―連合全体の経済的及び社会的発展、並びに連合の諸地域の均衡のとれた発展
4 連合及び構成国は、それぞれの権限の範囲内において、第三国及び権限のある国際機関と協力する。連合の協力のための取極は、連合と当該第三者との間の協定の対象とすることができる。
　前段の規定は、国際組織において交渉する構成国の権限及び国際協定を締結する構成国の権限を害するものではない。
第192条【環境政策の決定手続】（EC第175条）1　欧州

議会及び理事会は、通常の立法手続に従い、かつ経済社会評議会及び地域評議会と協議の後、第191条にいう目的を達成するためにいかなる行動が連合によってとられるべきかを決定する。
2 理事会は、1に定める決定手続にかかわらず、かつ第114条を害することなく、特別の立法手続に従って、かつ欧州議会、経済社会評議会並びに地域評議会と協議の後、全会一致により次のものを採択する。
　(a)　おもに財政的性格を有する規定
　(b)　次のものに影響をおよぼす措置
　　―都市・農村計画
　　―水資源の量的管理又は水資源の利用可能性に直接若しくは間接に影響を与えるもの
　　―廃棄物管理を除いた土地利用
　(c)　構成国における相異なるエネルギー源の間の選択及びそのエネルギー供給の一般的構造に重大な影響を与える措置
　理事会は、委員会の提案に基づき、かつ欧州議会、経済社会評議会及び地域評議会との協議の後、全会一致により、前段にいう事項に通常の立法手続を適用可能とすることができる。
3 欧州議会及び理事会は、通常の立法手続に従い、かつ経済社会評議会及び地域評議会と協議の後、達成されるべき優先目的を定める一般行動計画を採択する。
　欧州議会及び理事会は、場合により1又は2に基づいて、これらの計画の実施に必要な措置を採択する。
4 構成国は、連合によって採択された特定の措置を害することなく、環境政策のために資金を調達し、かつそれを実施する。
5 1の規定に基づく措置が、一構成国の当局にとって過度と思える負担を伴う場合には、汚染者負担の原則を害することなく、その措置において、次の形での適当な規定を定める。
　――時的な適用除外、及び(又は)
　―第177条に基づき設立される結束基金からの財政的支援

第193条【構成国によるより厳しい保護措置】（EC第176条）第192条に従って採択される保護措置は、構成国がより厳重な保護措置を維持し又は導入することを妨げるものでない。当該措置は、基本条約と両立するものでなければならない。それらは、委員会に通知される。

第21編　エネルギー

第194条【エネルギー政策】1　域内市場の確立及び運営に当たって並びに環境を保護し改善する必要性を考慮して、連合のエネルギー政策は、構成国間の連帯の精神に基づき次のことを目的とする
　(a)　エネルギー市場の機能を確保する
　(b)　連合におけるエネルギー供給の安定を確保する
　(c)　エネルギーの効率及び節約を促進し、かつ新規で再生可能な形でのエネルギーの開発を促進する、及び
　(d)　エネルギー網の相互接続を促進する。
2 基本条約の他の規定の適用を害することなく、欧州議会及び理事会は、通常の立法手続に従って、1に掲げる目的を達成するために必要な措置を定める。当該措置は、経済社会評議会及び地域評議会と協議の後、採択する。
　当該措置は、第192条2(c)を害することなく、各構成国においてエネルギー資源の開発条件を決定する権利、相異なるエネルギー源の間の選択、及びエネルギー供給の一般的構造に影響を与えない。
3 2の規定にかかわらず、理事会は、特別の立法手続に従って、全会一致によりかつ欧州議会と協議の後、おもに財政的性質を有する場合には2に規定する措置をとる。

第23編　市民の保護

第196条【災害からの市民の保護】1　連合は、自然的又は人為的災害を予防し及びそれらから防護する体制の実効性を向上させるための、構成国間の協力を勧奨する。
　連合の行動は、次のことを目的とする。
　(a)　連合内における危険の予防、国民保護要員の準備及び自然的又は人為的災害への対応について、国家的、地域的又は地方的なレベルにおいて構成国がとる行動を支援し補完する。
　(b)　連合内における各国の国民保護業務の間の迅速かつ効果的な実務協力を促進する。
　(c)　国際的な国民保護作業の一貫性を促進する。
2 欧州議会及び理事会は、通常の立法手続に従って、1に規定する目的の達成を助けるために必要な措置をとる。ただし、構成国の法律及び規則を調和することを除く。

第4部　海外諸国及び諸領域との連合

第198条【連合の設立と目標】（EC第182条）構成国は、デンマーク、フランス、オランダ及び連合王国と特別の関係を有する非欧州の国及び領域を連合に連携させることに同意する。これらの国及び領域(以下「国及び領域」という。)は、附属書Ⅱに掲

げる。

連携の目標は、これらの国及び領域の経済的及び社会的発展を促進すること、並びにこれらの国及び領域と連合全域との間に緊密な経済関係を樹立することにある。

この条約の前文にうたわれている原則に従い、連携は、主として、これらの国及び領域の住民の利益と繁栄を増進させ、もって住民が期待する経済的、社会的及び文化的発展をもたらすことに寄与する。

第5部　連合の対外活動
第3編　第三国との協力及び人道支援
第1章　発展への協力

第208条【発展協力の政策】（EC第177条）1　発展協力の分野における連合の政策は、連合の対外行動の原則及び目的の枠組みにおいて行われる。連合の発展協力政策及び構成国のかかる政策は、相互に補完し、かつ強化し合うものとする。

連合の発展協力政策は、貧困の削減、さらに長期的にはその撲滅を主たる目的とする。連合は、発展途上国に影響を与える可能性がある政策の実施に当たっては、発展協力の目的を考慮する。

2　連合及び構成国は、国際連合及びその他の権限のある国際機関の枠内において承認した約束を遵守し、かつ承認した目的を考慮する。

第209条【発展協力の措置の決定手続】（EC第179条）1　欧州議会及び理事会は、通常の立法手続に従って、発展協力政策の実施に必要な措置を採択する。こうした措置は、発展途上国との多年次協力計画又は主題別にアプローチを行う複数年協力計画に関連させることができる。

2　連合は、第三国及び権限ある国際機関との間で、欧州連合に関する条約第21条及びこの条約の第208条に定める目的の達成を促すために協定を締結することができる。

前段の規定は、国際機関において交渉する構成国の権限及び国際協定を締結する構成国の権限を害するものではない。

3　欧州投資銀行は、その定款に定められた条件の下で、1にいう措置の実施に寄与する。

第210条【連合と構成国の調整】（EC第180条）1　連合及び構成国は、発展協力に関するその活動の補完性及び効率性を高めるために、国際機関及び国際会議におけるものを含めて、その発展協力政策を調整し、かつその援助計画について相互に協議する。連合及び構成国は、共同の行動をとることができる。構成国は必要な場合には、連合の援助計画の実施に寄与する。

2　委員会は、1にいう調整を促進するために有益な発議を行うことができる。

第211条【第三国及び国際機関との協力】（EC第181条）
連合及び構成国は、それぞれの権限の範囲内で、第三国及び権限のある国際機関と協力する。

第3章　人道支援

第214条【人道支援活動の目的及び原則】1　人道支援の分野における連合の活動は、連合の対外行動に関する原則及び目的の枠内で遂行する。当該活動は、第三国において自然的又は人為的な災害を被っている人々に、状況に応じた人道的必要性に応えるために臨時的な援助及び救援並びに保護を与えることを目的とする。連合の措置及び構成国の措置は、相互に補完し、かつ強化し合う。

2　人道支援活動は、国際法の諸原則並びに不偏性、中立性及び無差別の諸原則を遵守して行う。

3　欧州議会及び理事会は、通常の立法手続に従って、連合の人道支援活動を実施するための枠組みを定める措置をとる。

4　連合は、第三国及び権限のある国際機関との間で1及び欧州連合に関する条約第21条に定める目的の達成を助けるための協定を締結することができる。

前段の規定は、国際組織において交渉する構成国の権限及び国際協定を締結する構成国の権限を害するものではない。

5　欧州の青少年が連合の人道支援活動に共同して貢献するための枠組みを構築するため、欧州ボランティア人道支援隊を設ける。欧州議会及び理事会は、通常の立法手続に従って制定された規則に基づいて、本隊の活動のための規則及び手続を決定する。

6　委員会は、連合と各国の人道支援措置の有効性及び補完性を増進するために、連合の行為と構成国の行為との調和を促進する有益な発議を行うことができる。

7　連合は、その人道支援活動が国際機関及び組織（特に、国際連合体制に属するもの）の人道支援活動と調和し整合的であることを確保する。

第5編　国際合意

第216条【連合の条約締結権限】1　連合は、基本条約が一又はそれ以上の第三国又は国際機関との協定の締結について規定している場合、又は連合の政策の枠内で、基本条約に定める目的の一つを達成するために協定の締結が必要となる場合、あるいはこうした協定の締結が、法的拘束力を有する連合の法令において規定されているか、共通の規

定に影響を与えるか若しくはその範囲を変更する場合には、一又はそれ以上の第三国又は国際機関との協定を締結することができる。
2 連合が締結する協定は、連合の諸機関及び構成国を拘束する。

第217条【連携設立合意】(EC第310条)連合は、一又は二以上の第三国若しくは国際機関との間で、相互主義的な権利及び義務、共同の行動並びに特別の手続を伴う連携を創設する協定を、締結することができる。

第218条【条約締結手続】(EC第300条) 1　第207条に定める特定の規定を害することなく、連合と第三国又は国際機関との間の協定は、次の手続に従って交渉し及び締結する。
2 理事会は、交渉の開始を許可し、交渉に関する指令を採択し、協定の署名を許可し、協定を締結する。
3 委員会又は連合外務安全保障政策上級代表は、検討されている協定が、専ら又は主として、共通の外交安全保障政策に関するものである場合には、理事会に勧告を提出し、理事会は、交渉の開始を許可する決定を採択し、並びに検討されている協定の主題によっては連合の交渉担当者若しくは連合の交渉団の長を指名する決定を採択する。
4 理事会は、交渉担当者に指令を発し、かつ、特別委員会を任命することができる。交渉は、かかる特別委員会と協議して行わなければならない。
5 理事会は、交渉担当者の提案に基づき、協定の署名を許可する決定、及び必要であれば、協定の発効に先立って、その暫定的適用を許可する決定を採択する。
6 理事会は、交渉担当者の提案に基づき、協定を締結する決定を採択する。
　協定が専ら共通外交安全保障政策に関するものである場合を除いて、理事会は、次の手順により、決定を採択する。
(a)　次の協定の場合には、欧州議会の同意を得た後に採択する。
(ⅰ)　連携に関する協定
(ⅱ)　人権及び基本的自由の保護のための条約への連合の加盟に関する協定
(ⅲ)　協力手続を組織することによって、特定の制度の枠組みを確立する協定
(ⅳ)　連合にとって予算上重要な意味をもつ協定
(ⅴ)　通常の立法手続が適用される分野、又は欧州議会による同意が必要とされる特別の立法手続が適用される分野に関する協定

　欧州議会及び理事会は、緊急の場合には、同意のための期限について合意することができる。
(b)　その他の場合には、欧州議会との協議の後に採択する。欧州議会は、理事会が事案の緊急性に応じて定める期限内に、自己の意見を述べる。この期限内に意見が得られないときは、理事会は議決することができる。
7 協定の締結に際し、かかる協定が、その修正について、簡略化された手続又は協定が設立する機関によって採択されるべきものと規定する場合には、理事会は、5、6及び9にかかわらず、交渉担当者に対し、連合を代表してかかる修正を承認することを許可することができる。理事会はこの許可に特定の条件を付すことができる。
8 理事会は手続を通じて常に特定多数決により議決する。
　ただし協定が、連合の法令の採択に全会一致を必要としている分野に関する場合、及び連携に関する協定、並びに第212条に定める加盟候補国との間で締結される協定の場合には、理事会は全会一致で議決する。理事会はまた、人権及び基本的自由の保護のための条約への連合の加盟に関する協定についても全会一致で議決する。この協定を締結する決定は、こうした決定が、構成国の憲法上の要件に従って、構成国により承認された後に効力を生ずる。
9 理事会は、協定に基づいて設置される機関において、法的拘束力を有する法令の採択を要求される場合、かかる法令が協定の組織的枠組みを補完するか、又は修正するものである場合を除いて、協定の適用を停止し、かつ当該機関において連合のためにとるべき立場を確立する決定を採択する。
10 欧州議会は、手続のすべての段階において、迅速に充分な情報提供を受ける。
11 構成国、欧州議会、理事会又は委員会は、検討されている協定が基本条約と両立するか否かについて、司法裁判所の意見を求めることができる。司法裁判所が否定的な意見を与えたときは、当該協定は、それが修正されるか、又は基本条約が改正される場合を除き、効力を生ずることはできない。

第7編　連帯条項

第222条【連帯条項】 1　連合及びその構成国は、いずれかの構成国がテロ攻撃の標的となり又は自然的若しくは人為的災害を被った場合には、連帯の精神により共同して行動する。連合は、構成国か

ら提供された軍事力を含むすべての利用可能な手段を、次のために活用する。
(a) ―構成国の領域におけるテロの脅威を防止すること
　　―民主的制度及び国民をテロ攻撃から保護すること
　　―テロ攻撃が生じた構成国を、当該国の政治当局の要請に基づいて、その領域内において支援すること
(b) 自然的又は人為的災害が生じた構成国を、当該国の政治当局の要請に基づいて、その領域内において支援すること
2　いずれかの構成国がテロ攻撃の標的となり又は自然的若しくは人為的災害を被った場合には、他の構成国は、当該国の政治当局の要請に基づいて、支援する。この目的のため、構成国は理事会において相互間に調整を行う。
3　連合による連帯条項の実施のための取極は、委員会及び連合外務安全保障政策上級代表の共同提案に基づいて行動する理事会の採択する決定によって定める。この決定が防衛に関係する場合、理事会は、欧州連合に関する条約第31条1に従って行動する。欧州議会は、通知を受ける。
　この項の目的のため、第240条を害することなく、理事会は、共通安全保障防衛政策の枠内において設置される機関が支援する政治安全保障委員会、及び第71条にいう委員会によって補佐される。右の二委員会は、必要であれば、共同意見を提出する。
4　欧州理事会は、連合及び構成国が効果的な行動をとることができるようにするため、連合が直面する脅威について定期的に評価を行う。

1-9　デンマーク、フィンランド、ノルウェー及びスウェーデンの間の環境保護に関する条約(北欧環境保護条約)（抄）

Convention on the Protection of the Environment between Denmark, Finland, Norway and Sweden

作　成　1974年2月19日
効力発生　1976年10月5日

デンマーク、フィンランド、ノルウェー及びスウェーデンの政府は、環境を保護し改善する緊急の必要性を確信して、次のように協定した。

第1条【環境上有害な活動】この条約の適用上、環境上有害な活動とは、土壌若しくは建物又はその他の施設から、固体又は液体の廃棄物、ガス又はその他の物質を河川、湖沼又は海洋に排出すること、及び土地、海床、建物又は施設のその他の形における利用であって、水汚染又は水質に対するその他の影響、砂の漂積、大気の汚染、騒音、振動、温度の変化、電離放射線、光等による、環境上の生活妨害を生じるか又は生じることがあるものをいう。

　この条約は、環境上有害な活動が二又はそれ以上の締約国の間の特別の合意によって規制される場合には、その限りにおいて適用しない。

第2条【他の締約国における生活妨害】環境上有害な活動の許可を検討するに当たっては、このような活動によって他の締約国において生じるか又はそのおそれがある生活妨害は、活動が行われる国において生じる生活妨害と同等のものとみなす。

第3条【無差別・平等のアクセス】他の締約国における環境上有害な活動から生じる生活妨害によって影響を受け又はそのおそれがあるすべての者は、活動が行われている国の法人格を有するものと同じ範囲においてかつ同じ条件のもとに、当該の国の適当な裁判所又は行政機関に対して、このような活動の許可の問題(損害防止措置の問題を含む。)について訴えを提起する権利、及び裁判所又は行政機関の決定について上訴する権利を有する。

　前項の規定は、環境上有害な活動から生じる損害賠償の手続の場合にも、等しく適用する。賠償の問題は、活動が行われている国の賠償規則よりも被害当事者にとってより不利な規則によって判断してはならない。

第4条【監督機関】各々の国は、他の締約国における環境上有害な活動から生じる生活妨害に関して、環境上の一般的利益の保護を任務とする特別の機関(監督機関という。)を指定する。

　このような利益を保護することを目的として、監督機関は他の締約国の権限ある裁判所又は行政機関に対して、当該の国において機関又はその他の環境上の一般的利益の代表者が同種の事例において手続を開始し又は聴聞を受けることができる場合には、環境上有害な活動の許可に関して手続を開始し又は聴聞を受ける権利を有し、並びに、当該の国においてこのような事例に適用がある上訴の手続及び規則に従って、裁判所又は行

政機関の決定に対して上訴する権利を有する。

第5条【審査機関】環境上有害な活動の許可について審査する裁判所又は行政機関（審査機関という。）が、当該の活動が他の締約国において重大な生活妨害を生じるか又はそのおそれがあると判断する場合には、審査機関は、この性質の事例において布告又は公表が必要とされているなら、当該事例に関する文書の写しをできるだけ速やかに他の国の監督機関に送付し、これに対して意見を述べる機会を与える。会合又は査察の日時及び場所は、適当な場合には当該の監督機関に対して十分に事前に通報するものとし、この機関に対しては関心を有することがある発展について常に情報を提供する。

第6条【追加的な情報の要請】監督機関の要請に応じて、審査機関は活動が行われている国の手続規則と両立する限りにおいて、環境上有害な活動の実施許可の申請者に対して、審査機関が他の国における影響を評価するために必要とみなす追加的な明細書、図面及び技術上の仕様書を提出するように求める。

第7条【通報の公表】監督機関は、公的又は私的な利害関係のために必要と認めるときは、審査機関からの通報を現地の新聞又はその他の適当な方法で公表する。監督機関はまた、自国の領域における影響について必要とみなす調査を開始する。

第8条【費用の負担】各々の国が、自国の監督機関の活動費用を負担する。

第9条【監督機関の義務の代行】特定の事例において、監督機関が活動が行われている国の適当な裁判所又は行政機関に対して、当該の事例において監督機関の義務は他の機関によって行われるべきものと通知する場合には、監督活動に関するこの条約の規定は適当な場合には当該他の機関に適用する。

第10条【現地査察】環境上有害な活動によって他の国において生じた損害の決定のために必要な場合には、当該他の国の監督機関は、活動が行われている国の審査機関の要請に応じて現地査察のための取り決めを行う。審査機関又はそれが指名する専門家は、このような査察に立ち会うことができる。

必要な場合には、前項に規定する査察に関するより詳細な指示を、関係国の間の協議によって作成する。

第11条【関係国間の協議】他の締約国において重大な生活妨害を生じるか又はそのおそれがある環境上有害な活動の許可が、活動が行われる国の政府により若しくは適当な閣僚又は省庁によって審査されている場合には、前者の国の要請があれば関係国間で協議を行う。

第12条【委員会の意見】前条に規定するような事例において、各関係国の政府は委員会の意見を求めるよう要求することができる。委員会は別段の合意がない限り、当事国により共同で指名される他の締約国出身の委員長、及び各関係国からのそれぞれ3名の委員によって構成する。このような委員会が指名された場合には、委員会が意見を与えるまでは事例に関する決定を行うことはできない。

各々の国が、自国が指名した委員の報酬を負担する。委員長の手当又はその他の報酬、並びに委員会の活動に伴うその他の費用であっていずれの国の責任であるか明確ではないものは、関係国が平等に負担する。

第13条【大陸棚への適用】この条約はまた、締約国の大陸棚区域にも適用する。

第14条【効力発生】　（略）
第15条【効力発生時の訴訟等】　（略）
第16条【廃棄及び寄託】　（略）
　議定書　（略）

1-10　自然及び天然資源の保全に関するASEAN協定（ASEAN自然保全協定）（抄）

Agreement on the Conservation of Nature and Natural Resources

署　名　1985年7月9日
効力発生

東南アジア諸国連合（ASEAN）加盟国〔国名略〕の政府は、

現在及び将来の世代にとっての天然資源の重要性を承認し、

科学的、文化的、社会的及び経済的観点からの、天然資源のますます増大する価値を認識し、

保全及び社会経済的発展の相互関係は、発展の持続可能性を確保するためには保全が必要であること、及び永続的な基礎における保全の達成のためには社会経済的発展が必要であることの、双方を意味することをも認識し、

生物資源がその一部を構成する生態系の内部における、生物資源相互間及び生物資源と他の天然資源との間の相互依存関係を承認し、

われわれがそれに依存する生物資源その他自然の諸要素を保全し管理するために、個別の行動及び共同の行動を引き受けることを望み、

これらの目的の多くを達成するためには、国際協力が不可欠であることを承認し、

このような協調行動を達成するための不可欠の手段は、協定の締結及び実施であることを確信して、以下のように協定した。

第Ⅰ章 保全及び発展

第1条(基本原則) 1 締約国は、各々の国内法の枠内において、単独に、又は必要かつ適当な場合には協調行動を通じて、不可欠の生態学的プロセス及び生命支持システムを維持し、遺伝子の多様性を保存し、自国の管轄下にある採取された天然資源を科学的原則に従いかつ持続可能な発展の目的を達成するために持続的に利用することを確保するために、必要な措置をとることを約束する。

2 この目的のために締約国は、国の保全戦略を策定し、また、ASEAN地域のための保全戦略の枠内においてこのような戦略を調整する。

第2条(発展計画) 1 締約国は、各々の国内法の枠内において、天然資源の保全及び管理が、すべての段階及びすべてのレベルにおいて発展計画の不可分の一部として扱われるよう確保するために、すべての必要な措置をとる。

2 このような効果を生むために締約国は、すべての発展計画の策定に当たって、生態学的諸要素に対して経済的及び社会的諸要素と同じく十分な考慮を払う。

3 締約国は必要な場合には、二又はそれ以上の締約国にとって顕著に重要な天然資源を保全しかつ管理するために、適当な行動をとる。

第Ⅱ章 種及び生態系の保全

第3条(種—遺伝子の多様性) 1 締約国は可能な場合には、その管轄又は管理下にあるすべての種の生存を確保し及び保全を促進することを目的とする行動をとることにより、遺伝子の最大限の多様性を維持する。

2 この目的のために締約国は、陸生であるか海産であるか淡水産であるかを問わず、動物種及び植物種を保全するために適切な措置をとり、とりわけ以下のことを行う。
(a) 自然の陸、淡水、及び沿岸又は海洋の生息地を保全すること。
(b) 採取された種の持続可能な利用を確保すること。
(c) 絶滅のおそれがある種を保護すること。
(d) 固有の種を保全すること、及び、
(e) すべての種又は亜種の絶滅を防止するために、能力内においてすべての措置をとること。

3 前項の目的を実現するために、締約国はとりわけ以下の努力を行う。
(a) 保護区を設置し維持すること。
(b) 種の採取を規制し非選択的な採取方法を禁止すること。
(c) 外来種の導入を規制し、必要な場合にはこれを禁止すること。
(d) 動植物の遺伝子資源の、遺伝子銀行その他の証明された収集を促進し樹立すること。

第4条(種—持続可能な利用) 締約国は採取された種に特別の注意を払い、このような効果を生むために、これらの種のために、科学研究に基づきかつ以下のことを目的とする管理計画を立案し、採択し及び実施するために努力する。
(a) すべての採取される種の個体数が、その安定した再生産及びそれに依存し又は関連する種の安定した再生産を確保する個体数のレベル以下に減少することを防止すること。
(b) 当該の生態系において採取される生物資源の種、これに依存する種及び関連する種の個体数の間の、生態学的関係を維持すること。
(c) 枯渇した個体数を少なくとも本項(a)にいうレベルまで回復させること。
(d) 合理的な期間内に回復することができない当該生態系における変化を防止し、又は変化の危険を最小とすること。

国の利益に照らして、採取活動に関して適切かつ必要な立法上及び行政上の措置をとること。これにより、
(a) このような活動は、上にいう管理計画に適合するものでなければならない。
(b) このような活動の実施は、許可制度によって管理される。
(c) すべての無差別の採取方法、及び、種又は関連する種の個体数の地域的な絶滅を生じうる、又はこれらに重大なかく乱を生じうるすべての採取方法の使用は禁止される。
(d) このような採取活動は、当該の種のライフサイクルにおいて重要な一定の期間、季節又は場所においては禁止され又は厳格に規制される。
(e) このような採取活動は、個体数のレベルの回復を助けるため、又は特別の事情によって生じる脅威を相殺するために、一時的又は地域的に、より厳格に規制することができる。
(f) 種の保全状態がこれを正当化するときはい

つでも、新規の導入のような特別の措置が規定される。
  (g) 標本又は標本の産品の取引及び所持は、そのような規制が採取の規制の実施に意味のある貢献をする場合はいつでも、規制される。

第5条(種—絶滅のおそれがある種及び固有の種) 1 この協定の附属書1には、締約国が地域にとってとりわけ重要であり特別の注意に値すると認める、絶滅のおそれがある種を掲げる。附属書は、締約国の会合により採択する。したがって締約国は、可能な場合には以下の努力を行う。
  (a) これらの種の採取を禁止すること。ただし、例外的な状況において締約国の指定された当局が特別の許可を行う場合は、その限りではない。
  (b) これに応じて、これらの種の標本及びその産品の取引及び所持を規制すること。
  (c) これらの種の生息地を、その十分な部分が保護区に含まれるように確保することによって、特に保護すること。
  (d) これらの種の保存状態を改善し及びその個体数を可能な最高レベルまで回復するために、すべての必要な措置をとること。
2 各々の締約国は可能なときには、国のレベルにおいて絶滅のおそれがある種に対して、上の措置を適用する。
3 締約国は、その管轄下の区域に固有である種に関する特別の責任を認め、このような種の個体数を可能な最高レベルに維持するために、可能な場合にはすべての必要な措置をとることを約束する。

第6条(植生及び森林資源) 1 締約国は、自然の生態系の機能における植生及び森林植生の役割にかんがみて、その管轄下にある土地の植生及びとりわけ森林植生の保全を確保するため、すべての必要な措置をとる。
2 締約国は特に、以下のために努力を行う。
  (a)—植生の除去を管理すること。
      —森林火災を防止すること。
      —とりわけ植生の再生を妨げない期間及び密度に放牧活動を限定することにより、過剰な放牧を防止すること。
  (b) 植生のかく乱を最小とし、活動の後の植生の再生を可能とすることを目的に、鉱業及び鉱物開発活動を規制すること。
  (c) とりわけ自然の森林遺伝子資源を保全することを目的に、森林保護区を設定すること。
  (d) 森林再生計画及び植林計画においては、可能な限り生態学的不均衡を生じるモノカルチュアを避けること。
  (e) 計画されている集水池において、土壌の質を維持し並びにそこから生じる水の量及び質を規制することを第1の機能とする区域を指定すること。
  (f) とりわけ最大限の森林の種の多様性を維持することを目的に、自然林特にマングローブの保全を可能な最大限まで確保すること。
  (g) 最適持続生産の能力を維持し資源の枯渇を避けることを目的に、生態学の原則に基づいてその森林経営計画を策定すること。

第7条(土壌) 締約国は、自然の生態系の機能における土壌の役割にかんがみ、可能な場合には土壌の保全、改良及び再生に向けて措置をとる。締約国はとりわけ、土壌の侵食その他の形態の劣化を防止するために措置をとるよう努力し、微生物による分解のプロセスを保護しそうすることによって土壌の肥沃度を維持する措置を促進する。このような効果を生むために、締約国はとりわけ以下の努力を行う。
  (a) 植生の損失、土壌の重大な損失及び土壌の構造への損害を避けることを目的に、土地利用計画を策定すること。
  (b) とりわけ、沿岸又は淡水の生態系に影響を与え、下流域における湖沼のような、あるいはさんご礁のような脆弱な生態系の沈泥を招き、若しくは危機にある生息地、特に絶滅のおそれがある種又は固有の種の生息地に損害を与える、土壌の侵食を管理するためにすべての必要な措置をとること。
  (c) 侵食され又は劣化した土壌の復旧(鉱業開発によって影響を受けた土壌の復旧を含む。)のために適当な措置をとること。

第8条(水) 1 締約国は、自然の生態系の機能における水の役割にかんがみ、その地下及び地表の水資源の保全に向けて、すべての適当な措置をとる。
2 このような効果を生むために、締約国はとりわけ以下の努力を行う。
  (a) 特に各々の流域の特徴を確認することを目的に、必要な水文学的研究を実施しかつ促進すること。
  (b) とりわけ自然の生命支持システムの維持及び水生の動植物のために水の十分かつ継続的な供給を達成することを目的として、水の利用を規制し管理すること。
  (c) 水資源開発計画を立案し実施するさいには、自然のプロセス又はその他の再生可能な天然資源に対してこのような計画が与えうる影響

を十分に考慮に入れ、及びこのような影響を防止又は最小とすること。
第9条(大気) 締約国は、自然の生態系の機能における大気の役割にかんがみて、持続可能な発展と両立する大気の質の管理に向けて、すべての適当な措置をとるように努力する。

第Ⅲ章　生態学的プロセスの保全

第10条(環境の劣化) 締約国は、生態学的プロセスの適切な機能を維持することを目的に、可能なときには自然環境の劣化を防止し、減少させ及び管理することを引き受け、この目的のために、次条にいう特定の措置に加えて以下のことを約束する。
 (a) とりわけ農業のための殺虫剤、肥料その他の化学産品の利用を管理することにより、及びとりわけ湿地干拓又は森林開墾のための農業開発計画が不可欠の生息地並びに絶滅のおそれがありかつ経済的に重要な種を保護する必要に妥当な考慮を払うよう確保することによって、環境上健全な農業慣行を促進すること。
 (b) 汚染の管理並びに環境上健全な工業生産の過程及び製品の開発を促進すること。
 (c) (a)及び(b)の目的のために適切な経済上又は財政上の奨励策を促進すること。
 (d) 環境劣化に導くことがある活動の実施者に対して、環境劣化の防止、減少及び管理並びに可能な場合には必要とされる復旧及び救済措置に責任を負わせるよう、可能な限り考慮すること。
 (e) 自然環境に影響を及ぼす可能性がある活動を許可するときには、計画されている新しい活動と同一の区域において既に行われている活動との間の予測可能な相互作用並びにそのような相互作用が当該の区域の大気、水及び土壌に対して与える影響を考慮に入れること。
 (f) 生態学的に不可欠のプロセス、若しくは生態学的観点から特に重要な又は敏感な区域、例えば採取される種の繁殖及び飼養の場所のような区域に対して、悪影響を及ぼすことがある活動を規制するよう特別の注意を払うこと。
第11条(汚染) 締約国は、汚染を生じる排出が自然のプロセス及び自然の生態系並びに生態系の個々の構成要素とりわけ動植物の種に対して与えることがある悪影響を認めて、特に次のことを適用することによりこのような排出を防止し、削減し及び管理するために努力する。
 (a) 大気、土壌、淡水又は海洋環境の汚染を生じる可能性がある活動を、当該汚染物質の累積的効果及びこれを受容する自然環境の自浄能力の双方を考慮に入れた管理のもとにおくこと。
 (b) このような管理について、とりわけ汚染を生じる排出の適切な処理を条件とすること。
 (c) 自然の生態系に対する汚染の影響に特別の注意を払って環境の質に関する国の監視計画を樹立し、ASEAN地域全体のためにこのような計画において協力すること。

第Ⅳ章　環境計画措置

第12条(土地利用計画) 1　締約国は、その開発計画の実施において可能なときはいつでも、国の土地利用の配分に特別の注意を払う。締約国は、土地利用計画のプロセスに天然資源の保全を統合するよう確保するために必要な措置をとるように努力し、すべてのレベルにおける特定の土地利用計画の準備及び実施に当たって、経済的社会的要素と同様に生態学的要素にも十分な考慮を払うものとし、持続可能な最適の土地利用を達成するために土地利用計画を可能な限り土地の生態学的容量に基礎付けることを約束する。
2　締約国はとりわけ、1の規定を実施するに当たって、沿岸地域及び湿地のような区域の自然の高い生産性を維持することの重要性に考慮を払う。
3　締約国は適切な場合には、二又はそれ以上の締約国にとって特に重要な天然資源の保全及び管理のために、各自の土地利用計画を調整する。
第13条(保護区) 1　締約国はその管轄下の地域において、適切な場合には以下の保護を目的として、陸上、淡水、沿岸又は海洋の保護区を設置する。
 (a) ASEAN地域の生態系の機能にとって不可欠な生態系的及び生物学的プロセス
 (b) ASEAN地域の生態系のすべての形態の代表的な標本
 (c) これらの生態系に属する動植物の種のできるだけ多数にとっての十分な個体数のレベル
 (d) 科学的、教育的、美的又は文化的な利益のためにとりわけ重要な区域。とりわけ以下のような点におけるそれらの重要性を考慮に入れる
  (i) 動植物の種、特に希少な、絶滅のおそれがある又は固有の種の自然の生息地
  (ii) 経済的に重要な種の開発可能な個体群の維持に必要な地帯
  (iii) 遺伝子材料のプール及びとりわけ絶滅のおそれがある種の安全地帯
  (iv) 生態学的、美的又は文化的に関心がある場所
  (v) 科学的研究のための評価基準

（ⅵ）環境教育のための区域
　　締約国はとりわけ、例外的な性格を有し自国又はASEAN地域に特有であるか、若しくは絶滅のおそれがあるか希少な種、小地域に固有の種及び締約国の間を移動する種にとって不可欠の生息地である区域を保存するために、能力が許す限りすべての措置をとる。
2　この協定に従って設置する保護区は、設置の目的を達成するような方法で規制し及び管理する。締約国は可能な場合には、保護区内においてこのような目的と両立しない活動を禁止する。
3　保護区には以下のものを含む。
（a）国立公園
　（ⅰ）国立公園とは、一又はそれ以上の生態系の生態学的な自己調整を可能とするほど十分な広さをもつ自然の区域であって、人間の居住又は開発によって実質的な変化を受けていないものをいう。
　（ⅱ）国立公園は公的な管理のもとにおくものとし、最高の権限を有する当局によるほかはその境界を変更してはならず、そのいずれかの部分を譲渡してもならない。
　（ⅲ）国立公園は保全を目的とするものであって、科学上、教育上及び休養上の利用並びに人民の共通の福祉に供する。
（b）保留地
　（ⅰ）保留地とは、特別の生態系、動植物の一定の種の不可欠の生息地、集水区域又はその他の天然資源の保全若しくは科学的、教育的、美的又は文化的な利益を有する対象又は区域をいう。
　（ⅱ）保留地を設置した後は、それを設置した当局又はその上級当局によるほかはその境界を変更してはならず、そのいずれかの部分を譲渡してもならない。
　（ⅲ）保留地はその設置の目的に供するものとし、締約国の国益にてらしてこのような目的と両立しない活動を禁止する。
4　締約国は、この協定に従って設置した保護区に関して、以下のことを行う。
（a）管理計画を策定し、この計画に基づいて保護区を管理すること。
（b）適切な場合には、陸上又は水上の緩衝地帯を設けること。緩衝地帯は保護区を取り囲むものとし、海上の場合には沿岸の島嶼区域又は保護区に流入する河川の流域を含むことができる。このような緩衝地帯においては、保護区がその保護を目的とする生態系に有害な結果をもたらすことがあるすべての活動を禁止し又は規制し、保護区の目的と両立する活動を奨励する。
5　締約国は、この協定に従って設置したいずれかの保護区に関して、以下の努力を行う。
（a）動植物の外来種の導入を禁止すること。
（b）保護された生態系又はそこに所在する種をかく乱し又はこれらに害を与える可能性がある有毒物質又は汚染物質の放出を禁止すること。
（c）保護区の外側で行われる活動が、保護区が保護することを目的とする生態系又は種をかく乱し若しくはこれらに害を与える可能性がある場合には、これらの活動を可能な限り禁止し又は管理すること。
6　締約国は、ASEAN地域において保護区の調整されたネットワークを形成することを目的に、地域的な重要性を有するものに特別の注意を払って、この地域における保護区の選択、設置及び管理のための原則、目的、基準及び指針を発展させるために協力する。このような原則、目的、基準及び指針を規定する附属書を地域の保全の必要性に適合する最善の科学的証拠に照らして起草するものとし、締約国の会合がこれを採択する。
7　締約国は、この条の3に規定する保護区の設置に加えて、適切な措置の採用によって私人である所有者、自治体又は地方当局による自然区域の保全を奨励する。

第14条（影響評価） 1　締約国は、自然環境に重大な影響を与えることがある活動の提案を、その採択の以前に可能な限り影響評価の対象とすることを約束し、この評価の結果を政策決定過程において考慮に入れる。
2　このような活動を実施する場合には、締約国は評価された悪影響を克服し又は最小とするように計画及び実施を行うものとし、適切な場合には救済措置をとるためにこのような悪影響を監視する。

第Ⅴ章　国の支援措置
第15条（科学的研究）　（略）
第16条（教育、情報及び公衆の参加、訓練） 1　締約国は、すべてのレベルにおける教育プログラムに天然資源の保全及び管理が適切に含まれるように奨励する努力を行う。
2　締約国は、保全措置の重要性及びその持続可能な発展の目的との関係に関する情報を可能な限り広く普及させ、可能な限り保全措置の立案及び実施への公衆の参加を組織する。
3　締約国は個別的に又は他の締約国若しくは適切

な国際機関との協力のもとに、この協定の目的の実現にとって適切かつ十分な科学上及び技術上の要員を訓練するのに必要なプログラム及び施設を発展させる。

第17条（行政組織） 1　締約国は、この協定の規定を実施するのに必要な行政組織を特定し又は維持し、複数の政府組織が関連する場合には環境の特定の側面を所管する当局のために必要な調整のメカニズムを創設する。

2　締約国は、この協定の実施に必要な職務に対して十分な資金を配分し及び適切な執行権限を有する十分な数の資格ある職員を配置するように努力する。

第Ⅵ章　国際協力

第18条（協調活動） 1　締約国は、自然の保全及び天然資源の管理の分野における活動を調整し、この協定のもとにおける義務の履行を相互に援助することを目的に、相互に及び権限ある国際機関と協力する。

2　締約国は、このために以下の努力を行う。
　(a)　活動を監視するために協働すること。
　(b)　可能な最大限において研究活動を調整すること。
　(c)　比較可能なデータを得るために、同等の又は標準化された研究の技術及び手続を用いること。
　(d)　適切な科学上及び技術上のデータ、情報並びに経験を定期的に交換すること。
　(e)　適切な場合には、この協定の実施のための措置に関して相互に協議し及び支援すること。

3　締約国は、上に規定する協力及び協調の原則を適用するに当たって、事務局に以下のものを送付する。
　(a)　ASEAN地域の天然の生物資源の生物学的地位の監視における援助の情報。
　(b)　科学的、行政的又は法的な性格の情報（報告書及び刊行物を含む。）及びとりわけこの協定の規定に従って締約国がとった措置に関する情報。
　　―附属書1に規定する種の地位。
　　―締約国会議が特別の優先順位を与えることがあるその他の事項。

第19条（共有資源） 1　天然資源を共有する締約国は、関連締約国の主権、権利及び利益を考慮に入れて、それらの保全及び調和のとれた利用に関して国際法の一般に受け入れられた原則に従って協力する。

2　この目的のために、締約国はとりわけ以下のことを行う。
　(a)　一締約国における共有天然資源の利用によって他の締約国において生じることがある環境上の悪影響を管理し、防止し、減少させ又は除去するために協力すること。
　(b)　当該の資源に関する行動について特定の規制を確保するために、二国間又は多数国間の協定を締結するよう努力すること。
　(c)　天然資源を共有する一又はそれ以上の他の締約国の環境に重大な影響を及ぼす危険をもたらすかも知れない共有天然資源に関する活動に従事するに先立って、可能な限り環境影響評価を行うこと。
　(d)　天然資源を共有する一又はそれ以上の他の締約国の領域の環境に重大な影響を与えることが合理的に予測される資源の保全又は利用を開始し又は変更するに当たって、天然資源を共有する一又はそれ以上の他の締約国に対して事前に計画の関連ある詳細について通報すること。
　(e)　天然資源を共有する一又はそれ以上の他の締約国の要請に応じて、上記の計画に関して協議に入ること。
　(f)　天然資源を共有する一又はそれ以上の他の締約国に対して、それらの環境に影響を及ぼすかも知れない緊急状況又は突然の重大な自然現象を通知すること。
　(g)　適切なときにはいつでも、共有資源に関する環境上の問題に関連する協力を促進するために、合意されたデータに基づき共同の科学研究及び評価を行うこと。

3　締約国は特に相互に協力し、適切な場合には以下の目的のために他の締約国と協力するよう努める。
　(a)　以下のものの保全及び管理
　　―境界を接し又は連続する保護区
　　―附属書1に列挙する種の共有の生息地
　　―共通の関心の対象であるその他のいずれかの種の共通の生息地
　(b)　以下の理由によって共有資源を構成する種の保全、管理、及び適用可能な場合にはその採取を規制すること
　　―それらの移住性の性格のために、又は、
　　―それらが共通の生息地に存在するために

第20条（越境環境効果） 1　締約国は国際法の一般に受け入れられた原則に従って、その管轄又は管理下における活動が他の締約国の管轄権の下にあり若しくは国の管轄権の限界の外にある環境又は天然資源に対して害を生じないように確保す

る責任を有する。
2　締約国はこの責任を果たすために、その管轄又は管理下において行われる活動の環境に対する悪影響(当該の国の管轄権の限界の外側にある天然資源に対する影響を含む。)を可能な限り最大限に防止し、可能な限り最小とする。
3　このために、締約国は以下の努力を行う。
　(a)　他の締約国の環境又は天然資源若しくは国の管轄権を越える環境又は天然資源に重大な影響を及ぼす危険をもたらすかも知れない活動に従事するに先立って、環境影響評価を行うこと。
　(b)　国の管轄権を越える重大な影響を与えることが合理的に予測される活動を開始又は変更するに当たって、関連の一又はそれ以上の他の締約国に対して事前に計画の関連ある詳細について通報すること。
　(c)　当該の一又はそれ以上の他の締約国の要請に応じて、上記の計画に関する協議に入ること。
　(d)　当該の一又はそれ以上の他の締約国に対して、国の管轄権を越える影響を及ぼすかも知れない緊急状況又は突然の重大な自然現象を通知すること。
4　締約国はとりわけ、国の管轄権を越えて存在する野生の生息地、特に附属書1に列挙する生息地又は保護区に含まれる生息地に対して直接又は間接に悪影響を与えることがある行動を差し控えるように努める。

第Ⅶ章　国際的な支援措置
第21条(締約国の会合) 1　締約国の通常会合は少なくとも3年に1度、可能な限りASEANの適切な会合と結びつけて開催する。臨時会合は、一締約国の要請に基づきいつでも開催する。ただし、この要請を少なくとも他の一の締約国が支持することを条件とする。
2　締約国会合に任務は、とりわけ以下のものとする。
　(a)　この協定の実施及びその他の措置、とりわけ附属書の必要性について検討すること。
　(b)　必要に応じてこの協定の附属書を採択し、検討し及び改正すること。
　(c)　第28条に従って締約国が提出する報告書若しくは締約国が直接に又は事務局を通じて提出することがあるその他の情報を審議すること。
　(d)　議定書の採択又はこの協定の改正について勧告を行うこと。
　(e)　この協定に関するいずれかの事項を審議するために必要とされる作業部会又はその他の補助機関を設置すること。
　(f)　この協定の目的の達成のために必要となることがある追加的な行動(財政規則の採択を含む。)を審議し採択すること。

第22条(事務局) この協定の効力発生にさいして、締約国は以下の職務の遂行に責任を有する事務局を指名する。
　(a)　締約国の会合を招集し準備すること。
　(b)　議定書を採択することを目的に外交会議を招集すること。
　(c)　締約国に対して、この協定に従って受領した通知、報告書その他の情報を送付すること。
　(d)　締約国からの問い合わせ及び情報を検討し、この協定に関連する問題について締約国と協議すること。
　(e)　締約国が指定することがあるその他の職務を果たすこと。
　(f)　他の国際機関との間において必要な調整を確保すること、及びとりわけ事務局の職務の効果的な遂行のために必要となることがある行政的な取り決めを行うこと。

第23条(国の連絡先)　(略)

第Ⅷ章　最終条項
第24条(議定書の採択) 1　締約国は、この協定の実施のための合意された措置、手続及び基準について規定する、この協定への議定書を起草し採択するために協力する。
2　締約国は外交会議において、この協定への議定書を採択することができる。
3　この協定の議定書は受諾の対象とするものとし、すべての締約国の受諾書が寄託者に寄託された後30日目に効力を発生する。

第25条(協定の改正) 1　この協定のいずれの締約国も、協定の改正を提案することができる。改正は、締約国の過半数の要請によって招集される外交会議が採択する。
2　この協定の改正は、締約国のコンセンサスによって採択する。
3　改正の受諾は書面により寄託者に通知するものとし、寄託者がすべての締約国による受諾を受領した後30日目に効力を発生する。
4　この協定の改正が効力を発生した後は、この協定のいずれの新しい締約国も改正されたこの協定の締約国となる。

第26条(附属書及び附属書の改正) 1　この協定の附属書は、協定の不可分の一部を構成する。
2　附属書の改正
　(a)　いずれの締約国も、締約国の会合において

附属書の改正を提案することができる。
　(b) このような改正は、締約国のコンセンサスによって採択する。
　(c) 寄託者は、このように採択された改正を遅滞なくすべての締約国に通報する。
3　この協定への新しい附属書の採択及び効力発生は、この条の2に規定する附属書の改正の採択及び効力発生と同じ手続に従う。ただし、新しい附属書は協定の改正が効力を発生するまでは効力を発生しない。

第27条（手続規則） 締約国は、その会合のために手続規則を採択する。

第28条（報告書） 締約国は事務局に対して、締約国の会合が定めることがある形式及び間隔に従い、この協定の実施のために採用した措置に関する報告書を提出する

第29条（他の協定との関係） この協定の規定は、現存のいずれかの条約又は協定に関する締約国の権利及び義務にいかなる影響も及ぼすものではない。

第30条（紛争の解決） この協定の解釈又は実施から生じる締約国間のいずれの紛争も、協議又は交渉によって友好的に解決する。

第31条（批准） この協定は、締約国によって批准されなければならない。批准書は、ASEAN事務局の事務局長に寄託するものとし、事務局長は寄託者の職務を引き受ける。

第32条（加入） 1　この協定の効力発生の後は、いずれの［ASEAN］加盟国もこの協定の締約国の事前の承認を条件としてこの協定に加入することができる。
2　加入書は、寄託者に寄託する。

第33条（効力発生） 1　この協定は、6番目の批准書の寄託の後30日目に効力を発生する。
2　その後は、この協定はいずれかの締約国が加入書を寄託した後30日目に当該の締約国に関して効力を発生する。

第34条（寄託者の責任）　（略）

第35条（寄託及び登録）　（略）

　　末　文　　（略）

1–11　自然及び天然資源の保全に関するアフリカ条約（アフリカ自然保全条約）（抄）
African Convention on the Conservation of Nature and Natural Resources

採　択　2003年7月11日
効力発生

　われわれ、アフリカ連合（AU）加盟国の元首及び政府の長は、

　アフリカの自然環境及びアフリカに与えられている天然資源は、アフリカの財産のかけがえのない構成部分でありこの大陸及び人類全体にとって不可欠な資産をなすものであることを認識し、

　アフリカ統一機構憲章の受諾を宣言するにさいしてわれわれが受け入れたように、「人類の営みにおけるわれわれの人民の総体的な進歩のためにわが大陸の天然資源と人的資源を活用すること」はわれわれの義務であることを確認し、

　経済上、社会上、文化上及び環境上の観点から、天然資源がますます重要性を増していることを認識し、

　地球環境の保全は人類全体の共通の関心事であり、アフリカの環境の保全はすべてのアフリカ人の主要な関心事であることを確認し、

　国は、国際連合憲章及び国際法の諸原則に従って、自国の資源をその環境政策及び発展政策に基づいて開発する主権的権利を有し、また、自国の管轄下又は管理下の活動が他の国の環境又は国の管轄権の範囲外の環境に損害を与えないように確保する責任を有することを再確認し、

　さらに、国はその天然資源を保護し保全する責任を有し、また、人類のニーズを満たすことを目的にその天然資源を環境の受容能力に従って持続可能な方法で利用する責任を有することを再確認し、

　これらのかけがえのない資産のいくつかを脅かしている危険を認識し、

　これらの資産の持続可能な利用を確立し維持することによって、これらの資産の保全、利用及び開発のために個別及び共同の行動をとることを望み、

　アフリカの経済発展のためのラゴス行動計画及びラゴス最終議定書並びに人権及び人民の権利に関するアフリカ憲章を想起し、

　国際連合総会が採択した国の経済的権利及び義務の憲章並びに世界自然憲章に留意し、

　ストックホルム宣言の諸原則を引き続き促進し、リオ宣言及びアジェンダ21の実施に貢献し、並びにこれらの目的を支持する世界的及び地域的な文書の実施に向けて緊密に協働する必要性を認識し、

　アフリカ経済共同体設立条約及びアフリカ連合設

立規約に述べられた原則及び目的を考慮し、

これらの目的は、持続可能な発展に関連する諸要素を拡大することによって1968年の自然及び天然資源の保全に関するアルジェ条約を改正することにより、よりよく達成されるであろうことを確信して、次のように協定した。

第1条(適用範囲) この条約は、次のものに適用する。
1. いずれかの締約国の管轄権内にあるすべての区域、及び
2. 国の管轄権内にあり又はその管轄権を越える区域においていずれかの締約国の管轄又は管理の下に行われる活動。

第2条(目的) この条約の目的は、生態学的に合理的で、経済的に健全で、かつ社会的に受諾可能な発展の政策及び計画を達成することを目指して、次のとおりである。
1. 環境の保護を向上させること。
2. 天然資源の保全及び持続可能な利用を促進すること、及び
3. これらの分野における政策を調和させ及び調整すること。

第3条(原則) この条約の目的を達成するために行動し及びその諸条項を実施するにさいして、締約国は次の原則に導かれる。
1. その発展にとって望ましい満足すべき環境へのすべての人民の権利
2. 個別的及び集団的に発展の権利の享受を確保する国の義務
3. 発展上及び環境上のニーズが持続可能で公正かつ衡平な方法で充足されるよう確保する国の義務

第4条(基本的義務) 締約国は、現在及び将来の世代の利益のために、とりわけ防止措置及び予防原則の適用により、道義的及び伝統的な価値並びに科学上の知識に妥当な考慮を払って、この条約の目的を達成するために必要なすべての措置を採用し実施する。

第5条(用語) この条約の適用上、
1. 「天然資源」とは、土壌、水及び動植物を含む再生可能な資源並びに再生不可能な資源をいう。この条約において再生不可能な資源について規定するときには、これを特定する。
2. 「標本」とは、生死を問わず動物又は植物若しくは微生物の個体をいう。
3. 「産品」とは、標本の部分又は派生物をいう。
4. 「種」とは、種若しくは亜種又は種若しくは亜種にかかわる地理的に隔離された個体群をいう。
5. 「脅威にさらされている種」とは、絶滅の危機にさらされており又は脆弱な動植物の種をいう。脅威にさらされている種の定義は附属書1に定めるものとし、その基準は締約国会議がこの分野において権限を有する国際機関の作業を考慮に入れて採択し及び随時再検討することができる。
6. 「保全地域」とは、次のことを意味する。
   (a) その定義及び管理の目的がこの条約の附属書2に含まれるものであって、主として又はもっぱら次の目的の一のために指定され又は管理されている保護地域
      (i) 科学又は原生保護(厳密な意味での自然保全地域/原生保全地域)
      (ii) 生態系保護及びレクリエーション(国立公園)
      (iii) 特定の自然の景観の保全(国の記念物)
      (iv) 管理の介入による保全(生息地/種の保全地域)
      (v) 陸地景観/海洋景観の保全及びレクリエーション(保護された陸地景観/海洋景観)
      (vi) 自然の生態系の持続可能な利用(管理された資源保護地域)、並びに、
   (b) 主として天然資源の保全及び持続可能な利用のために指定され及び(又は)管理されるその他の地域であって、その基準は締約国会議が採択し及び随時再検討することができる。
7. 「生物の多様性」とは、すべての生物(陸上生態系、海洋その他の水界生態系、これらが複合した生態系その他生息又は生育の場のいかんを問わない。)の間の変異性をいうものとし、種内の多様性、種間の多様性及び生態系の多様性を含む。
8. 「元の条約」とは、1968年にアルジェで採択された「自然及び天然資源の保全に関するアフリカ条約」をいう。

この条約において定義されていない特定の用語が、世界的な諸条約において定義されているときには、この用語はそれらの諸条約において定義されているように解釈することができる。これらの用語を定義するアフリカの地域的又は小地域的な条約が存在する場合には、それらの定義が優先する。

第6条(土地及び土壌) 1 締約国は土地の劣化を防止するために効果的な措置をとるものとし、このために、土壌、植生及び関連の水門学的過程を含む土地資源の保全及び持続可能な管理のための長

期的な統合戦略を発展させる。
2 締約国は特に、土壌の保全及び改良のための措置を採用するものとし、とりわけ土壌の浸食及び濫用並びに土壌の物理的、科学的及び生物学的又は経済的な特性の劣化と戦うための措置をとる。
3 この目的のために、
 (a) 締約国は、とりわけ土地の格付け及び土地利用能力に関する科学研究並びに地方的な知識及び経験に基づき、土地利用計画を樹立する。
 (b) 締約国は、営農及び農地改革を実施するさいには、
  (i) 土壌の保全を改善し及び土地の長期的な生産性を確保する持続可能な農業及び林業慣行を導入する。
  (ii) 表土及び植生の長期的な喪失を招きうる土地の濫用及び管理の誤りに起因する浸食を管理する。
  (iii) 水性養殖及び酪農を含む農業活動によって生じる汚染を管理する。
 (c) 締約国は、非農業的な土地利用形態(公共事業、鉱業及び廃棄物処理を含むがこれらに限らない。)が浸食、汚染又はその他の形態の土地劣化を招かないように確保する。
 (d) 締約国は、土地の劣化の影響を受けた地域においては、緩和及び修復のための措置を実施する。
4 締約国は、とりわけ地域社会の権利を考慮に入れて、上の措置を可能とする土地保有政策を発展させ及び実施する。

第7条(水) 1 締約国はその水資源を、可能な最高の量的及び質的レベルを維持するように管理する。締約国はこのために、次のことを目的とする措置をとる。
 (a) 水に基礎をおく不可欠の生態学的過程を維持し、並びに汚染物質及び水中伝染する疾病から人間の健康を保護すること。
 (b) 汚染物質の排出により他の国における人間の健康又は天然資源に及ぶことがある損害を防止すること、及び
 (c) 下流の地域社会及び国の利益のために、過剰な取水を防止すること。
2 締約国は、地下水及び地表水の計画、保全、管理、利用及び開発、並びに雨水の集水及び利用のための政策を確立し及び実施する。締約国は、次のことに妥当な考慮を払って適切な措置をとり、住民に対して利用に適した水を充分かつ継続的に供給することを確保するよう努力する。
 (a) 水の循環を研究し、各集水域について調査をすること。
 (b) 水資源を統合的に管理すること。
 (c) 森林その他の集水域を保全し及び水資源開発事業を調整し計画すること。
 (d) すべての水資源の目録を作成し管理を行うこと(すべての水利用の管理を含む。)、及び
 (e) とりわけ流水基準及び水質基準を確立することにより、水の汚染を防止し及び管理すること。
3 地表水又は地下水の資源及び湿地を含む関連の生態系が二又はそれ以上の締約国の国境を越えるものであるときには、当該の締約国は、これらの合理的な管理及び衡平な利用並びにこれらの資源の利用から生じる紛争の解決のために、また、これらの資源の協調的な開発、管理及び保全を目的として、協議に基づいて行動し、及び必要が生じる場合には国家間委員会を設置する。
4 締約国は個別に又は小地域的な取り決めの枠内において、食糧の安全保障の改善及び持続可能な農業を基礎とする工業化のために、灌漑された農業における合理的な水の管理及び保全について協力することを約束する。

第8条(植生) 締約国は、植生の保護、保全、持続可能な利用及び修復のために、すべての必要な措置をとる。この目的のために、締約国は次のことを行う。
 (a) 関連人民の社会的及び経済的なニーズ、地域の水収支の維持にとっての植生の重要性、土壌の生産性並びに種の生息地の必要性を考慮に入れて、森林、林地、放牧地、湿地及びその他の植生に覆われた地域のための、科学に基礎をおき健全かつ伝統的な保全、利用及び管理の計画を採択すること。
 (b) 火災、森林伐採、耕作のための開墾、家畜及び野生動物の放牧並びに種の侵入を管理するために具体的な措置をとること。
 (c) 森林保留地を樹立し、必要な場合には造林計画を実施すること。
 (d) 森林における放牧を森林の再生を妨げることがない季節及び強度に制限すること。

第9条(種及び遺伝子の多様性) 1 締約国は、陸生であるか淡水性であるか海洋性であるかを問わず動植物の種及び遺伝子の多様性を維持し向上させる。締約国はこの目的のために、このような資源の保全及び持続可能な利用のための政策を確立し実施する。社会的、経済的及び生態学的に貴重な種であって脅威にさらされているもの、並びに一の締約国の管轄権のもとにある地域にのみ存在する種に特別の注意を払う。
2 締約国は、土地利用計画及び持続可能な発展の

枠内において、種及びその生息地の保全を確保する。種及びその生息地の管理は、継続的な科学的研究の結果に基づくものとし、締約国は次のことを行う。
(a) 保全地域の内部においてこのような地域の目的に従い動植物の個体群を管理すること。
(b) 保全地域の外部において、その他の持続可能な土地利用と両立しかつそれらを補足するような、持続可能な方法で収穫できる個体群を管理すること。
(c) 特別に重要な動植物の種を永続させることを目的とする生育域外保全のための現存の施設を樹立し及び(又は)強化すること。
(d) 水界生息地に悪影響を及ぼすことがある水及び陸利用の慣行の有害な影響を最小とすることを目的に、淡水性であると汽水性であると海水性であるとを問わず水界環境を管理し保護すること。
(e) 動植物の目録作成に着手し並びにそれらの分布及び存在量の地図を用意すること、並びに次のことを目的にこれらの種及びそれらの生息地の現状の監視を促進するために定期的な再検討を行うこと。
   (i) それらの保全及び利用にかかわる決定のための適切な科学的基礎を提供すること、
   (ii) 脅威にさらされているか又はそのおそれがある種を特定し、それに従ってこれらに適切な保護を与えること、及び
   (iii) 移動性又は集合性であり、したがって特定の季節において一定の地域にのみ存在する種を特定し、これらに適切な保護を与えること。
(f) 脅威にさらされている動植物の種の存続にとってきわめて重要な地域を特定すること。
(g) 飼育種又は栽培種及びそれらの野生の近縁種のできるだけ多数の変種並びにその他の経済的に貴重な種(森林樹及び微生物を含む。)を保存すること。
(h) 当該の地域に自生するものでない種(改変された生物を含む。)のその地域への意図的な導入を厳しく規制し偶然の導入を可能な限り規制すること、及び、導入の結果が自生種又は環境一般に対して有害な場合には、既に導入された種を除去するよう努力すること。
(i) 害虫を管理するために適切な措置をとり、及び動植物の疾病を除去すること。
(j) 遺伝子資源の供給者及び利用者の間で相互に合意される条件に従い、遺伝子資源の公正かつ衡平な利用の機会を提供すること、及び
(k) 遺伝子資源及び関連の伝統的知識に基礎をおくバイオテクノロジーから生じる利益の、そのような資源の提供者との公正かつ衡平な分配を定めること。
3 締約国は、すべての形態の取得(狩猟、捕獲及び漁獲並びに植物の全部又は一部の採取を含む。)を規制する法令であって、次のようなものを採択する。
(a) 許可書の発行のための条件及び手続を適切に規制するもの
(b) 取得を、いずれかの個体群の利用が持続可能であるよう確保する目的で規制するもの
このための措置には、次のものを含む。
   (i) 取得禁止の時期
   (ii) 満足な個体群の水準を回復するために必要とされる一時的又は地域的な採取の禁止
   (iii) すべての無差別な取得の手段の使用及び種の個体群の大量の破壊並びに局地的な消滅又は重大な障害をもたらすことがあるすべての手段、とりわけ附属書3に定める手段の禁止
(c) 狩猟及び漁獲の産品をできるだけ合理的に利用するために、このような産品の利用及び放棄並びに植物採取を規制するもの
(d) 管理の目的のために権限ある当局により又はその監督の下に行われる作業については、上記にかかわらず特定の制限を免除することができる。

第10条(保護される種) 1 締約国は、脅威にさらされているか又はそうなるおそれがある動植物の種の枯渇をもたらしている諸要因を、それらを除去する目的で特定すること、並びに陸生であるか淡水性であるか又は海洋性であるかを問わず、このような種及びそれらの生存に必要な生息地に特別の保護を与えることを約束する。一の締約国の管轄権のもとにある地域にのみ存在する種の場合には、当該の締約国はその保護に特別の責任を有する。
2 締約国は、1にいう種のための調和のとれた保護措置をアフリカ大陸全体において発展させ又は維持する必要性に特別の考慮を払って、このような種の保護に関する法令を採択する。この目的のために、締約国会議はこの条約の一又はそれ以上の附属書を採択することができる。

第11条(標本及びその産品の取引) 1 締約国は、次のことを行う。
(a) 標本及び産品が種の取引に関する国内法及び国際的義務に合致して取得されたことを確保するために、これらの標本及び産品の国内取

引並びに輸送及び所持を規制すること。
(b) (a)号にいう措置には、適切な刑事制裁(没収措置を含む。)を規定する。
2 締約国は、野生動植物又はそれらの標本若しくは産品の不法取引を減少させ究極的には除去することを目的に、適切な場合には、二国間又は小地域の合意を通じて協力する。

第12条(保全地域) 1 締約国は、適切な場合には、保全地域を確立し、維持し及び拡大する。保全地域は、環境及び天然資源に関する政策、法令及び計画の枠内におかれることが望ましく、また、追加的な保全地域を確立することの潜在的な影響及び必要性を評価するものとし、生物多様性の長期的な保全を確保し、とりわけ次のことを目的として、可能な場合にはそのような追加的な保全地域を指定する。
(a) その管轄権のもとにある地域を最もよく代表し及びこの地域に特有であるか、又は高度の生物多様性によって特徴付けられる生態系を保全すること。
(b) すべての種、及びとりわけ次の種の保全を確保すること。
　(i) その管轄権のもとにある地域にのみ存在するもの。
　(ii) 脅威にさらされているか又は特別の科学的若しくは美的な価値を有するもの。
及びこのような種の生存にとって不可欠の生息地の保全を確保すること。
2 締約国は、この分野において権限を有する国際機関の作業を考慮に入れて、1(a)及び1(b)にいう目的のために不可欠の重要性を有する地域であって、まだ保全地域に含まれていないものを特定するよう努力する。
3 締約国は、地域社会が天然資源の保全及び持続可能な利用を主要な目的として、自ら運営する〔保全〕地域を樹立するよう奨励する。
4 締約国は、必要な場合には、また可能であれば、保全地域の外部における活動であって保全地域の創設の目的の達成にとって有害なものを規制し、及びこの目的のために保全地域を取り巻く緩衝地帯を設置する。

第13条(環境及び天然資源に影響を与える工程及び活動) 1 締約国は、個別に又は協同して、及び関連の権限ある国際機関と協力して、とりわけ放射性、毒性及びその他の有害物質及び廃棄物からの環境への有害な影響を可能な限り最大限に防止し、緩和し及び除去するためにすべての適切な措置をとる。この目的のために、締約国は実行可能な最善の手段を用い、とりわけ自ら締約国である関連条約の枠内において、その政策を調和させるように努力する。
2 このため、締約国は次のことを行う。
(a) 特定の国家的基準(周辺環境の質、排出制限並びに生産工程及び生産方法並びに産品の質を含む。)を樹立し、強化し及び実施すること。
(b) 環境への害を防止し又は緩和し、環境の質を回復し又は向上させ、及びこれらに関する国際的義務を実施することを目的に、経済的な奨励及び抑制を規定すること、及び
(c) 原材料、再生不可能な資源及びエネルギーが保全されできるだけ効率的に利用されること、使用済みの材料が可能な最大限に再使用され及びリサイクルされ、また、非分解性の材料が最も効果的で安全な方法で処理されることを確保するために、必要な措置を採用すること。

第14条(持続可能な発展及び天然資源) 1 締約国は、持続可能な発展を促進するために、次のことを確保する。
(a) 天然資源の保全及び管理を国及び(又は)地方の発展計画の不可分の一部として扱うこと。
(b) すべての発展計画の策定に当たって、生態学的並びに経済的、文化的及び社会的諸要因に十分な考慮を払うこと。
2 この目的のために、締約国は次のことを行う。
(a) 開発のための活動及びプロジェクトが健全な環境政策に基礎をおき、並びに天然資源及び環境一般に対して悪影響を及ぼさないよう確保するために、可能な最大限まですべての必要な措置をとること。
(b) 天然資源、生態系及び環境一般に影響を及ぼす可能性がある政策、計画、戦略、プロジェクト及び活動が、可能な最も早い段階において適切な影響評価の対象とされ、及び定期的な環境監視及び監査が行われるよう確保すること。
(c) 天然資源の状態並びに開発活動及びプロジェクトの天然資源に対する影響を監視すること。

第15条(軍事活動及び敵対活動) 1 締約国は、次のことを行う。
(a) 武力紛争の期間において、環境を害から保護するためにすべての実行可能な措置をとること。
(b) 環境に対して広範な、長期的な又は深刻な害を与えることを目的とする又は与えることが予測される戦闘の方法又は手段を用い又は用いる威嚇を行うこと差し控え、並びにこのような戦争の方法及び手段が開発され、生産され、実験され又は移譲されないように確保する

こと。
(c) 戦闘の手段として又は復仇として環境の破壊又は改変を用いることを差し控えること。
(d) 武力紛争の過程で損害を受けた地域を回復し及び修復するよう約束すること。
2 締約国は、武力紛争において環境を保護するための規則及び措置を確立し、さらに発展させ及び実施するために協力する。

第16条(手続的権利) 1 締約国は、次のことを確保するために必要な時宜を得たかつ適切な立法上及び規制上の措置を採択する。
(a) 環境情報の普及
(b) 公衆の環境情報取得の機会
(c) 重大な環境影響の可能性がある政策決定への公衆の参加、及び
(d) 環境及び天然資源の保護にかかわる事項における司法へのアクセス
2 越境環境損害の起源となる締約国は、他の締約国においてこのような損害を受けるすべての者が、起源となる締約国の国民又は住民に国内環境損害の事例において与えられるものと等しい行政上及び司法上の手続を利用する権利を有するよう確保する。

第17条(地域社会の伝統的権利及び先住民の知識)
1 締約国は、地域社会の伝統的権利及び知的所有権(農民の権利を含む。)がこの条約の諸条項に従って尊重されるよう確保するために、立法上その他の措置をとる。
2 締約国は、先住民の知識及びその利用へのアクセスが当該先住民社会の事前の情報に基づく同意、並びにこのような知識への社会の権利及び適切な経済的価値を認める特定の規制に従うことを要求する。
3 締約国は、地域社会がこれに依存する天然資源の保全及び持続可能な利用を地域に奨励することを目的として、これらの天然資源の利用計画及び管理の過程への地域社会の積極的な参加を可能とするために必要な措置をとる。

第18条(研究) (略)
第19条(技術の開発及び移転) (略)
第20条(能力の開発、教育及び訓練) (略)
第21条(国の当局) (略)
第22条(協力) 1 締約国は、相互間において及び適当かつ可能な場合には他国との間で、次のように協力を行う。
(a) この条約の諸条項を実施するために、
(b) 国のいずれかの措置が他の国又は国の管轄権の範囲を超える区域の環境又は天然資源に影響を与える可能性がある場合に、
(c) この条約及び環境の保護並びに天然資源の保全及び利用の分野における他の条約の下で採択された政策、法令及び措置の個別的及び複合的な有効性を向上させるために、及び
(d) 適当な場合には大陸的又は地域的なレベルにおいて政策及び法を調和させるために。
2 とりわけ、
(a) 一締約国において生じている環境上の緊急事態又は自然災害が他の国の天然資源に影響を及ぼすかも知れない場合には、前者の国は実行可能な限り速やかに後者の国に対してすべての関連ある入手可能なデータを提供する。
(b) 締約国がその管轄下の区域において実施されるべき計画、活動又は事業が他の国の天然資源に悪影響を与えるかも知れないと信じる理由を有する場合には、その締約国は当該の他の国に対して計画中の措置及びその可能な影響に関する関連情報を提供し、及びこの国と協議を行う。
(c) 締約国が(b)号にいう活動に反対する場合には、両国は交渉に入る。
(d) 締約国は、災害の準備、防止及び管理の計画を立案し、必要が生じる場合には相互協力の発動に向けて協議を行う。
(e) 天然資源又は生態系が国境を越えるものである場合には、関連締約国はこのような資源又は生態系の保全、開発及び管理のために協力することを約束し、必要が生じる場合にはそれらの保全及び持続可能な利用のために国家間委員会を設置する。
(f) 締約国は、有害物質若しくは外来の又は改変された生物の輸出に先立ち、輸入国及び適当な場合には通過国の事前の情報に基づく合意を確保することを約束する。
(g) 締約国は、この分野における国際的な協定を個別的及び共同して支持するために、並びにこれに関するアフリカの文書を実施するために、有害廃棄物の国境を越える移動、管理及び処理に関して協調した行動をとる。
(h) 締約国は、国の管轄権を越える区域の天然資源及び環境に影響を与えるかも知れない活動及び事象に関して、二国間において又は権限ある国際機関を通じて情報を交換する。

第23条(遵守) 締約国会議はできるだけ速やかに、この条約の諸条項の遵守を促進し向上させるための規則、手続及び制度的な取り決めを発展させ採択する。

第24条(賠償責任) 締約国はできるだけ速やかに、この条約の範囲内にある事項に関連する損害の賠

償責任及び補償に関する規則及び手続を採択する。

第25条（除外） 1　この条約の諸規定は、以下に関する締約国の責任に影響を及ぼさない。
(a)　「不可抗力」、及び
(b)　人命の保護
2　この条約の諸規定は、締約国が
(a)　災害から生じる宣言された緊急事態において、及び
(b)　公衆の健康を保護するために、
この条約の諸規定を適用除外する、厳格に定義された措置をとることを妨げるものではない。ただし、これらの措置の適用が目的、期間及び場所に関して限定されたものであることを条件とする。
3　1及び2に基づく行動をとる締約国は、事務局を通じて締約国会議に対して、これらの措置の性質及び状況に関して遅滞なく通報することを約束する。

第26条（締約国会議） 1　この条約の意思決定機関として、閣僚レベルにおける締約国会議をここに設立する。締約国会議の第1回会合は、この条約の効力発生の後1年以内にアフリカ連合委員会の委員長が招集する。第2回以降の通常会合は、会議が別段の定めを行わない限り、少なくとも2年に1度開催する。
2　会議の特別会合は、会議が必要とみなすときに、又はいずれかの締約国の書面による要請がある場合であって、このような要請を事務局が締約国に通報して後6箇月以内に締約国の少なくとも3分の1がこれを支持するときに開催する。
3　締約国会議は第1回会合において、自らのために及び会議が設置することがある補助機関のために手続規則を採択し、並びに事務局の資金及び活動を規律する規則を決定する。締約国は、コンセンサス方式によってこれらの決定に到達するようあらゆる努力を行う。コンセンサスを達成するためにあらゆる努力を尽くしたにもかかわらず合意が得られない場合には、決定は最後の手段として出席し投票する締約国の3分の2の多数で採択する。
4　各定例会合において締約国会議は、次回の定例会合までの財政期間における事業計画及び予算を採択する。
5　締約国会議は、この条約の効果的な実施を常に監視し促進するものとし、この目的のために次のことを行う。
(a)　この条約の実施に関する事項について締約国に勧告を行うこと。
(b)　事務局又はいずれかの締約国が提出する情報及び報告書を受領し及び検討し、これらに関して勧告を行うこと。
(c)　この条約の実施のために、とりわけ科学上及び技術上の助言を行うために必要とみなす補助機関を設置すること。
(d)　補助機関が提出する報告書を検討し、及びこれらの機関を指導すること。
(e)　締約国が提案し又は採択する措置に関する情報の交換を促進しかつ容易にすること。
(f)　この条約の目的の達成のために必要となることがある追加的な行動を検討し約束すること。
(g)　必要に応じてこの条約の改正を検討し採択すること。
(h)　必要に応じてこの条約の追加的な附属書及び附属書の改正を検討し採択すること。
(i)　事務局を通じて、国内的であるか国際的であるか政府のものであるか非政府のものであるかを問わず、権限ある団体又は機関の協力を求め、並びにこれらが提供する役務及び情報を利用すること、また、他の関連条約との関係を強化すること、及び
(j)　この条約の範囲内にあるその他の事項について検討すること。
6　アフリカ地域経済共同体並びにアフリカの地域的及び小地域的な政府間機関は、締約国会議の会合に投票権なしで代表を送ることができる。国際連合、国際連合の専門機関及び元の条約の締約国であってこの条約の締約国でない国は、締約国会議の会合に代表を送り、オブザーバーとしてこれに参加することができる。国のものであるか大陸的なものであるか地域的又は小地域的なものであるか若しくは国際的なものであるかを問わず、非政府機関であってこの条約の範囲内にある事項について資格を有しかつ事務局に対して締約国会議にオブザーバーとして代表を送る希望を表明したものは、締約国の少なくとも3分の1が反対を表明しない限り参加を認めることができる。オブザーバーの参加は、締約国会議が採択する手続規則に従うものとする。

第27条（事務局） 1　この条約の事務局を、ここに設立する。
2　第1回会合において締約国会議は、この条約の下で事務局の職務を遂行する機関を指定し又は自らの事務局を指名してその所在地を決定する。
3　事務局の職務は、次のものとする。
(a)　締約国会議及びその補助機関の会合を準備し、これに役務を提供すること。
(b)　締約国会議が割り当てた決定を執行するこ

と。
(c) この条約の目的及びその実施に関する事項について、締約国会議の注意を喚起すること。
(d) この条約の実施を確保することを目的とする現行の法律、規則及び指示の文書並びにこのような実施にかかわる報告書を収集し及び締約国間に普及させること。
(e) この条約のための予算を管理し、及びその保全基金が設立された場合にはこれを管理すること。
(f) その職務の効果的な履行のために必要となることがある行政上及び契約上の取り決めを行うこと。
(g) この条約のもとにおけるその職務を実施するために行った活動に関する研究及び報告書を準備し、これらを締約国会議に提出すること。
(h) その活動を他の関連する国際団体及び条約の事務局と調整すること。
(i) この条約及びその目的に関して一般大衆に情報を提供すること、及び
(j) この条約により割り当てられ又は締約国会議により決定されることのあるその他の職務を遂行すること。

第28条（財源） 1 この条約の目的を達成するための財源確保の中心的な重要性にかんがみ、各締約国は、その能力を考慮に入れて、この条約の実施のために十分な財源を確保するためにすべての努力を行う。
2 この条約の予算にあてる財源は、締約国の分担金、AUによる年次分担金及びその他の機関からの分担金をもって賄う。条約の予算への締約国の分担金は、締約国会議が第1回の会合において承認する分担率に従うものとする。
3 締約国会議は、環境及び天然資源の保全に関する事業及び活動の財源にあてる目的で、締約国の自発的寄金及び会議が受諾するその他の財源からなる保全基金を樹立することができる。基金は、締約国会議の権威のもとに活動し、かつこれに対して責任を負う。
4 締約国は個別に又は共同して、追加的な財源を獲得するために努力し、この目的のために、国際借款団、合同プログラム及び並行金融を用いることにより、国の、二国間の及び多数国間のすべての財源及び資金供与の制度を十分に利用し並びに引き続き質的に改善するよう努力し、また、民間部門の資金源及び資金供与の制度(非政府機関のものを含む。)の関与を追及する。

第29条（報告書及び情報） 1 締約国は事務局を通じて締約国会議に対して、この条約の実施のために採用した措置及び条約規定の適用におけるその結果に関する報告書を、締約国会議が決定することがある形式及び頻度に従って提出する。提出する報告書には、とりわけ報告の不提出、その内容及びそこに示されている措置の適切性に関する事務局の意見を添える。
2 締約国は、事務局に対して次のものを提出する。
(a) この条約の実施を確保することを目的とする、現行の法律、規制及び指示の文書
(b) この条約が取り扱う事項に関する完全な裏付けを提供するために必要となることがあるその他の情報
(c) この条約の範囲内にある事項について連絡先の権限を付与された機関又は調整組織の名称、及び
(d) 当該締約国が締約国である、環境及び天然資源に関する二国間及び多数国間の合意に関する情報

第30条（紛争の解決） 1 この条約の諸規定の解釈又は適用に関する締約国間の紛争は、紛争当事国が直接に又は第三者のあっ旋によって達成する直接の合意により、友好的に解決する。このような紛争の当事国がその解決に達さない場合には、いずれの当事国も12箇月の期間内に当該問題をアフリカ連合司法裁判所に付託することができる。
2 司法裁判所の決定は最終的なものとし、上訴の対象とならない。

第31条（この条約の改正） 1 いずれの締約国も、この条約の改正を提案することができる。
2 この条約の改正案の文案は、承認のためにこれが提出される締約国会議の会合の少なくとも6箇月前に事務局により締約国に通報される。事務局はまた、改正案を会合の少なくとも3箇月前にこの条約の署名国に通報する。
3 締約国は、この条約の改正案についてコンセンサスにより合意に達するように、あらゆる努力を行う。コンセンサスを達成するためにあらゆる努力を尽くしたにもかかわらず合意が得られない場合には、改正案は最後の手段として出席し投票する締約国の3分の2の多数で採択する。
4 寄託者は、改正案の採択をこの条約のすべての締約国及び署名国に通報する。
5 改正の批准、受諾又は承認は、書面により寄託者に通知する。改正は、この条約の締約国の少なくとも3分の2による批准、受諾又は承認の文書の寄託の後90日目に、これを受諾した締約国について効力を発生する。これ以後は改正は、いずれの締約国についても、改正を批准し、受諾又は承認する文書の寄託の後90日目に効力を発生

する。
6 この条については、「出席し投票する締約国」とは出席しかつ賛成票又は反対票を投じる締約国をいう。

第32条(附属書の採択及び改正) 1 この条約の附属書は、条約の不可分の一部をなす。附属書の対象は、科学上、技術上、財政上及び行政上の事項に限る。
2 この条約への追加的な附属書の提案、採択及び効力発生については、次の手続を適用する。
　(a)〜(c)　(第31条1〜3を参照)
　(d)　寄託者は、附属書の採択をこの条約のすべての締約国及び署名国に通報する。
　(e)　この条約への追加的な附属書を受諾できない締約国は、寄託者がその採択を通報した日から6箇月以内に、書面により寄託者にこれを通知する。寄託者は、受領したこのような通知をすべての締約国に遅滞なく通報する。締約国はいつでも、以前の反対の宣言に代えて受諾の宣言を行うことができ、附属書はこれにより当該の締約国にとって効力を発生する。
　(f)　寄託者が通報を回覧した後6箇月を経過した日に、附属書は(e)号の規定に従って通知を行わなかったすべての締約国について効力を発生する。
3 この条約への附属書の改正の提案、採択及び効力発生については、この条約への追加的な附属書の提案、採択及び効力発生に関する手続と同じ手続を適用する。
4 追加的な附属書又は附属書の改正がこの条約の改正に関連する場合には、追加的な附属書又は附属書の改正はこの条約の改正が効力を発生するまでは効力を発生しない。

第33条(投票権) この条約のすべての締約国は、一の投票権を有する。

第34条(改正された条約の締約国と1968年アルジェ条約に拘束される締約国との関係) 1 この条約によって拘束される締約国の間では、この条約のみを適用する。
2 元の条約の締約国とこの条約の締約国との関係は、元の条約の諸規定が規律する。

第35条(他の国際条約との関係) この条約の諸規定は、現存の国際条約又は協定から生じるいずれかの締約国の権利及び義務に影響を及ぼさない。

第36条(署名及び批准) 1 この条約は、アフリカ連合総会がこれを採択した後、ただちに署名のために開放する。
2 この条約は、1にいう国によって批准し、受諾し又は承認されなければならない。批准、受諾又は承認の文書は、寄託者に寄託する。

第37条(加入) 1 この条約は、署名のために閉じられた日以降において、アフリカ連合の加盟国による加入のために開放する。
2 加入書は、寄託者に寄託する。

第38条(効力発生) 1 この条約は、批准、受諾、承認又は加入の15の文書が寄託者に寄託された日から30日目に、効力を発生する。寄託者は、第36条及び第37条にいう国にこれを通報する。
2 批准、受諾、承認又は加入の15の文書が寄託された後にこの条約を批准し、受諾し又は承認し、若しくはこれに加入する国については、この条約は、その国が批准、受諾、承認又は加入の文書を寄託した後30日目に、効力を発生する。
3 この条約の締約国となる国であって1968年アルジェ条約の締約国でなかったものは、自然の状態における動植物の保全に関する1933年ロンドン条約から脱退するために必要な措置をとる。
4 この条約の採択の後は、1968年アルジェ条約への加入書を寄託することはできない。

第39条(留保) この条約に対しては、留保を付することはできない。

第40条(脱退)　(略)
第41条(事務局に関する暫定取り決め)　(略)
第42条(寄託者)　(略)
第43条(正文) アラビア語、英語、フランス語及びポルトガル語を等しく正文とするこの条約の原本は、寄託者に寄託する。

　　附属書1　脅威にさらされている種の定義　(略)

　　附属書2　保全地域　(略)

　　附属書3　禁止される取得の方法　(略)

【第3節　二国間協定及び国内法】

1-12　環境の保護の分野における協力に関する日本国政府とアメリカ合衆国政府との間の協定（日米環境協力協定）

Agreement between the Government of Japan and the Government of the United States of America on Cooperation in the Field of Environmental Protection

署　　名	1975年8月5日
効力発生	1975年8月5日
日 本 国	1975年8月23日公布（外務省告示第181号）
改　　正	1980年8月23日（第4条改正；5年間延長。外務省告示第297号） 1985年7月31日（条文を変えることなく5年間延長するとともに、その後はいずれか一方が終了の意思を通告する日から6か月の期間の満了まで効力を存続することを了解。外務省告示第353号）

前　文　（略）

第1条（協力の維持及び促進）両政府は、平等相互主義及び相互の利益に基づき環境の保護の分野における協力を維持し、かつ、促進する。この協力は、次の形態により行うことができる。
　(a)　特定の問題の技術的及び運用的側面につき探究し、討議し、及び情報の交換を行うため並びに協力態勢により有益に実施することができる計画を識別するための、特に実務レベルの専門家によるものを含む形態の会合
　(b)　特定の又は一般的な問題に関する科学者、技術者その他専門家の訪問及び交流
　(c)　合意された協力計画の実施
　(d)　研究及び開発に関する活動、政策、慣行、法令及び実施中の計画の分析に関連する情報及び資料の交換
第2条（合同企画調整委員会の設置）主要な環境政策問題を討議し、この協定に基づく活動及び成果を調整し及び再検討し並びにこの協定の実施について必要な勧告を両政府に行うために、合同企画調整委員会を設置する。委員会は、適当な場合には閣僚レベルで、原則として年1回日本国及びアメリカ合衆国において交互に会合する。
第3条（協力の分野）協力は、環境の保護及び改善に関連する相互に合意する次の分野において行うことができる。
　(a)　次のものを含む汚染の低減及び防止
　　　大気の汚染の防止（移動性及び固定性発生源からの排出の規制を含む。）、水質の汚濁の防止（都市及び工業の排水の処理を含む。）、海洋汚染の防止、農業排水及び農薬の規制、固形廃棄物の管理及び資源の回収、有害物質の規制及び処理、騒音の低減、環境悪化の健康上、生物学上及び遺伝上の影響に関する研究
　(b)　その他の環境の保護及び改善に関する分野で今後合意されるもの
第4条（協力活動の実施取極）この協定に基づく特定の協力活動の細目及び手続を定める実施取極は、両政府又は両政府の機関のいずれか適当なものを当事者として行うことができる。
第5条（環境政策策定上の考慮事項）両政府は、それぞれの環境政策を策定するに当たって、両国が締約国である国際機関の勧告を考慮に入れることを再確認する。
第6条（協力活動から生ずる非所有権的性格の情報及び工業所有権の処理）1　いずれの一方の政府も、この協定に基づく協力活動から生ずる非所有権的性格の科学的及び技術的情報を、通常の経路を通じ、かつ、参加機関の正常な手続に従い、一般の利用に供することができる。
2　この協定に基づく協力活動から生ずる特許権、意匠権その他の工業所有権の処理は、第4条にいう実施取極において規定される。
第7条（この協定の他の取極への影響）この協定のいかなる規定も、両政府間の協力のための他の取極又は将来の取極に影響を及ぼすものと解してはならない。
第8条（協定活動の実施）この協定に基づく活動は、各国の予算及び関係法令に従うことを条件とする。
第9条（協定の終了）この協定の終了は、第4条にいう実施取極に従って行われ、かつ、この協定の終了の時に履行を完了していないいかなる計画の履行にも影響を及ぼすものではない。
第10条（効力発生、有効期間、終了及び延長）1　この

協定は、署名により効力を生じ、5年間効力を有する。もっとも、いずれの政府も、他方の政府に対し、いつでもこの協定を終了させる意思を通告することが出来、その場合には、この協定は、そのような通告が行われた後6箇月で終了する。

2　この協定は、相互の合意により更に特定される期間延長することができる。

合意された議事録　（略）

1-13　環境基本法（抄）

施　　行　1993〔平成5〕年11月19日(法律第91号)
最終改正　2012〔平成24〕年6月27日(法律第47号)

第1章　総則

第1条(目的) この法律は、環境の保全について、基本理念を定め、並びに国、地方公共団体、事業者及び国民の責務を明らかにするとともに、環境の保全に関する施策の基本となる事項を定めることにより、環境の保全に関する施策を総合的かつ計画的に推進し、もって現在及び将来の国民の健康で文化的な生活の確保に寄与するとともに人類の福祉に貢献することを目的とする。

第2条(定義) 1　この法律において「環境への負荷」とは、人の活動により環境に加えられる影響であって、環境の保全上の支障の原因となるおそれのあるものをいう。

2　この法律において「地球環境保全」とは、人の活動による地球全体の温暖化又はオゾン層の破壊の進行、海洋の汚染、野生生物の種の減少その他の地球の全体又はその広範な部分の環境に影響を及ぼす事態に係る環境の保全であって、人類の福祉に貢献するとともに国民の健康で文化的な生活の確保に寄与するものをいう。

3　この法律において「公害」とは、環境の保全上の支障のうち、事業活動その他の人の活動に伴って生ずる相当範囲にわたる大気の汚染、水質の汚濁(水質以外の水の状態又は水底の底質が悪化することを含む。第21条第1項第1号において同じ。)、土壌の汚染、騒音、振動、地盤の沈下(鉱物の掘採のための土地の掘削によるものを除く。以下同じ。)及び悪臭によって、人の健康又は生活環境(人の生活に密接な関係のある財産並びに人の生活に密接な関係のある動植物及びその生育環境を含む。以下同じ。)に係る被害が生ずることをいう。

第3条(環境の恵沢の享受と継承等) 環境の保全は、環境を健全で恵み豊かなものとして維持することが人間の健康で文化的な生活に欠くことのできないものであること及び生態系が微妙な均衡を保つことによって成り立っており人類の存続の基盤である限りある環境が、人間の活動による環境への負荷によって損なわれるおそれが生じてきていることにかんがみ、現在及び将来の世代の人間が健全で恵み豊かな環境の恵沢を享受するとともに人類の存続の基盤である環境が将来にわたって維持されるように適切に行われなければならない。

第4条(環境への負荷の少ない持続的発展が可能な社会の構築等) 環境の保全は、社会経済活動その他の活動による環境への負荷をできる限り低減することその他の環境の保全に関する行動がすべての者の公平な役割分担の下に自主的かつ積極的に行われるようになることによって、健全で恵み豊かな環境を維持しつつ、環境への負荷の少ない健全な経済の発展を図りながら持続的に発展することができる社会が構築されることを旨とし、及び科学的知見の充実の下に環境の保全上の支障が未然に防がれることを旨として、行われなければならない。

第5条(国際的協調による地球環境保全の積極的推進) 地球環境保全が人類共通の課題であるとともに国民の健康で文化的な生活を将来にわたって確保する上での課題であること及び我が国の経済社会が国際的な密接な相互依存関係の中で営まれていることにかんがみ、地球環境保全は、我が国の能力を生かして、及び国際社会において我が国の占める地位に応じて、国際的協調の下に積極的に推進されなければならない。

第6条(国の責務) 国は、前三条に定める環境の保全についての基本理念(以下「基本理念」という。)にのっとり、環境の保全に関する基本的かつ総合的な施策を策定し、及び実施する責務を有する。

第7条(地方公共団体の責務) 地方公共団体は、基本理念にのっとり、環境の保全に関し、国の施策に準じた施策及びその他のその地方公共団体の区域の自然的社会的条件に応じた施策を策定し、及び実施する責務を有する。

第8条(事業者の責務) 1　事業者は、基本理念にのっ

とり、その事業活動を行うに当たっては、これに伴って生ずるばい煙、汚水、廃棄物等の処理その他の公害を防止し、又は自然環境を適正に保全するために必要な措置を講ずる責務を有する。
2 事業者は、基本理念にのっとり、環境の保全上の支障を防止するため、物の製造、加工又は販売その他の事業活動を行うに当たって、その事業活動に係る製品その他の物が廃棄物となった場合にその適正な処理が図られることとなるように必要な措置を講ずる責務を有する。
3 前二項に定めるもののほか、事業者は、基本理念にのっとり、環境の保全上の支障を防止するため、物の製造、加工又は販売その他の事業活動を行うに当たって、その事業活動に係る製品その他の物が使用され又は廃棄されることによる環境への負荷の低減に資するように努めるとともに、その事業活動において、再生資源その他の環境への負荷の低減に資する原材料、役務等を利用するように努めなければならない。
4 前三項に定めるもののほか、事業者は、基本理念にのっとり、その事業活動に関し、これに伴う環境への負荷の低減その他環境の保全に自ら努めるとともに、国又は地方公共団体が実施する環境の保全に関する施策に協力する責務を有する。

第9条(国民の責務) 1 国民は、基本理念にのっとり、環境の保全上の支障を防止するため、その日常生活に伴う環境への負荷の低減に努めなければならない。
2 前項に定めるもののほか、国民は、基本理念にのっとり、環境の保全に自ら努めるとともに、国又は地方公共団体が実施する環境の保全に関する施策に協力する責務を有する。

第10条(環境の日) (略)

第11条(法制上の措置等) 政府は、環境の保全に関する施策を実施するため必要な法制上又は財政上の措置その他の措置を講じなければならない。

第12条(年次報告等) (略)

第13条 削除

第2章 環境の保全に関する基本的施策
第1節 施策の策定等に係る指針

第14条 この章に定める環境の保全に関する施策の策定及び実施は、基本理念にのっとり、次に掲げる事項の確保を旨として、各種の施策相互の有機的な連携を図りつつ総合的かつ計画的に行わなければならない。
　一 人の健康が保護され、及び生活環境が保全され、並びに自然環境が適正に保全されるよう、大気、水、土壌その他の自然的構成要素が良好な状態に保持されること。
　二 生態系の多様性の確保、野生生物の種の保存その他の生物の多様性の確保が図られるとともに、森林、農地、水辺地等における多様な自然環境が地域の自然的社会的条件に応じて体系的に保全されること。
　三 人と自然との豊かな触れ合いが保たれること。

第2節 環境基本計画

第15条 1 政府は、環境の保全に関する施策の総合的かつ計画的な推進を図るため、環境の保全に関する基本的な計画(以下「環境基本計画」という。)を定めなければならない。
2 環境基本計画は、次に掲げる事項について定めるものとする。
　一 環境の保全に関する総合的かつ長期的な施策の大綱
　二 前号に掲げるもののほか、環境の保全に関する施策を総合的かつ計画的に推進するために必要な事項
3 環境大臣は、中央環境審議会の意見を聴いて、環境基本計画の案を作成し、閣議の決定を求めなければならない。
4 環境大臣は、前項の規定による閣議の決定があったときは、遅滞なく、環境基本計画を公表しなければならない。
5 前二項の規定は、環境基本計画の変更について準用する。

第3節 環境基準

第16条 1 政府は、大気の汚染、水質の汚濁、土壌の汚染及び騒音に係る環境上の条件について、それぞれ、人の健康を保護し、及び生活環境を保全する上で維持されることが望ましい基準を定めるものとする。
2 (略)
3 第1項の基準については、常に適切な科学的判断が加えられ、必要な改定がなされなければならない。
4 (略)

第4節 特定地域における公害の防止

第17条(公害防止計画の作成) 1 都道府県知事は、次のいずれかに該当する地域について、環境基本計画を基本として、当該地域において実施する公害の防止に関する施策に係る計画(以下「公害防止計画」という。)を作成することができる。
　一 現に公害が著しく、かつ、公害の防止に関す

る施策を総合的に講じなければ公害の防止を図ることが著しく困難であると認められる地域
二　人口及び産業の急速な集中その他の事情により公害が著しくなるおそれがあり、かつ、公害の防止に関する施策を総合的に講じなければ公害の防止を図ることが著しく困難になると認められる地域

第18条（公害防止計画の達成の推進） 国及び地方公共団体は、公害防止計画の達成に必要な措置を講ずるように努めるものとする。

第5節　国が講ずる環境の保全のための施策等

第19条（国の施策の策定等に当たっての配慮） 国は、環境に影響を及ぼすと認められる施策を策定し、及び実施するに当たっては、環境の保全について配慮しなければならない。

第20条（環境影響評価の推進） 国は、土地の形状の変更、工作物の新設その他これらに類する事業を行う事業者が、その事業の実施に当たりあらかじめその事業に係る環境への影響について自ら適正に調査、予測又は評価を行い、その結果に基づき、その事業に係る環境の保全について適正に配慮することを推進するため、必要な措置を講ずるものとする。

第21条（環境の保全上の支障を防止するための規制）
1　国は、環境の保全上の支障を防止するため、次に掲げる規制の措置を講じなければならない。
一　大気の汚染、水質の汚濁、土壌の汚染又は悪臭の原因となる物質の排出、騒音又は振動の発生、地盤の沈下の原因となる地下水の採取その他の行為に関し、事業者等の遵守すべき基準を定めること等により行う公害を防止するために必要な規制の措置
二　土地利用に関し公害を防止するために必要な規制の措置及び公害が著しく、又は著しくなるおそれがある地域における公害の原因となる施設の設置に関し公害を防止するために必要な規制の措置
三　自然環境を保全することが特に必要な区域における土地の形状の変更、工作物の新設、木竹の伐採その他の自然環境の適正な保全に支障を及ぼすおそれがある行為に関し、その支障を防止するために必要な規制の措置
四　採捕、損傷その他の行為であって、保護することが必要な野生生物、地形若しくは地質又は温泉源その他の自然物の適正な保護に支障を及ぼすおそれがあるものに関し、その支障を防止するために必要な規制の措置

五　公害及び自然環境の保全上の支障が共に生ずるか又は生ずるおそれがある場合にこれらを共に防止するために必要な規制の措置

2　前項に定めるもののほか、国は、人の健康又は生活環境に係る環境の保全上の支障を防止するため、同項第1号又は第2号に掲げる措置に準じて必要な規制の措置を講ずるように努めなければならない。

第22条（環境の保全上の支障を防止するための経済的措置） 1　国は、環境への負荷を生じさせる活動又は活動の原因となる活動（以下この条において「負荷活動」という。）を行う者がその負荷活動に係る環境への負荷の低減のための施設の整備その他の適切な措置をとることを助長することにより環境の保全上の支障を防止するため、その負荷活動を行う者にその者の経済的な状況等を勘案しつつ必要かつ適切な経済的な助成を行うために必要な措置を講ずるように努めるものとする。

2　国は、負荷活動を行う者に対し適正かつ公平な経済的な負担を課すことによりその者が自らその負荷活動に係る環境への負荷の低減に努めることとなるように誘導することを目的とする施策が、環境の保全上の支障を防止するための有効性を期待され、国際的にも推奨されていることにかんがみ、その施策に関し、これに係る措置を講じた場合における環境の保全上の支障の防止に係る効果、我が国の経済に与える影響等を適切に調査し及び研究するとともに、その措置を講ずる必要がある場合には、その措置に係る施策を活用して環境の保全上の支障を防止することについて国民の理解と協力を得るように努めるものとする。この場合において、その措置が地球環境保全のための施策に係るものであるときは、その効果が適切に確保されるようにするため、国際的な連携に配慮するものとする。

第23条（環境の保全に関する施設の整備その他の事業の推進） 1　国は、緩衝地帯その他の環境の保全上の支障を防止するための公共的施設の整備及び汚泥のしゅんせつ、絶滅のおそれのある野生動植物の保護増殖その他の環境の保全上の支障を防止するための事業を推進するため、必要な措置を講ずるものとする。

2　国は、下水道、廃棄物の公共的な処理施設、環境への負荷の低減に資する交通施設（移動施設を含む。）その他の環境の保全上の支障の防止に資する公共的施設の整備及び森林の整備その他の環境の保全上の支障の防止に資する事業を推進するため、必要な措置を講ずるものとする。

3 国は、公園、緑地その他の公共的施設の整備その他の自然環境の適正な整備及び健全な利用のための事業を推進するため、必要な措置を講ずるものとする。

4 国は、前二項に定める公共的施設の適切な利用を促進するための措置その他のこれらの施設に係る環境の保全上の効果が増進されるために必要な措置を講ずるものとする。

第24条（環境への負荷の低減に資する製品等の利用の促進） 1 国は、事業者に対し、物の製造、加工又は販売その他の事業活動に際して、あらかじめ、その事業活動に係る製品その他の物が使用され又は廃棄されることによる環境への負荷について事業者が自ら評価することにより、その物に係る環境への負荷の低減について適正に配慮することができるように技術的支援等を行うため、必要な措置を講ずるものとする。

2 国は、再生資源その他の環境への負荷の低減に資する原材料、製品、役務等の利用が促進されるように、必要な措置を講ずるものとする。

第25条（環境の保全に関する教育、学習等） 国は、環境の保全に関する教育及び学習の振興並びに環境の保全に関する広報活動の充実により事業者及び国民が環境の保全についての理解を深めるとともにこれらの者の環境の保全に関する活動を行う意欲が増進されるようにするため、必要な措置を講ずるものとする。

第26条（民間団体等の自発的な活動を促進するための措置） 国は、事業者、国民又はこれらの者の組織する民間の団体（以下「民間団体等」という。）が自発的に行う緑化活動、再生資源に係る回収活動その他の環境の保全に関する活動が促進されるように、必要な措置を講ずるものとする。

第27条（情報の提供） 国は、第25条の環境の保全に関する教育及び学習の振興並びに前条の民間団体等が自発的に行う環境の保全に関する活動の促進に資するため、個人及び法人の権利利益の保護に配慮しつつ環境の状況その他の環境の保全に関する必要な情報を適切に提供するように努めるものとする。

第28条（調査の実施） 国は、環境の状況の把握、環境の変化の予測又は環境の変化による影響の予測に関する調査その他の環境を保全するための施策の策定に必要な調査を実施するものとする。

第29条（監視等の体制の整備） 国は、環境の状況を把握し、及び環境の保全に関する施策を適正に実施するために必要な監視、巡視、観測、測定、試験及び検査の体制の整備に努めるものとする。

第30条（科学技術の振興） 1 国は、環境の変化の機構の解明、環境への負荷の低減並びに環境が経済から受ける影響及び経済に与える恵沢を総合的に評価するための方法の開発に関する科学技術その他の環境の保全に関する科学技術の振興を図るものとする。

2 国は、環境の保全に関する科学技術の振興を図るため、試験研究の体制の整備、研究開発の推進及びその成果の普及、研究者の養成その他の必要な措置を講ずるものとする。

第31条（公害に係る紛争の処理及び被害の救済） 1 国は、公害に係る紛争に関するあっせん、調停その他の措置を効果的に実施し、その他公害に係る紛争の円滑な処理を図るため、必要な措置を講じなければならない。

2 国は、公害に係る被害の救済のための措置の円滑な実施を図るため、必要な措置を講じなければならない。

第6節　地球環境保全等に関する国際協力等

第32条（地球環境保全等に関する国際協力等） 1 国は、地球環境保全に関する国際的な連携を確保することその他の地球環境保全に関する国際協力を推進するために必要な措置を講ずるように努めるほか、開発途上にある海外の地域の環境の保全及び国際的に高い価値があると認められている環境の保全であって人類の福祉に貢献するとともに国民の健康で文化的な生活の確保に寄与するもの（以下この条において「開発途上地域の環境の保全等」という。）に資するための支援を行うことその他の開発途上地域の環境の保全等に関する国際協力を推進するために必要な措置を講ずるように努めるものとする。

2 国は、地球環境保全及び開発途上地域の環境の保全等（以下「地球環境保全等」という。）に関する国際協力について専門的な知見を有する者の育成、本邦以外の地域の環境の状況その他の地球環境保全等に関する情報の収集、整理及び分析その他の地球環境保全等に関する国際協力の円滑な推進を図るために必要な措置を講ずるように努めるものとする。

第33条（監視、観測等に係る国際的な連携の確保等） 国は、地球環境保全等に関する環境の状況の監視、観測及び測定の効果的な推進を図るための国際的な連携を確保するように努めるとともに、地球環境保全等に関する調査及び試験研究の推進を図るための国際協力を推進するように努めるものとする。

第34条（地方公共団体又は民間団体等による活動を促進するための措置） 1 国は、地球環境保全等に関

する国際協力を推進する上で地方公共団体が果たす役割の重要性にかんがみ、地方公共団体による地球環境保全等に関する国際協力のための活動の促進を図るため、情報の提供その他の必要な措置を講ずるように努めるものとする。
2　国は、地球環境保全等に関する国際協力を推進する上で民間団体等によって本邦以外の地域において地球環境保全等に関する国際協力のための自発的な活動が行われることの重要性にかんがみ、その活動の促進を図るため、情報の提供その他の必要な措置を講ずるように努めるものとする。
第35条(国際協力の実施等に当たっての配慮)　1　国は、国際協力の実施に当たっては、その国際協力の実施に関する地域に係る地球環境保全等について配慮するように努めなければならない。
2　国は、本邦以外の地域において行われる事業活動に関し、その事業活動に係る事業者がその事業活動が行われる地域に係る地球環境保全等について適正に配慮することができるようにするため、その事業者に対する情報の提供その他の必要な措置を講ずるように努めるものとする。

第7節　地方公共団体の施策
第36条　(略)

第8節　費用負担等
第37条(原因者負担)　国及び地方公共団体は、公害又は自然環境の保全上の支障(以下この条において「公害等に係る支障」という。)を防止するために国若しくは地方公共団体又はこれらに準ずる者(以下この条において「公的事業主体」という。)により実施されることが公害等に係る支障の迅速な防止の必要性、事業の規模その他の事情を勘案して必要かつ適切であると認められる事業が公的事業主体により実施される場合において、その事業の必要を生じさせた者の活動により生ずる公害等に係る支障の程度及びその活動がその公害等に係る支障の原因となると認められる程度を勘案してその事業の必要を生じさせた者にその事業の実施に要する費用を負担させることが適当であると認められるものについて、その事業の必要を生じさせた者にその事業の必要を生じさせた限度においてその事業の実施に要する費用の全部又は一部を適正かつ公平に負担させるために必要な措置を講ずるものとする。
第38条(受益者負担)　国及び地方公共団体は、自然環境を保全することが特に必要な区域における自然環境の保全のための事業の実施により著しく利益を受ける者がある場合において、その者にその受益の限度においてその事業の実施に要する費用の全部又は一部を適正かつ公平に負担させるために必要な措置を講ずるものとする。
第39条(地方公共団体に対する財政措置等)　(略)
第40条(国及び地方公共団体の協力)　(略)
第40条の2(事務の区分)　(略)

第3章　環境の保全に関する審議会その他の合議制の機関等

第1節　環境の保全に関する審議会その他の合議制の機関
第41条(中央環境審議会)　(略)
第42条　削除
第43条(都道府県の環境の保全に関する審議会その他の合議制の機関)　(略)
第44条(市町村の環境の保全に関する審議会その他の合議制の機関)　(略)

第2節　公害対策会議
第45条(設置及び所掌事務)　(略)
第46条(組織等)　(略)

　　附　則　(略)

【第4節　国際機関及び制度】
1-14　国際環境協力のための制度的及び財政的取り決め（ＵＮＥＰ設置決議）（抄）
Institutional and financial arrangements for international environmental cooperation

採　択　1972年12月15日
国際連合総会決議2997（XXVII）

総会は、

前　文　（略）

I　国際連合環境計画管理理事会

1　総会が3年の任期で以下のような配分で選出する58箇国からなる国際連合環境計画管理理事会を設置することを決定する。
  (a)　アフリカ諸国に16議席
  (b)　アジア諸国に13議席
  (c)　東ヨーロッパ諸国に6議席
  (d)　ラテン・アメリカ諸国に10議席
  (e)　西ヨーロッパその他の諸国に13議席
2　管理理事会は、以下のような主要な職務及び責任を有するものと決定する。
  (a)　環境の分野における国際協力を促進し、適切な場合にはこの目的のための政策を勧告すること。
  (b)　国際連合体制内における環境計画の指導及び調整のための一般的な政策指針を提供すること。
  (c)　国際連合体制内における環境計画の実施について、第Ⅱ節2にいう国際連合環境計画事務局長の定期報告を受領し検討すること。
  (d)　広範な国際的重要性を有する環境問題の出現が諸政府の適切かつ十分な考慮の対象となることを確保するため、世界の環境状況をつねに監視の下におくこと。
  (e)　環境上の知識及び情報の取得、評価及び交換への、また、適切な場合には国際連合体制内における環境計画の策定及び実施の技術的側面への、関連ある国際的な科学その他の専門家団体の貢献を促進すること。
  (f)　国内的及び国際的な環境政策及び環境措置の発展途上国への影響、並びに環境上の計画及び事業の実施において発展途上国の負担となることがある追加的な費用の問題を継続的な検討のもとにおき、また、このような計画及び事業がこれらの諸国の発展計画及び優先順位と両立するよう確保すること。
  (g)　第Ⅲ節にいう環境基金の資金利用計画を年ごとに検討し承認すること。

3　管理理事会は経済社会理事会を通じて総会に年次報告を提出し、経済社会理事会は、とりわけ調整の問題に関して、また、国際連合体制内における環境政策及び計画の全体的な経済政策及び社会政策並びに優先順位との関係に関して、管理理事会の年次報告について必要とみなすことがある意見を送付することを決定する。

II　環境事務局

1　高度の実効的管理を確保するような方法で国際連合体制内における環境上の活動及び調整の中心としての役割を果たす、小規模な事務局を国際連合内に設置することを決定する。
2　国際連合環境計画の事務局長を環境事務局の長とすることを決定する。事務局長は、総会が事務総長の指名に基づき4年の任期で選出するものとし、とりわけ次のような責任を負う。
  (a)　国際連合環境計画管理理事会に対して、実体的な支援を提供すること。
  (b)　管理理事会の指導のもとに国際連合体制内における環境計画を調整し、その実施を継続的に検討し及びその実効性を評価すること。
  (c)　適当な場合には、また、管理理事会の指導のもとに、環境計画の策定及び実施に関して国際連合体制の政府間機関に対して助言を与えること。
  (d)　世界のすべての部分における関連ある科学その他の専門家団体の実効的な協力及びそれらからの貢献を確保すること。
  (e)　すべての関係当事者の要請に応じて、環境の分野における国際協力の促進のための助言を提供すること。
  (f)　自らの発意に基づき又は要請に応じて、環境の分野における国際連合の中期的及び長期的な計画を具現する提案を管理理事会に提出すること。
  (g)　管理理事会の検討を要するとみなす事項について、同理事会の注意を喚起すること。
  (h)　管理理事会の権威及び政策指導のもとに、第Ⅲ節にいう環境基金を運営すること。
  (i)　環境問題に関して、管理理事会に対して報

告を行うこと。
(j) 管理理事会が委任することがあるその他の職務を遂行すること。
3 管理理事会に役務を提供する費用及び1にいう小規模な事務局に当てる費用は国際連合の通常予算をもって負担し、第Ⅲ節の下で設置する環境基金の計画事業費、計画支援費及び運営費は基金が負担することを決定する。

Ⅲ 環境基金

1 環境計画のための追加的資金を供与する目的で、現行の国際連合財政手続に従い1973年1月1日より有効なものとして、自発的基金を設置することを決定する。
2 国際連合環境計画管理理事会が環境活動の監督及び調整のために政策指導の役割を果たすことができるようにすることを目的に、環境基金は国際連合体制内で取り組まれる新しい環境上の発意――国際連合人間環境会議が採択した行動計画が統合的な計画に特別の注意を払って想定する発意、及び管理理事会が決定することがあるその他の環境活動を含む――の費用の全部又は一部に対して資金を供与すること、及び、管理理事会が資金供与を続けるかどうかについて適切な決定を行うことができるよう、これらの発意を再検討するべきことを決定する。
3 環境基金は、地域的及び世界的な監視、評価及びデータ収集制度(適切な場合にはこれに対応する国の制度の費用を含む。)、環境の質の管理の改善、環境研究、情報の交換及び普及、公衆の教育及び訓練、国家的、地域的及び世界的な環境機関への援助、適切な環境防護と両立する経済成長の政策に最も適した産業上その他の技術開発のための環境上の研究の促進のような、一般的利益がある計画及びその他の管理理事会が決定することのある計画に対して資金を供与するために使用すること、及びこのような計画の実施に当たっては発展途上国の特別のニーズに妥当な考慮が払われるべきことを決定する。
4 発展途上国の発展の優先順位に悪影響が及ばないように確保する目的で、受け手である発展途上国の経済状況と両立する条件のもとに追加的な資金を供与するために適切な措置をとることを決定し、及びこの目的のために事務局長が権限ある機関と協力してこの問題を継続的に検討するべきことを決定する。
5 環境基金は、2及び3にいう目的を遂行するに当たって、国際連合体制内の機関その他の国際機関の国際環境計画の実施における実効的な調整の必要性に向けられるべきことを決定する。
6 環境基金が資金を供与するべき計画の実施に当たって、国際連合体制の外部の機関、とりわけ当該の国及び地域の機関もまた、適当な場合には管理理事会が設定する手続に従って利用されるべきこと、並びにこのような機関は補足的な発意及び貢献によって国際連合の環境計画を支持するよう招請されることを決定する。
7 管理理事会は、環境基金の運営を規律するために必要な一般的手続を起草するべきことを決定する。

Ⅳ 環境調整委員会

1 国際連合の環境計画の最も効率的な調整を図るために、国際連合環境計画事務局長を議長とする環境調整委員会を行政調整委員会のもとに設置することを決定する。
2 さらに、環境調整委員会は、環境計画の実施においてすべての関連機関の間の協力及び調整を確保することを目的に定期的に会合すること、及び国際連合環境計画の管理理事会に対して年報を提出することを決定する。
3 国際連合体制内の諸機関に対して、とりわけ計画及び予算上の事項に関する現行の事前協議の手続を考慮して、国際環境問題に関して調和の取れたかつ調整された計画に取り組むために必要となることがある措置を採用するよう招請する。
4 地域経済委員会及びベイルートにある国際連合経済社会事務局に対して、必要な場合にはその他の適切な地域的機関と協力して、この分野における地域的協力の急速な発展の特別の必要性にかんがみて、環境計画の実施に貢献するための努力をさらに強化するよう招請する。
5 また、環境の分野に関心を有するその他の政府間及び民間の機関に対して、可能な最大限の協力及び調整を達成することを目的に、国際連合に対して十分な支持及び協調を行うように招請する。
6 諸政府に対して、国内的及び国際的な環境行動の調整の任務が、適切な国内機関に対して付されることを確保するよう要望する。
7 とりわけ国際連合憲章のもとにおける経済社会理事会の責任に留意して、適切な場合には第31回会期において上記の制度的取り決めを再検討することを決定する。

〔編者注〕「われわれが望む未来」(1-7)第88項を受けて、2012年12月21日の総会決議67/213は管理理事会の構成を普遍化することを決定した。

1-15 再編された地球環境ファシリティを設立するための文書（GEF設立文書）（抄）
Instrument for the Establishment of the Restructured Global Environment Facility

作　　成	1994年3月14-16日
採　　択	UNDP：1994年5月13日
	世界銀行：1994年5月24日
	UNEP：1994年6月18日
効力発生	1994年7月7日
改　　正	2003年7月19日
日 本 国	1994年6月27日（参加文書寄託）

前　文

(a) 地球環境ファシリティ(GEF又はファシリティという。)は国際復興開発銀行(IBRD又は世界銀行という。)の内部に、地球環境を保護し、そうすることによって環境上健全で持続可能な経済発展を促進することを助けるためのパイロット計画として、世界銀行理事会の決議並びに国際連合開発計画(UNDPという。)、国際連合環境計画(UNEPという。)及び世界銀行の間の関連の機関間協定によって設立されたので、

(b) 1992年4月にGEFの参加者はその構造及び活動様式を改正するべきことに合意し、アジェンダ21(1992年の国際連合環境発展会議の行動計画)、気候変動に関する国際連合枠組条約及び生物の多様性に関する条約が、後にファシリティの再編成を呼びかけたので、

(c) 現在ファシリティに参加している国及びこれに参加することを望むその他の国の代表が、これらの発展を考慮に入れるために、GEFを地球環境の資金供与のための主要な機構の一つとして確立するために、性格において透明で民主的な運営体制を確保するために、参加の普遍性を促進し、その実施におけるUNDP、UNEP及び世界銀行(あわせて以後実施機関という。)の間の十分な協力を規定するために、並びに設立以来のファシリティの活動の経験の評価から受益するために、ファシリティが再編成されるべきことを要請したので、

(d) この文書を基礎にして再編成されたファシリティ(この文書に基づき新設されるGEF信託基金を含む。)の下で、これらの目的のための資金を補充する必要があるので、

(e) 現存の地球環境信託基金(GETという。)を終了し、そのすべての基金、収入、資産及び債務を終了に伴い新設のGEF信託基金に移転することが望ましいので、

(f) 実施機関は、各自の管理機関がその参加を承認することを条件として、本文書に規定する協力のための諸原則に関する共通の理解に到達したので、

以下のように決議した。

I 基本規定
GEFの再編成及び目的

1 この文書に従って、再編成されたGEFを設立する。この文書は、GEFの参加国代表により1994年3月14日から16日までスイスのジュネーヴにおいて開催された会合において受諾されたので、実施機関によって各自の規則上及び手続上の要件に従い採択されるものとする。

2 GEFは、実施機関の間の協調及び協働を基礎として、次の対象分野において合意された地球環境上の利益を達成するための措置の合意された増加費用を負担するための、新規のかつ追加的な無償資金供与及び緩和された条件による資金供与を目的とする、国際協力のための制度として活動する。
  (a) 生物多様性
  (b) 気候変動
  (c) 国際水域
  (d) 土地の劣化、おもに砂漠化及び森林減少
  (e) オゾン層の破壊、及び
  (f) 残留性有機汚染物質

3 化学物質の管理に関して地球環境上の利益を達成するための活動の合意された増加費用であって上にいう対象分野に関連するものは、資金供与の適格性を有する。アジェンダ21のもとにおけるその他の関連活動の合意された増加費用もまた、対象分野における地球環境を保護することにより地球環境上の利益を達成する限りにおいて、資金供与の適格性を有する。

4 GEFは、目標とされた地球環境問題に対処する上でその活動が費用効果的であることを確保し、国によって運営され持続可能な発展を支持するために計画された国の優先順位に基礎をおく計画及び事業に資金を供与し、及び計画がその目的

を達成するよう変化する状況に対応する十分な柔軟性を維持する。

5　GEFの運営方針は第20項(f)に従って評議会が決定するものとし、かつGEFが資金を供与する事業に関して、すべての秘密でない情報の完全な開示並びにプロジェクト・サイクル全体における主要なグループ及び地域社会との協議及び適切な場合にはそれらの参加を規定する。

6　その目的の一部を実現するために、GEFは第27項及び第31項に基づいて行われることがある協力取り決め又は協定に従って、暫定的に国際連合気候変動枠組条約の実施のための資金供与の制度として活動し、また、暫定的に生物の多様性に関する条約の実施のための資金供与の制度の運営を行う制度的組織となる。GEFは、これらの条約の締約国会議の要請がある場合には、これらの条約の実施のための資金供与の制度としての役割を引き続き果たすものとする。GEFはまた、残存性有機汚染物質に関するストックホルム条約の資金供与の制度の運営を委任された団体としての役割を果たす。これらの点においてGEFは、締約国会議の指導のもとに活動しかつこれに対して責任を負うものとし、締約国会議が各条約の目的のための政策、計画の優先順位及び資金供与の適格性について決定する。GEFはまた、国際連合気候変動枠組条約第12条第1項のもとにおける活動の合意された費用の全額を負担する役割を果たす。

参　加

7　国際連合の加盟国又はそのいずれかの専門機関の加盟国は、附属書Aに定めるものと実質的に同じ参加の文書を事務局に寄託することによって、GEFの参加国となることができる。GEF信託基金に拠出している国の場合は、拠出を約束する文書を参加の文書とみなす。参加国は、附属書Aに定めるものと実質的に同じ脱退の文書を事務局に寄託することによって、GEFから脱退することができる。

GEF信託基金の設立

8　新規のGEF信託基金を設立し、世界銀行に対して同基金の受諾者となるよう招請する。GEF信託基金は、この文書に従って受領する拠出金、第32項に従ってGETから移転される基金の残高、並びにその他のGEF基金の資産及び収入によって構成する。世界銀行は同基金の受諾者として活動するに当たって、被信託者の資格及び行政上の資格において行動し、並びに附属書Bに定めると ころにより国際復興開発銀行協定、内規、細則及び決定によって拘束される。

資金供与の適格性

9　GEFの資金供与は、この文書の第2項及び第3項に定める対象分野の範囲内における活動のために、以下の適格性基準に従って利用可能とする。
　(a)　第6項にいう条約の資金供与の制度の枠内において利用可能とされるGEFの無償資金供与は、第27項にいう取り決め又は協定の下で定めるところに従い、各条約の締約国会議が決定する適格性基準に従うものとする。
　(b)　その他のすべてのGEFの無償資金供与は、適格性を有する受入国に対して、並びにこの項及び評議会が決定する追加的な適格性基準に従って、ファシリティの目的を促進するその他の活動に対して利用可能とする。世界銀行（IBRD及び(又は)IDA）からの借入資格を有する国及びUNDPの事業計画指標(IPF)によりその技術援助を受ける資格を有する国は、GEFの適格性を有する受入国とする。第6項にいう条約の対象分野の範囲内にある活動であるが、当該の条約の資金供与の制度には含まれないものに対するGEFの無償資金供与は、当該条約の締約国であって適格性を有する受入国に対してのみ利用可能とする。
　(c)　第6項にいう条約の資金供与の制度の枠内において利用可能とされる無償資金供与以外の形態におけるGEFの緩和された条件による資金供与は、第27項にいう取り決め又は協定の下で定めるところに従い、各条約の締約国会議が決定する適格性基準に従うものとする。無償資金供与以外の形態におけるGEFの緩和された条件による資金供与は、評議会が決定する条件に従い、これらの枠外においてもまた利用可能とすることができる。

II　資金補充のための拠出金その他の財政規定

10　第1期資金補充期間のためのGEF信託基金への拠出金は、附属書Cに定める補充のための財政規定に従い、拠出参加国が受諾者に対して行う。この文書の第20項(e)及び附属書Bの第4項(a)に従った資金獲得のための受諾者の責任は、評議会の要請によりそれ以後の補充のために開始されるものとする。

III　運営体制及び組織

11　GEFには、総会、評議会及び事務局をおく。第24項に従い、科学技術諮問小委員会(STAPと

いう。)が、適切な助言を行う。
12 実施機関は、附属書Dに定める諸原則に基づいて締結されるべき機関間協定に従い、協調のための手続を樹立する。

総　会

13 総会は、すべての参加国の代表によって構成する。総会は、3年ごとに一度会合する。各参加国は、その決定する方法で総会に出席する代表1名及び代理1名を任命することができる。代表及び代理は、交代のときまで在任する。総会は、代表の間から議長を選出する。
14 総会は、次のことを行う。
  (a) ファシリティの一般的政策を検討すること。
  (b) 評議会が提出する報告に基づきファシリティの活動を検討し評価すること。
  (c) ファシリティの加盟状況を常に検討すること、及び、
  (d) 評議会の勧告に基づいてこの文書の改正を審議し、コンセンサスによってこれを承認すること。

評議会

15 評議会は、この文書に従い総会が行う検討を十分に考慮に入れて、GEFが資金を供与する活動のための運営上の政策及び計画を立案し、採択し及び評価することに責任を負う。GEFが第6項にいう諸条約の資金供与の制度の役割を果たすときには、評議会は、締約国会議が各条約の目的のために決定する政策、計画の優先順位及び資金供与の適格性に従って行動する。
16 評議会は、すべての参加国の均衡が取れたかつ衡平な代表の必要性を考慮に入れ、及びすべての資金供与国の拠出の努力に妥当な考慮を払って設置され配分される選挙母体集団を代表する、32名の委員によって構成する。委員は附属書Eに従い、発展途上国から16名、先進国から14名、中央ヨーロッパ、東ヨーロッパ及び旧ソビエト連邦から2名とする。委員と同数の委員代理をおく。選挙母体を代表する委員及び委員代理は、各選挙母体において参加国が指名する。選挙母体が別段の決定を行わない限り、各委員及び各委員代理は3年間又は選挙母体が新しい委員を指名するまでのいずれか早いほうの時期まで在任する。委員及び委員代理は、選挙母体によって再任されることができる。委員及び委員代理は、報酬を受けることなく勤務する。委員代理は、欠席の委員のために行動する全権を有する。
17 評議会は、その責任を果たすことができるよう、事務局の所在地において半年ごとに又は必要な頻度において会合する。委員の3分の2を定足数とする。
18 各会期において、評議会は委員の間から当該の会期における議長を選出する。選出された議長は、当該の会期において第20項(b)、同(g)、同(i)、同(j)及び同(k)に列挙する評議会の責任に関連する議題について、評議会の審議を主宰する。選出された議長の地位は、会期ごとに受入国の委員と非受入国の委員との間で交代する。ファシリティの最高業務責任者(CEOという。)は、第20項(c)、同(e)、同(f)及び同(h)に列挙する評議会の責任に関連する議題について、評議会の審議を主宰する。選出された議長及びCEOは、第20項(a)に関連する議題について共同で評議会の審議を主宰する。
19 評議会の会合の費用(発展途上国、特に後発発展途上国出身の委員の旅費及び手当を含む。)は、必要に応じて事務局の行政予算から支出する。
20 評議会は、次のことを行う。
  (a) ファシリティの目的、範囲及び目標に関してその運営を常に検討すること。
  (b) GEFの政策、計画、運営戦略及び事業が定期的に監視され評価されるように確保すること。
  (c) 第29項にいう作業計画を検討し承認すること、作業計画の実施における進展を監視し評価すること、並びに事務局、実施機関及び第28項にいうその他の機関に対して、作業計画において承認された個別の事業のそれ以上の準備については実施機関が責任を保持するであろうことを承認して、関連の指針を与えること。
  (d) 委員が最終的な事業文書を受け取ることができるように手配し、CEOが実施機関による最終的な受諾のために事業文書を承認する前に、委員が有することがある懸念を4週間以内にCEOに伝達すること。
  (e) GEFの基金の利用を指揮すること、GEF信託基金からの資金の利用可能性について検討すること、及び財源を獲得するために受諾者と協力すること。
  (f) ファシリティの運営方式(事業の選択のための運営戦略及び指示、第28項にいう組織及び団体による事業の準備及び執行のための取り決めを促進する手段、各々第9項(b)及び第9項(c)に従った追加的な適格性及びその他の資金供与基準、プロジェクト・サイクルに含めるべき手続上の措置、並びにSTAPの任務、構成及び役割を含む。)を承認し定期的に検討する

(g) 第6項にいう諸条約の締約国会議との関係（このような締約国会議との取り決め又は協定の審議、承認及び再検討、これらの締約国会議からの指導及び勧告の受領、並びにこれらの締約国会議への報告のための取り決め又は協定のもとにおける要件の遵守を含む。）のために連絡先の役割を果たすこと。

(h) 第26項及び第27項に従い、第6項にいう諸条約に関してGEFが資金を供与する活動が、当該の条約の目的のために締約国会議が決定する政策、事業の優先順位及び適格性の基準に合致するように確保すること。

(i) 第21項に従いCEOを指名すること、事務局の作業を監督すること、並びに事務局に対して特定の任務及び責任を割り当てること。

(j) GEFの行政予算を審議し承認すること、並びにファシリティのために行われる活動に関して事務局及び実施機関の定期的な財政監査及び業績監査を手配すること。

(k) 第31項に従って年報を承認し、及び国際連合の持続可能な発展に関する委員会に対してその活動について常に知らせること、及び、

(l) ファシリティの目的を達成するために適切となることのある、その他の運営上の職務を果たすこと。

事務局

21 GEFの事務局は、総会及び評議会に対して役務を提供しかつ報告を行う。事務局は、その長をファシリティのCEO/議長とするものとし、行政上世界銀行の支援を受け及び機能上独立しかつ効果的な方法で活動する。CEOは実施機関の共同の勧告に基づいて評議会が指名し、常勤であって任期を3年間とする。このような勧告は、評議会との協議の後に行う。CEOは、評議会により再任されることができる。評議会は、理由がある場合にのみCEOを解任することができる。事務局の職員は、実施機関から派遣された職員及び実施機関の一が必要に応じて競争により雇用した個人を含むものとする。CEOは、事務局職員の組織、任命及び解任に責任を負う。CEOは評議会に対して、事務局の職務の遂行に関して責任を負う。事務局は、評議会のために次の職務を行う。

(a) 総会及び評議会の決定を効果的に実施すること。

(b) とりわけ第27項にいう協力のための取り決め又は協定に関連して、必要に応じて他の機関との連絡を確保しながら、共同作業計画に従った計画活動の策定を調整し及びその実施を監督すること。

(c) 実施機関と協議して、プロジェクト・サイクルに関する共通の指針を準備することを通じて評議会が採択した運営方針の実施を確保すること。このような指針は、事業の特定及び展開（事業及び作業計画の提案の適切かつ十分な検討を含む。）、地域社会及びその他の利害関係者との協議並びにそれらの参加、事業実施の監視及び事業の成果の評価を対象とする。

(d) 実施機関が(c)号にいう指針に従って行う取り決めの適切さを検討し評議会に対して報告すること、並びに、正当な理由がある場合には、第20項(f)及び第28項のもとにおける計画の準備及び執行のための追加的な取り決めを、理事会及び実施機関に対して勧告すること。

(e) 評議会の決定の効果的な執行を確保するために機関間の会合を主宰し、並びに実施機関の間の調整及び協働を促進すること。

(f) 他の関連の国際機関の事務局、とりわけ第6項にいう諸条約の事務局、オゾン層を破壊する物質に関するモントリオール議定書及びその多数国間基金の事務局、並びに深刻な干ばつ又は砂漠化に直面する国（特にアフリカの国）において砂漠化に対処するための国際連合条約の事務局との調整を行うこと。

(g) 評議会の指示に応じて総会、評議会及びその他の機関に対して報告を行うこと。

(h) 受諾者がその責任を果たすことができるように、これに対してすべての関連情報を提供すること、及び、

(i) 評議会が事務局に割り当てるその他の職務を行うこと。

実施機関

22 GEFの実施機関はUNDP、UNEP及び世界銀行とする。実施機関は、各々の権能の範囲内において、この文書の附属書Dに定める協力の原則に従って締結されるべき機関間協定に従い、GEFが資金を供与する各々の活動（GEFの事業の準備及び費用効果を含む。）について、並びに評議会の運営方針、戦略及び決定の実施について、理事会に対して責任を負う。実施機関は、ファシリティの目的を促進するために、参加国、事務局、GEFの下で援助を受ける当事者及びその他の利害関係者（地域社会及び民間団体を含む。）と協力する。

23 CEOは、機関間の協働及び連絡を促進し、GEFが資金を供与する活動の実施に関連する運

営方針上の問題を検討するために、実施機関の長との会合を定期的に招集する。CEOは、これらの会合の結論及び勧告を、検討のために評議会に伝達する。

科学技術諮問小委員会(STAP)
24　(略)

IV　意思決定の原則
25　(a)　手続　総会及び評議会は、各自の任務を透明に遂行するために必要又は適切となることがある規則を、各々コンセンサスによって採択する。とりわけ総会及び評議会は、各自の手続のすべての側面(オブザーバーの参加承認及び評議会にあっては幹部会議の準備を含む。)について決定する。
　(b)　コンセンサス　総会及び評議会の決定は、コンセンサスによって行う。評議会の場合には、実質事項の審議に当たって評議会及びその議長が実行可能なあらゆる努力を行ったにもかかわらずコンセンサスが得られるように思えないときには、評議会のいずれの委員も正式の投票を求めることができる。
　(c)　正式の投票
　　(i)　この文書が別段の定めを行わない限り、評議会の正式の投票を要する決定は二重の加重多数決、すなわち、参加国の合計の60パーセントの多数及び総拠出金の60パーセントの多数の双方を代表する賛成票によって行う。
　　(ii)　評議会の各委員は、その者が代表する一又はそれ以上の参加国の票を投じる。参加国の集団により指名された評議会の委員は、その者が代表する選挙母体における各参加国の票を個別に投じることができる。
　　(iii)　投票権に関しては、総拠出金は、附属書C(付表1)に特定するGEF信託基金に対して行われた拠出及びその後のGEF信託基金の補充の総額、GEF信託基金の効力発生の日までは、GETに対して行われた拠出、GEFのパイロット計画の下で行われ又は受諾者と合意された共同の資金供与及び並行した資金供与と同額の無償資金供与からなる。GEF信託基金の効力発生の日までは、附属書Cの第7項(c)の下で行われた前払い拠出金はGETへの拠出金とみなす。

V　諸条約との関係及び協力
26　評議会は、第6項にいう諸条約のもとにおける資金供与活動の財源としてのGEFの効果的な運営を確保する。このような条約の目的のためのGEFの資金の利用は、各条約の締約国会議が決定する政策、計画の優先順位及び適格性基準に適合するものとする。

27　評議会は、第6項にいう諸条約の締約国会議との協力取り決め又は協定(会合における代表の派遣のための相互的な取り決めを含む。)を審議し承認する。このような取り決め又は協定は、資金供与の制度に関連して当該条約の関連規定に合致するものとし、条約の目的のためにGEFの資金需要総額を共同して決定するための手続を含む。第6項にいう各条約に関しては、締約国会議の第1回会合までは、評議会は条約の暫定機関と協議する。

VI　他の機関との協力
28　事務局及び実施機関は評議会の指導のもとに、GEFの目的の達成を促進するために、他の国際機関と協力する。実施機関は、多数国間開発銀行、国際連合の専門機関及び計画、その他の国際機関、二国間の開発機関、国の機関、民間団体、民間部門の団体並びに学術機関によるGEFの事業の準備及び執行のために、効率的かつ費用効果の高い事業の実施における各自の相対的優位を考慮に入れて、取り決めを行うことができる。このような取り決めは、国の優先順位に応じて行う。第20項(f)に従って、評議会は事務局に対して、国の優先順位に応じて同様の取り決めを行うよう求めることができる。事業の準備又は執行に関して実施機関の相互間若しくは実施機関といずれかの団体の間に不一致が生じる場合には、実施機関又はこの項にいういずれかの団体は、そのような不一致を解決するよう事務局に求めることができる。

VII　運営様式　(略)

VIII　報告　(略)

IX　経過規定及び最終規定
GETの終了　(略)
暫定期間　(略)
改正及び終了

34　この文書の改正又は終了は、評議会の勧告に基づき総会が実施機関及び受諾者の見解を考慮した後に、コンセンサスによって承認することができ、実施機関及び受託者が各自の規則及び手続要件に従って採択した後に効力を発生する。この項

は、附属書の改正にも適用する。ただし、当該の附属書が別段の規定をおく場合にはこの限りではない。
35 受託者は、附属書Bの第14項に従い受託者としての役割をいつでも終了することができ、実施機関は、他の実施機関と協議した後、及び評議会に書面による6箇月の予告を与えた後に、実施機関としての役割をいつでも終了することができる。

附属書A　参加/参加の終了の通知　（略）

附属書B　GEF信託基金の受託者の役割及び受託者としての責任　（略）

附属書C　GEF信託基金：補充のための財政規定　（略）

附属書D　実施機関の間の協力の原則　（略）

附属書E　GEF評議会の選挙母体

1　GEF参加国は32の選挙母体に配分し、18の選挙母体は受入国（「受入国選挙母体」という。）から成り、14の選挙母体はおもに非受入国（「非受入国選挙母体」という。）から成る。
2　18の受入国選挙母体は、混合選挙母体の可能性を考慮に入れて、地理的に以下のように配分する。

アフリカ　6
アジア及び太平洋　6
ラテンアメリカ及びカリブ海　4
中央ヨーロッパ、東ヨーロッパ及び旧ソビエト連邦　2

3　前項にいう各地域において、受入国選挙母体は当該地域のGEF受入参加国が自らの基準に基づき協議によって構成する。この協議においては、以下のものを含む基準を考慮に入れることが期待される。
　(a)　当該の地域における衡平かつ均衡が取れた代表性
　(b)　全地球的、地域的及び小地域的な環境上の懸念の共通性
　(c)　持続可能な発展に向けての政策及び努力
　(d)　天然資源の存在及び環境上の脆弱性
　(e)　設立文書第25項(c)(iii)に定義するGEFへの拠出金、及び、
　(f)　その他すべての関連ある環境上の諸要素。
4　非受入国選挙母体は、利害関係を有する参加国の間の協議によって構成する。非受入国選挙母体の集団は、おもに設立文書25項(c)(iii)に定義するGEFへの総拠出金を指針として構成することが期待される。
5　〜11　（略）

第2章
海洋の環境保護

基本条約

　地球表面積の約3分の2を占める海洋の地球環境の保護に果たす役割は大きい。第1章の解説で言及されているように、伝統的な海洋法においても環境保護に関する法規範は存在したが、それらは個別的・例外的なものに止まり、そこに環境保護の一般的な法意識は存在していなかった。しかし、1972年の人間環境宣言(1-1)にみられるように、その後の世界的な環境保護の高まりは、公海自由の原則のもとに広大な海洋における資源取得と航行の自由の観点から形成されてきた海洋法に、環境保護の観点を導入することを求めた。

　1982年に採択された国連海洋法条約(2-1)は、環境保護に関する国際社会の現代的要請を反映するものであり、そのことは、同条約が、その前文で海洋環境の保護が海洋法秩序を形成する際の基本的考慮要因であるとしていること、および、「海洋環境の保護及び保全」と題する独立した第12部を設けて総合的な環境保護の枠組みを定めていること、さらに、第5部「排他的経済水域」や第7部「公海」において、単なる資源の配分に止まらない、海洋生態系全体の保護につながるような資源の保存や管理の視点に立った協力のシステムを構築しようとしていることなどに現れている。国連海洋法条約は、海洋を自由な区域から管理される区域へと転換させたといわれるが、国際社会の一般的利益とみなされる環境の保護は、それが最も典型的に生じている分野であるということができよう。

　海洋環境の保護は、グローバルにのみでなく、地域的特性や協力関係を基礎として地域的にもなされている。アジェンダ21(1-4)に基づき、国連環境計画(UNEP)はこれまで13の地域海計画を策定して地域的協定の締結を通じた環境保護の取組みを主導してきた。1976年に採択された汚染に対する地中海の保護に関するバルセロナ条約はその最初の事例である。同条約は、その後の国連海洋法会議やリオ会議などにおける発展を考慮して1995年に改正されており、第1節では改正されたバルセロナ条約(2-2)を収録する。バルセロナ条約は、その後の具体的義務や実施の詳細を定める議定書によって補われるいわゆる枠組条約であるので、別に各分野ごとに議定書の締結が予定されており、この方式は、UNEPによる他の地域的条約にも受け継がれている。地中海においてはこれまでに七つの議定書が締結されてい

るが、本節では、そのうち、地中海特別保護区域議定書(2-2-1)、地中海緊急時協力議定書(2-2-2)、地中海統合的沿岸域管理議定書(2-2-3)を収録する。UNEPのもとでは、その後、地中海以外に、ペルシャ湾、西アフリカ、南東太平洋、紅海、カリブ海、東アフリカ、南太平洋、黒海、北東太平洋の九つの海域において同様な条約や議定書が採択されており、本節ではそのうち、南太平洋地域における条約であるヌーメア条約(2-3)を収録した。なお、UNEPは、東アジア、南アジア、北西太平洋においては、条約および議定書の締結には至っておらず行動計画のみを作成しており、北西太平洋地域では1994年に北西太平洋行動計画(NOWPAP)が採択されている。

UNEPによる主として発展途上国地域を対象とする上記の試みとは異なり、北海および北東大西洋の汚染を対象とする、あらゆる汚染源からの海洋汚染の規制を行う地域的条約であるOSPAR条約(2-4)が、先進国間において締結されている。これは1972年に締結された船舶および航空機からの投棄による海洋汚染の防止に関するオスロ条約、および、1974年の陸にある発生源からの海洋汚染の防止に関するパリ条約を統合し、発展させたものである。同様な条約として、1974年のバルト海の環境保護に関する条約(1992年に改正)があるが、本節ではより広い地域を対象とする前者を掲載した。

汚染防止

国際航行に使用される船舶からの海洋汚染の規制は、まず船舶の通常の航行に伴う油による汚染を防止するものとして開始された。1954年の海洋油濁防止条約(2-5)は、公海を航行する船舶に対する油の排出を国際的に規制する最初の発効した条約である。同条約は、その後、条約事務局の役割を委ねられた政府間海事協議機関(IMCO)(1982年より国際海事機関(IMO)と改称)により、排出禁止海域を拡大し排出基準や排出方法などを厳格化する方向で改正されており、本節では発効している最新の改正である1969年の条約を収録した。その後、1973年には、海洋油濁防止条約の基本的部分を取り込み、さらに規制対象を油のみでなくすべての物質に拡大する、MARPOL条約(2-6)が採択された。同条約は管轄権や執行の権限などの基本原則を本文において定め、具体的規制内容については、規制物質ごとに附属書Ⅰ～Ⅴにおいて定めている。ところが、同条約は、規制が厳格なことをおもな理由として各国に受諾されず発効しなかったので、1978年に、同条約の実質的な規定を引き継いだうえで、附属書の対象物質ごとの柔軟な受諾を可能とするMARPOL条約78年議定書(2-7)が採択され、同議定書は1983年に発効した。また、1997年には、同議定書を改正して附属書Ⅵ(船舶による大気汚染の防止のための規則)を追加するMARPOL条約97年議定書が採択され、同議定書は2005年に発効している。

1967年のトリー・キャニオン号事件は、巨大化した油タンカーによる事故の場合の甚大な被害を世界に知らしめた。同事故に伴う油の流出は英仏海峡区域の海洋環境に多大な被害をもたらし、イギリス政府は公海上にある同船を爆破する措置で対応したが、そうした権限

は旗国主義の原則のもとでは明示されていなかった。そうした事態に対処することを目的として当時のIMCOによる会議で採択されたのが、1969年の**公海措置条約(2-10)**である。同条約は、油濁をもたらす海難という緊急事態から自国利益を保護するために、沿岸国に公海上で対応する措置をとる権限を与えるものであるが、その後1973年に制定された**公海措置条約議定書(2-11)**においては、こうした措置をとる対象は油以外の物質による事故によりもたらされる汚染に対しても拡大された。

　油濁を伴う事故の発生は、それに対応するために事前に準備し協力する必要性を認識させ、そうしたものとして1990年には**OPRC条約(2-12)**が締結されている。これは油濁事故から生じる被害を最小にするために、締約国が準備し対応することを目的として、油緊急計画の備え付け、通報に関する手続、国家的な体制の確立、国際協力の実施などを規定するものである。その後、2000年には、措置をとる対象を油以外に拡大した、「危険物質及び有害物質による汚染事件に係る準備、対応及び協力に関する議定書」（OPRC-HNS議定書）が採択されている。

　1960年代に至るまで、おもに先進国により一般的に行われてきた、海洋における廃棄物の投棄に対する規制の方向を定めたのが人間環境宣言原則21であり、1972年の**ロンドン投棄条約(2-8)**である。ロンドン投棄条約は、陸上で発生する廃棄物の船舶などによる海洋投棄を全面的に禁止するものではなく、附属書Ⅰに掲げる廃棄物などの投棄は禁止するが、附属書Ⅱに掲げる廃棄物などについては事前の特別許可のもとで、その他の廃棄物などについては事前の一般許可のもとで投棄可能としている。その後、1996年に採択された**ロンドン投棄条約議定書(2-9)**は、ロンドン投棄条約の規制をさらに強化して、廃棄物の投棄を原則的に禁止し、例外的に附属書Ⅰに規定する物質を附属書Ⅱに従う許可のもとで投棄可能とした。議定書は2006年に発効しているが、ロンドン投棄条約のみを批准している国も多くあるので、第2節では、前者を中心に、双方を掲載した。なお、条約と議定書の双方の締約国においては、議定書が条約に優先する(23条)。

　それ以外の船舶関係の汚染防止に関する条約として、本節では以下の二つを収録する。一つは、船舶の船底塗料に使用される有機スズ化合物による海洋生物および人の健康に対する悪影響を防止することを目的として、その使用を禁止もしくは規制する**AFS条約(2-13)**であり、もう一つは、1989年の**海難救助条約(2-14)**である。後者について、そもそも海難救助の問題は遭難船舶とその積荷の救助作業から発生する私法的法律関係を規律するものであったが、この条約は、救助者に対し環境損害の防止軽減に相当の注意を払うことを義務づけ、また、環境に対する損害を防止し軽減した場合の特別補償制度を導入することにより救助者に活動のインセンティブを与えるものであり、このことは、海洋環境保護という現代的・公法的要請が、海難救助という私法的側面に反映しその発展を促している興味ある事例であるので、ここに抜粋して収録した。

海洋資源の保全

　海洋資源が自由な取得から管理の対象とされる傾向のもとにあることはすでに述べたが、第3節では、このような海洋資源の管理に関する普遍的な文書として、三つの条約を収録する。まず、1946年の国際捕鯨取締条約(2-15)はその初期のかつ典型的な事例の一つであって、同条約は、そもそも鯨類資源の適当な保存のもとでの捕鯨産業の秩序ある発展を目的とするものであったが、その後の資源量の減少に伴い付表の修正による種類別捕獲禁止およびサンクチュアリの設定という形での規制が徐々に強化され、1982年には、国際捕鯨委員会により商業捕鯨のモラトリアムが採択されるに至った。それに対して捕鯨国は、1987年より、条約第8条を根拠として調査捕鯨を行っており、捕鯨国と反捕鯨国の対立が先鋭化している状況がみられる。今日では、捕鯨問題は、条約が当初目的とした資源の保存および利用から野生生物資源の保護の問題に拡大し、さらにそれは倫理問題にも関係する複雑なものへと変質している。

　次に、1995年の国連公海漁業実施協定(2-17)および1993年のコンプライアンス協定(2-16)とも公海漁業に関する国連海洋法条約の規定の効果的な実施を目的とする。前者は、ストラドリングおよび高度回遊性魚類資源の保存・管理措置を、漁船の旗国、寄港国および沿岸国との協力により行うことを求めているが、そこに、持続可能な利用、関連する生態系を含む予防的アプローチ、寄港国取締制度など、国連海洋法条約に規定されていない新しい発展を取り込んでいること、また、同条約が締約国以外の漁業主体にも適用されるとしたうえで、旗国以外の国に対して検査官による乗船・検査措置を通じての協定の執行権限を付与していることが注目される。後者は、FAOにおいて採択されたものであるが、公海漁業の実施に対する旗国の責任を明確に定めその履行を求めることにより、公海における便宜置籍船などによる違法・無報告・無規制漁業を排除しようとするものであって、公海漁業規制の実効性の確保という現代的課題を取り扱う。

　続いて、本節では、地域的な漁業規制に関する三つの条約を収録する。初めに、1989年に締結された南太平洋流し網漁業禁止条約(2-18)は、南太平洋におけるまぐろ資源に対する流し網漁業を、まぐろ資源の乱獲やイルカや海鳥などの混獲を理由として禁止するものであるが、締約国に対して流し網を利用して捕獲された漁獲物やその製品の陸揚げ、加工、輸入などの禁止を通じて規制の実効性を確保しようとしている点が注目される。次に、1993年のみなみまぐろ保存条約(2-19)は、みなみまぐろ資源の保存および管理を目的として日本、ニュージーランド、オーストラリア間で締結されたものであるが、この条約の運用をめぐって、締約国間において、国際海洋法裁判所(1999年暫定措置命令)および仲裁裁判所(2000年判決)に紛争が付託される、みなみまぐろ事件が発生している。最後に、2000年に締結された、中西部太平洋マグロ類保存条約(2-20)は、国連公海漁業実施協定を西部および中部太平洋区域において実施するための条約であり、今後の公海漁業規制の一つの方向を示す事例として興味深い。

【第1節　基本条約】　第1項　普遍的文書

2-1　海洋法に関する国際連合条約（国連海洋法条約）（抜粋）
United Nations Convention on the Law of the Sea

採　　択　1982年4月30日
　　　　　第3次国連海洋法会議第11回会期
署　　名　1982年12月10日（モンテゴ・ベイ）
効力発生　1994年11月16日
日 本 国　1983年2月7日署名、1996年6月7日国会承認、6月20日批
　　　　　准書寄託、7月12日公布（条約第6号）、7月20日効力発生

前　文

この条約の締約国は、
（中略）
　1958年及び1960年にジュネーヴで開催された国際連合海洋法会議以降の進展により新たなかつ一般的に受け入れられ得る海洋法に関する条約の必要性が高められたことに留意し、
　海洋の諸問題が相互に密接な関連を有し及び全体として検討される必要があることを認識し、
　この条約を通じ、すべての国の主権に妥当な考慮を払いつつ、国際交通を促進し、かつ、海洋の平和的利用、海洋資源の衡平かつ効果的な利用、海洋生物資源の保存並びに海洋環境の研究、保護及び保全を促進するような海洋の法的秩序を確立することが望ましいことを認識し、
（中略）
　次のとおり協定した。

第1部　序

第1条（用語及び適用範囲）　1　この条約の適用上、
(1)　「深海底」とは、国の管轄権の及ぶ区域の境界の外の海底及びその下をいう。
(2)　「機構」とは、国際海底機構をいう。
(3)　「深海底における活動」とは、深海底の資源の探査及び開発のすべての活動をいう。
(4)　「海洋環境の汚染」とは、人間による海洋環境（三角江を含む。）への物質又はエネルギーの直接的又は間接的な導入であって、生物資源及び海洋生物に対する害、人の健康に対する危険、海洋活動（漁獲及びその他の適法な海洋の利用を含む。）に対する障害、海水の水質を利用に適さなくすること並びに快適性の減殺のような有害な結果をもたらし又はもたらすおそれのあるものをいう。
(5) (a)　「投棄」とは、次のことをいう。
　　(i)　廃棄物その他の物を船舶、航空機又はプラットフォームその他の人工海洋構築物から故意に処分すること。
　　(ii)　船舶、航空機又はプラットフォームその他の人工海洋構築物を故意に処分すること。
(b)　「投棄」には、次のことを含まない。
　　(i)　船舶、航空機又はプラットフォームその他の人工海洋構築物及びこれらのものの設備の通常の運用に付随し又はこれに伴って生ずる廃棄物その他の物を処分すること。ただし、廃棄物その他の物であって、その処分に従事する船舶、航空機又はプラットフォームその他の人工海洋構築物によって又はこれらに向けて運搬されるもの及び当該船舶、航空機又はプラットフォームその他の人工海洋構築物における当該廃棄物その他の物の処理に伴って生ずるものを処分することを除く。
　　(ii)　物を単なる処分の目的以外の目的で配置すること。ただし、その配置がこの条約の目的に反しない場合に限る。
2 (1)　「締約国」とは、この条約に拘束されることに同意し、かつ、自国についてこの条約の効力が生じている国をいう。
(2)　この条約は、第305条1の(b)から(f)までに規定する主体であって、そのそれぞれに関連する条件に従ってこの条約の当事者となるものについて準用し、その限度において「締約国」というときは、当該主体を含む。

第5部　排他的経済水域

第56条（排他的経済水域における沿岸国の権利、管轄権及び義務）　1　沿岸国は、排他的経済水域において、次のものを有する。
(a)　海底の上部水域並びに海底及びその下の天然資源（生物資源であるか非生物資源であるかを問わない。）の探査、開発、保存及び管理のための主権的権利並びに排他的経済水域における経済的な目的で行われる探査及び開発のためのその他の活動（海水、海流及び風からの

エネルギーの生産等)に関する主権的権利
  (b) この条約の関連する規定に基づく次の事項に関する管轄権
    (i) 人工島、施設及び構築物の設置及び利用
    (ii) 海洋の科学的調査
    (iii) 海洋環境の保護及び保全
  (c) この条約に定めるその他の権利及び義務
2 沿岸国は、排他的経済水域においてこの条約により自国の権利を行使し及び自国の義務を履行するに当たり、他の国の権利及び義務に妥当な考慮を払うものとし、また、この条約と両立するように行動する。
3 この条に定める海底及びその下についての権利は、第6部の規定により行使する。

第61条(生物資源の保存) 1 沿岸国は、自国の排他的経済水域における生物資源の漁獲可能量を決定する。
2 沿岸国は、自国が入手することのできる最良の科学的証拠を考慮して、排他的経済水域における生物資源の維持が過度の開発によって脅かされないことを適当な保存措置及び管理措置を通じて確保する。このため、適当な場合には、沿岸国及び権限のある国際機関(小地域的なもの、地域的なもの又は世界的なもののいずれであるかを問わない。)は、協力する。
3 2に規定する措置は、また、環境上及び経済上の関連要因(沿岸漁業社会の経済上のニーズ及び開発途上国の特別の要請を含む。)を勘案し、かつ、漁獲の態様、資源間の相互依存関係及び一般的に勧告された国際的な最低限度の基準(小地域的なもの、地域的なもの又は世界的なもののいずれであるかを問わない。)を考慮して、最大持続生産量を実現することのできる水準に漁獲される種の資源量を維持し又は回復することのできるようなものとする。
4 沿岸国は、2に規定する措置をとるに当たり、漁獲される種に関連し又は依存する種の資源量をその再生産が著しく脅威にさらされることとなるような水準よりも高く維持し又は回復するために、当該関連し又は依存する種に及ぼす影響を考慮する。
5 入手することのできる科学的情報、漁獲量及び漁獲努力量に関する統計その他魚類の保存に関連するデータについては、適当な場合には権限のある国際機関(小地域的なもの、地域的なもの又は世界的なもののいずれであるかを問わない。)を通じ及びすべての関係国(その国民が排他的経済水域における漁獲を認められている国を含む。)の参加を得て、定期的に提供し及び交換する。

第62条(生物資源の利用) 1 沿岸国は、前条の規定の適用を妨げることなく、排他的経済水域における生物資源の最適利用の目的を促進する。
2 沿岸国は、排他的経済水域における生物資源についての自国の漁獲能力を決定する。沿岸国は、自国が漁獲可能量のすべてを漁獲する能力を有しない場合には、協定その他の取極により4に規定する条件及び法令に従い、第69条及び第70条の規定(特に開発途上国に関するもの)に特別の考慮を払って漁獲可能量の余剰分の他の国による漁獲を認める。
3 沿岸国は、この条の規定に基づく他の国による自国の排他的経済水域における漁獲を認めるに当たりすべての関連要因、特に、自国の経済その他の国家的利益にとっての当該排他的経済水域における生物資源の重要性、第69条及び第70条の規定、小地域又は地域の開発途上国が余剰分の一部を漁獲する必要性、その国民が伝統的に当該排他的経済水域で漁獲を行ってきた国又は資源の調査及び識別に実質的な努力を払ってきた国における経済的混乱を最小のものにとどめる必要性等の関連要因を考慮する。
4 排他的経済水域において漁獲を行う他の国の国民は、沿岸国の法令に定める保存措置及び他の条件を遵守する。これらの法令は、この条約に適合するものとし、また、特に次の事項に及ぶことができる。
  (a) 漁業者、漁船及び設備に関する許可証の発給(手数料その他の形態の報酬の支払を含む。これらの支払は、沿岸国である開発途上国の場合については、水産業に関する財政、設備及び技術の分野での十分な補償から成ることができる。)
  (b) 漁獲することのできる種及び漁獲割当ての決定。この漁獲割当てについては、特定の資源若しくは資源群の漁獲、一定の期間における1隻当たりの漁獲又は特定の期間におけるいずれかの国の国民による漁獲のいずれについてのものであるかを問わない。
  (c) 漁期及び漁場、漁具の種類、大きさ及び数量並びに利用することのできる漁船の種類、大きさ及び数の規制
  (d) 漁獲することのできる魚その他の種の年齢及び大きさの決定
  (e) 漁船に関して必要とされる情報(漁獲量及び漁獲努力量に関する統計並びに漁船の位置に関する報告を含む。)の明示
  (f) 沿岸国の許可及び規制の下で特定の漁業に

関する調査計画の実施を要求すること並びにそのような調査の実施(漁獲物の標本の抽出、標本の処理及び関連する科学的データの提供を含む。)を規制すること。
  (g) 沿岸国の監視員又は訓練生の漁船への乗船
  (h) 漁船による漁獲量の全部又は一部の沿岸国の港への陸揚げ
  (i) 合弁事業に関し又はその他の協力についての取決めに関する条件
  (j) 要員の訓練及び漁業技術の移転(沿岸国の漁業に関する調査を行う能力の向上を含む。)のための要件
  (k) 取締手続
5 沿岸国は、保存及び管理に関する法令について適当な通報を行う。

第63条(二以上の沿岸国の排他的経済水域内に又は排他的経済水域内及び当該排他的経済水域に接続する水域内の双方に存在する資源) 1 同一の資源又は関連する種の資源が二以上の沿岸国の排他的経済水域内に存在する場合には、これらの沿岸国は、この部の他の規定の適用を妨げることなく、直接に又は適当な小地域的若しくは地域的機関を通じて、当該資源の保存及び開発を調整し及び確保するために必要な措置について合意するよう努める。
2 同一の資源又は関連する種の資源が排他的経済水域内及び当該排他的経済水域に接続する水域内の双方に存在する場合には、沿岸国及び接続する水域において当該資源を漁獲する国は、直接に又は適当な小地域的若しくは地域的機関を通じて、当該接続する水域における当該資源の保存のために必要な措置について合意するよう努める。

第64条(高度回遊性の種) 1 沿岸国その他その国民がある地域において附属書Iに掲げる高度回遊性の種を漁獲する国は、排他的経済水域の内外を問わず当該地域全体において当該種の保存を確保しかつ最適利用の目的を促進するため、直接に又は適当な国際機関を通じて協力する。適当な国際機関が存在しない地域においては、沿岸国その他その国民が当該地域において高度回遊性の種を漁獲する国は、そのような機関を設立し及びその活動に参加するため、協力する。
2 1の規定は、この部の他の規定に加えて適用する。

第65条(海産哺乳動物) この部のいかなる規定も、沿岸国又は適当な場合には国際機関が海産哺乳動物の開発についてこの部に定めるよりも厳しく禁止し、制限し又は規制する権利又は権限を制限するものではない。いずれの国も、海産哺乳動物の保存のために協力するものとし、特に、鯨類については、その保存、管理及び研究のために適当な国際機関を通じて活動する。

第66条(溯(さく)河性資源) 1 溯河性資源の発生する河川の所在する国は、当該溯河性資源について第一義的利益及び責任を有する。
2 溯河性資源の母川国は、自国の排他的経済水域の外側の限界より陸地側のすべての水域における漁獲及び3(b)に規定する漁獲のための適当な規制措置を定めることによって溯河性資源の保存を確保する。母川国は、当該溯河性資源を漁獲する3及び4に規定する他の国と協議の後、自国の河川に発生する資源の総漁獲可能量を定めることができる。
3(a) 溯河性資源の漁獲は、排他的経済水域の外側の限界より陸地側の水域においてのみ行われる。ただし、これにより母川国以外の国に経済的混乱がもたらされる場合は、この限りでない。排他的経済水域の外側の限界を越える水域における溯河性資源の漁獲に関しては、関係国は、当該溯河性資源に係る保存上の要請及び母川国のニーズに妥当な考慮を払い、当該漁獲の条件に関する合意に達するため協議を行う。
  (b) 母川国は、溯河性資源を漁獲する他の国の通常の漁獲量及び操業の形態並びにその漁獲が行われてきたすべての水域を考慮して、当該他の国の経済的混乱を最小のものにとどめるために協力する。
  (c) 母川国は、(b)に規定する他の国が自国との合意により溯河性資源の再生産のための措置に参加し、特に、そのための経費を負担する場合には、当該他の国に対して、自国の河川に発生する資源の漁獲について特別の考慮を払う。
  (d) 排他的経済水域を越える水域における溯河性資源に関する規制の実施は、母川国と他の関係国との間の合意による。
4 溯河性資源が母川国以外の国の排他的経済水域の外側の限界より陸地側の水域に入り又はこれを通過して回遊する場合には、当該国は、当該溯河性資源の保存及び管理について母川国と協力する。
5 溯河性資源の母川国及び当該溯河性資源を漁獲するその他の国は、適当な場合には、地域的機関を通じて、この条の規定を実施するための取極を締結する。

第67条(降河性の種) 1 降河性の種がその生活史の大部分を過ごす水域の所在する沿岸国は、当該

降河性の種の管理について責任を有し、及び回遊する魚が出入りすることができるようにする。
2 降河性の種の漁獲は、排他的経済水域の外側の限界より陸地側の水域においてのみ行われる。その漁獲は、排他的経済水域において行われる場合には、この条の規定及び排他的経済水域における漁獲に関するこの条約のその他の規定に定めるところによる。
3 降河性の魚が稚魚又は成魚として他の国の排他的経済水域を通過して回遊する場合には、当該魚の管理(漁獲を含む。)は、1の沿岸国と当該他の国との間の合意によって行われる。この合意は、種の合理的な管理が確保され及び1の沿岸国が当該種の維持について有する責任が考慮されるようなものとする。

第68条（定着性の種族）この部の規定は、第77条4に規定する定着性の種族については、適用しない。

第69条（内陸国の権利）1　内陸国は、自国と同一の小地域又は地域の沿岸国の排他的経済水域における生物資源の余剰分の適当な部分の開発につき、すべての関係国の関連する経済的及び地理的状況を考慮し、この条、第61条及び第62条に定めるところにより、衡平の原則に基づいて参加する権利を有する。
2　1に規定する参加の条件及び方法は、関係国が二国間の、小地域的な又は地域的な協定により定めるものとし、特に次の事項を考慮する。
　(a)　沿岸国の漁業社会又は水産業に対する有害な影響を回避する必要性
　(b)　内陸国が、この条の規定に基づき、現行の二国間の、小地域的な又は地域的な協定により、他の沿岸国の排他的経済水域における生物資源の開発に参加しており又は参加する権利を有する程度
　(c)　その他の内陸国及び地理的不利国が沿岸国の排他的経済水域における生物資源の開発に参加している程度及びその結果としていずれかの単一の沿岸国又はその一部が特別の負担を負うことを回避する必要性が生ずること。
　(d)　それぞれの国の国民の栄養上の必要性
3　沿岸国の漁獲能力がその排他的経済水域における生物資源の漁獲可能量のすべてを漁獲することのできる点に近づいている場合には、当該沿岸国その他の関係国は、同一の小地域又は地域の内陸国である開発途上国が当該小地域又は地域の沿岸国の排他的経済水域における生物資源の開発について状況により適当な方法で及びすべての当事者が満足すべき条件の下で参加することを認めるため、二国間の、小地域的な又は地域的な及び衡平な取極の締結に協力する。この規定の実施に当たっては、2に規定する要素も考慮する。
4　内陸国である先進国は、この条の規定に基づき、自国と同一の小地域又は地域の沿岸国である先進国の排他的経済水域においてのみ生物資源の開発に参加することができる。この場合において、当該沿岸国である先進国がその排他的経済水域における生物資源について他の国による漁獲を認めるに当たり、その国民が伝統的に当該排他的経済水域で漁獲を行ってきた国の漁業社会に対する有害な影響及び経済的混乱を最小のものにとどめる必要性をどの程度考慮してきたかが勘案される。
5　1から4までの規定は、沿岸国が自国と同一の小地域又は地域の内陸国に対して排他的経済水域における生物資源の開発のための平等又は優先的な権利を与えることを可能にするため当該小地域又は地域において合意される取極に影響を及ぼすものではない。

第70条（地理的不利国の権利）1　地理的不利国は、自国と同一の小地域又は地域の沿岸国の排他的経済水域における生物資源の余剰分の適当な部分の開発につき、すべての関係国の関連する経済的及び地理的状況を考慮し、この条、第61条及び第62条に定めるところにより、衡平の原則に基づいて参加する権利を有する。
2　この部の規定の適用上、「地理的不利国」とは、沿岸国(閉鎖海又は半閉鎖海に面した国を含む。)であって、その地理的状況のため自国民又はその一部の栄養上の目的のための魚の十分な供給を自国と同一の小地域又は地域の他の国の排他的経済水域における生物資源の開発に依存するもの及び自国の排他的経済水域を主張することができないものをいう。
3　1に規定する参加の条件及び方法は、関係国が二国間の、小地域的な又は地域的な協定により定めるものとし、特に次の事項を考慮する。
　(a)　沿岸国の漁業社会又は水産業に対する有害な影響を回避する必要性
　(b)　地理的不利国が、この条の規定に基づき、現行の二国間の、小地域的な又は地域的な協定により、他の沿岸国の排他的経済水域における生物資源の開発に参加しており又は参加する権利を有する程度
　(c)　その他の地理的不利国及び内陸国が沿岸国の排他的経済水域における生物資源の開発に参加している程度及びその結果としていずれかの単一の沿岸国又はその一部が特別の負担

を負うことを回避する必要性が生ずること。
　(d)　それぞれの国の国民の栄養上の必要性
4　沿岸国の漁獲能力がその排他的経済水域における生物資源の漁獲可能量のすべてを漁獲することのできる点に近づいている場合には、当該沿岸国その他の関係国は、同一の小地域又は地域の地理的不利国である開発途上国が当該小地域又は地域の沿岸国の排他的経済水域における生物資源の開発について状況により適当な方法で及びすべての当事者が満足すべき条件の下で参加することを認めるため、二国間の、小地域的な又は地域的な及び衡平な取極の締結に協力する。この規定の実施に当たっては、3に規定する要素も考慮する。
5　地理的不利国である先進国は、この条の規定に基づき、自国と同一の小地域又は地域の沿岸国である先進国の排他的経済水域においてのみ生物資源の開発に参加することができる。この場合において、当該沿岸国である先進国がその排他的経済水域における生物資源について他の国による漁獲を認めるに当たりその国民が伝統的に当該排他的経済水域で漁獲を行ってきた国の漁業社会に対する有害な影響及び経済的混乱を最小のものにとどめる必要性をどの程度考慮してきたかが勘案される。
6　1から5までの規定は、沿岸国が自国と同一の小地域又は地域の地理的不利国に対して排他的経済水域における生物資源の開発のための平等又は優先的な権利を与えることを可能にするため当該小地域又は地域において合意される取極に影響を及ぼすものではない。

第73条（沿岸国の法令の執行） 1　沿岸国は、排他的経済水域において生物資源を探査し、開発し、保存し及び管理するための主権的権利を行使するに当たり、この条約に従って制定する法令の遵守を確保するために必要な措置（乗船、検査、拿（だ）捕及び司法上の手続を含む。）をとることができる。
2　拿捕された船舶及びその乗組員は、合理的な保証金の支払又は合理的な他の保証の提供の後に速やかに釈放される。
3　排他的経済水域における漁業に関する法令に対する違反について沿岸国が科する罰には、関係国の別段の合意がない限り拘禁を含めてはならず、また、その他のいかなる形態の身体刑も含めてはならない。
4　沿岸国は、外国船舶を拿捕又は抑留した場合には、とられた措置及びその後科した罰について、適当な経路を通じて旗国に速やかに通報する。

第74条（向かい合っているか又は隣接している海岸を有する国の間における排他的経済水域の境界画定） 1　向かい合っているか又は隣接している海岸を有する国の間における排他的経済水域の境界画定は、衡平な解決を達成するために、国際司法裁判所規程第38条に規定する国際法に基づいて合意により行う。
2　関係国は、合理的な期間内に合意に達することができない場合には、第15部に定める手続に付する。
3　関係国は、1の合意に達するまでの間、理解及び協力の精神により、実際的な性質を有する暫定的な取極を締結するため及びそのような過渡的期間において最終的な合意への到達を危うくし又は妨げないためにあらゆる努力を払う。暫定的な取極は、最終的な境界画定に影響を及ぼすものではない。
4　関係国間において効力を有する合意がある場合には、排他的経済水域の境界画定に関する問題は、当該合意に従って解決する。

第7部　公　海
第1節　総　則

第87条（公海の自由） 1　公海は、沿岸国であるか内陸国であるかを問わず、すべての国に開放される。公海の自由は、この条約及び国際法の他の規則に定める条件に従って行使される。この公海の自由には、沿岸国及び内陸国のいずれについても、特に次のものが含まれる。
　(a)　航行の自由
　(b)　上空飛行の自由
　(c)　海底電線及び海底パイプラインを敷設する自由。ただし、第6部の規定の適用が妨げられるものではない。
　(d)　国際法によって認められる人工島その他の施設を建設する自由。ただし、第6部の規定の適用が妨げられるものではない。
　(e)　第2節に定める条件に従って漁獲を行う自由
　(f)　科学的調査を行う自由。ただし、第6部及び第13部の規定の適用が妨げられるものではない。
2　1に規定する自由は、すべての国により、公海の自由を行使する他の国の利益及び深海底における活動に関するこの条約に基づく権利に妥当な考慮を払って行使されなければならない。

第94条（旗国の義務） 1　いずれの国も、自国を旗国とする船舶に対し、行政上、技術上及び社会上の事項について有効に管轄権を行使し及び有効

に規制を行う。
2 いずれの国も、特に次のことを行う。
   (a) 自国を旗国とする船舶の名称及び特徴を記載した登録簿を保持すること。ただし、その船舶が小さいため一般的に受け入れられている国際的な規則から除外されているときは、この限りでない。
   (b) 自国を旗国とする船舶並びにその船長、職員及び乗組員に対し、当該船舶に関する行政上、技術上及び社会上の事項について国内法に基づく管轄権を行使すること。
3 いずれの国も、自国を旗国とする船舶について、特に次の事項に関し、海上における安全を確保するために必要な措置をとる。
   (a) 船舶の構造、設備及び堪航性
   (b) 船舶における乗組員の配乗並びに乗組員の労働条件及び訓練。この場合において、適用のある国際文書を考慮に入れるものとする。
   (c) 信号の使用、通信の維持及び衝突の予防
4 3の措置には、次のことを確保するために必要な措置を含める。
   (a) 船舶が、その登録前に及びその後は適当な間隔で、資格のある船舶検査員による検査を受けること並びに船舶の安全な航行のために適当な海図、航海用刊行物、航行設備及び航行器具を船内に保持すること。
   (b) 船舶が、特に運用、航海、通信及び機関について適当な資格を有する船長及び職員の管理の下にあること並びに乗組員の資格及び人数が船舶の型式、大きさ、機関及び設備に照らして適当であること。
   (c) 船長、職員及び適当な限度において乗組員が海上における人命の安全、衝突の予防、海洋汚染の防止、軽減及び規制並びに無線通信の維持に関して適用される国際的な規則に十分に精通しており、かつ、その規則の遵守を要求されていること。
5 いずれの国も、3及び4に規定する措置をとるに当たり、一般的に受け入れられている国際的な規則、手続及び慣行を遵守し並びにその遵守を確保するために必要な措置をとることを要求される。
6 船舶について管轄権が適正に行使されず又は規制が適正に行われなかったと信ずるに足りる明白な理由を有する国は、その事実を旗国に通報することができる。旗国は、その通報を受領したときは、その問題の調査を行うものとし、適当な場合には、事態を是正するために必要な措置をとる。
7 いずれの国も、自国を旗国とする船舶の公海における海事損害又は航行上の事故であって、他の国の国民に死亡若しくは重大な傷害をもたらし又は他の国の船舶若しくは施設若しくは海洋環境に重大な損害をもたらすものについては、適正な資格を有する者によって又はその立会いの下で調査が行われるようにしなければならない。旗国及び他の国は、海事損害又は航行上の事故について当該他の国が行う調査の実施において協力する。

第2節　公海における生物資源の保存及び管理

第116条(公海における漁獲の権利) すべての国は、自国民が公海において次のものに従って漁獲を行う権利を有する。
   (a) 自国の条約上の義務
   (b) 特に第63条2及び第64条から第67条までに規定する沿岸国の権利、義務及び利益
   (c) この節の規定

第117条(公海における生物資源の保存のための措置を自国民についてとる国の義務) すべての国は、公海における生物資源の保存のために必要とされる措置を自国民についてとる義務及びその措置をとるに当たって他の国と協力する義務を有する。

第118条(生物資源の保存及び管理における国の間の協力) いずれの国も、公海における生物資源の保存及び管理について相互に協力する。二以上の国の国民が同種の生物資源を開発し又は同一の水域において異なる種類の生物資源を開発する場合には、これらの国は、これらの生物資源の保存のために必要とされる措置をとるために交渉を行う。このため、これらの国は、適当な場合には、小地域的又は地域的な漁業機関の設立のために協力する。

第119条(公海における生物資源の保存) 1 いずれの国も、公海における生物資源の漁獲可能量を決定し及び他の保存措置をとるに当たり、次のことを行う。
   (a) 関係国が入手することのできる最良の科学的証拠に基づく措置であって、環境上及び経済上の関連要因(開発途上国の特別の要請を含む。)を勘案し、かつ、漁獲の態様、資源間の相互依存関係及び一般的に勧告された国際的な最低限度の基準(小地域的なもの、地域的なもの又は世界的なもののいずれであるかを問わない。)を考慮して、最大持続生産量を実現することのできる水準に漁獲される種の資源量を維持し又は回復することのできるようなものをとること。

(b) 漁獲される種に関連し又は依存する種の資源量をその再生産が著しく脅威にさらされることとなるような水準よりも高く維持し又は回復するために、当該関連し又は依存する種に及ぼす影響を考慮すること。

2 入手することのできる科学的情報、漁獲量及び漁獲努力量に関する統計その他魚類の保存に関連するデータは、適当な場合には権限のある国際機関(小地域的なもの、地域的なもの又は世界的なもののいずれであるかを問わない。)を通じ及びすべての関係国の参加を得て、定期的に提供し、及び交換する。

3 関係国は、保存措置及びその実施がいずれの国の漁業者に対しても法律上又は事実上の差別を設けるものではないことを確保する。

第120条(海産哺(ほ)乳動物) 第65条の規定は、公海における海産哺乳動物の保存及び管理についても適用する。

第9部 閉鎖海又は半閉鎖海

第123条(閉鎖海又は半閉鎖海に面した国の間の協力) 同一の閉鎖海又は半閉鎖海に面した国は、この条約に基づく自国の権利を行使し及び義務を履行するに当たって相互に協力すべきである。このため、これらの国は、直接に又は適当な地域的機関を通じて、次のことに努める。
(a) 海洋生物資源の管理、保存、探査及び開発を調整すること。
(b) 海洋環境の保護及び保全に関する自国の権利の行使及び義務の履行を調整すること。
(c) 自国の科学的調査の政策を調整し及び、適当な場合には、当該水域における科学的調査の共同計画を実施すること。
(d) 適当な場合には、この条の規定の適用の促進について協力することを関係を有する他の国又は国際機関に要請すること。

第11部 深海底
第2節 深海底を規律する原則

第136条(人類の共同の財産) 深海底及びその資源は、人類の共同の財産である。

第137条(深海底及びその資源の法的地位) 1 いずれの国も深海底又はその資源のいかなる部分についても主権又は主権的権利を主張し又は行使してはならず、また、いずれの国又は自然人若しくは法人も深海底又はその資源のいかなる部分も専有してはならない。このような主権若しくは主権的権利の主張若しくは行使又は専有は、認められない。

2 深海底の資源に関するすべての権利は、人類全体に付与されるものとし、機構は、人類全体のために行動する。当該資源は、譲渡の対象とはならない。ただし、深海底から採取された鉱物は、この部の規定並びに機構の規則及び手続に従うことによってのみ譲渡することができる。

3 いずれの国又は自然人若しくは法人も、この部の規定に従う場合を除くほか、深海底から採取された鉱物について権利を主張し、取得し又は行使することはできず、このような権利のいかなる主張、取得又は行使も認められない。

第142条(沿岸国の権利及び正当な利益) 1 沿岸国の管轄権の及ぶ区域の境界にまたがって存在する深海底の資源の鉱床に関する深海底における活動については、当該沿岸国の権利及び正当な利益に妥当な考慮を払って行う。

2 1の権利及び利益の侵害を回避するため、関係国との間において協議(事前通報の制度を含む。)を維持するものとする。深海底における活動により沿岸国の管轄権の及ぶ区域内に存在する資源を開発する可能性がある場合には、当該沿岸国の事前の同意を得るものとする。

3 この部の規定及びこの部の規定により認められ又は行使されるいかなる権利も、自国の沿岸又は関係利益に対する重大なかつ急迫した危険であって深海底における活動に起因し又はこれから生ずる汚染、汚染のおそれ又はその他の危険な事態から生ずるものを防止し、軽減し又は除去するために必要な措置(第12部の関連する規定に適合するもの)をとる沿岸国の権利に影響を及ぼすものではない。

第145条(海洋環境の保護) 深海底における活動に関しては、当該活動により生ずる有害な影響からの海洋環境の効果的な保護を確保するため、この条約に基づき必要な措置をとる。機構は、このため、特に、次の事項に関する適当な規則及び手続を採択する。
(a) 海洋環境(沿岸を含む。)の汚染その他の危険の防止、軽減及び規制並びに海洋環境の生態学的均衡に対する影響の防止、軽減及び規制。特に、ボーリング、しゅんせつ、掘削、廃棄物の処分、これらの活動に係る施設、パイプラインその他の装置の建設、運用及び維持等の活動による有害な影響からの保護の必要性に対して特別の注意が払われなければならない。
(b) 深海底の天然資源の保護及び保存並びに海洋環境における植物相及び動物相に対する損害の防止

第147条(深海底における活動と海洋環境における活動との調整) 1　深海底における活動については、海洋環境における他の活動に対して合理的な考慮を払いつつ行う。
2　深海底における活動を行うために使用される施設は、次の条件に従うものとする。
　(a)　当該施設については、専らこの部の規定に基づき、かつ、機構の規則及び手続に従い、組み立て、設置し及び撤去する。当該施設の組立て、設置及び撤去については、適当な通報を行わなければならず、また、当該施設の存在について注意を喚起するための恒常的な措置を維持しなければならない。
　(b)　当該施設については、国際航行に不可欠な認められた航路帯の使用の妨げとなるような場所又は漁業活動が集中的に行われている水域に設置してはならない。
　(c)　航行及び当該施設の安全を確保するため、その施設の周囲に適当な標識を設置することによって安全水域を設定するものとする。当該安全水域の形状及び位置は、船舶の特定の海域への合法的な出入り又は国際的な航路帯上の航行を妨げる帯状となるようなものとしてはならない。
　(d)　当該施設については、専ら平和的目的のために使用する。
　(e)　当該施設は、島の地位を有しない。当該施設は、それ自体の領海を有せず、また、その存在は、領海、排他的経済水域又は大陸棚の境界画定に影響を及ぼすものではない。
3　海洋環境における他の活動については、深海底における活動に対して合理的な考慮を払いつつ行う。

第12部　海洋環境の保護及び保全
第1節　総則
第192条(一般的義務) いずれの国も、海洋環境を保護し及び保全する義務を有する。

第193条(天然資源を開発する国の主権的権利) いずれの国も、自国の環境政策に基づき、かつ、海洋環境を保護し及び保全する義務に従い、自国の天然資源を開発する主権的権利を有する。

第194条(海洋環境の汚染を防止し、軽減し及び規制するための措置) 1　いずれの国も、あらゆる発生源からの海洋環境の汚染を防止し、軽減し及び規制するため、利用することができる実行可能な最善の手段を用い、かつ、自国の能力に応じ、単独で又は適当なときは共同して、この条約に適合するすべての必要な措置をとるものとし、また、この点に関して政策を調和させるよう努力する。
2　いずれの国も、自国の管轄又は管理の下における活動が他の国及びその環境に対し汚染による損害を生じさせないように行われること並びに自国の管轄又は管理の下における事件又は活動から生ずる汚染がこの条約に従って自国が主権的権利を行使する区域を越えて拡大しないことを確保するためにすべての必要な措置をとる。
3　この部の規定によりとる措置は、海洋環境の汚染のすべての発生源を取り扱う。この措置には、特に、次のことをできる限り最小にするための措置を含める。
　(a)　毒性の又は有害な物質(特に持続性のもの)の陸にある発生源からの放出、大気からの若しくは大気を通ずる放出又は投棄による放出
　(b)　船舶からの汚染(特に、事故を防止し及び緊急事態を処理し、海上における運航の安全を確保し、意図的な及び意図的でない排出を防止し並びに船舶の設計、構造、設備、運航及び乗組員の配乗を規制するための措置を含む。)
　(c)　海底及びその下の天然資源の探査又は開発に使用される施設及び機器からの汚染(特に、事故を防止し及び緊急事態を処理し、海上における運用の安全を確保し並びにこのような施設又は機器の設計、構造、設備、運用及び人員の配置を規制するための措置を含む。)
　(d)　海洋環境において運用される他の施設及び機器からの汚染(特に、事故を防止し及び緊急事態を処理し、海上における運用の安全を確保し並びにこのような施設又は機器の設計、構造、設備、運用及び人員の配置を規制するための措置を含む。)
4　いずれの国も、海洋環境の汚染を防止し、軽減し又は規制するための措置をとるに当たり、他の国のこの条約に基づく権利の行使に当たっての活動及び義務の履行に当たっての活動に対する不当な干渉を差し控える。
5　この部の規定によりとる措置には、希少又はぜい弱な生態系及び減少しており、脅威にさらされており又は絶滅のおそれのある種その他の海洋生物の生息地を保護し及び保全するために必要な措置を含める。

第195条(損害若しくは危険を移転させ又は一の類型の汚染を他の類型の汚染に変えない義務) いずれの国も、海洋環境の汚染を防止し、軽減し又は規制するための措置をとるに当たり、損害若しくは危険を一の区域から他の区域へ直接若しくは間

第196条(技術の利用又は外来種若しくは新種の導入)
1　いずれの国も、自国の管轄又は管理の下における技術の利用に起因する海洋環境の汚染及び海洋環境の特定の部分に重大かつ有害な変化をもたらすおそれのある外来種又は新種の当該部分への導入(意図的であるか否かを問わない。)を防止し、軽減及び規制するために必要なすべての措置をとる。
2　この条の規定は、海洋環境の汚染の防止、軽減及び規制に関するこの条約の適用に影響を及ぼすものではない。

第2節　世界的及び地域的な協力

第197条(世界的又は地域的基礎における協力) いずれの国も、世界的基礎において及び、適当なときは地域的基礎において、直接に又は権限のある国際機関を通じ、地域的特性を考慮した上で、海洋環境を保護し及び保全するため、この条約に適合する国際的な規則及び基準並びに勧告される方式及び手続を作成するため協力する。

第198条(損害の危険が差し迫った場合又は損害が実際に生じた場合の通報) 海洋環境が汚染により損害を受ける差し迫った危険がある場合又は損害を受けた場合において、このことを知った国は、その損害により影響を受けるおそれのある他の国及び権限のある国際機関に直ちに通報する。

第199条(汚染に対する緊急時の計画) 前条に規定する場合において、影響を受ける地域にある国及び権限のある国際機関は、当該国についてはその能力に応じ、汚染の影響を除去し及び損害を防止し又は最小にするため、できる限り協力する。このため、いずれの国も、海洋環境の汚染をもたらす事件に対応するための緊急時の計画を共同して作成し及び促進する。

第200条(研究、調査の計画並びに情報及びデータの交換) いずれの国も、直接に又は権限のある国際機関を通じ、研究を促進し、科学的調査の計画を実施し並びに海洋環境の汚染について取得した情報及びデータの交換を奨励するため協力する。いずれの国も、汚染の性質及び範囲、汚染にさらされたものの状態並びに汚染の経路、危険及び対処の方法を評価するための知識を取得するため、地域的及び世界的な計画に積極的に参加するよう努力する。

第201条(規則のための科学的基準) 前条の規定により取得した情報及びデータに照らし、いずれの国も、直接に又は権限のある国際機関を通じ、海洋環境の汚染の防止、軽減及び規制のための規則及び基準並びに勧告される方式及び手続を作成するための適当な科学的基準を定めるに当たって協力する。

第3節　技術援助

第202条(開発途上国に対する科学及び技術の分野における援助) いずれの国も、直接に又は権限のある国際機関を通じ、次のことを行う。
(a)　海洋環境を保護し及び保全するため並びに海洋汚染を防止し、軽減し及び規制するため、開発途上国に対する科学、教育、技術その他の分野における援助の計画を推進すること。この援助には、特に次のことを含める。
　(i)　科学及び技術の分野における開発途上国の要員を訓練すること。
　(ii)　関連する国際的な計画への開発途上国の参加を容易にすること。
　(iii)　必要な機材及び便宜を開発途上国に供与すること。
　(iv)　(iii)の機材を製造するための開発途上国の能力を向上させること。
　(v)　調査、監視、教育その他の計画について助言し及び施設を整備すること。
(b)　重大な海洋環境の汚染をもたらすおそれのある大規模な事件による影響を最小にするため、特に開発途上国に対し適当な援助を与えること。
(c)　環境評価の作成に関し、特に開発途上国に対し適当な援助を与えること。

第203条(開発途上国に対する優先的待遇) 開発途上国は、海洋環境の汚染の防止、軽減及び規制のため又は汚染の影響を最小にするため、国際機関から次の事項に関し優先的待遇を与えられる。
(a)　適当な資金及び技術援助の配分
(b)　国際機関の専門的役務の利用

第4節　監視及び環境評価

第204条(汚染の危険又は影響の監視) 1　いずれの国も、他の国の権利と両立する形で、直接に又は権限のある国際機関を通じ、認められた科学的方法によって海洋環境の汚染の危険又は影響を観察し、測定し、評価し及び分析するよう、実行可能な限り努力する。
2　いずれの国も、特に、自国が許可し又は従事する活動が海洋環境を汚染するおそれがあるか否かを決定するため、当該活動の影響を監視する。

第205条(報告の公表) いずれの国も、前条の規定により得られた結果についての報告を公表し、又

は適当な間隔で権限のある国際機関に提供する。当該国際機関は、提供された報告をすべての国の利用に供すべきである。

第206条（活動による潜在的な影響の評価） いずれの国も、自国の管轄又は管理の下における計画中の活動が実質的な海洋環境の汚染又は海洋環境に対する重大かつ有害な変化をもたらすおそれがあると信ずるに足りる合理的な理由がある場合には、当該活動が海洋環境に及ぼす潜在的な影響を実行可能な限り評価するものとし、前条に規定する方法によりその評価の結果についての報告を公表し又は国際機関に提供する。

第5節　海洋環境の汚染を防止し、軽減し及び規制するための国際的規則及び国内法

第207条（陸にある発生源からの汚染） 1　いずれの国も、国際的に合意される規則及び基準並びに勧告される方式及び手続を考慮して、陸にある発生源（河川、三角江、パイプライン及び排水口を含む。）からの海洋環境の汚染を防止し、軽減し及び規制するため法令を制定する。

2　いずれの国も、1に規定する汚染を防止し、軽減し及び規制するために必要な他の措置をとる。

3　いずれの国も、1に規定する汚染に関し、適当な地域的規模において政策を調和させるよう努力する。

4　いずれの国も、地域的特性並びに開発途上国の経済力及び経済開発のニーズを考慮して、特に、権限のある国際機関又は外交会議を通じ、陸にある発生源からの海洋環境の汚染を防止し、軽減し及び規制するため、世界的及び地域的な規則及び基準並びに勧告される方式及び手続を定めるよう努力する。これらの規則、基準並びに勧告される方式及び手続は、必要に応じ随時再検討する。

5　1、2及び4に規定する法令、措置、規則、基準並びに勧告される方式及び手続には、毒性の又は有害な物質（特に持続性のもの）の海洋環境への放出をできる限り最小にするためのものを含める。

第208条（国の管轄の下で行う海底における活動からの汚染） 1　沿岸国は、自国の管轄の下で行う海底における活動から又はこれに関連して生ずる海洋環境の汚染並びに第60条及び第80条の規定により自国の管轄の下にある人工島、施設及び構築物から生ずる海洋環境の汚染を防止し、軽減し及び規制するため法令を制定する。

2　いずれの国も、1に規定する汚染を防止し、軽減し及び規制するために必要な他の措置をとる。

3　1及び2に規定する法令及び措置は、少なくとも国際的な規則及び基準並びに勧告される方式及び手続と同様に効果的なものとする。

4　いずれの国も、1に規定する汚染に関し、適当な地域的規模において政策を調和させるよう努力する。

5　いずれの国も、特に、権限のある国際機関又は外交会議を通じ、1に規定する海洋環境の汚染を防止し、軽減し及び規制するため、世界的及び地域的な規則及び基準並びに勧告される方式及び手続を定める。これらの規則、基準並びに勧告される方式及び手続は、必要に応じ随時再検討する。

第209条（深海底における活動からの汚染） 1　深海底における活動からの海洋環境の汚染を防止し、軽減し及び規制するため、国際的な規則及び手続が、第11部の規定に従って定められる。これらの規則及び手続は、必要に応じ随時再検討される。

2　いずれの国も、この節の関連する規定に従うことを条件として、自国を旗国とし、自国において登録され又は自国の権限の下で運用される船舶、施設、構築物及び他の機器により行われる深海底における活動からの海洋環境の汚染を防止し、軽減し及び規制するため法令を制定する。この法令の要件は、少なくとも1に規定する国際的な規則及び手続と同様に効果的なものとする。

第210条（投棄による汚染） 1　いずれの国も、投棄による海洋環境の汚染を防止し、軽減し及び規制するため法令を制定する。

2　いずれの国も、1に規定する汚染を防止し、軽減し及び規制するために必要な他の措置をとる。

3　1及び2に規定する法令及び措置は、国の権限のある当局の許可を得ることなく投棄が行われないことを確保するものとする。

4　いずれの国も、特に、権限のある国際機関又は外交会議を通じ、投棄による海洋環境の汚染を防止し、軽減し及び規制するため、世界的及び地域的な規則及び基準並びに勧告される方式及び手続を定めるよう努力する。これらの規則、基準並びに勧告される方式及び手続は、必要に応じ随時再検討する。

5　領海及び排他的経済水域における投棄又は大陸棚への投棄は、沿岸国の事前の明示の承認なしに行わないものとし、沿岸国は、地理的事情のため投棄により悪影響を受けるおそれのある他の国との問題に妥当な考慮を払った後、投棄を許可し、規制し及び管理する権利を有する。

6　国内法令及び措置は、投棄による海洋環境の汚

染を防止し、軽減し及び規制する上で少なくとも世界的な規則及び基準と同様に効果的なものとする。

第211条（船舶からの汚染） 1　いずれの国も、権限のある国際機関又は一般的な外交会議を通じ、船舶からの海洋環境の汚染を防止し、軽減し及び規制するため、国際的な規則及び基準を定めるものとし、同様の方法で、適当なときはいつでも、海洋環境（沿岸を含む。）の汚染及び沿岸国の関係利益に対する汚染損害をもたらすおそれのある事故の脅威を最小にするための航路指定の制度の採択を促進する。これらの規則及び基準は、同様の方法で必要に応じ随時再検討する。

2　いずれの国も、自国を旗国とし又は自国において登録された船舶からの海洋環境の汚染を防止し、軽減し及び規制するための法令を制定する。この法令は、権限のある国際機関又は一般的な外交会議を通じて定められる一般的に受け入れられている国際的な規則及び基準と少なくとも同等の効果を有するものとする。

3　いずれの国も、外国船舶が自国の港若しくは内水に入り又は自国の沖合の係留施設に立ち寄るための条件として海洋環境の汚染を防止し、軽減し及び規制するための特別の要件を定める場合には、当該要件を適当に公表するものとし、また、権限のある国際機関に通報する。二以上の沿岸国が政策を調和させるために同一の要件を定める取決めを行う場合には、通報には、当該取決めに参加している国を明示する。いずれの国も、自国を旗国とし又は自国において登録された船舶の船長に対し、このような取決めに参加している国の領海を航行している場合において、当該国の要請を受けたときは、当該取決めに参加している同一の地域の他の国に向かって航行しているか否かについての情報を提供すること及び、当該他の国に向かって航行しているときは、当該船舶がその国の入港要件を満たしているか否かを示すことを要求する。この条の規定は、船舶による無害通航権の継続的な行使又は第25条2の規定の適用を妨げるものではない。

4　沿岸国は、自国の領海における主権の行使として、外国船舶（無害通航権を行使している船舶を含む。）からの海洋汚染を防止し、軽減し及び規制するための法令を制定することができる。この法令は、第2部第3節の定めるところにより、外国船舶の無害通航を妨害するものであってはならない。

5　沿岸国は、第6節に規定する執行の目的のため、自国の排他的経済水域について、船舶からの汚染を防止し、軽減し及び規制するための法令であって、権限のある国際機関又は一般的な外交会議を通じて定められる一般的に受け入れられている国際的な規則及び基準に適合し、かつ、これらを実施するための法令を制定することができる。

6(a)　沿岸国は、1に規定する国際的な規則及び基準が特別の事情に応ずるために不適当であり、かつ、自国の排他的経済水域の明確に限定された特定の水域において、海洋学上及び生態学上の条件並びに当該水域の利用又は資源の保護及び交通の特殊性に関する認められた技術上の理由により、船舶からの汚染を防止するための拘束力を有する特別の措置をとることが必要であると信ずるに足りる合理的な理由がある場合には、権限のある国際機関を通じて他のすべての関係国と適当な協議を行った後、当該水域に関し、当該国際機関に通告することができるものとし、その通告に際し、裏付けとなる科学的及び技術的証拠並びに必要な受入施設に関する情報を提供する。当該国際機関は、通告を受領した後12箇月以内に当該水域における条件が第1段に規定する要件に合致するか否かを決定する。当該国際機関が合致すると決定した場合には、当該沿岸国は、当該水域について、船舶からの汚染の防止、軽減及び規制のための法令であって、当該国際機関が特別の水域に適用し得るとしている国際的な規則及び基準又は航行上の方式を実施するための法令を制定することができる。この法令は、当該国際機関への通告の後15箇月間は、外国船舶に適用されない。

(b)　沿岸国は、(a)に規定する明確に限定された特定の水域の範囲を公表する。

(c)　沿岸国は、(a)に規定する水域について船舶からの汚染の防止、軽減及び規制のための追加の法令を制定する意図を有する場合には、その旨を(a)の通報と同時に国際機関に通報する。この追加の法令は、排出又は航行上の方式について定めることができるものとし、外国船舶に対し、設計、構造、乗組員の配乗又は設備につき、一般的に受け入れられている国際的な規則及び基準以外の基準の遵守を要求するものであってはならない。この追加の法令は、当該国際機関への通報の後12箇月以内に当該国際機関が合意することを条件として、通報の後15箇月で外国船舶に適用される。

7　この条に規定する国際的な規則及び基準には、特に、排出又はその可能性を伴う事件（海難を含

む。)により自国の沿岸又は関係利益が影響を受けるおそれのある沿岸国への迅速な通報に関するものを含めるべきである。

第212条（大気からの又は大気を通ずる汚染） 1　いずれの国も、国際的に合意される規則及び基準並びに勧告される方式及び手続並びに航空の安全を考慮し、大気からの又は大気を通ずる海洋環境の汚染を防止し、軽減し及び規制するため、自国の主権の下にある空間及び自国を旗国とする船舶又は自国において登録された船舶若しくは航空機について適用のある法令を制定する。
2　いずれの国も、1に規定する汚染を防止し、軽減し及び規制するために必要な他の措置をとる。
3　いずれの国も、特に、権限のある国際機関又は外交会議を通じ、1に規定する汚染を防止し、軽減し及び規制するため、世界的及び地域的な規則及び基準並びに勧告される方式及び手続を定めるよう努力する。

第6節　執　行

第213条（陸にある発生源からの汚染に関する執行）いずれの国も、第207条の規定に従って制定する自国の法令を執行するものとし、陸にある発生源からの海洋環境の汚染を防止し、軽減し及び規制するため、権限のある国際機関又は外交会議を通じて定められる適用のある国際的な規則及び基準を実施するために必要な法令を制定し及び他の措置をとる。

第214条（海底における活動からの汚染に関する執行）いずれの国も、第208条の規定に従って制定する自国の法令を執行するものとし、自国の管轄の下で行う海底における活動から又はこれに関連して生ずる海洋環境の汚染並びに第60条及び第80条の規定により自国の管轄の下にある人工島、施設及び構築物から生ずる海洋環境の汚染を防止し、軽減し及び規制するため、権限のある国際機関又は外交会議を通じて定められる適用のある国際的な規則及び基準を実施するために必要な法令を制定し及び他の措置をとる。

第215条（深海底における活動からの汚染に関する執行）深海底における活動からの海洋環境の汚染を防止し、軽減し及び規制するため第11部の規定に従って定められる国際的な規則及び手続の執行は、同部の規定により規律される。

第216条（投棄による汚染に関する執行） 1　この条約に従って制定する法令並びに権限のある国際機関又は外交会議を通じて定められる適用のある国際的な規則及び基準であって、投棄による海洋環境の汚染を防止し、軽減し及び規制するためのものについては、次の国が執行する。
　(a)　沿岸国の領海若しくは排他的経済水域における投棄又は大陸棚への投棄については当該沿岸国
　(b)　自国を旗国とする船舶については当該旗国又は自国において登録された船舶若しくは航空機についてはその登録国
　(c)　国の領土又は沖合の係留施設において廃棄物その他の物を積み込む行為については当該国
2　いずれの国も、他の国がこの条の規定に従って既に手続を開始している場合には、この条の規定により手続を開始する義務を負うものではない。

第217条（旗国による執行） 1　いずれの国も、自国を旗国とし又は自国において登録された船舶が、船舶からの海洋環境の汚染の防止、軽減及び規制のため、権限のある国際機関又は一般的な外交会議を通じて定められる適用のある国際的な規則及び基準に従うこと並びにこの条約に従って制定する自国の法令を遵守することを確保するものとし、これらの規則、基準及び法令を実施するために必要な法令を制定し及び他の措置をとる。旗国は、違反が生ずる場所のいかんを問わず、これらの規則、基準及び法令が効果的に執行されるよう必要な手段を講ずる。
2　いずれの国も、特に、自国を旗国とし又は自国において登録された船舶が1に規定する国際的な規則及び基準の要件(船舶の設計、構造、設備及び乗組員の配乗に関する要件を含む。)に従って航行することができるようになるまで、その航行を禁止されることを確保するために適当な措置をとる。
3　いずれの国も、自国を旗国とし又は自国において登録された船舶が1に規定する国際的な規則及び基準により要求され、かつ、これらに従って発給される証書を船内に備えることを確保する。いずれの国も、当該証書が船舶の実際の状態と合致しているか否かを確認するため自国を旗国とする船舶が定期的に検査されることを確保する。当該証書は、他の国により船舶の状態を示す証拠として認容されるものとし、かつ、当該他の国が発給する証書と同一の効力を有するものとみなされる。ただし、船舶の状態が実質的に証書の記載事項どおりでないと信ずるに足りる明白な理由がある場合は、この限りでない。
4　船舶が権限のある国際機関又は一般的な外交会議を通じて定められる規則及び基準に違反する場合には、旗国は、違反が生じた場所又は当該

違反により引き起こされる汚染が発生し若しくは発見された場所のいかんを問わず、当該違反について、調査を直ちに行うために必要な措置をとるものとし、適当なときは手続を開始する。ただし、次条、第220条及び第228条の規定の適用を妨げるものではない。

5　旗国は、違反の調査を実施するに当たり、事件の状況を明らかにするために他の国の協力が有用である場合には、当該他の国の援助を要請することができる。いずれの国も、旗国の適当な要請に応ずるよう努力する。

6　いずれの国も、他の国の書面による要請により、自国を旗国とする船舶によるすべての違反を調査する。旗国は、違反につき手続をとることを可能にするような十分な証拠が存在すると認める場合には、遅滞なく自国の法律に従って手続を開始する。

7　旗国は、とった措置及びその結果を要請国及び権限のある国際機関に速やかに通報する。このような情報は、すべての国が利用し得るものとする。

8　国の法令が自国を旗国とする船舶に関して定める罰は、場所のいかんを問わず違反を防止するため十分に厳格なものとする。

第218条（寄港国による執行） 1　いずれの国も、船舶が自国の港又は沖合の係留施設に任意にとどまる場合には、権限のある国際機関又は一般的な外交会議を通じて定められる適用のある国際的な規則及び基準に違反する当該船舶からの排出であって、当該国の内水、領海又は排他的経済水域の外で生じたものについて、調査を実施することができるものとし、証拠により正当化される場合には、手続を開始することができる。

2　1に規定するいかなる手続も、他の国の内水、領海又は排他的経済水域における排出の違反については、開始してはならない。ただし、当該他の国、旗国若しくは排出の違反により損害若しくは脅威を受けた国が要請する場合又は排出の違反が手続を開始する国の内水、領海若しくは排他的経済水域において汚染をもたらし若しくはもたらすおそれがある場合は、この限りでない。

3　いずれの国も、船舶が自国の港又は沖合の係留施設に任意にとどまる場合には、1に規定する排出の違反であって、他の国の内水、領海若しくは排他的経済水域において生じたもの又はこれらの水域に損害をもたらし若しくはもたらすおそれがあると認めるものについて、当該他の国からの調査の要請に実行可能な限り応ずる。いずれの国も、船舶が自国の港又は沖合の係留施設に任意にとどまる場合には、1に規定する排出の違反について、違反が生じた場所のいかんを問わず、旗国からの調査の要請に同様に実行可能な限り応ずる。

4　この条の規定に従い寄港国により実施された調査の記録は、要請により、旗国又は沿岸国に送付する。違反が、沿岸国の内水、領海又は排他的経済水域において生じた場合には、当該調査に基づいて寄港国により開始された手続は、第7節の規定に従うことを条件として、当該沿岸国の要請により停止することができる。停止する場合には、事件の証拠及び記録並びに寄港国の当局に支払われた保証金又は提供された他の金銭上の保証は、沿岸国に送付する。寄港国における手続は、その送付が行われた場合には、継続することができない。

第219条（汚染を回避するための船舶の堪（たん）航性に関する措置）　いずれの国も、第7節の規定に従うことを条件として、要請により又は自己の発意により、自国の港の一又は沖合の係留施設の一にある船舶が船舶の堪航性に関する適用のある国際的な規則及び基準に違反し、かつ、その違反が海洋環境に損害をもたらすおそれがあることを確認した場合には、実行可能な限り当該船舶を航行させないようにするための行政上の措置をとる。当該国は、船舶に対し最寄りの修繕のための適当な場所までに限り航行を許可することができるものとし、当該違反の原因が除去された場合には、直ちに当該船舶の航行の継続を許可する。

第220条（沿岸国による執行） 1　いずれの国も、船舶が自国の港又は沖合の係留施設に任意にとどまる場合において、この条約に従って制定する自国の法令又は適用のある国際的な規則及び基準であって、船舶からの汚染の防止、軽減及び規制のためのものに対する違反が自国の領海又は排他的経済水域において生じたときは、第7節の規定に従うことを条件として、当該違反について手続を開始することができる。

2　いずれの国も、自国の領海を航行する船舶が当該領海の通航中にこの条約に従って制定する自国の法令又は適用のある国際的な規則及び基準であって、船舶からの汚染の防止、軽減及び規制のためのものに違反したと信ずるに足りる明白な理由がある場合には、第2部第3節の関連する規定の適用を妨げることなく、その違反について当該船舶の物理的な検査を実施することができ、また、証拠により正当化されるときは、第

7節の規定に従うことを条件として、自国の法律に従って手続(船舶の抑留を含む。)を開始することができる。
3 いずれの国も、自国の排他的経済水域又は領海を航行する船舶が当該排他的経済水域において船舶からの汚染の防止、軽減及び規制のための適用のある国際的な規則及び基準又はこれらに適合し、かつ、これらを実施するための自国の法令に違反したと信ずるに足りる明白な理由がある場合には、当該船舶に対しその識別及び船籍港に関する情報、直前及び次の寄港地に関する情報並びに違反が生じたか否かを確定するために必要とされる他の関連する情報を提供するよう要請することができる。
4 いずれの国も、自国を旗国とする船舶が3に規定する情報に関する要請に従うように法令を制定し及び他の措置をとる。
5 いずれの国も、自国の排他的経済水域又は領海を航行する船舶が当該排他的経済水域において3に規定する規則及び基準又は法令に違反し、その違反により著しい海洋環境の汚染をもたらし又はもたらすおそれのある実質的な排出が生じたと信ずるに足りる明白な理由がある場合において、船舶が情報の提供を拒否したとき又は船舶が提供した情報が明白な実際の状況と明らかに相違しており、かつ、事件の状況により検査を行うことが正当と認められるときは、当該違反に関連する事項について当該船舶の物理的な検査を実施することができる。
6 いずれの国も、自国の排他的経済水域又は領海を航行する船舶が当該排他的経済水域において3に規定する規則及び基準又は法令に違反し、その違反により自国の沿岸若しくは関係利益又は自国の領海若しくは排他的経済水域の資源に対し著しい損害をもたらし又はもたらすおそれのある排出が生じたとの明白かつ客観的な証拠がある場合には、第7節の規定に従うこと及び証拠により正当化されることを条件として、自国の法律に従って手続(船舶の抑留を含む。)を開始することができる。
7 6の規定にかかわらず、6に規定する国は、保証金又は他の適当な金銭上の保証に係る要求に従うことを確保する適当な手続が、権限のある国際機関を通じ又は他の方法により合意されているところに従って定められる場合において、当該国が当該手続に拘束されるときは、船舶の航行を認めるものとする。
8 3から7までの規定は、第211条6の規定に従って制定される国内法令にも適用する。

第221条(海難から生ずる汚染を回避するための措置)
1 この部のいずれの規定も、著しく有害な結果をもたらすことが合理的に予測される海難又はこれに関連する行為の結果としての汚染又はそのおそれから自国の沿岸又は関係利益(漁業を含む。)を保護するため実際に被った又は被るおそれのある損害に比例する措置を領海を越えて慣習上及び条約上の国際法に従ってとり及び執行する国の権利を害するものではない。
2 この条の規定の適用上、「海難」とは、船舶の衝突、座礁その他の航行上の事故又は船舶内若しくは船舶外のその他の出来事であって、船舶又は積荷に対し実質的な損害を与え又は与える急迫したおそれがあるものをいう。

第222条(大気からの又は大気を通ずる汚染に関する執行)いずれの国も、自国の主権の下にある空間において又は自国を旗国とする船舶若しくは自国において登録された船舶若しくは航空機について、第212条1の規定及びこの条約の他の規定に従って制定する自国の法令を執行するものとし、航空の安全に関するすべての関連する国際的な規則及び基準に従って、大気からの又は大気を通ずる海洋環境の汚染を防止し、軽減し及び規制するため、権限のある国際機関又は外交会議を通じて定められる適用のある国際的な規則及び基準を実施するために必要な法令を制定し及び他の措置をとる。

第7節 保障措置

第223条(手続を容易にするための措置)いずれの国も、この部の規定に従って開始する手続において、証人尋問及び他の国の当局又は権限のある国際機関から提出される証拠の認容を容易にするための措置をとるものとし、権限のある国際機関、旗国又は違反から生ずる汚染により影響を受けた国の公式の代表の手続への出席を容易にする。手続に出席する公式の代表は、国内法令又は国際法に定める権利及び義務を有する。

第224条(執行の権限の行使)この部の規定に基づく外国船舶に対する執行の権限は、公務員又は軍艦、軍用航空機その他政府の公務に使用されていることが明らかに表示されており、かつ、識別されることのできる船舶若しくは航空機で当該権限を与えられているものによってのみ行使することができる。

第225条(執行の権限の行使に当たり悪影響を回避する義務)いずれの国も、外国船舶に対する執行の権限をこの条約に基づいて行使するに当たっては、航行の安全を損ない、その他船舶に危険をもた

らし、船舶を安全でない港若しくはびょう地に航行させ又は海洋環境を不当な危険にさらしてはならない。

第226条（外国船舶の調査） 1(a) いずれの国も、第216条、第218条及び第220条に規定する調査の目的のために必要とする以上に外国船舶を遅延させてはならない。外国船舶の物理的な検査は、一般的に受け入れられている国際的な規則及び基準により船舶が備えることを要求されている証書、記録その他の文書又は船舶が備えている類似の文書の審査に制限される。外国船舶に対するこれ以上の物理的な検査は、その審査の後に限り、かつ、次の場合に限り行うことができる。
 (i) 船舶又はその設備の状態が実質的にこれらの文書の記載事項どおりでないと信ずるに足りる明白な理由がある場合
 (ii) これらの文書の内容が疑わしい違反について確認するために不十分である場合
 (iii) 船舶が有効な証書及び記録を備えていない場合
(b) 調査により、海洋環境の保護及び保全のための適用のある法令又は国際的な規則及び基準に対する違反が明らかとなった場合には、合理的な手続(例えば、保証金又は他の適当な金銭上の保証)に従うことを条件として速やかに釈放する。
(c) 海洋環境に対し不当に損害を与えるおそれがある場合には、船舶の堪航性に関する適用のある国際的な規則及び基準の適用を妨げることなく、船舶の釈放を拒否することができ又は最寄りの修繕のための適当な場所への航行を釈放の条件とすることができる。釈放が拒否され又は条件を付された場合には、当該船舶の旗国は、速やかに通報を受けるものとし、第15部の規定に従い当該船舶の釈放を求めることができる。

2 いずれの国も、海洋における船舶の不必要な物理的な検査を回避するための手続を作成することに協力する。

第227条（外国船舶に対する無差別） いずれの国も、この部の規定に基づく権利の行使及び義務の履行に当たって、他の国の船舶に対して法律上又は事実上の差別を行ってはならない。

第228条（手続の停止及び手続の開始の制限） 1 手続を開始する国の領海を越える水域における外国船舶による船舶からの汚染の防止、軽減及び規制に関する適用のある当該国の法令又は国際的な規則及び基準に対する違反について罰を科するための手続は、最初の手続の開始の日から6箇月以内に旗国が同一の犯罪事実について罰を科するための手続をとる場合には、停止する。ただし、その手続が沿岸国に対する著しい損害に係る事件に関するものである場合又は当該旗国が自国の船舶による違反について適用のある国際的な規則及び基準を有効に執行する義務を履行しないことが繰り返されている場合は、この限りでない。この条の規定に基づいて当該旗国が手続の停止を要請した場合には、当該旗国は、適当な時期に、当該事件の1件書類及び手続の記録を先に手続を開始した国の利用に供する。当該旗国が開始した手続が完了した場合には、停止されていた手続は、終了する。当該手続に関して負担した費用の支払を受けた後、沿岸国は、当該手続に関して支払われた保証金又は提供された他の金銭上の保証を返還する。

2 違反が生じた日から3年が経過した後は、外国船舶に罰を科するための手続を開始してはならない。いずれの国も、他の国が、1の規定に従うことを条件として、手続を開始している場合には、外国船舶に罰を科するための手続をとってはならない。

3 この条の規定は、他の国による手続のいかんを問わず、旗国が自国の法律に従って措置(罰を科するための手続を含む。)をとる権利を害するものではない。

第229条（民事上の手続の開始） この条約のいずれの規定も、海洋環境の汚染から生ずる損失又は損害に対する請求に関する民事上の手続の開始に影響を及ぼすものではない。

第230条（金銭罰及び被告人の認められている権利の尊重） 1 海洋環境の汚染の防止、軽減及び規制のための国内法令又は適用のある国際的な規則及び基準に対する違反であって、領海を越える水域における外国船舶によるものについては、金銭罰のみを科することができる。

2 海洋環境の汚染の防止、軽減及び規制のための国内法令又は適用のある国際的な規則及び基準に対する違反であって、領海における外国船舶によるものについては、当該領海における故意によるかつ重大な汚染行為の場合を除くほか、金銭罰のみを科することができる。

3 外国船舶による1及び2に規定する違反であって、罰が科される可能性のあるものについての手続の実施に当たっては、被告人の認められている権利を尊重する。

第8節　氷に覆われた水域

第234条(氷に覆われた水域)沿岸国は、自国の排他的経済水域の範囲内における氷に覆われた水域であって、特に厳しい気象条件及び年間の大部分の期間当該水域を覆う氷の存在が航行に障害又は特別の危険をもたらし、かつ、海洋環境の汚染が生態学的均衡に著しい又は回復不可能な障害をもたらすおそれのある水域において、船舶からの海洋汚染の防止、軽減及び規制のための無差別の法令を制定し及び執行する権利を有する。この法令は、航行並びに入手可能な最良の科学的証拠に基づく海洋環境の保護及び保全に妥当な考慮を払ったものとする。

第9節　責　任
第235条(責任)　1　いずれの国も、海洋環境の保護及び保全に関する自国の国際的義務を履行するものとし、国際法に基づいて責任を負う。
2　いずれの国も、自国の管轄の下にある自然人又は法人による海洋環境の汚染によって生ずる損害に関し、自国の法制度に従って迅速かつ適正な補償その他の救済のための手段が利用し得ることを確保する。
3　いずれの国も、海洋環境の汚染によって生ずるすべての損害に関し迅速かつ適正な賠償及び補償を確保するため、損害の評価、賠償及び補償並びに関連する紛争の解決について、責任に関する現行の国際法を実施し及び国際法を一層発展させるために協力するものとし、適当なときは、適正な賠償及び補償の支払に関する基準及び手続(例えば、強制保険又は補償基金)を作成するために協力する。

第11節　海洋環境の保護及び保全に関する他の条約に基づく義務
第237条(海洋環境の保護及び保全に関する他の条約に基づく義務)　1　この部の規定は、海洋環境の保護及び保全に関して既に締結された特別の条約及び協定に基づき国が負う特定の義務に影響を与えるものではなく、また、この条約に定める一般原則を促進するために締結される協定の適用を妨げるものではない。
2　海洋環境の保護及び保全に関し特別の条約に基づき国が負う特定の義務は、この条約の一般原則及び一般的目的に適合するように履行すべきである。

第15部　紛争の解決
第2節　拘束力を有する決定を伴う義務的手続
第286条(この節の規定に基づく手続の適用)第3節の規定に従うことを条件として、この条約の解釈又は適用に関する紛争であって第1節に定める方法によって解決が得られなかったものは、いずれかの紛争当事者の要請により、この節の規定に基づいて管轄権を有する裁判所に付託される。
第287条(手続の選択)　1　いずれの国も、この条約に署名し、これを批准し若しくはこれに加入する時に又はその後いつでも、書面による宣言を行うことにより　この条約の解釈又は適用に関する紛争の解決のための次の手段のうち一又は二以上の手段を自由に選択することができる。
　(a)　附属書VIによって設立される国際海洋法裁判所
　(b)　国際司法裁判所
　(c)　附属書VIIによって組織される仲裁裁判所
　(d)　附属書VIIIに規定する一又は二以上の種類の紛争のために同附属書によって組織される特別仲裁裁判所
2　1の規定に基づいて行われる宣言は、第11部第5節に定める範囲及び方法で国際海洋法裁判所の海底紛争裁判部が管轄権を有することを受け入れる締約国の義務に影響を及ぼすものではなく、また、その義務から影響を受けるものでもない。
3　締約国は、その時において効力を有する宣言の対象とならない紛争の当事者である場合には、附属書VIIに定める仲裁手続を受け入れているものとみなされる。
4　紛争当事者が紛争の解決のために同一の手続を受け入れている場合には、当該紛争については、紛争当事者が別段の合意をしない限り、当該手続にのみ付することができる。
5　紛争当事者が紛争の解決のために同一の手続を受け入れていない場合には、当該紛争については、紛争当事者が別段の合意をしない限り、附属書VIIに従って仲裁にのみ付することができる。
6　1の規定に基づいて行われる宣言は、その撤回の通告が国際連合事務総長に寄託された後3箇月が経過するまでの間、効力を有する。
7　新たな宣言、宣言の撤回の通告又は宣言の期間の満了は、紛争当事者が別段の合意をしない限り、この条の規定に基づいて管轄権を有する裁判所において進行中の手続に何ら影響を及ぼすものではない。
8　この条に規定する宣言及び通告については、国際連合事務総長に寄託するものとし、同事務総長は、その写しを締約国に送付する。
第288条(管轄権)　1　前条に規定する裁判所は、この条約の解釈又は適用に関する紛争であってこの部の規定に従って付託されるものについて管

轄権を有する。
2 前条に規定する裁判所は、また、この条約の目的に関係のある国際協定の解釈又は適用に関する紛争であって当該協定に従って付託されるものについて管轄権を有する。
3 附属書Ⅵによって設置される国際海洋法裁判所の海底紛争裁判部並びに第11部第5節に規定するその他の裁判部及び仲裁裁判所は、同節の規定に従って付託される事項について管轄権を有する。
4 裁判所が管轄権を有するか否かについて争いがある場合には、当該裁判所の裁判で決定する。

第289条(専門家) 科学的又は技術的な事項に係る紛争において、この節の規定に基づいて管轄権を行使する裁判所は、いずれかの紛争当事者の要請により又は自己の発意により、投票権なしで当該裁判所に出席する2人以上の科学又は技術の分野における専門家を紛争当事者と協議の上選定することができる。これらの専門家は、附属書Ⅷ第2条の規定に従って作成された名簿のうち関連するものから選出することが望ましい。

第290条(暫定措置) 1 紛争が裁判所に適正に付託され、当該裁判所がこの部又は第11部第5節の規定に基づいて管轄権を有すると推定する場合には、当該裁判所は、終局裁判を行うまでの間、紛争当事者のそれぞれの権利を保全し又は海洋環境に対して生ずる重大な害を防止するため、状況に応じて適当と認める暫定措置を定めることができる。
2 暫定措置を正当化する状況が変化し又は消滅した場合には、当該暫定措置を修正し又は取り消すことができる。
3 いずれかの紛争当事者が要請し、かつ、すべての紛争当事者が陳述する機会を与えられた後にのみ、この条の規定に基づき暫定措置を定め、修正し又は取り消すことができる。
4 裁判所は、暫定措置を定め、修正し又は取り消すことにつき、紛争当事者その他裁判所が適当と認める締約国に直ちに通告する。
5 この節の規定に従って紛争の付託される仲裁裁判所が構成されるまでの間、紛争当事者が合意する裁判所又は暫定措置に対する要請が行われた日から2週間以内に紛争当事者が合意しない場合には国際海洋法裁判所若しくは深海底における活動に関しては海底紛争裁判部は、構成される仲裁裁判所が紛争について管轄権を有すると推定し、かつ、事態の緊急性により必要と認める場合には、この条の規定に基づき暫定措置を定め、修正し又は取り消すことができる。紛争が付託された仲裁裁判所が構成された後は、当該仲裁裁判所は、1から4までの規定に従い暫定措置を修正し、取り消し又は維持することができる。
6 紛争当事者は、この条の規定に基づいて定められた暫定措置に速やかに従う。

第291条(手続の開放) 1 この部に定めるすべての紛争解決手続は、締約国に開放する。
2 この部に定める紛争解決手続は、この条約に明示的に定めるところによってのみ、締約国以外の主体に開放する。

第292条(船舶及び乗組員の速やかな釈放) 1 締約国の当局が他の締約国を旗国とする船舶を抑留した場合において、合理的な保証金の支払又は合理的な他の金銭上の保証の提供の後に船舶及びその乗組員を速やかに釈放するというこの条約の規定を抑留した国が遵守しなかったと主張されているときは、釈放の問題については、紛争当事者が合意する裁判所に付託することができる。抑留の時から10日以内に紛争当事者が合意しない場合には、釈放の問題については、紛争当事者が別段の合意をしない限り、抑留した国が第287条の規定によって受け入れている裁判所又は国際海洋法裁判所に付託することができる。
2 釈放に係る申立てについては、船舶の旗国又はこれに代わるものに限って行うことができる。
3 裁判所は、遅滞なく釈放に係る申立てを取り扱うものとし、釈放の問題のみを取り扱う。ただし、適当な国内の裁判所に係属する船舶又はその所有者若しくは乗組員に対する事件の本案には、影響を及ぼさない。抑留した国の当局は、船舶又はその乗組員をいつでも釈放することができる。
4 裁判所によって決定された保証金が支払われ又は裁判所によって決定された他の金銭上の保証が提供された場合には、抑留した国の当局は、船舶又はその乗組員の釈放についての当該裁判所の決定に速やかに従う。

第293条(適用のある法) 1 この節の規定に基づいて管轄権を有する裁判所は、この条約及びこの条約に反しない国際法の他の規則を適用する。
2 1の規定は、紛争当事者が合意する場合には、この節の規定に基づいて管轄権を有する裁判所が衡平及び善に基づいて裁判する権限を害するものではない。

第294条(先決的手続) 1 第287条に規定する裁判所に対して第297条に規定する紛争についての申立てが行われた場合には、当該裁判所は、当該申立てによる権利の主張が法的手続の濫用であるか否か又は当該権利の主張に十分な根拠がある

と推定されるか否かについて、いずれかの紛争当事者が要請するときに決定するものとし、又は自己の発意により決定することができる。当該裁判所は、当該権利の主張が法的手続の濫用であると決定し又は根拠がないと推定されると決定した場合には、事件について新たな措置をとらない。
2　1の裁判所は、申立てを受領した時に、当該申立てに係る他の紛争当事者に対して直ちに通告するものとし、当該他の紛争当事者が1の規定により裁判所に決定を行うよう要請することができる合理的な期間を定める。
3　この条のいかなる規定も、紛争当事者が、適用のある手続規則に従って先決的抗弁を行う権利に影響を及ぼすものではない。

第295条（国内的な救済措置を尽くすこと）この条約の解釈又は適用に関する締約国間の紛争は、国内的な救済措置を尽くすことが国際法によって要求されている場合には、当該救済措置が尽くされた後でなければこの節に定める手続に付することができない。

第296条（裁判が最終的なものであること及び裁判の拘束力）1　この節の規定に基づいて管轄権を有する裁判所が行う裁判は、最終的なものとし、すべての紛争当事者は、これに従う。
2　1の裁判は、紛争当事者間において、かつ、当該紛争に関してのみ拘束力を有する。

第3節　第2節の規定の適用に係る制限及び除外
第297条（第2節の規定の適用の制限）1　この条約の解釈又は適用に関する紛争であって、この条約に定める主権的権利又は管轄権の沿岸国による行使に係るものは、次のいずれかの場合には、第2節に定める手続の適用を受ける。
　(a)　沿岸国が、航行、上空飛行若しくは海底電線及び海底パイプラインの敷設の自由若しくは権利又は第58条に規定するその他の国際的に適法な海洋の利用について、この条約の規定に違反して行動したと主張されている場合
　(b)　国が、(a)に規定する自由若しくは権利を行使し又は(a)に規定する利用を行うに当たり、この条約の規定に違反して又はこの条約及びこの条約に反しない国際法の他の規則に従って沿岸国の制定する法令に違反して行動したと主張されている場合
　(c)　沿岸国が、当該沿岸国に適用のある海洋環境の保護及び保全のための特定の国際的な規則及び基準であって、この条約によって定められ又はこの条約に従って権限のある国際機関若しくは外交会議を通じて定められたものに違反して行動したと主張されている場合
2　(a)　（略）
　(b)　（略）
3(a)　この条約の解釈又は適用に関する紛争であって、漁獲に係るものについては、第2節の規定に従って解決する。ただし、沿岸国は、排他的経済水域における生物資源に関する自国の主権的権利（漁獲可能量、漁獲能力及び他の国に対する余剰分の割当てを決定するための裁量権並びに保存及び管理に関する自国の法令に定める条件を決定するための裁量権を含む。）又はその行使に係るいかなる紛争についても、同節の規定による解決のための手続に付することを受け入れる義務を負うものではない。
　(b)　第1節の規定によって解決が得られなかった場合において、次のことが主張されているときは、紛争は、いずれかの紛争当事者の要請により、附属書Ⅴ第2節に定める調停に付される。
　　(i)　沿岸国が、自国の排他的経済水域における生物資源の維持が著しく脅かされないことを適当な保存措置及び管理措置を通じて確保する義務を明らかに遵守しなかったこと。
　　(ii)　沿岸国が、他の国が漁獲を行うことに関心を有する資源について、当該他の国の要請にもかかわらず、漁獲可能量及び生物資源についての自国の漁獲能力を決定することを恣（し）意的に拒否したこと。
　　(iii)　沿岸国が、自国が存在すると宣言した余剰分の全部又は一部を、第62条、第69条及び第70条の規定により、かつ、この条約に適合する条件であって自国が定めるものに従って、他の国に割り当てることを恣意的に拒否したこと。
　(c)　調停委員会は、いかなる場合にも、調停委員会の裁量を沿岸国の裁量に代わるものとしない。
　(d)　調停委員会の報告については、適当な国際機関に送付する。
　(e)　第69条及び第70条の規定により協定を交渉するに当たって、締約国は、別段の合意をしない限り、当該協定の解釈又は適用に係る意見の相違の可能性を最小にするために当該締約国がとる措置に関する条項及び当該措置にもかかわらず意見の相違が生じた場合に当該

締約国がとるべき手続に関する条項を当該協定に含める。

【第1節　基本条約】　第2項　地域的文書

2-2　地中海の海洋環境及び沿岸域の保護に関する条約（改正バルセロナ条約）（抄）
Convention for the Protection of the Marine Environment and the Coastal Region of the Mediterranean

採　択　1995年6月10日（バルセロナ）
効力発生　2004年7月9日
原条約　汚染に対する地中海の保護に関する条約
採　択　1976年2月16日（バルセロナ）
効力発生　1978年2月12日

締約国は、

地中海区域の海洋環境の経済的、社会的、健康的及び文化的価値を認識し、

この共同財産を現在及び将来の世代の利益及びその享受のために保全しかつ持続可能に開発する自らの責任を十分に自覚し、

汚染が、海洋環境、その生態学的均衡、資源及びその合理的利用に対する脅威となっていることを認識し、

地中海区域の特殊な水位学的及び生態学的特徴並びにその汚染に対する特異な脆弱性に留意し、

この問題に関する既存の国際条約は、進歩は見られるものの、海洋汚染のあらゆる側面及び起源を取り扱ってはおらず、また、地中海区域の特別な必要性に必ずしも応じるものではないことに留意し、

地中海区域の海洋環境を保護し向上させるためには、協調的かつ包括的な地域的アプローチに基づく、国及び関連する国際機関の間の密接な協力が必要であることを十分に理解し、

地中海行動計画が、1975年のその採択以降今日までの発展を通じて、地中海地域の持続可能な発展に貢献してきたこと、また、締約国によるこの条約及び議定書に関する活動の実施のための実質的かつ強力な手段となってきたことを十分に自覚し、

1992年6月4日から14日までリオ・デ・ジャネイロにおいて開催された環境と発展に関する国際連合会議の成果を考慮し、

さらに、1985年のジェノヴァ宣言、1990年のニコシア憲章、地中海地域の環境に関する欧州・中海諸国間協力についての1992年のカイロ宣言、1993年のカサブランカ会議の勧告、及び、地中海の持続可能な発展に関する1994年のチュニス宣言を考慮し、

1982年12月10日にモンテゴ・ベイで採択され、多くの締約国により署名された、海洋法に関する国際連合条約の関連する規定に留意して、

次のとおり協定した。

第1条（地理的範囲） 1　この条約の適用上、地中海区域とは、西をジブラルタル海峡の入り口に位置するスパーテル岬灯台を横切る子午線とし、東をメーメトシック灯台とクムケール灯台の間のダーダネルス海峡の南端とする、地中海本体及び付随する湾並びに諸海よりなる海域をいう。

2　この条約は、締約国が自国領域内に定める沿岸域をその適用対象とすることができる。

3　この条約の議定書は、当該議定書が適用される地理的範囲をこの条約よりも広く定めることができる。

第2条（定義） この条約の適用上、

(a)　「汚染」とは、人間による海洋環境（三角江を含む。）への物質又はエネルギーの直接的又は間接的な導入であって、生物資源及び海洋資源に対する害、人の健康に対する危険、海洋活動（漁獲及びその他の適法な海洋の利用を含む。）に対する障害、海水の水質を利用に適さなくすること並びに快適性の減殺のような有害な結果をもたらし又はもたらすおそれのあるものをいう。

(b)　「機関」とは、この条約の第17条に従って事務局の職務を遂行する責任を負っている機関をいう。

第3条（一般規定） 1　締約国は、この条約及びこの条約に関連する議定書の適用に際しては、国際法に従って行動しなければならない。

2　締約国は、持続可能な発展の促進、環境の保護及び地中海区域における天然資源の保存並びに保全を目的とする地域的な又は小地域的な協定を含む、二国間の又は多数国間の協定を締結することができる。ただし、当該協定がこの条約及び議定書に反することなく、また国際法に合致していることを条件とする。当該協定の写しは機関に送付される。締約国は、適当な場合には、地中海区域における既存の機関、協定及び合意

を利用する。
3 この条約及び議定書のいかなる規定も、国連海洋法条約に関する国の権利及び立場を害するものではない。
4 締約国は、関連する国際機関を通じて、この条約及び議定書の規定のすべての非締約国による実施を促進するために、国際法に合致する単独の又は共同の措置をとらねばならない。
5 この条約及び議定書のいかなる規定も、軍艦又は国が所有し若しくは運航する他の船舶で政府の非商業的業務にのみ従事しているものの主権免除に影響を及ぼすものではない。もっとも、各締約国は、自国の船舶又は航空機で、国際法上の主権免除を享有するものが、この議定書に即して行動することを確保する。

第4条（一般的義務） 1 締約国は、この条約及び自らが当事国である発効している議定書に従って、地中海区域の汚染を防止し、排除し、規制し、可能な限り除去すること、及び、同区域の持続可能な発展に貢献するようにその海洋環境を保護し向上させることを目的とするすべての適切な措置を、単独で又は共同してとる。

2 締約国は、地中海行動計画を実施すること、さらに、発展のプロセスにおける不可欠な部分として、衡平の基礎に基づき現在及び将来の世代の必要を満たしつつ、地中海区域の海洋環境及び天然資源の保護を継続して行うことを誓約する。持続可能な発展の目標を達成するために、締約国は、地中海行動計画に基づき設置された持続可能な発展に関する地中海委員会の勧告を十分に考慮しなければならない。

3 地中海区域の環境を保護し、その持続可能な発展に貢献するために、締約国は、次のことを行う。
　(a) 各国の能力に従って、予防原則を適用すること。同原則に基づき、深刻な又は回復不可能な損害のおそれがある場合には、科学的な確実性が十分にないことをもって、環境の悪化を防止するために費用効果の高い措置をとることを延期する理由とすべきではない。
　(b) 汚染者負担原則を適用すること。同原則に基づき、汚染の防止、規制及び削減措置にかかる費用は、公益を正当に考慮した上で、汚染者により負担される。
　(c) 計画された活動が、環境に対して重大な悪影響を発生させる可能性があり、かつ、権限のある国家当局の認可を必要とするものである場合、当該活動に対する環境影響評価を行うこと。
　(d) 自国の管轄又は規制の下における活動が、他国又は国家管轄権の限界を越える区域の海洋環境に重大な悪影響を及ぼす可能性がある場合に、当該活動について環境影響評価の手続きをとる二又はそれ以上の諸国間における、通報、情報交換及び協議に基づく協力を促進すること。
　(e) 地域の生態学的並びに景観的利益の保護及び天然資源の合理的利用の考慮に基づき、沿岸地域の統合的管理の促進を約束すること。

4 この条約及び関連する議定書を実施するに際して、締約国は次のことを行う。
　(a) 適当な場合には、達成の期限を定める計画及び措置を採択すること。
　(b) 利用可能な最良の技術及び環境のための最良の慣行を利用すること、並びに、社会的、経済的及び技術的条件を考慮した上で、環境上適正な技術（低負荷型の生産技術を含む。）の適用、アクセス及び移転を促進すること。

5 締約国は、この条約の実施のための合意された措置、手続き及び基準を規定する議定書を策定し及び採択するために協力する。

6 締約国は、さらに、自らが権限があるとみなす国際組織において、持続可能な発展に関する計画、環境の保護、保全及び再生に関する計画、及び、地中海区域における天然資源に関する計画を実施するための措置を積極的にとることを誓約する。

第5条（船舶及び航空機からの投棄又は洋上焼却による汚染） 締約国は、船舶及び航空機からの投棄又は洋上焼却による地中海区域の汚染を、防止し、軽減し、及び、実行可能な限り除去するため、あらゆる適切な措置をとる。

第6条（船舶からの汚染） 締約国は、船舶からの排出により生じる地中海区域の汚染を防止し、軽減し、規制し、及び、可能な限り除去するため、また、この種の汚染の規制に関して国際的に一般的に認められた規則の当該区域における有効な実施を確保するために、国際法に適合するあらゆる措置をとる。

第7条（大陸棚及び海底とその地下の探査及び開発から生じる汚染） 締約国は、大陸棚及び海底とその地下の探査及び開発から生じる地中海区域の汚染を防止し、軽減し、規制し、及び、可能な限り除去するため、あらゆる適切な措置をとる。

第8条（陸にある発生源からの汚染） 締約国は、地中海区域の汚染を防止し、軽減し、規制し、及び、可能な限り除去するため、また、陸にある発生源から生じる、有毒であり永続性をもちかつ生物蓄積性をもつ物質の削減及び段階的除去を目的

とする計画を策定し実施するために、あらゆる適切な措置をとる。これらの措置は、次の汚染に適用する。
  (a) 締約国の領域内で発生する陸にある発生源からの汚染であって、以下の形で海洋に到達するもの
    ── 海洋に排出される排水口又は沿岸での処分により直接もたらされるもの
    ── 河川、運河その他の水路により間接的にもたらされるもの(地下水又は流去水を含む。)
  (b) 大気を経由する陸にある発生源からの汚染

第9条(汚染緊急事態に対処するための協力) 1 締約国は、当該緊急事態の生じる原因にかかわりなく、地中海区域における汚染緊急事態に対処し、当該事態から生じる損害を軽減し又は除去するための必要な措置をとるに際して協力する。
2 締約国は、地中海区域における汚染緊急事態を知った場合には、機関及び当該緊急事態により影響を受ける可能性のある締約国に対して、機関を通じて又は直接に、遅滞なく通報する。

第10条(生物多様性の保全) 締約国は、単独で又は共同して、この条約が適用される地域における、生物の多様性、稀少又は脆弱な生態系、並びに、稀少で枯渇しつつあり、危険な状態又は絶滅のおそれのある野生動植物及びその生息地を保護し保全するためあらゆる適切な措置をとる。

第11条(有害廃棄物の国境を越える移動及びその処分から生じる汚染) 締約国は、有害廃棄物の国境を越える移動及びその処分によって引き起こされる環境への汚染を防止し、軽減し、及び、最大限可能な限りにおいて除去するために、並びに、当該越境移動を最小にする(可能であるならば廃止する)ために、あらゆる適切な措置をとる。

第12条(モニタリング) 締約国は、自らが権限があるとみなす国際機関との密接な協力の下に、二国間又は多数国間の計画を含む地中海区域における汚染モニタリングのための相互補完的な又は共同の計画を樹立し、また、この区域の汚染モニタリング制度を設立するように努める。
2 前項の目的を達するため、締約国は、自国の管轄権の下にある区域における汚染モニタリングのために責任を有する権限のある当局を指定するものとし、また、国家管轄権を超える区域における汚染モニタリングを目的とする国際協定に、可能な限り参加する。
3 締約国は、汚染モニタリングのための共通の手続及び基準を定める必要がある場合には、そのためのこの条約の附属書の作成、採択及び実施に協力することを約束する。

第13条(科学的及び技術的協力) 1 締約国は、直接に又は適当な場合には権限のある地域的国際機関又はその他の国際機関を通じて、科学技術の分野で協力し、また、この条約の目的に関するデータ及びその他の科学的情報を、可能な限り交換することを約束する。
2 締約国は、環境適合的な技術(低負荷型の生産技術を含む。)の研究、アクセス及び移転を促進すること、並びに、環境に負荷をかけない生産工程を策定し、確立し及び実施するために協力することを約束する。
3 締約国は、地中海地域における発展途上国の特別の必要に優先的な考慮を払って、海洋汚染に関する分野における技術的援助及びその他の可能な援助の提供について協力することを約束する。

第14条(環境法令) 1 締約国は、この条約及び議定書を実施するため、法令を制定する。
2 事務局は、締約国の要請に応じて、この条約及び議定書を遵守するための環境法令を制定する締約国を援助することができる。

第15条(公衆への情報提供及び公衆の参加) 1 締約国は、自国の権限のある当局が、この条約及び議定書が適用される分野の環境の状態、環境に悪影響を及ぼすか又はその可能性のある活動又は措置、及び、この条約及び議定書に従って行われた活動又はとられた措置に関する情報について、公衆が適切にアクセスできるよう確保しなければならない。
2 締約国は、適当な場合には、公衆に対して、この条約及び議定書の適用に関する政策決定過程に参加する機会を与えるよう確保する。
3 この条の1の規定は、締約国が、自国の法体系及び適用可能な国際的規則に従って、当該拒否の理由を付した上で、秘密性、公共の安全又は調査手続を理由として、当該情報にアクセスすることを拒否する権利を害するものではない。

第16条(民事責任及び賠償) 締約国は、地中海区域の海洋環境の汚染から生じる損害に関する民事責任及び賠償の決定のための適切な規則及び手続を制定し及び採択することについて協力することを約束する。

第17条(制度的取極) 締約国は、以下の事務局の職務を遂行する責任を負う機関として、国連環境計画を指定する。
  (i) 第18条、第21条及び第22条に規定する、締約国会合及び会議を準備し、開催すること。
  (ii) 第3条、第9条及び第26条に従って受理し

た通報、報告及びその他の情報を締約国に送付すること。
(iii) 締約国からの照会及び情報を受理し、検討し及び回答すること。
(iv) 非政府機関及びそれらが共通の関心事項に関するものである又は地域的レベルで行われる活動に関するものである場合の公衆からの照会及び情報を受理し、検討し及び回答すること。本件の場合には、関係する締約国は通報されるものとする。
(v) この条約の議定書により付与される職務を遂行すること。
(vi) この条約及び議定書の実施に関して締約国に定期的に報告すること。
(vii) 締約国により将来付与されることのあるその他の職務を遂行すること。
(viii) 締約国が権限のあるものとみなす他の国際機関との間で、必要な調整を行うこと。また、特に、事務局の職務の効果的な遂行のために必要である場合には、そのための行政取極を締結すること。

第18条(締約国会合) 1 締約国は、2年に1回通常会合を開催するものとし、機関又はいずれかの締約国の要請に基づき、必要と認められるときはいつでも、特別会合を開催する。ただし、当該要請が、少なくとも二つの締約国により支持されることを条件とする。

2 締約国会合の任務は、この条約及び議定書の実施について継続的に再検討することであり、特に次のことを行う。
(i) 締約国及び権限のある国際機関よって実施された、地中海区域における海洋汚染の状況とその影響に関する調査記録を一般的に検討すること。
(ii) 第26条に基づいて締約国により提出された報告書を検討すること。
(iii) 第23条に定められた手続に従って、この条約及び議定書の附属書を、必要に応じて、再検討し、修正し及び採択すること。
(iv) 第21条及び第22条の規定に従って、この条約又は議定書に対する追加議定書又は改正を採択することに関して勧告すること。
(v) この条約並びに議定書及び附属書に関する事項を検討するために、必要に応じて作業グループを設置すること。
(vi) この条約及び議定書の目的を達成するために必要とされる追加的行動について検討し及び計画すること。
(vii) 予算を承認すること。

第19条(締約国幹事会) 1 締約国の幹事会は、締約国会合により選出される締約国の代表者から構成される。締約国会合は、幹事会の構成員の選出に際しては衡平な地理的配分の原則を遵守する。

2 幹事会の任務並びにその活動の任期及び条件は、締約国会合の採択する手続規則において定める。

第20条(オブザーバー) 1 締約国は、以下の者に対し以下の条件の下において、その締約国会合及び会議にオブザーバーとして出席することを認めることができる。
(a) この条約の締約国でない国
(b) この条約に関連する活動を行っている政府機関又は非政府機関
(c) オブザーバーは、その参加する会合において投票する権利を有しない。オブザーバーは、この条約の目的に関するいかなる情報又は報告も提出することができる。
(d) オブザーバーの出席及び参加についての条件は、締約国の採択する手続規則において定める。

第21条(追加議定書の採択) 1 締約国は、第4条及び5に従い外交会議を開催して、この条約の追加議定書を採択することができる。

2 追加議定書の採択を目的とする外交会議は、締約国の3分の2の要請に基づいて、機関が開催する。

第22条(条約又は議定書の改正) 1 この条約の締約国は、この条約の改正を提案することができる。改正案は、締約国の3分の2の要請に基づいて、機関の開催する外交会議で採択する。

2 この条約の締約国は、議定書の改正を提案することができる。改正案は、関係する議定書の締約国の3分の2の要請に基づいて、機関の開催する外交会議で採択する。

3 この条約の改正は、外交会議に代表を送っているこの条約の締約国の4分の3以上の多数による議決で採択するものとし、寄託者は、これをすべての締約国に対し受諾のために送付する。議定書の改正は、外交会議に代表を送っている当該議定書の締約国の4分の3以上の多数による議決で採択するものとし、寄託者は、これを当該議定書のすべての締約国に対し受諾のため送付する。

4 改正の受諾は、書面により寄託者に通告する。この条の3に従って採択された改正は、この条約又は当該議定書の締約国の少なくとも4分の3による受諾の通告を寄託者が受領した日の後30日目の日に、当該改正を受諾している締約国間において効力を生ずる。

5 この条約又は議定書の改正が効力を生じた後は、この条約又は議定書の新たな締約国は、改正された文書の締約国となる。

第23条（附属書及び附属書の改正） 1 この条約又は議定書の附属書は、この条約又は当該議定書の不可分の一部を成す。
2 議定書に別段の定めがある場合を除き、以下の手続が、この条約又は議定書の附属書に対する改正の採択及び効力発生に適用される。ただし、仲裁裁判に関する附属書の改正はこの限りでない。
 (i) 締約国は、第18条に規定されている会合において、この条約又は議定書の附属書の改正を提案することができる。
 (ii) 改正は、当該文書の締約国の4分の3以上の多数による議決で採択される。
 (iii) 寄託者は、すべての締約国に対して、採択された改正を遅滞なく通報する。
 (iv) この条約又は議定書の附属書の改正を受諾することのできない締約国は、改正の採択時に関係締約国により決定される期間内に、寄託者に対してその旨を文書で通告する。
 (v) 寄託者は、前項(iv)に従って受領した通告を、すべての締約国に遅滞なく通告する。
 (vi) 附属書の改正は、前項(iv)に規定される期間の満了とともに、同項の規定に従って通告を行わなかったこの条約又は当該議定書のすべての締約国に対して効力を生ずる。
3 この条約又はいずれかの議定書に対する新しい附属書の採択及び効力発生は、この条の2の規定に従う附属書の改正の採択及び効力発生と同様の手続に従う。ただし、この条約又は当該議定書の改正が含まれている場合には、新しい附属書は、この条約又は当該議定書の改正が効力を生ずる時まで効力を生じない。
4 仲裁裁判に関する附属書の改正は、この条約に対する改正とみなされるものとし、第22条に定める手続きに従って提案されかつ採択される。

第24条（手続規則及び財政規則） 1 締約国は、第18条、第21条及び第22条に定める会合及び会議の手続規則を採択する。
2 締約国は、機関と協議して、特に信託基金への締約国の参加について定める財政規則を採択する。

第25条（投票権の特別行使）欧州経済共同体（＊欧州連合）及びこの条約の第30条に規定される地域的経済機関は、その権限の範囲内の事項について、この条約及び一又は二以上の議定書の締約国であるその構成国の数と同数の票を投票する権利を行使する。欧州経済共同体及び上記機関は、その構成国が自国の投票権を行使する場合には、投票権を行使してはならない。その逆の場合も同様とする。

第26条（報告書） 1 締約国は、機関に対して次の事項に関する報告書を送付しなければならない。
 (a) この条約、議定書及び締約国会合で採択された勧告の実施を目的として、締約国によりとられた法律上、行政上又はその他の措置
 (b) 前項(a)で規定された措置の有効性及び上記文書の実施に関して発生した諸問題
2 報告書は、締約国会合が決定する形式及び期間に従って提出される。

第27条（遵守管理）締約国会合は、第26条で規定される定期的報告書及び締約国により提出されるその他の報告書に基づき、この条約及び議定書並びに措置及び勧告の遵守に関して評価する。締約国は、適当な場合には、この条約及び議定書の完全な遵守を実現するために不可欠とされる措置について勧告すること、並びに、その決定及び勧告について実施することを促進する。

第28条（紛争の解決） 1 この条約及び議定書の解釈又は適用に関して締約国間で紛争が生じた場合には、紛争当事国は、交渉又は当該紛争当事国が選択するその他の平和的手段による紛争の解決に努める。
2 紛争当事国が前項に定める手段によって当該紛争を解決することができなかった場合には、当該紛争は、双方の合意に基づき、この条約の附属書Aに定められる条件に従って仲裁裁判に付託される。
3 前項の規定にかかわらず、締約国は、附属書Aの諸規定に定める仲裁裁判手続の適用を、同一の義務を受諾する他の締約国との関係において、当然かつ特別の合意なしに義務的であると認めることを、いつでも宣言することができる。この宣言は、寄託者に対し文書により通告され、寄託者はそれを他の締約国に通報する。

第29条（この条約と議定書との関係） 1 いかなる国も、少なくとも議定書の一つの締約国に同時になるのでなければ、この条約の締約国になることはできない。いかなる国も、この条約の締約国であるか、又は締約国に同時になるのでなければ、議定書の締約国となることはできない。
2 この条約のいかなる議定書も、当該議定書の締約国についてのみ拘束力を有する。
3 この条約の第18条、第22条及び第23条に従ってなされる議定書に関する決定は、当該議定書の締約国によってのみ行われる。

第30条(署名) この条約、船舶及び航空機からの投棄による地中海の汚染の防止のための議定書並びに油及びその他の危険物質による地中海の汚染に対処するための協力に関する議定書は、1976年の2月2日から6日までバルセロナで開催された地中海の保護に関する地中海地域沿岸諸国外交会議に参加を招請されたすべての国家及び当該議定書の規定に従ってそれらの議定書に署名する権利を有するすべての国家に対して、1976年2月16日において及び1976年の2月17日から1977年2月16日までマドリッドにおいて、署名のため開放しておく。それらの文書は、欧州経済共同体(＊欧州連合)、及び少なくともその加盟国の一つが地中海区域の沿岸国であり、かつ、この条約及び関連するいずれかの議定書が取り扱う分野において権限を行使している同様な地域的経済組織に対して、上記の日付内において、署名のため開放しておく。

第31条(批准、受諾又は承認) (略)

第32条(加入) 1 1977年2月17日以降、この条約、船舶及び航空機からの投棄による地中海の汚染の防止のための議定書並びに油及びその他の危険物質による地中海の汚染に対処するための協力に関する議定書は、第30条で規定されている国家、欧州経済共同体(＊欧州連合)及びいずれかの組織による加入のために開放しておく。

2 この条約及びいずれかの議定書の効力発効後、第30条に規定されていないいずれの国家も、この条約及びいずれかの議定書に加入することができる。ただし、当該議定書の締約国の4分の3による事前の承認があることを条件とする。

3 加入書は、寄託者に寄託する。

第33条(効力発生) (略)
第34条(脱退) (略)
第35条(寄託者の責任) (略)

附属書A　仲　裁　(略)

2-2-1　地中海における特別保護区域及び生物多様性に関する議定書(地中海特別保護区域議定書) (抄)

Protocol concerning Specially Protected Areas and Biological Diversity in the Mediterranean

採　択　1995年6月10日(バルセロナ)
効力発生　1999年12月12日
附属書採択　1996年11月24日(モナコ)
原条約　地中海特別保護区域に関する議定書
採　択　1982年4月3日(ジュネーヴ)
効力発生　1986年3月23日

この議定書の締約国は、

1976年2月16日にバルセロナで採択された汚染に対する地中海の保護に関する条約の締約国であり、

人の活動が、顕著な地中海的特質をもつ区域の海洋環境、沿岸及びより一般的には生態系に及ぼす深刻な影響を認識し、

地中海の自然遺産及び文化遺産の状態を、特に特別保護区を設定することを通じて並びに絶滅の危機に瀕している種を保護し及び保全することによって、保護しかつ適当な場合には改善することの重要性を強調し、

環境と発展に関する国際連合会議、特に生物の多様性に関する条約(リオ・デ・ジャネイロ、1992年)によって採択された文書を考慮し、

生物多様性の深刻な減少又は毀損のおそれがある場合には、科学的な確実性が十分にないことをもって、そのようなおそれを回避し又は最小にする措置をとることを延期する理由とすべきではないということを認識し、

すべての締約国は、生態系の健全性と一体性を保全し、保護し及び回復するために協力しなければならないこと、また、この点において、共通しているが差異のある責任を有していることを考慮して、次のとおり協定した。

第Ⅰ部　一般条項

第1条(定義) この議定書の適用上、
(a) 「条約」とは、1976年2月16日にバルセロナで採択され、1995年にバルセロナで改正された汚染に対する地中海の保護に関する条約をいう。
(b) 「生物の多様性」とは、すべての生物(陸上生態系、海洋その他の水界生態系、これらが複合した生態系その他生息又は生育の場のいかんを問わない。)の間の変異性をいうものとし、種内の多様性、種間の多様性及び生態系の多様性を含む。
(c) 「絶滅のおそれのある種」とは、その生息域

全体又は一部において絶滅のおそれにさらされている種をいう。
(d)「固有種」とは、その生息域が限定された地理的範囲にとどまっている種をいう。
(e)「絶滅の可能性のある種」とは、その生息域のすべて又は一部において予見できる将来に絶滅に至る可能性のある種であり、かつ、個体数の減少又は生息地の悪化をもたらしている要因が継続するならばその存続が不可能となるであろう種をいう。
(f)「種の保全状態」とは、種の長期の分布状態及び総量に影響を及ぼすことのある種に対して働く影響の総体をいう。
(g)「締約国」とは、この議定書の締約国をいう。
(h)「機関」とは、条約の第2条で規定されている機関をいう。
(i)「センター」とは、特別保護区域に関する地域活動センターをいう。

第2条(地理的範囲) 1　この議定書の適用される区域は、条約の第1条で範囲が定められている地中海区域とし、次のものを含む。
——海底及びその地下
——領海の幅員が測定される基線の陸地側の水域、海底及びその地下、並びに、水路の場合にはその淡水限界まで
——締約国の指定する湿地を含む陸上沿岸区域
2　この議定書及びこの議定書に基づいて採択された法令のいずれも、海洋法(特に、海洋の性質と範囲、向かい合うか又は隣接する国家間の海域の境界画定、公海における航行の自由、国際航行に使用される海峡の通過に関する権利と形態及び領海における無害通航権、並びに、沿岸国、旗国及び寄港国の管轄権の性質と範囲)に関するいずれの国の権利、現在及び将来の主張又は法的見解を害するものではない。
3　この議定書に基づいて行われる立法又は行動のいずれも、国の主権又は管轄権に対する請求を主張し又は争う際の根拠とされてはならない。

第3条(一般的義務) 1　各締約国は、次のために必要な措置をとる。
(a)　特に特別保護区域を設定することにより、自然的又は文化的に特別の価値のある区域を持続可能かつ環境上健全な方法で保護し、保全し及び管理すること。
(b)　絶滅の可能性又はそのおそれのある野生動植物の種を保護し、保全し及び管理すること。
2　締約国は、直接に又は権限のある国際機関を通じて、この議定書が適用される区域における生物の多様性を保全しかつ持続的に利用することに協力する。
3　締約国は、生物多様性の保全及び持続可能な利用のために重要である、生物多様性の構成要素を特定し及びその目録を作成する。
4　締約国は、生物多様性の保全並びに海洋及び沿岸の生物資源の持続可能な利用のための戦略及び計画を採択し、かつ、それらを各自の関連する部門及び部門間の政策に統合する。
5　締約国は、この条の3に規定する生物多様性の構成要素についてモニターし、並びに、生物多様性の保全及び持続可能な利用に重大な悪影響を及ぼし又は及ぼす可能性のある活動のプロセス及びカテゴリーを特定し、かつ、それらの影響をモニターする。
6　各締約国は、他の締約国又は他の国の主権又は管轄権を害することなく、この議定書の規定する措置を適用する。これらの措置の執行のために締約国がとるいかなる措置も、国際法に適合するものでなければならない。

第II部　区域の保護
第1節　特別保護区域
第4条(目的) 特別保護区域の目的は、次のものを保護することである。
(a)　長期の生育能力を確保しかつ生物多様性を維持するのに適切な規模での、沿岸及び海洋の生態系の典型的な種類
(b)　地中海の自然の分布区域から消滅するおそれがあり、又は、その海退の結果として若しくは本来的に限定された区域であるために減少する自然の分布区域である生息地
(c)　絶滅のおそれ若しくはその可能性の下にあるか又は固有の野生動植物の種であって、その生存、再生産及び回復が危機的状況にある生息地
(d)　その科学的、美的、文化的又は教育的価値のゆえに特に重要である区域

第5条(特別保護区域の設立) 1　各締約国は、自国の主権又は管轄権の下にある海洋及び沿岸の区域に特別保護区域を設立することができる。
2　締約国が、他の締約国の国境及びその国の主権又は国家管轄権下の区域の限界に隣接する特別保護区域を、自国の主権又は国家管轄権下の区域に設立しようとする場合には、両締約国の権限のある当局は、とられる措置について合意に達するために協力するよう努めるものとし、また、特に、他の締約国が同様の特別保護区域を設立するか又は他の何らかの適切な措置をとる可能性について検討する。

3 締約国が、この議定書の非締約国の国境及びその国の主権又は国家管轄権下の区域の限界に隣接する特別保護区域を、自国の主権又は国家管轄権下の区域において設立しようとする場合には、締約国は、前項で規定されている協力を当該非締約国と行うよう努める。
4 この議定書の締約国でない国が、この議定書の締約国の国境又はその国の主権若しくは国家管轄権下の区域の限界に隣接する特別保護区域を設立しようとする場合には、この議定書の締約国は、2で規定されている協力を当該非締約国と行うよう努める。

第6条（保護措置） 締約国は、国際法に従って及び各特別保護区域の特徴を考慮して、特に次の必要とされる保護措置をとる。
 (a) 条約の他の議定書及び各自が締約国であるその他の関係する条約の適用の強化
 (b) 特別保護区域の健全な状態を直接又は間接に毀損する可能性のある廃棄物その他の物の投棄又は排出の禁止
 (c) 船舶の通泊及び停泊又は投錨の規制
 (d) 当該の特別保護区域に固有でない種又は遺伝子組み換えの種の導入の規制、並びに、特別保護区域に存在するか又は存在してきた種の導入又は再導入の規制
 (e) 土地の探査若しくは改変又は陸地部分の地下、海底若しくはその地下の探査を含む活動の規制又は禁止
 (f) 科学的調査活動の規制
 (g) 漁業、狩猟、動物の捕獲及び植物の採取又はそれらの破壊、並びに、特別保護区域に産出する動物、動物の一部、植物、植物の一部の取引の規制又は禁止
 (h) 種に対して有害であるか又は種を擾乱する可能性のあるその他の活動又は行為、生態系又は種の保全状態を危うくする可能性のあるその他の活動又は行為、あるいは、特別保護区域の自然的又は文化的特徴を毀損する可能性のあるその他の活動又は行為の規制及び必要な場合の禁止
 (i) 生態学的及び生物学的プロセス並びに景観を保護することを目的とするその他の措置

第7条（計画及び管理） 1 締約国は、国際法の規則に従って、特別保護区域の計画、管理、監督及びモニタリングに関する措置をとる。
2 当該措置は、各特別保護区域における次のものを含む。
 (a) 法的及び制度的枠組並びに適用可能な管理及び保護措置を明記する管理計画の策定及び採択
 (b) 生態学的プロセス、生息域、個体群の変動、景観並びに人間活動の影響に関する継続的なモニタリング
 (c) 特別保護区域の設立により影響を受けると思われる地域住民への援助を含む、特別保護区域の管理における地域社会及び地域住民の適宜かつ積極的な参加
 (d) 特別保護区域の促進及び管理並びに当該管理が特別保護区域の目的に適合するように確保する活動の発展のための財政メカニズムの採択
 (e) 特別保護区域の設立目的及びそれに関連する許可の条件と矛盾しない活動の規制
 (f) 管理者及び有資格技術要員の訓練並びに適切なインフラの整備
3 締約国は、国家緊急計画が、特別保護区域に対して損害をもたらすか又は脅威となりうる事件に対応するための措置を含むものであることを確保する。
4 陸上区域及び海洋区域の双方を対象とする特別保護区域が設立される場合には、締約国は、特別保護区域全体の管理及び監督の調整を確保するよう努める。

第2節 地中海的重要性をもつ特別保護区域
第8条（地中海的重要性をもつ特別保護区域の一覧表の制定） 1 締約国は、自然区域の管理及び保全並びに絶滅の可能性のある種及びその生息地の保護における協力を促進するために、「地中海的重要性をもつ特別保護区域の一覧表」（以下「特別保護区域一覧表」という。）を作成する。
2 特別保護区域一覧表は、次の場所を含むことができる。
 ――地中海における生物多様性の構成部分を保存する上での重要性をもつ場所
 ――地中海区域に固有の生態系又は絶滅のおそれのある種の生息地を含む場所
 ――科学的、美的、文化的又は教育的レベルにおいて特別の重要性をもつ場所
3 締約国は、次のことに同意する。
 (a) 地中海にとっての当該地域のもつ特別の重要性を承認すること。
 (b) 特別保護区域に適用される措置を遵守すること、及び、特別保護区域が設立された目的に反する可能性のあるいかなる活動も認可せず、かつ、自ら行うこともしないこと。

第9条（特別保護区域の設立及び一覧表作成の手続）
1 特別保護区域は、この条の2から4に規定され

る手続に従い、次の区域に設立することができる。
(a) 締約国の主権又は管轄権の下にある海洋及び沿岸の区域
(b) 公海上の区域又は一部公海を含む区域
2 一覧表に記載されることへの提案は、次の締約国により付託されることができる。
(a) 区域が既に画定された地域に位置する場合には、当該区域に主権又は管轄権を行使する関係締約国
(b) 区域の全部又は一部が公海上に位置する場合には、二又はそれ以上の隣接する関係締約国
(c) 国家の主権又は管轄権の限界が確定していない区域では、隣接する関係締約国
3 特別保護区域の一覧表への記載を提案をする締約国は、センターに対して、地域の地理的位置、地域の自然的及び生態学的特徴、地域の法的地位、地域の管理計画及びその実施の方法並びに地域の地中海的重要性の根拠となる主張に関する情報を含む報告書を提出する。
(a) 提案がこの条の2(b)及び2(c)に基づいて策定される場合には、隣接する関係締約国は、提案される保護及び管理措置並びにそれらの実施の方法の一貫性を確保するために、相互に協議する。
(b) この条の2に基づいてなされる提案は、当該区域に適用される保護及び管理措置並びにそれらの実施の方法を明記する。
4 提案された区域を一覧表に記載するための手続は次のとおりである。
(a) 各区域とも、提案は、締約国中央連絡先に付託される。中央連絡先は、当該提案が、第16条に従って採択される共通の指針及び基準に合致しているか否かを審査する。
(b) この条の2(a)に基づいてなされた提案が指針及び共通の基準に合致していることが審査により明らかとなった場合には、機関は、締約国会合にそのことを通知するものとし、締約国会合は当該区域を特別保護区域の一覧表に記載することを決定する。
(c) この条の2(b)及び2(c)に基づいてなされた提案が指針及び共通の基準に合致している場合には、センターはそのことを機関に伝え、機関はそれを締約国会合に通知する。当該区域を特別保護区域の一覧表に記載する決定は、締約国のコンセンサスによりなされねばならず、締約国はまた当該区域に適用される管理措置についても承認する。
5 区域を一覧表に記載することを提案した締約国は、この条の3に基づいて当該提案に明記した保護及び保全措置を実施する。締約国は、当該規則を遵守することを約束する。センターは、権限のある国際機関に対して、当該一覧表及び特別保護区域においてとられる措置を通知する。
6 締約国は、特別保護区域の一覧表を修正することができる。センターは、修正された一覧表に関する報告書を作成する。

第10条（特別保護区域の地位の変更）特別保護区域の境界画定若しくは法的地位又は当該区域の全部若しくは一部の禁止事項の変更は、環境を保護する必要を考慮しかつこの議定書に規定されている義務を遵守した上で、当該変更措置をとる重大な事由がない限り決定されてはならず、また、特別保護区域の創設及びその一覧表への編入と同様の手続がとられるものとする。

第III部　種の保護及び保全

第11条（種の保護及び保全のための国内的措置） 1 締約国は、野生動植物の種を良好な保全状態で維持することを目的として管理する。
2 締約国は、各自の主権又は国家管轄権の下にある区域において、絶滅のおそれ又はその可能性の下にある野生動植物の種を特定し及び一覧表を作成し、かつ、当該種に対して保護の対象としての地位を与える。締約国は、当該種又はその生息地に悪影響を及ぼす活動を規制し及び適当な場合には禁止し、かつ、当該種の良好な保全状態を確保するための管理、計画及びその他の措置をとる。
3 締約国は、保護の下にある動物種について、次の事項を規制し、かつ、適当な場合には禁止する。
(a) 当該種、当該種の卵、当該種の一部又はその加工品の捕獲、所有又は屠殺（可能な限り付随的な捕獲、所有又は屠殺を含む。）、商業取引、輸送及び商業目的での展示
(b) 可能な限りでの、特に繁殖、抱卵、冬眠又は移動の時期並びにその他の生態学的にストレスとなる時期における野生動物に対する攪乱
4 締約国は、前項に明記されている措置に加えて、必要な場合にはその範囲がこの議定書の適用される区域に及ぶ移動種の保護及び回復のための協定を含む、二国間又は多数国間の行動による相互の活動を調整する。
5 締約国は、保護の下にある植物種並びにその一部及びその加工品について、当該種の採取、収集、切断、引き抜き、所有、商業取引又は商業目的での輸送及び展示を含む、あらゆる形態の破壊

及び攪乱を規制し、かつ、適当な場合には禁止する。
6　締約国は、生息域外再生産、特に保護されている動物の保護下での繁殖及び保護されている植物の増殖に関して、措置及び計画を策定し及び採択する。
7　締約国は、直接に又はセンターを通じて、絶滅のおそれ又はその可能性の下にある種を管理し及び保護するための相互の活動を調整することを目的として、この議定書の締約国でない地理的管轄国と協議することに努める。
8　締約国は、可能な場合には、違法に輸出されるか又は違法に保有されている保護の下にある種の返還のための規定を定める。締約国は、そのような種をその本来の生息地に再導入するよう努める。

第12条（種の保護及び保全のための協力措置） 1　締約国は、絶滅のおそれ又はその可能性の下にある種の一覧表及び開発が規制されている種の一覧表に関してこの議定書の附属書が掲げる動植物の保護及び保全を確保するための協力措置をとる。
2　締約国は、この議定書の第11条3及び5に規定されている措置を国内レベルでとることにより、絶滅のおそれ又はその可能性の下にある種の一覧表に関してこの議定書が掲げる動植物の種の最大限可能な保護及び回復を確保する。
3　締約国は、絶滅のおそれ又はその可能性の下にある種の一覧表に関してこの議定書が掲げる種の生息地を破壊し及び損害を及ぼすことを禁止するものとし、また、それらの保全又は回復のための行動計画を策定し及び実施する。締約国は、既に採択されている関連する行動計画の実施に引き続き協力する。
4　締約国は、権限のある国際機関と協力して、開発が規制されている種の一覧表に関する附属書に掲げられている種の保全を確保するためのあらゆる適切な措置をとるとともに、それらの良好な保全状態が確保され、維持されるように当該種の開発を許可し及び規制しなければならない。
5　絶滅のおそれ又はその可能性の下にある種の分布域が、国境の両側又はこの議定書の二つの締約国の主権又は国家管轄権の下にある領域又は区域を分割する限界の両側に拡大している場合には、当該締約国は、それらの種の保護及び保全、かつ必要とされる場合には、その回復を確保するために協力する。
6　締約国は、他のいかなる有効な解決方法も存在せず、かつ解除が個体群又はその他の種の存続に有害でないことを条件として、種の存続の確保又は重大な損害の防止にとり必要な科学的、教育的又は管理上の目的のために、この議定書の附属書に掲げる種の保護を目的とする規定にある禁止の解除を許可することができる。

第13条（非固有種又は遺伝子改変種の導入） 1　締約国は、非固有種又は遺伝子改変種の自然への意図的又は偶発的な導入を規制するためのあらゆる適切な措置をとるものとし、また、この議定書の適用される区域の生態系、生息地又は種に有害な影響を及ぼす可能性のある当該種の導入を禁止する。
2　締約国は、科学的評価の後に、既に導入されている種がこの議定書の適用される区域の生態系、生息地又は種に有害な影響を及ぼしており、又は及ぼす可能性があると思われる場合には、当該種を根絶するためのあらゆる可能な措置をとるよう努める。

第IV部　保護区域及び種に共通の規定

第14条（附属書の改正） 1　この議定書の附属書に対する改正の手続は、条約の第23条の規定に従う。
2　締約国会合に付託されるすべての改正の提案は、締約国中央連絡先の会合において事前に評価される。

第15条（目録） 締約国は、次についての包括的な目録を作成する。
 (a) 稀少又は脆弱な生態系を含み、生物多様性の宝庫であり、絶滅のおそれ又はその可能性の下にある種にとり重要である、自国の主権又は管轄権を行使する区域
 (b) 絶滅のおそれ又はその可能性の下にある動植物の種

第16条（指針及び共通の基準） 締約国は、次の事項を採択する。
 (a) 議定書に附属する特別保護区域の一覧表に含めることのできる保護される海洋及び沿岸の区域の選定に関する共通の基準
 (b) 附属書に追加される種の記載に関する共通の基準
 (c) 特別保護区域の設立及び管理に関する指針
 (b)及び(c)に規定される基準及び指針は、一又は二以上の締約国による提案に基づき、締約国会合により改正される。

第17条（環境影響評価） 締約国は、保護区域及び保護される種並びにその生息地に重大な影響を及ぼす可能性のある産業上その他の事業及び活動に関する決定に至る計画が進行している際には、計

画されている事業及び活動の予想される直接又は間接の及び即時又は長期の影響(累積的な影響を含む。)について評価しかつ考慮する。

第18条(伝統的活動の統合) 1 締約国は、保護措置の策定に際して、自国の地域住民の伝統的生活及び文化的活動を考慮する。締約国は、必要に応じて、それらのニーズに応じるために規制を解除する。この理由に基づき認められるいかなる解除も、次の効果をもつものであってはならない。
 (a) この議定書の下で保護される生態系の維持又はそうした生態系の維持に寄与する生物学的プロセスのいずれかを危険にさらすこと。
 (b) 特に絶滅のおそれ又はその可能性の下にある移動性の種又は地域に特有の種に関して、動植物の個体群又は種を形成している個体数を絶滅させるか又は大きく減少させる原因となること。
2 保護措置の解除を認める締約国は、その旨を締約国に通知する。

第19条(公表、周知、公衆の啓発及び教育) 1 締約国は、特別保護区域の設立、その境界、適用される規則並びに保護される種の指定、その生息地及び適用される規則について適切に公表する。
2 締約国は、特別保護区域及び特別に保護される種の利益及び価値並びに自然の保全その他の観点から得られる科学的知識について、公衆に周知することに努める。そのような情報は、教育課程において適切な位置を占めなければならない。締約国は、また、当該区域及び関係する種の保護のために必要とされる措置(環境影響評価を含む。)における自国の公衆及び自国の保全機関の参加を促進するよう努める。

第20条(科学的、技術的及び管理的調査) 1 締約国は、この議定書の目的に関する科学的及び技術的調査を奨励し及び発展させる。締約国は、特別保護区域の持続可能な利用及び保護される種の管理に関する調査を奨励し及び発展させる。
2 締約国は、必要な場合には、保護区域及び保護される種の特定及びモニタリング並びに管理及び回復計画の実施のためにとられる措置の有効性の評価に必要な科学的、技術的調査及びモニタリング計画を特定し、計画し及び実施するために、締約国相互間で及び権限のある国際機関と協議する。
3 締約国は、直接に又はセンターを通じて、現行の及び計画中の調査及びモニタリング計画並びにそれらの結果に関する科学的及び技術的情報を交換する。締約国は、可能な限り、相互の調査及びモニタリング計画を調整し、かつ、相互の手続を共同して定め又は標準化することに努める。
4 締約国は、技術的及び科学的調査を行う際には、この議定書の附属書に掲げられている特別保護区域及び種を優先させる。

第21条(相互協力) 1 締約国は、直接に又はセンター若しくは関係国際機関の援助の下に、特別保護区域の設立、保全、計画及び管理並びに保護される種の選定、管理及び保全に関して調整するための協力計画を策定する。保護区域及び保護される種の特徴、蓄積された経験及び直面した問題に関する情報が定期的に交換される。
2 締約国は、可能な限り速やかに、特別保護区域の生態系又は保護されている動植物の生存を危うくするおそれのあるいかなる状況も、他の締約国、影響を受けることが予想される国及びセンターに対して通報するものとする。

第22条(相互援助) 1 締約国は、直接に又はセンター若しくは関係国際機関の援助の下に、相互の援助及びこの議定書の実施のために必要であるとする途上国に対する援助に関する、財政上及び実施上の計画を策定する。
2 これらの計画には、公的な環境教育、科学的、技術的及び管理的要員の訓練、科学的調査、適切な設備の取得、利用、設計及び開発、並びに、関係する締約国間で合意する最も有利な条件での技術の移転を含む。
3 締約国は、相互援助に関しては、この議定書の附属書に掲げられている特別保護区域及び種を優先させる。

第23条(締約国の報告) 締約国は、特に次の事項を含むこの議定書の実施に関する報告書を、締約国の通常会合に提出する。
 (a) 特別保護区域の一覧表に記載される区域の地位及び状態
 (b) 特別保護区域の境界画定又は法的地位及び保護される種の変更
 (c) この議定書の第12条及び第18条に基づき認められている除外

第Ⅴ部 制度規定

第24条(締約国中央連絡先) 各締約国は、この議定書の実施の科学技術上の側面に関してセンターとの連携を図るために、締約国中央連絡先を指定する。締約国中央連絡先は、この議定書上の任務を遂行するために、定期的に会合をもつ。

第25条(調整) 1 機関は、この議定書の実施を調整する責任を有する。この目的のため、機関はセン

ターから援助を受けるものとし、かつ、センターに対して以下の職務を委託することができる。
  (a) 権限のある国際機関、政府間機関及び非政府間機関と協力して、次の事項に関して締約国を援助すること。
   ーーこの議定書が適用される区域における特別保護区域の設立及び管理
   ーーこの議定書の第20条に規定されている科学的及び技術的調査に関する計画の実施
   ーーこの議定書の第20条に規定されている締約国間での科学的及び技術的情報の交換の実施
   ーー特別保護区域及び特別に保護される種に関する管理計画の策定
   ーーこの議定書の第21条に基づく協力計画の策定
   ーー様々なグループを対象とする教材の準備
  (b) 締約国中央連絡先の会合を企画し及び開催すること並びにそれらに対して事務局の業務を提供すること。
  (c) この議定書の第16条に基づき指針及び共通の基準に関する勧告を策定すること。
  (d) 特別保護区域、特別に保護される種及びこの議定書に関係するその他の事項に関するデータベースを作成し及び更新すること。
  (e) この議定書の実施に必要であると思われる報告及び技術的研究を準備すること。
  (f) 第22条2に規定されている訓練計画を作成し及び実施すること。
  (g) 区域及び種の保護に関して、関係する地域的及び国際的な政府機関及び非政府機関と協力すること。ただし、各機関の専門性が考慮されること及び活動の重複を回避する必要に注意が払われることを条件とする。
  (h) この議定書の枠内で採択された行動計画において機関に割り当てられた任務を遂行すること。
  (i) 締約国により機関に割り当てられたその他の任務を遂行すること。

第26条(締約国会合) 1 この議定書の締約国通常会合は、条約の第18条に従って開催される、条約の締約国通常会合に続いて開催する。締約国は、同条に従って特別会合を開催することができる。
2 この議定書の締約国会合の任務は、特に次のとおりとする。
  (a) この議定書の実施を継続的に検討すること。
  (b) この議定書の実施に関する機関及びセンターの業務を監督すること、並びに、それらの活動に関する政策ガイダンスを準備すること。
  (c) 区域及び種の管理及び保護のためにとられた措置の有効性について検討すること、並びに、特に、付属書及びこの議定書又はその付属書に対する改正という形式での、その他の措置をとる必要性について検討すること。
  (d) この議定書の第16条で規定される指針及び共通の基準を採択すること。
  (e) この議定書の第23条に基づき締約国により提出された報告書並びに締約国がセンターを通じて提出したその他の適切な情報について検討すること。
  (f) この議定書の実施のためにとられるべき措置に関して締約国に勧告すること。
  (g) この議定書の第24条に基づく締約国中央連絡先の会合による勧告を検討すること。
  (h) この議定書の第9条4に基づく区域の特別保護区域の一覧表への編入について決定すること。
  (i) この議定書に関係する適当と思われるその他の措置を検討すること。
  (j) この議定書の第12条及び第18条に基づき締約国の認める除外について検討し及び評価すること。

第VI部　最終条項

第27条(議定書の国内法制定への影響) この議定書の規定は、この議定書を実施するためにより厳しい国内的措置をとる締約国の権利に影響を及ぼすものではない。

第28条(第3国との関係) 1 締約国は、この議定書の締約国となっていない国及び国際機関が、この議定書の実施に協力するように促さねばならない。
2 締約国は、いかなる者もこの議定書の原則又は目的に反する行動をとることのないように確保するために、国際法に従って適切な措置をとることを約束する。

第29条(署名)　(略)
第30条(批准、受諾又は承認)　(略)
第31条(加入)　(略)
第32条(発効)　(略)

　附属書Ｉ　特別保護区域の一覧表に含めることのできる保護される海洋及び沿岸の区域の選択に関する共通の基準　(略)
　附属書Ⅱ　絶滅のおそれ又はその可能性の下にある種の一覧表　(略)
　附属書Ⅲ　開発が規制されている種の一覧表　(略)

2-2-2　船舶からの地中海の汚染の防止及び緊急時における地中海の汚染に対処するための協力に関する議定書(地中海緊急時協力議定書)(抄)

Protocol concerning Cooperation in Preventing Pollution from Ships and, in Cases of Emergency, Combating Pollution of the Mediterranean Sea

採　択　2002年1月25日(マルタ)
効力発生　2004年3月17日
原条約　緊急時における油及びその他の有害物質による地中海の汚染に対処するための協力に関する議定書
採　択　1976年2月16日(バルセロナ)
効力発生　1978年2月12日

この議定書の締約国は、

1976年2月16日にバルセロナで採択され1995年6月10日に改正された汚染に対する地中海の保護に関する条約の締約国であり、

上記条約の第6条及び第9条の実施されることを希望し、

地中海区域における油並びに危険物質及び有害物質による重大な汚染又はこれらの脅威が、沿岸国及び海洋環境にとって危険なものとなることを認識し、

地中海のすべての沿岸国による協力が、船舶からの汚染の防止及びその原因にかかわりなく汚染を伴う事件に対処するために必要とされていることを考慮し、

特に船舶からの海洋環境の汚染を防止し、軽減し及び規制するための国際的な規則及び基準の採択とその発展を促進することにおける国際海事機関の役割及び同機関の枠内での協力の重要性を確認し、

これらの国際的な規則及び基準の実施のために地中海沿岸諸国によりなされた努力を強調し、

海上の安全及び船舶からの汚染の防止に関する国際基準の実施のために欧州共同体(＊欧州連合)の行った貢献を確認し、

船舶からの海洋環境の汚染を防止し、軽減し及び規制するための国際的規則の有効な実施を促進することにおける地中海区域の協力の重要性を認識し、

海洋環境の汚染又はその脅威に対処するための緊急措置をとる際に、国家的、小地域的及び地域的レベルの迅速かつ実効的な行動が重要であることを認識し、

条約の第4条に規定されているように、予防原則、汚染者負担原則及び環境影響評価の方式を適用し、並びに、利用可能な最良の技術及び環境のための最良の慣行を利用し、

現在発効しており、多くの地中海沿岸諸国及び欧州共同体が締約当事者である、1982年12月10日にモンテゴ・ベイで採択された、海洋法に関する国際連合条約の関連する規定に留意し、

特に、海上安全、船舶からの汚染の防止、汚染事件に対する準備及び対応、及び汚染損害に対する民事責任及び補償に関する国際条約を考慮し、

汚染を防止し及び対処することにおける相互の援助及び協力を一層発展させることを希望して、

次のとおり協定した。

第1条(定義) この議定書の適用上、

(a) 「条約」とは、1976年2月16日にバルセロナで採択され、1995年6月10日に改正された、汚染に対する地中海の保護に関する条約をいう。

(b) 「汚染事件」とは、油又は危険物質及び有害物質の排出を伴い、又は伴うおそれのある事態その他同一の原因による一連の事態であって、海洋環境又は一若しくは二以上の国の沿岸若しくは関係利益を脅かし、又は脅かすおそれがあり、かつ、緊急措置その他の速やかな対応を必要とするものをいう。

(c) 「危険物質及び有害物質」とは、油以外の物質であって、海洋環境への排出が人の健康に危険をもたらし、生物資源及び海洋生物に害を与え、海洋の快適性を損ない、又は他の適法な海洋の利用を妨げるおそれのあるものをいう。

(d) 「関連利益」とは、直接に影響を受け、又は受けるおそれのある沿岸国の利益であり、特に次のものをいう。

(ⅰ) 漁業活動を含む沿岸区域、港又は河口における海上活動

(ⅱ) 海域でのスポーツ及びレクリエーションを含む、当該区域の歴史的及び観光的価値

(ⅲ) 沿岸住民の健康

(ⅳ) 区域の文化的、美的、科学的、教育的価値

(ⅴ) 生物多様性の保全並びに海洋及び沿岸の

生物資源の持続可能な利用
- (e) 「国際規則」とは、船舶からの海洋環境の汚染を防止し、軽減し及び規制することを目的とする規則であって、国連専門機関(特に国際海事機関)の支援の下に、グローバルなレベルでかつ国際法に適合して採択されたものをいう。
- (f) 「地域センター」とは、1976年2月9日のバルセロナでの地中海の保護に関する地中海地域沿岸諸国全権大使会議で採択された決議7により設立された「地中海地域海洋汚染緊急対応センター」をいい、同センターは、国際海事機関及び国連環境計画により運営され、その目的と職務は条約の締約国会議で決定される。

第2条(議定書の適用区域) 議定書が適用される区域は、条約の第1条で規定されている地中海区域とする。

第3条(一般規定) 1 締約国は次のことに協力しなければならない。
- (a) 船舶からの海洋環境の汚染を防止し、軽減し及び規制するための国際規則を実施すること。
- (b) 汚染事件に際してあらゆる必要とされる措置をとること。

2 締約国は、協力に際して、適当な場合には、地域当局、非政府間機関及び社会・経済的活動団体を考慮する。

3 各締約国は、他の締約国その他の国の主権又は管轄権を害することなく、この議定書を適用する。この議定書を適用するために締約国によりとられるいかなる措置も、国際法に合致するものでなければならない。

第4条(汚染事件の防止及び対処に関する緊急計画その他の方策) 1 締約国は、単独で又は二国間若しくは多数国間の協力を通じて、汚染事件を防止し及び対処するための緊急計画その他の方策を保持し及び推進するよう努める。これらの方策は、特に、緊急時の活動のために準備される設備、船舶、航空機及び要員、必要とされる場合の関係法令の制定、汚染事件に対処する能力の発展及び強化、並びに、この議定書の実施に責任のある国の当局又は機関の指定を含む。

2 締約国は、旗国、寄港国及び沿岸国並びに各自の適用可能な法令の権限内において、地中海区域における関連する国際条約の有効な実施を確保するために、船舶からの当該区域の汚染を防止するための国際法に従った措置をとる。締約国は、当該関連国際条約の実施に関する各自の能力を向上させねばならず、また、二国間協定又は多数国間協定を通じたそれらの有効な実施に協力することができる。

3 締約国は、地域センターに対して2年ごとに、この条を実施するためにとられた措置について通知する。地域センターは、締約国に、受領した情報に基づく報告書を提出する。

第5条(モニタリング) 締約国は、単独で又は二国間若しくは多数国間の協力を通じて、汚染を防止し、発見し及び対処すること、並びに、適用可能な国際規則の遵守を確保することを目的とする、地中海区域を対象とするモニタリング活動を策定しかつ実施する。

第6条(回収活動における協力) 締約国は、梱包された形での有害物質及び危険物質(貨物コンテナ、移動式タンク、道路車両若しくは鉄道車両及び海上輸送用はしけにあるものを含む。)が船外に流失又は遺失した場合、海洋及び沿岸の環境に対する危険を防止し又は軽減するために、当該梱包物の引き揚げ及び当該物質の回収に可能な限り協力する。

第7条(情報の普及及び交換) 1 各締約国は、他の締約国に対して、次の情報を普及させることを約束する。
- (a) 油並びに危険物質及び有害物質による海洋の汚染に対処することに責任を有する権限のある国家機関又は国家当局
- (b) 油並びに危険物質及び有害物質による海洋の汚染に関する通報を受理し、かつ、締約国間の支援措置に関する問題を取り扱う責任を有する権限のある国家当局
- (c) 締約国間の相互の援助及び協力のための措置に関して国を代表して行動する権限を有する国家当局
- (d) 第4条2の実施に責任を有する国家機関又は国家当局。特に、関連する国際条約及びその他の関連する適用可能な規則の実施に責任を有する国家機関又は国家当局、並びに、港の受入施設及びMARPOL条約78年議定書の下で違法となる排出のモニタリングに関して責任を有する国家機関又は国家当局
- (e) 油並びに危険物質及び有害物質による海洋の汚染に対する準備及び対応に直接に関係を有する自国の規則及びその他の事項
- (f) 油並びに危険物質及び有害物質による海洋の汚染を回避することができる新たな方法、汚染に対処する新たな措置、モニタリングを行う技術における新しい発展及び研究計画の発展

2 直接に情報を交換することに合意している締約

国は、交換される情報を地域センターに通報する。地域センターは、他の締約国に対して、また、この議定書の締約国でない地中海区域の沿岸国に対しては相互主義に基づいて、当該情報を通報する。
3 この議定書の範囲内の事項について二国間又は多数国間の協定を締結している締約国は、当該協定を地域センターに通知するものとし、地域センターは、それを他の締約国に通報する。

第8条（汚染事件に関する情報及び報告の伝達） 締約国は、汚染事件に関する報告及び緊急の情報の受理、伝達及び普及を迅速かつ的確に行うことを確保するため、自らの利用可能な連絡手段の利用について調整することを約束する。地域センターは、この調整努力に自ら参加することを可能にし、特に第12条2により自らに与えられた職務を遂行するため、必要な連絡手段をもつ。

第9条（通報手続） 1 各締約国は、自国を旗国とする船舶を運航する船長その他の者及び自国に登録された航空機のパイロットに対して、現状において最も迅速かつ適切な手段を用いて、また適用可能な関連する国際協定の規定の要求する通報手続に従って、次の事項について、最も近隣の沿岸国及びこの議定書の締約国に通報するよう指示する。
（a） 油又は危険物質及び有毒物質の排出をもたらすか又はもたらす可能性のあるすべての事件
（b） 海上において認められる油又は危険物質及び有害物質（梱包された形での危険物質及び有害物質を含む。）の漏出の存在、特徴及び範囲であって、海洋環境又は一ないし二以上の締約国の沿岸又は関係利益に対して脅威となり又は脅威となるおそれがあるもの
2 この議定書の第20条の規定を害することなく、各締約国は、自国領水内を航行するすべての船舶の船長による第1項(a)及び(b)に基づく義務の遵守を確保するための適当な措置をとらねばならず、また、この点に関して地域センターに援助を要請することができる。各締約国は、とられた措置を国際海事機関に通知する。
3 各締約国は、自国の管轄の下にある海港を管理し又は施設を運転している者に対して、油又は危険物質及び有害物質の排出をもたらすか又はもたらす可能性のあるすべての事件について、適用される法規に従って通報するよう指示する。
4 各締約国は、大陸棚及び海底とその地下の探査及び開発から生じる汚染に対して地中海を保護する議定書の関係する規定に従い、自国の管轄の

下にある沖合施設を管理する者に対して、現状において最も迅速かつ適切な手段を用いて、また規定された通報手続に従って、油又は危険物質及び有害物質の排出をもたらすか又はもたらす可能性のあるすべての事件について、自国に通報するよう指示する。
5 この条の1、3及び4において、「事件」とは、それが汚染事件であるかどうかにかかわらず、当該条項に規定される条件を満たす事件をいう。
6 1、3及び4に従って収集した情報は、汚染事件の場合には地域センターに通報する。
7 1、3及び4に従って収集した情報は、次の者により、汚染事件によって影響を受ける可能性のある他の締約国に対して、遅滞なく通報される。
（a） 情報を受理した締約国（直接に又は地域センターを通じて）
（b） 地域センター
　締約国間における直接の通報の場合には、当該締約国は、とられた措置につき地域センターに通知するものとし、地域センターは当該情報を他の締約国に通報する。
8 締約国は、この条の6及び7に基づいて要求される汚染事件の通報に際しては、地域センターの提案する標準様式であって相互に合意するものを使用する。
9 7の規定が適用されるため、締約国は、条約第9条2に規定する義務に拘束されない。

第10条（作業上の措置） 1 汚染事件に直面する締約国は、次のことを行う。
（a） 汚染事件の性質、範囲及び予想される結果、又は、事件によっては、油又は危険物質及び有害物質の種類及びおおよその量、並びに、流出物の移動の方向及び速度に関する必要なアセスメントを行うこと。
（b） 汚染事件の影響を防止し、軽減し及びできる限り除去するために、あらゆる可能な措置をとること。
（c） 汚染事件により影響を受ける可能性のあるすべての締約国に、当該アセスメント及びとられた又はとられようとしている行動をただちに通知すること、また、同時に当該情報を地域センターに提供すること。地域センターは当該情報を他のすべての締約国に通報する。
（d） 可能な限り長期的に状況の観察を継続し、第9条に従ってそれについて報告すること。
2 船舶からの汚染に対処する行動がとられている場合には、次のものを救助するためにあらゆる可能な措置をとる。
（a） 人命

(b)　船体そのもの。当該措置をとる際には、環境一般に対する損害が防止されるか又は最小にとどめられねばならない。
　当該行動をとる締約国は、直接に又は地域センターを通じて、国際海事機関に通知する。

第11条(船舶内、沖合施設及び港における緊急措置)
1　各締約国は、自国を旗国とする船舶が、関係する国際規則に基づきかつ要求されている汚染緊急計画を船舶内に備えることを確保するための必要な措置をとる。
2　各締約国は、汚染事件が発生した場合には、自国を旗国とする船舶の船長に対して、船内緊急計画に規定する手続に従うよう要求するものとし、また特に、第9条に基づいてとられる行動に関係する船舶及び積荷に関する詳細な情報を適当な当局の求めに応じて提供するよう、かつ、当該当局と協力するよう要求する。
3　この議定書の第20条の規定を害することなく、各締約国は、自国の領水内を航行するすべての船舶の船長が、前項2に基づく義務を遵守することを確保するための適切な措置をとるものとし、かつ、この点に関して、地域センターに援助を要請することができる。締約国は、とられた措置を国際海事機関に通知する。
4　各締約国は、自らが適当とみなす自国の管轄の下において海港を管理し施設を運転する当局又は管理者が、汚染緊急計画又は第4条の定める国内制度と調整されかつ権限のある国家当局の定める手続で認められた同様の協定を備えるよう要求する。
5　各締約国は、自国の管轄の下にある沖合施設の管理者が、第4条の定める国内制度と調整されかつ権限のある国家当局の定める手続に従う、汚染事件に対処するための緊急計画を備えるよう要求する。

第12条(援助)　1　汚染事件に対処するための援助を必要とする締約国は、直接に又は地域センターを通じて、汚染により影響を受ける可能性があると思われる締約国を初めとして、他の締約国からの援助を要請することができる。この援助には、特に、専門的助言、並びに、当該締約国の汚染処理に対する専門的要員、物品、資材及び船舶の便の供与又は配備を含めることができる。援助を要請された締約国は、当該援助を与えるために最大限の努力をする。
2　汚染に対処する作業に従事する締約国が当該作業の進め方について合意できないときは、地域センターは、関係締約国の同意の下に、これらの締約国により作業に提供される便宜的活動を調整することができる。
3　各締約国は、適用のある国際協定に従い、次のことを容易にするために必要な立法上及び行政上の措置をとる。
　(a)　油による汚染事件に対応し又はその対応に必要な人員、貨物、物資及び資材を輸送するために利用される船舶、航空機その他の輸送手段の自国の領域への到着、自国の領域における使用及び自国の領域からの出国
　(b)　(a)に規定する人員、貨物、物資及び資材の自国の領域への迅速な入国、自国の領域の迅速な通過及び自国の領域からの迅速な出国

第13条(援助に係る費用の償還)　1　汚染事件の発生に先立ち、汚染事件に対応するための締約国の措置に係る費用の負担について定める協定が二国間又は多数国間で締結されていない場合には、締約国は、2の規定により、汚染に対応するためにとられた措置に係る費用を負担する。
2(a)　締約国が他の締約国の明示の要請に応じて措置をとった場合には、援助を要請した締約国は、援助を提供した締約国に対し、当該措置に係る費用を償還する。要請が撤回された場合には、要請国は、提供国が既に負担した又は負担することとなる費用を負担する。
　(b)　締約国が自己の発意で措置をとった場合には、当該措置に係る費用については、当該締約国が負担する。
　(c)　上記(a)及び(b)に定める原則は、関係する締約国が個々の事案において別段の合意をする場合には適用されない。
3　提供国が要請国の要請に応じてとった措置に係る費用は、別段の合意がある場合を除くほか、そのような費用の償還に関する提供国の法令及びその時の慣行に従って公正に計算される。
4　要請国及び提供国は、適当な場合には、補償の請求に関する手続を終了させることについて協力する。このため、要請国及び提供国は、既に存在する法制度に正当な考慮を払う。このようにして終了した手続の結果として援助の実施に関する活動に要した費用の全額について補償が行われない場合には、要請国は、提供国に対し、補償が行われた額を超える費用の償還の請求を放棄し又は第3項の規定に従って計算された費用の額を減額するよう要請することができる。要請国は、また、当該費用の償還の延期を要請することができる。提供国は、これらの要請を検討するに当たり、発展途上国のニーズに十分な考慮を払う。
5　この条の規定は、いかなる意味においても、汚

染事件に対応するための措置に係る費用を締約国が第三者から回収する権利であって、援助に関係する一方又は他方の締約国に適用される国内法及び国際法の他の適用可能な規定及び規則に基づくものを害するものと解してはならない。

第14条(港受入施設) 1　締約国は、単独で又は二国間若しくは多数国間で、船舶の必要に応じた受入施設がそれぞれの港又は沖合施設で利用可能であるように確保するための、あらゆる必要な措置をとる。締約国は、それらの施設が、船舶に対する不当な遅延をもたらすことなく、有効に使用されることを確保する。

　　締約国は、これらの施設の利用に対する合理的な費用の支払いの手段及び方法について検討するよう要請される。

2　締約国は、プレジャー・クラフトに対する適切な受入施設を設置することを確保する。

3　締約国は、受入施設が、締約国による排出の海洋環境に対する影響を限定することに有効に機能するよう確保するためのあらゆる必要な措置をとる。

4　締約国は、自国の港を利用する船舶に対して、MARPOL条約78年議定書及び当該分野における自国の関係法令上の義務に関する最新の情報を提供するための必要な措置をとる。

第15条(海上交通の環境に対する危険)締約国は、一般的に受け入れられた国際規則及び基準並びに国際海事機関のグローバルな権限に従い、単独で又は二国間若しくは多数国間で、海上交通に使用される既存のルートにおける環境に対する危険を評価するために必要とされる措置をとるものとし、また、そこにおける事故の危険又は事故による環境に対する影響を軽減することを目的とする必要な措置をとる。

第16条(遭難の際の港又は避難場所における船舶の受入)締約国は、海洋環境に対する脅威となっている遭難している船舶の、港を含む避難場所への受け入れに関する国家的な、小地域的な又は地域的な戦略を策定する。締約国は、この目的のために協力し、また、採用された措置は地域センターに通知する。

第17条(小地域的協定)締約国は、この議定書又はその一部の実施を促進するため、適当な二国間又は多数国間の小地域的協定を交渉し、策定し及び実施することができる。地域センターは、関係する締約国の要請に基づき、その任務の範囲内において、当該小地域協定の策定と実施について当該締約国を助ける。

第18条(会合)　((2-2-1)第26条を参照)

第19条(条約との関係) 1　いずれの議定書にも関係するこの条約の規定は、本議定書にも適用される。

2　条約の第24条に基づき採択される手続規則及び財政規則は、この議定書の締約国の別段の合意がないかぎり、この議定書に適用される。

第20条(議定書の国内法令に対する影響)　((2-2-1)第27条を参照)

第21条(第3国との関係)　((2-2-1)第28条を1参照)

第22条(署名)　(略)

第23条(批准、受諾又は承認)　(略)

第24条(加入)　(略)

第25条(効力発生)　(略)

2-2-3　地中海における統合的沿岸域管理に関する議定書(地中海統合的沿岸域管理議定書)(抄)

Protocol on Integrated Coastal Zone Management in the Mediterranean

採　択　2008年1月21日(マドリッド)
効力発生　2011年3月24日

この議定書の締約国は、

1976年2月16日にバルセロナで採択され1995年6月10日に改正された地中海の海洋環境及び沿岸域の保護に関する条約の締約国であり、

上記条約の第4条3(e)及び5に定める義務を履行することを希望し、

地中海の沿岸域は地中海に関係する人々の共通の自然的及び文化的遺産であり、かつ、それらは現在及び将来の世代のために賢明に維持され及び利用されるべきことを考慮し、

人間の活動領域の拡大が地中海の沿岸域の脆弱な特質にますます脅威となっていることに関心を払い、かつ、沿岸域の悪化の進行を押しとどめ及び改善すること、並びに、沿岸の生態系の生物多様性の喪失を顕著に減少させることを希望し、

特に、海面上昇をもたらす可能性のある気候変動による沿岸域に脅威となる危険を憂慮し、かつ、自然現象の否定的な影響を減ずるために持続可能な措置をとる必要を自覚し、

沿岸域はかけがえのない生態学的、経済的及び社

会的資源であり、その保全と持続可能な開発のための計画と管理には、地中海地域全体及び地中海地域沿岸諸国のレベルで、これら諸国の多様性、とりわけ島嶼の地形学的特徴に関わる固有の必要性を考慮しつつ、具体的で統合的なアプローチが必要とされることを確信し、

1982年12月10日にモンテゴ・ベイで採択された海洋法に関する国際連合条約、1971年の2月2日にラムサールで採択された、特に水鳥の生息地として国際的に重要な湿地に関する条約、並びに、多くの地中海沿岸諸国及び欧州共同体（＊欧州連合）が締約国である、1992年6月5日にリオ・デ・ジャネイロで採択された、生物の多様性に関する条約を考慮し、

1992年5月9日にニュー・ヨークで採択された気候変動に関する国際連合枠組条約の第4条1（e）に従い、沿岸域管理を目的とする適切かつ統合された計画の発展のために協力して活動することに特に関心を払い、

統合的沿岸域管理に関するこれまでの経験及び欧州の諸制度を含む多様な機関の活動をふまえて、

持続可能な開発に関する地中海委員会の勧告及び作業並びに1997年にチュニスで、2001年にモナコで、2003年にカタニアで、2005年にポルトロージュでそれぞれ開催された締約国会合の勧告並びに2005年にポルトロージュで採択された持続可能な開発に関する地中海戦略に基づき、

統合的沿岸域管理を確保するために沿岸国が行う地中海レベルにおける努力を強化することを決意し、

統合的沿岸域管理を目的とする有効なガバナンスを促進するために、多様な関係する当事者間の調整された促進活動、協力及びパートナーシップを通じた国家的、地域的及び地方的イニシアティブを鼓舞することを決意し、

条約及び議定書の適用に関し、統合的沿岸域管理に関する一貫性が達成されることを確保するよう希望して、

次のとおり協定した。

第1部　一般規定

第1条（一般的義務） 締約国は、地中海の海洋環境及び沿岸域の保護に関する条約並びにその議定書に従って、地中海沿岸域の統合的管理のための共通の枠組みを定め、かつ、この目的のための地域的協力を強化するために必要な措置をとる。

第2条（定義） この議定書の適用上、
 (a) 「締約国」とは、この議定書の締約国をいう。
 (b) 「条約」とは、1976年2月16日にバルセロナで採択され1995年6月10日に改正された地中海の海洋環境及び沿岸域の保護に関する条約をいう。
 (c) 「機関」とは、条約の第17条で規定されている機関をいう。
 (d) 「センター」とは、優先的行動計画地域活動センターをいう。
 (e) 「沿岸域」とは、海洋部分と陸地部分との相互作用が複雑な生態学的体系と資源の体系を構成し、この体系の下で生物的要素と無生物的要素が、人間社会及び関連する社会経済活動と共存しかつ相互作用を及ぼす関係にある、海岸の両側に位置する地形学的区域をいう。
 (f) 「統合的沿岸域管理」とは、沿岸の生態系及び地形の脆弱性、それらに関わる活動と利用の多様性、それらの間の相互作用、海洋に向けられた活動と利用、それらが海洋部分と陸上部分双方に及ぼす影響等を一体として考慮する、沿岸域の持続可能な管理及び利用のための動的な過程をいう。

第3条（地理的範囲） 1　この議定書の適用される区域は、条約の第1条で定められている地中海区域であって、以下に定めるものとする。
 (a) 沿岸域の海域側の限界（同限界は、締約国の領海の外側の限界とする。）
 (b) 沿岸域の陸地側の限界（同限界は、締約国が定める権限のある沿岸当局の権限の及ぶ範囲とする。）

2　締約国がその主権の限界内においてこの条の1の定めと異なる限界を設定するときは、締約国は、以下の場合には、この議定書の批准、受諾、承認及び加入時に又はその後適宜、寄託者に対し宣言を送付する。
 (a) 海域側の限界が領海の外側の限界より内側であるとき。
 (b) 特に、生態系アプローチ並びに経済的及び社会的基準を適用するために、及び、地形学的特徴に関係する島嶼の特別な必要を考慮して、及び、気候変動の悪影響を考慮して、陸地側の限界が、その範囲の広狭にかかわらず、1に定義された沿岸当局の領域の限界と異なるとき。

3　各締約国は、適当な制度の制定により、公衆及び関連する当事者に対して、この議定書の地理的範囲について周知させるための適切な行動をとり又は促進する。

第4条（権利の保全） 1　この議定書又はこの議定書に基づいてとられるいかなる措置も、海洋法に関するいずれの締約国の権利、現在及び将来における主張又は法的見解（特に、海域の性質及び範囲、向かい合っているか又は隣接している海岸

を有する国の間における海域の境界画定、国際航行に使用されている海峡における通航の権利および態様並びに領海における無害通航権)並びに沿岸国、旗国及び寄港国の管轄権の性質及び範囲を害するものではない。
2 この議定書に基づいてとられるいかなる措置又は活動も、国家の主権又は管轄権に対する何らかの請求、主張及び争訟の根拠とはならない。
3 この議定書の規定は、沿岸域の保護及び管理に関して、他の既存の又は将来の国内的又は国際的文書又は計画に含まれる、より厳格な規定を害するものではない。
4 この議定書のいかなる規定も、国家の安全保障並びに防衛活動及び施設に影響を及ぼすものではない。ただし、各締約国は、当該活動及び施設が、合理的かつ実際的である限り、この議定書と両立するような方法で運用され又は設置されることに同意する。

第5条(統合的沿岸域管理の目的) 統合的沿岸域管理の目的は、次のとおりである。
(a) 合理的な活動計画を通じて、沿岸域の持続可能な発展を、環境及び景観が経済的、社会的及び文化的発展との調和の下に考慮されるよう確保することにより、促進すること。
(b) 沿岸域を、現在及び将来の世代の利益のために保全すること。
(c) 特に水の利用に関して、天然資源の持続可能な利用を確保すること。
(d) 沿岸の生態系、景観及び地形学的特徴の一体性の保全を確保すること。
(e) 自然の又は人間の活動によりもたらされうる自然災害(特に気候変動)の影響を防止又は軽減すること。
(f) 沿岸域の利用に影響を及ぼす、公的及び私的なイニシアティブ相互の一貫性、並びに、公的な機関によるすべての決定の相互の一貫性を、国内的、地域的及び地方的なレベルで、達成すること。

第6条(統合的沿岸域管理の一般原則) 締約国は、この議定書の実施に際して、統合的沿岸域管理に関する以下の原則に従う。
(a) 潮間帯の区域の生態学的豊かさ、自然の活力及び働き、並びに、単一の実体を形成している海洋部分及び陸地部分の補完的及び相互依存的特質が特に考慮される。
(b) 水文学的、地形学的、気候的、生態学的、社会経済的及び文化的システムに関するあらゆる要素が、沿岸域の浄化能力を超えないように並びに自然災害及び開発の悪影響を防止するように、統合的な方法で、考慮される。
(c) 沿岸域の持続可能な発展を確保するように、沿岸の計画及び管理について生態系的アプローチが適用される。
(d) 地域住民及び沿岸域に関係する市民社会の利害関係者による透明な意思決定過程における十分かつ時宜を得た参加を可能にする適切なガバナンスが確保される。
(e) 沿岸域において権限をもつ多様な行政部門並びに地域的及び地方的機関の分野を超えて組織された制度的協調が必要とされる。
(f) 都市開発及び社会・経済的活動並びにその他の関係する部門の政策を含む、土地利用の戦略及び計画の策定が必要とされる。
(g) 沿岸域における活動の複合性及び多様性を考慮しつつ、必要な場合には、利用上並びに位置的に、海洋にきわめて近接する必要がある公共事業及び活動に優先順位が与えられる。
(h) 沿岸域全体を通じる利用の配分がバランスよくなされ、また、不必要な集中及び都市の拡大は回避されなければならない。
(i) 多様な人間活動及びインフラストラクチャー整備の沿岸域に対する悪影響を防止し及び軽減するために、それらに伴う危険についての事前の評価がなされる。
(j) 沿岸の環境に対する損害が防止され、また、損害が発生した場合には、適切な回復措置がとられる。

第7条(調整) 1 締約国は、統合的沿岸域管理のために、次のことを行う。
(a) 部門別アプローチを回避し、かつ、包括的アプローチを促進するために、必要な場合には、適切な組織又はメカニズムを通じて、制度的調整を確保すること。
(b) 国内的、地域的及び地方的レベルで、沿岸域の海洋及び陸地部分の双方に対して、様々な行政活動において権限を有する多様な機関の間における適切な調整を組織すること。
(c) 沿岸域の戦略及び計画の分野において、並びに、合同の協議機関又は合同の決定作成過程を通じて達成されることのできる活動に対する様々な許可に関して、国家機関並びに地域的及び地方的機関の間の緊密な調整を組織すること。
2 権限のある国内的、地域的及び地方的沿岸域機関は、実行可能な限り、制定された沿岸域の戦略及び計画の統一性並びに実効性を強化するために、合同で作業すること。

第2部　統合的沿岸域管理の要素

第8条（沿岸域の保護及び持続可能な利用） 1　締約国は、この議定書の第5条及び第6条に定める目的及び原則に従って、国際的及び地域的法的文書に基づき沿岸の自然生息地、景観、天然資源及び生態系を保全するために、沿岸域の持続可能な利用及び管理を確保するよう努める。

2　前項の目的のために、締約国は次のことを行う。
　(a)　沿岸域において、厳冬期の海岸線からの構築物の設置が許可されない区域を設定すること。特に、気候変動及び自然的リスクにより直接に悪影響をうける地域を考慮して、この区域は、下記(b)の規定に従って、100メートル以下の幅とすることはできない。この幅の決定に関するより厳しい国内的措置は、引き続き適用される。
　(b)　この議定書の目的及び原則に従って、上記規定を次の計画及び地域に適用することができる。
　　(1)　公共の利益のための計画
　　(2)　特に人口の密集度又は社会的必要性に関連して、個人の住宅建設、都市化又は開発が国内法令により規定されている、特別な地理的又はその他の地方的制約を有する地域
　(c)　上記の適用を規定する締約国の国内法令を機関に通知すること。

3　締約国は、また、自国の法令が沿岸域の持続可能な利用のための基準を含むことを確保するよう努める。当該基準は、特別な地方的条件を考慮して、特に以下のものを含む。
　(a)　保護区域の外側に、都市開発及びその他の活動が制限され、必要な場合には禁止される利用可能な区域を特定しかつ限界を定めること。
　(b)　都市開発の段階的拡大及び海岸に沿った新しい輸送施設の設置を制限すること。
　(c)　環境上の関心が、公的な海域の管理及び利用のための規則に統合されることを確保すること。
　(d)　海洋及び沿岸に対する公衆のアクセスの自由を規定すること。
　(e)　海浜及び砂丘を含む、陸上又は海洋の脆弱な自然区域において、陸上の乗り物の移動及び駐車、並びに、海洋船舶の移動及び停泊を制限し又は、必要な場合には、禁止すること。

第9条（経済活動） 1　締約国は、この議定書の第5条及び第6条に定める目的及び原則に従って、並びに、バルセロナ条約及び議定書の関連する規定を考慮して、次のことを行う。
　(a)　海洋に対しきわめて接近することを必要とする経済活動に対し、特別の注意を払うこと。
　(b)　さまざまな経済活動が天然資源の利用を最小限にし、かつ、将来の世代の必要に考慮を払うことを確保すること。
　(c)　統合的な水資源管理及び環境上健全な廃棄物管理に対する尊重を確保すること。
　(d)　沿岸及び海洋の経済が沿岸域の脆弱な性質に順応し、かつ、海洋の資源を汚染から保護することを確保すること。
　(e)　沿岸域の持続可能な利用の確保及び沿岸域の浄化能力を超える負荷の軽減を確保するために、経済活動を展開する指標を定めること。
　(f)　公的機関、経済関係者及び非政府機関の間の良好な行動綱領を進展させること。

2　締約国は、さらに、以下の経済活動に関して次のとおり合意する。
　(a)　農業及び工業
　　　沿岸の生態系及び景観を保全し、かつ、海洋、水、大気及び土壌の汚染を防止するために、農業及び工業活動の場所及び実施において高いレベルの環境保護を保証すること。
　(b)　漁業
　　(ⅰ)　開発計画において漁業区域を保護する必要性を考慮すること。
　　(ⅱ)　漁業活動が海洋天然資源の持続可能な利用と両立するよう確保すること。
　(c)　水産養殖
　　(ⅰ)　開発計画において水産養殖及び貝の生息地を保護する必要性を考慮すること。
　　(ⅱ)　投入物の使用及び廃棄物の処理を規制することにより水産養殖を管理すること。
　(d)　観光、スポーツ及びレクリエーション活動
　　(ⅰ)　沿岸の生態系、天然資源、文化的遺産及び景観を保全する持続可能な沿岸の観光を奨励すること。
　　(ⅱ)　地域の住民の伝統を尊重しつつ、特別な形態の沿岸の観光（文化的な、地方の及び環境保護志向の観光を含む。）を促進すること。
　　(ⅲ)　様々なスポーツ活動及びレクリエーション活動（レクリエーションとしての漁業及び貝の採取を含む。）を規制し、又は、必要であれば、禁止すること。
　(e)　特殊な天然資源の利用
　　(ⅰ)　鉱物の掘削及び採取（脱塩プラント及び岩石採取における海水の利用を含む。）を事前の許可の下に置くこと。
　　(ⅱ)　砂（海底における砂及び河川堆積物を含

む。)の採取を規制し、又は、沿岸の生態系の均衡に有害な影響を与える可能性がある場合にはそれを禁止すること。
   (iii) 地下水のくみ上げ又は自然環境への排出により有害な影響を受ける可能性のある、沿岸の帯水層並びに淡水及び海水が接触し混合して絶えず変化している区域を監視すること。
 (f) インフラストラクチャー、エネルギー施設、港湾及び海上の作業場及び構築物
   インフラストラクチャー、施設、作業場及び構築物の沿岸の生態系、景観及び地形学的特徴に及ぼす悪影響が最小となり、又は、適当な場合には、非金銭的方法により補償されるように、それらを許可の下に置くこと。
 (g) 海洋活動
   海洋活動を、関連する国際条約の規則、基準及び手続に従って、沿岸の生態系の保全を確保するような方法で行うこと。

第10条(特殊な沿岸の生態系) 締約国は、以下の特殊な沿岸の生態系の特性を保護するための措置をとる。
1 湿地及び三角江
   締約国は、保護区域の設定に加えて並びに湿地及び三角江の消滅を防止するために、次のことを行う。
 (a) 国家の沿岸戦略及び計画に基づくこと、かつ、許可を付与する場合には、湿地及び三角江の環境、経済的及び社会的機能を考慮すること。
 (b) 湿地及び三角江に悪影響を及ぼす可能性のある活動を規制し、又は、必要な場合には、その活動を禁止するために必要な措置をとること。
 (c) 沿岸の環境過程における湿地及び三角江の積極的な役割を復活させるために、可能な限り、悪化した沿岸の湿地を再生する措置をとること。
2 海洋の生息地
   締約国は、高い保存的価値のある生息地及び種を管理する海洋区域を保護する必要を認識して、保護区域の分類にかかわらず、次のことを行う。
 (a) 特に高い保存的価値のある生息地及び種を管理する海洋及び沿岸域を保護する立法、計画及び管理を通じて、保護及び保全を確保するための措置をとること。
 (b) 海洋の生息地の保護に関する共通の計画を実施するために、地域的及び国際的協力の促進を約束すること。
3 沿岸の森林及び樹木
   締約国は、特に特別保護区域の外側に位置する沿岸の森林及び樹木を保全し又は開発するための措置をとる。
4 砂丘
   締約国は、砂丘及び砂州を持続可能な方法で保全し、かつ、可能な場合には、回復することを約束する。

第11条(沿岸の景観) 1 締約国は、沿岸の景観の美的な、自然的な及び文化的な価値を認識して、保護区域の分類にかかわらず、立法、計画及び管理によって、沿岸の景観の保護を確保するための措置をとる。
2 締約国は、景観の保護の分野における地域的及び国際的協力、並びに、特に、適切な場合には、国境を越える沿岸の景観のための協同行動の実施を促進することを約束する。

第12条(島嶼(しょ)) 締約国は、島嶼(小島嶼を含む)に対して特別な保護を与えることを約束し、次のことを行う。
 (a) 当該区域において環境に優しい活動を促進し、及び、当該地域住民の慣行及び知識に基づく沿岸の生態系の保護における住民の参加を確保するための特別な措置をとること。
 (b) 島嶼の環境の特別な性質、並びに、特に輸送、旅行、漁業、廃棄物及び水の分野における、国家の沿岸戦略、目標及び計画に関する島嶼間の相互の影響を保全する必要性を考慮すること。

第13条(文化遺産) 1 締約国は、個別に又は合同して、適用可能な国内的及び国際的文書に従って、水中文化遺産を含む、沿岸の文化遺産(特に考古学的及び歴史的な遺産)を保全し及び保護するためのあらゆる適当な措置をとる。
2 締約国は、沿岸域の文化遺産の元の場所における保全が、当該遺産に対する何らかの措置がとられる前に、第1の選択肢として考慮されることを確保する。
3 締約国は、特に、海洋環境から移動された沿岸域の水中文化遺産が、それらの長期の保存に適するような方法で保全及び管理されること、及び、それらが商品として取引、売買又は交換されないことを確保する。

第14条(参加) 1 締約国は、沿岸域の統合的管理の過程を通じる有効なガバナンスを確保するために、沿岸及び海洋の戦略及び計画又は事業の策定及び実施、並びに、様々な許可の発給の段階

において、多様な利害関係者の適当な参加を確保するための必要な措置をとる。当該利害関係者には以下の者が含まれる。
・関係する地域共同体及び公的団体
・経済活動を行う者
・非政府機関
・社会的主体
・利害関係にある一般市民
　当該参加は、特に、協議機関、審査又は公聴会を含むものとし、協同参画へ及ぶこともある。
2　締約国は、当該参加を確保するために、適切、適宜かつ有効な方法で情報を提供する。
3　仲介又は調停手続及び行政又は法的訴えの権利は、沿岸域に関する計画又は事業に関して締約国により制定された参加規定に従って、決定、作為又は不作為を争ういずれの利害関係者に対しても利用可能なものとする。

第15条（注意喚起、訓練、教育及び調査）　1　締約国は、国内的、地域的又は地方的レベルで、統合的沿岸域管理に関する注意喚起の活動を行い、及び、この問題に関する教育計画、訓練及び公教育を発展させることを約束する。
2　締約国は、沿岸域の持続可能な発展を確保するために、直接に、二国間若しくは多数国間で、又は機関、センター若しくは関係する国際機関の援助を得て、沿岸域の統合的管理に関する教育計画、訓練及び公教育を組織する。
3　締約国は、統合的沿岸域管理及び沿岸域に関する活動とその影響の間の相互作用に関する学際的な科学的調査を行う。この目的のために、締約国は、専門的な調査センターを設立し又は維持する。この調査の目的は、特に、統合的沿岸域管理に関する知識を増進すること、公共の情報に貢献すること、並びに、公的及び私的決定を促進することである。

第3部　統合的沿岸域管理のための手段

第16条（モニタリング及び遵守メカニズム並びにネットワーク）　1　締約国は、モニタリング及び遵守のための既存の適当なメカニズムを利用し及び強化し、又は、必要であればそのための新しいメカニズムを創設する。締約国は、また、可能な限り、資源及び活動並びに沿岸域に影響を及ぼす可能性のある制度、法令及び計画に関する情報を含む沿岸域の国家目録を準備し及び定期的に更新する。
2　締約国は、科学的な経験、データ及びよき経験の交換を促進するために、適切な行政的及び科学的レベルで、機関と協力して、地中海沿岸域ネットワークに参加する。
3　締約国は、沿岸域の現状及び変化に関する定期的観測を促進するために、国家目録において、一致した指示の様式及び適切なデータを収集する手順を定める。
4　締約国は、モニタリング及び観測メカニズム並びにネットワークから得られた情報に対する一般の公開を確保するために必要なあらゆる手段をとる。

第17条（統合的沿岸域管理に関する地中海戦略）　締約国は、持続可能な発展のための地中海戦略を考慮し、かつ、必要な場合にはそれを補完して、沿岸域の持続可能な発展及び統合的管理の促進のために協力することを約束する。締約国は、この目的のために、センターの協力を得て、適切な地域的行動計画及びその他の実施上の文書により並びに締約国の国家戦略を通じて補完される、地中海における統合的沿岸域管理のための共通の地域的枠組を定める。

第18条（国家の沿岸戦略及び計画）　1　各締約国は、共通の地域的枠組に合致し、かつ、統合的管理の目的及びこの議定書の原則に従い、統合的沿岸域管理及び沿岸の実施計画のための国家戦略をさらに強化又は策定し、この戦略に適した協力メカニズムについて機関に通知する。
2　国家戦略は、現在の状況の分析に基づき、目標を設定し、理由を示して優先順位を決定し、すべての関係する当事者及び手続と共に管理を必要とする沿岸の生態系を特定し、とるべき措置とその費用並びに制度的文書及び利用可能な法的・財政的手段を列挙し、かつ、実施計画を定める。
3　沿岸計画は、独立したものである場合も、他の計画に統合されている場合も、国家戦略の方向性を特定し、適切な領域のレベルで実施されるものとし、特に適切と認められる場合には、沿岸域の海洋部分と陸地部分それぞれの環境浄化能力及びその配分と利用のための条件を特定する。
4　締約国は、統合的沿岸域管理戦略及び計画の実効性並びに議定書の実施の進捗度を評価するために、適当な指標を定める。

第19条（環境影響評価）　1　締約国は、沿岸域の脆弱性を考慮して、沿岸域、特にその生態系に対する重大な環境影響を与える可能性のある公的及び私的な事業計画に対する環境影響評価の手順及び関連する調査が、沿岸域の環境の特別な脆弱性並びに海洋及び陸上の部分の間の相互関係を考慮して行われることを確保する。
2　締約国は、同様な基準に従って、適当な場合には、

沿岸域に影響する計画に関する戦略的環境影響評価を策定する。

3　環境影響評価は、特に沿岸域の環境浄化能力に正当な考慮を払って、当該域における累積的影響を考慮する。

第20条（土地政策） 1　締約国は、統合的沿岸域管理の促進、経済的負荷の減少、公共区域の維持並びに海洋及び海岸への公衆のアクセスを目的として、適当な土地政策法令及び措置（計画の過程を含む。）を採択する。

2　締約国は、この目的のために、及び、沿岸域の公有及び私有の土地の持続可能な管理を確保するために、特に、公有地の取得、譲渡、寄贈又は移転に関する制度を採択することができ、かつ、財産に対する地役権を設定することができる。

第21条（経済的、資金的及び財政的手段） 締約国は、国家の沿岸戦略及び沿岸計画を実施するために、沿岸域の統合的管理のための地方的、地域的及び国内的イニシアティブを維持することを目的として、関係する経済的、資金的又は財政的手段を採択するための適当な措置をとることができる。

第4部　沿岸域に影響する危険

第22条（自然災害） 締約国は、統合的沿岸域管理のための国家戦略の枠組み内で、自然災害の防止のための政策を策定する。このため、締約国は、沿岸域の脆弱性及び危険に関する評価を行い、かつ、自然災害（特に気候変動による災害）の及ぼす影響を防止し、軽減し及び対応する措置をとる。

第23条（沿岸の浸食） 1　締約国は、この議定書の第5条及び第6条に規定される目的及び原則に従って、沿岸の浸食の悪影響をより効果的に防止し及び軽減するために、変化（海面の隆起によりもたらされるものを含む。）に対応して沿岸の自然の能力を維持し又は回復するための必要な措置をとることを約束する。

2　締約国は、海洋構築物及び沿岸の防護作業場を含む沿岸域で行われる新しい活動及び作業を検討する際には、それらの沿岸の浸食に与える悪影響並びにその結果として生じることのある直接及び間接の費用に特別な考慮を払う。締約国は、既存の活動及び構築物に関しては、それらの沿岸の浸食に与える影響を最小にするための措置をとる。

3　締約国は、諸活動の統合的管理を通じて、沿岸の堆積物及び沿岸の作業場に対する特別な措置の採択を含む、沿岸の浸食の影響を予測するように努める。

4　締約国は、沿岸の浸食の状態、進行及び影響に関する知識を向上させることのできる科学的データを共有することを約束する。

第24条（自然災害に対する対応） 1　締約国は、自然災害に対応しかつその影響に対し適切な方法で取り組むあらゆる必要な措置をとるための国際的協力を促進することを約束する。

2　締約国は、既存のメカニズム及びイニシアティブを利用して、大規模な自然災害に関する緊急情報を可能な限り迅速に伝達することを確保するために、探知、警告及び通報の設備を共同で自由に利用することを約束する。締約国は、当該情報を、国家当局が発出し及び受領する権限をもつ機関に対し、関係する国際的メカニズムに従って通知する。

3　締約国は、地中海の沿岸域に影響を及ぼす自然災害に対する人道的援助を緊急に準備するための相互の協力、並びに、国家、地域及び地方の当局、非政府機関及びその他の権限のある機関の間の協力を促進することを約束する。

第5部　国際協力

第25条（訓練及び調査）　（略）

第26条（科学的及び技術的援助）　（略）

第27条（情報の交換及び共通の関心事に対する活動）（略）

第28条（越境協力） 締約国は、直接に又は機関若しくは権限のある国際機関の協力を得て又は二国間若しくは多数国間で、適当な場合には、隣接する沿岸域に関係する各国の沿岸戦略及び計画を調整することに努める。関連する国内行政機関は当該調整を行う。

第29条（越境環境影響評価） 1　締約国は、この議定書の範囲内において、他の締約国の沿岸域において重大な悪影響を及ぼす可能性のある計画及び事業を許可し又は同意する前に、この議定書の第19条及び条約の第4条3（d）を考慮して、通報、情報交換及び協議を行うことにより、当該計画及び事業の環境に対する影響を評価することに協力する。

2　このため、締約国は、手続のあらゆる段階における通報、情報交換及び協議の手順を決定するための適切な指針の策定及び採択に協力することを約束する。

3　締約国は、適当な場合には、この条の有効な実施のための二国間又は多数国間の協定を締結することができる。

第6部　制度規定

第30条（中央連絡先）締約国は、この議定書の実施の技術的及び科学的側面に関してセンターと連携するために、並びに、国内的、地域的及び地方的レベルにおいて情報を普及させるために、中央連絡先を指定する。中央連絡先は、この議定書から生じる職務を遂行するために定期的に会合をもつ。

第31条（報告書）締約国は、締約国の通常会合に対して、同会合が決定する形式及び期間において、この議定書の実施に関する報告書（とられた措置、その有効性及び議定書の実施において遭遇した問題を含む。）を提出する。

第32条（制度的調整）1　機関は、この議定書の実施を調整する責任を有する。この目的のため、機関はセンターの援助を受けるものとし、かつ、センターに対して以下の職務を委託することができる。
 (a)　第17条に従って、地中海における統合的沿岸域管理のための共通の地域的枠組みを定めるために、締約国を援助すること。
 (b)　議定書の実施を促進するために、地中海における統合的沿岸域管理の現状及び発展に関する定期報告書を準備すること。
 (c)　第27条に従って情報を交換し及び共通の関心事に関する活動を遂行すること。
 (d)　要請に基づき、次の事項に関して締約国を援助すること。
  ——第16条に従って地中海沿岸域ネットワークに参加すること。
  ——第18条に従って統合的沿岸域管理のための国家戦略を準備し及び実施すること。
  ——第25条に従って訓練活動並びに科学的及び技術的調査計画に参加すること。
  ——適当な場合には、第28条に従って越境沿岸域の管理を調整すること。
 (e)　第30条に従って中央連絡先の会合を組織すること。
 (f)　締約国により機関に割り当てられたその他の任務を遂行すること。

2　締約国、機関及びセンターは、この議定書を実施するために、議定書に関係する活動についての非政府機関との協力を共同で行うことができる。

第33条（締約国会合）1　この議定書の締約国通常会合は、条約の第18条に従って開催する、条約の締約国通常会合に続いて開催する。締約国は、同条に従って、特別会合を開催することができる。

2　この議定書の締約国会合の任務は次のとおりとする。
 (a)　この議定書の実施を継続的に検討すること。
 (b)　この議定書が他の議定書との調整及び協同の下に実施されることを確保すること。
 (c)　この議定書の実施に関する機関及びセンターの業務を監督すること並びにそれらの活動に関する政策ガイダンスを準備すること。
 (d)　統合的沿岸域管理のためにとられた措置の有効性、及び、特にこの議定書に対する附属書又は改正という形式での、その他の措置をとる必要性について検討すること。
 (e)　この議定書の実施のためにとられるべき措置に関して締約国に勧告すること。
 (f)　この議定書の第30条に基づく中央連絡先の会合によりなされる提案を検討すること。
 (g)　条約の第26条に基づき締約国により提出された報告書を検討し適切な勧告をすること。
 (h)　センターを通じて付託されたその他の関連する情報を検討すること。
 (i)　この議定書に関連する適当と思われるその他の措置を検討すること。

第7部　最終条項

第34条（条約との関係）　（(2-2-2)第19条と同じ）
第35条（第3国との関係）　（(2-2-1)第28条を参照）
第36条（署名）　（略）
第37条（批准、受諾又は承認）　（略）
第38条（加入）　（略）
第39条（発効）　（略）
第40条（正文）　（略）

2-3 南太平洋地域の天然資源及び環境の保護のための条約(ヌーメア条約)(抄)
Convention for the Protection of the Natural Resources and Environment of the South Pacific Region

採　択　1986年11月24日(ヌーメア)
効力発生　1990年8月22日

締約国は、
　南太平洋地域の環境における天然資源の経済的及び社会的な価値を十分に認識し、
　受け入れられた慣習及び慣行に表現された太平洋の人民の伝統及び文化を考慮に入れ、
　現在及び将来の世代の利益及び享受のためにその自然の財産を保存する自らの責任を自覚し、
　特別な注意と責任ある管理を必要とするこの地域の特別の水文学的、地質学的及び生態学的性格を承認し、
　さらに、汚染により、また、発展過程に環境上の要素を組み入れることが不十分であることにより、海洋環境及び沿岸の環境、その生態学的均衡、資源並びに正統な使用に及ぼされている脅威を承認し、
　資源の開発が、この地域に特有の環境の質の維持及び発展しつつある持続可能な資源管理の原則と調和するよう確保することを求め、
　この地域の天然資源の調整されかつ包括的な開発を確保するためには、相互間における、また、権限ある国際的、地域的及び小地域的な機関との間における協力が必要であることを十分に自覚し、
　海洋環境及び沿岸の環境に関する現存の国際協定を広く受諾し国内的に実施することが望ましいことを承認し、
　しかしながら、海洋環境及び沿岸の環境に関する現存の国際協定は、達成された進歩にもかかわらず、海の汚染並びに環境劣化のすべての側面及び原因をカバーするものではなく、また、南太平洋地域の特別の必要性に十分に対応するものでもないことに留意し、
　1982年3月11日にクック諸島のラロトンガにおいて採択された、南太平洋地域の天然資源及び環境の管理のための行動計画の一般的目的の実施を強化するための地域的条約を採択することを望んで、
　次のとおり協定した。

第1条(地理的適用範囲) 1　この条約は、第2条(a)に定義する南太平洋地域(以下「条約区域」という。)に適用する。

2　この条約へのいずれかの議定書が別段の定めをすることがある場合を除いて、条約区域は国際法に従って定義される締約国の内水又は群島水域を含まない。

第2条(定義) この条約及びその議定書においては、議定書が別段の定めを行わない限り、
　(a)　「条約区域」は、以下のものからなる。
　　(i)　以下の地域の沖合に国際法に従って樹立される200カイリ水域－米領サモア、オーストラリア(東海岸及び東方の諸島(マクォーリー島を含む。))、クック諸島、ミクロネシア連邦、フィジー、仏領ポリネシア、グアム、キリバチ、マーシャル諸島、ナウル、ニューカレドニア及び附属諸島、ニュージーランド、ニウエ、北マリアナ諸島、パラウ、パプア・ニューギニア、ピトケルン諸島、ソロモン諸島、トケラウ、トンガ、ツバル、バヌアツ、ワリー・エ・フトゥーナ諸島、西サモア
　　(ii)　(i)にいう200カイリ水域に囲繞された公海水域
　　(iii)　第3条に基づき条約区域に含められた太平洋の区域
　(b)　「投棄」とは、以下のことをいう。
　　――海洋において廃棄物その他の物を船舶、航空機又はプラットフォームその他の人工海洋構築物から故意に処分すること。
　　――海洋において船舶、航空機又はプラットフォームその他の人工海洋構築物を故意に処分すること。
　　「投棄」には、次のことを含まない。
　　――船舶、航空機又はプラットフォームその他の人工海洋構築物及びこれらの物の設備の通常の運用に付随し又はこれに伴って生ずる廃棄物その他の物を海洋において処分すること。ただし、廃棄物その他の物であって、その処分に従事する船舶、航空機又はプラットフォームその他の人工海洋構築物によって又はこれらに向けて運搬されるもの及び当該船舶、航空機又はプラットフォームその他の人工海洋構築物における当該廃棄物その他の物の処理に伴って生ずるものを処分することを除く。
　　――物を単なる処分以外の目的で配置すること。ただし、その配置がこの条約の目的に反しない場合に限る。
　(c)　「廃棄物その他の物」とは、あらゆる種類、

形状又は性状の物質をいう。
(d) 以下の廃棄物又はその他の物は、非放射性のものとみなす―下水汚泥、浚渫廃棄物、飛散灰、農業廃棄物、建材、船舶、造礁材その他類似の材料。ただし、人工の放射性核種によって汚染されていないこと（核兵器の実験から飛散した地球規模の降下物を除く。）、商業目的の放射性核種から自然に生じる潜在的な線源でないこと、若しくは自然の又は人工の核種であって濃縮されたものでないことを条件とする。

投棄を予定されている物質がこの条約の目的に照らして非放射性とみなされるかどうかについて問題がある場合には、投棄予定者の国の適切な当局が、このような投棄が国際原子力機関の放射線源及び慣行の規制措置からの除外のための一般原則が定める個別的及び集団的な線量限度を超えないことを確認しない限り、このような物質は投棄してはならない。国の当局はまた、国際原子力機関が採択した関連ある勧告、基準及び指針を考慮する。
(e) 「船舶」及び「航空機」とは、種類のいかんを問わず、水上、水中又は空中を移動する機器（自動推進式であるかどうかを問わず、エアクッション船及び浮遊機器を含む。）をいう。
(f) 「汚染」とは、人間による海洋環境（三角江を含む。）への物質又はエネルギーの直接的又は間接的な導入であって、生物資源及び海洋生物に対する害、人の健康に対する危険、海洋活動（漁獲及びその他の適法な海洋の利用を含む。）に対する障害、海水の性質を利用に適さなくすること並びに快適性の減殺のような有害な結果をもたらす又はもたらすおそれのあるものをいう。

この条約における義務にこの定義を適用するに当たって、締約国は、権限ある国際機関（国際原子力機関を含む。）が確立した適切な基準及び勧告を遵守するために最善の努力を行う。
(g) 「機関」とは、南太平洋委員会をいう。
(h) 「事務局長」とは、南太平洋経済協力事務局の事務局長をいう。

第3条（条約区域の追加） いずれの締約国も、北回帰線及び南緯60度の間並びに東経130度及び西経120度の間の太平洋にある自国の管轄権の下にある地域を、条約区域に加えることができる。このような追加は寄託者に通報するものとし、寄託者はこれを他の締約国及び機関にすみやかに通報する。このような地域は、寄託者が締約国に通報した90日後に条約区域に組み込まれる。ただし、この提案によって影響を受ける締約国が新区域追加の提案に反対しないことを条件とする。このような反対がある場合には、関係締約国は問題の解決を目的として協議することとなる。

第4条（一般規定） 1　締約国は、条約区域の海洋及び沿岸環境の保護、開発及び管理のために二国間又は多数国間の協定（地域的又は小地域的な協定を含む。）を締結するよう努力する。このような協定はこの条約と両立するものであり、かつ国際法に従ったものでなければならない。このような協定の写しは、機関及び機関を通じてこの条約のすべての締約国に通知する。

2　この条約又はその議定書は、締約国が以前に締結した協定によって引き受けた義務に影響を及ぼすものとはみなさない。

3　この条約又はその議定書は、1972年の廃棄物その他の物の投棄による海洋汚染の防止に関する条約のいずれかの規定又は文言の解釈及び適用を損ない又はこれに影響を及ぼすものと解釈してはならない。

4　この条約及びその議定書は、その主題と関係する国際法に従って解釈する。

5　この条約及びその議定書は、海洋管轄権の性質又は範囲に関するいずれかの締約国の現在又は将来の主張及び法的見解を損なうものではない。

6　この条約は、環境を保護し保全する義務を考慮に入れて、その政策に基づいて自らの天然資源を利用し、開発し及び管理する国の主権的権利に影響を及ぼすものではない。締約国は、自国の管轄又は管理の下における活動が他国の環境又はいずれの国の管轄にも属さない区域の環境を害さないように確保する。

第5条（一般的義務） 1　締約国は個別に又は共同して、あらゆる発生源からの条約区域の汚染を防止し、軽減し及び管理するために、国際法と両立しかつこの条約及びその現行の議定書であって自らが締約国であるものに従ったすべての適切な措置をとるために努力し、また、利用可能な最良の実際的手段を用い及びその能力に応じて、健全な環境の管理及び天然資源の開発を確保するために努力する。これらのことを行うに当たって締約国は、地域的なレベルにおいてその政策を調和させるように努力する。

2　締約国は、この条約の実施が条約区域の外側の海洋環境の汚染を増大させる結果とならないよう確保するために、最善の努力を行う。

3　投棄による南太平洋地域の汚染の防止のための議定書及び南太平洋区域の汚染の緊急事態に対

処するための協力に関する議定書に加えて、締約国は、あらゆる発生源からの条約区域の汚染を防止し、軽減し及び規制するための合意された措置、手続及び基準を規定するその他の議定書を起草し採択するために、又はこの条約の目的に従った環境の管理を促進するために、協力する。

4 締約国は、国際的に承認された規則、基準、慣行及び手続を考慮に入れて、あらゆる発生源からの汚染を防止し、軽減し及び規制するための勧告された慣行、手続及び措置を確立し採択するために、並びにこの条約及びその議定書の目的に従って持続的な資源開発を促進し天然資源の健全な開発を確保するために、また、この条約及びその議定書の下におけるその義務の履行を相互に援助するために、権限ある普遍的な、地域的及び小地域的な機関と協力する。

5 締約国は、この条約に定める義務を効果的に履行するための法及び規則を樹立するように努力する。このような法及び規則は、国際的な規則、基準、並びに勧告された慣行及び手続に実効性において劣るものであってはならない。

第6条（船舶からの汚染）締約国は、条約区域において船舶からの排出による汚染を防止し、軽減し及び規制するために、また、権限ある国際機関により又は船舶からの汚染に関する一般的な外交会議を通じて樹立された一般的に認められた国際的な規則及び基準の条約区域における効果的な適用を確保するために、すべての適当な措置をとる。

第7条（陸にある発生源からの汚染）締約国は、沿岸における処分により、若しくは河川、三角江、沿岸施設、河口構築物又はその他のその領域内における発生源からの排出により条約区域において生じる汚染を防止し、軽減し及び規制するために、すべての適当な措置をとる。

第8条（海底における活動からの汚染）締約国は、条約区域において海底又はその地下の探査及び開発から直接又は間接に生じる汚染を防止し、軽減し及び規制するために、すべての適当な措置をとる。

第9条（大気を通じる汚染）締約国は、条約区域において自国の管轄下における活動からの大気への排出によって生じる汚染を防止し、軽減し及び規制するために、すべての適当な措置をとる。

第10条（廃棄物の処分） 1 締約国は、条約区域において船舶、航空機又は人工海洋構築物からの投棄によって生じる汚染を防止し、軽減し及び規制するために、すべての適当な措置（廃棄物及びその他の物の投棄の規制に関する関連の国際的に認められた規則及び手続の効果的な適用を含む。）をとる。締約国は、条約区域において放射性廃棄物又はその他の放射性物質の投棄を禁止することに合意する。海底及びその地下への廃棄物又はその他の物の処分が「投棄」に当たるかどうかを予断することなく、締約国は、条約区域の海底及びその地下への放射性廃棄物又はその他の放射性物質の処分を禁止することに合意する。

2 この条は、締約国の大陸棚が国際法に従って条約区域の外側にまで延びる場合には、大陸棚にも適用する。

第11条（毒性廃棄物及び有害廃棄物の貯蔵）締約国は、条約区域において毒性廃棄物及び有害廃棄物の貯蔵から生じる汚染を防止し、軽減し及び規制するために、すべての適当な措置をとる。とりわけ締約国は、条約区域における放射性廃棄物又はその他の放射性物質の貯蔵を禁止する。

第12条（核装置の実験）締約国は、条約区域において核装置の実験から生じることのある汚染を防止し、軽減し及び規制するために、すべての適当な措置をとる。

第13条（採鉱及び沿岸の浸食）締約国は、条約区域における環境損害、とりわけ沿岸工事、採鉱活動、砂の除去、埋め立て及び浚渫によって生じる沿岸の浸食を防止し、軽減し及び規制するために、すべての適当な措置をとる。

第14条（特別保護区及び動植物の保護）締約国は個別に又は共同して、条約区域において希少な又は脆弱な生態系及び激減しており、脅かされており又は絶滅のおそれがある動植物並びにそれらの生息地を保護し及び保全するために、すべての適当な措置をとる。この目的のために締約国は、適切な場合には、公園及び保留地のような保護区を設定し、及び保護区がその保護を目的とする種、生態系又は生物学的過程に悪影響を及ぼす可能性がある活動を禁止し又は規制する。保護区の設定は、他の締約国又は第3国の国際法に基づく権利に影響を及ぼさない。これに加えて締約国は、保護区の運営及び管理に関する情報を交換する。

第15条（汚染の緊急事態に対処するための協力） 1 締約国は、条約区域における汚染の緊急事態に対処するために、緊急事態の原因のいかんを問わずすべての必要な措置をとり、又、これから生じる汚染又は汚染の脅威を防止し、軽減し及び規制するために、すべての必要な措置をとる。この目的のために締約国は、条約区域における

汚染又はその脅威をもたらす事件に対処するための、個別の及び共同の防災計画を発展させ促進する。

2　締約国は、条約区域を汚染する差し迫った危険があり又は汚染させた事件を知ったときには、このような汚染によって影響を受ける可能性があるとみなす国及び領域並びに機構に対して、ただちにこれを通報する。さらに締約国は、汚染又はその脅威を軽減し又は規制するために自らとった措置を、このようなその他の国及び領域並びに機構に対して、実行可能な限りすみやかに通報する。

第16条（環境影響評価）　1　締約国は、権限ある普遍的、地域的又は小地域的な機関の要望に応じた援助を得て、その天然資源の均衡のとれた開発を促進するための環境上及び社会上の諸要因を適切に重視し、海洋環境に影響を及ぼすかも知れない主要な事業を条約区域への有害な影響を防止し又は最小とするような方法で計画するような、技術的な指針及び立法を発展させ維持する。

2　締約国はその能力の範囲内において、条約区域の相当の汚染又はそこにおける重大かつ有害な変化を防止するために適切な措置をとることができるように、このような事業の海洋環境への潜在的な影響を評価する。

3　前項にいう評価については、締約国は適切な場合には次のことを行う。
　(a)　国内手続に従って公衆の意見を求めること。
　(b)　影響を受けるかも知れない他の締約国に対して協議を行い及び意見を提出するように求めること。
　このような評価の結果は機関に通知するものとし、機関はこれを利害関係を有する締約国に利用可能とする。

第17条（科学上及び技術上の協力）　（略）
第18条（技術援助及びその他の援助）　（略）
第19条（情報の伝達）　（略）
第20条（賠償責任及び補償）　締約国は、条約区域の汚染から生じる損害への賠償責任及び補償に関して、国際法に従った適切な規則及び手続を起草し採択するために協力する。

第21条（制度上の取り決め）　1　機関は、次の事務局の職務を遂行する責任を有する。
　(a)　締約国の会合を準備し招集すること。
　(b)　この条約及びその議定書に従って受領した通知、報告書及びその他の情報を、締約国に送付すること。
　(c)　この条約の議定書が割り当てる職務を遂行すること。
　(d)　締約国からの問い合わせ及び情報を検討し並びにこの条約及び議定書に関する問題について締約国と協議すること。
　(e)　締約国が合意した協力活動の実施を調整すること。
　(f)　他の権限ある普遍的、地域的及び小地域的な団体との必要な調整を確保すること。
　(g)　事務局の職務の効果的な履行のために必要となることがある行政上の取り決めを行うこと。
　(h)　締約国が割り当てることがあるその他の職務を履行すること、及び
　(i)　南太平洋会議及び南太平洋フォーラムに対して、締約国の通常及び臨時の会合の報告書を送付すること。

2　締約国は、この条約の目的のために機関との連絡の経路となる適切な国の当局を指名する。

第22条（締約国の会合）　1　締約国は、2年に1度通常会合を開催する。通常会合は、この条約及びその議定書の実施を検討し、並びにとりわけ次のことを行う。
　(a)　条約区域の環境の状態を定期的に評価すること。
　(b)　第19条の下で締約国が提出する情報を検討すること。
　(c)　第25条の規定に従いこの条約及びその議定書への附属書を必要に応じて採択し、検討し及び改正すること。
　(d)　第23条及び第24条の規定に従い議定書の採択若しくはこの条約又はその議定書の改正に関して勧告を行うこと。
　(e)　この条約及びその議定書に関する事項を検討するために、必要に応じて作業部会を設置すること。
　(f)　この条約及びその議定書の枠内において行われるべき協力活動（それらの財政上及び制度上の影響を含む。）を審議し、及びこれに関する決定を採択すること。
　(g)　この条約及びその議定書の目的の達成のために必要となることがある追加的行動について審議し及びこれに着手すること。
　(h)　機関と協議して準備された財政規則及び予算案をコンセンサス方式によって採択し、とりわけこの条約及び当該締約国がその締約国である議定書の下におけるその締約国の財政上の参加について決定すること。

2　機関は、第31条に従ってこの条約が効力を発生する日から1年以内に、締約国の第1回通常会合を招集する。

3 臨時会合は、いずれかの締約国の要請により又は機関の要請により招集する。ただし、このような要請が締約国の少なくとも3分の2の支持を受けることを条件とする。締約国の臨時会合の職務は、臨時会合開催の要請において提案された議題及び当該の会合に出席するすべての締約国が合意するその他の議題を審議することとする。

4 締約国は第1回の通常会合において、コンセンサス方式により会合のための手続規則を採択する。

第23条（議定書の採択） 1 締約国は全権代表の会議において、第5条3に従いこの条約への議定書を採択する。

2 締約国の過半数が要請する場合には、機関はこの条約への議定書を採択する目的で全権会議を招集する。

第24条（この条約及びその議定書の改正） 1 締約国は、この条約の改正を提案することができる。改正は、機関が締約国の3分の2の要請に応じて招集する全権会議が採択する。

2 この条約の締約国は、議定書の改正を提案することができる。改正は、機関が当該の議定書の締約国の3分の2の要請に応じて招集する全権会議が採択する。

3 この条約又はそのいずれかの議定書の改正の提案を機関に送付するものとし、機関はそのような提案をすべての他の締約国に対して検討のためにすみやかに伝達する。

4 条約又は議定書への改正案を審議する全権会議は、事情に応じて第1項又は第2項に従って会議開催のための要件が満たされた後90日以内に開催する。

5 この条約の改正は、全権会議に代表を送る条約締約国の4分の3以上の多数による議決で採択し、寄託者が受諾を求めて条約のすべての締約国に提示する。議定書の改正は、全権会議に代表を送る議定書の締約国の4分の3以上の多数による議決で採択し、寄託者が受諾を求めて当該の議定書のすべての締約国に提示する。

6 改正の批准、受諾又は承認の文書は、寄託者に寄託する。改正は、事情に応じてこの条約又は議定書の締約国の少なくとも4分の3の文書を寄託者が受領した日の後30日目の日に、このような改正を受諾した締約国の間において効力を発生する。これ以後は改正は、その他の締約国がその文書を寄託した日の後30日目の日に、当該の締約国について効力を発生する。

7 この条約又は議定書の改正が効力を発生した後は、条約又は議定書の新しい締約国は、改正された条約又は議定書の締約国となる。

第25条（附属書及び附属書の改正） 1 この条約又はいずれかの議定書への附属書は、おのおの条約又は議定書の不可分の一部を構成する。

2 議定書がその附属書について別段の定めをする場合を除いて、この条約の附属書又は議定書の附属書の改正の採択及び効力発生については、次の手続を適用する。

(a) 締約国は、この条約の附属書又は議定書の附属書の改正を提案することができる。

(b) 改正の提案は、締約国の会合の招集の少なくとも60日前までに機構が締約国に通知する。ただし、締約国の会合がこの要件を免除する場合はこの限りではない。

(c) このような修正は、締約国の会合において当該の文書の締約国の4分の3以上の多数による議決で採択する。

(d) 寄託者は、このようにして採択された改正を遅滞なくすべての締約国に通知する。

(e) この条約の附属書又は議定書の附属書の改正を承認することができない締約国は、寄託者が改正を通知した日から100日以内に書面によりその旨を寄託者に通報する。締約国はいつでも、以前の反対の宣言に代えて受諾の宣言を行うことができ、附属書はこれにより当該の締約国にとって効力を発生する。

(f) 寄託者は、前号に従って受領した通報を遅滞なくすべての締約国に通報する。

(g) (e)号にいう期間の満了に伴い、附属書の改正は、同号に従って通報を行わなかったこの条約又は関連議定書のすべての締約国について有効となる。

3 新しい附属書の採択及び改正には、前項の規定に定める附属書の改正の採択及び効力発生と同じ手続を適用する。ただし、この条約又は関連の議定書の改正がかかわる場合には、新しい附属書はこのような改正が効力を発生するまでは効力を発生しない。

4 仲裁に関する附属書の改正はこの条約又はその議定書の改正とみなすものとし、第24条に定める手続に従って提案し採択する。

第26条（紛争の解決） 1 締約国の間にこの条約又はその議定書の解釈又は適用に関する紛争がある場合には、紛争当事国は交渉その他自ら選択した平和的手段によって当該紛争の解決を求める。関連の締約国は、合意に達することができない場合には、第三国のあっ旋を求めるか又は共同してその仲介を求めるべきである。

2 関連の締約国は、前項にいう手段によって紛争を解決できない場合には、紛争は共通の合意によって、この条約への仲裁に関する附属書に定める条件の下に仲裁に付託する。ただし、この条約へのいずれかの議定書が別段の定めをする場合は例外とする。しかしながら、紛争を仲裁に付託する共通の合意が得られないことは、前項にいう手段によって引き続き解決を求める責任から締約国を解放するものではない。

3 締約国は、仲裁に関する附属書に定める仲裁手続の適用を同一の義務を受諾する他の締約国に対する関係において当然にかつ特別の合意なしに義務的であると認めることを、いつでも宣言することができる。このような宣言は書面によって寄託者に通知するものとし、寄託者はこれを他の締約国にすみやかに通報する。

第27条(この条約及びその議定書の間の関係) 1 いかなる国も、同時に一又はそれ以上の議定書の締約国となることなしに、この条約の締約国となることはできない。いかなる国も、この条約の締約国であるか又は同時に締約国となることなしに、議定書の締約国となることはできない。

2 この条約の第22条、第24条及び第25条に従った議定書に関する決定は、当該の議定書の締約国によってのみ行う。

第28条(署名) この条約、南太平洋区域の汚染の緊急事態に対処するための協力に関する議定書及び投棄による南太平洋地域の汚染の防止のための議定書は、1986年11月25日にニューカレドニアのヌーメアにある南太平洋委員会本部において、1986年11月26日から1987年11月25日まではフィジーのスヴァにある南太平洋経済協力事務局本部において、1986年11月24日から1986年11月25日までニューカレドニアのヌーメアにおいて開催された南太平洋の天然資源及び環境の保護に関する高級会議の全権会合に参加するよう招請された国による署名のために開放しておく。

第29条(批准、受諾又は承認) (略)

第30条(加入) 1 この条約及びその議定書は、条約又は関連の議定書が署名のために閉じられた日の次の日から、第28条にいう国による加入のために開放しておく。

2 1にいう国ではないいかなる国も、この条約又は関連の議定書の締約国の4分の3による事前の承認を条件として、この条約及び議定書に加入することができる。

3 加入書は、寄託者に寄託する。

第31条(効力発生) (略)
第32条(廃棄) (略)
第33条(寄託者の責任) (略)

仲裁に関する附属書 (略)

2-4 北東大西洋の海洋環境の保護のための条約(OSPAR条約)(抄)
Convention for the Protection of the Marine Environment of the North-East Atlantic

採　択　1992年11月22日(パリ)
効力発生　1988年3月25日

締約国は、

海洋環境並びにそれがはぐくむ動物及び植物は、すべての国にとって極めて重要であることを認識し、

北東大西洋の海洋環境の固有の価値及びそのために調和のとれた保護を与える必要性を認識し、

国内的、地域的及び地球的な規模における一致した行動が、海洋汚染を防止し及び除去するために、並びに、海域の持続可能な管理、すなわち、海洋生態系が海洋の合理的な利用を維持し続け、また、現在及び将来の世代のニーズを満たし続けるような人間活動の管理を実現するために不可欠であることを認識し、

生態系上の均衡及び海洋の合理的な利用が、汚染によって脅かされていることに留意し、

1972年6月にストックホルムで開催された国際連合人間環境会議の勧告を考慮し、

1992年6月にリオ・デ・ジャネイロで開催された環境と発展に関する国際連合会議の成果を考慮し、

国連海洋法条約第XII部に反映された慣習国際法の関連規定、特に、海洋環境の保護及び保全のための世界的及び地域的な協力に関する第197条に留意し、

同一の海域に関係する国の共通利益によって、当該国は地域的又は小地域的な規模における協力を促されることを考慮し、

1972年2月15日にオスロで署名された船舶及び航空機からの投棄による海洋汚染の防止のための条約(1983年3月2日及び1989年12月5日の議定書により改正)及び1974年6月4日にパリで署名された陸にある発生源からの海洋汚染の防止のための条約(1986年3月26日の議定書により改正)で得られた有益な成果を想起し、

海洋環境を保護するための漸進的な及び統一的な措置の一部として、海洋の汚染を防止し及び除去するための一層の国際的活動が遅滞なく行われるべきことを確信し、

海洋環境の汚染の防止及び除去又は人間活動による悪影響に対する海洋環境の保護について、世界的な適用範囲を持つ国際的な条約又は協定で規定されるものよりも厳格な措置を地域的な規模でとることが望ましいことを認識し、

漁業の管理に関する問題は、特にそのような問題を扱う国際的な及び地域的な協定により適切に規制されることを認識し、

現行のオスロ条約及びパリ条約が汚染の多くの原因の幾つかを十分に規制しておらず、よって、すべての海洋環境の汚染源及び海洋環境に対する人間活動の悪影響をその対象とし、予防原則を考慮し、また、地域的な協力を強化するこの条約が両条約に取って代わるべきことを考慮して、

次のとおり協定した。

第1条 (定義) この条約の適用上、
(a) 「海洋区域」とは、締約国の内水及び領海、国際法により認められた範囲での沿岸国の管轄権の下にある領海に接続する水域及び公海(それぞれの水域の海底及びその地下を含む。)であって、以下の限界内に位置するものをいう。
　(i) 北緯36度以北であり西経42度及び東経51度の間の大西洋、北極海及びそれらに附属する海域。ただし以下を除く。
　　(1) バルト海並びにそれぞれハセノア岬からギンベン岬まで、コースヘイエからスボスベアまで、及びギルベア岬からキューレンまでに引かれる線の南及び東に存在する海帯
　　(2) 地中海並びに北緯36度及び西経5度36分の子午線が交差する点までの地中海に附属する海域
　(ii) 北緯59度以北及び西経44度から42度の間の大西洋
(b) 「内水」とは、領海の幅員が測定される基線の陸地側の水域(水路の場合には淡水限界まで)をいう。
(c) 「淡水限界」とは、低潮時かつ低淡水水流時において、海水の存在を原因として塩分濃度の顕著な増加がみられる、水路中の場所をいう。
(d) 「汚染」とは、人間による海域への物質又はエネルギーの直接的又は間接的な導入であって、人の健康に対する危険、生物資源及び海洋生態系に対する害、快適性に対する損害又はその他の適法な海洋の利用に対する障害をもたらし又はもたらすおそれのあるものをいう。
(e) 「陸にある発生源」とは、陸上の特定の及び拡散した発生源であって、そこから物質又はエネルギーが水により、大気を経由して又は沿岸から直接に海域に到達するものをいう。それは、トンネル、パイプラインその他の手段により陸上から到達可能な海底下における故意による処分に付随する発生源、及び、沖合活動を目的とするものを除き、締約国の管轄権下の海域において設置された人工構築物に付随する発生源を含む。
(f) 「投棄」とは、次のことをいう。
　(i) 海域において廃棄物その他の物を次のものから故意に処分すること。
　　(1) 船舶又は航空機
　　(2) 沖合施設
　(ii) 海域において次のものを故意に処分すること。
　　(1) 船舶又は航空機
　　(2) 沖合施設及び沖合パイプライン
(g) 「投棄」には、次のことを含まない。
　(i) 1978年の議定書により修正された1973年の船舶からの汚染の防止のための国際条約又はその他の適用可能な国際法に従って、船舶、航空機若しくは沖合施設の通常の運用に付随し、又はこれに伴って生ずる廃棄物その他の物を処分すること。ただし、廃棄物その他の物であって、その処分に従事する船舶、航空機又は沖合施設によって又はこれらに向けて運搬されるもの及び当該船舶、航空機又は沖合施設における当該廃棄物その他の物の処理に伴って生ずるものを処分することを除く。
　(ii) 物を単なる処分の目的以外の目的で配置すること。ただし、その配置が、その物が当初計画され又は建造された目的以外の目的でなされる場合には、その配置がこの条約の関連する規定に従っている場合に限る。
　(iii) 附属書Ⅲの適用上、使用済みの沖合施設又は使用済みの沖合パイプラインの全部又は1部を放置すること。ただし、その作業がこの条約の関連する規定及びその他の関連する国際法に従って行われる場合に限る。
(h) 「焼却」とは、廃棄物その他の物を熱分解する目的で海域において故意に燃焼させることをいう。
(i) 「焼却」には、適用可能な国際法に従って、船舶、航空機若しくは沖合施設の通常の運用

に付随し、又はこれに伴って生ずる廃棄物その他の物の熱分解を含まない。ただし、当該熱分解を目的として運用される船舶、航空機又は沖合施設の上での廃棄物その他の物の熱分解を除く。
(j) 「沖合活動」とは、液化炭化水素及び気化炭化水素の探査、評価又は開発を目的として海域において行われる活動をいう。
(k) 「沖合の発生源」とは、物質又はエネルギーを海域に排出する沖合施設及び沖合パイプラインをいう。
(l) 「沖合施設」とは、浮いているか又は海底に固定されているかを問わず、沖合活動を目的として海域に設置されている、人工構築物、施設、船舶又はそれらの一部をいう。
(m) 「沖合パイプライン」とは、沖合活動を目的として海域に設置されているパイプラインをいう。
(n) 「船舶及び航空機」とは、種類のいかんを問わず、水上、水中又は空中を移動する機器及びそれらの部品その他の備品をいい、自動推進式であるか否かを問わず、エアクッション船及び浮遊機器並びに海域における人工構築物及びそれらの設備を含むが、沖合施設及び沖合パイプラインを含まない。
(o) 「廃棄物その他の物」は、次の物を含まない。
  (i) 生活廃棄物
  (ii) 沖合施設
  (iii) 沖合パイプライン
  (iv) 未処理の魚及び漁船から遺棄される魚の残滓
(p) 「条約」とは、別段の明示のない限り、北東大西洋の海洋環境の保護のための条約並びにその附属書及び付録をいう。
(q) 「オスロ条約」とは、1983年3月2日及び1989年12月5日の議定書により改正された、1972年2月15日にオスロで署名された船舶及び航空機からの投棄による海洋汚染の防止のための条約をいう。
(r) 「パリ条約」とは、1986年3月26日の議定書で改正された、1974年6月4日にパリで署名された陸上の発生源からの海洋汚染の防止のための条約をいう。
(s) 「地域的な経済統合のための機関」とは、特定の地域の主権国家によって構成され、この条約が規律する事項に関して権限を有し、かつ、その内部手続に従って、この条約の署名、批准、受諾、承認又はこの条約への加入が正当に委任されている機関をいう。

第2条(一般的義務) 1 (a) 締約国は、この条約の規定に従い、人の健康を保護し、海洋生態系を保全し、また、実行可能なときには、悪影響を受けた海洋区域を回復するために、汚染を防止し及び除去するためのすべての可能な手段をとり、並びに、人間活動の悪影響から海洋区域を保護するためのあらゆる必要な措置をとる。
  (b) この目的のため、締約国は、個別に及び共同して、計画及び措置を策定するものとし、かつ、その政策及び戦略を調和させる。
2 締約国は、次の原則を適用する。
  (a) 予防原則 同原則に基づき、締約国は、海洋環境に直接又は間接に持ち込まれる物質又はエネルギーが人の健康に危険をもたらし、生物資源及び海洋生態系に害を与え、海洋の快適性を損ない、又は他の適法な海洋の利用を妨げるおそれがあるという理由がある場合には、投入と効果との間の因果関係につき明確な証拠がない場合においても防止措置がとられる。
  (b) 汚染者負担原則 同原則に基づき、汚染の防止、規制及び軽減のための措置についての費用が汚染者によって負担される。
3 (a) 締約国は、この条約の実施に際して計画及び措置を策定するものとし、これらには、適当な場合には、その完了のための時間的制約が含まれ、また、汚染を十分に防止し及び除去するための最新の技術上の進歩及び慣行の利用についても、十分な考慮が払われる。
  (b) この目的のため、締約国は次のことを行う。
    (i) 付録Ⅰに規定される基準を考慮し、計画及び措置について、適当な場合には、低負荷型の技術を含み、特に、利用可能な最良の技術及び環境のための最良の慣行の適用を明確に定めること。
    (ii) これらの計画及び措置の実施に当たり、適当な場合には、低負荷型の技術を含み、そのように定められる利用可能な最良の技術及び環境のための最良の慣行の適用を確保すること。
4 締約国は、自らのとる措置が、海洋区域の外の海洋又はその他の環境における汚染の増加を防止するようにしなくてはならない。
5 この条約のいかなる規定も、締約国が、個別に又は共同して、海洋区域の汚染の防止及び除去又は人間の活動の悪影響からの海洋区域の保護について、より厳格な措置をとることを妨げるものと解釈されてはならない。

第3条(陸にある発生源からの汚染) 締約国は、個別に及び共同して、この条約の規定に従い、特に附属書Ⅰで規定されるように、陸にある発生源からの汚染を防止し及び除去するためのあらゆる可能な手段をとる。

第4条(投棄又は焼却による汚染) 締約国は、個別に及び共同して、この条約の規定に従い、特に附属書Ⅱで規定されるように、廃棄物その他の物の投棄又は焼却による汚染を防止し及び除去するためのあらゆる可能な手段をとる。

第5条(沖合の汚染源からの汚染) 締約国は、個別に及び共同して、この条約の規定に従い、特に附属書Ⅲに規定されるように、沖合の汚染源からの汚染を防止し及び除去するためのあらゆる可能な手段をとる。

第6条(海洋環境の質の評価) 締約国は、この条約、特に、附属書Ⅳの規定に従って、次のことを行う。
(a) 海洋区域又は地域若しくは小地域における海洋環境の質的状態及びその進展についての合同の評価を定期的に実施し、及び公表すること。
(b) これらの評価においては、海洋環境の保護のためにとられ及び計画された措置の効果についての評価並びに行動のための優先事項の特定の双方を含むこと。

第7条(その他の汚染源からの汚染) 締約国は、その他の汚染源からの汚染に対して海域を保護するための措置、手続、基準を規定する、前記の第3条、第4条、第5条及び第6条で言及される附属書に加えて、これらの汚染が他の国際組織によって合意され、又は他の国際条約によって規定されることによる効果的な措置の対象とされていない限りにおいて、附属書を採択するために協力する。

第8条(科学的及び技術的研究) 1 締約国は、この条約の目的を促進するため、科学的又は技術的研究に関する補足的又は合同の計画を立て、また、標準の手続に従い、次のものを委員会に送付する。
(a) これらの補足的、合同の又はその他の関連する研究の結果
(b) 科学的及び技術的研究についての他の関連する計画の詳細
2 締約国は、以上を行うに当たり、これらの分野における適当な国際組織及び国際機関により実施される作業に考慮を払う。

第9条(情報へのアクセス) 1. 締約国は、自国の権限のある当局が、合理的な要請に応じ、自然人又は法人に対して、利害関係の立証を必要とすることなく、非合理的な費用負担なしに、可能な限りすみやかに、かつ、遅くとも2か月以内に、この条の2に規定される情報を利用可能とすることを確保する。

2 1で規定される情報は、海洋区域の状態、海洋区域に悪影響を与え又は与えるおそれのある活動又は措置及びこの条約に従って導入された活動又は措置に関する、書面、視覚、口頭又はデータベースの形態において利用可能な情報である。

3 この条の規定は、自国の国内法制度及び適用可能な国際規則に従い、次の事項に影響を及ぼす情報についての要請を拒否する締約国の権利に影響するものではない。
(a) 公的当局の手続、国際関係及び国防に関する秘密性
(b) 公共の安全
(c) 訴訟継続中であるか若しくはあった問題、調査中(懲戒調査を含む。)である問題、又は予備調査手続の対象となる問題
(d) 知的財産を含む、商業上及び産業上の秘密性
(e) 個人の情報及び(又は)記録媒体の秘密性
(f) 第三者によって提供される資料で、当該第三者がそのことを行う法的義務がないもの
(g) 資料のうち、その開示によって当該資料に関する環境が損傷を受けるおそれのあるもの
4 要請された情報の提供を拒否する理由は示されねばならない。

第10条(委員会) 1 この条約により、各締約国の代表者から構成される委員会を設立する。委員会は、定期的に及び特別な事情により手続規則に基づき決定したときにはいつでも、会合を行う。
2 委員会は、次の任務を遂行する。
(a) この条約の実施を監督すること。
(b) 海洋区域の状態、とられた措置の効果、優先事項及び追加的な又は異なる措置の必要性について一般的に検討すること。
(c) この条約の一般的義務に従い、汚染の防止及び除去並びに海洋区域に直接に又は間接に悪影響を与える可能性のある活動の規制についての計画及び措置を策定すること。このような計画及び措置は、適当な場合には、経済的施策を含む。
(d) 定期的にその作業計画を立てること。
(e) 委員会が必要と認める下部機関を設立し、その付託事項を定めること。
(f) 第15条、第16条、第17条、第18条、第19条及び第27条に従い、この条約の改正のための提案を検討し、適当な場合には、採択すること。
(g) 第21条及び第23条によって与えられる職務並びにこの条約に基づく適当と思われる職務を遂行すること。
3 前項の目的のため、委員会は、特に、第13条に

従い、決定及び勧告を採択する。
4 委員会は、手続規則を策定する。手続規則は、締約国の全会一致による議決で採択する。
5 委員会は、財政規則を策定する。財政規則は、締約国の全会一致による議決で採択する。

第11条(オブザーバー) 1 委員会は、締約国の全会一致による議決で、次のものをオブザーバーと認めることを決定することができる。
 (a) この条約の締約国でない国
 (b) その活動がこの条約と関係する国際的な政府間機関又は非政府間機関
2 これらのオブザーバーは、投票権なしで委員会の会合に出席し、また、この条約の目的に関連する情報又は報告書を委員会に提出することができる。
3 オブザーバーの許可及び出席の条件は、委員会の手続規則に定める。

第12条(事務局) (略)

第13条(決定及び勧告) 1 決定及び勧告は、締約国の全会一致による議決で採択される。全会一致がなされないとき、及びこの条約に別段の定めがないときには、委員会は、決定又は勧告を、締約国の3分の2以上の多数による議決で採択する。
2 決定は、その採択から200日の期間が経過したときに、同決定に賛成の投票を行い、かつ、同期間内に事務局長に書面で受諾できないことを通告しない締約国について、拘束する。ただし、同期間満了時に、4分の3の締約国が同決定に賛成の投票を行い、及び自国の受諾を撤回せず、又は事務局長に書面で自国が同決定を受諾しうることを通知することを条件とする。このような決定は、事務局長に書面で自国が同決定を受諾しうる旨通知した他の締約国を、この通告の時点、又は当該決定の採択から200日の期間が経過したときのいずれかの遅い時点で拘束する。
3 2における事務局長への通告において、締約国は、この条約が適用される一又はそれ以上の自国の属領又は自治領に関して決定を受諾できないことを指摘することができる。
4 委員会の採択するすべての決定は、適当な場合には、当該決定が実施される計画案を明記する規定を含む。
5 勧告は、拘束力をもたない。
6 附属書又は付録についての決定は、関係する附属書又は付録によって拘束される締約国により行われる。

第14条(附属書及び付録の地位) 1 附属書及び付録は、この条約の不可分の一部を成す。
2 付録は、科学的な、技術的又は管理的な性質を有するものである。

第15条(条約の改正) 1 第27条の2及び附属書又は付録の採択又は改正に適用される個別の規定を害することなく、この条約の改正は本条により行う。
2 締約国はこの条約の改正を提案することができる。この条約の改正案は、その採択が提案される委員会の会合の少なくとも6カ月前に委員会の事務局長が締約国に通報する。事務局長は、また、改正案を、情報提供のため、この条約の署名国に通報する。
3 委員会は、改正を、締約国の全員一致による議決で採択する。
4 採択された改正は、寄託政府が、締約国に対し、批准、受諾又は承認のために送付する。改正の批准、受諾又は承認は、書面により寄託政府に通知する。
5 改正は、少なくとも7の締約国がその批准、受諾又は承認の通知を寄託政府が受領した日の後30日目の日に、当該改正を批准、受諾又は承認した締約国について効力を生ずる。改正は、他の締約国については、当該他の締約国が、当該改正の批准書、受諾書又は承認書を寄託した日の後30日目の日に効力を生ずる。

第16条(附属書の採択) この条約の改正に関する第15条の規定は、委員会が、第7条に規定する附属書を締約国の4分の3以上の多数による議決で採択する場合を除くほか、この条約の附属書の提案、採択及び発効についても適用される。

第17条(附属書の改正) 1 この条約の改正に関する第15条の規定は、委員会が、第3条、第4条、第5条、第6条又は第7条に規定するいずれかの附属書に対する改正を、当該附属書に拘束される締約国の4分の3以上の多数による議決で採択する場合を除くほか、この条約の附属書に対する改正についても適用される。
2 附属書の改正がこの条約の改正に関係するものである場合には、附属書の改正にはこの条約の改正に関する規定が適用される。

第18条(付録の採択) 1 提案された付録が、第15条又は第17条に従って採択が提案される条約又は附属書の改正に関係するものである場合には、当該付録の提案、採択及び効力発生には、この条約又は附属書の提案、採択及び効力発生に関する規定が適用される。
2 提案された付録が、第16条に従って採択が提案されるこの条約の附属書に関係するものである場合には、当該付録の提案、採択及び効力発生には、当該附属書の提案、採択及び効力発生に

関する規定が適用される。

第19条(付録の改正) 1 付録に拘束される締約国は、この付録の改正を提案することができる。付録の改正案は、第15条2の規定に従って、委員会の事務局長がこの条約の締約国に通報する。

2 委員会は、付録の改正を、当該付録に拘束される締約国の4分の3以上の多数による議決で採択する。

3 付録の改正は、その採択から200日の期間が経過した時に、当該付録に拘束され、かつ、同期間内に寄託政府に対して書面で当該改正を受諾できないことを通告しない締約国について効力を生ずる。ただし、同期間満了時に、同付録に拘束される4分の3以上の締約国が同改正に賛成の投票を行い、及び自国の受諾を撤回せず、又は寄託政府に書面で自国が同改正を受諾しうることを通告することを条件とする。

4 締約国は、この条の3における寄託政府への通告において、この条約が適用される一又はそれ以上の自国の属領又は自治領に関して決定を受諾できないことを指摘することができる。

5 付録の改正は、付託政府に書面で自国が同改正を受諾しうる旨通告した付録に拘束される他の締約国を、この通告の時点、又は当該改正の採択から200日の期間が経過した時のいずれかの遅い時点で拘束する。

6 締約政府は、すべての締約国に対して、上記通告を遅滞なく通知する。

7 付録の改正がこの条約又は附属書の改正に関係するものである場合には、付録の改正にはこの条約又は附属書の改正に関する規定が適用される。

第20条(投票権) 1 各締約国は、委員会において1の票を有する。

2 欧州経済共同体(＊欧州連合)及びその他の地域的な経済統合のための機関は、1の規定にかかわらず、その権限の範囲内の事項について、この条約の締約国であるその構成国の数と同数の票を投票する権利を有する。当該機関は、その構成国が自国の投票権を行使する場合には、投票権を行使してはならない。その逆の場合も、同様とする。

第21条(越境汚染) 1 締約国を発生源とする汚染が、一又は二以上のこの条約の他の締約国の利益を侵害する可能性を有する場合には、関係する締約国は、そのいずれか1箇国の要請により、協力協定を交渉するための協議を行う。

2 委員会は、いずれかの関係する締約国の要請により、当該問題を検討し、満足しうる解決に到達するために勧告することができる。

3 この条の1に規定する協定は、特に、協定が適用される区域、達成される質的目標及びこれらの目標を達成する方法(適切な基準の適用の方法並びに取得が求められる科学的及び技術的情報を含む。)を明記することができる。

4 当該協定の署名国である締約国は、委員会を通じて、他の締約国に対して、同協定の趣旨及び同協定の実施における進展について通告する。

第22条(委員会への報告) 締約国は、委員会に対して、次のことを定期的に報告する。
  (a) この条約並びにこの条約に基づく決定及び勧告の実施のために締約国によりとられた法的、規制的又はその他の措置(特に、各規定に違反する行為を防止し及び処罰するためにとられた措置を含む。)
  (b) この条のaに規定された措置の有効性
  (c) この条のaに規定された条項の実施に際して遭遇した困難

第23条(遵守) 委員会は、次のことを行う。
  (a) 第22条において規定された定期的報告書及び締約国により提出されるその他の報告書に基づいて、この条約並びにこの条約に基づき採択された決定及び勧告に対する締約国の遵守状況について評価すること。
  (b) 適当な場合には、この条約及びこの条約に基づき採択された決定の完全な遵守を達成するために決定をし及び措置をとることを要求し、かつ、勧告の実施を促すこと(締約国に対するその義務を履行するために援助する措置を含む。)。

第24条(地域的特性の考慮) 委員会は、自らの採択する決定又は勧告が海洋区域のすべてに適用されるか又はその一部に適用されるかにつき決定することができ、かつ、この条約の対象とする異なる地域及び小地域間に存在する生態学的状況及び経済的条件の相違を考慮して、異なる実施計画案を作成することができる。

第25条(署名) 条約は、次のものによる署名のために、1992年9月22日から1993年6月30日までの間、パリにおいて開放される。
  (a) オスロ条約又はパリ条約の締約国
  (b) 海洋区域に接するその他の沿岸国
  (c) 海洋区域に到達する水路の上流に位置する国
  (d) この条のaからcのいずれかに該当する国の少なくとも一つが加盟国となっている地域的な経済統合のための機関

第26条(批准、受諾又は承認) (略)

第27条(加入) (略)

第28条(留保) この条約には、いかなる留保も付することができない。

第29条(効力発生) （略）

第30条(脱退) （略）

第31条(オスロ条約及びパリ条約との関係) 1 この条約は、その発効後、締約国間において、パリ条約及びオスロ条約に優先する。

2 1の規定にかかわらず、オスロ条約又はパリ条約に基づき採択された決定、勧告及びその他すべての協定は、それらが、この条約、決定、又は、現行の勧告の場合にはそれに基づき採択された勧告と両立可能であり、又は、そこにおいて終了が明記されていない限り、その法的性質は変更されず、引き続き適用される。

第32条(紛争の解決) 1 この条約の解釈又は適用に関して締約国間に生じた紛争で、関係締約国が委員会における審査又は調停等の手段により解決できなかった紛争については、当該締約国のいずれか一方の要請により、この条に規定される条件に基づき、仲裁に付託される。

2～9 （略）

第33条(寄託政府の義務) （略）

第34条(正文) （略）

附属書Ⅰ　陸にある発生源からの汚染の防止及び除去　（略）

附属書Ⅱ　投棄又は焼却による汚染の防止及び除去　（略）

附属書Ⅲ　沖合の発生源からの汚染の防止及び除去　（略）

附属書Ⅳ　海洋環境の質の評価　（略）

附属書Ⅴ　海洋区域の生態系及び生物多様性の保護及び保全　（略）

付録1　条約の第2条3(B)(ⅰ)に規定する慣行及び技術の法定に関する基準　（略）

付録2　付属書Ⅰの第1条2及び付属書Ⅲの第2条に言及する基準　（略）

付録3　付属書Ⅴの適用上人間の活動を特定する基準　（略）

【第2節　汚染防止】　第1項　船舶起因汚染

2-5　1954年の油による海水の汚濁の防止のための国際条約(海洋油濁防止条約)(抄)

International Convention for the Prevention of Pollution of the Sea by Oil, 1954

採　択　1954年5月12日(ロンドン)
効力発生　1958年7月26日
改　正　(1)1962年4月13日(ロンドン)、1967年5月18日効力発生
　　　　(2)1969年10月21日(ロンドン)、1978年1月20日効力発生
日　本　国　1967年8月11日署名、7月5日国会承認、8月21日受諾書寄託、10月6日公布(条約第18号)、11月21日効力発生
　　　　1969年改正―1971年3月24日国会承認、4月6日受諾書寄託、1977年7月28日公布(条約第4号)、1978年1月20日効力発生

前　文　（略）

第1条【定義】1　この条約の適用上、次の用語は、文脈により別に解釈される場合を除くほか、それぞれ次に定める意味を有する。

「事務局」とは、第21条に定める意味を有する。

「排出」とは、油又は油性混合物についていうときは、原因のいかんを問わず、すべての排棄又は流出をいう。

「重ディーゼル油」とは、ディーゼル油(米国材料検査協会の標準方式D86-59により試験したときに摂氏340度以下の温度で体積の50パーセントをこえる量が蒸留されるものを除く。)をいう。

「油分の瞬間排出率」とは、ある時点におけるリットル毎時による油の排出速度を当該時点におけるノットによる船舶の速力で除したものをいう。

「マイル」とは、1海里(6,080フィート又は1,852メートル)をいう。

「最も近い陸地から」とは、「1958年の領海及び接続水域に関するジュネーヴ条約に従って当該領域の領海を設定するための基線から」をいう。

「油」とは、原油、重油、重ディーゼル油及び潤滑油をいい、「油性」とは、この意味に従って解釈するものとする。

「油性混合物」とは、油を含有する混合物をいう。

「機関」とは、政府間海事協議機関（＊国際海事機関）をいう。

「船舶」とは、すべての種類の海上航行船舶（自己推進によるか他船により曳（えい）航されるかを問わず、海上を航行する舟艇を含む。）をいい、また、「タンカー」とは、貨物区域の大部分がばら積みの液体貨物の輸送用として建造され又は改造されており、かつ、貨物区域の他の部分に油以外の貨物を積載していない船舶をいう。

2　この条約の適用上、締約政府の領域とは、その政府の属する国の領域及びその政府が国際関係について責任を有し、かつ、第18条の規定に基づいてこの条約が適用される他の地域をいう。

第2条【適用】　1　この条約は、次の船舶を除くほか、締約政府のいずれかの領域で登録されている船舶及び締約国の国籍を有する登録されていない船舶に適用する。
- (a) 総トン数150トン未満のタンカー及びタンカー以外の総トン数500トン未満の船舶。ただし、各締約政府は、これらの船舶の大きさ、用途及び推進用燃料の種類を考慮して、合理的かつ実行可能な限り、この条約に定める規制をこれらの船舶にも適用するために必要な措置を執るものとする。
- (b) 捕鯨業に従事している船舶であって、現に捕鯨作業に使用されているもの
- (c) 北アメリカの大湖及びそれらに接続し又は附属する水域であって、カナダのケベック州モントリオールにおけるセント・ランバート・ロックの下流側出口を東端とするものを航行する船舶
- (d) 海軍艦艇及び海軍の補助船として使用されている船舶

2　各締約政府は、この条約に定める規制と同等の規制が、合理的かつ実行可能な限り、1(d)にいう船舶に適用されることを確保する適当な措置を執ることを約束する。

第3条【油又は油性混合物の排出禁止】　第4条及び第5条の規定に従うことを条件として、
- (a) タンカー以外の船舶でこの条約が適用されるものからの油又は油性混合物の排出は、次の条件がすべて満たされる場合を除くほか、禁止する。
  - (i) 船舶が航行中であること。
  - (ii) 油分の瞬間排出率が1マイル当たり60リットル以下であること。
  - (iii) 排出する油性混合物の油分がその油性混合物の100万分の100未満であること。
  - (iv) 排出が陸地からできる限り離れて行なわれること。
- (b) この条約が適用されるタンカーからの油又は油性混合物の排出は、次の条件がすべて満たされる場合を除くほか、禁止する。
  - (i) タンカーが航行中であること。
  - (ii) 油分の瞬間排出率が1マイル当たり60リットル以下であること。
  - (iii) 1回のバラスト航海において排出される油の総量が総貨物艙（そう）積載容積の1万5,000分の1以下であること。
  - (iv) 最も近い陸地からタンカーまでの距離が50マイルをこえていること。
- (c) (b)の規定は、次の排出については適用しない。
  - (i) 最後に貨物を輸送した後に洗浄された貨物油タンクからのバラストの排出。ただし、その貨物油タンクは、そこからの排水が晴天の日に停止中のタンカーから清浄かつ平穏な海中に排出された場合に視認することのできる油膜を海面に生じないほど、十分に洗浄されていることを条件とする。
  - (ii) 機関区域のビルジからの油又は油性混合物の排出。この排出については、(a)の規定を適用する。

第4条【適用除外】　第3条の規定は、次のものには適用しない。
- (a) 船舶の安全を確保し、船舶若しくは積荷の損傷を防止し、又は海上において人命を救助するための船舶からの油又は油性混合物の排棄
- (b) 船舶の損傷又はやむを得ない漏出に起因する油又は油性混合物の流出。ただし、その損傷の発生又は漏出の発見の後に、流出を防止し又は減少させるためすべての適当な措置が執られていることを条件とする。

第5条【適用除外】　第3条の規定は、船舶のビルジからの油性混合物の排出で、第2条1の規定に従ってその船舶が属する領域についてこの条約が効力を生じた日の後12箇月の期間内に行なわれるものについては、適用しない。

第6条【違反に対する処罰】　1　第3条及び第9条の規定の違反は、第2条1の規定に従って船舶が属する領域の法令に基づいて罰すべき違反行為とする。

2　締約政府のいずれかの領域の領海外で違法に行

2-5 海洋油濁防止条約

なわれる船舶からの油又は油性混合物の排出に対してその領域の法令が科する罰は、このような違法な排出を思いとどまらせるために十分に厳格なものでなければならず、また、その領域の法令が領海内における同様の違反に対して科する罰よりも軽いものであってはならない。

3　各締約政府は、各違反に対して実際に科した罰を機関に報告しなければならない。

第7条【防止装置の設置】1　この条約が適用されるいかなる船舶も、第2条1の規定に従ってその船舶が属する領域についてこの条約が効力を生じた日の後12箇月を経過した日から、油のビルジへの流入を合理的かつ実行可能な限り防止する装置を設けなければならない。ただし、ビルジ内の油がこの条約に違反して排出されないことを確保するために有効な措置が執られる場合は、この限りでない。

2　燃料油タンクに水バラストを積載することは、できる限り避けなければならない。

第8条【施設の設置】1　各締約政府は、次に規定するところに従って施設が設けられることを促進するために適当なすべての措置を執らなければならない。
  (a)　港には、それを使用する船舶の必要に応じ、タンカー以外の船舶が混合物から水の大部分を分離した後の処分しなければならない残留物及び油性混合物を、船舶に不当な遅延を生じさせることなく受け入れるための適当な施設が設けられるものとする。
  (b)　油の荷積み場には、タンカーが処分しなければならない同様の残留物及び油性混合物を受け入れるための適当な施設が設けられるものとする。
  (c)　船舶修理港には、修理のために入港するすべての船舶が処分しなければならない同様の残留物及び油性混合物を受け入れるための適当な施設が設けられるものとする。

2　各締約政府は、その領域内のいずれの港又は油の荷積み場が1(a)、(b)又は(c)の規定の適用を受けるものであるかを決定するものとする。

3　1の規定に関し、各締約政府は、関係締約政府への通報のため、施設が不十分であると認められるすべての場合に機関に報告するものとする。

第9条【油記録簿】1　この条約が適用される船舶のうち、油燃料を使用するすべての船舶及びすべてのタンカーは、附属書に定める様式の油記録簿を船舶の公式の航海日誌の一部として又はその他の形式で備えなければならない。

2　次のいずれかの作業を船舶内で行なうときは、そのつど、各タンクについて油記録簿に必要事項を記載しなければならない。
  (a)　タンカーについては、
    (i)　貨物油の積込み
    (ii)　航海中における貨物油の移替え
    (iii)　貨物油の取卸し
    (iv)　貨物油タンクへのバラストの積込み
    (v)　貨物油タンクの洗浄
    (vi)　よごれたバラストの排出
    (vii)　スロップ・タンクからの水の排出
    (viii)　残留物の処分
    (ix)　油を含有するビルジ水で入港期間中に機関区域(ポンプ室を含む。)にたまったものの船外への排出及び油を含有するビルジ水の海上における通常の排出。ただし、通常の排出については、適当な航海日誌に記入されない場合に限る。
  (b)　タンカー以外の船舶については、
    (i)　燃料油タンクへのバラストの積込み又は燃料油タンクの洗浄
    (ii)　(i)の燃料油タンクからのよごれたバラスト又は洗浄水の排出
    (iii)　残留物の処分
    (iv)　油を含有するビルジ水で入港期間中に機関区域にたまったものの船外への排出及び油を含有するビルジ水の海上における通常の排出。ただし、通常の排出については、適当な航海日誌に記入されない場合に限る。
    第4条にいう油又は油性混合物の排棄又は流出の場合には、その排棄又は流出の状況及び理由を油記録簿に記載しなければならない。

3　2に掲げる各作業は、油記録簿に遅滞なく完全に記録し、当該作業に係るすべての必要事項がそこに完全に記載されるようにしなければならない。この記録簿の各ページには、当該作業の責任者の署名及びその船舶に乗組員が配置されている場合にはその船長の署名がなければならない。油記録簿への記載は、第2条1の規定に従って船舶が属する領域の公用語又は英語若しくはフランス語で行なわなければならない。

4　油記録簿は、合理的な時にはいつでも容易に検査することができるような場所に保管しなければならず、乗組員のいない被曳(えい)航船の場合を除くほか、船舶内に保管しなければならない。油記録簿は、最終の記載を行なった日の後2年間保存しなければならない。

5　締約政府のいずれかの領域の権限のある当局は、この条約が適用されるいずれかの船舶が当該領域内の港にある間は、その船舶に乗船して、こ

の条の規定により船舶内に備えることを要求される油記録簿を検査することができ、また、その記載の真正な写しを作成し、船長に対しその写しが当該記載の真正な写しであることを証明するように要求することができる。こうして作成された写しで船舶の油記録簿の記載の真正な写しとしてその船舶の船長が証明したと認められるものは、いかなる訴訟手続においても、その記載が述べている事実の証拠とすることができる。この5の規定に基づいて権限のある当局が執る措置は、できる限りすみやかに行なわなければならず、当該船舶を遅延させるものであってはならない。

第10条【違反明細書の提出】1 いずれの締約政府も、第2条1の規定に従って船舶が属する領域の政府に対し、この条約のいずれかの規定の違反がその船舶について行なわれたという証拠の明細書を、申し立てられた違反が生じた場所のいかんを問わず、提出することができる。これを提出する締約政府の権限のある当局は、実行可能なときは、当該船舶の船長に対しその申し立てられた違反について通告するものとする。

2 前記の明細書を受領したときは、通報を受けた政府は、その問題を調査しなければならず、また、他方の政府に対し、申し立てられた違反についての一層詳細な又は一層適切な明細書を提出するように要請することができる。通報を受けた政府は、申し立てられた違反について当該船舶の所有者又は船長に対し司法的手続を執るために十分な証拠が自国の法令上存在すると認めるときは、できる限りすみやかにその手続が行なわれるようにしなければならない。通報を受けた政府は、申し立てられた違反を報告した職員が属する政府及び機関に対し、伝達された情報に基づいて執られた措置をすみやかに通報しなければならない。

第11条【締約国の管轄権】この条約のいかなる規定も、いずれかの締約政府がこの条約に関連するいずれかの事項についてその管轄権の範囲内において措置を執る権能を奪い、又はいずれかの締約政府の管轄権を拡張するものと解してはならない。

第12条【情報の送付】各締約政府は、次のものを事務局及び国際連合の適当な機関に送付しなければならない。
 (a) この条約を実施するために自国の領域内において施行されている法律、政令、命令及び規則
 (b) この条約の規定の適用の結果を示すすべての公式報告書又はその要約。ただし、当該政府がこれらの報告書又は要約が機密に属する性質のものであると認める場合は、この限りでない。

第13条【紛争の解決】この条約の解釈又は適用に関する締約政府間の紛争で交渉によって解決することができないものは、紛争当事者がこれを仲裁に付することを合意する場合を除くほか、いずれかの紛争当事者の要請により、国際司法裁判所に決定のため付託しなければならない。

第14条【署名、受諾、寄託】 (略)
第15条【効力発生】 (略)
第16条【改正】 (略)
第17条【廃棄】 (略)
第18条【地域への適用】 (略)
第19条【条約の停止】 (略)
第20条【登録】 (略)
第21条【事務局】 (略)

附属書　油記録簿の様式　 (略)

2-6　1973年の船舶による汚染の防止のための国際条約（ＭＡＲＰＯＬ条約）（抄）
International Convention for the Prevention of Pollution from Ships, 1973

採　択　1973年11月2日（ロンドン）
効力発生

この条約の締約国は、
　人間の環境、特に海洋環境を保護する必要があることを認め、
　船舶からの油その他の有害物質の故意若しくは過失又は事故による流出が汚染の重大な原因となることを認識し、
　環境の保護を主要な目的として締結された最初の多数国間の条約である1954年の油による海水の汚濁の防止のための国際条約の重要性を認め、
　並びに同条約が海洋環境及び沿岸環境を汚染から保護する上で重要な貢献をしてきたことを評価し、
　油その他の有害物質による意図的な海洋環境の汚染を完全に無くすこと及び事故による油その他の有害物質の排出を最小にすることを希望し、

油による汚染にのみ限定されない広範な内容を有する規則の作成によりこの目的を最もよく達成することができることを考慮して、
次のとおり協定した。

第1条（この条約に基づく一般的義務） 1　締約国は、有害物質又は有害物質を含有する混合物がこの条約に違反して排出されることにより海洋環境が汚染されることを防止するため、この条約及び自国が拘束されるこの条約の附属書を実施することを約束する。

2　別段の明文の規定がない限り、「この条約」というときは、この条約の議定書及び附属書を含めているものとする。

第2条（定義） この条約の適用上、別段の明文の規定がない限り、

1　「規則」とは、この条約の附属書の規則をいう。

2　「有害物質」とは、海洋に入った場合に、人の健康に危険をもたらし、生物資源及び海洋生物に害を与え、海洋の快適性を損ない又は他の適法な海洋の利用を妨げるおそれのあるすべての物質をいい、この条約により規制される物質を含む。

3 (a)　「排出」とは、有害物質又は有害物質を含有する混合物についていうときは、原因のいかんを問わず船舶からのすべての流出をいい、いかなる流失、処分、漏出、吸排出又は放出をも含む。
　(b)　「排出」には、次のものを含めない。
　　(i)　1972年11月13日にロンドンで採択された廃棄物その他の物の投棄による海洋汚染の防止に関する条約上の投棄
　　(ii)　海底鉱物資源の探査及び開発並びにこれらに関連して行われる沖合における加工から直接生ずる有害物質の流出
　　(iii)　汚染の低減又は抑制に関する適法な科学的研究を目的とする有害物質の流出

4　「船舶」とは、海洋環境において運航するすべての型式の船舟類をいい、水中翼船、エアクッション船、潜水船、浮遊機器及び固定され又は浮いているプラットフォームを含む。

5　「主管庁」とは、その権限の下で船舶が運航している国の政府をいう。いずれかの国を旗国とする船舶に関しては、主管庁は、その国の政府とする。沿岸国が天然資源の探査及び開発について主権的権利を行使する当該沿岸国の海岸に接続する海底及びその下の探査及び開発に従事している固定され又は浮いているプラットフォームに関しては、主管庁は、当該沿岸国の政府とする。

6　「事件」とは、有害物質又は有害物質を含有する混合物の海洋への排出又は排出の可能性を伴う出来事をいう。

7　「機関」とは、政府間海事協議機関（＊国際海事機関）をいう。

第3条（適用） 1　この条約は、次の船舶に適用する。
　(a)　締約国を旗国とする船舶
　(b)　締約国を旗国としない船舶のうち締約国の権限の下で運航されているもの

2　この条のいかなる規定も、天然資源の探査及び開発について締約国の海岸に接続する海底及びその下に対し国際法に基づき当該締約国が有する主権的権利を害し又は拡張するものと解してはならない。

3　この条約は、軍艦、軍の補助艦又は国が所有し若しくは運航する他の船舶で政府の非商業的業務にのみ使用しているものについては、適用しない。もっとも、締約国は、自国が所有し又は運航するこれらの船舶の運航又は運航能力を阻害しないような適当な措置をとることにより、これらの船舶が合理的かつ実行可能である限りこの条約に即して行動することを確保する。

第4条（違反） 1　この条約の規定のすべての違反は、違反が行われた場所のいかんを問わず、主管庁の法令により禁止され、かつ、処罰されるものとする。主管庁は、違反の通報を受けた場合においてその違反につき司法的手続をとるために十分な証拠が存在すると認めるときは、自国の法令に従ってできる限り速やかに司法的手続が行われるようにする。

2　締約国の管轄権の範囲内におけるこの条約の規定のすべての違反は、当該締約国の法令により禁止され、かつ、処罰されるものとする。このような違反が行われたときは、当該締約国は、次の措置のいずれかをとる。
　(a)　自国の法令に従って司法的手続が行われるようにすること。
　(b)　自国の所有する当該違反に関する情報及び証拠を主管庁に提出すること。

3　主管庁は、いずれかの船舶によるこの条約の規定の違反に関する情報又は証拠の提出を受けた場合には、その情報又は証拠を提出した締約国及び機関に対し、とられた措置を速やかに通報する。

4　この条の規定に基づき締約国の法令に定める刑罰は、この条約の規定の違反を防止するため十分に厳格なものとし、違反が行われた場所のいかんを問わず同一のものとする。

第5条（証書及び船舶の監督に関する特別規則） 1　2の

規定に従うことを条件として、締約国がその権限に基づき規則に定めるところに従って発給する証書は、他の締約国によって認容されるものとし、この条約の適用上、当該他の締約国が発給する証書と同一の効力を有するものとみなされる。
2 規則により証書を備えることが要求されている船舶は、締約国の管轄の下にある港又は沖合の係留施設においては、当該締約国から正当に権限を与えられた職員の行う監督に服する。この監督は、船舶又はその設備の状態が実質的に証書の記載事項どおりでないと認める明確な根拠がある場合を除くほか、船内に有効な証書を備えていることを確認することに限られる。このような明確な根拠がある場合又は船舶が有効な証書を備えていない場合には、監督を行う締約国は、当該船舶が海洋環境に不当に害を与えることなく航行することができるようになるまで、当該船舶を航行させないための措置をとる。ただし、監督を行う締約国は、当該船舶が利用可能な最寄りの適当な修理施設へ向かう目的で港又は沖合の係留施設を離れることを許可することができる。
3 締約国は、外国の船舶に対し、当該船舶がこの条約に適合していないことを理由に自国の管轄の下にある港若しくは沖合の係留施設に入ることを拒否し又は他の何らかの措置をとる場合には、速やかに当該船舶の旗国である締約国の領事又は外交代表に通報するものとし、この通報が不可能な場合には、速やかに主管庁に通報する。締約国は、外国の船舶に対し、港若しくは沖合の係留施設に入ることを拒否し又は他の何らかの措置をとる場合には、事前に主管庁に協議を要請することができる。締約国は、船舶が規則に基づく有効な証書を備えていない場合には、主管庁にその事実を通報する。
4 締約国は、この条約の締約国でない国の船舶が一層有利な取扱いを受けることのないよう、必要な場合にはこの条約を準用する。

第6条(違反の発見及びこの条約の実施) 1 締約国は、違反の発見及び環境の監視のためのあらゆる適当かつ実行可能な措置をとり並びに報告及び証拠の収集のための適切な手続をとることにより、違反の発見及びこの条約の実施に協力する。
2 締約国により任命され又は締約国から権限を与えられた職員は、この条約が適用される船舶について、規則に違反する有害物質の排出があったかなかったかを確認するため、当該締約国の港又は沖合の係留施設において調査を行うことができる。当該締約国は、調査により当該船舶につきこの条約の規定の違反が明らかになった場合には、適当な措置がとられるよう、主管庁に報告書を送付する。
3 締約国は、船舶が規則に違反して有害物質又は有害物質を含有する混合物を排出したという証拠がある場合には、その証拠を主管庁に提出する。当該締約国の権限のある当局は、実行可能なときは、当該船舶の船長に対し、その違反について通報する。
4 主管庁は、3に規定する証拠を受領したときは、調査を行うものとし、また、証拠を提出した締約国に対し、申し立てられた違反についての一層詳細な又は一層確実な証拠を提出するよう要請することができる。当該主管庁は、申し立てられた違反につき司法的手続をとるために十分な証拠が存在すると認めるときは、自国の法令に従ってできる限り速やかに司法的手続が行われるようにする。当該主管庁は、当該締約国及び機関に対し、とられた措置を速やかに通報する。
5 締約国は、他の締約国からこの条約が適用される船舶について当該船舶が有害物質又は有害物質を含有する混合物を排出したという十分な証拠を付して調査を要請された場合には、当該船舶が自国の管轄の下にある港又は沖合の係留施設に入った時に当該船舶の調査を行うことができる。この調査についての報告書は、この条約に基づいて適当な措置がとられるよう、当該調査を要請した締約国及び主管庁に送付する。

第7条(船舶の出航の不当な遅延の回避) 1 前3条の規定の適用に当たっては、船舶を不当に抑留し又は船舶の出航を不当に遅延させることのないように、あらゆる可能な努力を払う。
2 船舶は、前3条の規定により不当に抑留され又は不当に出航を遅延させられた場合には、被った損失及び損害の賠償を受ける権利を有する。

第8条(有害物質に係る事件の通報) 1 事件の通報は、議定書Ⅰの定めるところにより、遅滞なく、かつ、できる限り詳細に行う。
2 締約国は、次のことを行う。
 (a) 適当な職員又は当局が事件に関するあらゆる通報を受け、かつ、処理するために必要なすべての措置をとること。
 (b) 他の締約国及び機関の加盟国に対し回章に付するため、(a)に規定する措置の詳細を機関に通知すること。
3 締約国は、この条の規定に基づく通報を受けた場合には、次の者に対し、遅滞なくその通報を

伝達する。
(a) 主管庁
(b) 影響を受けるおそれのある他の国
4 締約国は、海洋巡視用の船舶及び航空機並びに他の適当な施設に対し、議定書Ⅰに定める事件を当局に通報するよう指示する。締約国は、適当と認める場合には、機関及び他の関係締約国に対し、その指示について通知する。

第9条（他の条約及び解釈） 1 この条約は、その効力発生の時に、この条約の締約国のうち、改正された1954年の油による海水の汚濁の防止のための国際条約の締約国であるものの間において、同条約に代わるものとする。

2 この条約のいかなる規定も、国際連合総会決議第2750号C（第25回会期）に基づいて招集される国際連合海洋法会議による海洋法の法典化及び発展を妨げるものではなく、また、海洋法に関し並びに沿岸国及び旗国の管轄権の性質及び範囲に関する現在又は将来におけるいずれの国の主張及び法的見解も害するものではない。

3 この条約において「管轄権」及び「管轄」の語は、この条約を適用し又は解釈する時に効力を有する国際法に照らして解釈する。

第10条（紛争の解決） この条約の解釈又は適用に関する締約国間の紛争は、当該締約国間の交渉によって解決されず、かつ、当該締約国間で別段の合意が得られない場合には、当該締約国のいずれかの要請により、議定書Ⅱに定める仲裁に付する。

第11条（情報の送付） （略）

第12条（海難） 1 主管庁は、規則の適用を受ける自国の船舶について生じた海難が海洋環境に重大かつ有害な影響を及ぼした場合には、当該海難について調査を行う。

2 締約国は、いかなる変更がこの条約に加えられることが望ましいかを決定するに当たって役立つと判断する場合には、1の調査の結果に関する情報を機関に提供する。

第13条（署名、批准、受諾、承認及び加入） （略）

第14条（選択附属書） 1 いずれの国も、この条約の署名、批准、受諾若しくは承認又はこの条約への加入の際に、この条約の附属書Ⅲ、附属書Ⅳ又は附属書Ⅴ（以下「選択附属書」という。）のいずれか又はすべてを受諾しない旨の宣言を行うことができる。前段の規定を適用する場合を除くほか、締約国は、この条約のすべての附属書に拘束される。

2 いずれかの選択附属書に拘束されない旨の宣言を行った国は、いつでも、前条(2)に規定する文書を機関に寄託することにより、当該選択附属書を受諾することができる。

3～4 （略）

第15条（効力発生） 1 この条約は、15以上の国であってその商船船腹量の合計が総トン数で世界の商船船腹量の50パーセントに相当する商船船腹量以上となる国が第13条に定めるところにより締約国となった日の後12箇月で、効力を生ずる。

2 各選択附属書は、当該各選択附属書につき、1に定める要件が満たされた日の後12箇月で、効力を生ずる。

3～6 （略）

第16条（改正） 1 この条約は、この条に定めるいずれかの手続に従って改正することができる。

2 機関における審議の後の改正
(a) 締約国の提案する改正案は、機関に提出するものとし、機関の事務局長は、審議の少なくとも6箇月前に、当該改正案を機関のすべての加盟国及びすべての締約国に対し回章に付する。

(b) (a)の規定により提案されかつ回章に付された改正案は、審議のため機関が適当な組織に付託する。

(c) 締約国は、機関の加盟国であるかないかを問わず、(b)の適当な組織の審議に参加する権利を有する。

(d) 改正案は、出席しかつ投票する締約国の3分の2以上の多数による議決で採択する。

(e) (d)の規定に従って採択された改正は、受諾のため、機関の事務局長がすべての締約国に送付する。

(f) 改正は、次に定めるところにより受諾されたものとみなす。

(i) この条約のいずれかの条の改正は、3分の2以上の締約国であってその商船船腹量の合計が総トン数で世界の商船船腹量の50パーセントに相当する商船船腹量以上となるものが受諾した日に受諾されたものとみなす。

(ii) 附属書の改正は、(iii)に規定する手続に従って受諾されたものとみなす（適当な組織が、当該改正を採択する際に、当該改正が3分の2以上の締約国であってその商船船腹量の合計が総トン数で世界の商船船腹量の50パーセントに相当する商船船腹量以上となるものが受諾した日に受諾されたものとみなす旨の決定を行った場合を除く。）。もっとも、締約国は、附属書の改正の効力発生前においてはいつでも、自国について改正の効力が生ずるためには自国の明示の承認

が必要であることを機関の事務局長に通告することができる。事務局長は、その通告及び当該通告の受領の日を締約国に通報する。
(iii) 附属書の付録の改正は、適当な組織が当該改正を採択する際に決定する期間(10箇月以上とする。)を経過した日に受諾されたものとみなす。ただし、当該期間内に3分の1以上の締約国又はその商船船腹量の合計が総トン数で世界の商船船腹量の50パーセントに相当する商船船腹量以上となる締約国のいずれかが機関に対し異議を通告した場合は、この限りでない。
(iv) 議定書Ⅰの改正は、(ii)又は(iii)に定める附属書の改正の場合と同様の手続に従って受諾されたものとみなす。
(v) 議定書Ⅱの改正は、(i)に定めるこの条約のいずれかの条の改正の場合と同様の手続に従って受諾されたものとみなす。
(g) 改正は、次に定めるところにより効力を生ずる。
(i) この条約のいずれかの条若しくは議定書Ⅱの改正又は(f)(iii)に定める手続を採用しない議定書Ⅰ若しくは附属書の改正は、受諾する旨の宣言を行った締約国については、当該改正が(f)の規定に従って受諾されたとみなされる日の後6箇月で効力を生ずる。
(ii) (f)(iii)に定める手続を採用する議定書Ⅰ若しくは附属書の改正又は附属書の付録の改正は、すべての締約国について、当該改正が(f)の規定に従って受諾されたとみなされる日の後6箇月で効力を生ずる。ただし、改正の効力発生前に当該改正を受諾しない旨の宣言又は(f)(ii)の規定に基づいて明示の承認が必要である旨の宣言を行った締約国については、この限りでない。
3 会議による改正
(a) 機関は、いずれかの締約国が締約国の3分の1以上の同意を得て要請する場合には、この条約の改正について審議するため、締約国会議を招集する。
(b) 機関の事務局長は、締約国会議において出席しかつ投票する締約国の3分の2以上の多数による議決で採択された改正を、受諾のため、すべての締約国に送付する。
(c) 改正は、締約国会議において別段の決定が行われない限り、2(f)及び(g)に定める手続に従い、受諾されたものとみなされ、かつ、効力を生ずる。

4(a) この条の規定において「締約国」というときは、選択附属書の改正については、当該選択附属書に拘束される締約国をいうものとみなす。
(b) 附属書の改正の受諾を拒否した締約国は、その改正の適用上、締約国でない国として取り扱われる。
5 新たな附属書は、この条約のいずれかの条の改正の採択及び効力発生に関する手続と同様の手続に従って採択され及び効力を生ずる。
6 別段の明文の規定がない限り、この条の規定により行われるこの条約の改正であって船舶の構造に関するものは、その改正が効力を生ずる日以後に建造契約が結ばれる船舶及び建造契約がない場合には同日以後にキールが据え付けられる船舶にのみ適用する。
7 議定書又は附属書の改正は、当該議定書又は附属書の内容と関連を有し、かつ、この条約のすべての条の規定に適合するものでなければならない。
8 機関の事務局長は、この条の規定に基づいて効力を生ずる改正及びその効力発生の日をすべての締約国に通報する。
9 この条の規定に基づく改正についての受諾又は異議の宣言は、機関の事務局長に対し文書で通告するものとし、事務局長は、その通告及び当該通告の受領の日を締約国に通報する。

第17条(技術協力の促進) (略)
第18条(廃棄) (略)
第19条(寄託及び登録) (略)
第20条(用語) (略)

議定書Ⅰ 条約第8条の規定に基づく有害物質に係る事件の通報に関する規則 (略)

議定書Ⅱ 条約第10条の規定に基づく仲裁 (略)

附属書Ⅰ 油による汚染の防止のための規則 (略)

附属書Ⅱ ばら積みの有害液体物質による汚染の規制のための規則 (略)

附属書Ⅲ 容器に収納した状態で海上において運送される有害物質による汚染の防止のための規則 (略)

附属書IV　船舶からの汚水による汚染の防止のための規則　（略）

附属書V　船舶からの廃物による汚染の防止のための規則　（略）

附属書VI　船舶による大気汚染の防止のための規則　〔編者注〕MARPOL条約97年議定書により追加　（略）

2-7　1973年の船舶による汚染の防止のための国際条約に関する1978年の議定書（MARPOL条約78年議定書）（抄）

Protocol of 1978 relating to the International Convention for the Prevention of Pollution from Ships, 1973

採　択　1978年2月17日（ロンドン）
効力発生　1983年10月2日
改　正　1997年9月26日（ロンドン）
効力発生　2005年5月19日
日本国　1983年4月27日国会承認、6月9日加入書寄託、6月11日公布（条約第3号）、10月2日効力発生
1997年改正―2004年9月26日国会承認、2005年2月15日加入書寄託、2月18日公布（条約第6号）、5月19日効力発生

この議定書の締約国は、

1973年の船舶による汚染の防止のための国際条約が海洋環境を船舶による汚染から保護する上で重要な貢献をするものであることを認め、

船舶、特に油タンカーによる海洋汚染の防止及び規制を一層増進する必要があることを認め、

同条約附属書Ｉの油による汚染の防止のための規則をできる限り早期に、かつ、広範に実施する必要があることを認め、しかしながら、同条約附属書Ⅱの適用を技術的問題が十分に解決されるまで延期する必要があることを確認し、

1973年の船舶による汚染の防止のための国際条約に関する議定書の締結によりこれらの目的を最もよく達成することができることを考慮して、

次のとおり協定した。

第1条（一般的義務）　1　この議定書の締約国は、次の文書を実施することを約束する。
　(a)　この議定書及びこの議定書の不可分の一部を成す附属書
　(b)　1973年の船舶による汚染の防止のための国際条約（以下「条約」という。）。ただし、この議定書における条約の修正及び追加の規定に従うことを条件とする。
2　条約及びこの議定書は、単一の文書として一括して読まれ、かつ、解釈されるものとする。
3　「この議定書」というときは、この議定書の附属書を含めていうものとする。

第2条（条約附属書Ⅱの実施）　1　条約第14条(1)の規定にかかわらず、この議定書の締約国は、この議定書の効力発生の日から3年間又は政府間海事協議機関（以下「機関」という。）の海洋環境保護委員会（以下「委員会」という。）においてこの議定書の締約国の3分の2以上の多数により決定されるこれよりも長い期間、条約附属書Ⅱに拘束されないことを合意する。
2　1に定める期間中、この議定書の締約国は、条約附属書Ⅱに関する事項についていかなる義務も負わず、かつ、いかなる特権も主張する権利を有しないものとし、条約において「締約国」というときは、附属書Ⅱに関する事項についてはこの議定書の締約国を含まない。

第3条（情報の送付）　（略）

第4条（署名、批准、受諾、承認及び加入）　（略）

第5条（効力発生）　1　この議定書は、15以上の国であってその商船船腹量の合計が総トン数で世界の商船船腹量の50パーセントに相当する商船船腹量以上となる国が本条に定めるところにより締約国となった日の後12箇月で、効力を生ずる。
2　この議定書の効力発生の日の後に寄託される批准書、受諾書、承認書又は加入書は、寄託の日の後3箇月で、効力を生ずる。
3　この議定書の改正が条約第16条に定めるところにより受諾されたとみなされる日の後に寄託される批准書、受諾書、承認書又は加入書は、改正された議定書に係るものとする。

第6条（改正）　条約第16条に定める条約の条、附属書及び附属書の付録の改正に関する手続は、それ

ぞれこの議定書の条、附属書及び附属書の付録の改正について準用する。

第7条(廃棄)　(略)
第8条(寄託者)　(略)

第9条(用語)　(略)

附属書　1973年の船舶による汚染の防止のための国際条約の修正及び追加　(略)

【第2節　汚染防止】　第2項　海洋投棄

2-8　廃棄物その他の物の投棄による海洋汚染の防止に関する条約(ロンドン投棄条約)(抄)

Convention on the Prevention of Marine Pollution by Dumping of Wastes and Other Matter

採　　択	1972年11月13日(ロンドン)
効力発生	1975年8月30日
改　　正	1978年10月12日(ロンドン)
日 本 国	1973年6月23日署名、1980年5月9日国会承認、10月15日批准書寄託、10月25日公布(条約第35号)、11月14日効力発生

　この条約の締約国は、海洋環境及び海洋環境によって維持される生物が人類にとって極めて重要であること、並びにその質及び資源を害されないような海洋環境の管理の確保についてすべての人が関心を有していることを認め、

　廃棄物を同化しかつ無害にする海洋の受容力及び天然資源を再生産する海洋の能力が無限ではないことを認め、

　諸国が、国際連合憲章及び国際法の諸原則に基づき、自国の資源をその環境政策に従って開発する主権的権利を有すること、及び自国の管轄又は管理の下における活動が他国の環境又は国の管轄の外の区域の環境を害しないことを確保することについて責任を有することを認め、

　国の管轄の外の海底を規律する諸原則に関する国際連合総会決議第2749号(第25回会期)を想起し、

　海洋汚染が投棄並びに大気、河川、河口、排水口及びパイプラインを通ずる排出等の多くの原因から生ずること、並びに諸国がそのような海洋汚染を防止するための実行可能な最善の手段を講ずるとともに、処分すべき有害な廃棄物の量を減少させる製品及び工程を開発することが重要であることに留意し、

　投棄による海洋汚染を規制する国際的行動は、遅滞なくとることができるものでありかつ遅滞なくとられなければならないが、その国際的行動が海洋汚染の他の原因をできる限り速やかに規制する措置についての討議を妨げてはならないものであることを確信し、

　特定の地理的区域において共通の利益を有する諸国に対しこの条約を補足する適当な取極を締結するよう奨励することにより海洋環境の保護について改善することを希望して、

　次のとおり協定した。

第1条【目的】締約国は、海洋環境を汚染するすべての原因を効果的に規制することを単独で及び共同して促進するものとし、また、特に、人の健康に危険をもたらし、生物資源及び海洋生物に害を与え、海洋の快適性を損ない又は他の適法な海洋の利用を妨げるおそれがある廃棄物その他の物の投棄による海洋汚染を防止するために実行可能なあらゆる措置をとることを誓約する。

第2条【義務】締約国は、次条以下の諸条に定めるところに従い、自国の科学的、技術的及び経済的な能力に応じて単独で、並びに共同して、投棄によって生ずる海洋汚染を防止するための効果的な措置をとるものとし、また、この点に関して締約国の政策を調和させる。

第3条【定義】この条約の適用上、
1(a)　「投棄」とは、次のことをいう。
　(ⅰ)　海洋において廃棄物その他の物を船舶、航空機又はプラットフォームその他の人工海洋構築物から故意に処分すること。
　(ⅱ)　海洋において船舶、航空機又はプラットフォームその他の人工海洋構築物を故意に処分すること。
　(b)　「投棄」には、次のことを含まない。
　(ⅰ)　船舶、航空機又はプラットフォームその他の人工海洋構築物及びこれらのものの設備の通常の運用に付随し又はこれに伴って生ずる廃棄物その他の物を海洋において処分すること。ただし、廃棄物その他の物であって、その処分に従事する船舶、航空機又はプラットフォームその他の人工海洋構築物によって又はこれらに向けて運搬されるもの及び当該船舶、航空機又はプラット

フォームその他の人工海洋構築物における当該廃棄物その他の物の処理に伴って生ずるものを処分することを除く。
　　(ii)　物を単なる処分の目的以外の目的で配置すること。ただし、その配置がこの条約の目的に反しない場合に限る。
　(c)　海底鉱物資源の探査及び開発並びにこれらに関連して行われる沖合における加工から直接又は間接に生ずる廃棄物その他の物の処分は、この条約の適用を受けない。
2　「船舶及び航空機」とは、種類のいかんを問わず、水上、水中又は空中を移動する機器(自動推進式であるかどうかを問わず、エアクッション船及び浮遊機器を含む。)をいう。
3　「海洋」とは、国の内水を除くすべての海域をいう。
4　「廃棄物その他の物」とは、あらゆる種類、形状又は性状の物質をいう。
5　「特別許可」とは、事前の申請に基づきかつ附属書Ⅱ及び附属書Ⅲの規定により個別的に与えられる許可をいう。
6　「一般許可」とは、附属書Ⅲの規定により事前に与えられる許可をいう。
7　「機関」とは、第14条2の規定に基づいて締約国が指定する機関をいう。

第4条【廃棄物その他の物の投棄】1　締約国は、この条約の定めるところにより、次の(a)から(c)までに別段の定めがある場合を除くほか、廃棄物その他の物の投棄(その形態及び状態のいかんを問わない。)を禁止する。
　(a)　附属書Ⅰに掲げる廃棄物その他の物の投棄は、禁止する。
　(b)　附属書Ⅱに掲げる廃棄物その他の物の投棄は、事前の特別許可を必要とする。
　(c)　他のすべての廃棄物その他の物の投棄は、事前の一般許可を必要とする。
2　いずれの許可も、附属書Ⅲに掲げるすべての事項について慎重な考慮(附属書ⅢB及びCに掲げる投棄場所の特性についての事前調査を含む。)が払われた後でなければ与えてはならない。
3　この条約のいかなる規定も、締約国が廃棄物その他の物であって附属書Ⅰに掲げられていないものの投棄を自国について禁止することを妨げるものと解してはならない。当該締約国は、そのための措置を機関に通知する。

第5条【適用除外】　((2-9)第8条を参照)
第6条【許可の付与及び報告】1　各締約国は、次のことを行う一又は二以上の適当な当局を指定する。
　(a)　附属書Ⅱに掲げる物の投棄及び前条2に規定する緊急の場合における投棄に必要な特別許可をその投棄に先立って与えること。
　(b)　他のすべての物の投棄に必要な一般許可をその投棄に先立って与えること。
　(c)　投棄を許可したすべての物の性質及び数量並びに投棄の場所、時期及び方法を記録すること。
　(d)　この条約の適用上、単独で又は他の締約国及び権限のある国際機関と協力して海洋の状態を監視すること。
2　締約国の適当な当局は、投棄が意図されている次の物につき、1の規定により事前の特別許可又は一般許可を与える。
　(a)　当該締約国の領域において積み込まれる物
　(b)　当該締約国の領域において登録された船舶若しくは航空機又は当該締約国を旗国とする船舶若しくは航空機にこの条約の締約国でない国の領域において積み込まれる物
3　適当な当局は、1(a)及び(b)に規定する許可を与えるに当たっては、附属書Ⅲの規定並びに適切と認める追加の基準、措置及び要件に従う。
4　各締約国は、直接に又は地域的取極に基づいて設立される事務局を通じて、機関及び適当な場合には他の締約国に対し、1(c)及び(d)の定めることに係る情報並びに3の規定により採用する基準、措置及び要件を報告する。報告の手続及び性質は、締約国が協議の上合意する。

第7条【適用及び執行】1～4　((2-9)第10条1～5を参照)
5　この条約のいかなる規定も、各締約国が海洋における投棄を防止するため国際法の諸原則に基づき他の措置をとる権利に影響を及ぼすものではない。

第8条【地域的取極】　((2-9)第12条を参照)
第9条【援助促進義務】締約国は、次の事項に関して援助を要請する締約国に対し、機関その他の国際団体における協力を通じて援助を促進する。
　(a)　科学及び技術の分野における要員の訓練
　(b)　調査及び監視のために必要な設備及び施設の提供
　(c)　廃棄物の処分及び処理並びに投棄により生ずる汚染を防止し又は軽減するための他の措置
　　これらの事項に関する援助は、関係国内において行われることがこの条約の目的を推進するために望ましい。
第10条【紛争解決手続】締約国は、あらゆる種類の廃棄物その他の物の投棄が他の国の環境又は他のすべての区域の環境に与える損害についての国家責任に関する国際法の諸原則に基づき、投棄

についての責任の評価及び投棄に関する紛争の解決のための手続を作成することを約束する。

第11条【解釈・適用紛争解決手続】 締約国は、第1回締約国協議会議において、この条約の解釈及び適用に関する紛争の解決のための手続について検討する。

第12条【海洋環境保護措置の促進】 締約国は、権限のある専門機関その他の国際団体において、次の物によって生ずる汚染から海洋環境を保護するための措置を促進することを誓約する。
(a) 炭化水素(油を含む。)及びその廃棄物
(b) その他の有害又は危険な物質であって投棄の目的以外の目的で船舶によって輸送されるもの
(c) 船舶、航空機又はプラットフォームその他の人工海洋構築物の運用によって生ずる廃棄物
(d) すべての原因から生ずる放射性汚染物質(船舶から生ずるものを含む。)
(e) 化学兵器及び生物兵器を使用する戦争の用に供される物質
(f) 海底鉱物資源の探査及び開発並びにこれらに関連して行われる沖合における加工から直接又は間接に生ずる廃棄物その他の物

締約国は、また、適当な国際機関において、投棄を行っている船舶が使用する信号に関する規則の法典化を促進する。

第13条【国連海洋法会議の優位性】 この条約のいかなる規定も、国際連合総会決議第2750号C(第25回会期)に基づいて招集される国際連合海洋法会議による海洋法の法典化及び発展を妨げるものではなく、また、海洋法に関し並びに沿岸国及び旗国の管轄権の性質及び範囲に関する現在又は将来におけるいずれの国の主張及び法的見解をも害するものではない。締約国は、海洋法会議の後にかついかなる場合にも1976年以前に機関が招集する会議において、沿岸国が自国の海岸に接続する水域においてこの条約を適用する権利及び責任の性質及び範囲を定めるために協議することに同意する。

第14条【締約国会議の招集】 1 グレート・ブリテン及び北部アイルランド連合王国政府は、寄託政府として、組織に関する事項について決定を行うため、この条約の効力発生の後3箇月以内に締約国会議を招集する。

2 締約国は、1の会議の時に存在する権限のある機関であって、この条約に関して事務局としての任務について責任を負うものを指定する。この条約の締約国であって当該機関の加盟国でないものは、当該機関がその任務を遂行するに当たって要した費用につき適当な拠出を行う。

3 機関の事務局の任務には、次のことが含まれる。
(a) 少なくとも2年に1回締約国協議会議を招集し、及び締約国の3分の2の要請がある場合にはいつでも締約国特別会議を招集すること。
(b) 締約国及び適当な国際機関との協議の上、4(e)に規定する手続の作成及び実施について準備し及び援助すること。
(c) 締約国からの照会及び情報を検討し、締約国及び適当な国際機関と協議し、並びにこの条約に関連する問題であってこの条約に特に規定されていないものに関して締約国に勧告を行うこと。
(d) 第4条3、第5条1及び2、第6条4、次条、第20条並びに第21条の規定に基づいて機関が受領したすべての通知を関係締約国に送付すること。

機関の指定が行われるまでの間、これらの任務は、必要に応じて寄託政府が行うものとし、このための寄託政府は、グレート・ブリテン及び北部アイルランド連合王国政府とする。

4 締約国協議会議及び締約国特別会議は、この条約の実施について常に検討を行うものとし、特に次のことを行うことができる。
(a) この条約及び附属書を検討し並びに次条の規定によりこの条約及び附属書の改正を採択すること。
(b) 科学の分野における適当な団体に対し、この条約(特に附属書の内容)に関連する科学的又は技術的側面につき締約国又は機関と協力し及び締約国又は機関に助言するよう要請すること。
(c) 第6条4の規定により行われた報告を受領し及び検討すること。
(d) 海洋汚染の防止に関心を有する地域的機関との協力及びこれらの地域的機関の間における協力を促進すること。
(e) 適当な国際機関との協議の上、第5条2の手続(例外的かつ緊急の場合を決定する基準を含む。)並びに助言のための協議の手続及び例外的かつ緊急の場合における物の安全な処分(適当な投棄区域の指定を含む。)のための手続を作成し又は採択し、並びにそれに従って勧告を行うこと。
(f) 必要と認める追加の措置を検討すること。

5 締約国は、第1回締約国協議会議において、必要な手続規則を定める。

第15条【改正】 (略)

第16条【署名】　（略）
第17条【批准】　（略）
第18条【加入】　（略）
第19条【効力発生】　（略）
第20条【通報】　（略）
第21条【脱退】　（略）
第22条【用語、寄託】　（略）

　　附属書Ⅰ
1　有機ハロゲン化合物
2　水銀及び水銀化合物
3　カドミウム及びカドミウム化合物
4　持続性プラスチックその他の持続性合成物質であって、漁ろう、航行その他の適法な海面の利用を著しく妨げるような状態で海上又は海中に浮遊するもの（例えば、網、綱）
5　投棄の目的で積み込まれる原油、重油、重ディーゼル油、潤滑油及び作動油並びにこれらの油のうちいずれかのものを含有する混合物
6　高レベルの放射性廃棄物その他の高レベルの放射性物質（この分野における権限のある国際団体（現在においては、国際原子力機関）が公衆衛生上、生物学上その他の理由に基づき海洋における投棄に適しないものとして定義するもの）
7　形態（例えば、固体、液体、半液体、気体、生物）のいかんを問わず、生物兵器及び化学兵器を使用する戦争の用に生産される物質
8　1から7までの規定（6の規定を除く。）は、海洋において物理的、化学的又は生物学的作用によって急速に無害化される物質については、適用しない。ただし、次の物質については、この限りでない。
　(i)　食用海洋生物の味を損なう物質
　(ii)　人及び家畜の健康を損なう物質
　　締約国は、物質の無害性について疑義がある場合には、条約第14条の規定に基づいて定められる協議手続に従う。
9　11に定義する産業廃棄物を除くほか、この附属書の規定は、1から5までに掲げる物を微量に含有する廃棄物その他の物（例えば、下水汚泥、しゅんせつ物）については、適用しない。6の規定は、国際原子力機関が定義しかつ締約国が採択するデ・ミニミス・レベル（免除レベル）の放射能を有する廃棄物その他の物（例えば、下水汚泥、しゅんせつ物）については、適用しない。この附属書の規定により別段の禁止がされない限り、当該廃棄物の投棄については、適宜、附属書Ⅱ及び附属書Ⅲの規定に従う。
10(a)　11に定義する産業廃棄物及び下水汚泥の海洋における焼却は、禁止する。

(b)　他の廃棄物その他の物の海洋における焼却は、特別許可が与えられることを必要とする。
(c)　締約国は、海洋における焼却のための特別許可を与えるに当たっては、この条約に基づいて作成される規則を適用する。
(d)　この附属書の適用上、
　(i)　「海洋焼却施設」とは、海洋における焼却を行う船舶又はプラットフォームその他の人工海洋構築物をいう。
　(ii)　「海洋における焼却」とは、熱分解の目的で、海洋焼却施設において廃棄物その他の物を故意に燃焼させることをいう。ただし、船舶又はプラットフォームその他の人工海洋構築物の通常の運用に付随する行為を含まない。
11　1996年1月1日からの産業廃棄物
　この附属書の適用上、「産業廃棄物」とは、製造作業又は加工作業によって生ずる廃棄物をいい、次の物については、適用しない。
(a)　しゅんせつ物
(b)　下水汚泥
(c)　魚類残さ又は魚類の産業上の加工作業によって生ずる有機物質
(d)　船舶及びプラットフォームその他の人工海洋構築物。ただし、浮遊する残がいを生じさせ又はその他の方法により海洋環境の汚染を増大させるおそれのある物が最大限度まで除去されていることを条件とする。
(e)　汚染されていない不活性な地質学的物質であって、その化学的構成物質が海洋環境に放出されるおそれのないもの
(f)　天然に由来する汚染されていない有機物質
　(a)から(f)までに掲げる廃棄物その他の物の投棄については、この附属書の他のすべての規定並びに附属書Ⅱ及び附属書Ⅲの規定に従う。
　この11の規定は、6に掲げる放射性廃棄物その他の放射性物質については、適用しない。
12　締約国は、6の規定の改正が効力を生ずる日から25年以内に、その後は25年ごとに、すべての放射性廃棄物その他の放射性物質（高レベルの放射性廃棄物その他の高レベルの放射性物質を除く。）に関する科学的検討（締約国が適当と認める他の要因を考慮した上で行う。）を完了するものとし、条約第15条に定める手続に従い、当該放射性廃棄物その他の放射性物質に関するこの附属書の規定について検討する。

廃棄物その他の物の海洋における焼却の規制に関する規則　　（略）

附属書Ⅱ

条約第6条1(a)の規定の適用上、次のAからDまでに掲げる物については、特別な注意を必要とする。

A 次の物質を相当な量含有する廃棄物
　ひ素及びこれらの化合物
　鉛
　銅
　亜鉛
　有機けい素化合物
　シアン化合物
　ふっ化物
　駆除剤及びその副産物で附属書Ⅰに含まれないもの
　ベリリウム及びこれらの化合物
　クロム
　ニッケル
　バナジウム

B コンテナー、金属くずその他の巨大な廃棄物であって、海底に沈み、漁ろう又は航行の重大な障害となるおそれがあるもの

C 放射性廃棄物その他の放射性物質であって附属書Ⅰに含まれないもの。締約国は、これらの物質の投棄を許可するに当たっては、この分野における権限のある国際団体(現在においては、国際原子力機関)の勧告を十分に考慮する。

D 毒性がないにもかかわらず投棄される量によって有害となるおそれのある物又は快適性を著しく減少させるおそれのある物

附属書Ⅲ

条約第4条2の規定の適用上、海洋における物の投棄を許可する基準を設定するに当たっては、次の事項を考慮する。

A 物の特性及び組成
1 投棄される物の総量及び平均的な組成(例えば、1年当たり)
2 形態(例えば、固体、泥状、液体又は気体)
3 特質。物理的特質(例えば、溶解度、密度)、化学的及び生化学的特質(例えば、酸素要求量、栄養度)並びに生物学的特質(例えば、ウイルス、細菌、酵母及び寄生虫の存在)
4 毒性
5 持続性。物理的、化学的及び生物学的持続性
6 生物又はたい積物中における蓄積及び生物学的変換
7 物理的、化学的及び生化学的変化の可能性並びに水中における他の溶存有機物質及び溶存無機物質との相互作用の可能性
8 資源(魚介類等)の商品価値を低下させることとなる汚染その他の変化を引き起こす可能性
9 締約国は、投棄を許可するに当たっては、投棄される物の特性及び組成に関し海洋生物及び人の健康に対する影響を評価するための十分な科学的根拠が存在するかどうかを検討する。

B 投棄場所の特性及び投棄の方法
1 位置(例えば、投棄区域の経緯度、水深、海岸からの距離)及び他の区域(例えば、保養区域、産卵場、成育場、漁場、開発可能資源が存在する区域)との関連における位置
2 一定期間当たりの処分量(例えば、1日、1週間又は1箇月当たりの量)
3 こん包し及び封入する場合には、その方法
4 当該投棄方法による初期希釈度
5 拡散性(例えば、海流、潮流及び風が水平移動及び垂直混合に及ぼす影響)
6 水質(例えば、温度、pH、塩分、成層、酸素による汚染指標(溶存酸素量(DO)、化学的酸素要求量(COD)、生物化学的酸素要求量(BOD))、有機及び無機の窒素化合物(アンモニアを含む。)、懸濁物質、他の栄養分、生産力)
7 海底の特性(例えば、地形、地球化学上及び地質学上の特性、生物学的生産力)
8 投棄区域において過去に行われた投棄の有無及びその影響(例えば、重金属の存在量、有機炭素の含有量)
9 締約国は、投棄を許可するに当たっては、季節的変化を考慮した上で、当該投棄による影響をこの附属書の規定に従って評価するための十分な科学的根拠が存在するかどうかを検討する。

C 一般的な考慮及び条件
1 海洋の快適性に影響を及ぼす可能性(例えば、浮遊物又は漂着物の存在、濁り、悪臭、変色、あわ立ち)
2 海洋生物、魚介類の養殖、魚類、漁業並びに海草の採取及び養殖に影響を及ぼす可能性
3 海洋のその他の利用に対する影響の可能性(例えば、工業用水の水質の悪化、構築物の水中腐食、浮遊物による船舶の運航の妨害、廃棄物又は固形物の海底におけるたい積による漁ろう又は航行の妨害、科学的な又は環境保全上の見地から特に重要な区域の保護)
4 投棄の代わりに陸地において行う処理、処分若しくは除去の方法の利用可能性又は海洋における投棄について物の有害性を減少させる処理の方法の利用可能性

2-9 1972年の廃棄物その他の物の投棄による海洋汚染の防止に関する条約の1996年の議定書（ロンドン投棄条約議定書）（抄）

1996 Protocol to the Convention on the Prevention of Marine Pollution by Dumping of Wastes and Other Matter of 29 December 1972

採　択　1996年11月7日（ロンドン）
効力発生　2006年3月24日
改　正　(1) 2009年10月30日
　　　　(2) 2013年10月18日
日本国　2007年6月15日国会承認、10月2日加入書寄託、10月5日公布（条約第13号）、11月1日効力発生

この議定書の締約国は、

海洋環境を保護し、並びに海洋資源の持続可能な利用及び保全を促進する必要性を強調し、

この点に関し、1972年の廃棄物その他の物の投棄による海洋汚染の防止に関する条約の枠組みにおける成果並びに特に予防及び防止に基づく取組方法に向けての進展に留意し、

さらに、海洋環境の保護を目的とし、並びに地域及び国の特定の状況及びニーズを考慮した当該地域及び国の補完的な手段によるこの点における貢献に留意し、

これらの事項に対して地球的規模で取り組むことの価値並びに特に1972年の廃棄物その他の物の投棄による海洋汚染の防止に関する条約及びこの議定書の実施に際して締約国間の協力を継続することの重要性を再確認し、

海洋における投棄による海洋環境の汚染の防止及び除去に関し、地球的規模の国際条約又はその他の種類の合意に規定する措置よりも厳しい措置を国家的又は地域的規模でとることが望ましい場合があることを認識し、

関連する国際的な合意及び行動、特に、1982年の海洋法に関する国際連合条約、環境及び開発に関するリオ宣言及びアジェンダ21を考慮し、

また、開発途上国、特に、開発途上にある島嶼（しょ）国の利益及び能力を認識し、

海洋生態系が適法な海洋の利用を引き続き支え、かつ、現在及び将来の世代のニーズを引き続き満たすこととなるような方法によって、海洋環境を保護し、及び保全し、並びに人の活動を管理するため、投棄による海洋汚染を防止し、低減し、及び実行可能な場合には除去する更なる国際的行動が遅滞なくとられ得るものであり、また、遅滞なくとられなければならないことを確信して、

次のとおり協定した。

第1条（定義） この議定書の適用上、

1　「条約」とは、1972年の廃棄物その他の物の投棄による海洋汚染の防止に関する条約（その改正を含む。）をいう。

2　「機関」とは、国際海事機関をいう。

3　「事務局長」とは、機関の事務局長をいう。

4.1　「投棄」とは、次のことをいう。

4.1.1　廃棄物その他の物を船舶、航空機又はプラットフォームその他の人工海洋構築物から海洋へ故意に処分すること。

4.1.2　船舶、航空機又はプラットフォームその他の人工海洋構築物を海洋へ故意に処分すること。

4.1.3　廃棄物その他の物を船舶、航空機又はプラットフォームその他の人工海洋構築物から海底及びその下に貯蔵すること。

4.1.4　故意に処分することのみを目的としてプラットフォームその他の人工海洋構築物を遺棄し、又はその場で倒壊させること。

4.2　「投棄」には、次のことを含まない。

4.2.1　船舶、航空機又はプラットフォームその他の人工海洋構築物及びこれらのものの設備の通常の運用に付随し、又はこれに伴って生ずる廃棄物その他の物を海洋へ処分すること。ただし、廃棄物その他の物であって、その処分に従事する船舶、航空機又はプラットフォームその他の人工海洋構築物によって又はこれらに向けて運搬されるもの及び当該船舶、航空機又はプラットフォームその他の人工海洋構築物における当該廃棄物その他の物の処理に伴って生ずるものを処分することを除く。

4.2.2　物を単なる処分の目的以外の目的で配置すること。ただし、その配置がこの議定書の目的に反しない場合に限る。

4.2.3　4.1.4の規定にかかわらず、単なる処分の目的以外の目的で配置された物（例えば、ケー

ブル、パイプライン、海洋調査機器)を海洋に遺棄すること。

4.3 海底鉱物資源の探査、開発及びこれらに関連する沖合における加工から直接に生じ、又はそれらと関連を有する廃棄物その他の物の処分及び貯蔵は、この議定書の適用を受けない。

5.1 「海洋における焼却」とは、廃棄物その他の物を船舶又はプラットフォームその他の人工海洋構築物の上で熱分解によって故意に処分する目的で燃焼させることをいう。

5.2 「海洋における焼却」には、船舶又はプラットフォームその他の人工海洋構築物の通常の運用の間に生ずる廃棄物その他の物を当該船舶又はプラットフォームその他の人工海洋構築物の上で焼却することを含まない。

6 「船舶及び航空機」とは、種類のいかんを問わず、水上、水中又は空中を移動する機器(自動推進式であるか否かを問わず、エアクッション船及び浮遊機器を含む。)をいう。

7 「海洋」とは、国の内水を除くすべての海域並びにその海底及びその下をいい、陸上からのみ利用することのできる海底の下の貯蔵所を含まない。

8 「廃棄物その他の物」とは、あらゆる種類、形状又は性状の物質をいう。

9 「許可」とは、第4条1.2又は第8条2の規定に従ってとる関連する措置に基づき事前に与える許可をいう。

10 「汚染」とは、人の活動による海洋への廃棄物その他の物の直接的又は間接的な導入であって、生物資源及び海洋生態系に対する害、人の健康に対する危険、海洋活動(漁獲その他の適法な海洋の利用を含む。)に対する障害、海水の水質を利用に適さなくすること並びに快適性の減殺のような有害な結果をもたらし、又はもたらすおそれのあるものをいう。

第2条(目的) 締約国は、単独で又は共同して汚染のすべての発生源から海洋環境を保護し、及び保全し、並びに自国の科学的、技術的及び経済的な能力に応じて、廃棄物その他の物の投棄又は海洋における焼却により生ずる汚染を防止し、低減し、及び実行可能な場合には除去するための効果的な措置をとるものとし、適当な場合には、この点に関して締約国間の政策を調和させる。

第3条(一般的義務) 1 締約国は、この議定書を実施するに当たり、廃棄物その他の物の投棄からの環境の保護について予防的な取組方法を適用する。当該方法の適用に際しては、海洋環境に持ち込まれた廃棄物その他の物とその影響との間の因果関係を証明する決定的な証拠が存在しない場合であっても、当該廃棄物その他の物が害をもたらすおそれがあると信ずるに足りる理由があるときは、適当な防止措置をとるものとする。

2 締約国は、汚染者が原則として汚染による費用を負担すべきであるという取組方法を考慮し、また、公共の利益に十分に留意して、投棄又は海洋における焼却に従事することを許可された者が許可された活動に係る汚染の防止及び管理に関する要件を満たすための費用を負担するという慣行を促進するよう努める。

3 締約国は、この議定書の規定を実施するに当たり、損害若しくは損害の可能性を1の区域から他の区域へ直接若しくは間接に移転させないように又は1の類型の汚染を他の類型の汚染に変えないように行動する。

4 この議定書のいかなる規定も、締約国が汚染を防止し、低減し、及び実行可能な場合には除去することについて、国際法に従って一層厳しい措置を単独で又は共同してとることを妨げるものと解してはならない。

第4条(廃棄物その他の物の投棄) 1.1 締約国は、廃棄物その他の物(附属書1に規定するものを除く。)の投棄を禁止する。

1.2 附属書1に規定する廃棄物その他の物の投棄は、許可を必要とする。締約国は、許可の付与及び許可の条件が附属書2の規定に適合することを確保するための行政上及び立法上の措置をとり、環境上望ましい代替手段によって投棄を回避するための機会に特別の注意を払う。

2 この議定書のいかなる規定も、締約国が自国について附属書1に規定する廃棄物その他の物の投棄を禁止することを妨げるものと解してはならない。当該締約国は、そのような措置を機関に通報する。

第5条(海洋における焼却) 締約国は、廃棄物その他の物の海洋における焼却を禁止する。

第6条(廃棄物その他の物の輸出) 締約国は、投棄又は海洋における焼却のために廃棄物その他の物を他の国に輸出することを許可してはならない。

第7条(内水) 1 この議定書の他の規定にかかわらず、この議定書は、2及び3に規定する範囲においてのみ内水に関係するものとする。

2 締約国は、内水である海域における廃棄物その他の物の故意の処分であって、仮に当該廃棄物その他の物を海洋において処分したとするならば第1条に規定する投棄又は海洋における焼却となり得るものを管理するため、自国の裁量により、この議定書の規定を適用するか、又はその

他の効果的な許可及び規制のための措置をとる。

3　締約国は、内水である海域における実施、遵守及び執行に係る法令及び制度に関する情報を機関に提供すべきである。締約国は、また、内水である海域に投棄された物質の種類及び性質に関する概要報告書を任意に提供するために最善の努力を払うべきである。

第8条(適用除外) 1　第4条1及び第5条の規定は、荒天による不可抗力の場合又は人命に対する危険若しくは船舶、航空機若しくはプラットフォームその他の人工海洋構築物に対する現実の脅威がある場合において、人命又は船舶、航空機若しくはプラットフォームその他の人工海洋構築物の安全を確保することが必要であるときは、適用しない。ただし、投棄又は海洋における焼却がその脅威を避けるための唯一の方法であると考えられること及び投棄又は海洋における焼却の結果生ずる損害がそれらを行わなかった場合に生ずる損害よりも少ないと十分に見込まれることを条件とする。投棄又は海洋における焼却は、人命及び海洋生物に対する損害の可能性を最小限にするように行わなければならず、また、当該投棄又は海洋における焼却については、直ちに機関に報告するものとする。

2　締約国は、人の健康、安全又は海洋環境に対して容認し難い脅威をもたらし、かつ、他のいかなる実行可能な解決策をも講ずることができない緊急の場合においては、第4条1及び第5条の規定の例外として許可を与えることができる。当該締約国は、許可を与えるに先立ち、影響を受けるおそれのあるすべての国及び機関と協議するものとし、機関は、他の締約国及び適当な場合には権限のある国際機関と協議の上、第18条1.6の規定に従い、当該締約国に対し、とるべき最も適した手続を速やかに勧告する。当該締約国は、措置をとるべき最終時点を考慮し、及び海洋環境に対する損害を防止する一般的義務に即して実行可能な最大限度まで当該勧告に従うものとし、また、自国がとる措置を機関に通報する。締約国は、そのような状況において相互に援助することを誓約する。

3　締約国は、この議定書の批准若しくは加入の時に又はその後に、2の規定に基づく自国の権利を放棄することができる。

第9条(許可の付与及び報告) 1　締約国は、次のことを行う一又は二以上の適当な当局を指定する。
1.1　この議定書に従って許可を与えること。
1.2　投棄の許可を与えたすべての廃棄物その他の物の性質及び数量並びに実行可能な場合には実際に投棄された数量並びに投棄の場所、時期及び方法を記録すること。
1.3　この議定書の目的のため、単独で又は他の締約国及び権限のある国際機関と協力して海洋の状態を監視すること。

2　締約国の適当な当局は、投棄又は前条2の規定に基づく海洋における焼却が予定される廃棄物その他の物について、次の場合には、この議定書に従って許可を与える。
2.1　当該締約国の領域において積み込まれる場合
2.2　当該締約国の領域で登録され、又は当該締約国を旗国とする船舶又は航空機にこの議定書の締約国でない国の領域において積み込まれる場合

3　適当な当局は、許可を与えるに当たっては、第4条に規定する要件並びに当該当局が適切と認める追加的な基準、措置及び要件に従う。

4　締約国は、機関及び適当な場合には他の締約国に対し、直接に又は地域的取極に基づいて設立される事務局を通じて、次の事項を報告する。
4.1　1.2及び1.3に規定する情報
4.2　この議定書の規定を実施するためにとる行政上及び立法上の措置(執行措置の概要を含む。)
4.3　4.2に規定する措置の実効性及び当該措置の適用において生ずる問題
　1.2及び1.3に規定する情報については毎年提出し、4.2及び4.3に規定する情報については定期的に提出するものとする。

5　4.2及び4.3の規定により提出される報告は、締約国会議が決定する適当な補助機関によって評価される。当該補助機関は、適当な締約国会議又は締約国特別会議にその結論を報告する。

第10条(適用及び執行) 1　締約国は、次のすべてを対象として、この議定書を実施するために必要な措置をとる。
1.1　当該締約国の領域で登録され、又は当該締約国を旗国とする船舶及び航空機
1.2　投棄又は海洋における焼却が予定される廃棄物その他の物を当該締約国の領域において積み込む船舶及び航空機
1.3　当該締約国が国際法に基づき管轄権を行使することができる区域内において投棄又は海洋における焼却を行っていると認められる船舶、航空機及びプラットフォームその他の人工海洋構築物

2　締約国は、この議定書の規定に違反する行為を防止し、及び必要な場合には処罰するため、国

際法に従って適切な措置をとる。
3 締約国は、この議定書を国の管轄権の及ぶ区域の外の区域において効果的に適用するための手続(この議定書の規定に違反する投棄又は海洋における焼却を行っていることが発見された船舶及び航空機についての報告のための手続を含む。)の作成に協力することに同意する。
4 この議定書は、国際法に基づき主権免除が認められている船舶及び航空機については、適用しない。ただし、締約国は、適当な措置をとることにより、自国が所有し、又は運航するそのような船舶及び航空機がこの議定書の目的に沿って運航されることを確保するものとし、当該措置を機関に通報する。
5 いずれの国も、自国のみが自国の船舶及び航空機であって4に規定するものに対してこの議定書の規定を実施することができることを認識し、この議定書に拘束されることについての同意を表明する際に又はその後いつでも、この議定書の規定を当該船舶及び航空機に適用することを宣言することができる。

第11条(遵守のための手続) 1 締約国会議は、この議定書の効力発生の後2年以内に、この議定書の遵守状況を評価し、及びその遵守を奨励するために必要な手続及び仕組みを定める。この手続及び仕組みは、建設的な方法により、十分かつ公開された情報の交換を可能とすることを目的として作成する。
2 締約国会議は、この議定書に従って提出されるあらゆる情報並びに1に規定する手続及び仕組みを通じてなされるあらゆる勧告を十分に検討した後、締約国及び非締約国に対し、助言、援助又は協力を与えることができる。

第12条(地域的協力) この議定書の目的を推進するため、特定の地理的区域における海洋環境について擁護すべき共通の利益を有する締約国は、地域的特性を考慮した上で、地域的協力(廃棄物その他の物の投棄又は海洋における焼却により生ずる汚染を防止し、低減し、及び実行可能な場合には除去するため、この議定書に適合する地域的取極を締結することを含む。)を強化するよう努める。締約国は、地域的取極の締約国でもあるこの議定書の締約国が従うことができるような調和のとれた手続を作成するため、当該地域的取極の締約国と協力するよう努める。

第13条(技術協力及び援助) 1 締約国は、次の事項に関して援助を要請する締約国に対し、機関における協力を通じ、及びその他の権限のある国際機関と調整の上、この議定書に規定する投棄により生ずる汚染を防止し、低減し、及び実行可能な場合には除去するための二国間及び多数国間による援助を促進する。
  1.1 国の能力を強化することを目的とした研究、監視及び執行のための科学及び技術の分野における要員の訓練(適当な場合には、必要な設備及び施設の提供を含む。)
  1.2 この議定書の実施に関する助言
  1.3 廃棄物の最小限化及び低負荷型の生産工程に関する情報及び技術協力
  1.4 廃棄物の処分及び処理並びにその他の措置であって、投棄により生ずる汚染を防止し、低減し、及び実行可能な場合には除去するためのものに関する情報及び技術協力
  1.5 知的財産権を保護する必要性並びに開発途上国及び市場経済への移行過程にある国の特別のニーズを考慮しつつ、相互の合意による有利な条件(緩和された、かつ、特恵的な条件を含む。)の下で、特にこれらの国に対して行う環境上適正な技術及びこれに相応する専門知識の取得の機会の提供及び移転
2 機関は、次の任務を遂行する。
  2.1 技術的能力その他の要素を考慮した上で、締約国からの技術協力の要請を他の締約国に送付すること。
  2.2 適当な場合には、援助の要請について他の権限のある国際機関と調整すること。
  2.3 十分な資源が利用可能であることを条件として、この議定書の締約国となる意思を宣言した開発途上国又は市場経済への移行過程にある国がこの議定書の完全な実施を実現するために必要な措置について検討を行うことを支援すること。

第14条(科学的及び技術的研究) (略)

第15条(責任) 締約国は、他の国の環境又は他のすべての区域の環境に与える損害についての国家責任に関する国際法の諸原則に基づき、廃棄物その他の物の投棄又は海洋における焼却から生ずる責任に関する手続を作成することを約束する。

第16条(紛争の解決) 1 この議定書の解釈又は適用に関するいかなる紛争も、交渉、仲介、調停その他紛争当事国が選択する平和的手段を通じて解決する。
2 1の締約国が他の締約国に対してこれらの締約国の間に紛争が存在することを通告した後12箇月以内に当該紛争を解決できない場合には、1982年の海洋法に関する国際連合条約第287条1に規定する手続のうちいずれかの手続を利用することについて紛争当事国が合意する場合(当該

紛争当事国が同条約の締約国であるか否かを問わず、その旨の合意を行うことができる。）を除くほか、当該紛争は、いずれかの紛争当事国の要請により、附属書3に規定する仲裁手続によって解決する。

3　紛争当事国は、1982年の海洋法に関する国際連合条約第287条1に規定する手続のうちいずれかの手続を利用することについて合意に達する場合には、選択した手続に関する同条約第15部の規定を準用する。

4　2に定める12箇月の期間は、紛争当事国の相互の同意により、更に12箇月の期間延長することができる。

5　2の規定にかかわらず、いずれの国も、この議定書に拘束されることについての同意を表明する際に、事務局長に対し、自国が第3条1及び2の規定の解釈又は適用に関する紛争の当事国となる場合には、附属書3に規定する仲裁手続の手段による紛争の解決に先立ち、自国の同意が必要であることを通告することができる。

第17条（国際協力）　（略）

第18条（締約国会議）　1　締約国会議又は締約国特別会議は、この議定書の実施について常に検討を行うとともに、廃棄物その他の物の投棄及び海洋における焼却により生ずる汚染を防止し、低減し、及び実行可能な場合には除去するための活動を必要に応じて強化する方法を特定するため、その実効性を評価する。このため、締約国会議又は締約国特別会議は、次のことを行うことができる。

1.1　第21条及び第22条の規定によりこの議定書の改正を検討し、及び採択すること。

1.2　この議定書の効果的な実施を促進するためのあらゆる事項を検討するため、必要に応じ、補助機関を設置すること。

1.3　専門知識を有する適当な団体に対し、この議定書に関連する事項について締約国又は機関に助言するよう要請すること。

1.4　汚染の防止及び管理に関心を有する権限のある国際機関との協力を促進すること。

1.5　第9条4の規定に従って提供された情報を検討すること。

1.6　権限のある国際機関と協議の上、第8条2に規定する手続（例外的かつ緊急の場合を決定するための基準を含む。）、助言のための協議の手続及び例外的かつ緊急の場合の海洋における物の安全な処分のための手続を作成し、又は採択すること。

1.7　決議を検討し、及び採択すること。

1.8　必要と認めるその他の措置を検討すること。

2　締約国は、第1回締約国会議において、必要な手続規則を定める。

第19条（機関の任務）　1　機関は、この議定書に関する事務局としての任務について責任を負う。この議定書の締約国であって機関の加盟国でないものは、機関がその任務を遂行するに当たって要した費用について適当な拠出を行う。

2　この議定書の運用に必要な事務局としての任務には、次のことを含む。

2.1　締約国が別段の決定を行う場合を除くほか、1年に1回締約国会議を招集するものとし、締約国の3分の2の要請がある場合はいつでも、締約国特別会議を招集すること。

2.2　この議定書の実施並びにこの議定書に基づいて作成された指針及び手続について、要請に応じ、助言を与えること。

2.3　締約国からの照会及び情報を検討し、締約国及び権限のある国際機関と協議し、並びにこの議定書に関連する問題であってこの議定書に特に規定されていないものに関して締約国に勧告を行うこと。

2.4　締約国及び権限のある国際機関と協議の上、前条1.6に規定する手続の作成及び実施について準備し、及び援助すること。

2.5　この議定書に基づいて機関が受領したすべての通告を関係締約国に送付すること。

2.6　この議定書の運用のための予算及び会計報告を2年ごとに作成し、すべての締約国に配布すること。

3　機関は、十分な資源が利用可能であることを条件として、第13条2.3に規定する任務のほか、次のことを行う。

3.1　海洋環境の状態を評価することに協力すること。

3.2　汚染の防止及び管理に関心を有する権限のある国際機関と協力すること。

第20条（附属書）　この議定書の附属書は、この議定書の不可分の一部を成す。

第21条（議定書の改正）　1　いずれの締約国も、この議定書の本文の改正を提案することができる。改正案については、当該改正案を検討する締約国会議又は締約国特別会議の少なくとも6箇月前までに事務局が締約国に送付する。

2　この議定書の本文の改正は、このために指定された締約国会議又は締約国特別会議において、出席し、かつ、投票する締約国の3分の2以上の多数による議決で採択される。

3　改正は、締約国の3分の2が改正の受諾書を機関

に寄託した後60日目の日に、改正を受諾した締約国について効力を生ずる。その後は、改正は、他のいずれの締約国についても、その改正の受諾書を寄託した日の後60日目の日に効力を生ずる。

4　事務局長は、すべての締約国に対し、締約国会議において採択された改正並びにその改正が効力を生ずる日及び各締約国について効力を生ずる日を通報する。

5　この議定書の改正が効力を生じた後にこの議定書の締約国となる国は、改正を採択する締約国会議又は締約国特別会議において、出席し、かつ、投票する締約国の3分の2が別段の合意をする場合を除くほか、改正されたこの議定書の締約国となる。

第22条（附属書の改正） 1　いずれの締約国も、この議定書の附属書の改正を提案することができる。改正案については、当該改正案を検討する締約国会議又は締約国特別会議の少なくとも6箇月前までに事務局が締約国に送付する。

2　附属書3を除く附属書の改正は、科学的又は技術的検討に基づいて行い、適当な場合には、法的、社会的及び経済的要素を考慮することができる。この改正は、このために指定された締約国会議又は締約国特別会議において、出席し、かつ、投票する締約国の3分の2以上の多数による議決で採択される。

3　機関は、締約国会議又は締約国特別会議において採択された附属書の改正を締約国に遅滞なく送付する。

4　附属書の改正は、7に定める場合を除くほか、各締約国について、当該改正の受諾を機関に通告した後直ちに又は締約国会議において採択された日の後100日目よりその通告が遅くなる場合には当該採択された日の後100日目に効力を生ずる。ただし、当該100日目の終わりまでに当該改正を受諾することができない旨の宣言を行う締約国については、この限りでない。このような締約国は、いつでも、先に行った異議の宣言に代えて受諾を行うことができるものとし、この場合において、当該改正は、当該締約国について直ちに効力を生ずる。

5　事務局長は、機関に寄託された受諾又は異議の文書を締約国に遅滞なく通報する。

6　この議定書の本文の改正に関連する新たな附属書の追加又は附属書の改正は、この議定書の本文の改正が効力を生ずる時まで効力を生じない。

7　仲裁手続に関する附属書3の改正並びに新たな附属書の採択及びその効力発生については、この議定書の本文の改正に関する手続を準用する。

第23条（この議定書と条約との関係） この議定書は、その締約国であって条約の締約国でもあるものの間において、条約に優先する。

第24条（署名、批准、受諾、承認及び加入） （略）
第25条（効力発生） （略）
第26条（経過期間） （略）
第27条（脱退） （略）
第28条（寄託者） （略）
第29条（正文） （略）

附属書1　投棄を検討することができる廃棄物その他の物

次の廃棄物その他の物については、この議定書の第2条及び第3条に規定する目的及び一般的義務に留意し、投棄を検討することができる。

1.1　しゅんせつ物
1.2　下水汚泥
1.3　魚類残さ又は魚類の工業的加工作業から生ずる物質
1.4　船舶及びプラットフォームその他の人工海洋構築物
1.5　不活性な地質学的無機物質
1.6　天然起源の有機物質
1.7　主として鉄、鋼及びコンクリート並びにこれらと同様に無害な物質であって物理的な影響が懸念されるものから構成される巨大な物（ただし、投棄以外に実行可能な処分の方法がない孤立した共同体を構成する島嶼（しょ）等の場所においてそのような廃棄物が発生する場合に限る。）
1.8　二酸化炭素を隔離するための二酸化炭素の回収工程から生ずる二酸化炭素を含んだガス

2　1.4及び1.7に掲げる廃棄物その他の物については、浮遊する残がいを生じさせるか、又は海洋環境の汚染を増大させるおそれのある物質が最大限度まで除去されており、かつ、投棄された物質が漁ろう又は航行の重大な障害とならないことを条件として、投棄を検討することができる。

3　1及び2の規定にかかわらず、国際原子力機関によって定義され、かつ、締約国によって採択される僅少レベル（すなわち、免除されるレベル）の濃度以上の放射能を有する1.1から1.8までに掲げる物質については、投棄の対象として検討してはならない。ただし、締約国が、1994年2月20日から25年以内に、また、その後は25年ごとに、適当と認める他の要因を考慮した上で、すべての放射性廃棄物その他の放射性物質（高レベルの放射性廃棄物その他の高レベルの放射性物質を除く。）に関する科学的な研究を完了させ、及びこの議定

書の第22条に規定する手続に従って当該物質の投棄の禁止について再検討することを条件とする。
4　1.8に規定する二酸化炭素を含んだガスについては、次の場合に限り、投棄を検討することができる。
4.1　海底下の地層への処分である場合
4.2　当該二酸化炭素を含んだガスが極めて高い割合で二酸化炭素から構成されている場合。ただし、当該二酸化炭素を含んだガスには、その起源となる物質並びに利用される回収工程及び隔離工程から生ずる付随的な関連物質が含まれ得る。
4.3　いかなる廃棄物その他の物もこれらを処分する目的で加えられていない場合

附属書2　投棄を検討することができる廃棄物その他の物の評価　（略）

附属書3　仲裁手続　（略）

【第2節　汚染防止】第3項　油・危険有害物質汚染事故

2-10　油による汚染を伴う事故の場合における公海上の措置に関する国際条約（公海措置条約）（抄）

International Convention relating to Intervention on the High Seas in Cases of Oil Pollution Casualties

採　択　1969年11月29日（ブラッセル）
効力発生　1975年5月6日
日　本　国　1971年3月24日国会承認、4月6日受諾書寄託、1975年5月2日公布（条約第6号）、5月6日効力発生

この条約の締約国は、
　海洋及び沿岸に油による汚染の危険をもたらす海難の重大な結果から自国民の利益を保護することの必要性を認め、
　そのような状況の下で自国民の利益を保護するための例外的な措置をとることが公海上で必要となることがあり、また、その措置が公海の自由の原則に影響を及ぼすものでないことを確信して、
　次のとおり協定した。

第1条【公海上の措置】　1　締約国は、著しく有害な結果をもたらすことが合理的に予測される海難又はこれに関連する行為の結果としての油による海洋の汚染又はそのおそれから生ずる自国の沿岸又は関係利益に対する重大かつ急迫した危険を防止し、軽減し又は除去するため必要な措置を公海上でとることができる。
2　もっとも、軍艦又は国によって所有され若しくは運航される他の船舶で政府の非商業的役務にのみ使用されているものに対しては、この条約に基づくいかなる措置をもとってはならない。

第2条【定義】この条約の適用上、
1　「海難」とは、船舶の衝突、座礁その他の航海上の事故又は船舶内若しくは船舶外のその他の事故であって、船舶若しくは積荷に対し実質的な損害を与え若しくは与える急迫したおそれがあるものをいう。
2　「船舶」とは、次の物をいう。
　(a)　あらゆる種類の海上航行船舶
　(b)　海上に浮いているすべての機器（海底及び海底資源の探査及び開発に使用する設備及び装置を除く。）
3　「油」とは、原油、重油、ディーゼル油及び潤滑油をいう。
4　「関係利益」とは、沿岸国の次のような利益で海難により直接に影響を受け又は脅かされるものをいう。
　(a)　沿岸、港湾又は河口における海事上の活動（漁業活動を含む。）で関係者の生計のための不可欠な手段であるもの
　(b)　関係区域の観光資源
　(c)　沿岸の住民の健康及び関係地域の福祉（水産生物資源及び野生動植物の保存を含む。）
5　「機関」とは、政府間海事協議機関（＊国際海事機関）をいう。

第3条【沿岸国の権利行使】沿岸国が第1条の規定に基づいて措置をとる権利を行使する場合には、次の規定が適用される。
　(a)　沿岸国は、措置をとる前に、海難によって影響を受ける他の国、特に旗国と協議する。
　(b)　個人又は法人が沿岸国のとろうとする措置によって影響を受けると合理的に予測される利益を有する場合には、そのことを知っており又は協議の間に知らされた当該沿岸国は、

遅滞なくその個人又は法人に対して当該措置を通告する。沿岸国は、それらの者が提出する意見を考慮する。
(c) 沿岸国は、措置をとる前に独立の専門家と協議することができる。独立の専門家は、機関が常時整備する名簿から選定される。
(d) 沿岸国は、直ちに措置をとる必要がある極度に緊急の場合には、事前の通告若しくは協議を行なうことなく又はすでに開始した協議を継続することなく、事態の緊急性によって必要とされる措置をとることができる。
(e) 沿岸国は、(d)の措置をとる前又はとっている間に、人命の危険を防止し、遭難者が必要とする援助を与え、並びに船舶の乗組員の帰国を妨げず及び容易にするよう、最善の努力を払う。
(f) 第1条の規定に基づいてとった措置は、関係国、判明した関係者(法人を含む。)及び機関の事務局長に遅滞なく通告する。

第4条【専門家名簿】 1 前条の専門家名簿は、機関の監督の下で作成しかつ常時整備する。機関は、これに関する必要かつ適当な規則(必要な資格の決定に関する規定を含む。)を制定する。
2 専門家名簿のための指名は、機関の加盟国及びこの条約の締約国が行なうことができる。専門家は、その提供する役務につき、その役務を利用する国から報酬を受ける。

第5条【沿岸国の措置と損害の権衡】 1 沿岸国が第1条の規定に基づいてとる措置は、実際に被った損害又は被るおそれがある損害と権衡を失しないものでなければならない。
2 1の措置は、第1条の目的を達成するため合理的に必要とされる限度をこえるものであってはならず、その目的を達成した場合には、直ちに終止する。その措置は、旗国、第三国又は関係者(法人を含む。)の権利及び利益を必要以上に害するものであってはならない。
3 1の措置が損害と権衡を失しないものであるかどうかを検討するにあたっては、次のことを考慮する。
(a) その措置をとらない場合に直ちに生ずる損害の程度及び可能性
(b) その措置の有効性
(c) その措置によって生ずることのある損害の程度

第6条【補償】 締約国は、この条約の規定に反する措置をとり、他の者に損害を与えた場合には、その損害のうち第1条の目的を達成するため合理的に必要とされる限度をこえた措置によって生じた部分につき補償しなければならない。

第7条【条約の適用範囲】 この条約のいかなる規定も、別段の定めがある場合を除くほか、本来適用される権利、義務、特権又は免除に影響を及ぼすものではなく、また、締約国又は利害関係のある個人若しくは法人から本来適用される救済手段を奪うものでもない。

第8条【調停・仲裁】 1 締約国間の紛争であって、第1条の規定に基づいてとられた措置がこの条約の規定に反するものであるかどうかに関するもの、補償が第6条の規定に従って支払われるべきであるかどうかに関するもの及びそのような補償の額に関するものは、関係締約国間又は当該措置をとった締約国と個人若しくは法人である請求者との間の協議によって解決することが不可能である場合には、それらの関係締約国が別段の合意をしない限り、いずれかの関係締約国の請求により、附属書に定める手続に従い、調停又は、調停が成立しなかったときは、仲裁に付託する。
2 1の措置をとった締約国は、国内法に基づく救済手段が自国の裁判所において尽くされていないという理由のみによっては、1の規定に基づく調停又は仲裁の請求を拒否することができない。

第9条【署名、批准、受諾、承認、加入】 (略)
第10条【寄託】 (略)
第11条【効力発生】 (略)
第12条【廃棄】 (略)
第13条【地域関係当局との協議】 (略)
第14条【改正】 (略)
第15条【寄託者】 (略)
第16条【登録】 (略)
第17条【正文】 (略)

　　附属書
　第1章　調　停　(略)

　第2章　仲　裁　(略)

2-11 油以外の物質による海洋汚染の場合における公海上の措置に関する議定書（公海措置条約議定書）（抄）

Protocol relating to Intervention on the High Seas in Cases of Pollution by Substances other than Oil

採　択　1973年11月2日（ロンドン）
効力発生　1983年3月30日
日　本　国

この議定書の締約国は、

1969年11月29日にブリュッセルで締結された「油による汚染を伴う事故の場合における公海上の措置に関する国際条約」の締約国であり、

1969年の海洋汚染損害に関する国際法律会議により採択された「油以外の汚染物質に関する国際協力についての決議」を考慮し、

さらに、その決議により、政府間海事協議機関（*国際海事機関）が、すべての関係する国際機関と協力して、油以外の物質による汚染のあらゆる面においてその活動を強化したことを考慮して、

次のとおり協定した。

第1条【締約国の権利】 1　この議定書の締約国は、著しく有害な結果をもたらすことが合理的に予測される海難又は海難に関連する行為の結果として起きた油以外の物質による汚染又は汚染のおそれから生ずる自国の沿岸又は関係利益に対する重大かつ急迫した危険を防止し、軽減し又は除去するために必要な措置を公海上でとることができる。
2　1に規定する「油以外の物質」とは以下のものである。
　(a)　機関により指名された適切な組織により作成され、及びこの議定書に添付されるリストに列挙された物質
　(b)　その他の物質であって、人間の健康に対する危険を生ぜしめ、生物資源及び海洋生物を害し、環境の快適性を損ない、又はその他の合理的な海洋の利用を妨げるおそれのあるもの
3　2(b)に規定する物質に関して措置をとった締約国が行動するときは、当該措置をとった締約国は、措置をとった時点の状況下において、当該物質が2(a)に規定するリストに列挙されている物質のいずれかによって引き起こされる危険と類似の重大かつ急迫した危険を合理的に見て引き起こしうることを確認する責任を負わなければならない。

第2条【公海措置条約の適用】 1　油についての1969年の「油による汚染を伴う事故の場合における公海上の措置に関する国際条約」の第1条2及び第2条から第8条までの規定並びに同条約の附属書は、この議定書の第1条に規定する物質に関して適用される。
2　この議定書の適用上、同条約第3条(c)及び第4条に規定する専門家名簿は、油以外の物質に関して助言を与える資格を有する専門家を含めるよう拡大されなければならない。専門家名簿への指名は、機関の加盟国及びこの議定書の締約国によってなされる。

第3条【リスト】 1　第1条2(a)に規定するリストは、機関により指名された適切な組織によって保持されるものとする。
2　この議定書の締約国によって提出される当該リストの改正は、機関に提出され、さらに、適切な組織による審議の少なくとも3箇月前に機関により、機関のすべての加盟国及びこの議定書の締約国に対し送付される。
3　この議定書の締約国は、機関の加盟国か否かを問わず、当該の適切な組織における議事に参加する権利を有する。
4　改正は、この議定書の締約国で出席しかつ投票したものの3分の2以上の多数で採択される。
5　機関は、4の規定に従い採択された改正を、この議定書のすべての締約国に受諾のために送付する。
6　この議定書の締約国に対し送付された改正は、送付後6箇月以内にこの議定書の締約国の3分の1以上からの反対が機関に対し送付されない限り、送付後6箇月を経過した時点で受諾されたものとみなす。
7　6の規定に従い受諾されたものとみなされた改正は、その受諾後3箇月でこの議定書のすべての締約国に対し効力を生ずる。ただし、その日より前に当該改正について受諾しない宣言を行った締約国については、この限りでない。

第4条【署名】　（略）
第5条【批准、受諾、承認、加入】　（略）
第6条【効力発生】　（略）

第7条【廃棄】　（略）
第8条【改正】　（略）
第9条【寄託者】　（略）
第10条【登録】　（略）
第11条【用語】　（略）

附属書　機関の海洋環境保護委員会により、第1条2(a)に従って作成される物質のリスト　（略）
1　石油（ばら積み輸送の）
2　有害物質
3　液化ガス（ばら積み輸送の）
4　放射性物質

2-12　1990年の油による汚染に係る準備、対応及び協力に関する国際条約（油汚染準備対応協力条約；ＯＰＲＣ条約）（抄）

International Convention on Oil Pollution Preparedness, Response and Co-operation, 1990

採　　択　1990年11月30日（ロンドン）
効力発生　1995年5月13日
日 本 国　1995年5月12日国会承認、10月17日加入書寄託、10月20日公布（条約第20号）、1991年1月17日効力発生

この条約の締約国は、
　人間を取り巻く環境、特に海洋環境を保全する必要があることを認め、
　船舶、沖合施設並びに海港及び油取扱施設に関係する油による汚染事件が海洋環境にとって重大な脅威となることを認識し、
　油による汚染を回避するために予防措置及び防止措置をとることが重要であること、並びに海上における安全及び海洋汚染の防止に関する現行の国際的な文書、特に、1974年の海上における人命の安全のための国際条約（その改正を含む。）及び1973年の船舶による汚染の防止のための国際条約に関する1978年の議定書（その改正を含む。）を厳格に適用し並びに油を運送する船舶及び沖合施設の設計、運用及び維持に関する基準を速やかに強化することが必要であることに留意し、
　油による汚染事件が発生した際に当該事件から生ずるおそれのある損害を最小にするため、迅速かつ効果的な措置をとることが不可欠であることに留意し、
　油による汚染事件に対応するための効果的な準備が重要であること並びにこの点に関して石油業界及び海運業界が重要な役割を果たすことを強調し、
　特に、油による汚染事件に対応するための各国の能力に関する情報の交換、油による汚染に対する緊急時計画の作成、海洋環境又は各国の沿岸及び関係利益に影響を及ぼすおそれのある重大な事件に関する報告書の交換並びに油による海洋環境の汚染に対応する方法についての研究開発に関する相互援助並びに国際協力が重要であることを認識し、
　環境に関する国際法の一般原則である「汚染者負担」の原則を考慮し、
　油による汚染損害に係る責任並びに賠償及び補償に関する国際的な文書、特に、1969年の油による汚染損害についての民事責任に関する国際条約（以下「責任条約」という。）及び1971年の油による汚染損害の補償のための国際基金の設立に関する国際条約（以下「基金条約」という。）が重要であること並びに責任条約に関する1984年の議定書及び基金条約に関する1984年の議定書の早期の効力発生が強く求められていることを考慮し、
　更に、地域的な条約及び取極を含む二国間及び多数国間の取極及び取決めが重要であることを考慮し、
　海洋法に関する国際連合条約の関連規定（特に第12部の規定）に留意し、
　開発途上国（特に島嶼（しょ）国）の特別のニーズを考慮しつつ、国際協力を促進し並びに油による汚染に係る準備及び対応に関する国家、地域及び世界全体の既存の能力を向上させることが必要であることを認め、
　これらの目的を達成するための最善の方法は、油による汚染に係る準備、対応及び協力に関する国際条約を締結することであることを考慮して、
　次のとおり協定した。

第1条（一般規定） 1　締約国は、油による汚染事件について準備し及び対応するため、この条約及びその附属書の規定に従い、単独で又は共同してすべての適当な措置をとることを約束する。
2　この条約の附属書は、この条約の不可分の一部を成すものとし、「この条約」というときは、附属書を含めていうものとする。

3 この条約は、軍艦、軍の補助艦又は国が所有し若しくは運航する他の船舶で政府の非商業的業務にのみ使用しているものについては、適用しない。ただし、締約国は、自国が所有し又は運航するこれらの船舶の運航又は運航能力を阻害しないような適当な措置をとることにより、これらの船舶が合理的かつ実行可能である限りこの条約に即して行動することを確保する。

第2条(定義) この条約の適用上、
1 「油」とは、原油、重油、スラッジ、廃油、精製油その他のあらゆる形態の石油をいう。
2 「油による汚染事件」とは、油の排出を伴い又は伴うおそれのある1の出来事又は同一の原因による一連の出来事であって、海洋環境又は1若しくは2以上の国の沿岸若しくは関係利益を脅かし又は脅かすおそれがあり、かつ、緊急措置その他の速やかな対応を必要とするものをいう。
3 「船舶」とは、海洋環境において運航するすべての型式の船舟類をいい、水中翼船、エアクッション船、潜水船及びすべての型式の浮遊機器を含む。
4 「沖合施設」とは、固定され又は浮いている沖合の施設又は構築物であって、ガス若しくは油の探査、開発若しくは生産に関する活動又は油の積込み若しくは積卸しに使用されるものをいう。
5 「海港及び油取扱施設」とは、油による汚染事件を生じさせ得る施設をいい、特に、海港、石油ターミナル、パイプラインその他の油取扱施設を含む。
6 「機関」とは、国際海事機関をいう。
7 「事務局長」とは、機関の事務局長をいう。

第3条(油汚染緊急計画) 1(a) 締約国は、自国を旗国とする船舶に対し、機関が採択した規則に定めるところにより、油汚染船内緊急計画を当該船舶内に備えることを要求する。
　(b) (a)の規定により油汚染船内緊急計画を備えることが要求されている船舶は、締約国の管轄の下にある港又は沖合の係留施設にある間、現行の国際協定又は当該締約国の国内法令の下における慣行に従い、当該締約国から正当に権限を与えられた職員による検査に服する。
2 締約国は、自国の管轄の下にある沖合施設の管理者に対し、第6条の規定に従って確立する国家的な体制に適合するように調整された油汚染緊急計画であって、自国の権限のある当局が定める手続に従って承認されたものを備えることを要求する。
3 締約国は、自国の管轄の下にある適当と認める海港及び油取扱施設に責任を有する当局又は管理者に対し、第6条の規定に従って確立する国家的な体制に適合するように調整された油汚染緊急計画又はこれに類似する規程であって、自国の権限のある当局が定める手続に従って承認されたものを備えることを要求する。

第4条(油による汚染に係る通報に関する手続)
1 締約国は、次のことを行う。
　(a) 自国を旗国とする船舶の船長又は当該船舶に責任を有する船長以外の者及び自国の管轄の下にある沖合施設の管理者に対し、当該船舶又は当該沖合施設において油の排出を伴い又は伴うおそれのある出来事が生じた場合には、その旨を次に掲げる沿岸国に遅滞なく通報することを要求すること。
　　(i) 船舶の場合には、最寄りの沿岸国
　　(ii) 沖合施設の場合には、当該施設について管轄権を有する沿岸国
　(b) 自国を旗国とする船舶の船長又は当該船舶に責任を有する船長以外の者及び自国の管轄の下にある沖合施設の管理者に対し、油の排出を伴う出来事又は油の存在を海上で発見した場合には、その旨を次に掲げる沿岸国に遅滞なく通報するよう要求すること。
　　(i) 船舶の場合には、最寄りの沿岸国
　　(ii) 沖合施設の場合には、当該施設について管轄権を有する沿岸国
　(c) 自国の管轄の下にある海港及び油取扱施設の管理者に対し、油の排出を伴い若しくは伴うおそれのある出来事が生じた場合又は油の存在を発見した場合には、その旨を自国の権限のある当局に遅滞なく通報するよう要求すること。
　(d) 海洋巡視のための自国の船舶又は航空機及び他の適当な施設又は職員に対し、海上又は海港若しくは油取扱施設において油の排出を伴う出来事又は油の存在を発見した場合には、その旨を自国の権限のある当局又は、場合に応じ、最寄りの沿岸国に遅滞なく通報するよう指導すること。
　(e) 民間航空機の操縦者に対し、油の排出を伴う出来事又は油の存在を海上で発見した場合には、その旨を最寄りの沿岸国に遅滞なく通報するよう要請すること。
(2) 1(a)(i)の規定による通報については、機関が定めた規則並びに機関が採択した指針及び一般原則に従って行う。1の(a)(ii)及び(b)から(d)までの規定による通報については、適用可能な限り、機関が採択した指針及び一般原則に従って行う。

**第5条(油による汚染に係る通報を受けた場合にとる措

置）1　締約国は、前条に規定する通報を受け又は他の情報源から汚染に関する情報の提供を受けた場合には、次のことを行う。
　(a)　関係する出来事が油による汚染事件に該当するかしないかを決定するため、当該出来事を評価すること。
　(b)　油による汚染事件の性質、程度及び生じ得る影響を評価すること。
　(c)　その後、油による汚染事件によってその利益が影響を受け又は受けるおそれのあるすべての国に対し、当該事件について遅滞なく通報すること。その通報には次の事項を含めるものとし、当該通報は、当該事件に対応するためにとる措置が終了し又は関係国が共同でとる措置を決定するまでの間行う。
　　(i)　当該事件に対する自国の詳細な評価及び当該事件に対応するために自国がとった又はとろうとしている措置
　　(ii)　適当な追加の情報
2　締約国は、油による汚染事件が重大なものである場合には、直接に又は、適当なときは、関係地域機関若しくは関係地域取決めを通じ、1の(b)及び(c)に規定する情報を機関に提供すべきである。
3　2の締約国以外の国であって油による汚染事件によって影響を受けるものは、当該事件が重大なものである場合には、直接に又は、適当なときは、関係地域機関若しくは関係地域取決めを通じ、自国の利益に対する脅威の程度に関する自国の評価及び自国がとった又はとろうとしている措置について機関に通報するよう要請される。
4　締約国は、他の国及び機関との情報交換並びにこれらへの通報を行う場合には、実行可能な限り、機関が定めた油汚染通報制度を利用すべきである。

第6条（準備及び対応のための国家的及び地域的な体制）1　締約国は、油による汚染事件に迅速かつ効果的に対応するための国家的な体制を確立する。この体制は、少なくとも次の要件を満たすものとする。
　(a)　次に規定する組織を指定すること。
　　(i)　油による汚染に係る準備及び対応について責任を有する自国の権限のある当局
　　(ii)　第4条に規定する油による汚染に係る通報の受領及び伝達について責任を有する自国の業務上の窓口
　　(iii)　援助を要請し又は要請された援助の提供を決定することについて自国を代表する権限を有する1の当局
　(b)　準備及び対応のための国家的な緊急時計画（機関が作成した指針を考慮に入れたもの）であって、関係を有する各種の団体（公的なものであるか私的なものであるかを問わない。）の相互の関係について定めるものを有すること。
2　締約国は、更に、可能な範囲内で、個々に又は二国間若しくは多数国間の協力を通じ、適当な場合には石油業界、海運業界、港湾当局その他の関係団体の協力を得て、次のことを行う。
　(a)　油の流出に対応するために配置されるべき最低限必要な資材（関係する危険に応じたもの）の水準を定め、及び当該資材の使用に係る計画を作成すること。
　(b)　油による汚染に対応する組織及び関係する人員の訓練に関する計画を作成すること。
　(c)　油による汚染事件への対応に関する詳細な計画を作成し、及び当該対応に係る通信手段を確立すること。この通信手段は、常に利用可能なものとすべきである。
　(d)　油による汚染事件への対応を調整する仕組み又は取決めであって、適当な場合には、必要な資源を調達することができるものを確立すること。
3　締約国は、直接に又は関係地域機関若しくは関係地域取決めを通じ、次の事項に関する最新の情報が機関に提供されることを確保する。
　(a)　1(a)に規定する組織の所在地及びその電気通信に関する情報並びに、場合により、当該組織が責任を有する区域
　(b)　汚染に対応するための資材並びに油による汚染への対応及び海上における救助に関する分野の専門的知識であって、他の国の要請に応じて提供することができるもの
　(c)　自国の国家的な緊急時計画

第7条（汚染への対応に関する国際協力）1　締約国は、油による汚染事件が重大なものである場合には、影響を受け又は受けるおそれのある締約国の要請に応じ、自国の能力及び関係する資源の利用可能性の範囲内で、当該事件に対応するために協力し、助言を与え、並びに技術上の支援及び資材を提供することに同意する。これらの援助に関する費用の負担については、この条約の附属書に定めるところによる。
2　援助を要請した締約国は、1の費用の暫定的な調達先を特定するに当たって機関に援助を要請することができる。
3　締約国は、適用のある国際協定に従い、次のことを容易にするために必要な立法上又は行政上

の措置をとる。
 (a) 油による汚染事件に対応し又はその対応に必要な人員、貨物、物資及び資材を輸送するために使用される船舶、航空機その他の輸送手段の自国の領域への到着、自国の領域における使用及び自国の領域からの出国
 (b) (a)に規定する人員、貨物、物資及び資材の自国の領域への迅速な入国、自国の領域の迅速な通過及び自国の領域からの迅速な出国
第8条(研究開発) 1 締約国は、油による汚染に係る準備及び対応に関する最新の技術(特に、監視、包囲、回収、拡散、浄化その他油による汚染の影響を最小のものにとどめ又は緩和する方法に関する技術及び原状回復に関する技術)の向上に関する研究開発計画の成果の交換を促進するため、直接に又は、適当な場合には、機関、関係地域機関若しくは関係地域取決めを通じて協力することに同意する。
2 このため、締約国は、直接に又は、適当な場合には、機関、関係地域機関若しくは関係地域取決めを通じて締約国の研究機関の間の必要な連携を確立することを約束する。
3 締約国は、直接に又は機関、関係地域機関若しくは関係地域取決めを通じ、適当な場合には、関係事項(特に、油による汚染に対応するための技術及び資材の改良)についての国際的なシンポジウムの定期的な開催を促進するため、協力することに同意する。
4 締約国は、機関その他の能力を有する国際機関を通じ、油による汚染に対応するための技術及び資材を相互に利用可能なものとするための基準の作成を奨励することに同意する。
第9条(技術協力) 1 締約国は、直接に又は機関その他の国際的な組織を通じ、油による汚染に係る準備及び対応に関し、適当な場合には、次のことに関する技術援助を要請する締約国に対して支援を行うことを約束する。
 (a) 人員を訓練すること。
 (b) 関係する技術、資材及び施設を利用することができるよう確保すること。
 (c) 油による汚染事件に係る準備及び対応のためのその他の措置の採用を促進すること。
 (d) 共同の研究開発計画を開始すること。
2 締約国は、油による汚染に係る準備及び対応に関する技術の移転につき、自国の法令及び政策に従って積極的に協力することを約束する。
第10条(準備及び対応に関する二国間及び多数国間の協力の促進) 締約国は、油による汚染に係る準備及び対応に関する二国間又は多数国間の協定を締結するよう努める。これらの協定の写しは、機関に送付される。機関は、締約国の要請に応じて当該写しを提供すべきである。
第11条(他の条約及び国際協定との関係) この条約のいかなる規定も、他の条約又は国際協定に基づく締約国の権利又は義務を変更するものと解してはならない。
第12条(制度上の措置) 1 締約国は、機関に対し、次のことを行う任務を与える。ただし、機関が同意し、かつ、その活動を維持するために十分な資源が利用可能である場合に限る。
 (a) 情報に関する役務
  (i) 締約国が提供する情報及び他の情報源が提供する関連情報を受領し、取りまとめ、及び要請に応じて公表すること(例えば、第5条の2及び3、第6条3並びに第10条の規定参照)。
  (ii) 費用の暫定的な調達先を特定するに当たって援助を提供すること(例えば、第7条2の規定参照)。
 (b) 教育及び訓練
  (i) 油による汚染に係る準備及び対応に関する分野における訓練を促進すること(例えば、第9条の規定参照)。
  (ii) 国際的なシンポジウムの開催を促進すること(例えば、第8条3の規定参照)。
 (c) 技術上の役務
  (i) 研究開発に関する協力を促進すること(例えば、第8条の1、2及び4並びに第9条1(d)の規定参照)。
  (ii) 油による汚染事件への対応に関する国家的又は地域的な能力を確立しようとしている国に助言を与えること。
  (iii) 締約国が提供する情報及び他の情報源が提供する関連情報を分析し(例えば、第5条の2及び3、第6条3並びに第8条1の規定参照)、並びに各国に助言を与え又は情報を提供すること。
 (d) 技術援助
  (i) 油による汚染事件への対応に関する国家的又は地域的な能力を確立しようとしている国に対する技術援助の提供を促進すること。
  (ii) 油による重大な汚染事件に直面している国の要請に基づく技術援助及び助言の提供を促進すること。
2 機関は、この条に規定する活動を行うに当たり、単独で又は地域取決めを通じ、油による汚染事件に係る準備及び対応に関する各国の能力を強

化するよう努める。この場合において、機関は、各国の経験、地域的な協定及び産業上の制度を利用し、並びに開発途上国のニーズに特別の考慮を払う。
3 この条の規定は、機関が作成し及び常時検討する計画に従って実施する。
第13条(条約の評価) 締約国は、機関において、この条約の有効性を、その目的に照らし、特に協力及び援助の基礎となる原則を考慮して評価する。
第14条(改正) 1 この条約は、次の2又は3のいずれかの手続に従って改正することができる。
2 機関における審議の後の改正
　(a) 締約国の提案する改正案は、機関に提出するものとし、事務局長は、審議の少なくとも6箇月前に、当該改正案を機関のすべての加盟国及びすべての締約国に送付する。
　(b) (a)の規定により提案されかつ送付された改正案は、審議のため機関の海洋環境保護委員会に付託される。
　(c) 締約国は、機関の加盟国であるかないかを問わず、海洋環境保護委員会の審議に参加する権利を有する。
　(d) 改正案は、出席しかつ投票する締約国の3分の2以上の多数による議決で採択される。
　(e) (d)の規定に従って採択された改正は、受諾のため、事務局長によりすべての締約国に送付される。
　(f)(i) この条約のいずれかの条又は附属書の改正は、締約国の3分の2により受諾された日に受諾されたものとみなされる。
　(ii) 付録の改正は、海洋環境保護委員会が当該改正を採択する際に決定する期間(10箇月以上とする。)を経過した日に受諾されたものとみなされる。ただし、当該期間内に3分の1以上の締約国が事務局長に対し異議を通告した場合は、この限りでない。
　(g)(i) (f)(i)の規定により受諾されたこの条約のいずれかの条又は附属書の改正は、事務局長に対し受諾の通告を行った締約国について、当該改正が受諾されたものとみなされる日の後6箇月で効力を生ずる。
　(ii) (f)(ii)の規定により受諾された付録の改正は、すべての締約国について、当該改正が受諾されたものとみなされる日の後6箇月で効力を生ずる。ただし、同日前に異議を通告した締約国については、この限りでない。締約国は、事務局長に対して通告を行うことにより、先に通告した異議をいつでも撤回することができる。

3 会議による改正
　(a) 事務局長は、いずれかの締約国が締約国の3分の1以上の同意を得て要請する場合には、この条約の改正について審議するため、締約国会議を招集する。
　(b) 事務局長は、締約国会議において出席しかつ投票する締約国の3分の2以上の多数による議決で採択された改正を、受諾のため、すべての締約国に送付する。
　(c) 改正は、締約国会議において別段の決定が行われない限り、2の(f)及び(g)に定めるところにより、受諾されたものとみなされ、かつ、効力を生ずる。
4 附属書又は付録を追加するための改正は、附属書の改正に適用される手続に従って採択され及び効力を生ずる。
5 2(f)(i)の規定によるいずれかの条若しくは附属書の改正若しくは4の規定による附属書若しくは付録を追加するための改正を受諾しなかった締約国又は2(f)(ii)の規定による付録の改正に異議を通告した締約国は、これらの改正の適用上、締約国でない国として取り扱われる。この取扱いは、2(f)(i)の規定による受諾の通告又は2(g)(ii)の規定による異議の撤回が行われた際に終了する。
6 事務局長は、この条の規定に基づいて効力を生ずる改正及びその効力発生の日をすべての締約国に通報する。
7 この条の規定に基づく改正に係る受諾、異議又は異議の撤回は、事務局長への書面による通告によって行われ、事務局長は、当該通告及びその受領の日を締約国に通報する。
8 付録には、技術的な性質を有する規定のみを定める。
第15条(署名、批准、受諾、承認及び加入) (略)
第16条(効力発生) (略)
第17条(廃棄) (略)
第18条(寄託者) (略)
第19条(言語) (略)

　　附属書　援助に係る費用の償還
1(a) 油による汚染事件の発生に先立ち、油による汚染事件に対応するための締約国の措置に係る費用の負担について定める協定が二国間又は多数国間で締結されていない場合には、締約国は、次の(i)又は(ii)の規定により、汚染に対応するためにとられた措置に係る費用を負担する。
　(i) 締約国が他の締約国の明示の要請に応じ

て措置をとった場合には、援助を要請した締約国(以下「要請国」という。)は、援助を提供した締約国(以下「提供国」という。)に対し、当該措置に係る費用を償還する。要請国は、その要請をいつでも撤回することができる。この場合には、提供国が既に負担した又は負担することとなる費用については、要請国が負担する。
　　　(ii)　締約国が自己の発意で措置をとった場合には、当該措置に係る費用については、当該締約国が負担する。
　　(b)　(a)に定める原則は、関係する締約国が個々の事案において別段の合意をする場合には、適用されない。
　2　提供国が要請国の要請に応じてとった措置に係る費用は、別段の合意がある場合を除くほか、そのような費用の償還に関する提供国の法令及びその時の慣行に従って公正に計算される。
　3　要請国及び提供国は、適当な場合には、賠償及び補償の請求に関する手続を終了させることについて協力する。このため、要請国及び提供国は、既に存在する法制度に十分な考慮を払う。このようにして終了した手続の結果として援助の実施に関する活動に要した費用の全額について賠償又は補償が行われない場合には、要請国は、提供国に対し、賠償若しくは補償が行われた額を超える費用の償還の請求を放棄し又は(2)の規定に従って計算された費用の額を減額するよう要請することができる。要請国は、また、当該費用の償還の延期を要請することができる。提供国は、これらの要請を検討するに当たり、開発途上国のニーズに十分な考慮を払う。
　4　この条約の規定は、いかなる意味においても、汚染又はその脅威に対応するための措置に係る費用を締約国が第三者から回収する権利であって国内法及び国際法の他の関係する規定及び規則に基づくものを害するものと解してはならない。責任条約及び基金条約又はこれらの条約の改正については、特別の考慮が払われる。

【第2節　汚染防止】第4項　その他の船舶関係汚染

2-13　2001年の船舶の有害な防汚方法の規制に関する国際条約(船舶有害防汚方法規制条約；AFS条約)(抄)

International Convention on the Control of Harmful Anti-fouling Systems on Ships, 2001

採　　択　2001年10月5日(ロンドン)
効力発生　2008年9月17日
日 本 国　2003年5月22日国会承認、7月8日受諾書寄託、2007年11月30日公布(条約第20号)

　この条約の締約国は、
　政府及び権限のある国際機関による科学的研究及び調査が、船舶に使用される特定の防汚方法が生態学上及び経済的に重要な海洋生物に対し毒性に基づく相当な危険をもたらすこと及びその他の慢性の影響を及ぼすこと並びに影響を受けた海産食物の消費の結果として人の健康が害されるおそれがあることを示していることに留意し、
　特に、殺生物剤として有機スズ化合物を使用する防汚方法についての重大な懸念に留意し、及びこのような有機スズの環境への流入を段階的に無くさなければならないことを確信し、
　1992年の国際連合環境開発会議で採択されたアジェンダ21第17章が、各国に対し、防汚方法に使用される有機スズ化合物により生ずる汚染を軽減するための措置をとるよう要請していることを想起し、
　また、1999年11月25日に国際海事機関の総会で採択された決議A895(21)が、同機関の海洋環境保護委員会(MEPC)に対し、防汚方法により生ずる有害な影響を緊急に処理を要する事項として取り扱うための法的拘束力のある国際的な文書の迅速な作成に向けて努力するよう要請していることを想起し、
　環境及び開発に関するリオ宣言の原則15及び1995年9月15日にMEPCで採択された決議MEPC67(37)に規定する予防的な取組方法に留意し、
　防汚方法により生ずる悪影響から海洋環境及び人の健康を保護することの重要性を認識し、
　また、船舶の表面に生物が付着することを防止するための防汚方法の使用が、効率的な商取引及び海運にとり並びに有害な水生生物及び病原体のまん延を防止するために決定的に重要であることを認識し、
　さらに、効果的かつ環境上安全な防汚方法の開発を引き続き行うこと及び有害な方法を有害性の一層低い方法又は、可能な場合には、無害な方法により代替することを促進することの必要性を認識して、
　次のとおり協定した。

第1条（一般的義務） 1　締約国は、防汚方法により生ずる海洋環境及び人の健康に対する悪影響を軽減し又は除去するため、この条約を十分かつ完全に実施することを約束する。

2　附属書は、この条約の不可分の一部を成す。「この条約」というときは、別段の明示の定めがない限り、附属書を含めていうものとする。

3　この条約のいかなる規定も、いずれかの国が単独で又は共同して、国際法に反することなく、防汚方法により生ずる環境に対する悪影響を軽減し又は除去することについて一層厳しい措置をとることを妨げるものと解してはならない。

4　締約国は、この条約の有効な履行、遵守及び実施のために協力するよう努める。

5　締約国は、効果的かつ環境上安全な防汚方法の継続的な開発を奨励することを約束する。

第2条（定義） この条約の適用上、別段の明示の定めがない限り、

1　「主管庁」とは、その権限の下で船舶が運航している国の政府をいう。いずれかの国を旗国とする船舶に関しては、主管庁は、その国の政府とする。沿岸国が天然資源の探査及び開発について主権的権利を行使する当該沿岸国の海岸に接続する海底及びその下の探査及び開発に従事している固定され又は浮いているプラットフォームに関しては、主管庁は、当該沿岸国の政府とする。

2　「防汚方法」とは、不要な生物の付着を抑制し又は防止するため船舶に使用される被覆、塗料、表面処理、表面又は装置をいう。

3　「委員会」とは、機関の海洋環境保護委員会をいう。

4　「総トン数」とは、1969年の船舶のトン数の測度に関する国際条約附属書Ⅰに定めるトン数の測度に関する規則又はこれを承継する条約に従って計算される総トン数をいう。

5　「国際航海」とは、ある国を旗国とする船舶が他の国の管轄の下にある港、造船所若しくは沖合の係留施設に向かって又はこれらから航海することをいう。

6　「長さ」とは、1988年の議定書によって改正された1966年の満載喫水線に関する国際条約又はこれを承継する条約に定義する長さをいう。

7　「機関」とは、国際海事機関をいう。

8　「事務局長」とは、機関の事務局長をいう。

9　「船舶」とは、海洋環境において運航するすべての型式の船舟類をいい、水中翼船、エアクッション船、潜水船、浮遊機器、固定され又は浮いているプラットフォーム、浮いている貯蔵施設（FSU）及び浮いている生産貯蔵・取卸し施設（FPSO）を含む。

10　「技術部会」とは、締約国、機関の加盟国、国際連合及びその専門機関、機関と取極を締結している政府間機関並びに機関と協議する地位にある非政府機関の代表者により構成される団体をいい、可能な場合には、防汚方法の分析に従事する研究機関及び試験所の代表者を含めるべきである。これらの代表者は、環境運命及び環境に及ぼす影響、毒物学上の影響、海洋生物学、人の健康、経済的分析、危険の管理、国際海運並びに防汚方法としての被覆技術に関する専門的知識又は包括的な提案を専門的な見地から客観的に検討するために必要なその他の分野の専門的知識を有するものとする。

第3条（適用） 1　この条約は、この条約に別段の定めがない限り、次のものに適用する。

(a)　締約国を旗国とする船舶

(b)　締約国を旗国としない船舶のうち締約国の権限の下で運航されているもの

(c)　締約国の港、造船所又は沖合の係留施設に入る船舶のうち(a)又は(b)に規定する船舶のいずれにも該当しないもの

2　この条約は、軍艦、軍の補助艦又は締約国が所有し若しくは運航する他の船舶で政府の非商業的業務にのみ使用しているものについては、適用しない。もっとも、締約国は、自国が所有し又は運航するこれらの船舶の運航又は運航能力を阻害しないような適当な措置をとることにより、これらの船舶が合理的かつ実行可能である限りこの条約に即して行動することを確保する。

3　締約国は、この条約の締約国でない国の船舶に対し、一層有利な取扱いがそれらの船舶に与えられないことを確保するため、必要に応じてこの条約の規定を適用する。

第4条（防汚方法に関する規制） 1　締約国は、附属書1の規定に従って、次のことを禁止し又は制限する。

(a)　前条1(a)又は(b)に規定する船舶に関する有害な防汚方法の施用、再施用、設置又は使用

(b)　締約国の港、造船所又は沖合の係留施設にある間の前条1(c)に規定する船舶に関する有害な防汚方法の施用、再施用、設置又は使用

また、締約国は、これらの船舶が附属書1の規定に適合することを確保するため効果的な措置をとる。

2　この条約の効力発生の後附属書1の改正により規制される防汚方法を有する船舶は、規制の早期履行を正当化するような例外的な事情がある

と委員会が決定する場合を除くほか、その防汚方法の予定された次回の更新時まで(いかなる場合にも施用の後60箇月を超えない期間とする。)、その防汚方法を維持することができる。

第5条(附属書1に関連して生ずる廃棄物の規制) 締約国は、国際的な規則、基準及び要請を考慮して、附属書1の規定により規制される防汚方法の施用又は除去により生ずる廃棄物が、人の健康及び環境を保護するため、安全かつ環境上適正な方法で収集され、取り扱われ、処理され及び処分されることを要求する適当な措置を自国の領域内でとる。

第6条(防汚方法に関する規制の改正を提案するための手続) 1 締約国は、この条の規定に従って附属書1の改正を提案することができる。

2 当初の提案は、附属書2の規定により必要とされる情報を含むものとし、機関に提出される。機関は、提案を受領した場合には、当該提案につき、締約国、機関の加盟国、国際連合及びその専門機関、機関と取極を締結している政府間機関並びに機関と協議する地位にある非政府機関の注意を喚起するものとし、これらの締約国等が当該提案を入手することができるようにする。

3 委員会は、当初の提案に基づき、問題となっている防汚方法について一層詳細な検討が必要であるか否かを決定する。委員会は、更なる検討が必要であると決定した場合には、提案を行う締約国に対し、附属書3の規定により必要とされる情報を含む包括的な提案を委員会に提出するよう求める。ただし、当初の提案が同附属書の規定により必要とされるすべての情報を含むときは、この限りでない。深刻又は回復不可能な損害のおそれがあると委員会が認める場合には、科学的な確実性が十分にないことをもって、当該提案の評価を先に進めるための決定を行わない理由としてはならない。委員会は、次条の規定に従って技術部会を設置する。

4 技術部会は、関心を有する主体が提出した追加的な資料とともに包括的な提案を検討し、並びに目標外の生物又は人の健康に対し悪影響を及ぼす不当な危険の可能性があり、附属書1の改正を必要とすることを当該提案が証明しているか否かを評価し及び委員会に報告する。このことに関し、

　(a) 技術部会の検討には、次の事項を含める。
　　(i) 問題となっている防汚方法と環境若しくは人の健康において認められた関連する悪影響(影響を受けた海産食物の消費を含むが、これに限定されない。)又は附属書3に規定する資料及び明らかとなったその他の関係資料に基づく管理された研究により認められた関連する悪影響との間の関連についての評価
　　(ii) 提案された規制措置その他技術部会が検討する規制措置によって潜在的な危険が減少することについての評価
　　(iii) 規制措置の技術的実行可能性及び提案の費用対効果に関する利用可能な情報についての検討
　　(iv) 規制措置の導入により生ずるその他の影響に関する利用可能な情報であって次の事項に関するものについての検討
　　　環境(不活動により生ずる損失及び大気の質に及ぼす影響を含むが、これらに限定されない。)
　　　造船所における健康及び安全(例えば、造船所の労働者に及ぼす影響)
　　　国際海運その他関連する部門に与える損失
　　(v) 適当な代替的防汚方法の利用可能性についての検討(代替的防汚方法が有する潜在的な危険についての検討を含む。)
　(b) 技術部会の報告は、書面によるものとし、(a)に規定する評価及び検討をそれぞれ考慮する。ただし、技術部会が、(a)(i)に規定する評価の後に提案を更に検討する必要はないと決定した場合において、(a)(ii)から(v)までに規定する評価及び検討を先に進めないことを決定するときは、この限りでない。
　(c) 技術部会の報告には、特に、この条約に基づく国際的な規制が、問題となっている防汚方法にとって必要であるか否か、包括的な提案に示された特定の規制措置が適当であるか否か、又は技術部会が一層適当と信ずるその他の規制措置についての勧告を含める。

5 技術部会の報告は、委員会による審議に先立って、締約国、機関の加盟国、国際連合及びその専門機関、機関と取極を締結している政府間機関並びに機関と協議する地位にある非政府機関に対し回章に付する。委員会は、適当な場合には、技術部会の報告を考慮して、附属書1を改正するための提案及びその修正を承認するか否かを決定する。報告が深刻又は回復不可能な損害のおそれがあると認める場合には、科学的な確実性が十分にないことのみをもって、ある防汚方法を同附属書に記載する決定を行わない理由としてはならない。同附属書の改正案は、委員会により承認された場合には、第16条2(a)の規定に

従って回章に付する。提案を承認しないとの決定は、新たな情報が明らかとなった場合において、特定の防汚方法に関する新たな提案を将来提出することを妨げるものではない。

6 締約国のみが、3及び5に規定する委員会が行う決定に参加することができる。

第7条（技術部会） 1 委員会は、包括的な提案を受領した場合には、前条の規定に従って技術部会を設置する。委員会は、同時に又は連続して二以上の提案を受領した場合には、必要に応じ、一又は二以上の技術部会を設置することができる。

2 締約国は、技術部会の審議に参加することができるものとし、また、自国が利用可能な関連の専門的知識を参照すべきである。

3 委員会は、技術部会の権限、組織及び運営について決定する。この権限に関しては、提出されることのある秘密の情報の保護についても定める。技術部会は、必要に応じ会合を開催することができるが、書面若しくは電子的手段による通信又はその他の適当な方法によりその作業を行うよう努める。

4 締約国の代表のみが、前条の規定に従って委員会に対する勧告を作成することに参加することができる。技術部会は、締約国の代表の間で全会一致を得るよう努める。全会一致が不可能である場合には、技術部会は、締約国の代表の少数意見を報告する。

第8条（科学的及び技術的研究並びに監視） 1 締約国は、防汚方法により生ずる影響に関する科学的及び技術的研究並びにこれらの影響の監視を促進し及び容易にするため適当な措置をとる。特に、これらの研究には、防汚方法により生ずる影響に関する観察、測定、試料採取、評価及び分析を含めるべきである。

2 締約国は、この条約の目的を達成するため、次の事項に関連する情報を要請する他の締約国がそれらの情報を利用することができるようにすることを促進する。

(a) この条約の規定により行われる科学的及び技術的活動

(b) 海洋科学及び海洋技術に関する計画及びそれらの目的

(c) 防汚方法に関連する監視及び評価の計画から観察された影響

第9条（情報の送付及び交換） 1 締約国は、次のものを機関に送付することを約束する。

(a) 防汚方法の規制に関する事項についてこの条約に基づき当該締約国に代わって行動する権限を与えられた指名された検査員又は認定された団体の一覧表（締約国の職員が了知するようすべての締約国に対し回章に付するために送付する。）。主管庁は、指名した検査員又は認定した団体に与える権限についてその責任の範囲及び条件を機関に通報する。

(b) 国内法により承認され、制限され又は禁止された防汚方法に関する情報（毎年送付する。）

2 機関は、1の規定により送付された情報を適当な手段によって利用可能なものとする。

3 締約国は、自国が承認し、登録し又は許可した防汚方法に関し、その決定の基礎となった関連する情報（附属書3に規定する情報その他防汚方法の適当な評価の実施に適する情報を含む。）を要請する締約国に対し、当該情報を提供し、又は提供するよう当該防汚方法の製造者に要求する。ただし、法律によって保護されるいかなる情報も提供してはならない。

第10条（検査及び証明） 締約国は、自国を旗国とする船舶又は自国の権限の下で運航されている船舶が附属書4に定める規則に従って検査され及び証明されることを確保する。

第11条（船舶の監督及び違反の発見） 1 この条約の適用を受ける船舶は、当該船舶がこの条約に適合しているか否かを決定するため、締約国の港、造船所又は沖合の係留施設において当該締約国から権限を与えられた職員による監督を受けることがある。この監督は、船舶がこの条約に違反していると認める明確な根拠がある場合を除くほか、次の事項に限られる。

(a) 船内に有効な国際防汚方法証書又は防汚方法に関する宣言書を備えていることが必要とされる場合において、その確認

(b) 防汚方法の保全性、構造又は運用に影響を与えない防汚方法に関する簡単な試料採取（機関が作成する指針（注）を考慮する。）。ただし、この試料採取の結果の処理に要する時間を船舶の移動又は出航を妨げるための根拠として使用してはならない。

注 指針は、別途作成される。

2 船舶がこの条約に違反していると認める明確な根拠がある場合には、機関が作成する指針（注）を考慮して、完全な監督を行うことができる。

注 指針は、別途作成される。

3 船舶がこの条約に違反していることが発見された場合には、監督を行う締約国は、当該船舶に警告を与え、抑留し、退去させ又は自国の港から排除するための措置をとることができる。この条約に適合していないことを理由として船舶に対してこれらの措置をとった締約国は、主管

庁に直ちに通報する。
4 締約国は、違反の発見及びこの条約の実施について協力する。締約国は、他の締約国から船舶がこの条約に違反して運航しているか又は運航していたという十分な証拠を付して調査を要請された場合には、当該船舶が自国の管轄の下にある港、造船所又は沖合の係留施設に入った時に当該船舶の調査を行うことができる。この調査についての報告は、この条約に基づいて適当な措置がとられるよう、当該調査を要請した締約国及び主管庁の権限のある当局に送付する。

第12条(違反) 1 この条約の規定のすべての違反は、違反が行われた場所のいかんを問わず、主管庁の法令により禁止され、かつ、処罰されるものとする。主管庁は、違反の通報を受けた場合には、調査を行うものとし、また、通報を行った締約国に対し、申し立てられた違反についての追加的な証拠を提出するよう要請することができる。当該主管庁は、申し立てられた違反につき司法的手続をとるために十分な証拠が存在すると認めるときは、自国の法令に従ってできる限り速やかに司法的手続が行われるようにする。当該主管庁は、当該締約国及び機関に対し、とられた措置を速やかに通報する。当該主管庁は、情報を受領した後1年以内に措置をとらない場合には、当該締約国にその旨を通報する。
2 締約国の管轄権の範囲内におけるこの条約の規定のすべての違反は、当該締約国の法令により禁止され、かつ、処罰されるものとする。このような違反が行われた場合には、当該締約国は、次の措置のいずれかをとる。
(a) 自国の法令に従って司法的手続が行われるようにすること。
(b) 自国の所有する当該違反に関する情報及び証拠を主管庁に提出すること。
3 この条の規定に基づき締約国の法令に定める罰については、場所のいかんを問わずこの条約の違反を防止するため十分に厳格なものとする。

第13条(船舶の出航の不当な遅延又は抑留の回避) 1 前2条の規定の適用に当たっては、船舶を不当に抑留し又は船舶の出航を不当に遅延させることのないように、あらゆる可能な努力を払う。
2 船舶は、前2条の規定により不当に抑留され又は不当に出航を遅延させられた場合には、被った損失及び損害の賠償を受ける権利を有する。
第14条(紛争解決) 締約国は、この条約の解釈又は適用に関する締約国間の紛争を交渉、審査、仲介、調停、仲裁裁判、司法的解決、地域的機関若しくは地域的取極の利用又は当事国が選択するその他の平和的手段により解決する。
第15条(海洋に関する国際法との関係) この条約のいかなる規定も、海洋法に関する国際連合条約に反映されている国際慣習法に基づく締約国の権利及び義務に影響を及ぼすものではない。
第16条(改正)　(略)
第17条(署名、批准、受諾、承認及び加入)　(略)
第18条(効力発生)　(略)
第19条(廃棄)　(略)
第20条(寄託者)　(略)
第21条(用語)　(略)

　　附属書1　防汚方法に関する規制　(略)

　　附属書2　当初の提案に関し必要とされる事項　(略)

　　附属書3　包括的な提案に関し必要とされる事項　(略)

　　附属書4　防汚方法に関する検査及び証明の要件　(略)

2-14　1989年の海難救助に関する条約(海難救助条約)(抜粋)
The International Convention on Salvage, 1989

採　択　1989年4月28日(ロンドン)
効力発生　1996年7月14日
日　本　国

この条約の締約国は、
救助作業に関する統一した国際規則を合意により定めることが望ましいことを認識し、

実質的な発展、特に環境の保護に対する関心の増大によって、1910年9月23日にブラッセルで署名された「海難における救援及び救助に関するいくつか

の法規則の統一に関する条約」に現在含まれている国際規則を再検討する必要性が明らかとなったことに留意し、

効果的かつ時宜を得た救助作業が、危険に遭遇している船舶及びその他の財産の安全並びに環境の保護に対して多大の貢献をなしうることを認識し、

危険に遭遇している船舶及びその他の財産に関する救助作業に従事する者にとっての適切なインセンティブを確保する必要があることを確信して、

次のとおり協定した。

第1章　一般規定

第1条（定義） この条約の適用上、
(a) 「救助作業」とは、船舶又はその他の財産が、可航水域又はその他のいかなる水域においてであれ危険に遭遇しているときに、それを救援するためになされるすべての行為又は活動をいう。
(b) 「船舶」とは、すべての船舶、舟艇又はすべての航行可能な構造物をいう。
(c) 「財産」とは、海岸線に恒久的かつ意図的に固定されたものではない財産をいい、危険にさらされている運送料を含む。
(d) 「環境に対する損害」とは、汚染、汚濁、火災、爆発その他類似の重大事件によって、沿岸、内水又はそれに隣接する水域における、人の健康、海洋生物又は資源に生じた重大な物質的損害をいう。
(e) 「支払い」とは、この条約の下で支払われるべき対価、報酬又は補償をいう。
(f) 「機関」とは、国際海事機関をいう。
(g) 「事務局長」とは、機関の事務局長をいう。

第2章　救助作業の遂行

第8条（救助者の義務並びに所有者及び船長の義務）
1　救助者は、危険に遭遇している船舶又はその他の財産の所有者に対して次の義務を負う。
(a) 相当の注意を払って救助作業を遂行すること。
(b) (a)に規定された義務の遂行にあたっては、環境に対する損害を防止し又は最小にするために相当の注意を払うこと。
(c) 状況から判断してそうすることが相当である場合には、他の救助者の援助を求めること。
(d) 危険に遭遇している船舶又はその他の財産の所有者若しくは船長から受け入れについての相当の要請があった場合には、他の救助者の介入を受け入れること。ただし、そうした要請が相当なものではないことが判明した場合に
は、救助者の報酬額は影響を受けない。
2　危険に遭遇している船舶の所有者及び船長又はその他の財産の所有者は、救助者に対して次の義務を負う。
(a) 救助作業中は救助者に全面的に協力すること。
(b) (a)の義務を遂行する際には、環境に対する損害を防止し又は最小にするために相当な注意を払うこと。
(c) 船舶又はその他の財産が安全な場所に運ばれた場合には、救助者から相当な要請があったときは、引き取りに応じること。

第9条（沿岸国の権利） この条約は、関係沿岸国が、著しく有害な結果をもたらすことが合理的に予測される海難又はこれに関連する行為の結果としての汚染又はそのおそれから生ずる自国の沿岸又は関係利益を保護するために、国際法の一般的に認められた原則に従って措置をとる権利（沿岸国の救助作業に関して指示を与える権利を含む。）に影響を及ぼすものではない。

第12条（報酬に関する条件）　1　救助作業が有益な結果をもたらした場合には、報酬を請求する権利が発生する。
2　救助作業が有益な結果をもたらさなかった場合には、別段の定めのある場合を除き、この条約の下ではいかなる支払いもなされない。
3　この章は、救助される船舶と救助作業に従事する船舶が同一の所有者に属する場合にも適用する。

第13条（報酬の決定に関する基準）　1　報酬は、次の基準をその掲げられた順序には関係なく考慮して、救助作業を奨励することを目的として決定される。
(a) 救助された船舶及びその他の財産の価額
(b) 環境に対する損害を防止し又は最小にするための救助者の技能及び努力
(c) 救助者により達成された成功の程度
(d) 危険の性質及び程度
(e) 船舶、その他の財産及び人命の救助における救助者の技能及び努力
(f) 救助者の費やした時間、費用及び被った損失
(g) 救助者又はその設備が負担した責任及びその他の危険
(h) なされた作業の迅速性
(i) 救助作業に提供される船舶又はその他の設備の利用可能性及び効用
(j) 救助者の設備の準備態勢及び有効性並びにその価額
2　前項に基づき決定された報酬は、船舶及びその

他の財産の利害関係人のすべてにより、それぞれの救助された価額の割合で支払われるものとする。締約国は、国内法において、報酬の支払いをこれらの利害関係人の一人がなすべきことを、規定することができる。ただしその者が他の利害関係人に対する各自の分担額についての求償権を有することを条件とする。この条はいかなる防御の権利も妨げるものではない。

3 報酬は、それに加えて支払われねばならない利息及び回収可能な訴訟費用を除き、船舶及びその他の財産の救助された価額を超えてはならない。

第14条（特別補償） 1 救助者が、船舶自体又はその積荷により環境に対する損害を及ぼすおそれがある船舶に関して救助作業を行い、かつ、この条に従って算出される特別補償と少なくとも同額の報酬を、第13条の下で得ることができない場合には、救助者は、この条に定める自らの支出に等しい特別補償を、当該船舶の所有者から受ける権利を有する。

2 救助者が、前項に規定する状況において、救助作業により環境に対する損害を防止し又は最小にした場合には、前項の下で船舶所有者により救助者に支払われるべき特別補償は、救助者が負担した費用の30パーセントまで増額することができる。裁判所は、それが公平でかつ正当とみなす場合には、第13条1に規定する関係基準に留意して、その特別補償をさらに増額することができる。ただし、いかなる場合でも、増額の合計は、救助者が負担した費用の100パーセントを超えてはならない。

3 1及び2の適用上、救助者の支出とは、救助作業において救助者により合理的に負担された費用、及び、救助作業において実際にかつ合理的に使用された設備及び人員に関する、第13条1(h)、(i)及び(j)に定める基準を考慮した適正料金をいう。

4 この条の下での特別補償は、その総額が第13条の下で救助者が取得できる報酬を超える場合にのみかつ超える限度において支払われる。

5 救助者に過失があり、そのために環境に対する損害を防止し最小にすることができなかった場合には、この条の下で救助者に支払われるべき特別補償金の全部又は一部を減額することができる。

6 この条のいかなる規定も、船舶所有者の求償権に影響を及ぼすものではない。

【第3節　海洋資源の保全】　第1項　普遍的文書

2-15　国際捕鯨取締条約（抄）

International Convention for the Regulation of Whaling

署　　名　1946年12月2日（ワシントン）
効力発生　1948年11月10日
日 本 国　1951年3月23日国会承認、4月21日加入書寄託、7月17日公布（条約第2号）
改　　正　1956年11月19日（1946年12月2日にワシントンで署名された国際捕鯨取締条約の議定書）（ワシントン）
効力発生　1959年5月4日
日 本 国　1957年5月15日国会承認、1957年5月24日批准書寄託、1959年5月4日効力発生、1959年5月16日公布（条約第15号）
付表の最近修正　2012年7月6日（国際捕鯨委員会第64回年次会合）、2013年2月5日効力発生（2013年3月1日、外務省告示第61号）

正当な委任を受けた自己の代表者がこの条約に署名した政府は、

鯨族という大きな天然資源を将来の世代のために保護することが世界の諸国の利益であることを認め、

捕鯨の歴史が一区域から他の区域への濫獲及び一鯨種から他の鯨種への濫獲を示しているためにこれ以上の濫獲からすべての種類の鯨を保護することが緊要であることにかんがみ、

鯨族が捕獲を適当に取り締まれば繁殖が可能であること及び鯨族が繁殖すればこの天然資源をそこなわないで捕獲できる鯨の数を増加することができることを認め、

広範囲の経済上及び栄養上の困窮を起さずにできるだけすみやかに鯨族の最適の水準を実現することが共通の利益であることを認め、

これらの目的を達成するまでは、現に数の減った或る種類の鯨に回復期間を与えるため、捕鯨作業を捕獲に最もよく耐えうる種類に限らなければないことを認め、

1937年6月8日にロンドンで署名された国際捕鯨取締協定並びに1938年6月24日及び1945年11月26日にロンドンで署名された同協定の議定書の規定に具現された原則を基礎として鯨族の適当で有効な保存及び増大を確保するため、捕鯨業に関する国際取

締制度を設けることを希望し、且つ、
鯨族の適当な保存を図って捕鯨産業の秩序のある発展を可能にする条約を締結することに決定し、次のとおり協定した。

第1条【適用範囲】 1 この条約は、その不可分の一部を成す附表を含む。すべて「条約」というときは、現在の辞句における、又は第5条の規定に従って修正されたこの附表を含むものと了解する。

2 この条約は、締約政府の管轄下にある母船、鯨体処理場及び捕鯨船並びにこれらの母船、鯨体処理場及び捕鯨船によって捕鯨が行われるすべての水域に適用する。

第2条【用語】 この条約で用いるところでは、

1 「母船」とは、船内又は船上で鯨を全部又は一部処理する船舶をいう。

2 「鯨体処理場」とは、鯨を全部又は一部処理する陸上の工場をいう。

3 「捕鯨船」とは、鯨の追尾、捕獲、殺害、引寄せ、緊縛又は探索の目的に用いるヘリコプターその他の航空機又は船舶をいう。

4 「締約政府」とは、批准書を寄託し、又はこの条約への加入を通告した政府をいう。

第3条【捕鯨委員会の構成と表決】 1 締約政府は、各締約政府の1人の委員から成る国際捕鯨委員会(以下「委員会」という。)を設置することに同意する。各委員は、1個の投票権を有し、且つ、1人以上の専門家及び顧問を同伴することができる。

2 委員会は、委員のうちから1人の議長及び副議長を選挙し、且つ、委員会の手続規則を定める。委員会の決定は、投票する委員の単純多数決で行う。但し、第5条による行動については、投票する委員の4分の3の多数を要する。手続規則は、委員会の会合における決定以外の決定について規定することができる。

3 委員会は、その書記長及び職員を任命することができる。

4 委員会は、その委任する任務の遂行のために望ましいと認める小委員会を、委員会の委員及び専門家又は顧問で設置することができる。

5 委員会の各委員並びにその専門家及び顧問の費用は、各自の政府が決定し、且つ、支払う。

6 国際連合と連携する専門機関が捕鯨業の保存及び発展と捕鯨業から生ずる生産物とに関心を有することを認め、且つ、任務の重複を避けることを希望し、締約政府は、委員会を国際連合と連携する1の専門機関の機構のうちに入れるべきかどうかを決定するため、この条約の実施後2年以内に相互に協議するものとする。

7 それまでの間、グレート・ブリテン及び北部アイルランド連合王国政府は、他の締約政府と協議して、委員会の第1回会合の招集を取りきめ、且つ、前記の第6項に掲げた協議を発議する。

8 委員会のその後の会合は、委員会が決定するところに従って招集する。

第4条【研究・調査】 1 委員会は、独立の締約政府間機関若しくは他の公私の機関、施設若しくは団体と共同して、これらを通じて、又は単独で、次のことを行うことができる。

　(a) 鯨及び捕鯨に関する研究及び調査を奨励し、勧告し、又は必要があれば組織すること。

　(b) 鯨族の現状及び傾向並びにこれらに対する捕鯨活動の影響に関する統計的資料を集めて分析すること。

　(c) 鯨族の数を維持し、及び増加する方法に関する資料を研究し、審査し、及び頒布すること。

2 委員会は、事業報告の刊行を行う。また、委員会は、適当と認めた報告並びに鯨及び捕鯨に関する統計的、科学的及び他の適切な資料を、単独で、又はノールウェー国サンデフォルドの国際捕鯨統計局並びに他の団体及び機関と共同して刊行することができる。

第5条【附表の修正・異議申立】 1 委員会は、鯨資源の保存及び利用について、(a)保護される種類及び保護されない種類、(b)解禁期及び禁漁期、(c)解禁水域及び禁漁水域(保護区域の指定を含む。)、(d)各種類についての大きさの制限、(e)捕鯨の時期、方法及び程度(一漁期における鯨の最大捕獲量を含む。)、(f)使用する漁具、装置及び器具の型式及び仕様、(g)測定方法、(h)捕獲報告並びに他の統計的及び生物学的記録並びに(i)監督の方法に関して規定する規則の採択によって、附表の規定を随時修正することができる。

2 附表の前記の修正は、(a)この条約の目的を遂行するため並びに鯨資源の保存、開発及び最適の利用を図るために必要なもの、(b)科学的認定に基くもの、(c)母船又は鯨体処理場の数又は国籍に対する制限を伴わず、また母船若しくは鯨体処理場又は母船群若しくは鯨体処理場群に特定の割当をしないもの並びに(d)鯨の生産物の消費者及び捕鯨産業の利益を考慮に入れたものでなければならない。

3 前記の各修正は、締約政府については、委員会が各締約政府に修正を通告した後90日で効力を生ずる。但し、(a)いずれかの政府がこの90日の期間の満了前に修正に対して委員会に異議を申し立てたときは、この修正は、追加の90日間は、いずれの政府についても効力を生じない。(b)そ

こで、他の締約政府は、この90日の追加期間の満了期日又はこの90日の追加期間中に受領された最後の異議の受領の日から30日の満了期日のうちいずれか遅い方の日までに、この修正に対して異議を申し立てることができる。また、(c)その後は、この修正は、異議を申し立てなかったすべての締約政府について効力を生ずるが、このように異議を申し立てた政府については、異議の撤回の日まで効力を生じない。委員会は、異議及び撤回の各を受領したときは直ちに各締約政府に通告し、且つ、各締約政府は、修正、異議及び撤回に関するすべての通告の受領を確認しなければならない。

4　いかなる修正も、1949年7月1日の前には、効力を生じない。

第6条【勧告】委員会は、鯨又は捕鯨及びこの条約の目的に関する事項について、締約政府に随時勧告を行うことができる。

第7条【通告・資料の伝達】締約政府は、この条約が要求する通告並びに統計的及び他の資料を、委員会が定める様式及び方法で、ノールウェー国サンデフョルドの国際捕鯨統計局又は委員会が指定する他の団体にすみやかに伝達することを確保しなければならない。

第8条【特別許可書】1　この条約の規定にかかわらず、締約政府は、同政府が適当と認める数の制限及び他の条件に従って自国民のいずれかが科学的研究のために鯨を捕獲し、殺し、及び処理することを認可する特別許可書をこれに与えることができる。また、この条の規定による鯨の捕獲、殺害及び処理は、この条約の適用から除外する。各締約政府は、その与えたすべての前記の認可を直ちに委員会に報告しなければならない。各締約政府は、その与えた前記の特別許可書をいつでも取り消すことができる。

2　前記の特別許可書に基いて捕獲した鯨は、実行可能な限り加工し、また、取得金は、許可を与えた政府の発給した指令書に従って処分しなければならない。

3　各締約政府は、この条の第1項及び第4条に従って行われた研究調査の結果を含めて鯨及び捕鯨について同政府が入手しうる科学的資料を、委員会が指定する団体に、実行可能な限り、且つ、1年をこえない期間ごとに送付しなければならない。

4　母船及び鯨体処理場の作業に関連する生物学的資料の継続的な収集及び分析が捕鯨業の健全で建設的な運営に不可欠であることを認め、締約政府は、この資料を得るために実行可能なすべての措置を執るものとする。

第9条【侵犯に対する措置】1　各締約政府は、この条約の規定の適用とその政府の管轄下の人又は船舶が行う作業におけるこの条約の規定の侵犯の処罰とを確保するため、適当な措置を執らなければならない。

2　この条約が捕獲を禁止した鯨については、捕鯨船の砲手及び乗組員にその仕事の成績との関係によって計算する賞与又は他の報酬を支払ってはならない。

3　この条約に対する侵犯又は違反は、その犯罪について管轄権を有する政府が起訴しなければならない。

4　各締約政府は、その監督官が報告したその政府の管轄下の人又は船舶によるこの条約の規定の各侵犯の完全な詳細を委員会に伝達しなければならない。この通知は、侵犯の処理のために執った措置及び科した刑罰の報告を含まなければならない。

第10条【批准・効力発生】1　この条約は、批准され、批准書は、アメリカ合衆国政府に寄託する。

2　この条約に署名しなかった政府は、この条約が効力を生じた後、アメリカ合衆国政府に対する通告書によってこの条約に加入することができる。

3　アメリカ合衆国政府は、寄託された批准書及び受領した加入書のすべてを他のすべての署名政府及びすべての加入政府に通告する。

4　この条約は、オランダ国、ノールウェー国、ソヴィエト社会主義共和国連邦、グレート・ブリテン及び北部アイルランド連合王国並びにアメリカ合衆国の政府を含む少くとも6の署名政府が批准書を寄託したときにこれらの政府について効力を生じ、また、その後に批准し又は加入する各政府については、その批准書の寄託の日又はその加入通告書の受領の日に効力を生ずる。

5　附表の規定は、1948年7月1日の前には、適用しない。第5条に従って採択した附表の修正は、1949年7月1日の前には、適用しない。

第11条【脱退】締約政府は、いずれかの年の1月1日以前に寄託政府に通告することによって、その年の6月30日にこの条約から脱退することができる。寄託政府は、この通告を受領したときは、直ちに他の締約政府に通報する。他の締約政府は、寄託政府から前記の通告の謄本を受領してから1箇月以内に、同様に脱退通告を行うことができる。この場合には、条約は、この脱退通告を行った政府についてその年の6月30日に効力を失う。

この条約は、署名のために開かれた日の日付を

附され、且つ、その後14日の間署名のために開いて置く。

附　表　(抄)
I　解　釈　(略)

II　漁　期
母船式操業
2(a)　南緯40度以南の水域においては、ミンク鯨を除くひげ鯨を捕獲し、又は処理する目的で母船又はこれに附属する捕鯨船を使用することは、禁止する。ただし、12月12日から4月7日までの期間(両日を含む。)については、この限りではない。
(b)　まっこう鯨又はミンク鯨を捕獲し、又は処理する目的で母船又はこれに附属する捕鯨船を使用することは、(c)及び(d)並びに5の規定に従って締約政府が許可する場合を除くほか、禁止する。
(c)　各締約政府は、その管轄下にある全ての母船及びこれらに附属する捕鯨船に対し、捕鯨船によるまっこう鯨の捕獲又は殺害が許される一又は二以上の解禁期であっていずれの12箇月の期間についても8箇月を超えないものを宣言する。ただし、各母船及びこれに附属する捕鯨船に対し、別個の解禁期を宣言することができる。
(d)　各締約政府は、その管轄下にあるすべての母船及びこれらに附属する捕鯨船に対し、捕鯨船によるミンク鯨の捕獲又は殺害が許される一の継続的な解禁期であっていずれの12箇月の期間についても6箇月を超えないものを宣言する。ただし、
　(1)　各母船及びこれに附属する捕鯨船に対し、別個の解禁期を宣言することができる。
　(2)　ミンク鯨についての解禁期には、(a)の規定に従って他のひげ鯨について宣言される期間の全部又は一部を必ずしも含む必要はない。
3　ミンク鯨を除くひげ鯨を処理する目的で南緯40度以南の水域において1の解禁期中に使用した母船を当該解禁期の終了から1年以内に同一の目的のために他の区域(北太平洋及びその附属水域において12及び16に規定する捕獲枠が設定されることを条件として北太平洋及び赤道以北のその附属水域を除く。)において使用することは、禁止する。ただし、この3の規定は、鯨の肉又は臓物を人間の食料又は動物の飼料として冷凍し、又は塩蔵する目的のためにのみ解禁期間中に使用した船舶については、適用しない。

鯨体処理場の操業
4(a)　ひげ鯨及びまっこう鯨を殺し、又は殺そうとする目的で鯨体処理場に附属する捕獲船を使用することは、(b)から(d)までの規定に従って締約政府が許可する場合を除くほか、禁止する。
(b)　各締約政府は、その管轄下にある全ての鯨体処理場及びこれらの鯨体処理場に附属する捕鯨船に対し、捕鯨船によるミンク鯨を除くひげ鯨の捕獲又は殺害が許される一の解禁期を宣言する。この解禁期は、いずれの12箇月の期間についても継続的な6箇月を超えない期間とし、当該締約政府の管轄下にある全ての鯨体処理場に適用する。ただし、ミンク鯨を除くひげ鯨の捕獲又は処理に使用する鯨体処理場であってミンク鯨を除くひげ鯨の捕獲又は処理に使用する同一の締約政府の管轄下にある最寄りの鯨体処理場から1,000マイルを超える場所にあるものに対しては、別個の解禁期を宣言することができる。
(c)　各締約政府は、その管轄下にある全ての鯨体処理場及びこれらの鯨体処理場に附属する捕鯨船に対し、捕鯨船によるまっこう鯨の捕獲又は殺害が許される一の解禁期であっていずれの12箇月の期間についても継続的な8箇月を超えないものを宣言する。ただし、まっこう鯨の捕獲又は処理に使用する同一の締約政府の管轄下にある最寄りの鯨体処理場から1,000マイルを超える場所にあるまっこう鯨の捕獲又は処理に使用する鯨体処理場に対しては、別個の解禁期を宣言することができる。
(d)　各締約政府は、その管轄下にある全ての鯨体処理場及びこれらの鯨体処理場に附属する捕鯨船に対し、捕鯨船によるミンク鯨の捕獲又は殺害が許される一の解禁期であっていずれの12箇月の期間についても継続的な6箇月を超えないものを宣言する(この期間は、他のひげ鯨についても宣言される(b)に定める期間と必ずしも一致する必要はない。)。ただし、ミンク鯨の捕獲又は処理に使用する同一の締約政府の管轄下にある最寄りの鯨体処理場から1,000マイルを超える場所にあるミンク鯨の捕獲又は処理に使用する鯨体処理場に対しては、別個の解禁期を宣言することができる。
　　もっとも、ミンク鯨の捕獲又は処理に使用する鯨体処理場であってその位置する区域の海洋学的状態がミンク鯨の捕獲又は処理に使用する同一の締約政府の管轄下にある他の解体処理場の位置する区域の海洋学的状態と明

らかに区別できるものに対しては、別個の解禁期を宣言することができる。ただし、この(d)の規定による別個の解禁期の宣言は、同一の締約政府によって宣言される諸解禁期を通ずる期間がいずれの12箇月の期間についても継続的な9箇月を超えるようにするものであってはならない。
(e) この4に規定する禁止は、1946年の捕鯨条約第2条に定義するすべての鯨体処理場に適用する。

その他の操業
5 各締約政府は、その管轄下にある捕鯨船であって、母船又は鯨体処理場と連携して作業しない全てのものに対し、当該捕鯨船によるミンク鯨の捕獲又は殺害が許される1の継続的な解禁期であっていずれの12箇月の期間についても6箇月を超えないものを宣言する。この5の規定にかかわらず、グリーンランドに関する限り、9箇月を超えない1の継続的な解禁期を実施することができる。

Ⅲ 捕 獲(抄)
6 商業的な目的のために非破裂銛(もり)を使用してミンク鯨を除く鯨を殺すことは、1980年から1981年までの遠洋捕鯨の解禁期及び1981年の沿岸捕鯨の解禁期の開始の時から禁止する。商業的な目的のために非破裂銛(もり)を使用してミンク鯨を殺すことは、1982年から1983年までの遠洋捕鯨の解禁期及び1983年の沿岸捕鯨の解禁期の開始の時から禁止する。
7(a) 条約第5条1(c)に基づき、商業的捕鯨は、遠洋の操業によるものであるか鯨体処理場からのものであるかを問わず、インド洋保護区として指定された区域においては、禁止する。この保護区は、北半球のアフリカの海岸から東経100度までの水域(紅海、アラビア海及びオマーン湾を含む。)及び南半球の南緯55度を南方限界とする東経20度から東経130度までの水域から成る。その禁止は、ひげ鯨又は歯鯨につき委員会によって随時決定される捕獲枠にかかわらず適用する。その禁止は、委員会が2002年の年次会合において検討する。
(b) 条約第5条1(c)に基づき、商業的捕鯨は、遠洋の操業によるものであるか鯨体処理場からのものであるかを問わず、南氷洋保護区として指定された区域において、禁止する。この保護区は、南半球の南緯40度と西経50度との交点を始点とし、そこから真東に東経20度まで、そこから真南に南緯55度まで、そこから真東に東経130度まで、そこから真北に南緯40度まで、そこから真東に西経130度まで、そこから真南に南緯60度まで、そこから真東に西経50度まで、そこから真北に始点までの線以南の水域から成る。その禁止は、委員会によって随時決定される当該保護区内のひげ鯨及び歯鯨の資源保存状態にかかわらず適用する。ただし、その禁止は、委員会が最初の採択から10年後に、また、その後10年ごとに検討するものとし、委員会は、検討の際にこの禁止を修正することができる。この(b)の規定は、南極地域の特別な法的及び政治的地位を害することを意図するものではない。

母船に関する区域の制限
8 (略)

区域及び区分の分類
9 (略)

資源の分類
10 全ての鯨資源は、科学小委員会の助言に基づいて次の三の種類のうちいずれか一の種類に分類する。
(a) 維持管理資源(SMS)とは、最大持続的生産量(以下「MSY」という。)を実現する資源水準を10パーセント下回る水準以上で、かつ、20パーセント上回る水準を超えない資源をいう。MSYは、鯨の数を基礎として決定する。

資源は、ほぼ一定した捕獲の制度の下で相当の期間にわたって安定した水準を維持している場合において、他の種類に分類すべき積極的な証拠がない限り、維持管理資源に分類する。

商業的捕鯨は、科学小委員会の助言に基づき、維持管理資源について許可する。当該維持管理資源については、第1表から第3表までに掲げる。

MSYを実現する資源水準以上の資源について許容される捕獲量は、MSYの90パーセントを超えてはならない。MSYを実現する資源水準と当該資源水準を10パーセント下回る水準との間にある資源について許容される捕獲量は、MSYの90パーセントを捕獲して得られる数を超えてはならず、また、当該資源がMSYを実現する資源水準を1パーセント下回るごとにMSYの90パーセントを捕獲して得られる数からその10パーセントずつを減ずることにより得られる数を超えてはならない。
(b) 初期管理資源(IMS)とは、MSYを実現する資源水準を20パーセント上回る水準を超える資源をいう。商業的捕鯨は、効果的な方法により及び最適の水準を下回る水準に減少させることなく初期管理資源をMSYを実現する資源水準に引き下げた後に最適の水準とするた

めの必要な措置に関する科学委員会の助言に基づき、初期管理資源について許可する。この資源について許容される捕獲量は、MSYが判明している場合には、MSYの90パーセントを超えてはならない。捕獲努力量を制限することがより適切な場合には、捕獲努力量は、MSYを実現する資源水準にある資源についてMSYの90パーセントを捕獲するものに制限する。

継続的な一層高い比率による捕獲が資源をMSYを実現する資源水準を下回る水準に減少させることがないという積極的な証拠がない場合には、いずれの1年においても、推定される開発可能な初期資源の5パーセントを超えて捕獲してはならない。開発は、科学委員会が満足する推定資源量が得られるまで開始してはならない。初期管理資源に分類される資源については、第1表から第3表までに掲げる。

(c) 保護資源(PS)とは、MSYを達成する資源水準を10パーセント下回る水準を下回る資源をいう。

商業的捕鯨は、保護資源については、禁止する。保護資源に分類される資源については、第1表から、第3表までに掲げる。

(d) この10の他の規定にかかわらず、母船又はこれに附属する捕鯨船によりミンク鯨を除く鯨を捕獲し、殺し、又は処理することは、停止する。この停止は、まっこう鯨及びしゃち並びにミンク鯨を除くひげ鯨に適用する。

(e) この10の他の規定にかかわらず、全ての資源についての商業的な目的のための鯨の殺害に関する捕獲枠は、1986年の沿岸捕鯨の解禁期及び1985年から1986年までの遠洋捕鯨の解禁期について並びにそれ以降の解禁期について0とする。この(e)の規定は、最良の科学的助言に基づいて常に検討されるものとし、委員会は、遅くとも1990年までに、この(e)に定める決定の鯨資源に与える影響につき包括的な評価を行うとともにこの(e)の規定の修正及び他の捕鯨枠の設定につき検討する。

第1表・第2表・第3表 （略）

附表11〜2 （略）

30 締約政府は、科学的研究に対する許可の計画を、当該許可を与える前に科学委員会が当該許可について検討し、及び意見を表明することができるよう、十分な時間的余裕をもって委員会の書記長に提供する。当該許可の計画には、次の事項を明記すべきである。

(a) 研究の目的
(b) 捕獲する動物の数、性別、大きさ及び資源
(c) 他の国の科学者が研究に参加する機会
(d) 資源の保存に及ぼし得る影響

科学委員会は、可能な場合には、年次会合において当該許可の計画について検討し、及び意見を表明する。当該許可が次回の年次会合に先立って与えられるときは、書記長は、当該許可の計画を科学委員会の委員に対し、検討及び意見の表明のため、郵便で送付する。当該許可による研究の暫定的な結果については、科学委員会の次回の年次会合において入手可能とすべきである。

附表31 （略）

2-16 保存及び管理のための国際的な措置の公海上の漁船による遵守を促進するための協定（コンプライアンス協定）（抄）

Agreement to Promote Compliance with International Conservation and Management Measures by Fishing Vessels on the High Seas

採　択　1993年11月24日(国連食糧農業機関第27回総会)
効力発生　2003年4月24日
日本国　1996年11月19日署名、2000年5月19日国会承認、6月20日受諾書寄託、2003年4月24日効力発生、5月21日公布（条約第2号）

この協定の締約国は、

海洋法に関する国際連合条約に反映されているように、国際法の関連規則に従うことを条件として自国民が公海において漁獲を行う権利をすべての国が有することを認識し、

さらに、海洋法に関する国際連合条約に反映されている国際法の下で、公海における生物資源の保存のために必要とされる措置を自国民についてとる義務及びその措置をとるに当たって他の国と協力する義務をすべての国が有することを認識し、

自国の政策に従って漁業部門を発展させることについてすべての国が権利及び利益を有すること並びに開発途上国との協力の促進が開発途上国のこの協定に基づく義務の履行の能力を向上させるために必要であることを認め、

国際連合環境開発会議で採択されたアジェンダ21が、各国に対し、公海における漁獲活動に係る保存及び管理のための関連規則の遵守を回避する手段として自国民が船舶の国籍を変更することを抑止するため、国際法に合致する効果的な措置をとるよう要請していることを想起し、

さらに、責任ある漁業に関する国際会議で採択されたカンクン宣言も、各国に対し、この問題について措置をとるよう要請していることを想起し、

アジェンダ21の下で、各国が公海における海洋生物資源の保存及び持続可能な利用について約束していることに留意し、

保存及び管理のための国際的な措置の遵守を達成するため、世界的、地域的又は小地域的な漁業機関又は漁業に関する取決めに参加していない国に対して、これらの漁業機関若しくは取決めに参加するよう、又は、適当な場合には、これらの漁業機関との間で若しくはこれらの漁業機関若しくは取決めの参加国との間で了解に達するよう要請し、

自国の旗を掲げる船舶(漁船及び漁獲物の積替えに従事する船舶を含む。)に対し有効に管轄権を行使し及び有効に規制を行うことがすべての国の義務であることを認識し、

海洋生物資源の保存及び管理のための国際的な措置の遵守を回避する手段として漁船の国籍の取得又は変更が用いられていること並びに自国の旗を掲げる権利を有する漁船に関する責任を旗国が果たさないことが、当該措置の実効性を著しく損なう要因に含まれていることに留意し、

自国の旗を掲げる権利を有し、かつ、公海において操業する漁船に関する旗国の責任(操業の承認を含む。)を明示することを通じ、及び公海における漁獲に関する情報の交換により国際協力を強化し、透明性を増大させることを通じて、この協定の目的が達成可能である旨を認識し、

この協定が、カンクン宣言によりその作成が要請された「責任ある漁業に関する国際的な行動規範」の不可分の一部を成すこととなることに留意し、

国際連合食糧農業機関憲章第14条の規定に従い国際連合食糧農業機関(FAO)の枠組みの下で国際協定を締結することを希望して、

次のとおり協定した。

第1条(定義) この協定の適用上、

(a) 「漁船」とは、海洋生物資源の商業上の採捕のために使用され又は使用されることを目的とする船舶(母船及びそのような採捕活動に直接従事する船舶を含む。)をいう。

(b) 「保存及び管理のための国際的な措置」とは、海洋生物資源の一又は二以上の種の保存又は管理のための措置であって、1982年の海洋法に関する国際連合条約に反映されている国際法の関連規則に従って採択され、かつ、適用されるものをいう。この措置は、世界的、地域的若しくは小地域的な漁業機関によりその構成国の権利及び義務を害さないことを条件として採択されるか、又は条約その他の国際的な合意によって採択される。

(c) 「長さ」とは、次のものをいう。

(i) 1982年7月18日以降に建造された漁船については、キールの上面から測った最小型深さ85パーセントの位置における喫水線の全長の96パーセントの長さ又はその喫水線上における船首材の前面からラダー・ストックの中心線までの長さのうちいずれか大きいもの。傾斜したキールを有するように設計された船舶にあっては、長さを測るための喫水線は、計画喫水線に平行なものとする。

(ii) 1982年7月18日前に建造された漁船については、船舶の国内登録上の原簿その他の漁船記録に記載されている国内登録上の長さ

(d) 「漁船記録」とは、漁船についての関連する詳細を記載している記録をいう。この記録は、漁船のみを対象とするものでも又は船舶一般に係る記録の一部を構成するものでもよい。

(e) 「地域的な経済統合のための機関」とは、その構成国からこの協定の対象となっている事項に関する権限の委譲(これらの事項に関して当該機関がその構成国を拘束する決定を行う権限を与えられることを含む。)を受けた機関をいう。

(f) 「自国の旗を掲げる権利を有する漁船」及び「国の旗を掲げる権利を有する漁船」には、地域的な経済統合のための機関の構成国の旗を掲げる権利を有する漁船を含む。

第2条(適用) 1 この協定は、2及び3の規定に従うことを条件として、公海における漁獲に使用され又は使用されることを目的とするすべての漁船について適用する。

2 締約国は、長さ24メートル未満の漁船で自国の旗を掲げる権利を有するものについては、次のことを条件として、この協定の適用を免除する

ことができる。ただし、適用の免除によりこの協定の趣旨及び目的が損なわれることとなると当該締約国が認める場合は、この限りでない。
　(a)　締約国が3に規定する漁業地域の沿岸国である場合を除き、当該漁業地域において操業する漁船について、この協定を適用すること。
　(b)　次条第1項又は第6条7の規定に従って締約国が負う義務について、この協定を適用すること。
3　2の規定の適用を妨げることなく、沿岸国が排他的経済水域の設定又は同様の水域で漁業についての管轄権の行使のためのものの設定を宣言していない漁業地域においては、この協定の締約国である沿岸国は、これら沿岸国の間において直接に又は地域的な漁業機関で適当なものを通じて、これら沿岸国の旗を掲げる漁船で当該漁業地域のみにおいて操業するものに関し、その長さを下回る漁船にはこの協定を適用しないこととする「最小の長さ」を設定することに合意することができる。

第3条（旗国の責任）　1(a)　締約国は、自国の旗を掲げる権利を有する漁船が保存及び管理のための国際的な措置の実効性を損なう活動に従事しないことを確保するために必要な措置をとる。
　(b)　締約国は、前条2の規定により長さ24メートル未満の漁船で自国の旗を掲げる権利を有するものについてこの協定の適用を免除した場合においても、そのような漁船のうち保存及び管理のための国際的な措置の実効性を損なうものについては、効果的な措置をとる。この措置は、当該漁船が保存及び管理のための国際的な措置の実効性を損なう活動に従事しないことを確保するためのものとする。
2　特に、締約国は、自国の旗を掲げる権利を有する漁船のいずれについても、当該漁船が公海における漁獲に使用されることにつき自国の一又は二以上の適当な当局が承認を与えない限り、当該漁船が公海における漁獲に使用されることを認めない。当該当局により承認を受けた漁船は、当該承認の条件に従って漁獲を行う。
3　締約国は、自国の旗を掲げる権利を有する漁船のいずれについても、自国と当該漁船との間に存在する関係に留意しつつ、この協定の下での自国の責任を効果的に遂行することができるものと認めない限り、当該漁船が公海における漁獲に使用されることを承認してはならない。
4　公海における漁獲に使用されることについて締約国から承認を受けた漁船が当該締約国の旗を掲げる権利を失った場合には、当該承認は、取り消されたものとみなす。
5(a)　締約国は、次の条件が満たされない限り、以前に他の締約国の領域内において登録されていた漁船で、保存及び管理のための国際的な措置の実効性を損なったものが公海における漁獲に使用されることを承認しない。
　　(i)　当該漁船について、公海における漁獲に使用されることの承認の効力が当該他の締約国によって停止された期間が満了していること。
　　(ii)　当該漁船について、公海における漁獲に使用されることの承認を当該他の締約国が過去3年間のうちに拒否し又は取り消していないこと。
　(b)　(a)の規定は、以前にこの協定の締約国でない国の領域内において登録されていた漁船についても、当該漁船に対する漁獲を行うことの承認が停止され、拒否され又は取り消された事情に関する十分な情報を締約国が利用することができる場合には、適用する。
　(c)　(a)及び(b)の規定は、漁船の所有権が既に移転しており、かつ、従前の所有者又は操業者が当該漁船について法律上、利益配分上又は財務上の利害関係又は支配を既に有していないことを示す十分な証拠が新たな所有者によって提出された場合には、適用しない。
　(d)　(a)及び(b)の規定にかかわらず、締約国は、これらの規定の対象となる漁船であっても、他の締約国又は非締約国による承認が拒否され又は取り消された事情を含むすべての関連する事実を考慮した上で、当該漁船が公海における漁獲に使用されることを承認したとしてもこの協定の趣旨及び目的を損なうこととはならないと認める場合には、当該漁船が公海における漁獲に使用されることを承認することができる。
6　締約国は、自国の旗を掲げる権利を有するすべての漁船で次条の規定に従って保持する記録に記載したものが、漁船の標識及び識別に関する国際連合食糧農業機関の標準仕様その他一般的に受け入れられている基準に従って、容易に当該漁船を識別することができるような標識を付することを確保する。
7　締約国は、自国の旗を掲げる権利を有する漁船から当該締約国に対し、当該漁船の操業に関する情報（特に操業区域並びに採捕及び陸揚げの量に関連するもの）で、この協定に基づく自国の義務を履行する上で必要なものが提供されることを確保する。

8　締約国は、自国の旗を掲げる権利を有する漁船でこの協定の規定に違反する行動をとるものに対する取締措置(適当な場合には、当該行動を自国の法令違反とすることを含む。)をとる。当該行動について適用する制裁は、この協定に定める要件の遵守を確保する上で効果的であり及び不法な活動を行った者から当該活動により生ずる利益を取り上げるほど重いものでなければならない。重大な違反に関しては、この制裁に、公海における漁獲を行うことの承認の拒否、停止又は取消しを含める。

第4条(漁船記録) 締約国は、この協定の適用上、自国の旗を掲げる権利を有し、かつ、公海における漁獲に使用されることを承認された漁船を記載する漁船記録を保持するとともに、これらの漁船のすべてがその記録に記載されることを確保するために必要な措置をとる。

第5条(国際協力) 1　締約国は、この協定の実施について適切に協力する。特に、いずれかの漁船が保存及び管理のための国際的な措置を損なう活動に従事した旨の報告があった場合には、その旗国が第3条の規定に基づく義務を履行する上で当該漁船を特定することを援助するため、当該漁船の活動に関連する情報の交換(証拠の提出を含む。)を行う。

2　漁船がその旗国以外のいずれかの締約国の港に任意に寄港する場合において、当該締約国は、当該漁船が保存及び管理のための国際的な措置の実効性を損なう活動に使用されたと信ずるに足りる合理的な理由を有するときは、旗国に対して速やかに通報を行う。関係する締約国の間においては、漁船がこの協定の規定に違反して使用された事実の有無を明らかにする上で必要な調査に関し、寄港国がこれを行うことについて取決めを行うことができる。

3　締約国は、適当な場合には、この協定の目的の達成を促進するため、世界的、地域的、若しくは小地域的な規模で又は二国間において、協力のための協定を締結し又は相互援助のための取決めを行う。

第6条(情報の交換) 1　締約国は、第4条の規定に従って保持することが義務付けられる漁船記録に記載する漁船のそれぞれについて、次に掲げる情報を国際連合食糧農業機関の利用に供する。
 (a)　船名、登録番号、過去の船名(判明している場合に限る。)及び船籍港
 (b)　従前の国旗(該当する場合に限る。)
 (c)　国籍無線通信呼出符号(該当する場合に限る。)
 (d)　所有者の氏名及び住所
 (e)　建造された場所及び時期
 (f)　船の種類
 (g)　長さ

2　締約国は、実行可能な限度において、第4条の規定に従って保持することが義務付けられる漁船記録に記載する漁船のそれぞれについて、次に掲げる追加的な情報を国際連合食糧農業機関の利用に供する。
 (a)　操業者の氏名及び住所(該当する場合に限る。)
 (b)　漁法の種類
 (c)　型深さ
 (d)　最大幅
 (e)　登録総トン数
 (f)　主たる推進機関の出力

3　締約国は、1及び2に掲げる情報について何らかの修正を行う場合には、当該修正を速やかに国際連合食糧農業機関に通報する。

4　国際連合食糧農業機関は、1から3までの規定に従って提供された情報を、すべての締約国に対して定期的に配布し及び各締約国に対し要請に応じて個別に提供する。また、同機関は、当該情報を、情報の配布に関して関係締約国が課する制限に従うことを条件として、世界的、地域的又は小地域的な漁業機関に対し要請に応じて個別に提供する。

5　さらに、締約国は、次の情報を速やかに国際連合食糧農業機関に通報する。
 (a)　漁船記録への追加
 (b)　次の理由による漁船記録からの削除
  (i)　漁獲を行うことの承認又はその更新についての当該漁船の所有者又は操業者による任意の放棄
  (ii)　当該漁船に対して与えられた漁獲を行うことの承認についての第3条8の規定に基づく取り消し
  (iii)　当該漁船が自国の旗を掲げる権利を失ったという事実
  (iv)　当該漁船の解撤、操業の中止又は喪失
  (v)　その他の理由

6　関係締約国は、5(b)の規定に従い国際連合食糧農業機関に対して情報を提供した場合には、同規定のいずれの理由が適用されるかを明示する。

7　締約国は、次の事項を国際連合食糧農業機関に通報する。
 (a)　第2条2の規定に基づく免除並びに当該免除に係る漁船の数、種類及び操業の地理的区域

(b) 第2条3の規定に基づく合意
8(a) 締約国は、自国の旗を掲げる漁船による活動で保存及び管理のための国際的な措置の実効性を損なうものに関連するすべての情報(当該漁船の特定及び当該活動に対して自国がとった措置を含む。)を速やかに国際連合食糧農業機関に通報する。締約国がとった措置についての通報は、秘密扱い(特に、最終的なものでない措置についての秘密扱いを含む。)に係る国内法の規定に従ってこれを行うことができるものとする。

(b) 締約国は、自国の旗を掲げる権利を有しない漁船が保存及び管理のための国際的な措置の実効性を損なう活動に従事したと信ずるに足りる合理的な理由を有するに至った場合には、当該漁船の旗国の注意を喚起するものとし、また、適当と認めるときは、国際連合食糧農業機関の注意を喚起することができる。当該締約国は、当該旗国に対して十分な証拠を提供するものとし、また、同機関に対してその証拠の要約を提供することができる。同機関は、申し立てられた内容及びその証拠について当該旗国が意見を述べ又は異議を申し立てる機会を有するまでの間は、関連する情報を配布しない。

9 締約国は、第3条5(a)又は(b)の規定にかかわらず同条5(d)の規定に基づく承認を与えた場合には、その旨を国際連合食糧農業機関に通報する。その通報には、当該漁船及びその所有者又は操業者の識別を可能にする関連データ並びに、適当な場合には、当該承認の付与に関連する他の情報を含める。

10 国際連合食糧農業機関は、5から9までの規定に従って提供された情報を、すべての締約国に対して速やかに配布し及び各締約国に対し要請に応じて個別に提供する。また、同機関は、当該情報を、情報の配布に関して関係締約国が課する制限に従うことを条件として、世界的、地域的又は小地域的な漁業機関に対し要請に応じて個別かつ速やかに提供する。

11 締約国は、この協定の実施に関する情報の交換(国際連合食糧農業機関及び他の世界的、地域的又は小地域的な漁業機関で適当なものを通じた情報の交換を含む。)を行う。

第7条(開発途上国との協力)締約国は、開発途上国である締約国がこの協定の下での義務を履行することを支援するため、世界的、地域的若しくは小地域的な規模で又は二国間において、適当な場合には国際連合食糧農業機関及び他の国際的又は地域的な機関の支援を得て、当該開発途上国に対し、技術援助を含む援助を提供するために協力する。

第8条(非締約国) 1 締約国は、この協定の締約国でない国に対してこの協定を受諾するよう奨励し、また、いずれの非締約国に対してもこの協定に合致する法令を制定するよう奨励する。

2 締約国は、この協定の締約国でない国の旗を掲げる権利を有する漁船が保存及び管理のための国際的な措置の実効性を損なう活動に従事しないように、この協定及び国際法に合致した方法で協力する。

3 締約国は、この協定の締約国でない国の旗を掲げる漁船の活動で保存及び管理のための国際的な措置の実効性を損なうものに関して、直接に又は国際連合食糧農業機関を通じて、締約国間で情報の交換を行う。

第9条(紛争の解決) 1 いずれの締約国も、この協定の解釈又は適用に関する紛争について、相互に満足すべき解決をできる限り速やかに得るよう、他の締約国に対して協議を求めることができる。

2 1の協議によっても紛争が合理的な期間内に解決しなかった場合には、紛争当事国は、交渉、審査、仲介、調停、仲裁、司法的解決又は当事国が選択するその他の平和的手段により紛争を解決するため、できる限り速やかに、当時国間で協議する。

3 1及び2に規定する紛争でこれらの規定によっても解決されないものは、すべての紛争当事国の同意を得て、解決のため、国際司法裁判所、国際海洋法裁判所(1982年の海洋法に関する国際連合条約の効力発生を条件とする。)又は仲裁に付託する。国際司法裁判所、国際海洋法裁判所又は仲裁に付託することについて合意に達することができなかった場合においても、当事国は、海洋生物資源の保存に関する国際法の規則に従って紛争を解決するため、引き続き協議し及び協力する。

第10条(受諾) 1 この協定は、国際連合食糧農業機関の加盟国又は準加盟国による受諾及び同機関の非加盟国のうち国際連合、その専門機関又は国際原子力機関の加盟国による受諾のために開放しておく。

2 この協定の受諾は、国際連合食糧農業機関事務局長(以下「事務局長」という。)に受諾書を寄託することによって行う。

3 事務局長は、すべての締約国、国際連合食糧農業機関のすべての加盟国及び準加盟国並びに国際連合事務総長に対して、すべての受諾書の受

領について通報する。

4 地域的な経済統合のための機関がこの協定の締約国となる場合には、当該機関は、必要に応じ、国際連合食糧農業機関憲章第2条5の規定に従って提出したその権限に関する宣言についてこの協会の受諾に照らして必要となる修正を行い又は明確化を図る旨を、同憲章第2条7の規定に従って通報する。この協定のいずれの締約国も、いつでも、この協定の締約国である地域的な経済統合のための機関に対して、この協定の対象となる特定の事項の実施に関し、当該機関又はその構成国のうちいずれが責任を有するかについての情報を提供するよう要請することができる。当該機関は、合理的な期間内にこの情報を提供する。

第11条(効力発生)　(略)

第12条(留保) 締約国は、この協定の受諾に際し、留保を付することができる。留保は、すべての締約国による受諾が得られた場合においてのみ効力を生ずる。事務局長は、直ちに、当該留保をすべての締約国に通報する。その通報の日から3箇月以内に回答を行わなかった締約国は、当該留保を受諾したものとみなす。当該留保を付した国又は地域的な経済統合のための機関は、すべての締約国による当該留保の受諾が得られない場合には、この協定の締約国となることができない。

第13条(改正) 1　この協定の改正のための締約国の提案は、事務局長に通報する。

2　事務局長が締約国から受領したこの協定の改正案は、国際連合食糧農業機関総会の通常会期又は特別会期に承認のために提出する。その改正案が重要な技術的変更を含み又は締約国に新たな義務を課するものである場合には、その改正案は、同総会に先立ち同機関が招集する専門家諮問委員会が審議する。

3　この協定の改正案は、その改正案が審議されるべき総会の会期の議事日程が発送される以前に事務局長が締約国に送付する。

4　この協定の改正は、総会の承認を必要とし、締約国の3分の2が受諾した後30日目の日に効力を生ずる。締約国に対する新たな義務を含む改正は、それを受諾した締約国についてのみその受諾の後30日目の日に効力を生ずる。改正は、総会がその承認に当たりコンセンサス方式により別の決定を行わない限り、締約国に対する新たな義務を含むものとみなす。

5　締約国に対する新たな義務を含む改正の受諾書は、事務局長に寄託する。事務局長は、すべての締約国に対して、受諾書の受領及び改正の効力発生について通報する。

6　この条の規定の適用上、地域的な経済統合のための機関によって寄託される文書は、当該機関の構成国によって寄託されたものに追加して数えてはならない。

第14条(脱退)　(略)
第15条(寄託者の任務)　(略)
第16条(正文)　(略)

2-17　分布範囲が排他的経済水域の内外に存在する魚類資源(ストラドリング魚類資源)及び高度回遊性魚類資源の保存及び管理に関する1982年12月10日の海洋法に関する国際連合条約の規定の実施のための協定(国連公海漁業実施協定)(抄)

Agreement for the Implementation of the Provisions of the United Nations Convention on the Law of the Sea of 10 December 1982 relating to the Conservation and Management of Straddling Fish Stocks and Highly Migratory Fish Stocks

採　択　1995年8月4日(ストラドリング魚類資源及び高度回遊性魚類資源に関する国際連合会議、ニュー・ヨーク)
効力発生　2001年12月11日
日本国　1996年11月19日署名、2006年6月1日国会承認、8月7日批准書寄託、8月9日公布(条約第10号)、9月6日効力発生

この協定の締約国は、
1982年12月10日の海洋法に関する国際連合条約の関連規定を想起し、
分布範囲が排他的経済水域の内外に存在する魚類資源(以下「ストラドリング魚類資源」という。)及び高度回遊性魚類資源の長期的な保存及び持続可能な利用を確保することを決意し、
この目的のために諸国間の協力を促進することを決意し、
旗国、寄港国及び沿岸国が、これらの資源について定められた保存管理措置について一層効果的な取締りを行うことを求め、

公海漁業の管理が多くの分野で不十分であり、いくつかの資源が過剰に利用されているとの国際連合環境開発会議において採択されたアジェンダ21第17章プログラムエリアCに明示された問題（規制されていない漁業、過剰な投資、過大な船団規模、規制を回避するための漁船の旗国変更、選別性の高い漁具の不十分さ、不正確なデータベース及び諸国間の十分な協力の欠如）に特に取り組むことを希望し、

責任ある漁業を行うことを約束し、

海洋環境に対する悪影響を回避し、生物の多様性を保全し、海洋生態系を本来のままの状態において維持し、及び漁獲操業が長期の又は回復不可能な影響を及ぼす危険性を最小限にする必要性を意識し、

開発途上国がストラドリング魚類資源及び高度回遊性魚類資源の保存、管理及び持続可能な利用への効果的な参加を可能にするための具体的な援助（財政的、科学的及び技術的援助を含む。）を必要としていることを認識し、

1982年12月10日の海洋法に関する国際連合条約の関連規定の実施に関する合意が、これらの目的に最も寄与し、かつ、国際の平和及び安全の維持に資することを確信し、

1982年12月10日の海洋法に関する国際連合条約又はこの協定によって規律されない事項は、一般国際法の規則及び原則により引き続き規律されることを確認して、

次のとおり協定した。

第1部　総　則

第1条（用語及び対象） 1　この協定の適用上、
 (a)　「条約」とは、1982年12月10日の海洋法に関する国際連合条約をいう。
 (b)　「保存管理措置」とは、海洋生物資源の一又は二以上の種を保存し、及び管理するための措置であって、条約及びこの協定に反映されている国際法の関連規則に適合するように定められ、かつ、適用されるものをいう。
 (c)　「魚類」には、軟体動物及び甲殻類（条約第77条に定める定着性の種族に属する種を除く。）を含む。
 (d)　「枠組み」とは、特に、小地域又は地域において一又は二以上のストラドリング魚類資源又は高度回遊性魚類資源についての保存管理措置を定めるため、二以上の国が条約及びこの協定に従って定める協力の仕組みをいう。
2(a)　「締約国」とは、この協定に拘束されることに同意し、かつ、自国についてこの協定の効力が生じている国をいう。
 (b)　この協定は、次に掲げる主体であってこの協定の当事者となるものについて準用し、その限度において「締約国」というときは、当該主体を含む。
  (i)　条約第305条1(c)から(e)までに規定する主体
  (ii)　条約の附属書IX第1条において「国際機関」と規定されている主体。ただし、第47条に従うことを条件とする。
3　この協定は、その漁船が公海において漁業を行うその他の漁業主体についても準用する。

第2条（目的） この協定の目的は、条約の関連規定を効果的に実施することを通じてストラドリング魚類資源及び高度回遊性魚類資源の長期的な保存及び持続可能な利用を確保することにある。

第3条（適用範囲） 1　この協定は、別段の定めがある場合を除くほか、国の管轄の下にある水域を越える水域におけるストラドリング魚類資源及び高度回遊性魚類資源の保存及び管理について適用する。ただし、第6条及び第7条の規定は、条約が定める異なる法制度であって、国の管轄の下にある水域に適用されるもの及び国の管轄の下にある水域を越える水域に適用されるものに従うことを条件として、国の管轄の下にある水域内のこれらの資源の保存及び管理についても適用する。
2　沿岸国は、国の管轄の下にある水域内においてストラドリング魚類資源及び高度回遊性魚類資源を探査し、及び開発し、保存し、並びに管理するための主権的権利を行使するに際し、第5条に掲げる一般原則を準用する。
3　いずれの国も、開発途上国が自国の管轄の下にある水域内において第5条から第7条までの規定を適用するための能力及びこの協定が規定する開発途上国に対する援助の必要性に妥当な考慮を払う。このため、第7部の規定は、国の管轄の下にある水域について準用する。

第4条（この協定と条約との関係） この協定のいかなる規定も、条約に基づく各国の権利、管轄権及び義務に影響を及ぼすものではない。この協定については、条約の範囲内で、かつ、条約と適合するように解釈し、及び適用する。

第2部　ストラドリング魚類資源及び高度回遊性魚類資源の保存及び管理

第5条（一般原則） 沿岸国及び公海において漁獲を行う国は、条約に従って協力する義務を履行するに当たり、ストラドリング魚類資源及び高度回遊性魚類資源を保存し、及び管理するために次のことを行う。

(a) ストラドリング魚類資源及び高度回遊性魚類資源の長期的な持続可能性を確保し、並びにこれらの資源の最適な利用という目的を促進するための措置をとること。
(b) (a)に規定する措置が、入手することのできる最良の科学的証拠に基づくこと並びに環境上及び経済上の関連要因(開発途上国の特別の要請を含む。)を勘案し、かつ、漁獲の態様、資源間の相互依存関係及び一般的に勧告される国際的な最低限度の基準(小地域的なもの、地域的なもの又は世界的なもののいずれであるかを問わない。)を考慮して、最大持続生産量を実現することのできる水準に資源量を維持し、又は回復できることを確保すること。
(c) 次条に従って予防的な取組方法を適用すること。
(d) 漁獲その他の人間の活動及び環境要因が、漁獲対象資源及び漁獲対象資源と同一の生態系に属する種又は漁獲対象資源に関連し、若しくは依存している種に及ぼす影響を評価すること。
(e) 漁獲対象資源と同一の生態系に属する種又は漁獲対象資源に関連し、若しくは依存している種の資源量をその再生産が著しく脅威にさらされることとならない水準に維持し、又は回復するために、必要な場合には、これらの種についての保存管理措置をとること。
(f) 選択性を有し、環境上安全で、かつ、費用対効果の大きい漁具及び漁法の開発及び使用を実行可能な範囲で含む措置をとることにより、汚染、浪費、投棄、紛失され又は遺棄された漁具による漁獲、非漁獲対象種(魚類であるか非魚類であるかを問わない。以下「非漁獲対象種」という。)の漁獲及び漁獲対象資源に関連し又は依存している種(特に絶滅のおそれがある種)への影響を最小限にすること。
(g) 海洋環境における生物の多様性を保全すること。
(h) 濫獲及び過剰な漁獲能力を防止し、又は排除するための措置並びに漁業資源の持続可能な利用に応じた漁獲努力量を超えない水準を確保するための措置をとること。
(i) 零細漁業者及び自給のための漁業者の利益を考慮に入れること。
(j) 漁獲活動に関する完全かつ正確なデータ(特に、附属書Ⅰに規定する漁船の位置、漁獲対象種及び非漁獲対象種の漁獲量並びに漁獲努力量に関するもの)及び国内的又は国際的な調査計画からの情報を適時に収集し、及び共有すること。
(k) 漁業における保存及び管理を支援するため、科学的調査を促進し、及び実施すること並びに適当な技術を開発すること。
(1) 実効的な監視、規制及び監督を通じて、保存管理措置を実施し、及びこれについて取締りを行うこと。

第6条(予防的な取組方法の適用) 1　いずれの国も、海洋生物資源の保護及び海洋環境の保全のために、予防的な取組方法をストラドリング魚類資源及び高度回遊性魚類資源の保存、管理及び開発について広く適用する。

2　いずれの国も、情報が不確実、不正確又は不十分である場合には、一層の注意を払うものとする。十分な科学的情報がないことをもって、保存管理措置をとることを延期する理由とし、又はとらないこととする理由としてはならない。

3　いずれの国も、予防的な取組方法を実施するに当たって、次のことを行う。
(a) 入手することのできる最良の科学的情報の入手及び共有により、並びに危険及び不確実性に対処するための改善された技術の実施により、漁業資源の保存及び管理のための意思決定を改善すること。
(b) 附属書Ⅱに規定する指針を適用すること並びに入手することのできる最良の科学的情報に基づいて、資源別の基準値及び漁獲量が当該基準値を超過した場合にとるべき措置を決定すること。
(c) 特に、資源の規模及び生産性に関連する不確実性、基準値、当該基準値に照らした資源の状態、漁獲量の水準及び分布、非漁獲対象種及び漁獲対象資源に関連し又は依存している種に漁獲活動が及ぼす影響並びに現在の又は予測される海洋、環境及び社会経済の状況を考慮に入れること。
(d) 非漁獲対象種及び漁獲対象資源に関連し又は依存している種並びにこれらの種の生息環境に漁獲が及ぼす影響を評価するためにデータの収集及び調査の計画を発展させること並びにこれらの種の保存を確保し、かつ、特別な懸念が生じている生息地を保護するために必要な計画を採用すること。

4　いずれの国も、漁獲量が基準値に接近している場合には、漁獲量が当該基準値を超過しないことを確保するための措置をとる。いずれの国も、漁獲量が当該基準値を超過した場合には、遅滞なく、資源を回復するために3(b)の規定に基づいて決定された措置をとる。

5 いずれの国も、漁獲対象資源、非漁獲対象種又は漁獲対象資源に関連し、若しくは依存している種の状態に懸念がある場合には、これらの資源又は種の状態及び保存管理措置の有効性を検討するために、これらの資源又は種の監視を強化する。いずれの国も、最新の情報に照らして当該保存管理措置を定期的に改定する。

6 いずれの国も、新規又は探査中の漁場については、できる限り速やかに注意深い保存管理措置（特に漁獲量の制限及び漁獲努力量の制限を含む。）をとる。当該保存管理措置は、資源の長期的な持続可能性に当該漁場が及ぼす影響についての評価を可能とするのに十分なデータが得られるまで効力を有するものとし、その影響についての評価が可能となった時点で、当該評価に基づく保存管理措置が実施される。当該評価に基づく保存管理措置については、適当な場合には、当該漁場の漸進的な開発を認めなければならない。

7 いずれの国も、自然現象がストラドリング魚類資源又は高度回遊性魚類資源の状態に著しい悪影響を及ぼす場合には、漁獲活動がそのような悪影響を増幅させないことを確保するために緊急の保存管理措置をとる。いずれの国も、漁獲活動がストラドリング魚類資源又は高度回遊性魚類資源の持続可能性に深刻な脅威となっている場合においても、緊急の保存管理措置をとる。緊急の保存管理措置は、一時的であり、かつ、入手することのできる最良の科学的証拠に基づかなければならない。

第7条（保存管理措置の一貫性） 1 国の管轄の下にある水域内において海洋生物資源を探査し、及び開発し、保存し、並びに管理するための沿岸国の主権的権利であって条約に規定するもの並びに条約に従って公海において自国民を漁獲に従事させるすべての国の権利を害することなく、

(a) ストラドリング魚類資源に関しては、関係する沿岸国及び当該沿岸国の管轄の下にある水域に接続する公海水域において自国民が当該資源を漁獲する国は、直接に又は第3部に規定する協力のための適当な仕組みを通じて、当該沿岸国の管轄の下にある水域に接続する公海水域における当該資源の保存のために必要な措置について合意するよう努める。

(b) 高度回遊性魚類資源に関しては、関係する沿岸国その他自国民がある地域において当該資源を漁獲する国は、国の管轄の下にある水域の内外を問わず、当該地域全体において当該資源の保存を確保し、かつ、その最適な利用という目的を促進するため、直接に又は第3部に規定する協力のための適当な仕組みを通じて協力する。

2 公海について定められる保存管理措置と国の管轄の下にある水域について定められる保存管理措置とは、ストラドリング魚類資源及び高度回遊性魚類資源全体の保存及び管理を確保するために一貫性のあるものでなければならない。このため、沿岸国及び公海において漁獲を行う国は、ストラドリング魚類資源及び高度回遊性魚類資源について一貫性のある措置を達成するために協力する義務を負う。いずれの国も、一貫性のある保存管理措置を決定するに当たって、次のことを行う。

(a) 沿岸国が自国の管轄の下にある水域において同一の資源に関し条約第61条の規定に従って定め、及び適用している保存管理措置を考慮すること並びに当該資源に関し公海について定められる措置が当該保存管理措置の実効性を損なわないことを確保すること。

(b) 関係する沿岸国及び公海において漁獲を行う国が同一の資源に関し条約に従って公海について定め、及び適用している措置であって従前に合意されたものを考慮すること。

(c) 小地域的又は地域的な漁業管理のための機関又は枠組みが同一の資源に関し条約に従って定め、及び適用している措置であって従前に合意されたものを考慮すること。

(d) ストラドリング魚類資源及び高度回遊性魚類資源の生物学的一体性その他の生物学的特性並びにこれらの資源の分布、漁場及び関係地域の地理的特殊性の間の関係（ストラドリング魚類資源及び高度回遊性魚類資源が国の管轄の下にある水域内において存在し、及び漁獲される程度を含む。）を考慮すること。

(e) 沿岸国及び公海において漁獲を行う国が関係の資源に依存している程度を考慮すること。

(f) ストラドリング魚類資源及び高度回遊性魚類資源についての一貫性のある保存管理措置が海洋生物資源全体に対して有害な影響を及ぼす結果とならないことを確保すること。

3 いずれの国も、協力する義務を履行するに当たり、合理的な期間内に一貫性のある保存管理措置に合意するために、あらゆる努力を払う。

4 いずれの関係国も、合理的な期間内に合意に達することができない場合には、第8部に規定する紛争解決手続をとることができる。

5 関係国は、一貫性のある保存管理措置について合意に達するまでの間、理解及び協力の精神に

より、実際的な性質を有する暫定的な枠組みを設けるためにあらゆる努力を払う。暫定的な枠組みに合意することができない場合には、いずれの関係国も、暫定的な措置を得るため、第8部に規定する紛争解決手続に従って裁判所に紛争を付託することができる。

6　5の規定に基づいて設けられた暫定的な枠組み又は決定された暫定的な措置は、この部の規定を考慮し、並びにすべての関係国の権利及び義務に妥当な考慮を払ったものでなければならず、また、一貫性のある保存管理措置に関する最終的な合意への到達を危うくし、又は妨げ、及びいかなる紛争解決手続の確定的な結果にも影響を及ぼすものであってはならない。

7　沿岸国は、小地域又は地域の公海において漁獲を行う国に対し、直接に又は適当な小地域的若しくは地域的な漁業管理のための機関若しくは枠組みその他適当な方法を通じて、当該沿岸国の管轄の下にある水域内のストラドリング魚類資源及び高度回遊性魚類資源に対してとった措置について定期的に通報する。

8　公海において漁獲を行う国は、関心を有する他の国に対し、直接に又は適当な小地域的若しくは地域的な漁業管理のための機関若しくは枠組みその他適当な方法を通じて、公海においてストラドリング魚類資源及び高度回遊性魚類資源を漁獲する自国を旗国とする漁船の活動を規制するためにとった措置について定期的に通報する。

第3部　ストラドリング魚類資源及び高度回遊性魚類資源に関する国際協力のための仕組み

第8条（保存及び管理のための協力）　1　沿岸国及び公海において漁獲を行う国は、ストラドリング魚類資源及び高度回遊性魚類資源の効果的な保存及び管理を確保するため、漁獲を行う小地域又は地域の特性を考慮しつつ、直接に又は適当な小地域的若しくは地域的な漁業管理のための機関若しくは枠組みを通じて、条約に従い、これらの資源に関して協力する。

2　いずれの国も、特に、関係するストラドリング魚類資源及び高度回遊性魚類資源が過度の開発の脅威にさらされているとの証拠が存在する場合又はこれらの資源について新規の漁場が開発されようとしている場合には、誠実に、かつ、遅滞なく協議する。このため、関心を有するいずれかの国の要請により、これらの資源の保存及び管理を確保するための適当な枠組みを設けるために協議を開始することができる。いずれの国も、そのような枠組みについて合意に達するまでの間、この協定の規定を遵守するものとし、また、他国の権利、利益及び義務に妥当な考慮を払いつつ、誠実に行動する。

3　小地域的又は地域的な漁業管理のための機関又は枠組みが特定のストラドリング魚類資源又は高度回遊性魚類資源についての保存管理措置を定める権限を有する場合には、公海においてこれらの資源を漁獲する国及び関係する沿岸国は、当該機関の加盟国若しくは当該枠組みの参加国となることにより、又は当該機関若しくは枠組みが定めた保存管理措置の適用に同意することにより、協力する義務を履行する。関係する漁業に現実の利害関係を有する国は、当該機関の加盟国又は当該枠組みの参加国となることができる。当該機関又は枠組みへの参加条件は、現実の利害関係を有する国が当該機関の加盟国又は当該枠組みの参加国となることを排除するものであってはならず、また、関係する漁業に現実の利害関係を有する国又は国の集団を差別するような方法により適用されてはならない。

4　小地域的若しくは地域的な漁業管理のための機関の加盟国若しくはそのような枠組みの参加国又は当該機関若しくは枠組みが定めた保存管理措置の適用に同意する国のみが、当該保存管理措置が適用される漁業資源を利用する機会を有する。

5　関係する沿岸国及び小地域又は地域の公海において特定のストラドリング魚類資源又は高度回遊性魚類資源を漁獲する国は、これらの資源の保存管理措置を定める小地域的又は地域的な漁業管理のための機関又は枠組みが存在しない場合には、これらの資源の保存及び管理を確保するため、そのような機関を設立し、又は他の適当な枠組みを設けるために協力し、及び当該機関又は枠組みの活動に参加する。

6　生物資源に関して権限を有する政府間機関が措置をとるべきであると提案しようとするいかなる国も、当該政府間機関のとる措置が権限のある小地域的又は地域的な漁業管理のための機関又は枠組みが既に定めた保存管理措置に著しい影響を及ぼす可能性がある場合には、当該機関又は枠組みを通じて、当該機関の加盟国又は当該枠組みの参加国と協議すべきである。そのような協議は、実行可能な限り、当該政府間機関への提案の提出に先立って行われるべきである。

第9条（小地域的又は地域的な漁業管理のための機関又は枠組み）　1　いずれの国も、ストラドリング魚

類資源及び高度回遊性魚類資源につき、小地域的若しくは地域的な漁業管理のための機関を設立し、又はそのような枠組みを設けるに当たって、特に次の事項について合意する。
　(a)　保存管理措置を適用する資源(当該資源の生物学的特性及び関連する漁業の性質を考慮に入れたもの)
　(b)　保存管理措置を適用する地域(第7条1の規定並びに社会経済上、地理上及び環境上の要因を含む小地域又は地域の特性を考慮に入れたもの)
　(c)　新たに設立される機関又は新たに設けられる枠組みの活動と、関係する既存の漁業管理のための機関又は枠組みの役割、目的及び業務との関係
　(d)　新たに設立される機関又は新たに設けられる枠組みが科学的な助言を入手し、かつ、当該資源の状態を検討するための仕組み(適当な場合には、科学諮問機関の設立を含む。)
2　小地域の若しくは地域的な漁業管理のための機関を設立すること又はそのような枠組みを設けることに協力する国は、当該機関又は枠組みの活動に現実の利害関係を有していると認める他の国に対し、そのような協力について通報する。

第10条(小地域的又は地域的な漁業管理のための機関又は枠組みの役割) いずれの国も、小地域的又は地域的な漁業管理のための機関又は枠組みを通じて協力する義務を履行するに当たって、次のことを行う。
　(a)　ストラドリング魚類資源及び高度回遊性魚類資源の長期的な持続可能性を確保するための保存管理措置について合意し、並びに当該保存管理措置を遵守すること。
　(b)　適当な場合には、漁獲可能量又は漁獲努力量の割当てその他当該機関又は枠組みの当事者としての権利について合意すること。
　(c)　漁獲操業の責任ある実施のために一般的に勧告された国際的な最低限度の基準を採用し、及び適用すること。
　(d)　科学的な助言を入手し、及び評価すること、ストラドリング魚類資源及び高度回遊性魚類資源の状態を検討すること並びに非漁獲対象種及び漁獲対象資源に関連し、又は依存している種に漁獲が及ぼす影響を評価すること。
　(e)　ストラドリング魚類資源及び高度回遊性魚類資源を対象とする漁業に関するデータの収集、報告、検証及び交換のための基準について合意すること。
　(f)　適当な場合には秘密を保持しつつ、最良の科学的証拠の入手を確保するため、附属書Ⅰの規定に従って、正確かつ完全な統計的データを編集し、及び普及させること。
　(g)　ストラドリング魚類資源及び高度回遊性魚類資源の科学的評価及び関連する調査を促進し、及び実施し、並びにこれらの結果を普及させること。
　(h)　効果的な監視、規制、監督及び取締りのための適当な協力の仕組みを設けること。
　(i)　小地域的若しくは地域的な漁業管理のための機関の新たな加盟国又はそのような枠組みの新たな参加国の漁業上の利益に配慮するための方法について合意すること。
　(j)　適時に、かつ、効果的に保存管理措置をとることを容易にする意思決定手続について合意すること。
　(k)　第8部の規定に従い紛争の平和的解決を促進すること。
　(l)　小地域的又は地域的な漁業管理のための機関又は枠組みの勧告及び決定の実施に当たって自国の関連する当局及び産業界の十分な協力を確保すること。
　(m)　小地域的又は地域的な漁業管理のための機関又は枠組みが定めた保存管理措置を適当な方法で公表すること。

第11条(新たな加盟国又は新たな参加国) いずれの国も、小地域的若しくは地域的な漁業管理のための機関の新たな加盟国又はそのような枠組みの新たな参加国としての権利の性質及び範囲を決定するに当たって、特に次の事項を考慮する。
　(a)　漁場におけるストラドリング魚類資源及び高度回遊性魚類資源の状態及び現在の漁獲努力量
　(b)　新たな及び既存の加盟国又は参加国のそれぞれの利益、漁獲の態様及び漁業の慣行
　(c)　新たな及び既存の加盟国又は参加国の資源の保存及び管理、正確なデータの収集及び提供並びに資源に関する科学的調査の実施に対するそれぞれの貢献
　(d)　資源の漁獲に主として依存している沿岸漁業を営む地域の必要性
　(e)　自国の経済が海洋生物資源の開発に依存する度合が極めて高い沿岸国の必要性
　(f)　自国の管轄の下にある水域に資源の存在する開発途上国が当該小地域又は地域から得られる利益

第12条(小地域的又は地域的な漁業管理のための機関又は枠組みの活動における透明性) 1　いずれの国も、小地域的又は地域的な漁業管理のための機

関又は枠組みの意思決定その他の活動において透明性を確保する。

2　ストラドリング魚類資源及び高度回遊性魚類資源に関心を有する他の政府間機関及び非政府機関の代表は、オブザーバーその他の適当な資格で、小地域的又は地域的な漁業管理のための機関又は枠組みの手続に従って、当該機関又は枠組の会合に参加する機会を与えられる。当該手続は、そのような会合への参加に関して不当に制限的であってはならない。当該政府間機関及び非政府機関は、小地域的又は地域的な漁業管理のための機関又は枠組みの記録及び報告の入手に関する手続規則に従って、当該機関又は枠組みの記録及び報告を適時に入手することができる。

第13条（既存の機関又は枠組みの強化）いずれの国も、既存の小地域的又は地域的な漁業管理のための機関又は枠組みがストラドリング魚類資源及び高度回遊性魚類資源の保存管理措置を定め、及び実施するに当たってその実効性を高めるために、当該機関又は枠組みを強化することに協力する。

第14条（情報の収集及び提供並びに科学的調査における協力）1　いずれの国も、この協定に基づく自国の義務を履行するため、自国を旗国とする漁船が必要な情報を提供することを確保する。このため、いずれの国も、附属書Ⅰの規定に従って次のことを行う。
　(a)　ストラドリング魚類資源及び高度回遊性魚類資源を対象とする漁業に関する科学的、技術的及び統計的なデータを収集し、及び交換すること。
　(b)　効果的な資源評価を促進するために十分に詳細なデータが収集され、かつ、小地域的又は地域的な漁業管理のための機関又は枠組みの要請を満たすためにデータが適時に提供されることを確保すること。
　(c)　当該データの正確性を検証するための適当な措置をとること。
2　いずれの国も、直接に又は小地域的若しくは地域的な漁業管理のための機関若しくは枠組みを通じ、協力して次のことを行う。
　(a)　ストラドリング魚類資源及び高度回遊性魚類資源の性質並びにこれらの資源を対象とする漁業の性質を考慮し、小地域的又は地域的な漁業管理のための機関又は枠組みに対して提供するデータの明細及びその様式について合意すること。
　(b)　ストラドリング魚類資源及び高度回遊性魚

類資源の保存及び管理のための措置を改善するための分析技術及び資源の評価方法を開発し、及び共有すること。

3　いずれの国も、条約第13部の規定に従い、すべての者の利益に資するよう、漁業分野における科学的調査の能力を強化し、並びにストラドリング魚類資源及び高度回遊性魚類資源の保存及び管理に関連する科学的調査を促進するために、直接に又は権限のある国際機関を通じて協力する。このため、国の管轄の下にある水域を越える水域において当該調査を実施する国又は権限のある国際機関は、当該調査の結果並びにその目的及び方法に関する情報の公表及び関心を有する国への頒布を積極的に促進するものとし、また、実行可能な範囲で、関心を有する国の科学者が当該調査に参加することを促進する。

第15条（閉鎖海又は半閉鎖海）いずれの国も、閉鎖海又は半閉鎖海においてこの協定の規定を実施するに当たり、これらの海の自然の特徴を考慮し、並びに条約第9部及び条約の他の関連規定に適合するように行動する。

第16条（1の国の管轄の下にある水域によって完全に囲まれている公海水域）1　一の国の管轄の下にある水域によって完全に囲まれている公海水域においてストラドリング魚類資源及び高度回遊性魚類資源の漁獲を行う国並びに当該1の国は、当該公海水域における当該資源についての保存管理措置を定めるために協力する。いずれの国も、当該公海水域の自然の特徴に配慮して、第7条の規定に従って当該資源について一貫性のある保存管理措置を定めることに特別な注意を払う。当該公海水域についてとられる保存管理措置は、条約に基づく沿岸国の権利、義務及び利益を考慮に入れ、入手することのできる最良の科学的証拠に基づくものとし、並びに当該沿岸国が自国の管轄の下にある水域において同一の資源に関し条約第61条の規定に従って定め、及び適用している保存管理措置を考慮に入れる。いずれの国も、当該公海水域における当該保存管理措置の遵守を確保するために、監視、規制、監督及び取締りのための措置に合意する。

2　いずれの国も、第8条の規定に従い、誠実に行動し、及び1に定める水域における漁獲操業の実施に当たって適用される保存管理措置について遅滞なく合意するためにあらゆる努力を払う。関係する漁業国及び沿岸国は、そのような保存管理措置について合理的な期間内に合意することができない場合には、1の規定を考慮しつつ、暫定的な枠組み又は暫定的な措置に関する第7条4

から6までの規定を適用する。そのような暫定的な枠組み又は暫定的な措置が定められるまでの間、関係する漁業国は、自国を旗国とする漁船が関係する資源を損なうような漁業に従事しないよう、当該漁船について措置をとる。

第4部　非加盟国又は非参加国

第17条（機関の非加盟国又は枠組みの非参加国） 1　小地域的若しくは地域的な漁業管理のための機関の非加盟国又はそのような枠組みの非参加国であって、当該機関又は枠組みが定めた保存管理措置を適用することに別段の合意をしないものは、関係するストラドリング魚類資源及び高度回遊性魚類資源の保存及び管理に関し条約及びこの協定に従って協力する義務を免除されない。

2　1に規定する国は、自国を旗国とする漁船に対し、1に規定する機関又は枠組みが定めた保存管理措置の対象であるストラドリング魚類資源及び高度回遊性魚類資源の漁獲操業に従事することを許可してはならない。

3　小地域的若しくは地域的な漁業管理のための機関の加盟国又はそのような枠組みの参加国は、当該機関又は枠組みが定めた保存管理措置を関係する水域における漁獲活動にできる限り広範に事実上適用するため、第1条3に定める漁業主体であって当該関係する水域において操業する漁船を有するものに対し、当該保存管理措置の実施について当該機関又は枠組みに十分協力するよう個別に又は共同して要請する。当該漁業主体は、ストラドリング魚類資源及び高度回遊性魚類資源についての保存管理措置の遵守についての約束に応じて、漁場への参加による利益を享受する。

4　小地域的若しくは地域的な漁業管理のための機関の加盟国又はそのような枠組みの参加国は、当該機関の非加盟国又は当該枠組みの非参加国であって関係する資源の漁獲操業を行っているものを旗国とする漁船の活動に関する情報を交換する。いずれの国も、そのような漁船が小地域的又は地域的な保存管理措置の実効性を損なう活動を行うことを抑止するために、この協定及び国際法に適合する措置をとる。

第5部　旗国の義務

第18条（旗国の義務） 1　自国の漁船が公海において漁獲を行う国は、自国を旗国とする漁船が小地域的又は地域的な保存管理措置を遵守すること及び当該保存管理措置の実効性を損なう活動に従事しないことを確保するために必要な措置をとる。

2　いずれの国も、条約及びこの協定に基づく自国を旗国とする漁船に関する責任を効果的に果たすことができる場合に限り、当該漁船を公海における漁獲のために使用することを許可する。

3　いずれの国も、自国を旗国とする漁船に関して、次の事項を含む措置をとる。
 (a)　小地域的、地域的又は世界的に合意される関係手続に従い、漁獲の免許、許可又は承認によって公海上の自国を旗国とする漁船を管理すること。
 (b)　次の事項を内容とする規則を定めること。
  (i)　旗国がその小地域的、地域的又は世界的な義務を履行するのに十分な条件を免許、許可又は承認に付すること。
  (ii)　漁獲のための免許若しくは許可を正当に与えられていない漁船又は免許、許可若しくは承認についての条件に従わない漁船が公海において漁獲を行うことを禁止すること。
  (iii)　公海において漁獲を行う漁船に対し、常時船舶内に免許証、許可証又は承認証を備え置くこと及び正当な権限を与えられた者による検査の際に要請に応じてこれを提示することを義務付けること。
  (iv)　自国を旗国とする漁船が他国の管轄の下にある水域において許可なく漁獲を行わないことを確保すること。
 (c)　公海において漁獲を行う許可を与えた漁船に関する自国の記録を作成すること及び直接の利害関係を有する国が要請する場合には当該記録に含まれる情報を提供すること（ただし、そのような情報の開示に関する旗国の国内法を考慮する。）。
 (d)　統一的であり、かつ、国際的に識別することのできる漁船及び漁具の標識制度（例えば、漁船の標識及び識別に関する国際連合食糧農業機関の標準仕様）に従った漁船及び漁具の識別のための標識を付することを義務付けること。
 (e)　データの収集に関する小地域的、地域的又は世界的な基準に従い、漁船の位置、漁獲対象種及び非漁獲対象種の漁獲量、漁獲努力量その他の漁業に関するデータを記録し、及び適時に報告することを義務付けること。
 (f)　オブザーバー計画、検査制度、陸揚げの報告、転載の監督並びに陸揚げされた漁獲物及び市場統計の監視等の方法によって漁獲対象種及び非漁獲対象種の漁獲量を確認すること

を義務付けること。
(g) 特に次の方法により、自国を旗国とする漁船、その漁獲操業及び関連する活動を監視し、規制し、及び監督すること。
(i) 自国の検査制度の実施並びに第21条及び第22条の規定に従った小地域又は地域における取締りのための協力制度の実施(他国の正当に権限を与えられた検査官による乗船及び検査を認めることを自国を旗国とする漁船に義務付けることを含む。)
(ii) 自国のオブザーバー計画の実施及び自国が参加している小地域的又は地域的なオブザーバー計画の実施(当該小地域的又は地域的なオブザーバー計画の下で合意された任務を遂行するための他国のオブザーバーの乗船等を認めることを自国を旗国とする漁船に義務付けることを含む。)
(iii) 自国の計画及び関係国間で小地域的、地域的又は世界的に合意した計画に基づく船舶監視システム(適当な場合には、衛星送信システムを含む。)の開発及び実施
(h) 保存管理措置の実効性が損なわれないことを確保するために公海における転載を規制すること。
(i) 小地域的、地域的又は世界的な保存管理措置の遵守を確保するために漁獲活動を規制(非漁獲対象種の漁獲量を最小とすることを目的とした規制を含む。)すること。
4 小地域的、地域的又は世界的に合意された監視、規制及び監督の制度が実施されている場合には、いずれの国も、自国を旗国とする漁船に対してとる措置が当該制度に適合するものであることを確保する。

第6部 遵守及び取締り

第19条(旗国による遵守及び取締り) 1 いずれの国も、自国を旗国とする漁船がストラドリング魚類資源及び高度回遊性魚類資源についての小地域的又は地域的な保存管理措置を遵守することを確保する。このため、当該国は、次のことを行う。
(a) 当該保存管理措置に対する違反を取り締まること(違反が生ずる場所のいかんを問わない。)。
(b) 小地域的又は地域的な保存管理措置に対するいかなる違反の容疑についても、直ちに、かつ、十分に調査(関係する漁船に対する物理的な検査を含む。)を行い、違反を申し立てる国及び関係する小地域的又は地域的な機関又は枠組みに対して当該調査の進展及び結果を速やかに報告すること。
(c) 自国を旗国とするいかなる漁船に対しても、違反を申し立てられた水域における漁船の位置、漁獲量、漁具、漁獲操業及び関連する活動に関する情報を調査当局に提出するよう義務付けること。
(d) 違反の容疑につき十分な証拠が存在すると認める場合には、手続を開始するため自国の法律に従って遅滞なく自国の当局に事件を付託し、及び適当な場合には関係する漁船を抑留すること。
(e) 自国を旗国とする漁船が当該保存管理措置に対する重大な違反を行ったことが自国の法律によって確定した場合には、その漁船が当該違反について自国によって課されたすべての制裁に従うまでの間、公海における漁獲操業に従事しないことを確保すること。
2 すべての調査及び司法上の手続は、速やかに実施されるものとする。違反について適用される制裁は、遵守を確保する上で効果的であるため、及び場所のいかんを問わず違反を防止するため十分に厳格なものとし、また、違反を犯した者から違法な活動によって生ずる利益を没収するものとする。漁船の船長その他の上級乗組員について適用される措置は、特に船長又は上級乗組員として漁船で勤務するための承認の拒否、取消し又は停止を可能とする規定を含むものとする。

第20条(取締りのための国際協力) 1 いずれの国も、ストラドリング魚類資源及び高度回遊性魚類資源についての小地域的又は地域的な保存管理措置の遵守及びその違反に対する取締りを確保するために、直接に又は小地域的若しくは地域的な漁業管理のための機関若しくは枠組みを通じて協力する。
2 ストラドリング魚類資源又は高度回遊性魚類資源についての保存管理措置に対する違反の容疑につき調査を行っている旗国は、当該調査の実施のために他の国の協力が有益であると考える場合には、当該他の国の支援を要請することができる。すべての国は、当該調査に関連した旗国の合理的な要請に応ずるよう努力する。
3 旗国は、直接に、関心を有する他の国と協力して又は関係する小地域的若しくは地域的な漁業管理のための機関若しくは枠組みを通じて、そのような調査を実施することができる。当該調査の進展及び結果に関する情報については、ストラドリング魚類資源及び高度回遊性魚類資源

についての保存管理措置に対する違反の容疑に利害関係を有するすべての国又は当該違反の容疑によって影響を受けるすべての国に提供する。
4 いずれの国も、小地域的、地域的又は世界的な保存管理措置の実効性を損なう活動に従事したと報告された漁船を特定するために相互に支援する。
5 いずれの国も、自国の国内法令によって認められた範囲内で、ストラドリング魚類資源及び高度回遊性魚類資源についての保存管理措置に対する違反の容疑に関連する証拠を他の国の検察当局に提供するための措置を定める。
6 公海上の漁船が沿岸国の管轄の下にある水域において許可なく漁獲を行ったと信ずるに足りる合理的な根拠がある場合には、当該漁船の旗国は、関係する沿岸国の要請により、直ちに、かつ、十分にこの事案を調査する。この場合において、旗国は、適当な取締りを行うことについて当該沿岸国と協力するものとし、また、当該沿岸国の関係当局に対し、公海上の当該漁船に乗船し、及びこれを検査することを認めることができる。この6の規定は、条約第111条の規定の適用を妨げるものではない。
7 小地域的若しくは地域的な漁業管理のための機関の加盟国又はそのような枠組みの参加国である締約国は、当該機関又は枠組みが定めた保存管理措置の実効性を損なう活動その他当該保存管理措置に違反する活動に従事した漁船が当該小地域又は地域の公海において漁獲を行うことを抑止するため、旗国が適当な措置をとるまでの間、国際法に基づいた措置(この目的のために定められた小地域又は地域の手続の利用を含む。)をとることができる。

第21条(取締りのための小地域的又は地域的な協力)

1 小地域的又は地域的な漁業管理のための機関又は枠組みの対象水域である公海において、当該機関の加盟国又は当該枠組みの参加国である締約国は、当該機関又は枠組みが定めたストラドリング魚類資源及び高度回遊性魚類資源についての保存管理措置の遵守を確保するため、2の規定に従い、正当に権限を与えた自国の検査官により、この協定の他の締約国(当該機関の加盟国又は当該枠組みの参加国であるか否かを問わない。)を旗国とする漁船に乗船し、及びこれを検査することができる。
2 いずれの国も、小地域的又は地域的な漁業管理のための機関又は枠組みを通じ、1の規定に基づく乗船及び検査の手続並びにこの条の他の規定を実施するための手続を定める。この手続は、この条の規定及び次条に規定する基本的な手続に適合するものとし、また、当該機関の非加盟国又は当該枠組みの非参加国を差別するものであってはならない。乗船及び検査並びにその後の取締りは、そのような手続に従って行われる。いずれの国も、この2の規定に従って定められた手続を適当に公表する。
3 この協定の採択後2年以内に、小地域的又は地域的な漁業管理のための機関又は枠組みが2に定める手続を定めない場合には、当該手続が定められるまでの間、1の規定に基づく乗船及び検査並びにその後の取締りは、この条の規定及び次条に規定する基本的な手続に従って実施されるものとする。
4 検査国は、この条の規定に基づく措置をとるに先立ち、小地域又は地域の公海においてその漁船が漁獲を行っているすべての国に対し、直接に又は関係する小地域的若しくは地域的な漁業管理のための機関若しくは枠組みを通じ、正当に権限を与えた自国の検査官に発行した身分証明書の様式を通報する。乗船及び検査に用いられる船舶は、政府の公務に使用されていることが明らかに表示されており、かつ、識別されることができるものとする。いずれの国も、この協定の締結の際に、この条の規定に基づく通報を受領する適当な当局を指定するものとし、そのように指定した当局を関係する小地域的又は地域的な漁業管理のための機関又は枠組みを通じて適当に公表する。
5 乗船及び検査の結果、漁船が1に規定する保存管理措置に違反する活動に従事したと信ずるに足りる明白な根拠がある場合には、検査国は、適当なときは、証拠を確保し、及び旗国に対し違反の容疑を速やかに通報する。
6 旗国は、5に規定する通報に対し、その受領から3作業日以内又は2の規定に従って定められた手続に定める期間内に回答するものとし、次のいずれかのことを行う。
   (a) 5に規定する漁船について調査し、及び証拠により正当化される場合には取締りを行うことにより第19条に基づく義務を遅滞なく履行すること。この場合において、旗国は、調査の結果及び行った取締りについて検査国に速やかに通報する。
   (b) 検査国が調査することを許可すること。
7 旗国が検査国に対して違反の容疑を調査することを許可する場合には、当該検査国は、当該旗国に対し調査結果を遅滞なく通報する。旗国は、証拠により正当化される場合には、5に規定する

漁船について取締りを行うことにより義務を履行する。これに代えて、旗国は、検査国に対し、当該漁船に関して旗国が明示する取締りであってこの協定に基づく旗国の権利及び義務に反しないものをとることを許可することができる。

8　乗船及び検査の結果、漁船が重大な違反を行っていたと信ずるに足りる明白な根拠がある場合において、旗国が6又は7の規定に基づいて必要とされる回答を行わなかったとき、又は措置をとらなかったときは、検査官は、乗船を継続し、及び証拠を確保することができるものとし、また、船長に対し、更なる調査（適当な場合には、当該漁船を最も近い適当な港又は2の規定に従って定められた手続に定める港に遅滞なく移動させて行う調査を含む。）に協力することを要請することができる。検査国は、当該漁船が向かう港の名称を直ちに旗国に通報する。検査国、旗国及び適当な場合には寄港国は、乗組員の国籍のいかんを問わず、乗組員に対する良好な取扱いを確保するために必要なすべての措置をとる。

9　検査国は、旗国及び関係する機関又は関係する枠組みのすべての参加国に対し更なる調査の結果を通報する。

10　検査国は、自国の検査官に対し、船舶及び船員の安全に関する一般的に認められた国際的な規則、手続及び慣行を遵守すること、漁獲操業の妨げとなることを最小限にすること並びに船上の漁獲物の品質に悪影響を与えるような行動を実行可能な範囲で避けることを義務付ける。検査国は、乗船及び検査が漁船に対する不当な妨げとなるような方法で実施されないことを確保する。

11　この条の規定の適用上、「重大な違反」とは、次のいずれかのことをいう。
　(a)　旗国が第18条3 (a) の規定に従って与える有効な免許、許可又は承認を得ることなく漁獲を行うこと。
　(b)　関係する小地域的若しくは地域的な漁業管理のための機関若しくは枠組みによって義務付けられた漁獲量の正確な記録及び漁獲量に関連するデータを保持しないこと又は当該機関若しくは枠組みによって義務付けられた漁獲量報告に関して重大な誤りのある報告を行うこと。
　(c)　禁漁区域において漁獲を行うこと、禁漁期において漁獲を行うこと及び関係する小地域的又は地域的な漁業管理のための機関又は枠組みが定めた漁獲割当てを有せずに又は当該漁獲割当ての達成後に漁獲を行うこと。
　(d)　漁獲が一時的に停止されている資源又は漁獲が禁止されている資源を対象とする漁獲を行うこと。
　(e)　禁止されている漁具を使用すること。
　(f)　漁船の標識、識別又は登録を偽造し、又は隠ぺいすること。
　(g)　調査に関連する証拠を隠ぺいし、改ざんし、又は処分すること。
　(h)　全体として保存管理措置の重大な軽視となるような複数の違反を行うこと。
　(i)　関係する小地域的又は地域的な漁業管理のための機関又は枠組みが定めた手続において重大な違反と明記するその他の違反を行うこと。

12　この条の他の規定にかかわらず、旗国は、いつでも、違反の容疑に関し、第19条の規定に基づく義務を履行するための措置をとることができる。漁船が検査国の指示の下にある場合には、当該検査国は、旗国の要請により、自国が行った調査の進展及び結果に関する十分な情報と共に当該漁船を旗国に引き渡す。

13　この条の規定は、自国の法律に従って措置（制裁を課す手続を含む。）をとる旗国の権利を妨げるものではない。

14　この条の規定は、小地域的若しくは地域的な漁業管理のための機関の加盟国又はそのような枠組みの参加国である締約国が、この協定の他の締約国を旗国とする漁船が当該機関又は枠組みの対象水域である公海において1に規定する関係する保存管理措置に違反する活動に従事したと信ずるに足りる明白な根拠を有している場合において、当該漁船がその後、同一の漁獲のための航行中に、検査国の管轄の下にある水域に入ったときは、当該機関の加盟国又は当該枠組みの参加国である締約国が行う乗船及び検査について準用する。

15　小地域的又は地域的な漁業管理のための機関又は枠組みが、この協定に基づく当該機関の加盟国又は当該枠組みの参加国の義務であって当該機関又は枠組みの定めた保存管理措置の遵守の確保に係るものの効果的な履行を可能とするような代替的な仕組みを定めた場合には、当該機関の加盟国又は当該枠組みの参加国は、関係する公海水域について定められた保存管理措置に関し、これらの国々の間において1の規定の適用を制限することについて合意することができる。

16　旗国以外の国が小地域的又は地域的な保存管理措置に違反する活動に従事した漁船に対して

とる措置は、違反の重大さと均衡がとれたものとする。
17 公海上の漁船が国籍を有していないことを疑うに足りる合理的な根拠がある場合には、いずれの国も、当該漁船に乗船し、及びこれを検査することができる。証拠が十分である場合には、当該国は、国際法に従って適当な措置をとることができる。
18 いずれの国も、この条の規定によりとった措置が違法であった場合又は入手可能な情報に照らしてこの条の規定を実施するために合理的に必要とされる限度を超えた場合には、当該措置に起因する損害又は損失であって自国の責めに帰すべきものについて責任を負う。

第22条(前条による乗船及び検査のための基本的な手続) 1 検査国は、正当に権限を与えた自国の検査官が次のことを行うことを確保する。
　(a) 船長に身分証明書を提示し、及び関係する保存管理措置又は問題となっている公海水域において有効な規則であって当該保存管理措置に基づくものの写しを提示すること。
　(b) 乗船及び検査を行う時点において旗国への通報を開始すること。
　(c) 乗船及び検査を行っている間、船長が旗国の当局と連絡を取ることを妨げないこと。
　(d) 船長及び旗国の当局に乗船及び検査についての報告書(船長が希望する場合には、異議又は陳述を含める。)の写しを提供すること。
　(e) 重大な違反の証拠が見つからない場合には、検査が終了した後、漁船から速やかに下船すること。
　(f) 実力の行使を避けること。ただし、検査官がその任務の遂行を妨害される場合において、その安全を確保するために必要なときは、この限りでない。この場合において、実力の行使は、検査官の安全を確保するために及び状況により合理的に必要とされる限度を超えてはならない。
2 検査国が正当に権限を与えた検査官は、漁船、その免許、漁具、装置、記録、設備、漁獲物及びその製品並びに関係する保存管理措置の遵守を確認するために必要な関係書類を検査する権限を有する。
3 旗国は、船長が次のことを行うことを確保する。
　(a) 検査官の迅速かつ安全な乗船を受け入れ、及び容易にすること。
　(b) この条及び前条に規定する手続に従って実施される漁船に対する検査に協力し、及び支援すること。
　(c) 検査官の任務の遂行に当たり、検査官に対し妨害、威嚇又は干渉を行わないこと。
　(d) 乗船及び検査が行われている間、検査官が旗国の当局及び検査国の当局と連絡を取ることを認めること。
　(e) 適当な場合には、食料及び宿泊施設を含む合理的な便益を検査官に提供すること。
　(f) 検査官の安全な下船を容易にすること。
4 旗国は、船長がこの条及び前条の規定に基づく乗船及び検査の受入れを拒否する場合(海上における安全に関する一般的に認められた国際的な規則、手続及び慣行に従って乗船及び検査を遅らせる必要がある場合を除く。)には、当該船長に対し直ちに乗船及び検査を受け入れるよう指示する。当該船長が旗国のそのような指示にも従わない場合には、当該旗国は、当該漁船の漁獲のための許可を停止し、及び当該漁船に対して直ちに帰港するよう命ずる。当該旗国は、この4に規定する事態が発生した場合には、とった措置を検査国に通報する。

第23条(寄港国がとる措置) 1 寄港国は、国際法に従って、小地域的、地域的又は世界的な保存管理措置の実効性を促進するための措置をとる権利及び義務を有する。寄港国は、当該措置をとる場合には、いずれの国の漁船に対しても法律上又は事実上の差別を行ってはならない。
2 寄港国は、漁船が自国の港又は沖合の係留施設に任意にとどまる場合には、特に、当該漁船上の書類、漁具及び漁獲物を検査することができる。
3 いずれの国も、漁獲物が公海における小地域的、地域的又は世界的な保存管理措置の実効性を損なう方法で漁獲されたと認める場合には、陸揚げ及び転載を禁止する権限を自国の関係当局に与えるための規則を定めることができる。
4 この条のいかなる規定も、国が国際法に従い自国の領域内の港において主権を行使することに影響を及ぼすものではない。

第7部　開発途上国の要請

第24条(開発途上国の特別な要請の認識) 1 いずれの国も、ストラドリング魚類資源及び高度回遊性魚類資源の保存及び管理並びにこれらの資源についての漁場の開発に関する開発途上国の特別な要請を十分に認識する。このため、各国は、直接に又は国際連合開発計画、国際連合食糧農業機関その他の専門機関、地球環境基金、持続可能な開発のための委員会及び他の適当な国際的若しくは地域的な機関若しくは団体を通じて、開発途上国に援助を提供する。

2 いずれの国も、ストラドリング魚類資源及び高度回遊性魚類資源についての保存管理措置を定めることに協力する義務を履行するに当たり、特に次の事項に関する開発途上国の特別の要請を考慮する。
  (a) 海洋生物資源の利用(自国民の全部又は1部の栄養上の要請を満たすためのものを含む。)に依存する開発途上国のぜい弱性
  (b) 開発途上国(特に開発途上にある島嶼(しょ)国)において、自給のための漁業者、小規模漁業者、零細漁業者、女性の漁業労働者及び原住民に対する悪影響を回避し、並びにこれらの者の漁場の利用を確保する必要性
  (c) 当該保存管理措置により保存活動に関する不均衡な負担が直接又は間接に開発途上国に転嫁されないことを確保する必要性

第25条(開発途上国との協力の形態) 1 いずれの国も、直接に又は小地域的、地域的若しくは世界的な機関を通じて、協力して次のことを行う。
  (a) ストラドリング魚類資源及び高度回遊性魚類資源の保存及び管理並びにこれらの資源に関する漁場の開発のための開発途上国(特に、後発開発途上国及び開発途上にある島嶼(しょ)国)の能力を高めること。
  (b) 第5条及び第11条の規定に従うことを条件に、開発途上国(特に、後発開発途上国及び開発途上にある島嶼(しょ)国)がこれらの魚類資源を対象とした公海漁業に参加することができるように、開発途上国を援助すること(公海漁業への参加を容易にすることを含む。)。
  (c) 小地域的又は地域的な漁業管理のための機関又は枠組みへの開発途上国の参加を促進すること。
2 この条に定める目的のための開発途上国との協力には、財政的援助、人的資源の開発に関する援助、技術援助、技術移転(合弁事業の取極によるものを含む。)並びに顧問サービス及び諮問サービスの提供を含む。
3 2に規定する援助は、特に次の事項を対象とする。
  (a) 漁場のデータ及び関連する情報の収集、報告、検証、交換及び分析を通じたストラドリング魚類資源及び高度回遊性魚類資源の保存及び管理の改善
  (b) 資源評価及び科学的調査
  (c) 監視、規制、監督、遵守及び取締り(地方の段階における訓練及び能力の開発を含む。)、国の及び地域的なオブザーバー計画の開発並びにこれらの計画に対する資金供与並びに技術取得の機会及び設備の利用

第26条(この協定の実施のための特別の援助) 1 いずれの国も、開発途上国がこの協定を実施するための援助(開発途上国が当事者となる紛争解決手続に関係する費用に充てるための援助を含む。)に関する特別基金の設立に協力する。
2 いずれの国及び国際機関も、ストラドリング魚類資源及び高度回遊性魚類資源の保存及び管理に関し、開発途上国が新たに小地域的若しくは地域的な漁業管理のための機関を設立し若しくはそのような枠組みを設けること又は既存の機関若しくは枠組みを強化することを支援すべきである。

第8部　紛争の平和的解決

第27条(平和的手段によって紛争を解決する義務) いずれの国も、交渉、審査、仲介、調停、仲裁、司法的解決、地域的機関又は地域的取極の利用その他当事者が選択する平和的手段によって紛争を解決する義務を負う。

第28条(紛争の防止) いずれの国も、紛争を防止するために協力する。このため、いずれの国も、小地域的又は地域的な漁業管理のための機関又は枠組みにおける効率的かつ迅速な意思決定手続について合意するとともに、必要に応じて既存の意思決定手続を強化する。

第29条(技術的な性質を有する紛争) 紛争が技術的な性質を有する事項に関係する場合には、関係国は、関係国間で設置する特別の専門家委員会に当該紛争を付託することができる。当該専門家委員会は、関係国と協議し、及び紛争解決のための拘束力のある手続によることなく問題を速やかに解決するよう努める。

第30条(紛争解決手続) 1 条約第15部に定める紛争の解決に関する規定は、この協定の解釈又は適用に関するこの協定の締約国(条約の締約国であるか否かを問わない。)間の紛争について準用する。
2 条約第15部に定める紛争の解決に関する規定は、この協定の締約国(条約の締約国であるか否かを問わない。)間の紛争であって、当該締約国が共に締結しているストラドリング魚類資源又は高度回遊性魚類資源に関する小地域的、地域的又は世界的な漁業協定の解釈又は適用に関するもの(これらの資源の保存及び管理に関するものを含む。)について準用する。
3 この協定の締約国であり、かつ、条約の締約国である国が条約第287条の規定に従って受け入れた手続は、この部に定める紛争の解決について適用する。ただし、そのような国が、この協定

に署名し、これを批准し、若しくはこれに加入する時に又はその後いつでも、この部に定める紛争の解決のために同条の規定に従って同条に定める他の手続を受け入れた場合は、この限りでない。

4　この協定の締約国であるが条約の締約国でない国は、この協定に署名し、これを批准し、若しくはこれに加入する時に又はその後いつでも、書面による宣言を行うことにより、この部に定める紛争の解決のために条約第287条1に規定する手段のうち一又は二以上の手段を自由に選択することができる。同条の規定は、この協定の締約国であるが条約の締約国でない国がこのような宣言を行う場合及び当該国が効力を有する宣言の対象とならない紛争の当事者である場合についても適用する。条約の附属書Ⅴ、附属書Ⅶ及び附属書Ⅷに従って調停及び仲裁を行うに当たって、当該国は、この部に定める紛争の解決のため、条約の附属書Ⅴ第2条、附属書Ⅶ第2条及び附属書Ⅷ第2条に定める名簿に含まれる調停人、仲裁人及び専門家を指名することができる。

5　この部の規定に従って紛争が付託された裁判所は、関係するストラドリング魚類資源及び高度回遊性魚類資源の保存を確保するため、条約、この協定及び関係する小地域的、地域的又は世界的な漁業協定の関連規定、一般に認められた海洋生物資源の保存及び管理のための基準並びに条約に反しない国際法の他の規則を適用する。

第31条（暫定的な措置）1　紛争がこの部の規定に従って解決されるまでの間、紛争当事者は、実際的な性質を有する暫定的な枠組みを設けるためにあらゆる努力を払う。

2　条約第290条の規定にかかわらず、この部の規定に従って紛争が付託された裁判所は、第7条5及び第16条2に定める状況において並びに紛争当事者のそれぞれの権利を保全し、又は問題となっている資源への損害を防止するため、状況に応じて適当と認める暫定的な措置を定めることができる。

3　条約第290条5の規定にかかわらず、この協定の締約国であるが条約の締約国でない国は、国際海洋法裁判所が自国の同意なく暫定的な措置を定め、修正し、又は取り消す権限を有しないことを宣言することができる。

第32条（紛争解決手続の適用の制限）条約第297条3の規定は、この協定について適用する。

第9部　この協定の非締約国

第33条（この協定の非締約国）1　締約国は、この協定の非締約国に対し、この協定の締約国となり、かつ、この協定に適合する法令を制定するよう奨励する。

2　締約国は、非締約国を旗国とする漁船がこの協定の効果的な実施を損なう活動を行うことを抑止するため、この協定及び国際法に適合する措置をとる。

第10部　信義誠実及び権利の濫用

第34条（信義誠実及び権利の濫用）（(2-1)第300条を参照）

第11部　責　任

第35条（責任）締約国は、この協定に関して自国の責めに帰すべき損害又は損失につき、国際法に基づいて責任を負う。

第12部　再検討のための会議

第36条（再検討のための会議）1　国際連合事務総長は、この協定が効力を生ずる日の4年後に、ストラドリング魚類資源及び高度回遊性魚類資源の保存及び管理の確保についてのこの協定の実効性を評価するため、会議を招集する。同事務総長は、この会議にすべての締約国、この協定の締約国となる資格を有する国及び主体並びにオブザーバーとして参加する資格を有する政府間機関及び非政府機関を招請する。

2　1に規定する会議は、この協定の規定の妥当性を再検討し、及び評価するものとし、必要な場合には、ストラドリング魚類資源及び高度回遊性魚類資源の保存及び管理に関する継続的な問題に一層適切に対処するため、この協定の規定の内容及び実施手段を強化する方法を提案する。

第13部　最終規定

第37条（署名）（略）
第38条（批准）（略）
第39条（加入）（略）
第40条（効力発生）（略）
第41条（暫定的な適用）1　この協定は、寄託者に対する書面による通告により暫定的な適用に同意した国又は主体によって暫定的に適用される。当該暫定的な適用は、当該通告の受領の日から有効となる。

2　国又は主体による暫定的な適用は、当該国若しくは主体についてこの協定が効力を生ずる時又は当該国若しくは主体が暫定的な適用を終了させる意思を寄託者に対して書面により通告した時に終了する。

第42条（留保及び除外）（(2-1)第309条を参照）
第43条（宣言及び声明）（(2-1)第310条を参照）
第44条（他の協定との関係） 1　この協定は、この協定と両立する他の協定の規定に基づく締約国の権利及び義務（他の締約国がこの協定に基づく権利を享受し、又は義務を履行することに影響を及ぼさないものに限る。）を変更するものではない。

2　二以上の締約国は、当該締約国間の関係に適用される限りにおいて、この協定の運用を変更し、又は停止する協定を締結することができる。ただし、そのような協定は、この協定の規定であってこれからの逸脱がこの協定の趣旨及び目的の効果的な実現と両立しないものに関するものであってはならず、また、この協定に定める基本原則の適用に影響を及ぼし、又は他の締約国がこの協定に基づく権利を享受し、若しくは義務を履行することに影響を及ぼすものであってはならない。

3　2に規定する協定を締結する意思を有する締約国は、他の締約国に対し、この協定の寄託者を通じて、2に規定する協定を締結する意思及び当該協定によるこの協定の変更又は停止を通報する。

第45条（改正） 1　締約国は、国際連合事務総長にあてた書面による通報により、この協定の改正案を提案し、及びその改正案を審議する会議の招集を要請することができる。同事務総長は、当該通報をすべての締約国に送付する。同事務総長は、当該通報の送付の日から6箇月以内に締約国の2分の1以上がその要請に好意的な回答を行った場合には、当該会議を招集する。

2　1の規定に基づき招集される改正に関する会議において用いられる決定手続は、この会議が別段の決定を行わない限り、ストラドリング魚類資源及び高度回遊性魚類資源に関する国際連合会議において用いられた決定手続と同一のものとする。改正に関する会議は、いかなる改正案についても、コンセンサス方式により合意に達するようあらゆる努力を払うものとし、コンセンサスのためのあらゆる努力が尽くされるまでは、改正案について投票を行わない。

3　この協定の改正は、採択された後は、改正自体に別段の定めがない限り、採択の日から12箇月の間、国際連合本部において、締約国による署名のために開放しておく。

4　第38条、第39条、第47条及び第50条の規定は、この協定のすべての改正について適用する。

5　この協定の改正は、当該改正を批准し、又はこれに加入する締約国については、3分の2の締約国が批准書又は加入書を寄託した日の後30日目の日に効力を生ずる。その後において、必要とされる数の批准書又は加入書が寄託された後に当該改正を批准し、又はこれに加入する締約国については、その批准書又は加入書の寄託の日の後30日目の日に効力を生ずる。

6　改正については、その効力発生のためにこの条に定める数よりも少ない数又は多い数の批准又は加入を必要とすることを定めることができる。

7　5の規定により改正が効力を生じた後にこの協定の締約国となる国は、別段の意思を表明しない限り、(a)改正された協定の締約国とされ、かつ、(b)当該改正によって拘束されない締約国との関係においては、改正されていない協定の締約国とされる。

第46条（廃棄）　（略）

第47条（国際機関による参加） 1　条約の附属書IX第1条に規定する国際機関がこの協定によって規律されるすべての事項について権限を有しない場合には、条約の附属書IXの規定は、当該附属書の次の規定を除き、当該国際機関のこの協定への参加について準用する。
  (a)　第2条前段
  (b)　第3条1

2　条約の附属書IX第1条に規定する国際機関がこの協定によって規律されるすべての事項について権限を有する場合には、次の(a)から(c)までの規定は、当該国際機関のこの協定への参加について適用する。
  (a)　当該国際機関は、署名又は加入の時に、次のことを明示する宣言を行う。
    (i)　当該国際機関がこの協定によって規律されるすべての事項について権限を有すること。
    (ii)　(i)の理由により、当該国際機関の構成国が締約国とならないこと。ただし、当該国際機関が責任を有しない当該国際機関の構成国の領域に関しては、この限りでない。
    (iii)　当該国際機関がこの協定に基づく国の権利及び義務を受け入れること。
  (b)　当該国際機関の参加は、いかなる場合にも、当該国際機関の構成国に対しこの協定に基づく権利を与えるものではない。
  (c)　この協定に基づく当該国際機関の義務と当該国際機関を設立する協定又はこれに関連する行為に基づく当該国際機関の義務とが抵触する場合には、この協定に基づく義務が優先する。

第48条(附属書) 1　附属書は、この協定の不可分の一部を成すものとし、また、別段の明示の定めがない限り、「この協定」といい、又は第1部から第13部までのいずれかの部を指していうときは、関連する附属書を含めていうものとする。

2　締約国は、附属書を随時改正することができる。改正は、科学的及び技術的考慮に基づくものとする。第45条の規定にかかわらず、附属書の改正が締約国の会合においてコンセンサス方式によって採択される場合には、当該改正は、この協定に組み込まれ、その採択の日又は当該改正において指定されている他の日から効力を生ずる。締約国の会合において改正がコンセンサス方式によって採択されない場合には、同条に規定する改正手続を適用する。

第49条(寄託者)　（略）
第50条(正文)　（略）

附属書Ⅰ　データの収集及び共有のための標準的な要件（略）

附属書Ⅱ　ストラドリング魚類資源及び高度回遊性魚類資源の保存及び管理における予防のための基準値の適用に関する指針（略）

【第3節　海洋資源の保全】　第2項　地域的文書

2-18　南太平洋における長距離流し網漁業を禁止する条約（南太平洋流し網漁業禁止条約）（抄）
Convention for the Prohibition of Fishing with Long Driftnets in the South Pacific

作　　成　1989年11月24日（ウェリントン）
効力発生　1991年5月17日

この条約の締約国は、
南太平洋地域の人々にとっての海洋生物資源の重要性を認識し、
南太平洋地域のびんながまぐろ資源、環境及び経済に対して遠洋流し網漁業がもたらしている損害を深く懸念し、
流し網漁業が航行に対しても脅威を与えていることを懸念し、
大規模流し網漁業による漁獲能力の向上が、南太平洋の漁業資源に脅威を与えていることに留意し、
1982年12月10日にモンテゴ・ベイで採択された海洋法に関する国際連合条約の規定、そのうちの特に第5部、第7部及び第16部を含む、関連国際法規則に留意し、
南太平洋地域における流し網の使用を禁止する条約を採択すべきとする1989年7月11日のタラワにおける南太平洋フォーラムの宣言を想起し、
南太平洋委員会地域における流し網漁業をただちに中止するように要請したグアムにおける第29回南太平洋会議の決議を想起して、
以下のとおり協定した。

第1条(定義)　この条約及び議定書の適用上、
(a)　「条約区域」とは以下をいう。
　(i)　(ii)に従うことを条件として、北緯10度、南緯50度、東経130度及び西経120度の各緯度及び経度によって囲まれる区域であり、かつ、この条約の締約国の漁業管轄権の下にあるすべての水域を含む。
　(ii)　第10条1(b)又は1(c)に基づいてこの条約の締約国となっている国又は領域の場合には、それらの締約国の漁業管轄権の下にある水域のうち、第10条1(b)又は1(c)で規定される領域に隣接する水域のみを含む。
(b)　「流し網」とは、2.5キロメートル以上の長さの、刺し網若しくはその他の網又はそれらを混合した網で、水面又は水中を漂わせ、魚を網に刺し、かけ又は絡めるものをいう。
(c)　「流し網漁業」とは、次のものをいう。
　(i)　流し網を使用して魚を捕獲すること。
　(ii)　流し網を使用して魚を捕獲しようとすること。
　(iii)　流し網を使用して魚を捕獲する結果に至ると合理的に予測されるその他の活動を行うこと(流し網により捕獲しようとする魚の探査及び確認を含む。)。
　(iv)　本項に定めるいずれかの活動を支援し又は準備するために海上で活動すること(集魚装置又は魚群探知機のような附属する電子装置を設置し、稼働し又は回収する活動を含む。)。
　(v)　本項に定める活動に関連して航空機を使用すること(乗組員の健康若しくは安全又は船舶の安全のために行われる緊急時の飛行

を除く。)。
　(vi) 流し網による漁獲物を輸送し、洋上転載し及び加工すること、並びに、流し網漁業の装備を備え又は流し網漁業に従事している船舶に対して、食糧、燃料その他の物資を供給すること。
(d) 「FFA」とは、南太平洋フォーラム漁業機関をいう。
(e) 「漁船」とは、魚又はその他の海洋生物の探査、捕獲、加工又は輸送のための装備を備え又はそれらの活動に従事している船舶をいう。

第2条(自国民及び自国船に関する措置) 各締約国は、自国民及び法令に基づき自国に登録された船舶が、条約区域において流し網漁業に従事することを禁止する。

第3条(流し網漁業に対する措置) 1　各締約国は次の措置をとる。
(a) 条約区域における流し網の使用を援助し又は奨励しないこと。
(b) 条約区域における流し網漁業を制限するために国際法に従った措置をとること。当該措置は以下を含むが、以下に限定されるものではない。
　(i) 漁業に関する自国の管轄権下の水域において流し網の使用を禁止すること。
　(ii) 自国の管轄権下の水域において流し網による漁獲物の洋上転載を禁止すること。
2　各締約国は、国際法に従って以下の措置をとることができる。
(a) 流し網による漁獲物の自国領域における陸揚げを禁止すること。
(b) 流し網による漁獲物の自国の管轄の下にある施設における加工を禁止すること。
(c) 加工されているか否かにかかわらず、流し網による漁獲物又はその製品の輸入を禁止すること。
(d) 流し網漁業に従事する船舶に対して入港及び港湾施設の使用を制限すること。
(e) 漁業に関する自国の管轄権下の水域において、いかなる漁船に対しても流し網の搭載を禁止すること。
3　この条約のいかなる規定も、締約国が流し網漁業に対してこの条約が定めるよりもより厳しい措置をとることを妨げるものではない。

第4条(執行) 1　各締約国は、この条約の規定の適用を確保するために適当な措置をとる。
2　締約国は、この条約に従って他の締約国によりとられる措置の監視及び執行を促進するために協力する。

3　締約国は、流し網漁業に従事する船舶に対して、FFAによる外国漁船の地域登録のための登録資格を否定する措置をとる。

第5条(非締約国との協議) 1　締約国は、この条約の締約国となる資格のあるいずれの国とも、条約区域の海洋生物資源の保存に悪影響を及ぼすと思われる流し網漁業に関係するあらゆる事項について、又はこの条約若しくは議定書の実施について、協議するよう努める。
2　締約国は、第2条及び第3条に従って定められる禁止について、この条の1に規定する国と合意に達するよう努める。

第6条(制度上の取極) 1　FFAは、以下の任務を遂行する責任を有する。
(a) 条約区域における流し網漁業に関する情報の収集、準備及び提供
(b) 条約区域における流し網漁業の影響に関する科学的分析の促進(適当な地域的機関及び世界的機関との協議を含む。)
(c) 条約区域における流し網漁業及びこの条約又は議定書の実施のためにとられた措置に関する年次報告書の作成及び締約国への送付
2　各締約国は、FFAに対して以下を速やかに提供する。
(a) この条約を実施するために自らがとった措置に関する情報
(b) 条約区域に関係する流し網漁業に関する情報及びその影響に関する科学的分析
3　FFAに加盟していない国又は領域を含むすべての締約国は、この条の有効な実施を促進するために、FFAと協力する。

第7条(締約国による再検討及び協議) 1　締約国間における他の手段による協議を妨げることなく、FFAは、3以上の締約国により要請されたときには、この条約及び議定書の実施を検討するための締約国会合を開催する。
2　議定書の締約国は、前項の会合に対して、この条約の締約国の定める方法により参加するよう招請される。

第8条(保存管理措置) この条約の締約国は、条約区域における南太平洋ビンナガマグロの保存及び管理のための措置を発展させるために、相互に及び適当な遠洋漁業国並びにその他の団体または機関と協力する。

第9条(議定書) この条約は、その目的を促進するために、議定書又は附属文書により補足される。

第10条(署名、批准及び加入)
1　この条約は、以下のものによる署名のために開放しておく。

(a) FFAの構成員
(b) 条約区域内に位置する領域に対して国際的な責任を有する国
(c) 条約区域内に位置する領域であって、その領域に対して国際的な責任を有する国の政府によりこの条約に署名すること並びにこの条約に基づき権利及び義務を有することを認められているもの
2 この条約は、この条の1に規定するFFAの構成員並びにその他の国及び領域によって批准されなければならない。批准書は、寄託者であるニュージーランド政府に寄託する。
3 この条約は、1に規定するFFAの構成員並びにその他の国及び領域による加入のために開放しておく。加入書は、ニュージーランド政府に寄託する。

第11条【留保】この条約には留保を付することはできない。

第12条【改正】
1 締約国は、この条約の改正を提案することができる。
2 改正は、締約国のコンセンサスで採択する。
3 採択された改正は、批准、承認又は受諾のため、寄託者が全ての締約国に送付する。
4 改正は、全ての締約国からの批准書、承認書又は受諾書が寄託者により受理された日の後30日目の日に効力を生ずる。

第13条【効力発生】
1 この条約は、4番目の批准書又は加入書が寄託された日に効力を生ずる。
2 4番目の批准書又は加入書が寄託された日の後にこの条約を批准し又はこの条約に加入したFFAの構成員又は国若しくは領域については、この条約は、その批准書又は加入書が寄託された日に効力を生ずる。

第14条【認証及び登録】 （略）

議定書Ⅰ （略）

議定書Ⅱ （略）

2-19 みなみまぐろの保存のための条約（みなみまぐろ保存条約）（抄）
Convention for the Conservation of Southern Bluefin Tuna

署　　名　1993年5月10日（キャンベラ）
効力発生　1994年5月20日
日 本 国　1994年4月8日批准書寄託、5月19日公布（条約第3号）、5月20日効力発生、11月5日国会承認
締 約 国　日本、オーストラリア、ニュージーランド、韓国、インドネシア、台湾（漁業主体）

前　文　（略）

第1条【適用対象】この条約は、みなみまぐろ（トゥヌス・マコイイ）について適用する。

第2条【定義】この条約の適用上、
(a) 「生態学上関連する種」とは、みなみまぐろと関連を有する海産生物の種（みなみまぐろを捕食する生物及びみなみまぐろのえさとなる生物の双方を含むが、これらに限られない。）をいう。
(b) 「漁獲」とは、次の(i)及び(ii)をいう。
　(i) 魚類を採捕すること又は魚類を採捕する結果になると合理的に予想し得るその他の活動
　(ii) (i)に掲げる活動を準備し又は直接に補助するための海上における作業。

第3条【目的】この条約の目的は、みなみまぐろの保存及び最適利用を適当な管理を通じて確保することにある。

第4条【他の条約との関係】この条約のいかなる規定も、又はこの条約の規定に基づいて採択されるいかなる措置も、この条約の締約国が締約国となっている条約その他の国際的な合意に基づく権利及び義務に関する当該締約国の立場又は見解並びに海洋法に関する当該締約国の立場又は見解を害するものとみなしてはならない。

第5条【締約国の基本的義務】1　各締約国は、この条約の実施及び第8条7の規定により拘束力を有することとなる措置の遵守を確保するため、すべての必要な行動をとる。
2　締約国は、みなみまぐろ保存委員会に対し、みなみまぐろ及び適当な場合には生態学上関連する種の保存に関係のある科学的情報、漁獲量及び漁獲努力に係る統計その他の資料を速やかに提供する。
3　締約国は、適当な場合には、みなみまぐろ及び

生態学上関連する種の科学的調査に関係のある漁業資料、生物学標本その他の情報の収集及び直接交換について協力する。

4　締約国は、この条約の締約国でない国又は団体の国民、住民又は船舶によるみなみまぐろの漁獲に関する情報の交換について協力する。

第6条【保存委員会】1　締約国は、この条約によりみなみまぐろ保存委員会(以下「委員会」という。)を設置する。締約国は、委員会を維持することに合意する。

2　各締約国は、委員会において3人以下の代表により代表されるものとする。これらの代表は、専門家及び顧問を同伴することができる。

3　委員会は、毎年8月1日の前に又は委員会が決定する他の時期に年次会合を開催する。

4　委員会は、各年次会合において、代表のうちから議長及び副議長を選出する。議長及び副議長は、異なる締約国から選出されるものとし、後任者がその次の年次会合において選出されるまでの間在任する。代表は、議長として行動する場合には、投票権を有しない。

5　委員会の特別会合は、いずれかの締約国の要請により、かつ、その要請が少なくとも他の二の締約国の支持を得た場合に、議長が招集する。

6　特別会合は、この条約に関連するすべての事項を審議することができる。

7　委員会の会合の定足数は、締約国の総数の3分の2とする。

8　委員会は、その第1回会合において委員会の任務の遂行に必要な手続規則その他の運営上の内部規則を決定する。委員会は、必要な場合には、これらの規則を改正することができる。

9　委員会は、法人格を有するものとし、他の国際機関との関係において及び締約国の領域において、その任務の遂行及びその目的の達成のために必要な法律上の能力を有する。締約国の領域における委員会及びその職員の特権及び免除は、委員会と関係締約国との間で合意するところによる。

10　委員会は、第10条1の規定に基づき事務局を設置する時に委員会の本部の所在地を決定する。

11　委員会の公用語は、日本語及び英語とする。提案及び資料は、いずれの国語によっても委員会に提出することができる。

第7条【決定】各締約国は、委員会において1の票を有する。委員会の決定は、委員会の会合に出席する締約国の全会一致の投票によって行う。

第8条【保存委員会の任務・権限】1　委員会は、次に掲げる情報を収集し、及び蓄積する。

(a)　みなみまぐろ及び生態学上関連する種に関する科学的情報、統計資料その他の情報

(b)　みなみまぐろ漁業に係る法令及び行政措置に関する情報

(c)　みなみまぐろに関するその他の情報

2　委員会は、次に掲げる事項について審議する。

(a)　この条約及びこの条約の規定に基づいて採択する措置の解釈及び実施

(b)　みなみまぐろの保存、管理及び最適利用のための規制措置

(c)　次条に定める科学委員会によって報告される事項

(d)　次条に定める科学委員会に委託する事項

(e)　第10条に定める事務局に委託する事項

(f)　この条約の規定を実施するために必要なその他の活動

3　みなみまぐろの保存、管理及び最適利用のため、

(a)　委員会は、次条2(c)及び(d)に規定する科学委員会の報告及び勧告に基づき他の適当な措置を決定しない限り、総漁獲可能量及び締約国に対する割当量を決定する。

(b)　委員会は、必要な場合には、その他の追加的な措置を決定することができる。

4　委員会は、3の規定に基づき締約国に対する割当量を決定する際に、次の事項を考慮する。

(a)　関連する科学的な証拠

(b)　みなみまぐろ漁業の秩序ある持続的発展の必要性

(c)　みなみまぐろが自国の排他的経済水域又は漁業水域を通過して回遊する締約国の利益

(d)　みなみまぐろの漁獲に従事する船舶の所属する締約国(歴史的に当該漁獲に従事してきた締約国及び自国のみなみまぐろ漁業が開発途上にある締約国を含む。)の利益

(e)　みなみまぐろの保存、増殖及び科学的調査に対する各締約国の寄与

(f)　委員会が適当と認めるその他の事項

5　委員会は、この条約の目的の達成を促進するため、締約国に対する勧告を決定することができる。

6　委員会は、3の規定に基づく措置及び5の規定に基づく勧告を決定する際に、次条2(c)及び(d)に基づく科学委員会の報告及び勧告を十分に考慮する。

7　3の規定に基づいて決定されるすべての措置は、締約国を拘束する。

8　委員会は、その決定する措置及び勧告をすべての締約国に速やかに通告する。

9　委員会は、みなみまぐろの保存及び管理に必要な科学的知識を増進するため並びにこの条約及

びこの条約の規定に基づいて採択する措置の効果的な実施を達成するため、できる限り早期にかつ国際法に反することなく、みなみまぐろに関連するすべての漁獲の活動の状況を把握する制度を開発する。

10 委員会は、その任務の遂行上望ましいと認める補助機関を設置することができる。

第9条【科学委員会】 1 締約国は、この条約により委員会の諮問機関として科学委員会を設置する。

2 科学委員会は、次のことを行う。
  (a) みなみまぐろの個体群の状態及び傾向を評価し及び分析すること。
  (b) みなみまぐろに関する調査及び研究を調整すること。
  (c) みなみまぐろ資源の状態及び適当な場合には生態学上関連する種の状態についての所見又は結論(科学委員会における一致した意見、多数の意見及び少数の意見を含む。)を委員会に報告すること。
  (d) 適当な場合には、みなみまぐろの保存、管理及び最適利用に関する事項について、意見の一致により委員会に勧告すること。
  (e) 委員会によって付託された事項を審議すること。

3 科学委員会の会合は、委員会の年次会合に先立って開催される。科学委員会の特別会合は、いずれかの締約国の要請によって随時招集される。ただし、その要請が少なくとも他の二の締約国によって支持されることを条件とする。

4 科学委員会は、その手続規則を採択し、及び必要に応じて改正する。手続規則及びその改正は、委員会により承認されなければならない。

5(a) 各締約国は、科学委員会の構成国となるものとし、適当な科学上の資格を有する代表を任命する。代表は、代表代理、専門家及び顧問を同伴することができる。
  (b) 科学委員会は、議長及び副議長を選出する。議長及び副議長は、異なる締約国から選出されるものとする。

第10条【事務局】 (略)

第11条【分担金】 (略)

第12条【他の政府間機関との協力】 委員会は、この条約の目的の達成を促進するため、特に、科学的情報を含む入手可能な最善の情報を取得することにつき、関連する目的を有する他の政府間機関と協力するものとし、また、これらの政府間機関の業務との重複を避けるよう努める。委員会は、このため、これらの政府間機関と取決めを行うことができる。

第13条【条約への加入の奨励】 締約国は、委員会が望ましいと認める場合には、この条約の目的の達成を促進するため、いずれかの国のこの条約への加入を奨励することにつき、相互に協力する。

第14条【オブザーバー】 1 委員会は、この条約の締約国でない国又は団体であってその国民、住民又は漁船がみなみまぐろを採捕しているもの及びみなみまぐろが自国の排他的経済水域又は漁業水域を通過して回遊する沿岸国に対し、委員会及び科学委員会の会合にオブザーバーを出席させるよう招請することができる。

2 委員会は、政府間機関又は要請がある場合には非政府機関であってみなみまぐろに関し特別の能力を有するものに対して、委員会の会合にオブザーバーを出席させるよう招請することができる。

第15条【非締約国】 1 締約国は、この条約の締約国でない国又は団体の国民、住民又は船舶による漁獲の活動に関する事項であってこの条約の目的の達成に影響を与える可能性があるものについて、当該国又は団体の注意を喚起することに同意する。

2 各締約国は、自国民がこの条約の締約国でない国又は団体によるみなみまぐろ漁業に関与することがこの条約の目的の達成に不利な影響を与える可能性がある場合には、自国民に対しそのようなみなみまぐろ漁業に関与しないよう奨励する

3 各締約国は、自国の法令の下で登録された船舶がこの条約の規定又はこの条約の規定に基づいて採択される措置の遵守を回避する目的で登録を移転することを防止するため、適切な手段をとる。

4 締約国は、この条約の締約国でない国又は団体の国民、住民又は船舶によるみなみまぐろの漁獲の活動がこの条約の目的の達成に不利な影響を与える可能性がある場合には、そのような活動を抑止するため、国際法及びそれぞれの国内法に合致する適切な手段をとることについて協力する。

第16条【紛争解決】 1 この条約の解釈又は実施に関して二以上の締約国間に紛争が生じたときは、これらの締約国は、交渉、審査、仲介、調停、仲裁、司法的解決又はこれらの締約国が選択するその他の平和的手段により紛争を解決するため、これらの締約国間で協議する。

2 1に規定する紛争で1の規定によって解決されなかったものは、それぞれの場合にすべての紛争当事国の同意を得て、解決のため国際司法裁判

所又は仲裁に付託する。もっとも、紛争当事国は、国際司法裁判所又は仲裁に付託することについて合意に達することができなかった場合においても、1に規定する各種の平和的手段のいずれかにより紛争を解決するため引き続き努力する責任を免れない。
3 紛争が仲裁に付託される場合には、仲裁裁判所は、この条約の附属書の定めるところにより構成する。附属書は、この条約の不可分の一部を成す。

第17条【効力発生】1 この条約は、オーストラリア、日本国及びニュージーランドによる署名のために開放しておく。
2 この条約は、前期の3箇国により各自の国内法上の手続に従い批准され、受諾され又は承認されなければならず、3番目の批准書、受諾書又は承認書が寄託された日に効力を生ずる。

第18条【加入】この条約の効力発生後、自国の船舶がみなみまぐろの漁獲に従事する他の国又はみなみまぐろが自国の排他的経済水域若しくは漁業水域を通過して回遊する他の沿岸国は、この条約に加入することができる。この条約は、当該他の国又は当該他の沿岸国に対しては、その国の加入書の寄託の日に効力を生ずる。

第19条【留保】留保は、この条約のいかなる規定についても付することができない。

第20条【脱退】　（略）
第21条【改正】　（略）
第22条【寄託者】　（略）

仲裁裁判所に関する附属書
1 第16条3にいう仲裁裁判所は、次のとおり任命される3人の仲裁人により構成する。
  (a) 仲裁手続を開始する紛争当事国は、他の紛争当事国に仲裁人の氏名を通報するものとし、他の紛争当事国は、その通報を受けた後40日以内に第二の仲裁人の氏名を通報する。紛争当事国は、第二の仲裁人が任命された後60日以内に、いずれの紛争当事国の国民でもなく、かつ、最初の2人の仲裁人の有している国籍のいずれをも有していない第三の仲裁人を任命する。第三の仲裁人が、仲裁裁判所を主宰する。
  (b) 第二の仲裁人が所定の期間内に任命されなかった場合又は第三の仲裁人の任命について紛争当事国が所定の期間内に合意に達しなかった場合には、当該第二又は第三の仲裁人は、いずれかの紛争当事国の要請により、この条約の締約国である国の国籍を有していない国際的に名声のある者のうちから常設仲裁裁判所事務総長が任命する。
2 仲裁裁判所は、その本部の場所を決定するものとし、また、その手続規則を採択する。
3 仲裁裁判所の判断は、その構成員の多数決により行われるものとし、構成員は、投票に際し棄権することができない。
4 紛争当事国でないいずれの締約国も、仲裁裁判所の同意を得て仲裁手続に参加することができる。
5 仲裁裁判所の判断は、最終的なものとし、すべての紛争当事国及び仲裁手続に参加するいずれの国も拘束する。これらの国は、直ちにその判断に従うものとする。仲裁裁判所は、1の紛争当事国又は仲裁手続に参加するいずれかの国の要請により、判断について解釈を行う。
6 特別な事情のある紛争であることを理由として仲裁裁判所が別段の決定を行う場合を除くほか、仲裁裁判所の経費(その構成員の報酬を含む。)は、紛争当事国が均等に負担する。

2-20　西部及び中部太平洋における高度回遊性魚類資源の保存及び管理に関する条約(中西部太平洋マグロ類保存条約) (抄)

Convention on the Conservation and Management of Highly Migratory Fish Stocks in the Western and Central Pacific Ocean

採　択　2000年9月5日(ホノルル)
効力発生　2004年6月19日
日本国　2005年6月15日国会承認、7月8日加入書寄託、7月13日公布(条約第9号)、8月9日効力発生

この条約の締約国は、
　現在及び将来の世代のために、西部及び中部太平洋における高度回遊性魚類資源の長期的な保存及び持続可能な利用(特に人の食料としての消費のためのもの)を確保することを決意し、
　1982年12月10日の海洋法に関する国際連合条約及び分布範囲が排他的経済水域の内外に存在する魚類資源(ストラドリング魚類資源)及び高度回遊性魚

類資源の保存及び管理に関する1982年12月10日の海洋法に関する国際連合条約の規定の実施のための協定の関連規定を想起し、

　1982年条約及び協定に基づき、沿岸国及びこの地域において漁獲を行う国が、回遊域全体にわたる高度回遊性魚類資源の保存を確保し、及び高度回遊性魚類資源の最適利用という目的を促進するため、協力しなければならないことを認識し、

　保存管理措置が効果的であるためには、予防的な取組方法及び入手することのできる最良の科学的情報を用いる必要があることに留意し、

　海洋環境に対する悪影響を回避し、生物の多様性を保全し、海洋生態系を本来のままの状態において維持し、及び漁獲操業が長期の又は回復不可能な影響を及ぼす危険性を最小限にする必要性を意識し、

　この地域の開発途上にある島嶼（しょ）国並びに海外領土及び属領が、生態学的及び地理的にぜい弱であること、高度回遊性魚類資源に対し経済的及び社会的に依存していること並びに高度回遊性魚類資源の保存、管理及び持続可能な利用への効果的な参加を可能にするための具体的な援助（財政的、科学的及び技術的援助を含む。）を必要としていることを認識し、

　さらに、開発途上にあるより小規模な島嶼（しょ）国が、財政的、科学的及び技術的援助の供与に当たって、特別の注意及び考慮を要する固有の必要性を有していることを認識し、

　一貫性があり、効果的で、かつ、拘束力のある保存管理措置が、沿岸国とこの地域において漁獲を行う国との間の協力を通じてのみ達成することができることを認め、

　西部及び中部太平洋における高度回遊性魚類資源全体の効果的な保存及び管理が、地域委員会を設立することによって最もよく達成することができることを確信して、

　次のとおり協定した。

第1部　総　則

第1条(用語) この条約の適用上、

(a) 「1982年条約」とは、1982年12月10日の海洋法に関する国際連合条約をいう。

(b) 「協定」とは、分布範囲が排他的経済水域の内外に存在する魚類資源（ストラドリング魚類資源）及び高度回遊性魚類資源の保存及び管理に関する1982年12月10日の海洋法に関する国際連合条約の規定の実施のための協定をいう。

(c) 「委員会」とは、この条約に基づいて設立された西部及び中部太平洋における高度回遊性魚類資源の保存及び管理のための委員会をいう。

(d) 「漁獲」とは、次のことをいう。
　(i) 魚類を探知し、又は採捕すること。
　(ii) 魚類を探知し、又は採捕しようとすること。
　(iii) 目的のいかんを問わず、魚類を探知し、又は採捕する結果になると合理的に予想し得るその他の活動に従事すること。
　(iv) 集魚装置又は関連電子設備（無線標識等）を設置し、探索し、又は回収すること。
　(v) (i)から(iv)までに規定する活動（転載を含む。）を直接支援し、又は準備するために海上において作業すること。
　(vi) 乗組員の健康及び安全又は船舶の安全に関する緊急事態を除くほか、(i)から(v)までに規定する活動のためにその他の船舶、舟艇、航空機又はエアクッション船を利用すること。

(e) 「漁船」とは、漁獲のために使用され、又は使用されることを目的とする船舶（支援船、運搬船その他そのような漁獲操業に直接関与する船舶を含む。）をいう。

(f) 「高度回遊性魚類資源」とは、1982年条約の附属書Ⅰに掲げられる種のすべての魚類資源であって条約区域に生息するもの及び委員会が決定するその他の魚種をいう。

(g) 「地域的な経済統合のための機関」とは、この条約が適用される事項に関しその加盟国から権限（これらの事項に関してその加盟国を拘束する決定を行う権限を含む。）の委譲を受けた地域的な経済統合のための機関をいう。

(h) 「転載」とは、海上又は港において漁船内の全部又は1部の魚類を他の漁船に積み卸すことをいう。

第2条(目的) この条約の目的は、1982年条約及び協定に従い、効果的な管理を通じて西部及び中部太平洋における高度回遊性魚類資源の長期的な保存及び持続可能な利用を確保することにある。

第3条(適用区域) 1　次条の規定に従うことを条件として、委員会が権限を有する区域（以下「条約区域」という。）は、次の線によって南側及び東側を区切られる太平洋のすべての水域から成るものとする。

　オーストラリアの南岸から真南に東経141度の子午線に沿ってその南緯55度の緯度線との交点まで、そこから真東に南緯55度の緯度線に沿ってその東経150度の子午線との交点まで、そこから真南に東経150度の子午線に沿ってその南緯60度の緯度線との交点まで、そこか

ら真東に南緯60度の緯度線に沿ってその西経130度の子午線との交点まで、そこから真北に西経130度の子午線に沿ってその南緯4度の緯度線との交点まで、そこから真西に南緯4度の緯度線に沿ってその西経150度の子午線との交点まで、そこから真北に西経150度の子午線に沿った線

2 この条約のいかなる規定も、委員会の構成国が主張する水域の法的地位及び範囲に関し、当該構成国の主張又は立場に承認を与えるものではない。

3 この条約は、条約区域内のすべての高度回遊性魚類資源(さんまを除く。)について適用する。この条約に基づく保存管理措置は、高度回遊性魚類資源の全生息域又は委員会が決定する条約区域内の特定の区域について適用する。

第4条(この条約と1982年条約との関係) この条約のいかなる規定も、1982年条約及び協定に基づく各国の権利、管轄権及び義務に影響を及ぼすものではない。この条約については、1982年条約及び協定の範囲内で、かつ、これらと合致するように解釈し、及び適用する。

第2部 高度回遊性魚類資源の保存及び管理

第5条(保存及び管理の原則及び措置) 委員会の構成国は、1982年条約、協定及びこの条約に従って協力する義務を履行するに当たり、条約区域における高度回遊性魚類資源を全体として保存し、及び管理するために次のことを行う。

(a) 条約区域における高度回遊性魚類資源の長期的な持続可能性を確保し、及び高度回遊性魚類資源の最適利用の目的を促進するための措置をとること。

(b) (a)に規定する措置が、入手することのできる最良の科学的証拠に基づくこと並びに環境上及び経済上の関連要因(条約区域における開発途上国、特に開発途上にある島嶼(しょ)国の特別の要請を含む。)を勘案し、かつ、漁獲の態様、資源間の相互依存関係及び一般的に勧告される国際的な最低限度の基準(小地域的なもの、地域的なもの又は世界的なもののいずれであるかを問わない。)を考慮して、最大持続生産量を実現することのできる水準に資源量を維持し、又は回復することのできることを確保すること。

(c) この条約並びにすべての関連する国際的に合意される基準並びに勧告される方式及び手続に従って、予防的な取組方法を適用すること。

(d) 漁獲その他の人間の活動及び環境要因が、漁獲対象資源、非漁獲対象種及び漁獲対象資源と同じ生態系に属する種又は漁獲対象資源に依存し、若しくは関連している種に及ぼす影響を評価すること。

(e) 浪費、投棄、紛失又は投棄された漁具による漁獲、漁船に起因する汚染、非漁獲対象種(魚類であるか非魚類であるかを問わない。以下「非漁獲対象種」という。)の漁獲及び漁獲対象資源に関連し又は依存している種、特に絶滅のおそれのある種への影響を最小限にするための措置並びに選択性を有し、環境上安全で、かつ、費用対効果の大きい漁具及び漁法の開発及び使用を促進するための措置をとること。

(f) 海洋環境における生物の多様性を保護すること。

(g) 濫獲及び過剰な漁獲能力を防止し、又は排除するための措置並びに漁業資源の持続可能な利用に応じた漁業努力量を超えない水準を確保するための措置をとること。

(h) 零細漁業者及び自給のための漁業者の利益を考慮に入れること。

(i) 漁獲活動に関する完全かつ正確なデータ(特に、漁船の位置、漁獲対象種及び非漁獲対象種の漁獲量並びに漁獲努力量に関するもの)及び国内的又は国際的な調査計画からの情報を適切な時期に収集し、及び共有すること。

(j) 実効的な監視、規制及び監督を通じて、保存管理措置を実施し、及び執行すること。

第6条(予防的な取組方法の適用) 1 委員会の構成国は、予防的な取組方法を適用するに当たって、次のことを行う。

(a) 協定の附属書Ⅱ(この条約の不可分の一部を成す。)に規定する指針を適用すること並びに入手できる最良の科学的情報に基づいて、資源別の基準値及び当該基準値を超過した場合にとるべき措置を決定すること。

(b) 特に、資源の規模及び生産性に関連する不確実性、基準値、当該基準値に照らした資源の状態、漁獲死亡率の水準及び分布、非漁獲対象種及び漁獲対象資源に関連し又は依存している種に漁獲活動が及ぼす影響並びに現在の又は予測される海洋、環境及び社会経済の状況を考慮に入れること。

(c) 非漁獲対象種及び漁獲対象資源に関連し又は依存している種並びにこれらの種の生息環境に漁獲が及ぼす影響を評価するためにデータの収集及び調査の計画を発展させること並びにこれらの種の保存を確保し、かつ、特別

な懸念が生じている生息地を保護するために必要な計画を採用すること。
2 委員会の構成国は、情報が不確実、不正確又は不十分である場合には、一層の注意を払うものとする。十分な科学的情報がないことをもって、保存管理措置をとることを延期する理由とし、又はとらないこととする理由としてはならない。
3 委員会の構成国は、基準値に接近している場合には、当該基準値を超過しないことを確保するための措置をとる。委員会の構成国は、当該基準値を超過した場合には、遅滞なく、資源を回復するために1(a)の規定に基づいて決定された措置をとる。
4 委員会の構成国は、漁獲対象資源、非漁獲対象種又は漁獲対象資源に関連し、若しくは依存している種の状態に懸念がある場合には、これらの資源又は種の状態及び保存管理措置の有効性を検討するために、これらの資源又は種の監視を強化する。委員会の構成国は、最新の情報に照らして当該保存管理措置を定期的に改定する。
5 委員会の構成国は、新規又は探査中の漁場については、できる限り速やかに注意深い保存管理措置(特に漁獲量の制限及び漁獲努力量の制限を含む。)をとる。当該保存管理措置は、資源の長期的な持続可能性に当該漁場が及ぼす影響についての評価を可能とするのに十分なデータが得られるまで効力を有するものとし、その影響についての評価が可能となった時点で、当該評価に基づく保存管理措置が実施される。当該評価に基づく保存管理措置については、適当な場合には、当該漁場の漸進的な開発を認めなければならない。
6 委員会の構成国は、自然現象が高度回遊性魚類資源の状態に著しい悪影響を及ぼす場合には、漁獲活動がそのような悪影響を増幅させないことを確保するために緊急の保存管理措置をとる。委員会の構成国は、漁獲活動が高度回遊性魚類資源の持続可能性に深刻な脅威となっている場合においても、緊急の保存管理措置をとる。緊急の保存管理措置は、一時的であり、かつ、入手することのできる最良の科学的証拠に基づかなければならない。

第7条(国の管轄の下にある水域における諸原則の実施) 1 沿岸国は、条約区域における自国の管轄の下にある水域内において、高度回遊性魚類資源を探査し、及び開発し、保存し、並びに管理するために主権的権利を行使するに際し、第5条に列挙した保存及び管理のための原則及び措置を適用する。

2 委員会の構成国は、条約区域における開発途上にある沿岸国、特に開発途上にある島嶼(しょ)国が、自国の管轄の下にある水域において前2条の規定を適用するための能力及びこの条約が規定するこれらの国に対する援助の必要性に妥当な考慮を払う。

第8条(保存管理措置の一貫性) 1 公海について定められる保存管理措置と国の管轄の下にある水域について定められる保存管理措置とは、高度回遊性魚類資源全体の保存及び管理を確保するために一貫性のあるものでなければならない。このため、委員会の構成国は、高度回遊性魚類資源について一貫性のある措置を達成するために協力する義務を負う。
2 委員会は、条約区域において高度回遊性魚類資源についての一貫性のある保存管理措置を定めるに当たって、次のことを行う。
  (a) 高度回遊性魚類資源の生物学的一体性その他の生物学的特性並びに高度回遊性魚類資源の分布、漁場及び関係地域の地理的特殊性の間の関係(高度回遊性魚類資源が国の管轄の下にある水域内に生息し、及び漁獲される程度を含む。)を考慮すること。
  (b) (i) 沿岸国が自国の管轄の下にある水域において同一の資源に関し1982年条約第61条に従って採用し、及び適用している保存管理措置を考慮し、並びに当該資源に関して条約区域全体のために定められる措置が当該保存管理措置の実効性を損なわないことを確保すること。
     (ii) 関係沿岸国及び公海において漁獲を行う国が同一の資源に関し条約区域の一部を構成する公海に対して1982年条約及び協定に従って定め、及び適用している措置であって従前に合意されたものを考慮すること。
  (c) 小地域的又は地域的な漁業管理機関又は枠組みが同一の資源に関し1982年条約及び協定に従って定め、及び適用している措置であって従前に合意されたものを考慮すること。
  (d) 沿岸国及び公海において漁獲を行う国が関係の資源に依存している程度を考慮すること。
  (e) 高度回遊性魚類資源についての一貫性のある保存管理措置が海洋生物資源全体に対して有害な影響を及ぼす結果とならないことを確保すること。
3 沿岸国は、自国の管轄の下にある水域において高度回遊性魚類資源について採用し、及び適用している措置が同一の資源に関しこの条約に基づき委員会によって採択される措置の実効性を

損なわないことを確保する。
4 委員会は、条約区域において委員会の構成国の排他的経済水域によって完全に囲まれた公海の水域がある場合には、この条の規定を実施するに際し、当該公海の水域について定められる保存管理措置と周囲の沿岸国が自国の管轄の下にある水域において1982年条約第61条に従い同一の資源に関して定める保存管理措置との間の一貫性を確保することに特別な注意を払う。

第3部　西部及び中部太平洋における高度回遊性魚類資源の保存及び管理のための委員会

第1節　総則

第9条（委員会の設立） 1　西部及び中部太平洋における高度回遊性魚類資源の保存及び管理のための委員会を設立する。委員会は、この条約の規定に基づいて任務を遂行する。
2　協定に規定された漁業主体であってこの条約の附属書Ⅰの規定に従いこの条約が定める制度に拘束されることに同意したものは、この条及びこの条約の附属書Ⅰの規定に従って委員会の活動（意思決定を含む。）に参加することができる。
3　委員会は、年次会合を開催する。委員会は、この条約に基づいてその任務を遂行するために必要なその他の会合を開催する。
4　委員会は、異なる国籍を有する議長及び副議長各1人を締約国から選出する。議長及び副議長の任期は、2年とし、議長及び副議長は、再選される資格を有する。議長及び副議長は、後任者が選出されるまでの間、在任する。
5　費用対効果の原則は、委員会及びその補助機関の会合の開催頻度、期間及び日程について適用する。委員会は、適当な場合には、その任務の効率的な遂行のために必要な専門家の役務の提供を受けるため、及びこの条約に基づいてその責任を効果的に果たすことを可能とするために、適当な機関との間で契約上の取決めを締結することができる。
6　委員会は、国際法上の法人格並びにその任務の遂行及びその目的の達成のために必要な法律上の能力を有する。委員会及びその職員が締約国の領域内で享受する特権及び免除は、委員会と当該国との間の合意によって決定する。
7　締約国は、委員会の本部の所在地を決定し、及び委員会の事務局長を任命する。
8　委員会は、コンセンサス方式により、その会合（委員会の補助機関の会合を含む。）の運営及びその任務の効率的な遂行のための手続規則を採択し、及び必要に応じて改正する。

第10条（委員会の任務） 1　委員会の任務は、次のとおりとする。ただし、自国の管轄の下にある水域において高度回遊性魚類資源を探査し、及び開発し、保存し、並びに管理するための沿岸国の主権的権利を害するものではない。
(a) 委員会が決定する高度回遊性魚類資源について条約区域内における総漁獲可能量又は総漁獲努力量を決定すること並びに高度回遊性魚類資源の長期的な持続可能性を確保するために必要な他の保存及び管理の措置及び勧告を採択すること。
(b) 国の管轄の下にある水域における高度回遊性魚類資源に関する保存管理措置と公海における同一の資源に関する措置との一貫性を確保するため、委員会の構成国間の協力及び調整を促進すること。
(c) 非漁獲対象種及び漁獲対象資源に依存し又は関連している種の個体数をその再生産が著しく脅威にさらされることとならない水準に維持し、又は回復するために、必要な場合には、これらの種についての保存及び管理の措置及び勧告を採択すること。
(d) 協定の附属書Ⅰ（この条約の不可分の一部を成す。）に基づいて、条約区域における高度回遊性魚類資源の漁業に関するデータの収集、検証並びに適時の交換及び報告のための基準を採択すること。
(e) 適当な場合には秘密を保持しつつ、最良の科学的情報の入手を確保するため、正確かつ完全な統計的データを編集し、及び普及させること。
(f) 科学的助言を入手し、及び評価すること、資源の状態を検討すること、関連する科学的調査の実施を促進すること並びにこれらの結果を普及させること。
(g) 必要な場合には、条約区域における高度回遊性魚類資源の総漁獲可能量又は総漁獲努力量の配分のための基準を作成すること。
(h) 漁獲操業の責任ある実施のために一般的に勧告された国際的な最低限度の基準を採択すること。
(i) 効果的な監視、規制、監督及び取締りのための適切な協力の仕組み（船舶監視システムを含む。）を設けること。
(j) 委員会の活動に関連する経済上及び漁業上のデータ及び情報を入手し、及び評価すること。
(k) 委員会の新たな構成国の漁業上の利益に配慮するための方法について合意すること。

(l) 委員会の手続規則、財政規則その他委員会がその任務を遂行するために必要な運営上の内部規則を採択すること。
(m) 委員会の予算案を審議し、及び承認すること。
(n) 紛争の平和的解決を促進すること。
(o) 委員会の権限の範囲内の問題又は事項について討議し、及びこの条約の目的を達成するために必要な措置又は勧告を採択すること。
2 委員会は、1の規定の実施に当たって、特に次に関する措置を採択することができる。
(a) 漁獲することのできる種又は資源の量
(b) 漁獲努力量
(c) 漁獲能力の制限(漁船の数、種類及び大きさに関する措置を含む。)
(d) 漁獲することのできる水域及び期間
(e) 漁獲することのできる種の魚類の大きさ
(f) 使用することのできる漁具及び漁法
(g) 特定の小地域又は地域
3 委員会は、総漁獲可能量又は総漁獲努力量の配分のための基準を作成するに当たって、特に次の事項を考慮する。
(a) 漁場における資源の状態及び現在の漁獲努力量
(b) 各漁業者の漁場における利益、過去及び現在の漁獲の態様並びに漁獲の慣行並びに漁獲物が国内消費に利用される程度
(c) 水域における歴史的漁獲量
(d) 条約区域における開発途上にある島嶼(しょ)国並びに海外領土及び属領であって、その経済、食料供給及び生計が海洋生物資源の開発に依存する度合の極めて高いものの必要性
(e) 各漁業者の資源の保存及び管理に対する貢献(正確なデータの提供及び条約区域における科学的調査の実施に対する貢献を含む。)
(f) 漁業者による保存管理措置の遵守の記録
(g) 資源の漁獲に主として依存する沿岸社会の必要性
(h) 他国の排他的経済水域に囲まれ、かつ、自国の排他的経済水域が限定されている国の特別の事情
(i) 独自の明確な経済的文化的同一性を有するが、公海の水域によって分断されていることによって近接していない島の集団で構成される開発途上にある島嶼(しょ)国の地理的状況
(j) 自国の管轄の下にある水域に資源が生息する沿岸国(特に開発途上にある島嶼(しょ)国)並びに海外領土及び属領の漁業上の利益及び願望
4 委員会は、総漁獲可能量又は総漁獲努力量の配分に関する決定を行うことができる。そのような決定(船舶の種類の排除に関する決定を含む。)は、コンセンサス方式によって行う。
5 委員会は、科学専門委員会及び技術・遵守専門委員会によるそれぞれの権限の範囲内の事項に関する報告及び勧告を考慮する。
6 委員会は、決定した措置及び勧告をすべての構成国に対して速やかに通報し、並びに採択した保存管理措置を適当な方法で公表する。

第11条(委員会の補助機関) 1 委員会の補助機関として、科学専門委員会及び技術・遵守専門委員会を設置する。これらの専門委員会は、それぞれの権限の範囲内の事項に関し、委員会に助言を与え、及び勧告を行う。
2 委員会の構成国は、各専門委員会に対して1名の代表を任命する権利を有するものとし、各代表は、その他の専門家及び顧問を伴うことができる。各代表は、当該専門委員会が権限を有する分野についての適当な資格又は経験を有していなければならない。
3 各専門委員会は、その任務の効率的な遂行に必要な頻度で会合する。ただし、いかなる場合においても、委員会の年次会合に先立って会合し、その審議結果を年次会合に報告する。
4 各専門委員会は、コンセンサス方式によって報告書を採択するためにあらゆる努力を払う。あらゆる努力を払ったにもかかわらずコンセンサスを達成することができなかった場合には、報告書には、多数意見及び少数意見を記載しなければならず、また、報告書の全部又は一部についての委員会の構成国の代表の異なる意見を記載することができる。
5 各専門委員会は、その任務の遂行に当たり、適当な場合には対象となる事項について権限を有する他の漁業管理機関、技術機関又は科学機関と協議し、及び必要に応じて特別に専門家の助言を求めることができる。
6 委員会は、その任務の遂行のために必要と認める他の補助機関(特定の種又は資源に関する技術的な問題を調査し、及び委員会に報告するための作業部会を含む。)を設置することができる。
7 委員会は、その採択する保存管理措置の北緯20度線の北側の水域についての実施及び主として当該水域に生息する資源に関する保存管理措置の作成に関して勧告を行うための小委員会を設置する。当該小委員会には、当該水域に位置する委員会の構成国及び当該水域で漁獲を行う委

員会の構成国を含める。当該小委員会の構成国でない委員会の構成国は、当該小委員会の審議にオブザーバーとして出席するため、1人の代表を派遣することができる。当該小委員会の活動に係る特別の費用は、当該小委員会の構成国が負担する。当該小委員会は、コンセンサス方式によって委員会への勧告を採択する。委員会は、当該水域の特定の資源及び種に関する措置を採択するに当たっては、当該小委員会の勧告に基づいて決定する。そのような勧告は、委員会が当該資源又は種について採択する一般的な政策及び措置並びにこの条約に規定する保存及び管理のための原則及び措置に合致するものでなければならない。委員会は、実質事項についての意思決定に関する手続規則に従って当該小委員会の勧告(いかなる事項に関するものであるかを問わない。)を受諾しない場合には、当該事項を更なる検討のため当該小委員会に差し戻す。当該小委員会は、委員会が表明した意見に照らして、当該事項を再検討する。

第2節 科学的情報及び助言

第12条(科学専門委員会の任務) 1 委員会がその検討のため入手可能な最良の科学的情報を得ることを確保するため、科学専門委員会を設置する。

2 科学専門委員会の任務は、次のとおりとする。
 (a) 委員会に研究計画(科学の専門家又は適当な場合には他の機関若しくは個人が取り扱う特定の問題及び項目を含む。)を勧告すること並びに必要なデータを特定し、及びそのための活動を調整すること。
 (b) 委員会による検討に先立ち委員会のために科学の専門家によって作成された評価、分析その他の作業報告及び勧告について検討すること並びに必要に応じこれらに関する情報、助言及び意見を提供すること。
 (c) 高度回遊性魚類資源、非漁獲対象種及び条約区域における高度回遊性魚類資源と同一の生態系に属する種又は高度回遊性魚類資源に関連し、若しくは依存している種に関する情報を改善するため、1982年条約第246条の規定を考慮して、科学的調査における協力を奨励し、及び促進すること。
 (d) 条約区域における漁獲対象資源又は非漁獲対象種若しくは漁獲対象資源に関連し若しくは依存している種に関する調査及び分析の結果を検討すること。
 (e) 条約区域における漁獲対象資源又は非漁獲対象種若しくは漁獲対象資源に関連し若しくは依存している種の状態に関する調査結果又は結論を委員会に報告すること。
 (f) 技術・遵守専門委員会と協議の上、地域オブザーバー計画の優先事項及び目的を委員会に勧告し、並びに当該地域オブザーバー計画の結果を評価すること。
 (g) 条約区域における漁獲対象資源又は非漁獲対象種若しくは漁獲対象資源に関連し若しくは依存している種の保存及び管理並びに調査に関する事項につき、指示又は自己の発意によって委員会に報告し、及び勧告すること。
 (h) 委員会が要請し、又は与えるその他の任務及び職務を遂行すること。

3 科学専門委員会は、委員会が採択する指針及び指示に従ってその任務を遂行する。

4 太平洋共同体の海洋漁業計画及び全米熱帯まぐろ類委員会又はこれらを承継する機関の代表は、科学専門委員会の活動に参加するよう招請される。科学専門委員会は、委員会の活動に関連する事項について科学的専門性を有するその他の機関又は個人に対して、その会合に出席するよう招請することができる。

第13条(科学的な役務) 1 委員会は、科学専門委員会の勧告を考慮し、この条約が対象とする漁業資源並びにその保存及び管理に関連する事項について情報及び助言を提供する科学の専門家を使用することができる。委員会は、この目的で科学的な役務を利用するため、運営上及び財政上の取決めを締結することができる。委員会は、この点に関し及び費用対効果が大きい方法でその任務を遂行するために、可能な限り最大限に既存の地域機関の役務を利用するものとし、また、適当な場合には、委員会の活動に関連する事項について専門性を有する他の漁業管理機関、技術機関又は科学機関と協議する。

2 科学の専門家は、委員会の指示に従って、次のことを行うことができる。
 (a) 委員会の活動を支援するための科学的な調査及び分析を実施すること。
 (b) 委員会が主たる関心を有する種についての資源別の基準値を作成し、並びに当該基準値を委員会及び科学専門委員会に勧告すること。
 (c) 委員会が定める基準値に対する資源の状態を評価すること。
 (d) 保存管理措置の作成及び他の関連事項を支援するために、委員会及び科学専門委員会に対して、科学的な作業の結果の報告、助言及び勧告を提供すること。
 (e) 要請に基づいて、その他の任務及び職務を

遂行すること。
3 科学の専門家は、その職務を遂行するに当たって、次のことを行うことができる。
　(a) 委員会が定める合意された原則及び手続（データの秘密性、開示及び公表に関する手続及び政策を含む。）に従って、漁業のデータの収集、編集及び頒布を行うこと。
　(b) 条約区域内の高度回遊性魚類資源、非漁獲対象種及び高度回遊性魚類資源と同一の生態系に属する種又は高度回遊性魚類資源に関連し、若しくは依存している種についての評価を実施すること。
　(c) 漁獲その他の人間の活動及び環境要因が漁獲対象資源及び漁獲対象資源と同一の生態系に属する種又は漁獲対象資源に関連し、若しくは依存している種に及ぼす影響を評価すること。
　(d) 漁獲の方法又は水準について提案された変更及び提案された保存管理措置の潜在的な影響を評価すること。
　(e) 委員会が付託するその他の科学的な事項について調査すること。
4 委員会は、科学の専門家によって提供された科学的な情報及び助言について、定期的な専門家による検討のために適当な措置をとることができる。
5 科学の専門家による報告及び勧告は、科学専門委員会及び委員会に提供される。

第3節　技術・遵守専門委員会

第14条(技術・遵守専門委員会の任務) 1 技術・遵守専門委員会の任務は、次のとおりとする。
　(a) 保存管理措置の実施及び遵守に関連する情報、技術的助言及び勧告を委員会に提供すること。
　(b) 委員会が採択する保存管理措置の遵守を監視し、及び検討すること並びに必要に応じて委員会に勧告を行うこと。
　(c) 委員会が採択する監視、規制、監督及び取締りのための協力的措置の実施を検討すること並びに必要に応じて委員会に勧告を行うこと。
2 技術・遵守専門委員会は、その任務の遂行に当たって、次のことを行う。
　(a) 委員会が採択する公海における保存管理措置及び国の管轄の下にある水域における補足的措置が適用される方法についての情報交換のための場を設けること。
　(b) この条約の規定及びこれに従って採択された措置に対する違反を監視し、調査し、及び処罰するためにとられた措置に関して、委員会の各構成国から報告を受けること。
　(c) 地域オブザーバー計画が作成された場合には、科学専門委員会と協議の上、当該地域オブザーバー計画の優先事項及び目的を委員会に勧告すること並びに当該地域オブザーバー計画の結果を評価すること。
　(d) 委員会が付託するその他の事項について検討し、及び調査すること（漁業データを検証し、及び確認するための措置を作成し、及び検討することを含む。）。
　(e) 漁船及び漁具の標識その他技術的事項について委員会に勧告すること。
　(f) 科学専門委員会と協議の上、使用できる漁具及び漁法について委員会に勧告すること。
　(g) 保存管理措置の遵守の程度に関する調査結果又は結論について委員会に報告すること。
　(h) 監視、規制、監督及び取締りに関する事項について委員会に勧告すること。
3 技術・遵守専門委員会は、委員会の承認を得て、その任務の遂行に必要な補助機関を設置することができる。
4 技術・遵守専門委員会は、委員会が採択する指針及び指示に従ってその任務を遂行する。

第4節　事務局
第15条(事務局)　（略）
第16条(委員会の職員)　（略）

第5節　委員会の財政措置
第17条(委員会の資金)　（略）
第18条(委員会の予算)　（略）
第19条(年次会計検査)　（略）

第6節　意思決定
第20条(意思決定) 1 委員会における意思決定は、原則として、コンセンサス方式によるものとする。この条の規定の適用上、「コンセンサス」とは、決定がなされた際に正式の異議がないことを意味する。
2 この条約がコンセンサス方式によって意思決定を行わなければならないと明示的に規定している場合を除くほか、コンセンサス方式によって決定を行うためのあらゆる努力が払われた場合には、手続問題についての投票による決定は、出席し、かつ、投票する構成国の過半数による議決で行う。実質問題についての決定は、出席し、かつ、投票する構成国の4分の3以上の多数によ

る議決で行う（当該多数には、出席し、かつ、投票する南太平洋フォーラム漁業機関の構成国の4分の3以上の多数及び出席し、かつ、投票する南太平洋フォーラム漁業機関の非構成国の4分の3以上の多数が含まれることを条件とする。ただし、そのような条件がいずれかの票決グループにおいて満たされない場合においても、提案に対する反対が当該票決グループにおいて2票以下のときは、当該提案は否決されることがないものとする。）。ある問題が実質問題であるか否かが争点となる場合には、委員会がコンセンサス方式により又は実質問題の決定に必要な多数で異なる決定を行わない限り、その問題を実質問題として扱う。
3 議長は、コンセンサス方式によって決定を行うためのあらゆる努力が払われたと認める場合には、委員会の会期の中で投票による決定を行う期限を定める。委員会は、いずれかの代表が要請する場合には、出席し、かつ、投票する委員会の構成国の過半数により同一の会期の中で定める期限まで決定を行うことを延期することができる。委員会は、当該期限が到来した時点で、延期された問題について票決を行う。この規則は、いかなる問題についても一度だけ適用することができる。
4 委員会は、提案に関する決定がコンセンサス方式によらなければならないとこの条約が明示的に規定し、かつ、当該提案に対して異議があると議長が判断する場合には、この事項についてコンセンサスを達成するため意見の相違を調停することを目的として、調停者を任命することができる。
5 委員会が採択する決定は、6及び7の規定に従うことを条件として、その採択の日の後60日で拘束力を生ずる。
6 決定に反対票を投じ、又は決定が行われた会合に欠席した委員会の構成国は、委員会が決定を採択してから30日以内に、この条約の附属書Ⅱに定められた手続に従って設置される再検討協議会に対して、次のことを理由として決定の再検討を求めることができる。
  (a) 当該決定がこの条約、協定又は1982年条約の規定に適合しないこと。
  (b) 当該決定が委員会の関係構成国を法律上又は事実上不当に差別していること。
7 委員会の構成国は、再検討協議会の認定及び勧告が出され、並びに委員会の要求する措置がとられるまでの間、当該決定を実施する義務を負わない。

8 再検討協議会が、委員会の決定について変更、修正又は撤回の必要がないと認める場合には、当該決定は、事務局長が再検討協議会の認定及び勧告を通知した日から30日で拘束力を生ずる。
9 委員会は、再検討協議会が委員会に対し、委員会の決定について変更、修正又は撤回を勧告した場合には、次回年次会合において、再検討協議会の認定及び勧告に適合するように当該決定を変更し、若しくは修正するものとし、又は当該決定の撤回を決定することができる。ただし、委員会は、その構成国の過半数が書面によって要請する場合には、再検討協議会による認定又は勧告が通知された日から60日以内に特別会合を開催する。

第7節　透明性及び他の機関との協力

第21条（透明性） 委員会は、意思決定過程その他の活動において透明性を促進する。この条約の実施に関連する事項に関心を有する政府間機関及び非政府機関の代表は、オブザーバーその他の適当な資格で委員会及びその補助機関の会合に参加する機会を与えられる。委員会の手続規則は、そのような参加について定めるものとし、また、この点に関して、不当に制限的であってはならない。当該政府間機関及び非政府機関は、委員会が採択する規則及び手続に従って適当な情報を適時に入手することができる。

第22条（他の機関との協力） 1 委員会は、適当な場合には、国際連合食糧農業機関その他の国際連合の専門機関と相互の関心事について協力する。
2 委員会は、協議及び協力のため、他の政府間機関、特に、関連する目的を有し、かつ、この条約の目的の達成に貢献し得る政府間機関（例えば、南極の海洋生物資源の保存に関する委員会、みなみまぐろ保存委員会、インド洋まぐろ類委員会、全米熱帯まぐろ類委員会）と適当な取極を締結する。
3 委員会は、条約区域が他の漁業管理機関の規制下にある水域と重複する場合には、双方の機関によって規制される水域に生息する種についてとられる措置が重複することを避けるために当該漁業管理機関と協力する。
4 委員会は、第2条に規定する目的の達成を確保するために全米熱帯まぐろ類委員会と協力する。委員会は、このため、一貫性のある保存管理措置（双方の機関の条約区域に生息する魚類資源の監視、規制及び監督に関する措置を含む。）について合意に達するために全米熱帯まぐろ類委員会との協議を開始する。

5 委員会は、この条約の目的の達成を促進し、及び他の機関の活動との重複を最小限にするため、入手可能な最良の科学的情報その他漁業に関する情報を入手することを目的として、この条に規定する機関その他適当な機関(例えば、太平洋共同体、南太平洋フォーラム漁業機関)との関係に関する協定を締結することができる。
6 委員会が1、2及び5の規定に基づいて取極又は協定を締結した機関は、委員会の手続規則に従って、委員会の会合にオブザーバーとして出席するために代表を指名することができる。適当な場合には、当該機関の見解を得るための手続を定める。

第4部　委員会の構成国の義務
第23条(委員会の構成国の義務) 1 委員会の構成国は、この条約の規定並びにこの条約に基づいて随時合意される保存、管理及び他の措置又は事項を速やかに実施し、並びにこの条約の目的を促進するために協力する。
2 委員会の構成国は、次のことを行う。
　(a) 協定の附属書Ⅰの規定に従い統計的及び生物学的なデータ及び情報その他のデータ及び情報を、また、委員会が必要とする場合には、追加的なデータ及び情報を委員会に対して毎年提供すること。
　(b) 信頼し得る漁獲量及び漁獲努力量に関する統計の編集を促進するため、条約区域における自国の漁獲活動に関する情報(漁獲水域及び漁船に関する情報を含む。)を、委員会の要求する方法及び間隔で、委員会に提供すること。
　(c) 委員会によって採択される保存管理措置を実施するためにとった措置に関する情報を、委員会の要求する間隔で、委員会に提供すること。
3 委員会の構成国は、条約区域内の自国の管轄の下にある水域における高度回遊性魚類資源の保存及び管理のためにとった措置について常時委員会に通報する。委員会は、そのすべての構成国に対し、そのような情報を定期的に配布する。
4 委員会の構成国は、自国を旗国とする漁船であって条約区域内において漁獲を行うものの活動を規制するためにとった措置について常時委員会に通報する。委員会は、そのすべての構成国に対し、そのような情報を定期的に配布する。
5 委員会の構成国は、最大限可能な範囲で、条約区域において漁獲を行う自国民及び自国民が所有し、又は管理する漁船がこの条約の規定を遵守することを確保するための措置をとる。このため、委員会の構成国は、取締りを円滑にするための協定を当該漁船の旗国と締結することができる。委員会の構成国は、委員会の他のいずれかの構成国から要請があり、かつ、関連情報が提供される場合には、自国民又は自国民が所有し、若しくは管理する漁船によるこの条約の規定又は委員会が採択する保存管理措置に対する違反の容疑について最大限可能な範囲で調査する。調査の進展に関する報告(違反の容疑に関してとられ、又はとることを提案された措置の詳細を含む。)は、できる限り速やかに、かつ、いかなる場合にも要請のあった時から2箇月以内に、要請を行った委員会の構成国及び委員会に提供されるものとし、また、調査が終了した時には、調査の結果に関する報告が提供される。

第5部　旗国の義務
第24条(旗国の義務) 1 委員会の構成国は、次のことを確保するために必要な措置をとる。
　(a) 自国を旗国とする漁船がこの条約の規定及びこの条約に基づいて採択される保存管理措置を遵守すること並びに当該漁船が当該保存管理措置の実効性を損なう活動に従事しないこと。
　(b) 自国を旗国とする漁船が締約国の管轄の下にある水域において許可なく漁獲を行わないこと。
2 委員会の構成国は、自国の旗を掲げる権利を有する漁船のいずれについても、自国の適当な一又は二以上の当局が許可を与えない限り、当該漁船が国の管轄の下にある水域を超える条約区域において高度回遊性魚類資源の漁獲に使用されることを認めない。委員会の構成国は、1982年条約、協定及びこの条約に基づく自国を旗国とする漁船に関する責任を効果的に果たすことができる場合に限り、当該漁船を国の管轄の下にある水域を超える条約区域における漁獲のために使用することを許可する。
3 委員会の構成国は、漁船が次のことを行うことを条件として、当該漁船に対して許可を与える。
　(a) 他国の管轄の下にある水域において漁獲を行う場合には、当該他国の要求する許可を保持すること。
　(b) 条約区域における公海で操業を行う場合には、この条約の附属書Ⅲの要件(この条約に基づいて操業するすべての船舶の一般的な義務としても定められた要件)に従うこと。
4 委員会の構成国は、この条約を効果的に実施するために、自国の旗を掲げる権利を有し、かつ、

自国の管轄の下にある水域を超える条約区域において漁獲に使用されることを許可された漁船を記載する漁船記録を保持するとともに、これらの漁船のすべてがその記録に記載されることを確保する。
5 委員会の構成国は、4の規定に従って保持することが義務付けられる漁船記録に記載する各漁船について、この条約の附属書Ⅳに規定された情報を、委員会が合意する手続に従い、毎年委員会に提供するとともに、そのような情報に何らかの修正を行う場合には、当該修正を速やかに委員会に通報する。
6 委員会の構成国は、更に、次の情報を速やかに委員会に通報する。
 (a) 漁船記録への追加
 (b) 次の理由(いずれの理由が適用されるかを明示すること。)による漁船記録からの削除
  (ⅰ) 漁獲を行うことの許可又はその更新についての当該漁船の所有者又は操業者による任意の放棄
  (ⅱ) 当該漁船に与えられた漁獲を行うことの許可についての2の規定に基づく取消し
  (ⅲ) 当該漁船が自国の旗を掲げる権利を失ったという事実
  (ⅳ) 当該漁船の解撤、操業の中止又は喪失
  (ⅴ) その他の理由
7 委員会は、5及び6の規定に従って提供された情報に基づき、4に規定する漁船について、独自の記録を保持する。委員会は、この記録に含まれた情報を、そのすべての構成国に対して定期的に配布し、及びそのいずれかの構成国の要請に応じて個別に提供する。
8 委員会の構成国は、条約区域における公海で高度回遊性魚類資源の漁獲を行う自国の漁船に対し、そのような水域にある間、準リアルタイム衛星船位測定送信機を使用することを要求する。委員会は、当該準リアルタイム衛星船位測定送信機の使用に関する基準、仕様及び手続を定め、並びに条約区域における公海で高度回遊性魚類資源を漁獲するすべての船舶について船舶監視システムを運用する。委員会は、そのような基準、仕様及び手続を定めるに当たって、開発途上国の伝統的漁船の特性を考慮に入れる。委員会は、直接にかつ旗国が求める場合には旗国と同時に、又は委員会が指定する他の機関を通じ、委員会が採択する手続に従い当該船舶監視システムから情報を受領する。委員会が採択する手続には、当該船舶監視システムを通じて受領した情報の秘密性を保護するための適当な措置を含める。委員会のいずれの構成国も、自国の管轄の下にある水域を当該船舶監視システムの対象水域に含めるよう要請することができる。
9 委員会の構成国は、条約区域における委員会の他の構成国の管轄の下にある水域で漁獲を行う自国の漁船が、沿岸国によって決定される基準、仕様及び手続に従って準リアルタイム衛星船位測定送信機を運用するよう求める。
10 委員会の構成国は、各国の船舶監視システムと公海の船舶監視システムとの間の一貫性を確保するために協力する。

第6部 遵守及び取締り

第25条(遵守及び取締り) 1 委員会の構成国は、この条約の規定及び委員会が定めるすべての保存管理措置を執行する。
2 委員会の構成国は、委員会の他の構成国から要請があり、かつ、関連情報が提供される場合には、自国を旗国とする漁船によるこの条約の規定又は委員会が採択する保存管理措置に対する違反の容疑について十分に調査する。調査の進展に関する報告(違反の容疑に関してとられ、又はとることを提案された措置の詳細を含む。)は、できる限り速やかに、かつ、いかなる場合にも要請のあった時から2箇月以内に、要請を行った委員会の構成国及び委員会に提供されるものとし、また、調査が終了した時には、調査の結果に関する報告が提供される。
3 委員会の構成国は、自国を旗国とする漁船による違反の容疑につき十分な証拠が存在すると認める場合には、手続を開始するため自国の法律に従って遅滞なく自国の当局に事件を付託し、及び適当な場合には当該漁船を抑留する。
4 委員会の構成国は、自国を旗国とする漁船がこの条約の規定又は委員会が採択する保存管理措置に対する重大な違反を行ったことが自国の法律によって確定した場合には、その漁船が当該違反について自国によって課されたすべての制裁に従うまでの間、条約区域において、漁獲活動を停止し、かつ、漁獲活動に従事しないことを確保する。当該漁船がこの条約の締約国である沿岸国の管轄の下にある水域において許可なく漁獲を行った場合には、旗国は、自国の法律に従って、当該沿岸国がその国内法令に基づいて課する制裁に当該漁船が速やかに従うことを確保し、又は7の規定に基づいて適当な制裁を課する。この条の規定の適用上、重大な違反とは、協定第21条11(a)から(h)までに規定する違反その他委員会が決定する違反をいう。

5 委員会の構成国は、自国の国内法令によって認められた範囲内で、違反の容疑に関連する証拠を委員会の他の構成国の検察当局に提供するための措置を定める。
6 公海上の漁船が委員会の構成国の管轄の下にある水域において許可なく漁獲を行ったと信ずるに足りる合理的な理由がある場合には、当該漁船の旗国は、委員会の関係構成国の要請により、直ちに、かつ、十分にこの事案を調査する。この場合において、旗国は、適当な取締措置をとることについて当該構成国と協力するものとし、また、当該構成国の関係当局に対し、公海上の当該漁船に乗船し、及びこれを検査することを認めることができる。この6の規定は、1982年条約第111条の規定の適用を妨げるものではない。
7 すべての調査及び司法上の手続は、速やかに実施されるものとする。違反について適用される制裁は、遵守を確保する上で効果的であるため、及び場所のいかんを問わず違反を防止するため十分に厳格なものとし、また、違反を犯した者から違法な活動によって生ずる利益を取り上げるものとする。漁船の船長その他の上級乗組員について適用される措置は、特に船長又は上級乗組員として漁船で勤務するための承認の拒否、取消し又は停止を可能とする規定を含むものとする。
8 委員会の構成国は、この条の規定に従ってとった遵守措置(違反に対して課する制裁を含む。)についての年次報告を委員会に送付する。
9 この条の規定は、次の権利を害するものではない。
 (a) 委員会の構成国の漁業に関する国内法令に基づく権利(自国の管轄の下にある水域内で発生した違反に関し、当該国内法令に基づいて関係船舶に対して適当な制裁を課する権利を含む。)
 (b) この条約、協定又は1982年条約に抵触しない関連する二国間又は多数国間の漁業協定に定められた遵守及び取締りに関する規定についての委員会の構成国の権利
10 委員会の構成国は、他の国を旗国とする漁船が条約区域について採択された保存管理措置の実効性を損なう活動に従事していたと信ずるに足りる合理的な理由がある場合には、当該漁船の旗国の注意を喚起するものとし、また、適当と認めるときは、委員会の注意を喚起することができる。当該構成国は、自国の法令において認められる範囲内で、当該旗国に対して十分な証拠を提供するものとし、また、委員会に対してその証拠の要約を提供することができる。委員会は、申し立てられた内容及びその証拠について当該旗国が合理的な期間内に意見を述べ、又は異議を申し立てる機会を有するまでの間は、関連する情報を配布してはならない。
11 委員会の構成国は、委員会が採択する保存管理措置の実効性を損なう活動その他当該保存管理措置に違反する活動に従事した漁船が条約区域において漁獲を行うことを抑止するために、旗国が適当な措置をとるまでの間、協定及び国際法(この目的のために委員会が採択する手続を含む。)に基づいて措置をとることができる。
12 委員会は、国又は主体の漁船が委員会によって採択された保存管理措置の実効性を損なう方法で漁獲を行う場合には、必要なときは、当該国又は主体に対して、委員会が規制する種に関し委員会の構成国の国際的な義務に合致した無差別な貿易措置をとることを認める手続を作成する。

第26条(乗船及び検査) 1 委員会は、保存管理措置の遵守を確保するために、条約区域における公海上の漁船に対する乗船及び検査のための手続を定める。条約区域における公海上の漁船に対する乗船及び検査に用いられるすべての船舶は、政府の公務に使用されていることが明らかに表示されており、かつ、識別されることができるものとし、また、この条約により公海での乗船及び検査を行うことが認められるものとする。
2 委員会が、この条約が効力を生じてから2年以内に、1に規定する手続について、又は委員会の定める保存管理措置の遵守を確保するために協定及びこの条約に基づく委員会の構成国の義務を効果的に履行させる代替的な仕組みについて合意することができない場合には、3の規定が適用されることを条件として、協定第21条及び第22条をこの条約の一部であるとみなして適用するものとし、条約区域における漁船に対する乗船及び検査並びにその後の取締措置は、これらの規定に定められた手続及び委員会が協定第21条及び第22条の実施のために必要と認める追加的な実際的手続に従ってとられるものとする。
3 委員会の構成国は、自国を旗国とする漁船が1及び2に規定する手続に従い正当に権限を与えられた検査官による乗船を受け入れることを確保する。検査官は、乗船及び検査のための手続に従う。

第27条(寄港国がとる措置) ((2-17)第23条を参照)

第7部 地域オブザーバー計画及び転載の規制

第28条(地域オブザーバー計画) 1 委員会は、検証された漁獲量データその他の科学的データ及び

追加的な漁業に関する情報を条約区域から収集するため、並びに委員会が採択する保存管理措置の実施を監視するために地域オブザーバー計画を作成する。
2 地域オブザーバー計画は、委員会の事務局が調整し、及び漁場の性格その他の関連要素を考慮に入れた柔軟な方法で企画する。この点に関し、委員会は、地域オブザーバー計画に関する契約を結ぶことができる。
3 地域オブザーバー計画は、委員会の事務局によって認定された独立で、かつ、公平なオブザーバーで構成し、並びに可能な限り最大限に他の地域的な、小地域的な及び各国のオブザーバー計画との間で調整する。
4 委員会の構成国は、委員会が要求する場合には、条約区域における自国を旗国とする漁船(自国の管轄の下にある水域内で専ら操業する船舶を除く。)が地域オブザーバー計画のオブザーバーを受け入れるようにすることを確保する。
5 4の規定は、条約区域における公海で専ら漁獲を行う船舶、公海上及び一又は二以上の沿岸国の管轄の下にある水域において漁獲を行う船舶並びに二以上の沿岸国の管轄の下にある水域において漁獲を行う船舶について適用する。地域オブザーバー計画に基づいて配置されたオブザーバーは、船舶が同一の漁獲航行中に旗国の管轄の下にある水域及び隣接する公海の双方で操業する場合には、当該船舶が旗国の管轄の下にある水域にある間は、当該船舶の旗国が別段の合意をする場合を除くほか、6(e)の活動のいずれも行ってはならない。
6 地域オブザーバー計画は、次の指針に従って、かつ、この条約の附属書Ⅲ第3条の規定に基づいて、運用する。
 (a) 地域オブザーバー計画は、漁場の特性を考慮に入れて、委員会が条約区域内の漁獲量の水準及び関連事項に関する適当なデータ及び情報を入手することを確保するために十分な水準の対象範囲を定める。
 (b) 委員会の構成国は、自国民をオブザーバーとして地域オブザーバー計画に参加させる権利を有する。
 (c) オブザーバーは、委員会が承認する統一的な手続に従って訓練され、及び認定されるものとする。
 (d) オブザーバーは、船舶の合法的な操業を不当に妨害してはならない。また、オブザーバーは、その任務を遂行するに当たり、船舶の操業上の要請に妥当な考慮を払い、及びこの目的のために船長と定期的に連絡を取る。
 (e) オブザーバーの活動には、漁獲量データその他の科学的なデータの収集、委員会が採択する保存管理措置の実施の監視及び委員会が作成する手続に従った調査結果の報告を含む。
 (f) 地域オブザーバー計画は、費用対効果の大きいものとし、既存の地域的な、小地域的な及び各国のオブザーバー計画との重複を避けるものとし、並びに実行可能な範囲で条約区域において漁獲を行う船舶の操業への混乱が最小限となるようなものとする。
 (g) オブザーバーを配置するに当たっては、合理的な予告期間が与えられる。
7 委員会は、地域オブザーバー計画の運用のために、追加的な手続及び指針を作成する。この手続及び指針には、次の事項に関するものを含める。
 (a) 委員会が秘密の性質を有すると認める集計されていないデータその他の情報の保護の確保
 (b) オブザーバーが収集するデータ及び情報の委員会の構成国への配布
 (c) オブザーバーの乗船。もっとも、オブザーバーが乗船している際の船舶の船長及び乗組員の権利及び義務並びにオブザーバーの任務の遂行に当たっての権利及び義務を明確に定めるものとする。
8 委員会は、地域オブザーバー計画の経費の支払方法を決定する。

第29条(転載) 1 委員会の構成国は、漁獲物の正確な報告を確保するための努力を支援するため、自国の漁船が実行可能な範囲で港において転載を行うことを奨励する。委員会の構成国は、この条約の適用上、転載港として一又は二以上の港を指定することができる。委員会は、そのすべての構成国に対して指定された港の一覧表を定期的に配布する。
2 委員会の構成国の管轄の下にある水域内の港又は区域における転載は、適用のある関係国内法に従って行われる。
3 委員会は、条約区域内の港及び海上で転載された種及び量に関するデータを収集し、及び検証するための手続並びにこの条約が対象とする転載が終了した時を決定するための手続を作成する。
4 国の管轄の下にある水域を超える条約区域内の海上における転載は、この条約の附属書Ⅲ第4条に定められた条件及び3の規定に基づいて委員会が定める手続に従ってのみ行う。当該手続については、関係する漁場の特性を考慮に入れるも

のとする。
5 4の規定にかかわらず、条約区域内で操業するまき網漁船による海上での転載は、禁止する。ただし、委員会が既存の操業を反映するために特例を採択する場合は、この限りでない。

第8部　開発途上国の要請
第30条（開発途上国の特別な要請の認識） 1　委員会は、条約区域における高度回遊性魚類資源の保存及び管理並びに高度回遊性魚類資源の漁場の開発に関し、この条約の開発途上にある締約国（特に開発途上にある島嶼（しょ）国）並びに海外領土及び属領の特別な要請を十分に認識する。
2　委員会は、高度回遊性魚類資源の保存管理措置を定めることに協力する義務が履行される際に、開発途上にある締約国（特に開発途上にある島嶼（しょ）国）並びに海外領土及び属領の特別な要請、特に次の事項を考慮する。
　(a)　海洋生物資源の利用（自国民の全部又は一部の栄養上の要請を満たすためのものを含む。）に依存する開発途上にある締約国（特に開発途上にある島嶼国）のぜい弱性
　(b)　開発途上にある締約国（特に開発途上にある島嶼国）並びに海外領土及び属領において、自給のための漁業者、小規模漁業者、零細漁業者、漁業労働者及び原住民に対する悪影響を回避し、並びにこれらの者の漁場の利用を確保する必要性
　(c)　当該保存管理措置により保存活動に関する不均衡な負担が直接又は間接に開発途上にある締約国並びに海外領土及び属領に転嫁されないことを確保する必要性
3　委員会は、開発途上にある締約国（特に開発途上にある島嶼（しょ）国）並びに適当な場合には海外領土及び属領が委員会の活動（委員会及びその補助機関の会合を含む。）に効果的に参加することを促進するための基金を設立する。委員会の財政規則には、当該基金の運用指針及び援助の資格基準を含める。
4　この条に定める目的のための開発途上国並びに海外領土及び属領との協力には、財政的援助、人的資源の開発に関する援助、技術援助、技術移転（合弁事業の取極によるものを含む。）並びに顧問サービス及び諮問サービスの提供を含む。そのような援助は、特に次の事項を対象とする。
　(a)　漁場のデータ及び関連情報の収集、報告、検証、交換及び分析を通じた高度回遊性魚類資源の保存及び管理の改善
　(b)　資源評価及び科学的調査
　(c)　監視、規制、監督、遵守及び取締り（地方の段階における訓練及び能力の開発を含む。）、国の及び地域的なオブザーバー計画の開発並びにこれらの計画に対する資金供与並びに技術取得の機会及び設備の利用

第9部　紛争の平和的解決
第31条（紛争の解決のための手続） 協定第8部に定める紛争の解決に関する規定は、委員会の構成国（協定の締約国であるか否かを問わない。）間の紛争について準用する。

第10部　この条約の非締約国
第32条（この条約の非締約国） 1　委員会の構成国は、この条約の非締約国を旗国とする漁船が委員会によって採択される保存管理措置の実効性を損なう活動を行うことを抑止するため、この条約、協定及び国際法に合致する措置をとる。
2　委員会の構成国は、この条約の非締約国を旗国とする漁船が条約区域において漁獲操業に従事している場合には、当該漁船の活動に関する情報を交換する。
3　委員会は、この条約の非締約国の国民又は当該非締約国を旗国とする船舶によって行われた活動がこの条約の目的の実施に影響を及ぼすと認める場合には、当該非締約国の注意を喚起する。
4　委員会の構成国は、委員会が採択する保存管理措置が条約区域におけるすべての漁獲活動に適用されることを確保するため、この条約の非締約国の船舶が条約区域において漁獲を行う場合には、当該非締約国に対して、当該保存管理措置の実施に十分協力するよう個別に又は共同して要請する。協力的な非締約国は、関連する資源に関する保存管理措置の遵守についての約束及びその遵守の記録に応じて、漁場への参加による利益を享受する。
5　この条約の非締約国は、要請する場合には、委員会の構成国の同意を得ること及びオブザーバーの地位の付与に関する手続規則に従うことを条件として、委員会の会合にオブザーバーとして出席するよう招請されることができる。

第11部　信義誠実及び権利の濫用
第33条（信義誠実及び権利の濫用）（(2-1)第300条を参照）

第12部　最終規定
第34条（署名、批准、受諾及び承認） 1　この条約は、オーストラリア、カナダ、中国、クック諸島、ミ

クロネシア連邦、フィジー諸島共和国、フランス、インドネシア、日本国、キリバス共和国、マーシャル諸島共和国、ナウル共和国、ニュージーランド、ニウエ、パラオ共和国、パプアニューギニア独立国、フィリピン共和国、大韓民国、サモア独立国、ソロモン諸島、トンガ王国、ツバル、グレートブリテン及び北アイルランド連合王国（ピトケアン島、ヘンダーソン島、デュシー島及びオエノ島）、アメリカ合衆国及びバヌアツ共和国による署名のために、2000年9月5日から12箇月の間、開放しておくものとする。

2〜4　（略）

第35条（加入） 1　この条約は、前条1に掲げる国及び1982年条約第305条1(c)から(e)までに規定する主体であって条約区域内に位置するものによる加入のために開放しておくものとする。

2　この条約が効力を生じた後、他の国及び地域的な経済統合のための機関の国民及び漁船が条約区域において高度回遊性魚類資源を漁獲することを希望する場合には、締約国は、コンセンサス方式により、当該他の国及び地域的な経済統合のための機関に対し、この条約に加入するよう招請することができる。

3　加入書は、寄託政府に寄託される。

第36条（効力発生） 1　この条約は、(a)及び(b)の国の批准書、受諾書、承認書又は加入書の寄託の後30日で効力を生ずる。
　(a)　北緯20度線の北側に位置する3箇国
　(b)　北緯20度線の南側に位置する7箇国

2　この条約は、その採択の後3年以内に1(a)の3箇国によって批准されない場合には、13番目の批准書、受諾書、承認書若しくは加入書の寄託の後6箇月で又は1の規定に基づく場合のいずれか早い方の日に効力を生ずる。

3　この条約は、その効力を生じた後、この条約を批准し、正式に確認し、受諾し、若しくは承認し、又はこれに加入する国、1982年条約第305条1(c)から(e)までに規定する主体であって条約区域内に位置するもの又は地域的な経済統合のための機関については、その批准書、正式確認書、受諾書、承認書又は加入書の寄託の後30日目の日に効力を生ずる。

第37条（留保及び除外）（(2-1)第309条を参照）

第38条（宣言及び声明）（(2-1)第310条を参照）

第39条（他の協定との関係） この条約は、この条約と両立する他の協定の規定に基づく締約国及び第9条2に規定する主体の権利及び義務（他の締約国がこの条約に基づく権利を享受し、又は義務を履行することに影響を及ぼさないものに限る。）を変更するものではない。

第40条（改正） 1　委員会の構成国は、委員会による審議のため、この条約の改正を提案することができる。その提案は、審議が行われる委員会の会合の少なくとも60日前に、事務局長にあてた書面による通報によって行われるものとする。事務局長は、すべての委員会の構成国に対し、速やかに当該通報を送付する。

2　この条約の改正は、委員会の構成国の過半数が改正案の審議のための特別会合の開催を要求する場合を除くほか、委員会の年次会合において審議されるものとする。特別会合は、60日前までに通知することによって開催することができる。この条約の改正は、コンセンサス方式によって採択される。事務局長は、委員会が採択した改正を委員会のすべての構成国に対して速やかに送付する。

3　この条約の改正は、当該改正を批准し、又はこれに加入した締約国については、過半数の締約国が批准書又は加入書を寄託した日の後30日目の日に効力を生ずる。その後において、必要とされる数の批准書又は加入書が寄託された後に当該改正を批准し、又はこれに加入する締約国については、その批准書又は加入書の寄託の日の後30日目の日に効力を生ずる。

第41条（附属書） 1　附属書は、この条約の不可分の一部を成すものとする。また、別段の明示の定めがない限り、「この条約」といい、又は第1部から第12部までのいずれかの部を指していうときは、関連する附属書を含めていうものとする。

2　この条約の附属書は、随時改正することができるものとし、委員会の構成国は、附属書の改正を提案することができる。前条の規定にかかわらず、附属書の改正が委員会の会合においてコンセンサス方式によって採択される場合には、当該改正は、この条約に組み入れられ、採択の日又は当該改正において指定される他の日から効力を生ずる。

第42条（脱退） 1　締約国は、寄託政府にあてた書面による通告を行うことにより、この条約から脱退することができるものとし、また、その理由を示すことができる。理由を示さないことは、脱退の効力に影響を及ぼすものではない。脱退は、一層遅い日が通告に明記されている場合を除くほか、その通告が受領された日の後1年で効力を生ずる。

2　この条約からの締約国の脱退は、その脱退が効力を生ずる前に当該国が負った財政的義務に影響を及ぼすものではない。

3 この条約からの締約国の脱退は、この条約との関係を離れた国際法に基づく義務であってこの条約に具現されているものを当該国が履行する責務に何ら影響を及ぼすものではない。

第43条（海外領土による参加） 1 委員会及びその補助機関への参加は、国際関係について責任を有する締約国の適当な承認を得て、次のいずれにも開放する。

　　合衆国領サモア
　　フランス領ポリネシア
　　グアム
　　ニューカレドニア
　　北マリアナ諸島
　　トケラウ諸島
　　ワリス・フテュナ諸島

2 締約国は、1に規定する参加の性質及び範囲につき、国際法、この条約の対象事項に関する権限の配分並びに1の規定に基づいて参加する海外領土がこの条約に基づいて権利を行使し、及び責任を果たす能力の発展を考慮して、委員会の手続規則に別個に規定する。

3 2の規定にかかわらず、1の規定に基づくすべての参加者は、委員会の活動に完全に参加する権利（委員会及びその補助機関に出席し、及び発言する権利を含む。）を有する。委員会は、その任務を遂行し、及び決定を行うに当たって、すべての参加者の利益を考慮する。

第44条（寄託政府） この条約及びその改正の寄託政府は、ニュージーランド政府とする。寄託政府は、国際連合憲章第102条の規定に従って、この条約を国際連合事務総長に登録する。

附属書Ⅰ　漁業主体

1 漁業主体は、その船舶が条約区域において高度回遊性魚類資源を漁獲する場合には、この条約が効力を生じた後、寄託政府に対し書面を送付することによって、この条約の定める制度に拘束されることに同意することができる。その同意は、書面が送付された後30日で効力を生ずる。当該漁業主体は、寄託政府にあてた書面による通告によって当該同意を撤回することができる。その撤回は、一層遅い日が通告に明示される場合を除くほか、その通告が受領された日の後1年で効力を生ずる。

2 当該漁業主体は、委員会の活動（意思決定を含む。）に参加し、及びこの条約に基づく義務を遵守する。この条約の適用上、「委員会」又は「委員会の構成国」というときは、当該漁業主体及び締約国をいう。

3 漁業主体が関係するこの条約の解釈又は適用に関する紛争が紛争当事者間の合意によって解決することができない場合には、当該紛争は、一方の紛争当事者の要請により、常設仲裁裁判所の関連する規則に従い、最終的で、かつ、拘束力を有する仲裁に付される。

4 漁業主体の参加に関するこの附属書の規定は、専らこの条約の目的のためのものとする。

附属書Ⅱ　再検討協議会　（略）

附属書Ⅲ　漁獲の条件　（抄）

第1条（序） 条約区域において漁獲のために使用することを許可されたすべての漁船の操業者は、当該漁船が条約区域にあるときは、常に次条から第6条までに規定する条件を遵守する。これらの条件は、委員会の構成国の管轄の下にある水域において適用される条件（当該構成国が発給する免許を根拠とするもの又は二国間若しくは多数国間の漁業協定に従うもの）に加えて適用する。この附属書の適用上、「操業者」とは、漁船に責任を有し、又はこれを指揮し、若しくは管理する者（漁船の所有者、船長又は傭（よう）船者を含む。）をいう。

第2条（国内法の遵守） 操業者は、その船舶がこの条約の締約国である沿岸国の管轄の下にある水域に入るときは、当該沿岸国の適用のある国内法を遵守し、当該船舶及びその乗組員が当該国内法を遵守することについて責任を有し、並びに当該国内法に従って当該船舶を操業する。

第3条（オブザーバーに関する操業者の義務） 1 操業者及び乗組員は、地域オブザーバー計画に基づいてオブザーバーと認定された者のいずれに対しても、次の活動を認め、及び援助する。

　(a) 合意された場所及び日時における乗船
　(b) オブザーバーがその任務を遂行するために必要であると認める船上のすべての施設及び設備への十分なアクセス並びにこれらの施設及び設備の使用（船橋、船上の魚類並びに魚類の保有、加工、計量及び貯蔵のために使用される区域並びに記録の検査及び複写のための船舶の記録（航海日誌及び関係文書を含む。）への十分なアクセス並びに航海設備、海図及び無線並びに漁獲に関する他の情報への合理的なアクセスを含む。）
　(c) サンプルの抜取り
　(d) 合意された場所及び日時における下船
　(e) すべての任務の安全な遂行

2 操業者又は乗組員は、オブザーバーがその任務

を遂行するに当たり、オブザーバーに対し、暴行、妨害、抵抗、遅滞行為、乗船拒否、脅迫又は干渉を行ってはならない。
3 操業者は、オブザーバーが乗船している間、オブザーバー又はその政府による経費の負担なしに、乗船中の上級乗組員に対して通常与えられる合理的な水準の食料、宿泊施設及び医療施設と同等のものをオブザーバーに提供する。

第4条(転載の規制) 1 操業者は、転載された種及び量の検証のために委員会が定める手続並びに条約区域における転載について委員会が定める追加的な手続及び措置を遵守する。
2 操業者は、委員会又はその構成国によって承認された者に対し、そのような者が転載の行われる当該構成国の指定された港又は水域においてその任務を遂行するために必要であると認める施設及び設備への十分なアクセス並びにこれらの施設及び設備の使用(船橋、船上の魚類並びに魚類の保有、加工、計量及び貯蔵のために使用される区域並びに記録の検査及び複写のための船舶の記録(航海日誌及び関係文書を含む。)への十分なアクセスを含む。)を認め、及び援助する。さらに、操業者は、承認された者がサンプルを抜き取ること及び漁獲活動の十分な監視のために必要な他の情報を収集することを認め、及び援助する。操業者又は乗組員は、承認された者がその任務を遂行するに当たり、これらの者に対し、暴行、妨害、抵抗、遅滞行為、乗船拒否、脅迫又は干渉を行ってはならない。転載の検査中は、漁獲操業への混乱を最小限にすることを確保するためにあらゆる努力が払われるべきである。

第5条(報告) 操業者は、協定の附属書Ⅰに定めるデータの収集基準に従い、船舶の位置、漁獲対象種及び非漁獲対象種の漁獲量、漁獲努力量その他の漁業に関するデータを記録し、及び報告する。

第6条(取締り)　(略)

附属書Ⅳ　必要な情報　(略)

第3章
極　地

　南極では、1908年に英国が、南極地域の一部に、極を頂点とし2本の子午線と1本の緯度線で囲まれるセクター(扇形地域)を設定し、そこに領土権を主張した。これがきっかけとなり、その後、ニュージーランド、オーストラリア、フランス、ノルウェー、チリ、アルゼンチンも、みずからが設定したセクターに対して領土権を主張した。これらの諸国に対して、米国、ロシア、日本、ベルギー、南アは領土権を主張せず、上記諸国の主張を容認しない態度をとった。

　1959年の南極条約(3-1)は、57年から58年の国際地球観測年を契機に高まった国際協力の気運を背景に、南極地域における領土紛争を回避し、その平和利用と科学的調査に関する国際協力を実現するため、上述した12カ国(原締約国)によって締結されたものである。南極条約は、南極地域における領土権・請求権を、承認も否認もしないまま、凍結したうえで(4条)、南極地域の軍事利用、とくに、軍事基地の設置や軍事演習・兵器実験の実施を禁止するとともに(1条)、南極地域におけるすべての核爆発、および放射性廃棄物の同地域での処分を禁止した(5条)。

　南極条約は、南極地域の環境保護という課題に関しては、まだ十分な知見が蓄積されていない段階で採択されたものであり、それゆえ、南極条約では、環境の保護や資源の保存を扱う規則は整備されてはいなかった。この課題に取り組んだのは、1961年の南極条約の効力発生後、定期的に会合を重ねた協議国会議(南極条約9条)である。協議国会議は、1964年に南極動物相・植物相の保存に関する合意措置を採択するなど、南極地域における生物資源の保存について勧告を採択してきたが、しかし、勧告だけでは活発化する生物資源の商業捕獲に対処できなかった。そこで、協議国会議の検討を基礎にして、1972年には、まず、南極地域におけるあざらし猟を規制するために、南極あざらし保存条約(3-2)が採択された(なお、鯨の保護に関しては、国際捕鯨取締条約(2-15)が取り扱う)。

　1980年の南極海洋生物資源保存条約(3-3)は、南極地域でオキアミの商業漁獲が開始されたことがきっかけで作成されたものであるが、その適用対象は、南緯60度以南の地域における海洋生物資源、および、南緯60度と南極収束線との間の地域における南極の海洋生態系に属する海洋生物資源とされ(1条)、南極での海洋環境と生態系の保護を目的とした最初の包括的な条約となっている。この条約に基づき、南極海洋生物資源保存委員会

(CCAMLR)が設置されている。同委員会の任務は、南極の海洋生物資源の保存・管理および持続可能な利用のために必要な措置を採択し、実施することにある（9条）。

南極では、他方、資源開発技術の進歩に伴い、南極地域の海底または陸上の厚い氷の層の下にある鉱物資源の開発が可能となり、その開発の規制に関する議論が浮上した結果、1988年に南極鉱物資源活動規制条約が採択された。しかし、この条約は結局開発を容認するものだとして、南極の環境保護をより強く重視する世論の反対にあい、効力発生が見込めない状況となった。そのため、鉱物資源の開発を凍結し、南極の環境保護を目的とした新たな条約づくりの交渉が開始され、1991年の協議国会議で、南極条約環境保護議定書(3-4)が採択された。この議定書により、鉱物資源に関する活動は、科学的調査を除くほか、少なくとも50年間は禁止されることになった（7条、25条）。

この議定書は、南極の環境と生態系を包括的に保護することを目的とし、南極地域を平和および科学に貢献する自然保護地域として指定する（2条）。この議定書に基づき、環境保護委員会(CEP)が設置された（11条）。他方、南極条約の協議国会議は、この議定書の規定に従い、南極の環境およびこれに依存しまた関連する生態系の保護について一般的な政策を定め、この議定書の実施のため、南極条約9条に基づく措置をとる（10条）。この議定書は、議定書の不可分の一部を構成する附属書を有しており（9条）、これまでに六つの附属書が採択されている。

北極についてみると、北極圏地域では、南極条約のような地域をいわば国際公域化する基本条約は存在しない。もっとも、北極での人間活動が活発になるにつれて、北極の環境保護の課題が徐々にクローズアップされてきている。たとえば、気候変動に伴う地球温暖化の影響により、北極海の氷が薄くなったり、溶けたりすることが危惧されている。北極海には、ホッキョクグマなど多数の生物が生息するほか、鯨やイルカなどの多くの海洋生物が生息していることも確認されており、こうした北極海における生物多様性を保全する課題が重視されつつある。

北極圏の8カ国（カナダ、デンマーク、フィンランド、アイスランド、ノルウェー、ロシア、スウェーデン、米国）は、1989年に採択した北極圏環境保護戦略を基礎にして、1996年に北極評議会設立宣言(3-5)を採択した。この宣言に基づき、ハイレベルの政府間協議体として北極評議会(Arctic Council)が設立され、北極圏にかかわる共通の課題（持続可能な発展や環境保護など）について、先住民社会の関与を得ながら、協力、調整、交流などが促進されている。加盟国は上記の8カ国に限定されているが、ほかに、常時参加者として認められている六つほどの先住民団体や、オブザーバーの資格を有する非北極圏諸国などが参加し、評議会の運営にあたっている。

なお、北極では、ホッキョクグマの生息数の減少傾向に歯止めをかけるべく、北極圏に位置する諸国が、国際自然保護連合(IUCN)の提案を参考にしつつ、1973年にホッキョクグマ保護協定を採択している。また、1994年には、北極の海洋および大陸への汚染物の導入による環境汚染を防止することを目的として、米露北極環境協力協定が結ばれている。

【第1節 南　極】

3-1　南極条約（抄）
Antarctic Treaty

署　　名　1959年12月1日（ワシントン）
効力発生　1961年6月23日
日 本 国　1959年12月1日署名、1960年7月15日国会承認、8月4日批准書寄託、1961年6月23日効力発生、6月24日公布（条約第5号）

アルゼンティン、オーストラリア、ベルギー、チリ、フランス共和国、日本国、ニュー・ジーランド、ノールウェー、南アフリカ連邦、ソヴィエト社会主義共和国連邦、グレート・ブリテン及び北部アイルランド連合王国及びアメリカ合衆国の政府は、

南極地域がもっぱら平和的目的のため恒久的に利用され、かつ、国際的不和の舞台又は対象とならないことが、全人類の利益であることを認め、

南極地域における科学的調査についての国際協力が、科学的知識に対してもたらした実質的な貢献を確認し、

国際地球観測年の間に実現された南極地域における科学的調査の自由を基礎とする協力を継続し、かつ、発展させるための確固たる基礎を確立することが、科学上の利益及び全人類の進歩に沿うものであることを確信し、

また、南極地域を平和的目的のみに利用すること及び南極地域における国際間の調和を継続することを確保する条約が、国際連合憲章に掲げられた目的及び原則を助長するものであることを確信して、

次のとおり協定した。

第1条【平和的利用】　1　南極地域は、平和的目的のみに利用する。軍事基地及び防備施設の設置、軍事演習の実施並びにあらゆる型の兵器の実験のような軍事的性質の措置は、特に、禁止する。

2　この条約は、科学的研究のため又はその他の平和的目的のために、軍の要員又は備品を使用することを妨げるものではない。

第2条【科学的調査】国際地球観測年の間に実現された南極地域における科学的調査の自由及びそのための協力は、この条約の規定に従うことを条件として、継続するものとする。

第3条【科学的調査についての国際協力】　1　締約国は、第2条に定めるところにより南極地域における科学的調査についての国際協力を促進するため、実行可能な最大限度において、次のことに同意する。

(a)　南極地域における科学的計画の最も経済的なかつ能率的な実施を可能にするため、その計画に関する情報を交換すること。

(b)　南極地域において探検隊及び基地の間で科学要員を交換すること。

(c)　南極地域から得られた科学的観測及びその結果を交換し、及び自由に利用することができるようにすること。

2　この条の規定を実施するに当たり、南極地域に科学的又は技術的な関心を有する国際連合の専門機関及びその他の国際機関との協力的活動の関係を設定することを、あらゆる方法で奨励する。

第4条【領土権及び請求権の凍結】　1　この条約のいかなる規定も、次のことを意味するものと解してはならない。

(a)　いずれかの締約国が、かつて主張したことがある南極地域における領土主権又は領土についての請求権を放棄すること。

(b)　いずれかの締約国が、南極地域におけるその活動若しくはその国民の活動の結果又はその他の理由により有する南極地域における領土についての請求権の基礎の全部又は一部を放棄すること。

(c)　他の国の南極地域における領土主権、領土についての請求権又はその請求権の基礎を承認し、又は否認することについてのいずれかの締約国の地位を害すること。

2　この条約の有効期間中に行なわれた行為又は活動は、南極地域における領土についての請求権を主張し、支持し、若しくは否認するための基礎をなし、又は南極地域における主権を設定するものではない。南極地域における領土についての新たな請求権又は既存の請求権の拡大は、この条約の有効期間中は、主張してはならない。

第5条【核爆発及び放射性廃棄物の処分の禁止】　1　南極地域におけるすべての核の爆発及び放射性廃棄物の同地域における処分は、禁止する。

2　核の爆発及び放射性廃棄物の処分を含む核エネルギーの利用に関する国際協定が、第9条に定める会合に代表者を参加させる権利を有するすべての締約国を当事国として締結される場合には、

その協定に基づいて定められる規則は、南極地域に適用する。

第6条【適用地域】 この条約の規定は、南緯60度以南の地域(すべての氷だなを含む。)に適用する。ただし、この条約のいかなる規定も、同地域内の公海に関する国際法に基づくいずれの国の権利又は権利の行使をも害するものではなく、また、これらにいかなる影響をも及ぼすものではない。

第7条【査察】 1 この条約の目的を促進し、かつ、その規定の遵守を確保するため、第9条にいう会合に代表者を参加させる権利を有する各締約国は、この条に定める査察を行なう監視員を指名する権利を有する。監視員は、その者を指名する締約国の国民でなければならない。監視員の氏名は、監視員を指名する権利を有する他のすべての締約国に通報し、また、監視員の任務の終了についても、同様の通告を行なう。

2 1の規定に従って指名された各監視員は、南極地域のいずれかの又はすべての地域にいつでも出入する完全な自由を有する。

3 南極地域のすべての地域(これらの地域におけるすべての基地、施設及び備品並びに南極地域における貨物又は人員の積卸し又は積込みの地点にあるすべての船舶及び航空機を含む。)は、いつでも、1の規定に従って指名される監視員による査察のため開放される。

4 監視員を指名する権利を有するいずれの締約国も、南極地域のいずれかの又はすべての地域の空中監視をいつでも行うことができる。

5 各締約国は、この条約がその国について効力を生じた時に、他の締約国に対し、次のことについて通報し、その後は、事前に通告を行う。
  (a) 自国の船舶又は国民が参加する南極地域向けの又は同地域にあるすべての探検隊及び自国の領域内で組織され、又は同領域から出発するすべての探検隊
  (b) 自国の国民が占拠する南極地域におけるすべての基地
  (c) 第1条2に定める条件に従って南極地域に送り込むための軍の要員又は備品

第8条【裁判権】 1 この条約に基づく自己の任務の遂行を容易にするため、第7条1の規定に基づいて指名された監視員及び第3条1(b)の規定に基づいて交換された科学要員並びにこれらの者に随伴する職員は、南極地域におけるその他のすべての者に対する裁判権についての締約国のそれぞれの地位を害することなく、南極地域にある間に自己の任務を遂行する目的をもって行なったすべての作為又は不作為については、自己が国民として所属する締約国の裁判権にのみ服する。

2 1の規定を害することなく、南極地域における裁判権の行使についての紛争に関係する締約国は、第9条1(e)の規定に従う措置が採択されるまでの間、相互に受諾することができる解決に到達するため、すみやかに協議する。

第9条【締約国の会合】 1 この条約の前文に列記する締約国の代表者は、情報を交換し、南極地域に関する共通の利害関係のある事項について協議し、並びに次のことに関する措置を含むこの条約の原則及び目的を助長する措置を立案し、審議し、及びそれぞれの政府に勧告するため、この条約の効力発生の日の後2箇月以内にキャンベラで、その後は、適当な間隔を置き、かつ、適当な場所で、会合する。
  (a) 南極地域を平和的目的のみに利用すること。
  (b) 南極地域における科学的研究を容易にすること。
  (c) 南極地域における国際間の科学的協力を容易にすること。
  (d) 第7条に定める査察を行なう権利の行使を容易にすること。
  (e) 南極地域における裁判権の行使に関すること。
  (f) 南極地域における生物資源を保護し、及び保存すること。

2 第13条の規定に基づく加入によりこの条約の当事国となった各締約国は、科学的基地の設置又は科学的探検隊の派遣のような南極地域における実質的な科学的研究活動の実施により、南極地域に対する自国の関心を示している間は、1にいう会合に参加する代表者を任命する権利を有する。

3 第7条にいう監視員からの報告は、1にいう会合に参加する締約国の代表者に送付する。

4 1にいう措置は、その措置を審議するために開催された会合に代表者を参加させる権利を有したすべての締約国により承認された時に効力を生ずる。

5 この条約において設定されたいずれかの又はすべての権利は、この条に定めるところによりその権利の行使を容易にする措置が提案され、審議され、又は承認されたかどうかを問わず、この条約の効力発生の日から行使することができる。

第10条【原則又は目的の確保】 各締約国は、いかなる者も南極地域においてこの条約の原則又は目的に反する活動を行なわないようにするため、国際連合憲章に従った適当な努力をすることを約

束する。

第11条【紛争の解決】1　この条約の解釈又は適用に関して二以上の締約国間に紛争が生じたときは、それらの締約国は、交渉、審査、仲介、調停、仲裁裁判、司法的解決又はそれらの締約国が選択するその他の平和的手段により紛争を解決するため、それらの締約国間で協議する。

2　前記の方法により解決されないこの種の紛争は、それぞれの場合にすべての紛争当事国の同意を得て、解決のため国際司法裁判所に付託する。もっとも、紛争当事国は、国際司法裁判所に付託することについて合意に達することができなかったときにも、1に掲げる各種の平和的手段のいずれかにより紛争を解決するため、引き続き努力する責任を免れない。

第12条【修正、改正】1(a)　この条約は、第9条に定める会合に代表者を参加させる権利を有する締約国の一致した合意により、いつでも修正し、又は改正することができる。その修正又は改正は、これを批准した旨の通告を寄託政府が前記のすべての締約国から受領した時に、効力を生ずる。

(b)　その後、この条約の修正又は改正は、他の締約国については、これを批准した旨の通告を寄託政府が受領した時に、効力を生ずる。他の締約国のうち、(a)の規定に従って修正又は改正が効力を生じた日から2年の期間内に批准の通告が受領されなかったものは、その期間の満了の日に、この条約から脱退したものとみなされる。

2(a)　この条約の効力発生の日から30年を経過した後、第9条に定める会合に代表者を参加させる権利を有するいずれかの締約国が寄託政府あての通報により要請するときは、この条約の運用について検討するため、できる限りすみやかにすべての締約国の会議を開催する。

(b)　前記の会議において、その会議に出席する締約国の過半数(ただし第9条に定める会合に代表者を参加させる権利を有する締約国の過半数を含むものとする。)により承認されたこの条約の修正又は改正は、その会議の終了後直ちに寄託政府によりすべての締約国に通報され、かつ、1の規定に従って効力を生ずる。

(c)　前記の修正又は改正がすべての締約国に通報された日の後2年の期間内に1(a)の規定に従って効力を生じなかったときは、いずれの締約国も、その期間の満了の後はいつでも、この条約から脱退する旨を寄託政府に通告することができる。その脱退は、寄託政府が通告を受領した後2年で効力を生ずる。

第13条【批准、加入、効力発生、登録】　(略)
第14条【正文】　(略)

3-2　南極のあざらしの保存に関する条約(南極あざらし保存条約)(抄)
Convention for the Conservation of Antarctic Seals

採　択　1972年6月1日(ロンドン)
効力発生　1978年3月11日
日本国　1972年12月28日署名、80年5月9日国会承認、8月28日受諾書寄託、9月5日公布(条約第27号)、9月27日効力発生
改　正　1990年2月28日(ロンドン)
効力発生　1990年3月27日(5月19日公布・外務省告示第172号)

前　文　(略)

第1条(適用範囲)1　この条約は、南緯60度以南の海域に適用するものとし、締約国は、この海域について南極条約第4条の規定を確認する。

2　この条約は次の種類について適用することができる。
　　みなみぞうあざらし(ミロウンガ・レオニナ)
　　ひょうあざらし(ヒュドルルガ・レプトニュクス)
　　ウェブデルあざらし(レプトニュコテス・ウェデルリ)
　　かにくいあざらし(ロボドン・カルキノファグス)
　　ロスあざらし(オンマトフォカ・ロスィ)
　　みなみおっとせい属(アルクトケファルス属)に属する種類

3　この条約の附属書は、この条約の不可分の一部をなす。

第2条(実施)1　締約国は自国民又は自国を旗国とする船舶が、この条約の他の規定に従う場合を除くほか、前条に掲げる種類のあざらしをこの条約の適用される区域内で殺さず又は捕獲しないことに同意する。

2　締約国は、自国民及び自国を旗国とする船舶について、この条約を実施するために必要な法令

その他の措置(適当な許可制度を含む。)をとる。

第3条(附属書に定める措置) 1　この条約は、締約国が採択する措置について定めている附属書を含む。締約国は、将来、あざらし資源の保存、科学的研究及び合理的かつ人道的な利用に関する他の措置を随時採択することができるものとし、これらの措置は、特に次の事項について定める。
- (a)　猟獲許容量
- (b)　保護される種類及び保護されない種類
- (c)　解禁期及び禁猟期
- (d)　解禁区域及び禁猟区域の指定(保護区域の指定を含む。)
- (e)　あざらしの生活を乱すことが禁止されている特別区域の指定
- (f)　種類ごとの性別、大きさ又は年齢に係る制限
- (g)　猟獲の時間に係る制限並びに猟獲努力量及び猟獲方法についての制限
- (h)　使用する猟具、装置及び器具の型式及び仕様
- (i)　猟獲報告その他統計上及び生物学上の記録
- (j)　科学的情報の検討及び評価を容易にするための手続
- (k)　その他の規制措置(効果的な検査制度を含む。)

2　1の規定により採択される措置は、入手可能な最良の科学的及び技術上の証拠に基づいたものとする。

3　附属書は、第9条に定める手続に従って随時改正することができる。

第4条(特別許可) 1　この条約の規定にかかわらず、いずれの締約国も、次のことを目的として、限られた数量のあざらしをこの条約の目的及び原則に従って殺し又は捕獲するための許可証を発給することができる。
- (a)　人又は犬に不可欠な食物を供給すること。
- (b)　科学的調査に供すること。
- (c)　標本を博物館、教育施設又は文化施設に提供すること。

2　各締約国は、他の締約国及び南極研究科学委員会〔編者注:国際学術連合会議が設立した委員会〕に対し、できる限り速やかに、1の規定に基づいて発給したすべての許可証の目的及び内容を通報するものとし、また、これらの許可証に基づいて殺され又は捕獲されたあざらしの頭数を通報する。

第5条(情報の交換及び科学上の助言) 1　各締約国は、附属書に定める期限までに、附属書に規定する情報を他の締約国及び南極研究科学委員会に提供する。

2　各締約国は、毎年10月31日前に、当該年の前年の7月1日から当該年の6月30日までの間に第2条の規定によりとった措置に関する情報を他の締約国及び南極研究科学委員会に提供する。

3　1又は2の規定により提供すべき情報を有しない締約国は、毎年10月31日前に、その旨を正式に通知する。

4　南極研究科学委員会は、次のことを行うよう要請される。
- (a)　この条の規定により受領した情報を評価し、締約国間における科学的資料及び情報の交換を奨励し、科学的調査計画を勧告し、この条約の適用される区域内での猟獲活動を通じて統計上及び生物学上の資料を収集することを勧告し並びに附属書の改正を示唆すること。
- (b)　この条約の適用される区域におけるいずれかの種類のあざらしの猟獲が当該種類のあざらしの総資源量又は特定の区域の生態系に著しく有害な影響を与えている場合には、入手可能な統計上及び生物学上の証拠その他の証拠を基礎として報告を行うこと。

5　南極研究科学委員会は、いずれの猟期においても、いずれかの種類のあざらしの猟獲許容量の限度を超えて猟獲が行われるおそれがあると予想する場合には、その旨を寄託政府に通知するとともに、猟獲許容量の限度に達すると予想される日を通知するよう要請される。寄託政府は、これらの通知を締約国に通報する。各締約国は、通報を受けた場合には、当該予想される日の後締約国が別段の決定を行うまでの間において自国民及び自国を旗国とする船舶が当該種類のあざらしを殺し又は捕獲することを防止するため、適当な措置をとる。

6　南極研究科学委員会は、情報を評価するに当たって必要な場合には、国際連合食糧農業機関に対し技術上の援助を求めることができる。

7　第1条1の規定にかかわらず、締約国は、国内法令に従い、同条2に掲げる南極のあざらしであって南緯60度以北の浮氷海域において自国民及び自国を旗国とする船舶が殺し又は捕獲したものに関する統計を検討のため相互に及び南極研究科学委員会に通報する。

第6条(締約国間の協議) 1　締約国は、商業的猟獲が開始された後はいつでも、次のことを目的とする締約国会議の招集を寄託政府を通じて提案することができる。
- (a)　締約国の3分の2以上の多数(会議に出席するすべての署名国の賛成票を含む。)による議

決で、この条約の実施のための効果的な取締制度(検査を含む。)を設けること。
(b) この条約に基づく任務で締約国が必要と認めるものを遂行するための委員会を設置すること。
(c) その他の事項を検討すること。これらの事項は、次のことを含む。
(i) 独自の科学上の助言を提供すること。
(ii) 商業的猟獲が相当の規模に達した場合には、3分の2以上の多数による議決で、この条約により南極研究科学委員会に要請される任務の一部又は全部を与えられる科学諮問委員会を設置すること。
(iii) 締約国の参加を得て科学的計画を実施すること。
(iv) 新たな規制措置(猟獲の一時的禁止を含む。)を定めること。
2 締約国の3分の1が同意した場合には、寄託政府は、できる限り速やかに、1の締約国会議を招集する。
3 この条約の適用される区域におけるいずれかの種類のあざらしの猟獲が当該種類のあざらしの総資源量又は特定の区域の生態系に著しく有害な影響を与えている旨の報告を南極研究科学委員会が行った場合には、いずれかの締約国の要請により締約国会議を開催する。

第7条(運用の検討) (略)
第8条(この条約の改正) (略)
第9条(附属書の改正) (略)
第10条(署名) (略)
第11条(批准) (略)
第12条(加入) (略)
第13条(効力発生) (略)
第14条(脱退) (略)
第15条(寄託政府による通報) (略)
第16条(認証謄本及び登録) (略)

附属書 (略)

3-3 南極の海洋生物資源の保存に関する条約(南極海洋生物資源保存条約)(抄)
Convention on the Conservation of Antarctic Marine Living Resources

作　　成　1980年5月20日(キャンベラ)
効力発生　1982年4月7日
日　本　国　1980年9月12日署名、1981年4月24日国会承認、5月26日受諾書寄託、1982年4月3日公布(条約第3号)、4月7日効力発生

前　文　(略)

第1条【適用範囲、定義】 1 この条約は、南緯60度以南の地域における南極の海洋生物資源及び南緯60度と南極収束線との間の地域における南極の海洋生態系に属する南極の海洋生物資源について適用する。
2 南極の海洋生物資源とは、ひれを有する魚類、軟体動物、甲殻類その他の南極収束線以南に存在するすべての種類の生物(鳥類を含む。)である資源をいう。
3 南極の海洋生態系とは、南極の海洋生物資源の相互の関係及び南極の海洋生物資源とこれらの資源を含む自然環境との関係が複合しているものをいう。
4 1の南極収束線とみなす線は、緯度線及び子午線に沿って次の点を結ぶ線とする。
南緯50度経度零度、南緯50度東経30度、南緯45度東経30度、南緯45度東経80度、南緯55度東経80度、南緯55度東経150度、南緯60度東経150度、南緯60度西経50度、南緯50度西経50度及び南緯50度経度零度

第2条【目的及び原則】 1 この条約の目的は、南極の海洋生物資源を保存することにある。
2 この条約の適用上、「保存」には、合理的な利用を含む。
3 この条約の適用される地域における採捕及びこれに関連する活動は、この条約及び保存に関する次の原則に従って行う。
(a) 採捕の対象となる資源について、その量が当該資源の安定した加入を確保する水準を下回ることとなることを防ぐこと。このため、資源の量は、最大の年間純加入量を確保する水準に近い水準以下に減少させてはならない。
(b) 南極の海洋生物資源のうちの採捕の対象となる資源、これに依存する資源及び採捕の対象となる資源と関係のある資源の間の生態学的関係を維持すること並びに枯渇した資源についてその量を(a)前段に規定する水準に回復させること。

(c) 南極の海洋生物資源の持続的保存を可能にするため、採捕の直接的及び間接的な影響、外来種の導入の及ぼす影響、採捕に関連する活動の海洋生態系に及ぼす影響並びに環境の変化の及ぼす影響に関する利用可能な知識の確実性の度合を考慮に入れて、海洋生態系の復元が20年若しくは30年にわたり不可能となるおそれのある海洋生態系における変化が生ずることを防止すること又はこれらの変化が生ずる危険性を最小限にすること。

第3条【南極条約の拘束性】締約国は、南極条約の締約国であるかないかを問わず、南極条約地域において南極条約の原則及び目的に反する活動を行わないこと並びに相互の関係において南極条約第1条及び第5条に定めるところの義務に拘束されることに同意する。

第4条【領土権・沿岸国管轄権】1　南極条約地域については、すべての締約国は、南極条約の締約国であるかないかを問わず、相互の関係において南極条約第4条及び第6条の規定に拘束される。

2　この条約のいかなる規定も、及びこの条約の有効期間中に行われるいかなる行為又は活動も、

(a) 南極条約地域における領土についての請求権を主張し、支持し若しくは否認するための基礎を成し又は南極条約地域における主権を設定するものではない。

(b) この条約の適用される地域において国際法に基づく沿岸国の管轄権を行使する権利若しくは当該管轄権を行使することについての請求権若しくは請求権の基礎をいずれかの締約国に対し放棄させ若しくは縮小させ又はこれらの権利、請求権若しくは請求権の基礎を害するものと解してはならない。

(c) (b)に規定する権利、請求権又は請求権の基礎を承認し又は否認することについてのいずれかの締約国の地位を害するものと解してはならない。

(d) 南極条約の有効期間中は南極地域における領土についての新たな請求権又は既存の請求権の拡大を主張してはならないことを定めている南極条約第4条2の規定に影響を及ぼすものではない。

第5条【南極条約協議国の措置】1　南極条約の締約国でないこの条約の締約国は、南極条約地域の環境の保全についての南極条約協議国の特別の義務及び責任を認める。

2　南極条約の締約国でないこの条約の締約国は、南極条約地域におけるその活動につき、適当と認めるときは南極の動物相及び植物相の保存のための合意された措置及び南極条約協議国が人間の及ぼすあらゆる形態の有害な影響から南極の環境を保全する責任を果たすに当たって勧告した他の措置を遵守することを合意する。

3　この条約の適用上、「南極条約協議国」とは、その代表者が南極条約第9条に定める会合に参加する南極条約の締約国をいう。

第6条【国際捕鯨・あざらし条約との関係】この条約のいかなる規定も、この条約の締約国が国際捕鯨取締条約及び南極のあざらしの保存に関する条約に基づき有する権利を害し及びこれらの条約に基づき負う義務を免れさせるものではない。

第7条【委員会の構成国】1　締約国は、この条約により南極の海洋生物資源の保存に関する委員会(以下「委員会」という。)を設置するものとし、これを維持することを合意する。

2　委員会の構成国は、次のとおりとする。

(a) この条約を採択した会合に参加した各締約国は、委員会の構成国となる。

(b) 第29条の規定に基づいてこの条約に加入した各国は、当該加入国がこの条約の適用の対象となる海洋生物資源に関する調査活動又は採捕活動に従事している間、委員会の構成国となる資格を有する。

(c) 第29条の規定に基づいてこの条約に加入した地域的な経済統合のための各機関は、機関の構成国が委員会の構成国となる資格を有する間、委員会の構成国となる資格を有する。

(d) (b)及び(c)の規定に基づき委員会の作業に参加することを求める締約国は、委員会の構成国となることを求める根拠及びその時において有効な保存措置を受諾する意思を寄託政府に通告する。寄託政府は、その通告及びこれに添付された情報を委員会の各構成国に通報する。委員会のいずれの構成国も、寄託政府からその通報を受けた後2箇月以内に、この問題を検討するための委員会の特別会合を開くよう要請することができる。その要請があったときは、寄託政府は、特別会合を招集する。特別会合の招集の要請がなかったときは、当該通告を行った締約国は、委員会の構成国となるための要件を満たしたものとみなされる。

3　委員会の各構成国は、1人の代表により代表される。代表は、代表代理及び随員を同伴することができる。

第8条【委員会の地位】委員会は、法人格を有するものとし、各締約国の領域において、その任務の遂行及びこの条約の目的の達成のために必要な法律上の能力を有する。締約国の領域における委

員会及びその職員の特権及び免除は、委員会と当該締約国との間の合意によって決定する。

第9条【委員会の任務】 1　委員会は、第2条に定める目的及び原則を実施する任務を有する。委員会は、このため、次のことを行う。
　(a)　南極の海洋生物資源及び南極の海洋生態系に関する調査及び包括的な研究を促進すること。
　(b)　南極の海洋生物資源の量の状態及び変化に関する資料並びに採捕の対象となる種又はこれに依存し若しくは採捕の対象となる種と関係のある種若しくは個体群の分布、豊度及び生産性に影響を及ぼす要素に関する資料を取りまとめること。
　(c)　採捕の対象となる資源についての採捕量及び採捕努力量に関する統計の入手を確保すること。
　(d)　(b)及び(c)の規定に基づき得た情報並びに科学委員会の報告を分析し、普及させ及び刊行すること。
　(e)　保存の必要性を明らかにし及び保存措置の効果について分析すること。
　(f)　5の規定に従うことを条件として、利用可能な最良の科学的証拠に基づいた保存措置を作成し、採択し及び修正すること。
　(g)　第24条の規定に基づいて設けられた監視及び検査の制度を実施すること。
　(h)　この条約の目的を達成するために必要な他の活動を行うこと。
2　1(f)に規定する保存措置には、次のことを含む。
　(a)　この条約の適用される地域において採捕することのできる種別の量を指定すること。
　(b)　南極の海洋生物資源の分布に基づいて区域及び小区域を指定すること。
　(c)　区域及び小区域において採捕することのできる資源の量を指定すること。
　(d)　保護される種を指定すること。
　(e)　採捕することのできる種の大きさ、年齢及び、適当な場合には、性別を指定すること。
　(f)　採捕の解禁期及び禁止期を指定すること。
　(g)　採捕が科学的研究及び保存のために解禁され及び禁止される地域、区域及び小区域を指定すること(保護及び科学的研究のための特別区域を指定することを含む。)。
　(h)　いずれの区域又は小区域においても採捕の集中が過度になることを特に避けるため、採捕努力量及び採捕の方法(漁具を含む。)について規制すること。
　(i)　委員会がこの条約の目的を達成するために必要と認めるその他の保存措置(採捕及びこれに関連する活動が採捕の対象となる資源以外の海洋生態系の構成要素に与える影響に関する措置を含む。)をとること。
3　委員会は、すべての有効な保存措置についての記録を刊行し、常時整備する。
4　委員会は、1に定める任務を遂行するに当たり、科学委員会の勧告及び助言を十分に考慮する。
5　委員会は、南極条約第9条の規定に基づく南極条約協議国会議又はこの条約の適用される地域に入ってくる種について責任を有する漁業委員会が作成し又は勧告したすべての関連措置又は規制の下での締約国の権利及び義務と、委員会の採択する保存措置の下での締約国の権利及び義務とが抵触しないようにするため、これらの関連措置又は規則を十分に考慮する。
6　委員会の構成国は、この条約に従って委員会が採択した保存措置を次の方法により実施する。
　(a)　委員会は、委員会のすべての構成国に対し保存措置について通告する。
　(b)　保存措置は、(c)及び(d)の場合を除くほか、(a)に規定する通告の後180日で委員会のすべての構成国について拘束力を生ずる。
　(c)　委員会のいずれかの構成国が(a)に規定する通告の後90日以内に保存措置の全体又は一部を受諾することができない旨を委員会に通告した場合には、当該構成国は、その通告により表明した範囲において保存措置に拘束されない。
　(d)　委員会のいずれかの構成国が(c)の規定による手続を援用した場合には、委員会は、委員会のいかなる構成国の要請によっても、当該保存措置について検討するために会合する。その会合の時に及びその会合の後30日以内に、委員会のいかなる構成国も、当該保存措置を受諾することができなくなった旨を宣言する権利を有する。その宣言が行われた場合には、当該構成国は、当該保存措置に拘束されない。

第10条【委員会による注意喚起】 1　委員会は、この条約の締約国でない国の国民又は船舶による活動であってこの条約の目的の達成に影響を及ぼすと委員会が認めるものについて、当該国の注意を喚起する。
2　委員会は、すべての締約国に対し、締約国による活動であって当該締約国によるこの条約の目的の達成又はこの条約に基づく当該締約国の義務の履行に影響を及ぼすと委員会が認めるものについて注意を喚起する。

第11条【委員会の協力】 委員会は、この条約の適用さ

れる地域及び当該地域に近接する海域であっていずれかの締約国が管轄権を行使することのできるものの双方において発生する種又はこれと密接な関係のある種の系群の保存について当該締約国と協力するよう努めるものとし、これらの系群に関してとられた保存に係る措置の調和を図るものとする。

第12条【委員会の表決】 1　実質事項に関する委員会の決定は、意見の一致(consensus)によって行う。ある事項が実質事項であるかないかの問題は、実質事項として取り扱う。

2　1の事項以外の事項に関する決定は、出席しかつ投票する委員会の構成国の単純多数による議決で行う。

3　委員会において決定を必要とする議題の検討が行われる場合には、地域的な経済統合のための機関が当該決定に参加するか参加しないか及び、参加するときは、当該機関のいずれの構成国が同時に参加するかが明らかにされなければならない。当該決定にこのようにして参加する締約国の数は、委員会の構成国である当該機関の構成国の数を超えてはならない。

4　この条の規定に従って決定が行われる場合には、地域的な経済統合のための機関は、一の票のみを有する。

第13条【委員会の本部・会合・役員・手続】 1　委員会の本部は、オーストラリアのタスマニア州ホバートに置く。

2　委員会は、年次通常会合を開催する。その他の会合は、構成国の3分の1の要請により及びこの条約の他の規定に定めるところにより開催する。委員会は、その第1回会合を、この条約の適用される地域において採捕活動を行っている国のうち少なくとも二の国が締約国に含まれていることを条件として、この条約の効力発生の後3箇月以内に開催するものとし、また、いかなる場合にも、この条約の効力発生の後1年以内に開催する。寄託政府は、委員会の実効的な運営のためにできる限り多数の署名国が委員会に代表されることの必要性を考慮に入れ、委員会の第1回会合に関して署名国と協議を行う。

3　寄託政府は、委員会の本部において委員会の第1回会合を招集する。その後の委員会の会合も、委員会が別段の決定を行わない限り、委員会の本部において開催する。

4　委員会は、構成国の代表のうちから議長及び副議長を選出する。議長及び副議長は、それぞれ2年の任期で在任するものとし、さらに一の任期につき再選される資格を有する。もっとも、最初の議長は、最初の任期を3年として選出される。議長及び副議長は、同じ締約国の代表であってはならない。

5　委員会は、前条に規定する事項に関するものを除くほか、その会合の運営に関する手続規則を採択し及び必要に応じて改正する。

6　委員会は、その任務の遂行に必要な補助機関を設けることができる。

第14条【科学委員会の構成国】 1　締約国は、委員会の協議機関(consultative body)として、この条約により南極の海洋生物資源の保存のための科学委員会(以下「科学委員会」という。)を設置する。科学委員会は、別段の決定を行わない限り、通常、委員会の本部において会合する。

2　委員会の構成国は、科学委員会の構成国となるものとし、適当な科学上の資格を有する代表を任命する。代表は、他の専門家及び顧問を同伴することができる。

3　科学委員会は、必要に応じて特別に、他の科学者及び専門家の助言を求めることができる。

第15条【科学委員会の任務】 1　科学委員会は、この条約の適用の対象となる海洋生物資源に係る情報の収集、研究及び交換に関する協議及び協力のための場を設け並びに南極の海洋生態系に属する海洋生物資源に関する知識を広めるための科学的調査の分野における協力を奨励し及び促進する。

2　科学委員会は、委員会がこの条約の目的を達成するために指示を与える活動を行うものとし、また、次のことを行う。

　(a)　第9条に規定する保存措置に関する決定のために用いられる基準及び方法を定めること。

　(b)　南極の海洋生物資源の量の状態及び傾向を定期的に評価すること。

　(c)　採捕が南極の海洋生物資源に対し及ぼす直積的及び間接的な影響に関する資料を分析すること。

　(d)　採捕の方法又は規模について提案された変更及び提案された保存措置の効果を評価すること。

　(e)　この条約の目的を達成するための措置及び調査に関し、要請に応じて又は自己の発意により、評価、分析、報告及び勧告を委員会に送付すること。

　(f)　南極の海洋生物資源についての国際的な又は一国による調査計画の実施のための提案を作成すること。

3　科学委員会は、その任務の遂行に当たり、他の適切な技術的及び科学的機関の作業並びに南極

条約の枠組みにおいて行われる科学的活動を考慮する。

第16条【科学委員会の会合・手続】 （略）

第17条【事務局】 1　委員会は、委員会の決定する手続及び条件に従い、委員会及び科学委員会の活動のために事務局長を任命する。事務局長の任期は、4年とし、また、事務局長は、再任されることができる。

2　委員会は、必要な事務局の組織を認めるものとし、事務局長は、委員会の決定する規則、手続及び条件に従い、事務局の職員を任命し、指揮し及び監督する。

3　事務局長及び事務局は、委員会の委託する任務を遂行する。

第18条【公用語】 （略）

第19条【予算・財政制度】 （略）

第20条【情報・資料の提供】 1　委員会の構成国は、委員会及び科学委員会がそれぞれの任務の遂行に当たって必要とする統計上、生物学上その他の資料及び情報を最大限度可能な範囲で委員会及び科学委員会に毎年提供する。

2　委員会の構成国は、信頼し得る採捕量及び採捕努力量に関する統計を取りまとめることができるようにするため、自国の採捕活動に関する情報（採捕地域及び船舶に関する情報を含む。）につき、定められた方法及び間隔で提供する。

3　委員会の構成国は、委員会の採択した保存措置を実施するためにとった措置に関する情報を定められた間隔で委員会に提供する。

4　委員会の構成国は、採捕の影響を評価するために必要な資料を自国の採捕活動を利用して収集することに同意する。

第21条【国内措置】 1　各締約国は、この条約の規定及び委員会の採択した保存措置であって第9条の定めるところにより自国が拘束されるものの遵守を確保するため、その権限の範囲内で適当な措置をとる。

2　各締約国は、1の規定に基づいてとった措置(違反に対する制裁を含む。)に関する情報を委員会に送付する。

第22条【条約目的に違反する活動の防止】 1　各締約国は、いかなる者もこの条約の目的に反する活動を行わないようにするため、国際連合憲章に従った適当な努力をすることを約束する。

2　各締約国は、自国の知ったこの条約の目的に反するいかなる活動についても、委員会に通告する。

第23条【他の国際機関との協力】 1　委員会及び科学委員会は、南極条約協議国の権限内にある事項について南極条約協議国と協力する。

2　委員会及び科学委員会は、適当な場合には、国際連合食糧農業機関その他の専門機関と協力する。

3　委員会及び科学委員会は、適当な場合には、その作業に貢献することのできる政府間の及び非政府の機関(南極研究科学委員会、海洋研究科学委員会及び国際捕鯨委員会を含む。)との作業上の協力関係を発展させるよう努める。

4　委員会は、この条に規定する機関及び、適当な場合には、他の機関と取決めを行うことができる。委員会及び科学委員会は、これらの機関に対し、委員会、科学委員会及びこれらの補助機関の会合にオブザーバーを派遣するよう招請することができる。

第24条【監視・検査制度】 1　この条約の目的を推進し、かつ、この条約が遵守されることを確保するため、締約国は、監視及び検査の制度を設けることを合意する。

2　委員会は、次の原則を基礎として監視及び検査の制度を組織する。

　(a)　締約国は、既存の国際慣行を考慮しつつ、監視及び検査の制度の効果的な実施を確保するために相互に協力する。この制度には、特に、委員会の構成国の指名する監視員及び検査員による乗船及び検査に関する手続並びに乗船及び検査の結果得られた証拠に基づいて旗国が行う訴追及び制裁に関する手続を含める。行った訴追及び課した制裁についての報告は、第21条に規定する情報に含める。

　(b)　この条約の定めるところによりとられた措置の遵守を確認するため、監視及び検査は、委員会の構成国の指名する監視員及び検査員が、委員会の定める条件に従い、この条約の適用される地域における海洋生物資源の科学的調査又は採捕に従事する船舶に乗船することにより実施する。

　(c)　指名された監視員及び検査員は、自己が国籍を有する締約国の管轄の下に置かれる。監視員及び検査員は、自己を指名した委員会の構成国に対し報告を行い、当該構成国は、委員会に対し報告を行う。

3　委員会の構成国は、監視及び検査の制度が組織されるまでの間、監視員及び検査員を指名するための暫定的措置をとるよう努めるものとし、このようにして指名された監視員及び検査員は、2に定める原則に基づいて検査を実施する権限を与えられる。

第25条【紛争の解決】 1　この条約の解釈又は適用に関して二以上の締約国間に紛争が生じたときは、

これらの締約国は、交渉、審査、仲介、調停、仲裁、司法的解決又はこれらの締約国が選択するその他の平和的手段により紛争を解決するため、これらの締約国間で協議する。
2　1に規定する紛争で1の規定によって解決されなかったものは、それぞれの場合にすべての紛争当事国の同意を得て、解決のため国際司法裁判所又は仲裁に付託する。もっとも、紛争当事国は、国際司法裁判所又は仲裁に付託することについて合意に達することができなかった場合においても、1に規定する各種の平和的手段のいずれかにより紛争を解決するため引き続き努力する責任を免れない。

3　紛争が仲裁に付託される場合には、仲裁裁判所は、この条約の附属書の定めるところにより構成する。

第26条【署名】　（略）
第27条【批准・受諾・承認】　（略）
第28条【効力発生】　（略）
第29条【加入】　（略）
第30条【改正】　（略）
第31条【脱退】　（略）
第32条【寄託政府】　（略）
第33条【正文】　（略）

仲裁裁判所に関する附属書　（略）

3-4　環境保護に関する南極条約議定書（南極条約環境保護議定書）（抄）

Protocol on Environmental Protection to the Antarctic Treaty

附属書Ⅰ	環境影響評価
附属書Ⅱ	南極の動物相及び植物相の保存
附属書Ⅲ	廃棄物の処分及び廃棄物の管理
附属書Ⅳ	海洋汚染の防止
	作　　成　　1991年10月4日（マドリード）
	効力発生　　1998年1月14日
	日　本　国　1992年9月29日署名、1997年4月3日国会承認、12月15日受諾書寄託、12月18日公布（条約第14号）、1998年1月14日発効
附属書Ⅴ	地区の保護及び管理
	作　　成　　1991年10月17日（ボン）
	効力発生　　1998年1月14日
	日　本　国　1992年9月29日署名、1997年4月3日国会承認、12月15日受諾書寄託、12月18日公布（条約第18号）、1998年1月14日発効
附属書Ⅵ	環境上の緊急事態から生じる責任
	作　　成　　2005年6月14日（ストックホルム）
	効力発生
	日　本　国

前　文　（略）

第1条（定義）この議定書の適用上、
(a)　「南極条約」とは、1959年12月1日にワシントンで作成された南極条約をいう。
(b)　「南極条約地域」とは、南極条約第6条の規定に従い同条約の適用される地域をいう。
(c)　「南極条約協議国会議」とは、南極条約第9条に定める会合をいう。
(d)　「南極条約協議国」とは、南極条約第9条に定める会合に参加する代表者を任命する権利を有する同条約の締約国をいう。
(e)　「南極条約体制」とは、南極条約、同条約に基づく有効な措置、同条約に関連する別個の有効な国際文書及びこれらの国際文書に基づく有効な措置をいう。
(f)　「仲裁裁判所」とは、この議定書の不可分の一部を成す付録によって設置される仲裁裁判所をいう。
(g)　「委員会」とは、第11条の規定によって設置される環境保護委員会をいう。

第2条（目的及び指定）締約国は、南極の環境並びにこれに依存し及び関連する生態系を包括的に保護することを約束し、この議定書により、南極地域を平和及び科学に貢献する自然保護地域として指定する。

第3条(環境に関する原則) 1 南極の環境並びにこれに依存し及び関連する生態系の保護並びに南極地域の固有の価値(原生地域としての価値、芸術上の価値及び科学的調査(特に、地球環境の理解のために不可欠な調査)を実施するための地域としての価値を含む。)の保護は、南極条約地域におけるすべての活動を計画し及び実施するに当たり考慮すべき基本的な事項とする。

2 このため、
(a) 南極条約地域における活動は、南極の環境並びにこれに依存し及び関連する生態系に対する悪影響を限定するように計画し及び実施する。
(b) 南極条約地域における活動については、次のことを回避するように計画し及び実施する。
  (i) 気候又は天候に対する悪影響
  (ii) 大気の質又は水質に対する著しい悪影響
  (iii) 大気、陸上(陸水を含む。)氷河又は海洋における環境の著しい変化
  (iv) 動物及び植物の種又は種の個体群の分布、豊度又は生産性の有害な変化
  (v) 絶滅のおそれがあり若しくは脅威にさらされている種又はこのような種の個体群を更に危険な状態にすること。
  (vi) 生物学上、科学上、歴史上、芸術上又は原生地域として重要な価値を有する地域の価値を減じ又はこれらの地域を相当な危険にさらすこと。
(c) 南極条約地域における活動については、南極の環境並びにこれに依存し及び関連する生態系並びに南極地域の科学的調査を実施する地域としての価値に対して当該活動が及ぼすおそれのある影響につき事前の評価を可能にする十分な情報に基づき及びこの影響を知った上での判断に基づき、計画し及び実施する。このような判断に当たっては、次の事項を十分に考慮する。
  (i) 活動の範囲(地域、期間及び程度を含む。)
  (ii) 活動の累積的な影響(当該活動自体によるもの及び南極条約地域における他の活動の影響との複合によるものの双方)
  (iii) 活動が南極条約地域における他の活動に有害な影響を及ぼすか否か。
  (iv) 環境上問題が生じさせないように作業を行うための技術及び手順が利用可能であるか否か。
  (v) 活動が及ぼす悪影響を特定し及び早期に警告を与えるために主要な環境上の指標及び生態系の構成要素を監視する能力の有無並びに南極の環境並びにこれに依存し及び関連する生態系に関する監視の結果又は知識の増進に照らして必要となる作業手順の修正を行うための能力の有無
  (vi) 事故(特に、環境に影響を及ぼすおそれのあるもの)に対し迅速かつ効果的に対応する能力の有無
(d) 実施中の活動の影響についての評価(予測された影響の検証を含む。)を行うため、定期的かつ効果的な監視を行う。
(e) 南極条約地域の内外で実施される活動が南極の環境並びにこれに依存し及び関連する生態系に及ぼす予測されなかった影響を早期に探知することを容易にするため、定期的かつ効果的な監視を行う。

3 南極条約地域における活動については、科学的調査を優先するよう及び南極地域の科学的調査(地球環境理解のために不可欠な調査を含む。)を実施する地域としての価値を保護するように計画し及び実施する。

4 南極条約地域において科学的調査の計画に基づき実施される活動、同地域における観光並びに政府及び非政府の他のすべての活動であって、南極条約第7条5の規定に従い事前の通告を必要とするもの(関連する後方支援活動を含む。)については、
(a) この条に定める原則に適合する方法で行う。
(b) この条に定める原則に反して南極の環境又はこれに依存し若しくは関連する生態系に影響を及ぼし又は及ぼすおそれがある場合には、修正し、停止し又は取りやめる。

第4条(南極条約体制における他の構成要素との関係)
1 この議定書は、南極条約を補足するものとし、同条約を修正し又は改正するものではない。
2 この議定書のいかなる規定も、締約国が南極条約体制における他の有効な国際文書に基づき有する権利を害し及びこれらの国際文書に基づき負う義務を免れさせるものではない。

第5条(南極条約体制における他の構成要素との整合性) 締約国は、この議定書の目的及び原則の達成を確保するため並びに南極条約体制における他の有効な国際文書の目的及び原則の達成に影響を及ぼすことを回避し又はこれらの国際文書の実施とこの議定書の実施との間の抵触を回避するため、これらの国際文書の締約国及びこれらの国際文書に基づいて設置された機関と協議し及び協力する。

第6条(協力) 1 締約国は、南極条約地域における活動を計画し及び実施するに当たり、協力する。

このため、各締約国は、次のことを行うよう努力する。
  (a) 南極の環境並びにこれに依存し及び関連する生態系の保護に関し、科学上、技術上及び教育上の価値を有する協力計画を促進すること。
  (b) 他の締約国に対し、環境影響評価の実施について適当な援助を与えること。
  (c) 要請により、他の締約国に対し、環境に対する潜在的な危険に関する情報を提供すること並びに南極の環境又はこれに依存し及び関連する生態系に損害を与えるおそれのある事故の影響を最小にするための援助を与えること。
  (d) 場所のいかんを問わず過度の集中によって生ずる累積的な影響を回避するため、将来設置される基地その他の施設の場所の選択に関し他の締約国と協議すること。
  (e) 適当な場合には、合同で探検を行うこと及び基地その他の施設を共同で使用すること。
  (f) 南極条約協議国会議が合意する措置をとること。
2 各締約国は、南極の環境並びにこれに依存し及び関連する生態系を保護するため、他の締約国が南極条約地域における活動を計画し及び実施するに当たり当該地の締約国にとって有用な情報を可能な範囲で提供することを約束する。
3 締約国は、南極条約地域における活動が同地域に近接する地域の環境に悪影響を及ぼさないことを確保するため、当該近接する地域において管轄権を行使する締約国と協力する。

第7条(鉱物資源に関する活動の禁止) 鉱物資源に関するいかなる活動も、科学的調査を除くほか、禁止する。

第8条(環境影響評価) 1 2に規定する活動が計画される場合には、当該活動は、次のいずれの影響を及ぼすと判断されるかに応じ、南極の環境又はこれに依存し若しくは関連する生態系に及ぼす影響についての事前の評価のための手続であって附属書Iに規定するものに従うものとする。
  (a) 軽微な又は一時的な影響を下回る影響
  (b) 軽微な又は一時的な影響
  (c) 軽微な又は一時的な影響を上回る影響
2 各締約国は、附属書Iに規定する評価の手続が、南極条約地域において科学的調査の計画に基づき実施されるすべての活動、同地域における観光並びに政府及び非政府の他のすべての活動であって、南極条約第7条5の規定に従い事前の通告を必要とするもの(関連する後方支援活動を含む。)に関する決定に至るまでの立案過程において適用されることを確保する。
3 附属書Iに規定する評価の手続は、活動のいかなる変更(既存の活動の拡大若しくは縮小、活動の追加、施設の廃棄又はその他の理由のいずれによって生ずるかを問わない。)についても適用する。
4 二以上の締約国が共同で活動を計画する場合には、関係締約国は、附属書Iに規定する環境影響評価の手続の実施を調整する一の締約国を指定する。

第9条(附属書) 1 この議定書の附属書は、この議定書の不可分の一部を成す。
2 附属書Iから附属書IVまでの附属書のほかに追加される附属書は、南極条約第9条の規定に従って採択され、効力を生ずる。
3 附属書改正及び修正は、南極条約第9条の規定に従って採択され、効力を生ずる。ただし、いかなる附属書も、その附属書自体に改正及び修正が速やかに効力を生ずるための規定を定めることができる。
4 2及び3の規定に従って効力を生じた附属書並びに附属書の改正及び修正は、附属書自体に改正又は修正の効力発生について別段の定めがない限り、南極条約協議国でない南極条約の締約国又は採択の時に南極条約協議国でなかった南極条約の締約国については、寄託政府が当該締約国の承認の通告を受領した時に効力を生ずる。
5 附属書に別段の定めがある場合を除くほか、附属書は、第18条から第20条までに規定する紛争解決のための手続の適用を受ける。

第10条(南極条約協議国会議) 1 南極条約協議国会議は、利用可能な最善の科学上及び技術上の助言を参考として、次のことを行う。
  (a) この議定書の規定に従い、南極の環境並びにこれに依存し及び関連する生態系の包括的な保護についての一般的な政策を定めること。
  (b) この議定書の実施のため、南極条約第9条の規定に基づく措置をとること。
2 南極条約協議国会議は、委員会によって行われた作業を検討するものとし、1に規定する任務を遂行するに当たり、委員会の助言及び勧告並びに南極研究科学委員会の助言を十分に参考とする。

第11条(環境保護委員会) 1 この議定書により環境保護委員会を設置する。
2 各締約国は、委員会の構成国となる権利及び代表を任命する権利を有する。代表は専門家及び顧問を伴うことができる。

3 委員会におけるオブザーバーとしての地位は、この議定書の締約国でない南極条約のすべての締約国に開放される。
4 委員会は、南極研究科学委員会の委員長及び南極の海洋生物資源の保存のための科学委員会の議長に対しオブザーバーとして委員会の会合に参加するよう招請する。委員会は、更に、南極条約協議国会議の承認を得て、委員会の作業に貢献することができる他の適切な科学的機関、環境に関する機関及び技術的機関に対し委員会の会合にオブザーバーとして参加するよう招請することができる。
5 委員会は、その会合の報告書を南極条約協議国会議に提出する。当該報告者は、委員会の会合で審議されたすべての問題を対象とし、及びその会合で表明された見解を反映するものとする。当該報告書は、その会合に出席した締約国及びオブザーバーに送付し、その後一般に利用可能なものとする。
6 委員会は、南極条約協議国会議による承認を条件として、委員会の手続規則を採択する。

第12条(委員会の任務) 1 委員会の任務は、附属書の運用を含むこの議定書の実施に関し南極条約協議国会議における審議のため締約国に対し助言を与え及び勧告を行うこと並びに同会議によって委員会に委任されるその他の任務を遂行することとする。特に、委員会は、次の事項に関して助言を与える。
 (a) この議定書に従ってとられる措置の効果
 (b) この議定書に従ってとられる措置を状況に応じて改定し、強化し又は改善する必要性
 (c) 適当な場合には、追加的な措置(附属書の追加を含む。)の必要性
 (d) 第8条及び附属書Ⅰに規定する環境影響評価の手続の適用及び実施
 (e) 南極条約地域における活動の環境に対する影響を最小にし又は緩和する方法
 (f) 緊急措置を必要とする事態についての手続(環境上の緊急事態における対応措置を含む。)
 (g) 南極保護地区制度の運用及び改善
 (h) 査察の手続(査察の報告書の様式及び査察の実施のための点検項目の一覧表を含む。)
 (i) 環境保護に関する情報の収集、蓄積、交換及び評価
 (j) 南極の環境の状態
 (k) この議定書の実施に関連する科学的調査(環境の監視を含む。)の必要性
2 委員会は、その任務を遂行するに当たり、適当な場合には、南極研究科学委員会、南極の海洋生物資源の保存のための科学委員会並びに他の適切な科学的機関、環境に関する機関及び技術的機関と協議する。

第13条(この議定書の遵守) 1 各締約国は、この議定書の遵守を確保するため、その権限の範囲内で適当な措置(法令の制定、行政措置及び執行措置を含む。)をとる。
2 各締約国は、いかなる者もこの議定書に反する活動を行わないようにするため、国際連合憲章に従った適当な努力をする。
3 各締約国は、1及び2の規定に従ってとる措置を他のすべての締約国に通報する。
4 各締約国は、この議定書の目的及び原則の実施に影響を及ぼすと認めるすべての活動につき他のすべての締約国の注意を喚起する。
5 南極条約協議国会議は、この議定書の締約国でない国に対し、当該国又はその機関、自然人、法人若しくは船舶、航空機その他の輸送手段によって実施される活動であってこの議定書の目的及び原則の実施に影響を及ぼすすべてのものについて注意を喚起する。

第14条(査察) 1 南極条約協議国は、南極の環境並びにこれに依存し及び関連する生態系の保護を促進し並びにこの議定書の遵守を確保するため、単独で又は共同して、南極条約第7条の規定に従って行われる監視員による査察のための措置をとる。
2 監視員は、次の者とする。
 (a) いずれかの南極条約協議国によって指名される当該南極条約協議国の国民である監視員
 (b) 南極条約協議国会議の定める手続に従い査察を行うため同会議で指名される監視員
3 締結国は、査察を行う監視員と十分に協力するものとし、査察の間、南極条約第7条3の規定に基づく査察ために開放されている基地、施設、備品、船舶及び航空機のすべての部分並びにこの議定書により要請されるすべての保管されたこれらに関する記録について監視員によるアクセスが認められることを確保する。
4 査察の報告書については、自国の基地、施設、備品、船舶又は航空機がその査察の報告書の対象となっている締約国に送付する。当該締約国が意見を述べる機会を与えられた後、当該査察の報告書及び意見は、すべての締約国及び委員会に送付され、並びに次の南極条約協議国会議で審議されるものとし、その後、当該査察の報告書及び意見は、一般に利用可能なものとする。

第15条(緊急時における対応措置) 1 南極条約地域における環境上の緊急事態に対応するため、各

締約国は、次のことに同意する。
 (a) 南極条約地域における科学的調査の計画、観光並びに政府及び非政府の他のすべての活動であって、南極条約第7条5の規定に従い事前の通告を必要とするもの(関連する後方支援活動を含む。)の実施から生ずる緊急事態に対し迅速かつ効果的な対応措置をとること。
 (b) 南極の環境又はこれに依存し及び関連する生態系に悪影響を及ぼすおそれのある事件に対応するための緊急時計画を作成すること。
2 このため、締約国は、
 (a) 1(b)の緊急時計画の作成及び実施について協力する。
 (b) 環境上の緊急事態につき速やかに通報を行うため及び協力して対応するための手続を定める。
3 この条の規定の実施において、締約国は、適当な国際機関の助言を参考とする。

第16条(責任) 締約国は、南極の環境並びにこれに依存し及び関連する生態系の包括的な保護についてのこの議定書の目的に従い、南極条約地域において実施され、かつ、この議定書の適用を受ける活動から生ずる損害についての責任に関する規則及び手続を作成することを約束する。当該規則及び手続については、第9条2の規定に従って採択される一又は二以上の附属書に含める。

第17条(締約国による年次報告) 1 各締約国は、この議定書の実施のためにとった措置を毎年報告する。その報告書には、第13条3の規定に従って行われる通報、第15条の規定に従って作成される緊急時計画並びにこの議定書に従って必要とされる他のすべての通告及び通報であって情報の送付及び交換に関し他に規定がないものを含める。
2 1の規定に従って作成される報告書は、すべての締約国及び委員会に送付され、並びに次の南極条約協議国会議で審議されるものとし、更に、当該報告書は、一般に利用可能なものとする。

第18条(紛争解決) この議定書の解釈又は適用に関して紛争が生じた場合には、紛争当事国は、いずれかの紛争当事国の要請により、交渉、審査、仲介、調停、仲裁、司法的解決又は紛争当事国が合意するその他の平和的手段により紛争を解決するため、できる限り速やかに紛争当事国で協議する。

第19条(紛争解決手続の選択) 1 各締約国は、この議定書に署名し、これを批准し、受諾し若しくは承認し若しくはこれに加入する時に又はその後いつでも、書面による宣言を行うことにより、第7条、第8条及び第15条の規定、附属書の規定(附属書に別段の定めがある場合を除く。)並びにこれらの規定に関連する第13条の規定の解釈又は適用についての紛争の解決に関し、次の手段の一方又は双方を選択することができる。
 (a) 国際司法裁判所
 (b) 仲裁裁判所
2 1の規定に基づいて行われる宣言は、前条及び次条2の規定の適用に影響を及ぼすものではない。
3 1の規定による宣言を行わなかった締約国又は当該宣言が有効でなくなった締約国は、仲裁裁判所の管轄権を受け入れているものとみなされる。
4 紛争当事国が紛争の解決のために同一の手段を受け入れている場合には、当該紛争については、紛争当事国が別段の合意をしない限り、その手続にのみ付することができる。
5 紛争当事国が紛争の解決のために同一の手段を受け入れていない場合又は双方の紛争当事国が双方の手段を受け入れている場合には、当該紛争については、紛争当事国が別段の合意をしない限り、仲裁裁判所にのみ付託することができる。
6 1の規定に基づいて行われる宣言は、当該宣言の期間が満了するまで又は書面による当該宣言の撤回の通告が寄託政府に寄託された後3箇月が経過するまでの間、効力を有する。
7 新たな宣言、宣言の撤回の通告又は宣言の期間の終了は、紛争当事国が別段の合意をしない限り、国際司法裁判所又は仲裁裁判所において進行中の手続に何ら影響を及ぼすものではない。
8 この条に規定する宣言及び通告については、寄託政府に寄託するものとし、寄託政府は、その写しをすべての締約国に送付する。

第20条(紛争解決手続) 1 第7条、第8条若しくは第15条の規定、附属書の規定(附属書に別段の定めがある場合を除く。)又はこれらの規定に関連する第13条の規定の解釈又は適用についての紛争の当事国が第18条の規定に従って協議を要請した後12箇月以内に紛争解決のための手段について合意しない場合には、当該紛争は、いずれかの紛争当事国の要請により、前条の4及び5の規定により決定される紛争解決手続に従って解決を図る。
2 仲裁裁判所は、南極条約第4条の規定の範囲内にある問題について決定する権限を有しない。更に、この議定書のいかなる規定も、国際司法裁判所又は締約国間で紛争解決のために設置される他の裁判所に対し、同条の規定の範囲内にあるいずれの問題についても決定する権限を与えるものと解してはならない。

第21条(署名) (略)
第22条(批准、受諾、承認又は加入) (略)
第23条(効力発生) (略)
第24条(留保) この議定書に対する留保は、認められない。
第25条(修正又は改正) 1 第9条の規定の適用を妨げることなく、この議定書は、南極条約第12条1の(a)及び(b)に規定する手続に従い、いつでも修正し又は改正することができる。
2 この議定書の効力発生の日から50年を経過した後、いずれかの南極条約協議国が寄託政府あての通報により要請する場合には、この議定書の運用について検討するため、できる限り速やかに会議を開催する。
3 2の規定によって招請される検討のための会議において提案された修正又は改正については、この議定書の締約国の過半数(この議定書の採択の時に南極条約協議国である国の4分の3を含む。)による議決で採択する。
4 3の規定に従って採択された修正又は改正は、南極条約協議国の4分の3による批准、受諾、承認又は加入(この議定書の採択の時に南極条約協議国であるすべての国による批准、受諾、承認又は加入を含む。)の時に効力を生じる。
5(a) 第7条の規定に関し、同条に規定する南極地域における鉱物資源に関する活動の禁止は、当該活動についての拘束力のある法制度(特定の活動が認められるか否か及び、認められる場合には、どのような条件の下で認められるかを決定するための合意された手段を含む。)が効力を生じない限り、継続する。この法制度は、南極条約第4条に規定するすべての国の利益を保護するものとし、同条に定める原則の適用を受ける。第7条の規定の修正又は改正が2に規定する検討のための会議において提案された場合には、当該修正又は改正には、当該活動についての拘束力のある法制度を含める。
(b) (a)の修正又は改正がその採択の日から3年以内に効力を生じなかった場合には、いずれの締約国も、その後いつでも、この議定書から脱退する旨を寄託政府に通告することができる。脱退は、寄託政府がその通告を受領した後2年で効力を生ずる。
第26条(寄託政府による通報) (略)
第27条(正文及び国際連合への登録) (略)

付録 仲 裁 (略)

附属書I 環境影響評価

第1条(予備段階) 1 議定書第8条に規定する計画された活動については、その開始の前に、当該活動が環境に及ぼす影響を適当な国内手続に従って検討する。
2 活動の影響が軽微な又は一時的な影響を下回ると判断される場合には、当該活動を直ちに実施することができる。
第2条(初期の環境評価書) 1 活動の影響が軽微な若しくは一時的な影響を下回ると判断されている場合又は次条の規定に従い包括的な環境評価書が作成されている場合を除くほか、初期の環境評価書を作成する。当該環境評価書は、計画された活動の影響が軽微な又は一時的な影響を上回る影響であるか否かを評価するため、十分に詳細なものとし、次の事項を含める。
(a) 計画された活動の記述(目的、場所、期間及び程度を含む。)
(b) 計画された活動の代替案の検討及び当該活動が及ぼすおそれのあるすべての影響の検討(既存の活動及び既知の計画されている活動を考慮した上での累積的な影響の検討を含む。)
2 計画された活動の影響が軽微な又は一時的な影響にすぎないことを初期の環境評価書が示す場合には、当該活動の影響を評価し及び検証するための適当な手続(監視を含む。)を実施することを条件として、当該活動を実施することができる。
第3条(包括的な環境評価書) 1 計画された活動の影響が軽微な又は一時的な影響を上回るおそれがあることを初期の環境評価書が示す場合又はその他の方法によりその旨の判断が行われる場合には、包括的な環境評価書を作成する。
2 包括的な環境評価書には、次の事項を含める。
(a) 計画された活動の記述(目的、場所、期間及び程度を含む。)及び当該活動を実施しないことを含む可能な代替案の記述(当該代替案の影響を含む。)
(b) 予測される変化と比較するための当初の環境の状態の記述及び計画された活動が実施されなかった場合の将来における環境の状態の予測
(c) 計画された活動の影響を予測するために用いられた方法及び資料の記述
(d) 計画された活動の予想される直接的な影響の性質、範囲、期間及び程度についての評価
(e) 計画された活動から生ずるおそれのある間接的又は二次的な影響の検討
(f) 既存の活動及び他の既知の計画されている

活動を考慮した上での計画された活動の累積的な影響の検討
- (g) 計画された活動の影響を最小にし又は緩和し及び予見することができない影響を探知するためにとることができる措置、当該活動のすべての悪影響についての早期の警告を行うための措置並びに迅速かつ効果的に事故を処理するための措置の特定。これらの措置には、監視の計画を含む。
- (h) 計画された活動が及ぼす影響であって避けることのできないものの特定
- (i) 計画された活動が科学的調査の実施並びに既存の他の活動及び南極地域の他の価値に及ぼす影響の検討
- (j) この2の規定により必要とされる情報の収集の際に直面した知識の欠如及び不確実性の特定
- (k) この2の規定により提供される情報の平易な要約
- (l) 包括的な環境評価書を作成した者又は機関の氏名又は名称及び住所並びに当該環境評価書についての意見の提出先

3　包括的な環境評価書の案については、一般に利用可能なものとし、すべての締約国に対し、その意見を得るため送付する。これらの締約国も、その案を一般に利用可能なものとする。締約国からの意見を受領する期間は、90日とする。

4　包括的な環境評価書の案は、締約国に送付すると同時にかつ、次の南極条約協議国会議の120日前までに、適宜検討を行うため委員会に送付する。

5　委員会の助言に基づき南極条約協議国会議が包括的な環境評価書の案について検討を行うまでは、南極条約地域における計画された活動を実施するための最終的な決定は、行うことができない。ただし、計画された活動を実施するための決定は、包括的な環境評価書の案を送付した日から15箇月よりも長い期間、この5の規定の実施のために遅れることがあってはならない。

6　最終的な包括的な環境評価書は、包括的な環境評価書の案に関して受領された意見についても取り扱い、及びこれを含め又は要約する。最終的な包括的な環境評価書、これに関連する決定についての通知及び計画された活動がもたらす利益との関連における予測される影響についての評価は、すべての締約国に対し、南極条約地域における活動計画を開始する60日前までに送付する。これらの締約国は、これを一般に利用可能なものとする。

第4条(包括的な環境評価書に基づく決定)　前条の規定の適用を受ける計画された活動の実施が適当であるか否かの決定及び、当該活動の実施が適当と決定される場合には、原案に修正を加えるか否かの決定については、包括的な環境評価書及び他の関連する検討に基づいて行う。

第5条(監視)　1　包括的な環境評価の完了の後に活動が実施される場合には、当該活動の影響を評価し及び検証するための手続(主要な環境上の指標の適当な監視を含む。)がとられるものとする。

2　1及び第2条2に規定する手続は、活動の影響について検証可能な定期的な記録を特に次のことのために得ることを目的とする。
- (a) 影響が議定書の規定にどの程度適合するかを評価することを可能にすること。
- (b) 影響を最小にし又は緩和するために有用な情報及び適当な場合には活動の停止、取りやめ又は修正の必要性に関する情報を提供すること。

第6条(情報の送付)　1　次の情報については、締約国及び委員会に送付し並びに一般に利用可能なものとする。
- (a) 第1条に規定する手続の記述
- (b) 第2条の規定に従って行われた初期の環境評価書及びこれに基づいて行われた決定についての各年ごとの表
- (c) 第2条2及び前条の規定に従って実施された手続から得られる重要な情報及びこれに基づいてとられた措置
- (d) 第3条6に規定する情報

2　第2条の規定に従って行われた初期の環境評価書については、要請により、利用することができるようにする。

第7条(緊急事態)　1　この附属書は、人命の安全若しくは船舶、航空機若しくは重要な備品及び施設の安全又は環境の保護に関する緊急事態であって、この附属書に規定する手続を完了することなしに活動を実施することが必要であるものについては、適用しない。

2　緊急事態において実施された活動であって、緊急事態でなかったならば包括的な環境評価書を作成すべきであったものについては、すべての締約国及び委員会に対し直ちに通報するものとし、当該活動の十分な説明は、その実施の後、90日以内に行う。

第8条(改正又は修正)　(略)

附属書Ⅱ　南極の動物相及び植物相の保存

第1条(定義) この附属書の適用上、
(a) 「在来哺(ほ)乳類」とは、哺乳綱に属する種の個体であって、南極条約地域に原産のもの又は自然の移動によって季節的に同地域に生息するものをいう。
(b) 「在来鳥類」とは、鳥綱に属する種の個体(生活史のいずれの段階(卵の段階を含む。)にあるかを問わない。)であって、南極条約地域に原産のもの又は自然の移動によって季節的に同地域に生息するものをいう。
(c) 「在来植物」とは、蘇苔(せんたい)類、地衣類、菌類及び藻類を含む陸上又は淡水で生育する植物(生活史のいずれの段階(種子及び胎芽の段階を含む。)にあるかを問わない。)であって、南極条約地域に原産のものをいう。
(d) 「在来無脊椎(せきつい)動物」とは、陸上又は淡水に生息する無脊椎動物(生活史のいずれの段階にあるかを問わない。)であって、南極条約地域に原産のものをいう。
(e) 「適当な当局」とは、締約国によりこの附属書に基づく許可証を発給する権限を与えられた者又は機関をいう。
(f) 「許可証」とは、適当な当局によって発給された書面による正式な許可をいう。
(g) 「採捕」とは、在来哺乳類若しくは在来鳥類についてはこれを殺し、傷つけ、捕獲し若しくは苦しめること若しくはこれに触れること又は在来植物についてはその局地的分布若しくは豊度に著しく影響を及ぼすこととなる程度の量を除去し若しくは損傷することをいう。
(h) 「有害な干渉」とは、次のことをいう。
(i) 鳥類並びにあざらし及びおっとせいの群れを乱すような方法でヘリコプターその他の航空機を飛行させ又は着陸させること。
(ii) 鳥類並びにあざらし及びおっとせいの群れを乱すような方法で車両又は船舶(エアクッション船及び小艇を含む。)を用いること。
(iii) 鳥類並びにあざらし及びおっとせいの群れを乱すような方法で爆発物又は火器を用いること。
(iv) 繁殖中若しくは換羽中の鳥類又は鳥類並びにあざらし及びおっとせいの群れについてその生息を人の歩行によって故意に乱すこと。
(v) 航空機の着陸、車両の運転又は歩行その他の方法で陸上の在来植物の群生に著しい損傷を与えること。
(vi) 在来哺乳類、在来鳥類、在来植物又は在来無脊椎動物の種又は個体群の生息地に対し著しく有害な変化をもたらす活動
(i) 「国際捕鯨取締条約」とは、1946年12月2日にワシントンで作成された条約をいう。

第2条(緊急事態) 1 この附属書は、人命の安全若しくは船舶、航空機若しくは重要な備品及び施設の安全又は環境の保護に関する緊急事態については、適用しない。
2 緊急事態において実施された活動については、すべての締約国及び委員会に対し直ちに通報する。

第3条(在来の動物相及び植物相の保護) 1 採捕又は有害な干渉は、許可証による場合を除くほか、禁止する。
2 1の許可証については、許可された活動(その時期、場所及び実施者を含む。)を明示するものとし、次のことを目的とする場合においてのみ発給する。
(a) 科学的研究又は科学的情報のために標本を提供すること。
(b) 博物館、植物標本館、動物園、植物園その他の教育的又は文化的な施設又は用途のために標本を提供すること。
(c) 科学的活動であって(a)若しくは(b)の規定によっては許可の対象とならないものを実施するに際し、避けることのできない影響に対し措置をとること又は科学的な支援施設の建設及び運営に際し、避けることのできない影響に対し措置をとること。
3 次のことを確保するため、1及び2の許可証の発給を制限する。
(a) 2に規定する目的のために真に必要である以上に在来哺乳類、在来鳥類又は在来植物を採捕しないこと。
(b) 殺される在来哺乳類又は在来鳥類の数を少数のみとすること及び、いかなる場合にも、地域的な個体群において殺される在来哺乳類又は在来鳥類の数を他に許可された採捕の数を勘案して次の繁殖期において通常自然に回復することができる数以上とはしないこと。
(c) 種の多様性、種の存続に不可欠な生息地及び南極条約地域内に存在する生態系の均衡を維持すること。
4 この附属書の付録Aに掲げる在来哺乳類、在来鳥類及び在来植物の種は、「特別保護種」として指定され、締約国によって特別の保護を与えられる。
5 特別保護種を採捕するための許可証については、次の条件が満たされない限り、発給してはならない。

(a) 採捕がやむを得ない科学的目的のためであること。
  (b) 採捕が種又は地域的個体群の存続又は回復を妨げないこと。
  (c) 適当な場合には、採捕が殺すに至ることのない方法により行われること。
6 在来哺乳類及び在来鳥類のすべての採捕については、可能な限り、苦痛を最小限にするような方法で行う。

第4条(非在来種、寄生虫及び疾病の持込み) 1 許可証による場合を除くほか南極条約地域に在来でないいかなる動物又は植物の種も、同地域内の陸地、氷棚又は水中に持ち込んではならない。
2 犬については、陸地又は氷棚に持ち込んではならないものとし、現にこれらの地域に存在する犬については、1994年4月1日までに除去しなければならない。
3 1の許可証については、この附属書の付録Bに掲げる動物及び植物のみの持込みを許可するために発給するものとし、種、数並びに適当な場合には年齢及び性別並びに逃亡を防ぐため又は在来の動物相及び植物相との接触を防ぐためにとるべき予防措置を明記する。
4 1及び3の規定により許可証が発給されている植物又は動物については、当該許可証の失効前に、南極条約地域から除去し、又は焼却による処分若しくは在来の動物相若しくは植物相に対する危険を生じさせることのないその他の焼却と同様に効果的な方法による処分を行う。当該許可証には、このような義務を明記する。同地域に持ち込まれた同地域に在来でない他の植物又は動物(これらの子孫を含む。)については、これらの植物又は動物が在来の植物相又は動物相に対しいかなる危険も及ぼさないと判断されない限り、除去し、又は生殖不能にするため焼却による処分若しくはこれと同様に効果的な方法による処分を行う。
5 この条のいかなる規定も、食物の南極条約地域への持込みについては、適用しない。ただし、いかなる生きている動物も、食用のため同地域に持ち込んではならず、すべての植物並びに動物の部分及び製品に、慎重に管理された状態に保ち、並びに附属書Ⅲ及びこの附属書の付録Cに従って処分する。
6 各締約国は、在来の動物相及び植物相に存在しない微生物(例えば、ウイルス、細菌、寄生虫、酵母、菌類)の持込みを防止するために予防措置(この附属書の付録Cに定める措置を含む。)がとられることを義務付ける。

第5条(情報) 各締約国は、南極条約地域に滞在し又は同地域に入る意図を有するすべての者がこの附属書の規定を理解し及び遵守することを確保するため、禁止されている活動に関する情報並びに特別保護種及び関連する保護地区の表を取りまとめ、かつ、これらの者が利用することができるようにする。

第6条(情報の交換) 1 締約国は、次の事項のための措置をとる。
  (a) 在来哺乳類、在来鳥類又は在来植物のそれぞれの種について南極条約地域において毎年採捕される数又は量に関する記録(許可証の記録を含む。)及び統計の収集及び交換
  (b) 南極条約地域における在来哺乳類、在来鳥類、在来植物及び在来無脊椎動物の状態に関する情報並びに種又は個体群が保護を必要とする程度に関する情報の入手及び交換
  (c) 2の規定により締約国が提供する(a)及び(b)に規定する情報についての共通の書式の作成
2 各締約国は、他の締約国及び委員会に対し、毎年11月の末日までに、当該年の前年の7月1日から当該年の6月30日までの間に1の規定によってとった措置並びにこの附属書に基づき発給した許可証の数及び性質を通報する。

第7条(南極条約体制の範囲外の他の合意との関係) この附属書のいかなる規定も、締約国が国際捕鯨取締条約に基づき有する権利を害し及び同条約に基づき負う義務を免れさせるものではない。

第8条(検討) (略)
第9条(改正又は修正) (略)

  付録A　特別保護種　(略)
  付録B　動物及び植物の持込み　(略)
  付録C　微生物の持込みを防止するための予防措置　(略)

附属書Ⅲ　廃棄物の処分及び廃棄物の管理

第1条(一般的義務) 1 この附属書は、南極条約地域において科学的調査の計画に基づき実施される活動、同地域における観光並びに政府及び非政府の他のすべての活動であって、南極条約第7条5の規定に従い事前の通告を必要とするもの(関連する後方支援活動を含む。)について適用する。
2 南極条約地域において発生し又は処分される廃棄物の量については、南極の環境への影響を最小にし並びに南極地域の自然的価値への影響並

びに科学的調査及び南極条約に適合する南極地域の他の利用への影響を最小にするため、実行可能な限り、削減する。
3 南極条約地域における活動を計画し及び実施するに当たり、廃棄物の保管、処分及び南極条約地域からの除去、その再使用又は再生利用並びにその発生源の削減については、不可欠な検討事項とする。
4 南極条約地域から除去される廃棄物については、実行可能な最大限度まで、当該廃棄物を発生させた活動が組織された国に持ち帰り、又は関連する国際協定に従い当該廃棄物の処分についての取決めが行われているその他の国に持ち込む。
5 陸上における過去又は現在の廃棄物の処分場及び南極における活動のために使われ、遺棄された作業場については、当該廃棄物の発生者及び当該作業場の使用者が浄化する。この義務については、次の事項を義務付けるものと解してはならない。
 (a) 史跡又は歴史的記念物として指定された建造物の除去
 (b) いかなる実行可能な方法によっても建造物又は廃棄物を除去することが当該建造物又は廃棄物を元の場所に残しておくことよりも大きな悪影響を環境に及ぼす場合において、当該建造物又は廃棄物を除去すること。

第2条(南極条約地域からの除去による廃棄物の処分)
1 次に掲げる廃棄物については、この附属書が効力を生じた後に発生した場合には、当該廃棄物の発生者が南極条約地域から除去する。
 (a) 放射性物質
 (b) 電池
 (c) 液体燃料及び固体燃料
 (d) 有害な量の重金属を含む廃棄物又は急性毒性の若しくは有害な持続性の化合物を含む廃棄物
 (e) ポリ塩化ビニル(PVC)、ポリウレタンフォーム、ポリスチレンフォーム、ゴム及び焼却した場合には有害物質を排出するおそれのある添加物を含有する潤滑油、処理された木材その他の物質
 (f) (e)に規定するものを除くすべてのプラスチック廃棄物(次条1の規定に従って焼却される場合には、低密度ポリエチレン容器(例えば、廃棄物保管用の袋)を除く。)
 (g) 燃料貯蔵用ドラム缶
 (h) その他の固形の不燃性廃棄物
  ただし、(g)及び(h)に規定するドラム缶及び固形の不燃性廃棄物を除去する義務は、いかなる実行可能な方法によっても当該廃棄物を除去することが当該廃棄物を元の場所に残しておくことよりも大きな悪影響を環境に及ぼす場合には、適用しない。
2 汚水、生活排水及び1に規定していない液体状の廃棄物については、実行可能な最大限度まで、これらの廃棄物の発生者が南極条約地域から除去する。
3 次に掲げる廃棄物については、焼却され、高圧下で蒸気により滅菌され又はその他の方法で滅菌処理されない限り、当該廃棄物の発生者が南極条約地域から除去する。
 (a) 持ち込まれた動物の死体
 (b) 微生物及び植物病原体の実験用培養物
 (c) 鳥類を用いた製品(持ち込まれたもの)

第3条(焼却による廃棄物の処分) 1 2の規定に従う場合を除くほか、前条1に規定していない可燃性廃棄物であって南極条約地域から除去されないものについては、焼却炉(有害物質の排出を実行可能な最大限度まで削減できるもの)で焼却する。この場合において、特に委員会及び南極研究科学委員会が勧告する排出基準及び設備に関する指針を考慮する。焼却による固形の残滓(し)については、南極条約地域から除去する。
2 廃棄物の焼却炉を用いないすべての焼却については、できる限り速やかに、1999年の南極の夏の終わりまでに段階的に廃止する。その廃止が完了するまでの間、焼却炉を用いない焼却により廃棄物を処理することが必要な場合には、ばいじんのたい積を制限し及び生物学上、科学上、歴史上、芸術上又は原生地域として重要な価値を有する地域、特に南極条約により保護されている地域においてばいじんが堆積することを避けるため、風向及び風速並びに焼却される廃棄物の種類を考慮する。

第4条(廃棄物の陸上におけるその他の処分) 1 前2条の規定に従って除去し又は処分されない廃棄物については、露岩地域又は淡水の陸水において処分してはならない。
2 第2条の規定に従って南極条約地域から除去されない汚水、生活排水その他液体状の廃棄物については、実行可能な限り、海水、氷棚又は着底氷床の上で処分してはならない。ただし、氷棚又は着底氷床の上の内陸部に位置する基地から発生した当該廃棄物を深い氷の穴の中において処分することが唯一の実行可能な方法である場合には、そのような方法で処分することができる。露岩地域又は氷の消耗が著しい地域を終点とする既知の氷の流線上にこのような穴を掘っ

てはならない。
3 野営地において発生した廃棄物については、実行可能な最大限度まで当該廃棄物の発生者がこの附属書に従って処分するため、支援基地又は船舶に持ち帰る。

第5条(海洋における廃棄物の処分) 1 汚水及び生活排水については、その影響を受ける海洋環境の同化能力を考慮して及び次のことを条件として、海洋に直接排出することができる。
  (a) 実行可能な場合には、初期希釈及び急速な拡散のための条件が存在する場所で排出が行われること。
  (b) 大量の汚水及び生活排水(南半球の夏の週間の平均の滞在者がおよそ30人以上である基地において発生したもの)については、少なくともこれらに含まれる固形状の物をふやかす処理を行うこと。
2 回転円板処理装置による処理又はこれと類似の過程による処理によって生じた汚泥については、海洋へ処分することができる。ただし、その処分が行われる地域の環境に対して悪影響を及ぼすものであってはならず、かつ、海洋におけるいずれの当該処分も、附属書Ⅳに従うものとする。

第6条(廃棄物の保管) 南極条約地域から除去され又はその他の方法で処分されるすべての廃棄物については、これらの廃棄物の環境への拡散を防ぐような方法で保管する。

第7条(持込禁止品) ポリ塩化ビフェニル(PCB)、滅菌されていない土壌、ポリスチレン・ビーズ、ポリスチレン・チップ若しくはこれと類似の包装材料又は駆除剤(科学上、医学上又は衛生上の目的のために必要とされるものを除く。)については、南極条約地域の陸地、氷棚又は水中に持ち込んではならない。

第8条(廃棄物の管理計画の立案) 1 南極条約地域において活動を実施する各締約国は、これらの活動に関して、廃棄物を記録するための基礎とするため並びに科学的活動及びこれに関連する後方支援活動の環境に対する影響を評価することを目的とした研究に資するため、廃棄物の処分の分類制度を作成する。このため、発生した廃棄物は、次のとおり分類される。
  (a) 汚水及び生活排水(グループ1)
  (b) その他の液体状の廃棄物並びに燃料及び潤滑油を含む液体状の化学物質(グループ2)
  (c) 可燃性の固形物(グループ3)
  (d) その他の固形廃棄物(グループ4)
  (e) 放射性物質(グループ5)
2 各締約国は、廃棄物が南極の環境に及ぼす影響を更に削減するため、自国の廃棄物の管理計画(廃棄物の削減、保管及び処分を含む。)を作成し、毎年検討し及び状況に応じて改定する。この管理計画は、各固定地点、野営地一般及び各船舶(船舶に関する既存の管理計画を考慮するものとし、固定地点における又は船舶による活動の一部とみなされる小艇を除く。)について、次の事項を明示する。
  (a) 廃棄物の既存の処分場及び遺棄された作業場の浄化計画
  (b) 廃棄物についての現行の及び計画されている管理措置(最終処分を含む。)
  (c) 廃棄物及びその管理が環境に及ぼす影響を分析するための現行の及び計画されている措置
  (d) 廃棄物及びその管理が環境に及ぼす影響を最小にするためのその他の活動
3 各締約国は、実行可能な限り、過去における活動の場所(例えば、調査旅行の経路、燃料貯蔵地及び野外拠点の場所、航空機の墜落地点)が将来の科学的計画(例えば、雪の化学的性質、地衣類中の汚染物質又は氷の柱状試料の掘削についてのもの)の立案に当たり考慮されるよう、その場所に関する情報が失われる以前に当該場所の目録を作成する。

第9条(廃棄物の管理計画の送付及び検討) 1 前条の規定に従って作成された廃棄物の管理計画、その実施に関する報告書及び同条3に規定する目録については、南極条約の第3条及び第7条の規定並びに同条約第9条の規定に基づく関連する勧告に従い毎年の情報交換に含める。
2 各締約国は、委員会に対し、自国の廃棄物の管理計画の写し並びにその実施及び検討に関する報告書の写しを送付する。
3 委員会は、廃棄物の管理計画並びにその実施及び検討に関する報告書を検討することができるものとし、締約国に対し、当該締約国の検討のため、意見(影響を最小にするための提案並びに管理計画の修正及び改善についての提案を含む。)を提出することができる。
4 締約国は、特に利用可能な廃棄物低減技術、既存の施設の再使用、流体状の排出物に関する特別の要件並びに適当な処分及び排出の方法に関し、情報を交換し及び助言を行うことができる。

第10条(管理の方法) 各締約国は、
  (a) 廃棄物の管理計画を作成し及び監視するための廃棄物の管理官を指名する。活動の場所においては、当該管理計画についての責任は、それぞれの場所における適当な者に委任する。

(b) 自国の探検隊の活動による南極の環境への影響を制限し及びこの附属書に定める要件を周知させるための研修を探検隊員が受けることを確保する。
(c) ポリ塩化ビニル(PVC)製品の使用を抑制し、及びこの附属書に従ってポリ塩化ビニル(PVC)製品を事後に除去することができるようにするため南極条約地域に持ち込む可能性があるすべてのポリ塩化ビニル(PVC)製品につき自国の探検隊に周知させることを確保する。

第11条(検討) (略)
第12条(緊急事態) (附属書II第2条と同じ)
第13条(改正又は修正) (略)

附属書IV　海洋汚染の防止

第1条(定義) この附属書の適用上、
(a) 「排出」とは、原因のいかんを問わず船舶からのすべての流出をいい、いかなる流失、処分、漏出、吸排又は放出も含む。
(b) 「廃物」とは、船舶の通常の運航中に食事、生活及び運航に関連して生ずるあらゆる種類の廃棄物(生鮮魚及びその一部を除く。)をいう。ただし、第3条及び第4条に規定する物質を除く。
(c) 「MARPOL73/78」とは、1978年の議定書及び他の改正で効力を有しているものによって改正された1973年の船舶による汚染の防止のための国際条約をいう。
(d) 「有害液体物質」とは、MARPOL73/78附属書IIに定義する有害液体物質をいう。
(e) 「油」とは、原油、重油、スラッジ廃油、精製油その他のあらゆる形態の石油(第4条の規定の適用を受ける石油化学物質を除く。)をいう。
(f) 「油性混合物」とは、油を含有する混合物をいう。
(g) 「船舶」とは、海洋環境において運航するすべての型式の船舟類をいい、水中翼船、エアクッション船、潜水船、浮遊機器及び固定され又は浮いているプラットフォームを含む。

第2条(適用) この附属書は、各締約国に対し、当該締約国を旗国とする船舶及び当該締約国の南極活動に従事し又はこれを支援するその他の船舶について、これらの船舶が南極条約地域を運航している間、適用する。

第3条(油の排出) 1　MARPOL73/78附属書Iにより認められている場合を除くほか、油又は油性混合物の海洋への排出は、禁止する。南極条約地域を運航している間、船舶は、スラッジその他の油性残留物及び汚れたバラスト、タンク洗浄水その他の油性混合物であって海洋に排出してはならないものを船内に保留する。船舶は、南極条約地域の外においてのみこれらの残留物を排出する。この場合において、その排出は、受入施設で又は同附属書により認められているその他の方法で行う。

2　この条の規定は、次の排出については、適用しない。
(a) 船舶又はその設備の損傷に起因する油又は油性混合物の海洋への排出。ただし、次のことを条件とする。
(i) 損傷の発生又は排出の発見の後に、排出を防止し又は最小にするためすべての合理的な予防措置がとられていること。
(ii) 船舶所有者又は船長が損傷をもたらす意図をもって又は無謀かつ損傷の生ずるおそれがあることを認識して行動することのなかったこと。
(b) 特定の汚染事件に対応することを目的として汚染による損害を最小にするために使用される油を含有する物質の海洋への排出

第4条(有害液体物質の排出) すべての有害液体物質、その他のいずれかの化学薬品その他これらに類する物質については、海洋環境に有害な量を又は有害な濃度で海洋へ排出することを禁止する。

第5条(廃物の処分) 1　合成繊維製のロープ及び漁網、プラスチック製のごみ袋等のすべてのプラスチック類の海洋への投入による処分は、禁止する。

2　その他のすべての廃物(紙製品、布、ガラス、金属、瓶、陶磁器、焼却灰、ダンネージ、ライニング及び包装材料を含む。)の海洋への投入による処分は、禁止する。

3　食物くずの海洋への投入による処分については、粉砕装置又は圧砕装置を使用し、かつ、MARPOL73/78附属書Vにより認められている場合を除くほか、陸地及び氷棚からできる限り離れて行う(最も近い陸地又は氷棚からの距離が12海里以上でなければならない。)ときに認めることができる。海洋への投入による処分を認める場合には、粉砕され又は圧砕された食物くずは、25ミリメートルの網目を有する網を通過することのできるものでなければならない。

4　この条に規定する物質が処分又は排出の要件を異にする他の物質と混在して排出又は処分される場合には、最も厳しい処分又は排出の要件を

適用する。
5　1及び2の規定は、次のものについては、適用しない。
　(a)　船舶又はその設備の損傷に起因する廃物の流失。ただし、損傷の発生の前後に、流失を防止し又は最小にするためすべての合理的な予防措置がとられていることを条件とする。
　(b)　合成繊維製漁網の流失。ただし、流失を防止するためすべての合理的な予防措置がとられていることを条件とする。
6　締約国は、適当な場合には、廃物記録簿の使用を義務付ける。

第6条(汚水の排出)　1　南極活動に著しい支障を来す場合を除くほか、
　(a)　各締約国は、陸地又は氷棚から12海里以内の海洋において未処理の汚水(「汚水」とは、MARPOL73/78附属書Ⅳに定義するものをいう。)を排出してはならない。
　(b)　陸地又は氷棚から12海里を超える距離の場所において、貯留タンク内の汚水は、一度に排出してはならないものとし、実行可能な場合には、船舶が4ノット以上の速力で航行している間に適当な速度で排出しなければならない。この1の規定は、最大搭載人員が10人を超えない船舶については、適用しない。
2　締約国は、適当な場合には、汚水記録簿の使用を義務付ける。

第7条(緊急事態)　1　第3条から前条までの規定は、船舶及び乗船者の安全又は海上における人命の救助に関する緊急事態については、適用しない。
2　緊急事態において実施された活動については、すべての締約国及び委員会に対し直ちに通報する。

第8条(南極の環境に依存し及び関連する生態系に及ぼす影響)　この附属書の実施に当たり、南極の環境に依存し及び関連する生態系に及ぼす有害な影響を回避する必要性につき、南極条約地域の外においても妥当な考慮を払う。

第9条(船舶の保留能力及び受入施設)　1　各締約国は、自国を旗国とするすべての船舶及び締約国の南極活動に従事し又はこれを支援するその他の船舶が、南極条約地域に入る前に、すべてのスラッジその他の油性残留物及びすべての汚れたバラスト、すべてのタンク洗浄水その他の油性混合物を南極条約地域を運航している間船内に保留するための十分な容量のタンクを備えること、廃物を南極条約地域を運航している間船内に保留するための十分な収容能力を有すること並びにこれらの油性残留物及び廃物を同地域を出た後に受入施設で排出するための取決めを締結することを確保することを約束する。これらの船舶は、更に、有害液体物質を船内に保留するための十分な収容能力を有するものとする。
2　各締約国は、自国の港から船舶が南極条約地域へ向けて出航する場合又は同地域から自国の港に到着する場合には、すべてのスラッジその他の油性残留物及びすべての汚れたバラスト、すべてのタンク洗浄水その他の油性混合物並びに船舶からの廃物を受け入れるための十分な施設であって、航海に不当な遅延を生じさせず、かつ、これを利用する船舶の必要に応じたものができる限り速やかに設けられることを確保することを約束する。
3　南極条約地域に隣接する他の締約国の港から同地域へ向けて出航し又は同地域から当該他の締約国の港に到着する船舶を運航する締約国は、港湾の受入施設の設置が当該他の締約国に不公平な負担を生じさせないことを確保するため、当該他の締約国と協議する。

第10条(船舶の設計、建造、乗組員の配乗及び設備)　各締約国は、南極活動に従事し又はこれを支援する船舶の設計、建造、乗組員の配乗及び設備の備付けを行うに当たり、この附属書の目的を考慮する。

第11条(主権免除)　1　この附属書は、軍艦、軍の支援船舶又は国が所有し若しくは運航する他の船舶で政府の非商業的役務にのみ使用しているものについては、適用しない。ただし、締約国は、自国が所有し又は運航するこれらの船舶の運航又は運航能力を阻害しないような適当な措置をとることにより、これらの船舶が合理的かつ実行可能である限りこの附属書に即して行動することを確保する。
2　1の規定の適用に当たり、各締約国は、南極の環境を保護することの重要性を考慮する。
3　各締約国は、他の締約国に対し、この条の規定の実施方法を通報する。
4　議定書第18条から第20条までに規定する紛争解決のための手続は、この条については、適用しない。

第12条(防止措置並びに緊急事態に係る準備及び対応)　1　締約国は、南極条約地域における海洋汚染の緊急事態又はその脅威に対し一層効果的に対応するため、議定書第15条の規定に従い、同地域における海洋汚染への対応に関する緊急時計画を作成する。この緊急時計画には、同地域を運航する船舶(固定地点における又は船舶による活動の一部とみなされる小艇を除く。)、特に油を

貨物として輸送する船舶に関する計画及び沿岸施設に起因する海洋環境への油の漏出に関する計画を含める。このため、締約国は、
(a) 当該緊急時計画の作成及び実施について協力する。
(b) 委員会及び国際海事機関その他の国際機関の助言を参考とする。
2 締約国は、更に、汚染に関する緊急事態について協力して対応するための手続を定めるものとし、当該手続に従い、適当な対応措置をとる。

第13条(検討) (略)

第14条(MARPOL73/78との関係) MARPOL73/78の締約国である議定書の締約国に関しては、この附属書のいかなる規定も、MARPOL 73/78に基づき有する特定の権利を害し及びMARPOL73/78に基づき負う特定の義務を免れさせるものではない。

第15条(改正又は修正) (略)

附属書Ⅴ 地区の保護及び管理

第1条(定義) この附属書の適用上、
(a) 「適当な当局」とは、締約国によりこの附属書に基づく許可証を発給する権限を与えられた者又は機関をいう。
(b) 「許可証」とは、適当な当局によって発給された書面による正式な許可をいう。
(c) 「管理計画」とは、南極特別保護地区又は南極特別管理地区における活動を管理し及びこれらの地区の特別の価値を保護するための計画をいう。

第2条(目的) この附属書の適用上、いかなる地域(海域を含む。)も、南極特別保護地区又は南極特別管理地区として指定することができる。これらの地区における活動は、この附属書に基づいて採択された管理計画に従い禁止され、制限され又は管理されるものとする。

第3条(南極特別保護地区) 1 いかなる地域(海域を含む。)も、環境上、科学上、歴史上、芸術上若しくは原生地域としての顕著な価値若しくはこれらの価値の組合せ又は実施中若しくは計画中の科学的調査を保護するため、南極特別保護地区として指定することができる。

2 締約国は、環境上の及び地理的な観点から系統的な検討を行った上で、次のものを特定し、南極特別保護地区に含めるよう努める。
(a) 人間活動によって影響を受けた場所との将来の比較を可能にするような人為的干渉を受けていない地区
(b) 主要な陸上(氷河及び陸水含む。)生態系及び海洋生態系の代表的な例
(c) 種の重要な又は珍しい集合のある地区(在来鳥類又は在来哺乳類の主な集団繁殖地を含む。)
(d) 基準産地又はいずれかの種について唯一知られている生息地
(e) 実施中又は計画中の科学的調査に特に関係のある地区
(f) 地質学上、氷河学上又は地形学上の顕著な特性を有する場所の例
(g) 芸術上及び原生地域としての顕著な価値を有する地区
(h) 歴史上の価値を有すると認められている場所又は記念物
(i) 1に規定する価値を保護するために適当であるその他の地区

3 過去の南極条約協議国会議により特別保護地区及び特別科学的関心地区として指定された地区は、ここに南極特別保護地区として指定され、かつ、これに応じて名称及び番号が変更されるものとする。

4 南極特別保護地区への立入りは、第7条の規定に従って発給される許可証による場合を除くほか、禁止する。

第4条(南極特別管理地区) 1 活動が行われているか又は将来行われる可能性のあるいかなる地域(海域を含む。)も、活動を計画し及び調整することを補助し、生ずることのある紛争を回避し、締約国間の協力を一層推進させ又は環境への影響を最小にするため、南極特別管理地区として指定することができる。

2 南極特別管理地区には、次のものを含めることができる。
(a) 活動が互いに干渉するおそれがあり又は累積的な環境への影響をもたらすおそれがある地区
(b) 歴史上の価値を有すると認められている場所又は記念物

3 南極特別管理地区への立入りについては、許可証を必要としない。

4 南極特別管理地区が一又は二以上の南極特別保護地区を含む場合には、3の規定にかかわらず、当該保護地区への立入りは、第7条の規定に従って発給される許可証による場合を除くほか、禁止する。

第5条(管理計画) 1 締約国、委員会、南極研究科学委員会又は南極の海洋生物資源の保存に関する

委員会は、管理計画案を南極条約協議国会議に提出することにより、いずれかの地域を南極特別保護地区又は南極特別管理地区として指定する提案を行うことができる。
2 1の指定を提案された地区については、当該地区について特別の保護を必要とし又は当該地区における活動に関する特別の管理を必要とする価値を保護するために十分な大きさを有するものとする。
3 管理計画案には、適当な場合には、次のものを含める。
(a) 1の指定を提案された地区について特別の保護を必要とし又は当該地区における活動に関する特別の管理を必要とする価値についての記述
(b) (a)に規定する保護又は管理に関する管理計画の目的の説明
(c) (a)に規定する価値を保護するために行われる管理活動
(d) 指定の期間
(e) 次の事項を含む1の指定を提案された地区についての記述
  (i) 当該地区の位置を示す地理学的経緯度、境界の標示及び自然の特徴
  (ii) 陸、海又は空からの当該地区への出入りの経路(海洋からの進入路及びびょう地、当該地区内における歩行者用及び車両用の道並びに航空路及び着陸場を含む。)
  (iii) 当該地区内及び当該地区の付近にある建造物(科学的基地及び研究又は避難のための施設を含む。)の位置
  (iv) 当該地区内若しくは当該地区の付近にあるこの附属書によって指定されたその他の南極特別保護地区若しくは南極特別管理地区の位置又は当該地区内若しくは当該地区の付近にある南極条約体制の他の構成要素の下でとられた措置に従って指定されたその他の保護地区の位置
(f) (b)に規定する目的を達成するため、1の指定を提案された地区内において活動が禁止され、制限され又は管理される区域の特定
(g) 1の指定を提案された地区の重要な特徴及びその周囲の特徴との関連において当該地区の境界を明らかに示す地図及び写真
(h) 裏付けとなる文書
(i) 南極特別保護地区としての指定が提案された地区については、次の事項に関し適当な当局によって許可証が発給されるための条件についての明確な記述
  (i) 当該地区への出入りの経路及び当該地区内又は当該地区の上空での移動
  (ii) 当該地区内で実施されているか又は実施することのできる活動(時期及び場所に関する制限を含む。)
  (iii) 建造物の設置、改築又は除去
  (iv) 野営地の位置
  (v) 当該地区に持ち込むことのできる物質及び生物に関する制限
  (vi) 在来の植物及び動物の採捕又はこれらに対する有害な干渉
  (vii) 許可証の所持者によって当該地区に持ち込まれた物以外の物の収集又は除去
  (viii) 廃棄物の処分
  (ix) 管理計画の目的の達成が継続されることを確保するために必要な措置
  (x) 当該地区への立入りに関し適当な当局に対して行われるべき報告事項
(j) 南極特別管理地区としての指定が提案された地区については、次の事項に関する行動規範
  (i) 当該地区への出入りの経路及び当該地区内又は当該地区の上空での移動
  (ii) 当該地区内で実施されているか又は実施することのできる活動(時期及び場所に関する制限を含む。)
  (iii) 建造物の設置、改築又は除去
  (iv) 野営地の位置
  (v) 在来の植物及び動物の採捕又はこれらに対する有害な干渉
  (vi) 立入りを行う者によって当該地区に持ち込まれた物以外の物の収集又は除去
  (vii) 廃棄物の処分
  (viii) 当該地区への立入りに関し適当な当局に対して行われるべき報告事項
(k) 締約国が計画中の活動を実施する前に情報を交換すべき事態に関する規定

第6条(指定の手続) 1 管理計画案については、委員会、南極研究科学委員会及び適当な場合には南極の海洋生物資源の保存に関する委員会に送付する。南極条約協議国会議に対する助言を行うに当たって委員会は、南極研究科学委員会及び適当な場合には南極の海洋生物資源の保存に関する委員会によって提出されたすべての意見を考慮に入れる。その後、南極条約協議国は、南極条約第9条1の規定に従い南極条約協議国会議においてとられる措置により、管理計画を承認することができる。当該措置に別段の定めがない限り、管理計画は、措置がとられる南極条約

協議国会議の終了の後90日で南極条約協議国により承認されたものとする。ただし、その期間内に、一又は二以上の南極条約協議国が寄託政府に対し当該期間の延長を希望する旨又は当該措置を承認することができない旨の通告を行う場合は、この限りでない。
2 議定書の第4条及び第5条の規定を考慮し、いかなる海域も、南極の海洋生物資源の保存に関する委員会の事前の承認を得ることなく南極特別保護地区又は南極特別管理地区として指定することができない。
3 南極特別保護地区又は南極特別管理地区の指定については、管理計画に別段の定めがない限り、無期限とする。管理計画については、少なくとも5年ごとに検討を行う。管理計画は、必要に応じて改定する。
4 管理計画は、1の規定に従って改正し又は廃止することができる。
5 寄託政府は、管理計画の承認の後、すべての締約国に対し当該管理計画を速やかに送付する。寄託政府は、その時点で承認されているすべての管理計画の記録を保管する。

第7条(許可証) 1 各締約国は、南極特別保護地区に立ち入り、かつ、当該保護地区内で活動を行うための許可証を当該保護地区に関する管理計画に定める要件に従い発給する適当な当局を指定する。許可証には、管理計画の関連事項を添付するものとし、当該保護地区の範囲及び場所、認められた活動、発給日、発給場所、発給した者又は機関並びに管理計画によって課される他の条件を明記する。
2 過去の南極条約協議国会議で指定された管理計画を有しない特別保護地区については、適当な当局は、その他の場所では達成することができず、かつ、当該保護地区の自然の生態系を害さないやむを得ない科学的目的のための活動について許可証を発給することができる。
3 各締約国は、許可証の所持者が南極特別保護地区にいる間、当該所持者が許可証の写しを携帯するよう義務付ける。

第8条(史跡及び歴史的記念物) 1 歴史上の価値を有すると認められている場所又は記念物であって、南極特別保護地区若しくは南極特別管理地区に指定され又はこれらの地区内に所在するものについては史跡及び歴史的記念物として一覧表に掲げる。
2 各締約国は、歴史上の価値を有すると認められている場所又は記念物であって、南極特別保護地区又は南極特別管理地区に指定されず、かつ、これらの地区内に所在しないものを史跡又は歴史的記念物として一覧表に掲げるための提案を行うことができる。南極条約協議国は、南極条約第9条1の規定に従い南極条約協議国会議においてとられる措置により、当該提案を承認することができる。当該措置に別段の定めがない限り、当該提案は、措置がとられる同会議の終了の後90日で南極条約協議国により承認されたものとする。ただし、その期間内に、一又は二以上の南極条約協議国が寄託政府に対し当該期間の延長を希望する旨又は当該措置を承認することができない旨の通告を行う場合は、この限りでない。
3 過去の南極条約協議国会議で一覧表に掲げられた現存する史跡及び歴史的記念物については、この条に規定する史跡及び歴史的記念物の一覧表に含める。
4 一覧表に掲げられる史跡及び歴史的記念物については、損傷し、除去し又は破壊してはならない。
5 史跡及び歴史的記念物の一覧表については、2の規定に従って改正することができる。寄託政府は、最新の史跡及び歴史的記念物の一覧表を保管する。

第9条(情報及び公表) 1 各締約国は、南極地域に立ち入り又は立ち入ろうとするすべての者がこの附属書の規定を理解し及び遵守することを確保するため、特に次の事項に関する情報を利用することができるようにする。
 (a) 南極特別保護地区及び南極特別管理地区の位置
 (b) (a)の一覧表及び地図
 (c) (a)の地区の管理計画(それぞれの地区において禁止されている事項の一覧表を含む。)
 (d) 史跡及び歴史的記念物の位置並びに関連する禁止又は制限
2 各締約国は、南極特別保護地区、南極特別管理地区並びに史跡及び歴史的記念物の位置及び可能な場合にはこれらの境界が、地形図、海図及び他の適当な出版物に表示されることを確保する。
3 締約国は、南極特別保護地区、南極特別管理地区並びに史跡及び歴史的記念物の境界が、適当な場合には、適切に現場に標示されることを確保するために協力する。

第10条(情報の交換) 1 締約国は、次の事項のための措置をとる。
 (a) 記録(許可証の記録、南極特別保護地区への立入り(査察のための立入りを含む。)の報告書及び南極特別管理地区への査察のための立

入りの報告書を含む。)の収集及び交換
    (b) あらゆる南極特別管理地区、南極特別保護地区又は史跡若しくは歴史的記念物の著しい変化又は損傷に関する情報の入手及び交換
    (c) 2の規定により締約国が提供する記録及び情報についての共通の書式の作成
2 各締約国は、他の締約国及び委員会に対し、毎年11月の末日までに、当該年の前年の7月1日から当該年の6月30日までの間にこの附属書に基づき発給された許可証の数及び性質を通報する。
3 南極特別保護地区又は南極特別管理地区における研究その他の活動を実施し若しくは認め又はこれらの活動について資金供与を行う各締約国は、これらの活動の記録を保管するものとし、自国の管轄の下にある者がこれらの地区内において前年に実施した活動の要約を南極条約に従って行われる毎年の情報交換の中で提供する。
4 各締約国は、他の締約国及び委員会に対し、毎年11月の末日までに、この附属書を実施するためにとった措置(すべての査察及び南極特別保護地区又は南極特別管理地区の承認された管理計画に反する活動に関してとったすべての措置を含む。)を通報する。

第11条(緊急事態) (附属書Ⅱ第2条を参照)

第12条(改正又は修正) (略)

附属書Ⅵ　環境上の緊急事態から生じる責任

前　文 (略)

第1条(適用範囲) この附属書は、南極条約地域における科学的調査の計画、観光並びに政府及び非政府の他のすべての活動であって、南極条約第7条5の規定に従い事前の通告を必要とするもの(関連する後方支援活動を含む。)から生ずる環境上の緊急事態について適用する。こうした緊急事態を未然に防止し、対応するための措置及び計画もまた、この附属書に含まれる。この附属書は、南極条約地域に入るすべての観光船に適用する。この附属書はまた、第13条に従って決定されるその他の船舶及び活動に関係する南極条約地域における環境上の緊急事態にも適用する。

第2条(定義) この附属書の適用上、
    (a) 「決定」とは、南極条約協議国会議の手続規則に従って採択され、第19回南極条約協議国会合の決定1(1995)の定める決定をいう。
    (b) 「環境上の緊急事態」とは、この附属書の効力発生後に生じ、継続している偶発的事件で、かつ、南極の環境に重大かつ有害な影響をもたらすか、又はこうした影響をもたらす切迫したおそれのあるものをいう。
    (c) 「事業者」とは、政府又は非政府を問わず、南極条約地域において実施される活動を組織する自然人又は法人をいう。事業者には、政府又は非政府を問わず、南極条約地域において実施される活動を組織する自然人又は法人の被雇用者、請負人、下請負人若しくは代理人或いはそれらの自然人又は法人のためにサービスを提供する自然人は含まれず、国家事業者の代わりに行動する請負人又は下請負人たる法人も含まれない。
    (d) 「締約国の事業者」とは、南極条約地域において実施される活動を、その締約国の領域において組織する事業者をいう。さらに、
        (i) それらの活動が南極条約地域に関してその締約国の認可の対象となっているか、又は、
        (ii) 南極条約地域に関して正式に活動を認可しない締約国の場合、その締約国の類似の規制手続の対象となっていることが必要である。
    「自国の事業者(its operator)」、「その事業者の締約国(Party of the operator)」及び「その事業者の締約国(Party of that operator)」という用語は、この定義に従って解釈される。
    (e) 「合理的」とは、未然防止措置及び対応措置に適用される場合、適切で実行可能な、かつ均衡のとれた措置で、かつ、客観的基準及び情報の利用可能性に基づく措置をいう。客観的基準及び情報には以下のものが含まれる。
        (i) 南極の環境への危険、及び、南極の環境の自然の回復率
        (ii) 人間の生命及び安全への危険、並びに、
        (iii) 技術的及び経済的な実行可能性
    (f) 「対応措置」とは、環境上の緊急事態が生じた後、その環境上の緊急事態の影響を回避し、最小化し、又は、封じ込めるためにとられる合理的措置をいう。そのために、この措置には、適切な状況において浄化を含めることができ、又その緊急事態とその影響の程度を決定することも含まれる。
    (g) 「締約国」とは、この附属書が、議定書第9条の規定に従って効力を生じている国をいう。

第3条(未然防止措置) 1 各締約国は、自国の事業者に対し、環境上の緊急事態とその潜在的な悪影響の危険を低減するための合理的な未然防止措置をとることを義務づける。

2 未然防止措置には以下のものを含めることがで

きる。
　(a)　施設及び輸送手段の設計並びに建設に組み込まれている特殊な構造又は設備、
　(b)　施設及び輸送手段の運営又は維持に組み込まれている特殊な手続、並びに、
　(c)　人員の特殊な訓練。

第4条(緊急時計画)　1　各締約国は、自国の事業者に対し、以下のことを行うように義務づける。
　(a)　南極の環境又はこれに依存し及び関連する生態系に悪影響を及ぼすおそれのある事件に対応するための緊急時計画を作成すること、並びに、
　(b)　こうした緊急時計画の作成及び実施について協力すること。
2　緊急時計画には、適当な場合、以下の構成要素を含む。
　(a)　事件の性質の評価を行う手続
　(b)　通報の手続
　(c)　資源の特定と動員
　(d)　対応計画
　(e)　訓練
　(f)　記録の保持、及び
　(g)　動員解除。
3　各締約国は、環境上の緊急事態につき速やかに通報を行うため及び協力して対応するための手続を作成しかつ実施し、環境上の緊急事態を生じさせる自国の事業者による通報の手続及び協力して対応するための手続の利用を促進する。

第5条(対応措置)　1　各締約国は、自国の各事業者に対し、その事業者の活動から生ずる環境上の緊急事態への迅速かつ効果的な対応措置をとることを義務づける。
2　事業者が迅速かつ効果的な対応措置をとらない場合、その事業者の締約国及び他の締約国は、かかる措置をとることを奨励される(締約国が自らの代わりに措置をとることを特別に認可した代理人及び事業者を通じて行うことを含む。)。
3(a)　前項に従って環境上の緊急事態への対応措置をとることを望む他の締約国は、事業者の締約国が自ら対応措置をとることを期待して、事前に事業者の締約国及び南極条約事務局にその意思を通告する。ただし、南極の環境への重大かつ有害な影響のおそれが差し迫っており、かつ、あらゆる状況において迅速な対応措置をとることが合理的である場合には、他の締約国は、その旨をできる限り速やかに、事業者の締約国及び南極条約事務局に通告する。
　(b)　これらの他の締約国は、南極の環境への重大かつ有害な影響のおそれが差し迫っており、かつ、あらゆる状況において迅速な対応措置をとることが合理的である場合、又は、事業者の締約国が自ら対応措置をとることを合理的な時間内に南極条約事務局に通告できなかった場合、若しくは、その対応措置がこうした通告後合理的な時間内にとられなかった場合を除き、2に従って、環境上の緊急事態への対応措置をとってはならない。
　(c)　事業者の締約国が自ら対応措置をとるが、一又はそれ以上の他の締約国によって支援されることを望む場合、事業者の締約国は対応措置を調整する。
4　ただし、いずれの締約国が事業者の締約国であるか明確でない場合又は事業者の締約国が一以上存在すると思われる場合、対応措置をとるいずれの締約国も、適当な場合、協議するよう最大限努力し、実行可能な場合、その状況について南極条約事務局に通告する。
5　対応措置をとる締約国は、対応措置をとり、環境上の緊急事態の近辺で活動を行い、又は、環境上の緊急事態によって影響を受ける他のすべての締約国とともにその措置について協議し、調整し、実行可能な場合には、南極条約協議国会議の常任オブザーバーの代表(permanent observer delegations)、その他の組織又はその他の関連する専門家によって提供されるあらゆる専門家としての指導を考慮する。

第6条(責任)　1　自らの活動から生じる環境上の緊急事態に迅速かつ効果的な対応措置をとらない事業者は、第5条2に従い締約国がとった対応措置の費用を当該締約国に支払う責任を有する。
2(a)　国家事業者が迅速かつ効果的な対応措置をとるべきであったにもかかわらず、とらなかった場合で、かつ、いずれの締約国も何らの対応措置をとらなかった場合には、その国家事業者は、とるべきであった対応措置の費用を第12条に定める基金に支払う責任を有する。
　(b)　非国家事業者が迅速かつ効果的な対応措置をとるべきであったにもかかわらず、とらなかった場合で、いずれの締約国も何らの対応措置をとらなかった場合には、その非国家事業者は、とるべきであった対応措置の費用にできる限り見合う金額を支払う責任を有する。この金銭は、第12条の定める基金に直接支払われるか、その事業者の締約国に支払われるか又は第7条3の定めるメカニズムを履行強制する締約国に支払われる。この金銭を受領した締約国は、少なくとも事業者から受領した

金銭に相当する拠出を第12条の定める基金に行うよう最大限努力する。
3 責任は厳格責任とする。
4 環境上の緊急事態が二以上の事業者の活動から生じる場合、これらの事業者は、各自が連帯責任を負う。ただし、環境上の緊急事態の一部のみがその活動から起因することを証明する事業者は、その部分のみについて責任を負う。
5 締約国は、この条に基づき、その軍艦、補助艦、又は、締約国により所有され或いは運行され、当該の時点において政府の非商業的役務にのみ使用されるその他の船舶又は航空機によって引き起こされた環境上の緊急事態に対して、迅速かつ効果的な対応措置をとることを怠れば責任を負う。ただし、この附属書のいかなる規定も、国際法上、これらの軍艦、補助艦又はその他の船舶若しくは航空機が享有する主権免除に影響を与えるものではない。

第7条(訴え) 1 第5条2に従い対応措置をとった締約国のみが、第6条1に従い非国家事業者の責任について訴えを提起することができる。この訴えは、その事業者が設立された締約国、その事業者の事業の主たる所在地のある締約国又はその事業者の常居所のある締約国のうち一つの裁判所に提起することができる。ただし、その事業者がいずれの締約国においても設立されておらず、事業の主たる所在地又は常居地がいずれの締約国にもない場合、この訴えは、第2条(d)に定める事業者の締約国の裁判所に提起することができる。補償を求める訴えは、対応措置の開始から3年以内又は訴えを提起する締約国が事業者の身元を知ったか合理的に知り得たであろう日から3年以内のいずれか遅い期限内に、提起されなければならない。いかなる場合にも、非国家事業者に対する訴えは、対応措置の開始後15年以内に開始しなければならない。
2 各締約国は、自国の裁判所が、前項に基づく訴えを受理するために必要な管轄権を有することを確保する。
3 各締約国は、第2条(d)に定める自国の非国家事業者について、並びに、可能な場合、締約国において設立された非国家事業者、事業の主たる所在地が存在する非国家事業者又はその常居地がある非国家事業者について、国内法の下で、第6条2(b)の履行強制のためのメカニズムを設けることを確保する。各締約国は、議定書第13条3の規定に従い、このメカニズムについて他のすべての締約国に通報する。この項に基づき、ある非国家事業者に対して第6条2(b)を履行強制することができる二以上の締約国が存在する場合、それらの締約国は、いずれの締約国が履行強制の措置をとるかについて相互に協議しなければならない。この項に定めるメカニズムは、このメカニズムを援用しようとする締約国が環境上の緊急事態を認識した日から15年を超えれば援用することはできない。
4 第6条1に基づく国家事業者としての締約国の責任は、もっぱら締約国が設置する審査手続、議定書第18条、第19条及び第20条の規定、並びに、適用可能な場合、仲裁に関する議定書の附録に従って決定される。
5(a) 第6条2(a)に基づく国家事業者としての締約国の責任は、もっぱら南極条約協議国会議によって決定され、それで問題が解決されない場合には、締約国が設置する審査手続、議定書第18条、第19条及び第20条の規定、並びに、適用可能な場合、仲裁に関する議定書の附録に従って決定される。
 (b) 国家事業者が第12条に定める基金へ支払う対応措置の費用であって、支払われるべきであったが、支払われなかったものについては、〔第2条(a)に定義する〕決定により承認される。南極条約協議国会議は、適当な場合、環境保護委員会の助言を求めるべきである。
6 この附属書の下で、議定書第19条4、第19条5及び第20条1の規定、並びに、適当な場合、仲裁に関する議定書の附録は、環境上の緊急事態に対してとられた対応措置の償還に関する国家事業者としての締約国の責任又は基金への支払いに関する国家事業者としての締約国の責任にのみ適用される。

第8条(責任の免除) 1 事業者は、環境上の緊急事態が以下のものによって生じたことを証明する場合、第6条に従って責任を負わない。
 (a) 人の生命又は安全を保護するために必要な作為又は不作為
 (b) 南極の状況において、例外的な自然災害となる事件であって、一般的に又は特定の事例で合理的に予測することができなかった事件(ただし、環境上の緊急事態とその潜在的な悪影響のリスクを低減するための合理的なあらゆる未然防止措置がとられていることを条件とする。)
 (c) テロ行為、又は
 (d) 事業者の活動に対する交戦行為
2 締約国、又はその代理人若しくは事業者であって、締約国の代わりに対応措置をとることを締約国により明示的に認可されたものは、対応措

置があらゆる状況において合理的であった限りにおいて、第5条2に従ってとられた対応措置から生じる環境上の緊急事態について、その責任を負わない。

第9条(責任の上限) 1　各事業者が、各環境上の緊急事態に関して、第6条1又は第6条2に基づき責任を負いうる最高額は以下の通りである。
　(a)　船舶がかかわる事件から生じる環境上の緊急事態については、
　　(i)　2,000トンを超えないトン数を有する船舶については、100万SDR
　　(ii)　それを超えるトン数を有する船舶については、上記(i)の定める金額に以下の金額を加える
　　　―2,001トンから30,000トンについては各トンにつき、400SDR
　　　―30,001トンから70,000トンについては各トンにつき、300SDR、及び
　　　―70,000トンを超えるものについては各トンにつき、200SDR。
　(b)　船舶がかかわらない事件から生じる環境上の緊急事態については、300万SDR。
2(a)　前項(a)にもかかわらず、この附属書は以下について影響を与えない。
　　(i)　適用可能な責任制限の国際条約に基づく責任又は責任を制限する権利、又は
　　(ii)　一定の請求について、条約における制限の適用を排除するために、前記の条約のもとでなされる留保の適用。
　　　ただし、適用される上限は、少なくとも以下のもの以上とする。
　　　　2,000トンを超えないトン数を有する船舶については、100万SDR、それを超えるトン数を有する船舶については、2,001トンから30,000トンについては各トンにつき400SDRを加え、30,001トンから70,000トンについては各トンにつき300SDRを加え、及び、70,000トンを超えるものについては各トンにつき200SDRを加える。
　(b)　(a)のいずれの規定も、国家事業者として締約国に適用される(a)に定める責任の上限、前記の条約の締約国ではない締約国の権利及び義務、又は7条1及び7条2の適用には影響を与えない。
3　環境上の緊急事態がかかる緊急事態を生じさせる意図を持って行われたか、又は、無謀にかつかかる緊急事態が起こるであろうことを了知して行われた事業者の作為又は不作為から生じたことが証明された場合には、責任は制限されない。

4　南極条約協議国会議は、3年ごとに、又は、いずれかの締約国の要請によりそれよりも早く、1(a)及び1(b)の制限を再検討する。これらの制限のいかなる改正も、締約国間の協議の後にかつ助言(科学上及び技術上の助言を含む。)に基づき決定され、第13条2に定める手続に従って行われる。
5　この条の適用上、
　(a)　「船舶」とは、いかなる種類であれ海洋環境を運航する船であって、水中翼船、ホバークラフト、潜水艇、浮動船舶(floating craft)及び固定又は浮動プラットフォームを含む。
　(b)　「SDR」とは、国際通貨基金の定める特別引出権をいう。
　(c)　船舶のトン数とは、1969年の船舶のトン数の測度に関する国際条約の附属書Iの定めるトン数の測度に関する規則に従って計算される総トン数をいう。

第10条(国家の賠償責任) 締約国は、この附属書の遵守を確保するため、その権限の範囲内で適当な措置(法令の制定、行政措置及び執行措置の採択を含む。)をとった限りで、自国の国家事業者以外の事業者が対応措置をとらなかったことについて責任を負わない。

第11条(保険及びその他の財政的保証) 1　各締約国は、自国の事業者に対し、第9条1及び第9条2に定める適用可能な上限まで、第6条1に基づく責任を賄うため、適切な保険又は銀行若しくは類似の金融機関の保証といったその他の財政的保証を保持することを義務づける。
2　各締約国は、自国の事業者に対し、第9条1及び第9条2に定める適用可能な上限まで、第6条2に基づく責任を賄うため、適切な保険又は銀行若しくは類似の金融機関の保証といったその他の財政的保証を保持することを義務づけることができる。
3　1及び2にもかかわらず、締約国は、科学的調査の促進の活動を行う事業者を含め、自国の国家事業者について自家保険を保持することができる。

第12条(基金) 1　南極条約事務局は、とりわけ、第5条2に従って対応措置をとる際に締約国が負担する合理的かつ正当な理由のある費用の償還を行うために、締約国により採択される条件を含む〔第2条(a)に定義する〕決定に従って、基金を維持しかつ管理する。
2　いずれの締約国も、基金から支払われるべき費用の償還について、南極条約協議国会議に提案を行うことができる。この提案は、南極条約協議国会議が承認することができ、その場合には、〔第

2条(a)に定義する〕決定の方法で承認される。南極条約協議国会議は、適当な場合、この提案について環境保護委員会の助言を求めることができる。
3 　以下のような特別の状況及び基準が、上記2の下で南極条約協議国会議によって適切に考慮される。責任のある事業者が費用償還を求める締約国の事業者であるという事実、責任ある事業者の身元が不明であるか、又はこの附属書の規定の対象ではないこと、関連する保険会社又は金融機関の予測し得ない支払い不能、若しくは、第8条の適用除外が適用されること。
4 　いずれの国又は人も、基金に自発的に拠出することができる。

第13条(改正又は修正)　　(略)

【第2節　北　極】

3-5　北極評議会の設立に関する宣言(北極評議会設立宣言)
Declaration on the Establishment of the Arctic Council
採　択　1996年9月19日(オタワ)

カナダ、デンマーク、フィンランド、アイスランド、ノルウェー、ロシア連邦、スウェーデン及びアメリカ合衆国(以下「北極圏諸国」という。)の政府の代表はオタワに集まり、

先住人民とその社会の北極圏との特別の関係及び北極圏への独自の貢献を認めることを含め、北極圏の住民の福祉に対するわれわれの責任を確認し、

経済的及び社会的な発展、より良い衛生条件並びに文化的な暮らしを含め、北極地域における持続可能な発展に対するわれわれの責任を確認し、

北極圏の生態系の健全性、北極地域における生物多様性の維持、及び天然資源の保全並びに持続可能な利用を含め、北極圏の環境保護に対するわれわれの責任を同時に確認し、

以上の責任に対する北極環境保護戦略の貢献を認め、

北極圏の先住人民とその社会の伝統的な知見を認め、かつ、その知見の重要性及び北極域の全体的な理解に繋がる北極圏の科学及び研究の重要性に留意し、

さらに、北極域で協力を必要とする諸問題に取り組むための協調的活動を促進する手段を提供すること、及び、かかる活動において、北極圏の先住人民とその社会及びその他の住民との十分な協議並びにそれらの人々と社会の十分な関与を確保することを希望し、

イヌイット極域評議会、サーミ評議会及びロシア北方民族協会が北極評議会の発展において貴重な貢献及び支援を行ってきたことを認め、

北極圏の諸問題に関する定期的な政府間の検討及び協議の機会を提供することを希望し、

ここに以下のとおり宣言する。

1 　北極評議会は、次の目的のためにハイレベルの政府間協議体として設立される。
 (a)　北極圏での共通の諸問題[1]、特に北極圏における持続可能な発展及び環境保護の問題に関して、北極圏の先住民社会及びその他の北極圏の住民の関与を得つつ、北極圏諸国の間での協力、調整及び交流を促進するための手段を提供すること。
 (b)　北極観測評価計画(AMAP)、北極動植物保護(CAFF)、北極海洋環境保護(PAME)及び緊急事態防止・準備・対応(EPPR)に関して、北極環境保護戦略(AEPS)に基づき設立された計画を監視しかつ調整すること。
 (c)　持続可能な発展の計画に関する検討事項を採択し、及び同計画を監視しかつ調整すること。
 (d)　北極圏に関連する諸問題について、その情報を普及し、教育を奨励しかつ関心を高めること。
2 　北極評議会の加盟国は、カナダ、デンマーク、フィンランド、アイスランド、ノルウェー、ロシア連邦、スウェーデン及びアメリカ合衆国(北極圏諸国)である。

イヌイット極域評議会、サーミ評議会及びロシア北方民族協会は、北極評議会における常時参加者である。常時参加者は、北極圏の先住人民[2]のその他の団体に等しく開放される。かかる団体は、北極圏の先住民の過半数の支持を得て、以下により代表されるものとする。
 (a)　一以上の北極圏諸国の国に居住する単一の先住人民
 (b)　単一の北極圏諸国の国に居住する一以上の先住人民

かかる団体がこの基準を満たしているとの判定は、評議会の決定により行うものとする。常時参加者の数は常に、加盟国の数を上回ってはならない。

常時参加者のカテゴリーは、北極評議会における北極圏の先住民の代表の積極的な参加及び同代表との十分な協議を実現する観点から、創出される。

3 北極評議会におけるオブザーバーの地位は、次のものであって、評議会がその作業に貢献することができると決定するものに開放される。
  (a) 非北極圏諸国
  (b) 普遍的及び地域的なレベルでの政府間組織及び議会間組織
  (c) 非政府組織
4 評議会は通常、閣僚会合を隔年に開催し、連絡と調整のための会合はより頻繁に開催する。北極圏諸国はそれぞれ、北極評議会に関連する問題についての連絡先を指定するべきである。
5 北極評議会の会合を主催する責任は、事務局支援の任務の提供を含め、北極圏諸国が持ち回りで担当する。
6 北極評議会は、その最初の議題として、その会合及び作業部会のための手続規則を採択する。
7 北極評議会の決定は、加盟国のコンセンサスによって行われる。
8 北極環境保護戦略(AEPS)に基づき設立される先住人民の事務局は、北極評議会の枠組の下で維持される。
9 北極評議会は、その計画及び関連する体制の優先順位及び資金の割り当てを定期的に再検討するべきである。

注
1 北極評議会は軍事上の安全保障に関する問題を扱うべきではない。
2 この宣言における「人民」という用語の使用は、国際法に基づきその用語に付与され得るいずれかの権利を含意しているものと解釈されてはならない。

第4章
国際河川・水

　河川が数カ国を貫流し、あるいは数カ国の国境を成している場合には、国際交通の要路になっているものが少なくない。そこで、外国船舶の自由航行を認めるために、条約により国際化された河川があり、これを国際河川という。国際河川の制度は、19世紀に入り、ヨーロッパで形成された。1815年のウィーン会議最終議定書は、自由航行に関する一般原則を宣言した最初のものである。その後、ライン川、エルベ川、ドナウ川など個々の河川ごとに、それらを国際化する条約が締結されていった。条約に基づき、国際河川委員会が設置され、その管理にあたっている。

　従来、国際河川への関心は、船舶の自由航行にのみ向けられていたが、第二次世界大戦以降に特に関心が高まってきたのは、水資源の利用と汚染の防止に関する問題である。河川の水が灌漑、発電、その他工業用に大量に利用されるようになった結果、環境汚染が深刻な問題になっている。また、上流の国による河川の転流が下流の国に影響を与え、環境上の問題を生じさせる場合もある(国際司法裁判所におけるガブチコボ・ナジマロシュ計画事件参照。判決は1997年9月)。そのため、最近では、国際河川の様々な利用形態があることを考慮し、人類の生存に欠かせない水資源の保全という課題を設定し、国際河川それ自体の保全策を講じるべきとの考え方が重視されるようになっている。そして、水資源への関心の増大は、規制の対象となる空間を拡げることにもつながり、国際河川のみならず、国際水路、越境水路、国際湖水といった場所的な概念も登場し、それらの環境保全に向けての努力が重ねられている。

　このような流れの中で、国連国際法委員会が1994年に採択した条文草案に基づき、1997年の国連総会で採択されたのが、**国際水路の非航行的利用の法に関する条約(4-1)**である。この条約は、国際水路の非航行的利用の一般規則を定める枠組条約であり、今後、国際水路ごとに個別の協定が締結される際の指針となりうるものである。条約では、一般原則(衡平および合理的利用と参加(5条)、重大な危害を与えない義務(7条)、一般協力義務(8条)、計画措置(計画措置に関する情報(11条)、悪影響を与える可能性のある計画措置の通報(12条)、計画措置に関する協議・交渉(17条)など)、保護、保全および管理(生態系の保護および保

全(20条)、汚染の防止・削減・規制(21条)など)に関する規定が定められている。

国際河川から越境水路や国際湖水に目を向けると、1992年に国連欧州経済委員会が採択した、越境水路・国際湖水保護条約(4-2)が注目される。この条約は、複数国にまたがる地表水および地下水を含む「越境水」を対象としており、衡平利用の原則、健全で合理的な水管理、生態系の保存と回復確保、予防原則および汚染者負担の原則、汚染規制の基準としての「利用可能な最良の技術」の導入などに関する規則を取り入れることにより、有害物質の水環境への放出を防止、規制および削減し、越境水路と国際湖水の環境保全を図ることをめざしている。国連欧州経済委員会は、さらに1999年には、水及び健康に関する議定書(4-2-1)を採択した。これは、越境水路・国際湖水保護条約に対する議定書であって、締約国に対して、水資源の持続可能な利用、人間の健康を害さない水の質、および水生態系の保護を目的とする統合された水管理システムの枠組内において、水関連の疾病を防止し、規制し、削減するためのすべての適切な措置をとることを求めている。

さて、冒頭に述べた、個々の国際河川を国際化した条約はいくつかあるが、本章でまず収録したのは、中国のチベット高原に水源を発し、ラオス、タイ、カンボジア、ベトナムを通って南シナ海へ注ぐメコン川に関する、1995年のメコン川流域協力協定(4-3)である。メコン川流域の水力発電や灌漑農業への利用などに関して本格的な調査が始まったのは、1957年に設置されたメコン川下流域調査調整委員会においてであった。その後、この地域の政治情勢の不安定性に影響され、関係国の協力は進展しない時期も続いたが、下流域4カ国による1975年の水利用の原則に関する共同宣言の採択を経て、95年の協定の採択へと至った(中国は未加盟)。この協定は、メコン川流域の水および関連の資源について、すべての沿岸国の多目的利用と相互受益を最適化し、その持続可能な開発、利用、管理および保存のあらゆる分野(灌漑、水力発電、航行、食糧管理、漁業、木材浮流、余暇および観光を含む)において協力することを定めている。

1999年のライン川保護条約(4-4)は、ドイツ、フランス、ルクセンブルグ、オランダ、スイスの5カ国と欧州共同体(※欧州連合)が、ライン川の生態系の保全および持続可能な開発、飲料水の確保、洪水防止などを実現するために採択したもので、この種の条約としては、最も新しい内容を備えたものの一つである。ライン川の国際化については19世紀以来の歴史があるが、20世紀の後半になると1963年にライン川汚染防止国際委員会に関する協定が結ばれ、その後1967年には、欧州共同体を1963年協定に加える条約、ライン川化学汚染防止条約、さらにライン川塩化物汚染防止条約が採択され、ライン川の環境保全策を強化するための法整備が続けられた。ライン川保護条約の採択により、ライン川汚染防止国際委員会に関する協定とライン川化学汚染防止条約は廃棄された。ライン川保護条約は、締約当事者に対して、予防原則、汚染者負担の原則、持続可能な発展の原則などに則って行動することを求めており、また、条約に基づいて設置されるライン川保護国際委員会の採択する決定の実施などを義務づけている。

【第1節 普遍的文書】

4-1 国際水路の非航行的利用の法に関する条約（抄）
Convention on the Law of the Non-navigational Uses of International Watercourses

採　択　1997年5月21日
　　　　国際連合総会第51回会期（決議51/229附属書）
効力発生
日本国

この条約の締約国は、
（中略）
　多くの国際水路に影響を与える問題、とりわけ、需要と汚染の増大の結果生じている問題を考慮し、
　枠組条約が、国際水路の利用、開発、保全、管理及び保護、並びに現在及び将来世代のための最適かつ持続可能な利用の促進を確保するという確信を表明し、
　この分野における国際協力と善隣関係の重要性を認め、
　発展途上国の特別な事情とニーズを考慮し、
（中略）
　次のとおり協定した。

第Ⅰ部　序

第1条（条約の適用範囲） 1　この条約は、国際水路とその水の航行以外の目的での利用、及び国際水路とその水の利用に関連する保護、保存及び管理のための措置に適用する。

2　航行のための国際水路の利用は、他の利用が航行に影響を与え又は航行によって影響を受ける場合を除いて、この条約の適用範囲には含まれない。

第2条（定義） この条約の適用上、
(a)　「水路」とは、地表水及び地下水であって、その物理的関連性により一つのまとまりをなし、通常は共通の最終的な流出点に到達する水系をいう。
(b)　「国際水路」とは、その一部が複数の異なる国家に所在する水路をいう。
(c)　「水路国」とは、この条約の当事国であって、国際水路の一部がその領域に所在する国、又は地域的な経済統合のための組織であって、その一又は複数の加盟国の領域に国際水路の一部が所在しているものをいう。
(d)　「地域的な経済統合のための組織」とは、特定の地域の主権国家によって構成される組織であって、この条約により規律される事項に関して加盟国から権限の委譲を受け、かつ、その内部手続に従ってこの条約の署名、批准、受諾、承認又はこれへの加入の正当な委任を受けたものをいう。

第3条（水路協定） 1　別段の合意がない場合には、この条約のいかなる規定も、この条約の当事国となった日に効力を有する協定に基づく水路国の権利又は義務に影響を及ぼすものではない。

2　1の規定にかかわらず、同項にいう協定の当事国は、必要な場合には、当該協定をこの条約の基本原則に調和させることを検討することができる。

3　水路国は、特定の国際水路又はその一部の特徴及び利用について、この条約の規定を適用しかつ調整する一又は二以上の協定（以下「水路協定」という。）を締結することができる。

4　水路協定が二以上の水路国の間で締結される場合には、当該協定の適用を受ける水域を定める。そのような協定は、国際水路の全体又はそのいずれかの部分について、若しくは特定の事業、計画又は利用について締結することができる。ただし、一又は二以上の他の水路国による当該水路の利用に関して、それら水路国の明示の同意なく重大な悪影響を及ぼす場合を除く。

5　水路国が特定の国際水路の特徴及び利用のためにこの協定の規定を調整しかつ適用する必要があると考える場合には、水路国は水路協定を締結することを目的として誠実に交渉するために協議する。

6　特定の国際水路について、すべてではないが複数の水路国が協定の当事国である場合には、当該協定の規定はその当事国ではない水路国のこの条約に基づく権利又は義務に影響を及ぼすものではない。

第4条（水路協定の当事国） 1　すべての水路国は、国際水路の全体に適用される水路協定について、その交渉に参加し、かつ、その当事国となることができ、関連するいずれの協議にも参加することができる。

2　水路国による国際水路の利用が、水路の一部又は特定の事業、計画又は利用にのみ適用されることを予定する水路協定の実施によって重大な

影響を受ける場合には、その水路国は当該協定に関する協議に参加することができ、また適当な場合には、その実施により自らの利用が影響を受ける限りにおいて、その当事国になるために当該協定に関する交渉に参加することができる。

第Ⅱ部　一般原則

第5条（衡平かつ合理的な利用と参加） 1　水路国はそれぞれの領域において国際水路を衡平かつ合理的な方法で利用する。特に水路国は、関係する水路国の利益を考慮しつつ、水路の適切な保護と両立する利用及びそこから生ずる便益を最適かつ持続可能なものとなるように水路を利用し、その開発を行う。

2　水路国は衡平かつ合理的な方法による国際水路の利用、開発及び保護に参加する。そのような参加には、この条約が規定する水路を利用する権利並びにその保護及び開発に協力する義務の双方を伴う。

第6条（衡平かつ合理的な利用に関連する要素） 1　第5条の意味における衡平かつ合理的な方法による国際水路の利用は、次に掲げる事項を含むすべての関連する要素と事情を考慮することを要する。
(a)　地理的、水路的、水文的、気候的、生態的その他の自然的性質を有する要素
(b)　関係する水路国の社会的及び経済的ニーズ
(c)　各水路国における当該水路に依存している人口
(d)　一の水路国による水路の利用が他の水路国に与える影響
(e)　水路の現在の利用及び潜在的に可能な利用
(f)　水路の水資源の保全、保護、開発及び効率的利用とそのためにとられる措置の費用
(g)　特定の計画中の利用又は現行の利用に見合う価値を有する代替策の利用可能性

2　第5条又はこの条の1を適用するに当たり、関係する水路国は、必要な場合には協力の精神の下で協議に入る。

3　各々の要素に与えられる重要性は、他の関連する要素の重要性と比較することにより決定される。合理的かつ衡平な利用の内容を決定する際には、すべての関連する要素を共に考慮し、全体を基礎として結論を下さなければならない。

第7条（重大な害を生じさせない義務） 1　水路国は、その領域において国際水路を利用するにあたり、他の水路国に重大な害を生じさせることを防止するためにすべての適切な措置をとる。

2　それにもかかわらず他の水路国に重大な害が発生した場合には、水路の利用によりその害を生じさせた国は、そのような利用に関して合意がない場合には、第5条及び第6条の規定を適切に尊重しつつ、影響を受けた国と協議の上で、その害を除去し又は緩和するために、及び適当な場合には補償の問題を検討するために、すべての適当な措置をとる。

第8条（一般的協力義務） 1　水路国は、主権平等、領土保全、互恵及び信義誠実を基礎として、国際水路の最適な利用と適切な保護を達成するために協力する。

2　そのような協力の方法を決定するに当たり、水路国は、さまざまな地域に既に存在する共同の機構及び委員会における協力を通じて得られた経験に照らして、関連する措置と手続に関する協力を促進するため、必要と考える共同の機構又は委員会の設置を検討することができる。

第9条（データ及び情報の定期的な交換） 1　水路国は、第8条に従って、水路の状態に関して容易に利用可能なデータ及び情報、とりわけ水文学的、気候学的、水路学的及び生態学的性質の情報であって水質並びに関連する予測に関するものを定期的に交換する。

2　水路国が他の水路国からただちに利用可能ではないデータ又は情報の提供を要請された場合には、当該要請に従うために最善の努力を払う。ただし、当該要請に応じるに当たって、そのようなデータ又は情報の収集、及び適当な場合にはそれらの処理に要する合理的な費用を要請国が支払うことを条件とすることができる。

3　水路国は、データ及び情報の伝達先となる他の水路国による利用を促進する方法でそれらを収集し、かつ、適当な場合には処理するよう、最善の努力を払う。

第10条（異なる種類の利用の間の関係） 1　別段の合意又は慣習がない場合には、国際水路のいかなる利用も他の利用に対する固有の優先権を有しない。

2　国際水路の複数の利用の間で抵触が生ずる場合には、この抵触は人間の死活的なニーズの充足に特別の考慮を払いつつ、第5条から第7条に照らして解決される。

第Ⅲ部　計画措置

第11条（計画措置に関する情報） 水路国は、国際水路の状態に関して計画措置が及ぼす可能性のある影響について情報を交換し、相互に協議し、また必要がある場合には交渉を行う。

第12条(悪影響を与える可能性がある計画措置に関する通報) 水路国は、他の水路国に重大な悪影響を与える可能性のある計画措置については、それを実施し又は許可する前に、その影響を受ける国に対して時宜を得た通報を行う。この通報には、通報を受ける国が計画措置の影響を評価することができるようにするため、環境影響評価の結果を含む利用可能な技術上のデータ及び情報を付するものとする。

第13条(通報に対する回答期間) 別段の合意がない限り、
(a) 第12条に基づき通報を行う水路国は、被通報国に対して6箇月の期間を与え、被通報国はその期間内に計画措置の影響を調査し、及び評価し、その結果を水路国に通達する。
(b) この期間は、計画措置の評価が被通報国にとって特別な困難を提起する場合には、その要請により6箇月間延長される。

第14条(回答期間における通報国の義務) 第13条に定める期間において、通報国は、
(a) 被通報国に対して、その要請に基づき、正確な評価のために利用可能でかつ必要な追加的なデータ及び情報を提供することにより協力し、また、
(b) 被通報国の同意なしに計画措置を実施せず、又は実施を許可しない。

第15条(通報に対する回答) 被通報国は、第13条に従って定められる期間内にできる限り速やかに、通報国に調査結果を通達する。被通報国は、計画措置の実施が第5条又は第7条の規定に合致しないと考える場合には、その判断理由を示した書面を調査結果に添付する。

第16条(通報に対する回答がない場合) 1 通報国は、第13条に従って定められる期間内において、第15条に基づくいかなる通達も受領しない場合、第5条及び第7条に基づく義務に服することを条件に、通報及び被通報国に提供されるその他のデータと情報に従い、計画措置の実施に着手することができる。

2 第13条に従って定められる期間内に回答しなかった被通報国が行う補償請求は、通報国が回答期間の満了後に着手する行為(被通報国が回答期間内に異議申し立てをしていれば着手されなかったであろう行為)に対して負担する費用によって相殺することができる。

第17条(計画措置に関する協議及び交渉) 1 計画措置の実施が第5条又は第7条の規定に合致しないという通達が第15条に基づいて行われた場合には、通報国とその通達を行う国は協議を行い、また必要な場合には、事態の衡平な解決に到達するための交渉を行う。

2 協議と交渉は、各国が他国の権利及び正当な利益に合理的な考慮を誠実に払わなければならないという原則に基づき行うものとする。

3 協議と交渉の期間中、通報国は、被通報国が通達を行う時点で要請した場合には、別段の合意がない限り6箇月の間、計画措置の実施又は実施の許可を差し控える。

第18条(通報がない場合の手続) 1 水路国は、自国に重大な悪影響を与える措置を他の水路国が計画していると信じるに足る合理的理由を有する場合には、当該他の水路国に対して、第12条の規定の適用を要請することができる。かかる要請にはその理由を示した書面が添付される。

2 それにもかかわらず、措置を計画する国は、第12条に基づく通報を提供する義務はないと認める場合には、かかる調査結果の理由を示した書面を付して、他国にその旨を通知する。この調査結果が他国を満足させない場合には、当該他国の要請に基づき、両国は第17条1及び2の指示する方法で速やかに協議と交渉を行う。

3 協議と交渉の期間中、措置を計画する国は、協議と交渉の開始の要請時に当該他国から要請がある場合には、別段の合意がない限り6箇月の間、かかる措置の実施又は実施の許可を差し控える。

第19条(計画措置の緊急実施) 1 計画措置の実施が公衆衛生、公共の安全又はその他の同等に重要な利益を保護するために緊急に必要である場合には、措置を計画する国は、第14条及び第17条3の規定にもかかわらず、第5条及び第7条に従い、直ちに実施に着手することができる。

2 このような場合には、措置の緊急性に関する正式の宣言が、関連するデータ及び情報と共に、第12条にいう他の水路国に対して遅滞なく通達される。

3 措置を計画する国は、2にいう国の要請に基づき、第17条1及び2に示す方法により、速やかに要請国と協議及び交渉を行う。

第IV部 保護、保全及び管理

第20条(生態系の保護及び保存) 水路国は、単独で、また適当な場合には共同で、国際水路の生態系を保護し、かつ、保全する。

第21条(汚染の防止、軽減及び制御) 1 この条の適用上、「国際水路の汚染」とは、人間の活動から直接又は間接に生ずる国際水路の水の構成又は質を損なう変化をいう。

2 水路国は、他の水路国又はその環境に対して、

人の健康若しくは安全、水路の有益な目的のための利用若しくはその生物資源に対する害を含む重大な害を生じさせうる国際水路の汚染を、単独で、また適当な場合には共同で、防止し、軽減し、かつ制御する。水路国は、汚染に関連するこれらの政策を調和させるための措置をとる。

3 水路国は、いずれかの国が要請する場合には、国際水路の汚染を防止し、軽減しかつ制御するために、次に掲げる措置及び方法について相互に合意に達することを目的として協議する。
　(a) 共同の水質目標及び基準の設定
　(b) 点汚染源及び面汚染源からの汚染に対処するための技術及び訓練の確立
　(c) 国際水路への導入が禁止、制限、調査又は監視されなければならない物質の一覧表の作成

第22条(外来種又は新種の導入) 水路国は、水路の生態系に有害な影響を及ぼすものであって、他の水路国に重大な害を生じさせる外来種又は新種の国際水路への導入を防ぐために必要なすべての措置をとる。

第23条(海洋環境の保護及び保全) 水路国は、単独で、又は適当な場合には他国と協力して、一般的に受け入れられている国際的な規則及び基準を考慮しつつ、三角江を含む海洋環境の保護及び保全に必要な国際水路に関するすべての措置をとる。

第24条(管理) 1 水路国は、いずれかの国が要請する場合には、合同管理機構を設立する可能性を含めて、国際水路の管理に関する協議に入る。
2 この条の適用上、「管理」とは、特に次のことをいう。
　(a) 国際水路の持続可能な開発を計画すること、及び採択された計画を実施するために必要な措置をとること
　(b) 合理的かつ最適な水路の利用、保護及び制御を促進するその他の措置をとること

第25条(規制) 1 水路国は、適当な場合には、国際水路の水流を規制する必要又は機会に対応するために協力する。
2 別段の合意がない限り、水路国がそのような規制事業の実施に合意する場合には、水路国は当該事業の建設及び維持又は費用の支払いについて衡平を基礎として参加する。
3 この条の適用上、「規制」とは、水流事業又はその他の継続的な措置であって、国際水路の水流を変化させ、変更し、又はその他の方法で制御するためにとられる措置をいう。

第26条(施設) 1 水路国は、それぞれの領域内において、国際水路に関連する施設、設備及びその他の工作物を維持しかつ保護するために最善の努力を行う。
2 水路国は、重大な悪影響を受けると信ずる合理的な理由を有するいずれかの国が要請する場合には、次の事項に関して協議に入る。
　(a) 国際水路に関連する施設、設備その他の工作物の安全な運用及び維持
　(b) 故意若しくは過失ある行為又は自然の力からの施設、設備その他の工作物の保護

第V部　有害な状態及び緊急事態

第27条(有害な状態の防止と軽減) 水路国は、単独で、また適当な場合には共同で、国際水路に関連するものであって、自然的原因によるものであるか人間の活動によるものであるかにかかわらず、洪水、結氷状態、水媒介性疾患、沈積、浸食、塩水浸入、旱魃、又は砂漠化等、他の水路国にとって有害な状態を防止し又は緩和するためにすべての適切な措置をとる。

第28条(緊急事態) 1 この条の適用上、「緊急事態」とは、水路国又はその他の国に深刻な害を生じさせ、若しくはその差し迫ったおそれのある事態であって、洪水、氷解、地滑り又は地震等の自然的原因又は産業事故等の人間活動により、突発的に生ずるものをいう。
2 水路国は、その領域内で発生した緊急事態につき、利用可能な最も迅速な手段により、影響を受ける可能性のある他国及び権限ある国際機関に遅滞なく通報する。
3 その領域内で緊急事態が発生した水路国は、影響を受ける可能性のある国、また適当な場合には権限ある国際機関と協力して、直ちに当該緊急事態の有害な影響を防止し、緩和しかつ除去するために、状況に応じて必要とされるすべての実行可能な措置をとる。
4 水路国は、必要な場合には、緊急事態に対応するための緊急時の計画を、適当な場合には影響を受ける可能性のある他国及び権限ある国際機関と協力して、共同で作成する。

第VI部　雑則

第29条(武力紛争時の国際水路及び施設)　(略)
第30条(間接的手続)　(略)
第31条(国の防衛又は安全保障に不可欠なデータ及び情報)　(略)
第32条(無差別)　(略)
第33条(紛争の解決)

1 この条約の解釈又は適用に関する二以上の締約国の間での紛争について、当該締約国は、相互の間で適用可能な合意がない場合には、以下の規定に従って平和的な手段によってその紛争の解決を求める。
2 当該締約国は、その中のいずれかの国が要請する交渉によって合意に到達することができない場合には共同で、第三者による周旋を求め、又は仲介若しくは調停を要請し、又は、適当な場合には、締約国が設立したいずれかの合同水路機構を利用し、若しくは仲裁又は国際司法裁判所に紛争を付託することができる。
3 10の運用に従うことを条件として、第2項にいう交渉の要請があったときから6箇月を経た後に、締約国がその紛争を交渉又は2項に定めるその他の手段を通じて解決することできなかった場合、その紛争は、当該締約国が別段の合意をしない限り、いずれかの紛争当事国の要請により、4から9に従い公平な事実審査に付託しなければならない。
4 事実審査委員会は、当該締約国の各々が一名ずつ指名する委員で構成され、指名された委員が選出する当該締約国のいずれの国籍をも有しない委員であって、委員長としての職務を遂行する者を加えて設置される。
5 当該締約国が指名した委員が、委員会の設置についての要請があったときから3箇月以内に委員長に関して合意することができない場合には、いずれの当該締約国も、国際連合の事務総長に対して、紛争当事国又は関係する水路の沿岸国の国籍を有さない委員長を指名するよう要請することができる。当該締約国のいずれかが、3に基づく要請があったときから3箇月以内に委員を指名しない場合には、他のいずれの当該締約国も、国際連合の事務総長に対して、紛争当事国又は関係する水路の沿岸国の国籍を有さない者を指名するよう要請することができる。事務総長が指名した者は、単独構成員の委員会を構成する。
6 委員会は自らの手続を決定する。
7 当該締約国は、委員会が要請する情報を委員会に提供し、かつ、要請に基づき、委員会に対して、その審査の目的のために、それぞれの締約国の領域に入ること、及び関連するいずれかの施設、工場、設備、建造物又は地勢を調査することを認める義務を有する。
8 委員会は、それが単独構成員の委員会でない限り、多数決によりその報告書を採択し、当該締約国に対して、委員会の事実認定及びその理由づけ並びに委員会が紛争の衡平な解決のために適切と考える勧告を記した報告書を提出する。当該締約国はその報告書を誠実に検討しなければならない。
9 委員会の費用は、当該締約国が平等に分担する。
10 地域的な経済統合のための組織ではない締約国は、この条約を批准し、受諾し若しくは承認し若しくはこれに加入する時に又はその後はいつでも、寄託者に提出する文書において、第2項に従って解決されない紛争に関しては、次のいずれかが当然に、かつ、同一の義務を受諾する当事国との関係において特別の合意なしに義務的であると認めることを、宣言することができる。
 (a) 当該紛争の国際司法裁判所への付託、及び(又は)、
 (b) 紛争当事国が別段の合意をしない限り、この条約の附属書に定める手続に従って設立されて運営される仲裁裁判所による仲裁。
地域的な経済統合のための組織である締約国は、上記の(b)に従って仲裁に関して同様の効果を有する宣言を行うことができる。

第Ⅶ部　最終条項　（略）

附属書　仲　裁　（略）

【第2節　地域的文書】

4-2　越境水路及び国際湖水の保護及び利用に関する条約
（越境水路・国際湖水保護条約）（抄）

Convention on the Protection and Use of Transboundary Watercourses and International Lakes

作　成　1992年3月17日（国連欧州経済委員会、ヘルシンキ）
効力発生　1996年10月6日

前　文

この条約の締約国は、
　越境水路及び国際湖水の保護及び利用が重要かつ緊急の任務であり、その効果的な実現は強化された協力によってのみ確保されることに留意し、
　越境水路及び国際湖水の状態の変化が欧州経済委

員会(ECE)加盟諸国の環境、経済及び福祉に与える短期的又は長期的悪影響の存在と脅威を懸念し、(中略)
　越境水の保護及び利用に関する加盟国間の協力は、第一次的には、同一の越境水に国境を接する国家間において特に協定がいまだ締結されていない場合には協定の作成を通じて実施されることを強調し、
　次のとおり協定した。

第1条(定義) この条約の適用上、
1　「越境水」とは、二又はそれ以上の国の国境を形成し、国境を横切り、あるいは国境に位置する地表水又は地下水をいう。越境水が直接海洋に流入している場合には、当該越境水は、それぞれの河口を横切りその両岸の低潮線上の点の間に引いた直線で終了する。
2　「越境影響」とは、人間の活動が引き起こす越境水の状態の変化によって生じる環境に対する重大な悪影響であって、その物理的原因の全部又は一部が一締約国の管轄下の地域に存在し、かつ、他の締約国の管轄下の地域内で生じるものをいう。環境に対するこのような影響には、人間の健康と安全、動植物、土壌、大気、水、気候、景観、歴史的建造物又はその他の物理的構造物に対する影響若しくはこれら諸要因間の相互作用に対する影響が含まれ、また、文化遺産又は上記の諸要因の変更によって生じる社会経済的条件に対する影響も含まれる。
3　「締約国」とは、別段の定めがある場合を除き、この条約の締約国をいう。
4　「沿岸締約国」とは、同一の越境水に国境を接する締約国をいう。
5　「合同機関」とは、沿岸締約国間の協力のための二国間又は多国間の委員会若しくはその他の適切な制度的取極をいう。
6　「有害物質」とは、毒性、発癌性、突然変異誘発性、催奇性又は生物蓄積性を有する物質であって、特にそれらが難分解性の性質であるものをいう。
7　「利用可能な最良の技術」(定義はこの条約の附属書Ⅰに定める。)

第Ⅰ部　すべての締約国に関する規定

第2条(一般規定) 1　締約国は、いかなる越境影響をも防止し、規制し及び削減するためにすべての適切な措置をとる。
2　締約国は、特に、次の目的のために、すべての適切な措置をとる。
　(a)　越境影響を引き起こし又は引き起こすおそれのある水汚染を防止し、規制し及び削減する。
　(b)　越境水が、生態学的に健全で合理的な水管理、水資源の保存及び環境の保護を目的として利用されることを確保する。
　(c)　越境影響を引き起こし又は引き起こすおそれのある活動の場合には、越境水の越境性を考慮に入れて、越境水が合理的かつ衡平な方法で利用されることを確保する。
　(d)　生態系の保存、及び、必要な場合には、その回復を確保する。
3　水汚染の防止、規制及び削減のための措置は、可能である場合には汚染源を対象としてとる。
4　これらの措置は、直接的又は間接的に汚染を他の環境部分へ移転する結果をもたらしてはならない。
5　締約国は、この条の1及び2の措置をとるに当たり、次の原則を指針とする。
　(a)　有害物質放出の潜在的越境影響を回避するための行動は、科学的研究が当該物質と潜在的越境影響との間の因果関係が十分に立証されていないことを理由に延期されてはならないとする予防原則。
　(b)　汚染の防止、規制及び削減の費用は汚染者が負担しなければならないとする汚染者負担の原則。
　(c)　水資源は、将来世代が彼ら自身のニーズを満たす能力を損なうことなく、現在の世代のニーズが満たされるように管理される。
6　沿岸締約国は、関連する集水域又はその一部を対象とし、越境影響の防止、規制及び削減をめざし、かつ、越境水の環境又は当該越境水により影響を受ける海洋環境を含む環境の保護をめざして、調和のとれた政策、計画及び戦略を発展させるために、特に二国間及び多国間協定を通じて、平等及び相互主義に基づき協力する。
7　この条約の適用は環境条件の悪化及び越境影響を増大させる結果をもたらしてはならない。
8　この条約の規定は、締約国がこの条約に定める規定よりも厳しい措置を個別に又は共同して採択し実施する権利に影響を与えるものではない。

第3条(防止、規制及び削減) 1　締約国は、越境影響を防止し、規制し及び削減するに当たり、特に次のことを確保するために、関連する法的、行政的、経済的、財政的及び技術的措置を開発し、採択し及び実施し、かつ、可能な限り、それらの措置の調和を図る。
　(a)　特に低廃棄物及び非廃棄物技術の適用を通じて汚染物質の放出が発生源において防止され、規制され、及び削減されること。
　(b)　権限ある国家の当局による事前の廃水排出

の許可を通じて、越境水が排出源での汚染から保護され、かつ、許可を受けた廃水排出が監視され及び規制されること。
  (c) 許可証に記載される廃水排出の上限は、有害物質の排出のための利用可能な最良の技術に基づいていること。
  (d) 受容水の水質又は生態系が必要とするときは、より厳格な条件(個々の事案で禁止することも含む。)が課せられること。
  (e) 段階的アプローチにおいて必要な場合には、少なくとも生物学的処理又はそれと同等のプロセスが都市の排水に適用されること。
  (f) 産業及び都市を発生源とする栄養分の投入を削減するために、利用可能な最良の技術の適用等の適切な措置がとられること。
  (g) 特に主要な発生源が農業である場合、拡散した発生源からの栄養分及び有害物質の投入を削減するために、適切な措置及び最善の環境手法が開発され、かつ、実施されること(最善の環境手法を開発するための指針はこの条約の附属書Ⅱに定める)。
  (h) 環境影響評価及びその他の評価手段が適用されること。
  (i) 生態系アプローチの適用を含む持続可能な水資源管理が促進されること。
  (j) 緊急対処計画を発展させること。
  (k) 地下水の汚染の防止のために追加的な具体的措置がとられること。
  (l) 事故による汚染の危機が最小化すること。
2 この目的のために、各締約国は、利用可能な最良の技術に基づき、点源から表流水への排出物の放出の上限を定め、これを、有害物質を出す個々の産業分野又は産業界に具体的に適用する。点源及び拡散した発生源から水域への有害物質の投入を防止し、規制し及び削減するためのこの条の1にいう適切な措置には、特にそのような物質の生産又は使用の全面的又は部分的禁止を含めることができる。
3 各締約国は、さらに適切な場合には、越境影響を防止し、規制し及び削減するための水質目標を定め、かつ、水質の基準を採択する。この目標及び基準を発展させるための一般的指針はこの条約の附属書Ⅲに定める。締約国は必要に応じこの附属書を更新していくよう努める。

第4条(監視) 締約国は、越境水の状態を監視するための計画を設定する。

第5条(研究及び開発) 締約国は、越境影響の防止、規制及び削減のために効果的な技術の研究及び開発に協力する。このために、締約国は、関連する国際的フォーラムで進められてきた研究活動を考慮に入れて、必要に応じ、特に以下のことを目的とする具体的な研究計画を二国間及び(又は)多国間で開始し又は強化するために努力する。
  (a) 有害物質の有害性及び汚染物質の有毒性の評価のための方法
  (b) 汚染物質の発生、分布及び環境への影響並びに関係するプロセスに関する知識の改善
  (c) 環境にとって健全な技術、生産及び消費のパターンの開発及び適用
  (d) 越境影響をもたらすおそれのある物質の段階的禁止及び(又は)代替
  (e) 有害物質の環境にとって健全な処分方法
  (f) 越境水の状態を改善させるための特別な方法
  (g) 環境にとって健全な水利工事及び水制御技術の開発
  (h) 越境影響の結果生じる損害の物理的及び財政的評価

これらの研究計画の成果は、この条約の第6条に従い締約国間で交換される。

第6条(情報交換) 締約国は、この条約の規定が対象とする問題について、できるだけ速やかに幅広い情報交換を行う。

第7条(責任及び賠償責任) 締約国は、責任及び賠償責任の分野における規則、基準及び手続を作成するための適切な国際的努力を支援する。

第8条(情報の保護) この条約の規定は、知的財産権を含む産業上及び商業上の秘密、又は国の安全保障に関する情報を保護するための国内法制度及び適用可能な超国家的規制に従って締約国が有する権利又は義務に影響を及ぼすものではない。

第Ⅱ部 沿岸締約国に関連する規定

第9条(二国間及び多国間協力) 1 沿岸締約国は、越境影響の防止、規制及び削減に関する相互の関係と行動を規定するために、平等及び相互主義に基づき、二国間又は多国間協定若しくはその他の取極がまだ存在しない場合にはそれらを締結し、又は既存の協定等については、この条約の基本原則との抵触を除去するために必要である場合には、それらを改正する。沿岸締約国は、協力を条件として、集水域又はその部分を特定する。これらの協定又は取極は、この条約が定める関連事項及び沿岸締約国が協力を必要とするその他の事項について定める。
2 この条の1にいう協定又は取極は、合同機関の設置について規定する。この合同機関の任務は、

関連する既存の協定又は取極を害することなく、特に次のとおりとする。
(a) 越境影響をもたらすおそれのある汚染源を特定するためのデータの収集、編集及び評価
(b) 水質及び水量に関する共同監視計画の策定
(c) この条の2(a)にいう汚染源に関する一覧表の作成及び情報の交換
(d) 排水の上限の策定及び規制計画の実効性の評価
(e) この条約の第3条3の規定を考慮した上での共同の水質の目標及び基準の策定、並びに、既存の水質を維持し、かつ、必要な場合にはこれを改善するための関連措置の提案
(f) 点源(例えば都市及び産業起因のもの)並びに拡散した発生源(特に農業からのもの)に起因する汚染負荷の削減のための協調的な行動計画の開発
(g) 警告及び警報手続の確立
(h) 越境影響をもたらすおそれのある既存の及び計画された水利用並びに関連施設に関する情報交換のためのフォーラムとしての役務の提供
(i) この条約の第13条の規定に従った利用可能な最良の技術に関する協力及び情報交換の促進、並びに、科学的研究計画における協力の奨励
(j) 適切な国際規則に従った越境水に関連する環境影響評価の実施への参加

3 沿岸締約国は、この条約の締約国である沿岸国が直接かつ重大な越境影響を受ける場合には、沿岸締約国のすべてが合意するならば、当該越境水の沿岸締約国によって設置される多国間合同機関の活動に、当該沿岸国が適切な方法で関与するよう招請することができる。

4 この条約による合同機関は、越境影響を直接受ける海洋環境の保護のために沿岸国によって設置される合同機関に対して、それらの活動を調和させるために、かつ、越境影響を防止し、規制し及び削減するために協力するよう、要請する。

5 同一の集水域に二又はそれ以上の合同機関が存在する場合、それらの機関は、当該水域内における越境影響の防止、規制及び削減を強化することを目的として、それらの活動を調整するために努力する。

第10条(協議) 沿岸締約国は、そのいずれかの要請により、相互主義、誠実及び善隣関係の基礎の下に、協議を行う。この協議は、この条約の規定が対象とする事項に関する協力を目的とする。いかなる協議も、この条約の第9条に従って設立される合同機関が存在する場合には、当該機関を通じて行われる。

第11条(共同監視及び評価) 1 沿岸締約国は、この条約の第9条又は特定の取極にいう一般的協力の枠組内において洪水及び流氷を含む越境水の状態並びに越境影響を監視するための共同計画を策定し、実施する。

2 沿岸締約国は、越境水においてその排出と濃縮を定期的に監視すべき汚染要因及び汚染物質について合意する。

3 沿岸締約国は、定期的に、越境水の状態について、並びに越境影響の防止、規制及び削減のためにとられる措置の有効性について、合同の又は調整された評価を行う。これらの評価の結果は、この条約の第16条に定める規定に従って、公共の利用に供される。

4 これらの目的のために、沿岸締約国は、監視計画、測定システム、装置、解析技術、データ処理及び評価手続の設定及び運用のための規則、並びに、排出された汚染物質の登録の方法を調和させる。

第12条(共同研究開発) 沿岸締約国は、この条約の第9条又は特定の取極にいう一般的協力の枠組内において、その設定及び採択について合意した水質の目標及び基準の達成と維持を支援する特定の研究及び開発の活動を行う。

第13条(沿岸締約国間の情報交換) 沿岸締約国は、この条約の第9条に従って、関連する協定又はその他の取極の枠組内において、特に次のことに関する合理的に入手可能なデータを交換する。
(a) 越境水の環境状態
(b) 利用可能な最良の技術の適用及び運用によって獲得した経験及び研究開発の成果
(c) 排出及び監視データ
(d) 越境影響を防止し、規制し及び削減するためにとられた措置並びに計画されている措置
(e) 権限のある当局又は適切な機関が発給する廃水排出の許可又は規則

2 沿岸締約国は、排水の上限を調和させるために、国内規則に関する情報の交換を行う。

3 沿岸締約国が他の沿岸締約国から入手不可能なデータ又は情報を提供するよう要請された場合には、被要請国はその要請に従うように努める。ただし、当該データ又は情報の収集、及び適切な場合はその処理にかかる合理的費用を要請国が支払うことを条件とすることができる。

4 沿岸締約国は、この条約の実施のために、特に、利用可能な技術の商業的交換、合弁事業を含む直接的な産業上の接触及び協力、情報及び経験

の交換、並びに、技術援助の提供等を促進することを通じて、利用可能な最良の技術の交換を促進する。沿岸締約国は、また、共同訓練計画及び関連のセミナー並びに会合を行う。

第14条(警告及び警報システム)沿岸締約国は、越境影響をもたらす可能性のある危機的状況について、遅滞なく相互に通知する。沿岸締約国は、適切な場合、情報の入手及び伝達のために、統合的な又は共同の通報、警告及び警報のシステムを構築しかつ運用する。これらのシステムは、沿岸締約国が合意する互換性のあるデータの伝達及び処理のための手続及び設備に基づいて運用される。沿岸締約国は、この目的のために指定された権限ある当局又は連絡先を相互に通知する。

第15条(相互援助)1 沿岸締約国は、危機的状況が生じた場合、この条の2に従って設けられる手続により、要請に基づき相互援助を提供する。
2 沿岸締約国は、特に次の事項に関する相互援助のための手続を作成し、かつ、合意する。
(a) 援助の指揮、管理、調整及び監督
(b) 援助を要請する締約国が提供する現地の施設及び役務(必要な場合には、越境手続の簡素化を含む。)
(c) 障害の除去、援助国及び(又は)その人員に対する賠償及び(又は)補償、並びに、必要な場合には第三国の領域の通過のための取極
(d) 援助の役務に対する弁済方法

第16条(情報公開)1 沿岸締約国は、越境水の状態、越境影響を防止し、規制し及び削減するためにとられる措置又は計画されている措置、並びに、これらの措置の効果に関する情報が公衆の利用に供されることを確保する。この目的のために、沿岸締約国は、次の情報が公衆の利用に供されることを確保する。
(a) 水質の目標

(b) 発行される許可及び要求される条件
(c) 監視及び評価のために実施された水及び排水の採取の結果、並びに、水質の目標又は許可の条件が遵守されているかに関する調査結果

2 沿岸締約国は、これらの情報が閲覧のためにすべての合理的な時間内に無料で公衆の利用に供されるよう確保し、かつ、これらの情報の写しを合理的な手数料で沿岸締約国から入手するための合理的な施設を公衆に提供する。

第Ⅲ部　組織及び最終規定
第17条(締約国会合)　(略)
第18条(投票権)　(略)
第19条(事務局)　(略)
第20条(附属書)　(略)
第21条(条約の改正)　(略)
第22条(紛争解決)　(略)
第23条(署名)　(略)
第24条(寄託者)　(略)
第25条(批准、受諾、承認及び加入)　(略)
第26条(効力発生)　(略)
第27条(脱退)　(略)
第28条(正文)　(略)

附属書Ⅰ　「利用可能な最良の技術」の用語の定義　(略)

附属書Ⅱ　最善の環境慣行の発展のための指針　(略)

附属書Ⅲ　水質目標及び基準の発展のための指針　(略)

附属書Ⅳ　仲裁　(略)

4-2-1　越境水路及び国際湖水の保護及び利用に関する1992年条約に対する水及び健康に関する議定書(水及び健康に関する議定書)(抄)

Protocol on Water and Health to the 1992 Convention on the Protection and Use of Transboundary Watercourses and International Lakes

採　択　1999年6月17日(国連欧州経済委員会環境及び健康に関する第3回閣僚会議、ロンドン)
効力発生　2005年8月4日

前文　(略)

第1条(目的)この議定書の目的は、国内的並びに越境的及び国際的な分脈のすべての適切なレベルにおいて、水の生態系の保護を含む水管理の改善並びに水関連の疾病の防止、規制及び削減を

通じて、持続可能な発展の枠組の中で、個人的にも集団的にも、人間の健康と福祉の保護を促進することである。

第2条(定義) この議定書の適用上、
1 「水関連の疾病」とは、水の状態若しくは水の質又は量の変化によって直接的又は間接的に人間の健康にもたらされる、死、傷害、疾病又は心身不調のような何らかの重大な悪影響をいう。
2 「飲料水」とは、人間によって飲料、料理、調理、個人的衛生若しくは類似の目的のために使用されるか又は使用のために利用可能であると意図される水をいう。
3 「地下水」とは、地表下のすき間を埋めている水であり、地面又は下層土と直接に接触するあらゆる水をいう。
4 「閉鎖性水域」とは、建物の内外を問わず、地表の淡水又は沿岸水から区別される人工的に作られた水域をいう。
5 「越境水」とは、二又はそれ以上の国の国境を形成し、国境を横切り若しくは国境に位置する地表水又は地下水をいう。越境水が直接海洋に流入している場合には、当該越境水は、それぞれの三角江を横切りその両岸の低潮線上の点の間に引いた直線で終了する。
6 「水関連の疾病の越境効果」とは、一締約国の管轄地域における水の状態によって又は水の質若しくは量の変化によって直接的又は間接的に引き起こされる他の締約国の管轄地域における、死、傷害、疾病又は心身の不調のような人間の健康に対する何らかの重大な悪影響をいい、それが越境影響を構成するか否かを問わない。
7 「越境影響」とは、人間の活動が引き起こす越境水の状態の変化によって生じる環境に対する重大な悪影響であって、その物理的原因の全部又は一部が一締約国の管轄下の地域に存在し、かつ、他の締約国の管轄下の地域内で生じるものをいう。環境に対するこのような影響には、人間の健康と安全、動植物、土壌、大気、水、気候、景観、及び歴史的建造物又はその他の物理的構造物に対する影響若しくはこれら諸要因間の相互作用が含まれ、また、上記の諸要因の変更によって生ずる文化遺産又は社会経済的条件への影響も含まれる。
8 「下水処理」とは、集合的システムによるか又は単一の世帯又は事業のために用いる施設によるかを問わず、人間の排泄物又は家庭用排水の収集、輸送、処理及び処分又は再使用をいう。
9 「集合的システム」とは、
   (a) 多数の世帯又は事業へ飲料水を供給するためのシステム、及び(又は)
   (b) 多数の世帯又は事業のために用いる下水処理の提供のためのシステム及び、適切な場合には、公的部門の団体、私的部門の事業によって提供されるか又は二つの部門の間のパートナーシップによって提供されるかを問わず、産業用排水の収集、輸送、処理及び処分又は再使用を行う下水処理提供のシステムをいう。
10 「水管理計画」とは、関連する生態系の保護を含む、一つの領域的地域又は地下水の帯水層内の水の開発、管理、保護及び(又は)使用のための計画をいう。
11 「公衆」とは、一又は二以上の自然人又は法人、及び国内の法又は慣行に従って、それらの結合、組織又は集団をいう。
12 「公的機関」とは、次のものをいう。
   (a) 国家、地域及びその他のレベルの政府
   (b) 環境、公衆の健康、下水処理、水管理又は水供給に関する特別な職務、活動又はサービスを含む、国内法に基づく公的な行政的任務を遂行する自然人又は法人
   (c) 上記(a)又は(b)に含まれる機関又は人の管理下で、公的な責任又は任務を有するか、若しくは公的サービスを提供するその他のいずれかの自然人又は法人
   (d) この議定書の当事国である、第21条にいう地域的な経済的統合組織の諸機関
   この定義は司法的又は立法的能力で行動する団体又は機関を含むものではない。
13 「地方的」とは、国家よりも下位にあるすべての関連あるレベルの領域的単位をいう。
14 「条約」とは、1992年3月17日にヘルシンキで作成された越境水路及び国際的湖水の保護及び利用に関する条約をいう。
15 「条約の締約国会合」とは、条約第17条に従って条約締約国により設立された機関をいう。
16 「締約国」とは、別段の定めがある場合を除いて、この議定書により拘束されることに同意し、この議定書が効力を有する国家又は第21条にいう地域的な経済的統合組織をいう。
17 「締約国会合」とは、第16条に従って締約国により設立された機関をいう。

第3条(範囲) この議定書の規定は、以下について適用される
   (a) 地表の淡水
   (b) 地下水
   (c) 三角江
   (d) レクリエーション、魚類の養殖、又は貝類及び甲殻類の養殖又は収穫のために使用され

る沿岸水域
  (e) 一般に水浴に利用できる閉鎖性水域
  (f) 抽出、輸送、処理又は供給の過程にある水
  (g) 収集、輸送、処理及び処分又は再使用の過程にある廃水
第4条(一般規定) 1 締約国は、水資源の持続可能な利用、人間の健康を害さない環境水質、及び水生態系の保護を目的とする統合された水管理システムの枠組において、水関連の疾病を防止し、規制し及び削減するためのすべての適切な措置をとる。
2 締約国は、特に、次のことを確保するためにすべての適切な措置をとる。
  (a) その数又は濃度のゆえに人間の健康に潜在的な危機となる微生物、寄生生物及び物質を含まない健全な飲料水の適切な供給。これには飲料水源として使用される水資源の保護、水の処理及び集合的システムの設立、改善及び維持が含まれる。
  (b) 人間の健康及び環境を十分に保護する基準の適切な下水処理。これは、特に集合的システムの設立、改善及び維持を通じて行われるものとする。
  (c) 飲料水源として使用される水資源、及び農業、産業及び有害物質のその他の放出と排出を含む、他の原因による汚染からの関連の水生態系の効果的な保護。これは、人間の健康と水生態系にとって有害と判断される物質の放出と排出の効果的な削減及び排除を目的とする。
  (d) レクリエーション目的の水利用、水産養殖用の水利用、貝及び甲殻類が養殖され又は収穫されるところの水、灌漑用の廃水使用又は農業及び水産養殖における下水汚物の使用から生じる水関連の疾病からの人間の健康の十分な保護
  (e) 水関連の疾病の突発又は発病をもたらすおそれのある事態の監視及びこのような突発と発病及びこれらの危険に対処するための効果的なシステム
3 この議定書における「飲料水」及び「下水処理」への以下の言及は、この規定の2の要件を満たすことを要求される飲料水及び下水処理をいう。
4 締約国は、これらのすべての措置を、提案される措置が次の事項に対して有する便益、不都合及び費用を含むあらゆる影響に関する評価に基づいて行う。
  (a) 人間の健康
  (b) 水資源、及び

  (c) 持続可能な発展
その評価は、提案された措置が別の環境媒体に与える異なる新しい影響を考慮する。
5 締約国は、安定的かつ実行可能な、及び公的、私的及び任意の部門がそれぞれ水関連の疾病を防止し、規制し及び減少させるために水管理の改善に貢献しうる法的、行政的かつ経済的な枠組みを作るためのすべての適切な行動をとる。
6 締約国は、この議定書の範囲内で水の環境に重大な影響を与えうる行動の開始を検討するか又は他者による当該行動の開始の承認を検討している公的機関に対して、当該行動が公衆の健康に与える潜在的な影響に十分考慮を払うように要求する。
7 締約国が国境を超える状況での環境影響評価に関する条約の締約国である場合には、提案された行動に関する当該条約の要件を当該締約国の公的機関が遵守することは、当該行動に関するこの条の6の要件を満たすものとする。
8 この議定書の規定は、この議定書に定める以上に厳格な措置を維持し、採用し又は実施する締約国の権利に影響を与えるものではない。
9 この議定書の規定は、条約又は他の何らかの現行の国際協定に由来するこの議定書の締約国の権利義務に影響を与えるものではない。ただし、この議定書の要件が条約上のこれに対応する要件又はその他の現行の国際協定のこれに対応する要件よりも厳格な場合は除く。
第5条(原則及び取組方法) この議定書を実施するための措置をとるに当たり、締約国は、特に、以下の原則及び取組方法を指針とする。
  (a) 水関連の疾病を防止し、規制し及び削減するための行動は、当該活動が目的とする要因と、水関連の疾病及び(又は)越境影響の関連性に対する当該要因の潜在的寄与との間の因果関係が科学的研究によって十分に立証されていないことを理由に延期されてはならないとする予防原則
  (b) 汚染の防止、規制及び削減の費用は汚染者が負担しなければならないとする汚染者負担の原則
  (c) 国は、国際連合憲章及び国際法の原則に従って、自国の資源をその環境及び発展に関する政策に基づいて開発する主権的権利を有し、また、自国の管轄又は管理下の活動が他の国又は国の管轄権の範囲外の区域の環境に損害を及ぼさないように確保する責任を有する。
  (d) 水資源は将来世代が彼ら自身のニーズを満

たす能力を害することなく、現在の世代のニーズが満たされるように管理されなければならない。
(e) 防止的行動は、損害に対してより実効的に対処し、救済的行動よりも費用効果的でありうるので、水関連の疾病の突発と発病を回避し、飲料水源として使用される水資源を保護するために、このような行動がとられるべきである。
(f) 水資源を管理するための行動は最も低い適切な行政的レベルでとられるべきである。
(g) 水は社会的、経済的かつ環境上の価値を有するので、これらの価値の最も受諾可能かつ持続可能な結合を実現するように管理されるべきである。
(h) 水の効率的な使用は経済的手段及び意識形成を通じて促進されるべきである。
(i) 水及び健康に関する情報へのアクセス及び政策決定への公衆参加は、特に、当該決定の質及び実施を改善し、争点に関する公衆意識を形成し、懸念を表明する機会を公衆に付与し、及び当該懸念が公的機関によって妥当に考慮されるのを可能とするために必要である。このようなアクセス及び参加は、関連の決定についての司法及び行政審査に対する適切なアクセスによって補完されるべきである。
(j) 水資源は、可能な限り、社会的、経済的な発展を自然の生態系の保護に関連させ、かつ水資源の管理を他の環境媒体に関する規制措置に関係づける目的で、集水域を基礎とする統合された方法で管理されるべきである。このような統合的アプローチは、越境的であるかどうかを問わず、集水域に結びつく沿岸水域、地下水帯水層の全体、又は当該集水域若しくは地下水帯水層の関連部分を含む集水地全体にわたって適用されるべきである。
(k) 水関連の疾病に特に脆弱な人々に特別な考慮が払われるべきである。
(l) 質及び量の双方において適切な水への衡平なアクセスは、すべての住民、特に不利な立場にある人々又は社会的に排除された人々に認められるべきである。
(m) 自然人、法人及び機関は、私法及び公法に基づく彼らの水への権利及び資格に対応して、公的部門であるか私的部門であるかを問わず、水環境の保護及び水資源の保存に貢献すべきである。
(n) この議定書を実施するに際して、地方的な諸問題、ニーズ及び知識に妥当な考慮が払われるべきである。

第6条(目標及び目標期日) 1 この議定書の目的を達成するために、締約国は次の目標を追求する。
　水資源の持続可能な利用、人間の健康を害さない周囲水の質、及び水生態系の保護を目的とする統合された水管理システムの枠組における
(a) すべての者のための飲料水へのアクセス
(b) すべての者のための下水処理の提供
2 これらの目的のために、締約国は、水関連の疾病からの保護を高度なレベルで達成し又は維持するために必要な基準及び履行の水準に関する国家的及び(又は)地方的目標を設定し、公表する。これらの目標は定期的に改正される。このいずれを行うに当たっても、締約国は、透明かつ公正な枠組の中で公衆参加のために適切な形で実際的及び(又は)その他の準備を行い、かつ当該公衆参加の結果に妥当な考慮が払われるように確保する。国家的又は地方的な状況が水関連の疾病を防止し、規制し及び削減させることを不適当なものとするような場合を除き、当該目標は、特に、次のものを取り扱うものとする。
(a) 世界保健機関の飲料水の水質に関する指針を考慮して、供給される飲料水の水質
(b) 水関連の疾病の突発及び発病の規模の減少
(c) 飲料水が集合的システムによって供給されるべき領域内の特定地域又は飲料水の供給が他の手段によって改善されるべき領域内の特定地域、又はその住民の規模ないし割合
(d) 集合的な下水処理システムによるべきか又は他の手段によって下水処理が改善されるべき領域内の特定地域、又はその住民の規模ないし割合
(e) 水供給及び下水処理のそれぞれの当該集合的システム及びその他の手段によって達成されるべき成果の水準
(f) 飲料水源として使用される水の保護を含む、水供給及び下水処理の管理に対して、承認された良好な慣行を適用すること。
(g) 廃水処理施設からこの議定書の範囲内の水への、以下のものの流入
　(i) 未処理の廃水、及び
　(ii) 豪雨による未処理の氾濫水
(h) 廃水処理施設からこの議定書の範囲内の水に流入する廃水放出の性質
(i) 世界保健機関及び国連環境計画の農業及び水産養殖における廃水及び排泄物の安全使用に関する指針を考慮する、下水処理の集合的システム又はその他の下水処理施設からの下水汚物の処分又は再使用、及び灌漑目的のた

めに使用される廃水の性質
(j) 一般に水浴に用いられるか又は水産養殖並びに貝類及び甲殻類の養殖又は収穫のために用いられる水であって、飲料水源として用いられるものの水質
(k) 水浴に一般に利用可能な閉鎖性水域の管理に対して承認された良好な慣行を適用すること
(l) この議定書の範囲内にある水に悪影響を及ぼすか又はそのおそれがあり、したがって水関連の疾病を生じさせるおそれがある、特に汚染された場所の特定及び改善
(m) すべての種類の源からの汚染の規制に対して承認された良好な慣行を適用することを含む、水資源の管理、開発、保護及び使用のためのシステムの実効性
(n) 第7条2による情報の公表の合間の期間において、この条の2の目標に関連する供給される飲料水及びその他の水の性質に関して情報が公表される頻度
3 締約国となってから2年以内に、各締約国はこの条の2にいう目標、及びそれを達成するための目標期日を設けて、公表する。
4 目標達成のために、長期の実施過程が予見される場合には、中間的又は段階的な目標を設定する。
5 この条の2にいう目標達成を促進するために、締約国はそれぞれ以下を行う。
(a) その権限ある機関の間の調整のための国家の又は地方的な取極めを設ける。
(b) 可能であれば集水地域又は地下水帯水層に基づいて、越境的な、国家的及び(又は)地方的な文脈で、水管理計画を作成すること。その場合に、締約国は透明かつ公平な枠組の中で公衆参加のために適切な形で実際的及び(又は)その他の準備を行い、かつ当該公衆参加の結果に妥当な考慮が払われるように確保する。当該計画は、この条でいう目標及び関連の目標期日を達成するための提案を公衆に対して明確に理解されうるものであることを条件に、他の目的のために作成されているその他の関連の計画、予定又は文書のなかに取り入れることができる。
(c) 飲料水の質的基準を監視し、執行するための法的及び制度的な枠組みを設けて、維持すること。
(d) この条の2にいう目標が設定される履行のためのその他の基準及び水準の達成を監視し、促進するための、及び必要ならば、それらを執行するための取極(適当な場合には法的及び制度的な取極を含む)を設け、維持すること。

第7条(進捗状況の審査及び評価) 1 締約国はそれぞれ、以下に関するデータを収集し評価する。
(a) 第6条2にいう目標の達成に向けての進捗状況
(b) 当該進捗状況が水関連の疾病の防止、規制又は減少に寄与した程度を示すために設定された指標
2 締約国はそれぞれ、データのこの収集及び評価の結果を定期的に公表する。このような公表の頻度は締約国会合で確定される。
3 締約国はそれぞれ、データのこの収集を目的として実施された水及び廃水の採取の結果が公衆にとって利用可能となるように確保する。
4 データのこの収集と評価に基づいて、各締約国は第6条2にいう目標達成に際して得られた進捗状況を定期的に審査し、当該進捗状況の評価を公表する。当該審査の頻度は締約国会合で確定される。第6条2に基づく一層頻繁な審査の可能性を害することなく、この項に基づく審査は、科学的及び技術的知識に照らして目標を改善するために行われる、第6条2にいう目標の審査を含むものとする。
5 各締約国は、他の締約国に送付するために、収集された評価されたデータ及び達成された進捗状況の評価の要約報告を第17条にいう事務局に提供する。この報告は締約国会合が設ける指針に従って行われる。これらの指針は、この条の目的のために締約国が、他の国際的フォーラムのために作られた関連情報を含む報告を使用できる旨を定める。
6 締約国会合は、このような要約報告に基づいて本議定書を実施する際の進展を評価する。

第8条(対応システム) (略)
第9条(公衆の啓蒙、教育、訓練、研究開発及び情報)
(略)
第10条(公的情報) (略)
第11条(国際協力) (略)
第12条(合同及び協調的な国際行動) (略)
第13条(越境水に関する協力) (略)
第14条(国家行動のための国際的支援) (略)
第15条(遵守の審査) 締約国は、第7条にいう審査及び評価に基づいて、締約国によるこの議定書の規定の遵守を審査する。遵守を審査するための非対決的、非司法的及び協議的な性質を有する多国間の取極は、締約国がその第1回会合で設定する。このような取極は、適切な公衆の関与を認めるものとする。
第16条(締約国会合) (略)

第17条(事務局)　(略)
第18条(議定書の改正)　(略)
第19条(投票権)　(略)
第20条(紛争解決)　(略)
第21条(署名)　(略)
第22条(批准、受諾、承認及び加入)　(略)
第23条(効力発生)　(略)
第24条(脱退)　(略)
第25条(寄託者)　(略)
第26条(正文)　(略)

4-3　メコン川流域の持続可能な発展のための協力に関する協定(メコン川流域協力協定)(抄)

Agreement on the Cooperation for the Sustainable Development of the Mekong River Basin

署　　名　1995年4月5日
効力発生　1995年4月5日
締 約 国　4(カンボジア、ラオス、タイ、ベトナム)

序　文　(略)

第1章　前　文　(略)

第2章　用語の定義　(略)

この協定の適用上、下線を引いた用語は、別段に文脈上調和しない場合を除き、次の意味をもつものと理解される。

第5条にいう協定：雨期における本流からの流域間転用並びに乾期におけるこれらの水の流域内利用又は流域間転用の利用計画に関する事前協議及び評価の結果としての合同委員会の決定。この協定の目的は、第26条に定める水利用及び流域間転用のための規則に合致する動的かつ現実的なコンセンサスを通じて水の最適利用を達成すること及び水の消耗を防止することにある。

許容最低月間自然流量：乾期の各月において許容される最低月間自然水流量。

許容自然逆流量：雨期におけるクラティエでのメコン川の水流水準であって、大湖(グレイトレイク)の合意された最適基準までトンレ・サップの逆流が許容される。

流域開発計画：流域レベルにおける計画に対する援助及び実施のためのプロジェクト及び計画を確認し、分類し優先順位をつけるために合同委員会が青写真として使用する一般的計画の道具及び過程。

環境：特定の地域に存在する水及び土地資源、空気、動植物相の状態。

通告：第26条にいう水利用及び流域間転用のための規則で定められた書式、内容及び手続に従った沿岸国の水の利用計画に関する当該沿岸国による合同委員会への時宜を得た情報提供。

事前協議：第26条にいう水利用及び流域間転用のための規則に定められているような合同委員会に対する時宜を得た通告並びに追加的なデータ及び情報で、他の沿岸構成諸国が当該利用計画のそれらの水利用に対する影響その他の影響について議論し評価することを可能とさせるもの。それは協定に達するための基礎となる。事前協議は、沿岸国の利用に対する拒否権を意味するものではなく、また、沿岸国が他の沿岸国の権利を考慮することなく水利用に対して有する一方的権利を意味するものでもない。

利用計画：沿岸国によるメコン川水系の水の一定の利用のための計画。ただし、本流の水量に重大な影響を与えない国内的及び軽微な水利用を除く。

第3章　協力の目的及び原則

締約国は次のとおり協定した。

第1条(協力の分野) メコン川流域の水及び関連の資源について、すべての沿岸国の多目的利用と相互受益を最適化し、自然発生及び人為的活動から生じうる有害な効果を最小化する方法で、その持続可能な発展、利用、管理及び保存のあらゆる分野(灌漑、水力発電、航行、洪水対策、漁業、木材浮流、余暇及び観光を含み、これらに限定されない。)において協力すること。

第2条(プロジェクト、計画及び計画作成) すべての沿岸国にとっての持続可能な利益の十分な潜在力を開発し及びメコン川流域の水の浪費を防止することを促進し、支持し、これに協力し及びこれを調整すること。流域開発計画の定式化を通じる共同の及び(又は)流域全体の開発プロジェクト及び流域計画を強調し及び優先するものとし、流域開発計画は流域レベルにおいて援助を求めかつ実施するためにプロジェクト及び計画を特定し、分類し及び優先順位を定めるために用いる。

第3条(環境及び生態学的均衡の保護) メコン川流域の

環境、天然資源、水生生物及び水の状態並びに生態学的均衡を、流域における開発計画及び水と関連資源の利用の結果として生じる汚染その他の有害な効果から保護すること。

第4条(主権平等及び領土保全) 主権平等及び領土保全を基礎としてメコン川流域の水資源の利用及び保護に協力すること。

第5条(合理的かつ衡平な利用) メコン川水系の水をそれぞれの領域において、すべての関連する要因及び事情、第26条に定める水利用及び流域間転用のための規則並びに次のA及びBの規定に従って、合理的かつ衡平な方法で利用すること。

A トンレ・サップを含むメコン川の支流においては、流域内利用及び流域間転用は合同委員会への通告を条件とする。

B メコン川本流においては、
1 雨期の間、
(a) 流域内利用は合同委員会への通告を条件とする。
(b) 流域間転用は、合同委員会による協定の達成をめざして行われる事前協議を条件とする。
2 乾期の間、
(a) 流域内利用は、合同委員会による協定の達成をめざして行われる事前協議を条件とする。
(b) いかなる流域間転用プロジェクトも、各プロジェクトについての転用計画に先立つ特別協定を通じて、合同委員会によって合意される。ただし、乾期においてすべての当事者の利用計画を上回る利用可能な余剰水量の存在が合同委員会によって検証され全会一致で確認されるような場合には、その余剰分の流域間転用は事前協議を条件とすることができる。

第6条(本流の水流の維持) 転用、貯水放出又はその他の永続的性質の行為から本流の水流を維持するために協力すること。ただし、歴史的にみて深刻な干ばつ及び(又は)洪水の場合はこの限りでない。

A 少なくとも乾期の各月における許容最低月間自然水流を維持し、
B トンレ・サップの許容自然逆流が雨期に生じることを可能とさせ、そして、
C 1日の平均最大水流が、洪水期に自然に発生する平均水流よりも増大することを防止する。

合同委員会は、水流の場所及び水準のための指針を採択し、かつ第26条に定めるそれらの維持のために監視し及び必要な行動をとる。

第7条(有害な影響の防止及び停止) メコン川流域の水資源の開発と利用又は廃棄物の排出及び逆流から、環境、特に水質及び水量、水の(生態系的)状態並びに河川システムの生態学的均衡に対して発生しうる有害な影響を回避し、最小化し及び軽減するためにあらゆる努力を払うこと。一又は二以上の国が、メコン川の利用及び(又は)流出によって一又は二以上の沿岸国に実質的な損害をもたらしている旨を適切かつ妥当な証拠とともに通告されたときには、当該被通告国は、主張される有害原因が第8条に従って決定されるまでの間、このような有害原因を直ちに停止する。

第8条(損害に対する国家責任) 沿岸国によるメコン川の利用及び(又は)流出に伴う有害な影響が一又は二以上の沿岸国に実質的な損害をもたらしている場合には、関係締約国はすべての関連要素、その原因、損害の程度並びに国家責任に関する国際法の原則に従って当該国がもたらした損害に対する責任を決定し、友好的にかつ時宜を得て、この協定の第34条及び第35条に定める平和的手段により、かつ国連憲章に従って、すべての争点、見解の相違及び紛争に取り組み、解決する。

第9条(航行の自由) メコン川本流全域にわたり、国境線のいかんにかかわらず、地域的協力を促進しこの協定の下でのプロジェクトを十分に実施するための交通及び通信に対して、権利の平等に基づき、航行の自由が与えられる。メコン川は、直接又は間接に航行可能性を害し、この権利に干渉しあるいはこれを永続的により困難ならしめるような障害、措置、行為及び行動からの自由を保持する。航行的利用は、他のいかなる利用よりも優先権を保証されるわけではないが、本流のプロジェクトに組み入れられるものである。沿岸国は自国領域内において、とりわけ衛生、関税及び出入国の事項、警察及び一般的安全保障に関し、メコン川の一部に対する規則を公布することができる。

第10条(緊急事態) 締約国は、即座の対応を要する緊急事態をなす何らかの特別な水質又は水量の問題を認知したときはいつでも、適切な救済行動をとるために関係締約国及び合同委員会に遅滞なく通告し直接協議を行う。

第4章 制度上の枠組み
A メコン川委員会

第11条(地位) この協定の下でのメコン川流域における協力のための制度上の枠組みはメコン川委員会と呼び、その機能を果たすために援助提供者又は国際社会と協定及び債権債務関係を結ぶこ

とを含む、国際機関としての地位を享有する。

第12条(メコン川委員会の構造) 委員会は、次の三つの常設機関によって構成される。
理事会、
合同委員会、及び
事務局

第13条(資産、義務及び権利の引受け) 委員会は、メコン川下流域の調査調整のための委員会(メコン委員会/暫定メコン委員会)及びメコン事務局のすべての資産、権利及び義務を引き受ける。

第14条(メコン川委員会の予算) メコン委員会の予算は合同委員会によって作成され理事会によって承認される。予算は、理事会が別段の決定を行わない限り、加盟国が均等に負担する分担金、国際社会(援助提供国)からの拠出金及びその他の財源からの拠出金による。

B 理事会

第15条(理事会の構成) 理事会は、各参加沿岸国から1人ずつの、その政府のために政策決定する権限を有する、副大臣レベルよりも低くない閣僚級のメンバーによって構成される。

第16条(理事会の議長職) 理事会議長の任期は1年とし、参加国のアルファベット順リストに従って輪番とする。

第17条(理事会の会期) 理事会は、少なくとも年に一度の通常会期を開催し、理事会が必要と考えるか又は一の構成国の要請があるときはいつでも特別会期を開催することができる。理事会が適当と判断する場合には、その会期にオブザーバーを招くことができる。

第18条(理事会の任務) 理事会の任務は、次のとおりである。
　A　メコン川流域の水及び関連資源の持続可能な開発、利用、保存及び管理のための建設的で相互受益的方法による共同活動及びプロジェクトの促進、支援、協力及び調整並びにこの協定の下で規定される河川流域の環境と水状態の保護に関して、政策を立案し決定を行いその他必要な指導を与えること。
　B　その他の政策立案事項についても決定し、この協定の実施を成し遂げるために必要な決定を行うこと。その中には、第25条にいう合同委員会の手続規則、第26条にいう合同委員会によって提案される水利用及び流域間転用規則、並びに流域開発プラン及び主要な構成要素をなすプロジェクト/計画の承認が含まれるが、これに限られない。開発プロジェクト及び計画の財政的及び技術的な支援のための指針を設けること。また、もしも必要と考える場合には、援助提供者に対してその支援を援助提供者の協議機関を通じて調整するよう求めること、及び、
　C　この協定の下で生じる問題に関するいかなる理事会構成員、合同委員会、又はいかなる構成国から付託される争点、相違及び紛争についても、検討し、取り組み、解決すること。

第19条(手続規則) 理事会は手続規則を採択するものとし、理事会が必要と考える技術的な助言の役務を求めることができる。

第20条(理事会の決定) 理事会の決定は、手続規則が別段の定めをおく場合を除き、全会一致の投票による。

C 合同委員会

第21条(合同委員会の構成) 合同委員会は、各参加沿岸国1人ずつの、局長よりも低くない地位の構成員からなる。

第22条(合同委員会の議長職) 合同委員会の議長職は、構成国の逆アルファベット順リストに従って輪番とし、議長の任期は1年とする。

第23条(合同委員会の会期) 合同委員会は、少なくとも年に二度の通常会期を開催し、合同委員会が必要と考えるか又は一の構成国の要請があるときはいつでも特別会期を開催することができる。合同委員会が適当と判断する場合には、その会期にオブザーバーを招くことができる。

第24条(合同委員会の任務) 合同委員会の任務は、次のとおりである。
　A　理事会の政策及び決定並びに理事会から与えられるその他の任務を実施すること。
　B　流域開発計画を策定すること(これは定期的に審査され必要に応じて改正される)。理事会に対し、流域開発計画及びこれと関連して実施されるべき共同開発プロジェクト/プログラムを、承認を求めて付託すること。また、直接又は協議団体を通じてプロジェクト/プログラムの実施に必要な財政的及び技術的支援を得ることにつき提供者と協議を行うこと。
　C　この協定の実施に必要な情報及びデータを定期的に取得し、更新し及び交換すること。
　D　メコン川流域の環境の保護及び生態学的均衡の維持のために適当な研究と評価を行うこと。
　E　事務局の業務を割り当て、この協定並びにこれに従って採択される政策、決定、プロジェクト及びプログラムの実施に必要な事務局の活動(理事会及び合同委員会がその役割を遂行するのに必要なデータベースと情報の維持を

含む。)を監督すること並びに事務局が作成する年次作業プログラムを承認すること。
F　理事会の通常会期の間に生じることのある争点や相違であって、この協定のもとで生じる問題に関していずれかの合同委員会構成員又は構成国が合同委員会に付託するものについて、これに取り組み、その解決のためにあらゆる努力を行うこと、並びに必要な場合には問題を理事会に付託すること。
G　メコン川流域の活動に関わる沿岸構成国の人員がこの協定を実施するための能力を強化するのに適当かつ必要な研究及び訓練を審査し、及び承認すること。
H　理事会に対して事務局の組織構造、修正及び構造改革に関する勧告を行い、その承認を求めること。

第25条(手続規則)合同委員会はその手続規則を、承認を求めて理事会に提案する。合同委員会は、必要と考える臨時及び(又は)常設の小委員会若しくは作業部会を設置することができ、また、理事会の手続規則又は決定で定められた場合を除き、技術的な助言の役務を求めることができる。

第26条(水利用及び流域間転用のための規則)合同委員会は、特に第5条及び第6条に従って水利用及び流域間転用のための規則を作成し、理事会の承認を求める。この規則には次のことが含まれるが、これらに限定されない。(1)乾期及び雨期の期間枠の設定、(2)水文学的基地の場所の設定及び各基地における水流水準の必要条件の決定と維持、(3)本流における乾期の水の余剰量を決定するための基準の設定、(4)流域内利用を監視するためのシステムの改善、及び、(5)本流からの流域間転用を監視するためのメカニズムの創設。

第27条(合同委員会の決定)合同委員会の決定は、手続規則で別段の定めをおく場合を除き、全会一致の投票による。

D　事務局
第28条(事務局の目的)　(略)
第29条(事務局の場所)　(略)
第30条(事務局の任務)　(略)
第31条(執行長官)　(略)
第32条(執行長官補佐)　(略)
第33条(沿岸職員)　(略)

第5章　意見の相違及び紛争に対する取組み
第34条(メコン川委員会による解決)この協定が対象とする事項及び(又は)実施組織がその各種の機関を通じてとる行動に関して、特に協定の解釈及び当事者の法的権利に関して、この協定の二又はそれ以上の当事者の間に相違又は紛争が生じたときはいつでも、委員会はまず最初に第18条C及び第24条Fに定めるように、問題解決のためあらゆる努力を行う。

第35条(政府による解決)委員会が意見の相違又は紛争を時宜を得た期間内に解決できない場合には、当該問題は、外交経路を通じる交渉による時宜を得た解決のために審理を求めて関係政府に付託するものとし、関係政府の決定は、これを実施するために更なる手続が必要である場合には、理事会に通報することができる。関係政府が問題の解決の促進にとって必要又は有益と判断する場合には、相互の合意に基づき、互いに合意する機関又は関係者による仲介の援助を要請することができ、それ以後は国際法の原則に従った手続をとることができる。

第6章　最終規定
第36条(効力発生と旧協定)この協定は、
A　指名された全権代表による署名の日に全締約国間で効力を発生するが、既存の活動及びプロジェクトに対する遡及効をもたない。
B　修正された1957年のメコン川下流域の調査調整のための委員会規程、1975年のメコン川下流域の水の利用のための原則の共同宣言、1978年のメコン川下流域の調査調整のための暫定委員会に関する宣言、及びこれらの協定の下で採択されたすべての手続規則に取って代わる。この協定は、この協定の締約国により及び締約国間で締結される他のいかなる条約、議定書又は協定に対しても取って代わり又は優先するものではない。ただし、用語、既存の協定の下で設置された団体の事項管轄又は活動の範囲について、この協定のいずれかの規定との抵触が生じる場合には、当該問題は検討と解決のために各政府に付託される。

第37条(改正、修正、廃棄及び終了)　(略)
第38条(協定の範囲)　(略)
第39条(協定の追加当事者)　(略)
第40条(停止及び脱退)　(略)
第41条(国連と国際社会の関与)　(略)
第42条(協定の登録)　(略)

メコン川委員会の設立及び開始のためのメコン川流域の持続可能な発展のための協力に関する協定に対する議定書　(略)

4-4　ライン川保護条約(抄)
Convention on the Protection of the Rhine

署　名　1999年4月12日
効力発生　2003年1月1日

ドイツ連邦共和国政府、フランス共和国政府、ルクセンブルク大公国政府、オランダ王国政府、スイス連邦共和国政府及び欧州共同体(※欧州連合)は、
　ライン川及びその河岸と沖積地の自然的豊かさを考慮して、包括的アプローチに基づくライン川の生態系の持続可能な発展に努めることを希望し、
　ライン川の生態系の保全及び改善に関する協力を促進することを希望し、
　(中略)
　ライン川の回復は北海の生態系を保全しかつ改善するためにも必要であることに留意し、
　欧州の水路としてのライン川及びその多様な利用の重要性に留意し、
　次のとおり協定した。

第1条(定義) この条約の適用上、
1 「ライン川」とは、ウンターゼー湖の流出口からのライン川をいい、またオランダにおける支流であるBovenrijn、Bijlands Kanaal、Pannerdensch Kanaal、Ijssel、Nederrijn、Lek、Waal、Boven-Merwede、Beneden-Merwede、Noord、Oude Maas、Nieuwe Maas、Scheur、基線が国連海洋法条約第11条との関連で第5条により特定されるNieuwe Waterweg、Ketelmeer及びIjsselmeerをいう。
2 「委員会」とは、ライン川保護国際委員会をいう。

第2条(適用範囲) この条約は以下に適用される。
　(a)　ライン川
　(b)　ライン川と相互に作用する地下水
　(c)　ライン川と相互に作用するか又は再び相互に作用し得る水生及び陸生の生態系
　(d)　ライン川集水地域(ただし、その地域の有害物質による汚染がライン川に悪影響をもたらす限りにおいて)
　(e)　ライン川集水地域(ただし、その地域が洪水防止及びライン川保護にとって重要である限りにおいて)

第3条(目的) 締約国は、この条約を通して次の目的を追求する。
1 ライン川の生態系の持続可能な発展を特に以下を通じて達成すること。
　(a)ライン川の水質(浮遊物質、沈殿物及び地下水の質を含む)を維持しかつ改善すること。特に以下を通じて行う。
　・有害物質及び点汚染源(例えば工場及び自治体)及び面汚染源(農業及び交通)からの栄養物(地下水からの栄養物を含む。)による汚染、並びに、船舶起因の汚染の可能な限りの防止、削減又は除去。
　・施設の安全性の確保及び改善並びに事故の防止
　(b)　生命体の個体群及び種の多様性の保護、並びに、生命体の有害物質による汚染の削減。
　(c)　ライン川の水の自然的機能を維持し、改善し及び回復すること。流水管理において、固形物の自然の流れを考慮に入れること、並びに、河川、地下水及び沖積地の間での相互作用を促進することを確保すること。及び、沖積地を自然の氾濫原として保全し、保護し及び再活性化すること。
　(d)　ライン川の水、河床、河岸及び隣接地域における野生動植物のために最も自然な生息地を保全し、改善し及び回復すること。魚類の生息条件を改善しかつ魚類の自由な移動を回復すること。
　(e)　環境上健全で合理的な水資源の管理を確保すること
　(f)　洪水防止、船舶航行又は水力発電の利用等のために水路を開発する技術的措置を実施する場合には、生態学的な条件を考慮に入れること。
2 ライン川の水からの飲料水の生産。
3 浚渫物が環境に悪影響を与えることなく貯蔵され又は拡散されるよう沈殿物の質を改善すること。
4 生態学的な条件を考慮に入れた上で行う全体的な洪水の防止。
5 北海を保護するためにとられるその他の措置と連動して北海の回復を支援すること。

第4条(原則) 前記の目的のために、締約国は次の指導原則に従う。
　(a)　予防原則
　(b)　防止原則
　(c)　環境悪化に対してはその発生源においてお

(d) 汚染者負担の原則
(e) 損害を増大させないという原則
(f) 重大な技術的措置をとった場合の補償の原則
(g) 持続可能な発展の原則
(h) 利用可能な最善の技術及び環境上の最善の慣行の適用及び発展
(i) 環境汚染を他の環境媒体に移転しないという原則

第5条（締約当事者の約束） 第3条の目的を達成するため、及び第4条の原則に照らして、締約国は次のことを行う。

1. とりわけ自国領域内でライン川を保護するためにとる措置に関して、相互に協力を行い、及び情報を交換すること。
2. 委員会が合意した国際測定計画及びライン川生態系調査を自国領域内で実施し、及びその結果を委員会に報告すること。
3. 汚染の原因及び汚染に責任のある当事者を特定するために分析を行うこと。
4. 必要と考える自発的な措置を自国領域内でとり、及び、いかなる場合にも以下のことを確保すること。
    (a) 水質への影響を免れない汚水の排出は事前の許可又は排出限界値を定める一般的規則に従わせること。
    (b) 危険物質の排出を段階的に削減し、その完全な除去をめざすこと。
    (c) 排出に関する許可及び一般的規則が遵守されているかを監視すること。
    (d) 技術状況の実質的な改善が許容するか又は受容媒体の状況が必要とする場合には、許可と一般的規則を定期的に検討し及び調整すること。
    (e) 事故に起因する汚染の危険をできる限り規制を通じて削減し、及び緊急事態の場合には必要な措置をとること。
    (f) 生態系に重大な影響を与えるおそれのある技術的な措置を、必要な条件とともに事前の許可又は一般的な規則に従わせること。
5. 委員会が第11条に従ってとる決定を実施するために自国領域内で必要な措置をとること。
6. ライン川の水質を脅かす事故又は大洪水の場合、委員会によって調整される警告及び警戒計画に従い、委員会及び影響を受けるおそれのある締約国にただちに通報すること。

第6条（委員会） 1 この条約を実施するため、締約国は委員会において協力する。

2. 委員会は法人格を有する。委員会は、締約国の領域内において、特に、国内法が法人に付与する法的能力を享受する。議長は委員会を代表する。
3. 労働法制の問題及び社会的な諸事項は、委員会の所在国の法律によって規律される。

第7条（委員会の組織） 1 委員会は、締約国の代表によって構成される。各締約国は自己の代表者を任命し、そのうちの1人が代表団の長をつとめる。

2. 代表団は専門家の役務の提供を求めることができる。
3. 各代表団は、前文に掲げる締約国の順番で交代して委員会の議長（任期3年）をつとめる。委員会の議長をつとめる代表団は議長を任命する。議長は自己の代表団の代弁者として行動してはならない。
ある締約国が委員会の議長権限を放棄する場合には、次の締約国が議長をつとめる。
4. 委員会は、手続規則及び財政規則を起草する。
5. 委員会は、内部組織の事項、必要と考える勤務体制及び年次運営予算を決定する。

第8条（委員会の任務） 1 第3条に定める目的を達成するために、委員会は次の任務を遂行する。
    (a) 必要な場合には科学的な諸機関と協力して、国際測定計画及びライン川生態系調査を実施し、並びに、その結果を利用すること。
    (b) 適切な場合には経済的な手段を含め、並びに、予想される費用を考慮して、個別的な措置及び措置の計画について提案を行うこと。
    (c) 締約国によるライン川の警告及び警戒に関する計画を調整すること。
    (d) 特に、締約国の報告、測定計画の結果及びライン川の生態系調査に基づいて決定された措置の効果を評価すること。
    (e) 締約国が委員会に委託したその他の任務を実施すること。
2. 前記の目的のために、委員会は第10条及び第11条に従い決定を行う。
3. 委員会は、締約当事者に対して年次活動報告書を提出する。
4. 委員会は、ライン川の状態と自らの作業の結果を公表する。委員会は報告書を起草しかつ出版することができる。

第9条（委員会の全体会合） 1 委員会は、議長の招聘により、毎年1回全体会合を開く。

2. 特別の全体会合は、議長の発意により、又は少なくとも二の代表団の要請により、議長が招集することができる。
3. 議長は議題を提案する。各代表団は審議を望む事項を議題に含める権利を有する。

第10条（委員会の意思決定） 1 委員会の決定は全会一致により行う。
2 各代表団は1票を有する。
3 締約当事者が第8条1(b)に従い実施する措置が欧州共同体の権限に属する場合には、欧州共同体は、2にもかかわらず、この条約の締約国である構成国の数に相当する票数でもって投票する。欧州共同体は構成国が投票する場合には投票せず、またその逆の場合も同様とする。
4 一代表団のみの棄権は全会一致の妨げとはしない。ただし、このことは欧州共同体の代表団には適用しない。代表団の欠席は棄権とみなされる。
5 手続規則は書面による手続について定めることができる。

第11条（委員会の決定の履行） 1 委員会は、第8条1(b)の措置に関する決定であって、締約国の国内法に従い履行される決定を、勧告というかたちで締約国に通達する。
2 委員会は、この決定について次のことを定めることができる。
  (a) タイムテーブルに基づき締約国により適用されること。
  (b) 調整された方法で履行されること。
3 締約国は次のことについて委員会に定期的に報告する。
  (a) この条約の規定を履行するために、かつ委員会の決定に基づいてとった立法上、規制上その他の措置
  (b) (a)に従い実施した措置の結果
  (c) (a)にいう措置の実施から生じる問題
4 締約国は、委員会の決定を全部又は一部履行できない場合、委員会が個別の事例に応じて決定する期限内にそのことを報告し、その理由を述べる。各代表団は協議の要請をすることができる。それに対する回答は、2箇月以内になされなければならない。
  委員会は、締約国からの前記の報告又は協議に基づき、決定の履行を支援するためにとる措置を決定することができる。
5 委員会は、締約国を名宛人とする決定のリストを保管する。締約国は、委員会の決定の履行を通じてなされた進捗に関する最新情報を、毎年、少なくとも委員会の全体会合の2箇月前に当該リストに追加する。

第12条（委員会の事務局） 1 委員会は常設の事務局を有する。事務局は委員会より付託された任務を遂行し、事務局長を長とする。
2 締約国は事務局の本部を決定する。
3 委員会は事務局長を任命する。

第13条（費用の配分） （略）
第14条（他の国家、他の組織及び外部専門家との協力） （略）
第15条（使用言語） （略）
第16条（紛争解決） 1 この条約の解釈又は適用に関して締約国間に紛争が発生する場合、関係締約国は、交渉又は自己の認めるその他の紛争解決方法により解決をめざす。
2 紛争がこの方法で解決できない場合には、紛争当事国が別段の決定をしない限り、紛争は、一方の当事国の要請により、この条約の不可分の一部をなす附属書の規定に従い、仲裁に付される。

第17条（効力発生） （略）
第18条（脱退） （略）
第19条（現行法の廃棄及び継続的適用） 1 この条約の効力発生に伴い、及びこの条の2及び3にもかかわらず、次のものは廃棄される。
  (a) 1963年4月29日のライン川汚染防止国際委員会に関する協定
  (b) 1963年4月29日のライン川汚染防止国際委員会に関する協定に対する1976年12月3日の追加協定
  (c) 1976年12月3日のライン川化学汚染防止条約
2 1963年4月29日のライン川汚染防止国際委員会に関する協定、1976年12月3日の追加協定及び1976年12月3日のライン川化学汚染防止条約に基づいて採択された決定、勧告、限界値及びその他の取決めは、委員会が明示的に廃棄しない限り、その法的性質について何ら変更を受けることなく引き続き適用される。
3 1976年12月3日の追加協定によって改正された1963年4月29日のライン川汚染防止国際委員会に関する協定の第12条の定める年次活動予算に関する費用の配分は、委員会がその手続規則及び財政規則で配分を決定するまで、引き続き効力を有する。

第20条（正文及び寄託） （略）

　附属書　仲裁裁判　（略）

　署名議定書　（略）

第5章
生態系・自然文化遺産

種・生息地の保全

　渡り鳥や海洋哺乳類などの野生動植物の保護に関する二国間または地域条約は、20世紀の初頭にはすでにいくつか締結されていたが、ストックホルム会議を契機として、自然保護に関する普遍的条約が数多く誕生した。1971年に採択された**ラムサール条約(5-1)**は、生態学上湿地に依存している鳥類の生息地として重要な湿地の賢明な利用のための登録・管理の措置を規定する。また象牙や獣皮などの国際取引により希少動植物の個体数が減少しつつあることを受け、1973年に採択された**ワシントン条約(CITES)(5-2)**は、対象となる種を、絶滅危惧種(附属書Ⅰ)、将来的に絶滅のおそれのあるため取引の規制が必要な種(附属書Ⅱ)および取引の取締りのため国際的な協力が求められる種(附属書Ⅲ)の3種類に分類し、特に附属書Ⅰの種は商業取引を禁止するなどの措置を定めている。これらの条約は、環境NGOである国際自然保護連合(IUCN)が条約交渉に大きな役割を果たした。また国境を横断して移動する野生動物種の保護については、1979年に**移動性野生動物種の保全に関する条約(CMS；ボン条約)(5-3)**が採択され、絶滅危惧種(附属書Ⅰ)の緊急の保護および良好な保全状態にない種(附属書Ⅱ)の管理のための特別協定の締結について規定する。

　上記の諸条約は、当該種の種類や保護の性質に応じて、個別に国際的な対応を図るものであるが、言うまでもなく自然動植物の種はそれぞれが独立して生息しているわけではない。1982年には国連総会決議として**世界自然憲章(1-2)**が採択されるが、その後自然動植物に加えて、遺伝子を含めた生態系を包括的に保全する国際条約の必要性が叫ばれるようになった。このような動きを受けて、国連環境計画(UNEP)の主導により、**生物多様性条約(5-4)**が採択され、1992年のリオ会議で署名開放された。同条約は、生物多様性の保護、その持続可能な利用、および遺伝資源の利用から生ずる利益の公正かつ衡平な配分を目的に掲げる。枠組条約である生物多様性条約の締約国会議は、遺伝子組換え生物の越境移動に関する手続について、条約19条3項に基づき、1999年にカルタヘナで開催された特別締約国会議を経て、翌2000年の再会議で、**カルタヘナ議定書(5-4-1)**を採択した。同議定書は、改変された生物の意図的な国境を越える移動について輸入国への通報と事前の合意を求め、食用穀物などにつ

いては国内利用について最終決定を行った締約国が、バイオセーフティに関する情報交換センターを通じてその決定を他の締約国に通報するなどの措置を定めている。なお議定書の締約国会合は、議定書34条に基づき、2004年の第1回締約国会議で カルタヘナ議定書遵守手続(5-4-2) を採択した。さらに2010年の第5回締約国会合（名古屋）では、議定書27条（責任及び救済）を実施するために、 名古屋・クアラルンプール補足議定書(5-4-3) が採択された。また、遺伝資源の取得および利益の公正かつ衡平な配分という条約目的に関連して、2002年の第6回締約国会議において法的拘束力のない指針として、ボン・ガイドラインが採択されたが、途上国を中心とした遺伝資源保有国は、法的拘束力のある国際レジームの作成を強く主張した。その結果、2010年の第10回締約国会議（名古屋）において、 名古屋議定書(5-4-4) が採択された。なお、同議定書に先立ち、国連食糧農業機関（FAO）は、それまで遺伝資源を「万人の共有物（res communis）」として自由にアクセス可能と位置づけていた方針を抜本的に転換し、2001年に 食料農業植物遺伝資源条約(5-5) を採択している。この条約は、食料生産に関する農民の役割を確認し、植物遺伝資源に関連した伝統的知識の保護や、食料農業遺伝資源の利用から生ずる利益配分や意思決定への参加といった農民の権利を規定する。また、この条約は、植物育種の研究開発プロセスが広範な遺伝資源を必要としていることから、遺伝資源の提供者と利用者の間の双務的なシステムでは食糧および農業に用いられる遺伝資源の保全は困難であるという前提に立ち、多数国間システムに基づき、締約国共通の契約規則として、標準材料移転契約を設定することを明記する。

　なお、欧州諸国は、自然保護の分野についても積極的に条約を作成している。1979年にベルヌで採択された 欧州野生生物等保全条約(5-6) は、欧州地域における動植物の種とその自然生息地の保護、締約国間の協力推進、これらの種（渡り性の種を含む。）の締約国による意図的な利用の規制を目的とする。またアルプス地域における人間活動が環境に悪影響を与えることを危惧して、同地域を領域にもつ8カ国は、1991年に アルプス条約(5-7) を採択した。同条約は、同地域の保全および持続可能な発展の実現を目的とした枠組条約としての性格を有し、同条約のもとで、土地計画と持続可能な発展、自然の保全と景観保護、山岳農業、森林、観光、エネルギー、土壌保全、交通、紛争処理手続などに関する議定書が締結されている。なお、2002年に遵守委員会が設置され、アルプス条約および適用議定書の遵守の検証メカニズムが採択されている。

　渡り鳥の保護については、主として二国間条約で生息環境の保護を含めた措置がとられている。日本も米国（1972年）、ロシア（当時ソ連・1973年）、オーストラリア（1974年）および中国（1981年）との間に二国間の渡り鳥条約を締結している。その内容は、渡り鳥の捕獲および卵の採取の禁止、鳥類の研究の奨励、保護区の設定などである。本章では、最初に採択された 日米渡り鳥条約(5-8) を掲載する。

森林管理・砂漠化

　森林保護に関しては、先進諸国が、1992年のリオ会議において熱帯林保全のための森林条約の採択を目指したが、森林資源の管理に抵抗する発展途上諸国の反対のため、同会議では、法的拘束力のない森林原則声明(5-9)の採択にとどまった。熱帯木材の貿易については、国連貿易開発会議(UNCTAD)において、1983年に、「一次産品総合計画」に基づいて国際熱帯木材協定が採択されていた。この協定の有効期限は1994年3月だったため、前年に改正のための交渉会議が開催され、1994年に国際熱帯木材協定が採択された。同協定も2006年に有効期限を迎えるため、新たに2006年の国際熱帯木材協定(5-10)が採択された。同協定は2011年12月に発効し、特に違法伐採対策に関する規定を設けるなどの熱帯林保護の強化を図っている。

　砂漠化問題に関しては、1994年に砂漠化対処条約(5-11)が採択され、アフリカ諸国を中心に、発展途上国において深刻化する砂漠化問題に対し、国際社会が連帯と協調により協力することを確認する。条約には、その実施のために採択時に作成されたアフリカ、アジア、ラテンアメリカ・カリブおよび北部地中海の4地域に、2000年に採択された中東欧地域を加えた計五つの実施附属書が存在する。

自然・文化遺産

　将来世代に残すべき貴重な遺産の保全については、国際連合教育科学文化機関(UNESCO)が積極的な条約立法作業に従事している。1972年に採択されたユネスコ世界遺産条約(5-12)は、世界遺産を文化遺産、自然遺産および混合遺産の三種類に分類し、損傷、破壊等の脅威から保護し保存していくために、国際的な協力および援助の体制を確立することを目的とする。また海底に沈む文化遺産の盗取などの規制については、国連海洋法条約(2-1)が領海内での無断調査の禁止や領海外における文化遺産起源国への配慮を規定していた(303条)が、十分な規制とは言えなかったため、2001年に水中文化遺産条約(5-13)が採択された。同条約は、少なくとも100年間水中にある文化遺産を水中文化遺産と定義して保護の対象とし、水中文化遺産の商業目的による利用の禁止、現状での保全の優先、専門家による調査の徹底などを明記する他、領海、排他的経済水域、深海底などの区域ごとに保護措置を規定している。

　欧州では、日常的な景観を含めたあらゆる景観を包含して保護する条約として、欧州評議会のもとで欧州景観条約(5-14)が採択されている。同条約は、景観だけを取り上げたものとしては初めての条約であり、景観の質と多様性が共通の財産であるという認識に基づき、田園景観から都市景観にいたるまであらゆる景観を対象としてその保護と管理を促進する他、欧州評議会による景観賞の授与などユニークな制度を置いている。

【第1節　種・生息地の保全】　第1項　普遍的文書

5-1　特に水鳥の生息地として国際的に重要な湿地に関する条約（ラムサール条約）（抄）

Convention on Wetlands of International Importance especially as Waterfowl Habitat

署　　名	1971年2月2日（ラムサール）
効力発生	1975年12月21日
改　　正	(1) 1982年12月3日（パリ）、1986年10月1日効力発生
	(2) 1987年5月28日（レジャイナ）、1994年5月1日効力発生
日 本 国	1980年5月9日国会承認、6月17日加入書寄託、9月22日公布（条約第28号）、10月17日効力発生
改　　正	(1) 1987年6月26日公布（条約8号）、6月26日効力発生
	(2) 1994年4月29日公布（条約1号）、4月29日効力発生

前　文

締約国は、

人間とその環境とが相互に依存していることを認識し、

水の循環を調整するものとしての湿地の及び湿地特有の動植物特に水鳥の生息地としての湿地の基本的な生態学的機能を考慮し、

湿地が経済上、文化上、科学上及びレクリエーション上大きな価値を有する資源であること及び湿地を喪失することが取返しのつかないことであることを確信し、

湿地の進行性の侵食及び湿地の喪失を現在及び将来とも阻止することを希望し、

水鳥が、季節的移動に当たって国境を越えることがあることから、国際的な資源として考慮されるべきものであることを認識し、

湿地及びその動植物の保全が将来に対する見通しを有する国内政策と、調整の図られた国際的行動とを結び付けることにより確保されるものであることを確信して、

次のとおり協定した。

第1条【定義】 1　この条約の適用上、湿地とは、天然のものであるか人工のものであるか、永続的なものであるか一時的なものであるかを問わず、更には水が滞っているか流れているか、淡水であるか汽水であるか鹹水であるかを問わず、沼沢地、湿原、泥炭地又は水域をいい、低潮時における水深が6メートルを超えない海域を含む。

2　この条約の適用上、水鳥とは、生態学上湿地に依存している鳥類をいう。

第2条【湿地の登録】 1　各締約国は、その領域内の適当な湿地を指定するものとし、指定された湿地は、国際的に重要な湿地に係る登録簿（以下「登録簿」といい、第8条の規定により設けられる事務局が保管する。）に掲げられる。湿地の区域は、これを正確に記述し、かつ、地図上に表示するものとし、また、特に水鳥の生息地として重要である場合には、水辺及び沿岸の地帯であって湿地に隣接するもの並びに島又は低潮時における水深が6メートルを超える海域であって湿地に囲まれているものを含めることができる。

2　湿地は、その生態学上、植物学上、動物学上、湖沼学上又は水文学上の国際的重要性に従って、登録簿に掲げるため選定されるべきである。特に、水鳥にとっていずれの季節においても国際的に重要な湿地は、掲げられるべきである。

3　登録簿に湿地を掲げることは、その湿地の存する締約国の排他的主権を害するものではない。

4　各締約国は、第9条の規定によりこの条約に署名又は批准書若しくは加入書を寄託する際に、登録簿に掲げるため少なくとも1の湿地を指定する。

5　いずれの締約国も、その領域内の湿地を登録簿に追加し、既に登録簿に掲げられている湿地の区域を拡大し又は既に登録簿に掲げられている湿地の区域を緊急な国家的利益のために廃止し若しくは縮小する権利を有するものとし、当該変更につき、できる限り早期に、第8条に規定する事務局の任務について責任を有する機関又は政府に通報する。

6　各締約国は、その領域内の湿地につき、登録簿への登録のため指定する場合及び登録簿の登録を変更する権利を行使する場合には、渡りをする水鳥の保護、管理及び適正な利用についての国際的責任を考慮する。

第3条【登録湿地の保全】 1　締約国は、登録簿に掲げられている湿地の保全を促進し及びその領域内の湿地をできる限り適正に利用することを促進

するため、計画を作成し、実施する。
2　各締約国は、その領域内にあり、かつ、登録簿に掲げられている湿地の生態学的特徴が技術の発達、汚染その他の人為的干渉の結果、既に変化しており、変化しつつあり又は変化するおそれがある場合には、これらの変化に関する情報をできる限り早期に入手することができるような措置をとる。これらの変化に関する情報は、遅滞なく、第8条に規定する事務局の任務について責任を有する機関又は政府に通報する。

第4条【湿地及び水鳥等の保全】 1　各締約国は、湿地が登録簿に掲げられているかどうかにかかわらず、湿地に自然保護区を設けることにより湿地及び水鳥の保全を促進し、かつ、その自然保護区の監視を十分に行う。
2　締約国は、登録簿に掲げられている湿地の区域を緊急な国家的利益のために廃止し又は縮小する場合には、できる限り湿地資源の喪失を補うべきであり、特に、同一の又は他の地域において水鳥の従前の生息地に相当する生息地を維持するために、新たな自然保護区を創設すべきである。
3　締約国は、湿地及びその動植物に関する研究並びに湿地及びその動植物に関する資料及び刊行物の交換を奨励する。
4　締約国は、湿地の管理により、適当な湿地における水鳥の数を増加させるよう努める。
5　締約国は、湿地の研究、管理及び監視について能力を有する者の訓練を促進する。

第5条【協議及び調整】 締約国は、特に二以上の締約国の領域に湿地がわたっている場合又は二以上の締約国に水系が及んでいる場合には、この条約に基づく義務の履行につき、相互に協議する。また、締約国は、湿地及びその動植物の保存に関する現在及び将来の施策及び規制について調整し及びこれを支援するよう努める。

第6条【締約国会議】 1　この条約の実施について検討し及びこの条約の実施を促進するため、締約国会議を設置する。第8条1の事務局は、締約国会議が別段の決定を行わない限り3年を超えない間隔で締約国会議の通常会合を招集し、また、締約国の少なくとも3分の1が書面により要請する場合には特別会合を招集する。締約国会議の通常会合は、次回の通常会合の時期及び場所を決定する。
2　締約国会議は、次のことを行う権限を有する。
　(a)　この条約の実施について討議すること。
　(b)　登録簿に係る追加及び変更について討議すること。
　(c)　登録簿に掲げられている湿地の生態学的特徴の変化に関する情報であって第3条2の規定により通報されるものについて検討すること。
　(d)　締約国に対し、湿地及びその動植物の保全、管理及び適正な利用に関して一般的又は個別的勧告を行うこと。
　(e)　湿地に関係のある事項であって本来国際的性格を有するものについての報告及び統計を作成するよう関係国際機関に要請すること。
　(f)　この条約の実施を促進するため、その他の勧告又は決議を採択すること。
3　締約国は、湿地の管理につきそれぞれの段階において責任を有する者が湿地及びその動植物の保全、管理及び適正な利用に関する1の会議の勧告について通知を受けること及びこれらの者が当該勧告を考慮に入れることを確保する。
4　締約国全議は、会合ごとに手続規則を採択する。
5　締約国会議は、この条約の財政規則を定め及び定期的に検討する。締約国会議は、通常会合ごとに、出席しかつ投票する締約国の3分の2以上の多数による議決で、次期の財政期間についての予算を採択する。
6　締約国は、締約国会議の通常会合において出席しかつ投票する締約国が全会一致の議決で採択する分担率に従って、予算に係る分担金を支払う。

第7条【代表及び票決】 1　前条1の会議に出席する締約国の代表には、科学、行政その他の適当と認められる分野において得られた知識及び経験により湿地又は水鳥の専門家とされる者を含めるべきである。
2　会議に代表を出席させる各締約国は、1の票を有するものとし、勧告、決議及び決定は、この条約に別段の定めがある場合を除くほか、出席しかつ投票する締約国の単純過半数による議決で採択する。

第8条【事務局】 1　自然及び天然資源の保全に関する国際同盟は、他の機関又は政府がすべての締約国の3分の2以上の多数による議決で指定される時まで、この条約に規定する事務局の任務を行う。
2　事務局は、特に、次の任務を行う。
　(a)　第6条1の会議が招集されかつ組織されるに当たって助力すること。
　(b)　国際的に重要な湿地に係る登録簿を保管すること及び登録簿に掲げられている湿地に関する追加、拡大、廃止又は縮小につき第2条5の規定により締約国が行う通報を受けること。
　(c)　登録簿に掲げられている湿地の生態学的特徴の変化に関し第3条2の規定により締約国が行う通報を受けること。

(d) 登録簿の変更又は登録簿に掲げられている湿地の特徴の変化をすべての締約国に通知すること及び次回の会議においてこれらの事項が討議されるように取り計らうこと。
(e) 登録簿の変更又は登録簿に掲げられている湿地の特徴の変化に関する勧告を関係締約国に周知させること。

第9条【署名】 （略）
第10条【効力発生】 （略）
第10条の2【改正】 1 この条約は、条約の改正のためにこの条の規定に従い招集される締約国の会合において改正することができる。
2 いずれの締約国も、改正を提案することができる。
3 改正案及び改正の理由は、この条約に規定する事務局の任務を遂行する機関又は政府（以下「事務局」という。）に通報するものとし、事務局は、速やかにこれらをすべての締約国に通報する。締約国は、改正案についての意見を、事務局が改正案を締約国に通報した日から3箇月以内に事務局に通報する。事務局は、意見を提出する期限の末日の後直ちに、その日までに提出されたすべての意見を締約国に通報する。
4 事務局は、締約国の3分の1以上が書面による要請をした場合には、3の規定に従って通報された改正案を検討するための締約国の会合を招集する。事務局は、会合の時期及び場所について締約国と協議する。
5 改正は、出席しかつ投票する締約国の3分の2以上の多数による議決で採択する。
6 採択された改正は、締約国の3分の2が改正の受諾書を寄託者に寄託した日の後四番目の月の初日に、改正を受諾した締約国について効力を生ずる。締約国の3分の2が改正の受諾書を寄託した日の後に改正の受諾書を寄託する締約国については、改正は、当該受諾書が寄託された日の後四番目の月の初日に効力を生ずる。

第11条【廃棄】 （略）
第12条【寄託】 （略）

5-2 絶滅のおそれのある野生動植物の種の国際取引に関する条約（CITES；ワシントン条約）（抄）

Convention on International Trade in Endangered Species of Wild Fauna and Flora

署　　名　1973年3月3日（ワシントン）
効力発生　1975年7月1日
改　　正　(1) 1979年6月22日（ボン）、1987年4月13日効力発生
　　　　　(2) 1983年4月30日（ハボローネ）、未発効（※地域的経済統合機関の加入を認める改正）
　　　　　附属書Ⅰ、Ⅱ及びⅢの改正については省略
日本国　　1973年4月30日署名、1980年4月25日国会承認、8月6日受諾書寄託、8月23日公布（条約第25号）、11月4日効力発生
改　　正　1987年4月10日公布（条約第1号）　4月13日効力発生

締約国は、
　美しくかつ多様な形体を有する野生動植物が現在及び将来の世代のために保護されなければならない地球の自然の系のかけがえのない一部をなすものであることを認識し、
　野生動植物についてはその価値が芸術上、科学上、文化上、レクリエーション上及び経済上の見地から絶えず増大するものであることを意識し、
　国民及び国家がそれぞれの国における野生動植物の最良の保護者であり、また、最良の保護者でなければならないことを認識し、
　更に、野生動植物の一定の種が過度に国際取引に利用されることのないようこれらの種を保護するために国際協力が重要であることを認識し、
　このため、適当な措置を緊急にとる必要があることを確信して、
　次のとおり協定した。

第1条（定義） この条約の適用上、文脈によって別に解釈される場合を除くほか、
(a) 「種」とは、種若しくは亜種又は種若しくは亜種に係る地理的に隔離された個体群をいう。
(b) 「標本」とは、次のものをいう。
　(i) 生死の別を問わず動物又は植物の個体
　(ii) 動物にあっては、附属書Ⅰ若しくは附属書Ⅱに掲げる種の個体の部分若しくは派生物であって容易に識別することができるもの、又は附属書Ⅲに掲げる種の個体の部分若しくは派生物であって容易に識別することができるもののうちそれぞれの種につい

て附属書Ⅲにより特定されるもの
  (iii) 植物にあっては、附属書Ⅰに掲げる種の個体の部分若しくは派生物であって容易に識別することができるもの、又は附属書Ⅱ若しくは附属書Ⅲに掲げる種の個体の部分若しくは派生物であって容易に識別することができるもののうちそれぞれの種について附属書Ⅱ若しくは附属書Ⅲにより特定されるもの
 (c) 「取引」とは、輸出、再輸出、輸入又は海からの持込みをいう。
 (d) 「再輸出」とは、既に輸入されている標本を輸出することをいう。
 (e) 「海からの持込み」とは、いずれの国の管轄の下にもない海洋環境において捕獲され、又は採取された種の標本をいずれかの国へ輸送することをいう。
 (f) 「科学当局」とは、第9条の規定により指定される国の科学機関をいう。
 (g) 「管理当局」とは、第9条の規定により指定される国の管理機関をいう。
 (h) 「締約国」とは、その国についてこの条約が効力を生じている国をいう。

第2条(基本原則) 1 附属書Ⅰには、絶滅のおそれのある種であって取引による影響を受けており又は受けることのあるものを掲げる。これらの種の標本の取引は、これらの種の存続を更に脅かすことのないよう特に厳重に規制するものとし、取引が認められるのは例外的な場合に限る。
2 附属書Ⅱには、次のものを掲げる。
 (a) 現在必ずしも絶滅のおそれのある種ではないが、その存続を脅かすこととなる利用がされないようにするためにその標本の取引を厳重に規制しなければ絶滅のおそれのある種となるおそれのある種
 (b) (a)の種以外の種であって、(a)の種の標本の取引を効果的に取り締まるために、規制しなければならない種
3 附属書Ⅲには、いずれかの締約国が、捕獲又は採取を防止し又は制限するための規制を自国の管轄内において行う必要があると認め、かつ、取引の取締りのために他の締約国の協力が必要であると認める種を掲げる。
4 締約国は、この条約の定めるところによる場合を除くほか、附属書Ⅰ、附属書Ⅱ及び附属書Ⅲに掲げる種の標本の取引を認めない。

第3条(附属書Ⅰに掲げる種の標本の取引に対する規制) 1 附属書Ⅰに掲げる種の標本の取引は、この条に定めるところにより行う。

2 附属書Ⅰに掲げる種の標本の輸出については、事前に発給を受けた輸出許可書を事前に提出することを必要とする。輸出許可書は、次の条件が満たされた場合にのみ発給される。
 (a) 輸出国の科学当局が、標本の輸出が当該標本に係る種の存続を脅かすこととならないと助言したこと。
 (b) 輸出国の管理当局が、標本が動植物の保護に関する自国の法令に違反して入手されたものでないと認めること。
 (c) 生きている標本の場合には、輸出国の管理当局が、傷を受け、健康を損ね若しくは生育を害し又は虐待される危険性をできる限り小さくするように準備され、かつ、輸送されると認めること。
 (d) 輸出国の管理当局が、標本につき輸入許可書の発給を受けていると認めること。
3 附属書Ⅰに掲げる種の標本の輸入については、事前に発給を受けた輸入許可書及び輸出許可書又は輸入許可書及び再輸出許可書を事前に提出することを必要とする。輸入許可書は、次の条件が満たされた場合にのみ発給される。
 (a) 輸入国の科学当局が、標本の輸入が当該標本に係る種の存続を脅かす目的のために行われるものでないと助言したこと。
 (b) 生きている標本の場合には、輸入国の科学当局が、受領しようとする者がこれを収容し及びその世話をするための適当な設備を有していると認めること。
 (c) 輸入国の管理当局が、標本が主として商業的目的のために使用されるものでないと認めること。
4 附属書Ⅰに掲げる種の標本の再輸出については、事前に発給を受けた再輸出証明書を事前に提出することを必要とする。再輸出証明書は、次の条件が満たされた場合にのみ発給される。
 (a) 再輸出国の管理当局が、標本がこの条約に定めるところにより自国に輸入されたと認めること。
 (b) 生きている標本の場合には、再輸出国の管理当局が、傷を受け、健康を損ね若しくは生育を害し又は虐待される危険性をできる限り小さくするように準備され、かつ、輸送されると認めること。
 (c) 生きている標本の場合には、再輸出国の管理当局が、輸入許可書の発給を受けていると認めること。
5 附属書Ⅰに掲げる種の標本の海からの持込みについては、当該持込みがされる国の管理当局か

ら事前に証明書の発給を受けていることを必要とする。証明書は、次の条件が満たされた場合にのみ発給される。
  (a) 当該持込みがされる国の科学当局が、標本の持込みが当該標本に係る種の存続を脅かすこととならないと助言していること。
  (b) 生きている標本の場合には、当該持込みがされる国の管理当局が、受領しようとする者がこれを収容し及びその世話をするための適当な設備を有していると認めること。
  (c) 当該持込みがされる国の管理当局が、標本が主として商業的目的のために使用されるものでないと認めること。

第4条(附属書Ⅱに掲げる種の標本の取引に対する規制) 1 附属書Ⅱに掲げる種の標本の取引は、この条に定めるところにより行う。
2 附属書Ⅱに掲げる種の標本の輸出については、事前に発給を受けた輸出許可書を事前に提出することを必要とする。輸出許可書は、次の条件が満たされた場合にのみ発給される。
  (a) 輸出国の科学当局が、標本の輸出が当該標本に係る種の存続を脅かすこととならないと助言したこと。
  (b) 輸出国の管理当局が、標本が動植物の保護に関する自国の法令に違反して入手されたものでないと認めること。
  (c) 生きている標本の場合には、輸出国の管理当局が、傷を受け、健康を損ね若しくは生育を害し又は虐待される危険性をできる限り小さくするように準備され、かつ、輸送されると認めること。
3 締約国の科学当局は、附属書Ⅱに掲げる種の標本に係る輸出許可書の自国による発給及びこれらの標本の実際の輸出について監視する。科学当局は、附属書Ⅱに掲げるいずれかの種につき、その属する生態系における役割を果たすことのできる個体数の水準及び附属書Ⅰに掲げることとなるような当該いずれかの種の個体数の水準よりも十分に高い個体数の水準を当該いずれかの種の分布地域全体にわたって維持するためにその標本の輸出を制限する必要があると決定する場合には、適当な管理当局に対し、その標本に係る輸出許可書の発給を制限するためにとるべき適当な措置を助言する。
4 附属書Ⅱに掲げる種の標本の輸入については、輸出許可書又は再輸出許可書を事前に提出することを必要とする。
5 附属書Ⅱに掲げる種の標本の再輸出については、事前に発給を受けた再輸出証明書を事前に提出することを必要とする。再輸出証明書は、次の条件が満たされた場合にのみ発給される。
  (a) 再輸出国の管理当局が、標本がこの約に定めるところにより自国に輸入されたと認めること。
  (b) 生きている標本の場合には、再輸出国の管理当局が、傷を受け、健康を損ね若しくは生育を害し又は虐待される危険性をできる限り小さくするように準備され、かつ、輸送されると認めること。
6 附属書Ⅱに掲げる種の標本の海からの持込みについては、当該持込みがされる国の管理当局から事前に証明書の発給を受けていることを必要とする。証明書は、次の条件が満たされた場合にのみ発給される。
  (a) 当該持込みがされる国の科学当局が、標本の持込みが当該標本に係る種の存続を脅かすこととならないと助言していること。
  (b) 生きている標本の場合には、当該持込みがされる国の管理当局が、傷を受け、健康を損ね若しくは生育を害し又は虐待される危険性をできる限り小さくするように取り扱われると認めること。
7 6の証明書は、科学当局が自国の他の科学機関及び適当な場合には国際科学機関と協議の上行う助言に基づき、1年を越えない期間につきその期間内に持込みが認められる標本の総数に限り発給することができる。

第5条(附属書Ⅲに掲げる種の標本の取引に対する規制) 1 附属書Ⅲに掲げる種の標本の取引は、この条に定めるところにより行う。
2 附属書Ⅲに掲げる種の標本の輸出で附属書Ⅲに当該種を掲げた国から行われるものについては、事前に発給を受けた輸出許可書を事前に提出することを必要とする。輸出許可書は、次の条件がみたされた場合にのみ発給される。
  (a) 輸出国の管理当局が、標本が動植物の保護に関する自国の法令に違反して入手されたものでないと認めること。
  (b) 生きている標本の場合には、輸出国の管理当局が、傷を受け、健康を損ね若しくは生育を害し又は虐待される危険性をできる限り小さくするように準備され、かつ、輸送されると認めること。
3 附属書Ⅲに掲げる種の標本の輸入については、4の規定が適用される場合を除くほか、原産地証明書及びその輸入が附属書Ⅲに当該種を掲げた国から行われるものである場合には輸出許可書を事前に提出することを必要とする。

4 輸入国は、再輸出に係わる標本につき、再輸出国内で加工された標本であること又は再輸出される標本であることを証する再輸出国の管理当局が発給した証明書をこの条約が遵守されている証拠として認容する。

第6条(許可書及び証明書) 1 前3条の許可書及び証明書の発給及び取扱いは、この条に定めるところにより行う。

2 輸出許可書には、附属書Ⅳのひな形に明示する事項を記載するものとし、輸出許可書は、その発給の日から6箇月の期間内に行われる輸出についてのみ使用することが出来る。

3 許可書及び証明書には、この条約の表題、許可書及び証明書を発給する管理当局の名称及び印章並びに管理当局の付する管理番号を表示する。

4 管理当局が発給する許可書及び証明書の写しには、写しであることを明示するものとし、写しが原本の代わりに使用されるのは、写しに特記されている場合に限る。

5 許可書及び証明書は、標本の各送り荷について必要とする。

6 輸入国の管理当局は、標本の輸入について提出された輸出許可書又は再輸出証明書及びこれらに対応する輸入許可書を失効させた上保管する。

7 管理当局は、適当かつ可能な場合には、標本の識別に資するため標本にマークを付することができる。この7の規定の適用上、「マーク」とは、権限のない者による模倣ができないようにするように工夫された標本の識別のための消すことのできない印章、封鉛その他の適当な方法をいう。

第7条(取引に係る免除等に関する特別規定) 1 第3条から第5条までの規定は、標本が締約国の領域を通過し又は締約国の領域において積み替えられる場合には、適用しない。ただし、これらの標本が税関の管理の下にあることを条件とする。

2 第3条から第5条までの規定は、標本につき、この条約が当該標本に適用される前に取得されたものであると輸出国又は再輸出国の管理当局が認める場合において、当該管理当局がその旨の証明書を発給するときは、適用しない。

3 第3条から第5条までの規定は、手回品又は家財である標本については、適用しない。ただし、次の標本(標本の取得がこの条約の当該標本についての適用前になされたと管理当局が認める標本を除く。)については、適用する。

(a) 附属書Ⅰに掲げる種の標本にあっては、その所有者が通常居住する国の外において取得して当該通常居住する国へ輸入するもの

(b) 附属書Ⅱに掲げる種の標本にあっては、(1)その所有者が通常居住する国以外の国(その標本が野生の状態で捕獲され又は採取された国に限る。)において取得し、(2)当該所有者が通常居住する国へ輸入し、かつ、(3)その標本が野生の状態で捕獲され又は採取された国においてその輸出につき輸出許可書の事前の発給が必要とされているもの

4 附属書Ⅰに掲げる動物の種の標本であって商業的目的のため飼育により繁殖させたもの又は附属書Ⅰに掲げる植物の種の標本であって商業目的のため人工的に繁殖させたものは、附属書Ⅱに掲げる種の標本とみなす。

5 動物の種の標本が飼育により繁殖させたものであり若しくは植物の種の標本が人工的に繁殖させたものであり又は動物若しくは植物の種の標本がこれらの繁殖させた標本の部分若しくは派生物であると輸出国の管理当局が認める場合には、当該管理当局によるその旨の証明書は、第3条から第5条までの規定により必要とされる許可書又は証明書に代わるものとして認容される。

6 第3条から第5条までの規定は、管理当局が発給し又は承認したラベルの付された措(さく)葉標本その他の保存され、乾燥され又は包埋された博物館用の標本及び当該ラベルの付された生きている植物が、管理当局に登録されている科学者又は科学施設の間で商業目的以外の目的の下に貸与され、贈与され又は交換される場合には、適用しない。

7 管理当局は、移動動物園、サーカス、動物展、植物展その他の移動する展示会を構成する標本の移動について第3条から第5条までの要件を免除し、許可書又は証明書なしにこれらの標本の移動を認めることができる。ただし、次のことを条件とする。

(a) 輸出者又は、輸入者が標本の詳細について管理当局に登録すること。

(b) 標本が2又は5のいずれかに規定する標本に該当するものであること。

(c) 生きている標本の場合には、管理当局が、傷を受け、健康を損ね若しくは生育を害し又は虐待される危険性をできる限り小さくするように輸送され及び世話をされると認めること。

第8条(締約国のとる措置) 1 締約国は、この条約を実施するため及びこの条約に違反して行われる標本の取引を防止するため、適当な措置を取る。この措置には、次のことを含む。

(a) 違反に係る標本の取引若しくは所持又はこ

れらの双方について処罰すること。
  (b) 違反に係る標本の没収又はその輸出国への返済に関する規定を設けること。
2 締約国は、1の措置に加え、必要と認めるときはこの条約を適用するためにとられた措置に違反して行われた取引に係る標本の没収の結果負うこととなった費用の国内における求償方法について定めることができる。
3 締約国は、標本の取引上必要な手続が速やかに完了することをできる限り確保する。締約国は、その手続きの完了を容易にするため、通関のために標本が提示される輸出港及び輸入港を指定することができる。締約国は、また、生きている標本につき、通過、保管又は輸送の間に傷を受け、健康を損ね若しくは生育を害し又は虐待される危険性をできる限り小さくするように適切に世話をすることを確保する。
4 1の措置が取られることにより生きている標本が没収される場合には、
  (a) 当該標本は、没収した国の管理当局に引き渡される。
  (b) (a)の管理当局は、当該標本の輸出国との協議の後、当該標本を、当該輸出国の負担する費用で当該輸出国に返送し又は保護センター若しくは管理当局の適当かつこの条約の目的に沿うと認める他の場所に送る。
  (c) (a)の管理当局は、(b)の規定に基づく決定(保護センター又は他の場所の選定に係る決定を含む。)を容易にするため、科学当局の助言を求めることができるものとし、望ましいと認める場合には、事務局と協議することができる。
5 4にいう保護センターとは、生きている標本、特に没収された生きている標本の健康を維持し又は生育を助けるために管理当局の指定する施設をいう。
6 締約国は、附属書Ⅰ、附属書Ⅱ及び附属書Ⅲに掲げる種の標本の取引について次の事項に関する記録を保持する。
  (a) 輸出者及び輸入者の氏名又は名称及び住所
  (b) 発給された許可書及び証明書の数及び種類、取引の相手国、標本の数又は量及び標本の種類、附属書Ⅰ、附属書Ⅱ及び附属書Ⅲに掲げる種の名称並びに可能な場合には標本の大きさ及び性別
7 締約国はこの条約の実施に関する次の定期的な報告書を作成し事務局に送付する。
  (a) 6(b)に掲げる事項に関する情報の概要を含む年次報告書
  (b) この条約を実施するために取られた立法措置、規制措置及び行政措置に関する2年ごとの報告書
8 7の報告書に係る情報は、関係締約国の法令に反しない限り公開される。

第9条(管理当局及び科学当局) 1 この条約の適用上、各締約国は、次の当局を指定する。
  (a) 自国のために許可書又は証明書を発給する権限を有する一又は二以上の管理当局
  (b) 一又は二以上の科学当局
2 批准書、受諾書、承認書又は加入書を寄託する国は、これらの寄託の際に、他の締約国及び事務局と連絡する権限を有する1の管理当局の名称及び住所を寄託政府に通報する。
3 締約国は、1の規定による指定及び2の規定による通報に係る変更が他のすべての締約国に伝達されるようにこれらの変更を事務局に通報する。
4 2の管理当局は、事務局又は他の締約国の管理当局から要請があったときは、許可書又は証明書を認証するために使用する印章その他のものの図案を通報する。

第10条(この条約の締約国でない国との取引) 締約国は、この条約の締約国でない国との間で輸出、輸入又は再輸出を行う場合においては、当該この条約の締約国ではない国の権限のある当局が発給する文書であって、その発給の要件がこの条約の許可書又は証明書の発給の要件と実質的に一致しているものを、この条約に言う許可書又は証明書に代わるものとして認容することができる。

第11条(締約国会議) 1 事務局は、この条約の効力発生の後2年以内に、締約国会議を召集する。
2 その後、事務局は、締約国会議が別段の決定を行わない限り少なくとも2年に1回通常会合を召集するものとし、締約国の少なくとも3分の1が書面により要請する場合にはいつでも特別会合を召集する。
3 締約国は、通常会合又は特別会合のいずれかにおいてであるかを問わず、この条約の実施状況を検討するものとし、次のことを行うことができる。
  (a) 事務局の任務の遂行を可能にするために必要な規則を作成すること及び財政規則を採択すること。
  (b) 第15条の規定に従って附属書Ⅰ及び附属書Ⅱの改正を検討し及び採択すること。
  (c) 附属書Ⅰ、附属書Ⅱ及び附属書Ⅲに掲げる種の回復及び保存に係る進展について検討すること。

(d)　事務局又は締約国の提出する報告書を受領し及び検討すること。
　(e)　適当な場合には、この条約の実効性を改善するために勧告を行うこと。
4　締約国は、通常会合において、2の規定により開催される次回の通常会合の時期及び場所を決定することができる。
5　締約国は、いずれの会合においても当該会合のための手続規則を制定することができる。
6　国際連合、その専門機関および国際原子力機関並びにこの条約の締約国でない国は、締約国会議の会合にオブザーバーを出席させることができる。オブザーバーは、出席する権利を有するが、投票する権利は有しない。
7　野生動植物の保護、保存又は管理について専門的な能力を有する次の機関又は団体であって、締約国会議の会合にオブザーバーを出席させることを希望する旨事務局に通報したものは、当該会合に出席する締約国の少なくとも3分の1が反対しない限り、オブザーバーを出席させることを認められる。
　(a)　政府間又は非政府のもののいずれであるかを問わず国際機関又は国際団体及び国内の政府機関又は政府団体
　(b)　国内の非政府機関又は非政府団体であって、その所在する国によりこの条約の目的に沿うものであると認められたものこれらのオブザーバーは、出席することを認められた場合には、出席する権利を有するが、投票する権利は有しない。

第12条(事務局) 1　事務局の役務は、この条約の効力発生に伴い、国際連合環境計画事務局長が提供する。同事務局長は、適当と認める程度及び方法で、野生動植物の保護、保存及び管理について専門的な能力を有する政府間の若しくは非政府間の適当な国際機関若しくは国際団体又は政府の若しくは非政府の適当な国内の機関若しくは団体の援助を受けることができる。
2　事務局は、次の任務を遂行する。
　(a)　締約国の会合を準備し及びその会合のための役務を提供すること。
　(b)　第15条及び第16条の規定により与えられる任務を遂行すること。
　(c)　締約国会議の承認する計画に従い、この条約の実施に寄与する科学的及び技術的研究(生きている標本につき適切に準備し、輸送するための基準に関する研究及び標本の識別方法に関する研究を含む。)を行うこと。
　(d)　締約国の報告書を研究すること及び締約国の報告書に関する追加の情報であってこの条約の実施を確保するために必要と認めるものを当該締約国に要請すること。
　(e)　この条約の目的に関連する事項について締約国の注意を喚起すること。
　(f)　最新の内容の附属書Ⅰ、附属書Ⅱ及び附属書Ⅲをこれらの附属書に掲げる種の標本の識別を容易にする情報とともに定期的に刊行し、締約国に配布すること。
　(g)　締約国の利用に供するため事務局の業務及びこの条約の実施に関する年次報告書を作成し及び締約国がその会合において要請する他の報告書を作成すること。
　(h)　この条約の目的を達成し及びこの条約を実施するための勧告を行うこと(科学的及び技術的性格の情報を交換するよう勧告を行うことを含む。)。
　(i)　締約国の与える他の任務を遂行すること。

第13条(国際的な措置) 1　事務局は、受領した情報を参考にして、附属書Ⅰ又は附属書Ⅱに掲げる種がその標本の取引によって望ましくない影響を受けていると認める場合又はこの条約が効果的に実施されていないと認める場合には、当該情報を関係締約国の権限のある管理当局に通告する。
2　締約国は、1の通告を受けたときは、関連する事実を自国の法令の認める限度においてできる限り速やかに事務局に通報するものとし、適当な場合には是正措置を提案する。当該締約国が調査を行うことが望ましいと認めるときは、当該締約国によって明示的に権限を与えられた者は、調査を行うことができる。
3　締約国会議は、締約国の提供した情報又は2の調査の結果得られた情報につき、次回の会合において検討するものとし、適当と認める勧告を行うことができる。

第14条(国内法令及び国際条約に対する影響) 1　この条約は、締約国が次の国内措置を取る権利にいかなる影響も及ぼすものではない。
　(a)　附属書Ⅰ、附属書Ⅱ及び附属書Ⅲに掲げる種の標本の取引、捕獲若しくは採取、所持若しくは輸送の条件に関する一層厳重な国内措置又はこれらの取引、捕獲若しくは採取、所持若しくは輸送を完全に禁止する国内措置
　(b)　附属書Ⅰ、附属書Ⅱ及び附属書Ⅲに掲げる種以外の標本の取引、捕獲若しくは採取、所持若しくは輸送を制限し又は禁止する国内措置
2　この条約は、標本の取引、捕獲若しくは採取、

所持又は輸送についてこの条約に定めているものの以外のものを定めている条約又は国際協定であって締約国について現在効力を生じており又は将来効力を生ずることのあるものに基づく国内措置又は締約国の義務にいかなる影響も及ぼすものではない。これらの国内措置又は義務には、関税、公衆衛生、動植物の検疫の分野に関するものを含む。
3 この条約は、共通の対外関税規制を設定し若しくは維持し、かつ、その構成国間の関税規制を撤廃する同盟若しくは地域的な貿易機構を創設する条約若しくは国際協定であって現在締結されており若しくは将来締結されることのある条約若しくは国際協定の規定のうち又はこれらの条約若しくは国際協定に基づく義務のうち、これらの同盟又は地域的な貿易機構の構成国間の貿易に関するいかなる影響も及ぼすものではない。
4 この条約の締約国は、自国がその締約国である他の条約又は国際協定がこの条約の効力発生の時に有効であり、かつ、当該他の条約又は国際協定に基づき附属書Ⅱに掲げる海産の種に対して保護を与えている場合には、自国において登録された船舶が当該他の条約又は国際協定に基づいて捕獲し又は採取した附属書Ⅱに掲げる種の標本の取引についてこの条約に基づく義務を免除される。
5 4の規定により捕獲され又は採取された標本の輸出については、第3条から第5条までの規定にかかわらず、当該標本が4に規定する他の条約又は国際協定に基づいて捕獲され又は採取された旨の持込みがされた国の管理当局の発給する証明書のみを必要とする。
6 この条約のいかなる規定も、国際連合総会決議第2750号C（第25回会期）に基づいて召集される国際連合海洋法会議による海洋法の法典化及び発展を妨げるものではなく、また、海洋法に関し並びに沿岸国及び旗国の管轄権の性質及び範囲に関する現在又は将来におけるいずれの国の主張及び法的見解も害するものではない。

第15条（附属書Ⅰ及び附属書Ⅱの改正） 1 締約国会議の会合において附属書Ⅰ及び附属書Ⅱの改正をする場合には、次の規定を適用する。
(a) 締約国は、会合における検討のため、附属書Ⅰ又は附属書Ⅱの改正を提案することができる。改正案は、会合の少なくとも150日前に事務局に通告する。事務局は、改正案の他の締約国への通告及び改正案についての関係団体との協議については、2(b)又は2(c)の規定を準用するものとし、会合の遅くとも30日前に改正案に係る回答をすべての締約国に通告する。
(b) 改正は、出席しかつ投票する締約国の3分の2以上の多数による議決で採択する。この1(b)の規定の適用上、「出席しかつ投票する締約国」とは、出席しかつ賛成票又は反対票を投ずる締約国をいう。投票を棄権する締約国は、改正の採択に必要な3分の2に算入しない。
(c) 会合において採択された改正は、会合の後90日で全ての締約国について効力を生ずる。ただし3の規定に基づいて留保を付した締約国についてはこの限りではない。

2 締約国会議の会合と会合との間において附属書Ⅰ及び附属書Ⅱの改正をする場合には、次の規定を適用する。
(a) 締約国は、会合と会合との間における検討のため、この2に定めるところにより、郵便手続きによる附属書Ⅰ又は附属書Ⅱの改正を提案することができる。
(b) 事務局は、海産の種に関する改正案を受領した場合には、直ちに改正案を締約国に通告する。事務局は、また、当該海産の種に関連を有する活動を行っている政府間団体の提供することができる科学的な資料の入手及び当該政府間団体の実施している保存措置との調整を特に目的として、当該政府間団体と協議する。事務局は当該政府間団体の表明した見解及び提供した資料を事務局の認定及び勧告とともにできる限り速やかに締約国に通告する。
(c) 事務局は、海産の種以外の種に関する改正案を受領した場合には、直ちに改正案を締約国に通告するものとし、その後できる限り速やかに自己の勧告を締約国に通告する。
(d) 締約国は、事務局が(b)又は(c)の規定に従ってその勧告を締約国に通告した日から60日以内に、関連する科学的な資料及び情報とともに改正案についての意見を事務局に送付することができる。
(e) 事務局は、(d)の規定に基づいて受領した回答を自己の勧告とともにできる限り速やかに締約国に通告する。
(f) 事務局が(e)の規定により回答及び勧告を通告した日から30日以内に改正案に対する異議の通告を受領しない場合には、改正は、その後90日ですべての締約国について効力を生ずる。ただし、3の規定に基づいて留保を付した締約国についてはこの限りでない。

(g) 事務局がいずれかの締約国による異議の通告を受領した場合には、改正案は、(h)から(j)までの規定により郵便投票に付される。
　(h) 事務局は、異議の通告を受領したことを締約国に通報する。
　(i) 事務局が(h)の通報の日から60日以内に受領した賛成票、反対票及び棄権票の合計が締約国の総数の2分の1に満たない場合には、改正案は、更に検討の対象とするため締約国会議の次回の会合に付託する。
　(j) 受領した票の合計が締約国の総数の2分の1に達した場合には、改正案は、賛成票及び反対票を投じた締約国の3分の2以上の多数による議決で採択される。
　(k) 事務局は、投票の結果を締約国に通報する。
　(l) 改正案が採択された場合には、改正は、事務局によるその旨の通報の日の後90日ですべての締約国について効力を生ずる。ただし、3の規定に基づいて留保を付した締約国については、この限りでない。
3　いずれの締約国も、1(c)または2(l)に規定する90日の期間内に寄託政府に対し書面による通告を行うことにより、改正について留保を付することができる。締約国は、留保を撤回するまでの間、留保に明示した種に係る取引につきこの条約の締結国でない国として取り扱われる。

第16条(附属書Ⅲ及びその改正)　1　締約国は、いつでも、その種について第2条3にいう規制を自国の管轄内において行う必要があると認める種を記載した表を事務局に提出することができる。附属書Ⅲには、附属書Ⅲに掲げるべき種を記載した表を提出した締約国の国名、これらの種の学名及び第1条(b)の規定の適用上これらの種の個体の部分又は派生物であってそれぞれの種について特定されたものを掲げる。
2　事務局は、1の規定により提出された表を受領した後できる限り速やかに当該表を締約国に送付する。当該表は、その送付の日の後90日で附属書Ⅲの一部として効力を生ずる。締約国は、表の受領の後いつでも、寄託政府に対して書面による通告を行うことにより、いずれの種又はいずれの種の個体の部分若しくは派生物についても留保を付することができる。締約国は、留保を撤回するまでの間、留保に明示した種又は種の個体の部分若しくは派生物に係る取引につきこの条約の締結国でない国として取り扱われる。
3　附属書Ⅲに掲げるべき種を記載した表を提出した締約国は、事務局に対して通報を行うことによりいつでも特定の種の記載を取り消すことができるものとし、事務局は、その取消しをすべての締約国に通報する。取消しは、通告の日の後30日で効力を生ずる。
4　1の規定により表を提出する締約国は、当該表に記載された種の保護について適用されるすべての国内法令の写しを、自国がその提出を適当と認める解釈又は事務局がその提出を要請する解釈とともに事務局に提出する。締約国は、自国の表に記載された種が附属書Ⅲに掲げられている間、当該記載された種に係る国内法令の改正が採択され又は当該国内法令の新しい解釈が採用されるごとにこれらの改正又は解釈を提出する。

第17条(この条約の改正)　1　事務局は、締約国の少なくとも3分の1からの書面による要請があるときは、この条約の改正を検討し及び採択するため、締約国会議の特別会合を召集する。改正は、出席し、かつ投票する締約国の3分の2以上の多数による議決で採択する。この1の規定の適用上、「出席しかつ投票する締約国」とは、出席しかつ賛成票又は反対票を投ずる締約国をいう。投票を棄権する締約国は、改正の採択に必要な3分の2に算入しない。
2　事務局は、1の特別会合の少なくとも90日前に改正案を締約国に通告する。
3　改正は、締約国の3分の2が改正の受諾書を寄託政府に寄託した後60日で、改正を受諾した締約国について効力を生ずる。その後、改正は、他の締約国についても、当該他の締約国が改正の受諾書を寄託した後60日で、効力を生ずる。

第18条(紛争の解決)　1　締約国は、この条約の解釈又は適用について他の締約国との間に紛争が生じた場合には、当該紛争について当該他の締約国と交渉する。
2　締約国は、1の規定によっても紛争を解決することができなかった場合には、合意により当該紛争を仲裁、特に、ヘーグ常設仲裁裁判所の仲裁に付することができる。紛争を仲裁に付した締約国は仲裁裁定に従うものとする。

第19条(署名)　(略)
第20条(批准、受諾及び承認)　(略)
第21条(加入)　(略)
第22条(効力発生)　(略)
第23条(留保)　1　この条約については、一般的な留保は、付することができない。特定の留保は、この条、第15条及び第16条の規定に基づいて付することができる。
2　いずれの国も、批准書、受諾書、承認書又は加

入書を寄託する際に、次のものについて特定の留保を付することができる。
  (a) 附属書Ⅰ、附属書Ⅱ又は附属書Ⅲに掲げる種
  (b) 附属書Ⅲに掲げる種の個体の部分又は派生物であって附属書Ⅲにより特定されるもの
3 締約国は、この条の規定に基づいて付した留保を撤回するまでの間、留保に明示した特定の種又は特定の種の個体の部分若しくは派生物に係る取引につきこの条約の締結国でない国として取り扱われる。
第24条（廃棄） いずれの締約国も、寄託政府に対して書面による通告を行うことにより、この条約をいつでも廃棄することができる。廃棄は、寄託政府が通告を受領した後12箇月で効力を生ずる。
第25条（寄託政府） （略）

附属書Ⅰ（絶滅のおそれのある種で取引による影響を受けている又は受けるおそれのあるもの） （略）

附属書Ⅱ（現在は必ずしも絶滅のおそれはないが、取引を規制しなければ絶滅のおそれのあるもの） （略）

附属書Ⅲ（締約国が自国内の保護のため、他の締約国・地域の協力を必要とするもの） （略）

附属書Ⅳ（輸出許可書のひな形） （略）

第23条に基づく日本国の留保
附属書Ⅰ ナガスクジラ、イワシクジラ（北太平洋の個体群並びに東経0度から東経70度及び赤道から南極大陸に囲まれる範囲の個体群を除く。）、マッコウクジラ、ミンククジラ2種（学術名：Balaenoptera acutorostrata 及び Balaenoptera bonaerensis）、ニタリクジラ、ツチクジラ及びカワゴンドウ

附属書Ⅱ ジンベイザメ、ウバザメ、タツノオトシゴ、ホホジロザメ、ヨゴレ、シュモクザメ3種（学術名：sphyrna lewini、sphyrna mokarran、sphyrna zygaena）及びニシネズミザメ

5-3 移動性野生動物種の保全に関する条約（CMS；ボン条約）（抄）
The Convention on the Conservation of Migratory Species of Wild Animals

採　択　1979年6月23日（ボン）
効力発生　1983年11月1日
日　本　国

締約国は、
　無数の形態の野生動物が、人類の利益のために保全されなければならない地球の自然系のかけがえのない一部であることを確認し、
　各世代の人間が、将来の世代のために地球の資源を保有していること、及びこの遺産が保全され、また利用される場合には賢明に使用されるよう確保する義務を有していることを認識し、
　環境、生態学、遺伝子、科学、芸術、レクリエーション、文化、教育、社会及び経済の観点から、ますます増加する野生動物の価値を意識し、
　とりわけ国の管轄権の境界を越えて、又はその外側に移動する野生動物種を懸念し、
　国は、自国の管轄権の境界の範囲内に生息するか、又は境界を通過する移動性野生動物種の保護者であり、また保護者でなければならないことを認識し、
　移動性野生動物種の保全及び効果的な管理は、当該種がその生活サイクルの一部を過ごすことになる国の管轄権の境界の範囲内において、すべての国の調和のとれた活動を必要とすることを確信し、
　国際連合人間環境会議（ストックホルム・1972年）によって採択され、国際連合総会第27回会期で賛意を持って留意された行動計画の勧告32を想起し、次のとおり協定した。

第1条（解釈） 1　この条約の適用上、
  (a) 「移動性の種」とは、野生動物の種又は種よりも下位の分類群を構成する個体群のすべて、又は地理的に分類可能な区分であって、その構成の相当部分が周期的にかつ予知されたように一又は二以上の国管轄権の境界を越えるものをいう。
  (b) 「移動性の種の保全状態」とは、移動性の種において作用する影響の総量であって、その長期的な分布及び個体数に影響を与えうるものをいう。
  (c) 「保全状態」は、以下の場合、「良好」とみなされる。

(1) 移動性の種が長期的観点からその生態系の生存可能な要素として維持されていることを個体群の動態データが示している場合
(2) 移動性の種の分布域が、現時点で減少していないか、又は長期的観点から減少するおそれがない場合
(3) 長期的観点から、移動性の種の個体数を維持するために十分な生息地が現時点で存在し、さらに予見可能な将来においてそれが存在する場合、並びに
(4) 移動性の種の分布及び個体数が、潜在的に適切な生態系が存在するという程度、及び賢明な野生生物の管理と両立する程度まで、過去の分布並びに水準に近似している場合、

(d) 「保全状態」は、前項(c)に規定される要件のいずれかが満たされない場合は、「良好ではない」とみなされる。
(e) 特定の移動性の種に関連して「絶滅のおそれのある」とは、移動性の種が、その分布域のすべて又は相当の部分において絶滅の危険性があることをいう。
(f) 「分布域」とは、移動性の種が、その通常の移動経路のどこかで、生息し、一時的に留まり、通過し若しくは上空を飛行する陸地又は水域のすべての区域をいう。
(g) 「生息地」とは、移動性の種の分布域のいずれかの区域であって、その種にとって適切な生存条件を備えているものをいう。
(h) 特定の移動性の種に関連して、「分布域国」とは、当該移動性の種の分布域のいずれかの部分に対して管轄権を行使する国(及び適当な場合には、(k)に規定される他の当事者)、又は当該移動性の種を捕獲するに当たり、国の管轄権の限界を超えて関与している船舶の旗国をいう。
(i) 「捕獲」とは、捕まえること、狩猟すること、漁獲すること、かく乱すること、意図的に殺傷すること又はこのような行為を行うよう試みることをいう。
(j) 「協定」とは、この条約の第4条及び第5条に規定される一又は二以上の移動性の種の保全に関連する国際協定をいう。及び
(k) 「締約国」とは、国又はこの条約の対象事項に関して国際協定を交渉し、締結し、及び適用することについて権限を有する、主権国家により構成される地域的経済統合機関であって、それらに対してこの条約が効力を有するものをいう。

2 この条約の締約国である地域経済統合機関は、機関の権限内の事項に関して、機関の名において、この条約が加盟国に付与している権利を行使し、その責任を履行する。その場合、当該機関の加盟国は、自らの権利を個別に行使する権利をもたない。

3 この条約が、「出席し、かつ投票する締約国」の3分の2以上の多数又は全会一致によって行われるべき決定について規定する場合、これは、「出席し、賛成票又は反対票を投じる締約国」のことをいう。投票を棄権したものは、多数を決定するに当たり、「出席し、かつ投票する締約国」の中に数えられない。

第2条(基本原則) 1 締約国は、移動性の種が保全されること、並びに分布域国が可能でありかつ適切な場合には、この目的のために行動をとり、保全状態が良好でない移動性の種に特別の注意を払い、そして当該種及びその生息地を保全するために個別に又は協力して適切かつ必要な措置をとることに合意することの重要性を認識する。

2 締約国は、いかなる移動性の種も絶滅のおそれに瀕することを防止するための行動をとる必要性を認識する。

3 特に締約国は、
(a) 移動性の種に関する調査を奨励し、協力し、及び支援するべきである。
(b) 附属書Iに含まれる移動性の種に緊急の保護を与えるよう努める。並びに
(c) 附属書IIに含まれる移動性の種の保全及び管理を含む「協定」を締結するよう努める。

第3条(絶滅のおそれのある移動性の種：附属書I) 1 附属書Iは、絶滅のおそれのある移動性の種を掲げる。

2 ある移動性の種が、利用可能な最善の科学的証拠を含めた信頼できる証拠により、絶滅のおそれがあることが示された場合、附属書Iに掲げることができる。

3 締約国会議が以下の決定を行った場合、移動性の種は、附属書Iから削除することができる。
(a) 利用可能な最良の科学的証拠を含めた信頼できる証拠により、当該種がもはや絶滅のおそれがないことが示された場合、及び
(b) 当該種が、附属書Iからの削除により保護されなくなっても、再び絶滅のおそれが生じる可能性がない場合。

4 附属書Iに掲げられた移動性の種の分布域国である締約国は、以下のことに努める。
(a) 当該種を絶滅の危険から救うために重要である種の生息地を保全し、可能かつ適当であ

れば、これを復元すること、
  (b) 当該種の移動を著しく妨害し、又は移動を不可能にする活動若しくは障害の悪影響を防止し、除去し、補償し、また適当な場合には、最小化すること、及び
  (c) 可能であり、かつ適切な限りにおいて、当該の種を絶滅の危機にさらしており又はこのような危機を一層進める諸要素を、防止し、減少させ又は管理すること（外来種の導入を厳重に規制し、又は既に導入された外来種を規制し若しくは除去することを含む。）
5 附属書Ⅰに掲げられる移動性の種の分布域国である締約国は、当該種に属する動物の捕獲を禁止する。この禁止に対して適用することができる例外は、以下の場合のみである。
  (a) 捕獲が科学的目的の場合
  (b) 捕獲が影響を受ける種の繁殖又は存続を増進する目的の場合
  (c) 捕獲が当該種を伝統的な生存のために利用してきた者の需要を満たすためのものである場合
  (d) 特別の事情によって必要とされる場合
   ただし、当該例外は、内容に関して明白であり、場所と時間が限定されていることを条件とする。当該捕獲は、種の損失をもたらすべきではない。
6 締約国会議は、附属書Ⅰに掲げられる移動性の種の分布域国である締約国に対して、当該種の利益にとって適当と考えられる追加的措置をとるよう勧告することができる。
7 締約国は、できる限り速やかに、この条の第5項に従って行われたあらゆる例外を事務局に通知する。

第4条（「協定」の対象となる移動性の種：附属書Ⅱ） 1 附属書Ⅱは、保全状態が良好でない移動性の種であって、その保全及び管理のために国際的な合意を必要とするもの、及び国際的な合意によって達成される国際協力から多くの利益を得る保全状態にあるものを掲げる。
2 状態が必要とするならば、移動性の種を附属書Ⅰ及び附属書Ⅱの双方に掲げることができる。
3 附属書Ⅱに掲げられる移動性の種の分布域国である締約国は、当該の種の利益となることとなる場合には、「協定」を締結するように努力するものとし、良好でない保存状態にある種に優先順位を与えるべきである。
4 締約国は、野生動物の種若しくは種よりも下位の分類群を構成するあらゆる個体群又は地理的に分離されている部分であって、その構成部分が、一または二以上の国の管轄上の境界を定期的に越えるものに関する合意を締結する目的で、行動をとるよう奨励される。
5 この条の規定に従って締結される各「協定」の写しは、事務局に送付される。

第5条（「協定」のための指針） 1 各「協定」の目的は、関連する移動性の種を良好な保全状態に回復すること又は良好な保全状態に維持することである。各「協定」は、その目的を達成するために関連する移動性の種の保全及び管理の側面を取り扱う。
2 各「協定」は、関連する移動性の種の分布域のすべてを対象とすべきであり、当該種の分布域国がこの条約国の締約国であるか否かにかかわらず、すべての分布域国に加入のために開放されるべきである。
3 「協定」は、可能な限り、複数の移動性の種を取り扱うべきである。
4 各「協定」は、以下のことを行うべきである。
  (a) 対象とする移動性の種を特定する。
  (b) 移動性の種の分布域及び移動経路を記載する。
  (c) 各締約国が「協定」の実施に関して関連する国内当局を指定するよう規定する。
  (d) 必要があれば、「協定」の目的を実行するに当たり支援し、その効果を評価し、及び締約国会議に報告書を準備する適切な機関を設立する。
  (e) 「協定」の締約国間の紛争解決のための手続を規定する。並びに
  (f) 少なくとも、クジラ目の移動性の種に関して、他の多数国間協定に基づいて当該移動性の種について許可されていない捕獲を禁止し、当該移動性の種の分布域国でない国による「協定」の加入について規定する。
5 適切かつ可能な場合、各「協定」は、以下について規定すべきである。ただし、これに限定されるものではない。
  (a) 関連する移動性の種の保存状態の定期的検討及びその状態に対して有害となりうる要因の確認
  (b) 調整された保全及び管理計画
  (c) 特に移動に関して、関連する移動性の種の生態学的及び個体群としての動態についての研究
  (d) 特に研究結果及び関連統計の交換に関して、関連する移動性の種の情報交換に注意を払うこと
  (e) 良好な保存状態を維持するために重要な生息地を保全し、及び必要であり可能である場

合にはこれを復元すること、並びに、このような生息地を障害から保護すること(移動性の種にとって害となる外来種の導入を厳重に規制し、又は既に導入された外来種を規制することを含む。)
(f) 移動経路に関して適切に配置された適切な生息地のネットワークの維持
(g) 望ましい場合には、移動性の種にとって良好な新しい生息地の提供又は良好な生息地への移動性の種の再導入
(h) 移動を妨げ若しくは妨害する活動及び障害の最大限の除去又は補償
(i) 移動性の種に有害な物質の移動性の種の生息地への放出の禁止、制限又は規制
(j) 移動性の種の捕獲を規制し、又は管理するための健全な生態学的原則に基づいた措置
(k) 違法な捕獲を抑制するための協力行動のための手続
(l) 移動性の種に対する重大な脅威に関する情報交換
(m) 移動性の種の保全状態が深刻な影響を受ける場合に保全活動が十分かつ迅速に強化されるために必要な緊急の手続、並びに
(n) 「協定」の内容及び目的について、一般公衆の認識を高めること

第6条(分布域国) 1 附属書Ⅰ及びⅡに掲げられた移動性の種の分布域国の表は、締約国から受領した情報を利用して、事務局によって更新される。

2 締約国は、附属書Ⅰ及びⅡに掲げられた移動性の種に関して、自国がどの種の分布域国であると考えているかについての情報を事務局に送付するものとし、これには、国の管轄権の範囲外で当該移動性の種の捕獲に関与する船舶の旗国に関する情報、及び可能であれば、当該捕獲に関する将来の計画の提供を含む。

3 附属書Ⅰ又はⅡに掲げられている移動性の種の分布域国である締約国は、事務局を通じて、締約国会議に対して、会議の各通常会合の少なくとも6箇月前に、当該種のためにこの条約の規定を実施するために採用している措置を通報するべきである。

第7条(締約国会議) 1 締約国会議は、この条約の意思決定機関である。

2 事務局は、この条約の効力発生の後、少なくとも2年以内に締約国会合を招集する。

3 その後は、会議が別段の決定を行わない限り、3年を超えない間隔で、締約国会議の通常会合を開催し、又、少なくとも3分の1の締約国が書面による要請をするときはいつでも臨時会合を開催する。

4 締約国会議は、この条約の財政規則を作成し、同規則を常時検討する。締約国会議は、通常会合の各会期において、次期会計期間の予算を採択する。各締約国は、会議によって合意された率に従ってこの予算に対する資金を拠出する。予算及び分担率並びにそれらの修正に関する規則を含めて、財政規則は、出席し、かつ投票する締約国の全会一致の投票によって採択される。

5 各会期において、締約国会議は、この条約の実施を検討するものとし、特に以下のことを行うことができる。
(a) 移動性の種の保全状態を検討し、評価する。
(b) 移動性の種、特に附属書Ⅰ及びⅡに掲げられる種の保全のために行われる進捗を検討する。
(c) 必要に応じて、科学委員会及び事務局がそれぞれの義務を果たすことを可能にするために必要となることがある準備を行い及び指導を与える。
(d) 科学委員会、事務局、各締約国又は「協定」に従って設立された常設機関によって提出されたあらゆる報告書を受理し、検討する。
(e) 移動性の種の保全状態を改善するために締約国に勧告を行い、「協定」に基づいて行われた進捗を検討する。
(f) 「協定」が締結されなかった場合において、種の保存状態を改善するための措置を審議するために、移動性の種又は移動性の種のグループの分布域国である締約国の会合の開催のための勧告を行う。
(g) この条約の実効性を改善するために締約国に勧告を行う。及び
(h) この条約の目的を実施するためにとられるべき追加的措置を決定する。

6 締約国会議の各会合は、次回会合の時期及び開催地を決定するべきである。

7 締約国会議の会合は、当該会合の手続規則を決定し、採択する。締約国会議の会合の決定は、出席し、かつ投票する締約国の3分の2の多数を必要とするが、この条約により別段の規定がなされている場合はこの限りではない。

8 国際連合、国際連合の専門機関、国際原子力機関、及びこの条約の締約国でない国、並びに各「協定」においては当該「協定」の当事国によって指名された機関は、締約国会議の会合にオブザーバーとして出席することができる。

9 移動性の種の保護、保全及び管理に技術的な資格を有する機関又は組織で、以下のカテゴ

リーに属するものは、オブザーバーとして締約国会議の会合に出席する希望を事務局に通知した場合、出席する締約国の少なくとも3分の1が反対しない限り、出席が認められる。
(a) 政府間若しくは非政府の国際機関又は国際団体及び国内の政府機関又は政府団体、及び
(b) 所在地国によってこの目的のために承認された国内の非政府機関又は非政府団体

これらのオブザーバーは、出席することを認められた場合には、出席する権利は有するが、投票する権利は有しない。

第8条(科学委員会) 1　第1回会合で、締約国会議は、科学的事項に関する助言を提供するための科学委員会を設置する。

2　いずれの締約国も、科学委員会の委員として資格のある専門家を任命することができる。さらに、科学委員会は、締約国会議によって選出され、任命された資格のある専門家を委員として含める。これらの専門家の人数、選考基準及び任命期間は、締約国会議によって決定されるものとする。

3　科学委員会は、締約国会議の求めに応じて事務局の要請により会合する。

4　締約国会議の承認を条件として、科学委員会は、委員会独自の手続規則を作成する。

5　締約国会議は、科学委員会の任務を決定するものとし、以下のものを含むことができる。
(a) 締約国会議、事務局、及び締約国会議が認める場合にはこの条約又は「協定」により設置される機関若しくは締約国に対して、科学的助言を行うこと。
(b) 移動性の種に関する調査及び調査の調整を勧告し、移動性の種の保全状態を確認するために当該調査結果を評価し、並びに当該状態及びその改善のための措置を締約国会議に対して報告すること。
(c) 附属書Ⅰ及びⅡに含まれるべき移動性の種に関して、当該移動性の種の分布域の表示と共に、締約国会議に勧告を行うこと。
(d) 移動性の種に関する「協定」に含まれるべき特定の保全及び管理措置に関して、締約国会議に勧告を行うこと。並びに
(e) 特に移動性の種の生息域に関して、この条約の実施の科学的側面に関する問題に対する解決を、締約国会議に勧告する。

第9条(事務局) 1　この条約のために、事務局を設置する。

2　事務局の役務は、この条約の効力発生に伴い、国際連合環境計画事務局長によって提供され、同事務局長は、適当と考える範囲及び方法で、野生動物の保護、保存及び管理について専門的能力を有する適切な政府間若しくは非政府の国際的又は国内の機関及び組織による援助を受けることができる。

3　国際連合環境計画が事務局の任務をもはや提供できない場合には、締約国会議が事務局のためにこれに代わる取り決めを行う。

4　事務局は、次の任務を遂行する。
(a) 以下の会合を準備し、その会合のための役務を提供すること。(ⅰ)締約国会議、及び(ⅱ)科学委員会
(b) 締約国、「協定」に基づいて設置された常設機関、及び移動性の種に関連するその他の国際機関との連絡をとること及びそれらの間の連絡を促進すること
(c) あらゆる適当な情報源から、この条約の目的及び実施を推進する報告書及び他の情報を得ること、並びに当該情報の適切な普及のために調整を行うこと。
(d) この条約の目的に関連するいずれかの事項に対して、締約国会議の注意を喚起すること
(e) 締約国会議のために、事務局の業務及びこの条約の実施に関する報告書を作成すること
(f) 附属書Ⅰ及びⅡに含まれるすべての移動性の種の分布域国の表を管理し、公表すること
(g) 締約国会議の指揮の下で、「協定」の締結を促進すること
(h) 「協定」の表を管理し、締約国に利用可能にすること、及び締約国会議が要請する場合には、当該「協定」に関するあらゆる情報を提供すること
(i) 第7条5(e)、(f)及び(g)に従い、締約国会議によって行われた勧告又は同項(h)に従い、行われた決定の表を管理し、公表すること
(j) この条約及びその目的に関する情報を一般公衆に提供すること、並びに
(k) この条約に基づき、又は締約国会議によって事務局に与えられたその他の機能を遂行すること

第10条(条約の改正) 1　この条約は、締約国会議のいずれかの通常会合又は臨時会合において改正することができる。

2　いずれの締約国も、改正の提案を行うことができる。

3　改正案の文書及びその理由は、検討することになる会合の少なくとも150日以上前に、事務局に通告されるものとし、直ちに、事務局によってすべての締約国に通告される。締約国による改正

案に関するいずれの意見も、会合が開始される60日以上前に事務局に通告する。事務局は、意見提出の最終日の後、直ちにその日までに提出されたすべての意見を締約国に通告する。
4 改正は、出席し、かつ投票する締約国の3分の2の多数により採択される。
5 採択された改正は、締約国の3分の2が受諾書を寄託者に寄託した日の後3番目の月の初日に、改正を受諾した締約国について効力を生ずる。締約国の3分の2が受諾書を寄託した日の後に受諾書を寄託した各締約国については、改正は、その受諾書の寄託の後3番目の月の初日に当該締約国について効力を生ずる。

第11条(附属書の改正) 1 附属書Ⅰ及びⅡは、締約国会議のいずれかの通常会合又は臨時会合において改正することができる。
2 いずれの締約国も、改正の提案を行うことができる。
3 改正案の文書及び利用可能な最善の科学的証拠に基づくその理由は、会合の少なくとも150日以上前に、事務局に通告されるものとし、直ちに、事務局によってすべての締約国に通告される。締約国による改正案の文書に関するいかなる意見も、会合が開始される60日以上前に事務局に通告する。事務局は、意見提出の最終日の後、直ちにその日までに提出されたすべての意見を締約国に通告する。
4 改正は、出席し、かつ投票する締約国の3分の2の多数により採択される。
5 附属書の改正は、採択された締約国会議の会合の90日後にすべての締約国について効力を生ずる。ただし、この条の第6項に従って留保を付す締約国を除く。
6 この条の5に規定される90日の期間に、いずれの締約国も、寄託者に対する書面の通知によって、改正に関する留保を付すことができる。改正に対する留保は、寄託者に対する書面の通知により撤回することができ、その場合、改正は、留保が撤回された90日後に当該締約国に対して効力を生ずる。

第12条(国際条約及びその他の法令に対する影響) 1 この条約のいかなる規定も、国際連合総会の決議2750C(XXV)に基づいて召集された海洋法に関する国際連合会議による海洋法の法典化及び発展に影響を及ぼすものではなく、また海洋法に関するいずれかの国の現在又は将来の請求権及び法的見解、並びに沿岸国及び旗国の管轄権の性質及び内容に影響を及ぼすものではない。
2 この条約の規定は、現存の条約又は「協定」から生じるいずれの締約国の権利又は義務にも影響を及ぼすものではない。
3 この条約の規定は、いかなる場合においても、附属書Ⅰ及びⅡが記載する移動性の種の保存に関してより厳格な国内措置をとる締約国の権利、又は附属書Ⅰ及びⅡが記載しない移動性の種の保存に関して国内措置をとる締約国の権利に影響を及ぼすものではない。

第13条(紛争の解決) (略)((5-2)第18条を参照)

第14条(留保) 1 この条約の規定は、一般的留保の対象とはならない。特定の留保は、この条及び第11条の規定に基づいて付すことができる。
2 いずれの国又は地域的経済統合機関も、批准書、受諾書、承認書又は加入書を寄託する際に、附属書Ⅰ又は附属書Ⅱ若しくはその双方にいずれかの移動性の種が記載されていることについて特定の留保を付すことができるものとし、その場合、当該留保が撤回されたとする通知を締約国に通知した後90日が経過するまで、当該留保の対象に関して締約国とみなされない。

第15条 署名 (略)
第16条 批准、受諾及び承認 (略)
第17条 加入 (略)
第18条 効力発生 (略)
第19条 廃棄 ((5-2)第24条を参照)
第20条 寄託者 (略)

附属書Ⅰ 【絶滅のおそれのある移動性の種】
(略)

附属書Ⅱ 【協定を通じて保護される移動性の種】 (略)

5-4 生物の多様性に関する条約(生物多様性条約)(抄)
Convention on Biological Diversity

署　名　1992年6月5日(環境と発展に関する国際連合会議、リオ・デ・ジャネイロ)
効力発生　1993年12月29日
日本国　1993年5月14日国会承認、5月28日受諾書寄託、12月21日公布(条約第9号)、12月29日効力発生

前　文

締約国は、

生物の多様性が有する内在的な価値並びに生物の多様性及びその構成要素が有する生態学上、遺伝上、社会上、経済上、科学上、教育上、文化上、レクリエーション上及び芸術上の価値を意識し、

生物の多様性が進化及び生物圏における生命保持の機構の維持のため重要であることを意識し、

生物の多様性の保全が人類の共通の関心事であることを確認し、

諸国が自国の生物資源について主権的権利を有することを再確認し、

諸国が、自国の生物の多様性の保全及び自国の生物資源の持続可能な利用について責任を有することを再確認し、

生物の多様性がある種の人間活動によって著しく減少していることを懸念し、

生物の多様性に関する情報及び知見が一般的に不足していること並びに適当な措置を計画し及び実施するための基本的な知識を与える科学的、技術的及び制度的能力を緊急に開発する必要があることを認識し、

生物の多様性の著しい減少又は喪失の根本原因を予想し、防止し及び取り除くことが不可欠であることに留意し、

生物の多様性の著しい減少又は喪失のおそれがある場合には、科学的な確実性が十分にないことをもって、そのようなおそれを回避し又は最小にするための措置をとることを延期する理由とすべきではないことに留意し、

更に、生物の多様性の保全のための基本的な要件は、生態系及び自然の生息地の生息域内保全並びに存続可能な種の個体群の自然の生息環境における維持及び回復であることに留意し、

更に、生息域外における措置も重要な役割を果たすこと及びこの措置は原産国においてとることが望ましいことに留意し、

伝統的な生活様式を有する多くの原住民の社会及び地域社会が生物資源に緊密にかつ伝統的に依存していること並びに生物の多様性の保全及びその構成要素の持続可能な利用に関して伝統的な知識、工夫及び慣行の利用がもたらす利益を衡平に配分することが望ましいことを認識し、

生物の多様性の保全及び持続可能な利用において女子が不可欠の役割を果たすことを認識し、また、生物の多様性の保全のための政策の決定及び実施のすべての段階における女子の完全な参加が必要であることを確認し、

生物の多様性の保全及びその構成要素の持続可能な利用のため、国家、政府間機関及び民間部門の間の国際的、地域的及び世界的な協力が重要であること並びにそのような協力の促進が必要であることを強調し、

新規のかつ追加的な資金の供与及び関連のある技術の取得の適当な機会の提供が生物の多様性の喪失に取り組むための世界の能力を実質的に高めることが期待できることを確認し、

更に、開発途上国のニーズに対応するため、新規のかつ追加的な資金の供与及び関連のある技術の取得の適当な機会の提供を含む特別な措置が必要であることを確認し、

この点に関して後発開発途上国及び島嶼(しょ)国の特別な事情に留意し、

生物の多様性を保全するため多額の投資が必要であること並びに当該投資から広範な環境上、経済上及び社会上の利益が期待されることを確認し、

経済及び社会の開発並びに貧困の撲滅が開発途上国にとって最優先の事項であることを認識し、

生物の多様性の保全及び持続可能な利用が食糧、保健その他増加する世界の人口の必要を満たすために決定的に重要であること、並びにこの目的のために遺伝資源及び技術の取得の機会の提供及びそれらの配分が不可欠であることを認識し、

生物の多様性の保全及び持続可能な利用が、究極的に、諸国間の友好関係を強化し、人類の平和に貢献することに留意し、

生物の多様性の保全及びその構成要素の持続可能な利用のための既存の国際的な制度を強化し及び補完することを希望し、

現在及び将来の世代のため生物の多様性を保全し

及び持続可能であるように利用することを決意して、次のとおり協定した。

第1条(目的) この条約は、生物の多様性の保全、その構成要素の持続可能な利用及び遺伝資源の利用から生ずる利益の公正かつ衡平な配分をこの条約の関係規定に従って実現することを目的とする。この目的は、特に、遺伝資源の取得の適当な機会の提供及び関連のある技術の適当な移転(これらの提供及び移転は、当該遺伝資源及び当該関連のある技術についてのすべての権利を考慮して行う。)並びに適当な資金供与の方法により達成する。

第2条(用語) この条約の適用上、

「生物の多様性」とは、すべての生物(陸上生態系、海洋その他の水界生態系、これらが複合した生態系その他生息又は生育の場のいかんを問わない。)の間の変異性をいうものとし、種内の多様性、種間の多様性及び生態系の多様性を含む。

「生物資源」には、現に利用され若しくは将来利用されることがある又は人類にとって現実の若しくは潜在的な価値を有する遺伝資源、生物又はその部分、個体群その他生態系の生物的な構成要素を含む。

「バイオテクノロジー」とは、物又は方法を特定の用途のために作り出し又は改変するため、生物システム、生物又はその派生物を利用する応用技術をいう。

「遺伝資源の原産国」とは、生息域内状況において遺伝資源を有する国をいう。

「遺伝資源の提供国」とは、生息域内の供給源(野生種の個体群であるか飼育種又は栽培種の個体群であるかを問わない。)から採取された遺伝資源又は生息域外の供給源から取り出された遺伝資源(自国が原産国であるかないかを問わない。)を提供する国をいう。

「飼育種又は栽培種」とは、人がその必要を満たすため進化の過程に影響を与えた種をいう。

「生態系」とは、植物、動物及び微生物の群集とこれらを取り巻く非生物的な環境とが相互に作用して1の機能的な単位を成す動的な複合体をいう。

「生息域外保全」とは、生物の多様性の構成要素を自然の生息地の外において保全することをいう。

「遺伝素材」とは、遺伝の機能的な単位を有する植物、動物、微生物その他に由来する素材をいう。

「遺伝資源」とは、現実の又は潜在的な価値を有する遺伝素材をいう。

「生息地」とは、生物の個体若しくは個体群が自然に生息し若しくは生育している場所又はその類型をいう。

「生息域内状況」とは、遺伝資源が生態系及び自然の生息地において存在している状況をいい、飼育種又は栽培種については、当該飼育種又は栽培種が特有の性質を得た環境において存在している状況をいう。

「生息域内保全」とは、生態系及び自然の生息地を保全し、並びに存続可能な種の個体群を自然の生息環境において維持し及び回復することをいい、飼育種又は栽培種については、存続可能な種の個体群を当該飼育種又は栽培種が特有の性質を得た環境において維持し及び回復することをいう。

「保護地域」とは、保全のための特定の目的を達成するために指定され又は規制され及び管理されている地理的に特定された地域をいう。

「地域的な経済統合のための機関」とは、特定の地域の主権国家によって構成される機関であって、この条約が規律する事項に関しその加盟国から権限の委譲を受け、かつ、その内部手続に従ってこの条約の署名、批准、受諾若しくは承認又はこれへの加入の正当な委任を受けたものをいう。

「持続可能な利用」とは、生物の多様性の長期的な減少をもたらさない方法及び速度で生物の多様性の構成要素を利用し、もって、現在及び将来の世代の必要及び願望を満たすように生物の多様性の可能性を維持することをいう。

「技術」には、バイオテクノロジーを含む。

第3条(原則) 諸国は、国際連合憲章及び国際法の諸原則に基づき、自国の資源をその環境政策に従って開発する主権的権利を有し、また、自国の管轄又は管理の下における活動が他国の環境又はいずれの国の管轄にも属さない区域の環境を害さないことを確保する責任を有する。

第4条(適用範囲) この条約が適用される区域は、この条約に別段の明文の規定がある場合を除くほか、他国の権利を害さないことを条件として、各締約国との関係において、次のとおりとする。

(a) 生物の多様性の構成要素については、自国の管轄の下にある区域

(b) 自国の管轄又は管理の下で行われる作用及び活動(それらの影響が生ずる場所のいかんを問わない。)については、自国の管轄の下にある区域及びいずれの国の管轄にも属さない区域

第5条(協力) 締約国は、生物の多様性の保全及び持

続可能な利用のため、可能な限り、かつ、適当な場合には、直接に又は適当なときは能力を有する国際機関を通じ、いずれの国の管轄にも属さない区域その他相互に関心を有する事項について他の締約国と協力する。

第6条(保全及び持続可能な利用のための一般的な措置) 締約国は、その個々の状況及び能力に応じ、次のことを行う。

(a) 生物の多様性の保全及び持続可能な利用を目的とする国家的な戦略若しくは計画を作成し、又は当該目的のための既存の戦略若しくは計画を調整し、特にこの条約に規定する措置で当該締約国に関連するものを考慮したものとなるようにすること。

(b) 生物の多様性の保全及び持続可能な利用について、可能な限り、かつ、適当な場合には、関連のある部門別の又は部門にまたがる計画及び政策にこれを組み入れること。

第7条(特定及び監視) 締約国は、可能な限り、かつ、適当な場合には、特に次条から第10条までの規定を実施するため、次のことを行う。

(a) 附属書Ⅰに列記する区分を考慮して、生物の多様性の構成要素であって、生物の多様性の保全及び持続可能な利用のために重要なものを特定すること。

(b) 生物の多様性の構成要素であって、緊急な保全措置を必要とするもの及び持続可能な利用に最大の可能性を有するものに特別の考慮を払いつつ、標本抽出その他の方法により、(a)の規定に従って特定される生物の多様性の構成要素を監視すること。

(c) 生物の多様性の保全及び持続可能な利用に著しい悪影響を及ぼし又は及ぼすおそれのある作用及び活動の種類を特定し並びに標本抽出その他の方法によりそれらの影響を監視すること。

(d) (a)から(c)までの規定による特定及び監視の活動から得られる情報を何らかの仕組みによって維持し及び整理すること。

第8条(生息域内保全) 締約国は、可能な限り、かつ、適当な場合には、次のことを行う。

(a) 保護地域又は生物の多様性を保全するために特別の措置をとる必要がある地域に関する制度を確立すること。

(b) 必要な場合には、保護地域又は生物の多様性を保全するために特別の措置をとる必要がある地域の選定、設定及び管理のための指針を作成すること。

(c) 生物の多様性の保全のために重要な生物資源の保全及び持続可能な利用を確保するため、保護地域の内外を問わず、当該生物資源について規制を行い又は管理すること。

(d) 生態系及び自然の生息地の保護並びに存続可能な種の個体群の自然の生息環境における維持を促進すること。

(e) 保護地域における保護を補強するため、保護地域に隣接する地域における開発が環境上適正かつ持続可能なものとなることを促進すること。

(f) 特に、計画その他管理のための戦略の作成及び実施を通じ、劣化した生態系を修復し及び復元し並びに脅威にさらされている種の回復を促進すること。

(g) バイオテクノロジーにより改変された生物であって環境上の悪影響(生物の多様性の保全及び持続可能な利用に対して及び得るもの)を与えるおそれのあるものの利用及び放出に係る危険について、人の健康に対する危険も考慮して、これを規制し、管理し又は制御するための手段を設定し又は維持すること。

(h) 生態系、生息地若しくは種を脅かす外来種の導入を防止し又はそのような外来種を制御し若しくは撲滅すること。

(i) 現在の利用が生物の多様性の保全及びその構成要素の持続可能な利用と両立するために必要な条件を整えるよう努力すること。

(j) 自国の国内法令に従い、生物の多様性の保全及び持続可能な利用に関連する伝統的な生活様式を有する原住民の社会及び地域社会の知識、工夫及び慣行を尊重し、保存し及び維持すること、そのような知識、工夫及び慣行を有する者の承認及び参加を得てそれらの一層広い適用を促進すること並びにそれらの利用がもたらす利益の衡平な配分を奨励すること。

(k) 脅威にさらされている種及び個体群を保護するために必要な法令その他の規制措置を定め又は維持すること。

(l) 前条の規定により生物の多様性に対し著しい悪影響があると認められる場合には、関係する作用及び活動の種類を規制し又は管理すること。

(m) (a)から(l)までに規定する生息域内保全のための財政的な支援その他の支援(特に開発途上国に対するもの)を行うことについて協力すること。

第9条(生息域外保全) 締約国は、可能な限り、かつ、適当な場合には、主として生息域内における措

置を補完するため、次のことを行う。
(a) 生物の多様性の構成要素の生息域外保全のための措置をとること。この措置は、生物の多様性の構成要素の原産国においてとることが望ましい。
(b) 植物、動物及び微生物の生息域外保全及び研究のための施設を設置し及び維持すること。その設置及び維持は、遺伝資源の原産国において行うことが望ましい。
(c) 脅威にさらされている種を回復し及びその機能を修復するため並びに当該種を適当な条件の下で自然の生息地に再導入するための措置をとること。
(d) (c)の規定により生息域外における特別な暫定的措置が必要とされる場合を除くほか、生態系及び生息域内における種の個体群を脅かさないようにするため、生息域外保全を目的とする自然の生息地からの生物資源の採取を規制し及び管理すること。
(e) (a)から(d)までに規定する生息域外保全のための財政的な支援その他の支援を行うことについて並びに開発途上国における生息域外保全のための施設の設置及び維持について協力すること。

第10条(生物の多様性の構成要素の持続可能な利用) 締約国は、可能な限り、かつ、適当な場合には、次のことを行う。
(a) 生物資源の保全及び持続可能な利用についての考慮を自国の意思決定に組み入れること。
(b) 生物の多様性への悪影響を回避し又は最小にするため、生物資源の利用に関連する措置をとること。
(c) 保全又は持続可能な利用の要請と両立する伝統的な文化的慣行に沿った生物資源の利用慣行を保護し及び奨励すること。
(d) 生物の多様性が減少した地域の住民による修復のための作業の準備及び実施を支援すること。
(e) 生物資源の持続可能な利用のための方法の開発について、自国の政府機関と民間部門との間の協力を促進すること。

第11条(奨励措置) 締約国は、可能な限り、かつ、適当な場合には、生物の多様性の構成要素の保全及び持続可能な利用を奨励することとなるような経済的及び社会的に健全な措置をとる。

第12条(研究及び訓練) 締約国は、開発途上国の特別のニーズを考慮して、次のことを行う。
(a) 生物の多様性及びその構成要素の特定、保全及び持続可能な利用のための措置に関する科学的及び技術的な教育訓練事業のための計画を作成し及び維持すること並びに開発途上国の特定のニーズに対応するためこのような教育及び訓練を支援すること。
(b) 特に科学上及び技術上の助言に関する補助機関の勧告により締約国会議が行う決定に従い、特に開発途上国における生物の多様性の保全及び持続可能な利用に貢献する研究を促進し及び奨励すること。
(c) 第16条、第18条及び第20条の規定の趣旨に沿い、生物資源の保全及び持続可能な利用のための方法の開発について、生物の多様性の研究における科学の進歩の利用を促進し及びそのような利用について協力すること。

第13条(公衆のための教育及び啓発) 締約国は、次のことを行う。
(a) 生物の多様性の保全の重要性及びその保全に必要な措置についての理解、各種の情報伝達手段によるそのような理解の普及並びにこのような題材の教育事業の計画への導入を促進し及び奨励すること。
(b) 適当な場合には、生物の多様性の保全及び持続可能な利用に関する教育啓発事業の計画の作成に当たり、他国及び国際機関と協力すること。

第14条(影響の評価及び悪影響の最小化) 1 締約国は、可能な限り、かつ、適当な場合には、次のことを行う。
(a) 生物の多様性への著しい悪影響を回避又は最小にするため、そのような影響を及ぼすおそれのある当該締約国の事業計画案に対する環境影響評価を定める適当な手続を導入し、かつ、適当な場合には、当該手続への公衆の参加を認めること。
(b) 生物の多様性に著しい悪影響を及ぼすおそれのある計画及び政策の環境への影響について十分な考慮が払われることを確保するため、適当な措置を導入すること。
(c) 適宜、二国間の、地域的な又は多数国間の取極を締結することについて、これを促進することにより、自国の管轄又は管理の下における活動であって、他国における又はいずれの国の管轄にも属さない区域における生物の多様性に著しい悪影響を及ぼすおそれのあるものに関し、相互主義の原則に基づき、通報、情報の交換及び協議を行うことを促進すること。
(d) 自国の管轄又は管理の下で生ずる急迫した又は重大な危険又は損害が他国の管轄の下

にある区域又はいずれの国の管轄にも属さない区域における生物の多様性に及ぶ場合には、このような危険又は損害を受ける可能性のある国に直ちに通報すること及びこのような危険又は損害を防止し又は最小にするための行動を開始すること。
 (e) 生物の多様性に重大なかつ急迫した危険を及ぼす活動又は事象(自然に発生したものであるかないかを問わない。)に対し緊急に対応するための国内的な措置を促進し及びそのような国内的な努力を補うための国際協力(適当であり、かつ、関連する国又は地域的な経済統合のための機関の同意が得られる場合には、共同の緊急時計画を作成するための国際協力を含む。)を促進すること。
2 締約国会議は、今後実施される研究を基礎として、生物の多様性の損害に対する責任及び救済(原状回復及び補償を含む。)についての問題を検討する。ただし、当該責任が純粋に国内問題である場合を除く。

第15条(遺伝資源の取得の機会) 1 各国は、自国の天然資源に対して主権的権利を有するものと認められ、遺伝資源の取得の機会につき定める権限は、当該遺伝資源が存する国の政府に属し、その国の国内法令に従う。
2 締約国は、他の締約国が遺伝資源を環境上適正に利用するために取得することを容易にするような条件を整えるよう努力し、また、この条約の目的に反するような制限を課さないよう努力する。
3 この条約の適用上、締約国が提供する遺伝資源でこの条、次条及び第19条に規定するものは、当該遺伝資源の原産国である締約国又はこの条約の規定に従って当該遺伝資源を獲得した締約国が提供するものに限る。
4 取得の機会を提供する場合には、相互に合意する条件で、かつ、この条の規定に従ってこれを提供する。
5 遺伝資源の取得の機会が与えられるためには、当該遺伝資源の提供国である締約国が別段の決定を行う場合を除くほか、事前の情報に基づく当該締約国の同意を必要とする。
6 締約国は、他の締約国が提供する遺伝資源を基礎とする科学的研究について、当該他の締約国の十分な参加を得て及び可能な場合には当該他の締約国において、これを準備し及び実施するよう努力する。
7 締約国は、遺伝資源の研究及び開発の成果並びに商業的利用その他の利用から生ずる利益を当該遺伝資源の提供国である締約国と公正かつ衡平に配分するため、次条及び第19条の規定に従い、必要な場合には第20条及び第21条の規定に基づいて設ける資金供与の制度を通じ、適宜、立法上、行政上又は政策上の措置をとる。その配分は、相互に合意する条件で行う。

第16条(技術の取得の機会及び移転) 1 締約国は、技術にはバイオテクノロジーを含むこと並びに締約国間の技術の取得の機会の提供及び移転がこの条約の目的を達成するための不可欠の要素であることを認識し、生物の多様性の保全及び持続可能な利用に関連のある技術又は環境に著しい損害を与えることなく遺伝資源を利用する技術について、他の締約国に対する取得の機会の提供及び移転をこの条の規定に従って行い又はより円滑なものにすることを約束する。
2 開発途上国に対する1の技術の取得の機会の提供及び移転については、公正で最も有利な条件(相互に合意する場合には、緩和されたかつ特恵的な条件を含む。)の下に、必要な場合には第20条及び第21条の規定に基づいて設ける資金供与の制度に従って、これらを行い又はより円滑なものにする。特許権その他の知的所有権によって保護される技術の取得の機会の提供及び移転については、当該知的所有権の十分かつ有効な保護を承認し及びそのような保護と両立する条件で行う。この2の規定は、3から5までの規定と両立するように適用する。
3 締約国は、遺伝資源を利用する技術(特許権その他の知的所有権によって保護される技術を含む。)について、当該遺伝資源を提供する締約国(特に開発途上国)が、相互に合意する条件で、その取得の機会を与えられ及び移転を受けられるようにするため、必要な場合には第20条及び第21条の規定の適用により、国際法に従い並びに4及び5の規定と両立するような形で、適宜、立法上、行政上又は政策上の措置をとる。
4 締約国は、開発途上国の政府機関及び民間部門の双方の利益のために自国の民間部門が1の技術の取得の機会の提供、共同開発及び移転をより円滑なものにするよう、適宜、立法上、行政上又は政策上の措置をとり、これに関し、1から3までに規定する義務を遵守する。
5 締約国は、特許権その他の知的所有権がこの条約の実施に影響を及ぼす可能性があることを認識し、そのような知的所有権がこの条約の目的を助長しかつこれに反しないことを確保するため、国内法令及び国際法に従って協力する。

第17条(情報の交換) 1 締約国は、開発途上国の特

別のニーズを考慮して、生物の多様性の保全及び持続可能な利用に関する公に入手可能なすべての情報源からの情報の交換を円滑にする。
2 1に規定する情報の交換には、技術的、科学的及び社会経済的な研究の成果の交換を含むものとし、また、訓練計画、調査計画、専門知識、原住民が有する知識及び伝統的な知識に関する情報並びに前条1の技術と結び付いたこれらの情報の交換を含む。また、実行可能な場合には、情報の還元も含む。

第18条(技術上及び科学上の協力) 1 締約国は、必要な場合には適当な国際機関及び国内の機関を通じ、生物の多様性の保全及び持続可能な利用の分野における国際的な技術上及び科学上の協力を促進する。
2 締約国は、この条約の実施に当たり、特に自国の政策の立案及び実施を通じ、他の締約国(特に開発途上国)との技術上及び科学上の協力を促進する。この協力の促進に当たっては、人的資源の開発及び組織の整備という手段によって、各国の能力を開発し及び強化することに特別の考慮を払うべきである
3 締約国会議は、その第1回会合において、技術上及び科学上の協力を促進し及び円滑にするために情報の交換の仕組みを確立する方法について決定する。
4 締約国は、この条約の目的を達成するため、自国の法令及び政策に従い、技術(原住民が有する技術及び伝統的な技術を含む。)の開発及び利用についての協力の方法を開発し並びにそのような協力を奨励する。このため、締約国は、また、人材の養成及び専門家の交流についての協力を促進する。
5 締約国は、相互の合意を条件として、この条約の目的に関連のある技術の開発のための共同研究計画の作成及び合弁事業の設立を促進する。

第19条(バイオテクノロジーの取扱い及び利益の配分)
1 締約国は、バイオテクノロジーの研究のために遺伝資源を提供する締約国(特に開発途上国)の当該研究の活動への効果的な参加(実行可能な場合には当該遺伝資源を提供する締約国における参加)を促進するため、適宜、立法上、行政上又は政策上の措置をとる。
2 締約国は、他の締約国(特に開発途上国)が提供する遺伝資源を基礎とするバイオテクノロジーから生ずる成果及び利益について、当該他の締約国が公正かつ衡平な条件で優先的に取得する機会を与えることを促進し及び推進するため、あらゆる実行可能な措置をとる。その取得の機会は、相互に合意する条件で与えられる。
3 締約国は、バイオテクノロジーにより改変された生物であって、生物の多様性の保全及び持続可能な利用に悪影響を及ぼす可能性のあるものについて、その安全な移送、取扱い及び利用の分野における適当な手続(特に事前の情報に基づく合意についての規定を含むもの)を定める議定書の必要性及び態様について検討する。
4 締約国は、3に規定する生物の取扱いについての自国の規則(利用及び安全に係るもの)並びに当該生物が及ぼす可能性のある悪影響に関する入手可能な情報を当該生物が導入される締約国に提供する。その提供は、直接に又は自国の管轄の下にある自然人若しくは法人で当該生物を提供するものに要求することにより、行う。

第20条(資金) 1 締約国は、その能力に応じ、自国の計画及び優先度に従い、この条約の目的を達成するための各国の活動に関して財政的に支援し及び奨励することを約束する。
2 先進締約国は、開発途上締約国が、この条約に基づく義務を履行するための措置の実施に要するすべての合意された増加費用を負担すること及びこの条約の適用から利益を得ることを可能にするため、新規のかつ追加的な資金を供与する。その増加費用は、締約国会議が立案する政策、戦略、計画の優先度、適格性の基準及び増加費用の一覧表に従い、開発途上締約国と次条に規定する制度的組織との間で合意される。先進締約国以外の締約国(市場経済への移行の過程にある国を含む。)は、先進締約国の義務を任意に負うことができる。この条の規定の適用のため、締約国会議は、その第1回会合において、先進締約国及び先進締約国の義務を任意に負うその他の締約国の一覧表を作成する。締約国会議は、定期的に当該一覧表を検討し、必要に応じて改正する。その他の国及び資金源からの任意の拠出も勧奨される。これらの約束は、資金の妥当性、予測可能性及び即応性が必要であること並びに当該一覧表に掲げる拠出締約国の間の責任分担が重要であることを考慮して履行する。
3 先進締約国は、また、二国間の及び地域的その他の多数国間の経路を通じて、この条約の実施に関連する資金を供与することができるものとし、開発途上締約国は、これを利用することができる。
4 開発途上締約国によるこの条約に基づく約束の効果的な履行の程度は、先進締約国によるこの条約に基づく資金及び技術の移転に関する約束の効果的な履行に依存しており、経済及び社会の

開発並びに貧困の撲滅が開発途上締約国にとって最優先の事項であるという事実が十分に考慮される。
5 締約国は、資金供与及び技術の移転に関する行動をとるに当たり、後発開発途上国の特定のニーズ及び特別な状況を十分に考慮に入れる。
6 締約国は、開発途上締約国（特に島嶼（しょ）国）における生物の多様性への依存並びに生物の多様性の分布及び所在から生ずる特別な事情も考慮に入れる。
7 開発途上国（特に、環境上最も害を受けやすいもの、例えば、乾燥地帯、半乾燥地帯、沿岸地域及び山岳地域を有するもの）の特別な状況も考慮に入れる。

第21条（資金供与の制度） 1 この条約の目的のため、贈与又は緩和された条件により開発途上締約国に資金を供与するための制度を設けるものとし、その制度の基本的な事項は、この条に定める。この条約の目的のため、当該制度は、締約国会議の管理及び指導の下に機能し、締約国会議に対して責任を負う。当該制度は、締約国会議がその第1回会合において決定する制度的組織によって運営する。この条約の目的のため、締約国会議は、第1文の資金の利用（その機会の提供を含む。）についての政策、戦略、計画の優先度及び適格性の基準を決定する。拠出については、締約国会議が定期的に決定する必要な資金の額に基づき、前条に規定する資金の予測可能性、妥当性及び即応性が必要であること並びに同条2に規定する一覧表に掲げる拠出締約国の間の責任分担が重要であることを考慮に入れる。先進締約国その他の国及び資金源から任意の拠出を行うこともできる。当該制度は、民主的で透明な管理の仕組みの下で運営する。
2 締約国会議は、この条約の目的を達成するため、その第1回会合において、資金の利用（その機会の提供を含む。）についての政策、戦略及び計画の優先度並びに適格性の詳細な基準及び指針に関する決定（資金の利用を定期的に監視し及び評価することについてのものを含む。）を行う。締約国会議は、資金供与の制度の運営を委託された制度的組織との協議の後、1の規定を実施するための取決めを決定する。
3 締約国会議は、この条約の効力発生の日から少なくとも2年を経過した日及びその後は定期的に、この条の規定に基づいて設けられる制度の有効性（2の基準及び指針の有効性を含む。）について検討するものとし、その検討に基づき、必要に応じ、当該制度の有効性を高めるために適当な措置をとる。
4 締約国は、生物の多様性の保全及び持続可能な利用のための資金を供与するため、既存の資金供与の制度を強化することについて検討する。

第22条（他の国際条約との関係） 1 この条約の規定は、現行の国際協定に基づく締約国の権利及び義務に影響を及ぼすものではない。ただし、当該締約国の権利の行使及び義務の履行が生物の多様性に重大な損害又は脅威を与える場合は、この限りでない。
2 締約国は、海洋環境に関しては、海洋法に基づく国家の権利及び義務に適合するようこの条約を実施する。

第23条（締約国会議） 1 この条約により締約国会議を設置する。締約国会議の第1回会合は、国際連合環境計画事務局長がこの条約の効力発生の後1年以内に招集する。その後は、締約国会議の通常会合は、第1回会合において決定する一定の間隔で開催する。
2 締約国会議の特別会合は、締約国会議が必要と認めるとき又はいずれかの締約国から書面による要請のある場合において事務局がその要請を締約国に通報した後6箇月以内に締約国の少なくとも3分の1がその要請を支持するときに開催する。
3 締約国会議は、締約国会議及び締約国会議が設置する補助機関の手続規則並びに事務局の予算を規律する財政規則をコンセンサス方式により合意し及び採択する。締約国会議は、通常会合において、次の通常会合までの会計期間の予算を採択する。
4 締約国会議は、この条約の実施状況を常時検討し、このため、次のことを行う。
　(a) 第26条の規定に従って提出される情報の送付のための形式及び間隔を決定すること並びにそのような情報及び補助機関により提出される報告を検討すること。
　(b) 第25条の規定に従って提供される生物の多様性に関する科学上及び技術上の助言を検討すること。
　(c) 必要に応じ、第28条の規定に基づいて議定書を検討し及び採択すること。
　(d) 必要に応じ、第29条及び第30条の規定に基づいてこの条約及びその附属書の改正を検討し及び採択すること。
　(e) 議定書及びその附属書の改正を検討すること並びに改正が決定された場合には、当該議定書の締約国に対し当該改正を採択するよう勧告すること。

(f) 必要に応じ、第30条の規定に基づいてこの条約の追加附属書を検討し及び採択すること。
   (g) 特に科学上及び技術上の助言を行うため、この条約の実施に必要と認められる補助機関を設置すること。
   (h) この条約が対象とする事項を扱っている他の条約の執行機関との間の協力の適切な形態を設定するため、事務局を通じ、当該執行機関と連絡をとること。
   (i) この条約の実施から得られる経験に照らして、この条約の目的の達成のために必要な追加的行動を検討し及びとること。
5 国際連合、その専門機関及び国際原子力機関並びにこの条約の締約国でない国は、締約国会議の会合にオブザーバーとして出席することができる。生物の多様性の保全及び持続可能な利用に関連のある分野において認められた団体又は機関(政府又は民間のもののいずれであるかを問わない。)であって、締約国会議の会合にオブザーバーとして出席することを希望する旨事務局に通報したものは、当該会合に出席する締約国の3分の1以上が反対しない限り、オブザーバーとして出席することを認められる。オブザーバーの出席については、締約国会議が採択する手続規則に従う。

第24条(事務局) 1 この条約により事務局を設置する。事務局は、次の任務を遂行する。
   (a) 前条に規定する締約国会議の会合を準備し及びその会合のための役務を提供すること。
   (b) 議定書により課された任務を遂行すること。
   (c) この条約に基づく任務の遂行に関する報告書を作成し及びその報告書を締約国会議に提出すること。
   (d) 他の関係国際機関との調整を行うこと。特に、その任務の効果的な遂行のために必要な事務的な及び契約上の取決めを行うこと。
   (e) その他締約国会議が決定する任務を遂行すること。
2 締約国会議は、その第1回通常会合において、この条約に基づく事務局の任務を遂行する意思を表明した能力を有する既存の国際機関の中から事務局を指定する。

第25条(科学上及び技術上の助言に関する補助機関) 1 この条約により科学上及び技術上の助言に関する補助機関を設置する。補助機関は、締約国会議及び適当な場合には他の補助機関に対し、この条約の実施に関連する時宜を得た助言を提供する。補助機関は、すべての締約国による参加のために開放するものとし、学際的な性格を有する。補助機関は、関連する専門分野に関する知識を十分に有している政府の代表者により構成する。補助機関は、その活動のすべての側面に関して、締約国会議に対し定期的に報告を行う。
2 1の補助機関は、締約国会議の管理の下に、その指針に従い及びその要請により、次のことを行う。
   (a) 生物の多様性の状況に関する科学的及び技術的な評価を行うこと。
   (b) この条約の規定に従ってとられる各種の措置の影響に関する科学的及び技術的な評価のための準備を行うこと。
   (c) 生物の多様性の保全及び持続可能な利用に関連のある革新的な、効率的な及び最新の技術及びノウハウを特定すること並びにこれらの技術の開発又は移転を促進する方法及び手段に関する助言を行うこと。
   (d) 生物の多様性の保全及び持続可能な利用についての科学的な計画並びに研究及び開発における国際協力に関する助言を行うこと。
   (e) 締約国会議及びその補助機関からの科学、技術及び方法論に関する質問に回答すること。
3 1の補助機関の任務、権限、組織及び運営については、締約国会議が更に定めることができる。

第26条(報告) 締約国は、締約国会議が決定する一定の間隔で、この条約を実施するためにとった措置及びこの条約の目的を達成する上での当該措置の効果に関する報告書を締約国会議に提出する。

第27条(紛争の解決) 1 この条約の解釈又は適用に関して締約国間で紛争が生じた場合には、紛争当事国は、交渉により紛争の解決に努める。
2 紛争当事国は、交渉により合意に達することができなかった場合には、第三者によるあっせん又は仲介を共同して求めることができる。
3 いずれの国又は地域的な経済統合のための機関も、1又は2の規定により解決することができなかった紛争について、次の紛争解決手段の一方又は双方を義務的なものとして受け入れることをこの条約の批准、受諾若しくは承認若しくはこれへの加入の際に又はその後いつでも、寄託者に対し書面により宣言することができる。
   (a) 附属書II第一部に規定する手続による仲裁
   (b) 国際司法裁判所への紛争の付託
4 紛争は、紛争当事国が3の規定に従って同一の紛争解決手段を受け入れている場合を除くほか、当該紛争当事国が別段の合意をしない限り、附属書II第2部の規定により調停に付する。
5 この条の規定は、別段の定めがある議定書を除くほか、すべての議定書について準用する。

第28条(議定書の採択) 1　締約国は、この条約の議定書の作成及び採択について協力する。

2　議定書は、締約国会議の会合において採択する。

3　議定書案は、2の会合の少なくとも6箇月前に事務局が締約国に通報する。

第29条(この条約及び議定書の改正) 1　締約国は、この条約の改正を提案することができる。議定書の締約国は、当該議定書の改正を提案することができる。

2　この条約の改正は、締約国会議の会合において採択する。議定書の改正は、当該議定書の締約国の会合において採択する。この条約又は議定書の改正案は、当該議定書に別段の定めがある場合を除くほか、その採択が提案される会合の少なくとも6箇月前に事務局がそれぞれこの条約又は当該議定書の締約国に通報する。事務局は、改正案をこの条約の署名国にも参考のために通報する。

3　締約国は、この条約及び議定書の改正案につき、コンセンサス方式により合意に達するようあらゆる努力を払う。コンセンサスのためのあらゆる努力にもかかわらず合意に達しない場合には、改正案は、最後の解決手段として、当該会合に出席しかつ投票する締約国の3分の2以上の多数による議決で採択するものとし、寄託者は、これをすべての締約国に対し批准、受諾又は承認のために送付する。

4　改正の批准、受諾又は承認は、寄託者に対して書面により通告する。3の規定に従って採択された改正は、3の議定書に別段の定めがある場合を除くほか、この条約の締約国又は当該議定書の締約国の少なくとも3分の2が批准書、受諾書又は承認書を寄託した後90日目の日に、当該改正を批准し、受諾し又は承認した締約国の間で効力を生ずる。その後は、改正は、他の締約国が当該改正の批准書、受諾書又は承認書を寄託した後90日目の日に当該他の締約国について効力を生ずる。

5　この条の規定の適用上、「出席しかつ投票する締約国」とは、出席しかつ賛成票又は反対票を投ずる締約国をいう。

第30条(附属書の採択及び改正) 1　この条約の附属書又は議定書の附属書は、それぞれ、この条約又は当該議定書の不可分の一部を成すものとし、「この条約」又は「議定書」というときは、別段の明示の定めがない限り、附属書を含めていうものとする。附属書は、手続的、科学的、技術的及び事務的な事項に限定される。

2　この条約の追加附属書又は議定書の附属書の提案、採択及び効力発生については、次の手続を適用する。ただし、議定書に当該議定書の附属書に関して別段の定めがある場合を除く。

(a)　この条約の追加附属書又は議定書の附属書は、前条に定める手続を準用して提案され及び採択される。

(b)　締約国は、この条約の追加附属書又は自国が締約国である議定書の附属書を承認することができない場合には、その旨を、寄託者が採択を通報した日から1年以内に、寄託者に対して書面により通告する。寄託者は、受領した通告をすべての締約国に遅滞なく通報する。締約国は、いつでも、先に行った異議の宣言を撤回することができるものとし、この場合において、附属書は、(c)の規定に従うことを条件として、当該締約国について効力を生ずる。

(c)　附属書は、寄託者による採択の通報の日から1年を経過した時に、(b)の規定に基づく通告を行わなかったこの条約又は関連議定書のすべての締約国について効力を生ずる。

3　この条約の附属書及び議定書の附属書の改正の提案、採択及び効力発生は、この条約の附属書及び議定書の附属書の提案、採択及び効力発生と同一の手続に従う。

4　附属書の追加又は改正がこの条約又は議定書の改正に関連している場合には、追加され又は改正された附属書は、この条約又は当該議定書の改正が効力を生ずる時まで効力を生じない。

第31条(投票権) 1　この条約又は議定書の各締約国は、2に規定する場合を除くほか、1の票を有する。

2　地域的な経済統合のための機関は、その権限の範囲内の事項について、この条約又は関連議定書の締約国であるその構成国の数と同数の票を投ずる権利を行使する。当該機関は、その構成国が自国の投票権を行使する場合には、投票権を行使してはならない。その逆の場合も、同様とする。

第32条(この条約と議定書との関係) 1　いずれの国又は地域的な経済統合のための機関も、この条約の締約国である場合又は同時にこの条約の締約国となる場合を除くほか、議定書の締約国となることができない。

2　議定書に基づく決定は、当該議定書の締約国のみが行う。当該議定書の批准、受諾又は承認を行わなかったこの条約の締約国は、当該議定書の締約国の会合にオブザーバーとして参加することができる。

第33条(署名)　(略)

第34条(批准、受諾又は承認)　(略)

第35条(加入) (略)
第36条(効力発生) (略)
第37条(留保) この条約には、いかなる留保も付することができない。
第38条(脱退) (略)
第39条(資金供与に関する暫定的措置) (略)
第40条(事務局に関する暫定的措置) (略)
第41条(寄託者) (略)

第42条(正文) (略)

附属書Ⅰ 特定及び監視 (略)

附属書Ⅱ
第1部 仲 裁 (略)
第2部 調 停 (略)

5-4-1 生物の多様性に関する条約のバイオセーフティに関するカルタヘナ議定書(カルタヘナ議定書)(抄)
Cartagena Protocol on Biosafety to the Convention on Biological Diversity

採　　択　2000年1月29日(特別締約国会議再会合、モントリオール)
効力発生　2003年9月11日
日 本 国　2003年5月22日国会承認、2003年11月21日加入書寄託(条約第7号)、2004年2月19日効力発生

この議定書の締約国は、
　生物の多様性に関する条約(以下「条約」という。)の締約国として、
　条約第19条3及び4、第8条(g)並びに第17条の規定を想起し、
　また、特に、事前の情報に基づく合意のための適当な手続を検討のために示しつつ、現代のバイオテクノロジーにより改変された生物であって生物の多様性の保全及び持続可能な利用に悪影響を及ぼす可能性のあるものの国境を越える移動に特に焦点を合わせたバイオセーフティに関する議定書を作成するとの条約の締約国会議による1995年11月17日の決定第5号(第2回会合)を想起し、
　環境及び開発に関するリオ宣言の原則15に規定する予防的な取組方法を再確認し、
　現代のバイオテクノロジーが急速に拡大していること及び現代のバイオテクノロジーが生物の多様性に及ぼす可能性のある悪影響(人の健康に対する危険も考慮したもの)について公衆の懸念が増大していることを認識し、
　環境及び人の健康のための安全上の措置が十分にとられた上で開発され及び利用されるならば、現代のバイオテクノロジーは人類の福祉にとって多大な可能性を有することを認識し、
　また、起原の中心及び遺伝的多様性の中心が人類にとって決定的に重要であることを認識し、
　改変された生物に係る既知の及び潜在的な危険の性質及び規模に対処するための多くの国、特に開発途上国の能力は限られていることを考慮し、
　貿易及び環境に関する諸協定が持続可能な開発を達成するために相互に補完的であるべきことを認識し、
　この議定書が現行の国際協定に基づく締約国の権利及び義務を変更することを意味するものと解してはならないことを強調し、
　このことは、この議定書を他の国際協定に従属させることを意図するものではないことを了解して、
　次のとおり協定した。

第1条(目的) この議定書は、環境及び開発に関するリオ宣言の原則15に規定する予防的な取組方法に従い、特に国境を越える移動に焦点を合わせて、現代のバイオテクノロジーにより改変された生物であって生物の多様性の保全及び持続可能な利用に悪影響(人の健康に対する危険も考慮したもの)を及ぼす可能性のあるものの安全な移送、取扱い及び利用の分野において十分な水準の保護を確保することに寄与することを目的とする。

第2条(一般規定) 1　締約国は、この議定書に基づく義務を履行するため、必要かつ適当な法律上の措置、行政上の措置その他の措置をとる。
2　締約国は、人の健康に対する危険も考慮して、改変された生物の作成、取扱い、輸送、利用、移送及び放出が生物の多様性に対する危険を防止し又は減少させる方法で行われることを確保する。
3　この議定書のいかなる規定も、国際法に従って確立している領海に対する国の主権、国際法に従い排他的経済水域及び大陸棚において国が有

する主権的権利及び管轄権並びに国際法に定められ及び関連する国際文書に反映されている航行上の権利及び自由をすべての国の船舶及び航空機が行使することに何ら影響を及ぼすものではない。
4 この議定書のいかなる規定も、締約国が生物の多様性の保全及び持続可能な利用につきこの議定書に定める措置に比し一層の保護を与える措置をとる権利を制限するものと解してはならない。ただし、そのような措置がこの議定書の目的及び規定に適合し、かつ、国際法に基づく当該締約国の他の義務に従うものであることを条件とする。
5 締約国は、専門知識、文書及び人の健康に対する危険の分野において権限を有する国際的な場で行われる作業であって利用可能なものを適宜考慮することを奨励される。

第3条(用語) この議定書の適用上、
(a) 「締約国会議」とは、条約の締約国会議をいう。
(b) 「拡散防止措置の下での利用」とは、施設、設備その他の物理的な構造物の中で行われる操作であって、外部の環境との接触及び外部の環境に対する影響を効果的に制限する特定の措置によって制御されている改変された生物に係るものをいう。
(c) 「輸出」とは、一の締約国から他の締約国への意図的な国境を越える移動をいう。
(d) 「輸出者」とは、改変された生物の輸出を行う法人又は自然人であって輸出締約国の管轄の下にあるものをいう。
(e) 「輸入」とは、一の締約国への他の締約国からの意図的な国境を越える移動をいう。
(f) 「輸入者」とは、改変された生物の輸入を行う法人又は自然人であって輸入締約国の管轄の下にあるものをいう。
(g) 「改変された生物」とは、現代のバイオテクノロジーの利用によって得られる遺伝素材の新たな組合せを有する生物をいう。
(h) 「生物」とは、遺伝素材を移転し又は複製する能力を有するあらゆる生物学上の存在(不稔(ねん)性の生物、ウイルス及びウイロイドを含む。)をいう。
(i) 「現代のバイオテクノロジー」とは、自然界における生理学上の生殖又は組換えの障壁を克服する技術であって伝統的な育種及び選抜において用いられない次のものを適用することをいう。
　a 生体外における核酸加工の技術(組換えデオキシリボ核酸(組換えDNA)の技術及び細胞又は細胞小器官に核酸を直接注入することを含む。)
　b 異なる分類学上の科に属する生物の細胞の融合
(j) 「地域的な経済統合のための機関」とは、特定の地域の主権国家によって構成される機関であって、この議定書が規律する事項に関しその加盟国から権限の委譲を受け、かつ、その内部手続に従いこの議定書の署名、批准、受諾若しくは承認又はこれへの加入について正当な委任を受けたものをいう。
(k) 「国境を越える移動」とは、第17条及び第24条の規定の適用上締約国と非締約国との間の移動について適用される場合を除くほか、改変された生物の一の締約国から他の締約国への移動をいう。

第4条(適用範囲) この議定書は、生物の多様性の保全及び持続可能な利用に悪影響(人の健康に対する危険も考慮したもの)を及ぼす可能性のあるすべての改変された生物の国境を越える移動、通過、取扱い及び利用について適用する。

第5条(医薬品) この議定書は、前条の規定にかかわらず、他の関連する国際協定又は国際機関において取り扱われる人のための医薬品である改変された生物の国境を越える移動については、適用しない。もっとも、締約国が輸入の決定に先立ちすべての改変された生物を危険性の評価の対象とする権利を害するものではない。

第6条(通過及び拡散防止措置の下での利用) 1 事前の情報に基づく合意の手続に関するこの議定書の規定は、第4条の規定にかかわらず、改変された生物の通過については、適用しない。もっとも、通過国である締約国がその領域を通過する改変された生物の輸送を規制する権利及び特定の改変された生物の当該領域の通過について行われる決定であって第2条3の規定に従うものをバイオセーフティに関する情報交換センターに提供する権利を害するものではない。
2 事前の情報に基づく合意の手続に関するこの議定書の規定は、第4条の規定にかかわらず、輸入締約国の基準に従って行われる拡散防止措置の下での利用を目的とする改変された生物の国境を越える移動については、適用しない。もっとも、締約国が輸入の決定に先立ちすべての改変された生物を危険性の評価の対象とする権利及びその管轄内における拡散防止措置の下での利用のための基準を設定する権利を害するものではない。

第7条(事前の情報に基づく合意の手続の適用) 1 次条から第10条まで及び第12条に定める事前の情報に基づく合意の手続は、第5条及び前条の規定に従うことを条件として、輸入締約国の環境への意図的な導入を目的とする改変された生物の最初の意図的な国境を越える移動に先立って適用する。
2 1にいう「環境への意図的な導入」は、食料若しくは飼料として直接利用し又は加工することを目的とする改変された生物についていうものではない。
3 食料若しくは飼料として直接利用し又は加工することを目的とする改変された生物については、その最初の国境を越える移動に先立って、第11条の規定を適用する。
4 事前の情報に基づく合意の手続は、この議定書の締約国の会合としての役割を果たす締約国会議の決定により、生物の多様性の保全及び持続可能な利用に悪影響(人の健康に対する危険も考慮したもの)を及ぼすおそれがないものとして特定された改変された生物の意図的な国境を越える移動については、適用しない。

第8条(通告) 1 輸出締約国は、前条1の規定の対象となる改変された生物の意図的な国境を越える移動に先立ち、輸入締約国の権限のある当局に対して書面により当該移動について通告し、又は輸出者がその通告を確実に行うよう義務付ける。その通告には、少なくとも附属書Ⅰに定める情報を含める。
2 輸出締約国は、輸出者の提供する情報を正確なものとするための法的要件を設けることを確保する。

第9条(通告の受領の確認) 1 輸入締約国は、通告を受領してから90日以内に、当該通告をした者に対して書面により当該通告の受領を確認する。
2 1に規定する確認には、次の事項を記載する。
 (a) 通告の受領の日
 (b) 通告が前条に規定する情報を一応含むものであるか否か。
 (c) 輸入締約国の国内規制の枠組み又は次条に定める手続のいずれに従って処理するか。
3 2(c)の国内規制の枠組みは、この議定書に適合するものでなければならない。
4 輸入締約国が通告の受領を確認しないことは、当該輸入締約国が意図的な国境を越える移動について同意することを意味するものではない。

第10条(決定手続) 1 輸入締約国による決定は、第15条の規定に従って行う。
2 輸入締約国は、前条に定める期間内に、通告をした者に対して次のいずれかのことを書面により通報する。
 (a) 自国が書面による同意を与えた後においてのみ、意図的な国境を越える移動を行うことができること。
 (b) 少なくとも90日を経過した後、その後の書面による同意なしに意図的な国境を越える移動を行うことができること。
3 輸入締約国は、2(a)の通報を行ったときは、通告の受領の日から270日以内に、次のいずれかの決定につき、通告をした者及びバイオセーフティに関する情報交換センターに対して書面により通報する。
 (a) 条件付又は無条件で輸入を承認すること(この決定が同一の改変された生物の2回目以降の輸入についてどのように適用されるかということを含む。)。
 (b) 輸入を禁止すること。
 (c) 自国の国内規制の枠組み又は附属書Ⅰの規定に基づいて追加的な関連情報を要請すること。この場合において、輸入締約国が回答すべき期限の計算に当たっては、当該輸入締約国が追加的な関連情報を待たなければならない日数は、算入しない。
 (d) 通告をした者に対しこの3に定める期限を特定の期間延長することを通報すること。
4 3に規定する決定には、無条件の同意である場合を除くほか、その決定の理由を明示する。
5 輸入締約国が通告の受領の日から270日以内にその決定を通報しないことは、当該輸入締約国が意図的な国境を越える移動について同意することを意味するものではない。
6 改変された生物が輸入締約国における生物の多様性の保全及び持続可能な利用に及ぼす可能性のある悪影響(人の健康に対する危険も考慮したもの)の程度に関し、関連する科学的な情報及び知識が不十分であるために科学的な確実性のないことは、当該輸入締約国がそのような悪影響を回避又は最小にするため、適当な場合には、当該改変された生物の輸入について3に規定する決定を行うことを妨げるものではない。
7 この議定書の締約国の会合としての役割を果たす締約国会議は、その第1回会合において、輸入締約国の意思決定を容易にするための適当な手続及び制度について決定する。

第11条(食料若しくは飼料として直接利用し又は加工することを目的とする改変された生物のための手続) 1 食料若しくは飼料として直接利用し又は加工することを目的として行われる国境を越え

る移動の対象となり得る改変された生物の国内利用(市場取引に付することを含む。)について最終的な決定を行う締約国は、当該決定から15日以内に、バイオセーフティに関する情報交換センターを通じて当該決定を他の締約国に通報する。その通報には、少なくとも附属書Ⅱに定める情報を含める。当該締約国は、同センターを利用することができないことを事前に事務局に通報した締約国の中央連絡先に対して、書面により通報の写しを提供する。この1の規定は、屋外試験についての決定については、適用しない。

2　1に規定する決定を行う締約国は、当該決定に係る申請者の提供する情報を正確なものとするための法的要件を設けることを確保する。

3　いずれの締約国も、附属書Ⅱ(b)の当局に対し追加的な情報を要請することができる。

4　締約国は、この議定書の目的に適合する自国の国内規制の枠組みに従い、食料若しくは飼料として直接利用し又は加工することを目的とする改変された生物の輸入について決定することができる。

5　締約国は、可能な場合には、食料若しくは飼料として直接利用し又は加工することを目的とする改変された生物の輸入について適用される国内法令及び国の指針の写しをバイオセーフティに関する情報交換センターに対して利用可能にする。

6　開発途上締約国又は移行経済締約国は、4の国内規制の枠組みがない場合であって自国の国内管轄権を行使するときは、食料若しくは飼料として直接利用し又は加工することを目的とする改変された生物であって1の規定により情報が提供されたものの最初の輸入に先立ち、次の事項に従って決定する旨をバイオセーフティに関する情報交換センターを通じて宣言することができる。

 (a)　附属書Ⅲの規定に従って行う危険性の評価
 (b)　270日を超えない予測可能な期間内で行う決定

7　締約国が6の規定による決定を通報しないことは、当該締約国による別段の定めがない限り、当該締約国が食料若しくは飼料として直接利用し又は加工することを目的とする改変された生物の輸入について同意し又は拒否することを意味するものではない。

8　改変された生物が輸入締約国における生物の多様性の保全及び持続可能な利用に及ぼす可能性のある悪影響(人の健康に対する危険も考慮したもの)の程度に関し、関連する科学的な情報及び知識が不十分であるために科学的な確実性のないことは、当該輸入締約国がそのような悪影響を回避し又は最小にするため、適当な場合には、食料若しくは飼料として直接利用し又は加工することを目的とする当該改変された生物の輸入について決定することを妨げるものではない。

9　締約国は、食料若しくは飼料として直接利用し又は加工することを目的とする改変された生物についての財政上及び技術上の支援並びに能力の開発に関するニーズを表明することができる。締約国は、第22条及び第28条の規定に従い、これらのニーズを満たすために協力する。

第12条(決定の再検討)　1　輸入締約国は、生物の多様性の保全及び持続可能な利用に及ぼす可能性のある悪影響(人の健康に対する危険も考慮したもの)に関する新たな科学的な情報に照らし、意図的な国境を越える移動についての決定をいつでも再検討し、変更することができる。そのような場合には、当該輸入締約国は、30日以内に、先に当該決定に係る改変された生物の移動について通告をした者及びバイオセーフティに関する情報交換センターに通報するとともに、その変更についての決定の理由を明示する。

2　輸出締約国又は通告をした者は、次のいずれかのことがあると認める場合には、輸入締約国に対し、当該輸入締約国が第10条の規定に従って自国について行った決定を再検討するよう要請することができる。

 (a)　当該決定の基礎となった危険性の評価の結果に影響を及ぼし得る状況の変化が生じたこと。
 (b)　追加的な関連の科学的又は技術的な情報が利用可能となったこと。

3　輸入締約国は、2に規定する要請に対する決定を90日以内に書面により回答するとともに、当該決定の理由を明示する。

4　輸入締約国は、その裁量により、2回目以降の輸入について危険性の評価を実施することを義務付けることができる。

第13条(簡易な手続)　1　輸入締約国は、改変された生物の意図的な国境を越える移動が安全に行われることをこの議定書の目的に従って確保するために適当な措置が適用されることを条件として、事前に次の事項を特定し、バイオセーフティに関する情報交換センターに通報することができる。

 (a)　意図的な国境を越える移動についての自国への通告と同時に自国への当該移動が行われることのできる事例

(b) 自国への改変された生物の輸入であって事前の情報に基づく合意の手続を免除されるもの

(a)の通告は、同一の輸入締約国へのその後の同様の移動について適用することができる。

2 1(a)の通告において提供される意図的な国境を越える移動に関する情報は、附属書Ⅰに定めるものとする。

第14条(二国間の、地域的な及び多数国間の協定及び取決め) 1 締約国は、改変された生物の意図的な国境を越える移動に関する二国間の、地域的な及び多数国間の協定及び取決めであってこの議定書の目的に適合するものを締結することができる。ただし、これらの協定及び取決めがこの議定書に定める保護の水準よりも低い水準の保護を与えることにならないことを条件とする。

2 締約国は、1に規定する二国間の、地域的な及び多数国間の協定及び取決めであってこの議定書の効力発生の日の前又は後に締結したもののすべてを、バイオセーフティに関する情報交換センターを通じて相互に通報する。

3 この議定書の規定は、1に規定する協定又は取決めの締約国がこれらの協定又は取決めにより行う意図的な国境を越える移動に影響を及ぼすものではない。

4 締約国は、自国の国内規制を自国への特定の輸入について適用することを決定することができるものとし、その決定をバイオセーフティに関する情報交換センターに通報する。

第15条(危険性の評価) 1 この議定書に従って行われる危険性の評価は、附属書Ⅲの規定に従い、認められた危険性の評価の技術を考慮して、科学的に適正な方法で実施する。そのような危険性の評価は、改変された生物が生物の多様性の保全及び持続可能な利用に及ぼす可能性のある悪影響(人の健康に対する危険も考慮したもの)を特定し及び評価するため、少なくとも、第8条の規定により提供される情報及びその他の入手可能な科学的な証拠に基づいて実施する。

2 輸入締約国は、危険性の評価が第10条の規定に従って行われる決定のために実施されることを確保する。輸入締約国は、輸出者に対し危険性の評価を実施することを要求することができる。

3 危険性の評価の費用は、輸入締約国が要求する場合には、通告をした者が負担する。

第16条(危険の管理) 1 締約国は、条約第8条(g)の規定を考慮して、この議定書の危険性の評価に関する規定によって特定された危険であって、改変された生物の利用、取扱い及び国境を越える移動に係るものを規制し、管理し及び制御するための適当な制度、措置及び戦略を定め及び維持する。

2 危険性の評価に基づく措置は、輸入締約国の領域内において、改変された生物が生物の多様性の保全及び持続可能な利用に及ぼす悪影響(人の健康に対する危険も考慮したもの)を防止するために必要な範囲内でとる。

3 締約国は、改変された生物の意図的でない国境を越える移動を防止するため、改変された生物の最初の放出に先立って危険性の評価を実施することを義務付ける措置等の適当な措置をとる。

4 締約国は、2の規定の適用を妨げることなく、輸入されたものか国内で作成されたものかを問わず、改変された生物が意図された利用に供される前にその生活環又は世代時間に相応する適当な期間観察されることを確保するよう努める。

5 締約国は、次のことのために協力する。

(a) 生物の多様性の保全及び持続可能な利用に悪影響(人の健康に対する危険も考慮したもの)を及ぼす可能性のある改変された生物又はその具体的な形質を特定すること。

(b) (a)の改変された生物の取扱い又はその具体的な形質に係る取扱いについて適当な措置をとること。

第17条(意図的でない国境を越える移動及び緊急措置) 1 締約国は、生物の多様性の保全及び持続可能な利用に著しい悪影響(そのような影響を受け又は受ける可能性のある国における人の健康に対する危険も考慮したもの)を及ぼすおそれのある改変された生物の意図的でない国境を越える移動につながり又はつながる可能性のある放出をもたらす事態が自国の管轄下において生じたことを知った場合には、これらの国、バイオセーフティに関する情報交換センター及び適当な場合には関連する国際機関に通報するための適当な措置をとる。その通報は、締約国がそのような状況を知ったときは、できる限り速やかに行う。

2 締約国は、この議定書が自国について効力を生ずる日までに、この条の規定に基づく通報を受領するための自国の連絡先が明示されている関連事項をバイオセーフティに関する情報交換センターに対して利用可能にする。

3 1の規定に基づく通報には、次の事項を含めるべきである。

(a) 改変された生物の推定される量及び関連する特性又は形質に関する入手可能な関連情報

(b) 放出の状況及びその推定される日並びに当該放出が生じた締約国における改変された生

物の利用に関する情報
- (c) 生物の多様性の保全及び持続可能な利用に及ぼす可能性のある悪影響（人の健康に対する危険も考慮したもの）並びに危険の管理のためにとり得る措置に関する入手可能な情報
- (d) その他の関連情報
- (e) 追加的な情報のための連絡先

4　締約国は、その管轄下において1に規定する改変された生物の放出が生じたときは、生物の多様性の保全及び持続可能な利用に及ぼす著しい悪影響（人の健康に対する危険も考慮したもの）を最小にするため、そのような悪影響を受け又は受ける可能性のある国が適切な対応を決定し及び緊急措置を含む必要な行動を開始することができるよう、これらの国と直ちに協議する。

第18条（取扱い、輸送、包装及び表示） 1　締約国は、生物の多様性の保全及び持続可能な利用に及ぼす悪影響（人の健康に対する危険も考慮したもの）を回避するため、関連する国際的な規則及び基準を考慮して、意図的な国境を越える移動の対象となる改変された生物であってこの議定書の対象とされるものが安全な状況の下で取り扱われ、包装され及び輸送されることを義務付けるために必要な措置をとる。

2　締約国は、次のことを義務付ける措置をとる。
- (a) 食料若しくは飼料として直接利用し又は加工することを目的とする改変された生物に添付する文書において、改変された生物を「含む可能性がある」こと及び環境への意図的な導入を目的とするものではないこと並びに追加的な情報のための連絡先を明確に表示すること。このため、この議定書の締約国の会合としての役割を果たす締約国会議は、この議定書の効力発生の日から2年以内に、これらの改変された生物の識別についての情報及び統一された識別記号を明記することを含む表示に関する詳細な要件について決定する。
- (b) 拡散防止措置の下での利用を目的とする改変された生物に添付する文書において、これらが改変された生物であることを明確に表示し、並びに安全な取扱い、保管、輸送及び利用に関する要件並びに追加的な情報のための連絡先（これらの改変された生物の仕向先である個人又は団体の氏名又は名称及び住所を含む。）を明記すること。
- (c) 輸入締約国の環境への意図的な導入を目的とする改変された生物及びこの議定書の対象とされるその他の改変された生物に添付する文書において、これらが改変された生物であることを明確に表示し、並びにその識別についての情報及び関連する形質又は特性、安全な取扱い、保管、輸送及び利用に関する要件、追加的な情報のための連絡先並びに適当な場合には輸入者及び輸出者の氏名又は名称及び住所を明記し、また、当該文書にこれらの改変された生物の移動が輸出者に適用されるこの議定書の規定に従って行われるものである旨の宣言を含めること。

3　この議定書の締約国の会合としての役割を果たす締約国会議は、他の関連する国際機関と協議して、表示、取扱い、包装及び輸送の方法に関する基準を作成する必要性及び態様について検討する。

第19条（国内の権限のある当局及び中央連絡先） 1　締約国は、自国を代表して事務局との連絡について責任を負う国内の1の中央連絡先を指定する。また、締約国は、この議定書により必要とされる行政上の任務を遂行する責任を有し及びこれらの任務について自国を代表して行動することを認められる一又は二以上の国内の権限のある当局を指定する。締約国は、中央連絡先及び権限のある当局の双方の任務を遂行する単一の組織を指定することができる。

2　締約国は、この議定書が自国について効力を生ずる日までに、事務局に対し、自国の中央連絡先及び権限のある当局の名称及び所在地を通報する。締約国は、二以上の権限のある当局を指定する場合には、その通報と共にこれらの当局のそれぞれの責任に関する関連情報を事務局に送付する。当該関連情報においては、可能な場合には、少なくとも、どの権限のある当局がどの種類の改変された生物について責任を負うかを特定する。締約国は、中央連絡先の指定の変更又は権限のある当局の名称及び所在地若しくはその責任の変更を直ちに事務局に通報する。

3　事務局は、2の規定に基づいて受領した通報を直ちに締約国に送付するものとし、また、バイオセーフティに関する情報交換センターを通じてその通報による情報を利用可能にする。

第20条（情報の共有及びバイオセーフティに関する情報交換センター） 1　バイオセーフティに関する情報交換センターは、条約第18条3の規定に基づく情報交換の仕組みの一部として、次のことのために設置する。
- (a) 改変された生物に関する科学上、技術上、環境上及び法律上の情報の交換並びに改変された生物に係る経験の交流を促進すること。
- (b) 開発途上締約国（特にこれらの締約国のう

ちの後発開発途上国及び島嶼（とうしょ）国）及び移行経済国並びに起原の中心である国及び遺伝的多様性の中心である国の特別のニーズを考慮して、締約国がこの議定書を実施することを支援すること。
2 バイオセーフティに関する情報交換センターは、1の規定を実施するため、情報を利用可能なものとする媒体としての役割を果たす。同センターは、締約国により利用可能とされる情報であってこの議定書の実施に関連するものの利用の機会を提供するものとし、また、可能な場合には、改変された生物の安全性に関する情報交換についての他の国際的な制度の利用の機会を提供する。
3 締約国は、秘密の情報の保護を妨げられることなく、この議定書によりバイオセーフティに関する情報交換センターに対して利用可能にすることが必要とされている情報及び次のものを同センターに提供する。
  (a) この議定書の実施のための現行の法令及び指針並びに事前の情報に基づく合意の手続のために締約国が必要とする情報
  (b) 二国間の、地域的な及び多数国間の協定及び取決め
  (c) 改変された生物についての危険性の評価又は環境面での検討であって、自国の規制の過程で得られ及び第15条の規定に従って実施されたものの概要。この概要には、適当な場合には、当該改変された生物に係る産品、すなわち、当該改変された生物に由来する加工された素材であって、現代のバイオテクノロジーの利用によって得られる複製可能な遺伝素材の新たな組合せ（検出することのできるもの）を有するものに関する関連情報を含める。
  (d) 改変された生物の輸入又は放出についての自国の最終的な決定
  (e) 自国が第33条の規定に従って提出する報告（事前の情報に基づく合意の手続の実施に関するものを含む。）
4 バイオセーフティに関する情報交換センターの活動の態様（その活動に関する報告を含む。）については、この議定書の締約国の会合としての役割を果たす締約国会議の第1回会合において検討し及び決定し、その後継続して検討する。

第21条（秘密の情報） 1 輸入締約国は、通告をした者に対し、この議定書の手続に従って提出された情報又はこの議定書に定める事前の情報に基づく合意の手続の一部として当該輸入締約国が必要とする情報であって、秘密のものとして取り扱われるべきものを特定することを認める。その特定が行われる場合において、当該輸入締約国が要請するときは、その理由が示されるものとする。
2 輸入締約国は、通告をした者が秘密のものとして特定した情報がそのような取扱いの対象とはならないと認める場合には、当該通告をした者と協議し、開示に先立ち当該通告をした者に対し自国の決定を通報する。そのような通報を行う場合には、輸入締約国は、当該通告をした者の要請に応じて当該決定の理由を示し、並びに開示に先立ち協議の機会及び当該決定についての内部における検討の機会を提供する。
3 締約国は、この議定書に定める事前の情報に基づく合意の手続において受領した秘密の情報等この議定書に基づいて受領した秘密の情報を保護する。締約国は、そのような情報を保護する手続を有することを確保し、及び国内で生産される改変された生物に関する秘密の情報の取扱いよりも不利でない方法でそのような情報の秘密性を保護する。
4 輸入締約国は、通告をした者の書面による同意がある場合を除くほか、秘密の情報を商業上の目的のために利用してはならない。
5 輸入締約国は、通告をした者がその通告を撤回する場合又は既に撤回している場合には、研究及び開発に関する情報、その秘密性について自国及び当該通告をした者の意見が一致しない情報等の商業上及び産業上の情報の秘密性を尊重する。
6 次の情報は、5の規定の適用を妨げることなく、秘密のものとはみなさない。
  (a) 通告をした者の氏名又は名称及び住所
  (b) 改変された生物に関する一般的な説明
  (c) 生物の多様性の保全及び持続可能な利用に及ぼす影響（人の健康に対する危険も考慮したもの）についての危険性の評価の概要
  (d) 緊急事態に対応するための方法及び計画

第22条（能力の開発） 1 締約国は、開発途上締約国（特にこれらの締約国のうちの後発開発途上国及び島嶼（とうしょ）国）及び移行経済締約国におけるこの議定書の効果的な実施のため、既存の世界的な、地域的な、小地域的な及び国内の団体及び組織を通ずる方法、適当な場合には民間部門の関与を促進するとの方法等により、改変された生物の安全性のために必要な範囲内で、バイオテクノロジーに関するものを含め改変された生物の安全性に関する人的資源及び制度的能力を開発し又は強化することに協力する。

2　1に規定する協力を実施するため、条約の関連規定に基づく資金並びに技術及びノウハウの取得の機会の提供及び移転に関する開発途上締約国(特にこれらの締約国のうちの後発開発途上国及び島嶼(とうしょ)国)のニーズは、改変された生物の安全性に関する能力の開発に当たり十分に考慮される。能力の開発における協力には、各締約国の異なる状況、能力及び必要に応じ、バイオテクノロジーの適切かつ安全な管理並びに改変された生物の安全性のための危険性の評価及び危険の管理を行う上での科学的及び技術的な訓練並びに改変された生物の安全性に関する技術的及び制度的な能力の強化を含める。また、そのような能力の開発に関する移行経済締約国のニーズも、十分に考慮される。

第23条(公衆の啓発及び参加)　1　締約国は、次のことを行う。
　(a)　生物の多様性の保全及び持続可能な利用に関し、人の健康に対する危険も考慮して、改変された生物の安全な移送、取扱い及び利用に係る公衆の啓発、教育及び参加を促進し、及び容易にすること。これらのことを行うに当たり、締約国は、適当な場合には、他の国及び国際的な団体と協力する。
　(b)　公衆の啓発及び教育には、この議定書に従って特定される改変された生物であって輸入される可能性のあるものに関する情報の取得の機会の提供を含めることを確保するよう努めること。

2　締約国は、第21条の規定に従って秘密の情報を尊重しつつ、自国の法令に従って改変された生物についての意思決定の過程において公衆の意見を求め、当該意思決定の結果を公衆が知ることのできるようにする。

3　締約国は、バイオセーフティに関する情報交換センターを利用する方法について自国の公衆に周知させるよう努力する。

第24条(非締約国)　1　締約国と非締約国との間の改変された生物の国境を越える移動は、この議定書の目的に適合するものでなければならない。締約国は、そのような国境を越える移動に関する二国間の、地域的な及び多数国間の協定及び取決めを非締約国との間で締結することができる。

2　締約国は、非締約国に対し、この議定書に参加し及び当該非締約国の管轄の下にある区域において放出され又は当該区域に若しくは当該区域から移動する改変された生物に関する適当な情報をバイオセーフティに関する情報交換センターに提供することを奨励する。

第25条(不法な国境を越える移動)　1　締約国は、この議定書を実施するための自国の国内措置に違反して行われる改変された生物の国境を越える移動を防止し及び適当な場合には処罰するための適当な国内措置をとる。そのような移動は、不法な国境を越える移動とする。

2　不法な国境を越える移動があった場合には、その影響を受けた締約国は、当該移動が開始された締約国に対し、当該改変された生物を当該移動が開始された締約国の負担で適宜送り返し又は死滅させることによって処分することを要請することができる。

3　締約国は、自国についての不法な国境を越える移動の事例に関する情報をバイオセーフティに関する情報交換センターに対して利用可能にする。

第26条(社会経済上の配慮)　1　締約国は、この議定書又はこの議定書を実施するための国内措置に従い輸入について決定するに当たり、特に原住民の社会及び地域社会にとっての生物の多様性の価値との関連において、改変された生物が生物の多様性の保全及び持続可能な利用に及ぼす影響に関する社会経済上の配慮を自国の国際的な義務に即して考慮することができる。

2　締約国は、改変された生物の社会経済的な影響(特に原住民の社会及び地域社会に及ぼすもの)に関する研究及び情報交換について協力することを奨励される。

第27条(責任及び救済)　この議定書の締約国の会合としての役割を果たす締約国会議は、その第1回会合において、改変された生物の国境を越える移動から生ずる損害についての責任及び救済の分野における国際的な規則及び手続を適宜作成することに関する方法を、これらの事項につき国際法の分野において進められている作業を分析し及び十分に考慮しつつ採択し、並びにそのような方法に基づく作業を4年以内に完了するよう努める。

第28条(資金供与の制度及び資金)　1　締約国は、この議定書の実施のための資金について検討するに当たり、条約第20条の規定を考慮する。

2　条約第21条の規定により設けられた資金供与の制度は、その運営を委託された制度的組織を通じ、この議定書の資金供与の制度となる。

3　この議定書の締約国の会合としての役割を果たす締約国会議は、第22条に規定する能力の開発に関し、締約国会議による検討のために2の資金供与の制度についての指針を提供するに当たり、資金に関する開発途上締約国(特にこれらの締約

国のうちの後発開発途上国及び島嶼（とうしょ）国）のニーズを考慮する。
4　1の規定に関し、締約国は、この議定書を実施するために必要な能力の開発に関する要件を特定し及び満たすための開発途上締約国（特にこれらの締約国のうちの後発開発途上国及び島嶼（とうしょ）国）及び移行経済締約国の努力におけるこれらの国のニーズも考慮する。
5　締約国会議の関連する決定（この議定書が採択される前に合意されたものを含む。）における条約の資金供与の制度に関する指針は、この条の規定について準用する。
6　先進締約国は、また、二国間の、地域的な及び多数国間の経路を通じて、この議定書の実施のための資金及び技術を供与することができるものとし、開発途上締約国及び移行経済締約国は、これらを利用することができる。

第29条（この議定書の締約国の会合としての役割を果たす締約国会議） 1　締約国会議は、この議定書の締約国の会合としての役割を果たす。
2　条約の締約国であってこの議定書の締約国でないものは、この議定書の締約国の会合としての役割を果たす締約国会議の会合の議事にオブザーバーとして参加することができる。締約国会議がこの議定書の締約国の会合としての役割を果たすときは、この議定書に基づく決定は、この議定書の締約国のみが行う。
3　締約国会議がこの議定書の締約国の会合としての役割を果たすときは、条約の締約国であってその時点でこの議定書の締約国でないものを代表する締約国会議の議長団の構成員は、この議定書の締約国によってこの議定書の締約国のうちから選出された構成員によって代わられる。
4　この議定書の締約国の会合としての役割を果たす締約国会議は、この議定書の実施状況を定期的に検討し、及びその権限の範囲内でこの議定書の効果的な実施を促進するために必要な決定を行う。この議定書の締約国の会合としての役割を果たす締約国会議は、この議定書により与えられる任務を遂行し、及び次のことを行う。
　(a)　この議定書の実施のために必要な事項について勧告すること。
　(b)　この議定書の実施のために必要と認められる補助機関を設置すること。
　(c)　適当な場合には、能力を有する国際機関並びに政府間及び非政府の団体による役務、協力及び情報の提供を求め、並びにこれらを利用すること。
　(d)　第33条の規定に従って提出される情報の送付のための形式及び間隔を決定すること並びにそのような情報及び補助機関により提出される報告を検討すること。
　(e)　必要に応じ、この議定書の実施のために必要と認められるこの議定書及びその附属書の改正並びにこの議定書の追加附属書を検討し、及び採択すること。
　(f)　この議定書の実施のために必要なその他の任務を遂行すること。
5　締約国会議の手続規則及び条約の財政規則は、この議定書の下で準用する。ただし、この議定書の締約国の会合としての役割を果たす締約国会議がコンセンサス方式により別段の決定を行う場合を除く。
6　この議定書の締約国の会合としての役割を果たす締約国会議の第1回会合は、この議定書の効力発生の日の後に開催される最初の締約国会議の会合と併せて事務局が招集する。この議定書の締約国の会合としての役割を果たす締約国会議のその後の通常会合は、この議定書の締約国の会合としての役割を果たす締約国会議が別段の決定を行わない限り、締約国会議の通常会合と併せて開催する。
7　この議定書の締約国の会合としての役割を果たす締約国会議の特別会合は、この議定書の締約国の会合としての役割を果たす締約国会議が必要と認めるとき又はいずれかの締約国から書面による要請のある場合において事務局がその要請を締約国に通報した後6箇月以内に締約国の少なくとも3分の1がその要請を支持するときに開催する。
8　国際連合、その専門機関及び国際原子力機関並びにこれらの国際機関の加盟国又はオブザーバーであって条約の締約国でないものは、この議定書の締約国の会合としての役割を果たす締約国会議の会合にオブザーバーとして出席することができる。この議定書の対象とされている事項について認められた団体又は機関（国内若しくは国際の又は政府若しくは非政府のもののいずれであるかを問わない。）であって、この議定書の締約国の会合としての役割を果たす締約国会議の会合にオブザーバーとして出席することを希望する旨事務局に通報したものは、当該会合に出席する締約国の3分の1以上が反対しない限り、オブザーバーとして出席することを認められる。オブザーバーの出席については、この条に別段の定めがある場合を除くほか、5に規定する手続規則に従う。

第30条（補助機関） 1　条約によって設置された補助

機関は、この議定書の締約国の会合としての役割を果たす締約国会議の決定に基づきこの議定書のためにその任務を遂行することができる。この場合には、この議定書の締約国の会合は、当該補助機関がどの任務を遂行するかを特定する。

2　条約の締約国であってこの議定書の締約国でないものは、1に規定する補助機関の会合の議事にオブザーバーとして参加することができる。条約の補助機関がこの議定書の補助機関としての役割を果たすときは、この議定書に基づく決定は、この議定書の締約国のみが行う。

3　条約の補助機関がこの議定書に関する事項についてその任務を遂行するときは、条約の締約国であってその時点でこの議定書の締約国でないものを代表する当該補助機関の議長団の構成員は、この議定書の締約国によってこの議定書の締約国のうちから選出された構成員によって代わられる。

第31条(事務局)　1　条約第24条の規定によって設置された事務局は、この議定書の事務局としての役割を果たす。

2　事務局の任務に関する条約第24条1の規定は、この議定書について準用する。

3　この議定書のために提供される事務局の役務に係る費用は、区別することができる範囲において、この議定書の締約国が負担する。このため、この議定書の締約国の会合としての役割を果たす締約国会議は、その第1回会合において必要な予算措置について決定する。

第32条(条約との関係)　条約における議定書に関する規定は、この議定書に別段の定めがある場合を除くほか、この議定書について適用する。

第33条(監視及び報告)　締約国は、この議定書に基づく自国の義務の履行状況を監視し、及びこの議定書を実施するためにとった措置につき、この議定書の締約国の会合としての役割を果たす締約国会議が決定する一定の間隔で、この議定書の締約国の会合としての役割を果たす締約国会議に報告する。

第34条(遵守)　この議定書の締約国の会合としての役割を果たす締約国会議は、その第1回会合において、この議定書の規定を遵守することを促進し及び不履行の事案に対処するための協力についての手続及びそのための組織的な制度を検討し、及び承認する。これらの手続及び制度には、適当な場合には、助言又は支援を行うための規定を含める。これらの手続及び制度は、条約第27条に定める紛争解決のための手続及び制度とは別個のものであり、また、これらに影響を及ぼすものではない。

第35条(評価及び再検討)　この議定書の締約国の会合としての役割を果たす締約国会議は、この議定書の効力発生の5年後に及びその後は少なくとも5年ごとに、この議定書の有効性についての評価(この議定書の手続及び附属書についての評価を含む。)を行う。

第36条(署名)　(略)

第37条(効力発生)　1　この議定書は、条約の締約国である国又は地域的な経済統合のための機関による50番目の批准書、受諾書、承認書又は加入書の寄託の日の後90日目の日に効力を生ずる。

2　この議定書は、1の規定に基づいて効力が生じた後にこれを批准し、受諾し若しくは承認し又はこれに加入する国又は地域的な経済統合のための機関については、当該国又は機関が批准書、受諾書、承認書若しくは加入書を寄託した日の後90日目の日又は条約が当該国若しくは機関について効力を生ずる日のいずれか遅い日に効力を生ずる。

3　地域的な経済統合のための機関によって寄託される文書は、1及び2の規定の適用上、当該機関の構成国によって寄託されたものに追加して数えてはならない。

第38条(留保)　この議定書には、いかなる留保も付することができない。

第39条(脱退)　(略)

第40条(正文)　(略)

　　附属書Ⅰ　第8条、第10条及び第13条の規定により通告において必要とされる情報
　　(略)

　　附属書Ⅱ　第11条の規定により食料若しくは飼料として直接利用し又は加工することを目的とする改変された生物に関して必要とされる情報　(略)

　　附属書Ⅲ　危険性の評価　(略)

5-4-2 バイオセーフティに関するカルタヘナ議定書に基づく遵守に関する手続及び制度(カルタヘナ議定書遵守手続)
Procedures and Mechanisms on Compliance under the Cartagena Protocol on Biosafety

採　択　2004年2月27日(第1回締約国会合(クアラルンプール)決定 BS-I/7附属書)

以下の手続及び制度は、バイオセーフティに関するカルタヘナ議定書第34条に従って作成され、生物多様性条約第27条に定める紛争解決のための手続及び制度とは別個のものであり、また、これらを害することなく適用する。

I　目的、性質及び基本原則
1　遵守手続及び制度の目的は、議定書の規定の遵守を助長し、締約国による不遵守の事案に対処し、及び適当な場合に、助言と支援を提供することである。
2　遵守手続及び制度は、性質上、簡素的、促進的、非敵対的及び協力的なものとする。
3　遵守手続及び制度の運用は、透明性、公平性、迅速性及び予見可能性の諸原則を指針とする。この運用は、発展途上締約国、なかでも特に、後発発展途上国及び小島嶼発展途上国、並びに移行経済締約国の特別のニーズに特に注意を払い、議定書の実施に当たってこれらの国が直面する困難を十分考慮する。

II　組織上の制度
1　バイオセーフティに関するカルタヘナ議定書第34条に従い、そこで規定する任務を遂行するために、遵守委員会(以下委員会)がここに設置される。
2　委員会は、締約国により指名され、国際連合の五の地理的集団から各3名を基礎として、バイオセーフティに関するカルタヘナ議定書の締約国会合としての役割を果たす締約国会議によって選ばれた15名の委員で構成する。
3　委員会の委員及び代理の委員は、バイオセーフティの分野あるいは法律又は技術的専門知識を含むその他の関連分野で有能と認められる人物とされ、客観的にかつ個人の資格で任務を行う。
4　委員は、バイオセーフティに関するカルタヘナ議定書の締約国会合としての役割を果たす締約国会議によって4年間の任期で選ばれる。第1回会合で、バイオセーフティに関するカルタヘナ議定書の締約国会合としての役割を果たす締約国会議は、各地域から1名ずつ半分の任期の委員を5名、全任期の委員を10名選ぶ。その後は毎回、バイオセーフティに関するカルタヘナ議定書の締約国会合としての役割を果たす締約国会議は、全任期で新しい委員を選び、その任期が満了する委員と交代する。委員は、2回を超えて連続して務めることはできない。
5　委員会は、別段の決定を行わない限り、2年に1度開催する。事務局は委員会の会合で役務を果たす。
6　委員会は、検討及び適切な活動のために、議定書の締約国会合としての役割を果たす締約国会議の次回会合にその任務の履行に関する勧告を含む報告書を提出する。
7　委員会は、手続規則を起草し、審議及び承認を求めて議定書の締約国会合としての役割を果たす締約国会議に対して、これを提出する。

III　委員会の任務
1　委員会は、遵守を促進し、不遵守の事案に対処するために、及び議定書の締約国会合としての役割を果たす締約国会議の全面的な指導に基づき、以下のことを行う。
(a)　委員会に付託された不遵守の個々の事案における特別の状況及び考えられる原因を特定する。
(b)　遵守に関連する事項及び不遵守の事案に関連して委員会に提出される情報を検討する。
(c)　議定書に基づく義務を遵守するために委員会を支援する目的で、遵守に関する事項に関して、関係締約国に助言及び(又は)支援を提供する。
(d)　議定書に基づく義務と共に締約国による遵守の一般的問題を審査する。その際、議定書第33条に従って通報された国別報告書の中で提供された情報及びバイオセーフティに関する情報交換センターを通じた情報を考慮に入れる。
(e)　必要に応じて、議定書の締約国会合としての役割を果たす締約国会議に対して措置をとり、又は勧告する。
(f)　議定書の締約国会合としての役割を果たす

締約国会議によって割り当てられるその他の任務を果たす。

IV 手続

1 委員会は、事務局を通じて、次のものから遵守に関する申し立てを受領する。
  (a) 遵守に関する付託につき、いずれかの締約国
  (b) 他の締約国に関連して、影響を受けた又は影響を受けるおそれのある締約国
  委員会は、議定書の目的に留意して、本節第1項(b)に基づいて行われた付託で軽微なもの又は正当な理由がないものの検討を拒絶することができる。
2 事務局は、前項(b)に基づく付託を受領してから15日以内に、当該付託を関連締約国に利用可能な状態にし、事務局が関連締約国から回答及び情報を受領した場合、その付託、回答及び情報を委員会に送付する。
3 議定書の規定の遵守に関する付託を受領した締約国は、回答を行い、必要に応じて、委員会に支援を依頼するために、可能ならば3箇月以内に、少なくとも6箇月を超えない期間で、必要な情報を提供するべきである。この期間は、事務局によって確認された付託の受領の日から開始する。上記の6箇月以内に事務局が関連締約国から回答又は情報を受領しなかった場合、事務局は、委員会に付託を送付する。
4 申し立ての対象となる締約国、又は申し立てを行う締約国は、委員会の討議に参加する資格を有する。この締約国は、委員会の勧告の作成及び採択に参加することはできない。

V 情報及び協議

1 委員会は、以下のものからの関連情報を検討する。
  (a) 関連締約国
  (b) 第IV部第1項(b)に従って、他の締約国に関して付託を行った締約国
2 委員会は、例えば以下の情報源から関連する情報を求め又は受領し、及び検討することができる。
  (a) バイオセーフティに関する情報交換センター、条約締約国会議、議定書締約国会合としての役割を果たす締約国会議、並びに生物多様性条約及び議定書の補助機関
  (b) 関連国際機関
3 委員会はバイオセーフティに関する専門家ロスターから専門的助言を求めることができる。
4 委員会は、その任務及び活動のすべてを開始するに当たり、議定書第21条に基づいて機密とされる情報の機密性を維持する。

VI 遵守を促進し、不遵守の事案に対処するための措置

1 委員会は、遵守を促進し、不遵守の事案に対処するために、関連締約国、特に発展途上締約国、とりわけ後発発展途上国及び小島嶼発展途上国、並びに経済移行過程にある締約国の遵守の能力、並びに不遵守の原因、タイプ、程度及び頻度といった要素を考慮に入れて、以下の措置の一又は二以上をとることができる。
  (a) 必要に応じて、関連締約国に助言又は支援を与える。
  (b) 議定書の締約国会合としての役割を果たす締約国会議に財政的及び技術的支援、技術移転、訓練並びにその他の能力開発措置の提供に関する勧告を行う。
  (c) 当該締約国が、委員会との間に合意される時間枠組みにおいて議定書の遵守達成に関する遵守行動計画を作成することを、適切な場合に要請し又は支援する。並びに
  (d) 関連締約国に、議定書に基づく義務を遵守するために行っている努力に関する進捗報告書を委員会に送付するよう促す。
  (e) 本項(c)及び(d)に従い、締約国会合としての役割を果たす締約国会議に対して、不遵守締約国が遵守を回復するために行った努力について報告し、適切に解決されるまで委員会の議題としてこれを維持する。
2 締約国会合としての役割を果たす締約国会議は、委員会の勧告に関して、関連締約国、特に開発途上締約国、なかでも特に後発発展途上国及び小島嶼発展途上国、並びに経済移行過程にある締約国の遵守の能力、及び不遵守の原因、種類、程度並びに頻度といった要素を考慮に入れて、以下の措置の一又はそれ以上を決定することができる。
  (a) 財政的及び技術的支援、技術移転、訓練並びにその他の能力開発措置を提供する。
  (b) 関連締約国に警告を与える。
  (c) 事務局長に、バイオセーフティに関する情報交換センターにおいて不遵守の事案を公表するよう要請する。
  (d) 不遵守が繰り返される場合には、議定書の締約国会合としての役割を果たす締約国会議が、その第3回会合において及びそれ以降、第VII部が規定する再検討プロセスの枠内で議定書の第35条に従って決定することがある措置をとる。

VII 手続及び制度の再検討

議定書の締約国会合としての役割を果たす締約国会議は、第3回会合及びそれ以降に、議定書第35条に沿って、これらの手続及び制度の有効性を再検討し、不遵守が繰り返される事案に対処し、適当な行動をとる。

5-4-3　バイオセーフティに関するカルタヘナ議定書の責任及び救済に関する名古屋・クアラルンプール補足議定書（名古屋・クアラルンプール補足議定書）（抄）

Nagoya – Kuala Lumpur Supplementary Protocol on Liability and Redress to the Cartagena Protocol on Biosafty

採　択　2010年10月15日（第5回締約国会合、名古屋）
効力発生
日本国　2012年3月2日署名

この補足議定書の締約国は、
　生物の多様性に関する条約のバイオセーフティに関するカルタヘナ議定書（以下「議定書」という。）の締約国として、
　環境及び発展に関するリオ宣言の原則13を考慮し、
　環境及び発展に関するリオ宣言の原則15に規定する予防的な取組方法を再確認し、
　議定書に反することなく、損害又は損害の高い可能性がある場合における適当な対応措置について定める必要性を認識し、
　議定書第27条の規定を想起して、
　次のとおり協定した。

第1条（目的）この補足議定書は、改変された生物に関する責任及び救済の分野における国際的な規則及び手続を定めることにより、人の健康に対する危険も考慮して、生物の多様性の保全及び持続可能な利用に寄与することを目的とする。

第2条（用語）1　生物の多様性に関する条約（以下「条約」という。）第2条及び議定書第3条において用いられる用語は、この補足議定書について適用する。

2　さらに、この補足議定書の適用上、
　(a)　「議定書の締約国の会合としての役割を果たす締約国会議」とは、議定書の締約国の会合としての役割を果たす条約の締約国会議をいう。
　(b)　「損害」とは、生物の多様性の保全及び持続可能な利用に及ぼす悪影響（人の健康に対する危険も考慮したもの）であって、次の要件を満たすものをいう。
　　(i)　権限ある当局が、その他の人為的な変化及び自然の変化を考慮して承認する、利用可能で科学的に確立された基準が存在する場合には、当該基準を考慮して、測定し、又は観察することが可能であること、及び、
　　(ii)　3に規定する著しい悪影響であること。
　(c)　「管理者」とは、改変された生物を直接又は間接に管理しているすべての者であり、適当な場合かつ国内法が定める場合には、特に、次の者を含む。許可証の保持者、改変された生物を上市した者、開発者、生産者、通告者、輸出者、輸入者、運送者又は供給者
　(d)　「対応措置」とは、次の合理的な措置をいう。
　　(i)　適当な場合には、損害を防止し、最小化し、拡散を阻止し、軽減し、又は回避する措置
　　(ii)　以下の優先順位により取られる行動を通じて生物の多様性を復元する措置
　　　a　損害が生じる前に存在した状態又はそれに最も近い状態に生物の多様性を復元する措置、及び、これが不可能であると権限のある当局が決定する場合には、
　　　b　生物多様性の喪失について、特に、同一の場所又は適当な場合にはこれに代替する場所で生物の多様性の他の構成要素であって、同一又は他の目的で利用されるものにより、当該喪失を置き換えることによって復元する措置

3　「著しい」悪影響は、例えば、以下の要因に基づき決定される。
　(a)　合理的な期間内に自然の回復により救済されない変化と理解される長期的又は永続的な変化
　(b)　生物の多様性の構成要素に悪影響を与える質的又は量的な変化の程度
　(c)　生物の多様性の構成要素が財及びサービスを提供する能力の低下
　(d)　議定書に定める範囲内で、人の健康に及ぼす悪影響の程度

第3条（適用範囲）1　この補足議定書は、国境を越える移動にその起源をもつ改変された生物から生じる損害について適用する。改変された生物と

は、次のものをいう。
(a) 食料若しくは飼料として直接利用し、又は加工することを目的とするもの
(b) 拡散防止措置の下での利用を目的とするもの
(c) 環境への意図的な導入を意図するもの
2 意図的な国境を越える移動に関しては、この補足議定書は、1に規定する改変された生物の認められた利用から生じる損害について適用する。
3 この補足議定書は、議定書第17条に規定する意図的でない国境を越える移動から生じる損害、及び議定書第25条に規定する不法な国境を越える移動から生じる損害についても適用する。
4 この補足議定書は、自国の管轄内に改変された生物の国境を越える移動が行われた締約国についてこの補足議定書の効力が生じたときは、その効力発生の後に開始した当該国境を越える移動から生じる損害について適用する。
5 この補足議定書は、締約国の管轄権の範囲内にある区域において生じた損害について適用する。
6 締約国は、自国の管轄権の範囲内にある区域において生じた損害に対処するため、自国の国内法に定める基準を用いることができる。
7 この補足議定書を実施する国内法は、非締約国からの改変された生物の国境を越える移動から生じる損害についても適用する。

第4条(因果関係) 因果関係は、損害と問題となる改変された生物との間について、国内法に従い立証される。

第5条(対応措置) 1. 締約国は、損害が生じた場合、権限のある当局の要請に従うことを条件として、適当な管理者に対して次のことを行うことを義務づける。
(a) 権限のある当局に直ちに通報すること。
(b) 損害を評価すること。
(c) 適当な対応措置をとること。
2 権限のある当局は、次のことを行う。
(a) 損害を与えた管理者を特定すること。
(b) 損害を評価すること。
(c) いかなる対応措置が管理者によってとられるべきかについて決定すること。
3 関連情報(入手可能な科学的な情報又はバイオセーフティに関する情報交換センターにおいて入手可能な情報を含む。)が、時宜を得た対応措置がとられなければ損害が生じる十分な可能性があることを示している場合には、管理者は、そのような損害を回避するための適当な対応措置をとることを要求される。
4 権限のある当局は、適当な対応措置を実施することができる(特に、管理者がそのような措置を実施しなかった場合を含む。)。
5 権限のある当局は、損害の評価及びそのような適当な対応措置の実施のための費用及び経費並びにそれらに付随する費用及び経費を回収する権利を有する。締約国は、自国の国内法により、管理者が費用及び経費を負担することを要求されないその他の事情について定めることができる。
6 管理者に対応措置をとることを要求する権限のある当局の決定には、理由が付されるべきである。当該決定は、管理者に通報するべきである。国内法は、救済措置(当該決定の行政又は司法による再検討の機会を含む。)を定める。権限のある当局は、国内法に従い、利用可能な救済措置についても管理者に通報する。当該救済措置の請求は、国内法による別段の定めがない限り、権限のある当局が適当な状況において対応措置をとることを妨げてはならない。
7 この条の規程を実施するに当たり、権限のある当局により要求され、又はとられる特定の対応措置を定めるために、締約国は、適当な場合には、対応措置が、民事責任に関する自国の国内法により既にとられているかを評価することができる。
8 対応措置は、国内法に従い実施される。

第6条(免責) 1 締約国は、自国の国内法において、次の免責を規定することができる。
(a) 天災又は不可抗力
(b) 戦争行為又は争乱
2 締約国は、自国の国内法において、適当と認める他の免責又は軽減事由を定めることができる。

第7条(法定期間) 締約国は、自国の国内法において、次のことを定めることができる。
(a) 相対的又は絶対的な期限(対応措置に関連する訴訟に関するものを含む。)
(b) 期限が適用される期間の始期

第8条(限度額) 締約国は、自国の国内法において、対応措置に関連する費用及び経費の回収に関する限度額を定めることができる。

第9条(求償権) この補足議定書は、管理者が他の者に対して有する求償又は賠償の権利を限定し、又は制限するものではない。

第10条(金銭上の保証) 1 締約国は、自国の国内法において、金銭上の保証について定める権利を有する。
2 締約国は、議定書の前文の末尾3段落の規定を考慮して、国際法に基づく自国の権利及び義務に反しない方法で1に定める権利を行使する。

3　補足議定書の効力発生の後に最初に開催されるこの議定書の締約国会合としての役割を果たす締約国会議の会合は、特に次のことを取り扱う包括的な研究を行うことを事務局に要請する。
　(a)　金銭上の保証の制度の態様
　(b)　特に発展途上国に対する(a)の制度の環境上、経済上及び社会上の影響の評価
　(c)　金銭上の保証を提供する適当な組織の特定

第11条(国際違法行為に対する国家の責任) この補足議定書は、国際違法行為に対する国家の責任に関する一般国際法の規則に基づく国の権利及び義務に影響を及ぼすものではない。

第12条(実施及び民事責任との関係) 1　締約国は、自国の国内法において、損害に対処する規則及び手続を定める。この義務を実施するために、締約国は、この補足議定書に従って対応措置を規定し、適当な場合には、次のことを行うことができる。
　(a)　自国の既存の国内法(可能な場合には、民事責任に関する一般規則及び手続を含む。)を適用すること。
　(b)　特に当該義務を実施するための民事責任に関する規則及び手続を適用し、又は作成すること。
　(c)　両者を組み合せたものを適用し、又は作成すること。

2　締約国は、第2条2(b)が定義する損害に係る物的損害又は人的損害についての民事責任に関する適当な規則及び手続を自国の国内法において定めるため、次のいずれかのことを行う。
　(a)　民事責任に関する自国の現行の一般的な法律を引き続き適用すること。
　(b)　この目的のために特に、民事責任に関する法律を作成し、及び適用し、又は引き続き適用すること。
　(c)　両者を組み合せたものを作成し、及び適用し、又は引き続き適用すること。

3　締約国は、1(b)若しくは(c)又は2(b)若しくは(c)に定める民事責任に関する法律を作成する場合、適宜、特に次の要素に対処する。
　(a)　損害
　(b)　責任の基準(厳格責任又は過失責任を含む。)
　(c)　適当な場合には、責任の帰属
　(d)　請求を提起する権利

第13条(評価及び再検討) (略)
第14条(議定書の締約国の会合としての役割を果たす締約国会議) (略)
第15条(事務局) (略)
第16条(条約及び議定書との関係) 1　この補足議定書は、議定書を補足するものとし、議定書を修正し、又は改正するものではない。

2　この補足議定書は、この補足議定書の締約国が、条約及び議定書に基づき有する権利及び義務に影響を及ぼすものではない。

3　条約及び議定書の規定は、この補足議定書に別段の定めがある場合を除くほか、この補足議定書に準用する。

4　この補足議定書は、3の規定の適用を妨げることなく、国際法に基づく締約国の権利及び義務に影響を及ぼすものではない。

第17条(署名) (略)
第18条(効力発生) (略)
第19条(留保) (略)
第20条(脱退) (略)
第21条(正文) (略)

5-4-4　生物の多様性に関する条約の遺伝資源の取得の機会及びその利用から生ずる利益の公正かつ衡平な配分に関する名古屋議定書(名古屋議定書)(抄)

The Nagoya Protocol on Access to Genetic Resources and the Fair and Equitable Sharing of Benefits Arising from their Utilization to the Convention on Biological Diversity

採　　択　2010年10月29日(第10回締約国会合、名古屋)
効力発生　2014年10月12日
日 本 国　2011年5月11日署名

この議定書の締約国は、
　生物の多様性に関する条約(以下「条約」という。)の締約国として、
　遺伝資源の利用から生ずる利益の公正かつ衡平な配分が条約の中核的な三つの目的の一つであることを想起し、及びこの議定書が条約の枠組みにおけるこの目的の実現を追求することを認識し、
　諸国が自国の天然資源に対して及び条約に従って有する主権的権利を再確認し、
　さらに、条約第15条の規定を想起し、
　条約第16条及び第19条の規定に従い、開発途上国における遺伝資源に価値を付加するための研究及

びイノベーションの能力を開発するための技術移転及び協力が持続可能な開発に果たす重要な貢献を認識し、

生態系及び生物の多様性の経済的価値について公衆を啓発すること並びにこの経済的価値を生物の多様性の管理者と公正かつ衡平に配分することが、生物の多様性の保全及びその構成要素の持続可能な利用を奨励する重要な措置であることを認識し、

取得の機会及び利益の配分が生物の多様性の保全及び持続可能な利用、貧困の撲滅並びに環境の持続可能性に貢献し、これにより、ミレニアム開発目標の達成に貢献する潜在的な役割を有することを認め、

遺伝資源の取得の機会の提供と当該遺伝資源の利用から生ずる利益の公正かつ衡平な配分との間の相互関係を認め、

遺伝資源の取得の機会の提供及びその利用から生ずる利益の公正かつ衡平な配分に関する法的な確実性を提供することの重要性を認識し、

さらに、遺伝資源の提供者と利用者との間の相互に合意する条件についての交渉における衡平及び公正を促進することの重要性を認識し、

また、取得の機会及び利益の配分において女性が不可欠の役割を果たすことを認識し、並びに生物の多様性の保全のための政策の決定及び実施のすべての段階における女性の完全な参加が必要であることを確認し、

取得の機会及び利益の配分に関する条約の規定の効果的な実施をさらに支援することを決意し、

遺伝資源及び遺伝資源に関連する伝統的な知識であって、国境を越えた状況で存在するもの又は事前の情報に基づく同意を与えること若しくは得ることができないものの利用から生ずる利益の公正かつ衡平な配分に対処するため、革新的な解決策が必要とされることを認識し、

食料安全保障、公衆衛生、生物の多様性の保全並びに気候変動の緩和及び気候変動に対する適応にとって遺伝資源が重要であることを認識し、

農業に係る生物の多様性の特別の性質、他と異なる特徴及び特有の解決策を必要とする問題を認識し、

食料及び農業のための遺伝資源に関するすべての国の相互依存関係並びに当該遺伝資源が貧困の軽減及び気候変動の関連における世界的規模の食糧安全保障の達成及び農業の持続可能な開発にとって有する特別の性質及び重要性を認識し、また、この点に関し、食料及び農業のための植物遺伝資源に関する国際条約及び国際連合食糧農業機関の食料及び農業のための遺伝資源に関する委員会の基本的な役割を認め、

世界保健機関の国際保健規則(2005年)並びに公衆衛生に係る準備及び対応のために人の病原体の取得の機会を確保することの重要性に留意し、

取得の機会及び利益の配分に関連する他の国際的な場において進められている作業を認め、

食料及び農業のための植物遺伝資源に関する国際条約の下で構築された取得の機会及び利益の配分に関する多数国間の制度が条約と調和するものとして策定されたことを想起し、

取得の機会及び利益の配分に関する国際文書が条約の目的を達成するために相互に補完的であるべきことを認識し、

条約第8条(j)の規定が遺伝資源に関連する伝統的な知識及びその利用から生ずる利益の公正かつ衡平な配分について有する関連性を想起し、

遺伝資源と伝統的な知識との間の相互関係、先住民族の社会及び地域社会にとってそれらが不可分であるという性質並びに生物の多様性の保全及びその構成要素の持続可能な利用のため並びにこれらの社会の持続可能な生存のために伝統的な知識が有する重要性に留意し、

先住民族の社会及び地域社会において遺伝資源に関連する伝統的な知識を保ち、又は有している状況の多様性を認識し、

先住民族の社会及び地域社会がこれらの社会の遺伝資源に関連する伝統的な知識を正当に有する者をこれらの社会内において特定する権利を有することに留意し、

さらに、各国において遺伝資源に関連する伝統的な知識が口承、文書その他の形態により特有の状況の下で保たれていること並びにこれらの状況が生物の多様性の保全及び持続可能な利用に関連する豊かな文化遺産を反映するものであることを認識し、

先住民族の権利に関する国際連合宣言に留意し、

この議定書のいかなる規定も先住民族の社会及び地域社会の既存の権利を減じ、又は消滅させるものと解してはならないことを確認して、

次のとおり協定した。

第1条(目的) この議定書の目的は、遺伝資源の利用から生ずる利益を公正かつ衡平に配分すること(遺伝資源及び関連のある技術についてのすべての権利を考慮に入れた当該遺伝資源の取得の適当な機会の提供及び当該関連のある技術の適当な移転並びに適当な資金供与により配分することを含む。)並びにこれによって生物の多様性の保全及びその構成要素の持続可能な利用に貢献することである。

第2条(用語) 条約第2条に定義する用語は、この議定書に適用する。さらに、この議定書の適用上、

(a) 「締約国会議」とは、条約の締約国会議をいう。
(b) 「条約」とは、生物の多様性に関する条約をいう。
(c) 「遺伝資源の利用」とは、遺伝資源の遺伝的及び(又は)生化学的な構成に関する研究及び開発を行うこと(条約第2条に定義するバイオテクノロジーを用いて行うものを含む。)をいう。
(d) 条約第2条に定義する「バイオテクノロジー」とは、物又は方法を特定の用途のために作り出し、又は改変するため、生物システム、生物又はその派生物を利用する応用技術をいう。
(e) 「派生物」とは、生物資源又は遺伝資源の遺伝的な発現又は代謝の結果として生ずる生化学的化合物(遺伝の機能的な単位を有していないものを含む。)であって、天然に存在するものをいう。

第3条(適用範囲) この議定書は、条約第15条の規定の範囲内の遺伝資源及びその利用から生ずる利益について適用する。この議定書は、また、遺伝資源に関連する伝統的な知識であって条約の範囲内のもの及び当該伝統的な知識の利用から生ずる利益について適用する。

第4条(国際協定及び国際文書との関係) 1 この議定書は、現行の国際協定に基づく締約国の権利及び義務に影響を及ぼすものではない。ただし、当該締約国の権利の行使及び義務の履行が生物の多様性に重大な損害又は脅威を与える場合は、この限りでない。この1の規定は、この議定書と他の国際文書との間に序列を設けることを意図するものではない。

2 この議定書のいかなる規定も、締約国が他の関連する国際協定(取得の機会及び利益の配分に関する他の専門的な協定を含む。)を作成し、及び実施することを妨げるものではない。ただし、当該国際協定が条約及びこの議定書の目的を助長し、かつ、これらに反しない場合に限る。

3 この議定書は、この議定書に関連する他の国際文書と相互に補完的な方法で実施する。当該国際文書及び関連する国際機関の下での有用かつ関連する実施中の作業又は慣行について、妥当な考慮が払われるべきである。ただし、当該作業又は当該慣行が条約及びこの議定書の目的を助長し、かつ、これらに反しない場合に限る。

4 この議定書は、条約の取得の機会及び利益の配分に関する規定を実施するための文書である。取得の機会及び利益の配分に関する専門的な国際文書であって条約及びこの議定書の目的と適合し、かつ、これらに反しないものが適用される場合には、この議定書は、当該文書が対象とする特定の遺伝資源に関しては、当該文書の適用のため、当該文書の締約国については適用しない。

第5条(公正かつ衡平な利益の配分) 1 遺伝資源の利用並びにその後の応用及び商業化から生ずる利益は、条約第15条3及び7の規定に従い、当該遺伝資源を提供する締約国(当該遺伝資源の原産国であるもの又は条約の規定に従って当該遺伝資源を獲得した締約国であるものに限る。)と公正かつ衡平に配分する。その配分は、相互に合意する条件で行う。

2 締約国は、遺伝資源についての先住人民の社会及び地域社会の確立された権利に関する国内法令に従ってこれらの社会が保有する遺伝資源の利用から生ずる利益が、当該先住人民の社会及び当該地域社会と相互に合意する条件に基づいて公正かつ衡平に配分されることを確保するため、適宜、立法上、行政上又は政策上の措置をとる。

3 締約国は、1の規定を実施するため、適宜、立法上、行政上又は政策上の措置をとる。

4 利益は、金銭的及び非金銭的な利益(附属書に掲げるものを含むが、これらに限らない。)を含むことができる。

5 締約国は、遺伝資源に関連する伝統的な知識の利用から生ずる利益が当該伝統的な知識を有する先住人民の社会及び地域社会と公正かつ衡平に配分されるよう、適宜、立法上、行政上又は政策上の措置をとる。その配分は、相互に合意する条件で行う。

第6条(遺伝資源の取得の機会の提供) 1 遺伝資源の利用のための取得の機会が与えられるためには、天然資源に対する主権的権利の行使として、かつ、取得の機会及び利益の配分に関する国内の法令又は規則に従い、当該遺伝資源を提供する締約国(当該遺伝資源の原産国であるもの又は条約の規定に従って当該遺伝資源を獲得した締約国であるものに限る。)が事前の情報に基づいて同意することを必要とする。ただし、当該締約国が別段の決定を行う場合を除く。

2 締約国は、国内法令に従い、先住人民の社会及び地域社会が遺伝資源の取得の機会を提供する確立された権利を有する場合における当該遺伝資源の取得の機会の提供について、当該先住人民の社会及び当該地域社会の事前の情報に基づく同意又は承認及び参加が得られることを確保するために適当な措置をとる。

3 事前の情報に基づく同意を得ることを要求する

締約国は、1の規定に従い、次のことを行うために適宜、必要な立法上、行政上又は政策上の措置をとる。
  (a) 取得の機会及び利益の配分に関する国内の法令又は規則に法的確実性、明確性及び透明性を与えること。
  (b) 遺伝資源の取得の機会の提供に関する公正な、かつ、恣意的でない規則及び手続を定めること。
  (c) 事前の情報に基づく同意を申請する方法に関する情報を提供すること。
  (d) 国内の権限のある当局が費用対効果の大きな方法で、かつ、合理的な期間内に、明確な、かつ、透明性のある書面による決定を行うことについて定めること。
  (e) 事前の情報に基づく同意を与えるとの決定及び相互に合意する条件の設定を証明するものとして、取得の機会の提供の際に許可証又はこれに相当するものを発給することについて定め、及び取得の機会及び利益の配分に関する情報交換センターに通報すること。
  (f) 必要な場合には、国内法令に従い、遺伝資源の取得の機会の提供について先住人民の社会及び地域社会の事前の情報に基づく同意又は承認及び参加を得るための基準及び(又は)手続を定めること。
  (g) 相互に合意する条件を要求し、及び設定するための明確な規則及び手続を確立すること。当該条件は、書面により明示されなければならず、及び特に次の事項を含むことができる。
    (i) 紛争解決条項
    (ii) 利益の配分に関する条件(知的財産権に関するものを含む。)
    (iii) 第三者によるその後の利用がある場合には、当該利用に関する条件
    (iv) 必要な場合には、目的の変更に関する条件

第7条(遺伝資源に関連する伝統的な知識の取得の機会の提供) 締約国は、国内法令に従い、遺伝資源に関連する伝統的な知識であって先住人民の社会及び地域社会が有するものについて、当該先住人民の社会及び当該地域社会の事前の情報に基づく同意又は承認及び参加を得て取得されること並びに相互に合意する条件が設定されていることを確保するために適当な措置をとる。

第8条(特別の考慮事項) 締約国は、取得の機会及び利益の配分に関する自国の法令又は規則を定め、及び実施するに当たり、次のことを行う。
  (a) 特に開発途上国において、生物の多様性の保全及び持続可能な利用に貢献する研究を促進し、及び奨励するための条件(非商業的な目的の研究のための取得の機会の提供について、当該研究の目的の変更に対処する必要性を考慮しつつ、簡易な措置によることとすることを含む。)を整えること。
  (b) 人、動物又は植物の健康に脅威又は損害を与える現在の又は差し迫った緊急事態であると国内的又は国際的に決定された事態に妥当な考慮を払うこと。締約国は、遺伝資源の迅速な取得の機会の提供及びその利用から生ずる利益の迅速、公正かつ衡平な配分(特に開発途上国において、治療を必要とする者が適切な治療を受けることができることを含む。)の必要性を考慮することができる。
  (c) 食料及び農業のための遺伝資源の重要性並びにそれらが食糧安全保障に果たす特別な役割を考慮すること。

第9条(保全及び持続可能な利用への貢献) 締約国は、利用者及び提供者に対し、遺伝資源の利用から生ずる利益を生物の多様性の保全及びその構成要素の持続可能な利用に充てるよう奨励する。

第10条(地球的規模の多数国間の利益の配分の仕組み) 締約国は、遺伝資源及び遺伝資源に関連する伝統的な知識であって、国境を越えた状況で存在するもの又は事前の情報に基づく同意を与えること若しくは得ることができないものの利用から生ずる利益の公正かつ衡平な配分に対処するため、地球的規模の多数国間の利益の配分の仕組みの必要性及び態様について検討する。遺伝資源及び遺伝資源に関連する伝統的な知識の利用者がこの仕組みを通じて配分する利益は、生物の多様性の保全及びその構成要素の持続可能な利用を地球的規模で支援するために利用される。

第11条(国境を越える協力) 1 同一の遺伝資源が二以上の締約国の領域内の生息域内において認められる場合には、当該二以上の締約国は、この議定書を実施するため、適当なときは、必要に応じ関係する先住人民の社会及び地域社会の参加を得て、協力するよう努める。
2 複数の締約国にわたる一又は二以上の先住人民の社会及び地域社会によって遺伝資源に関連する同一の伝統的な知識が共有されている場合には、当該複数の締約国は、この議定書の目的を実現するため、適当なときは、関係する先住人民の社会及び地域社会の参加を得て、協力するよう努める。

第12条(遺伝資源に関連する伝統的な知識) 1 締約国

は、この議定書に基づく義務の実施に当たり、国内法令に従い、遺伝資源に関連する伝統的な知識について、必要に応じ先住人民の社会及び地域社会の慣習法、慣行及び手続を考慮する。
2 締約国は、関係する先住人民の社会及び地域社会の効果的な参加を得て、遺伝資源に関連する伝統的な知識の潜在的な利用者に対し当該潜在的な利用者の義務(伝統的な知識の取得の機会の提供及びその利用から生ずる利益の公正かつ衡平な配分に関する措置であって、取得の機会及び利益の配分に関する情報交換センターを通じて参照することができるものを含む。)を知らせるための仕組みを確立する。
3 締約国は、適当な場合には、先住人民の社会及び地域社会(これらの社会に属する女性を含む。)が次のことを行うことを支援するよう努める。
 (a) 遺伝資源に関連する伝統的な知識の取得の機会及びその利用から生ずる利益の公正かつ衡平な配分に関する慣例を発展させること。
 (b) 遺伝資源に関連する伝統的な知識の利用から生ずる利益の公正かつ衡平な配分を確保するための相互に合意する条件に関する最小限の要件を定めること。
 (c) 遺伝資源に関連する伝統的な知識の利用から生ずる利益の配分のための契約の条項のひな型を作成すること。
4 締約国は、この議定書の実施に当たり、条約の目的に従い、先住人民の社会及び地域社会の内部並びにこれらの社会の間における遺伝資源及び関連する伝統的な知識の利用慣行及び交換をできる限り制限しない。

第13条(国内の中央連絡先及び権限のある当局) 1 締約国は、取得の機会及び利益の配分に関する国内の中央連絡先を指定する。当該中央連絡先は、次の情報を利用可能にするとともに、事務局との連絡について責任を有する。
 (a) 遺伝資源の取得の機会を求める申請者に対しては、事前の情報に基づく同意を得るため及び相互に合意する条件(利益の配分を含む。)を設定するための手続に関する情報
 (b) 遺伝資源に関連する伝統的な知識の取得の機会を求める申請者に対しては、可能な場合には、先住人民の社会及び地域社会の事前の情報に基づく同意又は適当なときは承認及び参加を得るため並びに相互に合意する条件(利益の配分を含む。)を設定するための手続に関する情報
 (c) 国内の権限のある当局、関係する先住人民の社会及び地域社会並びに関係する利害関係者に関する情報

2 締約国は、取得の機会及び利益の配分に関する一又は二以上の国内の権限のある当局を指定する。当該権限のある当局は、適用のある国内の立法上、行政上又は政策上の措置に従い、取得の機会を提供する責任又は必要な場合には取得のための要件が満たされていることを証明する文書を発給する責任を有し、並びに事前の情報に基づく同意を得るため及び相互に合意する条件を設定するための適用のある手続及び要件について助言する責任を有する。
3 締約国は、中央連絡先及び権限のある当局の双方の任務を遂行する単一の組織を指定することができる。
4 締約国は、この議定書が自国について効力を生ずる日までに、事務局に対し、自国の中央連絡先及び権限のある当局の連絡先を通報する。締約国は、二以上の権限のある当局を指定する場合には、その通報と共にこれらの当局のそれぞれの責任に関する関連情報を事務局に送付する。当該関連情報においては、必要な場合には、少なくとも、どの権限のある当局が求められる遺伝資源について責任を有しているかを特定する。締約国は、中央連絡先の指定の変更又は権限のある当局の連絡先若しくはその責任の変更を直ちに事務局に通報する。
5 事務局は、4の規定により受領した情報を取得の機会及び利益の配分に関する情報交換センターを通じて利用可能にする。

第14条(取得の機会及び利益の配分に関する情報交換センター及び情報の共有) 1 取得の機会及び利益の配分に関する情報交換センターは、条約第18条3の規定に基づく情報交換の仕組みの一部として設置する。同センターは、取得の機会及び利益の配分に関する情報の共有のための手段としての役割を果たす。特に、同センターは、この議定書の実施に関して締約国によって利用可能とされる情報へのアクセスを提供する。
2 締約国は、秘密の情報の保護を妨げられることなく、この議定書によって必要とされている情報及びこの議定書の締約国の会合としての役割を果たす締約国会議による決定に従って必要とされる情報を取得の機会及び利益の配分に関する情報交換センターに提供する。これらの情報には、次のものを含める。
 (a) 取得の機会及び利益の配分に関する立法上、行政上及び政策上の措置
 (b) 国内の中央連絡先及び権限のある当局に関する情報
 (c) 事前の情報に基づく同意を与えるとの決定

及び相互に合意する条件の設定を証明するものとして取得の機会の提供の際に発給された許可証又はこれに相当するもの
3 追加的な情報には、入手可能であり、かつ、適当な場合には、次のものを含めることができる。
  (a) 先住人民の社会及び地域社会について権限を有する関係当局並びに決められている場合には広報について権限を有する関係当局
  (b) 契約の条項のひな型
  (c) 遺伝資源について監視するために開発された方法及び手段
  (d) 行動規範及び最良の実例
4 取得の機会及び利益の配分に関する情報交換センターの活動の態様(その活動に関する報告を含む。)については、この議定書の締約国の会合としての役割を果たす締約国会議の第1回会合において検討し、及び決定し、その後継続して検討する。

第15条(取得の機会及び利益の配分に関する国内の法令又は規則の遵守) 1 締約国は、自国の管轄内で利用される遺伝資源に関し、取得の機会及び利益の配分に関する他の締約国の国内の法令又は規則に従い、事前の情報に基づく同意により取得されており、及び相互に合意する条件が設定されていることとなるよう、適当で効果的な、かつ、均衡のとれた立法上、行政上又は政策上の措置をとる。
2 締約国は、1の規定に従ってとられた措置の不遵守の状況に対処するため、適当で効果的な、かつ、均衡のとれた措置をとる。
3 締約国は、可能かつ適当な場合には、1に規定する取得の機会及び利益の配分に関する国内の法令又は規則の違反が申し立てられた事案について協力する。

第16条(遺伝資源に関連する伝統的な知識の取得の機会及び利益の配分に関する国内の法令又は規則の遵守) 1 締約国は、遺伝資源に関連する伝統的な知識であって自国の管轄内で利用されるものに関し、先住人民の社会及び地域社会が所在する他の締約国の国内の法令又は規則であって取得の機会及び利益の配分に関するものに従い、事前の情報に基づくこれらの社会の同意により又はこれらの社会の承認及び参加を得て取得されており、並びに相互に合意する条件が設定されていることとなるよう、適宜、適当で効果的な、かつ、均衡のとれた立法上、行政上又は政策上の措置をとる。
2 締約国は、1の規定に従ってとられた措置の不遵守の状況に対処するため、適当で効果的な、かつ、均衡のとれた措置をとる。
3 締約国は、可能かつ適当な場合には、1に規定する取得の機会及び利益の配分に関する国内の法令又は規則の違反が申し立てられた事案について協力する。

第17条(遺伝資源の利用の監視) 1 締約国は、遵守を支援するため、適当な場合には、遺伝資源の利用について監視し、及び透明性を高めるための措置をとる。当該措置は、次のことを含む。
  (a) 次のことを踏まえ、一又は二以上の確認のための機関を指定すること。
    (i) 指定された確認のための機関は、適当な場合には、事前の情報に基づく同意、遺伝資源の出所、相互に合意する条件の設定及び(又は)適当なときは遺伝資源の利用に関する関連情報を収集し、又は受領すること。
    (ii) 締約国は、適当な場合には、指定された確認のための機関の性格に応じて、遺伝資源の利用者に対し、当該関連情報を指定された確認のための機関に提供することを要求すること。締約国は、不履行の状況に対処するため、適当で効果的な、かつ、均衡のとれた措置をとること。
    (iii) 当該関連情報(利用可能な場合には、国際的に認められた遵守の証明書から得られる情報を含む。)は、秘密の情報の保護を妨げられることなく、関連する国内当局、事前の情報に基づく同意を与える締約国及び適当な場合には取得の機会及び利益の配分に関する情報交換センターに提供すること。
    (iv) 確認のための機関は、効果的なものでなければならず、及びこの(a)の規定の実施に関連する機能を有すべきであり、並びに遺伝資源の利用又は関連情報(特に、研究、開発、イノベーション、商業化前又は商業化のすべての段階に関連するもの)の収集と関連を有しているべきであること。
  (b) 遺伝資源の利用者及び提供者に対し、相互に合意する条件に当該条件の実施に関する情報の共有(報告の義務によるものを含む。)のための規定を含めることを奨励すること。
  (c) 費用対効果の大きい通信手段及び通信システムの利用を奨励すること。
2 第6条3(e)の規定に従って発給され、取得の機会及び利益の配分に関する情報交換センターに提供された許可証又はこれに相当するものは、国際的に認められた遵守の証明書とする。
3 国際的に認められた遵守の証明書は、当該証明書が対象とする遺伝資源について、事前の情報

に基づく同意を与えた締約国の国内の法令又は規則であって取得の機会及び利益の配分に関するものに従い、事前の情報に基づく同意により取得されており、及び相互に合意する条件が設定されていることを証明する役割を果たす。
4 国際的に認められた遵守の証明書は、次の情報が秘密のものではない場合には、少なくとも当該情報を含む。
  (a) 発給した当局
  (b) 発給日
  (c) 提供者
  (d) 当該証明書の固有の識別記号
  (e) 事前の情報に基づく同意が与えられた個人又は団体
  (f) 当該証明書が対象とする事項又は遺伝資源
  (g) 相互に合意する条件が設定されたことの確認
  (h) 事前の情報に基づく同意が得られたことの確認
  (i) 商業的及び(又は)非商業的な利用

第18条(相互に合意する条件の遵守) 1 締約国は、第6条3(g)(i)及び第7条の規定の実施に当たり、遺伝資源及び(又は)遺伝資源に関連する伝統的な知識の提供者及び利用者に対し、次の(a)から(c)までに規定するものを含む紛争解決を対象とする規定を適当な場合には相互に合意する条件に含めることを奨励する。
  (a) 紛争解決手続において提供者及び利用者が服する裁判権
  (b) 準拠法、及び(又は)、
  (c) 仲介、仲裁その他の裁判外の紛争解決の選択肢
2 締約国は、相互に合意する条件から生ずる紛争の事案について、適用される管轄権の要件に従い、自国の法制度の下で訴訟を提起することができることを確保する。
3 締約国は、適当な場合には、次の事項について効果的な措置をとる。
  (a) 司法手続の利用
  (b) 外国における判決及び仲裁判断の相互承認及び執行に関する制度の利用
4 この条の規定の有効性は、第31条の規定に従い、この議定書の締約国の会合としての役割を果たす締約国会議が再検討する。

第19条(契約の条項のひな型) 1 締約国は、適当な場合には、相互に合意する条件に関する分野別の及び分野横断的な契約の条項のひな型の作成、更新及び利用を奨励する。
2 この議定書の締約国の会合としての役割を果たす締約国会議は、分野別の及び分野横断的な契約の条項のひな型の利用について定期的に審査する。

第20条(行動規範、指針及び最良の実例及び(又は)基準) 1 締約国は、適当な場合には、取得の機会及び利益の配分に関する任意の行動規範、指針及び最良の実例及び(又は)基準の作成、更新及び利用を奨励する。
2 この議定書の締約国の会合としての役割を果たす締約国会議は、任意の行動規範、指針及び最良の実例及び(又は)基準の利用について定期的に審査し、並びに特定の行動規範、指針及び最良の実例及び(又は)基準の採択について検討する。

第21条(啓発) 締約国は、遺伝資源及び遺伝資源に関連する伝統的な知識の重要性並びにこれに関連する取得の機会及び利益の配分に関する事項について啓発するための措置をとる。当該措置には、特に、次のことを含めることができる。
  (a) この議定書(その目的を含む。)の普及を促進すること。
  (b) 先住人民の社会及び地域社会並びに関係する利害関係者の会合を開催すること。
  (c) 先住人民の社会及び地域社会並びに関係する利害関係者のための相談窓口を設置し、及び維持すること
  (d) 国内の情報交換センターを通じて情報を普及すること。
  (e) 先住人民の社会及び地域社会並びに関係する利害関係者と協議しつつ、任意の行動規範、指針及び最良の実例及び(又は)基準の普及を促進すること。
  (f) 適当な場合には、国内で並びに地域的及び国際的に経験を交換することを促進すること。
  (g) 遺伝資源及び遺伝資源に関連する伝統的な知識の利用者及び提供者が取得の機会及び利益の配分について負う義務に関し、当該利用者及び当該提供者を教育し、及び訓練すること。
  (h) この議定書の実施に先住人民の社会及び地域社会並びに関係する利害関係者を参加させること。
  (i) 先住人民の社会及び地域社会の慣例及び手続について啓発すること。

第22条(能力) 1 締約国は、開発途上締約国(特にこれらの締約国のうちの後発開発途上国及び小島嶼国)及び移行経済締約国におけるこの議定書の効果的な実施のため、既存の世界的、地域的及び小地域的な並びに国内の団体及び組織を通ずる方法を含め、能力の開発及び向上並びに人

的資源及び制度的能力の強化について協力する。このため、締約国は、先住人民の社会及び地域社会並びに関係する利害関係者(非政府機関及び民間部門を含む。)の参加を容易にすべきである。
2 条約の関連規定に基づく資金に関する開発途上締約国(特にこれらの締約国のうちの後発開発途上国及び小島嶼国)及び移行経済締約国のニーズは、この議定書の実施のための能力の開発及び向上に当たり十分に考慮される。
3 この議定書の実施に関連する適当な措置の基礎として、開発途上締約国(特にこれらの締約国のうちの後発開発途上国及び小島嶼国)及び移行経済締約国は、自国の能力の自己評価を通じて、自国の能力に関するニーズ及び優先事項を特定すべきである。これを行うに当たり、それらの締約国は、女性の能力に関するニーズ及び優先事項に重点を置きつつ、先住人民の社会及び地域社会並びに関係する利害関係者の能力に関するニーズ及び優先事項であって、これらの社会及び利害関係者によって特定されたものについて支援すべきである。
4 この議定書の実施を支援するに当たり、能力の開発及び向上については、特に次の重要な分野を取り扱うことができる。
 (a) この議定書を実施し、及びその義務を遵守する能力
 (b) 相互に合意する条件について交渉する能力
 (c) 取得の機会及び利益の配分に関する国内の立法上、行政上又は政策上の措置を策定し、実施し、及び執行する能力
 (d) 自国の遺伝資源に価値を付加するための自国の固有の研究の能力を向上させるための国の能力
5 1から4までの規定に基づく措置は、特に、次の事項を含むことができる。
 (a) 法令及び制度の整備
 (b) 交渉における衡平及び公正の促進(例えば、相互に合意する条件について交渉するための訓練)
 (c) 遵守の監視及び確保
 (d) 取得の機会及び利益の配分に関する活動のための利用可能な最良の通信手段及びインターネット・システムの利用
 (e) 評価の手法の開発及び利用
 (f) 生物資源探査、関連する調査及び分類の研究
 (g) 技術移転並びに技術移転を持続可能にするための基盤及び技術的能力
 (h) 取得の機会及び利益の配分に関する活動が生物の多様性の保全及びその構成要素の持続可能な利用に果たす貢献の強化
 (i) 取得の機会及び利益の配分に関して、関係する利害関係者の能力を向上させるための特別な措置
 (j) 遺伝資源及び(又は)遺伝資源に関連する伝統的な知識の取得の機会に関し、先住人民の社会及び地域社会に属する女性の能力の強化に重点を置きつつ、これらの社会の能力を向上させるためにとられる特別な措置
6 能力の開発及び向上に関する自発的活動であって1から5までの規定に従って国内的、地域的及び国際的に実施されるものに関する情報は、取得の機会及び利益の配分に関する能力の開発及び向上についての相乗作用及び調整を促進するため、取得の機会及び利益の配分に関する情報交換センターに提供されるべきである。

第23条(技術移転、協働及び協力) 締約国は、条約第15条、第16条、第18条及び第19条の規定に従い、この議定書の目的を達成する手段として、技術的及び科学的な研究開発計画(バイオテクノロジーの研究活動を含む。)において共同し、及び協力する。締約国は、条約及びこの議定書の目的を達成するための健全かつ存立可能な技術的及び科学的基礎の構築及び強化を可能とするため、開発途上締約国(特にこれらの締約国のうちの後発開発途上国及び島嶼国)及び移行経済締約国による技術の利用並びにこれらの開発途上締約国及び移行経済締約国に対する技術移転を促進し、及び奨励する。そのような共同の活動は、可能かつ適当な場合には、遺伝資源を提供する締約国(当該遺伝資源の原産国であるもの又は条約の規定に従って当該遺伝資源を獲得した締約国であるものに限る。)において当該締約国と共に実施される。

第24条(非締約国) 締約国は、非締約国に対し、この議定書に参加し、及び適当な情報を取得の機会及び利益の配分に関する情報交換センターに提供することを奨励する。

第25条(資金供与の制度及び資金) 1 ((5-4-1)第28条1と同じ)
2 条約の資金供与の制度は、この議定書の資金供与の制度となる。
3 この議定書の締約国の会合としての役割を果たす締約国会議は、第22条に規定する能力の開発及び向上に関し、締約国会議による検討のために2に規定する資金供与の制度についての指針を提供するに当たり、資金に関する開発途上締約国(特にこれらの締約国のうちの後発開発途上国

及び小島嶼国)及び移行経済締約国のニーズ並びに先住人民の社会及び地域社会(これらの社会に属する女性を含む。)の能力に関するニーズ及び優先事項を考慮する。
4 ((5-4-1)第28条4を参照)
5 ((5-4-1)第28条5を参照)
6 ((5-4-1)第28条6を参照)
第26条(この議定書の締約国の会合としての役割を果たす締約国会議) ((5-4-1)第29条を参照)
第27条(補助機関) ((5-4-1)第30条を参照)
第28条(事務局) ((5-4-1)第31条と同じ)
第29条(監視及び報告) ((5-4-1)第33条を参照)
第30条(この議定書の遵守を促進するための手続及び制度) ((5-4-1)第34条を参照)
第31条(評価及び再検討) ((5-4-1)第35条を参照)
第32条(署名) (略)

第33条(効力発生) 1 ((5-4-1)第37条1と同じ)
2 この議定書は、1の規定に基づく50番目の文書の寄託の後にこれを批准し、受諾し、若しくは承認し、又はこれに加入する国又は地域的な経済統合のための機関については、当該国又は当該機関が批准書、受諾書、承認書若しくは加入書を寄託した日の後90日目の日又は条約が当該国若しくは当該機関について効力を生ずる日のいずれか遅い日に効力を生ずる。
3 ((5-4-1)第37条3と同じ)
第34条(留保) ((5-4-1)第38条と同じ)
第35条(脱退) (略)
第36条(正文) (略)

附属書 金銭的及び非金銭的な利益 (略)

5-5 食料及び農業のための植物遺伝資源に関する国際条約(食料農業植物遺伝資源条約;ＩＴＰＧＲ)(抄)
International Treaty on Plant Genetic Resources for Food and Agriculture

採　択　2001年11月3日(国際連合食糧農業機関第31回総会決議3/2001)
効力発生　2004年6月29日
日 本 国　2013年6月24日国会承認、7月30日加入書寄託(条約第8号)、10月28日効力発生

前文
締約国は、
　食料及び農業のための植物遺伝資源が特別の性質及び他と異なる特徴を有すること並びに食料及び農業のための植物遺伝資源の問題が特有の解決策を必要とすることを確信し、
　食料及び農業のための植物遺伝資源が消失し続けていることを危険な事態として受け止め、
　全ての国が自国外に起原を有する食料及び農業のための植物遺伝資源に極めて大きく依存しているという点で、食料及び農業のための植物遺伝資源が全ての国の共通の関心事であることを認識し、
　食料及び農業のための植物遺伝資源の保全、探査、収集、特徴の把握、評価及び資料の作成が、世界の食糧安全保障に関するローマ宣言及び世界食糧サミットの行動計画の目標の達成並びに現在及び将来の世代のための持続可能な農業開発のために不可欠であること、並びにこれらの任務を遂行するための開発途上国及び移行経済国の能力が早急に強化されることが必要であることを確認し、
　食料及び農業のための植物遺伝資源の保全及び持続可能な利用に関する世界行動計画がこれらの保全及び持続可能な利用のための国際的に合意された枠組みであることに留意し、
　さらに、食料及び農業のための植物遺伝資源が、作物の遺伝的な改良(農業者による選抜、古典的な植物の育種又は現代のバイオテクノロジーのいずれによるものであるかを問わない。)に不可欠な原材料であり、並びに予見することができない環境の変化及び将来の人類のニーズに適応するために不可欠であることを確認し、
　食料及び農業のための植物遺伝資源の保全、改良及び提供について世界の全ての地域の農業者、特に、起原の中心にいる農業者及び多様性の中心にいる農業者が過去、現在及び将来において行う貢献が、農業者の権利の基礎であることを確認し、
　また、農場で保存されている種子その他の繁殖性の素材の保存、利用、交換及び販売について、並びに食料及び農業のための植物遺伝資源の利用に関する意思決定並びにその利用から生ずる利益の公正かつ衡平な配分への参加についてこの条約において認められる権利が、農業者の権利の実現並びに農業者の権利の国内的及び国際的な増進のための根本的な要素であることを確認し、
　この条約とこの条約に関連する他の国際協定とが持続可能な農業及び食糧安全保障のために相互に補

完的であるべきであることを認識し、

この条約のいかなる規定も、他の国際協定に基づく締約国の権利及び義務に変更を加えることを意味するものと解してはならないことを確認し、

このことは、この条約と他の国際協定との間に序列を設けることを意図するものではないことを理解し、

食料及び農業のための植物遺伝資源の管理に関する問題が農業、環境及び商業の交錯する局面で生じていることを認識し、並びにこれらの分野の間に相乗作用があるべきであることを確信し、

世界における食料及び農業のための植物遺伝資源の多様性を保全するために過去及び将来の世代に対して締約国が有する責任を認識し、

各国が、自国の食料及び農業のための植物遺伝資源に対する主権的権利を行使するに際し、交渉によって選択された食料及び農業のための植物遺伝資源を取得することを容易にし、並びにその利用から生ずる利益を公正かつ衡平に配分するための効果的な多数国間の制度を創設することにより、相互に利益を得ることができることを認識し、

国際連合食糧農業機関憲章第14条の規定に従い国際連合食糧農業機関の枠組みの下で国際協定を締結することを希望して、

次のとおり協定した。

第Ⅰ部 序

第1条(目的) 1.1　この条約は、持続可能な農業及び食糧安全保障のため、生物の多様性に関する条約と調和する方法による食料及び農業のための植物遺伝資源の保全及び持続可能な利用並びにその利用から生ずる利益の公正かつ衡平な配分を目的とする。

1.2　1.1に定める目的は、この条約を国際連合食糧農業機関及び生物の多様性に関する条約と密接に関係付けることにより達成される。

第2条(用語) この条約の適用上、次の用語は、次に定める意味を有する。これらの用語の定義は、商品の貿易を対象とすることを意図するものではない。

「生息域内保全」とは、生態系及び自然の生息地を保全し、並びに存続可能な種の個体群を自然の生息環境において維持し、及び回復することをいい、栽培植物種については、存続可能な種の個体群を当該栽培植物種が特有の性質を得た環境において維持し、及び回復することをいう。

「生息域外保全」とは、食料及び農業のための植物遺伝資源を自然の生息地の外において保全することをいう。

「食料及び農業のための植物遺伝資源」とは、植物に由来する遺伝素材であって食料及び農業のための現実の又は潜在的な価値を有するものをいう。

「遺伝素材」とは、植物に由来する素材であって遺伝の機能的な単位を有するもの(生殖能力を有する素材及び栄養繁殖性の素材を含む。)をいう。

「品種」とは、既に知られている最下位の植物学上の一の分類群に属する植物の集合であって、他と異なる特徴その他遺伝的な特性の再現性によって特定されるものをいう。

「生息域外保持収集物」とは、収集され、自然の生息地の外において保持されている食料及び農業のための植物遺伝資源をいう。

「起原の中心」とは、植物種(栽培種であるか野生種であるかを問わない。)がその特有の性質を最初に得た地理的区域をいう。

「作物の多様性の中心」とは、生息域内状況において作物種に関する高い水準の遺伝的な多様性を有している地理的区域をいう。

第3条(適用範囲) この条約は、食料及び農業のための植物遺伝資源に関するものとする。

第Ⅱ部 一般規定

第4条(一般的義務) 締約国は、自国の法令及び手続をこの条約に定める義務に適合したものとすることを確保する。

第5条(食料及び農業のための植物遺伝資源の保全、探査、収集、特徴の把握、評価及び資料の作成) 5.1　締約国は、国内法令に従い、かつ、適当な場合には他の締約国と協力しつつ、食料及び農業のための植物遺伝資源の探査、保全及び持続可能な利用のための総合的な取組を促進するものとし、適当な場合には、特に次のことを行う。

(a)　現存する個体群における変異の状態及び程度を考慮しつつ、食料及び農業のための植物遺伝資源(利用の可能性のあるものを含む。)を調査し、その目録を作成すること、並びに実行可能な場合には当該食料及び農業のための植物遺伝資源に対する脅威を評価すること。

(b)　食料及び農業のための植物遺伝資源の収集並びに当該食料及び農業のための植物遺伝資源であって脅威にさらされており、又は利用の可能性のあるものに関連する情報の収集を促進すること。

(c)　適当な場合には、農業者及び地域社会が自らの食料及び農業のための植物遺伝資源を農用地において管理し、及び保全する努力を促進し、又は支援すること。

(d) 特に原住民の社会及び地域社会の努力を支援することにより、野生の作物近縁種及び食料生産に代わる野生植物の生息域内保全(保護地域内における保全を含む。)を促進すること。
(e) 適切な資料の作成、特徴の把握、再生及び評価の必要性に妥当な注意を払いつつ、生息域外保全の効率的で持続可能な制度の開発を促進するために協力し、このため、食料及び農業のための植物遺伝資源の持続可能な利用を改善することを目的として、適当な技術の開発及び移転を促進すること。
(f) 収集された食料及び農業のための植物遺伝資源の生存力、変異の程度及び当初の遺伝的状態が維持されるよう監視すること。
5.2 締約国は、適当な場合には、食料及び農業のための植物遺伝資源に対する脅威を最小にし、又は可能な場合には除去するための措置をとる。

第6条(植物遺伝資源の持続可能な利用) 6.1 締約国は、食料及び農業のための植物遺伝資源の持続可能な利用を促進する適当な政策上及び法律上の措置を定め、及び維持する。
6.2 食料及び農業のための植物遺伝資源の持続可能な利用には、次の措置を含めることができる。
(a) 農業に係る生物の多様性及び他の天然資源の持続可能な利用を強化する多様な農業の方法の開発及び維持を状況に応じて促進する公正な農業政策を追求すること。
(b) 農業者(特に、独自の品種を生み出し、及び利用する農業者並びに土壌の生産力の維持並びに病害、雑草及び害虫への対処において生態学上の原理を応用する農業者)の利益のため、種内及び種間の変異を最大にすることにより生物の多様性を高め、及び保全する研究を強化すること。
(c) 適当な場合には、特に開発途上国においては農業者の参加を得て、社会的、経済的及び生態学的な条件(辺境地域におけるものを含む。)に特に適応した品種を開発する能力を強化する植物の育種の努力を促進すること。
(d) 作物の遺伝的な基盤を拡大すること及び農業者が利用することができる遺伝的な多様性の範囲を増大させること。
(e) 適当な場合には、地域に固有の及び地域に適応した作物、品種及び十分に利用されていない種の幅広い利用を促進すること。
(f) 適当な場合には、農用地における作物の管理、保全及び持続可能な利用に当たり、品種及び種の多様性をより広く利用することを支援すること、並びに作物のぜい弱性及び遺伝

的侵食を減少させ、並びに持続可能な開発と両立する世界の食料生産の増大を促進するため、植物の育種と農業開発とを緊密に関連付けること。
(g) 育種に関する戦略並びに品種の公開及び種子の配布に関する規則を見直し、適当な場合には修正すること。

第7条(国の約束及び国際協力) 7.1 締約国は、適当な場合には、前2条に規定する活動を自国の農業及び農村の開発に関する政策及びプログラムに統合し、並びに食料及び農業のための植物遺伝資源の保全及び持続可能な利用において、直接的に又は国際連合食糧農業機関その他関連する国際機関を通じて他の締約国と協力する。
7.2 国際協力は、特に次のことを目的とする。
(a) 食料及び農業のための植物遺伝資源の保全及び持続可能な利用に関する開発途上国及び移行経済国の能力を確立し、又は強化すること。
(b) 保全、評価、資料の作成、遺伝資源の拡充、植物の育種及び種子の増殖を促進するための国際的な活動を強化すること、並びに第IV部の規定に従い、食料及び農業のための植物遺伝資源並びに適当な情報
(c) 及び技術を共有し、これらの取得の機会を提供し、並びにこれらを交換すること。
第V部に規定する制度的な措置を維持し、及び強化すること。
(d) 第18条に規定する資金供与の戦略を実施すること。

第8条(技術援助) 締約国は、この条約の実施を円滑にすることを目的として、二国間で又は適当な国際機関を通じて、他の締約国(特に、開発途上締約国又は移行経済締約国)への技術援助の提供を促進することに合意する。

第III部　農業者の権利

第9条(農業者の権利) 9.1 締約国は、地域社会及び原住民の社会並びに世界の全ての地域の農業者(特に、起原の中心にいる農業者及び作物の多様性の中心にいる農業者)が世界各地における食料生産及び農業生産の基礎となる植物遺伝資源の保全及び開発のために極めて大きな貢献を行ってきており、及び引き続き行うことを認識する。
9.2 締約国は、農業者の権利が食料及び農業のための植物遺伝資源に関連する場合には、これを実現する責任を負うのは各国の政府であることに合意する。締約国は、そのニーズ及び優先順位に応じ、適当な場合には、国内法令に従い、農業者の権利を保護し、及び促進するための措置

をとるべきである。当該措置には、次の事項に関する措置を含む。
(a) 食料及び農業のための植物遺伝資源に関連する伝統的な知識の保護
(b) 食料及び農業のための植物遺伝資源の利用から生ずる利益の配分に衡平に参加する権利食料及び農業のための植物遺伝資源の保全及び持続可能な利用に関連する事項についての国内における意思決定に参加する権利

9.3 この条のいかなる規定も、農場で保存されている種子又は繁殖性の素材を国内法令に従って適切な場合に保存し、利用し、交換し、及び販売する権利を農業者が有する場合には、その権利を制限するものと解してはならない。

第Ⅳ部 取得の機会の提供及び利益の配分に関する多数国間の制度

第10条（取得の機会の提供及び利益の配分に関する多数国間の制度） 10.1 締約国は、他国との関係において、国家がその食料及び農業のための植物遺伝資源に対して有する主権的権利（食料及び農業のための植物遺伝資源の取得の機会について定める権限がその存する国の政府に属し、その国の国内法令に従うことを含む。）を認める。

10.2 締約国は、自国の主権的権利を行使するに当たり、食料及び農業のための植物遺伝資源を取得することを容易にすること並びにその利用から生ずる利益を公正かつ衡平に配分することの双方を相互補完的に、かつ、相乗効果をもたらす方法で行うため、効率的で効果的な、かつ、透明性のある多数国間の制度を設立することに合意する。

第11条（多数国間の制度の対象範囲） 11.1 第1条に定める食料及び農業のための植物遺伝資源の保全及び持続可能な利用並びにその利用から生ずる利益の公正かつ衡平な配分という目的を推進するため、多数国間の制度は、食糧安全保障及び相互依存関係の基準に従って作成される附属書Ⅰに掲げる食料及び農業のための植物遺伝資源を対象とする。

11.2 11.1に規定する多数国間の制度には、附属書Ⅰに掲げる食料及び農業のための植物遺伝資源であって、締約国の管理及び監督の下にあり、かつ、公共のものとなっているものを全て含める。締約国は、同制度にその対象が最大限に可能な範囲で含まれることを達成するため、附属書Ⅰに掲げる食料及び農業のための植物遺伝資源を保有する他の全ての者に対し、当該食料及び農業のための植物遺伝資源を同制度に含めるよう要請する。

11.3 締約国は、自国の管轄の下にある自然人及び法人であって、附属書Ⅰに掲げる食料及び農業のための植物遺伝資源を保有するものに対し、当該食料及び農業のための植物遺伝資源を多数国間の制度に含めることを奨励するための適当な措置をとることに合意する。

11.4 理事会は、この条約の効力発生から2年以内に、11.3に規定する食料及び農業のための植物遺伝資源を多数国間の制度に含めることについての進捗状況を評価する。理事会は、その評価の後、当該食料及び農業のための植物遺伝資源を同制度に含めていない11.3に規定する自然人及び法人が食料及び農業のための植物遺伝資源を取得することを引き続き容易にするか、又は当該自然人及び法人に対し適当と認める他の措置をとるかを決定する。

11.5 多数国間の制度には、附属書Ⅰに掲げる食料及び農業のための植物遺伝資源であって、国際農業研究協議グループに属する国際農業研究センターが生息域外保持収集物として保有するものを15.1(a)に定めるところにより、他の国際的な組織が保有するものを15.5の規定に従い、含めるものとする。

第12条（多数国間の制度の下における食料及び農業のための植物遺伝資源の容易にされた取得の機会の提供） 12.1 締約国は、前条に規定する多数国間の制度の下における食料及び農業のための植物遺伝資源の容易にされた取得の機会の提供がこの条約の規定に従って行われることに合意する。

12.2 締約国は、他の締約国に対し多数国間の制度を通じて12.1に規定する容易にされた取得の機会の提供を行うために必要な法律上その他の適当な措置をとることに合意する。このような取得の機会の提供は、11.4の規定に従うことを条件として、締約国の管轄の下にある法人及び自然人に対しても行われる。

12.3 12.2に規定する取得の機会の提供は、次の条件に従って行われる。
(a) 取得の機会が、食料及び農業に関する研究、育種及び訓練のための利用及び保全の目的のためにのみ提供されること。ただし、取得の目的に化学、医薬その他の食料及び飼料以外の分野の産業上の利用が含まれないことを条件とする。複数の用途（食料及び食料以外の用途の双方を含む。）に供される作物については、その食糧安全保障上の重要性が、当該作物を多数国間の制度に含め、その容易にされた取得の機会を提供するための決定要因であるべ

きである。
(b) 取得の機会が、迅速に、個々の収集物の追跡を必要とすることなく、かつ、無償で(有償の場合には、最小限の経費の額を超えない手数料で)提供されること。
(c) 提供される食料及び農業のための植物遺伝資源と共に、全ての利用可能な識別のための情報が利用に供されること、並びに当該食料及び農業のための植物遺伝資源についての説明を内容とする他の利用可能な関連情報であって秘密でないものが適用のある法令に従って利用に供されること。
(d) 受領者が、食料及び農業のための植物遺伝資源又はその遺伝的な部分若しくは構成要素であって、多数国間の制度から受領した形態のものについて、容易にされた取得の機会の提供の妨げとなるいかなる知的財産権その他の権利も主張しないこと。
(e) 開発中の食料及び農業のための植物遺伝資源(農業者が開発している素材を含む。)の取得の機会の提供については、その開発の期間中は、開発者の裁量によること。
(f) 知的財産権その他の財産権によって保護された食料及び農業のための植物遺伝資源の取得の機会の提供については、関連する国際協定及び国内法令に従って行われること。
(g) 多数国間の制度の下で取得され、保全される食料及び農業のための植物遺伝資源が、その受領者により引き続きこの条約に従って同制度における利用に供されること。
(h) この条の他の規定の適用を妨げることなく、生息域内状況にある食料及び農業のための植物遺伝資源の取得の機会の提供については、国内法令又は国内法令が存在しない場合には理事会が設定する基準に従って行われることに締約国が合意していること。
12.4　12.2及び12.3の規定に基づく容易にされた取得の機会の提供は、定型の素材移転契約に基づいて行われる。定型の素材移転契約は、理事会によって採択されるものとし、12.3(a)、(d)及び(g)の規定、13.2(d)(ii)に定める利益の配分に関する規定その他この条約の関連規定、並びに食料及び農業のための植物遺伝資源の受領者が当該食料及び農業のための植物遺伝資源の他の者又は団体への移転及びその後のあらゆる移転について当該定型の素材移転契約の条件が適用されることを要求する旨の規定を含む。
12.5　締約国は、定型の素材移転契約の下で生ずる義務が専らその当事者に課されることを認識しつつ、当該定型の素材移転契約の下で契約上の紛争が生ずる場合には、自国の法制度の下で、適用される管轄権に係る要件に従って訴訟を提起することができることを確保する。
12.6　締約国は、災害による緊急事態において、農業の体制の再建に寄与するため、災害救助の調整者と協力しつつ、多数国間の制度において適当な食料及び農業のための植物遺伝資源の容易にされた取得の機会を提供することに合意する。

第13条(多数国間の制度における利益の配分) 13.1　締約国は、多数国間の制度に含まれる食料及び農業のための植物遺伝資源を取得することを容易にすること自体が同制度のもたらす主要な利益であることを認識するとともに、同制度から生ずる利益がこの条の規定に従い公正かつ衡平に配分されることに合意する。
13.2　締約国は、多数国間の制度の下にある食料及び農業のための植物遺伝資源の利用(商業上の利用を含む。)から生ずる利益が、次の(a)から(d)までに定める情報の交換、技術の取得の機会の提供及び移転、能力の開発並びに商業化による利益の配分の仕組みにより公正かつ衡平に配分されることに合意する。これらの仕組みは、定期的に見直しが行われる世界行動計画における優先的な活動の分野を考慮するものとし、理事会の指針に従って運営される。
(a) 情報の交換
　締約国は、多数国間の制度の下にある食料及び農業のための植物遺伝資源に関し、特に、カタログ及び目録、技術に関する情報並びに技術的、科学的及び社会経済的な研究の成果(当該食料及び農業のための植物遺伝資源の特徴の把握、評価及び利用に関するものを含む。)を含む情報を利用に供することに合意する。当該情報は、秘密でない場合には、適用のある法令に従い、かつ、各国の能力に応じて利用に供される。当該情報は、第17条に規定する世界的な情報システムを通じ、この条約の全ての締約国の利用に供される。
(b) 技術の取得の機会の提供及び移転
　(i) 締約国は、多数国間の制度の下にある食料及び農業のための植物遺伝資源の保全、特徴の把握、評価及び利用のための技術の取得の機会を提供し、又はその取得の機会の提供をより円滑なものにすることを約束する。締約国は、一部の技術が遺伝素材を通じてのみ移転され得ることを認識し、そのような技術及び同制度の下にある遺伝素材並びに改良された品種及び遺伝素材であって同制度の下にある食料及び農業のた

めの植物遺伝資源の利用を通じて開発されたものについて、前条の規定に従って取得の機会を提供し、又はその取得の機会の提供をより円滑なものにする。これらの技術、改良された品種及び遺伝素材については、関連する財産権及び取得の機会の提供に関する法令を尊重しつつ、各国の能力に応じてその取得の機会を提供し、又はその取得の機会の提供をより円滑なものにする。
- (ii) 国(特に、開発途上国及び移行経済国)に対する技術の取得の機会の提供及び移転は、食料及び農業のための植物遺伝資源の利用に関する作物ごとの課題検討グループの設立及び維持並びに同グループへの参加、受領した素材に関する研究及び開発並びに商業的な合弁事業におけるあらゆる形態の連携、人的資源の開発、研究施設への効果的なアクセスその他の一連の措置を通じて実施される。
- (iii) 締約国である開発途上国(特に、後発開発途上国及び移行経済国)に対する(i)及び(ii)に規定する技術(知的財産権によって保護されているものを含む。)、特に、保全において利用される技術及び開発途上国(特に、後発開発途上国及び移行経済国)の農業者のための技術の取得の機会の提供及び移転については、公正で最も有利な条件(特に多数国間の制度の下での研究及び開発における連携を通じて相互に合意する場合には、緩和された、かつ、特恵的な条件を含む。)の下に、これらを行い、又はより円滑なものにする。当該取得の機会の提供及び移転については、知的財産権の十分かつ有効な保護を承認し、及びそのような保護と両立する条件で行う。

(c) 能力の開発

締約国は、開発途上国及び移行経済国のニーズ(これらの国が多数国間の制度の対象である食料及び農業のための植物遺伝資源に関する計画及びプログラムを有している場合には、当該計画及びプログラムにおいて食料及び農業のための植物遺伝資源に関する能力の開発に与えられている優先順位により表明されているニーズ)を考慮し、次のことを優先させることに合意する。
- (i) 食料及び農業のための植物遺伝資源の保全及び持続可能な利用に関する科学的及び技術的な教育及び訓練のためのプログラムを作成し、又は強化すること。
- (ii) 特に、開発途上国及び移行経済国において、食料及び農業のための植物遺伝資源の保全及び持続可能な利用のための施設を整備し、及び強化すること。
- (iii) 可能な場合には、開発途上国及び移行経済国において、これらの国の機関と協力しつつ科学的研究を実施すること、並びに当該機関が必要とされる分野における科学的研究のための能力を開発すること。

(d) 商業化による金銭的な利益その他の利益の配分
- (i) 締約国は、研究及び技術開発における連携及び協力(開発途上国及び移行経済国における民間部門との連携及び協力を含む。)を通じてこの条に規定する活動に民間部門及び公的部門を関与させることにより、多数国間の制度の下で商業上の利益の配分を達成するための措置をとることに合意する。
- (ii) 締約国は、12.4に規定する定型の素材移転契約に、食料及び農業のための植物遺伝資源である産品であって多数国間の制度を通じて取得した素材を組み入れたものの商業化から生ずる利益の衡平な配分としての支払をその商業化を行う受領者が19.3(f)に規定する仕組みに対して行うことを要求する規定を含めることに合意する。ただし、当該産品が更なる研究及び育種のために制限なく他の者の利用に供される場合は、この限りでなく、この場合においては、商業化を行う受領者は、当該支払を行うことを奨励される。

理事会は、その第1回会合において、商慣行に従い、当該支払の水準、形式及び方法を決定する。理事会は、当該産品を商業化する各種の受領者について異なる支払の水準を設定することを決定することができる。理事会は、また、開発途上国及び移行経済国における小規模農家に対し当該支払を免除する必要性について決定することができる。理事会は、利益の公正かつ衡平な配分を達成するために支払の水準を随時見直すことができるものとし、この条約の効力発生から5年以内に、商業化された産品が更なる研究及び育種のために制限なく他の者の利用に供される場合にも定型の素材移転契約に定める義務的な支払の規定を適用するか否かについて評価することができる。

13.3 締約国は、食料及び農業のための植物遺伝資源の利用から生ずる利益であって多数国間の制度の下で配分されるものが、主として、食料及び農業のための植物遺伝資源を保全し、及び持

続可能な方法で利用する全ての国(特に、開発途上国及び移行経済国)の農業者に対して、直接又は間接にもたらされるべきであることに合意する。

13.4 理事会は、その第1回会合において、開発途上国及び移行経済国(多数国間の制度の下にある食料及び農業のための植物遺伝資源の多様性に対する貢献が顕著であるか又は特別のニーズを有する移行経済国に限る。)における食料及び農業のための植物遺伝資源の保全のため、第18条の規定により合意される資金供与の戦略の下で行われる具体的な援助に関連する政策及び基準を検討する。

13.5 締約国は、世界行動計画を十分に実施する能力(特に、開発途上国及び移行経済国の能力)がこの条の規定及び第18条に規定する資金供与の戦略の効果的な実施に大きく依存することを認める。

13.6 締約国は、食料及び農業のための植物遺伝資源から利益を得ている食品加工業界が任意で利益の配分に寄与することにより多数国間の制度に貢献するための戦略の実施方法を検討する。

第Ⅴ部　補完的な要素

第14条(世界行動計画) 締約国は、定期的に見直しが行われる食料及び農業のための植物遺伝資源の保全及び持続可能な利用に関する世界行動計画がこの条約にとって重要であることを認識し、同計画の効果的な実施(特に、前条の規定を考慮しつつ、能力の開発、技術の移転及び情報の交換に関する一貫した枠組みを提供するための国内措置及び適当な場合には国際協力を通じた実施を含む。)を促進すべきである。

第15条(国際農業研究協議グループに属する国際農業研究センターその他国際的な組織が保有する食料及び農業のための植物遺伝資源の生息域外保持収集物) 15.1　締約国は、国際農業研究協議グループに属する国際農業研究センターに委託されている食料及び農業のための植物遺伝資源の生息域外保持収集物がこの条約にとって重要であることを認める。締約国は、国際農業研究センターに対し、次の条件に従って当該生息域外保持収集物に関する理事会との取決めに署名するよう要請する。

(a) 附属書Ⅰに掲げる食料及び農業のための植物遺伝資源であって国際農業研究センターが保有するものが、第Ⅳ部の規定に従って利用に供されること。

(b) 附属書Ⅰに掲げる食料及び農業のための植物遺伝資源以外の食料及び農業のための植物遺伝資源であって、国際農業研究センターが保有するもの(この条約の効力発生前に収集されたものに限る。)が、当該国際農業研究センターと国際連合食糧農業機関との間の取決めに基づいて現在用いられている定型の素材移転契約の規定に従って利用に供されること。この定型の素材移転契約は、国際農業研究センターと協議の上、理事会により、その第2回通常会合が終了する時までに、この条約の関連規定(特に、第12条及び第13条の規定)に適合するように、かつ、次の条件に従って修正される。

(i) 国際農業研究センターが、理事会が定める日程に従い、締結された定型の素材移転契約について理事会に対して定期的に通報すること。

(ii) 自国の領域内において食料及び農業のための植物遺伝資源が生息域内状況から収集された締約国が要求する場合には、当該締約国に対し、定型の素材移転契約を締結することなく当該食料及び農業のための植物遺伝資源の試料が提供されること。

(iii) 定型の素材移転契約に基づいて生ずる利益であって19.3(f)に規定する仕組みに支払われるものが、特に、当該定型の素材移転契約の対象である食料及び農業のための植物遺伝資源の保全及び持続可能な利用、とりわけ開発途上国及び移行経済国(特に、多様性の中心である開発途上国及び移行経済国並びに後発開発途上国)における国別の及び地域的なプログラムに基づく当該保全及び持続可能な利用のために用いられること。

(iv) 国際農業研究センターが自己の能力に応じて定型の素材移転契約の条件の効果的な遵守を確保するために適当な措置をとり、及び不遵守の事案を理事会に速やかに通報すること。

(c) 国際農業研究センターがその保有する生息域外保持収集物であってこの条約の規定の適用を受けるものに関する政策上の指針を定める理事会の権限を認めること。

(d) 当該生息域外保持収集物を保全する科学的及び技術的な施設が国際農業研究センターの権限の下に置かれること、並びに国際農業研究センターが国際的に受け入れられた基準(特に、国際連合食糧農業機関の食料及び農業のための遺伝資源に関する委員会が認めるジーンバンクの基準)に従って当該生息域外保持収

集物を管理することを約束すること。
(e) 国際農業研究センターの要請に応じ、事務局長が適当な技術的な支援を提供するよう努めること。
(f) 事務局長がいつでも(d)に規定する施設にアクセスし、当該施設においてこの条の規定の対象となる素材の保全及び交換に直接関係して行われる全ての活動を検査する権利を有すること。
(g) 国際農業研究センターが保有する生息域外保持収集物の秩序ある維持が不可抗力その他の事態によって妨げられ、又は脅威にさらされる場合には、事務局長が当該国際農業研究センターの所在国の承認を得て可能な限り当該生息域外保持収集物の避難又は移転を支援すること。

15.2 締約国は、多数国間の制度の下で、国際農業研究協議グループに属する国際農業研究センターであってこの条約の規定に従って理事会との取決めに署名したものに対し、附属書Iに掲げる食料及び農業のための植物遺伝資源の容易にされた取得の機会を提供することに合意する。当該国際農業研究センターは、事務局長が保有する一覧表に記載されるものとし、当該一覧表は、要請に基づき締約国に提供される。

15.3 附属書Iに掲げる食料及び農業のための植物遺伝資源以外の食料及び農業のための植物遺伝資源であって、この条約の効力発生後に国際農業研究センターが受領し、かつ、保全するものについては、当該食料及び農業のための植物遺伝資源を受領する国際農業研究センターと当該食料及び農業のための植物遺伝資源の原産国又は生物の多様性に関する条約若しくは他の適用のある法令に従って当該食料及び農業のための植物遺伝資源を獲得した国との間で相互に合意する条件に合致する条件で、取得の機会が提供される。

15.4 締約国は、理事会との取決めに署名した国際農業研究センターに対し、相互に合意する条件で、附属書Iに掲げられていない食料及び農業のための植物遺伝資源であって当該国際農業研究センターのプログラム及び活動にとって重要であるものの取得の機会を提供することが奨励される。

15.5 理事会は、また、関係する他の国際的な組織とこの条に定める目的のための取決めを行うよう努める。

第16条(植物遺伝資源に関する国際的なネットワーク)
16.1 食料及び農業のための植物遺伝資源に関する国際的なネットワークにおける既存の協力関係は、可能な限り全ての食料及び農業のための植物遺伝資源を対象とするため、既存の取決めに基づき、かつ、この条約の規定に適合するよう奨励され、又は展開される。

16.2 締約国は、適当な場合には、全ての関係する機関(政府機関、民間の機関、非政府機関、研究機関、育種機関その他の機関を含む。)に対し、食料及び農業のための植物遺伝資源に関する国際的なネットワークに参加するよう奨励する。

第17条(食料及び農業のための植物遺伝資源に関する世界的な情報システム) 17.1 締約国は、食料及び農業のための植物遺伝資源に関する科学上、技術上及び環境上の事項に関する情報の交換が食料及び農業のための植物遺伝資源に関する情報を全ての締約国の利用に供することにより利益の配分に貢献することを期待しつつ、当該情報の交換を促進する世界的な情報システムを既存の情報システムに基づいて開発し、及び強化することに協力する。当該世界的な情報システムの開発に当たっては、生物の多様性に関する条約の情報の交換の仕組みとの協力を追求する。

17.2 食料及び農業のための植物遺伝資源の効率的な保持を脅かす危険については、締約国による通報に基づき、素材の保護を目的として、早期の警告が行われるべきである。

17.3 締約国は、第14条に規定する定期的に見直しが行われる世界行動計画の改定を容易にするため、国際連合食糧農業機関の食料及び農業のための遺伝資源に関する委員会が行う世界の食料及び農業のための植物遺伝資源の状況の定期的な再評価において、同委員会と協力する。

第VI部 資金に関する規定
第18条(資金) (略)

第VII部 制度に関する規定
第19条(理事会) (略)
第20条(事務局長) (略)
第21条(遵守) 理事会は、その第1回会合において、この条約の規定を遵守することを促進し、及び不履行の事案に対処するための協力についての効果的な手続並びにそのための実用的な制度を検討し、及び承認する。これらの手続及び制度には、監視並びに特に開発途上国及び移行経済国に対する助言又は支援(必要とされる場合には、法律上の助言又は支援を含む。)の提供を含める。

第22条(紛争の解決) 22.1 この条約の解釈又は適用に関して締約国間で紛争が生じた場合には、紛

争当事国は、交渉により紛争の解決に努める。
22.2 紛争当事国は、交渉により合意に達することができなかった場合には、第三者によるあっせん又は仲介を共同して求めることができる。
22.3 いずれの締約国も、22.1又は22.2の規定により解決することができなかった紛争について、次の紛争解決手段の一方又は双方を義務的なものとして受け入れることをこの条約の批准、受諾若しくは承認若しくはこれへの加入の際に又はその後いつでも、寄託者に対し書面により宣言することができる。
 (a) 附属書Ⅱ第1部に規定する手続による仲裁
 (b) 国際司法裁判所への紛争の付託
22.4 紛争は、紛争当事国が22.3の規定に従って同一の紛争解決手段を受け入れている場合を除くほか、当該紛争当事国が別段の合意をしない限り、附属書Ⅱ第2部の規定により調停に付する。
第23条(条約の改正) 23.1 締約国は、この条約の改正を提案することができる。
23.2 この条約の改正は、理事会の会合において採択する。改正案は、その採択が提案される会合の少なくとも6箇月前に事務局長が締約国に通報する。
23.3 この条約の全ての改正は、理事会の会合に出席する締約国によるコンセンサス方式によってのみ決定される。
23.4 理事会が採択した改正は、締約国の3分の2が批准書、受諾書又は承認書を寄託した後90日目の日に、当該改正を批准し、受諾し、又は承認した締約国の間で効力を生ずる。その後は、当該改正は、他の締約国が当該改正の批准書、受諾書又は承認書を寄託した後90日目の日に、当該他の締約国について効力を生ずる。
23.5 この条の規定の適用上、国際連合食糧農業機関の加盟機関によって寄託される文書は、当該加盟機関の構成国によって寄託されたものに追加して数えてはならない。
第24条(附属書) (略)
第25条(署名) (略)
第26条(批准、受諾又は承認) (略)
第27条(加入) (略)
第28条(効力発生) (略)
第29条(国際連合食糧農業機関の加盟機関) (略)
第30条(留保) この条約には、いかなる留保も付することができない。
第31条(非締約国) 締約国は、国際連合食糧農業機関の加盟国その他の国であってこの条約の締約国でないものに対し、この条約を締結するよう奨励する。
第32条(脱退) (略)
第33条(終了) 33.1 この条約は、脱退の結果として締約国の数が40未満となる場合には、残余の締約国が全会一致で別段の決定を行う場合を除くほか、その時に自動的に終了する。
33.2 寄託者は、締約国の数が40になった場合には、全ての残余の締約国に通報する。
33.3 この条約を終了する場合には、資産の処分については、理事会が採択する財政規則により規律される。
第34条(寄託者) (略)
第35条(正文) (略)

附属書Ⅰ 多数国間の制度の対象とされる作物の一覧表 (略)

附属書Ⅱ
第1部 仲 裁 (略)
第2部 調 停 (略)

【第1節 種・生息地の保全】 第2項 地域的文書

5-6 欧州の野生生物及び自然生息地の保全に関する条約(欧州野生生物等保全条約；ベルヌ条約)(抄)
Convention on the Conservation of European Wildlife and Natural Habitats

署 名 1979年9月19日(ベルヌ)
効力発生 1982年6月1日

前 文
欧州評議会加盟国及びその他の署名国は、
 加盟国間でより強固に一致団結することが、欧州評議会の目的であることを考慮し、
 自然保全分野において他の諸国と協力するという欧州評議会の希望を考慮し、
 野生動植物が、保全され、将来世代に受け継がれるべき美観、科学、文化、レクリエーション、経済及び内在的な価値という自然の遺産を構築することを認め、
 生物学的バランスを維持するに当たり、野生動植物が果たす重要な役割を認め、

野生動植物の多くの種が著しく減少しつつあること、及びそのいくつかが絶滅の危機に瀕していることに留意し、

自然生息地の保全が、野生動植物の保護及び保全の重要な要素であることを認識し、

野生動植物の保全が、各国の目的及び計画において政府に考慮されるべきものであること、並びにとりわけ移動性の種を保護するために国際協力が確立されるべきであることを認め、

各政府又は国際機関によって行われる共通の行動に対する幅広い要請、特に1972年の人間環境に関する国際連合会議及び欧州評議会の協議会によって表明された要請に留意し、

特に野生生物保全の分野において、環境に関する第2回欧州閣僚会議の決議第2号の勧告を支持することを切望し、

次のとおり協定した。

第Ⅰ章 一般規定

第1条【目的】 1 この条約の目的は、野生動植物及び自然生息地、とりわけその保護が複数の諸国の協力を必要とする種及び生息地を保全し、及び当該協力を促進することである。

2 絶滅の危機に瀕した脆弱な種（絶滅の危機に瀕した脆弱な移動種を含む。）に重点が置かれる。

第2条【野生動植物数の維持】 締約国は、経済上及びレクリエーション上の要請並びに地域的に危険な状態にある亜種、変種又は種のニーズを考慮しながら、とりわけ生態学的、科学的及び文化的要請に対応する水準で野生動植物の数を維持し、又はこの水準に適応させるために必要な措置をとる。

第3条【締約国の義務】 1 各締約国は、絶滅の危機に瀕した脆弱な種、特に固有種及び危機に瀕した生息地に特別の注意を払い、この条約規定に従い、野生動物、野生植物及び自然生息地の保全のための国家政策を促進するための措置をとる。

2 各締約国は、その計画及び開発政策に当たり、及び汚染に対する措置に当たり、野生動植物の保全を考慮することを約束する。

3 各締約国は、野生動植物の種及びその生息地を保全する必要性に関して、教育を促進し、一般的情報を普及させる。

第Ⅱ章 生息地の保護

第4条【生息地の保全】 1 各締約国は、野生動植物の種、特に附属書Ⅰ及びⅡに規定する種の生息地の保全、並びに危機に瀕した自然生息地の保全を確保するために、適切かつ必要な立法措置及び行政措置をとる。

2 締約国は、その計画及び開発政策において、可能な限り保護される区域の劣化を抑制し、又は最小化するために、前項の下で保護される区域の保全の必要性を考慮する。

3 締約国は、附属書Ⅱ及びⅢに規定する移動種にとって重要な区域、並びに越冬、集結、給餌、又は脱皮の区域として、移動経路に関連して適切に位置づけられる区域の保護に特別の注意を払うことを約束する。

4 締約国は、この条に規定する自然の生息地が、国境地域に所在する場合には、その保護のための努力を必要に応じて調整することを約束する。

第Ⅲ章 種の保護

第5条【附属書Ⅰ：野生植物の特別の保護】 各締約国は、附属書Ⅰに規定する野生植物種の特別の保護を確保するために、適切かつ必要な立法措置及び行政措置をとる。当該植物の意図的な採取、収集、伐採又は根絶は、禁止される。各締約国は、適当な場合には、これらの種の保有又は販売を禁止する。

第6条【附属書Ⅱ：野生動物の特別の保護】 各締約国は、附属書Ⅱに規定する野生動物種の特別の保護を確保するために、適切かつ必要な立法措置及び行政措置をとる。特に、以下の行為は、これらの種のために禁止される。

(a) あらゆる形態の意図的な捕獲及び飼育、並びに意図的な殺害
(b) 繁殖場所又は休息場所に対する意図的な損傷あるいは破壊
(c) かく乱がこの条約の目的に照らして著しい限りにおいて、特に繁殖、飼育及び冬眠期間中の野生動物の意図的なかく乱
(d) 野生からの卵の意図的な破壊若しくは取得、又はたとえ空（から）であってもこれらの卵の保管
(e) 生死にかかわらず、これらの動物（はく製化された動物及び直ちに識別可能なあらゆる部分又はその派生物を含む。）の所有及び国内取引で、この禁止が本条約の諸規定の実効性に寄与すると思われる場合。

第7条【附属書Ⅲ：動物種の保護】 1 各締約国は、附属書Ⅲに規定する野生動物種の保護を確保するために、適切かつ必要な立法措置及び行政措置をとる。

2 附属書Ⅲに規定する野生動物相の利用は、第2条の要件を考慮に入れて、個体群を危険から遠ざけるために規制される。

3 とられる措置には以下のものが含まれる。
　(a) 禁漁期及び(又は)開発を規制するその他の手続
　(b) 必要に応じて、十分な個体群のレベルを回復するための一次的又は地域的な利用の禁止
　(c) 必要に応じて、販売、販売のための保管、販売のための移動、又は生死にかかわらず野生動物の販売のための申入の規制

第8条【捕獲、殺戮及びその他の採取の形態の禁止される手段及び方法】附属書Ⅲに規定する野生動物種の捕獲又は殺害に関して、及び第9条に従い、附属書Ⅱに規定される種に対して例外が適用される場合には、締約国は、捕獲及び殺害のあらゆる無差別な手段の使用並びに種の個体数の局地的な消滅又は種の個体数に対する重大な混乱を誘発する可能性のあるあらゆる手段、とりわけ附属書Ⅳに規定される手段の使用を禁止する。

第9条【例外措置】 1　各締約国は、以下の場合、第4条、第5条、第6条、第7条の各規定、及び第8条に言及される手段の使用に関する禁止の例外を設けることができる。ただし、その他に満足な解決が存在しないこと、及びその例外が関連する個体群の生存に有害ではないことを条件とする。
・動植物の保護のため
・作物、家畜、森林、漁業、水及びその他の形式の財産に対する深刻な損害を防止するため
・公衆の健康及び安全、大気の安全又はその他の優先的な公益のため
・研究及び教育、再生、並びに再野生化、並びに必要な繁殖のため
・厳格に管理された条件の下で、選択的基礎に基づき、限定された範囲において、少数の一定野生動植物の捕獲、保管又はその他の賢明な利用を許可するため

2　締約国は、前項に基づいて行われた例外に関して、2年ごとに常設委員会に対して報告する。これらの報告は、以下のことを明記する。
・当該例外の対象となる又は対象となった個体群、及び現実的な場合、含まれる標本の数
・殺傷又は捕獲のために許可された手段
・当該例外が許可された時の危険の状態並びに時間及び場所の状況
・これらの条件が満たされたことを宣言し、用いることができる手段、それらの制限及びこれらを実施するよう指示された者について決定する権限を与えられた当局
・例外が規定する規制

第Ⅳ章　移動種のための特別規定

第10条【移動種のための特別規定】 1　締約国は、第4条、第6条、第7条及び第8条に規定する措置に加えて、その範囲が、自国領域内に及び附属書Ⅱ及びⅢに規定される移動種の保護のための努力を調整することを約束する。
2　締約国は、禁猟期及び(又は)第7条3(a)に基づいて行われた開発を規制するその他の手続が、妥当であり、附属書Ⅲに規定する移動種の要件を満たすのに適切に性質を有することを確保することへの配慮を求める措置をとる。

第Ⅴ章　補足規定

第11条【補足規定】 1　この条約の諸規定を実施するに当たり、締約国は、以下のことを約束する。
　(a) 適当と認められる場合はいつでも、及びとりわけこの条約の他の条文に基づいてとられる措置の有効性を高める場合に、協力すること。
　(b) この条約の目的に関連する研究を促進し、調整すること。
2　各締約国は以下のことを約束する。
　(a) 絶滅危惧種の保全に寄与する場合、野生動植物の在来種の再移入を促進すること。ただし、他の締約国の経験に照らして、このような再導入が効果的で受け入れ可能であることを証明するために、まず研究が行われることを条件とする。
　(b) 非在来種の移入を厳格に規制すること。
3　各締約国は、その領域において完全な保護を受けているものであって、附属書Ⅰ及びⅡに含まれていない種について常設委員会に通知する。

第12条【条約よりも厳格な措置】締約国は、この条約の規定よりもさらに厳格な野生動植物及び自然生息地の保全のための措置を採択することができる。

第Ⅵ章　常設委員会

第13条【常設委員会】 1　この条約の適用上、常設委員会が設置される。
2　締約国は、常設委員会に1名以上の代表者を出席させることができる。各代表者は1票を有する。欧州経済共同体(*欧州連合)は、その権限の範囲内で、この条約の締約国である共同体加盟国の数と同数の投票権を行使する。欧州経済共同体は、当該共同体加盟国が投票権を行使した場合には、投票権を行使してはならず、逆の場合も同じとする。
3　この条約の締約国でない欧州評議会の加盟国は、オブザーバーとして委員会に出席することができる。

常設委員会は、全会一致の決定によって、この条約の締約国ではない欧州評議会の非加盟国を委員会の会合の一つにオブザーバーとして出席するよう招聘することができる。

野生動植物及びその生息地の保護、保全若しくは管理に技術的な能力を有する団体又は機関で、以下のカテゴリーの一つに属するものは、欧州評議会の事務局長に対して、委員会の会合の少なくとも3箇月前にオブザーバーとして当該会合に出席したいという意思を通知することができる。
(a) 政府間又は非政府の国際機関、及び国内政府機関
(b) 国内非政府機関で、本拠地を置く国家によってその目的を承認されているもの

これらの機関は、会合の少なくとも1箇月前に締約国の3分の1が事務局長に異議を申し出ない限り、承認される。

4 常設委員会は、欧州評議会事務局長により招集される。その第1回合合は、この条約の効力発生の日の後、1年以内に開催する。その後は、少なくとも2年ごと及び締約国の過半数が要請した場合にはいつでも開催する。
5 締約国の過半数をもって、常設委員会開催のための定足数とする。
6 この条約の諸規定に従い、常設委員会は、委員会独自の手続規則を作成する。

第14条【委員会の役割】 1 常設委員会は、この条約の適用を監視する責任を負う。特に、委員会は以下のことを行うことができる
・この条約(附属書を含む。)の規定を常時検討し、改正の必要性を審査する。
・この条約の目的のためにとられるべき措置に関して締約国に勧告する。
・この条約の枠組内でとられる活動に関して公衆に周知させるために適切な措置を勧告する。
・この条約に加入するよう招請される欧州評議会の非加盟国に関して、閣僚委員会に勧告する。
・この条約の実効性を向上させるための提案(種又は種の群の効果的な保全を向上させる合意をこの条約の締約国ではない国と締結する提案を含む。)を行う。
2 職責を果たすために、常設委員会は、自発的に専門家集団の会合を設けることができる。

第15条【報告書の送付】 各会合の後、常設委員会は、欧州評議会の閣僚委員会に条約の作業及び機能に関する報告書を送付する。

第Ⅶ章 改正

第16条【この条約の改正】 1 締約国又は閣僚委員会から提案されたこの条約の規定の改正は、欧州評議会の事務局長に通報され、常設委員会の会合の少なくとも2箇月前に、事務局長により欧州評議会の加盟国、署名国、締約国、第19条の規定に従ってこの条約に署名するよう招請された国、及び第20条の規定に従って加入するよう招請された国に送付される。
2 前項の規定に従って提案された改正は、以下の形で常設委員会によって検討される。
  (a) 第1条から第12条までの改正については、投じられた票の4分の3の多数票によって採択された条文を、受諾を求めて締約国に送付する。
  (b) 第13条から第24条までの改正については、投じられた4分の3の多数票によって採択された条文を、承認を求めて閣僚委員会に送付する。閣僚委員会の承認の後、この条文は受諾のために締約国に送付する。
3 改正は、すべての締約国が受諾したことを事務局長に通報した後30日後に効力を生ずる。
4 この条の規定の1、2(a)及び3の規定は、この条約の新たな附属書の採択に適用される。

第17条【附属書の改正】 1 締約国又は閣僚委員会によって提案されたこの条約の附属書に対する改正は、欧州評議会の事務局長に送付され、事務局長はこれを欧州評議会加盟国、署名国、締約国、第19条の規定に従ってこの条約に署名するよう招請されている国、及び第20条の規定に従ってこの条約に加入するよう招請されている国に対して、常設委員会会合前の少なくとも2箇月前に送付する。
2 前項の規定に従って提案された改正は、常設委員会によって検討され、常設委員会は、締約国の3分の2の多数で採択する。
3 常設委員会による採択から3箇月の間に、締約国の3分の1が異議を表明しない限り、改正は、異議を表明しなかったこれらの締約国の間で効力を生ずる。

第Ⅷ章 紛争解決

第18条【紛争解決】 (略)

第Ⅸ章 最終規定

第19条【署名】 (略)

第20条【非加盟国】 1 この条約の発効後、欧州評議会の閣僚委員会は、締約国と協議した後、第19条の規定に従って署名するよう招請したが、まだ署名していない評議会の非加盟国及びその他の非加盟国に加入するよう招請することができ

2 加入国に関して、条約は、欧州評議会の事務局長に加入書が寄託された日から3箇月を経た月の最初の日に効力を生ずる。

第21条【批准、受諾、承認又は加入】（略）

第22条【留保】 1 国家は、署名の際、又は批准書、受諾書、承認書若しくは加入書を寄託する際、附属書Ⅰから Ⅲ に規定する特定の種に関して、並びに（又は）附属書Ⅳに規定する殺傷、捕獲及びその他の採取の一定の手段若しくは方法に関して、留保の中で言及した一定の種のために、一又はそれ以上の留保を付すことができる。一般的性質を有する留保は付すことができない。

2 この条約の適用を第21条2に規定する宣言の中で言及した領域に拡大した締約国は、この領域に関して、前条の規定に従って一又はそれ以上の留保を付すことができる。

3 その他の留保は付すことができない。

4 1及び2に基づいて留保を付した締約国は、欧州評議会の事務局長に提出する通告によって、当該留保の全部又は一部を撤回することができる。この撤回は、事務局長が通告を受理した日から効力を生ずる。

第23条【廃棄】（略）
第24条【通告】（略）

　附属書
　附属書Ⅰ　厳格に保護される植物種　（略）

　附属書Ⅱ　厳格に保護される動物種　（略）

　附属書Ⅲ　保護される動物種　（略）

　附属書Ⅳ　殺傷、捕獲及びその他の採取の形態の禁止される手段及び方法　（略）

5-7　アルプス山地の保護に関する条約（アルプス条約）（抄）
Convention sur la protection des Alpes

　　署　　名　1991年11月7日（ザルツブルク）
　　効力発生　1995年3月6日

ドイツ連邦共和国、オーストリア共和国、フランス共和国、イタリア共和国、リヒテンシュタイン公国、スイス連邦、スロベニア共和国及び欧州経済共同体（＊欧州連合）は、

アルプス山地が、欧州において最も継続的に自然が残されている地域のひとつであり、それらのユニークで多様な自然の生息地、文化及び歴史と共に、それらの地域が、欧州の中央で経済、文化、レクリエーション、及び生活における環境を構成し、多くの人々と諸国家がそれらを共有していることを認識し、

アルプス山地が、そこで生活する市民の生活上及び経済上の環境の一部であること、及び例えば重要な輸送路であるといったことから、アルプス以外の地域にとっても死活的に重要であること確認し、

アルプス山地が、多くの動植物の絶滅危惧種にとって重要な生息地であり、最後の避難場所という性質を有することを確認し、

国内法制度、自然の条件、人口分布、農業及び森林、国家の経済発展の状況、交通量、並びに観光事業の性質と規模の間に存在する実質的な違いを認識し、

アルプス地域及びその生態学的機能が、人が行う開発の増長によってますます脅かされること、並びにその損害は、回復不可能であるか、さもなければ多大な努力、相当な費用及び一般的に長期にわたった場合にのみ回復可能であることを認識し、

生態学的要請と調和させるべき経済利益の必要性を確信し、

1989年10月9日から11日にベルヒテスガーデンで開催された環境大臣による第1回アルプス会議の結果を受けて、以下の通り協定した。

第1条（範囲） 1　この条約は、アルプス地域を対象とし、その地域は、附属書によって文字で表現し、地図で描かれる。

2　各締約国は、批准書、承認書若しくは受諾書を寄託した時、又はその後いつでも、寄託者であるオーストリア共和国政府に宣言することにより、自国領域の追加的部分に対して、この条約の適用を拡大することができる。ただし、これは条約の諸規定を実施するために必要な場合に限られる。

3　2に基づいて行われるいかなる宣言も、当該宣言の中で特定化される国家領域に関して、寄託者に提出する通知によって撤回することができる。撤回は、寄託者が通知を受領した日の後6箇月の期間が満了する月の翌月の初日に効力を生ずる。

第2条（一般義務） 1　締約国は、予防原則、汚染者負

担及び協力の諸原則に従って、全てのアルプス国家、そのアルプス地域、及び欧州経済共同体の利益を等しく熟慮し、同時に資源の賢明かつ持続的な利用を通じて、アルプス山地の保全及び保護のための包括的政策を追及する。アルプス地域における国境を越える協力は、地理的及び主題の観点から強化され、拡大される。

2　1に規定される目的を達成するために、締約国は、特に以下の分野において適切な措置をとる。
　(a)　人及び文化　この分野の目的は、そこで生活する市民の文化的かつ社会的アイデンティティを保護し、保全し、及び促進することであり、彼らの生活水準の基礎(特に環境上健全な定住及び経済発展)を保証することであり、アルプスの人々とアルプス以外の人々の間での相互の理解及び協力を促進することである。
　(b)　地域計画　この分野の目的は、経済的で合理的な土地の利用及び地域全体の健全で調和的な発展を確保することであり、特に土地利用の要件の詳細な明確化及び評価、先見性のある統合的な計画並びにとられる措置の調整による自然災害、利用の多少の回避、及び自然の生息地の保全又は回復に力点を置く。
　(c)　大気汚染の防止　この分野の目的は、アルプス山地地域以外からの有害物質の流入と共に、人、動物及び植物にとって有害でないレベルまで、アルプス山地地域における汚染物質の排出及び汚染問題を抜本的に削減することである。
　(d)　土壌保全　この分野の目的は、特に土壌及び土地への最小限の干渉、浸食の管理及び土壌固定の制限を通して、農業及び森林において土壌に損害を与えない方法を用いることにより、質的及び量的な土壌損害を防止することである。
　(e)　水質管理　その目的は、自然水の質及びシステムを保全し、又は回復させることであり、ここでは、水質の保全、並びに水利施設を自然と調和する形で建設すること及び水力発電が、環境保全に関心をもつ先住人民の利益を考慮する枠組で機能することの確保を含む。
　(f)　自然保護及び景観の管理　この分野の目的は、生態系が機能し、動植物種(生息地を含む。)が保全され、自然の再生能力及び持続的な生産性が維持され、自然及び景観の多様性、独自性及び美しさが全体として永続的に保全されるように、自然及び景観を保護し、保全し、及び必要に応じて回復させることである。
　(g)　山間部農業　この分野の目的は、公共の利益のために、伝統的な農村景観の保全、管理及び促進、並びにアルプス地域における経済に対する制約を考慮して、その場所に適した環境と両立する農業を確保することである。
　(h)　山林　この分野の目的は、森林の生態系の生息地を改善することにより、森林の役割(特にその保護的役割)を維持し、補強し、及び回復することであり、このことは、主としてアルプス山地地域の経済的に好ましくない条件を考慮して、自然の森林技術を適用し、森林にとって有害な利用を防止することによって行われる。
　(i)　ツーリズム及びレクリエーション　この分野の目的は、環境に有害な活動を制限することにより、ツーリズム及びレクリエーション活動を生態学的かつ社会的要請と調和させることであり、このことは非開発宣言区域を画定することを含む。
　(j)　輸送　この分野の目的は、人間、動植物及びその生息地にとって有害でないレベルにまでアルプス山地域内及びアルプス山地を越える地域の生活妨害及び危険を削減することであり、このことはより多くの交通(特に貨物輸送)を、鉄道に転換することによって(特に市場原則に適合し、国民のために差別のない適切な社会基盤及びインセンティブを提供することによって)行われる。
　(k)　エネルギー　この分野の目的は、景観を保全し、環境上両立するエネルギーの生産、配分及び利用の方法を導入することであり、省エネルギー措置を促進することである。
　(l)　廃棄物管理　この分野の目的は、アルプス山地地域の地理学的、地質学的及び気候上の要請に合致した廃棄物の収集、利用及び処理に関するシステムを開発することであり、特に廃棄物管理に注意を向ける。

3　締約国は、この条約の実施のために詳細を規定する議定書について合意する。

第3条(研究及び系統的監視)　第2条に明記される地域において、締約国は以下のことに合意する。
　(a)　調査活動及び科学的評価の実施における協力
　(b)　共同の又は補完的な系統的監視の開発
　(c)　研究、監視及び関連するデータ収集活動の調整

第4条(法的、科学的、経済的及び技術的協力)　1　締約国は、この条約に関連する法的、科学的、経済的及び技術的情報の交換を促進し、かつ奨励する。

2 締約国は、国境を越える地域的なニーズを可能な限り考慮するために、アルプス地域全域又はその一部に特に影響を与える法的又は経済的措置の計画を相互に通報する。
3 締約国は、必要な場合、条約及び自らが締約国である議定書の効果的な実施を確保するために、国際的な政府機関及び非政府機関と協力する。
4 締約国は、公衆が定期的に適切な方法で調査、監視及びとられた行動の結果について通知を受けることを確保する。
5 情報提供に関して、この条約に基づく締約国の義務は、守秘義務に関する国内法の遵守を条件とする。機密を目的とした情報は、機密事項として取り扱われる。

第5条(締約国会議(アルプス会議)) 1 締約国会議の通常会合は、締約国間の共通関心事項及び協力について討議するために開催される。アルプス会議の最初の会合は、この条約が効力を発生してから遅くとも1年後に、合意によって決定されるべき一以上の締約国によって招集される。
2 その後は、会議の通常会合は、通常、2年ごとに議長となる締約国により招集される。議長としての任務と場所は、会議の通常会合ごとに変更する。議長としての任務と場所は、アルプス会議によって決定される。
3 議長となる締約国は、会議の会合の議題を提案する。各締約国は、その他の項目を議題として提起する権利を有する。
4 締約国は、機密保持に関する国内法に従うことを条件として、条約及び自らが締約国である議定書の実施に関してとった措置に関する情報を会議に送付する。
5 国際連合、その専門機関、欧州評議会、及び全ての欧州諸国は、会議の会合にオブザーバーとして参加することができる。この規定は、アルプス地方自治体越境協議会に対しても適用される。さらに、締約国会議は、オブザーバーとして関連する非政府機関の会議への参加を認めることができる。
6 会議の特別会合は、コンセンサスにより、又は二つの通常会合の間に、締約国の3分の1によって書面による申請が議長を務める締約国に提出された場合、開催される。

第6条(アルプス会議の任務) 会議は、会合において条約及び附属書を含めた議定書の実施を検討するものとし、特に会合において以下の任務を果たす。
 (a) 会議は、第10条に規定する手続に基づいて、条約の改正を採択する。
 (b) 会議は、第11条に規定する手続に従って、議定書及びその附属書、並びにその改正を採択する。
 (c) 会議は、手続規則を採択する。
 (d) 会議は、必要な財政上の決定を行う。
 (e) 会議は、条約の実施に必要と考えられる作業部会の設置を承認する。
 (f) 会議は、科学的情報の評価を承認する。
 (g) 会議は、第3条及び第4条に規定される目的を達成するための措置を決定し、又は勧告し、第5条4に従って提出される情報の形式、内容及び頻度を決定し、作業部会によって提出される報告書と共にこの情報を承認する。
 (h) 会議は、基本的な事務局の職務の実行を確保する。

第7条(アルプス会議における意思決定) 1 会議は、他の決定がなされていない限り、コンセンサスで会議の決定を行う。もしあらゆる努力を行っても、第6条(c)、(f)及び(g)に規定される機能に関してコンセンサスを得ることができず、議長が明確にこの事実を示した場合、決定は会合に出席し投票する締約国の4分の3の多数決によって行われる。
2 各締約国は、会議において1の票を有する。自国の権限が及ぶ地域内において、欧州経済共同体は、この条約の締約国である加盟国の数に等しい票の数で投票する権利を行使する。欧州経済共同体は、加盟国が投票する権利を行使した場合、投票する権利を行使することができない。

第8条(常設委員会) 1 締約国会議の代表からなる会議の常設委員会は、執行機関として設置される。
2 まだ条約を批准していない署名国は、常設委員会の会合においてオブザーバーの地位を有する。さらに、この条約にまだ署名していないいかなるアルプス国にも、要求に応じてこの地位を与えることができる。
3 常設委員会は、委員会の手続規則を採択する。
4 さらに、常設委員会は、会合において、政府機関及び(又は)非政府機関の代表の参加のための手続について決定する。
5 会議において議長を務める締約国は、常設委員会の議長を指名する。
6 常設委員会は、特に以下の任務を果たす。
 (a) 第5条4及びアルプス会議の報告書に従い、締約国によって提出された情報を分析する。
 (b) 条約及び附属書を含めた議定書の実施に関する文書を収集し、評価する。また第6条に従って審査のために会合に文書を提出する。
 (c) 会議の決定の実施に関してアルプス会議に情報を提供する。

(d) 会議の会合の計画を準備する。また条約及び議定書の実施に関して、議題項目及びその他の措置を準備することができる。
(e) 第6条(e)に従って議定書及び勧告を策定するために作業部会を指名し、その活動を調整する。
(f) あらゆる観点から議定書草案の内容を検討し、調整し、及び会議に対して草案を準備する。
(g) 会議に対して条約及び議定書に含まれる目的を達成するための措置及び勧告を準備する。

7 常設委員会における意思決定は、第7条の規定に従って行われる。

第9条(事務局) 会議は、コンセンサスで常設の事務局の設置を決定することができる。

第10条(条約の改正) いかなる締約国も、会議において議長を務める締約国にこの条約の改正の提案を付託することができる。当該提案は、検討されることになる会議の会合の少なくとも6箇月前に会議の議長を務める締約国により、締約国及び署名国に送付される。条約の改正は、第12条2、3及び4に従って効力を生ずる。

第11条(議定書及びその改正) 1 第2条3に従い、議定書案は、会議の議長を務める締約国によって、検討される会議の会合の少なくとも6箇月前に、締約国及び署名国に通知される。

2 会議によって採択された議定書は、会議の会合又はその後に事務局において署名される。議定書は、批准し、受諾し又は承認した締約国に適用される。議定書が効力を生じるためには、少なくとも3の批准、受諾又は承認が必要である。関連する文書は寄託者であるオーストリア共和国に付託される。

3 議定書に別段の定めがある場合を除き、議定書の効力発生及び脱退は、条約第10条、第13条及び第14条の定めるところによる。

4 議定書の改正については、1から3までの規定を準用する。

第12条(署名及び批准) (略)
第13条(脱退) (略)
第14条(通告) (略)

【第1節 種・生息地の保全】 第3項 二国間文書

5-8 渡り鳥及び絶滅のおそれのある鳥類並びにその環境の保護に関する日本国政府とアメリカ合衆国政府との間の条約(日米渡り鳥条約)

Convention between the Government of Japan and the Government of the United States of America for the Protection of Migratory Birds and Birds in Danger of Extinction, and their Environment

署　　名　1972年3月4日
効力発生　1974年9月19日
日 本 国　1974年5月31日国会承認、9月19日批准書交換、9月19日公布(条約第8号)
改　　正　1974年10月11日外告第186号

日本国政府及びアメリカ合衆国政府は、
　鳥類がレクリエーション上、芸術上、科学上及び経済上大きな価値を有する天然資源であること、並びに適切な管理によってこの価値を増大することができることを考慮し、
　鳥類の多くの種が日本国及びアメリカ合衆国の地域の間を渡り、これらの地域に一時的に生息していることを考慮し、
　島の環境が特に乱されやすいこと、太平洋の諸島の鳥類の多くの種が絶滅したこと、及び鳥類の他の種のうちにも絶滅するおそれのあるものがあることを考慮し、また、
　一定の鳥類の管理、保護及び絶滅の防止のために措置をとることについて協力することを希望し、
　よって、次のとおり協定した。

第1条【適用地域】 この条約の適用地域は、次のとおりとする。
(a) アメリカ合衆国については、アメリカ合衆国のすべての地域及び属地(太平洋諸島信託統治地域を含む。)
(b) 日本国については、日本国の施政の下にあるすべての地域

第2条【用語】 1 この条約において、「渡り鳥」とは、次のものをいう。
(a) 足輪その他の標識の回収により両国間における渡りについて確証のある鳥類の種
(b) その亜種が両国にともに生息する鳥類の種、及び亜種が存在しない種については両国にともに生息する鳥類の種。これらの種及び亜種

の確認は、標本、写真又はその他の信頼しうる証拠に基づいて行なう。
2(a) 1の規定に従って渡り鳥とされた種は、この条約の附表に掲げるとおりとする。
 (b) 両締約国の権恨のある当局は、随時附表を検討し、必要があるときは、附表を改正するよう勧告する。
 (c) 附表は、両政府が当該勧告のそれぞれの受諾を外交上の公文の交換によって確認した日の後3箇月で、改正されたものとみなされる。

第3条【捕獲及び卵の採取の禁止】 1　渡り鳥の捕獲及びその卵の採取は、禁止されるものとする。生死の別を問わず、不法に捕獲され若しくは採取された渡り鳥若しくは渡り鳥の卵又はそれらの加工品若しくは一部分の販売、購入及び交換も、また、禁止されるものとする。次の場合における捕獲及び採取については、各締約国の法令により、捕獲及び採取の禁止に対する例外を認めることができる。
 (a) 科学、教育若しくは繁殖のため又はこの条約の目的に反しないその他の特定の目的のため
 (b) 人命及び財産を保護するため
 (c) 2の規定に従って設定される狩猟期間中
 (d) 私設の狩猟場に関して
 (e) エスキモー、インディアン及び太平洋諸島信託統治地域の原住民がその食糧及び衣料用として捕獲又は採取する場合
2　渡り鳥の狩猟期間は、各締約国がそれぞれ決定することができる。当該狩猟期間は、主な営巣期間を避け、かつ、生息数を最適の数に維持するように設定する。
3　各締約国は、渡り鳥の保護及び管理のために保護区その他の施設を設けるように努める。

第4条【特別の保護】 1　両締約国は、絶滅のおそれのある鳥類の種又は亜種を保存するために特別の保護が望ましいことに同意する。
2　いずれか一方の締約国が絶滅のおそれのある鳥類の種又は亜種を決定し、その捕獲を禁止した場合には、当該一方の締約国は、他方の締約国に対してその決定(その後におけるその決定の取消しを含む。)を通報する。
3　各締約国は、2の規定によって決定された鳥類の種若しくは亜種又はそれらの加工品の輸出又は輸入を規制する。

第5条【研究】 1　両締約国は、渡り鳥及び絶滅のおそれのある鳥類の研究に関する資料及び刊行物を交換する。
2　両締約国は、渡り鳥及び絶滅のおそれのある鳥類の共同研究計画の設定並びにこれらの鳥類の保存を奨励する。

第6条【締約国の努力義務】 各締約国は、第3条及び第4条の規定に基づいて保護される鳥類の環境を保全しかつ改着するため、適当な措置をとるように努める。各締約国は、特に、
 (a) これらの鳥頚及びその環境に係る被害(特に海洋の汚染から生ずる被害を含む。)を防止するための方法を探求し、
 (b) これらの鳥類の保存にとって有害であると認める生きている動植物の輸入を規制するために必要な措置をとるように努め、及び、
 (c) 特異な環境を有する島の生態字的均衡を乱すおそれのある生きている動植物のその島への持込みを規制するために必要な措置をとるように努める。

第7条【締約国の措置】 各締約国は、この条約の目的を達成するために必要な措置をとることに同意する。

第8条【協議】 両政府は、いずれか一方の政府の要請があったときは、この条約の実施について協議する。

第9条【批准】 1　この条約は、批准されなければならない。批准書は、できる限りすみやかにワシントンで交換されるものとする。
2　この条約は、批准書の交換の日に効力を生ずる。この条約は、15年間効力を有するものとし、その後は、この条に定めるところによって終了する時まで効力を存続する。
3　いずれの一方の締約国も、1年前に書面による予告を与えることにより、最初の15年の期間の終りに又はその後いつでもこの条約を終了させることができる。

以上の証拠として、両政府の代表は、この条約に署名した。
1972年3月4日に東京で、ひとしく正文である日本語及び英語により本書2通を作成した。

附　表【渡り鳥の名称及び種名】　(略)

【第2節　森林管理・砂漠化】

5-9 すべての種類の森林の管理、保全及び持続可能な開発に関する地球規模のコンセンサスのための法的拘束力をもたない権威ある原則声明(森林原則声明)
Non-Legally Binding Authoritative Statement of Principles for a Global Consensus on the Management, Conservation and Sustainable Development of All Types of Forests

採　択　1992年6月13日(環境と発展に関する国際連合会議、リオ・デ・ジャネイロ)

前文

(a) 森林問題は、持続可能な形での社会経済発展に対する権利を含む、環境と発展の問題及び機会のすべての範囲と関連性を有する。

(b) 本原則の指導的目的は、森林の管理、保全及び持続可能な開発に寄与すること、並びに森林の多様で相互補完的な役割及び利用を提供することである。

(c) 森林の問題及びその機会は、伝統的利用を含む森林の多様な機能及び利用、並びにこれらの利用が抑制され、制限された場合、起こりうる経済的及び社会的ストレス、更に持続可能な森林管理が提供する開発の潜在的可能性を考慮した上で、環境と発展の全般的状況の中で全体的かつバランスのとれた方法で検討されるべきである。

(d) 本原則は、森林に関する最初の地球規模のコンセンサスを反映する。本原則の迅速な実施を約束するに当たり、各国はまた、森林の問題に関する更なる国際協力に関して、本原則の適切性を継続して評価することを決定する。

(e) 本原則は、南方、北方、亜温帯、温帯、亜熱帯、熱帯を含むすべての地理的区域及び気候区分にあるすべての種類の自然及び人工の森林に適用されるべきである。

(f) すべての種類の森林は、人間のニーズを満たすための資源及び環境上の価値を提供する現在及び将来の潜在的な能力のための基礎となる複雑で固有の生態学的プロセスを有しており、したがって、それらの健全な管理及び保全は、森林を保有する国の政府にとって関心事項であり、地域社会及び環境全体にとって価値あることである。

(g) 森林は、経済発展及びすべての形態の生命の維持にとって不可欠なものである。

(h) 森林の管理、保全及び持続可能な開発のための責任は、多くの国において、連邦政府/中央政府、州/地域及び地方自治体のレベルで分割されていることを認識し、各国は、自国の憲法及び(又は)国内法令に従い、適切な政府レベルで、本原則を遂行するべきである。

原則/要素

1 (a) 国は、国際連合憲章及び国際法の原則に従って、自国の資源をその環境政策に基づいて開発する主権的権利を有し、また、自国の管轄又は管理下の活動が他の国の環境又は国の管轄権の範囲外の区域の環境に損害を及ぼさないよう確保する責任を有する。

(b) 森林の保全及び持続可能な開発に関連する利益の達成のために合意されたすべての増加費用は、更なる国際協力を必要とし、国際社会によって衡平に分担されるべきである。

2 (a) 国は、自国の開発のニーズ及び社会経済発展のレベルに従い、持続可能な開発及び立法と両立する国内政策(全体的な社会経済発展の枠内において森林区域を他の目的に利用転換することを含む。)に基礎を置き、自国の森林を利用し、管理し及び開発する主権的及び不可分の権利を有する。

(b) 森林資源及び林地は、現在及び将来世代の社会的、経済的、生態学的、文化的及び精神的なニーズを満たすために持続的に管理されるべきである。これらのニーズは、森林の産品及びサービス、例えば木材、木製品、水、食料、飼料、医薬品、燃料、住居、雇用、レクリエーション、野生生物の生息地、景観の多様性、炭素の吸収源及び貯蔵庫、並びにその他の森林の産品に対するものである。森林のすべての多様な価値を維持するために、大気を媒介とする汚染物質を含む汚染、火災、害虫及び病気による有害な影響から森林を保護するために適切な措置がとられるべきである。

(c) 森林及び森林の生態系に関する時宜を得た、信頼できる正確な情報の提供は、公衆の理解と見識のある政策決定にとって不可欠であり、

確保されるべきである。
　（d）政府は、国の森林政策の作成、実施及び計画に際して、地域社会及び先住人民、産業界、労働者、民間団体及び個人、森林居住者並びに女性を含む利害関係者の参加の機会を促進し、提供するべきである。
3（a）国の政策及び戦略は、森林及び森林地の管理、保全及び持続可能な開発のための制度及びプログラムの作成及び強化を含めた、一層の努力のための枠組を提供するべきである。
　（b）国際的な制度上の取り決めは、既存の機関及びメカニズムに基づいて構築するものとし、必要に応じて、森林分野の国際協力を促進するべきである。
　（c）森林及び林地に関連する環境保全及び社会的・経済的発展のすべての側面は、統合され、包括的なものであるべきである。
4　地方、国、地域及び地球規模のレベルで生態系のプロセス及びバランスを維持するに当たり、すべての種類の森林の極めて重要な役割、とりわけ脆弱な生態系、流域及び淡水資源を保護し、生物多様性及び生物資源の宝庫として、バイオテクノロジー生産物のための遺伝物質の資源、及び光合成の源泉としての役割が、認識されるべきである。
5（a）国の森林政策は、先住人民、その共同体及びその他の共同体並びに森林居住者のアイデンティティ、文化及び権利を認識し、正当に支援するべきである。これらのグループが森林の利用に経済的な利害関係をもち、経済活動を行い、そして適正な水準の生計及び厚生を達成し、維持することを可能にするために、適切な条件が、森林の持続可能な管理のためのインセンティブとして、とりわけ土地所有制度を通じて、促進されるべきである。
　（b）森林の管理、保全及び持続可能な開発のすべての側面において、女性の完全な参加は、積極的に促進されるべきである。
6（a）すべての種類の森林は、特に発展途上国において、再生可能なバイオエネルギー源の提供を通じて、エネルギー需要を満たす重要な役割を担う。家庭及び産業用の燃料財の需要は、持続可能な森林の管理、植林、森林再生により満たされるべきである。この目的のため、燃料と産業用木材の供給のための在来の樹種及び導入樹種の植林の潜在的な寄与が認識されるべきである。
　（b）国内政策及び計画は、森林の保全、管理及び持続可能な開発と森林産品の生産、消費、再利用及び（又は）最終処分に関連するすべての側面との間に関係が存在する場合には、その関係を考慮するべきである。
　（c）森林資源の管理、保全及び持続可能な開発にかかる決定は、実行可能な範囲において、森林の財とサービスの経済的・非経済的価値及び環境上の費用と便益の包括的な評価によって支援されるべきである。そのような評価手法の作成と改善が促進されるべきである。
　（d）再生可能なエネルギー及び工業原料の持続可能で環境上健全な源泉としての人工林及び恒常的農作物の役割が認識され、増進され、促進されるべきである。生態学的プロセスの維持、原生林／老生林への圧力の相殺及び地域住民の適切な関与の下での地域の雇用と発展に対するこれらの貢献が認識され、増進されるべきである。
　（e）天然林もまた、財とサービスの源泉であり、その保全、持続可能な管理及び利用が促進されるべきである。
7（a）すべての国において、森林の持続可能で環境上健全な発展に資する支援的国際経済環境を促進する努力がなされるべきであり、そのような努力には、とりわけ持続可能な生産消費パターンの促進、貧困の撲滅と食糧安全保障が含まれる。
　（b）相当量の森林面積を有し、天然の森林保護区を含む森林の保全プログラムを策定する発展途上国に対して、特別の資金が供与されるべきである。これらの資金は、経済的社会的な代替活動を喚起するような経済部門に、特に向けられるべきである。
8（a）世界の緑化のための努力がなされるべきである。すべての国、特に先進国は、必要に応じて、造林・森林再生及び森林保全のため、積極的かつ透明性のある行動をとるべきである。
　（b）森林面積及び森林生産性を維持し増加するための努力が、非生産的な、劣化した、あるいは森林が消失した土地における樹木や森林再生、再造林、再造成を通じて、同時に現存する森林資源の管理を通じて、生態学的、経済的、及び社会的に健全な方法でなされるべきである。
　（c）特に発展途上国における森林の管理、保全、持続可能な開発を目的とした国内政策及び計画の実施は、必要に応じて、民間部門を含む、国際的な資金的及び技術的協力によって支援されるべきである。

(d) 持続可能な森林の管理及び利用は、国の開発政策と優先順位に従い、また、国の環境上健全なガイドラインに基づいて行われるべきである。そのようなガイドラインの策定に際しては、適当な場合において、かつ、適用可能ならば、関連する国際的に合意された手法と基準が、考慮されるべきである。
(e) 森林管理は、生態学的均衡と持続可能な生産性を維持するため、隣接する地域の管理と統合されるべきである。
(f) 森林の管理、保全、持続可能な開発を目的とした国内政策及び(又は)立法は、原生林／老生林及び国家的重要性を持った文化的、精神的、歴史的、宗教的その他独自の価値を持った森林を含む生態学上生存能力の高い代表的かつ独自の森林の保護を含むものであるべきである。
(g) 遺伝物質を含む生物資源へのアクセスは、森林保有国の主権的権利、及びそれらの資源からもたらされるバイオテクノロジー生産物からの技術及び利益の相互に合意された条件での配分に対する適正な配慮に基づいて行われる。
(h) 国内政策は、その活動が重要な森林資源に深刻な悪影響を及ぼすおそれがあり、かつ、そのような活動が権限のある国の当局の決定の対象となる場合には、環境影響評価が実施されるよう確保すべきである。

9 (a) 発展途上国が、自国の森林資源の管理、保全及び持続可能な開発を強化するための努力は、国際社会によって支援されるべきである。その場合、とりわけ先進国への資源の純移転によって一層状況が悪化した場合の対外債務を軽減することの重要性、及び林産物、特に加工林産物に対する市場アクセスの改善を通じて、少なくとも森林の再生に必要な価値を復元することを達成する問題を考慮すべきである。これに関連して、市場経済への移行過程にある諸国に対しても、特別の注意が払われるべきである。
(b) 森林資源の保全及び持続可能な利用を達成するための努力に障害となる諸問題、及び森林及びその資源に経済・社会的に依存している地域住民、とりわけ都市貧困層、農村貧困層にとって利用可能な代替的選択肢を欠いていることに起因する諸問題は、政府及び国際社会によって対処されるべきである。
(c) すべての種類の森林に関する国内政策の形成は、森林部門以外の影響要因によって森林の生態系及び資源に加えられる圧力及び需要を考慮すべきであり、これらの圧力及び需要に対処するための分野横断的な手段が探求されるべきである。

10 造林、森林再生並びに森林減少、森林及び土地の劣化への対処を通じたものを含めて、発展途上国がその森林資源を持続的に管理し、保全し、開発することを可能とするために、新規かつ追加的な資金が発展途上国に供与されるべきである。

11 特に発展途上国が内発的能力を向上させ、森林資源をより良く管理し、保全し、開発することを可能とするため、アジェンダ21の関連規定に従い、相互に合意された、譲許的で特恵的な条件によるものを含む、有利な条件で、環境上健全な技術及びそれに対応するノウハウへのアクセス及び移転が、必要に応じて促進され、助長され、これに対して資金供与されるべきである。

12 (a) 関連する生物学的、物理的、社会的、経済的要因、並びに技術開発及び持続可能な森林の管理、保全、開発の分野へのその適用を考慮に入れつつ、国の機関によって行われる科学的研究、森林の資源調査及び評価は、国際協力を含む効果的な方法を通じて強化されるべきである。これに関連して、持続可能な形で収穫される非木材生産物に関する調査及び開発にも注意が向けられるべきである。
(b) 森林及び森林管理の教育、訓練、科学、技術、経済学、人類学、並びに社会的側面に関する国家的、そして適当な場合における地域的及び国際的な制度上の能力は、森林の保全及び持続可能な開発にとって不可欠であり、強化されるべきである。
(c) 森林及び森林管理に関する調査研究と発展の結果についての国際的情報交換が、民間部門を含む教育訓練機関を最大限活用しつつ、必要に応じて、強化され、拡大されるべきである。
(d) 森林の保全及び持続可能な開発に関する適切な先住人民の能力及び地域の知識が、制度的及び財政的支援を通じて、関係する地域社会の人々の協力のもとに、認識され、尊重され、記録され、開発されるべきであり、また、必要に応じて、プログラムの実施に取り入れられるべきである。したがって、先住民の知識の利用から生じる利益は、当該の人々と衡平に配分されるべきである。

13 (a) 林産物の貿易は、国際貿易法及び慣行と合致した非差別的かつ多数国間で合意された規則及び手続に基づくべきである。これに関連

して、林産物の開かれた自由な国際貿易が促進されるべきである。
(b) 生産国が再生可能な森林資源をより良く保全し、管理することを可能とするため、付加価値の高い林産物に対する関税障壁及びよりよい市場アクセスと価格の提供に対する障害の削減又は撤廃、及びそれらの地元における加工処理が、奨励されるべきである。
(c) 森林の保全及び持続可能な開発を達成するため、自由市場方式及びメカニズムへの環境上の費用並びに便益の算入が、国内的にも国際的にも奨励されるべきである。
(d) 森林の保全及び持続可能な開発の政策は、経済、貿易、その他関連政策と統合されるべきである。
(e) 森林の劣化につながるかもしれない財政、貿易、産業、運輸、その他の政策及び慣行は、回避されるべきである。森林の管理、保全及び持続可能な開発を目的とする適切な施策は、適切な場合にはインセンティブを含めて、奨励されるべきである。
14 長期的な持続可能な森林管理を達成するため、木材及び他の林産物の国際貿易を制限かつ(又は)禁止するための、国際的な義務若しくは取極と両立しない一方的措置は、除去又は回避されるべきである。
15 汚染物質、特に酸性降下物の原因となるものを含む空気を媒介とする汚染物質は、森林生態系の健全性にとって、地方、国、地域、地球規模の各レベルで有害であり、規制されるべきである。

5-10　2006年の国際熱帯木材協定（抄）
International Tropical Timber Agreement, 2006

採　　択　2006年1月27日（ジュネーヴ）
効力発生　2011年12月7日
日 本 国　2007年2月16日署名、6月19日国会承認、8月31日受諾書寄託、12月21日公布及び告示（条約第18号）

前　文　（略）

第1章　目　的
第1条(目的) 2006年の国際熱帯木材協定(以下「この協定」という。)は、次のことにより、持続可能であるように経営され、かつ、合法的な伐採が行われた森林からの熱帯木材の国際貿易の拡大及び多様化並びに熱帯木材生産林の持続可能な経営を促進することを目的とする。
(a) 木材に関する世界経済のすべての側面について、すべての加盟国の間の協議、国際協力及び政策立案のための効果的な枠組みを提供すること。
(b) 非差別的な木材貿易慣行を促進するための協議の場を提供すること。
(c) 持続可能な開発及び貧困の軽減に寄与すること。
(d) 熱帯木材及び熱帯木材製品の輸出を持続可能であるように経営されている供給源からのものについて行うことを達成するための戦略を実施するための加盟国の能力を高めること。
(e) 国際市場の構造上の条件(消費及び生産の長期的傾向、市場アクセスに影響を及ぼす要因、消費者の選好並びに価格を含む。)及び持続可能な森林経営の費用を反映した価格をもたらす条件についての理解を一層促進すること。
(f) 森林経営、木材利用の効率及び他の材料と比較した木材製品の競争力を改善するため並びに木材生産熱帯林における木材生産以外の森林の価値を保全し、及び高める能力を増大させるため、研究及び開発を促進し、及び支援すること。
(g) この協定の目的を達成するための加盟生産国の能力を高めるために必要な新規の、かつ、追加的な資金の供与のための制度(十分かつ予測可能な拠出を促進するためのもの)及びこの協定の目的を達成するための加盟生産国の能力を高めるために必要な専門的知識の供与のための制度を発展させ、並びにそれらの制度に寄与すること。
(h) 市場及び市場の動向に関する一層の透明性及びより良い情報を確保するため、市場情報を改善し、及び国際木材市場に関する情報の共有を奨励すること(貿易が行われている樹種に関する資料その他の貿易に関連する資料の収集、取りまとめ及び公表を含む。)。
(i) 加盟生産国の工業化を促進するため並びにそれにより当該加盟生産国の雇用の機会及び輸出収入を増加させるため、当該加盟生産国

における持続可能な供給源からの熱帯木材の加工の増進及び加工度の向上を促進すること。
(j) 森林資源に依存する地域社会に十分な考慮を払いつつ、熱帯木材に係る造林及び劣化した林地の復旧を支援し、及び発展させるよう加盟国を奨励すること。
(k) 持続可能であるように経営され、かつ、合法的な伐採が行われた供給源からの合法的に取引される熱帯木材及び熱帯木材製品であって輸出されたものの販売及び流通を改善すること(消費者の意識の向上を含む。)。
(l) 木材貿易に関する統計及び熱帯林の持続可能な経営に関する情報の収集、処理及び公表についての加盟国の能力を強化すること。
(m) 熱帯木材貿易との関係において、木材生産林の持続可能な利用及び保全並びに生態学的均衡の維持を目的とした国内政策を立案するよう加盟国を奨励すること。
(n) 森林に関する法令の執行及び統治を改善し、並びに熱帯木材の違法伐採及び関連する貿易に対処するための加盟国の能力を強化すること。
(o) 熱帯林の持続可能な経営を促進するための任意の制度(特に認証制度)についての理解を深めるための情報の共有を奨励し、及びこの分野における加盟国の努力を支援すること。
(p) この協定の目的を達成するための技術の取得の機会の提供、技術移転及び技術協力(これらの提供、移転及び協力は、相互に合意する場合には、緩和され、かつ、特恵的な条件によるものを含む。)を促進すること。
(q) 持続可能な森林経営との関係において、熱帯林の持続可能な経営に対する非木材林産物及び環境サービスの貢献を強化するための戦略を策定する加盟国の能力を高めることを目的として、このような貢献についての理解が深まることを奨励し、並びに関連する機関及び枠組みと協力すること。
(r) 持続可能な森林経営の達成における森林に依存する原住民の社会及び地域社会の役割を認識し、並びに熱帯木材生産林を持続可能であるように経営するためのこれらの社会の能力を高める戦略を策定するよう加盟国を奨励すること。
(s) 関連する新たに生じた問題を特定し、対処すること。

第2章 定 義
第2条(定義) この協定の適用上、

1 「熱帯木材」とは、北回帰線と南回帰線との間に位置する国において生育し、又は生産される木材であって産業用に使用するものをいい、丸太、製材、単板及び合板を含む。
2 「持続可能な森林経営」については、機関の関連する政策上の文書及び技術上の指針に従って解釈する。
3 「加盟国」とは、この協定が暫定的に効力を有しているか確定的に効力を有しているかを問わず、この協定によって拘束されることに同意した政府又は第5条に規定する欧州共同体(＊欧州連合)若しくは政府間機関をいう。
4 「加盟生産国」とは、熱帯森林資源を有する北回帰線と南回帰線との間に位置する加盟国若しくは数量において熱帯木材の純輸出国である加盟国であって、付表Aに掲げられ、かつ、この協定の締約国となるもの又は熱帯森林資源を有する加盟国若しくは数量において熱帯木材の純輸出国である加盟国であって、同付表に掲げられていないがこの協定の締約国となり、かつ、理事会が当該加盟国の同意を得て加盟生産国であると宣言したものをいう。
5 「加盟消費国」とは、熱帯木材を輸入している加盟国であって、付表Bに掲げられ、かつ、この協定の締約国となるもの又は熱帯木材を輸入している加盟国であって、同付表に掲げられていないがこの協定の締約国となり、かつ、理事会が当該加盟国の同意を得て加盟消費国であると宣言したものをいう。
6 「機関」とは、次条の規定により設立される国際熱帯木材機関をいう。
7 「理事会」とは、第6条の規定により設置される国際熱帯木材理事会をいう。
8 「特別多数票」とは、出席し、かつ、投票する加盟生産国の投ずる票の3分の2以上の票及び出席し、かつ、投票する加盟消費国の投ずる票の60パーセント以上の票(それぞれ別個に計算する。)をいう。ただし、出席し、かつ、投票する加盟生産国及び加盟消費国のそれぞれ半数以上がこれらの数の票を投ずる場合に限る。
9 「単純多数票」とは、出席し、かつ、投票する加盟生産国の投ずる票の過半数の票及び出席し、かつ、投票する加盟消費国の投ずる票の過半数の票(それぞれ別個に計算する。)をいう。
10 「2箇年会計年度」とは、1月1日から翌年の12月31日までの期間をいう。
11 「自由交換可能通貨」とは、ユーロ、日本円、スターリング・ポンド、スイス・フラン、合衆国ドルその他国際取引上の支払を行うため現に広

範に使用され、かつ、主要な為替市場において広範に取引されている通貨として、権限を有する国際通貨機関が随時指定する通貨をいう。
12 第10条2(b)の規定による票の配分の計算上、「熱帯森林資源」とは、北回帰線と南回帰線との間に位置する天然閉鎖林及び人工林をいう。

第3章 組織及び運営

第3条(国際熱帯木材機関の本部及び構成) 1 1983年の国際熱帯木材協定によって設立された国際熱帯木材機関は、この協定を運用し、かつ、この協定の実施を監視するため、存続する。
2 機関は、第6条の規定により設置される理事会、第26条に規定する委員会及び補助機関並びに事務局長及び職員によって、その任務を遂行する。
3 機関の本部は、常に、加盟国の領域内に置く。
4 機関の本部は、理事会が第12条に規定する特別多数票による議決で別段の決定を行わない限り、横浜に置く。
5 機関の地域事務所は、理事会が第12条に規定する特別多数票による議決で決定を行う場合には、設置することができる。

第4条(機関の加盟国) 機関の加盟国の区分は、次のとおりとする。
(a) 加盟生産国
(b) 加盟消費国

第5条(政府間機関の加盟) 1 この協定において「政府」というときは、欧州共同体並びに国際協定(特に商品協定)の交渉、締結及び適用についてこれと同等の責任能力を有する他の政府間機関を含む。したがって、この協定において、署名、批准、受諾若しくは承認、暫定的適用の通告又は加入というときは、欧州共同体その他政府間機関については、当該機関による署名、批准、受諾若しくは承認、暫定的適用の通告又は加入をいう。
2 1に規定する欧州共同体その他政府間機関は、その権限内の事項に関して表決が行われる場合には、第10条の規定によりこの協定の締約国である当該機関の構成国に配分される票の合計に等しい数の票を投ずる。この場合には、当該機関の構成国は、各自の投票権を行使することができない。

第4章 国際熱帯木材理事会

第6条(国際熱帯木材理事会の構成) 1 機関の最高機関は、国際熱帯木材理事会とし、理事会は、機関のすべての加盟国で構成する。
2 加盟国は、理事会において1人の代表により代表されるものとし、また、理事会の会合に出席する代表代理及び顧問を指名することができる。
3 代表代理は、代表が不在である間又は特別な場合において、代表に代わって行動し、及び投票する権限を与えられる。

第7条(理事会の権限及び任務) 理事会は、この協定の実施のために必要なすべての権限を行使し、及びその実施のために必要なすべての任務を遂行し、又はこれらの任務の遂行のための措置をとる。理事会は、特に次のことを行う。
(a) 第12条に規定する特別多数票による議決で、この協定の実施のために必要な、かつ、この協定に適合する規則(理事会の手続規則並びに機関の会計に関する規則及び職員に関する規則を含む。)を採択すること。会計に関する規則は、特に、第18条の規定に基づいて置かれる勘定の資金の収入及び支出を規律する。理事会は、その手続規則において、会合することなく特定の問題について決定を行うための手続を定めることができる。
(b) 機関の効果的かつ効率的な運営を確保するために必要な決定を行うこと。
(c) この協定に基づく任務の遂行に必要な記録を保管すること。

第8条(理事会の議長及び副議長) 1 理事会は、各暦年につき、議長及び副議長各1人を選出する。議長及び副議長は、機関から報酬を受けない。
2 議長及び副議長のいずれか一方は加盟生産国の代表のうちから、他方は加盟消費国の代表のうちから選出される。
3 これらの役職は、両区分の加盟国が毎年交互に務める。ただし、例外的な事態において、議長若しくは副議長又は双方の再選を妨げるものではない。
4 議長が一時的に欠けた場合には、副議長が議長の職務を遂行する。議長及び副議長の双方が一時的に欠けた場合又は議長及び副議長の一方若しくは双方がその任期を残して欠けた場合には、理事会は、場合に応じて、加盟生産国又は加盟消費国の区分のうち該当する区分に属する加盟国の代表のうちから、一時的に又は前任者の任期の残余の期間その職務を遂行する新規の役員を選出することができる。

第9条(理事会の会合) 1 理事会は、原則として、少なくとも年1回、通常会合を開催する。
2 理事会は、その決定するとき又はいずれかの加盟国若しくは事務局長が理事会の議長及び副議長の同意を得て次のいずれかの加盟国と共に要請するときは、特別会合を開催する。
(a) 過半数の加盟生産国又は過半数の加盟消費

国
  (b) 過半数の加盟国
3 理事会の会合は、理事会が第12条に規定する特別多数票による議決で別段の決定を行わない限り、機関の本部において開催するものとし、また、理事会は、本部以外の場所(生産国であることが望ましい。)において理事会を交互に開催するよう努める。
4 理事会は、理事会の会合の開催頻度及び開催地を検討するに当たり、十分な資金が利用可能であることを確保するよう努める。
5 会合の通知及び会合における議題は、少なくとも6週間前に事務局長が加盟国に送付する。ただし、緊急の場合には、通知は、少なくとも7日前に送付する。

第10条(票の配分) 1 加盟生産国及び加盟消費国は、それぞれ総体として、1,000票ずつを有する。
2 加盟生産国の票は、次のとおり配分する。
  (a) 400票は、アフリカ、アジア=太平洋並びにラテン・アメリカ及びカリブの3生産地域の間で平等に配分する。このようにしてこれらの各地域に配分した票は、当該地域の加盟生産国の間で平等に配分する。
  (b) 300票は、加盟生産国の間で、すべての加盟生産国の熱帯森林資源の総計に対する各加盟生産国の熱帯森林資源の割合に従って配分する。
  (c) 300票は、加盟生産国の間で、確定的な数字を入手することのできる最近の3年間の各加盟生産国の熱帯木材の純輸出額の平均に比例して配分する。
3 2の規定にかかわらず、2の規定に従って行われた計算によりアフリカ地域の加盟生産国に割り当てられるすべての票は、アフリカ地域のすべての加盟生産国の間で平等に配分する。残余の票がある場合には、当該残余の票は、それぞれ次のとおりアフリカ地域の加盟生産国に配分する。まず、2の規定に従って行われた計算により最大の票数が割り当てられる加盟生産国に配分し、次に、二番目に多い票数が割り当てられる加盟生産国に配分する。残余の票の配分は、このようにして、すべての残余の票が配分されるまで行われる。
4 5の規定に従うことを条件として、加盟消費国の票は、次のとおり配分する。各加盟消費国は、10の基本票を有する。残余の票は、加盟消費国の間で、票の配分が行われる暦年の6暦年前の年以降の5年間における各加盟消費国の熱帯木材の純輸入量の平均に比例して配分する。
5 いずれかの2箇年会計年度に加盟消費国に配分される票数は、直前の2箇年会計年度に当該加盟消費国に配分されていた票数の5パーセントを超えて増加してはならない。超過した票は、加盟消費国の間で、票の配分が行われる暦年の6暦年前の年以降の5年間における各加盟消費国の熱帯木材の純輸入量の平均に比例して配分する。
6 理事会は、必要と認める場合には、第12条に規定する特別多数票による議決で、加盟消費国の特別多数票について必要な百分率の下限を調整することができる。
7 理事会は、各2箇年会計年度の最初の会合の開催時に、この条に定めるところにより当該2箇年会計年度について票を配分する。配分は、8に定める場合を除くほか、当該2箇年会計年度を通じて有効なものとする。
8 機関の加盟国の構成に変動がある場合又は加盟国の投票権がこの協定に定めるところにより停止され、若しくは回復される場合には、理事会は、この条に定めるところにより、影響を受ける加盟国の区分内で票を再配分する。この場合には、理事会は、票の再配分が有効なものとなる時を決定する。
9 票数は、1未満の端数を伴ってはならない。

第11条(理事会の投票手続) 1 加盟国は、自国の有するすべての票を投ずる権利を有するが、投票に当たって票を分割してはならない。もっとも、2の規定により委託された票については、加盟国は、自国の有する票と別個に投ずることができる。
2 加盟生産国は他の加盟生産国に対し、また、加盟消費国は他の加盟消費国に対し、理事会の議長に対する書面による通告により、理事会の会合において自国の利益を代表し、及び自国の票を投ずることを自国の責任において委託することができる。
3 加盟国は、棄権したときは、投票しなかったものとみなされる。

第12条(理事会の決定及び勧告) 1 理事会は、コンセンサス方式によりすべての決定及び勧告を行うよう努める。
2 理事会は、コンセンサスに達することができない場合には、この協定が特別多数票による議決で行うことを定めている場合を除くほか、単純多数票による議決で、すべての決定及び勧告を行う。
3 加盟国の票が前条2の規定により理事会の会合において投じられた場合には、当該加盟国は、1の規定の適用上、出席し、かつ、投票したものとみなされる。

第13条(理事会の定足数) （略）
第14条(事務局長及び職員) （略）
第15条(他の機関との協力及び調整) 1　理事会は、この協定の目的を達成するため、適当な場合には、国際連合並びにその諸機関及び専門機関(例えば、国際連合貿易開発会議(UNCTAD)その他関連する国際機関及び地域機関)並びに民間部門、非政府機関及び市民社会との協議及び協力のための措置をとる。
2　機関は、この協定の目的を達成するための努力の重複を避けるため並びに政府間機関、政府機関、非政府機関、市民社会及び民間部門の活動の補完性及び効率を高めるため、可能な最大限度まで、これらの機関等の便宜、役務及び専門的知識を利用する。
3　機関は、一次産品のための共通基金の制度を十分に利用する。
第16条(オブザーバーの参加) （略）

第5章　特権及び免除
第17条(特権及び免除) 1　機関は、法人格を有する。機関は、特に、契約を締結し、動産及び不動産を取得し、及び処分し、並びに訴えを提起する能力を有する。
2～5　（略）

第6章　会　計
第18条(勘定) 1　機関に、次の勘定を置く。
(a)　運営勘定(分担金による勘定)
(b)　特別勘定及びバリ・パートナーシップ基金(任意の拠出金による勘定)
(c)　その他理事会が適当かつ必要と認める勘定
2　理事会は、第7条の規定により、1に規定する勘定の透明性のある運用及び管理について規定する会計に関する規則(この協定の終了又はその有効期間の満了の際の会計上の処理に関する規定を含むもの)を定める。
3　事務局長は、1に規定する勘定の管理につき責任を負い、及び理事会に報告を行う。
第19条(運営勘定) 1　この協定の運用に要する費用は、運営勘定に記帳するものとし、各加盟国の憲法上又は制度上の手続に従って支払われる年次分担金(その額は、4から6までに定めるところにより決定される。)をもって支弁する。
2　運営勘定には、次の費用を含む。
(a)　運営に係る基礎的な費用(給与及び給付、着任に係る費用、出張旅費等)
(b)　中核的な活動に係る費用(通信及び広報、理事会によって招集される専門家会合並びに第24条、第27条及び第28条の規定による研究及び評価の準備及び出版に係る費用等)
3　理事会並びに第26条に規定する委員会及び補助機関に出席する代表団の費用は、関係加盟国が負担する。加盟国が機関からの特別の役務を要請する場合には、理事会は、当該加盟国に対し当該役務に要する費用の負担を要求する。
4　理事会は、各2箇年会計年度の終了前に、次の2箇年会計年度の機関の運営勘定の予算を承認し、及び当該予算に係る各加盟国の分担金の額を決定する。
5　各2箇年会計年度の運営勘定に係る各加盟国の分担金の額は、次のとおり決定する。
(a)　2(a)に規定する費用は、加盟生産国及び加盟消費国が均等に負担するものとし、当該費用に係る各加盟国の分担金の額は、加盟国の各区分内の票数の合計に対する当該加盟国の票数の割合に比例して決定する。
(b)　2(b)に規定する費用は、加盟生産国が20パーセント、加盟消費国が80パーセント負担するものとし、当該費用に係る各加盟国の分担金の額は、加盟国の各区分内の票数の合計に対する当該加盟国の票数の割合に比例して決定する。
(c)　2(b)に規定する費用の額は、2(a)に規定する費用の額の3分の1を超えてはならない。理事会は、コンセンサス方式により、特定の2箇年会計年度についてこの制限を変更することを決定することができる。
(d)　理事会は、第33条に規定する評価の一環として、運営勘定及び任意の拠出金による勘定が機関の効率的かつ効果的な運営にどのように寄与しているのかについて検討することができる。
(e)　分担金の額の決定に当たっては、各加盟国の票数は、いずれかの加盟国の投票権の停止又はこれによって生ずる票の再配分を考慮することなく算定する。

6～10　（略）
第20条(特別勘定) 1　特別勘定は、次の2の勘定で構成する。
(a)　課題別計画勘定
(b)　事業勘定
2　特別勘定のための資金は、次のものから調達することができる。
(a)　1次産品のための共通基金
(b)　地域金融機関及び国際金融機関
(c)　加盟国による任意の拠出
(d)　その他の資金源

3 理事会は、特別勘定の透明性のある運用のための基準及び手続を定める。この手続は、課題別計画勘定及び事業勘定の運用において加盟国(拠出加盟国を含む。)の意向が均衡のとれた形で反映されることが必要であることを考慮に入れるものとする。
4 課題別計画勘定は、承認された準備事業、事業及び活動(第24条及び第25条の規定に従って特定された政策及び事業の優先順位を基礎として理事会が定める課題別計画に適合するもの)の資金に充てるための拠出であって使途の特定されていないものを促進することを目的とする。
5 拠出者は、自己の拠出金を特定の課題別計画に割り当てることができ、又は自己の拠出金を割り当てるための提案を行うよう事務局長に要請することができる。
6 事務局長は、課題別計画勘定における資金の割当て及び支出、準備事業、事業及び活動の実施、監視及び評価並びに課題別計画を成功裡に実施するための資金上の必要性について理事会に定期的に報告する。
7 事業勘定は、第24条及び第25条の規定に従って承認された準備事業、事業及び活動の資金に充てるための拠出であって使途の特定されているものを促進することを目的とする。
8 事業勘定に対する使途の特定されている拠出金は、拠出者が事務局長と協議の上別段の決定を行わない限り、拠出の対象とされた準備事業、事業及び活動のためにのみ使用する。拠出者は、準備事業、事業及び活動の完了又は終了後の残余の資金の使途について決定する。
9 加盟国は、特別勘定のための資金の予測可能性を確保するため、拠出金が任意の性質を有することを考慮して、特別勘定が理事会によって承認された準備事業、事業及び活動を完全に実施するために十分な資金の水準の達成によって補充されるよう努める。
10 事業勘定又は課題別計画勘定の下で行われる特定の準備事業、事業及び活動に対するものとして受領された収入はすべて、それぞれ事業勘定又は課題別計画勘定に記帳する。当該特定の準備事業、事業又は活動に係るすべての費用(コンサルタント及び専門家に対する報酬及び旅費を含む。)は、それぞれの勘定から支弁する。
11 いずれの加盟国も、準備事業、事業又は活動に関する他の加盟国又は主体による行為から生ずる責任について機関の加盟国であるという理由により責任を負うものではない。
12 事務局長は、第24条及び第25条の規定に従っ

て準備事業、事業及び活動に関する提案の作成について支援するものとし、理事会の定める条件により、承認された準備事業、事業及び活動のための十分かつ確実な資金調達に努める。

第21条(バリ・パートナーシップ基金) 1 第1条(d)に定める目的を達成するために必要な投資を加盟生産国が行うことを支援するため、熱帯木材生産林の持続可能な経営のための基金(以下「基金」という。)を設立する。
2 基金は、次のものから成る。
 (a) 拠出加盟国からの拠出金
 (b) 特別勘定の下で行われる活動の結果取得した収入の50パーセント
 (c) その他の資金源(公私を問わない。)からの資金であって、機関がその会計に関する規則に従って受領することのできるもの
 (d) その他理事会が承認する資金源
3 基金の資金は、1に定める目的のための準備事業及び事業であって、第24条及び第25条の規定に従って承認されたものに対してのみ、理事会が配分する。
4 理事会は、基金の資金の配分に当たって、次の事項を考慮して、基金の使途に関する基準及び優先順位を定める。
 (a) 熱帯木材及び熱帯木材製品の輸出を持続可能であるように経営されている供給源からのものについて行うことを達成するための支援に関する加盟国のニーズ
 (b) 木材生産林に関する重要な保全計画を定め、及び運営するための加盟国のニーズ
 (c) 持続可能な森林経営の計画を実施するための加盟国のニーズ
5 事務局長は、第25条の規定に従って事業に関する提案の作成について支援するものとし、理事会の定める条件により、理事会によって承認された事業のための十分かつ確実な資金調達に努める。
6 加盟国は、基金が基金の目的を達成するために十分な水準に補充されるよう努める。
7 理事会は、基金のために利用し得る資金が十分であるか否かについて定期的に検討するものとし、基金の目的を達成するために加盟生産国が必要としている追加的な資金を得るよう努める。

第22条(支払の形式) 1 第18条の規定に基づいて置かれる勘定に対する分担金及び拠出金は、自由交換可能通貨で支払われるものとし、外国為替上の制限を課されない。
2 理事会は、また、承認された事業における必要性を満たすため、第18条の規定に基づいて置か

れる勘定（運営勘定を除く。）に対する拠出であって拠出金以外の形態のもの（科学的及び技術的機材並びに要員の提供を含む。）を受け入れることを決定することができる。

第23条（会計の検査及び公表） 1　理事会は、機関の会計検査のため、独立の会計検査専門家を指名する。

2　1の会計検査専門家が独立した立場から会計検査を行った第18条の規定に基づいて置かれる勘定の決算書は、各会計年度の終了の後できる限り速やかに、遅くとも6箇月以内に、加盟国が入手することができるようにするものとし、適当な場合には、理事会が、その後開催される最初の会合において承認のため検討する。会計検査を行った決算書及び貸借対照表の概要は、その後に公表する。

第7章　機関の活動

第24条（機関の政策活動） 1　機関は、第1条に定める目的を達成するため、政策活動及び事業活動を相互に調和させるような方法で実施する。

2　機関の政策活動は、この協定の目的を広く加盟国全体のために達成することに寄与すべきである。

3　理事会は、政策活動の指針とし、並びに第20条4に規定する優先順位及び課題別計画を特定するため、定期的に行動計画を策定する。行動計画において特定された優先順位は、理事会によって承認される活動計画に反映する。政策活動には、指針、手引、研究、報告並びに基本的な通信及び広報の手段の開発及び準備並びに機関の行動計画において特定された類似の活動を含むことができる。

第25条（機関の事業活動） 1　加盟国及び事務局長は、この協定の目的の達成に寄与し、及び前条の規定に従って理事会によって承認される行動計画において特定された一又は二以上の活動の優先分野又は課題別計画に寄与する準備事業及び事業に関する提案を提出することができる。

2　理事会は、特に、この協定の目的との関連性、活動の優先分野又は課題別計画との関連性、環境及び社会に及ぼす影響、国の森林に関する計画及び戦略との関係、費用対効果、技術的及び地域的なニーズ、努力の重複を避ける必要性並びに得られた教訓を取り入れる必要性を考慮して、事業及び準備事業の承認の基準を定める。

3　理事会は、機関による資金供与を必要とする準備事業及び事業の提案、審査、承認及び優先順位の決定のため並びにこれらの実施、監視及び評価のための日程及び手続を定める。

4　事務局長は、準備事業若しくは事業に対する機関の資金が事業計画書に従って使用されていない場合又はこのような資金について不正、浪費、怠慢若しくは不適切な管理がある場合には、当該資金の支払を停止することができる。事務局長は、理事会による検討のために、その後開催される最初の理事会の会合において報告を提出する。理事会は、適当な措置をとる。

5　理事会は、合意された基準に従い、加盟国又は事務局長がいずれかの事業周期において提案することのできる事業及び準備事業の数についての制限を設けることができる。また、理事会は、事務局長による報告の後、準備事業又は事業に対する支援の停止又は終了を含む適当な措置をとることができる。

第26条（委員会及び補助機関） 1　この協定により、機関の委員会として次のものを設置する。委員会は、すべての加盟国に開放される。
　(a)　林産業に関する委員会
　(b)　経済、統計及び市場に関する委員会
　(c)　造林及び森林経営に関する委員会
　(d)　財政及び運営に関する委員会

2　理事会は、適当な場合には、第12条に規定する特別多数票による議決で、委員会及び補助機関を設置し、又は解散することができる。

3　理事会は、委員会及び補助機関の任務及び活動範囲を決定する。委員会及び補助機関は、理事会に対して責任を負うものとし、理事会の権限の下で活動する。

第8章　統計、研究及び情報

第27条（統計、研究及び情報） 1　理事会は、最新の信頼し得る資料及び情報（熱帯木材の生産及び貿易、傾向並びに資料の不一致に関するもの等）並びに非熱帯木材及び木材生産林の経営についての関連情報の入手に資するため、事務局長に対し、関連する政府間機関、政府機関及び非政府機関と緊密な関係を確立し、及び維持する権限を与える。機関は、この協定の実施に必要と認める場合には、これらの機関と協力して、このような情報を収集し、取りまとめ、分析し、及び公表する。

2　機関は、資料の収集における他の機関との重複を回避しつつ、森林に関する事項についての国際的な報告の様式を標準化し、及び調和させるための努力に寄与する。

3　加盟国は、木材、木材貿易及び木材生産林の持続可能な経営を達成することを目的とする活動

に関する統計及び情報並びに理事会が要請するその他の関連情報を、事務局長が定める期間内に、自国の国内法に抵触しない範囲で可能な最大限度まで提供する。理事会は、この3の規定に従って提供される情報の種類及び提出される報告の様式を決定する。
4　理事会は、要請に応じて又は必要な場合には、この協定に基づく統計及び報告に関する義務を履行するための加盟国(特に開発途上加盟国)の技術的能力を高めるよう努める。
5　加盟国が、2年連続して3の規定に従って必要とされる統計及び情報を提供せず、かつ、事務局長に対し支援を要請しない場合には、事務局長は、まず、当該加盟国に対し、一定の期間内に説明を行うよう要請する。十分な説明が得られない場合には、理事会は、適当と認める措置をとる。
6　理事会は、国際木材市場の動向、国際木材市場の短期及び長期の問題並びに木材生産林の持続可能な経営の達成に向けての進捗状況について関連する研究が行われるよう措置をとる。

第28条(年次報告及び2年ごとの検討)　1　理事会は、その活動その他適当と認める情報に関する年次報告を公表する。
2　理事会は、2年ごとに、次の事項を検討し、及び評価する。
　(a)　国際的な木材の状況
　(b)　この協定の目的の達成に関連すると認められる他の要素、問題及び進展
3　2の検討は、次の事項を参考として行う。
　(a)　加盟国が提供する木材の国内生産、貿易、供給、在庫、消費及び価格に関する情報
　(b)　理事会が要請し、加盟国が提供するその他の統計資料及び特定の指標
　(c)　加盟国が提供する自国の木材生産林の持続可能な経営に向けての進捗状況に関する情報
　(d)　その他関連する情報であって、理事会が国際連合の諸機関、政府間機関、政府機関若しくは非政府機関を通じて又は直接に入手することのできるもの
　(e)　熱帯木材及び非木材林産物についての違法な伐採及び収穫並びに貿易に関する取締り及び情報についての制度の確立に向けた進捗状況に関し加盟国が提供する情報
4　理事会は、次の事項に関する加盟国の間の意見の交換を促進する。
　(a)　加盟国における木材生産林の持続可能な経営の状況及び関連事項
　(b)　機関が定める目的、基準及び指針との関係

における資金の流れ及び必要額
5　理事会は、要請に応じ、適当な情報の共有のために必要な資料を入手するための加盟国(特に開発途上加盟国)の技術的能力を高めるよう努める。この努力には、訓練及び設備に必要な資金を加盟国に提供することを含む。
6　検討の結果は、当該検討が行われた理事会の会合の報告書に記載する。

第9章　雑　則

第29条(加盟国の一般的義務)　1　加盟国は、この協定の有効期間中、この協定の目的の達成を促進し、及びこの協定の目的に反する行動をとらないようにするため、最善の努力を払い、及び協力する。
2　加盟国は、この協定に基づく理事会の決定を受け入れ、及び実施することを約束するものとし、当該決定を制限する効果又は当該決定に反する効果を有することとなる措置をとることを差し控える。

第30条(義務の免除)　1　理事会は、この協定に明示的に定められていない例外的な事情若しくは緊急の事態又は不可抗力のため必要がある場合において、この協定に基づく加盟国の義務の履行が不可能であることに関する当該加盟国の説明に満足するときは、第12条に規定する特別多数票による議決で、当該義務を免除することができる。
2　理事会は、1の規定に基づく加盟国の義務の免除に当たって、義務の免除の条件、期間及び理由を明示する。

第31条(苦情及び紛争)　いずれの加盟国も、いずれかの加盟国がこの協定に基づく義務を履行しなかった旨の苦情及びこの協定の解釈又は適用に関する紛争を理事会に提起することができる。当該苦情及び当該紛争に係る理事会の決定は、この協定の他の規定にかかわらずコンセンサス方式によって行われるものとし、最終的なものであり、かつ、拘束力を有する。

第32条(特別の救済措置及び特別措置)　1　開発途上国である加盟消費国は、この協定の下でとられた措置により自国の利益が著しく害される場合には、理事会に対し、適当な特別の救済措置をとるよう申請することができる。理事会は、国際連合貿易開発会議決議第93号(第4回会期)3及び4に定めるところにより適当な特別の救済措置をとることを検討する。
2　国際連合が定義する後発開発途上国に該当する加盟国は、理事会に対し、国際連合貿易開発会

議決議第93号（第4回会期）4並びに1990年代における後発開発途上国のためのパリ宣言及び行動計画56及び57に定めるところにより特別措置をとるよう申請することができる。

第33条（検討） 理事会は、この協定の効力発生の後5年を経過した時にこの協定の実施状況（目的、資金供与の仕組み等）について評価を行うことができる。

第34条（無差別待遇） この協定のいかなる規定も、木材及び木材製品の国際貿易を制限し、又は禁止するための措置（特に、木材及び木材製品の輸入及び利用に関係するもの）をとることを認めるものではない。

第10章　最終規定

第35条（寄託者）　（略）
第36条（署名、批准、受諾及び承認）　（略）
第37条（加入）　（略）
第38条（暫定的適用の通告）　（略）
第39条（効力発生） 1　この協定は、付表Aに掲げるところにより総票数の60パーセント以上を有する12の生産国の政府及び2005年の熱帯木材の世界の輸入量の60パーセント以上を有する付表Bに掲げる10の消費国の政府が、第36条2又は第37条の規定に基づき、確定的な署名を行い、批准し、受諾し、又は承認した場合には、2008年2月1日又はその後のいずれかの日に確定的に効力を生ずる。

2　この協定が2008年2月1日に確定的に効力を生じなかった場合であっても、付表Aに掲げるところにより総票数の50パーセント以上を有する10の生産国の政府及び2005年の熱帯木材の世界の輸入量の50パーセント以上を有する付表Bに掲げる七の消費国の政府が、同日又はその後の6箇月以内のいずれかの日までに、第36条2の規定に基づき、確定的に署名を行い、批准し、受諾し、若しくは承認し、又は前条の規定に基づきこの協定を暫定的に適用する旨を寄託者に通告したときは、2008年2月1日又は当該その後の6箇月以内のいずれかの日に暫定的に効力を生ずる。

3　国際連合事務総長は、1又は2に定める効力発生の要件が2008年9月1日までに満たされなかった場合には、第36条2の規定に基づき、確定的な署名を行い、批准し、受諾し、若しくは承認し、又はこの協定を暫定的に適用する旨を寄託者に通告した政府が実行可能な最も早い時に会合し、この協定の全部又は一部をこれらの政府の間で暫定的に発効させるか又は確定的に発効させるかを決定するため、これらの政府を招集する。この協定をこれらの政府の間で暫定的に発効させることを決定した場合には、これらの政府は、事態を検討するため随時会合することができるものとし、この協定をこれらの政府の間で確定的に発効させるか否かを決定することができる。

4　この協定は、寄託者に対し前条の規定に基づく暫定的適用の通告を行わなかった政府であって、この協定の効力発生の後、批准書、受諾書、承認書又は加入書を寄託するものについては、その寄託の日に効力を生ずる。

5　機関の事務局長は、この協定の効力発生の後できる限り速やかに、理事会を招集する。

第40条（改正）　（略）
第41条（脱退）　（略）
第42条（除名）　（略）
第43条（脱退し、若しくは除名される加盟国又は改正を受諾することができない加盟国に係る会計上の処理）　（略）
第44条（有効期間、延長及び終了） 1　この協定は、効力発生の後10年間効力を有する。ただし、理事会が、この条に定めるところにより、第12条に規定する特別多数票による議決で、この協定の有効期間を延長し、この協定について再交渉し、又はこの協定を終了させることを決定する場合は、この限りでない。

2　理事会は、第12条に規定する特別多数票による議決で、この協定の有効期間を2回（1回目は5年間、2回目は3年間）延長することを決定することができる。

3　1に規定する10年の期間の満了前又は2に規定する延長期間の満了前のいずれかにおいて、この協定に代わる新たな協定についての交渉が行われたが、その新たな協定が確定的又は暫定的に効力を生じていない場合には、理事会は、第12条に規定する特別多数票による議決で、その新たな協定が暫定的又は確定的に効力を生ずる時までこの協定の有効期間を延長することができる。

4　新たな協定についての交渉が行われ、2又は3の規定に基づくこの協定の延長期間内にその新たな協定が効力を生ずる場合には、延長されたこの協定は、その新たな協定が効力を生ずる時に終了する。

5　理事会は、いつでも、第12条に規定する特別多数票による議決で、その定める日にこの協定を終了させることを決定することができる。

6　理事会は、この協定の終了の後も、機関の清算（会計上の処理を含む。）を行うため、18箇月を超えない期間存続するものとし、当該期間中、第

12条に規定する特別多数票による議決で行われる清算に関する決定に従って清算に必要な権限及び任務を有する。
7 理事会は、この条に定めるところにより行われた決定を寄託者に通告する。
第45条（留保） 留保は、この協定のいかなる規定についても付することができない。
第46条（補足規定及び経過規定） 1 この協定は、1994年の国際熱帯木材協定を承継する協定とする。
2 1983年の国際熱帯木材協定又は1994年の国際熱帯木材協定に基づいて機関若しくはその内部機関により又はこれらの名においてとられた措置であって、この協定が効力を生ずる日に有効であり、かつ、同日に満了する旨の定めのないものは、この協定に基づく変更がない限り、引き続き有効なものとする。

付表A　1994年の国際熱帯木材協定を承継する協定の交渉のための国際連合会議に出席した政府であって第2条（定義）に定義する加盟生産国となる可能性を有するもの及び第10条（票の配分）の規定によって配分された票数の一覧表　（略）

付表B　1994年の国際熱帯木材協定を承継する協定の交渉のための国際連合会議に出席した政府であって第2条（定義）に定義する加盟消費国となる可能性を有するものの一覧表　（略）

5-11　深刻な干ばつ又は砂漠化に直面する国（特にアフリカの国）における砂漠化に対処するための国際連合条約（砂漠化対処条約）（抄）
United Nations Convention to Combat Desertification in Those Countries Experiencing Serious Drought and/or Desertification, Particularly in Africa）

採　択　1994年6月17日（パリ）
効力発生　1996年12月26日
日本国　1994年10月14日署名、1998年9月9日国会承認、11日受諾書寄託、18日公布（条約第11号）、12月10日効力発生

この条約の締約国は、
　砂漠化に対処し及び干ばつの影響を緩和するに当たっての最大の関心事は砂漠化及び干ばつの影響を受け又は受けるおそれのある地域の人間であることを確認し、
　国及び国際機関を含む国際社会が砂漠化及び干ばつの悪影響について差し迫った懸念を有していることを反映し、
　乾燥地域、半乾燥地域及び乾燥半湿潤地域が総体として地球の陸地の大きな割合を占め、かつ、その多くの住民にとって居住地であり及び生活手段となっていることを認識し、
　砂漠化及び干ばつが世界のすべての地域に影響を及ぼし及び砂漠化に対処し又は干ばつの影響を緩和するために国際社会の共同行動が必要であることにおいて地球的規模の広がりをもつ問題であることを確認し、
　深刻な干ばつ又は砂漠化に直面する国が開発途上国（特に後発開発途上国）に多く集中しており及びアフリカにおいてこれらの現象が特に悲惨な結果をもたらしていることに留意し、
　また、砂漠化が物理的、生物学的、政治的、社会的、文化的及び経済的要素の間の複雑な相互作用によってもたらされることに留意し、
　貿易及び国際経済関係の関連する側面が影響を受ける国の適切に砂漠化に対処する能力に及ぼす影響を考慮し、
持続可能な経済成長、社会開発及び貧困の撲滅が影響を受ける国である開発途上国（特にアフリカの開発途上国）の優先する事項であり及び持続可能性という目的のために不可欠であることを意識し、
　砂漠化及び干ばつがこれらと貧困、不十分な保健及び栄養、食糧の安全保障の欠如等の重大な社会問題並びに移住、避難民及び人口の移動に起因する社会問題との相互関係を通じて持続可能な開発に影響を及ぼすことに留意し、
　砂漠化に対処し及び干ばつの影響を緩和することについての国及び国際機関の過去の努力及び経験（特に1977年の国際連合砂漠化会議において採択された砂漠化に対処するための行動計画の実施に関するもの）の意義を評価し、
　過去の努力にかかわらず、砂漠化に対処し及び干ばつの影響を緩和することが進展することへの期待が満たされておらず並びに持続可能な開発の枠組みの中のすべての段階において新たなかつ一層効果的な取組方法が必要とされることを認識し、(中略)

砂漠化に対処し及び干ばつの影響を緩和するに当たって国の政府が決定的な役割を果たすこと並びにこの点における進展が影響を受ける地域の現地における行動計画の実施に依存することを認め、

また、砂漠化に対処し及び干ばつの影響を緩和するための国際的な協力及び連携の重要性及び必要性を認め、

更に、影響を受ける国である開発途上国(特にアフリカの開発途上国)に対し効果的な手段(特に、新規のかつ追加的な資金供与を含む相当な資金及び技術の取得の機会)を提供することが重要であり、かつ、その手段なしにはこれらの国がこの条約に基づく約束を完全に履行することが困難であることを認め、

中央アジア及びトランスコーカサスにおける影響を受ける国に対する砂漠化及び干ばつの影響についての懸念を表明し、

砂漠化又は干ばつの影響を受ける地域(特に開発途上国の農村地域)において女子の果たす重要な役割並びに砂漠化に対処し及び干ばつの影響を緩和するための計画のすべての段階に男女双方が十分に参加することを確保することの重要性を強調し、

砂漠化に対処し及び干ばつの影響を緩和するための計画における非政府機関その他の主要な集団の特別の役割を強調し、

砂漠化と国際社会及び国内社会が直面する他の地球的規模の広がりをもつ環境問題との関係に留意し、

また、砂漠化に対処することにより、気候変動に関する国際連合枠組条約、生物の多様性に関する条約その他の関連する環境に関する条約の目的の達成に貢献することができることに留意し、

砂漠化に対処し及び干ばつの影響を緩和するための戦略は、適正な組織的観測及び正確な科学的知識に基づき、かつ、継続的に再評価が行われるときに最も効果的であると信じ、

国の計画及び優先される事項の実施を円滑にするための国際協力の有効性を高め及びその調整を改善する緊急の必要性を認め、

現在及び将来の世代のために砂漠化に対処し及び干ばつの影響を緩和するための適切な措置をとることを決意して、

次のとおり協定した。

第一部 序

第1条(用語) この条約の適用上、
(a) 「砂漠化」とは、乾燥地域、半乾燥地域及び乾燥半湿潤地域における種々の要因(気候の変動及び人間活動を含む。)による土地の劣化をいう。

(b) 「砂漠化に対処する」とは、次の事項を目的とする活動であって、乾燥地域、半乾燥地域及び乾燥半湿潤地域における持続可能な開発のための土地の総合的な開発の一部を成すものを行うことをいう。
　(i) 土地の劣化の防止又は軽減
　(ii) 部分的に劣化した土地の回復
　(iii) 砂漠化した土地の再生

(c) 「干ばつ」とは、降水量が通常の記録の水準を著しく下回るときに生ずる自然発生的な現象であって、土地資源の生産体系に悪影響を及ぼす深刻な水文学的不均衡を引き起こすものをいう。

(d) 「干ばつの影響を緩和する」とは、干ばつの予測に関連しかつ干ばつに対する社会及び自然の系のぜい弱性を減少させるための活動であって、砂漠化に対処することに関連するものを行うことをいう。

(e) 「土地」とは、陸上の生物生産の系であって、土壌、植生、他の生物相並びに当該系の中で作用する生態学的及び水文学的過程から成るものをいう。

(f) 「土地の劣化」とは、乾燥地域、半乾燥地域及び乾燥半湿潤地域において、土地の利用によって又は次のような過程(人間活動又は居住形態に起因するものを含む。)若しくはその組合せによって天水農地、かんがい農地、放牧地、牧草地及び森林の生物学的又は経済的な生産性及び複雑性が減少し又は失われることをいう。
　(i) 風又は水により土壌が侵食されること。
　(ii) 土壌の物理的、化学的若しくは生物学的又は経済的特質が損なわれること。
　(iii) 自然の植生が長期的に失われること。

(g) 「乾燥地域、半乾燥地域及び乾燥半湿潤地域」とは、年平均降水量の可能蒸発散量に対する割合が0.05から0.65までの範囲内である地域(北極及び南極並びにこれらの周辺の地域を除く。)をいう。

(h) 「影響を受ける地域」とは、砂漠化の影響を受け又は受けるおそれのある乾燥地域、半乾燥地域及び乾燥半湿潤地域をいう。

(i) 「影響を受ける国」とは、影響を受ける地域がその国土の全部又は一部を成す国をいう。

(j) 「地域的な経済統合のための機関」とは、特定の地域の主権国家によって構成され、この条約が規律する事項に関して権限を有し、かつ、その内部手続に従ってこの条約の署名、批准、受諾若しくは承認又はこの条約への加

入が正当に委任されている機関をいう。
  (k) 「先進締約国」とは、先進締約国及び先進国により構成される地域的な経済統合のための機関をいう。
第2条(目的) 1　この条約は、影響を受ける地域における持続可能な開発の達成に寄与するため、アジェンダ21に適合する総合的な取組方法の枠組みの中で、国際協力及び連携によって支援されるすべての段階の効果的な行動により深刻な干ばつ又は砂漠化に直面する国(特にアフリカの国)において砂漠化に対処し及び干ばつの影響を緩和することを目的とする。
2　1の目的の達成には、影響を受ける地域において土地の生産性の向上並びに土地及び水資源の回復、保全及び持続可能な管理に同時に焦点を合わせた長期的かつ総合的な戦略であって、特に地域社会の段階において生活条件の改善をもたらすものを必要とする。
第3条(原則) 締約国は、この条約の目的を達成し及びこの条約を実施するため、特に次に掲げるところを指針とする。
  (a) 締約国は、砂漠化に対処し又は干ばつの影響を緩和するための計画の立案及び実施についての決定が住民及び地域社会の参加を得て行われることを確保し並びに国及び地方の段階における行動を促進するような環境が上層で形成されることを確保すべきである。
  (b) 締約国は、国際的な連帯及び連携の精神をもって、小地域の、地域の及び国際的な段階における協力及び調整を促進し並びに必要とされる分野に資金、人的資源、組織の能力及び技術を重点的に投入すべきである。
  (c) 締約国は、影響を受ける地域における土地及び希少な水資源の性質及び価値に関するより良い理解を確立し並びにこれらの持続可能な利用に向けて努力するため、すべての段階の政府、地域社会、非政府機関及び土地所有者の間の協力を連携の精神をもって発展させるべきである。
  (d) 締約国は、影響を受ける国である開発途上締約国(特に後発開発途上締約国)の特別のニーズ及び事情に十分な考慮を払うべきである。

第2部　一般規定
第4条(一般的義務) 1　締約国は、すべての段階において努力を調整し及び一貫した長期的な戦略を策定する必要性に重点を置きつつ、個別に又は共同して、既存の若しくは予想される二国間若しくは多数国間の取決め又は適当な場合にはこれらの組合せによって、この条約に基づく自国の義務を履行する。
2　締約国は、この条約の目的を達成するために次のことを行う。
  (a) 砂漠化及び干ばつの過程の物理的、生物学的及び社会経済的側面に対する総合的な取組方法を採用すること。
  (b) 持続可能な開発の促進を可能にする国際経済の環境を確立するため、影響を受ける国である開発途上締約国の国際貿易、市場取引及び債務に係る状況に対し関連の国際的及び地域的な団体において妥当な注意を払うこと。
  (c) 砂漠化に対処し及び干ばつの影響を緩和するための努力に貧困の撲滅のための戦略を組み入れること。
  (d) 影響を受ける国である締約国の間で、環境保護並びに土地及び水資源の保全の分野で砂漠化及び干ばつに関連するものにおける協力を促進すること。
  (e) 小地域的、地域的及び国際的な協力を強化すること。
  (f) 関連の政府間機関において協力すること。
  (g) 適当な場合には、重複を避ける必要性に留意して制度上の仕組みを決定すること。
  (h) 砂漠化に対処し及び干ばつの影響を緩和するに当たり、既存の二国間及び多数国間の資金供与の仕組み及び取決めであって、影響を受ける国である開発途上締約国のために相当の資金を調達し及び供給するものが利用されることを促進すること。
3　影響を受ける国である開発途上締約国は、この条約の実施について援助を受ける資格を有する。
第5条(影響を受ける国である締約国の義務) 影響を受ける国である締約国は、前条に規定する義務に加えて次のことを約束する。
  (a) 砂漠化に対処し及び干ばつの影響を緩和することに妥当な優先順位を与え並びに自国の事情及び能力に応じて十分な資源を配分すること。
  (b) 持続可能な開発のための計画又は政策の枠組みの中で、砂漠化に対処し及び干ばつの影響を緩和するための戦略及び優先順位を確立すること。
  (c) 砂漠化の根底にある原因に取り組み、砂漠化をもたらす社会経済的要因に特別の注意を払うこと。
  (d) 砂漠化に対処し及び干ばつの影響を緩和するための努力において、非政府機関の支援を

得て、住民(特に女子及び青少年)の意識を向上させ及びこれらの者の参加を促進すること。
 (e) 既存の関連の法令を適当な場合には強化し又は関連の法令が存在しないときは新たな法律を制定することによって、並びに長期的な政策及び行動計画を確立することによって、環境を整備すること。

第6条(先進締約国の義務) 先進締約国は、第4条に規定する一般的義務に加えて次のことを約束する。
 (a) 影響を受ける国である開発途上締約国(特に後発開発途上国及びアフリカ開発途上国)による砂漠化に対処し及び干ばつの影響を緩和するための努力を、合意により、個別に又は共同して積極的に支援すること。
 (b) 影響を受ける国である開発途上締約国(特にアフリカの開発途上締約国)が砂漠化に対処し及び干ばつの影響を緩和するために自国の長期的な計画及び戦略を効果的に策定し及び実施することを援助するため、相当の資金及び他の形態の支援を提供すること。
 (c) 第20条2(b)の規定により新規のかつ追加的な資金の調達を促進すること。
 (d) 民間部門その他の非政府の資金源からの資金の調達を奨励すること。
 (e) 影響を受ける国である締約国(特に開発途上締約国)による適当な技術、知識及びノウハウの取得を促進し及び容易にすること。

第7条(アフリカの優先) 締約国は、この条約を実施するに当たり、影響を受ける国であるアフリカ以外の地域の開発途上締約国を軽視することなく、アフリカ地域に存在する特別の状況に照らして、影響を受ける国であるアフリカの締約国を優先させる。

第8条(他の条約との関係) 1 締約国は、この条約及び自国が他の関連の国際協定(特に気候変動に関する国際連合枠組条約及び生物の多様性に関する条約)の締約国である場合には当該他の関連の国際協定に基づいて行われる活動につき、努力の重複を避けつつ各協定に基づく活動から最大の利益が得られるよう、調整を奨励する。締約国は、関連の協定の目的の達成に寄与する場合には、特に研究、訓練、組織的観測並びに情報の収集及び交換の分野において、共同計画の実施を奨励する。
2 この条約の規定は、いずれかの締約国についてこの条約が効力を生ずる前に当該締約国について効力を生じた二国間の、地域的な又は国際的な協定に基づく当該締約国の権利及び義務に影響を及ぼすものではない。

第3部 行動計画、科学上及び技術上の協力並びに支援措置
第1節 行動計画

第9条(基本的な取組方法) 1 影響を受ける国である開発途上締約国、自国に係る地域実施附属書の枠組みの中の影響を受ける国である締約国その他国家行動計画を作成する意思を常設事務局に書面により通報した影響を受ける国である締約国は、第5条の規定に基づく義務を履行するに当たり、適当な場合には、砂漠化に対処し及び干ばつの影響を緩和するための戦略の中心的要素として、既存の成功した関連の計画を可能な限り利用し及び基礎として国家行動計画を作成し、公表し及び実施し、並びに小地域行動計画及び地域行動計画を作成し、公表し及び実施する。行動計画については、現地における行動から得られた教訓及び研究の結果に基づいて、継続的な参加型の手続により更新する。国家行動計画の作成については、持続可能な開発のための国の政策を策定するために他の努力と密接に関係付ける。
2 先進締約国は、第6条の規定に基づく種々の形態による援助を提供するに当たり、影響を受ける国である開発途上締約国(特にアフリカの開発途上締約国)の国家行動計画、小地域行動計画及び地域行動計画を、合意により、直接に若しくは関連の多数国間機関を通じて又はこれら双方により、支援することを優先させる。
3 締約国は、国際連合及びその関連機関の内部機関、基金及び計画、その他の関連の政府間機関、学術機関、学界並びに非政府機関であってその権限及び能力により協力する立場にあるものが行動計画の作成、実施及び事後措置を支援することを奨励する。

第10条(国家行動計画) 1 国家行動計画は、砂漠化の要因並びに砂漠化に対処し及び干ばつの影響を緩和するために必要な実際的な措置を特定することを目的とする。
2 国家行動計画においては、政府、地域社会及び土地利用者のそれぞれの役割並びに利用可能な資源及び必要な資源を特定するものとし、特に次のことを行う。
 (a) 砂漠化に対処し及び干ばつの影響を緩和するための長期的な戦略を含めること、実施に重点を置くこと並びに当該国家行動計画を持続可能な開発のための国の政策に組み入れること。
 (b) 変化する事情に応じて当該国家行動計画を

修正することができるようにし並びに地方の段階において種々の社会経済的、生物学的及び地球物理学的状況に対処することができるよう当該国家行動計画を十分に弾力的なものにすること。
(c) まだ劣化しておらず又は軽微な劣化が生じているにすぎない土地のための防止措置の実施に特別の注意を払うこと。
(d) 気候学上、気象学上及び水文学上の国の能力並びに干ばつの早期警戒のための手段を向上させること。
(e) 拠出者、すべての段階の政府、住民及び地域社会の間の協力及び調整を連携の精神をもって進展させるための政策を促進し並びにその進展のための制度上の枠組みを強化し並びに適当な情報及び技術の住民による取得を容易にすること。
(f) 非政府機関及び男女双方の住民、特に資源の利用者(農民及び牧畜民並びにこれらの者を代表する団体を含む。)が地方、国及び地域の段階において政策の策定、意思決定並びに当該国家行動計画の実施及び検討に効果的に参加することについて定めること。
(g) 当該国家行動計画の実施についての定期的な検討及び進捗状況の報告を求めること。
3 国家行動計画には、干ばつの影響に備え及びこれを緩和するため、特に次の措置の一部又は全部を含めることができる。
(a) 早期警戒体制(地方及び国の段階における施設並びに小地域及び地域の段階における共同の体制を含む。)及び環境上の要因による避難民を援助するための仕組みの確立又は適当な場合には強化
(b) 季節ごとの気候予測から多年にわたる気候予測までを考慮に入れた干ばつに対する準備及び干ばつの管理(地方、国、小地域及び地域の段階における干ばつに対する緊急時計画を含む。)の強化
(c) 食糧の安全保障のための体制(貯蔵及び流通のための手段を含む。)、特に農村地域におけるものの確立又は適当な場合には強化
(d) 干ばつが起こりやすい地域において収入を提供し得る代替的な生計のための事業の確立
(e) 作物及び家畜のための持続可能なかんがい計画の作成
4 国家行動計画には、影響を受ける国である締約国それぞれに特有の事情及び必要を考慮の上、適当な場合には、特に、次の優先分野であって、影響を受ける地域において砂漠化に対処し及び干ばつの影響を緩和することに関連し並びに影響を受ける地域の住民に関連するものの一部又は全部における措置を含める。

　貧困の撲滅及び食料の安全保障の確保を目的とする計画を強化するための代替的な生計手段の促進及び国の経済環境の改善
　人口の変動
　天然資源の持続可能な管理
　持続可能な農業上の方式
　多様なエネルギー源の開発及び効率的利用
　制度上の枠組み及び法的な枠組み
　評価及び組織的観測の能力(水文学上及び気象学上の業務を含む。)の強化並びに能力形成、教育及び啓発

第11条(小地域行動計画及び地域行動計画) 影響を受ける国である締約国は、適当な場合には、関連の地域実施附属書に従い、国家計画を調和させ及び補完し並びにその効率性を高めるために小地域行動計画又は地域行動計画を作成することを目的として協議し及び協力する。前条の規定は、小地域及び地域の計画について準用する。これらの計画には、国境を越える天然資源の持続可能な管理、科学上及び技術上の協力並びに関連の機関の強化のための合意された共同計画を含めることができる。

第12条(国際協力) 影響を受ける国である締約国は、他の締約国及び国際社会と協力して、この条約の実施を可能にする国際的な環境を確保するために協力すべきである。その協力は、技術移転、科学的な研究及び開発、情報の収集及び普及並びに資金の分野も対象とすべきである。

第13条(行動計画の作成及び実施に対する支援) 1 第9条の規定に従って行動計画を支援する措置には、特に次のことを含める。
(a) 行動計画に予測可能性を与え、必要な長期的な計画作成を可能にするような資金協力を行うこと。
(b) 試験計画において成功した活動がある場合には、そのような活動の実施を促進するため、地方の段階における一層の支援(非政府機関を通ずるものを含む。)を可能にするような協力の仕組みを設け及び利用すること。
(c) 地域社会の段階における参加型の行動に示される実験的かつ反復的な取組方法に適するよう、事業の立案、事業への資金供与及び事業の実施における弾力性を増大させること。
(d) 適当な場合には、協力及び支援計画の効率を高めるような行政上及び予算上の手続をとること。

2 影響を受ける国である開発途上締約国に対して1に規定する支援を行うに当たっては、アフリカの締約国及び後発開発途上締約国を優先させる。

第14条(行動計画の作成及び実施における調整) 1 締約国は、行動計画の作成及び実施において、直接に又は関連の政府間機関を通じて緊密に協力する。

2 締約国は、重複を避け、参加及び取組方法を調和させ並びに援助の効果を最大にするため、先進締約国、開発途上締約国並びに関連の政府間機関及び非政府機関の間における可能な最大限度の調整を確保するための運用上の仕組み(特に国及び現地の段階におけるもの)を設ける。影響を受ける国である開発途上締約国においては、資源の効率的利用を最大にし、適切な援助を確保し並びにこの条約に基づく国家行動計画及び優先事項の実施を容易にするため、国際協力を調整する活動が優先される。

第15条(地域実施附属書)行動計画に組み入れる要素については、影響を受ける国である締約国又はその存在する地域の社会経済的、地理的及び気候的要因並びに開発の段階に応じて選択し及び調整する。行動計画の作成並びに正確な焦点及び内容に関する指針であって、特定の小地域及び地域のためのものは、地域実施附属書に規定する。

第2節　科学上及び技術上の協力

第16条(情報の収集、分析及び交換)締約国は、影響を受ける地域の土地の劣化の組織的観測を確保し並びに干ばつ及び砂漠化の過程及び影響をより良く理解し及び評価するため、関連の短期的及び長期的な資料及び情報の収集、分析及び交換を統合し及び調整することをそれぞれの能力に応じて合意する。その統合及び調整は、特に、望ましくない気候の変動の期間についての早期警戒体制及び事前の計画作成がすべての段階における利用者(特に住民を含む。)の実際の利用に適する形態で達成されることに寄与することとなる。このため、締約国は、適当な場合には、次のことを行う。

(a) 情報の収集、分析及び交換並びにすべての段階における組織的観測のための機関並びに施設の間の地球的規模の協力網の機能を円滑にし及び強化すること。この協力網については、特に次のことを行う。
　(i) 共通性のある基準及び体系の利用を目標とすること。
　(ii) 関連の資料及び施設(遠隔地におけるものを含む。)を含めること。
　(iii) 土地の劣化に関する資料を収集し、伝達し及び評価するための近代技術を利用し及び普及させること。
　(iv) 資料及び情報に係る国内、小地域及び地域のセンターと地球的規模の情報源とを一層緊密に結び付けること。

(b) 情報の収集、分析及び交換が具体的な問題の解決に資するよう地域社会及び意思決定を行う者の必要に応じて行われ並びにそのような活動に地域社会が関与することを確保すること。

(c) 資料及び情報(特に物理的、生物学的、社会的及び経済的指標が統合されたものを含む。)の収集、分析及び交換について企画し、実施し、評価し及び資金を供与するための二国間及び多数国間の計画及び事業を支援し及び一層進展させること。

(d) 特に関連の情報及び経験を種々の地域の対象となる集団に普及させるため、適当な政府間機関及び非政府機関の専門知識を十分に利用すること。

(e) 社会経済的資料の収集、分析及び交換並びにそのような資料と物理的及び生物学的資料との統合を十分に考慮すること。

(f) 砂漠化に対処し及び干ばつの影響を緩和することに関連する公に利用可能なすべての情報源から得られた情報を交換すること並びにそのような情報を十分な、自由な、かつ、速やかな利用に供すること。

(g) 自国の法令又は政策に従うことを条件として、地方の伝統的な知識に関する情報を交換すること。その交換に当たっては、当該情報の適切な保護を確保し及び関係住民に対し、衡平の原則に基づいて、かつ、相互に合意される条件で当該情報から得られる利益の適切な還元を行う。

第17条(研究及び開発)　(略)
第18条(技術の移転、取得、適応及び開発)　(略)

第3節　支援措置

第19条(能力形成、教育及び啓発) 1 締約国は、砂漠化に対処し及び干ばつの影響を緩和するための努力において能力形成、すなわち、制度の確立、訓練並びに地方及び国の関連の能力の開発が有する重要性を認めるものとし、適当な場合には、次のことによって能力形成を促進する。

(a) 非政府機関及び地方の機関の協力を得て、すべての段階、特に地方の段階において地方

の人々(特に女子及び青少年)を十分に参加させること。
(b) 国の段階において砂漠化及び干ばつの分野における訓練及び研究の能力を強化すること。
(c) 関連の技術及び方法を一層効果的に普及させるために支援業務及び普及業務を確立し又は強化すること並びに天然資源の保全及び持続可能な利用のための参加型の取組方法について現地の職員及び農村の組織の構成員を訓練すること。
(d) 可能な場合には、技術協力の計画において地方の人々の知識、ノウハウ及び方式の利用及び普及を助長すること。
(e) 必要な場合には、関連の環境上適正な技術並びに農業及び牧畜業の伝統的な方法を近代的な社会経済状況に適応させること。
(f) 特に燃料としての木材への依存を軽減するため、代替エネルギー源(特に再生可能なエネルギー源)の利用について適当な訓練及び技術を提供すること。
(g) 第16条に規定するところにより、相互の合意により、影響を受ける国である開発途上締約国が情報の収集、分析及び交換の分野において計画を作成し及び実施する能力を強化するために協力すること。
(h) 代替的な生計手段を促進する革新的な方法(新たな技能の訓練を含む。)
(i) 意思決定を行う者及び管理者を訓練すること並びに干ばつの状況に関する早期警戒の情報の普及及び利用並びに食糧の生産のために資料を収集し及び分析する責任を有する要員を訓練すること。
(j) 既存の国の機関及び法的枠組みを一層効果的に運用し、必要な場合には新たな機関及び法的枠組みを設け並びに戦略的な計画作成及び管理を強化すること。
(k) 影響を受ける国である開発途上締約国における能力形成を学習及び研究の長期的な相互作用の過程を通じて促進するための人的交流計画

2 影響を受ける国である開発途上締約国は、適当な場合には他の締約国並びに適当な政府間機関及び非政府機関と協力して、地方及び国の段階における利用可能な能力及び制度並びにこれらを強化する可能性について学際的な検討を行う。

3 締約国は、砂漠化及び干ばつの原因及び影響並びにこの条約の目的を達成することの重要性について理解を促進するため、影響を受ける国である締約国及び適当な場合にはそのような締約国以外の締約国において啓発及び教育のための計画を実施し及び支援するに当たり、相互に並びに適当な政府間機関及び非政府機関を通じて協力する。このため、締約国は、次のことを行う。
(a) 一般公衆に対する啓発運動を組織すること。
(b) 公衆による関連情報の取得並びに教育及び啓発活動への広範な参加を恒常的に促進すること。
(c) 啓発に貢献する団体の設立を奨励すること。
(d) 教材及び啓発用資料(可能な場合には現地の言語によるもの)を作成し及び交換し、関連の教育及び啓発の計画を実施するに当たり影響を受ける国である開発途上締約国の要員を訓練するために専門家を交流させ及び派遣し並びに適当な国際機関において入手することのできる関連の教材を十分に利用すること。
(e) 影響を受ける地域における教育上の必要を評価し、適切な学校教育課程を編成し並びに、必要に応じ、影響を受ける地域の天然資源の確認、保全、持続可能な利用及び管理に係る教育計画及び成人向けの識字計画を拡大し並びにこれらの計画に参加する機会をすべての人(特に女子)のために拡大すること。
(f) 砂漠化及び干ばつについての啓発を教育制度に組み入れ並びに教育計画であって正規でないもの、成人向けのもの、遠隔地向けのもの及び実用的なものに組み入れるための学際的な参加型の計画を作成すること。

4 締約国会議は、砂漠化に対処し及び干ばつの影響を緩和するため、教育及び訓練のための地域のセンターの間の協力網を確立し又は強化する。この協力網の調整のために設けられ又は指定される機関は、計画を調和させ及び当該計画の間の経験の交換を組織化する目的をもって、科学、技術及び管理の分野における人材を訓練し並びに、適当な場合には、影響を受ける国である締約国において教育及び訓練に責任を有する既存の機関を強化するため、この協力網を調整する。この協力網は、努力の重複を避けるため、関連の政府間機関及び非政府機関と緊密に協力する。

第20条(資金) 1 締約国は、この条約の目的の達成における資金供与の中心的な重要性にかんがみ、自国の能力を考慮の上、砂漠化に対処し及び干ばつの影響を緩和するための計画に対して十分な資金が利用可能となるようあらゆる努力を払う。

2 1の規定との関連において、先進締約国は、第7条の規定に従い影響を受ける国であるアフリカ以外の地域の開発途上締約国を軽視することな

く影響を受ける国であるアフリカの締約国を優先させて、次のことを約束する。
  (a) 砂漠化に対処し及び干ばつの影響を緩和するための計画の実施を支援するために相当の資金(贈与及び緩和された条件による貸付けを含む。)を調達すること。
  (b) 十分な、適時の、かつ、予測可能な資金の調達(地球環境基金の設立文書の関連規定に従い、同基金の四の中心分野に関連する活動で砂漠化に関するものに係る合意された増加費用に対して同基金から新規のかつ追加的な資金を供与することを含む。)を促進すること。
  (c) 国際協力によって技術、知識及びノウハウの移転を促進すること。
  (d) 影響を受ける国である開発途上締約国と協力して、資金(基金、非政府機関及び他の民間部門の団体の資金を含む。)が調達され及び供給されるための革新的な方法及び奨励措置(特に債務についてのスワップその他の影響を受ける国である開発途上締約国(特にアフリカの開発途上締約国)の対外債務の負担を軽減することによって資金の調達を促進する革新的な方法)を探求すること。
3 影響を受ける国である開発途上締約国は、自国の能力を考慮の上、十分な資金を自国の国家行動計画の実施のために調達することを約束する。
4 締約国は、資金の調達に当たり、借款団、共同計画及び並行融資を利用して、国内、二国間及び多数国間のすべての資金源及び資金供与の仕組みの十分な利用及び継続的な質的改善に努め、並びに民間部門の資金源及び資金供与の仕組み(非政府機関のものを含む。)を関与させるよう努める。このため、締約国は、第14条の規定に従って設けられた運用上の仕組みを十分に利用する。
5 締約国は、影響を受ける国である開発途上締約国が砂漠化に対処し及び干ばつの影響を緩和するための必要な資金を調達するために次のことを行う。
  (a) 砂漠化に対処し及び干ばつの影響を緩和するために既に配分された資金の管理を合理化し及び強化すること。その合理化及び強化については、当該資金を一層効果的かつ効率的に利用し、当該資金の配分における成功及び欠点を評価し、当該資金の効果的な利用に対する障害を除去し並びに、必要な場合には、この条約に従って採用した総合的かつ長期的な取組方法に照らして計画を変更することによって行う。
  (b) 多数国間の資金供与の機関、制度及び基金(地域的な開発銀行及び開発基金を含む。)の管理機関において、影響を受ける国である開発途上締約国(特にアフリカの開発途上締約国)をこの条約の実施が促進される活動(特に地域実施附属書の枠組みにおいて実施される行動計画)において支援することに対して、妥当な優先順位を与え及び妥当な注意を払うこと。
  (c) 国の段階における努力を支援するために地域的及び小地域的な協力を強化することができる方法を検討すること。
6 他の締約国は、砂漠化に関する知識、ノウハウ、技術又は資金を影響を受ける国である開発途上締約国に任意に提供することを奨励される。
7 先進締約国がこの条約に基づく自国の義務(特に資金及び技術移転に係るもの)を履行することは、影響を受ける国である開発途上締約国(特にアフリカの開発途上締約国)がこの条約に基づく義務を十分に履行することを大いに援助することとなる。先進締約国は、自国の義務の履行に当たり、経済的及び社会的開発並びに貧困の撲滅が影響を受ける国である開発途上締約国(特にアフリカの開発途上締約国)の最優先の事項であることを十分に考慮すべきである。

第21条(資金供与の仕組み) 1 締約国会議は、影響を受ける国である開発途上締約国(特にアフリカの開発途上締約国)がこの条約を実施することができるよう、資金供与の仕組みが利用されることを促進し、及び当該仕組みの下で利用することのできる資金が最大となるよう奨励する。このため、締約国会議は、特に次のことを行う取組方法及び政策を採択することを検討する。
  (a) この条約の関連規定に基づく活動のために国、小地域、地域及び地球的規模の段階における必要な資金供与を促進すること。
  (b) 前条の規定に反することなく、二以上の資金源から資金を供与するための取組方法、仕組み及び取決め並びにこれらについての評価を促進すること。
  (c) 関心を有する締約国並びに関連の政府間機関及び非政府機関の間の調整を容易にするため、これらの締約国及び機関に対し、利用可能な資金源及び資金供与の形態に関する情報を定期的に提供すること。
  (d) 影響を受ける国である開発途上締約国の地方の段階に資金を迅速かつ効率的に供給するため砂漠化に関する国の基金等の仕組み(非政府機関の参加を伴うものを含む。)が適当な場合に確立されることを容易にすること。
  (e) この条約の実施を一層効果的に支援するた

め、小地域及び地域の段階の既存の基金及び資金供与の仕組み、特にアフリカにおけるものを強化すること。
2 締約国会議は、また、開発途上締約国がこの条約に基づく義務を履行することを可能にする活動に対し、国、小地域及び地域の段階における支援が国際連合及びその関連機関における種々の仕組み並びに多数国間の資金供与機関を通じて提供されることを奨励する。
3 影響を受ける国である開発途上締約国は、すべての利用可能な資金の効率的利用を確保するための調整を行う国の仕組みであって国の開発計画に組み入れられるものを利用し及び、必要な場合には、確立し又は強化する。影響を受ける国である開発途上締約国は、資金を調達し、計画を作成し及び実施し並びに地方の段階における集団のための資金供与の機会を確保するに当たり、非政府機関、地方の集団及び民間部門が関与する参加型の手続も利用する。そのような行動については、援助を提供する側における改善された調整及び弾力的な計画作成によって促進することができる。
4 既存の資金供与の仕組みの効果及び効率性を高めることを目的として、贈与又は緩和された条件若しくは他の条件による相当の資金(技術移転のためのものを含む。)が影響を受ける国である開発途上締約国のために調達され及び供給されることをもたらす行動を促進するための地球機構を、この条約により設立する。地球機構は、締約国会議の管理及び指導の下に活動し、並び締約国会議に対して責任を負う。
5 締約国会議は、第1回通常会合において地球機構を受け入れる機関を特定する。締約国会議及びその特定した機関は、地球機構が特に次のことを確保するための方法について合意する。
  (a) この条約を実施するために利用可能な関連の二国間及び多数国間の協力計画を確認し及びその目録を作成すること。
  (b) 締約国に対し、その要請に応じて、資金調達の革新的な方法及び資金援助の資金源について助言を与え並びに協力活動の国の段階における調整の促進について助言を与えること。
  (c) 関心を有する締約国並びに関連の政府間機関及び非政府機関の間の調整を容易にするため、これらの締約国及び機関に対し、利用可能な資金源及び資金供与の形態に関する情報を提供すること。
  (d) 締約国会議の第2回通常会合以降地球機構の活動について報告すること。
6 締約国会議は、第1回会合において、地球機構を受け入れる機関として締約国会議が特定したものとの間で地球機構の事務的な運用のための適当な措置(可能な限り既存の予算及び人的資源を利用するもの)をとる。
7 締約国会議は、第3回通常会合において、第7条の規定を考慮の上、4の規定に従い締約国会議に対して責任を負う地球機構の政策、運用方法及び活動について検討する。締約国会議は、その検討に基づいて、適当な措置について審議し及びその措置をとる。

第4部 機関

第22条(締約国会議) 1 この条約により締約国会議を設置する。
2 締約国会議は、この条約の最高機関である。締約国会議は、その権限の範囲内で、この条約の効果的な実施を促進するために必要な決定を行う。締約国会議は、特に次のことを行う。
  (a) 国の、小地域の、地域の及び国際的な段階において得られた経験に照らし、科学上及び技術上の知識の進展を基礎として、この条約の実施及びその制度的な措置の機能について定期的に検討すること。
  (b) 締約国が採用する措置に関する情報の交換を促進し及び円滑にし、第26条の規定に従って提出される情報を送付するための形式及び期限を決定し並びに報告書を検討し及びこれについて勧告すること。
  (c) この条約の実施に必要と認められる補助機関を設置すること。
  (d) 補助機関により提出される報告書を検討し、及び補助機関を指導すること。
  (e) 締約国会議及び補助機関の手続規則及び財政規則をコンセンサス方式により合意し及び採択すること。
  (f) 第30条及び第31条の規定に従ってこの条約の改正を採択すること。
  (g) 締約国会議の活動(その補助機関のものを含む。)のための計画及び予算を承認し並びにその活動のための資金の調達に必要な措置をとること。
  (h) 適当な場合には、適当な団体又は機関(国内若しくは国際の又は政府間若しくは民間のもののいずれであるかを問わない。)の協力を求め並びにこれらの団体又は機関の役務及びこれらの団体又は機関が提供する情報を利用すること。
  (i) 努力の重複を避けつつ他の関連の条約との

関係を促進し及び強化すること。
(j) その他この条約の目的の達成のために必要な任務を遂行すること。
3 締約国会議は、第1回会合において、締約国会議の手続規則をコンセンサス方式により採択する。この手続規則には、この条約において意思決定手続が定められていない事項に関する意思決定手続を含む。この手続規則には、特定の決定の採択に必要な特定の多数を含むことができる。
4 締約国会議の第1回会合は、第35条に規定する暫定的な事務局が招集するものとし、この条約の効力発生の日の後1年以内に開催する。第2回から第4回までの通常会合は、締約国会議が別段の決定を行わない限り、毎年開催するものとし、その後は、通常会合は、2年ごとに開催する。
5 締約国会議の特別会合は、締約国会議が通常会合において決定するとき又はいずれかの締約国から書面による要請のある場合において常設事務局がその要請を締約国に通報した後3箇月以内に締約国の少なくとも3分の1がその要請を支持するときに開催する。
6 締約国会議は、通常会合ごとに、議長団を選出する。議長団の構成及び任務は、手続規則に定める。議長団の任命に当たっては、衡平な地理的配分を確保する必要性及び影響を受ける国である締約国(特にアフリカの締約国)が十分に代表されることを確保する必要性に妥当な考慮を払う。
7 国際連合、その専門機関及びこれらの国際機関の加盟国又はオブザーバーであってこの条約の締約国でないものは、締約国会議の会合にオブザーバーとして出席することができる。この条約の対象とされている事項について能力を有する団体又は機関(国内若しくは国際の又は政府若しくは民間のもののいずれであるかを問わない。)であって、締約国会議の会合にオブザーバーとして出席することを希望する旨常設事務局に通報したものは、当該会合に出席する締約国の3分の1以上が反対しない限り、オブザーバーとして出席することを認められる。オブザーバーの出席については、締約国会議が採択する手続規則に従う。
8 締約国会議は、関連の専門知識を有する適当な国の機関及び国際機関に対し第16条(g)、第17条1(c)及び第18条2(b)の規定に関連する情報を提供するよう要請することができる。

第23条(常設事務局) (略)
第24条(科学技術委員会) (略)
第25条(機関及び団体から成る協力網の形成) 1 科学技術委員会は、締約国会議の監督の下に、1の協力網を構成する単位となる意思を有する既存の関連の協力網、機関及び団体を調査し及び評価するために必要な措置をとる。当該1の協力網は、この条約の実施を支援する。
2 科学技術委員会は、第16条から第19条までに規定する主題における必要への対処を確保するため、1に規定する調査及び評価の結果に基づき、地方、国及び他の段階における1に規定する単位から成る協力網の形成を円滑にし及び強化する方法及び手段について締約国会議に勧告する。
3 締約国会議は、2に規定する勧告を考慮して次のことを行う。
(a) 協力網の形成に最も適当な国内の、小地域の、地域の及び国際的な単位を特定し並びにこれらの単位のために運用上の手続及びその時間的枠組みを勧告すること。
(b) すべての段階において協力網の形成を円滑にし及び強化するために最も適する単位を特定すること。

第5部 手 続
第26条(情報の送付) 1 締約国は、締約国会議に対し、その通常会合における審議のために、自国がこの条約の実施のためにとった措置に関する報告書を常設事務局を通じて送付する。締約国会議は、当該報告書の提出期限及び形式を決定する。
2 影響を受ける国である締約国は、第5条の規定に従って確立した戦略及びその実施に関する情報について記述する。
3 影響を受ける国である締約国であって第9条から第15条までの規定に従って行動計画を実施するものは、当該行動計画及びその実施について詳細に記述する。
4 影響を受ける国である二以上の締約国は、小地域又は地域の段階において行動計画の枠組みの中でとった措置につき共同して情報の送付を行うことができる。
5 先進締約国は、行動計画の作成及び実施を援助するためにとった措置(自国がこの条約に基づいて供与した資金又は供与している資金に関する情報を含む。)を報告する。
6 常設事務局は、1から4までの規定に従って送付された情報を締約国会議及び関連の補助機関に対してできる限り速やかに送付する。
7 締約国会議は、要請に応じ、影響を受ける国である開発途上締約国(特にアフリカの開発途上締約国)に対し、行動計画に関連する技術上及び資

金上の必要の特定のためのみならず、この条の規定による情報の取りまとめ及び送付のためにも、技術上及び資金上の支援が提供されることを円滑にする。

第27条(実施に関する問題の解決のための措置) 締約国会議は、この条約の実施に関して生ずる問題の解決のための手続及び制度上の仕組みについて審議し及びこれらを採択する。

第28条(紛争の解決) 1　締約国は、この条約の解釈又は適用に関する締約国間の紛争を交渉又は紛争当事国が選択するその他の平和的手段により解決する。

2　地域的な経済統合のための機関でない締約国は、この条約の解釈又は適用に関する紛争について、同一の義務を受諾する締約国との関係において次の紛争解決手段の一方又は双方を義務的なものとして認めることをこの条約の批准、受諾若しくは承認若しくはこれへの加入の際に又はその後いつでも、寄託者に対し書面により宣言することができる。
　(a)　締約国会議ができる限り速やかに採択する附属書に定める手続による仲裁
　(b)　国際司法裁判所への紛争の付託

3　地域的な経済統合のための機関である締約国は、2(a)に規定する手続による仲裁に関して同様の効果を有する宣言を行うことができる。

4　2の規定に基づいて行われる宣言は、当該宣言に付した期間が満了するまで又は書面による当該宣言の撤回の通告が寄託者に寄託された後3箇月が経過するまでの間、効力を有する。

5　宣言の期間の満了、宣言の撤回の通告又は新たな宣言は、紛争当事国が別段の合意をしない限り、仲裁裁判所又は国際司法裁判所において進行中の手続に何ら影響を及ぼすものではない。

6　紛争当事国が2の規定に従って同一の解決手段を受け入れている場合を除くほか、いずれかの紛争当事国が他の紛争当事国に対して紛争が存在する旨の通告を行った後12箇月以内にこれらの紛争当事国が当該紛争を解決することができなかった場合には、当該紛争は、いずれかの紛争当事国の要請により、締約国会議ができる限り速やかに採択する附属書に定める手続により調停に付される。

第29条(附属書の地位) 1　附属書は、この条約の不可分の一部を成すものとし、「この条約」というときは、別段の明示の定めがない限り、附属書を含めていうものとする。

2　締約国は、附属書の規定をこの条約に基づく自国の権利及び義務に適合するように解釈する。

第30条(この条約の改正) 1　締約国は、この条約の改正を提案することができる。

2　この条約の改正は、締約国会議の通常会合において採択する。この条約の改正案は、その採択が提案される会合の少なくとも6箇月前に常設事務局が締約国に通報する。常設事務局は、また、改正案をこの条約の署名国に通報する。

3　締約国は、この条約の改正案につき、コンセンサス方式により合意に達するようあらゆる努力を払う。コンセンサスのためのあらゆる努力にもかかわらず合意に達しない場合には、改正案は、最後の解決手段として、当該会合に出席しかつ投票する締約国の3分の2以上の多数による議決で採択する。採択された改正は、常設事務局が寄託者に通報するものとし、寄託者がすべての締約国に対し批准、受諾、承認又は加入のために送付する。

4　改正の批准書、受諾書、承認書又は加入書は、寄託者に寄託する。3の規定に従って採択された改正は、当該改正の採択の時にこの条約の締約国であった締約国の少なくとも3分の2の批准書、受諾書、承認書又は加入書を寄託者が受領した日の後90日目の日に、当該改正を受け入れた締約国について効力を生ずる。

5　改正は、他の締約国については、当該他の締約国が当該改正の批准書、受諾書、承認書又は加入書を寄託者に寄託した日の後90日目の日に効力を生ずる。

6　この条及び次条の規定の適用上、「出席しかつ投票する締約国」とは、出席しかつ賛成票又は反対票を投ずる締約国をいう。

第31条(附属書の採択及び改正) 1　この条約の追加の附属書及び附属書の改正は、前条に定める条約の改正のための手続に従って提案され及び採択される。ただし、追加の地域実施附属書又は地域実施附属書の改正の採択に当たっては、同条に定める3分の2以上の多数による議決については関係の地域の出席しかつ投票する締約国の3分の2以上の多数票を含むことを条件とする。附属書の採択又は改正については、寄託者がすべての締約国に通報する。

2　1の規定に従って採択された附属書(追加の地域実施附属書を除く。)又は附属書の改正(地域実施附属書の改正を除く。)は、寄託者がその採択を締約国に通報した日の後6箇月で、その期間内に当該採択された附属書又は附属書の改正を受け入れない旨の書面による通告を寄託者に対して行った締約国を除くほか、この条約のすべての締約国について効力を生ずる。当該採択された

附属書又は附属書の改正は、当該通告を撤回する締約国については、その撤回の通告を寄託者が受領した日の後90日目の日に効力を生ずる。
2 1の規定に従って採択された追加の地域実施附属書又は地域実施附属書の改正は、寄託者がその採択を締約国に通報した日の後6箇月で、次の締約国を除くほか、この条約のすべての締約国について効力を生ずる。
  (a) 当該6箇月の期間内に当該採択された追加の地域実施附属書又は地域実施附属書の改正を受け入れない旨の書面による通告を寄託者に対して行った締約国。当該採択された追加の地域実施附属書又は地域実施附属書の改正は、当該通告を撤回する締約国については、その撤回の通告を寄託者が受領した日の後90日目の日に効力を生ずる。
  (b) 第34条4の規定に従って追加の地域実施附属書又は地域実施附属書の改正に関する宣言を行った締約国。当該採択された追加の地域実施附属書又は地域実施附属書の改正は、その批准書、受諾書、承認書又は加入書をこの締約国が寄託者に寄託した日の後90日目の日に、この締約国について効力を生ずる。
4 附属書又は附属書の改正の採択がこの条約の改正を伴うものである場合には、採択された附属書又は附属書の改正は、この条約の改正が効力を生ずる時まで効力を生じない。

第32条(投票権) 1 この条約の各締約国は、2に規定する場合を除くほか、一の票を有する。
2 地域的な経済統合のための機関は、その権限の範囲内の事項について、この条約の締約国であるその構成国の数と同数の票を投ずる権利を行使する。当該機関は、その構成国が自国の投票権を行使する場合には、投票権を行使してはならない。その逆の場合も、同様とする。

第6部 最終規定
第33条(署名) (略)
第34条(批准、受諾、承認及び加入) (略)
第35条(暫定的措置) (略)
第36条(効力発生) (略)
第37条(留保) この条約には、いかなる留保も付することができない。
第38条(脱退) (略)
第39条(寄託者) (略)
第40条(正文) (略)

  附属書Ⅰ　アフリカのための地域実施附属書
  (略)

  附属書Ⅱ　アジアのための地域実施附属書
  (略)

  附属書Ⅲ　ラテン・アメリカ及びカリブのための地域実施附属書　(略)

  附属書Ⅳ　地中海北部のための地域実施附属書
  (略)

  附属書Ⅴ　中東欧のための地域実施附属書
  (略)

【第3節　自然・文化遺産】

5-12　世界の文化遺産及び自然遺産の保護に関する条約(ユネスコ世界遺産保護条約)(抄)

Convention Concerning the Protection of the World Cultural and Natural Heritage

採　択　1972年11月16日(ユネスコ総会第17会期)
効力発生　1975年12月17日
日本国　1992年6月19日国会承認、6月30日受諾書寄託、9月28日公布(条約第7号)、9月30日効力発生

　国際連合教育科学文化機関の総会は、1972年10月17日から11月21日までパリにおいてその第17回会期として会合し、
　文化遺産及び自然遺産が、衰亡という在来の原因によるのみでなく、一層深刻な損傷又は破壊という現象を伴って事態を悪化させている社会的及び経済的状況の変化によっても、ますます破壊の脅威にさらされていることに留意し、
　文化遺産及び自然遺産のいずれの物件が損壊又は滅失することも、世界のすべての国民の遺産の憂うべき貧困化を意味することを考慮し、
　これらの遺産の国内的保護に多額の資金を必要とするため並びに保護の対象となる物件の存在する国の有する経済的、学術的及び技術的な能力が十分で

ないため、国内的保護が不完全なものになりがちであることを考慮し、

国際連合教育科学文化機関憲章が、同機関が世界の遺産の保存及び保護を確保し、かつ、関係諸国民に対して必要な国際条約を勧告することにより、知識を維持し、増進し及び普及することを規定していることを想起し、

文化財及び自然の財に関する現存の国際条約、国際的な勧告及び国際的な決議が、この無類の及びかけがえのない物件（いずれの国民に属するものであるかを問わない。）を保護することが世界のすべての国民のために重要であることを明らかにしていることを考慮し、

文化遺産及び自然遺産の中には、特別の重要性を有しており、したがって、人類全体のための世界の遺産の一部として保存する必要があるものがあることを考慮し、

このような文化遺産及び自然遺産を脅かす新たな危険の大きさ及び重大さにかんがみ、当該国がとる措置の代わりにはならないまでも有効な補足的手段となる集団的な援助を供与することによって、顕著な普遍的価値を有する文化遺産及び自然遺産の保護に参加することが、国際社会全体の任務であることを考慮し、

このため、顕著な普遍的価値を有する文化遺産及び自然遺産を集団で保護するための効果的な体制であって、常設的に、かつ、現代の科学的方法により組織されたものを確立する新たな措置を、条約の形式で採択することが重要であることを考慮し、

総会の第16回会期においてこの問題が国際条約の対象となるべきことを決定して、

この条約を1972年11月16日に採択する。

I　文化遺産及び自然遺産の定義

第1条【文化遺産の定義】この条約の適用上、「文化遺産」とは、次のものをいう。

記念工作物　建築物、記念的意義を有する彫刻及び絵画、考古学的な性質の物件及び構造物、金石文、洞穴住居並びにこれらの物件の組合せであって、歴史上、芸術上又は学術上顕著な普遍的価値を有するもの

建造物群　独立し又は連続した建造物の群であって、その建築様式、均質性又は景観内の位置のために、歴史上、芸術上又は学術上顕著な普遍的価値を有するもの

遺跡　人工の所産（自然と結合したものを含む。）及び考古学的遺跡を含む区域であって、歴史上、芸術上、民族学上又は人類学上顕著な普遍的価値を有するもの

第2条【自然遺産の定義】この条約の適用上、「自然遺産」とは、次のものをいう。

無生物又は生物の生成物又は生成物群から成る特徴のある自然の地域であって、観賞上又は学術上顕著な普遍的価値を有するもの

地質学的又は地形学的形成物及び脅威にさらされている動物又は植物の種の生息地又は自生地として区域が明確に定められている地域であって、学術上又は保存上顕著な普遍的価値を有するもの

自然の風景地及び区域が明確に定められている自然の地域であって、学術上、保存上又は景観上顕著な普遍的価値を有するもの

第3条【認定】前2条に規定する種々の物件で自国の領域内に存在するものを認定し及びその区域を定めることは、締約国の役割である。

II　文化遺産及び自然遺産の国内的及び国際的保護

第4条【締約国の義務】締約国は、第1条及び第2条に規定する文化遺産及び自然遺産で自国の領域内に存在するものを認定し、保護し、保存し、整備し及び将来の世代へ伝えることを確保することが第一義的には自国に課された義務であることを認識する。このため、締約国は、自国の有するすべての能力を用いて並びに適当な場合には取得し得る国際的な援助及び協力、特に、財政上、芸術上、学術上及び技術上の援助及び協力を得て、最善を尽くすものとする。

第5条【締約国の国内的措置】締約国は、自国の領域内に存在する文化遺産及び自然遺産の保護、保存及び整備のための効果的かつ積極的な措置がとられることを確保するため、可能な範囲内で、かつ、自国にとって適当な場合には、次のことを行うよう努める。

(a)　文化遺産及び自然遺産に対し社会生活における役割を与え並びにこれらの遺産の保護を総合的な計画の中に組み入れるための一般的な政策をとること。

(b)　文化遺産及び自然遺産の保護、保存及び整備のための機関が存在しない場合には、適当な職員を有し、かつ、任務の遂行に必要な手段を有する一又は二以上の機関を自国の領域内に設置すること。

(c)　学術的及び技術的な研究及び調査を発展させること並びに自国の文化遺産又は自然遺産を脅かす危険に対処することを可能にする実施方法を開発すること。

(d)　文化遺産及び自然遺産の認定、保護、保存、

整備及び活用のために必要な立法上、学術上、技術上、行政上及び財政上の適当な措置をとること。
　(e)　文化遺産及び自然遺産の保護、保存及び整備の分野における全国的又は地域的な研修センターの設置又は発展を促進し、並びにこれらの分野における学術的調査を奨励すること。

第6条【締約国の国際的措置】　1　締約国は、第1条及び第2条に規定する文化遺産及び自然遺産が世界の遺産であること並びにこれらの遺産の保護について協力することが国際社会全体の義務であることを認識する。この場合において、これらの遺産が領域内に存在する国の主権は、これを十分に尊重するものとし、また、国内法令に定める財産権は、これを害するものではない。

2　締約国は、この条約に従い、第11条の2及び4に規定する文化遺産及び自然遺産の認定、保護、保存及び整備につき、当該遺産が領域内に存在する国の要請に応じて援助を与えることを約束する。

3　締約国は、第1条及び第2条に規定する文化遺産及び自然遺産で他の締約国の領域内に存在するものを直接又は間接に損傷することを意図した措置をとらないことを約束する。

第7条【国際的保護】　この条約において、世界の文化遺産及び自然遺産の国際的保護とは、締約国がその文化遺産及び自然遺産を保存し及び認定するために努力することを支援するための国際的な協力及び援助の体制を確立することであると了解される。

III　世界の文化遺産及び自然遺産の保護のための政府間委員会

第8条【世界遺産委員会】　1　この条約により国際連合教育科学文化機関に、顕著な普遍的価値を有する文化遺産及び自然遺産の保護のための政府間委員会〔以下「世界遺産委員会」という。〕を設置する。同委員会は、同機関の総会の通常会期の間に開催される締約国会議において締約国により選出される15の締約国によって構成される。同委員会の構成国の数は、この条約が少なくとも40の国について効力を生じた後における最初の総会の通常会期からは21とする。

2　世界遺産委員会の構成国の選出に当たっては、世界の異なる地域及び文化が衡平に代表されることを確保する。

3　世界遺産委員会の会議には、文化財の保存及び修復の研究のための国際センター(ローマ・センター)の代表1人、記念物及び遺跡に関する国際会議(ICOMOS)の代表1人及び自然及び天然資源の保全に関する国際同盟(IUCN)の代表1人が、顧問の資格で出席することができるものとし、国際連合教育科学文化機関の総会の通常会期の間に開催される締約国会議における締約国の要請により、同様の目的を有する他の政府間機関又は非政府機関の代表も、顧問の資格で出席することができる。

第9条【構成国の任期】　1　世界遺産委員会の構成国の任期は、当該構成国が選出された時に開催されている国際連合教育科学文化機関の総会の通常会期の終わりから当該通常会期の後に開催される3回目の通常会期の終わりまでとする。

2　もっとも、最初の選挙において選出された世界遺産委員会の構成国の3分の1の任期は当該選挙が行われた総会の通常会期の後に開催される最初の通常会期の終わりに、また、同時に選出された構成国の他の3分の1の任期は当該選挙が行われた総会の通常会期の後に開催される2回目の通常会期の終わりに、終了する。これらの構成国は、最初の選挙の後に国際連合教育科学文化機関の総会議長によりくじ引で選ばれる。

3　世界遺産委員会の構成国は、自国の代表として文化遺産又は自然遺産の分野において資格のある者を選定する。

第10条【委員会の権限】　1　世界遺産委員会は、その手続規則を採択する。

2　世界遺産委員会は、特定の問題について協議するため、公私の機関又は個人に対し会議に参加するよういつでも招請することができる。

3　世界遺産委員会は、その任務を遂行するために同委員会が必要と認める諮問機関を設置することができる。

第11条【世界遺産一覧表】　1　締約国は、できる限り、文化遺産又は自然遺産の一部を構成する物件で、自国の領域内に存在し、かつ、2に規定する一覧表に記載することが適当であるものの目録を世界遺産委員会に提出する。この目録は、すべてを網羅したものとはみなされないものとし、当該物件の所在地及び重要性に関する資料を含む。

2　世界遺産委員会は、1の規定に従って締約国が提出する目録に基づき、第1条及び第2条に規定する文化遺産又は自然遺産の一部を構成する物件であって、同委員会が自己の定めた基準に照らして顕著な普遍的価値を有すると認めるものの一覧表を「世界遺産一覧表」の表題の下に作成し、常時最新のものとし及び公表する。最新の一覧表は、少なくとも2年に1回配布される。

3　世界遺産一覧表に物件を記載するに当たっては、

当該国の同意を必要とする。二以上の国が主権又は管轄権を主張している領域内に存在する物件を記載することは、その紛争の当事国の権利にいかなる影響も及ぼすものではない。
4　世界遺産委員会は、事情により必要とされる場合には、世界遺産一覧表に記載されている物件であって、保存のために大規模な作業が必要とされ、かつ、この条約に基づいて援助が要請されているものの一覧表を「危険にさらされている世界遺産一覧表」の表題の下に作成し、常時最新のものとし及び公表する。危険にさらされている世界遺産一覧表には、当該作業に要する経費の見積りを含むものとし、文化遺産又は自然遺産の一部を構成する物件であって、重大かつ特別な危険にさらされているもののみを記載することができる。このような危険には、急速に進む損壊、大規模な公共事業若しくは民間事業又は急激な都市開発事業若しくは観光開発事業に起因する滅失の危険、土地の利用又は所有権の変更に起因する破壊、原因が不明である大規模な変化、理由のいかんを問わない放棄、武力紛争の発生及びそのおそれ、大規模な災害及び異変、大火、地震及び地滑り、噴火並びに水位の変化、洪水及び津波が含まれる。同委員会は、緊急の必要がある場合にはいつでも、危険にさらされている世界遺産一覧表に新たな物件の記載を行うことができるものとし、その記載について直ちに公表することができる。
5　世界遺産委員会は、文化遺産又は自然遺産を構成する物件が2及び4に規定するいずれかの一覧表に記載されるための基準を定める。
6　世界遺産委員会は、2及び4に規定する一覧表のいずれかへの記載の要請を拒否する前に、当該文化遺産又は自然遺産が領域内に存在する締約国と協議する。
7　世界遺産委員会は、当該国の同意を得て、2及び4に規定する一覧表の作成に必要な研究及び調査を調整し及び奨励する。

第12条【世界遺産一覧表未記載の効果】文化遺産又は自然遺産を構成する物件が前条の2及び4に規定する一覧表のいずれにも記載されなかったという事実は、いかなる場合においても、これらの一覧表に記載されることによって生ずる効果については別として、それ以外の点について顕著な普遍的価値を有しないという意味に解してはならない。

第13条【国際的援助】1　世界遺産委員会は、文化遺産又は自然遺産の一部を構成する物件であって、締約国の領域内に存在し、かつ、第11条の2及び4に規定する一覧表に記載されており又は記載されることが適当であるがまだ記載されていないものにつき、当該締約国が表明する国際的援助の要請を受理し、検討する。当該要請は、当該物件を保護し、保存し、整備し又は活用することを確保するために行うことができる。
2　1の国際的援助の要請は、また、予備調査の結果更に調査を行うことが必要と認められる場合には、第1条及び第2条に規定する文化遺産及び自然遺産を認定するためにも行うことができる。
3　世界遺産委員会は、これらの要請についてとられる措置並びに適当な場合には援助の性質及び範囲を決定するものとし、同委員会のための当該政府との間の必要な取極の締結を承認する。
4　世界遺産委員会は、その活動の優先順位を決定するものとし、その優先順位の決定に当たり、保護を必要とする物件が世界の文化遺産及び自然遺産において有する重要性、自然環境又は世界の諸国民の特質及び歴史を最もよく代表する物件に対して国際的援助を与えることの必要性、実施すべき作業の緊急性並びに脅威にさらされている物件が領域内に存在する国の利用し得る能力、特に、当該国が当該物件を自力で保護することができる程度を考慮する。
5　世界遺産委員会は、国際的援助が供与された物件の一覧表を作成し、常時最新のものとし及び公表する。
6　世界遺産委員会は、第15条の規定によって設立される基金の資金の使途を決定する。同委員会は、当該資金を増額するための方法を追求し、及びこのためすべての有用な措置をとる。
7　世界遺産委員会は、この条約の目的と同様の目的を有する政府間国際機関及び国際的な非政府機関並びに国内の政府機関及び非政府機関と協力する。同委員会は、その計画及び事業を実施するため、これらの機関、特に、文化財の保存及び修復の研究のための国際センター（ローマ・センター）、記念物及び遺跡に関する国際会議（ICOMOS）及び自然及び天然資源の保全に関する国際同盟（IUCN）、公私の機関並びに個人の援助を求めることができる。
8　世界遺産委員会の決定は、出席しかつ投票する構成国の3分の2以上の多数による議決で行う。同委員会の会合においては、過半数の構成国が出席していなければならない。

第14条【事務局の補佐】1　世界遺産委員会は、国際連合教育科学文化機関事務局長が任命する事務局の補佐を受ける。
2　国際連合教育科学文化機関事務局長は、文化

財の保存及び修復の研究のための国際センター（ローマ・センター）、記念物及び遺跡に関する国際会議(ICOMOS)及び自然及び天然資源の保全に関する国際同盟(IUCN)の各自の専門の分野及び能力の範囲における活動を最大限度に利用して、世界遺産委員会の書類及び会議の議事日程を作成し、並びに同委員会の決定の実施について責任を負う。

IV 世界の文化遺産及び自然遺産の保護のための基金

第15条【世界遺産基金】 1 この条約により顕著な普遍的価値を有する世界の文化遺産及び自然遺産の保護のための基金（以下「世界遺産基金」という。）を設立する。

2 世界遺産基金は、国際連合教育科学文化機関の財政規則に基づく信託基金とする。

3 世界遺産基金の資金は、次のものから成る。
  (a) 締約国の分担金及び任意拠出金
  (b) 次の者からの拠出金、贈与又は遺贈
    (i) 締約国以外の国
    (ii) 国際連合教育科学文化機関、国際連合の他の機関〔特に国際連合開発計画〕又は他の政府間機関
    (iii) 公私の機関又は個人
  (c) 同基金の資金から生ずる利子
  (d) 募金によって調達された資金及び同基金のために企画された行事による収入
  (e) 世界遺産委員会が作成する同基金の規則によって認められるその他のあらゆる資金

4 世界遺産基金に対する拠出及び世界遺産委員会に対するその他の形式による援助は、同委員会が決定する目的にのみ使用することができる。同委員会は、特定の計画又は事業に用途を限った拠出を受けることができる。ただし、同委員会が当該計画又は事業の実施を決定している場合に限る。同基金に対する拠出には、いかなる政治的な条件も付することができない。

第16条【分担金】 1 締約国は、追加の任意拠出金とは別に、2年に1回定期的に世界遺産基金に分担金を支払うことを約束する。分担金の額は、国際連合教育科学文化機関の総会の間に開催される締約国会議がすべての締約国について適用される同一の百分率により決定する。締約国会議におけるこの決定には、会議に出席しかつ投票する締約国（2の宣言を行っていない締約国に限る。）の過半数による議決を必要とする。締約国の分担金の額は、いかなる場合にも、同機関の通常予算に対する当該締約国の分担金の額の1パーセントを超えないものとする。

2 もっとも、第31条及び第32条に規定する国は、批准書、受諾書又は加入書を寄託する際に、1の規定に拘束されない旨を宣言することができる。

3 2の宣言を行った締約国は、国際連合教育科学文化機関事務局長に通告することにより、いつでもその宣言を撤回することができる。この場合において、その宣言の撤回は、当該締約国が支払うべき分担金につき、その後の最初の締約国会議の日まで効力を生じない。

4 2の宣言を行った締約国の拠出金は、世界遺産委員会がその活動を実効的に計画することができるようにするため、少なくとも2年に1回定期的に支払う。その拠出金の額は、1の規定に拘束される場合に支払うべき分担金の額を下回ってはならない。

5 当該年度及びその直前の暦年度についての分担金又は任意拠出金の支払が延滞している締約国は、世界遺産委員会の構成国に選出される資格を有しない。ただし、この規定は、最初の選挙については適用しない。支払が延滞している締約国であって、同委員会の構成国であるものの任期は、第8条1に規定する選挙の時に終了する。

第17条【財団等の設立】 締約国は、第1条及び第2条に規定する文化遺産及び自然遺産の保護のための寄附を求めることを目的とする国の財団又は団体及び公私の財団又は団体の設立を考慮し又は奨励する。

第18条【募金】 締約国は、世界遺産基金のため国際連合教育科学文化機関の主催の下に組織される国際的な募金運動に対して援助を与えるものとし、このため、第15条3に規定する機関が行う募金について便宜を与える。

V 国際的援助の条件及び態様

第19条【援助の要請】 いかなる締約国も、顕著な普遍的価値を有する文化遺産又は自然遺産の一部を構成する物件で自国の領域内に存在するもののため、国際的援助を要請することができる。締約国は、当該要請を行う場合には、自国が所有しており、かつ、世界遺産委員会が決定を行う上で必要とされる第21条に規定する情報及び資料を提出する。

第20条【援助の条件】 この条約に規定する国際的援助は、第13条2、第22条(c)及び第23条の規定が適用される場合を除くほか、文化遺産又は自然遺産を構成する物件であって、世界遺産委員会が第11条の2及び4に規定する一覧表のいずれかに記載することを決定し又は決定することとなっ

ているものにのみ与えることができる。

第21条【援助の検討】1　世界遺産委員会は、国際的援助の要請を検討する手続及び要請書の記載事項を定める。要請書は、作業計画、必要な作業、作業に要する経費の見積り、緊急度及び援助を要請する国の資力によってすべての経費を賄うことができない理由を明らかにするものとする。要請書は、できる限り、専門家の報告書によって裏付けられなければならない。

2　天災その他の災害に起因する要請は、緊急な作業を必要とすることがあるため、世界遺産委員会が直ちにかつ優先的に考慮するものとし、同委員会は、このような不測の事態に備えて同委員会が使用することができる予備基金を設けるものとする。

3　世界遺産委員会は、決定に先立ち、同委員会が必要と認める研究及び協議を行う。

第22条【援助の形態】世界遺産委員会は、次の形態の援助を供与することができる。

(a)　第11条の2及び4に規定する文化遺産及び自然遺産の保護、保存、整備及び活用において生ずる芸術上、学術上及び技術上の問題に関する研究

(b)　同委員会が承認した作業が正しく実施されることを確保するための専門家、技術者及び熟練工の提供

(c)　文化遺産及び自然遺産の認定、保護、保存、整備及び活用の分野におけるあらゆる水準の職員及び専門家の養成

(d)　当該国が所有せず又は入手することができない機材の供与

(e)　長期で返済することができる低利又は無利子の貸付け

(f)　例外的かつ特別の理由がある場合における返済を要しない補助金の供与

第23条【研修センターへの援助】　（略）
第24条【学術的その他の研究】　（略）
第25条【経費の負担】国際社会は、原則として、必要な作業に要する経費の一部のみを負担する。国際的援助を受ける国は、財政的に不可能な場合を除くほか、各計画又は事業に充てられる資金のうち相当な割合の額を拠出する。

第26条【協定の締結】世界遺産委員会及び国際的援助を受ける国は、両者の間で締結する協定において、この条約に基づいて国際的援助が与えられる計画又は事業の実施条件を定める。当該国際的援助を受ける国は、当該協定に定める条件に従い、このようにして保護される物件を引き続き保護し、保存し及び整備する責任を負う。

Ⅵ　教育事業計画

第27条【教育及び広報事業計画】1　締約国は、あらゆる適当な手段を用いて、特に教育及び広報事業計画を通じて、自国民が第1条及び第2条に規定する文化遺産及び自然遺産を評価し及び尊重することを強化するよう努める。

2　締約国は、文化遺産及び自然遺産を脅かす危険並びにこの条約に従って実施される活動を広く公衆に周知させることを約束する。

第28条【広報活動】この条約に基づいて国際的援助を受ける締約国は、援助の対象となった物件の重要性及び当該国際的援助の果たした役割を周知させるため、適当な措置をとる。

Ⅶ　報　告

第29条【報告】1　締約国は、国際連合教育科学文化機関の総会が決定する期限及び様式で同総会に提出する報告において、この条約を適用するために自国がとった立法措置、行政措置その他の措置及びこの分野で得た経験の詳細に関する情報を提供する。

2　1の報告については、世界遺産委員会に通知する。

3　世界遺産委員会は、その活動に関する報告書を国際連合教育科学文化機関の総会の通常会期ごとに提出する。

Ⅷ　最終条項

第30条【正文】　（略）
第31条【批准、受諾及び寄託】　（略）
第32条【加入】　（略）
第33条【効力発生】　（略）
第34条【連邦制国家への適用】次の規定は、憲法上連邦制又は非単一制をとっている締約国について適用する。

(a)　この条約の規定であって連邦又は中央の立法機関の立法権の下で実施されるものについては、連邦又は中央の政府の義務は、連邦制をとっていない締約国の義務と同一とする。

(b)　この条約の規定であって邦、州又は県の立法権の下で実施されるものであり、かつ、連邦の憲法制度によって邦、州又は県が立法措置をとることを義務付けられていないものについては、連邦の政府は、これらの邦、州又は県の権限のある機関に対し、採択についての勧告を付してその規定を通報する。

第35条【廃棄】　（略）
第36条【寄託及び廃棄の通報】　（略）
第37条【改正】1　この条約は、国際連合教育科学文

化機関の総会において改正することができる。その改正は、改正条約の当事国となる国のみを拘束する。
2 総会がこの条約の全部又は一部を改正する条約を新たに採択する場合には、その改正条約に別段の規定がない限り、批准、受諾又は加入のためのこの条約の開放は、その改正条約が効力を生ずる日に終止する。

第38条【登録】 （略）

5-13　水中文化遺産の保護に関する条約（水中文化遺産条約）（抄）
Convention on the Protection of the Underwater Cultural Heritage

採　　択　2001年11月2日（ユネスコ総会第31会期）
効力発生　2009年1月2日
日　本　国

前　文　（略）

第1条(定義) この条約の適用上、
1 (a) 「水中文化遺産」とは、文化的、歴史的、又は考古学的な特徴を有する人類の存在のあらゆる形跡であって、少なくとも100年間周期的又は継続的にその一部又は全部が水中に存在していたもので、以下のものをいう。
　　（i）　考古学的及び自然的背景を伴う遺跡、構造物、建造物、及び遺骸
　　（ii）　考古学的及び自然的背景を伴う船舶、航空機、その他の乗り物又はその一部、それらの積み荷又はその他の内容物
　　（iii）　有史以前の性格を有する物体
　(b)　海底にあるパイプライン及び電線は、水中文化遺産とはみなさない。
　(c)　パイプライン及びケーブル以外の構築物で、海底に設置され、現在も利用されているものは、水中文化遺産とはみなさない。
2 (a) 「締約国」とは、この条約に拘束されることに同意し、かつ、自国についてこの条約が効力を生じている国をいう。
　(b)　この条約は、第26条2(b)に基づき、同項に定める条件に従って、この条約の当事国となる領域に準用されるものものとし、その限りにおいて「締約国」はこれらの領域を含む。
3 「ユネスコ」とは、国際連合教育科学文化機関をいう。
4 「事務局長」とは、ユネスコ事務局長をいう。
5 「深海底」とは国の管轄権の及ぶ区域の境界の外の海底及びその下をいう。
6 「水中文化遺産に向けられた活動」とは、水中文化遺産を主要な対象とする活動とし、直接又は間接に水中文化遺産を物理的に損壊し、又はその他の方法で損害を与えうる活動をいう。
7 「偶発的に水中文化遺産に影響を与える活動」とは、水中文化遺産を主要な対象としないにもかかわらず、直接又は間接に水中文化遺産を物理的に損壊し、又はその他の方法で損害を与えうる活動をいう。
8 「政府船舶及び政府航空機」とは、国が所有し、又は運行する軍艦、その他の船舶又は航空機であって、沈没時に政府により非商業目的で使用されていたもので、そのように識別可能で、水中文化遺産の定義に合致するものをいう。
9 「規則」とは、水中文化遺産に向けられた活動に関するこの条約の第33条に規定される規則をいう。

第2条(目的及び一般原則) 1　この条約は、水中文化遺産の保護を確保し、強化することを目的とする。
2　締約国は、水中文化遺産の保護に協力する。
3　締約国は、この条約の規定に従い、人類の利益のために水中文化遺産を保全する。
4　締約国は、個別に又は適切な場合には共同して、この条約及び水中文化遺産を保護するために必要な国際法に従って、この目的のため、各国で利用できる最善の実行可能な手段を用い、各国の能力に従って、あらゆる適切な措置をとる。
5　水中文化遺産の現存する場所での保存は、この遺産に向けられたあらゆる活動を許可し、実施する前の最初の選択肢として考慮される。
6　引き揚げられた水中文化遺産は、その長期的保全を確保する方法で、保管され、保存され、及び管理される。
7　水中文化遺産は、商業的に開発されてはならない。
8　国家実行、及び海洋法に関する国際連合条約を含む国際法に従い、この条約のいかなる規定も、主権免除及び政府船及び政府航空機に対する国家の権利に関係する国際法規則並びに国家実行を修正するものと解釈されてはならない。
9　締約国は、海中にあるあらゆる人間の遺体に適切な敬意が払われることを確保する。
10　水中文化遺産を現存する場所で観察し又は記

録するための責任ある非侵害的アクセスは、当該遺産の周知、評価及び保護を推進するために奨励される。ただし、当該アクセスが、その保護及び管理と両立しない場合を除く。
11 この条約に基づいて行われるいかなる行為又は活動も、国家の主権又は管轄権を主張し、それに異議を唱え、又はそれを争うための根拠を構成するものとはならない。

第3条(この条約と海洋法に関する国際連合条約との関係) この条約のいかなる規定も、海洋法に関する国際連合条約を含む国際法に基づく国家の権利、管轄権及び義務を害するものではない。この条約は、海洋法に関する国際連合条約を含む国際法に照らして、かつそれと両立するように解釈され、適用される。

第4条(海難救助法及び発見に関する法との関係) この条約が適用される水中文化遺産に関するいかなる活動も、海難救助法又は発見に関する法の適用を受けない。ただし以下の場合を除く。
  (a) 権限のある当局によって許可される場合
  (b) この条約と十分両立する場合
  (c) 水中文化遺産の引き揚げが最大限の保護を達成することを確保する場合

第5条(偶発的に水中文化遺産に影響を与える活動) 各締約国は、自国の管轄権下の活動で、偶発的に水中文化遺産に影響を与えるものから生じるいかなる悪影響も防止し、又は緩和するために、各国で利用できる最善の実行可能な方法を用いる。

第6条(二国間、地域的又はその他の多数国間協定) 1 締約国は、水中文化遺産の保全のために、二国間、地域的又はその他の多数国間協定を締結し、又は既存の協定を発展させるよう奨励される。当該協定のすべては、この条約の規定と完全に合致するものとし、その普遍的性格を損なってはならない。国家は、当該協定において、この条約で採択されたものよりもより良い水中文化遺産の保護を確保する規則を採択することができる。
2 当該二国間、地域的又はその他の多数国間協定の締約国は、関係する水中文化遺産への立証可能な関連性、特に文化的、歴史的又は考古学的な関連性をもつ国を当該協定に参加するよう招請することができる。
3 この条約は、この条約の採択前の他の二国間、地域的又は他の多数国間協定であって、とりわけこの条約の目的と合致するものから生じる沈没船の保護に関する締約国の権利及び義務を変更するものではない。

第7条(内水、群島水域及び領海における水中文化遺産) 1 締約国は、その主権を行使し、内水、群島水域及び領海において水中文化遺産に向けられた活動を規制し、許可する排他的権利を有する。
2 水中文化遺産の保護に関する他の国際協定及び国際法規則をさまたげることなく、締約国は、内水、群島水域及び領海において水中文化遺産に向けられた活動に〔附属書に規定する〕規則が適用されることを要求する。
3 締約国は、自国の主権を行使するに当たり、及び国家の一般的慣行を確認して、自国の群島水域及び領海の中で、政府船及び政府航空機を保護する最善の方法について協力するために、この条約の締約国である旗国、及び妥当な場合、当該識別可能な政府船及び政府航空機の発見に関する立証可能な関連性、特に文化的、歴史的又は考古学的な関連性をもつ他国に通報するべきである。

第8条(接続水域における水中文化遺産) 第9条、及び第10条をさまたげることなく、及びこれらの規定に加えて、並びに海洋法に関する国際連合条約第303条2に従い、締約国は、接続水域内の水中文化遺産に向けられた活動を規制し、及びこれに許可を与えることができる。このことを行うに当たり、締約国は「規則」が適用されることを必要とする。

第9条(排他的経済水域及び大陸棚における報告及び通報) 1 すべての締約国は、この条約に従って、排他的経済水域及び大陸棚における水中文化遺産を保護する責任を有する。
  従って、
  (a) 締約国は、自国国民又は自国の旗を掲げる船舶が、自国の排他的経済水域及び大陸棚に位置する水中文化遺産を発見し、又は遺産に向けられた活動に従事する意図を持っている場合、当該国民又は当該船舶の船長に当該発見又はそれに対する活動を報告することを要求する。
  (b) 他の締約国の排他的経済水域又は大陸棚において、
    (i) 締約国は、国民又は船長に当該発見又はそれらに対する活動を自国及び当該他の締約国に報告することを要求する。
    (ii) これに代えて、締約国は、国民又は船長に当該発見又はそれに対する活動を自国に報告することを要求するものとし、当該報告を迅速かつ効果的に他のすべての締約国に伝達することを確保する。
2 批准書、受諾書、承認書又は加入書を寄託する際、締約国は、その報告書がこの条の1(b)に基づいて送付される方法を宣言する。

3 締約国は、1に基づいて自国に対して報告された発見又は活動について事務局長に通知する。
4 事務局長は、3に基づいて通知を受けたあらゆる情報をすべての締約国に直ちに利用可能にする。
5 いずれの締約国も、その排他的経済水域又は大陸棚において水中文化遺産が存在する締約国に、当該水中文化遺産の効果的保護を確保する方法について協議することに関する自国の関心を宣言することができる。当該宣言は、関連する水中文化遺産に関する立証可能な関連性、とりわけ文化的、歴史的又は考古学的な関連性に基づくものとする。

第10条（排他的経済水域及び大陸棚における水中文化遺産の保護） 1 この条の規定に合致する場合を除き、排他的経済水域又は大陸棚に位置する水中文化遺産に向けられた活動に許可を与えない。
2 自国の排他的経済水域又は大陸棚に水中文化遺産が存在する締約国は、海洋法に関する国際連合条約を含む国際法によって規律された主権的権利又は管轄権に対する干渉を防止するため、当該遺産に向けられた活動を禁止し又は許可する権利を有する。
3 いずれの締約国も、自国の排他的経済水域又は大陸棚において、水中文化遺産が発見され、又は水中文化遺産に向けられた活動が意図される場合、以下のことを行う。
 (a) 第9条5に基づいて、水中文化遺産を保護する最善の方法について関心を有していることを宣言した他のすべての締約国と協議する。
 (b) 「調整国」として当該協議を調整する。ただし、そのことを希望しない旨を明示的に宣言する場合を除くものとし、その場合は、第9条5に基づいて関心を有していることを宣言した締約国が、調整国を指名する。
4 調整国は、すべての実行可能な措置をとり、及び（又は）この条約と合致した必要な許可を与えることができる。ただし、水中文化遺産に対して差し迫った危険（盗掘を含む。）を防止するために国際法に従ってとられたすべての実行可能な措置を通じて水中文化遺産を保護するすべての締約国の義務を妨げないものとする。これらの措置又は許可は、人間活動から生じたか、それともその他の理由によるものかを問わず、水中文化遺産に対する差し迫った危険（盗掘を含む。）を防止するために、必要な場合には、協議に先立って行われる。当該措置をとる場合には、他の締約国から支援を要請することができる。
5 調整国は、
 (a) 調整国を含む協議国によって合意された保護のための措置を実施する。ただし、他の締約国がこれらの措置を実施することに、調整国を含めて協議国が合意しない場合を除く。
 (b) 〔附属書に規定する〕規則に従って、当該合意措置に必要なあらゆる許可を与える。ただし、他の締約国がこれらの許可を与えることに、調整国を含む協議国が合意しない場合を除く。
 (c) 水中文化遺産に関する必要な暫定的調査を実施し、及びこのために必要なすべての許可を出すことができるものとし、その結果を事務局長に通報する。事務局長は、当該情報を他の締約国に直ちに利用可能にする。
6 この条に従って、協議を調整し、措置をとり、暫定的調査を実施し、及び（又は）許可を出す場合、調整国は、自国の利益ではなく、当該締約国全体のために行動する。当該行動のいずれも、それ自身、海洋法に関する国際連合条約を含む国際法に規定されていない優先権又は管轄権の主張の基礎をなすものではない。
7 この条の2及び4の規定に従うことを条件として、政府船舶及び政府航空機に向けられた活動は、旗国の同意及び調整国の協力なしに実施されない。

第11条（深海底における報告及び通知） 1 締約国は、この条約及び海洋法に関する国際連合条約第149条に従って、深海底における水中文化遺産を保護する責任を有する。従って、締約国の国民、又は締約国の旗を掲げる船舶が深海底に位置する水中文化遺産を発見し、あるいは遺産に向けられた活動に従事する意図をもつ場合、当該締約国は、その国民又は船長に当該発見又はそれに対する活動を報告することを要求する。
2 締約国は、事務局長及び国際海底機構の事務局長に当該発見又はそれに対して報告された活動を通知する。
3 事務局長は、締約国によって提供された当該情報をすべての締約国に直ちに利用可能にする。
4 いずれの締約国も、当該水中文化遺産の効果的保護を確保する方法について協議する自国の関心を事務局長に宣言することができる。当該宣言は、関連する水中文化遺産に対して立証可能な関連性に基礎を置き、とりわけ文化的、歴史的又は考古学的な起源を有する国の優先権に配慮が払われる。

第12条（深海底における水中文化遺産の保護） 1 この条の規定に合致しない限り、深海底に位置する水中文化遺産に向けられた活動にいかなる許可も与えられない。

2　事務局長は、第11条4に基づく意思を宣言するすべての締約国に、水中文化遺産を保護する最善の方法について協議をし、当該協議を調整する締約国を「調整国」として指名するよう招請する。事務局長はまた、国際海底機構に当該協議に参加するよう招請する。

3　すべての締約国は、人間活動から生ずるか、他の原因から生ずるかを問わず、水中文化遺産の差し迫った危険(盗掘を含む。)を防止するために、必要であれば協議の前にこの条約に合致したすべての実行可能な措置をとることができる。

4　(第10条5(a)(b)を参照)

5　調整国は、水中文化遺産に関するあらゆる必要な暫定的調査を行うことができる。調整国は、そのためにすべての必要な許可を出し、その結果を事務局長に通知するものとし、事務局長は、当該情報を他の締約国に直ちに利用可能にする。

6　協議を調整し、措置をとり、暫定的調査を実施し、及び(又は)この条に従って許可を出すに当たり、調整国は、すべての締約国を代表して、人類全体の利益のために行動する。水中文化遺産に関する文化的、歴史的又は考古学的な起源を有する国の優先権に特別の考慮が払われる。

7　いかなる締約国も、旗国の同意なく、深海底の政府船又は政府航空機に向けられた活動に着手したり、それを許可してはならない。

第13条(主権免除) 主権免除を享受する軍艦、及びその他の政府船舶又は軍用機であって、非商業的目的で運航されかつ通常の運航に従事しているものは、水中文化遺産を対象とする活動を行っていない場合には、この条約の第9条、第10条、第11条及び第12条に基づく水中文化遺産の発見を報告する義務を負わない。ただし、締約国は、非商業目的のため主権免除を享受する軍艦若しくはその他の政府船舶若しくは軍用機の運航又は運航能力を害さない適切な措置を採択することにより、合理的かつ実行可能な範囲で、この条約の第9条、第10条及び第12条を遵守することを確保する。

第14条(通関、取引及び所有の規制) 締約国は、引き揚げがこの条約に反する場合、違法に輸出され、及び(又は)引き揚げられた水中文化遺産の領域への通関、取引又は所有を防止するための措置をとる。

第15条(締約国の管轄権下の区域の不使用) 締約国は、この条約に合致しない水中文化遺産に向けられた活動を支持して、自国の港、自国の排他的管轄権又は管理下にある人工島、施設及び構築物を含む自国領域を使用することを禁止する措置をとる。

第16条(国民及び船舶に関する措置) 締約国は、自国民及び自国の旗を掲げる船舶が、この条約に合致しない方法で水中文化遺産に向けられた活動に従事しないように確保するためにすべての実行可能な措置をとる。

第17条(制裁) 1　各締約国は、この条約を実施するためにとられた措置の違反に対して制裁を課す。

2　違反に関して適用される制裁は、この条約の遵守を確保するのに効果的で、発生場所にかかわらず違反を抑制するのに十分厳格なものとし、違反者の違法な活動から得られた利益を剥奪するものとする。

3　締約国は、この条に基づいて課された制裁の執行を確保するために協力する。

第18条(水中文化遺産の押収及び処分) 1　各締約国は、この条約に合致しない方法で引き揚げを行った自国領域内の水中文化遺産の押収のための措置をとる。

2　各締約国は、この条約に基づいて押収した水中文化遺産の記録を取り、保護を行い、及び安定させるための全ての合理的な措置をとる。

3　各締約国は、事務局長及び関連水中文化遺産に対して証明可能な関係性、とりわけ文化的、歴史的又は考古学的な関連性を有する他国に対して、この条約に基づいて行われた水中文化遺産の押収について報告する。

4　水中文化遺産を押収した締約国は、その処分が公的利益のためであることを確保するものとし、以下のことを考慮に入れる。保全及び調査の必要性、散逸した収蔵品の再統合の必要性、公衆のアクセス、展示及び教育の必要性、並びに関連水中文化遺産の観点から証明可能な、特に文化的、歴史的又は考古学的な関連性を有する国家の利益

第19条(協力と情報の共有) 1　締約国は、実行可能な場合、当該遺跡の調査、発掘、記録作成、保全、研究及び公開に関する協働を含めて、この条約に基づく水中文化遺産の保護及び管理について互いに協力し、支援する。

2　この条約の目的と両立する限りにおいて、各締約国は、水中文化遺産に関して他の締約国と情報を共有する。この情報には、遺産の発見、遺産の位置、この条約に反して又は国際法に違反するその他の方法で、発掘され、若しくは引き揚げられた遺産、当該遺産に関する適切な科学的方法論及び技術、並びに当該遺産に関する法整備を含める。

3　水中文化遺産の発見又は位置に関して、締約国

間又はユネスコと締約国の間で共有された情報は、当該情報の公開が、当該水中文化遺産の保全を危うくし、又はその他の形でその保全を危険な状態に置く場合には、各国の法令と両立する限りにおいて、機密とされ、締約国の権限のある当局に留保される。
4　各締約国は、この条約に反して、若しくは国際法に違反する他の方法で発掘され、又は引き揚げられた水中文化遺産についての情報(実行可能な場合には、適切な国際データベースを通すことも含む。)を広めるために実行可能なすべての措置をとる。

第20条(周知)　(略)
第21条(水中考古学に関する研修)　(略)
第22条(権限のある当局)　(略)
第23条(締約国会合)　(略)
第24条(この条約の事務局)　(略)
第25条(紛争の平和的解決) 1　この条約の解釈又は適用に関する二又はそれ以上の締約国間のいかなる紛争も、誠実な交渉又は当事者が選択する他の平和的解決手段に従う。
2　交渉が合理的期間内に紛争を解決しない場合には、関連締約国間の合意により、紛争を仲介のためにユネスコに付託することができる。
3　仲介が行われない場合、又は仲介によっても紛争が解決しない場合、海洋法に関する国際連合条約第15部に規定される紛争解決手続に関する規定が、この条約の解釈又は適用に関するこの条約の締約国間の紛争に対して準用される。これらの締約国が、海洋法に関する国際連合条約の締約国であるかどうかを問わない。
4　この条約及び海洋法に関する国際連合条約の締約国が、海洋法に関する国際連合条約第287条に従って選択した手続は、この条に基づく紛争解決に適用する。ただし、当該締約国が、この条約に批准し、受諾し、承認し、又は加入した際、又はその後いつでも、この条約から生ずる紛争解決手続として、第287条に基づくものとは別の手続を選択する場合を除く。
5　海洋法に関する国際連合条約の締約国ではないこの条約の締約国は、この条約を批准し、受諾し、承認し又は加入する際、又はその後いつでも、書面による宣言によって、この条の下における紛争の解決のために海洋法に関する国際連合条約第287条1に定める手段の一又は二以上の手段を選択する自由を有する。第287条は、このような宣言並びに当該締約国が当事者である紛争であって効力を有する宣言には含まないいずれかの紛争に適用する海洋法に関する国際連合条約附属書V及びVIIに基づく調停及び仲裁を行うに当たり、当該国は、この条約の結果生じた紛争の解決のために、附属書V第2条及び附属書IV第2条に定める名簿に含まれる調停人及び仲裁人を指名する権利を有する。

第26条(批准、受諾、承認又は加入)　(略)
第27条(効力発生)　(略)
第28条(内水に関する宣言) この条約の批准、受諾、承認又は加入の際、又はその後いつでも、国家又は地域は、海の性質を有さない内水に規則を適用すると宣言することができる。
第29条(地理的範囲の制限) 国又は地域は、この条約を批准し、受諾し、承認し又はこれに加入するときに、この条約が、その領域、内水、群島水域、又は領海の特定の部分には適用されないことを寄託者に対して宣言できるものとし、当該宣言においてその理由を明らかにする。当該国は、実行可能な範囲においてかつできるだけ速やかに、この条約が宣言において特定した地域に対して適用される条件を促進するものとし、この目的のために、この条件が達成されれば直ちに、この宣言の全部又は一部を撤回する。
第30条(留保) 第29条を除き、この条約には、いかなる留保も付することができない。
第31条(改正)　(略)
第32条(廃棄)　(略)
第33条(規則) この条約に附属する規則は、別途の定めがない限りこの条約の不可分の一部を形成するものとし、この条約というときは、この条約に附属する規則を含むものとする。
第34条(国際連合への登録)　(略)
第35条(正文)　(略)

　　附属書　水中文化遺産に向けられた活動に関する規則　(略)

5-14 欧州景観条約（抄）
European Landscape Convention

署　　名　2000年10月20日（フローレンス）
効力発生　2004年3月1日

前　文
ここに署名する欧州評議会加盟国は、

欧州評議会の目的が、加盟国の共通の財産である理想と現実を守り、実現するために、加盟国間のより大きな統合を達成することであること、及びこの目的が、とりわけ経済社会分野における合意を通して遂行されることを考慮し、

社会のニーズ、経済活動及び環境の間でバランスがとれて調和した関係に基づいた持続可能な発展を達成することを願い、

景観が、文化上、生態学上、環境上及び社会上の分野で重要な公的利益を持った役割を果たし、経済活動に有益で、その保護、管理及び計画が雇用創出に寄与しうる資源を構築することに留意し、

景観が、地域の文化の形成に寄与すること、及び景観が、人間の幸福及び欧州のアイデンティティの強化に寄与する欧州の自然及び文化遺産の基本的構成要素であることを認識し、

景観が、都市部か地方か、荒廃した地域か質の高い地域か、卓越した美しさをもつ地域かありふれた地域かを問わず、いかなる場所でも人間の生活の質の重要な一部であることを認識し、

農業、林業、工業及び鉱業の生産技術における発展、及び地域的計画、都市計画、交通、基盤施設、ツーリズム及びリクリエーションにおける発展、並びにより一般的レベルでは、世界経済の変化が多くの場合、景観の変化を加速させていることに留意し、

高い質の景観を享受し、景観の発展に積極的役割を果たしたいという公衆の希望に対応することを希望し、

景観が個人の、そして社会の幸福の重要な要素であること、及びその保護、管理及び計画が、全ての者の権利であり、責任を導くものであると確信し、
（中略）

欧州における景観の質と多様性が、共通の財産を構成していること、並びにその保護、管理及び計画に向けて協力することが重要であることを認識し、

専ら欧州における全ての景観の保護、管理及び計画について取り組む新しい文書を作成することを希望し、

次のとおり協定した。

第Ⅰ章　一般規定
第1条（定義） 本条約の適用上、

(a) 「景観」とは、自然及び（又は）人間の諸要素の作用及び相互作用として性格づけられると人々が認識する区域をいう。

(b) 「景観政策」とは、景観の保護、管理及び計画を目的とする個々の政策の実施を許可する一般原則、戦略及び指針についての権限ある公の当局による表明をいう。

(c) 「景観の質の目標」とは、特定の景観において周辺地域の景観の特徴に関する公衆の希望について権限ある公の当局が設定したものをいう。

(d) 「景観の保護」とは、その自然の形状から及び（又は）人間活動から引き出されるその遺産としての価値によって正当化された、景観の重要な又は独特な特徴を保全し、及び維持するための活動をいう。

(e) 「景観の管理」とは、社会上、経済上及び環境上のプロセスによってもたらされる変化を指導し、これを調和させるために、持続可能な発展の観点から、景観の定期的な維持管理を確保するための活動をいう。

(f) 「景観の計画」とは、景観をより良くし、修復し、又は新たに創造するための強力かつ進歩的な活動をいう。

第2条（範囲） 第15条の規定に従うことを条件として、この条約は締約国の全領域に適用するものとし、自然の、地方の、都市の及び都市周辺の地域を対象とする。この条約は、陸地、内水及び海洋地域に適用する。この条約は、卓越したものとみなされる景観と並んで、日常的な景観又は劣化した景観をも対象とする。

第3条（目的） この条約の目的は、景観の保護、管理及び計画を促進すること、及び景観問題に関する欧州の協力をまとめることである。

第Ⅱ章　国家の措置
第4条（責任の配分） 各締約国は、自国の権力分立に基づき、その憲法上の原則及び行政上の取り決めに従って、かつ補完性の原則を尊重し、地方自治に関する欧州憲章を考慮に入れて、この条約、特に第5条及び第6条を実施する。この条約

の規定から逸脱することなく、各締約国は、この条約の実施を自国の政策と調和させる。

第5条(一般的措置) 各締約国は以下のことを約束する。
(a) 法律上、景観が人間の周辺環境における不可欠の要素であり、人間の共有する文化的及び自然的遺産の多様性の表明であり、そして人間の独自性の基礎であると認識すること。
(b) 第6条に規定する個別的措置を採用することにより、景観の保護、管理及び計画を目的とした景観政策を立案し実施すること。
(c) 公衆、地方の当局、及びbに規定する景観政策の定義及び実施に関心をもつその他の当事者の参加のための手続を作成すること。
(d) 地方及び都市の計画政策、文化上、環境上、農業上、社会上及び経済上の政策、さらに景観に関して考えられる直接的又は間接的な影響をもつその他の政策に景観を統合させること。

第6条(個別的措置)
A 意識の向上
各締約国は、市民社会、民間団体、及び公の当局の中で景観の価値、その役割及び景観に対する変化についての意識を高めることを約束する。
B 研修及び教育
各締約国は、以下のことを促進することを約束する。
(a) 景観の評価及び管理における専門家の研修
(b) 私的及び公的部門における専門職並びに関連組織のための景観の政策、保護、管理及び計画に関する学際的な研修プログラム
(c) 関連の領域において、景観に付与される価値並びにそれらの保護、管理及び計画により生ずる諸問題に対処するための学校及び大学の課程
C 特定及び評価
(1) 第5条cに規定するように、関心をもつ当事者の積極的参加により、及びその景観の知識を改善するために、各締約国は以下のことを約束する。
(a) (i)その領域の全域において自国の景観を特定する。
(ii) 自国の景観の特徴及びその影響力、並びにそれらを変質させる圧力を分析する。
(iii) 変化に留意する。
(b) 特定され、関心ある当事者や関連する市民によってそれらに割り当てられる特定の価値を考慮に入れた景観を評価する。
(2) これらの特定及び評価の手続は、第8条に従い欧州のレベルで締約国間において組織された経験と方法論の交換を指針とする。

D 景観の質の目標
各締約国は、第5条cに従った公衆との協議の後に、特定されかつ評価された景観の質の目標を決定することを約束する。
E 実施
景観政策を実施するために、各締約国は、景観を保護し、管理し、及び(又は)計画することを目的とする文書を導入することを約束する。

第III章 欧州の協力

第7条(国際政策及びプログラム) 締約国は、国際的な政策及びプログラムにおける景観に関する局面の検討において協力し、適当な場合には、それらを景観の検討に含めるように勧告することを約束する。

第8条(相互支援及び情報交換) 締約国は、この条約のその他の条に基づいてとられる措置の有効性を高めるために協力し、特に以下のことを行うことを約束する。
(a) 経験及び研究プロジェクトの成果の共同利用及び交換を通じて、景観問題について相互に技術上及び科学上の支援を与えること。
(b) 特に研修及び情報の目的のため、景観の専門家の交換を促進すること。
(c) 条約の規定が対象とする全ての事項に関する情報を交換すること。

第9条(越境景観) 締約国は、地方及び地域レベルで越境協力を促進し、必要に応じて、共同の景観プログラムを準備し実施する。

第10条(条約の実施に関する監視) 1 欧州評議会規程第17条に基づいて設置される既存の権限ある専門家委員会が、欧州評議会の閣僚委員会によって、この条約の実施の監視について責任を負うものとして指名される。
2 専門家委員会の各会合の後に、欧州評議会の事務総長は閣僚委員会に対して行われた作業及びこの条約の実施に関する報告書を送付する。
3 専門家委員会は閣僚委員会に対して、欧州評議会の景観賞を授与する基準及びこれを規律する規則について提案する。

第11条(欧州評議会の景観賞) 1 欧州評議会の景観賞は、この条約の締約国の景観政策の一環として、景観を保護し、管理し、及び(又は)計画する政策若しくは措置であって、永続的な効果を有し、したがって、ヨーロッパにおける他の領域当局に対する模範となるものを制定した地方の当局及びその集団に授与することができる賞である。この賞はまた、景観の保護、管理又は計画に対してとりわけ顕著な貢献を行った、非

政府組織にも授与することができる。
2 欧州評議会の景観賞の申請は、締約国によって、第10条に規定される専門家委員会に提出される。国境を越える地方の当局及び関連する地方の当局の集団は、当該景観を共同して管理することを条件として、申請することとができる。
3 第10条にいう専門家委員会からの提案に基づき、閣僚委員会は欧州評議会の景観賞の授与のための基準を制定し、かつこれを公表し、関連の規則を採択し、及び賞を授与する。
4 欧州評議会の景観賞の授与は、関連の景観区域の持続可能な保護、管理及び(又は)計画に関するより厳しい規定を損なうものではない。

第IV章 最終条項

第12条(他の文書との関係) この条約の規定は、その他の既存の又は将来の拘束力ある国内的あるいは国際的文書に含まれる景観の影響、管理及び計画に関するより厳格な規定に影響を与えるものではない。

第13条(署名、批准及び効力発生) (略)

第14条(加入) (略)

第15条(領域的適用) 1 いかなる国又は欧州共同体(＊欧州連合)も、署名の時又は批准書、受諾書、承認書、又は加入書を寄託する際、条約が適用される領域を特定することができる。
2 締約国は、いつでも、欧州評議会の事務総長に提出する宣言によって、この条約の適用を宣言に規定する他の領域に拡大することができる。条約は、当該領域に関して、事務総長が宣言を受理した日から3箇月の期間を経た月の最初の日に有効となる。
3 前2項の下で行われたいかなる宣言も、当該宣言によって規定される領域に関して、欧州評議会の事務総長に提出する宣言によって撤回することができる。当該撤回は、事務総長が通知を受理した日から3箇月の期間を経た最初の日に有効となる。

第16条(廃棄) (略)
第17条(改正) (略)
第18条(通知) (略)

第6章
大気の保全

オゾン層保護のための国際条約

　1985年に採択された**オゾン層保護条約(6-1)**は、いわゆる「地球環境問題」に対処する最初の条約である。オゾン層保護条約は、締約国に具体的なオゾン層破壊物質の規制義務をかすものではないが、研究・科学調査の協力義務を定め、締約国会議(COP)などの条約機関を設置し、オゾン層保護のための国際協力の枠組みを築いた。この条約のもとで1987年に採択された**モントリオール議定書(6-1-1)**は、附属書に規定するオゾン層破壊物質(規制物質)それぞれについて、一定の基準年の生産量または消費量に基づいて、期限と目標を定め、段階的に削減する方式をとる。モントリオール議定書は、採択後も、新たな規制物質を追加する4回の改正と、合意された規制措置の実施を前倒しする6回の調整が行われ、規制が強化されている。ただし、人口一人あたりの消費量が一定水準を下回る途上国(第5条1締約国)については、規制措置の実施が10年まで猶予され、さらに、規制物質から代替物質や代替技術への転換の費用など議定書の規制措置を遵守する際の「すべての合意された増加費用」に、多数国間基金などを通じて資金が供与される。モントリオール議定書はまた、非締約国に議定書加入のインセンティヴを与え、非締約国を介した規制逃れを防止するために、非締約国に対する貿易措置を規定し、締約国が、非締約国と規制物質を輸出入することを禁止し、附属書D物質を使用した製品を非締約国から輸入することを禁止している。また、1990年の第2回締約国会合で暫定的に導入され、1992年の第4回締約国会合で決定され、1998年に改正された**モントリオール議定書の不遵守手続(6-1-2)**は、遵守の審査とその取扱いを地球環境条約で公式に制度化した最初の遵守手続で、その後の環境条約の遵守手続のモデルとなっている。1992年の手続決定と同時に採択された**モントリオール議定書の不遵守について締約国の会合によりとられることのある措置の例示リスト(6-1-3)**は、不遵守国への援助の提供とともに、制裁的性格を有する議定書上の権利・特権の停止をとられうる不遵守に対する措置の例として記載している。

気候変動防止のための国際条約

気候変動枠組条約(6-2)は、気候変動(地球温暖化)問題への対処のために作成された最初の多数国間条約である。各国の数値削減目標は定めないが、「気候系に対して危険な人為的干渉を及ぼすこととならない水準において大気中の温室効果ガスの濃度を安定化させること」を究極的な目的と定め、締約国会議をはじめ、条約機関を設置し、この問題についてその後の国家間の合意を積み上げる制度的基礎を提供している。この条約のもとで1997年の第3回締約国会議で採択された京都議定書(6-2-1)は、40カ国の附属書Ⅰ国(先進国と旧社会主義国)に対して、二酸化炭素など六つの温室効果ガスの排出量に上限を設ける形で法的拘束力のある数値目標を定め、認められた排出量に対応した排出枠を与え、これらの国家間で排出枠を取引することを認める、いわゆる「キャップ・アンド・トレード(cap-and-trade)」のしくみを採用している。京都議定書の第1約束期間(2008年から2012年)については、排出量の上限＝割当量は、原則として1990年の排出量に基づいて定められ、5年の約束期間中それを超えないよう自国の排出量を削減・抑制することが義務づけられている。附属書Ⅰ国は、一定の条件のもとで、森林等吸収源による二酸化酸素の吸収増加分を排出枠として獲得できる。また、自国内での削減に加えて、市場メカニズムを利用した京都メカニズム(共同実施、クリーン開発メカニズム(CDM)、排出量取引)を通じて排出枠を獲得し、それを自国の削減目標達成に利用できる。多数国間環境条約が市場メカニズムを国際的に導入した最初の事例である。削減目標の遵守が国際競争力に影響を与えると考えられ、また、排出枠を売買する炭素市場の適正な運営のために、京都議定書遵守手続(6-2-3)は他の環境条約の遵守手続よりも厳格な不遵守に対する措置を導入している。2012年には、京都議定書第2約束期間(2013年から2020年)の削減目標と実施規則を定める京都議定書とその附属書Bの改正案であるドーハ改正(6-2-2)が採択された。国別の排出削減の数値目標の履行、京都メカニズム、遵守手続など基本的な議定書の制度は第1約束期間の制度と変わらない。ただし、第2約束期間に数値目標を約束しない国は、第2約束期間における京都メカニズムの利用が制限され、CDM事業は引き続き行うことができるが、共同実施、排出量取引は利用できなくなる。

オゾン層保護、気候変動、後述する越境大気汚染に対処する条約には多くの共通点が見られる。目的、一般的な義務、制度などを規定する条約をまず採択し、その後国家間で定期的に会合をもち、交渉を重ねることにより、その条約のもとで議定書などを採択し、国家の具体的な義務を定める「枠組条約方式」がとられる。この方式は、科学的知見が十分でないといった理由から、問題に対処するための具体的な義務に国家が直ちに合意することが難しい場合に用いられてきた。枠組条約方式に加え、改正や締約国会議の決定により、科学的知見や技術の進展に応じて、国家間で新たな合意を積み重ね、重層的な条約制度を発展させている。

エネルギー利用の環境影響の防止・低減をめざす国際条約

　1990年代以降、気候変動問題や酸性雨問題と関わってエネルギー効率や再生可能エネルギーといったエネルギーに関する条約が登場している。エネルギー憲章条約(6-3)は、もともと旧ソ連および東欧諸国におけるエネルギー分野の市場自由化の促進などを政治的に宣言する欧州エネルギー憲章の実施のために1994年に作成された。この条約は、エネルギー関連の活動から生ずる国内外の有害な環境上の影響を最小にするよう国家が努力することを定めている。エネルギー憲章条約のもとで、エネルギー効率を高め、望ましくない環境上の影響を軽減するための政策上の原則などを定めたエネルギー効率議定書(6-3-1)が作成された。2009年には、森林減少、砂漠化、生物多様性の喪失の減少および気候変動問題への対処に貢献することを目的の一つとして、バイオエネルギー、太陽光、風力、地熱、水力などの再生可能エネルギーの普及のための政策助言を目的とした国際機関である国際再生エネルギー機関(IRENA)を設立する国際再生可能エネルギー機関憲章が採択された。日本も2010年7月にこの条約を批准した。なお、原子力エネルギーの利用に関する国際文書については第8章を参照いただきたい。

越境大気汚染問題に対処する地域的文書・二国間条約

　大気の保全の分野の多数国間環境条約の展開は、1970年代に入り深刻な国際的環境問題と認識された酸性雨問題への対処に端を発していた。1979年の長距離越境大気汚染条約(6-4)は、越境大気汚染問題に対処する最初の多数国間条約である。そのもとで八つの議定書(6-4-1〜6-4-8)が採択されている。

　長距離越境大気汚染条約(6-4)は、大気汚染物質の長距離移動を含む大気汚染とその影響を規制するための協力を要請し、国際協力を通じて大気汚染物質の長距離移動のモニタリングと評価のための計画を発展させるとした、1975年の欧州安全保障協力会議(CSCE)の最終文書に基づき、国連欧州経済委員会のもとで採択された条約である。大気汚染から人とその環境を保護するために、大気汚染を制限し、可能な限りこれを段階的に削減し、防止するよう努力することをその目的としている。この条約は、具体的な対処の多くを締約国の裁量に委ねており、その義務は必ずしも厳格ではないが、越境大気汚染問題にその後対処するための協力の枠組みを構築した。

　この長距離越境大気汚染条約(6-4)のもとで採択されたEMEP議定書(6-4-1)は、長距離越境大気汚染条約第9条および第10条に基づく「欧州における大気汚染物質の長距離移動のモニタリング及び評価に関する協力計画(EMEP)」の経費の分担について約するもので、作業計画の経費は、国連分担金査定率に基づく義務的拠出によってまかなわれる。硫黄排出量削減議定書(6-4-2)、窒素酸化物議定書(6-4-3)、揮発性有機化合物議定書(6-4-4)に始まる残りの七つの議定書は、原則として、基準年の排出量を基準に、一定の期限までに排出量を削減す

ることを定めるが、1994年採択の硫黄排出量追加的削減議定書(6-4-5)以降のいくつかの議定書は「臨界負荷量アプローチ(critical load approach)」という特徴的な手法を採用している。「臨界負荷量アプローチ」は、EMEPの作業を基礎に、各地域でこの値を超えると環境に重大な悪影響を及ぼすという大気汚染物質の沈着量の閾値を設定し、この閾値を超えないよう締約国が大気汚染物質の排出量を規制しかつ削減するよう定めるという手法である。これら八つの議定書(6-4-1〜6-4-8)に基づく義務の遵守は、長距離越境大気汚染条約の議定書共通の遵守手続(6-4-9)のもとで審査される。硫黄排出量追加的削減議定書(6-4-5)の締約国は議定書独自の遵守手続を設置していたが、1997年の共通遵守手続の設置後、この共通の手続を適用している。この共通の遵守手続には、モントリオール議定書の不遵守手続(6-1-2)の影響が見られ、条約制度間の相互影響が見られるとともに、複数の条約がそれぞれ独自の制度を構築し、相互の重複や抵触が生じうる国際法の「断片化」に対し、制度の統合化をめざす先例として注目される。

　新たな科学的知見や技術の進展に対応して、2009年には、新たに七つの物質を適用対象に追加し、DDTなどいくつかの新たな残留性有機汚染物質(POPs)に関する義務を強化するPOPs議定書(6-4-7)の改正案が採択された。また、2012年には、重金属の排出規制をさらに強化する重金属議定書(6-4-6)の改正案と、2020年以降の目標を設定し、排出限界値を改正し、粒子状物質(PM)の排出上限値を設定するヨーテボリ議定書(6-4-8)の改正案も採択された。これら三つの議定書の改正案は、特に市場経済移行国の加入を促進するために、一定の期間内に新たに議定書に加入する国に対して排出限界値や利用可能な最良の技術(BAT)の適用期限を猶予することなどを盛り込んだ移行的柔軟性メカニズムを導入している。

　大気の保全に関する地域的条約は、伝統的には硫黄酸化物、窒素酸化物による越境大気汚染にその焦点を置いてきた。米加大気質協定(6-5)もその一例である。近年、各地域の抱える問題に応じてその規律の範囲は拡大している。欧州では、長距離越境大気汚染条約(6-4)とその議定書(6-4-1〜6-4-8)の規律対象を重金属やPOPs、地表レベルオゾンなどにも徐々に拡大してきた。東南アジア地域では、林野火災などに起因する国境を越える煙霧汚染を防止・対処するため、2002年にASEAN煙霧汚染協定(6-6)が締結された。しかし、しばしば煙霧汚染の原因となる林野火災の発生地となるインドネシアは2013年12月時点でまだ批准していない。また、東アジア地域の13カ国の間で、酸性雨関連物質のモニタリングに眼目を置く東アジア酸性雨モニタリングネットワーク(EANET)が、2010年に政府間会合で合意された「文書」をはじめとする政治合意をもとに機能している。

【第1節　普遍的文書】

6-1　オゾン層の保護のためのウィーン条約（オゾン層保護条約）
Vienna Convention for the Protection of the Ozone Layer

作　成　1985年3月22日（ウィーン）
効力発生　1988年9月22日
日　本　国　1988年4月27日国会承認、9月30日加入書寄託、12月27日公布（条約第8号）、1988年12月29日効力発生

前文

この条約の締約国は、

オゾン層の変化が人の健康及び環境に有害な影響を及ぼすおそれのあることを認識し、

国際連合人間環境会議の宣言の関連規定、特に、「諸国は、国際連合憲章及び国際法の諸原則に基づき、自国の資源をその環境政策に従って開発する主権的権利を有し、及び自国の管轄又は管理の下における活動が他国の環境又は国の管轄の外の区域の環境を害しないことを確保することについて責任を有する」と規定する原則21を想起し、

開発途上国の事情及び特別な必要を考慮し、

国際機関及び国内機関において進められている作業及び研究、特に国際連合環境計画のオゾン層に関する世界行動計画に留意し、

国内的及び国際的に既にとられているオゾン層の保護のための予防措置に留意し、

人の活動に起因するオゾン層の変化を防止するための措置は、国際的な協力及び活動を必要とすること並びに関連のある科学的及び技術的考慮に基づくべきであることを認識し、

オゾン層及びその変化により生ずるおそれのある悪影響についての科学的知識を一層増進させるため、一層の研究及び組織的観測が必要であることを認識し、

オゾン層の変化により生ずる悪影響から人の健康及び環境を保護することを決意して、

次のとおり協定した。

第1条（定義） この条約の適用上、

1　「オゾン層」とは、大気境界層よりも上の大気オゾンの層をいう。
2　「悪影響」とは、自然環境又は生物相の変化（気候の変化を含む。）であって、人の健康、自然の生態系及び管理された生態系の構成、回復力及び生産力又は人類に有用な物質に対し著しく有害な影響を与えるものをいう。
3　「代替技術」又は「代替装置」とは、その使用により、オゾン層に悪影響を及ぼし又は及ぼすおそれのある物質の放出を削減し又は実質的に無くすことを可能にする技術又は装置をいう。
4　「代替物質」とは、オゾン層に対する悪影響が削減され、除去され又は回避される物質をいう。
5　「締約国」とは、文脈により別に解釈される場合を除くほか、この条約の締約国をいう。
6　「地域的な経済統合のための機関」とは、特定の地域の主権国家によって構成され、この条約又はその議定書が規律する事項に関して権限を有し、かつ、その内部手続に従ってこの条約若しくはその議定書の署名、批准、受諾、承認又はこの条約若しくはその議定書への加入が正当に委任されている機関をいう。
7　「議定書」とは、この条約の議定書をいう。

第2条（一般的義務） 1　締約国は、この条約及び自国が締約国であり、かつ、効力が生じている議定書に基づき、オゾン層を変化させ又は変化させるおそれのある人の活動の結果として生じ又は生ずるおそれのある悪影響から人の健康及び環境を保護するために適当な措置をとる。
2　締約国は、この目的のため、利用することができる手段により及び自国の能力に応じ、
　(a)　人の活動がオゾン層に及ぼす影響並びにオゾン層の変化が人の健康及び環境に及ぼす影響を一層理解し及び評価するため、組織的観測、研究及び情報交換を通じて協力する。
　(b)　自国の管轄又は管理の下における人の活動がオゾン層を変化させ又は変化させるおそれがあり、その変化により悪影響が生じ又は生ずるおそれのあることが判明した場合には、当該活動を規制し、制限し、縮小し又は防止するため、適当な立法措置又は行政措置をとり及び適当な政策の調整に協力する。
　(c)　議定書及び附属書の採択を目的として、この条約の実施のための合意された措置、手続及び基準を定めることに協力する。
　(d)　この条約及び自国が締約国である議定書を効果的に実施するため、関係国際団体と協力する。

3 この条約は、締約国が1及び2の措置のほかに追加的な国内措置を国際法に従ってとる権利に影響を及ぼすものではなく、また、締約国により既にとられている追加的な国内措置に影響を及ぼすものではない。ただし、当該追加的な国内措置は、この条約に基づく締約国の義務に抵触するものであってはならない。

4 この条の規定は、関連のある科学的及び技術的考慮に基づいて適用する。

第3条（研究及び組織的観測） 1 締約国は、適宜、直接に又は関係国際団体を通じて次の事項並びに附属書Ⅰ及び附属書Ⅱに定める事項に関する研究及び科学的評価に着手すること並びにその実施に協力することを約束する。
  (a) オゾン層に影響を及ぼす可能性のある物理学的及び化学的過程
  (b) オゾン層の変化が及ぼす人の健康に対する影響その他の生物学的影響、特に、生物学的影響のある太陽紫外放射(UV-B)の変化が及ぼす影響
  (c) オゾン層の変化が及ぼす気候的影響
  (d) オゾン層の変化及びそれに伴うUV-Bの変化が人類に有用な天然及び合成の物質に及ぼす影響
  (e) オゾン層に影響を及ぼす可能性のある物質、習慣、製法及び活動並びにこれらの累積作用
  (f) 代替物質及び代替技術
  (g) 関連のある社会経済問題

2 締約国は、附属書Ⅰに定めるオゾン層の状態及び他の関連要素の組織的観測のための共同の又は相互に補完的な計画を、直接に又は関係国際団体を通じ、国内法並びに国内的及び国際的に行われている関連活動を十分に考慮して適宜推進し又は策定することを約束する。

3 締約国は、適当な世界的な資料センターを通じた研究資料及び観測資料の収集、確認及び送付が定期的かつ適時に行われることを確保するため直接に又は関係国際団体を通じて協力することを約束する。

第4条（法律、科学及び技術の分野における協力）
1 締約国は、附属書Ⅱに定めるところにより科学、技術、社会経済、商業及び法律に関する情報であってこの条約に関連のあるものの交換を円滑にし及び奨励する。当該情報は、締約国の合意する団体に提供する。当該団体は、情報を提供する締約国により秘密とされた情報を提供された場合には、当該情報がすべての締約国により入手可能となるまで、その秘密性を保護するため、当該情報を開示しないことを確保し、一括して保管する。

2 締約国は、自国の法令及び慣行に従い、開発途上国の必要を特に考慮して、技術及び知識の発展及び移転を直接に又は関係国際団体を通じて促進することに協力する。その協力は、特に次の手段を通じて実施する。
  (a) 他の締約国による代替技術の取得の円滑化
  (b) 代替技術及び代替装置に関する情報及び特別の手引書又は案内書の提供
  (c) 研究及び組織的観測に必要な装置及び設備の提供
  (d) 科学上及び技術上の要員の適当な訓練

第5条（情報の送付） 締約国は、次条の規定に基づいて設置される締約国会議に対し、事務局を通じて、この条約及び自国が締約国である議定書の実施のためにとった措置に関する情報を、この条約又は関連議定書の締約国の会合が決定する書式及び間隔で送付する。

第6条（締約国会議） 1 この条約により締約国会議を設置する。締約国会議の第1回会合は、次条の規定により暫定的に指定される事務局がこの条約の効力発生の後1年以内に招集する。その後は、締約国会議の通常会合は、第1回会合において決定する一定の間隔で開催する。

2 締約国会議の特別会合は、締約国会議が必要と認めるとき又は締約国から書面による要請のある場合において事務局がその要請を締約国に通報した後6箇月以内に締約国の少なくとも3分の1がその要請を支持するとき、開催する。

3 締約国会議は、締約国会議及び締約国会議が設置する補助機関の手続規則及び財政規則並びに事務局の任務の遂行のための財政規定をコンセンサス方式により合意し及び採択する。

4 締約国会議は、この条約の実施状況を絶えず検討し、更に次のことを行う。
  (a) 前条の規定に従って提出される情報の送付のための書式及び間隔を決定すること並びに当該情報及び補助機関により提出される報告を検討すること。
  (b) オゾン層、生ずる可能性のあるオゾン層の変化及びその変化により生ずる可能性のある影響に関する科学上の情報を検討すること。
  (c) オゾン層を変化させ又は変化させる可能性のある物質の放出を最小にするための適当な政策、戦略及び措置の調整を第2条の規定に基づき促進すること並びにこの条約に関連のある他の措置に関し勧告を行うこと。
  (d) 第3条及び第4条の規定に基づき、研究、組織的観測、科学上及び技術上の協力、情報

の交換並びに技術及び知識の移転のための計画を採択すること。
   (e) 必要に応じ、第9条及び第10条の規定に基づいてこの条約及びその附属書の改正を検討し及び採択すること。
   (f) 議定書及びその附属書の改正を検討すること並びに改正が決定された場合には、当該議定書の締約国に対し当該改正を採択するよう勧告すること。
   (g) 必要に応じ、第10条の規定に基づいてこの条約の追加附属書を検討し及び採択すること。
   (h) 必要に応じ、第8条の規定に基づいて議定書を検討し及び採択すること。
   (i) この条約の実施に必要と認められる補助機関を設置すること。
   (j) 適当な場合には、関係国際団体及び科学委員会、特に世界気象機関、世界保健機関及びオゾン層調整委員会に対し、科学的研究、組織的観測その他この条約の目的に関連する活動に係る役務の提供を求めること並びに適宜これらの団体及び委員会からの情報を利用すること。
   (k) この条約の目的の達成のために必要な追加的な行動を検討し及びとること。
5 国際連合、その専門機関及び国際原子力機関並びにこの条約の締約国でない国は、締約国会議の会合にオブザーバーを出席させることができる。オゾン層の保護に関連のある分野において認められた団体又は機関(国内若しくは国際の又は政府若しくは非政府のもののいずれであるかを問わない。)であって、締約国会議の会合にオブザーバーを出席させることを希望する旨事務局に通報したものは、当該会合に出席する締約国の3分の1以上が反対しない限り、オブザーバーを出席させることを認められる。オブザーバーの出席及び参加は、締約国会議が採択する手続規則の適用を受ける。

第7条(事務局) 1 事務局は、次の任務を遂行する。
   (a) 前条及び次条から第10条までに規定する会合を準備し及びその会合のための役務を提供すること。
   (b) 第4条及び第5条の規定により受領した情報並びに前条の規定により設置される補助機関の会合から得られる情報に基づく報告書を作成し及び送付すること。
   (c) 議定書により課された任務を遂行すること。
   (d) この条約に基づく任務を遂行するために行った活動に関する報告書を作成し及びその報告書を締約国会議に提出すること。
   (e) 他の関係国際団体との必要な調整を行うこと。特に、その任務の効果的な遂行のために必要な事務的な及び契約上の取決めを行うこと。
   (f) 締約国会議が決定する他の任務を遂行すること。
2 事務局の任務は、前条の規定に従って開催される締約国会議の第1回通常会合が終了するまでは、国際連合環境計画が暫定的に遂行する。締約国会議は、第1回通常会合において、この条約に基づく事務局の任務を遂行する意思を表明した既存の関係国際機関の中から事務局を指定する。

第8条(議定書の採択) 1 締約国会議は、その会合において、第2条の規定により議定書を採択することができる。
2 議定書案は、締約国会議の会合の少なくとも6箇月前に事務局が締約国に通報する。

第9条(この条約及び議定書の改正) 1 締約国は、この条約及び議定書の改正を提案することができる。改正に当たっては、特に、関連のある科学的及び技術的考慮を十分に払うこととする。
2 この条約の改正は、締約国会議の会合において採択する。議定書の改正は、当該議定書の締約国の会合において採択する。この条約及び議定書の改正案は、当該議定書に別段の定めがある場合を除くほか、その採択が提案される会合の少なくとも6箇月前に事務局が締約国に通報する。事務局は、改正案をこの条約の署名国にも参考のために通報する。
3 締約国は、この条約の改正案につき、コンセンサス方式により合意に達するようあらゆる努力を払う。コンセンサスのためのあらゆる努力にもかかわらず合意に達しない場合には、改正案は、最後の解決手段として、当該会合に出席しかつ投票する締約国の4分の3以上の多数票による議決で採択するものとし、寄託者は、これをすべての締約国に対し批准、承認又は受諾のために送付する。
4 3の手続は、議定書の改正について準用する。ただし、議定書の改正案の採択は、当該会合に出席しかつ投票する当該議定書の締約国の3分の2以上の多数票による議決で足りる。
5 改正の批准、承認又は受諾は、寄託者に対して書面により通告する。3又は4の規定に従って採択された改正は、この条約の締約国の少なくとも4分の3又は関連議定書の締約国の少なくとも3分の2の批准、承認又は受諾の通告を寄託者が受領した後90日目の日に、当該改正を批准し、承認し又は受諾した締約国の間で効力を生ずる。そ

の後は、改正は、他の締約国が当該改正の批准書、承認書又は受諾書を寄託した後90日目の日に当該他の締約国について効力を生ずる。ただし、関連議定書に改正の発効要件について別段の定めがある場合を除く。

6　この条の規定の適用上、「出席しかつ投票する締約国」とは、出席しかつ賛成票又は反対票を投ずる締約国をいう。

第10条（附属書の採択及び改正） 1　この条約の附属書又は議定書の附属書は、それぞれ、この条約又は当該議定書の不可分の一部を成すものとし、「この条約」又は「議定書」というときは、別段の明示の定めがない限り、附属書を含めていうものとする。附属書は、科学的、技術的及び管理的な事項に限定される。

2　この条約の追加附属書又は議定書の附属書の提案、採択及び効力発生については、次の手続を適用する。ただし、議定書に当該議定書の附属書に関して別段の定めがある場合を除く。

　(a)　この条約の附属書は前条の2及び3に定める手続を準用して提案され及び採択され、議定書の附属書は同条の2及び4に定める手続を準用して提案され及び採択される。

　(b)　締約国は、この条約の追加附属書又は自国が締約国である議定書の附属書を承認することができない場合には、その旨を、寄託者が採択を通報した日から6箇月以内に寄託者に対して書面により通告する。寄託者は、受領した通告をすべての締約国に遅滞なく通報する。締約国は、いつでも、先に行った異議の宣言に代えて受諾を行うことができるものとし、この場合において、附属書は、当該締約国について効力を生ずる。

　(c)　附属書は、寄託者による採択の通報の送付の日から6箇月を経過した時に、(b)の規定に基づく通告を行わなかったこの条約又は関連議定書のすべての締約国について効力を生ずる。

3　この条約の附属書及び議定書の附属書の改正の提案、採択及び効力発生は、この条約の附属書及び議定書の附属書の提案、採択及び効力発生と同一の手続に従う。附属書の作成及び改正に当たっては、特に、関連のある科学的及び技術的考慮を十分に払うこととする。

4　附属書の追加又は改正がこの条約又は議定書の改正を伴うものである場合には、追加され又は改正された附属書は、この条約又は当該議定書の改正が効力を生ずる時まで効力を生じない。

第11条（紛争の解決） 1　この条約の解釈又は適用に関して締約国間で紛争が生じた場合には、紛争当事国は、交渉により紛争の解決に努める。

2　紛争当事国は、交渉により合意に達することができなかった場合には、第三者によるあっせん又は仲介を共同して求めることができる。

3　国及び地域的な経済統合のための機関は、1又は2の規定により解決することができなかった紛争について、次の紛争解決手段の一方又は双方を義務的なものとして受け入れることをこの条約の批准、受諾、承認若しくはこれへの加入の際に又はその後いつでも、寄託者に対し書面により宣言することができる。

　(a)　締約国会議が第1回通常会合において採択する手続に基づく仲裁

　(b)　国際司法裁判所への紛争の付託

4　紛争は、紛争当事国が3の規定に従って同一の紛争解決手段を受け入れている場合を除くほか、当該紛争当事国が別段の合意をしない限り、5の規定により調停に付する。

5　いずれかの紛争当事国の要請があったときは、調停委員会が設置される。調停委員会は、各紛争当事国が指名する同数の委員及び指名された委員が共同で選出する委員長によって構成される。調停委員会は、最終的かつ勧告的な裁定を行い、紛争当事国は、その裁定を誠実に検討する。

6　この条の規定は、別段の定めがある議定書を除くほか、すべての議定書について準用する。

第12条（署名） この条約は、1985年3月22日から同年9月21日まではウィーンにあるオーストリア共和国連邦外務省において、同年9月22日から1986年3月21日まではニュー・ヨークにある国際連合本部において、国及び地域的な経済統合のための機関による署名のために開放しておく。

第13条（批准、受諾又は承認） 1　この条約及び議定書は、国及び地域的な経済統合のための機関により批准され、受諾され又は承認されなければならない。批准書、受諾書又は承認書は、寄託者に寄託する。

2　この条約又は議定書の締約国となる1の機関で当該機関のいずれの構成国も締約国となっていないものは、この条約又は関連議定書に基づくすべての義務を負う。当該機関及びその一又は二以上の構成国がこの条約又は同一の議定書の締約国である場合には、当該機関及びその構成国は、この条約又は当該議定書に基づく義務の履行につきそれぞれの責任を決定する。この場合において、当該機関及びこの構成国は、この条約又は当該議定書に基づく権利を同時に行使することができない。

3　1の機関は、この条約又は議定書の規律する事

項に関する当該機関の権限の範囲をこの条約又は関連議定書の批准書、受諾書又は承認書において宣言する。当該機関は、また、その権限の範囲の実質的な変更を寄託者に通報する。

第14条(加入) 1　この条約及び議定書は、この条約及び議定書の署名のための期間の終了後は、国及び地域的な経済統合のための機関による加入のために開放しておく。加入書は、寄託者に寄託する。

2　1の機関は、この条約又は議定書の規律する事項に関する当該機関の権限の範囲をこの条約又は関連議定書への加入書において宣言する。当該機関は、また、その権限の範囲の実質的な変更を寄託者に通報する。

3　前条2の規定は、この条約又は議定書に加入する地域的な経済統合のための機関についても適用する。

第15条(投票権) 1　この条約又は議定書の各締約国は、一の票を有する。

2　地域的な経済統合のための機関は、1の規定にかかわらず、その権限の範囲内の事項について、この条約又は関連議定書の締約国であるその構成国の数と同数の票を投票する権利を行使する。当該機関は、その構成国が自国の投票権を行使する場合には、投票権を行使してはならない。その逆の場合も、同様とする。

第16条(この条約と議定書との関係) 1　国及び地域的な経済統合のための機関は、この条約の締約国である場合又は同時にこの条約の締約国となる場合を除くほか、議定書の締約国となることができない。

2　議定書に関する決定は、当該議定書の締約国が行う。

第17条(効力発生) 1　この条約は、20番目の批准書、受諾書、承認書又は加入書の寄託の日の後90日目の日に効力を生ずる。

2　議定書は、当該議定書に別段の定めがある場合を除くほか、11番目の批准書、受諾書、承認書又は加入書の寄託の日の後90日目の日に効力を生ずる。

3　この条約は、20番目の批准書、受諾書、承認書又は加入書の寄託の後にこれを批准し、受諾し、承認し又はこれに加入する締約国については、当該締約国による批准書、受諾書、承認書又は加入書の寄託の日の後90日目の日に効力を生ずる。

4　議定書は、当該議定書に別段の定めがある場合を除くほか、2の規定に基づいて効力が生じた後にこれを批准し、受諾し、承認し又はこれに加入する締約国については、当該締約国が批准書、受諾書、承認書又は加入書を寄託した日の後90日目の日又はこの条約が当該締約国について効力を生ずる日のいずれか遅い日に効力を生ずる。

5　地域的な経済統合のための機関によって寄託される文書は、1及び2の規定の適用上、当該機関の構成国によって寄託されたものに追加して数えてはならない。

第18条(留保)　この条約については、留保は、付することができない。

第19条(脱退) 1　締約国は、自国についてこの条約が効力を生じた日から4年を経過した後いつでも、寄託者に対して書面による脱退の通告を行うことにより、この条約から脱退することができる。

2　議定書の締約国は、当該議定書に別段の定めがある場合を除くほか、自国について当該議定書が効力を生じた日から4年を経過した後いつでも、寄託者に対して書面による脱退の通告を行うことにより、当該議定書から脱退することができる。

3　1及び2の脱退は、寄託者が脱退の通告を受領した日の後1年を経過した日又はそれよりも遅い日であって脱退の通告において指定されている日に効力を生ずる。

4　この条約から脱退する締約国は、自国が締約国である議定書からも脱退したものとみなす。

第20条(寄託者) 1　国際連合事務総長は、この条約及び議定書の寄託者の任務を行う。

2　寄託者は、締約国に対し、特に次の事項を通報する。

　(a)　この条約及び議定書の署名並びに第13条及び第14条の規定に基づく批准書、受諾書、承認書又は加入書の寄託

　(b)　第17条の規定に基づきこの条約及び議定書が効力を生ずる日

　(c)　前条の規定に基づく脱退の通告

　(d)　第9条の規定に基づくこの条約及び議定書に関して採択された改正、締約国によるその受諾並びにその効力発生の日

　(e)　第10条の規定に基づいて行われる附属書の採択、承認及び改正に関するすべての通告

　(f)　この条約及び議定書の規律する事項に関する地域的な経済統合のための機関の権限の範囲及びその変更についての当該機関による通報

　(g)　第11条3の規定に基づく宣言

第21条(正文)　アラビア語、中国語、英語、フランス語、ロシア語及びスペイン語をひとしく正文とするこの条約の原本は、国際連合事務総長に寄託する。

附属書 I　研究及び組織的観測　(略)

附属書 II　情報の交換

1　締約国は、情報の収集及び共有が条約の目的を達成するため及びとられるべき措置が適当かつ衡平であることを確保するための重要な手段であることを認識する。よって、締約国は、科学、技術、社会経済、商業及び法律に関する情報を交換する。

2　締約国は、収集し及び交換する情報を決定するに当たり、情報の有用性及び取得費用を考慮すべきである。締約国は、更に、この附属書に基づく協力が、特許、企業秘密並びに秘密情報及び所有権の対象となる情報の保護に関する国内法令及び慣行に従って行われなければならないことを認識する。

3　科学上の情報

科学上の情報には、次のものを含む。

(a)　入手し得る国内的及び国際的資源の最も効果的な利用のため研究計画の調整を促進する目的で交換する政府及び民間で計画中又は実施中の研究に関する情報

(b)　放出に関する資料で研究に必要なもの

(c)　地球の大気の物理及び化学並びにその変化についての感度の高さ、特にオゾン層の状態及びオゾンの気柱全量又は鉛直分布のあらゆる時間尺度における変化の結果として生ずる可能性のある人の健康、環境及び気候に対する影響に関し専門家が検討した刊行物に公表された科学的成果

(d)　研究成果の評価及び将来の研究に関する勧告

4　技術上の情報

技術上の情報には、次のものを含む。

(a)　オゾン層を変化させる物質の放出を削減するための化学的代替品及び代替技術の利用可能性及び費用並びに計画中又は実施中の関連のある研究

(b)　化学的代替品その他の代替品及び代替技術の使用に伴う制限及び危険

5　附属書 I に掲げる物質に関する社会経済上及び商業上の情報

附属書 I に掲げる物質に関する社会経済上及び商業上の情報には、次のものを含む。

(a)　生産及び生産能力

(b)　使用及び使用形態

(c)　輸出入

(d)　オゾン層を間接的に変化させる可能性のある人の活動に係る費用、危険及び利益並びに当該活動を規制するためにとられ又はとることが検討されている措置が及ぼす影響に係る費用、危険及び利益

6　法律上の情報

法律上の情報には、次のものを含む。

(a)　オゾン層の保護に関連のある国内法、行政措置及び法的な研究

(b)　オゾン層の保護に関連のある国際取極(二国間取極を含む。)

(c)　オゾン層の保護に関連のある特許権の利用の可能性並びに特許権の実施許諾の方法及び条件

6-1-1　オゾン層を破壊する物質に関するモントリオール議定書(モントリオール議定書)

Montreal Protocol on Substances that Deplete the Ozone Layer

作　成　1987年9月16日(モントリオール)
効力発生　1989年1月1日
改　正　(1)ロンドン改正：1990年6月29日(第2回締約国会合)、1992年8月10日効力発生
　　　　(2)コペンハーゲン改正：1992年11月25日(第4回締約国会合)、1994年6月14日効力発生
　　　　(3)モントリオール改正：1997年9月17日(第9回締約国会合)、1999年11月10日効力発生
　　　　(4)北京改正：1999年12月3日(第11回締約国会合)、2002年2月25日効力発生
調　整　(1)90年調整：1990年6月29日(第2回締約国会合、ロンドン)、1991年3月7日効力発生
　　　　(2)92年調整：1992年11月25日(第4回締約国会合、コペンハーゲン)、1993年9月23日効力発生

	(3)95年調整：1995年12月7日(第7回締約国会合、ウィーン)、1996年8月5日効力発生 (4)97年調整：1997年9月17日(第9回締約国会合、モントリオール)、1998年6月8日効力発生 (5)99年調整：1999年12月3日(第11回締約国会合、北京)、2000年7月28日効力発生 (6)2007年調整：2007年9月21日(第19回締約国会合、モントリオール)、2008年5月14日効力発生
日 本 国	1988年4月27日国会承認、9月30日受諾書寄託、12月27日公布(条約第9号)、1989年1月1日効力発生　改正　(1)1991年3月26日国会承認、9月4日受諾書寄託、1992年7月17日公布(条約第5号)、8月10日効力発生、(2)1994年12月2日国会承認、12月20日受諾書寄託、12月26日公布(条約第14号)、1995年3月20日効力発生、(3)2002年7月25日国会承認、8月30日受諾書寄託、9月9日公布(条約第12号)、11月28日効力発生、(4)2002年7月25日国会承認、8月30日受諾書寄託、9月9日公布(条約第13号)、11月28日効力発生　調整　(1)1991年2月13日公布(平成3年外務省告示第67号)、3月7日効力発生、(2)1993年8月24日公布(平成5年外務省告示第404号)、9月22日効力発生、(3)1996年8月6日公布(平成8年外務省告示第377号)、8月5日効力発生、(4)1998年6月5日公布(平成10年外務省告示第197号)、6月5日効力発生、(5)2000年7月17日公布(平成12年外務省告示第313号)、7月28日効力発生、(6)2008年4月14日公布(平成20年外務省告示第243号)、5月14日効力発生

　この議定書の締約国は、
　オゾン層の保護のためのウィーン条約の締約国として、
　同条約に基づく、オゾン層を変化させ又は変化させるおそれのある人の活動の結果として生じ又は生ずるおそれのある悪影響から人の健康及び環境を保護するために適当な措置をとる義務があることに留意し、
　ある種の物質の世界的規模における放出が、人の健康及び環境に悪影響を及ぼすおそれのある態様でオゾン層の著しい破壊その他の変化を生じさせる可能性のあることを認識し、
　この物質の放出が気候に及ぼす潜在的な影響を意識し、
　オゾン層を保護するための措置が、技術的及び経済的考慮を払ったものであり、かつ、関連のある科学的知識に基づいたものであるべきことを認識し、
　技術的及び経済的考慮を払い、かつ、開発途上国の開発の必要に留意しつつ、科学的知識の発展の成果に基づきオゾン層を破壊する物質の放出を無くすことを最終の目標として、この物質の世界における総放出量を衡平に規制する予防措置をとることによりオゾン層を保護することを決意し、
　開発途上国の必要を満たすため、追加的な財源及び関連のある技術の利用に関する措置を含む特別な措置が必要であることを確認し、また、必要な資金の規模が予測できること並びにこの資金が科学的に確認されたオゾン層の破壊及びその有害な影響の問題に取り組むための世界の能力を実質的に高めることが期待できることに留意し、
　国内的及び地域的に既にとられているある種のクロロフルオロカーボンの放出を規制する予防措置に留意し、
　開発途上国の必要に特に留意しつつ、オゾン層を破壊する物質の放出の規制及び削減に関連のある代替技術の研究、開発及び移転における国際協力を推進することが重要であることを考慮して、
　次のとおり協定した。

第1条(定義) この議定書の適用上、
1　「条約」とは、1985年3月22日に採択されたオゾン層の保護のためのウィーン条約をいう。
2　「締約国」とは、文脈により別に解釈される場合を除くほか、この議定書の締約国をいう。
3　「事務局」とは、条約の事務局をいう。
4　「規制物質」とは、附属書A、附属書B、附属書C又は附属書Eに掲げる物質(他の物質と混合してあるかないかを問わない。)をいい、関係附属書に別段の定めがない限り、当該物質の異性体を含む。ただし、製品(輸送又は貯蔵に使用する容器を除く。)の中にあるものを除く。
5　「生産量」とは、規制物質の生産された量から締約国により承認された技術によって破壊された量及び他の化学物質の製造のための原料として完全に使用された量を減じた量をいう。再利用された量は、「生産量」とはみなされない。
6　「消費量」とは、生産量に規制物質の輸入量を加え、輸出量を減じた量をいう。

7 生産量、輸入量、輸出量及び消費量の「算定値」とは、第3条の規定に従って決定される値をいう。
8 「産業合理化」とは、経済効率を高めること又は工場閉鎖の結果として予想される供給の不足に対応することを目的として、生産量の算定値の全部又は一部をいずれかの締約国から他の締約国に移転することをいう。

第2条(規制措置) 1〜4 削除

5 締約国は、一又は二以上の規制期間において、第2条のAから第2条のFまで及び第2条のHに定める生産量の算定値の一部又は全部を他の締約国に移転することができる。ただし、規制物質のグループごとの関係締約国の生産量の算定値の合計がグループごとにこれらの条に定める生産量の算定値の限度を超えないことを条件とする関係締約国は、この生産量の移転を、その移転の条件及び対象となる期間を示して、事務局に通報する。

5の2 議定書第5条1の規定の適用を受けない締約国は、一又は二以上の規制期間において、第2条のFに定める消費量の算定値の一部又は全部を議定書第5条1の規定の適用を受けない他の締約国に移転することができる。ただし、当該消費量の算定値の一部又は全部の移転を受ける締約国の附属書Aのグループ1に属する規制物質の消費量の算定値が1989年において一人当たり0.25キログラムを超えていないこと及び関係締約国の消費量の算定値の合計が第2条のFに定める消費量の算定値の限度を超えないことを条件とする。関係締約国は、この消費量の算定値の移転を、その移転の条件及び対象となる期間を示して、事務局に通報する。

6 第5条の規定の適用を受けない締約国は、1987年1月1日前に国内法に基づき計画された施設のうち附属書A又は附属書Bに掲げる規制物質の生産のためのもので同年9月16日前に着工し又は契約したものを有する場合には、1986年の生産量の算定値を決定するに当たり、当該物質の同年の生産量に当該施設の生産量を加えることができる。ただし、当該施設が1990年12月31日までに完成し、かつ、当該施設の生産量を加えた場合にも当該締約国の規制物質の消費量の算定値が一人当たり0.5キログラムを超えないことを条件とする。

7 生産量の5の規定に基づく移転及び6の規定に基づく追加は、当該移転又は追加の時までに事務局に通報する。

8(a) 条約第1条6に定義する地域的な経済統合のための機関の構成国である締約国は、この条から第2条のIまでに定める消費量に関する義務を共同して履行することを合意することができる。ただし、当該締約国の消費量の算定値の合計がこれらの条に定める限度を超えないことを条件とする。

(b) (a)の合意を行った締約国は、当該合意に係る消費量の削減の日前に当該合意の内容を事務局に通報する。

(c) (a)の合意は、地域的な経済統合のための機関のすべての構成国及び当該機関がこの議定書の締約国となり、かつ、当該締約国の実施の方法を事務局に通報した場合にのみ、実施可能となる。

9(a) 締約国は、第6条の評価に基づいて、次の事項を決定することができる。
 (i) 附属書A、附属書B、附属書C又は附属書Eに掲げるオゾン破壊係数を調整すること及び調整する場合にはその内容
 (ii) 規制物質の生産量又は消費量を更に調整し又は削減すること並びに調整し又は削減する場合にはその範囲、量及び時期

(b) (a)の(i)及び(ii)の調整に関する提案は、その採択が提案される締約国の会合の少なくとも6箇月前に事務局が締約国に通報する。

(c) 締約国は、(a)の決定を行うに当たり、コンセンサス方式により合意に達するようあらゆる努力を払う。コンセンサスのためのあらゆる努力にもかかわらず合意に達しない場合には、当該決定は、最後の解決手段として、出席しかつ投票する締約国の3分の2以上の多数であって出席しかつ投票する第5条1の規定の適用を受ける締約国の過半数及び出席しかつ投票する同条1の規定の適用を受けない締約国の過半数を代表するものによる議決で採択する。

(d) この9の決定は、すべての締約国を拘束するものとし、寄託者は、これを直ちに締約国に通告する。当該決定は、当該決定に別段の定めがある場合を除くほか、寄託者による通告の送付の日から6箇月を経過した時に効力を生ずる。

10 締約国は、第6条の評価に基づき及び条約第9条に定める手続に従って、次の事項を決定することができる。
 (i) いずれかの物質をこの議定書の附属書に追加し又は当該附属書から削除すること。
 (ii) (i)の規定に基づいて追加し又は削除する物質に適用すべき規制措置の仕組み、範囲及び時期

11 締約国は、この条から第2条のIまでの規定にかかわらず、これらの条に定める措置よりも厳しい措置をとることができる。

第2条のA（クロロフルオロカーボン） 1 締約国は、この議定書が効力を生じた日から7番目の月の初日に始まる12箇月の期間及びその後の12箇月の期間）」との附属書AのグループIに属する規制物質の消費量の算定値が1986年における当該物質の消費量の算定値を超えないことを確保する。当該物質の一又は二以上を生産する締約国は、これらの期間ごとの当該物質の生産量の算定値が1986年の生産量の算定値を超えないことを確保する。ただし、当該締約国の生産量の算定値は、第5条の規定の適用を受ける締約国の基礎的な国内需要を満たすため及び締約国間の産業合理化のためにのみ、1986年の算定値をその10パーセントを限度として超えることができる。

2 締約国は、1991年7月1日から1992年12月31日までの期間の附属書AのグループIに属する規制物質の消費量及び生産量の算定値が1986年における当該物質の消費量及び生産量の算定値の150パーセントを超えないことを確保する。当該物質に係る12箇月の規制期間は、1993年1月1日以降各年の1月1日から12月31日までとする。

3 締約国は、1994年1月1日に始まる12箇月の期間及びその後の12箇月の期間ごとの附属書AのグループIに属する規制物質の消費量の算定値が1986年における当該物質の消費量の算定値の25パーセントを超えないことを確保する。当該物質の一又は二以上を生産する締約国は、これらの期間ごとの当該物質の生産量の算定値が1986年の生産量の算定値の25パーセントを超えないことを確保する。ただし、当該締約国の生産量の算定値は、第5条1の規定の適用を受ける締約国の基礎的な国内需要を満たすため、1986年の生産量の算定値の10パーセントを限度として当該算定値の25パーセントを超えることができる。

4 締約国は、1996年1月1日に始まる12箇月の期間及びその後の12箇月の期間ごとの附属書AのグループIに属する規制物質の消費量の算定値が零を超えないことを確保する。当該物質の一又は二以上を生産する締約国は、これらの期間ごとの当該物質の生産量の算定値が零を超えないことを確保する。ただし、当該締約国の生産量の算定値は、第5条1の規定の適用を受ける締約国の基礎的な国内需要を満たすため、1995年から1997年までの各年の当該需要向けの附属書AのグループIに属する規制物質の生産量の平均値に等しい量を限度として零を超えることができる。

5 締約国は、2003年1月1日に始まる12箇月の期間及びその後の12箇月の期間ごとの第5条1の規定の適用を受ける締約国の基礎的な国内需要向けの附属書AのグループIに属する規制物質の生産量の算定値が1995年から1997年までの各年の当該需要向けの当該物質の生産量の平均値の80パーセントを超えないことを確保する。

6 締約国は、2005年1月1日に始まる12箇月の期間及びその後の12箇月の期間ごとの第5条1の規定の適用を受ける締約国の基礎的な国内需要向けの附属書AのグループIに属する規制物質の生産量の算定値が1995年から1997年までの各年の当該需要向けの当該物質の生産量の平均値の50パーセントを超えないことを確保する。

7 締約国は、2007年1月1日に始まる12箇月の期間及びその後の12箇月の期間ごとの第5条1の規定の適用を受ける締約国の基礎的な国内需要向けの附属書AのグループIに属する規制物質の生産量の算定値が1995年から1997年までの各年の当該需要向けの当該物質の生産量の平均値の15パーセントを超えないことを確保する。

8 締約国は、2010年1月1日に始まる12箇月の期間及びその後の12箇月の期間ごとの第5条1の規定の適用を受ける締約国の基礎的な国内需要向けの附属書AのグループIに属する規制物質の生産量の算定値が零を超えないことを確保する。

9 4から8までに規定する基礎的な国内需要については、締約国による各年の生産量の平均値の算定に当たり、第2条5の規定に基づいて当該締約国が移転した生産量を含めるものとし、同条5の規定に基づいて当該締約国が取得した生産量を除く。

第2条のB（ハロン） 1 締約国は、1992年1月1日に始まる12箇月の期間及びその後の12箇月の期間ごとの附属書AのグループIIに属する規制物質の消費量の算定値が1986年における当該物質の消費量の算定値を超えないことを確保する当該物質の一又は二以上を生産する締約国は、これらの期間ごとの当該物質の生産量の算定値が1986年の生産量の算定値を超えないことを確保する。ただし、当該締約国の生産量の算定値は、第5条1の規定の適用を受ける締約国の基礎的な国内需要を満たすため、1986年の生産量の算定値の10パーセントを限度として当該算定値を準えることができる。

2 締約国は、1994年1月1日に始まる12箇月の期間及びその後の12箇月の期間ごとの附属書AのグループIIに属する規制物質の消費量の算定値が

零を超えないことを確保する。当該物質の一又は二以上を生産する締約国は、これらの期間ごとの当該物質の生産量の算定値が零を超えないことを確保する。ただし、当該締約国の生産量の算定値は、第5条1の規定の適用を受ける締約国の基礎的な国内需要を満たすため、2002年1月1日までは1986年の生産量の算定値の15パーセントを限度として零を超えることができる。その後は、当該締約国の生産量の算定値は、1995年から1997年までの各年の当該需要向けの附属書AのグループⅡに属する規制物質の生産量の平均値に等しい量を限度として零を超えることができる。

3 締約国は、2005年1月1日に始まる12箇月の期間及びその後の12箇月の期間ごとの第5条1の規定の適用を受ける締約国の基礎的な国内需要向けの附属書AのグループⅡに属する規制物質の生産量の算定値が1995年から1997年までの各年の当該需要向けの当該物質の生産量の平均値の50パーセントを超えないことを確保する。

4 締約国は、2010年1月1日に始まる12箇月の期間及びその後の12箇月の期間ごとの第5条1の規定の適用を受ける締約国の基礎的な国内需要向けの附属書AのグループⅡに属する規制物質の生産量の算定値が零を超えないことを確保する。

第2条のC(他の完全にハロゲン化されたクロロフルオロカーボン) 1 締約国は、1993年1月1日に始まる12箇月の期間の附属書BのグループⅠに属する規制物質の消費量の算定値が1989年における当該物質の消費量の算定値の80パーセントを超えないことを確保する。当該物質の一又は二以上を生産する締約国は、この期間の当該物質の生産量の算定値が1989年の生産量の算定値の80パーセントを超えないことを確保する。ただし、当該締約国の生産量の算定値は、第5条1の規定の適用を受ける締約国の基礎的な国内需要を満たすため、1989年の生産量の算定値の10パーセントを限度として当該算定値の80パーセントを超えることができる。

2 締約国は、1994年1月1日に始まる12箇月の期間及びその後の12箇月の期間ごとの附属書BのグループⅠに属する規制物質の消費量の算定値が1989年における当該物質の消費量の算定値の25パーセントを超えないことを確保する。当該物質の一又は二以上を生産する締約国は、これらの期間ごとの当該物質の生産量の算定値が1989年の生産量の算定値の25パーセントを超えないことを確保する。ただし、当該締約国の生産量の算定値は、第5条1の規定の適用を受ける締約国の基礎的な国内需要を満たすため、1989年の生産量の算定値の10パーセントを限度として当該算定値の25パーセントを超えることができる。

3 締約国は、1996年1月1日に始まる12箇月の期間及びその後の12箇月の期間ごとの附属書BのグループⅠに属する規制物質の消費量の算定値が零を超えないことを確保する。当該物質の一又は二以上を生産する締約国は、これらの期間ごとの当該物質の生産量の算定値が零を超えないことを確保する。ただし、当該締約国の生産量の算定値は、第5条1の規定の適用を受ける締約国の基礎的な国内需要を満たすため、2003年1月1日までは1989年の生産量の算定値の15パーセントを限度として零を超えることができる。その後は、当該締約国の生産量の算定値は、1998年から2000年までの各年の当該需要向けの附属書BのグループⅠに属する規制物質の生産量の平均値の80パーセントに等しい量を限度として零を超えることができる。

4 締約国は、2007年1月1日に始まる12箇月の期間及びその後の12箇月の期間ごとの第5条1の規定の適用を受ける締約国の基礎的な国内需要向けの附属書BのグループⅠに属する規制物質の生産量の算定値が1998年から2000年までの各年の当該需要向けの当該物質の生産量の平均値の15パーセントを超えないことを確保する。

5 締約国は、2010年1月1日に始まる12箇月の期間及びその後の12箇月の期間ごとの第5条1の規定の適用を受ける締約国の基礎的な国内需要向けの附属書BのグループⅠに属する規制物質の生産量の算定値が零を超えないことを確保する。

第2条のD(四塩化炭素) 1 締約国は、1995年1月1日に始まる12箇月の期間の附属書BのグループⅡに属する規制物質の消費量の算定値が1989年における当該物質の消費量の算定値の15パーセントを超えないことを確保する。当該物質を生産する締約国は、この期間の当該物質の生産量の算定値が1989年の生産量の算定値の15パーセントを超えないことを確保する。ただし、当該締約国の生産量の算定値は、第5条1の規定の適用を受ける締約国の基礎的な国内需要を満たすため、1989年の生産量の算定値の10パーセントを限度として当該算定値の15パーセントを超えることができる。

2 締約国は、1996年1月1日に始まる12箇月の期間及びその後の12箇月の期間ごとの附属書BのグループⅡに属する規制物質の消費量の算定値が零を超えないことを確保する。当該物質を生産する締約国は、これらの期間ごとの当該物質の

ただし、当該締約国の生産量の算定値が零を超えないことを確保する。ただし、当該締約国の生産量の算定値は、第5条1の規定の適用を受ける締約国の基礎的な国内需要を満たすため、1989年の生産量の算定値の15パーセントを限度として零を超えることができる。この2の規定は、不可欠なものとして合意された用途を満たすために必要であると締約国が認めた生産量及び消費量については、適用しない。

第2条のE(1・1・1-トリクロロエタン(メチルクロロホルム)) 1　締約国は、1993年1月1日に始まる12箇月の期間の附属書BのグループⅢに属する規制物質の消費量の算定値が1989年における当該物質の消費量の算定値を超えないことを確保する。当該物質を生産する締約国は、この期間の当該物質の生産量の算定値が1989年の生産量の算定値を超えないことを確保する。ただし、当該締約国の生産量の算定値は、第5条1の規定の適用を受ける締約国の基礎的な国内需要を満たすため、1989年の生産量の算定値の10パーセントを限度として当該算定値を超えることができる。

2　締約国は、1994年1月1日に始まる12箇月の期間及びその後の12箇月の期間ごとの附属書BのグループⅢに属する規制物質の消費量の算定値が1989年における当該物質の消費量の算定値の50パーセントを超えないことを確保する。当該物質を生産する締約国は、これらの期間ごとの当該物質の生産量の算定値が1989年の生産量の算定値の50パーセントを準えないことを確保する。ただし、当該締約国の生産量の算定値は、第5条1の規定の適用を受ける締約国の基礎的な国内需要を満たすため、1989年の生産量の算定値の10パーセントを限度として当該算定値の50パーセントを超えることができる。

3　締約国は、1996年1月1日に始まる12箇月の期間及びその後の12箇月の期間ごとの附属書BのグループⅢに属する規制物質の消費量の算定値が零を超えないことを確保する。当該物質を生産する締約国は、これらの期間ごとの当該物質の生産量の算定値が零を超えないことを確保する。ただし、当該締約国の生産量の算定値は、第5条1の規定の適用を受ける締約国の基礎的な国内需要を満たすため、1989年の生産量の算定値の15パーセントを限度として零を超えることができる。この3の規定は、不可欠なものとして合意された用途を満たすために必要であると締約国が認めた生産量及び消費量については、適用しない。

第2条のF(ハイドロクロロフルオロカーボン) 1　締約国は、1996年1月1日に始まる12箇月の期間及びその後の12箇月の期間ごとの附属書CのグループⅠに属する規制物質の消費量の算定値が次の(a)と(b)との和を超えないことを確保する。
(a)　附属書AのグループⅠに属する規制物質の1989年における消費量の算定値の2.8パーセント
(b)　附属書CのグループⅠに属する規制物質の1989年における消費量の算定値

2　附属書CのグループⅠに属する規制物質の一又は二以上を生産する締約国は、2004年1月1日に始まる12箇月の期間及びその後の12箇月の期間ごとの当該物質の生産量の算定値が次の(a)と(b)との平均値を超えないことを確保する。ただし、当該締約国の生産量の算定値は、第5条1の規定の適用を受ける締約国の基礎的な国内需要を満たすため、附属書CのグループⅠに属する規制物質のこの8の規定で定義された生産量の算定値の15パーセントを限度として当該算定値を超えることができる。
(a)　附属書CのグループⅠに属する規制物質の1989年における消費量の算定値と附属書AのグループⅠに属する規制物質の1989年における消費量の算定値の2.8パーセントとの和
(b)　附属書CのグループⅠに属する規制物質の1989年における生産量の算定値と附属書AのグループⅠに属する規制物質の1989年における生産量の算定値の2.8パーセントとの和

3　締約国は、2004年1月1日に始まる12箇月の期間及びその後の12箇月の期間ごとの附属書CのグループⅠに属する規制物質の消費量の算定値が1に定める和の65パーセントを超えないことを確保する。

4　締約国は、2010年1月1日に始まる12箇月の期間及びその後の12箇月の期間ごとの附属書CのグループⅠに属する規制物質の消費量の算定値が1に定める和の25パーセントを超えないことを確保する。当該物質の一又は二以上を生産する締約国は、これらの期間ごとの附属書CのグループⅠに属する規制物質の生産量の算定値が2に定める算定値の25パーセントを超えないことを確保する。ただし、当該締約国の生産量の算定値は、第5条1の規定の適用を受ける締約国の基礎的な国内需要を満たすため、附属書CのグループⅠに属する規制物質の2に定める生産量の算定値の10パーセントを限度として当該算定値の25パーセントを超えることができる。

5　締約国は、2015年1月1日に始まる12箇月の期間及びその後の12箇月の期間ごとの附属書CのグループⅠに属する規制物質の消費量の算定値が1

に定める和の10パーセントを超えないことを確保する。当該物質の一又は二以上を生産する締約国は、これらの期間ごとの附属書CのグループIに属する規制物質の生産量の算定値が2に定める算定値の10パーセントを超えないことを確保する。ただし、当該締約国の生産量の算定値は、第5条1の規定の適用を受ける締約国の基礎的な国内需要を満たすため、附属書CのグループIに属する規制物質の2に定める生産量の算定値の10パーセントを限度として当該算定値の10パーセントを超えることができる。
6 締約国は、2020年1月1日に始まる12箇月の期間及びその後の12箇月の期間ごとの附属書CのグループIに属する規制物質の消費量の算定値が零を超えないことを確保する。当該物質の一又は二以上を生産する締約国は、これらの期間ごとの附属書CのグループIに属する規制物質の生産量の算定値が零を超えないことを確保する。ただし、
  (a) 締約国は、2030年1月1日前に終了する12箇月の期間ごとにおいて、この消費量が2020年1月1日時点で存在する冷却用機器及びエアコンディショナー機器への提供に限定されることを条件に、1に定める和の0.5パーセントを限度として零を超えることができる。
  (b) 締約国は、2030年1月1日前に終了する12箇月の期間ごとにおいて、この生産量が2020年1月1日時点で存在する冷却用機器及びエアコンディショナー機器への提供に限定されることを条件に、2に定める平均の0.5パーセントを限度として零を超えることができる。
7 締約国は、1996年1月1日以降次のことを確保するよう努める。
  (a) 附属書CのグループIに属する規制物質は、より環境に適切な他の代替物質又は代替技術が利用可能でない場合に限って使用すること。
  (b) 附属書CのグループIに属する規制物質は、人命又は人の健康を保護するための極めて限られた場合を除くほか、附属書A、附属書B及び附属書Cに掲げる規制物質が現在使用されている用途以外の用途に使用しないこと。
  (c) 附属書CのグループIに属する規制物質は、オゾンの破壊を最小限にするように、かつ、他の環境、安全及び経済上の考慮にも適合するように使用するため選択すること。

第2条のG（ハイドロブロモフルオロカーボン） 締約国は、1996年1月1日に始まる12箇月の期間及びその後の12箇月の期間ごとの附属書CのグループIIに属する規制物質の消費量の算定値が零を超えないことを確保する。当該物質を生産する締約国は、これらの期間ごとの当該物質の生産量の算定値が零を超えないことを確保する。この条の規定は、不可欠なものとして合意された用途を満たすために必要であると締約国が認めた生産量及び消費量については、適用しない。

第2条のH（臭化メチル） 1 締約国は、1995年1月1日に始まる12箇月の期間及びその後の12箇月の期間ごとの附属書Eに掲げる規制物質の消費量の算定値が1991年における当該物質の消費量の算定値を超えないことを確保する。当該物質を生産する締約国は、これらの期間ごとの当該物質の生産量の算定値が1991年の生産量の算定値を超えないことを確保する。ただし、当該締約国の生産量の算定値は、第5条1の規定の適用を受ける締約国の基礎的な国内需要を満たすため、1991年の生産量の算定値の10パーセントを限度として当該算定値を超えることができる。
2 締約国は、1999年1月1日に始まる12箇月の期間及びその後の12箇月期間の附属書Eに掲げる規制物質の消費量の算定値が1991年における当該物質の消費量の75パーセントを超えないことを確保する。当該物質を生産する締約国は、これらの期間ごとの当該物質の生産量の算定値が1991年の生産量の算定値の75パーセントを超えないことを確保する。ただし、当該締約国の生産量の算定値は、第5条1の規定の適用を受ける締約国の基礎的な国内需要を満たすため、1991年の生産量の算定値の10パーセントを限度として当該算定値を超えることができる。
3 締約国は、2001年1月1日に始まる12箇月の期間及びその後の12箇月の期間の附属書Eに掲げる規則物質の消費量の算定値が1991年における当該物質の消費量の算定値の50パーセントを超えないことを確保する。当該物質を生産する締約国は、これらの期間ごとの当該物質の生産量の算定値が1991年の生産量の算定値の50パーセントを超えないことを確保する。ただし、当該締約国の生産量の算定値は、第5条1の規定の適用を受ける締約国の基礎的な国内需要を満たすため、1991年の生産量の算定値の10パーセントを限度として当該算定値を超えることができる。
4 締約国は、2003年1月1日に始まる12箇月の期間及びその後の12箇月の期間の附属書Eに掲げる規則物質の消費量の算定値が1991年における当該物質の消費量の算定値の30パーセントを超えないことを確保する。当該物質を生産する締約国は、これらの期間ごとの当該物質の生産量の算定値が1991年の生産量の算定値の30パーセン

トを超えないことを確保する。ただし、当該締約国の生産量の算定値は、第5条1の規定の適用を受ける締約国の基礎的な国内需要を満たすため、1991年の生産量の算定値の10パーセントを限度として当該算定値を超えることができる。
5 締約国は、2005年1月1日に始まる12箇月の期間及びその後の12箇月の期間ごとの附属書Eに掲げる規則物質の消費量の算定値が零を超えないことを確保する。当該物質を生産する締約国は、これらの期間ごとの当該物質の生産量の算定値が零を超えないことを確保する。ただし、当該締約国の生産量の算定値は、第5条1の規定の適用を受ける締約国の基礎的な国内需要を満たすため、2002年1月1日までは1991年の生産量の算定値の15パーセントを限度として当該算定値を超えることができる。その後は、当該締約国の生産量の算定値は、1995年から1998年までの各年の当該需要向けの附属書Eに掲げる規制物質の生産量の平均値に等しい量を限度として当該算定値を超えることができる。
5の2 締約国は、2005年1月1日に始まる12箇月の期間及びその後の12箇月の期間ごとの第5条1の規定の適用を受ける締約国の基礎的な国内需要向けの附属書Eに掲げる規制物質の生産量の算定値が1995年から1998年までの各年の当該需要向けの当該物質の生産量の平均値の80パーセントを超えないことを確保する。
5の3 締約国は、2015年1月1日に始まる12箇月の期間及びその後の12箇月の期間ごとの第5条1の規定の適用を受ける締約国の基礎的な国内需要向けの附属書Eに掲げる規制物質の生産量の算定値が零を超えないことを確保する。
6 この条に規定する消費量及び額生産量の算定値には、締約国が検疫、及び出荷前の処理のために使用する量を含めない。

第2条のⅠ（ブロモクロロメタン） 締約国は、2002年1月1日に始まる12箇月の期間及びその後の12箇月の期間ごとの附属書CのグループⅢに属する規制物質の消費量及び生産量の算定値が零を超えないことを確保する。この条の規定は、不可欠なものとして合意された用途を満たすために必要であると締約国が認めた生産量及び消費量については、適用しない。

第3条（規制値の算定） 締約国は、第2条から第2条のⅠまで及び第5条の規定の適用上、附属書A、附属書B、附属書C又は附属書Eのグループごとに自国についての算定値を次の方法により決定する。
 (a) 生産量の算定値については、
  (i) 各規制物質の年間生産量に附属書A、附属書B、附属書C又は附属書Eに定める当該物質のオゾン破壊係数を乗じ、
  (ii) (i)の規定により得られた数値を合計する。
 (b) 輸入量及び輸出量の算定値については、それぞれ、(a)の規定を準用して計算する。
 (c) 消費量の算定値については、(a)の規定により決定される生産量の算定値に(b)の規定により決定される輸入量の算定値を加え、(b)の規定により決定される輸出量の算定値を減ずる。ただし、非締約国への規制物質の抽出量は、1993年1月1日以降は、当該輸出を行う締約国の消費量の算定に当たり減ずることができない。

第4条（非締約国との貿易の規制） 1 締約国は、1990年1月1日以降この議定書の締約国でない国から附属書Aに掲げる規制物質を輸入することを禁止するものとする。
1の2 締約国は、この議定書の締約国でない国から附属書Bに掲げる規制物質を輸入することをこの1の2の規定の効力発生の日から1年以内に禁止するものとする。
1の3 締約国は、この議定書の締約国でない国から附属書CのグループⅡに属する規制物質を輸入することをこの1の3の規定の効力発生の日から1年以内に禁止するものとする。
1の4 締約国は、この議定書の締約国でない国から附属書Eに掲げる規制物質を輸入することをこの1の4の規定の効力発生の日から1年以内に禁止するものとする。
1の5 締約国は、2004年1月1日以降この議定書の締約国でない国から附属書CのグループⅠに属する規制物質を輸入することを禁止するものとする。
1の6 締約国は、この議定書の締約国でない国から附属書CのグループⅢに属する規制物質を輸入することをこの1の6の規定の効力発生の日から1年以内に禁止するものとする。
2 締約国は、1993年1月1日以降この議定書の締約国でない国に対し附属書Aに掲げる規制物質を輸出することを禁止するものとする。
2の2 締約国は、この2の2の規定の効力発生の日の後1年を経過した日以降この議定書の締約国でない国に対し附属書Bに掲げる規制物質を輸出することを禁止するものとする。
2の3 締約国は、この2の3の規定の効力発生の日の後1年を経過した日以降この議定書の締約国でない国に対し附属書CのグループⅡに属する規制物質を輸出することを禁止するものとする。

2の4　締約国は、この2の4の規定の効力発生の日の後1年を経過した日以降この議定書の締約国でない国に対し附属書Eに掲げる規制物質を輸出することを禁止するものとする。

2の5　締約国は、2004年1月1日以降この議定書の締約国でない国に対し附属書CのグループⅠに属する規制物質を輸出することを禁止するものとする。

2の6　締約国は、この議定書の締約国でない国に対し附属書CのグループⅢに属する規制物質を輸出することをこの2の6の規定の効力発生の日から1年以内に禁止するものとする。

3　締約国は、1992年1月1日までに、条約第10条に定める手続に従って、附属書Aに掲げる規制物質を含んでいる製品の表を附属書として作成するものとする。当該附属書に対し当該手続に従って異議の申立てを行わなかった締約国は、この議定書の締約国でない国から当該製品を輸入することを当該附属書の効力発生の日から1年以内に禁止するものとする。

3の2　締約国は、この3の2の規定の効力発生の日から3年以内に、条約第10条に定める手続に従って、附属書Bに掲げる規制物質を含んでいる製品の表を附属書として作成するものとする。当該附属書に対し当該手続に従って異議の申立てを行わなかった締約国は、この議定書の締約国でない国から当該製品を輸入することを当該附属書の効力発生の日から1年以内に禁止するものとする。

3の3　締約国は、この3の3の規定の効力発生の日から3年以内に、条約第10条に定める手続に従って、附属書CのグループⅡに属する規制物質を含んでいる製品の表を附属書として作成するものとする。当該附属書に対し当該手続に従って異議の申立てを行わなかった締約国は、この議定書の締約国でない国から当該製品を輸入することを当該附属書の効力発生の日から1年以内に禁止するものとする。

4　締約国は、1994年1月1日までに、この議定書の締約国でない国から附属書Aに掲げる規制物質を用いて生産された製品(規制物質を含まないものに限る。)を輸入することを禁止し又は制限することの実行可能性について決定するものとする。締約国は、実行可能であると決定した場合には、条約第10条に定める手続に従って、当該製品の表を附属書として作成する。当該附属書に対し当該手続に従って異議の申立てを行わなかった締約国は、この議定書の締約国でない国から当該製品を輸入することを当該附属書の効力発生の日から1年以内に禁止し又は制限するものとする。

4の2　締約国は、この4の2の規定の効力発生の日から5年以内に、この議定書の締約国でない国から附属書Bに掲げる規制物質を用いて生産された製品(規制物質を含まないものに限る。)を輸入することを禁止し又は制限することの実行可能性について決定するものとする。締約国は、実行可能であると決定した場合には、条約第10条に定める手続に従って、当該製品の表を附属書として作成する。当該附属書に対し当該手続に従って異議の申立てを行わなかった締約国は、この議定書の締約国でない国から当該製品を輸入することを当該附属書の効力発生の日から1年以内に禁止し又は制限するものとする。

4の3　締約国は、この4の3の規定の効力発生の日から5年以内に、この議定書の締約国でない国から附属書CのグループⅡに属する規制物質を用いて生産された製品(規制物質を含まないものに限る。)を輸入することを禁止し又は制限することの実行可能性について決定するものとする。締約国は、実行可能であると決定した場合には、条約第10条に定める手続に従って、当該製品の表を附属書として作成する。当該附属書に対し当該手続に従って異議の申立てを行わなかった締約国は、この議定書の締約国でない国から当該製品を輸入することを当該附属書の効力発生の日から1年以内に禁止し又は制限するものとする。

5　締約国は、附属書A、附属書B、附属書C及び附属書Eに掲げる規制物質を生産し及び利用するための技術をこの議定書の締約国でない国に対し輸出することをできる限り抑制することを約束する。

6　締約国は、附属書A、附属書B、附属書C及び附属書Eに掲げる規制物質の生産に役立つ製品、装置、工場又は技術をこの議定書の締約国でない国に輸出するための新たな補助金、援助、信用、保証又は保険の供与を行わないようにする。

7　5及び6の規定は、附属書A、附属書B、附属書C及び附属書Eに掲げる規制物質の封じ込め、回収、再利用若しくは破壊の方法を改善し、代替物質の開発を促進し又は他の方法により附属書A、附属書B、附属書C及び附属書Eに掲げる規制物質の放出の削減に寄与する製品、装置、工場及び技術については、適用しない。

8　この条の規定にかかわらず、この議定書の締約国でない国からの輸入及びこれらの国への輸出であって、1から4の3までに規定するものについては、当該国が第2条から第2条のⅠまで及びこ

の条の規定を完全に遵守していると締約国の会合において認められ、かつ、これらの条の規定を完全に遵守していることを示す資料を第7条の規定に基づいて提出している場合には、許可することができる。
9　この条の規定の適用上、「この議定書の締約国でない国」とは、国又は地域的な経済統合のための機関であって、特定の規制物質に関して当該規制物質に適用される規制措置に拘束されることについて同意していないものをいう。
10　締約国は、1996年1月1日までに、この条に定める措置を締約国とこの議定書の締約国でない国との間の附属書CのグループIに属する規制物質及び附属書Eに掲げる規制物質の貿易に適用するためにこの議定書を改正するかしないかを検討する。

第4条のA（締約国との貿易の規制）　1　締約国は、議定書に基づく自国の義務を履行するためにあらゆる実行可能な措置をとったにもかかわらず、特定の規制物質の生産量の算定値が零を超えないことを確保する期間の開始日（自国について適用されるもの）を経過した後においても、国内消費のために当該物質の生産量（締約国により不可欠なものとして合意された用途を満たすための量を除く。）の算定値が零を超えないことを確保することができない場合には、当該物質で使用済みのもの、再利用されるもの及び再生されたものの輸出を禁止する。ただし、破壊の目的で輸出する場合は、この限りでない。
2　1の規定は、条約第11条の運用及び議定書第8条の規定により定められる違反に関する手続の運用を妨げることなく適用する。

第4条のB（ライセンスの制度）　1　締約国は、2000年1月1日又は自国についてこの条の規定の効力が生ずる日から3箇月以内の日のいずれか遅い日までに、附属書A、附属書B、附属書C及び附属書Eに掲げる規制物質であって、未使用のもの、使用済みのもの、再利用されるもの及び再生されたものの輸入及び輸出に関するライセンスの制度を設け及び実施する。
2　1の規定にかかわらず、第5条1の規定の適用を受ける締約国であって、自国が附属書C及び附属書Eに掲げる規制物質の輸入及び輸出に関するライセンスの制度を設け及び実施する状況にないと認めるものは、附属書Cに掲げる規制物質につき2005年1月1日まで及び附属書Eに掲げる規制物質につき2002年1月1日まで措置の実施を遅らせることができる。
3　締約国は、ライセンスの制度を自国に導入した日から3箇月以内に、当該制度を設けたこと及びその運用に関し事務局に報告する。
4　事務局は、ライセンスの制度に関し事務局に報告した締約国の表を定期的に作成し、すべての締約国に配布する。また、事務局は、履行委員会が検討を行い、締約国に対する適当な勧告を行うため、この情報を同委員会に送付する。

第5条（開発途上国の特別な事情）　1　開発途上国である締約国で、当該締約国の附属書Aに掲げる規制物質の消費量の算定値が当該締約国についてこの議定書が効力を生ずる日において又はその後1999年1月1日までのいずれかの時点において一人当たり0.3キログラム未満であるものは、基礎的な国内需要を満たすため、第2条のAから第2条のEまでに定める規制措置の実施時期を10年遅らせることができる。ただし、1990年6月29日にロンドンにおける締約国の第2回会合において採択された調整又は改正に対するその後の調整又は改正は、8に規定する検討が行われた後に、かつ、当該検討の結論に従って、この1の規定の適用を受ける締約国に適用する。
1の2　締約国は、1996年1月1日までに、8に規定する検討、第6条の規定に従って行われる評価及び他の関連情報を考慮し、第2条9に定める手続に従って、1の規定の適用を受ける締約国に適用する次の事項を決定する。
(a)　第2条のF1から6までの規定に関しては、附属書CのグループIに属する規制物質の消費量について、基準となる年、基準となる算定値、規制の計画及び算定値が零を超えないことを確保する期間の開始日
(b)　第2条のGの規定に関しては、附属書CのグループIIに属する規制物質の生産量及び消費量の算定値が零を超えないことを確保する期間の開始日
(c)　第2条のHの規定に関しては、附属書Eに掲げる規制物質の消費量及び生産量について、基準となる年、基準となる算定値及び規制の計画
2　1の場合において、1の規定の適用を受ける締約国は、附属書Aに掲げる規制物質の消費量の算定値が一人当たり0.3キログラムを超えないようにし、かつ、附属書Bに掲げる規制物質の消費量の算定値が一人当たり0.2キログラムを超えないようにする。
3　1の規定の適用を受ける締約国は、第2条のAから第2条のEまでに定める規制措置を実施する場合には、当該規制措置を遵守するための基準として次の値を使用することができる。

(a) 附属書Aに掲げる規制物質の消費については、1995年から1997年までの各年の消費量の算定値の平均値又は消費量の算定値が一人当たり0.3キログラムとなる値のいずれか低い値

(b) 附属書Bに掲げる規制物質の消費については、1998年から2000年までの各年の消費量の算定値の平均値又は消費量の算定値が一人当たり0.2キログラムとなる値のいずれか低い値

(c) 附属書Aに掲げる規制物質の生産については、1995年から1997年までの各年の生産量の算定値の平均値又は生産量の算定値が一人当たり0.3キログラムとなる値のいずれか低い値

(d) 附属書Bに掲げる規制物質の生産については、1998年から2000年までの各年の生産量の算定値の平均値又は生産量の算定値が一人当たり0.2キログラムとなる値のいずれか低い値

4 1の規定の適用を受ける締約国は、第2条のAから第2条のIまでに定める規制措置が自国について適用されるまでの間のいずれかの時点において規制物質の供給を十分に得ることができないと認める場合には、その旨を事務局に通報することができる。事務局は、その通報の写しを直ちに締約国に送付するものとし、締約国は、その後の最初の会合においてこれについて検討し、とるべき適当な措置を決定する。

5 1の規定の適用を受ける締約国が第2条のAから第2条のEまで及び第2条のIに定める規制措置並びに1の2の規定に従って決定される第2条のFから第2条のHまでの規定に係る規制措置に従う義務を履行する能力を増大させ、当該規制措置を実施していくことは、第10条に定める資金協力及び第10条のAに定める技術移転の効果的な実施に依存する。

6 1の規定の適用を受ける締約国は、すべての実行可能な措置をとったにもかかわらず、第10条及び第10条のAの規定の不十分な実施のため第2条のAから第2条のEまで及び第2条のIに定める義務又は1の2の規定に従って決定される第2条のFから第2条のHまでの規定に係る義務の一部又は全部を履行することができない場合には、その旨をいずれの時点においても書面により事務局に通報することができる。事務局は、その通報の写しを直ちに締約国に送付するものとし、締約国は、その後の最初の会合において、5の規定に十分留意しつつこれについて検討し、とるべき適当な措置を決定する。

7 6の通報から適当な措置が決定される締約国の会合までの期間又は当該締約国の会合が一層長い期間を決定する場合にはその期間、違反についての第8条の手続は、当該通報を行った締約国については、適用しない。

8 締約国の会合は、1995年までに、1の規定の適用を受ける締約国の状況(当該締約国に対する資金協力及び技術移転の効果的な実施を含む。)を検討し、当該締約国に適用される規制措置の計画に関して必要な修正を採択する。

8の2 8に規定する検討の結果に基づき、

(a) 附属書Aに掲げる規制物質に関し、1の規定の適用を受ける締約国は、基礎的な国内需要を満たすため、1990年6月29日にロンドンにおける締約国の第2回会合において採択された規制措置の実施時期を10年遅らせることができるものとし、よって議定書の第2条のA及び第2条のBの規定を読み替える。

(b) 附属書Bに掲げる規制物質に関し、1の規定の適用を受ける締約国は、基礎的な国内需要を満たすため、1990年6月29日にロンドンにおける締約国の第2回会合において採択された規制措置の実施時期を10年遅らせることができるものとし、よって議定書の第2条のCから第2条のEまでの規定を読み替える。

8の3 1の2の規定に従って、次のとおり決定する。

(a) 1の規定の適用を受ける締約国は、2013年1月1日に始まる12箇月の期間及びその後の12箇月の期間ごとの附属書CのグループIに属する規制物質の消費量の算定値が2009年及び2010年における当該物質の消費量の算定値の平均を超えないことを確保する。1の規定の適用を受ける締約国は、2013年1月1日に始まる12箇月の期間及びその後の12箇月の期間ごとの附属書CのグループIに属する規制物質の生産量の算定値が2009年及び2010年における当該物質の生産量の算定値の平均を超えないことを確保する。

(b) 1の規定の適用を受ける締約国は、2015年1月1日に始まる12箇月の期間及びその後の12箇月の期間ごとの附属書CのグループIに属する規制物質の消費量の算定値が2009年及び2010年における当該物質の消費量の算定値の平均の90パーセントを超えないことを確保する。当該物質の一又は二以上を生産する1の規定の適用を受ける締約国は、これらの期間ごとの附属書CのグループIに属する規制物質の生産量の算定値が2009年及び2010年における当該物質の生産量の算定値の平均の90パーセントを超えないことを確保する。

(c) 1の規定の適用を受ける締約国は、2020年1月1日に始まる12箇月の期間及びその後の12

箇月の期間ごとの附属書CのグループIに属する規制物質の消費量の算定値が2009年及び2010年における当該物質の消費量の算定値の平均の65パーセントを超えないことを確保する。当該物質の一又は二以上を生産する1の規定の適用を受ける締約国は、これらの期間ごとの附属書CのグループIに属する規制物質の生産量の算定値が2009年及び2010年における当該物質の生産量の算定値の平均の65パーセントを超えないことを確保する。
(d) 1の規定の適用を受ける締約国は、2025年1月1日に始まる12箇月の期間及びその後の12箇月の期間ごとの附属書CのグループIに属する規制物質の消費量の算定値が2009年及び2010年における当該物質の消費量の算定値の平均の32.5パーセントを超えないことを確保する。当該物質の一又は二以上を生産する1の規定の適用を受ける締約国は、これらの期間ごとの附属書CのグループIに属する規制物質の生産量の算定値が2009年及び2010年における当該物質の生産量の算定値の平均の32.5パーセントを超えないことを確保する。
(e) 1の規定の適用を受ける締約国は、2030年1月1日に始まる12箇月の期間及びその後の12箇月の期間ごとの附属書CのグループIに属する規制物質の消費量の算定値が零を超えないことを確保する。当該物質の一又は二以上を生産する1の規定の適用を受ける締約国は、これらの期間ごとの附属書CのグループIに属する規制物質の生産量の算定値が零を超えないことを確保する。ただし、
 (i) 1の規定の適用を受ける締約国は、2040年1月1日前に終了する12箇月の期間ごとにおいて、2030年1月1日から2040年1月1日までの10年の期間の消費量の算定値の和を10で除したものが2009年及び2010年における当該物質の消費量の算定値の平均の2.5パーセントを超えない限り、この消費量が2030年1月1日時点で存在する冷却用機器及びエアコンディショナー機器への提供に限定されることを条件に、零を超えることができる。
 (ii) 1の規定の適用を受ける締約国は、2040年1月1日前に終了する12箇月の期間ごとにおいて、2030年1月1日から2040年1月1日までの10年の期間の生産量の算定値の和を10で除したものが2009年及び2010年における当該物質の生産量の算定値の平均の2.5パーセントを超えない限り、この生産量が2030年1月1日時点で存在する冷却用機器及びエアコンディショナー機器への提供に限定されることを条件に、零を超えることができる。
(f) 1の規定の適用を受ける締約国は、第2条のGの規定を遵守する。
(g) 附属書Eに掲げる規制物質については、
 (i) 2002年1月1日以降、1の規定の適用を受ける締約国は、第2条のH 1に規定する規制措置を遵守するものとし、当該規制措置を遵守するための基準として、1995年から1998年までの各年の消費量及び生産量の算定値の平均値を使用する。
 (ii) 1の規定の適用を受ける締約国は、2005年1月1日に始まる12箇月の期間及びその後の12箇月の期間ごとの附属書Eに掲げる規制物質の消費量及び生産量の算定値が、1995年から1998年までの各年の消費量及び生産量の算定値の平均値の80パーセントを超えないことを確保する。
 (iii) 1の規定の適用を受ける締約国は、2005年1月1日に始まる12箇月の期間及びその後の12箇月の期間ごとの附属書Eに掲げる規制物質の消費量及び生産量の算定値が、零を超えないことを確保する。この(iii)の規定は、不可欠なものとして合意された用途を満たすために必要であると締約国が認めた生産量及び消費量については、適用しない。
 (iv) (i)に規定する消費量及び生産量の算定値には、締約国が検疫、及び出荷前の処理のために使用する量を含めない。
9 4、6及び7の規定に基づく締約国の決定は、第10条の規定に基づいて行う決定に適用される手続と同じ手続に従って行う。

第6条（規制措置の評価及び再検討） 締約国は、1990年に及び同年以降少なくとも4年ごとに、科学、環境、技術及び経済の分野の入手し得る情報に基づいて、第2条から第2条のIまでに定める規制措置を評価する。締約国は、その評価の少なくとも1年間に、当該分野において認められた専門家から成る適当な委員会を招集し並びに委員会の構成及び付託事項を決定する。委員会は、その招集の日から1年以内に、その結論を事務局を通じて締約国に報告する。

第7条（資料の提出） 1 締約国は、1986年における附属書Aに掲げる規制物質ごとの自国の生産量、輸入量及び輸出量に関する統計資料又は、当該統計資料が得られない場合には、その最良の推定値を締約国となった日から3箇月以内に事務局に提出する。
2 締約国は、次に掲げる年における附属書Bに掲

げる規制物質、附属書CのグループⅠ及びグループⅡに属する規制物質並びに附属書Eに掲げる規制物質ごとの自国の生産量、輸入量及び輸出量に関する統計資料又は、当該統計資料が得られない場合には、その最良の推定値を、附属書B、附属書C及び附属書Eに掲げる規制物質に関する規定がそれぞれ自国について効力を生じた日の後3箇月以内に事務局に提出する。

　附属書Bに掲げる規制物質並びに附属書CのグループⅠ及びグループⅡに属する規制物質については、

　1989年附属書Eに掲げる規制物質については、1991年

3　締約国は、附属書A、附属書B、附属書C及び附属書Eに掲げる規制物質に関する規定がそれぞれ自国について効力を生じた年及びその後の各年につき、附属書A、附属書B、附属書C及び附属書Eに掲げる規制物質ごとの自国の年間生産量（第1条5に定義されるもの）及び次の量に関する統計資料を事務局に提出する。

　　原料として使用された量
　　締約国により承認された技術によって破壊された量
　　締約国及び非締約国それぞれとの間の輸入量及び輸出量

　締約国は、検疫、及び出荷前の処理のための附属書Eに掲げる規制物質の年間使用量に関する統計資料を事務局に提出する。統計資料は、当該統計資料に係る年の末から遅くとも9箇月以内に送付する。

3の2　締約国は、附属書AのグループⅡ及び附属書CのグループⅠに属する規制物質であって、再利用されたものについて、当該規制物質ごとの自国の年間の輸入量及び輸出量の統計資料を事務局に提出する。

4　第2条8(a)の規定の適用を受ける締約国については、関係する地域的な経済統合のための機関が当該機関と当該機関の構成国でない国との間の輸入量及び輸出量に関する統計資料を提出する場合には、輸入量及び輸出量に関する統計資料についての1から3の2までに定める義務は、履行されたものとする。

第8条(違反)　締約国は、その第1回会合において、この議定書に対する違反の認定及び当該認定をされた締約国の処遇に関する手続及び制度を検討し及び承認する。

第9条(研究、開発、周知及び情報交換)　1　締約国は、自国の法令及び慣行に従い、開発途上国の必要を特に考慮して、次の事項に関する研究、開発及び情報交換を直接に又は関係国際団体を通じて促進することに協力する。

(a)　規制物質の封じ込め、回収、再利用若しくは破壊の方法を改善し又は他の方法により規制物質の放出を削減するための最良の技術

(b)　規制物質、規制物質を含んでいる製品及び規制物質を用いて製造された製品の代替品

(c)　関連のある規制のための戦略の費用及び利益

2　締約国は、個々に、共同で又は関係国際団体を通じ、規制物質及びオゾン層を破壊する他の物質の放出が環境に及ぼす影響について周知を図ることに協力する。

3　締約国は、この議定書の効力発生の日から2年以内に、及びその後2年ごとに、この条の規定に基づいて実施した活動の概要を事務局に提出する。

第10条(資金供与の制度)　1　締約国は、第5条1の規定の適用を受ける締約国による第2条のAから第2条のEまで及び第2条のIに定める規制措置並びに第5条1の2の規定に従って決定される第2条のFから第2条のHまでの規定に係る規制措置の実施を可能とするために、当該締約国に対し資金協力及び技術協力(技術移転を含む。)を行うことを目的とする制度を設ける。当該制度に対する拠出は、当該締約国に対する他の資金の移転とは別に追加的に行われるものとし、当該制度は、当該締約国によるこの議定書に定める規制措置の実施を可能とするためにすべての合意された増加費用を賄うものとする。増加費用の種類を示す表は、締約国がその会合において決定する。

2　1の規定に基づき設けられる制度は、多数国間基金を含むものとする。また、当該制度は、多数国間協力、地域的協力及び二国間協力による他の手段を含むことができる。

3　多数国間基金は、次のことを行う。

(a)　贈与又は緩和された条件により、かつ、締約国が決定する基準に従い、合意された増加費用を賄うこと。

(b)　次に掲げる情報交換及び情報提供に関する活動に対して資金供与を行うこと。

(i)　国別調査その他の技術協力の実施を通じて第5条1の規定の適用を受ける締約国が協力を必要とする事項を特定することを支援すること。

(ii)　(i)の規定により特定された事項のための技術協力を促進すること。

(iii)　開発途上国である締約国のため、前条の規定に従い情報及び関連資料を配布し、研

究集会及び研修会を開催し並びにその他の関連する活動を行うこと。
     (iv) 開発途上国である締約国が利用することができる他の多数国間協力、地域的協力及び二国間協力を促進し及び把握すること。
  (c) 多数国間基金のための事務的役務に要する費用及びこれに関連する経費を賄うこと。
4 多数国間基金は、締約国の管理の下に運営され、締約国は、基金の運営に関する一般的な方針を決定する。
5 締約国は、多数国間基金の目的を達成するため、資金の支出に関するものを含め、具体的な運営方針、運営指針及び事務上の取決めを策定し並びにそれらの実施状況を監視するための執行委員会を設置する。執行委員会は、国際復興開発銀行、国際連合環境計画、国際連合開発計画又は専門知識に応じたその他の適当な機関の協力及び援助を得て、締約国が合意した付託事項に定める役務及び責任を遂行する。執行委員会の構成員は、第5条1の規定の適用を受ける締約国及び同条1の規定の適用を受けない締約国が衡平に代表されるように選出され、締約国がこれを承認する。
6 多数国間基金は、国際連合の分担率を基礎として、交換可能な通貨又は特定の場合には現物若しくは自国通貨により、第5条1の規定の適用を受けない締約国の拠出によって賄われる。他の締約国からの拠出も、勧奨される。二国間協力及び、締約国の決定によって合意される特別な場合には、地域的協力のための支出は、締約国の決定によって定められる比率まで、締約国の決定によって定められる基準に従って、かつ、当該協力が少なくとも次の要件を満たすことを条件として、多数国間基金への拠出とみなすことができる。
  (a) 厳密な意味で議定書の規定の遵守に関連すること。
  (b) 追加的な資金を供与すること。
  (c) 合意された増加費用を賄うこと。
7 締約国は、財政期間ごとに多数国間基金の予算及び当該予算に対する各締約国の拠出の比率を決定する。
8 多数国間基金の資金は、受益国となる締約国の同意の下に支出する。
9 この条の規定に基づく締約国の決定は、可能な限りコンセンサス方式によって行う。コンセンサスのためのあらゆる努力にもかかわらず合意に達しない場合には、当該決定は、出席しかつ投票する締約国の3分の2以上の多数であって出席しかつ投票する第5条1の規定の適用を受ける締約国の過半数及び出席しかつ投票する同条1の規定の適用を受けない締約国の過半数を代表するものによる議決で採択する。
10 この条に定める資金供与の制度は、他の環境問題に関して策定される将来の取極に影響を及ぼすものではない。

第10条のA（技術移転） 締約国は、次のことを確保するため、資金供与の制度によって支援される計画に合致したすべての実行可能な措置をとるものとする。
  (a) 最も有効で環境上安全な代替品及び関連技術を第5条1の規定の適用を受ける締約国に対し速やかに移転すること。
  (b) (a)の移転が公正で最も有利な条件の下に行われること。

第11条（締約国の会合） 1 締約国は、定期的に会合を開催する。事務局は、この議定書の効力発生の日の後1年以内に（その期間内に条約の締約国会議の会合が予定されている場合には、当該会合と併せて）締約国の第1回会合を招集する。
2 締約国のその後の通常会合は、締約国が別段の決定を行わない限り、条約の締約国会議の会合と併せて開催する。締約国の特別会合は、締約国がその会合において必要と認めるとき又は締約国から書面による要請のある場合において事務局がその要請を締約国に通報した後6箇月以内に締約国の少なくとも3分の1がその要請を支持するとき、開催する。
3 締約国は、その第1回会合において、次のことを行う。
  (a) 締約国の会合の手続規則をコンセンサス方式により採択すること。
  (b) 第13条2の財政規則をコンセンサス方式により採択すること。
  (c) 第6条の委員会を設置し及びその付託事項を決定すること。
  (d) 第8条の手続及び制度を検討し及び承認すること。
  (e) 前条3の規定に従って作業計画の準備を開始すること。
4 締約国の会合は、次の任務を遂行する。
  (a) この議定書の実施状況を検討すること。
  (b) 第2条9の調整及び削減について決定すること。
  (c) 第2条10の規定に基づき附属書への物質の追加及び附属書からの物質の削除並びに関連のある規制措置について決定すること。
  (d) 必要な場合には、第7条及び第9条3に規定する情報の提出のための指針又は手続を定めること。

(e) 前条2の規定に基づいて提出される技術援助の要請を検討すること。
(f) 次条(c)の規定に基づいて事務局が作成する報告書を検討すること。
(g) 規制措置を第6条の規定に従って評価すること。
(h) 必要に応じ、この議定書及び附属書の改正の提案並びに新たな附属書の提案を検討し及び採択すること。
(i) この議定書の実施のための予算を検討し及び採択すること。
(j) この議定書の目的を達成するために必要となる追加的な活動を検討し及び行うこと。

5 国際連合、その専門機関及び国際原子力機関並びにこの議定書の締約国でない国は、締約国の会合にオブザーバーを出席させることができる。オゾン層の保護に関連のある分野において認められた団体又は機関(国内若しくは国際の又は政府若しくは非政府のもののいずれであるかを問わない。)であって、締約国の会合にオブザーバーを出席させることを希望する旨事務局に通報したものは、当該会合に出席する締約国の3分の1以上が反対しない限り、オブザーバーを出席させることを認められる。オブザーバーの出席及び参加は、締約国が採択する手続規則の適用を受ける。

第12条(事務局) この議定書の適用上、事務局は、次の任務を遂行する。
(a) 前条に定める締約国の会合を準備し及びその会合のための役務を提供すること。
(b) 第7条の規定に基づいて提出された資料を受領し及び締約国の要請があったときはその利用に供すること。
(c) 第7条及び第9条の規定により受領する情報に基づいて定期的に報告書を作成し、締約国に配布すること。
(d) 第10条の規定により受ける技術援助の要請を、当該技術援助の供与を促進するため締約国に通報すること。
(e) 非締約国に対し、締約国の会合にオブザーバーを出席させ及びこの議定書に沿って行動するよう奨励すること。
(f) 非締約国のオブザーバーに適宜(c)の情報を提供し及び(d)の要請を通報すること。
(g) この議定書の目的を達成するため、締約国により課される他の任務を遂行すること。

第13条(財政規定) 1 この議定書の実施に必要な資金(この議定書に関する事務局の任務に必要なものを含む。)には、専ら締約国の分担金を充てる。

2 締約国は、その第1回会合において、この議定書の実施のための財政規則をコンセンサス方式により採択する。

第14条(この議定書と条約との関係) 条約における議定書に関する規定は、この議定書に別段の定めがある場合を除くほか、この議定書について適用する。

第15条(署名) (略)

第16条(効力発生) 1 この議定書は、11以上の国又は地域的な経済統合のための機関であって、規制物質の1986年における推定消費量の合計が同年における世界の推定消費量の少なくとも3分の2を代表するものによりこの議定書の批准書、受諾書、承認書又は加入書が寄託されていること及び条約第17条1に規定する要件が満たされていることを条件として、1989年1月1日に効力を生ずる。同日までに当該条件が満たされなかった場合には、この議定書は、当該条件が満たされた日の後90日目の日に効力を生ずる。

2 地域的な経済統合のための機関によって寄託される文書は、1の規定の適用上、当該機関の構成国によって寄託されたものに追加して数えてはならない。

3 この議定書の効力発生の後は、国又は地域的な経済統合のための機関は、その批准書、受諾書、承認書又は加入書の寄託の日の後90日目の日にこの議定書の締約国となる。

第17条(効力発生の後に参加する締約国) 第5条の規定の適用を受ける場合を除くほか、この議定書の効力が生じた日の後にこの議定書の締約国となる国又は地域的な経済統合のための機関は、当該国又は機関が締約国となった日においてこの議定書の効力発生の日から締約国であった国又は地域的な経済統合のための機関が負っている第2条から第2条のIまで及び第4条の規定に基づくすべての義務と同一の義務を直ちに履行する。

第18条(留保) この議定書については、留保は、付することができない。

第19条(脱退) 締約国は、第2条のA 1に定める義務を4年間負った後いつでも、寄託者に対して書面による通告を行うことにより、この議定書から脱退することができる。脱退は、寄託者が脱退の通告を受領した日の後1年を経過した日又はそれよりも遅い日であって脱退の通告において指定されている日に効力を生ずる。

第20条(正文) (略)

附属書A　規制物質

グループ	物　質	オゾン破壊係数(注)
グループⅠ	CFC_{13} (CFC-11)	1.0
	CF_2C_{12} (CFC-12)	1.0
	$C_2F_3C_{13}$ (CFC-113)	0.8
	$C_2F_4C_{12}$ (CFC-114)	1.0
	$C_2F_5C_1$ (CFC-115)	0.6
グループⅡ	CF_2BrC_1 (halon-1211)	3.0
	CF_3Br (halon-1301)	10.0
	$C_2F_4Br_2$ (halon-2402)	6.0

注　これらのオゾン破壊係数は、既存の知識に基づく概算値であり、定期的に再検討し及び修正するものとする。

附属書B　規制物質　(略)

附属書C　規制物質　(略)

附属書D(注1)　附属書Aに掲げる規制物質を含んでいる製品の表(注2)

1. 自動車及びトラック用のエアコンデイショナー(車両に取り付けられているかいないかを問わない。)
2. 家庭用及び商業用の冷却用機器、エアコンデイショナー及びヒートポンプ機器(注3)
   例えば、冷蔵庫
   　　　　冷凍庫
   　　　　除湿器
   　　　　冷水機
   　　　　製氷機
   　　　　エアコンデイショナー及び
   　　　　ヒートポンプユニット
3. エアゾール製品(医療用エアゾールを除く。)
4. 持運び式消火器
5. 断熱用のボード、パネル及びパイプカバー
6. プレポリマー

   注1　この附属書は、議定書第4条3の規定に従い、1991年6月19日から21日までナイロビで開催された締約国の第3回会合において、採択された。
   注2　手回品若しくは家財の送り荷又は税関の注意を通常免れる非商業的な状態でこれに類するものが輸送される場合には、この限りでない。
   注3　附属書Aに掲げる規制物質が、冷媒として又は製品の断熱材に含まれる場合

附属書E　規制物質　(略)

6-1-2　モントリオール議定書の不遵守手続

Non-compliance procedure

決　定　1992年11月25日
　　　　第4回締約国会合(コペンハーゲン)決定Ⅳ/5
改　正　1998年11月24日
　　　　第10回締約国会合(カイロ)決定Ⅹ/10

次の手続は、モントリオール議定書第8条の規定に従って作成された。この手続は、ウィーン条約第11条に規定する紛争解決手続の適用を妨げることなく適用する。

1　締約国は、他の締約国の議定書に基づく義務の履行につき疑義を有する場合、この懸念を書面で事務局に提出することができる。この通報は、それを証明する情報によって裏付けられるものとする。

2　事務局は、通報を受領した後2週間以内に、議定書の特定の条項の履行が問題となっている締約国に対して当該通報の写しを送付する。回答及びそれを裏付ける情報は、送付の日から3箇月以内に又は当該事案の事情が必要とする場合これを超える期間内に、事務局及び関係締約国に提出する。事務局は、当初の通報を送付して3箇月経過後も当該締約国から回答を受領しない場合には、回答を提供しなければならない旨の催促状を送付する。事務局は、締約国の回答及び情報を入手した後できる限り速やかに(ただし、通報の受領後6箇月以内に)、通報、回答及び締約国が提供した情報がある場合にはその情報を5に規定する履行委員会に回付し、履行委員会は当該事案をできる限り速やかに検討する。

3　事務局が報告書を作成する過程で議定書に基づく義務のいずれかの締約国による不遵守の可能性を認める場合には、事務局は、その締約国に当該事案に関する必要な情報を提供するよう要請することができる。当該締約国から3箇月以内に若しくは当該事案の事情が必要とする場合これを超える期間内に回答がない場合又は当該事

案が行政的措置若しくは外交的接触を通じて解決されない場合、事務局は、議定書第12条(c)の規定に従って締約国の会合に提出する事務局の報告書に当該事案を含め、及び履行委員会に通知し、履行委員会は当該事案をできる限り速やかに検討する。
4 締約国は、最大限誠実に努力したにもかかわらず議定書に基づく義務を十分に遵守することができないと結論する場合には、事務局に対し書面で通報することができ、特に、締約国が不遵守の原因と考える特定の事情を説明することができる。事務局は、その通報を履行委員会に回付し、履行委員会はそれをできる限り速やかに検討する。
5 この決定により、履行委員会を設置する。履行委員会は、衡平な地理的配分に基づいて2年の任期で締約国の会合が選出した10の締約国で構成する。委員会に選出された各締約国は、選出の後2箇月以内に国を代表する個人の氏名を事務局に通知するように要請されるものとし、並びに、当該個人が任期の全期間を通じて委員となることを確保するよう努力する。任期を満了する締約国は、その任期に続く一の任期につき再選されることができる。委員会の構成国として連続する任期の二期目の2年を終了する締約国は、委員会の構成国を1年離れた後にのみ再選される資格を有する。委員会は、委員長と副委員長を選出する。委員長及び副委員長の任期は、一期1年とする。さらに、副委員長は、委員会の報告者を務める。
6 履行委員会は、別段の決定を行わない限り、1年に2回会合をもつ。事務局は、会合を準備し、役務を提供する。
7 履行委員会は、次の任務を遂行する。
 (a) 1、2及び4の規定に従って通報を受領し、検討し及び報告書を作成すること。
 (b) 議定書第12条(c)に規定する報告書の作成に関連して事務局が提出する情報又は見解、並びに、議定書の遵守に関して事務局が受領し及び事務局が提出する他の情報を受領し、検討し及び報告書を作成すること。
 (c) 必要と考える場合には、事務局を通じて検討中の事案に関する追加情報を要請すること。
 (d) 委員会に付託される不遵守の個々の事例についての事実及びありうる原因を特定し、並びに、締約国の会合に適当な勧告を行うこと。
 (e) 委員会の任務を遂行するために、関係締約国の招聘に基づいて、当該締約国の領域内で情報収集を行うこと。
 (f) 特に委員会の勧告を起草するために、財政上及び技術上の協力の提供(議定書第5条1が適用される締約国への技術移転を含む。)に関連した情報の交換を多数国間基金執行委員会との間で維持すること。
8 履行委員会は、議定書の規定の尊重を基礎として事案の友好的解決を確保するために7に規定する通報、情報及び見解を検討する。
9 履行委員会は、締約国の会合に委員会が適当と考える勧告を含めて報告する。報告書は、締約国の会合の6週間前までに締約国に入手可能とする。締約国の会合は、委員会の報告書を受領した後、事案の事情を考慮して、議定書を十分に遵守させるための措置(締約国による議定書の遵守を援助する措置を含む。)並びに議定書の目的を促進する措置を決定し及び要請することができる。
10 履行委員会の構成国でない締約国が1の規定に従って通報の対象となる場合又は構成国でない締約国が自ら通報を行う場合、当該締約国は、委員会による当該通報の検討に参加する権利を有する。
11 履行委員会が検討中の事案に関係するいかなる締約国も、履行委員会の構成国であるかを問わず、委員会の報告書に含められる当該事案に関する勧告の作成及び採択に参加してはならない。
12 1、3及び4に規定する事案に関係する締約国は、事務局を通じて、生じうる不遵守について条約第11条の規定に基づきとられる手続の結果、その結果の実施状況及び9の規定に基づく締約国の決定の実施状況を締約国の会合に報告する。
13 締約国の会合は、条約第11条の規定に基づいて開始された手続が完了するまでは、暫定的要請及び(又は)勧告を行うことができる。
14 締約国の会合は、履行委員会に対して、ありうる不遵守の事案について会合が検討するのを援助するために勧告を行うよう要請することができる。
15 履行委員会の構成国及び履行委員会の討議に関与するいずれの締約国も、秘密のものとして受領した情報の秘密性を保護する。
16 報告書は、秘密のものとして受領した情報を含めてはならず、要請に基づきすべての者に提供されるものとする。履行委員会により又は履行委員会と交換される情報であって締約国の会合に対する委員会の勧告に関係するものはすべて、要請に基づき事務局からすべての締約国に提供されるものとする。ただし、この情報を提供さ

6-1-3 モントリオール議定書の不遵守について締約国の会合によりとられることのある措置の例示リスト
Indicative list of measures that might be taken by a meeting of the Parties in respect of non-compliance with the Protocol

決　　定　1992年11月25日
第4回締約国会合（コペンハーゲン）決定Ⅳ/5

A 適当な援助（データの収集及び報告への援助、技術援助、技術移転及び資金援助、情報移転及び訓練を含む。）
B 警告の発付
C 条約の運用停止に関する国際法の適用可能な規則に従って、議定書に基づく特定の権利及び特権（産業の合理化、生産、消費、取引、技術移転、資金供与の制度及び制度的な措置に関するものを含む。）の期限付き又は無期限の停止

6-2　気候変動に関する国際連合枠組条約（気候変動枠組条約）
United Nations Framework Convention on Climate Change

作　　成　1992年5月9日（ニュー・ヨーク）
効力発生　1994年3月21日
改　　正　(1) 1997年12月11日（第3回締約国会議（京都）決定4/CP.3）（附属書Ⅰ改正）、1998年8月13日効力発生
(2) 2001年11月10日（第7回締約国会議（マラケシュ）決定26/CP.7）（附属書Ⅱ改正）、2002年6月28日効力発生
(3) 2009年12月18-19日（第15回締約国会議（コペンハーゲン）決定3/CP.15（附属書Ⅰ改正）、2010年10月26日効力発生
日 本 国　1993年5月14日国会承認、5月28日受諾書寄託、1994年6月21日公布及び告示（条約第6号）、1994年3月21日効力発生

前　文
この条約の締約国は、
地球の気候の変動及びその悪影響が人類の共通の関心事であることを確認し、
人間活動が大気中の温室効果ガスの濃度を著しく増加させてきていること、その増加が自然の温室効果を増大させていること並びにこのことが、地表及び地球の大気を全体として追加的に温暖化することとなり、自然の生態系及び人類に悪影響を及ぼすおそれがあることを憂慮し、
過去及び現在における世界全体の温室効果ガスの排出量の最大の部分を占めるのは先進国において排出されたものであること、開発途上国における一人当たりの排出量は依然として比較的少ないこと並びに世界全体の排出量において開発途上国における排出量が占める割合はこれらの国の社会的な及び開発のためのニーズに応じて増加していくことに留意し、

温室効果ガスの吸収源及び貯蔵庫の陸上及び海洋の生態系における役割及び重要性を認識し、
気候変動の予測には、特に、その時期、規模及び地域的な特性に関して多くの不確実性があることに留意し、
気候変動が地球的規模の性格を有することから、すべての国が、それぞれ共通に有しているが差異のある責任、各国の能力並びに各国の社会的及び経済的状況に応じ、できる限り広範な協力を行うこと及び効果的かつ適当な国際的対応に参加することが必要であることを確認し、
1972年6月16日にストックホルムで採択された国際連合人間環境会議の宣言の関連規定を想起し、
諸国は、国際連合憲章及び国際法の諸原則に基づき、その資源を自国の環境政策及び開発政策に従って開発する主権的権利を有すること並びに自国の管轄又は管理の下における活動が他国の環境又はいずれの国の管轄にも属さない区域の環境を害さないこ

とを確保する責任を有することを想起し、

気候変動に対処するための国際協力における国家の主権の原則を再確認し、

諸国が環境に関する効果的な法令を制定すべきであること、環境基準、環境の管理に当たっての目標及び環境問題における優先度はこれらが適用される環境及び開発の状況を反映すべきであること、並びにある国の適用する基準が他の国(特に開発途上国)にとって不適当なものとなり、不当な経済的及び社会的損失をもたらすものとなるおそれがあることを認め、

国際連合環境開発会議に関する1989年12月22日の国際連合総会決議第228号(第44回会期)並びに人類の現在及び将来の世代のための地球的規模の気候の保護に関する1988年12月6日の国際連合総会決議第53号(第43回会期)、1989年12月22日の同決議第207号(第44回会期)、1990年12月21日の同決議第212号(第45回会期)及び1991年12月19日の同決議第169号(第46回会期)を想起し、

海面の上昇が島及び沿岸地域(特に低地の沿岸地域)に及ぼし得る悪影響に関する1989年12月22日の国際連合総会決議第206号(第44回会期)の規定及び砂漠化に対処するための行動計画の実施に関する1989年12月19日の国際連合総会決議第172号(第44回会期)の関連規定を想起し、

更に、1985年のオゾン層の保護のためのウィーン条約並びに1990年6月29日に調整され及び改正された1987年のオゾン層を破壊する物質に関するモントリオール議定書(以下「モントリオール議定書」という。)を想起し、

1990年11月7日に採択された第2回世界気候会議の閣僚宣言に留意し、

多くの国が気候変動に関して有益な分析を行っていること並びに国際連合の諸機関(特に、世界気象機関、国際連合環境計画)その他の国際機関及び政府間機関が科学的研究の成果の交換及び研究の調整について重要な貢献を行っていることを意識し、

気候変動を理解し及びこれに対処するために必要な措置は、関連する科学、技術及び経済の分野における考察に基礎を置き、かつ、これらの分野において新たに得られた知見に照らして絶えず再評価される場合には、環境上、社会上及び経済上最も効果的なものになることを認め、

気候変動に対処するための種々の措置は、それ自体経済的に正当化し得ること及びその他の環境問題の解決に役立ち得ることを認め、

先進国が、明確な優先順位に基づき、すべての温室効果ガスを考慮に入れ、かつ、それらのガスがそれぞれ温室効果の増大に対して与える相対的な影響を十分に勘案した包括的な対応戦略(地球的、国家的及び合意がある場合には地域的な規模のもの)に向けた第一歩として、直ちに柔軟に行動することが必要であることを認め、

更に、標高の低い島嶼(しょ)国その他の島嶼国、低地の沿岸地域、乾燥地域若しくは半乾燥地域又は洪水、干ばつ若しくは砂漠化のおそれのある地域を有する国及びぜい弱な山岳の生態系を有する開発途上国は、特に気候変動の悪影響を受けやすいことを認め、

経済が化石燃料の生産、使用及び輸出に特に依存している国(特に開発途上国)について、温室効果ガスの排出抑制に関してとられる措置の結果特別な困難が生ずることを認め、

持続的な経済成長の達成及び貧困の撲滅という開発途上国の正当かつ優先的な要請を十分に考慮し、気候変動への対応については、社会及び経済の開発に対する悪影響を回避するため、これらの開発との間で総合的な調整が図られるべきであることを確認し、

すべての国(特に開発途上国)が社会及び経済の持続可能な開発の達成のための資源の取得の機会を必要としていること、並びに開発途上国がそのような開発の達成という目標に向かって前進するため、一層高いエネルギー効率の達成及び温室効果ガスの排出の一般的な抑制の可能性(特に、新たな技術が経済的にも社会的にも有利な条件で利用されることによるそのような可能性)をも考慮に入れつつ、そのエネルギー消費を増加させる必要があることを認め、

現在及び将来の世代のために気候系を保護することを決意して、

次のとおり協定した。

第1条(定義)(注)
注 各条の表題は、専ら便宜のために付するものである。
この条約の適用上、
1 「気候変動の悪影響」とは、気候変動に起因する自然環境又は生物相の変化であって、自然の及び管理された生態系の構成、回復力若しくは生産力、社会及び経済の機能又は人の健康及び福祉に対し著しく有害な影響を及ぼすものをいう。
2 「気候変動」とは、地球の大気の組成を変化させる人間活動に直接又は間接に起因する気候の変化であって、比較可能な期間において観測される気候の自然な変動に対して追加的に生ずるものをいう。
3 「気候系」とは、気圏、水圏、生物圏及び岩石圏の全体並びにこれらの間の相互作用をいう。
4 「排出」とは、特定の地域及び期間における温室

効果ガス又はその前駆物質の大気中への放出をいう。
5 「温室効果ガス」とは、大気を構成する気体(天然のものであるか人為的に排出されるものであるかを問わない。)であって、赤外線を吸収し及び再放射するものをいう。
6 「地域的な経済統合のための機関」とは、特定の地域の主権国家によって構成され、この条約又はその議定書が規律する事項に関して権限を有し、かつ、その内部手続に従ってこの条約若しくはその議定書の署名、批准、受諾若しくは承認又はこの条約若しくはその議定書への加入が正当に委任されている機関をいう。
7 「貯蔵庫」とは、温室効果ガス又はその前駆物質を貯蔵する気候系の構成要素をいう。
8 「吸収源」とは、温室効果ガス、エーロゾル又は温室効果ガスの前駆物質を大気中から除去する作用、活動又は仕組みをいう。
9 「発生源」とは、温室効果ガス、エーロゾル又は温室効果ガスの前駆物質を大気中に放出する作用又は活動をいう。

第2条(目的) この条約及び締約国会議が採択する法的文書は、この条約の関連規定に従い、気候系に対して危険な人為的干渉を及ぼすこととならない水準において大気中の温室効果ガスの濃度を安定化させることを究極的な目的とする。そのような水準は、生態系が気候変動に自然に適応し、食糧の生産が脅かされず、かつ、経済開発が持続可能な態様で進行することができるような期間内に達成されるべきである。

第3条(原則) 締約国は、この条約の目的を達成し及びこの条約を実施するための措置をとるに当たり、特に、次に掲げるところを指針とする。
1 締約国は、衡平の原則に基づき、かつ、それぞれ共通に有しているが差異のある責任及び各国の能力に従い、人類の現在及び将来の世代のために気候系を保護すべきである。したがって、先進締約国は、率先して気候変動及びその悪影響に対処すべきである。
2 開発途上締約国(特に気候変動の悪影響を著しく受けやすいもの)及びこの条約によって過重又は異常な負担を負うこととなる締約国(特に開発途上締約国)の個別のニーズ及び特別な事情について十分な考慮が払われるべきである。
3 締約国は、気候変動の原因を予測し、防止し又は最小限にするための予防措置をとるとともに、気候変動の悪影響を緩和すべきである。深刻な又は回復不可能な損害のおそれがある場合には、科学的な確実性が十分にないことをもって、このような予防措置をとることを延期する理由とすべきではない。もっとも、気候変動に対処するための政策及び措置は、可能な限り最小の費用によって地球規模で利益がもたらされるように費用対効果の大きいものとすることについても考慮を払うべきである。このため、これらの政策及び措置は、社会経済状況の相違が考慮され、包括的なものであり、関連するすべての温室効果ガスの発生源、吸収源及び貯蔵庫並びに適応のための措置を網羅し、かつ、経済のすべての部門を含むべきである。気候変動に対処するための努力は、関心を有する締約国の協力によっても行われ得る。
4 締約国は、持続可能な開発を促進する権利及び責務を有する。気候変動に対処するための措置をとるためには経済開発が不可欠であることを考慮し、人に起因する変化から気候系を保護するための政策及び措置については、各締約国の個別の事情に適合したものとし、各国の開発計画に組み入れるべきである。
5 締約国は、すべての締約国(特に開発途上締約国)において持続可能な経済成長及び開発をもたらし、もって締約国が一層気候変動の問題に対処することを可能にするような協力的かつ開放的な国際経済体制の確立に向けて協力すべきである。気候変動に対処するためにとられる措置(一方的なものを含む。)は、国際貿易における恣意的若しくは不当な差別の手段又は偽装した制限となるべきではない。

第4条(約束) 1 すべての締約国は、それぞれ共通に有しているが差異のある責任、各国及び地域に特有の開発の優先順位並びに各国特有の目的及び事情を考慮して、次のことを行う。
 (a) 締約国会議が合意する比較可能な方法を用い、温室効果ガス(モントリオール議定書によって規制されているものを除く。)について、発生源による人為的な排出及び吸収源による除去に関する自国の目録を作成し、定期的に更新し、公表し及び第12条の規定に従って締約国会議に提供すること。
 (b) 自国の(適当な場合には地域の)計画を作成し、実施し、公表し及び定期的に更新すること。この計画には、気候変動を緩和するための措置(温室効果ガス(モントリオール議定書によって規制されているものを除く。)の発生源による人為的な排出及び吸収源による除去を対象とするもの)及び気候変動に対する適応を容易にするための措置を含めるものとする。
 (c) エネルギー、運輸、工業、農業、林業、廃

棄物の処理その他すべての関連部門において、温室効果ガス(モントリオール議定書によって規制されているものを除く。)の人為的な排出を抑制し、削減し又は防止する技術、慣行及び方法の開発、利用及び普及(移転を含む。)を促進し、並びにこれらについて協力すること。
(d) 温室効果ガス(モントリオール議定書によって規制されているものを除く。)の吸収源及び貯蔵庫(特に、バイオマス、森林、海その他陸上、沿岸及び海洋の生態系)の持続可能な管理を促進すること並びにこのような吸収源及び貯蔵庫の保全(適当な場合には強化)を促進し並びにこれらについて協力すること。
(e) 気候変動の影響に対する適応のための準備について協力すること。沿岸地域の管理、水資源及び農業について、並びに干ばつ及び砂漠化により影響を受けた地域(特にアフリカにおける地域)並びに洪水により影響を受けた地域の保護及び回復について、適当かつ総合的な計画を作成すること。
(f) 気候変動に関し、関連する社会、経済及び環境に関する自国の政策及び措置において可能な範囲内で考慮を払うこと。気候変動を緩和し又はこれに適応するために自国が実施する事業又は措置の経済、公衆衛生及び環境に対する悪影響を最小限にするため、自国が案出し及び決定する適当な方法(例えば影響評価)を用いること。
(g) 気候変動の原因、影響、規模及び時期並びに種々の対応戦略の経済的及び社会的影響についての理解を増進し並びにこれらについて残存する不確実性を減少させ又は除去することを目的として行われる気候系に関する科学的、技術的、社会経済的研究その他の研究、組織的観測及び資料の保管制度の整備を促進し、並びにこれらについて協力すること。
(h) 気候系及び気候変動並びに種々の対応戦略の経済的及び社会的影響に関する科学上、技術上、社会経済上及び法律上の情報について、十分な、開かれた及び迅速な交換を促進し、並びにこれらについて協力すること。
(i) 気候変動に関する教育、訓練及び啓発を促進し、これらについて協力し、並びにこれらへの広範な参加(民間団体の参加を含む。)を奨励すること。
(j) 第12条の規定に従い、実施に関する情報を締約国会議に送付すること。
2 附属書Ⅰに掲げる先進締約国その他の締約国(以下「附属書Ⅰの締約国」という。)は、特に、次に定めるところに従って約束する。
(a) 附属書Ⅰの締約国は、温室効果ガスの人為的な排出を抑制すること並びに温室効果ガスの吸収源及び貯蔵庫を保護し及び強化することによって気候変動を緩和するための自国の政策を採用し、これに沿った措置をとる(注)。これらの政策及び措置は、温室効果ガスの人為的な排出の長期的な傾向をこの条約の目的に沿って修正することについて、先進国が率先してこれを行っていることを示すこととなる。二酸化炭素その他の温室効果ガス(モントリオール議定書によって規制されているものを除く。)の人為的な排出の量を1990年代の終わりまでに従前の水準に戻すことは、このような修正に寄与するものであることが認識される。また、附属書Ⅰの締約国の出発点、対処の方法、経済構造及び資源的基盤がそれぞれ異なるものであること、強力かつ持続可能な経済成長を維持する必要があること、利用可能な技術その他の個別の事情があること、並びにこれらの締約国がこの条約の目的のための世界的な努力に対して衡平かつ適当な貢献を行う必要があることについて、考慮が払われる。附属書Ⅰの締約国が、これらの政策及び措置を他の締約国と共同して実施すること並びに他の締約国によるこの条約の目的、特に、この(a)の規定の目的の達成への貢献について当該他の締約国を支援することもあり得る。
  注 これらの政策及び措置には、地域的な経済統合のための機関がとるものが含まれる。
(b) (a)の規定の目的の達成を促進するため、附属書Ⅰの締約国は、(a)に規定する政策及び措置並びにこれらの政策及び措置をとった結果(a)に規定する期間について予測される二酸化炭素その他の温室効果ガス(モントリオール議定書によって規制されているものを除く。)の発生源による人為的な排出及び吸収源による除去に関する詳細な情報を、この条約が自国について効力を生じた後6箇月以内に及びその後は定期的に、第12条の規定に従って送付する。その送付は、二酸化炭素その他の温室効果ガス(モントリオール議定書によって規制されているものを除く。)の人為的な排出の量を個別に又は共同して1990年の水準に戻すという目的をもって行われる。締約国会議は、第7条の規定に従い、第1回会合において及びその後は定期的に、当該情報について検討する。
(c) (b)の規定の適用上、温室効果ガスの発生

源による排出の量及び吸収源による除去の量の算定に当たっては、入手可能な最良の科学上の知識(吸収源の実効的な能力及びそれぞれの温室効果ガスの気候変動への影響の度合に関するものを含む。)を考慮に入れるべきである。締約国会議は、この算定のための方法について、第1回会合において検討し及び合意し、その後は定期的に検討する。

(d) 締約国会議は、第1回会合において、(a)及び(b)の規定の妥当性について検討する。その検討は、気候変動及びその影響に関する入手可能な最良の科学的な情報及び評価並びに関連する技術上、社会上及び経済上の情報に照らして行う。締約国会議は、この検討に基づいて適当な措置((a)及び(b)に定める約束に関する改正案の採択を含む。)をとる。締約国会議は、また、第1回会合において、(a)に規定する共同による実施のための基準に関する決定を行う。(a)及び(b)の規定に関する2回目の検討は、1998年12月31日以前に行い、その後は締約国会議が決定する一定の間隔で、この条約の目的が達成されるまで行う。

(e) 附属書Ⅰの締約国は、次のことを行う。
 (i) 適当な場合には、この条約の目的を達成するために開発された経済上及び行政上の手段を他の附属書Ⅰの締約国と調整すること。
 (ii) 温室効果ガス(モントリオール議定書によって規制されているものを除く。)の人為的な排出の水準を一層高めることとなるような活動を助長する自国の政策及び慣行を特定し及び定期的に検討すること。

(f) 締約国会議は、関係する締約国の承認を得て附属書Ⅰ及び附属書Ⅱの一覧表の適当な改正について決定を行うために、1998年12月31日以前に、入手可能な情報について検討する。

(g) 附属書Ⅰの締約国以外の締約国は、批准書、受諾書、承認書若しくは加入書において又はその後いつでも、寄託者に対し、自国が(a)及び(b)の規定に拘束される意図を有する旨を通告することができる。寄託者は、他の署名国及び締約国に対してその通告を通報する。

3 附属書Ⅱに掲げる先進締約国(以下「附属書Ⅱの締約国」という。)は、開発途上締約国が第12条1の規定に基づく義務を履行するために負担するすべての合意された費用に充てるため、新規のかつ追加的な資金を供与する。附属書Ⅱの締約国は、また、1の規定の対象とされている措置であって、開発途上締約国と第11条に規定する国際的組織との間で合意するものを実施するためのすべての合意された増加費用を負担するために開発途上締約国が必要とする新規のかつ追加的な資金(技術移転のためのものを含む。)を同条の規定に従って供与する。これらの約束の履行に当たっては、資金の流れの妥当性及び予測可能性が必要であること並びに先進締約国の間の適当な責任分担が重要であることについて考慮を払う。

4 附属書Ⅱの締約国は、また、気候変動の悪影響を特に受けやすい開発途上締約国がそのような悪影響に適応するための費用を負担することについて、当該開発途上締約国を支援する。

5 附属書Ⅱの締約国は、他の締約国(特に開発途上締約国)がこの条約を実施することができるようにするため、適当な場合には、これらの他の締約国に対する環境上適正な技術及びノウハウの移転又は取得の機会の提供について、促進し、容易にし及び資金を供与するための実施可能なすべての措置をとる。この場合において、先進締約国は、開発途上締約国の固有の能力及び技術の開発及び向上を支援する。技術の移転を容易にすることについてのこのような支援は、その他の締約国及び機関によっても行われ得る。

6 締約国会議は、附属書Ⅰの締約国のうち市場経済への移行の過程にあるものによる2の規定に基づく約束の履行については、これらの締約国の気候変動に対処するための能力を高めるために、ある程度の弾力的適用(温室効果ガス(モントリオール議定書によって規制されているものを除く。)の人為的な排出の量の基準として用いられる過去の水準に関するものを含む。)を認めるものとする。

7 開発途上締約国によるこの条約に基づく約束の効果的な履行の程度は、先進締約国によるこの条約に基づく資金及び技術移転に関する約束の効果的な履行に依存しており、経済及び社会の開発並びに貧困の撲滅が開発途上締約国にとって最優先の事項であることが十分に考慮される。

8 締約国は、この条に規定する約束の履行に当たり、気候変動の悪影響又は対応措置の実施による影響(特に、次の(a)から(i)までに掲げる国に対するもの)に起因する開発途上締約国の個別のニーズ及び懸念に対処するためにこの条約の下でとるべき措置(資金供与、保険及び技術移転に関するものを含む。)について十分な考慮を払う。
(a) 島嶼国
(b) 低地の沿岸地域を有する国
(c) 乾燥地域、半乾燥地域、森林地域又は森林

の衰退のおそれのある地域を有する国
  (d) 自然災害が起こりやすい地域を有する国
  (e) 干ばつ又は砂漠化のおそれのある地域を有する国
  (f) 都市の大気汚染が著しい地域を有する国
  (g) ぜい弱な生態系(山岳の生態系を含む。)を有する地域を有する国
  (h) 化石燃料及び関連するエネルギー集約的な製品の生産、加工及び輸出による収入又はこれらの消費に経済が大きく依存している国
  (i) 内陸国及び通過国
  更に、この8の規定に関しては、適当な場合には締約国会議が措置をとることができる。
9 締約国は、資金供与及び技術移転に関する措置をとるに当たり、後発開発途上国の個別のニーズ及び特別な事情について十分な考慮を払う。
10 締約国は、第10条の規定に従い、この条約に基づく約束の履行に当たり、気候変動に対応するための措置の実施による悪影響を受けやすい経済を有する締約国(特に開発途上締約国)の事情を考慮に入れる。この場合において、特に、化石燃料及び関連するエネルギー集約的な製品の生産、加工及び輸出による収入若しくはこれらの消費にその経済が大きく依存している締約国又は化石燃料の使用にその経済が大きく依存し、かつ、代替物への転換に重大な困難を有する締約国の事情を考慮に入れる。

第5条(研究及び組織的観測) 締約国は、前条1(g)の規定に基づく約束の履行に当たって、次のことを行う。
  (a) 研究、資料の収集及び組織的観測について企画し、実施し、評価し及び資金供与を行うことを目的とする国際的な及び政府間の計画、協力網又は機関について、努力の重複を最小限にする必要性に考慮を払いつつ、これらを支援し及び、適当な場合には、更に発展させること。
  (b) 組織的観測並びに科学的及び技術的研究に関する各国(特に開発途上国)の能力を強化するための並びに各国が自国の管轄の外の区域において得られた資料及びその分析について利用し及び交換することを促進するための国際的な及び政府間の努力を支援すること。
  (c) 開発途上国の特別の懸念及びニーズに考慮を払うこと並びに(a)及び(b)に規定する努力に参加するための開発途上国の固有の能力を改善することについて協力すること。

第6条(教育、訓練及び啓発) 締約国は、第4条1(i)の規定に基づく約束の履行に当たって、次のことを行う。
  (a) 国内的な(適当な場合には小地域的及び地域的な)規模で、自国の法令に従い、かつ、自国の能力の範囲内で、次のことを促進し及び円滑にすること。
    (i) 気候変動及びその影響に関する教育啓発事業の計画の作成及び実施
    (ii) 気候変動及びその影響に関する情報の公開
    (iii) 気候変動及びその影響についての検討並びに適当な対応措置の策定への公衆の参加
    (iv) 科学、技術及び管理の分野における人材の訓練
  (b) 国際的に及び適当な場合には既存の団体を活用して、次のことについて協力し及びこれを促進すること。
    (i) 気候変動及びその影響に関する教育及び啓発の資料の作成及び交換
    (ii) 教育訓練事業の計画(特に開発途上国のためのもの。国内の教育訓練機関の強化及び教育訓練専門家を養成する者の交流又は派遣に関するものを含む。)の作成及び実施

第7条(締約国会議) 1 この条約により締約国会議を設置する。
2 締約国会議は、この条約の最高機関として、この条約及び締約国会議が採択する関連する法的文書の実施状況を定期的に検討するものとし、その権限の範囲内で、この条約の効果的な実施を促進するために必要な決定を行う。このため、締約国会議は、次のことを行う。
  (a) この条約の目的、この条約の実施により得られた経験並びに科学上及び技術上の知識の進展に照らして、この条約に基づく締約国の義務及びこの条約の下における制度的な措置について定期的に検討すること。
  (b) 締約国の様々な事情、責任及び能力並びにこの条約に基づくそれぞれの締約国の約束を考慮して、気候変動及びその影響に対処するために締約国が採用する措置に関する情報の交換を促進し及び円滑にすること。
  (c) 二以上の締約国の要請に応じ、締約国の様々な事情、責任及び能力並びにこの条約に基づくそれぞれの締約国の約束を考慮して、気候変動及びその影響に対処するために締約国が採用する措置の調整を円滑にすること。
  (d) 締約国会議が合意することとなっている比較可能な方法、特に、温室効果ガスの発生源による排出及び吸収源による除去に関する目録を作成するため並びに温室効果ガスの排出

の抑制及び除去の増大に関する措置の効果を評価するための方法について、この条約の目的及び規定に従い、これらの開発及び定期的な改善を促進し及び指導すること。
(e) この条約により利用が可能となるすべての情報に基づき、締約国によるこの条約の実施状況、この条約に基づいてとられる措置の全般的な影響(特に、環境、経済及び社会に及ぼす影響並びにこれらの累積的な影響)及びこの条約の目的の達成に向けての進捗状況を評価すること。
(f) この条約の実施状況に関する定期的な報告書を検討し及び採択すること並びに当該報告書の公表を確保すること。
(g) この条約の実施に必要な事項に関する勧告を行うこと。
(h) 第4条の3から5までの規定及び第11条の規定に従って資金が供与されるよう努めること。
(i) この条約の実施に必要と認められる補助機関を設置すること。
(j) 補助機関により提出される報告書を検討し、及び補助機関を指導すること。
(k) 締約国会議及び補助機関の手続規則及び財政規則をコンセンサス方式により合意し及び採択すること。
(l) 適当な場合には、能力を有する国際機関並びに政府間及び民間の団体による役務、協力及び情報の提供を求め及び利用すること。
(m) その他この条約の目的の達成のために必要な任務及びこの条約に基づいて締約国会議に課されるすべての任務を遂行すること。
3 締約国会議は、第1回会合において、締約国会議及びこの条約により設置される補助機関の手続規則を採択する。この手続規則には、この条約において意思決定手続が定められていない事項に関する意思決定手続を含む。この手続規則には、特定の決定の採択に必要な特定の多数を含むことができる。
4 締約国会議の第1回会合は、第21条に規定する暫定的な事務局が招集するものとし、この条約の効力発生の日の後1年以内に開催する。その後は、締約国会議の通常会合は、締約国会議が別段の決定を行わない限り、毎年開催する。
5 締約国会議の特別会合は、締約国会議が必要と認めるとき又はいずれかの締約国から書面による要請のある場合において事務局がその要請を締約国に通報した後6箇月以内に締約国の少なくとも3分の1がその要請を支持するときに開催する。

6 国際連合、その専門機関、国際原子力機関及びこれらの国際機関の加盟国又はオブザーバーであってこの条約の締約国でないものは、締約国会議の会合にオブザーバーとして出席することができる。この条約の対象とされている事項について認められた団体又は機関(国内若しくは国際の又は政府若しくは民間のもののいずれであるかを問わない。)であって、締約国会議の会合にオブザーバーとして出席することを希望する旨事務局に通報したものは、当該会合に出席する締約国の3分の1以上が反対しない限り、オブザーバーとして出席することを認められる。オブザーバーの出席については、締約国会議が採択する手続規則に従う。

第8条(事務局) 1 この条約により事務局を設置する。
2 事務局は、次の任務を遂行する。
(a) 締約国会議の会合及びこの条約により設置される補助機関の会合を準備すること並びに必要に応じてこれらの会合に役務を提供すること。
(b) 事務局に提出される報告書を取りまとめ及び送付すること。
(c) 要請に応じ、締約国(特に開発途上締約国)がこの条約に従って情報を取りまとめ及び送付するに当たり、当該締約国に対する支援を円滑にすること。
(d) 事務局の活動に関する報告書を作成し、これを締約国会議に提出すること。
(e) 他の関係国際団体の事務局との必要な調整を行うこと。
(f) 締約国会議の全般的な指導の下に、事務局の任務の効果的な遂行のために必要な事務的な及び契約上の取決めを行うこと。
(g) その他この条約及びその議定書に定める事務局の任務並びに締約国会議が決定する任務を遂行すること。
3 締約国会議は、第1回会合において、常設の事務局を指定し、及びその任務の遂行のための措置をとる。

第9条(科学上及び技術上の助言に関する補助機関)
1 この条約により科学上及び技術上の助言に関する補助機関を設置する。当該補助機関は、締約国会議及び適当な場合には他の補助機関に対し、この条約に関連する科学的及び技術的な事項に関する時宜を得た情報及び助言を提供する。当該補助機関は、すべての締約国による参加のために開放するものとし、学際的な性格を有する。当該補助機関は、関連する専門分野に関する知

議を十分に有している政府の代表者により構成する。当該補助機関は、その活動のすべての側面に関して、締約国会議に対し定期的に報告を行う。
2 1の補助機関は、締約国会議の指導の下に及び能力を有する既存の国際団体を利用して次のことを行う。
　(a) 気候変動及びその影響に関する科学上の知識の現状の評価を行うこと。
　(b) この条約の実施に当たってとられる措置の影響に関する科学的な評価のための準備を行うこと。
　(c) 革新的な、効率的な及び最新の技術及びノウハウを特定すること並びにこれらの技術の開発又は移転を促進する方法及び手段に関する助言を行うこと。
　(d) 気候変動に関する科学的な計画、気候変動に関する研究及び開発における国際協力並びに開発途上国の固有の能力の開発を支援する方法及び手段に関する助言を行うこと。
　(e) 締約国会議及びその補助機関からの科学、技術及び方法論に関する質問に回答すること。
3 1の補助機関の任務及び権限については、締約国会議が更に定めることができる。

第10条（実施に関する補助機関） 1 この条約により実施に関する補助機関を設置する。当該補助機関は、この条約の効果的な実施について評価し及び検討することに関して締約国会議を補佐する。当該補助機関は、すべての締約国による参加のために開放するものとし、気候変動に関する事項の専門家である政府の代表者により構成する。当該補助機関は、その活動のすべての側面に関して、締約国会議に対し定期的に報告を行う。
2 1の補助機関は、締約国会議の指導の下に、次のことを行う。
　(a) 気候変動に関する最新の科学的な評価に照らして、締約国によってとられた措置の影響を全体として評価するため、第12条1の規定に従って送付される情報を検討すること。
　(b) 締約国会議が第4条2(d)に規定する検討を行うことを補佐するため、第12条2の規定に従って送付される情報を検討すること。
　(c) 適当な場合には、締約国会議の行う決定の準備及び実施について締約国会議を補佐すること。

第11条（資金供与の制度） 1 贈与又は緩和された条件による資金供与（技術移転のためのものを含む。）のための制度についてここに定める。この制度は、締約国会議の指導の下に機能し、締約国会議に対して責任を負う。締約国会議は、この条約に関連する政策、計画の優先度及び適格性の基準について決定する。当該制度の運営は、一又は二以上の既存の国際的組織に委託する。
2 1の資金供与の制度については、透明な管理の仕組みの下に、すべての締約国から衡平かつ均衡のとれた形で代表されるものとする。
3 締約国会議及び1の資金供与の制度の運営を委託された組織は、1及び2の規定を実施するための取決めについて合意する。この取決めには、次のことを含む。
　(a) 資金供与の対象となる気候変動に対処するための事業が締約国会議の決定する政策、計画の優先度及び適格性の基準に適合していることを確保するための方法
　(b) 資金供与に関する個別の決定を(a)の政策、計画の優先度及び適格性の基準に照らして再検討するための方法
　(c) 1に規定する責任を果たすため、当該組織が締約国会議に対し資金供与の実施に関して定期的に報告書を提出すること。
　(d) この条約の実施のために必要かつ利用可能な資金の額について、予測し及び特定し得るような方法により決定すること、並びにこの額の定期的な検討に関する要件
4 締約国会議は、第1回会合において、第21条3に定める暫定的措置を検討し及び考慮して、1から3までの規定を実施するための措置をとり、及び当該暫定的措置を維持するかしないかを決定する。締約国会議は、その後4年以内に、資金供与の制度について検討し及び適当な措置をとる。
5 先進締約国は、また、二国間の及び地域的その他の多数国間の経路を通じて、この条約の実施に関連する資金を供与することができるものとし、開発途上締約国は、これを利用することができる。

第12条（実施に関する情報の送付） 1 締約国は、第4条1の規定に従い、事務局を通じて締約国会議に対し次の情報を送付する。
　(a) 温室効果ガス（モントリオール議定書によって規制されているものを除く。）の発生源による人為的な排出及び吸収源による除去に関する自国の目録。この目録は、締約国会議が合意し及び利用を促進する比較可能な方法を用いて、自国の能力の範囲内で作成する。
　(b) この条約を実施するために締約国がとり又はとろうとしている措置の概要
　(c) その他この条約の目的の達成に関連を有し

及び通報に含めることが適当であると締約国が認める情報(可能なときは、世界全体の排出量の傾向の算定に関連する資料を含む。)
2 附属書Ⅰの締約国は、送付する情報に次の事項を含める。
  (a) 第4条2の(a)及び(b)の規定に基づく約束を履行するために採用した政策及び措置の詳細
  (b) (a)に規定する政策及び措置が、温室効果ガスの発生源による人為的な排出及び吸収源による除去に関して第4条2(a)に規定する期間についてもたらす効果の具体的な見積り
3 更に、附属書Ⅱの締約国は、第4条の3から5までの規定に従ってとる措置の詳細を含める。
4 開発途上締約国は、任意に、資金供与の対象となる事業を提案することができる。その提案には、当該事業を実施するために必要な特定の技術、資材、設備、技法及び慣行を含めるものとし、可能な場合には、すべての増加費用、温室効果ガスの排出の削減及び除去の増大並びにこれらに伴う利益について、それらの見積りを含める。
5 附属書Ⅰの締約国は、この条約が自国について効力を生じた後6箇月以内に最初の情報の送付を行う。附属書Ⅰの締約国以外の締約国は、この条約が自国について効力を生じた後又は第4条3の規定に従い資金が利用可能となった後3年以内に最初の情報の送付を行う。後発開発途上国である締約国は、最初の情報の送付については、その裁量によることができる。すべての締約国がその後行う送付の頻度は、この5に定める送付の期限の差異を考慮して、締約国会議が決定する。
6 事務局は、この条の規定に従って締約国が送付した情報をできる限り速やかに締約国会議及び関係する補助機関に伝達する。締約国会議は、必要な場合には、情報の送付に関する手続について更に検討することができる。
7 開発途上締約国が、この条の規定に従って情報を取りまとめ及び送付するに当たり並びに第4条の規定に基づいて提案する事業及び対応措置に必要な技術及び資金を特定するに当たり、締約国会議は、第1回会合の時から、開発途上締約国に対しその要請に応じ技術上及び財政上の支援が行われるよう措置をとる。このような支援は、適当な場合には、他の締約国、能力を有する国際機関及び事務局によって行われる。
8 この条の規定に基づく義務を履行するための情報の送付は、締約国会議が採択した指針に従うこと及び締約国会議に事前に通報することを条件として、二以上の締約国が共同して行うことができる。この場合において、送付する情報には、当該二以上の締約国のこの条約に基づくそれぞれの義務の履行に関する情報を含めるものとする。
9 事務局が受領した情報であって、締約国会議が定める基準に従い締約国が秘密のものとして指定したものは、情報の送付及び検討に関係する機関に提供されるまでの間、当該情報の秘密性を保護するため、事務局が一括して保管する。
10 9の規定に従うことを条件として、かつ、締約国が自国の送付した情報の内容をいつでも公表することができることを妨げることなく、事務局は、この条の規定に従って送付される締約国の情報について、締約国会議に提出する時に、その内容を公に利用可能なものとする。

第13条(実施に関する問題の解決) 締約国会議は、第1回会合において、この条約の実施に関する問題の解決のための多数国間の協議手続(締約国がその要請により利用することができるもの)を定めることを検討する。

第14条(紛争の解決) 1 この条約の解釈又は適用に関して締約国間で紛争が生じた場合には、紛争当事国は、交渉又は当該紛争当事国が選択するその他の平和的手段により紛争の解決に努める。
2 地域的な経済統合のための機関でない締約国は、この条約の解釈又は適用に関する紛争について、同一の義務を受諾する締約国との関係において次の一方又は双方の手段を当然にかつ特別の合意なしに義務的であると認めることをこの条約の批准、受諾若しくは承認若しくはこれへの加入の際又はその後いつでも、寄託者に対し書面により宣言することができる。
  (a) 国際司法裁判所への紛争の付託
  (b) 締約国会議ができる限り速やかに採択する仲裁に関する附属書に定める手続による仲裁
    地域的な経済統合のための機関である締約国は、他に規定する手続による仲裁に関して同様の効果を有する宣言を行うことができる。
3 2の規定に基づいて行われる宣言は、当該宣言の期間が満了するまで又は書面による当該宣言の撤回の通告が寄託者に寄託された後3箇月が経過するまでの間、効力を有する。
4 新たな宣言、宣言の撤回の通告又は宣言の期間の満了は、紛争当事国が別段の合意をしない限り、国際司法裁判所又は仲裁裁判所において進行中の手続に何ら影響を及ぼすものではない。
5 2の規定が適用される場合を除くほか、いずれかの紛争当事国が他の紛争当事国に対して紛争が存在する旨の通告を行った後12箇月以内にこ

れらの紛争当事国が1に定める手段によって当該紛争を解決することができなかった場合には、当該紛争は、いずれかの紛争当事国の要請により調停に付される。
6 いずれかの紛争当事国の要請があったときは、調停委員会が設置される。調停委員会は、各紛争当事国が指名する同数の委員及び指名された委員が共同で選任する委員長によって構成される。調停委員会は、勧告的な裁定を行い、紛争当事国は、その裁定を誠実に検討する。
7 1から6までに定めるもののほか、調停に関する手続は、締約国会議ができる限り速やかに採択する調停に関する附属書に定める。
8 この条の規定は、締約国会議が採択する関連する法的文書に別段の定めがある場合を除くほか、当該法的文書について準用する。

第15条(この条約の改正) 1 締約国は、この条約の改正を提案することができる。
2 この条約の改正は、締約国会議の通常会合において採択する。この条約の改正案は、その採択が提案される会合の少なくとも6箇月前に事務局が締約国に通報する。事務局は、また、改正案をこの条約の署名国及び参考のために寄託者に通報する。
3 締約国は、この条約の改正案につき、コンセンサス方式により合意に達するようあらゆる努力を払う。コンセンサスのためのあらゆる努力にもかかわらず合意に達しない場合には、改正案は、最後の解決手段として、当該会合に出席しかつ投票する締約国の4分の3以上の多数による議決で採択する。採択された改正は、事務局が寄託者に通報するものとし、寄託者がすべての締約国に対し受諾のために送付する。
4 改正の受諾書は、寄託者に寄託する。3の規定に従って採択された改正は、この条約の締約国の少なくとも4分の3の受諾書を寄託者が受領した日の後90日目の日に、当該改正を受諾した締約国について効力を生ずる。
5 改正は、他の締約国が当該改正の受諾書を寄託者に寄託した日の後90日目の日に当該他の締約国について効力を生ずる。
6 この条の規定の適用上、「出席しかつ投票する締約国」とは、出席しかつ賛成票又は反対票を投ずる締約国をいう。

第16条(この条約の附属書の採択及び改正) 1 この条約の附属書は、この条約の不可分の一部を成すものとし、「この条約」というときは、別段の明示の定めがない限り、附属書を含めていうものとする。附属書は、表、書式その他科学的、技術的、手続的又は事務的な性格を有する説明的な文書に限定される(ただし、第14条の2(b)及び7の規定については、この限りでない。)。
2 この条約の附属書は、前条の2から4までに定める手続を準用して提案され及び採択される。
3 2の規定に従って採択された附属書は、寄託者がその採択を締約国に通報した日の後6箇月で、その期間内に当該附属書を受諾しない旨を寄託者に対して書面により通告した締約国を除くほか、この条約のすべての締約国について効力を生ずる。当該附属書は、当該通告を撤回する旨の通告を寄託者が受領した日の後90日目の日に、当該通告を撤回した締約国について効力を生ずる。
4 この条約の附属書の改正の提案、採択及び効力発生は、2及び3の規定によるこの条約の附属書の提案、採択及び効力発生と同一の手続に従う。
5 附属書の採択又は改正がこの条約の改正を伴うものである場合には、採択され又は改正された附属書は、この条約の改正が効力を生ずる時まで効力を生じない。

第17条(議定書) 1 締約国会議は、その通常会合において、この条約の議定書を採択することができる。
2 議定書案は、1の通常会合の少なくとも6箇月前に事務局が締約国に通報する。
3 議定書の効力発生の要件は、当該議定書に定める。
4 この条約の締約国のみが、議定書の締約国となることができる。
5 議定書に基づく決定は、当該議定書の締約国のみが行う

第18条(投票権) 1 この条約の各締約国は、2に規定する場合を除くほか、一の票を有する。
2 地域的な経済統合のための機関は、その権限の範囲内の事項について、この条約の締約国であるその構成国の数と同数の票を投ずる権利を行使する。当該機関は、その構成国が自国の投票権を行使する場合には、投票権を行使してはならない。その逆の場合も、同様とする。

第19条(寄託) 国際連合事務総長は、この条約及び第17条の規定に従って採択される議定書の寄託者とする。

第20条(署名) (略)

第21条(暫定的措置) 1 第8条に規定する事務局の任務は、締約国会議の第1回会合が終了するまでの間、国際連合総会が1990年12月21日の決議第212号(第45回会期)によって設置した事務局が暫定的に遂行する。
2 1に規定する暫定的な事務局の長は、気候変動

に関する政府間パネルと緊密に協力し、同パネルによる客観的な科学上及び技術上の助言が必要とされる場合に、同パネルが対応することができることを確保する。科学に関するその他の関連団体も、協議を受ける。
3 国際連合開発計画、国際連合環境計画及び国際復興開発銀行の地球環境基金は、第11条に規定する資金供与の制度の運営について暫定的に委託される国際的組織となる。この点に関し、同基金が同条の要件を満たすことができるようにするため、同基金は、適切に再編成されるべきであり、その参加国の構成は、普遍的なものとされるべきである。

第22条(批准、受諾、承認又は加入) 1 この条約は、国家及び地域的な経済統合のための機関により批准され、受諾され、承認され又は加入されなければならない。この条約は、この条約の署名のための期間の終了の日の後は、加入のために開放しておく。批准書、受諾書、承認書又は加入書は、寄託者に寄託する。
2 この条約の締約国となる地域的な経済統合のための機関で当該機関のいずれの構成国も締約国となっていないものは、この条約に基づくすべての義務を負う。当該機関及びその一又は二以上の構成国がこの条約の締約国である場合には、当該機関及びその構成国は、この条約に基づく義務の履行につきそれぞれの責任を決定する。この場合において、当該機関及びその構成国は、この条約に基づく権利を同時に行使することができない。
3 地域的な経済統合のための機関は、この条約の規律する事項に関する当該機関の権限の範囲をこの条約の批准書、受諾書、承認書又は加入書において宣言する。当該機関は、また、その権限の範囲の実質的な変更を寄託者に通報し、寄託者は、これを締約国に通報する。

第23条(効力発生) 1 この条約は、50番目の批准書、受諾書、承認書又は加入書の寄託の日の後90日目の日に効力を生ずる。
2 この条約は、50番目の批准書、受諾書、承認書又は加入書の寄託の後にこれを批准し、受諾し若しくは承認し又はこれに加入する国又は地域的な経済統合のための機関については、当該国又は機関による批准書、受諾書、承認書又は加入書の寄託の日の後90日目の日に効力を生ずる。
3 地域的な経済統合のための機関によって寄託される文書は、1及び2の規定の適用上、当該機関の構成国によって寄託されたものに追加して数えてはならない。

第24条(留保) この条約には、いかなる留保も付することができない。

第25条(脱退) 1 締約国は、自国についてこの条約が効力を生じた日から3年を経過した後いつでも、寄託者に対して書面による脱退の通告を行うことにより、この条約から脱退することができる。
2 1の脱退は、寄託者が脱退の通告を受領した日から1年を経過した日又はそれよりも遅い日であって脱退の通告において指定されている日に効力を生ずる。
3 この条約から脱退する締約国は、自国が締約国である議定書からも脱退したものとみなす。

第26条(正文) アラビア語、中国語、英語、フランス語、ロシア語及びスペイン語をひとしく正文とするこの条約の原本は、国際連合事務総長に寄託する。

附属書 I

オーストラリア
オーストリア
ベラルーシ(注)
ベルギー
ブルガリア(注)
カナダ
クロアチア(注)
チェコ(注)
デンマーク
欧州経済共同体(※欧州連合)
エストニア(注)
フィンランド
フランス
ドイツ
ギリシャ
ハンガリー(注)
アイスランド
アイルランド
イタリア
日本国
ラトビア(注)
リヒテンシュタイン
リトアニア(注)
ルクセンブルグ
マルタ
モナコ
オランダ
ニュー・ジーランド
ノルウェー
ポーランド(注)
ポルトガル
ルーマニア(注)

ロシア連邦(注)
スロバキア(注)
スロベニア(注)
スペイン
スウェーデン
スイス
トルコ
ウクライナ(注)
グレート・ブリテン及び北部アイルランド連合王国
アメリカ合衆国
注　市場経済への移行の過程にある国

　附属書Ⅱ
オーストラリア
オーストリア
ベルギー
カナダ
デンマーク
欧州経済共同体(※欧州連合)
フィンランド
フランス
ドイツ
ギリシャ
アイスランド
アイルランド
イタリア
日本国
ルクセンブルグ
オランダ
ニュー・ジーランド
ノルウェー
ポルトガル
スペイン
スウェーデン
スイス
グレート・ブリテン及び北部アイルランド連合王国
アメリカ合衆国

6-2-1　気候変動に関する国際連合枠組条約の京都議定書(京都議定書)
Kyoto Protocol to the United Nations Framework Convention on Climate Change

作　　成	1997年12月11日(京都)
効力発生	2005年2月16日
改　　正	(1)2006年11月17日(京都議定書第2回締約国会合(ナイロビ)　決定10/CMP.2)(附属書B改正)、未発効、(2)ドーハ改正(6-2-2を参照)
日本国	2002年5月31日国会承認、6月4日受諾書寄託、2005年1月20日公布(条約第1号)、2月16日効力発生
改　　正	(1)　　(2)

　この議定書の締約国は、
　気候変動に関する国際連合枠組条約(以下「条約」という。)の締約国として、
　条約第2条に定められた条約の究極的な目的を達成するため、
　条約を想起し、
　条約第3条の規定を指針とし、
　条約の締約国会議における第1回会合の決定第1号(第1回会合)により採択されたベルリン会合における授権に関する合意に従って、
　次のとおり協定した。

第1条(定義) この議定書の適用上、条約第1条の定義を適用する。さらに、
1　「締約国会議」とは、条約の締約国会議をいう。
2　「条約」とは、1992年5月9日にニュー・ヨークで採択された気候変動に関する国際連合枠組条約をいう。
3　「気候変動に関する政府間パネル」とは、1988年に世界気象機関及び国際連合環境計画が共同で設置した気候変動に関する政府間パネルをいう。
4　「モントリオール議定書」とは、1987年9月16日にモントリオールで採択され並びにその後調整され及び改正されたオゾン層を破壊する物質に関するモントリオール議定書をいう。
5　「出席しかつ投票する締約国」とは、出席しかつ賛成票又は反対票を投ずる締約国をいう。
6　「締約国」とは、文脈により別に解釈される場合を除くほか、この議定書の締約国をいう。
7　「附属書Ⅰに掲げる締約国」とは、条約附属書Ⅰ(その最新のもの)に掲げる締約国又は条約第4条2(g)の規定に基づいて通告を行った締約国をいう。

第2条(政策措置) 1　附属書Ⅰに掲げる締約国は、次条の規定に基づく排出の抑制及び削減に関する数量化された約束の達成に当たり、持続可能な

開発を促進するため、次のことを行う。
(a) 自国の事情に応じて、次のような政策及び措置について実施し又は更に定めること。
  (i) 自国の経済の関連部門におけるエネルギー効率を高めること。
  (ii) 関連の環境に関する国際取極に基づく約束を考慮に入れた温室効果ガス(モントリオール議定書によって規制されているものを除く。)の吸収源及び貯蔵庫の保護及び強化並びに持続可能な森林経営の慣行、新規植林及び再植林の促進
  (iii) 気候変動に関する考慮に照らして持続可能な形態の農業を促進すること。
  (iv) 新規のかつ再生可能な形態のエネルギー、二酸化炭素隔離技術並びに進歩的及び革新的な環境上適正な技術を研究し、促進し、開発し、及びこれらの利用を拡大すること。
  (v) すべての温室効果ガス排出部門における市場の不完全性、財政による奨励、内国税及び関税の免除並びに補助金であって条約の目的に反するものの漸進的な削減又は段階的な廃止並びに市場を通じた手段の適用
  (vi) 温室効果ガス(モントリオール議定書によって規制されているものを除く。)の排出を抑制し又は削減する政策及び措置を促進することを目的として関連部門において適当な改革を奨励すること。
  (vii) 運輸部門における温室効果ガス(モントリオール議定書によって規制されているものを除く。)の排出を抑制し又は削減する措置
  (viii) 廃棄物の処理並びにエネルギーの生産、輸送及び分配における回収及び使用によりメタンの排出を抑制し又は削減すること。
(b) 条約第4条2(e)(i)の規定に従い、この条の規定に基づいて採用される政策及び措置の個別の及び組み合わせた効果を高めるため、他の附属書Ⅰに掲げる締約国と協力すること。このため、附属書Ⅰに掲げる締約国は、当該政策及び措置について、経験を共有し及び情報を交換するための措置(政策及び措置の比較可能性、透明性及び効果を改善する方法の開発を含む。)をとる。この議定書の締約国の会合としての役割を果たす締約国会議は、第1回会合において又はその後できる限り速やかに、すべての関連する情報を考慮して、そのような協力を促進する方法について検討する。
2 附属書Ⅰに掲げる締約国は、国際民間航空機関及び国際海事機関を通じて活動することにより、航空機用及び船舶用の燃料からの温室効果ガス(モントリオール議定書によって規制されているものを除く。)の排出の抑制又は削減を追求する。
3 附属書Ⅰに掲げる締約国は、条約第3条の規定を考慮して、悪影響(気候変動の悪影響、国際貿易への影響並びに他の締約国(特に開発途上締約国とりわけ条約第4条8及び9に規定するもの)に対する社会上、環境上及び経済上の影響を含む。)を最小限にするような方法で、この条の規定に基づく政策及び措置を実施するよう努力する。この議定書の締約国の会合としての役割を果たす締約国会議は、適当な場合には、この3の規定の実施を促進するため、追加の措置をとることができる。
4 この議定書の締約国の会合としての役割を果たす締約国会議は、各国の異なる事情及び潜在的な影響を考慮して1に規定する政策及び措置を調整することが有益であると決定する場合には、当該政策及び措置の調整を実施する方法及び手段を検討する。

第3条(排出抑制削減目標) 1 附属書Ⅰに掲げる締約国は、附属書Ⅰに掲げる締約国により排出される附属書Aに掲げる温室効果ガスの全体の量を2008年から2012年までの約束期間中に1990年の水準より少なくとも5パーセント削減することを目的として、個別に又は共同して、当該温室効果ガスの二酸化炭素に換算した人為的な排出量の合計が、附属書Bに記載する排出の抑制及び削減に関する数量化された約束に従って並びにこの条の規定に従って算定される割当量を超えないことを確保する。
2 附属書Ⅰに掲げる締約国は、2005年までに、この議定書に基づく約束の達成について明らかな前進を示す。
3 土地利用の変化及び林業に直接関係する人の活動(1990年以降の新規植林、再植林及び森林を減少させることに限る。)に起因する温室効果ガスの発生源による排出量及び吸収源による除去量の純変化(各約束期間における炭素蓄積の検証可能な変化量として計測されるもの)は、附属書Ⅰに掲げる締約国がこの条の規定に基づく約束を履行するために用いられる。これらの活動に関連する温室効果ガスの発生源による排出及び吸収源による除去については、透明性のあるかつ検証可能な方法により報告し、第7条及び第8条の規定に従って検討する。
4 附属書Ⅰに掲げる締約国は、この議定書の締約国の会合としての役割を果たす締約国会議の第1回会合に先立ち、科学上及び技術上の助言に関

する補助機関による検討のため、1990年における炭素蓄積の水準を設定し及びその後の年における炭素蓄積の変化量に関する推計を可能とするための資料を提供する。この議定書の締約国の会合としての役割を果たす締約国会議は、第1回会合において又はその後できる限り速やかに、不確実性、報告の透明性、検証可能性、気候変動に関する政府間パネルによる方法論に関する作業、第5条の規定に従い科学上及び技術上の助言に関する補助機関により提供される助言並びに締約国会議の決定を考慮に入れて、農用地の土壌並びに土地利用の変化及び林業の区分における温室効果ガスの発生源による排出量及び吸収源による除去量の変化に関連する追加的な人の活動のいずれに基づき、附属書Ⅰに掲げる締約国の割当量をどのように増加させ又は減ずるかについての方法、規則及び指針を決定する。この決定は、2回目及びその後の約束期間について適用する。締約国は、当該決定の対象となる追加的な人の活動が1990年以降に行われたものである場合には、当該決定を1回目の約束期間について適用することを選択することができる。

5　附属書Ⅰに掲げる締約国のうち市場経済への移行の過程にある国であって、当該国の基準となる年又は期間が締約国会議の第2回会合の決定第9号(第2回会合)に従って定められているものは、この条の規定に基づく約束の履行のために当該基準となる年又は期間を用いる。附属書Ⅰに掲げる締約国のうち市場経済への移行の過程にある他の締約国であって、条約第12条の規定に基づく1回目の自国の情報を送付していなかったものも、この議定書の締約国の会合としての役割を果たす締約国会議に対して、この条の規定に基づく約束の履行のために1990年以外の過去の基準となる年又は期間を用いる意図を有する旨を通告することができる。この議定書の締約国の会合としての役割を果たす締約国会議は、当該通告の受諾について決定する。

6　この議定書の締約国の会合としての役割を果たす締約国会議は、条約第4条6の規定を考慮して、附属書Ⅰに掲げる締約国のうち市場経済への移行の過程にある国によるこの議定書に基づく約束(この条の規定に基づくものを除く。)の履行については、ある程度の弾力的適用を認める。

7　附属書Ⅰに掲げる締約国の割当量は、排出の抑制及び削減に関する数量化された約束に係る1回目の期間(2008年から2012年まで)においては、1990年又は5の規定に従って決定される基準となる年若しくは期間における附属書Aに掲げる温室効果ガスの二酸化炭素に換算した人為的な排出量の合計に附属書Bに記載する百分率を乗じたものに5を乗じて得た値に等しいものとする。土地利用の変化及び林業が1990年において温室効果ガスの排出の純発生源を成す附属書Ⅰに掲げる締約国は、自国の割当量を算定するため、1990年又は基準となる年若しくは期間における排出量に、土地利用の変化に起因する1990年における二酸化炭素に換算した発生源による人為的な排出量の合計であって吸収源による除去量を減じたものを含める。

8　附属書Ⅰに掲げる締約国は、7に規定する算定のため、ハイドロフルオロカーボン、パーフルオロカーボン及び六ふっ化硫黄について基準となる年として1995年を用いることができる。

9　附属書Ⅰに掲げる締約国のその後の期間に係る約束については、第21条7の規定に従って採択される附属書Bの改正において決定する。この議定書の締約国の会合としての役割を果たす締約国会議は、1に定める1回目の約束期間が満了する少なくとも7年前に当該約束の検討を開始する。

10　第6条又は第17条の規定に基づいて一の締約国が他の締約国から取得する排出削減単位又は割当量の一部は、取得する締約国の割当量に加える。

11　第6条又は第17条の規定に基づいて一の締約国が他の締約国に移転する排出削減単位又は割当量の一部は、移転する締約国の割当量から減ずる。

12　第12条の規定に基づいて一の締約国が他の締約国から取得する認証された排出削減量は、取得する締約国の割当量に加える。

13　一の附属書Ⅰに掲げる締約国の約束期間における排出量がこの条の規定に基づく割当量より少ない場合には、その量の差は、当該附属書Ⅰに掲げる締約国の要請により、その後の約束期間における当該附属書Ⅰに掲げる締約国の割当量に加える。

14　附属書Ⅰに掲げる締約国は、開発途上締約国(特に条約第4条8及び9に規定する国)に対する社会上、環境上及び経済上の悪影響を最小限にするような方法で、1に規定する約束を履行するよう努力する。条約第4条8及び9の規定の実施に関する締約国会議の関連する決定に従い、この議定書の締約国の会合としての役割を果たす締約国会議は、第1回会合において、条約第4条8及び9に規定する締約国に対する気候変動の悪影響又は対応措置の実施による影響を最小限にするためにとるべき措置について検討する。検

討すべき問題には、資金供与、保険及び技術移転の実施を含める。

第4条（共同達成方式） 1　前条の規定に基づく約束を共同で履行することについて合意に達した附属書Iに掲げる締約国は、附属書Aに掲げる温室効果ガスの二酸化炭素に換算した人為的な排出量の合計についての当該附属書Iに掲げる締約国の総計が、附属書Bに記載する排出の抑制及び削減に関する数量化された約束に従って並びに前条の規定に従って算定された割当量について当該附属書Iに掲げる締約国の総計を超えない場合には、約束を履行したものとみなされる。当該附属書Iに掲げる締約国にそれぞれ割り当てられる排出量の水準は、当該合意で定める。

2　1の合意に達した締約国は、この議定書の批准書、受諾書若しくは承認書又はこの議定書への加入書の寄託の日に、事務局に対し当該合意の条件を通報する。事務局は、当該合意の条件を条約の締約国及び署名国に通報する。

3　1の合意は、前条7に規定する約束期間を通じて維持される。

4　共同して行動する締約国が地域的な経済統合のための機関の枠組みにおいて、かつ、当該地域的な経済統合のための機関と共に行動する場合には、この議定書の採択の後に行われる当該地域的な経済統合のための機関の構成のいかなる変更も、この議定書に基づく既存の約束に影響を及ぼすものではない。当該地域的な経済統合のための機関の構成のいかなる変更も、その変更の後に採択される前条の規定に基づく約束についてのみ適用する。

5　1の合意に達した締約国が排出削減量について当該締約国の総計の水準を達成することができない場合には、当該締約国は、当該合意に規定する自国の排出量の水準について責任を負う。

6　共同して行動する締約国が、この議定書の締約国である地域的な経済統合のための機関の枠組みにおいて、かつ、当該地域的な経済統合のための機関と共に行動する場合において、排出削減量の総計の水準を達成することができないときは、当該地域的な経済統合のための機関の構成国は、個別に、かつ、第24条の規定に従って行動する当該地域的な経済統合のための機関と共に、この条の規定に従って通報した自国の排出量の水準について責任を負う。

第5条（推計のための国家制度） 1　附属書Iに掲げる締約国は、1回目の約束期間の開始の遅くとも1年前までに、温室効果ガス（モントリオール議定書によって規制されているものを除く。）について、発生源による人為的な排出量及び吸収源による除去量について推計を行うための国内制度を設ける。その国内制度のための指針（2に規定する方法を含める。）は、この議定書の締約国の会合としての役割を果たす締約国会議の第1回会合において決定する。

2　温室効果ガス（モントリオール議定書によって規制されているものを除く。）の発生源による人為的な排出量及び吸収源による除去量について推計を行うための方法は、気候変動に関する政府間パネルが受諾し、締約国会議が第3回会合において合意したものとする。当該推計を行うための方法が使用されない場合には、この議定書の締約国の会合としての役割を果たす締約国会議の第1回会合において合意される方法に従って適当な調整が適用される。この議定書の締約国の会合としての役割を果たす締約国会議は、特に気候変動に関する政府間パネルの作業並びに科学上及び技術上の助言に関する補助機関によって行われる助言に基づき、締約国会議の関連する決定を十分に考慮して、これらの方法及び調整について定期的に検討し、並びに適当な場合にはこれらを修正する。方法又は調整のいかなる修正も、その修正の後に採択される約束期間における第3条の規定に基づく約束の遵守を確認するためにのみ用いる。

3　附属書Aに掲げる温室効果ガスの発生源による人為的な排出及び吸収源による除去の二酸化炭素換算量を算定するために用いられる地球温暖化係数は、気候変動に関する政府間パネルが受諾し、締約国会議が第3回会合において合意したものとする。この議定書の締約国の会合としての役割を果たす締約国会議は、特に気候変動に関する政府間パネルの作業並びに科学上及び技術上の助言に関する補助機関によって行われる助言に基づき、締約国会議の関連する決定を十分に考慮して、附属書Aに掲げる温室効果ガスの地球温暖化係数を定期的に検討し、及び適当な場合にはこれらを修正する。地球温暖化係数のいかなる修正も、その修正の後に採択される約束期間における第3条の規定に基づく約束についてのみ適用する。

第6条（共同実施） 1　附属書Iに掲げる締約国は、第3条の規定に基づく約束を履行するため、次のことを条件として、経済のいずれかの部門において温室効果ガスの発生源による人為的な排出を削減し又は吸収源による人為的な除去を強化することを目的とする事業から生ずる排出削減単位を他の附属書Iに掲げる締約国に移転し又は

他の附属書Ⅰに掲げる締約国から取得することができる。
  (a) 当該事業が関係締約国の承認を得ていること。
  (b) 当該事業が発生源による排出の削減又は吸収源による除去の強化をもたらすこと。ただし、この削減又は強化が当該事業を行わなかった場合に生ずるものに対して追加的なものである場合に限る。
  (c) 当該附属書Ⅰに掲げる締約国が前条及び次条の規定に基づく義務を遵守していない場合には、排出削減単位を取得しないこと。
  (d) 排出削減単位の取得が第3条の規定に基づく約束を履行するための国内の行動に対して補足的なものであること。
2 この議定書の締約国の会合としての役割を果たす締約国会議は、第1回会合において又はその後できる限り速やかに、この条の規定の実施(検証及び報告を含む。)のための指針を更に定めることができる。
3 附属書Ⅰに掲げる締約国は、自国の責任において、法人がこの条の規定に基づく排出削減単位の発生、移転又は取得に通ずる行動に参加することを承認することができる。
4 附属書Ⅰに掲げる締約国によるこの条の規定の実施上の問題が第8条の関連規定に従って明らかになる場合において、その後も排出削減単位の移転及び取得を継続することができる。ただし、締約国は、遵守に関する問題が解決されるまで、第3条の規定に基づく約束を履行するために当該排出削減単位を用いることはできない。

第7条(情報の送付) 1 附属書Ⅰに掲げる締約国は、締約国会議の関連する決定に従って提出する温室効果ガス(モントリオール議定書によって規制されているものを除く。)の発生源による人為的な排出及び吸収源による除去に関する自国の年次目録に、第3条の規定の遵守を確保するために必要な補足的な情報であって4の規定に従って決定されるものを含める。
2 附属書Ⅰに掲げる締約国は、条約第12条の規定に基づいて提出する自国の情報に、この議定書に基づく約束の遵守を示すために必要な補足的な情報であって4の規定に従って決定されるものを含める。
3 附属書Ⅰに掲げる締約国は、1の規定によって必要とされる情報を毎年提出する。ただし、この提出は、この議定書が自国について効力を生じた後の約束期間の最初の年について条約に基づき提出する最初の目録から開始する。附属書Ⅰに掲げる締約国は、2の規定によって必要とされる情報を、この議定書が自国について効力を生じた後及び4に規定する指針が採択された後に条約に基づいて送付する最初の自国の情報の一部として、提出する。この条の規定によって必要とされる情報のその後の提出の頻度は、締約国会議が決定する各国の情報の送付の時期を考慮して、この議定書の締約国の会合としての役割を果たす締約国会議が決定する。
4 この議定書の締約国の会合としての役割を果たす締約国会議は、締約国会議が採択した附属書Ⅰに掲げる締約国による自国の情報の作成のための指針を考慮して、第1回会合において、この条の規定によって必要とされる情報の作成のための指針を採択し、その後定期的に検討する。また、この議定書の締約国の会合としての役割を果たす締約国会議は、1回目の約束期間に先立ち、割当量の計算方法を決定する。

第8条(検討) 1 附属書Ⅰに掲げる締約国が前条の規定に基づいて提出する情報は、締約国会議の関連する決定に従い、かつ、この議定書の締約国の会合としての役割を果たす締約国会議が4の規定に基づいて採択する指針に従い、専門家検討チームによって検討される。附属書Ⅰに掲げる締約国が前条1の規定に基づいて提出する情報は、排出の目録及び割当量に関する毎年の取りまとめ及び計算の一部として検討される。さらに、附属書Ⅰに掲げる締約国が前条2の規定に基づいて提出する情報は、専門家検討チームが行う情報の検討の一部として検討される。
2 専門家検討チームは、締約国会議がその目的のために与える指導に従い、事務局が調整し、並びに条約の締約国及び適当な場合には政府間機関が指名する者の中から選定される専門家で構成する。
3 検討の過程においては、締約国によるこの議定書の実施状況に関するすべての側面について十分かつ包括的な技術的評価を行う。専門家検討チームは、この議定書の締約国の会合としての役割を果たす締約国会議に提出する報告書であって、締約国の約束の履行状況を評価し並びに約束の履行に関する潜在的な問題及び約束の履行に影響を及ぼす要因を明らかにするものを作成する。当該報告書については、事務局が条約のすべての締約国に送付する。事務局は、この議定書の締約国の会合としての役割を果たす締約国会議が更に検討するために当該報告書に記載された実施上の問題の一覧表を作成する。
4 この議定書の締約国の会合としての役割を果た

す締約国会議は、第1回会合において、締約国会議の関連する決定を考慮して、専門家検討チームがこの議定書の実施状況を検討するための指針を採択し、その後定期的に検討する。
5 この議定書の締約国の会合としての役割を果たす締約国会議は、実施に関する補助機関並びに適当な場合には科学上及び技術上の助言に関する補助機関の支援を得て、次のことについて検討する。
  (a) 前条の規定に基づいて締約国が提出する情報及びその情報に関しこの条の規定に基づいて行われる専門家による検討に関する報告書
  (b) 3の規定に基づいて事務局が列記する実施上の問題及び締約国が提起する問題
6 この議定書の締約国の会合としての役割を果たす締約国会議は、5に規定する情報の検討に基づき、この議定書の実施に必要とされる事項について決定を行う。

第9条(議定書の見直し) 1 この議定書の締約国の会合としての役割を果たす締約国会議は、気候変動及びその影響に関する入手可能な最良の科学的情報及び評価並びに関連する技術上、社会上及び経済上の情報に照らして、この議定書を定期的に検討する。その検討は、条約に基づく関連する検討(特に条約第4条2(d)及び第7条2(a)の規定によって必要とされる検討)と調整する。この議定書の締約国の会合としての役割を果たす締約国会議は、その検討に基づいて適当な措置をとる。
2 1回目の検討は、この議定書の締約国の会合としての役割を果たす締約国会議の第2回会合において行う。その後の検討は、一定の間隔でかつ適切な時期に行う。

第10条(締約国の義務) すべての締約国は、それぞれ共通に有しているが差異のある責任並びに各国及び地域に特有の開発の優先順位、目的及び事情を考慮し、附属書Ⅰに掲げる締約国以外の締約国に新たな約束を導入することなく、条約第4条1の規定に基づく既存の約束を再確認し、持続可能な開発を達成するためにこれらの約束の履行を引き続き促進し、また、条約第4条3、5及び7の規定を考慮して、次のことを行う。
  (a) 締約国会議が合意する比較可能な方法を用い、また、締約国会議が採択する各国の情報の作成のための指針に従い、温室効果ガス(モントリオール議定書によって規制されているものを除く。)の発生源による人為的な排出及び吸収源による除去に関する自国の目録を作成し及び定期的に更新するため、締約国の社会経済状況を反映する国内の排出係数、活動データ又はモデルの質を向上させる費用対効果の大きい自国(適当な場合には地域)の計画を適当な場合において可能な範囲で作成すること。
  (b) 気候変動を緩和するための措置及び気候変動に対する適応を容易にするための措置を含む自国(適当な場合には地域)の計画を作成し、実施し、公表し及び定期的に更新すること。
    (i) 当該計画は、特に、エネルギー、運輸及び工業の部門、農業、林業並びに廃棄物の処理に関するものである。さらに、適応の技術及び国土に関する計画を改善するための方法は、気候変動に対する適応を向上させるものである。
    (ii) 附属書Ⅰに掲げる締約国は、第7条の規定に従い、この議定書に基づく行動に関する情報(自国の計画を含む。)を提出する。他の締約国は、自国の情報の中に、適当な場合には、気候変動及びその悪影響への対処に資すると認める措置(温室効果ガスの排出の増加の抑制、吸収源の強化及び吸収源による除去、能力の開発並びに適応措置を含む。)を内容とする計画に関する情報を含めるよう努める。
  (c) 気候変動に関連する環境上適正な技術、ノウハウ、慣行及び手続の開発、利用及び普及のための効果的な方法の促進について特に開発途上国と協力し、並びに適当な場合には気候変動に関連する環境上適正な技術、ノウハウ、慣行及び手続の特に開発途上国に対する移転又は取得の機会の提供について、促進し、容易にし及び資金を供与するための実施可能なすべての措置(公の所有に属し又は公共のものとなった環境上適正な技術を効果的に移転し並びに民間部門による環境上適正な技術の移転及び取得の機会の提供の促進及び拡充を可能とする環境を創出するための政策及び計画を作成することを含む。)をとること。
  (d) 条約第5条の規定を考慮して、気候系、気候変動の悪影響並びに種々の対応戦略の経済的及び社会的影響に関する不確実性を減少させるため、科学的及び技術的研究に協力し、組織的観測の体制の維持及び発展並びに資料の保管制度の整備を促進し、並びに研究及び組織的観測に関する国際的な及び政府間の努力、計画及び協力網に参加するための固有の能力の開発及び強化を促進すること。
  (e) 教育訓練事業の計画(自国の能力(特に人的

及び制度的能力）の開発の強化及び教育訓練専門家を養成する者の交流又は派遣（特に開発途上国のためのもの）に関するものを含む。）の作成及び実施について、国際的に及び適当な場合には既存の団体を活用して協力し及び促進し、並びに国内的な規模で気候変動に関する啓発及び情報の公開を円滑にすること。これらの活動を実施するための適切な方法は、条約第6条の規定を考慮して、条約の関連機関を通じて作成されるべきである。

(f) 締約国会議の関連する決定に従い、自国の情報の中にこの条の規定に基づいて行われる計画及び活動に関する情報を含めること。

(g) この条の規定に基づく約束の履行に当たり、条約第4条8の規定について十分な考慮を払うこと。

第11条（資金供与の制度） 1 締約国は、前条の規定の実施に当たり、条約第4条4、5及び7から9までの規定について考慮を払う。

2 条約附属書Ⅱに掲げる先進締約国は、条約第4条1の規定の実施との関連において、条約第4条3及び第11条の規定に従い、また、条約の資金供与の制度の運営を委託された組織を通じて、次のことを行う。

(a) 条約第4条1(a)の規定に基づく既存の約束であって前条(a)の規定の対象となるものの履行を促進するために開発途上締約国が負担するすべての合意された費用に充てるため、新規のかつ追加的な資金を供与すること。

(b) 条約第4条1の規定に基づく既存の約束であって、前条の規定の対象となり、かつ、開発途上締約国と条約第11条に規定する国際的組織との間で合意するものについて、その履行を促進するためのすべての合意された増加費用を負担するために開発途上締約国が必要とする新規のかつ追加的な資金（技術移転のためのものを含む。）を条約第11条の規定に従って供与すること。

これらの既存の約束の履行に当たっては、資金の流れの妥当性及び予測可能性が必要であること並びに先進締約国の間の適当な責任分担が重要であることについて考慮を払う。締約国会議の関連する決定（この議定書の採択前に合意されたものを含む。）における条約の資金供与の制度の運営を委託された組織に対する指導は、この2の規定について準用する。

3 条約附属書Ⅱに掲げる先進締約国は、また、二国間の及び地域的その他の多数国間の経路を通じて、前条の規定を実施するための資金を供与することができるものとし、開発途上締約国は、これを利用することができる。

第12条（クリーン開発メカニズム） 1 低排出型の開発の制度についてここに定める。

2 低排出型の開発の制度は、附属書Ⅰに掲げる締約国以外の締約国が持続可能な開発を達成し及び条約の究極的な目的に貢献することを支援すること並びに附属書Ⅰに掲げる締約国が第3条の規定に基づく排出の抑制及び削減に関する数量化された約束の遵守を達成することを支援することを目的とする。

3 低排出型の開発の制度の下で、

(a) 附属書Ⅰに掲げる締約国以外の締約国は、認証された排出削減量を生ずる事業活動から利益を得る。

(b) 附属書Ⅰに掲げる締約国は、第3条の規定に基づく排出の抑制及び削減に関する数量化された約束の一部の遵守に資するため、(a)の事業活動から生ずる認証された排出削減量をこの議定書の締約国の会合としての役割を果たす締約国会議が決定するところに従って用いることができる。

4 低排出型の開発の制度は、この議定書の締約国の会合としての役割を果たす締約国会議の権限及び指導に従い、並びに低排出型の開発の制度に関する理事会の監督を受ける。

5 事業活動から生ずる排出削減量は、次のことを基礎として、この議定書の締約国の会合としての役割を果たす締約国会議が指定する運営組織によって認証される。

(a) 関係締約国が承認する自発的な参加

(b) 気候変動の緩和に関連する現実の、測定可能なかつ長期的な利益

(c) 認証された事業活動がない場合に生ずる排出量の削減に追加的に生ずるもの

6 低排出型の開発の制度は、必要に応じて、認証された事業活動に対する資金供与の措置をとることを支援する。

7 この議定書の締約国の会合としての役割を果たす締約国会議は、第1回会合において、事業活動の検査及び検証が独立して行われることによって透明性、効率性及び責任を確保することを目的として、方法及び手続を定める。

8 この議定書の締約国の会合としての役割を果たす締約国会議は、認証された事業活動からの収益の一部が、運営経費を支弁するために及び気候変動の悪影響を特に受けやすい開発途上締約国が適応するための費用を負担することについて支援するために用いられることを確保する。

9 低排出型の開発の制度の下での参加(3(a)に規定する活動及び認証された排出削減量の取得への参加を含む。)については、民間の又は公的な組織を含めることができるものとし、及び低排出型の開発の制度に関する理事会が与えるいかなる指導にも従わなければならない。

10 2000年から1回目の約束期間の開始までの間に得られた認証された排出削減量は、1回目の約束期間における遵守の達成を支援するために利用することができる。

第13条（締約国会合） 1 条約の最高機関である締約国会議は、この議定書の締約国の会合としての役割を果たす。

2 条約の締約国であってこの議定書の締約国でないものは、この議定書の締約国の会合としての役割を果たす締約国会議の会合の審議にオブザーバーとして参加することができる。締約国会議がこの議定書の締約国の会合としての役割を果たす場合には、この議定書に基づく決定は、この議定書の締約国のみによって行われる。

3 締約国会議がこの議定書の締約国の会合としての役割を果たす場合には、締約国会議の議長団の構成員であってその時点でこの議定書の締約国でない条約の締約国を代表するものは、この議定書の締約国により及びこの議定書の締約国の中から選出される追加的な構成員に交代する。

4 この議定書の締約国の会合としての役割を果たす締約国会議は、この議定書の実施状況を定期的に検討するものとし、その権限の範囲内で、この議定書の効果的な実施を促進するために必要な決定を行う。この議定書の締約国の会合としての役割を果たす締約国会議は、この議定書により課された任務を遂行し、及び次のことを行う。

(a) この議定書により利用が可能となるすべての情報に基づき、締約国によるこの議定書の実施状況、この議定書に基づいてとられる措置の全般的な影響（特に、環境、経済及び社会に及ぼす影響並びにこれらの累積的な影響）及び条約の目的の達成に向けての進捗（ちょく）状況を評価すること。

(b) 条約第4条2(d)及び第7条2に規定する検討を十分に勘案して、条約の目的、条約の実施により得られた経験並びに科学上及び技術上の知識の進展に照らして、この議定書に基づく締約国の義務について定期的に検討すること。このことに関して、この議定書の実施状況に関する定期的な報告書を検討し及び採択すること。

(c) 締約国の様々な事情、責任及び能力並びにこの議定書に基づくそれぞれの締約国の約束を考慮して、気候変動及びその影響に対処するために締約国が採用する措置に関する情報の交換を促進し及び円滑にすること。

(d) 二以上の締約国の要請に応じ、締約国の様々な事情、責任及び能力並びにこの議定書に基づくそれぞれの締約国の約束を考慮して、気候変動及びその影響に対処するために締約国が採用する措置の調整を円滑にすること。

(e) この議定書の締約国の会合としての役割を果たす締約国会議が合意することとなっているこの議定書の効果的な実施のための比較可能な方法について、条約の目的及びこの議定書の規定に従い、また、締約国会議の関連する決定を十分に考慮して、これらの開発及び定期的な改善を促進し及び指導すること。

(f) この議定書の実施に必要な事項に関する勧告を行うこと。

(g) 第11条2の規定に従って追加的な資金が供与されるよう努めること。

(h) この議定書の実施に必要と認められる補助機関を設置すること。

(i) 適当な場合には、能力を有する国際機関並びに政府間及び民間の団体による役務、協力及び情報の提供を求め及び利用すること。

(j) その他この議定書の実施のために必要な任務を遂行し、及び締約国会議の決定により課される任務について検討すること。

5 締約国会議の手続規則及び条約の下で適用する財政手続は、この議定書の締約国の会合としての役割を果たす締約国会議がコンセンサス方式により別段の決定を行う場合を除くほか、この議定書の下で準用する。

6 この議定書の締約国の会合としての役割を果たす締約国会議の第1回会合は、この議定書の効力発生の日の後に予定されている締約国会議の最初の会合と併せて事務局が招集する。この議定書の締約国の会合としての役割を果たす締約国会議のその後の通常会合は、この議定書の締約国の会合としての役割を果たす締約国会議が別段の決定を行わない限り、締約国会議の通常会合と併せて毎年開催する。

7 この議定書の締約国の会合としての役割を果たす締約国会議の特別会合は、この議定書の締約国の会合としての役割を果たす締約国会議が必要と認めるとき又はいずれかの締約国から書面による要請のある場合において事務局がその要請を締約国に通報した後6箇月以内に締約国の少なくとも3分の1がその要請を支持するときに開

催する。
8 国際連合、その専門機関、国際原子力機関及びこれらの国際機関の加盟国又はオブザーバーであって条約の締約国でないものは、この議定書の締約国の会合としての役割を果たす締約国会議の会合にオブザーバーとして出席することができる。この議定書の対象とされている事項について認められた団体又は機関(国内若しくは国際の又は政府若しくは民間のもののいずれであるかを問わない。)であって、この議定書の締約国の会合としての役割を果たす締約国会議の会合にオブザーバーとして出席することを希望する旨事務局に通報したものは、当該会合に出席する締約国の3分の1以上が反対しない限り、オブザーバーとして出席することを認められる。オブザーバーの出席については、5の手続規則に従う。

第14条(事務局) 1 条約第8条の規定によって設置された事務局は、この議定書の事務局としての役割を果たす。

2 事務局の任務に関する条約第8条2の規定及び事務局の任務の遂行のための措置に関する条約第8条3の規定は、この議定書について準用する。さらに、事務局は、この議定書に基づいて課される任務を遂行する。

第15条(補助機関) 1 条約第9条及び第10条の規定によって設置された科学上及び技術上の助言に関する補助機関並びに実施に関する補助機関は、それぞれ、この議定書の科学上及び技術上の助言に関する補助機関並びに実施に関する補助機関としての役割を果たす。条約に基づくこれらの二の機関の任務の遂行に関する規定は、この議定書について準用する。この議定書の科学上及び技術上の助言に関する補助機関並びに実施に関する補助機関の会合は、それぞれ、条約の科学上及び技術上の助言に関する補助機関並びに実施に関する補助機関の会合と併せて開催する。

2 条約の締約国であってこの議定書の締約国でないものは、補助機関の会合の審議にオブザーバーとして参加することができる。補助機関がこの議定書の補助機関としての役割を果たす場合には、この議定書に基づく決定は、この議定書の締約国のみによって行われる。

3 条約第9条及び第10条の規定によって設置された補助機関がこの議定書に関係する事項に関して任務を遂行する場合には、補助機関の議長団の構成員であってその時点でこの議定書の締約国でない条約の締約国を代表するものは、この議定書の締約国により及びこの議定書の締約国の中から選出される追加的な構成員に交代する。

第16条(実施に関する問題の解決) この議定書の締約国の会合としての役割を果たす締約国会議は、締約国会議が行う関連する決定に照らして、条約第13条に規定する多数国間の協議手続をこの議定書について適用することをできる限り速やかに検討し、及び必要な場合には当該協議手続を修正する。この議定書について適用する多数国間の協議手続は、第18条の規定に従って設ける手続及び制度の実施を妨げることなく、運用される。

第17条(排出量取引) 締約国会議は、排出量取引(特にその検証、報告及び責任)に関する原則、方法、規則及び指針を定める。附属書Bに掲げる締約国は、第3条の規定に基づく約束を履行するため、排出量取引に参加することができる。排出量取引は、同条の規定に基づく排出の抑制及び削減に関する数量化された約束を履行するための国内の行動に対して補足的なものとする。

第18条(不遵守) この議定書の締約国の会合としての役割を果たす締約国会議は、第1回会合において、不遵守の原因、種類、程度及び頻度を考慮して、この議定書の規定の不遵守の事案を決定し及びこれに対処すること(不遵守に対する措置を示す表の作成を通ずるものを含む。)のための適当かつ効果的な手続及び制度を承認する。この条の規定に基づく手続及び制度であって拘束力のある措置を伴うものは、この議定書の改正によって採択される。

第19条(紛争の解決) 紛争の解決に関する条約第14条の規定は、この議定書について準用する。

第20条(議定書の改正) 1 締約国は、この議定書の改正を提案することができる。

2 この議定書の改正は、この議定書の締約国の会合としての役割を果たす締約国会議の通常会合において採択する。この議定書の改正案は、その採択が提案される会合の少なくとも6箇月前に事務局が締約国に通報する。また、事務局は、改正案を条約の締約国及び署名国並びに参考のために寄託者に通報する。

3 締約国は、この議定書の改正案につき、コンセンサス方式により合意に達するようあらゆる努力を払う。コンセンサスのためのあらゆる努力にもかかわらず合意に達しない場合には、改正案は、最後の解決手段として、その採択が提案される会合に出席しかつ投票する締約国の4分の3以上の多数による議決で採択する。採択された改正は、事務局が寄託者に通報するものとし、寄

託者がすべての締約国に対し受諾のために送付する。
4 改正の受諾書は、寄託者に寄託する。3の規定に従って採択された改正は、この議定書の締約国の少なくとも4分の3の受諾書を寄託者が受領した日の後90日目の日に、当該改正を受諾した締約国について効力を生ずる。
5 改正は、他の締約国が当該改正の受諾書を寄託者に寄託した日の後90日目の日に当該他の締約国について効力を生ずる。

第21条(附属書の改正) 1 この議定書の附属書は、この議定書の不可分の一部を成すものとし、「この議定書」というときは、別段の明示の定めがない限り、附属書を含めていうものとする。この議定書が効力を生じた後に採択される附属書は、表、書式その他科学的、技術的、手続的又は事務的な性格を有する説明的な文書に限定される。
2 締約国は、この議定書の附属書を提案し、また、この議定書の附属書の改正を提案することができる。
3 この議定書の附属書及びこの議定書の附属書の改正は、この議定書の締約国の会合としての役割を果たす締約国会議の通常会合において採択する。附属書案又は附属書の改正案は、その採択が提案される会合の少なくとも6箇月前に事務局が締約国に通報する。また、事務局は、附属書案又は附属書の改正案を条約の締約国及び署名国並びに参考のために寄託者に通報する。
4 締約国は、附属書案又は附属書の改正案につき、コンセンサス方式により合意に達するようあらゆる努力を払う。コンセンサスのためのあらゆる努力にもかかわらず合意に達しない場合には、附属書案又は附属書の改正案は、最後の解決手段として、その採択が提案される会合に出席しかつ投票する締約国の4分の3以上の多数による議決で採択する。採択された附属書又は附属書の改正は、事務局が寄託者に通報するものとし、寄託者がすべての締約国に対し受諾のために送付する。
5 3及び4の規定に従って採択された附属書又は附属書A若しくは附属書B以外の附属書の改正は、寄託者が附属書の採択又は附属書の改正の採択を締約国に通報した日の後6箇月で、その期間内に当該附属書又は当該附属書の改正を受諾しない旨を寄託者に対して書面により通告した締約国を除くほか、この議定書のすべての締約国について効力を生ずる。当該附属書又は当該附属書の改正は、当該通告を撤回する旨の通告を寄託者が受領した日の後90日目の日に、当該通告を撤回した締約国について効力を生ずる。
6 附属書又は附属書の改正の採択がこの議定書の改正を伴うものである場合には、採択された附属書又は附属書の改正は、この議定書の改正が効力を生ずる時まで効力を生じない。
7 この議定書の附属書A及び附属書Bの改正は、前条に規定する手続に従って採択され、効力を生ずる。ただし、附属書Bの改正は、関係締約国の書面による同意を得た場合にのみ採択される。

第22条(投票権) 1 各締約国は、2に規定する場合を除くほか、一の票を有する。
2 地域的な経済統合のための機関は、その権限の範囲内の事項について、この議定書の締約国であるその構成国の数と同数の票を投ずる権利を行使する。地域的な経済統合のための機関は、その構成国が自国の投票権を行使する場合には、投票権を行使してはならない。その逆の場合も、同様とする。

第23条(寄託者) 国際連合事務総長は、この議定書の寄託者とする。

第24条(署名、批准、受諾、承認、加入) 1 この議定書は、条約の締約国である国家及び地域的な経済統合のための機関による署名のために開放されるものとし、批准され、受諾され又は承認されなければならない。この議定書は、1998年3月16日から1999年3月15日までニュー・ヨークにある国際連合本部において、署名のために開放しておく。この議定書は、この議定書の署名のための期間の終了の日の後は、加入のために開放しておく。批准書、受諾書、承認書又は加入書は、寄託者に寄託する。
2 この議定書の締約国となる地域的な経済統合のための機関でそのいずれの構成国も締約国となっていないものは、この議定書に基づくすべての義務を負う。地域的な経済統合のための機関及びその一又は二以上の構成国がこの議定書の締約国である場合には、当該地域的な経済統合のための機関及びその構成国は、この議定書に基づく義務の履行につきそれぞれの責任を決定する。この場合において、当該地域的な経済統合のための機関及びその構成国は、この議定書に基づく権利を同時に行使することができない。
3 地域的な経済統合のための機関は、この議定書の規律する事項に関するその権限の範囲をこの議定書の批准書、受諾書、承認書又は加入書において宣言する。また、当該地域的な経済統合のための機関は、その権限の範囲の実質的な変更を寄託者に通報し、寄託者は、これを締約国

に通報する。

第25条(効力発生) 1 この議定書は、55以上の条約の締約国であって、附属書Ⅰに掲げる締約国の1990年における二酸化炭素の総排出量のうち少なくとも55パーセントを占める二酸化炭素を排出する附属書Ⅰに掲げる締約国を含むものが、批准書、受諾書、承認書又は加入書を寄託した日の後90日目の日に効力を生ずる。

2 この条の規定の適用上、「附属書Ⅰに掲げる締約国の1990年における二酸化炭素の総排出量」とは、附属書Ⅰに掲げる締約国がこの議定書の採択の日以前の日に、条約第12条の規定に従って送付した1回目の自国の情報において通報した量をいう。

3 この議定書は、1に規定する効力発生のための要件を満たした後にこれを批准し、受諾し若しくは承認し又はこれに加入する国又は地域的な経済統合のための機関については、批准書、受諾書、承認書又は加入書の寄託の日の後90日目の日に効力を生ずる。

4 地域的な経済統合のための機関によって寄託される文書は、この条の規定の適用上、その構成国によって寄託されたものに追加して数えてはならない。

第26条(留保) この議定書には、いかなる留保も付することができない。

第27条(脱退) 1 締約国は、自国についてこの議定書が効力を生じた日から3年を経過した後いつでも、寄託者に対して書面による脱退の通告を行うことにより、この議定書から脱退することができる。

2 1の脱退は、寄託者が脱退の通告を受領した日から1年を経過した日又はそれよりも遅い日であって脱退の通告において指定されている日に効力を生ずる。

3 条約から脱退する締約国は、この議定書からも脱退したものとみなす。

第28条(正文) (略)

附属書A

温室効果ガス
　二酸化炭素(CO_2)
　メタン(CH_4)
　一酸化二窒素(N_2O)
　ハイドロフルオロカーボン(HFCs)
　パーフルオロカーボン(PFCs)
　六ふっ化硫黄(SF_6)

部門及び発生源の区分
　エネルギー
　　燃料の燃焼
　　　エネルギー産業
　　　製造業及び建設業
　　　運輸
　　　その他の部門
　　　その他
　　燃料からの漏出
　　　固体燃料
　　　石油及び天然ガス
　　　その他
　産業の工程
　　鉱物製品
　　化学産業
　　金属の生産
　　その他の生産
　　ハロゲン元素を含む炭素化合物及び六ふっ化硫黄の生産
　　ハロゲン元素を含む炭素化合物及び六ふっ化硫黄の消費
　　その他
　溶剤その他の製品の利用
　農業
　　消化管内発酵
　　家畜排せつ物の管理
　　稲作
　　農用地の土壌
　　サバンナを計画的に焼くこと。
　　野外で農作物の残留物を焼くこと。
　　その他
　廃棄物
　　固形廃棄物の陸上における処分
　　廃水の処理
　　廃棄物の焼却
　　その他

附属書B

締約国	排出の抑制及び削減に関する数量化された約束(基準となる年又は期間に乗ずる百分率)
オーストラリア	108
オーストリア	92
ベルギー	92
ブルガリア(注)	92
カナダ	94
クロアチア(注)	95
チェコ共和国(注)	92

デンマーク	92	ノルウェー	101
エストニア(注)	92	ポーランド(注)	94
欧州共同体(※欧州連合)	92	ポルトガル	92
フィンランド	92	ルーマニア(注)	92
フランス	92	ロシア連邦(注)	100
ドイツ	92	スロバキア(注)	92
ギリシャ	92	スロベニア(注)	92
ハンガリー(注)	94	スペイン	92
アイスランド	110	スウェーデン	92
アイルランド	92	スイス	92
イタリア	92	ウクライナ(注)	100
日本国	94	グレート・ブリテン及び北部アイルランド連合王国	92
ラトビア(注)	92		
リヒテンシュタイン	92	アメリカ合衆国	93
リトアニア(注)	92		
ルクセンブルグ	92		
モナコ	92		
オランダ	92		
ニュー・ジーランド	100		

注　市場経済への移行の過程にある国

〔編者注〕附属書Bにある「欧州連合」の排出抑制削減目標は、京都議定書採択時点で欧州連合を構成していた15の構成国からなる欧州連合の目標である。

6-2-2　京都議定書のドーハ改正（ドーハ改正）（抄）
Doha amendment to the Kyoto Protocol

採　択　2012年12月8日
　　　　　第8回締約国会合（ドーハ）決定1/CMP.8
効力発生

決定1/CMP.8　京都議定書第3条9に基づく京都議定書の改正（ドーハ改正）

京都議定書の締約国の会合としての役割を果たす締約国会議は、

京都議定書第3条9、第20条2及び第21条7を想起し、

決定1/CMP.1及び1/CMP.7を想起し、

さらに、決定1/CP.17を想起し、

附属書Ⅰに掲げる締約国による緩和の努力における京都議定書の役割を強調し、

2回目の約束期間に係る排出の抑制及び削減に関する数量化された約束を附属書Bの第3列に記載するとの附属書Ⅰに掲げる多数の締約国による決定を歓迎し、

この決定の附属書Ⅰに定める京都議定書の改正の迅速な効力発生を確保するために、締約国が遅滞なく受諾書を寄託することが差し迫って必要であることを認め、

2回目の約束期間において附属書Ⅰに掲げる締約国の広範な参加を促進することを希望し、

2回目の約束期間に係る改正の効力が発生するまでの間、京都議定書（第6条、第12条及び第17条の規定に基づくメカニズムを含む。）を引き続き円滑に履行する必要性も認め、

この決定の附属書Ⅱに定める宣言を留意し、

決定1/CP.18も留意し、

2020年から効力が発生し、実施されるために、できる限り速やかに、遅くとも2015年までに、議定書、他の法的文書又は法的効力を有する合意された結果を採択するための強化された行動のためのダーバン・プラットフォーム特別作業部会の下での作業の重要性を留意し、

I

1　京都議定書第20条及び第21条の規定に従って、この決定の附属書Iに定める改正を採択する。

2　（略）

3　（略）

4　2回目の約束期間が2013年1月1日に開始することを再確認し、2020年12月31日に終了することを決定する。

II

5　京都議定書第20条及び第21条の規定に従って、

その効力の発生までの間改正を暫定的に適用することができることを認め、締約国がその暫定適用について寄託者に通報を行うことを決定する。

6　5の規定に基づいてこの改正を暫定的に適用しない締約国は、2013年1月1日から京都議定書第20条及び第21条の規定に従ってその改正の効力発生までの間、その国内法又は国内プロセスに従って2回目の約束期間に関してその約束及び他の責任を実施することも決定する。

III

7　附属書Iに掲げる各締約国は、遅くとも2014年までに、2回目の約束期間に係る排出の抑制及び削減に関する数量化された約束を再検討することを決定する。その約束の水準を引き上げるために、附属書Iに掲げる締約国は、これらの締約国により排出される温室効果ガス（モントリオール議定書によって規制されているものを除く。）の排出量の合計が、2020年までに1990年の水準より少なくとも25パーセントから40パーセント削減することと一致するように、排出の抑制及び削減に関する数量化された約束を記載する附属書Bの第3列に記載される百分率を引き下げることができる。

8　第3条1の3及び1の4に規定する水準の引き上げが効果的であることを確保するために、関係締約国は、その割当量の算定を調整するか、又は、その割当量の設定の際に、そのためにその国家登録簿に設置された取消口座に割当量単位を移転し、かつその算定の調整若しくは移転を通報することにより、この決定の附属書Iに記載する附属書Bの第3列に記載される排出の抑制及び削減に関する数量化された約束の引き上げに相当する数の割当量単位を取り消すことも決定する。

9-11　（略）

IV

12　2回目の約束期間について、2013年1月1日から開始し、附属書Iに掲げる締約国以外の締約国は、決定3/CMP.1の附属書の規定に従って、京都議定書第12条の規定に基づいて進行中の事業活動及び2012年12月31日以降登録される事業活動に引き続き参加できることを明確に決定する。

13　2回目の約束期間の適用上、2013年1月1日以降、附属書Iに掲げる締約国は、第12条の規定に従って進行中の事業活動及び2012年12月31日以降登録される事業活動に引き続き参加することができるが、この決定の附属書Iの附属書Bの第三列に記載する数量化された排出の抑制及び削減の約束を負う締約国のみが、決定3/CMP.1及び15の規定に従って認証された排出削減量を移転し、獲得する資格を有することも明確に決定する。

14　15及び16に規定する締約国は、この決定の附属書Iの改正がその締約国について効力を発生し、かつその締約国が決定3/CMP.1の附属書の31に規定する要件を満たした時に、2回目の約束期間に係る京都議定書第3条の規定に基づくその約束の一部の遵守に資するため認証された排出削減量を用いる資格を有することを決定する。

15　京都議定書第6条の規定に基づく共同実施及び第17条に基づく排出量取引に関して、次のように決定する。

　(a)　2013年1月1日より、この決定の附属書Iの附属書Bの第3列に記載された約束を負う締約国で、1回目の約束期間において決定11/CMP.1の附属書の3の規定に従って適格性があることが決定された締約国のみが、決定11/CMP.1の附属書の3(b)の規定に従って、京都議定書第17条の規定に基づいて2回目の約束期間に有効な認証された排出削減量、割当量単位、排出削減単位及び除去単位を移転し、獲得する資格を有するものとする。

　(b)　決定11/CMP.1の附属書の2(b)の規定は、2回目の約束期間に係る割当量の算定及び記録がなされて初めてかかる締約国に適用されるものとする。

16　15に規定する締約国について2回目の約束期間に第6条の規定に基づき、排出削減単位を引き続き発行し、移転し、獲得するのを迅速に行うための方法、並びに、15に規定する締約国で、その適格性が第1約束期間には確認されてしいないものの適格性の確認を迅速に行うための方法を検討するよう、実施のための補助機関に求める。

17　決定3/CMP.1の附属書の31(e)第2文、決定9/CMP.1の附属書の21(e)第2文及び決定11/CMP.1の附属書の2(e)第2文の規定は、2回目の約束期間にも延長して適用されることを決定する。

18　決定11/CMP.1の附属書の6から10の規定について、2回目の約束期間の適用上、次のことも決定する。

　(a)　これらの規定は、2回目の約束期間に係る割当量の算定及び記録がなされて初めて、15及び16に規定する締約国に適用するものとする。

　(b)　京都議定書第3条7及び8という規定は、京都議定書第3条7の2及び8の2と読み替えるものとする。

　(c)　決定11/CMP.1の附属書の6の「最も直近に検討されたその目録の5倍」という規定は、「最

も直近に検討されたその目録の8倍」と読み替えるものとする。
19 さらに、決定13/CMP.1の附属書の23の規定は、2回目の約束期間の適用上、適用されないことを決定する。

V

20 京都議定書第12条8及び決定17/CP.7に規定する気候変動の悪影響を特に受けやすい開発途上締約国が適応するための費用を負担することについて支援するための収益の一部は、事業活動について発行される認証された排出削減量の2パーセントとすることが維持されることを決定する。
21 2回目の約束期間について、適応基金は、割当量単位の最初の国際移転及び締約国が先に保有する割当量単位又は除去単位の排出削減単位への転換の直後に行われる第6条の事業に係る排出削減単位の発行に課せられる2パーセントの収益の一部によりさらに増強されることを決定する。
22 決定17/CP.7の規定に従って、後発開発途上締約国におけるクリーン開発メカニズムの事業活動は、適応するための費用を支援するための収益の一部を引き続き免除されることを再確認する。

VI

23 この決定の附属書Iの附属書Bの第3列に約束を記載する附属書Iに掲げる各締約国は、その国家登録簿において前約束期間余剰保有口座を設置することを決定する。
24 23に規定する一の締約国の約束期間における排出量が、第3条の規定に基づく割当量より少ない場合には、その量の差は、当該締約国の要請により、次のようにその後の約束期間に繰り越されることもまた決定する。
 (a) 当該締約国の国家登録簿に保有されている排出削減量単位又は認証された排出削減量で、その約束期間に償却又は取消がなされなかったものは、単位の種類ごとに、第3条7及び8の規定に従って算定される割当量の2.5パーセントを上限として、その後の約束期間に繰り越すことができる。
 (b) 当該締約国の国家登録簿に保有されている割当量単位で、その約束期間に償却又は取消がなされなかったものは、2回目の約束期間における当該締約国の割当量に加えるものとする。一の締約国の国家登録簿に保有されている割当量単位で、2回目の約束期間に償却又は取消がなされなかった当該締約国の割当量の部分は、当該締約国の国家登録簿に設置されるその後の約束期間に係る前期間余剰保有口座に移転されるものとする。
25 さらに、一の締約国の前期間余剰保有口座にある単位は、2回目の約束期間の約束を達成するために償却に追加期間において償却に用いることができるが、2回目の約束期間中の排出量は、京都議定書第3条7の2、8及び8の2の規定する2回目の約束期間の割当量を超える量を限度とすることを決定する。
26 単位は前期間余剰保有口座間で移転し、取得することができることを決定する。23に規定する締約国は、他の締約国の前期間余剰保有口座からその前期間余剰保有口座に、第3条7及び8の規定に基づく1回目の約束期間に係るその割当量の2パーセントまで取得することができる。

VII

27-29 （略）
30 京都議定書に基づく附属書I締約国のさらなる約束に関する特別作業部会は、決定1/CMP.1に規定する任務を果たし、この決定によりその作業を終了することを決定する。

附属書I　京都議定書のドーハ改正

第1条　改正
A　京都議定書の附属書B
議定書の附属書B中の表を次の表に改める。
〔編者注〕表は418頁所収。

1 参照年は、国際的に法的拘束力を有する、この表の第2列及び第3列に記載される基準年に係る排出の抑制又は削減に関する数量化された約束（QELRC）の記載に加えて、当該年の排出の百分率でQELRCを表す目的で、締約国が任意で用いることができるもので、京都議定書に基づき国際的に拘束力があるものではない。
2 これらの誓約に関する追加情報は、FCCC/SB/2011/INF.1/Rev.1及びFCCC/KP/AWG/2012/MISC.1, Add.1 and Add.2において入手できる。
3 （略）
4 京都議定書に基づく2回目の約束期間に係る欧州連合及びその構成国のQELRCは、京都議定書第4条の規定に従って、欧州連合及びその構成国で共同して達成するという了解に基づいている。そのQELRCは、京都議定書の規定に従って共同してその約束を達成する合意について欧州連合及びその構成国が後に行う通告を害するものではない。

1	2	3	4	5	6
締約国	排出の抑制又は削減に関する数量化された約束(2008〜2012年)(基準となる年又は期間に乗ずる百分率)	排出の抑制又は削減に関する数量化された約束(2013〜2020年)(基準となる年又は期間に乗ずる百分率)	参照年[1]	排出の抑制又は削減に関する数量化された約束(2013〜2020年)(参照年に乗ずる百分率として表現)	2020年までに温室効果ガス排出を削減する誓約(参照年に乗じる百分率)[2]
オーストラリア	108	99.5	2000	98	−5から−15%又は−25%
オーストリア	92	80[4]	NA	NA	
ベラルーシ*		88	1990	NA	−8%
ベルギー	92	80[4]	NA	NA	
ブルガリア*	92	80[4]	NA	NA	
クロアチア*	95	80[6]	NA	NA	−20%/−30%
キプロス		80[4]	NA	NA	
チェコ共和国*	92	80[4]	NA	NA	
デンマーク	92	80[4]	NA	NA	
エストニア*	92	80[4]	NA	NA	
欧州連合	92	80[4]	1990	NA	−20%/−30%[7]
フィンランド	92	80[4]	NA	NA	
フランス	92	80[4]	NA	NA	
ドイツ	92	80[4]	NA	NA	
ギリシャ	92	80[4]	NA	NA	
ハンガリー*	94	80[4]	NA	NA	
アイスランド	110	80[4]	NA	NA	
アイルランド	92	80[4]	NA	NA	
イタリア	92	80[4]	NA	NA	
カザフスタン*		95	1990	95	−7%
ラトビア*	92	80[4]	NA	NA	
リヒテンシュタイン	92	84	1990	84	−20%/−30%
リトアニア*	92	80[4]	NA	NA	
ルクセンブルグ	92	80[4]	NA	NA	
マルタ		80[4]	NA	NA	
モナコ	92	78	1990	78	−30%
オランダ	92	80[4]	NA	NA	
ノルウェー	101	84	1990	84	−30%から−40%
ポーランド*	94	80[4]	NA	NA	
ポルトガル	92	80[4]	NA	NA	
ルーマニア*	92	80[4]	NA	NA	
スロバキア*	92	80[4]	NA	NA	
スペイン	92	80[4]	NA	NA	
スウェーデン	92	80[4]	NA	NA	
スイス	92	84.2	1990	NA	−20%から−30%
ウクライナ*	100	76[12]	1990	NA	−20%
イギリス	92	80[4]	NA	NA	

締約国	排出の抑制及び削減に関する数量化された約束(2008〜2012年)(基準となる年又は期間に乗ずる百分率)
カナダ[13]	94
日本国[14]	94
ニュー・ジーランド[15]	100
ロシア連邦[16]	100

NA：適用なし
＊　市場経済への移行の過程にある国

次の脚注（1、2及び5を除く。）のいずれも、それぞれの締約国からの通報により規定されたものである。

5 決定10/CMP.2の規定に従って採択された改正により附属書Bに追加された。この改正はまだ効力を生じていない。
6 2回目の約束期間に係るクロアチアのQELRCは、京都議定書第4条の規定に従って、欧州連合及びその構成国と共同してそのQELRCを達成するとの了解に基づいている。それゆえ、欧州連合へのクロアチアの加盟は、第4条の規定に従った共同達成の合意への参加又はそのQELRCに影響を及ぼすものではない。
7 (略)
8 2回目の約束期間に係るアイスランドのQELRCは、京都議定書第4条の規定に従って、欧州連合及びその構成国と共同して達成するという了解に基づいている。
9-11 (略)
12 完全な繰り越しが認められるべきであり、この正当に取得された主権国家の財産の使用の取消又は制限の受諾はない。
13 2011年12月15日、寄託者は、カナダの京都議定書からの脱退の書面による通告を受領した。この行為は、2012年12月15日にカナダについて効力を生じる。
14. 2010年12月10日付けの通報において、日本は、2013年以降京都議定書の2回目の約束期間の義務を負う意図はないことを示した。
15 ニュー・ジーランドは、引き続き京都議定書の締約国である。2013年から2020年の期間においては気候変動に関する国際連合枠組条約に基づく国全体の排出を対象とした数量化された削減の目標を負う。
16 2010年12月9日に事務局が受領した2010年12月8日付けの通報において、ロシア連邦は、2回目の約束期間に係る排出の抑制又は削減に関する数値化された約束を負う意図はないと示した。

B 京都議定書の附属書A
議定書の附属書A中の「温室効果ガス」の欄にある一覧を次の一覧に改める。

温室効果ガス
二酸化炭素（CO_2）
メタン（CH_4）
一酸化二窒素（N_2O）
ハイドロフルオロカーボン（HFCs）
パーフルオロカーボン（PFCs）
六フッ化硫黄（SF_6）
三フッ化窒素（NF_3）（注1）

※注1 2回目の約束期間の開始の日以降に限って適用される。

C 第3条1の2
議定書第3条1の次に1の2として次のように加える。

1の2 附属書Iに掲げる締約国は、附属書Iに掲げる締約国により排出される附属書Aに掲げる温室効果ガスの全体の量を2013年から2020年までの約束期間中に1990年の水準よりも少なくとも18パーセント削減することを目的として、個別に又は共同して、当該温室効果ガスの二酸化炭素に換算した人為的な排出量の合計が、附属書Bに記載する表の第3列に記載される排出の抑制及び削減に関する数量化された約束に従って並びにこの条の規定に従って算定される割当量を超えないことを確保する。

D 第3条1の3
議定書第3条1の2の次に1の3として次のように加える。

1の3 附属書Bに掲げる締約国は、附属書Bに記載する表の第3列に記載される排出の抑制及び削減に関する数量化された約束の附属書Bの第3列に記載される百分率を減ずる調整を提案することができる。こうした調整の提案は、その採択が提案されるこの議定書の締約国の会合としての役割を果たす締約国会議の会合の少なくとも3箇月前に事務局が締約国に通報する。

E 第3条1の4
議定書第3条1の3の次に1の4として次のように加える。

1の4 第3条1の3に従ってその排出の抑制及び削減に関する数量化された約束の水準（ambition）を引き上げるために附属書Iに掲げる締約国により提案される調整は、当該会合に出席し投票する締約国の4分の3以上がその採択に反対しない限り、この議定書の締約国の会合としての役割を果たす締約国会議により採択されたものとみなす。採択された改正は、事務局が寄託者に通報するものとし、寄託者がすべての締約国に対し送付し、寄託者が通報した日の後の年の1月1日に効力を生ずる。この調整は締約国に対して拘束力を有するものとする。

F 第3条7の2
議定書第3条7の次に7の2として次のように加える。

7の2 附属書Iに掲げる締約国の割当量は、排出の抑制及び削減に関する数量化された約束に係る2回目の期間（2013年から2020年まで）においては、1990年又は5の規定に従って決定される基準となる年若しくは期間における附属書Aに掲げる温室効果ガスの二酸化炭素に換算した人為的な排出量の合計に附属書Bに記載する表の第3列に記載する百分率を乗じたものに8を乗じて得た値に等しいものとする。土地利用の変化及び林業が1990年において温室効果ガスの排出の純発生源を成す附属書Iに掲げる締約国は、自国の割当量を算定するため、1990年又は基準となる年若しくは期間における排出量に、土地利用の変化に起因する1990年における二酸化炭素に換算した発生源による人為的な排出量の合計であって吸収源による除去量を減じたものを含める。

G 第3条7の3
議定書第3条7の2の次に7の3として次のように加える。

附属書Iに掲げる締約国の割当量と約束に係る前の期間の最初の3年の年間排出量の平均に8を乗じて得た値との間の正の差が生じる場合、その差分はその締約国の取消口座に移転されるものとする。

H 第3条8
議定書の第3条8中、「7に規定する算定」を「7及び7の2に規定する算定」に改める。

I 第3条8の2
議定書の第3条8の次に8の2として次のように加える。

8の2 附属書Iに掲げる締約国は、7の2に規定する算定のため、三フッ化窒素について基準となる年として1995年又は2000年を用いることができる。

J 第3条12の2及び12の3
議定書の第3条12の次に12の2及び12の3として次のように加える。

12の2 条約又はその文書に基づいて設置される市場メカニズムから生じる単位は、第3条に基づく排出の抑制及び削減に関する数量化された約束の遵守の達成を支援するために附属書Iに掲げる締約国が利用することができる。一の締約国が条約の他の締約国から取得する単位は、取得する締約国の割当量に加え、移転する締約国が保有する単位の量から減ずる。

12の3 この議定書の締約国の会合としての役割を果たす締約国会議は、12の2に規定する市場メカニズムに基づき承認された活動から生じる単位を、第3条に基づく排出の抑制及び削減に関する数量化された約束の遵守の達成を支援するために附属書Iに掲げる締約国が用いる場合には、これらの単位の一部が、運営経費を支弁するために、及び、これらの単位が第17条に基づいて取得される場合には、気候変動の悪影響を特に受けやすい開発途上締約国が適応するための費用を負担することについて支援するために、用いられることを確保する。

K 第4条2
議定書第4条2の第1文の最後に次の文言を加える。

又は第3条9の規定に従い、附属書Bの改正の受諾書の寄託の日に

L 第4条3
議定書第4条3中、「前条7」を「合意が関係する前条」に改める。

第2条 効力発生
この改正は、京都議定書第20条及び第21条に基づいて効力を生ずる。

附属書II
京都議定書の1回目の約束期間から繰り越される割当量単位に関する政治宣言

オーストラリア（略）
欧州連合及びその27の構成国（略）
日本
日本政府は、1回目の約束期間から繰り越される割当量単位を購入しない。
リヒテンシュタイン（略）

モナコ（略）
ノルウェー（略）
スイス（略）

6-2-3　京都議定書に基づく遵守に関する手続及び制度（京都議定書遵守手続）
Procedures and mechanisms relating to compliance under the Kyoto Protocol

決　定　2005年12月9‐10日
京都議定書第1回締約国会合（モントリオール）決定
27/CMP.1

京都議定書の締約国の会合としての役割を果たす締約国会議は、
　京都議定書に基づく遵守に関する手続及び制度に関する附属書を含む決定24/CP.7を想起し、
　京都議定書第18条及び第20条もまた想起し、
　決定24/CP.7の2の勧告、並びに、第18条に関して遵守に関する手続及び制度の法的形式に関して決定するのは京都議定書の締約国の会合としての役割を果たす締約国会議の特権であることに留意し、
　この点につき、サウジアラビアによる京都議定書を改正する提案にも留意し、
　締約国がこの問題の早期の解決のために全力を尽くす必要性を強調し、
1　この決定の2に概括するプロセスの結果を害することなく、この決定の附属書に規定する、京都議定書に基づく遵守に関する手続及び制度を承認し及び採択する。
2　京都議定書の締約国の会合としての役割を果たす締約国会議の第3回会合が決定するために、第18条に関して遵守に関する手続及び制度について京都議定書改正の問題の検討を開始することを決定する。
3　実施に関する補助機関に対して、その第24回会合（2006年5月）において2に規定する問題の検討を開始し、京都議定書の締約国の会合としての役割を果たす締約国会議の第3回会合（2007年12月）において、その結果に関して報告するよう要請する。
4　遵守委員会の第1回会合は、2006年の早い時期に、ドイツ・ボンで開催されることもまた決定し、事務局に対して会合を準備するよう要請する。

附属書
京都議定書に基づく遵守に関する手続及び制度
　気候変動に関する国際連合枠組条約（以下、「条約」という。）第2条に規定する条約の究極的な目的を達成するため、
　条約及び気候変動に関する国際連合枠組条約京都議定書（以下、「議定書」という。）の諸規定を想起し、
条約第3条を指針とし、
　締約国会議第4回会合の決定8/CP.4によって採択された権限に従って、
　次の手続及び制度を採択する。

I　目的
　この手続及び制度の目的は、議定書に基づく約束の遵守を促進し、助長し及び強制することである。

II　遵守委員会
1　この決定により、遵守委員会（以下、「委員会」という。）が設置される。
2　委員会は、全体会、議長団並びに促進部及び執行部からなる二つの部を通じて機能する。
3　委員会は、議定書の締約国の会合としての役割を果たす締約国会議によって選ばれた20名の委員（10名が促進部、10名が執行部を担当する。）で構成する。
4　各部は、各々の委員の中から、2年の任期で議長及び副議長を選ぶ。その1名は附属書Ⅰに掲げる締約国から、もう1名は附属書Ⅰに掲げる締約国以外の締約国から選ぶ。議長及び副議長は委員会の議長団を構成する。各部の議長は、附属書Ⅰに掲げる締約国と附属書Ⅰに掲げる締約国以外の締約国の間で輪番とし、常に一方の議長が附属書Ⅰに掲げる締約国から、他方の議長が附属書Ⅰに掲げる締約国以外の締約国から選出されるものとする。
5　委員会の各委員について、議定書の締約国の会合としての役割を果たす締約国会議は、代理の委員を選ぶ。
6　委員会の委員及び代理の委員は、個人の資格で任務を遂行する。委員は、気候変動に関して、及び科学、技術、社会経済又は法律といった関連分野で有能と認められる人物とする。
7　促進部及び執行部は、その任務の遂行において相互に補完し及び協力する。必要に応じて個々の事案において、議長団は、投票権のない形で一方の部の任務の遂行に資するために、他方の

部の1名以上の委員を指名することができる。
8 委員会による決定の採択は、出席する委員の少なくとも4分の3の定足数を必要とする。
9 委員会は、決定につき、コンセンサス方式により合意に達するようあらゆる努力を払う。コンセンサスに達するためのあらゆる努力にもかかわらず合意に達しない場合には、決定は、最後の解決手段として、出席しかつ投票する委員の少なくとも4分の3以上の多数による議決で採択する。さらに、執行部による決定の採択は、出席しかつ投票する附属書Ⅰに掲げる締約国から選出される委員及び出席しかつ投票する附属書Ⅰに掲げる締約国以外の締約国から選出される委員のそれぞれ過半数を必要とする。「出席しかつ投票する委員」とは、出席しかつ賛成票又は反対票を投ずる委員をいう。
10 委員会は、別段の決定を行わない限り、少なくとも毎年2回開催する。その際、条約の補助機関の会合と併せて開催することの妥当性を考慮する。
11 委員会は、議定書第3条6の規定に従って、かつ条約第4条6を考慮に入れて、附属書Ⅰに掲げる締約国のうち市場経済への移行の過程にある国に対して、議定書の締約国の会合としての役割を果たす締約国会議によって認められた弾力的運用を考慮する。

Ⅲ 委員会の全体会
1 全体会は、促進部と執行部の委員で構成する。各部の議長は、全体会の共同議長となる。
2 全体会は、その任務として次のことを行う。
  (a) 議定書の締約国の会合としての役割を果たす締約国会議の各通常会合に委員会の活動(両部が採択する決定の一覧を含む。)を報告すること。
  (b) 議定書の締約国の会合としての役割を果たす締約国会議から受領した第XII節(c)に規定する一般的な政策上の指導を適用すること。
  (c) 委員会の効率的な任務遂行のために、議定書の締約国の会合としての役割を果たす締約国会議に対して、行政上及び予算上の事項に関して提案を付託すること。
  (d) 議定書の締約国の会合としての役割を果たす締約国会議がコンセンサス方式により採択するため、必要となる可能性のある追加の手続規則(秘密性、利益相反、政府間機関及び非政府機関による情報の提出並びに翻訳に関する規則を含む。)を作成すること。
  (e) その他委員会の効果的な任務遂行のために、議定書の締約国の会合としての役割を果たす締約国会議によって要請される任務を行うこと。

Ⅳ 促進部
1 促進部は、次の委員で構成する。
  (a) 国際連合の五の地理的集団から各1名及び開発途上島嶼国から1名。この時、締約国会議の議長団の最近の実行を反映した利益集団を考慮する。
  (b) 附属書Ⅰに掲げる締約国から2名
  (c) 附属書Ⅰに掲げる締約国以外の締約国から2名
2 議定書の締約国の会合としての役割を果たす締約国会議は、2年の任期で5名の委員を、4年の任期で5名の委員を選出する。その後は、議定書の締約国の会合としての役割を果たす締約国会議は、4年の任期で5名の新委員を選出する。委員は2期を超えて連続して務めることはできない。
3 促進部の委員の選出に当たり、議定書の締約国の会合としての役割を果たす締約国会議は、第Ⅱ節6に規定する諸分野について均衡のとれた方法で能力が反映されるよう努める。
4 促進部は、条約第3条1に規定する共通に有しているが差異のある責任及び各国の能力の原則を考慮に入れて、議定書の履行に当たり、締約国に助言及び便宜を提供すること、並びに締約国による議定書に基づく約束の遵守を促進することについて責任を負う。促進部はさらに、同部に提起される問題に付随する事情を考慮する。
5 4に規定する包括的な権限及び第Ⅴ節4に規定する執行部の権限に該当しない権限の範囲内で、促進部は、次の実施上の問題に対処する責任を負う。
  (a) 議定書第3条14に関する実施上の問題(附属書Ⅰに掲げる締約国が議定書第3条14を実施するためにいかに努力しているかについての情報の検討から生じる実施上の問題を含む。)
  (b) 附属書Ⅰに掲げる締約国による国内の行動に対して補足的なものとしての議定書第6条、第12条及び第17条の利用についての情報の提供に関する実施上の問題。その際、議定書第3条2の規定に基づく報告を考慮する。
6 更に、遵守を促進し、潜在的不遵守に早期の警告を与えるために、促進部は、次の約束の遵守のために助言及び便宜を提供する責任を負う。
  (a) 関連約束期間の開始前及びその約束期間中の議定書第3条1の規定に基づく約束
  (b) 第1約束期間の開始前の議定書第5条1及び2の規定に基づく約束

(c) 第1約束期間の開始前の議定書第7条1及び4の規定に基づく約束
7 促進部は、第XIV節に規定する不遵守に対する措置の適用について責任を負う。

V 執行部

1 執行部は、次の委員で構成する。
   (a) 国際連合の5の地理的集団から各1名及び開発途上島嶼国から1名。この時、締約国会議の議長団の最近の実行を反映した利益集団を考慮する。
   (b) 附属書Ⅰに掲げる締約国から2名
   (c) 附属書Ⅰに掲げる締約国以外の締約国から2名
2 議定書の締約国の会合としての役割を果たす締約国会議は、2年の任期で5名の委員を、4年の任期で5名の委員を選出する。その後は、議定書の締約国の会合としての役割を果たす締約国会議は、4年の任期で5名の新委員を選出する。委員は2期を超えて連続して務めることはできない。
3 執行部の委員の選出に当たり、議定書の締約国の会合としての役割を果たす締約国会議は、委員が法務経験を有していることを確認する。
4 執行部は、附属書Ⅰに掲げる締約国が次に関して不遵守であるかを決定する責任を負う。
   (a) 議定書第3条1の規定に基づく各国の排出の抑制又は削減に関する数量化された約束
   (b) 議定書第5条1及び2並びに第7条1及び4の規定に基づく方法及び報告に関する要件
   (c) 議定書第6条、第12条及び第17条の規定に基づく適格性の要件
5 執行部はまた、次のことを適用するかについても決定する。
   (a) 議定書第8条の規定に基づく専門家検討チームと関係締約国の間で意見の不一致が生じた場合、議定書第5条2の規定に基づく目録に対する調整
   (b) 取引の有効性又は関係締約国によって修正の行動が行われないことに関して、議定書第8条の規定に基づく専門家検討チームと関係締約国の間で意見の不一致が生じた場合、議定書第7条4の規定に基づく割当量の計算のためのとりまとめ及び計算データベースの修正
6 執行部は、4に規定する不遵守の事案について、第XV節に規定する措置の適用に責任を負う。執行部が適用する議定書第3条1の規定の不遵守に対する措置は、環境の十全性を確保するために遵守の回復を目的とし、遵守を奨励する。

VI 付託

1 委員会は、事務局を通じて、報告書の対象となっている締約国の書面による意見を付した、議定書第8条の規定に基づく専門家検討チームの報告書に示された実施上の問題、又は次のいずれかによって付託される実施上の問題を受領する。
   (a) 自らの実施上の問題につきいずれかの締約国
   (b) 補強情報により裏付けられた他の締約国の実施上の問題につきいずれかの締約国
2 事務局は、実施上の問題が提起された締約国(以下「関係締約国」という。)に、1の規定に基づいて付託された実施上の問題を直ちに利用可能とする。
3 1に規定する報告書に加えて、委員会は、事務局を通じて、専門家検討チームの他の最終報告書も受領する。

VII 割り当て及び予備審査

1 委員会の議長団は、第IV節4ないし7及び第V節4ないし6に規定する各部の権限に従い、実施上の問題を適切な部に割り当てる。
2 自らの実施上の問題について締約国が提起した問題の場合を除いて、問題が割り当てられた部は、実施上の問題の予備審査を行い、割り当てられた当該問題が次の条件を満たしていることを確認する。
   (a) 十分な情報によって裏付けられていること。
   (b) 軽微なものでないこと、又は正当な理由があること。
   (c) 議定書の要件に基づいていること。
3 実施上の問題の予備審査は、当該部がこれらの問題を受領した日から3週間以内に完了する。
4 実施上の問題の予備審査の後、関係締約国は、事務局を通じて、決定につき書面による通報を受ける。手続を開始する決定の場合には、実施上の問題、問題を根拠づける情報及び問題を検討することになる部を確認する文書を受領する。
5 議定書第6条、第12条及び第17条の規定に基づく附属書Ⅰに掲げる締約国の適格性の要件に関して検討する場合、執行部は、事務局を通じて、これらの条に基づく適格性の要件に関する実施上の問題の手続を継続しない決定についても書面によって直ちに関係締約国に通報する。
6 手続を継続しないいかなる決定も、事務局によって他の締約国及び公衆に利用可能とする。
7 関係締約国は、実施上の問題及び手続を開始する決定に関する全ての情報について意見を書面で述べる機会を与えられるものとする。

VIII 一般手続

1 実施上の問題の予備審査に続き、これらの手続及び制度に別段の規定がある場合を除き、この節に規定する手続が委員会に対して適用されるものとする。
2 関係締約国は、当該部による実施上の問題の検討中、自らを代表する一又は二以上の者を任命する権限を有する。この締約国は、当該部の決定の作成及び採択の間は出席してはならない。
3 各部は、次によって提供される関連情報に基づいて検討する。
   (a) 議定書第8条の規定に基づく専門家検討チームの報告書
   (b) 関係締約国
   (c) 他の締約国に関する実施上の問題を提起した締約国
   (d) 締約国会議、議定書の締約国の会合としての役割を果たす締約国会議並びに条約及び議定書に基づく補助機関の報告書
   (e) 他方の部
4 能力を有する政府間機関及び非政府機関は、当該部に対して、関連する事実及び技術に関する情報を付託することができる。
5 各部は、専門家による助言を要請することができる。
6 当該部によって検討されたいかなる情報も、関係締約国に利用可能とする。当該部は、関係締約国に対してこの情報のどの部分を検討したかを明らかにする。関係締約国は当該情報に関する意見を書面で述べる機会が与えられるものとする。秘密性に関する規則に従うことを条件として、当該部によって検討された情報は、公衆にも利用可能とする。ただし、当該部が、自発的に又は関係締約国の要請に応じ、関係締約国が提供した情報は決定が確定するまで公衆に利用可能としないと決定する場合は、この限りではない。
7 決定には、結論とその理由を含める。当該部は、事務局を通じて、直ちに関係締約国に決定(結論とその理由を含む。)を書面で通報する。事務局は最終決定を他の締約国及び公衆に利用可能とする。
8 関係締約国は当該部のいかなる決定にも書面で意見を述べる機会が与えられるものとする。
9 関係締約国が要請する場合、第Ⅵ節1の規定に基づいて付託される実施上の問題、第Ⅶ節4の規定に基づく通報、3の規定に基づく情報、及び当該部の決定(結論とその理由を含む。)は、国際連合の六の公用語の一つに翻訳される。

IX 執行部の手続

1 第Ⅶ節4の規定に基づく通報が受領された日から10週間以内に、関係締約国は、執行部に書面による意見提出(部に付託された情報への反証の提出を含む。)を行うことができる。
2 第Ⅶ節4の規定に基づく通報が受領された日から10週間以内に関係締約国によって書面により要請がなされた場合には、執行部は関係締約国が自らの見解を述べる機会となる聴聞を開催する。聴聞は、要請を受領した日又は1の規定に基づく書面の提出を受領した日のいずれか遅い日から4週間以内に行う。関係締約国は、聴聞で専門家による証言又は意見を提出することができる。聴聞は、執行部が自発的に又は関係締約国の要請に応じ、聴聞の一部又は全部を非公開とする決定を行わない限り、公開で行う。
3 執行部は、聴聞の過程で又は書面によりいつでも、関係締約国に対して質問を行い、関係締約国から説明を求めることができ、関係締約国はその後6週間以内に回答する。
4 1の規定に基づく関係締約国の書面による意見提出を受領した日から4週間以内、又は2の規定に基づく聴聞の日から4週間以内、若しくは、当該締約国が書面による意見提出をしていない場合には第Ⅶ節4の規定に基づく通報から14週間以内のいずれか最も遅い日までに、執行部は、次のいずれかを行う。
   (a) 関係締約国が第Ⅴ節4に規定する議定書の一又は二以上の条項に基づく約束を遵守していないという予備的決定を採択する。
   (b) 問題に関する手続をこれ以上継続しないことを決定する。
5 予備的決定又は手続不継続の決定には、結論とその理由を含める。
6 執行部は、事務局を通じて、予備的決定又は手続不継続の決定を直ちに書面で関係締約国に通報する。事務局は、他の締約国及び公衆に手続不継続の決定を利用可能とする。
7 予備的決定の通報を受領した日から10週間以内に、関係締約国は、執行部に追加の書面陳述を提出することができる。関係締約国が、その期間内に提出しない場合には、執行部は予備的決定を確認する最終決定を直ちに採択する。
8 関係締約国が、追加の書面陳述を提出した場合、執行部は、その陳述を受領した日から4週間以内にそれを検討し、予備的決定が全体として若しくは特定の一部分について承認されるかどうかを示す最終決定を採択する。
9 最終決定には、結論とその理由を含める。

10 執行部は、事務局を通じて、直ちに関係締約国に最終決定を書面で通報する。事務局は最終決定を他の締約国及び公衆に利用可能とする。
11 執行部は、個々の事案の事情により正当であると認められる場合には、この節に規定するいかなる期限も延長することができる。
12 適当な場合には、執行部は、検討のために、実施上の問題をいつでも促進部に付託することができる。

X 執行部の迅速手続
1 実施上の問題が議定書第6条、第12条及び第17条の規定に基づく適格性の要件に関連する場合は、次の点を除き、第Ⅶ節から第Ⅸ節までの規定が適用されるものとする。
 (a) 第Ⅶ節2に規定する予備審査は、執行部が実施上の問題を受領した日から2週間以内に完了する。
 (b) 関係締約国は、第Ⅶ節4の規定に基づく通報を受領した日から4週間以内に書面の陳述を行うことができる。
 (c) 第Ⅶ節4の規定に基づく通報を受領した日から2週間以内に関係締約国によって書面による要請がなされた場合には、執行部は、第Ⅸ節2に規定する聴聞を行う。聴聞は、要請を受領した日又は(b)の規定に基づく書面の提出を受領した日のいずれか遅い日から2週間以内に行う。
 (d) 執行部は、第Ⅶ節4の規定に基づく通報を受領した日から6週間以内、又は第Ⅸ節2の規定に基づく聴聞の日から2週間以内のいずれか早い日までに予備的決定又は手続不継続の決定を採択する。
 (e) 関係締約国は、第Ⅸ節6に規定する通報を受領した日から4週間以内に追加の書面陳述を提出することができる。
 (f) 執行部は、第Ⅸ節7に規定する追加の書面陳述を受領した日から2週間以内に最終決定を採択する。
 (g) 第Ⅸ節に規定する期間は、執行部が、(d)及び(f)の規定に従って行う決定の採択を妨げないと考える場合にのみ適用する。
2 議定書第6条、第12条及び第17条の規定に基づく附属書Ⅰに掲げる締約国の適格性が第XV節4の規定に基づいて停止された場合、関係締約国は専門家検討チームを通じて又は直接に、執行部に対して、適格性の回復を要請することができる。執行部が、専門家検討チームから、関係締約国の適格性に関して、もはや実施上の問題が存在しないということを示す報告を受領した場合、1に規定する手続が適用されるような実施上の問題が引き続き存在すると執行部が考えない限り、執行部は、当該締約国の適格性を回復する。関係締約国によって直接提出された要請に対して、執行部は、その締約国の適格性に関して実施上の問題はもはや引き続き存在せず、その締約国の適格性を回復すること、又は1に規定する手続が適用されることをできる限り速やかに決定する。
3 議定書第17条の規定に基づいて移転を行う締約国の適格性が第XV節5(c)の規定に基いて停止された場合、その締約国は、執行部にその適格性の回復を要請することができる。第XV節6の規定に従ってその締約国が提出する遵守行動計画、及びその締約国が提出する進捗に関する報告書(その排出傾向に関する情報を含む。)に基づいて、執行部は、締約国が不遵守と決定された約束期間の後の約束期間(以下「その後の約束期間」という。)において、その排出の抑制又は削減に関する数量化された約束を履行することを立証していないと決定しない限り、その適格性を回復させる。執行部は、1に規定する手続を、この項の手続の適用上必要な限りにおいて適合させて適用する。
4 議定書第17条の規定に基づいて移転を行う締約国の適格性が、第XV節5(c)の規定に基いて停止された場合、その締約国が、その後の約束期間の最終年に関する議定書第8条の規定に基づく専門家検討チームの報告書又は執行部の決定のいずれかを通じて、その後の約束期間における排出の抑制又は削減に関する数量化された目標を履行したことを立証すれば、執行部は直ちにその適格性を回復させる。
5 議定書第5条2の規定に基づいて目録に調整を適用するかについて、又は議定書第7条4の規定に基づいて割当量の計算に関するとりまとめ及び計算データベースの修正を適用するかについて意見の相違がある場合、執行部は、こうした意見の相違について書面により通報された日から12週間以内に当該事案について決定する。決定を行うに当たり、執行部は専門家による助言を求めることができる。

XI 上訴
1 自国の問題について最終決定がなされた締約国は、適正手続を侵害されたと信ずる場合には、議定書第3条1に関する執行部の決定に対して、議定書の締約国の会合としての役割を果たす締約

国会議に上訴することができる。
2 上訴は、その締約国が執行部の決定を通報されてから45日以内に事務局に申し立てる。議定書の締約国の会合としての役割を果たす締約国会議は、上訴の申立て後の最初の会合でその上訴を検討する。
3 議定書の締約国の会合としての役割を果たす締約国会議は、会合に出席しかつ投票する締約国の4分の3以上の多数による議決で執行部の決定を却下することについて合意することができる。その場合、議定書の締約国の会合としての役割を果たす締約国会議は、執行部に対し上訴事案を差し戻す。
4 執行部の決定は上訴に関する決定が行われるまで有効である。45日経過後決定に対して上訴がなされなかった場合、決定は確定する。

XII 議定書の締約国の会合としての役割を果たす締約国会議との関係

議定書の締約国の会合としての役割を果たす締約国会議は、次のことを行う。
(a) 議定書第8条5及び6の規定に従って専門家検討チームの報告書を検討する際に、(c)に規定する一般的な政策上の指導において扱われるべき一般的問題を確認する。
(b) 作業の進捗に関する全体会の報告書を検討する。
(c) 一般的な政策上の指導を提供する(議定書に基づく補助機関の作業に影響がありうる実施についての問題に関するものを含む。)。
(d) 行政上及び予算上の事項の提案に関する決定を採択する。
(e) 第XI節の規定に従って上訴を検討し、及び決定する。

XIII 約束履行の追加期間

議定書第3条1の規定に基づく約束の履行の適用上、議定書の締約国の会合としての役割を果たす締約国会議が約束期間の最後の年に関する議定書第8条の規定に基づく専門家による検討プロセスの完了のために設定した日から100日までは、締約国は、その前の約束期間に発行された、議定書第6条、第12条及び第17条の規定に基づく排出削減単位、認証された排出削減量、割当量単位及び除去量単位を引き続き獲得することができ、かつ、他の締約国はその締約国に移転することができる。ただし、当該締約国の適格性が第XV節4の規定に従って停止されていないことを条件とする。

XIV 促進部によって適用される措置

促進部は、共通に有しているが差異のある責任及び各国の能力の原則を考慮に入れ、次の不遵守に対する措置のうち一又は二以上の措置の適用を決定する。
(a) 議定書の実施に関する各締約国への助言の提供及び支援の促進
(b) 関係締約国への資金及び技術の支援の促進(開発途上国のために条約及び議定書に基づいて設置されたもの以外の財源からの技術移転及び能力の開発を含む。)
(c) 条約第4条3、4及び5を考慮に入れた資金及び技術の支援の促進(技術移転及び能力の開発を含む。)
(d) 条約第4条7を考慮に入れた関係締約国に対する勧告の作成

XV 執行部によって適用される措置

1 締約国が議定書第5条1若しくは2、又は第7条1若しくは4の規定を遵守していないと執行部が決定した場合、執行部は、当該締約国の不遵守の原因、種類、程度及び頻度を考慮して、次の不遵守に対する措置を適用する。
(a) 不遵守の宣言
(b) 2及び3の規定に従った計画の作成
2 1の規定に基づく不遵守締約国は、不遵守の決定後3箇月以内に又は執行部が適当と考えるより長い期間内に、次のことを含む計画を検討と評価のために執行部に提出する。
(a) 当該締約国の不遵守の原因の分析
(b) 当該締約国が不遵守を解決するために実施しようとしている措置
(c) 12箇月を超えない期間内での当該措置を実施する予定表で、実施の進捗状況の評価を可能にするもの
3 1の規定に基づく不遵守締約国は、計画の実施に関する進捗報告書を執行部に定期的に提出する。
4 附属書Iに掲げる締約国が議定書第6条、第12条及び第17条の規定に基づく適格性の要件の一又は二以上を満たしていないと執行部が決定した場合には、執行部は、これらの条の関連規定に従って、その締約国の適格性を停止する。関係締約国の要請に応じ、適格性を第X節2の手続に従って回復することができる。
5 第XIII節の規定に従って締約国が取得した排出削減単位、認証された排出削減量、割当量単位及び除去量単位を考慮して、締約国の排出量が、議定書の附属書Bに記載する、排出の抑制又は削減に関する数量化された約束に基づいて、並び

に議定書第3条の規定及び議定書第7条4の規定に基づく割当量の計算方法に従って算定された割当量を超過したと執行部が決定した場合、執行部は、その締約国は議定書第3条1の規定に基づく約束を遵守していないと宣言し、次の措置を適用する。
(a) 当該締約国の2回目の約束期間に係る割当量から超過排出量の総トン数の1.3倍に等しいトン数を差し引くこと。
(b) 6及び7の規定に従った遵守行動計画の作成
(c) 締約国が第X節3又は4の規定に従って適格性が回復するまでの間、議定書第17条の規定に基づく移転の適格性の停止
6 5の規定に基づく不遵守締約国は、不遵守の決定後3箇月以内に又は個々の事案の状況が正当と認める場合には執行部が適当と考えるより長い期間内に、次のことを含む遵守行動計画を検討及び評価のために執行部に提出する。
(a) 当該締約国の不遵守の原因の分析
(b) 当該締約国が、その後の約束期間において排出の抑制又は削減に関する数量化された約束を履行するために実施しようとしている措置。それらの措置は国内の政策及び措置を優先する。
(c) 3年を超えない期限、又はその後の約束期間の終わりまでのいずれか早い期限までの、こうした行動を実施する予定表で、実施に関して毎年の進捗状況の評価を可能にするもの。当該締約国の要請に応じ、執行部は、個々の事案の事情が正当と認める場合には、一定の期間行動を実施する期間を延長することができる。ただし、その期間は最大で3年を超えないものとする。
7 5の規定に基づく不遵守締約国は、遵守行動計画の実施に関する進捗の報告書を毎年執行部に提出する。
8 その後の約束期間については、5(a)に規定する割合は、改正によって決定する。

XVI 議定書第16条及び第19条との関係
遵守に関する手続及び制度は、議定書第16条及び第19条の規定を害することなく機能する。

XVII 事務局
議定書第14条に規定する事務局は、委員会の事務局としての役割を果たす。

6-3 エネルギー憲章に関する条約(エネルギー憲章条約)(抜粋)
The Energy Charter Treaty

採　択　1994年12月17日(リスボン)
効力発生　1998年4月16日
改　正　1998年4月24日(ブリュッセル)
効力発生　2010年1月21日
日本国　2002年7月5日国会承認、7月23日受諾書寄託、7月30日公布(条約第9号)、2002年10月21日効力発生
改　正

第1部　定義及び目的
第1条(定義) この条約において
(1) 「憲章」とは、1991年12月17日にヘーグで署名された欧州エネルギー憲章に関するヘーグ会議の結論文書によって採択された欧州エネルギー憲章をいう。当該結論文書への署名は、憲章への署名とみなす。
(2) 「締約国」とは、この条約に拘束されることに同意し、かつ、自己についてこの条約の効力が生じている国又は地域的な経済統合のための機関をいう。
(3) 「地域的な経済統合のための機関」とは、国によって構成される機関であって、この条約が規律する事項を含む特定の事項に関し当該国から権限(当該特定の事項に関して、当該国に対して拘束力を有する決定を行う権限を含む。)の委譲を受けたものをいう。
(4) 「エネルギー原料及びエネルギー産品」とは、関税協力理事会の統一システム及び欧州共同体の統合品目表に基づく品目であって、附属書EMに掲げるものをいう。
(5) 「エネルギー分野における経済活動」とは、エネルギー原料及びエネルギー産品(附属書NIに掲げるものを除く。)の探査、採掘、精製、生産、貯蔵、陸上運送、輸送、分配、貿易、マーケティング若しくは販売又は複数の施設への熱供給についての経済活動をいう。
(10) 「地域」とは、締約国である国に関しては、次のものをいう。
(a) 当該締約国の主権の下にある領域。領域に

は、領土、内水及び領海を含むことを了解する。
 (b) 当該締約国が海洋に関する国際法に従って主権的権利及び管轄権を行使する海洋並びに海底及びその下

「地域」とは、締約国である地域的な経済統合のための機関に関しては、当該機関を設立する協定の規定に基づく当該機関の加盟国の地域をいう。

第2条(条約の目的) この条約は、憲章の目的及び原則に従い、補完性及び相互の利益を基礎とし、エネルギー分野における長期の協力を促進するための法的枠組みを設定する。

第4部 雑 則

第18条(エネルギー資源に対する主権) (1) 締約国は、エネルギー資源に対する国の主権及び主権的権利を認める。締約国は、これらの主権及び主権的権利が国際法の規則に従って、かつ、これを条件として行使されなければならないことを再確認する。

(2) この条約は、エネルギー資源へのアクセス並びに商業的な原則に基づく当該資源の探査及び開発を促進するという目的に影響を及ぼす場合を除くほか、エネルギー資源の所有に関する制度を規律する締約国の規則を何ら害するものではない。

(3) 各国は、特に次の権利を引き続き有する。

自国のエネルギー資源の探査及び開発のために利用可能な地理的区域を自国の地域において決定する権利

自国のエネルギー資源を回収する最適な方法及び当該資源を枯渇させ又は開発する速度を決定する権利

探査及び開発に基づいて支払われる租税、使用料その他の支払金について定め及びこれらを受領する権利

自国の地域におけるエネルギー資源の探査、開発及び再利用を環境上及び安全上の側面から規制する権利

自国のエネルギー資源の探査及び開発に参加する権利(特に、政府の直接的な参加により又は国家企業を通じて参加する権利)

(4) 締約国は、特に、公表された基準に基づいた差別的でない方法によってエネルギー資源の探査、開発又は採掘に係る許可、免許、特許及び契約を割り当てることにより、エネルギー資源へのアクセスを容易にすることを約束する。

第19条(環境上の側面) (1) 締約国は、持続可能な開発を達成するに当たり、自国が締約国である環境に関する国際協定に基づく自国の義務を考慮して、自国の地域におけるエネルギー・サイクルにおけるすべての活動から生ずる有害な環境上の影響(自国の地域内で生ずるものであるか自国の地域外で生ずるものであるかを問わない。)を経済上効率的な方法で安全性に適切な考慮を払いつつ最小にするよう努力する。この点に関し、締約国は、費用対効果の大きい方法で行動する。締約国は、自国の政策及び措置において、環境の悪化を防止し又は最小にするための予防措置をとるよう努力する。締約国は、公共の利益に妥当な考慮を払いつつ、また、エネルギー・サイクルにおける投資財産又は国際貿易を歪めることなく、自国の地域における汚染者が、原則として、汚染(国境を越えるものを含む。)に係る費用を負担すべきことに合意する。このため、締約国は、次のことを行う。

 (a) 自国のエネルギー政策の作成及び実施を通じて環境に考慮を払うこと。

 (b) エネルギー・サイクルの全体にわたり、市場指向型の価格の形成並びに環境上の費用及び利益の価格への一層十分な反映を促進すること。

 (c) 第34条(4)の規定に留意しつつ、締約国間において悪影響及びその除去のための費用に相違があることを考慮して、憲章の環境上の目的を達成するための協力及びエネルギー・サイクルに関する国際的な環境基準の分野における協力を奨励すること。

 (d) エネルギー効率の向上、再生可能なエネルギー資源の開発及び利用、一層清浄な燃料の使用の促進並びに汚染を軽減する技術及び技術的手段の採用に特別な考慮を払うこと。

 (e) 環境上適正かつ経済上効率的なエネルギー政策に関する情報並びに費用対効果の大きい慣行及び技術に関する情報を収集し、かつ、これらの情報を締約国間で共有することを促進すること。

 (f) エネルギー体系が及ぼす環境上の影響、その体系による望ましくない環境上の影響の防止又は除去に関する範囲及び防止又は除去のための種々の措置に係る費用に関する啓発を促進すること。

 (g) エネルギー効率が高くかつ環境上適正な技術、慣行及び方法であってエネルギー・サイクルのあらゆる側面における有害な環境上の影響を経済上効率的な方法で最小にするものの研究、開発及び利用を促進し並びにこれらについて協力すること。

(h)　この(1)に規定する技術の移転及び普及のための良好な環境であって知的所有権の十分かつ有効な保護に適合したものを整備すること。
　(i)　エネルギーに関係する投資計画であって環境上重要なものが及ぼす環境上の影響を当該計画の早い段階において決定に先立ち透明性をもって評価し及びその後も当該影響を監視することを促進すること。
　(j)　締約国による関係する環境計画及び基準並びに当該環境計画及び基準の実施について、国際的に意識を向上させ及び情報交換を促進すること。
　(k)　要請に応じ、かつ、利用可能な手段の範囲内で、締約国の適当な環境計画の作成及び実施に参加すること。
(2)　この条の規定の適用又は解釈に関する紛争は、一又は二以上の締約国から要請がある場合には、当該紛争を審議するための制度が他の適当な国際的な場に存在しない限りにおいて、憲章会議が解決のために検討する。
(3)　この条の規定の適用上、
　(a)　「エネルギー・サイクル」とは、エネルギーに関する一連の活動の全体をいい、各種のエネルギーの探査、生産、転換、貯蔵、輸送、分配及び消費に関連する活動、廃棄物の処理及び処分並びにこれらの活動の停止又は終了であって有害な環境上の影響を最小にとどめるためのものを含む。
　(b)　「環境上の影響」とは、ある一定の活動が環境（人の健康及び安全、動植物、土壌、空気、水、気候、景観並びに歴史的建造物その他の物理的構造物又はこれらの要素の間の相互作用を含む。）に及ぼすあらゆる影響をいう。「環境上の影響」には、これらの要素の変化が文化遺産又は社会経済状況に及ぼす影響を含む。
　(c)　「エネルギー効率の向上」とは、生産に必要なエネルギーの量を減少させる一方で、生産における質又は性能を低下させることなく物品又はサービスの同一単位の生産を維持するように行動することをいう。
　(d)　「費用対効果の大きい」とは、一定の目的を最小の費用によって達成すること又は一定の費用によって最大限の利益をもたらすことをいう。

第24条(例外)　(1)　この条の規定は、第12条、第13条及び第29条の規定については、適用しない。
(2)(a)　(1)に掲げる規定以外の規定は、締約国が
　(b)(ii)及び(iii)に規定する措置を採用し又は実施することを妨げるものではない。
　(b)　第3部の規定以外の規定は、締約国が次の(i)に規定する措置を採用し又は実施することを妨げるものではない。
　(i)　人、動物又は植物の生命又は健康の保護のために必要な措置
　(ii)　不可抗力によって生ずる供給の不足という状況においてエネルギー原料及びエネルギー産品の獲得又は分配のために不可欠の措置。ただし、当該措置が次の原則に合致する場合に限る。
　　(A)　すべての他の締約国が、当該エネルギー原料及びエネルギー産品の国際的な供給について衡平な取り分を受ける権利を有すること。
　　(B)　この条約に適合しない当該措置を、当該措置を生じさせた状況が消滅したときは、速やかに撤廃すること。
　(iii)　原住民若しくは社会的若しくは経済的に不利な立場にある個人若しくは集団である投資家又は当該投資家の投資財産に利益を与えるための措置であって、その旨を事務局に通報したもの。ただし、当該措置が次の(A)及び(B)の条件を満たす場合に限る。
　　(A)　当該締約国の経済に重大な影響を及ぼすものではないこと。
　　(B)　当該措置の対象に含まれない当該締約国の投資家と他の締約国の投資家との間に差別を設けるものではないこと。
　もっとも、これらの措置は、エネルギー分野における経済活動に対する偽装した制限又は締約国の間若しくは締約国の投資家その他の利害関係を有する者の間における恣意的若しくは不当な差別となってはならない。これらの措置は、正当な理由に基づいてとられるものとし、また、一又は二以上の他の締約国がこの条約に従って与えられるものと当然に予想する利益を所定の目的のために真に必要であると認める限度を超えて無効にし又は侵害してはならない。
(3)　(1)に掲げる規定以外の規定は、締約国が次の措置をとることを妨げるものと解してはならない。
　(a)　自国の安全保障上の重大な利益の保護のために必要であると認める措置。その措置には、次のものを含む。
　(i)　軍事施設に対するエネルギー原料及びエネルギー産品の供給に関する措置
　(ii)　戦争、武力紛争その他の国際関係における緊急事態の際にとる措置

(b) 核兵器その他の核爆発装置の不拡散に関する国内政策又は核兵器の不拡散に関する条約、原子力供給国のための指針その他の国際的な核不拡散に関する義務若しくは了解に基づく自国の義務を履行するために必要な国内政策の実施に関して必要であると認める措置
(c) 公の秩序を維持するために必要であると認める措置

これらの措置は、通過に対する偽装した制限となってはならない。

6-3-1 エネルギー効率及び関連する環境の側面に関するエネルギー憲章議定書（エネルギー効率議定書）（抄）
Energy Charter Protocol on Energy Efficiency and Related Environmental Aspects

採 択 1994年12月17日（リスボン）
効力発生 1998年4月16日
日 本 国 2002年7月5日国会承認、10月25日受諾書寄託、10月30日公布（条約第15号）、2002年11月24日効力発生

前 文
この議定書の締約国は、
1991年12月17日にヘーグで署名された欧州エネルギー憲章に関するヘーグ会議の結論文書によって採択された欧州エネルギー憲章並びに特にエネルギー効率及び関係する環境保護の分野において協力が必要であるという同憲章において示された宣言を考慮し、
1994年12月17日から1995年6月16日まで署名のために開放されているエネルギー憲章に関する条約を考慮し、
エネルギー効率及びエネルギー・サイクルの環境上の側面に関連する国際機関及び国際的な場において行われている作業に留意し、
エネルギー効率のための措置であって費用対効果の大きいものの実施によってエネルギー供給の安定性が向上し並びに著しい経済上及び環境上の利益が得られること並びにこれらのことが経済の再編成及び生活水準の向上にとって重要であることを認識し、
エネルギー効率の向上がエネルギー・サイクルにおける環境上の悪影響（特に、地球温暖化及び酸性化）を軽減することを認識し、
市場における競争が可能な限りエネルギーの価格に反映されるべきであることを確信し、市場指向型の価格の形成（特に、環境上の費用及び利益の価格への一層十分な反映）を確保し、並びにこのような価格形成がエネルギー効率及びこれに関係する環境保護の進展に不可欠であることを認識し、
エネルギー効率のための措置を促進し及び実施するに当たって民間部門（中小企業を含む。）が不可欠の役割を果たすことを評価し、並びにエネルギー効率に関する経済的に実行可能な投資のための有利な制度上の枠組みを確保することを意図し、
商業的な形態による協力が、政府間の協力（特に、エネルギー政策の作成及び分析に関する分野並びにエネルギー効率を高めるために不可欠であるが民間による資金供与には適しないその他の分野におけるもの）によって補完されることを必要とすることがあることを認識し、
エネルギー効率及び関係する環境保護の分野において協力的かつ協調的な措置をとること並びに可能な限り経済的かつ効率的にエネルギーを使用するための枠組みについて定める議定書を採択することを希望して、
次のとおり協定した。

第1部 序
第1条（議定書の適用範囲及び目的）（1） この議定書は、重要なエネルギー源としてエネルギー効率を高め及びその結果としてエネルギー体系における望ましくない環境上の影響を軽減するための政策上の原則を定める。さらに、この議定書は、エネルギー効率に関する計画の作成についての指針を定め、協力の分野を示し、及び協力的かつ協調的に活動を行うための枠組みを定める。このような活動は、エネルギーの探査、生産、転換、貯蔵、輸送、分配及び消費を含むものとし、経済上のいずれの部門についても関係を有することができる。
(2) この議定書の目的は、次のとおりとする。
(a) エネルギー効率に関する政策であって持続可能な開発に適合するものを促進すること。
(b) 生産者及び消費者に対し可能な限り経済的、効率的かつ環境上適正にエネルギーを使用するよう促すための枠組みを、特に、効率的なエネルギー市場を形成し並びに環境上の費用及び利益を一層十分に価格に反映させることを通じて、創設すること。

(c) エネルギー効率の分野における協力を促進すること。

第2条(定義) この議定書において、
(1) ((6-3)第1条(1)と同じ)
(2) ((6-3)第1条(2)と同じ)
(3) ((6-3)第1条(3)と同じ)
(4) ((6-3)第19条(3)(a)と同じ)
(5) ((6-3)第19条(3)(d)を参照)
(6) ((6-3)第19条(3)(c)と同じ)
(7) ((6-3)第19条(3)(b)と同じ)

第2部 政策上の原則

第3条(基本原則) 締約国は、次の原則を指針とする。
(1) 締約国は、エネルギー効率に関する政策及び法令を作成し及び実施するに当たり、相互に協力し、適当な場合には、相互に援助する。
(2) 締約国は、エネルギー効率に関する政策及び適当な法令上の枠組みであって、特に次のことを促進するためのものを確立する。
  (a) 市場機構の効果的な運営(特に、市場指向型の価格の形成並びに環境上の費用及び利益の価格への一層十分な反映)
  (b) エネルギー効率に関する障害の削減及びびの削減を通じた投資の促進
  (c) エネルギー効率に関する提案に資金供与を行うための制度
  (d) 教育及び啓発
  (e) 技術の普及及び移転
  (f) 法令上の枠組みの透明性
(3) 締約国は、エネルギー・サイクル全体にわたって十分にエネルギー効率の利益が得られるよう努力する。このため、締約国は、環境上の側面に妥当な考慮を払いつつ、その権限の範囲内で可能な限り、費用対効果及び経済効率に基づいたエネルギー効率に関する政策及び協力的又は協調的な措置を作成し及び実施する。
(4) エネルギー効率に関する政策には、従前の慣行の調整に係る短期の措置及びエネルギー・サイクル全体にわたるエネルギー効率の向上に係る長期の措置の双方を含む。
(5) 締約国は、この議定書の目的を達成するために協力するに当たり、締約国間において悪影響及びその軽減のための費用に相違があることを考慮する。
(6) 締約国は、民間部門が不可欠の役割を果たすことを認識する。締約国は、エネルギー事業体、責任のある当局及び専門的な機関による措置並びに産業界と行政官庁との間の緊密な協力を奨励する。
(7) 協力的又は協調的な措置については、環境の保護及び改善を目的とする国際協定であってこの議定書の締約国が締約国であるものにおいて採択されている原則を考慮する。
(8) 締約国は、適当な国際機関その他の機関の活動及び専門的知識を十分に利用するものとし、重複を避けるよう留意する。

第4条(責任の分担及び調整) 締約国は、エネルギー効率に関する政策が、自国の責任のあるすべての当局の間で調整されることを確保するよう努力する。

第5条(戦略及び政策目標) 締約国は、エネルギー効率の向上を図り及びその結果としてエネルギー・サイクルの環境上の影響を軽減するため、自国の固有のエネルギー事情との関係において適切な戦略及び政策目標を作成する。この戦略及び政策目標は、利害関係を有するすべての者にとって透明性を有するものとする。

第6条(資金供与及び資金上の奨励措置) (1) 締約国は、エネルギー効率及びエネルギーに関係する環境保護に関する投資に資金を供与するための新たな取組方法及び方式(例えば、合弁事業に関するエネルギーの利用者と外部の投資家との間の取決め(以下「第三者による資金供与」という。))の実施を奨励する。
(2) 締約国は、エネルギー効率の向上及びエネルギー効率に関係する環境保護に関する投資を促進するため、民間の資本市場及び既存の国際金融機関の利用並びにこれらへのアクセスの促進について努力する。
(3) 締約国は、エネルギー効率の高い技術、産品及びサービスの市場への浸透を促進するため、エネルギー憲章に関する条約上及び自国が負っているその他の国際法上の義務に従い、エネルギーの利用者に対する財政上又は資金上の奨励措置をとることができる。締約国は、透明性を確保し及び国際市場の歪みを最小にする方法でこれらの措置をとるよう努力する。

第7条(エネルギー効率の高い技術の促進) (1) 締約国は、エネルギー憲章に関する条約に従い、エネルギー効率が高くかつ環境上適正な技術並びにエネルギーに関係を有するサービス及び経営慣行についての商業上の取引及び協力を奨励する。
(2) 締約国は、(1)に規定する技術、サービス及び経営慣行をエネルギー・サイクル全体にわたって使用することを促進する。

第8条(国内計画) (1) 締約国は、第5条の規定に従って作成した政策目標を達成するため、自国

の状況に最も適したエネルギー効率に関する計画を作成し、実施し及び定期的に更新する。
(2) (1)の計画には、次のような活動を含めることができる。
  (a) 意思決定の指針となる長期のエネルギー需給の見通しの作成
  (b) 実施した措置がエネルギー、環境及び経済に関して及ぼした影響についての評価
  (c) エネルギーを使用する機材の効率を向上させるための基準の決定及び貿易を歪めることを回避するためにこれらの基準を国際的に調和させる努力
  (d) 民間の発意及び産業上の協力(合弁事業を含む。)の発展及び奨励
  (e) 経済的に実行可能かつ環境上適正な最もエネルギー効率の高い技術の利用の促進
  (f) エネルギー効率の向上に関する投資のための革新的な取組方法(例えば、第三者による資金供与及び共同で行われる資金供与)の奨励
  (g) 適当なエネルギー需給バランス表及びデータベース(例えば、エネルギー需要に関する十分詳細なデータ及びエネルギー効率の向上のための技術に関するデータを含むもの)の作成
  (h) 助言及び相談を行う業務(公の又は民間の産業又は事業により行われる業務であって、エネルギー効率に関する計画及びエネルギー効率の高い技術に関する情報を提供し並びに消費者及び企業を支援するもの)の創設の促進
  (i) 熱電併給システム並びに地域において建物及び産業のために熱を生産しかつ供給するシステムの効率を高めるための措置に対する支援並びにこれらの促進
  (j) 政策を作成し及び実施するための十分な資金及び職員を有するエネルギー効率に関する専門的な機関(適当な規模のもの)の設立
(3) 締約国は、エネルギー効率に関する計画を実施するための制度上及び法律上の十分な基盤が存在することを確保する。

第3部 国際協力
第9条(協力の分野) 締約国間の協力は、適当な形態をとることができる。あり得る協力の分野については、附属書に掲げる。

第4部 管理上の措置及び法的措置
第10条(憲章会議の役割) (1) 憲章会議がこの議定書に従って行うすべての決定は、この議定書の締約国であるエネルギー憲章に関する条約の締約国のみによって行われる。
(2) 憲章会議は、この議定書の効力発生の後180日以内に、この議定書の実施状況を常時検討し及び促進するための手続(報告に関する義務を含む。)並びに前条の規定に基づく協力の分野を特定するための手続を採択するよう努力する。
第11条(事務局及び資金供与) (略)
第12条(投票) (略)
第13条(エネルギー憲章条約との関係) (1) この議定書とエネルギー憲章に関する条約とが抵触する場合には、抵触する限りにおいて、エネルギー憲章に関する条約が優先する。
(2) (略)

第5部 最終規定 (略)
第14条(署名) (略)
第15条(批准、受諾又は承認) (略)
第16条(加入) (略)
第17条(改正) (略)
第18条(効力発生) (略)
第19条(留保) (略)
第20条(脱退) (略)
第21条(寄託者) (略)
第22条(正文) (略)

附属書 第9条に規定するあり得る協力の分野の一覧表(例示的であり、すべてを網羅したものではないもの) (略)

【第2節 地域的文書】

6-4 1979年の長距離越境大気汚染に関する条約(長距離越境大気汚染条約)
1979 Convention on Long-Range Transboundary Air Pollution

作 成 1979年11月13日(ジュネーヴ)
効力発生 1983年3月16日

この条約の締約国は、
  環境保護の分野における関係及び協力を促進することを決意し、
  とりわけ、大気汚染(大気汚染物質の長距離移動を含む。)の分野におけるそのような関係及び協力の強化に際し国際連合欧州経済委員会の活動の重要性

を認識し、

欧州安全保障協力会議の最終文書の関連条項の多数国間における実施への欧州経済委員会の貢献を認め、

欧州安全保障協力会議の最終文書の環境に関する章において、大気汚染とその影響(大気汚染物質の長距離移動を含む。)を規制するための協力を要請すると言及し、二酸化硫黄から始め、その他の汚染物質にも拡大する可能性をもって、国際協力を通じて大気汚染物質の長距離移動のモニタリング及び評価のための広範な計画を発展させると言及していることを認識し、

国際連合人間環境会議の宣言の関連規定、とりわけ、「国は、国際連合憲章及び国際法の諸原則に基づき、その資源を自国の環境政策に従って開発する主権的権利を有すること並びに自国の管轄又は管理の下における活動が他国の環境又はいずれの国の管轄にも属さない区域の環境を害さないことを確保する責任を有する」という共通の信念を表明した原則21を考慮し、

短期的及び長期的に生じうる大気汚染(越境大気汚染を含む。)の悪影響の存在を認め、

地域内での大気汚染物質の排出水準の上昇が予測され、そのような悪影響を増大させるおそれのあることを懸念し、

大気汚染物質の長距離移動の影響を研究する必要性及び確認された問題の解決策を探究する必要性を認め、

適切な国家の政策を発展させるために積極的な国際協力を強化し、並びに情報交換、協議、研究及びモニタリングによって大気汚染(長距離越境大気汚染を含む。)に対処する国家の行動を調整する締約国の意思を確認し、

次のとおり協定した。

第1条(定義) この条約の適用上、

(a) 「大気汚染」とは、人間による大気中への物質又はエネルギーの直接的又は間接的な導入であって、人の健康を危険にさらし、生物資源及び生態系並びに物的財産に損害を与え、並びに快適性及びその他の正当な環境の利用を損ない又はそれに干渉するような性質の有害な影響をもたらすものをいい、「大気汚染物質」は、これに従って解釈されるものとする。

(b) 「長距離越境大気汚染」とは、その物理的な起源の全部又は一部が一国の国家管轄権の下にある区域に位置する大気汚染であって、個別の排出源又は排出源群の寄与を区別することが一般には不可能な距離にある他国の管轄の下にある区域に悪影響を及ぼすものをいう。

第2条(基本原則) 締約国は、関連する事実及び問題に正当な考慮を払い、大気汚染から人及びその環境を保護することを決意し、大気汚染(長距離越境大気汚染を含む。)を制限し、並びに可能な限りこれを段階的に削減及び防止するよう努める。

第3条(政策及び戦略) 締約国は、この条約の枠組みにおいて、国内的及び国際的な規模で既になされている努力を考慮した上で、情報の交換、協議、研究及びモニタリングにより、大気汚染物質の排出に対処する手段として役立つ政策及び戦略を不当に遅延することなく作成する。

第4条(情報の交換及び検討) 締約国は、悪影響を及ぼすおそれのある大気汚染物質の排出に可能な限り対処し、それにより、大気汚染(長距離越境大気汚染を含む。)の削減に貢献することをめざす政策、科学的活動、及び技術的措置に関する情報を交換し及び検討を行う。

第5条(協議) 協議は、長距離越境大気汚染によって現実に悪影響を受けている締約国又は長距離越境大気汚染の重大な危険にさらされている締約国を一方とし、その管轄権内で実行され又は計画されている活動に関連して長距離越境大気汚染への重大な寄与がその管轄権内及び管轄の下で生じ又は生じるおそれのある締約国を他方として、要請に基づき早期に行われる。

第6条(大気の質の管理) 第2条ないし第5条、現在行われている研究、情報交換並びにモニタリング及びその結果、地方の及びその他の救済措置の費用及び有効性を考慮して、並びに、大気汚染、とりわけ新規の又は改築された施設から生じる大気汚染に対処するため、各締約国は、最良の政策及び戦略(大気の質の管理制度を含む。)を作成し、その一部として、とりわけ経済的に実行可能で利用可能な最良の技術、並びに廃棄物の発生を低減する技術及び廃棄物を発生させない技術を用いることによって、均衡のとれた発展と両立する規制措置を作成することを約束する。

第7条(研究及び開発) 締約国は、その必要性に適合する場合には、次の事項について研究及び(又は)開発を開始し、その実行に協力する。

(a) 硫黄化合物その他の主要な大気汚染物質の排出の削減のための既存の及び提案されている技術(その技術的及び経済的な実行可能性並びに環境上の影響を含む。)。

(b) 大気汚染物質の排出率及び環境中の濃度のモニタリング並びに測定のための機器その他の技術

(c) 長距離越境大気汚染物質の移動をよりよく理解するための改良モデル
(d) 環境を保護することを目指して量・影響関係の科学的な基礎を確立するため、硫黄化合物その他の主要な大気汚染物質が人の健康及び環境(農業、林業、有形物、水生その他の生態系及び視程を含む。)に与える影響
(e) 環境上の目標(長距離越境大気汚染の削減を含む。)を達成するための代替措置の経済上、社会上及び環境上の評価
(f) 硫黄化合物その他の主要な大気汚染物質による汚染の環境上の側面に関連する教育並びに訓練計画

第8条(情報交換) 締約国は、第10条に規定する執行機関の枠組みにおいて、並びに、二国間で、その共通の利益のために、次の事項に関する利用可能な情報を交換する。
(a) 合意された大きさの格子単位から生じる、合意された大気汚染物質(最初は二酸化硫黄)の合意された時間間隔での排出に関するデータ、又は合意された距離及び時間間隔での合意された大気汚染物質(二酸化硫黄から始める。)の国境を越える移動量に関するデータ
(b) 長距離越境大気汚染の重大な変化をひきおこすおそれのある国家の政策及び全般的な産業の発展における主要な変更、並びにそれらの潜在的な影響
(c) 長距離越境大気汚染に関連する大気汚染を削減するための規制技術
(d) 硫黄化合物その他の主要な大気汚染物質の国家規模での排出規制について予測される費用
(e) 汚染物質の移動中に生じる現象に関する気象学的及び物理化学的データ
(f) 長距離越境大気汚染の影響に関する物理化学的及び生物学的データ、並びにこれらのデータにより長距離越境大気汚染に起因しうることが示される損害[1]の程度
(g) 硫黄化合物その他の主要な大気汚染物質の規制のための国家、小地域及び地域の政策及び戦略

第9条(欧州における大気汚染物質の長距離移動のモニタリング及び評価のための協力計画の実施及び一層の発展) 締約国は、既存の「欧州における大気汚染物質の長距離移動のモニタリング及び評価のための協力計画」(以下、EMEPという。)の実施の必要性を強調し、この計画の一層の発展に関して、次の事項を強調することに合意する。
(a) 締約国が第一段階として、二酸化硫黄及び関連物質のモニタリングに基礎をおくEMEPに参加し、EMEPを完全に実施することが望まれること。
(b) 可能な場合にはいつでも、比較可能な又は標準化されたモニタリング手続を利用することが必要であること。
(c) モニタリング計画を国家計画及び国際的な計画の双方の枠組みに基づかせることが望まれること。モニタリング局の設置及びデータの収集は、モニタリング局が所在する国の国家管轄権の下で行われるものとする。
(d) 現在及び将来の国家、小地域、地域その他の国際的な計画に基づき、かつ、これらを考慮して、協力的な環境モニタリング計画のための枠組みを確立することが望まれること。
(e) 合意された大きさの格子単位から生じる、合意された大気汚染物質(二酸化硫黄から始める。)の合意された時間間隔での排出に関するデータ交換が必要であること、又は合意された距離及び時間間隔での合意された大気汚染物質(二酸化硫黄から始める。)の国境を越える移動量に関するデータ交換が必要であること。移動量を決定するために使用される方法(モデルを含む。)及び格子単位当たりの排出に基づき大気汚染物質の移動量を決定するために用いられる方法(モデルを含む。)は、方法及びモデルを改良するために、公開されかつ定期的に見直されるものとする。
(f) 合意された大気汚染物質(二酸化硫黄から始める。)の総排出量に関する国家のデータの交換及び定期的な更新を引き続きすすんで行うこと。
(g) 汚染物質の移動中に生じる現象に関する気象学的及び物理化学的データを提供することが必要であること。
(h) 水、土壌及び植生といった他の媒体中の化学成分をモニタリングすること、並びに健康及び環境に関する影響を記録する類似のモニタリング計画を実施することが必要であること。
(i) 規制及び監視の目的で運用するために国内のEMEPネットワークを拡大することが望まれること。

第10条(執行機関) 1 締約国の代表は、環境問題に関する欧州経済委員会政府上級顧問の枠組みにおいて、この条約の執行機関を構成し、その資格において少なくとも年1回会合を開催する。
2 執行機関は、
(a) この条約の実施を検討する。

(b) 適当な場合には、この条約の実施及び発展に関する事項を検討し、このために、適当な研究その他の文書作成を行い、並びに執行機関が検討する勧告を提出するため、作業部会を設置する。
  (c) この条約の規定に基づいて適当とされる他の任務を遂行する。
3 執行機関は、とりわけデータの収集及び科学的協力に関して、この条約の運用において統合的な役割を果たすEMEPの運営機関を利用する。
4 執行機関は、この任務の遂行に当たり、適当と考える場合には、他の関連する国際機関からの情報も利用する。

第11条(事務局) 欧州経済委員会の事務局長は、執行機関のために、事務局として次の任務を行う。
  (a) 執行機関の会議を招集し及び準備すること。
  (b) この条約の規定に従って受領した報告書及びその他の情報を締約国に送付すること。
  (c) 執行機関により課される任務を遂行すること。

第12条(条約の改正) 1 締約国は、この条約の改正を提案することができる。
2 改正案は、書面により欧州経済委員会の事務局長に提出され、事務局長はそれをすべての締約国に通報する。執行機関は改正案を次の年次会合において審議する。ただし、その改正案が欧州経済委員会の事務局長により次の年次会合の少なくとも90日前に締約国に送付されることを条件とする。
3 この条約の改正案は、締約国の代表のコンセンサスにより採択され、締約国の3分の2がその改正の受諾書を寄託者に寄託した日の後90日目の日に受諾した締約国について効力を生ずる。その後、改正は、他のいかなる締約国に対しても、その締約国が受諾書を寄託した日から、90日目の日に効力を生ずる。

第13条(紛争解決) この条約の解釈又は適用に関して二又はそれ以上の締約国間で紛争が生じた場合には、紛争当事国は、交渉又は紛争当事国が受諾可能なその他の紛争解決手段により解決に努める。

第14条(署名) 1 この条約は、「環境保護のための欧州経済委員会」の枠組みにおける上級レベル会議の際に、1979年11月13日から16日まで、ジュネーヴの国際連合事務局で、欧州経済委員会の加盟国及び1947年3月28日の経済社会理事会決議36(IV)の8の規定に従って欧州経済委員会と協議資格を有する国、並びに主権国家である欧州経済委員会の加盟国により構成される地域的な経済統合のための機関であってこの条約の規律する問題に関する国際協定の交渉、締結及び適用に関して権限があるものによる署名のために開放される。
2 地域的な経済統合のための機関は、その権限の範囲内の事項については、自己について、この条約がそれらの加盟国に与えている権利を行使し及び責任を果たす。この場合、この機関の加盟国は自国の権利を個別的に行使することはできない。

第15条(批准、受諾、承認及び加入) 1 この条約は、批准され、受諾され又は承認されるものとする。
2 この条約は、1979年11月17日から、第14条1に規定する国及び機関の加入に開放される。
3 批准書、受諾書、承認書又は加入書は、国際連合事務総長に寄託し、事務総長は寄託者の任務を遂行する。

第16条(効力発生) 1 この条約は、24番目の批准書、受諾書、承認書又は加入書の寄託の日の後90日目の日に効力を生ずる。
2 この条約は、24番目の批准書、受諾書、承認書又は加入書の寄託の後に、これを批准し、受諾し、若しくは承認し、又はこれに加入する締約国については、当該締約国による批准書、受諾書、承認書又は加入書の寄託の日の後90日目の日に効力を生ずる。

第17条(脱退) 締約国は、自国についてこの条約が効力を生じた日から5年を経過した後いつでも、寄託者に対して書面による脱退の通告を行うことによりこの条約から脱退することができる。この脱退は、寄託者が脱退の通告を受領した日から90日目の日に効力を生ずる。

第18条(正本) 英語、フランス語及びロシア語をひとしく正本とするこの条約の原本は、国際連合事務総長に寄託する。

※注1)この条約は、損害についての国家の損害賠償責任に関する規則を含まない。

6-4-1 1979年の長距離越境大気汚染に関する条約の欧州における大気汚染物質の長距離移動のモニタリング及び評価のための協力計画(EMEP)の長期的資金調達に関する議定書(EMEP議定書)(抄)

Protocol to the 1979 Convention on Long-Range Transboundary Air Pollution on Long-Term Financing of the Cooperative Programme for Monitoring and Evaluation of the Long-Range Transmission of Air Pollutants in Europe (EMEP)

作 成 1984年9月28日(ジュネーヴ)
効力発生 1988年1月28日

締約国は、
　長距離越境大気汚染に関する条約(以下「条約」という。)が1983年3月16日に効力を発生したことを想起し、
　条約第9条及び第10条に規定するように、「欧州における大気汚染物質の長距離移動のモニタリング及び評価のための協力計画」(以下「EMEP」という。)の重要性を認識し、
　EMEPの実施に当たりこれまで達成された有益な結果を認識し、
　これまで、EMEPの実施は、国際連合環境計画(UNEP)が提供する資金的措置及び各国政府の任意の拠出により可能であったことを認め、
　UNEPによる拠出は1984年末までしか継続せず、そして、この拠出は、各国政府からの任意の拠出とあわせても、EMEPの作業計画のすべてを支援するには不十分であることから、1984年以降の長期的な資金調達を定めることが必要であることに留意し、
　欧州経済委員会の決定B(XXXVIII)が定める、条約の執行機関(以下「執行機関」という。)の第1回会合で合意されることを基礎として、執行機関がその活動、特にEMEPの作業に係るものを実施することを可能にするための資金を入手できるようにするとの欧州経済委員会が加盟国政府に対して行う要請を考慮し、
　条約がEMEPの資金調達について何ら規定を定めておらず、それゆえ、この問題に関して適切な取決めを行うことが必要であることに留意し、
　執行機関がその第1回会合(1983年6月7日-10日)で採択した勧告に列挙されているような、条約を補完する正式な文書の草案作成の指針となる要素を考慮し、
　次のとおり協定した。

第1条(定義) この議定書の適用上、
1　「国際連合分担金査定率」とは、国際連合の経費分担査定率における、当該会計年度の締約国の割合をいう。
2　「会計年度」とは、国際連合の会計年度をいい、「年度」及び「年度経費」もこれに従って解釈される。
3　「一般信託基金」とは、長距離越境大気汚染に関する条約の実施の資金調達のための一般信託基金をいい、この基金は国際連合事務総長により設立される。
4　「EMEPの地理的範囲」とは、EMEPの国際センター*により調整されて、モニタリングが実施されている区域をいう。

第2条(EMEPの資金調達) EMEPの資金調達は、EMEPの運営機関の作業計画に記載される活動について、EMEPの範囲内で協力する国際センターの年度経費を対象とする。

第3条(拠出) 1　この条の規定に従って、EMEPの資金調達は、義務的な拠出からなり、任意の拠出で補われるものとする。拠出は、兌換通貨、非兌換通貨又は現物の形で行うことができる。
2　義務的な拠出は、毎年度、EMEPの地理的範囲にあるこの議定書のすべての締約国が行う。
3　任意の拠出は、その領域がEMEPの地理的範囲の外にある場合でも、この議定書の締約国又は署名国が、また、EMEPの運営機関の勧告に基づき、執行機関が承認することを条件に、この作業計画に拠出することを望む他の国家、機関又は個人が行うことができる。
4　作業計画の年度経費は義務的な拠出によりまかなわれるものとする。現金での拠出、及び、国際センターについてその所在国により提供されるような現物での拠出は、作業計画に明記される。任意の拠出は、運営機関の勧告に基づき、執行機関が承認することを条件に、義務的な拠出を削減するか、EMEPの適用範囲内の特定活動のための資金とするために利用することができる。
5　現金による義務的な拠出及び任意の拠出は、一般信託基金に支払われるものとする。

第4条(経費の分担) 1　義務的な拠出は、この議定書の附属書の条件に従って行われるものとする。

2 執行機関は、次のいずれかの場合には、附属書の改正の必要性を検討する。
  (a) EMEPの年度予算が、この議定書が効力を生じた年又は附属書の最終改正の年のいずれか遅いほうの年に採択された年度予算の水準の2.5倍に増加した場合
  (b) 執行機関が、運営機関の勧告に基づいて、新しい国際センターを指定した場合
  (c) この議定書の効力発生から6年後又は附属書の最終改正から6年後のいずれか遅い時点
3 附属書の改正は執行機関のコンセンサスにより採択する。
第5条(年度予算) EMEPの年度予算は、それが適用される会計年度に先立つ遅くとも1年前に、EMEPの運営機関が作成し、執行機関が採択する。
第6条(議定書の改正) (略)
第7条(紛争解決) (略)
第8条(署名) (略)
第9条(批准、受諾、承認及び加入) (略)
第10条(効力発生) (略)
第11条(脱退) (略)
第12条(正文) (略)

※注 現時点で、国際センターは、化学調整センター、方法論統合センター・東、及び方法論統合センター・西である。
〔編者注〕この注記はEMEP議定書採択時点のものである。その後、統合評価モデルセンターが設置され、四つのプログラムセンターが設置されている。

1979年長距離越境大気汚染に関する条約の欧州における大気汚染物質の長距離移動のモニタリング及び評価のための協力計画(EMEP)の長期的資金調達に関する議定書第4条に規定される附属書 (略)

6-4-2 1979年の長距離越境大気汚染に関する条約の硫黄排出量又はその越境移動量の少なくとも30パーセント削減に関する議定書(硫黄排出量削減議定書)(抜粋)

Protocol to the 1979 Convention on Long-Range Transboundary Air Pollution on the Reduction of Sulphur Emissions or their Transboundary Fluxes by at Least 30 per cent

作　成　1985年7月8日(ヘルシンキ)
効力発生　1987年9月2日

第1条(定義) この議定書の適用上、
1 「条約」とは、1979年11月13日にジュネーヴで採択された長距離越境大気汚染に関する条約をいう。
2 「EMEP」とは、欧州における大気汚染物質の長距離移動のモニタリング及び評価のための協力計画をいう。
3 「執行機関」とは、条約第10条1の規定に基いて設置される条約の執行機関をいう。
4. 「EMEPの地理的範囲」とは、1984年9月28日にジュネーヴで採択された、1979年の長距離越境大気汚染に関する条約の欧州における大気汚染物質の長距離移動のモニタリング及び評価のための協力計画(EMEP)の長期的資金調達に関する議定書第1条4が定める区域をいう。
5 「締約国」とは、文脈により別の解釈が必要とされるのでない限り、この議定書の締約国をいう。
第2条(基本規定) 締約国は、削減量の算定の基礎として1980年水準を用いて、できるだけ速やかに、かつ、遅くとも1993年までに、その国の年間の硫黄排出量又はその越境移動量を少なくとも30パーセント削減する。
第3条(追加的削減) 締約国は、環境条件が正当とする場合、硫黄排出量又はその越境移動量を、第2条に規定する削減量をこえて追加的に削減する必要について各国が国内的に検討する必要性を承認する。
第4条(年間排出量の報告) 各締約国は、国の年間の硫黄排出量の水準及びその算定の根拠を、執行機関に毎年提供する。
第5条(越境移動量の算定) EMEPは、適切なモデルを用いて、EMEPの地理的範囲内で、前年の硫黄収支並びに硫黄化合物の越境移動量及び沈着量の算定値を、その年次会合に十分に先立って執行機関に提出する。EMEPの地理的範囲の外の区域においては、その区域の締約国の特別な状況に適切なモデルを用いる。
第6条(国家の計画、政策及び戦略) 締約国は、条約の枠組みにおいて、できる限り速やかに、かつ、遅くとも1993年までに、硫黄排出量又はその越境移動量を少なくとも30パーセント削減する方策として役立つ国家の計画、政策及び戦略を不当に遅延することなく作成する。締約国は、その計画、政策及び戦略並びに目標達成に向けた進捗状況について執行機関に報告する。

6-4-3　1979年の長距離越境大気汚染に関する条約の窒素酸化物又はその越境移動量の規制に関する議定書（窒素酸化物議定書；NOx議定書）（抄）

Protocol to the 1979 Convention on Long-Range Transboundary Air Pollution concerning the Control of Emissions of Nitrogen Oxides or their Transboundary Fluxes

作　成　1988年10月31日（ソフィア）
効力発生　1991年2月14日

前　文　（略）
第1条（定義） この議定書の適用上、
1～5　（(6-4-2)第1条1～第1条5と同じ）
6　「委員会」とは、国際連合欧州経済委員会をいう。
7　「臨界負荷量」とは、一又は二以上の汚染物質への曝露の推計値で、現在の知見によれば、その値を超えなければ影響を受けやすい特定の環境要素に重大な有害影響が発生しない値をいう。
8　「既存の大規模固定発生源」とは、少なくとも100メガワット以上の熱投入量を有する既存の固定発生源をいう。
9　「新規の大規模固定発生源」とは、少なくとも50メガワット以上の熱投入量を有する新規の固定発生源をいう。
10　「主要な発生源の分類」とは、窒素酸化物の形態で大気汚染物質を排出し、又は排出するおそれのある固定発生源の分類（技術附属書に記載される分類を含む。）をいい、この議定書の効力発生の日の後の最初の暦年に及びその後は4年ごとに測定され又は算定される国の窒素酸化物の年間総排出量の少なくとも10パーセントを排出する固定発生源をいう。
11　「新規の固定発生源」とは、この議定書の効力発生の日から2年を経過した後にその建設又は相当な変更が開始される固定発生源をいう。
12　「新規の移動発生源」とは、この議定書の効力発生の日から2年を経過した後に製造される自動車又は他の移動発生源をいう。
第2条（基本的義務）　1　締約国は、できる限り速やかにかつ第1段階として遅くとも1994年12月31日までに、自国の窒素酸化物の年間排出量又はその越境移動量が1987年又はこの議定書の署名若しくは加入の際に特定されたそれ以前の年のそれを上回らないように、自国の窒素酸化物の年間排出量又はその越境移動量を規制し及び（又は）削減するために効果的な措置をとる。ただし、加えて、1987年より前の年を特定する締約国に関しては、1987年1月1日から1996年1月1日の期間、窒素酸化物について、年平均のその国の越境移動量又は年平均のその国の排出量が1987年の越境移動量又は国の排出量を上回らないことを条件とする。
2　さらに、締約国はこの議定書の効力発生の日から2年以内に、とりわけ、次のことを行う。
　(a)　技術附属書を考慮して、経済的に実行可能な利用可能な最良の技術に基づき、新規の大規模固定発生源及び(又は)主要な発生源の分類、並びに主要な発生源の分類の中の相当に変更した固定発生源に、国内排出基準を適用する。
　(b)　技術附属書及び委員会の内陸輸送委員会の枠組みで行われた関連決定を考慮して、経済的に実行可能な利用可能な最良の技術に基づき、あらゆる主要な発生源の分類の中の新規の移動発生源に、国内排出基準を適用する。
　(c)　技術附属書並びに施設の特徴、その寿命及び利用率並びに不当な操業上の混乱を回避する必要性を考慮して、既存の固定発生源に対して汚染規制措置を導入する。
3　(a)　締約国は、第二段階として、利用可能な最良の科学上及び技術上の発展、国際的に受容された臨界負荷量並びに第6条の規定に基づいて行われる作業計画から明らかになる他の要素を考慮して、この議定書の効力発生の日から6箇月以内に、国の窒素酸化物の年間排出量又はその越境移動量を削減する追加的措置に関する交渉を開始する。
　(b)　このために、締約国は、次の事項を定めるために協力する。
　　(i)　臨界負荷量
　　(ii)　臨界負荷量に基づき合意される目標の達成のために必要とされる国の窒素酸化物の年間排出量又はその越境移動量の削減
　　(iii)　この削減達成のために、遅くとも1996年1月1日までに開始する措置及び予定表
4　締約国は、この条が求める措置よりもより厳格な措置をとることができる。
第3条（技術の交流）　（略）
第4条（無鉛燃料）　（略）
第5条（再検討過程）　1　締約国は、利用可能な最良の

科学的根拠及び技術的発展を考慮して、定期的にこの議定書を再検討する。
2 第1回の再検討は、この議定書の効力発生の日から1年以内に行う。
第6条(行うべき作業) (略)
第7条(国家の計画、政策及び戦略) (略)
第8条(情報交換及び年次報告) (略)
第9条(算定値) (略)
第10条(技術附属書) (略)
第11条(議定書の改正)
1～3 (略)
4 技術附属書の改正は、執行機関の会合に出席する締約国のコンセンサスにより採択され、5の規定に従って通知された日の後30日目に効力を生ずる。

5 3及び4の規定に基づく改正は、その採択後直ちにすべての締約国に対し事務局長が通知する。
第12条(紛争の解決) (略)
第13条(署名) (略)
第14条(批准、受諾、承認、加入) (略)
第15条(効力発生) (略)
第16条(脱退) (略)
第17条(正文) (略)

技術附属書
1 固定発生源からの窒素酸化物排出の規制技術 (略)
2 移動発生源からの窒素酸化物排出の規制技術 (略)

6-4-4 1979年の長距離越境大気汚染に関する条約の揮発性有機化合物又はその越境移動量の規制に関する議定書(揮発性有機化合物議定書；VOCs議定書) (抄)

Protocol to the 1979 Convention on Long-Range Transboundary Air Pollution concerning the Control of Emissions of Volatile Organic Compounds or their Transboundary Fluxes

作　　成　1991年11月18日(ジュネーヴ)
効力発生　1997年9月29日

前文 (略)
第1条(定義) この議定書の適用上、
1～4 ((6-4-2)第1条1～第1条4と同じ)
5 「対流圏オゾン管理区域(TOMA)」とは、第2条2(b)に規定する条件の下で附属書Ⅰが規定する区域をいう。
6 ((6-4-2)第1条5と同じ)
7 ((6-4-3)第1条6と同じ)
8 「臨界水準」とは、特定の曝露期間の大気中の汚染物質の濃度であって、現在の知見によれば、その水準を下回れば、人、動物、生態系又は有形物といった受容体に直接の悪影響が生じないものをいう。
9 「揮発性有機化合物」又は「VOCs」とは、別段の定めのない限り、日光が存在すると窒素化合物と反応して光化学オキシダントを発生させうる、メタン以外の人為的なすべての有機化合物をいう。
10 「主要な発生源の分類」とは、揮発性有機化合物の形態で大気汚染物質を排出する固定発生源の分類(附属書Ⅱ及び附属書Ⅲに規定する分類を含む。)をいい、この議定書の効力発生の日の後の最初の暦年に及びその後は4年ごとに測定され又は算定される揮発性有機化合物の国の年間総排出量の少なくとも1パーセントを排出する分類を

いう。
11 ((6-4-3)第1条11を参照)
12 ((6-4-3)第1条12を参照)
13 「光化学オゾン生成係数」(POCP)とは、附属書Ⅳが定める、他の揮発性有機化合物に対比して、一単位の揮発性有機化合物が日光の存在により窒素化合物と反応してオゾンを生成する係数をいう。

第2条(基本的義務) 1 締約国は、悪影響から人の健康及び環境を保護するよう、揮発性有機化合物の越境移動量及び副次的に生じる光化学オキシダントの越境移動量を削減するために、揮発性有機化合物の排出を規制し及び削減する。
2 締約国は、1の規定の条件を満たすために、署名に際して次に定めるいずれか一の方法で、揮発性有機化合物の国の年間排出量又はその越境移動量を規制し及び削減する。
　(a) 締約国は、できる限り速やかに、かつ、第一段階として、基準として1988年水準又は1984年から1990年の期間中の他のいずれかの年の水準を用いて、揮発性有機化合物の国の年間排出量を1999年までに少なくとも30パーセント削減するために効果的な措置をとる。基準となる年については、この議定書の署名又は加入の際に特定することができる。

(b) その年間排出量が、一又は二以上の他の締約国の管轄の下の対流圏オゾン濃度に寄与する場合で、かつ、その排出量が附属書ⅠにTOMAsとして記載される管轄の下の区域からのみ発生している場合、締約国は、できる限り速やかにかつ第一段階として、次のような効果的な措置をとる。
      (i) 基準として1988年水準又は1984年から1990年中の期間中の他のいずれかの年の水準を用いて、TOMAとして記載される区域からの揮発性有機化合物の年間排出量を1999年までに少なくとも30パーセント削減する。基準となる年については、この議定書の署名又は加入の際に特定することができる。
      (ii) 揮発性有機化合物の国の年間総排出量が1999年までに1988年水準を超えないよう確保する
   (c) 1988年に揮発性有機化合物の国の年間排出量が50万トン、並びに住民一人当たり20キログラム及び一平方キロメートル当たり5トンを下回る場合、締約国は、できる限り速やかに、かつ、第一段階として、遅くとも1999年までに、揮発性有機化合物の国の年間排出量が1988年水準を超えないよう確保するために効果的な措置をとる。
3(a) 加えて、この議定書の効力発生の日から2年以内に、各締約国は、次のことを行う。
      (i) 附属書Ⅱを考慮して、経済的に実行可能で、利用可能な最良の技術に基づいて新規の固定排出源に適切な国内的又は国際的な排出基準を適用する。
      (ii) 附属書Ⅱを考慮して、溶剤を含有する製品に国内的な又は国際的な措置を適用し、揮発性有機化合物の含有が少ないか、それを全く含有しない製品の使用を促進する(その揮発性有機化合物の含有量を記載する製品のラベル表示を含む。)。
      (iii) 附属書Ⅲを考慮して、経済的に実行可能で、利用可能な最良の技術に基づいて新規の移動排出源に適切な国内的又は国際的な排出基準を適用する。
      (iv) あらゆる輸送手段の最善の利用を奨励し、交通管理制度を促進し、公衆への告知を通じて排出規制計画に公衆の参加を促進する。
   (b) 加えて、この議定書の効力発生の日から5年以内に、国内的な又は国際的な対流圏オゾン基準を超える地域又は越境移動量が生じているか、生じるおそれのある地域において、各締約国は、次のことを行う。
      (i) 附属書Ⅱを考慮して、経済的に実行可能で、利用可能な最良の技術を、主要な排出源の分類の中の既存の固定排出源に適用する。
      (ii) 附属書Ⅱ及び附属書Ⅲを考慮して、石油の流通及び自動車の燃料補給作業から生じる揮発性有機化合物を削減する技術並びに石油の揮発性を低減する技術を適用する。
4 (略)
5 この議定書及びとりわけ製品代替措置の実施に当たり、締約国は、有毒で発ガン性のある揮発性有機化合物、及び、成層圏オゾン層に損害を生じさせる揮発性有機化合物が、他の揮発性有機化合物の代替とならないよう確保するための適切な措置をとる。
6 締約国は、第二段階として、最良の科学上及び技術上の発展、科学的に決定される臨界水準及び国際的に受容された目標水準、光化学オキシダン生成における窒素酸化物の役割、並びに、第5条の規定に基づいて行われる作業計画の結果明らかになるその他の要素を考慮して、この議定書の効力発生の日から6箇月以内に、揮発性有機化合物の国の年間排出量又はその排出の越境移動量及び副次的に生じる光化学オキシダント生成物を削減するため追加的措置に関する交渉を開始する。
7 このために、締約国は、次のことを定めるために協力する。
   (a) 個別の揮発性有機化合物及びその光化学オゾン生成係数の値に関するより詳細な情報
   (b) 光化学オキシダントの臨界水準
   (c) 揮発性有機化合物の国の年間排出量又は越境移動量及び副次的に生じる光化学オキシダント生成物の削減量。とりわけ、臨界水準に基づいて合意された目標を達成するために必要な削減量
   (d) 合意された目標を達成するために全体として費用対効果を高めるための、経済的手法といった規制戦略
   (e) この削減量を達成するために、遅くとも2000年1月1日までに開始する措置及び予定表
8 この交渉の過程において、締約国は、1に規定する目的のために、メタンを削減する措置を伴う追加的措置を補足することが適当であるかについて検討する。

第3条(追加的措置) 1 この議定書が要求する措置は、気候変動、対流圏地表オゾンの生成又は成層圏オゾン層破壊に相当に寄与するおそれのあるあらゆる気体の排出量、若しくは、有毒性又は発

ガン性のあるあらゆる気体の排出量を削減する措置をとる締約国のその他の義務を免除しない。

2 締約国は、この議定書が要求する措置よりも厳格な措置をとることができる。

3 締約国は、この議定書の遵守を監視するメカニズムを設置する。第一段階として、第8条の規定に従って提供される情報又はその他の情報に基づいて、他の締約国が、この議定書に基づく義務に従わない形で行動している又は行動したと信ずる理由を有するいずれの締約国も、執行機関にその旨通報し、同時に、関係締約国にもその旨通報することができる。いずれかの締約国の要請で、事案は、執行機関の次の会合でとりあげられうる。

第4条(技術の交流)　(略)
第5条(行われるべき研究及びモニタリング)　(略)
第6条(再検討過程)　(略)
第7条(国家の計画、政策及び戦略)　(略)
第8条(情報交流及び年次報告)　(略)
第9条(算定値)　(略)
第10条(附属書)　(略)
第11条(附属書の改正)　(略)
第12条(紛争の解決)　(略)
第13条(署名)　(略)
第14条(批准、受諾、承認及び加入)　(略)
第15条(寄託者)　(略)
第16条(効力発生)　(略)
第17条(脱退)　(略)
第18条(正文)　(略)

附属書Ｉ　指定された対流圏オゾン管理区域
　(略)

附属書Ⅱ　固定排出源からの揮発性有機化合物の排出に関する規制措置　(略)

附属書Ⅲ　路上走行用自動車からの揮発性有機化合物の排出に関する規制措置　(略)

附属書Ⅳ　光化学オゾン生成係数に基づく揮発性有機化合物の分類　(略)

6-4-5　1979年の長距離越境大気汚染に関する条約の硫黄排出量の追加的削減に関する議定書(硫黄排出量追加的削減議定書)(抄)

Protocol to the 1979 Convention on Long-Range Transboundary Air Pollution on Further Reduction of Sulphur Emissions

作　成　1994年6月14日(オスロ)
効力発生　1998年8月5日

締約国は、

長距離越境大気汚染に関する条約の履行を決意し、

硫黄その他の大気汚染物質の排出物が、国境を越えて移動し続けていること、欧州及び北米における曝露地域で、森林、土壌及び水といった環境上及び経済上死活的重要性を有する天然資源並びに有形物(歴史的記念物を含む。)に対して広範な損害を引き起こしていること、そして、一定の状況の下では人の健康に対して有害な影響を及ぼすことを懸念し、

大気汚染物質の排出を予測し、防止し又は最小にし、及びその悪影響を緩和するために予防措置をとることを決意し、

大気汚染物質の排出に対処するこうした予防措置を費用対効果の大きいものとするべきことについて考慮を払いつつ、深刻な又は回復不可能な損害のおそれがある場合には、科学的な確実性が十分にないことをもって、こうした措置をとることを延期する理由とすべきではないことを確信し、

硫黄その他の大気汚染物質の排出を規制する措置は、影響を受けやすい北極の環境の保護にも貢献するであろうことにも留意し、

環境の酸性化の原因になっている主な大気汚染源は、エネルギー生産のための化石燃料の燃焼並びに多様な産業部門及び輸送における主要な技術プロセスであり、そこから硫黄、窒素酸化物及びその他の汚染物質が排出されていることを考慮し、

効果及び除去のための費用が国家間で異なっていることを勘酌した、大気汚染に対処する費用対効果の大きい地域的アプローチの必要性を認識し、

硫黄排出量を規制し及び削減するために、より効果的な追加的の行動をとることを希望し、

地域的な規模でその硫黄抑制政策がいかに費用対効果の大きいものであろうと、いかなる硫黄抑制政策も、市場経済への移行の過程にある国家に相対的に重い経済的負担をもたらすこととなることを認識し、

硫黄排出量を削減するためにとられる措置が、国際競争及び貿易における恣意的な若しくは正当と認

められない差別待遇の手段又は国際競争及び国際貿易の偽装された制限となるべきではないことに留意し、

　硫黄酸化物の排出量、大気中のプロセス及び環境への影響並びに除去のための費用に関する既存の科学的及び技術的データを考慮し、

　硫黄の排出に加え、窒素酸化物及びアンモニアの排出も環境の酸性化を引き起こしていることを認識し、

　1992年5月9日にニュー・ヨークで採択された気候変動に関する国際連合枠組条約に基づいて、気候変動に対処するために、国家政策を確立し、対応措置をとる合意が存在しており、その結果、硫黄の排出量の削減をもたらすことが期待されうることに留意し、

　環境上適正で、持続可能な発展を確保する必要性を確認し、

　臨界負荷量及び臨界水準に基づくアプローチを更に入念に作り上げるために、科学上及び技術上の協力(いくつかの大気汚染物質並びに環境、有形物及び人の健康に対する様々な影響を評価する努力を含む。)を継続する必要性を認め、

　科学的及び技術的な知見が進展していること、並びに、この議定書に基づいて効力が生ずる義務の妥当性を再検討し、追加的行動を決定する際には、かかる進展を考慮に入れることが必要であることを強調し、

　1985年7月8日にヘルシンキで採択された、硫黄排出又はその越境移動量の少なくとも30パーセント削減に関する議定書、及び、多くの国が既にとっている硫黄排出量を削減する効果を有する措置を確認し、

　次のとおり協定した。

第1条(定義) この議定書の適用上、
1～3 　((6-4-2)第1条1～第1条3と同じ)
4 　((6-4-3)第1条6と同じ)
5 　((6-4-2)第1条5と同じ)
6 　((6-4-2)第1条4と同じ)
7 　「SOMA」とは、第2条3に規定する条件の下で附属書Ⅲにおいて指定される硫黄酸化物管理地域をいう。
8 　((6-4-3)第1条7と同じ)
9 　「限界水準」とは、大気中の汚染物質の濃度であって、現在の知見によれば、それを超えると、人、植物、生態系又は有形物のような受容体に直接の悪影響が生ずる濃度をいう。
10 　「臨界硫黄沈着量」とは、塩基カチオン吸収量及び塩基カチオン沈着量の影響を考慮した硫黄酸化化合物への曝露の定量的推計値であって、現在の知見によれば、それを下回ると、影響を受けやすい特定の環境要素に重大な有害影響が発生しない推計値をいう。
11 　「排出」とは、大気中への物質の放出をいう。
12 　「硫黄排出量」とは、領水の外側で国際交通を行う船舶からの排出を除く人為的発生源からの大気中への硫黄化合物の総排出量をいい、二酸化硫黄キロトン($ktSO_2$)で表す。
13～14 　(略)
15 　「新規の大規模固定燃焼源」とは、1995年12月31日以降その建設又は相当な変更が認可される固定燃焼源で、定格出力で操業する場合、その熱投入量が50熱出力メガワット以上のものをいう。変更が相当か否かは、変更の環境上の便益といった要因を考慮して、権限ある国の機関が決定する。
16 　「既存の大規模固定燃焼源」とは、既存の固定燃焼源で、その熱投入量が50熱出力メガワット以上のものをいう。
17 　(略)
18 　「排出限界値」とは、排ガス中における酸素含有量が、容積で、液体燃料及び気体燃料の場合は3パーセント、並びに、固体燃料の場合は6パーセントと仮定して、排ガスの容積当たりの質量で表される固定燃焼源からの排ガス中の二酸化硫黄で示される硫黄化合物の許容濃度をいい、ノルマル立方メートル当たりの二酸化硫黄の質量(ミリグラム)で表される。
19 　「排出抑制値」とは、共同の地点又は定められた地理的区域内にある燃焼源又は燃焼源群から放出され、二酸化硫黄として表される硫黄化合物の総許容量をいい、年当たりのキロトンで表される。
20 　「脱硫率」とは、一定期間において、燃焼源施設に導入されかつ使用される燃料に含まれる硫黄量に対して、同期間において燃焼源施設において分離される硫黄量の割合をいう。
21 　「硫黄収支」とは、特定地域からの排出が、沈着地における硫黄酸化化合物の沈着に寄与すると算定される値のマトリックスをいう。

第2条(基本的義務) 1 　締約国は、人の健康及び環境を悪影響、特に酸性化の影響から保護するために、並びに、現在の科学的知見に従って、長期的な硫黄酸化化合物の沈着量が臨界硫黄沈着量として附属書Ⅰに定める硫黄の臨界負荷量を超えないことを、過度の費用を課することなく、できる限り確保するために、硫黄排出量を規制し及び削減する。

2 　第一の段階として、締約国は、最低限、附属書

Ⅱに規定する期限及び水準に従って年間の硫黄排出量を削減し及び維持する。
3 加えて、次の条件を満たす締約国は、最低限、附属書Ⅱに規定する期限及び水準に従って一覧に掲げられた区域において年間の硫黄排出量を削減し及び維持する。
  (a) 国土の総面積が200万平方キロメートルを超える国
  (b) 附属書Ⅱが示すように、2の規定に基づき、1990年の硫黄排出量又は硫黄排出量又はその越境移動量の少なくとも30パーセント削減に関する1985年ヘルシンキ議定書における義務のいずれか低い水準を超えない硫黄排出量の国の上限を約束している国
  (c) 一又は二以上の他の締約国の管轄下の区域における酸性化に寄与する自国の年間硫黄排出量が、附属書ⅢにSOMAとして掲げられる自国の管轄下の区域内からのみ発生し、その証拠となる文書を提出した国、並びに、
  (d) この議定書の署名又は加入に際し、この項に従って行動する意思を明示した国
4 さらに、締約国は、新規及び既存の発生源につき、その特定の状況において適切な、硫黄排出量の削減のために最も効果的な措置を用いる。それらの措置には、特に次のものを含む。
  ―エネルギー効率の向上のための措置
  ―再生可能エネルギーの利用を増大するための措置
  ―特定の燃料の硫黄含有量を削減し、及び硫黄含有量の低い燃料(硫黄含有量の高い燃料と硫黄含有量が低い燃料又は硫黄を含有しない燃料を組み合わせて使用することを含む。)の使用を奨励するための措置
  ―附属書Ⅳに定める指針を用いて、過度の費用を課さない利用可能な最良の規制技術を適用する措置
5 1991年の大気の質に関するカナダ政府とアメリカ合衆国政府との間の協定の締約国を除く各締約国は、最低限、次のことを行う。
  (a) 附属書Ⅴに定める排出限界値と少なくとも同等に厳格な排出限界値を、すべての新規の大規模固定燃焼源に適用する。
  (b) 2004年7月1日までに、この議定書の効力発生の日から算定する工場の残余寿命を考慮して、その熱入力が500熱出力メガワットを超える既存の大規模固定燃焼源に、できる限り過度の費用を課さずに、附属書Ⅴに定める排出限界値と少なくとも同等に厳格な排出限界値を適用し、又は、同等の排出抑制値又はその他の適切な規定が附属書Ⅱに定める硫黄排出量上限を達成し、その後、附属書Ⅰに掲げる臨界負荷量にさらに近づけるという条件で、これらの排出抑制値又はその他の適切な規定を適用する。そして2004年7月1日までに、指針として附属書Ⅴを用い、その熱入力が50熱出力メガワットから500熱出力メガワットの間である既存の大規模固定燃焼源に排出限界値又は排出抑制値を適用する。
  (c) この議定書の効力発生の日から2年以内に、軽油の硫黄含有量について、少なくとも附属書Ⅴに定める基準と同等に厳格な国内基準を適用する。別の方法では、軽油の供給が確保されない場合、国家は、この項に規定する期間を10年まで延長することができる。その場合、締約国は、批准書、受諾書、承認書又は加入書とともに寄託される宣言において、期間を延長する意思を明示する。
6 加えて、締約国は、硫黄排出量の削減について費用対効果の大きいアプローチの採用を奨励するために、経済的手法を用いることができる。
7 この議定書の締約国は、執行機関の会合において、執行機関が作成し、採択する規則及び条件に従い、二又はそれ以上の締約国が附属書Ⅱに定める義務を共同で実施できるか否かを決定することができる。その規則及び条件は、2の規定に定める義務の履行を確保し、及び1の規定に定める環境上の目的の達成も促進するものとする。
8 締約国は、第8条に規定する第1回の再検討の結果に従い、かつその再検討の終了から1年以内に、排出を削減する追加的義務に関する交渉を開始する。

第3条(技術交流)　(略)
第4条(国家の戦略、政策、計画、措置及び情報)　(略)
第5条(報告) 1 締約国は、執行機関の会合において締約国が採択する形式及び内容に関する決定に従って、委員会の事務局長を通じて、次のことに関する情報を、執行機関が決定する間隔で定期的に執行機関に報告する。
  (a) 第4条1に規定する国家の戦略、政策、計画及び措置の実施
  (b) 執行機関が採択する指針に従った、すべての関連する発生源分類に関する排出データを含む、国の年間硫黄排出量の水準
  (c) この議定書に基づき効力を有するその他の義務の履行
  この決定の文言は、報告書に含まれるべき情報の形式及び(又は)内容に関する追加的事項を明らかにするために必要な場合、再検討されるも

のとする。
2 EMEPの地理的範囲内の各締約国は、EMEPの運営機関が定めるように時間的及び空間的に分析した硫黄排出量の水準に関する情報を、委員会の事務局長を通じて、EMEPの運営機関が決定し、執行機関の会合において締約国が承認する間隔で定期的に、EMEPに報告する。
3 執行機関の各年次会合前の適切な時期に、EMEPは次の情報を提供する。
　(a) 硫黄酸化化合物の大気中濃度及び沈着
　(b) 硫黄収支の算定値
　　EMEPの地理的範囲外の区域にある締約国は、執行機関がそれを要請する場合、同様の情報を利用可能とする。
4 執行機関は、条約の第10条2(b)の規定に従って、硫黄酸化化合物その他の酸性化化合物の沈着の影響に関する情報を準備する。
5 締約国は、執行機関の会合において、この議定書第2条1の適用上、硫黄酸化化合物の実際の沈着量と臨界負荷量の値との差をさらに小さくするために、統合評価モデルを用い、EMEPの地理的範囲内にある国家について、算定され、国際的に最適化された排出削減量の割り当てに関する修正情報を定期的に準備する。

第6条(研究、開発及びモニタリング)　(略)

第7条(遵守)　1　この議定書の実施及び締約国によるこの議定書の義務の遵守を検討するため、この議定書により履行委員会を設置する。履行委員会は、執行機関の会合において締約国に報告を行い、適切と考える勧告を締約国に行うことができる。
2 締約国は、履行委員会の報告書及び勧告を検討する際、事案の事情を考慮しかつ条約の実行に従い、この議定書を完全に遵守させるための行動(締約国によるこの議定書の遵守を支援し、この議定書の目的を促進するための措置を含む。)を決定し、要請することができる。
3 締約国は、この議定書の効力発生の後の最初の執行機関の会合において、履行委員会の構成及び任務、並びに履行委員会による遵守審査の手続を定める決定を採択する。
4 遵守手続の適用は、この議定書の第9条の規定の適用を妨げない。

第8条(執行機関の会合における締約国による検討)　1　締約国は、執行機関の会合において、条約の第10条2(a)の規定に従って、締約国及びEMEPが提供する情報、硫黄化合物その他の酸性化化合物の沈着量の影響に関するデータ並びにこの議定書の第7条1に規定する履行委員会の報告書を検討する。
2 (a) 締約国は、執行機関の会合において、次のものを含むこの議定書に規定する義務を常に検討する。
　　(i) 第5条5に規定する算定され、国際的に最適化された排出削減量の割り当てに関する締約国の義務
　　(ii) 義務の妥当性及びこの議定書の目的達成にむけての進捗状況
(b) 検討は、酸性化に関する入手可能な最良の科学情報(臨界負荷量、技術進歩、変化する経済状況及び排出水準に関する義務の履行の評価を含む。)を考慮する。
(c) この検討において、1990年の硫黄沈着量とEMEPの地理的範囲内の臨界硫黄沈着量との差を少なくとも60パーセント削減することが要請されているのにもかかわらず、この議定書の附属書Ⅱに基づく硫黄排出量上限に関する義務が、算定され、国際的に最適化されたその締約国への排出削減量の割り当てと合致しない締約国は、修正された義務を履行するためにあらゆる努力を払う。
(d) この検討の手続、方法及び時期は、執行機関の会合において締約国が定める。1回目の検討は1997年に完了する。

第9条(紛争の解決)　((6-2)第14条1～6を参照)

第10条(附属書)　(略)

第11条(改正及び調整)　1　いかなる締約国もこの議定書の改正を提案することができる。いかなる条約の締約国も、排出水準、硫黄排出量上限及び排出削減率とともに、その国名をこの議定書の附属書Ⅱに追加するために、附属書の調整を提案することができる。
2 改正案及び調整案は、書面により委員会の事務局長に提出され、事務局長はそれをすべての締約国に通報する。締約国は、これらの改正案及び調整案を執行機関の次の会合において審議する。ただし、当該提案が委員会の事務局長により次の会合の少なくとも90日前に締約国に送付されることを条件とする。
3 この議定書並びに附属書Ⅱ、附属書Ⅲ及び附属書Ⅴの改正は、執行機関の会合に出席する締約国のコンセンサスにより採択され、締約国の3分の2がその改正の受諾書を寄託者に寄託した後90日目の日に、当該改正を受諾した締約国について効力を生ずる。改正は、他の締約国が当該改正の受諾書を寄託した日の後90日目の日に当該他の締約国について効力を生ずる。
4 3に規定する附属書以外の、この議定書の附属書

の改正は、執行機関の会合に出席する締約国のコンセンサスにより採択される。委員会の事務局長による通報の日から90日を経過した日に、いずれの附属書の改正も、少なくとも16の締約国が5の規定に従って通告を行っていない場合、寄託者に対して当該通告を行っていない締約国に対して効力を生ずる。
5 3に規定する附属書以外の附属書の改正を承認することができない締約国は、その採択の通報の日から90日以内に書面によりその旨寄託者に通告する。寄託者は、受領したいかなる通告についても、すべての締約国に対して遅滞なく通告する。締約国は、いかなるときでもその事前の通告を受諾に代えることができ、また寄託者へ受諾書を寄託した時点で、かかる附属書の改正は、その締約国に対して効力を有する。
6 附属書Ⅱの調整は、執行機関の会合において出席する締約国のコンセンサスにより採択され、委員会の事務局長が締約国に対して調整の採択について書面により通告する日から90日目の日に、この議定書のすべての締約国に対して効力を生ずる。

第12条(署名) (略)
第13条(批准、受諾、承認及び加入) (略)
第14条(寄託) (略)
第15条(効力発生) (略)
第16条(脱退) (略)
第17条(正本) (略)

附属書Ⅰ 臨界硫黄沈着量(年当たりの一平方メートル当たりcmグラムのパーセンタイル)
(略)

附属書Ⅱ 硫黄排出量上限及び排出削減率
(2007年12月に改正) (略)

附属書Ⅲ 硫黄酸化物管理地域(SOMAs)の指定
(略)

附属書Ⅳ 固定発生源からの硫黄排出抑制技術
(略)

附属書Ⅴ 排出限界値及び硫黄含有限界値
(略)

〔編者注〕附属書Ⅰは、区域を格子状に区切り、その格子区画ごとに臨界硫黄沈着量を示している。附属書Ⅰは、次のURLから入手できる。http://www.unece.org/fileadmin/DAM/env/lrtap/full%20text/1994.Sulphur.e.pdf

附属書Ⅱは、締約国の硫黄排出量上限及び排出削減率を示している。この議定書の効力発生後、調整により改正され、最も直近の調整による改正は2007年12月に行われた。この2007年調整による改正を反映した附属書Ⅱは、次のURLから入手できる。http://www.unece.org/env/lrtap/fsulf_h1.html

6-4-6 1979年の長距離越境大気汚染に関する条約の重金属に関する議定書(重金属議定書)(抄)

Protocol to the 1979 Convention on Long-Range Transboundary Air Pollution on Heavy Metals

作　　成　1998年6月24日(オーフス)
効力発生　1998年8月5日
改　　正　2012年12月13日(長距離越境大気汚染条約執行機関決定
　　　　　2012/5、2012/6(ジュネーヴ))
効力発生

前文 (略)
第1条(定義)この議定書の適用上、
1～3 ((6-4-2)第1条1～第1条3と同じ)
4 ((6-4-3)第1条6と同じ)
5 ((6-4-2)第1条5と同じ)
6 ((6-4-2)第1条4と同じ)
7 「重金属」とは、安定性を有し、一立方センチメートル当たり4.5グラムを超える密度を有する金属又は一定の場合に半金属、並びに、それらの化合物をいう。
8 (略)
9 「固定発生源」とは、附属書Ⅰに掲げる重金属を直接又は間接に大気中に排出し又は排出しうる定置の建築物、構造物、施設、装置及び設備をいう。
10 「新規の固定発生源」とは、次のいずれかの効力発生の日から2年を経過した日の後、その建設又は相当な変更が開始される固定発生源をいう。
　(i)この議定書
　(ii)固定発生源が附属書Ⅰ又は附属書Ⅱの改正によってのみこの議定書の規定の対象となる場合

には附属書Ⅰ又は附属書Ⅱの改正
変更が相当なものか否かは、変更がもたらす環境上の便益といった諸要因を考慮して、権限ある国の機関が決定する。
11 「主要な固定発生源の分類」とは、附属書Ⅱに掲げる固定発生源の分類で、附属書Ⅰに従って定める基準年について附属書Ⅰの掲げる重金属の固定発生源からの締約国の総排出量の少なくとも1パーセントを排出するものをいう。

第2条（目的） この議定書の目的は、次の条の規定に従って、長距離の大気中の移動の対象となり、人の健康又は環境に重大な悪影響を生じさせうる人為的活動に起因する重金属の排出量を規制することである。

第3条（基本的義務） 1 各締約国は、その特別な状況に適切で、効果的な措置をとることによって、附属書Ⅰに従って定める基準年の排出水準から、当該附属書に掲げる各重金属の大気中への年間総排出量を削減する。
2 各締約国は、附属書Ⅳに定める期限までに、次のものを適用する。
　(a) 附属書Ⅲを考慮して、附属書Ⅲが利用可能な最良の技術を特定する主要な固定発生源の分類内の新規の固定排出源に、利用可能な最良の技術を適用する。
　(b) 主要な固定発生源の分類内の新規の固定発生源に附属書Ⅴに定める限界値を適用する。締約国は、これに代わるものとして、全体として同等な排出水準を達成する異なる排出削減戦略を適用することができる。
　(c) 附属書Ⅲを考慮して、附属書Ⅲが利用可能な最良の技術を特定する主要な固定発生源の分類内の既存の固定発生源に、利用可能な最良の技術を適用する。締約国は、これに代わるものとして、全体として同等な排出削減を達成する異なる排出削減戦略を適用することができる。
　(d) 主要な固定発生源の分類内の既存の固定発生源に、それが技術的及び経済的に実行可能な限りで、附属書Ⅴに定める限界値を適用する。締約国は、これに代わるものとして、全体として同等な排出削減を達成する異なる排出削減戦略を適用することができる。
3 各締約国は、附属書Ⅵに定める条件と期限に従って製品規制措置を適用する。
4 各締約国は、附属書Ⅶを考慮して、追加的な製品管理措置を適用することを検討すべきである。
5 EMEPの地理的範囲内にある締約国については、最低限EMEPの運営機関が定める方法を用いて、EMEPの地理的範囲外にある締約国については、執行機関の作業計画を通じて作成された方法を指針として用いて、各締約国は、附属書Ⅰに掲げる重金属の排出目録を作成し及び維持する。
6 2及び3の規定を適用した上で、附属書Ⅰに掲げる重金属について1に規定する条件を達成することができない締約国は、当該重金属について1の規定に定める義務を免除されるものとする。
7 600万平方キロメートルを超える国土を有する締約国は、この議定書の効力発生の日から8年以内に、附属書Ⅱに定める発生源分類からの附属書Ⅰに掲げる重金属のそれぞれの年間総排出量を、附属書Ⅰに従って定める基準年の当該分類からの排出量の水準から少なくとも50パーセント削減したことを証明できれば、2(b)、(c)及び(d)の義務を免除されるものとする。この項に従って行動する意思を有する締約国は、この議定書の署名又は加入の際に、その旨明示する。

第4条（情報及び技術の交換） （略）
第5条（戦略、政策、計画及び措置） （略）
第6条（研究、開発及びモニタリング） （略）
第7条（報告） （略）
第8条（算定値） EMEPは、適当なモデルと測定値を用いて、かつ、執行機関の各年次会合前の適当な時に、EMEPの地理的範囲内の重金属の越境移動量及び沈着量の算定値を執行機関に提供する。EMEPの地理的範囲外の地域においては、条約の締約国の特別の状況に適切なモデルを使用する。
第9条（遵守） この議定書に基づく義務の各締約国による遵守は、定期的に検討されるものとする。執行機関第15回会合の決定1997/2により設置された履行委員会が、当該決定の附属書（その改正も含む。）の規定に従って、この検討を行い、執行機関内部の締約国の会合に報告する。
第10条（執行機関の会合での締約国による検討）
1 条約第10条2(a)の規定に従って、執行機関の会合で、締約国は、締約国、EMEP及びその他の補助機関によって提供された情報、並びに、この議定書の第9条に規定する履行委員会の報告書を検討する。
2 締約国は、執行機関の会合で、この議定書に規定する義務の達成に向けた進捗状況を常に検討する。
3 締約国は、執行機関の会合で、この議定書に規定する義務の十全性及び有効性を検討する。
　(a) この検討は、重金属の沈着の影響に関する利用可能な最良の科学情報、技術進歩の評価及び変化する経済条件を考慮する。

(b) この検討は、この議定書に基づいて行われる研究、開発、モニタリング及び協力に照らして、次のことを行う。
　(i) この議定書の目的の達成に向けた進捗状況を評価する。
　(ii) 人の健康又は環境に対する悪影響をさらに減少させるために、この議定書が求める水準を超えて追加的な排出削減が正当とされるか否かを評価する。
　(iii) 影響を基礎とするアプローチを適用するのに十分な根拠がどの程度存在するかを考慮する。
(c) この検討の手続、方法及び時期は、執行機関の会合で、締約国が定める。
4　締約国は、3に規定する検討の結論に基づいて、かつ、検討終了後できる限り速やかに、附属書Ⅰに掲げる重金属の大気中への排出を削減するための追加的措置に関する作業計画を作成する。

第11条(紛争の解決)　((6-2)第14条1〜6参照)
第12条(附属書)　(略)
第13条(議定書の改正)
1〜5(略)
6　この議定書に、重金属、製品規制措置又は製品若しくは製品群を追加することにより、附属書Ⅰ、附属書Ⅵ又は附属書Ⅶを改正する提案の場合には、
(a) 提案者は、執行機関に、執行機関決定1998/1(その改正も含む。)に定める情報を提供する。並びに、
(b) 締約国は、執行機関決定1998/1(その改正も含む。)に定める手続に従って提案を評価する。
7　執行機関決定1998/1を改正するいかなる決定も、執行機関内の締約国の会合のコンセンサスでなされ、採択の日から60日目に効力を生ずる。

第14条(署名)　(略)
第15条(批准、受諾、承認及び加入)　(略)
第16条(寄託者)　(略)
第17条(効力発生)　(略)
第18条(脱退)　(略)
第19条(正文)　(略)

附属書Ⅰ　第3条1に定める重金属及びその義務のための基準年

重金属	基準年
カドミウム(Cd)	1990年、又は、代替となる1985年から1995年のある年。批准、受諾、承認又は加入の際に締約国が明示する。
鉛(Pb)	1990年、又は、代替となる1985年から1995年のある年。批准、受諾、承認又は加入の際に締約国が明示する。
水銀(Hg)	1990年、又は、代替となる1985年から1995年のある年。批准、受諾、承認又は加入の際に締約国が明示する。

附属書Ⅱ　固定発生源の分類　(略)

附属書Ⅲ　附属書Ⅱに掲げる発生源の分類からの重金属及びその化合物の排出を規制するための利用可能な最良の技術　(略)

附属書Ⅳ　新規及び既存の固定発生源への限界値及び利用可能な最良の技術の適用の期限

限界値及び利用可能な最良の技術の適用の期限は
(a) 新規の固定発生源については、この議定書の効力発生の日から2年
(b) 既存の固定発生源については、この議定書の効力発生の日から8年。必要な場合、この期間は、国の法令が定める償却期間に従って特定の既存の固定発生源について延長することができる。

附属書Ⅴ　主要な固定発生源からの排出を規制するための限界値　(略)

附属書Ⅵ　製品規制措置　(略)

附属書Ⅶ　製品管理措置　(略)

6-4-7 1979年の長距離越境大気汚染に関する条約の残留性有機汚染物質に関する議定書（残留性有機汚染物質議定書；POPs議定書）（抄）

Protocol to the 1979 Convention on Long-Range Transboundary Air Pollution on Persistent Organic Pollutants

作　成　1998年6月24日（オーフス）
効力発生　1998年8月5日
改　正　2009年12月18日（長距離越境大気汚染条約執行機関決定 2009/1、2009/2、2009/3（ジュネーヴ））
効力発生

第1条（定義） 1～3　（（6-4-2）第1条1～第1条3と同じ）
4　（（6-4-3）第1条6と同じ）
5　（（6-4-2）第1条5と同じ）
6　（（6-4-2）第1条4と同じ）
7　「残留性有機汚染物質（POPs）」とは、(i)毒性を有し、(ii)残留性があり、(iii)生物濃縮性を有し、(iv)国境を越えて大気中を長距離にわたって移動し、及び沈着する性質があり、(v)その発生源の近辺で及び発生源から離れて、人の健康又は環境に重大な悪影響を生じさせうる有機物質をいう。
8～10　（略）
11　「主要な固定発生源の分類」とは、附属書Ⅷに掲げる固定発生源の分類をいう。
12　「新規の固定発生源」とは、次のいずれかの効力発生の日から2年を経過した日の後、その建設又は相当な変更が開始される固定発生源をいう。
　　(i)この議定書
　　(ii)固定排出源が附属書Ⅲ又は附属書Ⅷの改正によってのみこの議定書の対象となる場合には附属書Ⅲ又は附属書Ⅷの改正変更が相当なものか否かは、変更がもたらす環境上の便益といった諸要因を考慮して、権限ある国の機関が決定する。

第2条（目的） この議定書の目的は、残留性有機汚染物質の放出、排出及びそれらによる損失を規制し、削減し又は全廃することである。

第3条（基本的義務） 1　第4条の規定に従って明示的に適用が除外される場合を除き、各締約国は、次のような効果的な措置をとる。
(a)　附属書Ⅰに定める実施条件に従って、附属書Ⅰに掲げる物質の生産及び使用を全廃する措置
(b)(i)　附属書Ⅰに掲げる物質が破壊され又は処分される場合、有害廃棄物の管理及び処分を規律する関連する小地域、地域及び世界の制度、とりわけ有害廃棄物の国境を越える移動及びその処分の規制に関するバーゼル条約を考慮して、こうした破壊又は処分が環境上適正に行われることを確保する措置
(ii)　適切な環境上の考慮を斟酌して、附属書Ⅰに掲げる物質の処分が国内で行われることを確保するよう努める措置
(iii)　有害廃棄物の国境を越える移動を規律する適用可能な小地域、地域及び世界の制度、とりわけ有害廃棄物の国境を越える移動及びその処分の規制に関するバーゼル条約を考慮して、附属書Ⅰに掲げる物質の国境を越える移動が、環境上適正に行われることを確保する措置
(c)　附属書Ⅱに定める実施条件に従って、当該附属書に掲げる物質の用途を規定される用途に制限する措置
2　1(b)に規定する条件は、物質の生産又は使用が全廃された日のいずれか遅い日に、各物質について効力を生ずる。
3　附属書Ⅰ、附属書Ⅱ又は附属書Ⅲに掲げる物質について、各締約国は、これらの物質を含有するまだ使用されている物品及び廃棄物を特定する適切な戦略を作成するべきであり、これらの廃棄物及び廃棄物となった物品が、環境上適正に破壊され又は処分されることを確保する適切な措置をとる。
4　1から3の規定の適用上、廃棄物、処分及び環境上適正な、という用語は、有害廃棄物の国境を越える移動及びその処分の規制に関するバーゼル条約の下での用語の使用と合致するように解釈する。
5　各締約国は、次のことを行う。
(a)　その特別の状況に適切な効果的な措置をとることによって、附属書Ⅲに従って定める基準年の排出水準から、当該附属書に掲げる各物質の年間の総排出量を削減する。
(b)　附属書Ⅵに定める期限内に、次のものを適

用する。
  (i) 附属書Vを考慮して、附属書Vが利用可能な最良の技術を特定する主要な固定発生源の分類内の新規の固定発生源に、利用可能な最良の技術を適用する。
  (ii) 附属書Vを考慮して、附属書IVに定める分類内の新規の固定発生源のそれぞれに、附属書IVに定める限界値と少なくとも同等に厳格な限界値を適用する。締約国は、これに代わるものとして、全体として同等な排出水準を達成する異なる排出削減戦略を適用することができる。
  (iii) 技術的及び経済的に実行可能な限りで、附属書Vを考慮して、附属書Vが利用可能な最良の技術を特定する主要な固定発生源の分類内の既存の固定発生源のそれぞれに、利用可能な最良の技術を適用する。締約国は、これに代わるものとして、全体として同等な排出削減を達成する異なる排出削減戦略を適用することができる。
  (iv) 技術的及び経済的に実行可能な限りで、附属書Vを考慮して、附属書IVに定める分類内の既存の固定発生源のそれぞれに、附属書IVに定める限界値と少なくとも同等に厳格な限界値を適用する。締約国は、これに代わるものとして、全体として同等な排出削減を達成する異なる排出削減戦略を適用することができる。
  (v) 附属書VIIを考慮して、移動発生源からの排出を規制する効果的な措置を適用する。
6 家庭の燃焼源の場合、5(b)(i)及び(iii)に規定する義務は、当該分類のすべての固定発生源を一括したものに適用する。
7 5(b)を適用した上で、締約国が、附属書IIIに規定する物質について5(a)の条件を達成することができない場合、当該物質について、5(a)の義務の適用を除外するものとする。
8 各締約国は、EMEPの地理的範囲内にある締約国については、EMEPの運営機関が定める方法並びに空間的及び時間的分析を最低限用いて、EMEPの地理的範囲外にある締約国については、執行機関の作業計画を通じて作成される方法を指針として用いて、各締約国は、附属書IIIに掲げる物質の排出目録を作成し及び維持し、並びに附属書I及び附属書IIに掲げる物質の生産及び販売に関する利用可能な情報を収集する。各締約国は、第9条に規定する報告条件に従ってこの情報を報告する。

第4条(適用除外) 1 第3条1は、実験室規模の研究又は参照標準として使用される物質の量には適用しない。
2 締約国は、特定の物質に関して、第3条1(a)及び(c)の適用を除外することができる。ただし、その適用除外がこの議定書の目的を害するような方法で行われ又は利用されず、専ら次の目的のため、かつ、次の条件の下で行われることを条件とする。
  (a) 1に規定する以外の研究については、次の条件を満たす場合に適用を除外することができる。
    (i) 提案されている使用及びそれに続く処分の間に、相当な量の物質が環境中に漏出しないと考えられること。
    (ii) この研究の目的及び範囲は、当該締約国の評価及び認可を受けること、並びに
    (iii) 環境中に物質の相当な放出が生じる場合、適用除外は即座に終了し、適当な場合放出を緩和するために措置がとられ、研究が再開される前に封じ込め措置の評価が行われること。
  (b) 必要な場合には公衆衛生上の緊急事態を管理するために、次の条件を満たす場合に適用を除外することができる。
    (i) その状況に対処するのに、いかなる適切な代替措置も締約国が利用できないこと
    (ii) とられる措置が緊急事態の規模及び重大さに比例していること。
    (iii) 人の健康及び環境を保護するため、並びに、緊急事態の対象となる地理的範囲の外でその物質が使用されないよう確保するため、適切な予防策がとられること。
    (iv) 適用除外は、緊急事態の期間を超えない期間について認められること、並びに、
    (v) 緊急事態の終了と同時に、残っている物質の備蓄は、第3条1(b)の規定の対象となること。
  (c) 締約国が不可欠と判断する小規模の使用については、次の条件を満たす場合に適用を除外することができる。
    (i) 適用除外は、5年を上限に認められること。
    (ii) 適用除外は、この条の規定に基づいて当該締約国によりそれ以前に認められていないこと。
    (iii) 提案されている使用に適切な代替が存在していないこと。
    (iv) 当該締約国は、適用除外に由来する物質の排出量及び締約国からの当該物質の総排出量へのその排出の寄与度を推計すること。

(v) 環境への排出量が最小限となることを確保するために、適切な予防策がとられること。
(vi) 適用除外の終了と同時に、残っている物質の備蓄は、第3条1(b)の規定の対象となること。
3 各締約国は、2の規定に基づく適用除外を認めた日から90日以内に、事務局に、最低限次の情報を提供する。
(a)～(f)(略)
4 事務局は、3の規定に基づいて受領した情報をすべての締約国に利用可能にする。
第5条(情報及び技術の交換) (略)
第6条(公衆の啓発) (略)
第7条(戦略、政策、計画、措置及び情報) (略)
第8条(研究、開発及びモニタリング) (略)
第9条(報告) (略)
第10条(執行機関の会合での締約国による検討) (略)
第11条(遵守) ((6-4-6)第9条と同じ)
第12条(紛争の解決) ((6-2)第14条1～6を参照)
第13条(附属書) (略)
第14条(改正) (略)
第15条(署名) (略)
第16条(批准、受諾、承認及び加入) (略)
第17条(寄託者) (略)
第18条(効力発生) (略)
第19条(脱退) (略)
第20条(正文) (略)

附属書Ⅰ　全廃を予定する物質
この議定書に別段の定めがある場合を除くほか、この附属書は、次に掲げる物質が(i)製品中に汚染物質として生じる場合、又は(ii)実施日までに製造された物品若しくは使用中の物品に生じる場合、又は(iii)一又は二以上の異なる物質の製造中に場所限定の化学物質の中間物として生じ、それゆえ化学的に変成している場合、これらの物質には適用しない。別段の定めがある場合を除くほか、次の各義務は、議定書の効力発生の日に効力を生ずる。(表は略)

附属書Ⅱ　使用制限を予定する物質　(略)

附属書Ⅲ　第3条5(a)に規定する物質及び義務のための基準年　(略)

附属書Ⅳ　主要な固定発生源からのダイオキシン類・フラン類(PCCD/F)に関する限界値　(略)

附属書Ⅴ　主要な固定発生源からの残留性有機汚染物質の排出を規制する利用可能な最良の技術　(略)

附属書Ⅵ　限界値及び利用可能な最良の技術の新規及び既存の固定発生源への適用の期限　(略)

附属書Ⅶ　移動発生源からの残留性有機汚染物質の排出を削減する推奨規制措置　(略)

附属書Ⅷ　主要な固定発生源の分類　(略)

6-4-8　1979年の長距離越境大気汚染に関する条約の酸性化、富栄養化及び地表レベルオゾンに対する対策のための議定書(ヨーテボリ議定書)(抄)

Protocol to the 1979 Convention on Long-Range Transboundary Air Pollution to Abate Acidification, Eutrophication and Ground-Level Ozone

作　成　1999年6月24日(ヨーテボリ)
効力発生　1998年8月5日
改　正　2012年12月13日(長距離越境大気汚染条約執行機関決定2012/1、2012/2(ジュネーヴ))
効力発生

前　文　(略)
第1条(定義) この議定書の適用上
1～3　((6-4-2)第1条1～第1条3と同じ)
4　((6-4-3)第1条6と同じ)
5　((6-4-2)第1条5と同じ)
6　((6-4-2)第1条4と同じ)
7　(略)
8　「窒素酸化物」とは、一酸化窒素及び二酸化窒素をいい、二酸化窒素(NO_2)で表される。
9　「還元性窒素化合物」とは、アンモニア及びその反応生成物をいう。
10　「硫黄」とは、すべての硫黄化合物をいい、二酸

化硫黄（SO_2）で表される。
11 （(6-4-4)（第1条9と同じ）
12 （(6-4-5)（第1条8と同じ）
13 （(6-4-5)（第1条9と同じ）
14 「汚染物質排出管理地域」又は「PEMA」とは、第3条9に定める条件の下で附属書Ⅲに指定される地域をいう。
15 （略）
16 「新規の固定発生源」とは、この議定書の効力発生の日から1年を経過した日の後、その建設又は相当な変更が開始される固定発生源をいう。変更が相当なものか否かは、変更がもたらす環境上の便益といった諸要因を考慮して、権限ある国の機関が決定する。

第2条（目的） この議定書の目的は、人為的活動により生じ、大気中の長距離の越境移動の結果として、酸性化、富栄養化又は地表レベルオゾンに起因して、人の健康、自然の生態系、有形物及び作物に悪影響を生じるおそれのある硫黄、窒素酸化物、アンモニア及び揮発性有機化合物を規制し及び削減すること、並びに、長期的かつ段階的アプローチで、科学的知見の進歩を考慮して、大気中の沈着又は濃度が次のものを超えないようできる限り確保することである。
(a) EMEPの地理的範囲内にある締約国及びカナダについては、附属書Ⅰに定める酸性度の臨界負荷量
(b) EMEPの地理的範囲内にある締約国については、附属書Ⅰに定める栄養窒素の臨界負荷量
(c) オゾンについては、
 (i) EMEPの地理的範囲内にある締約国については、附属書Ⅰに定めるオゾンの臨界水準
 (ii) カナダについては、オゾンに関するカナダの国家基準
 (iii) 米国については、オゾンに関する大気の質に関する国家の環境基準

第3条（基本的義務） 1 附属書Ⅱの表に排出上限が定められている各締約国は、当該附属書に規定する上限及び期限に従って、その年間排出量を削減し及び削減を維持する。各締約国は、最低限、附属書Ⅱの義務に従って、汚染化合物のその年間排出量を規制する。
2 各締約国は、附属書Ⅶに定める期限内に、附属書Ⅳ、附属書Ⅴ及び附属書Ⅵに定める一の固定発生源の分類内の新規の固定発生源のそれぞれに、これらの附属書に定める限界値を適用する。これに代わるものとして、締約国は、あらゆる発生源の分類を一括して、全体として同等の排出水準を達成する異なる排出削減戦略を適用することができる。
3 各締約国は、技術的及び経済的に実行可能な限りで、かつ、費用及び利益を考慮して、附属書Ⅶに定める期限内に、附属書Ⅳ、附属書Ⅴ及び附属書Ⅵに定める一の固定発生源の分類内の既存の固定発生源のそれぞれに、これらの附属書に定める限界値を適用する。これに代わるものとして、締約国は、あらゆる発生源の分類を一括したものに、全体として同等の排出水準を達成する異なる排出削減戦略を適用することができ、又は、EMEPの地理的範囲外の締約国については、酸性化の除去のための国家の目標又は地域の目標を達成し、及び国家の大気の質の基準を達成するのに必要な異なる排出削減戦略を適用することができる。
4 50熱出力メガワットを超える定格熱入力を有する新規の又は既存のボイラー及びプロセスヒーター並びに大型自動車の限界値は、この議定書の効力発生の日から2年以内に、附属書Ⅳ、附属書Ⅴ及び附属書Ⅷを改正するために、執行機関の会合において締約国によって評価されるものとする。
5 各締約国は、附属書Ⅶに定める期限内に、附属書Ⅷに定める燃料及び新規の移動発生源の限界値を適用する。
6 各締約国は、執行機関第17回会合が採択したガイダンス文書Ⅰないし V（決定1999/1）及びその改正を考慮して、移動発生源及び新規の又は既存の固定発生源に利用可能な最良の技術を適用すべきである。
7 各締約国は、とりわけ科学的及び経済的基準に基づいて、附属書Ⅵ又は附属書Ⅷに掲げられていない製品の使用に伴う揮発性有機化合物の排出を削減する適切な措置をとる。締約国は、この議定書の効力発生の後2回目の執行機関の会合までに、製品（これらの製品の選択のための基準、附属書Ⅵ又は附属書Ⅷに掲げられていない製品の揮発性有機化合物含有の限界値、並びに、当該限界値を適用する期限を含む。）に関する附属書を採択するために検討する。
8 各締約国は、10の規定に従って、次のことを行う。
(a) 最低限、附属書Ⅸに定めるアンモニアの規制措置を適用すること。
(b) 締約国が適当と考える場合、執行機関第17回会合が採択したガイダンス文書V（決定1999/1）及びその改正に掲げられるアンモニアの排出を防止し及び削減する利用可能な最良

の技術を適用すること。
9 10は、次の締約国に適用される。
 (a) その国土の面積が、200万平方キロメートルを超える締約国
 (b) 一又は二以上の他の締約国の管轄の下にある区域の酸性化、富栄養化又はオゾンの形成に寄与する硫黄、窒素酸化物、アンモニア及び(又は)その揮発性有機化合物の年間排出量が、附属書ⅢにPEMAとして掲げられるその管轄の下の区域から主として生じている締約国で、この趣旨で(c)の規定に従って証明する文書を提出した締約国
 (c) この議定書の批准、受諾又は承認若しくは加入の際に、附属書Ⅲに記載するために、一又は二以上の汚染物質について一又は二以上のPEMAの地理的範囲についての説明を証明する文書とともに提出した締約国、並びに
 (d) この議定書の批准、受諾又は承認若しくは加入の際に、この項の規定に従って行動する意思を明示した締約国
10 この項が適用される締約国は、
 (a) EMEPの地理的範囲内にある場合、その管轄内にあるPEMAが附属書Ⅲに記載されている各汚染物質については、関連するPEMA内においてのみ、この条及び附属書Ⅱの規定を遵守することが求められるものとする。
 (b) EMEPの地理的範囲内にない場合、その管轄内にあるPEMAが附属書Ⅲに記載されている各汚染物質(窒素酸化物、硫黄及び(又は)揮発性有機化合物)については、関連するPEMA内においてのみ、1、2、3、5、6及び7並びに附属書Ⅱの規定を遵守することが求められ、その管轄内のいずれの地域も8の規定を遵守することは求められない。
11 カナダ及び米国は、この議定書の批准、受諾又は承認若しくは加入の際に、附属書Ⅱへの自動的組み入れのために、硫黄、窒素酸化物及び揮発性有機化合物に関してそれぞれの排出削減の約束を執行機関に提出する。
12 締約国は、第10条2に規定する1回目の検討の結果に従って、当該検討の終了から1年以内に、排出を削減する追加的義務に関する交渉を開始する。

第4条(情報及び技術の交換) (略)
第5条(公衆の啓発) (略)
第6条(戦略、政策、計画、措置及び情報) (略)
第7条(報告) (略)
第8条(研究、開発及びモニタリング) (略)
第9条(遵守) ((6-4-6)第9条と同じ)
第10条(執行機関の会合での締約国による検討) (略)
第11条(紛争の解決) ((6-2)第14条1〜6を参照)
第12条(附属書) (略)
第13条(改正及び調整) (略)
第14条(署名) (略)
第15条(批准、受諾、承認及び加入) (略)
第16条(寄託者) (略)
第17条(効力発生) (略)
第18条(脱退) (略)
第19条(正文) (略)

 附属書Ⅰ 臨界負荷量及び臨界水準 (略)

 附属書Ⅱ 排出上限(2005年12月改正) (略)

 附属書Ⅲ 指定された汚染物質排出管理地域(PEMA) (略)

 附属書Ⅳ 固定発生源からの硫黄排出量に関する限界値 (略)

 附属書Ⅴ 固定発生源からの窒素酸化物の排出量に関する限界値 (略)

 附属書Ⅵ 固定発生源からの揮発性有機化合物の排出量に関する限界値 (略)

 附属書Ⅶ 第3条に基づく期限 (略)

 附属書Ⅷ 燃料及び新規の移動発生源に関する限界値 (略)

 附属書Ⅸ 農業の発生源からのアンモニアの排出の規制措置 (略)

6-4-9　履行委員会、その構成及び任務、並びにその審査手続(長距離越境大気汚染条約の議定書共通の遵守手続)

Implementation Committee, its structure and functions and procedures for review

決　定　2006年12月14日(ジュネーヴ)
長距離越境大気汚染条約執行機関決定2006/2

執行機関は、

1979年の長距離越境大気汚染に関する条約の既存の議定書の遵守を促進し、及び改善することを決意し、

この条約の議定書に基づく締約国によるその義務の遵守の審査のために履行委員会を設置する決定1997/2、及び、履行委員会に関する決定を改正する手続に関する決定1998/3を想起し、

履行委員会の構成及び任務、並びに、遵守審査手続を次のとおり決定する。

構　成
1　履行委員会は条約の九の締約国からなる。委員会の各構成国は、少なくとも一の議定書の締約国でなければならない。執行機関は、2年の任期で締約国を選出する。任期を終える締約国は、特定の事案について執行機関が別段の決定を行わない限り、次の一の任期について再選されうる。執行機関は、毎年、構成国の中から委員会の議長を選出する。

会　合
2　((6-1-2)6を参照)

委員会の任務
3　委員会は、次のことを行う。
　(a)　締約国による議定書の報告義務の遵守を定期的に審査する。
　(b)　建設的解決を確保するために、4及び5の規定に従って行われる申立又は付託を検討する。
　(c)　委員会が必要と考える場合、申立又は付託に関する報告書又は勧告を採択する前に、締約国が報告するデータの質が、執行機関の下にある関連する技術的機関、及び(又は)適当な場合、執行機関の議長団により任命される専門家により評価されているという条件を満たさせる。
　(d)　執行機関の要請に応じ、かつ、(a)、(b)及び(c)の規定に基づくその任務の遂行で得られた関連する経験に基づいて、個別の議定書上の特定の義務の遵守又は履行に関する報告書を作成する。

締約国による申立
4　申立は、次の締約国が委員会に行うことができる。
　(a)　他の締約国の一の議定書に基づく義務の遵守に関して疑義を有する当該議定書の一又は二以上の締約国。この申立は、書面で事務局に提出され、それを証明する情報により裏付けられるものとする。事務局は、申立の受領から2週間以内に、その遵守が問題となっている締約国に、申立の写しを送付する。いずれの回答及び回答を裏付ける情報も、3箇月以内に、又は、特定の事案の状況が要請する場合それより長い期間内に、事務局及び関係締約国に提出されるものとする。事務局は、その申立及び回答、並びに、申立を証明し及び裏付けるすべての情報を委員会に送付し、委員会は、できる限り速やかに事案を検討する。
　(b)　最善の努力を行ったにもかかわらず、一の議定書に基づくその義務を完全に遵守できない又は遵守できないだろうと結論を下す締約国。この付託は、書面で事務局に提出され、特にその締約国が不遵守の原因であると考える特定の状況を説明する。事務局は、この申立を委員会に送付し、委員会はできる限り速やかにこの申立を検討する。

事務局による付託
5　特に議定書の報告義務に従って提出される報告書を検討する際に、事務局が、ある締約国による義務の不遵守の可能性があると認識した場合、関係締約国に事案に関して必要な情報を提供するよう要請することができる。3箇月以内に、又は特定の事案の状況が要請する場合それより長い期間内に回答がない場合若しくは事案が解決されない場合、事務局は、その事案について委員会の注意を喚起する。

情報収集
6　3の規定に基づくその任務の遂行を支援するために、委員会は次のことを行うことができる。
　(a)　検討中の事案について、事務局を通じて、追加の情報を要請する。
　(b)　関係締約国の招きに応じて、当該締約国の領域において情報収集を行う。
　(c)　議定書の遵守に関して事務局が送付する情

報を検討する。
7 委員会は、秘密のものとして提供される情報の秘密性を確保する。
参加する資格
8 申立又は付託の対象となった締約国は、委員会によるその申立又は付託の検討に参加する資格を有するが、9の規定に従って委員会の報告書又は勧告の作成及び採択に参加してはならない。
執行機関への委員会の報告書
9 委員会は、少なくとも年に1回、その活動に関して執行機関に報告し、事案の状況を考慮して、議定書の遵守に関して適当と考える勧告を行う。各報告書は、それが検討される執行機関の会合の遅くとも10週間前に、委員会により完成されるものとする。
委員会の構成国の権限
10 委員会の構成国であって、3、6、7及び9の規定に従って遵守手続の対象となる議定書の締約国たる構成国のみがその手続に参加できる。この項の運用の結果、委員会の規模が五以下の構成国となる場合、委員会は、直ちに問題の事案を執行機関に付託する。
執行機関による検討
11 関係議定書の締約国は、執行機関の中で会合をもち、委員会の報告書及び勧告の検討に基づいて、当該議定書を完全に遵守させる差別的ではない措置(締約国の遵守を支援する措置を含む。)を決定することができる。こうした決定は、コンセンサスで決定する。
紛争解決との関係
12 この遵守手続の適用は、議定書の紛争解決規定の適用を妨げない。

【第3節 二国間条約】

6-5 大気の質に関するカナダ政府とアメリカ合衆国政府との間の協定(米加大気質協定)
Agreement Between the Government of the United States of America and the Government of Canada on Air Quality

```
署   名  1991年3月13日(オタワ)
効力発生  1991年3月13日
改   正  2000年12月7日
効力発生  2000年12月7日
```

米国政府及びカナダ政府(以下「締約国」という)は、
越境大気汚染が、両国において環境、文化及び経済の観点から死活重要性を有する天然資源及び人の健康に重大な損害を生じさせることを確信し、
両国内の発生源からの大気汚染物質の排出が、重大な越境大気汚染とならないことを希望し、
越境大気汚染が、両国における大気汚染物質の排出の規制を定める協力的又は調整的な行動を通じて効果的に削減されうることを確信し、
大気汚染を規制するために両国が行った努力及び両国においてこれらの努力に由来する大気の質の改善を想起し、
気候変動や成層圏オゾンの破壊といった地球的性質の大気に関連する問題にはその他のフォーラムにおいて対処することを意図し、
「国は、国際連合憲章及び国際法の諸原則に従って、その資源を自国の環境政策に従って開発する主権的権利を有すること並びに自国の管轄又は管理の下における活動が他国の環境又はいずれの国の管轄にも属さない区域の環境を害さないことを確保する責任を有する」と規定するストックホルム宣言原則21を再確認し、

1909年の国境水条約、1941年のトレイル製錬所事件仲裁、1978年の五大湖水質協定(その後改正されたもの)、1980年の越境大気汚染に関する意思表明文書、酸性雨に関する特別使節の1986年の共同報告書、並びに、1979年の長距離越境大気汚染に関する欧州経済委員会の条約に反映されている両国の環境協力の伝統に留意し、
健全な環境が、カナダ及び米国における現世代及び将来の世代の福利、並びに、地球共同体の福利を確保するのに不可欠であると確信し、
次のとおり協定した。

第1条(定義) この協定の適用上、
1 「大気汚染」とは、人間による大気中への物質の直接的又は間接的な導入であって、人の健康を危険にさらし、生物資源及び生態系並びに物的財産に損害を与え、並びに快適性及びその他の正当な環境の利用を損ない又はそれに干渉するような性質の有害な影響をもたらすものをいう。また、「大気汚染物質」は、これに従って解釈される。
2 「越境大気汚染」とは、その物理的な起源の全部

又は一部が一方の締約国の管轄の下にある区域に位置する大気汚染であって、他方の締約国の管轄の下にある区域に地球規模の影響以外の悪影響をもたらすものをいう。
3 「国境水条約」とは、1909年1月11日ワシントンにおいて署名された「アメリカ合衆国及びカナダの間の国境水及び国境に沿って生じる諸問題に関する条約」をいう。
4 「国際合同委員会」とは、国境水条約により設置される国際合同委員会をいう。

第2条(目的) 締約国の目的は、この協定により、越境大気汚染に関する共通の懸念に対処するために、現実的かつ効果的な手段を確立することである。

第3条(大気質の一般目標) 1 締約国の一般目標は、二国間の越境大気汚染を規制することである。
2 この目的のために、締約国は、次のことを行う。
　(a) 第4条の規定に従って、大気汚染物質の排出の抑制又は削減に関する具体的な目標を設定し、これらの目標を実施するために必要な計画及びその他の措置を採択する。
　(b) 第5条の規定に従って、環境影響評価及び事前通報を行い、適当な場合には、緩和措置をとる。
　(c) 第6条の規定に従って、科学及び技術に関する調整した又は協力した活動、並びに、経済的調査を行い、並びに第7条の規定に従って、情報交換を行う。
　(d) 第8条及び第9条の規定に従って、制度的取決めを設定する。
　(e) 第10条、第11条、第12条及び第13条の規定に従って、進捗状況を検討し及び評価し、協議し、懸念事項に対処し並びに紛争を解決する。

第4条(大気の質の具体的目標) 1 各締約国は、締約国が取り組むことに合意する大気汚染物質の排出の抑制又は削減について具体的な目標を設定し、それを達成することを約束する。この具体的目標はこの協定の附属書に定める。
2 各締約国の排出の抑制又は削減に関する具体的な目標は、この協定の附属書に次のように定める。
　(a) 二酸化硫黄及び窒素酸化物に関する具体的目標は、附属書1に定める。これらの目標によって、これらの酸性沈着前駆物質の越境移動量を削減することになる。
　(b) 揮発性有機化合物及び窒素酸化物に関する具体的目標は、附属書3に定める。これらの目標によって、対流圏オゾン及びその前駆物質の越境移動量を削減することになり、それにより両国がそれぞれの大気の質に関する目標を長期的に達成することを支援する。
　締約国が対処することに合意する他の大気汚染物質に関する具体的な目標は、適当な場合には、第6条の規定に従って行われる活動を考慮すべきである。
3 各締約国は、附属書に規定するその具体的目標を実施するのに必要な計画及びその他の措置を採択する。
4 いずれかの締約国が3に規定する他方の締約国の計画又はその他の措置について懸念を有する場合は、第11条の規定に従って協議を要請することができる。

第5条(評価、通告及び緩和) 1 各締約国は、適当な場合並びにその法令及び政策が要求している場合、実施されるならば重大な越境大気汚染を生じさせるおそれのあるその管轄の下の区域において提案されている行動、活動及び事業を評価する(適切な緩和措置を検討することを含む。)。
2 各締約国は、提案されている行動、活動又は事業に関して決定を行う前に、できる限り早期に1の規定に基づく評価の対象となるこれらの行動、活動又は事業について他方の締約国に通報し、及び第11条の規定に従って他方の締約国の要請を受けて当該締約国と協議する。
3 さらに、各締約国は、重大な越境大気汚染をもたらす可能性のある継続中の行動、活動又は事業について、並びに、もし実施されるならば重大な越境大気汚染をもたらすおそれのあるその法令又は政策の変更について、他方の締約国の要請を受けて、第11条の規定に従って協議する。
4 重大な越境大気汚染をもたらすおそれ又は可能性のある行動、活動又は事業に関する2及び3の規定に基づく協議には、適切な緩和措置の検討を含む。
5 各締約国は、適当な場合には、重大な越境大気汚染をもたらすおそれ又は可能性のある行動、活動又は事業により生じる潜在的危険を回避又は緩和するための措置をとる。
6 いずれかの締約国が、共通の関心事であり、迅速な対応が求められる大気汚染問題に気づいた場合、直ちに他方の締約国に通報し及び協議する。

第6条(科学及び技術に関する活動並びに経済的調査)
1 締約国は、越境大気汚染問題の理解を深め、汚染を規制する能力を高めるために、附属書2に定める科学及び技術に関する活動並びに経済的調査を行う。
2 締約国は、この条を履行するに当たり、モニタリング活動の実施に関して国際合同委員会の助言を求めることができる。

第7条(情報交換) 1　締約国は、定期的に及び第8条の規定に基づき設置される大気の質委員会を通じて、附属書2に定める次に関する情報を交換することに合意する。
　(a)　モニタリング
　(b)　排出量
　(c)　排出規制のための技術、措置及びメカニズム
　(d)　大気中の過程
　(e)　大気汚染物質の影響
2　締約国は、それぞれの法令に従って、この協定に基づき報告され又は共有される排出量データ及びモニタリングデータを含むデータベースを公衆が利用できるようにすることに合意する。
3　この協定の他のいかなる規定にもかかわらず、大気の質委員会及び国際合同委員会は、情報入手地の法律に基づき商業上の秘密情報とされる情報を、所有者の同意なしに公開してはならない。

第8条(大気の質委員会) 1　締約国は、この協定の実施を支援するために二国間の大気の質委員会を設置し及び維持することに合意するものとする。委員会は、各締約国を代表する同数の委員により構成されるものとする。委員会は、適当な場合には、小委員会により補佐されうる。
2　委員会の任務には、次のことを含む。
　(a)　この協定(この協定の一般的及び具体的目標を含む。)の実施の進捗状況を検討すること。
　(b)　この協定の効力発生の日から1年以内に及びその後は少なくとも2年ごとに進捗報告書を作成し、締約国に提出すること。
　(c)　この協定の第9条の規定に従って、行動を求めて国際合同委員会にそれぞれの進捗報告書を付託すること。
　(d)　締約国に提出した後、それぞれの進捗報告書を公衆に公開すること。
3　委員会は、少なくとも毎年1回開催し、いずれか一方の締約国の要請により追加的に開催する。

第9条(国際合同委員会の任務) 1　国境水条約第9条の規定に基づく付託により、締約国によるこの協定の実施を支援することを唯一の目的として、国際合同委員会に次の任務を付与する。
　(a)　第8条の規定に従って大気の質委員会の作成したそれぞれの進捗報告書について、意見を求めること(適当な場合には、公聴会を通じて意見を求めることを含む。)。
　(b)　いずれか一方の締約国の要請により、(a)の規定に基づき提出された意見のまとめ及び記録を締約国に提出すること。
　(c)　締約国に提出した後、この意見のまとめを公衆に公開すること。
2　さらに、締約国は、この協定の効果的な実施のために適当と考えられる場合、国際合同委員会へのその他の共同付託を検討する。

第10条(検討及び評価) 1　締約国は、第8条の規定に従って、大気の質委員会が締約国に提出したそれぞれの進捗報告書及び第9条の規定に従って当該報告書について国際合同委員会に提出された意見を受領した後、進捗報告書の内容(そこに書かれた勧告を含む。)について協議する。
2　締約国は、別段の合意がない限り、この協定の効力発生の日から5年目の年に及びその後は5年ごとに、この協定及びその実施について包括的な検討及び評価を行う。
3　締約国は、1に規定する協議並びに2に規定する検討及び評価の後、適当と考えられる行動を検討する。その行動には次のものを含む。
　(a)　この協定の改正
　(b)　現行の政策、計画又は措置の変更

第11条(協議)　締約国は、いずれか一方の締約国の要請により、この協定の適用対象となるいかなる問題についても協議する。協議は、締約国が別段の合意をしない限り、できる限り速やかに、いかなる場合でも、協議の要請を受けた日から30日以内に開始する。

第12条(付託)　第13条の対象になる問題以外の問題については、第11条の規定に基づく協議の後、重大な越境大気汚染を引き起こしている又は引き起こすおそれのある提案されている又は継続している行動、活動又は事業に関してなお問題が残る場合には、締約国は、合意された付託条件に従って、適当な第三者に事案を付託する。

第13条(紛争の解決) 1　第11条の規定に基づく協議の後、この協定の解釈又は実施に関して締約国間になお紛争がある場合、締約国はこの紛争を締約国間の交渉で解決するよう努める。交渉は、締約国が別段の合意をしない限り、できる限り速やかに開始し、いかなる場合でも、交渉の要請を受けた日から90日以内に開始する。
2　紛争が交渉によって解決しない場合、締約国は、国境水条約第9条又は第10条のいずれかの規定に従って、当該紛争を国際合同委員会に付託するかを検討する。その検討の後、締約国がこれらの選択肢のいずれも選択しない場合には、締約国は、いずれかの締約国の要請により、合意された他の紛争解決手続に紛争を付託する。

第14条(実施) 1　この協定に基づき約束する義務は、締約国それぞれの憲法上の手続に従って割り当てられる財源が利用可能であることを条件とす

る。
2 締約国は、次のことに努める。
 (a) この協定を実施するために必要な財源の割当
 (b) この協定を実施するために必要な追加的法令の制定
 (c) この協定を実施するために必要な州の政府の協力
3 この協定を実施するに当たり、締約国は、適当な場合には、州の政府、関係機関及び公衆と協議する。

第15条(現行の権利及び義務)この協定のいかなる規定も、締約国間のその他の国際協定における権利及び義務(国境水条約及び改正された1978年五大湖水質協定の定める権利及び義務を含む。)を減じるものとみなしてはならない。

第16条(効力発生、改正、終了) 1 この協定(附属書1及び附属書2を含む。)は、締約国による署名の日に効力を生ずる。
2 この協定は、書面による締約国の合意によりいつでも改正することができる。
3 いずれの締約国も、他方の締約国に対する書面による通告の1年後に、この協定を終了させることができる。その場合、いずれの附属書も終了する。
4 附属書はこの協定の不可分の一部を成す。附属書が定める限り、いずれか一方の締約国は、附属書の条件に従って当該附属書を終了することができる。

附属書1 二酸化硫黄及び窒素酸化物に関する具体的目標 (略)

附属書2 科学及び技術に関する活動並びに経済的調査 (略)

附属書3 地表レベルオゾンの前駆物質に関する具体的目標 (略)

〔編者注〕2000年12月7日の議定書により、第4条2が所収の規定に改正され、所収の第7条2が追加された。さらに、附属書2が改正され、附属書3が新たに追加された。

6-6 越境煙霧汚染に関するASEAN協定(ASEAN煙霧汚染協定)
ASEAN Agreement on Transboundary Haze Pollution

署　名　2002年6月10日(クアラルンプール)
効力発生　2003年11月25日

この協定の締約国は、

1967年8月8日のバンコク宣言に規定する東南アジア諸国連合(ASEAN)の目標及び目的、とりわけ、平等とパートナーシップの精神で東南アジアにおける地域協力を促進し、それにより、地域の平和、進歩及び繁栄に貢献することへの約束を再確認し、

1990年6月19日のASEAN環境大臣会合で採択された環境と発展に関するクアラルンプール合意が、とりわけ、越境汚染の防止及び除去の実行の調和に向けた努力を要請していることを想起し、

1995年に越境汚染に関するASEAN協力計画が採択され、その計画は明確に越境大気汚染について扱っており、とりわけ、ASEAN加盟国間で林野火災及び煙霧の防止及び緩和に協力する手続及びメカニズムを設置することを要請していることも想起し、

1997年の地域煙霧行動計画、並びに2001年までに、地域煙霧行動計画に特に力点をおいて、1995年の越境汚染に関するASEAN協力計画を完全に実施することを要請するハノイ行動計画を実施することを決意して、

越境煙霧汚染の悪影響が存在しうることを認め、
地域内で大気汚染物質の排出水準の上昇が予測され、こうした悪影響を増大させうることを懸念し、

越境煙霧汚染の根本原因及びその影響を研究する必要性並びに確認された問題の解決を追求する必要性を認め、

越境煙霧汚染を防止し、及び監視するための国家政策を策定するため国際協力を一層強化する意思を確認し、

情報交換、協議、研究及びモニタリングを通じて、越境煙霧汚染を防止し及び監視するために国家の行動を調整する意思もまた確認し、

林野火災並びにそれに由来する煙霧の起源、原因、性質及び程度を評価し、環境上適正な政策、慣行及び技術を適用することで、かかる林野火災の起源及びそれに由来する煙霧を防止し及び規制するために、並びに、林野火災及びそれに由来する煙霧の評価、防止、緩和及び管理における国及び地域の能力及び協力を強化するために個別の及び共同の行動を行うことを希望し、

これらの集団行動を達成する不可欠の手段は、協定の締結及び効果的な実施であると確信して、
次のとおり協定した。

第1部　総則

第1条(用語の使用) この協定の適用上、

1　「支援締約国」とは、林野火災又は煙霧汚染の場合に、要請締約国又は受入締約国に支援を提供し及び(又は)付与する国家、国際機関、その他の主体又は人をいう。
2　「権限のある当局」とは、この協定の実施において、自国を代表して行動するものとして各締約国が指定し及び認可する一又は二以上の主体をいう。
3　「規制された燃焼」とは、野外で生じる出火、燃焼又はくすぶりで、国内の法、規則、規制又は指針で規制され、火災の勃発及び越境煙霧汚染を生じさせないものをいう。
4　「火災が発生しやすい区域」とは、火災が最も起こりやすい区域又は起こる傾向が比較的高い地域として国の当局が定める区域をいう。
5　「中央連絡先」とは、この協定の規定に基づいて、通報及びデータを受領し、送付するために各締約国が指定し及び認可する主体をいう。
6　「煙霧汚染」とは、人の健康を危険にさらし、生物資源及び生態系並びに物的財産に損害を与え、並びに快適性及びその他の正当な環境の利用を損ない又はそれに干渉するような有害な影響をもたらす林野火災から生じる煙をいう。
7　「林野火災」とは、石炭層火災、泥炭火災及びプランテーション(植林地)火災といった火災をいう。
8　「加盟国」とは、東南アジア諸国連合の加盟国をいう。
9　「野外燃焼」とは、野外で生じる出火、燃焼又はくすぶりをいう。
10　「締約国」とは、この協定に拘束されることに同意し、協定の効力が生じているASEANの加盟国をいう。
11　「受入締約国」とは、林野火災又は煙霧汚染の場合に、一又は二以上の支援締約国が提供する支援を受け入れる締約国をいう。
12　「要請締約国」とは、林野火災又は煙霧汚染の場合に一又は二以上の締約国からの支援を要請する締約国をいう。
13　「越境煙霧汚染」とは、その物理的起源の全部又は一部が一の加盟国の国家管轄権の下にある区域に位置する煙霧汚染であって、他の加盟国の管轄の下にある区域に移動するものをいう。
14　「ゼロ燃焼政策」とは、野外燃焼を禁止するが、いくつかの形態の規制された燃焼を認めうる政策をいう。

第2条(目的) この協定の目的は、林野火災の結果として発生する越境煙霧汚染を防止し、及び監視することである。これらの林野火災は、国家の努力の調和、並びに、地域的及び国際的な協力の強化を通じて緩和されるべきである。このことは、持続可能な発展の全体的文脈において、かつ、この協定の規定に従って、追求されるべきである。

第3条(原則) 締約国は、この協定の実施において、次に掲げる原則を指針とする。

1　締約国は、国際連合憲章及び国際法の諸原則に基づき、その資源を自国の環境政策及び開発政策に従って開発する主権的権利を有すること並びに自国の管轄又は管理の下における活動が他国の環境又はいずれの国の管轄にも属さない区域の環境を害さず、他国の人の健康又はいずれの国の管轄にも属さない区域の人の健康に損害を生じないように確保する責任を有する。
2　締約国は、連帯とパートナーシップの精神で、かつ、それぞれの必要、能力及び状況に従って、緩和されるべき林野火災の結果として生じる越境煙霧汚染を防止し及び監視するために協力及び調整を強化する。
3　締約国は、その悪影響を最小限にするために、緩和されるべき林野火災の結果として生じる越境煙霧汚染を予想し、防止し及び監視する予防措置をとるべきである。越境煙霧汚染に起因して深刻な又は回復不可能な損害のおそれがある場合には、科学的な確実性が十分になくても、関係締約国は予防措置をとる。
4　締約国は、その天然資源(森林及び土地資源を含む。)を、生態学的に適正かつ持続可能なように管理し及び利用するべきである。
5　締約国は、越境煙霧汚染に対処するに当たり、適当な場合には、あらゆる利害関係者(地域社会、非政府団体、農民及び民間企業を含む。)を関与させるべきである。

第4条(一般的義務) この協定の目的を追求するに当たり、締約国は、次のことを行う。

1　緩和されるべき林野火災の結果として生じる越境煙霧汚染を防止し及び監視する措置、並びに、火災の発生源を規制する措置(火災の確認、モニタリング、評価及び早期警報システムの展開、情報及び技術の交換、並びに、相互支援の提供を含む。)の策定及び実施に協力する。
2　その領域内から越境煙霧汚染が生じる場合、当該煙霧汚染の影響を最小限にするために、この

越境煙霧汚染によって悪影響を被っている又は被る可能性がある一又は二以上の国家が求める関連情報又は協議の要請に迅速に対応する。
3 この協定に基づく義務を履行する立法、行政及び(又は)その他の措置をとる。

第2部 モニタリング、評価、防止及び対応
第5条(越境煙霧汚染規制ＡＳＥＡＮ調整センター)
1 この協定により、林野火災の影響、とりわけ、これらの火災から生ずる煙霧汚染の影響の管理について締約国間における協力及び調整を促進するために、越境煙霧汚染規制ASEAN調整センター(以下「ASEANセンター」という。)を設置する。
2 ASEANセンターは、国の当局が、まずは火災の消火のために最初に行動することを基礎に機能する。国の当局が緊急状態を宣言する場合、支援を提供するようASEANセンターに要請することができる。
3 締約国の国の当局の代表からなる委員会が、ASEANセンターの活動を監督する。
4 ASEANセンターは、附属書に定める任務及び締約国会議が指示するその他の任務を遂行する。

第6条(権限のある当局及び中央連絡先)
1 各締約国は、この協定が求める行政機能の遂行において締約国を代表して行動する権限が付与される一又は二以上の権限のある当局及び中央連絡先を指定する。
2 各締約国は、その他の締約国及びASEANセンターに、その権限のある当局及び中央連絡先について通報し、並びに、その後その指定の変更について通報する。
3 ASEANセンターは、2に規定する情報を、締約国及び関連する国際機関に、定期的にかつ迅速に提供する。

第7条(モニタリング)
1 各締約国は、次のものを監視するために適切な措置をとる。
  (a) 火災が起こりやすいすべての区域
  (b) すべての林野火災
  (c) これらの林野火災を引き起こす環境条件
  (d) これらの林野火災から生じる煙霧汚染
2 各締約国は、それぞれの国内手続に従って、1に規定するモニタリングを行うために、国のモニタリングセンターとして任務を遂行する一又は二以上の機関を指定する。
3 火災が生じている場合には、火災を防止し又は消火するために即時の行動を開始する。

第8条(評価)
1 各締約国は、国のモニタリングセンターが、火災が起こりやすい区域、すべての林野火災、これらの林野火災を引き起こす環境条件及びこれらの林野火災から生じる煙霧汚染に関して得られたデータを、直接に又は中央連絡先を通じて、合意される定期的な間隔でASEANセンターに通報するよう確保する。
2 ASEANセンターは、それぞれの国のモニタリングセンター又は中央連絡先が通報するデータを受領し、統合し、及び分析する。
3 受領したデータの分析に基づいて、ASEANセンターは、可能な場合には、中央連絡先を通じて、林野火災及びそれにより生ずる越境煙霧汚染から生ずる人の健康又は環境への危険の評価を各締約国に提供する。

第9条(防止)
各締約国は、越境煙霧汚染を引き起こす可能性のある林野火災に関する活動を防止し及び規制する措置をとる。それらの措置には次の措置を含む。
  (a) 越境煙霧汚染を引き起こす林野火災に対処するためにゼロ燃焼政策を促進する立法措置及びその他の規制措置、並びに、計画及び戦略を策定し及び実施すること。
  (b) 林野火災を引き起こす可能性のある活動を抑制するその他の適当な政策を策定すること
  (c) 林野火災が発生しやすい区域を特定し、モニタリングすること。
  (d) 林野火災の発生を防止するために地域の火災管理並びに消火の能力及び調整を強化すること。
  (e) 公衆の教育及び啓発キャンペーンを促進し、並びに、林野火災及びこれらの火災から生ずる煙霧汚染を防止するために火災管理における地域社会の参加を強化すること。
  (f) 火災の防止及び管理において先住人民の知識と慣行を促進し及び利用すること。
  (g) 野外燃焼を規制し及び火を使用する土地の開拓を防止するために、立法上、行政上及び(又は)その他の関連する措置がとられることを確保すること。

第10条(準備)
1 締約国は、共同して又は個別に、林野火災及びこれらの火災から生ずる関連する煙霧汚染から生ずる人の健康及び環境への危険を確認し、管理し及び規制する戦略及び対応計画を作成する。
2 締約国は、適当な場合には、この協定に基づき求められる地域協力及び国家の行動に関する標準運営手続を準備する。

第11条(国の緊急時対応)
1 各締約国は、林野火災及びこれらの火災から生ずる煙霧汚染の影響に対応し、並びに緩和するのに必要となる設備、物

品、人的資源及び財source及び財産を動員するために、適切な立法上、行政上及び財政上の措置がとられることを確保する。
2　各締約国は、これらの措置を他の締約国及びASEANセンターに直ちに通報する。

第12条（支援の提供を通じた共同の緊急時対応） 1　締約国は、林野火災又はその領域内の林野火災から生じる煙霧汚染の時に支援が必要な場合、直接に又はASEANセンターを通じて、他の締約国からの支援を、又は、適当な場合、その他の国若しくは国際機関からの支援を要請することができる。

2　支援は、要請締約国の要請により、かつ、当該国の同意を得た場合にのみ、又は、一若しくは二以上の他の締約国によって提供される場合、受入締約国の同意を得た場合にのみ、行うことができる。

3　支援の要請が宛てられた各締約国は、直接に又はASEANセンターを通じて、要請された支援を提供することができるかどうか、並びにこれらの支援の範囲及び条件について、迅速に決定し、要請締約国に通告する。

4　支援の提供が宛てられた各締約国は、直接に又はASEANセンターを通じて、提供される支援を受け入れることができるかどうか、並びにこれらの支援の範囲及び条件について、迅速に決定し、支援締約国に通告する。

5　要請締約国は、要請される支援の範囲及び種類を明示し、実行可能な場合、支援締約国が、要請に応えることができる範囲を決定するのに必要となりうる情報を支援締約国に提供する。要請締約国が、支援の範囲及び種類を明示するのが実行可能でない場合、要請締約国及び支援締約国は、協議において、必要な支援の範囲及び種類を共同して評価し、及び決定する。

6　締約国は、その能力の範囲内で、林野火災又はこれらの火災に起因する煙霧汚染の場合に、他の締約国に支援を提供するのに利用可能としうる専門家、設備及び物品、並びにこれらの支援が提供されうる条件、とりわけ財政的条件を確認し、ASEANセンターに通告する。

第13条（支援の指示及び規制） 別段の合意がない限り、
1　要請締約国又は受入締約国は、その領域内において支援について全面的に指揮、規制、調整及び監視を行う。支援締約国は、支援に人員が関わる場合、要請締約国又は受入締約国と協議して、支援締約国が提供する人員及び設備に対して直接運用の監督を担当し、並びにその監督を行う人又は主体を指定する。指定された人又は主体は、要請締約国又は受入締約国の適切な当局と協力してこの監督を行うべきである。

2　要請締約国又受入締約国は、適正かつ効果的な支援の管理のために、地域の施設及びサービスをできる限り提供する。要請締約国又受入締約国はまた、そのために、支援締約国により又は支援締約国のために、その領域内に持ち込まれる人員、設備及び物品の保護も確保する。

3　1に規定する要請に応えて支援を提供する締約国又は支援を受け入れる締約国は、その領域内において当該支援を調整する。

第14条（支援提供に関する免除及び便宜） 1　要請締約国又は受入締約国は、支援締約国の人員及び支援締約国を代表して行動する人員に、その任務を遂行するために必要な免除及び便宜を与える。

2　要請締約国又は受入締約国は、支援の目的で要請締約国又は受入締約国の領域内に持ち込まれる設備及び物品に対する課税、関税又はその他の課徴金の免除を支援締約国に与える。

3　要請締約国又は受入締約国は、当該支援に従事する人員又はこれに使用される設備及び物品が、その領域に入国し、滞留し、その領域から退居するのに便宜を与える。

第15条（支援の提供に関する人員、設備及び物品の通過） 各締約国は、関係締約国の要請により、要請締約国又は受入締約国への支援に従事する人員又は使用される設備及び物品のうち適切に通告されたものがその領域を通過するのに便宜を与えるよう努める。

第3部　技術協力及び科学研究

第16条（技術協力） 1　林野火災又はこれらの火災に由来する煙霧汚染から生ずる人の健康及び環境への危険への準備を強化し、並びに、その危険を緩和するために、締約国は、この分野で技術協力を行う。この技術協力には、次のことを含む。

(a)　締約国の内外において適切な資源の動員を促進すること。

(b)　データ及び情報の報告様式の標準化を促進すること。

(c)　関連する情報、専門的知識、技術、技法及びノウハウの交換を促進すること。

(d)　とりわけ、ゼロ燃焼の慣行の促進並びに人の健康及び環境への煙霧汚染の影響に関する関連する訓練、教育及び啓発キャンペーンを提供し又は手配すること。

(e)　とりわけ移動耕作者及び小規模農業者について規制された燃焼に関する技法を開発し又は確立し、規制された燃焼の慣行に関する経

験を交流し及び共有すること。
    (f) 締約国の執行当局間での経験及び関連する情報の交流を促進すること。
    (g) バイオマスの利用のための市場の発展及び農業廃棄物の適切な処分方法の開発を促進すること。
    (h) 地方規模、国家規模及び地域規模で、消防士及び訓練者を訓練するための訓練計画を作成すること。
    (i) この協定を実施する締約国の技術的能力を強化し及び向上させること。
2 ASEANセンターは、1に規定する技術協力のための活動を促進する。
第17条(科学研究) 締約国は、個別に又は共同して(適切な国際機関と協力することも含む。)、越境煙霧汚染の根本原因及び影響、並びに、林野火災の管理(消火を含む。)のための手段、方法、技術及び設備に関する科学技術研究計画を促進し、できる限り支援する。

第4部 制度上の取決め

第18条(締約国会議) 1 この協定により締約国会議を設置する。締約国会議の第1回会合は、この協定の効力発生の日から1年以内に事務局が招集する。その後は、締約国会議の通常会合は、できる限りASEANの適当な会合と併せて、少なくとも毎年1回開催する。
2 特別会合は、一の締約国の要請を受けた場合において、少なくとも他の一の締約国がその要請を支持するときに開催する。
3 締約国会議は、この協定の実施状況を継続的に検討し及び評価し、このために、締約国会議は次のことを行う。
    (a) この協定の効果的な実施を確保するために必要な行動をとること。
    (b) 直接に又は事務局を通じて締約国により提出されうる報告及びその他の情報を検討すること。
    (c) この協定の第21条に従って議定書を検討し及び採択すること。
    (d) この協定の改正を検討し及び採択すること。
    (e) この協定の附属書を採択し、検討し及び必要な場合改正すること。
    (g) この協定の実施に必要と考えられる補助機関を設置すること。
    (h) この協定の目的の達成に必要と考えられる追加的行動を検討し及び行うこと。
第19条(事務局) 1 この協定により、事務局を設置する。
2 事務局の任務には、次のことが含まれる。
    (a) この協定が設置する締約国会議及びその他の機関の会合を準備し、並びにそれらの会合に役務を提供すること。
    (b) この協定に従って受領する通告、報告書及びその他の情報を締約国に送付すること。
    (c) 締約国による照会及び締約国からの情報を検討し、並びにこの協定に関する問題について締約国と協議すること。
    (d) その他の関連する国際機関との必要な調整を行い、及びとりわけ事務局の任務の効果的な遂行のために必要と考えられる事務的な取決めを行うこと。
    (e) 締約国によって割り当てられるその他の任務を遂行すること。
3 ASEAN事務局は、この協定の事務局としての役割を果たす。
第20条(資金供与の取決め) 1 この協定により、協定の実施のために、基金を設置する。
2 基金は、ASEAN越境煙霧汚染規制基金と名付ける。
3 基金は、締約国会議の指導の下にASEAN事務局が管理する。
4 締約国は、締約国会議の決定に従って、基金に自発的に拠出する。
5 基金は、締約国の合意又は承認を条件に、他の資金源から拠出を受けることができる。
6 締約国は、必要な場合、関係する国際機関、とりわけ、地域的な金融機関及び国際的な寄付者集団からこの協定の実施に必要な追加的資金を動員することができる。

第5部 手 続

第21条(議定書) 1 締約国は、この協定の実施のために合意された措置、手続及び基準を定めるこの協定の議定書の策定及び採択に協力する。
2 締約国会議は、その通常会合において、すべての締約国のコンセンサスによりこの協定の議定書を採択することができる。
3 議定書案は、当該議定書を採択する予定の通常会合の少なくとも6箇月前に、事務局が締約国に通報する。
4 議定書の効力発生の要件は、その議定書が定める。
第22条(協定の改正) 1 締約国は、この協定の改正を提案することができる。
2 この協定の改正案は、その採択が提案される締約国会議の会合の少なくとも6箇月前に事務局が締約国に通報する。事務局は、また、改正案をこの協定の署名国にも通報する。

3 この協定の改正は、締約国会議の通常会合においてコンセンサスにより採択する。

4 この協定の改正は、受諾の対象となる。寄託者は採択された改正をすべての締約国に対し受諾のために送付する。改正は、すべての締約国が当該改正の受諾書を寄託者に寄託した日の後30日目の日に効力を生ずる。

5 この協定の改正の効力発生の後、この協定の新たな締約国は、改正されたこの協定の締約国になる。

第23条(附属書の採択及び改正) 1 この協定の附属書は、この協定の不可分の一部を成すものとし、「この協定」というときは、別段の明示の定めがない限り、附属書を含めていうものとする。

2 附属書は、締約国会議の通常会合において、コンセンサスにより採択する。

3 締約国は、附属書の改正を提案することができる。

4 附属書の改正は、締約国会議の通常会合において、コンセンサスにより採択する。

5 この協定の附属書及び附属書の改正は、受諾の対象となる。寄託者は採択された附属書又は附属書の改正をすべての締約国に対し受諾のために送付する。附属書又は附属書の改正は、すべての締約国が当該附属書又は附属書の改正の受諾書を寄託者に寄託した日の後30日目の日に効力を生ずる。

第24条(手続規則及び財政規則) 第1回締約国会議は、その手続規則、及びとりわけこの協定の締約国の財政上の参加を決定するために、ASEAN越境煙霧汚染規制基金の財政規則をコンセンサス方式で採択する。

第25条(報告) 締約国は、締約国会議が決定する形式及び間隔で、この協定の実施のためにとった措置に関する報告書を事務局に送付する。

第26条(他の協定との関係) この協定の規定は、締約国が締約国である現行の条約又は協定に関する締約国の権利及び義務に影響を及ぼすものではない。

第27条(紛争の解決) この協定又は協定の議定書の解釈又は適用、又は遵守に関する締約国間の紛争は、協議又は交渉により友好的に解決する。

第6部　最終条項

第28条(批准、受諾、承認及び加入) この協定は、加盟国により批准され、受諾され、承認され又は加入されなければならない。この協定は、協定が署名のための期間の終了の日の後は、加入のために開放しておく。批准書、受諾書、承認書又は加入書は、寄託者に寄託する。

第29条(効力発生) 1 この協定は、6番目の批准書、受諾書、承認書又は加入書の寄託の日の後60日目の日に効力を生ずる。

2 この協定は、6番目の批准書、受諾書、承認書又は加入書の寄託の後にこの協定を批准し、受諾し、承認し又はこれに加入する加盟国については、この協定は、当該加盟国による批准書、受諾書、承認書又は加入書の寄託の日の後90日目の日に効力を生ずる。

第30条(留保) この協定に別段の明示の定めがない限り、この協定には、いかなる留保も付することができない。

第31条(寄託者) この協定は、ASEAN事務局長に寄託し、ASEAN事務局長は、この協定の認証謄本を各加盟国に速やかに送付する。

第32条(正文) この協定は英語で作成され、この協定が正文である。

附属書　越境煙霧汚染規制ASEANセンターの権限事項(略)

第7章
有害廃棄物・化学物質

有害廃棄物の越境移動の規制

　有害廃棄物、化学物質に起因する環境汚染の問題は、日本が経験した公害問題のように、先進国国内では早くから問題となっていたが、国際法による規律が必要な国際的問題として認識されるようになったのは1980年代後半以降である。1989年に採択された**バーゼル条約(7-1)**がこの分野の最初の条約である。バーゼル条約は、廃棄物の発生抑制、環境上適正な管理など、廃棄物管理の原則を規定するとともに、有害廃棄物の越境移動に関する国際的規則を定める。輸出国は、廃棄物の輸出について、関連情報を付して輸入国と通過国に通告し、輸出者が輸入国の書面による同意を得ていることを確認する場合のみ輸出の開始を許可できるという事前の通告に基づく同意（Prior Informed Consent; PIC）手続を採用している。締約国は、その管轄または管理の下にある私人による不法取引の防止と処罰のための国内法を制定し、執行する。不法取引の原因者が帰属する国は、その廃棄物の環境上適正な方法での処分を確保しなければならない。

　バーゼル条約が先進国から途上国への有害廃棄物の移動を禁止しないことへの途上国の強い不満を背景に、1995年の第3回締約国会議で、附属書VIIに記載される締約国（OECD加盟国、EU、リヒテンシュタイン）がそれ以外の国に有害廃棄物を輸出することを禁止する**バーゼル改正(7-1-1)**が採択された（決定III/1）。バーゼル改正は、改正の発効条件を定める規定の解釈をめぐって締約国の間で見解の相違があったが、2011年の第10回締約国会議で、改正採択時のバーゼル条約締約国（88カ国）の4分の3の批准で発効するとの解釈をとることが決定され、そう遠くない将来改正は発効すると見込まれる。また、1998年の第4回締約国会議では、バーゼル条約の規律対象となる「有害廃棄物」に該当するかの判断指標を定める附属書VIIIと附属書IXが採択され、その後いくどかの改正を経ている。さらに、バーゼル条約第12条に基づいて、1999年の第5回締約国会議で、有害廃棄物の越境移動に伴い生じた損害に対する賠償責任について定める**バーゼル損害賠償責任議定書(7-1-2)**が採択された。バーゼル損害賠償責任議定書は20カ国の批准で発効するものの、批准は進んでおらず、発効の目処は立っていない。2002年の第6回締約国会議で採択された実施・遵守促進制度は、他の環境

条約の遵守手続と異なり、不遵守国と直接関係を有し、その義務の不遵守に懸念を有するか、その義務の不遵守により悪影響を受ける締約国のみが事案を委員会に付託でき、その場合も事前に不遵守国に通報し、まずは協議により解決をはかるよう努めなければならない。

　バーゼル条約への不満を背景に、1994年には、アフリカ統一機構（現在のアフリカ連合）のもとでバマコ条約(7-5)が採択された。バマコ条約は有害廃棄物のアフリカへの輸入を禁止する一方、バーゼル条約と同じ規定も多く、類似の規定が少なくない。

化学物質の規制と管理

　1998年のロッテルダム条約(7-2)は、附属書Ⅲに定める農薬や工業用化学物質について、各国の輸入の意思をPIC回覧状として事務局がとりまとめ、6カ月ごとにすべての締約国に連絡する。締約国が化学物質の使用を禁止または厳しく規制するための国内措置（最終規制措置）をとった場合には、事務局に通報し、措置がとられた化学物質が輸出される際に締約国は輸入国に対して輸出の通報を行わなければならない。ロッテルダム条約は、こうした最終規制措置がとられた物質と附属書Ⅲの化学物質の輸出者に対して、人の健康および環境に対する危険性または有害性に関する情報のラベル表示と、安全性に関する情報の輸入者への送付を義務づけることを締約国に求めている。

　ストックホルム条約(7-3)は、毒性、難分解性、生物蓄積性を有し、大気、水および移動性の種を介して国境を越えて移動し、陸上生態系および水界生態系に蓄積する残留性有機汚染物質（POPs）を世界的に規制する条約である。PCBなどの附属書A物質は、製造、使用、輸出入が原則禁止される。附属書B物質であるDDTは、製造、使用、輸出入が制限される。非意図的に生成されるダイオキシン、PCBなどの附属書C物質は、放出の総量削減のための行動計画の作成、実施が求められる。また、トランスフォーマー、コンデンサーなどのPCB含有機器は、2025年までに使用を全廃し、2028年までにその廃棄物を環境上適正に処理するよう努力する義務がある。新たな化学物質の附属書への記載は、締約国の提案をうけて、条約の補助機関であるPOPs検討委員会（POPRC）が、化学物質のリスク評価を行い、予防的取組方法に基づいて、附属書に新たに記載するかの提案の検討を締約国会議に勧告し、締約国会議が決定する。

　2013年に採択された水銀条約（水俣条約）(7-4)は、水銀の一次採掘、製品、製造工程、国際貿易、廃棄物、大気排出、水排出、汚染地など、水銀が環境中に排出され、人の健康や環境に悪影響を与えるおそれのある経路を特定し、水銀のばく露による健康や環境に対するリスクを低減するために各国がとるべき措置を定める。特定の化学物質（水銀）のライフサイクル全体にわたる包括的な規制を行うことを定めた最初の国際条約である。

　化学物質を包括的に管理し、全体として人や環境へのばく露を最小化するのが望ましいとの考えから、バーゼル条約、ロッテルダム条約、ストックホルム条約の相互の連携と調整を強化する試みが始まっている。三つの条約は、それぞれ締約国も異なるが、2005年以

降それぞれの締約国会議(COP)が3条約間での協力と連携を促進する決定を積み重ねている。2010年には、三つの条約の締約国会議の特別会合を同時に開催し、バーゼル条約、ストックホルム条約で設置された地域センターの相互利用の促進、三つの条約を統括する事務局長の設置などを決定した。複数の条約がそれぞれ独自の制度を構築し、相互の重複や抵触が生じうる国際法の「断片化」に対し、条約制度の統合化をめざす先例である。

2006年の第1回国際化学物質管理会議(ICCM)で採択された国際的な化学物質管理のための戦略的アプローチ(SAICM)は、拘束力をもたない「国際的な化学物質管理に関するドバイ宣言」「包括的方針戦略」「世界行動計画」の三つの文書よりなる。農業と工業用化学物質を対象に、2002年の持続可能な発展に関する世界サミット(ヨハネスブルグ・サミット)実施計画で提起された、2020年までに健康や環境への影響を最小とする方法で化学物質を生産・使用するという目標と、2020年までに不当なまたは制御不可能なリスクをもたらす物質の製造・使用を中止し、排出を最小化するという目標を確認している。

有害化学物質が、どの発生源からどれほど環境中に排出し、移動したかというデータを把握し、集計し、公表する汚染物質放出移転登録簿(Pollutant Release and Transfer Register; PRTR)を設ける国が増えている。**オーフス条約(11-13)**のもとで2003年に採択された**PRTR議定書(7-6)**は、情報開示を通じ環境保護を促進する情報的手法であるPRTRに関する各国の法令の調和を図ろうとするものである。一貫性のある、統合的な汚染物質放出移転登録簿を締約国が設置することで、化学物質に関する情報への公衆のアクセスを促進し、環境に関する決定への公衆の参加を促進することを通じて環境汚染の防止および削減に貢献することをめざしている。

【第1節　普遍的文書】

7-1　有害廃棄物の国境を越える移動及びその処分の規制に関するバーゼル条約（バーゼル条約）

Basel Convention on the Control of Transboundary Movements of Hazardous Wastes and their Disposal

採　　択	1989年3月22日（バーゼル）
効力発生	1992年5月5日
改　　正	(1)バーゼル改正（7-1-1を参照） (2)附属書I改正、附属書VIII、IX採択：1998年2月27日（第4回締約国会議（クチン）決定IV/9）、1998年11月6日効力発生　その後の附属書VIII、IXの改正は省略
日 本 国	1992年12月10日国会承認、1993年9月17日加入書寄託、12月6日公布（条約第7号）、12月16日効力発生
改　　正	(1)　　　(2)1998年11月6日効力発生（平成10年外務省告示第504号）

前　文

この条約の締約国は、

　有害廃棄物及び他の廃棄物並びにこれらの廃棄物の国境を越える移動によって引き起こされる人の健康及び環境に対する損害の危険性を認識し、

　有害廃棄物及び他の廃棄物の発生の増加及び一層の複雑化並びにこれらの廃棄物の国境を越える移動によってもたらされる人の健康及び環境に対する脅威の増大に留意し、

　これらの廃棄物によってもたらされる危険から人の健康及び環境を保護する最も効果的な方法は、これらの廃棄物の発生を量及び有害性の面から最小限度とすることであることに留意し、

　諸国が、処分の場所のいかんを問わず、有害廃棄物及び他の廃棄物の処理（国境を越える移動及び処分を含む。）を人の健康及び環境の保護に適合させるために必要な措置をとるべきであることを確信し、

　諸国が、処分の場所のいかんを問わず、発生者が有害廃棄物及び他の廃棄物の運搬及び処分に関する義務を環境の保護に適合する方法で履行することを確保すべきであることに留意し、

　いずれの国も、自国の領域において外国の有害廃棄物及び他の廃棄物の搬入又は処分を禁止する主権的権利を有することを十分に認め、

　有害廃棄物の国境を越える移動及びその処分を他の国特に開発途上国において行うことを禁止したいとの願望が増大していることを認め、

　有害廃棄物及び他の廃棄物は、環境上適正かつ効率的な処理と両立する限り、これらの廃棄物の発生した国において処分されるべきであることを確信し、

　これらの廃棄物の発生した国から他の国への国境を越える移動は、人の健康及び環境を害することのない条件並びにこの条約の規定に従う条件の下で行われる場合に限り許可されるべきであることを認識し、

　有害廃棄物及び他の廃棄物の国境を越える移動の規制を強化することが、これらの廃棄物を環境上適正に処理し、及びその国境を越える移動の量を削減するための誘因となることを考慮し、

　諸国が、有害廃棄物及び他の廃棄物の国境を越える移動に関する適当な情報交換及び規制を行うための措置をとるべきであることを確信し、

　種々の国際的及び地域的な協定が危険物の通過に関する環境の保護及び保全の問題を取り扱っていることに留意し、

　国際連合人間環境会議の宣言（1972年ストックホルム）、国際連合環境計画（UNEP）管理理事会が1987年6月17日の決定14—30により採択した有害廃棄物の環境上適正な処理のためのカイロ・ガイドライン及び原則、危険物の運搬に関する国際連合専門家委員会の勧告（1957年に作成され、その後2年ごとに修正されている。）、国際連合及びその関連機関において採択された関連する勧告、宣言、文書及び規則並びに他の国際的及び地域的な機関において行われた活動及び研究を考慮し、

　第37回国際連合総会（1982年）において人間環境の保護及び自然資源の保全に関する倫理的規範として採択された世界自然憲章の精神、原則、目的及び機能に留意し、

　諸国が、人の健康の保護並びに環境の保護及び保全に関する国際的義務の履行に責任を有し、並びに国際法に従って責任を負うことを確認し、

　この条約又はこの条約の議定書の規定に対する重

大な違反があった場合には、条約に関する関連国際法が適用されることを認め、

　有害廃棄物及び他の廃棄物の発生を最小限度とするため、環境上適正な廃棄物低減技術、再生利用の方法並びに良好な管理及び処理の体制の開発及び実施を引き続き行うことの必要性を認識し、

　有害廃棄物及び他の廃棄物の国境を越える移動を厳重に規制することの必要性について国際的な関心が高まっていること並びに可能な限りそのような移動を最小限度とすることの必要性を認識し、

　有害廃棄物及び他の廃棄物の国境を越える不法な取引の問題について懸念し、

　有害廃棄物及び他の廃棄物を処理する開発途上国の能力に限界があることを考慮し、

　現地で発生する有害廃棄物及び他の廃棄物の適正な処理のため、カイロ・ガイドライン及び環境保護に関する技術の移転の促進に関するUNEP管理理事会の決定14―16の精神に従い、特に開発途上国に対する技術移転を促進することの必要性を認め、

　有害廃棄物及び他の廃棄物が、関連する国際条約及び国際的な勧告に従って運搬されるべきであることを認め、

　有害廃棄物及び他の廃棄物の国境を越える移動は、これらの廃棄物の運搬及び最終的な処分が環境上適正である場合に限り許可されるべきであることを確信し、

　有害廃棄物及び他の廃棄物の発生及び処理から生ずることがある悪影響から人の健康及び環境を厳重な規制によって保護することを決意して、

　次のとおり協定した。

第1条(条約の適用範囲) 1　この条約の適用上、次の廃棄物であって国境を越える移動の対象となるものは、「有害廃棄物」とする。
　(a) 附属書Ⅰに掲げるいずれかの分類に属する廃棄物(附属書Ⅲに掲げるいずれの特性も有しないものを除く。)
　(b) (a)に規定する廃棄物には該当しないが、輸出国、輸入国又は通過国である締約国の国内法令により有害であると定義され又は認められている廃棄物
2　この条約の適用上、附属書Ⅱに掲げるいずれかの分類に属する廃棄物であって国境を越える移動の対象となるものは、「他の廃棄物」とする。
3　放射能を有することにより、特に放射性物質について適用される国際文書による規制を含む他の国際的な規制の制度の対象となる廃棄物は、この条約の適用範囲から除外する。
4　船舶の通常の運航から生ずる廃棄物であってその排出について他の国際文書の適用があるものは、この条約の適用範囲から除外する。

第2条(定義) この条約の適用上、
1　「廃棄物」とは、処分がされ、処分が意図され又は国内法の規定により処分が義務付けられている物質又は物体をいう。
2　「処理」とは、有害廃棄物又は他の廃棄物の収集、運搬及び処分をいい、処分場所の事後の管理を含む。
3　「国境を越える移動」とは、有害廃棄物又は他の廃棄物が、その移動に少なくとも二以上の国が関係する場合において、一の国の管轄の下にある地域から、他の国の管轄の下にある地域へ若しくは他の国の管轄の下にある地域を通過して、又はいずれの国の管轄の下にもない地域へ若しくはいずれの国の管轄の下にもない地域を通過して、移動することをいう。
4　「処分」とは、附属書Ⅳに掲げる作業をいう。
5　「承認された場所又は施設」とは、場所又は施設が存在する国の関係当局により、有害廃棄物又は他の廃棄物の処分のための作業を行うことが認められ又は許可されている場所又は施設をいう。
6　「権限のある当局」とは、締約国が適当と認める地理的区域内において、第6条の規定に従って有害廃棄物又は他の廃棄物の国境を越える移動に関する通告及びこれに関係するすべての情報を受領し並びに当該通告に対し回答する責任を有する一の政府当局として締約国によって指定されたものをいう。
7　「中央連絡先」とは、第13条及び第16条に規定する情報を受領し及び提供する責任を有する第5条に規定する締約国の機関をいう。
8　「有害廃棄物又は他の廃棄物の環境上適正な処理」とは、有害廃棄物又は他の廃棄物から生ずる悪影響から人の健康及び環境を保護するような方法でこれらの廃棄物が処理されることを確保するために実行可能なあらゆる措置をとることをいう。
9　「一の国の管轄の下にある地域」とは、人の健康又は環境の保護に関し、国際法に従って一の国が行政上及び規制上の責任を遂行する陸地、海域又は空間をいう。
10　「輸出国」とは、有害廃棄物又は他の廃棄物の自国からの国境を越える移動が計画され又は開始されている締約国をいう。
11　「輸入国」とは、自国における処分を目的として又はいずれの国の管轄の下にもない地域における処分に先立つ積込みを目的として、有害廃棄

物又は他の廃棄物の自国への国境を越える移動が計画され又は行われている締約国をいう。
12 「通過国」とは、輸出国又は輸入国以外の国であって、自国を通過する有害廃棄物又は他の廃棄物の国境を越える移動が計画され又は行われているものをいう。
13 「関係国」とは、締約国である輸出国又は輸入国及び締約国であるかないかを問わず通過国をいう。
14 「者」とは、自然人又は法人をいう。
15 「輸出者」とは、有害廃棄物又は他の廃棄物の輸出を行う者であって輸出国の管轄の下にあるものをいう。
16 「輸入者」とは、有害廃棄物又は他の廃棄物の輸入を行う者であって輸入国の管轄の下にあるものをいう。
17 「運搬者」とは、有害廃棄物又は他の廃棄物の運搬を行う者をいう。
18 「発生者」とは、その活動が有害廃棄物又は他の廃棄物を発生させる者をいい、その者が不明であるときは、当該有害廃棄物又は他の廃棄物を保有し又は支配している者をいう。
19 「処分者」とは、有害廃棄物又は他の廃棄物がその者に対し運搬される者であって当該有害廃棄物又は他の廃棄物の処分を行うものをいう。
20 「政治統合又は経済統合のための機関」とは、主権国家によって構成される機関であって、この条約が規律する事項に関しその加盟国から権限の委譲を受け、かつ、その内部手続に従ってこの条約の署名、批准、受諾、承認若しくは正式確認又はこれへの加入の正当な委任を受けたものをいう。
21 「不法取引」とは、第9条に規定する有害廃棄物又は他の廃棄物の国境を越える移動をいう。

第3条(有害廃棄物に関する国内の定義) 1 締約国は、この条約の締約国となった日から6箇月以内に、条約の事務局に対し、附属書Ⅰ及び附属書Ⅱに掲げる廃棄物以外に自国の法令により有害であると認められ又は定義されている廃棄物を通報し、かつ、その廃棄物について適用する国境を越える移動の手続に関する要件を通報する。
2 締約国は、更に、1の規定に従って提供した情報に関する重要な変更を事務局に通報する。
3 事務局は、1及び2の規定に従って受領した情報を直ちにすべての締約国に通報する。
4 締約国は、3の規定に従い事務局によって送付された情報を自国の輸出者に対し利用可能にする責任を有する。

第4条(一般的義務) 1(a) 有害廃棄物又は他の廃棄物の処分のための輸入を禁止する権利を行使する締約国は、第13条の規定に従ってその決定を他の締約国に通報する。
(b) 締約国は、(a)の規定に従って通報を受けた場合には、有害廃棄物及び他の廃棄物の輸入を禁止している締約国に対する当該有害廃棄物及び他の廃棄物の輸出を許可せず、又は禁止する。
(c) 締約国は、輸入国が有害廃棄物及び他の廃棄物の輸入を禁止していない場合において当該輸入国がこれらの廃棄物の特定の輸入につき書面により同意しないときは、その輸入の同意のない廃棄物の輸出を許可せず、又は禁止する。
2 締約国は、次の目的のため、適当な措置をとる。
(a) 社会的、技術的及び経済的側面を考慮して、国内における有害廃棄物及び他の廃棄物の発生を最小限度とすることを確保する。
(b) 有害廃棄物及び他の廃棄物の環境上適正な処理のため、処分の場所のいかんを問わず、可能な限り国内にある適当な処分施設が利用できるようにすることを確保する。
(c) 国内において有害廃棄物又は他の廃棄物の処理に関与する者が、その処理から生ずる有害廃棄物及び他の廃棄物による汚染を防止するため、並びに汚染が生じた場合には、人の健康及び環境についてその影響を最小のものにとどめるために必要な措置をとることを確保する。
(d) 有害廃棄物及び他の廃棄物の国境を越える移動が、これらの廃棄物の環境上適正かつ効率的な処理に適合するような方法で最小限度とされ、並びに当該移動から生ずる悪影響から人の健康及び環境を保護するような方法で行われることを確保する。
(e) 締約国特に開発途上国である国又は国家群(経済統合又は政治統合のための機関に加盟しているもの)に対する有害廃棄物又は他の廃棄物の輸出は、これらの国若しくは国家群が国内法令によりこれらの廃棄物のすべての輸入を禁止した場合又はこれらの廃棄物が締約国の第1回会合において決定される基準に従う環境上適正な方法で処理されないと信ずるに足りる理由がある場合には、許可しない。
(f) 計画された有害廃棄物及び他の廃棄物の国境を越える移動が人の健康及び環境に及ぼす影響を明らかにするため、当該移動に関する情報が附属書ⅤAに従って関係国に提供されることを義務付ける。

(g) 有害廃棄物及び他の廃棄物が環境上適正な方法で処理されないと信ずるに足りる理由がある場合には、当該有害廃棄物及び他の廃棄物の輸入を防止する。
(h) 有害廃棄物及び他の廃棄物の環境上適正な処理を改善し及び不法取引の防止を達成するため、有害廃棄物及び他の廃棄物の国境を越える移動に関する情報の提供その他の活動について、直接及び事務局を通じ、他の締約国及び関係機関と協力する。
3 締約国は、有害廃棄物又は他の廃棄物の不法取引を犯罪性のあるものと認める。
4 締約国は、この条約の規定を実施するため、この条約の規定に違反する行為を防止し及び処罰するための措置を含む適当な法律上の措置、行政上の措置その他の措置をとる。
5 締約国は、有害廃棄物又は他の廃棄物を非締約国へ輸出し又は非締約国から輸入することを許可しない。
6 締約国は、国境を越える移動の対象となるかならないかを問わず、南緯60度以南の地域における処分のための有害廃棄物又は他の廃棄物の輸出を許可しないことに合意する。
7 締約国は、更に、次のことを行う。
(a) 有害廃棄物又は他の廃棄物の運搬又は処分を行うことが認められ又は許可されている者を除くほか、その管轄の下にあるすべての者に対し、当該運搬又は処分を行うことを禁止すること。
(b) 国境を越える移動の対象となる有害廃棄物及び他の廃棄物が、こん包、表示及び運搬の分野において一般的に受け入れられかつ認められている国際的規則及び基準に従ってこん包され、表示され及び運搬されること並びに国際的に認められている関連する慣行に妥当な考慮が払われることを義務付けること。
(c) 有害廃棄物及び他の廃棄物には、国境を越える移動が開始される地点から処分の地点まで移動書類が伴うことを義務付けること。
8 締約国は、輸出されることとなる有害廃棄物又は他の廃棄物が輸入国又は他の場所において環境上適正な方法で処理されることを義務付ける。この条約の対象となる廃棄物の環境上適正な処理のための技術上の指針は、締約国の第1回会合において決定する。
9 締約国は、有害廃棄物及び他の廃棄物の国境を越える移動が次のいずれかの場合に限り許可されることを確保するため、適当な措置をとる。
(a) 輸出国が当該廃棄物を環境上適正かつ効率的な方法で処分するための技術上の能力及び必要な施設、処分能力又は適当な処分場所を有しない場合
(b) 当該廃棄物が輸入国において再生利用産業又は回収産業のための原材料として必要とされている場合
(c) 当該国境を越える移動が締約国全体として決定する他の基準に従って行われる場合。ただし、当該基準がこの条約の目的に合致することを条件とする。
10 有害廃棄物及び他の廃棄物を発生させた国がこの条約の下において負う当該有害廃棄物及び他の廃棄物を環境上適正な方法で処理することを義務付ける義務は、いかなる状況においても、輸入国又は通過国へ移転してはならない。
11 この条約のいかなる規定も、締約国が人の健康及び環境を一層保護するためこの条約の規定に適合しかつ国際法の諸規則に従う追加的な義務を課すことを妨げるものではない。
12 この条約のいかなる規定も、国際法に従って確立している領海に対する国の主権、国際法に従い排他的経済水域及び大陸棚において国が有する主権的権利及び管轄権並びに国際法に定められ及び関連する国際文書に反映されている航行上の権利及び自由をすべての国の船舶及び航空機が行使することに何ら影響を及ぼすものではない。
13 締約国は、他の国特に開発途上国に対して輸出される有害廃棄物及び他の廃棄物の量及び汚染力を減少させる可能性について定期的に検討する。

第5条(権限のある当局及び中央連絡先の指定) 締約国は、この条約の実施を円滑にするため、次のことを行う。
1 一又は二以上の権限のある当局及び一の中央連絡先を指定し又は設置すること。通過国の場合において通告を受領するため、一の権限のある当局を指定すること。
2 自国についてこの条約が効力を生じた日から3箇月以内に、中央連絡先及び権限のある当局としていずれの機関を指定したかを事務局に対し通報すること。
3 2の規定に従い行った指定に関する変更をその決定の日から1箇月以内に事務局に対し通報すること。

第6条(締約国間の国境を越える移動) 1 輸出国は、書面により、その権限のある当局の経路を通じ、有害廃棄物又は他の廃棄物の国境を越える移動の計画を関係国の権限のある当局に対し通告し

又は発生者若しくは輸出者に通告させる。その通告は、輸入国の受け入れ可能な言語により記載された附属書VAに掲げる申告及び情報を含む。各関係国に対し送付する通告は、一通のみで足りる。

2　輸入国は、通告をした者に対し、書面により、移動につき条件付若しくは無条件で同意し、移動に関する許可を拒否し又は追加的な情報を要求する旨を回答する。輸入国の最終的な回答の写しは、締約国である関係国の権限のある当局に送付する。

3　輸出国は、次の事項を書面により確認するまでは、発生者又は輸出者が国境を越える移動を開始することを許可してはならない。
　(a)　通告をした者が輸入国の書面による同意を得ていること。
　(b)　通告をした者が、廃棄物について環境上適正な処理がされることを明記する輸出者と処分者との間の契約の存在につき、輸入国から確認を得ていること。

4　締約国である通過国は、通告をした者に対し通告の受領を速やかに確認する。当該通過国は、更に、通告をした者に対し、60日以内に、移動につき条件付若しくは無条件で同意し、移動に関する許可を拒否し又は追加的な情報を要求する旨を書面により回答する。輸出国は、当該通過国の書面による同意を得るまでは、国境を越える移動を開始することを許可してはならない。ただし、いかなる時点においても、締約国が、有害廃棄物又は他の廃棄物の通過のための国境を越える移動に関し、書面による事前の同意を一般的に若しくは特定の条件の下において義務付けないことを決定し、又は事前の同意に係る要件を変更する場合には、当該締約国は、第13条の規定に従い他の締約国に直ちにその旨を通報する。事前の同意を義務付けない場合において通過国が通告を受領した日から60日以内に輸出国が当該通過国の回答を受領しないときは、当該輸出国は、当該通過国を通過して輸出を行うことを許可することができる。

5　特定の国によってのみ有害であると法的に定義され又は認められている廃棄物の国境を越える移動の場合において、
　(a)　輸出国によってのみ定義され又は認められているときは、輸入者又は処分者及び輸入国について適用する9の規定は、必要な変更を加えて、それぞれ輸出者及び輸出国について適用する。
　(b)　輸入国によってのみ又は輸入国及び締約国である通過国によってのみ定義され又は認められているときは、輸出者及び輸出国について適用する1、3、4及び6の規定は、必要な変更を加えて、それぞれ輸入者又は処分者及び輸入国について適用する。
　(c)　締約国である通過国によってのみ定義され又は認められているときは、4の規定を当該通過国について適用する。

6　輸出国は、同一の物理的及び化学的特性を有する有害廃棄物又は他の廃棄物が、輸出国の同一の出国税関及び輸入国の同一の入国税関を経由して、並びに通過のときは通過国の同一の入国税関及び出国税関を経由して、同一の処分者に定期的に運搬される場合には、関係国の書面による同意を条件として、発生者又は輸出者が包括的な通告を行うことを許可することができる。

7　関係国は、運搬される有害廃棄物又は他の廃棄物に関する一定の情報(正確な量、定期的に作成する一覧表等)が提供されることを条件として、6に規定する包括的な通告を行うことにつき書面により同意することができる。

8　6及び7に規定する包括的な通告及び書面による同意は、最長12箇月の期間における有害廃棄物又は他の廃棄物の2回以上の運搬について適用することができる。

9　締約国は、有害廃棄物又は他の廃棄物の国境を越える移動に責任を有するそれぞれの者が当該有害廃棄物又は他の廃棄物の引渡し又は受領の際に移動書類に署名することを義務付ける。締約国は、また、処分者が、輸出者及び輸出国の権限のある当局の双方に対し、当該有害廃棄物又は他の廃棄物を受領したことを通報し及び通告に明記する処分が完了したことを相当な期間内に通報することを義務付ける。これらの通報が輸出国において受領されない場合には、輸出国の権限のある当局又は輸出者は、その旨を輸入国に通報する。

10　この条の規定により義務付けられる通告及び回答は、関係締約国の権限のある当局又は非締約国の適当と認める政府当局に送付する。

11　有害廃棄物又は他の廃棄物の国境を越えるいかなる移動も、輸入国又は締約国である通過国が義務付けることのある保険、供託金その他の保証によって担保する。

第7条(締約国から非締約国を通過して行われる国境を越える移動) 前条1の規定は、必要な変更を加えて、締約国から非締約国を通過して行われる有害廃棄物又は他の廃棄物の国境を越える移動について適用する。

第8条(再輸入の義務) この条約の規定に従うことを条件として関係国の同意が得られている有害廃棄物又は他の廃棄物の国境を越える移動が、契約の条件に従って完了することができない場合において、輸入国が輸出国及び事務局に対してその旨を通報した時から90日以内に又は関係国が合意する他の期間内に当該有害廃棄物又は他の廃棄物が環境上適正な方法で処分されるための代替措置をとることができないときは、輸出国は、輸出者が当該有害廃棄物又は他の廃棄物を輸出国内に引き取ることを確保する。このため、輸出国及び締約国である通過国は、当該有害廃棄物又は他の廃棄物の輸出国への返還に反対し、及びその返還を妨害又は防止してはならない。

第9条(不法取引) 1 この条約の適用上、次のいずれかに該当する有害廃棄物又は他の廃棄物の国境を越える移動は、不法取引とする。
 (a) この条約の規定に従う通告がすべての関係国に対して行われていない移動
 (b) 関係国からこの条約の規定に従う同意が得られていない移動
 (c) 関係国の同意が偽造、虚偽の表示又は詐欺により得られている移動
 (d) 書類と重要な事項において不一致がある移動
 (e) この条約の規定及び国際法の一般原則に違反して有害廃棄物又は他の廃棄物を故意に処分すること(例えば、投棄すること。)となる移動

2 有害廃棄物又は他の廃棄物の国境を越える移動が輸出者又は発生者の行為の結果として不法取引となる場合には、輸出国は、輸出国に当該不法取引が通報された時から30日以内又は関係国が合意する他の期間内に、当該有害廃棄物又は他の廃棄物に関し次のことを確保する。
 (a) 輸出者若しくは発生者若しくは必要な場合には輸出国が自国に引き取ること又はこれが実際的でないときは、
 (b) この条約の規定に従って処分されること。
 このため、関係締約国は、当該有害廃棄物又は他の廃棄物の輸出国への返還に反対し、及びその返還を妨害又は防止してはならない。

3 有害廃棄物又は他の廃棄物の国境を越える移動が輸入者又は処分者の行為の結果として不法取引となる場合には、輸入国は、当該不法取引を輸入国が知るに至った時から30日以内又は関係国が合意する他の期間内に、輸入者若しくは処分者又は必要なときは輸入国が当該有害廃棄物又は他の廃棄物を環境上適正な方法で処分することを確保する。このため、関係締約国は、必要に応じ、当該有害廃棄物又は他の廃棄物を環境上適正な方法で処分することについて協力する。

4 不法取引の責任を輸出者若しくは発生者又は輸入者若しくは処分者のいずれにも帰することができない場合には、関係締約国又は適当なときは他の締約国は、協力して、輸出国若しくは輸入国又は適当なときは他の場所において、できる限り速やかに当該有害廃棄物又は他の廃棄物を環境上適正な方法で処分することを確保する。

5 締約国は、不法取引を防止し及び処罰するため、適当な国内法令を制定する。締約国は、この条の目的を達成するため、協力する。

第10条(国際協力) 1 締約国は、有害廃棄物及び他の廃棄物の環境上適正な処理を改善し及び達成するため、相互に協力する。

2 締約国は、この目的のため、次のことを行う。
 (a) 要請に応じ、二国間であるか多数国間であるかを問わず、有害廃棄物及び他の廃棄物の環境上適正な処理(有害廃棄物及び他の廃棄物の適切な処理のための技術上の基準及び実施方法の調整を含む。)を促進するため、情報を利用できるようにすること。
 (b) 有害廃棄物の処理が人の健康及び環境に及ぼす影響を監視することについて協力すること。
 (c) 有害廃棄物及び他の廃棄物の発生を実行可能な限り除去するため、並びに有害廃棄物及び他の廃棄物の環境上適正な処理を確保する一層効果的かつ効率的な方法(新たな又は改善された技術の採用が経済上、社会上及び環境上及ぼす影響についての研究を含む。)を確立するため、新たな環境上適正な廃棄物低減技術の開発及び実施並びに既存の技術の改善につき、自国の法令及び政策に従って協力すること。
 (d) 有害廃棄物及び他の廃棄物の環境上適正な処理に関係する技術及び処理方式の移転につき、自国の法令及び政策に従って積極的に協力すること。また、締約国、特にこの分野において技術援助を必要とし及び要請する締約国の技術上の能力の開発について協力すること。
 (e) 適当な技術上の指針又は実施基準の開発について協力すること。

3 締約国は、第4条2の(a)から(d)までの規定の実施について開発途上国を援助するため、適当な

協力のための手段を用いる。
4 開発途上国の必要を考慮して、公衆の意識の向上、有害廃棄物及び他の廃棄物の適正な処理の発展並びに新たな廃棄物低減技術の採用を特に促進するため、締約国と関係国際機関との間の協力が奨励される。

第11条(二国間の、多数国間の及び地域的な協定) 1 第4条5の規定にかかわらず、締約国は、締約国又は非締約国との間で有害廃棄物又は他の廃棄物の国境を越える移動に関する二国間の、多数国間の又は地域的な協定又は取決めを締結することができる。ただし、当該協定又は取決めは、この条約により義務付けられる有害廃棄物及び他の廃棄物の環境上適正な処理を害するものであってはならない。当該協定又は取決めは、特に開発途上国の利益を考慮して、この条約の定める規定以上に環境上適正な規定を定めるものとする。

2 締約国は、1に規定する協定又は取決め及びこの条約が自国に対し効力を生ずるに先立ち締結した二国間の、多数国間の又は地域的な協定又は取決めであって、これらの協定又は取決めの締約国間でのみ行われる有害廃棄物及び他の廃棄物の国境を越える移動を規制する目的を有するものを事務局に通告する。この条約のいかなる規定も、これらの協定又は取決めがこの条約により義務付けられる有害廃棄物及び他の廃棄物の環境上適正な処理と両立する限り、これらの協定又は取決めに従って行われる国境を越える移動に影響を及ぼすものではない。

第12条(損害賠償責任に関する協議) 締約国は、有害廃棄物及び他の廃棄物の国境を越える移動及び処分から生ずる損害に対する責任及び賠償の分野において適当な規則及び手続を定める議定書をできる限り速やかに採択するため、協力する。

第13条(情報の送付) 1 締約国は、有害廃棄物又は他の廃棄物の国境を越える移動又はその処分が行われている間に、他の国の人の健康及び環境に危害を及ぼすおそれがある事故が発生した場合において、その事故を知るに至ったときはいつでも、当該他の国が速やかに通報を受けることを確保する。

2 締約国は、相互に、事務局を通じ、次の通報を行う。
  (a) 権限のある当局又は中央連絡先の指定の変更に関する第5条の規定による通報
  (b) 有害廃棄物の国内の定義の変更に関する第3条の規定による通報
     また、できる限り速やかに、次の事項を通報する。
  (c) 自国の管轄の下にある地域における有害廃棄物又は他の廃棄物の処分を目的とする輸入につき全面的又は部分的に同意しない旨の決定
  (d) 有害廃棄物又は他の廃棄物の輸出を制限し又は禁止する旨の決定
  (e) 4の規定に従って送付の義務を負うその他の情報

3 締約国は、自国の法令に従い、事務局を通じ、第15条の規定により設置する締約国会議に対し、各暦年の終わりまでに、次の情報を含む前暦年に関する報告を送付する。
  (a) 第5条の規定に従い締約国によって指定された権限のある当局及び中央連絡先
  (b) 締約国が関係する有害廃棄物又は他の廃棄物の国境を越える移動に関する次の事項を含む情報
     (i) 輸出された有害廃棄物及び他の廃棄物の量、分類、特性、目的地及び通過国並びに通告に対する回答に記載された処分の方法
     (ii) 輸入された有害廃棄物及び他の廃棄物の量、分類、特性、発生地及び処分の方法
     (iii) 予定されたとおりに行われなかった処分
     (iv) 国境を越える移動の対象となる有害廃棄物及び他の廃棄物の量の削減を達成するための努力
  (c) この条約の実施のために締約国がとった措置に関する情報
  (d) 有害廃棄物又は他の廃棄物の発生、運搬及び処分が人の健康及び環境に及ぼす影響について締約国が作成した提供可能かつ適切な統計に関する情報
  (e) 第11条の規定に従って締結した二国間の、多数国間の及び地域的な協定及び取決めに関する情報
  (f) 有害廃棄物及び他の廃棄物の国境を越える移動及び処分が行われている間に発生した事故並びにその事故を処理するためにとられた措置に関する情報
  (g) 管轄の下にある地域において用いられた処分の方法に関する情報
  (h) 有害廃棄物及び他の廃棄物の発生を削減し又は無くすための技術の開発のためにとられた措置に関する情報
  (i) 締約国会議が適当と認めるその他の事項

4 特定の有害廃棄物又は他の廃棄物の国境を越える移動により自国の環境が影響を受けるおそれがあると認めるいずれかの締約国が要請した場合には、締約国は、自国の法令に従い、当該移

動に関する通告及びその通告に対する回答の写しを事務局に対し送付することを確保する。

第14条(財政的な側面) 1　締約国は、各地域及び各小地域の特別の必要に応じ、有害廃棄物及び他の廃棄物を処理し並びに有害廃棄物及び他の廃棄物の発生を最小限度とすることに関する訓練及び技術移転のための地域又は小地域のセンターが設立されるべきであることに同意する。締約国は、任意の性質を有する資金調達のための適当な仕組みを確立することについて決定を行う。

2　締約国は、有害廃棄物及び他の廃棄物の国境を超える移動により又は有害廃棄物及び他の廃棄物の処分中に発生する事故による損害を最小のものにとどめるため、緊急事態における暫定的な援助を行うための回転基金の設立を検討する。

第15条(締約国会議) 1　この条約により締約国会議を設置する。締約国会議の第1回会合は、UNEP事務局長がこの条約の効力発生の後1年以内に招集する。その後は、締約国会議の通常会合は、第1回会合において決定する一定の間隔で開催する。

2　締約国会議の特別会合は、締約国会議が必要と認めるとき又はいずれかの締約国から書面による要請のある場合において事務局がその要請を締約国に通報した後6箇月以内に締約国の少なくとも3分の1がその要請を支持するときに開催する。

3　締約国会議は、締約国会議及び締約国会議が設置する補助機関の手続規則並びに特にこの条約に基づく締約国の財政的な参加について定める財政規則をコンセンサス方式により合意し及び採択する。

4　締約国は、その第1回会合において、この条約の規定の範囲内で海洋環境の保護及び保全に関する責任を果たす上で役立つ必要な追加的措置を検討する。

5　締約国会議は、この条約の効果的な実施について絶えず検討し及び評価し、更に、次のことを行う。
 (a)　有害廃棄物及び他の廃棄物による人の健康及び環境に対する害を最小のものにとどめるための適当な政策、戦略及び措置の調整を促進すること。
 (b)　必要に応じ、利用可能な科学、技術、経済及び環境に関する情報を特に考慮して、この条約及びその附属書の改正を検討し及び採択すること。
 (c)　この条約の実施並びに第11条に規定する協定及び取決めの実施から得られる経験に照らして、この条約の目的の達成のために必要な追加的行動を検討し及びとること。
 (d)　必要に応じ、議定書を検討し及び採択すること。
 (e)　この条約の実施に必要と認められる補助機関を設置すること。

6　国際連合及びその専門機関並びにこの条約の締約国でない国は、締約国会議の会合にオブザーバーを出席させることができる。有害廃棄物又は他の廃棄物に関連のある分野において認められた団体又は機関(国内若しくは国際の又は政府若しくは非政府のもののいずれであるかを問わない。)であって、締約国会議の会合にオブザーバーを出席させることを希望する旨事務局に通報したものは、当該会合に出席する締約国の3分の1以上が反対しない限り、オブザーバーを出席させることを認められる。オブザーバーの出席及び参加は、締約国会議が採択する手続規則の適用を受ける。

7　締約国会議は、この条約の効力発生の3年後に及びその後は少なくとも6年ごとに、この条約の有効性について評価を行い、並びに必要と認める場合には、最新の科学、環境、技術及び経済に関する情報に照らして有害廃棄物及び他の廃棄物の国境を越える移動の完全な又は部分的な禁止措置の採用について検討を行う。

第16条(事務局) 1　事務局は、次の任務を遂行する。
 (a)　前条及び次条に規定する会合を準備し及びその会合のための役務を提供すること。
 (b)　第3条、第4条、第6条、第11条及び第13条の規定により受領した情報、前条の規定により設置される補助機関の会合から得られる情報並びに適当な場合には関連する政府間機関及び非政府機関により提供される情報に基づく報告書を作成し及び送付すること。
 (c)　この条約に基づく任務を遂行するために行った活動に関する報告書を作成し及びその報告書を締約国会議に提出すること。
 (d)　他の関係国際団体との必要な調整を行うこと。特に、その任務の効果的な遂行のために必要な事務的な及び契約上の取決めを行うこと。
 (e)　第5条の規定に従い締約国が指定した中央連絡先及び権限のある当局との間の連絡を行うこと。
 (f)　国内の有害廃棄物及び他の廃棄物の処分のために利用可能な締約国の認められた場所及び施設に関する情報を収集し及びその情報を締約国に送付すること。
 (g)　要請に応じ、締約国を援助するため、次の

情報を締約国から受領し、締約国に伝達すること。
　　　技術援助及び訓練の提供元
　　　利用可能な技術上及び科学上のノウハウ
　　　助言及び専門的知識の提供元
　　　資源の利用可能性
　　前記の援助は、次のような分野を対象とする。
　　　この条約の通告制度の運用
　　　有害廃棄物及び他の廃棄物の処理
　　　有害廃棄物及び他の廃棄物に関する環境上適正な技術(例えば、廃棄物低減技術及び廃棄物無発生化技術)
　　　処分能力及び処分場所の評価
　　　有害廃棄物及び他の廃棄物の監視
　　　緊急事態への対応
　(h)　締約国が、有害廃棄物又は他の廃棄物が環境上適正な方法で処理されないと信ずるに足りる理由がある場合において要請するときは、国境を越える移動に関する通告、当該有害廃棄物若しくは他の廃棄物の運搬が通告に従っていること又は当該有害廃棄物若しくは他の廃棄物のために予定されている処分施設が環境上適正であることを審査することにつき当該締約国を援助することができ、かつ、必要な技術能力を有するコンサルタント又はコンサルタント会社に関する情報を当該締約国に提供すること。このような審査の費用は、事務局が負担するものではない。
　(i)　不法取引の事実を確認するため要請に応じ締約国を援助し及び不法取引に関して入手した情報を関係締約国に対し直ちに送付すること。
　(j)　緊急事態が発生した国に対し迅速な援助を行うため、専門家及び機材の提供につき締約国及び権限のある関係国際機関と協力すること。
　(k)　締約国会議が決定するところに従い、この条約の目的に関係する他の任務を遂行すること。
2　事務局の任務は、前条の規定に従って開催される締約国会議の第1回会合が終了するまでは、UNEPが暫定的に遂行する。
3　締約国会議は、第1回会合において、この条約に基づく事務局の任務を遂行する意思を表明した既存の適当な政府間機関の中から事務局を指定する。締約国会議は、また、同会合において、暫定の事務局が課された任務、特に1に規定する任務の実施状況を評価し、及びこれらの任務に適した組織を決定する。

第17条(この条約の改正) 1　締約国は、この条約の改正を提案することができるものとし、また、議定書の締約国は、当該議定書の改正を提案することができる。改正に当たっては、特に、関連のある科学的及び技術的考慮を十分に払うこととする。

2　この条約の改正は、締約国会議の会合において採択する。議定書の改正は、当該議定書の締約国の会合において採択する。この条約及び議定書の改正案は、当該議定書に別段の定めがある場合を除くほか、その採択が提案される会合の少なくとも6箇月前に事務局が締約国に通報する。事務局は、改正案をこの条約の署名国にも参考のために通報する。

3　締約国は、この条約の改正案につき、コンセンサス方式により合意に達するようあらゆる努力を払う。コンセンサスのためのあらゆる努力にもかかわらず合意に達しない場合には、改正案は、最後の解決手段として、当該会合に出席しかつ投票する締約国の4分の3以上の多数票による議決で採択するものとし、寄託者は、これをすべての締約国に対し批准、承認、正式確認又は受諾のために送付する。

4　3に定める手続は、議定書の改正について準用する。ただし、議定書の改正案の採択は、当該会合に出席しかつ投票する当該議定書の締約国の3分の2以上の多数票による議決で足りる。

5　改正の批准書、承認書、正式確認書又は受諾書は、寄託者に寄託する。3又は4の規定に従って採択された改正は、改正を受け入れた締約国の少なくとも4分の3又は改正を受け入れた関連議定書の締約国の少なくとも3分の2の批准書、承認書、正式確認書又は受諾書を寄託者が受領した後90日目の日に、当該改正を受け入れた締約国の間で効力を生ずる。改正は、他の締約国が当該改正の批准書、承認書、正式確認書又は受諾書を寄託した後90日目の日に当該他の締約国について効力を生ずる。ただし、関連議定書に改正の発効要件について別段の定めがある場合を除く。

6　この条の規定の適用上、「出席しかつ投票する締約国」とは、出席しかつ賛成票又は反対票を投ずる締約国をいう。

第18条(附属書の採択及び改正) 1　この条約の附属書又は議定書の附属書は、それぞれ、この条約又は当該議定書の不可分の一部を成すものとし、「この条約」又は「議定書」というときは、別段の明示の定めがない限り、附属書を含めていうものとする。附属書は、科学的、技術的及び事務的な事項に限定される。

2　この条約の追加附属書又は議定書の附属書の提案、採択及び効力発生については、次の手続を適用する。ただし、議定書に当該議定書の附属書に関して別段の定めがある場合を除く。
　(a)　この条約の追加附属書及び議定書の附属書は、前条の2から4までに定める手続を準用して提案され及び採択される。
　(b)　締約国は、この条約の追加附属書又は自国が締約国である議定書の附属書を受諾することができない場合には、その旨を、寄託者が採択を通報した日から6箇月以内に、寄託者に対して書面により通告する。寄託者は、受領した通告をすべての締約国に遅滞なく通報する。締約国は、いつでも、先に行った異議の宣言に代えて受諾を行うことができるものとし、この場合において、これらの附属書は、当該締約国について効力を生ずる。
　(c)　これらの附属書は、寄託者による採択の通報の送付の日から6箇月を経過した時に、(b)の規定に基づく通告を行わなかったこの条約又は関連議定書のすべての締約国について効力を生ずる。
3　この条約の附属書及び議定書の附属書の改正の提案、採択及び効力発生は、この条約の附属書及び議定書の附属書の提案、採択及び効力発生と同一の手続に従う。附属書の作成及び改正に当たっては、特に、関連のある科学的及び技術的考慮を十分に払うこととする。
4　附属書の追加又は改正がこの条約又は議定書の改正を伴うものである場合には、追加され又は改正された附属書は、この条約又は当該議定書の改正が効力を生ずる時まで効力を生じない。

第19条(検証)　いずれの締約国も、他の締約国がこの条約に基づく義務に違反して行動し又は行動したと信ずるに足りる理由がある場合には、その旨を事務局に通報することができるものとし、その通報を行うときは、同時かつ速やかに、直接又は事務局を通じ、申立ての対象となった当該他の締約国にその旨を通報する。すべての関連情報は、事務局が締約国に送付するものとする。

第20条(紛争の解決)　1　この条約又は議定書の解釈、適用又は遵守に関して締約国間で紛争が生じた場合には、当該締約国は、交渉又はその選択する他の平和的手段により紛争の解決に努める。
2　関係締約国が1に規定する手段により紛争を解決することができない場合において紛争当事国が合意するときは、紛争は、国際司法裁判所に付託し又は仲裁に関する附属書Ⅵに規定する条件に従い仲裁に付する。もっとも、紛争を国際司法裁判所へ付託し又は仲裁に付することについて合意に達しなかった場合においても、当該締約国は、1に規定する手段のいずれかにより紛争を解決するため引き続き努力する責任を免れない。
3　国及び政治統合又は経済統合のための機関は、この条約の批准、受諾、承認若しくは正式確認若しくはこれへの加入の際に又はその後いつでも、同一の義務を受諾する締約国との関係において紛争の解決のための次のいずれかの手段を当然にかつ特別の合意なしに義務的であると認めることを宣言することができる。
　(a)　国際司法裁判所への紛争の付託
　(b)　附属書Ⅵに規定する手続に従う仲裁
その宣言は事務局に対し書面によって通告するものとし、事務局は、これを締約国に送付する。

第21条(署名)　(略)
第22条(批准、受諾、正式確認又は承認)　(略)
第23条(加入)　(略)
第24条(投票権)　(略)
第25条(効力発生)　1　この条約は、20番目の批准書、受諾書、正式確認書、承認書又は加入書の寄託の日の後90日目の日に効力を生ずる。
2　この条約は、20番目の批准書、受諾書、承認書、正式確認書又は加入書の寄託の後にこれを批准し、受諾し、承認し若しくは正式確認し又はこれに加入する国及び政治統合又は経済統合のための機関については、当該国又は当該機関による批准書、受諾書、承認書、正式確認書又は加入書の寄託の日の後90日目の日に効力を生ずる。
3　政治統合又は経済統合のための機関によって寄託される文書は、1及び2の規定の適用上、当該機関の構成国によって寄託されたものに追加して数えてはならない。

第26条(留保及び宣言)　1　この条約については、留保を付することも、また、適用除外を設けることもできない。
2　1の規定は、この条約の署名、批准、受諾、承認若しくは正式確認又はこれへの加入の際に、国及び政治統合又は経済統合のための機関が、特に当該国又は当該機関の法令をこの条約に調和させることを目的として、用いられる文言及び名称のいかんを問わず、宣言又は声明を行うことを排除しない。ただし、このような宣言又は声明は、当該国に対するこの条約の適用において、この条約の法的効力を排除し又は変更することを意味しない。

第27条(脱退)　1　締約国は、自国についてこの条約が効力を生じた日から3年を経過した後いつでも、

寄託者に対して書面による脱退の通告を行うことにより、この条約から脱退することができる。
2 脱退は、寄託者が脱退の通告を受領した後1年を経過した日又はそれよりも遅い日であって脱退の通告において指定されている日に効力を生ずる。

第28条(寄託者) （略）

第29条(正文) （略）

附属書Ⅰ　規制する廃棄物の分類
廃棄の経路
Y1～45　（略）

(a) この条約の適用を容易にするため、並びに(b)、(c)及び(d)の規定に従うことを条件として、附属書Ⅷに掲げる廃棄物は、この条約第1条1(a)の規定に従い有害な特性を有するものとし、及び附属書Ⅸに掲げる廃棄物は、この条約第1条1(a)の規定の適用を受けない。

(b) 附属書Ⅷに掲げる廃棄物への指定は、特別の場合には、当該廃棄物がこの条約第1条1(a)の規定に従い有害でないことを証明するために附属書Ⅲを利用することを排除しない。

(c) 附属書Ⅸに掲げる廃棄物への指定は、特別の場合において、当該廃棄物が附属書Ⅲの特性を示す程度に附属書Ⅰの物を含むときは、この条約第1条1(a)の規定に従い、当該廃棄物が有害な特性を有するものであるとすることを排除しない。

(d) 附属書Ⅷ及び附属書Ⅸは、廃棄物の特性を明らかにすることを目的とするこの条約第1条1(a)の規定の適用に影響を及ぼすものではない。

［編者注］締約国会議決定Ⅳ/9により附属書Ⅰの末尾に、上記(a)～(d)が追加された。

附属書Ⅱ　特別の考慮を必要とする廃棄物の分類
Y46～47　（略）

附属書Ⅲ　有害な特性の表　（略）

附属書Ⅳ　処分作業
A 資源回収、再生利用、回収利用、直接利用又は代替的利用の可能性に結びつかない作業
D1～15　（略）
B 資源回収、再生利用、回収利用、直接再利用又は代替的利用に結びつく作業
R1～13　（略）

附属書Ⅴ
A 通告の際に提供する情報
1～21　（略）
B 移動書類に記載する情報
1～14　（略）

附属書Ⅵ　仲　裁

第1条 仲裁手続は、この条約第20条に規定する合意に別段の定めがない限り、この附属書の次条から第10条までに従って行われる。

第2条 申立国である締約国は、紛争当事国が、この条約第20条の2又は3の規定に従って紛争を仲裁に付することに合意した旨を事務局に通告する。通告には、特に、その解釈又は適用が問題となっているこの条約の条文を含む。事務局は、受領した情報をこの条約のすべての締約国に対し送付する。

第3条 仲裁裁判所は、3人の仲裁人で構成する。各紛争当事国は、各1人の仲裁人を任命し、このようにして任命された2人の仲裁人は、合意により第三の仲裁人を指名し、第三の仲裁人は、当該仲裁裁判所において議長となる。議長は、いずれかの紛争当事国の国民であってはならず、いずれかの紛争当事国の領域に日常の住居を有してはならず、いずれかの紛争当事国によっても雇用されてはならず、及び仲裁に付された紛争を仲裁人以外のいかなる資格においても取り扱ったことがあってはならない。

第4条 1 第二の仲裁人が任命された日から2箇月以内に仲裁裁判所の議長が指名されなかった場合には、国際連合事務総長は、いずれかの紛争当事国の要請に応じ、更に2箇月の期間内に議長を指名する。

2 いずれかの紛争当事国が要請を受けた後2箇月以内に仲裁人を任命しない場合には、他方の紛争当事国は、国際連合事務総長にその旨を通報し、同事務総長は、更に2箇月の期間内に仲裁裁判所の議長を指名する。指名の際に、仲裁裁判所の議長は、仲裁人を任命していない紛争当事国に対し、2箇月以内に仲裁人を任命するよう要請する。当該任命が行われることなく当該期間が経過した後は、議長は、その旨を同事務総長に通報し、同事務総長は、更に2箇月の期間内に当該任命を行う。

第5条 1 仲裁裁判所は、国際法及びこの条約の規定に従い、その決定を行う。

2 この附属書の規定に基づき構成される仲裁裁判所は、その手続規則を定める。

第6条 1　手続及び実体に関する仲裁裁判所の決定は、いずれもその仲裁人の過半数による議決で行う。
2　仲裁裁判所は、事実を確定するため、すべての適当な措置をとることができる。仲裁裁判所は、いずれかの紛争当事国の要請に応じ、不可欠な保全のための暫定措置を勧告することができる。
3　紛争当事国は、仲裁手続の効果的な実施に必要なすべての便益を提供する。
4　一の紛争当事国の欠席は、仲裁手続を妨げるものではない。
第7条　仲裁裁判所は、紛争の対象である事項から直接に生ずる反対請求について聴取し及び決定することができる。
第8条　仲裁裁判所が仲裁に付された紛争の特別の事情により別段の決定を行う場合を除くほか、仲裁裁判所の費用(仲裁人の報酬を含む。)は、紛争当事国が均等に負担する。仲裁裁判所は、すべての費用に関する記録を保持するものとし、紛争当事国に対して最終的な費用の明細書を提出する。
第9条　いずれの締約国も、紛争の対象である事項につき当該仲裁の決定により影響を受けるおそれのある法律上の利害関係を有する場合には、仲裁裁判所の同意を得て仲裁手続に参加することができる。
第10条 1　仲裁裁判所は、設置の日より5箇月以内にその仲裁判断を行う。ただし、必要と認める場合には、5箇月を超えない期間その期限を延長することができる。
2　仲裁裁判所の仲裁判断には、理由が付されなければならない。仲裁判断は、最終的なものであり、かつ、紛争当事国を拘束する。
3　仲裁判断の解釈又は履行に関し紛争当事国間で生ずるいかなる紛争も、いずれかの紛争当事国が、当該仲裁判断を行った仲裁裁判所に付託することができるものとし、また、当該仲裁裁判所に付託することができない場合には、最初のものと同様の方法によりこのために構成する別の仲裁裁判所に付託することができる。

附属書Ⅷ

A表

この附属書に掲げる廃棄物は、この条約第1条1(a)の規定に従い有害な特性を有する。この附属書に掲げる廃棄物への指定は、当該廃棄物が有害でないことを証明するために附属書Ⅲを利用することを排除しない。

A1　金属の廃棄物及び金属を含有する廃棄物
　　A1010～1180　(略)
A2　無機物を主成分とし、金属及び有機物を含む可能性を有する廃棄物
　　A2010～2060　(略)
A3　有機物を主成分とし、金属及び無機物を含む可能性を有する廃棄物
　　A3010～3190　(略)
A4　無機物又は有機物のいずれかを成分として含む可能性を有する廃棄物
　　A4010～4160　(略)

附属書Ⅸ

B表

この附属書に掲げる廃棄物は、附属書Ⅲの特性を示す程度に附属書Ⅰの物を含む場合を除くほか、この条約第1条1(a)に規定する廃棄物に該当しない。

B1　金属の廃棄物及び金属を含有する廃棄物
　　B1010～1240　(略)
B2　無機物を主成分とし、金属及び有機物を含む可能性を有する廃棄物
　　B2010～2120　(略)
B3　有機物を主成分とし、金属及び無機物を含む可能性を有する廃棄物
　　B3010～3140　(略)
B4　無機物又は有機物のいずれかを成分として含む可能性を有する廃棄物
　　B4010～4030　(略)

7-1-1　バーゼル条約の改正(バーゼル改正)(抄)
Amendment to the Basel Convention

採　択　1995年9月22日(ジュネーヴ)
　　　　第3回締約国会議決定Ⅲ/1
効力発生

決定Ⅲ/1　バーゼル条約の改正

締約国会議は、
1. (略)

2. （略）
3. 次のようなこの条約の改正を採択することを決定する。
　　新たに前文7の2を挿入する。

「有害廃棄物の国境を越える移動、とりわけ、発展途上国への移動は、この条約により要求される有害廃棄物の環境上適正な管理とならない高い危険性があると認識し、」

新たに第4条のAを挿入する。

「1.　附属書VIIに掲げる締約国は、附属書IV Aの作業にあてられる有害廃棄物の、附属書VIIに掲げられていない国へのすべての国境を越える移動を禁止する。
2.　附属書VIIに掲げる締約国は、附属書IV Bの作業にあてられるこの条約第1条1(a)に基づく有害廃棄物の、附属書VIIに掲げられていない国への国境を越える移動を、1997年12月31日までに段階的に禁止し、当該期日に禁止する。こうした国境を越える移動は、当該廃棄物がこの条約に基づく有害廃棄物に該当するものでない限りで、禁止されてはならない。」

附属書VII
OECD加盟国たる締約国及びその他の国、欧州共同体（＊欧州連合）、リヒテンシュタイン

7-1-2　有害廃棄物の国境を越える移動及びその処分から生ずる損害の責任及び賠償に関する議定書（バーゼル損害賠償責任議定書）
Protocol on Liability and Compensation for Damages Resulting from Transbounday Movements of Hazardous Wastes and their Disponsal

採　択　1999年12月10日（バーゼル）
第5回締約国会議決定V/29
効力発生

この議定書の締約国は、
　国家は、汚染及びその他の環境損害の被害者に対する責任及び賠償に関する国際的及び国内的な法的文書を作成するものとする、1992年の環境及び発展に関するリオ宣言原則13の関連規定を考慮し、
　有害廃棄物の国境を越える移動及びその処分の規制に関するバーゼル条約の締約国であり、
　条約に基づく締約国の義務に留意し、
　有害廃棄物及び他の廃棄物並びにこれらの廃棄物の国境を越える移動によって引き起こされる人の健康、財産及び環境に対する損害の危険性を認識し、
　有害廃棄物及び他の廃棄物の国境を越える不法な取引の問題について懸念し、
　条約第12条に拘束されており、並びに、有害廃棄物及び他の廃棄物の国境を越える移動及びその処分から生じる損害に対する責任及び賠償の分野において適当な規則及び手続を定める必要性を強調し、
　十分かつ迅速な賠償が、有害廃棄物及び他の廃棄物の国境を越える移動及びその処分から生じる損害について利用可能であることを確保するために、第三者責任及び環境責任を定める必要性を確信して、
　次のとおり協定した。

第1条（目的） この議定書の目的は、有害廃棄物及び他の廃棄物の国境を越える移動及びその処分（かかる廃棄物の不法取引を含む。）から生じる損害に対する責任、並びに、十分かつ迅速な賠償に関する包括的な制度を設けることである。

第2条（定義）1　この議定書に別段の明示の定めがない限り、条約に定める用語の定義が適用される。
2　この議定書の適用上、
　(a)　「条約」とは、有害廃棄物の国境を越える移動及びその処分の規制に関するバーゼル条約をいう。
　(b)　「有害廃棄物及び他の廃棄物」とは、条約第1条の意味での有害廃棄物及び他の廃棄物をいう。
　(c)　「損害」とは、次のことをいう。
　　(i)　人の死亡又は身体の障害
　　(ii)　この議定書に従って責任を負う者に所持される財産以外の財産の滅失又は損傷
　　(iii)　環境の悪化の結果生じる、その環境の利用の経済的利益に直接由来する収入の損失。貯蓄及び費用を考慮する。
　　(iv)　侵害された環境の回復のための措置の費用。ただし、実際にとられた措置又はとられるべき措置の費用に係るものに限る。
　　(v)　損害が、条約の対象となる有害廃棄物及び他の廃棄物の国境を越える移動及びその処分に関わる廃棄物の有害な性質から生ずるか、かかる廃棄物の有害な性質に起因する時に、防止措置の費用（かかる措置により

生ずる損失又は損害を含む。)
(d) 「回復措置」とは、損害を被った環境又は破壊された環境の要素を評価し、回復し又は復元することを目的とするあらゆる合理的な措置をいう。国内法によりかかる措置をとる資格を有するもの者を定めることができる。
(e) 「防止措置」とは、事故に対応して、いずれかの者が損失若しくは損害を防止し、最小限にし、若しくは軽減するために、又は、環境浄化を行うためにとられるあらゆる合理的な措置をいう。
(f) 「締約国」とは、この議定書の締約国をいう。
(g) 「議定書」とは、この議定書をいう。
(h) 「事故」とは、いずれかの出来事若しくは同一の原因による一連の出来事であって損害をもたらすもの又は損害をもたらす重大かつ急迫した脅威を生じさせるものをいう。
(i) 「地域的な経済統合のための機関」とは、主権国家によって構成される機関であって、この議定書が規律する事項に関しその加盟国から権限の委譲を受け、かつ、その内部手続に従ってこの議定書の署名、批准、受諾、承認若しくは正式確認又はこれへの加入の正当な委任を受けたものをいう。
(j) 「計算単位」とは、国際通貨基金の定める特別引出権をいう。

第3条(適用範囲) 1 この議定書は、廃棄物が輸出国の国家管轄権の下にある地域において輸送手段に積み込まれた時点から、有害廃棄物及び他の廃棄物の国境を越える移動及びその処分(不法取引を含む。)の間に発生する事故の結果生じる損害に適用する。いずれの締約国も、自国が輸出国である国境を越えるあらゆる移動に関して、その国家管轄権の下にある地域で発生するかかる事故につき、その国家管轄権の下にある地域における損害について、寄託者への通告により、議定書の適用を除外することができる。事務局は、この条により受領した通告をすべての締約国に通報する。

2 この議定書は、次のように適用する。
(a) 条約の附属書IVに定めるD13、D14、D15、R12又はR13以外の一の作業のための移動に関しては、条約第6条9の規定に従って処分完了の通告がなされた時点まで、又は、そのような通告がなされない場合には処分が完了した時点まで
(b) 条約の附属書IVのD13、D14、D15、R12又はR13に定める作業のための移動に関しては、条約の附属書IVのD1からD12及びR1からR11に定めるそれに続く処分作業が完了するまで

3(a) この議定書は、1に規定する事故から生じる、締約国の国家管轄権の下にある地域において被る損害にのみ適用する。
(b) 輸出国が締約国ではなく、輸入国が締約国である場合、この議定書は、処分者が有害廃棄物及び他の廃棄物を占有するに至った時点以降に発生する、1に規定する事故から生じる損害についてのみ適用する。輸入国が締約国でなく、輸出国が締約国である場合、この議定書は、処分者が有害廃棄物及び他の廃棄物を占有するに至る時点より前に発生する、1に規定する事故から生じる損害についてのみ適用する。輸出国及び輸入国ともに締約国ではない場合、この議定書は適用されない。
(c) (a)の規定にもかかわらず、この議定書は、いずれの国の管轄にも属さない地域で生じたこの議定書第2条2(c)(i)、(ii)及び(v)に定める損害にも適用する。
(d) (a)の規定にもかかわらず、この議定書は、この議定書に基づく権利に関して、締約国ではない通過国の管轄の下にある地域において被る損害にも適用する。ただし、かかる国家が附属書Aに定められ、かつ、効力を生じている有害廃棄物の国境を越える移動に関する多数国間の又は地域的な協定に加入していることを条件とする。(b)の規定が準用される。

4 1の規定にもかかわらず、条約第8条又は第9条2(a)、及び第9条4の規定に基づく再輸入の場合、この議定書の規定は、有害廃棄物及び他の廃棄物が元の輸出国に到着するまで適用する。

5 この議定書のいずれの規定も、領海に対する国の主権及び国際法に従った各国の排他的経済水域及び大陸棚における管轄権及び権利に何ら影響を及ぼすものではない。

6 1の規定にかかわらず、2の規定に従うことを条件として、この議定書は次のように適用する。
(a) この議定書は、関係締約国について議定書の効力発生の前に開始された有害廃棄物及び他の廃棄物の国境を越える移動から生じた損害には適用しない。
(b) この議定書は、条約第1条1(b)に該当する廃棄物の国境を越える移動の間に発生する事故から生じる損害に適用する。ただし、かかる廃棄物が、輸出国若しくは輸入国によって、又は双方の国によって、条約第3条により通告され、かつ、条約第3条の要件が満たされていることを条件に、かかる廃棄物を有害と定める又は考える国家(通過国を含む。)の管轄の下

にある地域において、損害が生じた場合に限る。この場合、この議定書第4条の規定に従って厳格責任を負う。

7 (a) この議定書は、次の場合、条約第11条の規定に従って締結され及び通告される二国間の、多数国間の、若しくは、地域的な協定又は取決めに従って行われる有害廃棄物及び他の廃棄物の国境を越える移動中に発生する事故による損害には適用しない。
　　(i) 当該協定又は取決めの締約国のいずれかの国の管轄の下にある地域において、損害が生じた場合
　　(ii) 責任及び賠償の制度が存在し、それが効力を有し、かつ、かかる国境を越える移動又は処分から生じる損害に適用可能である場合。ただし、その制度が、損害を被った者に高い水準の保護を与えることにより、この議定書の目的を完全に実現又は上回ることを条件とする。
　　(iii) その管轄の下において損害が発生した、第11条の協定又は取決めの締約国が、この(iii)の定める移動又は処分から生じる事故によりその国の管轄の下にある地域において生じるいかなる損害にもこの議定書が適用されないことを寄託者に事前に通告していた場合、並びに
　　(iv) 条約第11条の協定又は取決めの締約国が、この議定書が適用されることを宣言していない場合
　(b) 透明性を高めるために、この議定書を適用しないことを寄託者に通告した締約国は、(a)(ii)に定める適用される責任及び賠償の制度を事務局に通告し、並びに、その制度についての記述を含める。事務局は、受領した通告に関する要約報告書を定期的に締約国の会合に提出する。
　(c) (a)(iii)の規定に従って通告がなされた後、(a)(i)の規定が適用される損害に対する賠償の請求の訴えを、この議定書に基づいて行うことはできない。

8 この条の7に定める適用除外は、上記の協定又は取決めの締約国ではない締約国のこの議定書に基づく権利又は義務に何ら影響を及ぼすものではなく、締約国ではない通過国の権利にも何ら影響を及ぼすものではない。

9 第3条2の規定は、すべての締約国への第16条の規定の適用に影響を及ぼすものではない。

第4条(厳格責任) 1 条約第6条の規定に従って通告する者は、処分者が有害廃棄物及び他の廃棄物を占有するに至るまでは、損害に対して責任を負う。それ以降は、処分者が損害に対して責任を負う。輸出国が通告者の場合又は通告がなされなかった場合は、処分者が有害廃棄物及び他の廃棄物を占有するに至るまで、輸出者が損害に責任を負う。この議定書の第3条6(b)の規定に関しては、条約第6条5の規定を準用する。それ以降は、処分者が損害に対して責任を負う。

2 1の規定の実施を妨げることなく、条約第3条の規定に従って輸入国により有害であると通報されたが、輸出国により通報されていない条約第1条1(b)の規定に基づく廃棄物に関しては、輸入国が通告者である場合又は通告が行われなかった場合、処分者が当該廃棄物を占有するまで、輸入者が責任を負う。それ以降は、処分者が損害に対して責任を負う。

3 条約第8条の規定に従って有害廃棄物及び他の廃棄物が再輸入される場合、有害廃棄物が処分施設を離れた時点から、輸出者により占有されるまで、又は、適用可能な場合、代わりの処分者により占有されるまで、通告した者が損害に対して責任を負う。

4 条約第9条2(a)又は第9条4の規定に基づいて有害廃棄物及び他の廃棄物が再輸入される場合、この議定書第3条の規定に従うことを条件として、当該廃棄物が輸出者、又は、適用可能な場合代わりの処分者により占有されるまで、再輸入する者が損害に対して責任を負う。

5 1及び2の規定に定める者がその損害について次のことを証明する場合には、その者は、この条によるいかなる責任も負わない。損害が、
　(a) 武力紛争、敵対行為、内乱又は暴動によって生じたものであること。
　(b) 例外的、不可避的、予見不可能かつ不可抗力的な性質を有する自然現象によって生じたものであること。
　(c) 専ら損害が生じた国家の公的機関の強制的措置に従った結果生じたものであること。
　(d) 専ら第三者(損害を被った者を含む。)の意図的な違法行為の結果すべて生じたものであること。

6 この条により、二以上の者が責任を負う場合、請求者は、責任を負う者のいずれか又はすべての者に対して完全な賠償を求める権利を有する。

第5条(過失責任) 第4条の規定の実施を妨げることなく、いかなる者も、条約を実施する規定を遵守しないことにより、又は、意図的な、無謀な、若しくは過失による違法な作為若しくは不作為により、発生し又は寄与した損害に対して責任を

負う。この条は、被用者及び代理人の責任を規律する締約国の国内法に影響を及ぼすものではない。

第6条(防止措置) 1　国内法のいずれかの要件に従うことを条件に、事故の時点で、有害廃棄物及び他の廃棄物を実際に管理している者は、それから生じる損害を軽減するためにあらゆる合理的な措置をとる。

2　この議定書の他の規定にかかわらず、防止措置をとる目的のためだけで有害廃棄物及び他の廃棄物を占有及び(又は)管理している者は、この者が合理的に、かつ、防止措置に関する国内法に従って行動した場合、それにより、この議定書に基づく責任を負わない。

第7条(結合した損害原因) 1　この議定書の規定の適用を受ける廃棄物及びこの議定書の規定の適用を受けない廃棄物により損害が生じる場合、そうでなければ責任を負う者は、この議定書の規定の適用を受ける廃棄物による損害への寄与の程度に比例してのみ、この議定書に従って責任を負う。

2　1に定める廃棄物の損害への寄与度は、関係する廃棄物の分量及び特性、並びに発生する損害の種類に照らして、決定する。

3　この議定書の規定の適用を受ける廃棄物による寄与とこの議定書の規定の適用を受けない廃棄物による寄与が区別できない場合の損害に関しては、すべての損害がこの議定書の規定の適用を受ける損害とみなされるものとする。

第8条(求償権) 1　この議定書に基づき責任を負う者は、
　(a)　この議定書に基づき同様に責任を負う他の者に対して、
　(b)　契約上の取決めに明示に定められている条件で、
管轄権を有する裁判所の手続規則に従って求償権が付与されるものとする。

2　この議定書のいかなる規定も、管轄権を有する裁判所の法に従って責任を負う者が付与される求償権を侵害するものではない。

第9条(寄与過失)あらゆる状況を考慮して、損害を被った者又は国内法に基づいてその者が責任を有する者が、その過失により、損害を発生させ又は損害発生に寄与した場合、賠償は減額され又は却下されうる。

第10条(実施) 1　締約国は、この議定書を実施するために必要な立法措置、規制措置及び行政上の措置をとる。

2　透明性を高めるために、締約国はこの議定書を実施する措置(附属書Bの1項の規定に従って定める責任の上限を含む。)を事務局に通報する。

3　この議定書の規定は、国籍、住所又は居所による差別なく適用する。

第11条(他の責任及び賠償の協定との抵触)この議定書の規定と、二国間の、多数国間の又は地域的な協定の規定が、国境を越える移動の同じ部分で発生する事故により生じた損害に対する責任及び賠償に適用される場合、他の協定が関係国に対して効力を生じており、かつ、議定書が署名のために開放された時に当該協定が既に署名のために開放されていたのであれば、たとえ同協定がその後改正された場合であっても、この議定書は適用しない。

第12条(賠償限度額) 1　この議定書第4条に基づく責任の限度額は、この議定書の附属書Bに規定する。これらの限度額には、管轄権を有する裁判所により認定される利息又は費用を含まない。

2　この議定書第5条の規定に基づく責任に限度額はないものとする。

第13条(責任の期限) 1　この議定書に基づく賠償の請求は、事故の日から10年以内になされない場合、受理されない。

2　この議定書に基づく賠償の請求は、請求者が損害について了知したか、合理的に了知するべきであった日から5年以内になされない場合、受理されない。ただし、1の規定に従って定める期限を超えないことを条件とする。

3　事故が同一の起源を有する一連の出来事からなる場合には、この条に従って定める期限は、かかる出来事の最後の出来事の日から起算する。事件が連続的な出来事からなる場合には、かかる期限は、その連続的な出来事の終了の時点から起算する。

第14条(保険及びその他の金銭上の保証) 1　第4条の規定に基づき責任を負う者は、責任を負う期間中、附属書Bの2に定める最低限度額以上の額について、議定書第4条の規定に基づく責任を対象とする保険、保証金又はその他の金銭上の保証を設定し及び維持する。国家は、自家保険の宣言により、この項の規定に基づく義務を履行することができる。この項のいかなる規定も、保険者と被保険者の間の関係において控除又は共同支払いを妨げるものではないが、被保険者が控除分又は共同支払い分を支払うことができない場合、損害を被った者に対する抗弁とはならない。

2　通告者、若しくは、第4条1の規定に基づく輸出者、又は、第4条2の規定に基づく輸入者の責任

については、この条の1に定める保険、保証金又はその他の金銭上の保証は、この議定書第2条の規定の適用対象となる損害に対して賠償するためにのみ用いる。
3 第4条1の規定に基づく通告者若しくは輸出者、又は、第4条2の規定に基づく輸入者の責任の填補範囲を示す文書を、条約第6条に定める通告に添付する。処分者の責任の填補範囲の証明は、輸入国の権限ある機関に交付する。
4 この議定書に基づく請求は、保険、保証金又はその他の金銭上の保証を提供する者に対して直接行うことができる。保険者又は金銭上の保証を提供する者は、第4条の規定に基づき責任を負う者を訴訟手続に参加させることを要求する権利を有する。保険者及び金銭上の保証を提供する者は、第4条の規定に基づき責任を有する者が援用できる抗弁を援用することができる。
5 4の規定にもかかわらず、締約国は、この議定書の署名、批准若しくは承認、又は、議定書への加入の際の寄託者への通告により、4の規定に基づいて直接訴えを提起する権利を定めるか否かを示す。事務局は、この項の規定に基づく通告を行った締約国の記録を保持する。

第15条(資金供与の制度) 1 この議定書に基づく賠償で損害の費用のすべてをまかなえない場合、十分かつ迅速な賠償を確保するための追加的かつ補足的な措置が、既存の制度を利用してとられうる。
2 締約国の会合は、既存の制度を改善する可能性又は新しい制度を設ける必要性及び可能性を絶えず再検討する。

第16条(国家責任) この議定書の規定は、国家責任に関する一般国際法の規則に基づく締約国の権利及び義務に影響を与えない。

手 続

第17条(管轄権を有する裁判所) 1 この議定書に基づく賠償の請求は、次のいずれかの締約国の裁判所にのみ訴えを提起することができる。
 (a) 損害を被った締約国
 (b) 事故が発生した締約国
 (c) 被告が常居所を有する締約国又は主たる営業所を有する締約国
2 各締約国は、自国の裁判所が、かかる賠償の請求の訴えについて管轄権を有するよう確保する。

第18条(関連する訴え) 1 関連する訴えが、異なる締約国の裁判所に提起される場合、最初に訴えが提起された裁判所以外の裁判所は、訴えが第一審で係争中の間、その手続を延期することができる。
2 裁判所は、一の締約国の求めに応じて、当該裁判所の法が、関連する訴えの併合を認め、かつ、別の裁判所が双方の訴えについて管轄権を有する場合、管轄権を認めないことができる。
3 この条の適用上、訴えが密接に関係しており、異なる手続から調和し得ない判決がなされる危険性を回避するために、それらの訴えを併せて審理し及び決定することが得策である場合に、訴えは関連するとみなす。

第19条(準拠法) 管轄権を有する裁判所に提起された訴えに関するあらゆる実体上の又は手続上の事項であって、この議定書が特に規律していない事項については、当該裁判所の法(法の抵触に関する規則を含む。)が規律する。

第20条(議定書と管轄権を有する裁判所の法との間の関係) 1 2の規定に従うことを条件に、この議定書のいかなる規定も、損害を被った者の権利を制限し又は損なうものと解釈されてはならない。また、国内法の下で規定されることがある環境の保護又は回復を制限するものと解釈されてはならない。
2 第4条1の規定に基づき責任を負う通告者若しくは輸出者、又は第4条2の規定に基づき責任を負う輸入者の厳格責任に基づく損害に対する賠償の訴えは、この議定書によらない別の方法で提起することはできない。

第21条(判決の相互承認及び執行) 1 この議定書第17条の規定に従って管轄権を有する裁判所の判決であって、その判決の下された国において執行することが可能であり、かつ、通常の方式で再び審理されることがないものは、その締約国において必要とされる手続がとられたときは、次の場合を除き、いずれの締約国においても承認されるものとする。
 (a) その判決が詐欺によって得られた場合
 (b) 被告が相当の通告及び自己の訴訟に参加する公平な機会が与えられなかった場合
 (c) 判決が、同一の訴訟原因及び同一の当事者に関して別の締約国で有効に下されたそれ以前の判決と矛盾する場合
 (d) 判決が、その承認が求められている締約国の公共政策に反する場合
2 この条の1の規定に基づいて承認された判決は、各締約国において必要とされる手続が完了した場合には、当該締約国において執行可能なものとする。この手続は、事件の本案の再審理を認めるものであってはならない。
3 この条の1及び2の規定は、判決の相互承認及び

執行に関する現行の協定又は取決めであって、その下で当該判決の承認及び執行が可能となるものの当事国である締約国の間においては適用しない。

第22条(バーゼル条約と議定書との関係) この議定書に別段の定めがない限り、議定書に関する条約の規定は、この議定書に適用される。

第23条(附属書Bの改正) 1 バーゼル条約締約国会議は、その第6回会合において、バーゼル条約第18条に定める手続に従って附属書Bの2の規定を改正することができる。

2 この改正は、議定書の効力発生前にも行われうる。

最終条項

第24条(締約国会合) 1 この議定書により締約国会合を設置する。事務局は、この議定書の効力発生の日の後に予定されている条約の締約国会議の最初の会合と併せて第1回の締約国会合を招集する。

2 (6-1-1 第11条2を参照)

3 締約国は、その第1回会合において、その会合に関する手続規則及び財政規則をコンセンサス方式により採択する。

4 締約国会合は、次の任務を遂行する。
 (a) この議定書の実施及び遵守を検討すること。
 (b) 報告について定め、必要な場合にはかかる報告に関する指針及び手続を設けること。
 (c) 必要な場合には、この議定書の改正案又は附属書の改正案、及び新しい附属書案を検討し並びに採択すること。
 (d) この議定書の目的のために必要と考えられる追加的行動を検討し及び行うこと。

第25条(事務局) 1 この議定書の適用上、事務局は、次のことを行う。
 (a) 第24条に規定する締約国の会合を準備し、及びその会合のための役務を提供すること。
 (b) この議定書に基づく任務を遂行するために行った活動に関する報告書(財政的データを含む。)を作成し、及びその報告書を締約国会合に提出すること。
 (c) 他の関係国際団体との必要な調整を行うこと。特に、その任務の効果的な遂行のために必要な事務上及び契約上の取決めを行うこと。
 (d) この議定書を実施する締約国の国内法の規定及び行政上の規定に関する情報を収集すること。
 (e) 緊急事態が発生した国に対し迅速な援助を行うため、専門家及び機材の提供につき締約国及び権限のある関係国際機関と協力すること。
 (f) 非締約国がオブザーバーとして締約国会合に出席し、及びこの議定書の規定に従って行動するよう奨励すること。
 (g) 締約国の会合により課されることがあるこの議定書の目的の達成のための他の任務を遂行すること。

2 事務局の任務は、バーゼル条約の事務局により行われる。

第26条(署名) (略)
第27条(批准、受諾、正式確認又は承認) (略)
第28条(加入) (略)
第29条(効力発生) 1 この議定書は、20番目の批准書、受諾書、正式確認書、承認書又は加入書の寄託の日の後90日目の日に効力を生ずる。

2 この議定書は、20番目の批准書、受諾書、承認書、正式確認書又は加入書の寄託の後にこれを批准し、受諾し、承認し若しくは正式確認し又はこれに加入する国及び地域的な経済統合のための機関については、当該国又は当該機関による批准書、受諾書、承認書、正式確認書又は加入書の寄託の日の後90日目の日に効力を生ずる。

3 (6-2 第23条3と同じ)

第30条(留保及び宣言) 1 この議定書については、留保を付することも、また、適用除外を設けることもできない。この議定書の適用上、第3条1、第3条6又は第14条5による通告は、留保又は適用除外とみなされない。

2 この条の1の規定は、この議定書の署名、批准、受諾、承認若しくは正式確認又はこれへの加入の際に、国及び地域的な経済統合のための機関が特に当該国又は機関の法令をこの議定書の規定に調和させることを目的として、用いられる文言及び名称のいかんを問わず、宣言又は声明を行うことを排除しない。ただし、このような宣言又は声明は、当該国又は機関に対するこの議定書の規定の適用において、この議定書の規定の法的効力を排除し又は変更することを意味しない。

第31条(脱退) 1 締約国は、自国についてこの議定書が効力を生じた日から3年を経過した後いつでも、寄託者に対して書面による脱退の通告を行うことにより、この議定書から脱退することができる。

2 脱退は、寄託者が脱退の通告を受領した後1年を経過した日又はそれよりも遅い日であって脱退の通告において指定されている日に効力を生ずる。

第32条(寄託者) (略)

第33条(正文)　(略)

附属書A　第3条3(d)に規定する通過国の一覧
(略)

附属書B　責任の限度額　(略)

7-2　国際貿易の対象となる特定の有害な化学物質及び駆除剤についての事前のかつ情報に基づく同意の手続に関するロッテルダム条約(ロッテルダム条約；ＰＩＣ条約)

Rotterdam Convention on the Prior Informed Consent Procedure for Certain Hazardous Chemicals and Pesticides in International Trade

作　　成	1998年9月10日(ロッテルダム)
効力発生	2004年2月24日
日 本 国	2003年5月22日国会承認、2004年6月15日受諾書寄託、6月18日公布(条約第4号)、2004年9月13日効力発生
改　　正	(1)2004年9月24日(第1回締約国会議(ジュネーヴ)決定RC-1/3)(附属書III改正)、2005年2月1日効力発生(附属書記載物質削除の一部について2006年1月1日効力発生) (2)2004年9月24日(第1回締約国会議(ジュネーヴ)決定RC-1/11)(附属書VI追加)、2006年1月11日効力発生 (3)2008年10月31日(第4回締約国会議(ローマ)決定RC-4/5)(附属書III改正)、2009年2月1日効力発生 (4)2011年6月24日(第5回締約国会議(ジュネーヴ)決定RC-5/3、5/4、5/5)(附属書III改正)、2011年10月24日効力発生

　この条約の締約国は、
　国際貿易の対象となる特定の有害な化学物質及び駆除剤が人の健康及び環境に有害な影響を及ぼすことを認識し、
　環境及び開発に関するリオ宣言及び「毒物及び危険物の不法な国際取引の防止を含む毒性化学物質の環境上適正な管理」に関するアジェンダ21第19章の関連規定を想起し、
　国際貿易の対象となる化学物質についての情報の交換に関する国際連合環境計画(UNEP)の改正されたロンドン・ガイドライン(以下「改正されたロンドン・ガイドライン」という。)並びに駆除剤の流通及び使用に関する国際連合食糧農業機関(FAO)の国際的な行動規範(以下「国際的な行動規範」という。)に定める任意の事前のかつ情報に基づく同意の手続の運用において、国際連合環境計画及び国際連合食糧農業機関が行った活動に留意し、
　開発途上国及び移行経済国の事情及び特別な必要、特にこれらの国の化学物質の管理に関する能力の強化(技術移転、資金援助及び技術援助の提供並びに締約国間の協力の促進を含む。)が必要であることを考慮し、
　一部の国が通過移動に関する情報を特に必要とすることに留意し、

　特に国際的な行動規範及び化学物質の国際貿易に関する国際連合環境計画の倫理規範に定める任意の基準を考慮して、すべての国において化学物質の適切な管理の方法が促進されるべきであることを認識し、
　締約国の領域から輸出される有害な化学物質が人の健康及び環境を十分に保護する方法でこん包され及びラベル等によって表示されることを、改正されたロンドン・ガイドラインの原則及び国際的な行動規範の原則に適合するように確保することを希望し、
　持続可能な開発を達成するため、貿易政策及び環境政策が相互に補完的であるべきことを認識し、
　この条約のいかなる規定も、国際貿易の対象となる化学物質について又は環境の保護のために適用される現行の国際協定に基づく締約国の権利及び義務に何ら変更を加えることを意味するものと解してはならないことを強調し、
　このことは、この条約と他の国際協定との間に序列を設けることを意図するものではないことを理解し、
　国際貿易の対象となる特定の有害な化学物質及び駆除剤の潜在的に有害な影響から消費者及び労働者を含む人の健康並びに環境を保護することを決意して、

次のとおり協定した。

第1条(目的) この条約は、特定の有害な化学物質の特性についての情報の交換を促進し、当該化学物質の輸入及び輸出に関する各国の意思決定の手続を規定し並びにその決定を締約国に周知させることにより、人の健康及び環境を潜在的な害から保護し並びに当該化学物質の環境上適正な使用に寄与するために、当該化学物質の国際貿易における締約国間の共同の責任及び協同の努力を促進することを目的とする。

第2条(定義) この条約の適用上、
- (a) 「化学物質」とは、生物以外の物質をいい、その物質のみから成るものであるか混合物に含まれるものであるか調製されたものに含まれるものであるかを問わず、及び製造されたものであるか自然から得られたものであるかを問わない。「化学物質」は、駆除剤(著しく有害な駆除用製剤を含む。)及び工業用化学物質の分類から成る。
- (b) 「禁止された化学物質」とは、人の健康及び環境を保護するため、少なくとも一の分類においてすべての使用が最終規制措置によって禁止された化学物質をいう。「禁止された化学物質」には、その最初の使用が承認されなかった化学物質、産業界が国内市場から回収した化学物質又は産業界が国内の承認手続における承認の申請を撤回した化学物質であって、人の健康及び環境を保護するためにそのような措置がとられたことについて明白な証拠があるものを含む。
- (c) 「厳しく規制された化学物質」とは、人の健康及び環境を保護するため、少なくとも一の分類において実質的にすべての使用が最終規制措置によって禁止された化学物質であって、特定の使用に限り認められているものをいう。「厳しく規制された化学物質」には、実質的にすべての使用について、承認されなかった化学物質、産業界が国内市場から回収した化学物質又は産業界が国内の承認手続における承認の申請を撤回した化学物質であって、人の健康及び環境を保護するためにそのような措置がとられたことについて明白な証拠があるものを含む。
- (d) 「著しく有害な駆除用製剤」とは、駆除剤として使用するために調製された化学物質であって、その使用の条件の下で、1回又は2回以上の曝(ばく)露の後短期間に観察され得る著しい影響を健康又は環境に及ぼすものをいう。
- (e) 「最終規制措置」とは、化学物質を禁止し又は厳しく規制する目的で締約国によってとられる措置であって追加の規制措置を必要としないものをいう。
- (f) 「輸出」及び「輸入」とは、それぞれの語意において、いずれかの締約国から他の締約国への化学物質の移動をいう。ただし、通過のみの場合を除く。
- (g) 「締約国」とは、この条約に拘束されることに同意し、かつ、自己についてこの条約の効力が生じている国又は地域的な経済統合のための機関をいう。
- (h) 「地域的な経済統合のための機関」とは、特定の地域の主権国家によって構成される機関であって、この条約が規律する事項に関しその加盟国から権限の委譲を受け、かつ、その内部手続に従いこの条約の署名、批准、受諾若しくは承認又はこれへの加入について正当な委任を受けたものをいう。
- (i) 「化学物質検討委員会」とは、第18条6に規定する補助機関をいう。

第3条(条約の適用範囲) 1 この条約は、次のものについて適用する。
- (a) 禁止された化学物質又は厳しく規制された化学物質
- (b) 著しく有害な駆除用製剤

2 この条約は、次のものについては、適用しない。
- (a) 麻薬及び向精神薬
- (b) 放射性物質
- (c) 廃棄物
- (d) 化学兵器
- (e) 薬品(人及び動物用の医薬品を含む。)
- (f) 食品添加物として使用される化学物質
- (g) 食品
- (h) 次の化学物質であって人の健康又は環境に影響を及ぼすおそれのない量であるもの
    - (i) 研究又は分析を目的として輸入される化学物質
    - (ii) 個人的な使用を目的として当該使用のために妥当な量が当該個人によって輸入される化学物質

第4条(指定された国内当局) 1 締約国は、この条約に定める行政上の任務を遂行するに当たり、自国のために行動する権限を与えられた少なくとも一の国内当局を指定する。

2 締約国は、国内当局がその任務を効果的に遂行するための十分な資源を有することを確保するよう努める。

3　締約国は、この条約が自国について効力を生ずる日までに、国内当局の名称及び所在地を事務局に通報する。締約国は、国内当局の名称及び所在地の変更について直ちに事務局に通報する。

4　事務局は、3の規定により受領した通報を直ちに締約国に通報する。

第5条(禁止された化学物質又は厳しく規制された化学物質に関する手続) 1　最終規制措置をとった締約国は、当該最終規制措置を書面により事務局に通報する。その通報は、できる限り速やかに、いかなる場合にも当該最終規制措置が効力を生じた日の後90日以内に行う。また、その通報には、入手可能な場合には附属書Ⅰに定める情報を含める。

2　締約国は、この条約が自国について効力を生ずる日に、その時点で効力を有する自国の最終規制措置を書面により事務局に通報する。ただし、改正されたロンドン・ガイドライン又は国際的な行動規範に従って最終規制措置を通報した締約国は、再度通報することを要しない。

3　事務局は、できる限り速やかに、いかなる場合にも1及び2の規定に基づく通報を受領した後6箇月以内に、当該通報が附属書Ⅰに定める情報を含むか否かについて確認する。事務局は、当該通報が必要とされる情報を含む場合には、受領した情報の概要を直ちにすべての締約国に送付する。事務局は、当該通報が必要とされる情報を含まない場合には、当該通報を行った締約国に対しその旨を通報する。

4　事務局は、6箇月ごとに、1及び2の規定により受領した情報の摘要(附属書Ⅰに定めるすべての情報を含んでいない通報に関する情報を含む。)を締約国に送付する。

5　事務局は、事前のかつ情報に基づく同意の手続に係る地域のうち二の地域のそれぞれから特定の化学物質に関する少なくとも一の通報を受領し、かつ、当該通報が附属書Ⅰの要件を満たしていることを確認した場合には、当該通報を化学物質検討委員会に送付する。事前のかつ情報に基づく同意の手続に係る地域の構成は、締約国会議の第1回会合においてコンセンサス方式により採択する決定で定める。

6　化学物質検討委員会は、5の通報において提供された情報を検討し、附属書Ⅱに定める基準に従って、5に規定する化学物質を事前のかつ情報に基づく同意の手続の対象とし、附属書Ⅲに掲げるべきか否かについて締約国会議に勧告する。

第6条(著しく有害な駆除用製剤に関する手続) 1　開発途上国又は移行経済国である締約国であって、著しく有害な駆除用製剤の自国の領域における使用の条件の下で当該製剤によって生ずる問題に直面しているものは、当該製剤を附属書Ⅲに掲げるよう事務局に提案することができる。締約国は、提案の作成に当たっては、関連するすべての情報源からの技術的な専門知識を利用することができる。当該提案には、附属書Ⅳ第1部に定める情報を含める。

2　事務局は、できる限り速やかに、いかなる場合にも1の規定に基づく提案を受領した後6箇月以内に、当該提案が附属書Ⅳ第1部に定める情報を含むか否かについて確認する。事務局は、当該提案が必要とされる情報を含む場合には、受領した情報の概要を直ちにすべての締約国に送付する。事務局は、当該提案が必要とされる情報を含まない場合には、当該提案を行った締約国に対しその旨を通報する。

3　事務局は、2の規定により送付した提案に関し、附属書Ⅳ第2部に定める追加の情報を収集する。

4　事務局は、特定の著しく有害な駆除用製剤について2及び3に規定する義務を履行したときは、1に規定する提案及び関連する情報を化学物質検討委員会に送付する。

5　化学物質検討委員会は、提案において提供された情報及び収集された追加の情報を検討し、附属書Ⅳ第3部に定める基準に従って、4に規定する著しく有害な駆除用製剤を事前のかつ情報に基づく同意の手続の対象とすべきか否か及び附属書Ⅲに掲げるべきか否かについて締約国会議に勧告する。

第7条(化学物質の附属書Ⅲへの掲載) 1　化学物質検討委員会は、附属書Ⅲに掲げるよう勧告することを決定した化学物質に関し、決定指針文書案を作成する。決定指針文書は、少なくとも、附属書Ⅰ又は、場合に応じ、附属書Ⅳに定める情報に基づくものとし、また、最終規制措置が適用される分類以外の分類における当該化学物質の使用に関する情報を含むものとする。

2　1に規定する勧告は、決定指針文書案と共に締約国会議に送付する。締約国会議は、1に規定する化学物質を事前のかつ情報に基づく同意の手続の対象とすべく附属書Ⅲに掲げるべきか否かを決定し、決定指針文書案を承認する。

3　事務局は、締約国会議が化学物質を附属書Ⅲに掲げることを決定し、関連の決定指針文書を承認した場合には、その情報を直ちにすべての締約国に送付する。

第8条(任意の事前のかつ情報に基づく同意の手続の対象とされている化学物質) 締約国会議は、その第1

回会合において、附属書Ⅲに掲げる化学物質以外の化学物質であって、その会合の日の前までに任意の事前のかつ情報に基づく同意の手続の対象とされたものを附属書Ⅲに掲げることを決定する。ただし、附属書Ⅲに掲げるためのすべての要件が満たされていると認める場合に限る。

第9条（化学物質の附属書Ⅲからの削除） 1 締約国が、化学物質を附属書Ⅲに掲げることを決定した時に入手することができなかった情報であって、附属書Ⅱ又は、場合に応じ、附属書Ⅳの関連する基準に従って当該化学物質を附属書Ⅲに掲げておくことを正当化することができなくなった可能性があることを示すものを事務局に提出する場合には、事務局は、当該情報を化学物質検討委員会に送付する。

2 化学物質検討委員会は、1の規定により受領した情報を検討する。同委員会は、附属書Ⅲからの削除を勧告することを附属書Ⅱ又は、場合に応じ、附属書Ⅳの関連する基準に従って決定する化学物質に関し、決定指針文書の修正案を作成する。

3 2に規定する勧告は、決定指針文書の修正案と共に締約国会議に送付する。締約国会議は、2に規定する化学物質を附属書Ⅲから削除すべきか否か及び決定指針文書の修正案を承認するか否かを決定する。

4 事務局は、締約国会議が化学物質を附属書Ⅲから削除することを決定し、決定指針文書の修正案を承認した場合には、その情報を直ちにすべての締約国に送付する。

第10条（附属書Ⅲに掲げる化学物質の輸入に関する義務） 1 締約国は、附属書Ⅲに掲げる化学物質の輸入について時宜を得た決定が行われることを確保するため、適当な立法措置又は行政措置をとる。

2 締約国は、事務局に対し、できる限り速やかに、いかなる場合にも第7条3に規定する決定指針文書の発送の日の後9箇月以内に、関係する化学物質の将来の輸入に関する回答を送付する。締約国は、その回答を修正する場合には、事務局に対し直ちに修正した回答を提出する。

3 事務局は、2に規定する期間の満了の時に、それまでに回答していない締約国に対し、回答するよう直ちに書面で要請する。締約国が回答することができない場合において、事務局は、適当なときは、次条2の末文に定める期間内に回答することができるよう支援する。

4 2に規定する回答は、次の(a)又は(b)のいずれかのものとする。

  (a) 立法措置又は行政措置に基づく次のいずれかの最終的な決定
    (i) 輸入に同意すること。
    (ii) 輸入に同意しないこと。
    (iii) 特定の条件を満たす場合にのみ輸入に同意すること。
  (b) 暫定的な回答。この回答には次のものを含めることができる。
    (i) 輸入に同意すること（特定の条件の有無を問わない。）についての暫定的な決定又は暫定的な期間において輸入に同意しないことについての暫定的な決定
    (ii) 最終的な決定について積極的に検討中である旨の記載
    (iii) 事務局又は最終規制措置を通報した締約国に対し更なる情報の提供を求める旨の要請
    (iv) 化学物質の評価についての支援に関する事務局への要請

5 4(a)又は(b)に規定する回答は、附属書Ⅲに掲げる化学物質の特定された分類について行うものとする。

6 最終的な決定には、その根拠となっている立法措置又は行政措置についての記述を付すべきである。

7 締約国は、この条約が自国について効力を生ずる日までに、附属書Ⅲに掲げる各化学物質に関する回答を事務局に送付する。ただし、改正されたロンドン・ガイドライン又は国際的な行動規範に従って回答した締約国は、再度回答することを要しない。

8 締約国は、その立法措置又は行政措置に基づき、この条の規定に基づく自国の回答を自国の管轄内の関係者が入手することができるようにする。

9 化学物質の輸入に同意しないこと又は特定の条件を満たす場合にのみ化学物質の輸入に同意することを2及び4並びに次条2の規定に従って決定する締約国は、同時に次のものについて禁止し又は同様の条件を付する（既に禁止し又は同様の条件を付している場合を除く。）。
  (a) すべての者からの当該化学物質の輸入
  (b) 国内における使用のための当該化学物質の国内生産

10 事務局は、受領した回答を6箇月ごとにすべての締約国に通報する。その通報には、入手可能な場合には、決定の根拠となった立法措置又は行政措置についての記述を含める。さらに、事務局は、回答が送付されなかったすべての事例について締約国に通報する。

第11条(附属書Ⅲに掲げる化学物質の輸出に関する義務) 1　輸出締約国は、次のことを行う。
　(a)　事務局が前条10の規定に従って通報した回答を自国の管轄内の関係者に通知するための適当な立法措置又は行政措置をとること。
　(b)　事務局が前条10の規定に従って締約国に対し最初に回答を通報した日の後6箇月以内に、自国の管轄内の輸出者が当該回答に含まれる決定に従うことを確保するための適当な立法措置又は行政措置をとること。
　(c)　要請に応じ、かつ、適当な場合には、輸入締約国に対し次のことについて助言し及び援助すること。
　　(i)　輸入締約国が前条4及びこの条の2(c)の規定による措置をとることを支援するため、更なる情報を取得すること。
　　(ii)　化学物質のライフサイクルにおいて当該化学物質を安全に管理するための輸入締約国の能力を強化すること。
2　締約国は、例外的な状況において附属書Ⅲに掲げる化学物質について回答しなかった輸入締約国又は暫定的な決定を含まない暫定的な回答を行った輸入締約国に対して、当該化学物質が自国の領域から輸出されないことを確保する。ただし、次の場合は、この限りでない。
　(a)　当該化学物質の輸入の際に、当該輸入締約国において化学物質として登録されている場合
　(b)　当該化学物質が以前に当該輸入締約国において使用され又は輸入されたことについての証拠が存在する場合で、かつ、当該化学物質の使用を禁止する規制措置がとられたことがない場合
　(c)　輸出者が当該輸入締約国の指定された国内当局を通じて輸入に関する明示の同意を要請し、かつ、明示の同意を得ている場合。当該輸入締約国は、このような要請に対して60日以内に回答し、その決定を速やかに事務局に通報する。
　この2の規定に基づく輸出締約国の義務は、締約国が回答しなかったこと又は暫定的な決定を含まない暫定的な回答を行ったことについて事務局が前条10の規定に従って最初に締約国に通報した日から6箇月の期間が満了した時から適用するものとし、その後の1年間について適用する。

第12条(輸出の通報) 1　締約国は、自国において禁止された化学物質又は厳しく規制された化学物質が自国の領域から輸出される場合には、輸入締約国に対して輸出の通報を行う。その通報には、附属書Ⅴに定める情報を含める。
2　輸出の通報は、1の化学物質に係る最終規制措置がとられた後、当該化学物質が最初に輸出される前に行う。その後は、輸出の通報は、各暦年の最初の輸出の前に行う。輸入締約国の指定された国内当局は、輸出の前に通報する義務を免除することができる。
3　輸出締約国は、1の化学物質の禁止又は厳しい規制について主要な変更をもたらす最終規制措置をとった場合には、輸出の通報を更新する。
4　輸入締約国は、輸出締約国の最終規制措置がとられた後に受け取る最初の輸出の通報について受領を確認する。輸出締約国は、輸出の通報の発出の後30日以内に当該通報について輸入締約国から受領の確認を得ていない場合には、2回目の通報を行う。輸出締約国は、輸入締約国が2回目の通報を受け取ることを確保するため妥当な努力を払う。
5　1に規定する締約国の義務は、次のことをすべて満たす場合には、消滅する。
　(a)　1の化学物質が附属書Ⅲに掲げられていること。
　(b)　輸入締約国が、第10条2の規定に従って事務局に対し当該化学物質についての回答を行っていること。
　(c)　事務局が、第10条10の規定に従って締約国に対し回答を配布していること。

第13条(輸出される化学物質と共に送付すべき情報)
1　締約国会議は、適当な場合には、世界税関機構が附属書Ⅲに掲げる各化学物質又は化学物質群に対して特定の統一システム関税番号を付するよう奨励する。締約国は、化学物質に番号が付された場合には、当該化学物質の輸出に際して積荷についての書類にこの番号を記載することを義務付ける。
2　締約国は、附属書Ⅲに掲げる化学物質及び自国の領域において禁止された化学物質又は厳しく規制された化学物質が輸出される場合には、輸入締約国が課する要件の適用を妨げることなく、関連する国際的な基準を考慮しつつ、人の健康及び環境に対する危険性又は有害性に関する情報を十分に提供することを確保するようなラベル等による表示を義務付ける。
3　締約国は、自国の領域において環境又は健康に関するラベル等による表示が義務付けられている化学物質が輸出される場合には、輸入締約国が課する要件の適用を妨げることなく、関連する国際的な基準を考慮しつつ、人の健康及び環境に対する危険性又は有害性に関する情報を十

分に提供することを確保するようなラベル等による表示を義務付けることができる。
4 輸出締約国は、2に規定する化学物質で業務上の目的で使用されるものに関し、国際的に認められた様式に従った安全性に関する情報を記載した資料であって入手可能な最新の情報を記載したものを輸入者に送付することを義務付ける。
5 ラベル等により表示される情報及び安全性に関する情報を記載した資料により示される情報は、実行可能な限り、輸入締約国の一又は二以上の公用語で提供すべきである。

第14条(情報の交換) 1 締約国は、適当な場合には、この条約の目的に従って次のことを促進する。
  (a) この条約の対象とされている化学物質について、科学的、技術的及び経済的な情報並びに法律に関する情報(毒物学上及び生態毒性学上の情報並びに安全性に関する情報を含む。)を交換すること。
  (b) この条約の目的に関連する国内の規制措置に関する公に入手可能な情報を提供すること。
  (c) 適当な場合には、(a)に規定する化学物質の少なくとも一の使用を大幅に規制する国内の規制措置に関する情報を直接に又は事務局を通じて他の締約国に提供すること。
2 この条約に基づき情報を交換する締約国は、相互の合意により秘密の情報を保護する。
3 この条約の適用上、次の情報は、秘密の情報とはみなさない。
  (a) 第5条及び第6条の規定に従って提出された附属書Ⅰ及び附属書Ⅳに定める情報
  (b) 前条4に規定する安全性に関する情報を記載した資料に含まれる情報
  (c) 1(a)に規定する化学物質の有効期限
  (d) 予防方法に関する情報(有害性の分類、危険性及び関連する安全性についての助言を含む。)
  (e) 毒物学上及び生態毒性学上の試験結果の概要
4 この条約の適用上、一般的に、1(a)に規定する化学物質の製造日は秘密とはみなさない。
5 附属書Ⅲに掲げる化学物質の自国の領域内の通過移動に関する情報を要求する締約国は、その要求を事務局に通報することができる。事務局は、その要求をすべての締約国に通報する。

第15条(条約の実施) 1 締約国は、この条約を効果的に実施するための国内の基盤及び制度を確立し及び強化するために必要な措置をとる。これらの措置には、必要に応じ、国の立法措置又は行政措置をとること又は改正することを含める

ことができるものとし、また、次のものも含めることができる。
  (a) 国の登録制度及びデータベース(化学物質の安全性に関する情報を含む。)の確立
  (b) 化学物質の安全性を促進するための産業界による自発的活動の奨励
  (c) 次条の規定を考慮した任意の合意の促進
2 締約国は、実行可能な範囲において、化学物質の取扱い及び事故の管理に関する情報並びに人の健康及び環境に対して附属書Ⅲに掲げる化学物質よりも安全な代替物質に関する情報について、公衆が適当な利用の機会を得ることができることを確保する。
3 締約国は、この条約を小地域的、地域的又は世界的な規模で実施するに当たり、直接に又は適当な場合には能力を有する国際機関を通じて協力することを合意する。
4 この条約のいかなる規定も、この条約に定める措置よりも厳格に人の健康及び環境を保護するための措置をとる締約国の権利を制限するものと解してはならない。ただし、そのような措置は、この条約の規定に適合し、かつ、国際法に従うことを条件とする。

第16条(技術援助) 締約国は、この条約の実施を可能にするため、特に開発途上国及び移行経済国のニーズを考慮して、化学物質の管理に必要な基盤の整備及び能力の開発のための技術援助の促進について協力する。化学物質の規制に関し一層進歩した制度を有する締約国は、他の締約国に対し、化学物質のライフサイクルにおける管理のための基盤の整備及び能力の開発について技術援助(訓練を含む。)を提供すべきである。

第17条(違反) 締約国会議は、この条約に対する違反の認定及び当該認定をされた締約国の処遇に関する手続及び制度をできる限り速やかに定め及び承認する。

第18条(締約国会議) 1 この条約により締約国会議を設置する。
2 締約国会議の第1回会合は、国際連合環境計画事務局長及び国際連合食糧農業機関事務局長がこの条約の効力発生の後1年以内に共同して招集する。その後は、締約国会議の通常会合は、締約国会議が決定する一定の間隔で開催する。
3 締約国会議の特別会合は、締約国会議が必要と認めるとき又はいずれかの締約国から書面による要請がある場合において締約国の少なくとも3分の1がその要請を支持するときに開催する。
4 締約国会議は、その第1回会合において、締約国会議及びその補助機関の手続規則及び財政規

則並びに事務局の任務の遂行のための財政規定をコンセンサス方式により合意し及び採択する。
5 締約国会議は、この条約の実施について絶えず検討し及び評価する。締約国会議は、この条約により課された任務を遂行するものとし、このため、次のことを行う。
 (a) 6の規定により必要とされることのほか、この条約の実施に必要と認める補助機関を設置すること。
 (b) 適当な場合には、能力を有する国際機関並びに政府間及び非政府の団体と協力すること。
 (c) この条約の目的を達成するために必要な追加の措置を検討し及びとること。
6 締約国会議は、その第1回会合において、化学物質検討委員会という名称の補助機関であってこの条約により課された任務を遂行するものを設置する。これに関し、
 (a) 同委員会の委員は、締約国会議が任命する。同委員会は、化学物質の管理に関する政府が指定する限られた数の専門家により構成される。同委員会の委員は、衡平な地理的配分(先進締約国と開発途上締約国との間の均衡を確保することを含む。)に基づいて任命される。
 (b) 締約国会議は、同委員会の権限、組織及び運営について決定する。
 (c) 同委員会は、コンセンサス方式により勧告を行うためにあらゆる努力を払う。コンセンサスのためのあらゆる努力にもかかわらずコンセンサスに達しない場合には、勧告は、最後の解決手段として、出席しかつ投票する委員の3分の2以上の多数による議決で採択する。
7 国際連合、その専門機関及び国際原子力機関並びにこの条約の締約国でない国は、締約国会議の会合にオブザーバーとして出席することができる。この条約の対象とされている事項について認められた団体又は機関(国内若しくは国際の又は政府若しくは非政府のもののいずれであるかを問わない。)であって、締約国会議の会合にオブザーバーとして出席することを希望する旨事務局に通報したものは、当該会合に出席する締約国の3分の1以上が反対しない限り、オブザーバーとして出席することを認められる。オブザーバーの出席及び参加については、締約国会議が採択する手続規則に従う。

第19条(事務局) 1 この条約により事務局を設置する。
2 事務局は、次の任務を遂行する。
 (a) 締約国会議の会合及びその補助機関の会合を準備すること並びに必要に応じてこれらの会合に役務を提供すること。
 (b) 要請に応じ、締約国(特に開発途上締約国及び移行経済締約国)がこの条約を実施するに当たり、当該締約国に対する支援を円滑にすること。
 (c) 他の関係国際団体の事務局との必要な調整を行うこと。
 (d) 締約国会議の全般的な指導の下に、事務局の任務の効果的な遂行のために必要な事務的な及び契約上の取決めを行うこと。
 (e) その他この条約に定める事務局の任務及び締約国会議が決定する任務を遂行すること。
3 この条約の事務局の任務は、国際連合環境計画事務局長と国際連合食糧農業機関事務局長との間で合意し、かつ、締約国会議が承認した取決めに従って、双方の事務局長が共同で遂行する。
4 事務局がその任務を予定されたとおりに遂行していないと締約国会議が認める場合には、締約国会議は、出席しかつ投票する締約国の4分の3以上の多数による議決により、能力を有する一又は二以上の他の国際機関に事務局の任務を委任することを決定することができる。

第20条(紛争の解決) 1 締約国は、この条約の解釈又は適用に関する締約国間の紛争を交渉又は紛争当事国が選択するその他の平和的手段により解決する。
2 地域的な経済統合のための機関でない締約国は、この条約の解釈又は適用に関する紛争について、同一の義務を受諾する締約国との関係において次の紛争解決手段の一方又は双方を義務的なものとして認めることをこの条約の批准、受諾若しくは承認若しくはこれへの加入の際に又はその後いつでも、寄託者に対し書面により宣言することができる。
 (a) 締約国会議ができる限り速やかに採択する手続による仲裁で附属書に定めるもの
 (b) 国際司法裁判所への紛争の付託
3 地域的な経済統合のための機関である締約国は、2(a)に規定する手続による仲裁に関して同様の効果を有する宣言を行うことができる。
4 2の規定に基づいて行われる宣言は、当該宣言に付した期間が満了するまで又は書面による当該宣言の撤回の通告が寄託者に寄託された後3箇月が経過するまでの間、効力を有する。
5 宣言の期間の満了、宣言の撤回の通告又は新たな宣言は、紛争当事国が別段の合意をしない限り、仲裁裁判所又は国際司法裁判所において進行中の手続に何ら影響を及ぼすものではない。
6 紛争当事国が2の規定に従って同一の解決手段

を受け入れている場合を除くほか、いずれかの紛争当事国が他の紛争当事国に対して紛争が存在する旨の通告を行った後12箇月以内にこれらの紛争当事国が当該紛争を解決することができなかった場合には、当該紛争は、いずれかの紛争当事国の要請により調停委員会に付託される。同委員会は、勧告を付して報告を行う。同委員会に関する追加の手続については、締約国会議の第2回会合が終了する時までに、締約国会議が採択する附属書に含める。

第21条(この条約の改正) 1 締約国は、この条約の改正を提案することができる。

2 この条約の改正は、締約国会議の会合において採択する。改正案は、その採択が提案される会合の少なくとも6箇月前に事務局が締約国に送付する。事務局は、改正案をこの条約の署名国及び参考のため寄託者にも送付する。

3 締約国は、この条約の改正案につき、コンセンサス方式により合意に達するようあらゆる努力を払う。コンセンサスのためのあらゆる努力にもかかわらず合意に達しない場合には、改正案は、最後の解決手段として、締約国会議の会合に出席しかつ投票する締約国の4分の3以上の多数による議決で採択する。

4 改正は、寄託者がすべての締約国に対し批准、受諾又は承認のために送付する。

5 改正の批准、受諾又は承認は、寄託者に対して書面により通告する。3の規定に従って採択された改正は、締約国の少なくとも4分の3が批准書、受諾書又は承認書を寄託した日の後90日目の日に、当該改正を批准し、受諾し又は承認した締約国について効力を生ずる。その後は、当該改正は、他の締約国が当該改正の批准書、受諾書又は承認書を寄託した日の後90日目の日に当該他の締約国について効力を生ずる。

第22条(附属書の採択及び改正) 1 この条約の附属書は、この条約の不可分の一部を成すものとし、「この条約」というときは、別段の明示の定めがない限り、附属書を含めていうものとする。

2 附属書は、手続的、科学的、技術的又は事務的な事項に限定される。

3 この条約の追加の附属書の提案、採択及び効力発生については、次の手続を適用する。
　(a) 追加の附属書は、前条1から3までに定める手続を準用して提案され及び採択される。
　(b) 締約国は、追加の附属書を受諾することができない場合には、その旨を、寄託者が当該追加の附属書の採択について通報した日から1年以内に、寄託者に対して書面により通告する。寄託者は、受領した通告をすべての締約国に遅滞なく通報する。締約国は、いつでも、先に行った追加の附属書を受諾しない旨の通告を撤回することができるものとし、この場合において、当該追加の附属書は、(c)の規定に従うことを条件として、当該締約国について効力を生ずる。
　(c) 追加の附属書は、寄託者による当該追加の附属書の採択の通報の日から1年を経過した時に、(b)の規定に基づく通告を行わなかったすべての締約国について効力を生ずる。

4 附属書IIIの場合を除くほか、この条約の附属書の改正の提案、採択及び効力発生については、この条約の追加の附属書の提案、採択及び効力発生と同一の手続に従う。

5 附属書IIIの改正の提案、採択及び効力発生については、次の手続を適用する。
　(a) 附属書IIIの改正は、第5条から第9条まで及び前条2に定める手続に従って提案され及び採択される。
　(b) 締約国会議は、コンセンサス方式により採択についての決定を行う。
　(c) 附属書IIIの改正についての決定は、寄託者が直ちに締約国に通報する。当該改正は、当該決定において定める日にすべての締約国について効力を生ずる。

6 追加の附属書又は附属書の改正がこの条約の改正に関連している場合には、当該追加の附属書又は附属書の改正は、この条約の当該改正が効力を生ずる時まで効力を生じない。

第23条(投票) （略）

第24条(署名) （略）

第25条(批准、受諾、承認又は加入) （略）

第26条(効力発生) （略）

第27条(留保) この条約には、いかなる留保も付することができない。

第28条(脱退) 1 締約国は、この条約が自国について効力を生じた日から3年を経過した後いつでも、寄託者に対して書面による脱退の通告を行うことにより、この条約から脱退することができる。

2 1の脱退は、寄託者が脱退の通告を受領した日から1年を経過した日又はそれよりも遅い日であって脱退の通告において指定されている日に効力を生ずる。

第29条(寄託者) （略）

第30条(正文) （略）

附属書I　第5条の規定に基づく通報に関する情報の要件 （略）

附属書II 禁止された化学物質又は厳しく規制された化学物質を附属書IIIに掲げるための基準 (略)

附属書III 事前のかつ情報に基づく同意の手続の対象となる化学物質 (略)
〔編者注〕附属書IIIに記載されている物質とその規制の最新の情報については、ロッテルダム条約ホームページ http://www.pic.intを参照

附属書IV 著しく有害な駆除用製剤を附属書IIIに掲げるための情報及び基準 (略)

附属書V 輸出の通報に関する情報の要件 (略)
〔編者注〕この条約の附属書IIIは、第4回締約国会議決定RC-4/5並びに第5回締約国会議決定RC-5/3、RC-5/4及びRC-5/5により改正され、附属書IIIに新たな対象物質が追加された。いずれの改正も、第22条5(c)に従って、各決定が定める日にすべての締約国について効力が生じている。

附属書VI 紛争の解決 (略)
〔編者注〕第1回締約国会議決定RC-1/11により追加

7-3 残留性有機汚染物質に関するストックホルム条約(残留性有機汚染物質条約；ストックホルム条約)
Stockholm Convention on Persistent Organic Pollutants

```
作　　成  2001年5月22日(ストックホルム)
効力発生  2004年5月17日
日 本 国  2002年7月25日国会承認、8月30日加入書寄託、2004年4月28日公布(条約第3号)、2004年5月17日効力発生
改　　正  (1)2005年5月6日(第1回締約国会議(プンタ・デル・エステ) 決定SC-1/2)(附属書G追加)、2007年3月27日効力発生
          (2)2009年5月8日(第4回締約国会議(ジュネーヴ)決定SC-4/10、4/11、4/12、4/13、4/14、4/15、4/16、4/17、4/18)(附属書A、附属書B、附属書C改正)、2010年8月26日効力発生
          (3)2011年4月19日(第5回締約国会議(ジュネーヴ) 決定SC-5/3(附属書A改正)、2012年10月27日効力発生
```

この条約の締約国は、

残留性有機汚染物質が、毒性、難分解性及び生物蓄積性を有し、並びに大気、水及び移動性の種を介して国境を越えて移動し、放出源から遠く離れた場所にたい積して陸上生態系及び水界生態系に蓄積することを認識し、

残留性有機汚染物質への現地における曝露により、特に開発途上国において生ずる健康上の懸念、特に女性への及び女性を介した将来の世代への影響を認識し、

北極の生態系及び原住民の社会が残留性有機汚染物質の食物連鎖による蓄積のため特に危険にさらされており並びにその伝統的な食品の汚染が公衆衛生上の問題であることを確認し、

残留性有機汚染物質について世界的規模の行動をとる必要性を意識し、

残留性有機汚染物質の排出を削減し又は廃絶する手段を講ずることにより、人の健康及び環境を保護するための国際的行動を開始するとの国際連合環境計画管理理事会の1997年2月7日の決定19-13-Cに留意し、

関連する環境に関する国際条約、特に、国際貿易の対象となる特定の有害な化学物質及び駆除剤についての事前のかつ情報に基づく同意の手続に関するロッテルダム条約並びに有害廃棄物の国境を越える移動及びその処分の規制に関するバーゼル条約(同条約第11条の枠組みの中で作成された地域的な協定を含む。)の関連規定を想起し、

また、環境及び開発に関するリオ宣言並びにアジェンダ21の関連規定を想起し、

予防がすべての締約国における関心の中核にあり及びこの条約に内包されることを確認し、

この条約と貿易及び環境の分野における他の国際協定とが相互に補完的であることを認識し、

諸国は、国際連合憲章及び国際法の諸原則に基づき、その資源を自国の環境政策及び開発政策に従って開発する主権的権利を有すること並びに自国の管轄又は管理の下における活動が他国の環境又はいず

れの国の管轄にも属さない区域の環境を害さないことを確保する責任を有することを再確認し、

開発途上国(特に後発開発途上国)及び移行経済国の事情及び特別な必要、特にこれらの国の化学物質の管理に関する能力の強化(技術移転、資金援助及び技術援助の提供並びに締約国間の協力の促進を通ずるものを含む。)が必要であることを考慮し、

1994年5月6日にバルバドスで採択された開発途上にある島嶼国の持続可能な開発のための行動計画を十分に考慮し、

先進国及び開発途上国の各国の能力並びに環境及び開発に関するリオ宣言の原則7に規定する共通に有しているが差異のある責任に留意し、

残留性有機汚染物質の排出の削減又は廃絶を達成する上で、民間部門及び非政府機関が果たし得る重要な貢献について認識し、

残留性有機汚染物質の製造者が、その製品による悪影響を軽減し並びにこのような化学物質の有害な性質についての情報を使用者、政府及び公衆に提供する責任を負うことの重要性を強調し、

残留性有機汚染物質がそのライフサイクルのすべての段階において引き起こす悪影響を防止するための措置をとる必要性を意識し、

国の機関は、汚染者が原則として汚染による費用を負担すべきであるという取組方法を考慮し、公共の利益に十分に留意して、並びに国際的な貿易及び投資を歪めることなく、環境に関する費用の内部化及び経済的な手段の利用の促進に努めるべきであると規定する環境及び開発に関するリオ宣言の原則16を再確認し、

駆除剤及び工業用化学物質を規制し及び評価する制度を有しない締約国がこのような制度を定めることを奨励し、

環境上適正な代替となる工程及び化学物質を開発し及び利用することの重要性を認識し、

人の健康及び環境を残留性有機汚染物質の有害な影響から保護することを決意して、

次のとおり協定した。

第1条(目的) この条約は、環境及び開発に関するリオ宣言の原則15に規定する予防的な取組方法に留意して、残留性有機汚染物質から人の健康及び環境を保護することを目的とする。

第2条(定義) この条約の適用上、
  (a) 「締約国」とは、この条約に拘束されることに同意し、かつ、自己についてこの条約の効力が生じている国又は地域的な経済統合のための機関をいう。
  (b) 「地域的な経済統合のための機関」とは、特定の地域の主権国家によって構成される機関であって、この条約が規律する事項に関しその加盟国から権限の委譲を受け、かつ、その内部手続に従いこの条約の署名、批准、受諾若しくは承認又はこれへの加入について正当な委任を受けたものをいう。
  (c) 「出席しかつ投票する締約国」とは、出席しかつ賛成票又は反対票を投ずる締約国をいう。

第3条(意図的な製造及び使用から生ずる放出を削減し又は廃絶するための措置) 1 締約国は、次のことを行う。
  (a) 次のことを禁止し、又は廃絶するために必要な法的措置及び行政措置をとること。
    (i) 附属書Aの規定が適用される場合を除くほか、同附属書に掲げる化学物質を製造し及び使用すること。
    (ii) 附属書Aに掲げる化学物質を輸入し及び輸出すること。ただし、2の規定に従うものとする。
  (b) 附属書Bの規定に従い、同附属書に掲げる化学物質の製造及び使用を制限すること。
2 締約国は、次のことを確保するための措置をとる。
  (a) 附属書A又は附属書Bに掲げる化学物質を次の場合にのみ輸入すること。
    (i) 第6条1(d)に定める環境上適正な処分の場合
    (ii) 附属書A又は附属書Bの規定に基づき締約国について許可される使用又は目的の場合
  (b) 事前のかつ情報に基づく同意に関する既存の国際的な文書における関連規定を考慮して、附属書Aに掲げる化学物質であってその製造若しくは使用について個別の適用除外が効力を有しているもの又は附属書Bに掲げる化学物質であってその製造若しくは使用について個別の適用除外若しくは認めることのできる目的が効力を有しているものを次の場合にのみ輸出すること。
    (i) 第6条1(d)に定める環境上適正な処分の場合
    (ii) 附属書A又は附属書Bの規定に基づきこのような化学物質の使用が許可される締約国に向ける場合
    (iii) この条約の締約国でない国であって輸出を行う締約国に年間の証明書を提出したものに向ける場合。当該証明書には、化学物質の意図される使用を特定し、及び当該化学物質に関して輸入国が次のすべてのことを約束することを記載する。

a　放出を最小限にし又は防止するために必要な措置をとることにより、人の健康及び環境を保護すること。
　　b　第6条1の規定に従うこと。
　　c　適当な場合には、附属書B第2部2の規定に従うこと。
　　当該証明書には、法令、規制に関する文書、行政上又は政策上の指針等の適切な裏付けとなる文書も含む。当該輸出を行う締約国は、受領の時から60日以内に当該証明書を事務局に送付する。
　(c)　附属書Aに掲げる化学物質であって、その製造及び使用について個別の適用除外がいかなる締約国についても効力を有しなくなったものが、第6条1(d)に規定する環境上適正な処分の目的を除くほか、自国から輸出されないこと。
　(d)　この2の規定の適用上、「この条約の締約国でない国」には、個別の化学物質に関し、その化学物質についてこの条約に拘束されることに同意していない国又は地域的な経済統合のための機関を含む。
3　新規の駆除剤又は新規の工業用化学物質を規制し及び評価する一又は二以上の制度を有する締約国は、附属書D1の基準を考慮して、残留性有機汚染物質の特性を示す新規の駆除剤又は新規の工業用化学物質の製造及び使用を防止することを目的とした規制のための措置をとる。
4　駆除剤又は工業用化学物質を規制し及び評価する一又は二以上の制度を有する締約国は、現在流通している駆除剤又は工業用化学物質の評価を実施する際に、これらの制度において附属書D1の基準を適当な場合には考慮する。
5　1及び2の規定は、この条約に別段の定めがある場合を除くほか、実験室規模の研究のために又は参照の標準として使用される量の化学物質については適用しない。
6　附属書Aの規定に基づいて個別の適用除外を有しており又は附属書Bの規定に基づいて個別の適用除外若しくは認めることのできる目的を有している締約国は、このような適用除外又は目的による製造又は使用が、人への曝露及び環境への放出を防止し又は最小限にするような方法で行われることを確保するための適当な措置をとる。適用が除外されている使用又は認めることのできる目的であって通常の使用条件における環境への意図的な放出に関係するものについては、当該放出は、適用可能な基準及び指針を考慮して、必要な最小限にする。

第4条(個別の適用除外の登録)　1　附属書A又は附属書Bに掲げる個別の適用除外を有している締約国を特定するため、この条約により登録簿を作成する。この登録簿は、すべての締約国が行使することのできる附属書A又は附属書Bの規定を利用する締約国を特定するものではない。この登録簿は、事務局が保管するものとし、公衆に利用可能にされる。
2　登録簿には、次のものを含む。
　(a)　附属書A及び附属書Bに基づいて作成された個別の適用除外の種類の表
　(b)　附属書A又は附属書Bに掲げる個別の適用除外を有している締約国の表
　(c)　登録された個別の適用除外が効力を失う日の表
3　いかなる国も、締約国となるに際し、事務局に対する書面による通告を行うことにより、一又は二以上の種類の附属書A又は附属書Bに掲げる個別の適用除外を登録することができる。
4　個別の適用除外についてのすべての登録は、締約国が登録簿に一層早い期限を示し又は7の規定に基づいて延長が認められる場合を除くほか、個別の化学物質に関するこの条約の効力発生の日の後5年で効力を失う。
5　締約国会議は、その第1回会合において、登録簿への登録に関しその検討の手続について決定する。
6　登録簿への登録の検討に先立って、関係締約国は、その適用除外の登録を継続する必要性を正当化する報告を事務局に提出する。この報告は、事務局がすべての締約国に送付する。登録の検討については、すべての入手可能な情報に基づいて行う。その後、締約国会議は、関係締約国に対し適当と認める勧告を行うことができる。
7　締約国会議は、関係締約国の要請により、個別の適用除外が効力を失う日を最長5年の期間延期することを決定することができる。その決定を行うに当たり、締約国会議は、開発途上締約国及び移行経済締約国の特別な事情を十分に考慮する。
8　締約国は、事務局に対する書面による通告を行うことにより、個別の適用除外の登録を登録簿からいつでも取り消すことができる。その取消しは、当該通告に指定する日に効力を生ずる。
9　個々の種類の個別の適用除外がいかなる締約国についても登録されなくなった場合には、これについて新たな登録を行うことができない。

第5条(意図的でない生成から生ずる放出を削減し又は廃絶するための措置)　締約国は、附属書Cに掲げる

個々の化学物質の人為的な発生源から生ずる放出の総量を削減するため、その放出を継続的に最小限にし及び実行可能な場合には究極的に廃絶することを目標として、少なくとも次の措置をとる。
(a) 同附属書に掲げる化学物質の放出を特定し、特徴付けをし及びこれについて取り組み並びに(b)から(e)までの規定の実施を容易にするための行動計画又は適当な場合には地域的若しくは小地域的な行動計画を、この条約が自国について効力を生じた日の後2年以内に作成し、その後に第7条に定める実施計画の一部として実施すること。行動計画には、次の要素を含む。
　(i) 同附属書に規定する発生源の種類を考慮した現在及び将来の放出の評価(発生源の目録及び放出量の見積りの作成及び維持を含む。)
　(ii) 当該放出の管理に関連する締約国の法令及び政策の有効性の評価
　(iii) この(a)の義務を履行するための戦略であって(i)及び(ii)の評価を考慮したもの
　(iv) (iii)の戦略に関する教育及び研修並びに啓発を促進する措置
　(v) この(a)の義務を履行するための戦略及びその成果についての5年ごとの検討。この検討については、第15条の規定に従って提出される報告に含まれる。
　(vi) (v)の報告に特定される戦略及び措置を含む行動計画の実施の計画
(b) 現実的なかつ意義のある水準の放出の削減又は発生源の廃絶を速やかに達成することのできる利用可能かつ実行可能で実際的な措置の適用を促進すること。
(c) 同附属書に定める防止措置及び放出の削減措置に関する一般的な手引並びに締約国会議の決定によって採択される指針を考慮して、同附属書に掲げる化学物質の生成及び放出を防止するための代替の又は改良された原料、製品及び工程の開発を促進し、並びに適切と認める場合にはこのような原料、製品及び工程の利用を要求すること。
(d) 当初は、特に同附属書第2部に規定する発生源の種類に焦点を当てつつ、利用可能な最良の技術の利用を促進し及び行動計画の実施の計画に従って当該技術の利用を要求することを自国が行動計画の中で正当であると特定した発生源の種類に属する新規の発生源について、その促進及び要求を行うこと。同附属書第2部に掲げる種類に属する新規の発生源について利用可能な最良の技術の利用を要求することは、いかなる場合にも、できる限り速やかに、ただし、この条約が自国について効力を生じた後4年以内に実施に移される。締約国は、特定された種類に関し、環境のための最良の慣行の利用を促進する。利用可能な最良の技術及び環境のための最良の慣行を適用する場合には、締約国は、同附属書に定める防止措置及び放出の削減措置に関する一般的な手引並びに締約国会議の決定によって採択される利用可能な最良の技術及び環境のための最良の慣行に関する指針を考慮すべきである。
(e) 行動計画に従い、次のものについて利用可能な最良の技術及び環境のための最良の慣行の利用を促進すること。
　(i) 既存の発生源については、同附属書第2部に規定する発生源の種類及び同附属書第3部に規定するような発生源の種類に属するもの
　(ii) 新規の発生源については、締約国が(d)の規定に従って対処しなかった同附属書第3部に規定するような発生源の種類に属するもの

　利用可能な最良の技術及び環境のための最良の慣行を適用する場合には、締約国は、同附属書に定める防止措置及び放出の削減措置に関する一般的な手引並びに締約国会議の決定によって採択される利用可能な最良の技術及び環境のための最良の慣行に関する指針を考慮すべきである。
(f) この条及び同附属書の規定の適用上、
　(i) 「利用可能な最良の技術」とは、活動及びその運営の方法の発展において最も効果的で進歩した段階の技術であって、個別の技術が、同附属書第1部に掲げる化学物質の放出及びその環境に対する影響を全般的に防止し並びにこれが実行可能でない場合には一般的に削減することを目的とした放出制限の主要な基礎となることが現実的であるかないかを示すものをいう。これに関し、
　(ii) 「技術」には、使用される技術並びに設備が設計され、建設され、維持され、操作され及び廃止される方法の双方を含む。
　(iii) 「利用可能な」技術とは、費用及び利点を考慮して、操作する者が利用可能な、かつ、経済的及び技術的に実行可能な条件の下で関係する産業分野において実施することの

(iv) 「最良の」とは、環境全体の保護を全般的に高い水準で達成するに当たり最も効果的であることをいう。
(v) 「環境のための最良の慣行」とは、環境に関する規制措置及び戦略を最適な組合せで適用したものをいう。
(vi) 「新規の発生源」とは、次の期日の少なくとも1年後に建設及び実質的な改修が開始される発生源をいう。
 a この条約が関係締約国について効力を生ずる日
 b 発生源が附属書Cの改正によってのみこの条約の対象になる場合において、当該改正が関係締約国について効力を生ずる日
(g) 放出の限度値又は実施基準は、締約国がこの(g)の規定に基づき、利用可能な最良の技術についての約束を履行するために使用することができる。

第6条(在庫及び廃棄物から生ずる放出を削減し又は廃絶するための措置) 1 締約国は、附属書A若しくは附属書Bに掲げる化学物質から成り又はこれらを含む在庫及び附属書A、附属書B若しくは附属書Cに掲げる化学物質から成り、これらを含み又はこれらにより汚染された廃棄物(廃棄物となった製品及び物品を含む。)が、人の健康及び環境を保護する方法で管理されることを確保するため、次のことを行う。
(a) 次の物を特定するための適当な戦略を作成すること。
 (i) 附属書A若しくは附属書Bに掲げる化学物質から成り又はこれらを含む在庫
 (ii) 流通している製品及び物品並びに廃棄物であって、附属書A、附属書B若しくは附属書Cに掲げる化学物質から成り、これらを含み又はこれらにより汚染されたもの
(b) (a)に規定する戦略に基づき、実行可能な範囲において、附属書A若しくは附属書Bに掲げる化学物質から成り又はこれらを含む在庫を特定すること。
(c) 適当な場合には、在庫を安全で効率的かつ環境上適正な方法で管理すること。附属書A又は附属書Bに掲げる化学物質の在庫については、附属書Aに規定するいずれの個別の適用除外に基づいても、又は附属書Bに規定するいずれの個別の適用除外若しくは認めることのできる目的に基づいても使用されることがなくなった後には、廃棄物とみなすものとし、(d)の規定に従って管理する。ただし、第3条2の規定に従って輸出が認められる在庫を除く。
(d) 廃棄物(廃棄物となった製品及び物品を含む。)が次のように取り扱われるよう適当な措置をとること。
 (i) 環境上適正な方法で取り扱われ、収集され、輸送され及び貯蔵されること。
 (ii) 国際的な規則、基準及び指針(2の規定に従って作成されるものを含む。)並びに有害廃棄物の管理について規律する関連のある世界的及び地域的な制度を考慮して、残留性有機汚染物質である成分が残留性有機汚染物質の特性を示さなくなるように破壊され若しくは不可逆的に変換されるような方法で処分されること又は破壊若しくは不可逆的な変換が環境上好ましい選択にならない場合若しくは残留性有機汚染物質の含有量が少ない場合には環境上適正な他の方法で処分されること。
 (iii) 残留性有機汚染物質の回収、再生利用、回収利用、直接再利用又は代替的利用に結びつくような処分作業の下に置かれることが許可されないこと。
 (iv) 関連する国際的な規則、基準及び指針を考慮することなく国境を越えて輸送されないこと。
(e) 附属書A、附属書B又は附属書Cに掲げる化学物質により汚染された場所を特定するための適当な戦略を作成するよう努めること。当該場所の修復を行う場合には、環境上適正な方法で実施される。
2 締約国会議は、有害廃棄物の国境を越える移動及びその処分の規制に関するバーゼル条約の適当な機関と特に次の分野において緊密に協力する。
(a) 附属書D1に定める残留性有機汚染物質の特性が示されなくなることを確保するために必要な破壊又は不可逆的な変換の水準を確立すること。
(b) 1に規定する環境上適正な処分の方法と考えられるものを決定すること。
(c) 1(d)(ii)に規定する少ない残留性有機汚染物質の含有量を定めるため、適当な場合には、附属書A、附属書B及び附属書Cに掲げる化学物質の濃度の水準を確立する作業を行うこと。

第7条(実施計画) 1 締約国は、次のことを行う。
(a) この条約に基づく義務を履行するための計画を作成し、及びその実施に努めること。
(b) この条約が自国について効力を生ずる日か

ら2年以内に、自国の実施計画を締約国会議に送付すること。
(c) 実施計画を定期的に締約国会議の決定により定められる方法で検討し、及び適当な場合には更新すること。
2 締約国は、実施計画の作成、実施及び更新を容易にするため、適当な場合には、直接に、又は世界的、地域的及び小地域的な機関を通じて協力し、並びに国内の利害関係者(女性の団体及び児童の健康に関係する団体を含む。)と協議する。
3 締約国は、適当な場合には、残留性有機汚染物質に関する国内の実施計画を持続可能な開発の戦略に統合する手段を利用し及び必要なときはこれを確立するよう努める。

第8条(附属書A、附属書B及び附属書Cへの化学物質の掲載) 1 締約国は、附属書A、附属書B又は附属書Cに化学物質を掲げるため、提案を事務局に提出することができる。この提案には、附属書Dに定める情報を記載する。提案の作成に当たり、締約国は、他の締約国又は事務局から支援を受けることができる。
2 事務局は、1の提案に附属書Dに定める情報が記載されているかどうかを確認する。当該提案に当該情報が記載されていると事務局が認める場合には、当該提案は、残留性有機汚染物質検討委員会に送付される。
3 残留性有機汚染物質検討委員会は、提供されたすべての情報を統合されかつ均衡のとれた方法で考慮して、2の提案を審査し、及び弾力的かつ透明性のある方法で附属書Dに定める選別のための基準を適用する。
4 残留性有機汚染物質検討委員会は、次のことを行う。
(a) 選別のための基準が満たされていると認めることを決定する場合には、事務局を通じて、すべての締約国及びオブザーバーに対し、提案及び同委員会の評価を利用することができるようにし、並びに附属書Eに定める情報を提出するよう求めること。
(b) 選別のための基準が満たされていると認めないことを決定する場合には、事務局を通じて、すべての締約国及びオブザーバーに通報し、並びにすべての締約国に対し提案及び同委員会の評価を利用することができるようにするとともに、当該提案を却下すること。
5 いかなる締約国も、4の規定に従って残留性有機汚染物質検討委員会が却下した提案を再提出することができる。再提出に当たっては、締約国の懸念及び追加的な検討を行うこと

の正当性を記載することができる。この手続の後に同委員会が当該提案を再び却下した場合には、締約国は、同委員会の決定に異議を申し立てることができるものとし、締約国会議は、次の会期においてこの問題を検討する。締約国会議は、附属書Dの選別のための基準に基づき、同委員会の評価及び締約国又はオブザーバーが提供する追加の情報を考慮して、当該提案を先に進めるべきであると決定することができる。
6 残留性有機汚染物質検討委員会が選別のための基準が満たされていると決定した場合又は締約国会議が提案を先に進めるべきであると決定した場合には、同委員会は、受領した関連する追加の情報を考慮して、当該提案を更に検討するものとし、附属書Eの規定に従って危険性の概要についての案を準備する。
　同委員会は、すべての締約国及びオブザーバーに対しその危険性の概要についての案を事務局を通じて利用可能にし、締約国及びオブザーバーから技術的な意見を収集し、並びにこれらの意見を考慮して危険性の概要を完成させる。
7 附属書Eの規定に従って作成される危険性の概要に基づき、次のことが行われる。
(a) 残留性有機汚染物質検討委員会が、化学物質が長距離にわたる自然の作用による移動の結果、世界的規模の行動を正当化するような人の健康又は環境に対する重大な悪影響をもたらすおそれがあると決定する場合には、提案が先に進められること。科学的な確実性が十分にないことをもって、提案を先に進めることを妨げてはならない。同委員会は、事務局を通じて、すべての締約国及びオブザーバーに対し附属書Fに定める検討に関連する情報を求める。同委員会は、その後、同附属書の規定に基づく化学物質の可能な規制措置についての分析を含む危険の管理に係る評価を準備する。
(b) 残留性有機汚染物質検討委員会が提案を先に進めるべきでないと決定する場合には、同委員会が、事務局を通じて、すべての締約国及びオブザーバーに対し危険性の概要を利用することができるようにし、並びに当該提案を却下すること。
8 締約国は、7(b)の規定に従い却下された提案について、提案した締約国及び他の締約国から1年を超えない期間内に追加の情報を求めるよう残留性有機汚染物質検討委員会に指示することを検討するよう締約国会議に要請することができる。同委員会は、当該期間の後、受領した情報に

基づき、6の規定及び締約国会議が決定する優先度に従って当該提案を再検討する。この手続の後に同委員会が当該提案を再び却下した場合には、締約国は、同委員会の決定に異議を申し立てることができるものとし、締約国会議は、次の会期においてこの問題を検討する。締約国会議は、附属書Eの規定に従って作成される危険性の概要に基づき、同委員会の評価及び締約国又はオブザーバーが提供する追加の情報を考慮して、当該提案を先に進めるべきであると決定することができる。締約国会議が当該提案を先に進めるべきであると決定した場合には、同委員会は、その後、危険の管理に係る評価を準備する。

9 残留性有機汚染物質検討委員会は、6に規定する危険性の概要及び7(a)又は8に規定する危険の管理に係る評価に基づき、化学物質を附属書A、附属書B又は附属書Cに掲載することについて締約国会議が検討すべきかどうかを勧告する。締約国会議は、科学的な確実性がないことを含め、同委員会の勧告を十分に考慮して、当該化学物質を附属書A、附属書B又は附属書Cの表に掲げ及び関連する規制措置を特定するかどうかにつき予防的な態様で決定する。

第9条(情報の交換) 1 締約国は、次のものに関連する情報の交換を円滑にし又は実施する。
(a) 残留性有機汚染物質の製造、使用及び放出の削減又は廃絶
(b) 残留性有機汚染物質の代替品(当該物質に係る危険性並びに経済的及び社会的損失に関連する情報を含む。)

2 締約国は、1に規定する情報を直接に又は事務局を通じて交換する。

3 締約国は、1及び2に規定する情報の交換のため、国内の連絡先を指定する。

4 事務局は、残留性有機汚染物質に関する情報(締約国、政府間機関及び非政府機関により提供される情報を含む。)について情報交換センターとしての機能を果たす。

5 この条約の適用上、人及び環境の衛生及び安全に関する情報は、秘密のものとされない。この条約に基づいて他の情報を交換する締約国は、相互の合意により秘密の情報を保護する。

第10条(公衆のための情報、発及び教育) 1 締約国は、その能力の範囲内で、次のことを促進し及び円滑にする。
(a) 政策を策定し及び意思決定を行う者の間で残留性有機汚染物質に関する啓発を行うこと。
(b) 前条5の規定を考慮して、残留性有機汚染物質に関するすべての入手可能な情報を公衆に提供すること。
(c) 特に女性、児童及び最も教育を受けていない者を対象として、残留性有機汚染物質、その健康及び環境に対する影響並びにその代替品についての教育啓発事業の計画を作成し及び実施すること。
(d) 残留性有機汚染物質並びにその健康及び環境に対する影響に対処すること並びに適当な対応措置を策定することに公衆を参加させること(この条約の実施に関し国内において意見を提供するための機会を与えることを含む。)。
(e) 労働者、科学者、教育者並びに技術及び管理の分野における人材を訓練すること。
(f) 教育及び啓発のための資料を国内において及び国際的に作成し及び交換すること。
(g) 教育訓練事業の計画を国内において及び国際的に作成し及び実施すること。

2 締約国は、その能力の範囲内で、1に規定する公衆のための情報を公衆が利用し及び当該情報を最新のものにすることを確保する。

3 締約国は、その能力の範囲内で、国内において、並びに適当な場合には小地域的、地域的及び世界的規模において、産業界の及び専門的な使用者に対し1に規定する情報の提供を促進し及び円滑にするよう奨励する。

4 締約国は、残留性有機汚染物質及びその代替品に関する情報を提供するに当たり、安全性に関する情報を記載した資料、報告書及びマスメディアその他の通信手段を利用することができるものとし、国内において及び地域的規模において情報センターを設立することができる。

5 締約国は、放出され又は処分される附属書A、附属書B又は附属書Cに掲げる化学物質の年間推定量に関する情報の収集及び普及のため、汚染物質の排出及び移動についての登録等の制度を設けることに好意的な考慮を払う。

第11条(研究、開発及び監視) 1 締約国は、その能力の範囲内で、国内において及び国際的に、残留性有機汚染物質並びに適当な場合にはその代替品及び残留性有機汚染物質の候補となる物質に関し、次の事項を含む適当な研究、開発、監視及び協力を奨励し又は実施する。
(a) 発生源及び環境への放出
(b) 人及び環境における存在、水準及び傾向
(c) 自然の作用による移動、運命及び変換
(d) 人の健康及び環境に対する影響
(e) 社会経済的及び文化的影響
(f) 放出の削減又は廃絶
(g) 発生源の目録を作成するための調和のとれ

た方法及び放出を測定するための分析の技術
2 締約国は、1の規定に基づく措置をとるに当たり、その能力の範囲内で、次のことを行う。
　(a) 研究、資料の収集及び監視について企画し、実施し、評価し及び資金供与を行うことを目的とする国際的な計画、協力網及び機関について、努力の重複を最小限にする必要性を考慮して、適当な場合には、これらを支援し及び更に発展させること。
　(b) 科学的及び技術的研究に関する各国(特に開発途上国及び移行経済国)の能力を強化するため並びに資料及び分析について利用し及び交換することを促進するための国内における及び国際的な努力を支援すること。
　(c) 特に資金及び技術の分野における開発途上国及び移行経済国の懸念及びニーズを考慮すること、並びに(a)及び(b)に規定する努力に参加するための開発途上国及び移行経済国の能力を改善することについて協力すること。
　(d) 残留性有機汚染物質が生殖に係る健康に与える影響を緩和することを目指して調査を行うこと。
　(e) この2に規定する研究、開発及び監視の活動の結果を適時かつ定期的に公衆に利用可能にすること。
　(f) 研究、開発及び監視により得られた情報の保管及び維持に関する協力を奨励又は行うこと。

第12条(技術援助) 1 締約国は、開発途上締約国及び移行経済締約国からの要請に応じ適時かつ適当な技術援助を提供することが、この条約を成功裡に実施するために重要であることを認識する。
2 締約国は、開発途上締約国及び移行経済締約国の特別なニーズを考慮して、これらの締約国がこの条約に基づく義務を履行する能力を開発し及び強化することを援助するため、これらの締約国に対し適時かつ適当な技術援助を提供するよう協力する。
3 1及び2の規定に関し、先進締約国及び他の締約国がその能力に応じて提供する技術援助には、適当な場合には、相互の合意により、この条約に基づく義務の履行に関する能力形成のための技術援助を含む。締約国会議は、これについて追加的な手引を作成する。
4 締約国は、適当な場合には、この条約の実施に関連し、開発途上締約国及び移行経済締約国への技術援助を提供し及び技術移転を促進するための取決めを行う。この取決めには、これらの締約国がこの条約に基づく義務を履行することを援助することを目的とした能力形成及び技術移転のための地域及び小地域のセンターに係るものを含む。締約国会議は、これについて追加的な手引を作成する。
5 締約国は、技術援助に関する措置をとるに当たり、この条の規定に従い、後発開発途上国及び開発途上にある島嶼国の特定のニーズ及び特別な状況を十分に考慮する。

第13条(資金及び資金供与の制度) 1 締約国は、その能力の範囲内で、自国の計画及び優先度に従い、この条約の目的を達成するための各国の活動に関し資金面において支援し及び奨励することを約束する。
2 先進締約国は、開発途上締約国及び移行経済締約国がこの条約に基づく義務を履行するための措置の実施に要するすべての合意された増加費用を負担することを可能にするため、資金供与を受ける締約国と6に定める制度に参加する組織との間で行われる合意に従い、新規のかつ追加的な資金を供与する。他の締約国も、任意に及びその能力に応じて、このような資金を供与することができる。他の資金源からの拠出も、奨励されるべきである。これらの約束は、資金の妥当性、予測可能性及び即応性が必要であること並びに拠出締約国の間の責任分担が重要であることを考慮して履行する。
3 先進締約国並びに自国の能力、計画及び優先度に応じて他の締約国は、また、他の二国間、地域及び多数国間の資金源又は経路を通じて、開発途上締約国及び移行経済締約国によるこの条約の実施を援助する資金を供与することができるものとし、開発途上締約国及び移行経済締約国は、これを利用することができる。
4 開発途上締約国によるこの条約に基づく約束の効果的な履行の程度は、先進締約国によるこの条約に基づく資金、技術援助及び技術移転に関する約束の効果的な履行に依存する。経済及び社会の持続可能な開発並びに貧困の撲滅が開発途上締約国にとって最優先の事項であるという事実は、人の健康及び環境の保護の必要性を検討した上で十分に考慮される。
5 締約国は、資金供与に関する措置をとるに当たり、後発開発途上国及び開発途上にある島嶼国の特定のニーズ及び特別な状況を十分に考慮する。
6 開発途上締約国及び移行経済締約国に対し、この条約の実施について援助するために、贈与又は緩和された条件により適当かつ持続可能な資

金供与を行うための制度について、ここに定める。当該制度は、この条約の目的のため、締約国会議の管理の下に及び適当な場合にはその指導の下に機能し、締約国会議に対して責任を負う。当該制度の運営は、締約国会議が決定するところにより、既存の国際的組織を含む一又は二以上の組織に委託される。当該制度には、また、多数国間、地域及び二国間の資金援助及び技術援助を提供する他の組織を含むことができる。当該制度に対する拠出は、2の規定に反映されるように及びこれに従って、開発途上締約国及び移行経済締約国に対する他の資金の移転とは別に追加的に行われる。

7　締約国会議は、この条約の目的及び6の規定に従い、その第1回会合において、資金供与の制度の用に供されるべき適当な手引を採択するものとし、当該制度を実施するための取決めについて、当該資金供与の制度に参加する組織と合意する。この手引においては、特に次の事項を取り扱う。
　(a)　政策、戦略及び計画の優先度並びに資金へのアクセス及び資金の利用のための資格についての明確かつ詳細な基準及び指針(資金の利用を定期的に監視し及び評価することについてのものを含む。)の決定
　(b)　この条約の実施に関連する活動のための資金供与の妥当性及び持続可能性についての定期的な報告書の当該組織による締約国会議への提出
　(c)　二以上の資金源から資金供与を行うための取組方法、制度及び取決めの促進
　(d)　この条約の実施のために必要かつ利用可能な資金の額について、予測しかつ特定し得るような方法で決定するための方法であって、残留性有機汚染物質の段階的な廃絶には持続的な資金が必要であることに留意したもの、並びにこの額の定期的な検討に関する要件
　(e)　援助に関心を有する締約国の間の調整を容易にするため、利用可能な資金源及び資金供与の形態に関する情報をニーズの評価とともにこれらの締約国に対して提供する方法

8　締約国会議は、第2回会合が終了する時までに及びその後は定期的に、この条の規定に基づいて設けられる制度の有効性、当該制度が開発途上締約国及び移行経済締約国の変化するニーズに対処する能力、7に規定する基準及び手引、資金供与の水準並びに資金供与の制度の運営を委託された制度的な組織の業務の有効性について検討する。締約国会議は、その検討に基づき、必要に応じ、当該制度の有効性を高めるために適切な措置(締約国のニーズに対応する適当かつ持続可能な資金供与を確保する措置についての勧告及び手引によるものを含む。)をとる。

第14条(資金供与に関する暫定的措置) 再編成される地球環境基金の設立のための文書に従って運営される同基金の制度的な組織は、この条約の効力発生の日から締約国会議の第1回会合までの間又は締約国会議が前条の規定によりいずれの制度的な組織を指定するかを決定するまでの間、暫定的に、同条に定める資金供与の制度の運営を委託される主要な組織となる。同基金の制度的な組織は、この分野についての新たな取決めが必要となる可能性を考慮して、残留性有機汚染物質に特別に関連した運営上の措置を通じてこのような任務を遂行すべきである。

第15条(報告) 1　締約国は、この条約を実施するためにとった措置について及びこの条約の目的を達成する上での当該措置の効果について締約国会議に報告する。

2　締約国は、事務局に次のものを提出する。
　(a)　附属書A及び附属書Bに掲げる化学物質のそれぞれについての製造、輸入及び輸出の総量に関する統計上の数値又は当該数値についての妥当な推定値
　(b)　実行可能な範囲において、(a)の化学物質のそれぞれを輸入した国及び輸出した国の表

3　報告は、定期的に、締約国会議がその第1回会合において決定する形式により、行われる。

第16条(有効性の評価) 1　締約国会議は、この条約の効力発生の4年後に及びその後は締約国会議が決定する間隔で定期的に、この条約の有効性を評価する。

2　1の評価を容易にするため、締約国会議は、その第1回会合において、附属書A、附属書B及び附属書Cに掲げる化学物質の存在並びに当該化学物質の地域的及び世界的規模の自然の作用による移動に関する比較可能な監視に基づく資料の提供を受けるための取決めを行うことを開始する。当該取決めは、
　(a)　締約国により、できる限り既存の監視の計画及び制度を利用し、かつ、取組方法の調和を促進しつつ、自国の技術的及び財政的な能力に応じて、適当な場合には地域的に実施されるべきである。
　(b)　地域間の差異及び監視の活動を実施するための能力を考慮して、必要に応じ補足される。
　(c)　締約国会議が定める間隔における地域的及び世界的な監視の活動の結果についての締約国会議への報告を含む。

3 1の評価は、次の事項を含む利用可能な科学、環境、技術及び経済に関する情報に基づいて実施される。
  (a) 2の規定により提供される報告及び他の監視の情報
  (b) 前条の規定により提出される各国の報告
  (c) 次条の規定に従って定められる手続により提供される違反についての情報

第17条(違反) ((7-2)第18条と同じ)
第18条(紛争の解決) 1 ((7-2)第20条1と同じ)
2 地域的な経済統合のための機関でない締約国は、この条約の解釈又は適用に関する紛争について、同一の義務を受諾する締約国との関係において次の紛争解決手段の一方又は双方を義務的なものとして認めることをこの条約の批准、受諾若しくは承認若しくはこれへの加入の際に又はその後いつでも、寄託者に対し書面により宣言することができる。
  (a) 締約国会議ができる限り速やかに採択する手続による仲裁で附属書に定めるもの
  (b) 国際司法裁判所への紛争の付託
3 地域的な経済統合のための機関である締約国は、2(a)に規定する手続による仲裁に関して同様の効果を有する宣言を行うことができる。
4 2又は3の規定に基づいて行われる宣言は、当該宣言に付した期間が満了するまで又は書面による当該宣言の撤回の通告が寄託者に寄託された後3箇月が経過するまでの間、効力を有する。
5 ((7-2)第20条5と同じ)
6 ((7-2)第20条6を参照)

第19条(締約国会議) 1 この条約により締約国会議を設置する。
2 締約国会議の第1回会合は、国際連合環境計画事務局長がこの条約の効力発生の後1年以内に招集する。その後は、締約国会議の通常会合は、締約国会議が決定する一定の間隔で開催する。
3 ((7-2)第18条3と同じ)
4 ((7-2)第18条4と同じ)
5 締約国会議は、この条約の実施について絶えず検討し及び評価する。締約国会議は、この条約により課された任務を遂行するものとし、このため、次のことを行う。
  (a) 6に定める要請に応ずるほか、この条約の実施に必要と認める補助機関を設置すること。
  (b) ((7-2)第18条5(b)と同じ)
  (c) 第15条の規定に基づいて締約国に入手可能となったすべての情報を定期的に検討すること(第3条2(b)(iii)の規定の有効性についての検討を含む。)。
  (d) ((7-2)第18条5(c)と同じ)
6 締約国会議は、その第1回会合において、残留性有機汚染物質検討委員会という名称の補助機関であってこの条約により課された任務を遂行するものを設置する。これに関し、
  (a) 同委員会の委員は、締約国会議が任命する。同委員会は、化学物質の評価又は管理における政府が指定する専門家により構成される。同委員会の委員は、衡平な地理的配分に基づいて任命される。
  (b) ((7-2)第18条6(b)と同じ)
  (c) ((7-2)第18条6(c)を参照)
7 締約国会議は、その第3回会合において、第3条2(b)の手続を継続する必要性を評価する(その有効性についての検討を含む。)。
8 ((7-2)第18条7と同じ)

第20条(事務局) 1 この条約により事務局を設置する。
2 事務局は、次の任務を遂行する。
  (a) 締約国会議の会合及びその補助機関の会合を準備すること並びに必要に応じてこれらの会合に役務を提供すること。
  (b) 要請に応じ、締約国(特に開発途上締約国及び移行経済締約国)がこの条約を実施するに当たり、当該締約国に対する支援を円滑にすること。
  (c) 他の関係国際団体の事務局との必要な調整を行うこと。
  (d) 第15条の規定に基づいて受領した情報及び他の入手可能な情報に基づく定期的な報告を作成し及び締約国に入手可能にすること。
  (e) 締約国会議の全般的な指導の下に、事務局の任務の効果的な遂行のために必要な事務的な及び契約上の取決めを行うこと。
  (f) その他この条約に定める事務局の任務及び締約国会議が決定する任務を遂行すること。
3 この条約の事務局の任務は、締約国会議が、出席しかつ投票する締約国の4分の3以上の多数による議決により、一又は二以上の他の国際機関に事務局の任務を委任することについて決定しない限り、国際連合環境計画事務局長が遂行する。

第21条(この条約の改正) ((7-2)第21条と同じ)
第22条(附属書の採択及び改正) 1 この条約の附属書は、この条約の不可分の一部を成すものとし、「この条約」というときは、別段の明示の定めがない限り、附属書を含めていうものとする。
2 追加の附属書は、手続的、科学的、技術的又は事務的な事項に限定される。
3 この条約の追加の附属書の提案、採択及び効力

発生については、次の手続を適用する。
(a) 追加の附属書は、前条1から3までに定める手続を準用して提案され及び採択される。
(b) 締約国は、追加の附属書を受諾することができない場合には、その旨を、寄託者が当該追加の附属書の採択について通報した日から1年以内に、寄託者に対して書面により通告する。寄託者は、受領した通告をすべての締約国に遅滞なく通報する。締約国は、いつでも、先に行った追加の附属書を受諾しない旨の通告を撤回することができるものとし、この場合において、当該追加の附属書は、(c)の規定に従うことを条件として、当該締約国について効力を生ずる。
(c) 追加の附属書は、寄託者による当該追加の附属書の採択の通報の日から1年を経過した時に、(b)の規定に基づく通告を行わなかったすべての締約国について効力を生ずる。
4 附属書A、附属書B又は附属書Cの改正の提案、採択及び効力発生については、この条約の追加の附属書の提案、採択及び効力発生と同一の手続に従う。ただし、附属書A、附属書B又は附属書Cの改正が第25条4の規定に従ってこれらの附属書の改正に関する宣言を行った締約国について効力を生じない場合は、この限りでない。この場合には、当該改正は、その批准書、受諾書、承認書又は加入書を当該締約国が寄託者に寄託した日の後90日目の日に当該締約国について効力を生ずる。

5 附属書D、附属書E又は附属書Fの改正の提案、採択及び効力発生については、次の手続を適用する。
(a) 改正は、前条1及び2に定める手続に従って提案される。
(b) 締約国は、附属書D、附属書E又は附属書Fの改正に関してコンセンサス方式により決定を行う。
(c) 附属書D、附属書E又は附属書Fの改正についての決定は、寄託者が直ちに締約国に通報する。当該改正は、当該決定において定める日にすべての締約国について効力を生ずる。

6 追加の附属書又は附属書の改正がこの条約の改正に関連している場合には、当該追加の附属書又は附属書の改正は、この条約の当該改正が効力を生ずる時まで効力を生じない。

第23条(投票権) (略)
第24条(署名) (略)
第25条(批准、受諾、承認又は加入) (略)
第26条(効力発生) (略)
第27条(留保) ((7-2)第27条と同じ)
第28条(脱退) ((7-2)第28条と同じ)
第29条(寄託者) (略)
第30条(正文) (略)

附属書A 廃絶
第1部

化 学 物 質	活動	個 別 の 適 用 除 外
アルドリン(*) CAS番号309—00—2	製造 使用	なし 現地の外部寄生生物駆除剤　殺虫剤
クロルデン(*) CAS番号57—74—9	製造 使用	登録簿に掲げる締約国について認めることのできるもの 現地の外部寄生生物駆除剤　殺虫剤 シロアリ防除剤 建物及びダムにおいて使用するシロアリ防除剤 道路において使用するシロアリ防除剤 合板接着剤の添加物
ディルドリン(*) CAS番号60—57—1	製造 使用	なし 農作業における使用
エンドリン(*) CAS番号72—20—8	製造 使用	なし なし
ヘプタクロル(*) CAS番号76—44—8	製造 使用	なし シロアリ防除剤 家屋の構造物において使用するシロアリ防除剤 シロアリ防除剤(地下) 木材の処理 地下のケーブル用の箱における使用
ヘキサクロロベンゼン CAS番号118—74—1	製造 使用	登録簿に掲げる締約国について認めることのできるもの 中間体 駆除剤の溶剤

		閉鎖系の事業所内に限定して使用される中間体
マイレックス(*) CAS番号2385—85—5	製造	登録簿に掲げる締約国について認めることのできるもの
	使用	シロアリ防除剤
トキサフェン(*) CAS番号8001—35—2	製造	なし
	使用	なし
ポリ塩化ビフェニル(PCB)(*)	製造	なし
	使用	流通している物品(ただし、第2部の規定に従うものとする。)

注 釈
(i) 製品中及び物品中の意図的でない微量の汚染物質として生じている量の化学物質は、条約に別段の定めがある場合を除くほか、この附属書に掲げられているものとして取り扱わない。
(ii) この(ii)の規定は、第3条2の規定の適用上、製造及び使用についての個別の適用除外と解してはならない。ある化学物質に関連する義務についての効力発生の日以前に製造された又は既に流通している物品の成分として含有されている量の当該化学物質は、この附属書に掲げられているものとして取り扱わない。ただし、締約国が事務局に対し特定の種類の物品が当該締約国において現に流通していることを通告している場合に限る。事務局は、その通告を公に利用可能にする。
(iii) この(iii)の規定は、化学物質の欄において名称に星印が付された化学物質については適用せず、また、第3条2の規定の適用上、製造及び使用についての個別の適用除外と解してはならない。閉鎖系の事業所内に限定して使用される中間体の製造中及び使用中には有意量の化学物質が人及び環境に到達しないと仮定し、締約国は、事務局に対する通告により、附属書D1の基準を考慮して残留性有機汚染物質の特性を示さない他の化学物質の製造において化学的に変換される閉鎖系の事業所内に限定して使用される中間体として、この附属書に掲げる化学物質の製造及び使用を認めることができる。当該通告には、当該化学物質の製造及び使用全体に関する情報又は当該情報についての妥当な推定並びに閉鎖系の事業所内に限定された工程の性質に関する情報(原料としての残留性有機汚染物質による変換されずか意図的でない微量の汚染の量であって、最終的な製品に含有されるものに関する情報を含む。)を含む。この手続は、この附属書に別段の定めがある場合を除くほか、適用される。事務局は、当該通告を締約国会議及び公衆に利用可能にする。このような製造又は使用は、製造又は使用についての個別の適用除外と解してはならない。このような製造及び使用は、10年の期間を満了した後終了する。この場合において、関係締約国が事務局に新たな通告を送付したときは、締約国会議が当該製造及び使用についての検討の後に別段の決定を行わない限り、当該期間は、更に10年間延長される。この通告については、繰り返すことができる。
(iv) この附属書のすべての個別の適用除外については、すべての締約国が行使することのできる第2部の規定に基づく流通している物品に含有されるポリ塩化ビフェニルの使用についての例外を除き、第4条の規定に従い自国について適用除外を登録した締約国が行使することができる。

第2部 ポリ塩化ビフェニル

締約国は、次のことを行う。
(a) 機器(例えば、トランスフォーマー、コンデンサー又は液体を含有する他の容器)内におけるポリ塩化ビフェニルの使用を、締約国会議が検討することを条件として、2025年までに廃絶することに関し、次の優先度に従って措置をとること。
 (i) 10パーセントを超えるポリ塩化ビフェニルを含有し、かつ、容量が5リットルを超える機器を特定し、ラベル等により表示し及び当該機器の流通を中止するよう確固たる努力を払うこと。
 (ii) 0.05パーセントを超えるポリ塩化ビフェニルを含有し、かつ、容量が5リットルを超える機器を特定し、ラベル等により表示し及び当該機器の流通を中止するよう確固たる努力を払うこと。
 (iii) 0.005パーセントを超えるポリ塩化ビフェニルを含有し、かつ、容量が0.05リットルを超える機器を特定し及び当該機器の流通を中止するよう努めること。
(b) (a)の優先度に従い、ポリ塩化ビフェニルの使用を管理するため、曝(ばく)露及び危険を減少させる次の措置を促進すること。
 (i) 損傷しておらず、かつ、漏出していない機器内に限り、また、環境への放出による危険を最小限にし、かつ、速やかに是正することのできる区域内に限り使用すること。
 (ii) 食品又は飼料の製造又は加工に関連する区域にある機器内で使用しないこと。
 (iii) 学校及び病院を含む居住地域において使用する場合には、火災につながるおそれのある電気的な欠陥から保護するためのすべての妥当な措置をとり、及び漏出について機器の定期的な検査を行うこと。
(c) 第3条2の規定にかかわらず、(a)に規定するポリ塩化ビフェニルを含有する機器が、廃棄物の環境上適正な管理の目的による場合を除くほか、輸入又は輸出のいずれも行われないことを確保すること。
(d) 維持及び保守の業務を目的とする場合を除くほか、ポリ塩化ビフェニルを0.005パーセントを超えて含有する液体を他の機器に再利用

する目的で回収することを認めないこと。
(e) 第6条1の規定に従い、0.005パーセントを超えるポリ塩化ビフェニルを含有する液体及び0.005パーセントを超えるポリ塩化ビフェニルで汚染された機器について、できる限り速やかに、締約国会議が検討することを条件として、遅くとも2028年までに廃棄物の環境上適正な管理を行うことを目的とした確固たる努力を払うこと。
(f) 第1部注釈(ii)の規定の代わりに、ポリ塩化ビフェニルを0.005パーセントを超えて含有する他の物品(例えば、ケーブルのシース、硬化することにより水漏れを防止するための物質、塗装された物)を特定し及び当該物品を第6条1の規定に従って管理するよう努めること。
(g) 5年ごとにポリ塩化ビフェニルの廃絶についての進展に関する報告書を作成し、これを第15条の規定に従って締約国会議に提出すること。
(h) (g)に規定する報告書は、適当な場合には、締約国会議がポリ塩化ビフェニルに関する検討において考慮する。締約国会議は、この報告書を考慮して、5年間隔で又は適当なときは他の間隔で、ポリ塩化ビフェニルの廃絶に向けた進展について検討すること。

附属書B 制限
第1部

化学物質	活動	認めることのできる目的又は個別の適用除外
DDT(1・1・1―トリクロロ―2・2―ビス(4―クロロフェニル)エタン) CAS番号50―29―3	製造	認めることのできる目的 　疾病を媒介する動物の防除の用途(ただし、第2部の規定に従うものとする。) 個別の適用除外 　ジコホルの製造のための中間体 　中間体
	使用	認めることのできる目的 　疾病を媒介する動物の防除(ただし、第2部の規定に従うものとする。) 個別の適用除外 　ジコホルの製造 　中間体

注釈
(i) 製品中及び物品中の意図的でない微量の汚染物質として生じている量の化学物質は、条約に別段の定めがある場合を除くほか、この附属書に掲げられているものとして取り扱わない。
(ii) この(ii)の規定は、第3条2の規定の適用上、製造及び使用についての認めることのできる目的又は個別の適用除外と解してはならない。ある化学物質に関連する義務についての効力発生の日以前に製造された又は既に流通している物品の成分として含有されている量の当該化学物質は、この附属書に掲げられているものとして取り扱わない。ただし、締約国が事務局に対し特定の種類の物品が当該締約国において流通していることを通告した場合に限る。事務局は、その通告を公に利用可能にする。
(iii) この(iii)の規定は、第3条2の規定の適用上、製造及び使用についての個別の適用除外と解してはならない。閉鎖系の事業所内に限定して使用される中間体の製造中及び使用中には有意量の化学物質が人及び環境に到達しないと仮定し、締約国は、事務局に対する通告により、附属書D1の基準を考慮して残留性有機汚染物質の特性を示さない他の化学物質の製造において化学的に変換される閉鎖系の事業所内に限定して使用される中間体として、この附属書に掲げる化学物質の製造及び使用を認めることができる。当該通告には、当該化学物質の製造及び使用全体に関する情報又は当該情報についての妥当な推定並びに閉鎖系の事業所内に限定された工程の性質に関する情報(原料としての残留性有機汚染物質による変換されずかつ意図的でない微量の汚染の量であって、最終的な製品に含有されるものに関する情報を含む。)を含む。この手続は、この附属書に別段の定めがある場合を除き、適用される。事務局は、当該通告を締約国会議及び公衆に利用可能にする。このような製造又は使用は、製造又は使用についての個別の適用除外と解してはならない。このような製造及び使用は、10年の期間を満了した後終了する。この場合において、関係締約国が事務局に新たな通告を送付したときは、締約国会議が当該製造及び使用についての検討の後に別段の決定を行わない限り、当該期間は、更に10年間延長される。この通告については、繰り返すことができる。
(iv) この附属書のすべての個別の適用除外については、第4条の規定に従い自国について適用除外を登録した締約国が行使することができる

第2部　DDT(1・1・1―トリクロロ―2・2―ビス(4―クロロフェニル)エタン)

1　DDTの製造及び使用は、これを製造し又は使用する意思を事務局に通告した締約国以外の締約国について廃絶される。この条約によりDDT登録簿を作成するものとし、公衆に利用可能にする。事務局は、同登録簿を保管する。
2　締約国は、DDTの製造又は使用の目的をDDTの使用に関する世界保健機関の勧告及び指針に基づいた疾病を媒介する動物の防除に制限する。ただし、現地において安全で効果的かつ入手可能な代替品を有しない場合に限る。

3 DDT登録簿に掲げられていない締約国が疾病を媒介する動物の防除のためにDDTを必要とすることを決定する場合には、当該締約国は、その国名を同登録簿に直ちに追加するため、できる限り速やかに事務局に通告するものとし、同時に、世界保健機関に通報する。

4 DDTを使用する締約国は、事務局及び世界保健機関に対し、使用した量、その使用の条件及び自国の疾病の管理に係る戦略における関連性についての情報を、締約国会議が同機関と協議して決定する様式により、3年ごとに提供する。

5 締約国会議は、DDTの使用を減少させ及び究極的に廃絶することを目標として、次のことを奨励する。
 (a) DDTを使用する締約国が、第7条に定める実施計画の一部としての行動計画を作成し及び実施すること。この行動計画には、次のことを含む。
  (i) DDTの使用の目的が疾病を媒介する動物の防除に制限されることを確保するための規制その他の制度を設けること。
  (ii) 代替となる適切な製品、手法及び戦略(代替となるこれらのものの継続的な有効性を確保するための抵抗性の管理に係る戦略を含む。)を実現すること。
  (iii) 健康管理を強化し及び疾病の発生を減少させるための措置をとること。
 (b) 締約国が、その能力の範囲内で、DDTを使用する締約国のために、代替となる安全な化学製品及び非化学製品、手法並びに戦略であって、当該締約国の状況に適しており、かつ、疾病による人的及び経済的な負担の減少を目標とするものの研究及び開発を促進すること。代替案又は代替案の組合せを検討するときに特に考慮すべき要素には、そのような代替案に係る人の健康に対する危険性及び環境に及ぼす影響を含む。DDTの効果的な代替品は、人の健康及び環境に及ぼす危険を一層小さくし、当該締約国の状況に基づく疾病の防除に適し並びに監視に基づく資料によって裏付けられるものとする。

6 締約国会議は、その第1回会合において及びその後は少なくとも3年ごとに、世界保健機関と協議して、次の事項を含む利用可能な科学、技術、環境及び経済に関する情報に基づき、疾病を媒介する動物の防除のためのDDTの継続的な必要性を評価する。
 (a) DDTの製造及び使用並びに2に定める条件
 (b) DDTの代替品の利用可能性、適合性及び実際の適用
 (c) (b)に規定する代替品に依存する方向に安全に転換する国の能力を強化することについての進展

7 締約国は、事務局に対する書面による通告により、DDT登録簿からその国名をいつでも取り消すことができる。取消しは、当該通告において指定されている日に効力を生ずる。

附属書C 意図的でない生成
第1部 第5条の要件の対象となる残留性有機汚染物質

この附属書は、次の残留性有機汚染物質が人為的な発生源から意図的でなく生成され及び放出される場合について適用する。

化学物質
ポリ塩化ジベンゾ―パラ―ジオキシン及びポリ塩化ジベンゾフラン(PCDD/PCDF)
ヘキサクロロベンゼン(HCB)(CAS番号118―74―1)
ポリ塩化ビフェニル(PCB)

第2部 発生源の種類

ポリ塩化ジベンゾ―パラ―ジオキシン及びポリ塩化ジベンゾフラン、ヘキサクロロベンゼン並びにポリ塩化ビフェニルは、不完全燃焼又は化学反応の結果として、有機物及び塩素を伴う熱工程から意図的でなく生成され及び放出される。次の工業上の発生源の種類は、これらの化学物質による比較的多い量の生成及び環境への放出が行われる可能性を有する。
 (a) 一般廃棄物、有害廃棄物若しくは医療廃棄物又は下水汚泥の焼却炉(複合的な燃焼炉を含む。)
 (b) 有害廃棄物を燃焼させるセメント焼成炉
 (c) 塩素元素又は塩素元素を発生する化学物質を漂白に使用するパルプの製造
 (d) 冶(や)金工業における次の熱工程
  (i) 銅の二次製造
  (ii) 鉄鋼業の焼結炉
  (iii) アルミニウムの二次製造
  (iv) 亜鉛の二次製造

第3部 発生源の種類

ポリ塩化ジベンゾ―パラ―ジオキシン及びポリ塩化ジベンゾフラン、ヘキサクロロベンゼン並びにポリ塩化ビフェニルは、次のものを含む発生源の種類からも意図的でなく生成され及び放出されることがある。
 (a) 廃棄物の焼却炉を用いない焼却(埋立地の焼却を含む。)

(b) 第2部に規定していない冶(や)金工業における熱工程
(c) 住宅の燃焼源
(d) 化石燃料を燃焼させる設備及び工業用ボイラー
(e) 木材及び他のバイオマス燃料を燃焼させる施設
(f) 意図的でなく生成された残留性有機汚染物質を放出する特定の化学物質の製造工程(特にクロロフェノール及びクロラニルの製造)
(g) 火葬場
(h) 自動車(特に加鉛ガソリンを燃焼させるもの)
(i) 動物の死体の破壊処理
(j) 織物及び皮革のクロラニルによる染色及びアルカリの抽出による仕上げ
(k) 廃棄する車両の処理のための破砕施設
(l) 銅製のケーブルの焙(ばい)焼
(m) 廃油精製所

第4部 定義

1 この附属書の規定の適用上、
(a) 「ポリ塩化ビフェニル」とは、ビフェニル分子(炭素間単結合により結合した二のベンゼン環)上の水素原子が10以下の塩素原子によって置換される方法で形成される芳香族化合物をいう。
(b) 「ポリ塩化ジベンゾーパラージオキシン」及び「ポリ塩化ジベンゾフラン」とは、ポリ塩化ジベンゾーパラージオキシンについては二の酸素原子により、ポリ塩化ジベンゾフランについては一の酸素原子及び一の炭素間結合により結合した二のベンゼン環から形成される三環式の芳香族化合物で、水素原子が八以下の塩素原子によって置換されるものをいう。
2 この附属書において、ポリ塩化ジベンゾーパラージオキシン及びポリ塩化ジベンゾフランの毒性は、2・3・7・8―4塩化ジベンゾーパラージオキシンと比較してポリ塩化ジベンゾーパラージオキシン、ポリ塩化ジベンゾフラン及びコプラナーポリ塩化ビフェニルの異なる同族体の相対的なダイオキシン様の毒性活性を評価するものである毒性等量の概念を用いて表される。この条約の適用上使用される毒性等価係数は、1998年に世界保健機関により作られたポリ塩化ジベンゾーパラージオキシン、ポリ塩化ジベンゾフラン及びコプラナーポリ塩化ビフェニルに関する哺(ほ)乳類の毒性等価係数をはじめとする国際的に受け入れられている基準に従ったものとする。濃度は、毒性等量で表される。

第5部 利用可能な最良の技術及び環境のための最良の慣行に関する一般的な手引

この部は、第1部に掲げる化学物質の放出を防止し又は削減することに関し、締約国への一般的な手引を提供する。

A 利用可能な最良の技術及び環境のための最良の慣行の双方に関する一般的な防止措置

第1部に掲げる化学物質の生成及び放出を防止するための取組方法の検討を優先させるべきである。有用な措置には、次の事項を含むことができる。
(a) 廃棄物低減技術の利用
(b) 有害性の一層低い物質の使用
(c) 廃棄物並びに工程において生成され及び使用された物質の回収及び再生利用の促進
(d) 残留性有機汚染物質である原材料の代替又は原材料と発生源からの残留性有機汚染物質の放出との間に直接の関連を有する場合には当該原材料の代替
(e) 適切な管理及び防止のための保守の計画
(f) 廃棄物の焼却炉を用いない焼却その他の管理されていない焼却(埋立地の焼却を含む。)の終了を目的とした廃棄物の管理の改善。廃棄物の新たな処分施設を建設する提案の検討に当たっては、一般廃棄物及び医療廃棄物の発生を最小限にするための活動等の代替案(資源回収、再利用、再生利用、廃棄物の分別及び廃棄物の発生が一層少ない製品の推進を含む。)について検討すべきである。この取組方法の下では、公衆衛生上の懸念について注意深く検討すべきである。
(g) 製品中の汚染物質としての当該化学物質の最小化
(h) 塩素元素又は塩素元素を発生する化学物質による漂白の回避

B 利用可能な最良の技術

利用可能な最良の技術の概念は、特定の技術を定めることを目的とするものでなく、関連する設備の技術的特性、その地理的な位置及び現地の環境上の状況を考慮することを目的とするものである。第1部に掲げる化学物質の放出を削減するための適当な管理の技術は、一般的に同じである。利用可能な最良の技術を決定するに当たっては、措置の予想される費用及び効果並びに予防及び防止の検討に留意して、次の事項につき、一般的に又は特定の場合に特別な考慮を払うべきである。
(a) 一般的に払うべき考慮

(i) 関連する放出の性質、影響及び質量。技術は、発生源の規模によって変わり得る。
(ii) 新規又は既存の設備の稼働の日
(iii) 利用可能な最良の技術の導入に必要な時間
(iv) 工程において使用される原材料の消費及び性質並びにそのエネルギー効率
(v) 環境への放出の総体としての影響及び環境に対する危険を防止し又は最小限に減少させる必要性
(vi) 事故を防止し及び事故による環境への影響を最小限にする必要性
(vii) 職場における衛生及び安全を確保する必要性
(viii) 工業的規模で成功裡(り)に試験が行われた比較可能な工程、施設又は操作方法
(ix) 科学的な知見及び理解における技術の進歩及び変化

(b) 放出の一般的な削減措置

この附属書に掲げる化学物質を放出する工程を用いる新規の施設を建設し又は既存の施設を著しく改修する提案の検討に当たっては、類似の有用性を有する当該化学物質の生成及び放出を回避する代替的な工程、技術又は措置について優先的に検討すべきである。そのような施設を建設し又は著しく改修する場合には、Aに定める防止措置に加えて、次の削減措置についても、利用可能な最良の技術を決定するに当たって考慮することがある。

(i) 熱又は触媒による酸化、集じん、吸着等の煙道ガスの浄化のための改善された方法の利用
(ii) 残滓(し)、排水、廃棄物及び下水汚泥の処理(例えば、熱処理又は不活性化若しくは無毒化する化学工程によるもの)
(iii) 放出の削減又は廃絶につながる工程への変更(例えば、閉鎖系への移行)
(iv) 燃焼温度、滞留時間等の要素を管理することを通じて、燃焼を改善し、かつ、この附属書に掲げる化学物質の生成を防止するための工程の設計の修正

C 環境のための最良の慣行

締約国会議は、環境のための最良の慣行に関して手引を作成することができる。

附属書D　情報の要件及び選別のための基準
(略)

附属書E　危険性の概要に関する情報の要件
(略)

附属書F　社会経済上の検討に関する情報
(略)

附属書G　紛争解決のための仲裁及び調停の手続
(略)

〔編者注〕第1回締約国会議決定SC-1/2により追加

〔編者注〕この条約は、附属書が、締約国がとるべき具体的措置の詳細を定めていることから、その内容を示すためにこれらの附属書を所収した。所収した附属書の規定は、2001年の条約採択時のものである。附属書Aについては、2009年の第4回締約国会議(COP4)ではテトラブロモジフェニルエーテルなど九つの物質を追加する改正が、2011年の第5回締約国会議(COP5)ではエンドスルファンを追加する改正が採択された。附属書Bについては、COP4でペルフルオロオクタンスルホン酸(PFOS)など二つの物質を追加する改正が、附属書Cについては、COP4でペンタクロロベンゼンを追加する改正が採択された。附属書A、B、Cに記載されている物質とその規制の最新の情報については、ストックホルム条約ホームページ http://chm.pops.int を参照

7-4 水銀に関する水俣条約（水銀条約；水俣条約）
Minamata Convention on Mercury

作　　成　2013年10月10日（熊本）
効力発生
日 本 国

　この条約の締約国は、
　大気中を長距離移動する性質、ひとたび人為的に環境中に導入された場合に環境中に残留する性質、生態系において生物内に蓄積する可能性、並びに人の健康及び環境への重大な悪影響のために、水銀が地球規模で懸念される化学物質であることを認め、
　効率的かつ効果的で一貫性のある方法で水銀を管理するための国際的行動を開始することを決定した2009年2月20日の国際連合環境計画管理理事会決定25/5を想起し、
　国際連合持続可能な発展会議の成果文書「われわれが望む未来」の221の規定が、人の健康及び環境へのリスクに対処するために水銀に関する地球規模の法的拘束力のある文書に関する交渉の成功を求めていることを想起し、
　国際連合持続可能な発展会議が、環境及び発展に関するリオ宣言の諸原則（特に、共通に有しているが差異のある責任を含む。）を再確認していることを想起し、各国の状況及び能力、並びに地球規模の行動の必要性を確認し、
　特に発展途上国において、影響を受けやすい人々、特に女性及び子ども、並びに、これらのものを介して将来世代が水銀に曝露することによる健康上の懸念を認識し、
　水銀の生物濃縮及び伝統的な食品の汚染のために北極の生態系及び先住人民の社会が特に脆弱であることに留意し、並びにより一般的に水銀の影響に関して先住人民の社会について懸念し、
　水俣病の重要な教訓、特に水銀汚染に起因する深刻な健康及び環境への影響、並びに水銀の適切な管理及び将来においてこのような事態の発生を防止することを確保する必要性を認め、
　水銀の管理に対する国家の能力を強化し、及びこの条約の効果的な実施を促進するために、特に発展途上国及び市場経済移行国に対する資金、技術及び能力の開発に関する支援の重要性を強調し、
　水銀に関する人の健康の保護における世界保健機関の活動、並びに関連する多数国間環境協定の役割、特に、有害廃棄物の国境を越える移動及びその処分の規制に関するバーゼル条約、並びに国際貿易の対象となる特定の有害な化学物質及び駆除剤についての事前のかつ情報に基づく同意の手続に関するロッテルダム条約の役割も認識し、
　この条約と環境及び貿易の分野における他の国際協定とが相互に補完的であることを認め、
　この条約のいかなる規定も、現行の国際協定に基づく締約国の権利及び義務に影響を与えることを意図するものでないことを強調し、
　前項はこの条約と他の国際文書との間に序列を設けることを意図するものでないと理解し、
　この条約のいかなる規定も、締約国が、適用可能な国際法に基づく当該締約国の他の義務に従って、水銀への曝露から人の健康及び環境を保護することをめざして、この条約の規定と適合する追加的な国内措置をとることを妨げるものではないことに留意し、
　次のとおり協定した。

第1条（目的）　この条約は、水銀及び水銀化合物の人為的な排出及び放出から人の健康及び環境を保護することを目的とする。

第2条（定義）　この条約の適用上、
　（a）「人力及び小規模金採掘」とは、個人の採掘者又は資本投資及び生産が小規模である小規模企業が行う金採掘をいう。
　（b）「利用可能な最良の技術」とは、一の締約国又はその締約国の領域内の一の施設の経済的及び技術的状況を考慮して、大気、水及び土壌への水銀の排出並びに放出並びにそれらの排出及び放出の環境影響を全般的に防止し、並びにそれが実行可能でない場合には、これらを削減するための最も効果的な技術をいう。ここで、
　　（i）「最良の」とは、環境全体の保護を全般的に高い水準で達成するに当たり最も効果的であることをいう。
　　（ii）「利用可能な」技術とは、一の締約国又はその締約国の領域内の一の施設について、費用及び便益を考慮して、経済的及び技術的に実行可能な条件の下で関係する産業分野において実施することのできる規模で開発される技術をいう。それが当該締約国の

領域内で利用され又は製造されたものであるか否かは問わないが、施設の操業者にとって利用可能であると当該締約国が決定するものであることを条件とする。
　(iii)　「技術」とは、使用される技術、操作方法、並びに設備が設計され、建設され、維持され、操作され及び廃止される方法をいう。
(c)　「環境のための最良の慣行」とは、環境に関する規制措置及び戦略を最適な組合せで適用したものをいう。
(d)　「水銀」とは、元素水銀(Hg(0), CAS No. 7439-97-6)をいう。
(e)　「水銀化合物」とは、水銀の原子及び一又は二以上の他の化学元素の原子から構成される物質で、化学反応によってのみ異なる成分に分離できるものをいう。
(f)　「水銀添加製品」とは、意図的に添加された水銀若しくは水銀化合物を含有する製品又は製品の部品をいう。
(g)　「締約国」とは、この条約に拘束されることに同意し、かつ、自己についてこの条約の効力が生じている国又は地域的な経済統合のための機関をいう。
(h)　「出席し投票する締約国」とは、締約国会議に出席しかつ賛成票又は反対票を投ずる締約国をいう。
(i)　「水銀の一次採掘」とは、水銀を主要な対象とする採掘をいう。
(j)　「地域的な経済統合のための機関」とは、特定の地域の主権国家によって構成される機関であって、この条約が規律する事項に関しその加盟国から権限の委譲を受け、かつ、その内部手続に従いこの条約の署名、批准、受諾若しくは承認又はこれへの加入について正当な委任を受けたものをいう。
(k)　「認められる使用」とは、締約国によるこの条約に適合した水銀又は水銀化合物の使用(第3条、第4条、第5条、第6条及び第7条に適合した使用を含むが、これらに限定されない。)をいう。

第3条(水銀の供給源及び貿易)　1　この条の適用上、
(a)　「水銀」という用語には、全重量の95パーセント以上の水銀濃度を有する、水銀と他の物質との混合物(水銀合金を含む。)を含む。
(b)　「水銀化合物」とは、塩化第一水銀(カロメルとも呼ばれるもの)、酸化第二水銀、硫酸第二水銀、硝酸第二水銀、辰砂及び硫化水銀をいう。
2　この条の規定は、次のものには適用しない。
(a)　実験室規模の研究若しくは標準物質として

の目的で使用される量の水銀又は水銀化合物
(b)　非水銀金属、鉱石若しくは鉱物製品(石炭を含む。)といった製品、又はこれらの原料に由来する製品の中に自然に生じる微量の水銀若しくは水銀化合物、並びに化学製品中に非意図的に含まれる微量の水銀若しくは水銀化合物
(c)　水銀添加製品

3　締約国は、自己についてこの条約の効力が発生する日にその領域内で行われていなかった水銀の一次採掘を認めてはならない。
4　締約国は、自己についてこの条約の効力が発生する日にその領域内で行われていた水銀の一次採掘をその効力発生の日から15年を超えない期間に限って認める。当該期間中は、かかる採掘からの水銀は、第4条の規定に従った水銀添加製品の製造、第7条の規定に従った製造工程においてのみ使用されるか、又は資源回収、再生利用、回収利用、直接再利用又は代替的利用とならない作業を用いて、第11条の規定に従って処分される。
5　締約国は、次のことを行う。
(a)　50メートルトンを超える水銀又は水銀化合物の個別の在庫及び年当たり10メートルトンを超える在庫を生じさせる水銀供給源であって、その締約国の領域内に所在するものを特定するよう努力すること。
(b)　塩素アルカリ施設の廃止から生ずる余剰水銀が利用可能であると締約国が判断した場合には、かかる水銀が、資源回収、再生利用、回収利用、直接再利用又は代替的利用とならない作業を用いて、第11条3(a)に規定する環境上適正な管理のための指針に従って処分されるよう確保するための措置をとること。
6　締約国は、次の場合を除き、水銀の輸出を認めてはならない。
(a)　書面による同意を輸出締約国に提出した締約国への輸出であって、次の目的に限って行われる輸出である場合
　(i)　この条約に基づき当該輸入締約国に認められる使用
　(ii)　第10条に規定する環境上適正な暫定的保管
(b)　次のことを証明する文書を含む書面による同意を輸出締約国に提出した非締約国への輸出の場合
　(i)　当該非締約国が、人の健康及び環境の保護を確保し、並びに第10条及び第11条の規定の遵守を確保する措置を設けていること、

並びに、
(ii) かかる水銀が、この条約に基づき締約国に認められる使用又は第10条に規定する環境上適正な暫定的保管のためにのみに使用されること。
7 輸出締約国は、輸入する締約国又は非締約国が事務局に行う一般的な通告を、6の規定により義務付けられる書面による同意として用いることができる。かかる一般的な通告には、輸入する締約国又は非締約国がその同意を与える条件を規定する。当該通告は、当該の締約国又は非締約国によっていつでも撤回できる。事務局は、かかる全ての通告の公開登録簿を管理する。
8 締約国は、当該締約国が書面による同意を提出しても非締約国からの水銀の輸入を認めてはならない。ただし、当該非締約国が、当該水銀が3又は5(b)の規定に基づいて認められない供給源と特定されたものに由来する水銀ではないとの証明を提示した場合を除く。
9 7の規定に基づき一般的な同意の通告を提出した締約国は、8の規定を適用しないことを決定することができる。ただし、当該締約国が、水銀の輸出に関する包括的な制限を維持し、及び環境上適正な方法で輸入された水銀を管理することを確保する国内措置を設けていることを条件とする。当該締約国は、その決定に関する通告(当該国の輸出制限及び国内規制措置を説明する情報、並びに非締約国から輸入される水銀の量及び供給国に関する情報を含む。)を事務局に提出する。事務局は、全てのかかる通告の公開の登録簿を管理する。実施及び遵守委員会は、第15条の規定に従って、かかる通告及びその裏付けとなる情報を審査し及び評価し、並びに、適当な場合には締約国会議に勧告を行うことができる。
10 9の規定に定める手続は、締約国会議の第2回会合の終了まで利用できるものとする。
その後は、出席し投票する締約国の単純多数によって締約国会議が別段の決定を行わない限り、当該手続は利用できなくなる。ただし、締約国会議の第2回会合の終わりまでに9の規定に基づく通告を提出した締約国についてはこの限りではない。
11 締約国は、第21条の規定に従って提出する報告書に、この条の条件が満たされていることを示す情報を含める。
12 締約国会議は、第1回会合において、この条の規定、特に5(a)、6及び8の規定についてさらに指針を与え、並びに、6(b)及び8の規定に定める証明に記載を求める内容について作成し及び採択する。
13 締約国会議は、特定の水銀化合物の貿易がこの条約の目的を損なうか否かを評価し、並びに、特定の水銀化合物について、第27条の規定に従って採択する追加の附属書に当該水銀化合物を記載することによって、6及び8の規定の対象とすべきか否かを検討する。

第4条(水銀添加製品) 1 締約国は、適当な措置をとることにより、附属書A第I部に記載する水銀添加製品について定める段階的廃止の日以降、当該製品を製造し、輸入し又は輸出することを認めてはならない。ただし、附属書Aにおいて適用除外を定めている場合、又は、当該締約国が第6条の規定に従って適用除外を登録している場合を除く。
2 締約国は、1の規定の代わりとして、批准の際に又は自己について附属書Aの改正の効力が生じる際に、附属書A第I部に掲げる製品について取り扱う異なる措置又は戦略を実施することを示すことができる。締約国は、自国が附属書A第I部に掲げる製品の大部分についてその製造、輸入及び輸出を最小限の(de minimis)水準にまで既に減少させていること、並びに、この代わりの措置を用いる決定を事務局に通告する時点で、附属書A第I部に掲げられていない追加的製品における水銀の使用を削減する措置又は戦略を実施していることを証明できる場合に限って、この代わりの措置を選択することができる。加えて、この代わりの措置を選択する締約国は、次のことを行う。
(a) 最初の機会に、実施する措置又は戦略(達成された削減量を含む。)の説明を締約国会議に報告すること。
(b) 附属書A第I部に掲げる製品であって、最小限の値になお達していないものにおける水銀の使用を削減する措置又は戦略を実施すること。
(c) さらなる削減を達成するための追加的措置を検討すること。
(d) この代わりの措置を選択する製品分類については、第6条の規定に従って適用除外を要請することはできない。
この条約の効力発生の日から5年以内に、締約国会議は、8の規定に基づく再検討プロセスの一部として、この項の規定に基づきとられた措置の進捗状況及び有効性を検討する。
3 締約国は、附属書A第II部に掲げる水銀添加製品について当該附属書に定める規定に従って措置

4 事務局は、締約国が提供する情報に基づいて、水銀添加製品及びそれらの代替に関する情報を収集し及び維持し、並びに、これらの情報を広く利用可能とする。事務局はまた、締約国が提出するいかなる他の関連情報も広く利用可能とする。
5 締約国は、この条の規定に基づきその製造、輸入及び輸出が認められていない水銀添加製品が組立製品に組み込まれることを防止する措置をとる。
6 締約国は、自己についてこの条約の効力が生ずる日の前に水銀添加製品の使用として知られていなかった水銀添加製品の製造及び商業的流通を抑制する。ただし、当該製品のリスクと便益の評価が環境又は人の健康への便益があることを証明する場合を除く。締約国は、適当な場合にはかかるいずれかの製品に関する情報(当該製品の環境及び人の健康へのリスク並びに便益に関する情報を含む。)を事務局に提出する。事務局は、かかる情報を広く利用可能とする。
7 いずれの締約国も、附属書Cに水銀添加製品を記載する提案を事務局に提出することができる。当該提案には、4の規定に基づく情報に考慮を払って、水銀を使用しない当該製品の代替の利用可能性、技術的及び経済的な実行可能性、並びに、当該代替の環境及び人の健康へのリスク及び便益に関する情報を含める。
8 この条約の効力発生の日から5年以内に、締約国会議は、附属書Aを再検討するものとし、第27条の規定に従って当該附属書の改正を検討することができる。
9 8の規定に従って附属書Aを再検討するに当たり、締約国会議は、少なくとも次のことを考慮する。
   (a) 7の規定に基づき提出された提案
   (b) 4の規定に従って利用可能となる情報
   (c) 環境及び人の健康へのリスク並びに便益を考慮し、技術的及び経済的に実行可能な、水銀を使用しない代替の締約国にとっての利用可能性

第5条(水銀又は水銀化合物を使用する製造工程) 1 この条及び附属書Bの適用上、水銀又は水銀化合物を使用する製造工程には、水銀添加製品を使用する工程、水銀添加製品を製造する工程又は水銀を含有する廃棄物を処理する工程を含まない。
2 締約国は、適当な措置をとることにより、個別の工程について附属書B第I部に定める段階的廃止の日以降、当該附属書に記載する製造工程において水銀又は水銀化合物を使用することを認めてはならない。ただし、当該締約国が第6条の規定に従って適用除外を登録している場合を除く。
3 締約国は、附属書B第II部に掲げる工程における水銀又は水銀化合物の使用を当該附属書に定める規定に従って制限する措置をとる。
4 事務局は、締約国が提供する情報に基づいて、水銀又は水銀化合物を使用する工程並びにその代替に関する情報を収集し及び維持し、並びに、これらの情報を広く利用可能とする。締約国は他の関連情報も提出することができ、事務局はこれらの情報を広く利用可能とする。
5 附属書Bに掲げる製造工程において水銀又は水銀化合物を使用する一又は二以上の施設を有する締約国は、次のことを行う。
   (a) これらの施設からの水銀又は水銀化合物の排出及び放出に対処する措置をとること。
   (b) 第21条の規定に従って提出する報告書に、この項の規定に従ってとった措置に関する情報を含めること。
   (c) 自国の領域内において、附属書Bに掲げる工程について水銀又は水銀化合物を使用する施設を特定するよう努め、並びに当該締約国についてこの条約の効力発生の日から3年以内に、これらの施設の数及び種類、並びにこれらの施設において使用される水銀又は水銀化合物の年間の推計量に関する情報を事務局に提出すること。事務局はこの情報を広く利用可能とする。
6 締約国は、附属書Bに掲げる製造工程を使用する施設であって、かつ当該締約国についてこの条約が効力を生ずる日の前に存在していなかったものにおいて、水銀又は水銀化合物の使用を認めてはならない。いかなる適用除外もかかる施設には適用しない。
7 締約国は、この条約の効力発生の日の前に存在していなかった、水銀又は水銀化合物を意図的に使用する他の製造工程を使用する施設の開発を抑制する。ただし、当該製造工程が著しい環境及び健康への便益をもたらすこと、並びにかかる便益をもたらす、技術的及び経済的に実行可能な、水銀を使用しない利用可能な代替が存在しないことを締約国会議が満足するように当該締約国が証明できる場合を除く。
8 締約国は、関連する新しい技術の開発、経済的及び技術的に実行可能で水銀を使用しない代替、並びに附属書Bに掲げる製造工程における水銀及び水銀化合物の使用、並びに当該製造工程から

の水銀及び水銀化合物の排出及び放出を削減し、並びに可能な場合にはそれらをなくすために用いることができる措置及び技術に関する情報を交換することが奨励される。
9 いかなる締約国も、水銀又は水銀化合物を使用する製造工程を掲載するために附属書Bを改正する提案を提出することができる。締約国は、当該工程について水銀を使用しない代替の利用可能性、技術的及び経済的な実行可能性、並びに環境及び人の健康へのリスク及び便益に関する情報を含める。
10 この条約の効力発生の日から5年以内に、締約国会議は、附属書Bを再検討するものとし、第27条の規定に従って附属書の改正を検討することができる。
11 10の規定に従って行う附属書Bの再検討において、締約国会議は、少なくとも次のことを考慮する。
  (a) 9の規定に基づき提出された提案
  (b) 4の規定に基づき利用可能とされた情報
  (c) 環境及び人の健康へのリスク並びに便益を考慮し、技術的及び経済的に実行可能性な水銀を使用しない代替の締約国にとっての利用可能性

第6条(要請に応じて締約国に利用可能となる適用除外) 1 いずれの国又は地域的な経済統合のための機関も、次のいずれかの機会に書面により事務局に通告することにより、附属書A及び附属書Bに掲げる段階的廃止の日について一又は二以上の適用除外(以下、「適用除外」という。)を登録することができる。
  (a) この条約の締約国になるとき
  (b) 附属書Aの改正により水銀添加製品が追加される場合、又は附属書Bの改正により水銀が使用される製造工程が追加される場合、適用される改正が当該締約国について効力を発生する日まで
  いかなるこれらの登録にも、当該締約国が適用除外を必要とする理由を説明する陳述書を添付する。
2 適用除外は、附属書A若しくは附属書Bに掲げる分類のいずれか、又は国若しくは地域的な経済統合のための機関が特定する小分類のいずれかについて登録することができる。
3 一又は二以上の適用除外を有する締約国は、登録簿において特定する。事務局は、登録簿を設け、及び維持し、並びに公衆に利用可能とする。
4 登録簿には次のものを含める。
  (a) 一又は二以上の適用除外を有する締約国の一覧表
  (b) 各締約国について登録された適用除外
  (c) 各適用除外の終了の日
5 より短い期間を締約国が登録簿において示さない限り、1の規定に従う全ての適用除外は、附属書A又は附属書Bに掲げる関連する段階的廃止の日から5年後に終了する。
6 締約国会議は、締約国の要請によって、その締約国がより短い期間を要請しない限り、5年間適用除外を延長することを決定できる。この決定を行うに当たり、締約国会議は、次のものに妥当な考慮を払う。
  (a) 適用除外を延長する必要性が正当であることを理由づけ、並びにできる限り速やかに適用除外の必要をなくすためにとられ及び計画されている活動を概括する締約国からの報告書
  (b) 利用可能な情報(水銀を使用しないか、又は適用除外した使用より少ない水銀を使用する代替の製品及び工程の利用可能性に関するものを含む。)
  (c) 水銀の環境上適正な保管及び水銀廃棄物の処分をもたらす計画中又は進行中の活動
  適用除外は、一つの製品につき、その段階的廃止の日を1回のみ延長することができる。
7 締約国は、事務局に書面で通告することにより、適用除外をいつでも撤回することができる。適用除外の撤回は、当該通告に規定する日に効力を生ずる。
8 1の規定にかかわらず、いかなる国又は地域的な経済統合のための機関も附属書A又は附属書Bに掲げる関連する製品又は工程について、その段階的廃止の日から5年で、適用除外の登録はできなくなる。ただし、6の規定に従って延長を認められることによって、一又は二以上の締約国が、当該製品又は工程について引き続き適用除外に登録される場合を除く。その場合、国又は地域的な経済統合のための機関は、1(a)及び(b)の規定に定める機会に、当該製品又は工程について適用除外を登録することができるが、その適用除外は、関係する段階的廃止の日から10年で終了する。
9 いかなる締約国も、附属書A若しくは附属書Bに掲げる製品又は工程の段階的廃止の日から10年の後には適用除外を適用することはできない。

第7条(人力及び小規模金採掘) 1 この条及び附属書Cに定める措置は、人力及び小規模金採掘並びに加工であって、鉱石から金を抽出するために水銀アマルガム法を使用するものに適用する。

2 その領域内においてこの条の対象となる人力及び小規模金採掘並びに加工を有する締約国は、かかる採掘及び加工における水銀及び水銀化合物の使用、並びにかかる採掘及び加工からの環境への水銀の排出及び放出を削減し、並びに可能であればなくすための措置をとる。
3 締約国は、自国の領域内の人力及び小規模金採掘並びに加工が取るに足りない水準をこえると決定する時はいつでも、事務局に通告する。かかる決定を行う場合には、当該締約国は、次のことを行う。
　(a) 附属書Cに従って、国家行動計画を作成し、及び実施すること。
　(b) この条約の効力発生の日から3年、又は事務局への通告から3年のいずれか遅い日までに、自国の国家行動計画を事務局に提出すること。
　(c) その後は、この条の規定に基づく義務を履行するに当たってなされた進歩の状況を3年ごとに検討を行い、第21条の規定に従って提出される報告書にその検討結果を含めること。
4 締約国は、この条の目標を達成するために、適当な場合には、締約国間で、並びに関係する政府間機関及びその他の団体と協力することができる。そのような協力には次のことを含めることができる。
　(a) 水銀又は水銀化合物を人力及び小規模金採掘並びに加工における使用に転換することを防止する戦略の立案
　(b) 教育、アウトリーチ及び能力の開発の推進戦略
　(c) 持続可能で水銀を使用しない代替となる慣行の研究の推進
　(d) 技術的及び資金的支援の提供
　(e) この条約に基づく約束の履行を支援するためのパートナーシップ
　(f) 環境上、技術上、社会上及び経済上実行可能な知識、環境のための最良の慣行並びに代替技術を促進する現存の情報交換メカニズムの利用

第8条(排出) 1 この条は、附属書Dに掲げる発生源分類に該当する点発生源(point source)からの排出を規制する措置を通じて、水銀及び水銀化合物(しばしば「全水銀」と呼ばれる。)の大気中への排出を規制し、並びに可能な場合削減することに関するものである。
2 この条の適用上、
　(a) 「排出」とは、水銀又は水銀化合物の大気への排出をいう。
　(b) 「関係する発生源」とは、附属書Dに掲げる発生源分類の一に該当する発生源をいう。締約国は、自ら選択すれば、附属書Dに掲げる発生源分類の対象となる発生源を特定するための基準を設定することができる。ただし、いずれの分類に関する基準も当該分類からの排出の少なくとも75パーセントを対象とすることを条件とする。
　(c) 「新規の発生源」とは、附属書Dに掲げる分類に含まれる関係する発生源であって、その建設又は相当な変更が次の日から少なくとも1年の後に開始されたものをいう。
　　(i) 関係締約国についてこの条約の効力発生の日
　　(ii) 当該発生源が附属書Dの改正によって初めてこの条約の規定の対象となる場合、関係締約国について当該改正の効力発生の日
　(d) 「相当な変更」とは、排出量を著しく増加させることとなる関係する発生源の変更をいう。ただし、副産物の資源回収から生じる排出の変化は除く。変更が相当であるか否かについては当該締約国が決定することとする。
　(e) 「現存の発生源」とは、新規の発生源ではない関係する発生源をいう。
　(f) 「排出限度値」とは、点発生源から排出される水銀若しくは水銀化合物(しばしば「全水銀」と呼ばれる。)の濃度、量、又は排出率に設定する限度値をいう。
3 関係する発生源を有する締約国は、排出を規制するための措置をとるものとし、排出を規制するためにとる措置並びに想定する対象、目標及び結果を規定する国家計画を作成することができる。いかなる計画も、当該締約国についてこの条約が効力を生ずる日から4年以内に締約国会議に提出する。締約国が第20条の規定に従って実施計画を作成する場合、当該締約国は、この項の規定に従って作成する計画をその実施計画に含めることができる。
4 新規の発生源について、締約国は、できる限り速やかに、かつ当該締約国についてこの条約の効力発生の日から5年以内に、排出を規制し、及び可能な場合には排出を削減するために利用可能な最良の技術、並びに環境のための最良の慣行を使用することを義務づける。締約国は、利用な可能な最良の技術の適用と両立する排出限度値を使用することができる。
5 現存の発生源について、締約国は、できる限り速やかに、かつ当該締約国についてこの条約の効力発生の日から10年以内に、次に掲げる措置のうち一又は二以上のものを、当該締約国の国

家計画に含め、並びに実施する。その際、その国の状況並びに当該措置の経済的及び技術的実行可能性並びに入手可能性を考慮する。
　(a)　関係する発生源からの排出を規制し、及び可能な場合には排出を削減するための数値目標
　(b)　関係する発生源からの排出を規制し、及び可能な場合には排出を削減するための排出限度値
　(c)　関係する発生源からの排出を規制する利用可能な最良の技術及び環境のための最良の慣行の適用
　(d)　水銀の排出の規制にも相乗的に便益をもたらす複数汚染物質規制戦略
　(e)　関係する発生源からの排出削減のための代替措置
6　締約国は、すべての現存の関係する発生源に同一の措置を適用することができ、又は異なる発生源分類について異なる措置を採用することができる。それは、締約国が適用する措置が、排出の削減について次第に合理的な進捗を達成することを目的とするものである。
7　締約国は、できる限り速やかに、かつ遅くとも当該締約国についてこの条約の効力発生の日から5年以内に、関係する発生源からの排出目録を作成し、その後はそれを維持する。
8　締約国会議は、第1回会合において、次の事項に関する指針を採択する。
　　利用可能な最良の技術及び環境のための最良の慣行。その採択に当たっては、新規及び現存の発生源の間の差異、並びに環境媒体横断的な影響を最小化する必要性を考慮する。
　　5に規定する措置の実施、特に目標の決定及び排出限度値の設定を行うに当たっての締約国への支援
9　締約国会議は、できる限り速やかに、次の事項に関する指針を採択する。
　(a)　締約国が2(b)の規定に従って作成することがある基準
　(b)　排出目録を作成する方法
10　締約国会議は、8及び9の規定に従って作成する指針を絶えず検討し、適当な場合には更新する。締約国は、この条の関連する規定を実施するに当たり、当該指針を考慮する。
11　締約国は、第21条の規定に従って提出する報告書の中に、この条の実施に関する情報、特に4ないし6の規定に従ってとった措置及びその効果に関する情報を含める。

第9条（放出）　1　この条は、この条約の他の規定において取り扱われていない関係する点発生源からの土壌及び水への水銀及び水銀化合物（しばしば「全水銀」と呼ばれる。）の放出を規制し、並びに可能な場合削減することに関するものである。
2　この条の適用上、
　(a)　「放出」とは、水銀若しくは水銀化合物の土壌又は水への放出をいう。
　(b)　「関係する発生源」とは、著しい人為的放出を生じると締約国が特定する点発生源であって、この条約の他の規定において取り扱われていないものをいう。
　(c)　「新規の発生源」とは、関係する発生源であって、その建設又は相当な変更が、関係締約国についてこの条約の効力発生の日から少なくとも1年の後に開始されたものをいう。
　(d)　「相当な変更」とは、放出量を著しく増加させることとなる関係する発生源の変更をいう。ただし、副産物の資源回収から生じる放出の変化は除く。変更が相当か否かについては当該締約国が決定することとする。
　(e)　「現存の発生源」とは、新規の発生源ではない関係する発生源をいう。
　(f)　「放出限度値」とは、点発生源から放出される、水銀若しくは水銀化合物（しばしば「全水銀」と呼ばれる。）の濃度又は量に設定する限度値をいう。
3　締約国は、自己についてこの条約の効力発生の日から3年以内に、及びその後は定期的に、関係する点発生源分類を特定する。
4　関係する発生源を有する締約国は、放出を規制するための措置をとるものとし、放出を規制するためにとる措置並びに想定する対象、目標及び結果を規定する国家計画を作成することができる。いかなる計画も、当該締約国についてこの条約が効力を生ずる日から4年以内に締約国会議に提出する。締約国が第20条の規定に従って実施計画を作成する場合、当該締約国は、この項の規定に従って作成する計画をその実施計画に含めることができる。
5　当該措置には、適当な場合には次に掲げる措置のうち一又は二以上のものを含む。
　(a)　関係する発生源からの放出を規制し、及び可能な場合には放出を削減するための放出限度値
　(b)　関係する発生源からの放出を規制する利用可能な最良の技術及び環境のための最良の慣行の適用
　(c)　水銀の放出の規制に共便益をもたらす複数汚染物質規制戦略

(d)　関係する発生源からの放出削減のための代替措置
6　締約国は、できる限り速やかに、かつ遅くとも当該締約国についてこの条約の効力発生の日から5年以内に関係する発生源からの放出目録を作成し、その後はそれを維持する。
7　締約国会議は、できる限り速やかに、次の事項に関する指針を採択する。
　　(a)　利用可能な最良の技術及び環境のための最良の慣行。その採択に当たっては、新規及び現存の発生源の間の差異、並びに環境媒体横断的な影響を最小化する必要性を考慮する。
　　(b)　放出目録を作成する方法
8　締約国は、第21条の規定に従って提出する報告書の中に、この条の実施に関する情報、特に3ないし6の規定に従ってとった措置及びその効果に関する情報を含める。

第10条(廃棄物水銀以外の水銀の環境上適正な暫定的保管)　1　この条は、第3条に定める水銀及び水銀化合物であって、第11条に規定する水銀廃棄物の定義の意味するところに該当しないものの暫定的保管に適用する。
2　締約国は、3の規定に従って採択される指針を考慮し、かつ、同規定に従って採択される要件に従って、この条約に基づいて締約国に認められる使用のための水銀及び水銀化合物の暫定的保管が、環境上適切な方法で行われることを確保するための措置をとる。
3　締約国会議は、有害廃棄物の国境を越える移動及びその処分の規制に関するバーゼル条約に基づき作成された関連する指針及び他の関連する手引を考慮して、かかる水銀及び水銀化合物の環境上適正な暫定的保管に関する指針を採択する。締約国会議は、暫定的保管に関する条件を、第27条の規定に従ってこの条約の追加附属書の形で採択することができる。
4　締約国は、かかる水銀及び水銀化合物の環境上適正な暫定的保管のための能力の開発を促進するために、適当な場合には、締約国間で、並びに関係する政府間機関及びその他の団体と協力する。

第11条(水銀廃棄物)　1　有害廃棄物の国境を越える移動及びその処分の規制に関するバーゼル条約の関連する定義は、バーゼル条約の締約国について、この条約の対象となる廃棄物に適用する。バーゼル条約の締約国でないこの条約の締約国は、バーゼル条約のこれらの定義をこの条約に基づき対象となる廃棄物に適用する指針として使用する。

2　この条約の適用上、水銀廃棄物とは、次のいずれかの物質又は物体であって、締約国会議が、調和のとれた方法でバーゼル条約の関連機関と連携して定める関連する閾値を超える量のもので、かつ、国内法若しくはこの条約の規定により処分されるか、処分が意図されるか又は処分が義務づけられるものをいう。
　　(a)　水銀又は水銀化合物から構成される物質又は物体
　　(b)　水銀又は水銀化合物を含有する物質又は物体
　　(c)　水銀又は水銀化合物によって汚染されている物質又は物体
　　この定義には、採鉱から生ずる表土、廃岩及び尾鉱(水銀の一次採掘からのものを除く。)を含まない。ただし、締約国会議が定める閾値を超える水銀又は水銀化合物を含有する場合は除く。
3　締約国は、水銀廃棄物が次のように取り扱われるよう適切な措置をとる。
　　(a)　バーゼル条約に基づき作成された指針を考慮し、かつ第27条の規定に従って締約国会議が追加附属書の形で採択する条件に従って、環境上適正な方法で管理されること。これらの条件の策定に当たり、締約国会議は、締約国の廃棄物管理の規制及びプログラムを考慮する。
　　(b)　この条約に基づき締約国に認められる、又は3(a)の規定に従って行われる環境上適正な処分のためにのみ、資源回収、再生利用、回収利用又は直接再利用がなされること
　　(c)　バーゼル条約の締約国については、この条及びバーゼル条約の規定を遵守して環境上適正な処分のためになされる場合を除き、国境を越えて運搬がされないこと。バーゼル条約が国境を越える運搬に適用されない場合には、締約国は、関連する国際的な規則、基準及び指針を考慮した場合のみかかる運搬を認める。
4　締約国会議は、3(a)の規定に定める指針の再検討、及び適当な場合には更新において、バーゼル条約の関係機関と緊密に協力するよう努力する。
5　締約国は、水銀廃棄物を環境上適正な方法で管理するための世界的な、地域的な及び各国の能力を開発し、及び維持するために、適当な場合には、締約国間で、並びに関係する政府間機関及びその他の団体と協力することが奨励される。

第12条(汚染地)　1　締約国は、水銀又は水銀化合物により汚染された用地を特定し、及び評価するための適切な戦略を作成するよう努める。

2 かかる汚染によりもたらされるリスクを減じるためのいかなる行動も、適当な場合、当該汚染地が含有する水銀又は水銀化合物からの人の健康及び環境へのリスクの評価を組み入れて、環境上適正な方法で行う。

3 締約国会議は、汚染地の管理に関する指針を採択する。その指針には次の事項に関する方法及びアプローチを含むことができる。
   (a) 汚染地の特定及び特性評価
   (b) 公衆の関与
   (c) 人の健康及び環境へのリスクの評価
   (d) 汚染地により生じるリスクを管理する選択肢
   (e) 便益及び費用の評価
   (f) 成果の確認

4 締約国は、汚染地を特定し、評価し、優先順位をつけ、管理し、及び適当な場合には修復するための戦略を作成し、及びそのための活動を実施する上で協力することが奨励される。

第13条（資金及び資金供与の制度） 1 締約国は、その能力の範囲内で、自国の国家政策、優先度、計画及びプログラムに従い、この条約を実施するための各国の活動に関して資金を提供することを約束する。かかる資金には、関連する政策、開発戦略及び国家予算を通じた国内の資金供与、並びに二国間及び多国間の資金供与、並びに民間部門の関与を含むことができる。

2 発展途上国によるこの条約の実施の全体的な有効性は、この条の効果的な実施に関連する。

3 資金、技術支援及び技術移転に関するこの条約の実施において発展途上締約国を支援してその水銀に関する活動を強化し及び拡大するために、多数国間の、地域的な及び二国間の資金及び技術の支援の財源、並びに能力の開発及び技術移転が、緊急に奨励される。

4 締約国は、資金供与に関するその行動において、小島嶼発展途上国又は後発発展途上国である締約国の特定のニーズ及び特別な状況を十分に考慮する。

5 十分で、予測可能でかつ時宜にかなった資金のための制度をここに定める。この制度は、発展途上締約国及び市場経済移行締約国がこの条約に基づく義務を実施するのを支援するものである。

6 この制度には、次のものを含む。
   (a) 地球環境ファシリティー信託基金
   (b) 能力の開発及び技術支援を支える特定の国際的プログラム

7 地球環境ファシリティー信託基金は、締約国会議が合意したこの条約の実施を支援する費用を負担するため、新規の、予測可能な、十分でかつ時宜に適した資金を提供する。この条約の目的のため、地球環境ファシリティー信託基金は、締約国会議の指導の下で運営され、かつ、締約国会議に対して責任を負う。締約国会議は、資金へのアクセス及び資金の利用のための総合的な戦略、政策、プログラムの優先度並びに資格に関する指針を提供する。加えて、締約国会議は、地球環境ファシリティー信託基金から支援を受けることができる活動分類の例示的リストに関する指針を提供する。地球環境ファシリティー信託基金は、地球規模の環境の便益のための合意された増加費用及びそれを可能とするいくつかの活動のための合意されたすべての費用を負担する資金を提供する。

8 活動に資金を提供するに当たり、地球環境ファシリティー信託基金は、提案される活動の費用に対応する潜在的な水銀の削減量を考慮すべきである。

9 この条約の目的のため、6(b)に規定する当該プログラムは、締約国会議の指導の下で運営され、かつ、締約国会議に対して責任を負う。締約国会議は、第1回会合において、当該プログラムを運営する機関を決定し、その機関は現存の団体であるものとする。締約国会議はまたその機関に指導（その期間に関するものを含む。）を与える。全ての締約国及び他の関連する利害関係者は、任意で、当該プログラムへの資金提供を行うよう奨励される。

10 締約国会議及び当該制度を構成する主体は、締約国会議の第1回会合において、1ないし9の規定を実施するための取決めについて合意する。

11 締約国会議は、第3回会合までに及びその後は定期的に、資金供与の水準、この条の規定に基づいて設けられる当該制度の運営を委託された組織に締約国会議が行う指導、並びに当該制度が発展途上締約国及び移行経済締約国の変化するニーズに対処する能力について再検討する。締約国会議は、この再検討に基づき、当該制度の有効性を高めるために適切な措置をとる。

12 全ての締約国は、その能力の範囲内で、当該制度に拠出するよう奨励される。当該制度は、他の資金源（民間部門を含む。）からの資金の提供を奨励し、及び当該制度が支援する活動のために、外部からかかる資金を調達するよう努める。

第14条（能力の開発、技術支援及び技術移転） 1 締約国は、その能力の範囲内で、発展途上締約国、特に後発発展途上国又は小島嶼発展途上国である

締約国、及び市場経済移行締約国がこの条約に基づく義務を実施するのを支援するため、これらの締約国に時宜にかなった、適切な能力の開発及び技術支援を提供するために協力する。
2 1及び第13条の規定に従った能力の開発並びに技術支援は、地域の、小地域の及び国の取決め（現存の地域及び小地域のセンターを含む。）、他の多数国間及び二国間の手段、並びにパートナーシップ（民間部門が関与するパートナーシップを含む。）を通じて行うことができる。技術支援及びその実行の有効性を高めるために、化学物質及び廃棄物の分野の他の多数国間環境協定との協力及び調整を追求するべきである。
3 先進締約国及び他の締約国は、その能力の範囲内で、発展途上締約国、特に後発発展途上国及び小島嶼発展途上国、並びに市場経済移行締約国にとって最新の環境上適正な代替技術の開発、かかる技術の移転及び普及、並びにかかる技術へのアクセスを、適当な場合には民間部門及び他の関連する利害関係者による支援を得て、この条約を効果的に実施するこれらの国の能力を強化するために、促進し及び円滑にする。
4 締約国会議は、第2回会合までに、及びその後は定期的に、締約国から提出された情報及び報告書（第21条に規定する報告書を含む。）、並びに他の利害関係者が提出する情報を考慮して、次のことを行う。
　(a) 代替技術に関する現存の推進戦略及びなされた進捗に関する情報を検討すること。
　(b) 代替技術に関する締約国のニーズ、特に発展途上締約国のニーズを検討すること。
　(c) 技術移転において、締約国、特に発展途上締約国が直面した課題を特定すること。
5 締約国会議は、この条の規定に基づいて能力の開発、技術支援及び技術移転をいかにしてさらに促進できるかに関する勧告を行う。

第15条(実施及び遵守委員会) 1　この条により、この条約のすべての規定の実施を促進し、及びそれらの遵守を審査するための制度（締約国会議の補助機関としての委員会を含む。）を設置する。当該制度（委員会を含む。）は、促進的な性格をもつものとし、各締約国の能力及び状況に特に注意を払う。
2 委員会は、この条約のすべての規定の実施を促進し、及びすべての規定の遵守を審査する。委員会は、実施及び遵守に関する個別的並びに制度的な問題を検討し、並びに適当な場合には締約国会議に勧告を行う。
3 委員会は、国際連合の五の地域に基づく衡平な地理的代表性に妥当な考慮を払って、締約国が推薦し、締約国会議が選出する15名の委員からなる。最初の委員は、締約国会議の第１回会合において選出し、その後は5の規定に従って締約国会議が承認する手続規則に従って選出する。委員会の委員は、この条約に関連する分野において能力を有し、及びその専門性が適切に均衡するようにする。
4 委員会は、次のことに基づいて問題を検討することができる。
　(a) 自国の遵守に関して締約国からの書面による付託
　(b) 第21条の規定に従った国別報告書
　(c) 締約国会議からの要請
5 委員会は、手続規則を作成し、当該手続規則は、締約国会議の第2回会合が承認することを条件とする。締約国会議は、委員会の追加的な権限を採択できる。
6 委員会は、コンセンサス方式によりその勧告を採択するためにあらゆる努力を払う。コンセンサスのためのあらゆる努力にもかかわらずコンセンサスに達しない場合には、勧告は、最後の解決手段として、委員の3分の2を定足数とし、出席しかつ投票する委員の4分の3以上の多数による議決で採択する。

第16条(健康上の局面) 1　締約国は、次のことを行うよう奨励される。
　(a) リスクにさらされている人々、特に影響を受けやすい人々を特定し、並びに保護するための戦略及びプログラムの作成並びに実施を推進すること。その戦略及びプログラムには、公衆衛生その他の関係する部門の参加を得て、水銀及び水銀化合物への曝露に関する科学的根拠に基づく健康に関する指針を採択すること、適当な場合水銀への曝露の削減のための目標を設定すること、並びに公衆への教育を含めることができる。
　(b) 水銀及び水銀化合物への職業上の曝露に関する科学的根拠に基づく教育的及び防止的プログラムの作成並びに実施を促進すること。
　(c) 水銀又は水銀化合物への曝露によって影響を受ける住民に対する防止、治療及び看護のための適切な健康管理サービスを促進すること。
　(d) 適当な場合には、水銀及び水銀化合物への曝露に関連する健康へのリスクの防止、診断、治療及び監視のための制度上及び健康関連の職業上の能力を確立し、並びに強化すること。
2 締約国会議は、健康に関連する問題又は活動を

考慮するに当たり、次のことを行うべきである。
(a) 適当な場合には、世界保健機関、国際労働機関及び他の関係する政府間機関と協議し、及び協働すること。
(b) 適当な場合には、世界保健機関、国際労働機関及び他の関係する政府間機関との協力及び情報交換を促進すること。

第17条（情報交換） 1 締約国は、次の情報の交換を円滑にする。
(a) 水銀及び水銀化合物に関する科学上、技術上、経済上及び法律上の情報（毒物学上、環境毒物学上及び安全上の情報を含む。）
(b) 水銀及び水銀化合物の生産、使用、取引、排出並びに放出の削減又は廃絶に関する情報
(c) 次に掲げるものの代替であって、技術的及び経済的に実行可能なものに関する情報（かかる代替の、人の健康及び環境へのリスク、並びに経済的及び社会的な費用及び便益に関する情報を含む。）
　(i) 水銀添加製品
　(ii) 水銀又は水銀化合物を使用する製造工程
　(iii) 水銀又は水銀化合物を排出し又は放出する活動及び工程
(d) 適当な場合には、世界保健機関及び他の関連機関と緊密に協力して、水銀及び水銀化合物への曝露に伴う人の健康への影響に関する疫学上の情報
2 締約国は、直接に、事務局を通じて、又は適当な場合には他の関係機関（化学物質及び廃棄物に関する条約の事務局を含む。）と協力して、1に規定する情報を交換できる。
3 事務局は、この条に規定する情報の交換における協力、並びに関連する機関（多数国間環境協定及び他の国際的イニシアチブの事務局を含む。）との協力を円滑にする。締約国からの情報に加えて、この情報には、水銀分野に専門性を有する政府間及び非政府機関並びにかかる専門性を有する国内的及び国際的制度から提供される情報を含む。
4 締約国は、この条約に基づく情報（第3条に基づく輸入締約国の同意に関するものを含む。）の交換のための国内の連絡先を指定する。
5 この条約の適用上、人の健康及び安全並びに環境に関する情報は、秘密のものとされない。この条約に基づいて他の情報を交換する締約国は、相互の合意により秘密の情報を保護する。

第18条（公衆のための情報、啓発及び教育） 1 締約国は、その能力の範囲内で、次のことを促進し及び円滑にする。

(a) 次の事項に関する入手可能な情報の公衆への提供
　(i) 水銀及び水銀化合物の健康及び環境への影響
　(ii) 水銀及び水銀化合物の代替
　(iii) 第17条1の規定において特定された項目
　(iv) 第19条の規定に基づき行われる研究、開発及びモニタリングの活動の結果
　(v) この条約に基づく義務を履行するための活動
(b) 適当な場合には、関連する政府間機関及び非政府機関並びに影響を受けやすい人々と協働し、水銀及び水銀化合物への曝露が人の健康及び環境に与える影響に関する教育、訓練及び公衆のための啓発
2 締約国は、適当な場合には汚染物質放出移転登録簿といった、人間活動を通じて排出され、放出され又は処分される水銀及び水銀化合物の年間量の推計に関する情報の収集及び普及のための現存の制度を使用し、又はかかる制度の開発に考慮を払う。

第19条（研究、開発及びモニタリング） 1 締約国は、各国の状況及び能力を考慮し、次のものを作成し及び改良するために協力するよう努める。
(a) 水銀及び水銀化合物の使用、消費、大気への人為的排出並びに水及び土壌への放出に関する目録
(b) 影響を受けやすい人々及び環境媒体（魚類、海洋哺乳動物、ウミガメ及び鳥といった生物媒体を含む。）における水銀及び水銀化合物の水準のモデリング並びに地域代表的なモニタリング、並びに関連する適切なサンプルの収集及び交換における協働
(c) 特に影響を受けやすい人々について、水銀及び水銀化合物の社会的、経済的並びに文化的影響に加えて、人の健康及び環境に対する影響の評価
(d) (a)、(b)及び(c)の規定に基づき行われる活動に関する方法の調和
(e) 生態系の範囲における水銀及び水銀化合物の環境中の循環、移動（長距離移動及び沈着を含む。）、形態変化並びに動態に関する情報。水銀の人為的排出及び放出並びに自然の排出及び放出の間の区別並びに過去の沈着からの水銀の再活動を適切に考慮する。
(f) 水銀及び水銀化合物、並びに水銀添加製品の商取引及び貿易に関する情報
(g) 水銀を使用しない製品及び工程の技術的及び経済的利用可能性に関する情報及び研究、

並びに水銀及び水銀化合物の排出並びに放出を削減し並びに監視する利用可能な最良の技術並びに環境のための最良の慣行に関する情報及び研究

2 締約国は、適当な場合には、1の規定に特定する活動を実施するに当たり、現存のモニタリングネットワーク及び研究プログラムを基礎とすべきである。

第20条(実施計画) 1 締約国は、この条約の義務を履行するために、その国内の状況を考慮して、最初の評価を行った後で、実施計画を作成し及び実行することができる。このような実施計画は作成され次第、できる限り速やかに事務局に提出されるべきである。

2 締約国は、その国内の状況を考慮し、かつ締約国会議からの指針及びその他の関連する指針を参考にして、その実施計画を再検討し及び更新することができる。

3 締約国は、1及び2の規定に定める作業を行うに当たり、その実施計画の作成、実施、再検討及び更新を円滑にするために、国内の利害関係者と協議するべきである。

4 締約国はまた、この条約の実施を円滑にするために、地域計画について調整することができる。

第21条(報告) 1 締約国は、この条約の諸規定を実施するためにとった措置について及びこの条約の目的を達成する上での当該措置の効果及び予想される課題について、事務局を通じて、締約国会議に報告する。

2 締約国は、この条約の第3条、第5条、第7条、第8条及び第9条において要求されている情報をその報告に含める。

3 締約国会議は、第1回会合において、他の関連する化学物質及び廃棄物に関する条約と報告を調整することの望ましさを考慮し、締約国が従うべき報告の時期と形式について決定する。

第22条(有効性の評価) 1 締約国会議は、この条約の効力発生の遅くとも6年後に及びその後は締約国会議が決定する間隔で定期的に、この条約の有効性を評価する。

2 当該評価を容易にするため、締約国会議は、その第1回会合において、環境中の水銀及び水銀化合物の存在並びに挙動、並びに生物媒体及び影響を受けやすい人々において観察される水銀及び水銀化合物の水準の傾向に関するモニタリングに基づく比較可能なデータの提供を受けるための取決めを行うことに着手する。

3 この評価は、次の事項を含む利用可能な科学、環境、技術及び経済に関する情報に基づいて実施される。

(a) 2の規定に従って締約国会議に提供される報告書及び他のモニタリング情報
(b) 第21条の規定に従って提出される各国の報告書
(c) 第15条の規定に従って提出される情報及び勧告
(d) この条約に基づき設けられる資金支援、技術移転及び能力の開発の取決めの運用に関する報告書及び他の関連する情報

第23条(締約国会議) 1 ((7-3) 第19条1と同じ)
2 ((7-3)第19条2と同じ)
3 締約国会議の特別会合は、締約国会議が必要と認めるとき又はいずれかの締約国から書面による要請がある場合において、その要請が事務局により締約国に送付されてから6箇月以内に、締約国の少なくとも3分の1がその要請を支持するときに開催する。
4 ((7-3) 第19条4を参照)
5 締約国会議は、この条約の実施について絶えず検討し及び評価する。締約国会議は、この条約により課された任務を遂行するものとし、このため、次のことを行う。
(a) この条約の実施に必要と認める補助機関を設置すること。
(b) 適当な場合には、権限がある国際機関並びに政府間及び非政府の団体と協力すること。
(c) 第21条の規定に基づいて締約国及び事務局に入手可能となったすべての情報を定期的に検討すること。
(d) 実施及び遵守委員会が締約国会議に提出する勧告を検討すること。
(e) この条約の目的を達成するために必要な追加の措置を検討し及びとること。
(f) 第4条及び第5条に従って附属書A及び附属書Bを再検討すること。
6 ((7-3)第19条8を参照)

第24条(事務局) 1 ((7-3) 第20条1と同じ)
2 事務局は、次の任務を遂行する。
(a) ((7-3)第20条2(a)と同じ)
(b) ((7-3)第20条2(b)と同じ)
(c) 適当な場合には、関連する国際団体の事務局、特に他の化学物質及び廃棄物に関する条約の事務局と調整すること。
(d) 締約国がこの条約の実施に関する情報を交換するのを支援すること。
(e) 第15条及び第12条の規定に従って受領した情報及び他の入手可能な情報に基づいて定期的な報告を作成し及び締約国に入手可能にす

ること。
(f) （(7-3)第20条2(e)と同じ）
(g) （(7-3)第20条2(f)と同じ）
3 （(7-3)第20条3と同じ。）
4 締約国会議は、適切な国際団体と協議して、事務局と他の化学物質及び廃棄物に関する条約の事務局との間の協力と調整を強化することができる。締約国会議は、適切な国際団体と協議して、この問題についてさらなる指針を提供することができる。

第25条(紛争の解決) 1 （(7-3)第18条1を参照）
2 地域的な経済統合のための機関でない締約国は、この条約の解釈又は適用に関する紛争について、同一の義務を受諾する締約国との関係において次の紛争解決手段の一方又は双方を義務的なものとして認めることをこの条約の批准、受諾若しくは承認若しくはこれへの加入の際に又はその後いつでも、寄託者に対し書面により宣言することができる。
 (a) 附属書E第I部に定める手続による仲裁
 (b) 国際司法裁判所への紛争の付託
3 地域的な経済統合のための機関である締約国は、2に規定する手続による仲裁に関して同様の効果を有する宣言を行うことができる。
4 （(7-3)第18条4と同じ）
5 （(7-3)第18条5と同じ）
6 紛争当事国が2又は3の規定に従って同一の解決手段を受け入れている場合を除くほか、いずれかの紛争当事国が他の紛争当事国に対して紛争が存在する旨の通告を行った後12箇月以内にこれらの紛争当事国が当該紛争を解決することができなかった場合には、当該紛争は、いずれかの紛争当事国の要請により調停委員会に付託される。附属書E第II部に定める手続は、この条に基づく調停に適用する。

第26条(条約の改正) （(7-3)第21条を参照）
第27条(附属書の採択及び改正) （(7-3)第22条を参照）
第28条(投票権) （(7-3)第23条と同じ）
第29条(署名) この条約は、2013年10月10日及び11日に日本国熊本において、それ以後2014年10月9日まではニュー・ヨークにある国際連合本部において、すべての国及び地域的な経済統合のための機関による署名のために開放しておく。

第30条(批准、受諾、承認又は加入) 1～3（(7-3)第25条1～3と同じ）
4 各国又は地域的な経済統合のための機関は、この条約の批准、受諾、承認又は加入の際に、この条約を実施するための措置に関する情報を事務局へ報告することが奨励される。
5 締約国は、自国の批准書、受諾書、承認書又は加入書において、附属書の改正がその批准書、受諾書、承認書又は加入書を寄託する場合にのみ自国について効力を生ずる旨の宣言を行うことができる。

第31条(効力発生) （(7-3)第26条と同じ）
第32条(留保) この条約には、いかなる留保も付することができない。
第33条(脱退) （(7-3)第28条と同じ）
第34条(寄託者) （(7-3)第29条と同じ）
第35条(正文) （(7-3)第30条と同じ）

附属書A　水銀添加製品

次の製品は、この附属書の適用対象から除外する。
 (a) 市民の保護及び軍事的使用に不可欠な製品
 (b) 研究、測定機器の較正、標準物質としての使用のための製品
 (c) 交換用に水銀を使用しない適当な代替が利用できない場合、スイッチ及び継電器、電子ディスプレー用の冷陰極蛍光管及び外部電極蛍光管(CCFL及びEEFL)、並びに計測機器
 (d) 伝統的又は宗教的慣行において使用される製品
 (e) 防腐剤としてチメロサールを含有するワクチン

第I部：第4条1の対象となる製品

水銀添加製品	当該製品の製造、輸入又は輸出がその日以降は認められてはならない日(段階的廃止の日)
電池。ただし、水銀含有量が2パーセント未満のボタン型亜鉛酸化銀電池及び水銀含有量が2パーセント未満のボタン型空気亜鉛電池を除く。	2020
スイッチ及び継電器。ただし、極めて精度の高い容量及び損失を測定するブリッジ並びに監視及び制御機器に用いられる高周波無線周波数のスイッチ及び継電器であって、ブリッジ、スイッチ又は継電器当たりの水銀含有量が20ミリグラム以下のものを除く。	2020

水銀含有量がランプの火口当たり5ミリグラムを超える一般照明用の30ワット以下の電球型蛍光ランプ(CFLs)	2020
一般照明用直管型蛍光ランプ(LFLs)のうち次のもの (a)ランプ当たりの水銀含有量が5ミリグラムを超える60ワット未満の三波長域帯蛍光灯 (b)ランプ当たりの水銀含有量が10ミリグラムを超える40ワット以下のハロリン酸塩蛍光灯	2020
一般照明用高圧水銀ランプ(HPMV)	2020
電子ディスプレー用の冷陰極蛍光ランプ(CCFL)及び外部電極蛍光ランプ(EEFL)に含まれる水銀が次に該当するもの (a)短尺ランプ(500ミリメートル以下のもの)でランプ当たりの水銀含有量が3.5ミリグラムを超えるもの (b)中尺ランプ(500ミリメートルを超え1,500ミリメートル以下のもの)でランプ当たりの水銀含有量が5ミリグラムを超えるもの (c)長尺ランプ(1,500ミリメートルを超えるもの)でランプ当たりの水銀含有量が13ミリグラムを超えるもの	2020
化粧品(水銀含有量が1質量百万分率を超えるもの)。肌の美白用石鹸及びクリームを含むが、効果的かつ安全な代替防腐剤が利用できない場合に、水銀を防腐剤として使用している眼部化粧品を除く。	2020
殺虫剤、殺生物剤及び局所殺菌剤	2020
次の非電子計測機器。ただし、水銀を使用しない適当な代替が利用できない場合、大型設備に取り付けられたもの又は高精度測定に使用するものは除く。 (a)気圧計 (b)湿度計 (c)圧力計 (d)温度計 (e)血圧計	2020

第II部：第4条3の対象となる製品

水銀添加製品	対策
歯科用アマルガム	歯科用アマルガム使用を段階的に削減するために締約国がとるべき措置は、締約国の国内の状況及び関連する国際的指針を考慮し、並びに次の一覧からの二又はそれ以上の措置を含む。 (i)むし歯予防及び健康増進を目的とする国家目標を設定すること。それにより歯の修復の必要性を最小限にする (ii)歯科用アマルガムの使用を最小限にするための国家目標を設定すること。 (iii)費用対効果が大きくかつ臨床的に有効な、歯の修復のための水銀を使用しない代替の使用を促進すること。 (iv)歯の修復のための水銀を使用しない良質の材料の研究及び開発を促進すること。 (v)代表的な職業団体及び歯科学校が、歯の修復用の水銀を使用しない代替の使用及び管理のための最良の慣行の促進について、歯科医及び学生を教育し、並びに訓練することを奨励すること。 (vi)水銀を使用しない歯の修復よりも歯科用アマルガムを優遇する保険の契約及びプログラムを抑制すること。 (vii)歯の修復のために歯科用アマルガムに代わる良質の代替の使用を優遇する保険の契約及びプログラムを奨励すること。 (viii)歯科用アマルガムをカプセルの形状のものに限定すること。 (ix)水及び土壌への水銀及び水銀化合物の放出を削減するために、歯科施設における環境のための最良の慣行の使用を促進すること。

附属書B　水銀又は水銀化合物を使用する製造工程

第I部：第5条2の対象となる工程

水銀又は水銀化合物を使用する製造工程	段階的廃止の日
塩素アルカリ製造	2025
水銀又は水銀化合物を触媒として用いるアセトアルデヒドの製造	2018

第II部：第5条3の対象となる工程

水銀を使用する工程	対策
塩化ビニルモノマー製造	締約国がとるべき措置には次の措置を含むが、それらに限定されない。 (i) 単位生産当たりの水銀使用量を、2010年の使用量に対して2020年までに50パーセント削減すること。 (ii) 一次鉱出からの水銀への依存度を低減する措置を促進すること。 (iii) 環境への水銀の排出及び放出を削減する措置をとること。 (iv) 水銀を使用しない触媒及び工程に関する研究及び開発を支援すること。 (v) 現存の工程に基づいて水銀を使用しない触媒が技術的及び経済的に実行可能となったことを締約国会議が決定した日から5年経過した日以降は水銀の使用を認めないこと。 (vi) 第21条の規定に従って、代替を開発し及び(又は)特定し、並びに水銀の使用を段階的に廃止する努力について締約国会議に報告すること。
ナトリウム若しくはカリウムメトキシド又はエトキシド	締約国がとるべき措置には次の措置を含むが、それらに限定されない。 (i) できる限り速やかにかつこの条約の効力発生の日から10年以内に、この用途での水銀の使用を段階的に廃止することを目的として、水銀の使用を削減する措置をとること。 (ii) 単位生産当たりの排出及び放出を、2010年比で2020年までに50パーセント削減すること。 (iii) 一次採掘から新たに供給される水銀の使用を禁止すること。 (iv) 水銀を使用しない工程に関する研究及び開発を支援すること。 (v) 水銀を使用しない工程が技術的及び経済的に実行可能であると締約国会議が決定した日から5年を経過した日以降は水銀の使用を認めないこと。 (vi) 第21条の規定に従って、代替を開発し及び(又は)特定し並びに水銀の使用を段階的に廃止する努力について締約国会議に報告すること。
水銀含有触媒を使用したポリウレタンの製造	締約国がとるべき措置には次の措置を含むが、それらに限定されない。 (i) できる限り速やかにかつこの条約の効力発生の日から10年以内に、この用途での水銀の使用を段階的に廃止することを目的として、水銀の使用を削減する措置をとること。 (ii) 一次鉱出からの水銀への依存度を低減する措置をとること。 (iii) 環境への水銀の排出及び放出を削減する措置をとること。 (iv) 水銀を使用しない触媒及び工程に関する研究及び開発を奨励すること。 (v) 第21条の規定に従って、代替を開発し及び(又は)特定し並びに水銀の使用の段階的に廃止する努力について締約国会議に報告すること。 第5条6は、この製造工程には適用しない。

附属書C 人力及び小規模金採掘

国家行動計画

1 第7条3の規定の対象となる締約国は、その国家行動計画に次の事項を含める。
  (a) 国の目標及び削減目標
  (b) 次を廃絶するための行動
    (i) 鉱石全体のアマルガム化
    (ii) アマルガム又は加工されたアマルガムの野外燃焼
    (iii) 住宅区域でのアマルガムの燃焼
    (iv) 最初に水銀を除去することなく、水銀を添加した堆積物、鉱石又は尾鉱のシアン浸出
  (c) 人力及び小規模金採掘部門において正規化(formalization)又は規制を促進する措置
  (d) 自国の領域内で行われる人力及び小規模金採掘並びに加工において使用する水銀量の基準推計値並びに用いられる慣行
  (e) 人力及び小規模金採掘並びに加工における水銀の排出及び放出の削減、並びに水銀への曝露の削減を促進するための戦略(水銀を使用しない方法を含む。)
  (f) 人力及び小規模金採掘並びに加工において使用するために国内外の供給源からの水銀及び水銀化合物の取引を管理し、及び流用を防止するための戦略
  (g) 国家行動計画の実施及び継続的な展開に利害関係者を関与させるための戦略
  (h) 人力及び小規模金採掘者及びその社会の水銀への曝露に関する公衆衛生戦略。かかる戦略は、とりわけ、健康データの収集、健康管理サービス従事者の訓練及び健康関連施設を通じた啓発を含むべきである。
  (i) 影響を受けやすい人々、特に子ども及び出産可能な年齢の女性、とりわけ妊娠中の女性が人力及び小規模金採掘で使用する水銀に曝露するのを防止するための戦略
  (j) 人力及び小規模金採掘者並びにその影響を受ける社会へ情報を提供するための戦略
  (k) 国家行動計画の実施に関する予定表
2 締約国は、その国家行動計画に、その目的を達成するための追加の戦略(水銀を使用しない人力及び小規模金採掘のための基準、並びに市場メカニズム又はマーケティング手法の利用又は導入を含む。)を含めることができる。

附属書D　水銀及び水銀化合物の大気への排出の点発生源の一覧
点発生源分類
　石炭火力発電所
　石炭焚産業用ボイラー
　非鉄金属の生産に使用される製錬及び焙焼工程
　廃棄物焼却施設
　セメントクリンカー製造施設

附属書E　仲裁及び調停手続
第I部：仲裁手続　（略）
第II部：調停手続　（略）

【第2節　地域的文書】

7-5　アフリカへの有害廃棄物の輸入禁止並びにアフリカ内での有害廃棄物の国境を越える移動及び管理の規制に関するバマコ条約（バマコ条約）（抄）

Bamako Convention on the Ban of the Import into Africa and the Control of Transboundary Movement and Management of Hazardous Wastes within Africa

作　　成　1991年1月30日（バマコ）
効力発生　1998年4月22日

前　文

この条約の締約国は、
1　有害廃棄物の発生の増加及び一層の複雑化によってもたらされる人の健康及び環境に対する脅威の増大に留意し、
2　さらに、これらの廃棄物によってもたらされる危険から人の健康及び環境を保護する最も効果的な方法は、これらの廃棄物の発生を量及び（又は）有害性の点から最小限度とすることであることに留意し、
3　有害廃棄物の国境を越える移動によって引き起こされる人の健康及び環境に対する損害の危険性を認識し、
4　処分の場所のいかんを問わず、発生者が、人の健康及び環境の保護に適合する方法で有害廃棄物の運搬及び処分に関する責任を履行することを諸国が確保すべきであることを繰り返し述べ、
5　アフリカ統一機構憲章の環境保護に関する関連の章、人及び人民の権利に関するアフリカ憲章、ラゴス実行計画の第9章、及び、アフリカ統一機構（OAU）（＊アフリカ連合）が採択した環境に関する他の勧告を想起し、
6　さらに、環境上及び人の健康上の理由により、有害廃棄物及び有害物質の自国領域への輸入並びに自国領域の通過を禁止する国家の主権を承認し、
7　アフリカ諸国における有害廃棄物の国境を越える移動及びその処分の禁止に向けた動きがアフリカにおいてますます強まっていることも承認し、
8　有害廃棄物は、環境上適正かつ効率的な管理と両立する限り、これらの廃棄物がその発生した国において処分されるべきであることを確信し、
9　有害廃棄物の国境を越える移動を効果的に規制し最小化することが、アフリカその他の場所においてこれらの廃棄物の発生量を削減する誘因となることを確信し、
10　種々の国際的及び地域的な協定が危険物の通過に関して環境の保護及び保全の問題を取り扱っていることに留意し、
11　国際連合人間環境会議の宣言（1972年ストックホルム）、国際連合環境計画（UNEP）管理理事会が1987年6月17日の決定14/30により採択した有害廃棄物の環境上適正な管理のためのカイロ・ガイドライン及び原則、危険物の運搬に関する国際連合専門家委員会の勧告（1957年に作成され、その後2年ごとに修正されている。）、国際連合憲章〔編者注：英語正文では「人権憲章」〕、有害廃棄物の国境を越える移動及びその処分の規制に関する1989年バーゼル条約自体の規定と同等又はそれより厳しい地域的な協定の締結を認める同条約の関連する条項、有害廃棄物及び放射性廃棄物の国際的移動に関するロメ第IV協定第39条、国際連合及びアフリカの政府間機関において採択された関連する勧告、宣言、文書及び規則、並びに他の国際的及び地域的な機関において行われた活動及び研究を考慮し、
12　アルジェにおいてアフリカの国家及び政府首脳によって採択された自然及び天然資源の保全に関するアフリカ条約（1968年）、並びに第37回国際連合総会（1982年）において人間環境の保護及び自然資源の保全に関する倫理的規範として採択された世界自然憲章の精神、原則、目的及び機能に留意し、
13　有害廃棄物の国境を越える取引の問題について懸念し、

14 特に有害廃棄物の発生を回避し、最小化し、無くすため、アフリカで発生する有害廃棄物の適正な管理のための、環境上適正な生産方法（クリーン技術を含む。）の開発を促進することの必要性を認め、
15 必要な場合には有害廃棄物が関連する国際条約及び国際的な勧告に従って運搬されるべきであることも認め、
16 有害廃棄物の発生から生ずることがある悪影響からアフリカに住む人の健康及び環境を厳重な規制によって保護することを決意し、
17 アフリカ大陸内で発生する有害廃棄物の問題に責任をもって対処するとの約束も確認し、
　　次のとおり協定した。

第1条(定義) この条約の適用上、
1 「廃棄物」とは、処分がされ、処分が意図され又は国内法の規定により処分が義務付けられている物質又はものをいう。
2 「有害廃棄物」とは、この条約の第2条に規定する廃棄物をいう。
3 「管理」とは、有害廃棄物の発生抑制及び削減、並びに有害廃棄物の収集、運搬、保管及び再利用又は処分のための処理をいい、処分場所の事後の管理を含む。
4 「国境を越える移動」とは、有害廃棄物が、その移動に少なくとも二以上の国が関係する場合において、いずれかの国の管轄の下にある地域から、他の国の管轄の下にある地域へ若しくは他の国の管轄の下にある地域を通過して、又はいずれの国の管轄の下にもない地域へ若しくはいずれの国の管轄の下にもない地域を通過して、移動することをいう。
5 「環境上適正な生産方法」とは、この条約の第4条3(f)及び(g)の規定に従い有害廃棄物及び有害製品の発生を回避し又はなくす生産システム又は産業システムをいう。
6 「処分」とは、この条約の附属書IIIに掲げる作業をいう。
7 「承認された場所又は施設」とは、場所又は施設が存在する国の関係当局により、有害廃棄物の処分のための作業を行うことが認められ又は許可されている場所又は施設をいう。
8 「権限のある当局」とは、締約国が適当と認める地理的区域内において、この条約の第6条の規定に従って有害廃棄物の国境を越える移動に関する通告及びこれに関係するすべての情報を受領し並びに当該通告に対し回答する責任を有する一の政府当局としてその締約国によって指定されたものをいう。
9 「中央連絡先」とは、この条約の第13条及び第16条に規定する情報を受領し及び提供する責任を有する第5条に規定する締約国の機関をいう。
10 「有害廃棄物の環境上適正な処理」とは、有害廃棄物から生ずる悪影響から人の健康及び環境を保護するような方法でこれらの廃棄物が処理されることを確保するために実行可能なあらゆる措置をとることをいう。
11 ((7-1)第2条9と同じ)
12 「輸出国」とは、有害廃棄物の自国からの国境を越える移動が計画され又は開始されている国をいう。
13 「輸入国」とは、自国における処分を目的として又はいずれかの国の管轄の下にない地域における処分に先立つ積込みを目的として、自国への国境を越える移動が計画され又は行われている国をいう。
14 「通過国」とは、輸出国又は輸入国以外の国であって、自国を通過する有害廃棄物の移動が計画され又は行われているものをいう。
15 「関係国」とは、締約国であるかないかを問わず輸出国若しくは輸入国又は通過国をいう。
16 ((7-1)第2条14と同じ)
17 「輸出者」とは、有害廃棄物の輸出を手配する者であって輸出国の管轄の下にあるものをいう。
18 「輸入者」とは、有害廃棄物の輸入を手配する者であって輸入国の管轄の下にあるものをいう。
19 「運搬者」とは、有害廃棄物の運搬を行う者をいう。
20 「発生者」とは、その活動が有害廃棄物を発生させる者をいい、その者が不明であるときは、当該有害廃棄物を保有し又は支配している者をいう。
21 「処分者」とは、有害廃棄物がその者に対し運搬される者であって当該有害廃棄物の処分を行うものをいう。
22 「不法取引」とは、この条約の第9条に規定する有害廃棄物の国境を越える移動をいう。
23 「海洋における投棄」とは、船舶、航空機、プラットフォーム又はその他の人工海洋構造物から有害廃棄物を海洋において故意に処分することをいい、海洋焼却並びに海底及び海底下への処分を含む。

第2条(条約の適用範囲) 1 この条約の適用上、次の物質は「有害廃棄物」とする。
(a) この条約の附属書Iに掲げるいずれかの分類に属する廃棄物
(b) ((7-1)第1条1(b)と同じ)

(c) この条約の附属書IIに掲げるいずれかの特性を有する廃棄物
　(d) 人の健康上又は環境上の理由により、政府の規制上の措置によって禁止され、取り消され若しくは拒否された有害物質、又は製造国において登録が自発的に撤回された有害物質
2 放射能を有することにより、特に放射性物質について適用されるいずれかの国際的な規制の制度(国際文書による規制を含む。)の対象となる廃棄物も、この条約の適用範囲に含む。
3 船舶の通常の運航から生ずる廃棄物であってその排出について他の国際文書の適用があるものは、この条約の適用範囲に含まない。

第3条(有害廃棄物に関する国内の定義) 1 各国は、この条約の締約国となった日から6箇月以内に、条約の事務局に対し、この条約の附属書Iに掲げる廃棄物以外に自国の法令により有害であると認められ又は定義されている廃棄物を通報し、かつ、その廃棄物について適用する国境を越える移動の手続に関する要件を通報する。
2 締約国は、更に、この条の1の規定に従って提供した情報に関する重要な変更を事務局に通報する。
3 事務局は、この条の1及び2の規定に従って受領した情報を直ちにすべての締約国に通報する。
4 締約国は、この条の3の規定に従い事務局によって送付された情報を自国の輸出者及びその他の適切な機関に対し利用可能にする責任を有する。

第4条(一般的義務) 1 **有害廃棄物の輸入禁止**
　すべての締約国は、いかなる理由であれ、すべての有害廃棄物が非締約国からアフリカに輸入されることを禁止するため、締約国の管轄の下にある地域内において適当な法律上の措置、行政上の措置その他の措置をとる。このような輸入は不法で犯罪性のあるものとみなす。すべての締約国は、次のことを行う。
　(a) できる限り速やかに、このような不法な有害廃棄物の輸入活動に関するすべての情報を事務局に送付し、事務局はその情報をすべての締約国に提供すること。
　(b) この条約の非締約国から締約国への有害廃棄物の輸入がないことを確保するため協力すること。この目的のため、締約国は、この条約の締約国会議において他の執行の制度について検討する。
2 **有害廃棄物の海洋、内水及び水路における投棄の禁止**
　(a) 締約国は、関係する国際条約及び国際文書に従い、当該締約国の内水、領海、排他的経済水域及び大陸棚内における管轄権の行使において、非締約国からのすべての運搬者を規制し、有害廃棄物の海洋における投棄(有害廃棄物の海上焼却並びに海底及び海底下での処分を含む。)を禁止するため、法律上の措置、行政上の措置その他の適当な措置をとる。有害廃棄物の海洋における投棄は、締約国による海上焼却並びに海底及び海底下での処分を含め、内水、領海、排他的経済水域又は公海のいずれかを問わず不法とみなす。
　(b) 締約国は、できる限り速やかに有害廃棄物の投棄に関するすべての情報を事務局に送付し、事務局はその情報をすべての締約国に提供する。

3 **アフリカでの廃棄物の発生**
　締約国は、次のことを行う。
　(a) この条約の事務局が有害廃棄物の完全な監査を行うことができるように、有害廃棄物の発生者が、その発生者の発生させる廃棄物に関する報告書を事務局に提出することを確保すること。
　(b) 厳格な責任及び無限責任並びに連帯責任を有害廃棄物の発生者に課すこと。
　(c) 社会的、技術的及び経済的側面を考慮して、その管轄の下にある地域内における有害廃棄物の発生を最小限度とすることを確保すること。
　(d) 有害廃棄物の環境上適正な管理のため、できる限りその締約国の管轄内にある適当な処理及び(又は)処分施設が利用できるようにすることを確保すること。
　(e) その締約国の管轄内において有害廃棄物の管理に関与する者が、それらの廃棄物から生ずる汚染を防止するために、並びに汚染が生じた場合には、人の健康及び環境についてその影響を最小のものにとどめるために必要な措置をとることを確保すること。

予防措置の採用
　(f) 締約国は、汚染問題に対して、害を防止し、予防的な取組方法を採用し及び実施するよう努める。その取組方法には、人又は環境に害を及ぼす可能性のある物質について、その害に関する科学的証拠を待つことなく、特に、環境中への当該物質の放出を防止することを伴う。締約国は、同化能力の仮定に基づいて許容しうる排出量を設定する方法を用いるのではなく、環境上適正な生産方法の使用を通じて汚染防止に予防原則を適用する適当な措置をとることを相互に協力する。

(g) この点において、締約国は、製品のライフサイクル全体に適用される次のような環境上適正な生産方法を促進する。
―原料の選択、抽出及び加工
―製品の概念化、設計、製造及び組立て
―すべての段階における材料の運搬
―産業及び家庭での使用
―製品がもはや有用な機能を果たさない場合に、その製品を産業システム又は自然に再導入すること

環境上適正な生産には、フィルター及び集塵器といった「エンド・オブ・パイプ[廃棄物発生後の処理]」型の汚染防止、又は化学的、物理的若しくは生物学的処理を含まない。焼却若しくは濃縮により廃棄物の量を減少する措置、希釈により危険性を隠蔽する措置、又はある環境媒体から別の環境媒体へと汚染物質を移転する措置も除外される。

(h) 汚染を発生させる技術のアフリカへの移転を防止する問題は、締約国会議の事務局により絶えず体系的に検討され、締約国会議に定期的に報告がなされるものとする。

締約国からの有害廃棄物の運搬及び国境を越える移動における義務

(i) 締約国は、その国が国内法令若しくは国際協定により有害廃棄物のすべての輸入を禁止した場合、又は、これらの廃棄物が締約国の第1回会合において決定される基準に従って、環境上適正な方法で管理されないと信ずるに足りる理由がある場合には、当該有害廃棄物の輸出を防止する。

(j) 締約国は、有害廃棄物を環境上適正な方法で処分する施設を有しない国へそれらの廃棄物を輸出することを許可しない。

(k) 締約国は、輸出されることとなる有害廃棄物が輸入国及び通過国において環境上適正な方法で管理されることを確保する。この条約の対象となる廃棄物の環境上適正な管理のための技術上の指針は、締約国の第1回会合において決定する。

(l) 締約国は、国境を越える移動の対象となるかならないかを問わず、南緯60度以南の地域における処分のための有害廃棄物の輸出を許可しないことに合意する。

(m) 締約国は、さらに、次のことを行う。
(i) 有害廃棄物の運搬、保管又は処分を行うことが認められ又は許可されている者を除くほか、その管轄の下にあるすべての者に対し、当該運搬、保管又は処分を行うことを禁止すること。〔編者注:英語正文には「保管」の文言はない。〕
(ii) 国境を越える移動の対象となる有害廃棄物が、こん包、表示及び運搬の分野において一般に受け入れられかつ認められている国際的な規則及び基準に従ってこん包され、表示され及び運搬されること、並びに国際的に認められている関連する慣行に妥当な考慮を払うことを確保すること。
(iii) 有害廃棄物には、国境を越える移動が開始される地点から処分の地点まで、附属書IV Bに規定する情報を記載した移動書類が伴うことを確保すること。

(n) 締約国は、有害廃棄物の国境を越える移動が次のいずれかの場合に限り許可されるよう確保するため、適当な措置をとる。
(i) ((7-1)第4条9(a)と同じ)
(ii) ((7-1)第4条9(c)と同じ)

(o) この条約の下で、有害廃棄物を発生させた国が負う当該有害廃棄物を環境上適正な方法で管理するよう求める義務は、いかなる状況においても、輸出国又は通過国へ移転してはならない。

(p) 締約国は、他の国に対して輸出される有害廃棄物の量又は汚染力を減少させる可能性について定期的に検討する。

(q) 有害廃棄物の処分のための輸入を禁止する権利を行使する締約国は、この条約の第13条の規定に従ってその決定を他の締約国に通報する。

(r) 締約国は、(q)の規定に従って事務局又は権限のある当局から通報を受けた場合には、有害廃棄物の輸入を禁止している国に対する当該有害廃棄物の輸出を許可せず、又は禁止する。

(s) 締約国は、輸入国が有害廃棄物の輸入を禁止していない場合において、当該輸入国がこれらの廃棄物の特定の輸入につき書面により同意しないときは、輸入の同意のない廃棄物の輸出を許可せず、又は禁止する。

(t) 締約国は、有害廃棄物の国境を越える移動が、これらの廃棄物の環境上適正かつ効率的な管理に適合するような方法で最小限度とされ、並びに当該移動から生ずる悪影響から人の健康及び環境を保護するような方法で行われることを確保する。

(u) 締約国は、有害廃棄物の国境を越える移動の計画に関する情報がこの条約の附属書IV Aに従って関係国に提供されるよう義務付け、人の健康及び環境に及ぼすおそれのある危険

を明らかにする。
4 さらに、
  (a) 締約国は、関連する国内法及び(又は)国際法に従い、違反者及び違反に対しこの条約の義務を執行する。
  (b) ((7-1)第4条11と同じ)
  (c) この条約は、国際法に従って確立している領海、水路及び領空に対する国の主権、国際法に従い排他的経済水域及び大陸棚において国が有する管轄権、並びに国際法に定められ及び関連する国際文書に反映されている航行上の権利及び自由をすべての国の船舶及び航空機が行使することを認める。

第5条(権限のある当局、中央連絡先及び投棄監視局の指定) 締約国は、この条約の実施を円滑にするため、次のことを行う。
1 ((7-1)第5条1と同じ)
2 ((7-1)第5条2と同じ)
3 ((7-1)第5条3と同じ)
4 投棄監視局を務める一の国家機関を任ずること。指定された国家機関のみが、投棄監視局としての資格において関係する政府機関及び非政府機関と調整することを義務付けられる。

第6条(国境を越える移動及び通告手続) 1 輸出国は、書面により、その権限のある当局の経路を通じ、有害廃棄物の国境を越える移動の計画を関係国の権限のある当局に通告し、又は発生者若しくは輸出者に通告させる。その通告は、輸入国の受け入れ可能な言語により記載されたこの条約の附属書IV Aに掲げる申告及び情報を含む。各関係国に対し送付する通告は、一通のみで足りる。
2 輸入する締約国は、通告をした者に対し、書面により、移動につき条件付若しくは無条件で同意し、移動に関する許可を拒否し又は追加的な情報を要求する旨を回答する。輸入国の最終的な回答の写しは、この条約の締約国である関係国の権限のある当局に送付する。
3 輸出国は、次のものを受領するまでは、国境を越える移動を許可してはならない。
  (a) 輸入国の書面による同意、及び
  (b) 当該廃棄物について環境上適正な管理がなされることを明記する輸出者と処分者との間の契約の存在についての、輸入国からの書面による確認
4 ((7-1)第6条4第1文及び第3文と同じ)
5 ((7-1)第6条5と同じ)
6 輸出国は、同一の物理的及び化学的特性を有する有害廃棄物が、輸入国の同一の入国税関を経由し、並びに通過のときは通過国の同一の入国税関及び出国税関を経由して、同一の処分者に定期的に運搬される場合であっても、運搬について個別の通告を行う。各運搬についての個別の通告が義務付けられ、通告にはこの条約の附属書IV Aの情報を記載する。
7 この条約の締約国は、輸入地点又は輸入港を制限し、及びすべての締約国に知らせるためこの旨を事務局に通告する。有害廃棄物の国境を越える移動について許可されるのは、これらの輸入地点及び輸入港に限る。
8 この条約の締約国は、有害廃棄物の国境を越える移動に責任を有するそれぞれの者が当該有害廃棄物の引渡し又は受領の際に移動書類に署名をすることを義務付ける。締約国はまた、処分者が、輸出者及び輸出国の権限のある当局の双方に対し、当該有害廃棄物を受領したことを通報し及び通告に明記する処分が完了したことを相当な期間内に通報することを義務付ける。これらの通報が輸出国において受領されない場合には、輸出国の権限のある当局又は輸出者は、その旨を輸入国に通報する。
9 この条の規定により義務付けられる通告及び回答は、関係国の権限のある当局に送付する。
10 有害廃棄物の国境を越えるいかなる移動も、この条約の締約国である輸入国又は通過国が義務付けることのある保険、供託金その他の保証によって担保する。

第7条(締約国から非締約国を通過して行われる国境を越える移動) この条約の第6条2及び4の規定は、締約国から非締約国を通過して行われる有害廃棄物の国境を越える移動について準用する。

第8条(再輸入の義務) この条約の規定に従うことを条件として、関係国の同意が得られている有害廃棄物の国境を越える移動が、契約の条件に従って完了することができない場合において、輸入国が輸出国及び事務局に対してその旨を通報した時から90日以内に当該有害廃棄物が環境上適正な方法で処分されるための代替措置をとることができないときは、輸出国は、輸出者が当該有害廃棄物を輸出国内に引き取ることを確保する。このため、輸出国及び通過国は、当該有害廃棄物の輸出国への返還に反対し、その返還を妨害し又は防止してはならない。

第9条(不法取引) 1 この条約の適用上、次のいずれかの状況の下での有害廃棄物の国境を越える移動は、不法取引とする。
  (a) この条約の規定に従う通告がすべての関係国に対して行われずに実行された場合
  (b) 関係国からこの条約の規定に従う同意が得

られずに実行された場合
　(c)　関係国からの同意が偽造、虚偽の表示又は詐欺により得られている場合
　(d)　書類と重大な不一致がある場合
　(e)　この条約の規定及び国際法の一般原則に違反して有害廃棄物を故意に処分することとなる場合
2　締約国は、このような不法な輸入を計画し、実行し又は援助したすべての者に刑事罰を課すため、適当な国内法令を制定する。これらの刑事罰は、このような行為を罰しかつ抑止するのに十分重いものとする。
3　有害廃棄物の国境を越える移動が輸出者又は発生者の行為の結果として不法取引となる場合には、輸出国は、輸出国が当該不法取引について通報を受けた時から30日以内に、輸出者若しくは発生者、又は必要なときは輸出国が当該廃棄物を引き取ることを確保する。このため、関係国は、これらの廃棄物の輸出国への返還に反対し、その返還を妨害し又は防止してはならず、違反者に対し適当な法的措置をとる。
4　有害廃棄物の国境を越える移動が輸入者又は処分者の行為の結果として不法取引となる場合には、輸入国は、輸入者が当該有害廃棄物を輸出者に返還し、違反者に対しこの条約の規定に従って法的手続をとることを確保する。

第10条(アフリカ域内での協力)　1　この条約の締約国は、有害廃棄物の環境上適正な管理を促進し及び達成するため、相互にかつ関連するアフリカの機関と協力する。
2　締約国は、この目的のため、次のことを行う。
　(a)　環境上適正な生産方法及び有害廃棄物の環境上適正な管理(有害廃棄物の適切な管理のための技術上の基準及び実施の方法の調整を含む。)を促進するため、二国間であるか多数国間であるかを問わず、情報を利用できるようにすること。
　(b)　((7-1)第10条2項(b)と同じ)
　(c)　有害廃棄物の発生をできる限り除去するため、並びに有害廃棄物の環境上適正な管理を確保する一層効果的かつ効率的な方法(新たな又は改良された技術の採用が経済上、社会上及び環境上及ぼす影響についての研究を含む。)を確立するため、新たな環境上適正なクリーン生産技術の開発及び実施並びに既存の技術の改良につき、自国の法令及び政策に従って協力すること。
　(d)　有害廃棄物の環境上適正な管理に関係する技術及び管理方式の移転につき、自国の法令及び政策に従って積極的に協力すること。また、締約国、特にこの分野において技術援助を必要とし及び要請する締約国の技術上の能力の開発について協力すること。
　(e)　((7-1)第10条2項(e)と同じ)
　(f)　この条約の第13条に従って有害廃棄物の移動に関する情報の交換及び提供において協力すること。

第11条(国際協力、二国間の、多数国間の及び地域的な協定)
1　この条約の締約国は、締約国又は非締約国との間で、アフリカで発生した有害廃棄物の国境を越える移動及び管理に関する二国間の、多数国間の又は地域的な協定又は取決めを締結することができる。ただし、当該協定又は取決めは、この条約により義務付けられる有害廃棄物の環境上適正な管理を害するものであってはならない。当該協定又は取決めは、この条約に定める規定以上に環境上適正な規定を定めるものとする。
2　締約国は、この条の1に規定する二国間の、多数国間の又は地域的な協定又は取決め、及びこの条約が自国に対し効力を生ずるに先立ち締結した二国間の、多数国間の又は地域的な協定又は取決めであって、これらの協定又は取決めの締結国間のみで行われる有害廃棄物の国境を越える移動を規制する目的を有するものを事務局に通告する。この条約のいかなる規定も、これらの協定又は取決めがこの条約により義務付けられる有害廃棄物の環境上適正な管理と両立する限り、これらの協定又は取決めに従って行われるアフリカで発生した有害廃棄物の国境を越える移動に影響を及ぼすものではない。
3　締約国は、自国の国旗を揚げる船舶又は自国の領域で登録された航空機がこの条約に違反する活動を実行することを禁止する。
4　締約国は、この条約の実施において南南協力を促進するため適当な措置をとる。
5　発展途上国のニーズを考慮して、公衆の意識の向上、有害廃棄物の合理的な管理の発展並びに新たな低公害技術の採用を特に促進するため、国際機関相互間の協力が奨励される。

第12条(責任及び賠償)　締約国会議は、有害廃棄物の国境を越える移動から生ずる損害に対する責任及び賠償の分野において適当な規則及び手続を定める議定書の草案を作成するため、専門家による特別機関を設置する。

第13条(情報の送付)　1.　締約国は、有害廃棄物の国境を越える移動又はその処分が行われている間に、他の国の人の健康及び環境に危害を及ぼすおそ

れがある事故が発生した場合において、当該他の国が速やかに通報を受けることを確保する。
2 諸国は、相互に、事務局を通じて次の通報を行う。
   (a) ((7-1)第13条2(a)と同じ)
   (b) ((7-1)第13条2(b)と同じ)
   (c) 有害廃棄物の輸入を制限し又は禁止する旨の決定
   (d) ((7-1)第13条2(e)と同じ)
3 締約国は、その国内法令に従い、有害廃棄物に関する情報の収集及び普及の制度を設ける。締約国は、事務局を通じて、この条約の第15条の規定により設置する締約国会議に対し、各暦年の終わりまでに、前暦年に関する報告書において次の情報を含む情報を送付する。
   (a) この条約の第5条の規定に従い締約国によって指定された権限のある当局、投棄監視局及び中央連絡先
   (b) 締約国が関係する有害廃棄物の国境を越える移動に関する次の事項を含む情報
      (i) 輸出された有害廃棄物の量、分類、特性、目的地及び通過国並びに通告に記載された処分の方法
      (ii) 輸入された有害廃棄物の量、分類、特性、発生地及び処分の方法
      (iii) 予定されたとおりに行われなかった処分
      (iv) 国境を越える移動の対象となる有害廃棄物の量の削減を達成するための努力
   (c) この条約の実施のために締約国がとった措置に関する情報
   (d) この条約の第4条3(a)に従い求められる情報の一部として、有害廃棄物の発生、運搬及び処分が人の健康及び環境に及ぼす影響について締約国が作成した、提供可能かつ適切な統計に関する情報
   (e) この条約の第11条の規定に従って締結した二国間、多数国間の及び地域的な協定及び取決めに関する情報
   (f) 有害廃棄物の国境を越える移動及び処分が行われている間に発生した事故並びにその事故を処理するためにとられた措置に関する情報
   (g) 管轄の下にある地域において用いられた処分の方法に関する情報
   (h) 有害廃棄物の発生を削減し及び(又は)なくすための、環境上適正な生産方法(クリーン生産技術を含む。)の開発のためにとられた措置に関する情報
   (i) ((7-1)第13条3(i)と同じ)
4 締約国は、自国の法令に従い、有害廃棄物の国境を越える移動に関する各通告及びその通告に対する回答の写しを事務局に対し送付することを確保する。

第14条(財政的な側面) 1 (略)
2 (略)
3 締約国は、有害廃棄物の国境を越える移動により又は有害廃棄物の処分中に発生する災害又は事故による損害を最小のものにとどめるため、緊急事態において暫定的に援助を行うための回転資金の設立も検討する。
4 締約国は、各地域及び各小地域の特別のニーズに応じ、有害廃棄物を管理し並びに有害廃棄物の発生を最小限度とすることに関する訓練及び技術移転のための地域又は小地域のセンターが設立されるべきであり、また、任意の性質を有する資金調達のための適当な仕組みも確立すべきであることに同意する。

第15条(締約国会議) 1 この条約により、環境問題を担当する大臣で構成される締約国会議を設置する。締約国会議の第1回会合は、OAU事務総長がこの条約の効力発生の後1年以内に招集する。その後は、締約国会議の通常会合は、第1回会合において締約国が決定する一定の間隔で開催する。
2 ((7-1)第15条3を参照)
3 ((7-1)第15条4を参照)
4 締約国会議は、この条約の効果的な実施について絶えず検討し及び評価し、更に、次のことを行う。
   (a)〜(e) ((7-1)第15条(a)〜(e)と同じ)
   (f) 必要な場合は国際法に従い、有害廃棄物の国境を越える移動から生ずる紛争の平和的な解決のため決定を行うこと。
5 (略)

第16条(事務局) 1 事務局は、次の任務を遂行する。
   (a) ((7-1)第16条1(a)を参照)
   (b) ((7-1)第16条2(b)を参照)
   (c) ((7-1)第16条2(c)と同じ)
   (d) ((7-1)第16条2(d)と同じ)
   (e) この条約の第5条の規定に従い締約国が指定した中央連絡先、権限のある当局及び投棄監視局、並びにこの条約の実施のために援助を提供する適当な政府間機関及び非政府機関との間の連絡を行うこと。
   (f) ((7-1)第16条2(f)を参照)
   (g) 次の情報を締約国から受領し、締約国に伝達すること。
      ―技術援助及び訓練の提供元
      ―利用可能な技術上及び科学上のノウハウ

―助言及び専門的知識の提供元
　―財源の利用可能性
　　これらの情報は、次の分野において締約国を援助する。
　―この条約の通告制度の管理
　―有害廃棄物の管理
　―クリーン生産技術といった、有害廃棄物に関する環境上適正な生産方式
　―処分能力及び処分場所の評価
　―有害廃棄物の監視
　―緊急事態への対応
　(h)　((7-1)第16条2(h)を参照)
　(i)　((7-1)第16条2(i)を参照)
　(j)　((7-1)第16条2(j)と同じ)
　(k)　((7-1)第16条2(k)と同じ)
2　事務局の任務は、第15条の規定に従って開催される締約国会議の第1回会合が終了するまでは、アフリカ統一機構(OAU)が国際連合アフリカ経済委員会(ECA)と共同で暫定的に遂行する。締約国会議は、また、同会合において、暫定の事務局が課された任務、特に1に規定する任務の実施状況を評価し、及びこれらの任務に適した組織を決定する。

第17条(この条約及び議定書の改正) 1　締約国は、この条約の改正を提案することができ、また、議定書の締約国は、当該議定書の改正を提案することができる。改正に当たっては、特に、関連のある科学上、技術上、環境上の及び社会上の考慮を十分に払う。
2　((7-1)第17条2と同じ)
3　締約国は、この条約の改正案につき、コンセンサス方式により合意に達するようあらゆる努力を払う。コンセンサスのためのあらゆる努力にもかかわらず合意に達しない場合には、改正案は、最後の解決手段として、当該会合に出席しかつ投票する締約国の3分の2以上の多数票による議決で採択する。寄託者は、これをすべての締約国に対し批准、承認、正式確認又は受諾のために送付する。

この条約の議定書の改正
4　((7-1)第17条4と同じ)
一般規定
5　改正の批准書、承認書、正式確認書又は受諾書は、寄託者に寄託する。3又は4の規定に従って採択された改正は、当該議定書の改正を受け入れた締約国の少なくとも3分の2の批准書、承認書、正式確認書又は受諾書を寄託者が受領した後90日目の日に、当該改正を受け入れた締約国の間で効力を生ずる。ただし、関連議定書に改正の発効条件について別段の定めがある場合を除く。改正は、他の締約国が当該改正の批准書、承認書、正式確認書又は受諾書を寄託した後90日目の日に当該他の締約国について効力を生ずる。
6　((7-1)第17条6と同じ)

第18条(附属書の採択及び改正) 1　((7-1)第18条1と同じ)
2　この条約の追加附属書又は議定書の附属書の提案、採択及び効力発生については、次の手続を適用する。ただし、議定書に当該議定書の附属書に関して別段の定めがある場合を除く。
　(a)　この条約の附属書及び議定書の附属書は、第17条の1から4までに定める手続に従って提案し及び採択する。
　(b)　((7-1)第18条2(b)と同じ)
　(c)　((7-1)第18条2(c)と同じ)
3　((7-1)第18条3と同じ)
4　((7-1)第18条4と同じ)

第19条(検証) いずれの締約国も、他の締約国がこの条約に基づく義務に違反して行動し又は行動したと信ずるに足りる理由がある場合には、その旨を事務局に通報しなければならず、その通報を行うときは、同時かつ速やかに、直接に又は事務局を通じて、申立ての対象となった当該他の締約国にその旨を通報する。事務局は、申立ての内容の検証を行い、その報告書をこの条約のすべての締約国に提出する。

第20条(紛争の解決) 1　この条約又は議定書の解釈、適用又は遵守に関して締約国間で紛争が生じた場合には、当該締約国は、交渉又はその選択する他の平和的手段により紛争の解決に努める。
2　関係締約国がこの条の1に規定するとおりに紛争を解決することができない場合に、紛争は、この目的で締約国会議が設置する特別機関又は国際司法裁判所のいずれかに付託する。
3　この条の2に規定する特別機関による締約国間の紛争の仲裁は、この条約の附属書Vの規定に従って行う。

第21条(署名)　(略)
第22条(批准、受諾、正式確認又は承認) 1　この条約は、OAU加盟国によって批准され、受諾され、正式確認され又は承認されなければならない。批准書、受諾書、正式確認書又は承認書は、寄託者に寄託する。
2　締約国は、この条約に基づくすべての義務を負う。
第23条(加入)　(略)
第24条(投票権)　(略)
第25条(効力発生)　(略)
第26条(留保及び宣言) 1　この条約については、留

保を付することも、また、適用除外を設けることもできない。
2　この条の1の規定は、この条約の署名、批准又はこれへの加入の際に、国が特に当該国の法令をこの条約の規定に調和させることを目的として、用いられる文言又は名称のいかんを問わず、宣言又は声明を行うことを排除しない。ただし、このような宣言又は声明は、当該国に対するこの条約の規定の適用において、この条約の規定の法的効力を排除し又は変更することを意図しないことを条件とする。

第27条(脱退)　1　((7-1)第27条1と同じ)
2　((7-1)第27条2と同じ)
3　脱退は、この条約のもと生じていたであろう脱退する締約国の義務の履行を免除しない。

第28条(寄託者)　(略)

第29条(登録)　(略)
第30条(正文)　(略)

　附属書Ⅰ　有害廃棄物たる廃棄物の分類　(略)

　附属書Ⅱ　有害な特性の表　(略)

　附属書Ⅲ　処分作業　(略)

　附属書Ⅳ　A　通告の際に提供する情報　(略)
　移動書類に記載する情報　(略)

　附属書Ⅴ　仲裁
((7-1)附属書Ⅵと同じ。ただし、「国際連合事務総長」を「アフリカ統一機構事務総長」に読み替える。)

7-6　汚染物質放出移転登録簿に関する議定書(ＰＲＴＲ議定書；キエフ議定書)(抄)
Protocol on Pollutant Release and Transfer Registers

作　　成　2003年5月21日(キエフ)
　　　　　オーフス条約締約国会合第1回特別会合
効力発生　2009年10月8日

この議定書の締約国は、
　1998年の環境に関する情報へのアクセス、決定への公衆の参加及び司法へのアクセスに関する条約(オーフス条約)第5条9及び第10条2を想起し
　汚染物質放出移転登録簿が、オーフス条約の第1回締約国会合で採択されたルッカ宣言が明記するように、企業の説明責任を拡大し、汚染を削減しかつ持続可能な発展を促進する重要な仕組みを提供することを認め、
　1992年の環境及び発展に関するリオ宣言原則10を考慮し、
　1992年の国際連合環境発展会議において合意された原則及び約束、特に、アジェンダ21第19章の規定も考慮し、
　1997年の国際連合総会第19回特別会期において採択されたアジェンダ21のさらなる実施に関する計画が、適当な手段を通じて地球環境問題に関する情報への公衆のアクセスを促進するために、特に、情報の収集、処理及び普及のための国家の能力を強化することを要求していることに留意し、
　2002年の持続可能な発展に関する世界サミットの実施計画が、国内の汚染物質放出移転登録簿等により、一貫性のある統合的な情報の作成を奨励していることに留意し、
　化学物質の安全性に関する政府間フォーラムの作業、とりわけ、2000年の化学物質の安全性に関するバイーア宣言、2000年以降の行動の優先課題、及び、汚染物質放出移転登録簿及び(又は)排出目録行動計画を考慮し、
　化学物質の適正な管理のための機関間計画の枠組み内で行われる活動も考慮し、
　さらに、経済協力開発機構の作業、とりわけ、汚染物質放出移転登録簿の実施に関する理事会勧告において、理事会が、加盟国に国内の汚染物質放出移転登録簿を設置し、及び広く利用可能にするよう要請していることを考慮し、
　広くアクセス可能な環境情報システムの発達を確保することによって、現世代及び将来世代の人がその健康及び福祉に適当な環境に生活することができることに貢献する制度を提供することを望み、
　こうしたシステムの発達が、1992年の環境及び発展に関するリオ宣言原則15が定める予防的取組方法といった持続可能な発展に貢献する原則を考慮することを確保することも望み、
　適当な環境情報システムとオーフス条約が定める権利の行使との間の連関を認め、
　汚染物質及び廃棄物に関するその他の国際的イニシアティヴ(2001年の残留性有機汚染物質に関するストックホルム条約及び1989年の有害廃棄物の国境を越える移動及びその処分の規制に関するバーゼ

ル条約を含む。）と協力する必要性に留意し、

　産業施設及びその他の発生源の操業から生ずる廃棄物の汚染及び分量を最小限度にする統合的アプローチの目的は、全体として環境の高い水準の保護を達成し、持続可能で環境上適正な発展へと移行し、かつ、現世代及び将来世代の健康を保護することであることを認め、

　環境上の成果の改善を奨励し、地域社会に放出され、地域社会において及びこれを通じて移転される汚染物質に関する情報への公衆のアクセスを提供し、並びに政府が傾向を追跡し、汚染削減の進捗を明確にし、いくつかの国際協定の遵守を監視し、優先課題を設定し、かつ、環境政策及び環境計画を通じて達成される進捗を評価するのに利用する費用対効果の高い手段としての汚染物質放出移転登録簿の価値を確信し、

　汚染物質放出移転登録簿が、汚染物質管理を改善することを通じて、産業に明確な利益をもたらしうると信じ、

　潜在的な問題についてよりよく理解し、「ホットスポット[化学物質の高濃度地域]」を特定し、防止措置及び緩和措置をとり、環境管理の優先順を定めるために、健康、環境、人口、経済に関する情報又はその他の関連情報と組み合わせて、汚染物質放出移転登録簿からのデータを使用する機会に留意し、

　データ保護に関する適用可能な国際基準に従って、汚染物質放出移転登録簿に報告される情報の処理において特定される又は特定しうる自然人のプライバシーを保護する重要性を認め、

　データの比較可能性を向上させるために、国際的に比較が可能な、国内の汚染物質放出移転登録簿制度を発展させる重要性も認め、

　国際連合欧州経済委員会の多くの加盟国、欧州共同体（※欧州連合）及び北米自由貿易協定の締約国が、様々な情報源から汚染物質放出移転に関するデータを収集し、並びにこれらのデータを広く利用可能にするために行動していることに留意し、とりわけ、この分野で、いくつかの国は長期間にわたる価値のある経験を有していることを認め、

　既存の排出登録簿でとられている多様なアプローチ及び重複を回避する必要性を考慮し、それゆえ、ある程度の柔軟性が必要であることを認め、

　国内の汚染物質放出移転登録簿の漸進的発展を要請し、

　国内の汚染物質放出移転登録簿と公衆の関心事であるその他の放出に関する情報システムとの間の連結を設けることも要請し、

　次のとおり協定した。

第1条(目的) この議定書の目的は、この議定書の規定に従って、一貫性のある、統合した、全国的な汚染物質放出移転登録簿(PRTR)を設置することを通じて情報への公衆のアクセスを促進し、それにより環境に関する決定への公衆の参加、並びに環境汚染の防止及び削減に貢献することである。

第2条(定義) この議定書の適用上、

1　「締約国」とは、この条文に別段の定めがない限り、第24条が定める国家又は地域的な経済統合のための機関であって、この議定書に拘束されることに同意し、この議定書が効力を生じているものをいう。

2　「条約」とは、1998年6月25日に、デンマーク、オーフスで作成された、環境に関する情報へのアクセス、決定への公衆の参加及び司法へのアクセスに関する条約をいう。

3　((11-14)第2条4と同じ)

4　「施設」とは、同じ用地又は隣り合った用地にある一以上の設備(installation)であって、同一の自然人又は法人によって所有され又は操業されているものをいう。

5　「権限のある当局」とは、国内の汚染物質放出移転登録簿制度を管理するために締約国が指定した一以上の国の当局又はその他の権限のある機関をいう。

6　「汚染物質」とは、その性質及び環境中への導入のために、環境又は人の健康に有害となる可能性のある物質又は物質群をいう。

7　「放出」とは、故意に行われるか、偶発的に起こるかを問わず、定期的か不定期かを問わず、いずれかの人間活動(漏出、排出、放出、注入、処分若しくは投棄を含む。)の結果として、又は、最終的な廃水処理のない下水システムを通じて、環境中に汚染物質を導入することをいう。

8　「用地外移転」とは、汚染物質、又は処分若しくは再生の対象となる廃棄物、及び、廃水処理の対象となる排水中の汚染物質が、施設の境界を越えて移動することをいう。

9　「分散した発生源」とは、汚染物質が、土地、大気又は水の中に放出される可能性があり、これらの環境媒体に対する結合した影響が重大である可能性があり、各個別の発生源からの報告を回収するのが非現実的な、多数の小規模又は散在した発生源をいう。

10　「国内の」及び「全国的」という用語は、この議定書に基づく地域的な経済統合のための機関である締約国の義務については、別段の定めがない限り、当該地域に適用すると解釈する。

11 「廃棄物」とは、次のような物質又は物体をいう。
  (a) 処分又は再生がされる物質又は物体
  (b) 処分又は再生が意図される物質又は物体
  (c) 国内法の規定により、処分又は再生が義務付けられている物質又は物体
12 「有害廃棄物」とは、国内法の規定により有害と定義される廃棄物をいう。
13 「その他の廃棄物」とは、有害廃棄物ではない廃棄物をいう。
14 「廃水」とは、国内法の規制の対象となる物質又は物体を含有する汚水をいう。

第3条(一般規定) 1 締約国は、この議定書の規定を実施するために、必要な法律上、規制上及びその他の措置、並びに適当な執行措置をとる。
2 この議定書の規定は、この議定書が義務付けるよりも広範囲の又はより広く利用可能な汚染物質放出移転登録簿を維持し又は導入する締約国の権利に影響を及ぼすものではない。
3 締約国は、ある施設がこの議定書を実施する国内法を違反していると公的機関に報告する施設の被雇用者及び公衆の構成員が、違反を報告する行動について、当該施設又は公的機関により刑罰、迫害又は嫌がらせを受けないよう義務づけるために必要な措置をとる。
4 この議定書の実施において、締約国は、1992年の環境及び発展に関するリオ宣言原則15が定める予防的取組方法を指針とする。
5 重複報告を減ずるために、汚染物質放出移転登録簿制度は、免許又は操業許可に基づく報告制度といった既存の情報源と実行可能な程度において統合することができる。
6 締約国は、汚染物質放出移転登録簿制度間の収斂を達成するよう努める。

第4条(汚染物質放出移転登録簿制度の中核的要素) この議定書に従って、締約国は、次のような条件を満たす、広く利用可能な国内の汚染物質放出移転登録簿を設置し及び維持する。
(a) 固定発生源に関する報告については施設ごとに行われるものであること。
(b) 分散した発生源に関する報告を考慮に入れるものであること。
(c) 適当な場合には、汚染物質ごと又は廃棄物ごとに管理されるものであること。
(d) 大気、土地及び水への放出の間で区別し、多数の環境媒体を対象とするものであること。
(e) 移転に関する情報を含むものであること。
(f) 定期的に行われる義務的報告に基づくものであること。
(g) 標準化された最新のデータ、限られた数の標準化された報告の閾値、並びに、もしあれば秘密性に関する限定的な規定を含むものであること。
(h) 一貫性があり、電子形態のものを含め、利用者が使いやすくかつ広く利用可能なように設計されていること。
(i) その作成及び変更において公衆の参加を認めるものであること。
(j) 権限のある当局により維持される、構造的で、コンピューター化された一のデータベース又はいくつかの連結されたデータベースであること。

第5条(設計及び構造) 1 締約国は、第4条に規定する登録簿に保有されるデータが、総計された形態及び総計されない形態の双方で提示され、放出及び移転が、次の事項に応じて検索されかつ特定されうることを確保する。
(a) 施設及びその地理的所在地
(b) 活動
(c) 所有者又は操業者、及び、適当な場合には企業
(d) 適当な場合には汚染物質又は廃棄物
(e) 汚染物質が放出される環境媒体のそれぞれ
(f) 第7条5に規定するように、移転先、及び適当な場合廃棄物の処分作業又は再生作業

2 締約国はまた、登録簿に記載されている分散した発生源に応じて、データが検索されかつ特定されることを確保する。
3 締約国は、将来の拡大の可能性を考慮し、かつ、少なくとも過去10年の報告年の報告データが広く利用可能となることを確保する登録簿を設計する。
4 登録簿は、インターネット等電子手段を通じて公衆のアクセスを最大限容易にするよう設計する。通常の操作条件の下で、登録簿上の情報が、継続的かつ直ちに、電子手段により利用可能となるよう設計する。
5 締約国は、その登録簿を、環境保護に関連する事項に関する、現存の広く利用可能な関連するデータベースに連結すべきである。
6 締約国は、その登録簿を、この議定書の他の締約国の汚染物質放出移転登録簿、及び、実行可能な場合他の国の登録簿に連結する。

第6条(登録簿の適用範囲) 1 締約国は、登録簿が、次の情報を記載することを確保する。
(a) 第7条2に基づき報告が義務づけられている汚染物質の放出
(b) 第7条2に基づき報告が義務づけられている用地外移転
(c) 第7条4に基づき義務付けられている分散し

た発生源からの汚染物質の放出
2　国内の汚染物質放出移転登録簿の作成及びこの議定書の実施から得られる経験を評価し、かつ、関連する国際的プロセスを考慮して、締約国会合は、この議定書に基づく報告義務を再検討し、この議定書のさらなる発展において次の事項を検討する。
(a)　附属書Iに定める活動の再検討
(b)　附属書IIに定める汚染物質の再検討
(c)　附属書I及び附属書IIに定める閾値の再検討
(d)　用地内移転、保管等に関する情報、分散した発生源に関する報告義務の詳細な規定、又は、この議定書に基づく汚染物質を対象とする基準の発展といったその他の関連する側面を含めること。

第7条(報告義務) 1　締約国は、次の(a)又は(b)のいずれかを行う。
(a)　附属書Iの第1欄に定める適用可能な能力閾値を超えて、附属書Iに定める一又は二以上の活動を行う、その管轄権内にある個別の施設の所有者又は操業者であって、次の(i)から(iv)のいずれかに該当する者が2に従って当該所有者又は操業者に課される義務を実施することを義務づける。
　(i)　附属書IIの第1欄に定める適用可能な閾値を超える分量の附属書IIに定めるいずれかの汚染物質を放出する者
　(ii)　5(d)の規定に従って汚染物質ごとの移転報告を選択する締約国は、附属書IIの第2欄が定める閾値を超える分量の附属書IIの定めるいずれかの汚染物質を用地外移転する者
　(iii)　5(d)の規定に従って廃棄物ごとの移転報告を選択する締約国は、年当たり2トンを超える有害廃棄物、又は、年当たり2,000トンを超えるその他の廃棄物を用地外移転する者
　(iv)　附属書IIの第1欄bが定める適用可能な閾値を超える分量の廃水処理の対象となる廃水の形で、附属書IIに定める汚染物質を用地外移転する者
(b)　附属書Iの第2欄に定める被雇用者閾値又はその閾値を超えて附属書Iに定める一又は二以上の活動を行う管轄権内における個別の施設の所有者又は操業者で、附属書IIに定めるいずれかの汚染物質を附属書IIの第3欄に定める適用可能な閾値を超える分量製造し、加工又は使用する者が、2に従って当該所有者又は操業者に課される義務を実施することを義務づける。

2　締約国は、1の規定に定める施設の所有者又は操業者が、閾値を超えた当該汚染物質及び廃棄物について、5及び6の規定に定める条件に従って、5及び6の規定に定める情報を提出するよう義務づける。

3　この議定書の目的を達成するために、締約国は、特定の汚染物質について、放出閾値、又は、製造、加工若しくは使用の閾値のいずれかを適用することを決定することができる。ただし、この決定が、登録簿において利用可能となる放出又は移転に関する関連情報が増加することを条件とする。

4　締約国は、その登録簿に含めるために、7及び8の規定に定める分散した発生源からの汚染物質の放出に関する情報を、その権限のある当局が収集することを確保するか、又は当該情報を収集する一又は二以上の公的機関若しくは権限のある機関を指定する。

5　締約国は、2の規定に基づいて報告が義務づけられている施設の所有者又は操業者が、施設ごとに次の情報を整え、その権限のある当局に提出することを義務づける。
　(a)～(f)(略)

6　(略)

7　締約国は、データが関連する当局により収集され、かつ、無理のない形で含めうると締約国が決定する分散した発生源からの汚染物質の放出に関する情報を区域を適当に分割して登録簿に掲載する。締約国がこうしたデータは存在しないと決定する場合、国の優先順位に従って一又は二以上の分散した発生源からの関連する汚染物質の放出に関する報告を開始するための措置をとる。

8　7の規定に定める情報には、情報を得るために使用された方法論の種類に関する情報を含める。

第8条(報告の周期) 1　締約国は、登録簿に組み入れることが義務づけられている情報が、暦年ごとに登録簿上で広く利用可能とされ、編集され及び提示されることを確保する。報告年は、当該報告が関連する暦年である。各締約国について、1回目の報告年は、当該締約国についてこの議定書が効力を発生した後の暦年である。第7条に基づき義務づけられる報告は、毎年行われる。しかしながら、2回目の報告年は、1回目の報告年に続く次の暦年とすることができる。

2　地域的な経済統合のための機関ではない締約国は、情報が、各報告年の末から15箇月以内に登録簿に組み入れることを確保する。しかしながら、最初の報告年に関する情報は、当該報告年

の末から2年以内に登録簿に組み入れる。
3 地域的な経済統合のための機関である締約国は、特定の報告年に関する情報は、地域的な経済統合のための機関でない締約国が義務づけられた期日の後6箇月以内に登録簿に組み入れることを確保する。

第9条(データ収集及び記録保持) 1 締約国は、第7条の報告義務の対象となる施設の所有者又操業者が、第7条に基づき報告の対象となる当該施設の放出及び用地外移転であることを、2の規定に従ってかつ適切な頻度で決定するために必要なデータを収集することを義務づける。また、報告された情報の元のデータの記録を、当該報告年の末を起点とする5年の期間、権限のある当局に利用可能とすることを義務づける。これらの記録には、データ収集に使用された方法論をも記述する。

2 (略)

第10条(品質評価) 1 締約国は、第7条1の報告義務の対象となる施設の所有者又操業者が、報告する情報の品質を保証することを義務づける。

2 締約国は、登録簿に記載するデータが、締約国会合により策定されることがある指針を考慮して、とりわけその完全性、一貫性及び信頼性について、権限のある当局による品質評価の対象となることを確保する。

第11条(情報への公衆のアクセス) 1 締約国は、主として、登録簿が公開の電信ネットワークを通じて電子データへの直接のアクセスを提供することを確保することによって、利害関係を証明する必要なく、かつ、この議定書の規定に従って、公衆が汚染物質放出移転登録簿に記載される情報にアクセスできることを確保する。

2 登録簿に記載される情報が、電子ネットワークを直接利用する手段によっては容易に広く利用可能としえない場合、締約国は、請求に応じて、できる限り速やかに、かつ、請求が提出されてから遅くとも1箇月以内に、その他の効果的な手段によって当該情報を提供することを確保する。

3 4の規定に従って、締約国は、登録簿に記載される情報へのアクセスを無料とすることを確保する。

4 締約国は、その権限のある当局が、2の規定に定める特定の情報を複写し、郵送する料金を請求することができるが、その料金は合理的な金額を超えてはならない。

5 登録簿に記載される情報が、電子ネットワークを直接利用する手段によっては容易に広く利用可能としえない場合、締約国は、例えば、公共の図書館、地方当局の事務所又はその他の適当な場所等、広く利用可能な場所でその登録簿への電子ネットワークによるアクセスを促進する。

第12条(秘密の保持) 1 締約国は、当該情報を公に開示することが次のいずれかに悪影響を及ぼす場合、権限のある当局が登録簿に保有されている情報を開示しないことを認めることができる。
 (a) ((11-14)第4条4(b)と同じ)
 (b) ((11-14)第4条4(c)と同じ)
 (c) ((11-14)第4条4(d)の第1文と同じ)
 (d) ((11-14)第4条4(e)と同じ)
 (e) ((11-14)第4条4(f)と同じ)

 これらの秘密の保持の理由は、情報開示による公共の利益及び当該情報が環境中への放出に関するものか否かを考慮して、制限的に解釈する。

2 1(c)に規定する枠組みにおいて、環境の保護に関連する放出に関する情報は、国内法に従って開示されるべきものとみなす。

3 1の規定に従って情報の秘密が保持される場合はいつでも、登録簿は、例えば、可能ならば一般的化学的情報を提供することによって、いかなる種類の情報が不開示とされているか、並びに、いかなる理由で不開示とされているかを示す。

第13条(国内汚染物質放出移転登録簿の作成における公衆の参加) 1 締約国は、国内法の枠組みにおいて、国内の汚染物質放出移転登録簿の作成に公衆が参加する適切な機会を確保する。

2 1の規定の適用上、締約国は、国内の汚染物質放出移転登録簿の作成に関して提案されている措置に関する情報について公衆が無料でアクセスでき、かつ、決定過程に関連するコメント、情報、分析又は意見を提出する機会を提供する。そして、関係当局は、これらの公衆からのインプットを適切に考慮する。

3 締約国は、登録簿を設置する決定又は相当に変更する決定を行う場合、決定に関する情報及び決定が基礎とした考慮事項を、時宜をえて広く利用可能とする。

第14条(司法へのアクセス) 1 締約国は、国内法の枠組みにおいて、第11条2に基づく情報開示請求が部分的か全部かを問わず、無視され、不当に拒否され、不適切に回答され、又は、当該条項の規定に従って取り扱われなかったと考える者が、司法裁判所又は法律で設置された別の独立かつ公平な機関の下での審査手続へのアクセスを有することを確保する。

2 1に規定する義務は、この条の事項を取り扱う締約国間に適用可能な現行の条約に基づく締約国の権利義務を侵害しない。

第15条(能力の開発)　(略)
第16条(国際協力)　(略)
第17条(締約国会合) 1　(略)
2　(略)
3　締約国会合は、汚染物質ごと及び廃棄物ごとに報告するアプローチを用いた移転の報告から得られた経験に関する情報の交換を促進する。また、第1条に従って情報の公益性及び国内の汚染物質放出移転登録簿の全体の有効性を考慮し、当該二つのアプローチの間の収斂の可能性を研究するために当該経験を検討する。
4　(略)
5　(略)
第18条(投票権)　(略)
第19条(附属書)　(略)
第20条(改正)　(略)
第21条(事務局)　(略)
第22条(遵守の審査) 締約国会合は、第1回会合で、この議定書の規定の遵守を評価し、促進し、不遵守の事案を取り扱う非司法的、非対立的かつ協議的性格を有する協力手続及び制度的取決めをコンセンサスで設置する。これらの手続及び取決めを設置する際、締約国会合は、とりわけ、この議定書に関連する事項に関する公衆の構成員からの情報が受理されることを認めるかどうかを検討する。
第23条(紛争の解決)　((11-14)第16条を参照)
第24条(署名)　この議定書は、第5回閣僚会議「欧州のための環境」の際に2003年5月21日から23日までキエフ(ウクライナ)において、その後は2003年12月31日までニュー・ヨークにある国際連合本部において、国際連合加盟国であるすべての国家及び国際連合加盟国たる主権国家によって構成される地域的な経済統合のための機関であって、この議定書が規律する事項に関しその加盟国から権限(当該事項に関して条約を締結する権限を含む。)の委譲を受けたものによる署名のために開放しておく。

第25条(寄託者)　(略)
第26条(批准、受諾、承認及び加入) 1．この議定書は、第24条に規定する署名国及び地域的な経済統合のための機関により批准され、受諾され、又は加入されなければならない。
2　この議定書は、2004年1月1日以降は、第24条に規定する国家及び地域的な経済統合のための機関によるこの議定書の加入のために開放しておく。
3　(略)
4　(略)
第27条(効力発生)　((11-14)第20条と同じ)
第28条(留保) この議定書に留保を付することはできない。
第29条(脱退)　((11-14)第21条を参照)
第30条(正文)　((11-14)第22条と同じ)

　附属書Ⅰ　活　動　(略)

　附属書Ⅱ　汚染物質　(略)

　附属書Ⅲ
　A　処分作業　(略)
　B　再生作業　(略)

　附属書Ⅳ　仲裁　((11-14)附属書Ⅱを参照)

第8章
原子力の管理と規制

原子力の安全管理

　第二次世界大戦後、原子力の平和利用を促進しつつ軍事利用への転用を防止するために国際原子力機関(IAEA)の設立が検討され、1956年に国際原子力機関憲章(8-1)が採択された。IAEAの主要な三つの活動分野は、原子力の軍事利用への転用を防止するための保障措置と査察、原子力の安全性向上と緊急時の対応、原子力に関する科学技術の応用である。人の健康を保護し、人命と財産に対する危険を最小にするための安全上の基準を設定することも、IAEAの重要な任務の一つである。

　1986年に発生したチェルノブイリ原子力発電所事故を契機として、旧ソ連、中・東欧諸国における原子力発電所の安全性の問題が顕在化し、原子力発電所の安全の確保と向上のための国際的枠組みを設ける必要性が強く意識されるようになった。その結果、1991年にIAEA主催の原子力安全国際会議で原子力安全条約(8-2)の起草が提唱され、同条約は1994年の外交会議で採択された。この条約は、国内措置と国際協力を通じて原子力の高い水準の安全を世界的に達成・維持すること、原子力施設に起因する電離放射線の有害な影響から個人・社会・環境を保護するために原子力施設において放射線の危険からの防護を確保・維持すること、ならびに、放射線による影響を伴う事故を防止しまたは事故の影響を緩和することを目的としている。同じく1994年にIAEAは放射性廃棄物管理の安全に関する条約の検討を決定し、この決議に基づき専門家会合が設置された。条約は使用済燃料管理の安全も対象として扱うことになり、1997年の外交会議で、放射性廃棄物等安全条約(8-3)が採択された。同条約は、使用済燃料管理および放射性廃棄物管理の安全を対象とするが、原子力安全条約と共通の目的を有し、条約の構造にも類似点が多い。これらの条約では、少なくとも3年に一度開催される締約国の検討会議において国別報告書が詳細にレビューされることになっている。2011年の福島第一原子力発電所事故を受けて、IAEA理事会は、全地球的な原子力安全枠組みを強化することを目的として、同年9月にIAEA原子力安全行動計画(8-4)を採択した。原子力安全条約の改正を求める議論もある。

　他方、二国間原子力協定は、原子力の平和的利用の推進と核不拡散という視点に基づき、

核物質、原子炉などの主要な原子力関連の資材および技術を移転するに際し、移転先の国からこれらの平和的利用等に関する法的保証を取り付けることを目的として締結するものである。日本が最初に締結した二国間原子力協定は、1955年の研究炉に関する日米原子力非軍事的利用協定である。その後動力炉導入などにより濃縮ウランの供給枠の拡大のため1968年に日米原子力非軍事的利用協定が締結された（1973年改正）。しかし米国は1978年に核不拡散法を制定し、日本その他の国との間に締結されていた原子力協定が同法に従うよう再交渉を要求した。日米間ではようやく1987年になって新しい日米原子力平和利用協力協定とその実施取極(8-5と8-5-1)が締結された。新協定では、再処理、貯蔵・形状・内容の変更、高濃縮、管轄外移転に関する事前同意権の対象が拡大されたが、事前同意権はより双務的なものとなったほか、核物質防護措置、IAEAによる保障措置の適用なども盛り込まれた。その後原子力発電をめぐる国際競争をも背景として日本は、カナダ、英国、オーストラリア、フランス、中国、欧州原子力共同体、カザフスタン、ロシア、ヨルダン、韓国、ベトナムと新たな原子力協定を締結した。福島第一原子力発電所事故後、新規協定の交渉は一時中断していたがインド、南ア、トルコなどとの交渉が再開され、2013年7月1日現在アラブ首長国連邦とトルコとの間で協定締結されている。しかし、日本の原子力政策自体をめぐって論争が生じており、原子力協定の今後の展開は必ずしも明確ではない。最近の協定では、核物質などの平和的目的に限った利用、核物質へのIAEAによる保障措置の適用、原子力安全関連条約に基づく措置の実施、核物質を適切に防護する措置の適用、核物質の管轄外への移転の規制、濃縮・再処理の禁止などが定められている。この条約集では日米原子力平和利用協力協定と日・ベトナム原子力協定(8-6)をとりあげた。

原子力事故への対応

チェルノブイリ原子力発電所事故の後、1986年のIAEA総会は、原子力事故早期通報条約(8-7)と原子力事故援助条約(8-8)の二条約を採択した。前者は、締約国またはその管理もしくは管轄のもとにある自然人または法人の原子力施設または活動から原子力事故が発生した場合の締約国の通報義務を扱う。締約国は、越境損害を最小のものとするために、被影響国および潜在的な被影響国に対して直接またはIAEAを通じて、原子力事故の事実、種類、発生時刻、正確な場所を直ちに通報する義務を負う。締約国はまた、放射線の影響を最小化するために提供可能な情報を提供すること、さらに被影響国から追加的情報の提供または協議の要請がある場合にはそれに対して速やかに対応する義務を負う。IAEAは、締約国に対して受領した通報および情報を速やかに提供するなど、中心的な役割を果たす。後者は、原子力事故または放射線緊急事態の場合に、援助を必要とする国と援助を提供できる国の間の相互協力について定める。同条約はまた、IAEAによる援助の提供を容易にするための国際的枠組を定めることによって、原子力事故などの影響を最小のものにとどめ、ならびに、放射性物質放出の影響から生命、財産および環境を保護することを目的としている。

【第1節 原子力の安全管理】 第1項 普遍的文書

8-1 国際原子力機関憲章（IAEA憲章）（抄）
Statute of the International Atomic Energy Agency

承　　認　1956年10月23日（国際原子力機関憲章に関する会議）
作　　成　1956年10月26日（ニュー・ヨーク）
効力発生　1957年7月29日
改　　正　(1)1963年1月31日、(2)1973年6月1日、(3)1989年12月28日
日 本 国　1956年10月26日署名、1957年7月16日批准書寄託、7月29日効力発生、8月7日公布（条約第14号）
　　　　　最終改正につき1985年5月17日国会承認、6月11日受諾書寄託、1989年12月28日効力発生、1990年3月20日公布（条約第1号）

第1条（機関の設立） この憲章の当事国は、以下に定める条件に基き国際原子力機関（以下「機関」という。）を設立する。

第2条（目的） 機関は、全世界における平和、保健及び繁栄に対する原子力の貢献を促進し、及び増大するように努力しなければならない。機関は、できる限り、機関がみずから提供し、その要請により提供され、又はその監督下若しくは管理下において提供された援助がいずれかの軍事的目的を助長するような方法で利用されないことを確保しなければならない。

第3条（任務） A　機関は、次のことを行う権限を有する。

1. 全世界における平和的利用のための原子力の研究、開発及び実用化を奨励しかつ援助し、要請を受けたときは、機関のいずれかの加盟国による他の加盟国のための役務の実施又は物質、設備及び施設の供給を確保するため仲介者として行動し、並びに平和的目的のための原子力の研究、開発又は実用化に役だつ活動又は役務を行うこと。
2. 平和的目的のための原子力の研究、開発及び実用化（電力の生産を含む。）の必要を満すため、世界の低開発地域におけるその必要に妥当な考慮を払った上で、この憲章に従って、物質、役務、設備及び施設を提供すること。
3. 原子力の平和的利用に関する科学上及び技術上の情報の交換を促進すること。
4. 原子力の平和的利用の分野における科学者及び専門家の交換及び訓練を奨励すること。
5. 機関がみずから提供し、その要請により提供され、又はその監督下若しくは管理下において提供された特殊核分裂性物質その他の物質、役務、設備、施設及び情報がいずれかの軍事的目的を助長するような方法で利用されないことを確保するための保障措置を設定し、かつ、実施すること並びに、いずれかの二国間若しくは多数国間の取極の当事国の要請を受けたときは、その取極に対し、又はいずれかの国の要請を受けたときは、その国の原子力の分野におけるいずれかの活動に対して、保障措置を適用すること。
6. 国際連合の権限のある機関及び関係専門機関と協議し、かつ、適当な場合にはそれらと協力して、健康を保護し、並びに人命及び財産に対する危険を最小にするための安全上の基準（労働条件のための基準を含む。）を設定し、又は採用すること、機関みずからの活動並びに機関がみずから提供し、その要請により提供され、又はその管理下若しくは監督下において提供された物質、役務、設備、施設及び情報を利用する活動に対して、前記の基準が適用されるように措置を執ること並びに、いずれかの二国間若しくは多数国間の取極の当事国の要請を受けたときは、その取極に基く活動に対し、又はいずれかの国の要請を受けたときは、その国の原子力の分野におけるいずれかの活動に対して、前記の基準が適用されるように措置を執ること。
7. 関係地域で機関が利用しうる施設、工場及び設備が、不適当であるか、又は機関の不満足であると考える条件によるほか利用しえないときはいつでも、機関が認められた任務を遂行するため必要な施設、工場及び設備を取得し、又は設置すること。

B　機関は、その任務を遂行するため、次のことを行うものとする。

1. 平和及び国際協力を助長する国際連合の目的及び原則に従い、並びに保障された世界的軍備縮小の確立を促進する国際連合の政策及び

その政策に従って締結されるすべての国際協定に従って、機関の事業を行うこと。
2 機関が受領する特殊核分裂性物質の利用につき、それらの物質が平和的目的にのみ利用されることを確保するため、管理を設定すること。
3 機関の資源を、世界の低開発地域における特別の必要を考慮した上で、世界のすべての地域における効果的な利用及び最大限の一般的利益を確保するような方法により、配分すること。
4 機関の事業に関する報告を毎年国際連合総会に提出し、かつ、適当な場合には、安全保障理事会に提出すること。機関の事業に関して安全保障理事会の権限内の問題が生じたときは、機関は、国際の平和及び安全の維持に関する主要な責任を負う機関である安全保障理事会に通告するものとし、また、この憲章に基き機関にとって可能な措置（第12条Cに定める措置を含む。）を執ることができる。
5 国際連合の経済社会理事会その他の機関に対し、それらの機関の権限内の事項に関し、報告を提出すること。
C 機関は、その任務を遂行するに当り、加盟国に対し、この憲章の規定と両立しない政治上、経済上、軍事上その他の条件による援助を行ってはならない。
D 機関の事業は、この憲章の規定及びいずれかの国又は一群の国と機関との間で締結され、かつ、この憲章の規定に合致する諸協定の条項に従うことを条件として、諸国の主権に対して妥当な尊敬を払って実施しなければならない。

第4条（加盟国の地位） A （略）
B （略）
C 機関は、すべての加盟国の主権平等の原則に基礎をおくものとし、すべての加盟国は、加盟国としての地位から生ずる権利及び利益をすべての加盟国に確保するため、この憲章により加盟国が負う義務を誠実に履行しなければならない。

第5条（総会） A すべての加盟国の代表者からなる総会は、年次通常会期において、また、理事会の要請又は加盟国の過半数の要請により事務局長が招集すべき特別会期において、会合する。それらの会期は、総会が別段の決定を行わない限り、機関の本部で開催される。
B 前記の会期において、各加盟国は、1人の代表を出すものとし、代表は、代表代理及び顧問を伴うことができる。代表団の出席の費用は、当該加盟国が負担する。
C 総会は、各会期の初めに、議長及び必要とされる他の役員を選出する。それらの者は、その会期中、その職にあるものとする。総会は、この憲章の規定に従うことを条件として、総会の手続規則を採択する。各加盟国は、1個の投票権を有する。第14条H、第18条C及び第19条Bの規定による決定は、出席しかつ投票する加盟国の3分の2の多数により行う。他の問題についての決定（3分の2の多数により決定されるべき新たな問題又は問題の部類の決定を含む。）は、出席しかつ投票する加盟国の過半数により行う。加盟国の過半数をもって、定足数とする。
D 総会は、この憲章の範囲内の問題若しくは事項又はこの憲章に定めるいずれかの機関の権能及び任務に関する問題若しくは事項を討議することができ、かつ、それらの問題又は事項につき、機関の加盟国若しくは理事会又はその双方に対し、勧告を行うことができる。
E 総会は、次のことを行うものとする。
1 第6条の規定に従って、理事国を選出すること。
2 第4条の規定に従って、諸国の加盟を承認すること。
3 第19条の規定に従って、いずれかの加盟国の加盟国としての特権及び権利を停止すること。
4 理事会の年次報告を審議すること。
5 （略）
6 第12条Cにいう報告を除くほか、機関と国際連合との関係に関する協定に従って国際連合に提出すべき報告を承認し、又は総会の勧告を附して、理事会に返却すること。
7 機関と国際連合又は他の機関との間の第16条に定める協定を承認し、又は総会の勧告を附して、総会への再提出のため、理事会に返却すること。
8 （略）
9 第18条Cの規定に従って、この憲章の改正を承認すること。
10 第7条Aの規定に従って、事務局長の任命を承認すること。
F 総会は、次の権限を有する。
1 決定のため理事会が特に総会に付託したすべての事項につき、決定を行う権限
2 理事会の審議事項を提案し、及び理事会に対し、機関の任務に関するいずれかの事項についての報告を要請する権限

第6条（理事会） A 理事会は、次のとおり構成される。
1 任期の終了する理事会は、理事国として、原子力に関する技術（原料物質の生産を含む。）の最も進歩した10の加盟国及び、次の地域のうちこれらの10の加盟国のいずれも含まれない

地域のそれぞれにおいて、原子力に関する技術(原料物質の生産を含む。)の最も進歩した一の加盟国を指定する。
  (1) 北アメリカ
  (2) ラテン・アメリカ
  (3) 西ヨーロッパ
  (4) 東ヨーロッパ
  (5) アフリカ
  (6) 中東及び南アジア
  (7) 東南アジア及び太平洋
  (8) 極東
2 総会は、理事国として、
  (a) A1に掲げる地域の加盟国が理事会全体として公平に代表されるように妥当な考慮を払った上で、ラテン・アメリカ地域の5人の代表者、西ヨーロッパ地域の4人の代表者、東ヨーロッパ地域の3人の代表者、アフリカ地域の4人の代表者、中東及び南アジア地域の2人の代表者、東南アジア及び太平洋地域の1人の代表者並びに極東地域の1人の代表者が理事会においてこの部類に常に含まれるように、20の加盟国を選出する。いずれか一の任期においてこの部類に含まれた加盟国は、その次の任期にこの部類で再選される資格を有しない。
  (b) 次の地域の加盟国のうちから、さらに一の加盟国を選出する。
    中東及び南アジア
    東南アジア及び太平洋
    極東
  (c) 次の地域の加盟国のうちから、さらに一の加盟国を選出する。
    アフリカ
    中東及び南アジア
    東南アジア及び太平洋
B (略)
C (略)
D (略)
E 各理事国は、1個の投票権を有する。機関の予算額の決定は、第14条Hに定めるところに従い、出席しかつ投票する理事国の3分の2の多数により行う。他の問題に関する決定(3分の2の多数により決定されるべき新たな問題又は問題の部類の決定を含む。)は、出席しかつ投票する理事国の過半数により行う。全理事国の3分の2をもって、定足数とする。
F 理事会は、この憲章に定める総会に対する責任に従うことを条件として、この憲章に従い、機関の任務を遂行する権限を有する。

G 理事会は、みずから決定する時に会合する。その会合は、理事会が別段の決定を行わない限り、機関の本部で行う。
H 理事会は、理事のうちから議長及び他の役員を選出するものとし、また、この憲章の規定に従うことを条件として、理事会の手続規則を採択するものとする。
I 理事会は、適当と認める委員会を設けることができる。理事会は、他の機関との関係において理事会を代表すべき者を任命することができる。
J 理事会は、機関の諸事項及び機関により承認されたすべての計画に関し、総会に対する年次報告を作成するものとする。理事会は、また、国際連合又は機関の活動と関連のある活動を行う他の機関に対して機関が提出するように要請されている、又は要請されることのある報告を、総会に提出するため、作成するものとする。これらの報告は、年次報告とともに、総会の年次通常会期の少くとも1箇月前に、機関の加盟国に提出するものとする。
第7条(職員) A 機関の職員の長は、事務局長とする。事務局長は、理事会が、総会の承認を得て、4年を任期として任命する。事務局長は、機関の首席行政官とする。
B 事務局長は、職員の任命、組織及び職務の執行に対して責任を負うものとし、かつ、理事会の権威及び管理の下にあるものとする。事務局長は、理事会が採択する規則に従って、自己の任務を遂行するものとする。
C (略)
D (略)
E (略)
F 事務局長及び職員は、その任務の遂行に際し、機関以外のいかなるところからも指示を求め、又は受けてはならない。それらの者は、機関の職員としての地位に影響を及ぼすいかなる行動も慎まなければならず、また、機関に対する自己の責任に従うことを条件として、機関に対する自己の公的任務により知るに至った産業上の秘密又は他の機密の情報をもらしてはならない。各加盟国は、事務局長及び職員の責任の国際的性質を尊重することを約束し、また、それらの者が任務を遂行するに当って、それらの者に影響を及ぼそうとしてはならない。
G (略)
第8条(情報の交換) A 各加盟国は、自国の判断により機関にとって有用と考える情報を提供するものとする。
B 各加盟国は、第11条の規定に従って機関により

与えられた援助の結果として得られるすべての科学的情報を機関に提供しなければならない。

C　機関は、A及びBの規定により機関に提供された情報を収集整理し、かつ、それを利用しやすい形式で利用に供するものとする。機関は、原子力の性質及び平和的利用に関する情報の加盟国間における交換の奨励のための積極的措置を執るものとし、また、この目的のため、加盟国間の仲介者となるものとする。

第9条（物質の供給） A　加盟国は、自国で適当と考える量の特殊核分裂性物質を、機関が同意する条件で、機関に提供することができる。機関に提供された物質は、提供する加盟国の裁量により、その加盟国が貯蔵し、又は機関の同意を得て、機関の貯蔵所に貯蔵することができる。

B　加盟国は、また、第20条に定める原料物質及び他の物質を機関に提供することができる。理事会は、第13条に定める協定に基き機関が受諾するそれらの物質の量を決定する。

C　各加盟国は、自国の法律に従って、即時に又は理事会が指定する期間内に提供する用意のある特殊核分裂性物質、原料物質及び他の物質の量、形状及び組成を機関に通告しなければならない。

D　加盟国は、機関の要請を受けたときは、自国が提供した物質のうちから、機関が指定する物質を、機関が指定する量だけ、他の加盟国又は加盟国群に遅滞なく引き渡さなければならず、また、機関の施設における作業及び科学的研究のため実際に必要な物質を、実際に必要な量だけ、機関自体に遅滞なく引き渡さなければならない。

E　加盟国が提供した物質の量、形状及び組成は、理事会の承認を得て、当該加盟国がいつでも変更することができる。

F　Cの規定による最初の通告は、この憲章が当該加盟国について効力を生じた日から3箇月以内に行わなければならない。理事会が別段の決定を行わない限り、最初に提供される物質は、この憲章が当該加盟国について効力を生じた年に続く暦年による1年の期間に対するものとする。その後の通告も、同様に、理事会が別段の措置を執らない限り、通告が行われた年に続く暦年による1年の期間に関するものとし、また、各年の11月1日以前に行わなければならない。

G　機関は、加盟国が機関に対し提供する用意があると通告した量の物質のうち、機関が引渡を要請した物質の引渡の場所及び方法並びに、適当な場合には、その物質の形状及び組成を指定するものとする。機関は、また、引き渡された物質を検量しなければならず、かつ、そのように

引き渡された物質の量を、定期的に、すべての加盟国に報告しなければならない。

H　機関は、その所持する物質の貯蔵及び保護の責任を負うものとする。機関は、それらの物質が、(1)天候による障害、(2)許可を得ていない移動又は転用、(3)破損又は破壊（サボタージュを含む。）及び(4)強制的差押から守られることを確保しなければならない。機関は、その所持する特殊核分裂性物質を貯蔵するに当り、その物質が多量にいずれかの国又は世界の一地域に集中しないように、その物質の地理的配分を確保しなければならない。

I　機関は、できる限りすみやかに、次のもののうち必要となるものを設置し、又は取得しなければならない。

1　物質の受入、貯蔵及び送出のための工場、設備及び施設
2　物理的保障手段
3　十分な保健上及び安全上の手段
4　受領された物質の分析及び検量のための管理試験所
5　1から4までに掲げるもののため必要な職員のための住居及び行政上の施設

J　この条の規定に従って提供された物質は、この憲章の規定に基き理事会が決定するところに従って、利用されるものとする。いずれの加盟国も、自国が機関に提供する物質を機関が別個に保管するように要求する権利又はその物質が利用されるべき特定の計画を指定する権利を有しないものとする。

第10条（役務、設備及び施設） 加盟国は、機関に対し、機関の目的及び任務の遂行に役だつ役務、設備及び施設を提供することができる。

第11条（機関の計画） A　機関のいずれかの加盟国又は加盟国群は、平和的目的のための原子力の研究、開発又は実用化の計画を設定することを希望するときは、このため必要な特殊核分裂性物質及び他の物質、役務、設備並びに施設の確保に当って、機関の援助を要請することができる。この要請には、計画の目的及び範囲の説明を添えるものとし、理事会は、その要請を検討するものとする。

B　機関は、また、要請を受けたときは、いずれかの加盟国又は加盟国群が前記の計画を遂行するため必要な融資を外部から確保するように取りきめることについて、援助することができる。この援助の供与に当っては、機関は、その計画のために、いかなる担保の提供又は財政的責任の負担をも要求されないものとする。

C 機関は、要請を行った加盟国の希望を考慮した上、前記の計画のため必要な物質、役務、設備及び施設が、一若しくは二以上の加盟国により供給されるように取り計らうことができるものとし、又は機関が、みずから、それらのもののいずれか若しくはすべてを直接に提供することを引き受けることができる。

D 機関は、前記の要請を検討するため、計画を審査する資格を有する者を、その要請を行った加盟国又は加盟国群の領域内に送ることができる。この目的のため、機関は、その要請を行った加盟国又は加盟国群の承認を得て、機関の職員を使用し、又はいずれかの加盟国の国民で適当な資格を有するものを雇用することができる。

E 理事会は、この条の規定に基く計画を承認する前に、次の事項に妥当な考慮を払うものとする。
1 計画の有用性(その科学的及び技術的実行可能性を含む。)
2 計画の効果的な実施を確保するための企画、資金及び技術要員の妥当性
3 物質の取扱及び貯蔵のため並びに施設の運用のための提案された保健上及び安全上の基準の妥当性
4 要請を行った加盟国又は加盟国群の必要な資金調達、物質、施設、設備及び役務を確保することについての能力の不足
5 機関が利用しうる物質及び他の資源の公平な配分
6 世界の低開発地域における特別の必要
7 その他関係のある事項

F 機関は、計画を承認したときは、その計画を提出した加盟国又は加盟国群と協定を締結するものとし、その協定は、次のことを定めるものとする。
1 必要な特殊核分裂性物質及び他の物質の計画への割当
2 特殊核分裂性物質のその時の保管(機関により保管されているか、又は機関の計画への利用のため提供する加盟国により保管されているかを問わない。)の場所から、計画を提出した加盟国又は加盟国群への、必要な積送の安全を確保し、かつ、妥当な保健上及び安全上の基準に合致する条件の下における移転
3 機関がみずからいずれかの物質、役務、設備及び施設を提供するときは、その提供の条件(料金を含む。)並びに、いずれかの加盟国がそれらの物質、役務、設備及び施設を供給するときは、計画を提出した加盟国又は加盟国群と供給国とが取りきめる条件
4 (a) 提供される援助が、いずれかの軍事的目的を助長するような方法で利用されないこと及び(b) 計画が第12条に定める保障措置(関係保障措置は、協定中に明記するものとする。)に従うべきことについて、計画を提出した加盟国又は加盟国群が行う約束
5 計画から生ずる発明若しくは発見又はその発明若しくは発見に関する特許についての機関及び関係加盟国の権利及び利益に関する適当な規定
6 紛争の解決に関する適法な規定
7 その他の適当な規定

G この条の規定は、また、適当な場合には、既存の計画に関する物質、役務、施設又は設備に対する要請にも適用される。

第12条(機関の保障措置) A 機関は、機関のいずれかの計画に関し、又は、他の取極の関係当事国が機関に対して保障措置の適用を要請する場合に、その取極に関し、その計画又は取極に関連する限度において、次のことを行う権利及び責任を有する。
1 専門的設備及び施設(原子炉を含む。)の設計を検討すること並びに、その設計が軍事的目的を助長するものでなく、妥当な保健上及び安全上の基準に合致しており、かつ、この条に定める保障措置を実効的に適用しうるものであることを確保するという見地からのみ、その設計を承認すること。
2 機関が定める保健上及び安全上の措置の遵守を要求すること。
3 前記の計画又は取極において使用され、又は生産される原料物質及び特殊核分裂性物質の計量性の確保に役だつ操作記録の保持及び提出を要求すること。
4 経過報告を要求し、及び受領すること。
5 照射を受けた物質の化学処理のため用いられる方法を、その化学処理が物質の軍事的目的への転用に役だてられるものでなく、かつ、妥当な保健上及び安全上の基準に合致するものであることを確保することのみを目的として、承認すること、回収され又は副産物として生産された特殊核分裂性物質が、関係加盟国の指定する研究のため、又はその指定する既存の若しくは建設中の原子炉において、継続的に機関の保障措置の下で、平和的目的に利用されるように要求すること並びに回収され又は副産物として生産された特殊核分裂性物質で前記の利用のため必要な量をこえる余分のものを、その蓄積を防ぐため、機関に寄

託するように要求すること。ただし、機関に寄託されたその特殊核分裂性物質は、その後関係加盟国が要請したときは、前記の規定に基く利用のため、関係加盟国にすみやかに返還されるものとする。
6 機関が関係国と協議の後指定した視察員を受領国の領域に派遣すること。その視察員は、いつでも、供給された原料物質及び特殊核分裂性物質並びに核分裂性生産物の計量のため、並びに第11条F4にいう軍事的目的の助長のために利用しないことについての約束、この条のA2にいう保健上及び安全上の措置並びに機関と関係国との間の協定に定める他のいずれかの条件に対する違反の有無の決定のために必要なすべての場所、資料及び人(この憲章に基き保障措置の適用が要求される物質、設備又は施設に職掌上関係する者)に近づくことができる。機関が指定した視察員は、関係国の要請を受けたときは、自己の職務の執行を遅滞させられ、又は妨げられないことを条件として、その国の当局の代表者を伴わなければならない。
7 違反が存在し、かつ、受領国が要請された是正措置を適当な期間内に執らなかったときは、援助を停止し、又は終止し、並びに当該計画の促進のため機関又は加盟国が提供したいずれかの物質及び設備を撤収すること。

B 機関は、必要な場合には、視察部を設置するものとする。視察部は、機関の承認、監督又は管理を受ける計画に対して適用するために定めた保健上及び安全上の措置に機関が違反していないかどうか、並びに機関が保管し、又はその作業において使用され若しくは生産される原料物質及び特殊核分裂性物質がいずれかの軍事的目的の助長のため使用されることを防止するために、機関が十分な措置を執っているかどうかを決定するため、機関がみずから行うすべての作業を検査する責任を負うものとする。機関は、前記の違反が存在すること又は前記の十分な措置が執られていないことを是正するための改善の措置を直ちに執らなければならない。

C 視察部は、また、この条のA6にいう計量の結果を入手しかつ検認する責任並びに第11条F4にいう約束、この条のA2にいう措置及び機関と関係国との間の協定に定める計画の他のすべての条件に対する違反の有無を決定する責任を負うものとする。視察員は、違反を事務局長に報告しなければならず、事務局長は、その報告を理事会に伝達しなければならない。理事会は、発生したと認める違反を直ちに改善するように受領国に要求しなければならない。理事会は、その違反をすべての加盟国並びに国際連合の安全保障理事会及び総会に報告しなければならない。受領国が適当な期間内に十分な是正措置を執らなかった場合には、理事会は、機関又は加盟国が提供する援助の削減又は停止を命ずる措置並びに受領加盟国又は受領加盟国群に提供された物質及び設備の返還を要求する措置のうちの一方又は双方を執ることができる。機関は、また、第19条の規定に従い、違反を行った加盟国に対し、加盟国としての特権及び権利の行使を停止することができる。

第13条(加盟国に対する償還)　(略)

第14条(会計)　(略)

第15条(特権及び免除)　(略)

第16条(他の機関との関係) A　理事会は、総会の承認を得て、機関と国際連合との間及び機関と他の機関でその業務が機関の業務と関連があるものとの間の妥当な関係を設定する一又は二以上の協定を締結する権限を有する。

B 機関と国際連合との関係を設定する一又は二以上の協定は、次のことを規定するものとする。
1 機関が、第3条B4及び5に定める報告を提出すること。
2 機関が、国際連合の総会又はそのいずれかの理事会により採択された機関に関係のある決議を検討すること並びに、要請を受けたとき、前記の検討の結果機関又は機関の加盟国がこの憲章に従って執った措置について、国際連合の適当な機関に対し、報告を提出すること。

第17条(紛争の解決) A　この憲章の解釈又は適用に関する問題又は紛争で交渉によって解決されないものは、関係国が他の解決方法について合意する場合を除くほか、国際司法裁判所規程に従い、国際司法裁判所に付託するものとする。

B 総会及び理事会は、それぞれ、国際連合総会の許可を得ることを条件として、機関の活動の範囲内で生ずる法律上の問題に関して、国際司法裁判所の勧告的意見を要請する機能を与えられる。

第18条(改正及び脱退) A　(略)

B　(略)

C 改正は、次の場合において、すべての加盟国につき効力を生ずる。
(i) 総会が、各改正案につき理事会が提出する意見を審議した上、出席しかつ投票する加盟国の3分の2の多数決により承認し、かつ、
(ii) 全加盟国の3分の2が、それぞれ自国の憲法

上の手続に従って受諾した場合。加盟国による受諾は、第21条Cにいう寄託国政府への受諾書の寄託により行われる。
D　加盟国は、この憲章が第21条Eの規定に従って効力を生じた日から5年後又はその加盟国がこの憲章の改正を受諾することを望まないときはいつでも、第21条Cにいう寄託国政府にあてた書面による脱退通告により、機関から脱退することができるものとし、寄託国政府は、直ちにその旨を理事会及びすべての加盟国に通報しなければならない。
E　加盟国の機関からの脱退は、第11条の規定に従って発生したその加盟国の契約上の義務又は脱退する年についてのその加盟国の財政的義務に影響を及ぼすものではない。

第19条（特権の停止） A　（略）
B　この憲章又はこの憲章に従って自国が締結したいずれかの協定の規定に継続して違反した加盟国については、理事会の勧告に基き、出席しかつ投票する加盟国の3分の2の多数決をもって行動する総会が、その加盟国としての特権及び権利の行使を停止することができる。

第20条（定義） この憲章において、
1　「特殊核分裂性物質」とは、プルトニウム239、ウラン233、同位元素ウラン235又は233の濃縮ウラン、前記のものの一又は二以上を含有している物質及び理事会が随時決定する他の核分裂性物質をいう。ただし、「特殊核分裂性物質」には、原料物質を含まない。
2　「同位元素ウラン235又は233の濃縮ウラン」とは、同位元素ウラン235若しくは233又はその双方を、同位元素ウラン238に対するそれらの2同位元素の合計の含有率が、天然ウランにおける同位元素ウラン238に対する同位元素ウラン235の率より大きくなる量だけ含有しているウランをいう。
3　「原料物質」とは、次のものをいう。
　ウランの同位元素の天然の混合率からなるウラン
　同位元素ウラン235の劣化ウラン
　トリウム
　金属、合金、化合物又は高含有物の形状において前掲のいずれかの物質を含有する物質
　他の物質で理事会が随時決定する含有率において前掲の物質の一又は二以上を含有するもの
　理事会が随時決定するその他の物質

第21条（署名、受諾及び効力発生）　（略）
第22条（国際連合への登録）　（略）
第23条（正文及び認証謄本）　（略）

8-2　原子力の安全に関する条約（原子力安全条約）（抄）
Convention on Nuclear Safety

採　　　択	1994年6月17日（国際原子力機関開催の外交会議、ウィーン）
効力発生	1996年10月24日
日　本　国	1994年9月20日署名、1995年4月14日国会承認、5月12日受諾書寄託、1996年10月18日公布（条約第11号）、10月24日効力発生

前　文
締約国は、
(i)　原子力の利用が安全であり、十分に規制されており及び環境上適正であることを確保することが国際社会にとって重要であることを認識し、
(ii)　原子力の安全の水準を世界的に高めていくことを継続する必要性を再確認し、
(iii)　原子力の安全に関する責任は原子力施設について管轄権を有する国が負うことを再確認し、
(iv)　原子力安全文化を十分に醸成することを希望し、
(v)　原子力施設における事故が国境を越えて影響を及ぼすおそれがあることを認識し、
(vi)　核物質の防護に関する条約（1979年）、原子力事故の早期通報に関する条約（1986年）及び原子力事故又は放射線緊急事態の場合における援助に関する条約（1986年）に留意し、
(vii)　既存の二国間及び多数国間の制度を通じ並びに各締約国の取組を奨励するこの条約の作成を通じて原子力の安全を向上させるための国際協力を行うことが重要であることを確認し、
(viii)　この条約が原子力施設のための安全に関する詳細な基準ではなく基本的な原則の適用についての約束を含むこと及び国際的に作成された安全に関する指針であって随時更新され、それゆえに高い水準の安全を達成するための最新の方法を示し得るものが存在することを認識し、
(ix)　放射性廃棄物管理の安全に関する原則を定め

るために進められている作業の結果、国際的に広範な合意が得られた場合には、放射性廃棄物管理の安全に関する国際条約の作成を速やかに開始することが必要であることを確認し、
(x) 核燃料サイクルにおけるその他の部分の安全に関する技術的な作業を一層進めることが有用であること及びその作業が現在又は将来の国際文書の作成を促進し得ることとなることを認識して、

次のとおり協定した。

第1章 目的、定義及び適用範囲

第1条(目的) この条約の目的は、次のとおりとする。
(i) 国内措置及び国際協力(適当な場合には、安全に関する技術協力を含む。)の拡充を通じ、原子力の高い水準の安全を世界的に達成し及び維持すること。
(ii) 原子力施設に起因する電離放射線による有害な影響から個人、社会及び環境を保護するため、原子力施設において、放射線による潜在的な危険に対する効果的な防護を確立し及び維持すること。
(iii) 放射線による影響を伴う事故を防止し及び、事故が発生した場合には、その影響を緩和すること。

第2条(定義) この条約の適用上、
(i) 「原子力施設」とは、各締約国について、その管轄の下にある陸上に設置された民生用の原子力発電所(放射性物質の貯蔵、取扱い及び処理のための施設であって、当該原子力発電所と同一の敷地内にあり、かつ、その運転に直接関係するものを含む。)をいう。原子力発電所は、すべての核燃料要素が原子炉の炉心から永久に除去され、承認された手続に従って安全に貯蔵され、かつ、廃止措置に関する計画が規制機関によって同意された時に原子力施設でなくなる。
(ii) 「規制機関」とは、各締約国について、許可を付与し及び原子力施設の立地、設計、建設、試運転、運転又は廃止措置を規制する法的権限を当該締約国によって与えられた機関をいう。
(iii) 「許可」とは、規制機関が申請者に与える権利であって、当該申請者が自らの責任で原子力施設の立地、設計、建設、試運転、運転又は廃止措置を実施するためのものをいう。

第3条(適用範囲) この条約は、原子力施設の安全について適用する。

第2章 義務

(a) 一般規定

第4条(実施のための措置) 締約国は、自国の国内法の枠組みの中で、この条約に基づく義務を履行するために必要な法令上、行政上その他の措置をとる。

第5条(報告) 締約国は、第20条に規定する会合に先立ち、その会合における検討のために、この条約に基づく義務を履行するためにとった措置に関する報告を提出する。

第6条(既存の原子力施設) 締約国は、この条約が自国について効力を生じた時に既に存在している原子力施設の安全について可能な限り速やかに検討が行われることを確保するため、適当な措置をとる。締約国は、この条約により必要な場合には、原子力施設の安全性を向上させるためにすべての合理的に実行可能な改善のための措置が緊急にとられることを確保するため、適当な措置をとる。当該施設の安全性を向上させることができない場合には、その使用を停止するための計画が実行可能な限り速やかに実施されるべきである。使用の停止の時期を決定するに当たっては、総合的なエネルギー事情、可能な代替エネルギー並びに社会上、環境上及び経済上の影響を考慮に入れることができる。

(b) 法 令

第7条(法令上の枠組み) 1 締約国は、原子力施設の安全を規律するため、法令上の枠組みを定め及び維持する。
2 法令上の枠組みは、次の事項について定める。
(i) 国内的な安全に関して適用される要件及び規制
(ii) 原子力施設に関する許可の制度であって許可を受けることなく原子力施設を運転することを禁止するもの
(iii) 原子力施設に対する規制として行われる検査及び評価に関する制度であって適用される規制及び許可の条件の遵守を確認するためのもの
(iv) 適用される規制及び許可の条件の実施方法(停止、変更、取消し等)

第8条(規制機関) 1 締約国は、前条に定める法令上の枠組みを実施することを任務とする規制機関を設立し又は指定するものとし、当該機関に対し、その任務を遂行するための適当な権限、財源及び人的資源を与える。
2 締約国は、規制機関の任務と原子力の利用又はその促進に関することをつかさどるその他の機

関又は組織の任務との間の効果的な分離を確保するため、適当な措置をとる。

第9条(許可を受けた者の責任) 締約国は、原子力施設の安全のための主要な責任は関係する許可を受けた者が負うことを確保するものとし、また、許可を受けた者がその責任を果たすことを確保するため適当な措置をとる。

(c) 安全に関する一般的な考慮

第10条(安全の優先) 締約国は、原子力施設に直接関係する活動に従事するすべての組織が原子力の安全に妥当な優先順位を与える方針を確立することを確保するため、適当な措置をとる。

第11条(財源及び人的資源) 1 締約国は、原子力施設の安全の確保を支援するために適当な財源が当該施設の供用期間中利用可能であることを確保するため、適当な措置をとる。

2 締約国は、適当な教育、訓練及び再訓練を受けた能力を有する十分な数の職員が、原子力施設の供用期間中、当該施設における又は当該施設のための安全に関するすべての活動のために利用可能であることを確保するため、適当な措置をとる。

第12条(人的要因) 締約国は、人間の行動に係る能力及び限界が原子力施設の供用期間中考慮されることを確保するため、適当な措置をとる。

第13条(品質保証) 締約国は、原子力の安全にとって重要なすべての活動のための特定の要件が原子力施設の供用期間中満たされていることについて信頼を得るために品質保証に関する計画が作成され及び実施されることを確保するため、適当な措置をとる。

第14条(安全に関する評価及び確認) 締約国は、次のことを確保するため、適当な措置をとる。

(i) 原子力施設の建設前、試運転前及び供用期間中、安全に関する包括的かつ体系的な評価が実施されること。その評価は、十分に記録され、その後運転経験及び重要かつ新たな安全に関する情報に照らして更新され、並びに規制機関の権限の下で検討を受ける。

(ii) 原子力施設の物理的状態及び運転が当該施設の設計、適用される国内的な安全に関する要件並びに運転上の制限及び条件に継続的に従っていることを確保するため、解析、監視、試験及び検査による確認が実施されること。

第15条(放射線防護) 締約国は、作業員及び公衆が原子力施設に起因する放射線にさらされる程度がすべての運転状態において合理的に達成可能な限り低く維持されること並びにいかなる個人も国内で定める線量の限度を超える放射線量にさらされないことを確保するため、適当な措置をとる。

第16条(緊急事態のための準備) 1 締約国は、原子力施設のための敷地内及び敷地外の緊急事態計画(適当な間隔で試験が行われ、かつ、緊急事態の際に実施される活動を対象とするもの)が準備されることを確保するため、適当な措置をとる。この計画は、新規の原子力施設については、当該施設の運転が規制機関によって同意された低い出力の水準を超える水準で行われる前に、その準備及び試験が行われる。

2 締約国は、自国の住民及び原子力施設の近隣にある国の権限のある当局が、放射線緊急事態の影響を受けるおそれがある限りにおいて、緊急事態計画を作成し及び緊急事態に対応するための適当な情報の提供を受けることを確保するため、適当な措置をとる。

3 自国の領域内に原子力施設を有しない締約国は、近隣の原子力施設における放射線緊急事態の影響を受けるおそれがある限りにおいて、自国の領域に係る緊急事態計画(緊急事態の際に実施される活動を対象とするもの)を準備し及びその試験を行うため、適当な措置をとる。

(d) 施設の安全

第17条(立地) 締約国は、次のことについて適当な手続が定められ及び実施されることを確保するため、適当な措置をとる。

(i) 原子力施設の計画された供用期間中その安全に影響を及ぼすおそれのある立地に関するすべての関連要因が評価されること。

(ii) 計画されている原子力施設が個人、社会及び環境に対して及ぼすおそれのある安全上の影響が評価されること。

(iii) 原子力施設が継続的に安全上許容され得るものであることを確保するため、必要に応じ、(i)及び(ii)に定めるすべての関連要因が再評価されること。

(iv) 計画されている原子力施設がその近隣にある締約国の領域に及ぼすおそれのある安全上の影響について、当該締約国が独自に評価することを可能とするため、当該締約国がそのような影響を受けるおそれのある限りにおいて当該締約国との間で協議が行われ及び、要請に応じ、当該締約国に対して必要な情報が提供されること。

第18条(設計及び建設) 締約国は、次のことを確保するため、適当な措置をとる。

(i) 原子力施設の設計及び建設に当たり、事故の発生を防止し及び事故が発生した場合における放射線による影響を緩和するため、放射性物質の放出に対する信頼し得る多重の段階及び方法による防護(深層防護)が講じられること。
(ii) 原子力施設の設計及び建設に用いられた技術が適切なものであることが、経験上明らかであるか又は試験若しくは解析により認められること。
(iii) 原子力施設の設計が、特に人的な要因及び人間と機械との接点(マン・マシン・インターフェース)に配慮しつつ、当該施設の運転の信頼性、安定性及び容易性を考慮したものとなっていること。

第19条(運転) 締約国は、次のことを確保するため、適当な措置をとる。
(i) 原子力施設を運転するための最初の許可が、適切な安全解析及び試運転計画であって建設された当該施設が設計及び安全に関する要件に合致していることを示すものに基づいて与えられること。
(ii) 運転のための安全上の限界を明示するため、必要に応じ、安全解析、試験及び運転経験から得られる運転上の制限及び条件が定められ及び修正されること。
(iii) 原子力施設の運転、保守、検査及び試験が承認された手続に従って行われること。
(iv) 事故及び運転上予想される安全上の事象に対応するための手続が定められること。
(v) 原子力施設の供用期間中、安全に関するすべての分野における必要な工学的及び技術的な支援が利用可能であること。
(vi) 関係する許可を受けた者が安全上重大な事象につき規制機関に対し時宜を失することなく報告すること。
(vii) 運転経験についての情報を蓄積し及び解析するための計画が作成され、得られた結果及び結論に基づいて行動がとられ、並びに国際的な団体、運転を行う他の組織及び規制機関との間で重要な経験を共有するため既存の制度が利用されること。
(viii) 原子力施設の運転による放射性廃棄物の発生が、関係する過程においてその放射能及び分量の双方について実行可能な最小限にとどめられ、並びに当該運転に直接関係し、かつ、当該施設と同一の敷地内で行われる使用済燃料及び廃棄物の必要な処理及び貯蔵が、調整及び処分を考慮して行われること。

第3章 締約国の会合

第20条(検討会合) 1 締約国は、第22条の規定に従って採択された手続により、第5条の規定に従って提出された報告を検討するための会合(以下「検討会合」という。)を開催する。
2 報告に記載された特定の事項を検討するため、必要と認められる場合には、第24条の規定による締約国の代表で構成される部会を設置することができるものとし、当該部会は、検討会合の期間中機能することができる。
3 締約国は、他の締約国が提出した報告を討議し及び当該報告に関する説明を求めるための妥当な機会を与えられる。

第21条(日程) (略)

第22条(手続に関する取決め) 1 締約国は、前条の規定に従って開催される準備会合において、手続規則及び財政規則を作成し、コンセンサス方式によって採択する。締約国は、特に、手続規則に従い、次の事項に関する規則を定める。
(i) 第5条の規定に従って提出される報告の形式及び構成に関する指針
(ii) 報告の提出の日
(iii) 報告の検討のための手続
2 締約国は、検討会合において、必要な場合には、1の(i)から(iii)までの事項に関する規則を再検討することができるものとし、手続規則に別段の定めがある場合を除くほか、コンセンサス方式によりその改正を採択することができる。締約国は、また、コンセンサス方式により手続規則及び財政規則を改正することができる。

第23条(特別会合) 締約国の特別会合は、次のいずれかの場合に開催される。
(i) 会合に出席しかつ投票する締約国の過半数が同意する場合。この場合において、棄権は、投票したものとみなす。
(ii) 締約国の書面による要請がある場合であって、第28条に規定する事務局が当該要請を締約国に通報し、かつ、締約国の過半数が当該要請を支持する旨事務局に通知したとき。この場合において、特別会合は、その通知の後6箇月以内に開催される。

第24条(出席) 1 締約国は、締約国の会合に出席するものとし、その代表団は、1人の代表並びに自国が必要と認める代表代理、専門家及び顧問によって構成される。
2 締約国は、この条約が規律する事項に関して権限を有する政府間機関がオブザーバーとして会合又はその一部に出席することをコンセンサス

方式による決定によって招請することができる。オブザーバーは、第27条の規定を書面によって、かつ、事前に受諾することを要求される。

第25条（概要についての報告） 締約国は、会合の期間中に討議された事項及び得られた結論について記載した文書をコンセンサス方式によって採択し、及び公衆が利用可能なものとする。

第26条（言語） （略）

第27条（秘密性） 1 この条約のいずれの規定も、情報の秘密を保護する国内法に基づく締約国の権利及び義務に影響を及ぼすものではない。この条の規定の適用上、「情報」には、特に、(i)個人情報、(ii)知的所有権又は産業上若しくは商業上の秘密であることを理由として保護される情報及び(iii)国家の安全保障又は核物質若しくは原子力施設の防護に関する情報を含む。

2 締約国が、この条約により、情報を提供し、かつ、当該情報が1の規定に従って保護されるべきである旨を明示する場合には、当該情報は、これが提供された目的のためにのみ利用されるものとし、その秘密性は、尊重される。

3 各会合において締約国が報告の検討を行っている間の議論の内容は、秘密とされる。

第28条（事務局） 1 国際原子力機関（以下「機関」という。）は、締約国の会合のために事務局としての機能を提供する。

2 事務局の任務は、次のとおりとし、機関は、当該任務の遂行中に要した経費をその通常予算の一部として負担する。

(i) 締約国の会合を招集し、準備し及びそのための役務を提供すること。

(ii) この条約により受領し又は取りまとめた情報を締約国に送付すること。

3 締約国は、機関に対し、締約国の会合を支援するための他の役務を提供することをコンセンサス方式による決定によって要請することができる。当該役務の提供は、機関がその計画及び通常予算の範囲内で行うことが可能である場合に限る。ただし、そのような提供が可能でない場合であっても、他の財源から任意の拠出が行われるときは、当該役務を提供することができる。

第4章 最終条項その他の規定

第29条（意見の相違の解決） この条約の解釈又は適用について二以上の締約国の間で意見の相違がある場合には、締約国は、その意見の相違を解決するため、締約国の会合の枠組みの中で協議する。

第30条（署名、批准、受諾、承認及び加入） （略）

第31条（効力発生） （略）

第32条（この条約の改正） （略）

第33条（廃棄） （略）

第34条（寄託者） （略）

第35条（正文） （略）

8-3 使用済燃料管理及び放射性廃棄物管理の安全に関する条約（放射性廃棄物等安全条約）（抄）

Joint Convention on the Safety of Spent Fuel Management and on the Safety of Radioactive Waste Management

採 択 1997年9月5日（国際原子力機関開催の外交会議、ウィーン）
効力発生 2001年6月18日
日 本 国 2003年6月11日国会承認、8月26日加入書寄託、9月5日公布（条約第5号）、11月24日効力発生

前 文 （略）

第1章 目的、定義及び適用範囲

第1条（目的） この条約の目的は、次のとおりとする。

(i) 国内措置及び国際協力（適当な場合には、安全に関する技術協力を含む。）の拡充を通じ、使用済燃料管理及び放射性廃棄物管理の高い水準の安全を世界的に達成し及び維持すること。

(ii) 現在及び将来において電離放射線による有害な影響から個人、社会及び環境を保護するため、将来の世代の必要及び願望を満たすことを阻害することなく現在の世代の必要及び願望を満たすよう、使用済燃料管理及び放射性廃棄物管理のすべての段階において潜在的な危険に対する効果的な防護を確保すること。

(iii) 使用済燃料管理及び放射性廃棄物管理のすべての段階において、放射線による影響を伴う事故を防止し、及び事故が発生した場合にはその影響を緩和すること。

第2条（定義） この条約の適用上、

(a) 「閉鎖」とは、使用済燃料又は放射性廃棄物

を処分施設に定置した後のすべての作業の完了をいい、その作業には、当該施設を長期的に安全な状態にするために必要な最終工事その他の作業を含む。
(b) 「廃止措置」とは、原子力施設(処分施設を除く。)について規制上の管理を終止するためにとるすべての措置をいう。これらの措置には、汚染の除去及び解体に伴う措置を含む。
(c) 「排出」とは、規制された原子力施設から通常の使用の間に発生する液体状又は気体状の放射性物質の環境への計画され、かつ、制御された放出であって、規制機関によって認められた限度内において適法な行為として行われるものをいう。
(d) 「処分」とは、使用済燃料又は放射性廃棄物を、再び取り出す意図を有することなく適当な施設に定置することをいう。
(e) 「許可」とは、使用済燃料管理又は放射性廃棄物管理に関する活動を実施するために規制機関が与える権利、承認又は証明をいう。
(f) 「原子力施設」とは、民生用の施設並びにこれに関連する土地、建物及び設備であって、放射性物質が安全について考慮を要する規模で製造され、加工され、使用され、取り扱われ、貯蔵され又は処分されるものをいう。
(g) 「使用期間」とは、使用済燃料管理施設又は放射性廃棄物管理施設がその本来の目的のために使用される期間をいう。処分施設については、使用期間は、使用済燃料又は放射性廃棄物が当該施設に最初に定置された時に開始し、当該施設が閉鎖された時に終了する。
(h) 「放射性廃棄物」とは、気体状、液体状又は固体状の放射性物質であって、更に使用されることについて締約国又は締約国が自然人若しくは法人の決定を受け入れる場合には当該自然人若しくは法人によって予定されておらず、かつ、締約国の法令上の枠組みの下で規制機関により放射性廃棄物として管理されているものをいう。
(i) 「放射性廃棄物管理」とは、放射性廃棄物の取扱い、前処理、処理、調整、貯蔵又は処分に関連するすべての活動(廃止措置に関する活動を含む。)をいい、排出を含み、敷地外の輸送を除く。
(j) 「放射性廃棄物管理施設」とは、放射性廃棄物管理を主たる目的とする施設又は設備をいい、締約国が放射性廃棄物管理施設として指定した場合にのみ、廃止措置の過程にある原子力施設を含む。

(k) 「規制機関」とは、使用済燃料管理及び放射性廃棄物管理の安全に関する側面を規制する法的権限(許可の付与を含む。)を締約国によって与えられた機関をいう。
(l) 「再処理」とは、更に使用するために使用済燃料から放射性同位元素を抽出することを目的とした工程又は作業をいう。
(m) 「密封線源」とは、容器に常時密封され又は密接に結合された固体状の放射性物質をいい、原子炉燃料要素を除く。
(n) 「使用済燃料」とは、原子炉の炉心において照射を受け、その炉心から永久に除去された核燃料をいう。
(o) 「使用済燃料管理」とは、使用済燃料の取扱い又は貯蔵に関連するすべての活動をいい、排出を含み、敷地外の輸送を除く。
(p) 「使用済燃料管理施設」とは、使用済燃料管理を主たる目的とする施設又は設備をいう。
(q) 「仕向国」とは、自国への国境を越える移動が計画され又は行われている国をいう。
(r) 「原産国」とは、自国からの国境を越える移動が開始されることが計画され又は開始されている国をいう。
(s) 「通過国」とは、原産国及び仕向国以外の国であって、自国の領域を通過する国境を越える移動が計画され又は行われているものをいう。
(t) 「貯蔵」とは、再び取り出す意図を有して、閉じ込める施設において使用済燃料又は放射性廃棄物を保有することをいう。
(u) 「国境を越える移動」とは、原産国から仕向国へ使用済燃料又は放射性廃棄物を輸送することをいう。

第3条(適用範囲) 1　この条約は、使用済燃料管理の安全について適用する(その使用済燃料が民生用の原子炉の運転から発生する場合に限る。)。締約国が再処理は使用済燃料管理の一部であると宣言しない限り、再処理に関する活動の一部として再処理施設において保有される使用済燃料は、この条約の適用範囲に含まない。

2　この条約は、放射性廃棄物管理の安全についても適用する(その放射性廃棄物が民生の利用から発生する場合に限る。)。ただし、この条約は、自然界に存在する放射性物質のみを含む廃棄物であって核燃料サイクルから発生するものではないものについては適用しない。もっとも、密封線源であって使用されなくなる場合又はそれぞれの締約国がこの条約の適用を受ける放射性廃棄物であると宣言した場合は、この限りでない。

3 この条約は、それぞれの締約国がこの条約の適用を受ける使用済燃料又は放射性廃棄物であると宣言する場合を除くほか、軍事上又は防衛上の施策における使用済燃料又は放射性廃棄物の管理の安全については適用しない。ただし、この条約は、軍事上又は防衛上の施策によって発生する使用済燃料又は放射性廃棄物が民生用の施策のために永久に移転され、専ら当該施策において管理されている場合には、当該使用済燃料又は放射性廃棄物の管理の安全について適用する。
4 この条約は、次条、第7条、第11条、第14条、第24条及び第26条に規定する排出についても適用する。

第2章 使用済燃料管理の安全

第4条（安全に関する一般的な要件） 締約国は、使用済燃料管理のすべての段階において、放射線による危険から個人、社会及び環境を適切に保護することを確保するため、適当な措置をとる。
このため、締約国は、次のことのために適当な措置をとる。
(i) 臨界について及び使用済燃料管理の間に発生する残留熱の除去について適切な対処を確保すること。
(ii) 自国が採用した燃料サイクル政策の類型に即して、使用済燃料管理に関連する放射性廃棄物の発生が実行可能な限り最小限にとどめられることを確保すること。
(iii) 使用済燃料管理における異なる段階が相互に依存していることを考慮に入れること。
(iv) 国際的に認められた基準に妥当な考慮を払った自国の国内法の枠組みにおいて、規制機関によって承認された適当な防護方法を自国において適用することにより、個人、社会及び環境を効果的に保護すること。
(v) 使用済燃料管理に関連する生物学的、化学的その他の危険を考慮に入れること。
(vi) 現在の世代に許容されている影響よりも大きな影響であって合理的に予見可能なものを将来の世代に及ぼす行動をとらないよう努力すること。
(vii) 将来の世代に不当な負担を課することを避けることを目標とすること。

第5条（既存の施設） 締約国は、この条約が自国について効力を生じた時に既に存在している使用済燃料管理施設の安全について検討し及び当該施設の安全性を向上させるために必要な場合にはすべての合理的に実行可能な改善が行われることを確保するため、適当な措置をとる。

第6条（計画されている施設の立地） 1 締約国は、計画されている使用済燃料管理施設に関し、次のことについて手続が定められ及び実施されることを確保するため、適当な措置をとる。
(i) 当該施設の使用期間中その安全に影響を及ぼすおそれのある立地に関するすべての関連要因を評価すること
(ii) 当該施設が個人、社会及び環境に対して及ぼすおそれのある安全上の影響を評価すること。
(iii) 当該施設の安全に関する情報を公衆が利用可能なものとすること。
(iv) 当該施設が影響を及ぼすおそれがある限りにおいて、当該施設の近隣にある締約国と協議を行い、及び当該施設が当該締約国の領域に及ぼすおそれのある安全上の影響について当該締約国が評価することを可能とするため当該施設に関する一般的なデータを当該締約国の要請に応じて提供すること。
2 締約国は、1の規定を実施するに当たり、第4条に定める安全に関する一般的な要件に従い1に規定する施設の設置場所を決めることにより当該施設が他の締約国に容認し難い影響を及ぼさないことを確保するため、適当な措置をとる。

第7条（施設の設計及び建設） 締約国は、次のことを確保するため、適当な措置をとる。
(i) 使用済燃料管理施設の設計及び建設に当たり、個人、社会及び環境に対して及ぼすおそれのある放射線による影響（排出又は制御されない放出によるものを含む。）を制限するための適当な措置がとられること。
(ii) 設計段階において、使用済燃料管理施設の廃止措置に関して想定される手順及び必要に応じ当該廃止措置に関する技術的な規定が考慮されること。
(iii) 使用済燃料管理施設の設計及び建設に用いられた技術が適切なものであることが、経験、試験又は解析により裏付けられること。

第8条（施設の安全に関する評価） 締約国は、次のことを確保するため、適当な措置をとる。
(i) 使用済燃料管理施設の建設前に、安全に関する体系的な評価及び環境評価であって、当該施設がもたらす危険について適切であり、かつ、その使用期間を対象とするものが実施されること。
(ii) 使用済燃料管理施設の使用を開始する前に、(i)に規定する安全に関する評価及び環境評価を補完することが必要と認められる場合には、これらの評価が更新され及び詳細なものとさ

れること。
第9条(施設の使用) 締約国は、次のことを確保するため、適当な措置をとる。
 (i) 使用済燃料管理施設の使用の許可が、前条に規定する適当な評価に基づき、かつ、建設された当該施設が設計及び安全に関する要件に合致していることを示す使用試験の完了を条件として与えられること。
 (ii) 試験、使用の経験及び前条に規定する評価から得られる使用上の制限及び条件が定められ、必要に応じて修正されること。
 (iii) 使用済燃料管理施設の使用、保守、監視、検査及び試験が定められた手続に従って行われること。
 (iv) 使用済燃料管理施設の使用期間中、安全に関するすべての分野における工学的及び技術的な支援が利用可能であること。
 (v) 許可を受けた者が、安全上重大な事象につき規制機関に対し時宜を失することなく報告すること。
 (vi) 使用の経験についての情報を蓄積し及び解析するための計画が作成され、必要に応じてその結果に基づいて行動がとられること。
 (vii) 使用済燃料管理施設の廃止措置計画が、当該施設の使用期間中に得られた情報を利用して作成され若しくは必要に応じて更新され、又は規制機関によって検討されること。

第10条(使用済燃料の処分) 締約国が使用済燃料を処分するものとして自国の法令上の枠組みに従って指定した場合には、当該使用済燃料の処分は、次章に定める放射性廃棄物の処分に関する義務に従うものとする。

第3章　放射性廃棄物管理の安全

第11条(安全に関する一般的な要件) 締約国は、放射性廃棄物管理のすべての段階において、放射線による危険その他の危険から個人、社会及び環境を適切に保護することを確保するため、適当な措置をとる。
　このため、締約国は、次のことのために適当な措置をとる。
 (i) 臨界について及び放射性廃棄物管理の間に発生する残留熱の除去について適切に対処を確保すること。
 (ii) 放射性廃棄物の発生が実行可能な限り最小限にとどめられることを確保すること。
 (iii) 放射性廃棄物管理における異なる段階が相互に依存していることを考慮に入れること。
 (iv) 国際的に認められた基準に妥当な考慮を払った自国の国内法の枠組みにおいて、規制機関によって承認された適当な防護方法を自国において適用することにより、個人、社会及び環境を効果的に保護すること。
 (v) 放射性廃棄物管理に関連する生物学的、化学的その他の危険を考慮に入れること。
 (vi) 現在の世代に許容されている影響よりも大きな影響であって合理的に予見可能なものを将来の世代に及ぼす行動をとらないよう努力すること。
 (vii) 将来の世代に不当な負担を課すことを避けることを目標とすること。

第12条(既存の施設及び過去の行為) 締約国は、次のことのため、相当な期間内に適当な措置をとる。
 (i) この条約が自国について効力を生じた時に既に存在している放射性廃棄物管理施設の安全について検討し、及び当該施設の安全性を向上させるために必要な場合にはすべての合理的に実行可能な改善が行われることを確保すること。
 (ii) 放射線量の減少による損害の減少が、介入による害及び介入の費用(社会的費用を含む。)を正当化するために十分であるべきことに留意して、何らかの介入が放射線防護のために必要であるか否かについて決定するため、過去の行為の結果を検討すること。

第13条(計画されている施設の立地) 1　締約国は、計画されている放射性廃棄物管理施設に関し、次のことについて手続が定められ及び実施されることを確保するため、適当な措置をとる。
 (i) 当該施設の使用期間中及び処分施設の閉鎖後にその安全に影響を及ぼすおそれのある立地に関するすべての関連要因を評価すること。
 (ii) 当該施設が個人、社会及び環境に対して及ぼすおそれのある安全上の影響を評価すること。この場合において、処分施設については、閉鎖後に起こり得る立地状態の変化についても考慮するものとする。
 (iii) 当該施設の安全に関する情報を公衆が利用可能なものとすること。
 (iv) 当該施設が影響を及ぼすおそれがある限りにおいて、当該施設の近隣にある締約国と協議を行い、及び当該施設が当該締約国の領域に及ぼすおそれのある安全上の影響について当該締約国が評価することを可能とするため当該施設に関する一般的なデータを当該締約国の要請に応じて提供すること。

2　締約国は、1の規定を実施するに当たり、第11条に定める安全に関する一般的な要件に従い1に

規定する施設の設置場所を決めることにより当該施設が他の締約国に容認し難い影響を及ぼさないことを確保するため、適当な措置をとる。
第14条(施設の設計及び建設) 締約国は、次のことを確保するため、適当な措置をとる。
(i) 放射性廃棄物管理施設の設計及び建設に当たり、個人、社会及び環境に対して及ぼすおそれのある放射線による影響(排出又は制御されない放出によるものを含む。)を制限するための適当な措置がとられること。
(ii) 設計段階において、放射性廃棄物管理施設(処分施設を除く。)の廃止措置に関して想定される手順及び必要に応じ当該廃止措置に関する技術的な規定が考慮されること。
(iii) 設計段階において、処分施設の閉鎖のための技術的な規定が作成されること。
(iv) 放射性廃棄物管理施設の設計及び建設に用いられた技術が適切なものであることが、経験、試験又は解析により裏付けられること。

第15条(施設の安全に関する評価) 締約国は、次のことを確保するため、適当な措置をとる。
(i) 放射性廃棄物管理施設の建設前に、安全に関する体系的な評価及び環境評価であって、当該施設がもたらす危険について適切であり、かつ、その使用期間を対象とするものが実施されること。
(ii) 処分施設の建設前に、閉鎖後の期間についての安全に関する体系的な評価及び環境評価が実施され、規制機関が定めた基準に従ってその結果が評価されること。
(iii) 放射性廃棄物管理施設の使用を開始する前に、(i)に規定する安全に関する評価及び環境評価を補完することが必要と認められる場合には、これらの評価が更新され及び詳細なものとされること。

第16条(施設の使用) 締約国は、次のことを確保するため、適当な措置をとる。
(i) 放射性廃棄物管理施設の使用の許可が、前条に規定する適当な評価に基づき、かつ、建設された当該施設が設計及び安全に関する要件に合致していることを示す使用試験の完了を条件として与えられること。
(ii) 試験、使用の経験及び前条に規定する評価から得られる使用上の制限及び条件が定められ、必要に応じて修正されること。
(iii) 放射性廃棄物管理施設の使用、保守、監視、検査及び試験が定められた手続に従って行われること。処分施設については、このようにして得られた結果が、前提条件の妥当性を検

証し及び検討するため並びに前条に規定する閉鎖後の期間についての評価を更新するために利用されること。
(iv) 放射性廃棄物管理施設の使用期間中、安全に関するすべての分野における工学的及び技術的な支援が利用可能であること。
(v) 放射性廃棄物の特性の決定及び分別のための手続が適用されること。
(vi) 許可を受けた者が、安全上重大な事象につき規制機関に対し時宜を失することなく報告すること。
(vii) 使用の経験についての情報を蓄積し及び解析するための計画が作成され、必要に応じてその結果に基づいて行動がとられること。
(viii) 放射性廃棄物管理施設(処分施設を除く。)の廃止措置計画が、当該施設の使用期間中に得られた情報を利用して作成され若しくは必要に応じて更新され、又は規制機関によって検討されること。
(ix) 処分施設の閉鎖のための計画が、当該施設の使用期間中に得られた情報を利用して作成され若しくは必要に応じて更新され、又は規制機関によって検討されること。

第17条(閉鎖後の制度的な措置) 締約国は、処分施設の閉鎖後に次のことを確保するため、適当な措置をとる。
(i) 当該施設の所在地、設計及び在庫目録に関する記録であって、規制機関が要求するものが保存されること。
(ii) 必要な場合には、監視、立入制限等の能動的又は受動的な制度的管理が実施されること。
(iii) 能動的な制度的管理の間に放射性物質の環境への計画されていない放出が検出された場合において、必要なときは、介入措置を実施すること。

第4章 安全に関する一般規定

第18条(実施のための措置) 締約国は、自国の国内法の枠組みの中で、この条約に基づく義務を履行するために必要な法令上、行政上その他の措置をとる。

第19条(法令上の枠組み) 1 締約国は、使用済燃料管理及び放射性廃棄物管理の安全を規律するため、法令上の枠組みを定め及び維持する。
2 法令上の枠組みは、次の事項について定める。
(i) 放射線からの安全について適用される国内的な安全に関する要件及び規制
(ii) 使用済燃料管理及び放射性廃棄物管理に関する活動を許可する制度

(iii) 許可を受けることなく使用済燃料管理施設及び放射性廃棄物管理施設を使用することを禁止する制度
(iv) 適当な制度的管理、規制として行われる検査並びに文書及び報告に関する制度
(v) 適用される規制及び許可の条件の実施を確保するための措置
(vi) 使用済燃料管理及び放射性廃棄物管理における異なる段階に関係する機関の責任の明確な分担

3 締約国は、放射性物質を放射性廃棄物として規制するか否かについて検討するに当たり、この条約の目的に妥当な考慮を払う。

第20条(規制機関) 1 締約国は、前条に定める法令上の枠組みを実施することを任務とする規制機関を設立し又は指定するものとし、当該機関に対し、その任務を遂行するための適当な権限、財源及び人的資源を与える。

2 締約国は、使用済燃料又は放射性廃棄物の管理及び規制の双方に関係している組織において規制を行う任務がその他の任務から効果的に独立していることを確保するため、自国の法令上の枠組みに従い適当な措置をとる。

第21条(許可を受けた者の責任) 1 締約国は、使用済燃料管理又は放射性廃棄物管理の安全のための主要な責任は関係する許可を受けた者が負うことを確保するものとし、許可を受けた者がその責任を果たすことを確保するため適当な措置をとる。

2 許可を受けた者又は責任を有するその他の者が存在しない場合には、使用済燃料又は放射性廃棄物について管轄権を有する締約国がその責任を負う。

第22条(人的資源及び財源) 締約国は、次のことを確保するため、適当な措置をとる。
(i) 使用済燃料管理施設及び放射性廃棄物管理施設の使用期間中、必要に応じ、安全に関する活動のために、能力を有する職員が利用可能であること。
(ii) 使用済燃料管理施設及び放射性廃棄物管理施設の使用期間中並びにこれらの施設に係る廃止措置をとるに当たり、これらの施設の安全の確保を支援するために、適当な財源が利用可能であること。
(iii) 適当な制度的管理及び監視措置が処分施設の閉鎖後必要と認める期間継続されることを可能にするために、財源が確保されること。

第23条(品質保証) 締約国は、使用済燃料管理及び放射性廃棄物管理の安全についての品質保証に関する適当な計画が作成され及び実施されることを確保するため、必要な措置をとる。

第24条(使用に際しての放射線防護) 1 締約国は、使用済燃料管理施設及び放射性廃棄物管理施設の使用期間中次のことを確保するため、適当な措置をとる。
(i) 経済的及び社会的な要因を考慮に入れて、作業員及び公衆がこれらの施設に起因する放射線にさらされる程度が合理的に達成可能な限り低く維持されること。
(ii) いかなる個人も、通常の状態において、自国が定める線量の限度であって放射線防護に関して国際的に認められた基準に妥当な考慮を払ったものを超える放射線量にさらされないこと。
(iii) 放射性物質の環境への計画されておらず又は制御されていない放出を防止するための措置をとること。

2 締約国は、次のことを確保するため、適当な措置をとる。
(i) 経済的及び社会的な要因を考慮に入れて、放射線にさらされる程度が合理的に達成可能な限り低く維持されるよう排出が制限されること。
(ii) いかなる個人も、通常の状態において、自国が定める線量の限度であって放射線防護に関して国際的に認められた基準に妥当な考慮を払ったものを超える放射線量にさらされないよう排出が制限されること。

3 締約国は、規制された原子力施設の使用期間中、放射性物質の環境への計画されておらず又は制御されていない放出が発生した場合には、その放出を制御し及びその影響を緩和するための適当な是正措置がとられることを確保するため、適当な措置をとる。

第25条(緊急事態のための準備) 1 締約国は、使用済燃料管理施設及び放射性廃棄物管理施設の使用前及び使用中に敷地内及び必要な場合には敷地外の適当な緊急事態計画が準備されることを確保する。この緊急事態計画は、適当な頻度で検証すべきである。

2 締約国は、自国の領域の近隣にある使用済燃料管理施設又は放射性廃棄物管理施設における放射線緊急事態の影響を受けるおそれがある限りにおいて、自国の領域に係る緊急事態計画を作成し及び検証するため、適当な措置をとる。

第26条(廃止措置) 締約国は、原子力施設の廃止措置の安全を確保するため、適当な措置をとる。この措置は、次のことを確保するものとする。

(i)　能力を有する職員及び適当な財源が利用可能であること。
　(ii)　作業に際しての放射線防護、排出及び計画されておらず又は制御されていない放出に関する第24条の規定が適用されること。
　(iii)　緊急事態のための準備に関する前条の規定が適用されること。
　(iv)　廃止措置に関する重要な情報の記録が保存されること。

第5章　雑　則

第27条（国境を越える移動）　1　国境を越える移動に関係している締約国は、この移動がこの条約及び関連する拘束力のある国際文書の規定に合致する方法で実施されることを確保するため、適当な措置をとる。
　このため、
　(i)　原産国である締約国は、国境を越える移動が、仕向国に事前に通報され及び仕向国の同意がある場合にのみ認められ及び実施されることを確保するため、適当な措置をとる。
　(ii)　通過国を通過する国境を越える移動は、用いられる特定の輸送方式に関連する国際的な義務に従う。
　(iii)　仕向国である締約国は、この条約に合致する方法で使用済燃料又は放射性廃棄物を管理するために必要な事務上及び技術上の能力並びに規制の体系を有する場合にのみ、国境を越える移動に同意する。
　(iv)　原産国である締約国は、仕向国の同意があることにより、(iii)に定める要件が満たされていることを事前に確認することができる場合にのみ、国境を越える移動を認める。
　(v)　原産国である締約国は、この条の規定に従って行われる国境を越える移動が完了しないか又は完了することができない場合には、代わりの安全措置をとることができる場合を除くほか、自国の領域に戻すことを認めるため、適当な措置をとる。
2　締約国は、貯蔵又は処分のために使用済燃料又は放射性廃棄物を南緯60度以南の地域へ輸送することを許可しない。
3　この条約のいかなる規定も、次のことを妨げるものではなく、又は次のことに影響を及ぼすものではない。
　(i)　国際法に定めるところにより、海洋及び河川における航行並びに航空に関する権利及び自由がすべての国の船舶及び航空機によって行使されること。
　(ii)　処理のために放射性廃棄物が輸出された締約国が、当該処理後に当該放射性廃棄物その他の物質を原産国へ返還し又は返還するための措置をとる権利を有すること。
　(iii)　再処理のために使用済燃料を輸出する権利を締約国が有すること。
　(iv)　再処理のために使用済燃料が輸出された締約国が、再処理工程から発生した放射性廃棄物その他の物質を原産国へ返還し又は返還するための措置をとる権利を有すること。

第28条（使用されなくなった密封線源）　1　締約国は、自国の国内法の枠組みにおいて、使用されなくなった密封線源の保有、再生又は処分が安全な方法で行われることを確保するため、適当な措置をとる。
2　締約国は、自国の国内法の枠組みにおいて、使用されなくなった密封線源を受領し及び保有する資格を有する製造者に使用されなくなった密封線源が返還されることを認める場合には、当該使用されなくなった密封線源を自国の領域内に戻すことを認める。

第6章　締約国の会合

第29条（準備会合）　（略）
第30条（検討会合）　（(8-2) 第20条を参照）
第31条（特別会合）　（(8-2) 第23条を参照）
第32条（報告）　1　締約国は、第30条の規定に従い、締約国の検討会合ごとに自国の報告を提出する。この報告は、この条約に基づく義務を履行するためにとった措置を対象とする。また、締約国は、自国の報告に次の事項を記載する。
　(i)　使用済燃料管理に関する政策
　(ii)　使用済燃料管理に関する行為
　(iii)　放射性廃棄物管理に関する政策
　(iv)　放射性廃棄物管理に関する行為
　(v)　放射性廃棄物を定義し、区分するために用いられた基準
2　1の報告には、また、次の事項を含める。
　(i)　この条約の対象となる使用済燃料管理施設の一覧表。この一覧表には、これらの施設の所在地、主要な目的及び重要な特徴を含める。
　(ii)　この条約の対象となる使用済燃料であって貯蔵されているもの及び処分された使用済燃料の目録。この目録には、これらの物質の性状を記載し、並びに入手可能な場合にはその質量及び全放射能についての情報を記載する。
　(iii)　この条約の対象となる放射性廃棄物管理施設の一覧表。この一覧表には、これらの施設の所在地、主要な目的及び重要な特徴を含める。

(ⅳ) この条約の対象となる次の放射性廃棄物の目録
  (a) 放射性廃棄物管理施設及び核燃料サイクル施設に貯蔵されている放射性廃棄物
  (b) 処分された放射性廃棄物
  (c) 過去の行為から生じた放射性廃棄物
 この目録には、これらの物質の性状その他入手可能な適当な情報(例えば、容量又は質量、放射能及び特定の放射性核種)を記載する。
(ⅴ) 廃止措置の過程にある原子力施設の一覧表及びこれらの施設における廃止措置活動の状況

第33条(出席) ((8-2)第24条を参照)
第34条(概要についての報告) ((8-2)第25条を参照)
第35条(言語) (略)
第36条(秘密性) 1 この条約のいずれの規定も、情報の秘密を保護する国内法に基づく締約国の権利及び義務に影響を及ぼすものではない。この条の規定の適用上、「情報」には、特に、国家の安全保障又は核物質の防護に関する情報、知的財産権により保護され又は産業上若しくは商業上の秘密であることを理由として保護される情報及び個人情報を含む。
2 ((8-2)第27条2と同じ)

3 この条約のいずれの規定も、第3条3の規定に基づいてこの条約の対象となる使用済燃料又は放射性廃棄物に関する情報に関し、次の事項について決定する裁量であって締約国が専属的に有するものに影響を及ぼすものではない。
 (ⅰ) 当該情報について秘密の指定をするか否か、又は公開されることのないよう他の方法によって規制するか否か。
 (ⅱ) この条約により、(ⅰ)の情報を提供するか否か。
 (ⅲ) この条約によって当該情報が提供される場合に秘密の取扱いについていかなる条件を付するか。

4 ((8-2)第27条3を参照)
第37条(事務局) ((8-2)第28条を参照)

第7章 最終条項その他の規定
第38条(意見の相違の解決) (略)
第39条(署名、批准、受諾、承認及び加入) (略)
第40条(効力発生) (略)
第41条(この条約の改正) (略)
第42条(廃棄) (略)
第43条(寄託者) (略)
第44条(正文) (略)

8-4 原子力の安全に関する国際原子力機関(IAEA)行動計画(IAEA原子力安全行動計画)(抄)
IAEA Action Plan on Nuclear Safety

採 択 2011年9月13日(国際原子力機関理事会、ウィーン)
承 認 2011年9月22日(国際原子力機関総会(第55会期))

2011年6月、原子力の安全、緊急対応性及び世界中の人々と環境の放射線防護を強化するため、IAEA〔国際原子力機関〕の主導的役割の下に、TEPCO〔東京電力株式会社〕福島第一原子力発電所における事故〔以下、今回の事故という。〕からの教訓を学び及び教訓に基づき行動するプロセスを指示するために原子力安全閣僚会議が開催された。当該の会議において特に次のような内容の閣僚宣言が採択された。
(中略)
 この行動計画を検討するに際して、次の点に留意することが重要である。
・最高の原子力安全基準の適用を確保し及び原子力の緊急事態に対する適時の、透明性の高い、かつ十分な対応(事故によって明らかとなった脆弱性に対処することを含む。)を提供する責任は、各加盟国及び運転を行う組織にある。
・IAEAの安全基準は、電離放射線の有害な影響から人々及び環境を防護するための高い水準の安全を構成する基礎を提供し、並びに、引き続き客観的で、透明性が高く、技術的に中立である。
・客観的な情報(原子力緊急事態及びその放射性物質の影響に関する情報を含む。)の適時の及び継続的な共有と普及を通じた原子力の安全のすべての側面における透明性は、安全を改善し及び高い水準の公衆の期待に応えるために特別に重要である。原子力事故は、越境的効果をもちうる。したがって、科学的知見及び十分な透明性に基づいた十分な対応を提供することが重要である。
・今回の事故の理解が進展するにつれて、根本的な原因の追加的な分析が実施されるであろう。一層の教訓を学び、適当な場合には、この行動計

画を更新することによってそれらを行動提案に組み込むことがあるかもしれない。2012年に日本及びIAEAにより開催される高級レベル会議は、一層の教訓を学び並びに透明性を向上させるための機会を提供するであろう。
・この行動計画に基づくIAEAの迅速で実効的な活動の実施は、通常予算における優先順位の決定、及びその資源の引き続く効率的な利用、並びに予算外の資源の自発的な拠出によって資金提供されるであろう。

　この行動計画の目的は、全地球的な原子力安全枠組みを強化する作業計画を定めることにある。計画は、閣僚宣言、諸作業会期の結論及び勧告、並びにそれらに含まれた経験及び知見（INSAG〔国際原子力安全諮問グループ〕書簡報告（GOVINF/2011/11）を含む。）を強化する行動、並びに、加盟国間の協議を容易にすることから構成される。
　この行動計画の原子力安全の強化における成功は、加盟国の十分な協力と参加を通じた実施にかかっており、また他の多くの利害関係者（注1）の関与を必要とするであろう。したがって加盟国及び利害関係者には、今回の事故から学んだ教訓の利益を最大にするように行動計画を実施し、並びにできる限り迅速に具体的な結果を生み出すために協力して作業するよう奨励する。行動計画の実施における進展は、理事会の2012年9月の会合及び2012年の総会に対して、並びにその後は必要に応じて年度ごとに報告する。くわえて、原子力の安全に関する条約（CNS）の締約国の2012年の特別会合が、原子力の安全を強化する一層の措置を検討する機会を提供するであろう。
　今回の事故に照らしての原子力の安全の強化は、この行動計画において提案された数多くの措置を通じて取り組む。それらには、次の事項に焦点を当てた12の主要な行動及び各主要行動に対応する下位の行動が含まれる。すなわち、東京電力福島第一原子力発電所における今回の事故に照らした安全の評価、IAEAの各国専門家による評価、緊急事態のための準備と対応、国内規制機関、運転を行う組織、IAEA安全基準、国際的な法的枠組み、原子力発電計画に着手することを予定している加盟国の計画、能力の開発、電離放射線からの人々及び環境の防護、通報及び情報の普及、研究及び開発である。

〔編者注〕
　本文中の注は重要なもののみ訳出するので、以下の注番号は原文書のそれとは一致しない。

(注1)利害関係者は、特に、政府、関連国際機関及び国際団体、規制機関、運転を行う組織、原子力産業、放射性廃棄物管理機関、技術支援及び安全機関、研究機関、教育及び訓練機関並びに他の関連団体を含む。

東電福島第一原子力発電所における事故に照らした安全の評価
今回の事故から今日までに学んだ教訓に照らして原子力発電施設の安全の脆弱性についての評価を行う。
・加盟国は、立地に特有な極限の自然災害に対する原子力発電所の設計の国による評価を迅速に実施し、並びに、適時に必要な是正措置を実施すること。
・IAEA事務局は、既存の経験を考慮して、方法を開発し及びそれを国による評価を実施するために利用を希望する加盟国の利用に供すること。
・IAEA事務局は、立地に特有な極限の自然災害に対する原子力発電所の設計の国による評価の実施において、要請に基づき加盟国に援助を提供し及び支援すること。
・IAEA事務局は、要請に基づき、国による評価の各国専門家による評価を実施し、並びに、加盟国に追加的支援を提供すること。

IAEAの各国専門家による評価
加盟国に対する利益を最大化するためにIAEAの各国専門家による評価を強化する。
・IAEA事務局は、既存のIAEAの各国専門家による評価を、学んだ教訓を採り入れることによって強化すること、並びに、この評価が規制の実効性、運転の安全、設計の安全、及び緊急事態のための準備と対応に適切に取り組むことを確保することによって強化すること。加盟国は、各国専門家による評価ミッションのために専門家を提供すること。
・IAEA事務局は、透明性を確保するために、いつ、どこでIAEAの各国専門家による評価が行われたのかに関する情報要旨を提供し、並びに、これらの評価の結果を関係国の同意を得て適時に公表すること。
・加盟国は、定期的にIAEAの各国専門家による評価（フォローアップ評価を含む。）を自発的に受入れることを強く奨励されること。IAEA事務局は、このような評価の要請に適時に対応すること。
・IAEA事務局は、IAEAの各国専門家による評価の実効性を評価し、及び必要に応じて向上させること。

緊急事態のための準備と対応

緊急事態のための準備と対応を強化する。
- 加盟国は、当該国の緊急事態のための準備と対応の取り決め及び能力について迅速な国による評価を行い、その後、定期的評価を行うこと。IAEA事務局は、要請に応じて「緊急事態のための準備評価(EPREV)」ミッションを通じて支援及び援助を提供すること。
- IAEA事務局、加盟国及び関係する国際機関は、「原子力及び放射性緊急事態のための準備と対応の国際制度を強化するための国際行動計画」の最終報告においてなされた勧告を考慮に入れ、並びに、「国際機関の放射性緊急事態のための共同管理計画」に対する関係国際諸機関の一層の参加を奨励することによって、緊急事態のための準備と対応に関する国際的な枠組みを評価し及び強化すること。
- IAEA事務局、加盟国及び関係する国際機関は、必要な援助が迅速に利用できることを確保するために援助の仕組みを強化すること。「IAEA対応援助ネットワーク(RANET)」を向上させ及び十分に利用すること(その迅速な対応能力を拡充することを含む。)を考慮すること。
- 加盟国は、自発的に、RANETを通じて国際的に利用することもできる国の迅速な対応チームを設置することを検討すること。
- IAEA事務局は、原子力の緊急事態が生じた場合には、関係国の同意を得て、事実調査ミッションを適時に実施し及びその結果を公表すること。

国の規制機関
国内規制機関の実効性を強化する。
- 加盟国は、国内規制機関の迅速な国内評価及びその後の定期的な評価(任務を遂行するための実効的な独立性、人的及び財政的資源の十分性、並びに、適切な技術的及び科学的支援の必要性の評価を含む。)を行うこと。
- IAEA事務局は、規制の実効性の各国専門家による評価のために、IAEAの安全基準に照らした国内規制のより包括的な評価を通じて、規制の実効性の各国専門家による評価を行うために総合的規制評価サービス(IRRS)を向上させること。
- 原子力発電所を有する各加盟国は自発的に、自国の国内規制枠組みを評価するために、定期的にIAEAのIRRSミッションを受入れること。さらに、IRRSの本ミッションから3年以内にフォローアップ・ミッションが実施されること。

運転を行う組織
原子力安全について運転を行う組織の実効性を強化する。
- 加盟国は、必要に応じて、運転を行う組織の管理の仕組み、安全文化、人的資源の管理並びに科学的及び技術的能力の改善を確保すること。IAEA事務局は、要請に応じて、加盟国に援助を提供すること。
- 原子力発電所を有する各加盟国は、今後の3年間に少なくとも一つのIAEAの運転安全評価チーム(OSART)ミッションを自発的に受入れること。最初は、より古い原子力発電所を重点的に取り上げる。その後は定期的にOSARTミッションを自発的に受入れること。
- IAEA事務局は、運転に関する経験及び他の関係する安全及び工学分野についての情報交換を向上させるために、了解覚書を改正することによりWANO〔世界原子力発電事業者協会〕との協力を強化すること、並びに、他の関係する利害関係者と協議して、運転を行う組織間での通報及び相互連絡を向上させる仕組みを探求すること。

IAEA安全基準
IAEA安全基準を評価し及び強化し、並びにその実施を改善する。
- 安全基準委員会及びIAEA事務局は、既存の手続をより効率的に利用することによって、関係するIAEA安全基準(注2)を優先順位に従って評価し、及び必要に応じて改正すること。
- 加盟国は、できる限り広範かつ実効的に、IAEA安全基準を開放的な、適時の及び透明性の高い方法で利用すること。IAEA事務局は、IAEA安全基準の実施において支援及び援助を引き続き提供すること。

(注2)この評価は、特に、規制の構造、緊急事態のための準備と対応、原子力安全と工学(立地選択及び評価、極限の自然災害(その結合的効果を含む。)の評価、過酷事故の管理、全交流電源喪失、ヒートシンク〔熱除去源〕喪失、爆発性ガスの蓄積、核燃料挙動及び使用済核燃料の安全確保の方法)を含むことができる。

国際的な法的枠組み
国際的な法的枠組みの実効性を改善する。
- 締約国は、原子力の安全に関する条約、使用済燃料管理及び放射性廃棄物の安全に関する条約、原子力事故の早期通報に関する条約、及び、原子力事故又は放射線緊急事態の場合における援助に関する条約の実効的な実施を向上させる仕組みを探求し、並びに、原子力の安全に関する

条約及び原子力事故の早期通報に関する条約を改正するために作成された提案を検討すること。
- 加盟国は、これらの条約に加入し及びこれらを実効的に実施するように奨励されること。
- 加盟国は、原子力損害に対する適切な賠償を提供するために、原子力事故によって影響を受けるかもしれないすべての国の関心に対応する全地球的な原子力責任制度を確立することに向けて作業すること。IAEA原子力責任に関する国際専門家グループ（INLEX）は、このような全地球的な制度の実現を促進する行動を勧告すること。加盟国は、このような全地球的な制度を実現することに向けての一歩として、国際原子力責任文書を結合させる可能性について適正な考慮を払うこと。

原子力発電計画に着手することを予定している加盟国
原子力発電計画に着手する加盟国のために必要な基盤の開発を容易にする。
- 加盟国は、IAEA安全基準及び他の関係する手引きに基づく適切な原子力基盤を創設すること。IAEA事務局は、要請されることのある援助を提供すること。
- 加盟国は、最初の原子力発電所の稼働に先立ち、総合原子力基盤評価（INIR）及び関係する各国専門家による評価ミッションを自発的に受入れること。

能力の開発
能力の開発を強化し及び維持する。
- 原子力発電計画を有する加盟国及びこのような計画に着手することを予定している諸国は、能力の開発計画（国内的、地域的及び国際的レベルでの教育、訓練及び演習を含む。）を強化し、発展させ、維持し、及び実施すること。原子力技術の安全な、責任のある及び持続可能な利用に対する加盟国の責任を引き受けるために、必要な十分かつ能力のある人的資源を引き続き確保すること。IAEA事務局は、要請に応じて、援助を提供すること。このような計画は、原子力安全に関係するすべての分野（安全運転、緊急事態のための準備と対応、及び、規制の実効性を含む。）を網羅し並びに既存の能力開発基盤に基礎づけること。
- 原子力発電計画を有する加盟国及びこのような計画に着手することを予定している諸国は、今回の事故から学んだ教訓をその原子力発電計画の基盤に組み込むこと。IAEA事務局は、要請に応

じて、援助を提供すること。

電離放射線からの人々及び環境の防護
原子力緊急事態に続く電離放射線からの人々及び環境の現在進行中の防護を確保する。
- 加盟国、IAEA事務局及びその他の関係する利害関係者は、原子力施設の敷地の内外における監視、除染及び改善のための入手可能な情報、専門的知識及び技術の利用を容易にすること、並びに、IAEA事務局は、これらの分野で知識を改善し及び能力を強化する戦略及び計画を検討すること。
- 加盟国、IAEA事務局及びその他の関係する利害関係者は、損傷を受けた核燃料の除去並びに原子力緊急事態から生じた放射性廃棄物の管理及び処分に関する入手可能な情報、専門的知識及び技術の利用を容易にすること。
- 加盟国、IAEA事務局及びその他の関係する利害関係者は、放射線被曝量及びそれに伴う人々及び環境に対するなんらかの影響の評価に関する情報を共有すること。

通報及び情報の普及
通報の透明性及び実効性を向上させ並びに情報の普及を改善する。
- 加盟国は、IAEA事務局の援助を受けて、緊急事態の通報制度、並びに、報告と情報共有の取り決め及び能力を強化すること。
- 加盟国は、IAEA事務局の援助を受けて、事業者、規制者及びさまざまな国際機関の間の通報の透明性及び実効性を向上させること、並びに、安全に関係する専門的及び技術的情報の最大限自由な流通及び広範な普及が原子力安全を向上させることを強調して、この点でIAEAの調整の役割を強化すること。
- IAEA事務局は、加盟国、国際機関及び一般公衆に対して、原子力緊急事態の間、当該事態の潜在的な結果（入手可能な情報の分析並びに証拠、科学的知見及び加盟国の能力に基づくあり得るシナリオの予測を含む。）に関する適時の、明確な、事実として正しい、客観的かつ容易に理解できる情報を提供すること。
- IAEA事務局は、関係するあらゆる技術的な側面を分析し及び福島第一原子力発電所事故からの教訓を学ぶために、国際的な専門家会合を組織すること。
- IAEA事務局は日本と協力して、東京電力の福島第一原子力発電所における事故の十分に透明性のある評価を容易にし、及び、当該評価を加

盟国と引き続き共有すること。
- IAEA事務局及び加盟国は、OECD/NEA〔経済協力開発機構原子力機関〕並びにIAEAの国際原子力及び放射線事象評価尺度(INES)諮問委員会と協議して、通報の手段としてのINES尺度の適用を評価すること。

研究及び開発
研究及び開発を実効的に利用する。
- 関係する利害関係者は、適当な場合にはIAEA事務局が提供する援助を受けて、原子力の安全、技術及び工学(注3)(既存の及び新しい設計固有の側面に関するものを含む。)における必要な研究及び開発を行うこと。
- 関係する利害関係者及びIAEA事務局は、研究及び開発の結果を利用し、並びに、適当な場合にはすべての加盟国の利益のために、それを共有すること。

(注3)例えば、極限の自然災害、過酷事故の管理、全交流電源喪失、ヒートシンク喪失、フィード・アンド・ブリード除熱システム、格納容器ベントシステム、原子炉格納建造物及び使用済燃料プール構造物の構造的健全性並びに燃料集合体の挙動、並びに、極限の過酷な環境の下での事故後の監視制度

【第1節 原子力の安全管理】 第2項 二国間条約

8-5 原子力の平和的利用に関する協力のための日本国政府とアメリカ合衆国政府との間の協定(日米原子力平和利用協力協定)(抄)

Agreement for Cooperation between the Government of Japan and the Government of the United States of America Concerning Peaceful Uses of Nuclear Energy

署　　名	1987年11月4日(東京)
効力発生	1988年7月17日
日 本 国	1988年5月25日国会承認、6月17日承認の通告の交換、7月2日公布(条約第5号)
原 条 約	(1)55年日米原子力非軍事的利用協力協定　1955年11月14日調印(ワシントン)、1955年12月5日効力発生、(2)58年原子力非軍事的利用協力協定　1958年6月16日署名(ワシントン)、1958年12月5日効力発生、同58年改正議定書 1959年2月17日効力発生、同63年改正議定書　1964年4月21日効力発生、(3)68年原子力非軍事的利用協力協定 1968年2月26日署名(ワシントン)、1968年7月10日効力発生、同73年改正議定書　1973年12月21日効力発生

日本国政府及びアメリカ合衆国政府は、

1968年2月26日に署名された原子力の非軍事的利用に関する協力のための日本国政府とアメリカ合衆国政府との間の協定(その改正を含む。)(以下「旧協定」という。)の下での原子力の平和的利用における両国間の緊密な協力を考慮し、

平和的目的のための原子力の研究、開発及び利用の重要性を確認し、

両国政府の関係国家計画を十分に尊重しつつこの分野における協力を継続させ、かつ、拡大させることを希望し、

両国政府の原子力計画の長期性の要請を勘案した予見可能性及び信頼性のある基礎の上に原子力の平和的利用のための取極を締結することを希望し、

両国政府が核兵器の不拡散に関する条約(以下「不拡散条約」という。)の締約国政府であることに留意し、

両国政府が世界における平和的利用のための原子力の研究、開発及び利用が不拡散条約の目的を最大限に促進する態様で行われることを確保することを誓約していることを再確認し、

両国政府が国際原子力機関(以下「機関」という。)の目的を支持していること及び両国政府が不拡散条約への参加が普遍的に行われるようになることを促進することを希望していることを確認して、

次のとおり協定した。

第1条【定義】 この協定の適用上、

(a) 「両当事国政府」とは、日本国政府及びアメリカ合衆国政府をいう。「当事国政府」とは、両当事国政府のいずれか一方をいう。

(b) 「者」とは、いずれか一方の当事国政府の領域的管轄の下にある個人又は団体をいい、両当事国政府を含まない。

(c) 「原子炉」とは、ウラン、プルトニウム若しくはトリウム又はその組合せを使用することにより自己維持的核分裂連鎖反応がその中で維持される装置(核兵器その他の核爆発装置を除く。)をいう。
(d) 「設備」とは、原子炉の完成品(主としてプルトニウム又はウラン233の生産のために設計され又は使用されるものを除く。)及びこの協定の附属書AのA部に掲げるその他の品目をいう。
(e) 「構成部分」とは、設備の構成部分その他の品目であって、両当事国政府の合意により指定されるものをいう。
(f) 「資材」とは、原子炉用の資材であってこの協定の附属書AのB部に掲げるものをいい、核物質を含まない。
(g) 「核物質」とは、次に定義する「原料物質」又は「特殊核分裂性物質」をいう。
 (i) 「原料物質」とは、次の物質をいう。
  ウランの同位元素の天然の混合率から成るウラン
  同位元素ウラン235の劣化ウラン
  トリウム
  金属、合金、化合物又は高含有物の形状において前記のいずれかの物質を含有する物質
  他の物質であって両当事国政府により合意される含有率において前記の物質の一又は二以上を含有するもの
  両当事国政府により合意されるその他の物質
 (ii) 「特殊核分裂性物質」とは、次の物質をいう。
  プルトニウム
  ウラン233
  同位元素ウラン233又は235の濃縮ウラン
  前記の物質の一又は二以上を含有する物質
  両当事国政府により合意されるその他の物質
  「特殊核分裂性物質」には、「原料物質」を含めない。
(h) 「高濃縮ウラン」とは、同位元素ウラン235の濃縮度が20パーセント以上になるように濃縮されたウランをいう。
 (i) 「秘密資料」とは、(i)核兵器の設計、製造若しくは使用、(ii)特殊核分裂性物質の生産又は(iii)エネルギーの生産における特殊核分裂性物質の使用に関する資料をいい、一方の当事国政府により非公開の指定から解除され又は秘密資料の範囲から除外された当該当事国政府の資料を含まない。
(j) 「機微な原子力技術」とは、公衆が入手することのできない資料であって濃縮施設、再処理施設又は重水生産施設の設計、建設、製作、運転又は保守に係る重要なもの及び両当事国政府の合意により指定されるその他の資料をいう。

第2条【協力の範囲】 1(a) 両当事国政府は、両国における原子力の平和的利用のため、この協定の下で次の方法により協力する。
 (i) 両当事国政府は、専門家の交換による両国の公私の組織の間における協力を助長する。日本国の組織と合衆国の組織との間におけるこの協定の下での取決め又は契約の実施に伴い専門家の交換が行われる場合には両当事国政府は、それぞれこれらの専門家の自国の領域への入国及び自国の領域における滞在を容易にする。
 (ii) 両当事国政府は、その相互の間、その領域的管轄の下にある者の間又はいずれか一方の当事国政府と他方の当事国政府の領域的管轄の下にある者との間において、合意によって定める条件で情報を提供し及び交換することを容易にする。対象事項には、保健上、安全上及び環境上の考慮事項が含まれる。
 (iii) 一方の当事国政府又はその認められた者は、供給者と受領者との間の合意によって定める条件で、資材、核物質、設備及び構成部分を他方の当事国政府若しくはその認められた者に供給し又はこれらから受領することができる。
 (iv) 一方の当事国政府又はその認められた者は、この協定の範囲内において、提供者と受領者との間の合意によって定める条件で、他方の当事国政府若しくはその認められた者に役務を提供し又はこれらから役務の提供を受けることができる。
 (v) 両当事国政府は、両当事国政府が適当と認めるその他の方法で協力することができる。
(b) (a)の規定にかかわらず、秘密資料及び機微な原子力技術は、この協定の下では移転してはならない。
2 1に定める両当事国政府の間の協力は、この協定の規定並びにそれぞれの国において効力を有する関係条約、法令及び許可要件に従うものと

し、かつ、1(a)(iii)に定める協力の場合については、次の要件に従う。
- (a) 日本国政府又はその認められた者が受領者となる場合には、日本国の領域内若しくはその管轄下で又は場所のいかんを問わずその管理の下で行われるすべての原子力活動に係るすべての核物質について、機関の保障措置が適用されること。不拡散条約に関連する日本国政府と機関との間の協定が実施されるときは、この要件が満たされるものとみなす。
- (b) アメリカ合衆国政府又はその認められた者が受領者となる場合には、アメリカ合衆国の領域内若しくはその管轄下で又は場所のいかんを問わずその管理の下で行われるすべての非軍事的原子力活動に係るすべての核物質について、機関の保障措置が適用されること。アメリカ合衆国における保障措置の適用のためのアメリカ合衆国と機関との間の協定が実施されるときは、この要件が満たされるものとみなす。

3 直接であると第三国を経由してであるとを問わず、両国間で移転される資材、核物質、設備及び構成部分は、供給当事国政府が受領当事国政府に対し予定される移転を文書により通告した場合に限り、かつ、これらが受領当事国政府の領域的管轄に入る時から、この協定の適用を受ける。供給当事国政府は、通告された当該品目の移転に先立ち、移転される当該品目がこの協定の適用を受けることとなること及び予定される受領者が受領当事国政府でない場合には当該受領者がその認められた者であることの文書による確認を受領当事国政府から得なければならない。

4 この協定の適用を受ける資材、核物質、設備及び構成部分は、次の場合には、この協定の適用を受けないこととなるものとする。
- (a) 当該品目がこの協定の関係規定に従い受領当事国政府の領域的管轄の外に移転された場合
- (b) 核物質について、(i)機関が、2に規定する日本国政府又はアメリカ合衆国と機関との間の協定中保障措置の終了に係る規定に従い、当該核物質が消耗したこと、保障措置の適用が相当とされるいかなる原子力活動にも使用することができないような態様で希釈されたこと又は実際上回収不可能となったことを決定した場合。ただし、いずれか一方の当事国政府が機関の決定に関して異論を唱えるときは、当該異論について解決がされるまで、当該核物質は、この協定の適用を受ける。(ii)機関の決定がないときにおいても、当該核物質がこの協定の適用を受けないこととなることを両当事国政府が合意する場合
- (c) 資材、設備及び構成部分について、両当事国政府が合意する場合

第3条【貯蔵】プルトニウム及びウラン233(照射を受けた燃料要素に含有されるプルトニウム及びウラン233を除く。)並びに高濃縮ウランであって、この協定に基づいて移転され又はこの協定に基づいて移転された核物質若しくは設備において使用され若しくはその使用を通じて生産されたものは、両当事国政府が合意する施設においてのみ貯蔵される。

第4条【移転の対象】この協定に基づいて移転された資材、核物質、設備及び構成部分並びにこれらの資材、核物質又は設備の使用を通じて生産された特殊核分裂性物質は、受領当事国政府によって認められた者に対してのみ移転することができる。ただし、両当事国政府が合意する場合には、受領当事国政府の領域的管轄の外に移転することができる。

第5条【再処理及び形状の変更】 1 この協定に基づいて移転された核物質及びこの協定に基づいて移転された資材、核物質若しくは設備において使用され又はその使用を通じて生産された特殊核分裂性物質は、両当事国政府が合意する場合には、再処理することができる。

2 プルトニウム、ウラン233、高濃縮ウラン及び照射を受けた物質であって、この協定に基づいて移転され又はこの協定に基づいて移転された資材、核物質若しくは設備において使用され若しくはその使用を通じて生産されたものは、照射により形状又は内容を変更することができるものとし、また、両当事国政府が合意する場合には、照射以外の方法で形状又は内容を変更することができる。

第6条【濃縮】この協定に基づいて移転され又はこの協定に基づいて移転された設備において使用されたウランは、同位元素ウラン235の濃縮度が20パーセント未満である範囲で濃縮することができるものとし、また、両当事国政府が合意する場合には、同位元素ウラン235の濃縮度が20パーセント以上になるように濃縮することができる。

第7条【防護】この協定に基づいて移転された核物質及びこの協定に基づいて移転された資材、核物質若しくは設備において使用され又はその使用を通じて生産された特殊核分裂性物質に関し、適切な防護の措置が、最小限この協定の附属書Bに

第8条【平和的利用】 1 この協定の下での協力は、平和的目的に限って行う。

2 この協定に基づいて移転された資材、核物質、設備及び構成部分並びにこれらの資材、核物質、設備若しくは構成部分において使用され又はその使用を通じて生産された核物質は、いかなる核爆発装置のためにも、いかなる核爆発装置の研究又は開発のためにも、また、いかなる軍事的目的のためにも使用してはならない。

第9条【平和的利用の保障措置】 1 第8条2の規定の遵守を確保するため、
 (a) この協定に基づいて日本国政府の領域的管轄に移転された核物質及びこの協定に基づいて日本国政府の領域的管轄に移転された資材、核物質、設備若しくは構成部分において使用され又はその使用を通じて生産された核物質は、第2条2(a)に規定する日本国政府と機関との間の協定の適用を受ける。
 (b) この協定に基づいてアメリカ合衆国政府の領域的管轄に移転された核物質及びこの協定に基づいてアメリカ合衆国政府の領域的管轄に移転された資材、核物質、設備若しくは構成部分において使用され又はその使用を通じて生産された核物質は、(ⅰ)第2条2(b)に規定するアメリカ合衆国と機関との間の協定並びに(ⅱ)当該核物質の実施可能な範囲内での代替のため又は当該核物質の追跡及び計量のための補助的措置の適用を受ける。

2 いずれか一方の当事国政府が、機関が何らかの理由により1の規定によって必要とされる保障措置を適用していないこと又は適用しないであろうことを知った場合には、両当事国政府は、是正措置をとるため直ちに協議するものとし、また、そのような是正措置がとられないときは、機関の保障措置の原則及び手続に合致する取極で、1の規定によって必要とされる保障措置が意図するところと同等の効果及び適用範囲を有するものを速やかに締結する。

第10条【第三国との合意】 いずれか一方の当事国政府と他の国又は国の集団との間の合意が、当該他の国又は国の集団に対し、この協定の適用を受ける資材、核物質、設備又は構成部分につき第3条から第6条まで又は第12条に定める権利の一部又は全部と同等の権利を付与する場合には、両当事国政府は、いずれか一方の当事国政府の要請に基づき、当該他の国又は国の集団により該当する権利が実現されることとなることを合意することができる。

第11条【取極】 第3条、第4条又は第5条の規定の適用を受ける活動を容易にするため、両当事国政府は、これらの条に定める合意の要件を、長期性、予見可能性及び信頼性のある基礎の上に、かつ、それぞれの国における原子力の平和的利用を一層容易にする態様で満たす別個の取極を、核拡散の防止の目的及びそれぞれの国家安全保障の利益に合致するよう締結し、かつ、誠実に履行する。

第12条【違反への対抗措置と停止】 1 いずれか一方の当事国政府が、この協定の効力発生後のいずれかの時点において、
 (a) 第3条から第9条まで若しくは第11条の規定若しくは第14条に規定する仲裁裁判所の決定に従わない場合又は
 (b) 機関との保障措置協定を終了させ若しくはこれに対する重大な違反をする場合には、他方の当事国政府は、この協定の下でのその後の協力を停止し、この協定を終了させて、この協定に基づいて移転された資材、核物質、設備若しくは構成部分又はこれらの資材、核物質、設備若しくは構成部分の使用を通じて生産された特殊核分裂性物質のいずれの返還をも要求する権利を有する。

2 アメリカ合衆国がこの協定に基づいて移転された資材、核物質、設備若しくは構成部分又はこれらの資材、核物質、設備若しくは構成部分において使用され若しくはその使用を通じて生産された核物質を使用して核爆発装置を爆発させる場合には、日本国政府は、1に定める権利と同じ権利を有する。

3 日本国が核爆発装置を爆発させる場合には、アメリカ合衆国政府は、1に定める権利と同じ権利を有する。

4 両当事国政府は、いずれか一方の当事国政府がこの協定の下での協力を停止し、この協定を終了させ及び返還を要求する行動をとる前に、必要な場合には他の適当な取極を行うことの必要性を考慮しつつ、是正措置をとることを目的として協議し、かつ、当該行動の経済的影響を慎重に検討する。

5 いずれか一方の当事国政府がこの条の規定に基づき資材、核物質、設備又は構成部分の返還を要求する権利を行使する場合には、当該当事国政府は、その公正な市場価額について、他方の当事国政府又は関係する者に補償を行う。

第13条【旧協定】 （略）

第14条【協議及び仲裁】 1 両当事国政府は、この協定の下での協力を促進するため、いずれか一方

の当事国政府の要請に基づき、外交上の経路又は他の協議の場を通じて相互に協議することができる。
2 この協定の解釈又は適用に関し問題が生じた場合には、両当事国政府は、いずれか一方の当事国政府の要請に基づき、相互に協議する。
3 この協定の解釈又は適用から生ずる紛争が交渉、仲介、調停又は他の同様の手続により解決されない場合には、両当事国政府は、この3の規定に従って選定される3人の仲裁裁判官によって構成される仲裁裁判所に当該紛争を付託することを合意することができる。各当事国政府は、1人の仲裁裁判官を指名し(自国民を氏名することができる。)、指名された2人の仲裁裁判官は、裁判長となる第三国の国民である第三の仲裁裁判官を選任する。仲裁裁判の要請が行われてから30日以内にいずれか一方の当事国政府が仲裁裁判官を指名しなかった場合には、いずれか一方の当事国政府は、国際司法裁判所長に対し、1人の仲裁裁判官を任命するよう要請することができる。第二の仲裁裁判官の指名又は任命が行われてから30日以内に第三の仲裁裁判官が選任されなかった場合には、同様の手続が適用される。ただし、任命される第三の仲裁裁判官は、両国のうちのいずれの国民であってはならない。仲裁裁判には、仲裁裁判所の構成員の過半数が出席していなければならず、すべての決定には、2人の仲裁裁判官の同意を必要とする。仲裁裁判の手続は、仲裁裁判所が定める。仲裁裁判所の決定は、両当事国政府を拘束する。

第15条【附属書の地位】 この協定の附属書は、この協定の不可分の一部を成す。この協定の附属書は、両当事国政府の文書による合意により、この協定を改正することなく修正することができる。

第16条【効力発生及び終了】 1 この協定は、両当事国政府が、この協定の効力発生のために必要なそれぞれの国内法上の手続を完了した旨を相互に通告する外交上の公文を交換した日の後30日目の日に効力を生ずる。この協定は、30年間効力を有するものとし、その後は、2の規定に従って終了する時まで効力を存続する。
2 いずれの一方の当事国政府も、6箇月前に他方の当事国政府に対して文書による通告を与えることにより、最初の30年の期間の終わりに又はその後いつでもこの協定を終了させることができる。
3 いかなる理由によるこの協定又はその下での協力の停止又は終了の後においても、第1条、第2条4、第3条から第9条まで、第11条、第12条及び第14条の規定は、適用可能な限り引き続き効力を有する。
4 両当事国政府は、いずれか一方の当事国政府の要請に基づき、この協定を改正するかしないか又はこの協定に代わる新たな協定を締結するかしないかについて、相互に協議する。

附属書A 【設備及び資材】 (略)

附属書B （防護の水準） (略)

付　表(核物質の区分) (略)

合意された議事録

前　文 (略)

1 協定第2条1(a)(iii)及び(iv)に関し、アメリカ合衆国は、日本国への核燃料の信頼性のある供給(核物質の輸出及び特に濃縮役務の適時の提供を含む。)の保証及び協定の期間中この約束を履行するために供給能力の利用可能性を維持することの保証のために必要かつ実行可能な行動をとることが確認される。
2 協定第2条4(c)に関し、両当事国政府は、資材、設備又は構成部分が原子力の目的に使用することができなくなる場合を決定するための実用に適した方法を開発するために相互に協議することが確認される。
3 協定第3条及び第5条2に関し、協定の適用を受ける核物質の貯蔵又は形状若しくは内容の変更が供給当事国政府の輸出許可の条件で認められている場合には、当該貯蔵又は形状若しくは内容の変更に関し、両当事国政府が改めて合意する必要はないことが確認される。
4 協定第3条から第5条までの規定に関し、当該規定は協定に基づいて移転された核物質の使用を通じて生産された特殊核分裂性物質については、生産された特殊核分裂性物質のうちその生産に当たって使用された核物質の総量に対するそのように使用された移転核物質の割合に相当する部分に対して実際に適用される(協定に基づいて移転された設備において使用され又はその使用を通じて生産された特殊核分裂性物質については、この限りでない。)ものとし、その後の世代の特殊核分裂性物質についても同様とすることが確認される。また、両当事国政府は、特殊核分裂性物質の生産に対する特殊核分裂性物質その他の核物質の相対的寄与を反映する方式を開

発するために、相互の及び他の政府との討議を開始することが確認される。
5 協定第3条から第7条まで及び第9条の規定に関し、当該規定は、両国の原子力活動を妨げ若しくは遅延させ又はこれに対して不当に干渉することを回避し、また、両国の原子力計画の経済的かつ安全な実施のために必要とされる管理についての慎重な慣行に適合するような態様で適用されることが確認される。また、協定の規定は、商業上若しくは産業上の利益を追求するために、いずれか一方の当事国政府の原子力政策若しくはいずれか一方の当事国政府若しくはその認められた者の商業上若しくは産業上の利益を損なうために又は原子力の平和的利用の推進を妨げるために、利用されないことが確認される。
6 協定第7条に関し、両国において適用されている防護措置は、国際原子力機関(以下「機関」という。)の文書INFCIRC/225/Rev.1に含まれる勧告を十分に考慮したものであって同条が要求する水準にあり又はその水準を超えるものであり、したがって適切であることが確認される。
7 協定第8条の平和的目的には、核兵器のための技術と平和的目的のための核爆発装置のための技術とを区別することが不可能である限り、いかなる核爆発装置のための使用も、また、いかなる核爆発装置の研究又は開発のための使用も含まないことが確認される。
8(a) 協定第9条に関し、同条の効果的な実施のために、両当事国政府は、協定の適用を受ける資材、核物質(アメリカ合衆国政府の場合には、当該核物質に代わる核物質を含む。)、設備及び構成部分の最新の在庫目録を毎年交換することが確認される。
 (b) 協定第9条1に関し、両当事国政府は、それぞれの国において効力を有する関係法令に従い、協定の適用を受けるすべての核物質に係る国内の核物質計量管理制度を確立しており、また、これを維持することが確認される。
9 次の措置は、協定第9条1(b)(ii)の要件を満たすことが確認される。
 (a) アメリカ合衆国政府は、協定第2条2(b)に規定するアメリカ合衆国と機関との間の協定に基づき、その領域的管轄内にあるすべての施設(国家安全保障上の直接の重要性を有する活動に関連するもののみを除く。)にあるすべての核物質に対する保障措置の適用を機関に認めることを約束している。
 (b) アメリカ合衆国政府は、日本国政府に対し、毎年、機関による保障措置の適用について適格性を有する施設の一覧表並びに協定第2条2(b)に規定するアメリカ合衆国と機関との間の協定及びその議定書に基づいて機関が選択している施設の一覧表を提供する。
 (c) 核物質が協定の適用を受けることとなり、かつ、機関が保障措置の適用上選択している施設以外の施設に置かれることとなる場合には、両当事国政府は、いずれか一方の当事国政府の要請に基づき、協議を通じて、かつ、当該核物質の移転を遅延させることなく、双方が満足する取極(機関が保障措置の適用上選択している施設にある同量の核物質であって核分裂性同位元素の含有量が同等以上のものによる代替を、実施可能な範囲内で含む。)を行う。
 (d) 核物質が協定の適用を受けることとなり、かつ、機関による保障措置の適用について適格性を有する施設の一覧表に記載されていない施設に置かれることとなる場合において、(c)に規定する代替が実施不可能なときは、両当事国政府は、いずれか一方の当事国政府の要請に基づき、協議を通じて、かつ、当該核物質の移転を遅延させることなく、機関による保障措置の適用について適格性を有するが機関が保障措置の適用上選択していない施設にある同量の核物質であって核分裂性同位元素の含有量が同等以上のものによる代替を、実施可能な範囲内で含む双方が満足する取極を行う。
 (e) アメリカ合衆国政府は、日本国政府及び機関に対し、相互の取極に従い、機関による保障措置の適用について適格性を有する施設にある協定第9条の規定の適用を受ける核物質の在庫、払出し及び受入れの報告書を施設ごとに1年単位で提供する。
 (f) 両当事国政府は、いずれか一方の当事国政府の要請に基づき、(e)の規定に従って提供される報告書に関して協議し、また、これらの報告書に関する問題を解決するために適切な措置をとる。
10(a) 協定第9条2に定める保障措置取極は、機関の保障措置の原則及び手続に従い次の特徴を含むことが確認される。
 (i) 協定に基づいて移転された設備及び協定第9条2の規定の適用を受ける核物質を利用し、加工し、処理し又は貯蔵する施設の設計を適時に審査すること。
 (ii) 協定第9条2の規定の適用を受ける核物質の計量性の確保に資するために、操作記録

及び関連する報告書を保持し及び提出すること。
(iii) 保障措置を受ける当事国政府が受け入れることのできる要員を指名すること(いずれか一方の当事国政府が要請するときは、保障措置を受ける当事国政府の指名する要員を伴う。)。これらの要員は、(a)(i)の核物質の計量を行うために必要な範囲ですべての場所及び資料並びに(a)(i)の設備及び施設に近づくことを認められ、かつ、査察の遂行に関連して装置を使用すること及び当該核物質の計量を行うため保障措置を受ける当事国政府と機関(又は該当する場合には保障措置を行う当事国政府)とが必要と認める独立の測定を行うことを認められる。保障措置を受ける当事国政府は、機関又は保障措置を行う当事国政府によって指名される要員の受入れを不合理に保留しない。機関(又は該当する場合には保障措置を行う当事国政府)によって指名される要員は、機関(又は該当する場合には保障措置を行う当事国政府)に対する自己の責務に従う場合を除き、自己の公的任務により知るに至った産業上の秘密その他の秘密の情報を開示してはならない。

(b) 協定第9条2に関し、また、機関と他方の当事国政府とによる保障措置の同時的適用は意図されていないことが確認される。両当事国政府は、そのような保障措置の同時的適用を回避するために必要に応じて協議し、また、そのような例外的事態が生ずる場合には、そのような保障措置の同時的適用を排除するために機関と協議する。

11 協定第12条1(b)の規定中「機関との保障措置協定」の終了に言及した部分は、協定第2条2に規定する当事国政府と機関との間の保障措置協定が効力を有する間は、当該当事国政府について適用されないことが確認される。

12 【協定第13条2に関する了解】 (略)

13 協定第14条に関し、両当事国政府は、いずれか一方の当事国政府の要請に基づき、協定第7条及び第9条にそれぞれ定める防護措置及び保障措置の適用に関する事項について協議を行うことが確認される。

8-5-1 原子力の平和的利用に関する協力のための日本国政府とアメリカ合衆国政府との間の協定第11条に基づく両国政府の間の実施取極(日米原子力平和利用協力協定実施取極)(抄)

Implementing Agreement Between the Government of Japan and the Government of the United States of America Pursuant to Article 11 of Their Agreement for Cooperation Concerning Peaceful Uses of Nuclear Energy

署　名　1987年11月14日
効力発生　1988年7月17日
最終改正　1988年11月18日(外務省告示572号)

前文
(中略)
両当事国政府は、協力協定第11条の実施のために次のとおり協定した。

第1条【活動に関する合意】 1(a) 両当事国政府は、協力協定第3条から第5条までの規定に基づき、次の活動について、ここに合意する。
(ⅰ) 附属書1に掲げるいずれか一方の当事国政府の領域的管轄内にある施設における再処理及び形状又は内容の変更
(ⅱ) 附属書1又は附属書2に掲げるいずれか一方の当事国政府の領域的管轄内にある施設における貯蔵
(ⅲ) 照射を受けた核物質(照射後において高濃縮ウラン又はウラン233を含有する場合を除く。)のいずれか一方の当事国政府の領域的管轄の外への移転であって、附属書1、附属書2又は附属書3に掲げる施設から附属書1に掲げる施設向けのもの
(b) 両当事国政府は、協力協定第4条の規定に基づき、未照射の原料物質及び低濃縮ウランのいずれか一方の当事国政府の領域的管轄の外への移転(高濃縮ウランの生産を目的とする場合を除く。)であって、両当事国政府が文書により指定する第三国向けのものについて、ここに合意する。

2(a) 両当事国政府は、協力協定第3条及び第5条の規定に基づき、いずれか一方の当事国政府の領域的管轄内にある両当事国政府が合意す

る手続に従って指定される各施設における暦年ごとの次の活動について、ここに合意する。
(i) プルトニウム、ウラン233及び高濃縮ウランであってその合計量が1実効キログラムを超えないもの並びに照射を受けた核物質であってプルトニウム、ウラン233及び高濃縮ウランの合計含有量が1実効キログラムを超えないものの形状又は内容の変更
(ii) プルトニウム及びウラン233(照射を受けた燃料要素に含有されるプルトニウム及びウラン233を除く。)並びに高濃縮ウランであってその合計量が5実効キログラムを超えないものの貯蔵
(iii) 照射を受けた核物質であってプルトニウム及びウラン233の合計含有量が500グラムを超えないものの再処理
(b) 両当事国政府は、協力協定第4条の規定に基づき、500グラムを超えないプルトニウムを含有する未照射の核物質の第三国の領域的管轄内にある両当事国政府が文書により指定する各施設向けの暦年ごとの移転であって、試験及び分析のための照射及び当該移転当事国政府の領域的管轄へのその後の返還を目的とするものについて、ここに合意する。当該未照射の核物質の移転は、これに含有されるプルトニウムの量が1回の船積みにつき500グラムを超えないように行う。
3(a) 各当事国政府は、第三国の政府に対し、当該第三国の政府の領域的管轄内にある施設であって附属書1に掲げるもの及び2(b)の規定に基づいて指定されるものを通告する。各当事国政府は、当該第三国の政府との協定の下で必要とされる場合には、当該第三国の政府に対し、次の活動について同意を与える。
(i) 再処理、形状又は内容の変更及び貯蔵(附属書1に掲げる施設の場合)並びに照射(2(b)の規定に基づいて指定される施設の場合)
(ii) 他方の当事国政府の領域的管轄への関係する核物質(回収プルトニウムを除く。)の返還
(iii) 1回の船積みにつき2キログラム以上の量の関係する回収プルトニウムの他方の当事国政府の領域的管轄への返還であって次の手続に従うもの
　　受領当事国政府は、個々の船積み前に、受領当事国政府でない当事国政府に対し、文書による通告であって、当該国際輸送のために準備された措置が附属書5に示される指針に沿っている旨の通報及び当該措置の記述を含むものを行う。
(b) (a)(iii)の手続がとられない場合には、回収プルトニウムの返還は、関係協定に基づく受領当事国政府でない当事国政府の同意があるときに行われる。
4 1(a)、2及び3の規定は、両当事国政府が文書により別段の内容を認める場合を除き、関係する回収プルトニウムが附属書1若しくは附属書2に掲げる施設又は2の規定に基づいて指定される施設に置かれる場合にのみ適用する。
5 この実施取極の追加的な手続要件は、この実施取極の合意された議事録に規定する。

第2条【この附属書の修正】 1 この実施取極の附属書1から附属書4まではこの条に規定する手続に従い、また、この実施取極の附属書5は両当事国政府の合意により、それぞれこの実施取極を改正することなく修正することができる。
2 両当事国政府が別段の合意をする場合を除き、いずれの一方の当事国政府も、他方の当事国政府に対しこの条の規定に従って文書による通告を行い、かつ、文書による受領通知(受領通知には、当該通告の受領のみを表明することができる。)を受領することによってのみ、その領域的管轄内にある施設を附属書1、附属書2、附属書3若しくは附属書4に追加し又はそれらから削除することができる。当該受領通知は、当該通告の受領の後30日以内に行われる。
(a) 附属書3又は附属書4に掲げる施設の附属書1又は附属書2への追加のための通告は、次の情報を含む。
(i) 施設の所有者又は操業者の名称、施設名及び現有の又は計画中の設備能力
(ii) 施設所在地、関係する核物質の種類、施設への当該核物質搬入の見込期日及び活動の種類
(iii) 関係する保障措置取極(すなわち、施設附属書又は特定査察の場合にはそのための措置)が国際原子力機関(以下「機関」という。)との間で合意されている旨及び協力協定第7条に定める防護の措置が維持される旨の表明
(b) 通告は、次の場合には、(a)に掲げる情報に加えてそれぞれ次の情報を含む。
(i) 附属書4に掲げる施設の附属書1への追加((b)(ii)の場合を除く。)の場合には、当該保障措置取極が両当事国政府によって合意された関係する保障措置概念に従う旨の確認及び当該保障措置取極に含まれる主要な要素の記述

(ii) 附属書4に掲げる施設であって、通告を行う当事国政府の領域的管轄内にある附属書1に掲げる施設について既に適用されている保障措置が適用できるものの附属書1への追加の場合には、当該保障措置取極が附属書1に掲げる対応する施設について適用されている保障措置取極とすべての重要な点において同一である旨の確認及び当該保障措置取極に含まれる主要な要素の記述

(c) 附属書1、附属書2、附属書3若しくは附属書4から施設を削除し又は附属書3若しくは附属書4に施設を追加するための通告は、施設名その他利用可能な関連情報を含む。

3 第三国の政府の領域的管轄内にある施設は、両当事国政府の合意により、附属書1に追加し又はこれから削除することができる。

4 (a) 両当事国政府は、必要な場合には、附属書4に掲げ又は掲げることとなる施設の操業の遅延を回避するため当該施設の保障措置概念をできる限り速やかに作成するために努力する。

(b) 機関が、附属書4に掲げる施設に関し両当事国政府によって合意された保障措置概念に従って保障措置を実施できない場合には、両当事国政府は、これによって当該施設の操業が遅延しないことを確保するためにあらゆる努力を払う。この目的のために、両当事国政府の間で又はいずれか一方の当事国政府と機関との間で、協議が行われる。当該施設は、適切な保障措置が機関により暫定的に適用されることに両当事国政府が満足することを条件として、2(a)の規定に従い暫定的に附属書1に追加される。両当事国政府は、必要な場合には、機関が保障措置概念に従って保障措置を実施できるようにするため関係する保障措置概念を修正するためにあらゆる努力を払う。

第3条【効力発生等】 1 この実施取極は、協力協定と同時に効力を生じ、協力協定第11条の下で協力協定の存続期間中効力を有する。両当事国政府は、いずれか一方の当事国政府の要請に基づき、この実施取極を改正するかしないか又はこの実施取極に代わる新たな取極を締結するかしないかについて、相互に協議する。

2 いずれの一方の当事国政府も、他方の当事国政府による核兵器の不拡散に関する条約に対する重大な違反若しくは同条約からの脱退又は機関との保障措置協定、この実施取極若しくは協力協定に対する重大な違反のような例外的事件に起因する核拡散の危険又は自国の国家安全保障に対する脅威の著しい増大を防止するため、第1条において与える同意の全部又は一部を停止することができる。そのような停止に関する決定は、核不拡散又は国家安全保障の見地からの例外的に懸念すべき最も極端な状況下に限り、かつ、政府の最高レベルにおいて行われるものとし、また、両当事国政府が受け入れることのできる態様でそのような例外的事件を処理するために必要とされる最小限の範囲及び最小限の期間に限って適用される。

3 両当事国政府は、2の停止の期間中、第1条に掲げる活動について個別に合意することができる。両当事国政府は、問題とされる事実関係を確定するために、及び停止が必要な場合にはいかなる範囲の停止が必要であるかを討議するために、停止に先立ち相互に協議する。停止を行う当事国政府は、当該停止の経済的影響を慎重に検討し、かつ、この実施取極の下での国際的な原子力関係取引及び燃料サイクルの運営の攪乱を回避するため可能な最大限の努力をする。両当事国政府は、協力協定第14条の規定に従い、これらの問題を解決するため第三者に付託することを合意することができる。

4 停止を行った当事国政府は、停止の原因となった事態の進展を絶えず再検討し、かつ、正当化され次第停止を撤回する。両当事国政府は、いずれか一方の当事国政府の要請があった場合には直ちに、当該停止の撤回のための根拠の存否を決定するため相互に協議する。

附属書1 （再処理、形状若しくは内容の変更又は貯蔵のための施設）（略）

附属書2 （プルトニウムが置かれるその他の施設）（略）

附属書3 （第1条に関係するその他の施設）（略）

附属書4 （いずれか一方の当事国政府の領域的管轄内にある計画中又は建設中の施設であって必要とされる時点において附属書1、附属書2又は附属書3に追加されることが予定されるもの）（略）

附属書5 （回収プルトニウムの国際輸送のための指針）（略）

合意された議事録 （略）

8-6　原子力の開発及び平和的利用における協力のための日本国政府とベトナム社会主義共和国政府との間の協定（日・ベトナム原子力協定）（抄）

Agreement Between the Government of Japan and the Government of the Socialist Republic of Viet Nam for Cooperation in the Development and Peaceful Uses of Nuclear Energy

署　　名　2011年1月20日（ハノイ）
効力発生　2012年1月21日
日 本 国　2011年12月9日国会承認、12月22日外交上の公文の交換、12月28日公布（条約第20号）

前　文　（略）

第1条【定義】 この協定の適用上、
(a)　「認められた者」とは、一方の締約国政府の国の管轄内にある個人又は団体であって、当該一方の締約国政府により、この協定の下での協力（核物質、資材、設備及び技術を供給し、又は受領すること並びに役務を提供し、又は受領することを含む。）を行うことを認められたものをいう。ただし、両締約国政府を含まない。
(b)　（(8-5)第1条(g)を参照）
(c)　「資材」とは、原子炉において使用する物質であってこの協定の附属書AのA部に掲げるものをいい、核物質を含まない。
(d)　「設備」とは、原子力活動における使用のために特に設計し、又は製作した主要な機械、プラント若しくは器具又はこれらの主要な構成部分であって、この協定の附属書AのB部に掲げるものをいう。
(e)　「技術」とは、核物質、資材又は設備の開発、生産又は使用のために必要とされる特定の情報をいう。ただし、利用可能な情報であって、更に提供することが制限されていないものを除く。両締約国政府が書面によって特定し、及び合意する場合には、基礎科学的研究に関する情報についても除くことができる。この特定の情報は、技術的資料の形式をとることができ、そのような形式には、青写真、計画書、図面、模型、数式、工学的な設計図及び仕様書、説明書並びに指示書であって、書面による又は他の媒体若しくは装置（ディスク、テープ、読取専用のメモリー等）に記録されたものを含む。また、この特定の情報は、技術援助の形式をとることができ、そのような形式には、指導、技能の養成、訓練、実用的な知識の提供及び諮問サービスを含む。
(f)　(e)にいう「開発」とは、設計、設計の研究、設計の解析、設計の概念、試作体の組立て及び試験、試験生産に係る計画、設計用の資料、設計用の資料から製品化を検討する過程、外形的な設計、統合的な設計、配置計画等の生産前の全ての段階をいう。
(g)　(e)及び(f)にいう「生産」とは、建設、生産工学、製造、統合、組立て（取付けを含む。）、検査、試験、品質保証等の核物質若しくは資材を生産し、又は設備を製作するための全ての活動をいう。
(h)　(e)にいう「使用」とは、運転、据付け（現場への据付けを含む。）、保守、点検、修理、整備及び補修をいう。
(i)　「技術に基づく設備」とは、この協定に基づいて移転された技術を用いて製作されたものとして両締約国政府が合意する設備をいう。
(j)　「回収され又は副産物として生産された核物質」とは、次の核物質をいう。
　（i）　この協定に基づいて移転された核物質から得られた核物質
　（ii）　この協定に基づいて移転された資材又は設備を用いて行う一又は二以上の処理によって得られた核物質
　（iii）　この協定に基づいて移転された技術を用いて得られたものとして両締約国政府が合意する核物質
(k)　「公開の情報」とは、いずれの一方の締約国政府も秘密として指定していない情報をいう。

第2条【協力の分野及び方法】 1　この協定の下での協力であって、両国における原子力の平和的非爆発目的利用の促進のためのものは、次の分野において行うことができる。
(a)　ウラン資源の探鉱及び採掘
(b)　軽水炉の設計、建設及び運転
(c)　原子力の安全（放射線防護、環境の監視並びに原子力事故及び放射線緊急事態の防止並

(d) 放射性廃棄物の貯蔵、輸送、処理及び処分並びにこれらへの対応を含む。)
　(e) 放射性同位元素及び放射線の研究及び応用
　(f) 保障措置及び核セキュリティ
　(g) 原子力の平和的利用の分野における人的資源の開発
　(h) 原子力の平和的利用の分野における法的枠組みの作成
　(i) 原子力の平和的利用に関する広報
　(j) 研究及び開発(両締約国政府の間で合意される分野におけるものに限る。)
　(k) 両締約国政府により合意されるその他の分野
2　1に規定する協力は、次の方法により行うことができる。
　(a) 専門家及び研修生を交換すること。
　(b) 両締約国政府の間、各締約国政府の認められた者の間又は一方の締約国政府と他方の締約国政府の認められた者との間の合意によって定める条件で、公開の情報(原子力の安全に関するものを含む。)を交換すること。
　(c) 供給者と受領者との間の合意によって定める条件で、一方の締約国政府又はその認められた者から他方の締約国政府又はその認められた者に対し、核物質、資材、設備及び技術を供給すること。
　(d) この協定の範囲内の事項について、提供者と受領者との間の合意によって定める条件で、一方の締約国政府又はその認められた者が役務を提供し、及び他方の締約国政府又はその認められた者がこれを受領すること。
　(e) 両締約国政府により合意されるその他の方法
3　1及び2の規定にかかわらず、ウランの濃縮、使用済核燃料の再処理、プルトニウムの転換及び資材の生産のための技術及び設備並びにプルトニウムは、この協定の下では移転されない。

第3条【協力の条件】 前条に規定する協力は、この協定及びそれぞれの国において効力を有する法令に従うものとし、かつ、同条2(c)に規定する協力の場合については、次の要件に従う。
　(a) 日本国政府又はその認められた者が受領者となる場合には、日本国内で行われる全ての原子力活動に係る全ての核物質について、機関の保障措置の適用を受諾していること。1998年12月4日に作成された追加議定書により補足された1977年3月4日に作成された核兵器の不拡散に関する条約第3条1及び4の規定の実施に関する日本国政府と国際原子力機関との間の協定(以下「日本国に関する保障措置協定」という。)が実施されているときは、この要件を満たしているものとする。
　(b) ベトナム社会主義共和国政府又はその認められた者が受領者となる場合には、ベトナム社会主義共和国内で行われる全ての原子力活動に係る全ての核物質について、機関の保障措置の適用を受諾していること。2007年8月10日に作成された追加議定書によりその効力発生の日から補足される1990年2月23日に作成された核兵器の不拡散に関する条約に関連する保障措置の適用のためのベトナム社会主義共和国と国際原子力機関との間の協定(以下「ベトナム社会主義共和国に関する保障措置協定」という。)が実施されているときは、この要件を満たしているものとする。

第4条【非爆発的目的】 1　この協定の下での協力は、平和的非爆発目的に限って行う。
2　この協定に基づいて移転された核物質、資材、設備及び技術、技術に基づく設備並びに回収され又は副産物として生産された核物質は、平和的目的以外の目的で使用してはならず、また、いかなる核爆発装置のためにも又はいかなる核爆発装置の研究若しくは開発のためにも使用してはならない。

第5条【保障措置協定の適用】 1　前条の規定に基づく義務の履行を確保するため、この協定に基づいて移転された核物質及び回収され又は副産物として生産された核物質は、
　(a) 日本国内においては、日本国に関する保障措置協定の適用を受ける。
　(b) ベトナム社会主義共和国内においては、ベトナム社会主義共和国に関する保障措置協定の適用を受ける。
2　機関が何らかの理由により1の規定の下で必要とされる保障措置を適用しない場合には、この協定に基づいて移転された核物質及び回収され又は副産物として生産された核物質に常に保障措置が適用されていることが極めて重要であることに鑑み、両締約国政府は、是正措置をとるため直ちに協議するものとし、また、そのような是正措置がとられないときは、機関の保障措置の原則及び手続に適合する取極であって、1に規定する機関の保障措置が意図するところと同等の効果及び適用範囲を有するものを速やかに締結する。

第6条【原子力の安全】 1　日本国及びベトナム社会主義共和国は、この協定の実施に当たり、1986年9月26日に採択された原子力事故の早期通報に関

する条約、1986年9月26日に採択された原子力事故又は放射線緊急事態の場合における援助に関する条約及び1994年6月17日に採択された原子力の安全に関する条約に適合するように行動する。

2 両締約国政府は、この協定の適用を受ける核物質、資材、設備又は技術が置かれ又は用いられる施設について、当該施設の安全性を確保するための措置の実施に関する相互に満足する取極を行うことができる。

第7条【核物質防護措置】 1 この協定に基づいて移転された核物質及び回収され又は副産物として生産された核物質について、両締約国政府は、それぞれの基準（少なくともこの協定の附属書Bに定める水準の防護を実現するものに限る。）に従って防護の措置をとる。

2 この協定に基づいて移転される核物質及び回収され又は副産物として生産された核物質の国際輸送について、日本国及びベトナム社会主義共和国は、1980年3月3日に署名のために開放された核物質の防護に関する条約に適合するように行動する。

第8条【管轄の外への移転】 この協定に基づいて移転された核物質、資材、設備及び技術、技術に基づく設備並びに回収され又は副産物として生産された核物質は、供給締約国政府の書面による事前の同意が得られる場合を除くほか、受領締約国政府の国の管轄の外（供給締約国政府の国の管轄内を除く。）に移転され、又は再移転されない。

第9条【濃縮及び再処理】 この協定に基づいて移転された核物質及び回収され又は副産物として生産された核物質は、両締約国政府が別段の合意をしない限り、ベトナム社会主義共和国の管轄内において、濃縮され、又は再処理されない。

第10条【協定の適用時期】 1 直接であると第三国を経由してであるとを問わず、両国の間において移転される核物質、資材、設備及び技術は、予定されるこれらの移転を供給締約国政府が受領締約国政府に対して書面により事前に通告した場合に限り、かつ、これらが受領締約国政府の国の管轄に入る時から、この協定の適用を受ける。供給締約国政府は、通告された核物質、資材、設備又は技術の移転に先立ち、移転される当該核物質、資材、設備又は技術がこの協定の適用を受けることとなること及び予定される受領者が受領締約国政府でない場合には当該受領者が受領締約国政府の認められた者であることの書面による確認を受領締約国政府から得る。

2 この協定の適用を受ける核物質、資材、設備及び技術は、次のいずれかの場合には、この協定の適用を受けないこととなるものとする。
(a) そのような核物質、資材又は設備がこの協定の関係する規定に従って受領締約国政府の国の管轄の外に移転された場合
(b) そのような核物質、資材、設備又は技術がこの協定の適用を受けないこととなることについて両締約国政府が書面により合意する場合
(c) 核物質について、機関が、第三条に規定する関係する保障措置協定の保障措置の終了に係る規定に従い、当該核物質が消耗したこと、保障措置の適用が相当とされるいかなる原子力活動にも使用することができない態様で希釈されたこと又は実際上回収不可能となったことを決定する場合

第11条【知的財産等の保護】 両締約国政府は、この協定の下での協力に基づいて生じ、又は移転された知的財産及び技術の適切かつ効果的な保護を、日本国及びベトナム社会主義共和国が当事国である関係する国際協定並びにそれぞれの国において効力を有する法令に従って確保する。

第12条【紛争解決】 1 この協定の解釈又は適用に関して問題が生じた場合には、両締約国政府は、いずれか一方の締約国政府の要請により、相互に協議を行う。

2 この協定の解釈又は適用から生ずる紛争が1に規定する協議によって解決されない場合には、当該紛争は、いずれか一方の締約国政府の要請により、両締約国政府が構成及び手続に合意する仲裁裁判所に付託される。仲裁裁判所の決定は、両締約国政府を拘束する。

第13条【協定違反等への対応】 1 日本国政府又はベトナム社会主義共和国政府は、この協定の効力発生後のいずれかの時点において、それぞれ、ベトナム社会主義共和国又は日本国について次の(a)又は(b)に規定する事情が生じた場合には、この協定の下でのその後の協力の全部若しくは一部を停止し、又はこの協定を終了させ、並びにこの協定に基づいて移転された核物質、資材及び設備の返還を要求する権利を有する。
(a) 第4条から第9条までのいずれかの規定又は前条に規定する仲裁裁判所の決定に対する違反をする場合
(b) 第3条に規定する機関との間の保障措置協定を終了させ、又はこれに対する重大な違反をする場合

2 日本国政府又はベトナム社会主義共和国政府は、それぞれ、ベトナム社会主義共和国又は日本国

が核爆発装置を爆発させる場合には、1に規定する権利と同じ権利を有する。
3 いずれか一方の締約国政府がこの協定の下での協力の全部若しくは一部を停止し、若しくはこの協定を終了させ、又はこの協定に基づいて移転された核物質、資材及び設備の返還を要求する行動をとるに先立ち、両締約国政府は、他の適当な取極を行うことが必要となる場合のあることを考慮しつつ、是正措置をとることを目的として協議を行うものとし、適当な場合には、次の事項について慎重に検討する。
 (a) 当該行動の影響
 (b) 当該行動を検討することの原因となった事情が故意にもたらされたものであるか否か。
4 いずれか一方の締約国政府は、3に規定する協議の後、次の場合にはこの条の規定に基づく権利を行使するものとする。
 (a) 1に規定する場合において、適当な期間内に他方の締約国政府が是正措置をとらなかったとき。
 (b) 2に規定する場合において、当該一方の締約国政府が是正措置を見いだすことができないと判断するとき。

第14条【改正】　（略）
第15条【効力の発生及び存続】　（略）

　　附属書A
　　A部(資材)　（略）
　　B部(設備)　（略）

　　附属書B　（防護の水準）　（略）
　　付表　核物質の区分　（略）

　　合意された議事録

　　前文　（略）
1 転換又は燃料加工の工程において他の核物質と混合されることにより、協定に基づいて移転された核物質及び回収され又は副産物として生産された核物質の特定性が失われた場合又は失われたと認められる場合には、協定の下での当該核物質の特定については、代替可能性の原則及び構成比率による比例の原則により行うことができることが確認される。
2 両締約国政府は、協定の効果的な実施のため、協定の適用を受ける核物質、資材、設備及び技術の最新の在庫目録を毎年交換することが確認される。
3 協定第3条(b)に関し、ベトナム社会主義共和国は、同条(b)に規定する追加議定書の締結のため必要な措置をとる意図を有し、及び当該追加議定書の締結の時から当該追加議定書に適合するように行動することが確認される。両締約国政府が核物質、資材、設備及び技術の移転の条件（ベトナム社会主義共和国政府が当該核物質、資材、設備及び技術の使用に関する情報を提供すること並びにベトナム社会主義共和国における関係施設への日本国政府の要請に基づく同国政府による協議のための訪問を受け入れることを含む。）について書面により事前に合意する場合に限り、当該追加議定書の締結に先立ち日本国からベトナム社会主義共和国に当該核物質、資材、設備及び技術を移転することができる。
4 協定第5条に関し、それぞれの国において効力を有する法令に従い、協定に基づいて移転された全ての核物質及び回収され又は副産物として生産された核物質を対象とする国内の核物質計量管理制度が確立されており、及びこれが維持されることが確認される。
5 協定第6条1に関し、日本国は、1997年9月5日に作成された使用済燃料管理及び放射性廃棄物管理の安全に関する条約に適合するように行動することが確認され、また、ベトナム社会主義共和国は、同条約の締結のため必要な措置をとる意図を有し、及び同条約の締結の時から同条約に適合するように行動することが確認される。
6 協定第6条2に関し、ベトナム社会主義共和国の管轄内にある施設であって協定の適用を受ける核物質、資材、設備又は技術が置かれ又は用いられるものにおいて国際原子力・放射線事象評価尺度の第二水準又は当該水準を超える水準に相当する事象が生じた場合には、ベトナム社会主義共和国政府は、国際原子力機関(以下「機関」という。)に対して当該事象を通報し、必要に応じて機関の関係する安全検討チームの派遣に係る要請を行い、及び当該チームを接受し、並びにベトナム社会主義共和国において効力を有する法令に従い機関が勧告する措置をとることが確認される。
7 協定第7条に関し、日本国は、2005年9月14日に署名のために開放された核によるテロリズムの行為の防止に関する国際条約に適合するように行動することが確認され、また、ベトナム社会主義共和国は、同条約の締結のため必要な措置をとる意図を有し、及び同条約の締結の時から同条約に適合するように行動することが確認される。
8 協定第7条及び第12条1に関し、両締約国政府

は、いずれか一方の締約国政府の要請により、協定に基づいて移転される核物質及び回収され又は副産物として生産された核物質に関係する防護措置の妥当性について検討するため、協議を行うことが確認される。
9 協定第13条1(b)の適用に当たり、両締約国政府は、同条1(b)に規定する重大な違反の決定に関し、機関の理事会の行う次の認定を最終的なものとして受諾することが確認される。
  (a) 違反の認定
  (b) 関連する保障措置協定の下で保障措置の対象とすることが要求される核物質の核兵器その他の核爆発装置への転用がなかったことにつき機関として確認することができない旨の認定
  (c) 申告されていない核物質が存在しなかったこと又はそのような原子力活動が行われていなかったことにつき機関として確認することができない旨の認定

【第2節 原子力事故への対応】

8-7 原子力事故の早期通報に関する条約(原子力事故早期通報条約)(抄)
Convention on Early Notification of a Nuclear Accident

採　　択　1986年9月26日(国際原子力機関総会特別会期、ウィーン)
効力発生　1986年10月27日
日 本 国　1987年3月6日署名、5月27日国会承認、6月9日受諾書寄託、7月1日公布(条約第9号)、7月10日効力発生

前　文　(略)

第1条(適用範囲) 1　この条約は、締約国又はその管轄若しくは管理の下にある自然人若しくは法人の2に定める施設又は活動に関係する事故であって、放射性物質を放出しており又は放出するおそれがあり、かつ、他国に対し放射線安全に関する影響を及ぼし得るような国境を越える放出をもたらしており又はもたらすおそれがある事故の場合に適用する。
2　1の施設及び活動は、次のものとする。
  (a) すべての原子炉(所在のいかんを問わない。)
  (b) すべての核燃料サイクル施設
  (c) すべての放射性廃棄物取扱施設
  (d) 核燃料又は放射性廃棄物の輸送及び貯蔵
  (e) 農業、工業、医療、科学及び研究の目的のための放射性同位元素の製造、利用、貯蔵、廃棄及び輸送
  (f) 宇宙物体における発電のための放射性同位元素の利用

第2条(通報及び情報) 前条に規定する事故(以下「原子力事故」という。)が発生した場合には、同条に規定する締約国は、
  (a) 直接に又は国際原子力機関(以下「機関」という。)を通じて前条に定める物理的な影響を受けており又は受けるおそれがある国に対し、及び機関に対し、原子力事故の発生した事実、その種類、発生時刻及び適当な場合にはその正確な場所を直ちに通報する。
  (b) 直接に又は機関を通じて(a)に規定する国に対し、及び機関に対し、その国における放射線の影響を最小のものにとどめるための提供可能な情報であって第5条に定めるものを速やかに提供する。

第3条(他の原子力に関する事故) 締約国は、放射線の影響を最小のものにとどめるため、第1条に規定する事故以外の原子力に関する事故の場合にも通報をすることができる。

第4条(機関の任務) 機関は、
  (a) 締約国、加盟国、第1条に定める物理的な影響を受けており又は受けるおそれがあるその他の国及び関係する政府間国際機関(以下「国際機関」という。)に対し、第2条(a)の規定により受領した通報を直ちに伝達する。
  (b) いずれの締約国、加盟国又は関係する国際機関に対しても、その要請に応じ、第2条(b)の規定により受領した情報を速やかに提供する。

第5条(提供される情報) 1　第2条(b)の規定により提供される情報は、次のデータのうちその時点で通報締約国が利用し得るものから成る。
  (a) 原子力事故の発生時刻、適当な場合にはその正確な場所及びその種類
  (b) 原子力事故に関係する施設又は活動
  (c) 国境を越える放射性物質の放出に関係する原子力事故について想定され又は確定した原因及び予想される進展

(d) 放射性物質の放出の全般的な特徴(実行可能なかつ適当な限り、放射性物質の放出の性質、予想される物理的又は化学的形態、量、構成及び有効高さを含む。)
(e) 提供の時点までの及び予測される気象学的又は水文学的条件に関する情報であって、国境を越える放射性物質の放出を予測するために必要なもの
(f) 国境を越える放射性物質の放出に関する環境の監視の結果
(g) 既にとられ又は計画されている敷地外の防護措置
(h) 放射性物質の放出の挙動で予見されるもの

2 1の情報は、緊急事態の進展(緊急事態の終結の予想又は事実を含む。)に関する追加的な情報により適当な間隔で補足する。

3 第2条(b)の規定により受領された情報は、当該情報が通報締約国により秘密のものとして提供された場合を除き、取扱いに関する制限なしに用いられる。

第6条(協議) 第2条(b)の規定に従い情報を提供する締約国は、影響を受ける締約国が自国における放射線の影響を最小のものにとどめるため追加的な情報の提供又は協議を求めて行う要請に対し、合理的に実行可能な限り、速やかに応ずる。

第7条(権限のある当局及び連絡上の当局) 1 締約国は、機関に対し及び直接又は機関を通じて他の締約国に対し、自国の権限のある当局並びに第2条に規定する通報及び情報の発出及び受領について責任を有する連絡上の当局を通知する。当該連絡上の当局及び機関内の中央連絡先は、常に連絡が可能でなければならない。

2 締約国は、1の規定に従って通知した事項について生ずるすべての変更を機関に対し速やかに通知する。

3 機関は、各国の1に規定する権限のある当局及び連絡上の当局並びに関係する国際機関の連絡先に関する最新の一覧表を保持し、これを締約国、加盟国及び関係する国際機関に提供する。

第8条(締約国に対する援助) 機関は、その憲章に従い、かつ、自国では原子力活動を行っていない締約国であって現に遂行中の原子力計画を有している非締約国に接しているものの要請に応じ、この条約の目的の達成を容易にするため、適当な放射線監視体制の実現可能性及び確立に関する調査を行う。

第9条(二国間及び多数国間取極) 締約国は、相互の利益の一層の促進のため、適当と認められる場合には、この条約の対象となっている事項に関する二国間又は多数国間取極を締結することを考慮することができる。

第10条(他の国際協定との関係) この条約は、この条約の対象となっている事項に関する現行の国際協定又はこの条約の趣旨及び目的に従って締結される将来の国際協定に基づく締約国の相互の権利及び義務に影響を及ぼすものではない。

第11条(紛争の解決) 1 この条約の解釈又は適用に関して締約国間又は締約国と機関との間に紛争が生じた場合には、紛争当事者は、交渉又は紛争当事者が受け入れることができるその他の平和的紛争解決手段により紛争を解決するため、協議する。

2 締約国間の1に規定する紛争であって1の規定に基づく協議の要請から1年以内に解決することができないものは、いずれかの紛争当事国の要請により、決定のため仲裁又は国際司法裁判所に付託する。紛争が仲裁に付託された場合において、要請の日から6箇月以内に仲裁の組織について紛争当事国が合意に達しないときは、いずれの紛争当事国も、国際司法裁判所長又は国際連合事務総長に対し、一人又は二人以上の仲裁人の指名を要請することができる。紛争当事国の要請が抵触する場合には、国際連合事務総長に対する要請が優先する。

3 締約国は、この条約の署名、批准、受諾若しくは承認又はこの条約への加入の際に、2に定める紛争解決手続の一方又は双方に拘束されない旨を宣言することができる。他の締約国は、そのような宣言が効力を有している締約国との関係において、2に定める当該紛争解決手続に拘束されない。

4 3の規定に基づいて宣言を行った締約国は、寄託者に対する通告により、いつでもその宣言を撤回することができる。

第12条(効力発生) (略)
第13条(暫定的適用) (略)
第14条(改正) (略)
第15条(廃棄) (略)
第16条(寄託者) (略)
第17条(正文及び認証謄本) (略)

8-8 原子力事故又は放射線緊急事態の場合における援助に関する条約（原子力事故援助条約）（抄）

Convention on Assistance in the case of a Nuclear Accident or Radioactive Emergency

採　　択　1986年9月26日（国際原子力機関総会特別会期、ウィーン）
効力発生　1987年2月26日
日　本　国　1987年3月6日署名、5月27日国会承認、6月9日受諾書寄託、7月1日公布（条約第10号）、7月10日効力発生

前　文　（略）

第1条（一般規定） 1　締約国は、原子力事故又は放射線緊急事態の場合において、その影響を最小のものにとどめ並びに放射性物質の放出の影響から生命、財産及び環境を保護するための迅速な援助を容易にするため、この条約に従い、締約国間で及び国際原子力機関（以下「機関」という。）と協力する。

2　1の協力を容易にするため、締約国は、原子力事故又は放射線緊急事態の場合に生ずることがある傷害及び損害を防止し又は最小のものにとどめるために二国間若しくは多数国間取極について又は適当な場合にはこれらを組み合わせたものについて合意することができる。

3　締約国は、国際原子力機関憲章の枠内で活動する機関に対し、この条約に定める締約国間の協力を促進し、容易にし及び支援するためこの条約に従い最善の努力を払うよう要請する。

第2条（援助の提供） 1　締約国は、原子力事故又は放射線緊急事態の場合（当該事故又は緊急事態が当該締約国の領域内又はその管轄若しくは管理下で発生したものであるかないかを問わない。）において、援助を必要とするときは、直接に若しくは機関を通じて他の締約国に対し、又は機関若しくは適当な場合には他の政府間国際機関（以下「国際機関」という。）に対し、援助を要請することができる。

2　援助を要請する締約国は、必要な援助の範囲及び種類を特定し、並びに、実行可能な場合には、援助提供者に対し、当該援助提供者が要請に応じ得る程度を決定するために必要となり得る情報を提供する。必要な援助の範囲及び種類を要請締約国が特定することができない場合には、要請締約国及び援助提供者は、協議を行い、必要な援助の範囲及び種類を決定する。

3　援助の要請を受けた締約国は、速やかに、要請された援助を与えることができるかできないか並びに与え得る援助の範囲及び条件を決定し、直接に又は機関を通じて要請締約国に通報する。

4　締約国は、可能な範囲内で、原子力事故又は放射線緊急事態の場合における他の締約国に対する援助の提供のため利用可能となることがあり得る専門家、機材及び資材を、当該援助を提供し得る条件、特に財政的条件とともに明らかにし、機関に通報する。

5　いずれの締約国も、原子力事故又は放射線緊急事態の影響を受けた者の他の締約国の領域内での治療又は他の締約国の領域内への一時的な移転に関して援助を要請することができる。

6　機関は、その憲章に従い、かつ、この条約に従い、次の方法により、原子力事故又は放射線緊急事態の場合における要請締約国又は加盟国の援助の要請に応ずる。

　(a)　この目的のため配分された適当な資源を利用可能とすること。

　(b)　他の国及び国際機関であって、機関の情報により、必要な資源を有する可能性があると認められるものに対し、当該要請を速やかに伝達すること。

　(c)　要請国の要請があるときは、(a)又は(b)の規定により提供可能となり得る援助を国際的に調整すること。

第3条（援助の指導及び管理） 別段の合意がない限り、

　(a)　援助の全般的な指導、管理、調整及び監視は、要請国の領域内においては、要請国の任務とする。援助提供者は、援助に人員を必要とする場合には、要請国と協議した上で、援助提供者が提供する人員及び機材の作業上の直接的な監視を担当する者を指名するものとし、指名された者は、要請国の関係当局と協力してその監視をするものとする。

　(b)　要請国は、可能な範囲内で、援助の適切かつ効果的な実施のため現地の施設及び役務を提供する。要請国は、また、援助の目的のため援助提供者により又は援助提供者のために要請国の領域内に派遣される人員並びに持ち込まれる機材及び資材の保護を確保する。

(c) 援助の期間中要請国又は援助提供者が提供する機材及び資材の所有権は、影響を受けないものとし、当該機材及び資材の返還は、確保される。
(d) 前条5の要請に応じて援助を提供する締約国は、自国の領域内において援助を調整する。

第4条(権限のある当局及び連絡上の当局) 1 締約国は、機関に対し及び直接に又は機関を通じて他の締約国に対し、自国の権限のある当局並びに援助の要請を行い、援助の要請を受領し及び援助の申出を受理する責任を有する連絡上の当局を通知する。当該連絡上の当局及び機関内の中央連絡先は、常に連絡が可能でなければならない。

2 締約国は、1の規定に従って通知した事項について生ずるすべての変更を機関に対し速やかに通知する。

3 機関は、1及び2の規定により通知された事項を締約国、加盟国及び関係する国際機関に対し規則的かつ速やかに伝達する。

第5条(機関の任務) 締約国は、第1条3の規定に従い、かつ、この条約の他の規定の適用を妨げることなく、機関に対し、次のことを要請する。
(a) 次の事項に関する情報を収集し、締約国及び加盟国に提供すること。
　(i) 原子力事故又は放射線緊急事態の場合において利用可能となることがあり得る専門家、機材及び資材
　(ii) 原子力事故又は放射線緊急事態への対応に関する方法、技術及び利用可能な研究成果
(b) 次の事項その他適当な事項について要請がある場合には、締約国又は加盟国を援助すること。
　(i) 原子力事故及び放射線緊急事態の場合における緊急計画並びに適当な法令の準備
　(ii) 原子力事故及び放射線緊急事態の処理をする人員のための適当な訓練計画の作成
　(iii) 原子力事故又は放射線緊急事態の場合における援助の要請及び関連情報の伝達
　(iv) 放射線監視に関する適当な計画、手続及び基準の作成
　(v) 適当な放射線監視体制の確立の実現可能性に関する調査の実施
(c) 原子力事故又は放射線緊急事態の場合において援助を要請する締約国又は加盟国のために、その事故又は緊急事態の当初の評価のため配分された適当な資源を利用可能とすること。
(d) 原子力事故又は放射線緊急事態の場合において締約国及び加盟国のためにあっせんを行うこと。
(e) 関連のある情報及びデータの入手及び交換のため関係する国際機関との連絡を確立し及び維持し、並びに当該機関の一覧表を締約国、加盟国及び関係する国際機関に提供すること。

第6条(秘密性及び公表) 1 要請国及び援助提供者は、原子力事故又は放射線緊急事態の場合における援助に関連して入手し得た秘密情報の秘密性を保護するものとし、当該情報は、合意された援助のためにのみ用いられる。

2 援助提供者は、原子力事故又は放射線緊急事態に関して提供した援助に関する情報を公開するに先立って、要請国と調整を行うためあらゆる努力を払う。

第7条(経費の償還) 1 援助提供者は、要請国に対し、援助を無償で提供することができる。援助の提供を無償でするかしないかについて検討するに当たり、援助提供者は、次の事項を考慮する。
(a) 原子力事故又は放射線緊急事態の種類
(b) 原子力事故又は放射線緊急事態の発生の場所
(c) 開発途上国の必要
(d) 原子力施設を有しない国の特別の必要
(e) その他の関連要因

2 援助が全部又は一部について有償で提供される場合には、要請国は、援助提供者のために行動する者(団体を含む。)が提供する役務に要する経費及び援助に関係するすべての経費(当該要請国が直接支払っていない部分に限る。)を援助提供者に償還する。別段の合意がない限り、償還は、援助提供者が要請国に請求をした後、速やかに行われなければならず、また、現地の経費以外の経費の償還は、自由に移転することができるもので行われなければならない。

3 2の規定にかかわらず、援助提供者は、いつでも、経費の全部又は一部について、償還の請求を放棄し又は償還の延期に同意することができる。この放棄又は延期を検討するに当たり、援助提供者は、開発途上国の必要に十分な考慮を払う。

第8条(特権、免除及び便益) 1 要請国は、援助提供者の人員及び援助提供者のために行動する人員に対し、援助の任務の遂行のために必要な特権、免除及び便益を与える。

2 要請国は、援助提供者の人員及び援助提供者のために行動する人員であって当該要請国に対し正当に通知され、かつ、当該要請国が受け入れたものに対し、次の特権及び免除を与える。
(a) 当該人員の任務の遂行中の作為又は不作為

に関し、抑留、拘禁及び訴訟手続の免除(刑事裁判権、民事裁判権及び行政裁判権からの免除を含む。)
  (b) 援助の任務の遂行に関し、内国税、関税その他の課徴金(商品の価格に通常含められるもの及び提供される役務に対して支払われるものを除く。)の免除
3 要請国は、
  (a) 援助提供者に対し、援助提供者が援助のために要請国の領域内に持ち込んだ機材及び財産に関する内国税、関税その他の課徴金を免除する。
  (b) (a)の機材及び財産の押収、差押え及び徴発を免除する。
4 要請国は、3の機材及び財産の返還を確保するものとし、また、援助提供者の要請があるときは、援助に使用された機材で再使用が可能なものに関しその返還前に必要な汚染の除去が行われるよう、可能な範囲内で措置する。
5 要請国は、2の規定により通知された人員並びに援助に使用される機材及び財産について、その領域への入国、その領域における滞在及びその領域からの出国を容易にする。
6 この条のいかなる規定も、要請国に対し、前各項に定める特権及び免除を自国民又は自国に通常居住している者に与えることを求めるものではない。
7 この条の規定に基づく特権及び免除を享受するすべての者は、特権及び免除を害されることなく、要請国の法令を尊重する義務を負う。これらの者は、また、要請国の国内問題に介入しない義務を負う。
8 この条のいかなる規定も、他の国際協定又は国際慣習法の諸規則に基づいて与えられる特権及び免除に関する権利及び義務を害するものではない。
9 いずれの国も、この条約の署名、批准、受諾若しくは承認又はこの条約への加入の際に、2及び3の規定の全部又は一部に拘束されない旨を宣言することができる。
10 9の規定に基づいて宣言を行った締約国は、寄託者に対する通告により、いつでもその宣言を撤回することができる。

第9条(人員、機材及び財産の通過) 締約国は、要請国又は援助提供者の要請があるときは、正当に通知された人員並びに援助に使用される機材及び財産が要請国に入国し及び要請国から出国する際に当該締約国の領域を通過することを容易にするよう努める。

第10条(請求及び補償) 1 締約国は、この条の規定により訴訟及び請求の解決を容易にするため密接に協力する。
2 要請国は、別段の合意がない限り、要請された援助の提供中に自国の領域内又はその管轄若しくは管理の下にある他の区域内において引き起こされた人の死亡若しくは身体の傷害、財産の損傷若しくは滅失又は環境に対する損害に関し、
  (a) 援助提供者又はそのために行動する者(法人を含む。)に対し、いかなる訴訟も提起しない。
  (b) 援助提供者又はそのために行動する者(法人を含む。)に対する第三者からの訴訟及び請求を処理する責任を負う。
  (c) (b)に規定する訴訟及び請求に関し、援助提供者又はそのために行動する者(法人を含む。)に損害を与えないようにする。
  (d) 援助提供者及びそのために行動する者(法人を含む。)に対し、次の事項について補償をする。
    (i) 援助提供者の人員及び援助提供者のために行動する人員の死亡及び傷害
    (ii) 援助に使用される非消耗機材及び資材の滅失及び損傷
  ただし、死亡、傷害、滅失又は損害を引き起こした個人に悪意があった場合を除く。
3 この条の規定は、適用することができるいずれかの国際協定又はいずれかの国の国内法の定めるところにより可能となる補償及び賠償を妨げるものではない。
4 この条のいかなる規定も、要請国に対し、2の規定のいずれをも自国民又は自国に通常居住している者について適用することを求めるものではない。
5 いずれの国も、この条約の署名、批准、受諾若しくは承認又はこの条約への加入の際に、次の事項について宣言をすることができる。
  (a) 2の規定の全部又は一部に拘束されないこと。
  (b) 死亡、傷害、滅失又は損害を引き起こした個人に重大な過失があった場合には、2の規定の全部又は一部を適用しないこと。
6 5の規定に基づいて宣言を行った締約国は、寄託者に対する通告により、いつでもその宣言を撤回することができる。

第11条(援助の終了) 要請国及び援助提供者は、いつでも、適当な協議の後書面による通告を行うことにより、この条約に基づき受け入れられ又は提供された援助の終了を要請することができる。関係当事者は、この要請が行われた場合には、

援助を適切に終了させるための措置をとるため協議する。
第12条(他の国際協定との関係) (略)
第13条(紛争の解決) (略)
第14条(効力発生) (略)
第15条(暫定的適用) (略)
第16条(改正) (略)
第17条(廃棄) (略)
第18条(寄託者) (略)
第19条(正文及び認証謄本) (略)

第9章
環境影響評価

国際社会における環境影響評価

　環境影響評価(Environmental Impact Assessment)の定義は国や保護対象によって異なるが、一般的には、一定の事業を実施する場合に、その事業計画が環境に与える影響の調査、予測および評価並びに代替案の検討を行い、これらの情報を公表する一連のプロセスを指す。環境影響評価の法制化は、1969年の米国の国家環境政策法により始まったと言われる。その後公害問題が深刻化した先進諸国はもちろん、一部の発展途上国においても積極的に導入されるようになったが、国内法整備が進むのとほぼ同時期に、国際文書の中でも環境影響評価が言及されはじめた。1972年の**人間環境宣言(1-1)**では、原則14の中で合理的な計画作成の必要性を促すにとどまっていたが、同宣言の採択と同時に設置が決まった国連環境計画(UNEP)は、その行動計画の一つとして環境評価を掲げた。その後、経済開発協力機構(OECD)が、1974年に環境政策に関する宣言を採択し、将来の環境悪化を防止するための環境影響評価が環境政策にとって不可欠であることを確認したほか、環境に重大な影響を及ぼす事業の影響評価に関する勧告(1979年)や環境に重大な影響を伴うプロジェクトや開発援助計画の実施に際して環境影響評価を行うよう促す理事会勧告(1985年)を行うなど環境影響評価のガイドラインを精力的に提示してきた。

　1980年代に入り、**世界自然憲章(1-2)**が自然に影響を与える事業に対する環境影響評価を明記するなど(16項)、環境影響評価に関する国際的な認識が高まる中で、1987年にUNEP管理理事会は**環境影響評価の目標及び原則(9-1)**を採択し、三つの目標と13の原則で環境影響評価の意義を確認した。もっとも、いわゆるソフト・ローであるこれらの国際機関の文書は、環境影響評価を直接の目的とする普遍的な国際条約の立法に導いたわけではなかった。実際に、**国連海洋法条約(2-1)**(206条)、**南極条約環境保護議定書(3-4)**(8条)など、条文の一部に環境影響評価手続を組み込んだ条約が採択されたにとどまる。この状況は1992年のリオ会議以降も変わっておらず、**リオ宣言(1-3)**は原則17で環境に重大な悪影響を及ぼし、権限ある国家機関の決定に服する活動に対して環境影響評価の実施を要請するが、同時期に採択された**生物多様性条約(5-4)**や**気候変動枠組条約(6-2)**も、それぞれ環境影響評価の規定を置く

ことにより、各国国内法に基づく適当な環境影響評価手続の制度化をうながしている。なお国際司法裁判所は、2010年のウルグアイ川沿いの製紙工場事件判決において、上記のUNEPによる環境影響評価の目標及び原則を引用しながら、産業活動が国境を超えて重大な悪影響を有する危険性が存在する場合には、環境影響評価を実施することは、一般国際法に基づく要請であるが、その内容は、当該活動の性質や規模および予想される環境への悪影響などを考慮しながら、国内法令を通じて決定されると述べた。なお、2001年に国際法委員会が採択した**越境侵害防止条文(1-6)**は、重大な越境侵害を防止するために、この条約の範囲内に含まれる活動によって生じる可能性がある越境侵害の評価(環境影響評価を含む。)を行い、その評価が重大な越境侵害を生じるリスクを示す場合には、リスクおよび評価を適時に通報することを義務づけるなど、環境影響評価を前提とする規定をおいている。

世界銀行と環境影響評価

　国際開発復興銀行と国際開発協会によって構成される世界銀行は、1970年代から環境影響評価に関して独自の対応を取ってきた。1984年の環境に関する業務マニュアル規定は、環境に重大な影響を及ぼす可能性のあるプロジェクトについて、環境調査を実施し、予測される影響および緩和措置を評価する。また1987年には環境局を設置するなど、融資事業における環境配慮を率先して行ってきた。さらに1989年に作成された環境評価に関する業務指令(OD)4.00は、環境に影響を及ぼす可能性のある事業に環境影響評価の実施を要求した。同指令は1991年にOD4.01に修正され、1999年には業務政策(OP)、銀行手続(BP)、およびグッド・プラクティス(GP)の3文書に再編されている。本章では、貸付業務における環境影響評価の手続の概要を示すものとして、**世界銀行業務政策4.01-環境評価(9-2)**を掲載する。

　このような環境影響評価手続の整備に加えて、世界銀行は、1993年に**世界銀行インスペクション・パネル設置決議(9-3)**を採択した。同パネルは、融資の実施に際して、世界銀行の政策および手続が遵守されていたかどうかを検証し、世界銀行理事会に報告することを任務とするが、調査の公平性を担保するために、世界銀行から独立した機関として機能する。本章では1993年と1999年の2回にわたって世界銀行理事会が作成した再検討文書も併せて掲載する。

地域条約における環境影響評価

　先に述べたように、環境影響評価は先進諸国で先行して実施されたが、特に欧州諸国は環境影響評価を先進的かつ積極的に導入していると言える。1974年に北欧4カ国が締結した**北欧環境保護条約(1-9)**は、環境上有害な活動の許可に当たり、環境影響評価文書の提出を要求しており、環境影響評価に関する先駆的条約である。また欧州共同体は、1985年に環境影響評価に関する指令により、国内法に環境影響評価システムを導入することを各国に義

務づけた。さらに国連欧州経済委員会(ECE)が1991年に採択した国境を越える状況での環境影響評価に関する条約(エスポ条約)(9-4)は、専ら環境影響評価のみを目的とする唯一の国際条約であり、締約国は、国境を越えて環境に重大な悪影響を及ぼすおそれのある計画や活動に関して、条約が規定する要件を満たす環境影響評価手続を国内的に整備し、被影響締約国に通報することを義務づけている。同条約は、2001年に委員会の非締約国である国連加盟国に加入を開放する第一次改正を、2004年に活動一覧を記載する附属書Ⅰの改正や遵守手続の検討などの修正を施した第二次改正を行ったが、どちらも2013年12月時点で未発効である。

　環境影響評価のうち、特に、政策、計画、プログラムの段階で行うものを戦略的環境影響評価(Strategic Environmental Assessment)と呼ぶ。個別の事業実施に先立つ上位計画または政策立案の段階で環境に対する配慮を意思決定に統合できる点で、予防アプローチをより明確に適用した制度と位置づけることもできる。ECEは、すでに1990年のベルゲン宣言で、このタイプの環境影響評価を支持していたが、2001年の欧州連合指令(2001/42/EC)を受けて、エスポ条約の議定書として、2003年に戦略的環境評価に関する議定書(SEA議定書)(9-4-1)を採択した。同議定書は、各締約国が作成する計画、プログラム案の環境影響評価を実施するよう締約国に義務づける他、政策レベルでの環境影響評価の実施も要請する。

　その他に、1986年のチェルノブイリ原発事故やバーゼルでの化学会社火災事件などの産業事故を契機として、1992年に産業事故の越境影響に関する条約(9-5)が採択された。この条約は、大規模な産業事故で、越境被害のおそれがある場合の通報義務などを明確化する。もっとも、上記のような条約作成の背景にもかかわらず、同条約は原子力事故には適用されない。なお、SEA議定書とともに、越境水に関する産業事故越境影響により生ずる損害の民事賠償および損害補償に関する議定書が採択されている(未発効)。またオーフス条約(11-13)は、環境情報に関する市民参画を積極的に取り入れている点で、環境影響評価の観点からも注目されている。

　欧州以外の地域でも、ASEAN自然保全協定(1-10)やアフリカ自然保全条約(1-11)が、地域における国際協力の一環として、環境影響評価の実施に関する規定をおいているが、両条約とも未だに発効していない。

【第1節　普遍的文書】

9-1　国際連合環境計画・環境影響評価の目標及び原則
United Nations Environmental Programme Goals and Principles of Environmental Impact Assessment

採　　択　　1987年6月17日(国際連合環境計画管理理事会第14回会合・決議UNEP/GC.14/25(1987))

環境影響評価(注1)

環境影響評価(EIA)とは、環境上健全で持続可能な発展を確保するために、活動計画を調査し、分析し、及び評価することをいう。

以下に規定される環境影響評価の目標及び原則は、実際には当然に一般的なものであり、国内的、地域的及び国際的レベルで環境影響評価の作業を実施する場合には、さらに精密化させることができる。

※注1　この文章上、環境に関する活動計画の影響評価は、環境影響評価(EIA)とみなされる。

目　標

1　環境に著しい影響を与える可能性のある活動を実施する又は許可するために、権限ある一又は複数の当局によって決定が出される前に、それらの活動の環境上の影響が十分考慮に入れられるべきであることを確定すること。
2　すべての国において国内法及び意思決定プロセスに合致した適切な手続の実施を促進し、そのプロセスを通じて上記の目標を実現すること。
3　計画案が複数国の環境に国境を越えて深刻な影響を与える可能性がある場合には、これらの国家間の情報交換、通報及び協議のための相互主義的な手続の作成を奨励すること。

原　則

原則1　国家(その権限のある当局を含む。)は、初期段階で、活動の環境上の影響について事前に考慮することなく、活動を実施し、又は許可したりするべきではない。計画案の範囲、性質又は場所が、環境に著しい影響を与える可能性がある場合、包括的な環境影響評価が、以下の諸原則に従って実施されるべきである。

原則2　ある活動が、環境に著しい影響を与える可能性があるか否か、そしてそれゆえに環境影響評価の対象となるか否かを決定する基準及び手続は、対象となる活動が、迅速かつ確実に確認され、そして当該活動に対して計画段階において環境影響評価を適用することができるように、立法、規則又はその他の手段により明確に定義されるべきである(*)。

※注*　例えば、この原則は、以下のものを含めた多様なメカニズムを通じて実施されうる。
(a)　その性質によって著しい影響をもたらす可能性がある又は可能性がない活動のカテゴリー表
(b)　特別に重要であるか又は影響を受けやすい区域(例えば国立公園又は湿地地域)であるので、このような区域に影響を与えるいずれの活動も著しい影響をもたらす可能性のあるものの表
(c)　特別の懸念の対象である資源の種類(例えば水、熱帯雨林等)、又は環境問題(例えば土地劣化の進行、被砂漠化、森林破壊など)であるので、このような資源のいかなる減少も、又はこのような問題のいかなる悪化も「著しい」可能性があるものの表
(d)　「最初の環境評価」。その影響が深刻になる可能性があるか否かを決定するための計画案の迅速かつ非公式の評価
(e)　計画案の影響が、深刻になる可能性があるか否かの決定を導く基準
　リスト方式が用いられる場合は、各国は、予期せぬ事態に対応するために必要な柔軟性をもつことを確保するために、環境影響評価の準備を個別的な判断に基づいて要求する裁量を留保するように勧告する。

原則3　環境影響評価の過程において、関連する著しい環境問題が、特定化され、研究されるべきである。適当な場合には、当該プロセスにおいて早期にこれらの問題を特定化するために、あらゆる努力が払われるべきである。

原則4　環境影響評価は、最低限以下のものを含むべきである。
(a)　計画案の説明
(b)　影響を受ける可能性がある環境の説明で

あった、計画案の環境上の影響を特定し及び評価するために必要な特別の情報を含むもの
(c) 適当な場合、実行可能な代替案の説明
(d) 計画案又は代替案の環境上の可能な影響（直接の、間接的、累積的、短期の及び長期の影響を含む。）の評価
(e) 計画案及び代替案の環境に対する悪影響を緩和するために利用可能な措置の特定及び説明、並びにそれらの措置の評価
(f) 必要な情報を収集する際に直面するかもしれない知識の格差及び不確実性の表示
(g) 他国の環境又は国家の管轄権の範囲を超える区域の環境が、計画案又は代替案によって悪影響を受けるおそれがあるかどうかの表示
(h) 上の各号の下で提供される情報の簡潔かつ非専門的な要約

原則5 環境影響評価における環境上の影響は、考えられる環境上の重大性に相当する程度の詳細さで評価されるべきである。

原則6 環境影響評価の一部として提供される情報は、決定の前に公平に審査されるべきである。

原則7 ある活動について決定する前に、政府機関、公衆、関連する学術専門家及び利害関係のあるグループは、環境影響評価に関して意見を述べる適当な機会を与えられるべきである。

原則8 計画案の許可又は実施の可否に関する決定は、原則7及び12に基づく意見を検討するために、適当な期間が経過するまで、行われるべきではない。

原則9 環境影響評価の対象となる計画案に関する決定は、書面で行われ、その理由を述べ、もしあ るのであれば、環境に対する損害を防止し、削減し、又は緩和するための規定を含むべきである。この決定は、利害関係のある個人又はグループに入手可能とするべきである。

原則10 正当と認められる場合には、環境影響評価の対象となった活動に関する決定の後、当該活動及びその環境への影響、又はこの活動に関する決定の規定（原則9に基づく。）は、適当な監督の下に置かれるべきである。

原則11 国は、他の国家又は国の管轄権の範囲外の区域に著しい影響を与える可能性のある自国の管理又は管轄下の活動の潜在的な環境上の影響について、相互主義に基づき、通報、情報交換及び合意に基づく協議を提供するために、適当な場合、二国間、地域間又は多数国間の取極を締結するために努力するべきである。

原則12 環境影響評価の一部として提供された情報が、計画案は他国の環境に著しい影響を与える可能性をもつことを示す場合には、自国において当該活動が計画されている国は、可能な範囲で以下のことを行うべきである。
(a) 潜在的に影響を受ける国家に計画案を通報する。
(b) 潜在的に影響を受ける国家に、環境影響評価からの関連情報で、その通報が、国内の法律及び規則によって禁止されていないものを通報する。及び
(c) 関係国家間で合意された場合には、時宜を得た協議を開始する。

原則13 環境影響評価手続の実施を確保するために、適当な措置が設定されるべきである。

9-2 世界銀行　業務政策4.01―環境評価

The World Bank Operational Policies 4.01- Environmental Assessment

作　成　1999年1月
最終改正　2013年4月

〔編者注〕　本文中の注は、重要なもののみ訳出したので、注番号は原文のそれとは一致しない。

これらの政策は、世界銀行職員による使用のために作成されたものであり、必ずしも対象の完全な取り扱いとは限らない。

1　銀行は、銀行による融資を希望する事業案が、環境上健全で持続可能であることの確保を支援し、それによって、政策決定を改善するために、当該案件に環境評価（EA）を要求する。

2　EAとは、その分析の広がり、重要性及び種類が、事業案の性質、規模、及び潜在的な環境影響に依拠する手続である。EA（注1）は、影響の範囲内における事業の潜在的な環境へのリスク及び影響を評価し、事業の代替案を検討し、環境上の悪影響の防止、最小化、緩和又は補償及び積極的影響の強化によって、事業の選択、立地、計画、設計及び実施を改善する方法を確認するものであり、事業の実施を通じた環境への悪影響の緩和及び管理のプロセスを含める。銀行は、実行可能である場合はいつでも、緩和措置又は補償

措置よりも、防止策を奨励する。

3　EAは自然環境(大気、水及び土地)、人間の健康及び安全、社会的側面(強制再定住、先住人民及び有形文化財)(注2)並びに越境及び地球規模の環境上の側面(注3)を考慮に入れる。EAは、自然及び社会的側面を統合的な方法で検討する。EAはまた、国家の環境研究の所見、国内の環境行動計画、国家の全体的な政策枠組、国内法令、環境及び社会的側面に関する制度面からの対応能力、関連国際条約及び協定に基づく事業活動に関連する国家の義務が、それぞれの事業及び国家の事情により異なることを考慮に入れる。銀行は、EAの中で当該国家の義務に違反すると判断された事業活動に融資を行わない。EAは、事業の過程のできるだけ早い段階から開始され、事業案の経済的、財政的、制度的、社会的及び技術的分析との密接な調和を図る。

4　借入機関は、EAの実施に責任を有する。カテゴリーA事業(注4)について、借入機関は、EAの実行のために、事業に無関係の独立したEAの専門家を雇用する。カテゴリーA事業の中でも特にリスクが高い事業、又は議論の多い事業、若しくは環境に関する懸念が深刻で多方面にわたる事業について、借入機関は通常、国際的に認められ、独立した環境問題の専門家からなる諮問委員会とも契約して、EAに関連する当該事業の全側面について、助言を受けるべきである。諮問委員会の役割は、銀行が事業の検討を開始した時点における事業準備の進捗状況、並びに既に行われたあらゆるEA作業の質と対象範囲によって決定される。

5　銀行は、自らのEA要件に関して、借入機関に助言を与える。銀行は、EAの所見及び勧告を検討し、それらが銀行の融資における事業の手続を進めるのに適切な基礎を提供しているかどうかを判断する。銀行が事業に関与する以前に、借入機関がEA作業を終了又は部分的に終了させていた場合、銀行は、この政策との一貫性を確保するためにEAを再検討する。銀行は、公衆との協議及び情報公開を含む追加的EA作業を、適宜要求することができる。

6　『汚染防止及び削減ハンドブック』は、汚染防止及び削減措置、並びに銀行が一般的に許容できる排出水準を記載する。しかしながら、EAは、借入国の法令、及び地方の事情を考慮して、当該事業の汚染防止及び削減のための代替的な排出水準並びに提案を勧告することができる。EA報告書は、特定の事業又は用地について選定された水準及び提案の十分かつ詳細な正当化理由を明記しなければならない。

EA文書

7　事業に応じて、銀行のEA要件を満たすために用いられる文書の範囲には、環境影響評価(EIA)、地域的又は分野別EA、戦略的環境社会評価(SESA)、環境監査、有害性又はリスク評価、環境管理計画(EMP)、及び環境社会管理枠組(ESMF)がある(注5)。EAは、これらの文書の一つ若しくはそれ以上、又はこれらの文書の要素を、必要に応じて適用する。事業が分野別又は地域的な影響をもつと思われる場合は、分野別又は地域的EAが必要である。

環境審査

8　銀行は、EAの適切な範囲及び種類を決定するために、それぞれ事業案について環境審査を実施する。銀行は、事業案を、その種類、場所、脆弱性並びにその計画の規模及びその潜在的な環境影響の性質及び程度によって、四つのカテゴリーに分類する。

(a) カテゴリーA：事業案が、多岐にわたっており、又は先例のない重大な環境上の悪影響をもつと考えられる場合、カテゴリーAに分類される。これらの影響は、物理的作業の対象となる現場又は施設よりも広範囲に及ぶことがある。カテゴリーA事業のEAは、事業の潜在的な消極的及び積極的環境影響を検証し、それらを実現可能な代替案件(「事業を実施しない」状況を含む。)と比較し、及び悪影響を防止し、最小化し、緩和し、又は補償し、及び環境パフォーマンスを改善するために必要な措置を勧告する。カテゴリーA事業に関して、借入機関は報告書、通常はEIA(又は適切な場合には、包括的な地域的EA又は分野別EA)の準備に責任をもち、EIAは必要に応じて、7の中に規定される他の文書の要素を含める。

(b) カテゴリーB：事業案の住民又は環境上重要な地域(湿地、森林、牧草地及び他の自然生息地を含む。)に対する潜在的な環境上の悪影響が、カテゴリーAの事業と比べてより程度が低いものである場合には、カテゴリーBに分類される。これらの影響は、地域に特有のものであり、不可逆であると認められるものはほとんどなく、またほとんどの場合において、緩和措置がカテゴリーA事業の場合よりも容易に設定される。カテゴリーB事業のEAの範囲は、事業によって違いはあるが、カテゴリーAのEAより狭い。カテゴリーAのEA

と同様、カテゴリーBのEAは、事業の潜在的な消極的及び積極的環境影響を検証し、悪影響を防止し、最小化し、緩和し、又は補償し、並びに環境パフォーマンスを改善するために必要なあらゆる措置を勧告する。カテゴリーBのEAの所見及び結果は、事業書類(事業評価文書及び事業情報文書)に記述される。

(c) カテゴリーC：事業案が、環境上の悪影響が最小限でしかない、又は悪影響が存在しないと考えられる場合、カテゴリーCに分類される。カテゴリーC事業については、審査以外に更なるEA行動は要求されない。

(d) カテゴリーFI：事業案が、補助事業の中で金融仲介機関を通じた銀行資金の融資を含んでおり、その補助事業が環境上の悪影響を及ぼす可能性のある場合、カテゴリーFIに分類される。

特殊な事業タイプに関するEA

補助事業を含む事業

9 年間投資計画の準備及び実施を含む事業又は補助事業で、各補助事業案の準備期間中の事業期間の過程を越えて確認され、作成されたものについては、事業調整団体又は実施機関が、国家が課した要件及び本政策の要件に従って、適切なEAを実施する。銀行は、調整団体又は実施機関の能力を評価し、必要であれば彼らの能力を強化するためにSIL構成要素の中に含める。その能力とは以下の通りである。

(a) 補助事業の審査、
(b) EAを実施するための必要な専門知識の取得、
(c) 個々の補助事業におけるEAのすべての所見及び結果の検討、
(d) 緩和措置(必要に応じてEMPを含む。)の実施の確保、及び
(e) 事業実施期間中における環境上の状態の監視。

EAを実施するために適当な能力が不十分であると銀行が判断した場合、すべてのカテゴリーAの補助事業及び必要に応じてカテゴリーBの補助事業—すべてのEA報告書を含む—は、銀行による事前の再検討及び承認の対象となる。

金融仲介者を含む事業

10 金融仲介者(FI)業務について、銀行は、各FIが補助事業案を審査し、下位借入機関が、各補助事業の適切なEAを実施することを確保するよう要請する。補助事業を承認する前に、FIは、補助事業が、適切な国家当局又は地方当局が課した環境上の要求を満たし、本OP及びその他の適用可能な銀行の環境政策に合致していることを(銀行職員、外部専門家、又は既存の環境団体を通じて)確認する。

11 提案されるFI業務を評価する際、銀行は、国家の環境要件のうち、事業に関係する事項の妥当性、及び補助事業のために提案されるEA取極(環境上の審査及びEAの結果のレビューに関するメカニズム並びに責任を含む。)を再検討する。必要な場合には、銀行は、事業が当該EA取極を強化するための要素を含むことを確保する。カテゴリーAの補助事業が存在することが想定されるFI業務において、銀行の審査以前に、それぞれ特定の参加FIは、銀行に対して、その補助事業EA作業のための制度的メカニズムに関する書面による評価(必要に応じて、能力を強化する措置の確認も含む。)を提出する。EAを実施するために適当な能力が十分ではないと銀行が判断した場合、すべてのカテゴリーAの補助事業及び必要に応じてカテゴリーBの補助事業(EA報告書を含む。)は、銀行による事前の検討及び承認の対象となる。

OP10.00に基づく緊急に支援が必要な状況又は能力の制約がある事業

12 OP4.01に規定する政策は、通常OP/BP10.00「投資事業融資」の11に基づいて処理される事業に適用される。しかしながら、この政策の要求を遵守することにより、当該事業の目的の効果的かつ時宜を得た達成が妨げられる場合には、銀行は(OP10.00の10に規定する制限に従うことを条件として)、当該事業へのこの要求を免除することができる。当該免除の正当性は、事業文書に記録される。しかしながら、いかなる場合においても、銀行は、最低限以下のことを要求する。

(a) 緊急に支援が必要な状況又は能力の制約が、当該事業の準備の一部として決定された環境上不十分な実行によって、影響を受け、又は悪化した程度、及び
(b) 業務又は将来の融資業務のいずれかに組み込まれる必要な是正措置。

制度上の能力

13 借入機関が、事業案のEAに関連する重要な任務を遂行するために必要な法的又は技術的能力(例えばEAの検討、環境モニタリング、インスペクション、又は緩和措置の管理)を十分に保有しない場合、当該事業は、そのような能力を強化

公衆との協議

14 借入機関は、IBRD又はIDAによる融資が提案されるすべてのカテゴリーA及びB事業について、EAの過程で、事業によって影響を受ける団体及び地域の非政府組織（NGOs）と、事業の環境上の側面に関する協議を行い、彼らの見解を考慮に入れる。借入機関は、そのような協議をできるだけ早期に開始する。カテゴリーA事業の場合、借入機関は、これらの団体と、(a)環境審査の直後で、EA実施要領が最終決定される前、及び(b)EA報告書案件が作成された時点、の少なくとも2回協議を行う。加えて、事業実施期間を通じて、当該団体に影響を与えるEA関連事項の処理に関して、借入機関は、必要に応じて団体と協議を行う。

情報公開

15 IBRD又はIDAによる融資が提案されるすべてのカテゴリーA及びB事業に関して、借入機関並びに事業によって影響を受ける団体及び地域のNGOの間で行われる有意義な協議のために、借入機関は、協議の前に時宜を得た方法で、協議を行う団体にとって理解可能で入手可能な形式及び言語により、関連資料を提供する。

16 カテゴリーA事業について、借入機関は、最初の協議のために、事業案の目的、説明及び潜在的な影響についての概要を提供する。EA報告書草案が準備された後の協議のために、借入機関は、EAの結論の概要を提供する。加えて、カテゴリーA事業については、借入機関は、EA報告書草案を事業によって影響を受ける団体及び地域のNGOがアクセスしやすい公共の場において入手可能にしておく。9に規定する事業については、借入機関／FIは、カテゴリーAの補助事業のEA報告書が影響を受ける団体及び地域のNGOにとってアクセスしやすい公共の場において入手可能にしておくことを確保する。

17 IDAによる融資が提案される別個のカテゴリーB事業の報告書は、事業によって影響を受ける団体及び地域のNGOにとって入手可能にする。IBRD又はIDAによる融資に対する事業案のカテゴリーA報告書、及びIDAの基金に対する事業案のカテゴリーBのEA報告書が、債務国において一般に公開されていること、及び同報告書が銀行によって受領されていることが、これらの事業の銀行による審査の前提条件である。

18 借入機関が、カテゴリーAのEA報告書を銀行に公式に提出した場合、銀行は、その概要（英文）を理事会に配布し、情報センターを通じて報告書を入手可能にする。借入機関が、別個のカテゴリーBのEA報告書を銀行に公式に提出した場合、銀行は、情報センターを通じて報告書を入手可能にする。借入機関が、銀行の情報センターを通じてEA報告書を公開することに反対した場合、銀行職員は以下のいずれかの行為をとる。
(a) IDA事業手続を継続しない。又は
(b) IBRD事業については、追加の手続に関する問題を理事会に付託する。

実　施

19 事業実施期間中、借入機関は、以下のことに関して報告する。
(a) 事業文書の中に記載されているEMPの実施を含めて、EAの所見及び結果に基づいて銀行と合意した措置の遵守、
(b) 緩和措置の状況、及び
(c) モニタリングプログラムの所見。

銀行は、EAの所見及び勧告（法的取り決め、EMP及び他の事業文書の中に規定される措置を含む。）に基づいて、事業の環境上の側面に関する監督を行う（注6）。

（注1） 定義について、附属書Aを参照。事業の影響の範囲は、環境の専門家の助言に従い決定され、EAの付託事項に規定される。
（注2） OP/BP4.12「強制再定住」、OP/BP4.10「先住人民」、及びOP/BP4.11「有形文化財」を参照。
（注3） 地球規模の環境上の側面とは、気候変動、オゾン層破壊物質、国際水路の汚染及び生物多様性に関する悪影響を含む。
（注4） 審査については8を参照。
（注5） これらの用語は附属書Aにおいて定義されている。
（注6） OP/BP10.00「投資事業融資」を参照。

業務政策4.01　附属書A　定義

　　　作　　成　1999年1月
　　　最終改正　2011年2月

1　環境監査：既存の施設におけるすべての環境上の懸念がある分野の性質及び範囲を決定するための文書。当該監査は、関心分野を緩和するための適当な手段を特定化及び正当化し、当該措置の費用を評価し、並びにそれらを実施するためのスケジュールを勧告する。ある種の事業において、環境監査のみでEA報告書を構成しても良い。その他の場合、当該監査は、EA文書の一

2 環境影響評価(EIA)：事業案の潜在的な環境影響を特定し、評価し、代替案を評価し、適当な緩和、管理及び監視を設計するための文書。事業及び補助事業は、適切な地域的又は分野別のEAに含まれない重要な問題に対処するため、EIAを必要とする。
3 環境管理計画(EMP)：以下のことを詳述する文書。
　(a) 環境上の悪影響を除去し、又は相殺する、若しくはそれらを受け入れ可能な水準まで削減するために、事業の実施及び運営中にとられるべき措置
　(b) これらの措置を実施するために必要な活動。EMPは、カテゴリーAの不可欠の一部である(用いられるその他の文書にかかわらない。)。カテゴリーBのためのEAも、EMPとなることがある。
4 環境及び社会管理枠組(ESMF)：事業が一つの計画及び(又は)一連の下位事業から構成される場合に付随する課題及び影響を評価する文書であり、当該影響は、計画又は下位事業の詳細が確定されるまで特定されることはない。ESMFは、環境上及び社会上の影響を評価するための原則、規則、指針及び手続を規定する。ESMFは、悪影響を削減し、緩和し、及び(又は)相殺し、積極的影響を強化するための手続及び計画、当該手続の費用の評価及び予算化のための規定、並びに事業の影響に対処することに責任をもつ一又はそれ以上の機関の情報を含む。「環境管理枠組」又は「EMF」の用語を用いても良い。
5 有害性評価：事業用地に存在する危険物及び危険状況に付随する有害性を特定し、分析し、及び管理するための文書。銀行は、一定の引火物、爆発物、反応物、及び有毒物質を用いる事業に対して、これらが特定の閾値を超えて当該の用地に存在する場合には、それらに対して、有害性評価を必要とする。
　特定の事業において、有害性評価のみでEA報告書を構成しても良い。その他の場合、当該有害性評価は、EA文書の一部である。
6 事業の影響地域：事業によって影響を受けるかもしれない地域で、動力伝達経路、パイプライン、運河、トンネル、移転道路及び連絡道路、土取場及び処分地、並びに工事用地といったすべての付随的な側面、同様に事業によって誘発された未計画の開発(例えば、連絡道路に沿った自然発生的な定住、伐木搬出、又は移動農耕)を含む。影響地域は、例えば以下のものを含むことができる。

　(a) 事業が存在する流域
　(b) 影響を受ける河口及び沿岸地帯
　(c) 再定住又は補償の用地にとって必要な計画用地外の地域
　(d) 大気流域(例えば、煤煙又は煤塵といった大気汚染が影響地域に進入又は放出される場所)
　(e) 人間、野生動物又は魚類の移動経路で、特に公衆衛生、経済活動、又は環境保全に関連するもの、及び
　(f) 生活活動(狩猟、漁業、放牧、採集、農業等)又は慣習的性質を持った宗教上若しくは儀式上の目的のために用いられる地域
7 地域的EA：特定の戦略、政策、計画又はプログラムに関連し、又は特別の地域(例えば、都市地域、流域、又は沿岸地帯)のための一連の事業に関連する環境上の問題及び影響を検討し、代替案との関係においてこれらの影響を評価し、及び比較し、当該問題及び影響に関連する法的及び制度的側面を評価し、並びに当該地域の環境上の管理を強化する広範な措置を勧告する文書。地域的EAは、複合的な活動の潜在的な累積的影響に特別の注意を払う。
8 リスク評価：事業用地での危険な状況又は物質の存在から生じる損害の可能性を評価する文書。リスクとは、認識される潜在的な危険の可能性及び重要性を意味する。したがって、危険性評価は、しばしばリスク評価に先行するものであり、又は両者は同一の実行として実施される。リスク評価は、柔軟な分析方法であり、潜在的に危険な活動又は特定の状況下で危険の原因となりうる物質についての科学的な情報をまとめ、分析するための系統的なアプローチである。銀行は、有害物質及び廃棄物の取り扱い、貯蔵又は処分、ダム建設、又は地震活動又はその他の潜在的に被害を与える自然現象に影響を受けやすい場所での主要な建設作業を含めた事業のために日常的にリスク評価を要求する。特定の事業において、リスク評価のみでEA報告書を構成しても良い。その他の場合、当該リスク評価は、EA文書の一部である。
9 分野別EA：特定の戦略、政策、事業及びプログラムに関連し、又は特別の分野(例えば、電力、輸送又は農業)のための一連の事業に関連する環境上の問題及び影響を検討する文書で、代替案との関係においてこれらの影響を評価し、及び比較し、当該問題及び影響に関連する法的及び制度的側面を評価し、並びに当該分野の環境上の管理を強化する広範な措置を勧告する。分野別EAは、複合的な活動の潜在的な累積的影響に

特別の注意を払う。
10 戦略的環境社会評価(SESA)：環境上及び社会上の考慮を政策、計画及びプログラムの中に統合し、経済上の考慮との相互関連性を評価する目的をもつ分析的かつ参加型のアプローチを説明する文書。「戦略的環境評価」又は「SEA」という用語も用いられる。

業務政策4.01　附属書B　カテゴリーA事業のための環境評価報告書の内容
作　　成　1999年1月

1　カテゴリーA事業のための環境評価(EA)報告書は、事業の重要な環境問題に焦点をあてる。報告書の範囲及び詳細度は、事業の潜在的影響に比例させるべきである。銀行に提出される報告書は、英語、フランス語、又はスペイン語で準備され、要約は英語で準備される。
2　EA報告書は、以下の項目を含むべきである(必ずしも掲げられた順番である必要はない)。
　(a)　概要。重要な所見及び勧告された行動を簡潔に論ずる。
　(b)　政策上、法律上及び行政上の枠組。EAが実施される範囲内での政策、法的及び行政的枠組を論ずる。共同融資者の環境上の要請を説明する。当該国家が締約国となっている関連の国際環境協定を特定する。
　(c)　事業の説明。事業案件及びその地理的、生態学的、社会的及び時間的な状況を簡潔に説明する。必要となることがある施設外の投資(例えば、専用のパイプライン、連絡道路、発電所、給水施設、住居、並びに原材料及び製品の貯蔵庫)を含める。再定住計画、又は先住人民の開発計画の必要性を指摘する(下記の(h)(v)も参照)。通常、事業用地及び影響を受ける事業地域を示す地図を含む。
　(d)　基準となるデータ。研究対象の区域の規模を評価し、関連する物理的、生物学的及び社会経済的条件を説明する。事業の開始以前に予測されるすべての変化を含める。事業区域内にあるが事業とは直接に関係しない現行の開発活動及び開発活動案をも考慮に入れる。データは、事業の場所、設計、運営、又は緩和措置についての決定に関連をもたせるべきである。この節はデータの正確性、信頼性及び出所を示す。
　(e)　環境影響。可能な範囲で定量的に、事業の起こりうる積極的及び消極的影響を予測し、評価する。緩和措置及び緩和することのできない残された消極的影響を特定する。環境向上のための機会を調査する。利用可能なデータの範囲と性質、重要なデータの欠陥、及び予測と関連した不確実性を確認し、評価し、及び追加的な注意を必要としないテーマを特定する。
　(f)　代替案の分析。潜在的な環境上の影響の点から、「事業を実施しない状態」を含めて、事業案件の用地、技術、設計及び運営に対する実行可能な代替案、これらの影響を緩和する実行可能性、それらの資本コスト及び継続的に必要なコスト、地方の状況との整合性、並びにそれらの制度的条件、研修上及びモニタリング上の要件を組織的に比較する。それぞれの代替案にとって、可能な限り環境上の影響を定量化し、実現可能な場合、経済的価値を加える。特別の事業設計案を選択する基礎を説明し、勧告された排出レベルを正当化し、及び汚染の防止及び減少に取り組む。
　(g)　環境管理計画(EMP)。緩和措置、監視及び制度上の強化を包含する。業務評価4.01附属書Cの概要を参照。
　(h)　附属書
　　(i)　EA報告書のリストの作成者–個人及び組織。
　　(ii)　参考資料–検討の準備に使用した刊行及び非刊行の書面資料。
　　(iii)　機関間の会合及び協議会合の記録。影響を受ける人々及び地域の非政府組織(NGOs)の知見を得るための協議を含める。記録は、影響を受ける集団及びNGOsの見解を得るために用いた手段であって、協議以外のもの(例えば実地調査)を特定する。
　　(iv)　本文に言及され、又は要約される関連データを提示する表。
　　(v)　関連する報告書のリスト(例えば、再定住計画又は先住人民の開発計画)。

業務政策4.01　附属書C　環境管理計画
作　　成　1999年1月

1　事業の環境管理計画(EMP)は、環境及び社会に対する悪影響を緩和し、それらを相殺し、又はそれらを受け入れ可能なレベルにまで削減するために、実施並びに運営中にとられるべき一連の緩和、監視及び制度的措置からなる。当該計画はまた、これらの措置を実施するために必要とされる活動を含む。管理計画は、カテゴリーA事業にとって、EA報告書の本質的要素である。多

くのカテゴリーB事業にとって、EAは、管理計画だけを生み出すものであって良い。管理計画を準備するために、借入機関及びそのEA企画チームは、以下のことを行う。
(a) 潜在的な悪影響に対する一連の対応を確定する。
(b) これらの対応が、効果的に、かつ時宜を得た方法で行われていることを確保するための要件を決定する。及び
(c) これらの要件を満たすための手段を説明する。
より具体的には、EMPは、以下の項目を含む。

緩　和

2　EMPは、受け入れ可能なレベルで潜在的に著しい環境上の悪影響を減少させることができる実現可能で費用効果的な措置を確定する。当該計画は、もし緩和措置が、実現可能でなく、費用効果的でなく、又は十分でない場合の補償措置を含む。特にEMPは、以下のことを行う。
(a) すべての予見される深刻な環境上の悪影響（先住人民又は強制再定住者を含む。）を確定し、要約する。
(b) 緩和措置を、技術的詳細と共に説明する。緩和措置がかかわる影響のタイプ及び緩和措置を必要とする要件（例えば、継続的であるか又は必要が生じた場合であるか）を含める。適切な場合には、企画、装備の説明及び操作手順を併記する。
(c) これらの措置の潜在的な環境上のあらゆる影響を評価する。
(d) 当該事業に要求されるその他のあらゆる緩和計画との関連性（例えば、強制再定住、先住人民又は文化財）を明記する。

監　視

3　事業実施中の環境監視は、事業の重要な環境側面、特に事業の環境上の影響及び緩和措置の有効性についての情報を提供する。当該情報によって、借入機関及び銀行は、事業の監督の一部として、緩和の成果を評価することができ、必要な場合調整活動を行うことが可能となる。それゆえ、EMPは、EA報告書の中で評価された影響及びEMPに記載される緩和措置と関連させながら、監視の目的を確定し、監視のタイプを特定化する。具体的には、EMPの監視セクションは、以下のことを規定する。
(a) 測定されるべき要因、使用されるべき方法、抽出の場所、測定の頻度、（適当な場合）検出限界、及び調整活動の必要性を示す閾値の定義を含む監視手段に関する具体的説明及び技術的詳細、及び
(b) 以下のことを行うため監視及び報告手続
(i)特定の緩和措置を必要とする条件の早期検出の確保、及び(ii)緩和の進捗及び結果に関する情報の提供。

能力の開発及び訓練

4　環境上の事業項目及び緩和措置の時宜を得た効果的な実施を支援するために、EMPは、現場で又は省庁レベルで環境部署の在り方、役割及び能力に関するEAの評価を活用する。必要ならば、EMPは、EA勧告の実施を可能にするために、当該部署の設置又は拡大、及び職員の訓練を勧告する。具体的にはEMPは、制度的取り決めの特定の説明、ーだれが緩和措置及び監視措置の実施に責任を負うか（例えば、操業、監督、執行、実施の監視、救済活動、融資、報告及び職員の訓練のために）ーを提供する。実施に責任を有する部局の環境上の管理能力を強化するために、ほとんどのEMPは、以下の一又はそれ以上の追加のテーマを対象とする。
(a) 技術支援プログラム
(b) 物品調達、及び
(c) 組織的変化

実施スケジュール及びコスト評価

5　三つのすべての側面（緩和、監視及び能力開発）のために、EMPは、以下のことを規定する。
(a) 事業の一部として実行されなければならない措置の実施スケジュールで、段階的計画及びすべての事業実施計画との調整を示すもの、並びに
(b) 資本及び継続費用の評価並びにEMPを実施するための資金源。
これらの数字は、全体の事業の費用表にも統合される。

EMPと事業との統合

6　事業を進める借入機関の決定及びそれを支援する銀行の決定は、ある程度、EMPが効果的に実施されるだろうという予想に基づく。したがって、銀行は、計画が個々の緩和措置及び監視措置の説明並びにその制度上の責任の分担を明確にすることを期待している。計画は、事業のすべての設計、企画、予算及び実施に統合されなければならない。このような統合は、当該計画が融資及び監視をその他の要素と共に受けるこ

とができるように、EMPを事業の枠内に位置づけることによって達成される。

9-3　国際復興開発銀行・国際開発協会パネル設置決議（世界銀行インスペクション・パネル設置決議）
International Bank for Reconstruction and Development/International Development Association Resolution Establishing the Panel

作　成　1993年9月22日（国際復興開発銀行決議No.IBRD93-10・国際開発協会決議No.IDA93-6）

理事会は、
ここに決議する。
1　独立のインスペクション・パネル（以下パネル）を設置する。同パネルは、本決議に規定する権限と機能を有する。

パネルの構成

2　本パネルは、本銀行加盟国の異なる国籍からなる3名の委員により構成される。総裁は、理事会と協議した後、理事会によって指名されたパネル委員を任命する。
3　本パネルの最初の委員は、以下のように指名される。3年任期が1名、4年任期が1名、5年任期が1名。委員は1期より多く任期を果たさないことを条件として、その後の空席は、5年ごとに補充される。各委員の指名の任期は、本決議によって設定されるインスペクションの機能の継続性に従う。
4　パネルの委員は、提出された請願を完全かつ公正に処理する能力、誠実性及び銀行幹部からの独立性、並びに開発問題及び開発途上国における生活水準に対する経験に基づいて選出される。銀行業務の理解及び経験を有していることも期待されている。
5　銀行グループの理事、理事代理、顧問及び職員は、銀行グループの勤務が終了してから2年が経過しない限り、パネルの任に就くことはできない。この決議の適用上、「職員」とは、相談役及び支部の相談役の職にある人を含めて、職員規則4.01に定義される銀行グループの職にある全ての人をいう。
6　パネル委員は、彼/彼女が、何らかの個人的利益を有しているか、又は重要な関与を行った事項に関連する請願について、聴聞及び調査に参加する資格を与えられない。
7　最初に5年の任期で指名されたパネル委員は、パネルの最初の議長となり、1年間当該任務を務める。その後、パネル委員は、1年任期で議長を選出する。

8　正当な理由があれば、理事会の決定によってのみ、パネル委員を解任することができる。
9　銀行本部に常勤で勤務する議長を除いて、パネル委員は、パネルの勧告に基づいて、理事会が決定するところにより、その仕事量がこれを正当化する場合にのみ、常勤で勤務することが期待される。
10　パネル委員は、その職務の遂行において銀行職員に与えられる特権及び免除を享受する銀行の職員であり、銀行に対する排他的な忠誠に関する銀行協定の要件、並びに銀行職員としての行動についての職員雇用原則の第3.1項(c)及び(d)並びに第3.2項の各義務に従うものとする。委員が専任の業務を開始した段階で、委員は総裁の勧告に基づき理事会が決定する水準で報酬を受けとり、銀行の任期付き職員に適用される通常の手当が追加される。それ以前については、委員は、日割りで報酬を受けとり、銀行行政裁判所の委員と同じ基準で、経費の弁済を受ける。パネル委員は、パネルの任務終了後、銀行グループによって雇用されることはない。
11　総裁は理事会との協議の後に、職員の一人を事務局長としてパネルに割り当てるが、事務局長は仕事量がこれを正当化するまでは、常勤で勤務する必要はない。パネルは、その活動を実施するのに十分な予算の配分を受ける。

パネルの権限

12　パネルは、借入国の領域内において影響を受けた当事者であって一人の個人ではないもの（例えば、組織、結社、協会又はその他の個人の集団のような人の団体）又はそのような当事者の現地代表、若しくは請願者が適切な代表が現地では利用できないと主張し、理事会がインスペクションの請願を検討する時点においてこれに同意した例外的な場合には、その他の代表によって提出された、インスペクションの請願を受理する。当該代表のいずれも、自らがパネルに当該請願を行う当事者の代理人として活動する書面の証

拠を提出する。影響を受けた当事者は、銀行が融資する事業の計画、承認及び(又は)実施に関する業務上の政策及び手続を銀行が履行しなかった結果(銀行が、当該政策及び手続に関する融資協定に基づく借入国の義務の追及を行わなかったと申し立てられている状況も含む。)として、自らの権利又は利益が、銀行の作為又は不作為によって直接影響を受けた、又は受ける可能性があることを立証しなければならない。ただし、いかなる場合でも、当該不履行が実質的な悪影響をもたらした、又はもたらすおそれがあることを条件とする。銀行の業務上の政策及び手続の遵守における理事会の制度上の責任を考慮して、当該政策及び手続の重大な違反が申し立てられた特別の場合には、理事は、以下の第13項及び第14項の要件に従うことを条件として、パネルに調査を依頼することができる。理事会として行動する理事は、いつでもパネルに調査を行うよう指示することができる。この決議の適用上、「業務上の政策及び手続」とは、銀行の業務政策、銀行の手続及び業務指令、並びにこれら一連の政策が開始される前の類似の文書からなり、指針及び最善の実行並びに類似の文書又は声明は含まれない。

13 パネルは、インスペクションの請願を審理する前に、請願の主題が銀行幹部によって取り扱われたものであること、及び幹部が銀行の政策及び手続を遵守した、又は遵守するために適当な措置をとっていると立証することができなかったことを確認する。パネルは、申し立てられた銀行の政策及び手続に対する違反の疑いが、重大な性格をもつことも確認する。

14 第12項に基づく請願を検討するに当たり、以下の請願は、パネルによって審理されない。
 (a) 他の当事者、例えば借入国又は潜在的な借入国のような他の当事者の行動であって、銀行の側のいかなる作為又は不作為も含まない行動にかかわる申立。
 (b) 銀行の借入国による調達決定に対する申立で、借款協定に基づいて、銀行が融資した又は融資する予定の商品及びサービスの供給者から、若しくは当該商品及びサービスの供給の入札に失敗した者からのもの。これらの申立については、現行の手続に従って職員が引き続き対処することとなる。
 (c) 請願の対象である事業に対して融資する貸付の締切日以後に付託された請願、又は当該の事業に融資する貸付の相当部分が既に支払われたのちに付託された請願(注1)。
 (d) パネルが以前の請願を受理した際に、既に勧告を行った一又は複数の特定事項に関連する請願。ただし、以前の請願の時には知り得なかった新しい証拠又は事情によって正当化される場合を除く。

※注1 これは、融資金の少なくとも95%が支払われていた場合に該当すると判断される。

15 パネルは、検討中の請願に関する銀行の権利義務に関連する事項について、銀行の法務部の助言を求める。

手 続

16 インスペクションの請願は、書面で行われるものとし、全ての関連する事実を記述するものとする。これには、影響を受けた当事者による請願の場合、申し立てられた銀行の作為又は不作為によって、当該当事者が被った損害又は損害のおそれを含む。全ての請願は、その問題を処理するために既にとられた手順、及び申し立てられた作為又は不作為の性質を説明するものとし、その問題を幹部に持ち込むためにとられた措置、及び当該措置に対する幹部の回答を明記するものとする。

17 パネルの議長は、理事会及び銀行の総裁に、遅滞なくインスペクションの請願を受理したことを通知する。

18 インスペクションの請願が通知されてから21日以内に、銀行幹部は、銀行が銀行の関連する政策及び手続を遵守してきたか、又は遵守する意思があるという証拠をパネルに提出する。

19 前項に規定される幹部からの回答を受理してから21日以内に、パネルは、請願が第12項から第14項に規定される適格性基準を満たしているか否かを決定するものとし、その事項を調査するべきか否かについて、理事会に勧告する。パネルの勧告は、通常の配布期間内に、決定のために理事会に回覧される。影響を受けた当事者が請願を行った場合、当該当事者は、当該決定の日から2週間以内に、理事会の決定について通知を受ける。

20 理事会によって請願を調査する決定が行われた場合、パネルの議長は、インスペクションの実施に主要な責任をもつ一又は二以上のパネルの構成員(インスペクター)を指名する。インスペクターは、各請願の性質を考慮に入れて、パネルが決定する期間内に、パネルに対して自らの結論を報告する。

21 その任務の遂行に当たって、パネルの構成員

は、情報を提供することができる全ての職員及び関連する銀行の全ての記録を入手し、必要に応じて、事務局長、業務評価局、及び内部監査役に意見を求める。借入国(又は保証国)を代表する理事は、調査の手続をとるか否かに関するパネルの勧告の前及び調査中にその主題について意見を求められる。当該国家の領域内でのインスペクションは、事前の同意によって実施されるものとする。

22　パネルは、理事会及び総裁に報告書を提出する。パネルの報告書は、全ての関連する事実を検討するものとし、銀行が関連する全ての政策及び手続を遵守したか否かに関するパネルの結論をもって終了する。

23　パネルの結論を受理してから6週間以内に、幹部は、このような結論に対応する勧告を示す報告書を検討のために理事会に提出する。パネルの結論及び事業の準備期間中に完了した行為もまた、事業が融資のために理事会に付託される際に、職員評価報告書の中で議論されることになる。影響を受けた当事者によって行われる請願のあらゆる場合において、銀行は、問題を理事会が検討してから2週間以内に、調査の結果及びこれに関してとられた行動があるならその行動について、当該当事者に通知する。

パネルの決定

24　手続事項、請願の調査を開始するか否かに関する理事会への勧告、及び第22項に基づく報告書に関する全てのパネルの決定は、コンセンサス方式によって行われるものとし、コンセンサスが得られない場合、多数意見及び少数意見が述べられるものとする。

報告書

25.　理事会が、第19項に規定されるインスペクションのための報告書を検討した後、銀行は、インスペクションを開始するか否かに関するパネルの勧告及び本件に関する理事会の決定と共に、当該報告書を公に利用可能にする。銀行は、第22項に従ってパネルによって提出された報告書、及びそれに対する銀行の回答を、理事会が報告書を検討してから2週間以内に、公に利用可能にする。

26　パネルは、第25項にいう資料に加えて、総裁及びその活動に関与した理事に対して、年次報告書を提供する。年次報告書は銀行によって刊行される。

再検討

27　理事会は、パネルの最初の構成員が指名された日から2年後に、この決議によって設置されたインスペクション機能の経験を再検討する。

国際開発協会事業への適用

28　この決議において、銀行及び融資に対する言及は、国際開発協会及び開発信用融資に対する言及を含む。

インスペクション・パネル設置決議の再検討 1996年における決議の一部の説明

Review of the Resolution establishing the Inspection Panel 1996 Clarification of Certain Aspects of the Resolution
決定　1996年9月17日　理事会承認

インスペクション・パネルの設置決議は、最初のパネル委員を指名した日から2年後に再検討を要請する。1996年9月17日、銀行及びIDAの理事会は、開発の有効性に関する理事会委員会(CODE)の議論に基づいて、幹部によって勧告された説明を検討し、承認することにより、再検討プロセスを完了した(世界銀行グループの民間部門事業のインスペクションの問題を除く)。インスペクション・パネル及び幹部は、理事会によって本決議の適用における説明を行うように要請されている。説明は以下に提示される。

パネルの機能　〔編者注　1999年説明により削除〕

適格性及びアクセス

決議が「組織、結社、協会又はその他の個人の集団のような人の団体」と表現する「影響を受ける当事者」は、一定の共通の利益又は関心を共有する二又はそれ以上の個人を含むことを了解する。

決議の中で用いられる「事業」という言葉は、一般的に銀行の業務の中で使われているものと同じ意味をもち、銀行幹部によって検討中である事業、及び既に理事会によって承認されている事業を含む。

パネルの任務は、銀行の政策及び手続の「いずれか」に関する業務の一貫性の再検討にまで拡大するものではなく、決議の中で述べられているように、銀行が「事業の設計、提案及び(又は)実施に関連する」業務上の政策及び手続を遵守できなかったと申し立てられた事例(銀行が当該政策及び手続に関連して、貸付協定に基づく借入国の義務を遵守することができなかったと申し立てられた例を含む。)に限定される。

調達活動は、銀行又は借入国によって行われたとしても、パネルによるインスペクションの対象とならない。独立したメカニズムは、調達に関する申立を処理するために利用可能である。

普及活動

幹部は、理事会がインスペクションを許可するか否かについて決定してから3日以内に、インスペクションの請願への回答を公表するものとする。幹部はまた、理事会が関連する問題を処理した後、直ちにインスペクション・パネルの問題に関する法律顧問の意見を公表するものとする。ただし、理事会が、個々の事例について別段の決定をした場合を除く。

幹部は、債務国にインスペクション・パネルをより良く知ってもらうために相当の努力を行うものとする。ただし、請願する可能性のある者に技術的助言や資金供与を行うものではない。

パネルの構成

パネルの構成における変更は、今回は行わない。

理事会の役割

理事会は、(i)決議を解釈する権限、及び(ii)インスペクションを許可する権限を引き続き有するものとする。決議を個々の事例に適用するに当たり、パネルは、決議を特定の事例に適用するに当たって、理事会の再検討に従うことを条件として、これを自らの理解に応じて適用することとなる。決議の中で述べられているように、『パネルは、検討中の請願に関する銀行の権利義務に関連する事項について、銀行の法務部の助言を求める。』

理事会によるインスペクション・パネルの第2回再検討の説明(1999年)

1999 Clarification of the Board's Second Review of the Inspection Panel

承　　認　1999年4月20日

理事会は、本日1999年4月20日、インスペクション・パネルの第2回再検討に関する作業部会の報告書を承認した。同報告書は、最初に回覧された後に行われた広範な協議に照らし合わせて改正されたものである。同報告書は直ちに効力を発生する。

報告書は、インスペクション・パネルを設置する決議(1993年9月22日のIBRD決議No.93-10,IDA決議No.93-6、以下「決議」という。)の健全性を確認し、その適用に関する説明を行う。これらの説明は、1996年10月17日の理事会によって公布された説明を補足し、不一致がある場合、1996年の説明に優

位する。理事会によって承認された報告書の勧告は、以下の通りである。

1　理事会は、決議、パネルの機能の重要性、その独立性及びその完全性を再確認する。

2　幹部は、決議を遵守する。幹部は、インスペクションの請願に関する事項について、決議に記載されている場合を除いて、理事会と連絡をとることはない。したがって幹部は、請願に対するその対応(もしあるのであれば、その不履行に対処するためにとることを意図している措置を含む。)をパネルに伝える。幹部は、決議の第23項に明記されるように、パネルがインスペクションを完了させ、その見解を提出した後、行った勧告を理事会に報告することになる。

3　インスペクションの請願に対する最初の対応として、幹部は、以下の証拠を提出する。
   (ⅰ)　関連する銀行の業務上の政策及び手続を遵守したこと、又は
   (ⅱ)　遵守に際して、専ら自身の作為又は不作為に起因する重大な不履行が存在するが、関連する政策及び手続を遵守する意思があること、又は、
   (ⅲ)　存在するかもしれない重大な不履行が、専ら借入国又は銀行以外の他の要素に起因すること、又は、
   (ⅳ)　存在するかもしれない重大な不履行が、関連する業務上の政策及び手続に対する銀行の不遵守及び借入国又は他の外的要因の両方に起因すること。
   インスペクション・パネルは独立して、幹部の立場に全面的に又は部分的に同意することができ、この判断に基づいて進行することとなる。

4　幹部が、専ら又は部分的に銀行に起因する重大な不履行を認めて対応する場合、幹部は、銀行が関連する業務上の政策及び手続を遵守したか、又は遵守する意思があるという証拠を提出する。この対応は、銀行が、自ら実施した、又は実施することができる上記の活動のみを含む。

5　インスペクション・パネルは、銀行の遵守又は遵守の意思の証拠が適当であるか否かについて確認し、理事会に報告する際に、この評価を考慮に入れる。

6　パネルは、幹部が表明することがある見解とは独立に、インスペクションの請願の適格性について決定することになる。検討中の請願に関する銀行の権利義務がかかわる事項については、パネルは決議が求めるように銀行の法務部の助言を求める。

7 　調査が実施されるべきか否かに関する勧告に対して、パネルは、決議の中に規定される全ての適格性の基準が満たされていることを確認する。パネルは、請願、幹部の回答、及びその他の書証のそれぞれにおいて提示された情報に勧告の基礎を置く。パネルは、もし請願の適格性の確定するために必要であると信じる場合、事業地への訪問を決定することができる。当該現地訪問に関して、パネルは、銀行の政策及び手続の不遵守、又は結果として生じる実際の悪影響について報告するものではない。深刻な悪影響を引き起こした銀行の重大な不履行に対する最終的評価は、パネルがその調査を完了させた後に行われる。

8 　請願に対する幹部の回答及びパネルの勧告の双方に対して、決議の中に明記された最初の期限は、厳格に遵守されるものとする。ただし、理事会が「異議なし」手続によって認めることがある不可抗力、すなわち幹部又はパネルの支配が明確に及ばない理由による場合を除く。

9 　パネルがそのように勧告する場合には、理事会は、請求者の請願の本案について判断することなく、また以下の技術的な適格性の基準に関するものを除いて議論することなく、調査を許可することとなる。

　(a) 　影響を受けた当事者が、共通の利害関係又は懸念を有し、かつ借入国の領域に居住する二又はそれ以上の個人からなること（決議の第12項）。
　(b) 　請願が、銀行による業務上の政策及び手続の重大な違反により、請願者が重大な悪影響を受けているか又は受けるおそれがあると、実質的に主張していること（決議の第12項及び第14項(a)）。
　(c) 　請願が、その主題について幹部の注意を喚起したにもかかわらず、請願者の見解によれば、銀行の政策及び手続に従ったか又は従うために措置をとりつつあることを示すことにより、幹部が適切に対応することをしなかったと主張していること（決議の第13項）。
　(d) 　問題が、調達に関連しない場合（決議の第14項(b)）。
　(e) 　関連の貸付が終了しておらず、又はその相当部分が既に支払われたこと（決議の第14項(c)）。
　(f) 　パネルが当該の主題に関して以前に勧告を行ったことがないこと、又は勧告を行っていた場合には、以前の請願の時点では知られていなかった新しい証拠又は事情が存在すると、請願が主張していること（決議の第14項(d)）。

10 　勧告の解釈に関する問題は、理事会によって解決される。

11 　1996年10月の説明の中で記述された「暫定的評価」概念は、もはや必要ない。したがって、1996年10月の「説明」の中で「パネルの機能」と題された項は、削除される。

12 　調査の過程において、国内におけるパネルの活動は、理事会を代表する現地調査機関としての役割を踏まえて、可能な限り目立たないようにするべきである。パネルの調査方法は、借入国の行いを調査しているという印象を与えるべきではない。しかしながら、理事会は、請願者と連絡をとり、理事会を代表して現地調査を行うに当たり、パネルの重要な役割を認識して、影響を受けた人々との協議を通じて情報を収集するパネルの努力を歓迎する。独立した、そして目立たない方法で当該作業を行う必要性を前提として、パネル及び幹部は、調査が未決又は進行中の間、メディアとの接触を辞退するべきである。パネル又は幹部の判断で、メディアに対応する必要がある場合には、コメントは当該プロセスに限定されるべきである。これらのことにより、パネルの役割は銀行を調査することであって、借入国を調査することではないということを明らかにする。

13 　決議が要求するように、理事会に対するパネルの報告書は、事業の計画、承認及び（又は）実施に関する業務上の政策及び手続の遵守に対する銀行の重大な不履行が存在するか否かに焦点を当てることになる。報告書は、パネルの見解及び結論にとっての文脈及び根拠を十分に理解するために必要とされる、すべての関連事実を含むこととする。パネルは、書面の報告書の中で、請願の中で申し立てられた、銀行の政策及び手続の重大な不遵守に全体として、又は部分的に起因するこれらの実質的な悪影響だけを論じる。もし請願が実際の悪影響を申し立て、それは全体として又は部分的に銀行の不遵守によるものではないとパネルが判断する場合、パネルの報告書は、実際の悪影響それ自体又はその原因の分析に入ることなく、そのように述べることになる。

14 　実際の悪影響を評価するためには、どのような基準情報が利用可能でありうるかを考慮に入れて、事業がない状況を比較のための基準事例として用いるべきである。事業のない状態と比較して、実際の悪化を生み出さない未完成及び未達成の予測は、このために実際の悪影響としてみなされることはない。個々の事業の複雑な現実との関連で、実際の悪影響の評価が困難な場

合、パネルは、注意深くこれらの事項に関する判断を下し、関連ある場合には銀行の政策及び手続に指針を求めるべきである。
15 銀行による不履行及び銀行の可能な救済努力を扱う幹部の理事会宛の報告書と、事業の実施の改善を目指して請願者との協議のもとに借入機関と銀行との間で合意される「行動計画」とは、区別されなければならない。後者の「行動計画」は、決議、1996年の説明及び今回の説明の範囲外である。銀行と借入国によって事業の行動計画に関する合意がなされた場合、幹部は、パネルに対して、当該行動計画に関して影響を受けた当事者との協議の性質及び結果を伝える。このような行動計画は、もし認可されれば、決議の23に基づいて提出される幹部の報告書と併せて、通常は理事会によって検討されることとなる。
16 パネルは、行動計画の準備に当たって影響を受けた当事者との間で行った協議の妥当性に関するその見解についての報告を、検討を求めて理事会に提出することができる。理事会は、行動計画のその他の側面に関する見解をパネルに求めるべきではなく、また行動計画の実施を監視するようパネルに求めない。影響を受けた当事者との協議に関するパネルの見解は、パネルがあらゆる手段を用いて利用可能であった情報に基づくが、追加的な国家の訪問は、政府の招聘によってのみ行われる。
17 理事会は、1996年「説明」で明記されているように、債務国の中でインスペクション・パネルをより良く知ってもらうために幹部が相当の努力を行う必要性を強調する。
18 理事会は、決議(第23項及び第25項)及び1996年の説明の中で明記されているように、請求者及び公衆に情報を迅速に公開することの重要性を強調する。理事会は、幹部が当該情報を可能な範囲で請求者の母語で請求者に提供することを要請する。
19 理事会は、上記の説明を通じてのインスペクション・パネルの手続の実効性の向上は、すべての当事者がそれらを誠実に遵守することを前提とするものであることを認める。それはまた、決議が想定する現地訪問への借入国の同意をも前提とする。もしもこれらの前提が正しくないことが証明された場合、理事会は、上記のような結論を再検討することになる。

【第2節 地域的文書】

9-4 国境を越える状況での環境影響評価に関する条約(エスポ条約)(抄)
Convention on Environmental Impact Assessment in a Transboundary Context

採 択 1991年2月25日(国際連合欧州経済委員会、エスポ)
効力発生 1997年9月10日

この条約の締約国は、
経済活動とその環境への影響との間の相互関係を認識し、
環境上健全で、持続可能な発展を確保する必要性を確認し、
特に国境を越える状況での環境影響を評価するに当たり、国際協力を強化することを決意し、
先見的な政策を展開すること、並びに重大な環境上の悪影響を防止し、軽減し及び監視することの一般的な必要性と重要性、及びより特定的には国境を越える状況における必要性と重要性とを認識し、
国際連合憲章、人間環境に関するストックホルム会議の宣言、欧州安全保障協力会議(CSCE)の最終文書、CSCE参加国代表によるマドリード及びウィーンの結論文書の関連規定を想起し、
各国の国内法及び行政上の規定並びに各国の国内政策を通じて、環境影響評価が実施されることを確保するために、各国で進行中の活動を推奨し、
とりわけ、国境を越える状況での重大な悪影響を最小限にすることに慎重な注意を払いつつ、環境上健全な決定が行われるために、政策決定者に提供される情報の質を改善するための必要な道具として、すべての適当な行政レベルにおいて、環境影響評価を適用することにより、政策決定過程の初期段階で、環境の諸要素を明白に考慮する必要性を意識し、
国内及び国際レベルの双方で、環境影響評価の利用を促進する国際機関の努力に留意し、及び国際連合欧州経済委員会の主催で実施された環境影響評価に関する作業、とりわけ、環境影響評価に関するセミナー(1987年9月、ワルシャワ、ポーランド)によって到達した結論を考慮し、同時に、国際連合環境計画の管理理事会によって採択された環境影響評価に関する目標及び原則並びに持続可能な発展に関する閣僚宣言(1990年5月、ベルゲン、ノルウェー)に留

意し、
次のとおり協定した。

第1条(定義) この議定書の適用上、
(i) 「締約国」とは、条文に別段の定めがない限り、この条約の締約国をいう。
(ii) 「原因締約国」とは、この条約の一又は二以上の締約国であって、自国の管轄権の下で計画活動を実施する予定の国をいう。
(iii) 「被影響締約国」とは、この条約の一又は二以上の締約国で、計画活動の国境を越える影響によって影響を受けるおそれのある国をいう。
(iv) 「関係締約国」とは、この条約に基づく環境影響評価の原因締約国及び被影響締約国をいう。
(v) 「計画活動」とは、適用可能な国内手続に従い、権限のある当局の決定に従うすべての活動又は活動のすべての主要な変更をいう。
(vi) 「環境影響評価」とは、計画活動が環境に関してもたらすおそれのある影響を評価する国内手続をいう。
(vii) 「影響」とは、人間の健康及び安全、植物相、動物相、土壌、大気、水、気候、景観並びに歴史的建造物若しくはその他の物理的構造物、又はそれらの要素の相互作用を含む環境に関する計画活動によってもたらされるあらゆる影響をいう。「影響」はまた、これらの諸要素に起因する変更に起因する文化的遺産又は社会経済的条件に関する影響も含む。
(viii) 「国境を越える影響」とは、専ら地球規模の性質を有するものではなく、その物理的原因が他の当事国の管轄権下の地域に全部又は一部所在する計画活動によって引き起こされる締約国の管轄権下の地域内におけるあらゆる影響をいう。
(ix) 「権限ある当局」とは、この条約が定める任務の遂行に責任を負うものとして締約国が指定する一又は二以上の国の当局、及び(又は)締約国が計画活動に関する政策決定の権限を委任した一又は二以上の当局をいう。
(x) 「公衆」とは、一又は二以上の自然人又は法人をいう。

第2条(一般規定) 1 締約国は、個別に又は共同して、計画活動からの国境を越える重大な環境上の悪影響を防止し、軽減し及び規制するためにあらゆる適切かつ効果的な措置をとる。
2 各締約国は、この条約の規定を実施するために必要な法律上、行政上又はその他の措置をとる。これらの措置には、各締約国は、国境を越える重大な悪影響をもたらすおそれのある附属書Ⅰに掲げる計画活動に関して、公衆の参加及び附属書Ⅱに規定される環境影響評価文書の準備を可能にする環境影響評価手続を制定することを含む。
3 原因締約国は、国境を越える重大な悪影響をもたらすおそれのある附属書Ⅰに掲げる計画活動を許可し、又は実施する決定の前に、この条約の規定に従い、環境影響評価が行われることを確保する。
4 原因締約国は、この条約の規定に従い、国境を越える重大な悪影響をもたらすおそれのある附属書Ⅰに掲げる計画活動を被影響締約国に通報することを確保する。
5 関係締約国は、いずれかの締約国の発議によって、附属書Ⅰに掲げられていない一又は二以上の計画活動が、国境を越える重大な悪影響をもたらすおそれがあるか否か、及びそのために当該計画活動が附属書Ⅰに掲げられているものとして取り扱われるべきか否かについて検討を開始する。これらの締約国がそのように合意する場合には、当該一又は二以上の活動はそのように取り扱う。重大な悪影響を決定する基準を確定するための一般的指針は、附属書Ⅲに明記される。
6 原因締約国は、この条約の規定に従い、影響を受けるおそれのある地域の公衆に対して、計画活動に関する関連の環境影響評価手続に参加する機会を提供するものとし、被影響締約国の公衆に提供される機会が、原因締約国の公衆に提供されるものと同等であることを確保する。
7 この条約によって要求される環境影響評価は、最低限の要件として、計画活動の事業段階において行われる。締約国は、適切な範囲で、政策、計画及びプログラムに対して環境影響評価の原則を適用するよう努める。
8 この条約の規定は、その提供が、産業上及び商業上の秘密又は国家の安全保障にとって不利となる情報を保護する国内の法律、規則、行政規定又は、承認された法律上の慣行を実施する締約国の権利に影響を及ぼすものではない。
9 この条約の規定は、適切な場合二国間又は多数国間の協定により、この条約の規定よりも厳格な措置を実施する個々の締約国の権利に影響を及ぼすものではない。
10 この条約の規定は、国境を越える影響を有するか又はその可能性がある活動に関する、締約国の国際法上のいずれかの義務を損なうものでは

ない。

第3条(通報) 1　附属書Ⅰに掲げる計画活動で、国境を越える重大な悪影響をもたらすおそれのあるものに関して、原因締約国は、第5条に基づく適切かつ効果的な協議を確保するために、被影響締約国となる可能性があると原因締約国が考えるいかなる締約国に対しても、可能な限り速やかにかつ当該計画活動について自国の公衆に情報提供する場合よりも遅延することなく、通報する。

2　この通報は、とりわけ以下のものを含むものとする。
  (a)　計画活動に関する情報(当該計画活動の可能な国境を越える影響に関する、利用可能なすべての情報を含む。)
  (b)　行われる可能性のある決定の性質、及び
  (c)　計画活動の性質を考慮に入れて、この条の3に基づく回答が求められる合理的時間の提示
なお、この通報は、この条の5に規定される情報を含むことができる。

3　被影響締約国は通報の定める期間内に原因締約国に対して、通報の受理を通知し、及び環境影響評価手続に参加する意思を有するかどうかを回答する。

4　被影響締約国が、環境影響評価手続に参加する意思を有しないと表明する場合、又は通報の中に規定する期間内に回答しない場合、この条の5、6、7及び8の規定及び第4条から第7条までの規定は適用されない。当該状況において、自国の法律及び慣行に基づく環境影響評価を実施するか否かを決定する原因締約国の権利は影響を受けない。

5　環境影響評価手続に参加する意思を表明する被影響締約国からの回答を受領した場合、原因締約国は、まだ行っていないのであれば、以下の情報を被影響締約国に提供する。
  (a)　環境影響評価手続に関する関連情報(意見の伝達のための日程の提示を含む。)、及び
  (b)　計画活動及びそれがもたらす可能性のある国境を越える重大な悪影響に関する関連情報

6　被影響締約国は、その管轄下にあって影響を受ける可能性がある環境に関する情報が環境影響評価文書の準備のために必要とされる場合には、原因締約国の要請に応じて合理的に入手可能なこのような情報を提供する。情報は速やかに提供するものとし、合同機関が存在する場合には、適当であればこれを通じて提供する。

7　締約国が、附属書Ⅰに掲げる計画活動の国境を越える重大な悪影響によって影響を受けると考える場合、及びこの条の1に従って通報が行われない場合には、関係締約国は、被影響締約国の要請により、国境を越える重大な悪影響のおそれがあるか否かに関する議論を行う目的で、十分な情報を交換する。これらの締約国が、国境を越える重大な悪影響のおそれがあることに合意した場合、これに従って、この条約の規定を適宜適用する。これらの国が、国境を越える重大な悪影響のおそれがあるか否かについて合意することができなかった場合、当該締約国がこの問題の解決方法について別段の合意を行わない限り、当該締約国のいずれも、附属書Ⅳの規定に従い、国境を越える重大な悪影響の可能性に関する勧告を行う審査委員会に当該問題を付託することができる。

8　関係締約国は、影響を受けるおそれのある地域の被影響締約国の公衆が、提案される活動の情報を入手することができ、当該情報に関して意見又は異議を述べる可能性、及び原因締約国の権限ある当局に対して、直接に又は適当な場合原因締約国を通して、当該意見又は異議を伝達する可能性を与えられるよう確保する。

第4条(環境影響評価文書の準備) 1　原因締約国の権限のある当局に対して提出されるべき環境影響評価文書は、最低限、附属書Ⅱに記載される情報を含む。

2　原因締約国は、共同の機関が存在する場合、適宜その機関を通じて、被影響締約国に、環境影響評価文書を提供する。関係締約国は、影響を受けるおそれのある地域における被影響締約国の権限ある当局及び公衆に対して当該文書を配布されるよう、並びに計画活動に関して行われる最終決定の前の合理的な期間内に、この権限ある当局に対して、直接又は適宜、原因締約国を通じて原因締約国の権限のある当局に対する意見が提出されるよう準備を行う。

第5条(環境影響評価文書に基づく協議) 原因締約国は、環境影響評価文書の完成後、不当に遅延することなく、とりわけ、計画活動の国境を越える潜在的な影響及びその影響を削減し又は除去するための措置に関して被影響締約国との協議を開始する。協議は、以下のことに関連させることができる。
  (a)　計画活動に対する可能な代替案。活動しないという選択肢及び国境を越える重大な悪影響を軽減し、原因締約国の負担で当該措置の効果を監視する可能な措置を含む。
  (b)　計画活動の国境を越える重大な悪影響を削減する可能な相互支援のその他の形態、及び

(c) 計画活動に関連するその他のあらゆる適当な事項

締約国は、当該協議の開始時に、協議の継続期間に関する合理的な時間枠について合意する。このような協議は、適切な合同機関が存在する場合には、これを通じて行うことができる。

第6条(最終決定) 1 締約国は、計画活動の最終決定において、環境影響評価文書並びに第3条8及び第4条2に基づいて受領された同文書に関する意見を含む環境影響評価の結果、並びに第5条に規定される協議の結果に対して妥当な考慮が払われるように確保する。

2 原因締約国は、計画活動に関する最終決定を、それが基礎とした理由及び検討結果と共に、被影響締約国に対して提供する。

3 計画活動の国境を越える重大な悪影響に関する追加的な情報で、当該活動に関する決定がなされた時には利用可能ではなく、当該決定に著しく悪影響を与えるものが、当該活動に関する作業が開始される前に関係締約国に利用可能となる場合には、当該締約国は、直ちに他の一又は二以上の関係締約国に通報する。関係締約国の一がそれを要請する場合には、当該決定を修正する必要があるか否かについて協議が開催される。

第7条(事業開始後の分析) 1 関係締約国は、いずれかの締約国の要請により、この条約に従って環境影響評価が行われた活動の国境を越える重大な悪影響の可能性を考慮に入れて、事業開始後の分析を実施するか否か、及び実施する場合はその範囲を決定する。行われた事業開始後のいかなる分析も、特に活動の監視及び国境を越える悪影響の測定を含むものとする。当該監視及び測定は、附属書Ⅴに掲げられる目標の達成を視野に入れて行われる。

2 原因締約国又は被影響締約国は、事業開始後の分析の結果として、国境を越える重大な悪影響が存在するか、又はこのような悪影響をもたらすかもしれない要因が発見されたと結論づける合理的な理由を有する場合、他の締約国に直ちに通報する。関係締約国は、その際、当該影響を削減し、又は除去するために必要な措置に関して協議する。

第8条(二国間及び多数国間協力) 締約国は、この条約に基づく義務を実施するために既存の二国間又は多数国間の協定又はその他の取極を継続し、又は新規のものに加入することができる。当該協定又はその他の取極は、附属書Ⅵに掲げられる要素を基礎に置くことができる。

第9条(調査計画) 締約国は、以下の事項を目的とする特別の調査計画の作成又はその強化に特別の考慮を払う。

(a) 計画活動の影響を評価するための既存の質的及び量的方法を改善すること

(b) 因果関係及び統合された環境管理におけるそれらの役割をより良く理解すること

(c) 影響を最小化し、又は防止することを意図した計画活動に関する決定の効果的な実施を分析し、監視すること

(d) 計画活動、生産及び消費パターンに対する環境上健全な代替案の調査における創造的なアプローチを促す方法を開発すること

(e) マクロ経済レベルで環境影響評価の原則を適用するための方法論を開発すること

以上に掲げる計画の結果は、締約国により交換される。

第10条(附属書の地位) この条約に付された附属書は、条約の不可分の一部をなす。

第11条(締約国会合) 1 締約国は、可能な限り、環境及び水の問題に関する欧州経済委員会加盟国政府の高級顧問の年次総会と連携して、会合を開く。最初の締約国会合は、この条約の効力発生日から少なくとも1年以内に招集される。その後は、締約国会合は、締約国会合によって必要と判断される他の時期、又はいずれかの締約国の書面による要請で開催される。ただし、締約国の要請に基づく場合、当該要請が事務局により締約国に伝達されてから6箇月以内に少なくとも締約国の3分の1の支持があることを条件とする。

2 締約国は、この条約の実施を継続的に再検討するものとし、この目的に留意して、以下のことを行う。

(a) 国境を越える状況での環境影響評価手続を更に改善するために、締約国による環境影響評価に対する政策及び方法論的アプローチを再検討すること。

(b) 一又は二以上の締約国が当事国になっている、国境を越える環境影響評価の利用に関する二国間及び多数国間協定又はその他の取極を締結し、それを実施するに当たり得られた経験に関する情報を交換すること。

(c) 適切な場合、この条約の目的の達成に関して専門知識を有する権限ある国際機関及び科学委員会のサービスを求めること。

(d) 第1回締約国会合において、会合の手続規則を検討し、コンセンサスによってそれを採択すること。

(e) この条約の改正のための提案を検討し、必

要な場合それを採択すること。
(f) この条約の目的を達成するために必要なあらゆる追加的行動を検討し、それに行うこと。

第12条(投票権) (略)
第13条(事務局) (略)
第14条(条約の改正) 1 いずれの締約国もこの条約の改正を提案することができる。

2 改正提案は、書面によって事務局に送付されるものとし、事務局は、それをすべての締約国に通知する。改正案は、次回の締約国会合で審議する。ただし、改正案が少なくとも90日以前に事務局により締約国に回覧されていることを条件とする。

3 締約国は、この条約のいかなる改正提案に関してもコンセンサスで合意に達するよう最大限の努力を払う。コンセンサスによるあらゆる努力が尽くされ、合意に達しない場合には、最終手段として、会合に出席しかつ投票する締約国の4分の3の多数により、当該改正は採択される。

4 この条の3に従って採択されたこの条約の改正は、寄託者により、批准、承認又は受諾のためにすべての締約国に送付される。当該改正は、締約国数の少なくとも4分の3による批准、承認又は受諾の通知を寄託者が受領した日の90日後に、当該改正を批准、承認又は受諾した締約国に対して効力を生ずる。その後は、当該改正は、その他の締約国が当該改正の批准書、承認書、又は受諾書を寄託した日の後90日後に当該締約国に対して効力を生ずる。

5 この条の適用上、「出席しかつ投票する締約国」とは、出席し、賛成票又は反対票を投じる締約国をいう。

6 この条の3に規定する投票手続は、欧州経済委員会の中で交渉される将来の協定の先例を構成することを意図するものではない。

第15条(紛争解決) 1 二以上の締約国の間で、この条約の解釈又は適用に関して紛争が生じた時は、当該締約国は、交渉又は紛争当事国に受け入れ可能な紛争解決の他のいずれかの方法によって解決を図る。

2 締約国は、この条の1に従って解決されない紛争について、同一の義務を受諾する他の締約国との関係において以下の一又は双方の紛争解決の手段を義務的であるとして受け入れることを、この条約の署名、批准、受諾、承認、若しくは加入の際に又はその後いつでも、寄託者に対して書面で宣言することができる。
(a) 国際司法裁判所への紛争の付託
(b) 附属書VIIに規定する手続に従った仲裁裁判

3 紛争当事国が、この条の2に規定される紛争解決手続の双方を受諾した場合、当事国が別段の合意をしない限り、紛争は国際司法裁判所にのみ付託することができる。

第16条(署名) (略)
第17条(批准、受諾、承認、及び加入) (略)
第18条(効力発生) (略)
第19条(脱退) (略)
第20条(正文) (略)

附属書Ⅰ 活動の一覧 (略)

附属書Ⅱ 環境影響評価文書の内容 (略)

附属書Ⅲ 附属書Ⅰに列挙されていない活動の環境上の重要性を決定する助けとなる一般的な基準 (略)

附属書Ⅳ 審査手続 (略)

附属書Ⅴ 事業開始後の分析 (略)

附属書Ⅵ 二国間及び多数国間協力の要素 (略)

附属書Ⅵ 仲 裁 (略)

9-4-1 国境を越える状況での環境影響評価に関する条約の戦略的環境評価議定書（ＳＥＡ議定書）（抄）

Protocol on Strategic Environmental Assessment to the Convention on Environmental Impact Assessment in a Transboundary Context

採 択 2003年5月21日(国際連合欧州経済委員会、キエフ)
効力発生 2010年7月11日

この議定書の締約国は、
環境上の考慮(健康上の考慮を含む。)を計画及びプログラムの準備並びに採択に統合すること、並びに適当な範囲で政策及び法令に統合することの重要性を認識し、
持続可能な発展を促進する自らの立場を明らか

にし、それゆえ環境と発展に関する国際連合会議(リオ・デ・ジャネイロ、ブラジル、1992年)の結論、特に環境と発展に関するリオ宣言原則4及び10並びにアジェンダ21、更に環境と健康に関する第3回閣僚会議及び持続可能な発展に関する世界サミット(ヨハネスブルグ、南アフリカ、2002年)の結果を根拠とし、

1991年2月25日にフィンランドのエスポで採択された越境環境影響評価条約、及び戦略的環境影響評価に関する法的拘束力ある議定書を準備することを決定した2001年2月26日と27日にソフィアで採択された締約国による決定Ⅱ/9に留意し、

戦略的環境評価が、計画、プログラム、並びに適当な範囲で政策及び法令の準備と採択に重要な役割を有するべきであり、計画、プログラム、政策及び法令に対して環境影響評価の原則をより広範に適用させることは、著しい環境上の影響の系統的な分析を更に強化させることになることを認め、

1998年6月25日にデンマークのオーフスで採択された、環境問題における情報へのアクセス、政策決定への公衆の参加及び司法へのアクセスに関する条約を確認し、その第1回締約国会合で採択されたルッカ宣言の関連条項に留意し、

したがって、戦略的環境評価において公衆を参加させることの重要性を意識し、

人々の健康を保護し改善する必要性が戦略的環境評価の不可分の一部として考慮に入れられるならば生じるであろう、現在及び将来の世代の健康並びに福祉への利益を承認し、この点に関して世界保健機関が指導してきた作業を認識して、

計画案及びプログラム案並びに適当な範囲において政策及び法令の、国境を越える環境上の影響(健康上の影響を含む。)を評価するに当たって、国際協力を強化する必要性及び重要性に留意して、

次のとおり協定した。

第1条(目的) この議定書の目的は、以下のことによって、環境(健康を含む。)の高いレベルの保護を規定することである。
  (a) 環境上の考慮(健康上の考慮を含む。)が、計画及びプログラムの作成において周到に考慮されるよう確保すること。
  (b) 政策及び法令の準備において、環境上の懸念(健康上の懸念を含む。)の考慮に寄与すること。
  (c) 戦略的環境評価のための明白で透明性のある効果的な手続を定めること。
  (d) 戦略的環境評価における公衆の参加を準備すること。
  (e) これらの方法により、環境上の懸念(健康上の懸念を含む。)を持続可能な発展を促進させることを目的とした措置及び文書に統合すること。

第2条(定義) この議定書の適用上、
1 「条約」とは、国境を越える状況での環境影響評価に関する条約をいう。
2 「締約国」とは、本文に別段の定めがない限り、この条約の締約国をいう。
3 「原因締約国」とは、その管轄権内において計画又はプログラムの準備が予定されている一又は二以上の締約国をいう。
4 「被影響締約国」とは、計画又はプログラムの国境を越える環境上の影響(健康上の影響を含む。)を受けるおそれのあるこの議定書の一又は二以上の締約国をいう。
5 「計画及びプログラム」とは、以下の計画及びプログラム並びにそれらに対する変更をいう。
  (a) 法律上、規則上又は行政上の規定によって要求されたもの
  (b) 当局による準備及び(又は)採択の対象となるもの、又は議会若しくは政府による正式の手続を通じる採択のために当局によって準備されたもの
6 「戦略的環境評価」とは、環境報告書及びその準備の範囲の決定、公衆の参加及び協議の実行、並びに環境報告書並びに計画又はプログラムにおける公衆の参加及び協議の結果の考慮からなる環境上の影響(健康上の影響を含む。)の可能性の評価をいう。
7 「環境上の影響(健康上の影響を含む。)」とは、人間の健康、植物相、動物相、生物多様性、土壌、気候、大気、水、景観、自然の風景地、有形財産、文化遺産及びこれらの諸要素の相互作用の影響をいう。
8 「公衆」とは、一又は二以上の自然人又は法人をいい、及び、国の立法又は慣行に従ってその結社、組織又は集団をいう。

第3条(一般規定) 1 各締約国は、明白かつ透明性のある枠組みで、この議定書の規定を実施するために必要な法令上、規制上及びその他適切な措置をとる。
2 各締約国は、公務員及び当局が、この議定書が対象とする事項について公衆を支援し、助言を与えることを確保するよう努める。
3 各締約国は、この議定書の文脈で、環境の保護(健康上の保護を含む。)を促進する団体、組織又はグループの適切な承認及び彼らへの支援を提供する。

4 この議定書の規定は、この議定書が対象とする問題に関連する追加的な措置を維持し、又は導入する締約国の権利に影響を与えるものではない。

5 各締約国は、関連する国際的な意思決定プロセスにおいて、及び関連する国際機関の枠内において、この議定書の目的を促進する。

6 各締約国は、この議定書の規定に従って権利を行使する者が、いかなる方法によってもその関与を理由として処罰され、迫害され又はいやがらせを受けることがないように確保する。この規定は、裁判手続において合理的な費用を裁定する国内裁判所の権限に、影響を与えるものではない。

7 この議定書の関連規定の範囲内で、公衆は、市民権、国籍又は住所地に関する差別なく、そして法人の場合には、その登録地又はその活動の実行の中心地がどこであるかについて差別なく、その権利を行使することができる。

第4条(計画及びプログラムに関する適用分野) 1 各締約国は、2、3及び4にいう計画及びプログラムであって、重大な環境上の影響(健康上の影響を含む。)をもたらす可能性があるものに対して、戦略的環境評価が実施されるよう確保する。

2 戦略的環境評価は、農業、林業、漁業、エネルギー、鉱工業、輸送、地域開発、廃棄物管理、水質管理、通信、観光業、都市計画及び国土計画又は土地利用に対して準備された計画及びプログラムで、附属書Ⅰに規定するプロジェクト及び国内法令に基づき環境影響評価を要求する附属書Ⅱに規定するその他のプロジェクトに対して、将来の開発の合意の枠組を設定するもののために行われる。

3 2の対象となるもの以外の計画及びプロジェクトであって、プロジェクトの将来における開発の同意の枠組を設定するものについては、締約国が第5条1に従ってそのように決定する場合には、戦略的環境評価を行うものとする。

4 地域レベルの狭い区域の利用を決定する2に規定する計画及びプログラム、並びに2に規定する計画及びプログラムに対する軽微な修正について、戦略的環境評価は、締約国が、第5条1に従って、そのように決定した場合にのみ実行される。

5 以下の計画及びプログラムは、この議定書の対象としない。
 (a) その唯一の目的が、国の防衛又は市民の緊急事態への対処を唯一の目的とする計画及びプログラム
 (b) 財政的又は予算上の計画及びプログラム

第5条(スクリーニング) 1 各締約国は、第4条3及び4に規定する計画及びプログラムが、事例ごとの検討により、計画及びプログラムのタイプの特定化により、又はこれらの方法の組み合わせによって、重大な環境上の影響(健康上の影響を含む。)をもたらすおそれがあるかどうかを決定する。この目的のために各締約国は、すべての事例において附属書Ⅲに定める基準を考慮に入れる。

2 各締約国は、第9条1に規定する環境及び健康に関する当局が1に規定する手続を適用する際に協議を受けるよう確保する。

3 適切な範囲で、各締約国は、この条に基づく計画及びプログラムのスクリーニングにおいて関連する公衆の参加の機会を提供するよう努める。

4 各締約国は、公示によるか又は電子媒体のようなその他の適切な方法によるかを問わず、1に従った結論(戦略的環境評価を求めない理由を含む。)が公衆に対して時宜を得て利用可能となるよう確保する。

第6条(スコーピング) 1 各締約国は、第7条2に従い、環境報告書に含まれるべき関連情報の決定のために取極を制定する。

2 各締約国は、第9条1に規定する環境上及び健康上の当局が、環境報告書に含まれるべき関連情報を決定する際に協議を受けるよう確保する。

3 適切な範囲で、各締約国は、環境報告書に含まれるべき関連情報を決定する際に、関連する公衆の参加の機会を提供するよう努める。

第7条(環境報告書) 1 戦略的環境評価の対象とする計画及びプログラムについて、各締約国は、環境報告書が準備されるよう確保する。

2 環境報告書は、第6条のもとにおける決定に従い、計画又はプログラム及びその合理的な代替案の実施に伴う重大な環境上の影響(健康上の影響を含む。)の可能性について、特定し、記述し及び評価する。報告書は、附属書Ⅳに特定する情報であって、合理的に必要となることがあるものを含むものとし、以下のことを考慮に入れる。
 (a) 評価に関する最近の知識と方法
 (b) 計画又はプログラムの内容及び詳細の度合い並びに意思決定プロセスにおけるそれらの段階
 (c) 公衆の利益
 (d) 政策決定機関が必要とする情報

3 各締約国は、環境報告書が、この議定書の要件を満たすのに十分な質を有するよう確保する。

第8条(公衆の参加) 1 各締約国は、計画及びプログラムの戦略的環境評価において、すべての選択

肢が未決定である間に、公衆参加のための早期で時宜を得た効果的な機会を確保する。
2 各締約国は、電子媒体又はその他の適当な手段を用いて、計画又はプログラムの草案及び環境報告書に関する時宜を得た公衆の利用可能性を確保する。
3 各締約国は、1及び4の適用上、関係のある非政府組織を含む関連する公衆を特定することを確保する。
4 各締約国は、3に規定する公衆が、合理的な期間内に、計画又はプログラムの草案及び環境報告書に関する自らの意見を表明する機会を得ることを確保する。
5 各締約国は、公衆に情報を提供し、関連する公衆と協議するための詳細な取極を決定し、その取極を公に利用できるようにすることを確保する。このため、各締約国は、附属書Ⅴに掲げる要素を適当な範囲で考慮する。

第9条(環境及び健康に関する当局との協議) 1 各締約国は、環境上又は健康上の特別の責任のために、計画又はプログラムの実施の環境上の影響(健康上の影響を含む。)に関心を有する可能性がある当局を、協議を受けるべきものとして指定する。
2 計画又はプログラムの草案及び環境報告書を、1に規定する関連当局に利用できるようにする。
3 各締約国は、1に規定する当局が、早期に、時宜を得た効果的な方法で、計画又はプログラムの草案及び環境報告書に関する自らの意見を表明する機会を与えられることを確保する。
4 各締約国は、1に規定する環境及び健康に関する当局に通報を行い、及びこれと協議するための詳細な取極を決定する。

第10条(越境協議) 1 原因締約国が、計画又はプログラムの実施が重大な国境を越える環境上の影響(健康上の影響を含む。)をもつおそれがあると考える場合、又は重大な影響を受けるおそれのある締約国がそのように要請する場合、原因締約国は、計画又はプログラムの採択前に、できる限り速やかに、被影響締約国に通報する。
2 この通報は、特に以下のものを含む。
 (a) 計画又はプログラムの草案及び環境報告書(国境を越える環境上の影響(環境上の影響を含む。)の可能性に関する情報を含む。)
 (b) 意思決定手続に関する情報(意見の伝達のための合理的な期限の指示を含む。)
3 被影響締約国は、通報が特定する期限内に、原因締約国に対して計画又はプログラムの採択の以前に協議に入ることを望むかどうかを示すも

のとし、そのように示す場合には関係締約国は、計画又はプログラムの実施の国境を越える環境上の影響(健康上の影響を含む。)の可能性、及び悪影響を防止し、減少させ又は緩和するために構想される措置に関する協議に入る。
4 このような協議が行われる場合には、関係締約国は、被影響締約国における関連の公衆及び第9条1にいう当局が、合理的な期間内に情報を受けかつ計画案又はプログラム案及び環境報告書に関する意見を提出する機会を与えられるように確保するために、詳細な取極について合意する。

第11条(決定) 1 各締約国は、計画又はプログラムが採択される場合、以下のことを十分に考慮することを確保する。
 (a) 環境報告書の結論
 (b) 環境報告書の中で決定された悪影響を防止し、削減し、又は緩和するための措置
 (c) 第8条から第10条に従って受理された意見
2 各締約国は、計画又はプログラムが採択される時に、公衆、第9条1にいう当局、及び第10条に従って協議を受けた締約国が情報を提供されること、及び計画又はプログラムがこれらの者に利用可能とされることを確保する。これには、環境上の考慮(健康上の考慮を含む。)がどのように組み入れられたかを要約した言明、第8条から第10条に従って受領した意見がどのように考慮に入れられたか、及び検討された合理的な代替案に照らしてこれを採択した理由を要約した言明を添える。

第12条(監視) 1 各締約国は、とりわけ予期されない悪影響を早期に特定し、及び適切な救済行動をとることができるように、第11条の下で採択された計画及びプログラムの実施の重大な環境上の影響(健康上の影響を含む。)を監視する。
2 行われた監視の結果を、国内法令に従い、第9条1に規定する当局及び公衆に利用できるようにする。

第13条(政策及び法令) 1 各締約国は、環境(健康を含む。)に対する重大な影響を有する可能性がある政策及び法令の提案を準備するに当たって、環境上の懸念(健康上の懸念を含む。)が検討されかつ適切な限りにおいてこれに組み入れられるように確保するよう努める。
2 1を適用するに当たり、各締約国は、この議定書の適切な原則及び要素を検討する。
3 各締約国は、適当な場合、1に従い、意思決定における透明性の必要を考慮して、環境上の懸念(健康上の懸念を含む。)の検討及び統合について、具体的な取極を決定する。

4 各締約国は、この条の適用に関して、この議定書の締約国会合としての役割を果たす条約の締約国会合に対して報告する。

第14条(議定書の締約国会合としての役割を果たす条約の締約国会合) 1 条約の締約国会合は、この条約の締約国会合としての役割を果たす。この議定書の締約国会合としての役割を果たす条約の第1回締約国会合は、この議定書の効力発生の日から少なくとも1年以内に招集されるものとし、条約の締約国会合がその期間内に予定されている場合には、条約の締約国会合と併せて招集される。この議定書の締約国会合としての役割を果たす条約の締約国会合のその後の会合は、この議定書の締約国会合としての役割を果たす条約の締約国会合によって、別段の決定を行わない限り、条約の締約国会合の会合と併せて開催される。

2 条約の締約国であってこの議定書の締約国でないものは、この議定書の締約国会合としての役割を果たす締約国会合の審議にオブザーバーとして参加することができる。条約の締約国会合が、この議定書の締約国の会合としての役割を果たす場合には、この議定書に基づく決定は、この議定書の締約国のみによって行われる。

3 条約の締約国会合がこの議定書の締約国会合としての役割を果たす場合には、その時にこの議定書の締約国でない条約締約国を代表する締約国会合の議長国の構成員は、この議定書の締約国によって選出され、この議定書の締約国の中から選出される別の構成員に変更される。

4 この議定書の締約国会合としての役割を果たす条約の締約国会合は、この議定書の定期的な検討に基づいて、この議定書の実施を維持するものとし、この適用上、以下のことを行う。

(a) この議定書に規定する手続を一層改善することを目的に、戦略的環境評価のための政策及びこれへの方法論的アプローチを再検討する。

(b) 戦略的環境評価及びこの議定書の実施の中で得られる経験に関する情報を交換する。

(c) この議定書の目的の達成に関して専門的な知見を有する権限ある団体の役務及び協力を求める。

(d) この議定書の実施のために必要と考える補助機関を設置する。

(e) 必要な場合、この議定書の改正のための提案を検討し、採択する。

(f) この議定書及び条約に基づいて、この議定書の目的を達成するために必要とされる共同で実施されるあらゆる追加的活動を検討し、約束する。

5 条約の締約国会合の手続規則は、必要な修正を加えて、この議定書の下で準用する。ただし、この議定書の締約国会合としての役割を果たす締約国会合が、コンセンサスによって別段の決定を行う場合はこの限りではない。

6 この議定書の締約国会合としての役割を果たす条約の締約国会合は、その第1回会合で、この議定書に対して条約の遵守を検討する手続を適用するための方法論を検討し、採択する。

7 各締約国は、この議定書の締約国会合としての役割を果たす条約の締約国会合によって決定された間隔において、議定書を実施するためにとられる措置に関して、議定書の締約国会合としての役割を果たす締約国会合に報告する。

第15条(その他の国際協定との関係) この議定書の関連規定は、国境を越える状況での環境影響評価に関するUNECE条約及び環境問題における情報へのアクセス、政策決定への公衆の参加及び司法へのアクセスに関するUNECE条約を損なうことなく適用する。

第16条(投票権) (略)
第17条(事務局) (略)
第18条(附属書) (略)
第19条(議定書の改正) 1 いずれの締約国も、この議定書の改正を提案することができる。

2 3に従って、条約第14条の2から5に規定する条約の改正の提案、採択及び効力の発生の手続は、この議定書の改正に準用する。

3 この議定書の目的のためには、改正を批准し、承認し又は受諾した締約国にとって当該の改正が効力を発生するために必要とされる締約国の4分の3は、当該の改正の採択の時点における締約国数に基づいて計算する。

第20条(紛争解決) 条約第15条の紛争解決に関する規定を、この議定書について準用する。

第21条(署名) (略)
第22条(寄託) (略)
第23条(批准、受諾、承認及び加入) (略)
第24条(効力発生) (略)
第25条(脱退) (略)
第26条(正文) (略)

附属書Ⅰ 第4条2に規定するプロジェクトのリスト (略)

附属書Ⅱ 第4条2に規定するその他のプロジェクト (略)

附属書III	第5条1に規定する重大な環境上の影響(健康上の影響を含む。)をもたらすと思われる決定の基準 （略）	附属書IV	第7条2に規定する情報 （略）
		附属書V	第8条5に規定する情報 （略）

9-5 産業事故の越境影響に関する条約（抄）
Convention on the Transboundary Effects of Industrial Accidents

採　択　1992年3月17日(国際連合欧州経済委員会、ヘルシンキ)
効力発生　2000年4月19日

前文

本条約の締約国は、

現代及び将来世代の利益のために、産業事故の影響に対して人間及び環境を保護することの特別の重要性に留意し、

産業事故の人間及び環境に対する重大な悪影響を防止すること、並びに環境上健全で持続可能な経済発展を可能とする防止、準備及び対応のための措置の合理的、経済的かつ効率的な利用を促すすべての措置を促進することの重要性及び緊急性を承認し、

産業事故の影響が国境を越える影響力を有し、したがって国家間の協力を必要とするという事実を考慮し、

産業事故の越境影響の防止、準備及び対応を促進するための、事故前、事故中及び事故後の関係国間の積極的な国際協力を促進し、適切な政策を強化し、すべての適切なレベルでの行動を促進し、及び調整する必要性を確認し、

産業事故の影響の防止、準備及び対応のための二国間並びに多数国間の取極の重要性並びに有用性に留意し、

この点において、国際連合欧州経済委員会(ECE)が果たす役割を意識し、特に、越境内水事故汚染に関するECE行動規範及び越境環境影響評価に関する条約を想起し、

欧州安全保障協力会議(CSCE)最終文書、CSCE参加国代表によるウィーン会合の結論文書、及びCSCEの環境保護に関するソフィア会合の結果の関連規定、同様に国際連合環境計画(UNEP)、とりわけAPELL計画、国際労働機関(ILO)、とりわけ重大産業事故の防止に関する実務指針、及びその他の関連する国際機関における関連活動並びにメカニズムを考慮し、

国際連合人間環境会議の宣言の関連規定、とりわけ、国は、国際連合憲章及び国際法原則に従って、自国の資源をその環境政策に基づいて開発する主権的権利を有し、また、自国の管轄又は管理下の活動が他の国の環境又は国の管轄権の範囲外の区域の環境に損害を及ぼさないように確保する責任を有するとする原則21を考慮し、

国際環境法の一般原則としての汚染者負担原則に考慮を払い、

国際法原則及び慣習、とりわけ善隣関係、相互主義、無差別及び信義誠実の原則を強調し、

次のとおり協定した。

第1条(定義) この条約の適用上、

(a) 「産業事故」とは、有害物質を扱うあらゆる活動の過程で生じる制御不可能な展開に起因する事象であって、以下のものをいう。
　(i) 施設内、例えば、製造、使用、貯蔵、操作、若しくは処分の途中のもの、又は
　(ii) 第2条2(d)の対象となる限りにおいて輸送中のもの

(b) 「有害な活動」とは、一又は二以上の有害物質が本条約の附属書Iに掲げる閾値と同量若しくはそれを超える量で存在する、又は存在する可能性のある活動で、越境影響を及ぼす可能性のあるものをいう。

(c) 「影響」とは、産業事故によって引き起こされる直接又は間接の、及び即時性又は遅発性の有害結果であり、とりわけ以下に対するものをいう。
　(i) 人間、植物相又は動物相
　(ii) 土壌、水、大気及び景観
　(iii) (i)及び(ii)の要素の間の相互作用
　(iv) 歴史的建造物を含む、有形財産及び文化遺産

(d) 「越境影響」とは、ある締約国の管轄内で生じた産業事故の結果としての他の締約国の管轄内における重大な影響をいう。

(e) 「事業者」とは、活動を担当する(例えば活動を監督し、その実施を計画し又はこれを実施する)自然人又は法人(公の当局を含む。)をいう。

(f) 「締約国」とは、条文が別段の定めをおかな

い限り、本条約の締約国をいう。
(g) 「原因締約国」とは、その管轄の下で、産業事故が発生している、若しくは発生する可能性のある一又は二以上の締約国をいう。
(h) 「影響を受ける締約国」とは、産業事故の越境影響により提供を受ける、若しくは影響を受ける可能性のある一又は二以上の締約国をいう。
(i) 「関係締約国」とは、原因締約国及び影響を受ける締約国をいう。
(j) 「公衆」とは、一又は二以上の自然人又は法人をいう。

第2条(範囲) 1 この条約は、自然災害によって引き起こされる事故の影響を含めて、越境影響を引き起こす可能性のある産業事故の防止、準備及び対応、並びに産業事故の防止、準備及び対応の分野における相互援助、研究開発、情報交換、並びに技術交換に関する国際協力に適用する。
2 この条約は、以下のものには適用されない。
(a) 原子力事故又は放射能による緊急事態
(b) 軍事施設での事故
(c) ダムの決壊。ただし当該決壊によって引き起こされる産業事故の影響を除く。
(d) 陸上輸送による事故。ただし以下のものを除く。
 (i) 当該事故に対する緊急の対応
 (ii) 有害活動の現場における輸送
(e) 遺伝子改変生物の事故による放出
(f) 海底探査又は開発を含む海洋環境における活動によって引き起こされる事故
(g) 海洋での石油又はその他の有害物質の流出

第3条(一般規定) 1 締約国は、既に国内及び国際レベルで行われている努力を考慮に入れ、可能な限り産業事故を防止し、それらの頻度及び程度を減少させ、並びにそれらの影響を緩和することによって、当該事故から人間及び環境を保護するために、この条約の枠組内で適当な措置をとり、協力をする。この目的のために、防止措置、準備措置及び対応措置(回復措置を含む。)を適用する。
2 締約国は、情報交換、協議及びその他の措置によって、並びに不当に遅延することなく、産業事故の危険を減少させ、防止措置、準備措置及び対応装置(回復措置を含む。)を改善するための政策並びに戦略を開発し、実施する。その際に、不必要な重複を避けるために既にとられた国内及び国際レベルでの努力を考慮に入れる。
3 締約国は、事業者が有害活動の安全な実施のため、及び産業事故の防止のために必要なあらゆる措置をとる義務を有することを確保する。
4 この条約の規定を実施するために、締約国は、産業事故の防止、準備及び対応のために適切な立法上、規制上、行政上及び財政上の措置をとる。
5 この条約の規定は、産業事故及び有害活動に関する国際法上の締約国の義務に影響を及ぼすものではない。

第4条(特定、協議及び助言) 1 原因締約国は、防止措置をとり及び準備措置を設定するために、適当な場合には、その管轄権内における有害活動を特定し、及び被影響締約国がこのような活動案又は現行の活動について通知されることを確保するために、措置をとる。
2 関係締約国は、そのいずれかの発議により、合理的に越境影響を引き起こす可能性がある有害活動を特定化する討議を開始する。ある活動が有害活動であるか否かについて、関係締約国が合意できない場合には、当該締約国は、関係締約国が問題解決のための他の方法に合意しない限り、いずれの締約国も、助言のために本条約の附属書Ⅱの規定に従って、当該問題を審査委員会に付託することができる。
3 締約国は、計画された又は既存の有害活動に関して、本条約の附属書Ⅲに規定する手続を適用する。
4 有害活動が国境を越える状況での環境影響評価に関する条約に従って環境影響評価の対象となっており、当該評価がこの条約の条件に合致する方法で実施される有害活動から生じる産業事故の越境影響の評価を含む場合、国境を越える状況での環境影響評価に関する条約のためにとられる最終決定は、この条約の関連する条件を満たさなければならない。

第5条(自発的拡張) 関係締約国は、そのいずれかの発議により、附属書Ⅰの対象とならない活動を有害活動として取り扱うか否かについて討議を開始するべきである。相互の合意に基づき、関係締約国は、その選択する勧告的メカニズム、又は附属書Ⅱの規定に従って、助言のための審査委員会を利用することができる。関係締約国がそのような合意をする場合、この条約又はその一部は、問題となる活動が有害活動であるとみなして、当該活動に適用する。

第6条(防止) 1 締約国は、事業者による産業事故の危険を減少させるための活動を促す措置を含めて、産業事故の防止のために適当な措置をとる。当該措置は、本条約の附属書Ⅳに規定するものを含むことができるが、それだけに限定されない。
2 原因締約国はすべての有害活動に関して、事業

者が工程の基本的な詳細といった情報を提供することにより、有害活動の安全な実施を示すように求める。こうした情報は、附属書Vに列挙する分析及び評価を含むが、これらには限定されない。

第7条(立地における意思決定) 原因締約国は自国の法制度の枠内において、すべての被影響締約国の住民及び環境に対する危険を最小限にする目的で、新しい有害活動の立地及び現存の有害活動の重要な変更に関する政策を樹立するよう努める。被影響締約国は自国の法制度の枠内において、含まれる危険を最小限とするように、有害活動から生じる産業事故の越境効果によって影響を受けうる地域における重要な開発に関する政策を樹立するように努める。これらの政策の立案と制定において、締約国は、本条約の附属書V2(1)から(8)及び附属書VIに規定する事項を考慮するべきである。

第8条(緊急事態の準備) 1　締約国は、産業事故に対応するために適切な緊急事態の準備を創設し、維持するための適切な措置をとる。締約国は、準備措置が当該事故の越境影響を緩和するためにとられることを確保する。ただし、現場における義務は事業者によってとられるものとする。これらの措置は、本条約附属書VIIに規定するものを含むが、これらに限定されるものではない。特に、関係締約国は、不測の事態のための計画を相互に通報する。

2　原因締約国は有害活動について、現場における不測の事態に対処する計画(越境影響を防止し及び最小とするための対応措置その他の適切な措置を含む。)の準備及び実施を確保する。原因締約国は、他の関係締約国に不測の事態のための計画の策定のための要素を提供する。

3　各締約国は、有害活動において、越境影響を防止し、最小化するために自国の領域内でとられる措置を含む現場外の不測の事態のための計画の準備及び実施を確保する。これらの計画を準備するに当たり、分析及び評価の結論、特に附属書V2(1)から(5)に規定する事項について考慮が払われる。関係締約国は、当該計画が両立するよう努力する。適当な場合、適切な対応措置の採択を促進するために、共同の現場外の不測の事態のための計画がとられる。

4　不測の事態のための計画は、定期的に又は状況が必要とする場合に、現実の緊急事態を取り扱う際に得られた経験を考慮に入れて、再検討されるべきである。

第9条(公衆への情報及び公衆の参加) 1　締約国は、有害活動から生じる産業事故によって影響を受ける可能性のある地域の公衆に適切な情報が与えられることを確保する。この情報は、締約国が適当と考える手段を通じて伝達され、本条約附属書VIIIに含まれる要素を含み、そして附属書V2(1)から(4)及び(9)に記載する事項を考慮に入れるべきである。

2　原因締約国は、この条約の規定に従い、可能かつ適当な場合はいつでも、影響を受ける可能性のある地域の公衆に、防止及び準備の措置に関して自らの評価及び関心を知らしめることを目的として、関連手続に参加する機会を与える。原因締約国は、被影響締約国の公衆に与えられた機会は、原因締約国の公衆に与えられる機会と同等となることを確保する。

3　締約国は自国の法制度に従い、及び要望された場合には相互主義に基づき、締約国の領域において産業事故の越境悪影響を受けているか又はその可能性がある自然人又は法人に対して、関連ある行政手続及び司法手続へのアクセス(訴訟を開始し及び自らの権利に影響を及ぼす決定について上訴を行う可能性を含む。)、及びこのような手続において自国の管轄権内にある人に利用可能な待遇と同等の待遇とを供与する。

第10条(産業事故通報制度) 1　締約国は、越境影響に対応するために必要とされる情報を含む産業事故の通報を入手し伝達することを目的に、適切なレベルにおいて互換性がありかつ効率的な産業事故通報制度を樹立し運営するよう定める。

2　越境影響を引き起こす、若しくは引き起こす可能性のある産業事故又はその切迫した脅威が生じた場合、原因締約国は、被影響国が適当なレベルで産業事故通報制度を通じて遅延なく通報を受けることを確保する。当該通報は、本条約附属書IXに含まれる要素を含む。

3　関係締約国は、産業事故又はその切迫した脅威が生じた場合、第8条に従って準備される不測の事態のための計画が可能な限り速やかにかつ状況に適合した範囲で稼働することを確保する。

第11条(対応) 1　締約国は、産業事故が発生した場合又はその差し迫った脅威がある場合に、事故の影響を封じ込め及び最小とするために、できるだけ速やかにかつ最も効率的な実行を用いて、適切な対応措置がとられるように確保する。

2　越境影響を引き起こす、若しくは引き起こす可能性のある産業事故又はその切迫した脅威が生じた場合、関係締約国は、適当な場合、適切な対応措置をとる目的のために共同でその影響が評価されることを確保する。関係締約国は、そ

れらの対応措置を調整するよう努力する。

第12条(相互援助) 1 締約国が、産業事故が生じた際に援助を必要とする場合には、必要とされる援助の範囲及び種類を表示して、他の締約国からの援助を要請することができる。援助の要請を受けた締約国は、要請した締約国に、自国が要請された援助を与える立場にあるか否かを早急に決定し通報し、並びに与えることができる支援の範囲と条件を表示する。

2 関係締約国は、適当な場合には、産業事故の結果及び影響を最小限にする活動、及び一般的援助を提供する活動を含めて、この条の1に基づいて合意された援助の速やかな提供を促進するために協力する。締約国が、相互援助を提供するための取極を含む二国間又は多数国間の合意をもたない場合は、援助は、締約国が別段の合意をしない限り、本条約附属書Xに従って与えられる。

第13条(責任及び賠償責任) 締約国は、責任及び賠償責任の分野における規則、基準並びに手続を策定するための適当な国際的努力を支援する。

第14条(研究開発) 締約国は、適当な場合、産業事故の防止、準備及び対応のための方法並びに技術の研究行動、並びに開発を開始し協力する。これらの目的のために締約国は、科学的及び技術的な協力(事故の有害性を限定し及び産業事故の結果を防止しかつ限定することを目的とする、有害性がより少ない工程の研究を含む。)を奨励し及び積極的に促進する。

第15条(情報交換) 締約国は、多数国間又は二国間のレベルで、本条約附属書XIに含まれる要素を含めて、合理的に入手可能な情報を交換する。

第16条(技術交換) 1 締約国は、自国の法、規則及び実行に従い、以下の事項の促進を通じて、産業事故の影響の防止、準備及びその対応のための技術の交換を促進する。
 (a) 様々な財政的基礎に基づく入手可能な技術の交換
 (b) 直接の産業上の交流及び協力
 (c) 情報及び経験の交換
 (d) 技術的援助の提供

2 この条の1(a)から1(d)に規定する活動を促進するに当たって、締約国は、技術、設計上及び技術上の役務、装備又は資金を提供することができる民間部門及び公共部門の双方の適切な組織及び個人の間の交流及び協力を容易にすることによって、好ましい条件を創設する。

第17条(権限のある当局及び連絡先) 1 各締約国は、この条約の適用上、一又は二以上の権限のある当局を指定し、又は設置する。

2 二国間又は多数国間レベルでの他の取極に影響を与えることなく、各締約国は、第10条に基づく産業事故通報の目的のために、一つの連絡先を、及び第12条に基づく相互援助の目的のために、一つの連絡先を指定し又は設置する。これらの連絡先は同一であることが望ましい。

3 各締約国は、この条約が当該締約国に対して効力を発生した日から3箇月以内に、第20条にいう事務局を通じて他の締約国に、連絡先及び権限ある当局として指定した一又は二以上の機関を通知する。

4 各締約国は、決定の日から1箇月以内に、事務局を通じて、この条の第3条に従って行われる指定に関する変更を、他の締約国に通報する。

5 各締約国は、自国の連絡先及び第10条に基づく産業事故通報制度を常時稼働させておく。

6 各締約国は、自国の連絡先、及び第12条に従って援助の要請を行い及び受け取り、並びに援助の申し出を受諾することに責任を有する当局を、常時稼働させておく。

第18条(締約国会議) 1 締約国の代表は、この条約の締約国会議を構成し、定期的に会合を開催する。締約国会議の第1回会合は、この条約の効力発生の日の後1年以内に開催される。その後は締約国会議の会合は、少なくとも年に1度又は締約国の書面による要請に応じて開催する。ただし後者の場合、開催要請を事務局が通報してから6箇月以内に、この要請が締約国の少なくとも3分の1によって支持されることを条件とする。

2 締約国会議は、以下のことを行う。
 (a) この条約の実施を検討する。
 (b) 産業事故の越境影響を防止し、準備し及びそれに対応するための締約国の能力の強化、並びに産業事故に直面した締約国の要請に対する技術的援助及び助言の提供の促進を目的とした助言の任務を遂行する。
 (c) 適当な場合、この条約の実施及び進展に関連する事項を検討するための、並びにこの目的を達成するために、締約国会議が検討するための適当な研究及びその他の文書を準備し、勧告を付託するための作業部会及びその他の適当なメカニズムを設置する。
 (d) この条約の諸規定に基づいて適当と考えられるその他の機能を果たす。
 (e) 第1回会合において、会合の手続規則の検討し、それをコンセンサスで採択する。

3 締約国会議は、その機能を遂行するに当たり、適切と考える場合には、他の関連国際機関とも

協力する。
4 締約国会議は、第1回会合において、特に本条約附属書XIIに含まれる事項に関連して、作業計画を作成する。締約国会議は、国内センターの利用、及び関連国際機関との協力並びに、特に産業事故の際の相互援助のためにこの条約の実施を促進し、関連国際機関における適当な既存の活動を踏まえるためのシステムの設置についても決定する。作業計画の一部として締約国会議は、附属書XIIに列挙する任務を実施するためにどのような追加的な国際制度又はセンターが必要とされるのかを決定する目的で、産業事故の防止、準備及び対応における情報と努力を調整するための、国の、地域の及び国際的なセンターその他の現存の機関並びにプログラムを再検討する。
5 締約国会議は、第1回会合において、産業事故の影響の防止、準備及びその対応のため技術の交換のより良好な状況を創設するための手続の検討を開始する。
6 締約国会議は、この条約の適用上、有害活動の特定を促進するためのガイドライン及び基準を採択する。

第19条(投票権) (略)
第20条(事務局) (略)
第21条(紛争解決) ((9-4)第15条を参照)
第22条(情報提供に関する制限) 1 この条約の規定は、個人情報、知的財産を含む産業上及び商業上の秘密、又は国家の安全保障に関連する情報を保護するために、締約国の国内法、国内規則、国内行政規定又は国内で認められている法的慣行及び適用可能な国際規則に従う締約国の権利又は義務に影響を与えるものではない。
2 それにもかかわらず、締約国が、他の締約国に当該保護情報を提供することを決定する場合、当該保護情報を受け取る締約国は、受け取った情報の守秘義務及びそれが提供される条件を尊重し、それが提供された目的のためにのみ当該情報を利用する。
第23条(実施) 締約国は、この条約に関して定期的に報告を行う。
第24条(二国間及び多数国間の合意) 1 締約国は、この条約のもとにおける義務を履行するために、二国間又は多数国間の協定若しくはその他の取極であって、現存のものを継続し、又は新規のものに加入することができる。

2 この条約の規定は、適当な場合に、この条約によって要求されているものよりも厳格な措置を二国間又は多数国間でとる締約国の権利に影響を与えるものではない。
第25条(附属書の地位) この条約の附属書は、条約の不可分の一体をなす。
第26条(条約の改正) (略)
第27条(署名) (略)
第28条(寄託) (略)
第29条(批准、受諾、承認及び加入) (略)
第30条(効力発生) (略)
第31条(脱退) (略)
第32条(正文) (略)

附属書 I 有害な活動を定義するための有害物質 (略)

附属書 II 第4条及び第5条に基づく審査委員会手続 (略)

附属書III 第4条に基づく手続 (略)

附属書IV 第6条に基づく防止措置 (略)

附属書 V 分析及び評価 (略)

附属書VI 第7条に基づく土地における意思決定 (略)

附属書VII 第8条に基づく緊急事態の準備措置 (略)

附属書VIII 第9条に基づく公衆への通報 (略)

附属書IX 第10条に基づく産業事故通報制度 (略)

附属書 X 第12条に基づく相互援助 (略)

附属書XI 第15条に基づく情報交換 (略)

附属書XII 第18条4項に基づく相互援助のための任務 (略)

附属書XIII 仲 裁 (略)

第10章
環境損害と賠償責任

一般原則

　ばい煙が越境損害を生じさせたトレイル製錬所事件の仲裁裁判判決に示されたように、越境環境損害に対する賠償責任といえば、国際法では自国領域から越境損害を発生させた加害国の被害国に対する国家責任の問題がまず念頭に浮かぶかもしれない。しかし、私企業や公企業の経済活動または科学的活動に起因する越境環境損害の賠償責任は、多くの場合、汚染行為を行った企業の被害者に対する民事責任の問題として処理されてきた。国連国際法委員会（ILC）は、国の国際違法行為から発生する国家責任（State responsibility）とは別に、「国際法によって禁止されていない有害な活動によって引き起こされる越境損害に対する国際賠償責任」（international liability）の法典化に取り組み、2006年に越境損害損失配分原則(10-1)を採択した。この原則は、越境損害の被害者に対する迅速で十分な賠償と環境損害の軽減または回復を目的として国家がとるべき措置を規則化したものである。損害賠償については、国の賠償責任にはふれることなく、事業者（operator、操業者、運航者とも訳される）への責任の集中、無過失責任原則、強制保険の導入、可能な場合の補償基金の設立を掲げる。これらの「原則」は民事責任諸条約において採用されてきた基本的な諸原則を一般的な国際基準として整理したものである。

　他方、1993年に採択された欧州評議会環境危険活動民事責任条約(10-2)は、地域的条約ではあるが、危険物質、遺伝子組み換えおよび微生物を扱う活動や廃棄物処理事業など環境にとって危険な活動を対象として、民事責任に関連する手続的・実体的な原則と規則を提示した条約である。この条約は、事業者への責任の集中、厳格責任、強制保険制度など民事責任に関する共通の諸原則を盛り込むだけでなく、因果関係に関する指針、環境情報に対する市民のアクセス権、環境団体などによる差止め訴訟などについても規定している。この点で環境保護に関して参考となる野心的な内容を含んだ民事責任条約であるが、そのために現在に至るも発効の目処はたっていない（3カ国の批准を要するが、2013年12月31日現在、署名国9、批准国0）。

海洋汚染損害

　　第二次世界大戦後民事責任条約が最も早く成立したのは、船舶起因汚染の分野であった。タンカーの座礁事故が沿岸国に重大な海洋汚染損害を生じさせた1967年のトリー・キャニオン号事件は、被害者の迅速かつ十分な救済にとって当時の国際法に重大な欠陥があることを如実に示した。政府間海事協議機関（※国際海事機関（IMO））は、賠償責任問題を検討し、1969年の国際会議で油汚染損害の民事責任条約（CLC）を採択した。この条約は、海難による油の流出または油の排出に起因する油汚染損害の責任を、原則として船舶所有者（船主）に集中し、船主に厳格責任（strict liability、免責事由あり）を負わせるとともに、賠償額の上限を設定し、船主の賠償責任に適合する強制保険を導入するように締約国を義務づけた。しかしCLCが設定した上限額では賠償が十分ではなかったため、1971年に油汚染損害補償国際基金設立条約（FC）が締結され、CLCの賠償額を超える損害については油受取人（荷主）が拠出する基金から追加額を補償することになった。

　　両条約はその後数度改正されたが、特にCLC 1992年議定書は、損害概念に環境損害を含め、条約の適用範囲を領海からEEZまで拡大し、賠償上限額を引き上げる（最高5,970万SDR）などの改正を行った。本章ではCLC 1992年議定書により改正されたCLCを1992年油汚染損害民事責任条約（1992年CLC）（10-3）として単一文書に編集して掲載し、CLC1992年議定書が定める条約名称を用いた。1992年CLCは、黙示的受諾方式による2000年の改正（1992年CLC最終規定第15条参照）で賠償上限額を1.5倍に引き上げた（最高8,977万SDR）。収録条約はこの改正までを反映している。他方、FC1992年議定書は、FCに基づく基金とは別に1992年基金を設定し、基金が補償する上限額を引き上げた（最高1億3,500万SDR）。本章にはFC1992年議定書により改正されたFCを1992年油汚染損害補償国際基金設立条約（1992年FC）（10-4）として単一文書に編集し、FC1992年議定書に定める名称を用いた。1992年FCも2000年改正により基金の補償額を引き上げた（最高2億300万SDR）が、収録条約はこの改正までを反映している。1992年CLCおよび1992年FCの締約国は、1969年のCLCおよび1971年のFCを廃棄する義務を負ったため、日本も1992年CLCおよび1992年FCの加入に伴い、これらCLCおよびFCを廃棄した。しかし、2002年のプレスティージ号（重油タンカー）座礁事故など一連の大規模な油汚染事故に対処するために、1992年FCを補完する第三の基金が必要になった。2003年のIMO外交会議は、1992年油汚染損害補償国際基金設立条約の2003年議定書（1992年FC2003年議定書）（10-5）を採択してこの要請に応えた。この議定書に基づく基金は、1992年CLC（2000年改正）および1992年FC（2000年改正）で支払われる賠償額と合せて全部で最高7億5,000万SDRまでの損害を補償する。日本は、2004年に同議定書に加入した。

　　1992年CLCはタンカーの燃料庫（バンカー）から漏出した油汚染事故には適用されるが、それ以外の船舶のバンカー油漏出事故については船主責任制限条約の規定が適用されていた。そこで2001年のIMO外交会議では、CLCをモデルとした「燃料油による汚染損害についての民事責任に関する条約」（日本未加入）が締結されている。また油汚染以外の危険物質および

有害物質を含んだ事故の賠償問題について、IMOは1996年に「危険物質及び有害物質の海上輸送に関する損害についての責任及び賠償に関する国際条約」(HNS条約)を採択した(2013年12月31日現在未発効)。

　日本では、CLC及びFCの国内実施をはかるために1975年に油濁損害賠償保障法を制定し、その後たびたび改正を重ねてきた。1992年CLC、1992年FCさらに1992年FC2003年議定書の加入に対処するために、同法の改正が行われ名称も船舶油濁損害賠償保障法と改められた。同法は、これらの条約内容を国内法化し、船主に保障契約の締結を義務づけ、保障契約を締結していない船舶の日本への入港禁止措置を規定している。本章では、関係条約の国内実施を保障する国内法の例として船舶油濁損害賠償保障法(10-6)を収録した。このほか、「船舶油濁損害賠償責任制限事件等手続規則」は、賠償責任事件の裁判籍、国際基金への訴訟のための手続などを規律する。1969年のCLCおよび1971年のFCの成立時に、条約制度が普及するまでの間、民間の暫定的な自主補償協定として、TOVALOP（タンカー船主間協定）とCRISTAL（石油会社間協定）が締結されていた。これらの協定は、1992年CLCおよび1992年FCの発効後、1997年2月をもって廃止された。他方、1992年FC2003年議定書が検討され始めた時期に、船主の第三者賠償責任保険組合であるP&Iクラブは、油受取人（荷主）の負担増を避けるために1992年CLCに基づく船主責任の下限を自主的に引き上げることを決定した。STOPIA2006は、1992年CLCが定める責任制限（5,000総トン以下の船舶の責任限度額451万SDR）を船主が放棄して29,548総トン以下のタンカーが1992FC加盟国で引き起こした油汚染損害の負担を、2,000万SDRまで小型タンカー船主が引き受けて1992年基金に弁済することを取り決めた。またTOPIA2006は、タンカー所有者が船舶の大きさにかかわらず1992年FC2003年議定書のもとで支払われる請求額の50％を自主的に追加基金に弁済することを定めた。この二つの制度は1992年CLC、1992年FCおよび1992年FC2003年議定書のもとで支払われる油濁請求の総費用を、船舶所有者と基金および油受取人との間で平等に分担することを意図したものである。巻末にはこれらの相互関係を示す図表を掲げた。

原子力損害

　原子力事故の責任については、これまで2系統の民事責任条約が締結されてきている。一つは、OECDの原子力機関（NEA）のもとで採択されたパリ条約の系統で、1960年の原子力分野第三者責任条約（パリ条約）と1963年の原子力分野第三者責任補完条約（ブラッセル条約）およびこれらの条約の改正がこれに当たる。パリ条約およびブラッセル条約は1964年追加議定書、1982年議定書および2004年議定書により3度改正が行われたが、2004年議定書は未発効である。そこで、本章では、1982年議定書により改正された1982年パリ条約(10-7)と1982年ブラッセル補完条約(10-8)を掲載し、各条約の2004年議定書についてはこの解説で簡単にふれる。

　1982年議定書により改正されたパリ条約（1982年パリ条約）は、原子力施設での事故または当該施設から（または施設への）核物質の輸送中に生じた事故に起因する原子力損害に関す

る責任について、原子力施設事業者への責任の集中、厳格責任の採用、責任の上限（1,500万SDR）と下限（500万SDR）の設定、事業者の責任額に等しい金銭保証の設定義務、10年の除斥期間、原子力事故発生地の裁判所への裁判管轄権の専属などの規則を定めた。他方、1982年議定書により改正されたブラッセル補完条約（1982年ブラッセル補完条約）は、パリ条約に定める賠償では損害の填補に不十分な場合に締約諸国が拠出する公的基金によって補完的補償を行う制度を設ける。1982年パリ条約と1982年ブラッセル補完条約のもとで、締約国は三つの段階を経て最高3億SDRの補償を提供する義務を負う。原子力施設が存在する締約国は、第一段階で一事故につき500万SDR以上の事業者責任を設定する義務を負い、第二段階でこの額と1億7,500万SDRとの差額に対し国の基金などを通じて支払いを確保する責任を負い、第三段階では締約諸国が連帯して残る1億2,500万SDRを公的基金を通じて確保する責任を負うという仕組みになっている。

　しかし1986年のチェルノブイリ原子力発電所事故の後、賠償額を増額し、損害概念を拡充する必要が認識され、パリ条約2004年議定書は、事業者の責任を7億ユーロ以上に引き上げるとともに、賠償の対象に経済的損失、環境回復費用、防止措置の費用などを含めた。これに伴いブラッセル補完条約2004年議定書も、第一段階の賠償額を7億ユーロ以上、第二段階の上限を12億ユーロ、第三段階の上限を15億ユーロに設定し直した。

　原子力に関する責任条約のもう一つの系統は、国際原子力機関（IAEA）が、1963年に採択した原子力損害民事責任条約（1963年ウィーン条約）である。条約の基本的構造はOECDの条約と基本的には同じである。しかし、この条約もチェルノブイリ原子力発電所事故以降の時代の要請に適合させるべく、1997年の外交会議の結果採択した改正議定書によって大幅に改正された。本章では1997年議定書によって改正された**1997年ウィーン条約(10-9)**を掲載した。もっとも2014年1月末現在1963年ウィーン条約の締約国がなお40カ国存在するのに対して、1997年ウィーン条約の締約国は未だに12カ国を数えるに過ぎない。1997年ウィーン条約は、多くの点で1982年パリ条約と類似の責任原則を採用しているが、パリ条約2004年議定書よりもいち早く損害概念を拡大し、締約国の責任上限額を原則として3億SDR以上に設定するよう求めている。ただし、締約諸国の拠出金により損害賠償を補完するための公的基金を形成するという考えは採っていない。

　この二系統の原子力責任条約に連携関係をもたせるために、1988年にIAEAとOECDの共催の会議が開催され、**ウィーン条約とパリ条約の共同議定書(10-10)**が採択された。この共同議定書は、各条約の地理的適用範囲を相互に広げることを目的とし、一方の条約の締約国は、当該条約に基づく義務を他方の条約締約国の領域内で生じた原子力損害についても適用することになった。ただし、2014年1月末現在この共同議定書の締約国は28カ国にとどまっている。

　1997年のIAEAの外交会議が採択した**原子力損害補完的補償条約(CSC)(10-11)**は、パリ条約およびウィーン条約の締約国だけでなく、CSCの附属書に適合する国内法を有するその他の国をも対象として、原子力損害民事責任諸条約および国内法に基づく賠償をこの条約に基づき形成される国際的基金によって補完することを目的としている。このためCSCは、原則と

して3億SDR以上でその国が設定する補償額までは原子力事業者または国が準備する基金による賠償支払いの確保を締約国に求めつつ、それを超える原子力損害に対処するための国際基金への拠出および基金の分配などについて定めている。原子力損害の民事責任に関しては未だに世界的な統一的条約が存在しない中で、CSCを、両系統の条約の締約国ならびにこれらの条約の非締約国を包摂する可能性をもった第三の系統の民事責任条約とみる見方もある。この条約は5カ国の批准と原子力設備容量総計40万単位（熱出力計4億キロワット）で発効するが、2014年7月7日に批准国は5カ国となり（未発効）、日本も締結を検討している。

　日本は、米国、中国、インドと同様にいずれの系統の条約の締約国でもない。しかし、日本では**原子力損害賠償法(10-12)**が、事業者への責任集中、無過失責任、無限責任、強制保険、原子力紛争審査会による和解などを定めており、原子力損害民事責任諸条約の基本的諸原則は基本的に国内法で定められている。1999年、茨城県東海村にある会社の核燃料加工施設内において高速増殖実験炉で使用する核燃料を加工する作業中に、ウラン溶液が臨界に達し核分裂連鎖反応が起こり、3名が死傷し多数が被爆する事故（JOC核燃料臨界事故）が発生し、この事故の後、同法第7条に定める賠償措置額などの改正が行われている。このほか原子力損害賠償補償契約法は、地震・津波・噴火などによる事故の際に責任保険契約などによってうめることができない原子力損害について政府が補完するための政府と事業者間の契約について定める。しかし、福島第一原子力発電所事故によって発生した損害額は甚大であり、被害者への迅速な賠償の方法、原子力損害賠償法が定める原子力事業者の無限責任原則と例外、国家賠償法の適用可能性、風評被害、電力の安定的供給などをめぐって多数の問題が提起された。事業者の相互扶助および政府保証のもとに東京電力に対して資金援助を行うために、政府は原子力損害賠償支援機構法を制定したが、問題の解決には長期の対応が不可避となっている。この事故を契機として、日本のCSC加入問題も議論されている。

宇宙損害

　宇宙物体の地上または大気圏への落下など宇宙活動に起因して発生する越境損害の賠償責任については、宇宙活動が政府によって行われるか非政府団体によって行われるかを問わず、国は、自国が打ち上げ国となる宇宙活動について、それが条約に従って行われることを確保する国際的責任を負う。宇宙物体から生じる損害について国は専属的に責任を負うという原則は、1966年の**宇宙条約(10-13)**で明示的に確認された。宇宙条約の原則を宇宙物体の落下が引き起こす損害についてより具体化して詳細な規則に発展させたのが1972年の**宇宙損害責任条約(10-14)**である。本章にはこの二つの条約を収録した。宇宙損害責任条約は、宇宙物体が地表で引き起こした損害については打上げ国が無過失（absolute）の無限責任を負い、他の宇宙物体に対して地表外で引き起こした損害については過失責任を適用することを定めるほか、賠償の請求手続、賠償額、国家の請求と私人の請求の関係などについて規定する。ただし、この条約にいう損害は人身または財産に生じた損害に限られている。宇宙条約および宇宙損害責任条約は、条約作成時の米国およびソ連を中心とした宇宙活動をめぐる特殊な事

情から、打上げ国に責任を集中させる制度を採用しているが、宇宙ステーションなど宇宙活動の商業活動としての展開に伴い、国に宇宙活動の管理と責任を一元化する国際法制度に矛盾が生じてきている。

　このほかバーゼル損害賠償責任議定書(7-1-2)、南極環境保護議定書附属書Ⅵ(3-4)および名古屋・クアラルンプール補足議定書は、有害廃棄物の越境移動、南極における環境上の緊急事態、改変された生物の管理など伴い生じうる越境環境損害に対する賠償について重要な原則及び規則を設けているが、これらの条約については、第7章、第3章および第5章の解説を参照されたい。

【第1節　一般原則】

10-1　有害な活動から生じる越境損害の場合の損失の配分に関する原則（越境損害損失配分原則）
Principles on the allocation of loss in the case of transboundary harm arising out of hazardous activities

採　択　2006年8月8日　国際連合国際法委員会第58回会期
　　　　2006年12月4日　国際連合総会第61回会期、決議61/36により「留意」

総会は、

環境と発展に関するリオ宣言の原則13及び原則16を再確認し、

有害な活動による越境損害の防止に関する条文草案を想起し、

有害な活動に関係する事故は、有害な活動による越境損害の防止に関する関係国の義務の履行にもかかわらず発生することがあることを認識し、

この事故の結果、他の国及び(又は)その国民は損害と重大な損失を被ることがあることに留意し、

この事故の結果損害と損失を被る自然人及び法人(国を含む。)が迅速かつ十分な補償を得ることができるように確保するために、適当かつ効果的な措置が設けられるべきことを強調し、

この事故から生じることのある損害及び損失を最小限にするために迅速かつ効果的な対応措置がとられるように配慮し、

国は、防止の義務の違反に対して国際法上責任を負うことに留意し、

特定の範疇の有害な活動に適用される既存の国際協定の重要性を想起し、並びに、この種の協定のいっそうの締結の重要性を強調し、

この分野での国際法の発達に貢献することを希望して、

原則1(適用範囲) この原則草案は、国際法によって禁止されていない有害な活動によって引き起こされる越境損害に適用する。

原則2(定義) この原則草案の適用上、
(a)　「損害」とは人、財産又は環境に引き起こされた重大な損害をいい、次のものを含む。
　(i)　生命の損失又は身体の傷害
　(ii)　財産(文化遺産の一部をなす財産を含む。)の損失又は損害
　(iii)　環境の悪化による損失又は損害
　(iv)　財産又は環境(天然資源を含む。)の回復のための合理的措置の費用
　(v)　合理的な対応措置の費用
(b)　「環境」とは、大気、水、土壌、動物相及び植物相等の非生物的及び生物的な天然資源、これらの諸要素間の相互作用、並びに、景観の特徴的な状況を含む。
(c)　「有害な活動」とは、重大な損害を引き起こす危険を含む活動をいう。
(d)　「発生源国」とは、その領域内又はその管轄若しくは管理の下で有害な活動が実施されている国をいう。
(e)　「越境損害」とは、発生源国以外の国の領域内又は管轄又は管理の下にある他の地域内に存在する人、財産又は環境に対して引き起こされた損害をいう。
(f)　「被害者」とは、損害を被った自然人、法人又は国をいう。
(g)　「事業者」とは、越境損害を引き起こす事故が発生した時に活動を指揮し又は管理していた者をいう。

原則3(目的) この原則草案の目的は、次のとおりである。
(a)　越境損害の被害者に対して迅速かつ十分な補償を確保すること、及び、
(b)　越境損害の場合に、特に環境に対する損害の軽減並びに環境の復元又は回復について、環境を保全し及び保護すること

原則4(迅速かつ十分な補償) 1　各国は、国の領域内又は国の管轄若しくは管理の下にある有害な活動によって引き起こされた越境損害の被害者が利用できる迅速かつ十分な補償を確保するためにあらゆる必要な措置をとるべきである。

2　これらの措置は、事業者又は、適当な場合には、他の者若しくは団体に賠償責任を課すことを含む。この賠償責任は、過失の証明を要件とすべきではない。この賠償責任に対するいかなる要件、制限又は例外も、原則3と合致すべきである。

3　これらの措置はまた、事業者又は、適当な場合には、他の者若しくは団体が補償の請求を弁済する保険、保証金又は他の金銭上の保証等の財政的な担保を設定し及び維持することを含むべきである。

4 適当な場合には、これらの措置は、国内における産業界全体の基金の設立を要件に含むべきである。
5 1から4に基づく措置が十分な補償を提供する上で不十分な場合には、発生源国はまた、追加的財源が利用できるように確保すべきである。

原則5(対応措置) 有害な活動に関連した越境損害をもたらす又はそのおそれがある事故が発生した場合には、
(a) 発生源国は、事故の影響を受けるか又はそのおそれがあるあらゆる国に対して当該事故及び越境損害のありうる影響について迅速に通報する。
(b) 発生源国は、事業者の適当な参加を得て、適当な対応措置をとるものとし、並びに、このために、入手できる最善の科学的情報及び技術に依拠すべきである。
(c) 発生源国はまた、適当な場合には、越境損害の影響を軽減し、可能であればその影響を除去するために影響を受け又はそのおそれのあるあらゆる国と協議し並びに協力を求めるべきである。
(d) 影響を受け又はそのおそれがある国は、越境損害の影響を軽減し、可能であればその影響を除去するために実行可能なあらゆる措置をとる。
(e) 関係国は、適当な場合には、相互に受け入れることが可能な条件で権限のある国際機関及び他の諸国の援助を求めるべきである。

原則6(国際及び国内の救済) 1 国は、国の司法機関又は行政機関に必要な管轄権及び権限を付与すること、並びに、これらの機関が、国の領域内又は国の管轄若しくは管理の下にある有害な活動によって引き起こされた越境損害の場合に利用できる迅速、十分かつ効果的な救済手段をもつことを確保する。
2 越境損害の被害者は、同一の事故から発生源国の領域内で損害を被った被害者が利用することのできる救済手段よりも不利でない迅速、十分かつ効果的な救済手段を発生源国において享受する機会を有するべきである。
3 1及び2は、発生源国で利用できる救済手段以外の救済手段を追求する被害者の権利を害するものではない。
4 国は、迅速でかつ最低の費用で済む国際的請求解決手続に訴えることを定めることができる。
5 国は、救済の追求(補償請求を含む。)に関連する情報の適切な享受の機会を保証するべきである。

原則7(特別の国際制度の発展) 1 特定の範疇の有害な活動について、特別の世界的、地域的又は二国間での協定が補償、対応措置及び国際的及び国内的救済手段に関する効果的な取極めを提供するような場合には、この特別の協定を締結するようあらゆる努力を行うべきである。
2 この協定は、適当な場合には、事業者の資金(財政的な保証手段を含む。)が事故の結果被る損害を補填するために不十分な場合に補足的な補償を提供する産業及び(又は)国の基金に関する取極めを含むべきである。

原則8(実施) 1 各国は、この原則草案を実施するために、必要な立法上、規制上及び行政上の措置を採用すべきである。
2 この原則草案及びこれを実施するためにとる措置は、国籍、住所地又は現住所によるいかなる差別もなしに適用する。
3 国は、この原則草案を実施するために相互に協力すべきである。

10-2 環境に対し危険な活動から生じる損害の民事責任に関する条約(欧州評議会環境危険活動民事責任条約)(抄)

Convention on Civil Liability for Damage Resulting from Activities Dangerous to the Environment

採　択　1993年3月8日(欧州評議会閣僚委員会)
署名開放　1993年6月21日(欧州司法大臣非公式会議、ルガーノ)
効力発生

前文　(略)

第1章　一般規定

第1条(目的) この条約は、環境に危険な活動から生じる損害に対する十分な賠償を確保することを目的とし、並びに、防止及び回復の手段を提供する。

第2条(定義) この条約の適用上、
1 「危険な活動」とは、次の一以上の活動であって職業として行われるもの(公の当局により行われ

(a) 一以上の危険な物質の生産、取扱い、貯蔵、使用若しくは排出又は危険な物質を扱う同様の性質の他の作業
(b) 次の一以上のものを扱う生産、培養、操作、貯蔵、使用、破壊、処分、放出又はいずれか他の作業
- 遺伝子組み換えの生物であって、かつ、その生物の特性の結果、遺伝子組み換え、並びに、当該作業の条件が、人、環境又は財産に重大な危険をもたらすもの
- 病原となる又は毒素を発生する微生物等、微生物であって、かつ、その微生物の特性の結果、並びに、当該作業が行われる条件が、人、環境又は財産に重大な危険をもたらすもの
(c) 附属書Ⅱに定める施設又は敷地のような、廃棄物の焼却、処理、操作又は再生利用のための施設又は敷地の運用であって、かつ、関係する量が人、環境又は財産に重大な危険をもたらすもの
(d) 廃棄物の永久的な貯蔵のための敷地の運用
2 「危険な物質」とは、次のものをいう。
(a) 人、環境又は財産に対する重大な危険を構成する特性を有する物質又は調整品。爆発性、酸化性、極端な燃焼性、高度な燃焼性、燃焼性、猛毒性、有毒性、有害性、腐食性、刺激性、感作性、発癌性、突然変異性、生殖に対する有毒性を有し又はこの条約の附属書Ⅰ第A部に定める意味で環境にとって危険な物質又は調整品は、いかなる場合も、この危険を構成するものとみなす。
(b) この条約の附属書Ⅰ第B部に定める物質。(a)の規定の適用を害することなく、附属書Ⅰ第B部は、危険な物質の特定を一定の量若しくは濃度、一定の危険又は一定の状態に限定することができる。
3 「遺伝子組み換え生物」とは、交配及び(又は)自然の遺伝子組み換えにより自然界で生じるものではない方法により遺伝子物質が変更された生物をいう。ただし、次の遺伝子組み換え生物は、条約の適用範囲外とする。
- 突然変異により獲得した生物であって、かつ、当該遺伝子組み換えが遺伝子組み換え生物を受容生物として使用していないもの
- 細胞融合(原形体融合(protoplast fusion)を含む。)により獲得した植物であって、かつ、その結果得られた植物が伝統的な繁殖方法によって生産でき且つ当該遺伝子組み換えが遺伝子組み換え生物を親世代の生物として使用していないもの
「生物」とは、あらゆる再生又は遺伝子物質の移転が可能な生物学的実体をいう。
4 「微生物」とは、再生又は遺伝子物質の移転が可能な、細胞状又は非細胞状の微生物学的実体をいう。
5 「事業者」とは、危険な活動を管理する者をいう。
6 「者」とは、あらゆる個人若しくは組合、又は、法人であるか否かを問わず、公法又は私法により規律されるあらゆる団体(国又はそのあらゆる構成単位を含む。)をいう。
7 「損害」とは、次のものをいう。
(a) 生命の損失又は身体の傷害
(b) 財産の損失又は損害であって施設自体又は危険な活動の敷地にあって事業者の管理の下にある財産に対する損失又は損害を除くもの
(c) 環境の悪化による損失又は損害であって、(a)及び(b)に定める損害とはみなされないもの。ただし、環境の悪化に対する賠償は、環境の悪化による利益の喪失に対するものを除外し、実際にとられたか又はとられるべき回復措置の費用に限定されるものとする。
(d) 防止措置の費用及び防止措置により引き起こされた損失又は損害。
ただし、(a)から(c)に定める損失又は損害が、危険な物質、遺伝子組み換えの生物若しくは微生物の有害な特性から生じ若しくはそれに起因し、又は、廃棄物から生じ若しくはそれに起因することを限度とする。
8 「回復措置」とは、損害を受け又は破壊された環境の構成部分を回復又は復元し、又は、合理的な場合には、この構成部分と同等のものを環境に導入することを目的とする合理的措置をいう。国内法は、誰がこの措置をとる権利を有するかを定めることができる。
9 「防止措置」とは、事故が発生した後に、この条の7の(a)から(c)に定める損失又は損害を防止し又は最小限するために、いずれかの者によりとられるあらゆる合理的措置をいう。
10 「環境」には、次のものを含む。
- 大気、土壌、動物相及び植物相等の非生物及び生物の双方の天然資源、並びに、これらの諸要素間の相互作用
- 文化遺産の一部を構成する財産、並びに、
- 景観の特徴的な状況
11 「事故」とは、突発的若しくは継続性を有する出来事又は同一の起源を有するいずれかの一連の出来事であって、かつ、損害を引き起こすもの

又は損害を引き起こす重大で急迫した脅威を生じさせるものをいう。

第3条（地理的範囲） 第3章の規定を害することなく、この条約は、次の場合に適用する。
(a) どこで損害が生じるかを問わず、第34条に従って決定する締約国の領域内で事故が生じるとき
(b) 事故が(a)に定める領域の外で生じるときであって、かつ、抵触法の規則が(a)に定める領域に効力を有する法の適用を導く場合

第4条（例外） 1 この条約は、運送から生じる損害には適用しない。運送とは、荷積みの過程の始まりから荷卸しの過程の終わりまでの期間を含む。ただし、条約は、パイプラインによる運送並びに運送が他の活動に付随しかつその不可分の一部となっているような施設内又は公衆が近づくことのできない敷地において完了する運送に適用する。

2 この条約は核物質により生じる次の損害には適用しない。
(a) 1960年7月29日の原子力の分野における第三者責任に関するパリ条約及び1964年1月28日の同追加議定書、又は、1963年5月21日の原子力損害についての民事責任に関するウィーン条約のいずれかにより責任が規律されている原子力事故から生じるもの、又は
(b) 損害に対する賠償について(a)に定めるいずれかの文書よりも有利であることを条件として、この責任が特別の国内法により定められている場合

3 この条約は労働者災害補償又は社会保障制度について適用のある法規則と両立しない限度において適用しない。

第2章　賠償責任

第5条（経過規定） （略）

第6条（物質、生物及び所定の廃棄物施設又は敷地についての責任） 1 第2条1(a)から(c)に定める危険な活動についての事業者は、その活動に管理を及ぼしていたとき又はその期間中に事故の結果として当該の活動により生じた損害に責任を負う。

2 事故が継続的な出来事からなる場合には、その発生の期間中に順次危険な活動に管理を及ぼしていたすべての事業者は、連帯して責任を負う。ただし、危険な活動に管理を及ぼしていたときに生じた出来事が損害の一部のみを生じさせたことを証明した事業者は、損害の当該の部分についてのみ責任を負う。

3 事故が同一の起源をもつ一連の出来事からなる場合には、いずれの出来事のときの事業者も、連帯して責任を負う。ただし、危険な活動に管理を及ぼしていたときに生じた出来事が損害の一部のみを生じさせたことを証明した事業者は、損害の当該の部分についてのみ責任を負う。

4 危険な活動から生じた損害が、その施設又は敷地におけるそれらの危険な活動のすべてが停止した後に認知された場合には、この活動の最後の事業者が当該損害に責任を負う。ただし、損害の全部又は一部が最後の事業者がそうなる前に生じた事故から生じたことを当該事業者又は被害者が証明した場合にはこの限りでない。この場合には、この条の1から3の規定を適用する。

5 この条約のいずれの規定も、事業者の第三者に対する求償権を害するものではない。

第7条（廃棄物の永久的な貯蔵のための敷地についての責任） 1 廃棄物の永久的な貯蔵のための敷地に貯蔵された廃棄物から生じた損害が認知されたときに当該敷地の事業者であった者は、この損害に責任を負う。この敷地の閉鎖の以前に貯蔵された廃棄物により生じた損害が閉鎖の後に認知された場合には、最後の事業者が責任を負う。

2 この条に基づく責任は、廃棄物の性質のいかんを問わず、第6条に基づく事業者のいかなる責任も除外するように適用する。

3 この条に基づく責任は、同一の事業者が廃棄物の永久的な貯蔵のための敷地で別個の危険な活動を行っている場合には、第6条に基づく事業者のいかなる責任も除外するように適用する。ただし、この事業者又は被害者が廃棄物の永久的な貯蔵に関する活動により損害の一部のみが生じたことを証明する場合には、この条は損害の当該の部分のみに適用する。

4 この条約のいずれの規定も、事業者の第三者に対する求償権を害するものではない。

第8条（免責） 事業者は、次のことを証明した損害についてはこの条約に基づく責任を負わない。
(a) 損害が戦争、敵対行為、内乱、反乱又は例外的、不可避的及び不可抗力的な性質を有する自然現象から生じたこと。
(b) 損害が、このような種類の危険な活動に適する安全措置を施したにもかかわらず、第三者の損害を生じさせる意図をもった行為により引き起こされたこと。
(c) 損害が公の当局の特別の命令又は強制的な措置に従ったことから必然的に生じたこと。
(d) 損害が地方の関連する事情の下で許容されている基準の汚染から生じたこと、又は

(e) 損害が被害者の利益のために適法にとられた危険な活動から生じたこと。ただし、その被害者を当該危険な活動が有する危険にさらすことがその者にとって合理的な場合に限る。

第9条(被害者の過失) 被害者又はその者が国内法上責任を負う者が、被害者の過失により、損害に寄与した場合には、賠償は、あらゆる事情を考慮して減額し又は認めないことがある。

第10条(因果関係) 事故と損害の間の因果関係又は、第2条1(d)に定める危険な活動の場合には当該の活動と損害の間の因果関係についての証拠を検討するときに、裁判所は、このような損害を生じさせる危険な活動に固有の危険の増大に妥当な考慮を払う。

第11条(複数の施設又は敷地) 損害が危険な活動が行われている複数の施設又は敷地で発生した事故から生じたとき又は第2条1(d)に定める危険な活動から生じたときは、これらの施設又は敷地の複数の事業者は当該のすべての損害に連帯して責任を負う。ただし、事業者であって自らが危険な活動を行っている施設若しくは敷地で発生した事故又は第2条1(d)に定める危険な活動により当該損害の一部のみが生じたことを証明したものは、損害のその部分のみに責任を負う。

第12条(強制的な金銭上の担保制度) 各締約国は、適当な場合には活動の危険に考慮を払い、領域内で危険な活動を行う事業者に対して、この条約に定める責任を履行するために、金銭上の担保制度に加入すること又は国内法が定める種類及び条件での一定限度額までの金銭上の保証を準備し及び維持することを要求するよう確保する。

第3章 情報へのアクセス

第13条(公の当局の定義) この章の適用上、「公の当局」とは国、地域又は地方レベルの締約国の責任ある公の行政当局であってかつ環境に関する情報を有するものをいう。ただし、司法上又は立法上の資格で活動する機関を除く。

第14条(公の当局が有する情報へのアクセス) 1 何人も、自らの請求により及び利益を証明することなく、公の当局が有する環境に関する情報にアクセスすることができなければならない。締約国は、この情報が効果的に利用できるような実際的な取決めを定める。

2 アクセスの権利は、次のことに影響する場合には国内法に基づき制限することができる。
- 公の当局の手続、国際関係及び国防に係る秘密
- 公の安全
- 裁判に係属中であるか若しくは係属したことがある問題又は調査(懲戒上の調査を含む。)中であるか若しくは調査したことがある問題、又は、予審手続の対象となっている問題
- 知的財産を含む商業上及び工業上の秘密
- 個人情報及び(又は)個人記録の秘密
- 第三者が法的義務に基づく強制なしに提供した資料
- 関係する環境が当該資料の開示によってかえって危険にさらされるおそれのある資料

公の当局が有する情報は、以上に定める利益項目に関する情報と分離することが可能な場合には部分的に提供する。

3 情報の請求は、未完成の文書若しくはデータ又は内部的通信の提供を含んでいる場合又は請求が明らかに不合理であるか若しくはあまりにも一般的に記載されている場合には拒否できる。

4 公の当局は、できる限り速やかにかつ遅くとも2箇月以内に情報を請求した者に回答する。請求された情報の提供を拒否する理由は、示さなければならない。

5 情報の請求が不合理に拒否され若しくは無視されたと考える者又は公の当局により不十分な回答しかなされなかったと考える者は、当該の国内法体系に従って、司法上又は行政上の審査を請求することができる。

6 締約国は、情報を提供するための料金を設けることができる。ただし、料金は合理的な費用を超えてはならない。

第15条(環境に公的責任を有する機関が有する情報へのアクセス) 第14条に定めるのと同一の条件で、何人も、環境に公的責任を有しかつ公の当局の管理の下にある機関が有する環境に関する情報に対しアクセスすることができる。アクセスは、権限のある行政当局を通じて又は当該の機関により直接行われる。

第16条(事業者が有する特定の情報へのアクセス) 1 被害者は、いつでも、この条約に基づく賠償のための請求の存在を証明するために必要な限度において、事業者に対して特定の情報を被害者に提供することを命ずるように裁判所に請求することができる。

2 この条約に基づき賠償の請求が事業者に対してなされたときは、当該請求が司法手続によるものか否かを問わず、当該事業者は、被害者に賠償する自らのありうる義務の程度又は他の事業者から賠償を受ける自らの権利の程度を確定するために必要な限度において、他の事業者に特定の情報を自らに提供することを命ずるように

裁判所に請求することができる。
3 事業者は、1及び2の規定に基づいて、当該事業者が利用できる要素に関する情報であって装備の明細、使用した機械設備、危険な物質又は廃棄物の種類及び集積状況並びに遺伝子組み換え生物又は微生物の性質を実質的に扱ったものを提供するよう要請される。
4 これらの措置は、国内法に基づき適法に命じられることのある調査の措置に影響を及ぼすものではない。
5 裁判所は、関連するすべての利益を考慮して、事業者に不均衡な負担を課す請求を拒否することができる。
6 この条約の第14条2の規定を準用することとし、この条項に基づく制限に加えて、事業者は、情報が自らに罪を負わせることになる場合には当該情報の提供を拒否することができる。
7 情報を請求する者は、合理的な料金を支払う。事業者は、この支払いに対する適切な保証を要求することができる。ただし、裁判所は、賠償の請求を認めたときは、この要求が不必要な費用とならない範囲でこの料金を事業者が負担することを決定することができる。

第4章 賠償及びその他の請求のための訴訟

第17条(時効) 1 この条約に基づく賠償のための訴訟は、請求者が損害の事実及び事業者の身元を了知したか了知すべきであった日から3年の時効に従う。時効の停止又は中断について定める締約国の法は、この項に定める時効に適用する。
2 訴訟は、いかなる場合にも損害を生じさせた事故の日から30年経過した後は提起してはならない。事故が継続的な出来事からなる場合には、30年の期間はその出来事が終了した日から開始する。事故が同一の起源を有する一連の出来事からなる場合には、30年の期間はこれらの最後の出来事が終了した日から開始する。廃棄物の永久的な貯蔵のための敷地については、30年の期間は、遅くとも当該の敷地が国内法の規定に従って閉鎖された日から開始する。

第18条(団体による請求) 1 自らの定款に従って環境の保護を目的としかつ請求を付託するときに締約国の国内法の追加的な条件を満たしているいかなる協会又は財団も、いかなる時点においても、次のことを要請することができる。
(a) 違法かつ環境に損害をもたらす重大な脅威を与える危険な活動を禁止すること。
(b) 事業者に対して事故又は損害を防止する措置をとるように命じること。
(c) 事業者に対して事故の後に損害を防止する措置をとるように命じること、又は
(d) 事業者に対して回復措置をとるように命じること。
2 国内法は、請求が受理できない場合を定めることができる。
3 国内法は、1に定める請求を提出すべき行政上又は司法上の機関を特定することができる。あらゆる場合に再審査の権利に関する定めを設ける。
4 1に定める請求について決定を行う前に、請求がなされた機関は、関連する一般的利益を考慮して、権限のある公の当局の意見を聴取することができる。
5 締約国の国内法が協会又は財団の登録地又は活動の実効的な本拠を自国領域内に置くように求めている場合には、締約国は、欧州評議会の事務総長に宛てた通告によっていつでも、相互主義に基づき、他の締約国の領域内に登録地又は活動の本拠を有している協会又は財団であってかつ当該他の締約国において1に定める条件を満たしているものが1から3に基づいて請求を提出する権利を有することを宣言することができる。宣言は、事務総長が受領した日の後3箇月の期間が経過した月の最初の日に効力を生じる。

第19条(管轄権) 1 この条約に基づく賠償のための訴訟は、締約国内の次の場所の裁判所に対してのみ提起できる。
(a) 損害が発生した場所
(b) 危険な活動が行われた場所
(c) 被告の常居所地
2 第16条1及び2の規定に基づき事業者が保有している特定の情報へのアクセスを求める請求は、締約国内の次の場所の裁判所に対してのみ提起できる。
(a) 危険な活動が行われた場所
(b) 情報の提供を要求される事業者の常居所地
3 第18条1(a)の規定に基づく団体による請求は、締約国内の危険な活動が行われているか又は行われるであろう場所の裁判所、又は国内法の定めがある場合には、権限のある行政当局にのみ提起できる。
4 第18条1(b)、(c)及び(d)の規定に基づく団体による請求は、締約国内の次の場所の裁判所又は、国内法の定めがある場合には、権限のある行政当局にのみ提起できる。
(a) 危険な活動が行われているか又は行われるであろう場所
(b) 措置がとられるべき場所

第20条(通知) 裁判所は、被告が手続を開始する文書

又は同等の文書を自らの防禦を準備することができる十分な時間をもって受領することができたこと、又は、このために必要なあらゆる措置がとられたことが示されるまでは手続を延期する。

第21条(係争中の訴訟) 1 同一の訴訟原因に関係しかつ同一の当事者間での手続が異なる締約国の複数の裁判所に提起された場合には、最初に訴えが起こされた裁判所以外の裁判所は最初に訴えが起こされた裁判所の管轄権が確認されるまで自らの職権で手続を延期する。

2 最初に訴えが起こされた裁判所の管轄権が確認された場合には、当該裁判所以外の裁判所は、最初に訴えが起こされた裁判所のために管轄権を放棄する。

第22条(関連する訴訟) 1 異なる締約国の複数の裁判所に関連する訴訟が提起された場合には、最初に訴えが起こされた裁判所以外の裁判所は、当該訴訟が第一審に係属している間、それらの手続を延期することができる。

2 最初に訴えが起こされた裁判所以外の裁判所はまた、当事者の一方の申立により、当該裁判所の法が関連する訴訟の併合を認めておりかつ最初に訴えが起こされた裁判所が双方の訴訟に対する管轄権を有する場合には、自らの管轄権を放棄することができる。

3 この条の適用上、訴訟が密接に関係しているために別個の手続から生じる判決抵触のおそれを回避するためにそれらをまとめて審理し及び決定することが適切な場合には、それらの訴訟は関連するものとみなされる。

第23条(承認及び執行) 1 第19条の規定に基づき管轄権を有する裁判所が下した決定であってそれ以上通常の再審理の手続に服さないものは、いずれの締約国も、次の場合を除き承認する。

(a) 承認が、承認を求められた締約国の公の政策に反する場合

(b) 決定が欠席の下で下されかつ被告が手続を開始する文書又は同等の文書を自らの防禦を準備することができる十分な時間をもって適正に送達されていなかった場合

(c) 決定が、承認を求められている締約国内の同一の紛争当事者間の紛争において下された決定と抵触する場合

(d) 決定が、同一の訴訟原因に関係しかつ同一の当事者間での他の国で下された以前の決定と抵触する場合。ただし、この以前の決定が承認を求められた締約国で承認のために必要な条件を満たしていることを条件とする。

2 1の規定に基づき承認された決定であって決定がなされた元の締約国で執行できるものは、当該国が要求する手続が完了した後できる限り速やかに各国で執行する。この手続は、事件の本案の再開を認めてはならない。

第24条(管轄権、承認及び執行に関する他の条約) 二以上の締約国が、管轄に関する規則を設ける条約又は一の締約国で下された決定の他の締約国による承認及び執行を定める条約に拘束されているときには、当該条約の規定は、第19条から第23条までのそれらに対応する規定にとって代わる。

第5章 この条約と他の規定との関係
第25条(この条約と他の規定との関係) (略)

第6章 常設委員会
第26条(常設委員会) 1 この条約の適用のため、ここに常設委員会を設置する。

2〜11 (略)

第27条(常設委員会の任務) (略)

第28条(常設委員会の報告) (略)

第7章 条約の改正
第29条(条文の改正) (略)

第30条(附属書の改正) (略)

第31条(附属書ⅠA及びB部の黙示の改正) (略)

第8章 最終条項
第32条(署名、批准及び効力発生) (略)

第33条(欧州評議会非加盟国) (略)

第34条(領域) (略)

第35条(留保) (略)

第36条(廃棄) (略)

第37条(通告) (略)

附属書Ⅰ 危険な物質 (略)

附属書Ⅱ 廃棄物の焼却、処理、処分又は再生利用のための施設又は敷地 (略)

【第2節　海洋汚染損害】　第1項　国際条約

10-3　1992年の油による汚染損害についての民事責任に関する国際条約（1992年油汚染損害民事責任条約；1992年CLC）（抄）
International Convention on Civil Liability for Oil Pollution Damage, 1992

採　　択　1992年11月27日（1969年の油による汚染損害についての民事責任に関する国際条約を改正する1992年の議定書；以下「1992年議定書」という。）、ロンドン）

効力発生　1996年5月30日

改　　正　採択 2000年10月18日（IMO法律委員会第82回会期）、効力発生 2003年11月1日（黙示的受諾）

日 本 国　1994年6月22日国会承認、8月24日加入書寄託、1995年9月19日公布（条約第18号）、1996年5月30日効力発生、2000年改正につき2003年11月1日効力発生（外務省告示第476号）

原 条 約　(1)1969年の油による汚染損害についての民事責任に関する国際条約（以下「1969年油汚染損害民事責任条約（CLC）」という。）：1969年11月29日採択（ブラッセル）、1975年6月19日効力発生、(2)1976年議定書：1976年11月19日採択、1981年4月8日効力発生、1992年議定書の締約国は1969年油汚染損害民事責任条約を廃棄する義務を負う。

日 本 国　(1)1969年油汚染損害民事責任条約　1975年12月12日国会承認、1976年6月3日加入書寄託、7月15日公布（条約第9号）、9月1日効力発生、1998年5月15日廃棄効力発生（外務省告示第223号）、(2)1976年議定書：1994年6月22日国会承認、8月24日加入書寄託、9月14日公布（条約第9号）、11月22日効力発生

〔編者注〕以下の条文は、「1969年の油による汚染損害についての民事責任に関する国際条約を改正する1992年の議定書」（以下「1992年議定書」という。）によって改正された1969年油汚染損害民事責任条約をその2000年の改正とともに一本のテキストに編集したものである。条約名称は1992年議定書第11条2の規定に基づく。ただし、最終規定は1992年議定書第12条の3の規定に従い、同議定書の最終規定の条文番号をそのまま用いている。

———

この条約の締約国は、

ばら積みの油の全世界にわたる海上輸送がもたらす汚染の危険を認め、

船舶からの油の流出又は排出による汚染によって生ずる損害を被った者に対し適正な賠償が行われることを確保することが必要であると確信し、

責任についての問題を解決し及び、そのような場合において、適正な賠償を行うことについての統一的な国際的規則及び手続を採用することを希望して、以下のとおり協定した。

第1条【定義】 1　「船舶」とは、ばら積みの油を貨物として輸送するために建造され又は改造された海上航行船舶及び海上用舟艇（種類のいかんを問わない。）をいう。ただし、油及び他の貨物を輸送することができる船舶については、ばら積みの油を貨物として現に輸送しているとき及びその輸送の後の航海中（その輸送による残留物が船舶内にないことが証明された場合を除く。）においてのみ、船舶とみなす。

2　「者」とは、個人若しくは組合又は、法人であるかどうかを問わず、公法上若しくは私法上の団体（国及びその行政区画を含む。）をいう。

3　「所有者」とは、船舶の所有者として登録されている者又は、登録がない場合には、船舶を所有する者をいう。ただし、国が所有する船舶であって、その国においてその船舶の運航者として登録されている会社が運航するものについては、「所有者」とは、その会社をいう。

4　「船舶の登録国」とは、登録されている船舶についてはその船舶が登録されている国をいい、登録されていない船舶についてはその船舶の旗国をいう。

5　「油」とは、原油、重油、重ディーゼル油、潤滑油等の持続性の炭化水素の鉱物油をいい、船舶により貨物として輸送されているかその船舶の燃料タンクにあるかを問わない。

6　「汚染損害」とは、次のものをいう。

(a)　船舶からの油の流出又は排出（その場所のいかんを問わない。）による汚染によってその船舶の外部において生ずる損失又は損害。た

だし、環境の悪化について行われる賠償(環境の悪化による利益の喪失に関するものを除く。)は、実際にとられた又はとられるべき回復のための合理的な措置の費用に係るものに限る。
  (b) 防止措置の費用及び防止措置によって生ずる損失又は損害
 7 「防止措置」とは、いずれかの者が汚染損害を防止し又は最小限にするため事故の発生後にとる相当の措置をいう。
 8 「事故」とは、いずれかの出来事又は同一の原因による一連の出来事であって、汚染損害をもたらすもの又は損害汚染をもたらす重大かつ急迫した脅威を生じさせるものをいう。
 9 「機関」とは、国際海事機関をいう。
 10 「1969年責任条約」とは、1969年の油による汚染損害についての民事責任に関する国際条約をいう。同条約の1976年の議定書の締約国については、「1969年責任条約」というときは、同議定書によって改正された1969年責任条約をいうものとする。

第2条【条約の適用範囲】 この条約は、次のものについてのみ適用する。
  (a) 次の区域において生ずる汚染損害
    (i) 締約国の領域(領海を含む。)
    (ii) 国際法に従って設定された締約国の排他的経済水域。排他的経済水域を設定していない締約国については、その締約国の領海に接続しかつその締約国が国際法に従って決定する水域であって、領海に幅を測定するための基線から200海里を超えないもの
  (b) (a)の汚染損害を防止し又は最小限にするための防止措置(とられた場所のいかんを問わない。)

第3条【船舶所有者の汚染損害賠償責任】 1 2及び3に規定する場合を除くほか、事故の発生の時又は事故が一連の出来事から成るときは最初の出来事の発生の時における船舶の所有者は、その事故の結果その船舶から生ずる汚染損害について責任を負う。
 2 所有者は、次のことを証明した場合には、汚染損害について責任を負わない。
  (a) 当該汚染損害が戦争、敵対行為、内乱、暴動又は例外的、不可避的かつ不可抗力的な性質を有する自然現象によって生じたこと。
  (b) 当該汚染損害が、専ら、損害をもたらすことを意図した第三者の作為又は不作為によって生じたこと。
  (c) 当該汚染損害が、専ら、燈台その他の航行援助施設の維持について責任を有する政府その他の当局のその維持についての過失その他不法の行為によって生じたこと。
 3 所有者は、汚染損害が、専ら又は部分的に、汚染損害を被った者の作為若しくは不作為(損害をもたらすことを意図したものに限る。)又は過失によって生じたことを証明した場合には、その者に対する責任の全部又は一部を免れることができる。
 4 汚染損害の賠償の請求は、この条約に基づく場合を除くほか、所有者に対して行うことができない。5の規定に従うことを条件として、汚染損害の賠償の請求は、この条約に基づくものであるかどうかを問わず、次に掲げる者に対して行うことができない。
  (a) 所有者の被用者若しくは代理人又は乗組員
  (b) 水先人その他船舶のために役務を提供する者で乗組員以外のもの
  (c) 船舶の傭(よう)船者(裸傭(よう)船者を含み、名称のいかんを問わない。)、管理人又は運航者
  (d) 所有者の同意を得て又は権限のある公の当局の指示に基づき救助活動を行う者
  (e) 防止措置をとる者
  (f) (c)から(e)までに掲げる者の被用者又は代理人
   ただし、(a)から(f)までに掲げる者が汚染損害をもたらす意図をもって又は無謀にかつ汚染損害の生ずるおそれがあることを認識して行った行為(不作為を含む。)により汚染損害が生じた場合は、この限りでない。
 5 この条約のいかなる規定も、所有者の第三者に対する求償権を害するものではない。

第4条【船舶所有者の連帯責任】 1 2以上の船舶が関係する事故が生じ、それによって汚染損害が生じた場合には、それらのすべての船舶の所有者は、前条の規定に基づいて責任を免れる場合を除くほか、合理的に分割することができない汚染損害の全体について連帯して責任を負う。

第5条【責任限度額】 1 船舶の所有者は、この条約に基づく自己の責任を、一の事故について、次のとおり計算した金額に制限することができる。
  (a) トン数5,000単位を超えない船舶については、451万計算単位
  (b) トン数5,000単位を超える船舶については、それを超える部分についてトン数1単位当たり631計算単位で計算した計算単位と(a)の計算単位とを合算した計算単位
   ただし、この金額は、いかなる場合にも、8,977

万計算単位を超えないものとする。
2 所有者は、汚染損害をもたらす意図をもって又は無謀にかつ汚染損害の生ずるおそれがあることを認識して行った自己の行為(不作為を含む。)により汚染損害の生じたことが証明された場合には、この条約に基づいて自己の責任を制限することができない。
3 所有者は、1の制限の利益を享受するためには、第9条の規定に基づいて訴えが提起される締約国のうちいずれかの締約国の裁判所その他の権限のある当局に、又は訴えが提起されない場合には同条の規定に基づいて訴えを提起することができる締約国のうちいずれかの締約国の裁判所その他の権限のある当局に、自己の責任の限度額に相当する額の基金を形成しなければならない。基金は、その金額を供託することにより、又は基金が形成される締約国の法令によって認められかつ裁判所その他の権限のある当局が十分と認める銀行保証その他の保証を提供することによって形成することができる。
4 債権者の間における基金の分配は、確定された債権の額に比例して行う。
5 所有者、その被用者若しくは代理人又は所有者に保険その他の金銭上の保証を提供する者は、基金の分配が行われる前に当該事故の結果として汚染損害について賠償額を支払った場合には、その支払った額を限度として、その賠償額の支払を受けた者がこの条約に基づいて有したであろう権利を代位によって取得する。
6 5に規定する者以外の者も、その支払った汚染損害についての賠償額につき、5に規定する代位の権利を、関係国内法令によりそのような代位が認められる範囲内で行使することができる。
7 所有者又は他のいずれかの者が、基金の分配が行われる前に支払われたならば5又は6の規定に基づいてそれらの者が代位の権利を有したであろう賠償額の全部又は一部の支払を後に強制されることがあることを証明した場合には、基金が形成された国の裁判所その他の権限のある当局は、それらの者が後に基金に対して自己の権利を行使することを可能にするため十分な金額を暫定的に保留することを命ずることができる。
8 所有者が汚染損害を防止し又は最小限にするために自発的に負担した相当の経費及び自発的に払った相当の犠牲に係る権利は、基金に対し、他の債権と同一の順位を有する。
9(a) 1にいう計算単位は、国際通貨基金の定める特別引出権とする。1に規定する金額は、当該国の通貨が3に規定する基金の形成の日に特別引出権に対して有する価値に従って、当該通貨に換算する。国際通貨基金の加盟国である締約国の通貨の特別引出権表示による価値は、国際通貨基金がその操作及び取引のために適用する評価方法であって換算の日において効力を有しているものにより計算する。国際通貨基金の加盟国でない締約国の通貨の特別引出権表示による価値は、その締約国の定める方法により計算する。
(b) 国際通貨基金の加盟国でなく、かつ、自国の法令により(a)の規定を適用することのできない締約国は、この条約の批准、受諾若しくは承認若しくはこれへの加入の時に又はその後いつでも、(a)にいう計算単位を15金フランに等しくすることを宣言することができる。この(b)にいう金フランとは、純分1,000分の900の金65.5ミリグラムから成る単位をいう。金フランの通貨への換算は、当該国の法令の定めるところにより行う。
(c) (a)第4段に規定する計算及び(b)に規定する換算は、(a)第1段から第3段までの規定を適用したならば得られたであろう1に規定する金額と可能な限り同一の実質価値が締約国の通貨で表示されるように行う。締約国は、(a)に規定する計算の方法又は(b)に規定する換算の結果を、この条約の批准書、受諾書、承認書又は加入書の寄託の時に寄託者に通知する。当該計算の方法又は当該換算の結果が変更された場合も、同様とする。
10 この条の規定の適用上、船舶のトン数は、1969年の船舶のトン数の測度に関する国際条約附属書Iに定めるトン数の測度に関する規則に従って計算される総トン数とする。
11 保険者その他金銭上の保証を提供する者は、この条の規定に従い、所有者が形成する場合と同一の条件でかつ同一の効果を有するものとして基金を形成することができる。この基金は、所有者が2の規定に基づき自己の責任を制限することができない場合にも形成することができるものとするが、この場合においては、所有者に対する債権者の権利は、その基金の形成によって害されることはない。

第6条【基金形成に伴う諸措置】 1 所有者が事故の発生後に前条の規定に従って基金を形成しており、かつ、自己の責任を制限することができる場合には、
(a) 当該事故によって生じた汚染損害に係る債権を有する者は、その債権に関し、所有者の他の財産に対していかなる権利をも行使する

ことができない。
　(b)　締約国の裁判所その他の権限のある当局は、当該所有者が所有する船舶その他の財産であって当該事故によって生じた汚染損害に係る債権に関して差し押さえられたものの差押えの解除を命じなければならず、また、そのような差押えを免れるために提供された保証その他の担保をも同様に取り消さなければならない。
2　もっとも、1の規定は、基金を管理する裁判所における手続に当該債権者が参加することが可能であり、かつ、基金がその者の債権の弁済のために実際に用いることができるものである場合にのみ適用する。

第7条【金銭上の保証】 1　締約国に登録されており、かつ、2,000トンを超えるばら積みの油を貨物として輸送している船舶の所有者は、この条約に基づく汚染損害についての自己の責任を担保するため、第5条1に規定する責任の制限を適用して決定される額の保険又は銀行保証若しくは国際的な補償基金によって交付される証明書のような他の金銭上の保証を維持しなければならない。

2　保険その他の金銭上の保証がこの条約に従って効力を有していることを証明する証明書が、1に規定する要件が満たされていることが締約国の権限のある当局により確認された後に、各船舶に対して発行される。締約国に登録されている船舶については、その証明書は、船舶の登録国の権限のある当局により発行され又は公認される。締約国に登録されていない船舶については、その証明書は、いずれかの締約国の権限のある当局により発行され又は公認されることができる。その証明書は、附属書に示す様式によるものとし、次の事項を記載する。
　(a)　船名及び船籍港
　(b)　所有者の氏名又は名称及び主たる営業所の所在地
　(c)　保証の種類
　(d)　保険者その他保証を提供する者の氏名又は名称及び主たる営業所の所在地並びに、適当な場合には、保険契約又は保証契約を締結した営業所の所在地
　(e)　証明書の有効期間。その期間は、保険その他の保証の有効期間を超えるものであってはならない。

3　証明書は、それを発行する国の公用語で作成する。用いられる言語が英語又はフランス語のいずれでもない場合には、その証明書には、それらの言語のいずれかによる訳文を記載する。

4　証明書は、船舶内に備え置くものとし、その写しは、当該船舶の登録簿を保管する当局又は当該船舶がいずれの締約国にも登録されていない場合にはその証明書を発行し若しくは公認した国の当局に寄託する。

5　保険その他の金銭上の保証は、2に規定する証明書に記載された保険その他の保証の有効期間の満了以外の理由により、4にいう当局に対して終了の通知が行われた日から3箇月の期間を経過する前に効力を失うことがあるものである場合には、この条の要件を満たすこととはならない。ただし、当該期間内において証明書が4にいう当局に引き渡され又は新しい証明書が発行されたことを条件として効力を失う場合は、この限りでない。この5の規定は、保険その他の保証がこの条の要件を満たさなくなるような変更についても同様に適用する。

6　登録国は、この条の規定に従うことを条件として、証明書の発行要件及び効力要件を定める。

7　2の規定に従い締約国の権限に基づいて発行され又は公認された証明書(いずれの締約国にも登録されていない船舶について発行され又は公認されたものを含む。)は、他の締約国により、この条約の適用上承認され、それらの締約国が発行し又は公認した証明書と同一の効力を有するものと認められる。締約国は、証明書に記載された保険者又は保証提供者がこの条約によって課される義務を履行する資力を有しないと認める場合には、いつでもその証明書を発行し又は公認した国に対し協議を要請することができる。

8　汚染損害の賠償の請求は、保険者その他汚染損害についての所有者の責任を担保する金銭上の保証を提供する者に対して直接に行うことができる。この場合には、被告は、所有者が第5条2の規定に基づいて自己の責任を制限することができないときにおいても、同条1に規定する責任の制限を援用することができる。被告は、また、所有者自身が援用することができたであろう抗弁(所有者の破産及び清算を除く。)を援用することができる。被告は、更に、汚染損害が所有者自身の悪意によって生じたことの抗弁を援用することができるが、所有者により被告に対して提起される訴えにおいて援用することができたであろう他のいかなる抗弁をも援用することができない。被告は、いかなる場合にも、所有者が訴訟手続に参加することを要求する権利を有する。

9　1の規定に従って維持される保険その他の金銭

上の保証によって提供される金額は、この条約に基づく債権の弁済にのみ充てる。
10　締約国は、自国の旗を掲げる船舶でこの条の規定に該当するものについては、2又は12の規定に従って証明書が発行されていない限り、運航を許してはならない。
11　この条の規定に従うことを条件として、各締約国は、自国の領域内の港に入港し若しくはそこから出港し又は自国の領海内にある沖合の施設に到着し若しくはそこから出発する船舶（登録の場所のいかんを問わない。）であって2,000トンを超えるばら積みの油を貨物として現に輸送しているものにつき、自国の国内法令により、1の要件を満たす保険その他の保証が維持されることを確保する。
12　締約国が所有するいずれかの船舶について保険その他の金銭上の保証が維持されていない場合には、この条の関係規定は、その船舶については適用しない。もっとも、その船舶は、その船舶の登録国の権限のある当局が発行する証明書であって、その船舶がその国の所有するものでありかつその船舶の責任が第5条1に規定する制限の範囲で担保されている旨を明記しているものを備え置かなければならない。その証明書は、できる限り2に規定する様式に従うものとする。

第8条【賠償請求権の消滅】この条約に基づいて賠償を請求する権利は、損害が生じた日から3年以内にこの条約に基づいて訴えが提起されない場合には、消滅する。ただし、訴えは、いかなる場合にも、損害をもたらした事故の発生の日から6年を経過した後は、提起することができない。事故が一連の出来事から成る場合には、その6年の期間は、最初の出来事の発生の日から起算する。

第9条【裁判管轄権】1　事故が一若しくは二以上の締約国の領域（領海を含む。）若しくは第2条に規定する水域において汚染損害をもたらし、又は当該領域（領海を含む。）若しくは当該水域における汚染損害を防止し若しくは最小限にするため防止措置がとられた場合には、賠償の請求の訴えは、当該締約国の裁判所にのみ提起することができる。その訴えについては、被告に対し相当の通告を行う。
2　各締約国は、自国の裁判所が1に規定する賠償の請求の訴えについての管轄権（the necessary jurisdiction）を有するようにする。
3　第5条の規定に従って基金が形成された後は、基金が形成された国の裁判所は、基金の割当て及び分配に関するすべての事項について決定を行

う排他的権限を有する。

第10条【判決の承認・執行】1　前条の規定に従い管轄権を有する裁判所が下した判決で、その判決のあった国において執行することが可能であり、かつ、再び通常の方式で審理されることがないものは、次の場合を除くほか、いずれの締約国においても承認される。
　(a)　その判決が詐欺によって得られた場合
　(b)　被告が相当の通告及び自己の主張を陳述するための公平な機会を与えられなかった場合
2　1の規定に基づいて承認された判決は、各締約国において、その国において必要とされる手続がとられたときは、執行力を付与される。その手続は、事件の本案の審理を許すものであってはならない。

第11条【軍艦・公船の適用除外】1　この条約は、軍艦又は国によって所有され若しくは運航される他の船舶で当該期間において政府の非商業的役務にのみ使用されているものについては、適用しない。
2　締約国によって所有されかつ商業的目的に使用されている船舶に関しては、各締約国は、第9条に規定する管轄権の下での訴訟に服し、かつ、主権国家としての地位に基づくすべての抗弁の権利を放棄する。

第12条【他の国際条約との関係】この条約は、この条約が署名のために開放される日に効力を生じており又は署名、批准若しくは加入のために開放されている国際条約がこの条約と抵触する場合には、その抵触する限度においてのみ、それらの国際条約に優先する。ただし、この条の規定は、締約国が非締約国に対しそれらの国際条約により負っている義務に影響を及ぼすものではない。

第12条の2（経過規定）事故の発生の時にこの条約及び1969年責任条約の双方の締約国である国については、次の(a)から(d)までの経過規定を適用する。
　(a)　この条約に基づく責任は、事故がこの条約の対象とされている汚染損害をもたらした場合において、その責任が1969年責任条約の下でも生ずるときは、その範囲で履行されたものとみなす。
　(b)　事故がこの条約の対象とされている汚染損害をもたらし、かつ、当該国がこの条約及び1971年の油による汚染損害の補償のための国際基金の設立に関する国際条約の双方の締約国である場合には、(a)の規定が適用された後履行されずに残る責任は、汚染損害が1971年の油による汚染損害の補償のための国際基金

の設立に関する国際条約が適用された後補償されずに残る範囲でのみ、この条約に基づいて生ずる。
  (c) 第3条4の規定の適用に当たり、「この条約」とは、適宜、この条約又は1969年責任条約をいうものと解する。
  (d) 第5条3の規定の適用に当たり、形成される基金の額は、(a)の規定に基づいて履行されたものとみなされた責任に相当する額を減じたものとする。

第12条の3【最終規定】1969年責任条約を改正する1992年の議定書第12条から第18条までの規定をこの条約の最終規定とする。この条約において「締約国」というときは、同議定書の締約国をいうものとする。

【1969年の民事責任条約を改正する1992年の議定書の最終規定】

第12条(署名、批准、受諾、承認及び加入) 1 この議定書は、1993年1月15日から1994年1月14日まで、ロンドンにおいて、すべての国による署名のために開放しておく。
2 4の規定に従うことを条件として、いずれの国も、次のいずれかの方法により、その議定書の締約国となることができる。
  (a) 批准、受諾又は承認を条件として署名した後、批准し、受諾し又は承認すること。
  (b) 加入すること。
3 批准、受諾、承認又は加入は、そのための正式の文書を機関の事務局長に寄託することによって行う。
4 1971年の油による汚染損害の補償のための国際基金の設立に関する国際条約(以下「1971年基金条約」という。)の締約国は、同条約を改正する1992年の議定書を同時に批准し、受諾若しくは承認し又はこれに加入する場合にのみ、この議定書を批准し、受諾し若しくは承認し又はこれに加入することができる。ただし、この議定書が当該締約国について効力を生ずる日に1971年基金条約の廃棄が効力を生ずるように当該締約国が同条約を廃棄する場合は、この限りでない。
5 この議定書の締約国であるが1969年責任条約の締約国でない国は、この議定書の他の締約国との関係においてはこの議定書によって改正された同条約によって拘束されるが、同条約の締約国との関係においては同条約によって拘束されない。
6 この議定書によって改正された1969年責任条約についてその後改正が行われた場合には、当該その後の改正が効力を生じた後に寄託される批准書、受諾書、承認書又は加入書は、この議定書によって改正され、かつ、当該その後の改正が行われた同条約に係るものとみなす。

第13条(効力発生) (略)

第14条(改正) 1 機関は、1992年責任条約の改正のための会議を招集することができる。
2 機関は、締約国の3分の1以上から要請がある場合には、1992年責任条約の改正のための締約国会議を招集する。

第15条(制限額の改正) 1 事務局長は、締約国の少なくとも4分の1の要請がある場合には、この議定書によって改正された1969年責任条約第5条1に規定する責任の限度額の改正案を機関のすべての加盟国及びすべての締約国に送付する。
2 1の規定により提案されかつ送付された改正案は、送付された日の後6箇月目の日以後に行われる審議のための機関の法律委員会に付託する。
3 この議定書によって改正された1969年責任条約のすべての締約国は、機関の加盟国であるかないかを問わず、改正案の審議及び採択のため法律委員会の審議に参加する権利を有する。
4 改正案は、3の規定により拡大された法律委員会に出席しかつ投票する締約国の3分の2以上の多数による議決で採択する。ただし、投票の際に締約国の少なくとも2分の1が出席していることを条件とする。
5 法律委員会は、限度額の改正案について決定を行う場合には、事故の経験、特にそれらの事故によって生じた損害の額、貨幣価値の変動及びその改正案が保険の費用に及ぼす影響を考慮する。法律委員会は、また、この議定書によって改正された1969年責任条約第5条1に規定する限度額と1992年の油による汚染損害の補償のための国際基金の設立に関する国際条約第4条4に規定する限度額との関係を考慮する。
6(a) この条の規定に基づいて行われる責任の限度額の改正は、1998年1月15日前に審議することはできず、また、この条の規定に基づいて先に行われた改正が効力を生じた日から5年を経過する時まで審議することはできない。この条の規定に基づく改正は、この議定書が効力を生ずる前に審議することはできない。
  (b) 限度額については、この議定書によって改正された1969年責任条約に定める限度額につき1993年1月15日から年6パーセントの複利による計算をして得た増額分と当該限度額との合計額を超えるような引き上げを行うことはできない。

(c) 限度額については、この議定書によって改正された1969年責任条約に定める限度額に3を乗じた額を超えるような引上げを行うことはできない。
7 機関は、4の規定に従って採択された改正をすべての締約国に通告する。改正は、通告の日の後18箇月の期間が満了した時に受諾されたものとみなされる。ただし、その期間内に、法律委員会における改正の採択の時に締約国であった国の4分の1以上が機関に対しその改正を受諾しない旨の通知を行った場合には、その改正は、受諾されず、効力を生じない。
8 7の規定により受諾されたものとみなされる改正は、その受諾の後18箇月で効力を生ずる。
9 すべての締約国は、改正が効力を生ずる日の少なくとも6箇月前に次条1及び2の規定に基づいてこの議定書を廃棄しない限り、その改正によって拘束される。その廃棄は、その改正が効力を生ずる時に効力を生ずる。
10 法律委員会が改正を採択した後受諾のための18箇月の期間が満了するまでの間にこの議定書の締約国となった国は、その改正が効力を生ずる場合には、その改正によって拘束される。その期間が満了した後に締約国となる国は、7の規定により受諾された改正によって拘束される。これらの場合において、当該国は、改正が効力を生ずる時に、又はこの議定書が当該国について効力を生ずる時がそれよりも遅い時はその時に、その改正によって拘束される。

第16条(廃棄) (略)
第17条(寄託者) (略)
第18条【言語】 (略)

附属書 油による汚染損害についての民事責任に関する保険その他の金銭上の保証の証明書 (略)

10-4 1992年の油による汚染損害の補償のための国際基金の設立に関する国際条約(1992年油汚染損害補償国際基金設立条約；1992年FC)(抄)

International Convention on the Establishment of an International Fund for Compensation for Oil Pollution Damage, 1992

採　択　1992年11月27日(1971年の油による汚染損害の補償のための国際基金の設立に関する国際条約を改正する1992年の議定書(以下「1992年基金議定書」という)、ロンドン)

効力発生　1996年5月30日

改　正　採択　2000年10月18日(IMO法律委員会第82回会期)、効力発生2003年11月1日(黙示的受諾)

日 本 国　1994年6月22日国会承認、8月24日加入書寄託、1995年9月19日公布(条約第19号)、1996年5月30日効力発生、2000年改正につき2003年11月1日効力発生(外務省告示第477号)

原 条 約　(1)1971年の油による汚染損害の補償のための国際基金の設立に関する国際条約(以下「1971年油汚染損害補償国際基金設立条約」という。)：1971年12月18日採択(ブラッセル)、1978年10月16日効力発生、(2)1976年議定書：1976年11月19日採択、1994年11月22日効力発生、1992年補償基金条約の締約国は1971年油汚染損害補償国際基金設立条約を廃棄する義務を負い、当初の1971年条約はその当事国数が24になったため同条約の2000年議定書第2条に従い、2002年5月24日条約が終了した(1976年議定書も同日効力停止)。

日 本 国　(1)1971年油汚染損害補償国際基金設立条約　1975年12月12日国会承認、1976年7月7日受諾書寄託、1978年10月14日公布(条約第18号)、10月16日効力発生、1998年5月15日廃棄効力発生(外務省告示第224号)、(2)1976年議定書　1994年6月22日国会承認、8月24日加入書寄託、9月14日公布(条約第10号)、11月22日効力発生

〔編者注〕以下の条文は、「1971年の油による汚染損害の補償のための国際基金の設立に関する国際条約を改正する1992年の議定書」(以下「1992年議定書」という。)によって改正された1971年油汚染損害補償国際基金設立条約(1976年議定書による改正を含む。)を2000年の改正とともに一本のテキストに編集したものである。条約名称は1992年基金議定書第27条2に基づく。ただし、最終規定は1996年議定書第36条の5に従い、同議定書の最終規定の条文番号をそのまま用いている。

この条約の締約国は、

1969年11月29日にブラッセルで採択された油による汚染損害についての民事責任に関する国際条約の締約国であり、

ばら積みの油の全世界にわたる海上輸送がもたらす汚染の危険を認め、

船舶からの油の流出又は排出による汚染によって生ずる損害を被った者に対し適正な補償が行われることを確保することが必要であると確信し、

1969年11月29日の油による汚染損害についての民事責任に関する国際条約が、締約国における汚染損害及びそのような損害を防止し又は最小限にするための措置(とられた場所のいかんを問わない。)の費用に対する賠償制度を設けることによって、この目的の達成に向かって相当の進歩を示すものであることを考慮し、

しかしながら、その制度が、油による汚染損害の被害者に必ずしも十分な賠償を行うものではなく、他方において船舶の所有者に追加的な金銭上の負担を課するものであることを考慮し、

更に、船舶によりばら積みで海上を輸送される油の流出又は排出による汚染損害の経済的影響は、船舶の所有者のみが負担すべきでなく、その一部は輸送される油について利害関係を有する者が負担すべきであることを考慮し、

油による汚染損害の被害者に十分な補償が行われること及び、同時に、油による汚染損害についての民事責任に関する国際条約によって船舶の所有者に課される追加的な金銭上の負担が軽減されることを確保するため、同条約の補足として補償及び補てんの制度を設けることが必要であると確信し、

海洋汚染損害に関する国際法律会議が1969年11月29日に採択した油による汚染損害についての国際補償基金の設立に関する決議に留意して、

次のとおり協定した。

一般規定

第1条【定義】 この条約の適用上、

1 「1992年責任条約」とは、1992年の油による汚染損害についての民事責任に関する国際条約をいう。

1の2 「1971年基金条約」とは、1971年の油による汚染損害の補償のための国際基金の設立に関する国際条約をいう。同条約の1976年の議定書の締約国については、「1971年基金条約」というときは、同議定書によって改正された1971年基金条約をいうものとする。

2 「船舶」、「者」、「所有者」、「油」、「汚染損害」、「防止措置」、「事故」及び「機関」という語は、1992年責任条約第1条において定義されるこれらの語の意味と同一の意味を有する。

3 「拠出油」とは、(a)及び(b)に定義する原油及び重油をいう。

　(a) 「原油」とは、輸送に適するように処理されているかどうかを問わず、地中から産出する液状の炭化水素の混合物をいい、ある蒸留留分を除去した原油(「抜頭原油」と称されることがある。)及びある蒸留留分を加えた原油(「スパイク原油」又は「混合原油」と称されることがある。)を含む。

　(b) 「重油」とは、原油から得られる重質留分若しくは残渣(さ)油又はそれらの混合物であって、熱又は動力を発生させるための燃料としての使用に充てられ、かつ、「米国材料検査協会の第4号重油の規格(規格番号D396-69)」に相当する品質のもの又はそれよりも重質のものをいう。

4 「計算単位」という語は、1992年責任条約第5条9において定義されるこの語の意味と同一の意味を有する。

5 「船舶のトン数」という語は、1992年責任条約第5条10において定義されるこの語の意味と同一の意味を有する。

6 「トン」とは、油に関しては、メートル・トンをいう。

7 「保証提供者」とは、1992年責任条約第7条1の規定に従って所有者の責任を担保するための保険その他の金銭上の保証を提供する者をいう。

8 「受入施設」とは、ばら積みの油の貯蔵所であって水上を輸送した油を受け入れることができるもの(沖合にありかつその貯蔵所と連接している設備を含む。)をいう。

9 事故は、一連の出来事から成る場合には、その最初の出来事の発生の日に生じたものとみなす。

第2条【国際基金の設立】 1 「1992年の油による汚染損害の補償のための国際基金」(以下「基金」という。)と称する汚染損害の補償のための国際基金をこの条約により設立する。基金は、次のことを目的とする。

　(a) 1992年責任条約によって与えられる保護が十分でない範囲において汚染損害の補償を行うこと。

　(b) この条約に規定する関連した目的を達成すること。

2 基金は、各締約国において、当該締約国の法令に基づき権利及び義務を有することができ、かつ、当該締約国の裁判所における裁判上の手続

の当事者となることができる法人と認められる。各締約国は、基金の事務局長(以下「事務局長」という。)を基金の法律上の代表者と認める。
第3条【条約の適用範囲】((10-3)第2条と同じ)

　補　償
第4条【補償】1　基金は、第2条1(a)に規定するその任務を遂行するため、汚染損害を被った者に対し、その者がその損害につき次の理由により1992年責任条約の下で十分かつ適正な賠償を受けることができない場合に、補償を行う。
　(a)　当該損害につき1992年責任条約の下で責任が生じないこと。
　(b)　1992年責任条約に基づき当該損害について責任を有する所有者がその義務を完全に履行する資力を有せず、かつ、同条約第7条の規定に基づいて提供される金銭上の保証が当該損害をうずめず又は当該損害の賠償に係る債権の弁済のために十分でないこと。損害を被った者が、その者に認められている法的救済を得るためすべての相当の措置をとった上でなお1992年責任条約に基づいてその者に支払われるべき賠償の全額の支払を受けることができない場合には、所有者は、その義務を履行する資力を有しないものとみなされ、かつ、金銭上の保証は、十分でないとみなされる。
　(c)　当該損害が、1992年責任条約第5条1の規定に従って制限される同条約に基づく所有者の責任又はこの条約の作成の日に効力を有し若しくは署名、批准若しくは加入のために開放されている他の国際条約に基づく所有者の責任を超えること。
　所有者が汚染損害を防止し又は最小限にするために自発的に負担した相当の経費及び自発的に払った相当の犠牲は、この条の規定の適用上汚染損害とみなす。
2　基金は、次の場合には、1の規定に基づく義務を負わない。
　(a)　汚染損害が、戦争、敵対行為、内乱若しくは暴動によって生じ、又は軍艦若しくは国により所有され若しくは運航される他の船舶で事故の発生の時に政府の非商業的役務にのみ使用されていたものから流出し若しくは排出された油によって生じたことを基金が証明した場合
　(b)　損害が一又は二以上の船舶の関係する事故によって生じたことを債権者が証明することができない場合
3　基金は、汚染損害が、専ら又は部分的に、汚染損害を被った者の作為若しくは不作為(損害をもたらすことを意図したものに限る。)又は過失によって生じたことを証明した場合には、その者に対する補償の義務の全部又は一部を免れることができる。基金は、いかなる場合にも、船舶の所有者が1992年責任条約第3条3の規定に基づいて責任を免れたときは、その範囲で義務を免れる。ただし、防止措置については、この限りでない。
4(a)　(b)及び(c)の規定が適用される場合を除くほか、基金がこの条の規定に基づいて支払う補償の総額は、一の事故について、その額と前条の規定によりこの条約の対象とされている汚染損害につき1992年責任条約に基づいて実際に支払われる賠償額との合計額が2億300万計算単位を超えないように制限される。
　(b)　(c)の規定が適用される場合を除くほか、例外的、不可避的かつ不可抗力的な性質を有する一の自然現象によって生じた汚染損害につき基金がこの条の規定に基づいて支払う補償の総額は、2億300万計算単位を超えないものとする。
　(c)　(a)及び(b)に規定する補償の総額の最高額は、この条約のいずれかの三の締約国の領域内で前暦年中に受け取られた拠出油についてその量が合計6億トン以上となる期間がある場合において、当該期間中に生じた事故については、3億74万計算単位とする。
　(d)　1992年責任条約第5条3の規定に従って形成された基金について生じた利子は、基金がこの条の規定に基づいて支払う補償の総額の算定上考慮に入れないものとする。
　(e)　この条に規定する金額は、基金の総会が補償の支払の最初の日を決定する日に当該国の通貨が特別引出権に対して有する価値に従って、当該通貨に換算する。
5　基金に対する確定された債権の額が4の規定に基づいて支払われる補償の総額を超える場合には、支払に充てられる金額は、確定された債権の額と債権者に対しこの条約に基づいて実際に支払われる金額との割合がすべての債権者について同一となるような方法で分配する。
6　基金の総会は、例外的な場合においては、船舶の所有者が1992年責任条約第5条3に規定する基金を形成していないときであっても、この条約に基づく補償が支払われることを決定することができる。この場合には、4(e)の規定を適用する。
7　基金は、締約国の要請に応じ、事故(基金がこの条約に基づいて補償の支払を要求されることが

あるもの)によって生ずる汚染損害を防止し又は軽減する目的でその締約国が措置をとることを可能にするために必要な人員、資材及び役務をその締約国が速やかに確保することを援助するため、必要なあっせんを行う。

8 基金は、いずれかの事故につき基金がこの条約に基づいて補償の支払を要求されることがある場合にその事故によって生ずる汚染損害の防止措置をとることを可能にするため、内部規則に定める条件で、信用供与を行うことができる。

第5条 削除

第6条【請求権の消滅】 第4条の規定に基づく補償を請求する権利は、損害が生じた日から3年以内に同条の規定に基づいて訴えが提起されず、かつ、次条6の規定に基づいて通告が行われない場合には、消滅する。ただし、訴えは、いかなる場合にも、損害をもたらした事故の発生の日から6年を経過した後は、提起することができない。

第7条【裁判管轄権】 1 2から6までの規定に従うことを条件として、第4条の規定に基づく補償についての基金に対する訴えは、当該事故がもたらした汚染損害について責任を有し又は1992年責任条約第3条2の規定がなかったならば責任を有したであろう所有者に対する訴えに関し同条約第9条の規定に基づいて権限を有する裁判所にのみ提起する。

2 各締約国は、自国の裁判所が1に規定する基金に対する訴えについての管轄権を有するようにする。

3 汚染損害の賠償についての訴えが船舶の所有者又はその保証提供者に対し1992年責任条約第9条の規定に基づいて権限を有する裁判所に提起されている場合には、その裁判所が、同一の損害に係る第4条の規定に基づく補償についての基金に対する訴えについて、専属的管轄権を有する。ただし、1992年責任条約に基づく汚染損害の賠償についての訴えが同条約の締約国であるがこの条約の締約国でない国の裁判所に提起されている場合には、第4条の規定に基づく基金に対する訴えは、債権者の選択により、基金の本部がある国の裁判所に、又はこの条約の締約国の裁判所で1992年責任条約第9条の規定に基づいて権限を有するものに提起する。

4 各締約国は、基金が船舶の所有者又はその保証提供者につき1992年責任条約第9条の規定に従って自国の権限のある裁判所において開始された裁判上の手続に、当事者として参加する権利を有するようにする。

5 6の規定が適用される場合を除くほか、基金は、基金が当事者でなかった裁判上の手続における判決若しくは決定により又は基金が当事者でない解決によって拘束されることはない。

6 4の規定を害することなく、締約国は、所有者又はその保証提供者に対し汚染損害の賠償についての1992年責任条約に基づく訴えが自国の権限のある裁判所に提起された場合に、その手続の各当事者が、自国の国内法令上、基金に対しその手続について通告することができるようにする。その通告が、当該裁判所の属する国の法令で定める手続に従って、かつ、基金が実際にその手続に当事者として有効に参加することができるような時期に及びそのような方法で行われた場合には、その手続において裁判所が下した判決は、その判決のあった国において終局的かつ執行可能なものとなった後は、基金がその手続に実際に参加しなかったときも、その判決に係る事実及び認定につき争うことができないという意味で基金を拘束する。

第8条【判決の承認・執行】 第4条5の分配に関する決定に従うことを条件として、前条1及び3に規定に従い管轄権を有する裁判所が基金に対して下した判決で、その判決のあった国において執行することが可能であり、かつ、再び通常の方式で審理されることがないものは、各締約国において、1992年責任条約第10条に定める条件と同一の条件で承認されかつ執行力を付与される。

第9条【代位】 1 基金は、第4条1の規定に従って基金が支払った汚染損害の補償の金額に関し、その補償の支払を受けた者が1992年責任条約に基づき所有者又はその保証提供者に対して有したであろう権利を代位によって取得する。

2 この条の規定は、基金が1に規定する者以外の者に対して有する求償又は代位の権利を害するものではない。基金がそれらの者に対して有する代位の権利は、いかなる場合にも、補償の支払を受けた者の保険者が有する代位の権利よりも不利なものであってはならない。

3 基金に対して有することがある他の代位又は求償の権利を害することなく、汚染損害の補償を国内法令に従って支払った締約国又はその機関は、その補償の支払を受けた者がこの条約に基づいて有したであろう権利を代位によって取得する。

拠出金

第10条【年次拠出金】 1 基金への年次拠出金は、各締約国に関し、

(a) 当該締約国の領域内にある港又は受入施設

において、それらの港又は受入施設に向けて海上を輸送された拠出油を、また、
    (b) 当該締約国の領域内にある施設において、海上を輸送されかつ非締約国の港又は受入施設において荷揚げされた拠出油(この(b)の規定の適用上、当該非締約国において荷揚げされた後最初に締約国において受け取られるものに限る。)を、
第12条2(a)又は(b)に規定する暦年中に、総量において15万トンを超えて受け取った者が支払う。
2(a) 1の規定の適用上、いずれかの者がいずれかの締約国の領域内で一暦年の間に受け取った拠出油の量が、その者と特殊関係を有する一又は二以上の者が同一の締約国において同一の暦年に受け取った拠出油の量と合計して15万トンを超える場合には、それらの者は、自己が実際に受け取った量について拠出金を支払うものとし、その量が15万トンを超えるかどうかを問わない。
 (b) 「特殊関係を有する者」とは、従属し又は共通の支配の下にある主体をいう。いずれの者がこの定義に該当するかは、当該国の国内法令の定めるところによる。

第11条 削除

第12条【年次拠出金の額の決定】 1 総会は、必要な場合には支払われるべき年次拠出金の額を決定するため、及び、十分な流動資金を維持することの必要性を考慮して、各暦年につき、予算の形式で次のものについての見積りを行う。
 (i) 支出
  (a) 当該年における基金の管理の費用及び経費並びに前年までの運営の結果生じた不足分
  (b) 基金が、第4条の規定の基づく基金に対する債権であって一の事故についての総額が400万計算単位を超えないものの弁済に充てるため、当該年において行う支払(そのような債権の弁済に充てるため基金が既に行った借入れの弁済を含む。)
  (c) 基金が第4条の規定に基づく基金に対する債権であって一の事故についての総額が400万計算単位を超えるものの弁済に充てるため、当該年において行う支払(そのような債権の弁済に充てるため基金が既に行った借入れの返済を含む。)
 (ii) 収入
  (a) 前年までの運営の結果生じた剰余金(利子を含む。)
  (b) 予算の収支の均衡を保つために必要な場合には、年次拠出金
  (c) その他の収入
2 総会は、徴収されるべき拠出金の総額を決定する。第10条に規定するそれぞれの者の年次拠出金の額については、事務局長が、その総会の決定に基づき、各締約国に関し、
  (a) 1(i) (a)及び(b)の支払を行うための拠出金については、前暦年中にその者が当該締約国において受け取った拠出油につきトン当たり一定の額で計算するものとし、また、
  (b) 1(i) (c)の支払を行うための拠出金については、当該事故が生じた暦年の前暦年中にその者が受け取った拠出油につきトン当たり一定の額で計算する。ただし、当該締約国が当該事故の発生の日にこの条約の締約国であったことを条件とする。
3 2にいう一定の額は、それぞれ、必要とされる拠出金の総額を、当該年にすべての締約国において受け取られた拠出油の総量で除することによって算出する。
4 年次拠出金は、基金の内部規則に定める日に支払うものとする。総会は、これと異なる支払の日を決定することができる。
5 総会は、基金の会計規則に定めるところに従い、2(a)の規定に基づいて受け取られた資金と2(b)の規定に基づいて受け取られた資金との間で移転を行うことを決定することができる。

第13条【延滞利子の付加等】 1 前条の規定に基づいて支払われるべき拠出金で支払が遅滞しているものには、基金の内部規則に従って決定される率で利子を付する。その率は、状況に応じて異なるものとすることができる。
2 各締約国は、自国の領域内で受け取られた油につきこの条約に基づいて生ずる基金への拠出の義務が履行されることを確保するものとし、その義務の効果的な履行を図るため、自国の法令の下で適当な措置(必要と認める制裁を課することを含む。)をとる。もっとも、その措置は、基金への拠出の義務を有する者に対してのみとるものとする。
3 第10条及び前条の規定に従い基金への拠出をしなければならない者がその拠出額の全部又は一部についてその義務を履行せず、その支払が遅滞している場合には、事務局長は、その支払われるべき額の取立てのため、基金の名においてその者に対しすべての適当な措置をとる。もっとも、義務を履行しない拠出者が明らかに支払不能である場合又は他の事情からそれが正当化される場合には、総会は、事務局長の勧告に基

づき、その拠出者に対する措置をとらないこと又はその措置を継続しないことを決定することができる。

第14条【拠出義務の引受】 1　各締約国は、批准書若しくは加入書の寄託の際に又はその後いつでも、自国の領域内で受け取られた油につき第10条1の規定に従い基金への拠出をしなければならない者に対しこの条約に基づいて課される義務を自ら引き受けることを宣言することができる。その宣言は、書面によって行うものとし、また、引き受ける義務を明記する。

2　1の規定に基づく宣言は、第40条の規定に従ってこの条約が効力を生ずる前に行われる場合には、機関の事務局長に寄託する。機関の事務局長は、この条約が効力を生じた後に、その宣言を事務局長に通知する。

3　1の規定に基づく宣言は、この条約が効力を生じた後に行われる場合には、事務局長に寄託する。

4　この条に規定する宣言を行った国は、事務局長に対し書面による通告を行うことにより、その宣言を撤回することができる。その通告は、事務局長が受領した後3箇月で効力を生ずる。

5　この条の規定に基づいて行った宣言によって拘束される国は、その宣言に明記する義務に関し権限のある裁判所に提起される裁判上の手続においては、主張することができたであろう裁判上の特権を放棄する。

第15条【情報の送付】 1　各締約国は、基金への拠出をしなければならない量の拠出油を自国の領域内で受け取る者が、2及び3の規定により事務局長が作成しかつ最新のものに保つ表に記載されることを確保する。

2　各締約国は、1の目的のため、内部規則に定める時期に、同規則に定める方法で、事務局長に対し、当該締約国に関し第10条の規定に従い基金への拠出をしなければならない者の氏名又は名称及び住所を通知し、並びにその者が前暦年中に受け取った拠出油の量に関する資料を送付する。

3　1の表は、反証がない限り、任意の時点において第10条1の規定に基づいて基金への拠出をしなければならない者の確定及び、必要な場合には、その者の拠出額の決定に当たって考慮すべき油の量の確定に関し、証明力を有する。

4　締約国が2に定める通知及び送付を事務局長に対して行う義務を履行しない結果として基金に金銭上の損失が生じた場合には、当該締約国は、基金に対し当該損失について賠償を行う責任を負う。総会は、事務局長の勧告に基づき、当該締約国が当該損失について賠償を行うか行わないかを決定する。

組織及び管理

第16条【基金の組織】 基金に、総会及び事務局長を長とする事務局を置く。

総　会

第17条【総会の構成】 総会は、この条約のすべての締約国で構成する。

第18条【総会の任務】 総会の任務は、次のとおりとする。

1　各通常会期において、次の通常会期まで在任する議長1人及び副議長2人を選出すること。

2　この条約の規定に従うことを条件として、その手続規則を定めること。

3　基金が任務を適正に遂行するために必要な内部規則を採択すること。

4　事務局長を任命し、他の必要な職員の任命に関する規則を定め、並びに事務局長及び他の職員の勤務条件を定めること。

5　年次予算を採択し、及び年次拠出金の額を決定すること。

6　会計検査専門家を任命し、及び基金の決算報告を承認すること。

7　基金に対する請求についての解決を承認し、第4条5の規定に従い補償の支払に充てられる金額の債権者間における分配についての決定を行い、及び汚染損害の被害者ができる限り速やかに補償を受けることを確保することを目的として債権に係る暫定的支払を行うための条件を定めること。

8　削除

9　必要と認める臨時又は常設の補助機関を設け、それらの機関の付託条項を定め、及びそれらの機関が与えられた任務を遂行するために必要な権限を付与すること。総会は、補助機関の構成員を任命するに当たり、構成員の衡平な地理的配分及び最も多量の拠出油が受け取られている締約国が適切に代表されることを確保するように努めるものとする。総会の手続規則は、補助機関の作業について準用することができる。

10　総会及び補助機関の会合に投票権なしで参加することを許される非締約国、政府間機関及び国際的非政府機関を決定すること。

11　基金の管理に関し事務局長及び補助機関に指示を与えること。

12　削除

13　この条約及び総会の決定の適正な実施を監督すること。

14　この条約に基づき総会に与えられ又は基金の適正な運営のため必要とされるその他の任務を遂行すること。

第19条【会期】1　総会の通常会期は、事務局長の招集により毎暦年1回開催する。

2　総会の臨時会期は、総会の構成員の少なくとも3分の1の要請により事務局長が招集するものとし、また、事務局長自身の発議により総会の議長と協議の上招集することができる。事務局長は、それらの会期につき少なくとも30日前に総会の構成員に通告する。

第20条【定足数】総会の会合には、過半数の構成員が出席していなければならない。

第21条～第27条　削除

事務局

第28条【事務局】1　事務局は、事務局長及び基金の管理のために必要な職員から成る。

2　事務局長は、基金の法律上の代表者とする。

第29条【事務局長】1　事務局長は、基金の首席行政官であるものとし、総会の指示に従うことを条件として、この条約、基金の内部規則及び総会によって与えられる任務を遂行する。

2　(略)

第30条【事務職員の中立義務】　(略)

会　計

第31条【総会の費用負担】　(略)

投　票

第32条【総会における投票権】総会における投票には、次の規定を適用する。
　(a)　各構成員は、一個の投票権を有する。
　(b)　次条に別段の定めがある場合を除くほか、総会の決定は、出席しかつ投票する構成員の過半数による議決で行う。
　(c)　4分の3又は3分の2の多数決を必要とする決定は、出席する構成員のそれぞれ4分の3又は3分の2以上の多数による議決で行う。
　(d)　この条の規定の適用上、「出席する構成員」とは、「投票の時に会合に出席している構成員」をいい、「出席しかつ投票する構成員」とは、「出席し、かつ、賛成又は反対の票を投ずる構成員」をいう。投票を棄権する構成員は、投票を行わないものとみなす。

第33条【多数決の採用】総会の次の決定は、3分の2の多数決を必要とする。
　(a)　拠出者に対する措置をとらないこと又はその措置を継続しないことについての第13条3の規定に基づく決定
　(b)　第18条4の規定に基づく事務局長の任命
　(c)　第18条9の規定に基づく補助機関の設置及びその関連事項

第34条【免税特権】　(略)

経過規定

第35条【補償請求権の時間的制限】この条約の効力発生の日の後に生ずる事故に関し第4条の規定に基づいて行われる補償の請求は、その効力発生の日の後120日目の日前に基金に対して行うことができない。

第36条【総会の招集】　(略)

第36条の2【経過規定】この条約が効力を生ずる日から1971年基金条約を改正する1992年の議定書第31条に規定する廃棄が効力を生ずる日までの期間(以下「経過期間」という。)において、次の(a)から(d)までの経過規定を適用する。
　(a)　第2条1(a)の規定の適用に当たり、「1992年責任条約」というときは、1969年の油による汚染損害についての民事責任に関する国際条約(1976年の議定書によって改正される前の同条約又は同議定書によって改正された同条約をいうものとし、以下この条において、「1969年責任条約」という。)及び1971年基金条約を含めていうものとする。
　(b)　基金は、事故がこの条約の対象とされている汚染損害をもたらした場合であって、汚染損害を被った者がその損害につき1969年責任条約、1971年基金条約及び1992年責任条約の下で十分かつ適正な賠償又は補償を受けることができないときにのみ、その範囲でその者に対して補償を行う。ただし、基金は、この条約の対象とされている汚染損害に関し、この条約の締約国であるが1971年基金条約の締約国でない国については、その国がこれらの双方の条約の締約国であったとしても汚染損害を被った者が十分かつ適正な賠償又は補償を受けることができなかったであろう場合にのみ、その範囲でその者に対して補償を行う。
　(c)　第4条の規定の適用に当たり、基金が支払う補償の総額を決定する上で考慮する金額には、1969年責任条約に基づいて実際に支払われる賠償額がある場合には当該賠償額、及び1971年基金条約に基づいて実際に支払われる又は支払われたものとみなされる補償の金額を含めるものとする。
　(d)　第9条1の規定は、1969年責任条約に基づく権利について準用する。

第36条の3【経過規定】1　4の規定に従うことを条件として、一の締約国において一暦年中に受け取られた拠出油について支払われる年次拠出金の合計額は、当該暦年についての1971年基金条約を改正する1992年の議定書に基づく年次拠出金の総額の27.5パーセントを超えないものとする。

2　第12条2及び3の規定の適用の結果として、一の締約国における拠出者が1暦年に支払う拠出金の合計額が年次拠出金の総額の27.5パーセントを超える場合には、当該締約国におけるそれぞれの拠出者が支払う拠出金は、その合計額が当該総額の27.5パーセントに等しくなるように、一定の割合で減額する。

3　いずれかの締約国における拠出者が支払う拠出金が2の規定に基づいて減額される場合には、他のすべての締約国における拠出者が支払う拠出金は、当該暦年に基金への拠出をしなければならないすべての者が支払う拠出金の総額が総会の決定する拠出金の総額に達するように、一定の割合で増額する。

4　1から3までの規定は、すべての締約国において一暦年中に受け取られた拠出油の総量が7億5,000万トンに達する日又は1992年の議定書が効力を生じた日の後5年の期間が満了する日のいずれか早い日まで適用する。

第36条の4【経過規定】この条約の規定にかかわらず、1971年基金条約及びこの条約の双方が効力を有している期間、次の(a)から(f)までの規定を基金の管理について適用する。
　(a)　1971年基金条約によって設立された基金(以下「1971年基金」という。)の事務局及びその長である事務局長は、基金の事務局及び事務局長として任務を遂行することができる。
　(b)　1971年基金の事務局及び事務局長が(a)の規定に基づき基金の事務局及び事務局長として任務を遂行する場合であって、1971年基金と基金との間において利害が異なるときは、基金は、基金の総会の議長によって代表される。
　(c)　事務局長及び事務局長が任命する職員及び専門家がこの条約及び1971年基金条約に基づいて任務を遂行する場合には、これらの者がこの条の規定に基づいて任務を遂行する限り、第30条の規定に違反するものとはみなされない。
　(d)　基金の総会は、1971年基金の総会が行う決定と両立しない決定を行わないように努める。管理上の共通の問題について意見の相違が生ずる場合には、基金の総会は、相互協力の精神に基づき、かつ、双方の基金の共通の目的に留意し、1971年基金の総会と意見の一致に達するように努める。
　(e)　基金は、1971年基金の総会が1971年基金条約第44条2の規定に基づいてその旨の決定を行う場合には、1971年基金の権利、義務及び資産を承継することができる。
　(f)　基金は、1971年基金に変わって行う管理上の役務について要するすべての費用及び経費を償還する。

第36条の5【最終規定】1971年基金条約を改正する1992年の議定書第28条から第39条までの規定をこの条約の最終規定とする。この条約において「締約国」というときは、同議定書の締約国をいうものとする。

【1971年基金条約を改正する1992年の議定書の最終規定】

第28条(署名、批准、受諾、承認及び加入)　1　この議定書は、1993年1月15日から1994年1月14日まで、ロンドンにおいて、1992年責任条約に署名した国による署名のために開放しておく。

2　4の規定に従うことを条件として、この議定書は、これに署名した国によって批准され、受諾され又は承認されなければならない。

3　4の規定に従うことを条件として、この議定書は、これに署名しなかった国による加入のために開放しておく。

4　1992年責任条約を批准し、受諾し若しくは承認し又はこれに加入している国のみが、この議定書を批准し、受諾し若しくは承認し又はこれに加入することができる。

5　批准、受諾、承認又は加入は、そのための正式の文書を機関の事務局長に寄託することによって行う。

6　この議定書の締約国であるが1971年基金条約の締約国でない国は、この議定書の他の締約国との関係においてはこの議定書によって改正された同条約によって拘束されるが、同条約の締約国との関係においては同条約によって拘束されない。

7　この議定書によって改正された1971年基金条約についてその後改正が行われた場合には、当該その後の改正が効力を生じた後に寄託される批准書、受諾書、承認書又は加入書は、この議定書によって改正され、かつ、当該その後の改正が行われた同条約に係るものとみなす。

第29条(拠出油に関する通知)　1　いずれの国も、この議定書が当該国について効力を生ずる前は、前

条5に規定する文書を寄託する時及びその後毎年機関の事務局長が決定する日に、同事務局長に対し、当該国に関しこの議定書によって改正された1971年基金条約第10条の規定に従い基金への拠出をしなければならないであろう者の氏名又は名称及び住所を通知し、並びにその者が前暦年中に当該国の領域内で受け取った拠出油の量に関する資料を送付する。

2　事務局長は、経過期間中毎年機関の事務局長に対し、締約国に代わり、この議定書によって改正された1971年基金条約第10条の規定に従い基金への拠出をしなければならない者が受け取った拠出油の量に関する資料を送付する。

第30条(効力発生) 1　（略）

2　（略）

3　この議定書は、1に規定する効力発生の要件が満たされた後にこれを批准し、受諾し若しくは承認し又はこれに加入する国については、その国が該当する文書を寄託した日の後12箇月で効力を生ずる。

4　いずれの国も、この議定書の批准書、受諾書、承認書又は加入書の寄託の際に、これらの文書がこの条の規定の適用上次に規定する6箇月の期間の満了の時まで効力を有しないことを宣言することができる。

5　4の規定に基づいて宣言を行った国は、機関の事務局長に充てた通告により、いつでもその宣言を撤回することができる。撤回は、通告が受領された日に効力を生ずるものとし、また、撤回を行った国は、その撤回が効力を生じた日にこの議定書の批准書、受諾書、承認書又は加入書を寄託したものとみなされる。

6　1969年責任条約を改正する1992年の議定書第13条2の規定に基づいて宣言を行った国は、4の規定に基づいて宣言を行ったものとみなされる。同条2の規定に基づく宣言の撤回は、5の規定に基づく宣言の撤回とみなされる。

第31条(1969年責任条約及び1971年基金条約の廃棄)
前条の規定に従うことを条件として、この議定書の締約国及び批准書、受諾書、承認書又は加入書（これらの文書について同条4の規定の適用があるかないかを問わない。）を寄託した国は、1971年基金条約及び1969年責任条約の締約国である場合には、次の(a)及び(b)の要件が満たされた日の後6箇月の期間内に、その6箇月の期間の満了の後12箇月で効力を生ずるように、これらの条約を廃棄しなければならない。

(a)　少なくとも八の国がこの議定書の締約国となり又は批准書、受諾書、承認書若しくは加入書（これらの文書について前条4の規定の適用があるかないかを問わない。）を機関の事務局長に寄託すること。

(b)　機関の事務局長が、第29条の規定に基づき、この議定書によって改正された1971年基金条約第10条の規定に従って拠出をしなければならない者又は拠出をしなければならないであろう者が前暦年中に総量において少なくとも7億5,000万トンの拠出油を受け取った旨の情報を受領すること。

第32条(改正) 1　機関は、1992年基金条約の改正のための会議を招集することができる。

2　機関は、すべての締約国の3分の1以上からの要請がある場合には、1992年基金条約の改正のための締約国会議を招集する。

第33条(補償の限度額の改正) 1　事務局長は、締約国の少なくとも4分の1の要請がある場合には、この議定書によって改正された1971年基金条約第4条4に規定する補償の限度額の改正案を機関のすべての加盟国及びすべての締約国に送付する。

2　1の規定により提案されかつ送付された改正案は、送付された日の後6箇月目の日以後に行われる審議のため機関の法律委員会に付託する。

3　この議定書によって改正された1971年基金条約のすべての締約国は、機関の加盟国であるかないかを問わず、改正案の審議及び採択のため法律委員会の審議に参加する権利を有する。

4　改正案は、3の規定により拡大された法律委員会に出席しかつ投票する締約国の3分の2以上の多数による議決で採択する。ただし、投票の際に締約国の少なくとも2分の1が出席していることを条件とする。

5　法律委員会は、限度額の改正案について決定を行う場合には、事故の経験、特にそれらの事故によって生じた損害の額及び貨幣価値の変動を考慮する。法律委員会は、また、この議定書によって改正された1971年基金条約第4条4に規定する限度額と1992年の油による汚染損害についての民事責任に関する国際条約第5条1に規定する限度額との関係を考慮する。

6(a)　この条の規定に基づいて行われる限度額の改正は、1998年1月15日前に審議することはできず、また、この条の規定に基づいて先に行われた改正が効力を生じた日から5年を経過する時まで審議することはできない。この条の規定に基づく改正は、この議定書が効力を生ずる前に審議することはできない。

(b)　限度額については、この議定書によって改

正された1971年基金条約に定める限度額につき1993年1月15日から年6パーセントの複利による計算をして得た増額分と当該限度額との合計額を超えるような引上げを行うことはできない。
  (c) 限度額については、この議定書によって改正された1971年基金条約に定める限度額に3を乗じた額を越えるような引上げを行うことはできない。
7 機関は、4の規定に従って採択された改正をすべての締約国に通告する。改正は、通告の日の後18箇月の期間が満了した時に受諾されたものとみなされる。ただし、その期間内に、法律委員会における改正の採択の時に締約国であった国の4分の1以上が機関に対しその改正を受諾しない旨の通知を行った場合には、その改正は、受諾されず、効力を生じない。
8 7の規定により受諾されたものとみなされる改正は、その受諾の後18箇月で効力を生ずる。
9 すべての締約国は、改正が効力を生ずる日の少なくとも6箇月前に次条1及び2の規定に基づいてこの議定書を廃棄しない限り、その改正によって拘束される。その廃棄は、その改正が効力を生ずる時に効力を生ずる。
10 法律委員会が改正を採択した後受諾のための18箇月の期間が満了するまでの間にこの議定書の締約国となった国は、その改正が効力を生ずる場合には、その改正によって拘束される。その期間が満了した後に締約国となる国は、7の規定により受諾された改正によって拘束される。これらの場合において、当該国は、改正が効力を生ずる時に、又はこの議定書が当該国について効力を生ずる時がそれよりも遅いときはその時に、その改正によって拘束される。

第34条(廃棄) 1 締約国は、この議定書が自国について効力を生じた日の後は、いつでもこれを廃棄することができる。
2 廃棄は、機関の事務局長に廃棄書を寄託することによって行う。
3 廃棄は、機関の事務局長への廃棄書の寄託の後12箇月で、又は廃棄書に明記するこれよりも長い期間の後に、効力を生ずる。
4 1992年責任条約の廃棄は、この議定書の廃棄とみなす。その廃棄は、1969年責任条約を改正する1992年の議定書の廃棄が同議定書第16条の規定に従って効力を生ずる日に効力を生ずる。
5 第31条の規定によって要求される1971年基金条約及び1969年責任条約の廃棄を行わなかったこの議定書の締約国は、同条に規定する6箇月の期間の満了の後12箇月で効力が生ずるようにこの議定書を廃棄したものとみなす。同条に規定する廃棄が効力を生じた日以後においては、1969年責任条約の批准書、受諾書、承認書又は加入書を寄託するこの議定書の締約国は、その寄託により同条約が効力を生ずる日に効力が生ずるようにこの議定書を廃棄したものとみなす。
6 この議定書のいずれかの締約国が1971年基金条約第41条の規定に基づいて行う同条約の廃棄は、この議定書の締約国の間においては、いかなる場合にも、この議定書によって改正された1971年基金条約の廃棄と解してはならない。
7 いずれかの締約国がこの条の規定に基づいてこの議定書の廃棄を行った場合においても、この議定書によって改正された1971年基金条約第12条2(b)にいう事故でその廃棄が効力を生ずる前に生じたものにつきこの議定書によって改正された同条約第10条の規定に基づいて拠出をする義務に関するこの議定書の規定は、引き続き適用する。

第35条(総会の臨時会期) 1 締約国は、いずれかの締約国による廃棄書の寄託がその結果として残余の締約国に関する拠出金の水準を著しく引き上げることとなると認める場合には、その寄託の後90日以内に、事務局長に対し、総会の臨時会期を招集するよう要請することができる。事務局長は、その要請を受領した後60日以内に総会を招集する。
2 事務局長は、いずれかの締約国による廃棄書の寄託がその結果として残余の締約国に関する拠出金の水準を著しく引き上げることとなると認める場合には、自己の発議により、その寄託の後60日以内に総会の臨時会期を招集することができる。
3 1又は2の規定に従って招集された臨時会期において、総会が、当該廃棄が残余の締約国に関する拠出金の水準を著しく引き上げるものであると決定した場合には、いずれの締約国も、当該廃棄が効力を生ずる日の120日前までに、この議定書を廃棄することができるものとし、その廃棄は、同じ日に効力を生ずる。

第36条(終了) 1 この議定書は、締約国の数が3未満になった日に効力を失う。
2 この議定書が効力を失う日の前日にこの議定書によって拘束されている締約国は、基金が次条の任務を遂行することができるようにするため必要な措置をとるものとし、その目的のためにのみ、引き続きこの議定書によって拘束される。

第37条(基金の精算) (略)
第38条(寄託者) (略)

第39条(言語) （略）

10-5　1992年の油による汚染損害の補償のための国際基金の設立に関する国際条約の2003年の議定書(1992年油汚染損害補償国際基金設立条約の2003年議定書；1992年FC2003年議定書)（抄）

Protocol of 2003 to the International Convention on the Establishment of an International Fund for Compensation for Oil Pollution Damage, 1992

採　　択　2003年5月16日(国際海事機関外交会議、ロンドン)
効力発生　2005年3月3日
日 本 国　2004年6月10日国会承認、7月13日加入書寄託、2005年2月18日公布(条約第5号)、3月3日効力発生

この議定書の締約国は、

1992年の油による汚染損害についての民事責任に関する国際条約(以下「1992年責任条約」という。)に留意し、

1992年の油による汚染損害の補償のための国際基金の設立に関する国際条約(以下「1992年基金条約」という。)を考慮し、

油による汚染に関する責任並びに賠償及び補償の国際的な制度を存続させることが重要であることを確認し、

油による汚染に関する責任並びに賠償及び補償の国際的な制度を存続させることが重要であることを確認し、

1992年基金条約の下での補償の総額が、特定の場合には同条約の締約国における補償の必要を満たすために十分でないおそれがあることに留意し、

加入を希望する国が加入することのできる追加的な制度を創設することによって、補償のための追加的な資金を利用可能とすることを、緊急に処理を要する事項として1992年責任条約及び1992年基金条約の多数の締約国が必要と認めることを認識し、

1992年責任条約及び1992基金条約の下で利用可能な賠償額及び補償額が確定された債権を完済するために十分でないおそれがあり、かつ、その結果として1992年の油による汚染損害の補償のための国際基金が確定された債権の一定の割合のみを弁済することを暫定的に決定した場合には、この追加的な制度により、油による汚染損害の被害者がその損失又は損害に対する十分な補償の支払を受けることを確保することを追求し、及び被害者の直面する困難を緩和すべきであることを確信し、

この追加的な制度への加入は、1992年基金条約の締約国にのみ開放されることを考慮して、

次のとおり協定した。

一般規定

第1条【定義】この議定書の適用上、

1　「1992年責任条約」とは、1992年の油による汚染損害についての民事責任に関する国際条約をいう。

2　「1992年基金条約」とは、1992年の油による汚染損害の補償のための国際基金の設立に関する国際条約をいう。

3　「1992年基金」とは、1992年基金条約により設立された1992年の油による汚染損害の補償のための国際基金をいう。

4　「締約国」とは、別段の定めがある場合を除くほか、この議定書の締約国をいう。

5　1992年基金条約の規定をこの議定書に準用する場合には、同条約中の「基金」は、別段の定めがある場合を除くほか、「追加基金」と読み替える。

6　「船舶」、「者」、「所有者」、「油」、「汚染損害」、「防止措置」及び「事故」という語は、1992年責任条約第1条において定義されるこれらの語の意味と同一の意味を有する。

7　「拠出油」、「計算単位」、「トン」、「保証提供者」及び「受入施設」という語は、別段の定めがある場合を除くほか、1992年基金条約第1条において定義されるこれらの語の意味と同一の意味を有する。

8　「確定された債権」とは、1992年基金が認めた債権又は権限のある裁判所の決定で1992年基金を拘束しかつ再び通常の方式で審理されることがないものにより認められた債権であって、1992年基金条約第4条4に定める限度額が適用されていなければその全額について補償を受けたであろうものをいう。

9　「総会」とは、別段の定めがある場合を除くほか、2003年の油による汚染損害の補償のための追加的な国際基金の総会をいう。

10　「機関」とは、国際海事機関をいう。

11　「事務局長」とは、機関の事務局長をいう。

第2条【追加基金の設立】1　「2003年の油による汚染

損害の補償のための追加的な国際基金」(以下「追加基金」という。)と称する汚染損害の補償のための追加的な国際基金をこの議定書により設立する。

2　追加基金は、各締約国において、当該締約国の法令に基づき権利及び義務を有することができ、かつ、当該締約国の裁判所における裁判上の手続の当事者となることができる法人と認められる。各締約国は、追加基金の事務局長を追加基金の法律上の代表者と認める。

第3条【適用の範囲】　((10-3)第2条と同じ)

追加的な補償

第4条【追加的補償】　1　追加基金は、一の事故について、汚染損害の総額が1992年基金条約第4条4に定める適用可能な補償の限度額を超え又は超えるおそれがあるため、当該汚染損害を被った者が当該汚染損害に関する確定された債権について1992年基金条約の下で十分かつ適正な補償を受けることができない場合に、そのような者に対し補償を行う。

2(a)　追加基金がこの条の規定に基づいて支払う補償の総額は、一の事故について、その額とこの議定書の対象とされている汚染損害につき1992年責任条約及び1992年基金条約に基づいて実際に支払われる賠償額及び補償額との合計額が7億5,000万計算単位を超えないように制限される。

　(b)　(a)に規定する7億5,000万計算単位の額は、1992年基金の総会が1992年責任条約及び1992年基金条約に基づいて支払われる最高額の換算のために特定する日に当該国の通貨が特別引出権に対して有する価値に従って、当該通貨に換算する。

3　追加基金に対する確定された債権の額が2の規定に基づいて支払われる補償の総額を超える場合には、支払に充てられる金額は、確定された債権の額と債権者に対しこの議定書に基づいて実際に支払われる金額との割合がすべての債権者について同一となるような方法で分配する。

4　追加基金は、第1条8に定義する確定された債権についてのみ補償を行う。

第5条【補償の決定】　追加基金は、1992年基金の総会が、確定された債権の総額が1992年基金条約第4条4の規定に基づいて支払に充てられる補償の総額を超え又は超えるおそれがあると認め、かつ、その結果として確定された債権の一定の割合についてのみ弁済を行うことを暫定的に又は最終的に決定した場合に、補償を行う。この場合に

おいて、追加基金の総会は、確定された債権のうち1992年責任条約及び1992年基金条約に基づく弁済を受けない部分について、弁済するか否か及びどの程度弁済するかを決定する。

第6条【補償請求権】　1　第15条2及び3の規定に従うことを条件として、追加基金に対して補償を請求する権利は、1992年基金に対して補償を請求する権利が1992年基金条約第6条の規定により消滅した場合にのみ消滅する。

2　1992年基金に対して主張される債権は、当該債権を主張する者が追加基金に対して主張する債権とみなす。

第7条【裁判管轄権】　1　1992年基金条約第7条1及び2並びに4から6までの規定は、第4条1の規定に基づき追加基金に対して提起される補償の請求の訴えについて準用する。

2　汚染損害の賠償についての訴えが船舶の所有者又はその保証提供者に対し1992年責任条約第9条の規定に基づいて権限を有する裁判所に提起されている場合には、その裁判所が、同一の損害に係る第4条の規定に基づく補償についての追加基金に対する訴えについて、専属的管轄権を有する。ただし、1992年責任条約に基づく汚染損害の賠償についての訴えが同条約の締約国であるがこの議定書の締約国でない国の裁判所に提起されている場合には、第4条の規定に基づく追加基金に対する訴えは、債権者の選択により、追加基金の本部がある国の裁判所に、又はこの議定書の締約国の裁判所で同条約第9条の規定に基づいて権限を有するものに提起する。

3　1の規定にかかわらず、汚染損害の補償についての1992年基金に対する訴えが1992年基金条約の締約国であるがこの議定書の締約国でない国の裁判所に提起されている場合には、追加基金に対する関連の訴えは、債権者の選択により、追加基金の本部がある国の裁判所に、又はこの議定書の締約国の裁判所で1の規定に基づいて権限を有するものに提起する。

第8条【判決の承認・執行】　1　第4条3の分配に関する決定に従うことを条件として、前条の規定に従い管轄権を有する裁判所が追加基金に対して下した判決で、その判決のあった国において執行することが可能であり、かつ、再び通常の方式で審理されることがないものは、各締約国において、1992年責任条約第10条に定める条件と同一の条件で承認されかつ執行力を付与される。

2　締約国は、判決の承認及び執行のための他の規則を適用することができる。ただし、当該規則の適用により、判決が少なくとも1の規定に基づ

く場合と同一の程度まで承認されかつ執行されることが確保されることを条件とする。
第9条【代位】 1 追加基金は、第4条1の規定に従って追加基金が支払った汚染損害の補償の金額に関し、その補償の支払を受けた者が1992年責任条約に基づき所有者又はその保証提供者に対して有したであろう権利を代位によって取得する。
2 追加基金は、追加基金による補償の支払を受けた者が1992年基金条約に基づき1992年基金に対して有したであろう権利を代位によって取得する。
3 この議定書のいかなる規定も、追加基金が1及び2に規定する者以外の者に対して有する求償又は代位の権利を害するものではない。追加基金がそれらの者に対して有する代位の権利は、いかなる場合にも、補償の支払を受けた者の保険者が有する代位の権利よりも不利なものであってはならない。
4 追加基金に対して有することがある他の代位又は求償の権利を害することなく、汚染損害の補償を国内法令に従って支払った締約国又はその機関は、その補償の支払を受けた者がこの議定書に基づいて有したであろう権利を代位によって取得する。

拠出金
第10条【年次拠出金】 1 （(10-4)第10条1を参照）
2 1992年基金条約第10条2の規定は、追加基金に対し拠出金を支払う義務について準用する。
第11条【年次拠出金の額の決定】 1 （(10-4)第12条を参照）
第12条【拠出義務の履行確保】 1 1992年基金条約第13条の規定は、追加基金への拠出金について準用する。
2 締約国は、1992年基金条約第14条に定める手続に従い、追加基金に対し拠出金を支払う義務を自ら引き受けることができる。
第13条【油受取情報の送付】 1 締約国は、1992年基金条約第15条の規定による油の受取に関する情報を追加基金の事務局長に対し送付する。ただし、1992年基金条約第15条2の規定に従って1992年基金の事務局長に対して行われる情報の送付は、この議定書に従って行われたものとみなす。
2 締約国が1に定める情報の送付を行う義務を履行しない結果として追加基金に金銭上の損失が生じた場合には、当該締約国は、追加基金に対し当該損失について賠償を行う責任を負う。総会は、追加基金の事務局長の勧告に基づき、当該締約国が当該損失について賠償を行うか行わ

ないかを決定する。
第14条【油のみなし最低受取量】 1 第10条の規定にかかわらず、この議定書の適用上、各締約国において最低100万トンの拠出油が受け取られたものとする。
2 締約国は、当該締約国において受け取られた拠出油の総量が100万トンに満たない場合には、受け取られた油の総量のうち拠出をしなければならない者が存在しない部分に関し、自国の領域内で受け取られる油について追加基金への拠出をしなければならないであろう者に対しこの議定書に基づいて課されるであろう義務を引き受ける。
第15条【不遵守】 1 締約国に第10条の条件を満たす者がいない場合には、当該締約国は、この議定書の目的のためにその旨を追加基金の事務局長に通知する。
2 追加基金は、1の事故に関して締約国の領域、領海、排他的経済水域若しくは第3条(a)(ii)の規定に従って決定された水域において生ずる汚染損害又は当該汚染損害を防止し若しくは最小限にするための防止措置(とられた場所のいかんを問わない。)について、当該締約国が第13条1及びこの条の1の規定に基づく追加基金の事務局長への送付及び通知の義務を当該事故の発生に先立つすべての年について遵守するまでの間、補償を行わない。総会は、締約国がその義務を遵守しなかったと認められる場合を内部規則に定める。
3 2の規定に従って補償が一時的に拒否された場合において、追加基金の事務局長が締約国に対し当該締約国による報告が行われていない旨を通告した後1年以内に第13条1及びこの条の1の規定に基づく追加基金の事務局長への送付及び通知の義務が遵守されなかったときは、当該事故について、補償は永久に拒否される。
4 追加基金に対して行うべき拠出金の支払は、当該支払の義務を負う債務者又はその事務受諾者に対して行われるべき補償と相殺する。
第16条【追加基金の組織・管理】 1 追加基金に、総会及び追加基金の事務局長を長とする事務局を置く。
2 1992年基金条約第17条から第20条まで及び第28条から第33条までの規定は、追加基金の総会、事務局及び事務局長について準用する。
3 1992年基金条約第34条の規定は、追加基金について準用する。
第17条【事務局長】 1 1992年基金の事務局及びその長である事務局長は、追加基金の事務局及びその事務局長として任務を遂行することができる。

2 1992年基金の事務局及びその事務局長が1の規定に基づき追加基金の事務局及びその事務局長として任務を遂行する場合であって、1992年基金と追加基金との間において利害が異なるときは、追加基金は、総会の議長によって代表される。

3 追加基金の事務局長並びに同事務局長が任命する職員及び専門家がこの議定書及び1992年基金条約に基づいて任務を遂行する場合には、これらの者がこの条の規定に基づいて任務を遂行する限り、前条2の規定により準用される1992年基金条約第30条の規定に違反するものとはみなされない。

4 総会は、1992年基金の総会が行う決定と両立しない決定を行わないように努める。管理上の共通の問題について意見の相違が生ずる場合には、総会は、相互協力の精神に基づき、かつ、双方の基金の共通の目的に留意し、1992年基金の総会と意見の一致に達するように努める。

5 追加基金は、1992年基金が追加基金に代わって行う管理上の任務について要するすべての費用及び経費を償還する。

第18条(経過規定) 1 4の規定に従うことを条件として、一の締約国において一暦年中に受け取られた拠出油について支払われる年次拠出金の合計額は、当該暦年についてのこの議定書に基づく年次拠出金の総額の20パーセントを超えないものとする。

2 第11条2及び3の規定の適用の結果として、一の締約国における拠出者が一暦年に支払う拠出金の合計額が年次拠出金の総額の20パーセントを超える場合には、当該締約国におけるそれぞれの拠出者が支払う拠出金は、その合計額が当該総額の20パーセントに等しくなるように、一定の割合で減額する。

3 いずれかの締約国における拠出者が支払う拠出金が2の規定に基づいて減額される場合には、他のすべての締約国における拠出者が支払う拠出金は、当該暦年に追加基金への拠出をしなければならないすべての者が支払う拠出金の総額が総会の決定する拠出金の総額に達するように、一定の割合で増額する。

4 1から3までの規定は、すべての締約国において一暦年中に受け取られた拠出油の総量(第14条1に規定する拠出油の量を含む。)が10億トンに達する日又はこの議定書が効力を生じた日の後10年の期間が満了する日のいずれか早い日まで適用する。

最終規定

第19条(署名、批准、受諾、承認及び加入) (略)
第20条(拠出油に関する通知) (略)
第21条(効力発生) (略)
第22条(総会の第1回会期) (略)
第23条(改正) (略)
第24条(補償の限度額の改正) 1 ((10-4)最終規定第33条1を参照)

2 ((10-4)最終規定第33条2と同じ)

3 ((10-4)最終規定第33条3を参照)

4 ((10-4)最終規定第33条4と同じ)

5 ((10-4)最終規定第33条5第1段と同じ)

6 ((10-4)最終規定第33条6を参照)

7 機関は、4の規定に従って採択された改正をすべての締約国に通告する。改正は、通告の日の後12箇月の期間が満了した時に受諾されたものとみなされる。ただし、その期間内に、法律委員会における改正の採択の時に締約国であった国の4分の1以上が機関に対しその改正を受諾しない旨の通知を行った場合には、その改正は、受諾されず、効力を生じない。

8 7の規定により受諾されたものとみなされる改正は、その受諾の後12箇月で効力を生ずる。

9 すべての締約国は、改正が効力を生ずる日の少なくとも6箇月前に第26条1及び2の規定に基づいてこの議定書を廃棄しない限り、その改正によって拘束される。その廃棄は、その改正が効力を生ずる時に効力を生ずる。

10 法律委員会が改正を採択した後受諾のための12箇月の期間が満了するまでの間にこの議定書の締約国となった国は、その改正が効力を生ずる場合には、その改正によって拘束される。その期間が満了した後に締約国となる国は、7の規定により受諾された改正によって拘束される。これらの場合において、当該国は、改正が効力を生ずる時に、又はこの議定書が当該国について効力を生ずる時がそれよりも遅い時はその時に、その改正によって拘束される。

第25条【1992年基金条約の議定書】 1 1992年基金条約に規定する限度額が同条約の議定書により引き上げられた場合には、第4条2(a)に規定する限度額について、前条に規定する手続により、その引き上げられた額と同じ額を引き上げることができる。この場合には、前条6の規定は、適用しない。

2 1に規定する手続が適用された場合には、前条に規定する手続の適用によって行われる第4条2に規定する限度額のその後の改正については、前条6(b)及び(c)の規定の適用上、1の規定に基づいて引き上げられた新たな限度額を基礎として

計算する。
第26条(廃棄)　(略)
第27条(総会の臨時会期)　(略)
第28条(終了)　(略)
第29条(追加基金の精算)　(略)
第30条(寄託者)　(略)
第31条(言語)　(略)

【第2節　海洋汚染損害】【第2項　国内法】

10-6　船舶油濁損害賠償保障法（抄）

公　　布　1975(昭和50)年12月27日(法律第95号)
施　　行　1976(昭和51)年9月1日
最近の改正　2004(平成16)年4月21日(法律第37号)

第1章　総則

第1条(目的) この法律は、船舶に積載されていた油によって船舶油濁損害が生じた場合における船舶所有者等の責任を明確にし、及び船舶油濁損害の賠償等を保障する制度を確立することにより、被害者の保護を図り、あわせて海上輸送の健全な発達に資することを目的とする。

第2条(定義) この法律において、次の各号に掲げる用語の意義は、それぞれ当該各号に定めるところによる。
1　責任条約　1992年の油による汚染損害についての民事責任に関する国際条約をいう。
2　国際基金条約　1992年の油による汚染損害の補償のための国際基金の設立に関する国際条約をいう。
2の2　追加基金議定書　1992年の油による汚染損害の補償のための国際基金の設立に関する国際条約の2003年の議定書をいう。
3　油　原油、重油、潤滑油その他の蒸発しにくい油で政令で定めるものをいう。
3の2　燃料油　油のうち、船舶の運航のための燃料として用いられるものをいう。
4　タンカー　ばら積みの油の海上輸送のための船舟類をいう。
4の2　一般船舶　旅客又はばら積みの油以外の貨物その他の物品の海上輸送のための船舟類(ろかい又は主としてろかいをもって運転するものを除く。)をいう。
5　タンカー所有者　タンカーの船舶所有者(船舶法(明治32年法律第46号)第5条第1項の規定又は外国の法令の規定により船舶の所有者として登録を受けている者(当該登録を受けている者がないときは、船舶を所有する者)をいう。ただし、外国が所有する船舶について当該国において当該船舶の運航者として登録を受けている会社その他の団体があるときは、当該登録を受けている会社その他の団体をいう。次号において同じ。)をいう。
5の2　一般船舶所有者等　一般船舶の船舶所有者及び船舶賃借人をいう。
5の3　排他的経済水域等　排他的経済水域(排他的経済水域及び大陸棚に関する法律(平成8年法律第74号)第1条第1項に規定する排他的経済水域をいう。第7号の2イ及び第31条において同じ。)及び1992年責任条約の締約国である外国の1992年責任条約第2条(a)(ⅱ)に規定する水域をいう。
5の4　船舶油濁損害　タンカー油濁損害及び一般船舶油濁損害をいう。
6　タンカー油濁損害　次に掲げる損害又は費用をいう。
　イ　タンカー(ばら積みの油以外の貨物の海上輸送をすることができるタンカーにあっては、ばら積みの油の輸送の用に供しているもの並びにばら積みの油の輸送の用に供した後当該タンカーのすべての貨物艙内に当該油が残留しない程度にその貨物艙を洗浄するまでの間において、ばら積みの油以外の貨物の輸送の用に供しているもの及び貨物を積載しないで航行しているものに限る。)から流出し、又は排出された油による汚染(貨物として積載されていた油又は燃料油(当該油が貨物艙内その他の国土交通省令で定めるタンカー内の場所に残留したもの及び当該油を含む混合物で国土交通省令で定めるものを含む。)による汚染に限る。)により生ずる責任条約の締約国の領域(領海を含む。第7号の2イ及び第39条の5第1項第2号において同じ。)内又は排他的経済水域等内における損害
　ロ　イに掲げる損害の原因となる事実が生じた後にその損害を防止し、又は軽減するために執られる相当の措置に要する費用及びその措置により生ずる損害

7　タンカー所有者の損害防止措置費用等　タンカー所有者が自発的に前号ロに規定する措置を執る場合におけるその措置に要する費用及びその措置によって当該タンカー所有者に生ずる損害をいう。
7の2　一般船舶油濁損害　次に掲げる損害又は費用をいう。
　　イ　一般船舶から流出し、又は排出された燃料油による汚染により生ずる我が国の領域内又は排他的経済水域内における損害
　　ロ　イに掲げる損害の原因となる事実が生じた後にその損害を防止し、又は軽減するために執られる相当の措置に要する費用及びその措置により生ずる損害
8　一単位　国際通貨基金協定第3条第1項に規定する特別引出権による1特別引出権に相当する金額をいう。
9　保険者等　この法律で定めるタンカー油濁損害賠償保障契約においてタンカー所有者の損害をてん補し、若しくは賠償の義務の履行を担保する者又は一般船舶油濁損害賠償等保障契約において一般船舶所有者等の損害をてん補し、若しくは賠償の義務の履行及び費用の支払を担保する者をいう。
10　国際基金　国際基金条約第2条第1項に規定する1992年の油による汚染損害の補償のための国際基金をいう。
10の2　追加基金　追加基金議定書第2条第1項に規定する2003年の油による汚染損害の補償のための追加的な国際基金をいう。
11　制限債権　タンカー所有者又はこの法律で定めるタンカー油濁損害賠償保障契約に係る保険者等が、この法律で定めるところによりその責任を制限することができる債権をいう。
12　受益債務者　当該責任制限手続における制限債権に係る債務者で、責任制限手続開始の申立てをした者以外のものをいう。

第2章　タンカー油濁損害賠償責任及び責任の制限

第3条（タンカー油濁損害賠償責任）タンカー油濁損害が生じたときは、当該タンカー油濁損害に係る油が積載されていたタンカーのタンカー所有者は、その損害を賠償する責めに任ずる。ただし、当該タンカー油濁損害が次の各号のいずれかに該当するときは、この限りでない。
1　戦争、内乱又は暴動により生じたこと。
2　異常な天災地変により生じたこと。
3　専ら当該タンカー所有者及びその使用する者以外の者の悪意により生じたこと。
4　専ら国又は公共団体の航路標識又は交通整理のための信号施設の管理の瑕疵により生じたこと。
2　二以上のタンカーに積載されていた油によりタンカー油濁損害が生じた場合において、当該タンカー油濁損害がいずれのタンカーに積載されていた油によるものであるかを分別することができないときは、各タンカー所有者は、連帯してその損害を賠償する責めに任ずる。ただし、当該タンカー油濁損害が前項各号のいずれかに該当するときは、この限りでない。
3　前二項に規定するタンカー所有者は、タンカー油濁損害の原因となった最初の事実が生じた時におけるタンカー所有者とする。
4　第1項本文又は第2項本文の場合において、次に掲げる者は、その損害を賠償する責めに任じない。ただし、当該タンカー油濁損害が、これらの者の故意により、又は損害の発生のおそれがあることを認識しながらしたこれらの者の無謀な行為により生じたものであるときは、この限りでない。
1　当該タンカーのタンカー所有者の使用する者
2　当該タンカーの船舶賃借人及びその使用する者
3　当該タンカーの責任条約第3条第4項(c)に規定する傭船者（船舶賃借人を除く。）、管理人又は運航者及びこれらの者の使用する者
4　タンカーの修繕その他の当該タンカーに係る役務の提供を請け負う者及びその使用する者
5　当該タンカーのタンカー所有者の同意を得て、又は行政庁の指示に従い、海上における人命、積荷又はタンカーの救助に直接関連する役務を提供する者及びその使用する者
6　第2条第6号ロに規定する措置を執る者（当該タンカーのタンカー所有者を除く。）及びその使用する者
5　前項の規定は、損害を賠償したタンカー所有者の第三者に対する求償権の行使を妨げない。

第4条（賠償についての参酌）被害者の故意又は過失によりタンカー油濁損害が生じたときは、裁判所は、損害賠償の責任及び額を定めるについて、これを参酌することができる。

第5条（タンカー所有者の責任の制限）第3条第1項又は第2項の規定によりタンカー油濁損害の賠償の責めに任ずるタンカー所有者（法人であるタンカー所有者の無限責任社員を含む。以下同じ。）は、当該タンカー油濁損害に基づく債権について、この法律で定めるところにより、その責任を制限

することができる。ただし、当該タンカー油濁損害が自己の故意により、又は損害の発生のおそれがあることを認識しながらした自己の無謀な行為により生じたものであるときは、この限りでない。

第6条（責任限度額） タンカー所有者がその責任を制限することができる場合における責任の限度額（第14条第3項及び第38条において「責任限度額」という。）は、タンカーのトン数に応じて、次に定めるところにより算出した金額とする。

1. 5,000トン以下のタンカーにあっては、1単位の451万倍の金額
2. 5,000トンを超えるタンカーにあっては、前号の金額に5,000トンを超える部分について1トンにつき1単位の631倍を乗じて得た金額を加えた金額（その金額が一単位の8,977万倍の金額を超えるときは、一単位の8,977万倍の金額）

第7条（タンカーのトン数の算定） 前条のタンカーのトン数は、船舶のトン数の測度に関する法律（昭和55年法律第40号）第4条第2項の規定の例により算定した数値にトンを付して表したもの（以下「総トン数」という。）とする。

第8条（責任の制限の及ぶ範囲） タンカー所有者の責任の制限は、当該タンカーごとに、同一の事故から生じた当該タンカーに係るタンカー所有者及び保険者等に対するすべての制限債権に及ぶ。

第9条（制限債権者が受ける弁済の割合） タンカー所有者がその責任を制限した場合には、制限債権者は、その制限債権の額の割合に応じて弁済を受ける。

第10条（権利の消滅） 第3条第1項又は第2項の規定に基づくタンカー所有者に対する損害賠償請求権は、タンカー油濁損害が生じた日から3年以内に裁判上の請求がされないときは、消滅する。当該タンカー油濁損害の原因となった最初の事実が生じた日から6年以内に裁判上の請求がされないときも、同様とする。

第11条（タンカー油濁損害賠償請求事件の管轄） 第3条第1項又は第2項の規定に基づくタンカー所有者に対する訴えは、他の法律により管轄裁判所が定められていないときは、最高裁判所が定める地の裁判所の管轄に属する。

第12条（外国判決の効力） 責任条約第9条第1項の規定により管轄権を有する外国裁判所がタンカー油濁損害の賠償の請求の訴えについてした確定判決は、次に掲げる場合を除き、その効力を有する。

1. 当該判決が詐欺によって取得された場合
2. 被告が訴訟の開始に必要な呼出し又は命令の送達を受けず、かつ、自己の主張を陳述するための公平な機会が与えられなかった場合
3. 前項に規定する確定判決についての執行判決に関しては、民事執行法（昭和54年法律第4号）第24条第3項中「民事訴訟法第118条各号に掲げる要件を具備しないとき」とあるのは、「船舶油濁損害賠償保障法第12条第1項各号のいずれかに該当するとき」とする。

第3章　タンカー油濁損害賠償保障契約

第13条（保障契約の締結強制） 日本国籍を有するタンカーは、これについてこの法律で定めるタンカー油濁損害賠償保障契約（以下この章において単に「保障契約」という。）が締結されているものでなければ、2,000トンを超えるばら積みの油の輸送の用に供してはならない。

2. 前項に規定するタンカー以外のタンカーは、これについて保障契約が締結されているものでなければ、2,000トンを超えるばら積みの油を積載して、本邦内の港に入港をし、本邦内の港から出港をし、又は本邦内の係留施設を使用してはならない。

第14条（保障契約） 保障契約は、タンカー（2,000トン以下のばら積みの油の輸送の用に供するタンカーを除く。）のタンカー所有者が当該タンカーに積載されていた油によるタンカー油濁損害の賠償の責めに任ずる場合において、その賠償の義務の履行により当該タンカー所有者に生ずる損害をてん補する保険契約又はその賠償の義務の履行を担保する契約とする。

2. 保障契約は、当該契約においてタンカー所有者の損害をてん補し、又は賠償の義務の履行を担保する者が船主相互保険組合、保険会社その他の政令で定める者であるものでなければならない。

3. 保障契約は、当該契約においてタンカー所有者の損害をてん補するための保険金額又は賠償の義務の履行が担保されているタンカー油濁損害の額が当該契約に係るタンカーごとに当該タンカー所有者の責任限度額に満たないものであってはならない。

4. 保障契約は、責任条約第7条第5項の規定に適合する場合に限り、その効力を失わせ、又はその内容を変更することができるものでなければならない。

第15条（保険者等に対する損害賠償額の請求等） 第3条第1項又は第2項の規定によるタンカー所有者の損害賠償の責任が発生したときは、被害者は、保険者等に対し、損害賠償額の支払を請求することができる。ただし、タンカー所有者の悪意に

よってその損害が生じたときは、この限りでない。
2 前項本文の場合において、保険者等は、タンカー所有者が被害者に対して主張することができる抗弁のみをもって被害者に対抗することができる。
3 第3条第5項、第5条本文及び第6条から第10条までの規定は、第1項の規定に基づき損害賠償額の支払をする保険者等について準用する。

第16条(保険者等に対する油濁損害賠償請求事件の管轄) 前条第1項の規定に基づく保険者等に対する訴えは、第3条第1項又は第2項の規定に基づくタンカー所有者に対する訴えについて管轄権を有する裁判所に提起することができる。

第17条(保障契約証明書) 国土交通大臣は、タンカー(責任条約の締約国である外国の国籍を有するタンカーを除く。)について保障契約を保険者等と締結している者の申請があったときは、当該タンカーについて保障契約が締結されていることを証する書面を交付しなければならない。
2 前項の申請をしようとする者は、船名、保障契約の種類その他の国土交通省令で定める事項を記載した申請書を国土交通大臣に提出しなければならない。
3 前項の申請書には、保障契約の契約書の写し並びにタンカーの国籍及び総トン数を証する書面を添付しなければならない。
4 第1項に規定する書面(以下この章において「保障契約証明書」という。)の交付を受けた者は、保障契約証明書を滅失し、若しくは損傷し、又はその識別が困難となったときは、その再交付を受けることができる。
5 保障契約証明書の交付又は再交付を申請しようとする者は、国土交通省令で定めるところにより、手数料を納付しなければならない。
6 前各項に定めるもののほか、保障契約証明書の有効期間、記載事項その他保障契約証明書に関し必要な事項は、国土交通省令で定める。

第18条(保障契約証明書の記載事項の変更) (略)
第19条(保障契約証明書の返納) (略)
第20条(保障契約証明書の備置き) 日本国籍を有するタンカーは、保障契約証明書が備え置かれているものでなければ、2,000トンを超えるばら積みの油の輸送の用に供してはならない。
2 前項に規定するタンカー以外のタンカーは、保障契約証明書、責任条約の締約国である外国が交付した当該タンカーについて保障契約が締結されていることを証する責任条約の附属書の様式による書面又は外国が交付した責任条約第7条第12項に規定する証明書の記載事項を記載した書面が備え置かれているものでなければ、2,000トンを超えるばら積みの油を積載して、本邦内の港に入港をし、本邦内の港から出港をし、又は本邦内の係留施設を使用してはならない。

第21条(適用除外) この章(前条第2項を除く。)の規定は、外国が所有するタンカーであって、これについて保障契約が締結されていないものについては、適用しない。

第4章 国際基金
第1節 国際基金に対する請求

第22条(国際基金に対する被害者の補償の請求) 被害者は、国際基金条約で定めるところにより、国際基金に対し、賠償を受けることができなかったタンカー油濁損害の金額について国際基金条約第4条第1項に規定する補償を求めることができる。

第23条 削除

第24条(国際基金の訴訟参加) 第3条第1項若しくは第2項の規定に基づくタンカー所有者に対する訴え又は第15条第1項の規定に基づく保険者等に対する訴えが係属する場合には、国際基金は、当事者として当該訴訟に参加することができる。
2 民事訴訟法第47条第2項 から第4項 までの規定は、前項の場合について準用する。

第25条(国際基金への訴訟係属の通告) 前条第1項に規定する場合には、当事者は、国際基金にその旨を通告することができる。
2 民事訴訟法第53条第3項の規定は、前項の場合について準用する。

第26条(国際基金に対する請求訴訟の管轄) 国際基金条約第4条第1項に規定する補償を求めるための国際基金に対する訴えは、第3条第1項又は第2項の規定に基づくタンカー所有者に対する訴えについて管轄権を有する裁判所(その訴えがタンカー所有者の損害防止措置費用等のみについての補償を求めるものであるときは、タンカー所有者の普通裁判籍の所在地を管轄する裁判所又はこの裁判所がないときは、最高裁判所が定める地を管轄する裁判所)に提起することができる。
2 前項の訴えは、同1のタンカー油濁損害に関し、第3条第1項若しくは第2項の規定に基づくタンカー所有者に対する訴え若しくは第15条第1項の規定に基づく保険者等に対する訴えが第一審の裁判所に係属し、又は責任制限事件が係属する場合には、当該裁判所の管轄に専属する。

第27条(外国判決の効力) 第12条の規定は、国際基金条約第7条第1項又は第3項の規定により管轄権を有する外国裁判所がした確定判決について準用する。

第2節　国際基金に対する拠出

第28条(特定油量の報告) 政令で定める原油及び重油であって本邦内において荷揚げされるもの(以下この節において「特定油」という。)を前年中にタンカーから受け取った者(他人のために特定油をタンカーから受け取った者を除くものとし、その者に受け取らせた者を含む。以下「油受取人」という。)の前年中にタンカーから受け取った特定油(自己のためにタンカーから受け取らせた特定油を含む。以下同じ。)の合計量が15万トンを超えるときは、当該油受取人は、毎年、国土交通省令で定めるところにより、その受取量を国土交通大臣に報告しなければならない。

2　前年中に、油受取人の事業活動を支配する者があった場合において、当該油受取人のタンカーから受け取った特定油の合計量(当該支配する者がタンカーから受け取った特定油があるときは、その合計量にその受取量を加算した量)が15万トンを超えるときは、当該支配する者は、毎年、国土交通省令で定めるところにより、油受取人ごとにその受取量を国土交通大臣に報告しなければならない。この場合において、その報告に係る油受取人については、前項の規定は、適用しない。

3　前項に規定する油受取人の事業活動を支配する者の範囲は、政令で定める。

第29条(国際基金への資料の送付等) 国土交通大臣は、前条第1項又は第2項の報告があったときは、その内容を経済産業大臣に通知した上、国際基金条約第15条第2項に規定する事項を記載した書面を作成し、同項の規定により、これを国際基金に送付しなければならない。

2　国土交通大臣は、前項の規定により作成した書面を国際基金に送付したときは、当該書面に記載された油受取人に、その者に係る当該書面に記載された特定油の量を通知しなければならない。

第30条(国際基金に対する拠出) 第28条第1項又は第2項の規定によりその受取量を報告すべき特定油に係る油受取人は、国際基金条約第12条及び第13条の規定により、国際基金条約第10条の年次拠出金を国際基金に納付しなければならない。

第4章の2　追加基金

第30条の2(追加基金に対する被害者の補償の請求) 被害者は、追加基金議定書で定めるところにより、追加基金に対し、賠償及び国際基金からの補償を受けることができなかったタンカー油濁損害の金額について追加基金議定書第4条第1項に規定する補償を求めることができる。

第30条の3(準用) 前章(第22条、第23条及び第28条を除く。)の規定は、追加基金について準用する。この場合において、第26条第1項、第27条及び第30条中「国際基金条約」とあるのは「追加基金議定書」と、第25条第1項中「前条第1項」とあるのは「第30条の3において準用する前条第1項」と、第27条中「第7条第1項又は第3項」とあるのは「第7条」と、第29条第1項中「国際基金条約第15条第2項」とあるのは「追加基金議定書第13条第1項の規定により国際基金条約第15条第2項」と、第30条中「第12条及び第13条」とあるのは「第11条及び第12条第1項」と読み替えるものとする。

第5章　責任制限手続

第31条(責任制限事件の管轄) 責任制限事件は、本邦内においてタンカー油濁損害が生じたときは、当該タンカー油濁損害の生じた地を管轄する地方裁判所の管轄に、排他的経済水域内においてタンカー油濁損害が生じたときは、知れている制限債権者の普通裁判籍の所在地を管轄する地方裁判所又はこの裁判所がないときは最高裁判所が定める地方裁判所の管轄に、本邦内又は排他的経済水域内における損害を防止するための第2条第6号ロに規定する措置が本邦及び排他的経済水域の外において執られ、かつ、本邦内及び排他的経済水域内において損害が生じなかったときは、当該措置を執った者の普通裁判籍の所在地を管轄する地方裁判所又はこの裁判所がないときは、最高裁判所が定める地方裁判所の管轄に専属する。

第32条(責任制限事件の移送) 裁判所は、著しい損害又は遅滞を避けるため必要があると認めるときは、職権で、責任制限事件を他の管轄裁判所、制限債権者の普通裁判籍の所在地を管轄する地方裁判所又は同一の事故から生じた船舶の所有者等の責任の制限に関する法律(昭和50年法律第94号。以下「責任制限法」という。)の規定による責任制限事件の係属する裁判所に移送することができる。

第33条(国際基金の参加) 国際基金は、最高裁判所規則で定めるところにより、責任制限手続に参加することができる。

第34条(国際基金への責任制限手続係属の通告等) 責任制限手続が係属するときは、責任制限手続の申立てをした者、受益債務者又は責任制限手続に参加した者は、国際基金に対してその旨を通告することができる。

2 前項の規定による通告は、第38条において準用する責任制限法第28条第1項各号に掲げる事項を記載した書面を裁判所に提出してしなければならない。

3 裁判所は、前項の書面を国際基金に対して送達しなければならない。

第35条（同上） 裁判所は、国際基金が責任制限手続に参加し、又は国際基金に対して前条第3項の規定による送達がされた場合において、第38条において準用する責任制限法第28条第1項各号に掲げる事項に変更が生じたときはその変更に係る事項を記載した書面を、第38条において準用する責任制限法第31条第1項、第85条第1項又は第87条第1項の規定による公告がされたときはその公告に係る事項を記載した書面を、国際基金に対して送達しなければならない。この場合においては、責任制限法第15条の規定を準用する。

第36条（自発的に損害防止措置を執った場合におけるタンカー所有者の責任制限手続への参加） タンカー所有者は、自発的に第2条第6号ロに規定する措置を執ったときは、タンカー所有者の損害防止措置費用等について制限債権を有するものとみなし、これをもって責任制限手続に参加することができる。

2 責任制限法第47条第5項、第50条（責任制限法第51条第2項において準用する場合を含む。）及び第53条の規定は、前項の場合について準用する。

第37条（訴訟手続の中止） 第38条において準用する責任制限法第47条第5項の規定により制限債権の届出がされた場合において、当該債権に関する債権者及び申立人又は受益債務者間の訴訟が係属するときは、裁判所は、国際基金が当該訴訟に参加し又は当該訴訟に関し第25条第1項の通告を受けている場合にあっては原告の申立てにより又は職権で、その他の場合にあっては原告の申立てにより、その訴訟手続の中止を命ずることができる。

2 前項に規定する届出又は前条第2項において準用する責任制限法第47条第5項の規定による届出がされた場合において、当該債権に関し、国際基金条約第4条第1項に規定する補償を求めるための国際基金に対する訴えが係属するときは、裁判所は、職権で、その訴訟手続の中止を命ずることができる。

3 第1項の場合において原告の申立てにより訴訟手続の中止が命ぜられたときは、裁判所は、原告の申立てにより、当該訴訟手続の中止の決定を取り消すことができる。

第37条の2（追加基金の参加等） 第33条から第35条まで及び前条の規定は、追加基金について準用する。この場合において、第35条中「前条第3項」とあるのは「第37条の2において準用する前条第3項」と、前条第1項中「第25条第1項」とあるのは「第30条の3において準用する第25条第1項」と、同条第2項中「国際基金条約」とあるのは「追加基金議定書」と読み替えるものとする。

第38条（責任制限法の準用） この法律の規定によるタンカー油濁損害に係る責任制限手続については、責任制限法第3章（第9条、第10条、第16条、第4節、第54条及び第64条を除く。）の規定を準用する。この場合において、次の表の上欄に掲げる責任制限法の規定中同表の中欄に掲げる字句は、それぞれ同表の下欄に掲げる字句に読み替えるものとする。　（表　略）

第39条（最高裁判所規則） この法律に定めるもののほか、責任制限手続に関し必要な事項は、最高裁判所規則で定める。

第6章　一般船舶油濁損害賠償責任及び責任の制限

第39条の2（一般船舶油濁損害賠償責任） 一般船舶油濁損害が生じたときは、当該一般船舶油濁損害に係る燃料油が積載されていた一般船舶の一般船舶所有者等は、連帯してその損害を賠償する責めに任ずる。ただし、当該一般船舶油濁損害が次の各号のいずれかに該当するときは、この限りでない。

1 戦争、内乱又は暴動により生じたこと。
2 異常な天災地変により生じたこと。
3 専ら当該一般船舶所有者等及びその使用する者以外の者の悪意により生じたこと。
4 専ら国又は公共団体の航路標識又は交通整理のための信号施設の管理の瑕疵により生じたこと。

2 第3条第2項及び第3項並びに第4条の規定は、一般船舶油濁損害の賠償について準用する。この場合において、第3条第2項中「タンカーに」とあるのは「一般船舶に」と、「油に」とあるのは「燃料油に」と、同項及び同条第3項中「タンカー所有者」とあるのは「一般船舶所有者等」と読み替えるものとする。

第39条の3（一般船舶所有者等の責任の制限） 前条第1項又は同条第2項において準用する第3条第2項の規定により一般船舶油濁損害の賠償の責めに任ずる一般船舶所有者等（法人である一般船舶所有者等の無限責任社員を含む。）の当該一般船舶油濁損害に基づく債権に係る責任の制限については、責任制限法で定めるところによる。

第7章　一般船舶油濁損害賠償等保障契約

第39条の4(保障契約の締結強制) 日本国籍を有する一般船舶(総トン数が100トン以上のものに限る。以下この章において同じ。)は、これについてこの法律で定める一般船舶油濁損害賠償等保障契約(以下この章において単に「保障契約」という。)が締結されているものでなければ、国際航海(本邦の港と本邦以外の地域の港との間の航海をいう。以下同じ。)に従事させてはならない。

2　前項に規定する一般船舶以外の一般船舶は、これについて保障契約が締結されているものでなければ、本邦内の港(東京湾、伊勢湾(伊勢湾の湾口に接する海域及び三河湾を含む。)及び瀬戸内海その他の国土交通省令で定める海域(以下この項及び第41条の2第1項において「特定海域」という。)を含む。第39条の7第2項において同じ。)に入港(特定海域への入域を含む。同項において同じ。)をし、本邦内の港から出港(特定海域からの出域を含む。同項において同じ。)をし、又は本邦内の係留施設を使用してはならない。

第39条の5(保障契約) 保障契約は、次に掲げる損害のいずれをもてん補する保険契約又はその賠償の義務の履行及び費用の支払を担保する契約とする。

1　一般船舶の一般船舶所有者等が当該一般船舶に積載されていた燃料油による一般船舶油濁損害の賠償の責めに任ずる場合において、その賠償の義務の履行により当該一般船舶所有者等に生ずる損害

2　一般船舶が座礁、沈没その他の事由により我が国の領域内に放置された場合であって、当該一般船舶の一般船舶所有者等が港湾法(昭和25年法律第218号)その他法令の規定により当該一般船舶の撤去その他の措置を履行する責めに任ずるときにおいて、当該措置に要する費用の支払により当該一般船舶所有者等に生ずる損害

2　保障契約は、当該契約において一般船舶所有者等の損害をてん補し、又は賠償の義務の履行及び費用の支払を担保する者が船主相互保険組合、保険会社その他の政令で定める者であるものでなければならない。

3　保障契約は、当該契約において一般船舶所有者等の第1項第1号に掲げる損害(同項各号に掲げる損害以外の一般船舶所有者等に生ずる損害を含むことができる。)をてん補するための保険金額又は賠償の義務の履行が担保されている額が、当該契約に係る一般船舶ごとに、責任制限法第3条第1項の規定に基づき当該一般船舶所有者等がその責任を制限することができる場合における責任の限度額(以下この条において「責任限度額」という。)に満たないものであってはならず、かつ、当該契約において一般船舶所有者等の第1項第2号に掲げる損害をてん補するための保険金額又は当該一般船舶の撤去その他の措置に要する費用の支払が担保されている額が、当該契約に係る一般船舶ごとに、責任限度額に相当する額に満たないものであってはならない。

4　第1項及び前項の規定にかかわらず、その航行に際し燃料油を用いることを要しない一般船舶に係る保障契約は、第1項第2号に掲げる損害をてん補する保険契約又はその費用の支払を担保する契約とし、かつ、当該契約において一般船舶所有者等の同号に掲げる損害をてん補するための保険金額又は当該一般船舶の撤去その他の措置に要する費用の支払が担保されている額が、当該契約に係る一般船舶ごとに、責任限度額に相当する額に満たないものであってはならない。

第39条の6(準用) 第17条から第19条までの規定は、一般船舶に係る保障契約について準用する。この場合において、第17条第1項中「タンカー(責任条約の締約国である外国の国籍を有するタンカーを除く。)」とあるのは「一般船舶」と、第18条第1項中「次条」とあるのは「第39条の6において準用する次条」と、第19条中「第14条」とあるのは「前条」と読み替えるものとする。

第39条の7(保障契約証明書に相当する書面の備置き) 日本国籍を有する一般船舶は、前条において準用する第17条第4項の保障契約証明書に相当する書面が備え置かれているものでなければ、国際航海に従事させてはならない。

2　前項に規定する一般船舶以外の一般船舶は、前条において準用する第17条第4項の保障契約証明書に相当する書面が備え置かれているものでなければ、本邦内の港に入港をし、本邦内の港から出港をし、又は本邦内の係留施設を使用してはならない。

3　前二項の規定にかかわらず、当該保障契約が一般船舶所有者等の損害をてん補し、又は賠償の義務の履行及び費用の支払を担保するために必要な資力及び信用を有する保険者等として国土交通大臣の指定するものと締結したものであるときは、当該保障契約の契約書の写しその他国土交通省令で定める保障契約の締結を証する書面をもって前二項に規定する保障契約証明書に相当する書面に代えることができる。

第39条の8(適用除外) この章の規定は、外国が所有

する一般船舶については、適用しない。

第8章　雑　則

第40条(船舶先取特権) タンカー油濁損害に係る制限債権者は、その制限債権につき、事故に係る船舶、その属具及び受領していない運送賃の上に先取特権を有する。

2　前項の先取特権は、商法(明治32年法律第48号)第842条第8号の先取特権に次ぐ。

3　商法第843条、第844条第2項本文及び第3項、第845条、第846条、第847条第1項並びに第849条の規定は、第1項の先取特権について準用する。

4　第1項の先取特権が消滅する前に責任制限手続開始の決定があった場合において、その決定を取り消す決定又は責任制限手続廃止の決定が確定したときは、前項において準用する商法第847条第1項の規定にかかわらず、第1項の先取特権は、その確定後1年を経過した時に消滅する。

第41条(締約国である外国における基金の形成の効果) 責任条約の締約国である外国において責任条約第5条の規定により基金が形成された場合においては、当該基金から支払を受けることができる制限債権については、タンカー油濁損害に係る制限債権者は、当該基金以外のタンカー所有者又は保険者等の財産に対してその権利を行使することができない。

2　責任制限法第34条から第36条までの規定は、前項の場合について準用する。

第41条の2(保障契約情報) 本邦以外の地域の港から本邦内の港に入港(一般船舶にあっては、特定海域への入域を含む。以下同じ。)をしようとする特定船舶(2,000トンを超えるばら積みの油の輸送の用に供しているタンカー又は総トン数が100トン以上の一般船舶をいう。以下この章及び第48条第6号において同じ。)の船長は、第3項に規定する場合を除き、国土交通省令で定めるところにより、あらかじめ、当該特定船舶の名称、船籍港、当該特定船舶に係るこの法律で定めるタンカー油濁損害賠償保障契約又は一般船舶油濁損害賠償等保障契約(以下この章において単に「保障契約」という。)の締結の有無その他の国土交通省令で定める事項(以下「保障契約情報」という。)を国土交通大臣に通報しなければならない。通報した保障契約情報を変更しようとするときも、同様とする。

2　前項の規定により船長がしなければならない通報は、当該特定船舶のタンカー所有者若しくは一般船舶所有者等(以下この章において単に「所有者等」という。)又は船長若しくは所有者等の代理人もすることができる。

3　荒天、遭難その他の国土交通省令で定めるやむを得ない事由によりあらかじめ保障契約情報を通報しないで本邦以外の地域の港から本邦内の港に入港をした特定船舶の船長は、国土交通省令で定めるところにより、入港後直ちに、保障契約情報を国土交通大臣に通報しなければならない。

第42条(報告及び検査) 国土交通大臣は、この法律の施行に必要な限度において、本邦内の港又は係留施設にある特定船舶の船長に対し、当該特定船舶に係る保障契約に関し報告をさせ、又はその職員に、当該特定船舶に立ち入り、第17条第1項若しくは第20条第2項又は第39条の7各項に規定する書面その他の物件を検査させ、若しくは関係人に質問をさせることができる。

2　前項の規定により立入検査をする職員は、その身分を示す証票を携帯し、関係人にこれを提示しなければならない。

3　第1項の規定による立入検査の権限は、犯罪捜査のために認められたものと解釈してはならない。

第42条の2(保障契約締結の命令等) 国土交通大臣は、前条第1項の規定による報告の徴収又は立入検査の結果、当該特定船舶について第13条若しくは第20条又は第39条の4若しくは第39条の7の規定に違反する事実があると認めるときは、当該特定船舶の船長又は所有者等に対し、保障契約の締結その他その違反を是正するために必要な措置を執るべきことを命ずることができる。

2　前項の場合において、国土交通大臣は、必要があると認めるときは、同項の是正のための措置が執られるまでの間、当該特定船舶の航行の停止を命ずることができる。

3　国土交通大臣は、前項の規定による処分に係る特定船舶について、第1項に規定する事実がなくなったと認めるときは、直ちに、その処分を取り消さなければならない。

第43条(適用除外) この法律の規定は、公用に供するタンカー及び一般船舶については、適用しない。

第43条の2(責務) 国土交通大臣は、船舶油濁損害の被害者の保護の充実を図るため、船舶油濁損害に関し、国際約束の適確な実施の確保及び関係者に対する適切な情報の提供に努めなければならない。

第44条(権限の委任) この法律の規定により国土交通大臣の権限に属する事項は、国土交通省令で定めるところにより、地方運輸局長(運輸監理部長を含む。)に行わせることができる。

第9章　罰則
第45条～第50条　（略）

附則　（略）

【第3節　原子力損害】　第1項　国際条約

10-7　1964年1月28日の追加議定書及び1982年11月16日の議定書により改正された1960年7月29日の原子力分野における第三者責任に関する条約（1982年原子力分野第三者責任条約；1982年パリ条約）（抄）
Convention on Third Party Liability in the Field of Nuclear Energy of 29th July 1960, as amended by the Additional Protocol of 28 the January 1964 and by the Protocol of 16th November 1982

作　成　1982年11月16日（1964年1月28日の追加議定書により改正された1960年7月29日の原子力分野における第三者責任に関する条約を改正する議定書（以下「1982年議定書」という。）、パリ）
効力発生　1988年10月7日
日 本 国
原 条 約　(1)原子力分野における第三者責任に関する条約（以下「1960年パリ条約」という。）　作成1960年7月29日（パリ）、効力発生1968年4月1日
(2)原子力分野における第三者責任に関する条約の追加議定書（以下「1964年追加議定書」という。）　1964年1月28日作成、1968年4月1日効力発生

〔編者注〕　以下の条文は、1982年議定書と1964年追加議定書により改正された1960年パリ条約とを一本のテキストに編集したものである。条約名称は1982年議定書のⅡ(a)に基づく。

前　文
〔締約国名略〕
　経済協力開発機構（以下「機構」という。）の枠組の中に設置されたOECD原子力機関が参加国の原子力に関する立法、特に原子力の危険に対する第三者責任及び保険についての法令の発展及び調和を奨励する任務を負っていることを考慮し、
　原子力事故により生ずる損害を被った者に対する適正かつ衡平な賠償を確保することを希望するとともに、平和的目的のための原子力の生産及び利用の発展がこれにより妨げられないように確保するための必要な措置をとることを希望し、
　さまざまの国でこの損害に対して生ずる責任に適用される基本的な規則の統一の必要性を確信するとともに、国別に適当とみなす追加的措置をとる自由をこれらの諸国に残す必要性を確信して、
　次のとおり協定した。

第1条【定義】(a)　この条約の適用上、
　(i)　「原子力事故」とは、いずれかの出来事又は起源を同じくする一連の出来事であって、原子力損害をもたらすものをいう。ただし、当該の出来事若しくは一連の出来事又はそれから生ずる損害が、放射能の特性から、又は、放射線の特性と核燃料又は放射性生成物若しくは放射性廃棄物の有毒性、爆発性その他の危険な特性若しくはそれらのいくつかとの結合から、又は、原子力施設内の放射線源から放出される電離放射線から生じ又はその結果生じることを条件とする。
　(ii)　「原子力施設」とは、輸送手段の一部となる原子炉を除く原子炉、核物質を生産し又は処理するための工場、核燃料の放射性同位元素を分離するための工場、照射済核燃料を再処理するための工場、核物質の輸送に付随する貯蔵以外の核物質を貯蔵するための施設、その他の核燃料又は放射性生成物若しくは放射性廃棄物が存在する施設であって機構の原子力運営委員会（以下「運営委員会」という。）が随時決定するものをいう。締約国は、同一の敷地に存在する一の事業者の二以上の原子力施設を、放射性物質を保管する当該敷地内の他の建物とともに、単一の原子力施設と扱うことを決定することができる。
　(iii)　「核燃料」とは、ウランの金属、合金又は化合物（天然ウランを含む。）及びプルトニウムの

金属、合金又は化合物の形状における核分裂性物質、並びに運営委員会が随時決定する他の核分裂性物質をいう。
- (iv) 「放射性生成物又は放射性廃棄物」とは、核燃料の生産若しくは使用の過程に伴い生じた放射性物質又は、この生産若しくは使用に付随する被曝によって放射性をおびた放射性物質をいう。ただし、(1)核燃料、又は、(2)原子力施設外にある放射性同位元素であってかつ製造の最終段階に達しており工業上、商業上、農業上、医学上、科学上若しくは教育上の目的に使用できるものは含まない。
- (v) 「核物質」とは、核燃料(天然ウラン及び劣化ウランを除く。)及び放射性生成物又は放射性廃棄物をいう。
- (vi) 「事業者」とは、原子力施設に関しては、権限のある公の当局がその施設の事業者として指定し又は認めた者をいう。

(b) 運営委員会は、含まれる危険の程度が小さいことがこれを正当化すると考える場合には、いずれかの原子力施設、核燃料又は核物質をこの条約の適用から除外することができる。

第2条【条約の適用範囲】この条約は、非締約国の領域内で生ずる原子力事故又はその領域で受けた損害には適用しない。ただし、責任を負う事業者の原子力施設がその領域内に存在する締約国の国内法に別段の定めがある場合及び第6条(e)に定める権利に関する場合は、この限りでない。

第3条【事業者の責任】(a) 原子力施設の事業者は、この条約に従って、次に掲げる損害に対して責任を負う。
- (i) 人の身体の損傷又は生命の損失
- (ii) 次に掲げる財産以外の財産に対する損害又は損失
  - (1) 原子力施設自体及び当該の施設が所在する敷地内にあるその他の原子力施設(建設中の原子力施設を含む。)、及び
  - (2) 同じ敷地にあって当該の施設に関連して使用され又は使用されることになっているいずれかの財産

ただし、このような損害又は損失(以下「損害」という。)は、第4条が別段に定める場合を除いて、当該施設における原子力事故又は当該施設から発出された核物質によって生じたことが証明されなければならない。

(b) 損害又は損失が原子力事故と原子力事故以外の事故によって共同で引き起こされた場合には、原子力事故以外の事故により生じた損害又は損失の部分は、原子力事故から生じた損害又は損失から合理的に分割することができない限度において、当該の原子力事故によって引き起こされた損害とみなされる。損害又は損失が原子力事故とこの条約の対象とならない電離放射線の照射によって共同で引き起こされた場合には、この条約のいかなる規定も、電離放射線の照射に関連して責任を負うとのある者の責任を制限し、又は、これに他の方法で影響を及ぼすものではない。

第4条【輸送の場合の責任】核物質の輸送(それに付随する貯蔵を含む。)の場合においては、第2条の適用を妨げることなく、次の規定による。
- (a) 原子力施設の事業者は、損害が当該施設外の原子力事故によって生じ、かつ、その施設から輸送中の核物質に関係することが証明された場合には、次の場合に限り、損害に対してこの条約に基づき責任を負う。
  - (i) 当該の核物質に関係する原子力事故に係る責任を書面による契約の明示の規定に従って他の原子力施設の事業者が引き受ける前に、事故が発生した場合
  - (ii) (i)に定める明示の規定がない場合には、他の原子力施設の事業者が当該の核物質を引き取る前に、事故が発生した場合、又は、
  - (iii) 当該の核物質を輸送手段の一部である原子炉で使用することが意図されている場合には、その原子炉を運転するための権限を適正に与えられた者がその核物質を引き取る前に、事故が発生した場合、ただし、
  - (iv) 当該の核物質が非締約国の領域内にいる者に送られた場合には、その核物質を当該非締約国の領域に運んだ輸送手段からその核物質がおろされる前に、事故が発生した場合
- (b) 原子力施設の事業者は、損害が当該施設外の原子力事故によって生じ、かつ、その施設への輸送中の核物質に関係することが証明された場合には、次の場合に限り、損害に対してこの条約に基づき責任を負う。
  - (i) 自らが当該の核物質に関係する原子力事故に係る責任を書面による契約の明示の規定に従って他の原子力施設の事業者から引き受けた後に、事故が発生した場合
  - (ii) (i)に定める明示の規定がない場合には、自らが当該の核物質を引き取った後に、事故が発生した場合、又は、
  - (iii) 自らが、輸送手段の一部である原子炉を運転する者から当該の核物質を引き取った後に、事故が発生した場合、ただし、
  - (iv) 当該の核物質が、事業者の書面による同意

を得て、非締約国の領域内にいる者から発送された場合には、当該の非締約国の領域からその核物質を運ぶ輸送手段にそれを積み込んだ後に、事故が発生した場合

(c) この条約に従って責任を負う事業者は、第10条の規定に従って必要とされる保証を提供する保険者若しくは他の金銭上の保証者により又はその者に代わって発行された証明書を輸送者に提供する。ただし、締約国は、すべて自国の領域内で行われる輸送については、この義務から除外することができる。この証明書には、当該事業者の氏名及び住所並びに保証の額、形式及び期間を記載するものとし、また、証明書を発行した者又は、自己のために証明書が発行された者は、これらの記載については争うことができない。またこの証明書には、保証が適用される核物質及び輸送を示すものとし、及び、記名された者がこの条約に定める事業者であることを述べた権限のある公の当局の記載を含めなければならない。

(d) 締約国は、法令により、当該法令が定めることのある条件に従ってかつ第10条(a)の要件を満たすことを条件として、輸送者を、その者の要請に基づきかつ当該締約国の領域内にある原子力施設の事業者の同意を得て、権限のある公の当局の決定に基づいて、その事業者に代わってこの条約に基づく責任を負うことができると定めることができる。この場合には、その輸送者はこの条約の適用上、核物質の運送中に生じた原子力事故について、当該法令を有する締約国の領域内にある原子力施設の事業者とみなす。

第5条【複数の事業者が関わる場合の責任】(a) 一の原子力事故に関係する核燃料又は放射性生成物若しくは放射性廃棄物が以前に複数の原子力施設内に存在しており、損害が発生した時点では一の原子力施設内に存在する場合には、それらの物質が以前に存在していた原子力施設のいずれの事業者も、当該損害に対して責任を負わない。

(b) ただし、損害が、原子力施設内において生じ、かつ核物質の輸送に伴って当該施設に貯蔵されている核物質にのみ係る原子力事故によって引き起こされた場合には、その原子力施設の事業者は、第4条に従って他の事業者又は他の者が責任を負うときは責任を負わない。

(c) 原子力事故に関係する核燃料又は放射性生成物若しくは放射性廃棄物が以前に複数の原子力施設に存在しており、損害が発生した時点でも一の原子力施設に存在しない場合には、それらの物質が損害の生ずる前に存在していた最後の原子力施設の事業者又はその事業者の後にそれらの物質を引き取った事業者又は書面による契約の明文の規定に従って損害に対する責任を引き受けた事業者以外の事業者は、当該損害に対して責任を負わない。

(d) 損害がこの条約に基づき複数の事業者に責任を負わせる場合には、これらの事業者の責任は、連帯責任とする。ただし、この責任が単一の輸送手段において輸送中の核物質又は輸送に伴う貯蔵の場合には単一の原子力施設内に存在する核物質に係る原子力事故によって引き起こされた損害の結果発生した場合には、これらの事業者が責任を負う最高限度総額は、第7条の規定に従ってこれらの者のいずれかについて決定される最高額とし、かつ、いかなる場合においても、一の原子力事故に関して一の事業者に支払いが要求される額は、第7条の規定に基づき当該事業者について決定される額を超えないものとする。

第6条【責任集中等】(a) 原子力事故によって生ずる損害に対する賠償の請求権は、この条約に基づいて責任を負う事業者、又は、第10条の規定に基づき必要とされる保証を提供する保険者その他の金銭上の保証者に対して直接請求する権利を国内法が定めている場合には、その保険者その他の金銭上の保証者に対してのみ行使することができる。

(b) この条に別段の定めのある場合を除き、他のいかなる者も、原子力事故によって生ずる損害に対して責任を負わない。ただし、この規定は、この条約の日付の日に効力を有し又は署名、批准若しくは加入のために開放されている輸送の分野における国際協定の適用に影響を及ぼすものではない。

(c) (i) この条約のいかなる規定も、次に定める責任に影響を及ぼすものではない。

  (1) 事業者が、第3条(a)(ii)(1)及び(2)又は第9条の規定に従ってこの条約に基づく責任を負わない原子力事故であって、かつ、いずれかの個人が損害をもたらすことを意図して行った作為又は不作為から発生したものから生ずる損害に対してその個人が有する責任

  (2) 第4条(a)(iii)又は(b)(iii)の規定に従って事業者が損害に対して責任を負わないときに、輸送手段の一部をなす原子炉を運転する権限を適正に与えられた者が、原子力事故によって生ずる損害に対して有する責任

 (ii) 事業者は、この条約によるほか、原子力事故のよって生ずる損害に対してはいかなる責

任も負わない。
(d) (b)に定める国際協定又は非締約国の法令に基づいて、原子力事故により生じた損害に対して賠償を支払った者は、その者が支払った金額の範囲まで、賠償の対象となった損害を受けた者がこの条約に基づき有する権利を代位によって取得する。
(e) 締約国の領域に主たる営業所を有する者又はその者の被用者であって、かつ、非締約国の領域で発生した原子力事故により生じた損害を当該領域で受けた損害に対して賠償を支払った者は、その者が支払った金額の範囲まで、第2条の規定がなければ賠償を受けた者が事業者に対して有していたはずの権利を取得する。
(f) 事業者は、次に定める場合にのみ求償権を有する。
(i) 原子力事故による損害が損害をもたらすことを意図した作為又は不作為によって生じたときに、求償権がそのような意図で作為又は不作為を行った個人に対して行使される場合
(ii) 求償権が契約によって明示的に規定されている場合にその範囲でこれを行使する場合
(g) 事業者が(f)の規定に従っていずれか他の者に対して一定の範囲で求償権を有する場合、当該他の者は、その範囲において、(d)及び(e)の規定に基づく事業者に対する権利を有しない。
(h) 国若しくは公共の健康保険、社会保障、労働災害補償又は職業病補償の制度に関する規定が、原子力事故による損害に対する補償を含む場合には、当該制度の受益者の権利及び当該制度に基づく求償権は、締約国の法により又は当該制度を定めている政府間機関の規則によって決定される。

第7条【責任の制限】(a) 原子力事故により生じた損害について支払わなければならない賠償の総額は、この条に従って決定される最高責任限度額を超えてはならない。
(b) 一の原子力事故により生じた損害についての事業者の最高責任限度額は、国際通貨基金により定義され当該基金の事業及び取引に用いられる特別引出権(以下「特別引出権」という。)に換算して、1,500万特別引出権とする。ただし、
(i) 締約国は、第10条に基づき必要とされる保険その他の金銭上の保証を事業者が取得する可能性を考慮して、これより高いか又は低い金額を法令で定めることができる。
(ii) 締約国は、関係する原子力施設又は核物質の性質及びそれに起因する事故のありうる結果を考慮して、より低い金額を定めることができる。

ただし、いかなる場合にも、設定する金額は、500万特別引出権より少ない金額であってはならない。ここに定める金額は、端数のない数字で国の通貨に換算できる。
(c) 関係する核物質を原子力事故の時点で積載していた輸送手段に与えた損害に対する賠償は、他の損害に対する事業者の責任を、500万特別引出権又は締約国の法令が定めるこれより高い金額を下回る金額に減少させるものであってはならない。
(d) (b)の規定に従って決定される、並びに、(c)の規定に基づく締約国の法令の規定に従って決定される締約国の領域内にある原子力施設の事業者の責任額は、原子力事故がどこで生じるかを問わずこれらの事業者の責任に適用する。
(e) 締約国は、核物質の自国領域の通過について、関係する外国の事業者の最高責任限度額が通過中の原子力事故の危険を十分に担保しないと考える場合には、当該外国事業者の最高責任限度額を増額することを条件とすることができる。ただし、このようにして増額した最高限度額は、自国の領域内に設置された原子力施設の事業者の最高責任限度額を超えてはならない。
(f) この条の(e)の規定は、次のものには適用されない。
(i) 国際法に基づき、緊急避難の際に当該締約国の港に入る権利又はその領海を無害通航する権利がある場合における海上輸送、又は、
(ii) 協定又は国際法に基づき、当該締約国の領空を飛行し又はその領域に着陸する権利がある場合における航空輸送
(g) この条約に基づく賠償請求訴訟において裁判所が決定した利子及び費用は、この条約の適用上賠償とはみなされず、事業者は、この条に基づいて責任を負う金額に追加してこれを支払わなければならない。

第8条【時効又は除斥期間】(a) この条約に基づく賠償に対する権利は、原子力事故の日から10年以内に訴えが提起されない場合には消滅する。ただし、その領域内に責任を負う事業者の原子力施設が存在する締約国が、10年の経過後及び締約国が定めるこれより長い期間の間に開始された賠償請求訴訟について事業者の責任を担保する措置をとる場合には、10年よりも長い期間を国内法令で設定することができる。ただし、この除斥期間の延長は、いかなる場合にも、生命の損失又は身体の損傷について10年の期間の経過前に事業者に対して訴えを提起した者がこの

条約に基づいて有する賠償に対する権利に影響を及ぼすものではない。
(b) 核燃料又は放射性生成物若しくは放射性廃棄物に関係する原子力事故によって生じた損害の場合であって、事故の時点で、当該の物質が盗まれ、失われ、投棄され又は放棄されかつ未だ回収されていないときは、(a)の規定に従って設定される期間は、その原子力事故の日から起算する。ただし、この期間は、いかなる場合にも、盗難、紛失、投棄又は放棄の日から20年を超えないものとする。
(c) 損害を受けた者が当該損害及び責任を負う事業者の双方について知った日又は合理的に知っているべきであった日から2年を下回らない権利の消滅又は時効の期間を国内法令で定めることができる。ただし、この期間は、この条の(a)又は(b)の規定に従って設けられる期間を超えないことを条件とする。
(d) ただし、第13条(c)(ii)の規定が適用できる場合には、(a)、(b)及び(c)に定める期間内に次の事情が生じた場合には、賠償に対する権利は消滅しない。
(i) 第17条に定める「裁判所」による決定がある前に、当該「裁判所」が選択することのできる国内裁判所のいずれかに対して訴えが提起された場合。この訴訟が既に提起されている裁判所以外の裁判所を権限のある裁判所と「裁判所」が決定する場合には、「裁判所」は、決定した権限のある裁判所の前に訴えを提起しなければならない期日を設定することができる。又は、
(ii) 第13条(c)(ii)の規定に従って「裁判所」が権限のある裁判所を決定するように求める申立が関係締約国に対して行われ、かつ、この決定の後に訴えが「裁判所」の設定する期間内に提起された場合

〔編者注〕 第17条に定める「裁判所」(Tribunal)とは、原子力分野における安全管理の樹立に関する条約によって設立された「裁判所」を意味する。第13条(c)も同じ。

(e) 国内法に別段の定めがある場合を除き、原子力事故によって損害を受けた者であってかつこの条に定める期間内に賠償請求の訴えを提起したものはすべて、権限のある裁判所の終局判決が下されていないことを条件として、当該期間を経過した後の損害の悪化に関して請求を修正することができる。

第9条【免責】事業者は、武力紛争、敵対行為、内乱、暴動の行為、又は、その領域内に事業者の原子力施設が設置されている締約国の国内法令に別段の定めのある場合を除き、例外的性質の重大な自然災害に直接起因する原子力事故によって生じた損害については責任を負わない。

第10条【保証責任】(a) この条約に基づく責任を担保するために、事業者は、第7条の規定に従って設定する金額での及び権限のある公の当局が指定する形式及び条件での保険その他の金銭上の保証を保有しかつ維持しなければならない。
(b) いずれの保険者若しくはその他の金銭上の保証者も、権限のある公の当局に対して少なくとも2箇月前に書面により通告することなしに、又は、この保険その他の金銭上の保証が核物質の輸送に関係する場合にはその輸送期間中に、この条の(a)に従って提供される保険その他の金銭上の保証を停止し又は取り消してはならない。
(c) 保険、再保険その他の金銭上の保証として提供される金額は、原子力事故によって生じた損害の賠償のためにのみ引き出すことができる。

第11条【国内法による賠償の性質等の決定】この条約が定める限度内における賠償の性質、様式及び範囲、並びに、その衡平な分配については、国内法によって定める。

第12条【金銭の移転】この条約に基づき支払われる賠償、保険料及び再保険料、第10条の規定に従って保険、再保険その他の金銭上の保証として提供される金額、並びに、第7条(g)に定める利子及び費用は、締約国の通貨地域間において自由に移転できるものとする。

第13条【裁判管轄権・判決の執行】(a) この条に別段の定めがある場合を除き、第3条、第4条、第6条(a)及び第6条(e)の規定に基づく訴えに対する管轄権は、その領域内で原子力事故が発生した締約国の裁判所のみに属する。
(b) 原子力事故が締約国の領域外で発生した場合又は原子力事故の場所が明確に決定できない場合には、当該訴訟に関する管轄権は、責任を負う事業者の原子力施設が領域内に設置されている締約国の裁判所に属する。
(c) この条の(a)又は(b)の規定に基づいて、複数の締約国の裁判所に管轄権が属することになる場合には、管轄権は、次の裁判所に属するものとする。
(i) 原子力事故の一部がすべての締約国の領域外で発生し、かつ、一部が単一の締約国の領域内で発生した場合には、当該締約国の裁判所
(ii) その他の場合には、関係する締約国の申立

により第17条に定める「裁判所」が当該事件に最も密接な関連があると決定した締約国の裁判所

(d) この条に基づき権限を有する裁判所が下した判決(公判手続を経たものか欠席手続によるものかを問わない。)は、当該裁判所が適用する法に基づき執行可能となったときは、他の締約国が要求する形式的要件を満たした場合には直ちに、当該他の締約国の領域内でも執行力を付与される。その事件の本案は、重ねて訴訟手続に服さない。以上の規定は、中間判決には適用されない。

(e) この条約に基づき訴えが締約国に対して提起された場合には、当該締約国は、強制執行措置に関する場合を除き、この条に基づいて権限を有する裁判所においていかなる裁判権免除も援用することができない。

第14条【差別の禁止】(a) この条約は、国籍、住所又は居所によるいかなる差別もなしに適用する。

(b) 「国内法」及び「国内法令」とは、原子力事故から生じた請求について、この条約に基づき管轄権を有する裁判所の国内法又は国内法令を意味し、この法又は法令は、この条約が特に定めていないすべての実体上及び手続上の問題に適用する。

(c) 「国内法」及び「国内法令」は、国籍、住所又は居所によるいかなる差別もなしに適用する。

第15条【賠償額の増額】(a) 締約国は、この条約に定める賠償額を増額するために必要と考える措置をとることができる。

(b) 損害に対する賠償が公共の基金に関係し、かつ、第7条に定める500万特別引出権を超える場合にはその限度において、(a)に定める措置(形式のいかんを問わない。)は、この条約の規定とは異なる条件で適用することができる。

第16条【運営委員会の決定】第1条(a)(ii)、(a)(iii)及び(b)の規定に基づく運営委員会の決定は、締約国を代表する委員の相互の合意によって採択する。

第17条【紛争解決】この条約の解釈又は適用に関して一又はそれ以上の締約国間に生ずるいかなる紛争も運営委員会により検討されるものとし、並びに、友好的解決がない場合には、いずれかの関係締約国の請求により原子力分野における安全管理の樹立に関する1957年12月20日の条約によって設立された「裁判所」に付託する。

第18条【留保】 (略)
第19条【批准】 (略)
第20条【改正】 (略)
第21条【加入】 (略)
第22条【効力発生】 (略)
第23条【領域的適用】 (略)
第24条【機構の事務局長の通知】 (略)

附属書Ⅰ 【締約国の留保】 (略)

附属書Ⅱ 【原子力被害国が国際法上とりうる措置】 (略)

10-8　1964年1月28日の追加議定書及び1982年11月16日の議定書により改正された1960年7月29日の原子力分野における第三者責任に関する条約を補完する1963年1月31日の条約(1982年原子力分野第三者責任補完条約；1982年ブラッセル補完条約)(抄)

Convention of 31st January 1963 Supplementary to the Paris Convention of 29th July 1960, as amended by the Additional Protocol of 28 the January 1964 and by the Protocol of 16th November 1982

作　　成	1982年11月16日(1964年1月28日の追加議定書により改正された1960年7月29日の原子力分野における第三者責任に関する条約を補完する1963年1月31日の条約を改正する議定書(以下「1982年議定書」という。)、パリ)
効力発生	1991年8月1日
日 本 国	
原 条 約	(1)原子力分野における第三者責任に関する条約を補完する条約(以下「1963年ブラッセル条約」という。)1963年1月31日作成(ブラッセル)、1974年12月4日効力発生
	(2)原子力分野における第三者責任に関する条約を補完する条件の追加議定書(以下「1964年議定書」という。)1964年1月28日作成(ブラッセル)、1974年12月4日効力発生

〔編者注〕　以下の条文は、1982年議定書と1964年追加議定書により改正された1963年ブラッセル条約とを一本のテキストに編集したものである。条約名称は1982年議定書のⅡ(a)に基づく。

―――

前　文
〔締約国名略〕
　欧州経済協力機構(現在の経済協力開発機構)の枠組内において締結され及び1982年11月16日にパリで締結された追加議定書により改正された1960年7月29日の原子力分野における第三者責任に関する条約(以下「パリ条約」という。)の締約国として、
　平和的目的のために原子力を利用することから生ずることのある損害に対する賠償の額を増額するために当該の条約に規定された措置を補完することを希望して、
　次のとおり協定した。

第1条【パリ条約との関係】この条約によって創設される制度は、パリ条約の制度を補完するものであり、パリ条約の規定に従うものとし、かつ、次の各条に従って適用する。

第2条【条約の適用範囲】(a)　この条約の制度は、この条約の非締約国の領域において完結的に発生した原子力事故以外の原子力事故によって生じた損害であって、次にものについて適用する。
　(ⅰ)　平和的目的のために利用され、この条約の締約国(以下「締約国」という。)の領域内に存在し、かつ第13条の規定に従って作成され最新のものに維持されている一覧表に掲載されている原子力施設の事業者が、パリ条約に基づいて責任を負う損害であって、かつ、
　(ⅱ)　次のいずれかに該当するもの
　　(1)　締約国の領域内で受けた損害
　　(2)　公海又は公海上空において締約国の領域で登録された船舶上で又は航空機内で受けた損害
　　(3)　公海又は公海上空において締約国の国民が受けた損害。ただし、船舶又は航空機に対する損害については、その船舶又は航空機が締約国の領域で登録されていることを条件とする。
　ただし、締約国の裁判所がパリ条約に基づき管轄権を有することを条件とする。
(b)　いずれの署名国政府又は加入国政府も、この条約の署名若しくは加入の時又は批准書の寄託の時に、(a)(ⅱ)(3)の規定の適用上、その国の法に基づき同国の領域内に常居所を有するとみなす個人又は一定の範疇の個人を、自国の国民と同一視することを宣言することができる。
(c)　この条において、「締約国の国民」という規定は、締約国若しくはその行政単位、又は、締約国の領域内で設立された組合又は公法上若しくは私法上の団体(法人であるかどうかを問わない。)を含む。

第3条【賠償資金】(a) 締約国は、この条約が定める条件に基づいて、第2条に定める損害についての賠償を1事故当たり3億特別引出権の額まで支払うことを約束する。
(b) (a)に定める賠償は、次に定めるものから支払う。
 (i) 最低500万特別引出権の額までは、責任を負う事業者の原子力施設が領域内に存在する締約国の法令が定める額を、保険その他の金銭上の保証が提供する資金から
 (ii) (i)の額と1億7,500万特別引出権との間については、責任を負う事業者の原子力施設が領域内に存在する締約国が利用に供する公的な基金から
 (iii) 1億7,500万特別引出権と3億特別引出権との間については、第12条に定める拠出の計算式に従って締約諸国が利用に供する公的な基金から
(c) このために、各締約国は、次に定めるいずれかの措置をとる。
 (i) パリ条約第7条に従って事業者の最高責任限度額を3億特別引出権に設定し、かつ、この責任がこの条の(b)に定めるすべての資金により担保されることを規定すること。
 (ii) 事業者の最高責任限度額を少なくとも(b)(i)の規定に従って設定する額と同額に設定し、かつ、この額を越え3億特別引出権までは、この条の(b)(ii)及び(iii)に定める公的基金を事業者の責任の担保以外のなんらかの方法で利用できるようにしなければならない。ただし、この条約に定める実体規則及び手続規則が、それによって影響を受けないことを条件とする。
(d) (b)(ii)及び(iii)並びに(f)の規定に従って利用できる公的基金から賠償、利子又は費用を支払う事業者の義務は、この基金を実際に利用できるようになる限りにおいてのみ、当該事業者に対して執行可能なものとする。
(e) 締約国は、この条約の履行に当たり、次のものについては、パリ条約第15条(b)に規定する特別の条件を適用する権利を利用しないことを約束する。
 (i) この条の(b)(i)に定める資金から支払われる損害の賠償
 (ii) この条の(b)(ii)及び(iii)に定める公的基金から支払われる損害の賠償について、この条約が定める条件以外のもの
(f) パリ条約第7条(g)に定める利子及び費用は、この条の(b)に定める金額に追加して支払われるものであり、それらが、次に定める資金から支払われる賠償について決定される限りでは、次に定める者が負担するものとする。
 (i) この条の(b)(i)に定める資金については、責任を負う事業者
 (ii) この条の(b)(ii)に定める基金については、責任を負う事業者の原子力施設がその領域内に存在する締約国
 (iii) この条の(b)(iii)に定める基金については、すべての締約国
(g) この条約の適用上、「特別引出権」とは、国際通貨基金により定義される特別引出権をいう。この条約で定める金額は、締約国間の合意により別の日が設定される場合を除いて、事故の日における通貨価値に従って、締約国の国内通貨に換算されるものとする。締約国の国内通貨と等価値の特別引出権は、当該の日において、国際通貨基金が事業及び取引のために適用する評価方法に従って計算する。

第4条【複数事業者の責任と公的基金】(a) 一の原子力事故が複数の事業者の責任を生じさせる場合には、パリ条約第5条(d)に定める責任の総額は、第3条(b)(ii)及び(iii)の規定に従って公的基金を利用に供さなければならない限度において、3億特別引出権を超えてはならない。
(b) 第3条(b)(ii)及び(iii)の規定に従って利用できる公的基金の総額は、この場合には、3億特別引出権とこれらの事業者について第3条(b)(i)の規定に従って設定される金額との差額、又は、その原子力施設がこの条約の非締約国の領域に存在する事業者の場合には、3億特別引出権とパリ条約第7条の規定に従って設定される金額との差額を超えてはならない。複数の締約国が、第3条(b)(ii)の規定に従って公的基金を利用に供することが必要とされる場合には、これらの基金は、関係各国の領域内に存在する原子力施設であって原子力事故に関与しそれにつき事業者が責任を負うものの数に比例して、当該複数の国が利用に供しなければならない。

第5条【事業者の求償権に対する国の措置】(a) 責任を負う事業者が、パリ条約第6条(f)の規定に従って求償権を有する場合には、当該事業者の原子力施設が自国の領域に存在する締約国は、当該締約国及び他の締約国が第3条(b)(ii)及び(iii)並びに(f)の規定に従って公的基金を利用に供した限度において、その求償から利益を享受することができるようにするために必要な立法措置をとる。
(b) この立法は、損害が事業者の過失によって生

じた場合には、第3条(b)(ii)及び(iii)並びに(f)の規定に従って利用に供した公的基金を当該事業者から回収することを定めることができる。

第6条【公的基金算定の期間】 この条約により利用に供する公的基金の算定に際しては、原子力事故の発生の日から10年以内に行使される賠償請求権のみを考慮する。原子力事故の当時に、盗まれ、失われ、投棄され又は放棄された核燃料又は放射性生成物若しくは放射性廃棄物であって、その時点で回収されていないものに関係する原子力事故によって生じた損害の場合には、この期間は、いかなる場合にも、盗難、紛失、投棄又は放棄の日から20年を超えてはならない。この期間はまた、パリ条約第8条(d)に定める場合であってかつその条件に適合するときは、延長する。この期間の経過後にパリ条約第8条(e)に定める条件に基づいてなされる請求の修正も考慮に入れなければならない。

第7条【パリ条約第8条(c)との関係】 締約国がパリ条約第8条(c)に定める権利を行使する場合には、当該締約国が設定する期間は、損害を受けた者が当該の損害及び責任を負う事業者の双方を知った日又は合理的に知っているべきであった日のいずれかから3年の時効期間とする。

第8条【十分な賠償】 この条約の規定から利益を受けることができる者は、被った損害に対して国内法に基づいて十分な賠償を受ける権利を有する。ただし、損害額が次に定めるいずれかを超えるか又は超えるおそれがある場合には、締約国は、割当てについて衡平な基準を確立することができる。

 (i) 3億特別引出権

 (ii) パリ条約第5条(d)の規定により責任額が合計され、その結果、より高額となる場合には、その額

この基準は、資金の源泉が何であるかにかかわらず適用し、並びに、第2条の規定に従うことを条件として、被害者の国籍、住所又は居所に基づく差別なしに適用する。

第9条【公的基金の利用】 (a) 第3条(b)(ii)及び(iii)並びに(f)の規定に基づき求められる公的基金を利用に供するための支払制度は、管轄権を有する裁判所が所属する締約国の支払制度とする。

(b) 各締約国は、損害を受けた者が賠償を支払う資金の源泉に応じて異なる手続をとることなく、賠償請求権を行使できるように確保する。

(c) いずれの締約国も、第3条(b)(i)に定めるいずれかの資金を利用できる限りにおいては、第3条(b)(ii)及び(iii)に定める公的基金を利用に供することを求められない。

第10条【締約国間の基金からの支出】 (a) 管轄権を有する裁判所が所属する締約国は、他の締約国に対して、原子力事故によって生じた損害が1億7,500万特別引出権を超えるか又は超えるおそれのあることが明らかになったときは、直ちに、当該の原子力事故及びその状況を通知する。締約国は、これに関連する締約諸国間の手続を設定するために遅滞なく必要なあらゆる措置をとる。

(b) 管轄権を有する裁判所が所属する締約国のみが、他の締約諸国に対して、第3条(b)(iii)及び(f)の規定に基づき求められる公的基金を利用に供するように要求する権利を有し、並びに、これらの基金から支出する排他的権限を有する。

(c) この締約国は、その機会が生じるときは、第3条(b)(iii)及び(f)の規定に従って公的基金を利用に供した他の締約諸国のために第5条に定める求償権を行使する。

(d) 第3条(b)(ii)及び(iii)に定める公的基金からの賠償の支払について国内法令に定める条件に従ってなされた決済は他の締約国によって承認され、並びに、この賠償について管轄裁判所が下した判決は、パリ条約第13条(d)の規定に従って他の締約国の領域内で執行可能なものとする。

第11条【管轄権を有する裁判所と公的基金】 (a) 管轄権を有する裁判所が、責任を負う事業者の原子力施設が領域内に存在する締約国以外の締約国の裁判所である場合には、第3条(b)(ii)及び(f)に定める公的基金は、当該管轄権を有する締約国が利用に供する。責任を負う事業者の原子力施設が領域内に存在する締約国は、当該他の締約国にその国が支払った金額を弁済する。これら二の締約国は、弁済のための手続について合意する。

(b) 原子力事故が発生した後に、賠償の性質、形式及び範囲、第3条(b)(ii)に定める公的基金を利用に供する手続及び、必要な場合には、この基金の割当てのための基準に関する、あらゆる法令又は行政規則を定める場合には、管轄権を有する裁判所が所属する締約国は、責任を負う事業者の原子力施設が領域内に存在する締約国と協議する。管轄権を有する裁判所が所属する締約国は、責任を負う事業者の原子力施設が領域内に存在する締約国が手続に参加し、賠償に関するいかなる解決にも参加することができるようにするために必要なあらゆる措置をとる。

第12条【拠出金の決定】 (a) 締約国が第3条(b)(iii)に定める公的基金を利用に供するための拠出金の方式は、次の定めによる。

(i) 50％については、原子力事故が発生した年の前年について経済協力開発機構が発表する公式統計に示された各締約国の現在価格による国民総生産と締約国全体の現在価格による国民総生産の総額との間の比率を基礎として決定する。

(ii) 50％については、各締約国の領域内に存在する原子炉の熱出力とすべての締約国の領域内に存在する原子炉の熱出力の総計との間の比率を基礎として決定する。この計算は、第2条(a)(i)に定める一覧表に原子力事故の日に示された原子炉の熱出力を基礎にして行われる。ただし、原子炉は、この計算の適用上、初めて臨界に達した日からのみ考慮に入れるものとする。

(b) この条約の適用上、「熱出力」とは次のものをいう。
　(i) 最終運転許可証の発給前は、設計上の熱出力
　(ii) この許可証の発給後は、権限のある国内当局が認定した熱出力

第13条【原子力施設の一覧表】(a) 各締約国は、領域内の平和的目的のために使用される原子力施設であって、パリ条約第1条の定義に該当するすべてのものを第2条(a)(i)に定める一覧表に掲載するように確保する。

(b) このため各署名国政府又は加入国政府は、批准書又は加入書の寄託の時にベルギー政府に対してこれらの設備の完全な詳細を通報する。

(c) この詳細には、次のことを示す。
　(i) すべての未完成の施設の場合には、原子力事故の危険が生じると予測される日
　(ii) さらに、原子炉の場合には、初めて臨界に達すると予測される日及びその熱出力

(d) 各締約国はまた、ベルギー政府に対して、原子力事故の危険が存在する正確な日及び、原子炉の場合には、初めて臨界に達した日を通報する。

(e) 各締約国はまた、ベルギー政府に対して、一覧表にもたらされるすべての変更を通報する。この変更に原子力施設の追加が含まれる場合には、通報は、原子力事故の危険が存在すると予測される少なくとも3箇月前に行わなければならない。

(f) 締約国が、他の締約国から通報された詳細又は一覧表に対する変更が第2条(a)(i)及びこの条の規定に違反していると考える場合には、当該締約国は、(h)の規定に従って通知を受けた日から3箇月以内に専らベルギー政府に対して異議を申し立てることにより異議を提起することができる。

(g) 締約国がこの条に従って必要とされる通報がこの条に定める期日内に行われなかったと考える場合には、通報をすべきだったと考える事実を知った日から3箇月以内に専らベルギー政府に対して異議を申し立てることにより異議を提起することができる。

(h) ベルギー政府は、各締約国に対してできる限り速やかに、この条に従って受領した通報及び異議を通知する。

(i) 第2条(a)(i)に定める一覧表は、この条の(b)、(c)、(d)及び(e)に定めるすべての詳細及び変更から成り、この条の(f)及び(g)の規定に従って提出された異議は、それが維持される場合には、異議の提起された日に遡及して効力を有するものと理解する。

(j) ベルギー政府は、いずれの締約国に対しても要求に応じて、この条約が適用される原子力施設の最新の説明及びこの条に従ってそれらにつき提出される詳細を提供する。

第14条【パリ条約に基づく権限】(a) この条約に別段の定めのある場合を除き、各締約国は、パリ条約に基づき与えられた権限を行使することができ、並びに、それに基づき制定した規定を、第3条(b)(ii)及び(iii)に定める公的基金が利用に供されるように他の締約諸国に対して援用することができる。

(b) パリ条約第2条及び第9条に従って締約国が制定した(a)の規定であって、その結果として第3条(b)(ii)及び(iii)に定める公的基金を利用に供することを要求するものは、いずれか他の締約国が同意しなければ当該他の締約国に対して援用することができない。

(c) この条約のいかなる規定も、パリ条約及びこの条約に定める範囲外で規定を制定することを妨げるものではない。ただし、このような規定は、締約諸国の公的基金に関する限り、締約諸国に新たな義務をもたらすものではない。

第15条【非締約国との協定】(a) いずれの締約国も、原子力事故によって生じる損害の公的基金からの賠償に関する協定をこの条約の締約国ではない国と締結することができる。

(b) この協定に基づく賠償の支払いの条件がパリ条約及びこの条約を適用するために関係締約国が採用した措置から生ずる条件より有利でない場合であって第8条のただし書きが適用される場合には、この条約が適用される原子力事故によって生じた損害額であってそれに対して当該の協定により賠償を支払うことができるものは、その事故によって生じた損害の総額を計算する際

に考慮に入れることができる。
(c) この条の(a)及び(b)の規定は、この協定に同意しなかった締約国の第3条(b)(ii)及び(iii)の規定に基づく義務にいかなる影響も及ぼすものではない。
(d) この協定を締結することを意図するいずれの締約国も、その意図を他の締約国に通知する。締結された協定は、ベルギー政府に通知する。

第16条【協議】　（略）
第17条【紛争解決】　（略）
第18条【留保】　（略）
第19条【パリ条約締約国という要件】　（略）
第20条【効力発生等】　（略）
第21条【改正】　（略）
第22条【加入】　（略）
第23条【失効】　（略）
第24条【領域的適用】　（略）
第25条【寄託者の義務】　（略）

附属書

　締約国政府は、関連する原子力施設がその利用に関して補完条約第2条に定めるリストに掲げられていないという理由（このような施設が締約国政府のすべてではないが一又はそれ以上によりパリ条約の適用対象外だとみなされる場合を含む。）により補完条約が適用されない原子力事故から生じた損害の賠償が、次のように処理されることを宣言する。
　　―補完条約の締約国の国民の間に差別なく提供されること、及び、
　　―3億特別引出権より少ない額に制限されないこと

　さらに、政府がまだこれらの措置を実施していない場合には、これらの事故により生ずる損害を被った者に対する賠償のための規則を補完条約が適用される原子力施設について生じた原子力事故に関して設定された規則とできる限り同じものとするように努力する。

10-9　原子力損害の民事責任に関する1997年のウィーン条約（1997年原子力損害民事責任条約；1997年ウィーン条約）（抄）
The 1997 Vienna Convention on Civil Liability for Nuclear Damage

採　択　1997年9月12日（原子力損害の民事責任に関するウィーン条約を改正する議定書（以下「1997年議定書」という。）、ウィーン）
効力発生　2003年10月4日
日　本　国　
原条約　原子力損害の民事責任に関する条約、1963年5月21日署名（ウィーン）、1977年11月12日効力発生

〔編者注〕以下の条文は、1997年議定書の第24条2に基づき国際原子力機関が作成した1997年議定書により改正された1963年の原子力損害の民事責任に関する条約の統合テキストである。条約の名称は1997年議定書の第18条2の規定に基づく。

前　文　（略）

第1条【定義】1　この条約の適用上、
(a) 「者」とは、いずれかの個人、組合、私法上又は公法上の団体（法人であるかどうかを問わない。）、施設国の法に基づき法人格を有するいずれかの国際機関、及び、国又はその行政区画をいう。
(b) 「締約国の国民」とは、締約国若しくはその行政区画、締約国の領域内で設立された組合又は私法上若しくは公法上の団体（法人であるかどうかを問わない。）を含む。
(c) 「事業者」とは、原子力施設に関しては、施設国がその施設の事業者として指定し又は認めた者をいう。
(d) 「施設国」とは、原子力施設に関しては、当該施設がその領域内に存在する締約国又は、当該施設がいずれの国の領域内にも存在しない場合には、原子力施設を自ら操業し又はその権限の下で操業させる締約国をいう。
(e) 「権限のある裁判所の法」とは、この条約に基づいて管轄権を有する裁判所の法（抵触法に関する法を含む。）をいう。
(f) 「核燃料」とは、核分裂の自動継続的連鎖過程によってエネルギーを生産することができる物質をいう。
(g) 「放射性生成物又は放射性廃棄物」とは、核

燃料の生産若しくは使用に伴い生じた放射性物質又は、この生産若しくは使用に付随する被曝によって放射性をおびた物質をいう。ただし、放射性同位元素であってかつ製造の最終段階に達しており科学上、医学上、農業上、商業上又は工業上の目的に使用できるものは含まない。
(h) 「核物質」とは、次のものをいう。
　(ⅰ) 単独で又は他の物質と結合して、原子炉の外で核分裂の自動継続的連鎖過程によってエネルギーを生産することができる核燃料(天然ウラン及び劣化ウランを除く。)、及び、
　(ⅱ) 放射性生成物又は放射性廃棄物
(i) 「原子炉」とは、中性子源を追加することなく核分裂の自動継続的連鎖過程が内部で起こることができるように配列した核燃料を収納する構造物をいう。
(j) 「原子力施設」とは、次のものをいう。
　(ⅰ) 原子炉であって海又は空の輸送手段に動力源として利用するために装備されるもの(推進のためか又は他の目的のためかを問わない。)を除いたもの
　(ⅱ) 核物質の生産のために核燃料を使用するすべての工場、又は核物質を処理するためのすべての工場(照射済核燃料を再処理するすべての工場を含む。)
　(ⅲ) 核物質の輸送に付随する貯蔵以外の核物質を貯蔵するすべての施設、及び、
　(ⅳ) その他の核燃料又は放射性生成物若しくは放射性廃棄物が存在する施設であって国際原子力機関の理事会が随時決定するもの
　ただし、施設国は、同一の敷地内に存在する一の事業者の複数の原子力施設を単一の原子力施設とみなすことを決定することができる。
(k) 「原子力損害」とは、次のものをいう。
　(ⅰ) 生命の損失又は身体の損傷
　(ⅱ) 財産の損失又は損害
　並びに権限のある裁判所の法が定める限度において、次のものをいう。
　(ⅲ) (ⅰ)又は(ⅱ)に定める損失又は損害から生ずる経済的損失であって(ⅰ)及び(ⅱ)に含まれないもの。ただし、この損失又は損害に関して請求権を有する者が受けたものであることを条件とする。
　(ⅳ) 悪化した環境の回復措置の費用。ただし、当該悪化が些細なものでないこと、並びに、回復措置が実際にとられるか又はとられるべきものであること、かつ、(ⅱ)に含まれないことを条件とする。
　(ⅴ) 環境の重大な悪化の結果として受けた環境の利用又は享受についての経済的利益から生ずる収入の損失。ただし、(ⅱ)に含まれないことを条件とする。
　(ⅵ) 防止措置の費用並びに当該の措置から生ずる追加的損失又は損害
　(ⅶ) その他の経済的損失であって環境の悪化により生ずる以外のもの。ただし、権限のある裁判所の民事責任に関する一般法により認められていることを条件とする。

(ⅰ)から(ⅴ)まで及び(ⅶ)の場合には、損失又は損害が、原子力施設内のあらゆる放射線源から放出される電離放射線、又は、原子力施設内にある核燃料又は同施設内にあるか若しくは原子力施設から発出され、施設が起点となり若しくは施設に向けて発送される核物質の放射性生成物若しくは放射性廃棄物から放出される電離放射線から生ずる限りにおいてとする。ただし、この発生が、これらの放射能の特性から生ずるか又は有毒性、爆発性その他の有害な性質が放射能の特性と結合することから生ずるかを問わない。
(l) 「原子力事故」とは、いずれかの出来事又は起源同じくする一連の出来事であって、原子力損害をもたらすものをいう。ただし、防止措置のみについては、原子力損害をもたらす重大かつ差し迫った脅威を生ずるものをいう。
(m) 「回復措置」とは、措置がとられる国の権限のある当局が承認した合理的な措置であって、かつ、損害を受け若しくは破壊された環境の構成要素を回復し若しくは復元し又は合理的な場合にはこれらの構成要素と同等なものを環境に導入することをいう。損害が生じた国の法は、この措置をとる権限を有する者を決定する。
(n) 「防止措置」とは、原子力事故の発生後(k)の(ⅰ)から(ⅴ)まで又は(ⅶ)に定める損害を防止し又は最小限にするために、措置がとられる国の法が定める公の当局の承認に基づいていずれかの者がとる合理的な措置をいう。
(o) 「合理的な措置」とは、例えば次のものを含むあらゆる事情を考慮して、権限のある裁判所の法の下で適切でありかつ均衡性があると認められる措置をいう。
　(ⅰ) 受けた損害の性質及び程度又は、防止措置の場合には、損害の危険の性質及び程度
　(ⅱ) 措置がとられるときに、当該の措置が効果的となりそうな程度

(iii) 関係する科学的及び技術的専門性
(p) 「特別引出権」(以下「SDR」という。)とは、国際通貨基金により定義され及び同基金の事業及び取引で用いている計算単位をいう。

2 施設国は、含まれる危険の程度が小さいことがこれを正当化する場合には、いずれかの原子力施設又は少量の核物質をこの条約の適用から除外することができる。ただし、次のことを条件とする。
 (a) 原子力施設については、この適用除外の基準が国際原子力機関の理事会によって定められておりかつ施設国による除外がこの基準を満たしていること、及び、
 (b) 少量の核物質については、適用除外の最大許容限度量が国際原子力機関の理事会によって定められておりかつ施設国による適用除外がこの定められた限度内であること。

原子力施設の適用除外のための基準及び少量の核物質の適用除外の最大許容限度量は、理事会により定期的に検討される。

第1A条【条約の適用範囲】 1 この条約は、損害が生じた場所のいかんを問わず原子力損害に適用する。

2 ただし、施設国の法令は、次の場所において生じた損害をこの条約の適用から除外することができる。
 (a) 非締約国の領域内、又は、
 (b) 非締約国が国際海洋法に従って設定した海域

3 この条の2に基づく適用除外は、事故の時に次の要件を満たす非締約国にのみ適用できる。
 (a) その国が領域内又は海洋国際法に従って設定した海域内に原子力施設を有していること、及び、
 (b) その国が同等の相互主義的な便益を提供しないこと。

4 この条の2に基づく適用除外は、第9条2(a)に定める権利に影響するものではなく、また2(b)の規定に基づく適用除外は、船舶若しくは航空機内の損害又は船舶若しくは航空機に対する損害には適用しない。

第1B条【条約の適用除外施設】 この条約は、非平和的目的のために使用される原子力施設には適用しない。

第2条【事業者の責任】 1 原子力施設の事業者は、原子力損害が次のいずれかにより引き起こされたことが証明された場合には、当該の原子力損害に対して責任を負う。
 (a) 自己の原子力施設における原子力事故、又は、
 (b) 自己の原子力施設から発出され又は当該施設が起点となる核物質に関係する原子力事故であって、次の時点において発生したもの
  (i) 当該の核物質に関係する原子力事故に係る責任を書面による契約の明示の規定に従って他の原子力施設の事業者が、引き受ける前
  (ii) (i)に定める明示の規定がない場合には、他の原子力施設の事業者が、当該の核物質を引き取る前、又は、
  (iii) 動力源(推進のためか又は他の目的のためかを問わない。)として利用するために輸送手段に装備された原子炉で当該の核物質を使用することが意図されている場合には、その原子炉を運転するための権限を適正に与えられた者がその核物質を引き取る前、ただし、
  (iv) 当該の核物質が非締約国の領域内にいる者に送られた場合には、その核物質を当該非締約国の領域に運んだ輸送手段からその核物質がおろされる前
 (c) 自己の原子力施設に向けて発送される核物質に関係する原子力事故であって、次の時点において発生したもの
  (i) 自らが当該の核物質に関係する原子力事故に係る責任を書面による契約の明示の規定に従って他の原子力施設の事業者から引き受けた後
  (ii) (i)に定める明示の規定のない場合には、自らが当該の核物質を引き取った後、又は、
  (iii) 動力源(推進のためか又は他の目的のためかを問わない。)として利用するために輸送手段に装備された原子炉を運転する者から自らが当該の核物質を引き取った後、ただし、
  (iv) 当該の核物質が、事業者の書面による同意を得て、非締約国の領域内にいる者から発送された場合には、当該非締約国の領域からその核物質を運ぶ輸送手段にそれを積み込んだ後

ただし、原子力損害が、原子力施設において生じかつ核物質の輸送に伴って当該原子力施設に貯蔵されている核物質に係る原子力事故によって引き起こされた場合には、(b)又は(c)の規定に従って、他の事業者又は他の者が単独で責任を負うときは(a)の規定は適用しない。

2 施設国は、法令により、法令が定めることのある条件に従って、核物質の輸送者又は放射性廃

棄物の取扱者を、その者の要請に基づきかつ関係する事業者の同意を得て、当該の核物質又は放射性廃棄物の各々につき、当該事業者に代わる事業者として指名し又は承認することができると定めることができる。この場合には、その輸送者又は取扱者はこの条約の適用上、当該国の領域内にある原子力施設の事業者とみなす。

3(a) 原子力損害が複数の事業者に責任を負わせる場合には、関係する事業者は、各事業者に帰する損害を合理的に分割することができない限度において、連帯して責任を負う。施設国は、利用できる一事故当たりの公的基金の額を、ここに定める総額と第5条1の規定に従って確定される額の間に差がある場合には当該の差額に、制限することができる。

(b) 原子力事故が、核物質の輸送中に、単一の輸送手段内において又は輸送に伴う貯蔵の場合には単一の原子力施設において発生し、かつ、複数の事業者に責任を負わせる原子力損害を引き起こした場合には、その責任の総額は、第5条に従ってそれらの事業者のいずれかに適用される最高額を超えないものとする。

(c) 3の(a)及び(b)に定めるいずれの場合においても、一の事業者の責任は、第5条の規定に従って当該事業者について適用される額を超えないものとする。

4 3の規定に従うことを条件として、単一の事業者の複数の原子力施設が一の原子力事故に関係する場合には、当該事業者は、当該の各原子力施設に関して、第5条の規定に従ってその者に適用される額まで責任を負う。施設国は、3(a)の規定に基づき利用できる公的基金の額を制限することができる。

5 この条約に別段の定めがある場合を除き、事業者以外のいかなる者も、原子力損害に対して責任を負わない。ただし、これは、この条約が署名のために開放される日に効力を有し又は署名、批准若しくは加入のために開放されている輸送の分野における国際条約の適用に影響を及ぼすものではない。

6 何人も、第1条1(k)の規定に従えば原子力損害には該当しないが、同条項の規定に従って原子力損害と決定できたかもしれない損失又は損害については、責任を負わない。

7 権限のある裁判所の法が定める場合には、直接請求は、第7条の規定に従って、金銭上の保証を提供する者に対して提起するものとする。

第3条【輸送者への証明書】 この条約に従って責任を負う事業者は、第7条の規定に従って必要とされる保証を提供する保険者若しくは他の金銭上の保証者により又はその者に代わって発行された証明書を輸送者に提供する。ただし、施設国は、すべて自国の領域内で行われる輸送については、この義務から除外することができる。この証明書には、当該事業者の氏名及び住所並びに保証の額、形式及び期間を記載するものとし、また、証明書を発行した者又は、自己のために証明書が発行された者は、これらの記載については争うことができない。また、この証明書には、保証が適用される核物質を示すものとし、及び、記名された者がこの条約に定める事業者であることを述べた施設国の権限のある公の当局の記載を含めなければならない。

第4条【事業者の厳格責任】 1 この条約に基づく原子力損害に対する事業者の責任は、絶対的なもの(absolute)とする。

2 原子力損害の全部又は一部が損害を被った者の重大な過失により、又は、損害をもたらすことを意図した作為若しくは不作為によって生じたことを事業者が証明した場合には、権限のある裁判所は、権限のある裁判所の法がその旨を定める場合には、その者の被った損害について賠償を支払う義務の全部又は一部から事業者を免除することができる。

3 事業者は、原子力損害が武力紛争、敵対行為、内乱又は暴動の行為に直接起因することを証明する場合には、この条約に基づくいかなる責任も負わない。

4 原子力損害及び原子力損害以外の損害の双方が原子力事故、又は原子力事故と一若しくは二以上の出来事によって共同で引き起こされた場合には、この条約の適用上、原子力損害以外の損害は、原子力損害から合理的に分割することができない限度において、当該の原子力事故によって引き起こされた原子力損害とみなされる。ただし、損害がこの条約の対象となる原子力事故とこの条約の対象とならない電離放射線の照射によって共同で引き起こされた場合には、この条約のいかなる規定も、電離放射線の照射に関連して責任を負うことのある者の責任であって原子力損害を被った者に対するもの又は求償若しくは拠出の方法によるものを制限し、又は、他の方法でこれに影響を及ぼすものではない。

5 事業者は、次のものに対する原子力損害に対しては、この条約に基づく責任を負わない。
(a) 原子力施設自体又は当該の施設が所在する敷地内にあるその他の原子力施設(建設中の原子力施設を含む。)、及び、

(b) 同じ敷地にあって当該の施設に関連して使用され又は使用されることになっているいずれかの財産

6 関係する核物質を原子力事故の時点で積載していた輸送手段に与えた損害に対する賠償は、他の損害に対する事業者の責任を、1億5,000万SDR又は締約国の法令が定めるこれより高い額又は第5条1(c)の規定に従って設定される額のいずれかを下回る額に減少させるものであってはならない。

7 この条約のいかなる規定も、事業者が3又は5の規定に従ってこの条約に基づく責任を負わない原子力損害であって、かつ、いずれかの個人が損害をもたらすことを意図して行った作為又は不作為から発生したものに対してその個人が有する責任に影響を及ぼすものではない。

第5条【責任額】 1 事業者の責任は、一の原子力事故について、施設国が次のいずれかの額に制限することができる。
(a) 3億SDRを下回らない額、又は、
(b) 1億5,000万SDRを下回らない額。ただし、原子力損害を賠償するために当該国が同額を超え及び少なくとも3億SDRまでの公的基金を利用可能とすることを条件とする。又は、
(c) この議定書が効力を生ずる日から最長15年間、当該期間に生じる一原子力事故について1億SDRを下回らない過渡的な額。より低い額と1億SDRとの間の原子力損害を賠償するために当該国が公的基金を利用可能とする場合には、1億SDRを下回る額を設定することができる。

2 1の規定にかかわらず、施設国は、関係する原子力施設又は核物質の性質及びそれに起因する事故のありうる結果を考慮して、事業者のより低い責任額を定めることができる。ただし、いかなる場合にも、設定する金額は、500万SDRより少ない金額であってはならず、かつ、施設国は1の規定に従って設定する額まで公的基金を利用可能とすることを確保しなければならない。

3 1及び2並びに第4条6の規定に従って責任を負う事業者の施設国が設定した額は、原子力事故がどこで生じるかを問わず適用する。

第5A条【利子等】 1 原子力損害の賠償請求の訴えにおいて裁判所が決定した利子及び費用は、第5条に定める金額に追加してこれを支払わなければならない。

2 第5条及び第4条6に定める金額は、端数のない数字で国の通貨に換算できる。

第5B条【手続の簡素化】 各締約国は、損害を受けた者が賠償を支払う資金の源泉に応じて異なる手続をとることなく賠償請求権を行使できるように確保する。

第5C条【権限のある裁判所が施設国の裁判所でない場合】 1 管轄権を有する裁判所が施設国以外の締約国の裁判所である場合には、第5条1(b)、(c)及び第7条1に定める公的基金並びに裁判所が決定する利子及び費用は、当該管轄権を有する締約国が利用に供する。施設国は、当該他の締約国にその国が支払った金額を弁済する。これらの二の締約国は、弁済のための手続について合意する。

2 管轄権を有する裁判所が施設国以外の締約国の裁判所である場合には、管轄権を有する裁判所の所属する締約国は、施設国が手続に参加し、賠償に関するいかなる解決にも参加することができるようにするために必要なあらゆる措置をとる。

第5D条【責任限度額の改正】 1 締約国の3分の1が希望を表明する場合には、第5条に定める責任の限度額を改正するために、国際原子力機関の理事会は締約国の会合を開催する。

2 改正は、出席しかつ投票する締約国の3分の2の多数決で採択する。ただし、締約国の過半数が投票時に出席していることを条件とする。

3 限度額を改正する提案を議決するときは、締約国の会合は、特に原子力事故から生じる損害の危険性、通貨価値の変動及び保険市場の引受能力を考慮する。

4(a) 2の規定に従って採択された改正は、国際原子力機関の事務局長によって受諾のためにすべての締約国に通知される。改正は、通知が行われた後18箇月の期間が終了する時に受諾されたものとみなす。ただし、会合が改正を採択した時点における締約国の少なくとも3分の1が国際原子力機関の事務局長に対して改正を受諾することを通報していることを条件とする。この項に従って受諾された改正は、それを受諾した締約国につき受諾の12箇月後に効力を生ずる。

(b) 受諾のための通知の日から18箇月の期間内に改正が(a)の規定に従って受諾されない場合には、当該改正は拒否されたものとみなす。

5 改正が受諾されたがまだ効力を発生していないとき又は4の規定に従って改正が効力を発生した後に改正を受諾する締約国については、改正は、当該締約国による受諾の12箇月後に効力を生ずる。

6 4の規定に従って改正が効力を発生した後にこの条約の締約国となった国は、当該国が別段の

意思表示をしない場合には、次のようにみなす。
  (a) 改正されたこの条約の締約国、及び、
  (b) 改正に拘束されないいずれかの締約国との関係では改正される以前の条約の締約国

第6条【時効・除斥期間】 1(a) この条約に基づく賠償に対する権利は、訴えが次の期間内に提起されない場合には消滅する。
  (i) 生命の損失及び身体の損傷については、原子力事故の日から30年
  (ii) その他の損害については、原子力事故の日から10年
  (b) ただし、施設国の法に基づき事業者の責任がより長い期間について保険又はその他の金銭上の保証(国の基金を含む。)によって担保される場合には、権限のある裁判所の法は、事業者に対して賠償を請求する権利が当該のより長い期間(施設国の法の下で当該事業者の責任が担保される期間を超えてはならない。)の経過後にのみ消滅することを定めることができる。
  (c) 生命の損失及び身体の損傷について賠償を求める訴訟又は、1(b)の規定に基づく延長に従ってその他の損害についての賠償を求める訴訟であって、原子力事故の日から10年の期間の後に提起されたものは、いかなる場合にも、10年の期間の経過前に事業者に対して訴えを提起した者がこの条約に基づいて有する賠償に対する権利に影響を及ぼすものではない。
2 削除
3 この条約に基づく賠償を求める権利は、損害を受けた者が当該損害及び責任を負う事業者について知った日又は合理的に知っているべきであった日から3年以内に訴えを提起しない場合には、権限のある裁判所の法が定めるところにより、時効又は権利の消滅の適用を受ける。ただし、この条の1(a)及び(b)の規定に従って設けられる期間を超えないことを条件とする。
4 権限のある裁判所の法に別段の定めがある場合を除き、原子力損害を被ったと主張する者であってかつこの条に定める期間内に賠償請求訴訟を提起したものはすべて、終局判決が下されていないことを条件として、当該期間を経過した後であっても損害の悪化を考慮に入れて請求を修正することができる。
5 管轄権が第11条3(b)の規定に従って決定されることとされ、かつ、この決定を行う権限のある諸締約国のいずれか一に対してこの条に従って適用される期間内に申立が行われたが、当該決定の後の残余期間が6箇月未満である場合には、訴えを提起することができる期間は、この決定の日から起算して6箇月とする。

第7条【金銭上の保証】 1(a) 事業者は、原子力損害に対する自己の責任を担保するために、施設国が定める金額、形式及び条件で保険その他の金銭上の保証を維持しなければならない。施設国は、保険その他の金銭上の保証の実際の金額が事業者につき確定した原子力損害の賠償の請求を満足させるために十分でないときはその限度で、ただし第5条の規定に従って定められる限度がある場合にはそれを超えない範囲で、必要な基金を提供することにより、当該賠償請求の支払いを確保する。事業者の責任が無限である場合には、施設国は、責任を負う事業者の金銭上の保証の限度を、その限度額が3億SDRを下回らないことを条件として、定めることができる。施設国は、金銭上の保証の実際の金額が事業者につき確定した原子力損害の賠償の請求を満足させるために十分でないときは、その限度で、ただしこの項に基づき提供される金銭上の保証額を超えない範囲で、当該の賠償請求の支払を確保する。
  (b) (a)の規定にかかわらず、事業者の責任が無限である場合には、施設国は、関係する原子力施設又は核物質の性質及びそれに起因する事故のありうる結果を考慮して、事業者の金銭上の保証をより少ない金額に定めることができる。ただし、いかなる場合にも、設定する金額は500万SDRより少ない金額であってはならず、かつ、施設国は、保険その他の金銭上の保証の実際の金額が事業者につき確定した原子力損害の賠償の請求を満足させるために十分でないときは、この項の(a)に従って定められた限度まで、必要な基金を提供することによって当該の賠償請求の支払いを確保する。
2 1のいずれの規定も、締約国又はその行政区画(州若しくは共和国等)に対して、事業者としての責任を担保するために保険その他の金銭上の保証を維持することを要求するものではない。
3 保険その他の金銭上の保証により又は1又は第5条の1(b)及び(c)の規定に従って施設国により提供される資金は、この条約に基づいて支払われる賠償のためにのみ用いる。
4 いずれの保険者若しくはその他の金銭上の保証者も、権限のある当局に対して少なくとも2箇月前に書面により通告することなしに、又は、この保険その他の金銭上の保証が核物質の輸送に

関係する場合にはその輸送期間中に、1の規定に従って提供される保険その他の金銭上の保証を停止し又は取り消してはならない。

第8条【賠償の性質、様式、範囲】 1　この条約の規定に従うことを条件として、賠償の性質、様式及び範囲並びにその衡平な分配については、権限のある裁判所の法によって定める。

2　第6条1(c)の規則を適用することを条件として、事業者に対して提起された請求についてこの条約に基づいて賠償すべき損害が第5条1の規定に従って得られる最高限度額を実際に超え又は超えるおそれがある場合には、賠償の分配における優先権は、生命の損失又は身体の損傷についての請求に与える。

第9条【権利の代位】 1　国若しくは公共の健康保険、社会保険、社会保障、労働者災害補償又は職業病補償の制度に関する規定が、原子力損害に対する補償を含む場合には、この条約に基づいて賠償を得る当該制度の受益者の権利及び責任を負う事業者に対する当該制度に基づく求償権は、この条約の規定に従うことを条件として、当該制度を定めている締約国の法により又は当該制度を定めている政府間機関の規則によって決定される。

2(a)　締約国の国民(事業者を除く。)である者が、国際条約又は非締約国の法に基づいて原子力損害に対する賠償を支払った場合には、その者は、支払った金額の範囲まで、その賠償の支払いを受けた者がこの条約に基づいて有する権利を代位によって取得する。何人も、この条約に基づいて事業者がその者に対して求償権を有する場合にはその限度において、いかなる権利も代位によって取得してはならない。

(b)　この条約のいかなる規定も、第7条1に従って提供される資金以外の資金から原子力損害に対する賠償を支払った事業者が、第7条1の規定に従って金銭上の保証を提供する者又は施設国から当該事業者が支払った金額を限度として、その賠償の支払いを受けた者がこの条約に基づいて得たであろう金額を回収することを妨げるものではない。

第10条【求償権】 事業者は、次に定める場合にのみ求償権を有する。

(a)　求償権が書面の契約によって明示に規定されている場合、又は、

(b)　原子力事故が損害をもたらすことを意図した作為又は不作為によって生じたときに、求償権がそのような意図で作為又は不作為を行った個人に対して行使される場合

この条に定める求償権は、この条約に従って施設国が公的基金を提供する限りにおいて施設国にも適用することができる。

第11条【裁判管轄権】 1　この条に別段の定めがある場合を除き、第2条の規定に基づく訴訟に対する管轄権は、その領域内で原子力事故が発生した締約国の裁判所のみに属する。

1の2　原子力事故が締約国の排他的経済水域内で発生した場合、又は、この水域が設定されていないときは、仮にそれが設定されたとすれば排他的経済水域の限界を超えない水域で発生した場合には、原子力事故から生じる原子力損害に関する訴訟に対する管轄権は、この条約の適用上、当該締約国の裁判所のみに属する。この規定は、当該締約国が寄託者にこのような水域を原子力事故の発生以前に通知していた場合に適用する。この項のいずれの規定も、海洋国際法(海洋法に関する国際連合条約を含む。)に反する方法で管轄権を行使することを許すように解釈してはならない。

2　原子力事故がいずれかの締約国の領域内若しくは1の2に従って通知された水域内で発生したものではない場合又は原子力事故の場所が明確に決定できない場合には、当該訴訟に対する管轄権は、責任を負う事業者の属する施設国の裁判所に属する。

3　1、1の2又は2の規定に基づいて、複数の締約国の裁判所に管轄権が属することになる場合には、管轄権は、次の裁判所に属するものとする。

(a)　原子力事故の一部がすべての締約国の領域の外で発生し、かつ、一部が単一の締約国の領域内で発生した場合には、後者の裁判所

(b)　その他の場合には、1、1の2又は2の規定に基づいて、自国の裁判所が権限を有することになる締約諸国間の合意により決定される締約国の裁判所

4　自国の裁判所が管轄権を有する締約国は、一の原子力事故に関して当該国の1の裁判所のみが管轄権を有することを確保する。

第11A条【出訴権の保障】 自国の裁判所が管轄権を有する締約国は、原子力損害の賠償を求める訴訟に関して次のことを確保する。

(a)　いずれの国も、原子力損害を被った者であって、その国の国民であるか又はその領域内に住所又は居所を有し、かつ、国が訴えを提起することについて同意したもののために訴えを提起できること

(b)　何人も代位又は譲渡によって取得したこの

条約に基づく権利を執行するための訴えを提起できること

第12条【終結判決の承認及び執行】 1 管轄権を有する締約国の裁判所が下した判決であって再び通常の方式で審理されることがないものは、次の場合を除くほか承認される。
(a) その判決が詐欺によって得られた場合
(b) 自己に対して不利な判決が下された当事者が、自己の主張を陳述するための公平な機会を与えられなかった場合、又は、
(c) 判決が、その領域内において承認が求められている締約国の公の秩序に反する場合又は正義の基本的基準に合致していない場合

2 1の規定に基づいて承認された判決は、執行が求められている締約国の法によって必要とされる手続に従って執行が要請される場合には、当該締約国の裁判所の判決と同様の執行力を付与される。判決が下された請求の本案は、それ以上訴訟手続に服させてはならない。

第13条【差別の禁止】 1 この条約又はこの条約に基づいて適用される国内法は、国籍、住所又は居所によるいかなる差別もなしに適用する。

2 1の規定にもかかわらず、原子力損害に対する賠償が1億5,000万SDRを超える場合には、施設国の法令は、事故の時にその領域内又は海洋国際法に従ってその国が設定した海域内に原子力施設を有する他の国が、それらの区域内で生じた原子力損害について、同等の額の相互主義的な便宜を提供しないときはその限度において、この条約の規定の適用を除外することができる。

第14条【裁判権免除】 強制執行措置に関する場合を除き、国内法又は国際法の規定に基づく裁判権の免除は、第11条の規定に従って権限を有する裁判所におけるこの条約に基づく訴訟については援用してはならない。

第15条【通貨の交換性】 締約国は、この条約に基づく、原子力損害についての賠償、それに関連して裁判所が決定した利子及び費用、保険料及び再保険料並びに保険、再保険その他の金銭上の保証により提供される資金、又は施設国により提供される基金が、その領域内で損害が生じた締約国の通貨に及び賠償を請求する者がその領域内に常居所を有する締約国の通貨に、また、保険料又は再保険料及び保険金又は再保険金については保険又は再保険の契約に定める通貨に自由に交換できることを確保するために適切な措置をとる。

第16条【他の条約に基づく賠償】 何人も、原子力の分野における民事責任に関する他の国際条約に基づいて同一の原子力損害に関して賠償を受けたときはその限度において、この条約に基づいて賠償を受ける権利を有しない。

第17条【他の協定との関係】 （略）

第18条【国際公法】 この条約は、国際公法の一般規則に基づく締約国の権利及び義務に影響を及ぼすものではない。

第19条【情報の提供】 （略）

第20条【条約終了前の損害】 削除

第20A条【紛争解決】 （略）

第21条【署名開放】 削除

第22条【批准、寄託】 削除

第23条【効力発生】 削除

第24条【加入】 削除

第25条【有効期間】 削除

第26条【改正会議】 （略）

第27条【国際原子力機関事務局長による通告】 削除

第28条【登録】 （略）

第29条【正文】 削除

10-10　ウィーン条約及びパリ条約の適用に関する共同議定書(ウィーン条約とパリ条約の共同議定書)(抄)

Joint Protocol Relating to the Application of the Vienna Convention and the Paris Convention

採　択　1988年9月21日(パリ条約とウィーン条約間の関係に関する会議(IAEAとOECDの共催)、ウィーン)
効力発生　1992年4月27日
日　本　国

前文

締約国は、
(中略)
ウィーン条約とパリ条約は、その内容が似ていること、及び、現在いずれの国も双方の条約の締約国となっていないことを考慮し、

一方の条約の締約国による他方の条約への、一の原子力事故に対して双方の条約を同時に適用することから生じる困難を発生させるおそれがあると確信し、

各条約に基づき定められた原子力損害に対する民事責任に関する特別制度の利益を相互に及ぼすことによりウィーン条約とパリ条約の間の連携を樹立し、並びに、一の原子力事故に対して双方の条約を同時に適用することから生じる抵触を除去することを希望して、

次のとおり協定した。

第1条【定義】 この議定書において、
  (a) 「ウィーン条約」とは、1963年5月21日の原子力損害の民事責任に関するウィーン条約及びそのいずれかの改正であってこの議定書の締約国に対して効力を有するものをいう。
  (b) 「パリ条約」とは、1960年7月29日の原子力分野における第三者責任に関するパリ条約及びそのいずれかの改正であってこの議定書の締約国に対して効力を有するものをいう。

第2条【条約の適用】 この議定書の適用上、
  (a) ウィーン条約の締約国の領域に存在する原子力施設の事業者は、パリ条約及びこの議定書の双方の締約国である国の領域において被った原子力損害に対して、ウィーン条約に従って責任を負う。
  (b) パリ条約の締約国の領域に存在する原子力施設の事業者は、ウィーン条約及びこの議定書の双方の締約国である国の領域において被った原子力損害に対して、パリ条約に従って責任を負う。

第3条【適用条約】 1　一の原子力事故については、ウィーン条約又はパリ条約のいずれか一方を、他方を排除して適用する。

2　一の原子力施設において原子力事故が発生した場合には、適用する条約は、当該施設がその領域内に存在する国が締約国となっている条約とする。

3　原子力施設外における原子力事故であって運送中の核物質に係る事故の場合には、適用する条約は、ウィーン条約第2条1(b)及び(c)の規定又はパリ条約第4条(a)及び(b)の規定のいずれかに従って事業者が責任を負うことになる原子力施設がその領域内に存在する国が締約国となっている条約とする。

第4条【議定書締約国への適用】 1　ウィーン条約第1条から第15条の規定は、パリ条約の締約国であってこの議定書締約国である国に関しては、ウィーン条約の締約国間で適用するのと同じ方法で適用する。

2　パリ条約第1条から第14条の規定は、ウィーン条約の締約国であってこの議定書の締約国である国に関しては、パリ条約の締約国間で適用するのと同じ方法で適用する。

第5条【署名開放】　（略）
第6条【批准、受諾、承認、加入、寄託】　（略）
第7条【効力発生】　（略）
第8条【廃棄】　（略）
第9条【条約適用の終了】　（略）
第10条【寄託者による通報】　（略）
第11条【正文】　（略）

10-11　原子力損害の補完的補償に関する条約（原子力損害補完的補償条約；CSC）（抄）

Convention on Supplementary Compensation for Nuclear Damage

採　択	1997年9月12日（ウィーン）
署名開放	1997年9月29日（IAEA第41回総会、ウィーン）
効力発生	
日本国	

前　文

締約国は、

原子力損害の民事責任に関するウィーン条約及び原子力分野における第三者責任に関するパリ条約並びにこれらの条約の諸原則と一致する原子力損害に対する賠償に関する国内立法に定められた措置の重要性を認め、

原子力損害に対する賠償額を増額するためにこれらの措置を補完し及び高度化する世界的な責任制度を確立することを希望し、

さらにこの世界的な責任制度が国際的な共同と連帯の諸原則に従ってより高次元の原子力の安全を促進する地域的及び地球的な協力を奨励するであろうことを認めて、

次のとおり協定した。

第1章　一般規定

第1条（定義） この条約の適用上、
  (a) 「ウィーン条約」とは、1963年5月21日の原子力損害の民事責任に関するウィーン条約及びそのいずれかの改正であってこの条約の締約国に対して効力を有するものをいう。

(b) 「パリ条約」とは、1960年7月29日の原子力分野における第三者責任に関するパリ条約及びそのいずれかの改正であってこの条約の締約国に対して効力を有するものをいう。
(c) 「特別引出権」（(10-9)第1条1(p)と同じ）
(d) 「原子炉」（(10-9)第1条1(i)と同じ）
(e) 「施設国」（(10-9)第1条1(d)と同じ）
(f) 「原子力損害」（(10-9)第1条1(k)と同じ）
(g) 「回復措置」（(10-9)第1条1(m)と同じ）
(h) 「防止措置」（(10-9)第1条1(n)を参照）
(i) 「原子力事故」（(10-9)第1条1(l)と同じ）
(j) 「原子力設備容量」とは、各締約国にとって第4条2に定める計算方式により与えられる単位の数の合計をいう。「熱出力」とは、権限のある国の当局により認定された最大熱出力をいう。
(k) 「権限のある裁判所の法」（(10-9)第1条1(e)と同じ）
(l) 「合理的な措置」（(10-9)第1条1(o)と同じ）

第2条(目的) 1 この条約の目的は、次の国内法に従って提供される補償制度を補完することにある。
(a) 第1条(a)及び(b)に定める文書のいずれかを実施する国内法、又は、
(b) この条約の附属書の規定に適合する国内法
2 この条約の制度は、締約国の領域内に存在する平和的目的のために使用する原子力施設の事業者が第1条に定めるいずれかの条約又は1(b)に定める国内法に基づいて責任を負う原子力損害に適用する。
3 1(b)に定める附属書は、この条約の不可分の一部を構成する。

第2章 補償

第3条(約束) 1 一の原子力事故当たりの原子力損害に関する補償は、次の方法により確保する。
(a) (i) 施設国は、3億SDR若しくは原子力事故以前のいずれかの時に寄託者に対して特定する3億SDRを超える額、又は、(ii)に従った経過的な額を利用可能とすることを確保する。
(ii) 締約国は、この条約の署名開放の日から最長10年間、当該期間に生じる一の原子力事故について少なくとも1億5,000万SDR以上の経過的な額を設定することができる。
(b) (a)の規定に基づき利用可能な額を超えて、締約国は、第4条に定める計算方式に従って公的基金を利用に供する。
2(a) 1(a)の規定に従った原子力損害の補償は、国籍、住所又は居所による差別なしに衡平に分配する。ただし、施設国の法は、原子力責任に関する他の条約に基づく当該国の義務に従うことを条件として、非締約国において被った原子力損害を除外することができる。
(b) 1(b)の規定に従った原子力損害の補償は、第5条及び第11条1(b)の規定に従うことを条件として、国籍、住所又は居所による差別なしに衡平に分配する。
3 補償すべき原子力損害が1(b)に定める全額を必要としない場合には、拠出金はそれに比例して減額する。
4 原子力損害の賠償請求の訴えにおいて裁判所が決定した利子及び費用は、1(a)及び(b)の規定に従って決定される額に追加して支払い、並びに、1(a)及び(b)の規定に従って、責任を負う事業者、自国の領域内に当該事業者の原子力施設が存在する締約国及び締約諸国の全体がそれぞれに拠出した実際の拠出金に比例するものとする。

第4条(拠出金の計算) 1 締約国が3条1(b)に定める公的基金を利用可能とするために準拠する拠出金の計算方式は、次の方法で決定する。
(a) (i) 当該締約国の原子力設備容量に設備容量一単位当たり300SDRを乗じた額、及び、
(ii) 原子力事故が発生した年の前年の評価による当該締約国の評価国際連合分担金のすべての締約国の評価国際連合分担金の総計に対する割合を、(i)の規定に基づいてすべての締約国について計算した総額の10%について適用することによって決定する額
(b) (c)の規定に従うことを条件として、各締約国の拠出金は、(a)(i)及び(ii)に定める額とする。ただし、国際連合の分担金の最低評価率となっている国であって原子炉を有しないものは、拠出金を拠出することを要しない。
(c) 施設国以外の締約国に(b)の規定に基づいて課すことのできる一の原子力事故当たりの最大拠出金は、(b)の規定に従って決定されるすべての締約国の拠出金の総計に対して当該締約国に指定される次の比率を超えてはならない。個々の締約国について指定される比率は、百分率で示された評価国際連合分担金率に8パーセントを加えたものとする。事故が発生したときにこの条約の締約諸国の設備総容量が62万5,000単位以上である場合には、この指定される比率を1パーセント増やす。指定される比率は、設備総容量が62万5,000単位を超えて7万5,000単位増えるごとに1パーセント追加する。

2 計算方式は、締約国の領域内に存在する各原子炉に関して、熱出力1メガワットにつき1単位とする。計算方式は、第8条の規定に従って作成され及び更新される一覧表において原子力事故の日に表示されている諸原子炉の熱出力に基づいて計算する。
3 拠出金の計算上、原子炉は核燃料要素が原子炉に最初に装荷された日から計算に入れる。原子炉は、炉心からすべての燃料要素が永久的に取り除かれ及び承認された手続に従って安全に貯蔵されたときに計算から除外される。

第5条(地理的範囲) 1 第3条1(b)の規定に基づいて提供される基金は、次に掲げる原子力損害に適用する。
(a) 締約国の領域において被ったもの、又は、
(b) 締約国の領海を越える海域において又はその海域の上空において、
　(i) 締約国の旗を掲げる船舶の船上において若しくは船舶が被ったもの、又は、締約国の領域内に登録された航空機の機内において若しくは航空機が被ったもの、又は、締約国の管轄の下にある人工島、施設若しくは構造物において若しくはそれらが被ったもの、又は、
　(ii) 締約国の国民が被ったもの
ただし、この条約の締約国でない国の領域又は領海上空において被った損害を除外する。又は、
(c) 締約国の排他的経済水域において若しくはその水域の上空において、又は、締約国の大陸棚上において、当該排他的経済水域若しくは大陸棚の天然資源の開発若しくは探査に関連して被ったもの
ただし、締約国の裁判所が第13条の規定に従って管轄権を有することを条件とする。
2 いずれの署名国又は加入国も、この条約の署名若しくは加入のとき又は批准書の寄託のときに、1(b)(ii)の規定の適用上、締約国の法に基づきその領域内に常居所を有しているとみなす個人又は特定の範疇の個人を自国民と同一視すると宣言することができる。
3 この条において、「締約国の国民」とは、締約国若しくはその行政区画、又は、組合若しくは公法上若しくは私法上の団体(法人であるかかどうかを問わない。)であって締約国の領域内で設立されたものをいう。

第3章　補完的基金の組織化

第6条(原子力損害の通報) 締約国が他の国際協定に基づいて負うことのある義務を害することなく、管轄権を有する裁判所が所属する締約国は、他の締約国に対して原子力事故によって生じた損害が第3条1(a)の規定に基づいて利用できる額を越え又は超えるおそれがあり、かつ、第3条1(b)の規定に基づく拠出金が必要となりうると考えるときは、直ちに当該の原子力事故を通報する。締約国は、これに関連する締約諸国間の手続を設定するために遅滞なく必要なあらゆる措置をとる。

第7条(基金の要請) 1 第6条に定める通報の後、第10条3の規定に従うことを条件として、管轄権を有する裁判所が所属する締約国は、第3条1(b)の規定に基づいて必要とされる公的基金をそれが実際に必要となる程度及び時点において利用可能となるように他の締約国に拠出を要請し、並びに、この基金から支出する排他的権限を有する。
2 通貨又は送金に関する現行の又は将来の規則に拘らず、締約国は、第3条1(b)の規定に従って提供される拠出金のいかなる制限もない送金及び支払を許可しなければならない。

第8条(原子力施設の一覧表) 1 各締約国は、批准書、受諾書、承認書又は加入書を寄託するときに寄託者に対して、第4条3に定めるすべての原子力施設の完全な一覧表を通報する。一覧表は、拠出金の計算に必要な明細を含まなければならない。
2 各締約国は、一覧表に対して行うすべての変更を速やかに寄託者に通報する。この変更が原子力施設の追加を含む場合には、通報は、核物質が当該施設に搬入される予定の日の少なくとも3箇月前に行う。
3 締約国は、1及び2の規定に従って締約国が通報する一覧表の明細又は一覧表に対して行う変更が規定に従っていないと考えるときは、5の規定に従って通知を受けた日から3箇月以内に寄託者に宛ててそれらに対する異議を申し立てることができる。寄託者は、その情報につき異議が提起された国に対してこの異議を直ちに通報する。解決できないいかなる意見の相違も、第16条に定める紛争解決手続に従って処理する。
4 寄託者は、すべての締約国に対して、この条の規定に従って作成された原子力施設の一覧表を維持し、更新し及び毎年配布する。この一覧表はこの条に定めるすべての明細及び変更から構成され、この条の規定に基づき提出された異議は、それが認められる場合には異議の提起された日に遡及して効力を有する。
5 寄託者は、この条の規定に従って受領した通報及び異議を各締約国に対してできる限り速やか

第9条（求償権） 1　各締約国は、責任を負う事業者の原子力施設がその領域内にある締約国及び第3条1(b)に定める拠出金を支払った他の締約諸国の双方が、第1条に定める条約のいずれか又は第2条1(b)に定める国内法に基づいて事業者が求償権を有する限度、並びに、締約国のいずれかが拠出金を拠出した限度において事業者の求償権から利益を得ることができるようにするために、法律を制定する。

2　責任を負う事業者の原子力施設がその領域内にある締約国は、その法令で、損害が事業者の過失によって生じた場合には、この条約に従って利用に供した公的基金を当該事業者から回収することを定めることができる。

3　管轄権を有する裁判所が所属する締約国は、拠出金を支払った他の締約諸国のために1及び2に定める求償権を行使することができる。

第10条（支払い・手続） 1　第3条1の規定に基き求められる基金を利用に供するための支払制度及びその配分制度は、管轄権を有する裁判所が所属する締約国の制度とする。

2　各締約国は、損害を受けた者が賠償を支払う資金の源泉に応じて異なる手続をとることなく、賠償請求権を行使できるように確保し、並びに、締約諸国が責任を負う事業者に対する手続に参加できるように確保する。

3　いずれの締約国も、賠償に対する請求を第3条1(a)に定める基金で満たすことができる場合には、第3条1(b)に定める公的基金を利用に供することを求められない。

第11条（基金の割当） 第3条1(b)の規定に基づいて提供される基金は次のように分配される。

1(a)　基金の50％は、施設国の内又は外で被った原子力損害に対する請求を補償するために利用できるものとする。

(b)　基金の50％は、施設国の領域の外で被った原子力損害に対する請求を、(a)の規定の下ではこの請求が補償されない限度において、補償するために利用できるものとする。

(c)　第3条1(a)の規定に従って定められる額が3億SDRより少ない場合には

 (i)　1(a)の額は、第3条1(a)の規定に従って定められる額が3億SDRよりも少なくなっている比率と同じ比率を減額し、及び、

 (ii)　1(b)の額は、(i)の規定に従って計算される減額の額を増額する。

2　締約国が第3条1(a)の規定に従って6億SDR以上の額（原子力事故以前に寄託者に対して特定していたもの）を差別なく利用できるように確保した場合には、第3条1(a)及び(b)に定めるすべての基金は、1の規定にかかわらず、施設国の内又は外で被った原子力損害を補償するために利用に供される。

第4章　選択権の行使

第12条【選択権の行使】 1　この条約に別段の定めがある場合を除き、各締約国は、ウィーン条約又はパリ条約に従って自国に付与されている権限を行使することができ、並びに、第3条1(b)に定める公的基金を利用可能とするためにこれらの条約の下で定められたいかなる規定も他の締約国に対して援用することができる。

2　この条約のいかなる規定も、いずれかの締約国がウィーン条約又はパリ条約の適用範囲外及びこの条約の適用範囲外の事項について規定を設けることを妨げない。ただし、このような規定は他の締約国に対するいかなる追加的義務も含んではならないし、またその領域内に原子力施設を有していない締約国における損害を相互主義の欠如を理由としてこのような追加的補償から排除してはならない。

3(a)　この条約のいかなる規定も、締約国が第3条1(a)の規定に基づく義務を実施し又は原子力損害の補償のための追加的基金を提供するために地域的その他の協定を締結することを妨げない。ただし、これは、他の締約諸国に対しこの条約の下で新たな義務を課すものであってはならない。

(b)　このような協定を締結しようとする締約国は、その意思を他のすべての締約国に通知する。締結した協定は寄託者に通知する。

第5章　裁判管轄権及び準拠法

第13条（裁判管轄権） 1　（(10-9)第11条1を参照）

2　原子力事故が締約国の排他的経済水域内で発生した場合、又は、この水域が設定されていないときは、当該国によりそれが仮に設定されたとすれば排他的経済水域の限界を超えない水域内で発生した場合には、原子力事故から生じる原子力損害に関する訴えに対する管轄権は、この条約の適用上、当該締約国の裁判所のみが有する。この規定は、当該締約国が寄託者にこのような水域を原子力事故の発生以前に通知していた場合に適用する。この項のいずれの規定も、海洋国際法（国連海洋法条約を含む。）に反する方法で管轄権を行使することを許すように解釈してはならない。ただし、この裁判管轄権の行使が

この条約の締約国でない国との関係でウィーン条約第11条又はパリ条約第13条の規定に基づく当該締約国の義務と抵触する場合には、裁判管轄権はそれらの条約規定に従って決定する。
3 ((10-9)第11条2を参照)
4 原子力損害に関する訴えに対する管轄権が複数の締約国の裁判所に属する場合には、これらの締約国は、合意によって、いずれの締約国の裁判所が管轄権を有するかを決定する。
5 ((10-9)第12条1を参照)
6 ((10-9)第12条2を参照)
7 国内法によって設定される条件に従って、第3条1(b)に定める公的基金からなされる補償の支払いについてもたらされた解決は、他の締約諸国により承認される。
第14条(準拠法) 1 ウィーン条約若しくはパリ条約又はこの条約の附属書のいずれかが、適宜他を排除して一の原子力事故に適用される。
2 適宜この条約、ウィーン条約又はパリ条約の規定に従うことを条件として、準拠法は、権限のある裁判所の法とする。
第15条(国際公法) ((10-9)第18条と同じ)

第6章　紛争解決
第16条【紛争解決】　(略)

第7章　最終条項
第17条(署名)　(略)
第18条(批准、受諾、承認)　(略)
第19条(加入)　(略)
第20条(効力発生)　(略)
第21条(廃棄)　(略)
第22条(停止：パリ条約又はウィーン条約からの脱退)　(略)
第23条(以前の権利及び義務の継続)　(略)
第24条(改正)　(略)
第25条(簡略手続による改正)　(略)
第26条(寄託者の任務)　(略)
第27条(正文)　(略)

附属書
この条約の第1条(a)又は(b)に定めるいずれの条約の締約国でもない締約国は、この附属書に定める規定が当該締約国の国内で直接適用されない場合にはその限度において自国の国内法が附属書の規定と一致することを確保する。自国の領域に原子力施設を有していない締約国は、このような締約国がこの条約に基づく義務を実施することを可能とするために必要な法律のみを制定するように要求される。

第1条(定義) 1 この条約の第1条の定義に加えて、この附属書の適用上、次の定義を適用する。
(a) 〔核燃料〕 ((10-9)第1条1(f)と同じ)
(b) 〔原子力施設〕 ((10-9)第1条1(j)を参照)
(c) 〔核物質〕 ((10-9)第1条1(h)と同じ)
(d) 〔事業者〕 ((10-9)第1条1(c)と同じ)
(e) 〔放射性生成物又は放射性廃棄物〕 ((10-9)第1条1(g)と同じ)
2 ((10-9)第1条2と同じ)
第2条(法律の適合) 1 締約国の国内法は、1995年1月1日以降次の規定を含んでいる場合には、第3条、第4条、第5条及び第7条の規定と一致しているものとみなす。
(a) 原子力事故の場合であって事故が生じた原子力施設の敷地以外に実質的な原子力損害がある場合について厳格責任を定める規定
(b) 原子力損害に責任を負う事業者以外のいずれかの者が法的に賠償する責任を負っている限度において、その者に賠償を要求する規定、及び
(c) このような賠償のために民生用の原子力発電所につき少なくとも10億SDR以上及び他の民生用の原子力施設については少なくとも3億SDR以上を利用可能な状態に確保する規定
2 1の規定に従って締約国の国内法が第3条、第4条、第5条及び第7条の規定に適合しているとみなされる場合には、当該締約国は、次のことを行うことができる。
(a) この条約の第1条(f)に定める損失又は損害、及び、次に定めるその他の損失又は損害を含む原子力損害の定義を適用すること。後者の損失又は損害には、それが原子力施設の中にある核燃料、放射性生成物若しくは放射性廃棄物又は当該施設から発出され、当該施設が起点となり、若しくはそれに向けて発送される核物質の放射性又は放射性と有毒性、爆発性若しくは他の有害性との結合から発生若しくは帰結するか、又は、原子力施設の内部のいずれかの放射線源により放出される他の電離放射線から発生若しくは帰結する限りにおいてとする。ただし、このような定義の適用は、この条約の第3条の規定に基づく締約国の約束に影響を及ぼすものではない。並びに、
(b) この附属書の第1条1(b)の定義を排除してこの条の3に定める原子力施設の定義を適用すること
3 2(b)の規定の適用上、「原子力施設」とは、次のものをいう。

(a) あらゆる民生用の原子炉。ただし、海上輸送手段若しくは航空輸送手段に動力源(推進のためか又は他の目的のためかを問わない。)として利用するために装備されたものを除く。並びに、
(b) 次のものを処理し、再処理し又は貯蔵するための民生用の施設
　(i) 照射済み核燃料、又は、
　(ii) 次の放射性生成物又は放射性廃棄物
　　(1) 照射済み核燃料の再処理から生じかつ相当量の核分裂生成物を含むもの、又は、
　　(2) 92より大きな原子番号を有する元素を含むものであって一グラム当たり10ナノキュリーより高濃度であるもの
(c) 核物質を処理し、再処理し又は貯蔵するその他のあらゆる民生用の施設であって、このような施設に含まれる危険の程度の低さから締約国がこの定義から当該施設を除外できると決定するものを除いたもの

4　この条の1に適合する締約国の国内法は当該締約国の領域外で生じた原子力事故に適用されないが、当該締約国の裁判所がこの条約の第13条の規定に従って管轄権を有する場合には、附属書第3条から第11条の規定が適用され、かつこれらに抵触する適用可能な国内法のいかなる規定にも優先する。

第3条(事業者の責任) 1　((10-9)第2条1を参照)
2　((10-9)第2条2を参照)
3　((10-9)第4条1を参照)
4　((10-9)第4条4を参照)
5　(a)　((10-9)第4条3を参照)
　(b)　施設国の法に別段の定めがある場合を除き、事業者は、例外的性質の重大な自然災害に直接起因する原子力事故によって生じた原子力損害については責任を負わない。
6　((10-9)第4条2を参照)
7　((10-9)第4条5及び6を参照)
8　この条約のいかなる規定も、7(c)の規定に従えば事業者がこの条約に基づき責任を負わない原子力損害に対して、事業者がこの条約の外で負う責任には影響しない。
9　原子力損害に対する賠償の請求権は、責任を負う事業者に対してのみ行使することができる。ただし、事業者以外の財源による基金の利用を通じた補償を確保するために、国内法は、国内法の規定に従って利用可能とされている基金のいずれかの提供者に対する訴訟を直接提起する権利を認めることができる。
10　事業者は、この条約に従った国内法の規定によ

る以外には、原子力事故により生ずる損害について責任を負わない。

第4条(責任額) 1　((10-9)第5条1(a)及び(b)を参照)
2　((10-9)第5条2を参照)
3　((10-9)第5条3を参照)

第5条(金銭上の保証) 1　((10-9)第7条1を参照)
2　((10-9)第7条2を参照)
3　((10-9)第7条3を参照)
4　((10-9)第7条4を参照)

第6条(輸送) 1　輸送中の原子力事故については、事業者の最高責任限度額は施設国の国内法が定める。
2　締約国は、核物質の自国領域を通過する輸送について、事業者の責任額を自国の領域内に存在する原子力施設の事業者の最高責任限度額を上回らない額まで引き上げるという条件に服させることができる。
3　2は次の場合には適用しない。
　(a)　国際法上、緊急の遭難の場合に締約国の港に入港する権利がある場合又はその領域の無害通航権がある場合の海上輸送
　(b)　協定又は国際法に基づいて、締約国の領空を飛行し又はその領域に着陸する権利を有する場合の航空運送

第7条(二以上の運転者の責任) 1　((10-9)第2条3(a)を参照)
2　((10-9)第2条3(b)を参照)
3　((10-9)第2条3(c)を参照)
4　((10-9)第2条4を参照)

第8条(国内法に基づく賠償) 1　この条約の適用上、賠償額は、原子力損害の賠償に関する手続において決定される利子又は費用を考慮することなく決定する。
2　施設国外で被った損害の賠償は、締約国間で自由に移転できる形態で提供しなければならない。
3　((10-9)第9条1を参照)

第9条(時効又は除斥期間) 1　この条約に基づく賠償の権利は、原子力事故の日から10年以内に訴えが提起されない場合には消滅する。ただし、施設国の法に基づき事業者の責任が10年より長い期間について保険又はその他の金銭上の保証又は国の基金によって担保される場合には、権限のある裁判所の法は、事業者に対して賠償を請求する権利が10年よりは長いが施設国の法の下で当該事業者の責任が担保される期間を超えない期間の経過後にのみ消滅することを定めることができる。
2　原子力損害が、事故の時点で盗まれ、失われ、投棄され又は放棄された核物質に関係する原子

力事故によって引き起こされた場合には、1に従って設定される期間は、その原子力事故の日から起算する。ただし、この期間は、いかなる場合にも、盗難、紛失、投棄又は放棄の日から20年を超えないものとする。
3 ((10-9)第6条3を参照)
4 締約国の国内法が原子力事故の日から10年より長い除斥又は時効の期間を定める場合には、原子力事故の日から10年以内に提起された生命の損失若しくは身体の損傷に対する請求に対して衡平かつ適切な時期に満足を与える規定を含まなければならない。
第10条(求償権)　((10-9)第10条を参照)
第11条(準拠法)　((10-9)第8条1を参照)

【第3節　原子力損害】　第2項　国内法

10-12　原子力損害の賠償に関する法律(原子力損害賠償法)(抄)

公　布　1961(昭和36)年6月17日(法律第147号)
施　行　1962(昭和37)年3月15日
最終改正　2012(平成24)年6月27日(法律第47号)

第1章　総　則

第1条(目的) この法律は、原子炉の運転等により原子力損害が生じた場合における損害賠償に関する基本的制度を定め、もって被害者の保護を図り、及び原子力事業の健全な発達に資することを目的とする。

第2条(定義) この法律において「原子炉の運転等」とは、次の各号に掲げるもの及びこれらに付随してする核燃料物質又は核燃料物質によって汚染された物(原子核分裂生成物を含む。第5号において同じ。)の運搬、貯蔵又は廃棄であって、政令で定めるものをいう。
1　原子炉の運転
2　加工
3　再処理
4　核燃料物質の使用
4の2　使用済燃料の貯蔵
5　核燃料物質又は核燃料物質によって汚染された物(次項及び次条第2項において「核燃料物質等」という。)の廃棄

2　この法律において「原子力損害」とは、核燃料物質の原子核分裂の過程の作用又は核燃料物質等の放射線の作用若しくは毒性的作用(これらを摂取し、又は吸入することにより人体に中毒及びその続発症を及ぼすものをいう。)により生じた損害をいう。ただし、次条の規定により損害を賠償する責めに任ずべき原子力事業者の受けた損害を除く。

3　この法律において「原子力事業者」とは、次の各号に掲げる者(これらの者であった者を含む。)をいう。
1　核原料物質、核燃料物質及び原子炉の規制に関する法律(昭和32年法律第166号。以下「規制法」という。)第23条第1項の許可(規制法第76条の規定により読み替えて適用される同項の規定による国に対する承認を含む。)を受けた者(規制法第39条第5項の規定により試験研究用等原子炉設置者とみなされた者を含む。)
2　規制法第23条の2第1項の許可を受けた者
3　規制法第43条の3の5第1項の許可(規制法第76条の規定により読み替えて適用される同項の規定による国に対する承認を含む。)を受けた者
4　規制法第13条第1項の許可(規制法第76条の規定により読み替えて適用される同項の規定による国に対する承認を含む。)を受けた者
5　規制法第43条の4第1項の許可(規制法第76条の規定により読み替えて適用される同項の規定による国に対する承認を含む。)を受けた者
6　規制法第44条第1項の指定(規制法第76条の規定により読み替えて適用される同項の規定による国に対する承認を含む。)を受けた者
7　規制法第51条の2第1項の許可(規制法第76条の規定により読み替えて適用される同項の規定による国に対する承認を含む。)を受けた者
8　規制法第52条第1項の許可(規制法第76条の規定により読み替えて適用される同項の規定による国に対する承認を含む。)を受けた者

4　この法律において「原子炉」とは、原子力基本法(昭和30年法律第186号)第3条第4号に規定する原子炉をいい、「核燃料物質」とは、同法同条第2号に規定する核燃料物質(規制法第2条第10項に規定する使用済燃料を含む。)をいい、「加工」とは、規制法第2条第9項に規定する加工をいい、「再処理」とは、規制法第2条第10項に規定する再処理をいい、「使用済燃料の貯蔵」とは、規制法第43条の4第1項に規定する使用済燃料の貯蔵をいい、「核燃料物質又は核燃料物質によって汚染された物の廃棄」とは、規制法第51条の2第1項に規定する廃棄物埋設又は廃棄物管理をいい、「放射線」と

は、原子力基本法第3条第5号に規定する放射線をいい、「原子力船」又は「外国原子力船」とは、規制法第23条の2第1項に規定する原子力船又は外国原子力船をいう。

第2章　原子力損害賠償責任

第3条(無過失責任、責任の集中等) 原子炉の運転等の際、当該原子炉の運転等により原子力損害を与えたときは、当該原子炉の運転等に係る原子力事業者がその損害を賠償する責めに任ずる。ただし、その損害が異常に巨大な天災地変又は社会的動乱によって生じたものであるときは、この限りでない。

2　前項の場合において、その損害が原子力事業者間の核燃料物質等の運搬により生じたものであるときは、当該原子力事業者間に特約がない限り、当該核燃料物質等の発送人である原子力事業者がその損害を賠償する責めに任ずる。

第4条【同前】 前条の場合において、同条の規定により損害を賠償する責めに任ずべき原子力事業者以外の者は、その損害を賠償する責めに任じない。

2　前条第1項の場合において、第7条の2第2項に規定する損害賠償措置を講じて本邦の水域に外国原子力船を立ち入らせる原子力事業者が損害を賠償する責めに任ずべき額は、同項に規定する額までとする。

3　原子炉の運転等により生じた原子力損害については、商法(明治32年法律第48号)第798条第1項、船舶の所有者等の責任の制限に関する法律(昭和50年法律第94号)及び製造物責任法(平成6年法律第85号)の規定は、適用しない。

第5条(求償権) 第3条の場合において、その損害が第三者の故意により生じたものであるときは、同条の規定により損害を賠償した原子力事業者は、その者に対して求償権を有する。

2　前項の規定は、求償権に関し特約をすることを妨げない。

第3章　損害賠償措置

第1節　損害賠償措置

第6条(損害賠償措置を講ずべき義務) 原子力事業者は、原子力損害を賠償するための措置(以下「損害賠償措置」という。)を講じていなければ、原子炉の運転等をしてはならない。

第7条(損害賠償措置の内容) 損害賠償措置は、次条の規定の適用がある場合を除き、原子力損害賠償責任保険契約及び原子力損害賠償補償契約の締結若しくは供託であって、その措置により、一工場若しくは一事業所当たり若しくは一原子力船当たり1,200億円(政令で定める原子炉の運転等については、1,200億円以内で政令で定める金額とする。以下「賠償措置額」という。)を原子力損害の賠償に充てることができるものとして文部科学大臣の承認を受けたもの又はこれらに相当する措置であって文部科学大臣の承認を受けたものとする。

2　文部科学大臣は、原子力事業者が第3条の規定により原子力損害を賠償したことにより原子力損害の賠償に充てるべき金額が賠償措置額未満となった場合において、原子力損害の賠償の履行を確保するため必要があると認めるときは、当該原子力事業者に対し、期限を指定し、これを賠償措置額にすることを命ずることができる。

3　前項に規定する場合においては、同項の規定による命令がなされるまでの間(同項の規定による命令がなされた場合においては、当該命令により指定された期限までの間)は、前条の規定は、適用しない。

第7条の2【同前】 原子力船を外国の水域に立ち入らせる場合の損害賠償措置は、原子力損害賠償責任保険契約及び原子力損害賠償補償契約の締結その他の措置であって、当該原子力船に係る原子力事業者が原子力損害を賠償する責めに任ずべきものとして政府が当該外国政府と合意した額の原子力損害を賠償するに足りる措置として文部科学大臣の承認を受けたものとする。

2　外国原子力船を本邦の水域に立ち入らせる場合の損害賠償措置は、当該外国原子力船に係る原子力事業者が原子力損害を賠償する責めに任ずべきものとして政府が当該外国政府と合意した額(原子力損害の発生の原因となった事実一について360億円を下らないものとする。)の原子力損害を賠償するに足りる措置として文部科学大臣の承認を受けたものとする。

第2節　原子力損害賠償責任保険契約

第8条(原子力損害賠償責任保険契約) 原子力損害賠償責任保険契約(以下「責任保険契約」という。)は、原子力事業者の原子力損害の賠償の責任が発生した場合において、一定の事由による原子力損害を原子力事業者が賠償することにより生ずる損失を保険者(保険業法(平成7年法律第105号)第2条第4項に規定する損害保険会社又は同条第9項に規定する外国損害保険会社等で、責任保険の引受けを行う者に限る。以下同じ。)がうめることを約し、保険契約者が保険者に保険料を支払うことを約する契約とする。

第9条【同前】 被害者は、損害賠償請求権に関し、責任保険契約の保険金について、他の債権者に優先して弁済を受ける権利を有する。

2　被保険者は、被害者に対する損害賠償額について、自己が支払った限度又は被害者の承諾があった限度においてのみ、保険者に対して保険金の支払を請求することができる。

3　責任保険契約の保険金請求権は、これを譲り渡し、担保に供し、又は差し押えることができない。ただし、被害者が損害賠償請求権に関し差し押える場合は、この限りでない。

第3節　原子力損害賠償補償契約

第10条（原子力損害賠償補償契約） 原子力損害賠償補償契約（以下「補償契約」という。）は、原子力事業者の原子力損害の賠償の責任が発生した場合において、責任保険契約その他の原子力損害を賠償するための措置によってはうめることができない原子力損害を原子力事業者が賠償することにより生ずる損失を政府が補償することを約し、原子力事業者が補償料を納付することを約する契約とする。

2　補償契約に関する事項は、別に法律で定める。

第11条【同前】 第9条の規定は、補償契約に基づく補償金について準用する。

第4節　供　託

第12条（供託） 損害賠償措置としての供託は、原子力事業者の主たる事務所のもよりの法務局又は地方法務局に、金銭又は文部科学省令で定める有価証券（社債、株式等の振替に関する法律（平成13年法律第75号）第278条第1項に規定する振替債を含む。以下この節において同じ。）によりするものとする。

第13条（供託物の還付） 被害者は、損害賠償請求権に関し、前条の規定により原子力事業者が供託した金銭又は有価証券について、その債権の弁済を受ける権利を有する。

第14条（供託物の取りもどし） 原子力事業者は、次の各号に掲げる場合においては、文部科学大臣の承認を受けて、第12条の規定により供託した金銭又は有価証券を取りもどすことができる。

1　原子力損害を賠償したとき。
2　供託に代えて他の損害賠償措置を講じたとき。
3　原子炉の運転等をやめたとき。

2　文部科学大臣は、前項第2号又は第3号に掲げる場合において承認するときは、原子力損害の賠償の履行を確保するため必要と認められる限度において、取りもどすことができる時期及び取りもどすことができる金銭又は有価証券の額を指定して承認することができる。

第15条（文部科学省令・法務省令への委任） この節に定めるもののほか、供託に関する事項は、文部科学省令・法務省令で定める。

第4章　国の措置

第16条（国の措置） 政府は、原子力損害が生じた場合において、原子力事業者（外国原子力船に係る原子力事業者を除く。）が第3条の規定により損害を賠償する責めに任ずべき額が賠償措置額をこえ、かつ、この法律の目的を達成するため必要があると認めるときは、原子力事業者に対し、原子力事業者が損害を賠償するために必要な援助を行なうものとする。

2　前項の援助は、国会の議決により政府に属させられた権限の範囲内において行なうものとする。

第17条【同前】 政府は、第3条第1項ただし書の場合又は第7条の2第2項の原子力損害で同項に規定する額をこえると認められるものが生じた場合においては、被災者の救助及び被害の拡大の防止のため必要な措置を講ずるようにするものとする。

第5章　原子力損害賠償紛争審査会

第18条【原子力損害賠償紛争審査会】 文部科学省に、原子力損害の賠償に関して紛争が生じた場合における和解の仲介及び当該紛争の当事者による自主的な解決に資する一般的な指針の策定に係る事務を行わせるため、政令の定めるところにより、原子力損害賠償紛争審査会（以下この条において「審査会」という。）を置くことができる。

2　審査会は、次に掲げる事務を処理する。

1　原子力損害の賠償に関する紛争について和解の仲介を行うこと。
2　原子力損害の賠償に関する紛争について原子力損害の範囲の判定の指針その他の当該紛争の当事者による自主的な解決に資する一般的な指針を定めること。
3　前二号に掲げる事務を行うため必要な原子力損害の調査及び評価を行うこと。

3　前二項に定めるもののほか、審査会の組織及び運営並びに和解の仲介の申立及びその処理の手続に関し必要な事項は、政令で定める。

第6章　雑　則

第19条（国会に対する報告及び意見書の提出）　（略）

第20条（第10条第1項及び第16条第1項の規定の適用） 第10条第1項及び第16条第1項の規定は、平成31年12月31日までに第2条第1項各号に掲げる行為

を開始した原子炉の運転等に係る原子力損害について適用する。

第21条【報告徴収及び立入検査】 文部科学大臣は、第6条の規定の実施を確保するため必要があると認めるときは、原子力事業者に対し必要な報告を求め、又はその職員に、原子力事業者の事務所若しくは工場若しくは事業所若しくは原子力船に立ち入り、その者の帳簿、書類その他必要な物件を検査させ、若しくは関係者に質問させることができる。

2 前項の規定により職員が立ち入るときは、その身分を示す証明書を携帯し、かつ、関係者の請求があるときは、これを提示しなければならない。

3 第1項の規定による立入検査の権限は、犯罪捜査のために認められたものと解してはならない。

第22条（経済産業大臣又は国土交通大臣との協議）（略）

第23条（国に対する適用除外） 第3章、第16条及び次章の規定は、国に適用しない。

第7章 罰 則
第24条【罰則】（略）
第25条【同前】（略）
第26条【同前】（略）

【第4節 宇宙損害】

10-13 月その他の天体を含む宇宙空間の探査及び利用における国家活動を律する原則に関する条約（宇宙条約）（抜粋）

Treaty on Principles Governing the Activities of States in the Exploration and Use of Outer Space, including the Moon and Outer Celestial Bodies

採　　択　1966年12月19日　国際連合総会第21回会期、決議2345
署名開放　1967年1月27日（ワシントン、ロンドン、モスクワ）
効力発生　1967年10月10日
日 本 国　1967年1月27日署名、7月19日国会承認、10月10日
　　　　　批准書寄託、効力発生、10月11日公布（条約第19号）

第6条【国家の責任】 条約の当事国は、月その他の天体を含む宇宙空間における自国の活動について、それが政府機関によって行なわれるか非政府団体によって行なわれるかを問わず、国際的責任を有し、自国の活動がこの条約の規定に従って行なわれることを確保する国際的責任を有する。月その他の天体を含む宇宙空間における非政府団体の活動は、条約の関係当事国の許可及び継続的監督を必要とするものとする。国際機関が月その他の天体を含む宇宙空間において活動を行なう場合には、その国際機関及びこれに参加する条約の当事国の双方がこの条約を遵守する責任を有する。

第7条【国の賠償責任】 条約の当事国は、月その他の天体を含む宇宙空間に物体を発射し若しくは発射させる場合又はその領域若しくは施設から物体が発射される場合には、その物体又はその構成部分が地球上、大気空間又は月その他の天体を含む宇宙空間において条約の他の当事国又はその自然人若しくは法人に与える損害について国際的に責任を有する。

第8条【管轄権と管理】 宇宙空間に発射された物体が登録されている条約の当事国は、その物体及びその乗員に対し、それらが宇宙空間又は天体上にある間、管轄権及び管理の権限を保持する。宇宙空間に発射された物体（天体上に着陸させられ又は建造された物体を含む。）及びその構成部分の所有権は、それらが宇宙空間若しくは天体上にあること又は地球に帰還することによって影響を受けない。これらの物体又は構成部分は、物体が登録されている条約の当事国の領域外で発見されたときは、その当事国に返還されるものとする。その当事国は、要請されたときは、それらの物体又は構成部分の返還に先だち、識別のための資料を提供するものとする。

第9条【宇宙活動の協力】 条約の当事国は、月その他の天体を含む宇宙空間の探査及び利用において、協力及び相互援助の原則に従うものとし、かつ、条約の他のすべての当事国の対応する利益に妥当な考慮を払って、月その他の天体を含む宇宙空間におけるすべての活動を行なうものとする。条約の当事国は、月その他の天体を含む宇宙空間の有害な汚染及び地球外物質の導入から生ずる地球の環境の悪化を避けるように月その他の天体を含む宇宙空間の研究及び探査を実施し、かつ、必要な場合には、このための適当な措置を執るものとする。条約の当事国は、自国又は自国民によって計画された月その他の天体を含む

宇宙空間における活動又は実験が月その他の天体を含む宇宙空間の平和的な探査及び利用における他の当事国の活動に潜在的に有害な干渉を及ぼすおそれがあると信ずる理由があるときは、その活動又は実験が行なわれる前に、適当な国際的協議を行なうものとする。条約の当事国は、他の当事国が計画した月その他の天体を含む宇宙空間における活動又は実験が月その他の天体を含む宇宙空間の平和的な探査及び利用における活動に潜在的に有害な干渉を及ぼすおそれがあると信ずる理由があるときは、その活動又は実験に関する協議を要請することができる。

10-14　宇宙物体により引き起こされる損害についての国際的責任に関する条約（宇宙損害責任条約）（抄）

Convention on International Liability for Damage Caused by Space Objects

採　択　1971年11月29日　国際連合総会第26回会期、決議2777
署名開放　1972年3月29日（ロンドン、モスクワ、ワシントン）
効力発生　1972年9月1日
日　本　国　1983年5月13日国会承認、6月20日加入書寄託、効力発生、公布（条約第6号）

前　文　（略）

第1条【定義】この条約の適用上、
(a) 「損害」とは、人の死亡若しくは身体の傷害その他の健康の障害又は国、自然人、法人若しくは国際的な政府間機関の財産の滅失若しくは損傷をいう。
(b) 「打上げ」には、成功しなかった打上げを含む。
(c) 「打上げ国」とは、次の国をいう。
　(i) 宇宙物体の打上げを行い、又は行わせる国
　(ii) 宇宙物体が、その領域又は施設から打ち上げられる国
(d) 「宇宙物体」には、宇宙物体の構成部分並びに宇宙物体の打上げ機及びその部品を含む。

第2条【地表における損害】打上げ国は、自国の宇宙物体が、地表において引き起こした損害又は飛行中の航空機に与えた損害の賠償につき無過失責任を負う（absolutely liable）。

第3条【地表外での損害】損害が一の打上げ国の宇宙物体又はその宇宙物体内の人若しくは財産に対して他の打上げ国の宇宙物体により地表以外の場所において引き起こされた場合には、当該他の打上げ国は、当該損害が自国の過失又は自国が責任を負うべき者の過失によるものであるときに限り、責任を負う。

第4条【衝突による第三者損害】1　損害が一の打上げ国の宇宙物体又はその宇宙物体内の人若しくは財産に対して他の打上げ国の宇宙物体により地表以外の場所において引き起こされ、その結果、損害が第三国又はその自然人若しくは法人に対して引き起こされた場合には、これらの二の打上げ国は、当該第三国に対し、次に定めるところにより連帯して責任を負う。
(a) 損害が当該第三国に対して地表において又は飛行中の航空機について引き起こされた場合には、当該二の打上げ国は、当該第三国に対し無過失責任を負う。
(b) 損害が当該第三国の宇宙物体又はその宇宙物体内の人若しくは財産に対して地表以外の場所において引き起こされた場合には、当該二の打上げ国は、当該第三国に対し、いずれか一方の打上げ国又はいずれか一方の打上げ国が責任を負うべき者に過失があるときに限り、責任を負う。

2　1に定める連帯責任が生ずるすべての場合において、損害の賠償についての責任は、1に規定する二の打上げ国がそれぞれの過失の程度に応じて分担する。当該二の打上げ国のそれぞれの過失の程度を確定することができない場合には、損害の賠償についての責任は、当該二の打上げ国が均等に分担する。もっとも、責任の分担についてのこの規定は、連帯して責任を負ういずれか一の打上げ国又はすべての打上げ国に対し、第三国がこの条約に基づいて支払われるべき賠償の全額を請求する権利を害するものではない。

第5条【共同打上げの場合】1　二以上の国が共同して宇宙物体を打ち上げる場合には、これらの国は、引き起こされるいかなる損害についても連帯して責任を負う。
2　損害について賠償を行った打上げ国は、共同打上げに参加した他の国に対し、求償する権利を有する。共同打上げの参加国は、その履行につ

いて連帯して責任を負う金銭上の債務の分担につき、取極を締結することができる。もっとも、この取極は、連帯して責任を負ういずれか一の打上げ国又はすべての打上げ国に対し、損害を被った国がこの条約に基づいて支払われるべき賠償の全額を請求する権利を害するものではない。

3　宇宙物体がその領域又は施設から打ち上げられる国は、共同打上げの参加国とみなす。

第6条【無過失責任の免除】 1　損害の全部又は一部が請求国又は請求国により代表される自然人若しくは法人の重大な過失又は作為若しくは不作為（損害を引き起こすことを意図した作為若しくは不作為に限る。）により引き起こされたことを打上げ国が証明した場合には、その限度において無過失責任が免除される。ただし、2の規定が適用される場合は、この限りでない。

2　打上げ国の活動であって国際法（特に、国際連合憲章及び月その他の天体を含む宇宙空間の探査及び利用における国家活動を律する原則に関する条約を含む。）に適合しないものにより損害が引き起こされた場合には、いかなる免責も認められない。

第7条【適用除外】この条約は、打上げ国の宇宙物体により次の者に対して引き起こされた損害については、適用しない。

(a)　打上げ国の国民

(b)　宇宙物体の運行に参画している外国人（宇宙物体の打上げの時からその落下の時までの間のいずれの段階で参画しているかを問わない。）又は宇宙物体の打上げ国の招請により打上げ予定地域若しくは回収予定地域に隣接する地域に滞在している外国人

第8条【請求国】 1　損害を被った国又は自国の自然人若しくは法人が損害を被った国は、当該損害の賠償につき、打上げ国に対し請求を行うことができる。

2　損害を被った自然人又は法人の国籍国が請求を行わない場合には、他の国は、その領域において当該自然人又は法人が被った損害につき、打上げ国に対し請求を行うことができる。

3　損害を被った自然人若しくは法人の国籍国又は自国の領域において損害が生じた国のいずれもが請求を行わない場合又は請求を行う意思を通告しない場合には、他の国は、自国に永住する者が被った当該損害につき、打上げ国に対し請求を行うことができる。

第9条【請求手続】損害の賠償についての請求は、外交上の経路を通じて打上げ国に対し行われる。当該打上げ国との間に外交関係がない国は、当該請求を当該打上げ国に提出すること又は他の方法によりこの条約に基づく自国の利益を代表することを他の国に要請することができる。当該打上げ国との間に外交関係がない国は、また、国際連合事務総長を通じて自国の請求を提出することができる（請求国及び打上げ国の双方が国際連合の加盟国である場合に限る。）。

第10条【請求期限】 1　損害の賠償についての請求は、損害の発生の日又は損害につき責任を有する打上げ国を確認した日の後1年以内に限り、打上げ国に対し行うことができる。

2　1の規定にかかわらず、損害の発生を知らなかった国又は損害につき責任を有する打上げ国を確認することができなかった国は、その事実を知った日の後1年以内に限り、請求を行うことができる。ただし、請求を行うことができる期間は、いかなる場合にも、相当な注意を払うことによりその事実を当然に知ることができたと認められる日の後1年を超えないものとする。

3　期間に関する1及び2の規定は、損害の全体が判明しない場合においても、適用する。この場合において、請求国は、1及び2に定める期間が満了した後においても損害の全体が判明した後1年を経過するまでの間は、請求を修正し及び追加の文書を提出することができる。

第11条【国内的救済との関係】 1　この条約に基づき打上げ国に対し損害の賠償についての請求を行う場合には、これに先立ち、請求国又は請求国により代表される自然人若しくは法人が利用することができるすべての国内的な救済措置を尽くすことは、必要としない。

2　この条約のいかなる規定も、国又は国により代表されることのある自然人若しくは法人が、打上げ国の裁判所、行政裁判所又は行政機関において損害の賠償についての請求を行うことを妨げるものではない。当該請求が打上げ国の裁判所、行政裁判所若しくは行政機関において又は関係当事国を拘束する他の国際取極に基づいて行われている間は、いずれの国も、当該損害につき、この条約に基づいて請求を行うことはできない。

第12条【賠償額】打上げ国が損害につきこの条約に基づいて支払うべき賠償額は、請求に係る自然人、法人、国又は国際的な政府間機関につき当該損害が生じなかったとしたならば存在したであろう状態に回復させる補償が行われるよう、国際法並びに正義及び衡平の原則に従って決定される。

第13条【金銭賠償】賠償は、損害につきこの条約に基づいて賠償を行うべき国と請求国との間に他の

形態による賠償の支払についての合意が成立する場合を除くほか、請求国の通貨により又は、請求国の要請がある場合には、損害につき賠償を行うべき国の通貨により支払う。

第14条【請求委員会】 請求についての解決が、請求の文書を送付した旨を請求国が打上げ国に通報した日から1年以内に第9条に定める外交交渉により得られない場合には、関係当事国は、いずれか一方の当事国の要請により請求委員会を設置する。

第15条【委員の任命】 1 請求委員会は、3人の委員で構成する。1人は請求国により、また、1人は打上げ国により任命されるものとし、議長となる第3の委員は、双方の当事国により共同で選定される。各当事国は、同委員会の設置の要請の日から2箇月以内に委員の任命を行う。

2 請求委員会の設置の要請の日から4箇月以内に議長の選定につき合意に達しない場合には、いずれの当事国も、国際連合事務総長に対し、2箇月以内に議長を任命するよう要請することができる。

第16条【委員会の組織・手続】 1 いずれか一方の当事国が所定の期間内に委員の任命を行わない場合には、議長は、他方の当事国の要請により、自己を委員とする1人の委員から成る請求委員会を組織する。

2 請求委員会に生ずる空席(理由のいかんを問わない。)は、最初の委員の任命の際の手続と同様の手続により補充する。

3 請求委員会は、その手続規則を定める。

4 請求委員会は、会合の開催場所その他のすべての事務的な事項について決定する。

5 1人の委員から成る請求委員会が行う決定及び裁定の場合を除くほか、請求委員会のすべての決定及び裁定は、過半数による議決で行う。

第17条【委員数】 請求委員会の委員の数は、二以上の請求国又は二以上の打上げ国が同委員会の手続の当事国となることを理由として、増加させてはならない。複数の請求国が同委員会の手続の当事国となる場合には、請求国が一である場合と同様の方法及び条件で1人の委員を共同して任命する。二以上の打上げ国が同委員会の手続の当事国となる場合にも、同様に1人の委員を共同して任命する。同委員会の手続の当事国となる複数の請求国又は打上げ国が所定の期間内に委員の任命を行わない場合には、議長は、自己を委員とする1人の委員から成る請求委員会を組織する。

第18条【権限】 請求委員会は、損害の賠償についての請求の当否を決定するものとし、また、賠償を行うべきであると認めた場合には、その額を決定する。

第19条【決定の効力】 1 請求委員会は、第12条に定めるところに従って活動する。

2 請求委員会の決定は、当事国が合意している場合には、最終的なかつ拘束力のあるものとする。当事国が合意していない場合には、同委員会は、最終的で勧告的な裁定を示すものとし、また、当事国は、裁定を誠実に検討する。同委員会は、決定又は裁定につきその理由を述べる。

3 請求委員会は、できる限り速やかに、いかなる場合にもその設置の日から1年以内に決定又は裁定を行う。ただし、同委員会がこの期間の延長を必要であると認める場合は、この限りでない。

4 請求委員会は、決定又は裁定を公表する。同委員会は、決定又は裁定の認証謄本を各当事国及び国際連合事務総長に送付する。

第20条【費用】 請求委員会に係る費用は、同委員会が別段の決定を行わない限り、当事国が均等に分担する。

第21条【被害国への援助】 宇宙物体により引き起こされた損害が、人命に対して大規模な危険をもたらすもの又は住民の生活環境若しくは中枢部の機能を著しく害するものである場合において、損害を被った国が要請するときは、締約国(特に打上げ国)は、損害を被った国に対して適当かつ迅速な援助を与えることの可能性の有無について検討する。もっとも、この条の規定は、この条約に基づく締約国の権利又は義務に影響を及ぼすものではない。

第22条【政府間機関への適用】 1 この条約において国に言及している規定は、第24条から第27条までの規定を除くほか、宇宙活動を行ういずれの国際的な政府間機関にも適用があるものとする。ただし、当該政府間機関がこの条約の定める権利及び義務の受諾を宣言し、かつ、当該政府間機関の加盟国の過半数がこの条約及び月その他の天体を含む宇宙空間の探査及び利用における国家活動を律する原則に関する条約の締約国である場合に限る。

2 この条約の締約国であって1の政府間機関の加盟国であるものは、当該政府間機関が1の規定による宣言を行うことを確保するため、すべての適当な措置をとる。

3 国際的な政府間機関が損害につきこの条約に基づいて責任を負うこととなる場合には、当該政府間機関及び当該政府間機関の加盟国であってこの条約の締約国であるものは、次に定めると

ころにより連帯して責任を負う。
  (a) 損害の賠償についての請求は、最初に当該政府間機関に対し行われるものとする。
  (b) 損害の賠償として支払うことが合意され又は決定された金額を当該政府間機関が6箇月以内に支払わなかった場合に限り、請求国は、当該政府間機関の加盟国であってこの条約の締約国であるものに対し当該金額の支払を求めることができる。
4 1の規定による宣言を行った政府間機関に与えた損害の賠償についての請求であってこの条約に基づいて行われるものは、当該政府間機関の加盟国であってこの条約の締約国であるものが行う。

第23条【他の国際取極】1 この条約は、効力を有している他の国際取極に対し、その締約国相互の間の関係に関する限り、影響を及ぼすものではない。

2 この条約のいかなる規定も、諸国がこの条約の規定を再確認し、補足し又は拡充する国際取極を締結することを妨げるものではない。

第24条【署名・批准・発効】 （略）
第25条【改正】 （略）
第26条【再検討】 （略）
第27条【脱退】 （略）
第28条【正文】 （略）

第11章
人　権

環境分野と人権分野の共通点とその接近

　本章では、環境の視点から必要と思われる人権条約の関連条文を主として抜粋の形で収録する。

　国際環境法と国際人権法は、さまざまな面で共通点を有している。たとえば、両者が規定する国家の義務は、国家間の相互的な義務というより国際社会全体に対する義務(対世的義務：obligations *erga omnes*)の性格をもち、それぞれの条約を通じて共通の目的とこれを実現するための規範と手続を定立するというレジームが形成される点である。環境NGOや人権NGOに代表されるように、国家以外のアクターが規範の形成や条約義務の履行監視に重要な役割を果たすという面でも共通している。

　また、両者の接近という現象もみられる。たとえば、世界人権会議が1993年に採択した**ウィーン宣言及び行動計画(11-1)**は、人権保障の到達点とその課題を示したものであるが、その中で、発展の権利は、環境の必要性に適合するように実現されるべきだと宣言した。さらに、1995年に開催された「世界社会発展サミット」は、人間を発展の中心に据える**コペンハーゲン宣言(11-2)**を採択した。同宣言は、持続可能な発展という概念に基づき、環境の一体性と持続可能な利用を保護することで、世代間衡平を確保することをみずからの行動の枠組みとした。全地球の環境を維持し、持続可能な様式の生産、消費、輸送および居住開発をめざす、1996年の**人間居住宣言(11-3)**もこの系列に加えることができよう。

人権侵害と捉えられる環境破壊

　こうした中で、環境破壊を人権の侵害と捉え、人権条約上の手続を通じてその救済を求めようとの動きが登場した。たとえば、1966年に国連総会により採択された国際人権規約である**社会権規約(11-4)**は、労働の権利(6条)、労働条件(7条)、家族に対する保護および援助(10条)、相当な生活水準についての権利(11条)、身体および精神の健康を享受する権利(12条)および文化的な生活に参加する権利(15条)などの享受にあたって、また、同じく**自由権規約**

(11-5)も、生命に対する権利(6条)、拷問または残虐な刑の禁止(7条)、私生活などの尊重(17条)、家族に対する保護(23条)、児童の権利(24条)および少数者の権利(27条)などの享受にあたって、環境保全を基本的な前提の一つと位置づけた。これらの条約では、環境破壊を先に列挙した人権を侵害するものとして構成し、人権条約の実施機関に申立てを行おうという動きもある。児童が人権の享有主体であることを承認した1989年の児童の権利条約(11-6)は、健康および医療についての権利(24条)の中で、環境汚染および環境衛生の問題を取り上げている。

1950年に採択された地域的人権条約の先駆的存在であるヨーロッパ人権条約(11-8)は市民的・政治的権利を定める条約であるが、その実施機関であるヨーロッパ人権裁判所は、環境に関わる事件において、第8条(私生活の尊重についての権利)の適用が可能であるとの判例を残している。なお、1952年には財産権を追加したヨーロッパ人権条約第1議定書(11-8-1)が締結された。これに対し、1961年に採択されたヨーロッパ社会憲章(11-9)は、社会的・経済的権利を規定する。その後、1995年には労働組合や非政府機関に申立提出権を認める集団的申立制度を定めるヨーロッパ社会憲章に対する追加議定書(11-9-1)を、さらに1996年には権利を追加した改正ヨーロッパ社会憲章を締結した。

集団および個人の権利としての環境権

先住人民の集団の権利を承認したことで注目された、2007年の先住人民の権利に関する国際連合宣言(11-7)は、先住人民が居住する土地が脆弱な生態系をもつ地域が多く、開発行為による影響を受けやすいことを考慮して、土地などに関わる先住人民の環境権(29条)を定めるとともに、先住人民の発展の権利(23条)や健康に対する権利(24条)などを定めている。

2003年に採択されたバンジュール憲章(11-10)は、明文で集団の権利としての環境権を認めている(24条)。また、同年に採択された女性の権利に関するバンジュール憲章議定書(11-10-1)は、女性の「健全かつ持続可能な環境への権利」(18条)と「持続可能な発展の権利」(19条)を規定し、これらの権利を達成するために、すべての適当な措置をとる義務を締約国に課している。他方、サン・サルバドル議定書(11-11)は、バンジュール憲章とは異なり、個人の権利としての環境権を規定した(11条)。なお、2001年に米州機構総会で採択された米州民主主義憲章(11-12)は、民主主義の行使が環境の保全の促進に結びつくとの考えを採用している(15条)。

環境問題への市民参加

1992年の環境と発展に関するリオ宣言(1-3)の原則10は、環境問題は関心のあるすべての市民が参加することにより最も適切に扱われるとの考え方を採用し、その具体例として、環境情報へのアクセス、政策決定への参加および司法上・行政上の手続へのアクセスをあげた。

1998年に国連欧州経済委員会(ECE)の「ヨーロッパのための環境」第4回閣僚会議で採択された、ECEオーフス条約(11-13)は、その名称にある環境情報へのアクセス、環境上の政策決定への公衆の参加、そしてそれが侵害された場合の司法へのアクセスの権利を三本の柱とする条約である。なお、個人資格の8名の委員からなる遵守委員会の構成や当事者による申立て、事務局による付託、公衆からの通報の受理要件などについては、オーフス条約遵守手続(11-13-1)が規定する。PRTR議定書(7-6)については第7章を、北米環境協力協定(12-11)については第12章を参照せよ。

【第1節 普遍的文書】

11-1 ウィーン宣言及び行動計画（抜粋）
Vienna Declaration and Programme of Action

採　択　1993年6月25日
世界人権会議（ウィーン）

前　文　（略）

第I部 【宣　言】

1【国家の誓約】世界人権会議は、国際連合憲章、その他の人権文書及び国際法に従って、すべての者のためにすべての人権及び基本的自由の普遍的な尊重及び遵守並びに保護を促進する義務を履行するという、すべての国家の厳粛な誓約を再確認する。これらの権利及び自由の普遍的性格は、疑うことができない。

　この枠組みにおいて、人権の分野における国際協力の強化は、国際連合の目的を完全に実現するために不可欠である。

　人権及び基本的自由は、すべての人間の生まれながらの権利であり、それらの保護及び助長は政府の第一次的責任である。

2【自決権】すべての人民は、自決の権利を有する。この権利に基づき、すべての人民は、その政治的地位を自由に決定し並びにその経済的、社会的及び文化的発展を自由に追求する。

　世界人権会議は、植民地又はその他の形態の外国支配若しくは外国の占領のもとにある人民の特別の状況を考慮して、不可譲の自決権を実現するために国際連合憲章に従ってすべての正当な行動をとる人民の権利を承認する。世界人権会議は、自決権の否定を人権の侵害とみなし、この権利の効果的な実現の重要性を強調する。

　「国際連合憲章に従った諸国家間の友好関係と協力に関する国際法の諸原則についての宣言」に従って、上記のことは、人民の同権及び自決の原則を遵守して行動し、したがっていかなる種類の差別もなしにその領域に属するすべての人民を代表する政府を有する、独立主権国家の領土保全又は政治的統一の全部又は一部を分断し若しくは毀損するいかなる行動をも、許可し又は奨励するものと解釈してはならない。

4【国際連合の優先的目的】人権及び基本的自由の助長並びに保護は、国際連合の目的及び原則、とりわけ国際協力の目的に従って、国際連合の優先的目的とみなされなければならない。これらの目的及び原則の枠組みにおいて、すべての人権の助長及び保護は国際社会の正当な関心事項である。したがって、人権にかかわる機関及び専門機関は、国際人権文書の一貫した客観的な適用を基礎として、それらの諸活動の調整をさらに向上させるべきである。

5【すべての人権の相互依存性及び普遍性】すべての人権は普遍的であり、不可分かつ相互依存的であって、相互に連関している。国際社会は、公平かつ平等な方法で、同じ基礎に基づき、同一の強調をもって、人権を全地球的に扱わなければならない。国家的及び地域的独自性の意義、並びに多様な歴史的、文化的及び宗教的背景を考慮にいれなければならないが、すべての人権及び基本的自由を助長し保護することは、政治的、経済的及び文化的な体制のいかんを問わず、国家の義務である。

6【国際連合システムの努力】すべての者のための人権及び基本的自由の普遍的な尊重及び遵守に向けた国際連合システムの努力は、諸国間の平和的かつ友好的な関係に必要な安定及び福祉、並びに国際連合憲章に従った平和及び安全並びに社会的及び経済的発展のための条件の改善に、貢献するものである。

8【民主主義、発展及び人権尊重の相互依存性】民主主義、発展並びに人権及び基本的自由の尊重は、相互依存的であり相互に強め合うものである。民主主義は、自らの政治的、経済的及び文化的体制を決定するための自由に表明された人民の意思、並びに生活のすべての側面における人民の完全な参加に基礎をおく。この文脈において、国家的及び国際的レベルにおける人権並びに基本的自由の助長及び保護は、普遍的にかつ条件を付することなく行われるべきである。国際社会は、全世界における民主主義、発展並びに人権及び基本的自由の尊重の強化及び助長を支持すべきである。

9【後発発展途上国への支援】世界人権会議は、多くはアフリカに位置する後発発展途上国であって民主化及び経済改革に取り組むことを誓約したものが、民主化及び経済発展への移行に成功する

ように国際社会の支援を受けるべきことを再確認する。
10【発展の権利】世界人権会議は、「発展の権利に関する宣言」において確立された発展の権利は、普遍的かつ不可譲の権利であって、基本的人権の不可分の一部をなすものであることを再確認する。

「発展の権利に関する宣言」が述べるように、人間が発展の中心的な主体である。

発展はすべての人権の享受を促進するものであるが、発展の欠如を国際的に承認された人権の制約を正当化するために援用してはならない。

国は、発展を確保し発展への障害を除去するために相互に協力すべきである。国際社会は、発展の権利を実現し発展への障害を除去するために、効果的な国際協力を助長すべきである。

発展の権利の実施に向けての永続的な進歩は、国レベルにおける効果的な発展政策、並びに国際レベルにおける公正な経済関係及び好ましい経済環境を必要とする。

11【危険な廃棄物の投棄等の規制】発展の権利は、現在及び将来の世代の発展及び環境におけるニーズに衡平に適合するように実現されるべきである。世界人権会議は、有毒で危険な物質及び廃棄物の違法な投棄が、すべての者の生命及び健康に対する人権への重大な脅威となる可能性があることを承認する。

したがって世界人権会議は、有毒で危険な産品及び廃棄物の投棄に関する現行の条約に参加しかつこれらを強力に実施すること、及び違法な投棄の防止に協力することを、すべての国に要請する。

すべての者は、科学の進歩及びその応用の利益を享受する権利を有する。世界人権会議は、とりわけ生命医科学、生命科学及び情報技術におけるある種の進歩が、個人の人格、尊厳及び人権に悪影響を及ぼす可能性があることに留意し、世界的に関心を呼んでいるこの分野において、人権及び人間の尊厳の完全な尊重が確保されるよう、国際協力を求める。

20【先住人民の権利】世界人権会議は、先住人民の固有の尊厳、及び社会の発展並びに多様性への先住民の独特の貢献を承認し、彼らの経済的、社会的及び文化的福祉並びに持続可能な発展の成果の彼らによる享受への、国際社会の誓約を強く再確認する。国は、社会のすべての側面、特に彼らの関心事項への、先住人民の完全かつ自由な参加を確保すべきである。先住人民の権利の伸張及び保護が重要であること、並びにこのような伸張及び保護が彼らが居住する国の政治的及び社会的安定に貢献することを考慮して、国は、国際法に従って、先住人民の人権及び基本的自由を平等にかつ差別なく尊重することを確保するために協調した積極的な措置をとり、及び彼らの独特のアイデンティティ、文化並びに社会組織の価値及び多様性を承認すべきである。

31【人権享受を妨げる貿易上の一方的措置】世界人権会議は、国際法及び国際連合憲章と合致しない措置であって、国家間の貿易関係に障害をもたらし、世界人権宣言及び国際人権文書が規定する人権、とりわけ、食糧及び医療、住居及び必要な社会的サービスを含めて、健康及び福祉にとって十分な生活水準を享受するすべての者の権利の完全な実現を妨げる、いかなる一方的措置をも慎むように、国に呼びかける。世界人権会議は、食糧は政治的圧力の手段として用いられるべきではないことを確認する。

11-2 社会発展に関するコペンハーゲン宣言(コペンハーゲン宣言)(抄)
Copenhagen Declaration on Social Development

採 択 1995年3月6-12日
社会発展のための世界サミット(コペンハーゲン)

II 行動計画 (略)

1 歴史上初めて国際連合の招請によりわれわれ国及び政府の長が集まったのは、すべての者のための社会発展及び人間福祉の重要性を承認するため、そして現在及び二一世紀に向けてこれらの目的に最高の優先順位を与えるためである。

2 われわれは、世界の人民が異なった方法において、すべての国に影響を与えている深刻な社会問題、とりわけ貧困、失業及び社会的排除に緊急に対処する必要性を示してきたことを認識する。人民の生活における不確実性と不安定性を減少させるために、これらの社会問題の基礎にある構造的な原因とそれらの悲惨な結果の双方に対処することが、われわれの任務である。

3 われわれは、個人、家族並びにわれわれの多様な国及び地域を通じてその中で彼らが生きている共同体の物質的及び精神的なニーズに、われわれの社会はより効果的に対処しなければなら

ないことを認識する。われわれは、緊急問題としてだけでなく来るべき年月にむけての持続的かつ揺るがし得ない約束としても、このことを行わなければならない。

4 われわれは、社会のすべてのセクターにおける民主主義並びに透明で責任ある統治及び行政が、社会的で人民中心的な持続可能な発展の実現にとって不可欠の基礎であると確信している。

5 われわれは、社会発展及び社会正義が国内並びに国の間における平和と安全の達成及び維持にとって不可欠であるという信念を共有している。ひるがえって、平和と安全なくして、またすべての人権及び基本的自由の尊重なくして、社会発展と社会正義は達成され得ない。この本質的な相互依存関係は50年前に国際連合憲章において承認され、それ以後ますます強まっている。

6 われわれは、経済発展、社会発展及び環境の保護は、持続可能な発展にとって相互依存的で相互に強化しあう構成要素であると、深く確信している。持続可能な発展は、すべての人民のより高い質の生活を達成することを目指すわれわれの努力にとっての枠組みである。環境資源を持続可能な形で利用するように貧困層に能力づけることを認める衡平な社会発展は、持続可能な発展にとって必要な基礎である。われわれはまた、持続可能な発展の文脈における広範な基礎をもつ持続的な経済成長は、社会発展と社会正義を支えるために必要であることを承認する。

7 したがってわれわれは、社会発展が世界中の人民のニーズと願望にとって中心的であり、政府及び市民社会のすべてのセクターの責任にとって中心的であることを承認する。経済的にも社会的にも、最も生産的な政策及び投資は人民の能力、資源及び機会を最大とするように彼らに能力を付与する政策及び投資であることを、われわれは確認する。われわれは、社会的及び経済的発展は女性の完全な参加なくしては持続可能な形で確保し得ないこと、男女の間の平等及び衡平は国際社会にとって優先事項であり、そのようなものとして社会的及び経済的発展の中心におかれなければならないことを認める。

8 われわれは、人民が持続可能な発展へのわれわれの関心の中心に位置づけられるものであり、人民は環境と調和した健康で生産的な生活への権利を有することを認める。

9 われわれは、すべての男女、とりわけ貧困の中に生きている男女が、彼らが満足な生活を送り彼らの家族、共同体及び人間の福祉に貢献できることを可能とするために、権利を行使し資源を利用し責任を分担するよう、あまねく世界中の社会発展を向上させることをわれわれ自身、政府及び国が約束するために、ここに集まっている。このような努力を支持し促進することは、特に貧困、失業及び社会的排除に苦しむ人民に関して、国際社会の最優先の目標でなければならない。

10 われわれは、冷戦の終結がもたらした社会発展と社会正義を促進するための無二の機会を捉える決意をもって、国際連合創立50周年の前夜にこの厳粛な約束を行う。われわれは、国際連合憲章の目的及び原則を再確認し、これに導かれる。われわれは、1990年にニュー・ヨークで開催された世界子どもサミット、1992年にリオ・デ・ジャネイロで開催された国際連合環境発展会議、1993年にウィーンで開催された世界人権会議、1994年にバルバドスのブリッジタウンで開催された小島嶼発展途上国の持続可能な発展に関する世界会議、及び1994年にカイロで開催された人口と発展に関する国際会議のような関連国際会議が達成した合意に導かれる。このサミットによってわれわれは、われわれの国のおのおのにおける社会発展と、人民のニーズ、権利及び願望をわれわれの決定と共同行動の中心におくようなパートナーシップの精神に基づく政府及び人民の間の国際協力の新時代への、新しい約束を送り出す。

11 われわれは、ここコペンハーゲンにおいて、希望、約束及び行動のサミットに結集する。われわれは、未来に横たわる困難を十分に認識して、しかし大きな進歩が達成可能であり、達成されねばならずかつ達成されるであろうという信念をもって、結集する。

12 われわれは、現在及び21世紀に向けて世界中のすべての者のために社会発展を促進し人間の福祉を確保することを目的に、この宣言及び行動計画を約束する。われわれは、すべての国のすべての人民に、すべての職業の人々に、そして国際社会に対して、われわれの共通の大義に加わるように呼びかける。

A 現在の社会状況とサミット開催の理由

13 われわれは、世界中の国々において一部の者の繁栄の拡大が不幸なことに他の者の言葉に尽くせない貧困の拡大を伴っていることを目撃している。このあからさまな矛盾は受け入れることはできず、緊急の行動によって正される必要がある。

14 人間の流動性の増大、交通通信の発達、貿易と資本流動の著増及び技術発展の結果であるグ

ローバリゼーションは、特に発展途上国における持続可能な経済成長と世界経済の発展にとって新しい機会を切り開く。グローバリゼーションはまた、諸国が経験を共有し互いに成果と困難を学びあうことを可能とし、思想、文化的価値及び願望を相互に豊富化することを促進する。同時に、変化と調整の急速な過程は、増大する貧困、失業及び社会の崩壊を伴ってきた。環境上のリスクという大規模な人間の福祉に対する脅威もまた、グローバル化されてきた。さらに、世界経済のグローバルな転換は、すべての国において社会発展のパラメーターを大きく変えつつある。課題は、このような過程の利益を増大させこのような脅威の人民に対する否定的な影響を緩和するために、これらをどのように管理するのかにある。

15 社会的及び経済的発展の若干の分野においては、進歩があった。
 (a) 世界の国富は過去50年間に7倍となり、国際貿易はいっそう劇的に増大した。
 (b) 平均余命、識字率と初等教育、及び家族計画を含む基礎公共医療サービスへのアクセスは多数の国で増大し、発展途上国を含めて平均幼児死亡率は減少した。
 (c) 民主的複数主義、民主的制度及び基本的な市民的自由が拡大した。非植民地化の努力は多くの進歩を達成し、アパルトヘイトの除去は歴史的な成果であった。

16 それにもかかわらず、あまりに多くの人々、特に女性と児童が圧迫と窮乏にさらされていることを、われわれは認める。貧困、失業及び社会の崩壊もまた、しばしば孤立、周辺化及び暴力をもたらしている。多くの人々、特に脆弱な階層の人々が将来——自分たちの、そして子どもたちの——に向けて直面している不安は増大しつつある。
 (a) 先進国及び発展途上国双方の多くの社会において、貧富の格差が増大した。さらに、若干の発展途上国が急速に成長しつつあるにもかかわらず、先進国と発展途上国、特に後発発展途上国との間の格差が広がった。
 (b) 世界の10億以上の人々が絶望的な貧困の中に生きており、これらの人々の大部分は日々飢えている。特にアフリカ及び後発発展途上国においては、大多数の人々(その多数は女性である。)が、収入、資源、教育、ヘルス・ケア又は栄養へのアクセスを大きく制約されている。
 (c) 移行経済諸国並びに根本的な政治的、経済的及び社会的転換を遂げつつある諸国においても、異なった性質及び強度の重大な社会問題が生じている。
 (d) 地球環境の継続的な悪化の主要な原因は、特に工業国における非持続的な生産消費様式であり、それは貧困と不均衡を悪化させつつある重大な懸念事項である。
 (e) 世界の人口の継続的な増大、その構造と配分、その貧困並びに社会的不平等及びジェンダーの不平等との関係は、政府、個人、社会制度及び自然環境の適応能力に挑戦している。
 (f) 世界的規模で1億2000万以上の人々が公式に失業しており、不完全雇用の人々はいっそう多数に上る。正規の教育を受けた若者を含めてあまりに多くの若者が、生産的仕事に就く希望をほとんどもてないでいる。
 (g) 男性より多数の女性が絶対的貧困の中に暮らしており、増大しつつあるこの不均衡は、女性とその児童たちに重大な結果をもたらしつつある。女性は、貧困、社会の崩壊、失業、環境悪化及び戦争の影響に対処するに当たって、過大な負担を強いられている。
 (h) 世界最大の少数者の一つが、10人に1人以上の障害をもつ人々であり、彼らは余りにもしばしば貧困、失業及び社会的孤立を強いられている。さらに、すべての国において老齢の人々は社会的排除、貧困及び周辺化にとりわけさらされやすい。
 (i) 世界で何百万の人々が難民であるか国内避難民である。その悲劇的な社会的結果は、彼らの本国、受け入れ国及びそれら各地域の社会的安定と発展に対して重大な影響を及ぼしている。

17～24 (略)

B 原則及び目的

25 われわれ国家及び政府の首長は、人間の尊厳、人権、平等、尊重、平和、民主主義、相互責任と協力、並びに人民の多様な宗教的、道義的価値観及び文化的背景の完全な尊重に基礎をおく社会発展のための、政治的、経済的、道義的及び精神的なヴィジョンを約束する。したがってわれわれは国内的、地域的並びに国際的な政策及び行動において、すべての者の完全な参加に基づいて社会進歩、正義及び人間の条件の改善を促進することに最高の優先順位を与えるであろう。

26 この目的のためにわれわれは、以下のことを目的とする行動の枠組みを創設する。

(a) 人民を発展の中心におき、われわれの経済をより効果的に人間のニーズに適合するように方向付けること。
(b) 世代間衡平を確保し、われわれの環境の一体性と持続可能な利用を保護することによって、現在及び将来の世代に対するわれわれの責任を果たすこと。
(c) 社会発展は国の責任であるが、国際社会の集団的な約束と努力なしには成功裏に達成し得ないことを承認すること。
(d) 経済、文化及び社会の政策が相互に支え合うようにするためそれらを統合すること、並びに公的及び私的な活動領域が相互依存的であることを認めること。
(e) 持続的な社会発展の達成は、健全で広範な基礎をもつ経済政策を必要とすることを承認すること。
(f) 国、地域及び国際的なレベルにおいて、民主主義、人間の尊厳、社会正義及び連帯を促進すること。社会内及び社会間における多様性を完全に尊重しつつ、寛容、非暴力、複数主義及び差別禁止を確保すること。
(g) すべての者のための機会の衡平及び平等を通じて、収入の衡平な配分と資源へのより大きなアクセスを促進すること。
(h) 家族を社会の基本的構成単位として認め、家族が社会発展において鍵となる役割を果たすこと、及び、家族構成員の権利、能力及び責任に注意を払いつつ、そのようなものとして家族が強化されるべきことを認めること。異なった文化的、政治的及び社会的な体制においては、家族の多様な形態が存在する。家族は、包括的な保護及び支援を受ける資格を有する。
(i) 不利な立場におかれた脆弱な階層の人及び集団が社会発展に参与することを確保し、社会が個人の法的権利を保障し物質的及び社会的環境を利用可能とすることによって障害の結果を認識しかつこれに対処するよう確保すること。
(j) すべての者のために発展の権利を含むすべての人権及び基本的自由の普遍的な尊重及び遵守を促進すること、社会のすべてのレベルにおいて権利の効果的な行使及び責任の履行を促進すること、男女間の平等及び衡平を促進すること、児童及び青年の権利を保護すること、並びに社会統合と市民社会の強化を促進すること。
(k) すべての人民、特に植民地又はその他の形態の外国人支配若しくは外国の占領の下にある人民の自決権を再確認し、とりわけ世界人権会議が採択したウィーン宣言及び行動計画が述べるようにこの権利の効果的な実現の重要性を再確認すること。
(l) 社会のすべての構成員が基本的な人間のニーズを満たし個人の尊厳、安全及び創造性を実現することができるようにするために、人民と共同体の進歩と安全を支援すること。
(m) 先住民のアイデンティティ、伝統、社会組織の形態及び文化的価値を完全に尊重しつつ、彼らが経済と社会の発展を追求することを承認し支援すること。
(n) すべての公的な機関、私的な機関、国の機関及び国際機関における、透明で責任ある統治及び行政の重要性を強調すること。
(o) 人民とりわけ女性が自らの力量を高めるように彼らに能力を付与することは、発展の主な目的でありそのための主要な資源であることを承認すること。能力の付与は、われわれの社会の働きと福祉とを定める決定の策定、実施及び評価に、人民が完全に参加することを必要とする。
(p) 国際協力及びパートナーシップを改めて強調しつつ、社会発展の普遍性を主張し社会発展への新しく強化されたアプローチを枠づけること。
(q) 老齢の人々がよりよい生活を送る可能性を改善すること。
(r) 新しい情報技術並びに貧困の中に生きる人々の技術へのアクセスに関する新しいアプローチ及び彼らによる技術の利用が、社会発展の目的の実現にとって助けとなることができることを承認し、したがってこのような技術へのアクセスを容易にする必要性を承認すること。
(s) 政治的、経済的、社会的及び文化的生活のすべての領域において、平等なパートナーとしての女性の参加を改善し、確保し及び拡大する政策及びプログラムを強化すること、並びに基本権の完全な行使のために必要とされるすべての資源への女性のアクセスを改善すること。
(t) 難民が安全にかつ尊厳のうちに出身国に自発的に帰国することを可能にし、国内避難民が出身地に自発的かつ安全に帰還し社会に円滑に再統合されることを可能とする、政治的、法的、物質的及び社会的な条件を創設すること。
(u) 完全な社会発展を達成するために国際条約に従い、捕虜、戦闘中の失踪者及び人質が家

族のもとに帰還することの重要性を強調すること。

27 われわれは、これらの目的を達成することが国の第一次的な責任であることを認識する。われわれはまた、これらの目的が国によってだけでは達成できないことを認識する。社会的緊張を緩和しより大きな社会的及び経済的な安定と安全を創設するための世界的な努力において、人民の間の不平等を減少させ、先進国と発展途上国の間の格差を狭めるために、国際社会、国際連合、多数国間金融機関、すべての地域的機関及び地方当局並びに市民社会のすべてのアクターは、自らの努力と資源を積極的に分担する必要がある。移行経済諸国における急激な政治的、社会的及び経済的な変化は、経済的及び社会的な状況の悪化を伴ってきた。われわれはすべての人民に対して、自らの活動領域における具体的な行動を通じて、また特定の市民的責任を引き受けることを通じて、人間の条件を向上させるための個人としての約束を表明するように要請する。

C 約 束

28 社会発展のためのわれわれの全地球的な運動と「行動計画」に含まれる行動のための勧告とは、国際連合憲章の目的及び原則を完全に遵守して、社会発展のための戦略、政策、プログラム及び行動の策定及び実施は各国の責任であり、その人民の多様な宗教的及び道義的価値観、文化的背景並びに哲学的信念を完全に尊重し、すべての人権及び基本的自由を完全に遵守しつつ、各国における経済的、社会的及び環境的に多様な諸条件を考慮に入れたものであるべきことを承認して、コンセンサスと国際協力の精神において行われたものである。この文脈において、社会発展のプログラム及び行動の完全な実施のためには、国際協力が不可欠である。

29 国の主権及び領土保全並びに政策目標、発展の優先順位及び文化的多様性を完全に尊重し、かつすべての人権及び基本的自由を完全に尊重して、国内及び諸国間の社会的正義、連帯、調和及び平等を目指す社会発展を共通して追求することを基礎に、われわれは以下の約束に体現される社会進歩及び発展のための全地球的な運動を開始する。

第一の約束【発展のための環境の創設】 (略)
第二の約束【貧困の除去】 (略)
第三の約束【完全雇用の実現】 (略)
第四の約束【社会統合の促進】 (略)
第五の約束【女性の権利の確保】 (略)
第六の約束【教育及び保健の改善】 (略)
第七の約束【アフリカ諸国及び後発発展途上国の発展】 (略)
第八の約束【構造調整プログラムの改善】 (略)
第九の約束【社会発展のための資源の確保】 (略)
第一〇の約束【国際的、地域的及び小地域的な枠組みの強化】 (略)

11-3 ハビタット・アジェンダ―人間居住に関するイスタンブール宣言(人間居住宣言)

Habitat Agenda-Istanbul Declaration on Human Settlements

採 択 1996年6月3-14日
第2回国際連合人間居住会議(ハビタットⅡ)(イスタンブール)

1【目的】われわれ国家元首、政府首長及び国の公式代表は、1996年6月3日から14日にかけてトルコのイスタンブールで開催された第2回国際連合人間居住会議(ハビタットⅡ)に集まり、すべての者のために十分な住居を確保し、人間居住をより安全に、より健康に、及び、より住みやすく、衡平に、持続可能に、かつ生産的にするという普遍的な目的を確認するために、この機会を利用する。この会議の二つの主要な課題――すべての者のための適切な住居、及び都市化する世界における持続可能な人間居住の発展――に関するわれわれの審議は、国際連合憲章に鼓舞されてきたものであり、われわれの生活環境を改善するための国際的、国家的及び地方的なレベルにおける現存の及び形成されつつある行動のためのパートナーシップを再確認することを目指すものである。われわれは、ハビタット・アジェンダに定める目的、原則及び勧告を約束し、その実施のために相互に支援することを誓約する。

2【人間居住の役割】われわれは、住居及び人間居住の諸条件の継続的な悪化を、切迫感をもって検討した。同時にわれわれは、都市と町とが文明の中心であり、経済発展並びに社会的、文化的、精神的及び科学的な進歩を生み出すものである

ことを承認する。われわれは、われわれの居住がもたらす機会を利用し、われわれすべての人民の間の連帯を促進するためにわれわれの居住の多様性を保存しなければならない。

3 【国連主催の世界会議の成果】われわれは、すべての人類のためにより大きな自由の中でのよりよい生活水準を目指すわれわれの約束を再確認する。われわれは、カナダのバンクーバーで開催された第1回国際連合人間居住会議、ホームレスのための住居の国際年の行事、及び2000年に向けての住居のための世界戦略を想起する。これらすべては、人間居住の諸問題に関する世界的な意識の向上に貢献し、すべての者のために適切な住居を実現する行動を呼びかけたものである。とりわけ国際連合環境発展会議を含む近年における国際連合主催の世界会議は、持続可能な発展の相互依存的で相互に強化しあう構成要素としての経済発展、社会発展及び環境保護に基礎をおく、平和、正義及び民主主義を衡平に達成するための包括的な課題をわれわれに提示してきた。われわれは、これらの会議の成果をハビタット・アジェンダに統合するために努力した。

4 【危機的な状況への対処】人間居住における生活の質を改善するために、われわれは、大部分の場合、特に発展途上国においては危機的な状況に達している諸条件の悪化と闘わなければならない。この目的のために、われわれはとりわけ以下のような諸問題に包括的に対処しなければならない。すなわち、特に工業国における非持続的な消費及び生産の様式、過剰な人口集中の傾向を優先的に考慮しつつ、非持続的な人口変化(構造及び配分における変化を含む。)、ホームレスの状態、増大する貧困、失業、社会的排除、家族の不安定、不十分な資源、基礎的な基盤施設及びサービスの不足、適切な計画の欠如、危険と暴力の増大、環境の悪化、並びに災害への脆弱性の増大といった諸問題である。

5 【生活条件改善のための協力】人間居住に対する挑戦は全地球的であるが、国及び地域もまた特別の解決を必要とする特有の諸問題に直面している。われわれは、世界中における、とりわけ状況が特別に重大である発展途上国における、また市場経済移行国における市町村の生活条件を改善するために、われわれの努力と協力を強化する必要性を承認する。このこととの関連で、われわれは、世界経済のグローバル化は発展過程に機会と挑戦を与えるとともに、また危険と不確実性をももたらすこと、そして、ハビタット・アジェンダの目標の達成は、とりわけ開発融資、対外債務、国際貿易及び技術移転の諸問題に関する積極的な行動によって促進されるであろうことを認める。われわれの都市は、人間が尊厳、健康、安全、幸福及び希望のうちに充実した生活を送る場所でなければならない。

6 【農村居住の改善】都市及び農村の発展は、相互依存的である。都市の居住を改善することに加えて、われわれは、農村地域の魅力を向上させ、統合的な居住のネットワークを発展させ、農村から都市への人口移動を最小限にするために、農村地域に適切な基盤施設、公的なサービス及び雇用機会を拡大する努力もまた行わなければならない。小規模な町と中規模な町には、特別な関心を向ける必要がある。

7 【人間の中心的な位置づけ】人間が持続可能な発展へのわれわれの関心の中心に位置するので、人間はハビタット・アジェンダの実施においてもわれわれの行動の基礎におかれる。われわれは、安全、健康かつ安定した生活条件への女性、児童及び青年の特別のニーズを承認する。われわれは、貧困と差別を除去し、すべての者のためにすべての人権及び基本的自由を促進し保護し、並びに、すべての者のために教育、栄養、生涯にわたるヘルスケア・サービス及びとりわけ適切な住居のような基本的ニーズを提供するための努力を強化する。この目的のためにわれわれは、地方のニーズ及び現実と調和する方法によって、人間居住の生活条件を改善することを約束し、すべての人民のよりよい生活環境の創設を確保するために、全地球的な経済上、社会上及び環境上の傾向に対処する必要を認める。われわれはまた、政治的、経済的及び社会的生活へのすべての男女の完全かつ平等な参加、及び青年の効果的な参加を確保する。われわれは、住居及び持続可能な人間居住の開発の政策、プログラム及びプロジェクトにおける障害者の完全な利用可能性、並びにジェンダーの平等を促進する。われわれは、とりわけ絶対的な貧困の中の生きる10億以上の人々に対して、及びハビタット・アジェンダにおいて認められた脆弱で不利な立場におかれた集団の構成員に対して、これらの約束を行う。

8 【適切な住居への権利】われわれは、国際文書に規定された十分な住居について権利の完全かつ漸進的な実現というわれわれの約束を再確認する。この目的のために、すべての人とその家族のための土地保有権の法的安全、差別からの保護、及び安価で適切な住居への平等のアクセスを確保するように、すべてのレベルの公的、私的及び

非政府のパートナーの積極的な参加を追求する。

9【安価な住宅の供給】われわれは、市場が効率的にかつ社会的及び環境的に責任ある方法で機能することを可能とすることによって、土地及び貸し付けへのアクセスを改善することによって、また、住宅市場に参加することができない者を援助することによって、安価な住宅の供給を拡大するために努力する。

10【持続可能な人間居住の維持】全地球の環境を維持しわれわれの人間居住における生活の質を改善するために、われわれは、持続可能な生産様式、消費、輸送及び居住開発、汚染の防止、生態系の環境収容力の尊重、並びに将来の世代のための機会の保存を約束する。このことと関連して、われわれは、地球の生態系の健全さ及び一体性を保存し、保護し及び回復するために、全地球的なパートナーシップの精神で協力する。われわれは、地球環境の悪化への寄与が異なることにかんがみて、諸国は共通に有しているが差異のある責任という原則を再確認する。われわれはまた、これらの行動を予防原則のアプローチと両立する方法で行わなければならないことを承認する。予防原則のアプローチは、国の能力に応じて広範に適用されるものとする。われわれはまた、とりわけ十分な量の安全な飲料水を供給し廃棄物を効果的に管理することを通じて、健全な生活環境を促進する。

11【歴史的建造物等の保存】われわれは、歴史的、文化的、建築学的、自然的、宗教的及び精神的な価値を有する建造物、記念物、オープン・スペース、景観及び居住様式の保存、再建及び維持を促進する。

12【地方における行動】われわれは、われわれの約束の実現にとって最も民主的で効果的なアプローチとして、能力付与の戦略及びパートナーシップと参加の原則を採用する。地方行政当局をハビタット・アジェンダの実施に際してわれわれの最も緊密なパートナーであり不可欠のものとして承認し、各国の法的な枠組みの中で、民主的な地方行政当局を通じて分権化を促進し、各国の条件に応じてその財政的及び制度的な能力を強化するために努力しなければならない。他方でわれわれは、あらゆるレベルにおける統治機関にとって鍵となる要素である透明性、対応性及び人民のニーズへの即応性を確保する。われわれはまた、おのおのの自治に妥当な考慮を払って、議会人、民間セクター、労働組合、並びに非政府及びその他の市民社会の組織との協力を強化する。われわれはさらに、女性の役割を向上させ、民間セクターによる社会的及び環境的に責任がある企業投資を奨励する。地方における行動は、国の政策、目標、優先順位及びプログラムを損なうことなく、アジェンダ21、ハビタット・アジェンダ又はその他すべての同様のプログラムに基づき、また、都市及び地方行政当局の世界会議によってイスタンブールで開始された世界規模の協力の経験に依拠して、地方のプログラムによって導かれかつ促進されるべきである。能力付与の戦略は適当な場合には、不利な立場におかれた脆弱な集団の構成員のための特別な措置を実施する政府の責任を含む。

13【資金源の確保】ハビタット・アジェンダの実施は十分な資金供与を必要とするので、われわれは、多数国間及び二国間の、公的及び私的なすべての資金源からの新しく追加的な資源を含めて、国のレベルと国際的なレベルにおいて財源を動員しなければならない。このことと関連してわれわれは、能力の開発を容易にし適切な技術及びノウ・ハウの移転を促進しなければならない。さらにわれわれは資金供与と技術移転に関して、近年の国際連合の諸会議、とりわけアジェンダ21が提起した約束を繰り返す。

14【国連人間居住センターの強化】われわれは、ハビタット・アジェンダの完全かつ効果的な実施は国際連合人間居住センター(ハビタット)の役割及び機能の強化を必要とすると信じる。センターが、十分に定義され包括的に発展させられた目標及び戦略問題に焦点を当てる必要性が考慮に入れられる。この目的のためにわれわれは、ハビタット・アジェンダ及びその世界的な行動計画の実施が成功するよう、われわれの支援を誓約する。ハビタット・アジェンダの実施に関しては、この会議のために準備された地域的及び国別の行動計画の貢献を、われわれは十分に承認する。

15【21世紀に向けての挑戦】イスタンブールで開催されたこの会議は、新しい協力の時代、連帯の文化の時代を指し示すものである。21世紀に歩み入るに際してわれわれは、持続可能な人間居住の積極的な展望、われわれの共通の未来への希望の意識、そして真に価値があり魅力的な挑戦——尊厳、健康、安全、幸福及び希望に満ちた相当の生活を約束する安全な住居に、すべての者が住むことができる世界をともに建設するという課題——に参加するようにとの熱心な誘いを差し伸べる。

11-4　経済的、社会的及び文化的権利に関する国際規約（社会権規約）（抜粋）
International Covenant on Economic, Social and Cultural Rights

採　択　1966年12月16日
　　　　 国際連合総会第21回会期決議2200A（XXI）附属書
効力発生　1976年1月3日
日本国　　1978年5月30日署名、1979年6月6日国会承認、6月21日批准書寄託、8月4日公布（条約第6号）、9月21日効力発生

第1条（人民の自決の権利） 1　すべての人民は、自決の権利を有する。この権利に基づき、すべての人民は、その政治的地位を自由に決定し並びにその経済的、社会的及び文化的発展を自由に追求する。

2　すべての人民は、互恵の原則に基づく国際的経済協力から生ずる義務及び国際法上の義務に違反しない限り、自己のためにその天然の富及び資源を自由に処分することができる。人民は、いかなる場合にも、その生存のための手段を奪われることはない。

3　この規約の締約国（非自治地域及び信託統治地域の施政の責任を有する国を含む。）は、国際連合憲章の規定に従い、自決の権利が実現されることを促進し及び自決の権利を尊重する。

第6条（労働の権利） 1　この規約の締約国は、労働の権利を認めるものとし、この権利を保障するため適当な措置をとる。この権利には、すべての者が自由に選択し又は承諾する労働によって生計を立てる機会を得る権利を含む。

2　この規約の締約国が1の権利の完全な実現を達成するためとる措置には、個人に対して基本的な政治的及び経済的自由を保障する条件の下で着実な経済的、社会的及び文化的発展を実現し並びに完全かつ生産的な雇用を達成するための技術及び職業の指導及び訓練に関する計画、政策及び方法を含む。

第7条（労働条件） この規約の締約国は、すべての者が公正かつ良好な労働条件を享受する権利を有することを認める。この労働条件は、特に次のものを確保する労働条件とする。

(a)　すべての労働者に最小限度次のものを与える報酬
　(i)　公正な賃金及びいかなる差別もない同一価値の労働についての同一報酬。特に、女子については、同一の労働についての同一報酬とともに男子が享受する労働条件に劣らない労働条件が保障されること。
　(ii)　労働者及びその家族のこの規約に適合する相応な生活
(b)　安全かつ健康的な作業条件
(c)　先任及び能力以外のいかなる事由も考慮されることなく、すべての者がその雇用関係においてより高い適当な地位に昇進する均等な機会
(d)　休息、余暇、労働時間の合理的な制限及び定期的な有給休暇並びに公の休日についての報酬

第10条（家族に対する保護及び援助） この規約の締約国は、次のことを認める。

1　できる限り広範な保護及び援助が、社会の自然かつ基礎的な単位である家族に対し、特に、家族の形成のために並びに扶養児童の養育及び教育について責任を有する間に、与えられるべきである。婚姻は、両当事者の自由な合意に基づいて成立するものでなければならない。

2　産前産後の合理的な期間においては、特別な保護が母親に与えられるべきである。働いている母親には、その期間において、有給休暇又は相当な社会保障給付を伴う休暇が与えられるべきである。

3　保護及び援助のための特別な措置が、出生その他の事情を理由とするいかなる差別もなく、すべての児童及び年少者のためにとられるべきである。児童及び年少者は、経済的及び社会的な搾取から保護されるべきである。児童及び年少者を、その精神若しくは健康に有害であり、その生命に危険があり又はその正常な発育を妨げるおそれのある労働に使用することは、法律で処罰すべきである。また、国は、年齢による制限を定め、その年齢に達しない児童を賃金を支払って使用することを法律で禁止しかつ処罰すべきである。

第11条（相当な生活水準についての権利） 1　この規約の締約国は、自己及びその家族のための相当な食糧、衣類及び住居を内容とする相当な生活水準についての並びに生活条件の不断の改善につ

いてのすべての者の権利を認める。締約国は、この権利の実現を確保するために適当な措置をとり、このためには、自由な合意に基づく国際協力が極めて重要であることを認める。
2 この規約の締約国は、すべての者が飢餓から免れる基本的な権利を有することを認め、個々に及び国際協力を通じて、次の目的のため、具体的な計画その他の必要な措置をとる。
　(a) 技術的及び科学的知識を十分に利用することにより、栄養に関する原則についての知識を普及させることにより並びに天然資源の最も効果的な開発及び利用を達成するように農地制度を発展させ又は改革することにより、食糧の生産、保存及び分配の方法を改善すること。
　(b) 食糧の輸入国及び輸出国の双方の問題に考慮を払い、需要との関連において世界の食糧の供給の衡平な分配を確保すること。
第12条（身体及び精神の健康を享受する権利） 1 この規約の締約国は、すべての者が到達可能な最高水準の身体及び精神の健康を享受する権利を有することを認める。
2 この規約の締約国が1の権利の完全な実現を達成するためにとる措置には、次のことに必要な措置を含む。

　(a) 死産率及び幼児の死亡率を低下させるための並びに児童の健全な発育のための対策
　(b) 環境衛生及び産業衛生のあらゆる状態の改善
　(c) 伝染病、風土病、職業病その他の疾病の予防、治療及び抑圧
　(d) 病気の場合にすべての者に医療及び看護を確保するような条件の創出
第15条（文化的な生活に参加する権利） 1 この規約の締約国は、すべての者の次の権利を認める。
　(a) 文化的な生活に参加する権利
　(b) 科学の進歩及びその利用による利益を享受する権利
　(c) 自己の科学的、文学的又は芸術的作品により生ずる精神的及び物質的利益が保護されることを享受する権利
2 この規約の締約国が1の権利の完全な実現を達成するためにとる措置には、科学及び文化の保存、発展及び普及に必要な措置を含む。
3 この規約の締約国は、科学研究及び創作活動に不可欠な自由を尊重することを約束する。
4 この規約の締約国は、科学及び文化の分野における国際的な連絡及び協力を奨励し及び発展させることによって得られる利益を認める。

11-5　市民的及び政治的権利に関する国際規約（自由権規約）（抜粋）
International Covenant on Civil and Political Rights

採　択　1966年12月16日
　　　　　国際連合総会第21回会期決議2200A(XXI)附属書
効力発生　1976年3月23日
日本国　　1978年5月30日署名、1979年6月6日国会承認、6月21日批准書寄託、8月4日公布（条約第7号）、9月21日効力発生

第1条（人民の自決の権利） 1　((11-4)第1条と同じ)
第6条（生命に対する権利） 1　すべての人間は、生命に対する固有の権利を有する。この権利は、法律によって保護される。何人も、恣意的にその生命を奪われない。
2 死刑を廃止していない国においては、死刑は、犯罪が行われた時に効力を有しており、かつ、この規約の規定及び集団殺害犯罪の防止及び処罰に関する条約の規定に抵触しない法律により、最も重大な犯罪についてのみ科することができる。この刑罰は、権限のある裁判所が言い渡した確定判決によってのみ執行することができる。
3 生命の剥奪が集団殺害犯罪を構成する場合には、この条のいかなる規定も、この規約の締約国が集団殺害犯罪の防止及び処罰に関する条約の規定に基づいて負う義務を方法のいかんを問わず免れることを許すものではないと了解する。
4 死刑を言い渡されたいかなる者も、特赦又は減刑を求める権利を有する。死刑に対する大赦、特赦又は減刑は、すべての場合に与えることができる。
5 死刑は、一八歳未満の者が行った犯罪について科してはならず、また、妊娠中の女子に対して執行してはならない。
6 この条のいかなる規定も、この規約の締約国により死刑の廃止を遅らせ又は妨げるために援用されてはならない。
第7条（拷問又は残虐な刑の禁止） 何人も、拷問又は残

虐な、非人道的な若しくは品位を傷つける取扱い若しくは刑罰を受けない。特に、何人も、その自由な同意なしに医学的又は科学的実験を受けない。
第17条(私生活等の尊重) 1　何人も、その私生活、家族、住居若しくは通信に対して恣意的に若しくは不法に干渉され又は名誉及び信用を不法に攻撃されない。
2　すべての者は、1の干渉又は攻撃に対する法律の保護を受ける権利を有する。
第23条(家族に対する保護) 1　家族は、社会の自然かつ基礎的な単位であり、社会及び国による保護を受ける権利を有する。
2　婚姻をすることができる年齢の男女が婚姻をしかつ家族を形成する権利は、認められる。
3　婚姻は、両当事者の自由かつ完全な合意なしには成立しない。
4　この規約の締約国は、婚姻中及び婚姻の解消の際に、婚姻に係る配偶者の権利及び責任の平等を確保するため、適当な措置をとる。その解消の場合には、児童に対する必要な保護のため、措置がとられる。
第24条(児童の権利) 1　すべての児童は、人種、皮膚の色、性、言語、宗教、国民的若しくは社会的出身、財産又は出生によるいかなる差別もなしに、未成年者としての地位に必要とされる保護の措置であって家族、社会及び国による措置についての権利を有する。
2　すべての児童は、出生の後直ちに登録され、かつ、氏名を有する。
3　すべての児童は、国籍を取得する権利を有する。
第27条(少数者の権利) 種族的、宗教的又は言語的少数者(ethnic, religious or linguistic minorities)が存在する国において、当該少数者に属する者は、その集団の他の構成員とともに自己の文化を享有し、自己の宗教を信仰しかつ実践し又は自己の言語を使用する権利を否定されない。

11-6　児童の権利に関する条約（児童の権利条約）（抜粋）
Convention on the Rights of the Child

採　択　1989年11月20日
　　　　国際連合総会第44回会期決議44/25附属書
効力発生　1990年9月2日
改　　正　(43条2) 1995年12月12日、12月21日締約国会議・国際連合総会第50回会期決議50/155、効力発生2002年11月18日
日 本 国　1990年9月21日署名、1994年3月29日国会承認、4月22日批准書寄託、5月16日公布(条約第2号)、5月22日効力発生、1995年12月12日の改正につき2003年5月14日国会承認、6月12日受諾書寄託、同日日本につき効力発生、同日公布(条約第3号)

第24条(健康及び医療についての権利) 1　締約国は、到達可能な最高水準の健康を享受すること並びに病気の治療及び健康の回復のための便宜を与えられることについての児童の権利を認める。締約国は、いかなる児童もこのような保健サービスを利用する権利が奪われないことを確保するために努力する。
2　締約国は、1の権利の完全な実現を追求するものとし、特に、次のことのための適当な措置をとる。
　(a)　幼児及び児童の死亡率を低下させること。
　(b)　基礎的な保健の発展に重点を置いて必要な医療及び保健をすべての児童に提供することを確保すること。
　(c)　環境汚染の危険を考慮に入れて、基礎的な保健の枠組みの範囲内で行われることを含めて、特に容易に利用可能な技術の適用により並びに十分に栄養のある食物及び清潔な飲料水の供給を通じて、疾病及び栄養不良と戦うこと。
　(d)　母親のための産前産後の適当な保健を確保すること。
　(e)　社会のすべての構成員特に父母及び児童が、児童の健康及び栄養、母乳による育児の利点、衛生(環境衛生を含む。)並びに事故の防止についての基礎的な知識に関して、情報を提供され、教育を受ける機会を有し及びその知識の使用について支援されることを確保すること。
　(f)　予防的な保健、父母のための指導並びに家族計画に関する教育及びサービスを発展させること。
3　締約国は、児童の健康を害するような伝統的な慣行を廃止するため、効果的かつ適当なすべて

の措置をとる。
4 締約国は、この条において認められる権利の完全な実現を漸進的に達成するため、国際協力を促進し及び奨励することを約束する。これに関しては、特に、開発途上国の必要を考慮する。
第29条(委員の指名及び選出) 1 委員会の委員は、前条に定める資格を有し、かつ、この規約の締約国により選挙のために指名された者の名簿の中から秘密投票により選出される。
2 この規約の各締約国は、一人又は二人を指名することができる。指名される者は、指名する国の国民とする。
3 いずれの者も、再指名される資格を有する。

11-7　先住人民の権利に関する国際連合宣言（抄）
United Nations Declaration on the Rights of Indigenous Peoples

採　択　2007年9月13日
国際連合総会第61回会期決議61/295附属書

総会は、
国際連合憲章の目的及び原則並びに憲章に従って諸国家が負う義務の履行についての信頼に導かれ、
すべての人民の異なる存在である権利、異なる存在であると自ら考える権利及びかかる存在として尊重される権利を認めつつ、先住人民がすべての他の人民と同等であることを確認し、
すべての人民が人類の共同財産を構成する文明及び文化の多様性及び豊潤性に貢献することもまた確認し、
さらに、国民的出身又は人種的、宗教的、種族的若しくは文化的相違に基づき人民又は個人の優越性に基礎をおく又はそれを唱道するあらゆる理論、政策又は慣行は、人種主義的なものであり、科学的に虚偽であり、法的に無効であり、道徳的に非難されるべきであり、かつ、社会的に不当であることを確認し、
先住人民が、その権利を行使する上で、いかなる種類の差別もうけないことを再確認し、
先住人民が、とりわけ植民地化され、土地、領域及び資源を収奪され、かくして特に自らの必要と利益に従って発展する権利を行使することを妨げられてきたことの結果として、歴史的不正義をこうむってきたことを懸念し、
その政治的、経済的及び社会的構造並びに文化、精神的伝統、歴史及び哲学から生ずる先住人民の固有の権利、とりわけ土地、領域及び資源に対する権利を尊重し促進する緊急の必要性を承認し、
諸国家との条約、協定その他の建設的取極に確認された先住人民の諸権利を尊重し促進する緊急の必要性をもまた承認し、
先住人民が、政治的、経済的及び文化的向上のために、並びにあらゆる形態の差別及び抑圧が生ずる場合には常にそれらを終わらせるために、自ら組織しつつあるという事実を歓迎し、

先住人民による、自ら、自らの土地、領域及び資源に影響を及ぼす開発についての管理は、彼らが、その組織、文化及び伝統を維持し強化し、並びにその希望とニーズに従ったその開発を促進することを可能にするであろうことを確信し、
先住民の知識、文化及び伝統的慣行の尊重が、環境の持続的かつ衡平な発展及び適正な管理に貢献することを承認し、
先住人民の土地及び領域の非軍事化が、平和、経済的及び社会的進歩及び発展、理解、並びに、世界の国及び人民の友好関係に貢献することを強調し、
その児童の養育、訓練、教育及び福祉についての共同責任を、児童の権利との両立を図りつつ保持する、先住民の家族と共同体の権利をとりわけ承認し、
国家と先住人民との間の条約、協定その他の建設的取極で確認された諸権利は、ある状況の下では、国際的関心、国際的利益、国際的責任及び国際的性格の事項であることを考慮し、
条約、協定その他の取極及びそれらが示す関係は、先住人民と諸国家との間の強化された提携関係の基礎であることをもまた考慮し、
国際連合憲章、経済的、社会的及び文化的権利に関する国際規約、市民的及び政治的権利に関する国際規約、並びに、ウィーン宣言及び行動計画は、すべての人民の自決権の基本的重要性を確認しており、この権利に基づき、すべての人民は、その政治的地位を自由に決定し並びにその経済的、社会的及び文化的発展を自由に追求することを認め、
この宣言のいかなる規定も、すべての人民が国際法に従ってその自決権を行使することを否定するものと解釈してはならないことに留意し、
本宣言における先住人民の諸権利の承認が、国家と先住人民との間の、正義、民主主義、人権の尊重、差別禁止及び誠実の原則に基礎をおく、調和的かつ協力的関係を向上させるであろうことを確信し、

諸国家が、国際文書とりわけ人権に関する国際文書に基づくあらゆるその義務であって先住人民に適用されるものを、関係先住人民との協議及び協力により、履行し、実効的に実施することを奨励し、

国際連合が、先住人民の諸権利の促進及び保護について重要かつ継続的な役割を果たすべきであることを強調し、

本宣言が、先住人民の権利及び自由の承認、促進及び保護について、また、この分野における国際連合システムの関連活動の発展において、重要なさらなる一歩であることを確信し、

先住民の個人が、国際法により承認されたあらゆる人権を差別なく享受すること、並びに、先住人民が、人民としてのその存在、福祉及び総体的発展に不可欠な集団的権利を有することを承認しかつ再確認し、

先住人民の状況は、地域ごとにまた国ごとに異なること、並びに、国ごと、地域ごとの特性及びさまざまな歴史的及び文化的な背景が考慮に入れられるべきこともまた承認し、

以下の先住人民の権利に関する国際連合宣言を、提携と相互尊重の精神により追求されるべき達成基準として厳粛に布告する。

第1条【国際的人権の享受】先住人民は、集団として又は個人として、国際連合憲章、世界人権宣言及び国際人権法において認められるすべての人権及び基本的自由の完全な享受に対する権利を有する。

第2条【差別の禁止】先住人民及び先住民の個人（indigenous peoples and individuals）は、自由かつ他のすべての人民及び個人と平等であり、自らの権利の行使において、あらゆる種類の差別、特にその先住的出身又はアイデンティティに基づくいかなる差別も受けない権利を有する。

第3条【自決権】先住人民は、自決権を有する。先住人民は、この権利によって、自らの政治的地位を自由に決定し、自らの経済的、社会的及び文化的発展を自由に追求する。

第4条【自治権】（略）

第5条【組織の維持・強化権】（略）

第6条【国籍をもつ権利】（略）

第7条【個人及び集団としての存立】1　先住民の個人は、生命、肉体的及び精神的完全性、身体の自由及び安全に対する権利を有する。

2　先住人民は、別個の人民として自由、平和的でかつ安全に生存する集団的権利を有し、集団殺害行為その他のいかなる暴力行為（集団の児童の他の集団への強制移動を含む）も受けない。

第8条【強制的同化の禁止】（略）

第9条【共同体に所属する権利】先住人民及び先住民の個人は、共同体又は民族の伝統と慣習に従って、先住民の共同体又は民族に所属する権利を有する。この権利の行使によって、いかなる差別も生じてはならない。

第10条【移住】先住人民は、強制的にその土地又は領域から移転させられることはない。自由な、事前かつ十分な説明を受けた上での当該先住人民の同意、正当かつ公正な補償についての合意及び可能な場合には戻ってくる選択権なしのいかなる移住もあってはならない。

第11条【文化的財産権】1　先住人民は、自らの文化的伝統及び慣習を実践し再活性化する権利を有する。この権利には、考古学的及び歴史的遺跡、工芸品、意匠、儀式、技術、視覚芸術、芸能並びに文学のような、自らの文化の過去、現在及び将来の表示を維持し、保護し並びに発展させる権利を含む。

2　国家は、先住人民の自由で、事前のかつ十分な説明を受けた上での同意なく、又は彼らの法、伝統及び慣習に違反して奪われた、彼らの文化的、知的、宗教的及び精神的財産に関し、彼らとともに発展させた実効的な仕組みによる救済（返還を含むことがある。）を提供するものとする。

第12条【伝統儀礼を行う権利】1　先住人民は、自らの精神的及び宗教的伝統、慣習及び儀礼を表示し、実践し、発展させ及び教育する権利、内密に自らの宗教的及び文化的遺跡に立ち入る権利、自らの儀礼の対象を使用し、管理する権利並びに遺体の帰還の権利を有する。

2　国家は、自らが占有する儀礼の対象及び遺骨に接近し帰還させることを、関係先住人民とともに発展させた公正、透明で実効的な仕組みにより可能にすることを追求しなければならない。

第13条【伝統の維持についての権利】1　先住人民は、自らの歴史、言語、口承伝統、哲学、表記方法及び文学を再生させ、使用し、発展させ及び将来の世代に伝達し、共同体、場所及び人について彼らの名前を付け保持する権利を有する。

2　国家は、この権利が保護されることを確保し、先住人民が政治的、法的、行政的手続において、必要な場合には通訳の提供その他の適当な手段により、理解し、理解されることを確保する実効的な措置をとるものとする。

第14条【教育権】（略）

第15条【理解と寛容の促進】（略）

第16条【メディアへのアクセス】（略）

第17条【労働法上の権利】（略）

第18条【政治過程への権利】先住人民は、自らの権利に影響を及ぼす事項についての決定過程に、自らの手続に従って自ら選定した代表者を通じて参加する権利、及び、自らの固有の決定過程を維持し発展させる権利を有する。

第19条【先住人民と協議する国家の義務】国家は、先住人民に影響を及ぼしうる立法又は行政措置を採択し実施する前に、彼らの自由で、事前の十分に説明を受けた同意を得るために、その代表組織を通じて当該先住人民と誠実に協議し協力するものとする。

第20条【生活手段を維持する権利】1 先住人民は、自らの生活及び発展手段の享受を確保するため、及び、自らのあらゆる伝統的その他の経済活動に自由に従事するため、自らの政治的、経済的及び社会的制度又は組織を維持し発展させる権利を有する。

2 自らの生活及び発展手段を奪われた先住人民は、正当かつ公正な救済をうける権利を有する。

第21条【経済的・社会的条件の改善】1 先住人民は、差別なく、自らの経済的及び社会的条件（とくに教育、雇用、職業訓練、再訓練、住居、衛生、保健及び社会保障の領域における条件を含む）の改善に対する権利を有する。

2 国は、先住人民の経済的及び社会的条件の継続的改善を確保する実効的な、かつ適当な場合には特別の措置をとるものとする。先住民の高齢者、女性、青年、児童及び障害者の権利及び特別の必要性に、格別の注意が払われなければならない。

第22条【女性・児童等への特別の配慮】（略）

第23条【発展の権利】先住人民は、その発展の権利を行使するための優先事項と戦略を決定し、発展させる権利を有する。とりわけ、先住人民は、自らに影響する保健、住宅その他の経済計画及び社会計画を発展させかつ決定することに能動的に関与し、可能な限りかかる計画を自らの組織を使って管理する権利を有する。

第24条【健康に対する権利】1 先住人民は、自らの伝統的薬品を用い、自らの保健上の慣行（自らの不可欠な薬用の植物、動物及び鉱物を保全することを含む）を維持する権利を有する。

2 先住民の個人は、到達可能な最高水準の身体及び精神の健康を享受する平等な権利を有する。国家は、この権利の完全な実現を漸進的に達成するため、必要な措置をとるものとする。

第25条【土地等に対する精神的権利】先住人民は、自らが伝統的に所有するかあるいは占有しかつ使用する土地、領域、水域及び沿岸海域その他の資源に対する格別の精神的関係を維持し、強化する権利、並びにこの点について将来世代に対する自らの責任を保持する権利を有する。

第26条【土地等を開発する権利】1 先住人民は、自らが伝統的に所有し、占有し又はその他の形で使用し若しくは取得している土地、領域及び資源に対する権利を有する。

2 先住人民は、伝統的な所有その他の伝統的占有又は使用により、保有しているか又は取得している土地、領域及び資源を所有し、使用し、開発し及び管理する権利を有する。

3 国家は、これらの土地、領域及び資源に対して、法的承認及び保護を与えなければならない。かかる承認は、当該先住人民の慣行、伝統及び土地保有態様に対する適正な尊重をもってなされなければならない。

第27条【土地等に対する権利についての手続】国家は、その土地、領域及び資源（彼らが伝統的に所有しているか又は占有しかつ使用しているものを含む。）に関する先住人民の権利を承認し裁決するための公正で独立で公平で開かれかつ透明性ある手続を、先住人民の法、伝統、慣習及び土地保有制度を適正に認めつつ、当該先住人民とともに設け実施しなければならない。先住人民は、この過程に参加する権利を有する。

第28条【土地等の取得に対する補償】1 先住人民は、自らが伝統的に所有するか又は占有し使用していた土地、領域及び資源であって、その自由で事前の十分に説明を受けた上での同意なしで収用、取得、占有若しくは使用されたか又は損害をこうむったものについて、救済を受ける権利を有する。救済の方式は、原状回復、又はそれが不可能な場合は正当、公正かつ衡平な補償を含むことができる。

2 当該の人民が自由に別段の合意を行う場合を除き、補償は、質、大きさ及び法的地位において同等の土地、領域及び資源の形態、又は金銭的補償その他適当な救済の形態をとるものとする。

第29条【土地等にかかわる環境権】1 先住人民は、自らの土地又は領域及び資源の環境及び生産力の保全及び保護に対する権利を有する。国家は、かかる保全および保護のために先住人民を援助する計画を、差別なく設け実施しなければならない。

2 国家は、先住人民の土地又は領域において、彼らの自由で事前のかつ十分に説明を受けた上での同意なしに、いかなる危険物質の貯蔵又は処分も行われないことを確保するため、実効的措置をとらなければならない。

3　国家はまた必要な場合には、2にいう物質により影響を被った先住人民が開発し実施する計画であって、このような人民の健康を観察、維持し及び回復するためのものが、適正に実施されることを確保する措置をとる。

第30条【土地等における軍事活動の制限】（略）

第31条【伝統遺産に対する知的財産権】 1　先住人民は、その文化遺産、伝統的知識及び伝統的な文化的表現並びにその科学、技能および文化（人的遺伝的資源、種子、薬品、動植物の特質、口頭伝承、文学、意匠、スポーツ及び伝統的試合、並びに視覚芸術及び芸能を含む）を維持し、管理し、保護し、発展させる権利を有する。先住人民は、かかる文化遺産、伝統的知識及び伝統文化的表現に対する知的財産権をも有する。

2　国家は、先住人民とともに、これらの権利の行使を認め保護するため実効的措置をとるものとする。

第32条【先住人民の土地等の開発】 1　先住人民は、土地又は領域その他の資源の開発又は使用についての優先事項及び戦略を決定し発展させる権利を有する。

2　国家は、先住人民の土地又は領域その他の資源に影響を及ぼす、とりわけ鉱物、水その他の資源の開発及び利用との関係でのいかなる計画についてもその承認に先立ち、当該先住人民の自由のかつ十分に説明を受けた上での同意を得るために、彼ら自身の代表組織を通じて彼らと誠実に協議し協力しなければならない。

3　国家は、いかなるかかる活動に対しても正当かつ公正な救済のための実効的仕組みを提供し、環境上の又は経済的、社会的、文化的若しくは精神的な悪影響を軽減する適当な措置が取られなければならない。

第33条【先住人民の構成員資格決定権】（略）
第34条【慣習を維持する権利】（略）
第35条【共同体に対する個人の責任】（略）
第36条【自らの構成員その他の人民と交流する権利】（略）

第37条【条約等の遵守】（略）
第38条【国の一般的義務】（略）
第39条【財政・技術援助へのアクセス】（略）
第40条【実効的救済手段に対する権利】 先住人民は、国その他の当事者との抗争及び紛争の解決のために、正当かつ公正な手続を利用しそれによる迅速な決定を受ける権利、並びに、自らの個別的及び集団的権利のあらゆる侵害に対して実効的救済手段をもつ権利を有する。かかる決定は、当該先住人民の慣習、伝統、規則及び法制度並びに国際人権に十分な考慮を払うものでなければならない。

第41条【国際連合その他の政府間機構の責任】（略）
第42条【国際的フォローアップ】（略）
第43条【最低限基準としての宣言】 ここで認められた諸権利は、世界の先住人民の存立、尊厳及び福祉のための最低限の基準を構成するものである。

第44条【男女平等】（略）
第45条【先住人民の権利の保持】（略）
第46条【セーフガード】 1　本宣言のいかなる規定も、国、人民、集団又は個人が国際連合憲章に反する活動に従事し、行為を行う権利を有することを意味するものと解されてはならず、また、主権独立国の領土保全又は政治的統一を全部又は一部分割又は毀損するものと解されてはならない。

2　本宣言に列挙された諸権利の行使に当たって、すべての者の人権及び基本的自由が尊重されなければならない。本宣言に定める権利の行使は、法律によって決定された制限であって、国際人権義務に従ったものにのみ服する。いかなるこうした制限も、非差別的なものであり、かつ、他の者の権利及び自由の適正な承認及び尊重を確保するために、及び、民主的社会の正当でごくやむを得ない必要に合致するために、厳に必要なものでなければならない。

3　本宣言の規定は、正義、民主主義、人権の尊重、平等、非差別、良き統治及び信義誠実の原則に従って解釈されなければならない。

【第2節　地域的文書】

11-8　人権及び基本的自由の保護のための条約（ヨーロッパ人権条約）（抄）
Convention for the Protection of Human Rights and Fundamental Freedoms

```
署　　名　1950年11月4日
効力発生　1953年9月3日
改　　正　1963年5月6日署名の第3議定書による改正、1970年9月21日効力発生
　　　　　1966年1月20日署名の第5議定書による改正、1971年12月20日効力発生
　　　　　1985年3月19日署名の第8議定書による改正、1990年1月1日効力発生
　　　　　1990年11月6日署名の第9議定書による改正、1994年10月1日効力発生、
　　　　　ただし、第9議定書締約国のみに適用
　　　　　1994年5月11日署名の第11議定書による改正、1998年11月1日効力発生
　　　　　2009年5月27日署名の第14の2議定書による改正、2009年10月1日効力発生、ただし、第14の2議定書締約国のみに適用
　　　　　2004年5月13日署名の第14議定書による改正、2010年6月1日効力発生
```

〔編者注〕第11議定書による改正前の条文番号を、対応する現行規定の見出しの後に〈*〉で示した。

第1条（人権を尊重する義務） 締約国は、その管轄内にあるすべての者に対し、この条約の第1節に定義する権利及び自由を保障する。

第1節　権利及び自由

第2条（生命についての権利） 1　すべての者の生命についての権利は、法律によって保護される。何人も、故意にその生命を奪われない。ただし、法律で死刑を定める犯罪について有罪の判決の後に裁判所の刑の言い渡しを執行する場合は、この限りでない。

2　生命の剥奪は、それが次の目的のために絶対に必要な、力の行使の結果であるときは、本条に違反して行われたものとみなされない。
(a)　不法な暴力から人を守るため
(b)　合法的な逮捕を行い又は合法的に抑留した者の逃亡を防ぐため
(c)　暴動又は反乱を鎮圧するために合法的にとった行為のため

第3条（拷問の禁止） 何人も、拷問又は非人道的な若しくは品位を傷つける取扱い若しくは刑罰を受けない。

第5条（自由及び安全についての権利） 1　すべての者は、身体の自由及び安全についての権利を有する。何人も、次の場合において、かつ、法律で定める手続に基づく場合を除くほか、その自由を奪われない。
(a)　権限のある裁判所による有罪判決の後の人の合法的な抑留
(b)　裁判所の合法的な命令に従わないための又は法律で定めるいずれかの義務の履行を確保するための人の合法的な逮捕又は抑留
(c)　犯罪を行ったとする合理的な疑いに基づき権限のある法的機関に連れて行くために行う又は犯罪の実行若しくは犯罪実行後の逃亡を防ぐために必要だと合理的に考えられる場合に行う人の合法的な逮捕又は抑留
(d)　教育上の監督のための合法的な命令による未成年者の抑留又は権限のある法的機関に連れて行くための未成年者の合法的な抑留
(e)　伝染病の蔓延を防止するための人の合法的な抑留並びに精神異常者、アルコール中毒者若しくは麻薬中毒者又は浮浪者の合法的な抑留
(f)　不正規に入国するのを防ぐための人の合法的な逮捕若しくは抑留又は退去強制若しくは犯罪人引渡しのために手続がとられている人の合法的な逮捕若しくは抑留

2　逮捕される者は、速やかに、自己の理解する言語で、逮捕の理由及び自己に対する被疑事実を告げられる。

3　この条の1(c)の規定に基づいて逮捕又は抑留された者は、裁判官又は司法権を行使することが法律によって認められている他の官憲の面前に速やかに連れて行かれるものとし、妥当な期間内に裁判を受ける権利又は裁判までの間釈放される権利を有する。釈放に当たっては、裁判所への出頭が保障されることを条件とすることができる。

4　逮捕又は抑留によって自由を奪われた者は、裁判所がその抑留が合法的であるかどうかを迅速に決定するように及び、その抑留が合法的でない場合には、その釈放を命ずるように、手続を

とる権利を有する。

5 この条の規定に違反して逮捕され又は抑留された者は、賠償を受ける権利を有する。

第6条(公正な裁判を受ける権利) 1 すべての者は、その民事上の権利及び義務の決定又は刑事上の罪の決定のため、法律で設置された、独立の、かつ、公平な裁判所による妥当な期間内の公正な公開審理を受ける権利を有する。判決は、公開で言い渡される。ただし、報道機関及び公衆に対しては、民主的社会における道徳、公の秩序若しくは国の安全のため、また、少年の利益若しくは当事者の私生活の保護のため必要な場合において又はその公開が司法の利益を害することとなる特別な状況において裁判所が真に必要があると認める限度で、裁判の全部又は一部を公開しないことができる。

2 刑事上の罪に問われているすべての者は、法律に基づいて有罪とされるまでは、無罪と推定される。

3 刑事上の罪に問われているすべての者は、少なくとも次の権利を有する。
 (a) 速やかにその理解する言語でかつ詳細にその罪の性質及び理由を告げられること。
 (b) 防御の準備のために十分な時間及び便益を与えられること。
 (c) 直接に又は自ら選任する弁護人を通じて、防御すること。弁護人に対する十分な支払手段を有しないときは、司法の利益のために必要な場合には無料で弁護人を付されること。
 (d) 自己に不利な証人を尋問又はこれに対し尋問させること並びに自己に不利な証人と同じ条件で自己のための証人の出席及びこれに対する尋問を求めること。
 (e) 裁判所において使用される言語を理解し又は話すことができない場合には、無料で通訳の援助を受けること。

第8条(私生活及び家族生活の尊重についての権利)

1 すべての者は、その私的及び家族生活、住居及び通信の尊重を受ける権利を有する。

2 この権利の行使については、法律に基づき、かつ、国の安全、公共の安全若しくは国の経済的福利のため、また、無秩序若しくは犯罪の防止のため、健康若しくは道徳の保護のため、又は他の者の権利及び自由の保護のため民主的社会において必要なもの以外のいかなる公の機関による干渉もあってはならない。

第10条(表現の自由) 1 すべての者は、表現の自由についての権利を有する。この権利には、公の機関による干渉を受けることなく、かつ、国境とのかかわりなく、意見をもつ自由並びに情報及び考えを受け及び伝える自由を含む。この条は、国が放送、テレビ又は映画の諸企業の許可制を要求することを妨げるものではない。

2 1の自由の行使については、義務及び責任を伴い、法律によって定められた手続、条件、制限又は刑罰であって、国の安全、領土保全若しくは公共の安全のため、無秩序若しくは犯罪の防止のため、健康若しくは道徳の保護のため、他の者の信用若しくは権利の保護のため、秘密に受けた情報の暴露を防止するため、又は、司法機関の権威及び公平さを維持するため民主的社会において必要なものを課することができる。

第11条(集会及び結社の自由) 1 すべての者は、平和的な集会の自由及び結社の自由についての権利を有する。この権利には、自己の利益の保護のために労働組合を結成し及びこれに加入する権利を含む。

2 1の権利の行使については、法律で定める制限であって国の安全若しくは公共の安全のため、無秩序若しくは犯罪の防止のため、健康若しくは道徳の保護のため、又は他の者の権利及び自由の保護のため民主的社会において必要なもの以外のいかなる制限も課してはならない。この条の規定は、国の軍隊、警察又は行政機関の構成員による1の権利の行使に対して合法的な制限を課することを妨げるものではない。

第13条(効果的救済についての権利) この条約に定める権利及び自由を侵害された者は、公的資格で行動する者によりその侵害が行われた場合にも、国の機関の前において効果的な救済措置を受ける。

第14条(差別の禁止) この条約に定める権利及び自由の享受は、性、人種、皮膚の色、言語、宗教、政治的意見その他の意見、国民的若しくは社会的出身、少数民族への所属、財産、出生又は他の地位等によるいかなる差別もなしに、保障される。

第15条(緊急時における免脱) 1 戦争その他の国民の生存を脅かす公の緊急事態の場合には、いずれの締約国も、事態の緊急性が真に必要とする限度において、この条約に基づく義務を免脱する措置をとることができる。ただし、その措置は、当該締約国が国際法に基づき負う他の義務に抵触してはならない。

2 1の規定は、第2条(合法的な戦闘行為から生ずる死亡の場合を除く。)、第3条、第4条1及び第7条の規定からのいかなる免脱も認めるものではない。

3 免脱の措置をとる権利を行使する締約国は、とっ

た措置及びその理由を欧州評議会事務総長に十分に通知する。締約国はまた、その措置が終了し、かつ、条約の諸規定が再び完全に履行されているとき、欧州評議会事務総長にその旨通知する。

第17条(権利の濫用の禁止) この条約のいかなる規定も、国、集団又は個人がこの条約において認められる権利及び自由を破壊し若しくはこの条約に定める制限の範囲を越えて制限することを目的とする活動に従事し又はそのようなことを目的とする行為を行う権利を有することを意味するものと解することはできない。

第18条(権利制約事由の使用に対する制限) 権利及び自由についてこの条約が認める制限は、それを定めた目的以外のいかなる目的のためにも適用してはならない。

第2節 ヨーロッパ人権裁判所

第19条(裁判所の設置) この条約及び条約の議定書において締約国が行った約束の遵守を確保するため、ヨーロッパ人権裁判所(以下「裁判所」という。)を設立する。裁判所は、常設の機関として機能する。

第20条(裁判官の数) （略）
第21条(就任の基準) （略）
第22条(裁判官の選挙) （略）
第23条(任期及び解任) （略）
第24条(書記局及び報告者) （略）

第25条(裁判所の全員法廷) 裁判所の全員法廷は、次のことを定める。
  (a) 3年の任期で、裁判所長及び一又は二名の裁判所次長を選任すること。裁判所長及び裁判所次長は再任されることができる。
  (b) 期間を定めて構成される小法廷を設置すること。
  (c) 各小法廷の裁判長を選任すること。小法廷の裁判長は、再任されることができる。
  (d) 裁判所規則を採択すること。
  (e) 書記及び一又は二名以上の書記補を選任すること。
  (f) 第26条2に基づくあらゆる要請を行うこと。

第26条(単独裁判官、委員会、小法廷及び大法廷)
1 裁判所は、提訴される事件を審理するために、単独裁判官、3人の裁判官で構成される委員会、7人の裁判官で構成される小法廷及び17人の裁判官で構成される大法廷で裁判する。裁判所の小法廷は、一定期間活動する委員会を設置する。
2 全員法廷の要請により、閣僚委員会は、全員一致の決定によりかつ一定期間について、小法廷の裁判官の数を五に減ずることができる。
3 単独裁判官として裁判する場合には、裁判官は、自らがそれについて選出された締約国に対するいかなる申立をも審理してはならない。
4 訴訟当事国のために選出された裁判官は、小法廷及び大法廷の職務上当然の構成員となる。該当する裁判官がいない場合或いは当該裁判官が裁判することができない場合には、当該当事国によってあらかじめ提出された名簿から裁判所長によって選ばれた者が、裁判官の資格で裁判する。
5 大法廷は、裁判所長、裁判所次長、小法廷の裁判長及び裁判所規則に従って選任される他の裁判官を含める。事件が第43条に基づいて大法廷に付託される場合には、判決を行った小法廷の裁判官は、小法廷の裁判長及び関係当事国について裁判した裁判官を除き、大法廷で裁判してはならない。

第27条(単独裁判官の権限) 1 単独裁判官は、第34条に基づき提出された申立を、それ以上審査することなく決定できる場合には、受理しないと宣言し又は総件名簿から削除することができる。
2 この決定は、終結とする。
3 単独裁判官は、申立を、受理しないと宣言せず、総件名簿から削除もしない場合には、さらなる審査のために委員会又は小法廷に提出しなければならない。

第28条(委員会の権限) 1 第34条に基づき提出された申立に関して、委員会は、全員一致によって、次のことを行うことができる。
  (a) それ以上審査することなく決定できる場合に、それを受理しないと宣言し又は総件名簿から削除すること。
  (b) 条約又はその諸議定書の解釈又は適用に関する事件を基礎づける問題が既に十分に確立した裁判所の判例法の主題である場合に、それを受理すると宣言し同時に本案に関する判決を下すこと。
2 1に基づく決定及び判決は、終結とする。
3 訴訟当事国について選挙された裁判官が委員会の構成員でない場合、委員会は、当該締約国が1(b)に基づく手続の適用を争っているかどうかを含むあらゆる関連要素を考慮して、手続のいかなる段階においても当該裁判官を委員会の構成員のうち1人の者に代わるよう招請することができる。

第29条(小法廷による受理可能性及び本案に関する決定) 1 第27条又は第28条に基づいて決定が行われない場合又は第28条に基づく判決が下されない場合、小法廷は、第34条に基づいて付託され

定する。受理可能性に関する決定は別個に行うことができる。

2 小法廷は、第33条に基づいて付託される国家間の申立の受理可能性及び本案について決定する。受理可能性に関する決定は、裁判所が例外的な場合に別段の決定をするのでない限り、別個に行うものとする。

第30条(大法廷に対する管轄権の移管) 小法廷に係属する事件が条約又はその議定書の解釈に影響を与える重大な問題を生じさせる場合又は小法廷での問題の決定が裁判所が以前に行った判決と一致しない結果をもたらす可能性のある場合には、小法廷は、判決を行う前のいずれの時でも、大法廷のために管轄権を移管することができる。ただし、事件の当事者の一がこれに反対した場合は、この限りでない。

第31条(大法廷の権限) 大法廷は、次のことを行う。
(a) 第33条又は第34条に基づいて付託される申立について、小法廷が第30条に基づいて管轄権を移管した場合又は事件が第43条に基づいて大法廷に付託された場合に、決定を行うこと。
(b) 第46条4に従って閣僚委員会によって裁判所に付託される問題について決定すること、並びに、
(c) 第47条に基づいて付託される勧告的意見の要請について審理すること。

第32条(裁判所の管轄権) 〈＊45条・49条〉1 裁判所の管轄は、第33条、第34条、第46条及び第47条に基づいて裁判所に付託される条約及びその議定書の解釈及び適用に関するすべての事項に及ぶ。

2 裁判所が管轄権を有するかどうかについて争いがある場合には、裁判所が決定する。

第33条(国家間の事件) いずれの締約国も、他の締約国による条約及びその議定書の規定の違反を裁判所に付託することができる。

第34条(個人の申立) 裁判所は、締約国の一による条約又は議定書に定める権利の侵害の被害者であると主張する自然人、非政府団体又は集団からの申立を受理することができる。締約国は、この権利の効果的な行使を決して妨げないことを約束する。

第35条(受理可能性の基準) 〈＊26条・27条〉1 裁判所は、一般的に認められた国際法の原則に従ってすべての国内的な救済措置が尽くされた後で、かつ、最終的な決定がなされた日から6箇月の期間内にのみ、事案を取り扱うことができる。

2 裁判所は、第34条に基づいて付託される個人の申立で、次のものは取り扱ってはならない。
(1) 匿名のもの、又は
(2) 裁判所が既に審理したか、又は既に他の国際的調査若しくは解決の手続に付託された事案と実質的に同一であって、かつ、いかなる新しい関連情報も含んでいないもの

3 裁判所は、次の各号のいずれかに該当すると考える場合には、第34条に基づいて付託された個人の申立を受理しないと宣言しなければならない。
(a) 申立が、条約又は議定書の規定と両立しないか、明白に根拠不十分か又は申立権の濫用であること。
(b) 申立人が、相当な不利益を被ってはいなかったこと。ただし、条約及びその諸議定書に明定された人権の尊重のために当該申立の本案の審査が求められる場合はこの限りではなく、国内裁判所により正当に審理されなかったいかなる事件も、この理由により却下されてはならない。

4 裁判所は、この条に基づいて受理できないと考えるいかなる申立も却下する。裁判所は、手続のいずれの段階でもこの却下を行うことができる。

第36条(第三者の参加) 1 小法廷及び大法廷でのすべての事件において、自国の国民が申立人となっている締約国は、書面の陳述を提出し及び口頭審理に参加する権利を有する。

2 裁判所長は、司法の適正な運営のために、裁判手続の当事者ではない締約国又は申立人ではない関係者に書面の陳述を提出し又は口頭審理に参加するよう招請することができる。

3 小法廷又は大法廷におけるすべての事件において、欧州評議会人権弁務官は書面でコメントを提出し及び口頭審理に参加することができる。

第37条(申立の削除) （略）

第38条(事件の審理) 裁判所は、当事者の代表とともに、事件の審理を行い、また必要があれば調査を行う。この調査を効果的に行うために、関係当事国はすべての必要な便宜を供与しなければならない。

第39条(友好的解決) 1 条約及び諸議定書に定める人権の尊重を基礎とする事案の友好的解決を確保するために、裁判所は、手続きのあらゆる段階において、裁判所を関係当事者に利用させることができる。

2 1に基づいて行われる手続は、非公開とする。

3 友好的解決が成立する場合には、裁判所は、事実及び到達した解決の簡潔な記述にとどめる決

定を行うことにより、名簿から事件を削除する。
4 この決定は、閣僚委員会に送付され、閣僚委員会は、この決定に定める友好的解決の条件の執行を監視する。

第40条（公開の口頭審理及び文書の入手） 1 口頭審理は、裁判所が例外的な場合に別段の決定をする場合を除き、公開とする。
2 書記に寄託された文書は、裁判所長が別段の決定をする場合を除き、公衆が入手できるようにする。

第41条（公正な満足）〈＊50条〉裁判所が条約又は議定書の違反を認定し、かつ、当該締約国の国内法が部分的賠償がなされることしか認めていない場合には、裁判所は、必要な場合、被害当事者に公正な満足を与えなければならない。

第42条（小法廷の判決） 小法廷の判決は、第44条2の規定に従って終結となる。

第43条（大法廷への付託） 1 事件のいずれの当事者も、例外的な事件の場合には、小法廷の判決の日から3箇月の期間内に当該事件が大法廷に付託されるよう請求することができる。
2 大法廷の5人の裁判官で構成される審査部会は、当該の事件が条約若しくはその議定書の解釈若しくは適用に影響する重大な問題又は一般的重要性を有する重大な問題を提起する場合には、その請求を受理する。
3 審査部会が請求を受理する場合には、大法廷は、当該の事件を判決により決定しなければならない。

第44条（終結判決） 1 大法廷の判決は、終結とする。
2 小法廷の判決は、次の場合に終結となる。
(a) 当事者が事件を大法廷に付託するよう請求する意思のないことを宣言する場合、又は
(b) 判決の日の後3箇月経過し、その間に事件の大法廷への付託が請求されなかった場合、又は
(c) 大法廷の審査部会が第43条に基づく付託の請求を却下する場合
3 終結判決は、公表される。

第45条（判決及び決定の理由）〈＊51条〉1 判決及び申立を受理できるか受理できないかについて宣言する決定には、理由を付さなければならない。
2 判決がその全部又は一部について裁判官の全員一致の意見を表明していないときは、いずれの裁判官も、個別の意見を表明する権利を有する。

第46条（判決の拘束力及び執行）〈＊53条・54条〉1 締約国は、自国が当事者であるいかなる事件においても、裁判所の終結判決に従うことを約束する。
2 裁判所の終結判決は、閣僚委員会に送付され、閣僚委員会はその執行を監視する。
3 終結判決の執行の監視が判決の解釈の問題によって妨げられると閣僚委員会が考える場合、閣僚委員会は、解釈問題の判断を求めるため、事案を裁判所に付託することができる。
4 閣僚委員会は、締約国が自国が当事者となっている事件の終結判決に従うことを拒否していると考える場合、当該締約国に正式の通告を行ったのち、かつ閣僚委員会に出席する権利を有する代表者の3分の2の多数決による決定により、当該締約国が1に基づく義務を実行するのを怠っているかどうかの問題を裁判所に付託する。
5 裁判所は、1の違反を認定した場合、裁判所は、とるべき措置を検討するために閣僚委員会に事件を付託する。裁判所は1の違反を認定しない場合、裁判所は閣僚委員会に事件を付託し、閣僚委員会は、自らの事件の審理を終了させる。

第47条（勧告的意見） 1 裁判所は、閣僚委員会の要請により、条約及び議定書の解釈に関する法律問題について勧告的意見を与えることができる。
2 この意見は、条約の第一節及び議定書に定義する権利及び自由の内容若しくは範囲に関するいかなる問題も、又は、裁判所若しくは閣僚委員会が、条約に基づいて開始されうる手続の結果検討しなければならなくなるその他のいかなる問題も、取り扱ってはならない。
3 裁判所の勧告的意見を要請する閣僚委員会の決定は、同委員会に出席する資格のある代表者の3分の2の多数の投票を必要とする。

第48条（裁判所の勧告に関する管轄権） 裁判所は、閣僚委員会が付託した勧告的意見の要請が、第47条に定義する権限内にあるかどうかを決定する。

第49条（勧告的意見の理由） 1 裁判所の勧告的意見には、理由を付さなければならない。
2 勧告的意見がその全部又は一部について裁判官の全員一致の意見を表明していないときは、いずれの裁判官も、個別の意見を表明する権利を有する。
3 裁判所の勧告的意見は、閣僚委員会に通知される。

第三節 雑則

第56条（領域的適用）〈＊63条〉1 いずれの国も、批准のとき又はその後のいずれのときでも、欧州評議会事務総長に宛てた通告によって、自国が国際関係について責任を有する地域の全部又は一部についてこの条の4に従ってこの条約を適用することを宣言することができる。
2 条約は、欧州評議会事務総長がこの通告を受領した後三〇日目から通告の中で指定する地域に

適用される。
3 この条約の規定は、地方的必要に妥当な考慮を払って、これらの地域に適用される。
4 この条の1に基づいて宣言を行ったいずれの国も、宣言後のいずれのときでも、宣言が関係する一又は二以上の地域のために、この条約の第34条に定める自然人、非政府団体又は集団からの請願を受理する裁判所の権限を受諾することを宣言することができる。

第57条(留保)〈＊64条〉1 いずれの国も、この条約に署名するとき又は批准書を寄託するときに、その領域でそのときに有効ないずれかの法律がこの条約の特定の規定と抵触する限りで、その規定について留保を付すことができる。一般的性格の留保は、この条の下では許されない。
2 この条に基づいて付されるいかなる留保も、関係する法律の簡潔な記述を含むものとする。

11-8-1 人権及び基本的自由の保護のための条約についての議定書(ヨーロッパ人権条約第1議定書)(抜粋)

Protocol to the Convention for the Protection of Human Rights and Fundamental Freedoms

署　名　1952年3月20日
効力発生　1954年5月18日
　　　　　1994年5月11日署名の第11議定書による改正、1998年11月1日効力発生

第1条(財産の保護) すべての自然人又は法人は、その財産を平和的に享有する権利を有する。何人も、公益のために、かつ、法律及び国際法の一般原則で定める条件に従う場合を除くほか、その財産を奪われない。

ただし、前の規定は、国が一般的利益に基づいて財産の使用を規制するため、又は税その他の拠出若しくは罰金の支払いを確保するために必要とみなす法律を実施する権利を決して妨げるものではない。

11-9　ヨーロッパ社会憲章(抜粋)

European Social Charter

署　名　1961年10月18日(チューリン)
効力発生　1965年2月26日
改　正　1996年5月3日(ストラスブール)
効力発生　1999年7月1日

第2部

締約国は、第3部の規定に従い、次の諸条項に定められた義務により拘束されることを約束する。

第2条(公正な労働条件についての権利) 公正な労働条件についての権利の効果的な行使を確保するために、締約国は、次のことを約束する。
(1) 合理的な1日及び1週の労働時間を定めること。1週労働時間は、生産性の向上その他の関連要因が許す限度まで漸進的に短縮されること。
(2) 有給の公の休日を定めること。
(3) 少なくとも2週間の年次有給休暇を定めること。
(4) 所定の危険な又は健康に有害な職業に従事する労働者のために、有給休暇の追加又は労働時間の短縮を定めること。
(5) 関係国又は関係地域の伝統又は慣習によって休日と認められた日にできる限り一致する週休を確保すること。
(6) 労働者ができる限り速やかに書面で、かつ雇用の開始日より2箇月を超えることなく、契約又は雇用関係の本質的側面の情報を受けることを確保すること。
(7) 夜業労働を行う労働者は、その労働の特別の性質を考慮する措置からの利益を受けることを確保すること。

第3条(安全かつ健康的な作業条件についての権利) 安全かつ健康的な作業条件についての権利の効果的な行使を確保するために、締約国は、次のことを約束する。

(1) 職業上の安全、職業上の健康及び労働条件に関する一貫した政策を策定し、実施し及び定期的に再検討すること。この政策の主たる目的は、特に労働環境に固有の危険をもたらす原因を最小限に抑えることによって、職業上の安全及び健康を改善し、かつ作業によって、作業に関連して又は作業過程で発生する事故及び健康への被害を防止すること。
(2) 監督措置によってこの規則を実施するよう定めること。
(3) 産業上の安全及び衛生を改善するための措置について、適当な場合には、使用者団体及び労働者団体と協議すること。

第4条(公正な報酬を受ける権利) (略)
第5条(団結権) (略)
第6条(団体交渉権) (略)
第7条(児童及び年少者の保護についての権利) 児童及び年少者の保護についての権利の効果的な行使を確保するために、締約国は、次のことを約束する。
(1) 就業の最低年齢を15歳と定めること。ただし、その健康、道徳又は教育に有害でない所定の軽易労働に雇用される児童を除く。
(2) 危険又は健康に有害とみなされる所定の職業については、より高い就業の最低年齢を設定するよう定めること。
(3) 現に義務教育を受けている者は、その教育の十分な利益を奪うような労働に雇用してはならないと定めること。
(4) 16歳未満の者の労働時間は、その発育の必要、特に、職業訓練の必要に応じて制限されるよう定めること。
(5) 年少労働者及び見習労働者の公正な賃金又はその他の適当な利益についての権利を認めること。
(6) 年少者が使用者の同意を得て正規の労働時間中に職業訓練のために費やす時間は、労働日の一部をなすものとして取り扱われるよう定めること。
(7) 18歳未満の被用者は、3週間を下らない年次有給休暇を受ける権利を有するよう定めること。
(8) 18歳未満の者は、国内法令で定められた特定の業務を除き、夜業に使用されてはならないと定めること。
(9) 国内法令で規定された業務に使用される18歳未満の者は、定期的な健康管理を受けるよう定めること。
(10) 児童及び年少者が被る身体的及び精神的危険並びに、特に労働から直接又は間接に生ずるそれらの危険に対して特別の保護を確保すること。

第8条(雇用されている女性の母性の保護についての権利) 雇用されている女性の保護についての権利の効果的な行使を確保するために、締約国は、次のことを約束する。
(1) 有給休暇、適当な社会保障給付又は公の基金からの給付によって、女性が産前産後に少なくとも合計12週間までの休暇をとるよう定めること。
(2) 使用者が女性に対してその出産休暇による休業期間中に解雇の通告を行い、又は、その期間中に満期となるような解雇の予告を行うことを違法とみなすこと。
(3) 幼児を保育している母親は、この目的のために十分な休憩時間についての権利を有するよう定めること。
(4) 妊娠中の女性、最近出産した女性及び育児中の女性の夜業についての雇用を規制すること。
(5) 妊娠中の女性、最近出産した女性及び育児中の女性を、地下採掘及び危険、不健康又は耐え難い性質をもつことを理由とする他のすべての不適切な労働に従事させることを禁止し、かつ、当該女性の雇用の権利を保護する適当な措置をとること。

第11条(健康の保護についての権利) 健康の保護についての権利の効果的な行使を確保するために、締約国は、直接に又は公的若しくは私的な団体と協力して、特に次のことを目的とする適当な措置をとることを約束する。
(1) 健康を害する原因をできる限り除去すること。
(2) 健康を増進し及び健康問題における個人の責任を自覚させるための助言的及び教育的便宜を提供すること。
(3) できる限り伝染病、風土病その他の病気を予防すること。

第16条(家族の社会的、法的及び経済的保護についての権利) 社会の基礎的単位である家族の十分な発展のために必要な条件を確保するために、締約国は、社会的及び家族的給付、財政的措置、家族用住居の供給、新婚者のための給付等の措置、並びに、その他の適当な措置によって、家族生活の経済的、法的及び社会的保護を促進することを約束する。

第17条(児童及び年少者の社会的、法的及び経済的保護についての権利) 自らの個性並びに身体的及

び精神的能力の完全な発達を促進する環境の中で児童及び年少者の成長する権利の効果的な行使を確保するために、締約国は、直接に又は官民の機関と協力して、次に示すあらゆる適当でかつ必要な措置をとることを約束する。
(1)(a) 児童及び年少者が、特に、この目的のために十分かつ適当な施設及びサービスの確立又は保持の提供によって、その親の権利と義務を考慮しつつ、必要とする保育、援助、教育及び訓練を受けることを確保すること。
(b) 保護の怠慢、暴力又は搾取から児童及び年少者を保護すること。
(c) 一時的又は決定的に家族の援助を奪われた児童及び年少者に対し、国からの保護及び特別の援助を提供すること。
(2) 児童及び年少者に無料の初等及び中等教育を提供し、並びに定期的に学校に出席することを奨励すること。

11-9-1 集団的申立制度を定めるヨーロッパ社会憲章に対する追加議定書(抜粋)

Additional Protocol to the European Social Charter Providing for a System of Collective Complaints

署　名　1995年11月9日(ストラスブール)
効力発生　1998年7月1日

第1条(申立権者) この議定書の締約国は、次の機関に憲章の適用が十分ではないことを主張する申立を付託する権利を認める。
(a) 憲章第27条2にいう国際使用者団体及び国際労働組合団体
(b) 欧州評議会と協議資格を有するものであって、かつ、この目的のために政府間委員会によって定められた名簿に記載された他の国際NGO
(c) 代表的な国内使用者団体及び国内労働組合団体であって、その申立が行われた締約国の管轄の下にあるもの

第2条(申立権者の追加) 1 いずれの締約国も、この議定書に拘束されることの同意を表明する際に、第13条の規定に従って、若しくはその後のいずれの時においても、憲章に規律される事項に特別の権限を有する他の代表的な国内NGOに、その管轄の範囲内でその申立を提出する権利を認めることを宣言することができる。
2 1の宣言は、特定の期間を付して行うことができる。
3 宣言は、欧州評議会事務総長に寄託するものとし、同事務総長は、その写しを締約国に送付し、かつ、公表する。

第3条(国際及び国内NGOの申立) 第1条(b)及び第2条に定める国際NGO及び国内NGOは、特定の権限を有するものとして認められたものに関わる事項に関してのみ、前条に定められた手続きに従って申立を提出することができる。

第4条(申立の内容) 申立は、書面で行い、関係締約国によって受諾された憲章の規定に関連するものであり、かつ、関係締約国がこの規定の十分な適用を確保していない点を示すものとする。

第5条(申立の通知) 申立は、事務総長に宛てられるものとし、事務総長は、その受領を通知し、これを関係締約国に通告し、及び直ちに独立専門家委員会に送付する。

第6条(受理可能性に関する意見の提出) 独立専門家委員会は、関係締約国及び申立を行った機関に対して、同委員会が定める期限内に申立の受理可能性に関する情報及び見解を書面で提出することを要請することができる。

第7条(意見の提出) 1 申立を受理することができると決定する場合、独立専門家委員会は、事務総長を通じて憲章の締約国にこれを通告する。委員会は、関係締約国及び申立を行った機関に対して、委員会が定める期限内に、関連するすべての説明又は情報を書面で提出することを、並びにこの議定書の他の締約国に対して同一の期限内にその提出することを希望する意見を提出することを要請する。
2 申立が国内使用者団体又は国内労働組合により行われた場合、又は他の国内若しくは国際NGOが申し立てた場合には、独立専門家委員会は、事務総長を通じて、憲章第27条2に定める国際使用者団体若しくは国際労働組合団体に通告し、委員会が定める期限内に見解を送付することを招請する。
3 1及び2に基づき提出された説明、情報又は見解に基づき、関係締約国及び申立を行った機関は独立専門家委員会が定める期限内に書面で追加情報又は見解を提出することができる。
4 申立の審理中に、独立専門家委員会は、当事者の代表者の聴聞を行うことができる。

第8条(報告の作成) 1 独立専門家委員会は、申立を審理するため、及び関係締約国が申立で言及されている憲章の規定の十分な適用を確保したかどうかに関する結論を提出するためにとられた措置に言及する報告を作成する。

2 報告は、閣僚委員会に送付される。報告は、申立を行った機関及び憲章の締約国にも送付されるが、これを自由に公表してはならない。

同報告は、議員総会に送付され、かつ、第9条に定める決議と同時に又は閣僚委員会に送付された後4箇月を経ない時期に公表される。

第9条(閣僚委員会による勧告) 1 閣僚委員会は、独立専門家委員会の報告に基づいて、その投票の多数によって決議を採択する。独立専門家委員会が、憲章が十分に適用されていないと認定する場合には、閣僚委員会は、その投票の3分の2の多数によって、関係締約国に宛てた勧告を採択する。いずれの場合にも、投票資格は、憲章の締約国に限定される。

2 閣僚委員会は、関係締約国の要請に基づき、独立専門家委員会の報告が新しい問題を提起している場合には、憲章の締約国の3分の2の多数によって、政府間委員会と協議することを決定することができる。

11-10　人及び人民の権利に関するアフリカ憲章(バンジュール憲章)(抜粋)
Afrcan Chater on Human and Peoples' Rights

採　択　1981年6月27日(ナイロビ)
　　　　　アフリカ統一機構元首首長会議18回会期
効力発生　1986年10月21日

第3条【法の前の平等】1　すべての個人は、法の前において平等である。
2　すべての個人は、法による平等の保護を受ける権利を有する。
第4条【人間の不可侵】人間は不可侵である。すべての人間は、自己の生命の尊重及び身体の完全性に対する権利を有する。何人も、この権利を恣意的に奪われない。
第5条【人間の尊厳の尊重】すべての個人は、人間に固有な尊厳の尊重及び自己の法的地位の承認についての権利を有する。あらゆる形態の人間の搾取及び蔑視、特に奴隷制度、奴隷取引、拷問、残虐な非人道的な又は品位を傷つける刑罰及び取扱いは禁止される。
第7条【公正な裁判、事後法による処罰の禁止】1　すべての個人は、自己の主張について審理を受ける権利を有する。これは、次のことを含む。
　(a)　現行の条約、法律、規則及び慣習によって認められかつ保障された基本的権利を侵害する行為に対し権限ある国家機関に訴える権利
　(b)　権限ある裁判所によって有罪が立証されるまでは無罪と推定される権利
　(c)　自ら選任する弁護人によって防御される権利を含む防御の権利
　(d)　合理的な期間内に公平な裁判所によって裁判を受ける権利
第9条【情報を受ける権利、表現の権利】1　すべての個人は、情報を受ける権利を有する。
第11条【集会の権利】すべての個人は、他の者と自由に集会する権利を有する。この権利の行使は、法律、特に国の安全、他の者の安全、健康、倫理、権利及び自由のために制定された法律に定められた必要な制限にのみ服する。
第13条【統治への参加、公の財産及び役務の利用】1　すべての市民は、直接に、又は法律の規定に従って自由に選ばれた代表を通じて、自国の統治に自由に参加する権利を有する。
2　すべての市民は、自国の公務に平等に携わる権利を有する。
3　すべての個人は、法の前におけるすべての人の厳格な平等の下で、公の財産及び役務を利用する権利を有する。
第14条【財産権】財産権は保障される。財産は、公共の必要のため又は社会の一般利益のために、かつ適当な法律の規定に従ってのみ侵害することができる。
第15条【労働の権利】すべての個人は、公正かつ満足な条件の下で労働する権利を有し、同一の労働について同一の報酬を受ける。
第16条【健康の権利】1　すべての個人は、到達可能な最高水準の肉体及び精神の健康を享受する権利を有する。
第20条【人民の自決の原則】1　すべての人民は、生存の権利を有する。すべての人民は、疑う余地のない、かつ、譲りえない自決の権利を有する。すべての人民は、その政治的地位を自由に決定し、並びに自らが自由に選んだ政策に従ってその経済的及び社会的発展を追求する。

第21条【富及び天然資源に対する権利】1　すべての人民は、その富及び天然資源を自由に処分する。この権利は、もっぱら人民の利益のために行使されなければならない。人民は、いかなる場合にも、この権利を奪われてはならない。

2　略奪が行われた場合には、略奪された人民は、その財産を合法的に取り戻し、かつ、十分な補償を受ける権利を有する。

3　富及び天然資源の自由な処分は、相互の尊重、公平な交換及び国際法の原則に基づいた国際経済協力を促進する義務を損なうことなく行使される。

4　この憲章の締約国は、アフリカの統一及び連帯を強化するために、その富及び天然資源を自由に処分する権利を個別的又は集団的に行使する。

5　この憲章の締約国は、その人民がその国家資源から得られる利益を十分に享受しうるように、あらゆる形態、特に国際的独占企業により行われる外国の経済的搾取を排除することを約束する。

第22条【発展の権利】1　すべての人民は、その自由及び独自性を十分に尊重し、かつ人類の共同遺産を平等に享受して、経済的、社会的及び文化的に発展する権利を有する。

2　国は、個別的又は集団的に、発展の権利の行使を確保する義務を有する。

第23条【平和と安全に対する権利】1　すべての人民は、国家及び国際の平和と安全保障に対する権利を有する。国際連合憲章によって暗黙に確認され、かつ、アフリカ統一機構憲章によって再確認された連帯と友好関係の原則が、国家間の関係を支配する。

2　平和、連帯及び友好関係を強化する目的のために、この憲章の締約国は、次のことを確保する。

　(a)　この憲章の第12条の下で庇護権を享受するいかなる個人も、その出身国又はこの憲章の他の締約国に対する転覆活動に従事しないこと。

　(b)　その領域が、この憲章の他の締約国の人民に対する転覆又はテロ活動の基地として使用されないこと。

第24条【環境に対する権利】すべての人民は、その発展に好ましい一般的に満足すべき環境に対する権利を有する。

11-10-1　アフリカにおける女性の権利に関する人及び人民の権利に関する議定書（女性の権利に関するバンジュール憲章議定書）（抜粋）

Protocol to the African Charter on Human and Peoples' Rights on the Rights of Women in Africa

採　択　2003年7月11日（マプト）
　　　　アフリカ連合元首首長会議第2回通常会期
効力発生　2005年11月25日

第14条（健康及び生殖の権利）1　締約国は、女性の健康の権利（性的及び生殖的健康を含む。）が尊重され及び促進されることを確保する。これは、次のことを含む。

　(a)　出産をコントロールする権利
　(b)　子をもつかどうか、子の数、出産の間隔を決定する権利
　(c)　避妊方法を選択する権利
　(d)　性的交渉感染（HIV/AIDSを含む。）から自ら守り及び保護される権利
　(e)　国際的に承認された基準及び最善の慣行に従い、特に性的交渉感染（HIV/AIDSを含む。）に影響を与える場合には、自らの健康状態及び一方の配偶者の健康状態について情報を受ける権利
　(f)　家族計画教育を受ける権利

2　締約国は、次のあらゆる適当な措置をとる。

　(a)　十分な、購入可能で及び利用可能な健康サービス（女性、特に農村地域にいる女性に対する情報、教育及び情報プログラムを含む。）を提供すること。

　(b)　妊娠中及び母乳育児中、女性の出産前、分娩及び出産後の健康及び栄養学上のサービスを定着させ及び強化すること。

　(c)　婦女暴行、強姦、近親相姦の場合並びに妊娠の継続が母親の心理的及び身体的健康又は胎児の生命を脅かす場合には、医学的堕胎を認めることによって女性の生殖の権利を保護すること。

第15条（食糧の安全についての権利）締約国は、女性が栄養のある、かつ、十分な食糧を得る権利を有することを確保する。このため、締約国は、次のための適当な措置をとる。

　(a)　清潔な飲料水、家庭内燃料となる材料、土

地及び栄養ある食糧を生産する手段に対するアクセスを女性に提供すること。
(b) 食糧の安全を確保するための供給及び貯蔵の十分な制度を確立すること。

第16条(十分な住居についての権利) すべての女性は、住居及び健康的な環境の中での好ましい居住環境についての平等のアクセスを受ける権利を有する。この権利を確保するため、締約国は、女性(既婚しているかどうかにかかわらない。)に、十分な住居に対するアクセスを付与する。

第17条(好ましい文化的状況についての権利) 1 女性は、好ましい文化的状況の中で生活する権利を有し、及び文化的政策の決定に関するあらゆるレベルで参加する権利を有する。
2 締約国は、あらゆるレベルで文化的政策の形成に女性の参加を高めるため、あらゆる適当な措置をとる。

第18条(健康的かつ持続可能な環境についての権利) 1 女性は、健康的かつ持続可能な環境の中で生活する権利を有する。
2 締約国は、次のためにあらゆる適当な措置をとる。
(a) あらゆるレベルでの環境並びに天然資源の持続的利用についての計画、管理及び保全について女性の参加をいっそう確保すること。
(b) 新エネルギー及び再生可能なエネルギー資源及び適当な技術(情報技術を含む。)における研究及び投資を促進し、並びにその管理への女性のアクセス及び参加を助長すること。
(c) 女性の本来備わった知識システムの発展を保護し及び可能とすること。
(d) 家庭内廃棄物の管理、処理、保管及び処分を規制すること。
(e) 有毒廃棄物の保管、移動及び処分に適切な基準が、遵守されるように確保すること。

第19条(持続可能な発展についての権利) 女性は、持続可能な発展の権利を完全に享受する権利を有する。これに関連して、締約国は、次のためあらゆる適当な措置をとる。
(a) 国内発展計画手続においてジェンダーの視点を導入すること。
(b) 発展の政策及び計画の概念化、意思決定、実施及び評価におけるあらゆるレベルで女性の参加を確保すること。
(c) 土地等の生産資源への女性のアクセス及び管理を促進し、女性の財産権を保障すること。
(d) 女性により高い質の生活を提供し、かつ女性の中で貧困者の水準を下げるため、農村及び都会の地域において信用取引、訓練、能力開発及び相談事業に対する女性のアクセスを促進すること、
(e) 開発政策及び計画の作成に当たって、特に女性に関する人間開発の指標を考慮すること、及び、
(f) グローバル化の否定的効果及び貿易及び経済政策並びに計画の実施のあらゆる不利な効果を女性に対して最小限にまで減少させること。

11-11 経済的、社会的及び文化的権利の分野における米州人権条約に対する追加議定書(サン・サルバドル議定書)(抜粋)

Additional Protocol to the American Convention on Human Rights in the Area of Economic, Social, and Cultural Rights

採　択　1988年11月17日
　　　　　米州機構総会第18回会期
効力発生　1999年11月16日

第10条(健康についての権利) 1 すべての者は、健康についての権利を有する。この権利は、最高水準の身体的、精神的及び社会的福祉の享受をいうものと了解する。
2 健康についての権利の行使を確保するために、締約国は、健康を公の利益と認め、特に当該の権利を確保するために次の措置をとることに同意する。
(a) 基礎的な保健、すなわち、社会のすべての個人及び家族が利用できる不可欠の保健
(b) 国の管轄権に服するすべての個人に対する保健施設による便益の拡大
(c) 主要な感染症に対する普遍的な免疫
(d) 風土病、職業病その他の疾病の予防及び治療
(e) 健康上の問題の予防及び治療についての住民の教育、並びに、
(f) 最も危険率の高い集団及び貧困のために最も脆弱な集団の保健上の必要の満足

第11条(健康的な環境についての権利) 1 すべての

者は、健康的な環境に住む権利及び基礎的な公のサービスを享受する権利を有する。
2 締約国は、環境の保護、保存及び改善を促進する。

第14条【文化の利益についての権利】 1 この議定書の締約国は、すべての者の次の権利を認める。
(a) 社会の文化的及び芸術的な生活に参加すること。
(b) 科学及び技術の進歩による利益を享受すること。
(c) 自己の科学的、文学的又は芸術作品により生ずる精神的及び物質的利益が保護されること を享受すること。
2 この議定書の締約国が1の権利の完全な行使を確保するためにとる措置には、科学、文化及び芸術の保存、発展及び普及に必要な措置を含む。
3 この議定書の締約国は、科学研究及び創作活動に不可欠な自由を尊重することを約束する。
4 この議定書の締約国は、科学、芸術及び文化の分野における国際的な協力及び関係を奨励し及び発展させることによって得られる利益を認め、したがって、これらの分野における一層の国際協力を助長することに同意する。

11-12 米州民主主義憲章(抜粋)
Inter-American Democratic Charter

採択日 2001年9月11日(リマ)
米州機構総会特別会期

第15条【環境の保全の促進】民主主義の行使は、環境の保全及び適切な管理を促進する。この西半球にある諸国が、環境を保護し、また将来世代の利益のために持続可能な発展を実現するために、様々な条約及び協定の適用を含む政策及び戦略を実施することが不可欠である。

11-13 環境問題における情報へのアクセス、政策決定への公衆の参加及び司法へのアクセスに関する条約(オーフス条約;ECEオーフス条約)(抄)
Convention on Access to Information, Public Participation in Decision-making and Access to Justice in Environmental Matters

採 択 1998年6月25日
「ヨーロッパのための環境」第4回閣僚会議(オーフス)
効力発生 2001年10月30日

この条約の締約国は、
ストックホルム人間環境宣言の原則1を想起し、
また、環境と発展に関するリオ宣言の原則10を想起し、
(中略)
環境の状態を保護し、保全しかつ改善する必要性、及び持続可能で環境上健全な発展を確保する必要性を確認し、
環境の適切な保護は、人間の福祉及び生命についての権利それ自体を含む基本的人権の享受にとって不可欠であることを承認し、
また、すべての者は彼又は彼女の健康及び福祉にとって適切な環境のなかで生活する権利を有し、並びに現在及び将来の世代の利益のために単独で及び他の者と共同して環境を保護し改善する義務を有することを承認し、

この権利を主張し及びこの義務を遵守することを可能とするためには、市民は環境問題において情報へのアクセスを有さなければならず、政策決定に参加する資格を有さなければならず、かつ司法へのアクセスを有さなければならないことを考慮し、並びに市民はその権利を行使するために援助を必要とすることがあることを認識し、
環境の分野においては、情報へのアクセスの改善と政策決定への公衆の参加は政策決定の質及び履行を向上させ、環境問題に関する公衆の認識に貢献し、公衆にその懸念を表明する機会を与え、並びに公の当局がこのような懸念に妥当な考慮を払うことを可能とするものであることを承認し、
このことによって、政策決定における説明責任と透明性を促進し、及び環境に関する政策決定への公衆の支持を強化することを追求し、

政府のすべての部局における透明性が望ましいものであることを承認し、及び立法機関に対してその議事においてこの条約の諸原則を実施するように要請し、

また、公衆が環境上の政策決定に参加するための手続を認識しており、それらの手続への自由なアクセスを有しかつそれらの利用方法を認識していることが必要であることを承認し、

さらに、個々の市民、非政府機関及び民間セクターが環境の保護において果たしうる各々の役割の重要性を承認し、

環境及び持続可能な発展の理解を促進し、並びに環境及び持続可能な発展に影響を及ぼす政策決定に関する広範な公衆の認識及びこれへの参加を奨励することを目的として、環境教育を助長することを希望し、

このことと関連して、メディア及び電子その他の将来の情報伝達手段を利用することの重要性に留意し、

政府の政策決定に環境上の考慮を十分に組み込むことの重要性、及びその結果として公の当局が正確で包括的で最新の環境情報を保有していることの重要性を承認し、

公の当局が環境情報を保有しているのは、公衆の利益のためであることを認識し、

公衆(団体を含む。)の正統な利益が保護され法が執行されるように、実効的な司法制度が公衆にとって利用可能となるべきことに配慮し、

情報に基づいて環境上の選択ができるようにするために、消費者に対して適切な製造物に関する情報が提供されることの重要性に留意し、

遺伝子組み換え生物の環境への意図的な放出に関する公衆の懸念、及びこの分野における政策決定の透明性を増大させ、かつこれへの公衆の参加を強化することの必要性を承認し、

この条約の実施は、国際連合欧州経済委員会(ECE)の地域における民主主義の強化に貢献するであろうことを確信し、

(中略)

次のとおり協定した。

第1条(目的) 各締約国は、健康及び福祉にとって適切な環境のなかで生活する現在及び将来の世代のすべての者の権利を保護することに貢献するため、この条約の規定に従って環境問題における情報へのアクセス、政策決定への公衆の参加及び司法へのアクセスについての権利を保障する。

第2条(定義) この条約の適用上、

1 「締約国」とは、条文に別段の定めがない限り、この条約の締約国をいう。
2 「公の当局」とは、次のものをいう。
   (a) 国、地方及びその他のレベルの政府
   (b) 国内法に基づき公行政の職務(環境に関連する特定の義務、活動又は役務を含む。)を遂行する自然人又は法人
   (c) (a)又は(b)に定める機関又は人の管理のもとに、環境に関連する公的な責任又は職務を有し若しくは公的な役務を提供する、その他のいずれかの自然人又は法人
   (d) この条約の締約国であって第17条に規定するいずれかの地域経済統合機関の機関
   この定義は、司法上又は立法上の資格において行動する団体又は機関を含まない。
3 「環境情報」とは、次の事項に関する書面の、視覚的な、聴覚的な、電子的な又はその他の有形の形態におけるすべての情報をいう。
   (a) 大気及び大気圏、水、土壌、土地、景観及び自然立地、生物多様性及びその構成要素(遺伝子組み換え生物を含む。)のような環境諸要素の状態、並びにこれらの諸要素の相互作用
   (b) 物質、エネルギー、騒音及び放射線のような諸要因、並びに活動又は措置(行政上の措置、環境上の協定、政策、立法、計画及びプログラムを含む。)であって、(a)の範囲内に含まれる環境諸要素に影響を与え又はその可能性があるもの、並びに環境上の政策決定に用いられる費用対効果分析及びその他の経済分析並びに経済上の仮説
   (c) 環境諸要素の状態によって、又はこれらの諸要素を通じて(b)に定める諸要因、活動又は措置によって影響を受け若しくは受けることがある限りにおいて、人間の健康及び安全、人間の生活条件、文化立地及び建造物の状態
4 「公衆」とは、一又はそれ以上の自然人又は法人をいい、及び、国の立法又は慣行に従ってその結社、組織又は集団をいう。
5 「利害関係を有する公衆」とは、環境上の政策決定によって影響を受け又は受ける可能性がある公衆、若しくは環境上の政策決定に利害関係を有する公衆をいう。この定義の適用上、環境保護を促進する民間団体であって国内法上の要件を満たすものは、利害関係を有するものとみなす。

第3条(一般規定) 1 締約国は、この条約の諸規定を実施するための明確で透明かつ一貫した枠組を樹立し及び維持することを目的として、必要な立法上の、規制上のその他の措置(情報、公衆の参加及び司法へのアクセスに関するこの条約の

諸規定を実施するための諸規定の間に整合性を達成するための措置を含む。）並びに適切な執行上の措置をとる。
2　締約国は、公務員及び当局が、環境問題において情報へのアクセスを求め、政策決定への参加を容易にし、及び司法へのアクセスを求めることについて、公衆を援助しこれに指針を与えることを確保するように努力する。
3　締約国は、とりわけ環境問題において情報へのアクセスを取得し、政策決定に参加し及び司法へのアクセスを獲得する方法に関して、公衆の間において環境教育及び環境上の認識を促進する。
4　締約国は、環境保護を促進する連合体、機関又は集団に対して適切な承認及び支援を与え、並びに国内法制度がこの義務と両立するように確保する。
5　この条約の諸規定は、この条約が要求するところよりも、環境問題において情報へのより広範なアクセス、政策決定へのより包括的な公衆の参加及び司法へのより広いアクセスを規定する措置を維持し又は採用する当事者の権利に影響を及ぼすものではない。
6　この条約は、環境問題における情報へのアクセス、政策決定への公衆の参加及び司法へのアクセスに関する現存の諸権利からの、いかなる逸脱も要求するものではない。
7　締約国は、国際的な環境上の政策決定過程において、及び環境に関連する事項について国際機関の枠組みにおいて、この条約の諸原則の適用を促進する。
8　締約国は、この条約の規定に従って権利を行使する者が、いかなる方法によってもその関与を理由として処罰され、迫害され又はいやがらせを受けることがないように確保する。この規定は、裁判手続において合理的な費用を裁定する国内裁判所の権限に、影響を与えるものではない。
9　この条約の関連規定の範囲内において、公衆は市民権、国籍又は住所による差別なく、及び法人の場合には登記上の住所又は実効的な活動の中心による差別なく、環境問題において情報へのアクセスを有し、政策決定に参加する可能性を有し及び司法へのアクセスを有する。

第4条（環境情報へのアクセス）　1　締約国は、この条の以下の項に従うことを条件として、環境情報の請求に応じて国内立法の枠内において、請求を受けた場合には、(b)に従うことを条件に、
　(a)　利害関係を申し立てることなしに、
　(b)　次の場合を除いて請求された形態において、
　　(i)　公の当局が別の形態において情報を利用に供することが合理的である場合。この場合には情報をその形態において利用に供する理由を述べるものとする。又は、
　　(ii)　当該の情報が他の形態においてすでに公衆の利用に供されている場合
　このような情報を含む又はそれを構成する現物文書の複写を含めて、このような情報を公衆の利用に供するように確保する。
2　1に規定する環境情報は、できるだけ速やかにかつ請求が行われてから遅くとも1箇月以内に利用に供する。ただし、情報の量及び複雑さが請求の後2箇月に至るまでこの期間を延長することを正当化する場合には、この限りではない。請求者には、このような延長及びその理由を通知する。
3　環境情報の請求は、次の場合には拒むことができる。
　(a)　請求が向けられた公の当局が、請求された環境情報を保持していない場合
　(b)　請求が明らかに不合理であるか又はあまりに一般的な形において定式化されている場合、若しくは、
　(c)　請求が完成の途上にある資料に関わるものであるか又は公の当局の内部の通信に関わるものであって、開示によって得られる公衆の利益を考慮して、そのような除外が国内法又は慣行に規定されている場合
4　環境情報の請求は、開示が次の事項に悪影響を及ぼす場合には拒むことができる。
　(a)　公の当局の手続の秘密であってそのような秘密が国内法によって規定されている場合
　(b)　国際関係、国の防衛又は公共の安全
　(c)　裁判の進行、公正な審理を受ける人の資格又は刑事上若しくは懲戒上の性質の取り調べを行う公の当局の能力
　(d)　商業上及び工業上の情報の秘密であって、このような秘密が正当な経済的利益を保護するために法によって保護されている場合。この枠組みの中で、環境の保護に関連する排出に関する情報は開示されるものとする。
　(e)　知的財産権
　(f)　自然人に関する個人的データ及び(又は)ファイルの秘密であって、その人が当該の情報の公衆への開示に同意しておらず、このような秘密が国内法において規定されている場合
　(g)　請求された情報を提供した第三者の利害であって、当該第三者がそのようにする法的義務を負わず又は法的義務を負わされる可能性

がなく、かつ当該第三者がその資料の公表に同意しない場合、若しくは、
(h) 希少な種の生育地のように、情報が関連している環境

以上の拒否理由は、開示によって得られる公衆の利益を考慮しかつ請求された情報が環境への排出に関連するかどうかを考慮して、制限的な方法で解釈されるものとする。

5 公の当局が請求された環境情報を保持していない場合には、この公の当局はできるだけ速やかに請求者に対して請求された情報を求めることが可能であると信じる公の当局を知らせるものとし、又は請求を当該の当局に移送してその旨を請求者に通知する。

6 締約国は、この条の3(c)及び4の下で開示から除外される情報が、除外される情報の秘密を損なうことなく分離されうる場合には、公の当局が請求された環境情報の残余のものを利用に供するように確保する。

7 請求の拒否は、請求が書面によるものであった場合又は請求者がそのように求めた場合には、書面で行う。拒否はその理由を述べるものとし、第9条に従って提供される再検討手続へのアクセスに関する情報を供与する。拒否はできる限り速やかにかつ遅くとも1箇月以内に行う。ただし、情報の複雑さが請求後2箇月に至るまでこの期間を延長することを正当化する場合には、この限りではない。請求者には、このような延長及びその理由を通知する。

8 締約国は、公の当局が情報の提供について料金を請求することを認めることができるが、このような料金は合理的な金額を超えてはならない。情報の提供についてこのような料金を請求しようとする公の当局は、請求者に対して課されることがある料金の表を供与するものとし、この表には料金が課され又は免除される状況及び情報の提供がこのような料金の事前の支払いを条件とする場合を示す。

第5条(環境情報の収集及び普及) 1 締約国は、次のことを確保する。
(a) 公の当局がその職務に関係する環境情報を保持しかつ更新すること。
(b) 環境に対して重大な影響を及ぼすおそれがある計画中及び現存の活動に関して、公の当局に対して情報が適切に提供されるように、義務的な制度が設置されること。
(c) 人間の活動に起因するか自然的な原因によるかを問わず、人間の健康又は環境に対する急迫の脅威が存在する場合には、公衆がこの脅威から生じる損害を防止し又は緩和する措置をとることを可能とするすべての情報であって公の当局が保持するものを、影響を受けることがある公衆の構成員に対して直ちにかつ遅滞なく普及させること。

2 締約国は、国内立法の枠内において、公の当局が環境情報を公衆の利用に供する方法が透明であること、及び環境情報に対して効果的にアクセスすることが可能であることを、とりわけ以下のことによって確保する。
(a) 関連する公の当局が保持する環境情報の種類及び範囲、このような情報が利用に供されアクセスが可能とされる基本的な条件、及びこのような情報を取得するプロセスについて、公衆に十分な情報を提供すること。
(b) 例えば以下のような実際的な仕組みを設置し維持すること。
  (i) 公衆がアクセスすることができるリスト、登録簿又はファイル
  (ii) この条約の下で情報へのアクセスを求めるに当たって公衆を援助するように公務員に要求すること、及び、
  (iii) 連絡の場所を特定すること、並びに、
(c) (b)(i)にいうリスト、登録簿又はファイルに含まれる環境情報に対する無料のアクセスを提供すること。

3 締約国は、環境情報が公的な電気通信網を通じて公衆が容易にアクセスすることができる電子データベースにおいて漸進的に利用に供されるように確保する。この形態においてアクセスできる情報は、次のものを含むべきである。
(a) この条の4にいう環境の状態に関する報告書
(b) 環境に関する、又はこれと関連する立法の条文
(c) 適切な場合には環境に関する、又はこれと関連する政策、計画及びプログラム、並びに環境協定、及び、
(d) この形態における利用可能性がこの条約を実施する国内法の適用を促進する限りにおいて、その他の情報

ただし、そのような情報が電子的な形態において既に利用可能であることを条件とする。

4 締約国は、3年又は4年を超えない定期的な間隔において、環境の状態に関する国の報告書(環境の質に関する情報及び環境に対する圧力に関する情報を含む。)を公刊し普及させる。

5 締約国は、その立法の枠内において、とりわけ以下の事項を普及させる目的で措置をとる。

(a) 立法並びに環境に関連する戦略、政策、プログラム及び行動計画に関する文書のような政策文書、及び、政府のさまざまなレベルで準備されたこれらの実施に関する中間報告
(b) 環境問題に関する国際条約及び協定、並びに、
(c) 適切な場合には、環境問題に関するその他の重要な国際文書

6 締約国は、その活動が環境に対して重大な影響を与える事業者が、適切な場合には自発的なエコ・ラベリング又は環境監査計画の枠内において若しくはその他の手段によって、その活動及び製造物の環境影響を公衆に対して定期的に通知するように奨励する。

7 締約国は、次のことを行う。
(a) 主要な環境政策提案を策定するに当たって関連がありかつ重要と考える事実及び事実の分析を公表すること。
(b) この条約の範囲内に入る事項における公衆との関係に関する利用可能な説明資料を公刊し又はその他の形でアクセス可能とすること。
(c) すべてのレベルの政府による環境に関連する公的な職務の遂行又は公的な役務の提供に関する情報を、適当な形態において提供すること。

8 締約国は、消費者が情報に基づく環境上の選択を行うことを可能とするような方法で十分な製造物情報が公衆に対して利用に供されることを確保する目的で、メカニズムを発展させる。

9 締約国は、適当な場合には国際的な手続を考慮に入れて、標準化された報告を通じて編集される、体系化されコンピュータ化されかつ公衆にアクセス可能なデータベースに基づく、汚染の目録又は登録簿の一貫性のある全国的なシステムを漸進的に樹立するために措置をとる。このようなシステムは、特定された範囲の活動から環境媒体並びに施設内及び施設外における処理及び処分場に及ぶ、特定された範囲の物質及び製造物(水、エネルギー及び資源の利用を含む。)の導入、放出及び移転を含むことができる。

10 この条のいずれの規定も、第4条3及び4に従い一定の環境情報の開示を拒否する締約国の権利を損なうものではない。

第6条(特定の活動に関する決定における公衆の参加)

1 締約国は、
(a) 附属書Iに掲げる活動内容を許可するかどうかの決定に関して、この条の規定を適用する。
(b) 附属書Iに掲げていない活動内容であって環境に対して重大な影響を与えるかも知れないものに関する決定についても、国内法に従ってこの条の規定を適用する。この目的のために、締約国は活動内容がこの条の規定の対象となるものかどうかを決定する、及び、
(c) 国内法において規定されている場合には事例ごとに、国の防衛の目的に役立つ活動内容に対して、当該締約国がそのような適用はこの目的に悪影響を及ぼすであろうとみなすときには、この条の規定を適用しないことを決定することができる。

2 利害関係を有する公衆は、公示によって又は適切な場合には個人的に、環境上の政策決定手続の初期の段階において、適切で適時にかつ効果的な方法で、とりわけ次の事項について通知される。
(a) 決定の対象となる活動内容及び申請
(b) 可能な決定の性格又は決定案
(c) 決定を行うことに責任を有する公の当局
(d) 予定される手続。この情報が提供されるときには、以下のものを含む。
　(i) 手続の開始
　(ii) 公衆が参加する機会
　(iii) 予定されている公聴会の日時及び場所
　(iv) 関連情報を入手することができる公の当局及び関連情報が公衆の検討のために備え置かれている場所の表示
　(v) 意見又は質問を提出することができる関連の公の当局又はその他の公的機関、並びに意見又は質問の提出のための日程の表示、及び、
　(vi) 活動内容に関連してどのような環境情報が利用に供されるかの表示、並びに、
(e) 当該の活動が、国内的な又は越境的な環境影響評価手続の対象となる事実

3 公衆の参加手続は、2に従って公衆に情報を通知するために及び公衆が環境上の政策決定を準備しかつこれに効果的に参加できるために十分な時間を与えるように、各段階にとっての合理的な時間枠組を含める。

4 締約国は、すべての選択肢が未決定で効果的な公衆の参加が実施可能である段階で、早期に公衆の参加を提供する。

5 締約国は、適切な場合には、予想される申請者に対して利害関係を有する公衆を特定し、許可を申請する以前において討論を行いかつ申請の目的に関する情報を提供するように奨励する。

6 締約国は、利害関係を有する公衆に対して、国内法が要求する場合には要請に応じて、この条にいう政策決定に関連するすべての情報であっ

て公衆の参加手続の時点において利用可能であるものを、無料でかつ利用可能となるとき直ちに提供するように、権限のある公の当局に義務づける。ただし、第4条3及び4に従い一定の環境情報の開示を拒否する締約国の権利を損なうものではない。関連する情報は、第4条の規定を損なうことなく、少なくとも次のものを含む。

(a) 活動内容の場所並びに物理的及び技術的な特性の記述であって、予想される残渣及び排出を含む。
(b) 活動内容の環境に対する重大な影響の記述
(c) 排出を含む影響を防止し及び(又は)緩和するための計画されている措置の記述
(d) 上記の事項に関する非専門的な要約
(e) 申請者が検討した主要な代替案の概略、及び、
(f) この条の2に従って利害関係を有する公衆が通知を受ける時点において、国内立法に従い公の当局に対して提出される主要な報告書及び勧告

7 公衆参加の手続は、公衆が書面によって又は適切な場合には公聴会若しくは申請者の聴聞において、活動内容に関連するとみなすすべての意見、情報、分析又は見解を提出することを許すものとする。

8 締約国は、決定に当たって公衆参加の結果に適切な考慮が払われるように確保する。

9 締約国は、公の当局が決定を行ったときには、適切な手続に従い公衆が速やかに決定について通知を受けるように確保する。締約国は、決定の本文とともに決定を基礎づける理由及び考慮を公衆にアクセス可能とする。

10 締約国は、1にいう活動のための操業条件を再検討し又は更新するときには、この条の2から9までの諸規定が適切な場合には準用されることを確保する。

11 締約国は、国内法の枠内において、遺伝子組み換え生物の環境への意図的な放出を許可するかどうかの決定に、可能かつ適当な限りにおいてこの条の諸規定を適用する。

第7条(環境に関する計画、プログラム及び政策についての公衆の参加) 締約国は、透明かつ公正な枠組のもとに、公衆に対して必要な情報を提供した上で、環境に関する計画及びプログラムの準備過程に公衆が参加するために適切な現実的及び(又は)その他の規定を定める。この枠組においては、第6条3、4及び8を適用する。参加することができる公衆は、この条約の目的を考慮して関連の公の当局が決定する。締約国は適切な範囲において、環境に関する政策の準備過程において公衆に参加の機会を与えるように努力する。

第8条(行政規則及び(又は)一般的に適用可能な法的拘束ある規範文書の準備過程における公衆の参加) 締約国は、環境に対して重大な影響を与えることがある行政規則及びその他の一般的に適用可能な法的拘束力ある規範文書の公の当局による準備過程において、適切な段階ですべての選択肢が未決定である間に、効果的な公衆の参加を促進するように努力する。この目的のために、次の措置がとられるべきである。

(a) 効果的な参加に十分な時間的枠組が定められるべきである。
(b) 規則の草案は公刊されるか又はその他の形で公に利用可能とされるべきである、及び、
(c) 公衆は直接に又はそれを代表する協議機関を通じて、意見を述べる機会を与えられるべきである。

公衆の参加の結果は、可能な限り考慮に入れられるものとする。

第9条(司法へのアクセス) 1 締約国は、国内立法の枠内において、第4条に基づく情報の請求が無視され、全体的にであれ部分的にであれ違法に拒否され、適切に応えられず又はその他の形で同条の諸規定に従って処理されなかったと考えるすべての者が、司法裁判所又は法によって設置されるその他の独立かつ公正な機関における再検討手続へのアクセスを有するように確保する。

締約国が司法裁判所によるこのような再検討を提供する状況においては、締約国はこのような者が、公の当局による再考慮又は司法裁判所以外の独立かつ公平な機関による再検討のために、法によって設置される迅速な手続であって無料又は低廉な手続にもアクセスできるように確保する。

1に基づく最終的な決定は、情報を保持する公の当局を拘束する。少なくともこの項の下で情報へのアクセスが拒否される場合には、書面によって理由を述べるものとする。

2 当事者は、国内立法の枠内において、利害関係を有する公衆の構成員であって、

(a) 十分な利害関係を有するか、
又は代替的に、
(b) 締約国の行政手続法がこのことを前提条件とする場合には、権利の侵害を主張する者が、第6条の規定の対象となる、及び、国内法がそのように規定する場合にはこの条の3を損なうことなくこの条約のその他の関連規定の対象となる、いずれかの決定、作為又は不作為の実体的

及び手続的な合法性を争うために、司法裁判所又は法によって設置されるその他の独立かつ公正な機関における再検討手続へアクセスできるように確保する。

何が十分な利害関係及び権利の侵害を構成するかについては、国内法の要件に従い、かつこの条約の範囲内において利害関係を有する公衆に司法への広いアクセスを与えるという目的と両立するように、決定を行う。この目的のために、第2条5にいう要件に適合するいずれかのNGOの利害関係は、(a)のためには十分なものとみなされる。このような機関はまた、(b)のために権利の侵害を受けることができるものとみなされる。

2の規定は、行政機関における予備的な再検討手続の可能性を排除するものではなく、司法的な再検討手続に付託する前に行政的な再検討手続を完了するという要件が国内法に存在する場合には、このような要件に影響を与えるものではない。

3　1及び2にいう再検討手続に加えてこれらを損なうことなく、締約国は、国内法に規定する基準が存在するときにこれに適合する場合には、公衆の構成員が、私人及び公の当局の作為及び不作為であって環境に関連する国内法の諸規定に違反するものを争うために、行政上又は司法上の手続にアクセスできるように確保する。

4　この条の1に加えてこれを損なうことなく、この条の1、2及び3にいう手続は、適当な場合には差止めの救済を含めて適切かつ効果的な救済を規定するものとし、公正、衡平かつ適時のものであって、利用を不可能とするほど高額であってはならない。この条のもとにおける決定は、書面によって与えられ又は記録される。裁判所による決定、及び可能な場合にはその他の機関による決定は、公にアクセスできるものとする。

5　この条の諸規定の実効性を高めるために、締約国は、行政上及び司法上の再検討手続へのアクセスに関する情報が公衆に提供されるように確保し、並びに司法へのアクセスに対する金銭上その他の障害を除去し又は減少させるための適当な援助メカニズムを設置することを検討する。

第10条（締約国会合） 1　第1回の締約国会合は、この条約の効力発生の後1年以内に招集する。それ以後は、締約国の通常会合は締約国が別段の決定を行わない限り少なくとも2年に一度、又はいずれかの締約国の書面による要請によって行う。ただし、この要請が欧州経済委員会事務局長によりすべての締約国に通知された後6箇月以内に、締約国の少なくとも3分の1がこれを支持することを条件とする。

2　締約国会合において締約国は、締約国の定期的な報告に基づきこの条約の実施につき継続的な再検討を行い、及びこの目的に留意して以下のことを行う。

(a)　環境問題における、情報へのアクセス、政策決定における公衆の参加及び司法へのアクセスに関して、政策並びに法的及び方法論的なアプローチをいっそうの改善を目的として再検討すること。

(b)　この条約の目的に関連を有する二国間又は多数国間の協定又はその他の取り決めであって一又はそれ以上の締約国が締約国であるものの、締結及び実施について得られた経験に関する情報を交換すること。

(c)　この条約の目的の達成に関係するすべての側面において、ECEの関連機関及びその他の権限ある国際機関並びに特定の委員会に対して、適切な場合に役務の提供を求めること。

(d)　必要と認める補助機関を設置すること。

(e)　適切な場合には、この条約の議定書を準備すること。

(f)　第14条の規定に従い、この条約の改正のための提案を審議し及び採択すること。

(g)　この条約の目的の達成に必要となることがある追加的な行動を審議し及び採択すること。

(h)　第1回会合において、締約国会合及び補助機関の会合のための手続規則を審議し、コンセンサスによりこれを採択すること。

(i)　第1回会合において、第5条9の実施に関する締約国の経験を再検討し、並びに、国際的なプロセス及び発展を考慮に入れて、同項に定める規則をいっそう発展させるために必要な措置（汚染物質の排出及び移転に関する登録簿又は目録に関する、この条約の附属書とすることができる適当な文書の起草を含む。）について検討すること。

3　締約国会合は必要に応じて、コンセンサスに基づき財政取り決めを設立することを検討することができる。

4　国際連合、国際連合の専門機関及び国際原子力機関、並びに第17条の下でこの条約に署名を行う資格を有するがこの条約の締約国ではないいずれかの国又は地域経済統合機関、並びにこの条約が関連する分野において権限を有するいずれかの政府間機関は、締約国会合にオブザーバーとして参加する資格を有する。

5　この条約が関連する分野において適格な非政府機関であって、欧州経済委員会事務局長に対し

て締約国会合に代表を送る希望を伝達したものは、当該の会合に出席する締約国の少なくとも3分の1が反対を表明しない限り、オブザーバーとしてこれに参加する資格を有する。
6 この条の4及び5の目的のために、2(h)に定める手続規則は参加手続その他の関連条件について実務上の規定をおく。

第11条(投票権) （略）
第12条(事務局) （略）
第13条(附属書) この条約の附属書は、条約の不可分の一体を構成する。
第14条(条約の改正) 1 いずれの締約国も、この条約の改正を提案することができる。
2 この条約の改正案の条文は、欧州経済委員会事務局長に書面で提出され、事務局長は採択のために当該改正案が提案される締約国会合の少なくとも90日前に、すべての締約国に当該改正案を通知する。
3 締約国は、この条約の改正案につきコンセンサス方式で合意に達するようあらゆる努力を行う。コンセンサス方式についてすべての努力が尽くされても、なおかつ合意に達しない場合には、最後の手段として当該改正案は、会合に出席しかつ投票する締約国の4分の3の多数決により採択する。
4 3に従って採択されたこの条約の改正は、批准、承認又は受諾のため、寄託者によりすべての締約国に通知される。この条約の改正は、附属書の改正を除き、締約国の少なくとも4分の3による批准、承認又は受諾の通告を寄託者が受領した日の後90日目の日に、批准、承認又は受諾する締約国について効力を生ずる。その後、その他の締約国については、改正に関する当該締約国の批准書、承認書又は受諾書の寄託した日の後90日目の日に、効力を生ずる。
5 この条約の附属書の改正を承認できないいずれの締約国も、採択の通知の日から12箇月以内に書面により寄託者にその旨を通告する。寄託者は、当該通告を受領したことをすべての締約国に遅滞なく通告する。締約国は、いつでも以前に行った通告に代えて受諾を行うことができ、寄託者に受諾書を寄託したときに、当該締約国についてかかる附属書の改正は効力を生ずる。
6 4で規定する寄託者による通知の日から12箇月が経過したときに、附属書の改正は、前項の規定に従い寄託者に通告を行わなかった締約国について効力を生ずる。ただし、かかる通告を行った国が3分の1を越えないことを条件とする。
7 この条文の適用上、「出席しかつ投票する締約国」とは、出席しかつ賛成票又は反対票を投ずる締約国をいう。

第15条(遵守の検討) 締約国会合はコンセンサスにより、この条約の諸規定の遵守を検討するために、非対決的、非司法的かつ協議的な性格の選択的な取り決めを設立する。これらの取り決めは、適切な公衆の関与を認めるものとし、この条約に関連する事項に関する公衆の構成員からの通報を検討する選択肢を含むことができる。

第16条(紛争の解決) （略）
第17条(署名) （略）
第18条(寄託者) （略）
第19条(批准、受諾、承認及び加入) （略）
第20条(効力発生) （略）
第21条(脱退) （略）

11-13-1　遵守委員会の構成及び職務並びに遵守の審査のための手続(オーフス条約遵守手続；ECEオーフス条約遵守手続)

Structure and Functions of the Compliance Committee and Procedures for the Review of Compliance

採　択　2002年10月21-23日
　　　　ECEオーフス条約第1回当事者会合決議1/7附属書

I　構　成

1 委員会は、個人の資格において職務を遂行する8名の委員によって構成する。
2 委員会は、〔編者注：ECEオーフス〕条約の締約国及び署名国の国民であって、人格が高潔でありかつ条約が関係する分野において認められた能力を有する者(法的経験を有する者を含む。)により構成する。
3 委員会は、同一の国の国民を二以上含むことはできない。
4 第2項の規定の要件を満たす候補者は第7項の規定に従う選挙のために、条約の締約国及び署名国並びに条約第10条5の範囲に入る非政府機関であって環境保護を促進するものによって指名される。
5 締約国会合が特定の事例において別段の定めを

しない限り、委員会のための候補者の指名手続は、次のように行う。
   (a) 指名は、選挙が行われるべき締約国会合の開会の少なくとも12週以上前に、条約の公用語の少なくとも一によって事務局に送付する。
   (b) 各指名には600語を超えない候補者の履歴書(CV)を添えるものとし、説明資料を含めることができる。
   (c) 事務局は手続規則の規則10に従い、指名及びCVを説明資料とともに配布する。
6 委員は、第4項及び第5項に従った指名に基づき選挙される。締約国会合は、すべての指名に妥当な考慮を払う。
7 締約国会合はコンセンサスにより、又はコンセンサスが達成できない場合には秘密投票により、委員を選挙する。
8 委員会の選挙においては、委員の地理的配分及び経験の多様さに考慮が払われるべきである。
9 締約国会合は、実行可能な限りすみやかに、次回の通常会合の終了まで任務を遂行する4名の委員及び任期の終了まで任務を遂行する4名の委員を選ぶ。締約国会合は、それ以後通常会期ごとに任期を完全に務める4名の委員を選ぶ。現任の委員は、当該の事例において締約国会合が別段の決定を行わない限り、一度に限り完全な任期のために再選されることができる。完全な任期は、締約国の通常会合の閉会に始まり、その後2度目の通常会合まで継続する。委員会は、委員長及び副委員長を選出する。
10 委員が何らかの理由によって委員としての義務をもはや遂行することができない場合には、締約国会合の幹部会は委員会の承認を条件として、残りの任期について職務を遂行するためにこの章に定める基準を満たす別の委員を任命する。
11 委員会において職務を遂行するすべての委員は、職務に就く前に委員会の会合において、その職務を公平にかつ誠実に遂行するという厳粛な宣言を行う。

II 会合

12 委員会は、別段の決定を行わない限り、少なくとも年に一度開会する。事務局は、委員会の会合の準備を行いかつこれに役務を提供する。

III 委員会の職務

13 委員会は、次の職務を行う。
   (a) 第15項から第24項に従って行われた、すべての申し立て、付託又は通報を検討すること。
   (b) 締約国会合の要請により、条約の諸条項の遵守又は履行に関する報告を準備すること、及び、
   (c) 条約第10条2が定める報告要件の履行及び遵守を監視し、評価し及び促進すること、
      並びに、第36項及び第37項に従って行動すること、
14 委員会は、遵守の問題を審理し必要に応じて勧告を行うことができる。

IV 締約国による申し立て

15 他の締約国が条約のもとにおける義務を遵守していることに懸念を有する一又はそれ以上の締約国は、委員会に対して申し立てを行うことができる。この申し立ては書面によって事務局に対して行い、これを証明する情報を添えるものとする。事務局は、申し立てを受理してから2週間以内に、その写しを遵守が疑われている締約国に送付する。回答及びそれを支持する情報は、3箇月以内に又は特定の事例における状況が必要とすることがあるより長い期限内(いかなる場合においても6箇月以内でなければならない。)に、事務局及び関係の締約国に提出する。事務局は、申し立て及び回答並びに証明情報及び支持情報を委員会に送付する。委員会は、実行可能な限りすみやかに事案を検討する。
16 申し立ては、最善の努力にもかかわらず条約における義務を完全に遵守することができず又は遵守することができないであろうと結論する締約国によって、委員会に提出することができる。この申し立ては書面によって事務局に対して行い、とりわけ当該の締約国が不遵守の原因と考える特定の事情を説明する。事務局は、申し立てを委員会に送付する。委員会は、実行可能な限りすみやかに事案を検討する。

V 事務局による付託

17 事務局は、とりわけ条約の報告要件に従って提出された報告の検討に当たって、締約国による条約上の義務の不遵守の可能性に気づく場合には、当該の締約国に対して事例に関する必要な情報を提供するように要請することができる。回答がない場合又は事案が3箇月以内に又は特定の事例における状況が必要とすることがあるより長い期限内(いかなる場合においても6箇月以内でなければならない。)に解決されない場合には、事務局は事案につき委員会の注意を喚起する。委員会は、実行可能な限りすみやかに事案を検討する。

VI 公衆からの通報

18 この決定の採択又は締約国に関して条約が効力を発生した後の12箇月目のいずれかのより遅い期日の後は、一又はそれ以上の公衆の構成員は当該締約国の条約遵守に関する通報を委員会に提出することができる。ただし、当該の締約国が適用される期日の終了までに寄託者に宛てて書面により、4年以下の期間内において委員会によるそのような通報の検討を受諾することができないと通知した場合には、その限りではない。寄託者は遅滞なく、受領したこのような通知をすべての締約国に通知する。上にいう4年の期間内に、当該の締約国はその通知を撤回して、一又はそれ以上の公衆の構成員による当該締約国の条約遵守に関する通報が委員会に提出されることをその日以後は受諾することができる。

19 第18項にいう通報は、書面により事務局を通じて委員会にあてて提出するものとし、電子情報によることができる。通報は、これを証明する情報によって支持されるものとする。

20 委員会は、通報が次のようなものであると決定しない限り、これを検討する。
 (a) 匿名であること。
 (b) 通報を行う権利の濫用であること。
 (c) 明らかに不合理であること。
 (d) この決定の条項又は条約と両立しないこと。

21 委員会は、すべての関連段階において利用可能な国内的救済を考慮に入れるべきである。ただし、このような救済の適用が不合理に遅延するか又は明らかに実効的かつ十分な救済の手段を提供しない場合には、この限りではない。

22 第20項の規定に従うことを条件として、委員会はできるだけすみやかに、第18項に従って提出された通報を、不遵守であると主張されている締約国に知らせる。

23 締約国はできるだけすみやかに、しかし委員会によって通報を知らされた後5箇月以内に、事例を明らかにし及び行うことがある対応を記述する、書面による説明又は言明を委員会に提出する。

24 委員会は実行可能な限りすみやかに、提出されたすべての書面による関連情報を考慮に入れて、この章に従って提出された通報をさらに検討する。委員会は、聴聞を行うことができる。

VII 情報収集

25 委員会は、その職務の遂行を助けるために、次のことを行うことができる。
 (a) 検討している事例について追加情報を求めること。

 (b) 関連の締約国の同意を得て、当該締約国の領域内で情報収集を行うこと。
 (c) 提出された関連情報を検討すること、及び、
 (d) 適当な場合には専門家及び助言者の役務を求めること。

VIII 秘密の保持

26 この章が別段の定めをおかない限り、委員会が所持するいかなる情報も秘密とはされない。

27 委員会及びその作業に関与するいかなる人も、条約第4条3(c)及び4に規定する例外の範囲に入る情報であって秘密を条件に提供されたものの秘密性を確保する。

28 委員会及びその作業に関与するいかなる人も、当事者が上の第16項に従ってその遵守に関して申し立てを行う際に秘密に提供した情報について、その秘密性を確保する。

29 委員会に提出された情報(情報を提出する公衆の構成員の身元に関するすべての情報を含む。)は、情報を提出した者が刑罰を受け、迫害され又は妨害を受ける懸念によりこれを秘密にすることを求める場合には、秘密とされる。

30 上のいずれかの事例において情報の秘密性を確保するために必要な場合には、委員会は非公開で開催する。

31 委員会の報告は、第27項から第29項の下で委員会が秘密を保持しなければならない情報を含むものであってはならない。第29項の下で委員会が秘密を保持しなければならない情報は、いずれの締約国に対しても開示されてはならない。委員会が秘密に受領した情報であって締約国会合に対する委員会の勧告に関連するその他すべての情報は、当事者の要請に応じて利用可能とする。当該の当事者は、秘密に受領した情報の秘密性を確保する。

IX 参加の資格

32 申し立て、付託又は通報の対象となった締約国若しくは申し立てを行った当事者、及び通報を行った公衆の構成員は、そのような申し立て、付託又は通報に関する委員会の討論に参加する資格を有する。

33 締約国及び公衆の構成員は、委員会の見解、措置又は勧告の起草及び採択に関与することはできない。

34 委員会は、関連締約国及び適用される場合には通報を提出した公衆の構成員に対して、見解の草案、措置の草案及び勧告の草案の写しを送付し、見解、措置及び勧告の完成に当たってこれ

X 締約国会合への委員会の報告

35 委員会は、締約国の各通常会合においてその活動に関して報告を行い、及び適切と考える勧告を行う。すべての報告は、その検討が行われるべき締約国会合に先だって遅くともその12週前までに完成する。報告をコンセンサスによって採択するために、あらゆる努力を行う。これが不可能な場合には、報告はすべての委員の見解を反映するものとする。委員会の報告は、公衆に対して利用可能とする。

XI 遵守委員会による検討

36 締約国会合による検討の以前に、遵守の問題に遅滞なく対応することを目的に、遵守委員会は次のことを行うことができる。
  (a) 関係締約国と協議して、第37項(a)に列挙する措置をとること。
  (b) 関係締約国との合意を条件として、第37項(b)、(c)及び(d)に列挙する措置をとること。

XII 締約国会合による検討

37 締約国会合は、委員会の報告及びいずれかの勧告の検討に基づいて、条約の完全な遵守をもたらすために適当な措置を決定することができる。締約国会合は、提起された特定の問題に応じて、かつ不遵守の原因、程度及び頻度を考慮に入れて、一又はそれ以上の以下の措置を決定することができる。
  (a) 個々の締約国に対して条約の履行に関して助言を与え及び援助を促進すること。
  (b) 関係締約国に対して勧告を行うこと。
  (c) 関係締約国に対して、条約遵守の達成に関して遵守委員会に戦略(実施予定の時間表を含む。)を提出し、この戦略の履行について報告するように要請すること。
  (d) 公衆からの通報の場合には、公衆の構成員が提起した事例に対処するための特定の措置について関係締約国に勧告を行うこと。
  (e) 不遵守の宣言を発出すること。
  (f) 警告を発出すること。
  (g) 条約の運用停止に関する国際法の適用される規則に従って、条約の下で当該の当事者に付与される特別の権利及び特典を停止すること。
  (h) 適切とされることのあるその他の非対決的、非司法的及び協議的な措置をとること。

XIII 紛争解決と遵守手続との関係

38 この遵守手続は、紛争解決に関する条約第16条の規定を損なうものではない。

XIV 相乗効果の向上

39 この遵守手続と他の取り決めにおける遵守手続の相乗効果を高めるために、締約国会合は、遵守委員会に対して適当な場合にはこのような取り決めの関連機関と連絡を行い、締約国会合に対して報告(適当な場合には勧告を添えることを含む。)を返すように要請することができる。遵守委員会はまた、締約国会合の会期間の関連ある発展について締約国会合に対して報告を提出することができる。

第12章
貿易・投資

　本章では、環境の視点から必要と思われる貿易・投資協定の関連条文を主として抜粋の形で収録する。

　第二次世界大戦後、関税その他の貿易障害を軽減し、通商における差別待遇を禁止することを目的とするGATT(12-2)が、1947年にジュネーヴで署名された。その締結の年代からわかるように、本協定には環境保護に関する規定は存在しない。これに対して、1994年に締結されたWTO協定(12-1)は、その前文で、環境を保護しおよび保全するための手段の拡充と持続可能な発展の目的に従った資源の利用を命じている。世界貿易機関(WTO)は、ウルグアイ・ラウンド(1986～1994年)の多角的貿易交渉の結果、GATTに代わるより強力かつより広範な権限をもつ機関の創設をめざして設立された。WTOにおける紛争解決は、おもにGATT第22条(協議)、第23条(無効化または侵害)とWTOの紛争解決了解(12-7)によって行われる。紛争解決機関は一般理事会であるが、実際の作業は小委員会(パネルともいう。)と上級委員会が行う。WTO締約国による多数国間環境保護協定(MEAs)と最恵国待遇原則(1条)、内国民待遇原則(3条)および数量制限の原則的禁止(11条)といったGATTの原則規定との抵触が生じたときには、一般的例外を規定するGATT第20条(b)号や(g)号が環境保護の目的のために解釈・適用されている。紛争解決にあたる小委員会と上級委員会は、WTO協定の前文を踏まえながら、GATT第20条の柱書きや(g)号の解釈を発展させている。

　SPS協定(12-3)は、国際貿易に直接または間接に影響を及ぼす衛生植物検疫措置が適切な保護水準を達成するために必要以上に貿易制限的にならないよう、規制の透明性確保などを締約国に義務づける条約である。TBT協定(12-4)は、各国による産品の技術的基準や規格などを国際規格に標準化していくことで、規格による不必要な国際貿易上の障害を除去することを目的とする条約である。同協定は、遵守が義務づけられる強制規格の立案・制定・適用に当たっての「正当な目的」に、人の健康もしくは安全の保護などと並んで、環境の保全を認めた。GATS(12-5)は、サービス貿易の障害となる政府規制を対象にした条約だが、規律が必要との認識が高まった交渉分野(155分野)の中に環境を挙げるとともに、人、動物または植物の生命または健康の維持のために必要な措置を一般的例外とする規定をおいた。

国際貿易や投資の促進のためには知的所有権の保護が不可欠との立場から締結されたTRIPS協定(12-6)においても、環境保護に関する規定がおかれている。

　第5章でみたように、多数国間環境保護協定(MEAs)には、1973年のワシントン条約(5-2)のように、協定の目的の実現のためには一定の貿易制限措置を規定するものが少なくない。1987年のモントリオール議定書(6-1-1)では、非締約国との間での規制物質やそれを用いた製品の輸出入を禁止または制限している。1989年のバーゼル条約(7-1)では、有害廃棄物の輸出の際には、輸入国および通過国に事前に通報し同意を得ること、そのような同意なしに越境移動を行ったときにはその原因者が回復措置をとることを義務づけている。1992年に米国、カナダおよびメキシコの間で締結された北米自由貿易協定(NAFTA)(12-8)は、これらの条約と同協定が抵触する場合には、これらの多数国間環境保護協定が優先すると規定している(104条1)。しかし、GATTには、こうした抵触に関する規定は存在しない。

　2001年のドーハ宣言(12-6-1)は、HIV/AIDSなどの感染症に苦しむ途上国が医薬品を安価に入手できるように、TRIPS協定による特許保護に縛られず、公衆の健康のために特許の強制実施権の行使によって安価な医薬品を製造・輸出することを認めた。また、同年の[作業計画に関する]閣僚宣言(12-1-1)は、WTOの規則とMEAsが規定する特定の貿易義務との関係を貿易と環境に関する委員会(CTE)の交渉対象に含めた。もっとも、交渉の範囲は当該MEAの締約国間の適用可能性に限定されている。

　1993年に米国、カナダ、メキシコの間で締結された北米環境協力協定(NAAEC)(12-9)は、NAFTAの環境条項を補足するものであり、締約国が独自に国内環境法を制定する権利を承認するとともに、その効果的な実施を促進することを目的とする。そのため、環境関連の法令などの公表(4条)、環境法規の効果的な実施(5条)、私人の救済手続へのアクセスの保障(6条、7条)などの手続的な約束を規定している。実施機関としては環境協力委員会(CEC)をおき、その機関として加盟国代表からなる理事会、事務局および合同公衆諮問委員会を設置している。なお、締約国のNGOsおよび私人は、締約国が環境法を効果的に実施していないとする申立てを事務局に行うことができる。事務局は申立てが受理許容と判断する場合には締約国からの回答を待ってこれらを理事会に提出し、理事会の3分の2の多数による決定があれば、事務局が「事実の記録」を作成して理事会の決定に基づきこれを公表する制度が構築されている(14条、15条)。また、締約国による環境法令の一貫した不遵守に対しては、通商上の利益侵害を受けたことが申立ての要件であるが、こうした不遵守に対しては罰金から通商上の制裁に至る措置を規定している(22条以下)。

　2009年に発効したリスボン条約により、従来の欧州共同体条約は、EU運営条約(1-8をみよ。)となり、第20編の環境において、環境に関する連合の政策の目的を明示した。EUは、当初、欧州経済共同体(EEC)の名称からもわかるように、地域的経済統合機関として出発したが、1993年に発効した欧州連合条約によって欧州連合(EU)となり、環境保護の達成という文脈の中で経済的および社会的進歩を促進するという立場を採用した。

【第1節　普遍的文書】

12-1　世界貿易機関を設立するマラケシュ協定（世界貿易機関協定；WTO協定）（抜粋）

Marrakech Agreement Establishing the World Trade Organization

作　　成	1994年4月15日（マラケシュ）
効力発生	1995年1月1日
日 本 国	1994年12月8日国会承認、12月27日受諾書寄託、12月28日公布（条約第15号）、原加盟国として1995年1月1日より効力発生

この協定の締約国は、

貿易及び経済の分野における締約国間の関係が、生活水準を高め、完全雇用並びに高水準の実質所得及び有効需要並びにこれらの着実な増加を確保し並びに物品及びサービスの生産及び貿易を拡大する方向に向けられるべきであることを認め、他方において、経済開発の水準が異なるそれぞれの締約国のニーズ及び関心に沿って環境を保護し及び保全し並びにそのための手段を拡充することに努めつつ、持続可能な開発の目的に従って世界の資源を最も適当な形で利用することを考慮し、

更に、成長する国際貿易において開発途上国特に後発開発途上国がその経済開発のニーズに応じた貿易量を確保することを保証するため、積極的に努力する必要があることを認め、

関税その他の貿易障害を実質的に軽減し及び国際貿易関係における差別待遇を廃止するための相互的かつ互恵的な取極を締結することにより、前記の目的の達成に寄与することを希望し、

よって、関税及び貿易に関する一般協定、過去の貿易自由化の努力の結果及びウルグァイ・ラウンドの多角的貿易交渉のすべての結果に立脚する統合された一層永続性のある多角的貿易体制を発展させることを決意し、

この多角的貿易体制の基礎を成す基本原則を維持し及び同体制の基本目的を達成することを決意して、次のとおり協定する。

第1条（機関の設立） この協定により世界貿易機関（WTO）を設立する。

第2条（世界貿易機関の権限） 1　世界貿易機関は、附属書に含まれている協定及び関係文書に関する事項について、加盟国間の貿易関係を規律する共通の制度上の枠組みを提供する。

2　附属書1、附属書2及び附属書3に含まれている協定及び関係文書（以下「多角的貿易協定」という。）は、この協定の不可分の一部を成し、すべての加盟国を拘束する。

3　附属書4に含まれている協定及び関係文書（以下「複数国間貿易協定」という。）は、これらを受諾した加盟国についてはこの協定の一部を成し、当該加盟国を拘束する。複数国間貿易協定は、これらを受諾していない加盟国の義務又は権利を創設することはない。

4　附属書1Aの1994年の関税及び貿易に関する一般協定（以下「1994年のガット」という。）は、国際連合貿易雇用会議準備委員会第2会期の終了の時に採択された最終議定書に附属する1947年10月30日付けの関税及び貿易に関する一般協定がその後訂正され、改正され又は修正されたもの（以下「1947年のガット」という。）と法的に別個のものである。

第3条（世界貿易機関の任務） 1　世界貿易機関は、この協定及び多角的貿易協定の実施及び運用を円滑にし並びにこれらの協定の目的を達成するものとし、また、複数国間貿易協定の実施及び運用のための枠組みを提供する。

2　世界貿易機関は、附属書に含まれている協定で取り扱われる事項に係る多角的貿易関係に関する加盟国間の交渉のための場を提供する。同機関は、また、閣僚会議の決定するところに従い、多角的貿易関係に関する加盟国間の追加的な交渉のための場及びこれらの交渉の結果を実施するための枠組みを提供することができる。

3　世界貿易機関は、附属書2の紛争解決に係る規則及び手続に関する了解（以下「紛争解決了解」という。）を運用する。

4　世界貿易機関は、附属書3の貿易政策検討制度を運用する。

5　世界貿易機関は、世界的な経済政策の策定が一層統一のとれたものとなるようにするため、適当な場合には、国際通貨基金並びに国際復興開発銀行及び同銀行の関連機関と協力する。

第4条（世界貿易機関の構成） 1　すべての加盟国の代表で構成する閣僚会議を設置するものとし、同会議は、少なくとも二年に一回会合する。閣僚

会議は、世界貿易機関の任務を遂行し、そのために必要な措置をとる。閣僚会議は、加盟国から要請がある場合には、意思決定につきこの協定及び関連する多角的貿易協定に特に定めるところに従い、多角的貿易協定に関するすべての事項について決定を行う権限を有する。

2　すべての加盟国の代表で構成する一般理事会を設置するものとし、同理事会は、適当な場合に会合する。閣僚会議の会合から会合までの間においては、その任務は、一般理事会が遂行する。一般理事会は、また、この協定によって自己に与えられる任務を遂行する。一般理事会は、その手続規則を定め、及び7に規定する委員会の手続規則を承認する。

3　一般理事会は、紛争解決了解に定める紛争解決機関としての任務を遂行するため、適当な場合に会合する。紛争解決機関に、議長を置くことができるものとし、同機関は、その任務を遂行するために必要と認める手続規則を定める。

4　一般理事会は、貿易政策検討制度に定める貿易政策検討機関としての任務を遂行するため、適当な場合に会合する。貿易政策検討機関に、議長を置くことができるものとし、同機関は、その任務を遂行するために必要と認める手続規則を定める。

5　物品の貿易に関する理事会、サービスの貿易に関する理事会及び知的所有権の貿易関連の側面に関する理事会（以下「貿易関連知的所有権理事会」という。）を設置するものとし、これらの理事会は、一般理事会の一般的な指針に基づいて活動する。物品の貿易に関する理事会は、附属書一Aの多角的貿易協定の実施に関することをつかさどる。サービスの貿易に関する理事会は、サービスの貿易に関する一般協定（以下「サービス貿易一般協定」という。）の実施に関することをつかさどる。貿易関連知的所有権理事会は、知的所有権の貿易関連の側面に関する協定（以下「貿易関連知的所有権協定」という。）の実施に関することをつかさどる。これらの理事会は、それぞれの協定及び一般理事会によって与えられる任務を遂行する。これらの理事会は、一般理事会の承認を条件として、それぞれの手続規則を定める。これらの理事会の構成員の地位は、すべての加盟国の代表に開放する。これらの理事会は、その任務を遂行するため、必要に応じて会合する。

6　物品の貿易に関する理事会、サービスの貿易に関する理事会及び貿易関連知的所有権理事会は、必要に応じて補助機関を設置する。これらの補助機関は、それぞれの理事会の承認を条件として、それぞれの手続規則を定める。

7　閣僚会議は、貿易及び開発に関する委員会、国際収支上の目的のための制限に関する委員会及び予算、財政及び運営に関する委員会を設置する。これらの委員会は、この協定及び多角的貿易協定によって与えられる任務並びに一般理事会によって与えられる追加的な任務を遂行する。また、閣僚会議は、適当と認める任務を有する追加的な委員会を設置することができる。貿易及び開発に関する委員会は、その任務の一部として、定期的に、多角的貿易協定の後発開発途上加盟国のための特別な規定を検討し、適当な措置について一般理事会に報告する。これらの委員会の構成員の地位は、すべての加盟国の代表に開放する。

8　複数国間貿易協定に定める機関は、これらの協定によって与えられる任務を遂行するものとし、世界貿易機関の制度上の枠組みの中で活動する。これらの機関は、その活動について一般理事会に定期的に通報する。

12-1-1　[作業計画に関する]閣僚宣言（抜粋）

Ministerial Declaration

採　択　2001年11月14日
第4回WTO閣僚会議WT/MIN(01)/DEC/1

6【持続可能な発展】われわれは、マラケシュ協定前文に述べられた持続可能な発展の目的に対するわれわれの約束を強く再確認する。われわれは、開かれた無差別の多角的貿易システムを支持し擁護すること、環境保護及び持続可能な発展のために活動することは、相互に支え合うことができるし、またそうでなければならないと確信する。われわれは、加盟国が貿易政策の国内環境評価を自発的に行っている努力に留意する。われわれは、WTOルールの下で、いかなる国も、人、動物又は植物の生命又は健康の保護のために、若しくは環境の保護のために自らが適当と考える水準で措置をとることを妨げられるべきではないと認める。ただし、それらが同等の条件の

下にある諸国の間において恣意的な若しくは不当な差別待遇の手段となるような方法で、又は国際貿易の偽装された制限となるような方法で適用されないという要求に従い、また、その他WTO協定の規定に従うものとする。われわれは、WTOのUNEP及びやその他の政府間環境組織との継続的な協力を歓迎する。われわれは、特に2002年9月に南アフリカのヨハネスブルグで開催される持続可能な発展に関する世界サミットの準備過程におけるWTOと関連する国際環境・開発組織との協力を促進する努力を奨励する。

作業計画
実施に関わる問題及び懸念
12 われわれは、加盟国から提起された実施に関わる問題及び懸念に対し最大限の重要性を付与し、それらの問題及び懸念に対し最適な解決を見出すことを決意する。この関連において、また2000年5月3日及び12月15日の一般理事会決定を考慮し、さらにわれわれは、加盟国が直面している多数の実施問題に対処するため、文書WT/MIN(01)/W/10の実施に関わる問題及び懸念に関する決定を採択する。われわれは、未解決の実施問題に関する交渉が、われわれが作成する作業計画の不可分の一部であり、また、これらの交渉の早い段階で達した合意がこの文書の第47項の規定に従って取り扱われることに合意する。この点に関し、われわれは次のように進める。(a)われわれがこの閣僚宣言において特定の交渉権限を与える場合には、それに関連する実施に関わる問題はその権限の下で取り扱われる。(b)それ以外の未解決の実施問題については、WTOの関連機関によって優先的な問題として取り扱われる。また、当該機関は2002年末までにこの文書の第46項の下で設立される貿易交渉委員会(TNC)に対し適切な措置をとるために報告を行う。

農　業
13 われわれは、農業協定第20条に基づき2000年初めに開始された交渉で既に実施されている作業(総計121加盟国によって提出された多くの交渉提案を含む。)を認める。われわれは、世界の農産物市場における制限及び歪曲を是正し防止するため、助成及び保護についての強化された規則及び特別のコミットメントを包含する基本的な改革計画を通じて、公正かつ市場指向型の貿易体制を確立するという農業協定に言及された長期目標を想起する。われわれは、この計画へのコミットメントを再確認する。今日まで実施された作業を基礎として、また交渉の結果を予断することなく、われわれは、市場アクセスの大幅な改善、あらゆる形態の輸出補助金の段階的撤廃をめざした削減及び貿易歪曲的な国内助成の大幅な削減を目的とする包括的な交渉を約束する。われわれは、発展途上国に対する特別かつ異なる待遇が、交渉におけるすべての要素の不可分の一部であること及び運用上効率的であり、また、発展途上国が食料安全保障や農村開発を含む開発ニーズを効率的に考慮できるように、譲許表及び約束表に、また適当な場合には交渉される規則や規律に具体化されることに合意する。われわれは、加盟国によって提出された交渉提案に反映された非貿易的関心事項に留意し、非貿易的関心事項が農業協定に規定する交渉において考慮されることを確認する。

14 特別かつ異なる待遇に関する規定を含む追加的約束の形態は、遅くとも2003年3月31日までに確立される。交渉参加国は、これらの形態に基づき、包括的な譲許表の案を遅くとも第5回閣僚会議の日までに提出する。規則や規律に関する事項及び関連する法的文書を含む交渉は、交渉議題全体の一部として、かつ交渉議題全体の完了日に完了する。

サービス
15 サービス貿易に関する交渉は、すべての貿易相手国の経済成長、また発展途上国及び後発発展途上国の発展を促進することをめざして行われる。われわれは、サービス貿易に関する一般協定第19条の下で2000年1月に開始された交渉で既に実施された作業及び加盟国によって広範な分野及びいくつかの横断的問題並びに自然人の移動について提出された多数の提案を認識する。われわれは、サービス貿易理事会が2001年3月28日に採択した交渉のための指針及び手続を、サービス貿易に関する一般協定の前文、第4条及び第19条が規定する同協定の目的を達成するための交渉を継続する基礎であることを再確認する。交渉参加国は、2002年6月30日までに特定約束の最初の要請及び2003年3月31日までに最初の提案を提出する。

非農業産品の市場アクセス
16 われわれは、合意される形態に従って、特に発展途上国にとって関心のある輸出産品について、タリフピーク、高関税及びタリフエスカレーションの削減又は撤廃を含む関税、並びに非関税障

壁を削減又は適当な場合には撤廃を目的とする交渉に合意する。産品の対象範囲は包括的であり、かつ、あらかじめ例外品目を設けてはならない。交渉は、1994年ガット第28条の2の関連諸規定及びこの文書の第50項に引用された規定に従って、関税削減約束に関する相互主義の軽減も含め、発展途上国及び後発発展途上国の特別なニーズ及び関心を十分に考慮する。この目標を達成するため、合意される形態は、後発発展途上国が効率的に交渉に参加することを支援するための適当な研究及び能力の向上措置を含む。

知的所有権の貿易関連の側面

17【TRIPS協定の実施及び解釈の重視】われわれは、既存の医薬品へのアクセス及び新薬の研究開発の双方を促進することによって、われわれが、公衆衛生を支援する方法で、TRIPS協定の実施及び解釈を重視していることを強調し、これに関連して独立の宣言を採択する。

18【ワイン及び蒸留酒の地理的表示の通報登録制度】第23条4項の実施に関して、知的所有権の貿易関連の側面に関する理事会(TRIPS理事会)で始まった作業を完了するため、われわれは、第5回閣僚会議で、ワイン及び蒸留酒の地理的表示の多数国間登録通報制度の創設について交渉することに合意する。われわれは、第23条に定める地理的表示の保護を、ワイン及び蒸留酒以外にも拡大することに関連した諸問題について、本宣言第12項に従って、TRIPS理事会で検討されることに留意する。

19【TRIPS理事会への指示】我々は、第27条3項(b)の検討、第71条1項に基づくTRIPS協定の実施の検討及び本宣言第12項に従って予測される作業を含め、TRIPS理事会が作業計画を実行する際に、特に、TRIPS協定並びに生物多様性条約の関連、伝統的知識また民間伝承の保護、及び第71条1項に従って理事国が指摘したその他の関連する新展開について検討を行うようTRIPS理事会に指示する。この作業を行うに当たり、TRIPS理事会は、TRIPS協定第7条及び8条に定める目的及び原則に従い、かつ開発の次元を十分に考慮する。

貿易と環境

31【貿易と環境に関する交渉項目】貿易と環境の相互の支え合いを高めるため、われわれは、その結果に予断を下すことなく、次の交渉に合意する。
（ⅰ）現行のWTOルールと多数国間環境保護協定が規定する特定の貿易上の義務との関係。交渉の対象範囲は、当該多数国間環境保護協定の締約国の間における現行のWTOルールの適用可能性に限定される。交渉は、当該多数国間環境保護協定の締約国でないWTO加盟国の権利を害するものではない。
（ⅱ）多数国間環境保護協定事務局と関連するWTOの委員会との間の定期的な情報交換の手続、及びオブザーバーとしての地位を付与する基準。
（ⅲ）環境財及び環境サービスに対する関税及び非関税障壁の削減又は適当な場合には撤廃。

われわれは、漁業補助金が第28節に規定する交渉に含まれることに留意する。

32【貿易と環境委員会への注意喚起】われわれは貿易と環境に関する委員会に対して、現在の付託事項に含まれるすべての議題についての作業を遂行するに当たり、次の点に特別な注意を払うよう指示する。
（ⅰ）環境措置の特に発展途上国、とりわけ後発発展途上国の市場アクセスに対する影響、そして、貿易制限と貿易歪曲の撤廃又は削減が貿易、環境及び発展に利益をもたらす状況。
（ⅱ）知的所有権の貿易関連の側面に関する協定の関連規定。
（ⅲ）環境目的のラベリング要求。

これらの問題に関する作業には関連するWTOルールの明確化の必要を特定することが含まれるべきである。委員会は、第5回閣僚会議に報告し、適当な場合には、交渉の望ましさを含めて将来の行動について勧告を行う。この作業結果及び第31項(ⅰ)、(ⅱ)の下で行われる交渉は、多角的貿易システムの開かれた無差別な性格に両立するものでなければならず、現行のWTO協定、とりわけ衛生植物検疫措置の適用に関する協定の下での加盟国の権利及び義務に新たな権利及び義務を追加し、又はこれらの権利及び義務を減することはできない、かつ発展途上国と後発発展途上国の必要を考慮する。

33【技術援助と能力の開発】われわれは、貿易と環境の分野における途上国、とりわけ後発発展途上国に対する技術援助と能力向上の重要性を認める。われわれはまた、国家レベルで環境調査を希望する加盟国の間で専門知識と経験が共有されることを奨励する。これらの活動について第5回閣僚会議に向けて報告書が準備される。

12-2　関税及び貿易に関する一般協定（GATT）（抜粋）
General Agreement on Tariffs and Trade

署　　名　1947年10月30日（ジュネーヴ）
効力発生　1948年1月1日暫定的適用
改　　正　1957年10月7日〔前文、第2部、第3部〕
　　　　　1966年6月27日〔第4部追加〕
日　本　国　1955年9月10日加入

　オーストラリア連邦（以下22箇国の締約国名略）の政府は、
　貿易及び経済の分野における締約国間の関係が、生活水準を高め、完全雇用並びに高度のかつ着実に増加する実質所得及び有効需要を確保し、世界の資源の完全な利用を発展させ、並びに貨物の生産及び交換を拡大する方向に向けられるべきであることを認め、
　関税その他の貿易障害を実質的に軽減し、及び国際通商における差別待遇を廃止するための相互的かつ互恵的な取極を締結することにより、これらの目的に寄与することを希望して、
　それぞれの代表者を通じて次のとおり協定した。

第1部
第1条（一般的最恵国待遇） 1　いずれかの種類の関税及び課徴金で、輸入若しくは輸出について若しくはそれらに関連して課され、又は輸入若しくは輸出のための支払手段の国際的移転について課せられるものに関し、それらの関税及び課徴金の徴収の方法に関し、輸入及び輸出に関連するすべての規則及び手続に関し、並びに第3条2及び4に掲げるすべての事項に関しては、いずれかの締約国が他国の原産の産品又は他国に仕向けられる産品に対して許与する利益、特典、特権又は免除は、他のすべての締約国の領域の原産の同種の産品又はそれらの領域に仕向けられる同種の産品に対して、即時かつ無条件に許与しなければならない。
2　前項の規定は、輸入税又は輸入に関する課徴金についての特恵で、4に定める限度をこえずかつ次に掲げるところに該当するものの廃止を要求するものではない。
　(a)　附属書Aに掲げる地域のうちの二以上の地域の間にのみ有効な特恵。ただし、同附属書に定める条件に従わなければならない。
　(b)　1939年7月1日に共通の主権又は保護関係若しくは宗主権関係によって結合されていた二以上の地域で、附属書B、C及びDに掲げるものの間にのみ有効な特恵。ただし、それらの附属書に定める条件に従わなければならない。
　(c)　アメリカ合衆国とキューバ共和国との間にのみ有効な特恵
　(d)　附属書E及びFに掲げる隣接国の間にのみ有効な特恵
3　1の規定は、以前オットマン帝国の一部であり、かつ、1923年7月24日に同帝国から分離した諸国間の特恵には適用しない。ただし、その特恵は、この点について第29条1の規定に照らして適用される第25条5(a)の規定に基いて承認されなければならない。
4　2の規定に基いて特恵を許与される産品に対する特恵の限度は、この協定に附属する該当の譲許表に特恵の最高限度が明示的に定められていない場合には、次のものをこえてはならない。
　(a)　前記の譲許表に掲げる産品に対する輸入税又は課徴金については、その譲許表に定める最恵国税率と特恵税率との間の差。特恵税率が定められていない場合には、特恵税率は、この4の規定の適用上、1947年4月10日に有効であったものとし、また、最恵国税率が定められていない場合には、その限度は、1947年4月10日における最恵国税率と特恵税率との間の差をこえてはならない。
　(b)　該当の譲許表に掲げられていない産品に対する輸入税又は課徴金については、1947年4月10日における最恵国税率と特恵税率との間の差
　附属書Gに掲げる締約国の場合には、(a)及び(b)の1947年4月10日という日付は、同附属書に定めるそれぞれの日付と置き替える。

第2部
第3条（内国の課税及び規則に関する内国民待遇）
1　締約国は、内国税その他の内国課徴金と、産品の国内における販売、販売のための提供、購入、輸送、分配又は使用に関する法令及び要件並びに特定の数量又は割合による産品の混合、加工又は使用を要求する内国の数量規則は、国内生産に保護を与えるように輸入産品又は国内産品

に適用してはならないことを認める。
2 いずれかの締約国の領域の産品で他の締約国の領域に輸入されるものは、同種の国内産品に直接又は間接に課せられるいかなる種類の内国税その他の内国課徴金をこえる内国税その他の内国課徴金も、直接であると間接であるとを問わず、課せられることはない。さらに、締約国は、前項に定める原則に反するその他の方法で内国税その他の内国課徴金を輸入産品又は国内産品に課してはならない。
3 現行の内国税で、前項の規定に反するが、1947年4月10日に有効であり、かつ、当該課税産品に対する輸入税を引き上げないように固定している貿易協定に基いて特に認められているものに関しては、それを課している締約国は、その貿易協定の義務を免除されてその内国税の保護的要素を撤廃する代償として必要な限度までその輸入税を引き上げることができるようになるまでは、その内国税に対する前項の規定の適用を延期することができる。
4 いずれかの締約国の領域の産品で他の締約国の領域に輸入されるものは、その国内における販売、販売のための提供、購入、輸送、分配又は使用に関するすべての法令及び要件に関し、国内原産の同種の産品に許与される待遇より不利でない待遇を許与される。この項の規定は、輸送手段の経済的運用にのみ基き産品の国籍には基いていない差別的国内輸送料金の適用を妨げるものではない。
5 締約国は、特定の数量又は割合による産品の混合、加工又は使用に関する内国の数量規則で、産品の特定の数量又は割合を国内の供給源から供給すべきことを直接又は間接に要求するものを設定し、又は維持してはならない。さらに、締約国は、1に定める原則に反するその他の方法で内国の数量規則を適用してはならない。
6 前項の規定は、締約国の選択により、1939年7月1日、1947年4月10日又は1948年3月24日にいずれかの締約国の領域において有効である内国の数量規則には適用されない。ただし、これらの規則で前項の規定に反するものは、輸入に対する障害となるように修正してはならず、また、交渉上は関税とみなして取り扱うものとする。
7 特定の数量又は割合による産品の混合、加工又は使用に関する内国の数量規則は、その数量又は割合を国外の供給源別に割り当てるような方法で適用してはならない。
8(a) この条の規定は、商業的再販売のため又は商業的販売のための貨物の生産に使用するためではなく政府用として購入する産品の政府機関による調達を規制する法令又は要件には適用しない。
 (b) この条の規定は、国内生産者のみに対する補助金(この条の規定に合致して課せられる内国税又は内国課徴金の収入から国内生産者に交付される補助金及び政府の国内産品購入の方法による補助金を含む。)の交付を妨げるものではない。
9 締約国は、内国の最高価格統制措置が、この条の他の規定に合致していてもなお、輸入産品を供給する締約国の利益に不利な影響を及ぼすことがあることを認める。よって、その措置を執っている締約国は、その不利な影響をできる限り避けるため、輸出締約国の利益を考慮しなければならない。
10 この条の規定は、締約国が、露出済映画フィルムに関する内国の数量規制で第4条の要件に合致するものを設定し、又は維持することを妨げるものではない。

第11条(数量制限の一般的廃止) 1 締約国は、他の締約国の領域の産品の輸入について、又は他の締約国の領域に仕向けられる産品の輸出若しくは輸出のための販売について、割当によると、輸入又は輸出の許可によると、その他の措置によるとを問わず、関税その他の課徴金以外のいかなる禁止又は制限も新設し、又は維持してはならない。
2 前項の規定は、次のものには適用しない。
 (a) 輸出の禁止又は制限で、食糧その他輸出締約国にとって不可欠の産品の危機的な不足を防止し、又は緩和するために一時的に課するもの
 (b) 輸入及び輸出の禁止又は制限で、国際貿易における産品の分類、格付又は販売に関する基準又は規則の適用のために必要なもの
 (c) 農業又は漁業の産品に対して輸入の形式のいかんを問わず課せられる輸入制限で、次のことを目的とする政府の措置の実施のために必要なもの
  (i) 販売若しくは生産を許された同種の国内産品の数量又は、同種の産品の実質的な国内生産がないときは、当該輸入産品をもって直接に代替することができる国内産品の数量を制限すること。
  (ii) 同種の国内産品の一時的な過剰又は、同種の産品の実質的な国内生産がないときは、当該輸入産品をもって直接に代替することができる国内産品の一時的な過剰を、無償

で又は現行の市場価格より低い価格で一定の国内消費者の集団に提供することにより、除去すること。
(iii) 生産の全部又は大部分を輸入産品に直接に依存する動物産品について、当該輸入産品の国内生産が比較的わずかなものである場合に、その生産許可量を制限すること。

この(c)の規定に従って産品の輸入について制限を課している締約国は、将来の特定の期間中に輸入することを許可する産品の総数量又は総価額及びその数量又は価額の変更を公表しなければならない。さらに、(i)の規定に基いて課せられる制限は、輸入の総計と国内生産の総計との割合を、その制限がない場合に両者の間に成立すると合理的に期待される割合より小さくするものであってはならない。締約国は、この割合を決定するに当り、過去の代表的な期間に存在していた割合について、及び当該産品の取引に影響を及ぼしたか又は影響を及ぼしている特別の要因について、妥当な考慮を払わなければならない。

第16条(補助金) A　補助金一般

1　締約国は、補助金(なんらかの形式による所得又は価格の支持を含む。)で、直接又は間接に自国の領域からの産品の輸出を増加させ又は自国の領域への産品の輸入を減少させるものを許与し、又は維持するときは、当該補助金の交付の範囲及び性格について、自国の領域に輸入され又は自国の領域から輸出される産品の数量に対して当該補助金の交付が及ぼすと推定される効果について、並びにその補助金の交付を必要とする事情について、書面により締約国団に通告しなければならない。その補助金が他の締約国の利益に重大な損害を与え、又は与えるおそれがあると決定された場合には、補助金を許与している締約国は、要請を受けたときは、その補助金を制限する可能性について他の関係締約国又は締約国団と討議しなければならない。

B　輸出補助金に関する追加規定

2　締約国団は、締約国によるいずれかの産品に対する輸出補助金の許与が、他の輸入締約国及び輸出締約国に有害な影響を与え、それらの締約国の通常の商業上の利益に不当な障害をもたらし、及びこの協定の目的の達成を阻害することがあることを認める。

3　よって、締約国は、一次産品の輸出補助金の許与を避けるように努めなければならない。ただし、締約国が自国の領域からの一次産品の輸出を増加するようないずれかの形式の補助金を直接又は間接に許与するときは、その補助金は、過去の代表的な期間における当該産品の世界輸出貿易におけるその締約国の取分及びこのような貿易に影響を与えたか又は与えていると思われる特別の要因を考慮して、当該産品の世界輸出貿易における当該締約国の衡平な取分をこえて拡大するような方法で与えてはならない。

4　さらに、締約国は、1958年1月1日に、又はその後のできる限り早い日に、一次産品以外の産品の輸出に対し、国内市場の買手が負担する同種の産品の比較可能な価格より低い価格で当該産品を輸出のため販売することとなるようないかなる形式の補助金も、直接であると間接であるとを問わず、許与することを終止するものとする。締約国は、1957年12月31日までの間、補助金の交付の範囲を新設することにより、又は現行の補助金を拡大することにより、1955年1月1日現在の補助金の交付の範囲をこえて拡大してはならない。

5　締約国団は、この条の規定が、この協定の目的の助長に対し、及び締約国の貿易又は利益に著しく有害な補助金の交付の防止に対し、有効であるかどうかを実際の経験に照らして審査するため、その規定の運用を随時検討しなければならない。

第20条(一般的例外) この協定の規定は、締約国が次のいずれかの措置を採用すること又は実施することを妨げるものと解してはならない。ただし、それらの措置を、同様の条件の下にある諸国の間において恣意的な若しくは正当と認められない差別待遇の手段となるような方法で、又は国際貿易の偽装された制限となるような方法で、適用しないことを条件とする。

(a)　公徳の保護のために必要な措置
(b)　人、動物又は植物の生命又は健康の保護のために必要な措置
(c)　金又は銀の輸入又は輸出に関する措置
(d)　この協定の規定に反しない法令(税関行政に関する法令、第2条4及び第17条の規定に基いて運営される独占の実施に関する法令、特許権、商標権及び著作権の保護に関する法令並びに詐欺的慣行の防止に関する法令を含む。)の遵守を確保するために必要な措置
(e)　刑務所労働の産品に関する措置
(f)　美術的、歴史的又は考古学的価値のある国宝の保護のために執られる措置
(g)　有限天然資源の保存に関する措置。ただし、この措置が国内の生産又は消費に対する制限と関連して実施される場合に限る。

(h) 締約国団に提出されて否認されなかった基準に合致する政府間商品協定又は締約国団に提出されて否認されなかった政府間商品協定のいずれかに基づく義務に従って執られる措置
(i) 国内原料の価格が政府の安定計画の一部として国際価格より低位に保たれている期間中、国内の加工業に対してその原料の不可欠の数量を確保するために必要な国内原料の輸出に制限を課する措置。ただし、この制限は、国内産業の産品の輸出を増加するように、又は国内産業に与えられる保護を増大するように運用してはならず、また、無差別待遇に関するこの協定の規定から逸脱してはならない。
(j) 一般的に又は地方的に供給が不足している産品の獲得又は分配のために不可欠の措置。ただし、このような措置は、すべての締約国が当該産品の国際的供給について衡平な取分を受ける権利を有するという原則に合致するものでなければならず、また、この協定の他の規定に反するこのような措置は、それを生ぜしめた条件が存在しなくなったときは、直ちに終止しなければならない。締約国団は、1960年6月30日以前に、この(j)の規定の必要性について検討しなければならない。

第22条(協議) 1 各締約国は、この協定の運用に関して他の締約国が行う申立に対し好意的な考慮を払い、かつ、その申立に関する協議のため適当な機会を与えなければならない。

2 締約国団は、いずれかの締約国の要請を受けたときは、前項の規定に基く協議により満足しうる解決が得られなかった事項について、いずれかの一又は二以上の締約国と協議することができる。

第23条(無効化又は侵害) 1 締約国は、(a)他の締約国がこの協定に基く義務の履行を怠った結果として、(b)他の締約国が、この協定の規定に抵触するかどうかを問わず、何らかの措置を適用した結果として、又は(c)その他の何らかの状態が存在する結果として、この協定に基き直接若しくは間接に自国に与えられた利益が無効にされ、若しくは侵害され、又はこの協定の目的の達成が妨げられていると認めるときは、その問題について満足しうる調整を行うため、関係があると認める他の締約国に対して書面により申立又は提案をすることができる。この申立又は提案を受けた締約国は、その申立又は提案に対して好意的な考慮を払わなければならない。

2 妥当な期間内に関係締約国間に満足しうる調整が行われなかったとき、又は困難が前項cに掲げるものに該当するときは、その問題を締約国団に付託することができる。締約国団は、このようにして付託された問題を直ちに調査し、かつ、関係があると認める締約国に対して適当な勧告を行い、又はその問題について適当に決定を行わなければならない。締約国団は、必要と認めるときは、締約国、国際連合経済社会理事会及び適当な政府間機関と協議することができる。締約国団は、事態が重大であるためそのような措置が正当とされると認めるときは、締約国に対し、この協定に基く譲許その他の義務でその事態にかんがみて適当であると決定するものの他の締約国に対する適用の停止を許可することができる。当該他の締約国に対するいずれかの譲許その他の義務の適用が実際に停止されたときは、その締約国は、停止の措置が執られた後60日以内に、この協定から脱退する意思を書面により締約国団の書記局長に通告することができ、この脱退は、同書記局長がその脱退通告書を受領した日の後60日目に効力を生ずる。

12-3 衛生植物検疫措置の適用に関する協定(SPS協定)(抄)
Agreement on the Application of Sanitary and Phytosanitary Measures
作成、効力発生、日本国 (12-1と同じ)

加盟国は、
　いかなる加盟国も、同様の条件の下にある加盟国の間において恣意的若しくは不当な差別の手段となるような態様で又は国際貿易に対する偽装した制限となるような態様で適用しないことを条件として、人、動物若しくは植物の生命若しくは健康を保護するために必要な措置を採用し又は実施することを妨げられるべきでないことを再確認し、
　すべての加盟国において、人及び動物の健康並びに植物の衛生状態が向上することを希望し、
　衛生植物検疫措置が二国間の協定又は議定書に基づいてしばしば適用されることに留意し、
　衛生植物検疫措置の貿易に対する悪影響を最小限にするため、その企画、採用及び実施に当たっての

指針となる規則及び規律の多数国間の枠組みを定めることを希望し、

この点に関し、国際的な基準、指針及び勧告が重要な役割を果たすことができることを認め、

加盟国が人、動物又は植物の生命又は健康に関する自国の適切な保護の水準を変更することを求められることなく、食品規格委員会及び国際獣疫事務局を含む関連国際機関並びに国際植物防疫条約の枠内で活動する関連国際機関及び関連地域機関が作成した国際的な基準、指針及び勧告に基づき、加盟国間で調和のとれた衛生植物検疫措置をとることが促進されることを希望し、

開発途上加盟国が、輸入加盟国による衛生植物検疫措置を遵守し及びその結果として市場へ進出するときに特別の困難に直面すること並びに自国の領域内において衛生植物検疫措置を定め及び適用するときに特別の困難に直面することがあることを認め、また、この点に関する開発途上加盟国の努力を支援することを希望し、

よって、衛生植物検疫措置をとることに関連する1994年のガットの規定、特にその第20条(b)の規定(注)の適用のための規則を定めることを希望して、ここに、次のとおり協定する。

注 この協定において1994年のガット第20条(b)というときは、同条の柱書きを含む。

第1条(一般規定) 1 この協定は、国際貿易に直接又は間接に影響を及ぼすすべての衛生植物検疫措置について適用する。衛生植物検疫措置は、この協定に従って定められ、適用されるものとする。

2 この協定の適用上、附属書Aに掲げる用語の意義は、同附属書の定義に従う。

3 附属書は、この協定の不可分の一部を成す。

4 この協定は、その適用範囲外の措置について、貿易の技術的障害に関する協定に基づく加盟国の権利に影響を及ぼすものではない。

第2条(基本的な権利及び義務) 1 加盟国は、人、動物又は植物の生命又は健康を保護するために必要な衛生植物検疫措置をとる権利を有する。ただし、衛生植物検疫措置が、この協定に反しないことを条件とする。

2 加盟国は、衛生植物検疫措置を、人、動物又は植物の生命又は健康を保護するために必要な限度においてのみ適用すること、科学的な原則に基づいてとること及び、第5条7に規定する場合を除くほか、十分な科学的証拠なしに維持しないことを確保する。

3 加盟国は、自国の衛生植物検疫措置により同一又は同様の条件の下にある加盟国の間(自国の領域と他の加盟国の領域との間を含む。)において恣意的又は不当な差別をしないことを確保する。衛生植物検疫措置は、国際貿易に対する偽装した制限となるような態様で適用してはならない。

4 衛生植物検疫措置は、この協定の関連規定に適合する場合には、衛生植物検疫措置をとることに関連する1994年のガットの規定、特にその第20条(b)の規定に基づく加盟国の義務に適合しているものと推定する。

第3条(措置の調和) 1 加盟国は、衛生植物検疫措置をできるだけ広い範囲にわたり調和させるため、この協定、特に3の規定に別段の定めがある場合を除くほか、国際的な基準、指針又は勧告がある場合には、自国の衛生植物検疫措置を当該国際的な基準、指針又は勧告に基づいてとる。

2 衛生植物検疫措置は、国際的な基準、指針又は勧告に適合する場合には、人、動物又は植物の生命又は健康を保護するために必要なものとみなすものとし、この協定及び1994年のガットの関連規定に適合しているものと推定する。

3 加盟国は、科学的に正当な理由がある場合又は当該加盟国が第5条の1から8までの関連規定に従い自国の衛生植物検疫上の適切な保護の水準を決定した場合には、関連する国際的な基準、指針又は勧告に基づく措置によって達成される水準よりも高い衛生植物検疫上の保護の水準をもたらす衛生植物検疫措置を導入し又は維持することができる(注)。ただし、関連する国際的な基準、指針又は勧告に基づく措置によって達成される衛生植物検疫上の保護の水準と異なる衛生植物検疫上の保護の水準をもたらすすべての措置は、この協定の他のいかなる規定にも反してはならない。

注 この3の規定の適用上、「科学的に正当な理由がある場合」には、加盟国が、入手可能な科学的情報のこの協定の関連規定に適合する検討及び評価に基づいて、関連する国際的な基準、指針又は勧告が自国の衛生植物検疫上の適切な保護の水準を達成するために十分ではないと決定した場合を含む。

4 加盟国は、関連国際機関及びその補助機関、特に食品規格委員会及び国際獣疫事務局並びに国際植物防疫条約の枠内で活動する国際機関及び地域機関において、これらの機関における衛生植物検疫措置のすべての側面に関する国際的な基準、指針及び勧告の作成及び定期的な再検討を促進するため、能力の範囲内で十分な役割を果たすものとする。

5 第12条の1及び4に規定する衛生植物検疫措置に関する委員会(この協定において「委員会」とい

う。)は、国際的な措置の調和の過程を監視する手続を作成し、及び関連国際機関とこの点について相互に協力する。

第4条(措置の同等) 1　加盟国は、他の加盟国の衛生植物検疫措置が、当該加盟国又は同種の産品の貿易を行っている第三国(加盟国に限る。)の衛生植物検疫措置と異なる場合であっても、輸出を行う当該他の加盟国が輸入を行う当該加盟国に対し、輸出を行う当該他の加盟国の衛生植物検疫措置が輸入を行う当該加盟国の衛生植物植物検疫上の適切な保護の水準を達成することを客観的に証明するときは、当該他の加盟国の衛生植物検疫措置を同等なものとして認める。このため、要請に応じ、検査、試験その他の関連する手続のため、適当な機会が輸入を行う当該加盟国に与えられる。

2　加盟国は、要請に応じ、特定の衛生植物検疫措置の同等の認定について、二国間又は多数国間で合意するために協議を行う。

第5条(危険性の評価及び衛生植物検疫上の適切な保護の水準の決定) 1　加盟国は、関連国際機関が作成した危険性の評価の方法を考慮しつつ、自国の衛生植物検疫措置を人、動物又は植物の生命又は健康に対する危険性の評価であってそれぞれの状況において適切なものに基づいてとることを確保する。

2　加盟国は、危険性の評価を行うに当たり、入手可能な科学的証拠、関連する生産工程及び生産方法、関連する検査、試料採取及び試験の方法、特定の病気又は有害動植物の発生、有害動植物又は病気の無発生地域の存在、関連する生態学上及び環境上の状況並びに検疫その他の処置を考慮する。

3　加盟国は、動物又は植物の生命又は健康に対する危険性の評価を行い及びこれらに対する危険からの衛生植物検疫上の適切な保護の水準を達成するために適用される措置を決定するに当たり、関連する経済的要因として、次の事項を考慮する。

・有害動植物又は病気の侵入、定着又はまん延の場合における生産又は販売の減少によって測られる損害の可能性
・輸入加盟国の領域における防除又は撲滅の費用
・危険を限定するために他の方法をとる場合の相対的な費用対効果

4　加盟国は、衛生植物検疫上の適切な保護の水準を決定する場合には、貿易に対する悪影響を最小限にするという目的を考慮すべきである。

5　人の生命若しくは健康又は動物及び植物の生命若しくは健康に対する危険からの「衛生植物検疫上の適切な保護の水準」の定義の適用に当たり整合性を図るため、各加盟国は、異なる状況において自国が適切であると認める保護の水準について恣意的又は不当な区別を設けることが、国際貿易に対する差別又は偽装した制限をもたらすこととなる場合には、そのような区別を設けることを回避する。加盟国は、この5の規定の具体的な実施を促進するための指針を作成するため、第12条の1から3までの規定に従って委員会において協力する。委員会は、指針の作成に当たり、人の健康に対する危険であって人が任意に自らをさらすものの例外的な性質を含むすべての関連要因を考慮する。

6　第3条2の規定が適用される場合を除くほか、加盟国は、衛生植物検疫上の適切な保護の水準を達成するため衛生植物検疫措置を定め又は維持する場合には、技術的及び経済的実行可能性を考慮し、当該衛生植物検疫措置が当該衛生植物検疫上の適切な保護の水準を達成するために必要である以上に貿易制限的でないことを確保する。(注)

注　この6の規定の適用上、1の措置は、技術的及び経済的実行可能性を考慮して合理的に利用可能な他の措置であって、衛生植物検疫上の適切な保護の水準を達成し、かつ、貿易制限の程度が当該1の措置よりも相当に小さいものがある場合を除くほか、必要である以上に貿易制限的でない。

7　加盟国は、関連する科学的証拠が不十分な場合には、関連国際機関から得られる情報及び他の加盟国が適用している衛生植物検疫措置から得られる情報を含む入手可能な適切な情報に基づき、暫定的に衛生植物検疫措置を採用することができる。そのような状況において、加盟国は、一層客観的な危険性の評価のために必要な追加の情報を得るよう努めるものとし、また、適当な期間内に当該衛生植物検疫措置を再検討する。

8　加盟国は、他の加盟国が導入し又は維持する特定の衛生植物検疫措置が、自国の輸出を抑制し又は抑制する可能性を有すると信ずる理由がある場合において、当該衛生植物検疫措置が関連する国際的な基準、指針若しくは勧告に基づいていないと信じ又は関連する国際的な基準、指針若しくは勧告が存在しないと信ずる理由があるときは、当該衛生植物検疫措置をとる理由について説明を要求することができるものとし、当該衛生植物検疫措置を維持する加盟国は、その説明を行う。

**第6条(有害動植物又は病気の無発生地域及び低発生地

域その他の地域的な状況に対応した調整）（略）
第7条(透明性の確保) 加盟国は、附属書Bの規定に従い、自国の衛生植物検疫措置の変更を通報するものとし、また、自国の衛生植物検疫措置についての情報を提供する。
第8条(管理、検査及び許可の手続) （略）
第9条(技術援助) （略）
第10条(特別のかつ異なる待遇) 1 衛生植物検疫措置の立案及び適用に当たり、加盟国は、開発途上加盟国(特に後発開発途上加盟国)の特別のニーズを考慮する。
2 衛生植物検疫上の適切な保護の水準に照らして新たな衛生植物検疫措置を段階的に導入する余地がある場合には、開発途上加盟国が関心を有する産品については、その輸出の機会が維持されるよう、遵守のための一層長い期間が与えられるべきである。
3 委員会は、開発途上加盟国がこの協定を遵守することができるように、要請に応じ、当該開発途上加盟国の資金上、貿易上及び開発上のニーズを考慮し、この協定に基づく義務を、全部又は一部につき特定し、かつ、一定の期限を付して、免除することを当該開発途上加盟国に認めることができる。
4 加盟国は、関連国際機関への開発途上加盟国の積極的な参加を奨励し、及び促進すべきである。
第11条(協議及び紛争解決) 1 この協定に別段の定めがある場合を除くほか、紛争解決了解によって詳細に定められて適用される1994年のガットの第22条及び第23条の規定は、この協定に係る協議及び紛争解決について準用する。
2 科学的又は技術的な問題を含むこの協定に係る紛争において、小委員会は、小委員会が紛争当事国と協議の上選定した専門家からの助言を求めるべきである。このため、小委員会は、適当と認めるときは、いずれか一方の紛争当事国の要請により又は自己の発意に基づいて、技術専門家諮問部会を設置し又は関連国際機関と協議することができる。
3 この協定のいかなる規定も、他の国際的な合意に基づく加盟国の権利(他の国際機関のあっせん若しくは紛争解決又は国際的な合意に基づいて設立するあっせん若しくは紛争解決のための制度を利用する権利を含む。)を害するものではない。
第12条(運用) （略）
第13条(実施) （略）
第14条(最終規定) 後発開発途上加盟国は、世界貿易機関協定の効力発生の日の後5年間、自国の衛生植物検疫措置であって輸入又は輸入産品に関するものについて、この協定の適用を延期することができる。他の開発途上加盟国は、世界貿易機関協定の効力発生の日の後2年間、自国の衛生植物検疫措置であって輸入又は輸入産品に関するものについて、この協定の規定(第5条8及び第7条の規定を除く。)の適用が技術的専門知識、技術的基盤又は資金の欠如により妨げられる場合には、当該規定の適用を延期することができる。

附属書A　定　義(注)

注　この定義の適用上、「動物」には魚類及び野生動物を、「植物」には樹木及び野生植物を、「有害動植物」には雑草を並びに「汚染物質」には農薬及び動物用医薬品の残留物並びに異物を含む。
1 「衛生植物検疫措置」とは、次のことのために適用される措置をいう。
　(a) 有害動植物、病気、病気を媒介する生物又は病気を引き起こす生物の侵入、定着又はまん延によって生ずる危険から加盟国の領域内において動物又は植物の生命又は健康を保護すること。
　(b) 飲食物又は飼料に含まれる添加物、汚染物質、毒素又は病気を引き起こす生物によって生ずる危険から加盟国の領域内において人又は動物の生命又は健康を保護すること。
　(c) 動物若しくは植物若しくはこれらを原料とする産品によって媒介される病気によって生ずる危険又は有害動植物の侵入、定着若しくはまん延によって生ずる危険から加盟国の領域内において人の生命又は健康を保護すること。
　(d) 有害動植物の侵入、定着又はまん延による他の損害を加盟国の領域内において防止し又は制限すること。
　衛生植物検疫措置には、関連するすべての法令、要件及び手続を含む。特に、次のものを含む。
　　最終産品の規格
　　生産工程及び生産方法
　　試験、検査、認証及び承認の手続
　　検疫(動物若しくは植物の輸送に関する要件又はこれらの輸送の際の生存に必要な物に関する要件を含む。)
　　関連する統計方法、試料採取の手続及び危険性の評価の方法に関する規則
　　包装に関する要件及びラベル等による表示に関する要件であって食品の安全に直接関係するもの
2 「措置の調和」とは、2以上の加盟国による共通の

衛生植物検疫措置の制定、認定及び適用をいう。
3 「国際的な基準、指針及び勧告」とは、次のものをいう。
   (a) 食品の安全については、食品規格委員会が制定した基準、指針及び勧告であって、食品添加物、動物用医薬品及び農薬の残留物、汚染物質、分析及び試料採取の方法並びに衛生的な取扱いに係る規準及び指針に関するもの
   (b) 動物の健康及び人畜共通伝染病については、国際獣疫事務局の主催の下で作成された基準、指針及び勧告
   (c) 植物の健康については、国際植物防疫条約事務局の主催の下で同条約の枠内で活動する地域機関と協力して作成された国際的な基準、指針及び勧告
   (d) (a)から(c)までの機関等が対象としていない事項については、すべての加盟国の加盟のため開放されている他の関連国際機関が定めて委員会が確認した適当な基準、指針及び勧告
4 「危険性の評価」とは、適用し得る衛生植物検疫措置の下での輸入加盟国の領域内における有害動植物若しくは病気の侵入、定着若しくはまん延の可能性並びにこれらに伴う潜在的な生物学上の及び経済的な影響についての評価又は飲食物若しくは飼料に含まれる添加物、汚染物質、毒素若しくは病気を引き起こす生物の存在によって生ずる人若しくは動物の健康に対する悪影響の可能性についての評価をいう。
5 「衛生植物検疫上の適切な保護の水準」とは、加盟国の領域内における人、動物又は植物の生命又は健康を保護するために衛生植物検疫措置を制定する当該加盟国が適切と認める保護の水準をいう。
注釈 多くの加盟国は、この意義を有する用語として「受け入れられる危険性の水準」も用いている。
6 「有害動植物又は病気の無発生地域」とは、一の地域(一の国の領域の全部であるか一部であるか又は二以上の国の領域の全部であるか一部であるかを問わない。)であって、特定の有害動植物又は病気が発生していないことを権限のある当局が確認しているものをいう。
注釈 有害動植物又は病気の無発生地域は、特定の有害動植物又は病気が発生することが知られているが当該特定の有害動植物又は病気を封じ込め又は撲滅する地域的防除措置(保護及び監視の実施並びに緩衝地帯の設定等)が適用されている地域(一の国の領域の範囲内であるか二以上の国の領域の一部又は全部を含む地域であるかを問わない。)を取り囲むか、これらの地域によって取り囲まれるか又はこれらの地域に隣接することがある。
7 「有害動植物又は病気の低発生地域」とは、一の地域(一の国の領域の全部であるか一部であるか又は二以上の国の領域の全部であるか一部であるかを問わない。)であって、特定の有害動植物又は病気が低い水準で発生し、かつ、効果的な監視、防除又は撲滅の措置が適用されていることを権限のある当局が確認しているものをいう。

附属書B　衛生植物検疫上の規制の透明性の確保規制の公表　(略)

附属書C　管理、検査及び承認の手続　(略)

12-4　貿易の技術的障害に関する協定(TBT協定)(抜粋)
Agreement on Technical Barriers to Trade

作成、効力発生、日本国　(12-1と同じ)

加盟国は、
　ウルグァイ・ラウンドの多角的貿易交渉に考慮を払い、
　1994年のガットの目的を達成することを希望し、国際規格及び国際適合性評価制度が生産の効率を改善し及び国際貿易を容易なものにすることによりその目的の達成に重要な貢献をすることができることを認め、
　よって、国際規格及び国際適合性評価制度の発展を奨励することを希望し、
　あわせて、強制規格及び任意規格(これらの規格には、包装に関する要件及び証票、ラベル等による表示に関する要件を含む。)並びに強制規格又は任意規格の適合性評価手続が国際貿易に不必要な障害をもたらすことのないようにすることを確保することを希望し、
　いかなる国も、同様の条件の下にある国の間において恣意的若しくは不当な差別の手段となるような態様で又は国際貿易に対する偽装した制限となるような態様で適用しないこと及びこの協定の規定に従うことを条件として、自国の輸出品の品質を確保するため、人、動物又は植物の生命又は健康を保護し

若しくは環境の保全を図るため又は詐欺的な行為を防止するために必要であり、かつ、適当と認める水準の措置をとることを妨げられるべきでないことを認め、

いかなる国も、自国の安全保障上の重大な利益を保護するために必要な措置をとることを妨げられるべきでないことを認め、

規格の国際的な標準化が先進国から開発途上国への技術の移転に貢献することができることを認め、

開発途上国が、強制規格、任意規格及び強制規格又は任意規格の適合性評価手続の作成及び適用に際して特別の困難に直面することがあることを認め、

また、開発途上国の努力を支援することを希望して、

ここに、次のとおり協定する。

第2条(強制規格の中央政府機関による立案、制定及び適用) 中央政府機関に関し、

2.1 加盟国は、強制規格に関し、いずれの加盟国の領域から輸入される産品についても、同種の国内原産の及び他のいずれかの国を原産地とする産品に与えられる待遇よりも不利でない待遇を与えることを確保する。

2.2 加盟国は、国際貿易に対する不必要な障害をもたらすことを目的として又はこれらをもたらす結果となるように強制規格が立案され、制定され又は適用されないことを確保する。このため、強制規格は、正当な目的が達成できないことによって生ずる危険性を考慮した上で、正当な目的の達成のために必要である以上に貿易制限的であってはならない。正当な目的とは、特に、国家の安全保障上の必要、詐欺的な行為の防止及び人の健康若しくは安全の保護、動物若しくは植物の生命若しくは健康の保護又は環境の保全をいう。当該危険性を評価するに当たり、考慮される関連事項には、特に、入手することができる科学上及び技術上の情報、関係する生産工程関連技術又は産品の意図された最終用途を含む。

2.3 強制規格は、その制定の契機となった事情若しくは目的が存在しなくなった場合又は事情の変化若しくは目的の変更について一層貿易制限的でない態様で対応することができる場合には、維持されてはならない。

2.4 加盟国は、強制規格を必要とする場合において、関連する国際規格が存在するとき又はその仕上がりが目前であるときは、当該国際規格又はその関連部分を強制規格の基礎として用いる。ただし、気候上の又は地理的な基本的要因、基本的な技術上の問題等の理由により、当該国際規格又はその関連部分が、追求される正当な目的を達成する方法として効果的でなく又は適当でない場合は、この限りでない。

2.5 他の加盟国の貿易に著しい影響を及ぼすおそれのある強制規格を立案し、制定し又は適用しようとする加盟国は、他の加盟国の要請に応じ、2.2から2.4までに規定する強制規格の正当性について説明する。強制規格が2.2の規定に明示的に示されたいずれかの正当な目的のため立案され、制定され又は適用され、かつ、関連する国際規格に適合している場合には、当該強制規格については、国際貿易に対する不必要な障害をもたらさないとの推定(反証を許すもの)を行う。

2.6 加盟国は、強制規格についてできる限り広い範囲にわたる調和を図るため、自国が強制規格を制定しており又は制定しようとしている産品についての国際規格を適当な国際標準化機関が立案する場合には、能力の範囲内で十分な役割を果たすものとする。

2.7 加盟国は、他の加盟国の強制規格が自国の強制規格と異なる場合であっても、当該他の加盟国の強制規格を同等なものとして受け入れることに積極的な考慮を払う。ただし、当該他の加盟国の強制規格が自国の強制規格の目的を十分に達成することを当該加盟国が認めることを条件とする。

2.8 加盟国は、適当な場合には、デザイン又は記述的に示された特性よりも性能に着目した産品の要件に基づく強制規格を定める。

2.9 関連する国際規格が存在しない場合又は強制規格案の技術的内容が関連する国際規格の技術的内容に適合していない場合において、当該強制規格案が他の加盟国の貿易に著しい影響を及ぼすおそれがあるときは、加盟国は、次の措置をとる。

2.9.1 特定の強制規格を導入しようとしている旨を、他の加盟国の利害関係を有する者が知ることのできるように適当な早い段階で出版物に公告する。

2.9.2 強制規格案が対象とする産品を、当該強制規格案の目的及び必要性に関する簡潔な記述と共に事務局を通じて他の加盟国に通報する。その通報は、当該強制規格案を修正すること及び意見を考慮することが可能な適当な早い段階で行う。

2.9.3

要請に応じ、強制規格案の詳細又は写しを他の加盟国に提供し、及び可能なときは、関連する国際規格と実質的に相違する部分を明示する。

2.9.4 書面による意見の提出のための適当な期間を他の加盟国に差別することなしに与えるものとし、要請に応じその意見について討議し、並びにその書面による意見及び討議の結果を考慮する。
2.10 加盟国は、2.9の柱書きに定める条件の下においても、安全上、健康上、環境の保全上又は国家の安全保障上の緊急の問題が生じている場合又は生ずるおそれがある場合には、2.9に定める措置のうち必要と認めるものを省略することができる。ただし、強制規格の制定に際し、次の措置をとることを条件とする。
2.10.1 特定の強制規格及びその対象とする産品を、当該強制規格の目的及び必要性に関する簡潔な記述(緊急の問題の性格についての記述を含む。)と共に事務局を通じて他の加盟国に直ちに通報する。
2.10.2 要請に応じ強制規格の写しを他の加盟国に提供する。
2.10.3 他の加盟国に書面による意見の提出を差別することなしに認めるものとし、要請に応じその意見について討議し、並びにその書面による意見及び討議の結果を考慮する。
2.11 加盟国は、制定されたすべての強制規格を、他の加盟国の利害関係を有する者が知ることのできるように速やかに公表すること又は他の方法で利用することができるようにすることを確保する。
2.12 加盟国は、2.10に規定する緊急事態の場合を除くほか、輸出加盟国、特に開発途上加盟国の生産者がその産品又は生産方法を輸入加盟国の要件に適合させるための期間を与えるため、強制規格の公表と実施との間に適当な期間を置く。

12-5 サービスの貿易に関する一般協定(GATS)(抜粋)
General Agreement on Trade in Services

作成、効力発生、日本国 (12-1と同じ)

第6条(国内規制) 1 加盟国は、特定の約束を行った分野において、一般に適用されるすべての措置であってサービスの貿易に影響を及ぼすものが合理的、客観的かつ公平な態様で実施されることを確保する。
2(a) 加盟国は、影響を受けたサービス提供者の要請に応じサービスの貿易に影響を及ぼす行政上の決定について速やかに審査し及び正当とされる場合には適当な救済を与える司法裁判所、仲裁裁判所若しくは行政裁判所又はそれらの訴訟手続を維持し、又は実行可能な限り速やかに設定する。加盟国は、当該訴訟手続が当該行政上の決定を行う機関から独立していない場合には、当該訴訟手続が客観的かつ公平な審査を実際に認めるものであることを確保する。
 (b) (a)の規定は、加盟国に対し、その憲法上の構造又は法制の性質に反するような裁判所又は訴訟手続の設定を要求するものと解してはならない。
3 特定の約束が行われたサービスの提供のために許可が必要な場合には、加盟国の権限のある当局は、国内法令に基づき完全であると認められる申請が提出された後合理的な期間内に、当該申請に関する決定を申請者に通知する。加盟国の権限のある当局は、申請者の要請に応じ、当該申請の処理状況に関する情報を不当に遅滞することなく提供する。
4 サービスの貿易に関する理事会は、資格要件、資格の審査に係る手続、技術上の基準及び免許要件に関連する措置がサービスの貿易に対する不必要な障害とならないことを確保するため、同理事会が設置する適当な機関を通じて必要な規律を作成する。当該規律は、これらの要件、手続及び基準が特に次の基準に適合することを確保することを目的とする。
 (a) 客観的な、かつ、透明性を有する基準(例えば、サービスを提供する能力)に基づくこと。
 (b) サービスの質を確保するために必要である以上に大きな負担とならないこと。
 (c) 免許の手続については、それ自体がサービスの提供に対する制限とならないこと。
5(a) 加盟国は、特定の約束を行った分野において、当該分野に関し4の規定に従って作成される規律が効力を生ずるまでの間、次のいずれかの態様により当該特定の約束を無効にし又は侵害する免許要件、資格要件及び技術上の基準を適用してはならない。
 (i) 4の(a)、(b)又は(c)に規定する基準に適合しない態様
 (ii) 当該分野において特定の約束が行われた時に、当該加盟国について合理的に予想さ

れ得なかった態様
- (b) 加盟国が(a)に基づく義務を遵守しているかいないかを決定するに当たり、当該加盟国が適用する関係国際機関(注)の国際的基準を考慮する。

注 「関係国際機関」とは、少なくとも世界貿易機関のすべての加盟国の関係機関が参加することのできる国際機関をいう。

6 加盟国は、自由職業サービスに関して特定の約束を行った分野において、他の加盟国の自由職業家の能力を確認するための適当な手続を定める。

第14条(一般的例外) この協定のいかなる規定も、加盟国が次のいずれかの措置を採用すること又は実施することを妨げるものと解してはならない。ただし、それらの措置を、同様の条件の下にある国の間において恣(し)意的若しくは不当な差別の手段となるような態様で又はサービスの貿易に対する偽装した制限となるような態様で適用しないことを条件とする。
- (a) 公衆の道徳の保護又は公の秩序(注)の維持のために必要な措置

注 公の秩序を理由とする例外は、社会のいずれかの基本的な利益に対し真正かつ重大な脅威がもたらされる場合に限り、適用する。

- (b) 人、動物又は植物の生命又は健康の保護のために必要な措置
- (c) この協定の規定に反しない法令の遵守を確保するために必要な措置。この措置には、次の事項に関する措置を含む。
  - (i) 欺まん的若しくは詐欺的な行為の防止又はサービスの契約の不履行がもたらす結果の処理
  - (ii) 個人の情報を処理し及び公表することに関連する私生活の保護又は個人の記録及び勘定の秘密の保護
  - (iii) 安全
- (d) 取扱いの差異が他の加盟国のサービス又はサービス提供者に関する直接税の公平な又は効果的な(注)賦課又は徴収を確保することを目的とする場合には、第17条の規定に合致しない措置

注 直接税の公平又は効果的な賦課又は徴収を確保することを目的とする措置には、加盟国がその税制の下でとる次の措置を含む。
  - (i) 非居住者の租税に係る義務が当該加盟国の領域内に源泉のある又は所在する課税項目に関して決定されるという事実にかんがみ、非居住者であるサービス提供者に適用する措置
  - (ii) 当該加盟国の領域内における租税の賦課又は徴収を確保するため、非居住者に適用する措置
  - (iii) 租税の回避又は脱税を防止するため、非居住者又は居住者に適用する措置(租税に係る義務の遵守のための措置を含む。)
  - (iv) 当該加盟国の領域内の源泉に基づき他の加盟国の領域内で又は他の加盟国の領域から提供されるサービスの消費者に対して課される租税の賦課又は徴収を確保するため、当該サービスの消費者に適用する措置
  - (v) 全世界の課税項目に対する租税が課されるサービス提供者と他のサービス提供者との間の課税の基盤の性質の差異にかんがみ、両者を区別する措置
  - (vi) 当該加盟国の課税の基盤を擁護するため、居住者若しくは支店について又は関連者の間若しくは同一の者の支店の間において所得、利得、収益、損失、所得控除又は税額控除を決定し、配分し又は割り当てる措置

  この(d)及び注に規定する租税に関連する用語又は概念は、(i)から(vi)までのいずれかの措置をとる加盟国の国内法に基づく租税に関する定義及び概念又はこれらと同等の若しくは同様の定義及び概念に従って決定する。

- (e) 取扱いの差異が加盟国の拘束される二重課税の回避に関する協定又は他の国際協定若しくは国際取極における二重課税の回避についての規定の結果による場合には、第2条の規定に合致しない措置

第15条(補助金) 1 加盟国は、補助金が一定の状況においてサービスの貿易を歪(ゆが)めるような影響を及ぼすことのあることを認める。加盟国は、この貿易を歪(ゆが)めるような影響を回避するために必要な多角的規律を作成することを目的として交渉を行う(注)。この交渉においては、相殺措置の妥当性も取り扱うものとし、また、開発途上国の開発計画に対する補助金の役割を認め、及び加盟国、特に開発途上加盟国が補助金の分野において柔軟性を必要とすることを考慮する。加盟国は、当該交渉のため、国内のサービス提供者に対して与えるサービスの貿易に関連するすべての補助金に関する情報を交換する。

注 将来の作業計画は、多角的規律についての交渉を行う方法及び期間を定める。

2 他の加盟国の補助金によって悪影響を受けていると認める加盟国は、当該他の加盟国に対し、その問題について協議を行うよう要請することが

第3部 特定の約束

第16条(市場アクセス) 1 加盟国は、第1条に規定するサービスの提供の態様による市場アクセスに関し、他の加盟国のサービス及びサービス提供者に対し、自国の約束表において合意し、特定した制限及び条件に基づく待遇よりも不利でない待遇を与える(注)。

注 加盟国は、第1条2(a)に規定する提供の態様によるサービスの提供に関し市場アクセスに係る約束を行う場合において、国境を越える資本の移動が当該サービス自体の重要な部分であるときは、当該約束をもって当該資本の移動を認めることを約束したこととする。加盟国は、同条2(c)に規定する提供の態様によるサービスの提供に関し市場アクセスに係る約束を行う場合には、当該約束をもって自国の領域への関連する資本の移動を認めることを約束したこととする。

2 加盟国は、市場アクセスに係る約束を行った分野において、自国の約束表において別段の定めをしない限り、小地域を単位とするか自国の全領域を単位とするかを問わず次の措置を維持し又はとってはならない。

(a) サービス提供者の数の制限(数量割当て、経済上の需要を考慮するとの要件、独占又は排他的なサービス提供者のいずれによるものであるかを問わない。)

(b) サービスの取引総額又は資産総額の制限(数量割当てによるもの又は経済上の需要を考慮するとの要件によるもの)

(c) サービスの事業の総数又は指定された数量単位によって表示されたサービスの総産出量の制限(数量割当てによるもの又は経済上の需要を考慮するとの要件によるもの)(注)

注 この(c)の規定には、サービスの提供のための投入を制限する加盟国の措置を含まない。

(d) 特定のサービスの分野において雇用され又はサービス提供者が雇用する自然人であって、特定のサービスの提供に必要であり、かつ、その提供に直接関係するものの総数の制限(数量割当てによるもの又は経済上の需要を考慮するとの要件によるもの)

(e) サービスが合弁企業等の法定の事業体を通じサービス提供者によって提供される場合において、当該法定の事業体について特定の形態を制限し又は要求する措置

(f) 外国資本の参加の制限(外国の株式保有比率又は個別の若しくは全体の外国投資の総額の比率の上限を定めるもの)

第17条(内国民待遇) 1 加盟国は、その約束表に記載した分野において、かつ、当該約束表に定める条件及び制限に従い、サービスの提供に影響を及ぼすすべての措置に関し、他の加盟国のサービス及びサービス提供者に対し、自国の同種のサービス及びサービス提供者に与える待遇よりも不利でない待遇を与える(注)。

注 この条の規定に基づいて行われる特定の約束は、加盟国に対し、関連するサービス又はサービス提供者が自国のものでないことにより生ずる競争上の固有の不利益を補償することを要求するものと解してはならない。

2 加盟国は、他の加盟国のサービス及びサービス提供者に対し自国の同種のサービス及びサービス提供者に与える待遇と形式的に同一の待遇を与えるか形式的に異なる待遇を与えるかを問わず、1の義務を履行することができる。

3 加盟国が他の加盟国のサービス又はサービス提供者に対して与える形式的に同一の又は形式的に異なる待遇により競争条件が当該他の加盟国の同種のサービス又はサービス提供者と比較して当該加盟国のサービス又はサービス提供者にとって有利となる場合には、当該待遇は、当該加盟国のサービス又はサービス提供者に与える待遇よりも不利であると認める。

12-6 知的所有権の貿易関連の側面に関する協定(TRIPS協定)(抜粋)
Agreement on Trade-Related Aspects of Intellectual Property Rights

作成、効力発生、日本国 (12-1と同じ)

第1部 一般規定及び基本原則

第1条(義務の性質及び範囲) 1 加盟国は、この協定を実施する。加盟国は、この協定の規定に反しないことを条件として、この協定において要求される保護よりも広範な保護を国内法令において実施することができるが、そのような義務を負わない。加盟国は、国内の法制及び法律上の慣行の範囲内でこの協定を実施するための適当な方法を決定することができる。

2　この協定の適用上、「知的所有権」とは、第2部の第1節から第7節までの規定の対象となるすべての種類の知的所有権をいう。

3　加盟国は、他の加盟国の国民(注1)に対しこの協定に規定する待遇を与える。該当する知的所有権に関しては、「他の加盟国の国民」とは、世界貿易機関のすべての加盟国が1967年のパリ条約、1971年のベルヌ条約、ローマ条約又は集積回路についての知的所有権に関する条約の締約国であるとしたならばそれぞれの条約に規定する保護の適格性の基準を満たすこととなる自然人又は法人をいう(注2)。ローマ条約の第5条3又は第6条2の規定を用いる加盟国は、知的所有権の貿易関連の側面に関する理事会(貿易関連知的所有権理事会)に対し、これらの規定に定めるような通告を行う。

注1　この協定において「国民」とは、世界貿易機関の加盟国である独立の関税地域については、当該関税地域に住所を有しているか又は現実かつ真正の工業上若しくは商業上の営業所を有する自然人又は法人をいう。

注2　この協定において、「パリ条約」とは、工業所有権の保護に関するパリ条約をいい、「1967年のパリ条約」とは、パリ条約の1967年7月14日のストックホルム改正条約をいい、「ベルヌ条約」とは、文学的及び美術的著作物の保護に関するベルヌ条約をいい、「1971年のベルヌ条約」とは、ベルヌ条約の1971年7月24日のパリ改正条約をいい、「ローマ条約」とは、1961年10月26日にローマで採択された実演家、レコード製作者及び放送機関の保護に関する国際条約をいい、「集積回路についての知的所有権に関する条約」(IPIC条約)とは、1989年5月26日にワシントンで採択された集積回路についての知的所有権に関する条約をいい、「世界貿易機関協定」とは、世界貿易機関を設立する協定をいう。

第2条(知的所有権に関する条約)　1　加盟国は、第2部から第4部までの規定について、1967年のパリ条約の第1条から第12条まで及び第19条の規定を遵守する。

2　第1部から第4部までの規定は、パリ条約、ベルヌ条約、ローマ条約及び集積回路についての知的所有権に関する条約に基づく既存の義務であって加盟国が相互に負うことのあるものを免れさせるものではない。

第3条(内国民待遇)　1　各加盟国は、知的所有権の保護(注)に関し、自国民に与える待遇よりも不利でない待遇を他の加盟国の国民に与える。ただし、1967年のパリ条約、1971年のベルヌ条約、ローマ条約及び集積回路についての知的所有権に関する条約に既に規定する例外については、この限りでない。実演家、レコード製作者及び放送機関については、そのような義務は、この協定に規定する権利についてのみ適用する。ベルヌ条約第6条及びローマ条約第16条1(b)の規定を用いる加盟国は、貿易関連知的所有権理事会に対し、これらの規定に定めるような通告を行う。

注　この条及び次条に規定する「保護」には、知的所有権の取得可能性、取得、範囲、維持及び行使に関する事項並びにこの協定において特に取り扱われる知的所有権の使用に関する事項を含む。

2　加盟国は、司法上及び行政上の手続(加盟国の管轄内における送達の住所の選定又は代理人の選任を含む。)に関し、1の規定に基づいて認められる例外を援用することができる。ただし、その例外がこの協定に反しない法令の遵守を確保するために必要であり、かつ、その例外の実行が貿易に対する偽装された制限とならない態様で適用される場合に限る。

第4条(最恵国待遇)　知的所有権の保護に関し、加盟国が他の国の国民に与える利益、特典、特権又は免除は、他のすべての加盟国の国民に対し即時かつ無条件に与えられる。加盟国が与える次の利益、特典、特権又は免除は、そのような義務から除外される。

(a)　一般的な性格を有し、かつ、知的所有権の保護に特に限定されない司法共助又は法の執行に関する国際協定に基づくもの

(b)　内国民待遇ではなく他の国において与えられる待遇に基づいて待遇を与えることを認める1971年のベルヌ条約又はローマ条約の規定に従って与えられるもの

(c)　この協定に規定していない実演家、レコード製作者及び放送機関の権利に関するもの

(d)　世界貿易機関協定の効力発生前に効力を生じた知的所有権の保護に関する国際協定に基づくもの。ただし、当該国際協定が、貿易関連知的所有権理事会に通報されること及び他の加盟国の国民に対し恣(し)意的又は不当な差別とならないことを条件とする。

第5条(保護の取得又は維持に関する多国間協定)　前2条の規定に基づく義務は、知的所有権の取得又は維持に関してWIPOの主催の下で締結された多数国間協定に規定する手続については、適用しない。

第6条(消尽)　この協定に係る紛争解決においては、第三条及び第四条の規定を除くほか、この協定のいかなる規定も、知的所有権の消尽に関する問題を取り扱うために用いてはならない。

第7条(目的)　知的所有権の保護及び行使は、技術的知見の創作者及び使用者の相互の利益となるような並びに社会的及び経済的福祉の向上に役立つ方法による技術革新の促進並びに技術の移転及び普及に資するべきであり、並びに権利と義務との間の均衡に資するべきである。

第8条(原則)　1　加盟国は、国内法令の制定又は改正に当たり、公衆の健康及び栄養を保護し並びに社会経済的及び技術的発展に極めて重要な分野における公共の利益を促進するために必要な措置を、これらの措置がこの協定に適合する限りにおいて、とることができる。

2　加盟国は、権利者による知的所有権の濫用の防止又は貿易を不当に制限し若しくは技術の国際的移転に悪影響を及ぼす慣行の利用の防止のために必要とされる適当な措置を、これらの措置がこの協定に適合する限りにおいて、とることができる。

第2部　知的所有権の取得可能性、範囲及び使用に関する基準

第2節　商　標

第15条(保護の対象)　1　ある事業に係る商品若しくはサービスを他の事業に係る商品若しくはサービスから識別することができる標識又はその組合せは、商標とすることができるものとする。その標識、特に単語(人名を含む。)、文字、数字、図形及び色の組合せ並びにこれらの標識の組合せは、商標として登録することができるものとする。標識自体によっては関連する商品又はサービスを識別することができない場合には、加盟国は、使用によって獲得された識別性を商標の登録要件とすることができる。加盟国は、標識を視覚によって認識することができることを登録の条件として要求することができる。

2　1の規定は、加盟国が他の理由により商標の登録を拒絶することを妨げるものと解してはならない。ただし、その理由が1967年のパリ条約に反しないことを条件とする。

3　加盟国は、使用を商標の登録要件とすることができる。ただし、商標の実際の使用を登録出願の条件としてはならない。出願は、意図された使用が出願日から3年の期間が満了する前に行われなかったことのみを理由として拒絶されてはならない。

4　商標が出願される商品又はサービスの性質は、いかなる場合にも、その商標の登録の妨げになってはならない。

5　加盟国は、登録前又は登録後速やかに商標を公告するものとし、また、登録を取り消すための請求の合理的な機会を与える。更に、加盟国は、商標の登録に対し異議を申し立てる機会を与えることができる。

第3節　地理的表示

第22条(地理的表示の保護)　1　この協定の適用上、「地理的表示」とは、ある商品に関し、その確立した品質、社会的評価その他の特性が当該商品の地理的原産地に主として帰せられる場合において、当該商品が加盟国の領域又はその領域内の地域若しくは地方を原産地とするものであることを特定する表示をいう。

2　地理的表示に関して、加盟国は、利害関係を有する者に対し次の行為を防止するための法的手段を確保する。

 (a)　商品の特定又は提示において、当該商品の地理的原産地について公衆を誤認させるような方法で、当該商品が真正の原産地以外の地理的区域を原産地とするものであることを表示し又は示唆する手段の使用

 (b)　1967年のパリ条約第10条の2に規定する不正競争行為を構成する使用

3　加盟国は、職権により(国内法令により認められる場合に限る。)又は利害関係を有する者の申立てにより、地理的表示を含むか又は地理的表示から構成される商標の登録であって、当該地理的表示に係る領域を原産地としない商品についてのものを拒絶し又は無効とする。ただし、当該加盟国において当該商品に係る商標中に当該地理的表示を使用することが、真正の原産地について公衆を誤認させるような場合に限る。

4　1から3までの規定に基づく保護は、地理的表示であって、商品の原産地である領域、地域又は地方を真正に示すが、当該商品が他の領域を原産地とするものであると公衆に誤認させて示すものについて適用することができるものとする。

第4節　意　匠

第25条(保護の要件)　1　加盟国は、独自に創作された新規性又は独創性のある意匠の保護について定める。加盟国は、意匠が既知の意匠又は既知の意匠の主要な要素の組合せと著しく異なるものでない場合には、当該意匠を新規性又は独創性のある意匠でないものとすることを定めることができる。加盟国は、主として技術的又は機能的考慮により特定される意匠については、このような保護が及んではならないことを定めることができる。

2 加盟国は、繊維の意匠の保護を確保するための要件、特に、費用、審査又は公告に関する要件が保護を求め又は取得する機会を不当に害しないことを確保する。加盟国は、意匠法又は著作権法によりそのような義務を履行することができる。

第26条(保護) 1 保護されている意匠の権利者は、その承諾を得ていない第三者が、保護されている意匠の複製又は実質的に複製である意匠を用いており又は含んでいる製品を商業上の目的で製造し、販売又は輸入することを防止する権利を有する。

2 加盟国は、第三者の正当な利益を考慮し、意匠の保護について限定的な例外を定めることができる。ただし、保護されている意匠の通常の実施を不当に妨げず、かつ、保護されている意匠の権利者の正当な利益を不当に害さないことを条件とする。

3 保護期間は、少なくとも10年とする。

第5節 特 許

第27条(特許の対象) 1 2及び3の規定に従うことを条件として、特許は、新規性、進歩性及び産業上の利用可能性(注)のあるすべての技術分野の発明(物であるか方法であるかを問わない。)について与えられる。第65条4、第70条8及びこの条の3の規定に従うことを条件として、発明地及び技術分野並びに物が輸入されたものであるか国内で生産されたものであるかについて差別することなく、特許が与えられ、及び特許権が享受される。

注 この条の規定の適用上、加盟国は、「進歩性」及び「産業上の利用可能性」の用語を、それぞれ「自明のものではないこと」及び「有用性」と同一の意義を有するとみなすことができる。

2 加盟国は、公の秩序又は善良の風俗を守ること(人、動物若しくは植物の生命若しくは健康を保護し又は環境に対する重大な損害を回避することを含む。)を目的として、商業的な実施を自国の領域内において防止する必要がある発明を特許の対象から除外することができる。ただし、その除外が、単に当該加盟国の国内法令によって当該実施が禁止されていることを理由として行われたものでないことを条件とする。

3 加盟国は、また、次のものを特許の対象から除外することができる。
  (a) 人又は動物の治療のための診断方法、治療方法及び外科的方法
  (b) 微生物以外の動植物並びに非生物学的方法及び微生物学的方法以外の動植物の生産のための本質的に生物学的な方法。ただし、加盟国は、特許若しくは効果的な特別の制度又はこれらの組合せによって植物の品種の保護を定める。この(b)の規定は、世界貿易機関協定の効力発生の日から4年後に検討されるものとする。

第31条(特許権者の許諾を得ていない他の使用) 加盟国の国内法令により、特許権者の許諾を得ていない特許の対象の他の使用(政府による使用又は政府により許諾された第三者による使用を含む。)(注)を認める場合には、次の規定を尊重する。

注 「他の使用」とは、前条の規定に基づき認められる使用以外の使用をいう。

  (a) 他の使用は、その個々の当否に基づいて許諾を検討する。
  (b) 他の使用は、他の使用に先立ち、使用者となろうとする者が合理的な商業上の条件の下で特許権者から許諾を得る努力を行って、合理的な期間内にその努力が成功しなかった場合に限り、認めることができる。加盟国は、国家緊急事態その他の極度の緊急事態の場合又は公的な非商業的使用の場合には、そのような要件を免除することができる。ただし、国家緊急事態その他の極度の緊急事態を理由として免除する場合には、特許権者は、合理的に実行可能な限り速やかに通知を受ける。公的な非商業的使用を理由として免除する場合において、政府又は契約者が、特許の調査を行うことなく、政府により又は政府のために有効な特許が使用されていること又は使用されるであろうことを知っており又は知ることができる明らかな理由を有するときは、特許権者は、速やかに通知を受ける。
  (c) 他の使用の範囲及び期間は、許諾された目的に対応して限定される。半導体技術に係る特許については、他の使用は、公的な非商業的目的のため又は司法上若しくは行政上の手続の結果反競争的と決定された行為を是正する目的のために限られる。
  (d) 他の使用は、非排他的なものとする。
  (e) 他の使用は、当該他の使用を享受する企業又は営業の一部と共に譲渡する場合を除くほか、譲渡することができない。
  (f) 他の使用は、主として当該他の使用を許諾する加盟国の国内市場への供給のために許諾される。
  (g) 他の使用の許諾は、その許諾をもたらした

状況が存在しなくなり、かつ、その状況が再発しそうにない場合には、当該他の使用の許諾を得た者の正当な利益を適切に保護することを条件として、取り消すことができるものとする。権限のある当局は、理由のある申立てに基づき、その状況が継続して存在するかしないかについて検討する権限を有する。
(h) 許諾の経済的価値を考慮し、特許権者は、個々の場合における状況に応じ適当な報酬を受ける。
(i) 他の使用の許諾に関する決定の法的な有効性は、加盟国において司法上の審査又は他の独立の審査(別個の上級機関によるものに限る。)に服する。
(j) 他の使用について提供される報酬に関する決定は、加盟国において司法上の審査又は他の独立の審査(別個の上級機関によるものに限る。)に服する。
(k) 加盟国は、司法上又は行政上の手続の結果反競争的と決定された行為を是正する目的のために他の使用が許諾される場合には、(b)及び(f)に定める条件を適用する義務を負わない。この場合には、報酬額の決定に当たり、反競争的な行為を是正する必要性を考慮することができる。権限のある当局は、その許諾をもたらした状況が再発するおそれがある場合には、許諾の取消しを拒絶する権限を有する。
(l) 他の特許(次の(i)から(iii)までの規定において「第一特許」という。)を侵害することなしには実施することができない特許(これらの規定において「第二特許」という。)の実施を可能にするために他の使用が許諾される場合には、次の追加的条件を適用する。
　(i) 第二特許に係る発明には、第一特許に係る発明との関係において相当の経済的重要性を有する重要な技術の進歩を含む。
　(ii) 第一特許権者は、合理的な条件で第二特許に係る発明を使用する相互実施許諾を得る権利を有する。
　(iii) 第一特許について許諾された使用は、第二特許と共に譲渡する場合を除くほか、譲渡することができない。

12-6-1　TRIPS協定と公衆の健康に関する宣言(ドーハ宣言)
Declaration on the TRIPS Agreement and Public Health
採　択　2001年11月14日
第4回WTO閣僚会議WT/MIN(01)DEC/2

1　われわれは、多くの発展途上国及び後発発展途上国を苦しめている公衆の健康の問題、特にHIV/AIDS、結核、マラリア及びその他の感染症に起因する問題の重大さを認める。
2　われわれは、知的所有権の貿易関連の側面に関するWTO協定(TRIPS協定)が、これらの問題に取り組むためのより広範な国内的及び国際的行動の一部になる必要性を強調する。
3　われわれは、知的所有権の保護が新薬の開発のために重要であることを認める。われわれはまた、価格に対するその影響についての懸念も認める。
4　われわれは、TRIPS協定は加盟国が公衆の健康を保護するための措置をとることを妨げず、かつ妨げるべきではないことに合意する。したがって、われわれは、TRIPS協定に対する我々のコミットメントを繰り返し強調するとともに、公衆の健康を保護し、特にすべての人々に対して医薬品へのアクセスを促進するWTO加盟国の権利を支持するような方法で協定が解釈され実施され得るし、かつされるべきであることを確認する。
　これに関連して、われわれは、この目的のために柔軟性を提供するTRIPS協定の規定をWTO加盟国が最大限に用いる権利を再確認する。
5　したがって、かつ上記第4項にかんがみて、われわれは、TRIPS協定におけるわれわれのコミットメントを維持しつつ、これらの柔軟性に以下が含まれることを認める。
(a) 国際法の解釈に関する慣習規則を適用して、TRIPS協定の各規定は、特に協定の目的及び原則に表現されているその目的に照らして解されるべきである。
(b) 各加盟国は強制実施権を付与する権利及び強制実施権が付与される理由を決定する自由を有する。
(c) 各加盟国は何が国家緊急事態又はその他の極度の緊急状態を構成するかを決定する権利を有する。また、HIV/AIDS、結核、マラリア及びその他の感染症に関する場合を含め、公衆の健康の危機が、国家緊急事態又はその他の極度の緊急状態に相当することがあり得る

と理解される。
(d) 知的所有権の消尽に関連するTRIPS協定の規定の効果は、各加盟国に、第3条及び第4条の最恵国待遇及び内国民待遇に従うことを条件として、提訴されることなく消尽に関する各自の制度を設立する自由を残すものである。
6 われわれは、製薬分野の生産能力が不十分であるか又はこれをもたないWTO加盟国が、TRIPS協定の下で、強制実施権を効果的に使用するに際し困難に直面することがあり得ることを認める。我々はTRIPS理事会に対し、本問題に対する迅速な解決を見出し、2002年末までに一般理事会に報告を行うことを指示する。
7 われわれは、先進加盟国が第66条2に従い、後発発展途上加盟国への技術移転を促進し奨励するために、先進加盟国の企業及び機関に奨励措置を提供するというコミットメントを再確認する。われわれは、また、後発発展途上国が医薬製品に関しては2016年1月まで、TRIPS協定第2部第5節及び第7節の実施若しくは適用、又は、これらの節に規定する諸権利を実施する義務を負わないことに合意する。この場合、後発発展途上国がTRIPS協定の第66条1に規定する経過期間の延長を求める権利を防げない。われわれは、TRIPS理事会に対し、TRIPS協定第66条1に従い、このような効果を与えるために必要な行動をとることを指示する。

12-7 紛争解決に係る規則及び手続に関する了解（紛争解決了解）（抄）
Understanding on Rules and Procedures Governing the Settlement of Disputes
作成、効力発生、日本国　（12-1と同じ）

第1条（適用対象及び適用） 1 この了解に定める規則及び手続は、附属書1に掲げる協定（この了解において「対象協定」という。）の協議及び紛争解決に関する規定に従って提起される紛争について適用する。この了解に定める規則及び手続は、また、世界貿易機関を設立する協定（この了解において「世界貿易機関協定」という。）及びこの了解に基づく権利及び義務に関する加盟国間の協議及び紛争解決（その他の対象協定に基づく権利及び義務にも係るものとして行われるものであるかないかを問わない。）について適用する。

2 この了解に定める規則及び手続の適用は、対象協定に含まれている紛争解決に関する特別又は追加の規則及び手続（附属書2に掲げるもの）の適用がある場合には、これに従う。この了解に定める規則及び手続と同附属書に掲げる特別又は追加の規則及び手続とが抵触する場合には、同附属書に掲げる特別又は追加の規則及び手続が優先する。二以上の対象協定に定める規則及び手続に関する紛争において、検討される当該二以上の対象協定に定める特別又は追加の規則及び手続が相互に抵触する場合であって、紛争当事国が小委員会の設置から20日以内に規則及び手続について合意することができないときは、次条1に定める紛争解決機関の議長は、いずれかの加盟国の要請の後10日以内に、紛争当事国と協議の上、従うべき規則及び手続を決定する。議長は、特別又は追加の規則及び手続が可能な限り用いられるべきであり、かつ、この了解に定める規則及び手続は抵触を避けるために必要な限度において用いられるべきであるという原則に従う。

第2条（運用） 1 この了解に定める規則及び手続並びに対象協定の協議及び紛争解決に関する規定を運用するため、この了解により紛争解決機関を設置する。ただし、対象協定に係る運用について当該対象協定に別段の定めがある場合には、これによる。同機関は、小委員会を設置し、小委員会及び上級委員会の報告を採択し、裁定及び勧告の実施を継続的に監視し並びに対象協定に基づく譲許その他の義務の停止を承認する権限を有する。対象協定のうち複数国間貿易協定であるものの下で生ずる紛争に関し、この了解において「加盟国」とは、当該複数国間貿易協定の締約国である加盟国のみをいう。同機関がいずれかの複数国間貿易協定の紛争解決に関する規定を運用する場合には、当該協定の締約国である加盟国のみが、当該紛争に関する同機関の決定又は行動に参加することができる。

2 紛争解決機関は、世界貿易機関の関連する理事会及び委員会に対し各対象協定に係る紛争における進展を通報する。

3 紛争解決機関は、その任務をこの了解に定める各期間内に遂行するため、必要に応じて会合する。

4 この了解に定める規則及び手続に従って紛争解決機関が決定を行う場合には、その決定は、コンセンサス方式による（注）。

注　紛争解決機関がその審議のために提出された事項について決定を行う時にその会合に出席してい

ずれの加盟国もその決定案に正式に反対しない場合には、同機関は、当該事項についてコンセンサス方式によって決定したものとみなす。

第3条（一般規定） 1　加盟国は、1947年のガットの第22条及び第23条の規定の下で適用される紛争の処理の原則並びにこの了解によって詳細に定められ、かつ、修正された規則及び手続を遵守することを確認する。

2　世界貿易機関の紛争解決制度は、多角的貿易体制に安定性及び予見可能性を与える中心的な要素である。加盟国は、同制度が対象協定に基づく加盟国の権利及び義務を維持し並びに解釈に関する国際法上の慣習的規則に従って対象協定の現行の規定の解釈を明らかにすることに資するものであることを認識する。紛争解決機関の勧告及び裁定は、対象協定に定める権利及び義務に新たな権利及び義務を追加し、又は対象協定に定める権利及び義務を減ずることはできない。

3　加盟国が、対象協定に基づき直接又は間接に自国に与えられた利益が他の加盟国がとる措置によって侵害されていると認める場合において、そのような事態を迅速に解決することは、世界貿易機関が効果的に機能し、かつ、加盟国の権利と義務との間において適正な均衡が維持されるために不可欠である。

4　紛争解決機関が行う勧告又は裁定は、この了解及び対象協定に基づく権利及び義務に従って問題の満足すべき解決を図ることを目的とする。

5　対象協定の協議及び紛争解決に関する規定に基づいて正式に提起された問題についてのすべての解決（仲裁判断を含む。）は、当該協定に適合するものでなければならず、また、当該協定に基づきいずれかの加盟国に与えられた利益を無効にし若しくは侵害し、又は当該協定の目的の達成を妨げるものであってはならない。

6　対象協定の協議及び紛争解決に関する規定に基づいて正式に提起された問題についての相互に合意された解決は、紛争解決機関並びに関連する理事会及び委員会に通報される。いずれの加盟国も、同機関並びに関連する理事会及び委員会において、当該解決に関する問題点を提起することができる。

7　加盟国は、問題を提起する前に、この了解に定める手続による措置が有益なものであるかないかについて判断する。紛争解決制度の目的は、紛争に関する明確な解決を確保することである。紛争当事国にとって相互に受け入れることが可能であり、かつ、対象協定に適合する解決は、明らかに優先されるべきである。相互に合意する解決が得られない場合には、同制度の第一の目的は、通常、関係する措置がいずれかの対象協定に適合しないと認められるときに当該措置の撤回を確保することである。代償に関する規定は、当該措置を直ちに撤回することが実行可能でない場合に限り、かつ、対象協定に適合しない措置を撤回するまでの間の一時的な措置としてのみ、適用すべきである。紛争解決手続を利用する加盟国は、この了解に定める最後の解決手段として、紛争解決機関の承認を得て、他の加盟国に対し対象協定に基づく譲許その他の義務の履行を差別的に停止することができる。

8　対象協定に基づく義務に違反する措置がとられた場合には、当該措置は、反証がない限り、無効化又は侵害の事案を構成するものと認められる。このことは、対象協定に基づく義務についての違反は当該対象協定の締約国である他の加盟国に悪影響を及ぼすとの推定が通常存在することを意味する。この場合において、違反の疑いに対し反証を挙げる責任は、申立てを受けた加盟国の側にあるものとする。

9　この了解の規定は、世界貿易機関協定又は対象協定のうち複数国間貿易協定であるものに基づく意思決定により対象協定について権威のある解釈を求める加盟国の権利を害するものではない。

10　調停及び紛争解決手続の利用についての要請は、対立的な行為として意図され又はそのような行為とみなされるべきでない。紛争が生じた場合には、すべての加盟国は、当該紛争を解決するために誠実にこれらの手続に参加する。また、ある問題についての申立てとこれに対抗するために行われる別個の問題についての申立てとは、関連付けられるべきでない。

11　この了解は、世界貿易機関協定が効力を生ずる日以後に対象協定の協議規定に基づいて行われた協議のための新たな要請についてのみ適用する。世界貿易機関協定が効力を生ずる日前に1947年のガット又は対象協定の前身であるその他の協定に基づいて協議の要請が行われた紛争については、世界貿易機関協定が効力を生ずる日の直前に有効であった関連する紛争解決に係る規則及び手続を引き続き適用する（注）。

注　この11の規定は、小委員会の報告が採択されず又は完全に実施されなかった紛争についても適用する。

12　11の規定にかかわらず、対象協定のいずれかに基づく申立てが開発途上加盟国により先進加盟国に対してされる場合には、当該開発途上加盟

国は、次条から第6条まで及び第12条の規定に代わるものとして、1966年4月5日の決定(ガット基本文書選集(BISD)追録第14巻18ページ)の対応する規定を適用する権利を有する。ただし、小委員会が、同決定の7に定める期間との報告を作成するために不十分であり、かつ、当該開発途上加盟国の同意を得てその期間を延長することができると認める場合は、この限りでない。次条から第6条まで及び第12条に定める規則及び手続と同決定に定める対応する規則及び手続とが抵触する場合には、抵触する限りにおいて、後者が優先する。

第4条(協議) 1　加盟国は、加盟国が用いる協議手続の実効性を強化し及び改善する決意を確認する。

2　各加盟国は、自国の領域においてとられた措置であっていずれかの対象協定の実施に影響を及ぼすものについて他の加盟国がした申立てに好意的な考慮を払い、かつ、その申立てに関する協議のための機会を十分に与えることを約束する(注)。

注　加盟国の領域内の地域又は地方の政府又は機関によってとられる措置に関する他の対象協定の規定がこの2の規定と異なる規定を含む場合には、当該他の対象協定の規定が優先する。

3　協議の要請が対象協定に従って行われる場合には、当該要請を受けた加盟国は、相互間の別段の合意がない限り、当該要請を受けた日の後10日以内に当該要請に対して回答し、かつ、相互に満足すべき解決を得るため、当該要請を受けた日の後30日以内に誠実に協議を開始する。当該加盟国が当該要請を受けた日の後10日以内に回答せず又は当該要請を受けた日の後30日以内若しくは相互に合意した期間内に協議を開始しない場合には、当該要請を行った加盟国は、直接小委員会の設置を要請することができる。

4　すべての協議の要請は、協議を要請する加盟国が紛争解決機関並びに関連する理事会及び委員会に通報する。協議の要請は、書面によって提出され、並びに要請の理由、問題となっている措置及び申立ての法的根拠を示すものとする。

5　加盟国は、この了解に基づいて更なる措置をとる前に、対象協定の規定に従って行う協議において、その問題について満足すべき調整を行うよう努めるべきである。

6　協議は、秘密とされ、かつ、その後の手続においていずれの加盟国の権利も害するものではない。

7　協議の要請を受けた日の後60日の期間内に協議によって紛争を解決することができない場合に

は、申立てをした紛争当事国(この了解において「申立国」という。)は、小委員会の設置を要請することができる。協議を行っている国が協議によって紛争を解決することができなかったと共に認める場合には、申立国は、当該60日の期間内に小委員会の設置を要請することができる。

8　緊急の場合(腐敗しやすい物品に関する場合等)には、加盟国は、要請を受けた日の後10日以内に協議を開始する。要請を受けた日の後20日以内に協議によって紛争を解決することができなかった場合には、申立国は、小委員会の設置を要請することができる。

9　緊急の場合(腐敗しやすい物品に関する場合等)には、紛争当事国、小委員会及び上級委員会は、最大限可能な限り、手続が速やかに行われるようあらゆる努力を払う。

10　加盟国は、協議の間、開発途上加盟国の特有の問題及び利益に特別の注意を払うべきである。

11　協議を行っている加盟国以外の加盟国が、1994年のガット第22条1、サービス貿易一般協定第22条1又はその他の対象協定の対応する規定(注)によって行われている協議について実質的な貿易上の利害関係を有すると認める場合には、当該加盟国は、当該規定による協議の要請の送付の日の後10日以内に、協議を行っている加盟国及び紛争解決機関に対し、その協議に参加することを希望する旨を通報することができる。その通報を行った加盟国は、実質的な利害関係に関する自国の主張が十分な根拠を有することについて協議の要請を受けた加盟国が同意する場合には、協議に参加することができる。この場合において、両加盟国は、同機関に対しその旨を通報する。協議への参加の要請が受け入れられなかった場合には、要請を行った加盟国は、1994年のガットの第22条1若しくは第23条1、サービス貿易一般協定の第22条1若しくは第23条1又はその他の対象協定の対応する規定により協議を要請することができる。

注　対象協定の対応する協議規定は、次に掲げるとおりである。

　　農業に関する協定第19条
　　衛生植物検疫措置の適用に関する協定第11条1
　　繊維及び繊維製品(衣類を含む。)に関する協定第8条4
　　貿易の技術的障害に関する協定第14条1
　　貿易に関する投資措置に関する協定第8条
　　1994年の関税及び貿易に関する一般協定第6条の実施に関する協定第17条2
　　1994年の関税及び貿易に関する一般協定第7条の

実施に関する協定第19条2
船積み前検査に関する協定第7条
原産地規則に関する協定第7条
輸入許可手続に関する協定第6条
補助金及び相殺措置に関する協定第30条
セーフガードに関する協定第14条
知的所有権の貿易関連の側面に関する協定第64条1
各複数国間貿易協定の権限のある内部機関が指定し、かつ、紛争解決機関に通報した当該協定の対応する協議規定

第5条（あっせん、調停及び仲介） 1 あっせん、調停及び仲介は、紛争当事国の合意がある場合において任意に行われる手続である。

2 あっせん、調停及び仲介に係る手続の過程（特にこれらの手続の過程において紛争当事国がとる立場）は、秘密とされ、かつ、この了解に定める規則及び手続に従って進められるその後の手続においていずれの当事国の権利も害するものではない。

3 いずれの紛争当事国も、いつでも、あっせん、調停又は仲介を要請し並びに開始し及び終了することができる。あっせん、調停又は仲介の手続が終了した場合には、申立国は、小委員会の設置を要請することができる。

4 あっせん、調停又は仲介が協議の要請を受けた日の後60日の期間内に開始された場合には、申立国は、当該60日の期間内においては、小委員会の設置を要請することができない。紛争当事国があっせん、調停又は仲介の手続によって紛争を解決することができなかったことを共に認める場合には、申立国は、当該60日の期間内に小委員会の設置を要請することができる。

5 紛争当事国が合意する場合には、小委員会の手続が進行中であっても、あっせん、調停又は仲介の手続を継続することができる。

6 事務局長は、加盟国が紛争を解決することを援助するため、職務上当然の資格で、あっせん、調停又は仲介を行うことができる。

第6条（小委員会の設置） 1 申立国が要請する場合には、小委員会を設置しないことが紛争解決機関の会合においてコンセンサス方式によって決定されない限り、遅くとも当該要請が初めて議事日程に掲げられた同機関の会合の次の会合において、小委員会を設置する（注）。

注 申立国が要請する場合には、紛争解決機関の会合は、その要請から15日以内にこの目的のために開催される。この場合において、少なくとも会合の10日前に通知が行われる。

2 小委員会の設置の要請は、書面によって行われる。この要請には、協議が行われたという事実の有無及び問題となっている特定の措置を明示するとともに、申立ての法的根拠についての簡潔な要約（問題を明確に提示するために十分なもの）を付する。申立国が標準的な付託事項以外の付託事項を有する小委員会の設置を要請する場合には、書面による要請には、特別な付託事項に関する案文を含める。

第7条（小委員会の付託事項） 1 小委員会は、紛争当事国が小委員会の設置の後二〇日以内に別段の合意をする場合を除くほか、次の付託事項を有する。

「（紛争当事国が引用した対象協定の名称）の関連規定に照らし（当事国の名称）により文書（文書番号）によって紛争解決機関に付された問題を検討し、及び同機関が当該協定に規定する勧告又は裁定を行うために役立つ認定を行うこと。」

2 小委員会は、紛争当事国が引用した対象協定の関連規定について検討する。

3 小委員会の設置に当たり、紛争解決機関は、その議長に対し、1の規定に従い紛争当事国と協議の上小委員会の付託事項を定める権限を与えることができる。このようにして定められた付託事項は、すべての加盟国に通報される。標準的な付託事項以外の付託事項について合意がされた場合には、いずれの加盟国も、同機関においてこれに関する問題点を提起することができる。

第8条（小委員会の構成） 1～4 （略）

5 小委員会は、3人の委員で構成する。ただし、紛争当事国が小委員会の設置の後10日以内に合意する場合には、小委員会は、5人の委員で構成することができる。加盟国は、小委員会の構成について速やかに通報を受ける。

6～8 （略）

9 小委員会の委員は、政府又は団体の代表としてではなく、個人の資格で職務を遂行する。したがって、加盟国は、小委員会に付託された問題につき、小委員会の委員に指示を与えてはならず、また、個人として活動するこれらの者を左右しようとしてはならない。

10 紛争が開発途上加盟国と先進加盟国との間のものである場合において、開発途上加盟国が要請するときは、小委員会は、少なくとも一人の開発途上加盟国出身の委員を含むものとする。

11 （略）

第9条（複数の加盟国の申立てに関する手続） （略）

第10条（第三国） 1 問題となっている対象協定に係る紛争当事国その他の加盟国の利害関係は、小

委員会の手続において十分に考慮される。
2　小委員会に付託された問題について実質的な利害関係を有し、かつ、その旨を紛争解決機関に通報した加盟国（この了解において「第三国」という。）は、小委員会において意見を述べ及び小委員会に対し意見書を提出する機会を有する。意見書は、紛争当事国にも送付され、及び小委員会の報告に反映される。
3　第三国は、小委員会の第一回会合に対する紛争当事国の意見書の送付を受ける。
4　第三国は、既に小委員会の手続の対象となっている措置がいずれかの対象協定に基づき自国に与えられた利益を無効にし又は侵害すると認める場合には、この了解に基づく通常の紛争解決手続を利用することができる。そのような紛争は、可能な場合には、当該小委員会に付される。

第11条（小委員会の任務）　小委員会の任務は、この了解及び対象協定に定める紛争解決機関の任務の遂行について同機関を補佐することである。したがって、小委員会は、自己に付託された問題の客観的な評価（特に、問題の事実関係、関連する対象協定の適用の可能性及び当該協定との適合性に関するもの）を行い、及び同機関が対象協定に規定する勧告又は裁定を行うために役立つその他の認定を行うべきである。小委員会は、紛争当事国と定期的に協議し、及び紛争当事国が相互に満足すべき解決を図るための適当な機会を与えるべきである。

第12条（小委員会の手続）　1　小委員会は、紛争当事国と協議の上別段の決定を行う場合を除くほか、附属書3に定める検討手続に従う。
2　小委員会の手続は、その報告を質の高いものとするために十分に弾力的なものであるべきであるが、小委員会の検討の進行を不当に遅延させるべきでない。
3　小委員会の委員は、紛争当事国と協議の上、適当な場合には第4条9の規定を考慮して、実行可能な限り速やかに、可能な場合には小委員会の構成及び付託事項について合意がされた後1週間以内に、小委員会の検討の日程を定める。
4　小委員会は、その検討の日程を決定するに当たり、紛争当事国に対し、自国の意見を準備するために十分な時間を与える。
5　小委員会は、当事国による意見書の提出について明確な期限を定めるべきであり、当事国は、その期限を尊重すべきである。
6　各紛争当事国は、意見書を事務局に提出するものとし、事務局は、当該意見書を速やかに小委員会及びその他の紛争当事国に送付する。申立国は、申立てを受けた当事国が最初の意見書を提出する前に自国の最初の意見書を提出する。ただし、小委員会が、3の検討の日程を定めるに当たり、紛争当事国と協議の上、紛争当事国がその最初の意見書を同時に提出すべきである旨を決定する場合は、この限りでない。最初の意見書の提出について順序がある場合には、小委員会は、申立てを受けた当事国の意見書を当該小委員会が受理するための具体的な期間を定める。2回目以降の意見書は、同時に提出される。
7　紛争当事国が相互に満足すべき解決を図ることができなかった場合には、小委員会は、その認定を報告書の形式で紛争解決機関に提出する。この場合において、小委員会の報告には、事実認定、関連規定の適用の可能性並びに自己が行う認定及び勧告の基本的な理由を記載する。紛争当事国間で問題が解決された場合には、小委員会の報告は、当該問題に関する簡潔な記述及び解決が得られた旨の報告に限定される。
8　小委員会の検討期間（小委員会の構成及び付託事項について合意がされた日から最終報告が紛争当事国に送付される日まで）は、手続を一層効率的にするため、原則として6箇月を超えないものとする。緊急の場合（腐敗しやすい物品に関する場合等）には、小委員会は、3箇月以内に紛争当事国に対しその報告を送付することを目標とする。
9　小委員会は、6箇月以内又は緊急の場合は3箇月以内に報告を送付することができないと認める場合には、報告を送付するまでに要する期間の見込みと共に遅延の理由を書面により紛争解決機関に通報する。小委員会の設置から加盟国への報告の送付までの期間は、いかなる場合にも、9箇月を超えるべきでない。
10　当事国は、開発途上加盟国がとった措置に係る協議において、第4条の7及び8に定める期間を延長することについて合意することができる。当該期間が満了した場合において、協議を行っている国が協議が終了したことについて合意することができないときは、紛争解決機関の議長は、当該協議を行っている国と協議の上、当該期間を延長するかしないか及び、延長するときは、その期間を決定する。更に、小委員会は、開発途上加盟国に対する申立てを検討するに当たり、開発途上加盟国に対し、その立論を準備し及び提出するために十分な時間を与える。第20条及び第21条4の規定は、この10の規定の適用によって影響を受けるものではない。
11　一又は二以上の当事国が開発途上加盟国であ

る場合には、小委員会の報告には、紛争解決手続の過程で当該開発途上加盟国が引用した対象協定の規定であって、開発途上加盟国に対する異なるかつ一層有利な待遇に関するものについていかなる考慮が払われたかを明示するものとする。

12 小委員会は、申立国の要請があるときはいつでも、12箇月を超えない期間その検討を停止することができる。この場合には、8及び9、第20条並びに第21条4に定める期間は、その検討が停止された期間延長されるものとする。小委員会の検討が12箇月を超えて停止された場合には、当該小委員会は、その設置の根拠を失う。

第13条（情報の提供を要請する権利） （略）
第14条（秘密性） （略）
第15条（検討の中間段階） （略）
第16条（小委員会の報告の採択） 1 小委員会の報告は、加盟国にその検討のための十分な時間を与えるため、報告が加盟国に送付された日の後20日間は紛争解決機関により採択のために検討されてはならない。

2 小委員会の報告に対して異議を有する加盟国は、小委員会の報告を検討する紛争解決機関の会合の少なくとも10日前に、当該異議の理由を説明する書面を提出する。

3 紛争当事国は、紛争解決機関による小委員会の報告の検討に十分に参加する権利を有するものとし、当該紛争当事国の見解は、十分に記録される。

4 小委員会の報告は、加盟国への送付の後60日以内に、紛争解決機関の会合において採択される（注）。ただし、紛争当事国が上級委員会への申立ての意思を同機関に正式に通報し又は同機関が当該報告を採択しないことをコンセンサス方式によって決定する場合は、この限りでない。紛争当事国が上級委員会への申立ての意思を通報した場合には、小委員会の報告は、上級委員会による検討が終了するまでは、同機関により採択のために検討されてはならない。この4に定める採択の手続は、小委員会の報告について見解を表明する加盟国の権利を害するものではない。

注 紛争解決機関の会合が1及びこの4に定める要件を満たす期間内に予定されていない場合には、この目的のために開催される。

第17条（上級委員会による検討）
常設の上級委員会
1 紛争解決機関は、常設の上級委員会を設置する。上級委員会は、小委員会が取り扱った問題についての申立てを審理する。上級委員会は、7人の者で構成するものとし、そのうちの3人が1の問題の委員を務める。上級委員会の委員は、順番に職務を遂行する。その順番は、上級委員会の検討手続で定める。

2 紛争解決機関は、上級委員会の委員を4年の任期で任命するものとし、各委員は、1回に限り、再任されることができる。ただし、世界貿易機関協定が効力を生じた後直ちに任命される7人の者のうちの3人の任期は、2年で終了するものとし、これらの3人の者は、くじ引で決定される。空席が生じたときは、補充される。任期が満了しない者の後任者として任命された者の任期は、前任者の任期の残余の期間とする。

3 上級委員会は、法律、国際貿易及び対象協定が対象とする問題一般についての専門知識により権威を有すると認められた者で構成する。上級委員会の委員は、いかなる政府とも関係を有してはならず、世界貿易機関の加盟国を広く代表する。上級委員会のすべての委員は、いつでも、かつ、速やかに勤務することが可能でなければならず、また、世界貿易機関の紛争解決に関する活動その他関連する活動に常に精通していなければならない。上級委員会の委員は、直接又は間接に自己の利益との衝突をもたらすこととなる紛争の検討に参加してはならない。

4 紛争当事国のみが、小委員会の報告について上級委員会への申立てをすることができる。第10条2の規定に基づき小委員会に提起された問題について実質的な利害関係を有する旨を紛争解決機関に通報した第三国は、上級委員会に意見書を提出することができるものとし、また、上級委員会において意見を述べる機会を有することができる。

5 紛争当事国が上級委員会への申立ての意思を正式に通報した日から上級委員会がその報告を送付する日までの期間は、原則として60日を超えてはならない。上級委員会は、その検討の日程を定めるに当たり、適当な場合には、第4条9の規定を考慮する。上級委員会は、60日以内に報告を作成することができないと認める場合には、報告を送付するまでに要する期間の見込みと共に遅延の理由を書面により紛争解決機関に通報する。第1段に定める期間は、いかなる場合にも、90日を超えてはならない。

6 上級委員会への申立ては、小委員会の報告において対象とされた法的な問題及び小委員会が行った法的解釈に限定される。

7〜8 （略）
上級委員会による検討に関する手続

9 上級委員会は、紛争解決機関の議長及び事務局長と協議の上、検討手続を作成し、加盟国に情報として送付する。
10 上級委員会による検討は、秘密とされる。上級委員会の報告は、提供された情報及び行われた陳述を踏まえて起草されるものとし、その起草に際しては、紛争当事国の出席は、認められない。
11 上級委員会の報告の中で各委員が表明した意見は、匿名とする。
12 上級委員会は、その検討において、6の規定に従って提起された問題を取り扱う。
13 上級委員会は、小委員会の法的な認定及び結論を支持し、修正し又は取り消すことができる。

上級委員会の報告の採択

14 紛争解決機関は、上級委員会の報告を、加盟国への送付の後30日以内に採択し(注)、紛争当事国は、これを無条件で受諾する。ただし、同機関が当該報告を採択しないことをコンセンサス方式によって決定する場合は、この限りでない。このに定める採択の手続は、上級委員会の報告について見解を表明する加盟国の権利を害するものではない。

注 紛争解決機関の会合がこの期間内に予定されていない場合には、この目的のために開催される。

第18条(小委員会又は上級委員会との接触) 1 小委員会又は上級委員会により検討中の問題に関し、小委員会又は上級委員会といずれか一方の紛争当事国のみとの間で接触があってはならない。
2 小委員会又は上級委員会に対する意見書は、秘密のものとして取り扱われるものとするが、紛争当事国が入手することができるようにする。この了解のいかなる規定も、紛争当事国が自国の立場についての陳述を公開することを妨げるものではない。加盟国は、他の加盟国が小委員会又は上級委員会に提出した情報であって当該他の加盟国が秘密であると指定したものを秘密のものとして取り扱う。紛争当事国は、また、加盟国の要請に基づき、意見書に含まれている情報の秘密でない要約であって公開し得るものを提供する。

第19条(小委員会及び上級委員会の勧告) 1 小委員会又は上級委員会は、ある措置がいずれかの対象協定に適合しないと認める場合には、関係加盟国(注1)に対し当該措置を当該協定に適合させるよう勧告する(注2)。小委員会又は上級委員会は、更に、当該関係加盟国がその勧告を実施し得る方法を提案することができる。
注1 「関係加盟国」とは、小委員会又は上級委員会の勧告を受ける紛争当事国をいう。

注2 1994年のガットその他の対象協定についての違反を伴わない問題に関する勧告については、第26条を参照。
2 小委員会及び上級委員会は、第3条2の規定に従うものとし、その認定及び勧告において、対象協定に定める権利及び義務に新たな権利及び義務を追加し、又は対象協定に定める権利及び義務を減ずることはできない。

第20条(紛争解決機関による決定のための期間) 紛争解決機関が小委員会を設置した日から同機関が小委員会又は上級委員会の報告を採択するために審議する日までの期間は、紛争当事国が別段の合意をする場合を除くほか、原則として、小委員会の報告につき上級委員会への申立てがされない場合には9箇月、申立てがされる場合には12箇月を超えてはならない。

小委員会又は上級委員会が第12条9又は第17条5の規定に従い報告を作成するための期間を延長する場合には、追加的に要した期間が、前段に定める期間に加算される。

第21条(勧告及び裁定の実施の監視) 1 紛争解決機関の勧告又は裁定の速やかな実施は、すべての加盟国の利益となるような効果的な紛争解決を確保するために不可欠である。
2 紛争解決の対象となった措置に関し、開発途上加盟国の利害関係に影響を及ぼす問題については、特別の注意が払われるべきである。
3 関係加盟国は、小委員会又は上級委員会の報告の採択の日の後30日以内に開催される紛争解決機関の会合において、同機関の勧告及び裁定の実施に関する自国の意思を通報する(注)。勧告及び裁定を速やかに実施することができない場合には、関係加盟国は、その実施のための妥当な期間を与えられる。妥当な期間は、次の(a)から(c)までに定めるいずれかの期間とする。

注 紛争解決機関の会合がこの期間内に予定されていない場合には、この目的のために開催される。

(a) 関係加盟国が提案する期間。ただし、紛争解決機関による承認を必要とする。
(b) (a)の承認がない場合には、勧告及び裁定の採択の日の後45日以内に紛争当事国が合意した期間
(c) (b)の合意がない場合には、勧告及び裁定の採択の日の後90日以内に拘束力のある仲裁によって決定される期間(注1)。仲裁が行われる場合には、仲裁人(注2)に対し、小委員会又は上級委員会の勧告を実施するための妥当な期間がその報告の採択の日から15箇月を超えるべきではないとの指針が与えられるべきで

ある。この15箇月の期間は、特別の事情があるときは、短縮し又は延長することができる。

注1　紛争当事国が問題を仲裁に付した後10日以内に仲裁人について合意することができない場合には、事務局長は、10日以内に、当該当事国と協議の上仲裁人を任命する。

注2　仲裁人は、個人であるか集団であるかを問わない。

4　紛争解決機関による小委員会の設置の日から妥当な期間の決定の日までの期間は、小委員会又は上級委員会が第12条9又は第17条5の規定に従いその報告を作成する期間を延長した場合を除くほか、15箇月を超えてはならない。ただし、紛争当事国が別段の合意をする場合は、この限りでない。小委員会又は上級委員会がその報告を作成する期間を延長する場合には、追加的に要した期間が、この15箇月の期間に加算される。ただし、合計の期間は、紛争当事国が例外的な事情があることについて合意する場合を除くほか、18箇月を超えてはならない。

5　勧告及び裁定を実施するためにとられた措置の有無又は当該措置と対象協定との適合性について意見の相違がある場合には、その意見の相違は、この了解に定める紛争解決手続の利用によって解決される。この場合において、可能なときは、当該勧告及び裁定の対象となった紛争を取り扱った小委員会(この了解において「最初の小委員会」という。)にその意見の相違を付することができる。最初の小委員会は、その問題が付された日の後90日以内にその報告を加盟国に送付する。最初の小委員会は、この期間内に報告を作成することができないと認める場合には、報告を送付するまでに要する期間の見込みと共に遅延の理由を書面により紛争解決機関に通報する。

6　紛争解決機関は、採択された勧告又は裁定の実施を監視する。加盟国は、勧告又は裁定が採択された後いつでも、これらの実施の問題を同機関に提起することができる。勧告又は裁定の実施の問題は、同機関が別段の決定を行う場合を除くほか、3の規定に従って妥当な期間が定められた日の後6箇月後に同機関の会合の議事日程に掲げられるものとし、当該問題が解決されるまでの間同機関の会合の議事日程に引き続き掲げられる。関係加盟国は、これらの各会合の少なくとも10日前に、勧告又は裁定の実施の進展についての状況に関する報告を書面により同機関に提出する。

7　問題が開発途上加盟国によって提起されたものである場合には、紛争解決機関は、同機関がその状況に応じて更にいかなる適当な措置をとり得るかを検討する。

8　問題が開発途上加盟国によって提起されたものである場合には、紛争解決機関は、同機関がいかなる適当な措置をとり得るかを検討するに当たり、申し立てられた措置の貿易に関する側面のみでなく、関係を有する開発途上加盟国の経済に及ぼす影響も考慮に入れる。

第22条(代償及び譲許の停止)　1　代償及び譲許その他の義務の停止は、勧告及び裁定が妥当な期間内に実施されない場合に利用することができる一時的な手段であるが、これらのいずれの手段よりも、当該勧告及び裁定の対象となった措置を対象協定に適合させるために勧告を完全に実施することが優先される。代償は、任意に与えられるものであり、また、代償が与えられる場合には、対象協定に適合するものでなければならない。

2　関係加盟国は、対象協定に適合しないと認定された措置を当該協定に適合させ又は前条3の規定に従って決定された妥当な期間内に勧告及び裁定に従うことができない場合において、要請があるときは、相互に受け入れることができる代償を与えるため、当該妥当な期間の満了までに申立国と交渉を開始する。当該妥当な期間の満了の日の後20日以内に満足すべき代償について合意がされなかった場合には、申立国は、関係加盟国に対する対象協定に基づく譲許その他の義務の適用を停止するために紛争解決機関に承認を申請することができる。

3　申立国は、いかなる譲許その他の義務を停止するかを検討するに当たり、次に定める原則及び手続を適用する。

(a)　一般原則として、申立国は、まず、小委員会又は上級委員会により違反その他の無効化又は侵害があると認定された分野と同一の分野に関する譲許その他の義務の停止を試みるべきである。

(b)　申立国は、同一の分野に関する譲許その他の義務を停止することができず又は効果的でないと認める場合には、同一の協定のその他の分野に関する譲許その他の義務の停止を試みることができる。

(c)　申立国は、同一の協定のその他の分野に関する譲許その他の義務を停止することができず又は効果的でなく、かつ、十分重大な事態が存在すると認める場合には、その他の対象協定に関する譲許その他の義務の停止を試みることができる。

(d) (a)から(c)までの原則を適用するに当たり、申立国は、次の事項を考慮する。
　(i) 小委員会又は上級委員会により違反その他の無効化又は侵害があると認定された分野又は協定に関する貿易及び申立国に対するその貿易の重要性
　(ii) (i)の無効化又は侵害に係る一層広範な経済的要因及び譲許その他の義務の停止による一層広範な経済的影響
(e) 申立国は、(b)又は(c)の規定により譲許その他の義務を停止するための承認を申請することを決定する場合には、その申請においてその理由を示すものとする。当該申請は、紛争解決機関への提出の時に、関連する理事会に対しても及び、(b)の規定による申請の場合には、関連する分野別機関にも提出する。
(f) この3の規定の適用上、
　(i) 物品に関しては、すべての物品を一の分野とする。
　(ii) サービスに関しては、現行の「サービス分野分類表」に明示されている主要な分野(注)のそれぞれを一の分野とする。
注　サービス分野分類表(文書番号MTN/GNS/W-20の文書中の表)は、11の主要な分野を明示している。
　(iii) 貿易関連の知的所有権に関しては、貿易関連知的所有権協定の第2部の第1節から第7節までの規定が対象とする各種類の知的所有権のそれぞれ並びに第3部及び第4部に定める義務のそれぞれを一の分野とする。
(g) この3の規定の適用上、
　(i) 物品に関しては、世界貿易機関協定附属書1Aの協定の全体(紛争当事国が複数国間貿易協定の締約国である場合には、当該複数国間貿易協定を含む。)を一の協定とする。
　(ii) サービスに関しては、サービス貿易一般協定を一の協定とする。
　(iii) 知的所有権に関しては、貿易関連知的所有権協定を一の協定とする。
4　紛争解決機関が承認する譲許その他の義務の停止の程度は、無効化又は侵害の程度と同等のものとする。
5　紛争解決機関は、対象協定が禁じている譲許その他の義務の停止を承認してはならない。
6　2に規定する状況が生ずる場合には、申請に基づき、紛争解決機関は、同機関が当該申請を却下することをコンセンサス方式によって決定する場合を除くほか、妥当な期間の満了の後30日以内に譲許その他の義務の停止を承認する。ただし、関係加盟国が提案された停止の程度について異議を唱える場合又は申立国が3の(b)若しくは(c)の規定により譲許その他の義務を停止するための承認を申請するに当たり3に定める原則及び手続を遵守していなかったと関係加盟国が主張する場合には、その問題は、仲裁に付される。仲裁は、最初の小委員会(その委員が職務を遂行することが可能である場合)又は事務局長が任命する仲裁人(注)によって行われるものとし、妥当な期間が満了する日の後60日以内に完了する。譲許その他の義務は、仲裁の期間中は停止してはならない。
注　仲裁人は、個人であるか集団であるかを問わない。
7　6の規定に従って職務を遂行する仲裁人(注)は、停止される譲許その他の義務の性質を検討してはならないが、その停止の程度が無効化又は侵害の程度と同等であるかないかを決定する。仲裁人は、また、提案された譲許その他の義務の停止が対象協定の下で認められるものであるかないかを決定することができる。ただし、3に定める原則及び手続が遵守されていなかったという主張が仲裁に付された問題に含まれている場合には、仲裁人は、当該主張について検討する。当該原則及び手続が遵守されていなかった旨を仲裁人が決定する場合には、申立国は、3の規定に適合するように当該原則及び手続を適用する。当事国は、仲裁人の決定を最終的なものとして受け入れるものとし、関係当事国は、他の仲裁を求めてはならない。紛争解決機関は、仲裁人の決定について速やかに通報されるものとし、申請に基づき、当該申請が仲裁人の決定に適合する場合には、譲許その他の義務の停止を承認する。ただし、同機関が当該申請を却下することをコンセンサス方式によって決定する場合は、この限りでない。
注　仲裁人は、個人、集団又は最初の小委員会の委員(仲裁人の資格で職務を遂行する。)のいずれであるかを問わない。
8　譲許その他の義務の停止は、一時的なものとし、対象協定に適合しないと認定された措置が撤回され、勧告若しくは裁定を実施しなければならない加盟国により利益の無効化若しくは侵害に対する解決が提供され又は相互に満足すべき解決が得られるまでの間においてのみ適用される。紛争解決機関は、前条6の規定に従い、採択した勧告又は裁定の実施の監視を継続する。代償が与えられ又は譲許その他の義務が停止されたが、措置を対象協定に適合させるための勧告が実施されていない場合も、同様とする。
9　対象協定の紛争解決に関する規定は、加盟国の領

域内の地域又は地方の政府又は機関によるこれらの協定の遵守に影響を及ぼす措置について適用することができる。紛争解決機関が対象協定の規定が遵守されていない旨の裁定を行う場合には、責任を有する加盟国は、当該協定の遵守を確保するために利用することができる妥当な措置をとる。代償及び譲許その他の義務の停止に関する対象協定及びこの了解の規定は、対象協定の遵守を確保することができなかった場合について適用する(注)。

注　加盟国の領域内の地域又は地方の政府又は機関がとる措置に関するいずれかの対象協定の規定が、この9の規定と異なる規定を含む場合には、当該対象協定の規定が優先する。

第23条(多角的体制の強化)　(略)
第24条(後発開発途上加盟国に係る特別の手続)　(略)
第25条(仲裁) 1　紛争解決の代替的な手段としての世界貿易機関における迅速な仲裁は、両当事国によって明示された問題に関する一定の紛争の解決を容易にすることを可能とするものである。
2　仲裁に付するためには、この了解に別段の定めがある場合を除くほか、当事国が合意しなければならず、当該当事国は、従うべき手続について合意する。仲裁に付することについての合意は、仲裁手続が実際に開始される前に十分な余裕をもってすべての加盟国に通報される。
3　他の加盟国は、仲裁に付することについて合意した当事国の合意によってのみ仲裁手続の当事国となることができる。仲裁手続の当事国は、仲裁判断に服することについて合意する。仲裁判断は、紛争解決機関及び関連する協定の理事会又は委員会(加盟国が仲裁判断に関する問題点を提起することができる理事会又は委員会)に通報される。
4　第21条及び第22条の規定は、仲裁判断について準用する。

第26条(非違反措置及びその他の何らかの状態の場合)　(略)

第27条(事務局の任務)　(略)

附属書1〜4　(略)

【第2節　地域的文書】

12-8　北米自由貿易協定(NAFTA)(抜粋)
North American Free Trade Agreement

署　　名　1993年12月8日
効力発生　1994年1月1日
締 約 国　米国、カナダ、メキシコ

第102条(目的) 1　この協定の目的は、原則及び規則(内国民待遇、最恵国待遇及び透明性を含む。)において具体的に詳述するように、次のものである。
(a) 締約国の領域の間における商品及びサービスの貿易への障壁を取り除き、その国境を越えた移動を促進すること。
(b) 自由貿易地域における公正な競争の条件を促進すること。
(c) 締約国の領域内での投資の機会を実質的に増大させること。
(d) 各締約国の領域における知的所有権の適切かつ効果的な保護と執行を規定すること。
(e) この協定の実施及び適用、この協定の共同の管理並びに紛争の解決のために実効的な手続を創設すること、及び
(f) この協定の利益を拡大させ向上させるために、三者間の、地域的な、また多国間の追加的な協力の枠組みを樹立すること。
2　締約国は、1に定める目的に照らして、また国際法の適用される規則に従って、この協定の規定を解釈し適用する。

第103条(ほかの協定との関係) 1　締約国はその相互の関係において、関税と貿易のための一般協定及び締約国が当事者となっているほかの協定に基づく現存の権利及び義務を確認する。
2　この協定とそのような他の協定との間に不一致がある場合には、この協定に別段の定めがある場合を除くほか、不一致の限りにおいてこの協定が優先する。

第104条(環境保護協定と自然保全協定との関連) 1　この協定と次の条約に規定する特定の貿易上の義務が抵触する場合には、抵触の範囲において、当該義務が優先する。ただし、締約国の一が、当該義務に従うための、等しく効果的かつ合理的に実行可能な手段の間に選択肢を有する場合には、当該締約国は、この協定の他の規定と最も抵触しない選択肢を選ぶものとする。
(a) 絶滅のおそれのある野生動植物の種の国際

取引に関する条約(ワシントンにて1973年3月3日採択、1979年6月22日改正)
  (b) オゾン層を破壊する物質に関するモントリオール議定書(モントリオールにて1987年9月16日採択、1990年6月29日改正)
  (c) 有害廃棄物の国境を越える移動及びその処分の規制に関するバーゼル条約(バーゼルにて1989年3月22日採択、カナダ、メキシコ及びアメリカ合衆国についての効力発生に伴い)又は
  (d) 附属書第104.1に規定する協定
2 締約国は、1に規定する条約、及びその他いずれかの環境保護協定又は自然保全協定の改正を含めるように、附属書第104.1を改正することにつき書面によって合意することができる。

第105条(義務の程度) 締約国は、この協定に別の定めがない限り、その遵守も含めてこの協定の規定に効力を与えるために、州の政府によってすべての必要な手段がとられるよう確保する。

附属書第104.1(二国間及びその他の環境協定及び保全協定)
1 オタワにて1986年10月28日に署名された有害廃棄物の国境を越える移動に関するカナダ、メキシコ及びアメリカ合衆国間の協定
2 バハ・カリフォルニア・スル州のラパスにて1983年8月14日に署名された国境地域における環境の保護と改善のためのアメリカ合衆国とメキシコ間の協定

第712条(基本的権利及び義務)
衛生上及び植物検疫上の措置を講ずる権利
1 各締約国は、この節に従って、国際的な標準、指針又は勧告よりも厳格な措置を含め、自国領域における人、動物若しくは植物の生命又は健康の保護に必要な衛生上又は植物検疫上の措置を採用し、維持し若しくは適用することができる。

保護の水準を確立する権利
2 この節の他のいずれかの規定にもかかわらず、各締約国は、人間、動物若しくは植物の生命又は健康を保護するにあたり、第715条に従って、自国にとって適当な水準の保護を制定することができる。

科学的原則
3 各締約国は、自らが採用し、維持し若しくは適用する、衛生上又は植物検疫上のいずれかの措置について、次のことを確保する。
  (a) 適当な場合には、さまざまな地理的条件を含め、関連する要素に考慮を払い、科学的原則に基づかせること。
  (b) こうした措置にもはや科学的な根拠が存在しない場合にはこれを維持しないこと、及び
  (c) 状況により適切な場合には危険性の評価に基づかせること。

差別的でない待遇
4 各締約国は、同一又は類似の条件の下にある場合には、自らが採用し、維持し若しくは適用する、衛生上又は植物検疫上のいずれの措置も、自国製品と他国の同種商品又は他国の製品とそれ以外の国の同種商品を、恣意的に又は不当に差別しないことを確保する。

不必要な障害
5 各締約国は、技術的及び経済的な実現可能性に考慮を払った上で、自らが採用し、維持し若しくは適用する、衛生上又は植物検疫上のいずれの措置も、適切な保護の水準を達成するために必要な限りにおいてのみ、適用することを確保する。

偽装された制限
6 いずれの締約国も、締約国間の貿易に偽装された制限を行う目的で、又はこうした制限を行う結果となるような衛生上又は植物検疫上のいかなる措置も採用し、維持し、若しくは適用することはできない。

第713条(国際標準及び標準化組織) 1 各締約国は、人間、動物若しくは植物の生命又は健康の保護水準を減少させることなく、特に、自国の衛生上又は植物検疫上の措置を他の締約国の措置と同等なものとし若しくは適切な場合には同一のものとする目的で、当該措置の根拠として、関連する国際的な標準、指針若しくは勧告を利用する。
2 関連する国際的な標準、指針若しくは勧告に適合する締約国の衛生上又は植物検疫上の措置は、第712条に適合するものとみなされる。ある措置によって、関連する国際的な標準、指針若しくは勧告に従った措置に基づいて達成されうる水準とは異なる水準の衛生上又は植物検疫上の保護を実現した場合には、当該措置は、この理由のみではこの節に適合しないものとみなされない。
3 1のいかなる規定も、締約国が、この節の他の規定に従って、関連する国際的な標準、指針若しくは勧告よりも厳格な衛生上又は植物検疫上の措置を採択し、維持し、若しくは適用することを妨げるものと解されてはならない。
4 締約国は、他の締約国による衛生上又は植物検疫上の措置が自国の輸出に悪影響を及ぼしているか又は悪影響を及ぼすおそれがあり、かつ当該措置が関連する国際的な標準、指針若しくは勧告に基づいていないと信ずるに足る理由があ

る場合には、当該国家は、当該措置の理由の提供を要請し、当該他国は書面でその理由を提供する。

5　各締約国は、国際的な標準、指針若しくは勧告の設定及び定期的審査を促進するために、コーデックス委員会、国際獣疫事務局、国際植物防疫条約、北米植物検疫機関などの関連する国際標準化組織及び北米標準化組織に、実行可能な限り最大限に参加する。

第714条(同等性) 1　人間、動物若しくは植物の生命又は健康の保護水準を減少させることなく、締約国は、実行可能な限り最大限に及びこの節に従って、それぞれの衛生上又は植物検疫上の措置について同等性を追求する。

2　各輸入締約国は、
　(a)　輸出締約国が輸入締約国と協力して、両締約国で合意された危険性の評価方法に基づいて、(b)に従うことを条件に輸出締約国の措置が輸入締約国における適当な保護水準を達成することを客観的に証明する科学的証拠又はその他の情報を当該輸入締約国に提供する場合には、当該輸出締約国が採択し又は維持する衛生上又は植物検疫上の措置を輸入国のそれと同等なものとして扱う。
　(b)　科学的根拠がある場合には、輸出締約国の定めた措置が、輸入締約国の適当な保護水準を達成していないと決定することができる、及び
　(c)　要請に基づいて、(b)に基づく決定の理由を、書面で輸出締約国に提供する。

3　各輸出締約国は、同等性を確保することを目的として、輸入締約国の要請に基づいて、査察、試験及びその他関連する手続のために、自国領域におけるアクセスを容易にするために利用可能な合理的措置を講ずる。

4　各締約国は、衛生上又は植物検疫上の措置の設定において、他の締約国の実際の又は提案された関連の衛生上又は植物検疫上の措置を検討するべきである。

第715条(危険性の評価及び保護の適切な水準) 1　危険性の評価を実施するにあたって、各締約国は次の点に考慮を払う。
　(a)　国際標準化組織又は北米標準化組織が定めた関連する危険性の評価の技術及び方法
　(b)　関連する科学的証拠
　(c)　関連する生産工程及び生産方法
　(d)　関連する査察、試料及び試験方法
　(e)　伝染病又は疾病の無発生地域、若しくは伝染病又は疾病の低発生地域の存在を含む、関連する伝染病又は疫病の罹患率
　(f)　関連する生態学上及びその他の環境上の条件、及び
　(g)　強制隔離などの関連する処遇

2　1に加えて、各締約国は、動物又は植物の伝染病又は疾病の侵入、定着又は流行に伴う危険性に関する自国の保護の適切な水準を決定し、かつこうした危険性を評価するにあたり、必要な場合には、次の経済的要素に考慮を払う。
　(a)　伝染病又は疾病が原因で起こりうる生産又は売上げの減少
　(b)　自国領域内での伝染病又は疾病の抑制又は根絶の費用
　(c)　危険性を抑制するための代替的アプローチの相対的な費用対効果

3　各締約国は、自国の保護の適切な水準を確立するにあたり、次のことを行う。
　(a)　貿易に対する悪影響を最小限に抑えるという目的を考慮すること。
　(b)　こうした水準の一貫性を実現するために、異なる状況においてこうした水準に恣意的な又は不当な差別が生じることを回避すること。ただし、当該差別が他の締約国の商品に恣意的な又は不当な差別を生じさせるか、又は当該差別が締約国間の貿易に対する偽装された制限を構成する場合に限る。

4　1から3及び第712条3(c)の規定にもかかわらず、危険性の評価を実施する締約国が、関連する入手可能な科学的証拠又はその他の情報が評価を行うために不十分であると決定した場合には、当該締約国は、国際標準化組織又は北米標準化組織から得た情報及び他の締約国による衛生上又は植物検疫上の措置から得た情報を含む、入手可能な関連情報に基づいて、暫定的な衛生上又は植物検疫上の措置を採用することができる。当該締約国は、評価を行うために十分な情報の提供を受けた後の合理的な期間内に、自国の評価を完了し、こうした評価に照らして暫定措置を審査し、必要な場合には改訂を行う。

5　締約国が衛生上又は植物検疫上の措置の段階的適用によって適切な水準の保護を達成しうる場合には、当該締約国は、他の締約国の要請に基づき及びこの節の規定に従って、こうした段階的適用を認めるか、又は輸出に関する要請国の利益を考慮し、一定期間、当該措置の適用除外を特に許可することができる。

第1114条(環境上の措置) 1　この章*のいかなる規定も、その他の点ではこの章に適合するいずれかの措置で、締約国が、自国領域内での投資活動

が環境上の懸念に敏感な方法で行われることを確保するために適当と認めるものを、当該締約国が採用し、維持し若しくは履行することを妨げるものと解されてはならない。
〔編者注〕　この章とは、第11章投資を指す。
2　締約国は、健康上、安全上又は環境上の国内措置を緩和することによって投資を奨励することは不適当であると認める。したがって締約国は、自国領域において投資家が投資を行い、取得し、拡大し又は維持することを奨励するために、このような措置を免除し又はその他の形で適用除外するべきではなく、若しくはこのような措置を免除し又はその他の形で適用除外することを申し出るべきではない。締約国の一が、別の当事国はこうした投資の奨励を申し出たと判断した場合には、当該締約国は、当該別の締約国との協議を要請することができ、かつ両締約国は、こうした奨励を回避するために協議する。

第2005条（GATTによる紛争の解決）　1　2、3及び4を条件として、この協定及び関税と貿易に関する一般協定、それに基づいて交渉されたすべての協定又はその承継協定（以下、GATTという。）のもとで生じるいずれかの問題に関する紛争は、申立国の裁量によっていずれの手続によっても解決することができる。
2　締約国が、この協定のもとで援用可能な理由と実質的に同等の理由により、他の締約国に対してGATTにおける紛争解決手続を開始する前に、当該締約国はいずれの第三国に対しても自国の意図を通知する。第三国が、その問題に関して、この協定に基づく紛争解決手続に訴えることを希望する場合には、当該第三国は、通告を行った国に対して速やかにその旨を通知し、これらの両締約国は、単一の手続によるよう合意することを目的に協議を行う。両締約国が合意に至らない場合には、通常は、当該紛争はこの協定に基づいて解決する。
3　1に規定するいずれかの紛争において、申立てを受けた国が自国の行為には第104条（環境保護協定と自然保全協定との関連）が適用されると主張し、かつその問題をこの協定に基づいて検討することを書面で要請する場合には、その後、申立国は、当該問題に関して、この協定に基づく紛争解決手続のみに訴えることができる。
4　1に規定する紛争で、第7章（衛生上及び植物検疫上の措置）第B節又は第9章（標準に関連する措置）に基づいて生じるいずれかの紛争であって、
　(a)　締約国における人間、動物若しくは植物の生命又は健康の保護、又は自国の環境の保護のために、当該締約国によって採択し又は維持される措置に関するもの、及び
　(b)　直接関連のある科学的問題を含め、環境、健康、安全又は自然の保全に関する事実に関する問題を引き起こすもの
　については、申立てを受けた国がその問題をこの協定に基づいて検討することを書面で要請する場合には、その後、申立国は、当該問題に関してこの協定に基づく紛争解決手続のみに訴えることができる。
5　申立てを受けた国は、3又は4に従ってなされる要請の写しを、他の締約国及び事務局の当該部門に送付する。3又は4の対象となる問題について申立国が紛争解決手続を開始した場合には、申立てを受けた国は、その後15日以内に、自国の要請を送付する。こうした要請を受領した場合には、申立国は、当該手続への参加を速やかに取りやめるものとし、第2007条に基づく紛争解決手続を開始することができる。
6　第2007条又はGATTのいずれかに基づく紛争解決手続が開始された場合には、他の手続を排除して選択された当該の手続を用いる。ただし、締約国が、3又は4に従って要請を行う場合はこの限りではない。
7　この条の適用上、GATTのもとにおける紛争解決手続は、1947年の関税と貿易に関する一般協定第23条2の下における小委員会の設置、又は関税評価規則第20条1の下におけるような委員会の調査の開始を求める、締約国の請求によって開始されたものとみなす。

12-9 北米環境協力協定(NAAEC)(抄)
North American Agreement on Environmental Cooperation

署　　名　1993年9月13日
効力発生　1994年1月1日
締 約 国　米国、カナダ、メキシコ

前　文　(略)

第1部　目　的
第1条(目的) この協定の目的は、次の通りである。
  (a) 現在及び将来の世代の福祉のために締約国の領域における環境の保護及び改善を促進すること。
  (b) 協力並びに相互に支持し合う環境政策及び経済政策に基づく持続可能な発展を促進すること。
  (c) 野生動植物を含む環境のよりよい保全、保護及び向上のために締約国間の協力を増大させること。
  (d) 北米自由貿易協定の環境に関する目標及び目的を支持すること。
  (e) 貿易の歪曲及び新たな貿易障壁の創設を回避すること。
  (f) 環境法、環境規制、手続、政策及び慣行の発展と改善に関する協力を強化すること。
  (g) 環境法及び環境規制の遵守及び執行を向上させること。
  (h) 環境法、環境規制及び政策の発展における透明性及び公衆の参加を促進すること。
  (i) 経済的に効率的で効果的な環境措置を促進すること、及び
  (j) 汚染防止の政策及び慣行を促進すること。

第2部　義　務
第2条(一般的約束) 1　各締約国は、その領域に関して次のことを行う。
  (a) 環境の状態に関する報告書を定期的に作成し公衆の利用に供すること。
  (b) 環境上の緊急事態に関する対処措置を発展させ再検討すること。
  (c) 環境法を含む環境問題に関する教育を促進すること。
  (d) 環境問題に関する科学研究及び技術開発を促進すること。
  (e) 適当な場合には、環境影響を評価すること、及び
  (f) 環境目標の効率的な達成のために経済的手段の利用を促進する。

2　各締約国は、第10条5(b)の下で理事会が採択する勧告をその国内法で実施することを検討する。

3　各締約国は、自国の領域において使用が禁止されている農薬又は有毒物質の他の締約国の領域への輸出を禁止することを検討する。締約国がその領域において農薬又は有毒物質の使用を禁止し、又は厳格に制限する措置を採用する場合には、直接に又は適当な国際機関を通じて当該措置を他の締約国に通告する。

第3条(保護の水準) 各締約国は、国内における環境保護の水準並びに環境発展の政策及び優先順位を樹立する権利、及びこれに従って自国の環境法及び環境規制を採択し又は修正する権利を承認し、自国の法及び環境規制が高い水準の環境保護を提供することを確保し並びにこれらの法及び環境規制を引き続き改善するよう努力する。

第4条(公表) 1　各締約国は、この協定が規律する事項に関する自国の法、環境規制、手続及び一般的に適用される行政上の決定が、利害関係者及び締約国がそれを知りうるような方法で、速やかに公表され又はその他の形で利用可能とされることを確保する。

2　締約国は、可能な範囲内で、
  (a) 採用を予定している措置を事前に公表する。
  (b) 利害関係者及び締約国に予定されている措置について意見を述べる合理的な機会を提供する。

第5条(政府による執行活動) 1　各締約国は、高い水準の環境保護、環境法及び環境規制の遵守を達成するために、第37条に従い、その環境法及び環境規制を次のような適当な政府の活動を通じて効果的に実施する。
  (a) 査察官の任命及び訓練
  (b) 現地査察を含む遵守の監視及び違反の疑いに対する調査
  (c) 自発的遵守の保証及び遵守合意の追求
  (d) 不遵守情報の公表
  (e) 執行手続に関する広報その他の定期的な報告の発出
  (f) 環境監査の促進

(g) 記録保存及び報告を求めること
(h) 仲介及び仲裁サービスの提供又は奨励
(i) 免許、許可又は認可の利用
(j) 環境法及び環境規制の違反に対する適当な制裁又は救済のための時宜を得た司法的、準司法的又は行政的手続の開始
(k) 捜査、押収又は拘留を規定すること、又は
(l) 予防的、矯正的又は緊急の命令を含む行政命令の発出
2 各締約国は、その国内法の下で、環境法及び環境規制の違反に対する制裁又は救済として、司法的、準司法的又は行政的な執行手続が利用できるよう確保する。
3 締約国の環境法及び環境規制の違反に対する制裁及び救済は、適当な場合には、次の条件を満たすものとする。
(a) 違反の性質と重大さ、違反者が違反によって得る経済的利益、違反者の経済状態及びその他の関連要因を考慮すること。
(b) 遵守合意、罰金、収監、差止命令、施設の閉鎖及び汚染の封じ込め又は浄化するための費用を含めること。

第6条(私人による救済の利用可能性) 1 各締約国は、利害関係者が締約国の権限のある当局に対して環境法及び環境規制の違反の申立を調査することを要請できるよう確保し、法に従って当該要請に妥当な考慮を払う。
2 各締約国は、国内法において特定の事案に関して法的に承認された利害を有する者が締約国の環境法及び環境規制の執行のための行政的、準司法的又は司法的な手続を利用可能とするよう確保する。
3 私人による救済の利用可能性は、締約国の法に従い、例えば次のものが含まれる。
(a) 当該締約国の管轄権下にある他の人に対して損害賠償の訴えを提起すること。
(b) 金銭賠償、緊急閉鎖又は環境法及び環境規制の違反の結果を緩和する命令などの制裁又は救済を求めること。
(c) 権限ある当局に、環境保護又は環境侵害の回避のために当該締約国の環境法及び環境規制を執行する適当な行動をとるように要請すること、又は
(d) 当該締約国の管轄の下にある他の人の当該国の環境法及び環境規制に違反する行為又は不法行為の結果として損害、損傷又は侵害を被ったか、又は被るおそれがある場合には、差止を請求すること。

第7条(手続的保障) 1 各締約国は、第5条2及び第6条2にいう行政的、準司法的及び司法的な手続が公正で、公開されかつ衡平であることを確保し、及びこの目的のために当該手続について次のことを保障する。
(a) 法の適正手続を遵守すること。
(b) 司法運営上別段の要請がある場合を除き、公開されること。
(c) 訴訟当事者にそれぞれの立場を支持し又は防御し、及び情報又は証拠を提示する権利を与えること、及び
(d) 不必要に複雑でなく、不合理な費用又は時間制限若しくは正当化されない遅延を伴わないこと。
2 各締約国は、当該手続における事件の本案に関する最終決定について次のことを規定する。
(a) 書面によること。決定の基礎にある理由を述べることが望ましい。
(b) 不当な遅延なしに手続の当事者に利用可能とし、及び国内法に従って公衆に利用可能とすること、及び
(c) 当事者が聴聞の機会を与えられた情報又は証拠に基づいていること。
3 各締約国は適当な場合には、当該手続の当事者が、その国内法に従い、当該手続で出された最終決定の再審理を求め、及び正当化される場合にはその訂正を求める権利を規定する。
4 各当事者は、当該手続を実施し又は再審理する法廷が公平かつ独立しており、事件の結果についていかなる実質的な利害も持たないことを確保する。

第3部 環境協力委員会

第8条(委員会) 1 締約国は、ここに環境協力委員会を設立する。
2 委員会は、理事会、事務局及び合同公衆諮問委員会から構成する。

第A節 理事会

第9条(理事会の構成と手続) 1 理事会は、締約国の閣僚級、又はそれと同等の代表者、若しくは締約国が指名した者から構成される。
2 理事会は、その規則及び手続を制定する。
3 理事会は、次のように会合する。
(a) 少なくとも年1回の定例会期、及び
(b) いずれかの締約国の要請に基づく特別会期
定例会期は、各締約国が順番に議長を担当する。
4 理事会は、定例会期中に公開の会合を開催する。定例会期又は特別会期中に開催されるその他の会合については、理事会が決定した場合には公

開とする。
5 理事会は、次のことを行うことができる。
  (a) アドホック委員会又は常設委員会、作業グループ若しくは専門家グループの設立、及びこうした委員会並びにグループへの責任の付与
  (b) 独立した専門家を含む、非政府機関又は個人への助言の要請、及び
  (c) 理事会としての任務を果たす上で、締約国が合意するその他の活動
6 理事会のすべての決定及び勧告は、コンセンサスによって行われる。ただし、理事会が別段の決定を行うか、若しくはこの協定に別段の定めがある場合を除く。
7 理事会のすべての決定及び勧告は公表される。ただし、理事会が別段の決定を行うか、若しくはこの協定に別段の定めがある場合を除く。

第10条(理事会の任務) （略）

第B節 事務局
第11条(事務局の構成と手続) （略）
第12条(委員会の年報) （略）
第13条(事務局の報告書) （略）
第14条(執行問題に関する申立て) 1 事務局は、当該申立てについて次のことを認める場合には、締約国が自国の環境法を効果的に執行していないと主張する、いずれの非政府機関又は個人からの申立てを検討することができる。
  (a) 事務局への通知において当該締約国が指定した言語による書面の申立てであること。
  (b) 申立てを行う個人又は組織を明確に特定していること。
  (c) 当該申立ての根拠となる文書による証拠を含め、事務局に申立ての検討を許す十分な情報を提供していること。
  (d) 産業を妨害するというより、執行の促進を目的としていると思われること。
  (e) 当該問題が締約国の関連当局に対し書面で通知されていること、及び必要な場合には、当該当事国の回答が示されていること、及び
  (f) 締約国の領域に居住する個人又は当該領域で設立された組織によって提出されたこと。
2 申立てが1の要件を満たしていると判断した場合には、事務局は、当該申立てが締約国に回答を要請するに値するかどうかを決定する。事務局は、次のことを指針とする。
  (a) 申立てが、当該申立てを行う個人又は組織に損害をもたらしていると主張すること。
  (b) 申立てが、単独で又は他の申立てとの組み合わせで、この手続におけるそのさらなる調査がこの協定の目標を促進する問題を提起していること。
  (c) 締約国の国内法で利用可能な私的救済が尽くされていること、及び
  (d) 申立てが、もっぱらマスメディアの報告から引用されていること。

こうした要請を行う場合には、事務局は、締約国に対し申立ての写し1通及び申立てとともに提供された裏付ける情報を送付する。
3 締約国は、要請の送達後30日以内に、又は例外的な状況であって事務局に対してその旨の通告を行った場合には60日以内に、事務局に対し、次の点について通知を行う。
  (a) 当該問題が、係争中の司法手続又は行政手続の主題であるか否か。そのような場合には、事務局はそれ以上手続を進めない、及び
  (b) 例えば、当該の締約国が提出することを望む、以下のようなその他いずれかの情報。
    (i) 当該問題が以前に司法手続又は行政手続の主題となったか否か。
    (ii) 当該問題に関する私的救済が申立てを行った個人又は組織に利用可能か否か、及びかかる個人又は組織がこの救済を尽くしたか否か。

第15条(事実の記録) 1 事務局が、締約国によって提供された回答に照らして、当該申立ては事実の記録の作成を正当とすると判断する場合には、事務局は、理事会にその旨を通報しかつその理由を提供する。
2 理事会が3分の2の多数決をもってその旨の指示を行う場合には、事務局は事実の記録を作成する。
3 この条に従った事務局による事実の記録の作成は、申立てに関連してとられることがあるいずれかの追加的な措置を損なうものではない。
4 事実の記録の作成に際して、事務局は締約国によって提供された情報を考慮し、かつ技術的、科学的又はその他の関連情報で次のものを考慮することができる。
  (a) 公表されている情報
  (b) 利害関係を有する非政府機関又は個人によって提出された情報
  (c) 合同公衆諮問委員会によって提出された情報、又は
  (d) 事務局又は独立の専門家によって作成された情報
5 事務局は、事実の記録の草案を理事会に提出する。いずれの締約国も、その後45日以内に、草案の正確さについて意見を述べることができる。

6 事務局は、適当な場合には、上記の意見を最終的な事実の記録に組み入れ、理事会に提出する。
7 理事会は、3分の2の多数決によって、通常は提出を受けて60日以内に、最終的な事実の記録を公表することができる。

第C節　諮問委員会
第16条(合同公衆諮問委員会)　(略)
第17条(国内諮問委員会)　(略)
第18条(政府委員会)　(略)

第D節　公用語
第19条(公用語)　(略)

第4部　協力及び情報規定
第20条(協力)　(略)
第21条(情報規定)　(略)

第5部　協議及び紛争解決
第22条(協議)　1　いずれの締約国も書面により、他の締約国がその環境法の効果的な実施を行わない一貫した形態があるかどうかに関して、当該他の締約国との協議を要請することができる。
2　協議を要請する締約国は、その要請を他の締約国及び事務局に送付する。
3　理事会が、第9条2に定める規則及び手続に別段の定めを置かない限り、当該の事項に実質的な利害関係を有すると考える第三者たる締約国は、他の締約国及び事務局に対して書面による通告を送付することにより、この協議に参加する資格を有する。
4　協議に参加する締約国は、この条に定める協議を通じて、当該問題についてすべてが満足する解決に到達するようにあらゆる試みを行う。

第23条(手続の開始)　1　協議を行う締約国が、協議の要請の送付後60日以内に、又は協議を行う締約国が合意することがあるその他の期間内に、第22条に従って問題を解決することができない場合には、当該締約国のいずれもが、理事会に対し特別会期の開催を書面で要請することができる。
2　開催を要請する締約国は、要請の中に申立ての事項を記載し、他の締約国及び事務局に当該要請を送付する。
3　理事会は、別段の決定を行う場合を除き、要請の送付後20日以内に会期を招集し、紛争を速やかに解決するための努力を行う。
4　理事会は、双方が満足のいく紛争解決に到達するために、協議を行う締約国を支援するため、次のことを行うことができる。
　(a)　必要と考える場合は、技術顧問の出席を要請し、又は作業部会若しくは専門家部会を設置すること。
　(b)　あっせん、調停、仲介又は他の紛争解決手続に訴えること、又は
　(c)　勧告を行うこと。
　　理事会が3分の2の投票で決定した場合には、上記の勧告は公開される。
5　理事会は、問題が当該の締約国が当事国である他の協定又は取決めによってより適切に取り扱われると決定する場合には、これらの他の協定又は取決めに従って適切な行動をとるように、この問題を当該の締約国に差し戻す。

第24条(仲裁パネルの要請)　1　理事会が第23条に従って会期を招集した後60日以内に問題が解決されない場合には、理事会は、いずれかの協議を行う締約国の書面による要請に基づいてかつ3分の2の投票によって、訴えられた締約国にあると主張されている、国内環境法を実効的に実施しない一貫した形態が、次の商品を生産し又はサービスを提供する職場、企業、法人又はセクターを含む事態に関連する場合には、当該問題の検討を行う仲裁パネルを設置する。
　(a)　締約国の領域間で取引されているもの、又は
　(b)　訴えられた締約国の領域において、他の締約国の人によって生産又は提供された商品若しくはサービスと競争しているもの
2　当該問題に実質的な利害関係を有していると考える第三者は、紛争締約国及び事務局に、参加の意図を伝える書面による通告を送付した時点で、訴えを提起する当事者として参加することができる。かかる通告はできるだけ早い時期に送付され、いかなる場合でも、パネル召集に関する理事会の投票日の後7日以内に行われる。
3　紛争当事国による別段の合意がある場合を除き、パネルはこの部の規定に合致する方法で設置され、かつその任務を遂行する。

第25条(登録名簿)　(略)
第26条(パネリストの資格)　(略)
第27条(パネルの選定)　(略)
第28条(手続規則)　(略)
第29条(第三者参加)　紛争の当事者でない締約国は、紛争当事国及び事務局に書面による通告を送付した時点で、すべての聴聞に出席し、パネルに対し書面及び口頭の申立てを行い、かつ紛争当事国が提出した書面を受領することができる。
第30条(専門家の役割)　パネルは、紛争当事国の要請

に基づき又は自らの発意に基づいて、適当とみなす人又は機関から情報及び技術的助言を求めることができる。ただし、紛争当事国がこれに同意し、かつ紛争当事国が合意することがある条件に従うことを条件とする。

第31条(第一次報告書) 1　紛争当事国が別段の合意をした場合を除き、パネルは、当事国が提出した申立て及び弁論、並びに第30条に従ってパネルに提出されたあらゆる情報に基づいて報告書を作成する。

2　紛争当事国が別段の合意をした場合を除き、パネルは、最後のパネリストが選出された後の180日以内に、紛争当事国に対し、次の点を含む第一次報告書を提示する。
　(a)　事実認定
　(b)　申立ての対象となった締約国にその環境法の効果的な実施を行わない一貫した形態があるかどうかに関する決定、及びその付託条項によって求められたその他のいずれかの決定、及び
　(c)　パネルが(b)の下で肯定的な決定を行う場合には、もしあるのであれば、紛争解決のための勧告。ただし、通常、かかる勧告は、訴えられた締約国に対し、不履行の形態を是正するに足る行動計画を採択し、実施するよう求める内容となる。

3　パネリストは、全会一致に至らなかった問題について、個別意見を示すことができる。

4　紛争当事国は、第一次報告書の提示から30日以内に、報告書に対する書面による意見をパネルに提出することができる。

5　こうした場合、提出された書面による意見を検討した後に、パネルは、自らの発意又はいずれかの紛争当事国の要請に基づいて、次のことを行うことができる。
　(a)　参加した締約国のいずれかに見解を要請すること。
　(b)　第一次報告書の再検討を行うこと、及び
　(c)　自らが適当と考える場合には、さらなる検討を行うこと。

第32条(最終報告書) 1　パネルは、紛争当事国が別段の合意をした場合を除き、第一次報告書の提示から60日以内に(全会一致に至らなかった問題に関するあらゆる個別意見を含む。)最終報告書を紛争当事国に提示する。

2　紛争当事国は、パネルの最終報告書、並びに紛争当事国の1が添付を希望するいかなる書面による見解も、当該報告書の提示を受けた後の15日以内に秘密扱いで理事会に送付する。

3　パネルの最終報告書は、理事会に送付された後の5日後に公表される。

第33条(最終報告書の実施)　(略)
第34条(実施の点検)　(略)
第35条(追加手続)　(略)
第36条(利益の停止)　(略)

第6部　一般規定

第37条(実施原則) この協定のいずれの規定も、他の締約国の領域内で環境法の執行措置を行う権限を締約国当局に対して付与するものと解釈されてはならない。

第38条(私人の権利) いかなる締約国も、他の締約国がこの協定に合致しない方法で行為したことを理由として、自国の法律の下で当該他の締約国に対する訴権を規定してはならない。

第39条(情報の保護)　(略)

第40条(他の環境協定との関係) この協定のいずれの部分も、他の国際環境協定(保全協定を含む。)であって他の締約国が当事国であるものの下における、当該他の締約国の現存の権利及び義務に影響を及ぼすものと解釈してはならない。

第41条(義務の範囲)　(略)
第42条(国家の安全)　(略)
第43条(委員会の財源)　(略)
第44条(特権免除)　(略)
第45条(定義)　(略)

第7部　最終規定

第46条(附属書)　(略)
第47条(効力発生)　(略)
第48条(改正)　(略)
第49条(加入)　(略)
第50条(脱退)　(略)
第51条(正文)　(略)

　　附属書34　金銭的強制執行評価額　(略)

　　附属書36A　カナダの国内執行及び徴収　(略)

　　附属書36B　利益の停止　(略)

　　附属書41　義務の範囲　(略)

　　附属書45　各国ごとの定義　(略)

第13章
武力紛争と環境

「武力紛争における環境保護」問題の登場

　伝統的な戦時国際法の諸条約にも現在の目から見れば武力紛争における環境保護のために適用可能な規定が存在しており、本章の主題にかかわる規定は関連条約の中に散在しているので、その収録は当該規定の抜粋となり、また、[参照文書]欄でクロス・レファレンスをお願いする個所が少なくない。

　さて、湾岸戦争時のイラクによるクウェートの油田破壊などに起因する環境破壊は国際世論に衝撃を与え、このような背景のもとに国連総会の要望にこたえて赤十字国際委員会(ICRC)が起草したのが環境保護教範の指針(13-1)である。この文書は、それ自体として法的拘束力を有するものではないが、その相当部分において現行の諸条約を反映しており、ある種の条約索引としてこの問題を考えるうえでの出発点となる。

　湾岸戦争に先立って、ベトナム戦争において米軍が行った枯れ葉剤の散布や対人地雷の使用などは広範な環境破壊と一般住民の健康被害などを生じ、武力紛争時における環境の保護が国際社会の課題として認識されるきっかけとなった。本章に収録する13-2；13-3；13-14などの諸条約ないしその関連規定は、このことを直接または間接的な契機として起草されたものである。環境改変技術使用禁止条約(13-2)は、環境の保護それ自体を目的とするものではなく、環境改変技術を敵対的目的で使用することを禁止するものであるが、禁止の下限——いわゆる「しきい」——が極めて高いことなどが批判された。

環境に悪影響を与える兵器の規制

　第2節には、その使用が環境に悪影響を与える可能性がある兵器を規制する諸条約を収録する。まず通常兵器について、特定通常兵器使用禁止制限条約(13-3)は枠組条約の一種であり、条約本体には適用範囲や手続事項などを規定し、具体的な制限禁止は議定書に委ねる。条約と同時に3本の議定書が作成され後に2本が加わったが、ここでは環境保護に関係するもの

を収録する。特定通常兵器使用禁止制限条約議定書Ⅱ(13-3-1)は、遠隔散布地雷、対人地雷、ブービートラップなどの使用を区別原則に立って制限するが完全な禁止ではなく、1996年の改正も完全禁止を実現しなかった。また、特定通常兵器使用禁止制限条約議定書Ⅲ(13-3-2)は焼夷兵器の使用を同様に制限するが、森林その他の植物群落に対する焼夷兵器の使用を明文で禁止した。他方、対人地雷禁止条約(13-4)とクラスター弾条約(13-5)は、国際世論の高まりを背景に両兵器の全面的な禁止を規定する。

生物化学兵器については、第一次世界大戦における毒ガス使用の経験を踏まえて、1925年のジュネーヴ・ガス議定書(13-6)は毒ガスなどの使用禁止とその細菌学的戦争手段への適用を規定した。この使用禁止を受けて、1972年の生物兵器禁止条約(13-7)と1992年の化学兵器禁止条約(13-8)は、それぞれ生物兵器と化学兵器について開発、生産、貯蔵などを全面的に禁止するとともに、既存の兵器の廃棄をも義務づけた。

他方、核兵器については、このような全面禁止どころか条約上の明文の使用禁止さえ実現していない。部分的核実験禁止条約(13-9)は、大気圏内、宇宙空間および水中における核実験を禁止することによって――それが地球環境の核汚染の防止に資することは確かであるが――新しい核兵器国の出現を防ぐことを目的とし、核不拡散条約(13-10)は非核兵器国が新たに核兵器を取得することを禁止する一方、核兵器国には核軍縮のために誠実に交渉する義務を課した。1995年に開催された本条約の再検討会議は、その無期限の延長を決定する。非核兵器地帯の諸条約は各地域の非核兵器国がイニシアチブを取ったものであることを特色とするが、ここでは規定が比較的よく整備されたラロトンガ条約(13-11)を抄録する。これらの諸条約は、域内国が非核化を約束するとともに域外の核兵器国は議定書によってこれらの諸国に対する核兵器の不使用などを約束するという共通の構造をもつ。核の平和利用は妨げられないが、この種の最初の条約であるラテン・アメリカのトラテロルコ条約のみは、平和的核爆発を許容する明文の規定をおく。また、トラテロルコ条約以外の諸条約は放射性廃棄物等の投棄を禁止する規定をもち、中央アジアのセメイ条約(旧略称セミパラチンスク条約)は独自の規定としてかつての核実験によって生じた環境汚染の修復への協力を定める。

環境に悪影響を与える戦闘方法の規制と文化財の保護

戦闘の方法を規制する諸条約も、1907年ハーグ陸戦条約(13-12)およびこれに附属するハーグ陸戦規則(13-12-1)以来、文民と民用物の保護、不必要な破壊の禁止などの諸規定を通じて武力紛争時における環境の保護に間接的にではあるが貢献してきた。とりわけ1977年第1追加議定書(13-14)は、一般に民用物の保護を強化しただけでなく、直接に自然環境の保護に向けられた2箇条の規定をもつ。また、内戦に適用される初めての条約である1977年第2追加議定書(13-15)についても、環境保護に有用と思われる規定を抜粋して収録する。

武力紛争時における文化財の保護も長い歴史を有するが、これ自体を目的とする条約としてはUNESCOのイニシアチブにより1954年に作成されたハーグ文化財保護条約(13-16)とそ

の議定書(13-16-1)、および1999年に作成されたその第2議定書(13-16-2)がある。文化財保護条約は武力紛争時において文化財を尊重するだけでなく、その保護のために積極的な措置をとる締約国の義務を規定し、議定書は占領地からの文化財の輸出を禁止する。また第2議定書は、人類にとってとくに重要な価値を有する特定の文化財について、強化された保護の制度を設けた。

紛争終結後の対処

　戦後にも残存する不発弾などの危険に対処するための条約規定は過去にもなかったわけではないが、戦争残存物の除去がとくに重要な課題として認識されるようになったのは、冷戦終結後の地域紛争を契機としてである。すでに特定通常兵器使用禁止制限条約議定書Ⅱ(13-3-1)は現実の敵対行為停止後に遅滞なく対人地雷などを除去する義務を、化学兵器禁止条約(13-8)は他の締約国の領域内に遺棄した化学兵器を廃棄する義務を規定していたが、2003年に採択された特定通常兵器使用禁止制限条約議定書Ⅴ(13-17)は、とくに紛争後における爆発性の戦争残存物の撤去などを目的とする。また、対人地雷禁止条約(13-4)とクラスター弾条約(13-5)は、紛争後に残存した不発弾などが環境を破壊し復興の重大な障害となることが懸念されたことが、締結の主要な動機の一つだった。

　武力紛争における環境破壊の責任が関心を集めるようになったのも近年であるが、武力紛争法違反の民事責任については長い歴史がある。1907年ハーグ陸戦条約(13-12)第3条はこれに関する交戦当事者の賠償責任を規定し、その慣習法化は争われていない。また、湾岸戦争の停戦決議である安全保障理事会決議687(1991)(13-18)は、環境損害を明記してイラクの賠償責任を規定した。他方、武力紛争時における環境破壊にかかわる個人の刑事責任について直接規定する条約は存在しないが、1949年文民条約(13-13)や1977年第1追加議定書(13-14)の、武力紛争法の重大な違反行為の処罰に関する関連規定は環境破壊にも適用可能であり、また、国際刑事裁判所規程(13-19)によっても、武力紛争時における重大な環境破壊行為について裁判・処罰が可能である。さらに、文化財保護条約第2議定書(13-16-2)は、その著しい違反について裁判権を設定し、被疑者を「引き渡すか訴追するか」の義務を設ける。

【第1節 一般的文書】

13-1 武力紛争時における環境の保護に関する軍事教範及び訓令のための指針（環境保護教範の指針）

Guidelines for Military Manuals and Instructions on the Protection of the Environment in Times of Armed Conflict

作　成　国際連合総会第48回会期決議48/30（1993年12月9日）を受けて赤十字国際委員会が1994年に作成。
同年国際連合総会第49回会期決議49/50（1994年12月9日）により広範な普及を要請。

I　序　言

(1) この指針は、環境を武力紛争の影響から保護することに関する現行の国際法上の義務及び国の慣行から引き出されるものである。この指針は、すべての国の軍隊において環境の保護に関する積極的な利益と関心を促すために編集された。

(2) 武力紛争時において環境を保護する国際法が実際に実施されることを確保するためには、国内の法令及び国のレベルでとられるその他の措置が不可欠の手段となる。

(3) 国際慣習法の表現であるか又は特定の国を拘束する条約たる法の表現である限りにおいて、この指針は軍事教範及び戦争法に関する訓令の中に含めなければならない。この指針が国の政策を反映する場合には、これをそれらの文書に含めることを提案する。

II　国際法の一般原則

(4) 下に規定する特定の規則に加えて、武力紛争に適用される国際法の一般原則、例えば区別原則及び均衡性の原則は、環境に対して保護を提供する。とりわけ、軍事目標だけを攻撃することができ、また、過度の損害を生じる戦闘の方法又は手段を用いてはならない。国際法が要求するように、軍事行動においては予防措置をとらなければならない。
〔G.P.I：35；48；52；57〕

(5) 国際環境協定及び慣習法の関連規則は、武力紛争に適用される法と両立する限りにおいて、武力紛争時において引き続き適用することができる。

環境の保護に関する義務であって武力紛争の当事者でない国（例えば隣接国）に対するもの、及び国の管轄権を超える区域（例えば公海）に関するものは、武力紛争に適用される法と両立する限りにおいて、武力紛争の存在によって影響を受けない。

(6) 非国際的武力紛争の当事者は、環境の保護を規定する規則であって国際的武力紛争に適用されるものと同じ規則を適用することを奨励される。したがって国は、当該紛争がどのように性格づけられるかを理由とする差別を行わないような方法で、このような規則を自国の軍事教範及び戦争法に関する訓令に取り入れることを要請される。

(7) 環境は、国際取極の規則がその対象としていない場合においても、確立された慣習、人道の諸原則及び公共の良心に由来する国際法の諸原則に基づく保護並びにこのような国際法の諸原則の支配の下に置かれる。
〔H. IV：前文；G.P.I：1-2；G.P.II：前文〕

III　環境の保護に関する特定の規則

(8) 軍事的必要によって正当化されない環境の破壊は、国際人道法に違反する。一定の状況においては、このような破壊は国際人道法の重大な違反行為として処罰される。
〔H. IV. R：23(g)；G. IV：53；147；G.P.I：35-3；55〕

(9) 民用物を破壊することの一般的禁止も、このような破壊が軍事的必要によって正当化されない限り、環境を保護するものである。
〔H. IV. R：23(g)；G. IV：53；G.P.I：52；G.P.II：14〕

とりわけ、国は以下のことを避けるために国際法が要求するすべての措置をとるべきである。

(a) 森林その他の植物群落を焼夷兵器による攻撃の対象とすること。ただし、植物群落を、戦闘員若しくは他の軍事目標を覆い、隠蔽し若しくは偽装するために利用している場合又は植物群落自体が軍事目標となっている場合を除く。
〔CW. P. III：2-4〕

(b) 食糧、農業地域又は飲料水の施設のような文民たる住民の生存に不可欠な物を攻撃すること。

ただし、文民たる住民に対してこのような物を与えないという目的で行われる場合に限る。

〔G.P.I：54；G.P.II：14〕

(c) 危険な力を内蔵する工作物又は施設、すなわち、ダム、堤防及び原子力発電所を攻撃すること。この禁止は、それらの物が軍事目標である場合であっても、その攻撃が危険な力の放出を引き起こし、その結果文民たる住民の間に重大な損失をもたらす場合には、このような工作物又は施設がジュネーヴ諸条約に追加される第1議定書の下で特別の保護を享受する資格を有する限りにおいて、適用する。

〔G.P.I：56；G.P.II：15〕

(d) 国民の文化的又は精神的遺産を構成する歴史的建造物、芸術品又は礼拝所を攻撃すること。

〔H.CP；G.P.I：53；G.P.II：16〕

(10) 地雷の無差別の敷設は禁止する。すべてのあらかじめ計画された地雷原の位置は、記録されなければならない。自己無力化しない遠隔散布地雷のすべての記録されない敷設は、禁止する。水雷の敷設及び使用は、特別の規則によって制限される。

〔G.P.I：51-4；51-5；CW.P.II：3；H.VIII〕

(11) 戦闘においては、自然環境を保護し保全するために注意を払わなければならない。自然環境に対して広範、長期的かつ深刻な損害を与えることを目的とする又は与えることが予測される戦闘の方法又は手段を用い、そのことによって住民の健康又は生存を損なうことは、禁止する。

〔G.P.I：35-3；55〕

(12) 破壊、損害又は傷害を引き起こす手段として広範な、長期的な又は深刻な効果をもたらすような環境改変技術の軍事的使用その他の敵対的使用を他の締約国に対して行うことは、禁止する。「環境改変技術」とは、自然の作用を意図的に操作することにより地球(生物相、岩石圏、水圏及び気圏を含む。)又は宇宙空間の構造、組成又は運動に変更を加える技術をいう。

〔ENMOD：1；2〕

(13) 復仇の手段により自然環境を攻撃することは、ジュネーヴ諸条約に追加される第1議定書の締約国については、禁止される。

〔G.P.I：55-2〕

(14) 国は、武力紛争時において自然環境にいっそうの保護を与えるために、新たな取極を締結することを要請される。

〔G.P.I：56-6〕

(15) 危険な力を内蔵する工作物又は施設及び文化財は、適用される国際規則に従って明確に標識を付され識別されなければならない。武力紛争の当事者は、危険な活動が行われている工作物又は施設並びに人の健康又は環境にとって不可欠な場所にも、標識を付しかつ識別することを奨励される。

〔例えば、G.P.I：56-7；H.CP.：6〕

IV 実施及び普及

(16) 国は、武力紛争時における環境の保護を規定する規則を含め、武力紛争において適用される国際法上の義務を尊重しかつその尊重を確保しなければならない。

〔G.IV：1；G.P.I：1-1〕

(17) 国は、これらの規則を普及させ及び各自の国内においてできるだけ広く周知させ並びにこれらを軍隊及び民間の教育課目に含める。

〔H.IV.R：1；G.IV：144；G.P.I：83；G.P.II：19〕

(18) 国は、新たな兵器、戦闘の手段若しくは方法の研究、開発、取得又は採用に当たり、その使用が武力紛争時における環境の保護を規定する規則を含め、適用される国際法の規則により一定の場合又はすべての場合に禁止されているか否かを決定する義務を負う。

〔G.P.I：36〕

(19) 武力紛争の場合において、紛争当事者は関係当事者間の特別な協定に従い又は場合により当事者のいずれかが与える許可に従って、環境に対する損害を防止し又は修復することに貢献する公平な機関の作業を促進し及び保護することを奨励される。このような作業は、関係当事者の安全保障上の利益に妥当な考慮を払って行われるべきである。

〔例えば、G.IV：63-2；G.P.I：61~67〕

(20) 環境を保護する国際人道法規則の違反行為があった場合には、このような違反行為を止めさせかつその後の違反行為を防止するために、措置をとらなければならない。軍の指揮官は、このような規則の違反行為を防止するよう、並びに必要な場合にはそれらの違反行為を抑止し及び権限ある当局に報告するよう求められる。重大な事例においては、違反者は裁判に付される。

〔G.IV：146；147；G.P.I：86；87〕

武力紛争時における環境の保護に関する国際的義務の淵源

1 法の一般原則及び国際慣習法
2 国際条約
　武力紛争時における環境の保護に関する規則を定める主要な国際条約

- 陸戦の法規慣例に関する1907年ハーグ第4条約(H.IV)、及び陸戦の法規慣例に関する規則(H.IV.R)
- 自動触発海底水雷の敷設に関する1907年ハーグ第8条約(H.VIII)
- 戦時における文民の保護に関する1949年のジュネーヴ第4条約(G.IV)
- 武力紛争の際の文化財の保護のための1954年ハーグ条約(H.CP)
- 環境改変技術の軍事的使用その他の敵対的使用の禁止に関する1976年条約(ENMOD)
- 1949年8月12日のジュネーヴ諸条約の国際的な武力紛争の犠牲者の保護に関する1977年の追加議定書(第1追加議定書)(G.P.I)
- 1949年8月12日のジュネーヴ諸条約の非国際的な武力紛争の犠牲者の保護に関する1977年の追加議定書(第2追加議定書)(G.P.II)
- 過度に傷害を与え又は無差別に効果を及ぼすことがあると認められる通常兵器の使用の禁止又は制限に関する1980年条約(CW)
 　—地雷、ブービートラップ及び他の類似の装置の使用の禁止又は制限に関する議定書(CW.P.II)
 　—焼夷兵器の使用の禁止又は制限に関する議定書(CW.P.III)

〔編者注〕　本文中の略号は以上によっており、数字は条文番号を示す。例えばG.P.I：36は1977年第1追加議定書第36条をいう。

13-2　環境改変技術の軍事的使用その他の敵対的使用の禁止に関する条約(環境改変技術使用禁止条約)(抄)

Convention on the Prohibition of Military or Any Other Hostile Use of Environmental Modification Techniques

採　択　1976年12月10日
　　　　国際連合総会第31回会期決議31/72附属書
効力発生　1978年10月5日
日本国　　1982年6月4日国会承認、6月9日加入書寄託、効力発生、公布(条約第7号)

前　文　(略)

第1条【環境改変技術の敵対的使用の禁止】 1　締約国は、破壊、損害又は傷害を引き起こす手段として広範な、長期的な又は深刻な効果をもたらすような環境改変技術の軍事的使用その他の敵対的使用を他の締約国に対して行わないことを約束する。
2　締約国は、1の規定に違反する行為につき、いかなる国、国の集団又は国際機関に対しても、援助、奨励又は勧誘を行わないことを約束する。
第2条【環境改変技術の定義】 前条にいう、「環境改変技術」とは、自然の作用を意図的に操作することにより地球(生物相、岩石圏、水圏及び気圏を含む。)又は宇宙空間の構造、組成又は運動に変更を加える技術をいう。
第3条【平和的目的のための使用】 1　この条約は、環境改変技術の平和的目的のための使用を妨げるものではなく、また、環境改変技術の平和的目的のための使用に関し一般的に認められた国際法の諸原則及び適用のある国際法の諸規則を害するものではない。
2　締約国は、環境改変技術の平和的目的のための使用に関する科学的及び技術的情報を可能な最大限度まで交換することを容易にすることを約束し、また、その交換に参加する権利を有する。締約国は、可能なときは、単独で又は他の国若しくは国際機関と共同して、世界の開発途上地域の必要に妥当な考慮を払って、環境の保全、改善及び平和的利用に関する経済的及び科学的国際協力に貢献する。
第4条【締約国の措置】 締約国は、自国の憲法上の手続に従い、その管轄又は管理の下にあるいかなる場所においても、この条約に違反する行為を禁止し及び防止するために必要と認める措置をとることを約束する。
第5条【協議及び協力並びに苦情申立て】 1　締約国は、この条約の目的に関連して生ずる問題又はこの条約の適用に際して生ずる問題の解決に当たって相互に協議し及び協力することを約束する。この条の規定に基づく協議及び協力は、国際連合の枠内で及び国際連合憲章に従って、適当な国際的手続により行うことができる。この国際的

手続には、適当な国際機関及び2に規定する専門家協議委員会による作業を含めることができる。
2　1の規定の適用上、寄託者は、締約国から要請を受けた後1箇月以内に専門家協議委員会を招集する。いずれの締約国も、同委員会の委員として1人の専門家を任命することができる。同委員会の任務及び手続規則については、この条約の不可分の一部を成す附属書に定める。同委員会は、その作業中に得たすべての見解及び情報を織り込んだ事実認定の概要を寄託者に送付する。寄託者は、この概要をすべての締約国に配布する。
3　締約国は、他の締約国がこの条約に基づく義務に違反していると信ずるに足りる理由があるときは、国際連合安全保障理事会に苦情を申し立てることができる。苦情の申立てには、すべての関連情報及びその申立ての妥当性を裏付けるすべての証拠を含めるものとする。
4　締約国は、安全保障理事会がその受理した苦情の申立てに基づき国際連合憲章に従って行う調査に対し協力することを約束する。同理事会は、この調査の結果を締約国に通知する。
5　締約国は、この条約の違反によりいずれかの締約国が被害を受けたと又は被害を受けるおそれがあると安全保障理事会が決定する場合には、援助又は支援を要請する当該いずれかの締約国に対し国際連合憲章に従って援助又は支援を行うことを約束する。

第6条【改正】　（略）
第7条【有効期限】この条約の有効期間は、無期限とする。
第8条【検討会議】　　（略）
第9条【署名、批准、加入及び効力発生】　　（略）
第10条【正文及び寄託】　　（略）

　　附属書　専門家協議委員会　（略）

【第2節　戦闘の手段の規制】　第1項　特定通常兵器

13-3　過度に傷害を与え又は無差別に効果を及ぼすことがあると認められる通常兵器の使用の禁止又は制限に関する条約（特定通常兵器使用禁止制限条約）（抄）

Convention on Prohibitions or Restrictions on the Use of Certain Conventional Weapons Which May be Deemed to be Excessively Injurious or to Have Indiscriminate Effects

採　択　1980年10月10日（ジュネーヴ）
効力発生　1983年12月2日
日本国　1981年9月22日署名、1982年6月4日国会承認、6月9日受諾書寄託、1983年9月16日公布（条約第12号）、12月2日効力発生
改　正　2001年12月21日（ジュネーヴ）
効力発生　2004年5月18日
日本国　2003年6月11日国会承認、7月10日受諾書寄託、2004年1月30日公布（条約第1号）、2004年5月18日効力発生

締約国は、
国際連合憲章に基づき、各国が、その国際関係において、武力による威嚇又は武力の行使を、いかなる国の主権、領土保全又は政治的独立に対するものも、また、国際連合の目的と両立しない他のいかなる方法によるものも慎む義務を負っていることを想起し、
敵対行為の及ぼす影響から文民たる住民を保護するという一般原則を想起し、
武力紛争の当事者が戦闘の方法及び手段を選ぶ権利は無制限ではないという国際法の原則並びに武力紛争においてその性質上過度の傷害又は無用の苦痛を与える兵器、投射物及び物質並びに戦闘の方法を用いることは禁止されているという原則に立脚し、
自然環境に対して広範な、長期的なかつ深刻な損害を与えることを目的とする又は与えることが予想される戦闘の方法及び手段を用いることは禁止されていることを想起し、
文民たる住民及び戦闘員は、この条約及びこの条約の附属議定書又は他の国際取極がその対象としていない場合においても、確立された慣習、人道の諸原則及び公共の良心に由来する国際法の原則に基づく保護並びにこのような国際法の原則の支配の下に常に置かれるべきであるとの決意を確認し、
国際間の緊張の緩和、軍備競争の終止及び諸国間の信頼の醸成に貢献し、もって、平和のうちに生活することに対するすべての人民の願望の実現に貢献することを希望し、

厳重かつ効果的な国際管理の下における全面的かつ完全な軍備縮小への進展に貢献するためにあらゆる努力を継続することの重要性を認識し、

武力紛争の際に適用される国際法の諸規則の法典化及び漸進的発達を引き続き図ることの必要性を再確認し、

ある種の通常兵器の使用の禁止又は制限を促進することを希望し、その使用の禁止又は制限の分野において達成される成果が、当該兵器の生産、貯蔵及び拡散の終止を目的とする軍備縮小についての主要な討議を容易にすることができるものと信じ、

すべての国、特に軍事面で主要な国がこの条約及びこの条約の附属議定書の締約国となることが望ましいことを強調し、

国際連合総会及び国際連合軍縮委員会(the United Nations Disarmament Commission)が、この条約及びこの条約の附属議定書に規定する禁止及び制限の範囲を拡大する可能性について検討することを決定することができることに留意し、

軍縮委員会(the Committee on Disarmament)が、ある種の通常兵器の使用の禁止又は制限のための新たな措置の採択について審議することを決定することができることに留意して、

次のとおり協定した。

第1条(適用範囲) 1　この条約及びこの条約の附属議定書は、戦争犠牲者の保護に関する1949年8月12日のジュネーヴ諸条約のそれぞれの第2条に共通して規定する事態(ジュネーヴ諸条約の追加議定書I第1条4に規定する事態を含む。)について適用する。

2　この条約及びこの条約の附属議定書は、1に規定する事態に加え、1949年8月12日のジュネーヴ諸条約のそれぞれの第3条に共通して規定する事態についても適用する。この条約及びこの条約の附属議定書は、暴動、独立の又は散発的な暴力行為その他これらに類する性質の行為等国内における騒乱及び緊張の事態については、武力紛争に当たらないものとして適用しない。

3　締約国の一の領域内に生ずる国際的性質を有しない武力紛争の場合には、各紛争当事者は、この条約及びこの条約の附属議定書に規定する禁止及び制限を適用しなければならない。

4　この条約又はこの条約の附属議定書のいかなる規定も、国の主権又は、あらゆる正当な手段によって、国の法律及び秩序を維持し若しくは回復し若しくは国の統一を維持し及び領土を保全するための政府の責任に影響を及ぼすことを目的として援用してはならない。

5　この条約又はこの条約の附属議定書のいかなる規定も、武力紛争が生じている締約国の領域内における当該武力紛争又は武力紛争が生じている締約国の国内問題若しくは対外的な問題に直接又は間接に介入することを、その介入の理由のいかんを問わず、正当化するために援用してはならない。

6　この条約及びこの条約の附属議定書を受諾した締約国でない紛争当事者に対するこの条約及びこの条約の附属議定書の規定の適用は、当該紛争当事者の法的地位又は紛争中の領域の法的地位を明示的又は黙示的に変更するものではない。

7　2から6までの規定は、2002年1月1日以後に採択される追加の議定書に影響を及ぼすものではなく、当該追加の議定書は、この条との関係において、これらの規定の適用範囲を適用し、除外し又は変更することができる。

第2条(他の国際取極との関係) この条約又はこの条約の附属議定書のいかなる規定も、武力紛争の際に適用される国際人道法により締約国に課される他の義務を軽減するものと解してはならない。

第3条(署名)　(略)

第4条(批准、受諾、承認又は加入) 1　この条約は、署名国によって批准され、受諾され又は承認されなければならない。この条約に署名しなかったいずれの国も、この条約に加入することができる。

2　批准書、受諾書、承認書又は加入書は、寄託者に寄託する。

3　各国は、この条約のいずれの附属議定書に拘束されることに同意するかを選択することができるものとし、この条約の批准書、受諾書、承認書又は加入書の寄託に際し、この条約の二以上の附属議定書に拘束されることに同意する旨を寄託者に通告しなければならない。

4　締約国は、この条約の批准書、受諾書、承認書又は加入書を寄託した後いつでも、自国が拘束されていないこの条約の附属議定書に拘束されることに同意する旨を寄託者に通告することができる。

5　いずれかの締約国を拘束するこの条約の附属議定書は、当該締約国について、この条約の不可分の一部を成す。

第5条(効力発生)　(略)

第6条(周知)　(略)

第7条(この条約の効力発生の後の条約関係) 1　いずれか一の紛争当事者がこの条約のいずれかの附属議定書に拘束されていない場合においても、この条約及び当該附属議定書に拘束される二以上

の紛争当事者相互の関係においては、当該二以上の紛争当事者は、この条約及び当該附属議定書に拘束される。
2　締約国は、第1条に規定する事態において、この条約の締約国でない国又はこの条約のいずれかの附属議定書に拘束されていない国がこの条約又は当該附属議定書を受諾し、適用し、かつ、その旨を寄託者に通告する場合には、当該国との関係において、この条約及び当該附属議定書（自国について効力を生じていることを条件とする。）に拘束される。
3　寄託者は、2の規定により受領した通告を直ちに関係締約国に通報する。
4　1949年8月12日の戦争犠牲者の保護に関するジュネーヴ諸条約の追加議定書Ⅰ第1条4に規定する武力紛争であってこの条約の締約国が当事者となっているものについては、この条約及び当該締約国が拘束されるこの条約の附属議定書は、次の場合に適用される。
(a)　当該締約国が追加議定書Ⅰの締約国で、追加議定書Ⅰ第96条3に規定する当局が、同条3の規定に基づいてジュネーヴ諸条約及び追加議定書Ⅰの規定を適用することを約束しており、かつ、当該武力紛争に関しこの条約及び当該締約国が拘束されるこの条約の附属議定書を適用することを約束する場合
(b)　当該締約国が追加議定書Ⅰの締約国ではなく、(a)に規定する当局が、当該武力紛争に関しジュネーヴ諸条約の義務並びにこの条約及び当該締約国が拘束されるこの条約の附属議定書の義務を受諾し、かつ、履行する場合。その受諾及び履行は、当該武力紛争に関し、次の効果を有する。
(i)　ジュネーヴ諸条約並びにこの条約及び当該締約国が拘束されるこの条約の附属議定書は、紛争当事者について直ちに効力を生ずる。
(ii)　(a)に規定する当局は、ジュネーヴ諸条約並びにこの条約及び当該締約国が拘束されるこの条約の附属議定書の締約国の有する権利及び義務と同一の権利及び義務を有する。
(iii)　ジュネーヴ諸条約並びにこの条約及び当該締約国が拘束されるこの条約の附属議定書は、すべての紛争当事者を平等に拘束する。
当該締約国及び当該当局は、相互主義に基づき、ジュネーヴ諸条約の追加議定書Ⅰの義務を受諾し及び履行することを合意することができる。

第8条（検討及び改正）　（略）
第9条（廃棄）　（略）
第10条（寄託者）　（略）
第11条（正文）　（略）

13-3-1　地雷、ブービートラップ及び他の類似の装置の使用の禁止又は制限に関する議定書（議定書Ⅱ）（特定通常兵器使用禁止制限条約議定書Ⅱ）（抄）
Protocol on Prohibitions or Restrictions on the Use of Mines, Booby-Traps and Other Devices

採択、効力発生及び日本国（13-3と同じ）
改　　正　1996年5月3日（ジュネーヴ）
効力発生　1998年12月3日
日　本　国　1997年5月16日国会承認、6月10日通告書寄託、1998年12月2日公布（条約第17号）、12月3日効力発生

第1条（適用範囲）　1　この議定書は、この議定書に定義する地雷、ブービートラップ及び他の類似の装置の陸上における使用（海岸上陸、水路横断又は渡河を阻止するための地雷の敷設を含む。）に関するものであり、海又は内水航路における対艦船用の機雷の使用については、適用しない。
2～6　（(13-3)第1条2～6を参照）
第2条（定義）この議定書の適用上、
1　「地雷」とは、土地若しくは他の物の表面に又は土地若しくは他の物の表面の下方若しくは周辺に敷設され、人又は車両の存在、接近又は接触によって爆発するように設計された爆薬類をいう。
2　「遠隔散布地雷」とは、直接敷設されず、大砲、ミサイル、ロケット、迫撃砲若しくはこれらと類似の手段で投射される地雷又は航空機から投下される地雷をいう。ただし、陸上における設備から500メートル未満の範囲内に投射される地雷については、第5条及びこの議定書の他の関連する規定に従って使用される場合は、遠隔散布地雷とみなさない。
3　「対人地雷」とは、人の存在、接近又は接触によって爆発することを第一義的な目的として設計された地雷であって、一人若しくは二人以上の者

の機能を著しく害し又はこれらの者を殺傷するものをいう。

4 「ブービートラップ」とは、外見上無害な物を何人かが動かし若しくはこれに接近し又は一見安全と思われる行為を行ったとき突然に機能する装置又は物質で、殺傷を目的として設計され、組み立てられ又は用いられるものをいう。

5 「他の類似の装置」とは、殺傷し又は損害を与えることを目的として設計され、取り付けられた弾薬類及び装置(現場において作製された爆発装置を含む。)であって、手動操作若しくは遠隔操作により又は一定時間の経過後自動的に作動するものをいう。

6 「軍事目標」とは、物については、その性質、位置、用途又は使用が軍事活動に効果的に貢献する物で、その全面的又は部分的な破壊、奪取又は無効化がその時点における状況の下において明確な軍事的利益をもたらすものをいう。

7 「民用物」とは、6に定義する軍事目標以外のすべての物をいう。

8 「地雷原」とは、地雷が敷設された特定の地域をいい、「地雷敷設地域」とは、地雷の存在により危険な地域をいう。「疑似地雷原」とは、地雷原を模した地雷のない地域をいう。「地雷原」には、疑似地雷原が含まれる。

9 「記録」とは、公式の記録に登録することを目的として、地雷原、地雷敷設地域並びに地雷、ブービートラップ及び他の類似の装置の位置の確認を容易にするすべての入手可能な情報を取得するための物理的、行政的及び技術的作業を行うことをいう。

10 「自己破壊のための装置」とは、弾薬類に内蔵され又は外部から取り付けられた自動的に機能する装置であって、当該弾薬類の破壊を確保するためのものをいう。

11 「自己無力化のための装置」とは、弾薬類に内蔵された自動的に機能する装置であって、当該弾薬類の機能を失わせるためのものをいう。

12 「自己不活性化」とは、弾薬類が機能するために不可欠な構成要素(例えば、電池)を不可逆的に消耗させる方法によって当該弾薬類の機能を自動的に失わせることをいう。

13 「遠隔操作」とは、遠くからの指令によって制御することをいう。

14 「処理防止のための装置」とは、地雷の一部を成し、地雷を保護することを目的とする地雷に連接され若しくは取り付けられ又は地雷の下に設置されている装置であって、地雷を処理しようとすると作動するものをいう。

15 「移譲」とは、地雷が領域へ又は領域から物理的に移動し、かつ、当該地雷に対する権原及び管理が移転することをいう。ただし、地雷の敷設された領域の移転に伴って生ずるものを除く。

第3条(地雷、ブービートラップ及び他の類似の装置の使用に関する一般的制限) 1 この条の規定は、次の兵器に適用する。
  (a) 地雷
  (b) ブービートラップ
  (c) 他の類似の装置

2 いずれの締約国又は紛争当事者も、自らが使用したすべての地雷、ブービートラップ及び他の類似の装置についてこの議定書の規定に従って責任を有するものとし、第10条の定めるところによって、それらを除去し、破壊し又は維持することを約束する。

3 過度の傷害若しくは無用の苦痛を与えるように設計された又はその性質上過度の傷害若しくは無用の苦痛を与える地雷、ブービートラップ又は他の類似の装置の使用は、いかなる状況の下においても、禁止する。

4 この条の規定の適用を受ける兵器については、技術的事項に関する附属書においてそれぞれの特定された種類について定める基準及び制限に厳格に適合させなければならない。

5 一般に入手可能な地雷探知機の存在が、その磁気の影響その他の接触によらない影響により、探知活動における通常の使用中に弾薬類を起爆させるよう特に設計された装置を用いる地雷、ブービートラップ又は他の類似の装置の使用は、禁止する。

6 自己不活性化地雷については、地雷としての機能が失われた後においても機能するように設計された処理防止のための装置を備えたものの使用は、禁止する。

7 この条の規定の適用を受ける兵器については、いかなる状況の下においても、文民たる住民全体若しくは個々の文民又は民用物に対して攻撃若しくは防御のため又は復仇(きゅう)の手段として使用することを禁止する。

8 この条の規定の適用を受ける兵器については、無差別に使用することを禁止する。「無差別に使用する」とは、当該兵器に係る次の設置をいう。
  (a) 軍事目標でないものへの設置又は軍事目標を対象としない設置。礼拝所、家屋その他の住居、学校等通常民生の目的のために供される物が、軍事活動に効果的に貢献するものとして使用されているか否かについて疑義がある場合には、そのようなものとして使用され

ていないと推定される。
  (b) 特定の軍事目標のみを対象とすることのできない投射の方法及び手段による設置
  (c) 予期される具体的かつ直接的な軍事的利益との比較において、巻き添えによる文民の死亡、文民の傷害、民用物の損傷又はこれらの複合した事態を過度に引き起こすことが予測される場合における設置
9 都市、町村その他の文民又は民用物の集中している地域に位置する複数の軍事目標で相互に明確に分離された別個のものについては、単一の軍事目標とみなしてはならない。
10 この条の規定の適用を受ける兵器の及ぼす効果から文民を保護するため、すべての実行可能な予防措置をとる。「実行可能な予防措置」とは、人道上及び軍事上の考慮を含むその時点におけるすべての事情を勘案して実施し得る又は実際に可能と認められる予防措置をいう。これらの事情には、少なくとも次のものが含まれる。
  (a) 地雷原の存在する期間を通じて地雷が地域の文民たる住民に対して短期的及び長期的に及ぼす効果
  (b) 文民を保護するための可能な措置(例えば、囲い、標識、警告及び監視)
  (c) 代替措置の利用可能性及び実行可能性
  (d) 地雷原の短期的及び長期的な軍事上の必要性
11 文民たる住民に影響を及ぼす地雷、ブービートラップ及び他の類似の装置の設置については、状況の許す限り、効果的な事前の警告を与える。

第4条(対人地雷の使用に関する制限) 技術的事項に関する附属書2に定める探知不可能な対人地雷の使用は、禁止する。

第5条(遠隔散布地雷ではない対人地雷の使用に関する制限) 1 この条の規定は、遠隔散布地雷ではない対人地雷に適用する。
2 この条の規定が適用される兵器であって技術的事項に関する附属書の自己破壊及び自己不活性化に関する規定に適合しないものの使用は、禁止する。ただし、次の(a)及び(b)の条件が満たされる場合を除く。
  (a) 当該兵器が、その地域から文民を効果的に排除することを確保するため、軍事上の要員によって監視されかつ囲いその他の方法によって保護されている地域であって外縁が明示されたものの内に敷設されていること。ただし、その外縁の表示は、明瞭で耐久性のあるものであり、かつ、当該地域に立ち入ろうとする者にとって少なくとも識別し得るものでなければならない。
  (b) 当該兵器が、(a)の地域が放棄される前に除去されること。ただし、当該地域が、この条の規定によって必要とされる保護措置を維持すること及びこれらの兵器を後に除去することについての責任を受け入れる他の国の軍隊に引き渡される場合は、この限りでない。
3 紛争当事者は、敵の軍事活動の結果、当該地域の支配権が強制的に失われたことによって、2の(a)及び(b)の規定を遵守することが実行可能でなくなった場合(敵の直接の軍事活動によって遵守することが不可能となった場合を含む。)に限り、当該規定を遵守する義務を免除される。当該紛争当事者は、当該地域の支配権を回復した場合には、当該規定を遵守する義務を再び負う。
4 紛争当事者の軍隊が、この条の規定の適用を受ける兵器が敷設された区域の支配権を得た場合には、当該軍隊は、当該兵器が除去されるまでの間、実行可能な最大限度まで、この条の規定によって必要とされる保護措置を維持するものとし、必要な場合には、当該保護措置を新たにとる。
5 外縁が明示された地域の外縁を設置するために使用された装置、設備又は資材が許可なく除去され、破損され、破壊され又は隠蔽(ぺい)されることを防止するため、すべての実行可能な措置をとらなければならない。
6 この条の規定の適用を受ける兵器であって、破片を90度未満の水平角にまき、かつ、土地の表面又はその上方に設置されるものについては、次の(a)及び(b)の条件が満たされる場合には、2(a)に規定する措置をとることなく最長72時間使用することができる。
  (a) 当該兵器を設置した部隊に極めて近接して位置していること。
  (b) 文民を効果的に排除することを確保するため、軍事上の要員によって監視されている地域であること。

第6条(遠隔散布地雷の使用に関する制限) 1 遠隔散布地雷については、技術的事項に関する附属書1(b)の規定に従って記録されるものを除くほか、その使用を禁止する。
2 技術的事項に関する附属書の自己破壊及び自己不活性化に関する規定に適合しない遠隔散布地雷である対人地雷の使用は、禁止する。
3 対人地雷ではない遠隔散布地雷の使用については、当該遠隔散布地雷が、実行可能な限度において、効果的な自己破壊のための装置又は自己無力化のための装置及び地雷がその敷設の所期

の軍事目的に役立たなくなった時に地雷として機能しなくなるように設計された予備の自己不活性化のための機能を備えているものでない限り、禁止する。
4　文民たる住民に影響を及ぼす遠隔散布地雷の投射又は投下については、状況の許す限り、効果的な事前の警告を与える。

第7条（ブービートラップ及び他の類似の装置の使用の禁止） 1　武力紛争における背信に関する国際法の規則の適用を妨げることなく、方法のいかんを問わず、次のものに取り付け又は次のものを利用するブービートラップ及び他の類似の装置の使用は、いかなる状況の下においても、禁止する。
　(a)　国際的に認められた保護標章、保護標識又は保護信号
　(b)　病者、傷者又は死者
　(c)　埋葬地、火葬地又は墓
　(d)　医療施設、医療機器、医療用品又は衛生輸送手段
　(e)　児童のがん具又は児童の食事、健康、衛生、被服若しくは教育に役立つように考案された製品若しくは持運び可能な物
　(f)　食料又は飲料
　(g)　厨（ちゅう）房用品又は厨（ちゅう）房器具（軍事施設、軍隊所在地又は軍の補給所内にあるものを除く。）
　(h)　宗教的性質を有することの明らかな物
　(i)　国民の文化的又は精神的遺産を構成する歴史的建造物、芸術品又は礼拝所
　(j)　動物又はその死体
2　外見上無害で持運び可能な物の形態をしたブービートラップ又は他の類似の装置で爆発性の物質を含むよう特別に設計され、組み立てられたものの使用は、禁止する。
3　この条の規定の適用を受ける兵器については、次に掲げる場合を除くほか、地上兵力による戦闘が発生していない又は地上兵力による戦闘が急迫していると認められない都市、町村その他の文民の集中している地域において使用することを禁止する。ただし、第3条の規定の適用を妨げない。
　(a)　当該兵器が、軍事目標に設置され又はこれに極めて近接して設置される場合
　(b)　当該兵器の及ぼす効果から文民を保護するための措置、例えば、警告のための歩哨（しょう）の配置、警告の発出又は囲いの設置の措置がとられる場合

第8条（移譲） 1　締約国は、この議定書の目的を推進するため、次のことを約束する。
　(a)　この議定書によって使用が禁止されているいかなる地雷の移譲も行わないこと。
　(b)　いかなる地雷の移譲も、国又は受領することを認められている国の機関に対するものを除くほか、行わないこと。
　(c)　この議定書によって使用が禁止されているいかなる地雷の移譲も抑制すること。特に、締約国は、この議定書に拘束されない国に対するいかなる対人地雷の移譲も、受領する国がこの議定書を適用することに合意しない限り、行わないこと。
　(d)　この条の規定に従って行われるいかなる移譲も、移譲する国及び受領する国によりこの議定書の関連する規定及び適用のある国際人道法の規範が完全に遵守されることを確保して行うこと。
2　技術的事項に関する附属書の定めるところにより、一定の地雷の使用に関する特定の規定を遵守することを延期する旨を締約国が宣言した場合であっても、1(a)の規定は、当該地雷に適用する。
3　すべての締約国は、この議定書が効力を生ずるまでの間、1(a)の規定と両立しないいかなる行為も慎むものとする。

第9条（地雷原、地雷敷設地域並びに地雷、ブービートラップ及び他の類似の装置に関する情報の記録及び利用） 1　地雷原、地雷敷設地域並びに地雷、ブービートラップ及び他の類似の装置に関するすべての情報については、技術的事項に関する議定書の規定に従って記録する。
2　1に規定するすべての記録については、紛争当事者が保持するものとし、当該紛争当事者は、現実の敵対行為の停止の後遅滞なく、その支配下にある地域において地雷原、地雷敷設地域並びに地雷、ブービートラップ及び他の類似の装置の及ぼす効果から文民を保護するために、すべての必要かつ適切な措置（当該情報を利用することを含む。）をとる。
　当該紛争当事者は、同時に、その支配下になくなった地域に自らが設置した地雷原、地雷敷設地域並びに地雷、ブービートラップ及び他の類似の装置に関し自己の保有するすべての情報を、他の紛争当事者及び国際連合事務総長に対して利用可能にする。ただし、紛争当事者の兵力が敵対する紛争当事者の領域内に存在する場合には、いずれの紛争当事者も、いずれかの紛争当事者が他の紛争当事者の領域内に存在する間は、相互主義に従うことを条件として、安全

保障上の利益のために必要な限度において国際連合事務総長及び他の紛争当事者に対する当該情報の提供を行わないことができる。その提供を行わない場合には、当該情報については、安全保障上の利益が許す限りできるだけ速やかに開示する。紛争当事者は、可能な場合にはいつでも、相互の合意により、できる限り早期に各紛争当事者の安全保障上の利益に合致するような方法によって当該情報を公開するよう努めるものとする。

3　この条の規定は、次条及び第12条の規定の適用を妨げるものではない。

第10条（地雷原、地雷敷設地域並びに地雷、ブービートラップ及び他の類似の装置の除去並びに国際協力）　1　すべての地雷原、地雷敷設地域並びに地雷、ブービートラップ及び他の類似の装置については、現実の敵対行為の停止の後遅滞なく、第3条及び第5条2の規定に従って、除去し、破壊し又は維持する。

2　締約国及び紛争当事者は、その支配下にある地域にある地雷原、地雷敷設地域並びに地雷、ブービートラップ及び他の類似の装置に関し、1に規定する責任を負う。

3　紛争当事者は、地雷原、地雷敷設地域並びに地雷、ブービートラップ及び他の類似の装置を自らが設置した地域が支配下になくなった場合には、当該地域を支配する2に定める紛争当事者に対し、その紛争当事者の容認する範囲内で、1に規定する責任を果たすために必要な技術的及び物的援助を提供する。

4　紛争当事者は、必要な場合にはいつでも、技術的及び物的援助の提供（適切な状況の下においては、1に規定する責任を果たすために必要な共同作業を行うことを含む。）に関し、紛争当事者間の合意の達成並びに適当な場合には他の国及び国際機関との合意の達成に努める。

第11条（技術に関する協力及び援助）　（略）

第12条（地雷原、地雷敷設地域並びに地雷、ブービートラップ及び他の類似の装置の及ぼす効果からの保護）　（略）

第13条（締約国間の協議）　（略）

第14条（遵守）　（略）

技術的事項に関する附属書　（略）

13-3-2　焼夷兵器の使用の禁止又は制限に関する議定書（議定書Ⅲ）（特定通常兵器使用禁止制限条約議定書Ⅲ）
Protocol on Prohibitions or Restrictions on the Use of Incendiary Weapons

採択、効力発生及び日本国（13-3と同じ）

第1条（定義）　この議定書の適用上、

1　「焼夷（い）兵器」とは、目標に投射された物質の化学反応によって生ずる火炎、熱又はこれらの複合作用により、物に火災を生じさせ又は人に火傷を負わせることを第一義的な目的として設計された武器又は弾薬類をいう。
　(a)　焼夷兵器は、例えば、火炎発射機、火炎瓶、砲弾、ロケット弾、擲（てき）弾、地雷、爆弾及び焼夷物質を入れることのできるその他の容器の形態をとることができる。
　(b)　焼夷兵器には、次のものを含めない。
　　(i)　焼夷効果が付随的である弾薬類。例えば、照明弾、曳（えい）光弾、発煙弾又は信号弾
　　(ii)　貫通、爆風又は破片による効果と付加的な焼夷効果とが複合するように設計された弾薬類。例えば、徹甲弾、破片弾、炸（さく）薬爆弾その他これらと同様の複合的効果を有する弾薬類であって、焼夷効果により人に火傷を負わせることを特に目的としておらず、装甲車両、航空機、構築物その他の施設のような軍事目標に対して使用されるもの

2　「人口周密」とは、恒久的であるか一時的であるかを問わず、都市の居住地区及び町村のほか、難民若しくは避難民の野営地若しくは行列又は遊牧民の集団にみられるような文民の集中したすべての状態をいう。

3　「軍事目標」とは、物については、その性質、位置、用途又は使用が軍事活動に効果的に貢献する物で、その全面的又は部分的な破壊、奪取又は無効化がその時点における状況の下において明確な軍事的利益をもたらすものをいう。

4　「民用物」とは、3に定義する軍事目標以外のすべての物をいう。

5　「実行可能な予防措置」とは、人道上及び軍事上の考慮を含めその時点におけるすべての事情を勘案して実施し得る又は実際に可能と認められる予防措置をいう。

第2条(文民及び民用物の保護) 1 いかなる状況の下においても、文民たる住民全体、個々の文民又は民用物を焼夷兵器による攻撃の対象とすることは、禁止する。
2 いかなる状況の下においても、人口周密の地域内に位置する軍事目標を空中から投射する焼夷兵器による攻撃の対象とすることは、禁止する。
3 人口周密の地域内に位置する軍事目標を空中から投射する方法以外の方法により焼夷兵器による攻撃の対象とすることも、禁止する。ただし、軍事目標が人口周密の地域から明確に分離され、焼夷効果を軍事目標に限定し並びに巻添えによる文民の死亡、文民の傷害及び民用物の損傷を防止し、また、少なくともこれらを最小限にとどめるため実行可能なすべての予防措置をとる場合を除く。
4 森林その他の植物群落を焼夷兵器による攻撃の対象とすることは、禁止する。ただし、植物群落を、戦闘員若しくは他の軍事目標を覆い、隠蔽(へい)し若しくは偽装するために利用している場合又は植物群落自体が軍事目標となっている場合を除く。

13-4 対人地雷の使用、貯蔵、生産及び移譲の禁止並びに廃棄に関する条約(対人地雷禁止条約)(抄)

Convention on the Prohibition of the Use, Stockpiling, Production and Transfer of Anti-Personnel Mines and on Their Destruction

採 択 1997年9月18日(オスロ)
効力発生 1999年3月1日
日 本 国 1997年12月3日署名、1998年9月30日国会承認、同日受諾書寄託、10月28日公布(条約第15号)、1999年3月1日効力発生

前 文

締約国は、

毎週数百人の人々、主として罪のないかつ無防備な文民、特に児童を殺し又はその身体に障害を与え、経済の発展及び再建を妨げ、難民及び国内の避難民の帰還を阻止しその他の深刻な結果をその敷設後長年にわたってもたらす対人地雷によって引き起こされる苦痛及び犠牲を終止させることを決意し、

世界各地に敷設された対人地雷を除去するという目標に取り組み及びこれらの対人地雷の廃棄を確保することに効果的なかつ調整の図られた方法で貢献するために全力を尽くすことが必要であると確信し、

地雷による被害者の治療及びリハビリテーション(社会的及び経済的復帰を含む。)に係る援助の提供に全力を尽くすことを希望し、

対人地雷の全面的禁止は信頼の醸成についての重要な措置にもなることを認識し、

過度に傷害を与え又は無差別に効果を及ぼすことがあると認められる通常兵器の使用の禁止又は制限に関する条約に附属する1996年5月3日に改正された地雷、ブービートラップ及び他の類似の装置の使用の禁止又は制限に関する議定書の採択を歓迎し、また、同議定書を締結していないすべての国による同議定書の早期の締結を要請し、

また、対人地雷の使用、貯蔵、生産及び移譲を禁止する国際的な合意であって、効果的なかつ法的拘束力のあるものを精力的に追求するようすべての国に要請している1996年12月10日の国際連合総会決議第45S号(第51回会期)を歓迎し、

更に、対人地雷の使用、貯蔵、生産及び移譲を禁止し、制限し又は停止するためにこの数年間にわたって、一方的に及び多数国間においてとられた措置を歓迎し、

対人地雷の全面的禁止の要請に示された人道の諸原則の推進における公共の良心の役割を強調し、また、このために国際赤十字・赤新月運動、「地雷廃絶国際キャンペーン」その他の世界各地にある多数の非政府機関が行っている努力を認識し、

対人地雷の使用、貯蔵、生産及び移譲を禁止する国際的なかつ法的拘束力のある合意について交渉することを国際社会に要請している1996年10月5日のオタワ宣言及び1997年6月27日のブラッセル宣言を想起し、

すべての国によるこの条約への参加を奨励することが望ましいことを強調し、また、すべての関連する場、特に国際連合、軍縮会議、地域的機関及び集団並びに過度に傷害を与え又は無差別に効果を及ぼすことがあると認められる通常兵器の使用の禁止又は制限に関する条約の検討のための会議において、この条約の普遍化を促進するために精力的に努力することを決意し、

武力紛争の当事者が戦闘の方法及び手段を選ぶ権利は無制限ではないという国際人道法の原則、武力

紛争においてその性質上過度の傷害又は無用の苦痛を与える兵器、投射物及び物質並びに戦闘の方法を用いることは禁止されているという原則並びに文民と戦闘員とは区別されなければならないという原則に立脚して、

次のとおり協定した。

第1条（一般的義務） 1　締約国は、いかなる場合にも、次のことを行わないことを約束する。
 (a)　対人地雷を使用すること。
 (b)　対人地雷を開発し、生産し、生産その他の方法によって取得し、貯蔵し若しくは保有し又はいずれかの者に対して直接若しくは間接に移譲すること。
 (c)　この条約によって締約国に対して禁止されている活動を行うことにつき、いずれかの者に対して、援助し、奨励し又は勧誘すること。
2　締約国は、この条約に従ってすべての対人地雷を廃棄し又はその廃棄を確保することを約束する。

第2条（定義） 1　「対人地雷」とは、人の存在、接近又は接触によって爆発するように設計された地雷であって、一人若しくは二人以上の者の機能を著しく害し又はこれらの者を殺傷するものをいう。人ではなく車両の存在、接近又は接触によって起爆するように設計された地雷で処理防止のための装置を備えたものは、当該装置を備えているからといって対人地雷であるとはされない。
2　「地雷」とは、土地若しくは他の物の表面に又は土地若しくは他の物の表面の下方若しくは周辺に敷設されるよう及び人又は車両の存在、接近又は接触によって爆発するように設計された弾薬類をいう。
3　「処理防止のための装置」とは、地雷を保護することを目的とする装置であって、地雷の一部を成し若しくは地雷に連接され若しくは取り付けられ又は地雷の下に設置され、かつ、地雷を処理その他の方法で故意に妨害しようとすると作動するものをいう。
4　「移譲」とは、対人地雷が領域へ又は領域から物理的に移動し、かつ、当該対人地雷に対する権原及び管理が移転することをいう。ただし、対人地雷の敷設された領域の移転に伴って生ずるものを除く。
5　「地雷敷設地域」とは、地雷の存在又は存在の疑いがあることにより危険な地域をいう。

第3条（例外） 1　第1条の一般的義務にかかわらず、地雷の探知、除去又は廃棄の技術の開発及び訓練のための若干数の対人地雷の保有又は移譲は、認められる。その総数は、そのような開発及び訓練のために絶対に必要な最少限度の数を超えてはならない。
2　廃棄のための対人地雷の移譲は、認められる。

第4条（貯蔵されている対人地雷の廃棄） 締約国は、前条に規定する場合を除くほか、自国が保有し若しくは占有する又は自国の管轄若しくは管理の下にあるすべての貯蔵されている対人地雷につき、この条約が自国について効力を生じた後できる限り速やかに、遅くとも4年以内に、廃棄し又はその廃棄を確保することを約束する。

第5条（地雷敷設地域における対人地雷の廃棄） 1　締約国は、自国の管轄又は管理の下にある地雷敷設地域におけるすべての対人地雷につき、この条約が自国について効力を生じた後できる限り速やかに、遅くとも10年以内に、廃棄し又はその廃棄を確保することを約束する。
2　締約国は、自国の管轄又は管理の下にあり、かつ、対人地雷が敷設されていることが知られ又は疑われているすべての地域を特定するためにあらゆる努力を払うものとし、自国の管轄又は管理の下にある地雷敷設地域におけるすべての対人地雷につき、当該地雷敷設地域におけるすべての対人地雷が廃棄されるまでの間文民を効果的に排除することを確保するためこれらの地域の外縁を明示し並びにこれらの地域を監視し及び囲いその他の方法によって保護することをできる限り速やかに確保する。その外縁の表示は、少なくとも、過度に傷害を与え又は無差別に効果を及ぼすことがあると認められる通常兵器の使用の禁止又は制限に関する条約に附属する1996年5月3日に改正された地雷、ブービートラップ及び他の類似の装置の使用の禁止又は制限に関する議定書に定める基準に従ったものとする。
3　締約国は、1のすべての対人地雷について1に規定する期間内に廃棄し又はその廃棄を確保することができないと認める場合には、当該対人地雷の廃棄の完了の期間を最長10年の期間延長することについて締約国会議又は検討会議に対して要請を行うことができる。
4　3の要請には、次の事項を含める。
 (a)　延長しようとする期間
 (b)　延長の理由についての詳細な説明（次の事項を含む。）
  (i)　国の地雷除去計画によって行われる作業の準備及び状況
  (ii)　自国がすべての対人地雷を廃棄するために利用可能な財政的及び技術的手段

(iii) 自国による地雷敷設地域におけるすべての対人地雷の廃棄を妨げる事情
  (c) 延長から生ずる人道上の、社会的な、経済的及び環境上の影響
  (d) 延長の要請に関するその他の情報
5 締約国会議又は検討会議は、4に規定する要素を考慮の上、期間延長の要請を評価し、出席しかつ投票する締約国の票の過半数による議決で当該要請を認めるかどうかを決定する。
6 延長は、3から5までの規定を準用して新たな要請を行うことによって更新することができる。締約国は、新たな期間延長を要請するに当たり、その前の期間延長においてこの条の規定に従って実施してきたことについての関連する追加的な情報を提出する。

第6条(国際的な協力及び援助) 1 締約国は、この条約に基づく義務を履行するに当たり、実現可能な場合には、可能な限りにおいて他の締約国の援助を求め及び受ける権利を有する。
2 締約国は、この条約の実施に関連する装置、資材並びに科学的な及び技術に関する情報を可能な最大限度まで交換することを容易にすることを約束するものとし、また、その交換に参加する権利を有する。締約国は、地雷の除去のための装置及び関連する技術に関する情報の人道的目的のための提供に関して不当な制限を課してはならない。
3 締約国は、可能な場合には、地雷による被害者の治療、リハビリテーション並びに社会的及び経済的復帰並びに地雷についての啓発計画のための援助を提供する。この援助は、特に、国際連合及びその関連機関、国際的、地域的若しくは国の機関、赤十字国際委員会、各国の赤十字社及び赤新月社、国際赤十字・赤新月社連盟若しくは非政府機関を通じて又は二国間で提供することができる。
4 締約国は、可能な場合には、地雷の除去及び関連する活動のための援助を提供する。この援助は、特に、国際連合及びその関連機関、国際的若しくは地域的機関若しくは非政府機関を通じて、二国間で又は「地雷の除去を援助するための任意の国際連合信託基金」若しくは他の地雷の除去に対処する地域的な基金に拠出することによって提供することができる。
5 締約国は、可能な場合には、貯蔵されている対人地雷の廃棄のための援助を提供する。
6 締約国は、国際連合及びその関連機関に設置される地雷の除去に関するデータベースに対して情報(特に、地雷の除去のための各種の方法及び技術に関する情報並びに地雷の除去に関する専門家、専門的な機関又は自国の連絡先の名簿)を提供することを約束する。
7 締約国は、国際連合、地域的機関、他の締約国その他適当な政府間又は民間の場に対し、特に次の事由を定める地雷除去計画の策定に当たって自国の当局への援助を要請することができる。
  (a) 対人地雷に関する問題の程度及び範囲
  (b) 当該地雷除去計画の実施に必要な資金、技術及び人的資源
  (c) 自国の管轄又は管理の下にある地雷敷設地域におけるすべての対人地雷の廃棄のために必要であると見込まれる年数
  (d) 地雷による傷害又は死亡の発生を減少させるための地雷についての啓発活動
  (e) 地雷の被害者への援助
  (f) 自国の政府と当該地雷除去計画の実施に当たる政府機関、政府間機関又は非政府機関との関係
8 この条の規定により援助を提供する締約国及び当該援助を受ける締約国は、合意された援助計画の完全かつ迅速な実施を確保するために協力する。

第7条(透明性についての措置) (略)
第8条(遵守の促進及び遵守についての説明) (略)
第9条(国内の実施措置) (略)
第10条(紛争の解決) (略)
第11条(締約国会議) (略)
第12条(検討会議) (略)
第13条(改正) (略)
第14条(費用) (略)
第15条(署名) (略)
第16条(批准、受諾、承認又は加入) (略)
第17条(効力発生) (略)
第18条(暫定的適用) (略)
第19条(留保) この条約の各条の規定については、留保を付することができない。
第20条(有効期間及び脱退) 1 この条約の有効期間は、無期限とする。
2 締約国は、その主権を行使してこの条約から脱退する権利を有する。この権利を行使する締約国は、他のすべての締約国、寄託者及び国際連合安全保障理事会に対してその旨を通告する。脱退の通告には、脱退しようとする理由についての十分な説明を記載する。
3 脱退は、寄託者が脱退の通告を受領した後6箇月で効力を生ずる。ただし、脱退する締約国が当該6箇月の期間の満了の時において武力紛争に巻き込まれている場合には、脱退は、武力紛争の

終了の時まで効力を生じない。
4 この条約からの締約国の脱退は、国際法の関連規則に基づく義務を引き続き履行することについての国の義務に何ら影響を及ぼすものではない。

第21条(寄託者)　（略）
第22条(正文)　（略）

13-5　クラスター弾に関する条約（クラスター弾条約）（抜粋）
Convention on the Cluster Munitions

採　択　2008年5月30日（ダブリン）
効力発生　2010年8月1日
日本国　2008年12月3日署名、2009年6月10日国会承認、7月14日受諾書寄託、2010年7月9日公布（条約第5号）、8月1日効力発生

前　文

この条約の締約国は、

文民たる住民及び個々の文民が引き続き武力紛争の矢面に立たされていることを深く憂慮し、

クラスター弾が使用されたとき、意図されたとおりに作動しなかったとき又は遺棄されたときにもたらす苦痛及び犠牲を永久に終止させることを決意し、

クラスター弾残存物が、女性及び児童を含む文民を殺害し、又はその身体に障害を残し、特に生活手段の喪失により経済的及び社会的な発展を妨げ、紛争後の復旧及び再建を阻害し、難民及び国内の避難民の帰還を遅らせ、又は妨げ、国内的及び国際的な平和構築及び人道的援助の努力に対して悪影響を及ぼし、並びにクラスター弾の使用後長年にわたって残存する他の深刻な結果をもたらすことを憂慮し、

作戦上の使用のために保有するクラスター弾を国が大量に貯蔵することによる危険性について深く憂慮し、また、これらのクラスター弾の迅速な廃棄を確保することを決意し、

世界各地に存在するクラスター弾残存物を除去するという課題の解決に効果的かつ調整の図られた方法で有効に貢献し、及びこれらのクラスター弾残存物の廃棄を確保することが必要であることを信じ、

すべてのクラスター弾による被害者の権利の完全な実現を確保することを決意し、また、クラスター弾による被害者の固有の尊厳を認識し、

クラスター弾による被害者に対して医療、リハビリテーション及び心理的な支援を含む援助を提供し、並びにクラスター弾による被害者が社会的及び経済的に包容されるようにするために全力を尽くすことを決意し、

クラスター弾による被害者に対して年齢及び性別に配慮した援助を提供し、並びに弱い立場にある人々の特別なニーズに対応することが必要であることを認識し、

障害者の権利に関する条約において、特に、その締約国に対し、障害に基づくいかなる差別もなしに、すべての障害者のあらゆる人権及び基本的自由の完全な実現を確保し、及び促進することを約束することが求められていることに留意し、

各種の兵器による被害者の権利及びニーズに対応する様々な場で行われている努力を適切に調整することが必要であることに留意し、また、各種の兵器による被害者の間の差別を回避することを決意し、

文民及び戦闘員は、この条約その他の国際取極がその対象としていない場合においても、確立された慣習、人道の諸原則及び公共の良心に由来する国際法の諸原則に基づく保護並びにこのような国際法の諸原則の支配の下に置かれることを再確認し、

国の軍隊とは別個の武装集団が、この条約の締約国に対して禁止されている活動を行うことは、いかなる場合にも許されないことを決定し、

1997年の対人地雷の使用、貯蔵、生産及び移譲の禁止並びに廃棄に関する条約にうたう対人地雷を禁止する国際的な規範に対する広範な国際的な支持を歓迎し、

過度に傷害を与え又は無差別に効果を及ぼすことがあると認められる通常兵器の使用の禁止又は制限に関する条約に附属する戦争による爆発性の残存物に関する議定書が採択され、及び2006年11月12日に効力を生じたことを歓迎し、また、紛争後の環境において、クラスター弾残存物の及ぼす影響からの文民の保護を強化することを希望し、

女性、平和及び安全に関する国際連合安全保障理事会決議第1325号及び武力紛争における児童に関する国際連合安全保障理事会決議第1612号に留意し、

クラスター弾の使用、貯蔵、生産及び移譲を禁止し、制限し、又は停止するため、近年、国内的、地

域的及び世界的にとられた措置を歓迎し、
　クラスター弾がもたらす文民の苦痛を終止させる世界的な要請に示された人道の諸原則の推進における公共の良心の役割を強調し、また、このために国際連合、赤十字国際委員会、クラスター弾連合その他世界各地にある多数の非政府機関が行っている努力を認識し、
　クラスター弾に関するオスロ会議の宣言において、特に、各国が、クラスター弾の使用がもたらす重大な結果を認識したこと並びに文民に容認し難い害をもたらすクラスター弾の使用、生産、移譲及び貯蔵を禁止し、並びに被害者に対する治療及びリハビリテーションの適切な提供、クラスター弾汚染地域に存在するクラスター弾残存物の除去、危険の低減を目的とする教育並びに貯蔵されているクラスター弾の廃棄を確保する協力及び援助のための枠組みを定める法的拘束力のある文書を2008年までに作成するとの約束を行ったことを再確認し、
　すべての国によるこの条約への参加を得ることが望ましいことを強調し、また、この条約の普遍化及び完全な実施を促進するために精力的に努力することを決意し、
　国際人道法の諸原則及び諸規則、特に武力紛争の当事者が戦闘の方法及び手段を選ぶ権利は無制限ではないという原則並びに紛争の当事者が文民たる住民と戦闘員とを及び民用物と軍事目標とを常に区別し、かつ、軍事目標のみを軍事行動の対象とするという規則並びに軍事行動を行うに際しては文民たる住民、個々の文民及び民用物に対する攻撃を差し控えるよう不断の注意を払うという規則並びに文民たる住民及び個々の文民が軍事行動から生ずる危険からの一般的保護を受けるという規則に立脚して、
　次のとおり協定した。

第1条(一般的義務及び適用範囲) 1　締約国は、いかなる場合にも、次のことを行わないことを約束する。
　(a)　クラスター弾を使用すること。
　(b)　クラスター弾を開発し、生産し、生産以外の方法によって取得し、貯蔵し若しくは保有し、又はいずれかの者に対して直接若しくは間接に移譲すること。
　(c)　この条約によって締約国に対して禁止されている活動を行うことにつき、いずれかの者に対して、援助し、奨励し、又は勧誘すること。
2　1の規定は、航空機に取り付けられたディスペンサーから散布され、又は投下されるよう特に設計された爆発性の小型爆弾について準用する。
3　この条約は、地雷については、適用しない。

第2条(定義) この条約の適用上、
1　「クラスター弾による被害者」とは、クラスター弾の使用によって殺害され、又は身体的若しくは心理的な傷害、経済的損失、社会的な疎外若しくは自己の権利の実現に対する著しい侵害を被ったすべての者をいい、クラスター弾により直接に被害を受けた者並びにこのような者の関係する家族及び地域社会を含む。
2　「クラスター弾」とは、それぞれの重量が20キログラム未満の爆発性の子弾を散布し、又は投下するように設計された通常の弾薬であって、これらの爆発性の子弾を内蔵するものをいう。ただし、次のものを意味するものではない。
　(a)　フレア、煙、料薬火工品若しくはチャフを放出するように設計された弾薬若しくは子弾又は防空の役割のためにのみ設計された弾薬
　(b)　電気的又は電子的な効果を引き起こすように設計された弾薬又は子弾
　(c)　無差別かつ地域的に効果を及ぼすこと及び不発の子弾がもたらす危険を避けるため、次のすべての特性を有している弾薬
　　(i)　それぞれの弾薬が10未満の爆発性の子弾を内蔵していること。
　　(ii)　それぞれの爆発性の子弾の重量が4キログラムを超えていること。
　　(iii)　それぞれの爆発性の子弾が単一の攻撃目標を探知し、及び攻撃するように設計されていること。
　　(iv)　それぞれの爆発性の子弾が電子式の自己破壊のための装置を備えていること。
　　(v)　それぞれの爆発性の子弾が電子式の自己不活性化のための機能を備えていること。
3　「爆発性の子弾」とは、通常の弾薬であって、その役割を果たすため、クラスター弾から散布され、又は投下され、かつ、衝突前、衝突時又は衝突後に爆発性の炸(さく)薬を起爆させることによって機能するように設計されたものをいう。
4　「失敗したクラスター弾」とは、発射され、投下され、打ち上げられ、射出され、又は他の方法によって投射されたクラスター弾であって、爆発性の子弾を散布し、又は投下するはずであったが、散布し、又は投下することに失敗したものをいう。
5　「不発の子弾」とは、クラスター弾から散布され若しくは投下され、又は他の方法によってクラスター弾から分離された爆発性の子弾であって、意図されたとおりに爆発することに失敗したものをいう。
6　「遺棄されたクラスター弾」とは、使用されてお

らず、かつ、放置され、又は投棄されたクラスター弾又は子弾であって、これらを放置し、又は投棄した者の管理の下にないものをいい、使用のための準備が行われていたか否かを問わない。

7 「クラスター弾残存物」とは、失敗したクラスター弾、遺棄されたクラスター弾、不発の子弾及び不発の小型爆弾をいう。

8 「移譲」とは、クラスター弾が領域へ又は領域から物理的に移動し、かつ、当該クラスター弾に対する権原及び管理が移転することをいう。ただし、クラスター弾残存物の存在する領域の移転に伴って生ずるものを除く。

9 「自己破壊のための装置」とは、弾薬の主要な起爆装置のほかに当該弾薬に内蔵された自動的に機能する装置であって、当該弾薬の破壊を確保するためのものをいう。

10 「自己不活性化」とは、弾薬が機能するために不可欠な構成要素(例えば、電池)を不可逆的に消耗させる方法によって当該弾薬の機能を自動的に失わせることをいう。

11 「クラスター弾汚染地域」とは、クラスター弾残存物が存在することが知られ、又は疑われている地域をいう。

12 「地雷」とは、土地若しくは他の物の表面に又は土地若しくは他の物の表面の下方若しくは周辺に敷設されるよう及び人又は車両の存在、接近又は接触によって爆発するように設計された弾薬をいう。

13 「爆発性の小型爆弾」とは、重量が20キログラム未満の自動推進式でない通常の弾薬であって、その役割を果たすため、ディスペンサーから散布され、又は投下され、かつ、衝突前、衝突時又は衝突後に爆発性の炸(さく)薬を起爆させることによって機能するように設計されたものをいう。

14 「ディスペンサー」とは、爆発性の小型爆弾を散布し、又は投下するように設計された容器であって、その散布又は投下の時点において航空機に取り付けられているものをいう。

15 「不発の小型爆弾」とは、ディスペンサーから散布され、投下され、又は他の方法によって分離された爆発性の小型爆弾であって、意図されたとおりに爆発することに失敗したものをいう。

第3条(貯蔵されているクラスター弾の廃棄) 1 締約国は、国内法令に従い、作戦上の使用のために保有する弾薬から自国の管轄及び管理の下にあるすべてのクラスター弾を区別し、かつ、当該クラスター弾に廃棄のための識別措置をとる。

2 締約国は、1に規定するすべてのクラスター弾につき、この条約が自国について効力を生じた後できる限り速やかに、遅くとも8年以内に廃棄し、又はその廃棄を確保することを約束する。締約国は、廃棄の方法が公衆の健康及び環境の保護のための適用可能な国際的な基準に適合するよう確保することを約束する。

3 締約国は、1に規定するすべてのクラスター弾につき、この条約が自国について効力を生じた後8年以内に廃棄し、又はその廃棄を確保することができないと認める場合には、当該クラスター弾の廃棄の完了の期限を最長4年までの期間延長することについて締約国会議又は検討会議に対して要請を行うことができる。締約国は、例外的な事情がある場合には、最長4年までの期間追加的な延長を要請することができる。要請する延長は、当該締約国が2の規定に基づく義務の履行を完了するために真に必要な年数を超えてはならない。

4 3に規定する延長の要請には、次に掲げるすべての事項を記載する。

(a) 延長しようとする期間

(b) 当該延長についての詳細な説明(自国が1に規定するすべてのクラスター弾を廃棄するために利用可能な又は必要とする財政的及び技術的手段並びに該当する場合には当該延長を正当化する例外的な事情を含む。)

(c) 貯蔵されているクラスター弾の廃棄を完了させる方法及び時期に関する計画

(d) この条約が自国について効力を生じた時に保管されていたクラスター弾及び爆発性の子弾並びにこの条約が自国について効力を生じた後に新たに発見されたクラスター弾又は爆発性の子弾の数量及び型式

(e) 2に規定する期間において廃棄されたクラスター弾及び爆発性の子弾の数量及び型式

(f) 延長しようとする期間において廃棄する予定の残りのクラスター弾及び爆発性の子弾の数量及び型式並びに達成が予想される年間廃棄率

5 締約国会議又は検討会議は、4に掲げる事項を考慮に入れて、延長の要請を評価し、及び出席し、かつ、投票する締約国の票の過半数による議決で当該要請を認めるか否かを決定する。これらの締約国は、要請された延長よりも短い延長を認めることを決定することができるものとし、適当な場合には、延長の基準を提案することができる。延長の要請は、当該要請が検討される締約国会議又は検討会議の少なくとも9箇月前までに行う。

6 第1条の規定にかかわらず、クラスター弾及び爆発性の子弾の探知、除去若しくは廃棄の技術の開発及び訓練のため又はクラスター弾への対抗措置の開発のための限られた数のクラスター弾及び爆発性の子弾の保有又は取得は、認められる。保有され、又は取得される爆発性の子弾の総数は、これらの目的のために絶対に必要な最小限度の数を超えてはならない。

7 第1条の規定にかかわらず、廃棄の目的及び6に規定する目的のための他の締約国へのクラスター弾の移譲は、認められる。

8 6及び7に規定する目的のためにクラスター弾又は爆発性の子弾を保有し、取得し、又は移譲する締約国は、これらのクラスター弾及び爆発性の子弾の予定する使用及び実際の使用並びにそれらの型式、数量及びロット番号に関する詳細な報告を提出する。これらの目的のためにクラスター弾又は爆発性の子弾を他の締約国に移譲する場合には、移譲を受ける国への言及を当該報告に含める。当該報告は、当該締約国がクラスター弾又は爆発性の子弾を保有し、取得し、又は移譲している間は毎年作成し、及びその翌年の4月30日までに国際連合事務総長に提出する。

第4条（クラスター弾残存物の除去及び廃棄並びに危険の低減を目的とする教育） 1 締約国は、自国の管轄又は管理の下にあるクラスター弾汚染地域に存在するクラスター弾残存物につき、次の(a)から(c)までに定めるところにより、除去し、及び廃棄し、又はその除去及び廃棄を確保することを約束する。

(a) この条約が自国について効力を生ずる日にクラスター弾残存物が自国の管轄又は管理の下にある地域に存在する場合には、できる限り速やかに、その日から遅くとも10年以内に、このような除去及び廃棄を完了する。

(b) この条約が自国について効力を生じた後にクラスター弾が自国の管轄又は管理の下にある地域に存在するクラスター弾残存物となった場合には、できる限り速やかに、当該クラスター弾がクラスター弾残存物となった現実の敵対行為が終了した後遅くとも10年以内に、このような除去及び廃棄を完了しなければならない。

(c) 締約国は、(a)又は(b)のいずれかに規定する自国の義務を履行したときは、次回の締約国会議に対して義務を履行した旨の宣言を行う。

2 締約国は、1に規定する義務を履行するに当たり、国際的な協力及び援助に関する第6条の規定を考慮に入れて、できる限り速やかに、次の措置をとる。

(a) 自国の管轄又は管理の下にあるすべてのクラスター弾汚染地域を特定するためにあらゆる努力を払いつつ、クラスター弾残存物がもたらす脅威を調査し、評価し、及び記録すること。

(b) 標示、文民の保護、除去及び廃棄に関するニーズを評価し、並びにこれらについての優先順位を決定し、並びに適当な場合には既存の組織、経験及び方法に依拠して、これらの活動を実施するために資源を調達し、及び国の計画を作成するための措置をとること。

(c) 自国の管轄又は管理の下にあるすべてのクラスター弾汚染地域につき、囲いその他の文民を効果的に排除することを確保する手段によって、クラスター弾汚染地域の外縁を標示し、並びにクラスター弾汚染地域を監視し、及び防護することを確保するためのすべての実行可能な措置をとること。危険性が疑われている地域を標示する場合においては、関係する地域社会が容易に認識することのできる標示方法に基づく警告標識を使用すべきである。標識その他の危険な地域を示す境界の標示は、できる限り、視認及び判読が可能であり、かつ、耐久性及び環境の影響に対する耐性のあるものとすべきであり、また、標示された境界のいずれの側がクラスター弾汚染地域であると認められ、いずれの側が安全であると認められるかを明確に特定すべきである。

(d) 自国の管轄又は管理の下にある地域に存在するすべてのクラスター弾残存物を除去し、及び廃棄すること。

(e) クラスター弾汚染地域又はその周辺に居住する文民の間においてクラスター弾残存物がもたらす危険についての認識を確保するため、危険の低減を目的とする教育を行うこと。

3 締約国は、2に規定する措置をとるに当たり、「地雷対策活動に関する国際基準」(IMAS)を含む国際的な基準を考慮に入れる。

4 この4の規定は、この条約が一の締約国について効力を生ずる前に当該一の締約国によって使用され、又は遺棄されたクラスター弾が、この条約が他の締約国について効力を生ずる時に当該他の締約国の管轄又は管理の下にある地域に存在するクラスター弾残存物となった場合について適用する。

(a) このような場合において、この条約がこれらの締約国双方について効力を生じた時

は、当該一の締約国は、当該他の締約国に対し、当該クラスター弾残存物の標示、除去及び廃棄を容易にするため、二国間で又は相互に合意した第三者(国際連合及びその関連機関並びに他の関連する機関を含む。)を通じて、特に、技術的、財政的、物的又は人的資源の援助を提供することを強く奨励される。
  (b) このような援助には、可能な場合には、使用されたクラスター弾の型式及び数量、クラスター弾による攻撃を行った正確な位置並びにクラスター弾残存物が存在することが知られている地域についての情報を含める。
5 締約国は、1に規定するすべてのクラスター弾残存物につき、この条約が自国について効力を生じた後10年以内に除去し、及び廃棄し、又はその除去及び廃棄を確保することができないと認める場合には、当該クラスター弾残存物の除去及び廃棄の完了の期限を最長5年までの期間延長することについて締約国会議又は検討会議に対して要請を行うことができる。要請する延長は、当該締約国が1の規定に基づく義務の履行を完了するために真に必要な年数を超えてはならない。
6 5に規定する延長の要請は、当該締約国について1に定める期間が満了する前に締約国会議又は検討会議に対して行う。当該要請は、当該要請が検討される予定の締約国会議又は検討会議の少なくとも9箇月前までに行う。当該要請には、次に掲げるすべての事項を記載する。
  (a) 延長しようとする期間
  (b) 延長しようとする理由についての詳細な説明(延長しようとする期間において自国がすべてのクラスター弾残存物を除去し、及び廃棄するために利用可能な及び必要とする財政的及び技術的手段を含む。)
  (c) 将来の作業の準備並びに1に定める最初の10年間及びその後の延長において除去及び廃棄に関する国の計画に基づいて既に行われた作業の状況
  (d) この条約が自国について効力を生じた時にクラスター弾残存物が存在した地域の総面積及びこの条約が自国について効力を生じた後に新たに発見されたクラスター弾残存物が存在する地域の面積
  (e) この条約が効力を生じた後に除去されたクラスター弾残存物が存在した地域の総面積
  (f) 延長しようとする期間において除去する予定の残りのクラスター弾残存物が存在する地域の総面積
  (g) 1に定める最初の10年間において自国の管轄又は管理の下にある地域に存在するすべてのクラスター弾残存物を廃棄することを妨げた事情及び当該延長においてこのような廃棄を妨げる可能性のある事情
  (h) 当該延長から生ずる人道上の、社会的な、経済的な及び環境上の影響
  (i) 当該延長の要請に関連するその他の情報
7 締約国会議又は検討会議は、6に掲げる事項(特に、報告されたクラスター弾残存物の量を含む。)を考慮に入れて、延長の要請を評価し、及び出席し、かつ、投票する締約国の票の過半数による議決で当該要請を認めるか否かを決定する。これらの締約国は、要請された延長よりも短い延長を認めることを決定することができるものとし、適当な場合には、延長の基準を提案することができる。
8 延長は、5から7までの規定を準用して新たな要請を行うことにより最長5年までの期間更新することができる。締約国は、更なる延長を要請するに当たり、この条の規定に従って認められたその前の延長において行ったことについての追加的な関連情報を提出する。

第5条(被害者に対する援助) 1 締約国は、自国の管轄又は管理の下にある地域に所在するクラスター弾による被害者について、適用可能な国際人道法及び国際人権法に従い、年齢及び性別に配慮した援助(医療、リハビリテーション及び心理的な支援を含む。)を適切に提供し、並びにクラスター弾による被害者が社会的及び経済的に包容されるようにする。締約国は、クラスター弾による被害者についての信頼し得る関連資料を収集するためにあらゆる努力を払う。
2 締約国は、1に規定する義務を履行するに当たり、次のことを行う。
  (a) クラスター弾による被害者のニーズを評価すること。
  (b) 必要な政策及び国内法令を作成し、実施し、及び執行すること。
  (c) 関係者の特別な役割及び貢献を尊重しつつ、障害、開発及び人権に係る自国の既存の枠組み及び仕組みにクラスター弾による被害者を組み入れるため、国の計画及び予算(これらを実施するための時間的な枠組みを含む。)を作成すること。
  (d) 国内的及び国際的な資源を調達するための措置をとること。
  (e) クラスター弾による被害者に対して若しくはクラスター弾による被害者の間に又はクラ

スター弾による被害者と他の理由により傷害若しくは障害を被った者との間に差別を設けないこと。取扱いの差異は、医療上、リハビリテーション上、心理上又は社会経済上のニーズにのみ基づくものとすべきである。
  (f) クラスター弾による被害者及びクラスター弾による被害者を代表する団体と緊密に協議し、並びにこれらを積極的に関与させること。
  (g) この条の規定の実施に関する事項を調整するための政府内の中央連絡先を指定すること。
  (h) 特に、医療、リハビリテーション及び心理的な支援並びに社会的及び経済的な包容の分野において、関連する指針及び良い慣行を取り入れるよう努めること。

第21条(この条約の締約国でない国との関係) 1 締約国は、すべての国によるこの条約への参加を得ることを目標として、この条約の締約国でない国に対し、この条約を批准し、受諾し、承認し、又はこれに加入するよう奨励する。
2 締約国は、3に規定するすべてのこの条約の締約国でない国の政府に対してこの条約に基づく自国の義務について通報し、及びこの条約が定める規範を奨励するものとし、これらの国がクラスター弾の使用を抑制するよう最善の努力を払う。
3 第1条の規定にかかわらず、及び国際法に従い、締約国又はその軍事上の要員若しくは国民は、この条約の締約国でない国であって締約国に対して禁止されている活動を行うことのあるものとの間で軍事的な協力及び軍事行動を行うことができる。
4 3の規定は、締約国に対し、次のことを行うことを認めるものではない。
  (a) クラスター弾を開発し、生産し、又は生産以外の方法によって取得すること。
  (b) 自らクラスター弾を貯蔵し、又は移譲すること。
  (c) 自らクラスター弾を使用すること。
  (d) 使用される弾薬の選択権が専ら自国の管理の下にある場合において、クラスター弾の使用を明示的に要請すること。

【第2節 戦闘の手段の規制】 第2項 生物化学兵器

13-6 窒息性ガス、毒性ガス又はこれらに類するガス及び細菌学的手段の戦争における使用の禁止に関する議定書(ジュネーヴ・ガス議定書)(抄)

Protocol for the Prohibition of the Use in War of Asphyxiating, Poisonous or Other Gases, and of Bacteriological Methods of Warfare

採 択 1925年6月17日(ジュネーヴ)
効力発生 1928年2月8日
日 本 国 1925年6月17日署名、1970年5月13日国会承認、5月21日批准書寄託、効力発生、公布(条約第4号)

下名の全権委員は、各自の政府の名において、
〔全権委員名(略)〕
  窒息性ガス、毒性ガス又はこれらに類するガス及びこれらと類似のすべての液体、物質又は考案を戦争に使用することが、文明世界の世論によって正当にも非難されているので、
  前記の使用の禁止が、世界の大多数の国が当事国である諸条約中に宣言されているので、
  この禁止が、諸国の良心及び行動をひとしく拘束する国際法の一部として広く受諾されるために、
次のとおり宣言する。

【使用禁止の受諾及び相互拘束の同意】
  締約国は、前記の使用を禁止する条約の当事国となっていない限りこの禁止を受諾し、かつ、この禁止を細菌学的戦争手段の使用についても適用すること及びこの宣言の文言に従って相互に拘束されることに同意する。

【最終規定】 (略)

13-7 細菌兵器(生物兵器)及び毒素兵器の開発、生産及び貯蔵の禁止並びに廃棄に関する条約(生物兵器禁止条約)(抜粋)

Convention on the Prohibition of the Development, Production and Stockpiling of Bacteriological (Biological) and Toxin Weapons and on Their Destruction

採　択	1971年12月16日 国際連合総会第26回会期決議2826(XXVI)附属書
署　名	1972年4月10日(ロンドン、モスクワ、ワシントン)
効力発生	1975年3月26日
日 本 国	1982年6月4日国会承認、6月8日批准書寄託、効力発生、公布(条約第6号)

第1条【開発、生産、貯蔵等の禁止】締約国は、いかなる場合にも、次の物を開発せず、生産せず、貯蔵せず若しくはその他の方法によって取得せず又は保有しないことを約束する。
(1) 防疫の目的、身体防護の目的その他の平和的目的による正当化ができない種類及び量の微生物剤その他の生物剤又はこのような種類及び量の毒素(原料又は製法のいかんを問わない。)
(2) 微生物剤その他の生物剤又は毒素を敵対的目的のために又は武力紛争において使用するために設計された兵器、装置又は運搬手段

第2条【廃棄と平和目的への転用】締約国は、この条約の効力発生の後できる限り速やかに、遅くとも9箇月以内に、自国の保有し又は自国の管轄若しくは管理の下にある前条に規定するすべての微生物剤その他の生物剤、毒素、兵器、装置及び運搬手段を廃棄し又は平和的目的のために転用することを約束する。この条の規定の実施に当たっては、住民及び環境の保護に必要なすべての安全上の予防措置をとるものとする。

第3条【移譲等の禁止】締約国は、第1条に規定する微生物剤その他の生物剤、毒素、兵器、装置又は運搬手段をいかなる者に対しても直接又は間接に移譲しないこと及びこれらの物の製造又はその他の方法による取得につき、いかなる国、国の集団又は国際機関に対しても、何ら援助、奨励又は勧誘を行わないことを約束する。

13-8 化学兵器の開発、生産、貯蔵及び使用の禁止並びに廃棄に関する条約(化学兵器禁止条約)(抜粋)

Convention on the Prohibition of the Development, Production, Stockpiling and Use of Chemical Weapons and on Their Destruction

採　択	1992年9月3日(軍縮会議) 1992年11月30日、国際連合総会第47会期決議47/39により「推薦」
署　名	1993年1月13日(パリ)
効力発生	1997年4月29日
日 本 国	1993年1月13日署名、1995年4月28日国会承認、9月15日批准書寄託、1997年4月21日公布(条約第3号)、4月29日効力発生

第1条(一般的義務) 1　締約国は、いかなる場合にも、次のことを行わないことを約束する。
(a) 化学兵器を開発し、生産その他の方法によって取得し、貯蔵し若しくは保有し又はいずれかの者に対して直接若しくは間接に移譲すること。
(b) 化学兵器を使用すること。
(c) 化学兵器を使用するための軍事的な準備活動を行うこと。
(d) この条約によって締約国に対して禁止されている活動を行うことにつき、いずれかの者に対して、援助し、奨励し又は勧誘すること。
2　締約国は、この条約に従い、自国が所有し若しくは占有する化学兵器又は自国の管轄若しくは管理の下にある場所に存在する化学兵器を廃棄することを約束する。

3 締約国は、この条約に従い、他の締約国の領域内に遺棄したすべての化学兵器を廃棄することを約束する。

4 締約国は、この条約に従い、自国が所有し若しくは占有する化学兵器生産施設又は自国の管轄若しくは管理の下にある場所に存在する化学兵器生産施設を廃棄することを約束する。

5 締約国は、暴動鎮圧剤を戦争の方法として使用しないことを約束する。

第2条（定義及び基準） この条約の適用上、

1 「化学兵器」とは、次の物を合わせたもの又は次の物を個別にいう。
  (a) 毒性化学物質及びその前駆物質。ただし、この条約によって禁止されていない目的のためのものであり、かつ、種類及び量が当該目的に適合する場合を除く。
  (b) 弾薬類及び装置であって、その使用の結果放出されることとなる(a)に規定する毒性化学物質の毒性によって、死その他の害を引き起こすように特別に設計されたもの
  (c) (b)に規定する弾薬類及び装置の使用に直接関連して使用するように特別に設計された装置

2 「毒性化学物質」とは、生命活動に対する化学作用により、人又は動物に対し、死、一時的に機能を著しく害する状態又は恒久的な害を引き起こし得る化学物質（原料及び製法のいかんを問わず、また、施設内、弾薬内その他のいかなる場所において生産されるかを問わない。）をいう。
  （この条約の実施上、検証措置の実施のために特定された毒性化学物質は、化学物質に関する附属書の表に掲げる。）

3 「前駆物質」とは、毒性化学物質の生産（製法のいかんを問わない。）のいずれかの段階で関与する化学反応体をいうものとし、二成分又は多成分の化学系の必須成分を含む。
  （この条約の実施上、検証措置の実施のために特定された前駆物質は、化学物質に関する附属書の表に掲げる。）

4 「二成分又は多成分の化学系の必須成分」（以下「必須成分」という。）とは、最終生成物の毒性を決定する上で最も重要な役割を果たし、かつ、二成分又は多成分の化学系の中で他の化学物質と速やかに反応する前駆物質をいう。

5 「老朽化した化学兵器」とは、次のものをいう。
  (a) 1925年より前に生産された化学兵器
  (b) 1925年から1946年までの間に生産された化学兵器であって、化学兵器として使用することができなくなるまでに劣化したもの

6 「遺棄化学兵器」とは、1925年1月1日以降にいずれかの国が他の国の領域内に当該他の国の同意を得ることなく遺棄した化学兵器（老朽化した化学兵器を含む。）をいう。

7 「暴動鎮圧剤」とは、化学物質に関する附属書の表に掲げていない化学物質であって、短時間で消失するような人間の感覚に対する刺激又は行動を困難にする身体への効果を速やかに引き起こすものをいう。

8 「化学兵器生産施設」とは、
  (a) 1946年1月1日以降のいずれかの時に、次の(i)に該当するものとして又は次の(ii)のために設計され、建造され又は使用された設備及びこれを収容する建物をいう。
    (i) 化学物質の生産段階（「技術の最終段階」）の一部であって、当該設備が稼働している時に物質の流れが次のいずれかの化学物質を含むもの
      (1) 化学物質に関する附属書の表1に掲げる化学物質
      (2) 化学兵器のために使用され得る他の化学物質であって、締約国の領域内又はその管轄若しくは管理の下にあるその他の場所において、この条約によって禁止されていない目的のためには年間1トンを超える用途がないもの
    (ii) 化学兵器の充填（てん）（特に、化学物質に関する附属書の表1に掲げる化学物質の弾薬類、装置又はばらの状態で貯蔵するための容器への充填、組立て式の二成分型弾薬類及び装置の部分を構成する容器への充填、組立て式の単一成分型弾薬類及び装置の部分を構成する化学物質充填子爆弾弾薬類への充填並びに充填された容器及び化学物質充填子爆弾弾薬類の弾薬類及び装置への搭載を含む。）
  (b) もっとも、次のものを意味するものではない。
    (i) (a)(i)に規定する化学物質を合成するための生産能力を有する施設であって当該能力が1トン未満のもの
    (ii) (a)(i)に規定する化学物質をこの条約によって禁止されていない目的のための活動の不可避の副産物として生産し又は生産した施設。ただし、当該化学物質が総生産量の3パーセントを超えないこと並びに当該施設が実施及び検証に関する附属書（以下「検証附属書」という。）に従って申告及び査察の対象となることを条件とする。

(iii) この条約によって禁止されていない目的のために化学物質に関する附属書の表1に掲げる化学物質を生産する検証附属書第6部に規定する単一の小規模な施設
9 「この条約によって禁止されていない目的」とは、次のものをいう。
   (a) 工業、農業、研究、医療又は製薬の目的その他の平和的目的
   (b) 防護目的、すなわち、毒性化学物質及び化学兵器に対する防護に直接関係する目的
   (c) 化学兵器の使用に関連せず、かつ、化学物質の毒性を戦争の方法として利用するものではない軍事的目的
   (d) 国内の暴動の鎮圧を含む法の執行のための目的
10 「生産能力」とは、関係する施設において実際に使用されている技術的工程又はこの工程がまだ機能していない場合には使用される予定の技術的工程に基づいて特定の化学物質を1年間に製造し得る量をいう。生産能力は、標示された能力又はこれが利用可能でない場合には設計上の能力と同一であるとみなす。標示された能力は、生産施設にとっての最大量を生産するための最適な条件の下における生産量であって、一又は二以上の実験によって証明されたものとする。設計上の能力は、標示された能力に対応する理論的に計算された生産量とする。
11 「機関」とは、第8条の規定に基づいて設立する化学兵器の禁止のための機関をいう。
12 第6条の規定の適用上、
   (a) 化学物質の「生産」とは、化学反応により化学物質を生成することをいう。
   (b) 化学物質の「加工」とは、化学物質が他の化学物質に転換することのない物理的な工程(例えば、調合、抽出、精製)をいう。
   (c) 化学物質の「消費」とは、化学物質が化学反応により他の化学物質に転換することをいう。

第4条(化学兵器) 1 この条の規定及びその実施のための詳細な手続は、締約国が所有し若しくは占有するすべての化学兵器又はその管轄若しくは管理の下にある場所に存在するすべての化学兵器について適用する。ただし、検証附属書第4部(B)の規定が適用される老朽化した化学兵器及び遺棄化学兵器を除く。
2 この条の規定を実施するための詳細な手続は、検証附属書に定める。
3 1に規定する化学兵器が貯蔵され又は廃棄されるすべての場所は、検証附属書第4部(A)の規定に従い、現地査察及び現地に設置する機器による監視を通じた体系的な検証の対象とする。
4 締約国は、現地査察を通じた申告の体系的な検証のため、前条1(a)の規定に基づく申告を行った後直ちに1に規定する化学兵器へのアクセスを認める。締約国は、その後、当該化学兵器のいずれも移動させてはならないものとし(化学兵器の廃棄施設への移動を除く。)、体系的な現地検証のため、当該化学兵器へのアクセスを認める。
5 締約国は、現地査察及び現地に設置する機器による監視を通じた体系的な検証のため、自国が所有し若しくは占有する化学兵器の廃棄施設及びその貯蔵場所又は自国の管轄若しくは管理の下にある場所に存在する化学兵器の廃棄施設及びその貯蔵場所へのアクセスを認める。
6 締約国は、検証附属書並びに合意された廃棄についての比率及び順序(以下「廃棄の規律」という。)に従い、1に規定するすべての化学兵器を廃棄する。廃棄は、この条約が自国について効力を生じた後2年以内に開始し、この条約が効力を生じた後10年以内に完了する。締約国は、当該化学兵器をより速やかに廃棄することを妨げられない。
7 締約国は、次のことを行う。
   (a) 検証附属書第4部(A)29の規定に従い、1に規定する化学兵器の廃棄のための詳細な計画を各年の廃棄期間の開始の遅くとも60日前までに提出すること。その詳細な計画には、当該年の廃棄期間中に廃棄するすべての貯蔵されている化学兵器を含めるものとする。
   (b) 1に規定する化学兵器の廃棄のための自国の計画の実施状況に関する申告を毎年、各年の廃棄期間の満了の後60日以内に行うこと。
   (c) 廃棄の過程が完了した後30日以内に、1に規定するすべての化学兵器を廃棄したことを証明すること。
8 締約国は、6に規定する10年の廃棄のための期間が経過した後にこの条約を批准し又はこの条約に加入する場合には、1に規定する化学兵器をできる限り速やかに廃棄する。当該締約国のための廃棄の規律及び厳重な検証の手続については、執行理事会が決定する。
9 化学兵器に関する冒頭申告の後に締約国がその存在を知った化学兵器については、検証附属書第4部(A)の規定に従って、報告し、保全し及び廃棄する。
10 締約国は、化学兵器の輸送、試料採取、貯蔵及び廃棄に当たっては、人の安全を確保し及び環境を保護することを最も優先させる。締約国は、安全及び排出に関する自国の基準に従って、化

学兵器の輸送、試料採取、貯蔵及び廃棄を行う。
11 締約国は、他の国が所有し若しくは占有する化学兵器又は他の国の管轄若しくは管理の下にある場所に存在する化学兵器を自国の領域内に有する場合には、この条約が自国について効力を生じた後1年以内にこれらの化学兵器が自国の領域から撤去されることを確保するため、最大限度の努力を払う。これらの化学兵器が1年以内に撤去されない場合には、当該締約国は、機関及び他の締約国に対し、これらの化学兵器の廃棄のために援助を提供するよう要請することができる。
12 締約国は、二国間で又は技術事務局を通じて化学兵器の安全かつ効率的な廃棄のための方法及び技術に関する情報又は援助の提供を要請する他の締約国に対して協力することを約束する。
13 機関は、この条の規定及び検証附属書第4部(A)の規定に従って検証活動を行うに当たり、化学兵器の貯蔵及び廃棄の検証に関する締約国間の二国間又は多数国間の協定との不必要な重複を避けるための措置を検討する。このため、執行理事会は、次のことを認める場合には、当該二国間又は多数国間の協定に従って実施する措置を補完する措置に検証を限定することを決定する。
　(a) 当該二国間又は多数国間の協定の検証に関する規定がこの条及び検証附属書第4部(A)の検証に関する規定に適合すること。
　(b) 当該二国間又は多数国間の協定の実施によってこの条約の関連規定の遵守が十分に確保されること。
　(c) 当該二国間又は多数国間の協定の締約国がその検証活動について機関に対し常時十分な情報の提供を行うこと。
14 執行理事会が13の規定に従って決定する場合には、機関は、13に規定する二国間又は多数国間の協定の実施を監視する権利を有する。
15 13及び14のいかなる規定も、締約国が前条、この条及び検証附属書第4部(A)の規定に従って申告を行う義務に影響を及ぼすものではない。
16 締約国は、自国が廃棄の義務を負う化学兵器の廃棄の費用を負担する。また、締約国は、執行理事会が別段の決定を行う場合を除くほか、当該化学兵器の貯蔵及び廃棄の検証の費用を負担する。執行理事会が13の規定に従い機関の検証措置を限定することを決定した場合には、機関が行う補完的な検証及び監視の費用については、第8条7に規定する国際連合の分担率に従って支払う。
17 この条の規定及び検証附属書第4部の関連規定は、1977年1月1日前に締約国の領域内に埋められた化学兵器であって引き続き埋められたままであるもの又は1985年1月1日前に海洋に投棄された化学兵器については、当該締約国の裁量により適用しないことができる。

【第2節 戦闘の手段の規制】 第3項 核兵器

13-9 大気圏内、宇宙空間及び水中における核兵器実験を禁止する条約（部分的核実験禁止条約）（抜粋）

Treaty Banning Nuclear Weapon Tests in the Atmosphere, in Outer Space and under Water

作　成　1963年8月5日(モスクワ)
効力発生　1963年10月10日
日本国　1963年8月14日署名、1964年5月25日国会承認、6月15日批准書寄託、効力発生、公布(条約第10号)

　アメリカ合衆国、グレート・ブリテン及び北部アイルランド連合王国及びソヴィエト社会主義共和国連邦(以下「原締約国」という。)の政府は、
　国際連合の目的に従って厳重な国際管理の下における全面的かつ完全な軍備縮小に関する合意をできる限りすみやかに達成し、その合意により、軍備競争を終止させ、かつ、核兵器を含むすべての種類の兵器の生産及び実験への誘因を除去することをその主要な目的として宣言し、
　核兵器のすべての実験的爆発の永久的停止の達成を求め、その目的のために交渉を継続することを決意し、また、放射性物質による人類の環境の汚染を終止させることを希望して、
　次のとおり協定した。

第1条【核実験禁止】 1　この条約の各締約国は、その管轄又は管理の下にあるいかなる場所においても、次の環境における核兵器の実験的爆発及び他の核爆発を禁止すること、防止すること及び実施しないことを約束する。

a 大気圏内、宇宙空間を含む大気圏外並びに領水及び公海を含む水中
b そのような爆発がその管轄又は管理の下でその爆発が行なわれる国の領域外において放射性残渣(さ)が存在するという結果をもたらすときは、その他の環境。この点に関して、締約国がこの条約の前文で述べたように締結を達成しようとしている条約、すなわち、地下における実験的核爆発を含むすべての実験的核爆発を永久に禁止することとなる条約の締約がこのbの規定により妨げられるものではないことが了解される。
2 この条約の各締約国は、さらに、いかなる場所においても、1に掲げるいずれかの環境の中で行なわれ、又は1に規定する結果をもたらす核兵器の実験的爆発又は他の核爆発の実施を実現させ、奨励し、又はいかなる態様によるかを問わずこれに参加することを差し控えることを約束する。

第4条【有効期間】この条約の有効期間は、無期限とする。

各締約国は、この条約の対象である事項に関連する異常な事態が自国の至高の利益を危うくしていると認めるときは、その主権の行使として、この条約から脱退する権利を有する。

各締約国は、そのような脱退をこの条約の他のすべての締約国に対し3箇月前に予告するものとする。

13-10 核兵器の不拡散に関する条約(核不拡散条約)(抄)
Treaty on the Non-Proliferation of Nuclear Weapons

作　　成　1968年7月1日(ロンドン、モスクワ、ワシントン)
効力発生　1970年3月5日
日　本　国　1970年2月3日署名、1976年5月24日国会承認、6月8日批准書寄託、効力発生、公布(条約第6号)

前　文　(略)

第1条【核兵器国の義務】締約国である各核兵器国は、核兵器その他の核爆発装置又はその管理をいかなる者に対しても直接又は間接に移譲しないこと及び核兵器その他の核爆発装置の製造若しくはその他の方法による取得又は核兵器その他の核爆発装置の管理の取得につきいかなる非核兵器国に対しても何ら援助、奨励又は勧誘を行わないことを約束する。

第2条【非核兵器国の義務】締約国である各非核兵器国は、核兵器その他の核爆発装置又はその管理をいかなる者からも直接又は間接に受領しないこと、核兵器その他の核爆発装置を製造せず又はその他の方法によって取得しないこと及び核兵器その他の核爆発装置の製造についていかなる援助をも求めず又は受けないことを約束する。

第3条【IAEAの保障措置】1　締約国である各非核兵器国は、原子力が平和利用から核兵器その他の核爆発装置に転用されることを防止するため、この条約に基づいて負う義務の履行を確認することのみを目的として国際原子力機関憲章及び国際原子力機関の保障措置制度に従い国際原子力機関との間で交渉しかつ締結する協定に定められる保障措置を受諾することを約束する。この条の規定によって必要とされる保障措置の手続は、原料物質又は特殊核分裂性物質につき、それが主要な原子力施設において生産され、処理され若しくは使用されているか又は主要な原子力施設の外にあるかを問わず、遵守しなければならない。この条の規定によって必要とされる保障措置は、当該非核兵器国の領域内若しくはその管轄下で又は場所のいかんを問わずその管理の下で行われるすべての平和的な原子力活動に係るすべての原料物質及び特殊核分裂性物質につき、適用される。

2　各締約国は、(a)原料物質若しくは特殊核分裂性物質又は(b)特殊核分裂性物質の処理、使用若しくは生産のために特に設計され若しくは作成された設備若しくは資材を、この条の規定によって必要とされる保障措置が当該原料物質又は当該特殊核分裂性物質について適用されない限り、平和的目的のためいかなる非核兵器国にも供給しないことを約束する。

3　この条の規定によって必要とされる保障措置は、この条の規定及び前文に規定する保障措置の原則に従い、次条の規定に適合する態様で、かつ、締約国の経済的若しくは技術的発展又は平和的な原子力活動の分野における国際協力(平和的目的のため、核物質及びその処理、使用又は生産のための設備を国際的に交換することを含む。)を妨げないような態様で、実施するものとする。

4　締約国である非核兵器国は、この条に定める要件を満たすため、国際原子力機関憲章に従い、個々に又は他の国と共同して国際原子力機関と協定を締結するものとする。その協定の交渉は、この条約が最初に効力を生じた時から180日以内に開始しなければならない。この180日の期間の後に批准書又は加入書を寄託する国については、その協定の交渉は、当該寄託の日までに開始しなければならない。その協定は、交渉開始の日の後18箇月以内に効力を生ずるものとする。

第4条【原子力の平和利用】　（略）

第5条【核爆発の平和的応用】各締約国は、核爆発のあらゆる平和的応用から生ずることのある利益が、この条約に従い適当な国際的監視の下でかつ適当な国際的手続により無差別の原則に基づいて締約国である非核兵器国に提供されること並びに使用される爆発装置についてその非核兵器国の負担する費用が、できる限り低額であり、かつ、研究及び開発のためのいかなる費用をも含まないことを確保するため、適当な措置をとることを約束する。締約国である非核兵器国は、特別の国際協定に従い、非核兵器国が十分に代表されている適当な国際機関を通じてこのような利益を享受することができる。この問題に関する交渉は、この条約が効力を生じた後できる限り速やかに開始するものとする。締約国である非核兵器国は、希望するときは、二国間協定によってもこのような利益を享受することができる。

第6条【核軍縮】各締約国は、核軍備競争の早期の停止及び核軍備の縮小に関する効果的な措置につき、並びに厳重かつ効果的な国際管理の下における全面的かつ完全な軍備縮小に関する条約について、誠実に交渉を行うことを約束する。

第7条【非核兵器地帯条約】この条約のいかなる規定も、国の集団がそれらの国の領域に全く核兵器の存在しないことを確保するため地域的な条約を締結する権利に対し、影響を及ぼすものではない。

第8条【改正及び検討】1　いずれの締約国も、この条約の改正を提案することができる。改正案は、寄託国政府に提出するものとし、寄託国政府は、これをすべての締約国に配布する。その後、締約国の3分の1以上の要請があったときは、寄託国政府は、その改正を審議するため、すべての締約国を招請して会議を開催する。

2　この条約のいかなる改正も、すべての締約国の過半数の票（締約国であるすべての核兵器国の票及び改正案が配布された日に国際原子力機関の理事国である他のすべての締約国の票を含む。）による議決で承認されなければならない。その改正は、すべての締約国の過半数の改正の批准書（締約国であるすべての核兵器国の改正の批准書及び改正案が配布された日に国際原子力機関の理事国である他のすべての締約国の改正の批准書を含む。）が寄託された時に、その批准書を寄託した各締約国について効力を生ずる。その後は、改正は、改正の批准書を寄託する他のいずれの締約国についても、その寄託の時に効力を生ずる。

3　前文の目的の実現及びこの条約の規定の遵守を確保するようにこの条約の運用を検討するため、この条約の効力発生の5年後にスイスのジュネーヴで締約国の会議を開催する。その後5年ごとに、締約国の過半数が寄託国政府に提案する場合には、条約の運用を検討するという同様の目的をもって、更に会議を開催する。

第9条【署名、批准、効力発生、核兵器国の定義】1～2　（略）

3〔核兵器国の定義〕　この条約は、その政府が条約の寄託者として指定される国及びこの条約の署名国である他の40の国が批准しかつその批准書を寄託した後に、効力を生ずる。この条約の適用上、「核兵器国」とは、1967年1月1日前に核兵器その他の核爆発装置を製造しかつ爆発させた国をいう。

4～6　（略）

第10条【脱退及び延長】1　各締約国は、この条約の対象である事項に関連する異常な事態が自国の至高の利益を危うくしていると認める場合には、その主権を行使してこの条約から脱退する権利を有する。当該締約国は、他のすべての締約国及び国際連合安全保障理事会に対し3箇月前にその脱退を通知する。その通知には、自国の至高の利益を危うくしていると認める異常な事態についても記載しなければならない。

2　この条約の効力発生の25年後に、条約が無期限に効力を有するか追加の一定期間延長されるかを決定するため、会議を開催する。その決定は、締約国の過半数による議決で行う。

第11条【正文及び寄託】　（略）

13-11　南太平洋非核地帯条約（ラロトンガ条約）（抄）
South Pacific Nuclear Free Zone Treaty

署　名	1985年8月6日（ラロトンガ）
効力発生	1986年12月11日
締約国	オーストラリア；クック諸島；フィジー；キリバス；ナウル；ニュージーランド；ニウエ；パプアニューギニア；サモア；ソロモン諸島；トンガ；ツバル；バヌアツ
	（3議定書とも）フランス；英国
	（議定書2及び3）ロシア；中国

前　文

この条約の締約国は、

平和な世界を求める責務において一体となり、

核軍備競争の継続が、すべての人民にとって破滅的な結果となる核戦争の危険を示していることに深く憂慮し、

すべての国が、核兵器とそれが人類に与えている恐怖及び地上の生命に与えている脅威を除去するという目的を達成するために、あらゆる努力を行う義務を有していることを確信し、

地域的な軍備管理措置が、核軍備競争を逆転させるための世界的な努力に貢献し、この地域のすべての国の国家安全保障及びすべての者の共通の安全保障に貢献することができることを信じ、

この地域の陸と海の恵みと美しさが、その人民と彼らの子孫のすべてが平和のうちに永遠に享受するべき財産として留まるよう、力が及ぶ限り確保することを決意し、

核兵器の不拡散に関する条約（NPT）が、核兵器の拡散を防止し世界の安全保障に貢献する上で有する重要性を再確認し、

とりわけNPTの第7条が、国の集団はその各自の領域に核兵器が完全に存在しないよう確保するために、地域的な条約を締結する権利を有することを認めていることに注目し、

核兵器及び他の大量破壊兵器の海底における設置の禁止に関する条約が規定する、海底及びその地下への核兵器の設置の禁止が、南太平洋において適用されることに注目し、

大気圏内、宇宙空間及び水中における核兵器実験を禁止する条約が規定する、大気圏内又は水中（領水又は公海を含む。）における核兵器実験の禁止が、南太平洋において適用されることにも注目し、

この地域を、放射性廃棄物及びその他の放射性物質による環境汚染から守ることを決意し、

ツバルにおいて開催された第15回南太平洋フォーラムのコミュニケが規定する原則に従って、非核兵器地帯をできるだけ早い機会にこの地域において樹立するべきであるという、同会議の決定に導かれて、

次のように協定した。

第1条（用語法） この条約及びその議定書の適用上、

(a) 「南太平洋非核地帯」とは、附属書1にいう地域であって、同附属書に添付する地図に示す地域をいう。

(b) 「領域」とは、内水、領海及び群島水域、海底及びその地下、陸地領域及びそれらの上部の空域をいう。

(c) 「核爆発装置」とは、その使用目的のいかんを問わず、核エネルギーを放出することができるすべての核兵器又はその他の爆発装置をいう。この用語は、組み立てられていない形及び部分的に組み立てられた形におけるこのような兵器又は装置を含むが、このような兵器又は装置の輸送又は投射の手段は、兵器又は装置から分離が可能であってその不可分の一部を構成するものでない場合には、これに含まない。

(d) 「配置」とは、設置、陸地又は内水における輸送、備蓄、貯蔵、据付及び配備をいう。

第2条（条約の適用） 1　別段の定めがある場合を除いて、この条約とその議定書は南太平洋非核地帯内にある領域に適用する。

2　この条約のいかなる規定も、いずれかの国の海洋の自由に関する国際法上の権利又はその行使を妨げ若しくは何らかの形においてこれに影響を及ぼすものではない。

第3条（核爆発装置の廃棄） 各締約国は、次のことを約束する。

(a) 南太平洋非核地帯の内外のあらゆる場所において、核爆発装置を製造し又は何らかの形で取得し、所有し若しくは管理しないこと。

(b)　核爆発装置の製造又は取得について、援助を求め又は受けないこと。
　　(c)　いずれかの国による核爆発装置の製造又は取得を援助し又は奨励する行動をとらないこと。
第4条(平和的な核活動) 各締約国は、次のことを約束する。
　(a)(i)　非核兵器国に対しては、NPT第3条1が求める保障措置に従わない限り、又は、
　　　(ii)　核兵器国に対しては、適用可能な国際原子力機関(IAEA)との保障措置協定に従わない限り、
　　　原材料又は特殊核分裂物質若しくは平和的目的のための特殊核分裂物質の処理、使用又は生産のために特に設計され又は準備された設備若しくは材料を供給しないこと。
　　　このような供給は、もっぱら平和的な非爆発的利用を確保する厳格な非拡散措置に従うものでなければならない。
　(b)　NPT及びIAEAの保障措置制度に基礎をおく国際的な非拡散制度の継続的な実効性を支持すること。
第5条(核爆発装置の配置の防止) 1　各締約国は、その領域においていかなる核爆発装置の配置をも防止する。
2　各締約国はその主権的権利を行使して、外国の船舶及び航空機の自国の港湾及び空港への来訪、外国航空機による自国の領空の通過、並びに外国船舶による無害通航権、群島航路帯通航権若しくは海峡の通過通航権に含まれない態様による、自国の領海又は群島水域の航行を許可するかどうかを決定する自由を有する。
第6条(核爆発装置の実験の防止) 各締約国は、次のことを約束する。
　(a)　その領域において、いかなる核爆発装置の実験をも防止すること。
　(b)　他国による核爆発装置の実験を援助し又は奨励するいかなる行動をもとらないこと。
第7条(投棄の防止) 1　各締約国は、次のことを約束する。
　(a)　南太平洋非核地帯のいずれかの海域において、放射性廃棄物及びその他の放射性物質を投棄しないこと。
　(b)　その領海において、いずれかの者が放射性廃棄物及びその他の放射性物質を投棄することを防止すること。
　(c)　南太平洋非核地帯のいずれかの海域において、いずれかの者が放射性廃棄物及びその他の放射性物質を投棄することを援助し又は奨励するために、いかなる行動も取らないこと。
　(d)　この地域のいかなる場所においてもいずれかの者による放射性廃棄物及びその他の放射性物質の海洋における投棄を排除することを目的として、南太平洋地域における天然資源及び環境の保護に関する提案されている条約及び南太平洋地域の投棄による汚染を防止するためのその議定書を、できる限りすみやかに締結することを支持すること。
2　この条の1(a)及び1(b)は、1(d)にいう条約及び議定書が効力を発生している南太平洋の非核兵器地域には適用しない。
第8条(管理制度) 1　締約国はここに、この条約のもとにおける義務の遵守を検証する目的で、管理制度を設立する。
2　管理制度は、次のものから構成する。
　(a)　第9条に規定する報告及び情報の交換
　(b)　第10条及び附属書4(1)に規定する協議
　(c)　平和的な核活動への、附属書2が規定するIAEAによる保障措置の適用
　(d)　附属書4が規定する苦情申し立ての手続
第9条(報告及び情報交換)　(略)
第10条(協議及び検討)　(略)
第11条(改正)　(略)
第12条(署名及び批准)　(略)
第13条(脱退) 1　この条約は永続的な性格のものとし、無期限に効力を有する。ただし、いずれかの締約国が条約の目的又はその精神の達成に不可欠なこの条約の規定に違反した場合には、すべての他の締約国はこの条約から脱退する権利を有する。
2　脱退は、〔南太平洋経済協力局〕事務局長に対して12箇月前に通告することにより行う。事務局長は、このような通告をすべての他の締約国に回覧する。
第14条(留保) この条約には、留保を付すことはできない。
第15条(効力発生)　(略)
第16条(寄託者の職務)　(略)

附属書1(南太平洋非核地帯)　(略)

附属書2(IAEAの保障措置)　(略)

附属書3(協議委員会)　(略)

附属書4(苦情申し立て手続)　(略)

議定書1【域外国の条約尊重義務】

この議定書の締約国は、
南太平洋非核地帯条約(以下「条約」という。)に留意し、
次のように協定した。

第1条【条約の適用】各締約国は、南太平洋非核地帯内にありその国際関係に責任を有する自国の領域に関して、条約の第3条、第5条及び第6条に規定する禁止を、これらの領域内における核爆発装置の製造、配置及び実験に関する限りにおいて適用すること、並びに条約の第8条2(c)及び附属書2にいう保障措置を適用することを約束する。

第2条【改正の受諾】　(略)

第3条【議定書の開放】　この議定書は、フランス共和国、グレート・ブリテン及び北部アイルランド連合王国並びにアメリカ合衆国による署名のために開放しておく。

第4条【批准】　(略)

第5条【有効期限及び脱退】この議定書は永続的な性格のものとし、無期限に効力を有する。ただし、各締約国は、この議定書の対象である事項に関連する異常な事態が自国の至高の利益を危うくしていると認めるときは、その主権の行使として、この議定書から脱退する権利を有する。当該の締約国は、そのような脱退を3箇月以前に寄託者に対して通知する。このような通知には、自国の至高の利益を危うくしていると認める異常な事態を記載する。

第6条【効力発生】　(略)

議定書2【核兵器国による核兵器の不使用】

この議定書の締約国は、
南太平洋非核地帯条約(以下「条約」という。)に留意し、
次のように協定した。

第1条【核爆発装置の不使用】各締約国は、次のものに対して核爆発装置を使用せず又は使用の威嚇を行わないことを約束する。
(a)　条約の締約国、又は
(b)　南太平洋非核地帯内に存在する領域であって、議定書1の締約国となった国が国際的に責任を有するもの

第2条【条約の違反等への不協力】各締約国は、条約の締約国の行動であって条約の違反となるもの、又は議定書の他の締約国の行動であって議定書の違反となるものに対して、寄与しないことを約束する。

第3条【改正の受諾】　(略)

第4条【議定書の開放】この議定書は、フランス共和国、中華人民共和国、ソヴィエト社会主義連邦共和国、グレート・ブリテン及び北部アイルランド連合王国並びにアメリカ合衆国による署名のために開放しておく。

第5条【批准】　(略)

第6条【有効期限及び脱退】　(議定書1第5条と同じ)

第7条【効力発生】　(略)

議定書3【核兵器国による条約区域における核爆発装置実験の禁止】

この議定書の締約国は、
南太平洋非核地帯条約(以下条約という。)に留意し、
次のように協定した。

第1条【核実験の禁止】各締約国は、南太平洋非核地帯内においていかなる核爆発装置の実験をも行わないことを約束する。

第2条【改正の受諾】　(略)

第3条【議定書の開放】　(議定書2第4条と同じ)

第4条【批准】　(略)

第5条【有効期限及び脱退】　(議定書1第5条と同じ)

第6条【効力発生】　(略)

【第3節　戦闘の方法の規制】

13-12　陸戦ノ法規慣例ニ関スル条約（1907年ハーグ陸戦条約）（抄）
Convention concernant les lois et coutumes de la guerre sur terre

署　名	1907年10月18日（ハーグ）
効力発生	1910年1月26日
日本国	1911年12月13日批准書寄託、1912年1月13日公布（条約第4号）、2月11日効力発生

独逸皇帝普魯西国皇帝陛下〔以下締約国元首名略〕ハ、平和ヲ維持シ且諸国間ノ戦争ヲ防止スルノ方法ヲ講スルト同時ニ、其ノ所期ニ反シ避クルコト能ハサル事件ノ為兵力ニ訴フルコトアルヘキ場合ニ付攻究ヲ為スノ必要ナルコトヲ考慮シ、斯ノ如キ非常ノ場合ニ於テモ尚能ク人類ノ福利ト文明ノ駸駸トシテ止ムコトナキ要求トニ副ハムコトヲ希望シ、之カ為戦争ニ関スル一般ノ法規慣例ハ一層之ヲ精確ナラシムルヲ目的トシ、又ハ成ルヘク戦争ノ惨害ヲ減殺スヘキ制限ヲ設クルヲ目的トシテ、之ヲ修正スルノ必要ヲ認メ、1874年ノ比律悉会議ノ後ニ於テ、聴明仁慈ナル先見ヨリ出テタル前記ノ思想ヲ体シテ、陸戦ノ慣習ヲ制定スルヲ以テ目的トスル諸条規ヲ採用シタル第1回平和会議ノ事業ヲ或点ニ於テ補充シ、且精確ニスルヲ必要ト判定セリ。

締約国ノ所見ニ依レハ、右条規ハ、軍事上ノ必要ノ許ス限、努メテ戦争ノ惨害ヲ軽減スルノ希望ヲ以テ定メラレタルモノニシテ、交戦者相互間ノ関係及人民トノ関係ニ於テ、交戦者ノ行動ノ一般ノ準縄タルヘキモノトス。

但シ、実際ニ起ル一切ノ場合ニ普ク適用スヘキ規定ハ、此ノ際之ヲ協定シ置クコト能ハサリシト雖、明文ナキ故ヲ以テ、規定セラレサル総テノ場合ヲ軍隊指揮者ノ擅断ニ委スルハ、亦締約国ノ意思ニ非サリシナリ。

一層完備シタル戦争法規ニ関スル法典ノ制定セラルルニ至ル迄ハ、締約国ハ、其ノ採用シタル条規ニ含マレサル場合ニ於テモ、人民及交戦者カ依然文明国ノ間ニ存立スル慣習、人道ノ法則及公共良心ノ要求ヨリ生スル国際法ノ原則ノ保護及支配ノ下ニ立ツコトヲ確認スルヲ以テ適当ト認ム。

締約国ハ、採用セラレタル規則ノ第1条及第2条ハ、特ニ右ノ趣旨ヲ以テ之ヲ解スヘキモノナルコトヲ宣言ス。

〔全権委員名略〕

第1条【規則に適合する訓令】締約国ハ、其ノ陸軍軍隊ニ対シ、本条約ニ附属スル陸戦ノ法規慣例ニ関スル規則ニ適合スル訓令ヲ発スヘシ。

第2条【総加入条項】第1条ニ掲ケタル規則及本条約ノ規定ハ、交戦国カ悉ク本条約ノ当事者ナルトキニ限、締約国間ニノミ之ヲ適用ス。

第3条【違反】前記規則ノ各項ニ違反シタル交戦当事者ハ、損害アルトキハ、之カ賠償ノ責ヲ負フヘキモノトス。交戦当事者ハ、其ノ軍隊ヲ組成スル人員ノ一切ノ行為ニ付責任ヲ負フ。

第4条【1899年条約との関係】（略）
第5条【批准】（略）
第6条【加入】（略）
第7条【効力発生】（略）
第8条【廃棄】（略）
第9条【寄託者の役割】（略）

13-12-1　陸戦ノ法規慣例ニ関スル規則（ハーグ陸戦規則）（抜粋）
Règlement concernant les lois et coutumes de la guerre sur terre
署名、効力発生及ビ日本国（13-12と同じ）

第2款　戦　闘
第1章　害敵手段、攻囲及砲撃

第22条【害敵手段の制限】交戦者ハ、害敵手段ノ選択ニ付、無制限ノ権利ヲ有スルモノニ非ス。

第23条【特別の禁止】特別ノ条約ヲ以テ定メタル禁止ノ外、特ニ禁止スルモノ左ノ如シ。
　イ　毒又ハ毒ヲ施シタル兵器ヲ使用スルコト
　ロ　敵国又ハ敵軍ニ属スル者ヲ背信ノ行為ヲ以テ殺傷スルコト
　ハ　兵器ヲ捨テ又ハ自衛ノ手段尽キテ降ヲ乞ヘル敵ヲ殺傷スルコト
　ニ　助命セサルコトヲ宣言スルコト
　ホ　不必要ノ苦痛ヲ与フヘキ兵器、投射物其ノ他ノ物質ヲ使用スルコト
　ヘ　軍使旗、国旗其ノ他ノ軍用ノ標章、敵ノ制服又ハ「ジェネヴァ」条約ノ特殊徽章ヲ擅ニ使

用スルコト
ト　戦争ノ必要上万已ムヲ得サル場合ヲ除クノ外敵ノ財産ヲ破壊シ又ハ押収スルコト
チ　対手当事国国民ノ権利及訴権ノ消滅、停止又ハ裁判上不受理ヲ宣言スルコト
　　交戦者ハ、又対手当事国ノ国民ヲ強制シテ其ノ本国ニ対スル作戦動作ニ加ラシムルコトヲ得ス。戦争開始前其ノ役務ニ服シタル場合ト雖亦同シ。

第25条【無防備都市の攻撃】 防守セサル都市、村落、住宅又ハ建物ハ、如何ナル手段ニ依ルモ、之ヲ攻撃又ハ砲撃スルコトヲ得ス。

第27条【砲撃の制限】 攻囲及砲撃ヲ為スニ当リテハ、宗教、技芸、学術及慈善ノ用ニ供セラルル建物、歴史上ノ紀念建造物、病院並病者及傷者ノ収容所ハ、同時ニ軍事上ノ目的ニ使用セラレサル限、之ヲシテ成ルヘク損害ヲ免カレシムル為、必要ナル一切ノ手段ヲ執ルヘキモノトス。
　　被囲者ハ、看易キ特別ノ徽章ヲ以テ、右建物又ハ収容所ヲ表示スルノ義務ヲ負フ。右徽章ハ予メ之ヲ攻囲者ニ通告スヘシ。

第28条【略奪の禁止】 都市其ノ他ノ地域ハ、突撃ヲ以テ攻取シタル場合ト雖、之ヲ掠奪ニ委スルコトヲ得ス。

第3款　敵国ノ領土ニ於ケル軍ノ権力

第42条【占領】 一地方ニシテ事実上敵軍ノ権力内ニ帰シタルトキハ、占領セラレタルモノトス。
　　占領ハ右権力ヲ樹立シタル且之ヲ行使シ得ル地域ヲ以テ限トス。

第43条【占領地の法律の尊重】 国ノ権力カ事実上占領者ノ手ニ移リタル上ハ、占領者ハ、絶対的ノ支障ナキ限、占領地ノ現行法律ヲ尊重シテ、成ルヘク公共ノ秩序及生活ヲ回復確保スル為施シ得ヘキ一切ノ手段ヲ尽スヘシ。

第46条【私権の尊重】 家ノ名誉及権利、個人ノ生命、私有財産並宗教ノ信仰及其ノ遵行ハ、之ヲ尊重スヘシ。
　　私有財産ハ、之ヲ没収スルコトヲ得ス。

第47条【略奪の禁止】 掠奪ハ、之ヲ厳禁ス。

第53条【国有財産】 一地方ヲ占領シタル軍ハ、国ノ所有ニ属スル現金、基金及有価証券、貯蔵兵器、輸送材料、在庫品及糧秣其ノ他総テ作戦動作ニ供スルコトヲ得ヘキ国有動産ノ外、之ヲ押収スルコトヲ得ス。
　　海上法ニ依リ支配セラルル場合ヲ除クノ外、陸上、海上及空中ニ於テ報道ノ伝送又ハ人若ハ物ノ輸送ノ用ニ供セラルル一切ノ機関、貯蔵兵器其ノ他各種ノ軍需品ハ、私人ニ属スルモノト雖、之ヲ押収スル事ヲ得。但シ、平和克復ニ至リ、之ヲ還付シ、且之カ賠償ヲ決定スヘキモノトス。

第55条【国有の不動産】 占領国ハ、敵国ニ属シ且占領地ニ在ル公共建物、不動産、森林及農場ニ付テハ、其ノ管理者及用益権者タルニ過キサルモノナリト考慮シ、右財産ノ基本ヲ保護シ、且用益権ノ法則ニ依リテ之ヲ管理スヘシ。

第56条【公有財産及び公共建設物】 市区町村ノ財産並国ニ属スルモノト雖、宗教、慈善、教育、技芸及学術ノ用ニ供セラルル建設物ハ、私有財産ト同様ニ之ヲ取扱フヘシ。
　　右ノ如キ建設物、歴史上ノ紀念建造物、技芸及学術上ノ製作品ヲ故意ニ押収、破壊又ハ毀損スルコトハ、総テ禁セラレ且訴追セラルヘキモノトス。

13-13　戦時における文民の保護に関する1949年8月12日のジュネーヴ条約（第4条約）（1949年文民条約）（抜粋）

Geneva Convention Relative to the Protection of Civilian Persons in Time of War of August 12, 1949

　　作　成　1949年8月12日（ジュネーヴ）
　　効力発生　1950年10月21日
　　日　本　国　1953年4月21日内閣決定、加入通告、7月29日国会承認、10月21日効力発生、公布（条約第26号）

第53条【破壊の禁止】 個人的であると共同的であるとを問わず私人に属し、又は国その他の当局、社会的団体若しくは協同団体に属する不動産又は動産の占領軍による破壊は、その破壊が軍事行動によって絶対に必要とされる場合を除く外、禁止する。

第144条【条約文の公知】 締約国は、この条約の原則を自国のすべての住民に知らせるため、平時であると戦時であるとを問わず、自国においてこの条約の本文をできる限り普及させること、特に、軍事教育及びできれば非軍事教育の課目中にこの条約の研究を含ませることを約束する。戦時

において被保護者について責任を負う文民の当局、軍当局、警察当局その他の当局は、この条約の本文を所持し、及び同条約の規定について特別な教育を受けなければならない。

第146条【重大な違反行為の処罰】締約国は、次条に定義するこの条約に対する重大な違反行為の一を行い、又は行うことを命じた者に対する有効な刑罰を定めるため必要な立法を行うことを約束する。

各締約国は、前記の重大な違反行為を行い、又は行うことを命じた疑のある者を捜査する義務を負うものとし、また、その者の国籍のいかんを問わず、自国の裁判所に対して公訴を提起しなければならない。各締約国は、また、希望する場合には、自国の法令の規定に従って、その者を他の関係締約国に裁判のため引き渡すことができる。但し、前記の関係締約国が事件について一応充分な証拠を示した場合に限る。

各締約国は、この条約の規定に違反する行為で次条に定義する重大な違反行為以外のものを防止するため必要な措置を執らなければならない。

被告人は、すべての場合において、捕虜の待遇に関する1949年8月12日のジュネーヴ条約第105条以下に定めるところよりも不利でない正当な裁判及び防ぎょの保障を享有する。

第147条【重大な違反行為の定義】前条にいう重大な違反行為とは、この条約が保護する人又は物に対して行われる次の行為、すなわち、殺人、拷問若しくは非人道的待遇(生物学的実験を含む。)、身体若しくは健康に対して故意に重い苦痛を与え、若しくは重大な傷害を加えること、被保護者を不法に追放し、移送し、若しくは拘禁すること、被保護者を強制して敵国の軍隊で服務させること、この条約に定める公正な正式の裁判を受ける権利を奪うこと、人質にすること又は軍事上の必要によって正当化されない不法且つし意的な財産の広はんな破壊若しくは徴発を行うことをいう。

13-14　1949年8月12日のジュネーヴ諸条約の国際的な武力紛争の犠牲者の保護に関する追加議定書(議定書Ⅰ)(1977年第1追加議定書)(抜粋)

Protocol Additional to the Geneva Convention of August 12, 1949, and Relating to the Protection of Victims of International Armed Conflict

採　択　1977年6月8日(ジュネーヴ)
効力発生　1978年12月7日
日本国　2004年6月14日国会承認、8月31日加入書寄託、9月3日公布(条約第12号)、2005年2月28日効力発生

前　文

締約国は、

人々の間に平和が広まることを切望することを宣明し、

国際連合憲章に基づき、各国が、その国際関係において、武力による威嚇又は武力の行使であって、いかなる国の主権、領土保全又は政治的独立に対するものも、また、国際連合の目的と両立しない他のいかなる方法によるものも慎む義務を負っていることを想起し、

それにもかかわらず、武力紛争の犠牲者を保護する諸規定を再確認し及び発展させること並びにそれらの規定の適用を強化するための措置を補完することが必要であると確信し、

この議定又は1949年8月12日のジュネーヴ諸条約のいかなる規定も、侵略行為その他の国際連合憲章と両立しない武力の行使を正当化し又は認めるものと解してはならないとの確信を表明し、

1949年8月12日のジュネーヴ諸条約及びこの議定書が、武力紛争の性質若しくは原因又は紛争当事者が掲げ若しくは紛争当事者に帰せられる理由に基づく不利な差別をすることなく、これらの文書によって保護されているすべての者について、すべての場合において完全に適用されなければならないことを再確認して、

次のとおり協定した。

第1編　総　則

第1条(一般原則及び適用範囲)　1　締約国は、すべての場合において、この議定書を尊重し、かつ、この議定書の尊重を確保することを約束する。

2　文民及び戦闘員は、この議定書その他の国際取極がその対象としていない場合においても、確立された慣習、人道の諸原則及び公共の良心に由来する国際法の諸原則に基づく保護並びにこのような国際法の諸原則の支配の下に置かれる。

3　この議定書は、戦争犠牲者の保護に関する1949

年8月12日のジュネーヴ諸条約を補完するものであり、同諸条約のそれぞれの第2条に共通して規定する事態について適用する。
4 3に規定する事態には、国際連合憲章並びに国際連合憲章による諸国間の友好関係及び協力についての国際法の諸原則に関する宣言にうたう人民の自決の権利の行使として人民が植民地支配及び外国による占領並びに人種差別体制に対して戦う武力紛争を含む。

第3編　戦闘の方法及び手段並びに戦闘員及び捕虜の地位
第1部　戦闘の方法及び手段
第35条（基本原則） 1 いかなる武力紛争においても、紛争当事者が戦闘の方法及び手段を選ぶ権利は、無制限ではない。
2 過度の傷害又は無用の苦痛を与える兵器、投射物及び物質並びに戦闘の方法を用いることは、禁止する。
3 自然環境に対して広範、長期的かつ深刻な損害を与えることを目的とする又は与えることが予測される戦闘の方法及び手段を用いることは、禁止する。
第36条（新たな兵器） 締約国は、新たな兵器又は戦闘の手段若しくは方法の研究、開発、取得又は採用に当たり、その使用がこの議定書又は当該締約国に適用される他の国際法の諸規則により一定の場合又はすべての場合に禁止されているか否かを決定する義務を負う。

第4編　文民たる住民
第1部　敵対行為の影響からの一般的保護
第1章　基本原則及び適用範囲
第48条（基本原則） 紛争当事者は、文民たる住民及び民用物を尊重し及び保護することを確保するため、文民たる住民と戦闘員とを、また、民用物と軍事目標とを常に区別し、及び軍事目標のみを軍事行動の対象とする。
第49条（攻撃の定義及び適用範囲） 1 「攻撃」とは、攻勢としてであるか防御としてであるかを問わず、敵に対する暴力行為をいう。
2 この議定書の攻撃に関する規定は、いずれの地域（紛争当事者に属する領域であるが敵対する紛争当事者の支配の下にある地域を含む。）で行われるかを問わず、すべての攻撃について適用する。
3 この部の規定は、陸上の文民たる住民、個々の文民又は民用物に影響を及ぼす陸戦、空戦又は海戦について適用するものとし、また、陸上の目標に対して海又は空から行われるすべての攻撃についても適用する。もっとも、この部の規定は、海上又は空中の武力紛争の際に適用される国際法の諸規則に影響を及ぼすものではない。
4 この部の規定は、第4条約特にその第2編及び締約国を拘束する他の国際取極に含まれる人道的保護に関する諸規則並びに陸上、海上又は空中の文民及び民用物を敵対行為の影響から保護することに関する他の国際法の諸規則に追加される。

第2章　文民及び文民たる住民
第51条（文民たる住民の保護） 1 文民たる住民及び個々の文民は、軍事行動から生ずる危険からの一般的保護を受ける。この保護を実効的なものとするため、適用される他の国際法の諸規則に追加される2から8までに定める規則は、すべての場合において、遵守する。
2 文民たる住民それ自体及び個々の文民は、攻撃の対象としてはならない。文民たる住民の間に恐怖を広めることを主たる目的とする暴力行為又は暴力による威嚇は、禁止する。
3 文民は、敵対行為に直接参加していない限り、この部の規定によって与えられる保護を受ける。
4 無差別な攻撃は、禁止する。無差別な攻撃とは、次の攻撃であって、それぞれの場合において、軍事目標と文民又は民用物とを区別しないでこれらに打撃を与える性質を有するものをいう。
  (a) 特定の軍事目標のみを対象としない攻撃
  (b) 特定の軍事目標のみを対象とすることのできない戦闘の方法及び手段を用いる攻撃
  (c) この議定書で定める限度を超える影響を及ぼす戦闘の方法及び手段を用いる攻撃
5 特に、次の攻撃は、無差別なものと認められる。
  (a) 都市、町村その他の文民又は民用物の集中している地域に位置する多数の軍事目標であって相互に明確に分離された別個のものを単一の軍事目標とみなす方法及び手段を用いる砲撃又は爆撃による攻撃
  (b) 予期される具体的かつ直接的な軍事的利益との比較において、巻き添えによる文民の死亡、文民の傷害、民用物の損傷又はこれらの複合した事態を過度に引き起こすことが予測される攻撃
6 復仇（きゅう）の手段として文民たる住民又は個々の文民を攻撃することは、禁止する。
7 文民たる住民又は個々の文民の所在又は移動は、特定の地点又は区域が軍事行動の対象とならないようにするために、特に、軍事目標を攻撃から掩（えん）護し又は軍事行動を掩護し、有利に

し若しくは妨げることを企図して利用してはならない。紛争当事者は、軍事目標を攻撃から掩護し又は軍事行動を掩護することを企図して文民たる住民又は個々の文民の移動を命じてはならない。

8 この条に規定する禁止の違反があったときにおいても、紛争当事者は、文民たる住民及び個々の文民に関する法的義務(第57条の予防措置をとる義務を含む。)を免除されない。

第3章 民用物

第52条(民用物の一般的保護) 1 民用物は、攻撃又は復仇(きゅう)の対象としてはならない。民用物とは、2に規定する軍事目標以外のすべての物をいう。

2 攻撃は、厳格に軍事目標に対するものに限定する。軍事目標は、物については、その性質、位置、用途又は使用が軍事活動に効果的に資する物であってその全面的又は部分的な破壊、奪取又は無効化がその時点における状況において明確な軍事的利益をもたらすものに限る。

3 礼拝所、家屋その他の住居、学校等通常民生の目的のために供される物が軍事活動に効果的に資するものとして使用されているか否かについて疑義がある場合には、軍事活動に効果的に資するものとして使用されていないと推定される。

第53条(文化財及び礼拝所の保護) 1954年5月14日の武力紛争の際の文化財の保護に関するハーグ条約その他の関連する国際文書の規定の適用を妨げることなく、次のことは、禁止する。

(a) 国民の文化的又は精神的遺産を構成する歴史的建造物、芸術品又は礼拝所を対象とする敵対行為を行うこと。

(b) (a)に規定する物を軍事上の努力を支援するために利用すること。

(c) (a)に規定する物を復仇の対象とすること。

第54条(文民たる住民の生存に不可欠な物の保護) 1 戦闘の方法として文民を飢餓の状態に置くことは、禁止する。

2 食糧、食糧生産のための農業地域、作物、家畜、飲料水の施設及び供給設備、かんがい設備等文民たる住民の生存に不可欠な物をこれらが生命を維持する手段としての価値を有するが故に文民たる住民又は敵対する紛争当事者に与えないという特定の目的のため、これらの物を攻撃し、破壊し、移動させ又は利用することができないようにすることは、文民を飢餓の状態に置き又は退去させるという動機によるかその他の動機によるかを問わず、禁止する。

3 2に規定する禁止は、2に規定する物が次の手段として敵対する紛争当事者によって利用される場合には、適用しない。

(a) 専ら当該敵対する紛争当事者の軍隊の構成員の生命を維持する手段

(b) 生命を維持する手段でないときであっても軍事行動を直接支援する手段。ただし、いかなる場合においても、2に規定する物に対し、文民たる住民の食糧又は水を十分でない状態とし、その結果当該文民たる住民を飢餓の状態に置き又はその移動を余儀なくさせることが予測される措置をとってはならない。

4 2に規定する物は、復仇の対象としてはならない。

5 いずれの紛争当事者にとっても侵入から自国の領域を防衛する重大な必要があることにかんがみ、紛争当事者は、絶対的な軍事上の必要によって要求される場合には、自国の支配の下にある領域において2に規定する禁止から免れることができる。

第55条(自然環境の保護) 1 戦闘においては、自然環境を広範、長期的かつ深刻な損害から保護するために注意を払う。その保護には、自然環境に対してそのような損害を与え、それにより住民の健康又は生存を害することを目的とする又は害することが予測される戦闘の方法及び手段の使用の禁止を含む。

2 復仇の手段として自然環境を攻撃することは、禁止する。

第56条(危険な力を内蔵する工作物及び施設の保護)

1 危険な力を内蔵する工作物及び施設、すなわち、ダム、堤防及び原子力発電所は、これらの物が軍事目標である場合であっても、これらを攻撃することが危険な力の放出を引き起こし、その結果文民たる住民の間に重大な損失をもたらすときは、攻撃の対象としてはならない。これらの工作物又は施設の場所又は近傍に位置する他の軍事目標は、当該他の軍事目標に対する攻撃がこれらの工作物又は施設からの危険な力の放出を引き起こし、その結果文民たる住民の間に重大な損失をもたらす場合には、攻撃の対象としてはならない。

2 1に規定する攻撃からの特別の保護は、次の場合にのみ消滅する。

(a) ダム又は堤防については、これらが通常の機能以外の機能のために、かつ、軍事行動に対し常時の、重要なかつ直接の支援を行うために利用されており、これらに対する攻撃がそのような支援を終了させるための唯一の実行可能な方法である場合

(b) 原子力発電所については、これが軍事行動に対し常時の、重要なかつ直接の支援を行うために電力を供給しており、これに対する攻撃がそのような支援を終了させるための唯一の実行可能な方法である場合
(c) 1に規定する工作物又は施設の場所又は近傍に位置する他の軍事目標については、これらが軍事行動に対し常時の、重要なかつ直接の支援を行うために利用されており、これらに対する攻撃がそのような支援を終了させるための唯一の実行可能な方法である場合
3 文民たる住民及び個々の文民は、すべての場合において、国際法によって与えられるすべての保護(次条の予防措置による保護を含む。)を受ける権利を有する。特別の保護が消滅し、1に規定する工作物、施設又は軍事目標が攻撃される場合には、危険な力の放出を防止するためにすべての実際的な予防措置をとる。
4 1に規定する工作物、施設又は軍事目標を復仇の対象とすることは、禁止する。
5 紛争当事者は、1に規定する工作物又は施設の近傍にいかなる軍事目標も設けることを避けるよう努める。もっとも、保護される工作物又は施設を攻撃から防御することのみを目的として構築される施設は、許容されるものとし、攻撃の対象としてはならない。ただし、これらの構築される施設が、保護される工作物又は施設に対する攻撃に対処するために必要な防御措置のためのものである場合を除くほか、敵対行為において利用されず、かつ、これらの構築される施設の装備が保護される工作物又は施設に対する敵対行為を撃退することのみが可能な兵器に限られていることを条件とする。
6 締約国及び紛争当事者は、危険な力を内蔵する物に追加的な保護を与えるために新たな取極を締結するよう要請される。

第3章　予防措置
第57条(攻撃の際の予防措置) 1 軍事行動を行うに際しては、文民たる住民、個々の文民及び民用物に対する攻撃を差し控えるよう不断の注意を払う。
2 攻撃については、次の予防措置をとる。
(a) 攻撃を計画し又は決定する者は、次のことを行う。
(i) 攻撃の目標が文民又は民用物でなく、かつ、第52条2に規定する軍事目標であって特別の保護の対象ではないものであること及びその目標に対する攻撃がこの議定書によって禁止されていないことを確認するためのすべての実行可能なこと。
(ii) 攻撃の手段及び方法の選択に当たっては、巻き添えによる文民の死亡、文民の傷害及び民用物の損傷を防止し並びに少なくともこれらを最小限にとどめるため、すべての実行可能な予防措置をとること。
(iii) 予期される具体的かつ直接的な軍事的利益との比較において、巻き添えによる文民の死亡、文民の傷害、民用物の損傷又はこれらの複合した事態を過度に引き起こすことが予測される攻撃を行う決定を差し控えること。
(b) 攻撃については、その目標が軍事目標でないこと若しくは特別の保護の対象であること、又は当該攻撃が、予期される具体的かつ直接的な軍事的利益との比較において、巻き添えによる文民の死亡、文民の傷害、民用物の損傷若しくはこれらの複合した事態を過度に引き起こすことが予測されることが明白となった場合には、中止し又は停止する。
(c) 文民たる住民に影響を及ぼす攻撃については、効果的な事前の警告を与える。ただし、事情の許さない場合は、この限りでない。
3 同様の軍事的利益を得るため複数の軍事目標の中で選択が可能な場合には、選択する目標は、攻撃によって文民の生命及び民用物にもたらされる危険が最小であることが予測されるものでなければならない。
4 紛争当事者は、海上又は空中における軍事行動を行うに際しては、文民の死亡及び民用物の損傷を防止するため、武力紛争の際に適用される国際法の諸規則に基づく自国の権利及び義務に従いすべての合理的な予防措置をとる。
5 この条のいかなる規定も、文民たる住民、個々の文民又は民用物に対する攻撃を認めるものと解してはならない。

第5編　諸条約及びこの議定書の実施
第1部　総則
第80条(実施のための措置) 1 締約国及び紛争当事者は、諸条約及びこの議定書に基づく義務を履行するため、遅滞なくすべての必要な措置をとる。
2 締約国及び紛争当事者は、諸条約及びこの議定書の遵守を確保するために命令及び指示を与え、並びにその実施について監督する。
第83条(周知) 1 締約国は、平時において武力紛争の際と同様に、自国において、できる限り広い範囲において諸条約及びこの議定書の周知を図

ること、特に、諸条約及びこの議定書を自国の軍隊及び文民たる住民に周知させるため、軍隊の教育の課目に諸条約及びこの議定書についての学習を取り入れ並びに文民たる住民によるその学習を奨励することを約束する。
2 武力紛争の際に諸条約及びこの議定書の適用について責任を有する軍当局又は軍当局以外の当局は、諸条約及びこの議定書の内容を熟知していなければならない。

第2部　諸条約及びこの議定書に対する違反行為の防止

第85条（この議定書に対する違反行為の防止） 1　この部の規定によって補完される違反行為及び重大な違反行為の防止に関する諸条約の規定は、この議定書に対する違反行為及び重大な違反行為の防止について適用する。
2　諸条約において重大な違反行為とされている行為は、敵対する紛争当事者の権力内にある者であって第44条、第45条及び第73条の規定によって保護されるもの、敵対する紛争当事者の傷者、病者及び難船者であってこの議定書によって保護されるもの又は敵対する紛争当事者の支配の下にある医療要員、宗教要員、医療組織若しくは医療用輸送手段であってこの議定書によって保護されるものに対して行われる場合には、この議定書に対する重大な違反行為とする。
3　第11条に規定する重大な違反行為のほか、次の行為は、この議定書の関連規定に違反して故意に行われ、死亡又は身体若しくは健康に対する重大な傷害を引き起こす場合には、この議定書に対する重大な違反行為とする。
　(a)　文民たる住民又は個々の文民を攻撃の対象とすること。
　(b)　第57条2 (a) (ⅲ) に規定する文民の過度な死亡若しくは傷害又は民用物の過度な損傷を引き起こすことを知りながら、文民たる住民又は民用物に影響を及ぼす無差別な攻撃を行うこと。
　(c)　第57条2 (a) (ⅲ) に規定する文民の過度な死亡若しくは傷害又は民用物の過度な損傷を引き起こすことを知りながら、危険な力を内蔵する工作物又は施設に対する攻撃を行うこと。
　(d)　無防備地区及び非武装地帯を攻撃の対象とすること。
　(e)　戦闘外にある者であることを知りながら、その者を攻撃の対象とすること。
　(f)　赤十字、赤新月若しくは赤のライオン及び太陽の特殊標章又は諸条約若しくはこの議定書によって認められている他の保護標章を第37条の規定に違反して背信的に使用すること。
4　2及び3並びに諸条約に定める重大な違反行為のほか、次の行為は、諸条約又はこの議定書に違反して故意に行われる場合には、この議定書に対する重大な違反行為とする。
　(a)　占領国が、第4条約第49条の規定に違反して、その占領地域に自国の文民たる住民の一部を移送すること又はその占領地域の住民の全部若しくは一部を当該占領地域の内において若しくはその外に追放し若しくは移送すること。
　(b)　捕虜又は文民の送還を不当に遅延させること。
　(c)　アパルトヘイトの慣行その他の人種差別に基づき個人の尊厳に対する侵害をもたらす非人道的で体面を汚す慣行
　(d)　明確に認められている歴史的建造物、芸術品又は礼拝所であって、国民の文化的又は精神的遺産を構成し、かつ、特別の取極（例えば、権限のある国際機関の枠内におけるもの）によって特別の保護が与えられているものについて、敵対する紛争当事者が第53条(b)の規定に違反しているという証拠がなく、かつ、これらの歴史的建造物、芸術品及び礼拝所が軍事目標に極めて近接して位置していない場合において、攻撃の対象とし、その結果広範な破壊を引き起こすこと。
　(e)　諸条約によって保護される者又は2に規定する者から公正な正式の裁判を受ける権利を奪うこと。
5　諸条約及びこの議定書に対する重大な違反行為は、これらの文書の適用を妨げることなく、戦争犯罪と認める。

第86条（不作為） 1　締約国及び紛争当事者は、作為義務を履行しなかったことの結果生ずる諸条約又はこの議定書に対する重大な違反行為を防止し、及び作為義務を履行しなかったことの結果生ずる諸条約又はこの議定書に対するその他のすべての違反行為を防止するために必要な措置をとる。
2　上官は、部下が諸条約若しくはこの議定書に対する違反行為を行っており若しくは行おうとしていることを知っており又はその時点における状況においてそのように結論することができる情報を有していた場合において、当該違反行為を防止し又は抑止するためにすべての実行可能な措置をとらなかったときは、当該違反行為が当該部下によって行われたという事実により場

合に応じた刑事上又は懲戒上の責任を免れない。

第87条（指揮官の義務） 1　締約国及び紛争当事者は、軍の指揮官に対し、その指揮の下にある軍隊の構成員及びその監督の下にあるその他の者による諸条約及びこの議定書に対する違反行為を防止するよう、並びに必要な場合にはこれらの違反行為を抑止し及び権限のある当局に報告するよう求める。

2　締約国及び紛争当事者は、違反行為を防止し及び抑止するため、指揮官に対し、その指揮の下にある軍隊の構成員が諸条約及びこの議定書に基づく自己の義務について了知していることをその責任の程度に応じて確保するよう求める。

3　締約国及び紛争当事者は、指揮官であってその部下又はその監督の下にあるその他の者が諸条約又はこの議定書に対する違反行為を行おうとしており又は行ったことを認識しているものに対し、諸条約又はこの議定書に対するそのような違反行為を防止するために必要な措置を開始するよう、及び適当な場合にはそのような違反行為を行った者に対する懲戒上又は刑事上の手続を開始するよう求める。

第90条（国際事実調査委員会） 1(a)　徳望が高く、かつ、公平と認められる15人の委員で構成する国際事実調査委員会（以下「委員会」という。）を設置する。

(b)　寄託者は、20以上の締約国が2の規定に従って委員会の権限を受け入れることに同意したときは、その時に及びその後5年ごとに、委員会の委員を選出するためにこれらの締約国の代表者の会議を招集する。代表者は、その会議において、これらの締約国によって指名された者（これらの締約国は、それぞれ1人を指名することができる。）の名簿の中から秘密投票により委員会の委員を選出する。

(c)　委員会の委員は、個人の資格で職務を遂行するものとし、次回の会議において新たな委員が選出されるまで在任する。

(d)　締約国は、選出に当たり、委員会に選出される者が必要な能力を個々に有していること及び委員会全体として衡平な地理的代表が保証されることを確保する。

(e)　委員会は、臨時の空席が生じたときは、(a)から(d)までの規定に妥当な考慮を払ってその空席を補充する。

(f)　寄託者は、委員会がその任務の遂行のために必要な運営上の便益を利用することのできるようにする。

2(a)　締約国は、この議定書の署名若しくは批准若しくはこれへの加入の際に又はその後いつでも、同一の義務を受諾する他の締約国との関係において、この条の規定によって認められる当該他の締約国による申立てを調査する委員会の権限について当然に、かつ、特別の合意なしに認めることを宣言することができる。

(b)　(a)に規定する宣言については、寄託者に寄託するものとし、寄託者は、その写しを締約国に送付する。

(c)　委員会は、次のことを行う権限を有する。

　(i)　諸条約及びこの議定書に定める重大な違反行為その他の諸条約又はこの議定書に対する著しい違反であると申し立てられた事実を調査すること。

　(ii)　あっせんにより、諸条約及びこの議定書を尊重する態度が回復されることを容易にすること。

(d)　その他の場合には、委員会は、紛争当事者の要請がある場合であって、他の関係紛争当事者の同意があるときにのみ調査を行う。

(e)　(a)から(d)までの規定に従うことを条件として、第1条約第52条、第2条約第53条、第3条約第132条及び第4条約第149条の規定は、諸条約の違反の容疑について引き続き適用するものとし、また、この議定書の違反の容疑についても適用する。

3(a)　すべての調査は、関係紛争当事者の間に別段の合意がない限り、次のとおり任命される7人の委員で構成する部が行う。

　(i)　委員会の委員長が、紛争当事者と協議した後、地理的地域が衡平に代表されることを基準として任命する委員会の紛争当事者の国民でない5人の委員

　(ii)　双方の紛争当事者が1人ずつ任命する紛争当事者の国民でない2人の特別の委員

(b)　委員会の委員長は、調査の要請を受けたときは、部を設置する適当な期限を定める。委員長は、特別の委員が当該期限内に任命されなかったときは、部の定数を満たすために必要な追加の委員会の委員を直ちに任命する。

4(a)　調査を行うために3の規定に従って設置される部は、紛争当事者に対し、援助及び証拠の提出を求める。また、部は、適当と認める他の証拠を求めることができるものとし、現地において状況を調査することができる。

(b)　すべての証拠は、紛争当事者に十分に開示されるものとし、当該紛争当事者は、その証拠について委員会に対して意見を述べる権利を有する。

(c) 紛争当事者は、(b)に規定する証拠について異議を申し立てる権利を有する。
5(a) 委員会は、適当と認める勧告を付して、事実関係の調査結果に関する部の報告を紛争当事者に提出する。
(b) 委員会は、部が公平な事実関係の調査結果を得るための十分な証拠を入手することのできない場合には、入手することのできない理由を明示する。
(c) 委員会は、すべての紛争当事者が要請した場合を除くほか、調査結果を公表しない。
6 委員会は、その規則(委員会の委員長及び部の長に関する規則を含む。)を定める。この規則は、委員会の委員長の任務がいつでも遂行されること及び調査の場合についてはその任務が紛争当事者の国民でない者によって遂行されることを確保するものとする。
7 委員会の運営経費は、2の規定に基づく宣言を行った締約国からの分担金及び任意の拠出金をもって支弁する。調査を要請する紛争当事者は、部が要する費用のために必要な資金を前払し、当該費用の50パーセントを限度として申立てを受けた紛争当事者による償還を受ける。対抗する申立てが部に対して行われた場合には、それぞれの紛争当事者が必要な資金の50パーセントを前払する。

第91条(責任) 諸条約又はこの議定書に違反した紛争当事者は、必要な場合には、賠償を行う責任を負う。紛争当事者は、自国の軍隊に属する者が行ったすべての行為について責任を負う。

13-15　1949年8月12日のジュネーヴ諸条約の非国際的な武力紛争の犠牲者の保護に関する追加議定書(議定書Ⅱ)(1977年第2追加議定書)(抜粋)

Protocol Additional to the Geneva Convention of August 12, 1949, and Relating to the Protection of Victims of Non-International Armed Conflict

採　択　1977年6月8日(ジュネーヴ)
効力発生　1978年12月7日
日　本　国　2004年6月14日国会承認、8月31日加入書寄託、9月3日公布(条約第13号)、2005年2月28日効力発生

前　文

締約国は、国際的性質を有しない武力紛争の場合には、1949年8月12日のジュネーヴ諸条約のそれぞれの第3条に共通してうたう人道上の諸原則が人間に対する尊重の基礎を成すものであることを想起し、

さらに、人権に関する国際文書が人間に基本的保護を与えていることを想起し、

国際的性質を有しない武力紛争の犠牲者のためにより良い保護を確保することが必要であることを強調し、

有効な法の対象とされていない場合においても、人間が人道の諸原則及び公共の良心の保護の下に置かれていることを想起して、

次のとおり協定した。

第1条(適用範囲) 1　この議定書は、1949年8月12日のジュネーヴ諸条約のそれぞれの第3条に共通する規定をその現行の適用条件を変更することなく発展させかつ補完するものであり、1949年8月12日のジュネーヴ諸条約の国際的な武力紛争の犠牲者の保護に関する追加議定書(議定書Ⅰ)第1条の対象とされていない武力紛争であって、締約国の領域において、当該締約国の軍隊と反乱軍その他の組織された武装集団(持続的にかつ協同して軍事行動を行うこと及びこの議定書を実施することができるような支配を責任のある指揮の下で当該領域の一部に対して行うもの)との間に生ずるすべてのものについて適用する。

2　この議定書は、暴動、独立の又は散発的な暴力行為その他これらに類する性質の行為等国内における騒乱及び緊張の事態については、武力紛争に当たらないものとして適用しない。

第14条(文民たる住民の生存に不可欠な物の保護) 戦闘の方法として文民を飢餓の状態に置くことは、禁止する。したがって、食糧、食糧生産のための農業地域、作物、家畜、飲料水の施設及び供給設備、かんがい設備等文民たる住民の生存に不可欠な物を、文民を飢餓の状態に置くことを目的として攻撃し、破壊し、移動させ又は利用することができないようにすることは、禁止する。

第15条(危険な力を内蔵する工作物及び施設の保護) 危険な力を内蔵する工作物及び施設、すなわち、ダム、堤防及び原子力発電所は、これらの物が軍事目標である場合であっても、これらを攻撃することが危険な力の放出を引き起こし、その結

果文民たる住民の間に重大な損失をもたらすときは、攻撃の対象としてはならない。

第16条（文化財及び礼拝所の保護）1954年5月14日の武力紛争の際の文化財の保護に関するハーグ条約の規定の適用を妨げることなく、国民の文化的又は精神的遺産を構成する歴史的建造物、芸術品又は礼拝所を対象とする敵対行為を行うこと及びこれらの物を軍事上の努力を支援するために利用することは、禁止する。

【第4節　文化財の保護】

13-16　武力紛争の際の文化財の保護に関する条約（ハーグ文化財保護条約）（抄）
Convention for the Protection of Cultural Property in the Event of Armed Conflict

採　択　1954年5月14日（ハーグ）
効力発生　1956年8月7日
日本国　1954年9月6日署名、2007年5月25日国会承認、9月10日批准書寄託、9月12日公布（条約第10号）、12月10日効力発生

締約国は、
　文化財が近年の武力紛争において重大な損傷を受けてきたこと及び戦闘技術の発達により文化財が増大する破壊の危険にさらされていることを認識し、
　各人民が世界の文化にそれぞれ寄与していることから、いずれの人民に属する文化財に対する損傷も全人類の文化遺産に対する損傷を意味するものであることを確信し、
　文化遺産の保存が世界のすべての人民にとって極めて重要であること及び文化遺産が国際的な保護を受けることが重要であることを考慮し、
　1899年のハーグ条約、1907年のハーグ条約及び1935年4月15日のワシントン条約に定める武力紛争の際の文化財の保護に関する諸原則に従い、
　このような保護は、そのための国内的及び国際的な措置が平時においてとられない限り、効果的に行われ得ないことを認め、
　文化財を保護するためにあらゆる可能な措置をとることを決意して、
　次のとおり協定した。

第1章　保護に関する一般規定

第1条（文化財の定義）この条約の適用上、「文化財」とは、出所又は所有者のいかんを問わず、次に掲げるものをいう。
(a)　各人民にとってその文化遺産として極めて重要である動産又は不動産。例えば、次のものをいう。
　　建築学上、芸術上又は歴史上の記念工作物（宗教的なものであるか否かを問わない。）
　　考古学的遺跡
　　全体として歴史的又は芸術的な関心の対象となる建造物群
　　芸術品
　　芸術的、歴史的又は考古学的関心の対象となる手書き文書、書籍その他のもの
　　学術上の収集品、書籍若しくは記録文書の重要な収集品又はこの(a)に掲げるものの複製品の重要な収集品
(b)　(a)に規定する動産の文化財を保存し、又は展示することを主要な及び実際の目的とする建造物。例えば、次のものをいう。
　　博物館
　　大規模な図書館及び記録文書の保管施設
　　武力紛争の際に(a)に規定する動産の文化財を収容するための避難施設
(c)　(a)及び(b)に規定する文化財が多数所在する地区（以下「記念工作物集中地区」という。）

第2条（文化財の保護）この条約の適用上、文化財の保護は、文化財の保全及び尊重から成る。

第3条（文化財の保全）締約国は、適当と認める措置をとることにより、自国の領域内に所在する文化財を武力紛争による予見可能な影響から保全することにつき、平時において準備することを約束する。

第4条（文化財の尊重）1　締約国は、自国及び他の締約国の領域内に所在する文化財、その隣接する周囲並びに当該文化財の保護のために使用されている設備を武力紛争の際に当該文化財を破壊又は損傷の危険にさらすおそれがある目的のために利用することを差し控えること並びに当該文化財に対する敵対行為を差し控えることにより、当該文化財を尊重することを約束する。
2　1に定める尊重する義務は、軍事上の必要に基づき当該義務の免除が絶対的に要請される場合に限り、免除され得る。

3 締約国は、いかなる方法により文化財を盗取し、略奪し、又は横領することも、また、いかなる行為により文化財を損壊することも禁止し、防止し、及び必要な場合には停止させることを約束する。締約国は、他の締約国の領域内に所在する動産の文化財の徴発を差し控える。

4 締約国は、復仇(きゅう)の手段として行われる文化財に対するいかなる行為も差し控える。

5 締約国は、他の締約国が前条に定める保全の措置を実施しなかったことを理由として、当該他の締約国についてこの条の規定に従って自国が負う義務を免れることはできない。

第5条(占領) 1 他の締約国の領域の全部又は一部を占領しているいずれの締約国も、被占領国の文化財の保全及び保存に関し、被占領国の権限のある当局をできる限り支援する。

2 占領地域内に所在する文化財であって軍事行動により損傷を受けたものを保存するための措置をとることが必要である場合において、被占領国の権限のある当局が当該措置をとることができないときは、占領国は、できる限り、かつ、当該当局と緊密に協力して、最も必要とされる保存のための措置をとる。

3 いずれの締約国も、その政府が抵抗運動団体の構成員により正当な政府であると認められている場合において、可能なときは、文化財の尊重に関するこの条約の規定を遵守する義務について当該抵抗運動団体の構成員の注意を喚起する。

第6条(文化財の識別のための表示) (略)
第7条(軍事的な措置) (略)

第2章 特別の保護

第8条(特別の保護の付与) 1 武力紛争の際に動産の文化財を収容するための限定された数の避難施設、限定された数の記念工作物集中地区及びその他の特に重要な不動産の文化財は、これらの避難施設等が次の(a)及び(b)の条件を満たす場合に限り、特別の保護の下に置くことができる。

 (a) 大規模な工業の中心地又は攻撃を受けやすい地点となっている重要な軍事目標(飛行場、放送局、国家の防衛上の業務に使用される施設、比較的重要な港湾又は鉄道停車場、幹線道路等)から十分な距離を置いて所在すること。

 (b) 軍事的目的のために利用されていないこと。

2 動産の文化財のための避難施設は、いかなる状況においても爆弾による損傷を受けることがないように建造されている場合には、その所在地のいかんを問わず、特別の保護の下に置くことができる。

3 記念工作物集中地区は、軍事上の要員又は資材の移動のために利用されている場合(通過の場合を含む。)には、軍事的目的のために利用されているものとみなす。軍事行動、軍事上の要員の駐屯又は軍需品の生産に直接関連する活動が記念工作物集中地区内で行われる場合についても、同様とする。

4 1に規定する文化財の警備について特に権限を与えられた武装した管理者が当該文化財の警備を行うこと又は公の秩序の維持について通常責任を有する警察が当該文化財の付近に所在することは、当該文化財の軍事的目的のための利用には該当しないものとする。

5 1に規定する文化財のいずれかが1に規定する重要な軍事目標の付近に所在する場合であっても、特別の保護を要請する締約国が武力紛争の際に当該軍事目標を使用しないこと及び特に港湾、鉄道停車場又は飛行場について当該港湾等を起点とするすべての運送を他に振り替えることを約束するときは、当該文化財を特別の保護の下に置くことができる。この場合においては、その振替は、平時において準備するものとする。

6 特別の保護は、文化財を「特別の保護の下にある文化財の国際登録簿」に登録することにより、当該文化財に対して与えられる。この登録は、この条約の規定に従って、かつ、この条約の施行規則に定める条件に従ってのみ行う。

第9条(特別の保護の下にある文化財に関する特別な取扱い) 締約国は、前条6に規定する国際登録簿への登録の時から、特別の保護の下にある文化財に対する敵対行為を差し控えること及び同条5に規定する場合を除くほか当該文化財又はその周囲の軍事的目的のための利用を差し控えることにより、当該文化財に関する特別な取扱いを確保することを約束する。

第10条(識別及び管理) (略)
第11条(特別な取扱いの停止) (略)

第3章 文化財の輸送 (略)

第4章 要員 (略)

第5章 特殊標章 (略)

第6章 条約の適用範囲

第18条(条約の適用) 1 この条約は、平時に効力を有する規定を除くほか、二以上の締約国の間に生ずる宣言された戦争又はその他の武力紛争の場合について、当該締約国の一又は二以上が戦

争状態を承認するか否かを問わず、適用する。
2　この条約は、また、締約国の領域の一部又は全部が占領されたすべての場合について、その占領が武力抵抗を受けるか否かを問わず、適用する。
3　紛争当事国の一がこの条約の締約国でない場合にも、締約国である紛争当事国は、その相互の関係においては、この条約によって引き続き拘束される。さらに、締約国である紛争当事国は、締約国でない紛争当事国がこの条約の規定を受諾する旨を宣言し、かつ、この条約の規定を適用する限り、当該締約国でない紛争当事国との関係においても、この条約によって拘束される。

第19条(国際的性質を有しない紛争)　1　締約国の一の領域内に生ずる国際的性質を有しない武力紛争の場合には、各紛争当事者は、少なくとも、この条約の文化財の尊重に関する規定を適用しなければならない。
2　紛争当事者は、特別の合意により、この条約の他の規定の全部又は一部を実施するよう努める。
3　国際連合教育科学文化機関は、その役務を紛争当事者に提供することができる。
4　1から3までの規定の適用は、紛争当事者の法的地位に影響を及ぼすものではない。

第7章　条約の実施　（略）

最終規定　（略）

武力紛争の際の文化財の保護に関する条約の施行規則　（略）

13-16-1　武力紛争の際の文化財の保護に関する議定書(文化財保護議定書)（抄）
Protocol for the Protection of Cultural Property in the Event of Armed Conflict

採択及び効力発生(13-16と同じ)
日本国　1954年9月6日署名、2007年5月25日国会承認、9月10日批准書寄託、9月12日公布(条約第11号)、12月10日効力発生

締約国は、次のとおり協定した。

Ⅰ　【文化財の管理】

1　締約国は、1954年5月14日にハーグで署名された武力紛争の際の文化財の保護に関する条約第1条に定義する文化財が、武力紛争の際に自国が占領した地域から輸出されることを防止することを約束する。
2　締約国は、占領地域から直接又は間接に自国の領域内に輸入される文化財を管理することを約束する。この管理は、文化財が輸入された時に自動的に行い、又は自動的に行うことができない場合には当該占領地域の当局からの要請により行う。
3　締約国は、自国の領域内にある文化財であって1に定める原則に違反して輸出されたものを、敵対行為の終了の際に、従前に占領された地域の権限のある当局に返還することを約束する。このような文化財は、戦争の賠償として留置してはならない。
4　自国が占領した地域から文化財が輸出されることを防止する義務を負っていた締約国は、3の規定に従って返還されなければならない文化財の善意の所持者に対して補償を行う。

Ⅱ　【文化財の寄託及び返還】

5　締約国の領域を出所とする文化財であって武力紛争による危険からの保護を目的として当該締約国により他の締約国の領域内に寄託されたものは、敵対行為の終了の際に、当該他の締約国により、当該文化財の出所である領域の権限のある当局に返還される。

Ⅲ　【署名、留保及び最終規定】　（略）

13-16-2 1999年3月26日にハーグで作成された武力紛争の際の文化財の保護に関する1954年のハーグ条約の第2議定書（文化財保護第2議定書）（抜粋）

Second Protocol to the Hague Convention of 1954 for the Protection of Cultural Property in the Event of Armed Conflict

採　択　1999年5月17日（ハーグ）
効力発生　2004年3月9日
日 本 国　2007年5月25日国会承認、9月10日加入書寄託、9月12日公布（条約第11号）、12月10日効力発生

第6条（文化財の尊重） 条約第4条の規定に従い文化財の尊重を確保することを目的として、
 (a) 同条2の規定よる絶対的な軍事上の必要に基づく免除は、文化財に対する敵対行為については、次の(i)及び(ii)の条件が満たされる場合に限り、主張することができる。
  (i) 当該文化財が、その機能により軍事目標となっていること。
  (ii) (i)の軍事目標に対して敵対行為を行うことによって得られる軍事的利益と同様の軍事的利益を得るために利用し得る実行可能な代替的手段がないこと。
 (b) 同条2の規定による絶対的な軍事上の必要に基づく免除は、破壊又は損傷の危険にさらすおそれがある目的のための文化財の利用については、当該文化財のこのような利用と、当該利用によって得られる軍事的利益と同様の軍事的利益を得るための他の実行可能な方法との間の選択が不可能である場合に限り、主張することができる。
 (c) 絶対的な軍事上の必要を主張することについての決定は、大隊に相当する規模の兵力若しくは大隊よりも大きい規模の兵力の指揮官又は状況によりやむを得ない場合には、大隊よりも小さい規模の兵力の指揮官のみが行う。
 (d) (a)の規定により行われた決定に基づき攻撃を行う場合には、事情が許すときはいつでも、効果的な事前の警告を与える。

第9条（占領地域における文化財の保護） 1　条約第4条及び第5条の規定の適用を妨げることなく、他の締約国の領域の全部又は一部を占領している締約国は、占領地域について、次の事項を禁止し、及び防止する。
 (a) 文化財のあらゆる不法な輸出、その他の移動又は所有権の移転
 (b) あらゆる考古学上の発掘（文化財を保全し、記録し、又は保存するために真に必要とされる場合を除く。）
 (c) 文化上、歴史上又は学術上の証拠資料を隠匿し、又は破壊することを意図する文化財のあらゆる改造又は利用の変更
2　占領地域内の文化財のいかなる考古学上の発掘、改造又は利用の変更も、状況によりやむを得ない場合を除くほか、当該占領地域の権限のある当局との緊密な協力の下に行う。

第10条（強化された保護） 文化財は、次のすべての条件を満たす場合には、強化された保護の下に置くことができる。
 (a) 当該文化財が、人類にとって最も重要な文化遺産であること。
 (b) 当該文化財の文化上及び歴史上の特別の価値を認め、並びに最も高い水準の保護を確保する適当な立法上及び行政上の国内措置により当該文化財が保護されていること。
 (c) 当該文化財が軍事的目的で又は軍事施設を掩（えん）護するために利用されておらず、かつ、当該文化財を管理する締約国がそのような利用を行わないことを確認する旨の宣言を行っていること。

第11条（強化された保護の付与） 1　締約国は、強化された保護の付与を要請しようとする文化財を記載した表を第24条に規定する委員会に提出するものとする。
2　1に規定する文化財に対して管轄権を有し、又はこれを管理する締約国は、当該文化財を第27条1(b)の規定に従って作成される一覧表に記載することを要請することができる。この要請には、前条に定める基準に関連するすべての必要な情報を含める。第24条に規定する委員会は、締約国に対し、当該文化財が一覧表に記載されることを要請するよう促すことができる。
3　関連する専門的知識を有する他の締約国、ブルーシールド国際委員会及びその他の非政府機関は、特定の文化財を第24条に規定する委員会に推薦することができる。このような場合には、当該

委員会は、締約国に対し、一覧表への当該文化財の記載を要請するよう促すことを決定することができる。
4　二以上の国が主権若しくは管轄権を主張している領域内に所在する文化財を一覧表に記載することを要請すること又は当該文化財を一覧表に記載することは、そのような紛争の当事者の権利にいかなる影響も及ぼすものではない。
5　第24条に規定する委員会は、一覧表への記載の要請を受領したときは、当該要請をすべての締約国に通報する。締約国は、60日以内に当該委員会に対して当該要請に関する意見を提出することができる。これらの意見は、前条に定める基準に基づくものに限る。これらの意見は、具体的なものであり、かつ、事実に関するものでなければならない。当該委員会は、これらの意見について審議するものとし、当該委員会としての決定を行う前に、一覧表への記載を要請している締約国に対し、当該意見に対する見解を表明するための適当な機会を与える。当該委員会は、これらの意見について審議するに際しては、第26条の規定にかかわらず、出席し、かつ、投票する当該委員会の構成国の5分の4以上の多数による議決により、一覧表への記載を決定する。
6　第24条に規定する委員会は、一覧表への記載の要請について決定を行うに当たり、政府機関及び非政府機関並びに個人の専門家の助言を求めるものとする。
7　強化された保護を付与し、又は付与しない旨の決定は、前条に定める基準に基づいてのみ行うことができる。
8　例外的な場合には、第24条に規定する委員会は、一覧表への文化財の記載を要請している締約国が前条(b)の基準を満たしていないと判断したときであっても、その要請を行った締約国が第32条の規定に基づいて国際的援助の要請を提出することを条件として、強化された保護を付与することを決定することができる。
9　紛争当事国たる締約国は、敵対行為の開始に際し、自国が管轄権を有し、又は管理する文化財について強化された保護の付与を要請することを第24条に規定する委員会に通報することにより、強化された保護の付与を緊急に要請することができる。当該委員会は、その要請をすべての紛争当事国たる締約国に直ちに送付する。このような場合には、当該委員会は、関係締約国からの意見について迅速に審議する。暫定的な強化された保護を付与する旨の決定は、第26条の規定にかかわらず、出席し、かつ、投票する当該委員会の構成国の5分の4以上の多数による議決により、できる限り速やかに行う。当該委員会は、前条(a)及び(c)の基準が満たされているときは、強化された保護を付与するための正規の手続による結果が出るまでの間、暫定的な強化された保護を付与することができる。
10　強化された保護は、一覧表に文化財が記載された時から、第24条に規定する委員会により付与される。
11　事務局長は、国際連合事務総長及びすべての締約国に対し、第24条に規定する委員会による一覧表に文化財を記載する旨の決定の通報を遅滞なく送付する。

第12条(強化された保護の下にある文化財に関する特別な取扱い) 紛争当事国たる締約国は、強化された保護の下にある文化財を攻撃の対象とすることを差し控えること及び軍事活動を支援するための当該文化財又はその隣接する周囲のいかなる利用も差し控えることにより、当該文化財に関する特別な取扱いを確保する。

第15条(この議定書の著しい違反) 1　故意に、かつ、条約又はこの議定書に違反して行われる次のいずれの行為も、この議定書上の犯罪とする。
　(a)　強化された保護の下にある文化財を攻撃の対象とすること。
　(b)　強化された保護の下にある文化財又はその隣接する周囲を軍事活動を支援するために利用すること。
　(c)　条約及びこの議定書により保護される文化財の広範な破壊又は徴発を行うこと。
　(d)　条約及びこの議定書により保護される文化財を攻撃の対象とすること。
　(e)　条約により保護される文化財を盗取し、略奪し若しくは横領し、又は損壊すること。
2　締約国は、この条に規定する犯罪を自国の国内法上の犯罪とするため、及びこのような犯罪について適当な刑罰を科することができるようにするため、必要な措置をとる。締約国は、そのような措置をとるに当たり、法の一般原則及び国際法(行為を直接に行う者以外の者に対しても個人の刑事上の責任を課する規則を含む。)に従う。

第16条(裁判権) 1　2の規定の適用を妨げることなく、締約国は、次の場合において前条に規定する犯罪についての自国の裁判権を設定するため、必要な立法上の措置をとる。
　(a)　犯罪が自国の領域内で行われる場合
　(b)　容疑者が自国の国民である場合
　(c)　同条1(a)から(c)までに規定する犯罪につ

いては、容疑者が自国の領域内に所在する場合
2　裁判権の行使に関し、条約第28条の規定の適用を妨げることなく、
　（a）　この議定書は、適用可能な国内法及び国際法に基づき個人が刑事上の責任を負うこと又は裁判権が行使されることを妨げるものではなく、また、国際慣習法に基づく裁判権の行使に影響を及ぼすものでもない。
　（b）　締約国でない国が第3条2の規定に従ってこの議定書の規定を受諾し、かつ、適用する場合を除くほか、締約国でない国の軍隊の構成員及び国民（締約国の軍隊において勤務する者を除く。）は、この議定書に基づき個人の刑事上の責任を負うことはなく、また、この議定書は、当該軍隊の構成員及び国民に対する裁判権を設定し、又は当該軍隊の構成員及び国民を引き渡す義務を課すものではない。

第17条（訴追） 1　締約国は、第15条1（a）から（c）までに規定する犯罪の容疑者が自国の領域内に所在することが判明した場合において、当該容疑者を引き渡さないときは、いかなる例外もなしに、かつ、不当に遅滞することなく、国内法による手続又は適用可能な国際法の関連規則による手続を通じて、訴追のため自国の権限のある当局に事件を付託する。
2　適用可能な国際法の関連規則の適用を妨げることなく、自己につき条約又はこの議定書に関連して訴訟手続がとられているいずれの者も、当該訴訟手続のすべての段階において国内法及び国際法に従って公正な取扱い及び公正な裁判を保障され、かつ、いかなる場合においても、国際法に定める保障よりも不利な保障が与えられることはない。

第18条（犯罪人引渡し） 1　第15条1（a）から（c）までに規定する犯罪は、この議定書が効力を生ずる前に締約国間に存在する犯罪人引渡条約における引渡犯罪とみなされる。締約国は、相互間でその後締結されるすべての犯罪人引渡条約にこれらの犯罪を引渡犯罪として含めることを約束する。
2　条約の存在を犯罪人引渡しの条件とする締約国は、自国との間に犯罪人引渡条約を締結していない他の締約国から犯罪人引渡しの請求を受けた場合には、随意にこの議定書を第15条1（a）から（c）までに規定する犯罪に関する犯罪人引渡しのための法的根拠とみなすことができる。
3　条約の存在を犯罪人引渡しの条件としない締約国は、犯罪人引渡しの請求を受けた締約国の法令に定める条件に従い、相互間で、第15条1（a）から（c）までに規定する犯罪を引渡犯罪と認める。
4　第15条1（a）から（c）までに規定する犯罪は、締約国間の犯罪人引渡しに関しては、必要な場合には、当該犯罪が発生した場所においてのみでなく、第16条1の規定に従って裁判権を設定した締約国の領域内においても行われたものとみなされる。

第22条（国際的性質を有しない武力紛争） 1　この議定書は、締約国の一の領域内に生ずる国際的性質を有しない武力紛争の場合について適用する。
2　この議定書は、暴動、独立の又は散発的な暴力行為その他これらに類する性質の行為等国内における騒乱及び緊張の事態については、適用しない。
3　この議定書のいかなる規定も、国の主権又は、あらゆる正当な手段によって、国の法及び秩序を維持し若しくは回復し若しくは国の統一を維持し及び領土を保全するための政府の責任に影響を及ぼすことを目的として援用してはならない。
4　この議定書のいかなる規定も、国際的性質を有しない武力紛争が領域内で生ずる締約国の第15条に規定する違反行為に対する第一次の裁判権を害するものではない。
5　この議定書のいかなる規定も、武力紛争が生じている締約国の領域における当該武力紛争又は武力紛争が生じている締約国の国内問題若しくは対外的な問題に直接又は間接に介入することを、その介入の理由のいかんを問わず、正当化するために援用してはならない。
6　1に規定する事態へのこの議定書の適用は、紛争当事者の法的地位に影響を及ぼすものではない。
7　ユネスコは、その役務を紛争当事者に提供することができる。

第24条（武力紛争の際の文化財の保護に関する委員会）
1　この議定書により、武力紛争の際の文化財の保護に関する委員会（以下「委員会」という。）を設置する。委員会は、締約国会議により選出される12の締約国によって構成される。
2　委員会は、毎年1回、通常会期として会合するものとし、必要があると認めるときはいつでも、臨時会期として会合する。
3　締約国は、委員会の構成を決定するに当たり、世界の異なる地域及び文化が衡平に代表されることを確保するよう努める。
4　委員会の構成国は、自国の代表として文化遺産、国防又は国際法の分野において資格を有す

る者を選定するものとし、また、相互に協議の上、委員会が全体としてこれらのすべての分野における十分な専門的知識を有することを確保するよう努める。

第27条(任務) 1　委員会は、次の任務を有する。
　(a)　この議定書の実施に関する指針を作成すること。
　(b)　文化財に対して強化された保護を付与し、停止し、又は取り消すこと並びに強化された保護の下にある文化財の一覧表を作成し、維持し、及び周知させること。
　(c)　この議定書の実施を監視し、及び監督すること並びに強化された保護の下に置かれる文化財の認定を促進すること。
　(d)　締約国の報告について検討し、意見を述べ、及び必要に応じて説明を求め、並びに締約国会議に提出するためにこの議定書の実施に関する報告書を作成すること。
　(e)　第32条に規定する国際的援助の要請を受領し、及び検討すること。
　(f)　第29条に規定する基金の利用について決定を行うこと。
　(g)　締約国会議により与えられるその他の任務を遂行すること。
2　委員会の任務は、事務局長と協力して遂行する。
3　委員会は、条約、第1議定書及びこの議定書の目的と同様の目的を有する政府間国際機関及び国際的な非政府機関並びに国内の政府機関及び非政府機関と協力する。委員会は、その任務の遂行について支援を受けるため、ユネスコと公式の関係を有する専門的機関等の著名な専門的機関(ブルーシールド国際委員会(ICBS)及びその構成機関を含む。)を顧問の資格で委員会の会合に招請することができる。また、委員会は、文化財の保存及び修復の研究のための国際センター(ローマ・センター)(ICCROM)及び赤十字国際委員会(ICRC)の代表についても、顧問の資格で出席するよう招請することができる。

第38条(国家責任) 個人の刑事上の責任に関するこの議定書の規定は、国際法に基づく国家責任(賠償を支払う義務を含む。)に影響を及ぼすものではない。

【第5節　戦争残存物の除去】

13-17　爆発性の戦争残存物に関する議定書(議定書Ⅴ)(特定通常兵器使用禁止制限条約議定書Ⅴ)(抄)
Protocol on Explosive Remnants of War

採　択　2003年11月28日(ジュネーヴ)
効力発生　2006年11月12日
日本国

前　文

締約国は、
　爆発性の戦争残存物によって生じる重大な紛争後の人道問題を承認し、
　爆発性の戦争残存物の危険と影響を最小限とするために、一般的な性格の紛争後の救済措置に関する議定書を締結する必要性を認識し、
　及び、弾薬の信頼性を改善し、したがって爆発性の戦争残存物の発生を最小限とするために、技術的事項に関する附属書に示す自発的な最良の慣行を通じて、一般的な予防措置を整えることを望んで、
　次の通り協定した。

第1条(一般規定及び適用範囲) 1　締約国は、国際連合憲章及び締約国に適用される武力紛争に関する国際法の諸規則に従い、紛争後の事態における爆発性の戦争残存物の危険と影響を最小限とするために、個別に及び他の締約国と協力して、この議定書に定める義務を遵守することに合意する。
2　この議定書は、内水を含む締約国の陸地領域に存在する爆発性の戦争残存物に適用する。
3　この議定書は、2001年12月21日に改正された、条約第1条1から6までにいう紛争から生ずる事態に適用する。
4　この議定書の第3条、第4条、第5条及び第8条は、この議定書の第2条5に定義する現存する爆発性の戦争残存物以外の爆発性の戦争残存物に適用する。

第2条(定義) この議定書の適用上、
1　「爆発性の弾薬」とは、爆薬を装填した通常弾薬をいう。ただし、1996年5月3日に改正されたこの条約の議定書Ⅱに定義する地雷、ブービートラップ及びその他の類似の装置を除く。
2　「不発弾」とは、爆発性の弾薬であって、導火線をつけ、信管をつけ、起爆装置をつけ、又はその他の方法で使用のための準備が行われ、かつ、

武力紛争において使用されたものをいう。それは発射され、投下され又は投射され、かつ、爆発すべきであったが、爆発しなかったものである。
3 「遺棄弾」とは、爆発性の弾薬であって、武力紛争中に使用されず、武力紛争の当事者によって放置され又は投棄され、かつ、もはや当該弾薬を放置し又は投棄した当事者の管理の下にないものをいう。遺棄弾は、導火線をつけ、信管をつけ、起爆装置をつけ、又はその他の方法で使用のための準備が行われたものである場合と、そうでない場合とがある。
4 「爆発性の戦争残存物」とは、不発弾及び遺棄弾をいう。
5 「現存する爆発性の戦争残存物」とは、不発弾及び遺棄弾であって、当該の締約国についてこの議定書が効力を発生する前からその領域に存在していたものをいう。

第3条（爆発性の戦争残存物の撤去、除去又は廃棄） 1 各締約国及び武力紛争の各当事者は、その管理の下にある領域に存在するすべての爆発性の戦争残存物に関して、この条に定める責任を負う。爆発性の戦争残存物となった爆発性の弾薬の使用者が当該領域に対する管理を行使していない場合には、当該使用者は、現実の敵対行為の停止の後、実行可能な場合には、二者間において又は相互に合意する第三者を通じて、特に国際連合システム又はその他の関連する機関を通じて、それらの爆発性の戦争残存物の標示、及び、その撤去、除去又は廃棄を促進するため、特に技術的、財政的、物質的又は人的な資源の援助を提供する。
2 各締約国及び武力紛争の各当事者は、現実の敵対行為の停止の後実行可能な限り速やかに、その管理の下にある領域であって影響を被った場所において、爆発性の戦争残存物を標示し、及び、撤去し、除去し又は廃棄する。爆発性の戦争残存物によって影響を被った区域であって、本条3に従って重大な人道的な危険を引き起こしていると評価されるものは、撤去、除去又は廃棄において優先的な地位を与えられなければならない。
3 各締約国及び武力紛争の各当事者は、現実の敵対行為の停止の後実行可能な限り速やかに、その管理の下にある領域であって影響を被った場所において、爆発性の戦争残存物によって引き起こされている危険を減少させるために次の措置をとる。
　(a) 爆発性の戦争残存物によって引き起こされている脅威を調査し及び評価する。
　(b) 標示、及び、撤去、除去又は廃棄の必要性及び実行可能性を評価し並びにそれらに優先順位をつける。
　(c) 爆発性の戦争残存物を標示し、及び、撤去し、除去し又は廃棄する。
　(d) これらの活動を実施するための資源を動員する措置をとる。
4 締約国及び武力紛争の当事者は、上記の活動を行うに当たって、国際地雷行動基準を含む国際的な基準を考慮に入れなければならない。
5 締約国は、適当な場合には、その相互間において並びに他の諸国、関連する地域的機関、国際機関及び民間団体との間で、適当な状況においては、本条の規定の実施に必要な共同活動を行うことを含め、特に技術的、財政的、物質的及び人的資源の援助の提供に関して協力しなければならない。

第4条（情報の記録、保持及び伝達） 1 締約国及び武力紛争の当事者は、爆発性の戦争残存物の速やかな標示、及び速やかな撤去、除去又は廃棄、危険に関する教育、並びに当該の領域を管理する当事者及びこの領域の文民たる住民に対する関連情報の提供を促進するために、可能な限り最大限にかつ実行可能な限り、爆発性の弾薬の使用又は遺棄に関する情報を記録し及び保持する。
2 締約国及び武力紛争の当事者であって、爆発性の戦争残存物となったかもしれない爆発性の弾薬を使用し又は遺棄したものは、現実の敵対行為の停止の後遅滞なくかつ実行可能な限り、それらの当事者の正当な安全保障上の利益に従うことを条件として、二者間において又は特に国際連合を含む相互に合意する第三者を通じて、影響を被った区域を管理する当事者に対し、また、要請がある場合には、当該影響を被った区域において危険に関する教育、爆発性の戦争残存物の標示、及び撤去、除去若しくは廃棄を行っており又は行うであろうと当該の当事者が確信するその他の関連機関に対して、そのような情報を利用可能とする。
3 締約国は、上記の情報を記録し、保持し及び伝達するに当たって、技術的事項に関する附属書の第一部を考慮すべきである。

第5条（文民たる住民、個々の文民及び民用物を爆発性の戦争残存物の危険と影響から保護するための他の予防措置） 締約国及び武力紛争の当事者は、爆発性の戦争残存物の危険と影響から文民たる住民、個々の文民及び民用物を保護するため、その管理の下にある領域で爆発性の戦争残存物によって影響を被った場所において、実行可能なすべ

ての予防措置をとる。実行可能な予防措置とは、人道的及び軍事的考慮を含むその時点におけるすべての状況を考慮した上で、実行可能な又は実際上可能な予防措置をいう。これらの予防措置には、技術的事項に関する附属書の第2部に定める警告、文民たる住民への危険に関する教育、爆発性の戦争残存物によって影響を被った領域の標示、そこへのフェンスの設置及びその監視が含まれる。

第6条（爆発性の戦争残存物の影響からの人道的組織の保護に関する規定）（略）

第7条（現存する爆発性の戦争残存物に関する援助）（略）

第8条（協力と援助）（略）

第9条（一般的予防措置） 1 各締約国は、事態と能力における相違に留意して、爆発性の戦争残存物の発生を最小限にすることを目的とした一般的な予防措置をとるよう奨励される。そのような予防措置には、技術的事項に関する附属書の第3部に定めるものが含まれるが、それに限定されるわけではない。

2 各締約国は、本条1に関し最良の慣行を促進し及び確立するための努力に関連する情報を、自発的に交換することができる。

第10条（締約国間の協議）（略）

第11条（遵守）（略）

技術的事項に関する附属書（略）

【第6節 武力紛争における環境破壊の責任】

13-18 安全保障理事会決議687（1991）（抜粋）

採 択 1991年4月3日（12対1、棄権2）

E 【イラクによる損害賠償】

16 イラクが、1990年8月2日前に発生した同国の債務及び義務であって、通常の仕組みを通じて対処されるものを害することなく、同国による違法なクウェートへの侵攻及び同国の占領の結果として外国の政府、国民及び法人に対して生じたいかなる直接の損失、損害（環境上の損害及び天然資源の枯渇を含む。）又は危害についても国際法上の責任を負うことを再確認する。

18 また、第16項の範囲内に入る請求権についての補償支払いのための基金を設けること、及びこの基金を管理する委員会を設置することを決定する。

13-19 国際刑事裁判所に関するローマ規程（国際刑事裁判所規程）（抜粋）

Rome Statute of the International Criminal Court

採 択 1998年7月17日
国際刑事裁判所の設立に関する国際連合全権代表外交会議（ローマ）
効力発生 2002年7月1日
改 正 2010年6月10日・11日ローマ規程検討会議決議5・6（未発効）
日 本 国 2007年4月27日国会承認、7月17日加入書寄託、7月20日公布（条約第6号）、10月1日効力発生

第5条（裁判所の管轄権の範囲内にある犯罪） 1 裁判所の管轄権は、国際社会全体の関心事である最も重大な犯罪に限定する。裁判所は、この規程に基づき次の犯罪について管轄権を有する。
 (a) 集団殺害犯罪
 (b) 人道に対する犯罪
 (c) 戦争犯罪
 (d) 侵略犯罪

第8条（戦争犯罪） 1 裁判所は、戦争犯罪、特に、計画若しくは政策の一部として又は大規模に行われたそのような犯罪の一部として行われるものについて管轄権を有する。

2 この規程の適用上、「戦争犯罪」とは、次の行為をいう。
 (a) 1949年8月12日のジュネーヴ諸条約に対する重大な違反行為、すなわち、関連するジュネーヴ条約に基づいて保護される人又は財産に対して行われる次のいずれかの行為
  (iv) 軍事上の必要性によって正当化されない不法かつ恣（し）意的に行う財産の広範な破

壊又は徴発
(b) 確立された国際法の枠組みにおいて国際的な武力紛争の際に適用される法規及び慣例に対するその他の著しい違反、すなわち、次のいずれかの行為
　(ii) 民用物、すなわち、軍事目標以外の物を故意に攻撃すること。
　(iv) 予期される具体的かつ直接的な軍事的利益全体との比較において、攻撃が、巻き添えによる文民の死亡若しくは傷害、民用物の損傷又は自然環境に対する広範、長期的かつ深刻な損害であって、明らかに過度となり得るものを引き起こすことを認識しながら故意に攻撃すること。
　(v) 手段のいかんを問わず、防衛されておらず、かつ、軍事目標でない都市、町村、住居又は建物を攻撃し、又は砲撃し若しくは爆撃すること。
　(ix) 宗教、教育、芸術、科学又は慈善のために供される建物、歴史的建造物、病院及び傷病者の収容所であって、軍事目標以外のものを故意に攻撃すること。
　(xiii) 敵対する紛争当事国の財産を破壊し、又は押収すること。ただし、戦争の必要性から絶対的にその破壊又は押収を必要とする場合は、この限りでない。
　(xvi) 襲撃により占領した場合であるか否かを問わず、都市その他の地域において略奪を行うこと。
　(xvii) 毒物又は毒を施した兵器を使用すること。
　(xviii) 窒息性ガス、毒性ガス又はこれらに類するガス及びこれらと類似のすべての液体、物質又は考案物を使用すること。
　(xx) 武力紛争に関する国際法に違反して、その性質上過度の傷害若しくは無用の苦痛を与え、又は本質的に無差別な兵器、投射物及び物質並びに戦闘の方法を用いること。ただし、これらの兵器、投射物及び物質並びに戦闘の方法が、包括的な禁止の対象とされ、かつ、第121条及び第123条の関連する規定に基づく改正によってこの規程の附属書に含められることを条件とする。
　(xxv) 戦闘の方法として、文民からその生存に不可欠な物品をはく奪すること（ジュネーヴ諸条約に規定する救済品の分配を故意に妨げることを含む。）によって生ずる飢餓の状態を故意に利用すること。
(e) 確立された国際法の枠組みにおいて国際的性質を有しない武力紛争の際に適用される法規及び慣例に対するその他の著しい違反、すなわち、次のいずれかの行為
　(iv) 宗教、教育、芸術、科学又は慈善のために供される建物、歴史的建造物、病院及び傷病者の収容所であって、軍事目標以外のものを故意に攻撃すること。
　(v) 襲撃により占領した場合であるか否かを問わず、都市その他の地域において略奪を行うこと。
　(vii) 15歳未満の児童を軍隊若しくは武装集団に強制的に徴集し若しくは志願に基づいて編入すること又は敵対行為に積極的に参加させるために使用すること。
　(xiii) 毒物又は毒を施した兵器を使用すること。
　(xiv) 窒息性ガス、毒性ガス又はこれらに類するガス及びこれらと類似のすべての液体、物質又は考案物を使用すること。

第25条（個人の刑事責任） 1　裁判所は、この規程に基づき自然人について管轄権を有する。
2　裁判所の管轄権の範囲内にある犯罪を行った者は、この規程により、個人として責任を有し、かつ、刑罰を科される。
4　個人の刑事責任に関するこの規程のいかなる規定も、国際法の下での国家の責任に影響を及ぼすものではない。

〔編者注〕　第8条2(e)(xiii)(xiv)は、2010年のローマ規程検討会議で採択された追加条項であって、規程第121条5に従い2012年9月26日にサンマリノについて、2013年中にリヒテンシュタイン、サモア及びトリニダード・トバゴについて発効した。2014年11月までに、さらに11箇国について発効の予定である。

第14章
資料編

①主要環境文書・事件年表
②環境関連事件判決例（人権以外）
③環境関連事件判決例（人権）
④主要な多数国間環境条約実施のための国内法
⑤-1　1992年CLC・1992年FC・2003年議定書に基づく
　　　タンカー油汚染損害賠償制度
⑤-2　日本の原子力損害賠償制度
⑥主要環境条約締約国一覧

①主要環境文書・事件年表

年月日	普遍文書	地域・国内文書	事件・事実
1893. 8.15			ベーリング海オットセイ事件仲裁裁判所判決(米/英)
1907.10.18	1907年ハーグ陸戦条約及びハーグ陸戦規則		
1909. 1.11		米加境界水域条約	
1925. 6.17	ジュネーヴ・ガス議定書		
1929. 9.10			オーデル川国際委員会事件PCIJ判決(チェコスロバキア、デンマーク、仏、独、英、スウェーデン/ポーランド)
1938. 4.16			トレイル製錬所事件仲裁裁判所中間判決(米/加)
1941. 3.11			トレイル製錬所事件仲裁裁判所最終判決(米/加)
1945. 8.6			広島に原爆投下
8.9			長崎に原爆投下
1946.12.2	国際捕鯨取締条約		
1947.10.30	関税及び貿易に関する一般協定(GATT)		
1949. 4.9			コルフ海峡事件ICJ判決(英 v. アルバニア)
8.12	1949年文民条約(ジュネーヴ第4条約)		
1950.11.4		ヨーロッパ人権条約	
1951.			
1952. 3.20		ヨーロッパ人権条約第1議定書	
1954. 3.1			第五福竜丸事件(日-米)
5.12	海洋油濁防止条約		
5.14	ハーグ文化財保護条約、文化財保護議定書		
1955.11.14		日米原子力非軍事的利用協定	
1957. 2.9		北太平洋おっとせい保存暫定条約	
7.29	国際原子力機関設立		
11.16			ラヌー湖事件仲裁裁判所判決(西/仏)
1958. 1.1		欧州経済共同体設立	
3.17	IMCO設立(条約採択は1948.3.6、1982年にIMOに改称)		
4.29	漁業及び公海生物資源保存条約		
1959.12.1	南極条約		
1960. 7.29	原子力分野第三者責任条約		
1961. 6.17		日)原子力損害賠償法(最終改正は2012. 6. 27)、原子力損害賠償補償契約に関する法律	
9.30	OECD設立		
10.18		ヨーロッパ社会憲章	
1963. 1.31	原子力分野第三者責任補完条約(ブラッセル条約)		
5.21	原子力損害民事責任ウィーン条約		
8.5	部分的核実験禁止条約		

年月日	普遍文書	地域・国内文書	事件・事実
1965. 6.22		日韓漁業協定	
1966.12.19	宇宙条約		
12.16	社会権規約、自由権規約		
1967. 2.14		中南米)トラテロルコ条約	
3.18			英仏)トリー・キャニオン号事件
8.3		日)公害対策基本法(1993.11.19 環境基本法と置き換え)	
1968. 7.1	核不拡散条約		
1969.11.29	公海措置条約		
11.29	1969年油汚染損害の民事責任条約(1969年CLC)		
1971. 2.2	ラムサール条約		
11.29	宇宙損害責任条約		
12.16	生物兵器禁止条約		
12.18	1971年油汚染損害補償国際基金設立条約(1971年FC)		
1972. 2.26		日仏原子力平和利用協定	
3.4		日米渡り鳥条約	
6.1	南極あざらし保存条約		
6.5			国連人間環境会議(ストックホルム・~6.16)
6.16	人間環境宣言(ストックホルム宣言)		
11.13	ロンドン投棄条約		
11.16	ユネスコ世界遺産保護条約		
12.15	UNEP設置決議(国連総会決議2997(XXXVII))		
1973. 3.3	ワシントン条約(CITES)		
6.22			核実験事件ICJ仮保全措置命令(豪 v. 仏、NZ v. 仏)
11.2	MARPOL条約、公海措置条約議定書		
11.15	ホッキョクグマ保護協定		
1974. 2.19		北欧環境保護条約	
3.22		バルト海環境保護条約	
7.25			漁業管轄権事件ICJ判決(英 v. アイスランド、西独 v. アイスランド)
12.10			核実験事件ICJ判決(豪 v. 仏、NZ v. 仏)
1975. 8.1		CSCEヘルシンキ最終文書	
8.5		日米環境協力協定	
12.27		日)船舶油濁損害賠償保障法(最終改正2004.4.21)	
1976. 2.16		汚染に対する地中海の保護に関する条約(バルセロナ条約)、地中海投棄議定書、地中海緊急時協力議定書	
5.15		船舶油濁損害賠償責任制限事件等手続規則	
7.10			伊)セベソ工場爆発事件
12.10	環境改変技術使用禁止条約		
1977. 6.8	1977年ジュネーヴ諸条約第1追加議定書、同諸条約第2追加議定書		
1978. 1.24			加-ソ)コスモス954号事件
2.17	MARPOL条約78年議定書		

主要環境文書・事件年表　815

年月日	普遍文書	地域・国内文書	事件・事実
3.16			仏)アモコ・カディス号事件
3.28			米)スリー・マイル島原発事故
7.3		アマゾン協力条約	
8.22		日加原子力協定	
1979. 6.23	ボン条約(CMS)		
9.19		欧州野生生物等保護条約(ベルヌ条約)	
11.13		欧)長距離越境大気汚染条約	
1980. 3.3	核物質防護条約		
3.17		地中海陸上起因汚染防止議定書	
5.20	南極海洋生物資源保存条約		
7.			米国政府『西暦2000年の地球』 IUCN及びWWF『世界自然保全戦略』
10.10	特定通常兵器使用禁止制限条約、同条約議定書Ⅱ、同議定書Ⅲ		
1981. 6.27		アフリカ)バンジュール憲章	
1982. 3.5		日豪原子力協定	
4.3		地中海特別保護区域議定書	
4.30	国連海洋法条約(1994.11.16発効)		
5.10			国連環境計画特別管理理事会(ナイロビ・〜5.18)
5.12	UNEPナイロビ宣言		
10.28	世界自然憲章(国連総会決議37/7)		
11.16	1982年原子力分野第三者責任条約(1982年パリ条約)		
11.26	1982年原子力分野第三者責任補完条約(1982年ブラッセル補完条約)		
1983. 7.1			豪)タスマニア・ダム事件高等裁判決
1984. 4.18			米)アモコ・カジス号事件米イリノイ州北部地区連邦地裁判決
9.28		欧)長距離越境大気汚染条約EMEP議定書	
12.3			印)ボパールガス工場爆発事件
1985. 3.22	オゾン層保護条約		
6.27		EU環境影響評価指令	
7.8		欧)長距離越境大気汚染条約硫黄排出量削減議定書	
7.9		ASEAN自然保全協定	
7.31		日中原子力協定	
8.6		南太平洋非核地帯条約(ラロトンガ条約)	
1986. 4.26			ソ)チェルノブイリ原発事故
5.12			米)ボパールガス工場爆発事件ニューヨーク州南部地区連邦地裁判決
9.26	原子力事故早期通報条約、原子力事故援助条約		
10.31			ライン川化学工場爆発事故
11.24		ヌーメア条約	
12.4	発展の権利に関する宣言(国連総会決議41/128)		
1987. 6.17	UNEP環境影響評価の目標及び原則		
8.4			環境と開発に関する世界委員会『我ら共有の未来』(A/42/427)

年月日	普遍文書	地域・国内文書	事件・事実
9.16	モントリオール議定書		
11.4		日米原子力平和利用協力協定、同協定11条に基づく実施取極	
1988. 6.			ナイジェリア)ココ事件
9.21	ウィーン条約とパリ条約の共同議定書		
10.31		欧)長距離越境大気汚染条約窒素酸化物議定書	
11.17		米州社会権追加議定書(サン・サルバドル議定書)	
1989. 3.22	バーゼル条約		
3.24			米)エクソン・バルディーズ号事件
3.30			伊)パトモス号事件メシーナ控訴裁判決
4.28	海難救助条約		
11.20	児童の権利条約		
11.24		南太平洋流し網漁業禁止条約	
1990. 4.9		日仏原子力協定	
11.30	油汚染準備対応協力条約(OPRC条約)		
1991. 1.30		アフリカ)バマコ条約	
2.5		欧)エスポ条約	
3.13		米加大気質協定	
4.3	安保理決議687(イラクによる損害賠償)		
6.19			環境と発展に関する北京宣言
9.3			米国マグロ輸入制限事件(マグロ・イルカⅠ)GATT紛争解決小委員会報告(メキシコ v. 米)
10.4	南極条約環境保護議定書(附属書Ⅰ〜Ⅳを含む)		
10.17	南極条約環境保護議定書附属書V		
11.7		アルプス条約	
11.18		欧)長距離越境大気汚染条約揮発性有機化合物議定書	
1992. 3.17		欧)越境水路及び国際湖水の保護及び利用に関する条約	
3.17		欧)産業事故越境影響条約	
4.9		バルト海環境保護条約(改正)	
5.9	気候変動枠組条約		
6.3			国連環境発展会議(リオデジャネイロ・〜6.14)
6.5	生物多様性条約		
6.13	森林原則声明		
6.14	リオ宣言、アジェンダ21		
9.3	化学兵器禁止条約		
11.22		欧)OSPAR条約	
11.25	モントリオール議定書不遵守手続及び締約国の会合によりとられることのある措置の例示リスト		
11.27	1992年油汚染損害民事責任条約(1992年CLC)、1992年油汚染損害補償国際基金設立条約(1992年FC)		
1993. 1.29			持続可能な発展委員会設置決議(国連総会決議47/191)

年月日	普遍文書	地域・国内文書	事件・事実
3.8		欧州評議会環境危険活動民事責任条約	
5.10		みなみまぐろ保存条約	
6.25	世界人権会議ウィーン宣言及び行動計画		
7.19			ICJが環境特別裁判部設置(Press Release 93/20) ※2006年以降担当裁判官を選出していない。
7.30			フィリピン)オポサ事件最高裁判決
9.13		北米環境協力協定(NAAEC)	
9.22	世界銀行インスペクション・パネル設置決議		
11.19		日)環境基本法(最終改正は2012.6.27)	
11.24	コンプライアンス協定		
12.8		北米自由貿易協定(NAFTA)	
1994. 1.26	1994年の国際熱帯木材協定		
3.14	GEF設立文書		
3.20		日中環境協力協定	
5.20			米国マグロ輸入制限事件(マグロ・イルカⅡ)GATT紛争解決小委員会報告(EEC、蘭 v. 米)
6.14		欧)長距離越境大気汚染条約硫黄放出量追加削減議定書	
6.17	砂漠化対処条約		
6.17	原子力安全条約		
9.14		北西太平洋地域における海洋及び沿岸の環境保全・管理・開発のための行動計画(NOWPAP)	
10.14		地中海海底開発起因汚染防止議定書	
12.9	環境保護教範の指針(国連総会決議49/50)		
12.16		米ロ北極環境協力協定	
12.17	エネルギー憲章条約、エネルギー効率議定書		
1995. 1.1	世界貿易機関設立(SPS協定・TBT協定・GATS・TRIPS協定・紛争解決了解を含む。協定採択は1994.4.15)		
3.12	社会発展に関するコペンハーゲン宣言		
4.5		東南アジア)メコン川流域協力協定	
5.11	核不拡散条約の延長		
6.10		改正バルセロナ条約、地中海特別保護区域議定書(改正)、地中海投棄議定書(改正)	
6.23			国連環境発展特別総会(〜 6.27)
8.4	国連公海漁業実施協定		
9.22	バーゼル条約の改正		
9.22			核実験事件判決再検討要請事件ICJ命令(NZ v. 仏)
11.9		ヨーロッパ社会憲章集団的申立追加議定書	
12.15		東南アジア)バンコク条約	

年月日	普遍文書	地域・国内文書	事件・事実
1996. 1.29			米国ガソリン事件WTO小委員会報告（ベネズエラ v. 米、ブラジル v. 米）
3.7		地中海陸上起因汚染防止議定書（改正）	
4.11		アフリカ）ペリンダバ条約	
4.29			米国ガソリン事件WTO上級委員会報告（ブラジル v. 米）
5.3	危険・有害物質損害責任条約（HNS条約）		
5.3		改正ヨーロッパ社会憲章	
6.14	人間居住宣言		
7.8			核兵器による威嚇又は核兵器使用の合法性ICJ勧告的意見
8.28			印）Vellore Citizens' Welfare Forum v. Union of India and Others事件最高裁判決
9.19	北極評議会の設立に関する宣言		
10.1		地中海有害廃棄物汚染防止議定書	
11.7	ロンドン投棄条約議定書		
1997. 1.2			日-ロ）ナホトカ号事件
3.3			ITLOS海洋環境紛争裁判部設置
3.27			日）二風谷ダム事件札幌地裁判決
5.21	国際水路の非航行的利用の法に関する条約		
6.23			国連環境発展特別総会（～ 6.27）
8.18			ECホルモン事件WTO小委員会報告（米 v. EC、加 v. EC）
8.26		日独環境協力協定	
9.5	放射性廃棄物等安全条約		
9.12	1997年原子力損害民事責任条約（1997年ウィーン条約）、原子力損害補完的補償条約（CSC）		
9.18	対人地雷禁止条約		
9.25			ガブチコボ・ナジマロシュ計画事件ICJ判決（ハンガリー／スロバキア）
9.26	MARPOL条約97年議定書		
9.29	原子力損害補完基金条約、原子力損害民事責任ウィーン条約改正議定書		
11.11		日中漁業協定	
12.1			地球温暖化防止京都会議（～ 12.11）
12.11	京都議定書		
1998. 1.16			ECホルモン事件WTO上級委員会報告（米 v. EC、加 v. EC）
2.25		日英原子力協定	
4.	エネルギー憲章条約貿易関連規定改正		
5.15			米国エビ輸入制限事件WTO小委員会報告（印、マレーシア、パキスタン、タイ v. 米）
6.24		欧）長距離越境大気汚染条約重金属議定書、同条約残留性有機汚染物質議定書	
6.25		欧）ECEオーフス条約	
7.17	国際刑事裁判所規程		
9.10	ロッテルダム条約（PIC条約）		

年月日	普遍文書	地域・国内文書	事件・事実
10.12			米国エビ輸入制限事件WTO上級委員会報告(米 v. 印、マレーシア、パキスタン、タイ)
11.4		欧)刑事法による環境保護条約	
11.28		新日韓漁業協定	
1999. 1.	世界銀行業務政策4.01－環境評価		
4.12		欧)ライン川保護条約	
5.17	ハーグ文化財保護条約第2議定書		
6.17		欧)水及び健康に関する議定書	
8.27			みなみまぐろ事件ITLOS暫定措置命令(豪 v. 日、NZ v. 日)
11.30		欧)長距離越境大気汚染条約酸性化等対策議定書	
12.10	バーゼル損害賠償責任議定書		
2000. 1.29	カルタヘナ議定書		
2.17			サンタ・エレーナ事件〈ICSID〉仲裁裁判所判決(Compania del Desarrollo de Santa Elena SA v. コスタリカ)
3.		東アジア酸性雨モニタリングネットワーク(EANET)ガイドライン	
3.15	危険・有害物質汚染事件議定書(OPRC-HNS議定書)		
7.11		アフリカ連合設立規約	
8.4			みなみまぐろ事件仲裁裁判所判決(管轄権)(豪 v. 日、NZ v. 日)
8.30			メタルクラッド事件〈ICSID〉仲裁裁判所判決(Metalclad Corporation v. メキシコ)
9.5		中西部太平洋マグロ類保存条約	
9.18			ECアスベスト事件WTO小委員会報告(加 v. EC)
10.20		欧州景観条約	
11.13			S.D.Myers, Inc. v. カナダ仲裁裁判所中間判決
2001. 3.12			ECアスベスト事件WTO上級委員会報告(加 v. EC)
3.23	バンカー油損害責任条約		
5.22	ストックホルム条約(POPs条約)		
6.15			米国エビ輸入制限事件(第21条5手続)WTO小委員会報告(マレーシア v. 米)
8.3	ILC越境侵害防止条文		
9.11		米州民主主義憲章	
10.5	船舶有害防汚方法規制条約(AFS条約)		
10.22			米国エビ輸入制限事件(第21条5手続)WTO上級委員会報告(マレーシア v. 米)
11.2	水中文化遺産保護条約		
11.3	食料農業植物遺伝資源条約(ITPGR)		
11.14	WTO作業計画に関する閣僚宣言、TRIPS協定と公衆の健康に関する宣言		
12.3			MOX工場事件ITLOS暫定措置命令(アイルランド v. 英)
2002. 1.25		地中海緊急時協力議定書(改正)	

年月日	普遍文書	地域・国内文書	事件・事実
4.19	遺伝資源の取得及び配分に関するボン指針		
6.10		ASEAN煙霧汚染協定	
8.26			持続可能な発展に関する世界サミット（ヨハネスブルグ・〜9.4）
9.4	ヨハネスブルグ政治宣言		
10.23		欧)ECEオーフス条約遵守手続	
11.13			西)プレステージ号事件
11.19		アルプス条約及びその適用議定書の遵守検証メカニズム	
12.13	バーゼル条約遵守手続		
2003. 3.7			日)名古屋港水族館シャチ購入費用支出差止請求事件名古屋地裁判決
5.16	1992年油汚染損害補償基金条約の2003年議定書(1992年FC2003年議定書)		
5.21		欧)戦略的環境評価議定書、PRTR議定書（キエフ議定書）、産業災害民事責任議定書	
7.2			北東大西洋海洋環境保護(OSPAR)条約第9条事件仲裁裁判決（アイルランド v. 英)
7.11		アフリカ自然保全条約	
7.11		アフリカ)女性の権利に関するバンジュール憲章議定書	
7.15			リンゴ火傷病事件(日本リンゴ輸入規制事件)WTO小委員会報告(米 v. 日)
10. 8			ジョホール海峡埋立事件ITLOS暫定措置命令（マレーシア v. シンガポール）
11.26			リンゴ火傷病事件(日本リンゴ輸入規制事件)WTO上級委員会報告(米 v. 日)
11.28	特定通常兵器使用禁止制限条約議定書V		
2004. 2.12	パリ条約改正議定書		
2.12	ブリュッセル補足条約改定議定書		
2.27	カルタヘナ議定書遵守手続		
4.21		EU環境責任指令	
2005. 5.24			ライン鉄道事件仲裁裁判所判決（ベルギー／蘭）
6.14	南極環境保護議定書附属書Ⅵ（環境上の緊急事態から生じる責任)		
7.8	核物質及び施設防護条約(核物質防護条約の改正)		
12.10	京都議定書遵守手続		
2006. 1.27	2006年の国際熱帯木材協定		
2.13	バラスト水管理条約(BMW条約)		
2.26		日本欧州原子力共同体原子力協定	
7.13			ウルグアイ川沿いの製紙工場事件ICJ仮保全措置命令(第1回・アルゼンチン v. ウルグアイ)
8.8	ILC越境損害損失配分原則		
9.8		中央アジア)セメイ条約	
9.29			ECバイテク産品事件WTO小委員会報告(米 v. EC、加 v. EC、アルゼンチン v. EC)
12.14		欧)長距離越境大気汚染条約の議定書共通の遵守手続	

年月日	普遍文書	地域・国内文書	事件・事実
2007. 1.23			ウルグアイ川沿いの製紙工場事件ICJ仮保全措置命令(第2回・アルゼンチン v. ウルグアイ)
9.13	先住人民の権利に関する国際連合宣言(国連総会決議61/295)		
12.13		EU運営条約	
2008. 1.21		地中海統合的沿岸域管理議定書	
3.31			除草剤空中散布事件ICJ提訴(エクアドル v. コロンビア)(2013.9.13、総件名簿より削除)
5.30	クラスター弾条約		
2009. 1.26	国際再生可能エネルギー機関憲章		
4.20			ウルグアイ川沿いの製紙工場事件ICJ判決(アルゼンチン v. ウルグアイ)
5.12		日露原子力協定	
10.9			生物多様性条約名古屋会議(10.9〜15:カルタヘナ議定書MOP5、10.18〜29:生物多様性条約COP10)
10.15	名古屋-クアラルンプール補足議定書		
10.29	名古屋議定書		
2010. 4.20			米)メキシコ湾原油流出事故
5.6		日本カザフスタン原子力協定	
11.18			国境地帯におけるニカラグアの活動事件ICJ提訴(コスタリカ v. ニカラグア)(係属中)
12.20		日韓原子力協定	
2011. 1.20		日本ベトナム原子力協定	
2.1			深海底における探査活動を行う個人及び団体を保証する国家の責任及び義務に関するITLOS海底紛争裁判部勧告的意見
3.11			日)福島原発事故
9.10		日本ヨルダン原子力協定	
9.13	IAEA原子力安全行動計画		
12.22			サンファン川沿いのコスタリカ領における道路建設事件ICJ提訴(ニカラグア v. コスタリカ)(係属中)※2013.4.17命令により国境地帯におけるニカラグアの活動事件と併合
12.26			日)廃棄物海洋投入処分不許可処分取消等請求事件東京地裁判決
2012. 6.20			持続可能な発展に関する国際連合会議(リオ+20)(リオデジャネイロ・〜6.22)
6.22	われわれが望む未来		
12.8	京都議定書ドーハ改正		
12.19			カナダ再生可能エネルギー事件WTO小委員会報告(日 v. 加、EU v. 加)
2013. 4.26		日本トルコ原子力協定(トルコの署名は5.3)	
5.6			カナダ再生可能エネルギー事件WTO上級委員会報告(日 v. 加、EU v. 加)
5.12		日本アラブ首長国連邦原子力協定	
9.19			日)第二次北見道路訴訟札幌地裁判決
10.10	水俣条約		
2014. 3.31			南極捕鯨事件ICJ判決(豪 v. 日)

②環境関連事件判決例（人権以外）

付託先	事件名	当事者	判決・命令日	環境に関連する判決部分の要旨	判決例入手先	所収・備考
常設国際司法裁判所	オーデル川国際委員会事件	チェコスロバキア、デンマーク、フランス、ドイツ、英国、スウェーデン/ポーランド	1929/9/10	国際河川の航行目的の利用について、国際河川流域国の利益共同体（community of interests）の観念がその法的権利の基礎となるとし、その中心的特質は、河川利用における流域国の完全な平等であり、国際河川法はこの概念を基礎にすると判示した。	PCIJ, Ser. A., No. 23, 1929.	
国際司法裁判所	コルフ海峡事件	英国 v. アルバニア	本案判決 1949/4/9	自国の領域をそれと知りつつ他国の権利を侵害する行為のために使用することを許さない義務（領域使用の管理責任）が存在するとし、人道の基本的考慮、海洋交通の自由の原則とあわせて、自国の領域または管轄下において生じた緊急事態において影響を受けるおそれのある他国に差し迫った危険について通報し、情報を提供する義務があると判示した。	ICJ Reports, 1949	『判例国際法』所収
	核実験事件	オーストラリア v. フランス、ニュージーランド v. フランス	仮保全措置命令 1973/6/22	同意のない、放射性廃棄物の領域内における堆積、領空への拡散は主権侵害であり、放射性物質による公海の汚染が公海の自由の侵害であるとのオーストラリア、ニュージーランドの主張に対して、領域内への降下による損害の可能性は排除できないとして、実験停止の仮保全措置を命じた。	ICJ Reports, 1973	『判例国際法』所収
	漁業管轄権事件	英国 v. アイスランド、西ドイツ v. アイスランド	本案判決 1974/7/25	衡平な解決に至るために誠実に交渉を行う義務、公海の漁業資源の保全および衡平な利用における他国の利益に妥当な考慮を払う義務の存在を認定した。	ICJ Reports, 1974	『判例国際法』所収
	核実験事件再検討要請事件	ニュージーランド v. フランス	命令 1995/9/22	予防原則により挙証責任が転換され、核実験実施前に環境影響評価を行う慣習法上の義務が存在し、フランスはいかなる海洋汚染のリスクも存在しないことを証明する義務があったとのニュージーランドの主張に対し、1974年の核実験事件判決は大気圏内実験を対象とするもので判決の基礎は影響されないと判断し、再検討の請求を棄却した。	ICJ Reports, 1995	
	核兵器による威嚇又は核兵器使用の合法性		勧告的意見 1996/7/8	国際法上の一般的義務として、越境環境損害防止義務が存在すると認定した。正当な軍事目的との必要性と均衡性の評価において環境保護の要素は考慮対象の一つであり、武力紛争法の実施において適切に考慮される必要がある、武力紛争時における核兵器の使用にも環境を尊重する義務は適用されると判示した。	ICJ Reports, 1996	『判例国際法』所収
	ガブチコボ・ナジマロシュ計画事件	ハンガリー／スロバキア	本案判決 1997/9/25	持続可能な発展という概念が、経済発展を環境保護と調和させる必要性を表しているとし、過去に開始され、継続中の計画の環境影響についてその間に発展した新たな規範を考慮して評価されるべきと判示した。	ICJ Reports, 1997	『判例国際法』所収
	ウルグアイ川沿いの製紙工場事件	アルゼンチン v. ウルグアイ	仮保全措置命令 2006/7/13	持続可能な経済発展を可能としながら、共有天然資源の環境保護を確保する必要性を強調し、そうした観点から沿岸国の経済発展とウルグアイ河の環境保全の必要性を考慮しなければならないと判断した。	ICJ Reports, 2006	
	ウルグアイ川沿いの製紙工場事件	アルゼンチン v. ウルグアイ	本案判決 2010/4/20	計画中の産業活動が、とりわけ共有資源に対して、国境を越えて相当の悪影響を及ぼす危険がある場合環境影響評価を行うことを一般国際法上の義務とみなしうる可能性を指摘し、そのような場合に事前に環境影響評価を行わないことは相当の注意義務とそれが含意する警戒および防止の義務の不履行とみなされると判示した。	ICJ Reports, 2010	

環境関連事件判決例（人権以外） 823

付託先	事件名	当事者	判決・命令日	環境に関連する判決部分の要旨	判決例入手先	所収・備考
国際海洋法裁判所	みなみまぐろ事件	ニュージーランド v. 日本、オーストラリア v. 日本	暫定措置命令 1999/8/27	ミナミマグロ資源の科学的評価について当事国間で対立があるが、資源への重大な害を防止する保存措置を確保するために、当事国は慎慮をもって行動すべきであり、とるべき措置について科学的不確実性があり、当事国の権利保全と資源のさらなる悪化を防止するために緊急に措置がとられるべきとして、調査漁獲を合意された割当の範囲内で行うべきと命令した。	Case No. 3 及びNo.4 国際海洋法裁判所 HP http://www.itlos.org	『判例国際法』所収。仲裁判決あり
	MOX工場事件	アイルランド v. 英国	暫定措置命令 2001/12/3	協力義務が国連海洋法条約第12部と国際法における海洋環境の汚染防止の基本原則であるり、慎慮ゆえにプラントの操業のリスクまたは影響について当事国が情報を交換し、適当な場合リスクと影響に対処するための措置を講ずることが要求されるとして、そのために当事国が協力し、直ちに協議を行うことを命令した。	Case No. 10 国際海洋法裁判所 HP http://www.itlos.org	『判例国際法』所収。仲裁判決あり
	ジョホール海峡埋立事件	マレーシア v. シンガポール	暫定措置命令 2003/10/8	埋立が海洋環境に影響を及ぼす可能性を考慮し、慎慮ゆえに、当事国が、情報を交換し、埋立のリスクまたは影響を評価するメカニズムを設置し、適当な場合リスクと影響に対処するための措置を講ずることが要求されるとして、独立した専門家グループの設置などそのために協力し、直ちに協議を行うことを命令した。	Case No. 12 国際海洋法裁判所 HP http://www.itlos.org	
	深海底における探査活動を行う個人及び団体を保証する国家の責任及び義務		海底紛争裁判部勧告的意見 2011/2/1	機構が採択した規則の下で、保証した国家と機関は予防的取組方法を適用する義務がある一方、予防的取組方法は、保証する国家の相当の注意の一般的義務の不可欠の部分となっており、機構の規則を含め、ますます多くの国際条約・国際文書などにも組み込まれ、予防的取組方法は、慣習国際法となる趨勢にあるとした。	Case No. 17 国際海洋法裁判所 HP http://www.itlos.org	
仲裁裁判所	ベーリング海オットセイ事件	米国/英国	1893/8/15	オットセイが米国領で繁殖する場合でも、それらが米国領海外に所在する時は、米国の保護または所有の権利を認めず、公海におけるオットセイ捕獲の自由を確認した。また、当事国の付託合意に基づき、裁判所は、公海におけるオットセイ捕獲に関する規制を定めた。	RIAA, Vol. XXVIII, pp. 263-276	
	トレイル製錬所事件	米国/カナダ	最終判決 1941/3/11	深刻な結果をもたらし、侵害が明白で説得力ある証拠により立証される場合には、国は、煤煙により他国に対してもしくは他国にある財産または人に対して損害を与えるような方法で自国領域を使用しまたは使用を許可する権利を有しないと判示し、越境環境問題の文脈で領域使用の管理責任を適用した。	RIAA, Vol. III, pp. 1905-1982	『判例国際法』所収
	ラヌー湖事件	スペイン/フランス	1957/11/16	河川の上流国の水利用が下流国に与える影響について、上流国は下流国に事前に通報し、誠実に協議（交渉）を行う義務があるが、水利用について下流国の事前の同意を得ることは求められていないと判示した。	RIAA, Vol. VII, pp. 281-317	『判例国際法』所収
	サンタ・エレーナ事件	Compania del Desarrollo de Santa Elena SA v. コスタリカ	2000/2/17	国立自然公園の環境保全目的の収用に対する補償がコスタリカ・米国投資協定違反として争われた事件で、環境保護目的で行われる収用であることが十分な補償の原則を変更しないとした。	Case No. ARB/96/1 ICSID HP https://icsid.worldbank.org/ICSID/Index.jsp	投資紛争解決国際センター（ICSID）による仲裁

付託先	事件名	当事者	判決・命令日	環境に関連する判決部分の要旨	判決例入手先	所収・備考
	みなみまぐろ事件	ニュージーランド v. 日本、オーストラリア v. 日本	2000/8/4	みなみまぐろ保存条約第16条は、紛争が、すべての紛争当事国の同意なしには国際司法裁判所(本件では国際海洋法裁判所)または仲裁に付託され得ないことを明確にしているとして、管轄権を認めなかった。国際海洋法裁判所の暫定措置命令も取り消した。	RIAA, Vol. XXIII, pp. 1-57	国際海洋法裁判所による暫定措置命令あり。『判例国際法』所収
	S.D.Myers, Inc. v. カナダ事件	S.D.Myers, Inc. v. カナダ	中間判決 2000/11/13	PCBsとその廃棄物の輸出を禁止したカナダの措置について、自国内でのPCBsとその廃棄物の処理能力の維持はバーゼル条約の目的にも沿う正当な目標だが、米国での処理のための輸出を禁止するのは正当な方法ではなく、NAFTA第11章(投資)の内国民待遇などに違反するとした。		
	北東大西洋海洋環境保護(OSPAR)条約第9条事件	アイルランド v. 英国	2003/7/2	英国のMOX工場の許可に関する情報の開示について英国のOSPAR条約違反が争われた。OSPAR条約第9条1の実施も仲裁裁判の対象となるとしたが、アイルランドが開示を求める情報はOSPAR条約第9条2の対象となる情報でないと判断した。	常設仲裁裁判所HP http://www.pca-cpa.org/	関連して国際海洋法裁判所による判決あり
	ライン鉄道事件	ベルギー/オランダ	2005/5/24	ガブチコボ・ナジマロシュ計画事件判決を参照し、「国際法もEU法も、経済開発活動の計画および実施において適切な環境保全措置の統合を要求する」と判断し、環境への重大な損害を防止または少なくとも緩和する義務を一般国際法上の原則であるとした。持続可能な発展に由来する統合原則が、当事国の条約上の権利・義務を、新たな環境保護の規範、基準に照らして評価し、解釈することを要請することと判断した。	常設仲裁裁判所HP http://www.pca-cpa.org/	

付託先	事件名	当事者	回付日・採択日	事実の概要と結論	判決例入手先	所収・備考
GATT	米国マグロ輸入制限事件(マグロ・イルカI)	メキシコ v. 米国	小委員会報告 1991/9/30 回付 報告不採択	海洋ほ乳類の捕獲と輸入を一般的に禁止する海洋ほ乳類保護法に基づく、マグロを直接漁獲する国からの米国の輸入禁止措置のGATT適合性。GATT第3条、第11条に適合せず、GATT第20条の一般的例外として正当化することはできないとした。	DS21/R - 39S/155	
	米国マグロ輸入制限事件(マグロ・イルカII)	EEC、オランダ v. 米国	小委員会報告 1994/5/20 回付 報告不採択	海洋ほ乳類の捕獲と輸入を一般的に禁止する海洋ほ乳類保護法に基づく、マグロを直接漁獲していない第三国からの米国の輸入禁止措置のGATT適合性。GATT第3条、第11条に適合せず、GATT第20条の一般的例外として正当化することはできないとした。	DS29/R	『判例国際法』所収
WTO	米国ガソリン事件	ベネズエラ v. 米国、ブラジル v. 米国	小委員会報告 1996/1/29 回付	大気清浄法の下で大気汚染防止のためのベンゼンや重金属などのガソリン含有量を規制する米国の措置の適合性。GATT第3条4に適合せず、GATT第20条の一般的例外として正当化することはできないとした。	WT/DS2/R	
			上級委員会報告 1996/4/29 回付 1996/5/20 報告採択	小委員会報告を基本的に踏襲。GATT第20条(g)の解釈を変更するも、GATT第20条(g)はこの事件には適用されないとした。	WT/DS2/AB/R	
	ECホルモン事件	米国 v. EC、カナダ v. EC	小委員会報告 1997/8/18 回付	六つの成長促進ホルモン剤を使用した牛肉および牛肉製品の輸入を禁止するECの措置の適合性。措置はSPS協定第3条1、第5条1、第5条5に適合しないとした。	WT/DS26/R/USA; WT/DS48/R/CAN	
			上級委員会報告 1998/1/16 回付 1998/2/13 報告採択	SPS協定第3条3、第5条1に適合しないという点は小委員会の報告を支持したが、SPS協定第3条1、第5条5には適合しているとし、この点について小委員会報告を変更した。	WT/DS26/AB/R; WT/DS48/AB/R	

環境関連事件判決例(人権以外) 825

付託先	事件名	当事者	回付日・採択日	事実の概要と結論	判決例入手先	所収・備考
	米国エビ輸入制限事件	インド、マレーシア、パキスタン、タイ v. 米国	小委員会報告 1998/5/15 回付	絶滅危惧法のもとで絶滅のおそれのあるウミガメに悪影響を及ぼすおそれのある技術を用いて獲られたエビの輸入を禁止する米国の措置の適合性。GATT第11条1に適合せず、GATT第20条の一般的例外として正当化できないとした。	WT/DS58/R	『判例国際法』所収
			上級委員会報告 1998/10/12 回付 1998/11/6 報告採択	小委員会報告と結論は同じだが、GATT第20条の解釈方法について判断を変更し、米国の措置は、GATT第20条柱書きの要件を満たさないとした。	WT/DS58/AB/R	『判例国際法』所収
	米国エビ輸入制限事件(第21条5手続)	マレーシア v. 米国	小委員会報告 2001/6/15 回付	修正した米国の措置の紛争解決機関の裁定との適合性。GATT第11条1に適合しており、裁定が示す条件に合致する限りで、GATT第20条の一般的例外として正当化するとした。	WT/DS58/RW	『判例国際法』所収
			上級委員会報告 2001/10/22 回付 2001/11/21 報告採択	小委員会報告を基本的に踏襲し、米国の措置はGATT第20条の要件に合致しているとした。	WT/DS58/AB/RW	『判例国際法』所収
	ECアスベスト事件	カナダ v. EC	小委員会報告 2000/9/18 回付	アスベストとアスベスト含有製品について輸入を禁止したEU、とりわけフランスの措置の適合性。アスベスト繊維とそれ以外の繊維はGATT第3条4にいうところの同種の産品であるとし、問題の措置はGATT第3条4に適合しないとしたが、GATT第20条、とりわけ第20条(b)の一般的例外として正当化されるとした。	WT/DS135/R	
			上級委員会報告 2001/3/12 回付 2001/4/5 報告採択	TBT協定が適用されないとの小委員会報告を変更し、GATT第3条4の同種の産品の判断において健康のリスクが排除されていることについて小委員会報告を変更した。GATT第20条の一般的例外として正当化されるとの小委員会報告の見解を支持した。	WT/DS135/AB/R	
	ECバイテク産品事件	米国 v. EC、カナダ v. EC、アルゼンチン v. EC	小委員会報告 2006/9/29 回付 2006/11/21 報告採択	バイテク産品の承認手続の事実上のモラトリアムと、特定の産品に関するEUの措置の適合性。SPS協定第8条に適合していないと判断したが、それ以外の条項については適合していたと判断した。	WT/DS291/R; WT/DS292/R; WT/DS293/R	
	カナダ再生可能エネルギー事件	日本 v. カナダ、EU v. カナダ	小委員会報告 2012/12/19 回付	オンタリオ州の再生可能エネルギー買取制度について、オンタリオ州産の製品の使用を買取の要件とするカナダの措置の適合性。TRIMs協定第2条1およびGATT第3条4に適合しないとした。補助金協定で禁止された補助金であるとは判断しなかったが少数意見が付されている。	WT/DS412/R; WT/DS426/R	
			上級委員会報告 2013/5/6 回付 2013/5/24 報告採択	カナダの措置について、TRIMs協定第2条1およびGATT第3条4に適合しないとし、小委員会の報告を支持した。買取が補助金協定第1条1(b)の「補助金」の要件に該当するか、それゆえ補助金協定で禁止された補助金であるかについては分析を完了できないとした。	WT/DS412/AB/R; WT/DS426/AB/R	

国内裁判所	事件名	当事者	判決・命令日	環境に関連する判決部分の要旨	判決例入手先	所収・備考
オーストラリア						
高等裁判所	タスマニア・ダム事件	Commonwealth of Australia v. Tasmania	1983/7/1	締約国に広範な裁量を与えている世界遺産条約第4条、第5条が締約国に法的義務を課していると判断した。	[1983]HCA 21; (1983) 158 CLR 1 (1 July 1983)	
インド						
最高裁	Vellore Citizens' Welfare Forum v. Union of India and Others	Vellore Citizens' Welfare Forum v. Union of India and Others	1996/8/28	持続可能な発展は、環境と発展の間を均衡する概念として慣習国際法の一部であることを認め、予防原則と汚染者負担原則が持続可能な発展に不可欠な、特徴的な原則であると判示した。	[1996] 5 S.C.C. 647	
イタリア						
メシーナ控訴裁	パトモス号事件	Ministry of Internal Affairs and Others v. Patmos Shipping Corporation, International Oil Pollution Compensation Fund and Others	1989/3/30	ギリシャ船籍のタンカーによる油濁汚染の賠償責任について、環境に対する権利は、代表として国家に帰属するとし、1971年の油汚染損害補償国際基金設立条約の定める「汚染損害(pollution damage)」には環境損害が含まれると判示した。	International Environmental Law Reports (2005)	判決原文はイタリア語
フィリピン						
最高裁	オポサ事件	Minors Oposa v. Secretary of Department of Environment and Natural Resources (The Honorable Fulgencio S. Factoran, JR.)	1993/7/30	フィリピン政府による熱帯林伐採免許の取消と発行の停止を求めた原告の訴えに対し、天然資源には、現在の世代も将来の世代も衡平にアクセスが可能でなければならず、各世代は、均衡のとれた適正な環境を将来世代のために保全する責任があり、未成年の原告の適正な環境に対する主張は、将来の世代の権利を保護する義務を履行するものであるとして、未成年者の原告適格を認めた。	224 SCRA 792 [1993]	
米国						
イリノイ州北部地区連邦地裁	アモコ・カジス号事件(In re Oil Spill by the "Amoco Cadiz" Off the Coast of France on March 16, 1978)	Republic of France et al. v. Standard Oil Company of Indiana ("Amoco") and othersほか	1984/4/18	1978年に発生したリベリア船籍のアモコ・カジス号の油濁事故により生じた損害について、フランス、地方自治体、被害者が、タンカーを運航するアモコ・トランスポート、その親会社であるスタンダード・オイル会社の子会社であるアモコ・インターナショナル・オイル会社などに対して米国裁判所に米国法に基づく賠償を求めて提訴した。原告の賠償責任を認めたが、生態系の損害についての賠償責任は認めなかった。	1984 U.S. Dist. LEXIS 17480 (N.D. Ill. 1984)	複数の訴えを併合。米国連邦第7巡回区控訴裁判所も基本的にこの判断を支持した
ニューヨーク州南部地区連邦地裁	ボパール事件(In re Union Carbide Corporation Gas Plant Disaster at Bhopal, India in December, 1984)	Dawani et al. v. Union Carbide Corp.ほか	1986/5/12	1984年に発生したインド・ボパールでのユニオン・カーバイド・インド会社の有毒ガスの漏出事故により生じた損害について、インドと被害者が、50%超の株式を保有するユニオン・カーバイド社(ニューヨーク州法人)に対して賠償を求め米国連邦裁判所に提訴した。裁判所は、ユニオン・カーバイド社がインドの裁判所の判決に従う意思を示したことなどを理由に、フォーラム・ノン・コンビーニエンス(不適切な法廷地)として訴えを却下した。	634 F. Supp. 842 (1986)	

②環境関連事件判決例(人権以外)

国内裁判所	事件名	当事者	判決・命令日	環境に関連する判決部分の要旨	判例入手先	所収・備考
日本						
札幌地裁	二風谷ダム訴訟	萱野茂ほか v. 収用委員会	1997/3/27	少数民族たるアイヌの文化への影響への配慮を欠いていることなどを理由に二風谷ダムの建設工事の事業認定と土地の取得裁決などの取消を求めた原告の訴えに対して、少数民族としてアイヌ民族はその文化を享有する権利を自由権規約第27条などで保障されているのでその制限は必要最小限度でなければならず、事業認定や裁決は十分な配慮を欠いていたと判示した。ただし、すでに工事が完了しており取消はできないとした。	判例時報1598号	
名古屋地裁	名古屋港水族館シャチ購入費用支出差止請求事件	X v. 名古屋港管理組合	2003/3/7	名古屋港管理組合から委託を受けた財団法人名古屋港水族館が、シャチの捕獲を委託し、入手する行為が生物多様性条約違反であるとの原告の主張に対し、裁判所は、一私人たる財団の行為について生物多様性条約違反が直接問題とされる余地はないとした。ただし、締結された条約の趣旨が公序良俗の内容に反映されることはあり得るとも判示した。	判例タイムズ1147号	
東京地裁	廃棄物海洋投入処分不許可処分取消等請求事件	X v. 国	2011/12/26	海洋への建設土砂の投棄不許可について、海防法のもとでの投棄の要件をロンドン条約1996年議定書の陸上処分の原則に照らして厳格に解釈した。		
札幌地裁	第二次北見道路訴訟(北見モモンガ訴訟)	Xほか v. 北海道知事	2013/9/19	道路の建設が生物多様性条約に違反しているかについて、条約が関連する国内法の解釈指針として機能するといえるし、国が何らの保全措置もとらず希少生物の生息地を破壊するなど同条約第8条の趣旨を著しく没却するような行為が行われた場合には、裁量権の範囲を逸脱し、違法と評価される可能性があると判示した。		

③環境関連事件判決例（人権）

付託先	事件名	主な適用条	判決・意見期日	環境に関連する判決・意見部分の要旨	備考
自由権規約委員会					
	E.H.P. v. Canada	第6条1	1982/10/27	放射性廃棄物処分場からの放射線によるガンや遺伝子障害のリスクにさらされていることが第6条1違反であるとの環境NGOの代表である個人からの通報について、国内的救済を尽くしていないとして受理しなかった。将来の世代を代表した通報の受理可能性については判断しなかった。	Communication No. 67/1980; CCPR/C/OP/1(1984)
	Ivan Kitok v. Sweden	第27条	1988/7/27	サーミが3年以上他の職業に従事した場合にはサーミの資格を喪失すると定める1971年法によりその資格を喪失した個人がトナカイ牧畜業を営むサーミとしての権利を恣意的に奪われたと通報した。委員会は、経済活動が種族共同体の文化の不可欠な要素である場合は第27条の保護の対象となりうるが、国の制限はトナカイの飼育をサーミの文化の重要な一部として保全し、サーミに合理的な収入を提供するためのもので第27条に違反しないとした。	Communication No. 197/1985; CCPR/C/33/D/197/1985 (1988)
	Ominayak, Chief of the Lubicon Lake Band v. Canada	第1条、第27条	1990/3/26	クレー種族インディアンに属するルビコン湖部族の代表として、部族の土地として請求している区域において開発行為を許可することなどが第1条違反であると通報した。選択議定書のもとで、個人の集団が集団的に通報を行うことを認めたうえで、規約第27条が保護する権利は、「みずからが属する共同体の文化の一部である経済的および社会的諸活動に他の者と共同して従事する個人の権利を含む」とした。歴史的な不公正と最近の開発活動は、部族の生活様式と文化に脅威を与えており、それが継続する限りで第27条違反となるとした。	Communication No. 167/1984;「判例国際法」所収
	E.W. et al. v. The Netherlands	第6条1	1993/4/8	巡航ミサイル配備計画による生命に対する権利の侵害の通報について、第6条の権利が侵害されまたは侵害の差し迫った危険があるとはいえず、「被害者」の要件を満たさず、受理できないとした。	Communication No. 429/1990; CCPR/C/47/D/429/1990 (1993)
	Länsman (Ilmari) et al. v. Finland	第27条	1994/10/26	トナカイの飼育地域における採石と石の運搬がトナカイ飼育を基礎とするその文化享有権を侵害し、第27条に違反するとサーミ出身のトナカイ飼育者らが通報した。トナカイ飼育はその文化の不可欠な要素で、その場合経済活動は第27条の保護の対象となりえ、また、第27条は少数者の伝統的な生活様式の保護だけでなく、時間とともに適応し、現代技術に支えられた様式も保護の対象となりうるとした。ただし、この通報で、措置の影響は権利の否定にまで至っていないとして、違反を認めなかった。	Communication No. 511/1992; CCPR/C/52/D/511/1992 (1994)
	Bordes, Tauira and Temeharo v. France	第6条、第17条	1996/7/22	南太平洋地域のフランス国籍の住民が、フランスの核実験再開決定について、フランスはその生命や安全を保護する十分な措置をとっておらず、南太平洋地域の住民の健康と環境に危険がないことを示していないため、第6条、第17条に違反すると通報した。通報者は、その権利が侵害されたまたはその差し迫った危険がある被害者であることを証明できず、「被害者」の要件を満たさないとして、通報は受理されなかった。なお、一般的意見14[23]を引用し、核兵器の設計、実験、製造、所有及び配備は、今日人類が直面する生命に対する権利への最大の脅威の一つであると付した。	Communication No. 645/1995; CCPR/C/57/D/645/1995 (1996)
	Länsman (Jouni) et al. v. Finland	第27条	1996/10/30	トナカイの飼育地域における伐採、道路建築、採石、鉱業活動がトナカイ飼育を基礎とするその文化享有権を侵害し、第27条に違反するとサーミ出身のトナカイ飼育者らが通報した。Länsman (Journi) et al. v. Finlandと同旨の判断で第27条違反を認めなかったが、将来大規模な伐採計画が承認されたり、計画された伐採の影響が現在の想定よりも深刻な場合には第27条違反となりうるとし、様々な活動が総体として第27条違反となることもあり得るとした。	Communication No.671/1995; CCPR/C/58/D/671/1995 (1996)

環境関連事件判決例(人権)

付託先	事件名	主な適用条	判決・意見期日	環境に関連する判決・意見部分の要旨	備考
	Apirana Mahuika et al v. New Zealand	第1条、第27条	2000/10/27	1992年漁業請求解決法がマオリの漁業権を奪い、マオリの自決権とその生活様式と文化に脅威を与えることで第1条、第27条に違反するとの通報について、経済活動がその文化に不可欠の要素である場合第27条の保護の対象となりうることを想起し、文化享有権の保障には、国の積極的に保護する法的措置と、影響を及ぼす決定における少数者の効果的な参加を確保する国の措置が必要となりうるとした。ニュージーランドは、協議プロセスにおいて、マオリの漁業の文化的・宗教的重要性に特別な注意を払い、立法手続の前に広範な協議を行い、マオリの漁業活動の持続可能性に特別の注意を払っており、第27条の違反はなかったとした。	Communication No. 547/1993; CCPR/C/70/D/547/1993 (2000)
	Poma Poma v. Peru	第1条2、第27条	2009/3/27	地下水の転流で土地が悪化し、アルパカなどの飼育ができず、生活の糧が奪われたことが規約違反であるとの通報について、少数者または先住人民の社会の文化的に重要な経済活動を相当に侵害または干渉する措置を許容しうるかは、その構成員が当該措置の決定過程に参加する機会があったか、伝統的社会がその活動から利益を受け続けることができるかによるとし、決定過程への参加は効果的でなければならず、構成員の自由で、事前の情報に基づく同意を必要とするとした。通報者はこのような協議を受けておらず、国は、伝統的経済活動に及ぼす影響を決定するために独立機関による調査を行うことも、損害修復のために影響を最小にする措置も求めておらず、通報者の生活様式と文化を相当に侵害しており、第27条に違反するとした。	Communication No.1457/2006; CCPR/C/95/D/1457/2006 (2009)
ヨーロッパ人権委員会/ヨーロッパ人権裁判所					
ヨーロッパ人権委員会	X and Y v. Federal Republic of Germany	第2条、第3条、第5条	1976/5/13	自然保護のための土地を保有する環境保護団体の構成員が、周辺地域の軍事活動への使用について環境保全を理由に違反の申立を行ったが、自然保護への権利は条約が保障する権利、特に申立が援用する第2条、第3条、第5条には含まれていないとした。	Application No. 7407/76
ヨーロッパ人権委員会	Denev v. Sweden	第1議定書第1条	1989/1/18	自己所有の土地への国内法に基づく植林義務の不履行による罰金刑について、環境およびその他の利益の確保は、第1議定書第1条の「一般的利益」に該当するとして、財産権侵害の主張を認めなかった。	Application No. 12570/86
ヨーロッパ人権裁判所	Powell and Rayner v. United Kingdom	第6条1、第8条、第13条	1990/2/21	ヒースロー空港の騒音が申立人の私生活の質に悪影響を与えているとして第8条の適用を認めたが、空港の公益性と政府の騒音対策に照らして個人と社会の競合する利益の間での公正な均衡が損なわれたとは言えず、締約国の広範な評価の余地が認められるべき分野であるとした。	Application No. 9310/81
ヨーロッパ人権裁判所	Fredin v. Sweden	第1議定書第1条	1991/2/18	1964年自然保護法に基づく、所有する土地の開発許可の取消、開発行為の停止と土地の回復の命令が財産権侵害との申立人の主張について、法の正当な目的に照らして、財産権の制限は第1議定書第1条に違反しないとした。	Application No. 12033/86
ヨーロッパ人権裁判所	López-Ostra v. Spain	第8条	1994/12/9	国の補助金を得て、許可なしで操業する廃棄物処理工場近くに生活する申立人が工場の発煙、悪臭、汚染のため家を一時退去したことについて、締約国に与えられている「評価の余地」を認めつつ、町の経済的福利と私生活の尊重を享受する申立人の権利との間に公正な均衡がなかったとし、第8条に違反するとした。	Application No. 16798/90
ヨーロッパ人権委員会	Noël Narvii Tauira and Eighteen Others v. France	第2条、第3条、第8条2、第13条、第14条、第25条、第1議定書第1条	1995/12/4	フランス核実験再開に関する大統領決定が条約に違反するとの申立について、違反が現に生じて初めて違反を審査でき、申立人に個別の影響を生じさせる違反の可能性を合理的で確信的証拠が示す場合に限って、将来の違反について例外的に違反の発生前に申立人が主張でき、単なるリスクの存在だけでは違反の申立には十分ではないとして、受理しなかった。	Application No. 28204/95

付託先	事件名	主な適用条	判決・意見期日	環境に関連する判決・意見部分の要旨	備考
ヨーロッパ人権裁判所（大法廷）	Guerra and others v. Italy	第2条、第8条、第10条	1998/2/19	化学工場の近くに住む住民が、工場の操業から生じる汚染と大規模事故のリスクを低減する実際上の措置を欠いていることが第2条に違反し、リスクと大規模事故の際の手続について公衆に知らせていないことが第10条に違反すると申し立てた。第10条2は、情報の受領を国が制限することを禁ずるもので、情報を収集し普及する積極的義務を締約国に課すものではなく、第10条に違反しないとした。第8条に従って、国は、私生活・家族生活への干渉を差し控えるだけでなく、私生活・家族生活を尊重する積極的義務があるとし、第8条違反を認定した。	Application No. 14967/89
ヨーロッパ人権裁判所	LCB v. United Kingdom	第2条、第3条、第8条、第13条	1998/6/9	1952～1967年の英国の核実験に従事した父親の放射線への曝露の程度と申立人の健康へのリスクを国が両親に警告せず、観察しなかったことが第2条に違反するとの申立について、曝露の水準などの不確実性に照らして、父親の放射線への曝露がその健康に現実のリスクを生じさせる可能性がある（likely）と思われる場合にのみ、両親に警告し、申立人の健康を観察することが締約国に求められうるとして、第2条違反を認めなかった。	Application No. 23413/94
ヨーロッパ人権裁判所	McGinley and Egan v. United Kingdom	第6条、第8条	1998/6/9	1952～1967年の英国の核実験に従事した軍人が放射線への曝露の影響を警告されなかったこと、放射線レベル等に関する情報へのアクセスを拒否されたことについて、ヨーロッパ人権委員会は第6条1違反と認定した。裁判所は、個人の放射線への曝露の程度を示す記録がなく、情報を開示する別の手続があるが申立人は利用しなかったとして第6条1違反を認めなかった。裁判所はまた、第8条にしたがって私生活・家族生活の尊重のための措置をとる積極的義務があり、第8条は、政府が健康への潜在的悪影響を有する危険活動を行っている場合、活動に関わる人があらゆる適当な関連情報を求めることができる利用可能で効果的な手続を設置することを求めているとしたが、申立人は情報開示の手続があるのに利用しなかったとして、第8条違反を認めなかった。反対意見は、記録収集と情報の開示を権利行使の基礎として認め、第6条、第8条に違反するとした。	Application Nos. 21825/93; 23414/94
ヨーロッパ人権委員会	Khatun and 180 Others v. United Kingdom	第8条	1998/7/1	地域再開発の建設工事に伴う大量の粉塵による汚染が第8条違反であるとの申立について、共同体の一般利益と個人の基本的権利の保護の義務との間の公正な均衡があるかが考慮されなければならないが、国は一定の評価の余地を有し、相当の不便は生じていても健康被害は主張されておらず、公益の重大性と粉塵による被害の程度に照らして公正均衡となっていないとはいえないとして、申立を認めなかった。	Application No. 38387/97
ヨーロッパ人権裁判所（大法廷）	Coster v. United Kingdom	第8条、第14条、第1議定書1条	2001/1/18	所有する土地に事前の許可なくキャラバンを設置し罰金刑を受けたことなどの条約違反の申立について、措置は法令に従ったもので、環境保全を通じて他の者の権利を保護する正当な目的をもつとして条約違反を認めなかった。	Application No. 24876/94
ヨーロッパ人権裁判所（小法廷）	Hatton and others v. United Kingdom	第8条、第13条	2001/10/2	ヒースロー空港の午前4時から7時の間の騒音の第8条違反の申立について、裁判所は、締約国の評価の余地を認めつつも、夜間発着便の増便による干渉の程度を真剣に評価せず、人権への影響を最小限にするよう努力せず、権利の干渉と経済的利益の均衡をとることができなかったとして、第8条違反を認めた。第13条違反も認定した。	Application No. 36022/97
ヨーロッパ人権裁判所（大法廷）	Hatton and others v. United Kingdom	第8条、第13条	2003/7/8	上記事件の大法廷判決。条約は清浄で静謐な環境への権利を明文上定めていないが、騒音その他の汚染により直接かつ重大な影響を受ける場合第8条のもとで問題が生じる可能性があるとしたが、締約国の裁量の余地は広く、私生活の尊重という個人の権利と社会の経済的利益との間に公正な均衡を欠くものでなく、評価の余地の範囲内だとして、第8条違反を認めなかった。第13条違反は認定した。	Application No. 36022/97

付託先	事件名	主な適用条	判決・意見期日	環境に関連する判決・意見部分の要旨	備考
ヨーロッパ人権裁判所（小法廷）	Öneryildiz and others v. Turkey	第2条	2002/6/18	廃棄物処分場におけるメタンガス爆発により家族を失い、財産を破壊されたことについて、近隣住民がトルコの条約違反を申し立てた。裁判所は、第2条1は、国が恣意的に生命を奪うことを禁じるだけでなく、その管轄内にある人の生命を保護するために適切な措置をとる積極的義務を課しているとし、申立人の身体と生命に「現実のかつ差し迫ったリスク(a real and immediate risk)」があることを了知していたか了知していたはずだったにもかかわらず、その権限内で合理的に期待しうるリスク回避措置をとることができず、申立人が自身とその家族にとってのリスクを評価できただろうリスク情報を知らせる義務を遵守しなかったとして、第2条違反を認めた。	Application No. 48939/99
ヨーロッパ人権裁判所（大法廷）	Öneryildiz and others v. Turkey	第2条	2004/11/30	上記事件の大法廷判決。トルコが、廃棄物処分場近くに住む多数の人に「現実のかつ差し迫ったリスク(a real and immediate risk)」があることを了知していたか了知していたはずだったとして、第2条に従ってこれらの個人の保護に必要かつ十分な防止措置をとる積極的義務を有すると判じ、生命を保護するための立法上、行政上の枠組みが不十分であったことなどから第2条違反であるとした。また、これらの防止措置の中でも知る権利に特別の重要性を置くべきとした。	Application No. 48939/99
ヨーロッパ人権裁判所	Taşkin and others v. Turkey	第6条1、第8条	2004/11/10	金鉱山の操業が環境と住民の健康に悪影響を及ぼし、条約違反であることの審理について、最高行政裁判所の許可取消判決にもかかわらず、閣議が非公開の決定で問題の活動の継続を許可して手続的保障を意味のないものにしたとして第8条違反を認めた。環境権をめぐる争いが第6条1の「民事上の権利」をめぐる争いであると認定し、行政裁判所の判決に行政府が従わなかったことを第6条1違反とした。	Application No. 46117/99
ヨーロッパ人権裁判所	Fedeyeva and others v. Russia	第8条	2005/6/9	製鉄所からの有害物質の排出による都市の大気汚染について、国内法の基準を超える汚染が生じていることも考慮し、私生活の尊重という個人の権利と社会の経済的利益との間に公正な均衡を欠くとして、第8条違反を認めた。	Application No. 55723/00
ヨーロッパ人権裁判所	Budayeva and others v. Russia	第2条	2008/3/20	地滑りにより申立人の生命を脅かされ、家族を失ったことについて、国が地滑りを受けやすい地域で土地計画や緊急支援政策を実施せずその結果住民を死亡リスクにさらしたことで第2条に基づく実体的義務に違反し、何ら事故の調査をしなかったことで手続的義務に違反したとした。また、第2条に基づく防止措置をとる国の積極的義務について、不可能または不相応な負担が課されてはならず、こうした考慮は、気象事象に関する緊急救援の分野では人が行う危険な活動よりも一層大きな比重が置かれなければならないとし、国の義務の範囲は脅威の原因とリスクの緩和が可能な程度によるとした。	Applications Nos. 15339/02, 21166/02, 20058/02, 11673/02, 15343/02,
ヨーロッパ人権裁判所	Tatar and others v. Romania	第8条	2009/1/27	シアン化合物で汚染された10万立法メートルの廃水が環境中に放出された事故で、金採掘会社が使用する技術工程が住民の生命を脅かし、国が何らの措置もとらなかったことが条約違反であるとの申立について、シアン化ナトリウムと喘息の因果関係は証明されなかったが、予防原則を想起し、申立人の健康や福祉に深刻かつ具体的なリスクがあり、操業許可の付与の際も事故後も、国は生じうるリスクを十分に評価し、適当な措置をとることができなかったとして第8条違反を認定した。操業許可の根拠となった影響評価の結果などへの公衆のアクセスを確保すべきで、環境に関する決定に参加する公衆の構成員の権利を保障する義務があるとした。	Application No. 67021/01

付託先	事件名	主な適用条	判決・意見期日	環境に関連する判決・意見部分の要旨	備考
ヨーロッパ人権裁判所	Leon and Agnieszak Kania v. Poland	第6条1、第8条	2009/7/21	近隣の手工業協同組合の操業による長年の騒音と汚染について、清浄で静謐な環境について条約に権利の明示の規定がなくても、騒音その他の汚染が国により直接発生しているか、民間部門の活動を規制できずに国の責任が生じているのにかかわらず、環境事件に第8条が適用されるとしたが、この事件では騒音レベルが重大であると証明されなかったとして第8条違反を認めなかった。	Application No 12605/03
ヨーロッパ人権裁判所	Dubetska and others v. Ukraine	第8条	2011/2/10	国有の炭鉱と石炭加工工場からの長年の環境汚染について、長年にわたって申立人を移住させたり環境リスクに対処する政策を設けることができなかったので、関係個人の権利と社会全体の間の公正な均衡を欠くとして第8条2に違反するとした。	Application No. 30499/03
ヨーロッパ人権裁判所	Flamenbaum and others v. France	第8条、第1議定書第1条	2013/1/13	ドーヴィル空港の滑走路拡張に伴う騒音について、多数の詳細な影響評価手続が公衆の参加で行われており、利害のある公衆に救済と補償のために合理的な裁判を受ける権利が保障されていたとして、国は個人の利益を尊重しなければならないが、その義務を遵守する方法と手段を選択することができ、とられた措置を考慮すると、地域住民と地域の経済的福祉の間の競合する利益の間の公正な均衡があるとして第8条の違反はないとした。	Applications Nos. 3675/04, 23264/04
欧州社会憲章社会権委員会	Marangopoulos Foundation for Human Rights (MFHR) v. Greece	第2条、第3条、第11条	2006/12/6	亜炭を使用した火力発電により環境に悪影響を及ぼしたことによる第2条、第3条、第11条の不遵守の主張について、第11条は、健全な環境への権利を含むと解釈した。エネルギー自給や経済発展などの正当な目的があり、汚染対策は漸進的にのみ達成しうるが、政府の措置は明らかに不十分で、住民の利益と社会の利益の間の合理的な均衡を欠いているとし、第11条違反とした。第3条2と第2条4の違反も認定した。	Complaint No. 30/2005
米州人権委員会	Yanomami case	第1条、第8条、第11条	1985/3/5	人権NGOがブラジル政府による高速道路の建設などによってヤノマミ・インディオが居住する地域の環境とインディオの健康を破壊したと申し立てた。政府が時宜に適った効果的な措置をとることができなかったとして、米州人権宣言第1条、第8条、第11条の違反を認定した。	Res. No. 12/85 Case 7615
米州人権裁判所	Mayagna (Sumo) Awas Tingni Community v. Nicaragua	第1条1、第2条、第21条、第25条	2001/8/31	アワス・ティングニ共同体に属する土地を画定せず、その土地と天然資源に対する財産権を保障する措置をとらなかったこと、共同体の同意なしに土地の開発を許可したことなどを、米州人権条約第1条1、第2条、第21条、第25条の違反と認定した。第21条の財産権は共同体財産の枠内における共同体構成員の権利も含むと解釈した。	Inter-Am. Ct.H.R., (Ser. C) No.79 (2001)
	Moiwana Community v. Suriname	第1条1、第5条1、第21条	2005/6/15	1986年に政府軍によりモイワナの村民が虐殺され、村が破壊され、生き残った村民も村に帰還できず、事件の調査解明もなされないことなどが条約違反であるとの申立について、死者の弔いや伝統的な土地への帰還ができないことで、共同体構成員は重大な感情的、心理的、精神的および経済的困難を被っており、米州人権条約第5条違反と認定した。先住人民の共同体の場合、土地に対する公式な権原がなくても、長期にわたる土地の所有だけで、共同体による所有を公式に承認するに十分だが、モイワナの共同体は先住人民ではないが、その伝統的な土地との関係性に照らして、先住人民の場合と同じように適用できるとし、第21条違反を認定した。	Inter-Am. Ct.H.R., (Ser. C) No.124 (2005)

付託先	事件名	主な適用条	判決・意見期日	環境に関連する判決・意見部分の要旨	備考
	Yakye Axa Indigenous Community v. Paraguay	第1条1、第4条、第21条等	2005/6/17	ヤクエ・アシャの先住人民による共同体の土地に対する請求に満足のいく解決が得られていないことが、共同体とその構成員の先祖代々の財産権を侵害し、米州人権条約第1条1、第4条、第21条などに違反するとの申立について、共同財産に対する先住人民の権利を保障するため、土地が口承や伝統、慣習、言語、技法、儀式、自然に関する知識や慣行などと密接に結びついており、次の世代に伝えることなどを考慮して、伝統的な土地を共同体の構成員が効果的に使用し、享受することを確保するための必要な国内法上の措置をとらなかったとして、第21条違反を認定した。	Inter-Am. Ct.H.R., (Ser. C) No.125 (2005)
アフリカ人権委員会					
	The Social and Economic Rights Action Center and the Center for Ecinomic and Cocial Rights v. Nigeria（オゴニランド事件）	第2条、第4条、第14条、第16条、第18条1、第21条、第24条	2001/10/13-27	オゴニランドで石油開発を行ってきた国営石油会社と多国籍企業シェル石油開発会社の共同企業体が、有害廃棄物の投棄などにより環境汚染を生じさせ、住民の健康に重大な影響を与えたことがアフリカ人権憲章違反であるとの申立について、第24条は、汚染と生態系の悪化を防止し、保全を促進し、生態学的に持続可能な発展と天然資源の利用を確保するために合理的な措置をとることを国に求めているとし、第12条などとともに、市民の健康および環境を直接脅かさず、個人の身体を侵害する慣行、政策または法的措置を許容しないことを政府に対して義務づけているとし、第2条、第4条、第14条、第16条、第18条1、第21条、第24条の違反を認定した。	Communication No. 155/96 (2001)

④主要な多数国間環境条約実施のための国内法

条約	文書番号	実施のための日本の主要な国内法
国連海洋法条約	2-1	海洋基本法(平成19年法律第33号)、海洋汚染等及び海上災害の防止に関する法律(海防法)(昭和45年法律第136号)、漁業法(昭和24年法律第267号)、排他的経済水域及び大陸棚に関する法律(平成8年法律第74号)、排他的経済水域における漁業等に関する主権的権利の行使等に関する法律(平成8年法律第76号)、海上保安庁法(昭和23年法律第28号)
海洋油濁防止条約 MARPOL条約 MARPOL条約78年議定書	2-5 2-6 2-7	海防法(昭和45年法律第136号)
ロンドン投棄条約 ロンドン投棄条約議定書	2-8 2-9	海防法(昭和45年法律第136号)
OPRC条約	2-12	海防法(昭和45年法律第136号)
南極条約環境保護議定書 その附属書Ⅰ～Ⅴ	3-4	南極地域の環境の保護に関する法律(南極法)(平成9年法律第61号)
ラムサール条約	5-1	鳥獣の保護及び狩猟の適正化に関する法律(鳥獣保護法)(平成14年法律第88号)、自然公園法(昭和32年法律第161号)、文化財保護法(昭和25年法律第214号)
ワシントン条約(CITES)	5-2	外国為替及び外国貿易法(外為法)(昭和24年法律第228号)、漁業法(昭和24年法律第267号)、関税法(昭和29年法律第61号)、絶滅のおそれのある野生動植物の種の保存に関する法律(種の保存法)(平成4年法律第75号)
生物多様性条約	5-4	生物多様性基本法(平成20年法律第58号)、自然環境保全法(昭和47年法律第85号)、自然公園法(昭和32年法律第161号)、鳥獣保護法(平成14年法律第88号)、種の保存法(平成4年法律第75号)、森林法(昭和26年第249号)、特定外来生物による生態系等に係る被害の防止に関する法律(外来生物法)(平成16年法律第78号)
カルタヘナ議定書	5-4-1	遺伝子組換え生物等の使用等の規制による生物の多様性の確保に関する法律(カルタヘナ法)(平成15年法律第97号)
オゾン層保護条約 モントリオール議定書	6-1 6-1-1	特定物質の規制等によるオゾン層の保護に関する法律(オゾン層保護法)(平成63年法律第53号)、外為法(昭和24年法律第228号)、特定製品に係るフロン類の回収及び破壊の実施の確保等に関する法律(フロン回収・破壊法)(平成13年法律第64号)
気候変動枠組条約 京都議定書	6-2 6-2-1	地球温暖化対策の推進に関する法(温対法)(平成10年法律第117号)
バーゼル条約	7-1	特定有害廃棄物等の輸出入等の規制に関する法律(バーゼル法)(平成4年法律第108号)、廃棄物の処理及び清掃に関する法律(廃掃法)(昭和45年法律第137号)、外為法(昭和24年法律第228号)
ロッテルダム条約(PIC条約)	7-2	輸出貿易管理令(昭和24年政令第378号)
ストックホルム条約(POPs条約)	7-3	化学物質の審査及び製造等の規制に関する法律(化審法)(昭和48年法律第117号)、農薬取締法(昭和23年法律第82号)、バーゼル法(平成4年法律第108号)、ダイオキシン類対策特別措置法(平成11年法律第105号)、廃掃法(昭和45年法律第137号)、ポリ塩化ビフェニル廃棄物の適正な処理に関する特別措置法(PCB特別措置法)(平成13年法律第65号)、外為法(昭和24年法律第228号)、輸出貿易管理令(昭和24年政令第378号)、輸入貿易管理令(昭和24年政令第404号)
原子力安全条約	8-2	核原料物質、核燃料物質及び原子炉の規制に関する法律(原子炉等規制法)(昭和32年法律第166号)、電気事業法(昭和39年法律第170号)、災害対策基本法(昭和36年法律第223号)、原子力災害対策特別措置法(平成11年法律第156号)、放射性同位元素等による放射線障害の防止に関する法律(放射線障害防止法)(昭和32年6月10日法律第167号)、環境影響評価法(平成9年法律第81号)、原子力規制委員会設置法(平成24年6月27日法律第47号)
放射性廃棄物等安全条約	8-3	原子炉等規制法(昭和32年法律第166号)、電気事業法(昭和39年法律第170号)、災害対策基本法(昭和36年法律第223号)、原子力災害対策特別措置法(平成11年法律第156号)、放射性同位元素等による放射線障害の防止に関する法律(放射線障害防止法)(昭和32年法律第167号)、放射線防止の技術的基準に関する法律(昭和33年法律第162号)、特定放射性廃棄物の最終処分に関する法律(平成12年法律第117号)
1992年油汚染損害民事責任条約 1992年油汚染損害補償国際基金設立条約 1992年油汚染損害補償国際基金設立条約の2003年議定書	10-3 10-4 10-5	船舶油濁損害賠償保障法(昭和50年法律第95号)
対人地雷禁止条約	13-4	対人地雷の製造の禁止及び所持の規制等に関する法律(平成10年法律第116号)

条約	文書番号	実施のための日本の主要な国内法
生物兵器禁止条約	13-7	細菌兵器(生物兵器)及び毒素兵器の開発、生産及び貯蔵の禁止並びに廃棄に関する条約等の実施に関する法律(昭和57年法律第61号)
化学兵器禁止条約	13-8	化学兵器の禁止及び特定物質の規制等に関する法律(化学兵器禁止法)(平成7年法律第65号)
1977年第1追加議定書	13-14	国際人道法の重大な違反行為の処罰に関する法律(平成16年法律第115号)
ハーグ文化財保護条約 文化財保護第2議定書	13-16 13-16-2	武力紛争の際の文化財の保護に関する法律(平成19年法律第32号)
国際刑事裁判所規程	13-19	国際刑事裁判所に対する協力等に関する法律(国際刑事裁判所協力法)(平成19年法律第37号)

＊この表に記載した条約を実施するための国内法は多岐にわたる。この表では、環境関連の主だった国内法を掲載しており、実施に関連するすべての国内法を掲載したものではない。砂漠化対処条約のように条約実施のための特定の国内法がないものもある。

⑤-1 1992年CLC・1992年FC・2003年議定書に基づくタンカー油汚染損害賠償制度

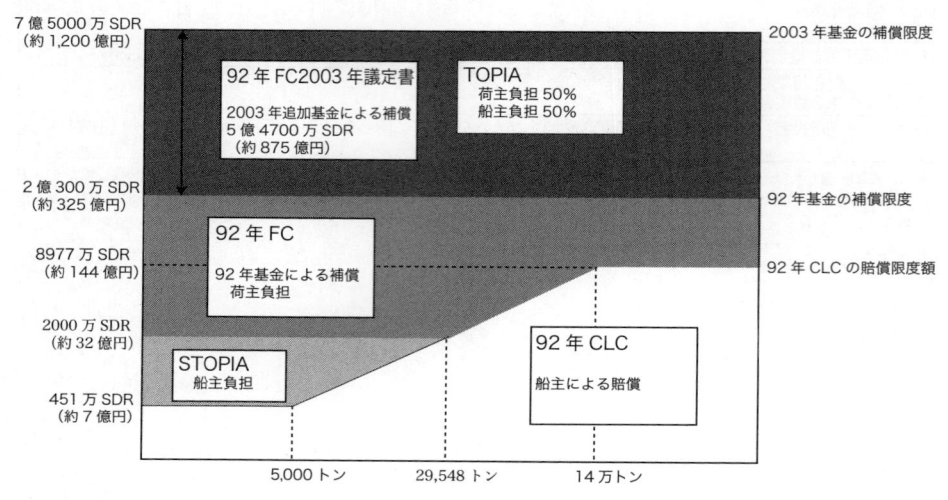

```
7億5000万SDR                                               2003年基金の補償限度
(約1,200億円)
              ┌──────────────┬──────────┐
              │ 92年FC2003年議定書 │ TOPIA    │
              │              │ 荷主負担50% │
              │ 2003年追加基金による補償│ 船主負担50% │
              │ 5億4700万SDR      │          │
              │ (約875億円)        │          │
2億300万SDR                                                92年基金の補償限度
(約325億円)
              ┌──────────────┐
              │ 92年FC         │
8977万SDR      │              │                          92年CLCの賠償限度額
(約144億円)    │ 92年基金による補償│
              │ 荷主負担       │
2000万SDR      │              │    ┌──────────┐
(約32億円)     ┌────┐          │    │ 92年CLC  │
             │STOPIA│         │    │          │
             │船主負担│         │    │ 船主による賠償│
451万SDR      │    │         │    │          │
(約7億円)
              5,000トン    29,548トン    14万トン
```

1SDR＝160円として計算

※2003年議定書採択後、船主側と荷主側は協議して次のように合意した。
　STOPIA　2000万SDRと92年CLCの船主賠償額との差額を船主が自主的に負担する。
　TOPIA　2003年追加基金の補償額の50％を船主が負担する。
　国土交通省ホームページ(海事関係報道発表資料)及びJX日鉱日石エネルギーホームページ(石油便覧)を参照して作成

⑤-2 日本の原子力損害賠償制度

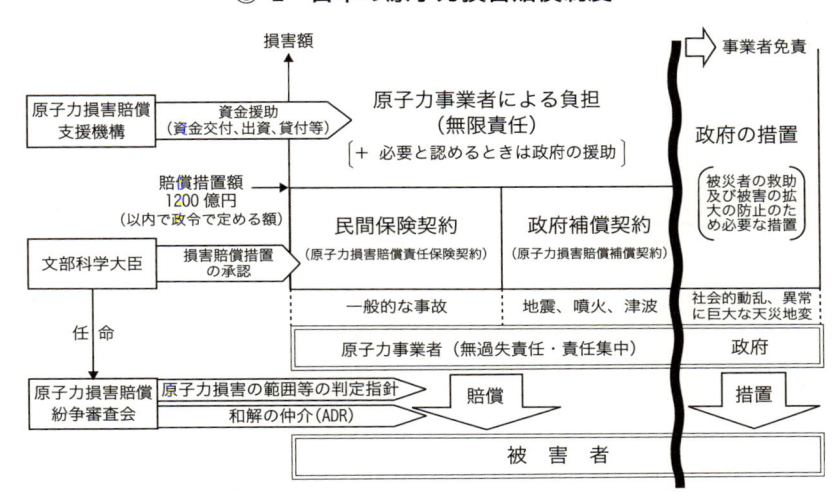

		原子力事業者による負担（無限責任）〔＋ 必要と認めるときは政府の援助〕		事業者免責
原子力損害賠償支援機構	資金援助（資金交付、出資、貸付等）			政府の措置（被災者の救助及び被害の拡大の防止のため必要な措置）
	賠償措置額 1200億円（以内で政令で定める額）	民間保険契約（原子力損害賠償責任保険契約）	政府補償契約（原子力損害賠償補償契約）	
文部科学大臣	損害賠償措置の承認	一般的な事故	地震、噴火、津波	社会的動乱、異常に巨大な天災地変
任命		原子力事業者（無過失責任・責任集中）		政府
原子力損害賠償紛争審査会	原子力損害の範囲等の判定指針 / 和解の仲介（ADR）	賠償 ⇩		措置 ⇩
		被　害　者		

文部科学省のホームページより引用
http://www.mext.go.jp/a_menu/genshi-baisho/gaiyou/index.htm（2014年1月7日現在）

⑥ 主要環境条約締約国一覧

文書番号	条約名(略称)	アイスランド	アイルランド	アンドラ	イギリス	イタリア	オーストリア	オランダ	ギリシア	サンマリノ	スイス	スウェーデン	スペイン	デンマーク	ドイツ	ノルウェー	バチカン	フィンランド	フランス	ベルギー	ポルトガル
												西ヨーロッパ [25国+EC]									
2-1	国連海洋法条約	○	○		○	○	○	○	○		○	○	○	○	○	○		○	○	○	○
2-7	MARPOL条約78年議定書 Annex I/II	○	○		○	○	○	○	○		○	○	○	○	○	○		○	○	○	○
	MARPOL条約78年議定書 Annex III	○	○		○	○	○	○	○		○	○	○	○	○	○		○	○	○	○
	MARPOL条約78年議定書 Annex IV	○	○		○	○	○	○	○		○	○	○	○	○	○		○	○	○	○
	MARPOL条約78年議定書 Annex V	○	○		○	○	○	○	○		○	○	○	○	○	○		○	○	○	○
	MARPOL条約97年議定書 Annex VI	○	○		○	○	○	○	○		○	○	○	○	○	○		○	○	○	○
2-8	ロンドン投棄条約	○	○		○	○		○	○		○	○	○	○	○	○		○	○	○	○
2-9	ロンドン投棄条約議定書	○	○		○	○		○			○	○	○	○	○	○		○	○	○	
2-10/2-11	公海措置条約・公海措置条約議定書	○	◎		◎	○	◎		○			◎		◎	○	◎		○	○	○	○
2-12	油汚染準備対応協力条約(OPRC条約)	○	○		○	○		○	○			○	○	○	○	○		○	○	○	○
2-13	船舶有害防汚方法規制条約(AFS条約)	○	○		○			○	○		○	○	○	○	○	○		○	○	○	○
2-15	国際捕鯨取締条約	○	○		○	○	○	○		○	○	○	○	○	○	○		○	○	○	○
2-16	コンプライアンス協定											○									
2-17	国連公海漁業実施協定	○	○		○	○	○	○	○			○	○	○	○	○		○	○	○	○
3-1/3-4	南極条約・南極条約環境保護議定書		◎		◎	◎	◎	◎	◎			◎	◎	◎	◎	◎		◎	◎	◎	
3-3	南極海洋生物資源保存条約				○	○		○	○			○	○		○	○		○	○	○	
5-3	ボン条約(CMS)		○		○	○	○	○	○		○	○	○	○	○	○		○	○	○	○
5-4/5-4-1	生物多様性条約・カルタヘナ議定書	○	◎		◎	◎	◎	◎	◎		◎	◎	◎	◎	◎	◎		◎	◎	◎	◎
5-10	2006年の国際熱帯木材協定		●		●	●	●	●	●			●	●	●	●	●		●	●	●	●
5-11	砂漠化対処条約	○	○		○	○	○	○	○		○	○	○	○	○	○		○	○	○	○
5-12	ユネスコ世界遺産条約	○	○		○	○	○	○	○		○	○	○	○	○	○		○	○	○	○
6-1/6-1-1	オゾン層保護条約・モントリオール議定書	B	B	B	B	B	B	B	B	B	B	B	B	B	B	B	B	B	B	B	B
6-2/6-2-1	気候変動枠組条約・京都議定書	◎	◎	○	◎	◎	◎	◎	◎		◎	◎	◎	◎	◎	◎		◎	◎	◎	◎
7-1/7-1-1	バーゼル条約・バーゼル改正	○	◎	◎	◎	◎	◎	◎	○		◎	◎	◎	◎	◎	◎		◎	◎	◎	◎
7-2	ロッテルダム条約(PIC条約)		○		○	○	○	○	○		○	○	○	○	○	○		○	○	○	○
7-3	ストックホルム条約(POPs条約)	○	○		○	○	○	○	○		○	○	○	○	○	○		○	○	○	○
8-1	IAEA憲章	○	○		○	○	○	○	○		○	○	○	○	○	○		○	○	○	○
8-2	原子力安全条約		○		○	○	○	○	○		○	○	○	○	○	○		○	○	○	○
8-7	原子力事故早期通報条約	○	○		○	○	○	○	○		○	○	○	○	○	○		○	○	○	○
8-8	原子力事故援助条約	○	○		○	○	○	○	○		○	○	○	○	○	○		○	○	○	○
10-3	1969年油汚染損害民事責任条約	d	d		d	d		d	d		d	d	d	d	d	d		d	d	d	d
	1992年油汚染損害民事責任条約	○	○		○	○		○	○		○	○	○	○	○	○		○	○	○	○
10-4	1992年油汚染損害補償国際基金設立条約	○	○		○	○		○	○		○	○	○	○	○	○		○	○	○	○
10-5	1992年油汚染損害補償国際基金設立条約の2003年議定書		○		○			○				○	○	○	○	○		○	○	○	○
10-9	1997年原子力損害民事責任条約(1997年ウィーン条約)																				
10-13	宇宙条約	○	○		○	○	○	○	○		○	○	○	○	○	○		○	○	○	○
10-14	宇宙物体損害責任条約		○		○	○	○	○	○		○	○	○	○	○	○		○	○	○	○
12-1	世界貿易機関協定(WTO協定)	○	○		○	○	○	○	○		○	○	○	○	○	○		○	○	○	○

⑥主要環境条約締約国一覧　839

	マルタ	モナコ	リヒテンシュタイン	ルクセンブルク	(フェロー諸島)	(EC・欧州連合)	アゼルバイジャン	アルバニア	アルメニア	ウクライナ	ウズベキスタン	エストニア	カザフスタン	キルギスタン	グルジア	クロアチア	スロバキア	スロベニア	タジキスタン	チェコ	トルクメニスタン	ハンガリー	ブルガリア	ベラルーシ	ボスニア・ヘルツェゴビナ	ポーランド	マケドニア	モルドバ	モンテネグロ	セルビア	ラトビア	リトアニア	ルーマニア	ロシア
	○	○		○		○		○	○	○		○				○	○	○		○		○		○		○				○	○	○	○	○
	○	○		○		○	○	○		○	○	○				○	○	○		○		○		○		○				○	○	○	○	○
	○	○		○		○		○		○		○				○	○	○		○		○		○		○				○	○	○	○	○
	○	○		○																														
	○	○		○						○		○			○					○		○		○		○				◎	○	○	○	
				○				◎				○			◎	○		◎		○		◎		○		◎		○		◎	○	○	○	◎
	○	○		○			○	○				○				○				○		○				○					○	○	○	
	○	○		○								○										○												
						○	○								○																			
	○	○		○					○			○				○				○													○	○
	○	◎						○		◎		○				○				○		○	○	○		○							◎	○
						○		○		○																								○
	○	○	○	○		○	○	○	○	○	○	○	○	○	○	○	○	○	○	○	○	○	○	○	○	○	○	○	○	○	○	○	○	○
	◎	◎	◎	◎		◎	◎	◎	◎	◎	◎	◎	◎	◎	◎	◎	◎	◎	◎	◎	◎	◎	◎	◎	◎	◎	◎	◎	◎	◎	◎	◎	◎	◎
	●			●			●		●			●					●	●		●		●	●		●					●	●		●	
	○	○		○			○	○	○	○	○	○	○	○	○	○	○	○	○	○	○	○	○	○	○	○	○	○	○	○	○	○	○	○
	○	○										○																						○
	B	B	B	B		B	B	B	B	B	B	M	B	B	B	B	B	B	B	B	B	B	B	B	B	B	B	B	B	B	B	B	B	B
	◎	◎	◎	◎		◎	◎	◎	◎	◎	◎	◎	◎	◎	◎	◎	◎	◎	◎	◎	◎	◎	◎	◎	◎	◎	◎	◎	◎	◎	◎	◎	◎	◎
	○	○	○	○		○	○	○	○	○	○	○	○	○	○	○	○	○	○	○	○	○	○	○	○	○	○	○	○	○	○	○	○	○
				○				○		○		○				○	○	○		○		○	○			○				○			○	○
				○				○		○						○	○	○		○		○	○			○							○	
	d	d		d	d		d			d		○	d		○	d		○		d						d		d	d	d				d
	○	○		○				○		○		○				○	○	○		○		○	○	○		○				○	○	○	○	○
	○	○		○				○		○		○				○	○	○		○		○	○	○		○					○	○	○	○
				○		○				○		○				○						○				○								
								○		○					○	○						○				○								
				○						○							○			○														
	○	○		○						○		○				○				○			○			○		○			○		○	○
	○	○		○					○	○			○		○	○												○						○

地域: 北アメリカ・カリブ海 [23国]

文書番号	条約名(略称)	アメリカ合衆国	アンチグア・バーブーダ	エルサルバドル	カナダ	キューバ	グアテマラ	グレナダ	コスタリカ	ジャマイカ	セントクリストファー・ネイビス	セントルシア	セントビンセント	ドミニカ共和国	ドミニカ国	トリニダード・トバゴ	ニカラグア	ハイチ	パナマ	バハマ	バルバドス
2-1	国連海洋法条約		○		○	○	○	○	○	○	○	○	○	○	○	○	○	○	○	○	○
2-7	MARPOL条約78年議定書 Annex I/II	○	○	○	○	○		○		○	○	○	○	○	○	○	○	○	○	○	○
	MARPOL条約78年議定書 Annex III	○	○	○	○			○		○	○	○	○	○	○	○		○	○	○	○
	MARPOL条約78年議定書 Annex IV	○	○		○					○	○	○	○	○	○			○	○	○	○
	MARPOL条約78年議定書 Annex V	○	○	○	○	○		○		○	○	○	○	○	○	○		○	○	○	○
	MARPOL条約97年議定書 Annex VI	○	○		○					○		○		○		○			○	○	○
2-8	ロンドン投棄条約	○			○					○		○		○					○	○	○
2-9	ロンドン投棄条約議定書		○		○					○										○	○
2-10/2-11	公海措置条約・公海措置条約議定書	◎			◎				◎	◎		◎	◎		◎		◎			◎	◎
2-12	油汚染準備対応協力条約(OPRC条約)	○			○					○				○					○		○
2-13	船舶有害防汚方法規制条約(AFS条約)	○	○		○														○		
2-15	国際捕鯨取締条約	○	○				○	○			○			○			○		○		
2-16	コンプライアンス協定	○		○						○											
2-17	国連公海漁業実施協定	○		○						○						○					
3-1/3-4	南極条約・南極条約環境保護議定書	◎			◎	◎	◎														
3-3	南極海洋生物資源保存条約	○															○				
5-3	ボン条約(CMS)		○		○		○		○												
5-4/5-4-1	生物多様性条約・カルタヘナ議定書		◎	◎	◎	◎	◎	◎	◎	◎	◎	◎	◎	◎	◎	◎	◎	◎	◎	◎	◎
5-10	2006年の国際熱帯木材協定	●			○		○		○							○			○		
5-11	砂漠化対処条約	○	○	○	○	○	○	○	○	○	○	○	○	○	○	○	○	○	○	○	○
5-12	ユネスコ世界遺産条約	○	○	○	○	○	○	○	○	○	○	○	○	○	○	○	○	○	○	○	○
6-1/6-1-1	オゾン層保護条約・モントリオール議定書	B	B	B	B	B	B	B	B	B	B	B	B	B	B	B	B	B	B	B	B
6-2/6-2-1	気候変動枠組条約・京都議定書	○	◎	◎	◎	◎	◎	◎	◎	◎	◎	◎	◎	◎	◎	◎	◎	◎	◎	◎	◎
7-1/7-1-1	バーゼル条約・バーゼル改正		○	○	○		○		○	○	○	○	○	◎	○	◎	○		○	◎	○
7-2	ロッテルダム条約(PIC条約)		○	○	○		○		○	○		○		○		○	○		○		○
7-3	ストックホルム条約(POPs条約)		○	○	○	○	○		○	○	○	○	○	○	○	○	○		○		○
8-1	IAEA憲章	○		○	○	○	○		○	○				○		○	○		○	A	
8-2	原子力安全条約	○			○																
8-7	原子力事故早期通報条約	○			○																
8-8	原子力事故援助条約	○			○																
10-3	1969年油汚染損害民事責任条約		d		d					d		d							d	d	d
	1992年油汚染損害民事責任条約		○		○		○			○		○		○		○			○	○	○
10-4	1992年油汚染損害補償国際基金設立条約		○		○					○						○			○		○
10-5	1992年油汚染損害補償国際基金設立条約の2003年議定書				○																○
10-9	1997年原子力損害民事責任条約(1997年ウィーン条約)					○				○				○							
10-13	宇宙条約	○	○	○	○			○				○								○	○
10-14	宇宙物体損害責任条約	○	○		○							○									○
12-1	世界貿易機関協定(WTO協定)	○	○	○	○	○	○	○	○	○	○	○	○	○	○	○	○	○	○		○

⑥主要環境条約締約国一覧

		南アメリカ[12国]												大洋州[16国]																
ベリーズ	ホンジュラス	メキシコ	アルゼンチン	ウルグアイ	エクアドル	ガイアナ	コロンビア	スリナム	チリ	パラグアイ	ブラジル	ベネズエラ	ペルー	ボリビア	オーストラリア	キリバス	クック諸島	ソロモン諸島	ツバル	トンガ	ナウル	ニウエ	西サモア	ニュージーランド	バヌアツ	パプアニューギニア	パラオ	フィジー	マーシャル諸島	ミクロネシア	アフガニスタン	アラブ首長国連邦	イエメン	イスラエル
○	○	○	○	○	○		○		○		○		○		○																	○		
○	○	○	○	○	○		○		○		○		○		○																	○	○	○
○		○													○																			
○		○													○																			
○		○	○	○											○																			
	○	○					○		○						○			○			○										○			○
		○	○					○							○						○												○	
		◎	○			○	○		○		◎		◎		◎				◎				○	○	◎			◎			○	○		◎
		○	○			○	○		○		○		○		○										○	○							○	○
		○					○		○						○																		○	
○		○					○		○						○																			○
○		○													○																			
○		○													○	○	○	○	○	○	○	○	○		○			○						
			◎	◎	◎		○		◎		◎	◎	◎		◎										◎			○						
		○	○						○			○			○										○									
	○	○	○				○		○				○		○																			
◎	◎	◎	◎	◎	◎	◎	◎	◎	◎	◎	◎	◎	◎	◎	◎	◎	◎	◎	◎	◎	◎	◎	◎	◎	◎	◎	◎	◎	◎	◎				
	○	○					○					●			●									●				○						
		○					○		○		○	○			○										○									
B	B	B	B	B	B	B	B	B	B	B	B	B	B	B	B	B	B	B	B	B	B	B	B	B	B	B	B	B	B	B	B	B	B	B
◎	◎	◎	◎	◎	◎	◎	◎	◎	◎	◎	◎	◎	◎	◎	◎	◎	◎	◎	◎	◎	◎	◎	◎	◎	◎	◎	◎	◎	◎	◎				
		○	◎	◎	○		○		○		◎	○	◎		○			◎						○										
		○	○				○		○		○		○		○							○			○									
○	○	○	○		○		○		○		○		○		○				A						○			○				○		
		○	○						○			○			○										○									
		○	○				○		○		○		○												○									○
		○	○				○		○		○		○		○										○									
d	○	d		○	○	d	○		○	d	○		d		d			d	d			d	d		d	d					○		d	
○		○			○		○						○		○	○		○	○			○			○	○								
○		○					○								○										○									
														○																				
		○	○				○		○		○																					○		
		○	○				○		○		○				○										○							○	○	
○	○	○					○		○		○		○		○							○			○									

第14章 資料編

文書番号	条約名(略称)	イラク	イラン	インド	インドネシア	オマーン	カタール	カンボジア	キプロス	クウェート	サウジアラビア	シリア	シンガポール	スリランカ	タイ	大韓民国	台湾(中華民国)	中華人民共和国	朝鮮民主主義人民共和国	トルコ	日本
2-1	国連海洋法条約	○	○	○	○	○		○	○	○	○		○	○	○	○		○	○		○
2-7	MARPOL条約78年議定書 Annex I/II		○	○	○	○	○	○	○	○	○	○	○	○	○	○		○	○	○	○
	MARPOL条約78年議定書 Annex III		○	○	○	○	○	○	○	○	○	○	○	○	○	○		○		○	○
	MARPOL条約78年議定書 Annex IV		○	○	○	○	○	○	○	○	○	○	○	○	○	○		○		○	○
	MARPOL条約78年議定書 Annex V		○	○	○	○	○	○	○	○	○	○	○	○	○	○		○		○	○
	MARPOL条約97年議定書 Annex VI		○	○	○	○	○	○	○		○	○	○		○	○		○		○	○
2-8	ロンドン投棄条約		○		○				○							○		○			○
2-9	ロンドン投棄条約議定書										○					○		○			○
2-10/2-11	公海措置条約・公海措置条約議定書	◎	○	○	◎	○		○		○		○		○				◎			○
2-12	油汚染準備対応協力条約(OPRC条約)		○	○	○	○						○	○		○	○		○		○	○
2-13	船舶有害防汚方法規制条約(AFS条約)		○						○			○	○			○		○		○	○
2-15	国際捕鯨取締条約		○		○	○										○		○			○
2-16	コンプライアンス協定																				
2-17	国連公海漁業実施協定		○	○	○								○			○					○
3-1/3-4	南極条約・南極条約環境保護議定書		○													◎		◎			◎
3-3	南極海洋生物資源保存条約		○													○		○			○
5-3	ボン条約(CMS)	○							○		○	○		○							
5-4/5-4-1	生物多様性条約・カルタヘナ議定書	○	◎	○	○	○	○	○	○	○	○	○	○	○	○	◎		◎	○	○	◎
5-10	2006年の国際熱帯木材協定		○	○				●								●		●			●
5-11	砂漠化対処条約	○	○	○	○	○	○	○	○	○	○	○	○	○	○	○		○	○	○	○
5-12	ユネスコ世界遺産条約	○	○	○	○	○	○	○	○	○	○	○	○	○	○	○		○	○	○	○
6-1/6-1-1	オゾン層保護条約・モントリオール議定書	B	B	B	B	B	B	B	B	C	B	B	B	B	B	B		B	B	B	B
6-2/6-2-1	気候変動枠組条約・京都議定書	◎	◎	◎	◎	◎	◎	◎	◎	◎	◎	◎	◎	◎	◎	◎		◎	◎	◎	◎
7-1/7-1-1	バーゼル条約・バーゼル改正	○	○	○	◎	○	○	○	◎	○	○	○	○	○	○	○		○		○	○
7-2	ロッテルダム条約(PIC条約)		○	○	○	○	○	○	○	○	○	○	○		○	○		○		○	○
7-3	ストックホルム条約(POPs条約)		○	○	○	○	○	○	○	○	○	○	○		○	○		○		○	○
8-1	IAEA憲章	○	○	○	○		○	○	○	○	○	○	○	○	○	○		○		○	○
8-2	原子力安全条約			○	○				○		○					○		○		○	○
8-7	原子力事故早期通報条約	○		○	○				○	○	○		○		○	○		○		○	○
8-8	原子力事故援助条約	○		○	○				○	○	○		○		○	○		○		○	○
10-3	1969年油汚染損害民事責任条約		○	d	○	d	○	d	○	○	○	d	○	d		○		d		○	d
	1992年油汚染損害民事責任条約		○	○	○	○	○		○	○	○		○	○		○		○		○	○
10-4	1992年油汚染損害補償国際基金設立条約			○		○	○		○				○	○		○				○	○
10-5	1992年油汚染損害補償国際基金設立条約の2003年議定書															○					○
10-9	1997年原子力損害民事責任条約(1997年ウィーン条約)									○											
10-13	宇宙条約	○		○	○		○		○	○	○	○	○	○	○	○		○	○	○	○
10-14	宇宙物体損害責任条約	○		○	○		○		○	○	○	○	○	○	○	○		○	○	○	○
12-1	世界貿易機関協定(WTO協定)			○	○	○	○	○	○	○	○		○	○	○	○	○	○		○	○

⑥主要環境条約締約国一覧

	アジア [43国]																			アフリカ [54国]															
	ネパール	パキスタン	バーレーン	バングラデシュ	東チモール	フィリピン	ブータン	ブルネイ	ベトナム	マレーシア	ミャンマー	モルジブ	モンゴル	ヨルダン	ラオス	レバノン	(パレスチナ)	(香港)	(マカオ)	アルジェリア	アンゴラ	ウガンダ	エジプト	エチオピア	エリトリア	ガーナ	カーボベルデ	ガボン	カメルーン	ガンビア	ギニア	ギニアビサオ	ケニア	コートジボワール	コモロ
	○	○	○	○		○		○	○	○	○	○	○	○						○	○	○	○			○	○	○	○	○	○	○	○	○	○
		○	○		○	○		○	○	○	○		○	○		○		○	○	○			○			○		○	○				○	○	
		○		○					○				○	○		○				○			○			○		○	○				○		
		○		○					○				○							○			○			○		○	○				○		
		○		○								○											○												
		○				○						○			○					○			○				○		○				○		○
					○																○		○												
	◎	○									○			○		○	◎	◎	◎	○		◎			○			○	○				○		
	○	○							○		○		○	○	○	○			○	○			○			○		○	○						○
										○					○	○			○				○			○							○		
													○		○								○			○	○		○	○	○		○		
				○						○												○		○		○	○				○		○		
		○								○																									
	◎							○																											
	○																																		
	○			○		○							○	○						○	○	○	○	○	○	○									
○	◎	◎	○		◎	○	○	◎	○	◎	○	○	○	○	○				◎	◎	○	◎	○	○	◎	○	○	◎	◎	○	◎	◎	○	◎
		○			○			○													○				○		○	○				○		
	○	○	○		○			○	○	○			○	○	○	○				○			○			○		○	○				○		
	○	○	○				○			○			○	○		○	○			○			○			○			○				○		
B	B	B	B	B	B	B	B	B	B	B	B	B							B	B	B	B	B	B	B	B	B	B	B	B	B	B	B	B
◎	◎	◎	◎		◎	◎	◎	◎	◎	◎	◎	◎							◎	◎	◎	◎	◎	◎	◎	◎	◎	◎	◎	◎	◎	◎	◎	◎
○	○	◎	○		○		○	◎	○	◎		○				○			○			◎			○		○	○				○	○	
○	○				○			○				○	○						○			○			○			○				○		
○	○				○			○				○	○						○			○			○			○				○		
○	○				○		A	○	○			○	○						○		○	○	○		○		A	○				○		
			○							○		○								○							○							
	○		○		○			○	○			○	○	○					○		○				○							○	○	
			○		○			○	○			○	○						○		○				○							○		
	d		○		d		d	○	○			○		d	○			d	○			○			d	d	○			d	○			
	○		○		○			○	○	○		○		○		○			○			○			○			○				○	○	
			○					○				○	○	○					○		○				○							○		
								○											○			○				○						○		
○		○				○			○			○							○		○								○	○				
	○										○			○	○							○	○		○			○						
○	○	○			○			○	○	○			○	○			○	○	○	○	○	○	○	○	○	○	○	○	○	○	○	○	○	○

文書番号	条約名(略称)	コンゴ	コンゴ民主共和国	サントメ・プリンシペ	ザンビア	シエラレオネ	ジブチ	ジンバブエ	スーダン	スワジランド	セイシェル	赤道ギニア	セネガル	ソマリア	タンザニア	チャド	中央アフリカ	チュニジア	トーゴ	ナイジェリア	ナミビア
2-1	国連海洋法条約	○	○	○	○	○	○	○	○	○	○	○	○	○	○	○	○	○	○	○	○
2-7	MARPOL条約78年議定書 Annex I/II	○		○		○	○				○		○		○			○		○	○
	MARPOL条約78年議定書 Annex III	○		○		○					○		○		○			○		○	○
	MARPOL条約78年議定書 Annex IV	○		○		○					○		○		○			○		○	○
	MARPOL条約78年議定書 Annex V	○		○		○					○		○		○			○		○	○
	MARPOL条約97年議定書 Annex VI																				
2-8	ロンドン投棄条約		○			○					○		○							○	
2-9	ロンドン投棄条約議定書					○														○	
2-10/2-11	公海措置条約・公海措置条約議定書						○				○		○		◎		◎			◎	◎
2-12	油汚染準備対応協力条約(OPRC条約)	○				○	○				○		○		○			○		○	
2-13	船舶有害防汚方法規制条約(AFS条約)					○												○			
2-15	国際捕鯨取締条約	○									○		○					○			
2-16	コンプライアンス協定										○										○
2-17	国連公海漁業実施協定										○		○								
3-1/3-4	南極条約・南極条約環境保護議定書																				
3-3	南極海洋生物資源保存条約																				○
5-3	ボン条約(CMS)	○	○	○			○	○		○		○		○		○		○	○	○	
5-4/5-4-1	生物多様性条約・カルタヘナ議定書	◎	◎	○	◎	○	◎	◎	◎	◎	◎	◎	◎	○	◎	◎	◎	◎	◎	◎	◎
5-10	2006年の国際熱帯木材協定	○	○															○			
5-11	砂漠化対処条約	○	○	○	○	○	○	○	○	○	○	○	○	○	○	○	○	○	○	○	○
5-12	ユネスコ世界遺産条約	○	○	○	○	○	○	○	○	○	○	○	○	○	○	○	○	○	○	○	○
6-1/6-1-1	オゾン層保護条約・モントリオール議定書	B	B	B	B	B	B	B	B	B	B	B	B	B	B	B	B	B	B	B	B
6-2/6-2-1	気候変動枠組条約・京都議定書	◎	◎	◎	◎	◎	◎	◎	◎	◎	◎	◎	◎	◎	◎	◎	◎	◎	◎	◎	◎
7-1/7-1-1	バーゼル条約・バーゼル改正	○	○		○		○		○		○	○	○	○	○		○	◎	○	○	○
7-2	ロッテルダム条約(PIC条約)	○	○		○	○	○		○		○	○	○		○		○	○	○	○	○
7-3	ストックホルム条約(POPs条約)	○	○	○	○	○	○	○	○		○	○	○		○	○	○	○	○	○	○
8-1	IAEA憲章	○	○			○							○							○	
8-2	原子力安全条約																				
8-7	原子力事故早期通報条約										○							○		○	
8-8	原子力事故援助条約										○							○		○	
10-3	1969年油汚染損害民事責任条約			○		d	d			d	○	○						d		d	
	1992年油汚染損害民事責任条約	○				○	○				○		○					○		○	○
10-4	1992年油汚染損害補償国際基金設立条約	○				○	○				○		○					○		○	○
10-5	1992年油汚染損害補償国際基金設立条約の2003年議定書																				
10-9	1997年原子力損害民事責任条約(1997年ウィーン条約)										○							○			
10-13	宇宙条約			○	○						○	○						○	○	○	
10-14	宇宙物体損害責任条約			○														○		○	
12-1	世界貿易機関協定(WTO協定)	○	○		○	○	○		○				○		○		○	○	○	○	○

⑥主要環境条約締約国一覧

	ニジェール	ブルキナファソ	ブルンジ	ベナン	ボツワナ	マダガスカル	マラウイ	マリ	南アフリカ	南スーダン	モザンビーク	モーリシャス	モーリタニア	モロッコ	リビア	リベリア	ルワンダ	レソト	その他	締約国数	備考
	○	○		○	○	○	○	○	○		○	○	○	○		○		○		165	※1
		○		○	○	○		○	○			○	○	○	○		○			152	※2
																				138	※2
																				131	※2
																				145	※2
																				75	※2
							○													87	※2
									○											43	
		○							◎		◎	◎	◎		◎					87/53	◎は議定書締約国。※2
		○					○				○	○	○							106	※2
														○						66	※2
		○					○	○			○									88	
				○							○	○								39	※1
				○				○	○		○				○					80	※1
									◎											50/35	◎は議定書締約国。
									○		○									35	※1
	○	○	○			○			○		○	○	○	○	○			○		118	※1
	◎	◎	◎	◎	◎	◎	◎	◎	◎		◎	◎	◎	◎	◎	◎	◎	◎		192/165	◎は議定書締約国。※1
		○				○		○			○				○					66	●は消費国。※1
	○	○	○	○	○	○	○	○	○		○	○	○	○	○	○	○	○		192	※1
	○	○	○	○	○	○	○	○	○		○	○	○	○	○	○	○	○		190	
	B	B	B	B	B	B	B	B	B		B	B	M	B	C	B	B	B		196/196	※1、3
	◎	◎	◎	◎	◎	◎	◎	◎	◎		◎	◎	◎	◎	◎	◎	◎	◎		194/191	◎は議定書締約国。※1
	○	○	○	○	○	○	○	○	○		○	○	○	○	○	○	○	○		179/75	◎は改正締約国。※1
	○	○	○	○	○	○	○	○	○		○	○	○	○		○	○	○		153	※1
	○	○	○	○	○	○	○	○	○		○	○	○	○	○	○	○	○		178	※1
																				160	AはIAEA総会で加盟は承認されたが、必要な法的文書を寄託した後加盟国となる。
									○						○				1	75	その他はEURATOM（締約国数に含まない。）
		○				○			○		○	○	○	○				○	4	113	その他はEURATOM、FAO、WHO、WMO（締約国数に含まない。）
					○	○			○		○	○	○	○				○	4	107	その他はEURATOM、FAO、WHO、WMO（締約国数に含まない。）
						○			d		d	d	d	d	○	d				35	dは脱退
						○			○		○	○	○	○						132	※2
						○			○			○								112	※2
														○						30	※2
○									○											39	
○					○				○											102	
															○				3	89	その他はEuropean Space Agency、EUMETSAT、EUTELSAT（締約国数に含まない。）
	○	○		○	○													○		158	※1

※1 EC・欧州連合は締約国数に含まない。
※2 フェロー諸島、香港、マカオは、IMO準加盟であり、締約国数に含まない。
※3 現在、オゾン層保護条約の全ての締約国が議定書の締約国である。改正の受諾については以下の通り。C：92年コペンハーゲン改正まで受諾（196国）、M：97年モントリオール改正まで受諾（194国）、B：99年北京改正まで受諾（192国）。

編集委員

松井　芳郎（まつい　よしろう）
富岡　　仁（とみおか　まさし）
田中　則夫（たなか　のりお）
薬師寺公夫（やくしじ　きみお）
坂元　茂樹（さかもと　しげき）
高村ゆかり（たかむら　ゆかり）
西村　智朗（にしむら　ともあき）

国際環境条約・資料集

2014年9月30日　初　版　第1刷発行　　　　　〔検印省略〕
　　　　　　　　　　　　　　　　　　　　　　＊定価はカバーに表示してあります。

編集委員 © 松井芳郎・富岡仁・田中則夫・薬師寺公夫・
　　　　　　坂元茂樹・高村ゆかり・西村智朗
発行者 下田勝司　　　　　　　　　　　　　　印刷・製本／中央精版印刷

東京都文京区向丘1-20-6　　郵便振替 00110-6-37828
〒113-0023　TEL (03)3818-5521　FAX (03)3818-5514　　発行所　株式会社 東信堂
Published by TOSHINDO PUBLISHING CO., LTD
1-20-6, Mukougaoka, Bunkyo-ku, Tokyo, 113-0023, Japan
E-mail : tk203444@fsinet.or.jp　http://www.toshindo-pub.com

ISBN978-4-7989-1255-4　C3032

東信堂

国際法新講〔上〕〔下〕	田畑茂二郎	二九〇〇円／二七〇〇円
ベーシック条約集 二〇一四年版	編集代表 田中・薬師寺・坂元	二六〇〇円
ハンディ条約集	編集代表 松井・薬師寺・坂元	一六〇〇円
国際環境条約・資料集	編集 松井・富岡・田中・薬師寺・坂元・高村・西村	八六〇〇円
国際人権条約・宣言集〔第3版〕	編集代表 松井芳郎	三八〇〇円
国際機構条約・資料集〔第2版〕	編集 松井・薬師寺・坂元・小畑・徳川	三三〇〇円
判例国際法〔第2版〕	編集代表 松井・薬師寺・香西・藤田・徳川	三八〇〇円
国際環境法の基本原則	松井芳郎	三八〇〇円
国際民事訴訟法・国際私法論集	高桑昭	六五〇〇円
国際機構法の研究	中村道	八六〇〇円
条約法の理論と実際	坂元茂樹	六五〇〇円
国際立法——国際法の法源論	村瀬信也	四二〇〇円
21世紀の国際法秩序——ポスト・ウェストファリアの展望	R・フォーク 川崎孝子訳	六八〇〇円
核兵器のない世界へ——理想への現実的アプローチ	W・ペネテェッチ編 坂・徳川編訳	三八〇〇円
軍縮問題入門〔第4版〕	N・レルナー 百合子訳	三五〇〇円
宗教と人権——国際法の視点から	黒澤満編著	二五〇〇円
ワークアウト国際人権法——人権を理解するために	黒澤満著	二三〇〇円
難民問題と『連帯』——EUのダブリン・システムと地域保護プログラム	中坂恵美子	二八〇〇円
難民問題のグローバル・ガバナンス	中山裕美	三二〇〇円
国際法から世界を見る——市民のための国際法入門〔第3版〕	松井芳郎	二八〇〇円
国際法〔第2版〕	浅田正彦編著	三六〇〇円
国際法学の地平——歴史、理論、実証	大沼淳司 寺谷広司編著	一二〇〇〇円
国際法と共に歩んだ六〇年——学者として裁判官として	小田滋	六八〇〇円
小田滋・回想の海洋法	小田滋	七六〇〇円
〔国際共生研究所叢書〕国際社会への日本教育の新次元	関根秀和編	一二〇〇円
国際関係入門——共生の観点から	黒澤満編	一八〇〇円
国際共生とは何か——平和で公正な社会へ	黒澤満編	二〇〇〇円

〒113-0023 東京都文京区向丘1-20-6
TEL 03-3818-5521 FAX 03-3818-5514 振替 00110-6-37828
Email tk203444@fsinet.or.jp URL:http://www.toshindo-pub.com/

※定価：表示価格（本体）＋税

長距離越境大気汚染条約 …………………… 432
長距離越境大気汚染条約の議定書共通の遵守手続 … 453
月その他の天体を含む宇宙空間の探査及び利用における国家活動を律する原則に関する条約…… 677
デンマーク、フィンランド、ノルウェー及びスウェーデンの間の環境保護に関する条約………… 39
ドーハ改正 ………………………………… 415
ドーハ宣言 ………………………………… 743
特定通常兵器使用禁止制限条約 …………… 768
特定通常兵器使用禁止制限条約議定書Ⅱ …… 770
特定通常兵器使用禁止制限条約議定書Ⅲ …… 774
特定通常兵器使用禁止制限条約議定書Ⅴ …… 808
特に水鳥の生息地として国際的に重要な湿地に関する条約……………………………………… 266

【ナ行】

名古屋議定書 ……………………………… 305
名古屋・クアラルンプール補足議定書 …… 303
南極条約 …………………………………… 210
南極あざらし保存条約 …………………… 212
南極海洋生物資源保存条約 ……………… 214
南極条約環境保護議定書 ………………… 219
南極のあざらしの保存に関する条約 …… 212
南極の海洋生物資源の保存に関する条約… 214
日米環境協力協定 ………………………… 56
日米原子力平和利用協力協定 …………… 560
日米原子力平和利用協力実施取極 ……… 566
日米渡り鳥条約 …………………………… 328
日・ベトナム原子力協定 ………………… 569
人間環境宣言 ……………………………… 6
人間居住宣言 ……………………………… 690
ヌーメア条約 ……………………………… 116

【ハ行】

ハーグ文化財保護条約 …………………… 802
ハーグ陸戦規則 …………………………… 793
バーゼル改正 ……………………………… 477
バーゼル条約 ……………………………… 466
バーゼル条約の改正 ……………………… 477
バーゼル損害賠償責任議定書 …………… 478
バイオセーフティに関するカルタヘナ議定書に基づく遵守に関する手続及び制度 ……………… 301
バイオセーフティに関するカルタヘナ議定書の責任及び救済に関する名古屋・クアラルンプール補足議定書 ……………………………… 303
廃棄物その他の物の投棄による海洋汚染の防止に関する条約……………………………… 136
爆発性の戦争残存物に関する議定書（議定書Ⅴ） … 808
ハビタット・アジェンダ―人間居住に関するイスタンブール宣言 …………………………… 690
バマコ条約 ………………………………… 523
バンジュール憲章 ………………………… 708
人及び人民の権利に関するアフリカ憲章… 708
部分的核実験禁止条約 …………………… 787
武力紛争時における環境の保護に関する軍事教範及び訓令のための指針 ……………… 765
武力紛争の際の文化財の保護に関する議定書 … 804
武力紛争の際の文化財の保護に関する条約 … 802
文化財保護議定書 ………………………… 804
文化財保護第2議定書 …………………… 805
紛争解決に係る規則及び手続に関する了解 … 744
紛争解決了解 ……………………………… 744

分布範囲が排他的経済水域の内外に存在する魚類資源（ストラドリング魚類資源）及び高度回遊性魚類資源の保存及び管理に関する1982年12月10日の海洋法に関する国際連合条約の規定の実施のための協定 ……………………… 171
米加大気質協定 …………………………… 454
米州民主主義憲章 ………………………… 711
ベルヌ条約 ………………………………… 321
貿易の技術的障害に関する協定 ………… 735
放射性廃棄物等安全条約 ………………… 549
北欧環境保護条約 ………………………… 39
北東大西洋の海洋環境の保護のための条約 … 121
北米環境協力協定 ………………………… 757
北米自由貿易協定 ………………………… 753
保存及び管理のための国際的な措置の公海上の漁船による遵守を促進するための協定 …… 166
北極評議会の設立に関する宣言 ………… 239
北極評議会設立宣言 ……………………… 239
ボン条約 …………………………………… 276

【マ行】

水及び健康に関する議定書 ……………… 251
水俣条約 …………………………………… 508
南太平洋地域の天然資源及び環境の保護のための条約 ……………………………… 116
南太平洋流し網漁業禁止条約 …………… 186
南太平洋における長距離流し網漁業を禁止する条約 … 186
南太平洋非核地帯条約 …………………… 790
みなみまぐろの保存のための条約 ……… 188
みなみまぐろ保存条約 …………………… 188
メコン川流域協力協定 …………………… 256
メコン川流域の持続可能な発展のための協力に関する協定 ……………………………… 256
モントリオール議定書 …………………… 371
モントリオール議定書の不遵守手続 …… 391
モントリオール議定書の不遵守について締約国の会合によりとられることのある措置の例示リスト … 393

【ヤ行】

有害活動から生じる越境侵害の防止条文… 16
有害な活動から生じる越境損害の場合の損失の配分に関する原則 …………………………… 615
有害廃棄物の国境を越える移動及びその処分から生ずる損害の責任及び賠償に関する議定書…… 478
有害廃棄物の国境を越える移動及びその処分の規制に関するバーゼル条約 ……………… 466
ユネスコ世界遺産保護条約 ……………… 353
ヨーテボリ議定書 ………………………… 450
ヨーロッパ社会憲章 ……………………… 705
ヨーロッパ人権条約 ……………………… 700
ヨーロッパ人権条約第1議定書 ………… 705
ヨハネスブルグ政治宣言 ………………… 14

【ラ行】

ライン川保護条約 ………………………… 260
ラムサール条約 …………………………… 266
ラロトンガ条約 …………………………… 790
リオ宣言 …………………………………… 11
陸戦ノ法規慣例ニ関スル規則 …………… 793
陸戦ノ法規慣例ニ関スル条約 …………… 793
履行委員会、その構成及び任務、並びにその審査手続 ……………………………………… 453